LES MISÉRABLES

CE VOLUME, LE QUATRE-VINGT-CINQUIÈME DE LA « BIBLIOTHÈQUE DE LA PLÉIADE », PUBLIÉE A LA LIBRAIRIE GALLIMARD, A ÉTÉ TIRÉ SUR PAPIER BIBLE DES PAPETERIES BOLLORÉ PAR L'IMPRIMERIE UNION, A PARIS, LE VINGT-QUATRE AVRIL MIL NEUF CENT CINQUANTE - SIX

VICTOR HUGO

LES MISÉRABLES

ÉDITION ÉTABLIE ET ANNOTÉE
PAR MAURICE ALLEM

*Tous droits de reproduction, de traduction et d'adaptation
réservés pour tous les pays y compris l'U.R.S.S.
© Librairie Gallimard, 1951.*

INTRODUCTION

Le *roman* les Misérables *parut en 1862. Il y avait plus de trente ans que Victor Hugo avait projeté de l'écrire. Il n'en avait certes pas aussitôt établi le plan, ni imaginé et agencé tous les épisodes, ni connu tous les personnages. Du moins en avait-il connu le personnage principal, et l'épisode initial, et entendait-il faire de ce roman l'expression et l'apostolat de la pitié en faveur des malheureux voués à la misère, accablés par elle et poussés par elle, contraints par elle à quelque dommageable conflit avec les lois pénales.*

Après la publication de Notre-Dame de Paris, *en 1831, Victor Hugo eut l'intention d'écrire plusieurs romans. Adolphe Jullien a déclaré (le Romantisme et l'éditeur Renduel, pp. 103-104) : « J'ai vu, de mes yeux vu, le traité en date du 25 août 1832, par lequel Victor Hugo s'engageait à réserver à Renduel les trois mille premiers exemplaires d'un grand roman intitulé* le Fils de la Bossue. » *Il devait composer encore un autre roman qui eût été intitulé* la Quiquengrogne, *du nom de l'une des tours du château de Bourbon-l'Archambault. Ce roman devait, d'après une lettre de Victor Hugo à ses éditeurs et citée par Adolphe Jullien (op. cit., p. 106 n.) former avec* Notre-Dame de Paris *une sorte de diptyque. Et Victor Hugo écrivait : «* Notre-Dame de Paris, *c'est la cathédrale ; la* Quiquengrogne *ce sera le donjon. L'architecture militaire après l'architecture religieuse. Dans* Notre-Dame de Paris *j'ai peint plus particulièrement le moyen âge sacerdotal ; dans* la Quiquengrogne, *je peindrai surtout le moyen âge féodal, le tout selon mes idées, bien entendu, qui, bonnes ou mauvaises sont à moi. » Ce beau programme ne fut pas réalisé. Ni* la Quiquengrogne, *ni* le Fils de la Bossue *ne parurent jamais, bien que la* Revue de Paris *en septembre 1832 eut annoncé leur publication pour « cet automne ». Ils ne furent vraisemblablement commencés ni l'un ni l'autre, car on n'en a rien trouvé dans les papiers de Victor Hugo ; or, les éditeurs des* Œuvres complètes *imprimées par l'Imprimerie Nationale (Albin Michel, éditeur) assurent que Victor Hugo ne jetait jamais, notes ou brouillons, aucun de ses papiers littéraires.*

Victor Hugo avait traité aussi, et antérieurement (le 31 mai de cette même année 1832) avec les mêmes éditeurs

(*Eugène Renduel et Charles Gosselin*) *pour l'édition d'un autre roman qui devait former deux volumes in-8º, mais dont le traité n'indique ni le sujet ni le titre. Le titre et, d'après le titre, le sujet, en sont révélés par une convention en date du 30 décembre 1847 dont l'objet est de préciser les conditions et exécution de l'imprécis traité conclu quinze ans plus tôt.*

Victor Hugo ne s'était pas empressé d'écrire ce roman. Il avait été pris par son œuvre dramatique et par les incidents et les procès qu'elle avait suscités ; il avait été pris par son œuvre poétique ; par le souci de ses candidatures, de ses échecs et enfin de sa réception académiques ; par des voyages et par la rédaction de ses impressions de voyageur (France et Belgique, Alpes et Pyrénées, le Rhin); *en 1843 il avait eu la grande douleur de la mort dramatique de sa fille Léopoldine. Il avait, cependant, en 1834, publié un petit ouvrage,* Claude Gueux, *que, dans les éditions de ses œuvres, on range parmi les romans et qui est, en fait, le récit d'un crime commis quelques années plus tôt : l'assassinat d'un gardien de prison par un détenu. Cet assassinat avait été accompli dans des circonstances telles que Victor Hugo trouvait ce crime excusable et inclinait à voir dans l'assassin un malheureux plutôt qu'un criminel. Ce récit n'a été rédigé que pour servir de préface et d'illustration aux quelques pages de réflexions dont Victor Hugo l'a fait suivre sur, dit-il,* « *le grand problème de proportions dont la solution, encore à trouver, donnera l'équilibre universel :* Que la Société fasse toujours pour l'individu autant que la nature. » *Il s'agit de résoudre deux questions, celle de l'éducation, avant la chute et, après la chute, celle de la pénalité. Et Victor Hugo écrit de son Claude Gueux — et, par extension, de tous les malheureux qui, comme lui, ont chu :* — « Le sort le met dans une société si mal faite qu'il finit par voler ; la société le met dans une prison si mal faite qu'il finit par tuer. » *Victor Hugo annonce un ouvrage sur ces* « questions sévères », *sur ces* « questions poignantes » : « Celui qui écrit ce livre essaiera de dire bientôt peut-être de quelle façon il les comprend. »

Il est fort vraisemblable que ce livre soit le premier des romans promis deux ans plus tôt à Renduel et Gosselin. Victor Hugo ne commença de l'écrire qu'en novembre 1845. En 1845, le roman que l'on qualifiait de social et qui étalait, dénonçait et stigmatisait les méfaits, réels ou prétendus, de l'organisation sociale, avait en France un représentant éminent. C'était Eugène Sue. Il était alors au plus haut de sa célébrité

INTRODUCTION 9

et les journaux se disputaient ses romans pour leur feuilleton. Les Mystères de Paris *avaient paru dans le* Journal des Débats *en 1842, puis, parurent, dans le* Constitutionnel, *en 1844* le Juif errant, *en 1846* Martin l'enfant trouvé. *Après* Martin l'enfant trouvé, *devaient paraître, dans le* Constitutionnel *aussi*, les Parents pauvres, *de Balzac, c'est-à-dire* la Cousine Bette *et* le Cousin Pons, *deux romans qui, dans la conception première, devaient l'un et l'autre être courts, mais que, dans l'ardeur de la composition, il amplifia l'un et l'autre par l'addition d'épisodes nouveaux. Le 10 août 1846 il écrivait à Mme Hanska qu'il s'agissait « d'être publié dans le* Constitutionnel, *qui tire à vingt-cinq mille et après Eugène Sue. »* (Lettres à l'Étrangère, III, 361.) *C'est dire qu'il s'agissait de rivaliser avec Eugène Sue, de produire des récits aussi et même plus dramatiques que les siens, aussi et même plus attachants, d'une lecture aussi et même plus captivante. Il va sans dire que Balzac espérait y réussir, qu'il s'appliquait à y réussir et il y réussit en effet. Ne peut-on supposer une émulation semblable et une semblable espérance, réalisée aussi, chez Victor Hugo?*

Le roman de Victor Hugo était écrit en grande partie lorsque, à la fin du mois de décembre 1847, furent rédigées les conventions où il fut stipulé que ce roman serait intitulé les Misères. *Il y était stipulé aussi que ce serait « un grand ouvrage. » Il devait, contrairement à l'accord de 1832, avoir plus de deux volumes mais Victor Hugo ne concédait que l'édition des deux premiers. Ils devaient contenir seulement la première partie de l'ouvrage et dans cette partie, sous le titre de :* Manuscrit de l'évêque, *un chapitre considérable et très étendu formant un traité complet de dogme et de discipline ecclésiastique et censé trouvé dans les papiers d'un évêque. Très étendu certes car il est révélé ensuite que ce chapitre n'aurait « pas moins d'un demi-volume. » A cette révélation, effroi de Renduel et de Gosselin. Aussi, « ces messieurs » avaient-ils témoigné le désir que ce chapitre, « qui réduirait de beaucoup la partie romanesque des deux volumes qu'ils ont le droit de publier » ne fut pas joint à ces deux volumes et fût, au contraire, réservé pour être mis en tête de la publication complète de l'ouvrage. » Victor Hugo accéda à ce désir et s'engagea à ne publier ce chapitre « que plus tard, après leur droit expiré ». Cet important chapitre, dont Victor Hugo pouvait dire si exactement l'étendue, n'était probablement pas écrit et il n'a jamais dû l'être car on ne l'a pas retrouvé dans ses dossiers. Mais on y a trouvé des notes fort précises sur un évêque de Digne, Mgr Miollis qui, en 1806, avait recueilli un forçat, Pierre Maurin, récemment libéré du bagne où il avait passé cinq ans pour avoir, en 1801, volé un pain à la devanture d'une boulangerie, avec, il est vrai, effraction et voies de fait envers le boulanger. Les condamnations de malheureux qui, par instinct de conservation, ont dérobé un pain, semblent avoir hanté la pensée de Victor Hugo. Dans le poème* Mélancholia, *daté de 1838 (les* Contemplations, *liv. III, II) il montre, parmi d'autres misérables, un de ces malheureux en présence de juges distraits et d'une assistance hostile :*

Un homme s'est fait riche en vendant à faux poids.
La loi le fait juré. L'hiver, dans les temps froids,
Un pauvre a pris un pain pour nourrir sa famille.
Regardez cette salle où le peuple fourmille ;
Le riche y vient juger ce pauvre. Écoutez bien.
C'est juste, puisque l'un a tout et l'autre rien.
Ce juge, — ce marchand, fâché de perdre une heure,
Jette un regard distrait sur cet homme qui pleure,
L'envoie au bagne, et part pour sa maison des champs.
Tous s'en vont en disant : — C'est bien ! — bons et méchants,
Et rien ne reste là qu'un Christ pensif et pâle
Levant les bras au ciel dans le fond de la salle.

Le crime de cet homme, le crime de Pierre Maurin, est celui du personnage que Victor Hugo a appelé d'abord Jean Tréjean, puis Jean Vlajean et enfin Jean Valjean. Jean Valjean a été condamné comme l'avait été Pierre Maurin, libéré il est accueilli par l'évêque de Digne, qui s'appelle ici Mgr Myriel, comme Pierre Maurin l'avait été par Mgr Miollis, d'après le récit d'Armand de Pontmartin cité en partie et en partie résumé dans l'Appendice du tome III de l'édition des Misérables *imprimée à l'Imprimerie Nationale. On y constatera que la concordance de ce récit avec le roman de Victor Hugo se borne à cette circonstance et que Pierre Maurin, non perverti par le bagne, devient un brave soldat, vaillant et honnête et qui périt à Waterloo: Jean Valjean est bien différent. Il n'a pas été un forçat soumis. Il a grandement aggravé la durée de sa détention par des tentatives ratées d'évasion. Il apporte à l'air de la liberté une âme révoltée et que le bagne a corrompue. Il fallait cette corruption pour la démonstration que tentait Victor Hugo. A cet évêque, qui l'a si cordialement, — l'on pourrait dire si fraternellement — reçu, Jean Valjean dérobe des objets précieux. Il est arrêté. Le bagne semble de nouveau s'ouvrir pour lui. Le voici récidiviste et coupable d'un délit bien plus grave que celui d'autrefois. On le conduit devant l'évêque et l'évêque déclare lui avoir fait don des objets dérobés, il lui en donne même d'autres, en l'exhortant à l'honnêteté. Jean Valjean s'en va éperdu d'étonnement et dans un trouble extrême de sentiments, content et humilié à la fois d'avoir été ainsi sauvé; il est comme sous l'impression confuse de se sentir, lui le révolté, sous la domination d'une puissance mystérieuse. Il rencontre un jeune garçon qui joue avec une pièce de quarante sous et machinalement, par un obscur mouvement de rébellion contre cette mystérieuse puissance, il vole à ce garçon cette petite pièce. Le vol à peine commis, le garçon à peine éloigné, Jean Valjean ressent la honte de ce vol infime, absurde, inexplicable et particulièrement ignominieux. Il appelle le jeune garçon qui est déjà trop éloigné pour entendre cet appel. Il se dénonce à un passant qui s'enfuit. Il ne va pourtant pas se livrer. Dans les brouillards de son âme le jour se lève. Le miracle que l'évêque avait souhaité, espéré peut-être et, en tout cas, provoqué, se produit. La vision de cet évêque qui le comble, celle de cet enfant qu'il vole, quel contraste! Que de grandeur et que de bassesse! Songeant à l'enfant, il se juge et il se condamne, songeant à l'évêque, il sent se former en lui le vœu de son propre rachat et il pleure. Il pleure abondamment. Larmes bienfaisantes, jaillies de sources diverses: dégoût de soi, reconnaissance, joie pressentie de la rédemption. L'histoire de cette rédemption est le sujet principal du roman les Misérables qui sont, avant tout, le roman de l'ascension dramatique de Jean Valjean, malgré persécutions et périls, jusqu'à cette grandeur, à cette charité, à cette sérénité qui sont celles du saint évêque.*

Ce saint évêque, Victor Hugo en a altéré aussi le personnage. Il avait, dès 1828 ou 1829, recherché et rassemblé bien des renseignements sur Mgr Miollis et, outre la communauté du prénom, il y a bien des traits de Mgr Bienvenu de Miollis en Mgr Bienvenu Myriel. Mais aux traits véritables Victor Hugo a mêlé des traits imaginaires. Il avait, notamment, imaginé la jeunesse passionnée de l'évêque. La famille de Mgr Miollis protesta contre les inexactitudes de Victor Hugo et les déclara offensantes pour la mémoire de Mgr Miollis. Victor Hugo pouvait objecter que la fusion du réel et de l'imaginé est un des droits et d'ailleurs le procédé courant des romanciers. La presse catholique s'étant émue aussi, Victor Hugo écrivit à ce sujet à une correspondante: « L'évêque Myriel est un personnage purement imaginaire, et les journaux catholiques ont eu raison de le trouver invraisemblable. On pourrait même ajouter impossible, si Charles Borromée, François de Sales, Belzunce et Las Cases n'avaient pas existé. »

Cette réponse est jolie, elle n'est pas convaincante. Sur ce « personnage purement imaginaire » Victor Hugo avait fait une minutieuse enquête. Par maints détails Mgr Miollis était reconnaissable en Mgr Myriel. Et les protestations de ceux qui le reconnurent n'étaient pas illégitimes. Journaux catholiques et clergé s'indignèrent de la rencontre que fait Mgr Myriel, mais que Mgr Miollis n'avait pas faite, d'un conventionnel régicide et surtout du fait que Mgr Myriel, prélat dont l'un des privilèges est de répandre la bénédiction sur les fidèles, inclinât son front sous la bénédiction du conventionnel, ce que Mgr Miollis n'avait et n'aurait pas fait. Avec le thème de la régénération du forçat les Misérables développent le thème de la régénération de la fille publique. Victor Hugo avait écrit dans Claude Gueux : « Le peuple a faim, le peuple a froid. La misère le pousse au crime ou au vice, selon le sexe. Ayez pitié du peuple à qui le bagne prend ses fils, et le lupanar ses filles. Vous avez trop de forçats, vous avez trop de prostituées. » Ces prostituées sont des victimes. La société est responsable de leur chute. Elles méritent pitié. Qu'on les garde de l'insulte. Et un an après la publication de Claude Gueux, Victor Hugo composait la pièce si connue qui est dans les Chants du Crépuscule :

Oh! n'insultez jamais une femme qui tombe!
Qui sait sous quel malheur la pauvre âme succombe?

La réhabilitation de la femme tombée, qu'elle se relève par l'amour, par le travail ou par la maternité, a été l'un des thèmes éloquents du romantisme. Victor Hugo l'a illustré par son drame de Marion Delorme, composé en 1831. Il l'a illustré, dans les Misérables, par la lamentable histoire de Fantine. Fantine meurt laissant orpheline une fille encore petite. Cette malheureuse enfant, confiée à de mauvaises gens qui la surmenaient et la rudoyaient, semblait vouée à un atroce destin. Née d'une prostituée, ayant pour tuteur l'ancien forçat, elle aura autant de bonheur que sa mère en eut peu. Son tuteur lui sera comme un père ; il fera d'elle une jeune fille instruite, digne et fortunée. Elle fera un beau mariage d'amour ; par ce mariage elle deviendra baronne. Elle sera une honnête épouse et on veut espérer qu'elle sera une heureuse mère. Le vieux tuteur peut alors accueillir la mort avec sérénité.

Le roman commence quand Jean Valjean paraît. Quand Jean Valjean disparaît le roman finit. Ils en sont, lui Jean Valjean, l'évêque qui le sauva, la femme et l'enfant qu'il a sauvées, les personnages essentiels. En 1848, Victor Hugo concevait son roman comme la réunion de l'histoire de ces quatre personnages : « histoire d'un saint, histoire d'un homme, histoire d'une femme, histoire d'une poupée, » histoires donc de Mgr Myriel, de Jean Valjean, de Fantine et de Cosette. C'est le schéma d'un roman qui eût pu être assez court. L'histoire de Mgr Myriel tient toute dans la première partie ; celle de Fantine aussi. Cette partie passée, l'histoire de Cosette est à peu près vide d'événements qui lui soient particuliers, hormis son idylle avec Marius. Les personnages centraux en sont dès lors Marius et Jean Valjean. Petit-fils d'un grand-père légitimiste, fils d'un colonel qui mourut dans les guerres impériales, puis étudiant mêlé à un groupe ardent et pittoresque de camarades républicains, membres de sociétés secrètes et combattants des barricades, Marius d'abord royaliste comme son grand-père, puis bonapartiste par exaltation pour la mémoire de son père, et enfin entraîné par ses camarades dans la bataille républicaine, passe, comme par un mouvement naturel, d'une conception politique à une autre, d'un parti à un autre, en quoi il est la représentation et veut être la justification de l'évolution politique de Victor Hugo lui-même.

Au groupe gai, vaillant, sympathique des amis de Marius, s'opposent, autour de Jean Valjean, les figures ténébreuses de l'implacable policier Javert et du sinistre bandit Thénardier. Pour Javert et pour Thénardier Jean Valjean est, pour des raisons différentes, une proie excitante. Dans le bourgeois que Jean Valjean est devenu, Javert flaire, guette et cherche à saisir le forçat en rupture de ban. Ce même bourgeois, de qui les filles de Thénardier ont, à la porte d'une église, reçu quelques aumônes, est présumé possesseur d'une grande fortune par Thénardier qui, avec la complicité de quatre affreux compagnons, l'attire dans un terrible guet-apens. Ainsi, le roman met en action des personnages qui correspondent aux divers sens de son titre, « misérable » signifiant, suivant les cas, pauvre, malheureux ou méprisable.

Le roman les Misérables est construit avec la rigueur d'un instrument de précision. Ses personnages, sans s'être concertés, ou même sans se connaître, et avec une continuité de coïncidences qui tient du prodige, se trouvent toujours présents, à l'insu les

uns des autres, aux endroits où l'auteur, en vue d'un effet de
surprise ou d'émotion, a intérêt à les faire se rencontrer. Il y a
comme une profusion de coups de théâtre. La vie n'en est pas,
ordinairement, aussi prodigue. Les personnages des Misérables
font songer à des pions que l'auteur dispose et conduit sur le
damier en vue de la partie qu'il veut gagner, c'est-à-dire de la
thèse qu'il entend démontrer.

Une particularité des Misérables, c'est l'insertion, dans le
récit, de longues dissertations qui l'interrompent et qui ne
tiennent à ce récit que par des liens bien fragiles et presque
factices. Présentant un évêque, Victor Hugo trouvait à propos,
ainsi qu'on l'a déjà rappelé, de produire aussi « un traité
complet de dogme et de discipline ecclésiastique », présenté
comme un ouvrage de cet évêque; on est étonné que ce traité
dont, en 1847, il acceptait d'ajourner la publication, Victor
Hugo ne l'ait pas introduit, plus tard, dans la rédaction définitive de son ouvrage. Mais, faisant mourir à Waterloo le père
de Marius, il écrit un long récit de la bataille; conduisant Jean
Valjean dans un couvent de religieuses, il expose longuement
la règle et le règlement de ce couvent; faisant parler argot des
individus de la pègre, il rédige une sorte de traité de l'argot;
faisant cheminer Jean Valjean dans les égouts de Paris, il fait
un historique de ces égouts. Les romanciers populaires, ceux
qui écrivent des romans destinés à n'être lus que par le peuple,
se gardent de telles digressions. Il y aurait trop de risques de
décourager le lecteur. Les Misérables, roman populaire par son
sujet, n'est pas destiné à la lecture du peuple seul. Il s'adresse
aussi, et plus encore peut-être, aux législateurs, aux mora-
listes, à ceux à qui, selon Victor Hugo, incombe le devoir,
et auxquels il reconnaît le pouvoir de guérir les maux qu'il
expose, ou encore, comme il le proclamait le 9 juillet 1849, à
la tribune de l'Assemblée Législative, de « détruire la misère. »
Ces lecteurs-là prendront intérêt à ces digressions, d'ailleurs
intéressantes en soi, qui lasseraient d'autres lecteurs que
dérouterait, en outre, la débauche de menue et pittoresque érudition à laquelle Victor Hugo s'abandonne et se complaît, et
qui s'étale et dans le récit même, et dans les propos des personnages, dans ceux, par exemple, des jeunes enthousiastes de
l'A. B. C. et dans ceux de la prieure du couvent dit du Petit-
Picpus. Il y a de la verve dans ces propos si savants, une verve
qui, dans son bouillonnement, mêle peut-être des faits contes-
tables à des faits avérés et aux noms de personnages réels des
noms de personnages fictifs, comme, ainsi qu'on le verra dans

les notes, sont mêlées des rues fictives aux rues réelles de Paris.

Ce sont là des détails, et on ne saurait condamner un romancier pour avoir étendu de la sorte les droits de l'imagination. Le roman, dépouillé des digressions qui l'encombrent, est un roman qui entraîne. Avec ceux de ses personnages qui sont comme des symboles et dont tous les actes, toutes les attitudes, tous les propos semblent commandés par un sentiment unique et sans cesse agissant : l'ascension vers la perfection morale chez Jean Valjean, la passion du devoir professionnel chez Javert, la perpétration de louches manœuvres chez Thénardier, il y a des personnages d'une conception moins rigide, d'une vérité plus humaine, l'infortunée Fantine, la charmante et touchante Cosette, l'étudiant pauvre, ce Marius si ardent en amour et en politique, le curieux vieillard Gillenormand, et ce Gavroche si hardi, si gouailleur, si brave et déjà si philosophe.

Le récit de leurs aventures, de leurs malheurs, de leurs joies, la peinture des milieux si divers dans lesquels ils se meuvent passionnent le lecteur ; qu'une trop longue digression l'impatiente, il la passe — il y reviendra peut être plus tard, quand il aura suivi jusqu'au terme de leur histoire les personnages auxquels il s'est attaché.

Le dessein de Victor Hugo en écrivant les Misérables, on le trouve exprimé dans le court avant-propos qu'il y a mis.

A Lamartine, qui dans son Cours familier de littérature, étudia le roman et en critiqua les théories sociales, Victor Hugo écrivait le 24 juin 1862 : « Oui, à tous les points de vue, je comprends, je veux et j'appelle le mieux [...] Oui, une société qui admet la misère, une religion qui admet l'enfer, oui, une humanité qui admet la guerre, me semblent une société, une religion et une humanité inférieures, et c'est vers la société d'en haut, vers l'humanité d'en haut et vers la religion d'en haut que je tends : société sans roi, humanité sans frontières, religion sans livre. [...] Oui, autant qu'il est permis à l'homme de vouloir, je viens détruire la fatalité humaine, je condamne l'esclavage, je chasse la misère, j'enseigne l'ignorance, je traite la maladie, j'éclaire la nuit, je hais la haine. Voilà ce que je suis et voilà pourquoi j'ai fait les Misérables. Dans ma pensée, les Misérables ne sont autre chose qu'un livre ayant la fraternité pour base et le progrès pour cime. » (Correspondance, II, 234.)

Le 11 octobre 1846, alors qu'il travaillait à la première

rédaction de son roman, Victor Hugo dans une pièce de Toute la Lyre : A Louis B. [*Boulanger*] *écrivait :*

> Incliné sur le pauvre et sur le travailleur,
> Je leur suis fraternel du fond de ma pensée ;
> Comment guider la foule orageuse et pressée,
> Comment donner au droit plus de base et d'ampleur,
> Comment faire ici-bas décroître la douleur,
> La faim, le dur labeur, le mal et la misère,
> Toutes ces questions me tiennent dans leur serre.

Et dans l'Élégie des fléaux, poème sur les malheurs, récents alors de la France (guerre de 1870, paix de 1871, inondations de 1875) :

> Aimons les peuples mais n'oublions pas les princes.
> En même temps restons penchés sur ces provinces
> Qui sanglotent en proie aux fléaux jamais las.
> Soyons amers et doux. La question, hélas !
> Est toute dans ce mot sans fond : les misérables. —
> Ceux-ci sont monstrueux, ceux-là sont vénérables ;
> Réprimons ceux d'en haut ; secourons ceux d'en bas ;
> Prodiguons l'aide immense en songeant aux combats.
> Peuple, il est deux trésors, l'un clarté, l'autre flamme,
> Qu'il ne faut pas laisser décroître dans notre âme,
> Et qui sont de nos cœurs chacun une moitié,
> C'est la sainte colère et la sainte pitié.
>
> (*Légende des Siècles*, L.)

Cette pitié, cette colère sont les thèmes et comme le levain d'une grande part de l'œuvre de Victor Hugo ; dans aucun de ses ouvrages elles ne sont, la pitié surtout, exprimées d'une manière plus concrète, plus vivante que dans les Misérables ; *elle y est partout ; l'œuvre en est toute baignée, toute palpitante. On pourrait qualifier* les Misérables *de roman de la pitié.*

Commencé en 1845, fort avancé à la fin de 1847, le roman qui devait être intitulé : les Misères *fut, peu après, interrompu. Les événements de 1848, l'activité politique de Victor Hugo pendant la Seconde République, les tribulations de l'exil, autant d'obstacles au travail. Dans* Toute la Lyre, *il y a une pièce incomplète datée de 1850 et qui a l'apparence d'une réponse à quelque exhortation :*

> Tu me dis : Finis donc ton livre des *Misères*.
> — Ami, pour achever ce vaste manuscrit,
> Il me faut avant tout ma liberté d'esprit.
> Quand un monde se meut dans le cerveau d'un homme,
> Il ne peut pas songer aux Jésuites, à Rome,
> A monsieur Bonaparte, à Faucher, à Molé.

Rends-moi l'espace immense et le ciel étoilé !
Rends-moi la solitude et la forêt muette !
Hélas ! on ne peut être en même temps poète
Qui s'envole et tribun coudoyant Changarnier,
Aigle dans l'idéal et vautour au charnier.

En 1855, Victor Hugo s'installa à Guernesey. S'il n'y trouva pas la forêt, il y trouva la mer, plus chère encore, je pense, à son cœur de poète et une suffisante solitude pour pouvoir se mettre au travail. Il y travailla, d'ailleurs, mais il ne travailla pas tout de suite aux Misérables *qu'il ne reprit qu'en 1860 pour en achever et en modifier la rédaction. Quand il l'avait interrompue, il n'en avait écrit que les quatre premiers livres. A Guernesey, il écrivit le cinquième et il révisa les quatre premiers. Il en développa certaines parties, il y ajouta un certain nombre de chapitres, plusieurs fort étendus. Il fit aussi des modifications dans le texte. Le démocrate de 1860, résolument républicain et anticlérical, n'était plus, politiquement, le même homme que le pair de France de la Monarchie de Juillet. Il a donc, en matière de politique et de religion, adapté son texte à ses opinions nouvelles. On constatera ces modifications et ces additions par les notes de la présente édition. Les additions y sont indiquées et aussi, mais fort rares, quelques suppressions ; les textes modifiés y sont cités. On a pu faire ces citations grâce à l'édition préparée par Gustave Simon et publiée par la librairie Baudinière, en 1927, de la version des* Misères.

Il n'y a pas eu cependant deux versions différentes de Victor Hugo : le texte des Misérables *est le texte des* Misères *revu, corrigé et augmenté. C'est dire que le texte des* Misères *se trouve fondu dans le texte des* Misérables *et Gustave Simon a entrepris l'opération de l'en dégager. Il a dit, dans la préface de l'édition des* Misères, *comment il avait procédé. Il a été principalement guidé par l'écriture, celle de la période de 1845-1848 et celle de la période 1860-1862 étant différentes et aisément discernables. Mais ce guide n'a pas toujours suffi. En présence de certaines difficultés il a fallu s'ingénier à découvrir un autre critérium. Ici, il vaut mieux laisser Gustave Simon exposer comment il s'y est pris : « Quelquefois, il faut s'orienter dans une forêt de lettres alphabétiques où des* bis, *des* ter, *voire des* quater *vous attendent au tournant de la page. Halte-là ! des intercalations vous guettent ; grâce à cette profusion de chiffres, de lettres, de renvois vous arrivez bien à reconstituer les* Misérables, *mais où sont les pages anciennes qui étaient les agents de liaison avec le texte des* Misères *qui se poursuit plus loin ? Il y a là une grave lacune. Le texte primitif est incomplet, voilà donc notre tâche interrompue. Il y a là un fossé : allons-nous pouvoir le franchir ? à quels saints nous vouer ? à Victor Hugo. Nous ne voulons pas admettre que Victor Hugo [ceci a déjà été rappelé dans la présente introduction] qui ne détruisait rien, pas même les brouillons utilisés ou transformés, ait pu anéantir les premières pages des* Misères. *Nous avions sous la main le volume du « Reliquat » de l'édition de l'Imprimerie Nationale, notre suprême espérance et notre suprême pensée ; feuilletons-le. Eh ! oui, nous les avons fait relier ces pages inédites, les voilà. Ce sont bien elles, ce sont bien celles qui nous manquaient et elles sont fort curieuses ; elles ont plutôt plus d'abandon, nous dirions volontiers plus de réalisme dans les termes dont se servent les personnages qui concourrent à la brièveté de l'action par la brièveté de leurs répliques. »*

Cette méthode ne paraîtra sans doute pas absolument sûre à tous les esprits. Il y a, dans le Reliquat, des fragments qui sont antérieurs à la version des Misérables et que l'on ne trouve pas dans la version publiée des Misères. Ils ont été recueillis dans les notes de la présente édition. Dans la version publiée des Misères, qui doit représenter l'état du texte à la date de 1848, Gustave Simon a ajouté la cinquième partie, qui a été rédigée dans l'exil et qui n'eût vraisemblablement pas été telle quelle si elle avait été rédigée avant la révolution de Février. Cet addition adventice ne paraîtra pas non plus le fait d'une excellente méthode. Son avantage est de procurer aux lecteurs de cette version du roman la satisfaction de lire l'histoire jusqu'au bout, de voir — comme on dit couramment — comment ça finit. Mais il ne s'agissait pas de cela ; il s'agissait de révéler, aussi exactement qu'on le pourrait, ce que l'auteur en avait écrit dans son premier travail. Je ne pense pas, d'ailleurs, que le lecteur simplement intéressé par les péripéties du roman le lise jamais dans le texte, pour lui insuffisant, des Misères. Il lui faudra, tout au long, les Misérables dont le titre lui sera plus familier. Les lecteurs curieux de comparer un texte à l'autre n'ont que faire d'une partie de l'ouvrage qui ne se trouve que dans l'un de ces textes. L'objet de la présente édition est de présenter les éléments de cette comparaison, telle que les travaux de Gustave Simon la permettent.

M. A.

NOTICE BIBLIOGRAPHIQUE

Les Misérables (A. Lacroix, Verboeckoven et Cie, éditeurs à Bruxelles et Leipzig, 1862; 10 vol. in-8º).

Les Misérables (Paris, Pagnerre, libraire-éditeur, rue de Seine nº 18, 1862; 10 vol. in-8º).

Ces deux éditions furent imprimées simultanément et parurent presque en même temps. Les bibliographes se sont demandé laquelle devait être considérée comme l'édition originale. Ils n'ont pas été d'accord. Il y eut débat, et même débat assez vif, entre M. Georges Blaizot et le docteur Michaux (Voir leurs articles dans *le Bulletin du Bibliophile* de 1936 : articles de M. Georges Blaizot les 20 janvier, 20 février et 20 avril; articles du docteur Michaux, les 20 mars et 20 mai; et, le 20 juin, lettre terminale de M. Georges Blaizot constatant l'irréductibilité des points de vue). M. Georges Vicaire, dans son *Manuel de l'Amateur de livres du XIXe siècle,* écrivait (IV, 329) que « Pagnerre n'était, en somme, à Paris, que le dépositaire de l'ouvrage dont les éditeurs réels étaient A. Lacroix, Verboeckoven et Cie », et que « dans cette édition belge se trouvent un certain nombre de phrases qui, ayant paru dangereuses pour la France, ont été modifié esdans l'édition française ». Ces deux affirmations incitent à considérer l'édition belge comme étant l'édition originale, l'édition française y étant présentée comme une édition subordonnée et son texte comme altéré en quelques points pour de simples raisons d'opportunité. D'ailleurs, Victor Hugo a inscrit sur son exemplaire des *Travailleurs de la mer :* « Depuis que j'ai MM. Lacroix, Verboeckoven et Cie pour éditeurs, c'est toujours l'édition belge *princeps* qui doit servir de guide aux éditions futures ». M. Georges Blaizot voit, dans cette déclaration, non pas la consécration de l'édition belge comme édition originale mais seulement la désignation de cette édition comme la plus sûre, son texte n'ayant pas subi d'altérations.

En fait, le texte des deux éditions est, à quelques vétilles près, identique. Le docteur Michaux qui les a collationnées, dit n'y avoir pas trouvé de différences. D'où cette conclusion qu'Auguste Vacquerie et Paul Meurice « chargés de faire des suppressions prudentes ont dû les effectuer dans les deux éditions, car ils tenaient avant tout à ce que l'édition de Paris [dont ils surveillaient l'exécution] ne fut pas inférieure à l'autre », et que « Victor Hugo aura ignoré ou oublié ce détail ». Un tel oubli ou une telle ignorance peuvent de la part de Victor Hugo, paraître surprenants. En tout cas, Georges Vicaire disait *(op. cit)* tenir de Paul

Meurice « que c'est l'édition française qui doit être considérée comme l'originale, Victor Hugo ne corrigeant que les épreuves de cette édition ». En fait — et l'affirmation de Paul Meurice paraît surprenante aussi — Victor Hugo a corrigé les épreuves de l'édition belge. Sa correspondance avec Lacroix en témoigne, et c'est une présomption de plus en faveur de cette édition.

Cependant il n'est pas exact que l'éditeur français Pagnerre ait été simplement dépositaire de l'ouvrage : pendant que Lacroix, Verboeckoven et Cie faisaient imprimer l'édition belge, Pagnerre faisait imprimer à Paris, chez J. Claye, l'édition française. Il y a donc eu deux éditions bien distinctes et parallèles des *Misérables,* et M. Georges Blaizot, en raison de cette distinction et de ce parall lisme les tient l'une et l'autre pour des éditions originales. Mais il y a, dans cette conception de deux éditions originales d'un même ouvrage, quelque chose de choquant pour l'esprit. On s'est donc appliqué à rechercher laquelle des deux éditions put paraître avant l'autre. On a dit que les deux premiers volumes de l'édition belge furent mis en vente à Bruxelles le 30 mars. On en a donné comme preuve que le vaudevilliste Siraudin les y acheta ce jour-là. A quoi M. Georges Blaizot objecte que Siraudin put les obtenir par faveur chez le relieur, chez le brocheur, ou chez l'éditeur avant la mise en vente publique. Simple hypothèse et peu convaincante. On a dit que la mise en vente de ces volumes n'eut lieu à Paris que le 3 avril. A quoi M. Georges Blaizot, qui ne le conteste pas, objecte qu'il a constaté que les deux volumes furent inscrits sur le registre du dépôt légal, à la Bibliothèque nationale, le 1er avril. Il fallait donc qu'il y en eût, avant cette date, des exemplaires brochés. A quoi le docteur Michaux objecte que la mention du dépôt a pu être antidatée par complaisance. Simple hypothèse aussi et, elle-même, peu convaincante. Les tomes III à VI de l'édition française parurent le 15 mars, ceux de l'édition belge seulement le 16. Les tomes VII à X des deux éditions parurent le même jour (30 juin) à Bruxelles et à Paris.

Il est difficile de conclure. S'il fallait conclure pourtant, j'inclinerais, pour les diverses raisons qui font apparaître l'édition belge comme l'édition principale et parce qu'il semble bien que ses deux premiers volumes aient paru un peu — très peu — avant les deux premiers volumes de l'édition française, à admettre l'édition belge pour l'édition originale.

Il y eut, en 1862, six autres éditions chez Pagnerre (10 tomes en 5 vol.).

La même année les éditeurs des *Misérables* firent chacun paraître un album pour illustrer le roman : chez A. Lacroix, Verboeckoven et Cie, album contenant vingt compositions de Castelli et d'Alphonse de Neuville, gravées sur acier par Outhwaite. — Chez Pagnerre, album contenant un portrait de Victor Hugo par Radoux et vingt-cinq compositions d'après les dessins de G. Brion (photographies de Faucheur et Danelle).

Les Misérables. (Bruxelles et Naumbourg, G. Poetz, 1862; 17 vol. in-16.)

Cette édition forme les nos 457 à 459, 470 à 479, et 490-493 de la *Bibliothèque choisie*.

Les Misérables (Paris, Pagnerre, libraire-éditeur, rue de Seine, no 18; A. Lacroix, Verboeckoven et Cie, Bruxelles et Leipzig, 1863, 10 vol. in-18).

Rééditions en 1875, 1881-1882, 1884.

Les Misérables, illustrés de deux dessins par Brion; gravures de Yon et Perrichon (Paris J. Hetzel et A. Lacroix, éditeurs, rue Jacob, no 18, 1865, un vol., gr. in-8º).

C'est la première édition illustrée. — Rééditions en 1870 et 1872.

Les Misérables (Paris, Hachette et Cie, 5 vol. in-16). Rééditions en 1881, 1882, 1884.

Les Misérables (Paris, Eugène Hugues, s.d. [1879-1882], 5 vol. in-8º).

Édition illustrée de dessins de Lise, Émile Bayard, Brion, H. Scott, Edmond Morin, Daniel Vierge, Valnay, Alphonse de Neuville, des Brosses, Jean-Paul Laurens, Adrien Marie, F. Zier, Eugène Delacroix, Vogel, Hersent, Haenent Benett, soixante-seize compositions hors-texte; nombreux dessins dans le texte, et un dessin de Victor Hugo. — Édition publiée en 233 livraisons à 10 centimes.

Les Misérables. Édition définitive (Paris J. Hetzel et Cie, rue Jacob, no 18 et A. Quantin, rue Saint-Benoît, no 7, 1881, 5 vol. in-8º).

Cette édition forme les tomes V à IX des Romans dans l'Édition définitive, d'après les manuscrits, des *Œuvres complètes de Victor Hugo*.

Les Misérables. Édition *ne varietur*. (J. Hetzel s. d. [1888?], 8 vol. in-16.)

Plusieurs rééditions. L'édition *ne varietur* in-16 fait maintenant partie du fonds E. Fasquelle.

Les Misérables (Paris, J. Rouff, 1888-1889; 4 vol., gr., in-8º).

Les Misérables. Édition nationale (Paris, Émile Testard, éditeur, rue de Condé, no 10; 1890-1891; 5 vol. in-4º).

Édition illustrée de 25 compositions de G. Jeanniot, gravées à l'eau-forte par Ch. Courty, Alfred Boilot, A. Mongin, Ch. Faivre, L. Muller, Desmoulins. — Tomes V à IX des Romans dans cette édition des *Œuvres complètes*.

Les Misérables (Nos bons romans, Paris, 134, faubourg Poissonnière et 41, rue Denfert-Rochereau, s. d. [1892-1894]; 5 vol. gr. in-8º).

Les Misérables (Paris, J. Rouff, s. d. in-32). Fascicules 181 à 210 de cette petite édition des *Œuvres complètes*.

Les Misérables (Paris, A. Lemerre, passage Choiseul, nº 23, 1899-1902; 5 vol. pet. in-12).

Les Misérables (Paris, Librairie du Victor Hugo illustré, s. d. [1900], gr. in-8º).

De la *Nouvelle collection illustrée*. Figures par A. de Neuville, Brion, E. Bayard.

Les Misérables. Édition de l'Imprimerie nationale (Paris, Paul Ollendorff, Chaussée d'Antin, nº 50, 1908-1909, 4 vol. gr. in-8º).

Tomes III à VIII des *Romans* dans cette édition des *Œuvres complètes*. — Cette édition, publiée d'abord par Paul Meurice et continuée par Gustave Simon, contient, en appendices, d'abondantes notes : reliquats du manuscrit des *Misérables*, notes tirées des carnets de Victor Hugo, historique du roman, revue de la critique.

Les Misérables (Paris, Flammarion, 1912; 4 vol. in-16). Dans une édition (non complète) d'œuvres de Victor Hugo.

Les Misérables (Paris, Albin Michel s. d. gr. in-8º). De l'édition populaire illustrée des *Œuvres complètes* cette édition est illustrée par Meissonnier, Puvis de Chavannes, Luc Olivier-Merson, Eug. Delacroix, J.-P. Laurens, et par Victor Hugo lui-même.

Les Misères, première version des *Misérables*, avec douze portraits au lavis par G. Pavis (Paris, Éditions Baudinière, 27*bis*, rue du Chemin-Vert, MDCCCCXXVII (1927); 2 vol. gr. in-8º).

PIÈCES DE THÉATRE TIRÉES DES MISÉRABLES

Charles Hugo [et Paul Meurice, non nommé] Les Misérables, drame (Paris, Pagnerre, libraire-éditeur..., Bruxelles. A. Lacroix et Verboeckoven et Cie, Leipzig, même maison, s. d. [1863], in-8º).

Représenté à Bruxelles, aux Galeries Saint-Hubert, le 3 janvier 1863. Il avait dû être représenté à Paris, au Théâtre de l'Ambigu-Comique, mais la représentation en fut interdite.

— La même année 1863 parut à Buenos-Aires (Impr. de Bernheim y Bones) : J an Valjean, drama en 4 actos, por Carlos Paz, sacado de los « *Misérables* » de Victor Hugo; cada acto es una época del herve.

Charles Hugo [et Paul Meurice]. — Les Misérables, drame tiré du roman de Victor Hugo. Édition conforme à la représentation (Paris, C. Lévy, 1878; in-18).

Texte conforme à celui de la représentation au Théâtre de la Porte-Saint-Martin, le 22 mars 1878. C'est une version remaniée, tantôt resserrée, tantôt élargie, amputée de certaines scènes, augmentée de scènes nouvelles.

Les Misérables, drame mis à la scène par Charles Hugo et Paul Meurice, d'après le roman de Victor Hugo (Paris, C. Lévy, 1900; in-18.)

Représenté au Théâtre de la Porte-Saint-Martin le 27 décembre 1899.

PARODIES

A. Vémar. — Les Misérables pour rire, parodie, avec un beau portrait de Victor Hugo (Paris, Renault, 1862, in-18). Autre édition, la même année, chez Dentu « avec une nouvelle photographie de Victor Hugo ». — Autre édition en 1863, avec le titre d'Almanach des Misérables, parodie en vers : « chez tous les libraires » : cet « Almanach » a été réédité en 1864, 1865, 1867.

Les Anti-Misérables, petite galerie des Misérables, poème héroï-comique de Tapon-Fougas. Chant premier à chant... [*sic*, en fait à chant dix-huitième]. Bruxelles, chez tous les libraires, 1862; in-12.

Les Misérables de Victor Hugo, sur l'air de « Fualdès », par Joseph Lavergne (Paris, C. Vanier, rue Lamartine, 19, et chez l'auteur, rue Saint-Honoré, 28; s. d. [1863]; in-18).

La Complainte des Misérables, par A. Vémar (Paris, chez tous les marchands de Nouveautés, 1863, in-12, fig.).

Autre édition s. d. et de format in-folio; impr. de W. Remquet.

Parodie des Misérables de Victor Hugo, par Baric. (Paris, Arnauld de Vresse, éditeur, rue de Rivoli, 55; s. d. in-8°).

Parodie des Misérables, suite et fin (même auteur, même éditeur).

Quelques chapitres des Misérables de Victor Hugo, traduits en vers burlesques par Delarue, meunier à Antrain, (Rennes. Impr. Leroy, rue Louis-Philippe, 1866; in-8°).

LES MISÉRABLES

Tant qu'il existera, par le fait des lois et des mœurs, une damnation sociale créant artificiellement, en pleine civilisation, des enfers, et compliquant d'une fatalité humaine la destinée qui est divine; tant que les trois problèmes du siècle, la dégradation de l'homme par le prolétariat, la déchéance de la femme par la faim, l'atrophie de l'enfant par la nuit, ne seront pas résolus; tant que, dans certaines régions, l'asphyxie sociale sera possible; en d'autres termes, et à un point de vue plus étendu encore, tant qu'il y aura sur la terre ignorance et misère, des livres de la nature de celui-ci pourront ne pas être inutiles.

Hauteville-House, 1er janvier 1862.

PREMIÈRE PARTIE

FANTINE

LIVRE PREMIER[1]

UN JUSTE

I

M. Myriel[2]

En 1815, M. Charles-François-Bienvenu Myriel était évêque de Digne[3]. C'était un vieillard d'environ soixante-quinze ans; il occupait le siège de Digne depuis 1806.

Quoique ce détail ne touche en aucune manière au fond même de ce que nous avons à raconter, il n'est peut-être pas inutile, ne fût-ce que pour être exact en tout, d'indiquer ici les bruits et les propos qui avaient couru sur son compte au moment où il était arrivé dans le diocèse. Vrai ou faux, ce qu'on dit des hommes tient souvent autant de place dans leur vie et surtout dans leur destinée que ce qu'ils font. M. Myriel était fils d'un conseiller au parlement d'Aix; noblesse de robe. On contait de lui que son père, le réservant pour héritier de sa charge, l'avait marié de fort bonne heure, à dix-huit ou vingt ans, suivant un usage assez répandu dans les familles parlementaires. Charles Myriel, nonobstant ce mariage, avait, disait-on, beaucoup fait parler de lui. Il était bien fait de sa personne, quoique d'assez petite taille, élégant, gracieux, spirituel; toute la première partie de sa vie avait été donnée au monde et aux galanteries. La Révolution survint, les événements se précipitèrent, les familles parlementaires décimées, chassées, traquées, se dispersèrent. M. Charles Myriel, dès les premiers jours de la Révolution, émigra en Italie[4]. Sa femme y mourut d'une maladie de poitrine dont elle était atteinte depuis longtemps. Ils n'avaient point d'enfants. Que se passa-t-il ensuite dans la destinée de M. Myriel ? L'écroulement de l'ancienne société française, la chute de sa propre famille, les tragiques spectacles de 93, plus effrayants encore peut-être pour les émigrés qui les voyaient de loin avec le grossissement de l'épouvante[5], firent-ils germer en lui des idées de renoncement et de solitude ? Fut-il, au milieu d'une de ces distractions et de ces affections qui occupaient sa vie, subitement atteint d'un de ces coups mystérieux et terribles qui viennent quelquefois renverser, en le frappant au cœur, l'homme que les catastrophes publiques n'ébranleraient pas en le frappant dans son existence et dans sa fortune ? Nul n'aurait pu le dire ; tout ce qu'on savait, c'est que, lorsqu'il revint d'Italie, il était prêtre.

En 1804, M. Myriel était curé de B. (Brignolles). Il était déjà vieux, et vivait dans une retraite profonde.

Vers l'époque du couronnement, une petite affaire de sa cure, on ne sait plus trop quoi, l'amena à Paris. Entre autres personnes puissantes, il alla solliciter pour ses paroissiens M. le cardinal Fesch[6]. Un jour que l'empereur était venu faire visite à son oncle, le digne curé, qui attendait dans l'antichambre, se trouva sur le passage de sa majesté. Napoléon, se voyant regardé avec une certaine curiosité par ce vieillard, se retourna, et dit brusquement :

— Quel est ce bonhomme qui me regarde ?

— Sire, dit M. Myriel, vous regardez un bonhomme, et moi je regarde un grand homme. Chacun de nous peut profiter.

L'empereur, le soir même, demanda au cardinal le nom de ce curé, et quelque temps après M. Myriel fut tout surpris d'apprendre qu'il était nommé évêque de Digne.

Qu'y avait-il de vrai, du reste, dans les récits qu'on faisait sur la première partie de la vie de M. Myriel ? Personne ne le savait. Peu de familles avaient connu la famille Myriel avant la Révolution[7].

M. Myriel devait subir le sort de tout nouveau venu dans une petite ville où il y a beaucoup de bouches qui parlent et fort peu de têtes qui pensent. Il devait le subir, quoiqu'il fût évêque et parce qu'il était évêque. Mais, après tout, les propos auxquels on mêlait son nom n'étaient peut-être que des propos ; du bruit, des mots, des paroles ; moins que des paroles, des *palabres,* comme dit l'énergique langue du Midi.

Quoi qu'il en fût, après neuf ans d'épiscopat et de résidence à Digne, tous ces racontages, sujets de conversation qui occupent dans le premier moment les petites villes et les petites gens, étaient tombés dans un oubli profond. Personne n'eût osé en parler, personne n'eût même osé s'en souvenir.

M. Myriel était arrivé à Digne accompagné d'une vieille fille, Mlle Baptistine[8], qui était sa sœur et qui avait dix ans de moins que lui.

Ils avaient pour tout domestique une servante du même âge que Mlle Baptistine, et appelée Mme Magloire, laquelle, après avoir[9] été *la servante de M. le Curé,* prenait maintenant le double titre de femme de chambre de Mlle et femme de charge de monseigneur.

Mlle[10] Baptistine était une personne longue, pâle, mince, douce ; elle réalisait l'idéal de ce qu'exprime le mot « respectable » ; car il semble qu'il soit nécessaire qu'une femme soit mère pour être vénérable. Elle n'avait jamais été jolie ; toute sa vie, qui n'avait été qu'une suite de saintes œuvres, avait fini par mettre sur elle une sorte de blancheur et de clarté ; et, en vieillissant, elle avait gagné ce qu'on pourrait appeler la beauté de la bonté. Ce qui avait été de la maigreur dans sa jeunesse était devenu, dans sa maturité, de la transparence ; et cette diaphanéité laissait voir l'ange. C'était une âme plus encore que ce n'était une vierge. Sa personne semblait faite d'ombre ; à peine assez de corps pour qu'il y ait là un sexe ; un peu de matière contenant une lueur ; de grands yeux toujours baissés ; un prétexte pour qu'une âme reste sur la terre.

Mme Magloire était une petite vieille, blanche, grasse, replète, affairée, toujours haletante, à cause de son activité d'abord, ensuite à cause d'un asthme.

A son arrivée, on installa M. Myriel en son palais[11] épiscopal avec les honneurs voulus par les décrets impériaux qui classent l'évêque immédiatement après le maréchal de camp. Le maire et le président lui firent la première visite, et lui de son côté fit la première visite au général et au préfet.

L'installation terminée, la ville attendit son évêque à l'œuvre.

II

M. Myriel devient Monseigneur Bienvenu

Le palais épiscopal de Digne était attenant à l'hôpital.
Le palais épiscopal était un vaste et bel hôtel bâti en pierre au commencement du siècle dernier par Mgr Henri Puget, docteur en théologie de la faculté de Paris, abbé de Simore, lequel était évêque de Digne en 1712. Ce palais était un vrai logis seigneurial. Tout y avait grand air, les appartements de l'évêque, les salons, les chambres, la cour d'honneur, fort large, avec promenoirs à arcades, selon l'ancienne mode florentine, les jardins plantés de magnifiques arbres. Dans la salle à manger, longue et superbe galerie qui était au rez-de-chaussée et s'ouvrait sur les jardins, Mgr Henri Puget avait donné à manger en cérémonie le 29 juillet 1714 à Mgrs Charles Brûlart de Genlis, archevêque-prince d'Embrun, Antoine de Mesgrigny, capucin, évêque de Grasse, Philippe de Vendôme, grand prieur de France, abbé de Saint-Honoré de Lérins, François de Berton de Crillon, évêque-baron de Vence, César de Sabran de Forcalquier, évêque-seigneur de Glandève, et Jean Soanen, prêtre de l'oratoire, prédicateur ordinaire du roi, évêque-seigneur de Senez. Les portraits de ces sept révérends personnages décoraient cette salle, et cette date mémorable, *29 juillet 1714*, y était gravée en lettres d'or sur une table de marbre blanc[1].

L'hôpital était une maison étroite et basse à un seul étage avec un petit jardin.

Trois jours après son arrivée, l'évêque visita l'hôpital. La visite terminée, il fit prier le directeur de vouloir bien venir jusque chez lui.

— Monsieur le directeur de l'hôpital, lui dit-il, combien en ce moment avez-vous de malades?

— Vingt-six, monseigneur.

— C'est ce que j'avais compté, dit l'évêque.

— Les lits, reprit le directeur, sont bien serrés les uns contre les autres.

— C'est ce que j'avais remarqué.

— Les salles ne sont que des chambres, et l'air s'y renouvelle difficilement.

— C'est ce qui me semble.

— Et puis, quand il y a un rayon de soleil, le jardin est bien petit pour les convalescents.

— C'est ce que je me disais.

— Dans les épidémies, nous avons eu cette année le typhus, nous avons eu une suette miliaire il y a deux ans, cent malades quelquefois; nous ne savons que faire.

— C'est la pensée qui m'était venue.

— Que voulez-vous, monseigneur? dit le directeur, il faut se résigner.

Cette conversation avait lieu dans la salle à manger-galerie du rez-de-chaussée. L'évêque garda un moment le silence, puis il se tourna brusquement vers le directeur de l'hôpital.

— Monsieur, dit-il, combien pensez-vous qu'il tiendrait de lits rien que dans cette salle?

— La salle à manger de monseigneur? s'écria le directeur stupéfait.

L'évêque parcourait la salle du regard et semblait y faire avec les yeux des mesures et des calculs.

— Il y tiendrait bien vingt lits! dit-il, comme se parlant à lui-même; puis élevant la voix: — Tenez, monsieur le directeur de l'hôpital, je vais vous dire. Il y a évidemment une erreur. Vous êtes vingt-six personnes dans cinq ou six petites chambres. Nous sommes trois ici, et nous avons place pour soixante. Il y a erreur, je vous dis. Vous avez mon logis, et j'ai le vôtre. Rendez-moi ma maison. C'est ici chez vous.

Le lendemain, les vingt-six pauvres étaient installés dans le palais de l'évêque et l'évêque était à l'hôpital.

M. Myriel n'avait point de bien, sa famille ayant été ruinée par la Révolution. Sa sœur touchait une rente viagère de cinq cents francs qui, au presbytère, suffisait à sa dépense personnelle. M. Myriel recevait de l'État comme évêque un traitement de quinze mille francs. Le jour même où il vint se loger dans la maison de l'hôpital, M. Myriel détermina l'emploi de cette somme une fois pour toutes de la manière suivante. Nous transcrivons ici une note écrite de sa main.

Note pour régler les dépenses de ma maison.

Pour le petit séminaire	quinze cents livres.
Congrégation de la mission	cent livres.
Pour les lazaristes de Montdidier	cent livres.
Séminaire des missions étrangères à Paris. .	deux cents livres.
Congrégation du Saint-Esprit	cent cinquante livres.
Établissements religieux de la Terre-Sainte.	cent livres.
Sociétés de charité maternelle	trois cents livres.
En sus, pour celle d'Arles	cinquante livres.
Œuvre pour l'amélioration des prisons . .	quatre cents livres.
Œuvre pour le soulagement et la délivrance des prisonniers	cinq cents livres.
Pour libérer des pères de famille prisonniers pour dettes.	mille livres.
Supplément au traitement des pauvres maîtres d'école du diocèse.	deux mille livres.
Grenier d'abondance des Hautes-Alpes. .	cent livres.
Congrégation des dames de Digne, de Manosque et de Sisteron, pour l'enseignement gratuit des filles indigentes. .	quinze cents livres.
Pour les pauvres	six mille livres.
Ma dépense personnelle	mille livres.
Total	quinze mille livres.

Pendant tout le temps qu'il occupa le siège de Digne, M. Myriel ne changea presque rien à cet arrangement. Il appelait cela, comme on voit, *avoir réglé les dépenses de sa maison.*

Cet arrangement fut accepté avec une soumission absolue par Mlle Baptistine. Pour cette sainte fille, M. de Digne était tout à la fois son frère et son évêque, son ami selon la nature et son supérieur selon l'Église. Elle l'aimait et elle le vénérait tout simplement. Quand il parlait, elle s'inclinait; quand il agissait, elle adhérait. La servante seule, Mme Magloire[2], murmura un peu. M. l'évêque, on l'a pu remarquer, ne s'était réservé que mille livres, ce qui, joint à la pension de Mlle Baptistine, faisait quinze cents francs par an. Avec ces quinze cents francs, ces deux vieilles femmes et ce vieillard vivaient.

Et quand un curé de village venait à Digne, M. l'évêque trouvait encore moyen de le traiter, grâce à la sévère économie de Mme Magloire et à l'intelligente administration de Mlle Baptistine.

Un jour, — il était à Digne depuis environ trois mois, — l'évêque dit:

— Avec tout cela je suis bien gêné !

— Je le crois bien ! s'écria Mme Magloire, Monseigneur n'a seulement pas réclamé la rente que le département lui doit pour ses frais de carrosse en ville et de tournées dans le diocèse. Pour les évêques d'autrefois c'était l'usage.

— Tiens ! dit l'évêque, vous avez raison, madame Magloire.

Il fit sa réclamation.

Quelque temps après, le conseil général, prenant cette demande en considération, lui vota une somme annuelle de trois mille francs, sous cette rubrique : *Allocation à M. l'évêque pour frais de carrosse, frais de poste et frais de tournées pastorales.*

Cela fit beaucoup crier la bourgeoisie locale, et, à cette occasion, un sénateur de l'empire, ancien membre du conseil des Cinq-Cents favorable au dix-huit brumaire et pourvu près de la ville de Digne d'une sénatorerie magnifique, écrivit au ministre des cultes, M. Bigot de Préameneu[3], un petit billet irrité et confidentiel dont nous extrayons ces lignes authentiques[4] :

« — Des frais de carrosse ? pourquoi faire dans une ville de moins de quatre mille habitants ? Des frais de poste et de tournées ? à quoi bon ces tournées d'abord ? ensuite comment courir la poste dans un pays de montagnes ? Il n'y a pas de routes. On ne va qu'à cheval. Le pont même de la Durance à Château-Arnoux peut à peine porter des charrettes à bœufs. Ces prêtres sont tous ainsi. Avides et avares. Celui-ci a fait le bon apôtre en arrivant. Maintenant il fait comme les autres. Il lui faut carrosse et chaise de poste. Il lui faut du luxe comme aux anciens évêques. Oh ! toute cette prêtraille ! Monsieur le comte, les choses n'iront bien que lorsque l'empereur nous aura délivrés des calotins. A bas le pape ! (les affaires se brouillaient avec Rome). Quant à moi, je suis pour César tout seul. Etc., etc. »

La chose, en revanche[5], réjouit fort Mme Magloire.

— Bon, dit-elle à Mlle Baptistine, Monseigneur a commencé par les autres, mais il a bien fallu qu'il finît par lui-même. Il a réglé toutes ses charités. Voilà trois mille livres pour nous. Enfin[6] !

Le soir même, l'évêque écrivit et remit à sa sœur une note ainsi conçue :

Frais de carrosse et de tournées.

Pour donner du bouillon de viande aux malades de l'hôpital	quinze cents livres.
Pour la société de charité maternelle d'Aix	deux cent cinquante livres.
Pour la société de charité maternelle de Draguignan	deux cent cinquante livres.
Pour les enfants trouvés.	cinq cents livres.
Pour les orphelins.	cinq cents livres.
Total.	trois mille livres.

Tel était le budget de M. Myriel[7].

Quant au casuel épiscopal, rachats de bans, dispenses, ondoiements, prédications, bénédictions d'églises ou de chapelles, mariages, etc., l'évêque le percevait sur les riches avec d'autant plus d'âpreté qu'il le donnait aux pauvres.

Au bout de peu de temps, les offrandes d'argent affluèrent. Ceux qui ont et ceux qui manquent frappaient à la porte[8] de M. Myriel, les uns venant chercher l'aumône que les autres venaient y déposer. L'évêque, en moins d'un an, devint le trésorier de tous les bienfaits et le caissier de toutes les détresses. Des sommes considérables passaient par ses mains; mais rien ne put faire qu'il changeât quelque chose à son genre de vie et qu'il ajoutât le moindre superflu à son nécessaire.

Loin[9] de là. Comme il y a toujours encore plus de misère en bas que de fraternité en haut, tout était donné, pour ainsi dire, avant d'être reçu; c'était comme de l'eau sur une terre sèche; il avait beau recevoir de l'argent, il n'en avait jamais. Alors il se dépouillait.

L'usage étant que les évêques énoncent leurs noms de baptême en tête de leurs mandements et de leurs lettres pastorales, les pauvres gens du pays avaient choisi, avec une sorte d'instinct affectueux, dans les noms et prénoms de l'évêque, celui qui leur présentait un sens, et ils ne l'appelaient que Mgr Bienvenu. Nous ferons comme eux, et nous le nommerons ainsi dans l'occasion. Du reste, cette appellation lui plaisait. — J'aime ce nom-là, disait-il. Bienvenu corrige monseigneur.

Nous ne prétendons pas que le portrait que nous faisons ici soit vraisemblable; nous nous bornons à dire qu'il est ressemblant.

III

A bon évêque dur évêché

M. l'évêque, pour avoir converti son carrosse en aumônes, n'en faisait pas moins ses tournées. C'est un diocèse fatigant que celui de Digne. Il a fort peu de plaines, beaucoup de montagnes, presque pas de routes, on l'a vu tout à l'heure ; trente deux cures, quarante et un vicariats et deux cent quatre-vingt-cinq succursales. Visiter tout cela, c'est une affaire. M. l'évêque en venait à bout. Il allait à pied quand c'était dans le voisinage, en carriole dans la plaine, en cacolet dans la montagne. Les deux vieilles femmes l'accompagnaient. Quand le trajet était trop pénible pour elles, il allait seul.

Un jour, il arriva à Senez, qui est une ancienne ville épiscopale[1], monté sur un âne. Sa bourse, fort à sec dans ce moment, ne lui avait pas permis d'autre équipage. Le maire de la ville vint le recevoir à la porte de l'évêché et le regardait descendre de son âne avec des yeux scandalisés. Quelques bourgeois riaient autour de lui.
— Monsieur le maire, dit l'évêque, et messieurs les bourgeois, je vois ce qui vous scandalise ; vous trouvez que c'est bien de l'orgueil à un pauvre prêtre de monter une monture qui a été celle de Jésus-Christ. Je l'ai fait par nécessité, je vous assure, non par vanité[2].

Dans ses tournées, il était indulgent et doux, et prêchait moins qu'il ne causait. Il ne mettait aucune vertu sur un plateau inaccessible. Il n'allait jamais chercher bien loin ses raisonnements et ses modèles. Aux habitants d'un pays il citait l'exemple du pays voisin. Dans les cantons où l'on était dur pour les nécessiteux, il disait : — Voyez les gens de Briançon. Ils ont donné aux indigents, aux veuves et aux orphelins le droit de faire faucher leurs prairies trois jours avant tous les autres. Ils leur rebâtissent gratuitement leurs maisons quand elles sont en ruines. Aussi est-ce un pays béni de Dieu. Durant tout un siècle de cent ans, il n'y a pas eu un meurtrier.

Dans les villages âpres au gain et à la moisson, il disait : — Voyez ceux d'Embrun. Si un père de famille, au temps de la récolte, a ses fils au service à l'armée et ses filles en service à la ville, et qu'il soit malade et empêché, le curé le recommande au prône ; et le dimanche après la messe, tous les gens du village, hommes, femmes, enfants, vont dans le champ du pauvre homme lui faire sa moisson, et lui rapportent paille et grain dans son grenier. — Aux familles divisées par des questions d'argent et d'héritage, il disait : — Voyez les montagnards de Devolny, pays si sauvage qu'on n'y entend pas le rossignol une fois en cinquante ans. Eh bien, quand le père meurt dans une famille, les garçons s'en vont chercher fortune, et laissent le bien aux filles, afin qu'elles puissent trouver des maris. — Aux cantons qui ont le goût des procès et où les fermiers se ruinent en papier timbré, il disait : — Voyez ces bons paysans de la vallée de Queyras. Ils sont là trois mille âmes. Mon Dieu ! c'est comme une petite république. On n'y connaît ni le juge, ni l'huissier. Le maire fait tout. Il répartit l'impôt, taxe chacun en conscience, juge les querelles gratis, partage les patrimoines sans honoraires, rend des sentences sans frais ; et on lui obéit, parce que c'est un homme juste parmi des hommes simples. — Aux villages où il ne trouvait pas de maître d'école, il citait encore ceux de Queyras : — Savez-vous comment ils font ? disait-il. Comme un petit pays de douze ou quinze feux ne peut pas toujours nourrir un magister, ils ont des maîtres d'école payés par toute la vallée, qui parcourent les villages, passant huit jours dans celui-ci, dix dans celui-là, et enseignant. Ces magisters vont aux foires, où je les ai vus. On les reconnaît à des plumes à écrire qu'ils portent dans la ganse de leur chapeau. Ceux qui n'enseignent qu'à lire ont une plume, ceux qui enseignent la lecture et le calcul ont deux plumes ; ceux qui enseignent la lecture, le calcul et le latin ont trois plumes. Ceux-là sont de grands savants. Mais quelle honte d'être ignorants ! Faites comme les gens de Queyras.

Il parlait ainsi, gravement et paternellement, à défaut d'exemples inventant des paraboles, allant droit au but, avec peu de phrases et beaucoup d'images, ce qui était l'éloquence même de Jésus-Christ, convaincu et persuadant.

IV

LES ŒUVRES SEMBLABLES AUX PAROLES

Sa conversation était affable et gaie. Il se mettait à la portée des deux vieilles femmes qui passaient leur vie près de lui; quand il riait, c'était le rire d'un écolier.

Mme Magloire l'appelait volontiers *Votre Grandeur*. Un jour, il se leva de son fauteuil et alla à sa bibliothèque chercher un livre. Ce livre était sur un des rayons d'en haut. Comme l'évêque était d'assez petite taille, il ne put y atteindre. — *Madame Magloire*, dit-il, *apportez-moi une chaise. Ma Grandeur ne va pas jusqu'à cette planche.*

Une de ses parentes éloignées, Mme la comtesse de Lô, laissait rarement échapper une occasion d'énumérer en sa présence ce qu'elle appelait « les espérances » de ses trois fils. Elle avait plusieurs ascendants fort vieux et proches de la mort dont ses fils étaient naturellement les héritiers. Le plus jeune des trois avait à recueillir d'une grand'tante cent bonnes mille livres de rentes; le deuxième était substitué au titre de duc de son oncle; l'aîné devait succéder à la pairie de son aïeul. L'évêque écoutait habituellement en silence ces innocents et pardonnables étalages maternels. Une fois pourtant, il paraissait plus rêveur que de coutume, tandis que Mme de Lô renouvelait le détail de toutes ces successions et de toutes ces « espérances ». Elle s'interrompit avec quelque impatience : — Mon Dieu, mon cousin ! mais à quoi songez-vous donc ? — Je songe, dit l'évêque, à quelque chose de singulier qui est, je crois, dans Saint-Augustin : « Mettez votre espérance dans celui auquel on ne succède point. »

Une autre fois, recevant une lettre de faire-part du décès d'un gentilhomme du pays, où s'étalaient en une longue page, outre les dignités du défunt, toutes les qualifications féodales et nobiliaires de tous ses parents : — Quel bon dos a la mort ! s'écria-t-il. Quelle admirable charge de titres on lui fait allégrement porter, et comme il faut que les hommes aient de l'esprit pour employer ainsi la tombe à la vanité[1] !

Il avait dans l'occasion une raillerie douce qui contenait presque toujours un sens sérieux. Pendant un

carême, un jeune vicaire vint à Digne et prêcha dans la cathédrale. Il fut assez éloquent. Le sujet de son sermon était la charité. Il invita les riches à donner aux indigents, afin d'éviter l'enfer qu'il peignit le plus effroyable qu'il put et de gagner le paradis qu'il fit désirable et charmant. Il y avait dans l'auditoire un riche marchand retiré, un peu usurier, nommé M. Géborand, lequel avait gagné un demi-million à fabriquer de gros draps, des serges, des cadis et des gasquets. De sa vie M. Géborand n'avait fait l'aumône à un malheureux[2]. A partir de ce sermon, on remarqua qu'il donnait tous les dimanches un sou aux vieilles mendiantes du portail de la cathédrale. Elles étaient six à se partager cela. Un jour, l'évêque le vit faisant sa charité et dit à sa sœur avec un sourire :
— *Voilà M. Géborand qui achète pour un sou de paradis.*

Quand il s'agissait de charité[3], il ne se rebutait pas, même devant un refus, et il trouvait alors des mots qui faisaient réfléchir. Une fois, il quêtait pour les pauvres dans un salon de la ville. Il y avait là le marquis de Champtercier, vieux, riche, avare, lequel trouvait moyen d'être tout ensemble ultra-royaliste et ultra-voltairien. Cette variété a existé. L'évêque, arrivé à lui, lui toucha le bras : — *Monsieur le marquis, il faut que vous me donniez quelque chose.* Le marquis se retourna et répondit sèchement : — *Monseigneur, j'ai mes pauvres.* — *Donnez-les-moi*, dit l'évêque.

Un jour, dans la cathédrale, il fit ce sermon :
« Mes très chers frères, mes bons amis, il y a en France treize cent vingt mille maisons de paysans qui n'ont que trois ouvertures, dix-huit cent dix-sept mille qui ont deux ouvertures, la porte et une fenêtre, et enfin trois cent quarante-six mille cabanes qui n'ont qu'une ouverture, la porte. Et cela, à cause d'une chose qu'on appelle l'impôt des portes et fenêtres. Mettez-moi de pauvres familles, des vieilles femmes, des petits enfants, dans ces logis-là, et voyez les fièvres et les maladies ! Hélas ! Dieu donne l'air aux hommes, la loi le leur vend. Je n'accuse pas la loi, mais je bénis Dieu. Dans l'Isère, dans le Var, dans les deux Alpes, les Hautes et les Basses, les paysans n'ont même pas de brouettes, ils transportent les engrais à dos d'hommes ; ils n'ont pas de chandelles, et ils brûlent des bâtons résineux et des bouts de corde trempés dans la poix résine. C'est comme cela dans tout le pays haut du Dauphiné. Ils font le pain pour six mois,

ils le font cuire avec de la bouse de vache séchée. L'hiver, ils cassent ce pain à coups de hache et ils le font tremper dans l'eau vingt-quatre heures pour pouvoir le manger. — Mes frères, ayez pitié ! voyez comme on souffre autour de vous. »

Né provençal, il s'était facilement familiarisé avec tous les patois du Midi. Il disait : — *Eh bé ! moussu, sès sagé?* comme dans le bas Languedoc. — *Onté anaras passa?* comme dans les basses Alpes. — *Puerte un bouen moutou embe un bouen froumage grase*[4], comme dans le haut Dauphiné. Ceci plaisait au peuple, et n'avait pas peu contribué à lui donner accès près de tous les esprits. Il était dans la chaumière et dans la montagne comme chez lui. Il savait dire les choses les plus grandes dans les idiomes les plus vulgaires. Parlant toutes les langues, il entrait dans toutes les âmes.

Du reste, il était le même pour les gens du monde et pour les gens du peuple.

Il ne condamnait rien hâtivement, et sans tenir compte des circonstances environnantes. Il disait : Voyons le chemin par où la faute a passé[5].

Étant[6], comme il se qualifiait lui-même en souriant, un *ex-pécheur,* il n'avait aucun des escarpements du rigorisme, et il professait assez haut, et sans le froncement de sourcil des vertueux féroces, une doctrine qu'on pourrait résumer à peu près ainsi :

« L'homme a sur lui la chair qui est tout à la fois son fardeau et sa tentation. Il la traîne et lui cède.

« Il doit la surveiller, la contenir, la réprimer, et ne lui obéir qu'à la dernière extrémité. Dans cette obéissance-là, il peut encore y avoir de la faute; mais la faute, ainsi faite, est vénielle. C'est une chute, mais une chute sur les genoux, qui peut s'achever en prière.

« Être un saint, c'est l'exception; être un juste, c'est la règle. Errez, défaillez, péchez, mais soyez des justes.

« Le moins de péché possible, c'est la loi de l'homme. Pas de péché du tout est le rêve de l'ange. Tout ce qui est terrestre est soumis au péché. Le péché est une gravitation. »

Quand il voyait tout le monde crier bien fort et s'indigner bien vite : — Oh ! oh ! disait-il en souriant, il y a apparence que ceci est un gros crime que tout le monde commet. Voilà les hypocrisies effarées qui se dépêchent de protester et de se mettre à couvert.

Il était indulgent pour les femmes et les pauvres sur qui pèse le poids de la société humaine. Il disait : — Les fautes des femmes, des enfants, des serviteurs, des faibles, des indigents et des ignorants sont la faute des maris, des pères, des maîtres, des forts, des riches et des savants.

Il disait encore : — A ceux qui ignorent, enseignez-leur le plus de choses que vous pourrez; la société est coupable de ne pas donner l'instruction gratis; elle répond de la nuit qu'elle produit[7]. Cette âme est pleine d'ombre, le péché s'y commet. Le coupable n'est pas celui qui y fait le péché, mais celui qui y a fait l'ombre.

Comme on voit, il avait une manière étrange et à lui de juger les choses. Je soupçonne qu'il avait pris cela dans l'évangile.

Il entendit un jour conter dans un salon un procès criminel qu'on instruisait et qu'on allait juger. Un misérable homme, par amour pour une femme et pour l'enfant qu'il avait d'elle, à bout de ressources, avait fait de la fausse monnaie. La fausse monnaie était encore punie de mort à cette époque. La femme avait été arrêtée émettant la première pièce fausse fabriquée par l'homme. On la tenait, mais on n'avait de preuves que contre elle[8]. Elle seule pouvait charger son amant et le perdre en avouant. Elle nia. On insista. Elle s'obstina à nier. Sur ce, le procureur du roi avait eu une idée. Il avait supposé une infidélité de l'amant, et était parvenu, avec des fragments de lettres savamment présentés, à persuader à la malheureuse[9] qu'elle avait une rivale et que cet homme la trompait. Alors, exaspérée de jalousie, elle avait dénoncé son amant, tout avoué, tout prouvé. L'homme était perdu. Il allait être prochainement jugé à Aix avec sa complice[10]. On racontait le fait, et chacun s'extasiait sur l'habileté du magistrat. En mettant la jalousie en jeu, il avait fait jaillir la vérité par la colère, il avait fait sortir la justice de la vengeance. L'évêque écoutait tout cela en silence. Quand ce fut fini, il demanda :

— Où jugera-t-on cet homme et cette femme?

— A la cour d'assises.

Il reprit : — Et où jugera-t-on M. le procureur du roi[11]?

Il arriva à Digne une aventure tragique. Un homme fut condamné à mort pour meurtre. C'était un malheureux pas tout à fait lettré, pas tout à fait ignorant, qui avait été bateleur dans les foires et écrivain public. Le procès occupa beaucoup la ville. La veille du jour fixé pour l'exécution du condamné, l'aumônier de la prison tomba malade. Il fallait un prêtre pour assister le patient à ses derniers moments. On alla chercher le curé. Il paraît qu'il refusa en disant : — Cela ne me regarde pas. Je n'ai que faire de cette corvée et de ce saltimbanque ; moi aussi, je suis malade ; d'ailleurs ce n'est pas là ma place. On rapporta cette réponse à l'évêque qui dit : — *M. le curé a raison. Ce n'est pas sa place, c'est la mienne.*

Il alla sur-le-champ à la prison, il descendit au cabanon du « saltimbanque »[12], il l'appela par son nom, lui prit la main et lui parla. Il passa toute la journée et toute la nuit près de lui[13], oubliant la nourriture et le sommeil, priant Dieu pour l'âme du condamné et priant le condamné pour la sienne propre. Il lui dit les meilleures vérités qui sont les plus simples. Il fut père, frère, ami ; évêque pour bénir seulement. Il lui enseigna tout, en le rassurant et en le consolant. Cet homme allait mourir désespéré. La mort était pour lui comme un abîme. Debout et frémissant sur ce seuil lugubre, il reculait avec horreur. Il n'était pas assez ignorant pour être absolument indifférent. Sa condamnation, secousse profonde, avait en quelque sorte rompu çà et là autour de lui cette cloison qui nous sépare du mystère des choses et que nous appelons la vie. Il regardait sans cesse au dehors de ce monde par ces brèches fatales, et ne voyait que des ténèbres. L'évêque lui fit voir une clarté.

Le lendemain, quand on vint chercher le malheureux, l'évêque était là. Il le suivit. Il se montra aux yeux de la foule en camail violet et avec sa croix épiscopale au cou, côte à côte avec ce misérable lié de cordes.

Il monta sur la charrette avec lui, il monta sur l'échafaud avec lui. Le patient, si morne et si accablé la veille, était rayonnant. Il sentait que son âme était réconciliée et il espérait Dieu. L'évêque l'embrassa, et, au moment où le couteau allait tomber, il lui dit : « — Celui que l'homme tue, Dieu le ressuscite ; celui que les frères chassent retrouve le Père. Priez, croyez, entrez dans la vie ! le Père est là. » Quand il redescendit[14] de l'échafaud, il avait quelque chose dans son regard qui fit ranger le peuple. On ne savait ce qui[15] était le plus admirable de sa pâleur ou de sa sérénité. En rentrant à son humble logis qu'il appelait en souriant *son palais,* il dit à sa sœur : *Je viens d'officier pontificalement.*

Comme les choses les plus sublimes sont souvent aussi les choses les moins comprises, il y eut dans la ville des gens qui dirent, en commentant cette conduite de l'évêque : *C'est de l'affectation.* Ceci ne fut du reste qu'un propos de salons. Le peuple, qui n'entend pas malice aux actions saintes, fut attendri et admira.

Quant[16] à l'évêque, avoir vu la guillotine fut pour lui un choc, et il fut longtemps à s'en remettre.

L'échafaud, en effet, quand il est là, dressé et debout, a quelque chose qui hallucine. On peut avoir une certaine indifférence sur la peine de mort, ne point se prononcer, dire oui et non, tant qu'on n'a pas vu de ses yeux une guillotine ; mais si l'on en rencontre une, la secousse est violente, il faut se décider et prendre parti pour ou contre. Les uns admirent, comme de Maistre ; les autres exècrent, comme Beccaria[17]. La guillotine est la concrétion de la loi ; elle se nomme *vindicte ;* elle n'est pas neutre, et ne vous permet pas de rester neutre. Qui l'aperçoit frissonne du plus mystérieux des frissons. Toutes les questions sociales dressent autour de ce couperet leur point d'interrogation. L'échafaud n'est pas une charpente, l'échafaud n'est pas une machine, l'échafaud n'est pas une mécanique inerte faite de bois, de fer et de cordes. Il semble que ce soit une sorte d'être qui a je ne sais quelle sombre initiative ; on dirait que cette charpente voit, que cette machine entend, que cette mécanique comprend, que ce bois, ce fer et ces cordes veulent. Dans la rêverie affreuse où sa présence jette l'âme, l'échafaud apparaît terrible et se mêlant de ce qu'il fait. L'échafaud est le complice du bourreau ; il dévore ; il mange de la chair, il boit du sang. L'échafaud est une sorte de monstre fabriqué par le juge et par le charpentier, un spectre qui semble vivre d'une espèce de vie épouvantable faite de toute la mort qu'il a donnée.

Aussi l'impression fut-elle horrible et profonde ; le lendemain de l'exécution et beaucoup de jours encore après, l'évêque parut accablé. La sérénité presque violente du moment funèbre avait disparu ; le fantôme de la justice sociale l'obsédait. Lui qui d'ordinaire revenait de toutes ses actions avec une satisfaction si rayonnante, il semblait qu'il se fît un reproche. Par moments, il se parlait à lui-même, et bégayait à demi-voix des monologues lugubres. En voici un que sa sœur entendit un soir et recueillit : — Je ne croyais pas que cela fût si monstrueux. C'est un tort de s'absorber dans la loi divine au point de ne plus s'apercevoir de la loi humaine. La mort n'appartient qu'à Dieu. De quel droit les hommes touchent-ils à cette chose inconnue[18] ?

Avec le temps ces impressions s'atténuèrent, et probablement s'effacèrent. Cependant on remarqua que l'évêque évitait désormais de passer sur la place des exécutions.

On pouvait appeler M. Myriel à toute heure au chevet des malades et des mourants. Il n'ignorait pas que là était son plus grand devoir et son plus grand travail. Les familles veuves ou orphelines n'avaient pas besoin de le demander, il arrivait de lui-même. Il savait s'asseoir et se taire de longues heures auprès de l'homme qui avait perdu la femme qu'il aimait, de la mère qui avait perdu son enfant. Comme il savait le moment de se taire, il savait aussi le moment de parler. O admirable consolateur ! il ne cherchait pas à effacer la douleur par l'oubli, mais à l'agrandir et à la dignifier par l'espérance. Il disait : — « Prenez garde à la façon dont vous vous tournez vers les morts. Ne songez pas à ce qui pourrit. Regardez fixement. Vous apercevrez la lueur vivante de votre mort bien-aimé au fond du ciel. » Il savait que la croyance est saine. Il cherchait à conseiller et à calmer l'homme désespéré en lui indiquant du doigt l'homme résigné, et à transformer la douleur qui regarde une fosse en lui montrant la douleur qui regarde une étoile.

V

Que Monseigneur Bienvenu faisait durer trop longtemps ses soutanes

La vie intérieure de M. Myriel était pleine des mêmes pensées que sa vie publique. Pour qui eût pu la voir de près, c'eût été un spectacle grave et charmant que cette pauvreté volontaire dans laquelle vivait M. l'évêque de Digne.

Comme tous les vieillards et comme la plupart des penseurs, il dormait peu. Ce court sommeil était profond[1]. Le matin il se recueillait pendant une heure, puis il disait sa messe, soit à la cathédrale, soit dans son oratoire. Sa messe dite, il déjeunait d'un pain de seigle trempé dans le lait de ses vaches. Puis il travaillait.

Un évêque est un homme fort occupé; il faut qu'il reçoive tous les jours le secrétaire de l'évêché, qui est d'ordinaire un chanoine, presque tous les jours ses grands vicaires. Il a des congrégations à contrôler, des privilèges à donner, toute une librairie ecclésiastique à examiner, paroissiens, catéchismes diocésains, livres d'heures, etc., des mandements à écrire, des prédications à autoriser, des curés et des maires à mettre d'accord, une correspondance cléricale, une correspondance administrative, d'un côté l'État, de l'autre le Saint-Siège, mille affaires.

Le temps que lui laissaient ces mille affaires[2], ses offices et son bréviaire, il le donnait d'abord aux nécessiteux[3], aux malades et aux affligés; le temps que les affligés, les malades et les nécessiteux lui laissaient, il le donnait au travail. Tantôt il bêchait la terre de son jardin, tantôt il lisait et il écrivait. Il n'avait qu'un mot pour ces deux sortes de travail; il appelait cela *jardiner*. « L'esprit est un jardin », disait-il.

A midi, il dînait. Le dîner ressemblait au déjeuner.

Vers deux heures, quand le temps était beau, il sortait et se promenait à pied dans la campagne ou dans la ville, entrant souvent dans les masures. On le voyait cheminer seul, tout à ses pensées, l'œil baissé, appuyé sur sa longue canne, vêtu de sa douillette violette ouatée et bien chaude, chaussé de bas violets dans de gros souliers, et coiffé[4] de son chapeau plat qui laissait passer par ses trois cornes trois glands d'or à graine d'épinards.

C'était une fête partout où il paraissait. On eût dit que son passage avait quelque chose de réchauffant et de lumineux. Les enfants et les vieillards venaient sur le seuil des portes pour l'évêque comme pour le soleil. Il bénissait et on le bénissait. On montrait sa maison à quiconque avait besoin de quelque chose.

Çà et là, il s'arrêtait, parlait aux petits garçons et aux petites filles et souriait aux mères[5]. Il visitait les pauvres tant qu'il avait de l'argent; quand il n'en avait plus, il visitait les riches.

Comme il faisait durer ses soutanes beaucoup de

temps, et qu'il ne voulait pas qu'on s'en aperçût, il ne sortait jamais dans la ville autrement qu'avec sa douillette violette. Cela le gênait un peu en été.

Le soir à huit heures et demie il soupait avec sa sœur, Mme Magloire debout derrière eux et les servant à table. Rien de plus frugal que ce repas. Si pourtant l'évêque avait un de ses curés à souper, Mme Magloire en profitait pour servir à Monseigneur quelque excellent poisson des lacs ou quelque fin gibier de la montagne. Tout curé était un prétexte à bon repas ; l'évêque se laissait faire. Hors de là, son ordinaire ne se composait guère que de légumes cuits dans l'eau et de soupe à l'huile. Aussi disait-on dans la ville : *Quand l'évêque ne fait pas chère de curé, il fait chère de trappiste.*

Après son souper, il causait pendant une demi-heure avec Mlle Baptistine et Mme Magloire ; puis il rentrait dans sa chambre et se remettait à écrire, tantôt sur des feuilles volantes, tantôt sur la marge de quelque in-folio. Il était lettré et quelque peu savant. Il a laissé cinq ou six manuscrits assez curieux ; entre autres une dissertation sur le verset de la Genèse : *Au commencement l'esprit de Dieu flottait sur les eaux*[6]. Il confronte avec ce verset trois textes : la version arabe qui dit : *Les vents de Dieu soufflaient* ; Flavius Josèphe[7] qui dit : *Un vent d'en haut se précipitait sur la terre* ; et enfin la paraphrase chaldaïque d'Onkelos qui porte : *Un vent venant de Dieu soufflait sur la face des eaux.* Dans une autre dissertation, il examine les œuvres théologiques de Hugo, évêque de Ptolémaïs, arrière-grand-oncle de celui qui écrit ce livre[8], et il établit qu'il faut attribuer à cet évêque les divers opuscules publiés, au siècle dernier, sous le pseudonyme de Barleycourt.

Parfois au milieu d'une lecture, quel que fût le livre qu'il eût entre les mains, il tombait tout à coup dans une méditation profonde, d'où il ne sortait que pour écrire quelques lignes sur les pages mêmes du volume. Ces lignes souvent n'ont aucun rapport avec le livre qui les contient. Nous avons sous les yeux une note écrite par lui sur une des marges d'un in-quarto intitulé : *Correspondance du lord Germain avec les généraux Clinton, Cornwallis et les amiraux de la station de l'Amérique. A Versailles, chez Poinçot, libraire, et à Paris, chez Pissot, libraire, quai des Augustins.*

Voici cette note :

« O vous qui êtes !

« L'Ecclésiaste vous nomme Toute-Puissance, les Macchabées vous nomment Créateur, l'Épître aux Éphésiens vous nomme Liberté, Baruch vous nomme Immensité, les Psaumes vous nomment Sagesse et Vérité, Jean vous nomme Lumière, les Rois vous nomment Seigneur, l'Exode vous appelle Providence, le Lévitique Sainteté, Esdras Justice, la création vous nomme Dieu, l'homme vous nomme Père ; mais Salomon vous nomme Miséricorde, et c'est là le plus beau de tous vos noms. »

Vers neuf heures du soir, les deux femmes se retiraient et montaient à leurs chambres au premier[9], le laissant jusqu'au matin seul au rez-de-chaussée.

Ici il est nécessaire que nous donnions une idée exacte du logis de M. l'évêque de Digne.

VI

Par qui il faisait garder sa maison

La maison qu'il habitait se composait, nous l'avons dit, d'un rez-de-chaussée et d'un seul étage : trois pièces au rez-de-chaussée, trois chambres au premier, au-dessus un grenier. Derrière la maison, un jardin d'un quart d'arpent. Les deux femmes occupaient le premier. L'évêque logeait en bas. La première pièce, qui s'ouvrait sur la rue, lui servait de salle à manger, la deuxième de chambre à coucher, et la troisième d'oratoire. On ne pouvait sortir de cet oratoire sans passer par la chambre à coucher, et sortir de la chambre à coucher sans passer par la salle à manger. Dans l'oratoire, au fond, il y avait une alcôve, fermée, avec un lit pour le cas d'hospitalité. M. l'évêque offrait ce lit aux curés de campagne que des affaires ou les besoins de leur paroisse amenaient à Digne.

La pharmacie de l'hôpital, petit bâtiment ajouté à la maison et pris sur le jardin, avait été transformée en cuisine et en cellier.

Il y avait en outre dans le jardin une étable qui était l'ancienne cuisine de l'hospice et où l'évêque[1] entretenait deux vaches. Quelle que fût la quantité de lait qu'elles lui donnassent, il en envoyait invariablement tous les matins la moitié aux malades de l'hôpital. *Je paye ma dîme,* disait-il.

Sa chambre était assez grande et assez difficile à chauffer dans la mauvaise saison. Comme le bois est très cher à Digne, il avait imaginé de faire faire dans l'étable à vaches un compartiment fermé d'une cloison en planches. C'était là qu'il passait ses soirées dans les grands froids. Il appelait cela son *salon d'hiver*.

Il n'y avait dans ce salon d'hiver, comme dans la salle à manger, d'autres meubles qu'une table de bois blanc, carrée, et quatre chaises de paille. La salle à manger était ornée en outre d'un vieux buffet peint en rose à la détrempe. Du buffet pareil, convenablement habillé de napperons blancs et de fausses dentelles, l'évêque avait fait l'autel qui décorait son oratoire.

Ses pénitentes riches et les saintes femmes de Digne s'étaient souvent cotisées pour faire les frais d'un bel autel neuf à l'oratoire de monseigneur; il avait chaque fois pris l'argent et l'avait donné aux pauvres. — Le plus beau des autels, disait-il, c'est l'âme d'un malheureux consolé qui remercie Dieu[2].

Il avait dans son oratoire deux chaises prie-Dieu en paille, et un fauteuil à bras également en paille dans sa chambre à coucher. Quand par hasard il recevait sept ou huit personnes à la fois, le préfet, ou le général, ou l'état-major du régiment en garnison, ou quelques élèves du petit séminaire, on était obligé d'aller chercher dans l'étable les chaises du salon d'hiver, dans l'oratoire les prie-Dieu, et le fauteuil dans la chambre à coucher; de cette façon, on pouvait réunir jusqu'à onze sièges pour les visiteurs. A chaque nouvelle visite on démeublait une pièce.

Il arrivait parfois qu'on était douze; alors l'évêque dissimulait l'embarras de la situation en se tenant debout devant la cheminée si c'était l'hiver, ou en proposant un tour dans le jardin si c'était l'été.

Il y avait bien encore dans l'alcôve fermée une chaise, mais elle était à demi dépaillée et ne portait que sur trois pieds, ce qui faisait qu'elle ne pouvait servir qu'appuyée contre le mur. Mlle Baptistine avait bien aussi dans sa chambre une très grande bergère en bois jadis doré et revêtue de pékin à fleurs, mais on avait été obligé de monter cette bergère au premier par la fenêtre, l'escalier étant trop étroit ; elle ne pouvait donc pas compter parmi les en-cas du mobilier.

L'ambition de Mlle Baptistine eût été de pouvoir acheter un meuble de salon en velours d'Utrecht jaune à rosaces et en acajou à cou de cygne, avec canapé. Mais cela eût coûté au moins cinq cents francs, et, ayant vu qu'elle n'avait réussi à économiser pour cet objet que quarante-deux francs dix sous en cinq ans, elle avait fini par y renoncer. D'ailleurs qui est-ce qui atteint son idéal?

Rien de plus simple à se figurer que la chambre à coucher de l'évêque. Une porte-fenêtre donnant sur le jardin, vis-à-vis, le lit, un lit d'hôpital, en fer avec baldaquin de serge verte ; dans l'ombre du lit, derrière un rideau, les ustensiles de toilette trahissant encore les anciennes habitudes élégantes de l'homme du monde ; deux portes[3], l'une près de la cheminée, donnant dans l'oratoire ; l'autre, près de la bibliothèque, donnant dans la salle à manger ; la bibliothèque, grande armoire vitrée pleine de livres ; la cheminée, de bois peint en marbre, habituellement sans feu ; dans la cheminée, une paire de chenets en fer ornés de deux vases à guirlandes et cannelures jadis argentés à l'argent haché, ce qui était un genre de luxe épiscopal[4] ; au-dessus, à l'endroit où d'ordinaire on met la glace, un crucifix de cuivre désargenté fixé sur un velours noir râpé dans un cadre de bois dédoré. Près de la porte-fenêtre, une grande table avec un encrier, chargée de papiers confus et de gros volumes[5]. Devant la table, le fauteuil de paille. Devant le lit, un prie-Dieu, emprunté à l'oratoire.

Deux portraits dans des cadres ovales étaient accrochés au mur des deux côtés du lit. De petites inscriptions dorées sur le fond neutre de la toile à côté des figures indiquaient que les portraits représentaient, l'un, l'abbé de Chaliot, évêque de Saint-Claude, l'autre, l'abbé Tourteau, vicaire général d'Agde, abbé de Grand-Champ, ordre de Cîteaux, diocèse de Chartres. L'évêque, en succédant dans cette chambre aux malades de l'hôpital, y avait trouvé ces portraits et les y avait laissés. C'étaient des prêtres, probablement des donateurs ; deux motifs pour qu'il les respectât. Tout ce qu'il savait de ces deux personnages, c'est qu'ils avaient été nommés par le roi, l'un à son évêché, l'autre à son bénéfice, le même jour, le 27 avril 1785. Mme Magloire ayant décroché les tableaux pour en secouer la poussière, l'évêque avait trouvé cette particularité écrite d'une encre blanchâtre sur un petit carré de papier jauni par le temps, collé avec quatre pains à cacheter derrière le portrait de l'abbé de Grand-Champ.

Il avait à sa fenêtre un antique rideau de grosse étoffe de laine qui finit par devenir tellement vieux que, pour éviter la dépense d'un neuf, Mme Magloire fut obligée de faire une grande couture au beau milieu. Cette couture dessinait une croix. L'évêque le faisait souvent remarquer. — Comme cela fait bien ! disait-il.

Toutes les chambres de la maison, au rez-de-chaussée ainsi qu'au premier, sans exception, étaient blanchies au lait de chaux, ce qui est une mode de caserne et d'hôpital.

Cependant, dans les dernières années, Mme Magloire retrouva, comme on le verra plus loin, sous le papier badigeonné, des peintures qui ornaient l'appartement de Mlle Baptistine. Avant d'être l'hôpital, cette maison avait été le parloir aux bourgeois[6]. De là cette décoration. Les chambres étaient pavées de briques rouges qu'on lavait toutes les semaines, avec des nattes de paille tressée devant tous les lits. Du reste, ce logis, tenu par deux femmes, était du haut en bas d'une propreté exquise. C'était le seul luxe que l'évêque permît. Il disait : — *Cela ne prend rien aux pauvres.*

Il faut convenir cependant qu'il lui restait de ce qu'il avait possédé jadis six couverts d'argent et une grande cuiller à soupe que Mme Magloire regardait tous les jours avec bonheur reluire splendidement sur la grosse nappe de toile blanche. Et comme nous peignons ici l'évêque de Digne tel qu'il était, nous devons ajouter qu'il lui était arrivé plus d'une fois de dire : — Je renoncerais difficilement à manger dans de l'argenterie.

Il faut ajouter à cette argenterie deux gros flambeaux d'argent massif qui lui venaient de l'héritage d'une grand'tante. Ces flambeaux portaient deux bougies de cire et figuraient habituellement sur la cheminée de l'évêque. Quand il avait quelqu'un à dîner, Mme Magloire allumait les deux bougies et mettait les deux flambeaux sur la table.

Il y avait dans la chambre même de l'évêque, à la tête de son lit, un petit placard dans lequel Mme Magloire serrait chaque soir les six couverts d'argent et la grande cuiller. Il faut dire qu'on n'en ôtait jamais la clef.

Le jardin, un peu gâté par les constructions assez laides dont nous avons parlé, se composait de quatre allées en croix rayonnant autour d'un puisard ; une autre allée faisait tout le tour du jardin et cheminait le long du mur blanc dont il était enclos. Ces allées laissaient entre elles quatre carrés bordés de buis. Dans trois, Mme Magloire cultivait des légumes ; dans le quatrième, l'évêque avait mis des fleurs. Il y avait çà et là quelques arbres fruitiers.

Une fois Mme Magloire lui avait dit avec une sorte de malice douce : — Monseigneur, vous qui tirez parti de tout, voilà pourtant un carré inutile. Il vaudrait mieux avoir là des salades que des bouquets[7]. — Madame Magloire, répondit l'évêque, vous vous trompez. Le beau est aussi utile que l'utile. — Il ajouta après un silence : Plus peut-être.

Ce carré, composé de trois ou quatre plates-bandes, occupait M. l'évêque presque autant que ses livres. Il y passait volontiers une heure ou deux, coupant, sarclant, et piquant çà et là des trous en terre où il mettait des graines. Il n'était pas aussi hostile aux insectes qu'un jardinier l'eût voulu. Du reste, aucune prétention à la botanique ; il ignorait les groupes et le solidisme ; il ne cherchait pas le moins du monde à décider entre Tournefort et la méthode naturelle ; il ne prenait parti ni pour les utricules contre les cotylédons, ni pour Jussieu contre Linné[5]. Il n'étudiait pas les plantes ; il aimait les fleurs. Il respectait beaucoup les savants, il respectait encore plus les ignorants, et, sans jamais manquer à ces deux respects, il arrosait ses plates-bandes chaque soir d'été avec un arrosoir de fer-blanc peint en vert.

La maison n'avait pas une porte qui fermât à clef. La porte de la salle à manger qui, nous l'avons dit, donnait de plain-pied sur la place de la cathédrale, était jadis armée de serrures et de verrous comme une porte de prison. L'évêque avait fait ôter toutes ces ferrures, et cette porte, la nuit comme le jour, n'était fermée qu'au loquet. Le premier passant venu, à quelque heure que ce fût, n'avait qu'à la pousser. Dans les commencements, les deux femmes avaient été fort tourmentées de cette porte jamais close ; mais M. de Digne leur avait dit :

Faites mettre des verrous à vos chambres, si cela vous plaît. » Elles avaient fini par partager sa confiance ou du moins par faire comme si elles la partageaient. Mme Magloire seule avait de temps en temps des frayeurs. Pour ce qui est de l'évêque, on peut trouver sa pensée expliquée ou du moins indiquée dans ces trois lignes écrites par lui sur la marge d'une Bible : «Voici la nuance : la porte du médecin ne doit jamais être fermée, la porte du prêtre doit toujours être ouverte. »

Sur un autre livre, intitulé *Philosophie de la science médicale,* il avait écrit cette autre note : « Est-ce que je ne suis pas médecin comme eux ? Moi aussi j'ai mes malades ; d'abord j'ai les leurs, qu'ils appellent les malades ; et puis j'ai les miens, que j'appelle les malheureux. »

Ailleurs encore il avait écrit : « Ne demandez pas son nom à qui vous demande un gîte. C'est surtout celui-là que son nom embarrasse qui a besoin d'asile. »

Il advint qu'un digne curé, je ne sais plus si c'était le curé de Couloubroux ou le curé de Pompierry, s'avisa de lui demander un jour, probablement à l'instigation de Mme Magloire, si Monseigneur était bien sûr de ne pas commettre jusqu'à un certain point une imprudence en laissant jour et nuit sa porte ouverte à la disposition de qui voulait entrer, et s'il ne craignait pas enfin qu'il n'arrivât quelque malheur dans une maison si peu gardée. L'évêque lui toucha l'épaule avec[9] une gravité douce et lui dit : *Nisi Dominus custodierit domum, in vanum vigilant qui custodiunt eam*[10]. Puis il parla d'autre chose.

Il disait assez volontiers : « Il y a la bravoure du prêtre comme il y a la bravoure du colonel de dragons. » — « Seulement, ajoutait-il, la nôtre doit être tranquille. »

VII

Cravatte

Ici se place naturellement un fait que nous ne devons pas omettre, car il est de ceux qui font le mieux voir quel homme c'était que M. l'évêque de Digne.

Après la destruction de la bande de Gaspard Bès qui avait infesté les gorges d'Ollioules, un de ses lieutenants, Cravatte, se réfugia dans la montagne. Il se cacha quelque temps avec ses bandits, reste de la troupe de Gaspard

Bès, dans le comté de Nice, puis gagna le Piémont, et tout à coup reparut en France, du côté de Barcelonnette. On le vit à Jauziers d'abord, puis au Tuiles. Il se cacha dans les cavernes du Joug-de-l'Aigle, et de là il descendait vers les hameaux et les villages par les ravins de l'Ubaye et de l'Ubayette. Il osa même pousser jusqu'à[1] Embrun, pénétra une nuit dans la cathédrale et dévalisa la sacristie. Ses brigandages désolaient le pays. On mit la gendarmerie à ses trousses, mais en vain. Il échappait toujours; quelquefois il résistait de vive force. C'était un hardi misérable. Au milieu de cette terreur, l'évêque arriva. Il faisait sa tournée. Au Chastelar, le maire vint le trouver et l'engagea à rebrousser chemin. Cravatte tenait la montagne jusqu'à l'Arche, et au delà. Il y avait danger, même avec une escorte. C'était exposer inutilement trois ou quatre malheureux gendarmes.

— Aussi, dit l'évêque, je compte aller sans escorte.
— Y pensez-vous, monseigneur? s'écria le maire.
— J'y pense tellement, que je refuse absolument les gendarmes et que je vais partir dans une heure.
— Partir?
— Partir.
— Seul?
— Seul.
— Monseigneur! vous ne ferez pas cela.
— Il y a là, dans la montagne, reprit l'évêque, une humble petite commune grande comme ça, que je n'ai pas vue depuis trois ans. Ce sont mes bons amis. De doux et honnêtes bergers. Ils possèdent une chèvre sur trente qu'ils gardent. Ils font de fort jolis cordons de laine de diverses couleurs, et ils jouent des airs de montagne sur de petites flûtes à six trous. Ils ont besoin qu'on leur parle de temps en temps du bon Dieu. Que diraient-ils d'un évêque qui a peur? Que diraient-ils si je n'y allais pas?
— Mais, monseigneur, les brigands! Si vous rencontrez les brigands!
— Tiens, dit l'évêque, j'y songe. Vous avez raison. Je puis les rencontrer. Eux aussi doivent avoir besoin qu'on leur parle du bon Dieu.
— Monseigneur! mais c'est une bande! c'est un troupeau de loups!
— Monsieur le maire, c'est peut-être précisément de

ce troupeau que Jésus me fait le pasteur. Qui sait les voies de la Providence[2] ?

— Monseigneur, ils vous dévaliseront.

— Je n'ai rien.

— Ils vous tueront.

— Un vieux bonhomme de prêtre qui passe en marmottant ses momeries ? Bah ! à quoi bon ?

— Ah ! mon Dieu ! si vous alliez les rencontrer !

— Je leur demanderai l'aumône pour mes pauvres.

— Monseigneur, n'y allez pas, au nom du ciel ! vous exposez votre vie.

— Monsieur le maire, dit l'évêque, n'est-ce décidément que cela ? Je ne suis pas en ce monde pour garder ma vie, mais pour garder les âmes.

Il fallut le laisser faire. Il partit, accompagné seulement d'un enfant qui s'offrit à lui servir de guide. Son obstination fit bruit dans le pays, et effraya très fort.

Il ne voulut emmener ni sa sœur ni Mme Magloire. Il traversa la montagne à mulet, ne rencontra personne, arriva sain et sauf chez ses « bons amis » les bergers. Il y resta quinze jours, prêchant, administrant, enseignant, moralisant. Lorsqu'il fut proche de[3] son départ, il résolut de chanter pontificalement un *Te Deum*. Il en parla au curé. Mais comment faire ? pas d'ornements épiscopaux. On ne pouvait mettre à sa disposition qu'une chétive sacristie de village avec quelques vieilles chasubles de damas usé ornées de galons faux.

— Bah ! dit l'évêque. Monsieur le curé, annonçons toujours au prône notre *Te Deum*. Cela s'arrangera.

On chercha dans les églises d'alentour. Toutes les magnificences de ces humbles paroisses réunies n'auraient pas suffi à vêtir convenablement un chantre de cathédrale.

Comme on était dans cet embarras, une grande caisse fut apportée et déposée au presbytère pour M. l'évêque par deux cavaliers inconnus qui repartirent sur-le-champ. On ouvrit la caisse ; elle contenait une chape de drap d'or, une mitre ornée de diamants, une croix archiépiscopale, une crosse magnifique, tous les vêtements pontificaux volés un mois auparavant au trésor de Notre-Dame d'Embrun. Dans la caisse, il y avait un papier sur lequel étaient écrits ces mots : *Cravatte à monseigneur Bienvenu.*

— Quand je disais que cela s'arrangerait ! dit l'évêque. Puis il ajouta en souriant : A qui se contente d'un surplus de curé, Dieu envoie une chape d'archevêque.

— Monseigneur, murmura le curé en hochant la tête avec un sourire, Dieu, — ou le diable.

L'évêque regarda fixement le curé et reprit avec autorité : — Dieu[4] !

Quand il revint au Chastelar, et tout le long de la route, on venait le regarder par curiosité. Il retrouva au presbytère du Chastelar Mlle Baptistine et Mme Magloire qui l'attendaient, et il dit à sa sœur :

— Eh bien, avais-je raison ? Le pauvre prêtre est allé chez ces pauvres montagnards les mains vides, il en revient les mains pleines. J'étais parti n'emportant que ma confiance en Dieu ; je rapporte le trésor d'une cathédrale.

Le soir, avant de se coucher, il dit encore : — Ne craignons jamais les voleurs ni les meurtriers. Ce sont là des dangers du dehors, les petits dangers. Craignons-nous nous-mêmes. Les préjugés, voilà les voleurs ; les vices, voilà les meurtriers. Les grands dangers sont au dedans de nous. Qu'importe ce qui menace notre tête ou notre bourse ! Ne songeons qu'à ce qui menace notre âme.

Puis se tournant vers sa sœur : — Ma sœur, de la part du prêtre jamais de précaution contre le prochain. Ce que le prochain fait, Dieu le permet. Bornons-nous à prier Dieu quand nous croyons qu'un danger arrive sur nous. Prions-le, non pour nous, mais pour que notre frère ne tombe pas en faute à notre occasion.

Du reste, les événements étaient rares dans son existence. Nous racontons ceux que nous savons, mais d'ordinaire il passait sa vie à faire toujours les mêmes choses aux mêmes moments. Un mois de son année ressemblait à une heure de sa journée.

Quant[5] à ce que devint « le trésor » de la cathédrale d'Embrun, on nous embarrasserait de nous interroger là-dessus. C'étaient là de bien belles choses, et bien tentantes, et bien bonnes à voler au profit des malheureux. Volées, elles l'étaient déjà d'ailleurs. La moitié de l'aventure était accomplie ; il ne restait plus qu'à changer la direction du vol, et qu'à lui faire faire un petit bout de chemin du côté des pauvres. Nous n'affirmons rien du reste à ce sujet. Seulement on a trouvé dans les papiers de l'évêque une note assez obscure qui se rapporte peut-être à cette affaire, et qui est ainsi conçue : *La question est de savoir si cela doit faire retour à la cathédrale ou à l'hôpital.*

VIII

Philosophie après boire[1]

Le sénateur dont il a été parlé plus haut était un homme entendu qui avait fait son chemin avec une rectitude inattentive à toutes ces rencontres qui font obstacle et qu'on nomme conscience, foi jurée, justice, devoir ; il avait marché droit à son but et sans broncher une seule fois dans la ligne de son avancement et de son intérêt. C'était un ancien procureur, attendri par le succès, pas méchant homme du tout, rendant tous les petits services qu'il pouvait à ses fils, à ses gendres, à ses parents, même à des amis, ayant sagement pris de la vie les bons côtés, les bonnes occasions, les bonnes aubaines. Le reste lui semblait assez bête. Il était spirituel, et juste assez lettré pour se croire un disciple d'Épicure en n'étant peut-être qu'un produit de Pigault-Lebrun[2]. Il riait volontiers, et agréablement, des choses infinies et éternelles, et des « billevesées du bonhomme évêque ». Il en riait quelquefois, avec une aimable autorité, devant M. Myriel lui-même qui écoutait.

A je ne sais plus quelle cérémonie demi-officielle, le comte*** (ce sénateur) et M. Myriel durent dîner chez le préfet. Au dessert, le sénateur, un peu égayé, quoique toujours digne, s'écria :

— Parbleu, monsieur l'évêque, causons. Un sénateur et un évêque se regardent difficilement sans cligner de l'œil. Nous sommes deux augures. Je vais vous faire un aveu. J'ai ma philosophie.

— Et vous avez raison, répondit l'évêque. Comme on fait sa philosophie on se couche. Vous êtes sur le lit de pourpre, monsieur le sénateur.

Le sénateur, encouragé, reprit :

— Soyons bons enfants.

— Bons diables même, dit l'évêque.

— Je vous déclare, repartit le sénateur, que le marquis

d'Argens, Pyrrhon, Hobbes et M. Naigeon[3] ne sont pas des maroufles. J'ai dans ma bibliothèque tous mes philosophes dorés sur tranche.

— Comme vous-même, monsieur le comte, interrompit l'évêque.

Le sénateur poursuivit :

— Je hais Diderot ; c'est un idéologue, un déclamateur et un révolutionnaire, au fond croyant en Dieu, et plus bigot que Voltaire. Voltaire s'est moqué de Needham, et il a eu tort ; car les anguilles de Needham prouvent que Dieu est inutile[4]. Une goutte de vinaigre dans une cuillerée de pâte de farine supplée le *fiat lux*. Supposez la goutte plus grosse et la cuillerée plus grande, vous avez le monde. L'homme, c'est l'anguille. Alors à quoi bon le Père éternel ? Monsieur l'évêque, l'hypothèse Jéhovah me fatigue. Elle n'est bonne qu'à produire des gens maigres qui songent creux. A bas ce grand Tout qui me tracasse ! Vive Zéro qui me laisse tranquille ! De vous à moi, et pour vider mon sac, et pour me confesser à mon pasteur comme il convient, je vous avoue que j'ai du bon sens. Je ne suis pas fou de votre Jésus qui prêche à tout bout de champ le renoncement et le sacrifice. Conseil d'avare à des gueux. Renoncement ! pourquoi ? Sacrifice ! à quoi ? Je ne vois pas qu'un loup s'immole au bonheur d'un autre loup. Restons donc dans la nature. Nous sommes au sommet ; ayons la philosophie supérieure. Que sert d'être en haut, si l'on ne voit pas plus loin que le bout du nez des autres ? Vivons gaîment. La vie, c'est tout. Que l'homme ait un autre avenir, ailleurs, là-haut, là-bas, quelque part, je n'en crois pas un traître mot. Ah ! l'on me recommande le sacrifice et le renoncement, je dois prendre garde à tout ce que je fais, il faut que je me casse la tête sur le bien et le mal, sur le juste et l'injuste, sur le *fas* et le *nefas*. Pourquoi ? parce que j'aurai à rendre compte de mes actions. Quand ? après ma mort. Quel bon rêve ! Après ma mort, bien fin qui me pincera. Faites donc saisir une poignée de cendre par une main d'ombre. Disons le vrai, nous qui sommes des initiés et qui avons levé la jupe d'Isis : il n'y a ni bien, ni mal, il y a de la végétation. Cherchons le réel. Creusons tout à fait. Allons au fond, que diable ! Il faut flairer la vérité, fouiller sous terre, et la saisir. Alors elle vous donne des joies exquises. Alors vous devenez fort, et vous riez. Je suis carré par la base, moi. Monsieur l'évêque, l'immortalité de l'homme est un écoute-s'il-pleut. Oh! la charmante promesse! Fiez-vous-y. Le bon billet qu'a Adam! On est âme, on sera ange, on aura des ailes bleues aux omoplates. Aidez-moi donc, n'est-ce pas Tertullien[5] qui dit que les bienheureux iront d'un astre à l'autre? Soit. On sera les sauterelles des étoiles. Et puis, on verra Dieu. Ta ta ta. Fadaises que tous ces paradis. Dieu est une sornette monstre. Je ne dirais point cela dans le *Moniteur*[6], parbleu! mais je le chuchote entre amis. *Inter pocula*[7]. Sacrifier la terre au paradis, c'est lâcher la proie pour l'ombre. Être dupe de l'infini! pas si bête. Je suis néant. Je m'appelle monsieur le comte Néant, sénateur. Étais-je avant ma naissance? Non. Serai-je après ma mort? Non. Que suis-je? un peu de poussière agrégée par un organisme. Qu'ai-je à faire sur cette terre? J'ai le choix. Souffrir ou jouir. Où me mènera la souffrance? Au néant. Mais j'aurai souffert. Où me mènera la jouissance? Au néant. Mais j'aurai joui. Mon choix est fait. Il faut être mangeant ou mangé. Je mange. Mieux vaut être la dent que l'herbe. Telle est ma sagesse. Après quoi, va comme je te pousse, le fossoyeur est là, le Panthéon pour nous autres, tout tombe dans le grand trou. Fin. *Finis*. Liquidation totale. Ceci est l'endroit de l'évanouissement. La mort est morte, croyez-moi. Qu'il y ait là quelqu'un qui ait quelque chose à me dire, je ris d'y songer. Invention de nourrices. Croquemitaine pour les enfants, Jéhovah pour les hommes. Non, notre lendemain est de la nuit. Derrière la tombe, il n'y a plus que des néants égaux. Vous avez été Sardanapale, vous avez été Vincent de Paul, cela fait le même rien. Voilà le vrai. Donc vivez par-dessus tout. Usez de votre moi pendant que vous le tenez. En vérité, je vous le dis, monsieur l'évêque, j'ai ma philosophie, et j'ai mes philosophes. Je ne me laisse pas enguirlander par des balivernes. Après ça, il faut bien quelque chose à ceux qui sont en bas, aux va-nu-pieds, aux gagne-petit, aux misérables. On leur donne à gober les légendes, les chimères, l'âme, l'immortalité, le paradis, les étoiles. Ils mâchent cela. Ils le mettent sur leur pain sec. Qui n'a rien a le bon Dieu. C'est bien le moins. Je n'y fais point obstacle, mais je garde pour moi M. Naigeon. Le bon Dieu est bon pour le peuple.

L'évêque battit des mains.

— Voilà parler ! s'écria-t-il. L'excellente chose, et vraiment merveilleuse, que ce matérialisme-là ! Ne l'a pas qui veut. Ah ! quand on l'a, on n'est plus dupe ; on ne se laisse pas bêtement exiler comme Caton, ni lapider comme Étienne, ni brûler vif comme Jeanne d'Arc. Ceux qui ont réussi à se procurer ce matérialisme admirable ont la joie de se sentir irresponsables, et de penser qu'ils peuvent dévorer tout, sans inquiétude, les places, les sinécures, les dignités, le pouvoir bien ou mal acquis, les palinodies lucratives, les trahisons utiles, les savoureuses capitulations de conscience, et qu'ils entreront dans la tombe, leur digestion faite. Comme c'est agréable ! Je ne dis pas cela pour vous, monsieur le sénateur. Cependant il m'est impossible de ne point vous féliciter. Vous autres grands seigneurs, vous avez, vous le dites, une philosophie à vous et pour vous, exquise, raffinée, accessible aux riches seuls, bonne à toutes les sauces, assaisonnant admirablement les voluptés de la vie. Cette philosophie est prise dans les profondeurs et déterrée par des chercheurs spéciaux. Mais vous êtes bons princes, et vous ne trouvez pas mauvais que la croyance au bon Dieu soit la philosophie du peuple, à peu près comme l'oie aux marrons est la dinde aux truffes du pauvre.

IX

Le frère raconté par la sœur

Pour donner une idée du ménage intérieur de M. l'évêque de Digne et de la façon dont ces deux saintes filles subordonnaient leurs actions, leurs pensées, même leurs instincts de femmes aisément effrayées, aux habitudes et aux intentions de l'évêque, sans qu'il eût même à prendre la peine de parler pour les exprimer, nous ne pouvons mieux faire que de transcrire ici une lettre de Mlle Baptistine à Mme la vicomtesse de Boischevron, son amie d'enfance. Cette lettre est entre nos mains.

Digne, 16 décembre 18...

« Ma bonne madame, pas un jour ne se passe sans que nous parlions de vous. C'est assez notre habitude, mais il y a une raison de plus. Figurez-vous qu'en lavant et époussetant les plafonds et les murs, Mme Magloire a fait des découvertes ; maintenant nos deux chambres tapissées de vieux papier blanchi à la chaux ne dépareraient pas un château dans le genre du vôtre. Mme Magloire a déchiré tout le papier. Il y avait des choses dessous. Mon salon, où il n'y a pas de meubles, et dont nous nous servons pour étendre le linge après les lessives, a quinze pieds de haut, dix-huit de large carrés, un plafond peint anciennement avec dorure, des solives comme chez vous. C'était recouvert d'une toile, du temps que c'était l'hôpital. Enfin des boiseries du temps de nos grand'mères. Mais c'est ma chambre qu'il faut voir. Mme Magloire a découvert, sous au moins dix papiers collés dessus, des peintures, sans être bonnes, qui peuvent se supporter. C'est Télémaque reçu chevalier par Minerve, c'est lui encore dans les jardins. Le nom m'échappe. Enfin où les dames romaines se rendaient une seule nuit. Que vous dirai-je ? j'ai des romains, des romaines (*ici un mot illisible*), et toute la suite. Mme Magloire a débarbouillé tout cela, et cet été elle va réparer quelques petites avaries, revernir le tout, et la chambre sera un vrai musée. Elle a aussi trouvé dans un coin du grenier deux consoles en bois, genre ancien. On demandait deux écus de six livres pour les redorer, mais il vaut bien mieux donner cela aux pauvres ; d'ailleurs c'est fort laid, et j'aimerais mieux une table ronde en acajou.

« Je suis toujours bien heureuse. Mon frère est si bon. Il donne tout ce qu'il a aux indigents et aux malades. Nous sommes très gênés. Le pays est dur l'hiver, et il faut bien faire quelque chose pour ceux qui manquent. Nous sommes à peu près chauffés et éclairés. Vous voyez que ce sont de grandes douceurs.

« Mon frère a ses habitudes à lui. Quand il cause, il dit qu'un évêque doit être ainsi. Figurez-vous que la porte de la maison n'est jamais fermée. Entre qui veut, et l'on est tout de suite chez mon frère. Il ne craint rien, même la nuit. C'est là sa bravoure à lui, comme il dit.

« Il ne veut pas que je craigne pour lui, ni que Mme Magloire craigne. Il s'expose à tous les dangers, et il ne veut même pas que nous ayons l'air de nous en apercevoir. Il faut savoir le comprendre.

« Il sort par la pluie, il marche dans l'eau, il voyage

en hiver. Il n'a pas peur de la nuit, des routes suspectes ni des rencontres.

« L'an dernier, il est allé tout seul dans un pays de voleurs. Il n'a pas voulu nous emmener. Il est resté quinze jours absent. A son retour, il n'avait rien eu, on le croyait mort, et il se portait bien, et il a dit : Voilà comme on m'a volé ! Et il a ouvert une malle pleine de tous les bijoux de la cathédrale d'Embrun, que les voleurs lui avaient donnés.

« Cette fois-là, en revenant, comme j'étais allée à sa rencontre à deux lieues avec d'autres de ses amis, je n'ai pu m'empêcher de le gronder un peu, en ayant soin de ne parler que pendant que la voiture faisait du bruit, afin que personne autre ne pût entendre.

« Dans les premiers temps, je me disais : il n'y a pas de dangers qui l'arrêtent, il est terrible. A présent j'ai fini par m'y accoutumer. Je fais signe à Mme Magloire pour qu'elle ne le contrarie pas. Il se risque comme il veut. Moi j'emmène Mme Magloire, je rentre dans ma chambre, je prie pour lui, et je m'endors. Je suis tranquille, parce que je sais bien que s'il lui arrivait malheur, ce serait ma fin. Je m'en irais au bon Dieu avec mon frère et mon évêque. Mme Magloire a eu plus de peine que moi à s'habituer à ce qu'elle appelait ses imprudences. Mais à présent le pli est pris. Nous prions toutes les deux, nous avons peur ensemble, et nous nous endormons. Le diable entrerait dans la maison qu'on le laisserait faire. Après tout, que craignons-nous dans cette maison ? Il y a toujours quelqu'un avec nous qui est le plus fort. Le diable peut y passer, mais le bon Dieu l'habite.

« Voilà qui me suffit. Mon frère n'a plus même besoin de me dire un mot maintenant. Je le comprends sans qu'il parle, et nous nous abandonnons à la Providence.

« Voilà comme il faut être avec un homme qui a du grand dans l'esprit.

« J'ai questionné mon frère pour le renseignement que vous me demandez sur la famille de Faux. Vous savez comme il sait tout et comme il a des souvenirs, car il est toujours très bon royaliste[1]. C'est de vrai une très ancienne famille normande de la généralité de Caen. Il y a cinq cents ans d'un Raoul de Faux, d'un Jean de Faux et d'un Thomas de Faux, qui étaient des gentilshommes, dont un seigneur de Rochefort. Le dernier était Guy-Étienne-Alexandre, et était meſtre de camp, et quelque chose dans les chevau-légers de Bretagne. Sa fille Marie-Louise a épousé Adrien-Charles de Gramont, fils du duc Louis de Gramont, pair de France, colonel des gardes françaises et lieutenant général des armées. On écrit Faux, Fauq et Faoucq.

« Bonne madame, recommandez-nous aux prières de votre saint parent, M. le cardinal. Quant à votre chère Sylvanie[2], elle a bien fait de ne pas prendre les courts inſtants qu'elle passe près de vous pour m'écrire. Elle se porte bien, travaille selon vos désirs, m'aime toujours. C'eſt tout ce que je veux. Son souvenir par vous m'eſt arrivé. Je m'en trouve heureuse. Ma santé n'eſt pas trop mauvaise, et cependant je maigris tous les jours davantage. Adieu, le papier me manque et me force de vous quitter. Mille bonnes choses.

« BAPTISTINE ».

« *P.-S.* — Mme votre belle-sœur eſt toujours ici avec sa jeune famille. Votre petit-neveu eſt charmant. Savez-vous qu'il a cinq ans bientôt? Hier il a vu passer un cheval auquel on avait mis des genouillères, et il disait : Qu'eſt-ce qu'il a donc aux genoux? — Il eſt si gentil, cet enfant! Son petit frère traîne un vieux balai dans l'appartement comme une voiture, et dit : Hue! »

Comme on le voit par cette lettre, ces deux femmes savaient se plier aux façons d'être de l'évêque avec ce génie particulier de la femme qui comprend l'homme mieux que l'homme ne se comprend. L'évêque de Digne, sous cet air doux et candide[3] qui ne se démentait jamais, faisait parfois des choses grandes, hardies et magnifiques, sans paraître même s'en douter. Elles en tremblaient, mais elles le laissaient faire. Quelquefois Mme Magloire essayait une remontrance avant; jamais pendant ni après. Jamais on ne le troublait, ne fût-ce que par un signe, dans une action commencée. A de certains moments, sans qu'il eût besoin de le dire, lorsqu'il n'en avait peut-être pas lui-même conscience, tant sa simplicité était parfaite, elles sentaient vaguement qu'il agissait comme évêque; alors elles n'étaient plus que deux ombres dans la maison. Elles le servaient passivement, et, si c'était obéir que de disparaître, elles disparaissaient.

Elles savaient, avec une admirable délicatesse d'instinct, que de certaines sollicitudes peuvent gêner. Aussi, même le croyant[4] en péril, elles comprenaient, je ne dis pas sa pensée, mais sa nature, jusqu'au point de ne plus veiller sur lui. Elles le confiaient à Dieu.

D'ailleurs Baptistine disait, comme on vient de le lire, que la fin de son frère serait la sienne. Mme Magloire ne le disait pas, mais elle le savait.

X

L'ÉVÊQUE EN PRÉSENCE D'UNE LUMIÈRE INCONNUE[1]

A une époque un peu postérieure à la date de la lettre citée dans les pages précédentes, il fit une chose, à en croire toute la ville, plus risquée encore que sa promenade à travers les montagnes des bandits.

Il y avait près de Digne, dans la campagne, un homme qui vivait solitaire. Cet homme, disons tout de suite le gros mot, était un ancien conventionnel. Il se nommait G.

On parlait du conventionnel G. dans le petit monde de Digne avec une sorte d'horreur. Un conventionnel, vous figurez-vous cela? Cela existait du temps qu'on se tutoyait et qu'on disait: citoyen. Cet homme était à peu près un monstre. Il n'avait pas voté la mort du roi, mais presque. C'était un quasi-régicide. Il avait été terrible. Comment, au retour des princes légitimes, n'avait-on pas traduit cet homme-là devant une cour prévôtale? On ne lui eût pas coupé la tête, si vous voulez, il faut de la clémence, soit; mais un bon bannissement à vie. Un exemple enfin! etc., etc. C'était un athée d'ailleurs, comme tous ces gens-là. — Commérages des oies sur le vautour.

Était-ce du reste un vautour que G.? Oui, si l'on en jugeait par ce qu'il y avait de farouche dans sa solitude. N'ayant pas voté la mort du roi, il n'avait pas été compris dans les décrets d'exil et avait pu rester en France.

Il habitait, à trois quarts d'heure de la ville, loin de tout hameau, loin de tout chemin, on ne sait quel repli perdu d'un vallon très sauvage. Il avait là, disait-on, une espèce de champ, un trou, un repaire. Pas de voisins; pas même de passants. Depuis qu'il demeurait dans ce vallon, le sentier qui y conduisait avait disparu sous l'herbe. On parlait de cet endroit-là comme de la maison du bourreau.

Pourtant l'évêque songeait, et de temps en temps regardait l'horizon à l'endroit où un bouquet d'arbres marquait le vallon du vieux conventionnel, et il disait : Il y a là une âme qui est seule.

Et au fond de sa pensée il ajoutait : Je lui dois ma visite[2].

Mais, avouons-le, cette idée, au premier abord naturelle, lui apparaissait, après un moment de réflexion, comme étrange et impossible, et presque repoussante. Car, au fond, il partageait l'impression générale, et le conventionnel lui inspirait, sans qu'il s'en rendît clairement compte, ce sentiment qui est comme la frontière de la haine et qu'exprime si bien le mot éloignement.

Toutefois, la gale de la brebis doit-elle faire reculer le pasteur ? Non. Mais quelle brebis !

Le bon évêque était perplexe. Quelquefois il allait de ce côté-là, puis il revenait.

Un jour enfin le bruit se répandit dans la ville qu'une façon de jeune pâtre qui servait le conventionnel G. dans sa bauge était venu chercher un médecin ; que le vieux scélérat se mourait, que la paralysie le gagnait, et qu'il ne passerait pas la nuit. — Dieu merci ! ajoutaient quelques-uns.

L'évêque prit son bâton, mit son pardessus à cause de sa soutane un peu trop usée, comme nous l'avons dit, et aussi à cause du vent du soir qui ne devait pas tarder à souffler, et partit.

Le soleil déclinait et touchait presque l'horizon, quand l'évêque arriva à l'endroit excommunié. Il reconnut avec un certain battement de cœur qu'il était près de la tanière. Il enjamba un fossé, franchit une haie, leva un échalier, entra dans un courtil délabré, fit quelques pas assez hardiment, et tout à coup, au fond de la friche, derrière une haute broussaille, il aperçut la caverne.

C'était une cabane toute basse, indigente, petite et propre, avec une treille clouée à la façade.

Devant la porte, dans une vieille chaise à roulettes, fauteuil du paysan, il y avait un homme en cheveux blancs qui souriait au soleil.

Près du vieillard assis se tenait debout un jeune garçon, le petit pâtre. Il tendait au vieillard une jatte de lait.

Pendant que l'évêque regardait, le vieillard éleva la

voix : — Merci, dit-il, je n'ai plus besoin de rien. Et son sourire quitta le soleil pour s'arrêter sur l'enfant.

L'évêque s'avança. Au bruit qu'il fit en marchant, le vieux homme assis tourna la tête, et son visage exprima toute la quantité de surprise qu'on peut avoir après une longue vie.

— Depuis que je suis ici, dit-il, voilà la première fois qu'on entre chez moi. Qui êtes-vous, monsieur ?

L'évêque répondit :

— Je me nomme Bienvenu Myriel.

— Bienvenu Myriel ! j'ai entendu prononcer ce nom. Est-ce que c'est vous que le peuple appelle monseigneur Bienvenu ?

— C'est moi.

Le vieillard reprit avec un demi-sourire :

— En ce cas, vous êtes mon évêque ?

— Un peu.

— Entrez, monsieur.

Le conventionnel tendit la main à l'évêque, mais l'évêque ne la prit pas. L'évêque se borna à dire :

— Je suis satisfait de voir qu'on m'avait trompé. Vous ne me semblez, certes, pas malade.

— Monsieur, répondit le vieillard, je vais guérir.

Il fit une pause, et dit :

— Je mourrai dans trois heures.

Puis il reprit :

— Je suis un peu médecin ; je sais de quelle façon la dernière heure vient. Hier, je n'avais que les pieds froids, aujourd'hui, le froid a gagné les genoux ; maintenant je le sens qui monte jusqu'à la ceinture ; quand il sera au cœur, je m'arrêterai. Le soleil est beau, n'est-ce pas ? je me suis fait rouler dehors pour jeter un dernier coup d'œil sur les choses. Vous pouvez me parler, cela ne me fatigue point. Vous faites bien de venir regarder un homme qui va mourir. Il est bon que ce moment-là ait des témoins. On a des manies ; j'aurais voulu aller jusqu'à l'aube. Mais je sais que j'en ai à peine pour trois heures. Il fera nuit. Au fait, qu'importe ! Finir est une affaire simple. On n'a pas besoin du matin pour cela. Soit. Je mourrai à la belle étoile.

Le vieillard se tourna vers le pâtre.

— Toi, va te coucher. Tu as veillé l'autre nuit. Tu es fatigué.

L'enfant rentra dans la cabane.

Le vieillard le suivit des yeux et ajouta comme se parlant à lui-même :

— Pendant qu'il dormira, je mourrai. Les deux sommeils peuvent faire bon voisinage.

L'évêque n'était pas ému comme il semble qu'il aurait pu l'être. Il ne croyait pas sentir Dieu dans cette façon de mourir. Disons tout, car les petites contradictions des grands cœurs veulent être indiquées comme le reste, lui qui, dans l'occasion, riait si volontiers de Sa Grandeur, il était quelque peu choqué de ne pas être appelé monseigneur, et il était presque tenté de répliquer : citoyen. Il lui vint une velléité de familiarité bourrue, assez ordinaire aux médecins et aux prêtres, mais qui ne lui était pas habituelle, à lui. Cet homme, après tout, ce conventionnel, ce représentant du peuple, avait été un puissant de la terre ; pour la première fois de sa vie peut-être, l'évêque se sentit en humeur de sévérité.

Le conventionnel cependant le considérait avec une cordialité modeste, où l'on eût pu démêler peut-être l'humilité qui sied quand on est si près de sa mise en poussière.

L'évêque, de son côté, quoiqu'il se gardât ordinairement de la curiosité, laquelle, selon lui, était contiguë à l'offense, ne pouvait s'empêcher d'examiner le conventionnel avec une attention qui, n'ayant pas sa source dans la sympathie, lui eût été probablement reprochée par sa conscience vis-à-vis de tout autre homme. Un conventionnel lui faisait un peu l'effet d'être hors la loi, même hors la loi de charité.

G., calme, le buste presque droit, la voix vibrante, était un de ces grands octogénaires qui font l'étonnement du physiologiste. La Révolution a eu beaucoup de ces hommes proportionnés à l'époque. On sentait dans ce vieillard l'homme à l'épreuve. Si près de sa fin, il avait conservé tous les gestes de la santé. Il y avait dans son coup d'œil clair, dans son accent ferme, dans son robuste mouvement d'épaules, de quoi déconcerter la mort. Azraël, l'ange mahométan du sépulcre, eût rebroussé chemin et eût cru se tromper de porte. G. semblait mourir parce qu'il le voulait bien. Il y avait de la liberté dans son agonie. Les jambes seulement étaient immobiles. Les ténèbres le tenaient par là. Les pieds étaient morts et froids, et la tête vivait de toute la puissance de la vie et paraissait en pleine lumière. G., en ce grave moment, ressemblait à ce roi du conte oriental, chair par en haut, marbre par en bas.

Une pierre était là. L'évêque s'y assit. L'exorde fut *ex abrupto*.

— Je vous félicite, dit-il du ton dont on réprimande. Vous n'avez toujours pas voté la mort du roi.

Le conventionnel ne parut pas remarquer le sous-entendu amer caché dans ce mot : toujours. Il répondit. Tout sourire avait disparu de sa face.

— Ne me félicitez pas trop, monsieur, j'ai voté la fin du tyran.

C'était l'accent austère en présence de l'accent sévère.

— Que voulez-vous dire? reprit l'évêque.

— Je veux dire que l'homme a un tyran, l'ignorance. J'ai voté la fin de ce tyran-là. Ce tyran-là a engendré la royauté qui est l'autorité prise dans le faux, tandis que la science est l'autorité prise dans le vrai. L'homme ne doit être gouverné que par la science.

— Et la conscience, ajouta l'évêque.

— C'est la même chose. La conscience, c'est la quantité de science innée que nous avons en nous.

Mgr Bienvenu écoutait, un peu étonné, ce langage très nouveau pour lui.

Le conventionnel poursuivit :

— Quant à Louis XVI, j'ai dit non. Je ne me crois pas le droit de tuer un homme; mais je me sens le devoir d'exterminer le mal. J'ai voté la fin du tyran. C'est-à-dire la fin de la prostitution pour la femme, la fin de l'esclavage pour l'homme, la fin de la nuit pour l'enfant. En votant la république, j'ai voté cela. J'ai voté la fraternité, la concorde, l'aurore! J'ai aidé à la chute des préjugés et des erreurs. Les écroulements des erreurs et des préjugés font de la lumière. Nous avons fait tomber le vieux monde, nous autres, et le vieux monde, vase des misères, en se renversant sur le genre humain, est devenu une urne de joie.

— Jolie mêlée, dit l'évêque.

— Vous pourriez dire joie troublée, et aujourd'hui, après ce fatal retour du passé qu'on nomme 1814, joie disparue. Hélas, l'œuvre a été incomplète, j'en conviens; nous avons démoli l'ancien régime dans les faits, nous n'avons pu entièrement le supprimer dans les idées. Détruire les abus, cela ne suffit pas ; il faut modifier les mœurs. Le moulin n'y est plus, le vent y est encore.

— Vous avez démoli. Démolir peut être utile ; mais je me défie d'une démolition compliquée de colère.

— Le droit a sa colère, monsieur l'évêque, et la colère du droit est un élément du progrès. N'importe, et quoi qu'on en dise, la Révolution française est le plus puissant pas du genre humain depuis l'avènement du Christ. Incomplète, soit ; mais sublime. Elle a dégagé toutes les inconnues sociales. Elle a adouci les esprits ; elle a calmé, apaisé, éclairé ; elle a fait couler sur la terre des flots de civilisation. Elle a été bonne. La Révolution française, c'est le sacre de l'humanité.

L'évêque ne put s'empêcher de murmurer :
— Oui ? 93 !

Le conventionnel se dressa sur sa chaise avec une solennité presque lugubre, et, autant qu'un mourant peut s'écrier, il s'écria :

— Ah ! vous y voilà ! 93 ! J'attendais ce mot-là. Un nuage s'est formé pendant quinze cents ans. Au bout de quinze siècles, il a crevé. Vous faites le procès au coup de tonnerre.

L'évêque sentit, sans se l'avouer peut-être, que quelque chose en lui était éteint. Pourtant il fit bonne contenance. Il répondit :

— Le juge parle au nom de la justice ; le prêtre parle au nom de la pitié, qui n'est autre chose qu'une justice plus élevée. Un coup de tonnerre ne doit pas se tromper.

Et il ajouta en regardant fixement le conventionnel :
— Louis XVII ?

Le conventionnel étendit la main et saisit le bras de l'évêque :

— Louis XVII ! voyons. Sur qui pleurez-vous ? Est-ce sur l'enfant innocent ? alors, soit. Je pleure avec vous. Est-ce sur l'enfant royal ? je demande à réfléchir. Pour moi, le frère de Cartouche, enfant innocent, pendu sous les aisselles en place de Grève jusqu'à ce que mort s'ensuive, pour le seul crime d'avoir été le frère de Cartouche[3], n'est pas moins douloureux que le petit-fils de Louis XV, enfant innocent, martyrisé dans la tour du Temple pour le seul crime d'avoir été le petit-fils de Louis XV.

— Monsieur, dit l'évêque, je n'aime pas ces rapprochements de noms.

— Cartouche ? Louis XV ? pour lequel des deux réclamez-vous ?

Il y eut un moment de silence. L'évêque regrettait presque d'être venu, et pourtant il se sentait vaguement et étrangement ébranlé.

Le conventionnel reprit :

— Ah ! monsieur le prêtre, vous n'aimez pas les crudités du vrai. Christ les aimait, lui. Il prenait une verge et il époussetait le temple. Son fouet plein d'éclairs était un rude diseur de vérités. Quand il s'écriait : *Sinite parvulos,* il ne distinguait pas entre les petits enfants. Il ne se fût pas gêné pour rapprocher le dauphin de Barabbas du dauphin d'Hérode. Monsieur, l'innocence est sa couronne à elle-même. L'innocence n'a que faire d'être altesse. Elle est aussi auguste déguenillée que fleurdelysée.

— C'est vrai, dit l'évêque à voix basse.

— J'insiste, continua le conventionnel G. Vous m'avez nommé Louis XVII. Entendons-nous. Pleurons-nous sur tous les innocents, sur tous les martyrs, sur tous les enfants, sur ceux d'en bas comme sur ceux d'en haut ? J'en suis. Mais alors, je vous l'ai dit, il faut remonter plus haut que 93, et c'est avant Louis XVII qu'il faut commencer nos larmes. Je pleurerai sur les enfants des rois avec vous, pourvu que vous pleuriez avec moi sur les petits du peuple.

— Je pleure sur tous, dit l'évêque.

— Également ! s'écria G., et si la balance doit pencher, que ce soit du côté du peuple. Il y a plus longtemps qu'il souffre.

Il y eut encore un silence. Ce fut le conventionnel qui le rompit. Il se souleva sur un coude, prit entre son pouce et son index replié un peu de sa joue, comme on fait machinalement lorsqu'on interroge et qu'on juge, et interpella l'évêque avec un regard plein de toutes les énergies de l'agonie. Ce fut presque une explosion.

— Oui, monsieur, il y a longtemps que le peuple souffre. Et puis, tenez, ce n'est pas tout cela, que venez-vous me questionner et me parler de Louis XVII ? Je ne vous connais pas, moi. Depuis que je suis dans ce pays, j'ai vécu dans cet enclos, seul, ne mettant pas les pieds dehors, ne voyant personne que cet enfant qui m'aide. Votre nom est, il est vrai, arrivé confusément jusqu'à moi, et, je dois le dire, pas très mal prononcé ; mais cela ne signifie rien ; les gens habiles ont tant de manières d'en faire accroire à ce brave bonhomme de peuple. A propos, je n'ai pas entendu le bruit de votre voiture, vous l'aurez sans doute laissée derrière le taillis, là-bas, à l'embranchement de la route. Je ne vous connais pas, vous dis-je. Vous m'avez dit que vous étiez l'évêque, mais cela ne me renseigne point sur votre personne morale. En somme je vous répète ma question. Qui êtes-vous ? Vous êtes un évêque, c'est-à-dire un prince de l'Église, un de ces hommes dorés, armoriés, rentés, qui ont de grosses prébendes, — l'évêché de Digne, quinze mille francs de fixe, dix mille francs de casuel, total, vingt-cinq mille francs. — qui ont des cuisines, qui ont des livrées, qui font bonne chère, qui mangent des poules d'eau le vendredi, qui se pavanent, laquais devant, laquais derrière, en berline de gala, et qui ont des palais, et qui roulent carrosse au nom de Jésus-Christ qui allait pieds nus ! Vous êtes un prélat ; rentes, palais, chevaux, valets, bonne table, toutes les sensualités de la vie, vous avez cela comme les autres, et comme les autres vous en jouissez, c'est bien, mais cela en dit trop ou pas assez ; cela ne m'éclaire pas sur votre valeur intrinsèque et essentielle, à vous qui venez avec la prétention probable de m'apporter de la sagesse. A qui est-ce que je parle ? Qui êtes-vous ?

L'évêque baissa la tête et répondit : — *Vermis sum*.

— Un ver de terre en carrosse ! grommela le conventionnel.

C'était le tour du conventionnel d'être humain, et de l'évêque d'être humble.

L'évêque reprit avec douceur :

— Monsieur, soit. Mais expliquez-moi en quoi mon carrosse, qui est là à deux pas derrière les arbres, en quoi ma bonne table et les poules d'eau que je mange le vendredi, en quoi mes vingt-cinq mille livres de rentes, en quoi mon palais et mes laquais prouvent que la pitié n'est pas une vertu, que la clémence n'est pas un devoir et que 93 n'a pas été inexorable.

Le conventionnel passa la main sur son front comme pour en écarter un nuage.

— Avant de vous répondre, dit-il, je vous prie de me pardonner. Je viens d'avoir tort, monsieur. Vous êtes chez moi, vous êtes mon hôte. Je vous dois courtoisie. Vous discutez mes idées, il sied que je me borne à combattre vos raisonnements. Vos richesses et vos jouissances sont des avantages que j'ai contre vous dans le débat, mais il est de bon goût de ne pas m'en servir. Je vous promets de ne plus en user.

— Je vous remercie, dit l'évêque.

G. reprit :

— Revenons à l'explication que vous me demandiez. Où en étions-nous ? Que me disiez-vous ? que 93 a été inexorable ?

— Inexorable, oui, dit l'évêque. Que pensez-vous de Marat battant des mains à la guillotine ?

— Que pensez-vous de Bossuet chantant le *Te Deum* sur les dragonnades ?

La réponse était dure, mais elle allait au but avec la rigidité d'une pointe d'acier. L'évêque en tressaillit ; il ne lui vint aucune riposte, mais il était froissé de cette façon de nommer Bossuet. Les meilleurs esprits ont leurs fétiches, et parfois se sentent vaguement meurtris des manques de respect de la logique.

Le conventionnel commençait à haleter ; l'asthme de l'agonie, qui se mêle aux derniers souffles, lui entrecoupait la voix ; cependant il avait encore une parfaite lucidité d'âme dans les yeux. Il continua :

— Disons encore quelques mots çà et là, je veux bien. En dehors de la Révolution qui, prise dans son ensemble, est une immense affirmation humaine, 93, hélas ! est une réplique. Vous le trouvez inexorable, mais toute la monarchie, monsieur ? Carrier est un bandit, mais quel nom donnez-vous à Montrevel ? Fouquier-Tinville est un gueux ; mais quel est votre avis sur Lamoignon-Bâville ? Maillard est affreux, mais Saulx-Tavannes, s'il vous plaît ? Le père Duchêne est féroce, mais quelle épithète m'accorderez-vous pour le père Letellier ? Jourdan-Coupe-Tête est un monstre, mais moindre que M. le marquis de Louvois[4]. Monsieur, monsieur, je plains Marie-Antoinette archiduchesse et reine ; mais je plains aussi cette pauvre femme huguenote qui, en 1685, sous Louis le Grand, monsieur, allaitant son enfant, fut liée, nue jusqu'à la ceinture, à un poteau, l'enfant tenu à distance; le sein se gonflait de lait et le cœur d'angoisse; le petit, affamé et pâle, voyait ce sein, agonisait et criait; et le bourreau disait à la femme, mère et nourrice : Abjure ! lui donnant à choisir entre la mort de son enfant et la mort de sa conscience. Que dites-vous de ce supplice de Tantale accommodé à une mère ? Monsieur, retenez bien ceci, la Révolution française a eu ses raisons. Sa colère sera absoute par l'avenir. Son résultat, c'est le monde meilleur. De ses coups les plus terribles, il sort une caresse pour le genre humain. J'abrège. Je m'arrête, j'ai trop beau jeu. D'ailleurs je me meurs.

Et, cessant de regarder l'évêque, le conventionnel acheva sa pensée en ces quelques mots tranquilles :

— Oui, les brutalités du progrès s'appellent révolutions. Quand elles sont finies, on reconnaît ceci : que le genre humain a été rudoyé, mais qu'il a marché.

Le conventionnel ne se doutait pas qu'il venait d'emporter successivement l'un après l'autre tous les retranchements intérieurs de l'évêque. Il en restait un pourtant, et de ce retranchement, suprême ressource de la résistance de Mgr Bienvenu, sortit cette parole où reparut presque toute la rudesse du commencement :

— Le progrès doit croire en Dieu. Le bien ne peut pas avoir de serviteur impie. C'est un mauvais conducteur du genre humain que celui qui est athée.

Le vieux représentant du peuple ne répondit pas. Il eut un tremblement. Il regarda le ciel, et une larme germa lentement dans ce regard. Quand la paupière fut pleine, la larme coula le long de sa joue livide, et il dit presque en bégayant, bas et se parlant à lui-même, l'œil perdu dans les profondeurs :

— O toi ! ô idéal ! toi seul existes !

L'évêque eut une sorte d'inexprimable commotion.

Après un silence, le vieillard leva un doigt vers le ciel, et dit :

— L'infini est. Il est là. Si l'infini n'avait pas de moi, le moi serait sa borne; il ne serait pas infini; en d'autres termes, il ne serait pas. Or il est. Donc il a un moi. Ce moi de l'infini, c'est Dieu.

Le mourant avait prononcé ces dernières paroles d'une voix haute et avec le frémissement de l'extase, comme s'il voyait quelqu'un. Quand il eut parlé, ses yeux se fermèrent. L'effort l'avait épuisé. Il était évident qu'il venait de vivre en une minute les quelques heures qui lui restaient. Ce qu'il venait de dire l'avait approché de celui qui est dans la mort. L'instant suprême arrivait.

L'évêque le comprit, le moment pressait, c'était comme prêtre qu'il était venu; de l'extrême froideur, il était passé par degrés à l'émotion extrême; il regarda ces yeux fermés, il prit cette vieille main ridée et glacée, et se pencha vers le moribond :

— Cette heure est celle de Dieu. Ne trouvez-vous pas qu'il serait regrettable que nous nous fussions rencontrés en vain?

Le conventionnel rouvrit les yeux. Une gravité où il y avait de l'ombre s'empreignit sur son visage.

— Monsieur l'évêque, dit-il, avec une lenteur qui venait peut-être plus encore de la dignité de l'âme que de la défaillance des forces, j'ai passé ma vie dans la méditation, l'étude et la contemplation. J'avais soixante ans quand mon pays m'a appelé, et m'a ordonné de me mêler de ses affaires. J'ai obéi. Il y avait des abus, je les ai combattus; il y avait des tyrannies, je les ai détruites; il y avait des droits et des principes, je les ai proclamés et confessés. Le territoire était envahi, je l'ai défendu; la France était menacée, j'ai offert ma poitrine. Je n'étais pas riche; je suis pauvre. J'ai été l'un des maîtres de l'État, les caves du Trésor étaient encombrées d'espèces au point qu'on était forcé d'étançonner les murs, prêts à se fendre sous le poids de l'or et de l'argent, je dînais rue de l'Arbre-Sec à vingt-deux sous par tête. J'ai secouru les opprimés, j'ai soulagé les souffrants. J'ai déchiré la nappe de l'autel, c'est vrai; mais c'était pour panser les blessures de la patrie. J'ai toujours soutenu la marche en avant du genre humain vers la lumière, et j'ai résisté quelquefois au progrès sans pitié. J'ai, dans l'occasion, protégé mes propres adversaires, vous autres. Et il y a à Peteghem en Flandre, à l'endroit même où les rois mérovingiens avaient leur palais d'été, un couvent d'urbanistes, l'abbaye de Sainte-Claire-en-Beaulieu, que j'ai sauvé en 1793. J'ai fait mon devoir selon mes forces, et le bien que j'ai pu. Après quoi j'ai été chassé, traqué, poursuivi, persécuté, noirci, raillé, conspué, maudit, proscrit. Depuis bien des années déjà, avec mes cheveux blancs, je sens que beaucoup de gens se croient sur moi le droit de mépris, j'ai pour la pauvre foule ignorante visage de damné, et j'accepte, ne haïssant personne, l'isolement de la haine. Maintenant, j'ai quatre-vingt-six ans; je vais mourir. Qu'est-ce que vous venez me demander?

— Votre bénédiction, dit l'évêque.

Et il s'agenouilla.

Quand l'évêque releva la tête, la face du conventionnel était devenue auguste. Il venait d'expirer.

L'évêque rentra chez lui profondément absorbé dans on ne sait quelles pensées Il passa toute la nuit en prière. Le lendemain, quelques braves curieux essayèrent de lui parler du conventionnel G.; il se borna à montrer le ciel. A partir de ce moment, il redoubla de tendresse et de fraternité pour les petits et les souffrants.

Toute allusion à ce « vieux scélérat de G. » le faisait tomber dans une préoccupation singulière. Personne ne pourrait dire que le passage de cet esprit devant le sien et le reflet de cette grande conscience sur la sienne ne fût pas pour quelque chose dans son approche de la perfection.

Cette « visite pastorale » fut naturellement une occasion de bourdonnement pour les petites coteries locales :

« — Était-ce la place d'un évêque que le chevet d'un tel mourant? Il n'y avait évidemment pas de conversion à attendre. Tous ces révolutionnaires sont relaps. Alors pourquoi y aller? Qu'a-t-il été regarder là? Il fallait donc qu'il fût bien curieux d'un emportement d'âme par le diable. »

Un jour, une douairière, de la variété impertinente qui se croit spirituelle, lui adressa cette saillie : — Monseigneur, on demande quand Votre Grandeur aura le bonnet rouge. — Oh! oh! voilà une grosse couleur, répondit l'évêque. Heureusement que ceux qui la méprisent dans un bonnet la vénèrent dans un chapeau.

XI

Une restriction[1]

On risquerait fort de se tromper si l'on concluait de là que Mgr Bienvenu fût « un évêque philosophe » ou « un curé patriote ». Sa rencontre, ce qu'on pourrait presque appeler sa conjonction avec le conventionnel G., lui laissa une sorte d'étonnement qui le rendit plus doux encore. Voilà tout.

Quoique Mgr Bienvenu n'ait été rien moins qu'un homme politique, c'est peut-être ici le lieu d'indiquer, très brièvement, quelle fut son attitude dans les événements d'alors, en supposant que Mgr Bienvenu ait jamais songé à avoir une attitude.

Remontons donc en arrière de quelques années[2].

Quelque temps après l'élévation de M. Myriel à l'épiscopat, l'empereur l'avait fait baron de l'empire, en même temps que plusieurs autres évêques. L'arrestation du pape eut lieu, comme on sait, dans la nuit du 5 au 6 juillet 1809; à cette occasion, M. Myriel fut appelé par Napoléon au synode des évêques de France et d'Italie convoqué à Paris. Ce synode se tint à Notre-Dame et s'assembla pour la première fois le 15 juin 1811 sous la présidence de M. le cardinal Fesch. M. Myriel fut du nombre des quatre-vingt-quinze évêques qui s'y rendirent. Mais il n'assista qu'à une séance et à trois ou quatre conférences particulières. Évêque d'un diocèse montagnard, vivant si près de la nature, dans la rusticité et le dénûment, il paraît qu'il apportait parmi ces personnages éminents des idées qui changeaient la température de l'assemblée. Il revint bien vite à Digne. On le questionna sur ce prompt retour, il répondit : — *Je les gênais. L'air du dehors leur venait par moi. Je leur faisais l'effet d'une porte ouverte.*

Une[3] autre fois il dit : — *Que voulez-vous ? ces messeigneurs-là sont des princes. Moi, je ne suis qu'un pauvre évêque paysan.*

Le fait est qu'il avait déplu. Entre autres choses étranges, il lui serait échappé de dire, un soir qu'il se trouvait chez un de ses collègues les plus qualifiés : — Les belles pendules ! les beaux tapis ! les belles livrées ! Ce doit être bien importun ! Oh ! que je ne voudrais pas avoir tout ce superflu-là à me crier sans cesse aux oreilles : Il y a des gens qui ont faim ! il y a des gens qui ont froid ! il y a des pauvres ! il y a des pauvres !

Disons-le en passant, ce ne serait pas une haine intelligente que la haine du luxe. Cette haine impliquerait la haine des arts. Cependant, chez les gens d'Église, en dehors de la représentation et des cérémonies, le luxe est un tort. Il semble révéler des habitudes peu réellement charitables. Un prêtre opulent est un contre-sens. Le prêtre doit se tenir près des pauvres. Or peut-on toucher sans cesse, et nuit et jour, à toutes les détresses, à toutes les infortunes, à toutes les indigences, sans avoir soi-même sur soi un peu de cette sainte misère, comme la poussière du travail? Se figure-t-on un homme qui est près d'un brasier, et qui n'a pas chaud? Se figure-t-on un ouvrier qui travaille sans cesse à une fournaise, et qui n'a ni un cheveu brûlé, ni un ongle noirci, ni une goutte de sueur, ni un grain de cendre au visage? La première preuve de la charité chez le prêtre, chez l'évêque surtout, c'est la pauvreté.

C'était là sans doute ce que pensait M. l'évêque de Digne.

Il ne faudrait pas croire d'ailleurs qu'il partageât sur certains points délicats ce que nous appellerions « les idées du siècle ». Il se mêlait peu aux querelles théologiques du moment et se taisait sur les questions où sont compromis l'Église et l'État; mais si on l'eût beaucoup pressé, il paraît qu'on l'eût trouvé plutôt ultramontain que gallican. Comme nous faisons un portrait et que nous ne voulons rien cacher, nous sommes forcé d'ajouter qu'il fut glacial pour Napoléon déclinant. A partir de 1813, il adhéra et il applaudit à toutes les manifestations hostiles. Il refusa de le voir à son passage au retour de l'île d'Elbe, et s'abstint d'ordonner dans son diocèse les prières publiques pour l'empereur pendant les Cent-Jours[4].

Outre sa sœur, Mlle Baptistine, il avait deux frères : l'un général, l'autre préfet. Il écrivait assez souvent à tous les deux. Il tint quelque temps rigueur au premier, parce qu'ayant un commandement en Provence, à l'époque du débarquement de Cannes, le général s'était mis à la tête de douze cents hommes et avait poursuivi l'empereur comme quelqu'un qui veut le laisser échapper. Sa correspondance resta plus affectueuse pour l'autre frère, l'ancien préfet, brave et digne homme qui vivait retiré à Paris, rue Cassette.

Mgr Bienvenu eut donc, aussi lui[5], son heure d'esprit de parti, son heure d'amertume, son nuage. L'ombre des passions du moment traversa[6] ce doux et grand esprit occupé des choses éternelles. Certes, un pareil homme eût mérité de n'avoir pas d'opinions politiques. Qu'on ne se méprenne pas sur notre pensée, nous ne confondons point ce qu'on appelle « opinions politiques » avec la grande aspiration au progrès, avec la sublime foi patriotique, démocratique et humaine, qui, de nos jours, doit être le fond même de toute intelligence généreuse. Sans approfondir des questions qui ne touchent qu'indirectement au sujet de ce livre, nous disons simplement ceci : Il eût été beau que Mgr Bienvenu n'eût pas été royaliste et que son regard[7] ne se fût pas détourné un seul instant de cette contemplation sereine où l'on voit rayonner distinctement, au-dessus du va-et-vient orageux des choses humaines, ces trois[8] pures lumières, la Vérité, la Justice, la Charité.

Tout en convenant que ce n'était point pour une fonction politique que Dieu avait créé Mgr Bienvenu, nous eussions compris et admiré la protestation au nom du droit et de la liberté, l'opposition fière, la résistance périlleuse et juste à Napoléon tout-puissant. Mais ce qui nous plaît vis-à-vis de ceux qui montent nous plaît moins vis-à-vis de ceux qui tombent. Nous n'aimons le combat que tant qu'il y a danger; et, dans tous les cas, les combattants de la première heure ont seuls le droit d'être les exterminateurs de la dernière. Qui n'a pas été accusateur opiniâtre pendant la prospérité doit se taire devant l'écroulement. Le dénonciateur du succès est le seul légitime justicier de la chute. Quant à nous, lorsque la Providence s'en mêle et frappe, nous la laissons faire. 1812 commence à nous désarmer. En 1813, la lâche rupture de silence de ce corps législatif taciturne enhardi par les catastrophes n'avait que de quoi indigner, et c'était un tort d'applaudir; en 1814, devant ces maréchaux trahissant, devant ce sénat passant d'une fange à l'autre, insultant après avoir divinisé, devant cette idolâtrie lâchant pied et crachant sur l'idole, c'était un devoir de détourner la tête; en 1815, comme les suprêmes désastres étaient dans l'air, comme la France avait le frisson de leur approche sinistre, comme on pouvait vaguement distinguer Waterloo ouvert devant Napoléon, la douloureuse acclamation de l'armée et du peuple au condamné du destin n'avait rien de risible, et, toute réserve faite sur le despote, un cœur comme l'évêque de Digne n'eût peut-être pas dû méconnaître ce qu'avait d'auguste et de touchant, au bord de l'abîme, l'étroit embrassement d'une grande nation et d'un grand homme.

A cela près, il était et il fut, en toute chose, juste, vrai, équitable, intelligent, humble et digne; bienfaisant, et bienveillant, ce qui est une autre bienfaisance. C'était un prêtre[9], un sage, et un homme. Même, il faut le dire, dans cette opinion politique que nous venons de lui reprocher et que nous sommes disposé à juger presque sévèrement, il était tolérant et facile, peut-être plus que nous qui parlons ici. — Le portier[10] de la maison de ville avait été placé là par l'empereur. C'était un vieux sous-officier de la vieille garde, légionnaire d'Austerlitz, bonapartiste comme l'aigle. Il échappait dans l'occasion à ce pauvre diable de ces paroles peu réfléchies que la loi d'alors qualifiait *propos séditieux*. Depuis que le profil impérial avait disparu de la Légion d'honneur, il ne s'habillait jamais *dans l'ordonnance*, comme il disait, afin de ne pas être forcé de porter sa croix. Il avait ôté lui-même dévotement l'effigie impériale de la croix que Napoléon lui avait donnée, cela faisait un trou, et il n'avait rien voulu mettre à la place. *Plutôt mourir*, disait-il, *que de porter sur mon cœur les trois crapauds!* Il raillait volontiers tout haut Louis XVIII. *Vieux goutteux à guêtres d'anglais!* disait-il, *qu'il s'en aille en Prusse avec son salsifis*[11]! Heureux de réunir dans la même imprécation[12] les deux choses qu'il détestait le plus, la Prusse et l'Angleterre. Il en fit tant qu'il perdit sa place. Le voilà sans pain sur le pavé avec femme et enfants. L'évêque le fit venir, le gronda doucement, et le nomma suisse de la cathédrale.

M. Myriel était dans le diocèse le vrai pasteur, l'ami de tous.

En neuf ans, à force de saintes actions et de douces manières, Mgr Bienvenu avait rempli la ville de Digne d'une sorte de vénération tendre et filiale. Sa conduite même envers Napoléon avait été acceptée et comme tacitement pardonnée par le peuple, bon troupeau faible[13], qui adorait son empereur, mais qui aimait son évêque[14].

XII

Solitude de Monseigneur Bienvenu[1]

Il y a presque toujours autour d'un évêque une escouade de petits abbés comme autour d'un général une volée de jeunes officiers. C'est là ce que ce charmant saint François de Sales appelle quelque part « les prêtres blancs-becs ». Toute carrière a ses aspirants qui font cortège aux arrivés. Pas une puissance qui n'ait son entourage; pas une fortune qui n'ait sa cour. Les chercheurs d'avenir tourbillonnent autour du présent splendide. Toute métropole a son état-major. Tout évêque un peu influent a près de lui sa patrouille de chérubins séminaristes, qui fait la ronde et maintient le bon ordre dans le palais épiscopal, et qui monte la garde autour du sourire de monseigneur. Agréer à un évêque, c'est le pied à l'étrier pour un sous-diacre. Il faut bien faire son chemin; l'apostolat ne dédaigne pas le canonicat.

De même qu'il y a ailleurs les gros bonnets, il y a dans l'église les grosses mitres. Ce sont les évêques bien en cour, riches, rentés, habiles, acceptés du monde, sachant prier, sans doute, mais sachant aussi solliciter, peu scrupuleux de faire faire antichambre en leur personne à tout un diocèse, traits d'union entre la sacristie et la diplomatie, plutôt abbés que prêtres, plutôt prélats qu'évêques. Heureux qui les approche! Gens en crédit qu'ils sont, ils font pleuvoir autour d'eux, sur les empressés et les favorisés, et sur toute cette jeunesse qui sait plaire, les grasses paroisses, les prébendes, les archidiaconats, les aumôneries et les fonctions cathédrales, en attendant les dignités épiscopales. En avançant eux-mêmes, ils font progresser leurs satellites; c'est tout un système solaire en marche. Leur rayonnement empourpre leur suite. Leur prospérité s'émiette sur la cantonade en bonnes petites promotions. Plus grand diocèse au patron, plus grosse cure au favori. Et puis Rome est là. Un évêque qui sait devenir archevêque, un archevêque qui sait devenir cardinal, vous emmène comme conclaviste, vous entrez dans la rote, vous avez le pallium, vous voilà auditeur, vous voilà camérier, vous voilà monsignor, et de la Grandeur à l'Éminence il n'y a qu'un pas, et entre l'Éminence et la Sainteté il n'y a que la fumée d'un scrutin. Toute calotte peut rêver la tiare. Le prêtre est de nos jours le seul homme qui puisse régulièrement devenir roi; et quel roi! le roi suprême. Aussi quelle pépinière d'aspirations qu'un séminaire! Que d'enfants de chœur rougissants, que de jeunes abbés ont sur la tête le pot au lait de Perrette! Comme l'ambition s'intitule aisément vocation, qui sait? de bonne foi peut-être et se trompant elle-même, béate qu'elle est !

Mgr Bienvenu, humble, pauvre, particulier, n'était pas compté parmi les grosses mitres. Cela était visible à l'absence complète de jeunes prêtres autour de lui. On a vu qu'à Paris « il n'avait pas pris ». Pas un avenir ne songeait à se greffer sur ce vieillard solitaire. Pas une ambition en herbe ne faisait la folie de verdir à son ombre. Ses chanoines et ses grands vicaires étaient de bons vieux hommes, un peu peuple comme lui, murés comme lui dans ce diocèse sans issue sur le cardinalat, et qui ressemblaient à leur évêque, avec cette différence qu'eux étaient finis, et que lui était achevé. On sentait si bien l'impossibilité de croître près de Mgr Bienvenu qu'à peine sortis du séminaire, les jeunes gens ordonnés par lui se faisaient recommander aux archevêques d'Aix ou d'Auch, et s'en allaient bien vite. Car enfin, nous le répétons, on veut être poussé. Un saint qui vit dans un excès d'abnégation est un voisinage dangereux; il pourrait bien vous communiquer par contagion une pauvreté incurable, l'ankylose des articulations utiles à l'avancement, et, en somme, plus de renoncement que vous n'en voulez; et l'on fuit cette vertu galeuse. De là l'isolement de Mgr Bienvenu. Nous vivons dans une société sombre. Réussir, voilà l'enseignement qui tombe goutte à goutte de la corruption en surplomb.

Soit dit en passant, c'est une chose assez hideuse que le succès. Sa fausse ressemblance avec le mérite trompe les hommes. Pour la foule, la réussite a presque le même profil que la suprématie. Le succès, ce ménechme du talent, a une dupe : l'histoire. Juvénal et Tacite seuls en bougonnent. De nos jours, une philosophie à peu près officielle est entrée en domesticité chez lui, porte la livrée du succès, et fait le service de son antichambre. Réussissez : théorie. Prospérité suppose Capacité. Gagnez à la loterie, vous voilà un habile homme. Qui triomphe est vénéré. Naissez coiffé, tout est là. Ayez de la chance, vous aurez le reste; soyez heureux, on vous croira grand. En dehors des cinq ou six exceptions immenses qui font l'éclat d'un siècle, l'admiration contemporaine n'est guère que myopie. Dorure est or. Être le premier venu, cela ne gâte rien, pourvu qu'on soit le parvenu. Le vulgaire est un vieux Narcisse qui s'adore lui-même et qui applaudit le vulgaire. Cette faculté énorme par laquelle on est Moïse, Eschyle, Dante, Michel-Ange ou Napoléon, la multitude la décerne d'emblée et par acclamation à quiconque atteint son but dans quoi que ce soit. Qu'un notaire se transfigure en député, qu'un faux Corneille fasse *Tiridate*[2], qu'un eunuque parvienne à posséder un harem, qu'un Prud-homme militaire gagne par accident la bataille décisive d'une époque, qu'un apothicaire invente les semelles de carton pour l'armée de Sambre-et-Meuse et se construise, avec ce carton vendu pour du cuir, quatre cent mille livres de rente, qu'un porte-balle épouse l'usure et la fasse accoucher de sept ou huit millions dont il est le père et dont elle est la mère, qu'un prédicateur devienne évêque par le nasillement, qu'un intendant de bonne maison soit si riche en sortant de service qu'on le fasse ministre des finances, les hommes appellent cela Génie, de même qu'ils appellent Beauté la figure de Mousqueton et Majesté l'encolure de Claude. Ils confondent avec les constellations de l'abîme les étoiles que font dans la vase molle du bourbier les pattes des canards.

XIII

Ce qu'il croyait

Au point de vue de l'orthodoxie, nous n'avons point à sonder M. l'évêque de Digne. Devant une telle âme, nous ne nous sentons en humeur que de respect. La conscience du juste doit être crue sur parole. D'ailleurs, de certaines natures étant données, nous admettons le développement possible de toutes les beautés de la vertu humaine dans une croyance différente de la nôtre.

Que pensait-il de ce dogme-ci ou de ce mystère-là ? Ces secrets du for intérieur ne sont connus que de la tombe où les âmes entrent nues. Ce dont nous sommes certain, c'est que jamais les difficultés de foi ne se résolvaient pour lui en hypocrisie. Aucune pourriture n'est possible au diamant. Il croyait le plus qu'il pouvait. *Credo in Patrem,* s'écriait-il souvent. Puisant d'ailleurs dans les bonnes œuvres cette quantité de satisfaction qui suffit à la conscience, et qui vous dit tout bas : Tu es avec Dieu.

Ce que nous croyons devoir noter, c'est que, en dehors, pour ainsi dire, et au delà de sa foi, l'évêque avait un excès d'amour. C'est par là, *quia multum amavit,* qu'il était jugé vulnérable par les « hommes sérieux », les « personnes graves » et les « gens raisonnables »; locutions favorites de notre triste monde où l'égoïsme reçoit le mot d'ordre du pédantisme. Qu'était-ce que cet excès d'amour? C'était une bienveillance sereine, débordant les hommes, comme nous l'avons indiqué déjà, et, dans l'occasion, s'étendant jusqu'aux choses. Il vivait sans dédain. Il était indulgent pour la création de Dieu. Tout homme, même le meilleur, a en lui une dureté irréfléchie qu'il tient en réserve pour l'animal. L'évêque de Digne n'avait point cette dureté-là, particulière à beaucoup de prêtres pourtant. Il n'allait pas jusqu'au bramine, mais il semblait avoir médité cette parole de l'Ecclésiaste : « Sait-on où va l'âme des animaux? » Les laideurs de l'aspect, les difformités de l'instinct, ne le troublaient pas et ne l'indignaient pas. Il en était ému, presque attendri. Il semblait que, pensif, il en allât chercher, au delà de la vie apparente, la cause, l'explication ou l'excuse. Il semblait par moments demander à Dieu des commutations. Il examinait sans colère, et avec l'œil du linguiste qui déchiffre un palimpseste, la quantité de chaos qui est encore dans la nature. Cette rêverie faisait parfois sortir de lui des mots étranges. Un matin, il était dans son jardin; il se croyait seul, mais sa sœur marchait derrière lui sans qu'il la vît; tout à coup, il s'arrêta, et il regarda quelque chose à terre; c'était une grosse araignée; noire, velue, horrible. Sa sœur l'entendit qui disait : — Pauvre bête ! ce n'est pas sa faute.

Pourquoi ne pas dire ces enfantillages presque divins de la bonté? Puérilités, soit; mais ces puérilités sublimes ont été celles de saint François d'Assise et de Marc-Aurèle. Un jour il se donna une entorse pour n'avoir pas voulu écraser une fourmi.

Ainsi vivait cet homme juste. Quelquefois il s'endormait dans son jardin, et alors il n'était rien de plus vénérable[1].

Mgr Bienvenu avait été jadis, à en croire les récits sur sa jeunesse et même sur sa virilité, un homme passionné, peut-être violent. Sa mansuétude universelle était moins un instinct de nature que le résultat d'une grande conviction filtrée dans son cœur à travers la vie et lentement tombée en lui, pensée à pensée; car, dans un caractère comme dans un rocher, il peut y avoir des trous de gouttes d'eau. Ces creusements-là sont ineffaçables; ces formations-là sont indestructibles.

En 1815, nous croyons l'avoir dit, il atteignait soixante-quinze ans, mais il n'en paraissait pas avoir plus de soixante. Il n'était pas grand; il avait quelque embonpoint, et, pour le combattre, il faisait volontiers de longues marches à pied; il avait le pas ferme et n'était que fort peu courbé, détail d'où nous ne prétendons rien conclure; Grégoire XVI, à quatre-vingts ans, se tenait droit et souriant, ce qui ne l'empêchait pas d'être un mauvais évêque. Mgr Bienvenu avait[2] ce que le peuple appelle « une belle tête », mais si aimable qu'on oubliait qu'elle était belle[3].

Quand il causait avec cette gaîté enfantine qui était une de ses grâces, et dont nous avons déjà parlé, on se sentait à l'aise près de lui, il semblait que de toute sa personne il sortît de la joie. Son teint coloré et frais, toutes ses dents bien blanches qu'il avait conservées et que son rire faisait voir, lui donnaient cet air ouvert et facile qui fait dire d'un homme : C'est un bon enfant, et d'un vieillard : C'est un bonhomme. C'était, on s'en souvient, l'effet qu'il avait fait à Napoléon[4]. Au premier abord et pour qui le voyait pour la première fois, ce n'était guère qu'un bonhomme en effet. Mais si l'on restait quelques heures près de lui, et pour peu qu'on le vît pensif, le bonhomme se transfigurait peu à peu et prenait je ne sais quoi d'imposant; son front large et sérieux, auguste par les cheveux blancs, devenait auguste aussi[5] par la méditation; la majesté se dégageait de cette bonté, sans que la bonté cessât de rayonner; on éprouvait quelque chose de l'émotion qu'on aurait si l'on voyait un ange souriant ouvrir lentement ses ailes sans cesser de sourire. Le respect, un respect inexprimable, vous pénétrait par degrés et vous montait au cœur, et l'on sentait qu'on avait devant soi une de ces âmes fortes, éprouvées et indulgentes, où la pensée est si grande qu'elle ne peut plus être que douce.

Comme on l'a vu, la prière, la célébration des offices religieux[6], l'aumône, la consolation aux affligés, la culture d'un coin de terre, la fraternité, la frugalité, l'hospitalité, le renoncement, la confiance, l'étude, le travail remplissaient chacune des journées de sa vie. *Remplissaient* est bien le mot, et certes cette journée de l'évêque était bien pleine jusqu'aux bords de bonnes pensées, de bonnes paroles et de bonnes actions[7]. Cependant elle n'était pas complète si le temps froid ou pluvieux l'empêchait d'aller passer, le soir, quand les deux femmes s'étaient retirées, une heure ou deux dans son jardin avant de s'endormir. Il semblait que ce fût une sorte de rite pour lui de se préparer au sommeil par la méditation en présence des grands spectacles du ciel nocturne[8]. Quelquefois, à une heure même assez avancée de la nuit, si les deux vieilles filles ne dormaient pas, elles l'entendaient marcher lentement dans les allées. Il était là seul avec lui-même, recueilli, paisible, adorant, comparant la sérénité de son cœur à la sérénité de l'éther, ému dans les ténèbres par les splendeurs visibles des constellations et les splendeurs invisibles de Dieu, ouvrant son âme aux pensées qui tombent de l'Inconnu[9]. Dans ces moments-là, offrant son cœur à l'heure où les fleurs nocturnes offrent leur parfum, allumé comme une lampe au centre de la nuit étoilée, se répandant en extase au milieu du rayonnement universel de la création, il n'eût pu peut-être dire lui-même ce qui se passait dans son esprit; il sentait quelque chose s'envoler hors de lui et quelque chose descendre en lui. Mystérieux échanges des gouffres de l'âme avec les gouffres de l'univers[10]!

Il songeait à la grandeur et à la présence de Dieu; à l'éternité future, étrange mystère; à l'éternité passée, mystère plus étrange encore; à tous les infinis qui s'enfonçaient sous ses yeux dans tous les sens; et, sans chercher à comprendre l'incompréhensible, il le regardait. Il n'étudiait pas Dieu; il s'en éblouissait. Il considérait ces magnifiques rencontres des atomes qui donnent des aspects à la matière, révèlent les forces en les constatant, créent les individualités dans l'unité, les proportions dans l'étendue, l'innombrable dans l'infini, et par la lumière produisent la beauté[11]. Ces rencontres se nouent et se dénouent sans cesse; de là la vie et la mort.

Il s'asseyait sur un banc de bois adossé à une treille décrépite, et il regardait les astres à travers les silhouettes chétives et rachitiques de ses arbres fruitiers. Ce quart d'arpent, si pauvrement planté, si encombré de masures et de hangars, lui était cher et lui suffisait.

Que fallait-il de plus à ce vieillard qui partageait le loisir de sa vie, où il y avait si peu de loisir[12], entre le jardinage le jour et la contemplation la nuit? Cet étroit enclos, ayant les cieux pour plafond, n'était-ce pas assez pour pouvoir adorer Dieu tour à tour dans ses œuvres les plus charmantes et dans ses œuvres les plus sublimes? N'est-ce pas là tout, en effet, et que désirer au delà? Un petit jardin pour se promener, et l'immensité pour rêver. A ses pieds ce qu'on peut cultiver et cueillir; sur sa tête ce qu'on peut étudier et méditer; quelques fleurs sur la terre et toutes les étoiles dans le ciel.

XIV

CE QU'IL PENSAIT[1]

UN dernier mot.

Comme cette nature de détails pourrait, particulièrement au moment où nous sommes, et pour nous servir d'une expression actuellement à la mode, donner à l'évêque de Digne une certaine physionomie « panthéiste », et faire croire, soit à son blâme, soit à sa louange, qu'il y avait en lui une de ces philosophies personnelles, propres à notre siècle, qui germent quelquefois dans les esprits solitaires et s'y construisent et y grandissent jusqu'à y remplacer les religions, nous insistons sur ceci que pas un de ceux qui ont connu Mgr Bienvenu ne se fût cru autorisé à penser rien de pareil. Ce qui éclairait cet homme, c'était le cœur. Sa sagesse était faite de la lumière qui vient de là.

Point de systèmes, beaucoup d'œuvres. Les spéculations abstruses contiennent du vertige; rien n'indique qu'il hasardât son esprit dans les apocalypses. L'apôtre peut être hardi, mais l'évêque doit être timide. Il se fût probablement fait scrupule de sonder trop avant de certains problèmes réservés en quelque sorte aux grands esprits terribles. Il y a de l'horreur sacrée sous les porches de l'énigme; ces ouvertures sombres sont là béantes, mais quelque chose vous dit, à vous passant de la vie, qu'on n'entre pas. Malheur à qui y pénètre! Les génies, dans les profondeurs inouïes de l'abstraction et de la spéculation pure, situés pour ainsi dire au-dessus des dogmes, proposent leurs idées à Dieu. Leur prière offre audacieusement la discussion. Leur adoration interroge. Ceci est la religion directe, pleine d'anxiété et de responsabilité pour qui en tente les escarpements.

La méditation humaine n'a point de limite. A ses risques et périls, elle analyse et creuse son propre éblouissement. On pourrait presque dire que, par une sorte de réaction splendide, elle en éblouit la nature ; le mystérieux monde qui nous entoure rend ce qu'il reçoit, il est probable que les contemplateurs sont contemplés. Quoi qu'il en soit, il y a sur la terre des hommes — sont-ce des hommes ? — qui aperçoivent distinctement au fond des horizons du rêve les hauteurs de l'absolu, et qui ont la vision terrible de la montagne infinie. Mgr Bienvenu n'était point de ces hommes-là, Mgr Bienvenu n'était pas un génie. Il eût redouté ces sublimités d'où quelques-uns, très grands même, comme Swedenborg et Pascal, ont glissé dans la démence. Certes, ces puissantes rêveries ont leur utilité morale, et par ces routes ardues on s'approche de la perfection idéale. Lui, il prenait le sentier qui abrège : l'Évangile.

Il n'essayait point de faire faire à sa chasuble les plis du manteau d'Élie, il ne projetait aucun rayon d'avenir sur le roulis ténébreux des événements, il ne cherchait pas à condenser en flamme la lueur des choses, il n'avait rien du prophète et rien du mage. Cette âme humble aimait, voilà tout.

Qu'il dilatât la prière jusqu'à une aspiration surhumaine, cela est probable ; mais on ne peut pas plus prier trop qu'aimer trop ; et, si c'était une hérésie de prier au delà des textes, sainte Thérèse et saint Jérôme seraient des hérétiques.

Il se penchait sur ce qui gémit et sur ce qui expie. L'univers lui apparaissait comme une immense maladie ; il sentait partout de la fièvre, il auscultait partout de la souffrance, et, sans chercher à deviner l'énigme, il tâchait de panser la plaie. Le redoutable spectacle des choses créées développait en lui l'attendrissement ; il n'était occupé qu'à trouver pour lui-même et à inspirer aux autres la meilleure manière de plaindre et de soulager. Ce qui existe était pour ce bon et rare prêtre un sujet permanent de tristesse cherchant à consoler.

Il y a des hommes qui travaillent à l'extraction de l'or ; lui, il travaillait à l'extraction de la pitié. L'universelle misère était sa mine. La douleur partout n'était qu'une occasion de bonté toujours. *Aimez-vous les uns les autres ;* il déclarait cela complet, ne souhaitait rien de plus, et c'était là toute sa doctrine. Un jour, cet homme qui se croyait « philosophe », ce sénateur, déjà nommé, dit à l'évêque : — Mais voyez donc le spectacle du monde ; guerre de tous contre tous ; le plus fort a le plus d'esprit. Votre *aimez-vous les uns les autres* est une bêtise. — *Eh bien,* répondit Mgr Bienvenu sans disputer, *si c'est une bêtise, l'âme doit s'y enfermer comme la perle dans l'huître.* Il s'y enfermait donc, il y vivait, il s'en satisfaisait absolument, laissant de côté les questions prodigieuses qui attirent et qui épouvantent, les perspectives insondables de l'abstraction, les précipices de la métaphysique, toutes ces profondeurs convergentes, pour l'apôtre à Dieu, pour l'athée au néant : la destinée, le bien et le mal, la guerre de l'être contre l'être, la conscience de l'homme, le somnambulisme pensif de l'animal, la transformation par la mort, la récapitulation d'existences que contient le tombeau, la greffe incompréhensible des amours successifs sur le moi persistant, l'essence, la substance, le Nil et l'Ens[2], l'âme, la nature, la liberté, la nécessité ; problèmes à pic, épaisseurs sinistres, où se penchent les gigantesques archanges de l'esprit humain ; formidables abîmes que Lucrèce, Manou, saint Paul et Dante contemplent avec cet œil fulgurant qui semble, en regardant fixement l'infini, y faire éclore des étoiles.

Mgr Bienvenu était simplement un homme qui constatait du dehors les questions mystérieuses sans les scruter, sans les agiter, et sans en troubler son propre esprit, et qui avait dans l'âme le grave respect de l'ombre.

LIVRE DEUXIÈME

LA CHUTE[1]

I

LE SOIR D'UN JOUR DE MARCHE

Dans les premiers jours du mois d'octobre 1815, une heure environ avant le coucher du soleil, un homme qui voyageait à pied entrait dans la petite ville de Digne. Les rares habitants qui se trouvaient en ce moment à leurs fenêtres ou sur le seuil de leurs maisons regardaient ce voyageur avec une sorte d'inquiétude. Il était difficile de rencontrer un passant d'un aspect plus misérable. C'était un homme de moyenne taille, trapu et robuste, dans la force de l'âge. Il pouvait avoir quarante-six ou quarante-huit ans. Une casquette à visière de cuir rabattue cachait en partie son visage brûlé par le soleil et le hâle et ruisselant de sueur. Sa chemise de grosse toile jaune, rattachée au col par une petite ancre d'argent, laissait voir sa poitrine velue; il avait une cravate tordue en corde, un pantalon de coutil bleu, usé et râpé, blanc à un genou, troué à l'autre, une vieille blouse grise en haillons, rapiécée à l'un des coudes d'un morceau de drap vert cousu avec de la ficelle, sur le dos un sac de soldat fort plein, bien bouclé et tout neuf, à la main un énorme bâton noueux, les pieds sans bas dans des souliers ferrés, la tête tondue et la barbe longue.

La sueur, la chaleur, le voyage à pied, la poussière, ajoutaient je ne sais quoi de sordide à cet ensemble délabré.

Les cheveux étaient ras, et pourtant hérissés; car ils commençaient à pousser un peu, et semblaient n'avoir pas été coupés depuis quelque temps.

Personne ne le connaissait. Ce n'était évidemment qu'un passant. D'où venait-il? Du midi. Des bords de la mer peut-être. Car il faisait son entrée dans Digne par la même rue qui sept mois auparavant avait vu passer l'empereur Napoléon allant de Cannes à Paris. Cet homme avait dû marcher tout le jour. Il paraissait très fatigué. Des femmes de l'ancien bourg qui est au bas de la ville l'avaient vu s'arrêter sous les arbres du boulevard Gassendi et boire à la fontaine qui est à l'extrémité de la promenade. Il fallait qu'il eût bien soif, car des enfants qui le suivaient le virent encore s'arrêter et boire, deux cents pas plus loin, à la fontaine de la place du marché.

Arrivé au coin de la rue Poichevert, il tourna à gauche et se dirigea vers la mairie. Il y entra, puis sortit un quart d'heure après. Un gendarme était assis près de la porte sur le banc de pierre où le général Drouot monta le 4 mars pour lire à la foule effarée des habitants de Digne la proclamation du golfe Juan. L'homme ôta sa casquette et salua humblement le gendarme.

Le gendarme, sans répondre à son salut, le regarda avec attention, le suivit quelque temps des yeux, puis entra dans la maison de ville.

Il y avait alors à Digne une belle auberge à l'enseigne de *la Croix-de-Colbas*. Cette auberge avait pour hôtelier un nommé Jacquin Labarre, homme considéré dans la ville pour sa parenté avec un autre Labarre, qui tenait à Grenoble l'auberge des *Trois-Dauphins* et qui avait servi dans les guides. Lors du débarquement de l'empereur, beaucoup de bruits avaient couru dans le pays sur cette auberge des *Trois-Dauphins*. On contait que le général Bertrand, déguisé en charretier, y avait fait de fréquents voyages au mois de janvier, et qu'il y avait distribué des croix d'honneur à des soldats et des poignées de napoléons à des bourgeois. La réalité est que l'empereur, entré dans Grenoble, avait refusé de s'installer à l'hôtel de la préfecture; il avait remercié le maire en disant: *Je vais chez un brave homme que je connais,* et il était allé aux *Trois-Dauphins*. Cette gloire du Labarre des *Trois-Dauphins* se reflétait à vingt-cinq lieues de distance jusque sur le Labarre de *la Croix-de-Colbas*. On disait de lui dans la ville: *C'est le cousin de celui de Grenoble.*

L'homme se dirigea vers cette auberge, qui était la meilleure du pays. Il entra dans la cuisine, laquelle s'ouvrait de plain-pied sur la rue. Tous les fourneaux étaient allumés; un grand feu flambait gaîment dans la cheminée. L'hôte, qui était en même temps le chef, allait de l'âtre aux casseroles, fort occupé et surveillant un excellent dîner destiné à des rouliers qu'on entendait rire et parler à grand bruit dans une salle voisine. Quiconque a voyagé sait que personne ne fait meilleure chère que les rouliers. Une marmotte grasse, flanquée de perdrix blanches et de coqs de bruyère, tournait sur une longue broche devant le feu; sur les fourneaux cuisaient deux grosses carpes du lac de Lauzet et une truite du lac d'Alloz[2].

L'hôte, entendant la porte s'ouvrir et entrer un nouveau venu, dit sans lever les yeux de ses fourneaux :

— Que veut monsieur?

— Manger et coucher, dit l'homme.

— Rien de plus facile, reprit l'hôte. En ce moment il tourna la tête, embrassa d'un coup d'œil tout l'ensemble du voyageur, et ajouta : ... en payant.

L'homme tira une grosse bourse de cuir de la poche de sa blouse et répondit :

— J'ai de l'argent.

— En ce cas on est à vous, dit l'hôte.

L'homme remit sa bourse en poche, se déchargea de son sac, le posa à terre près de la porte, garda son bâton à la main, et alla s'asseoir sur une escabelle basse près du feu. Digne est dans la montagne. Les soirées d'octobre y sont froides.

Cependant, tout en allant et venant, l'hôte considérait le voyageur.

— Dîne-t-on bientôt? dit l'homme.

— Tout à l'heure, dit l'hôte.

Pendant que le nouveau venu se chauffait, le dos tourné, le digne aubergiste Jacquin Labarre tira un crayon de sa poche, puis il déchira le coin d'un vieux journal qui traînait sur une petite table près de la fenêtre. Sur la marge blanche il écrivit une ligne ou deux, plia sans cacheter et remit ce chiffon de papier à un enfant qui paraissait lui servir tout à la fois de marmiton et de laquais. L'aubergiste dit un mot à l'oreille du marmiton, et l'enfant partit en courant dans la direction de la mairie.

Le voyageur n'avait rien vu de tout cela.

Il demanda encore une fois : — Dîne-t-on bientôt?

— Tout à l'heure, dit l'hôte.

L'enfant revint. Il rapportait le papier. L'hôte le déplia avec empressement, comme quelqu'un qui attend une réponse. Il parut lire attentivement, puis hocha la tête, et resta un moment pensif. Enfin il fit un pas vers le voyageur qui semblait plongé dans des réflexions peu sereines.

— Monsieur, dit-il, je ne puis vous recevoir.

L'homme se dressa à demi sur son séant.

— Comment! avez-vous peur que je ne paye pas? voulez-vous que je paye d'avance? J'ai de l'argent, vous dis-je.

— Ce n'est pas cela.

— Quoi donc?

— Vous avez de l'argent...

— Oui, dit l'homme.

— Et moi, dit l'hôte, je n'ai pas de chambre.

L'homme reprit tranquillement : — Mettez-moi à l'écurie.

— Je ne puis.

— Pourquoi?

— Les chevaux prennent toute la place.

— Eh bien, repartit l'homme, un coin dans le grenier. Une botte de paille. Nous verrons cela après dîner.

— Je ne puis vous donner à dîner.

Cette déclaration, faite d'un ton mesuré, mais ferme, parut grave à l'étranger. Il se leva.

— Ah bah! mais je meurs de faim, moi. J'ai marché dès le soleil levé. J'ai fait douze lieues. Je paye. Je veux manger.

— Je n'ai rien, dit l'hôte.

L'homme éclata de rire et se tourna vers la cheminée et les fourneaux.

— Rien! et tout cela?

— Tout cela m'est retenu.

— Par qui?

— Par ces messieurs les rouliers.

— Combien sont-ils?

— Douze.

— Il y a là à manger pour vingt.

— Ils ont tout retenu et tout payé d'avance.

L'homme se rassit et dit sans hausser la voix :

— Je suis à l'auberge, j'ai faim, et je reste.

L'hôte alors se pencha à son oreille, et lui dit d'un accent qui le fit tressaillir : — Allez-vous-en.

Le voyageur était courbé en cet instant et poussait quelques braises dans le feu avec le bout ferré de son bâton, il se retourna vivement, et, comme il ouvrait la bouche pour répliquer, l'hôte le regarda fixement et ajouta toujours à voix basse : — Tenez, assez de paroles comme cela. Voulez-vous que je vous dise votre nom? Vous vous appelez Jean Valjean[3]. Maintenant voulez-vous que je vous dise qui vous êtes? En vous voyant entrer, je me suis douté de quelque chose, j'ai envoyé à la mairie, et voici ce qu'on m'a répondu. Savez-vous lire?

En parlant ainsi il tendait à l'étranger, tout déplié, le papier qui venait de voyager de l'auberge à la mairie et de la mairie à l'auberge. L'homme y jeta un regard. L'aubergiste reprit après un silence :

— J'ai l'habitude d'être poli avec tout le monde. Allez-vous-en.

L'homme baissa la tête, ramassa le sac qu'il avait déposé à terre, et s'en alla.

Il prit la grande rue. Il marchait devant lui au hasard, rasant de près les maisons, comme un homme humilié et triste. Il ne se retourna pas une seule fois. S'il s'était retourné, il aurait vu l'aubergiste de *la Croix-de-Colbas* sur le seuil de sa porte, entouré de tous les voyageurs de son auberge et de tous les passants de la rue, parlant vivement et le désignant du doigt, et, aux regards de défiance et d'effroi du groupe, il aurait deviné qu'avant peu son arrivée serait l'événement de toute la ville.

Il ne vit rien de tout cela. Les gens accablés ne regardent pas derrière eux. Ils ne savent que trop que le mauvais sort les suit.

Il chemina ainsi quelque temps, marchant toujours, allant à l'aventure par des rues qu'il ne connaissait pas, oubliant la fatigue, comme cela arrive dans la tristesse. Tout à coup il sentit vivement la faim. La nuit approchait. Il regarda autour de lui pour voir s'il ne découvrirait pas quelque gîte.

La belle hôtellerie s'était fermée pour lui; il cherchait quelque cabaret bien humble, quelque bouge bien pauvre.

Précisément une lumière s'allumait au bout de la rue; une branche de pin, pendue à une potence en fer, se dessinait sur le ciel blanc du crépuscule. Il y alla.

C'était en effet un cabaret. Le cabaret qui est dans la rue de Chaffaut.

Le voyageur s'arrêta un moment, et regarda par la vitre l'intérieur de la salle basse du cabaret, éclairée par une petite lampe sur une table et par un grand feu dans la cheminée. Quelques hommes y buvaient. L'hôte se chauffait. La flamme faisait bruire une marmite de fer accrochée à la crémaillère.

On entre dans ce cabaret, qui est aussi une espèce d'auberge, par deux portes. L'une donne sur la rue, l'autre s'ouvre sur une petite cour pleine de fumier. Le voyageur n'osa pas entrer par la porte de la rue. Il se glissa dans la cour, s'arrêta encore, puis leva timidement le loquet et poussa la porte.

— Qui va là? dit le maître.
— Quelqu'un qui voudrait souper et coucher.
— C'est bon. Ici on soupe et on couche[4].

Il entra. Tous les gens qui buvaient se retournèrent. La lampe l'éclairait d'un côté, le feu de l'autre. On l'examina quelque temps pendant qu'il défaisait son sac.

L'hôte lui dit: — Voilà du feu. Le souper cuit dans la marmite. Venez vous chauffer, camarade.

Il alla s'asseoir près de l'âtre. Il allongea devant le feu ses pieds meurtris par la fatigue; une bonne odeur sortait de la marmite. Tout ce qu'on pouvait distinguer de son visage sous sa casquette baissée prit une vague apparence de bien-être mêlée à cet autre aspect si poignant que donne l'habitude de la souffrance.

C'était d'ailleurs un profil ferme, énergique et triste. Cette physionomie était étrangement composée; elle commençait par paraître humble et finissait par sembler sévère[5]. L'œil luisait sous les sourcils comme un feu sous une broussaille.

Cependant un des hommes attablés était un poissonnier qui, avant d'entrer au cabaret de la rue de Chaffaut, était allé mettre son cheval à l'écurie chez Labarre. Le hasard faisait que le matin même il avait rencontré cet étranger de mauvaise mine, cheminant entre Bras d'Asse et... (j'ai oublié le nom. Je crois que c'est Escoublon)[6]. Or, en le rencontrant, l'homme, qui paraissait déjà très fatigué, lui avait demandé de le prendre en croupe; à quoi le poissonnier n'avait répondu qu'en doublant le pas. Ce poissonnier faisait partie, une demi-heure auparavant, du groupe qui entourait Jacquin Labarre, et lui-même avait raconté sa désagréable rencontre du matin aux gens de *la Croix-de-Colbas*. Il fit de sa place au cabaretier un signe imperceptible. Le cabaretier vint à lui. Ils échangèrent quelques paroles à voix basse. L'homme était retombé dans ses réflexions.

Le cabaretier revint à la cheminée, posa brusquement sa main sur l'épaule de l'homme, et lui dit :

— Tu vas t'en aller d'ici.

L'étranger se retourna et répondit avec douceur :

— Ah ! vous savez ?...

— Oui.

— On m'a renvoyé de l'autre auberge.

— Et l'on te chasse de celle-ci.

— Où voulez-vous que j'aille ?

— Ailleurs.

L'homme prit son bâton et son sac, et s'en alla.

Comme il sortait, quelques enfants, qui l'avaient suivi depuis *la Croix-de-Colbas* et qui semblaient l'attendre, lui jetèrent des pierres. Il revint sur ses pas avec colère et les menaça de son bâton; les enfants se dispersèrent comme une volée d'oiseaux.

Il passa devant la prison. A la porte pendait une chaîne de fer attachée à une cloche. Il sonna.

Un guichet s'ouvrit.

— Monsieur le guichetier, dit-il en ôtant respectueusement sa casquette, voudriez-vous bien m'ouvrir et me loger pour cette nuit ?

Une voix répondit :

— Une prison n'est pas une auberge. Faites-vous arrêter. On vous ouvrira.

Le guichet se referma.

Il entra dans une petite rue où il y a beaucoup de jardins. Quelques-uns ne sont enclos que de haies, ce qui égaye la rue. Parmi ces jardins et ces haies, il vit une petite maison d'un seul étage dont la fenêtre était éclairée. Il regarda par cette vitre comme il avait fait pour le cabaret. C'était une grande chambre blanchie à la chaux, avec un lit drapé d'indienne imprimée, et un berceau dans un coin, quelques chaises de bois et un fusil à deux coups accroché au mur. Une table était servie au milieu de la chambre. Une lampe de cuivre éclairait la nappe de grosse toile blanche, le broc d'étain luisant comme l'argent et plein de vin et la soupière brune qui fumait. A cette table était assis un homme d'une quarantaine d'années, à la figure joyeuse et ouverte, qui faisait sauter un petit enfant sur ses genoux. Près de lui, une femme toute jeune allaitait un autre enfant. Le père riait, l'enfant riait, la mère souriait.

L'étranger resta un moment rêveur devant ce spectacle doux et calmant. Que se passait-il en lui? Lui seul eût pu le dire. Il est probable qu'il pensa que cette maison joyeuse serait hospitalière, et que là où il voyait tant de bonheur il trouverait peut-être un peu de pitié.

Il frappa au carreau un petit coup très faible.

On n'entendit pas.

Il frappa un second coup.

Il entendit la femme qui disait : — Mon homme, il me semble qu'on frappe.

— Non, répondit le mari.

Il frappa un troisième coup.

Le mari se leva, prit la lampe, et alla à la porte qu'il ouvrit.

C'était un homme de haute taille, demi- paysan, demi-artisan. Il portait un vaste tablier de cuir qui montait jusqu'à son épaule gauche, et dans lequel faisaient ventre un marteau, un mouchoir rouge, une poire à poudre, toutes sortes d'objets que la ceinture retenait comme dans une poche. Il renversait la tête en arrière; sa chemise largement ouverte et rabattue montrait son cou de taureau, blanc et nu. Il avait d'épais sourcils, d'énormes favoris noirs, les yeux à fleur de tête, le bas du visage en museau, et sur tout cela cet air d'être chez soi qui est une chose inexprimable.

— Monsieur, dit le voyageur, pardon. En payant, pourriez-vous me donner une assiettée de soupe et un coin pour dormir dans ce hangar qui est là dans ce jardin? Dites, pourriez-vous? En payant?

— Qui êtes-vous? demanda le maître du logis.

L'homme répondit : — J'arrive de Puy-Moisson[7]. J'ai marché toute la journée. J'ai fait douze lieues. Pourriez-vous? En payant?

— Je ne refuserais pas, dit le paysan, de loger quelqu'un de bien qui payerait. Mais pourquoi n'allez-vous pas à l'auberge?

— Il n'y a pas de place.

— Bah! pas possible. Ce n'est pas jour de foire ni de marché. Êtes-vous allé chez Labarre?

— Oui.

— Eh bien?

Le voyageur répondit avec embarras : — Je ne sais pas, il ne m'a pas reçu.

— Êtes-vous allé chez chose, de la rue de Chaffaut ?

L'embarras de l'étranger croissait. Il balbutia :

— Il ne m'a pas reçu non plus.

Le visage du paysan prit une expression de défiance, il regarda le nouveau venu de la tête aux pieds, et tout à coup il s'écria avec une sorte de frémissement :

— Est-ce que vous seriez l'homme ?...

Il jeta un nouveau coup d'œil sur l'étranger, fit trois pas en arrière, posa la lampe sur la table et décrocha son fusil du mur.

Cependant aux paroles du paysan : *Est-ce que vous seriez l'homme ?...* la femme s'était levée, avait pris ses deux enfants dans ses bras, et s'était réfugiée précipitamment derrière son mari, regardant l'étranger avec épouvante, la gorge nue, les yeux effarés, en murmurant tout bas : *Tso-maraude**.

Tout cela se fit en moins de temps qu'il ne faut pour se le figurer. Après avoir examiné quelques instants *l'homme* comme on examine une vipère, le maître du logis revint à la porte et dit :

— Va-t'en.

— Par grâce, reprit l'homme, un verre d'eau.

— Un coup de fusil ! dit le paysan.

Puis il referma la porte violemment, et l'homme l'entendit tirer deux gros verrous. Un moment après, la fenêtre se ferma au volet, et un bruit de barre de fer qu'on posait parvint au dehors.

La nuit continuait à tomber. Le vent froid des Alpes soufflait. A la lueur du jour expirant, l'étranger aperçut dans un des jardins qui bordent la rue une sorte de hutte qui lui parut maçonnée en mottes de gazon. Il franchit résolûment une barrière de bois et se trouva dans le jardin. Il s'approcha de la hutte ; elle avait pour porte une étroite ouverture très basse et elle ressemblait à ces constructions que les cantonniers se bâtissent au bord des routes. Il pensa sans doute que c'était en effet le logis d'un cantonnier ; il souffrait du froid et de la faim ; il s'était résigné à la faim, mais c'était du moins là un abri contre le froid. Ces sortes de logis ne sont habituellement pas

---

* Patois des Alpes françaises. *Chat de maraude.*

occupés la nuit. Il se coucha à plat ventre et se glissa dans la hutte. Il y faisait chaud, et il y trouva un assez bon lit de paille. Il resta un moment étendu sur ce lit, sans pouvoir faire un mouvement tant il était fatigué. Puis, comme son sac sur son dos le gênait et que c'était d'ailleurs un oreiller tout trouvé, il se mit à déboucler une des courroies. En ce moment un grondement farouche[8] se fit entendre. Il leva les yeux. La tête d'un dogue énorme se dessinait dans l'ombre à l'ouverture de la hutte.

C'était la niche d'un chien.

Il était lui-même vigoureux et redoutable; il s'arma de son bâton, il se fit de son sac un bouclier, et sortit de la niche comme il put, non sans élargir les déchirures de ses haillons.

Il sortit également du jardin, mais à reculons, obligé, pour tenir le dogue en respect, d'avoir recours à cette manœuvre du bâton que les maîtres en ce genre d'escrime appellent *la rose couverte*.

Quand il eut, non sans peine, repassé la barrière et qu'il se retrouva dans la rue, seul, sans gîte, sans toit, sans abri, chassé même de ce lit de paille et de cette niche misérable, il se laissa tomber plutôt qu'il ne s'assit sur une pierre, et il paraît qu'un passant qui traversait l'entendit s'écrier : — Je ne suis pas même un chien !

Bientôt il se releva et se remit à marcher. Il sortit de la ville, espérant trouver quelque arbre ou quelque meule dans les champs, et s'y abriter.

Il chemina ainsi quelque temps, la tête toujours baissée. Quand il se sentit loin de toute habitation humaine, il leva les yeux et chercha autour de lui. Il était dans un champ; il avait devant lui une de ces collines basses couvertes de chaume coupé ras, qui après la moisson ressemblent à des têtes tondues.

L'horizon était tout noir; ce n'était pas seulement le sombre de la nuit; c'étaient des nuages très bas qui semblaient s'appuyer sur la colline même et qui montaient, emplissant tout le ciel. Cependant, comme la lune allait se lever et qu'il flottait encore au zénith un reste de clarté crépusculaire, ces nuages formaient au haut du ciel une sorte de voûte blanchâtre d'où tombait sur la terre une lueur.

La terre était donc plus éclairée que le ciel, ce qui est un effet particulièrement sinistre, et la colline, d'un pauvre et chétif contour, se dessinait vague et blafarde sur l'horizon ténébreux. Tout cet ensemble était hideux, petit, lugubre et borné. Rien dans le champ ni sur la colline qu'un arbre difforme qui se tordait en frissonnant à quelques pas du voyageur.

Cet homme était évidemment très loin d'avoir de ces délicates habitudes d'intelligence et d'esprit qui font qu'on est sensible aux aspects mystérieux des choses ; cependant il y avait dans ce ciel, dans cette colline, dans cette plaine et dans cet arbre, quelque chose de si profondément désolé qu'après un moment d'immobilité et de rêverie, il rebroussa chemin brusquement. Il y a des instants où la nature semble hostile.

Il revint sur ses pas. Les portes de Digne étaient fermées. Digne, qui a soutenu des sièges dans les guerres de religion, était encore entourée en 1815 de vieilles murailles flanquées de tours carrées qu'on a démolies depuis. Il passa par une brèche et rentra dans la ville.

Il pouvait être huit heures du soir. Comme il ne connaissait pas les rues, il recommença sa promenade à l'aventure.

Il parvint ainsi à la préfecture, puis au séminaire. En passant sur la place de la cathédrale, il montra le poing à l'église.

Il y a au coin de cette place une imprimerie. C'est là que furent imprimées pour la première fois les proclamations de l'empereur et de la garde impériale à l'armée, apportées de l'île d'Elbe et dictées par Napoléon lui-même.

Épuisé de fatigue et n'espérant plus rien, il se coucha sur le banc de pierre qui est à la porte de cette imprimerie.

Une vieille femme sortait de l'église en ce moment. Elle vit cet homme étendu dans l'ombre. — Que faites-vous là, mon ami ? dit-elle.

Il répondit durement et avec colère : — Vous le voyez, bonne femme, je me couche.

La bonne femme, bien digne de ce nom en effet, était Mme la marquise de R.

— Sur ce banc ? reprit-elle.

— J'ai eu pendant dix-neuf ans un matelas de bois, dit l'homme, j'ai aujourd'hui un matelas de pierre.

— Vous avez été soldat ?

— Oui, bonne femme. Soldat.

— Pourquoi n'allez-vous pas à l'auberge?
— Parce que je n'ai pas d'argent.
— Hélas, dit Mme de R., je n'ai dans ma bourse que quatre sous.
— Donnez toujours.

L'homme prit les quatre sous. Mme de R. continua : — Vous ne pouvez vous loger avec si peu dans une auberge. Avez-vous essayé pourtant? Il est impossible que vous passiez ainsi la nuit. Vous avez sans doute froid et faim. On aurait pu vous loger par charité.
— J'ai frappé à toutes les portes.
— Eh bien?
— Partout on m'a chassé.

La « bonne femme » toucha le bras de l'homme et lui montra de l'autre côté de la place une petite maison basse à côté de l'évêché.
— Vous avez, reprit-elle, frappé à toutes les portes?
— Oui.
— Avez-vous frappé à celle-là?
— Non.
— Frappez-y[9].

II

LA PRUDENCE CONSEILLÉE A LA SAGESSE[1]

Ce soir-là, M. l'évêque de Digne, après sa promenade en ville, était resté assez tard enfermé dans sa chambre. Il s'occupait d'un grand travail sur les *Devoirs,* lequel est malheureusement demeuré inachevé. Il dépouillait soigneusement tout ce que les Pères et les Docteurs ont dit sur cette grave matière. Son livre était divisé en deux parties; premièrement les devoirs de tous, deuxièmement les devoirs de chacun, selon la classe à laquelle il appartient. Les devoirs de tous sont les grands devoirs. Il y en a quatre. Saint Matthieu les indique : devoirs envers Dieu (*Matth.,* VI), devoirs envers soi-même (*Matth.,* V, 29, 30), devoirs envers le prochain (*Matth.,* VII, 12), devoirs envers les créatures (*Matth.,* VI, 20, 25). Pour les autres devoirs, l'évêque les avait trouvés indiqués et prescrits ailleurs; aux souverains et aux sujets, dans l'*Épître aux Romains;* aux magistrats, aux épouses, aux mères et aux jeunes hommes, par saint Pierre; aux maris, aux pères, aux enfants et aux serviteurs, dans l'*Épître aux Éphésiens;* aux fidèles, dans l'*Épître aux Hébreux;* aux vierges, dans l'*Épître aux Corinthiens*². Il faisait laborieusement de toutes ces prescriptions un ensemble harmonieux qu'il voulait présenter aux âmes.

Il travaillait encore à huit heures, écrivant assez incommodément sur de petits carrés de papier avec un gros livre ouvert sur ses genoux, quand Mme Magloire entra, selon son habitude, pour prendre l'argenterie dans le placard près du lit. Un moment après, l'évêque, sentant que le couvert était mis et que sa sœur l'attendait peut-être, ferma son livre, se leva de sa table et entra dans la salle à manger.

La salle à manger était une pièce oblongue à cheminée, avec porte sur la rue (nous l'avons dit), et fenêtre sur le jardin.

Mme Magloire achevait en effet de mettre le couvert.

Tout en vaquant au service, elle causait avec Mlle Baptistine.

Une lampe était sur la table; la table était près de la cheminée. Un assez bon feu était allumé.

On peut se figurer facilement ces deux femmes qui avaient toutes deux passé soixante ans : Mme Magloire petite, grasse, vive; Mlle Baptistine douce, mince, frêle, un peu plus grande que son frère, vêtue d'une robe de soie puce, couleur à la mode en 1806, qu'elle avait achetée alors à Paris et qui lui durait encore. Pour emprunter des locutions vulgaires qui ont le mérite de dire avec un seul mot une idée qu'une page suffirait à peine à exprimer, Mme Magloire avait l'air d'une *paysanne* et Mlle Baptistine d'une *dame*. Mme Magloire avait un bonnet blanc à tuyaux, au cou une jeannette d'or, le seul bijou de femme qu'il y eût dans la maison, un fichu très blanc sortant de la robe de bure noire à manches larges et courtes, un tablier de toile de coton à carreaux rouges et verts, noué à la ceinture d'un ruban vert, avec pièce d'estomac pareille rattachée par deux épingles aux deux coins d'en haut, aux pieds de gros souliers et des bas jaunes comme les femmes de Marseille. La robe de Mlle Baptistine était coupée sur les patrons de 1806, taille courte, fourreau étroit, manches à épaulettes, avec pattes et boutons. Elle cachait ses cheveux gris sous une perruque frisée dite *à l'enfant*. Mme Magloire avait l'air intelligent, vif et bon; les deux angles de sa bouche inégalement relevés et la lèvre supérieure plus grosse que la lèvre inférieure lui donnaient quelque chose de bourru et d'impérieux. Tant que Monseigneur se taisait, elle lui parlait résolûment avec un mélange de respect et de liberté; mais dès que Monseigneur parlait, on a vu cela, elle obéissait passivement comme mademoiselle. Mlle Baptistine ne parlait même pas. Elle se bornait à obéir et à complaire. Même quand elle était jeune, elle n'était pas jolie, elle avait de gros yeux bleus à fleur de tête et le nez long et busqué; mais tout son visage, toute sa personne, nous l'avons dit en commençant, respiraient une ineffable bonté. Elle avait toujours été prédestinée à la mansuétude; mais la foi, la charité, l'espérance, ces trois vertus qui chauffent doucement l'âme, avaient élevé peu à peu cette mansuétude jusqu'à la sainteté. La nature n'en avait fait qu'une brebis, la religion en avait fait un ange. Pauvre sainte fille! Doux souvenir disparu!

Mlle Baptistine a depuis raconté tant de fois ce qui s'était passé à l'évêché cette soirée-là, que plusieurs personnes qui vivent encore s'en rappellent les moindres détails.

Au moment où M. l'évêque entra, Mme Magloire parlait avec quelque vivacité. Elle entretenait *mademoiselle* d'un sujet qui lui était familier et auquel l'évêque était accoutumé. Il s'agissait du loquet de la porte d'entrée.

Il paraît que, tout en allant faire quelques provisions pour le souper, Mme Magloire avait entendu dire des choses en divers lieux. On parlait d'un rôdeur de mauvaise mine; qu'un vagabond suspect serait arrivé, qu'il devait être quelque part dans la ville, et qu'il se pourrait qu'il y eût de méchantes rencontres pour ceux qui s'aviseraient de rentrer tard chez eux cette nuit-là. Que la police était bien mal faite du reste, attendu que M. le préfet et M. le maire ne s'aimaient pas, et cherchaient à se nuire en faisant arriver des événements. Que c'était donc aux gens sages à faire la police eux-mêmes et à se bien garder, et qu'il faudrait avoir soin de dûment clore, verrouiller et barricader sa maison, *et de bien fermer ses portes*.

Mme Magloire appuya sur ce dernier mot; mais l'évêque venait de sa chambre où il avait eu assez froid, il s'était assis devant la cheminée et se chauffait, et puis il pensait à autre chose. Il ne releva pas le mot à effet que Mme Magloire venait de laisser tomber. Elle le répéta. Alors, Mlle Baptistine, voulant satisfaire Mme Magloire sans déplaire à son frère, se hasarda à dire timidement :

— Mon frère, entendez-vous ce que dit Mme Magloire?

— J'en ai entendu vaguement quelque chose, répondit l'évêque.

Puis tournant à demi sa chaise, mettant ses deux mains sur ses genoux, et levant vers la vieille servante son visage cordial et facilement joyeux, que le feu éclairait d'en bas : — Voyons. Qu'y a-t-il? qu'y a-t-il? Nous sommes donc dans quelque gros danger?

Alors Mme Magloire recommença toute l'histoire, en l'exagérant quelque peu, sans s'en douter. Il paraîtrait qu'un bohémien, un va-nu-pieds, une espèce de mendiant dangereux serait en ce moment dans la ville. Il s'était présenté pour loger chez Jacquin Labarre qui n'avait pas voulu le recevoir. On l'avait vu arriver par le boulevard Gassendi et rôder dans les rues à la brune. Un homme de sac et de corde avec une figure terrible.

— Vraiment? dit l'évêque.

Ce consentement à l'interroger encouragea Mme Magloire; cela lui semblait indiquer que l'évêque n'était pas loin de s'alarmer; elle poursuivit triomphante :

— Oui, monseigneur. C'est comme cela. Il y aura quelque malheur cette nuit dans la ville. Tout le monde le dit. Avec cela que la police est si mal faite (répétition utile). Vivre dans un pays de montagnes, et n'avoir pas même de lanternes la nuit dans les rues! On sort. Des fours, quoi! Et je dis, monseigneur, et mademoiselle que voilà dit comme moi...

— Moi, interrompit la sœur, je ne dis rien. Ce que mon frère fait est bien fait.

Mme Magloire continua comme s'il n'y avait pas eu de protestation :

— Nous disons que cette maison-ci n'est pas sûre du tout; que, si monseigneur le permet, je vais aller dire à Paulin Musebois, le serrurier, qu'il vienne remettre les anciens verrous de la porte; on les a là, c'est une minute; et je dis qu'il faut des verrous, monseigneur, ne serait-ce que pour cette nuit; car je dis qu'une porte qui s'ouvre du dehors avec un loquet, par le premier passant venu, rien n'est plus terrible ; avec cela que monseigneur a l'habitude de toujours dire d'entrer, et que d'ailleurs, même au milieu de la nuit, ô mon Dieu ! on n'a pas besoin d'en demander la permission...

En ce moment, on frappa à la porte un coup assez violent.

— Entrez, dit l'évêque.

III

Héroïsme de l'obéissance passive

La porte s'ouvrit.

Elle s'ouvrit vivement, toute grande, comme si quelqu'un la poussait avec énergie et résolution.

Un homme entra.

Cet homme, nous le connaissons déjà. C'est le voyageur que nous avons vu tout à l'heure errer cherchant un gîte.

Il entra[1], fit un pas, et s'arrêta, laissant la porte ouverte derrière lui. Il avait son sac sur l'épaule, son bâton à la main, une expression rude, hardie, fatiguée[2] et violente dans les yeux. Le feu de la cheminée l'éclairait. Il était hideux. C'était une sinistre apparition[3].

Mme Magloire n'eut pas même la force de jeter un cri. Elle tressaillit, et resta béante.

Mlle Baptistine se retourna, aperçut l'homme qui entrait et se dressa à demi d'effarement, puis[4], ramenant peu à peu sa tête vers la cheminée, elle se mit à regarder son frère et son visage redevint profondément calme et serein.

L'évêque fixait sur l'homme un œil tranquille.

Comme il ouvrait la bouche, sans doute pour demander au nouveau venu ce qu'il désirait, l'homme appuya ses deux mains à la fois sur son bâton, promena ses yeux tour à tour sur le vieillard et les femmes, et, sans attendre que l'évêque parlât, dit d'une voix haute :

— Voici. Je m'appelle Jean Valjean. Je suis un galérien. J'ai passé dix-neuf ans au bagne. Je suis libéré depuis quatre jours et en route pour Pontarlier qui est ma destination. Quatre jours que je marche depuis Toulon. Aujourd'hui, j'ai fait douze lieues à pied. Ce soir, en arrivant dans ce pays, j'ai été dans une auberge, on m'a renvoyé à cause de mon passeport jaune que j'avais montré à la mairie. Il avait fallu. J'ai été à une autre auberge. On m'a dit : Va-t'en ! Chez l'un, chez l'autre. Personne n'a voulu de moi. J'ai été à la prison, le guichetier n'a pas ouvert. J'ai été dans la niche d'un chien. Ce chien m'a mordu et m'a chassé, comme s'il avait été un homme. On aurait dit qu'il savait qui j'étais. Je m'en suis allé dans les champs pour coucher à la belle étoile. Il n'y avait pas d'étoile. J'ai pensé qu'il pleuvrait, et qu'il n'y avait pas de bon Dieu pour empêcher de pleuvoir, et je suis rentré dans la ville pour y trouver le renfoncement d'une porte. Là, dans la place, j'allais me coucher sur une pierre. Une bonne femme m'a montré votre maison et m'a dit : Frappe là. J'ai frappé. Qu'est-ce que c'est ici ? êtes-vous une auberge ? J'ai de l'argent, ma masse. Cent neuf francs quinze sous que j'ai gagnés au bagne par mon travail en dix-neuf ans. Je payerai. Qu'est-ce que cela me fait ? j'ai de l'argent. Je suis très fatigué, douze lieues à pied, j'ai bien faim. Voulez-vous que je reste ?

— Madame Magloire, dit l'évêque, vous mettrez un couvert de plus.

L'homme fit trois pas et s'approcha de la lampe qui était sur la table.

— Tenez, reprit-il, comme s'il n'avait pas bien compris, ce n'est pas ça. Avez-vous entendu ? Je suis un galérien. Un forçat. Je viens des galères.

Il tira de sa poche une grande feuille de papier jaune qu'il déplia.

— Voilà mon passeport. Jaune, comme vous voyez. Cela sert à me faire chasser de partout où je vais. Voulez-vous lire ? Je sais lire, moi. J'ai appris au bagne. Il y a une école pour ceux qui veulent. Tenez, voilà ce qu'on a mis sur le passeport : « Jean Valjean, forçat libéré, natif de... — cela vous est égal... — Est resté dix-neuf ans au bagne. Cinq ans pour vol avec effraction. Quatorze ans pour avoir tenté de s'évader quatre fois. Cet homme est très dangereux. » — Voilà ! Tout le monde m'a jeté dehors. Voulez-vous me recevoir, vous ? Est-ce une auberge ? Voulez-vous me donner à manger et à coucher ? avez-vous une écurie ?

— Madame Magloire, dit l'évêque, vous mettrez des draps blancs au lit de l'alcôve.

Nous avons déjà expliqué de quelle nature était l'obéissance des deux femmes.

Mme Magloire sortit pour exécuter ces ordres.

L'évêque se tourna vers l'homme.

— Monsieur, asseyez-vous et chauffez-vous. Nous allons souper dans un instant, et l'on fera votre lit pendant que vous souperez.

Ici l'homme comprit tout à fait. L'expression de son visage, jusqu'alors sombre et dure, s'empreignit de stupéfaction, de doute, de joie, et devint extraordinaire[5]. Il se mit à balbutier comme un homme fou :

— Vrai ! quoi ! vous me gardez ? vous ne me chassez pas ? un forçat ! Vous m'appelez *monsieur* ! vous ne me tutoyez pas ! Va-t'en, chien ! qu'on me dit toujours. Je croyais bien que vous me chasseriez. Aussi j'avais dit tout de suite qui je suis. Oh ! la brave femme qui m'a enseigné ici ! Je vais souper ! un lit ! Un lit avec des matelas et des draps ! comme tout le monde ! il y a dix-neuf ans que je n'ai couché dans un lit ! Vous voulez bien que je ne m'en aille pas ! Vous êtes de dignes gens ! D'ailleurs j'ai de l'argent. Je payerai bien. Pardon, monsieur l'aubergiste, comment vous appelez-vous ? Je payerai tout ce qu'on voudra. Vous êtes un brave homme. Vous êtes aubergiste, n'est-ce pas ?

— Je suis, dit l'évêque, un prêtre qui demeure ici.

— Un prêtre ! reprit l'homme. Oh ! un brave homme de prêtre ! Alors vous ne me demandez pas d'argent ? Le curé, n'est-ce pas ? le curé de cette grande église ? Tiens ! c'est vrai, que je suis bête ! je n'avais pas vu votre calotte !

Tout en parlant, il avait déposé son sac et son bâton dans un coin, puis remis son passeport dans sa poche, et il s'était assis. Mlle Baptistine le considérait avec douceur. Il continua :

— Vous êtes humain, monsieur le curé. Vous n'avez pas de mépris. C'est bien bon un bon prêtre. Alors vous n'avez pas besoin que je paye ?

— Non, dit l'évêque, gardez votre argent. Combien avez-vous ? ne m'avez-vous pas dit cent neuf francs ?

— Quinze sous, ajouta l'homme.

— Cent neuf francs quinze sous. Et combien de temps avez-vous mis à gagner cela ?

— Dix-neuf ans.

— Dix-neuf ans !

L'évêque soupira profondément.

L'homme poursuivit : — J'ai encore tout mon argent. Depuis quatre jours je n'ai dépensé que vingt-cinq sous que j'ai gagnés en aidant à décharger des voitures à Grasse. Puisque vous êtes abbé, je vais vous dire, nous avions un aumônier au bagne. Et puis un jour j'ai vu un évêque. Monseigneur, qu'on appelle. C'était l'évêque de la Majore, à Marseille. C'est le curé qui est sur les curés. Vous savez, pardon, je dis mal cela, mais pour moi, c'est si loin ! — Vous comprenez, nous autres ! — Il a dit la messe au milieu du bagne, sur un autel, il avait une chose pointue, en or, sur la tête. Au grand jour de midi, cela brillait. Nous étions en rang, des trois côtés avec les canons, mèche allumée, en face de nous. Nous ne voyions pas bien. Il a parlé, mais il était trop au fond, nous n'entendions pas. Voilà ce que c'est qu'un évêque.

Pendant qu'il parlait, l'évêque était allé pousser la porte qui était restée toute grande ouverte.

Mme Magloire rentra. Elle apportait un couvert qu'elle mit sur la table.

— Madame Magloire, dit l'évêque, mettez ce couvert le plus près possible du feu. — Et se tournant vers son hôte : — Le vent de nuit est dur dans les Alpes. Vous devez avoir froid, monsieur ?

Chaque fois qu'il disait ce mot *monsieur,* avec sa voix doucement grave et de si bonne compagnie, le visage de l'homme s'illuminait. *Monsieur* à un forçat, c'est un verre d'eau à un naufragé de la *Méduse.* L'ignominie a soif de considération.

— Voici, reprit l'évêque, une lampe qui éclaire bien mal.

Mme Magloire comprit, et elle alla chercher sur la cheminée de la chambre à coucher de monseigneur les deux chandeliers d'argent qu'elle posa sur la table tout allumés.

— Monsieur le curé, dit l'homme, vous êtes bon. Vous ne me méprisez pas. Vous me recevez chez vous. Vous allumez vos cierges pour moi. Je ne vous ai pourtant pas caché d'où je viens et que je suis un homme malheureux.

L'évêque, assis près de lui, lui toucha doucement la main. — Vous pouviez ne pas me dire qui vous étiez. Ce n'est pas ici ma maison, c'est la maison de Jésus-

Christ. Cette porte ne demande pas à celui qui entre s'il a un nom, mais s'il a une douleur. Vous souffrez; vous avez faim et soif; soyez le bienvenu. Et ne me remerciez pas, ne me dites pas que je vous reçois chez moi. Personne n'est ici chez soi, excepté celui qui a besoin d'un asile. Je vous le dis à vous qui passez, vous êtes ici chez vous plus que moi-même. Tout ce qui est ici est à vous. Qu'ai-je besoin de savoir votre nom? D'ailleurs, avant que vous me le dissiez, vous en avez un que je savais.

L'homme ouvrit des yeux étonnés.

— Vrai? vous saviez comment je m'appelle?

— Oui, répondit l'évêque, vous vous appelez mon frère.

— Tenez, monsieur le curé! s'écria l'homme, j'avais bien faim en entrant ici; mais vous êtes si bon qu'à présent je ne sais plus ce que j'ai; cela m'a passé.

L'évêque le regarda et lui dit:

— Vous avez bien souffert?

— Oh! la casaque rouge, le boulet au pied, une planche pour dormir, le chaud, le froid, le travail, la chiourme, les coups de bâton! La double chaîne pour rien. Le cachot pour un mot. Même malade au lit, la chaîne. Les chiens, les chiens sont plus heureux! Dix-neuf ans! J'en ai quarante-six[6]. A présent le passeport jaune! Voilà.

— Oui, reprit l'évêque, vous sortez d'un lieu de tristesse. Écoutez. Il y aura plus de joie au ciel pour le visage en larmes d'un pécheur repentant que pour la robe blanche de cent justes. Si vous sortez de ce lieu douloureux avec des pensées de haine et de colère contre les hommes, vous êtes digne de pitié; si vous en sortez avec des pensées de bienveillance, de douceur et de paix, vous valez mieux qu'aucun de nous.

Cependant Mme Magloire avait servi le souper. Une soupe faite avec de l'eau, de l'huile, du pain et du sel, un peu de lard, un morceau de viande de mouton, des figues, un fromage frais, et un gros pain de seigle. Elle avait d'elle-même ajouté à l'ordinaire de M. l'évêque une bouteille de vieux vin de Mauves.

Le visage de l'évêque prit tout à coup cette expression de gaîté propre aux natures hospitalières: — A table! dit-il vivement. — Comme il en avait coutume lorsque quelque étranger soupait avec lui, il fit asseoir l'homme à sa droite. Mlle Baptistine, parfaitement paisible et naturelle, prit place à sa gauche.

L'évêque dit le *benedicite,* puis servit lui-même la soupe, selon son habitude. L'homme se mit à manger avidement.

Tout à coup l'évêque dit : — Mais il me semble qu'il manque quelque chose sur cette table.

Mme Magloire en effet n'avait mis que les trois couverts absolument nécessaires. Or c'était l'usage de la maison, quand l'évêque avait quelqu'un à souper, de disposer sur la nappe les six couverts d'argent, étalage innocent. Ce gracieux semblant de luxe était une sorte d'enfantillage plein de charme dans cette maison douce et sévère qui élevait la pauvreté jusqu'à la dignité.

Mme Magloire comprit l'observation, sortit sans dire un mot, et un moment après les trois couverts réclamés par l'évêque brillaient sur la nappe, symétriquement arrangés devant chacun des trois convives.

IV

Détails sur les fromageries de Pontarlier

Maintenant, pour donner une idée de ce qui se passa à cette table, nous ne saurions mieux faire que de transcrire ici un passage d'une lettre de Mlle Baptistine à Mme de Boischevron, où la conversation du forçat et de l'évêque est racontée avec une minutie naïve :

. . . .

« ... Cet homme ne faisait aucune attention à personne. Il mangeait avec une voracité d'affamé. Cependant, après la soupe, il a dit :

« — Monsieur le curé du bon Dieu, tout ceci est encore bien trop bon pour moi, mais je dois dire que les rouliers qui n'ont pas voulu me laisser manger avec eux font meilleure chère que vous.

« Entre nous, l'observation m'a un peu choquée. Mon frère a répondu :

« — Ils ont plus de fatigue que moi.

« — Non, a repris cet homme, ils ont plus d'argent. Vous êtes pauvre. Je vois bien. Vous n'êtes peut-être pas même curé. Êtes-vous curé seulement ? Ah ! par exemple, si le bon Dieu était juste, vous devriez bien être curé.

« — Le bon Dieu est plus que juste, a dit mon frère.

« Un moment après il a ajouté :

« — Monsieur Jean Valjean, c'est à Pontarlier que vous allez?

« — Avec itinéraire obligé.

« Je crois bien que c'est comme cela que l'homme a dit. Puis il a continué :

« — Il faut que je sois en route demain à la pointe du jour[1]. Il fait dur voyager. Si les nuits sont froides, les journées sont chaudes.

« — Vous allez là, a repris mon frère, dans un bon pays. A la Révolution, ma famille a été ruinée, je me suis réfugié en Franche-Comté d'abord, et j'y ai vécu quelque temps du travail de mes bras. J'avais de la bonne volonté. J'ai trouvé à m'y occuper. On n'a qu'à choisir. Il y a des papeteries, des tanneries, des distilleries, des fabriques d'horlogerie en grand, des fabriques d'acier, des fabriques de cuivre, au moins vingt usines de fer, dont quatre à Lods, à Châtillon, à Audincourt et à Beure[2] qui sont très considérables...

« Je crois ne pas me tromper et que ce sont bien là les noms que mon frère a cités, puis il s'est interrompu et m'a adressé la parole :

« Chère sœur, n'avons-nous pas des parents dans ce pays-là?

« J'ai répondu :

« — Nous en avions, entre autres M. de Lucenet qui était capitaine des portes à Pontarlier dans l'ancien régime.

« — Oui, a repris mon frère, mais en 93 on n'avait plus de parents, on n'avait que ses bras. J'ai travaillé. Ils ont dans le pays de Pontarlier, où vous allez, monsieur Valjean, une industrie toute patriarcale et toute charmante, ma sœur. Ce sont leurs fromageries qu'ils appellent fruitières.

« Alors mon frère, tout en faisant manger cet homme, lui a expliqué très en détail ce que c'était que les fruitières de Pontarlier; — qu'on en distinguait deux sortes : — les *grosses granges,* qui sont aux riches, et où il y a quarante ou cinquante vaches, lesquelles produisent sept ou huit milliers de fromages par été; les *fruitières d'association,* qui sont aux pauvres ; ce sont les paysans de la moyenne montagne qui mettent leurs vaches en commun et partagent les produits. — Ils prennent à leurs gages un fromager qu'ils appellent le *grurin ;* — le grurin reçoit le lait des associés trois fois par jour et marque les quantités sur une taille double ; — c'est vers la fin d'avril que le travail des fromageries commence ; c'est vers la mi-juin que les fromagers conduisent leurs vaches dans la montagne.

« L'homme se ranimait tout en mangeant. Mon frère lui faisait boire de ce bon vin de Mauves dont il ne boit pas lui-même parce qu'il dit que c'est du vin cher[3]. Mon frère lui disait tous ces détails avec cette gaîté aisée que vous lui connaissez, entremêlant ses paroles de façons gracieuses pour moi. Il est beaucoup revenu sur ce bon état de grurin, comme s'il eût souhaité que cet homme comprît, sans le lui conseiller directement et durement, que ce serait un asile pour lui. Une chose m'a frappée. Cet homme était ce que je vous ai dit. Eh bien ! mon frère, pendant tout le souper, ni de toute la soirée, à l'exception de quelques paroles sur Jésus quand il est entré, n'a pas dit un mot qui pût rappeler à cet homme qui il était ni apprendre à cet homme qui était mon frère. C'était bien une occasion en apparence de faire un peu de sermon et d'appuyer l'évêque sur le galérien pour laisser la marque du passage. Il eût paru peut-être à un autre que c'était le cas, ayant ce malheureux sous la main, de lui nourrir l'âme en même temps que le corps et de lui faire quelque reproche assaisonné de morale et de conseil, ou bien un peu de commisération avec exhortation de se mieux conduire à l'avenir. Mon frère ne lui a même pas demandé de quel pays il était, ni son histoire. Car dans son histoire il y a sa faute, et mon frère semblait éviter tout ce qui pouvait l'en faire souvenir. C'est au point qu'à un certain moment, comme mon frère parlait des montagnards de Pontarlier qui ont *un doux travail près du ciel et qui,* ajoutait-il, *sont heureux parce qu'ils sont innocents,* il s'est arrêté court, craignant qu'il n'y eût dans ce mot qui lui échappait quelque chose qui pût froisser l'homme. A force d'y réfléchir, je crois avoir compris ce qui se passait dans le cœur de mon frère. Il pensait sans doute que cet homme, qui s'appelle Jean Valjean, n'avait que trop sa misère présente à l'esprit, que le mieux était de l'en distraire, et de lui faire croire, ne fût-ce qu'un moment, qu'il était une personne comme une autre, en étant pour lui tout ordinaire. N'est-ce pas là en effet bien entendre la charité? N'y a-t-il pas, bonne madame, quelque chose de vraiment évangélique dans cette délicatesse qui s'abstient de sermon, de morale et d'allusion, et la meilleure pitié, quand un homme a un point douloureux, n'est-ce pas de n'y point toucher du tout? Il m'a semblé que ce pouvait être là la pensée intérieure de mon frère. Dans tous les cas, ce que je puis dire, c'est que, s'il a eu toutes ces idées, il n'en a rien marqué, même pour moi; il a été d'un bout à l'autre le même homme que tous les soirs, et il a soupé avec ce Jean Valjean du même air et de la même façon qu'il aurait soupé avec M. Gédéon Le Prévost ou avec M. le curé de la paroisse.

« Vers la fin, comme nous étions aux figues, on a cogné à la porte. C'était la mère Gerbaud avec son petit dans ses bras. Mon frère a baisé l'enfant au front, et m'a emprunté quinze sous que j'avais sur moi pour les donner à la mère Gerbaud. L'homme pendant ce temps-là ne faisait pas grande attention. Il ne parlait plus et paraissait très fatigué. La pauvre vieille Gerbaud partie, mon frère a dit les grâces, puis il s'est tourné vers cet homme, et il lui a dit : Vous devez avoir bien besoin de votre lit. Mme Magloire a enlevé le couvert bien vite. J'ai compris qu'il fallait nous retirer pour laisser dormir ce voyageur, et nous sommes montées toutes les deux. J'ai cependant envoyé Mme Magloire un instant après porter sur le lit de cet homme une peau de chevreuil de la Forêt-Noire qui est dans ma chambre. Les nuits sont glaciales, et cela tient chaud. C'est dommage que cette peau soit vieille; tout le poil s'en va. Mon frère l'a achetée du temps qu'il était en Allemagne, à Tottlingen, près des sources du Danube, ainsi que le petit couteau à manche d'ivoire dont je me sers à table.

« Mme Magloire est remontée presque tout de suite, nous nous sommes mises à prier Dieu dans le salon où l'on étend le linge, et puis nous sommes rentrées chacune dans notre chambre sans nous rien dire. »

V

Tranquillité

Après avoir donné le bonsoir à sa sœur, Mgr Bienvenu[1] prit sur la table un des deux flambeaux d'argent, remit l'autre à son hôte, et lui dit :

— Monsieur, je vais vous conduire à votre chambre.

L'homme le suivit.

Comme on a pu le remarquer dans ce qui a été dit plus haut, le logis était distribué de telle sorte que, pour passer dans l'oratoire où était l'alcôve ou pour en sortir, il fallait traverser la chambre à coucher de l'évêque.

Au moment où ils traversaient cette chambre, Mme Magloire serrait l'argenterie dans le placard qui était au chevet du lit. C'était le dernier soin qu'elle prenait chaque soir avant de s'aller coucher.

L'évêque installa son hôte dans l'alcôve. Un lit blanc et frais y était dressé. L'homme posa le flambeau sur une petite table.

— Allons, dit l'évêque, faites une bonne nuit. Demain matin, avant de partir, vous boirez une tasse de lait de nos vaches, tout chaud.

— Merci, monsieur l'abbé, dit l'homme.

A peine eut-il prononcé ces paroles pleines de paix que, tout à coup et sans transition, il eut un mouvement étrange et qui eût glacé d'épouvante les deux saintes filles si elles en eussent été témoins. Aujourd'hui même il nous est difficile de nous rendre compte de ce qui le poussait en ce moment. Voulait-il donner un avertissement ou jeter une menace ? Obéissait-il simplement à une sorte d'impulsion instinctive et obscure pour lui-même ? Il se tourna brusquement vers le vieillard, croisa les bras, et, fixant sur son hôte un regard sauvage, il s'écria d'une voix rauque :

— Ah ça ! décidément ! vous me logez chez vous, près de vous, comme cela !

Il s'interrompit et ajouta avec un rire où il y avait quelque chose de monstrueux[2] :

— Avez-vous bien fait toutes vos réflexions ? Qui est-ce qui vous dit que je n'ai pas assassiné ?

L'évêque leva les yeux vers le plafond et répondit :

— Cela regarde le bon Dieu.

Puis, gravement et remuant les lèvres comme quelqu'un qui prie ou qui se parle à lui-même, il dressa les deux doigts de sa main droite et bénit l'homme qui ne se courba pas, et, sans tourner la tête et sans regarder derrière lui, il rentra dans sa chambre.

Quand l'alcôve était habitée, un grand rideau de serge tiré de part en part dans l'oratoire cachait l'autel. L'évêque s'agenouilla en passant devant ce rideau et fit une courte prière.

Un moment après, il était dans son jardin, marchant, rêvant, contemplant, l'âme et la pensée tout entières à ces grandes choses mystérieuses que Dieu montre la nuit aux yeux qui restent ouverts[3].

Quant à l'homme, il était vraiment si fatigué qu'il n'avait même pas profité de ces bons draps blancs. Il avait soufflé sa bougie avec sa narine à la manière des forçats et s'était laissé tomber tout habillé sur le lit, où il s'était tout de suite profondément endormi.

Minuit sonnait comme l'évêque rentrait de son jardin dans son appartement.

Quelques minutes après, tout dormait dans la petite maison.

VI

Jean Valjean

Vers le milieu de la nuit, Jean Valjean se réveilla.

Jean Valjean était d'une pauvre famille de paysans de la Brie. Dans son enfance, il n'avait pas appris à lire. Quand il eut l'âge d'homme, il était émondeur à Faverolles[1]. Sa mère s'appelait Jeanne Mathieu, son père s'appelait Jean Valjean ou Vlajean, sobriquet probablement, et contraction de *Voilà Jean*[2].

Jean Valjean était d'un caractère[3] pensif sans être triste, ce qui est le propre des natures affectueuses. Somme toute, pourtant, c'était quelque chose d'assez endormi et d'assez insignifiant, en apparence du moins, que Jean Valjean. Il avait perdu en très bas âge son père et sa mère. Sa mère était morte d'une fièvre de lait mal soignée. Son père, émondeur comme lui, s'était tué en tombant d'un arbre. Il n'était resté à Jean Valjean qu'une sœur plus âgée que lui, veuve, avec sept enfants, filles et garçons. Cette sœur avait élevé Jean Valjean, et tant qu'elle eut son mari elle logea et nourrit son jeune frère. Le mari mourut. L'aîné des sept enfants avait huit ans, le dernier un an. Jean Valjean venait d'atteindre, lui, sa vingt-cinquième année. Il remplaça le père, et soutint à son tour sa sœur qui l'avait élevé. Cela se fit simplement, comme un devoir, même avec quelque chose de bourru de la part de Jean Valjean. Sa jeunesse se dépensait ainsi dans un travail rude et mal payé. On ne lui avait jamais connu de « bonne amie » dans le pays. Il n'avait pas eu le temps d'être amoureux.

Le soir il rentrait fatigué et mangeait sa soupe sans dire un mot. Sa sœur, mère Jeanne, pendant qu'il mangeait, lui prenait souvent dans son écuelle le meilleur de son repas, le morceau de viande, la tranche de lard, le cœur de chou, pour le donner à quelqu'un de ses enfants ; lui, mangeant toujours, penché sur la table, presque la tête dans sa soupe, ses longs cheveux tombant autour de son écuelle et cachant ses yeux, avait l'air de ne rien voir et laissait faire. Il y avait à Faverolles, pas loin de la chaumière Valjean, de l'autre côté de la ruelle, une fermière appelée Marie-Claude ; les enfants Valjean, habituellement affamés, allaient quelquefois emprunter au nom de leur mère une pinte de lait à Marie-Claude, qu'ils buvaient derrière une haie ou dans quelque coin d'allée, s'arrachant le pot, et si hâtivement que les petites filles s'en répandaient sur leur tablier et dans leur goulotte. La mère, si elle eût su cette maraude, eût sévèrement corrigé les délinquants. Jean Valjean, brusque et bougon, payait en arrière de la mère la pinte de lait à Marie-Claude, et les enfants n'étaient pas punis.

Il gagnait dans la saison de l'émondage vingt-quatre sous par jour, puis il se louait comme moissonneur, comme manœuvre, comme garçon de ferme bouvier, comme homme de peine. Il faisait ce qu'il pouvait. Sa sœur travaillait de son côté, mais que faire avec sept petits enfants ? C'était un triste groupe que la misère enveloppa et étreignit peu à peu. Il arriva qu'un hiver fut rude. Jean n'eut pas d'ouvrage. La famille n'eut pas de pain. Pas de pain. A la lettre. Sept enfants !

Un dimanche soir, Maubert Isabeau, boulanger sur la place de l'Église, à Faverolles, se disposait à se coucher, lorsqu'il entendit un coup violent dans la devanture grillée et vitrée de sa boutique. Il arriva à temps pour voir un bras passé à travers un trou fait d'un coup de poing dans la grille et dans la vitre. Le bras saisit un pain et l'emporta. Isabeau sortit en hâte; le voleur s'enfuyait à toutes jambes; Isabeau courut après lui et l'arrêta. Le voleur avait jeté le pain, mais il avait encore le bras ensanglanté. C'était Jean Valjean.

Ceci se passait en 1795. Jean Valjean fut traduit devant les tribunaux du temps « pour vol avec effraction la nuit dans une maison habitée ». Il avait un fusil dont il se servait mieux que tireur au monde, il était quelque peu braconnier; ce qui lui nuisit. Il y a contre les braconniers un préjugé légitime. Le braconnier, de même que le contrebandier, côtoie de fort près le brigand. Pourtant, disons-le en passant, il y a encore un abîme entre ces races d'hommes et le hideux assassin des villes. Le braconnier vit dans la forêt; le contrebandier vit dans la montagne ou sur la mer. Les villes font des hommes féroces, parce qu'elles font des hommes corrompus. La montagne, la mer, la forêt, font des hommes sauvages. Elles développent le côté farouche, mais souvent sans détruire le côté humain.

Jean Valjean[4] fut déclaré coupable. Les termes du code étaient formels. Il y a dans notre civilisation des heures redoutables; ce sont les moments où la pénalité prononce un naufrage. Quelle minute funèbre que celle où la société s'éloigne et consomme l'irréparable abandon d'un être pensant! Jean Valjean fut condamné à cinq ans de galères.

Le 22 avril 1796, on cria dans Paris la victoire de Montenotte remportée par le général en chef de l'armée d'Italie, que le message du Directoire aux Cinq-Cents, du 2 floréal an IV, appelle Buona-Parte; ce même jour une grande chaîne fut ferrée à Bicêtre. Jean Valjean fit partie de cette chaîne. Un ancien guichetier[5] de la prison, qui a près de quatre-vingt-dix ans aujourd'hui, se souvient encore parfaitement de ce malheureux qui fut ferré à l'extrémité du quatrième cordon dans l'angle nord de la cour. Il était assis à terre comme tous les autres. Il paraissait ne rien comprendre à sa position, sinon qu'elle était horrible. Il est probable qu'il y démêlait aussi, à travers les vagues idées d'un pauvre homme ignorant de tout, quelque chose d'excessif. Pendant qu'on rivait à grands coups de marteau derrière sa tête le boulon de son carcan, il pleurait, les larmes l'étouffaient, elles l'empêchaient de parler, il parvenait seulement à dire de temps en temps : *J'étais émondeur à Faverolles*. Puis, tout en sanglotant, il élevait sa main droite et l'abaissait graduellement sept fois comme s'il touchait successivement sept têtes inégales, et par ce geste on devinait que la chose quelconque qu'il avait faite, il l'avait faite pour vêtir et nourrir sept petits enfants.

Il partit pour Toulon. Il y arriva après un voyage de vingt-sept jours, sur une charrette, la chaîne au cou. A Toulon, il fut revêtu de la casaque rouge. Tout s'effaça de ce qui avait été sa vie, jusqu'à son nom; il ne fut même plus Jean Valjean; il fut le numéro 24601. Que devint la sœur? que devinrent les sept enfants? Qui est-ce qui s'occupe de cela? Que devient la poignée de feuilles du jeune arbre scié par le pied?

C'est toujours la même histoire. Ces pauvres êtres vivants, ces créatures de Dieu, sans appui désormais, sans guide, sans asile, s'en allèrent au hasard, qui sait même? chacun de leur côté peut-être, et s'enfoncèrent peu à peu dans cette froide brume où s'engloutissent les destinées solitaires, mornes ténèbres où disparaissent successivement tant de têtes infortunées dans la sombre marche du genre humain. Ils quittèrent le pays. Le clocher de ce qui avait été leur village les oublia; la borne de ce qui avait été leur champ les oublia; après quelques années de séjour au bagne, Jean Valjean lui-même les oublia. Dans ce cœur où il y avait eu une plaie, il y eut une cicatrice. Voilà tout. A peine, pendant tout le temps qu'il passa à Toulon, entendit-il parler une seule fois de sa sœur. C'était, je crois, vers la fin de la quatrième année de sa captivité. Je ne sais plus par quelle voie ce renseignement lui parvint. Quelqu'un, qui les avait connus au pays, avait vu sa sœur. Elle était à Paris. Elle habitait une pauvre rue près de Saint-Sulpice, la rue du Gindre[6]. Elle n'avait plus avec elle qu'un enfant, un petit garçon, le dernier. Où étaient les six autres? Elle ne le savait peut-être pas elle-même. Tous les matins elle allait à une imprimerie rue du Sabot, n°3,[7] où elle était plieuse et brocheuse. Il fallait être là à six heures du matin, bien avant le jour l'hiver. Dans la maison de l'imprimerie il y avait une école, elle menait à cette école son petit garçon qui avait sept ans. Seulement, comme elle entrait à l'imprimerie à six heures et que l'école n'ouvrait qu'à sept, il fallait que l'enfant attendît, dans la cour, que l'école ouvrît, une heure; l'hiver, une heure de nuit, en plein air! On ne voulait pas que l'enfant entrât dans l'imprimerie, parce qu'il gênait, disait-on. Les ouvriers voyaient le matin en passant ce pauvre petit être assis sur le pavé, tombant de sommeil, et souvent endormi dans l'ombre, accroupi et plié sur son panier. Quand il pleuvait, une vieille femme, la portière, en avait pitié; elle le recueillait dans son bouge où il n'y avait qu'un grabat, un rouet et deux chaises de bois, et le petit dormait là dans un coin, se serrant contre le chat pour avoir moins froid. A sept heures, l'école ouvrait et il y entrait. Voilà ce qu'on dit à Jean Valjean. On l'en entretint un jour, ce fut un moment, un éclair, comme une fenêtre brusquement ouverte sur la destinée de ces êtres qu'il avait aimés, puis tout se referma; il n'en entendit plus parler, et ce fut pour jamais. Plus rien n'arriva d'eux à lui; jamais il ne les revit, jamais il ne les rencontra, et, dans la suite de cette douloureuse histoire, on ne les retrouvera plus.

Vers la fin de cette quatrième année, le tour d'évasion de Jean Valjean arriva. Ses camarades l'aidèrent comme cela se fait dans ce triste lieu. Il s'évada. Il erra deux jours en liberté dans les champs; si c'est être libre que d'être traqué; de tourner la tête à chaque instant; de tressaillir au moindre bruit; d'avoir peur de tout, du toit qui fume, de l'homme qui passe, du chien qui aboie, du cheval qui galope, de l'heure qui sonne, du jour parce qu'on voit, de la nuit parce qu'on ne voit pas, de la route, du sentier, du buisson, du sommeil. Le soir du second jour, il fut repris. Il n'avait ni mangé ni dormi depuis trente-six heures. Le tribunal maritime le condamna pour ce délit à une prolongation de trois ans, ce qui lui fit huit ans. La sixième année, ce fut encore son tour de s'évader; il en usa, mais il ne put consommer sa fuite[8]. Il avait manqué à l'appel. On tira le coup de canon, et à la nuit les gens de ronde le trouvèrent caché sous la quille d'un vaisseau en construction; il résista aux gardes-chiourme qui le saisirent. Évasion et rébellion. Ce fait prévu par le code spécial fut puni d'une aggravation de cinq ans, dont deux de double chaîne.

Treize ans. La dixième année, son tour revint, il en profita encore. Il ne réussit pas mieux. Trois ans pour cette nouvelle tentative. Seize ans. Enfin, ce fut, je crois, pendant la treizième année qu'il essaya une dernière fois et ne réussit qu'à se faire reprendre après quatre heures d'absence. Trois ans pour ces quatre heures. Dix-neuf ans. En octobre 1815 il fut libéré ; il était entré là en 1796 pour avoir cassé un carreau et pris un pain.

Place[9] pour une courte parenthèse. C'est la seconde fois que, dans ses études sur la question pénale et sur la damnation par la loi, l'auteur de ce livre rencontre le vol d'un pain, comme point de départ du désastre d'une destinée. Claude Gueux avait volé un pain ; Jean Valjean avait volé un pain. Une statistique anglaise constate qu'à Londres quatre vols sur cinq ont pour cause immédiate la faim.

Jean Valjean était entré au bagne sanglotant et frémissant ; il en sortit impassible. Il y était entré désespéré ; il en sortit sombre.

Que s'était-il passé dans cette âme ?

VII

Le dedans du désespoir

Essayons de le dire.

Il faut bien que la société regarde ces choses puisque c'est elle qui les fait.

C'était, nous l'avons dit, un ignorant ; mais ce n'était pas un imbécile. La lumière naturelle était allumée en lui. Le malheur, qui a aussi sa clarté, augmenta le peu de jour qu'il y avait dans cet esprit. Sous le bâton, sous la chaîne, au cachot, à la fatigue, sous l'ardent soleil du bagne, sur le lit de planches des forçats, il se replia en sa conscience et réfléchit.

Il se constitua tribunal.

Il commença par se juger lui-même.

Il reconnut qu'il n'était pas un innocent injustement puni. Il s'avoua qu'il avait commis une action extrême et blâmable ; qu'on ne lui eût peut-être pas refusé ce pain s'il l'avait demandé ; que dans tous les cas il eût mieux valu l'attendre, soit de la pitié, soit du travail ; que ce n'est pas tout à fait une raison sans réplique de dire : Peut-on attendre quand on a faim ? que d'abord il est très rare qu'on meure littéralement de faim ; ensuite que, malheureusement ou heureusement, l'homme est ainsi fait qu'il peut souffrir longtemps et beaucoup, moralement et physiquement, sans mourir ; qu'il fallait donc de la patience ; que cela eût mieux valu même pour ces pauvres enfants ; que c'était un acte de folie, à lui, malheureux homme chétif, de prendre violemment au collet la société tout entière et de se figurer qu'on sort de la misère par le vol ; que c'était, dans tous les cas, une mauvaise porte pour sortir de la misère que celle par où l'on entre dans l'infamie ; enfin qu'il avait eu tort.

Puis il se demanda :

S'il était le seul qui avait eu tort dans sa fatale histoire ? Si d'abord ce n'était pas une chose grave qu'il eût, lui travailleur, manqué de travail, lui laborieux, manqué de pain. Si, ensuite, la faute commise et avouée, le châtiment n'avait pas été féroce et outré[1]. S'il n'y avait pas plus d'abus de la part de la loi dans la peine qu'il n'y avait eu d'abus de la part du coupable dans la faute. S'il n'y avait pas excès de poids dans un des plateaux de la balance, celui où est l'expiation. Si[2] la surcharge de la peine n'était point l'effacement du délit, et n'arrivait pas à ce résultat : de retourner la situation, de remplacer la faute du délinquant par la faute de la répression, de faire du coupable la victime et du débiteur le créancier, et de mettre définitivement le droit du côté de celui-là même qui l'avait violé. Si cette peine, compliquée des aggravations successives pour les tentatives d'évasion, ne finissait pas par être une sorte d'attentat du plus fort sur le plus faible, un crime de la société sur l'individu, un crime qui recommençait tous les jours, un crime qui durait dix-neuf ans.

Il se demanda si la société humaine pouvait avoir le droit de faire également subir à ses membres, dans un cas son imprévoyance déraisonnable, et dans l'autre cas sa prévoyance impitoyable, et de saisir à jamais un pauvre homme entre un défaut et un excès, défaut de travail, excès de châtiment. S'il n'était pas exorbitant que la société traitât ainsi précisément ses membres les plus mal dotés dans la répartition de biens que fait le hasard, et par conséquent les plus dignes de ménagements.

Ces questions faites et résolues, il jugea la société et la condamna.

Il la condamna à sa haine.

Il la fit responsable du sort qu'il subissait, et se dit qu'il n'hésiterait peut-être pas à lui en demander compte un jour. Il se déclara à lui-même qu'il n'y avait pas équilibre entre le dommage qu'il avait causé et le dommage qu'on lui causait; il conclut enfin que son châtiment n'était pas, à la vérité, une injustice, mais qu'à coup sûr c'était une iniquité.

La colère peut être folle et absurde; on peut être irrité à tort; on n'est indigné que lorsqu'on a raison au fond par quelque côté. Jean Valjean se sentait indigné.

Et puis, la société humaine ne lui avait fait que du mal. Jamais il n'avait vu d'elle que ce visage courroucé qu'elle appelle sa Justice et qu'elle montre à ceux qu'elle frappe. Les hommes ne l'avaient touché que pour le meurtrir. Tout contact avec eux lui avait été un coup. Jamais, depuis son enfance, depuis sa mère, depuis sa sœur, jamais il n'avait rencontré une parole amie et un regard bienveillant. De souffrance en souffrance il arriva peu à peu à cette conviction que la vie était une guerre; et que dans cette guerre il était le vaincu. Il n'avait d'autre arme que sa haine. Il résolut de l'aiguiser au bagne et de l'emporter en s'en allant.

Il y avait à Toulon une école pour la chiourme tenue par des frères ignorantins où l'on enseignait le plus nécessaire à ceux de ces malheureux qui avaient de la bonne volonté. Il fut du nombre des hommes de bonne volonté. Il alla à l'école à quarante ans, et apprit à lire, à écrire, à compter. Il sentit que fortifier son intelligence, c'était fortifier sa haine. Dans de certains cas, l'instruction et la lumière peuvent servir de rallonge au mal.

Cela est triste à dire, après avoir jugé la société qui avait fait son malheur, il jugea la providence qui avait fait la société.

Il la condamna aussi.

Ainsi, pendant ces dix-neuf ans de torture et d'esclavage, cette âme monta et tomba en même temps. Il y entra de la lumière d'un côté et des ténèbres de l'autre.

Jean Valjean n'était pas, on l'a vu, d'une nature

mauvaise. Il était encore bon lorsqu'il arriva au bagne. Il y condamna la société et sentit qu'il devenait méchant; il y condamna la providence et sentit qu'il devenait impie.

Ici il est difficile de ne pas méditer un instant.

La nature humaine se transforme-t-elle ainsi de fond en comble et tout à fait? L'homme créé bon par Dieu peut-il être fait méchant par l'homme? L'âme peut-elle être refaite tout d'une pièce par la destinée, et devenir mauvaise, la destinée étant mauvaise? Le cœur peut-il devenir difforme et contracter des laideurs et des infirmités incurables sous la pression d'un malheur disproportionné, comme la colonne vertébrale sous une voûte trop basse? N'y a-t-il pas dans toute âme humaine, n'y avait-il pas dans l'âme de Jean Valjean en particulier, une première étincelle, un élément divin, incorruptible dans ce monde, immortel dans l'autre, que le bien peut développer, attiser, allumer, enflammer et faire[3] rayonner splendidement, et que le mal ne peut jamais entièrement éteindre?

Questions graves et obscures, à la dernière desquelles tout physiologiste eût probablement répondu *non,* et sans hésiter, s'il eût vu à Toulon, aux heures de repos qui étaient pour Jean Valjean des heures de rêverie, assis, les bras croisés, sur la barre de quelque cabestan, le bout de sa chaîne enfoncé dans sa poche pour l'empêcher de traîner, ce galérien morne, sérieux, silencieux et pensif, paria des lois qui regardait l'homme avec colère, damné de la civilisation qui regardait le ciel avec sévérité.

Certes, et nous ne voulons pas le dissimuler, le physiologiste observateur eût vu là une misère irrémédiable, il eût plaint peut-être ce malade du fait de la loi, mais il n'eût pas même essayé de traitement; il eût détourné le regard des cavernes qu'il aurait entrevues dans cette âme; et, comme Dante de la porte de l'enfer, il eût effacé de cette existence le mot que le doigt de Dieu écrit pourtant sur le front de tout homme: *Espérance!*

Cet état de son âme que nous avons tenté d'analyser était-il aussi parfaitement clair pour Jean Valjean que nous avons essayé de le rendre pour ceux qui nous lisent? Jean Valjean voyait-il distinctement, après leur formation, et avait-il vu distinctement, à mesure qu'ils se formaient, tous les éléments dont se composait sa misère morale ? Cet homme rude et illettré s'était-il bien nettement rendu compte de la succession d'idées par laquelle il était, degré à degré, monté et descendu jusqu'aux lugubres aspects qui étaient depuis tant d'années déjà l'horizon intérieur de son esprit ? Avait-il bien conscience de tout ce qui s'était passé en lui et de tout ce qui s'y remuait ? C'est ce que nous n'oserions dire ; c'est même ce que nous ne croyons pas. Il y avait trop d'ignorance dans Jean Valjean pour que, même après tant de malheur, il n'y restât pas beaucoup de vague. Par moments il ne savait pas même bien au juste ce qu'il éprouvait. Jean Valjean était dans les ténèbres ; il souffrait dans les ténèbres ; il haïssait dans les ténèbres ; on eût pu dire qu'il haïssait devant lui. Il vivait habituellement dans cette ombre, tâtonnant comme un aveugle et comme un rêveur. Seulement, par intervalles, il lui venait tout à coup, de lui-même, ou du dehors, une secousse de colère, un surcroît de souffrance, un pâle et rapide éclair qui illuminait toute son âme, et faisait brusquement apparaître partout autour de lui, en avant et en arrière, aux lueurs d'une lumière affreuse, les hideux précipices et les sombres perspectives de sa destinée.

L'éclair passé, la nuit retombait, et où était-il ? il ne le savait plus.

Le propre des peines de cette nature, dans lesquelles domine ce qui est impitoyable, c'est-à-dire ce qui est abrutissant, c'est de transformer peu à peu, par une sorte de transfiguration stupide, un homme en une bête fauve. Quelquefois en une bête féroce. Les tentatives d'évasion de Jean Valjean, successives et obstinées, suffiraient à prouver cet étrange travail fait par la loi sur l'âme humaine. Jean Valjean eût renouvelé ces tentatives, si parfaitement inutiles et folles, autant de fois que l'occasion s'en fût présentée, sans songer un instant au résultat, ni aux expériences déjà faites. Il s'échappait impétueusement comme le loup qui trouve la cage ouverte. L'instinct lui disait : sauve-toi ! Le raisonnement lui eût dit : reste ! Mais, devant une tentation si violente, le raisonnement avait disparu ; il n'y avait plus que l'instinct. La bête seule agissait. Quand il était repris, les nouvelles sévérités qu'on lui infligeait ne servaient qu'à l'effarer davantage.

Un détail[4] que nous ne devons pas omettre, c'est qu'il était d'une force physique dont n'approchait pas un des habitants du bagne. A la fatigue, pour filer un câble, pour virer un cabestan, Jean Valjean valait quatre hommes. Il soulevait et soutenait parfois d'énormes poids sur son dos, et remplaçait dans l'occasion cet instrument qu'on appelle cric et qu'on appelait jadis orgueil, d'où a pris nom, soit dit en passant, la rue Montorgueil près des halles de Paris. Ses camarades l'avaient surnommé Jean-le-Cric. Une fois, comme on réparait le balcon de l'hôtel de ville de Toulon, une des admirables cariatides de Puget qui soutiennent ce balcon se descella et faillit tomber. Jean Valjean, qui se trouvait là, soutint de l'épaule la cariatide et donna le temps aux ouvriers d'arriver.

Sa souplesse dépassait encore sa vigueur. Certains forçats, rêveurs perpétuels d'évasions, finissent par faire de la force et de l'adresse combinées une véritable science. C'est la science des muscles. Toute une statique mystérieuse est quotidiennement pratiquée par les prisonniers, ces éternels envieux des mouches et des oiseaux. Gravir une verticale, et trouver des points d'appui là où l'on voit à peine une saillie, était un jeu pour Jean Valjean. Étant donné un angle de mur, avec la tension de son dos et de ses jarrets, avec ses coudes et ses talons emboîtés dans les aspérités de la pierre, il se hissait comme magiquement à un troisième étage. Quelquefois il montait ainsi jusqu'au toit du bagne.

Il parlait peu. Il ne riait pas. Il fallait quelque émotion extrême pour lui arracher, une ou deux fois l'an, ce lugubre rire du forçat qui est comme un écho du rire du démon. A le voir, il semblait occupé à regarder continuellement quelque chose de terrible.

Il était absorbé en effet.

A travers les perceptions maladives d'une nature incomplète et d'une intelligence accablée, il sentait confusément qu'une chose monstrueuse était sur lui. Dans cette pénombre obscure et blafarde où il rampait, chaque fois qu'il tournait le cou et qu'il essayait d'élever son regard, il voyait, avec une terreur mêlée de rage, s'échafauder, s'étager et monter à perte de vue au-dessus de lui, avec des escarpements horribles, une sorte d'entassement effrayant de choses, de lois, de préjugés, d'hommes et de faits, dont les contours lui échappaient, dont la masse l'épouvantait, et qui n'était autre chose que cette prodigieuse pyramide que nous appelons la civilisation. Il distinguait çà et là dans cet ensemble fourmillant et difforme, tantôt près de lui, tantôt loin et sur des plateaux inaccessibles, quelque groupe, quelque détail vivement éclairé[5], ici l'argousin et son bâton, ici le gendarme et son sabre, là-bas l'archevêque mitré, tout en haut, dans une sorte de soleil, l'empereur couronné et éblouissant. Il lui semblait que ces splendeurs lointaines, loin de dissiper sa nuit, la rendaient plus funèbre et plus noire. Tout cela, lois, préjugés, faits, hommes, choses, allait et venait au-dessus de lui, selon le mouvement compliqué et mystérieux que Dieu imprime à la civilisation, marchant sur lui et l'écrasant avec je ne sais quoi de paisible dans la cruauté et d'inexorable dans l'indifférence. Ames tombées au fond de l'infortune possible, malheureux hommes perdus au plus bas de ces limbes où l'on ne regarde plus, les réprouvés de la loi sentent peser de tout son poids sur leur tête cette société humaine, si formidable pour qui est dehors, si effroyable pour qui est dessous.

Dans cette situation, Jean Valjean songeait, et quelle pouvait être la nature de sa rêverie?

Si le grain de mil sous la meule avait des pensées, il penserait sans doute ce que pensait Jean Valjean.

Toutes ces choses, réalités pleines de spectres, fantasmagories pleines de réalités, avaient fini par lui créer une sorte d'état intérieur presque inexprimable.

Par moments, au milieu de son travail du bagne, il s'arrêtait. Il se mettait à penser. Sa raison, à la fois plus mûre et plus troublée qu'autrefois, se révoltait. Tout ce qui lui était arrivé lui paraissait absurde; tout ce qui l'entourait lui paraissait impossible. Il se disait : c'est un rêve. Il regardait l'argousin debout à quelques pas de lui; l'argousin lui semblait un fantôme; tout à coup le fantôme lui donnait un coup de bâton.

La nature visible existait à peine pour lui. Il serait presque vrai de dire qu'il n'y avait point pour Jean Valjean de soleil, ni de beaux jours d'été, ni de ciel rayonnant, ni de fraîches aubes d'avril. Je ne sais quel jour de soupirail éclairait habituellement son âme.

Pour résumer, en terminant, ce qui peut être résumé

et traduit en résultats positifs dans tout ce que nous venons d'indiquer, nous nous bornerons à constater qu'en dix-neuf ans, Jean Valjean, l'inoffensif émondeur de Faverolles, le redoutable galérien de Toulon, était devenu capable, grâce à la manière dont le bagne l'avait façonné, de deux espèces de mauvaises actions : premièrement, d'une mauvaise action rapide, irréfléchie, pleine d'étourdissement, toute d'instinct, sorte de représailles pour le mal souffert ; deuxièmement, d'une mauvaise action grave, sérieuse, débattue en conscience et méditée avec les idées fausses que peut donner un pareil malheur. Ses préméditations passaient par les trois[6] phases successives que les natures d'une certaine trempe peuvent seules parcourir, raisonnement, volonté, obstination. Il avait pour mobiles[7] l'indignation habituelle, l'amertume de l'âme, le profond sentiment des iniquités subies, la réaction, même contre les bons, les innocents et les justes, s'il y en a. Le point de départ comme le point d'arrivée de toutes ses pensées était[8] la haine de la loi humaine ; cette haine qui, si elle n'est arrêtée dans son développement par quelque incident providentiel, devient, dans un temps donné, la haine de la société, puis la haine du genre humain, puis la haine de la création, et se traduit par un vague et incessant et brutal désir de nuire, n'importe à qui, à un être vivant quelconque. — Comme on voit, ce n'était pas sans raison que le passeport qualifiait Jean Valjean d'*homme très dangereux*.

D'année en année, cette âme s'était desséchée de plus en plus, lentement, mais fatalement. A cœur sec, œil sec. A sa sortie du bagne, il y avait dix-neuf ans qu'il n'avait versé une larme.

VIII

L'onde et l'ombre[1]

Un homme à la mer !

Qu'importe ! le navire ne s'arrête pas. Le vent souffle, ce sombre navire-là a une route qu'il est forcé de continuer. Il passe.

L'homme disparaît, puis reparaît, il plonge et remonte à la surface, il appelle, il tend les bras, on ne l'entend pas ; le navire, frissonnant sous l'ouragan, est tout à sa manœuvre, les matelots et les passagers ne voient même plus l'homme submergé ; sa misérable tête n'est qu'un point dans l'énormité des vagues.

Il jette des cris désespérés dans les profondeurs. Quel spectre que cette voile qui s'en va ! Il la regarde, il la regarde frénétiquement. Elle s'éloigne, elle blêmit, elle décroît. Il était là tout à l'heure, il était de l'équipage, il allait et venait sur le pont avec les autres, il avait sa part de respiration et de soleil, il était vivant. Maintenant, que s'est-il donc passé ? Il a glissé, il est tombé, c'est fini.

Il est dans l'eau monstrueuse. Il n'a plus sous les pieds que de la fuite et de l'écroulement. Les flots déchirés et déchiquetés par le vent l'environnent hideusement, les roulis de l'abîme l'emportent, tous les haillons de l'eau s'agitent autour de sa tête, une populace de vagues crache sur lui, de confuses ouvertures le dévorent à demi ; chaque fois qu'il enfonce, il entrevoit des précipices pleins de nuit ; d'affreuses végétations inconnues le saisissent, lui nouent les pieds, le tirent à elles ; il sent qu'il devient abîme, il fait partie de l'écume, les flots se le jettent de l'un à l'autre, il boit l'amertume, l'océan lâche s'acharne à le noyer, l'énormité joue avec son agonie. Il semble que toute cette eau soit de la haine.

Il lutte pourtant, il essaie de se défendre, il essaie de se soutenir, il fait effort, il nage. Lui, cette pauvre force tout de suite épuisée, il combat l'inépuisable.

Où donc est le navire ? Là-bas. A peine visible dans les pâles ténèbres de l'horizon.

Les rafales soufflent ; toutes les écumes l'accablent. Il lève les yeux et ne voit que les lividités des nuages. Il assiste, agonisant, à l'immense démence de la mer. Il est supplicié par cette folie. Il entend des bruits étrangers à l'homme qui semblent venir d'au delà de la terre et d'on ne sait quel dehors effrayant.

Il y a des oiseaux dans les nuées, de même qu'il y a des anges au-dessus des détresses humaines, mais que peuvent-ils pour lui ? Cela vole, chante et plane, et lui, il râle.

Il se sent enseveli à la fois par ces deux infinis, l'océan et le ciel ; l'un est une tombe, l'autre est un linceul.

La nuit descend, voilà des heures qu'il nage, ses forces sont à bout ; ce navire, cette chose lointaine où il y avait des hommes, s'est effacé ; il est seul dans le formidable gouffre crépusculaire, il enfonce, il se raidit, il se tord, il sent au-dessous de lui les vagues monstres de l'invisible ; il appelle.

Il n'y a plus d'hommes. Où est Dieu ?

Il appelle. Quelqu'un ! quelqu'un ! Il appelle toujours. Rien à l'horizon. Rien au ciel.

Il implore l'étendue, la vague, l'algue, l'écueil ; cela est sourd. Il supplie la tempête ; la tempête imperturbable n'obéit qu'à l'infini.

Autour de lui l'obscurité, la brume, la solitude, le tumulte orageux et inconscient, le plissement indéfini des eaux farouches. En lui l'horreur et la fatigue. Sous lui la chute. Pas de point d'appui. Il songe aux aventures ténébreuses du cadavre dans l'ombre illimitée. Le froid sans fond le paralyse. Ses mains se crispent et se ferment, et prennent du néant. Vents, nuées, tourbillons, souffles, étoiles inutiles ! Que faire ? Le désespéré s'abandonne, qui est las prend le parti de mourir, il se laisse faire, il se laisse aller, il lâche prise, et le voilà qui roule à jamais dans les profondeurs lugubres de l'engloutissement.

O marche implacable des sociétés humaines ! Pertes d'hommes et d'âmes chemin faisant ! Océan où tombe tout ce que laisse tomber la loi ! Disparition sinistre du secours ! O mort morale !

La mer, c'est l'inexorable nuit sociale où la pénalité jette ses damnés. La mer, c'est l'immense misère.

L'âme, à vau-l'eau dans ce gouffre, peut devenir un cadavre. Qui la ressuscitera ?

IX

Nouveaux griefs[1]

Quand vint l'heure de la sortie du bagne, quand Jean Valjean entendit à son oreille ce mot étrange : *Tu es libre !* le moment fut invraisemblable et inouï[2], un rayon de vive lumière, un rayon de la vraie lumière des vivants pénétra subitement en lui. Mais ce rayon ne tarda point à pâlir. Jean Valjean avait été ébloui de l'idée de la liberté. Il avait cru à une vie nouvelle. Il

Son esprit oscilla toute une grande heure dans des fluctuations auxquelles se mêlait bien quelque lutte. Trois heures sonnèrent. Il rouvrit les yeux, se dressa brusquement sur son séant, étendit le bras et tâta son havresac qu'il avait jeté dans le coin de l'alcôve, puis il laissa pendre ses jambes et poser ses pieds à terre, et se trouva, presque sans savoir comment, assis sur son lit.

Il resta un certain temps rêveur dans cette attitude qui eût eu quelque chose de sinistre pour quelqu'un qui l'eût aperçu ainsi dans cette ombre, seul éveillé dans la maison endormie. Tout à coup il se baissa, ôta ses souliers et les posa doucement sur la natte près du lit, puis il reprit sa posture de rêverie et redevint immobile.

Au milieu de cette méditation hideuse, les idées que nous venons d'indiquer remuaient sans relâche dans son cerveau, entraient, sortaient, rentraient, faisaient sur lui une sorte de pesée; et puis il songeait aussi, sans savoir pourquoi, et avec cette obstination machinale de la rêverie, à un forçat nommé Brevet qu'il avait connu au bagne, et dont le pantalon n'était retenu que par une seule bretelle de coton tricoté. Le dessin en damier de cette bretelle lui revenait sans cesse à l'esprit.

Il demeurait dans cette situation, et y fût peut-être resté indéfiniment jusqu'au lever du jour, si l'horloge n'eût sonné un coup, — le quart ou la demie. Il sembla que ce coup lui eût dit : Allons !

Il se leva debout, hésita encore un moment, et écouta; tout se taisait dans la maison; alors il marcha droit et à petits pas vers la fenêtre qu'il entrevoyait. La nuit n'était pas très obscure; c'était une pleine lune sur laquelle couraient de larges nuées chassées par le vent. Cela faisait au dehors des alternatives d'ombre et de clarté, des éclipses, puis des éclaircies, et au dedans une sorte de crépuscule. Ce crépuscule, suffisant pour qu'on pût se guider, intermittent à cause des nuages, ressemblait à l'espèce de lividité qui tombe d'un soupirail de cave devant lequel vont et viennent des passants. Arrivé à la fenêtre, Jean Valjean l'examina. Elle était sans barreaux, donnait sur le jardin et n'était fermée, selon la mode du pays, que d'une petite clavette. Il l'ouvrit, mais, comme un air froid et vif entra brusquement dans la chambre, il la referma tout de suite. Il regarda le jardin de ce regard attentif qui étudie plus encore qu'il ne regarde.

Le jardin était enclos d'un mur blanc assez bas, facile à escalader. Au fond, au delà, il distingua des têtes d'arbres également espacées, ce qui indiquait que ce mur séparait le jardin d'une avenue ou d'une ruelle plantée.

Ce coup d'œil jeté, il fit le mouvement d'un homme déterminé, marcha à son alcôve, prit son havresac, l'ouvrit, le fouilla, en tira quelque chose qu'il posa sur le lit, mit ses souliers dans une des poches[3], referma le tout, chargea le sac sur ses épaules, se couvrit de sa casquette dont il baissa la visière sur ses yeux, chercha son bâton en tâtonnant, et l'alla poser dans l'angle de la fenêtre, puis revint au lit et saisit résolument l'objet qu'il y avait déposé. Cela ressemblait à une barre de fer courte, aiguisée comme un épieu à l'une de ses extrémités.

Il eût été difficile de distinguer dans les ténèbres pour quel emploi avait pu être façonné ce morceau de fer. C'était peut-être un levier ? C'était peut-être une massue ?

Au jour on eût pu reconnaître que ce n'était autre chose qu'un chandelier de mineur. On employait alors quelquefois les forçats à extraire de la roche des hautes collines qui environnent Toulon, et il n'était pas rare qu'ils eussent à leur disposition des outils de mineur. Les chandeliers des mineurs sont en fer massif, terminés à leur extrémité inférieure par une pointe au moyen de laquelle on les enfonce dans le rocher.

Il prit ce chandelier dans sa main droite, et retenant son haleine, assourdissant son pas, il se dirigea vers la porte de la chambre voisine, celle de l'évêque, comme on sait. Arrivé à cette porte, il la trouva entre-bâillée. L'évêque ne l'avait point fermée.

XI

Ce qu'il fait[1]

Jean Valjean écouta. Aucun bruit.

Il poussa la porte.

Il la poussa du doigt, légèrement, avec cette douceur furtive et inquiète d'un chat qui veut entrer.

La porte céda à la pression et fit un mouvement imperceptible et silencieux qui élargit un peu l'ouverture.

Il attendit un moment, puis poussa la porte une seconde fois, plus hardiment.

Elle continua de céder en silence. L'ouverture était assez grande maintenant pour qu'il pût passer. Mais il y avait près de la porte une petite table qui faisait avec elle un angle gênant et qui barrait l'entrée.

Jean Valjean reconnut la difficulté. Il fallait à toute force que l'ouverture fût encore élargie.

Il prit son parti, et poussa une troisième fois la porte, plus énergiquement que les deux premières. Cette fois il y eut un gond mal huilé qui jeta tout à coup dans cette obscurité un cri rauque et prolongé.

Jean Valjean tressaillit. Le bruit de ce gond sonna dans son oreille avec quelque chose d'éclatant et de formidable comme le clairon du jugement dernier.

Dans les grossissements fantastiques de la première minute, il se figura presque que ce gond venait de s'animer et de prendre tout à coup une vie terrible, et qu'il aboyait comme un chien pour avertir tout le monde et réveiller les gens endormis.

Il s'arrêta, frissonnant, éperdu, et retomba de la pointe du pied sur le talon. Il entendait ses artères battre dans ses tempes comme deux marteaux de forge, et il lui semblait que son souffle sortait de sa poitrine avec le bruit du vent qui sort d'une caverne. Il lui paraissait impossible que l'horrible clameur de ce gond irrité n'eût pas ébranlé toute la maison comme une secousse de tremblement de terre; la porte, poussée par lui, avait pris l'alarme et avait appelé; le vieillard allait se lever, les deux vieilles femmes allaient crier, on viendrait à l'aide; avant un quart d'heure, la ville serait en rumeur et la gendarmerie sur pied. Un moment il se crut perdu.

Il demeura où il était, pétrifié comme la statue de sel, n'osant faire un mouvement. Quelques minutes s'écoulèrent. La porte s'était ouverte toute grande. Il se hasarda à regarder dans la chambre. Rien n'y avait bougé. Il prêta l'oreille. Rien ne remuait dans la maison. Le bruit du gond rouillé n'avait éveillé personne.

Ce premier danger était passé, mais il y avait encore en lui un affreux tumulte. Il ne recula pas pourtant. Même quand il s'était cru perdu, il n'avait pas reculé. Il ne songea plus qu'à finir vite. Il fit un pas et entra dans la chambre.

Cette chambre était dans un calme parfait. On y distinguait çà et là des formes confuses et vagues qui, au jour, étaient des papiers épars sur une table, des in-folio ouverts, des volumes empilés sur un tabouret, un fauteuil chargé de vêtements, un prie-Dieu, et qui à cette heure n'étaient plus que des coins ténébreux et des places blanchâtres. Jean Valjean avança avec précaution en évitant de se heurter aux meubles. Il entendait au fond de la chambre la respiration égale et tranquille de l'évêque endormi.

Il s'arrêta tout à coup. Il était près du lit. Il y était arrivé plus tôt qu'il n'aurait cru.

La nature mêle quelquefois ses effets et ses spectacles à nos actions avec une espèce d'à-propos sombre et intelligent, comme si elle voulait nous faire réfléchir. Depuis près d'une demi-heure un grand nuage couvrait le ciel. Au moment où Jean Valjean s'arrêta en face du lit, ce nuage se déchira, comme s'il l'eût fait exprès, et un rayon de lune, traversant la longue fenêtre, vint éclairer subitement le visage pâle de l'évêque. Il dormait paisiblement. Il était presque vêtu dans son lit, à cause des nuits froides des Basses-Alpes, d'un vêtement de laine brune qui lui couvrait le bras jusqu'aux poignets[2]. Sa tête était renversée sur l'oreiller dans l'attitude abandonnée du repos; il laissait pendre hors du lit sa main ornée de l'anneau pastoral et d'où étaient tombées tant de bonnes œuvres et de saintes actions. Toute sa face s'illuminait d'une vague expression de satisfaction, d'espérance et de béatitude. C'était plus qu'un sourire et presque un rayonnement. Il y avait sur son front l'inexprimable réverbération d'une lumière qu'on ne voyait pas. L'âme des justes pendant le sommeil contemple un ciel mystérieux.

Un reflet de ce ciel était sur l'évêque.

C'était en même temps une transparence lumineuse, car ce ciel était au dedans de lui. Ce ciel, c'était sa conscience.

Au moment où le rayon de lune vint se superposer, pour ainsi dire, à cette clarté intérieure, l'évêque endormi apparut comme dans une gloire. Cela pourtant resta doux et voilé d'un demi-jour ineffable. Cette lune dans le ciel, cette nature assoupie, ce jardin sans un frisson, cette maison si calme, l'heure, le moment, le silence, ajoutaient je ne sais quoi de solennel et d'indicible au vénérable repos de ce sage, et enveloppaient d'une sorte d'auréole majestueuse et sereine ces cheveux blancs et ces yeux fermés, cette figure où tout était espérance et où tout était confiance, cette tête de vieillard et ce sommeil d'enfant.

Il y avait presque de la divinité dans cet homme ainsi auguste à son insu.

Jean Valjean, lui, était dans l'ombre, son chandelier de fer à la main, debout, immobile, effaré de ce vieillard lumineux. Jamais il n'avait rien vu de pareil. Cette confiance l'épouvantait. Le monde moral n'a pas de plus grand spectacle que celui-là : une conscience troublée et inquiète, parvenue au bord d'une mauvaise action, et contemplant le sommeil d'un juste.

Ce sommeil, dans cet isolement, et avec un voisin tel que lui, avait quelque chose de sublime qu'il sentait vaguement, mais impérieusement.

Nul n'eût pu dire ce qui se passait en lui, pas même lui. Pour essayer de s'en rendre compte, il faut rêver ce qu'il y a de plus violent en présence de ce qu'il y a de plus doux. Sur son visage même on n'eût rien pu distinguer avec certitude. C'était une sorte d'étonnement hagard. Il regardait cela. Voilà tout. Mais quelle était sa pensée ? Il eût été impossible de le deviner. Ce qui était évident, c'est qu'il était ému et bouleversé. Mais de quelle nature était cette émotion ?

Son œil ne se détachait pas du vieillard. La seule chose qui se dégageât clairement de son attitude et de sa physionomie, c'était une étrange indécision. On eût dit qu'il hésitait entre les deux abîmes, celui où l'on se perd et celui où l'on se sauve. Il semblait prêt à briser ce crâne ou à baiser cette main.

Au bout de quelques instants, son bras gauche se leva lentement vers son front, et il ôta sa casquette, puis son bras retomba avec la même lenteur, et Jean Valjean rentra dans sa contemplation, sa casquette dans la main gauche, sa massue dans la main droite, ses cheveux hérissés sur sa tête farouche.

L'évêque continuait de dormir dans une paix profonde sous ce regard effrayant.

Un reflet de lune faisait confusément visible au-dessus de la cheminée le crucifix qui semblait leur ouvrir les bras à tous les deux, avec une bénédiction pour l'un et un pardon pour l'autre.

Tout à coup Jean Valjean remit sa casquette sur son front, puis marcha rapidement, le long du lit, sans regarder l'évêque, droit au placard qu'il entrevoyait près du chevet; il leva le chandelier de fer comme pour forcer la serrure; la clef y était; il l'ouvrit; la première chose qui lui apparut fut le panier d'argenterie; il le prit, traversa la chambre à grands pas sans précaution et sans s'occuper du bruit, gagna la porte, rentra dans l'oratoire, ouvrit la fenêtre, saisit son bâton, enjamba l'appui du rez-de-chaussée, mit l'argenterie dans son sac, jeta le panier, franchit le jardin, sauta par-dessus le mur comme un tigre, et s'enfuit.

XII

L'ÉVÊQUE TRAVAILLE

Le lendemain, au soleil levant, Mgr Bienvenu[1] se promenait dans son jardin. Mme Magloire accourut vers lui toute bouleversée.

— Monseigneur, monseigneur, cria-t-elle, Votre Grandeur sait-elle où est le panier d'argenterie?

— Oui, dit l'évêque.

— Jésus-Dieu soit béni! reprit-elle. Je ne savais ce qu'il était devenu.

L'évêque venait de ramasser le panier dans une plate-bande. Il le présenta à Mme Magloire.

— Le voilà.

— Eh bien? dit-elle. Rien dedans! et l'argenterie?

— Ah! repartit l'évêque. C'est donc l'argenterie qui vous occupe? Je ne sais où elle est.

— Grand bon Dieu! elle est volée! C'est l'homme d'hier soir qui l'a volée!

En un clin d'œil, avec toute sa vivacité de vieille alerte, Mme Magloire courut à l'oratoire, entra dans l'alcôve et revint vers l'évêque. L'évêque venait de se baisser et considérait en soupirant un plant de cochléaria des Guillons que le panier avait brisé en tombant à travers la plate-bande. Il se redressa au cri de Mme Magloire.

— Monseigneur, l'homme est parti! l'argenterie est volée!

Tout en poussant cette exclamation, ses yeux tombaient sur un angle du jardin où l'on voyait des traces d'escalade. Le chevron du mur avait été arraché.

— Tenez ! c'est par là qu'il s'en est allé. Il a sauté dans la ruelle Cochefilet ! Ah ! l'abomination ! Il nous a volé notre argenterie !

L'évêque resta un moment silencieux, puis leva son œil sérieux, et dit à Mme Magloire avec douceur :

— Et d'abord, cette argenterie était-elle à nous ?

Mme Magloire resta interdite. Il y eut encore un silence, puis l'évêque continua :

— Madame Magloire, je détenais à tort et depuis longtemps cette argenterie. Elle était aux pauvres. Qu'était-ce que cet homme ? Un pauvre évidemment.

— Hélas Jésus ! repartit Mme Magloire. Ce n'est pas pour moi ni pour mademoiselle. Cela nous est bien égal. Mais c'est pour monseigneur. Dans quoi monseigneur va-t-il manger maintenant ?

L'évêque la regarda d'un air étonné.

— Ah çà mais ! est-ce qu'il n'y a pas des couverts d'étain ?

Mme Magloire haussa les épaules.

— L'étain a une odeur.

— Alors, des couverts de fer.

Mme Magloire fit une grimace significative.

— Le fer a un goût.

— Eh bien, dit l'évêque, des couverts de bois.

Quelques instants après, il déjeunait à cette même table où Jean Valjean s'était assis la veille. Tout en déjeunant, Mgr Bienvenu faisait gaîment remarquer à sa sœur qui ne disait rien et à Mme Magloire qui grommelait sourdement qu'il n'est nullement besoin d'une cuiller ni d'une fourchette, même en bois, pour tremper un morceau de pain dans une tasse de lait.

— Aussi a-t-on idée ! disait Mme Magloire toute seule en allant et venant, recevoir un homme comme cela ! et le loger à côté de soi ! et quel bonheur encore qu'il n'ait fait que voler ! Ah mon Dieu ! cela fait frémir quand on songe !

Comme le frère et la sœur allaient se lever de table, on frappa à la porte.

— Entrez, dit l'évêque.

La porte s'ouvrit. Un groupe étrange et violent apparut sur le seuil. Trois hommes en tenaient un quatrième au collet. Les trois hommes étaient des gendarmes ; l'autre était Jean Valjean.

Un brigadier de gendarmerie, qui semblait conduire le groupe, était près de la porte. Il entra et s'avança vers l'évêque en faisant le salut militaire.

— Monseigneur... dit-il.

A ce mot, Jean Valjean, qui était morne et semblait abattu, releva la tête d'un air stupéfait.

— Monseigneur ! murmura-t-il. Ce n'est donc pas le curé ?...

— Silence ! dit un gendarme. C'est monseigneur l'évêque.

Cependant Mgr Bienvenu s'était approché aussi vivement que son grand âge le lui permettait.

— Ah ! vous voilà ! s'écria-t-il en regardant Jean Valjean. Je suis aise de vous voir. Eh bien mais ! je vous avais donné les chandeliers aussi, qui sont en argent comme le reste et dont vous pourrez bien avoir deux cents francs. Pourquoi ne les avez-vous pas emportés avec vos couverts ?

Jean Valjean ouvrit les yeux et regarda le vénérable évêque avec une expression qu'aucune langue humaine ne pourrait rendre.

— Monseigneur, dit le brigadier de gendarmerie, ce que cet homme disait était donc vrai ? Nous l'avons rencontré. Il allait comme quelqu'un qui s'en va. Nous l'avons arrêté pour voir. Il avait cette argenterie...

— Et il vous a dit, interrompit l'évêque en souriant, qu'elle lui avait été donnée par un vieux bonhomme de prêtre chez lequel il avait passé la nuit ? Je vois la chose. Et vous l'avez ramené ici ? C'est une méprise.

— Comme cela, reprit le brigadier, nous pouvons le laisser aller ?

— Sans doute, répondit l'évêque.

Les gendarmes lâchèrent Jean Valjean qui recula.

— Est-ce que c'est vrai qu'on me laisse ? dit-il d'une voix presque inarticulée et comme s'il parlait dans le sommeil.

— Oui, on te laisse, tu n'entends donc pas ? dit un gendarme[2].

— Mon ami, reprit l'évêque, avant de vous en aller, voici vos chandeliers. Prenez-les.

Il alla à la cheminée, prit les deux flambeaux d'argent

et les apporta à Jean Valjean. Les deux femmes le regardaient faire sans un mot, sans un geste, sans un regard qui pût déranger l'évêque.

Jean Valjean tremblait de tous ses membres. Il prit les deux chandeliers machinalement et d'un air égaré.

— Maintenant, dit l'évêque, allez en paix. — A propos, quand vous reviendrez, mon ami, il est inutile de passer par le jardin. Vous pourrez toujours entrer et sortir par la porte de la rue. Elle n'est fermée qu'au loquet jour et nuit.

Puis se tournant vers la gendarmerie :

— Messieurs, vous pouvez vous retirer.

Les gendarmes s'éloignèrent.

Jean Valjean était comme un homme qui va s'évanouir.

L'évêque s'approcha de lui, et lui dit à voix basse :

— N'oubliez pas, n'oubliez jamais que vous m'avez promis d'employer cet argent à devenir honnête homme.

Jean Valjean, qui n'avait aucun souvenir d'avoir rien promis, resta interdit. L'évêque avait appuyé sur ces paroles en les prononçant. Il reprit avec une sorte de solennité :

— Jean Valjean, mon frère, vous n'appartenez plus au mal, mais au bien. C'est votre âme que je vous achète ; je la retire aux pensées noires et à l'esprit de perdition, et je la donne à Dieu.

XIII

Petit-Gervais[1]

Jean Valjean sortit de la ville comme s'il s'échappait. Il se mit à marcher en toute hâte dans les champs, prenant les chemins et les sentiers qui se présentaient sans s'apercevoir qu'il revenait à chaque instant sur ses pas. Il erra ainsi toute la matinée, n'ayant pas mangé et n'ayant pas faim. Il était en proie à une foule de sensations nouvelles. Il se sentait une sorte de colère ; il ne savait contre qui. Il n'eût pu dire s'il était touché ou humilié. Il lui venait par moments un attendrissement étrange qu'il combattait et auquel il opposait l'endurcissement de ses vingt dernières années. Cet état le fatiguait. Il voyait avec inquiétude s'ébranler au dedans de lui l'espèce de calme affreux que l'injustice de son malheur lui avait donné. Il se demandait qu'est-ce qui remplacerait cela. Parfois il eût vraiment mieux aimé être en prison avec les gendarmes, et que les choses ne se fussent point passées ainsi; cela l'eût moins agité. Bien que la saison fût assez avancée, il y avait encore çà et là dans les haies quelques fleurs tardives dont l'odeur, qu'il traversait en marchant, lui rappelait des souvenirs d'enfance. Ces souvenirs lui étaient presque insupportables, tant il y avait longtemps qu'ils ne lui étaient apparus.

Des pensées inexprimables s'amoncelèrent ainsi en lui toute la journée.

Comme le soleil déclinait au couchant, allongeant sur le sol l'ombre du moindre caillou, Jean Valjean était assis derrière un buisson dans une grande plaine rousse absolument déserte. Il n'y avait à l'horizon que les Alpes. Pas même le clocher d'un village lointain. Jean Valjean pouvait être à trois lieues de Digne. Un sentier qui coupait la plaine passait à quelques pas du buisson.

Au milieu de cette méditation qui n'eût pas peu contribué à rendre ses haillons effrayants pour quelqu'un qui l'eût rencontré, il entendit un bruit joyeux.

Il tourna la tête, et vit venir par le sentier un petit Savoyard d'une dizaine d'années qui chantait, sa vielle au flanc et sa boîte à marmotte sur le dos; un de ces doux et gais enfants qui vont de pays en pays, laissant voir leurs genoux par les trous de leur pantalon.

Tout en chantant l'enfant interrompait de temps en temps sa marche et jouait aux osselets avec quelques pièces de monnaie qu'il avait dans sa main, toute sa fortune probablement. Parmi cette monnaie il y avait une pièce de quarante sous.

L'enfant s'arrêta à côté du buisson sans voir Jean Valjean et fit sauter sa poignée de sous que jusque-là il avait reçue avec assez d'adresse tout entière sur le dos de sa main.

Cette fois la pièce de quarante sous lui échappa, et vint rouler vers la broussaille jusqu'à Jean Valjean.

Jean Valjean posa le pied dessus.

Cependant l'enfant avait suivi sa pièce du regard, et l'avait vu.

Il ne s'étonna point et marcha droit à l'homme.

C'était un lieu absolument solitaire. Aussi loin que le regard pouvait s'étendre, il n'y avait personne dans la plaine ni dans le sentier. On n'entendait que les petits cris faibles d'une nuée d'oiseaux de passage qui traversaient le ciel à une hauteur immense. L'enfant tournait le dos au soleil qui lui mettait des fils d'or dans les cheveux et qui empourprait d'une lueur sanglante la face sauvage[2] de Jean Valjean.

— Monsieur, dit le petit Savoyard, avec cette confiance de l'enfance qui se compose d'ignorance et d'innocence, — ma pièce ?

— Comment t'appelles-tu ? dit Jean Valjean.

— Petit-Gervais, monsieur.

— Va-t'en, dit Jean Valjean.

— Monsieur, reprit l'enfant, rendez-moi ma pièce.

Jean Valjean baissa la tête et ne répondit pas.

L'enfant recommença :

— Ma pièce, monsieur !

L'œil de Jean Valjean resta fixé à terre.

— Ma pièce ! cria l'enfant, ma pièce blanche ! mon argent !

Il semblait que Jean Valjean n'entendît point. L'enfant le prit au collet de sa blouse et le secoua. Et en même temps il faisait effort pour déranger le gros soulier ferré posé sur son trésor.

— Je veux ma pièce ! ma pièce de quarante sous !

L'enfant pleurait. La tête de Jean Valjean se releva. Il était toujours assis. Ses yeux étaient troubles[3]. Il considéra l'enfant avec une sorte d'étonnement, puis il étendit la main vers son bâton et cria d'une voix terrible : — Qui est là ?

— Moi, monsieur, répondit l'enfant. Petit-Gervais ! moi ! moi ! Rendez-moi mes quarante sous, s'il vous plaît ! Otez votre pied, monsieur, s'il vous plaît !

Puis, irrité quoique tout petit, et devenant presque menaçant :

— Ah çà, ôterez-vous votre pied ? Otez donc votre pied, voyons !

— Ah ! c'est encore toi ! dit Jean Valjean, et se dressant brusquement tout debout, le pied toujours sur la pièce d'argent, il ajouta : — Veux-tu bien te sauver !

L'enfant effaré le regarda, puis commença à trembler de la tête aux pieds, et, après quelques secondes de stupeur, se mit à s'enfuir en courant de toutes ses forces sans oser tourner le cou ni jeter un cri.

Cependant à une certaine distance l'essoufflement le força de s'arrêter, et Jean Valjean, à travers sa rêverie, l'entendit qui sanglotait.

Au bout de quelques instants l'enfant avait disparu.

Le soleil s'était couché.

L'ombre se faisait autour de Jean Valjean. Il n'avait pas mangé de la journée; il est probable qu'il avait la fièvre.

Il était resté debout, et n'avait pas changé d'attitude depuis que l'enfant s'était enfui. Son souffle soulevait sa poitrine à des intervalles longs et inégaux. Son regard, arrêté à dix ou douze pas devant lui, semblait étudier avec une attention profonde la forme d'un vieux tesson de faïence tombé dans l'herbe. Tout à coup il tressaillit; il venait de sentir le froid du soir.

Il raffermit sa casquette sur son front, chercha machinalement à croiser et à boutonner sa blouse, fit un pas, et se baissa pour reprendre à terre son bâton.

En ce moment il aperçut la pièce de quarante sous que son pied avait à demi enfoncée dans la terre et qui brillait parmi les cailloux. Ce fut comme une commotion galvanique.

— Qu'est-ce que c'est que ça? dit-il entre ses dents.

Il recula de trois pas, puis s'arrêta, sans pouvoir détacher son regard de ce point que son pied avait foulé l'instant d'auparavant, comme si cette chose qui luisait là dans l'obscurité eût été un œil ouvert fixé sur lui.

Au bout de quelques minutes, il s'élança convulsivement vers la pièce d'argent, la saisit, et, se redressant, se mit à regarder au loin dans la plaine, jetant à la fois ses yeux vers tous les points de l'horizon, debout et frissonnant comme une bête fauve effarée qui cherche un asile.

Il ne vit rien. La nuit tombait, la plaine était froide et vague, de grandes brumes violettes montaient dans la clarté crépusculaire.

Il dit: Ah! et se mit à marcher rapidement dans une certaine direction, du côté où l'enfant avait disparu. Après une centaine de pas, il s'arrêta, regarda, et ne vit rien.

Alors il cria de toute sa force : — Petit-Gervais! Petit-Gervais!

Il se tut, et attendit.
Rien ne répondit.
La campagne était déserte et morne. Il était environné de l'étendue. Il n'y avait rien autour de lui qu'une ombre où se perdait son regard et un silence où sa voix se perdait.

Une bise glaciale soufflait, et donnait aux choses autour de lui une sorte de vie lugubre. Des arbrisseaux secouaient leurs petits bras maigres avec une furie incroyable. On eût dit qu'ils menaçaient et poursuivaient quelqu'un.

Il recommença à marcher, puis il se mit à courir, et de temps en temps il s'arrêtait, et criait dans cette solitude, avec une voix qui était ce qu'on pouvait entendre de plus formidable et de plus désolé : « Petit-Gervais ! Petit-Gervais ! »

Certes, si l'enfant l'eût entendu, il eût eu peur et se fût bien gardé de se montrer. Mais l'enfant était sans doute déjà bien loin.

Il rencontra un prêtre qui était à cheval. Il alla à lui et lui dit :

— Monsieur le curé, avez-vous vu passer un enfant ?
— Non, dit le prêtre.
— Un nommé Petit-Gervais ?
— Je n'ai vu personne.

Il tira deux pièces de cinq francs de sa sacoche et les remit au prêtre.

— Monsieur le curé, voici pour vos pauvres. — Monsieur le curé, c'est un petit d'environ dix ans qui a une marmotte, je crois, et une vielle. Il allait. Un de ces Savoyards, vous savez ?
— Je ne l'ai point vu.
— Petit-Gervais ? il n'est point des villages d'ici ? pouvez-vous me dire ?
— Si c'est comme vous dites, mon ami, c'est un petit enfant étranger[4]. Cela passe dans le pays. On ne les connaît pas.

Jean Valjean prit violemment deux autres écus de cinq francs qu'il donna au prêtre.

— Pour vos pauvres, dit-il.

Puis il ajouta avec égarement :

— Monsieur l'abbé, faites-moi arrêter. Je suis un voleur.

Le prêtre piqua des deux et s'enfuit très effrayé.

Jean Valjean se remit à courir dans la direction qu'il avait d'abord prise.

Il fit de la sorte un assez long chemin, regardant, appelant, criant, mais il ne rencontra personne. Deux ou trois fois il courut dans la plaine vers quelque chose qui lui faisait l'effet d'un être couché ou accroupi; ce n'était que des broussailles ou des roches à fleur de terre. Enfin, à un endroit où trois sentiers se croisaient, il s'arrêta. La lune s'était levée. Il promena sa vue au loin et appela une dernière fois : « Petit-Gervais ! Petit-Gervais ! » Son cri s'éteignit dans la brume, sans même éveiller un écho. Il murmura encore : « Petit-Gervais ! » mais d'une voix faible et presque inarticulée. Ce fut là son dernier effort; ses jarrets fléchirent brusquement sous lui comme si une puissance invisible l'accablait tout à coup du poids de sa mauvaise conscience; il tomba épuisé sur une grosse pierre, les poings dans ses cheveux et le visage dans ses genoux, et il cria : « Je suis un misérable ! »

Alors son cœur creva et il se mit à pleurer. C'était la première fois qu'il pleurait depuis dix-neuf ans.

Quand Jean Valjean était sorti de chez l'évêque, on l'a vu, il était hors de tout ce qui avait été sa pensée jusque-là. Il ne pouvait se rendre compte de ce qui se passait en lui. Il se roidissait contre l'action angélique et contre les douces paroles du vieillard. « Vous m'avez promis de devenir honnête homme. Je vous achète votre âme. Je la retire à l'esprit de perversité et je la donne au bon Dieu. » Cela lui revenait sans cesse. Il opposait à cette indulgence céleste l'orgueil, qui est en nous comme la forteresse du mal. Il sentait indistinctement que le pardon de ce prêtre était le plus grand assaut et la plus formidable attaque dont il eût encore été ébranlé; que son endurcissement serait définitif s'il résistait à cette clémence; que, s'il cédait, il faudrait renoncer à cette haine dont les actions des autres hommes avaient rempli son âme pendant tant d'années, et qui lui plaisait; que cette fois il fallait vaincre ou être vaincu, et que la lutte, une lutte colossale et décisive, était engagée entre sa méchanceté à lui et la bonté de cet homme.

En présence de toutes ces lueurs, il allait comme un homme ivre. Pendant qu'il marchait ainsi, les yeux hagards, avait-il une perception distincte de ce qui pourrait résulter pour lui de son aventure à Digne ? Entendait-il tous ces bourdonnements mystérieux qui avertissent ou importunent l'esprit à de certains moments de la vie ? Une voix lui disait-elle à l'oreille qu'il venait de traverser l'heure solennelle de sa destinée, qu'il n'y avait plus de milieu pour lui ; que, si désormais il n'était pas le meilleur des hommes, il en serait le pire ; qu'il fallait pour ainsi dire que maintenant il montât plus haut que l'évêque ou retombât plus bas que le galérien ; que s'il voulait devenir bon il fallait qu'il devînt ange ; que s'il voulait rester méchant il fallait qu'il devînt monstre ?

Ici encore il faut se faire ces questions que nous nous sommes déjà faites ailleurs : recueillait-il confusément quelque ombre de tout ceci dans sa pensée ? Certes, le malheur, nous l'avons dit, fait l'éducation de l'intelligence ; cependant il est douteux que Jean Valjean fût en état de démêler tout ce que nous indiquons ici. Si ces idées lui arrivaient, il les entrevoyait plutôt qu'il ne les voyait, et elles ne réussissaient qu'à le jeter dans un trouble insupportable[5] et presque douloureux. Au sortir de cette chose difforme et noire qu'on appelle le bagne, l'évêque lui avait fait mal à l'âme comme une clarté trop vive lui eût fait mal aux yeux en sortant des ténèbres. La vie future, la vie possible qui s'offrait désormais à lui, toute pure et toute rayonnante, le remplissait de frémissements et d'anxiété. Il ne savait vraiment plus où il en était. Comme une chouette qui verrait brusquement se lever le soleil, le forçat avait été ébloui et comme aveuglé par la vertu.

Ce qui était certain, ce dont il ne se doutait pas, c'est qu'il n'était déjà plus le même homme, c'est que tout était changé en lui, c'est qu'il n'était plus en son pouvoir de faire que l'évêque ne lui eût pas parlé et ne l'eût pas touché.

Dans cette situation d'esprit, il avait rencontré Petit-Gervais et lui avait volé ses quarante sous. Pourquoi ? Il n'eût assurément pu l'expliquer ; était-ce un dernier effet et comme un suprême effort des mauvaises pensées qu'il avait apportées du bagne, un reste d'impulsion, un résultat de ce qu'on appelle en statique *la force acquise ?* C'était cela, et c'était aussi peut-être moins encore que cela. Disons-le simplement, ce n'était pas lui qui avait volé, ce n'était pas l'homme, c'était la bête qui, par habitude et par instinct, avait stupidement posé le pied sur cet argent, pendant que l'intelligence se débattait au milieu de tant d'obsessions inouïes et nouvelles. Quand l'intelligence se réveilla et vit cette action de la brute, Jean Valjean recula avec angoisse et poussa un cri d'épouvante.

C'est que, phénomène étrange et qui n'était possible que dans la situation où il était, en volant cet argent à cet enfant, il avait fait une chose dont il n'était déjà plus capable.

Quoi qu'il en soit, cette dernière mauvaise action eut sur lui un effet décisif ; elle traversa brusquement ce chaos qu'il avait dans l'intelligence et le dissipa, mit d'un côté les épaisseurs obscures et de l'autre la lumière, et agit sur son âme, dans l'état où elle se trouvait, comme de certains réactifs chimiques agissent sur un mélange trouble en précipitant un élément et en clarifiant l'autre.

Tout d'abord, avant même de s'examiner et de réfléchir, éperdu, comme quelqu'un qui cherche à se sauver, il tâcha de retrouver l'enfant pour lui rendre son argent, puis, quand il reconnut que cela était inutile et impossible, il s'arrêta désespéré. Au moment où il s'écria : « Je suis un misérable ! » il venait de s'apercevoir tel qu'il était, et il était déjà à ce point séparé de lui-même qu'il lui semblait qu'il n'était plus qu'un fantôme, et qu'il avait là devant lui, en chair et en os, le bâton à la main, la blouse sur les reins, son sac rempli d'objets volés sur le dos, avec son visage résolu et morne, avec sa pensée pleine de projets abominables, le hideux galérien Jean Valjean.

L'excès du malheur, nous l'avons remarqué, l'avait fait en quelque sorte visionnaire. Ceci fut donc comme une vision. Il vit véritablement ce Jean Valjean, cette face sinistre, devant lui. Il fut presque au moment de se demander qui était cet homme, et il en eut horreur.

Son cerveau était dans un de ces moments violents et pourtant affreusement calmes où la rêverie est si profonde qu'elle absorbe la réalité. On ne voit plus les objets qu'on a autour de soi, et l'on voit comme en dehors de soi les figures qu'on a dans l'esprit.

Il se contempla donc, pour ainsi dire, face à face, et en même temps, à travers cette hallucination, il voyait, dans une profondeur mystérieuse, une sorte de lumière qu'il prit d'abord pour un flambeau. En regardant avec plus d'attention cette lumière qui apparaissait à sa conscience, il reconnut qu'elle avait la forme humaine, et que ce flambeau était l'évêque.

Sa conscience considéra tour à tour ces deux hommes ainsi placés devant elle, l'évêque et Jean Valjean. Il n'avait pas fallu moins que le premier pour détremper le second. Par un de ces effets singuliers qui sont propres à ces sortes d'extases, à mesure que sa rêverie se prolongeait, l'évêque grandissait et resplendissait à ses yeux, Jean Valjean s'amoindrissait et s'effaçait. A un certain moment il ne fut plus qu'une ombre. Tout à coup il disparut. L'évêque seul était resté. Il remplissait toute l'âme de ce misérable d'un rayonnement magnifique.

Jean Valjean pleura longtemps. Il pleura à chaudes larmes, il pleura à sanglots, avec plus de faiblesse qu'une femme, avec plus d'effroi qu'un enfant.

Pendant qu'il pleurait, le jour se faisait de plus en plus dans son cerveau, un jour extraordinaire, un jour ravissant et terrible à la fois. Sa vie passée, sa première faute, sa longue expiation, son abrutissement extérieur, son endurcissement intérieur, sa mise en liberté réjouie par tant de plans de vengeance, ce qui lui était arrivé chez l'évêque, la dernière chose qu'il avait faite, ce vol de quarante sous à un enfant, crime d'autant plus lâche et d'autant plus monstrueux qu'il venait après le pardon de l'évêque, tout cela lui revint et lui apparut clairement, mais dans une clarté qu'il n'avait jamais vue jusque-là. Il regarda sa vie, et elle lui parut horrible; son âme, et elle lui parut affreuse. Cependant un jour doux était sur cette vie et sur cette âme. Il lui semblait qu'il voyait Satan à la lumière du paradis.

Combien d'heures pleura-t-il ainsi? que fit-il après avoir pleuré? où alla-t-il? on ne l'a jamais su. Il paraît seulement avéré que, dans cette même nuit, le voiturier qui faisait à cette époque le service de Grenoble et qui arrivait à Digne vers trois heures du matin, vit en traversant la rue de l'évêché un homme dans l'attitude de la prière, à genoux sur le pavé, dans l'ombre, devant la porte de Mgr Bienvenu[6].

LIVRE TROISIÈME

EN L'ANNÉE 1817[1]

I

L'ANNÉE 1817[2]

1817 est l'année que Louis XVIII, avec un certain aplomb royal qui ne manquait pas de fierté, qualifiait la vingt-deuxième de son règne. C'est l'année où M. Bruguière de Sorsum[3] était célèbre. Toutes les boutiques des perruquiers, espérant la poudre et le retour de l'oiseau royal, étaient badigeonnées d'azur et fleurdelisées. C'était le temps candide où le comte Lynch siégeait tous les dimanches comme marguillier au banc d'œuvre de Saint-Germain-des-Prés en habit de pair de France, avec son cordon rouge et son long nez, et cette majesté de profil particulière à un homme qui a fait une action d'éclat. L'action d'éclat commise par M. Lynch[4] était ceci : avoir, étant maire de Bordeaux, le 12 mars 1814, donné la ville un peu trop tôt à M. le duc d'Angoulême. De là sa pairie. En 1817, la mode engloutissait les petits garçons de quatre à six ans sous de vastes casquettes en cuir maroquiné à oreillons assez ressemblantes à des mitres d'esquimaux. L'armée française était vêtue de blanc, à l'autrichienne, les régiments s'appelaient légions ; au lieu de chiffres ils portaient les noms des départements. Napoléon était à Sainte-Hélène, et, comme l'Angleterre lui refusait du drap vert, il faisait retourner ses vieux habits. En 1817, Pellegrini chantait, Mlle Bigottini dansait ; Potier régnait ; Odry n'existait pas encore. Mme Saqui succédait à Forioso[5]. Il y avait encore des Prussiens en France. M. Delalot était un personnage[6]. La légitimité venait de s'affirmer en coupant le poing, puis la tête, à Pleignier, à Carbonneau et à Tolleron[7]. Le prince de Talleyrand, grand chambellan, et l'abbé Louis, ministre désigné des finances, se regardaient en riant du rire de deux augures ; tous deux avaient célébré, le 14 juillet 1790, la messe de la Fédération au Champ de Mars ; Talleyrand l'avait dite comme évêque, Louis l'avait servie comme diacre. En 1817, dans les contre-allées de ce même Champ de Mars, on apercevait de gros cylindres de bois, gisant sous la pluie, pourrissant dans l'herbe, peints en bleu avec des traces d'aigles et d'abeilles dédorées. C'étaient les colonnes qui, deux ans auparavant, avaient soutenu l'estrade de l'empereur au Champ de Mai. Elles étaient noircies çà et là de la brûlure du bivouac des Autrichiens baraqués près du Gros-Caillou. Deux ou trois de ces colonnes avaient disparu dans les feux de ces bivouacs et avaient chauffé les larges mains des kaiserlicks. Le Champ de Mai avait eu cela de remarquable qu'il avait été tenu au mois de juin et au Champ de Mars. En cette année 1817, deux choses étaient populaires : le Voltaire-Touquet et la tabatière à la Charte[8]. L'émotion parisienne la plus récente était le crime de Dautun qui avait jeté la tête de son frère dans le bassin du Marché-aux-fleurs[9]. On commençait à faire au ministère de la marine une enquête sur cette fatale frégate de *la Méduse* qui devait couvrir de honte Chaumareix et de gloire Géricault[10]. Le colonel Selves allait en Égypte pour y devenir Soliman pacha[11]. Le palais des Thermes, rue de la Harpe, servait de boutique à un tonnelier. On voyait encore sur la plate-forme de la tour octogone de l'hôtel de Cluny la petite logette en planches qui avait servi d'observatoire à Messier, astronome de la marine sous Louis XVI[12]. La duchesse de Duras lisait à trois ou quatre amis, dans son boudoir meublé d'X en satin bleu ciel, *Ourika* inédite[13]. On grattait les N au Louvre. Le pont d'Austerlitz abdiquait et s'intitulait pont du Jardin du Roi, double énigme qui déguisait à la fois le pont d'Austerlitz et le jardin des Plantes[14]. Louis XVIII, préoccupé, tout en annotant du coin de l'ongle Horace, des héros qui se font empereurs et des sabotiers qui se font dauphins, avait deux soucis : Napoléon et Mathurin Bruneau[15]. L'Académie française donnait pour sujet de prix : *Le bonheur que procure l'étude*[16]. M. Bellart était officiellement éloquent[17]. On voyait germer à son ombre ce futur avocat général de Broë, promis aux sarcasmes de Paul-Louis Courier[18]. Il y avait un faux Chateaubriand appelé Marchangy, en attendant qu'il y eût un faux Marchangy appelé d'Arlincourt[19]. *Claire d'Albe* et *Malek-Adel* étaient des chefs-d'œuvre ; Mme Cottin[20] était déclarée le premier écrivain de l'époque. L'Institut laissait rayer de sa liste l'académicien Napoléon Bonaparte. Une ordonnance royale érigeait Angoulême en école de marine, car, le duc d'Angoulême étant grand amiral, il était évident que la ville d'Angoulême avait de droit toutes les qualités d'un port de mer, sans quoi le principe monarchique eût été entamé. On agitait en conseil des ministres la question de savoir si l'on devait tolérer les vignettes représentant des voltiges qui assaisonnaient les affiches de Franconi et qui attroupaient les polissons des rues. M. Paër, auteur de *l'Agnese,* bonhomme à la face carrée qui avait une verrue sur la joue, dirigeait les petits concerts intimes de la marquise de Sassenaye, rue de la Ville-l'Évêque[21]. Toutes les jeunes filles chantaient *l'Ermite de Saint-Avelle,* paroles d'Edmond Géraud[22]. *Le Nain jaune* se transformait en *Miroir*[23]. Le café Lemblin tenait pour l'empereur contre le café Valois qui tenait pour les Bourbons[24]. On venait de marier à une princesse de Sicile M. le duc de Berry, déjà regardé du fond de l'ombre par Louvel. Il y avait un an que Mme de Staël était morte[25]. Les gardes du corps sifflaient Mlle Mars[26]. Les grands journaux étaient tout petits. Le format était restreint, mais la liberté était grande[27]. *Le Constitutionnel* était constitutionnel. *La Minerve* appelait Chateaubriand *Chateaubriant.* Ce *t* faisait beaucoup rire les bourgeois aux dépens du grand écrivain[28]. Dans des journaux vendus, des journalistes prostitués insultaient les proscrits de 1815; David n'avait plus de talent, Arnault n'avait plus d'esprit, Carnot n'avait plus de probité; Soult n'avait gagné aucune bataille; il est vrai que Napoléon n'avait plus de génie. Personne n'ignore qu'il est assez rare que les lettres adressées par la poste à un exilé lui parviennent, les polices se faisant un religieux devoir de les intercepter. Le fait n'est point nouveau; Descartes banni s'en plaignait[29]. Or, David ayant, dans un journal belge, montré quelque humeur de ne pas recevoir les lettres qu'on lui écrivait, ceci paraissait plaisant aux feuilles royalistes qui bafouaient à cette occasion le proscrit. Dire : *les régicides,* ou dire : *les votants,* dire : *les ennemis,* ou dire : *les alliés,* dire *Napoléon,* ou dire : *Buonaparte,* cela séparait deux hommes plus qu'un abîme. Tous les gens de bon sens convenaient que l'ère des révolutions était à jamais fermée par le roi Louis XVIII, surnommé « l'immortel auteur de la charte ». Au terre-plein du Pont-Neuf, on sculptait le mot *Redivivus*[30], sur le piédestal qui attendait la statue de Henri IV. M. Pieté bauchait, rue Thérèse, n° 4, son conciliabule pour consolider la monarchie[31]. Les chefs de la droite disaient dans les conjonctures graves : « Il faut écrire à Bacot[32] ». MM. Canuel, O'Mahony et de Chappedelaine esquissaient, un peu approuvés de Monsieur, ce qui devait être plus tard « la conspiration du bord de l'eau[33] ». L'Épingle Noire complotait de son côté[34]. Delaverderie s'abouchait avec Trogoff[35]. M. Decazes, esprit dans une certaine mesure libéral, dominait. Chateaubriand, debout tous les matins devant sa fenêtre du n° 27 de la rue Saint-Dominique, en pantalon à pieds et en pantoufles, ses cheveux gris coiffés d'un madras, les yeux fixés sur un miroir, une trousse complète de chirurgien dentiste ouverte devant lui, se curait les dents, qu'il avait charmantes, tout en dictant des variantes de *la Monarchie selon la Charte* à M. Pilorge, son secrétaire[36]. La critique faisant autorité préférait Lafon à Talma[37]. M. de Féletz signait A.; M. Hoffmann signait Z[38]. Charles Nodier écrivait *Thérèse Aubert*[39]. Le divorce était aboli. Les lycées s'appelaient collèges. Les collégiens, ornés au collet d'une fleur de lis d'or, s'y gourmaient à propos du roi de Rome. La contre-police du château dénonçait à son altesse royale Madame le portrait, partout exposé, de M. le duc d'Orléans, lequel avait meilleure mine en uniforme de colonel général des houzards que M. le duc de Berry en uniforme de colonel général des dragons; grave inconvénient. La ville de Paris faisait redorer à ses frais le dôme des Invalides. Les hommes sérieux se demandaient ce que ferait, dans telle ou telle occasion, M. de Trinquelague; M. Clausel de Montals se séparait, sur divers points, de M. Clausel de Coussergues; M. de Salaberry n'était pas content[40]. Le comédien Picard, qui était de l'Académie dont le comédien Molière n'avait pu être, faisait jouer *les deux Philibert* à l'Odéon[41], sur le fronton duquel l'arrachement des lettres laissait encore lire distinctement : THÉÂTRE DE L'IMPÉRATRICE. On prenait parti pour ou contre Cugnet de Montarlot. Fabvier était factieux; Bavoux était révolutionnaire[42]. Le libraire Pélicier publiait une édition de Voltaire, sous ce titre : *Œuvres de*

Voltaire, de l'Académie française⁴³. « Cela fait venir les acheteurs », disait cet éditeur naïf. L'opinion générale était que M. Charles Loyson serait le génie du siècle; l'envie commençait à le mordre, signe de gloire; et l'on faisait sur lui ces vers :

> Même quand Loyson vole, on sent qu'il a des pattes.⁴⁴

— Le cardinal Fesch refusant de se démettre, M. de Pins, archevêque d'Amasie, administrait le diocèse de Lyon⁴⁵. La querelle de la vallée des Dappes commençait entre la Suisse et la France par un mémoire du capitaine Dufour⁴⁶, depuis général. Saint-Simon, ignoré, échafaudait son rêve sublime⁴⁷. Il y avait à l'Académie des sciences un Fourier célèbre que la postérité a oublié et dans je ne sais quel grenier un Fourier obscur dont l'avenir se souviendra⁴⁸. Lord Byron commençait à poindre; une note d'un poëme de Millevoye l'annonçait à la France en ces termes : *un certain lord Baron*⁴⁹. David d'Angers s'essayait à pétrir le marbre⁵⁰. L'abbé Caron parlait avec éloge, en petit comité de séminaristes, dans le cul-de-sac des Feuillantines, d'un prêtre inconnu nommé Félicité Robert qui a été plus tard Lamennais⁵¹. Une chose qui fumait et clapotait sur la Seine avec le bruit d'un chien qui nage allait et venait sous les fenêtres des Tuileries, du pont Royal au pont Louis XV; c'était une mécanique bonne à pas grand'chose, une espèce de joujou, une rêverie d'inventeur songe-creux, une utopie : un bateau à vapeur. Les Parisiens regardaient cette inutilité avec indifférence⁵². M. de Vaublanc, réformateur de l'Institut par coup d'État, ordonnance et fournée, auteur distingué de plusieurs académiciens, après en avoir fait, ne pouvait parvenir à l'être⁵³. Le faubourg Saint-Germain et le pavillon Marsan souhaitaient pour préfet de police M. Delaveau, à cause de sa dévotion⁵⁴. Dupuytren et Récamier se prenaient de querelle à l'amphithéâtre de l'École de médecine et se menaçaient du poing à propos de la divinité de Jésus-Christ⁵⁵. Cuvier, un œil sur la Genèse et l'autre sur la nature, s'efforçait de plaire à la réaction bigote en mettant les fossiles d'accord avec les textes et en faisant flatter Moïse par les mastodontes⁵⁶. M. François de Neufchâteau, louable cultivateur de la mémoire de Parmentier, faisait mille efforts pour que *pomme de terre* fût prononcée *parmentière,* et n'y réussissait point. L'abbé Grégoire, ancien évêque, ancien conventionnel, ancien sénateur, était passé dans la polémique royaliste à l'état « d'infâme Grégoire[57] ». Cette locution que nous venons d'employer : *passer à l'état de,* était dénoncée comme néologisme par M. Royer-Collard[58]. On pouvait distinguer encore à sa blancheur, sous la troisième arche du pont d'Iéna, la pierre neuve avec laquelle, deux ans auparavant, on avait bouché le trou de mine pratiqué par Blücher pour faire sauter le pont. La justice appelait à sa barre un homme qui, en voyant entrer le comte d'Artois à Notre-Dame, avait dit tout haut : *Sapristi ! je regrette le temps où je voyais Bonaparte et Talma entrer bras dessus bras dessous au Bal-Sauvage.* Propos séditieux. Six mois de prison. Des traîtres se montraient déboutonnés ; des hommes qui avaient passé à l'ennemi la veille d'une bataille ne cachaient rien de la récompense et marchaient impudiquement en plein soleil dans le cynisme des richesses et des dignités ; des déserteurs de Ligny et des Quatre-Bras, dans le débraillé de leur turpitude payée, étalaient leur dévouement monarchique tout nu ; oubliant ce qui est écrit en Angleterre sur la muraille intérieure des water-closets publics : *Please adjust your dress before leaving*[59].

Voilà, pêle-mêle, ce qui surnage confusément de l'année 1817, oubliée aujourd'hui. L'histoire néglige presque toutes ces particularités, et ne peut faire autrement ; l'infini l'envahirait. Pourtant ces détails, qu'on appelle à tort petits, — il n'y a ni petits faits dans l'humanité, ni petites feuilles dans la végétation, — sont utiles. C'est de la physionomie des années que se compose la figure des siècles.

En cette année 1817, quatre jeunes Parisiens firent « une bonne farce ».

II

Double quatuor

Ces Parisiens étaient l'un de Toulouse, l'autre de Limoges, le troisième de Cahors et le quatrième de Montauban ; mais ils étaient étudiants, et qui dit étudiant dit parisien ; étudier à Paris, c'est naître à Paris.

Ces jeunes gens étaient insignifiants, tout le monde a vu ces figures-là ; quatre échantillons du premier venu ;

ni bons ni mauvais, ni savants ni ignorants, ni des génies ni des imbéciles ; beaux de ce charmant avril qu'on appelle vingt ans. C'étaient quatre Oscars quelconques, car à cette époque les Arthurs n'existaient pas encore. *Brûlez pour lui les parfums d'Arabie,* s'écriait la romance, *Oscar s'avance, Oscar, je vais le voir*[1] ! On sortait d'Ossian, l'élégance était scandinave et calédonienne, le genre anglais pur ne devait prévaloir que plus tard, et le premier des Arthurs, Wellington, venait à peine de gagner la bataille de Waterloo.

Ces Oscars s'appelaient l'un Félix Tholomyès, de Toulouse ; l'autre Listolier, de Cahors ; l'autre Fameuil, de Limoges, le dernier Blachevelle, de Montauban. Naturellement chacun avait sa maîtresse. Blachevelle aimait Favourite, ainsi nommée parce qu'elle était allée en Angleterre ; Listolier adorait Dahlia, qui avait pris pour nom de guerre un nom de fleur ; Fameuil idolâtrait Zéphine, abrégé de Joséphine ; Tholomyès avait Fantine, dite la Blonde à cause de ses beaux cheveux couleur de soleil.

Favourite, Dahlia, Zéphine et Fantine étaient quatre ravissantes filles, parfumées et radieuses, encore un peu ouvrières, n'ayant pas tout à fait quitté leur aiguille, dérangées par les amourettes, mais ayant sur le visage un reste de la sérénité du travail et dans l'âme cette fleur d'honnêteté qui dans la femme survit à la première chute. Il y avait une des quatre qu'on appelait la jeune, parce qu'elle était la cadette ; et une qu'on appelait la vieille. La vieille avait vingt-trois ans. Pour ne rien celer, les trois premières étaient plus expérimentées, plus insouciantes et plus envolées dans le bruit de la vie que Fantine la Blonde, qui en était à sa première illusion.

Dahlia, Zéphine, et surtout Favourite, n'en auraient pu dire autant. Il y avait déjà plus d'un épisode à leur roman à peine commencé, et l'amoureux, qui s'appelait Adolphe au premier chapitre, se trouvait être Alphonse au second, et Gustave au troisième. Pauvreté et coquetterie sont deux conseillères fatales ; l'une gronde, l'autre flatte ; et les belles filles du peuple les ont toutes les deux qui leur parlent bas à l'oreille, chacune de son côté. Ces âmes mal gardées écoutent. De là les chutes qu'elles font et les pierres qu'on leur jette. On les accable avec la splendeur de tout ce qui est immaculé et inaccessible. Hélas ! si la Yungfrau avait faim ?

Favourite, ayant été en Angleterre, avait pour admiratrices Zéphine et Dahlia. Elle avait eu de très bonne heure un chez-soi. Son père était un vieux professeur de mathématiques brutal et qui gasconnait; point marié, courant le cachet malgré l'âge. Ce professeur, étant jeune, avait vu un jour la robe d'une femme de chambre s'accrocher à un garde-cendre; il était tombé amoureux de cet accident. Il en était résulté Favourite. Elle rencontrait de temps en temps son père, qui la saluait. Un matin, une vieille femme à l'air béguin était entrée chez elle et lui avait dit : — Vous ne me connaissez pas, mademoiselle? — Non. — Je suis ta mère. — Puis la vieille avait ouvert le buffet, bu et mangé, fait apporter un matelas qu'elle avait, et s'était installée. Cette mère, grognon et dévote, ne parlait jamais à Favourite, restait des heures sans souffler mot, déjeunait, dînait et soupait comme quatre, et descendait faire salon chez le portier, où elle disait du mal de sa fille.

Ce qui avait entraîné Dahlia vers Listolier, vers d'autres peut-être, vers l'oisiveté, c'était d'avoir de trop jolis ongles roses. Comment faire travailler ces ongles-là? Qui veut rester vertueuse ne doit pas avoir pitié de ses mains. Quant à Zéphine, elle avait conquis Fameuil par sa petite manière mutine et caressante de dire : Oui, monsieur.

Les jeunes gens étant camarades, les jeunes filles étaient amies. Ces amours-là sont toujours doublées de ces amitiés-là.

Sage et philosophe, c'est deux; et ce qui le prouve, c'est que, toutes réserves faites sur ces petits ménages irréguliers, Favourite, Zéphine et Dahlia étaient des filles philosophes, et Fantine une fille sage.

Sage, dira-t-on? et Tholomyès? Salomon répondrait que l'amour fait partie de la sagesse. Nous nous bornons à dire que l'amour de Fantine était un premier amour, un amour unique, un amour fidèle.

Elle était la seule des quatre qui ne fût tutoyée que par un seul.

Fantine était un de ces êtres comme il en éclôt, pour ainsi dire, au fond du peuple. Sortie des plus insondables épaisseurs de l'ombre sociale, elle avait au front le signe de l'anonyme et de l'inconnu. Elle était née à Montreuil-sur-mer. De quels parents? Qui pourrait le dire ? On ne lui avait jamais connu ni père ni mère. Elle se nommait Fantine. Pourquoi Fantine ? On ne lui avait jamais connu d'autre nom. A l'époque de sa naissance, le Directoire existait encore. Point de nom de famille, elle n'avait pas de famille ; point de nom de baptême, l'église n'était plus là. Elle s'appela comme il plut au premier passant qui la rencontra toute petite, allant pieds nus dans la rue. Elle reçut un nom comme elle recevait l'eau des nuées sur son front quand il pleuvait. On l'appela la petite Fantine. Personne n'en savait davantage. Cette créature humaine était venue dans la vie comme cela. A dix ans, Fantine quitta la ville et s'alla mettre en service chez des fermiers des environs. A quinze ans, elle vint à Paris « chercher fortune ». Fantine était belle et resta pure le plus longtemps qu'elle put. C'était une jolie blonde avec de belles dents. Elle avait de l'or et des perles pour dot, mais son or était sa tête et ses perles étaient dans sa bouche.

Elle travailla pour vivre ; puis, toujours pour vivre, car le cœur a sa faim aussi, elle aima.

Elle aima Tholomyès.

Amourette pour lui, passion pour elle. Les rues du quartier latin, qu'emplit le fourmillement des étudiants et des grisettes, virent le commencement de ce songe. Fantine, dans ces dédales de la colline du Panthéon, où tant d'aventures se nouent et se dénouent, avait fui longtemps Tholomyès, mais de façon à le rencontrer toujours. Il y a une manière d'éviter qui ressemble à chercher. Bref, l'églogue eut lieu.

Blachevelle, Listolier et Fameuil formaient une sorte de groupe dont Tholomyès était la tête. C'était lui qui avait l'esprit.

Tholomyès était l'antique étudiant vieux ; il était riche ; il avait quatre mille francs de rente ; quatre mille francs de rente, splendide scandale sur la montagne Sainte-Geneviève. Tholomyès était un viveur de trente ans, mal conservé. Il était ridé et édenté ; et il ébauchait une calvitie dont il disait lui-même sans tristesse : *crâne à trente ans, genou à quarante*. Il digérait médiocrement, et il lui était venu un larmoiement à un œil. Mais à mesure que sa jeunesse s'éteignait, il allumait sa gaîté ; il remplaçait ses dents par des lazzis, ses cheveux par la joie, sa santé par l'ironie, et son œil qui pleurait riait sans cesse. Il était délabré, mais tout en fleurs. Sa jeunesse, pliant bagage bien avant l'âge, battait en retraite en bon ordre, éclatait de rire, et l'on n'y voyait que du feu. Il avait eu une pièce refusée au Vaudeville. Il faisait çà et là des vers quelconques. En outre, il doutait supérieurement de toute chose, grande force aux yeux des faibles. Donc, étant ironique et chauve, il était le chef. *Iron* est un mot anglais qui veut dire fer. Serait-ce de là que viendrait ironie?

Un jour Tholomyès prit à part les trois autres, fit un geste d'oracle, et leur dit :

— Il y a bientôt un an que Fantine, Dahlia, Zéphine et Favourite nous demandent de leur faire une surprise. Nous la leur avons promise solennellement. Elles nous en parlent toujours, à moi surtout. De même qu'à Naples les vieilles femmes crient à saint Janvier : *Faccia gialluta, fa o miracolo*. Face jaune, fais ton miracle! nos belles me disent sans cesse : Tholomyès, quand accoucheras-tu de ta surprise? En même temps nos parents nous écrivent. Scie des deux côtés. Le moment me semble venu. Causons.

Sur ce, Tholomyès baissa la voix, et articula mystérieusement quelque chose de si gai qu'un vaste et enthousiaste ricanement sortit des quatre bouches à la fois et que Blachevelle s'écria : — Ça, c'est une idée!

Un estaminet plein de fumée se présenta, ils y entrèrent, et le reste de leur conférence se perdit dans l'ombre.

Le résultat de ces ténèbres fut une éblouissante partie de plaisir qui eut lieu le dimanche suivant, les quatre jeunes gens invitant les quatre jeunes filles.

III

Quatre a quatre[1]

Ce qu'était une partie de campagne d'étudiants et de grisettes, il y a quarante-cinq ans, on se le représente malaisément aujourd'hui. Paris n'a plus les mêmes environs; la figure de ce qu'on pourrait appeler la vie circumparisienne a complètement changé depuis un demi-siècle; où il y avait le coucou, il y a le wagon; où il y avait la patache, il y a le bateau à vapeur; on dit aujourd'hui

Fécamp comme on disait Saint-Cloud. Le Paris de 1862 est une ville qui a la France pour banlieue.

Les quatre couples accomplirent consciencieusement toutes les folies champêtres possibles alors. On entrait dans les vacances, et c'était une chaude et claire journée d'été. La veille, Favourite, la seule qui sût écrire, avait écrit ceci à Tholomyès au nom des quatre : « C'est un bonne heure de sortir de bonheur. » C'est pourquoi ils se levèrent à cinq heures du matin. Puis ils allèrent à Saint-Cloud par le coche, regardèrent la cascade à sec, et s'écrièrent : Cela doit être bien beau quand il y a de l'eau ! déjeunèrent à la *Tête-Noire,* où Castaing n'avait pas encore passé, se payèrent une partie de bagues au quinconce du grand bassin, montèrent à la lanterne de Diogène, jouèrent des macarons à la roulette du pont de Sèvres, cueillirent des bouquets à Puteaux, achetèrent des mirlitons à Neuilly, mangèrent partout des chaussons aux pommes, furent parfaitement heureux.

Les jeunes filles bruissaient et bavardaient comme des fauvettes échappées. C'était un délire. Elles donnaient par moments de petites tapes aux jeunes gens. Ivresse matinale de la vie ! Adorables années ! L'aile des libellules frissonne. Oh ! qui que vous soyez[2], vous souvenez-vous ? Avez-vous marché dans les broussailles, en écartant les branches à cause de la tête charmante qui vient derrière vous ? Avez-vous glissé en riant sur quelque talus mouillé par la pluie avec une femme aimée qui vous retient par la main et qui s'écrie : — Ah ! mes brodequins tout neufs ! dans quel état ils sont !

Disons tout de suite que cette joyeuse contrariété, une ondée, manqua à cette compagnie de belle humeur, quoique Favourite eût dit en partant, avec un accent magistral et maternel : *Les limaces se promènent dans les sentiers. Signe de pluie, mes enfants.*

Toutes quatre étaient follement jolies. Un bon vieux poëte classique, alors en renom, un bonhomme qui avait une Éléonore, M. le chevalier de Labouïsse[3], errant ce jour-là sous les marronniers de Saint-Cloud, les vit passer vers dix heures du matin ; il s'écria : *Il y en a une de trop,* songeant aux Grâces. Favourite, l'amie de Blachevelle, celle de vingt-trois ans, la vieille, courait en avant sous les grandes branches vertes, sautait les fossés, enjambait éperdument les buissons, et présidait cette gaîté avec une verve de jeune faunesse. Zéphine et Dahlia, que le hasard avait faites belles de façon qu'elles se faisaient valoir en se rapprochant et se complétaient, ne se quittaient point, par instinct de coquetterie plus encore que par amitié, et, appuyées l'une à l'autre, prenaient des poses anglaises; les premiers *keepsakes* venaient de paraître[4], la mélancolie pointait pour les femmes, comme, plus tard, le byronisme pour les hommes, et les cheveux du sexe tendre commençaient à s'éplorer. Zéphine et Dahlia étaient coiffées en rouleaux. Listolier et Fameuil, engagés dans une discussion sur leurs professeurs, expliquaient à Fantine la différence qu'il y avait entre M. Delvincourt et M. Blondeau.

Blachevelle semblait avoir été créé expressément pour porter sur son bras le dimanche le châle-ternaux boiteux de Favourite.

Tholomyès suivait, dominant le groupe. Il était très gai, mais on sentait en lui le gouvernement; il y avait de la dictature dans sa jovialité; son ornement principal était un pantalon jambes-d'éléphant, en nankin, avec sous-pieds de tresse de cuivre; il avait un puissant rotin de deux cents francs à la main, et, comme il se permettait tout, une chose étrange appelée cigare, à la bouche. Rien n'étant sacré pour lui, il fumait.

— Ce Tholomyès est étonnant, disaient les autres avec vénération. Quels pantalons! quelle énergie!

Quant à Fantine, c'était la joie. Ses dents splendides avaient évidemment reçu de Dieu une fonction, le rire. Elle portait à sa main plus volontiers que sur sa tête son petit chapeau de paille cousue, aux longues brides blanches. Ses épais cheveux blonds, enclins à flotter et facilement dénoués et qu'il fallait rattacher sans cesse semblaient faits pour la fuite de Galatée sous les saules. Ses lèvres roses babillaient avec enchantement. Les coins de sa bouche voluptueusement relevés, comme aux mascarons antiques d'Érigone, avaient l'air d'encourager les audaces; mais ses longs cils pleins d'ombre s'abaissaient discrètement sur ce brouhaha du bas du visage comme pour mettre le holà. Toute sa toilette avait on ne sait quoi de chantant et de flambant. Elle avait une robe de barège mauve, de petits souliers-cothurnes mordorés dont les rubans traçaient des X sur son fin bas blanc à jour, et cette espèce de spencer en mousseline, invention marseillaise, dont le nom, canezou, corruption du mot *quinze août*[5] prononcé à la Canebière, signifie beau temps, chaleur et midi. Les trois autres, moins timides, nous l'avons dit, étaient décolletées tout net, ce qui, l'été, sous des chapeaux couverts de fleurs, a beaucoup de grâce et d'agacerie; mais, à côté de ces ajustements hardis, le canezou de la blonde Fantine, avec ses transparences, ses indiscrétions et ses réticences, cachant et montrant à la fois, semblait une trouvaille provocante de la décence, et la fameuse cour d'amour, présidée par la vicomtesse de Cette aux yeux vert de mer, eût peut-être donné le prix de la coquetterie à ce canezou qui concourait pour la chasteté. Le plus naïf est quelquefois le plus savant. Cela arrive.

Éclatante de face, délicate de profil, les yeux d'un bleu profond, les paupières grasses, les pieds cambrés et petits, les poignets et les chevilles admirablement emboîtés, la peau blanche laissant voir çà et là les arborescences azurées des veines, la joue puérile et fraîche, le cou robuste des Junons éginétiques, la nuque forte et souple, les épaules modelées comme par Coustou[6], ayant au centre une voluptueuse fossette visible à travers la mousseline; une gaîté glacée de rêverie; sculpturale et exquise; telle était Fantine; et l'on devinait sous ces chiffons et ces rubans une statue, et dans cette statue une âme.

Fantine était belle, sans trop le savoir. Les rares songeurs, prêtres mystérieux du beau, qui confrontent silencieusement toute chose à la perfection, eussent entrevu en cette petite ouvrière, à travers la transparence de la grâce parisienne, l'antique euphonie sacrée. Cette fille de l'ombre avait de la race. Elle était belle sous les deux espèces, qui sont le style et le rhythme. Le style est la forme de l'idéal, le rhythme en est le mouvement.

Nous avons dit que Fantine était la joie; Fantine était aussi la pudeur.

Pour un observateur qui l'eût étudiée attentivement, ce qui se dégageait d'elle, à travers toute cette ivresse de l'âge, de la saison et de l'amourette, c'était une invincible expression de retenue et de modestie. Elle restait un peu étonnée. Ce chaste étonnement-là est la nuance qui sépare Psyché de Vénus. Fantine avait les longs doigts blancs et fins de la vestale qui remue les cendres du feu sacré avec une épingle d'or. Quoiqu'elle n'eût rien refusé, on ne le verra que trop, à Tholomyès, son visage, au repos, était souverainement virginal ; une sorte de dignité sérieuse et presque austère l'envahissait soudainement à de certaines heures, et rien n'était singulier et troublant comme de voir la gaîté s'y éteindre si vite et le recueillement y succéder sans transition à l'épanouissement. Cette gravité subite, parfois sévèrement accentuée, ressemblait au dédain d'une déesse. Son front, son nez et son menton offraient cet équilibre de ligne, très distinct de l'équilibre de proportion, et d'où résulte l'harmonie du visage ; dans l'intervalle si caractéristique qui sépare la base du nez de la lèvre supérieure, elle avait ce pli imperceptible et charmant, signe mystérieux de la chasteté qui rendit Barberousse amoureux d'une Diane trouvée dans les fouilles d'Icône.

L'amour est une faute ; soit. Fantine était l'innocence surnageant sur la faute.

IV

THOLOMYÈS EST SI JOYEUX QU'IL CHANTE UNE CHANSON ESPAGNOLE

Cette journée-là était d'un bout à l'autre faite d'aurore. Toute la nature semblait avoir congé, et rire. Les parterres de Saint-Cloud embaumaient ; le souffle de la Seine remuait vaguement les feuilles ; les branches gesticulaient dans le vent ; les abeilles mettaient les jasmins au pillage ; toute une bohème de papillons s'ébattait dans les achillées, les trèfles et les folles avoines ; il y avait dans l'auguste parc du roi de France un tas de vagabonds, les oiseaux.

Les quatre joyeux couples, mêlés au soleil, aux champs, aux fleurs, aux arbres, resplendissaient.

Et, dans cette communauté de paradis, parlant, chantant, courant, dansant, chassant aux papillons, cueillant des liserons, mouillant leurs bas à jour roses dans les hautes herbes, fraîches, folles, point méchantes, toutes recevaient un peu çà et là les baisers de tous, excepté Fantine, enfermée dans sa vague résistance rêveuse et farouche, et qui aimait. — Toi, lui disait Favourite, tu as toujours l'air chose.

Ce sont là les joies. Ces passages de couples heureux

ont un appel profond à la vie et à la nature, et font sortir de tout la caresse et la lumière. Il y avait une fois une fée qui fit les prairies et les arbres exprès pour les amoureux. De là cette éternelle école buissonnière des amants qui recommence sans cesse et qui durera tant qu'il y aura des buissons et des écoliers. De là la popularité du printemps parmi les penseurs. Le patricien et le gagne-petit, le duc et pair et le robin, les gens de la cour et les gens de la ville, comme on parlait autrefois, tous sont sujets de cette fée. On rit, on se cherche, il y a dans l'air une clarté d'apothéose, quelle transfiguration que d'aimer! Les clercs de notaire sont des dieux. Et les petits cris, les poursuites dans l'herbe, les tailles prises au vol, ces jargons qui sont des mélodies, ces adorations qui éclatent dans la façon de dire une syllabe, ces cerises arrachées d'une bouche à l'autre, tout cela flamboie et passe dans des gloires célestes. Les belles filles font un doux gaspillage d'elles-mêmes. On croit que cela ne finira jamais. Les philosophes, les poëtes, les peintres regardent ces extases et ne savent qu'en faire, tant cela les éblouit. Le départ pour Cythère! s'écrie Watteau; Lancret, le peintre de la roture[1], contemple ses bourgeois envolés dans le bleu; Diderot tend les bras à toutes ces amourettes, et d'Urfé[2] y mêle des druides.

Après le déjeuner les quatre couples étaient allés voir, dans ce qu'on appelait alors le carré du roi, une plante nouvellement arrivée de l'Inde, dont le nom nous échappe en ce moment, et qui à cette époque attirait tout Paris à Saint-Cloud; c'était un bizarre et charmant arbrisseau haut sur tige, dont les innombrables branches fines comme des fils, ébouriffées, sans feuilles, étaient couvertes d'un million de petites rosettes blanches; ce qui faisait que l'arbuste avait l'air d'une chevelure pouilleuse de fleurs. Il y avait toujours foule à l'admirer.

L'arbuste vu, Tholomyès s'était écrié: J'offre des ânes! et, prix fait avec un ânier, ils étaient revenus par Vanves et Issy. A Issy, incident. Le parc, Bien National possédé à cette époque par le munitionnaire Bourguin, était d'aventure tout grand ouvert. Ils avaient franchi la grille, visité l'anachorète mannequin dans sa grotte, essayé les petits effets mystérieux du fameux cabinet des miroirs, lascif traquenard digne d'un satyre devenu millionnaire ou de Turcaret métamorphosé en Priape.

Ils avaient robustement secoué le grand filet balançoire attaché aux deux châtaigniers célébrés par l'abbé de Bernis[3]. Tout en y balançant ces belles l'une après l'autre, ce qui faisait, parmi les rires universels, des plis de jupe envolée où Greuze eût trouvé son compte, le toulousain Tholomyès, quelque peu espagnol, Toulouse est cousine de Tolosa, chantait, sur une mélopée mélancolique, la vieille chanson *gallega* probablement inspirée par quelque belle fille lancée à toute volée sur une corde entre deux arbres :

> *Soy de Badajoz.*
> *Amor me llama.*
> *Toda mi alma*
> *Es en mi ojos*
> *Porque enseñas*
> *A ius piernas*[4].

Fantine seule refusa de se balancer.

— Je n'aime pas qu'on ait du genre comme ça, murmura aigrement Favourite.

Les ânes quittés, joie nouvelle ; on passa la Seine en bateau, et de Passy, à pied, ils gagnèrent la barrière de l'Étoile. Ils étaient, on s'en souvient, debout depuis cinq heures du matin ; mais, bah ! *il n'y a pas de lassitude le dimanche*, disait Favourite ; *le dimanche, la fatigue ne travaille pas*. Vers trois heures les quatre couples, effarés de bonheur, dégringolaient aux montagnes russes, édifice singulier qui occupait alors les hauteurs Beaujon[5] et dont on apercevait la ligne serpentante au-dessus des arbres des Champs-Élysées.

De temps en temps Favourite s'écriait :

— Et la surprise ? je demande la surprise.

— Patience, répondait Tholomyès.

V

CHEZ BOMBARDA

Les montagnes russes épuisées, on avait songé au dîner ; et le radieux huitain, enfin un peu las, s'était échoué au cabaret Bombarda, succursale qu'avait établie aux Champs-Élysées ce fameux restaurateur Bombarda, dont on voyait alors l'enseigne rue de Rivoli à côté du passage Delorme[1].

Une chambre grande, mais laide, avec alcôve et lit au fond (vu la plénitude du cabaret le dimanche, il avait fallu accepter ce gîte); deux fenêtres d'où l'on pouvait contempler, à travers les ormes, le quai et la rivière; un magnifique rayon d'août effleurant les fenêtres; deux tables; sur l'une une triomphante montagne de bouquets mêlés à des chapeaux d'hommes et de femmes; à l'autre les quatre couples attablés autour d'un joyeux encombrement de plats, d'assiettes, de verres et de bouteilles; des cruchons de bière mêlés à des flacons de vin; peu d'ordre sur la table, quelque désordre dessous;

> Ils faisaient sous la table
> Un bruit, un trique-trac de pieds épouvantable

dit Molière[2].

Voilà où en était vers quatre heures et demie du soir la bergerade commencée à cinq heures du matin. Le soleil déclinait, l'appétit s'éteignait.

Les Champs-Élysées, pleins de soleil et de foule, n'étaient que lumière et poussière, deux choses dont se compose la gloire. Les chevaux de Marly, ces marbres hennissants, se cabraient dans un nuage d'or. Les carrosses allaient et venaient. Un escadron de magnifiques gardes du corps, clairon en tête, descendait l'avenue de Neuilly; le drapeau blanc, vaguement rose au soleil couchant, flottait sur le dôme des Tuileries. La place de la Concorde, redevenue alors place Louis XV[3], regorgeait de promeneurs contents. Beaucoup portaient la fleur de lis d'argent suspendue au ruban blanc moiré qui, en 1817, n'avait pas encore tout à fait disparu des boutonnières. Çà et là, au milieu des passants faisant cercle et applaudissant, des rondes de petites filles jetaient au vent une bourrée bourbonienne alors célèbre, destinée à foudroyer les Cent-Jours, et qui avait pour ritournelle :

> Rendez-nous notre père de Gand,
> Rendez-nous notre père.

Des tas de faubouriens endimanchés, parfois même fleurdelisés comme les bourgeois, épars dans le grand carré Marigny, jouaient aux bagues et tournaient sur les chevaux de bois; d'autres buvaient; quelques-uns, apprentis imprimeurs, avaient des bonnets de papier; on entendait leurs rires. Tout était radieux. C'était un temps de paix incontestable et de profonde sécurité royaliste ; c'était l'époque où un rapport intime et spécial du préfet de police Anglès[4] au roi sur les faubourgs de Paris se terminait par ces lignes : « Tout bien considéré, sire, il n'y a rien à craindre de ces gens-là. Ils sont insouciants et indolents comme des chats. Le bas peuple des provinces est remuant, celui de Paris ne l'est pas. Ce sont tous petits hommes. Sire, il en faudrait deux bout à bout pour faire un de vos grenadiers. Il n'y a point de crainte du côté de la populace de la capitale. Il est remarquable que la taille a encore décru dans cette population depuis cinquante ans ; et le peuple des faubourgs de Paris est plus petit qu'avant la Révolution. Il n'est point dangereux. En somme, c'est de la canaille, bonne. »

Qu'un chat puisse se changer en lion, les préfets de police ne le croient pas possible ; cela est pourtant, et c'est là le miracle du peuple de Paris. Le chat d'ailleurs, si méprisé du comte Anglès, avait l'estime des républiques antiques ; il incarnait à leurs yeux la liberté, et, comme pour servir de pendant à la Minerve aptère du Pirée, il y avait sur la place publique de Corinthe le colosse de bronze d'un chat. La police naïve de la restauration voyait trop « en beau » le peuple de Paris. Ce n'est point, autant qu'on le croit, de la « canaille bonne ». Le Parisien est au Français ce que l'Athénien était au Grec ; personne ne dort mieux que lui, personne n'est plus franchement frivole et paresseux que lui, personne mieux que lui n'a l'air d'oublier ; qu'on ne s'y fie pas pourtant ; il est propre à toute sorte de nonchalance, mais, quand il y a de la gloire au bout, il est admirable à toute espèce de furie. Donnez-lui une pique, il fera le 10 août ; donnez-lui un fusil, vous aurez Austerlitz. Il est le point d'appui de Napoléon et la ressource de Danton. S'agit-il de la patrie ? il s'enrôle ; s'agit-il de la liberté ? il dépave. Gare ! ses cheveux pleins de colère sont épiques ; sa blouse se drape en chlamyde. Prenez garde. De la première rue Greneta[5] venue, il fera des fourches caudines. Si l'heure sonne, ce faubourien va grandir, ce petit homme va se lever, et il regardera d'une façon terrible, et son souffle deviendra tempête, et il sortira de cette pauvre poitrine grêle assez de vent pour déranger les plis des Alpes. C'est grâce au faubourien de Paris que la révolution, mêlée aux armées, conquiert l'Europe. Il chante, c'est sa joie. Proportionnez sa chanson à sa nature, et vous verrez ! Tant qu'il n'a pour refrain que la *Carmagnole*, il ne renverse que Louis XVI ; faites-lui chanter la *Marseillaise*, il délivrera le monde.

Cette note écrite en marge du rapport Anglès, nous revenons à nos quatre couples. Le dîner, comme nous l'avons dit, s'achevait.

VI

Chapitre où l'on s'adore

Propos de table et propos d'amour ; les uns sont aussi insaisissables que les autres ; les propos d'amour sont des nuées, les propos de table sont des fumées.

Fameuil et Dahlia fredonnaient ; Tholomyès buvait ; Zéphine riait, Fantine souriait. Listolier soufflait dans une trompette de bois achetée à Saint-Cloud. Favourite regardait tendrement Blachevelle et disait :

— Blachevelle, je t'adore.

Ceci amena une question de Blachevelle :

— Qu'est-ce que tu ferais, Favourite, si je cessais de t'aimer ?

— Moi ! s'écria Favourite. Ah ! ne dis pas cela, même pour rire ! Si tu cessais de m'aimer, je te sauterais après, je te grifferais, je te grafignerais[1], je te jetterais de l'eau, je te ferais arrêter.

Blachevelle sourit avec la fatuité voluptueuse d'un homme chatouillé à l'amour-propre. Favourite reprit :

— Oui, je crierais à la garde ! Ah ! je me gênerais par exemple ! Canaille !

Blachevelle, extasié, se renversa sur sa chaise et ferma orgueilleusement les deux yeux.

Dahlia, tout en mangeant, dit bas à Favourite dans le brouhaha :

— Tu l'idolâtres donc bien, ton Blachevelle ?

— Moi, je le déteste, répondit Favourite du même ton en ressaisissant sa fourchette. Il est avare. J'aime le petit d'en face de chez moi. Il est très bien, ce jeune homme-là, le connais-tu ? On voit qu'il a le genre d'être acteur. J'aime les acteurs. Sitôt qu'il rentre, sa mère dit : — Ah ! mon Dieu ! ma tranquillité est perdue. Le voilà qui va crier. Mais, mon ami, tu me casses la tête ! — Parce qu'il va dans la maison, dans des greniers à rats, dans des trous noirs, si haut qu'il peut monter, — et chanter, et déclamer, est-ce que je sais, moi ? qu'on l'entend d'en bas ! Il gagne déjà vingt sous par jour chez un avoué à écrire de la chicane. Il est fils d'un ancien chantre de Saint-Jacques-du-Haut-Pas. Ah ! il est très bien. Il m'idolâtre tant qu'un jour qu'il me voyait faire de la pâte pour des crêpes, il m'a dit : *Mamselle, faites des beignets de vos gants et je les mangerai.* Il n'y a que les artistes pour dire des choses comme ça. Ah ! il est très bien. Je suis en train d'être insensée de ce petit-là. C'est égal, je dis à Blachevelle que je l'adore. Comme je mens ! Hein ? comme je mens !

Favourite fit une pause, et continua :

— Dahlia, vois-tu, je suis triste. Il n'a fait que pleuvoir tout l'été, le vent m'agace, le vent ne décolère pas, Blachevelle est très pingre, c'est à peine s'il y a des petits pois au marché, on ne sait que manger, j'ai le spleen, comme disent les Anglais, le beurre est si cher ! et puis, vois, c'est une horreur, nous dînons dans un endroit où il y a un lit, ça me dégoûte de la vie.

VII

SAGESSE DE THOLOMYÈS

CEPENDANT, tandis que quelques-uns chantaient, les autres causaient tumultueusement, et tous ensemble ; ce n'était plus que du bruit. Tholomyès intervint :

— Ne parlons point au hasard ni trop vite, s'écria-t-il. Méditons si nous voulons être éblouissants. Trop d'improvisation vide bêtement l'esprit. Bière qui coule n'amasse point de mousse. Messieurs, pas de hâte. Mêlons la majesté à la ripaille ; mangeons avec recueillement ; festinons lentement. Ne nous pressons pas. Voyez le printemps ; s'il se dépêche, il est flambé, c'est-à-dire gelé. L'excès de zèle perd les pêchers et les abricotiers. L'excès de zèle tue la grâce et la joie des bons dîners. Pas de zèle, messieurs ! Grimod de la Reynière est de l'avis de Talleyrand[1].

Une sourde rébellion gronda dans le groupe.

— Tholomyès, laisse-nous tranquilles, dit Blachevelle.

— A bas le tyran ! dit Fameuil.

— Bombarda, Bombance et Bamboche ! cria Listolier.

— Le dimanche existe, reprit Fameuil.
— Nous sommes sobres, ajouta Listolier.
— Tholomyès, fit Blachevelle, contemple mon calme.
— Tu en es le marquis, répondit Tholomyès.

Ce médiocre jeu de mots fit l'effet d'une pierre dans une mare. Le marquis de Montcalm était un royaliste alors célèbre. Toutes les grenouilles se turent.

— Amis, s'écria Tholomyès de l'accent d'un homme qui ressaisit l'empire, remettez-vous. Il ne faut pas que trop de stupeur accueille ce calembour tombé du ciel. Tout ce qui tombe de la sorte n'est pas nécessairement digne d'enthousiasme et de respect. Le calembour est la fiente de l'esprit qui vole. Le lazzi tombe n'importe où; et l'esprit, après la ponte d'une bêtise, s'enfonce dans l'azur. Une tache blanchâtre qui s'aplatit sur le rocher n'empêche pas le condor de planer. Loin de moi l'insulte au calembour! Je l'honore dans la proportion de ses mérites; rien de plus. Tout ce qu'il y a de plus auguste, de plus sublime et de plus charmant dans l'humanité, et peut-être hors de l'humanité, a fait des jeux de mots. Jésus-Christ a fait un calembour sur saint Pierre, Moïse sur Isaac, Eschyle sur Polynice, Cléopâtre sur Octave. Et notez que ce calembour de Cléopâtre a précédé la bataille d'Actium, et que, sans lui, personne ne se souviendrait de la ville de Toryne, nom grec qui signifie cuiller à pot[2]. Cela concédé, je reviens à mon exhortation. Mes frères, je le répète, pas de zèle, pas de tohu-bohu, pas d'excès, même en pointes, gayetés, liesses et jeux de mots. Écoutez-moi, j'ai la prudence d'Amphiaraüs[3] et la calvitie de César. Il faut une limite, même aux rébus. *Est modus in rebus*[4]. Il faut une limite, même aux dîners. Vous aimez les chaussons aux pommes, mesdames, n'en abusez pas. Il faut, même en chaussons, du bon sens et de l'art. La gloutonnerie châtie le glouton. Gula punit Gulax. L'indigestion est chargée par le bon Dieu de faire de la morale aux estomacs. Et, retenez ceci: chacune de nos passions, même l'amour, a un estomac qu'il ne faut pas trop remplir. En toute chose il faut écrire à temps le mot *finis*, il faut se contenir, quand cela devient urgent, tirer le verrou sur son appétit, mettre au violon sa fantaisie et se mener soi-même au poste. Le sage est celui qui sait à un moment donné opérer sa propre arrestation. Ayez quelque confiance en moi. Parce que j'ai fait un peu mon droit, à ce que disent mes examens, parce que je sais la différence qu'il y a entre la question mue et la question pendante, parce que j'ai soutenu une thèse en latin sur la manière dont on donnait la torture à Rome au temps où Munatius Demens était questeur du Parricide[5], parce que je vais être docteur, à ce qu'il paraît, il ne s'ensuit pas de toute nécessité que je sois un imbécile. Je vous recommande la modération dans vos désirs. Vrai comme je m'appelle Félix Tholomyès, je parle bien. Heureux celui qui, lorsque l'heure a sonné, prend un parti héroïque, et abdique comme Sylla, ou Origène[6] !

Favourite écoutait avec une attention profonde.

— Félix ! dit-elle, quel joli mot ! j'aime ce nom-là. C'est en latin. Ça veut dire Prosper.

Tholomyès poursuivit :

— Quirites, gentlemen, caballeros, mes amis ! voulez-vous ne sentir aucun aiguillon et vous passer de lit nuptial et braver l'amour ? Rien de plus simple. Voici la recette : la limonade, l'exercice outré, le travail forcé, éreintez-vous, traînez des blocs, ne dormez pas, veillez, gorgez-vous de boissons nitreuses et de tisanes de nymphæas, savourez des émulsions de pavots et d'agnus-castus, assaisonnez-moi cela d'une diète sévère, crevez de faim, et joignez-y les bains froids, les ceintures d'herbes, l'application d'une plaque de plomb, les lotions avec la liqueur de Saturne et les fomentations avec l'oxycrat.

— J'aime mieux une femme, dit Listolier.

— La femme ! reprit Tholomyès, méfiez-vous-en. Malheur à celui qui se livre au cœur changeant de la femme ! La femme est perfide et tortueuse. Elle déteste le serpent par jalousie du métier. Le serpent, c'est la boutique en face.

— Tholomyès, cria Blachevelle, tu es ivre !

— Pardieu ! dit Tholomyès.

— Alors sois gai, reprit Blachevelle.

— J'y consens, répondit Tholomyès.

Et, remplissant son verre, il se leva :

— Gloire au vin ! *Nunc te, Bacche, canam*[7] ! Pardon, mesdemoiselles, c'est de l'espagnol. Et la preuve, señoras, la voici : tel peuple, telle futaille. L'arrobe de Castille contient seize litres, le cantaro d'Alicante douze, l'almude des Canaries vingt-cinq, le cuartin des Baléares vingt-six, la botte du czar Pierre trente. Vive ce czar qui était grand, et vive sa botte qui était plus grande encore ! Mesdames, un conseil d'ami : trompez-vous de voisin, si bon vous semble. Le propre de l'amour, c'est d'errer. L'amourette n'est pas faite pour s'accroupir et s'abrutir comme une servante anglaise qui a le calus du scrobage aux genoux. Elle n'est pas faite pour cela, elle erre gaîment, la douce amourette ! On a dit : l'erreur est humaine ; moi je dis : l'erreur est amoureuse. Mesdames, je vous idolâtre toutes. O Zéphine, ô Joséphine, figure plus que chiffonnée, vous seriez charmante, si vous n'étiez de travers. Vous avez l'air d'un joli visage sur lequel, par mégarde, on s'est assis. Quant à Favourite, ô nymphes et muses ! un jour que Blachevelle passait le ruisseau de la rue Guérin-Boisseau[8], il vit une belle fille aux bas blancs et bien tirés qui montrait ses jambes. Ce prologue lui plut, et Blachevelle aima. Celle qu'il aima était Favourite. O Favourite, tu as des lèvres ioniennes. Il y avait un peintre grec, appelé Euphorion, qu'on avait surnommé le peintre des lèvres[9]. Ce Grec seul eût été digne de peindre ta bouche. Écoute ! avant toi, il n'y avait pas de créature digne de ce nom. Tu es faite pour recevoir la pomme comme Vénus ou pour la manger comme Ève. La beauté commence à toi. Je viens de parler d'Ève, c'est toi qui l'as créée. Tu mérites le brevet d'invention de la jolie femme. O Favourite, je cesse de vous tutoyer, parce que je passe de la poésie à la prose. Vous parliez de mon nom tout à l'heure. Cela m'a attendri ; mais, qui que nous soyons, méfions-nous des noms. Ils peuvent se tromper. Je me nomme Félix et ne suis pas heureux. Les mots sont des menteurs. N'acceptons pas aveuglément les indications qu'ils nous donnent. Ce serait une erreur d'écrire à Liége pour avoir des bouchons et à Pau pour avoir des gants. Miss Dahlia, à votre place, je m'appellerais Rosa. Il faut que la fleur sente bon et que la femme ait de l'esprit. Je ne dis rien de Fantine, c'est une songeuse, une rêveuse, une pensive, une sensitive ; c'est un fantôme ayant la forme d'une nymphe et la pudeur d'une nonne, qui se fourvoie dans la vie de grisette, mais qui se réfugie dans les illusions, et qui chante, et qui prie, et qui regarde l'azur sans trop savoir ce qu'elle voit ni ce qu'elle fait, et qui, les yeux au ciel, erre dans un jardin où il y a plus d'oiseaux qu'il n'en existe ! O Fantine, sache ceci : moi Tholomyès, je suis une illusion ; mais elle ne m'entend même pas, la blonde fille des chimères ! Du reste, tout en elle est fraîcheur, suavité, jeunesse, douce clarté matinale. O Fantine, fille digne de vous appeler marguerite ou perle, vous êtes une femme du plus bel orient. Mesdames, un deuxième conseil : ne vous mariez point ; le mariage est une greffe ; cela prend bien ou mal ; fuyez ce risque. Mais, bah ! qu'est-ce que je chante-là ? Je perds mes paroles. Les filles sont incurables sur l'épousaille ; et tout ce que nous pouvons dire, nous autres sages, n'empêchera point les giletières et les piqueuses de bottines de rêver des maris enrichis de diamants. Enfin, soit ; mais, belles, retenez ceci : vous mangez trop de sucre. Vous n'avez qu'un tort, ô femmes, c'est de grignoter du sucre. O sexe rongeur, tes jolies petites dents blanches adorent le sucre. Or, écoutez bien, le sucre est un sel. Tout sel est desséchant. Le sucre est le plus desséchant de tous les sels. Il pompe à travers les veines les liquides du sang ; de là la coagulation, puis la solidification du sang ; de là les tubercules dans le poumon ; de là la mort. Et c'est pourquoi le diabète confine à la phtisie. Donc ne croquez pas de sucre, et vous vivrez ! Je me tourne vers les hommes. Messieurs, faites des conquêtes. Pillez-vous les uns aux autres sans remords vos bien-aimées. Chassez-croisez. En amour, il n'y a pas d'amis. Partout où il y a une jolie femme l'hostilité est ouverte. Pas de quartier, guerre à outrance ! Une jolie femme est un *casus belli* ; une jolie femme est un flagrant délit. Toutes les invasions de l'histoire sont déterminées par des cotillons. La femme est le droit de l'homme. Romulus a enlevé les Sabines, Guillaume a enlevé les Saxonnes, César a enlevé les Romaines. L'homme qui n'est pas aimé plane comme un vautour sur les amantes d'autrui ; et quant à moi, à tous ces infortunés qui sont veufs, je jette la proclamation sublime de Bonaparte à l'armée d'Italie : « Soldats, vous manquez de tout. L'ennemi en a. »

Tholomyès s'interrompit.

— Souffle, Tholomyès, dit Blachevelle.

En même temps, Blachevelle, appuyé de Listolier et de Fameuil, entonna sur un air de complainte une de ces chansons d'atelier composées des premiers mots venus, rimées richement et pas du tout, vides de sens comme le geste de l'arbre et le bruit du vent, qui naissent de la vapeur des pipes et se dissipent et s'envolent avec elle. Voici par quel couplet le groupe donna la réplique à la harangue de Tholomyès :

> Les pères dindons donnèrent
> De l'argent à un agent
> Pour que mons Clermont-Tonnerre
> Fût fait pape à la Saint-Jean ;
> Mais Clermont ne put pas être
> Fait pape, n'étant pas prêtre ;
> Alors leur agent rageant
> Leur rapporta leur argent.

Ceci n'était pas fait pour calmer l'improvisation de Tholomyès ; il vida son verre, le remplit, et recommença.

— A bas la sagesse ! oubliez tout ce que j'ai dit. Ne soyons ni prudes, ni prudents, ni prud'hommes. Je porte un toast à l'allégresse ; soyons allègres ! Complétons notre cours de droit par la folie et la nourriture. Indigestion et digeste. Que Justinien soit le mâle et que Ripaille soit la femelle ! Joie dans les profondeurs ! Vis, ô création ! Le monde est un gros diamant ! Je suis heureux. Les oiseaux sont étonnants. Quelle fête partout ! Le rossignol est un Elleviou gratis[10]. Été, je te salue. O Luxembourg, ô Géorgiques de la rue Madame et de l'allée de l'Observatoire ! ô pioupious rêveurs ! ô toutes ces bonnes charmantes qui, tout en gardant des enfants, s'amusent à en ébaucher ! Les pampas de l'Amérique me plairaient, si je n'avais les arcades de l'Odéon. Mon âme s'envole dans les forêts vierges et dans les savanes. Tout est beau. Les mouches bourdonnent dans les rayons. Le soleil a éternué le colibri. Embrasse-moi, Fantine !

Il se trompa, et embrassa Favourite.

VIII

Mort d'un cheval

On dîne mieux chez Édon[1] que chez Bombarda, s'écria Zéphine.

— Je préfère Bombarda à Édon, déclara Blachevelle. Il a plus de luxe. C'est plus asiatique. Voyez la salle d'en bas. Il y a des glaces sur les murs.

— J'en aime mieux dans mon assiette, dit Favourite.

Blachevelle insista :

— Regardez les couteaux. Les manches sont en argent chez Bombarda, et en os chez Édon. Or, l'argent est plus précieux que l'os.

— Excepté pour ceux qui ont un menton d'argent, observa Tholomyès.

Il regardait en cet instant-là le dôme des Invalides, visible des fenêtres de Bombarda.

Il y eut une pause.

— Tholomyès, cria Fameuil, tout à l'heure, Listolier et moi, nous avions une discussion.

— Une discussion est bonne, répondit Tholomyès, une querelle vaut mieux.

— Nous disputions philosophie.

— Soit.

— Lequel préfères-tu de Descartes ou de Spinosa?

— Désaugiers, dit Tholomyès.

Cet arrêt rendu, il but et reprit:

— Je consens à vivre. Tout n'est pas fini sur la terre, puisqu'on peut encore déraisonner. J'en rends grâces aux dieux immortels. On ment, mais on rit. On affirme, mais on doute. L'inattendu jaillit du syllogisme. C'est beau. Il est encore ici-bas des humains qui savent joyeusement ouvrir et fermer la boîte à surprises du paradoxe. Ceci, mesdames, que vous buvez d'un air tranquille, est du vin de Madère, sachez-le, du cru de Coural das Freiras qui est à trois cent dix-sept toises au-dessus du niveau de la mer! Attention en buvant! trois cent dix-sept toises! et monsieur Bombarda, le magnifique restaurateur, vous donne ces trois cent dix-sept toises pour quatre francs cinquante centimes!

Fameuil interrompit de nouveau:

— Tholomyès, tes opinions font foi. Quel est ton auteur favori?

— Ber...

— Quin?

— Non. Choux.

Et Tholomyès poursuivit:

— Honneur à Bombarda! il égalerait Munophis d'Éléphanta s'il pouvait me cueillir une almée, et Thygélion de Chéronée s'il pouvait m'apporter une hétaïre! car, ô mesdames, il y avait des Bombarda en Grèce et en Égypte. C'est Apulée qui nous l'apprend[2]. Hélas! toujours les mêmes choses et rien de nouveau. Plus rien d'inédit dans la création du créateur! *Nil sub sole novum*, dit Salomon; *amor omnibus idem*, dit Virgile[3]; et Carabine monte avec Carabin dans la galiote de Saint-Cloud, comme Aspasie s'embarquait avec Périclès sur la flotte de Samos. Un dernier mot. Savez-vous ce que c'était qu'Aspasie, mesdames? Quoiqu'elle vécût dans un temps où les femmes n'avaient pas encore d'âme, c'était une âme; une âme d'une nuance rose et pourpre, plus embrasée que le feu, plus fraîche que l'aurore. Aspasie était une créature en qui se touchaient les deux extrêmes de la femme; c'était la prostituée déesse. Socrate, plus Manon Lescaut. Aspasie fut créée pour le cas où il faudrait une catin à Prométhée.

Tholomyès, lancé, se serait difficilement arrêté, si un cheval ne se fût abattu sur le quai en cet instant-là même. Du choc, la charrette et l'orateur restèrent courts. C'était une jument beauceronne, vieille et maigre et digne de l'équarrisseur, qui traînait une charrette fort lourde. Parvenue devant Bombarda, la bête, épuisée et accablée, avait refusé d'aller plus loin. Cet incident avait fait de la foule. A peine le charretier, jurant et indigné, avait-il eu le temps de prononcer avec l'énergie convenable le mot sacramentel: *mâtin!* appuyé d'un implacable coup de fouet, que la haridelle était tombée pour ne plus se relever. Au brouhaha des passants, les gais auditeurs de Tholomyès tournèrent la tête, et Tholomyès en profita pour clore son allocution par cette strophe mélancolique:

> Elle était de ce monde où coucous et carrosses
>   Ont le même destin,
> Et, rosse, elle a vécu ce que vivent les rosses,
>   L'espace d'un : mâtin[4]!

— Pauvre cheval, soupira Fantine.

Et Dahlia s'écria:

— Voilà Fantine qui va se mettre à plaindre les chevaux! Peut-on être fichue bête comme ça!

En ce moment, Favourite, croisant les bras et renversant la tête en arrière, regarda résolûment Tholomyès et dit:

— Ah çà! et la surprise?

— Justement. L'instant est arrivé, répondit Tholomyès. Messieurs, l'heure de surprendre ces dames a sonné. Mesdames, attendez-nous un moment.

— Cela commence par un baiser, dit Blachevelle.

— Sur le front, ajouta Tholomyès.

Chacun déposa gravement un baiser sur le front de sa maîtresse; puis ils se dirigèrent vers la porte tous les quatre à la file, en mettant leur doigt sur la bouche.

Favourite battit des mains à leur sortie.

— C'est déjà amusant, dit-elle.

— Ne soyez pas trop longtemps, murmura Fantine. Nous vous attendons[5].

IX

Fin joyeuse de la joie

Les jeunes filles, restées seules, s'accoudèrent deux à deux sur l'appui des fenêtres, jasant, penchant leur tête et se parlant d'une croisée à l'autre.

Elles virent les jeunes gens sortir du cabaret Bombarda bras dessus bras dessous; ils se retournèrent, leur firent des signes en riant, et disparurent dans cette poudreuse cohue du dimanche qui envahit hebdomadairement les Champs-Élysées.

— Ne soyez pas longtemps! cria Fantine.

— Que vont-ils nous rapporter? dit Zéphine.

— Pour sûr ce sera joli, dit Dahlia.

— Moi, reprit Favourite, je veux que ce soit en or.

Elles furent bientôt distraites par le mouvement du bord de l'eau qu'elles distinguaient dans les branches des grands arbres et qui les divertissait fort. C'était l'heure du départ des malles-poste et des diligences. Presque toutes les messageries du midi et de l'ouest passaient alors par les Champs-Élysées. La plupart suivaient le quai et sortaient par la barrière de Passy. De minute en minute, quelque grosse voiture peinte en jaune et en noir, pesamment chargée, bruyamment attelée, difforme à force de malles, de bâches et de valises, pleine de têtes tout de suite disparues, broyant la chaussée, changeant tous les pavés en briquets, se ruait à travers la foule avec toutes les étincelles d'une forge, de la poussière pour fumée, et un air de furie. Ce vacarme réjouissait les jeunes filles. Favourite s'exclamait :

— Quel tapage! on dirait des tas de chaînes qui s'envolent.

Il arriva une fois qu'une de ces voitures qu'on distinguait difficilement dans l'épaisseur des ormes, s'arrêta un moment, puis repartit au galop. Cela étonna Fantine.

— C'est particulier ! dit-elle. Je croyais que la diligence ne s'arrêtait jamais.

Favourite haussa les épaules.

— Cette Fantine est surprenante. Je viens la voir par curiosité. Elle s'éblouit des choses les plus simples. Une supposition ; je suis un voyageur, je dis à la diligence : je vais en avant, vous me prendrez sur le quai en passant. La diligence passe, me voit, s'arrête, et me prend. Cela se fait tous les jours. Tu ne connais pas la vie, ma chère.

Un certain temps s'écoula ainsi. Tout à coup Favourite eut le mouvement de quelqu'un qui se réveille.

— Eh bien, fit-elle, et la surprise ?

— A propos, oui, reprit Dahlia, la fameuse surprise ?

— Ils sont bien longtemps ! dit Fantine.

Comme Fantine achevait ce soupir, le garçon qui avait servi le dîner entra. Il tenait à la main quelque chose qui ressemblait à une lettre.

— Qu'est-ce que cela ? demanda Favourite.

Le garçon répondit :

— C'est un papier que ces messieurs ont laissé pour ces dames.

— Pourquoi ne l'avoir pas apporté tout de suite ?

— Parce que ces messieurs, reprit le garçon, ont commandé de ne le remettre à ces dames qu'au bout d'une heure.

Favourite arracha le papier des mains du garçon. C'était une lettre en effet.

— Tiens ! dit-elle. Il n'y a pas d'adresse. Mais voici ce qui est écrit dessus :

Ceci est la surprise

Elle décacheta vivement la lettre, l'ouvrit et lut (elle savait lire) :

« O nos amantes !

« Sachez que nous avons des parents. Des parents, vous ne connaissez pas beaucoup ça. Ça s'appelle des pères et mères dans le code civil, puéril et honnête. Or, ces parents gémissent, ces vieillards nous réclament, ces bons hommes et ces bonnes femmes nous appellent enfants prodigues, ils souhaitent nos retours, et nous offrent de tuer des veaux. Nous leur obéissons, étant vertueux. A l'heure où vous lirez ceci, cinq chevaux fougueux nous rapporteront à nos papas et à nos mamans. Nous fichons le camp, comme dit Bossuet. Nous partons, nous sommes partis. Nous fuyons dans les bras de Laffitte et sur les ailes de Caillard[1]. La diligence de Toulouse nous arrache à l'abîme, et l'abîme c'est vous, ô nos belles petites ! Nous rentrons dans la société, dans le devoir et dans l'ordre, au grand trot, à raison de trois lieues à l'heure. Il importe à la patrie que nous soyons, comme tout le monde, préfets, pères de famille, gardes champêtres et conseillers d'État. Vénérez-nous. Nous nous sacrifions. Pleurez-nous rapidement et remplacez-nous vite. Si cette lettre vous déchire, rendez-le-lui. Adieu.

« Pendant près de deux ans, nous vous avons rendues heureuses. Ne nous en gardez pas rancune.

« *Signé* : Blachevelle.
« Fameuil.
« Listolier.
« Félix Tholomyès.

« *Post-scriptum*. Le dîner est payé. »

Les quatre jeunes filles se regardèrent.

Favourite rompit la première le silence.

— Eh bien ! s'écria-t-elle, c'est tout de même une bonne farce.

— C'est très drôle, dit Zéphine.

— Ce doit être Blachevelle qui a eu cette idée-là, reprit Favourite. Ça me rend amoureuse de lui. Sitôt parti, sitôt aimé. Voilà l'histoire.

— Non, dit Dahlia, c'est une idée à Tholomyès. Ça se reconnaît.

— En ce cas, reprit Favourite, mort à Blachevelle et vive Tholomyès !

— Vive Tholomyès ! crièrent Dahlia et Zéphine.

Et elles éclatèrent de rire.

Fantine rit comme les autres.

Une heure après, quand elle fut rentrée dans sa chambre, elle pleura. C'était, nous l'avons dit, son premier amour ; elle s'était donnée à ce Tholomyès comme à un mari, et la pauvre fille avait un enfant.

LIVRE QUATRIÈME

CONFIER, C'EST QUELQUEFOIS LIVRER[1]

I

UNE MÈRE QUI EN RENCONTRE UNE AUTRE

Il y avait, dans le premier quart de ce siècle, à Montfermeil, près Paris, une façon de gargote qui n'existe plus aujourd'hui. Cette gargote était tenue par des gens appelés Thénardier, mari et femme. Elle était située dans la ruelle du Boulanger. On voyait au-dessus de la porte une planche clouée à plat sur le mur. Sur cette planche était peint quelque chose qui ressemblait à un homme portant sur son dos un autre homme, lequel avait de grosses épaulettes de général dorées avec de larges étoiles argentées; des taches rouges figuraient du sang; le reste du tableau était de la fumée et représentait probablement une bataille. Au bas on lisait cette inscription : AU SERGENT DE WATERLOO[2].

Rien n'est plus ordinaire qu'un tombereau ou une charrette à la porte d'une auberge. Cependant le véhicule ou, pour mieux dire, le fragment de véhicule qui encombrait la rue devant la gargote du Sergent de Waterloo, un soir du printemps de 1818, eût certainement attiré par sa masse l'attention d'un peintre qui eût passé là.

C'était l'avant-train d'un de ces fardiers, usités dans les pays de forêts, et qui servent à charrier des madriers et des troncs d'arbres. Cet avant-train se composait d'un massif essieu de fer à pivot où s'emboîtait un lourd timon, et que supportaient deux roues démesurées. Tout cet ensemble était trapu, écrasant et difforme. On eût dit l'affût d'un canon géant. Les ornières avaient donné aux roues, aux jantes, aux moyeux, à l'essieu et au timon, une couche de vase, hideux badigeonnage jaunâtre assez semblable à celui dont on orne volontiers les cathédrales. Le bois disparaissait sous la boue et le fer sous la rouille.

Sous l'essieu pendait en draperie une grosse chaîne digne de Goliath forçat. Cette chaîne faisait songer, non aux poutres qu'elle avait fonction de transporter, mais aux mastodontes et aux mammons qu'elle eût pu atteler; elle avait un air de bagne, mais de bagne cyclopéen et surhumain, et elle semblait détachée de quelque monstre. Homère y eût lié Polyphème et Shakespeare Caliban.

Pourquoi cet avant-train de fardier était-il à cette place dans la rue? D'abord, pour encombrer la rue; ensuite pour achever de se rouiller. Il y a dans le vieil ordre social une foule d'institutions qu'on trouve de la sorte sur son passage en plein air et qui n'ont pas pour être là d'autres raisons.

Le centre de la chaîne pendait sous l'essieu assez près de terre, et sur la courbure, comme sur la corde d'une balançoire, étaient assises et groupées, ce soir-là, dans un entrelacement exquis, deux petites filles, l'une d'environ deux ans et demi, l'autre de dix-huit mois, la plus petite dans les bras de la plus grande. Un mouchoir savamment noué les empêchait de tomber. Une mère avait vu cette effroyable chaîne, et avait dit: Tiens! voilà un joujou pour mes enfants.

Les deux enfants, du reste gracieusement attifées, et avec quelque recherche, rayonnaient; on eût dit deux roses dans de la ferraille; leurs yeux étaient un triomphe; leurs fraîches joues riaient. L'une était châtain, l'autre était brune. Leurs naïfs visages étaient deux étonnements ravis; un buisson fleuri qui était près de là envoyait aux passants des parfums qui semblaient venir d'elles; celle de dix-huit mois montrait son gentil ventre nu avec cette chaste indécence de la petitesse. Au-dessus et autour de ces deux têtes délicates, pétries dans le bonheur et trempées dans la lumière, le gigantesque avant-train, noir de rouille, presque terrible, tout enchevêtré de courbes et d'angles farouches, s'arrondissait comme un porche de caverne. A quelques pas, accroupie sur le seuil de l'auberge, la mère, femme d'un aspect peu avenant du reste, mais touchante en ce moment-là, balançait les deux enfants au moyen d'une longue ficelle, les couvant des yeux de peur d'accident avec cette expression animale et céleste propre à la maternité; à chaque va-et-vient, les hideux anneaux jetaient un bruit strident qui ressemblait à un cri de colère; les petites filles s'extasiaient, le soleil couchant se mêlait à cette joie, et rien n'était charmant comme ce caprice du hasard qui avait fait d'une chaîne de titans une escarpolette de chérubins.

Tout en berçant ses deux petites, la mère chantonnait d'une voix fausse une romance alors célèbre :

Il le faut, disait un guerrier...

Sa chanson et la contemplation de ses filles l'empêchaient d'entendre et de voir ce qui se passait dans la rue.

Cependant quelqu'un s'était approché d'elle, comme elle commençait le premier couplet de la romance, et tout à coup elle entendit une voix qui disait très près de son oreille :

— Vous avez là deux jolis enfants, madame.

— A la belle et tendre Imogine[3].

répondit la mère, continuant sa romance, puis elle tourna la tête.

Une femme était devant elle, à quelques pas. Cette femme, elle aussi, avait un enfant qu'elle portait dans ses bras.

Elle portait en outre un assez gros sac de nuit qui semblait fort lourd.

L'enfant de cette femme était un des plus divins êtres qu'on pût voir. C'était une fille de deux à trois ans. Elle eût pu jouter avec les deux autres petites pour la coquetterie de l'ajustement; elle avait un bavolet de linge fin, des rubans à sa brassière et de la valenciennes à son bonnet. Le pli de sa jupe relevée laissait voir sa cuisse blanche, potelée et ferme. Elle était admirablement rose et bien portante. La belle petite donnait envie de mordre dans les pommes de ses joues. On ne pouvait rien dire de ses yeux, sinon qu'ils devaient être très grands et qu'ils avaient des cils magnifiques. Elle dormait.

Elle dormait de ce sommeil d'absolue confiance propre à son âge. Les bras des mères sont faits de tendresse; les enfants y dorment profondément.

Quant à la mère, l'aspect en était pauvre et triste. Elle avait la mise d'une ouvrière qui tend à redevenir paysanne. Elle était jeune. Était-elle belle? peut-être; mais avec cette mise il n'y paraissait pas. Ses cheveux, d'où s'échappait une mèche blonde, semblaient fort épais, mais disparaissaient sévèrement sous une coiffe de béguine, laide, serrée, étroite, et nouée au menton. Le rire montre les belles dents quand on en a; mais elle ne riait point. Ses yeux ne semblaient pas être secs depuis très longtemps. Elle était pâle; elle avait l'air très lasse et un peu malade; elle regardait sa fille endormie dans ses bras avec cet air particulier d'une mère qui a nourri son enfant. Un large mouchoir bleu, comme ceux où se mouchent les invalides, plié en fichu, masquait lourdement sa taille. Elle avait les mains hâlées et toutes piquées de taches de rousseur, l'index durci et déchiqueté par l'aiguille, une mante brune de laine bourrue, une robe de toile et de gros souliers. C'était Fantine.

C'était Fantine. Difficile à reconnaître. Pourtant, à l'examiner attentivement, elle avait toujours sa beauté. Un pli triste, qui ressemblait à un commencement d'ironie, ridait sa joue droite. Quant à sa toilette, cette aérienne toilette de mousseline et de rubans qui semblait faite avec de la gaîté, de la folie et de la musique, pleine de grelots et parfumée de lilas, elle s'était évanouie comme ces beaux givres éclatants qu'on prend pour des diamants au soleil; ils fondent et laissent la branche toute noire.

Dix mois s'étaient écoulés depuis « la bonne farce ».

Que s'était-il passé pendant ces dix mois? on le devine.

Après l'abandon, la gêne. Fantine avait tout de suite perdu de vue Favourite, Zéphine et Dahlia; le lien, brisé du côté des hommes, s'était défait du côté des femmes; on les eût bien étonnées, quinze jours après, si on leur eût dit qu'elles étaient amies; cela n'avait plus de raison d'être. Fantine était restée seule. Le père de son enfant parti, — hélas! ces ruptures-là sont irrévocables, — elle se trouva absolument isolée, avec l'habitude du travail de moins et le goût du plaisir de plus. Entraînée par sa liaison avec Tholomyès à dédaigner le petit métier qu'elle savait, elle avait négligé ses débouchés; ils s'étaient fermés. Nulle ressource. Fantine savait à peine lire et ne savait pas écrire; on lui avait seulement appris dans son enfance à signer son nom; elle avait fait écrire par un écrivain public une lettre à Tholomyès, puis une seconde, puis une troisième. Tholomyès n'avait répondu à aucune. Un jour, Fantine entendit des commères dire en regardant sa fille : — Est-ce qu'on prend ces enfants-là au sérieux ? on hausse les épaules de ces enfants-là ! — Alors elle songea à Tholomyès qui haussait les épaules de son enfant et qui ne prenait pas cet être innocent au sérieux ; et son cœur devint sombre à l'endroit de cet homme. Quel parti prendre pourtant ? Elle ne savait plus à qui s'adresser. Elle avait commis une faute, mais le fond de sa nature, on s'en souvient, était pudeur et vertu. Elle sentit vaguement qu'elle était à la veille de tomber dans la détresse et de glisser dans le pire. Il fallait du courage ; elle en eut, et se roidit. L'idée lui vint de retourner dans sa ville natale, à Montreuil-sur-mer. Là quelqu'un peut-être la connaîtrait et lui donnerait du travail. Oui ; mais il faudrait cacher sa faute. Et elle entrevoyait confusément la nécessité possible d'une séparation plus douloureuse encore que la première. Son cœur se serra, mais elle prit sa résolution. Fantine, on le verra, avait la farouche bravoure de la vie.

Elle avait déjà vaillamment renoncé à la parure, s'était vêtue de toile, et avait mis toute sa soie, tous ses chiffons, tous ses rubans et toutes ses dentelles sur sa fille, seule vanité qui lui restât, et sainte celle-là. Elle vendit tout ce qu'elle avait, ce qui lui produisit deux cents francs ; ses petites dettes payées, elle n'eut plus que quatre-vingt francs environ. A vingt-deux ans, par une belle matinée de printemps, elle quittait Paris, emportant son enfant sur son dos. Quelqu'un qui les eût vues passer toutes les deux eût eu pitié. Cette femme n'avait au monde que cet enfant, et cet enfant n'avait au monde que cette femme. Fantine avait nourri sa fille ; cela lui avait fatigué la poitrine, et elle toussait un peu.

Nous n'aurons plus occasion de parler de M. Félix Tholomyès. Bornons-nous à dire que, vingt ans plus tard, sous le roi Louis-Philippe, c'était un gros avoué de province, influent et riche, électeur sage et juré très sévère ; toujours homme de plaisir.

Vers le milieu du jour, après avoir, pour se reposer, cheminé de temps en temps, moyennant trois ou quatre sous par lieue, dans ce qu'on appelait alors les Petites Voitures des Environs de Paris, Fantine se trouvait à Montfermeil, dans la ruelle du Boulanger.

Comme elle passait devant l'auberge Thénardier, les deux petites filles, enchantées sur leur escarpolette monstre, avaient été pour elle une sorte d'éblouissement, et elle s'était arrêtée devant cette vision de joie.

Il y a des charmes. Ces deux petites filles en furent un pour cette mère.

Elle les considérait, toute émue. La présence des anges est une annonce de paradis. Elle crut voir au-dessus de cette auberge le mystérieux ICI de la providence. Ces deux petites étaient si évidemment heureuses ! Elle les regardait, elle les admirait, tellement attendrie qu'au moment où la mère reprenait haleine entre deux vers de sa chanson, elle ne put s'empêcher de lui dire ce mot qu'on vient de lire :

— Vous avez là deux jolis enfants, madame.

Les créatures les plus féroces sont désarmées par la caresse à leurs petits. La mère leva la tête et remercia, et fit asseoir la passante sur le banc de la porte, elle-même étant sur le seuil. Les deux femmes causèrent.

— Je m'appelle madame Thénardier, dit la mère des deux petites. Nous tenons cette auberge.

Puis, toujours à sa romance, elle reprit entre ses dents :

> Il le faut, je suis chevalier,
> Et je pars pour la Palestine.

Cette madame Thénardier était une femme rousse, charnue, anguleuse ; le type femme-à-soldat dans toute sa disgrâce. Et, chose bizarre, avec un air penché qu'elle devait à des lectures romanesques. C'était une minaudière hommasse. De vieux romans qui se sont éraillés sur des imaginations de gargotières ont de ces effets-là. Elle était jeune encore ; elle avait à peine trente ans. Si cette femme, qui était accroupie, se fût tenue droite, peut-être sa haute taille et sa carrure de colosse ambulant propre aux foires, eussent-elles dès l'abord effarouché la voyageuse, troublé sa confiance, et fait évanouir ce que nous avons à raconter. Une personne qui est assise au lieu d'être debout, les destinées tiennent à cela.

La voyageuse raconta son histoire, un peu modifiée :

Qu'elle était ouvrière ; que son mari était mort ; que le travail lui manquait à Paris, et qu'elle allait en chercher ailleurs ; dans son pays ; qu'elle avait quitté Paris, le matin même, à pied ; que, comme elle portait son enfant, se sentant fatiguée, et ayant rencontré la voiture de Villemomble, elle y était montée ; que de Villemomble elle était venue à Montfermeil à pied, que la petite avait un peu marché, mais pas beaucoup, c'est si jeune, et qu'il avait fallu la prendre, et que le bijou s'était endormi.

Et sur ce mot elle donna à sa fille un baiser passionné qui la réveilla. L'enfant ouvrit les yeux, de grands yeux bleus comme ceux de sa mère, et regarda, quoi ? rien, tout, avec cet air sérieux et quelquefois sévère des petits enfants, qui est un mystère de leur lumineuse innocence devant nos crépuscules de vertus. On dirait qu'ils se sentent anges et qu'ils nous savent hommes. Puis l'enfant se mit à rire, et, quoique la mère la retînt, glissa à terre avec l'indomptable énergie d'un petit être qui veut courir. Tout à coup elle aperçut les deux autres sur leur balançoire, s'arrêta court, et tira la langue, signe d'admiration.

La mère Thénardier détacha ses filles, les fit descendre de l'escarpolette, et dit :

— Amusez-vous toutes les trois.

Ces âges-là s'apprivoisent vite, et au bout d'une minute les petites Thénardier jouaient avec la nouvelle venue à faire des trous dans la terre, plaisir immense.

Cette nouvelle venue était très gaie ; la bonté de la mère est écrite dans la gaîté du marmot ; elle avait pris un brin de bois qui lui servait de pelle, et elle creusait énergiquement une fosse bonne pour une mouche. Ce que fait le fossoyeur devient riant, fait par l'enfant.

Les deux femmes continuaient de causer.

— Comment s'appelle votre mioche ?

— Cosette.

Cosette, lisez Euphrasie. La petite se nommait Euphrasie. Mais d'Euphrasie la mère avait fait Cosette, par ce doux et gracieux instinct des mères et du peuple qui change Josefa en Pepita et Françoise en Sillette. C'est là un genre de dérivés qui dérange et déconcerte toute la science des étymologistes. Nous avons connu une grand'mère qui avait réussi à faire de Théodore, Gnon.

— Quel âge a-t-elle ?

— Elle va sur trois ans.

— C'est comme mon aînée.

Cependant les trois petites filles étaient groupées dans

une posture d'anxiété profonde et de béatitude; un événement avait lieu; un gros ver venait de sortir de terre; et elles avaient peur, et elles étaient en extase.

Leurs fronts radieux se touchaient; on eût dit trois têtes dans une auréole.

— Les enfants, s'écria la mère Thénardier, comme ça se connaît tout de suite! les voilà qu'on jurerait trois sœurs!

Ce mot fut l'étincelle qu'attendait probablement l'autre mère. Elle saisit la main de la Thénardier, la regarda fixement, et lui dit:

— Voulez-vous me garder mon enfant?

La Thénardier eut un de ces mouvements surpris qui ne sont ni le consentement ni le refus.

La mère de Cosette poursuivit:

— Voyez-vous, je ne peux pas emmener ma fille au pays. L'ouvrage ne le permet pas. Avec un enfant, on ne trouve pas à se placer. Ils sont si ridicules dans ce pays-là. C'est le bon Dieu qui m'a fait passer devant votre auberge. Quand j'ai vu vos petites si jolies et si propres et si contentes, cela m'a bouleversée. J'ai dit: voilà une bonne mère. C'est ça; ça fera trois sœurs. Et puis, je ne serai pas longtemps à revenir. Voulez-vous me garder mon enfant?

— Il faudrait voir, dit la Thénardier.

— Je donnerais six francs par mois.

Ici une voix d'homme cria du fond de la gargote:

— Pas à moins de sept francs. Et six mois payés d'avance.

— Six fois sept quarante-deux, dit la Thénardier.

— Je les donnerai, dit la mère.

— Et quinze francs en dehors pour les premiers frais, ajouta la voix d'homme.

— Total cinquante-sept francs, dit la madame Thénardier. Et à travers ces chiffres, elle chantonnait vaguement:

<blockquote>Il le faut, disait un guerrier.</blockquote>

— Je les donnerai, dit la mère, j'ai quatre-vingts francs. Il me restera de quoi aller au pays. En allant à pied. Je gagnerai de l'argent là-bas, et dès que j'en aurai un peu, je reviendrai chercher l'amour.

La voix d'homme reprit:

— La petite a un trousseau?

— C'est mon mari, dit la Thénardier.

— Sans doute elle a un trousseau, le pauvre trésor. J'ai bien vu que c'était votre mari. Et un beau trousseau encore ! un trousseau insensé. Tout par douzaines ; et des robes de soie comme une dame. Il est là dans mon sac de nuit.

— Il faudra le donner, repartit la voix d'homme.

— Je crois bien que je le donnerai ! dit la mère. Ce serait cela qui serait drôle si je laissais ma fille toute nue !

La face du maître apparut.

— C'est bon, dit-il.

Le marché fut conclu. La mère passa la nuit à l'auberge, donna son argent et laissa son enfant, renoua son sac de nuit dégonflé du trousseau et léger désormais, et partit le lendemain matin, comptant revenir bientôt. On arrange tranquillement ces départs-là, mais ce sont des désespoirs.

Une voisine des Thénardier rencontra cette mère comme elle s'en allait, et s'en revint en disant :

— Je viens de voir une femme qui pleure dans la rue, que c'est un déchirement.

Quand la mère de Cosette fut partie, l'homme dit à la femme :

— Cela va me payer mon effet de cent dix francs qui échoit demain. Il me manquait cinquante francs. Sais-tu que j'aurais eu l'huissier et un protêt ? Tu as fait là une bonne souricière avec tes petites.

— Sans m'en douter, dit la femme[4].

II

Première esquisse de deux figures louches

La souris prise était bien chétive ; mais le chat se réjouit même d'une souris maigre.

Qu'était-ce que les Thénardier ?

Disons-en un mot dès à présent. Nous compléterons le croquis plus tard.

Ces êtres appartenaient à cette classe bâtarde composée de gens grossiers parvenus et de gens intelligents déchus, qui est entre la classe dite moyenne et la classe dite inférieure[1], et qui combine quelques-uns des défauts de la seconde avec presque tous les vices de la première, sans avoir le généreux élan de l'ouvrier ni l'ordre honnête du bourgeois.

C'étaient de ces natures naines qui, si quelque feu sombre les chauffe par hasard, deviennent facilement monstrueuses. Il y avait dans la femme le fond d'une brute et dans l'homme l'étoffe d'un gueux. Tous deux étaient au plus haut degré susceptibles de l'espèce de hideux progrès qui se fait dans le sens du mal. Il existe des âmes écrevisses reculant continuellement vers les ténèbres, rétrogradant dans la vie plutôt qu'elles n'y avancent, employant l'expérience à augmenter leur difformité, empirant sans cesse, et s'empreignant de plus en plus d'une noirceur croissante. Cet homme et cette femme étaient de ces âmes-là.

Le Thénardier particulièrement était gênant pour le physionomiste. On n'a qu'à regarder certains hommes pour s'en défier, on les sent ténébreux à leurs deux extrémités. Ils sont inquiets derrière eux et menaçants devant eux. Il y a en eux de l'inconnu. On ne peut pas plus répondre de ce qu'ils ont fait que de ce qu'ils feront. L'ombre qu'ils ont dans le regard les dénonce. Rien qu'en les entendant dire un mot ou qu'en les voyant faire un geste on entrevoit de sombres secrets dans leur passé et de sombres mystères dans leur avenir.

Ce Thénardier, s'il fallait l'en croire, avait été soldat; sergent, disait-il; il avait fait probablement la campagne de 1815, et s'était même comporté assez bravement, à ce qu'il paraît. Nous verrons plus tard ce qu'il en était. L'enseigne de son cabaret était une allusion à l'un de ses faits d'armes. Il l'avait peinte lui-même, car il savait faire un peu de tout; mal.

C'était l'époque où l'antique roman classique, qui, après avoir été *Clélie*, n'était plus que *Lodoïska*, toujours noble, mais de plus en plus vulgaire, tombé de Mlle de Scudéri à Mme Barthélemy-Hadot, et de Mme de Lafayette à Mme Bournon-Malarme[2], incendiait l'âme aimante des portières de Paris et ravageait même un peu la banlieue. Mme Thénardier était juste assez intelligente pour lire ces espèces de livres. Elle s'en nourrissait. Elle y noyait ce qu'elle avait de cervelle; cela lui avait donné, tant qu'elle avait été très jeune, et même un peu plus tard, une sorte d'attitude pensive près de son mari, coquin d'une certaine profondeur, ruffian lettré à la grammaire près, grossier et fin en même temps, mais, en fait de sentimentalisme, lisant Pigault-Lebrun[3], et pour « tout ce qui touche le sexe », comme il disait dans son jargon, butor correct et sans mélange. Sa femme avait quelque douze ou quinze ans de moins que lui. Plus tard, quand les cheveux romanesquement pleureurs commencèrent à grisonner, quand la Mégère se dégagea de la Paméla, la Thénardier ne fut plus qu'une grosse méchante femme ayant savouré des romans bêtes. Or on ne lit pas impunément des niaiseries. Il en résulta que sa fille aînée se nomma Éponine. Quant à la cadette, la pauvre petite faillit se nommer Gulnare; elle dut à je ne sais quelle heureuse diversion faite par un roman de Ducray-Duminil, de ne s'appeler qu'Azelma.

Au reste, pour le dire en passant, tout n'est pas ridicule et superficiel dans cette curieuse époque à laquelle nous faisons ici allusion, et qu'on pourrait appeler l'anarchie des noms de baptême. À côté de l'élément romanesque, que nous venons d'indiquer, il y a le symptôme social. Il n'est pas rare aujourd'hui que le garçon bouvier se nomme Arthur, Alfred ou Alphonse, et que le vicomte — s'il y a encore des vicomtes — se nomme Thomas, Pierre ou Jacques. Ce déplacement qui met le nom « élégant » sur le plébéien et le nom campagnard sur l'aristocrate n'est autre chose qu'un remous d'égalité. L'irrésistible pénétration du souffle nouveau est là comme en tout. Sous cette discordance apparente, il y a une chose grande et profonde : la Révolution française.

III

L'ALOUETTE

Il ne suffit pas d'être méchant pour prospérer. La gargote allait mal.

Grâce aux cinquante-sept francs de la voyageuse, Thénardier avait pu éviter un protêt et faire honneur à sa signature. Le mois suivant ils eurent encore besoin d'argent; la femme porta à Paris et engagea au Mont-de-Piété le trousseau de Cosette pour une somme de soixante francs[1]. Dès que cette somme fut dépensée, les Thénardier s'accoutumèrent à ne plus voir dans la petite fille qu'un enfant qu'ils avaient chez eux par charité, et la traitèrent en conséquence. Comme elle n'avait plus de trousseau, on l'habilla des vieilles jupes et des vieilles chemises des petites Thénardier, c'est-à-dire de haillons. On la nourrit des restes de tout le monde, un peu mieux que le chien et un peu plus mal que le chat. Le chat et le chien étaient du reste ses commensaux habituels ; Cosette mangeait avec eux sous la table dans une écuelle de bois pareille à la leur.

La mère qui s'était fixée, comme on le verra plus tard, à Montreuil-sur-mer, écrivait, ou, pour mieux dire, faisait écrire tous les mois afin d'avoir des nouvelles de son enfant. Les Thénardier répondaient invariablement : Cosette est à merveille.

Les six premiers mois révolus, la mère envoya sept francs pour le septième mois[2], et continua assez exactement ses envois de mois en mois. L'année n'était pas finie que le Thénardier dit : — Une belle grâce qu'elle nous fait là ! que veut-elle que nous fassions avec ses sept francs ? et il écrivit pour exiger douze francs. La mère, à laquelle ils persuadaient que son enfant était heureuse « et venait bien », se soumit et envoya les douze francs.

Certaines natures ne peuvent aimer d'un côté sans haïr de l'autre. La mère Thénardier aimait passionnément ses deux filles à elle, ce qui fit qu'elle détesta l'étrangère. Il est triste de songer que l'amour d'une mère peut avoir de vilains aspects. Si peu de place que Cosette tînt chez elle, il lui semblait que cela était pris aux siens, et que cette petite diminuait l'air que ses filles respiraient. Cette femme, comme beaucoup de femmes de sa sorte, avait une somme de caresses et une somme de coups et d'injures à dépenser chaque jour. Si elle n'avait pas eu Cosette, il est certain que ses filles, tout idolâtrées qu'elles étaient, auraient tout reçu ; mais l'étrangère leur rendit le service de détourner les coups sur elle. Ses filles n'eurent que les caresses. Cosette ne faisait pas un mouvement qui ne fît pleuvoir sur sa tête une grêle de châtiments violents et immérités. Doux être faible qui ne devait rien comprendre à ce monde ni à Dieu, sans cesse punie, grondée, rudoyée, battue et voyant à côté d'elle deux petites créatures comme elle, qui vivaient dans un rayon d'aurore[3] !

La Thénardier étant méchante pour Cosette, Éponine et Azelma furent méchantes. Les enfants, à cet âge, ne sont que des exemplaires de la mère. Le format est plus petit, voilà tout.

Une année s'écoula, puis une autre.

On disait dans le village :

— Ces Thénardier sont de braves gens. Ils ne sont pas riches, et ils élèvent un pauvre enfant qu'on leur a abandonné chez eux !

On croyait Cosette oubliée par sa mère[4].

Cependant le Thénardier, ayant appris par on ne sait quelles voies obscures que l'enfant était probablement bâtarde et que la mère ne pouvait l'avouer, exigea quinze francs par mois, disant que « la créature » grandissait et « *mangeait* », et menaçant de la renvoyer. « Qu'elle ne m'embête pas ! s'écriait-il, je lui bombarde son mioche tout au beau milieu de ses cachotteries. Il me faut de l'augmentation. » La mère paya les quinze francs[5].

D'année en année, l'enfant grandit, et sa misère aussi[6].

Tant que Cosette fut toute petite, elle fut le souffre-douleur des deux autres enfants ; dès qu'elle se mit à se développer un peu[7], c'est-à-dire avant même qu'elle eût cinq ans, elle devint la servante de la maison.

Cinq ans, dira-t-on, c'est invraisemblable. Hélas, c'est vrai. La souffrance sociale commence à tout âge. N'avons-nous pas vu, récemment, le procès d'un nommé Dumolard, orphelin devenu bandit, qui, dès l'âge de cinq ans, disent les documents officiels, étant seul au monde « travaillait pour vivre, et volait[8] ».

On fit faire à Cosette[9] les commissions, balayer les chambres, la cour, la rue, laver la vaisselle, porter même des fardeaux. Les Thénardier se crurent d'autant plus autorisés à agir ainsi que la mère qui était toujours à Montreuil-sur-mer commença à mal payer. Quelques mois restèrent en souffrance.

Si cette mère fût revenue à Montfermeil au bout de ces trois années, elle n'eût point reconnu son enfant. Cosette, si jolie et si fraîche à son arrivée dans cette maison, était maintenant maigre et blême. Elle avait je ne sais quelle allure inquiète. Sournoise ! disaient les Thénardier.

L'injustice l'avait faite hargneuse et la misère l'avait rendue[10] laide. Il ne lui restait plus que ses beaux yeux qui faisaient peine, parce que, grands comme ils étaient, il semblait qu'on y vît une plus grande quantité de tristesse.

C'était une chose navrante de voir, l'hiver, ce pauvre enfant, qui n'avait pas encore six ans, grelottant sous de vieilles loques de toile trouées, balayer la rue avant le jour avec un énorme balai dans ses petites mains rouges et une larme dans ses grands yeux.

Dans le pays on l'appelait l'Alouette[11]. Le peuple, qui aime les figures, s'était plu à nommer de ce nom ce petit être pas plus gros qu'un oiseau, tremblant, effarouché et frissonnant, éveillé le premier chaque matin dans la maison et dans le village, toujours dans la rue ou dans les champs avant l'aube.

Seulement la pauvre Alouette ne chantait jamais[12].

LIVRE CINQUIÈME

LA DESCENTE[1]

I

Histoire d'un progrès dans les verroteries noires[2]

Cette mère cependant qui, au dire des gens de Montfermeil, semblait avoir abandonné son enfant, que devenait-elle? où était-elle? que faisait-elle?

Après avoir laissé sa petite Cosette aux Thénardier, elle avait continué son chemin et était arrivée à Montreuil-sur-mer.

C'était, on se le rappelle, en 1818.

Fantine avait quitté sa province depuis une dizaine d'années. Montreuil-sur-mer avait changé d'aspect. Tandis que Fantine descendait lentement de misère en misère, sa ville natale avait prospéré.

Depuis deux ans environ, il s'y était accompli un de ces faits industriels qui sont les grands événements des petits pays.

Ce détail importe, et nous croyons utile de le développer; nous dirions presque, de le souligner[3].

De temps immémorial, Montreuil-sur-mer avait pour industrie spéciale l'imitation des jais anglais et des verroteries noires d'Allemagne. Cette industrie avait toujours végété, à cause de la cherté des matières premières qui réagissait sur la main-d'œuvre. Au moment où Fantine revint à Montreuil-sur-mer, une transformation inouïe s'était opérée dans cette production des « articles noirs ». Vers la fin de 1815, un homme, un inconnu, était venu s'établir dans la ville et avait eu l'idée de[4] substituer, dans cette fabrication, la gomme laque à la résine et, pour les bracelets en particulier, les coulants en tôle simplement rapprochée aux coulants en tôle soudée. Ce tout petit changement avait été une révolution.

Ce tout petit changement en effet avait prodigieusement réduit le prix de la matière première, ce qui avait permis, premièrement, d'élever le prix de la main-d'œuvre, bienfait pour le pays ; deuxièmement, d'améliorer la fabrication, avantage pour le consommateur ; troisièmement, de vendre à meilleur marché tout en triplant le bénéfice, profit pour le manufacturier.

Ainsi pour une idée trois résultats.

En moins de trois ans, l'auteur de ce procédé était devenu riche, ce qui est bien, et avait tout fait riche autour de lui, ce qui est mieux. Il était étranger au département. De son origine, on ne savait rien ; de ses commencements, peu de chose.

On contait qu'il était venu dans la ville avec fort peu d'argent, quelques centaines de francs tout au plus.

C'est de ce mince capital, mis au service d'une idée ingénieuse, fécondé par l'ordre et par la pensée, qu'il avait tiré sa fortune et la fortune de tout ce pays.

A son arrivée à Montreuil-sur-mer, il n'avait que les vêtements, la tournure et le langage d'un ouvrier.

Il paraît que, le jour même où il faisait obscurément son entrée dans la petite ville de Montreuil-sur-mer, à la tombée d'un soir de décembre, le sac au dos et le bâton d'épine à la main, un gros incendie venait d'éclater à la maison commune. Cet homme s'était jeté dans le feu, et avait sauvé, au péril de sa vie, deux enfants qui se trouvaient être ceux du capitaine de gendarmerie ; ce qui fait qu'on n'avait pas songé à lui demander son passeport. Depuis lors, on avait su son nom. Il s'appelait *le père Madeleine*.

II

MADELEINE[1]

C'était un homme d'environ cinquante ans, qui avait l'air préoccupé[2] et qui était bon. Voilà tout ce qu'on en pouvait dire.

Grâce aux progrès rapides de cette industrie qu'il avait si admirablement remaniée, Montreuil-sur-mer était devenu un centre d'affaires considérable. L'Espagne, qui consomme beaucoup de jais noir, y commandait chaque année des achats[3] immenses. Montreuil-sur-mer, pour ce commerce, faisait presque concurrence à Londres et à Berlin. Les bénéfices du père Madeleine étaient tels que, dès la deuxième année, il avait pu bâtir une grande fabrique dans laquelle il y avait deux vastes ateliers, l'un pour les hommes, l'autre pour les femmes. Quiconque avait faim pouvait s'y présenter, et était sûr de trouver là de l'emploi et du pain. Le père Madeleine demandait aux hommes de la bonne volonté, aux femmes des mœurs pures, à tous de la probité. Il avait divisé les ateliers afin de séparer les sexes et que les filles et les femmes pussent rester sages[4]. Sur ce point, il était inflexible. C'était le seul où il fût en quelque sorte intolérant. Il était d'autant plus fondé à cette sévérité que, Montreuil-sur-mer étant une ville de garnison, les occasions de corruption abondaient[5]. Du reste sa venue avait été un bienfait, et sa présence était une providence. Avant l'arrivée du père Madeleine, tout languissait dans le pays; maintenant tout y vivait de la vie saine du travail. Une forte circulation échauffait tout et pénétrait partout. Le chômage et la misère étaient inconnus. Il n'y avait pas de poche si obscure où il n'y eût un peu d'argent, pas de logis si pauvre où il n'y eût un peu de joie.

Le père Madeleine employait tout le monde. Il n'exigeait qu'une chose : soyez honnête homme ! soyez honnête fille[6] !

Comme nous l'avons dit, au milieu de cette activité dont il était la cause et le pivot, le père Madeleine faisait sa fortune, mais, chose assez singulière dans un simple homme de commerce, il ne paraissait point que ce fût là son principal souci. Il semblait qu'il songeât beaucoup aux autres et peu à lui. En 1820, on lui connaissait une somme de six cent trente mille francs placée à son nom chez Laffitte; mais avant de se réserver ces six cent trente mille francs, il avait dépensé plus d'un million pour la ville et pour les pauvres.

L'hôpital était mal doté; il y avait fondé dix lits. Montreuil-sur-mer est divisé en ville haute et ville basse[7]. La ville basse, qu'il habitait, n'avait qu'une école, méchante masure qui tombait en ruine; il en avait construit deux, une pour les filles, l'autre pour les garçons[8]. Il allouait de ses deniers aux deux instituteurs une indemnité double de leur maigre traitement officiel, et un jour, à quelqu'un qui s'en étonnait, il dit : « Les deux premiers fonctionnaires de l'État, c'est la nourrice et le maître d'école. » Il avait créé à ses frais une salle d'asile[9], chose alors presque inconnue en France, et une caisse de secours pour les ouvriers vieux et infirmes. Sa manufacture étant un centre, un nouveau quartier où il y avait bon nombre de familles indigentes avait rapidement surgi autour de lui; il y avait établi une pharmacie gratuite[10].

Dans les premiers temps, quand on le vit commencer, les bonnes âmes dirent : C'est un gaillard qui veut s'enrichir. Quand on le vit enrichir le pays avant de s'enrichir lui-même, les mêmes bonnes âmes dirent : C'est un ambitieux. Cela semblait d'autant plus probable que cet homme était religieux, et même pratiquait dans une certaine mesure[11], chose fort bien vue à cette époque. Il allait régulièrement entendre une basse messe tous les dimanches. Le député local, qui flairait partout des concurrences, ne tarda pas à s'inquiéter de cette religion. Ce député, qui avait été membre du corps législatif de l'empire, partageait les idées religieuses d'un père de l'oratoire connu sous le nom de Fouché, duc d'Otrante, dont il avait été la créature et l'ami. A huis clos il riait de Dieu doucement. Mais quand il vit le riche manufacturier Madeleine aller à la basse messe de sept heures, il entrevit un candidat possible, et résolut de le dépasser; il prit[12] un confesseur jésuite et alla à la grand'messe et à vêpres. L'ambition en ce temps-là était, dans l'acception directe du mot, une course[13] au clocher. Les pauvres profitèrent de cette terreur comme le bon Dieu, car l'honorable député fonda aussi deux lits à l'hôpital; ce qui fit douze.

Cependant en 1819 le bruit se répandit un matin dans la ville que, sur la présentation de M. le préfet, et en considération des services rendus au pays, le père Madeleine allait être nommé par le roi maire de Montreuil-sur-mer. Ceux qui avaient déclaré ce nouveau venu « un ambitieux », saisirent avec transport cette occasion que tous les hommes souhaitent de s'écrier : « Là! qu'est-ce que nous avions dit? » Tout Montreuil-sur-mer fut en rumeur. Le bruit était fondé. Quelques jours après, la nomination parut dans *le Moniteur*. Le lendemain, le père Madeleine refusa.

Dans cette même année 1819, les produits du nouveau procédé inventé par Madeleine figurèrent à l'exposition de l'industrie; sur le rapport du jury, le roi nomma l'inventeur chevalier de la Légion d'honneur. Nouvelle rumeur dans la petite ville. Eh bien ! c'est la croix qu'il voulait ! Le père Madeleine refusa la croix.

Décidément cet homme était une énigme. Les bonnes âmes se tirèrent d'affaire en disant : Après tout, c'est une espèce d'aventurier.

On l'a vu, le pays lui devait[14] beaucoup, les pauvres lui devaient tout ; il était si utile qu'il avait bien fallu qu'on finît par l'honorer, et il était si doux qu'il avait bien fallu qu'on finît par l'aimer ; ses ouvriers en particulier l'adoraient, et il portait cette adoration avec une sorte de gravité mélancolique. Quand il fut constaté riche, « les personnes de la société » le saluèrent, et on[15] l'appela dans la ville monsieur Madeleine ; ses ouvriers et les enfants continuèrent de l'appeler *le père Madeleine*, et c'était la chose qui le faisait le mieux sourire. A mesure qu'il montait, les invitations pleuvaient sur lui. « La société » le réclamait. Les petits salons guindés de Montreuil-sur-mer qui, bien entendu, se fussent dans les premiers temps fermés à l'artisan, s'ouvrirent à deux battants au millionnaire. On lui fit mille avances. Il refusa.

Cette fois encore les bonnes âmes ne furent point empêchées[16]. — C'est un homme ignorant et de basse éducation. On ne sait d'où cela sort. Il ne saurait pas se tenir dans le monde. Il n'est pas du tout prouvé qu'il sache lire.

Quand on l'avait vu gagner de l'argent, on avait dit : c'est un marchand. Quand on l'avait vu semer son argent, on avait dit : c'est un ambitieux. Quand on l'avait vu repousser les honneurs, on avait dit : c'est un aventurier. Quand on le vit repousser le monde, on dit : c'est une brute.

En 1820, cinq ans après son arrivée à Montreuil-sur-mer, les services qu'il avait rendus au pays étaient si éclatants, le vœu de la contrée fut tellement unanime, que le roi le nomma de nouveau maire de la ville. Il refusa encore, mais le préfet résista à son refus, tous[17] les notables vinrent le prier, le peuple en pleine rue le suppliait, l'insistance fut si vive qu'il finit par accepter. On remarqua que ce qui parut surtout le déterminer, ce fut l'apostrophe presque irritée d'une vieille femme du peuple qui lui cria du seuil de sa porte avec humeur :

Un bon maire, c'est utile. Est-ce qu'on recule devant du bien qu'on peut faire ?

Ce fut là la troisième phase de son ascension. Le père Madeleine était devenu monsieur Madeleine, monsieur Madeleine devint monsieur le maire.

III

Sommes déposées chez Laffitte[1]

Du reste, il était demeuré aussi simple que le premier jour. Il avait les cheveux gris, l'œil sérieux, le teint hâlé d'un ouvrier, le visage pensif d'un philosophe. Il portait habituellement un chapeau à bords larges et une longue redingote de gros drap, boutonnée jusqu'au menton. Il remplissait ses fonctions de maire, mais hors de là il vivait solitaire. Il parlait à peu de monde. Il se dérobait aux politesses, saluait de côté, s'esquivait vite, souriait pour se dispenser de causer, donnait pour se dispenser de sourire. Les femmes disaient de lui : « Quel bon ours ! ». Son plaisir était de se promener dans les champs.

Il prenait ses repas toujours seul, avec un livre ouvert devant lui où il lisait. Il avait une petite bibliothèque bien faite. Il aimait les livres ; les livres sont des amis froids et sûrs. A mesure que le loisir lui venait avec la fortune, il semblait qu'il en profitât pour cultiver son esprit. Depuis qu'il était à Montreuil-sur-mer, on remarquait que d'année en année son langage devenait plus poli, plus choisi et plus doux[2].

Il emportait volontiers un fusil dans ses promenades, mais il s'en servait rarement. Quand cela lui arrivait par aventure, il avait un tir infaillible qui effrayait. Jamais il ne tuait un animal inoffensif. Jamais il ne tirait un petit oiseau.

Quoiqu'il ne fût plus jeune, on contait qu'il était d'une force prodigieuse. Il offrait un coup de main à qui en avait besoin, relevait un cheval, poussait à une roue embourbée, arrêtait par les cornes un taureau échappé. Il avait toujours ses poches pleines de monnaie en sortant et vides en rentrant. Quand il passait dans un village, les marmots déguenillés couraient joyeusement après lui et l'entouraient comme une nuée de moucherons.

On[3] croyait deviner qu'il avait dû vivre jadis de la vie des champs, car il avait toutes sortes de secrets utiles qu'il enseignait aux paysans. Il leur apprenait à détruire la teigne des blés en aspergeant le grenier et en inondant les fentes du plancher d'une dissolution de sel commun, et à chasser les charançons en suspendant partout, aux murs et aux toits, dans les héberges et dans les maisons, de l'orviot en fleur. Il avait des « recettes » pour extirper d'un champ la luzette, la nielle, la vesce, la gaverolle, la queue-de-renard, toutes les herbes parasites qui mangent le blé. Il défendait une lapinière contre les rats rien qu'avec l'odeur d'un petit cochon de Barbarie qu'il y mettait.

Un jour il voyait des gens du pays très occupés à arracher des orties. Il regarda ce tas de plantes déracinées, et déjà desséchées, et dit : — C'est mort. Cela serait pourtant bon si l'on savait s'en servir. Quand l'ortie est jeune, la feuille est un légume excellent; quand elle vieillit, elle a des filaments et des fibres comme le chanvre et le lin. La toile d'ortie vaut la toile de chanvre. Hachée, l'ortie est bonne pour la volaille; broyée, elle est bonne pour les bêtes à cornes. La graine de l'ortie mêlée au fourrage donne du luisant au poil des animaux; la racine mêlée au sel produit une belle couleur jaune. C'est du reste un excellent foin qu'on peut faucher deux fois. Et que faut-il à l'ortie? Peu de terre, nul soin, nulle culture. Seulement la graine tombe à mesure qu'elle mûrit, et est difficile à récolter. Voilà tout. Avec quelque peine qu'on prendrait, l'ortie serait utile; on la néglige, elle devient nuisible. Alors on la tue. Que d'hommes ressemblent à l'ortie! — Il ajouta après un silence : Mes amis, retenez ceci, il n'y a ni mauvaises herbes ni mauvais hommes. Il n'y a que de mauvais cultivateurs.

Les enfants l'aimaient encore parce qu'il savait faire de charmants petits ouvrages avec de la paille et des noix de coco.

Quand il voyait la porte d'une église tendue de noir, il entrait; il recherchait un enterrement comme d'autres recherchent un baptême. Le veuvage et le malheur d'autrui l'attiraient à cause de sa grande douceur; il se mêlait aux amis en deuil, aux familles vêtues de noir, aux prêtres gémissant autour d'un cercueil. Il semblait donner volontiers pour texte à ses pensées ces psalmodies funèbres pleines de la vision d'un autre monde. L'œil au ciel, il écoutait, avec une sorte d'aspiration vers tous les mystères de l'infini, ces voix tristes qui chantent sur le bord de l'abîme obscur de la mort.

Il faisait une foule de bonnes actions en se cachant comme on se cache pour les mauvaises. Il pénétrait à la dérobée, le soir, dans les maisons; il montait furtivement des escaliers. Un pauvre[4] diable, en rentrant dans son galetas, trouvait que sa porte avait été ouverte, quelquefois même forcée, dans son absence. Le pauvre homme se récriait: quelque malfaiteur est venu! Il entrait, et la première chose qu'il voyait, c'était une pièce d'or oubliée sur un meuble. « Le malfaiteur » qui était venu, c'était le père Madeleine.

Il était affable et triste. Le peuple disait: « Voilà un homme riche qui n'a pas l'air fier. Voilà un homme heureux qui n'a pas l'air content. »

Quelques-uns prétendaient que c'était un personnage mystérieux, et affirmaient qu'on n'entrait jamais dans sa chambre, laquelle était une vraie cellule d'anachorète meublée de sabliers ailés et enjolivée de tibias en croix et de têtes de mort. Cela se disait beaucoup, si bien que quelques jeunes femmes élégantes et malignes de Montreuil-sur-mer vinrent chez lui un jour, et lui demandèrent: — Monsieur le maire, montrez-nous donc votre chambre. On dit que c'est une grotte. — Il sourit, et les introduisit sur-le-champ dans cette « grotte ». Elles furent bien punies de leur curiosité. C'était une chambre garnie tout bonnement de meubles d'acajou assez laids comme tous les meubles de ce genre et tapissée de papier à douze sous. Elles n'y purent rien remarquer que deux flambeaux de forme vieillie qui étaient sur la cheminée et qui avaient l'air d'être en argent, « car ils étaient contrôlés ». Observation pleine de l'esprit des petites villes.

On n'en continua pas moins de dire que personne ne pénétrait dans cette chambre et que c'était une caverne d'ermite, un rêvoir, un trou, un tombeau.

On se chuchotait aussi qu'il avait des sommes « immenses » déposées chez Laffitte, avec cette particularité qu'elles étaient toujours à sa disposition immédiate, de telle sorte, ajoutait-on, que M. Madeleine pourrait arriver un matin chez Laffitte, signer un reçu et emporter ses deux ou trois millions en dix minutes. Dans la réalité ces « deux ou trois millions » se réduisaient, nous l'avons dit, à six cent trente ou quarante mille francs.

IV

M. Madeleine en deuil[1]

Au commencement de 1821, les journaux annoncèrent la mort de M. Myriel, évêque de Digne, « surnommé *monseigneur Bienvenu* », et trépassé[2] en odeur de sainteté à l'âge de quatre-vingt-deux ans.

L'évêque[3] de Digne, pour ajouter ici un détail que les journaux omirent, était, quand il mourut, depuis plusieurs années aveugle, et content d'être aveugle, sa sœur étant près de lui.

Disons-le en passant, être aveugle et être aimé, c'est en effet, sur cette terre où rien n'est complet, une des formes les plus étrangement exquises du bonheur. Avoir continuellement à ses côtés une femme, une fille, une sœur, un être charmant, qui est là parce que vous avez besoin d'elle et parce qu'elle ne peut se passer de vous, se savoir indispensable à qui nous est nécessaire, pouvoir incessamment mesurer son affection à la quantité de présence qu'elle nous donne, et se dire : puisqu'elle me consacre tout son temps, c'est que j'ai tout son cœur; voir la pensée à défaut de la figure, constater la fidélité d'un être dans l'éclipse du monde, percevoir le frôlement d'une robe comme un bruit d'ailes, l'entendre aller et venir, sortir, rentrer, parler, chanter, et songer qu'on est le centre de ces pas, de cette parole, de ce chant, manifester à chaque minute sa propre attraction, se sentir d'autant plus puissant qu'on est plus infirme, devenir dans l'obscurité, et par l'obscurité, l'astre autour duquel gravite cet ange, peu de félicités égalent celle-là[4]. Le suprême bonheur de la vie, c'est la conviction qu'on est aimé; aimé pour soi-même, disons mieux, aimé malgré soi-même; cette conviction, l'aveugle l'a. Dans cette détresse, être servi, c'est être caressé. Lui manque-t-il quelque chose? Non. Ce n'est point perdre la lumière qu'avoir l'amour. Et quel amour! un amour entièrement fait de vertu. Il n'y a point de cécité où il y a certitude. L'âme à tâtons cherche l'âme, et la trouve. Et cette âme trouvée et prouvée est une femme. Une main vous soutient, c'est la sienne; une bouche effleure votre front, c'est sa bouche; vous entendez une respiration tout près de vous, c'est elle. Tout avoir d'elle, depuis son culte jusqu'à sa pitié, n'être jamais quitté, avoir cette douce faiblesse qui vous secourt, s'appuyer sur ce roseau inébranlable, toucher de ses mains la providence et pouvoir la prendre dans ses bras, Dieu palpable, quel ravissement! Le cœur, cette céleste fleur obscure, entre dans un épanouissement mystérieux. On ne donnerait pas cette ombre pour toute la clarté. L'âme ange est là, sans cesse là; si elle s'éloigne, c'est pour revenir; elle s'efface comme le rêve et reparaît comme la réalité. On sent de la chaleur qui approche, la voilà. On déborde de sérénité, de gaîté et d'extase; on est un rayonnement dans la nuit. Et mille petits soins. Des riens qui sont énormes dans ce vide. Les plus ineffables accents de la voix féminine employés à vous bercer, et suppléant pour vous à l'univers évanoui. On est caressé avec de l'âme. On ne voit rien, mais on se sent adoré. C'est un paradis de ténèbres.

C'est de ce paradis que Mgr Bienvenu était passé à l'autre.

L'annonce de sa mort fut reproduite par le journal local de Montreuil-sur-mer. M. Madeleine parut le lendemain tout en noir avec un crêpe à son chapeau.

On remarqua dans la ville ce deuil, et l'on jasa[5]. Cela parut une lueur sur l'origine de M. Madeleine[6]. On en conclut qu'il avait quelque alliance avec le vénérable évêque. *Il drape pour l'évêque de Digne,* dirent les salons[7]; cela rehaussa fort M. Madeleine, et lui donna subitement et d'emblée une certaine considération dans le monde[8] noble de Montreuil-sur-mer. Le microscopique faubourg Saint-Germain de l'endroit songea à faire cesser la quarantaine de M. Madeleine, parent probable d'un évêque[9]. M. Madeleine s'aperçut de l'avancement qu'il obtenait à plus[10] de révérences des vieilles femmes et à plus de sourires des jeunes. Un soir, une doyenne de ce petit grand monde-là, curieuse par droit d'ancienneté, se hasarda[11] à lui demander : — Monsieur le maire est sans doute cousin du feu[12] évêque de Digne?

Il dit : — Non, madame.

— Mais, reprit la douairière, vous en portez le deuil?

Il répondit : — C'est que dans ma jeunesse j'ai été laquais dans sa famille.

Une remarque qu'on faisait encore, c'est que, chaque fois qu'il passait dans la ville un jeune Savoyard courant le pays et cherchant des cheminées à ramoner, M. le maire le faisait appeler, lui demandait son nom, et lui donnait de l'argent. Les petits Savoyards se le disaient, et il en passait beaucoup.

V

Vagues éclairs a l'horizon[1]

Peu à peu, et avec le temps, toutes les oppositions étaient tombées. Il y avait eu d'abord contre M. Madeleine, sorte de loi que subissent toujours ceux qui s'élèvent, des noirceurs et des calomnies, puis ce ne fut plus que des méchancetés, puis ce ne fut plus que des malices, puis cela s'évanouit tout à fait ; le respect devint complet, unanime, cordial, et il arriva un moment, vers 1821, où ce mot : monsieur le maire, fut prononcé à Montreuil-sur-Mer presque du même accent que ce mot : monseigneur l'évêque, était prononcé à Digne en 1815. On venait de dix lieues à la ronde consulter M. Madeleine. Il terminait les différends, il empêchait les procès, il réconciliait les ennemis. Chacun le prenait pour juge de son bon droit. Il semblait qu'il eût pour âme le livre de la loi naturelle. Ce fut comme une contagion de vénération qui, en six ou sept ans et de proche en proche, gagna tout le pays.

Un seul homme, dans la ville et dans l'arrondissement, se déroba absolument à cette contagion, et, quoi que fît le père Madeleine, y demeura rebelle, comme si une sorte d'instinct, incorruptible et imperturbable, l'éveillait et l'inquiétait. Il semblerait en effet qu'il existe dans certains hommes un véritable instinct bestial, pur et intègre comme tout instinct, qui crée les antipathies et les sympathies, qui sépare fatalement une nature d'une autre nature, qui n'hésite pas, qui ne se trouble, ne se tait et ne se dément jamais, clair dans son obscurité, infaillible, impérieux, réfractaire à tous les conseils de l'intelligence et à tous les dissolvants de la raison, et qui, de quelque façon que les destinées soient faites, avertit secrètement l'homme-chien de la présence de l'homme-chat, et l'homme-renard de la présence de l'homme-lion.

Souvent, quand M. Madeleine passait dans une rue, calme, affectueux, entouré des bénédictions de tous, il arrivait qu'un homme de haute taille, vêtu d'une redingote gris de fer, armé d'une grosse canne et coiffé d'un chapeau rabattu, se retournait brusquement derrière lui, et le suivait des yeux jusqu'à ce qu'il eût disparu, croisant les bras, secouant lentement la tête, et haussant sa lèvre supérieure avec sa lèvre inférieure jusqu'à son nez, sorte de grimace significative qui pourrait se traduire par : « Mais qu'est-ce que c'est que cet homme-là ? — Pour sûr je l'ai vu quelque part. — En tout cas, je ne suis toujours pas sa dupe. »

Ce personnage, grave d'une gravité presque menaçante, était de ceux qui, même rapidement entrevus, préoccupent l'observateur.

Il se nommait Javert, et il était de la police.

Il remplissait[2] à Montreuil-sur-Mer les fonctions pénibles, mais utiles, d'inspecteur. Il n'avait pas vu les commencements de Madeleine. Javert devait le poste qu'il occupait à la protection de M. Chabouillet, le secrétaire du ministre d'État comte Anglès, alors préfet de police à Paris. Quand Javert était arrivé[3] à Montreuil-sur-Mer, la fortune du grand manufacturier était déjà faite, et le père Madeleine était devenu monsieur Madeleine.

Certains officiers de police ont une physionomie à part et qui se complique d'un air de bassesse mêlé à un air d'autorité. Javert avait cette physionomie, moins la bassesse[4].

Dans notre conviction, si les âmes étaient visibles aux yeux, on verrait distinctement cette chose étrange que chacun[5] des individus de l'espèce humaine correspond à quelqu'une des espèces de la création animale ; et l'on pourrait reconnaître aisément cette vérité à peine entrevue par le penseur, que, depuis l'huître[6] jusqu'à l'aigle, depuis le porc jusqu'au tigre, tous les animaux sont dans l'homme et que chacun d'eux est dans un homme. Quelquefois même plusieurs d'entre eux à la fois.

Les[7] animaux ne sont autre chose que les figures de nos vertus et de nos vices, errantes devant nos yeux, les fantômes visibles de nos âmes. Dieu nous les montre pour nous faire réfléchir. Seulement, comme les animaux ne sont que des ombres, Dieu ne les a point faits éducables dans le sens complet du mot; à quoi bon? Au contraire, nos âmes étant des réalités et ayant une fin qui leur est propre, Dieu leur a donné l'intelligence, c'est-à-dire l'éducation possible. L'éducation sociale bien faite peut toujours tirer d'une âme, quelle qu'elle soit, l'utilité qu'elle contient.

Ceci soit dit, bien entendu, au point de vue restreint de la vie terrestre apparente, et sans préjuger la question profonde de la personnalité antérieure et ultérieure des êtres qui ne sont pas l'homme. Le moi visible n'autorise en aucune façon le penseur à nier le moi latent. Cette réserve faite, passons.

Maintenant, si l'on admet un moment avec nous que dans tout homme il y a une des espèces animales de la création, il nous sera facile[8] de dire ce que c'était que l'officier de paix Javert.

Les paysans asturiens sont convaincus que dans toute portée de louve il y a un chien, lequel est tué par la mère, sans quoi en grandissant il dévorerait les autres petits.

Donnez une face humaine à ce chien fils d'une louve, et ce sera Javert.

Javert était né dans une prison d'une tireuse de cartes dont le mari était aux galères. En grandissant, il pensa qu'il était en dehors de la société et désespéra d'y rentrer jamais. Il remarqua que la société maintient irrémissiblement en dehors d'elle deux classes d'hommes, ceux qui l'attaquent et ceux qui la gardent; il n'avait le choix qu'entre ces deux classes; en même temps il se sentait je ne sais quel fond de rigidité, de régularité et de probité, compliqué d'une inexprimable haine pour cette race de bohèmes dont il était. Il entra dans la police.

Il y réussit. A quarante ans il était inspecteur.

Il[9] avait dans sa jeunesse été employé dans les chiourmes du midi.

Avant d'aller plus loin, entendons-nous sur ce mot face humaine que nous appliquions tout à l'heure à Javert.

La face humaine de Javert consistait en un nez camard, avec deux profondes narines vers lesquelles montaient sur ses deux joues d'énormes favoris. On se sentait mal à l'aise la première fois qu'on voyait ces deux forêts et ces deux cavernes. Quand Javert riait, ce qui était rare et terrible, ses lèvres minces s'écartaient, et laissaient voir, non seulement ses dents, mais ses gencives, et il se faisait autour de son nez un plissement épaté et sauvage comme sur un mufle de bête fauve. Javert sérieux était un dogue; lorsqu'il riait, c'était un tigre. Du reste, peu de crâne, beaucoup de mâchoire, les cheveux cachant le front et tombant sur les sourcils, entre les deux yeux un froncement central permanent comme une étoile de colère, le regard obscur, la bouche pincée et redoutable, l'air du commandement féroce.

Cet homme était composé de deux sentiments très simples, et relativement très bons, mais qu'il faisait presque mauvais à force de les exagérer : le respect de l'autorité, la haine de la rébellion[10]; et à ses yeux le vol, le meurtre, tous les crimes, n'étaient que des formes de la rébellion. Il enveloppait dans une sorte de foi aveugle et profonde tout ce qui a une fonction dans l'État, depuis le premier ministre jusqu'au garde champêtre. Il couvrait de mépris[11], d'aversion et de dégoût tout ce qui avait franchi une fois le seuil légal du mal. Il était absolu et n'admettait pas d'exceptions. D'une part, il disait : — Le fonctionnaire ne peut se tromper; le magistrat n'a jamais tort. — D'autre part il disait : — Ceux-ci sont irrémédiablement perdus. Rien de bon n'en peut sortir. — Il partageait pleinement l'opinion de ces esprits extrêmes qui attribuent à la loi humaine je ne sais quel pouvoir de faire ou, si l'on veut, de constater des damnés, et qui mettent un Styx[12] au bas de la société. Il était stoïque, sérieux, austère, rêveur triste; humble et hautain comme les fanatiques. Son regard[13] était une vrille. Cela était froid et cela perçait. Toute sa vie tenait dans ces deux mots : veiller et surveiller. Il avait introduit la ligne droite dans ce qu'il y a de plus tortueux au monde; il avait la conscience de son utilité, la religion de ses fonctions, et il était espion comme on est prêtre. Malheur à qui tombait sous sa main ! Il eût arrêté son père s'évadant du bagne et dénoncé sa mère en rupture de ban. Et il l'eût fait avec cette sorte de satisfaction intérieure que donne la vertu. Avec cela une vie de privations, l'isolement, l'abnégation, la chasteté, jamais une distraction. C'était[14] le devoir implacable, la police comprise comme les Spartiates comprenaient Sparte, un guet impitoyable, une honnêteté farouche, un mouchard marmoréen, Brutus dans Vidocq[15].

Toute la personne de Javert exprimait l'homme qui épie et qui se dérobe. L'école mystique de Joseph de Maistre, laquelle à cette époque assaisonnait de haute cosmogonie ce qu'on appelait les journaux ultras, n'eût pas manqué de dire que Javert était un symbole. On ne voyait pas son front qui disparaissait sous son chapeau, on ne voyait pas ses yeux qui se perdaient sous ses sourcils, on ne voyait pas son menton qui plongeait dans sa cravate, on ne voyait pas ses mains qui rentraient dans ses manches, on ne voyait pas sa canne qu'il portait sous sa redingote. Mais l'occasion venue, on voyait tout à coup sortir de toute cette ombre, comme d'une embuscade, un front anguleux et étroit, un regard funeste, un menton menaçant, des mains énormes, et un gourdin monstrueux[16].

A ses moments de loisir, qui étaient peu fréquents, tout en haïssant les livres, il lisait; ce qui fait qu'il n'était pas complètement illettré. Cela se reconnaissait à quelque emphase dans la parole[17].

Il n'avait aucun vice, nous l'avons dit. Quand il était content de lui, il s'accordait une prise de tabac. Il tenait à l'humanité par là.

On comprendra sans peine que Javert était l'effroi de toute cette classe que la statistique annuelle du ministère de la Justice désigne sous la rubrique : *Gens sans aveu*. Le nom de Javert prononcé les mettait en déroute; la face de Javert apparaissant les pétrifiait.

Tel était cet homme formidable.

Javert était comme un œil toujours fixé sur M. Madeleine. Œil plein de soupçon et de conjectures. M. Madeleine avait fini par s'en apercevoir, mais il sembla que cela fût insignifiant pour lui. Il ne fit pas même une question à Javert, il ne le cherchait ni ne l'évitait; et il portait, sans paraître y faire attention, ce regard gênant et presque pesant. Il traitait Javert comme tout le monde, avec aisance et bonté.

A quelques paroles échappées à Javert, on devinait qu'il avait recherché secrètement, avec cette curiosité qui tient à la race et où il entre autant d'instinct que de volonté, toutes les traces[18] antérieures que le père Madeleine avait pu laisser ailleurs. Il paraissait savoir, et il disait parfois à mots couverts, que quelqu'un avait pris certaines informations dans un certain pays sur une certaine famille disparue. Une fois il lui arriva de dire, se parlant à lui-même : « Je crois que je le tiens ! » Puis il resta trois jours pensif sans prononcer une parole. Il paraît que le fil qu'il croyait tenir s'était rompu.

Du reste, et ceci est le correctif nécessaire à ce que le sens de certains mots pourrait présenter de trop absolu, il ne peut y avoir rien de vraiment infaillible dans une créature humaine, et le propre de l'instinct est précisément de pouvoir être troublé, dépisté et dérouté. Sans quoi il serait supérieur à l'intelligence, et la bête se trouverait avoir une meilleure lumière que l'homme[19].

Javert était évidemment quelque peu déconcerté par le complet naturel et la tranquillité de M. Madeleine.

Un jour pourtant son étrange manière d'être parut faire impression sur M. Madeleine. Voici à quelle occasion.

VI

Le père Fauchelevent

M. Madeleine passait un matin dans une ruelle non pavée de Montreuil-sur-mer. Il entendit du bruit et vit un groupe à quelque distance. Il y alla. Un vieux homme, nommé le père Fauchelevent, venait de tomber sous sa charrette dont le cheval s'était abattu.

Ce Fauchelevent était un des rares ennemis qu'eût encore M. Madeleine à cette époque. Lorsque Madeleine était arrivé dans le pays, Fauchelevent, ancien tabellion et paysan presque lettré[1], avait un commerce qui commençait à aller mal. Fauchelevent avait vu ce simple ouvrier qui s'enrichissait, tandis que lui, maître, se ruinait. Cela l'avait rempli de jalousie, et il avait fait ce qu'il avait pu en toute occasion pour nuire à Madeleine. Puis la faillite était venue, et, vieux, n'ayant plus à lui qu'une charrette et un cheval, sans famille et sans enfants du reste, pour vivre il s'était fait charretier.

Le cheval avait les deux cuisses cassées et ne pouvait se relever. Le vieillard était engagé entre les roues. La chute avait été tellement malheureuse que toute la voiture pesait sur sa poitrine. La charrette était assez lourdement chargée. Le père Fauchelevent poussait des râles lamentables. On avait essayé de le tirer, mais en vain. Un effort désordonné, une aide maladroite, une secousse à faux pouvaient l'achever. Il était impossible de le dégager autrement qu'en soulevant la voiture par-dessous. Javert, qui était survenu au moment de l'accident, avait envoyé chercher un cric.

M. Madeleine arriva. On s'écarta avec respect.

— A l'aide! criait le vieux Fauchelevent. Qui est-ce qui est bon enfant pour sauver le vieux?

M. Madeleine se tourna vers² les assistants :

— A-t-on un cric?

— On en est allé quérir un, répondit un paysan.

— Dans combien de temps l'aura-t-on?

— On est allé au plus près, au lieu Flachot, où il y a un maréchal; mais c'est égal, il faudra bien un bon quart d'heure.

— Un quart d'heure! s'écria Madeleine.

Il avait plu la veille, le sol était détrempé, la charrette s'enfonçait dans la terre à chaque instant et comprimait de plus en plus la poitrine du vieux charretier. Il était évident qu'avant cinq minutes il aurait les côtes brisées.

— Il est impossible d'attendre un quart d'heure, dit Madeleine aux paysans qui regardaient.

— Il faut bien!

— Mais il ne sera plus temps! Vous ne voyez donc pas que la charrette s'enfonce?

— Dame!

— Écoutez, reprit Madeleine, il y a encore assez de place sous la voiture pour qu'un homme s'y glisse et la soulève avec son dos. Rien qu'une demi-minute, et l'on tirera le pauvre homme. Y a-t-il ici quelqu'un qui ait des reins et du cœur? Cinq louis d'or à gagner!

Personne ne bougea dans le groupe.

— Dix louis, dit Madeleine.

Les assistants baissaient les yeux. Un d'eux murmura :

— Il faudrait être diablement fort. Et puis, on risque de se faire écraser!

— Allons! recommença Madeleine, vingt louis!

Même silence.

— Ce n'est pas la bonne volonté qui leur manque, dit une voix.

M. Madeleine se retourna, et reconnut Javert. Il ne l'avait pas aperçu en arrivant. Javert continua :
— C'est la force. Il faudrait être un terrible homme pour faire la chose de lever une voiture comme cela sur son dos.

Puis, regardant fixement M. Madeleine, il poursuivit en appuyant sur chacun des mots qu'il prononçait :
— Monsieur Madeleine, je n'ai jamais connu qu'un seul homme capable de faire ce que vous demandez là.

Madeleine tressaillit.

Javert ajouta avec un air d'indifférence, mais sans quitter des yeux Madeleine.
— C'était un forçat.
— Ah ! dit Madeleine.
— Du bagne de Toulon.

Madeleine devint pâle. Cependant la charrette continuait à s'enfoncer lentement. Le père Fauchelevent râlait et hurlait :
— J'étouffe ! Ça me brise les côtes ! Un cric ! quelque chose ! Ah ![3]

Madeleine regarda autour de lui :
— Il n'y a donc personne qui veuille gagner vingt louis et sauver la vie à ce pauvre vieux ?

Aucun des assistants ne remua. Javert reprit :
— Je n'ai jamais connu qu'un homme qui pût remplacer un cric. C'était ce forçat.
— Ah ! voilà que ça m'écrase ! cria le vieillard.

Madeleine leva la tête, rencontra l'œil de faucon de Javert toujours attaché sur lui, regarda les paysans immobiles, et sourit tristement. Puis, sans dire une parole, il tomba à genoux, et avant même que la foule eût eu le temps de jeter un cri, il était sous la voiture.

Il y eut un affreux moment d'attente et de silence.

On vit Madeleine presque à plat ventre sous ce poids effrayant essayer deux fois en vain de rapprocher ses coudes de ses genoux. On lui cria : — Père Madeleine ! retirez-vous de là ! — Le vieux Fauchelevent lui-même lui dit : — Monsieur Madeleine ! Allez-vous-en ! C'est qu'il faut que je meure[4], voyez-vous ! Laissez-moi ! Vous allez vous faire écraser aussi ! — Madeleine ne répondit pas.

Les assistants haletaient. Les roues avaient continué de s'enfoncer, et il était déjà devenu presque impossible que Madeleine sortît de dessous la voiture.

Tout à coup on vit l'énorme masse s'ébranler, la charrette se soulevait lentement, les roues sortaient à demi de l'ornière. On entendit une voix étouffée qui criait : « Dépêchez-vous ! aidez ! » C'était Madeleine qui venait de faire un dernier effort.

Ils se précipitèrent. Le dévouement d'un seul avait donné de la force et du courage à tous. La charrette fut enlevée par vingt bras. Le vieux Fauchelevent était sauvé.

Madeleine se releva. Il était blême, quoique ruisselant de sueur. Ses habits étaient déchirés et couverts de boue. Tous pleuraient. Le vieillard lui baisait les genoux et l'appelait le bon Dieu. Lui, il avait sur le visage je ne sais quelle expression de souffrance heureuse et céleste, et il fixait son œil tranquille sur Javert qui le regardait toujours.

VII

Fauchelevent devient jardinier a Paris

Fauchelevent[1] s'était démis la rotule dans sa chute. Le père Madeleine le fit transporter dans une infirmerie qu'il avait établie pour ses ouvriers dans le bâtiment même de sa fabrique et qui était desservie par deux sœurs de charité. Le lendemain matin, le vieillard trouva un billet de mille francs sur sa table de nuit, avec ce mot de la main du père Madeleine : *Je vous achète votre charrette et votre cheval.* La charrette était brisée et le cheval était mort. Fauchelevent guérit, mais son genou resta ankylosé. M. Madeleine, par les recommandations des sœurs et de son curé, fit placer le bonhomme comme jardinier dans un couvent de femmes du quartier Saint-Antoine[2] à Paris.

Quelque temps après, M. Madeleine fut nommé maire. La première fois que Javert vit M. Madeleine revêtu de l'écharpe qui lui donnait toute autorité sur la ville, il éprouva cette sorte de frémissement qu'éprouverait un dogue qui flairerait un loup sous les habits de son maître. A partir de ce moment, il l'évita le plus qu'il put. Quand les besoins du service l'exigeaient impérieusement et qu'il ne pouvait faire autrement que de se trouver avec M. le maire, il lui parlait avec un respect profond.

Cette prospérité créée à Montreuil-sur-mer par le père Madeleine avait, outre les signes visibles que nous avons indiqués, un autre symptôme qui, pour n'être pas visible, n'était pas moins significatif. Ceci ne trompe jamais. Quand la population souffre, quand le travail manque, quand le commerce est nul, le contribuable résiste à l'impôt par pénurie, épuise et dépasse les délais, et l'État dépense beaucoup d'argent en frais de contrainte et de rentrée. Quand le travail abonde, quand le pays est heureux et riche, l'impôt se paye aisément et coûte peu à l'État. On peut dire que la misère et la richesse publiques ont un thermomètre infaillible, les frais de perception de l'impôt. En sept ans, les frais de perception de l'impôt s'étaient réduits des trois quarts dans l'arrondissement de Montreuil-sur-mer, ce qui faisait fréquemment citer cet arrondissement entre tous par M. de Villèle, alors ministre des Finances.

Telle était la situation du pays, lorsque Fantine y revint. Personne ne se souvenait plus d'elle. Heureusement la porte de la fabrique de M. Madeleine était comme un visage ami. Elle s'y présenta, et fut admise dans l'atelier des femmes. Le métier était tout nouveau pour Fantine, elle n'y pouvait être bien adroite, elle ne tirait donc de sa journée de travail que peu de chose[3], mais enfin cela suffisait, le problème était résolu, elle gagnait sa vie.

VIII[1]

Madame Victurnien dépense trente-cinq francs pour la morale

Quand Fantine vit qu'elle vivait, elle eut un moment de joie. Vivre honnêtement de son travail, quelle grâce du ciel ! Le goût du travail lui revint vraiment. Elle acheta un miroir, se réjouit d'y regarder sa jeunesse, ses beaux cheveux et ses belles dents, oublia beaucoup de choses, ne songea plus qu'à sa Cosette et à l'avenir possible, et fut presque heureuse. Elle loua une petite chambre et la meubla à crédit sur son travail futur ; reste de ses habitudes de désordre[2].

Ne pouvant pas dire qu'elle était mariée, elle s'était bien gardée, comme nous l'avons déjà fait entrevoir[3], de parler de sa petite fille.

En ces commencements, on l'a vu, elle payait exactement les Thénardier. Comme elle ne savait que signer, elle était obligée de leur écrire par un écrivain public.

Elle écrivait souvent. Cela fut remarqué. On commença à dire tout bas dans l'atelier des femmes que Fantine « écrivait des lettres » et qu'« elle avait des allures ».

Il n'y a rien de tel pour épier les actions des gens que ceux qu'elles ne regardent pas. — Pourquoi ce monsieur ne vient-il jamais qu'à la brune ? pourquoi monsieur un tel n'accroche-t-il jamais sa clef au clou le jeudi ? pourquoi prend-il toujours les petites rues ? pourquoi madame descend-elle toujours de son fiacre avant d'arriver à la maison ? pourquoi envoie-t-elle acheter un cahier de papier à lettres, quand elle en a « plein sa papeterie ? » etc., etc. — Il existe des êtres qui, pour connaître le mot de ces énigmes, lesquelles leur sont du reste parfaitement indifférentes, dépensent plus d'argent, prodiguent plus de temps, se donnent plus de peine qu'il n'en faudrait pour dix bonnes actions ; et cela, gratuitement, pour le plaisir, sans être payés de la curiosité autrement que par la curiosité. Ils suivront celui-ci ou celle-là des jours entiers, feront faction des heures à des coins de rue, sous des portes d'allées, la nuit, par le froid et par la pluie, corrompront des commissionnaires[4], griseront des cochers de fiacre et des laquais, achèteront une femme de chambre, feront acquisition d'un portier. Pourquoi[5] ? pour rien. Pur acharnement de voir, de savoir et de pénétrer. Pure démangeaison de dire. Et souvent ces secrets connus, ces mystères publiés, ces énigmes éclairées du grand jour, entraînent des catastrophes, des duels, des faillites, des familles ruinées, des existences brisées, à la grande joie de ceux qui ont « tout découvert » sans intérêt et par pur instinct. Chose triste[6].

Certaines personnes sont méchantes uniquement par besoin de parler. Leur conversation, causerie dans le salon, bavardage dans l'antichambre, est comme ces cheminées qui usent vite le bois ; il leur faut beaucoup de combustible ; et le combustible, c'est le prochain.

On observa donc Fantine.

Avec cela, plus d'une était jalouse de ses cheveux blonds et de ses dents blanches[7].

On constata que dans l'atelier, au milieu des autres, elle se détournait souvent pour essuyer une larme.

C'étaient les moments où elle songeait à son enfant ; peut-être aussi à l'homme qu'elle avait aimé.

C'est un douloureux labeur que la rupture des sombres attaches du passé.

On constata qu'elle[8] écrivait, au moins deux fois par mois, toujours à la même adresse, et qu'elle affranchissait la lettre. On parvint à se procurer l'adresse : *Monsieur, Monsieur Thénardier, aubergiste, à Montfermeil.* On fit jaser au cabaret l'écrivain public, vieux bonhomme qui ne pouvait pas emplir son estomac de vin rouge sans vider sa poche aux secrets. Bref, on sut que Fantine avait un enfant. « Ce devait être une espèce de fille. » Il se trouva une commère qui fit le voyage de Montfermeil, parla aux Thénardier, et dit à son retour. « Pour mes trente-cinq francs, j'en ai eu le cœur net[9]. J'ai vu l'enfant ! »

La commère qui fit cela était une gorgone appelée Mme Victurnien, gardienne et portière de la vertu de tout le monde. Mme Victurnien avait cinquante-six ans, et doublait le masque de la laideur du masque de la vieillesse. Voix chevrotante, esprit capricant. Cette vieille femme avait été jeune, chose étonnante. Dans sa jeunesse, en plein 93, elle avait épousé un moine échappé du cloître en bonnet rouge et passé des bernardins aux jacobins. Elle était sèche, rêche, revêche, pointue, épineuse, presque venimeuse ; tout en se souvenant de son moine dont elle était veuve, et qui l'avait fort domptée et pliée. C'était une ortie où l'on voyait le froissement du froc. A la restauration, elle s'était faite bigote, et si énergiquement que les prêtres lui avaient pardonné son moine. Elle avait un petit bien qu'elle léguait bruyamment à une communauté religieuse. Elle était fort bien vue à l'évêché d'Arras. Cette madame Victurnien donc alla à Montfermeil, et revint en disant : J'ai vu l'enfant[10].

Tout cela prit du temps. Fantine était depuis plus d'un an à la fabrique, lorsqu'un matin la surveillante de l'atelier lui remit, de la part de M. le maire, cinquante francs, en lui disant qu'elle ne faisait plus partie de l'atelier et en l'engageant, de la part de M. le maire, à quitter le pays.

C'était précisément dans ce même mois que les Thénardier, après avoir demandé douze francs au lieu de six, venaient d'exiger quinze francs au lieu de douze.

Fantine fut atterrée. Elle ne pouvait s'en aller du pays, elle devait son loyer et ses meubles[11]. Cinquante francs ne suffisaient pas pour acquitter cette dette[12]. Elle balbutia quelques mots suppliants. La surveillante lui signifia qu'elle eût à sortir sur-le-champ de l'atelier. Fantine n'était du reste qu'une ouvrière médiocre. Accablée de honte[13] plus encore que de désespoir, elle quitta l'atelier et rentra dans sa chambre[14]. Sa faute était donc maintenant connue de tous[15] !

Elle ne se sentit plus la force de dire un mot. On lui conseilla de voir M. le maire ; elle n'osa pas. M. le maire lui donnait cinquante francs, parce qu'il était bon, et la chassait parce qu'il était juste. Elle plia sous cet arrêt.

IX

Succès de Madame Victurnien

La veuve du moine fut donc bonne à quelque chose[1]. Du reste, M. Madeleine n'avait rien su de tout cela. Ce sont là de ces combinaisons d'événements dont la vie est pleine. M. Madeleine avait pour habitude de n'entrer presque jamais dans l'atelier des femmes. Il avait mis à la tête de cet atelier une vieille fille, que le curé lui avait donnée, et il avait toute confiance dans cette surveillante, personne vraiment respectable, ferme, équitable, remplie de la charité qui consiste à donner, mais n'ayant pas au même degré la charité qui consiste à comprendre et à pardonner. M. Madeleine se remettait de tout sur elle. Les meilleurs hommes sont souvent forcés de déléguer leur autorité. C'est dans cette pleine puissance et avec la conviction qu'elle faisait bien, que la surveillante avait instruit le procès, jugé, condamné et exécuté Fantine.

Quant aux cinquante francs, elle les avait donnés sur une somme que M. Madeleine lui confiait pour aumônes et secours aux ouvrières et dont elle ne rendait pas compte.

Fantine s'offrit comme servante dans le pays ; elle alla d'une maison à l'autre[2]. Personne ne voulut d'elle. Elle n'avait pu quitter la ville. Le marchand fripier auquel elle devait ses meubles, quels meubles ! lui avait dit : « Si vous vous en allez, je vous fais arrêter comme voleuse. » Le propriétaire auquel elle devait son loyer, lui avait dit :

« Vous êtes jeune et jolie, vous pouvez payer. » Elle partagea les cinquante francs entre le propriétaire et le fripier, rendit au marchand les trois quarts de son mobilier, ne garda que le nécessaire, et se trouva sans travail, sans état, n'ayant plus que son lit, et devant encore environ cent francs.

Elle se mit à coudre de grosses chemises pour les soldats de la garnison, et gagnait douze sous[3] par jour. Sa fille lui en coûtait dix. C'est en ce moment qu'elle commença à mal payer les Thénardier.

Cependant une vieille femme qui lui allumait sa chandelle quand elle rentrait le soir, lui enseigna l'art de vivre dans la misère. Derrière vivre de peu, il y a vivre de rien. Ce sont deux chambres; la première est obscure, la seconde est noire[4].

Fantine apprit comment on se passe tout à fait de feu en hiver, comment on renonce à un oiseau qui vous mange un liard de millet tous les deux jours, comment on fait de son jupon sa couverture et de sa couverture son jupon, comment on ménage sa chandelle en prenant son repas à[5] la lumière de la fenêtre d'en face. On ne sait pas tout ce que certains êtres faibles, qui ont vieilli dans le dénûment et l'honnêteté, savent tirer d'un sou. Cela finit par être un talent. Fantine acquit ce sublime talent et reprit un peu de courage.

A cette époque, elle disait à une voisine :

— Bah! je me dis : en ne dormant que cinq heures et en travaillant tout le reste à mes coutures, je parviendrai bien toujours à gagner à peu près du pain. Et puis, quand on est triste, on mange moins. Eh bien! des souffrances, des inquiétudes, un peu de pain d'un côté, des chagrins de l'autre, tout cela me nourrira.

Dans cette détresse, avoir sa petite fille eût été un étrange bonheur. Elle songea à la faire venir. Mais quoi! lui faire partager son dénûment! Et puis, elle devait aux Thénardier! comment s'acquitter? Et le voyage! comment le payer?

La vieille qui lui avait donné ce qu'on pourrait appeler des leçons de vie indigente était une sainte fille nommée Marguerite, dévote de la bonne dévotion, pauvre, et charitable pour les pauvres et même pour les riches, sachant tout juste assez écrire pour signer *Margeritte,* et croyant en Dieu, ce qui est la science[6].

Il y a beaucoup de ces vertus-là en bas ; un jour elles seront en haut. Cette vie a un lendemain.

Dans les premiers temps, Fantine avait été si honteuse qu'elle n'avait pas osé sortir.

Quand elle était dans la rue, elle devinait qu'on se retournait derrière elle et qu'on la montrait du doigt ; tout le monde la regardait et personne ne la saluait ; le mépris âcre et froid des passants[7] lui pénétrait dans la chair et dans l'âme comme une bise.

Dans les petites villes, il semble qu'une malheureuse soit nue sous les sarcasmes et la curiosité de tous[8]. A Paris, du moins, personne ne vous connaît, et cette obscurité est un vêtement. Oh ! comme elle eût souhaité venir à Paris ! Impossible.

Il fallut bien s'accoutumer à la déconsidération, comme elle s'était accoutumée à l'indigence[9]. Peu à peu elle en prit son parti. Après deux ou trois mois elle secoua la honte et se remit à sortir comme si de rien n'était.

— Cela m'est bien égal, dit-elle.

Elle alla et vint, la tête haute, avec un sourire amer, et sentit qu'elle devenait effrontée.

Mme Victurnien quelquefois la voyait passer de sa fenêtre, remarquait la détresse de « cette créature », grâce à elle « remise à sa place », et se félicitait. Les méchants ont un bonheur noir[10].

L'excès du travail fatiguait Fantine, et la petite toux sèche qu'elle avait augmenta. Elle disait quelquefois à sa voisine Marguerite : « Tâtez donc comme mes mains sont chaudes. »

Cependant le matin, quand elle peignait avec un vieux peigne cassé ses beaux cheveux qui ruisselaient comme de la soie floche, elle avait une minute de coquetterie heureuse.

X

Suite du succès[1]

Elle avait été congédiée vers la fin de l'hiver ; l'été se passa, mais l'hiver revint. Jours[2] courts, moins de travail. L'hiver, point de chaleur, point de lumière, point de midi, le soir touche au matin, brouillard, crépuscule, la fenêtre est grise, on n'y voit pas clair. Le ciel est un soupirail. Toute la journée est une cave. Le soleil a l'air d'un pauvre. L'affreuse saison ! L'hiver change en pierre l'eau du ciel et le cœur de l'homme. Ses créanciers la harcelaient.

Fantine gagnait trop peu. Ses dettes avaient grossi. Les Thénardier, mal payés, lui écrivaient à chaque instant des lettres dont le contenu la désolait et dont le port la ruinait. Un jour ils lui écrivirent que sa petite Cosette était toute nue par le froid qu'il faisait, qu'elle avait besoin d'une jupe de laine, et qu'il fallait au moins que la mère envoyât dix francs pour cela. Elle reçut la lettre, et la froissa dans ses mains tout le jour. Le soir elle entra chez un barbier qui habitait le coin³ de la rue, et défit son peigne. Ses admirables cheveux blonds lui tombèrent jusqu'aux reins.

— Les beaux cheveux ! s'écria le barbier.
— Combien me donneriez-vous ? dit-elle.
— Dix francs.
— Coupez-les.

Elle acheta une jupe de tricot et l'envoya aux Thénardier.

Cette jupe fit les Thénardier furieux. C'était de l'argent qu'ils voulaient. Ils donnèrent la jupe à Éponine. La pauvre Alouette continua de frissonner.

Fantine pensa : — Mon enfant n'a plus froid. Je l'ai habillée de mes cheveux. — Elle mettait de petits bonnets ronds qui cachaient sa tête tondue et avec lesquels elle était encore jolie.

Un travail ténébreux⁴ se faisait dans le cœur de Fantine. Quand elle vit qu'elle ne pouvait plus se coiffer⁵, elle commença à tout prendre en haine autour d'elle. Elle avait longtemps partagé la vénération de tous pour le père Madeleine ; cependant, à force de se répéter que c'était lui qui l'avait chassée, et qu'il était la cause de son malheur, elle en vint à le haïr lui aussi, lui surtout. Quand elle passait devant la fabrique aux heures où les ouvriers sont sur la porte, elle affectait de rire⁶ et de chanter.

Une vieille ouvrière qui la vit une fois chanter et rire de cette façon dit :

— Voilà une fille qui finira mal.

Elle prit un amant, le premier venu, un homme qu'elle n'aimait pas, par bravade, avec la rage dans le cœur. C'était un misérable, une espèce de musicien mendiant, un oisif gueux, qui la battait, et qui la quitta comme elle l'avait pris, avec dégoût.

Elle adorait son enfant.

Plus elle descendait, plus tout devenait sombre autour d'elle, plus ce doux petit ange rayonnait dans le fond de son âme. Elle disait : Quand je serai riche, j'aurai ma Cosette[7] avec moi ; et elle riait. La toux ne la quittait pas, et elle avait des sueurs dans le dos.

Un jour elle reçut des Thénardier une lettre ainsi conçue : « Cosette est malade d'une maladie qui est dans le pays. Une fièvre miliaire, qu'ils appellent. Il faut des drogues chères. Cela nous ruine et nous ne pouvons plus payer. Si vous ne nous envoyez pas quarante francs avant huit jours, la petite est morte. »

Elle se mit à rire aux éclats, et elle dit à sa vieille voisine : — Ah ! ils sont bons ! quarante francs ! que ça ! ça fait deux napoléons ! Où veulent-ils que je les prenne ? Sont-ils bêtes, ces paysans[8] !

Cependant elle alla dans l'escalier près d'une lucarne et relut la lettre. Puis elle descendit l'escalier et sortit en courant et en sautant, riant toujours. Quelqu'un qui la rencontra lui dit :

— Qu'est-ce que vous avez donc à être si gaie ?

Elle répondit :

— C'est une bonne bêtise que viennent de m'écrire des gens de la campagne. Ils me demandent quarante francs. Paysans, va !

Comme elle passait sur la place, elle vit beaucoup de monde qui entourait une voiture de forme bizarre, sur l'impériale de laquelle pérorait tout debout un homme vêtu en rouge. C'était un bateleur dentiste[9] en tournée, qui offrait au public des râteliers complets, des opiats, des poudres et des élixirs.

Fantine se mêla au groupe et se mit à rire comme les autres de cette harangue où il y avait de l'argot pour la canaille et du jargon pour les gens comme il faut. L'arracheur de dents vit cette belle fille qui riait, et s'écria tout à coup : — Vous avez de jolies dents, la fille qui riez là. Si vous voulez me vendre vos deux palettes, je vous donne de chaque un napoléon d'or.

— Qu'est-ce que c'est que ça, mes palettes ? demanda Fantine.

— Les palettes, reprit le professeur dentiste, c'est les dents de devant, les deux d'en haut.

— Quelle horreur ! s'écria Fantine.

— Deux napoléons ! grommela une vieille édentée qui était là. Qu'en voilà une qui est heureuse !

Fantine s'enfuit, et se boucha les oreilles pour ne pas entendre la voix enrouée de l'homme qui lui criait :

— Réfléchissez, la belle ! deux napoléons, ça peut servir. Si le cœur vous en dit, venez ce soir à l'auberge du *Tillac d'argent,* vous m'y trouverez.

Fantine rentra, elle était furieuse et conta la chose à sa bonne voisine Marguerite[10] :

— Comprenez-vous cela ? ne voilà-t-il pas un abominable homme ? comment laisse-t-on des gens comme cela aller dans le pays ! M'arracher mes deux dents de devant ! mais je serais horrible ! Les cheveux repoussent, mais les dents ! Ah ! le monstre d'homme ! j'aimerais mieux me jeter d'un cinquième la tête la première sur le pavé ! Il m'a dit qu'il serait ce soir au *Tillac d'argent.*

— Et qu'est-ce qu'il offrait ? demanda Marguerite[11].

— Deux napoléons.

— Cela fait quarante francs.

— Oui, dit Fantine, cela fait quarante francs.

Elle resta pensive, et se mit à son ouvrage. Au bout d'un quart d'heure, elle quitta sa couture et alla relire la lettre des Thénardier sur l'escalier.

En rentrant, elle dit à Marguerite qui travaillait près d'elle :

— Qu'est-ce que c'est donc que cela, une fièvre miliaire ? Savez-vous ?

— Oui, répondit la vieille fille, c'est une maladie.

— Ça a donc besoin de beaucoup de drogues ?

— Oh ! des drogues terribles.

— Où ça vous prend-il ?

— C'est une maladie qu'on a comme ça.

— Cela attaque donc les enfants ?

— Surtout les enfants.

— Est-ce qu'on en meurt ?

— Très bien, dit Marguerite.

Fantine sortit et alla encore une fois relire la lettre sur l'escalier.

Le soir elle descendit, et on la vit qui se dirigeait du côté de la rue de Paris où sont les auberges.

Le lendemain matin, comme Marguerite[12] entrait dans la chambre de Fantine avant le jour, car elles travaillaient toujours ensemble et de cette façon n'allumaient qu'une chandelle pour deux, elle trouva Fantine assise sur son lit, pâle, glacée. Elle ne s'était pas couchée. Son bonnet était tombé sur ses genoux. La chandelle avait brûlé toute la nuit et était presque entièrement consumée.

Marguerite s'arrêta sur le seuil, pétrifiée de cet énorme désordre, et s'écria :

— Seigneur ! la chandelle qui est toute brûlée ! il s'est passé des événements !

Puis elle regarda Fantine qui tournait vers elle sa tête sans cheveux.

Fantine depuis la veille avait vieilli de dix ans[13].

— Jésus ! fit Marguerite[14], qu'est-ce que vous avez, Fantine ?

— Je n'ai rien, répondit Fantine. Au contraire. Mon enfant ne mourra pas de cette affreuse maladie, faute de secours. Je suis contente.

En parlant ainsi, elle montrait à la vieille fille deux napoléons qui brillaient sur la table.

— Ah, Jésus Dieu ! dit Marguerite. Mais c'est une fortune ! Où avez-vous eu ces louis d'or ?

— Je les ai eus, répondit Fantine.

En même temps elle sourit. La chandelle éclairait son visage. C'était un sourire sanglant. Une salive rougeâtre lui souillait le coin des lèvres, et elle avait un trou noir dans la bouche.

Les deux dents étaient arrachées. Elle envoya les quarante francs à Montfermeil. Du reste c'était une ruse des Thénardier pour avoir de l'argent. Cosette n'était pas malade.

Fantine jeta son miroir par la fenêtre. Depuis longtemps elle avait quitté sa cellule du second pour une mansarde fermée d'un loquet sous le toit ; un de ces galetas dont le plafond fait angle avec le plancher et vous heurte à chaque instant la tête. Le pauvre ne peut aller au fond de sa chambre comme au fond de sa destinée qu'en se courbant de plus en plus. Elle n'avait plus de lit, il lui restait une loque qu'elle appelait sa couverture, un matelas à terre et une chaise dépaillée. Un petit rosier qu'elle avait s'était desséché dans un coin, oublié. Dans l'autre coin, il y avait un pot de beurre à mettre l'eau, qui gelait l'hiver, et où les différents niveaux de l'eau restaient longtemps marqués par des cercles de glace[15]. Elle avait perdu la honte, elle perdit la coquetterie.

Dernier signe. Elle sortait avec des bonnets sales. Soit faute de temps, soit indifférence[16], elle ne raccommodait plus son linge. A mesure que les talons s'usaient, elle tirait ses bas dans ses souliers. Cela se voyait à de certains plis perpendiculaires. Elle rapiéçait son corset, vieux et usé, avec des morceaux de calicot qui se déchiraient au moindre mouvement. Les gens auxquels elle devait, lui faisaient « des scènes », et ne lui laissaient aucun repos. Elle les trouvait dans la rue, elle les retrouvait dans son escalier. Elle passait des nuits à pleurer et à songer. Elle avait les yeux très brillants, et elle sentait une douleur fixe dans l'épaule, vers le haut de l'omoplate gauche. Elle toussait beaucoup. Elle haïssait profondément le père Madeleine, et ne se plaignait pas. Elle cousait dix-sept heures par jour; mais un entrepreneur du travail des prisons, qui faisait travailler les prisonnières au rabais, fit tout à coup baisser les prix, ce qui réduisit la journée des ouvrières libres à neuf sous[17]. Dix-sept heures de travail, et neuf sous par jour! Ses créanciers étaient plus impitoyables que jamais. Le fripier, qui avait repris presque tous les meubles, lui disait sans cesse : « Quand me payeras-tu, coquine? » Que voulait-on d'elle, bon Dieu! Elle se sentait traquée et il se développait en elle quelque chose de la bête farouche[18]. Vers le même temps, le Thénardier lui écrivit que décidément il avait attendu avec beaucoup trop de bonté, et qu'il lui fallait cent francs, tout de suite; sinon qu'il mettrait à la porte la petite Cosette, toute convalescente de sa grande maladie, par le froid, par les chemins, et qu'elle deviendrait ce qu'elle pourrait, et qu'elle crèverait, si elle voulait. — Cent francs, songea Fantine. Mais où y a-t-il un état à gagner cent sous par jour?

— Allons! dit-elle, vendons le reste.

L'infortunée se fit fille publique.

XI[1]

CHRISTUS NOS LIBERAVIT

Qu'est-ce que c'est que cette histoire de Fantine? C'est la société achetant une esclave.

A qui? A la misère.

A la faim, au froid, à l'isolement, à l'abandon, au

dénûment. Marché douloureux. Une âme pour un morceau de pain. La misère offre, la société accepte.

La sainte loi de Jésus-Christ gouverne notre civilisation, mais elle ne la pénètre pas encore. On dit que l'esclavage a disparu de la civilisation européenne². C'est une erreur. Il existe toujours, mais il ne pèse plus que sur la femme, et il s'appelle prostitution.

Il pèse sur la femme, c'est-à-dire sur la grâce, sur la faiblesse, sur la beauté, sur la maternité³. Ceci n'est pas une des moindres hontes de l'homme.

Au⁴ point de ce douloureux drame où nous sommes arrivés, il ne reste plus rien à Fantine de ce qu'elle a été autrefois. Elle est devenue marbre en devenant boue. Qui la touche a froid. Elle passe, elle vous subit et elle vous ignore; elle est la figure déshonorée et sévère. La vie et l'ordre social lui ont dit leur dernier mot. Il lui est arrivé tout ce qui lui arrivera. Elle a tout ressenti, tout supporté, tout éprouvé, tout souffert, tout perdu, tout pleuré. Elle est résignée de cette résignation qui ressemble à l'indifférence comme la mort ressemble au sommeil. Elle n'évite plus rien. Elle ne craint plus rien. Tombe sur elle toute la nuée et passe sur elle tout l'océan ! que lui importe ! c'est une éponge imbibée.

Elle le croit du moins, mais c'est une erreur de s'imaginer qu'on épuise le sort et qu'on touche le fond de quoi que ce soit.

Hélas ! qu'est-ce que toutes ces destinées ainsi poussées pêle-mêle ? où vont-elles ? pourquoi sont-elles ainsi ?

Celui qui sait cela voit toute l'ombre.

Il est seul. Il s'appelle Dieu.

XII

LE DÉSŒUVREMENT DE M. BAMATABOIS[1]

Il y a dans toutes les petites villes[2], et il y avait à Montreuil-sur-mer en particulier, une classe de jeunes gens qui grignotent[3] quinze cents livres de rente en province du même air dont leurs pareils dévorent à Paris deux cent mille francs par an. Ce sont des êtres de la grande espèce neutre; hongres, parasites, nuls, qui ont[4] un peu de terre, un peu de sottise et un peu d'esprit, qui seraient des rustres dans un salon et se croient des gentilshommes au cabaret, qui disent : mes prés, mes bois, mes paysans, sifflent les actrices du théâtre pour prouver qu'ils sont gens de goût, querellent les officiers de la garnison pour montrer qu'ils sont gens de guerre, chassent, fument, bâillent, boivent, sentent le tabac, jouent au billard, regardent les voyageurs descendre de diligence, vivent au café, dînent à l'auberge, ont un chien qui mange les os sous la table et une maîtresse qui pose les plats dessus, tiennent à un sou, exagèrent les modes, admirent la tragédie, méprisent les femmes, usent leurs vieilles bottes, copient Londres à travers Paris et Paris à travers Pont-à-Mousson, vieillissent hébétés, ne travaillent pas, ne servent à rien et ne nuisent pas à grand'chose.

M. Félix Tholomyès, resté dans sa province et n'ayant jamais vu Paris, serait un de ces hommes-là[5].

S'ils étaient plus riches, on dirait : ce sont des élégants ; s'ils étaient plus pauvres, on dirait : ce sont des fainéants. Ce sont tout simplement des désœuvrés. Parmi ces désœuvrés, il y a des ennuyeux, des ennuyés, des rêvasseurs, et quelques drôles.

Dans[6] ce temps-là, un élégant se composait d'un grand col, d'une grande cravate, d'une montre à breloques, de trois gilets superposés de couleurs différentes, le bleu et le rouge en dedans, d'un habit couleur olive à taille courte, à queue de morue, à double rangée de boutons d'argent serrés les uns contre les autres et montant jusque sur l'épaule, et d'un pantalon olive plus clair, orné sur les deux coutures d'un nombre de côtes indéterminé, mais toujours impair, variant de une à onze, limite qui n'était jamais franchie. Ajoutez à cela des souliers-bottes avec de petits fers au talon, un chapeau à haute forme et à bords étroits, des cheveux en touffe, une énorme canne, et une conversation rehaussée des calembours de Potier. Sur le tout des éperons et des moustaches. A cette époque, des moustaches voulaient dire bourgeois et des éperons voulaient dire piéton.

L'élégant de province portait les éperons plus longs et les moustaches plus farouches.

C'était le temps de la lutte des républiques de l'Amérique méridionale contre le roi d'Espagne, de Bolivar contre Morillo. Les chapeaux à petits bords étaient royalistes et se nommaient des morillos ; les libéraux portaient des chapeaux à larges bords qui s'appelaient des bolivars.

Huit ou dix mois donc après ce qui a été raconté dans les pages précédentes, vers les premiers jours de janvier 1823, un soir qu'il avait neigé, un de ces élégants, un de ces désœuvrés, un « bien pensant », car il avait un morillo, de plus chaudement enveloppé d'un de ces grands manteaux qui complétaient dans les temps froids le costume à la mode, se divertissait à harceler une créature qui rôdait en robe de bal[7] et toute décolletée avec des fleurs sur la tête devant la vitre du café des officiers. Cet élégant fumait, car c'était décidément la mode[8].

Chaque fois que cette femme passait devant lui, il lui jetait, avec une bouffée de la fumée de son cigare, quelque apostrophe qu'il croyait[9] spirituelle et gaie, comme : « — Que tu es laide ! — Veux-tu te cacher ! — Tu n'as pas de dents ! » etc., etc. — Ce monsieur s'appelait M. Bamatabois. La femme, triste spectre[10] paré qui allait et venait sur la neige, ne lui répondait pas, ne le regardait même pas, et n'en accomplissait pas moins en silence et avec une régularité sombre sa promenade qui la ramenait de cinq minutes en cinq minutes sous le sarcasme, comme le soldat condamné qui revient sous les verges. Ce peu d'effet piqua sans doute l'oisif qui, profitant d'un moment[11] où elle se retournait, s'avança derrière elle à pas de loup et en étouffant son rire, se baissa, prit sur le pavé une poignée de neige et la lui plongea brusquement dans le dos entre ses deux épaules nues. La fille poussa un rugissement, se tourna, bondit comme une panthère, et se rua sur l'homme, lui enfonçant ses ongles dans le visage, avec les plus effroyables paroles qui puissent tomber du corps de garde dans le ruisseau. Ces injures, vomies d'une voix enrouée par l'eau-de-vie, sortaient hideusement d'une bouche à laquelle manquaient en effet les deux dents de devant. C'était la Fantine.

Au bruit que cela fit, les officiers sortirent en foule du café, les passants s'amassèrent, et il se forma un grand cercle riant, huant et applaudissant, autour de ce tourbillon composé de deux êtres où l'on avait peine à reconnaître un homme et une femme, l'homme se débattant, son chapeau à terre, la femme frappant des pieds et des poings, décoiffée, hurlant, sans dents et sans cheveux, livide de colère, horrible.

Tout à coup un homme de haute taille sortit vivement[12] de la foule, saisit la femme à son corsage de satin couvert de boue, et lui dit : « Suis-moi ! »

La femme leva la tête ; sa voix furieuse s'éteignit subitement. Ses yeux étaient vitreux, de livide elle était devenue pâle, et elle tremblait d'un tremblement de terreur. Elle avait reconnu Javert[13].

L'élégant avait profité de l'incident pour s'esquiver.

XIII

Solution de quelques questions de police municipale

Javert écarta les assistants, rompit le cercle, et se mit à marcher à grands pas vers le bureau de police qui est à l'extrémité de la place, traînant après lui la misérable. Elle se laissait faire machinalement. Ni lui ni elle ne disaient un mot. La nuée des spectateurs, au paroxysme de la joie, suivait avec des quolibets. La suprême misère, occasion d'obscénités[1].

Arrivé au bureau de police qui était une salle basse chauffée par un poêle et gardée par un poste, avec une porte vitrée et grillée sur la rue, Javert ouvrit la porte, entra avec Fantine, et referma la porte derrière lui, au grand désappointement des curieux[2] qui se haussèrent sur la pointe du pied et allongèrent le cou devant la vitre trouble du corps de garde, cherchant à voir. La curiosité est une gourmandise. Voir, c'est dévorer[3].

En entrant, la Fantine alla tomber dans un coin, immobile et muette, accroupie comme une chienne qui a peur.

Le sergent du poste apporta une chandelle allumée sur une table. Javert s'assit, tira de sa poche une feuille de papier timbré et se mit à écrire.

Ces classes de femmes[4] sont entièrement remises par nos lois à la discrétion de la police. Elle en fait ce qu'elle veut, les punit comme bon lui semble, et confisque à son gré ces deux tristes choses qu'elles appellent leur industrie et leur liberté. Javert était impassible ; son visage sérieux ne trahissait aucune émotion. Pourtant il était gravement et profondément préoccupé. C'était un de ces moments où il exerçait sans contrôle, mais avec tous les scrupules d'une conscience sévère, son redoutable pouvoir[5] discrétionnaire. En cet instant, il le sentait, son escabeau d'agent de police était un tribunal. Il jugeait. Il jugeait, et il condamnait. Il appelait tout ce qu'il pouvait avoir d'idées dans l'esprit autour de la grande chose qu'il faisait. Plus il examinait le fait de cette fille, plus il se sentait révolté. Il était évident qu'il venait de voir commettre un crime. Il venait de voir, là dans la rue, la société, représentée par un propriétaire-électeur, insultée et attaquée par une créature en dehors de tout. Une prostituée avait attenté à un bourgeois. Il avait vu cela, lui Javert. Il écrivit en silence.

Quand il eut fini, il signa, plia le papier et dit au sergent du poste, en le lui remettant : — Prenez trois hommes, et menez cette fille au bloc. — Puis se tournant vers la Fantine : — Tu en as pour six mois.

La malheureuse tressaillit.

— Six mois! six mois de prison! cria-t-elle. Six mois à gagner sept sous[6] par jour! Mais que deviendra Cosette? ma fille! ma fille! Mais je dois encore plus de cent francs aux Thénardier, monsieur l'inspecteur, savez-vous cela?

Elle se traîna sur la dalle mouillée par les bottes boueuses de tous ces hommes[7], sans se lever, joignant les mains, faisant de grands pas avec ses genoux.

— Monsieur Javert[8], dit-elle, je vous demande grâce. Je vous assure que je n'ai pas eu tort. Si vous aviez vu le commencement, vous auriez vu! je vous jure le bon Dieu que je n'ai pas eu tort. C'est ce monsieur le bourgeois que je ne connais pas qui m'a mis de la neige dans le dos. Est-ce qu'on a le droit de nous mettre de la neige dans le dos quand nous passons comme cela tranquillement sans faire de mal à personne? Cela m'a saisie. Je suis un peu malade, voyez-vous! et puis il y avait déjà un peu de temps qu'il me disait des raisons. Tu es laide! tu n'as pas de dents! Je le sais bien que je n'ai plus mes dents. Je ne faisais rien, moi; je disais : c'est un monsieur qui s'amuse. J'étais honnête avec lui, je ne lui parlais pas. C'est à cet instant-là[9] qu'il m'a mis de la neige. Monsieur Javert, mon bon monsieur l'inspecteur[10]! est-ce qu'il n'y a personne là qui ait vu pour vous dire que c'est bien vrai[11]? J'ai peut-être eu tort de me fâcher. Vous savez, dans le premier moment, on n'est pas maître. On a des vivacités. Et puis, quelque chose de si froid qu'on vous met dans le dos à l'heure que vous ne vous y attendez pas ! J'ai eu tort d'abîmer le chapeau de ce monsieur. Pourquoi s'est-il en allé ? Je lui demanderais pardon. Oh ! mon Dieu, cela me serait bien égal de lui demander pardon. Faites-moi grâce pour aujourd'hui cette fois, monsieur Javert. Tenez, vous ne savez[12] pas ça, dans les prisons on ne gagne que sept sous, ce n'est pas la faute du gouvernement, mais on gagne sept sous, et figurez-vous que j'ai cent francs à payer, ou autrement on me renverra ma petite. O mon Dieu ! je ne peux pas l'avoir avec moi. C'est si vilain ce que je fais ! O ma Cosette, ô mon petit ange de la bonne sainte Vierge, qu'est-ce qu'elle deviendra, pauvre loup ! Je vais vous dire, c'est les Thénardier[13], des aubergistes, des paysans, ça n'a pas de raisonnement. Il leur faut de l'argent. Ne me mettez pas en prison ! Voyez-vous, c'est une petite qu'on mettrait à même sur la grande route, va comme tu pourras, en plein cœur d'hiver, il faut avoir pitié de cette chose-là, mon bon monsieur Javert. Si c'était plus grand, ça gagnerait sa vie, mais ça ne peut pas, à ces âges-là. Je ne suis pas une mauvaise femme au fond. Ce n'est pas la lâcheté et la gourmandise qui ont fait de moi ça. J'ai bu de l'eau-de-vie, c'est par misère. Je ne l'aime pas, mais cela étourdit. Quand j'étais plus heureuse, on n'aurait eu qu'à regarder dans mes armoires, on aurait bien vu que je n'étais pas une femme coquette qui a du désordre. J'avais du linge, beaucoup de linge. Ayez pitié de moi, monsieur Javert[14] !

Elle parlait ainsi, brisée en deux, secouée par les sanglots, aveuglée par les larmes[15], la gorge nue, se tordant les mains, toussant d'une toux sèche et courte, balbutiant tout doucement avec la voix de l'agonie. La grande douleur est un rayon divin et terrible qui transfigure les misérables. A ce moment-là, la Fantine[16] était redevenue belle. A de certains instants, elle s'arrêtait et baisait tendrement le bas de la redingote[17] du mouchard. Elle eût attendri un cœur de granit[18] ; mais on n'attendrit pas un cœur de bois.

— Allons ! dit Javert, je t'ai écoutée. As-tu bien tout dit ? Marche à présent ! Tu as tes six mois ; le Père éternel en personne n'y pourrait plus rien.

A cette solennelle parole, *le Père éternel en personne n'y pourrait plus rien,* elle comprit que l'arrêt était prononcé. Elle s'affaissa sur elle-même en murmurant :

— Grâce[19] !

Javert tourna le dos.

Les soldats la saisirent par les bras.

Depuis quelques minutes, un homme était entré sans qu'on eût pris garde à lui. Il avait refermé la porte, s'y était adossé[20], et avait entendu les prières désespérées de la Fantine.

Au moment où les soldats mirent la main sur la malheureuse, qui ne voulait pas se lever, il fit un pas, sortit de l'ombre, et dit :

— Un instant, s'il vous plaît !

Javert leva les yeux et reconnut M. Madeleine. Il ôta son chapeau, et saluant avec une sorte de gaucherie fâchée :

— Pardon, monsieur le maire...

Ce mot, monsieur le maire, fit sur la Fantine un effet étrange. Elle se dressa debout tout d'une pièce comme[21] un spectre qui sort de terre, repoussa les soldats des deux bras, marcha droit à M. Madeleine avant qu'on eût pu la retenir, et le regardant fixement, l'air égaré, elle cria :

— Ah ! c'est donc toi qui es monsieur le maire !

Puis elle éclata de rire et lui cracha au visage.

M. Madeleine s'essuya le visage, et dit :

— Inspecteur Javert, mettez cette femme en liberté.

Javert se sentit au moment de devenir fou. Il éprouvait en cet instant, coup sur coup, et presque mêlées ensemble, les plus violentes émotions qu'il eût ressenties de sa vie[22]. Voir une fille publique cracher au visage d'un maire, cela était une chose si monstrueuse que, dans ses suppositions les plus effroyables, il eût regardé comme un sacrilège de le croire possible[23]. D'un autre côté, dans le fond de sa pensée, il faisait confusément un rapprochement hideux entre[24] ce qu'était cette femme et ce que pouvait être ce maire, et alors il entrevoyait avec horreur je ne sais quoi de tout simple dans ce prodigieux attentat. Mais quand il vit ce maire, ce magistrat, s'essuyer tranquillement le visage et dire : *mettez cette femme en liberté,* il eut comme un éblouissement de stupeur, la pensée et la parole lui manquèrent également ; la somme de l'étonnement possible[25] était dépassée pour lui. Il resta muet.

Ce mot n'avait pas porté un coup moins étrange à la

Fantine. Elle leva son bras nu et se cramponna à la clef du poêle comme une personne qui chancelle. Cependant elle regardait tout autour d'elle et elle se mit à parler à voix basse, comme si elle se parlait à elle-même.

— En liberté! qu'on me laisse aller! que je n'aille pas en prison six mois! Qui est-ce qui a dit cela? Il n'est pas possible qu'on ait dit cela. J'ai mal entendu. Ça ne peut pas être ce monstre de maire! Est-ce que c'est vous, mon bon monsieur Javert, qui avez dit qu'on me mette en liberté? Oh! voyez-vous! je vais vous dire et vous me laisserez aller. Ce monstre de maire, ce vieux gredin de maire, c'est lui[26] qui est cause de tout. Figurez-vous, monsieur Javert, qu'il m'a chassée! à cause d'un tas de gueuses qui tiennent des propos dans l'atelier. Si ce n'est pas là une horreur! renvoyer une pauvre fille qui fait honnêtement son ouvrage! Alors je n'ai plus gagné assez, et tout le malheur est venu. D'abord il y a une amélioration que ces messieurs de la police devraient bien[27] faire, ce serait d'empêcher les entrepreneurs des prisons de faire du tort aux pauvres gens. Je vais vous expliquer cela, voyez-vous. Vous gagnez douze sous dans les chemises, cela tombe à neuf sous, il n'y a plus moyen de vivre. Il faut donc devenir ce qu'on peut. Moi, j'avais ma petite Cosette, j'ai bien été forcée de devenir une mauvaise femme. Vous comprenez à présent que c'est ce gueux de maire qui a tout fait le mal. Après cela, j'ai piétiné le chapeau de ce monsieur bourgeois devant le café des officiers. Mais lui, il m'avait[28] perdu toute ma robe avec sa neige. Nous autres, nous n'avons qu'une robe de soie, pour le soir. Voyez-vous, je n'ai jamais fait de mal exprès, vrai, monsieur Javert, et je vois partout des femmes bien plus méchantes que moi qui sont bien plus heureuses[29]. O monsieur Javert, c'est vous qui avez dit qu'on me mette dehors, n'est-ce pas? Prenez des informations, parlez à mon propriétaire, maintenant je paye mon terme, on vous dira bien que je suis honnête. Ah! mon Dieu, je vous demande pardon, j'ai touché, sans faire attention, à la clef du poêle, et cela fait fumer.

M. Madeleine l'écoutait avec une attention profonde. Pendant qu'elle parlait, il avait fouillé dans son gilet[30], en avait tiré sa bourse et l'avait ouverte. Elle était vide. Il l'avait remise dans sa poche. Il dit à la Fantine:

— Combien avez-vous dit que vous deviez ?

La Fantine, qui ne regardait que Javert, se retourna de son côté :

— Est-ce que je te parle à toi !

Puis s'adressant aux soldats :

— Dites donc, vous autres, avez-vous vu comme je te vous lui ai craché à la figure ? Ah ! vieux scélérat de maire, tu viens ici pour me faire peur, mais je n'ai pas peur de toi. J'ai peur de monsieur Javert. J'ai peur de mon bon monsieur Javert !

En parlant ainsi elle se retourna vers l'inspecteur :

— Avec ça, voyez-vous, monsieur l'inspecteur, il faut être juste. Je comprends que vous êtes juste, monsieur l'inspecteur. Au fait, c'est tout simple, un homme qui joue à mettre un peu de neige dans le dos d'une femme, ça les faisait rire, les officiers, il faut bien qu'on se divertisse à quelque chose, nous autres nous sommes là pour qu'on s'amuse, quoi ! Et puis, vous, vous venez, vous êtes bien forcé de mettre l'ordre, vous emmenez la femme qui a tort, mais en y réfléchissant, comme vous êtes bon, vous dites qu'on me mette en liberté ; c'est pour la petite, parce que six mois en prison, cela m'empêcherait de nourrir mon enfant. Seulement n'y reviens plus, coquine ! Oh ! je n'y reviendrai plus, monsieur Javert ! on me fera tout ce qu'on voudra maintenant, je ne bougerai plus. Seulement, aujourd'hui voyez-vous, j'ai crié parce que cela m'a fait mal, je ne m'attendais pas du tout à cette neige de ce monsieur ; et puis, je vous ai dit, je ne me porte pas très bien, je tousse, j'ai là dans l'estomac comme une boule qui me brûle, que le médecin me dit : Soignez-vous. Tenez, tâtez, donnez votre main, n'ayez pas peur, c'est ici.

Elle ne pleurait plus, sa voix était caressante, elle appuyait sur sa gorge blanche et délicate la grosse main rude de Javert, et elle le regardait en souriant.

Tout à coup elle rajusta vivement le désordre de ses vêtements, fit retomber les plis de sa robe qui en se traînant s'était relevée presque à la hauteur du genou, et marcha vers la porte en disant à demi-voix aux soldats avec un signe de tête amical :

— Les enfants, monsieur l'inspecteur a dit[31] qu'on me lâche, je m'en vas.

Elle mit la main sur le loquet. Un pas de plus, elle était dans la rue.

Javert jusqu'à cet instant[32] était resté debout, immobile, l'œil fixé à terre, posé de travers au milieu de cette scène comme une statue dérangée qui attend qu'on la mette quelque part.

Le bruit que fit le loquet le réveilla. Il releva la tête avec une expression d'autorité souveraine, expression toujours d'autant plus effrayante[33] que le pouvoir se trouve placé plus bas, féroce chez la bête fauve, atroce chez l'homme de rien.

— Sergent, cria-t-il, vous ne voyez pas que cette drôlesse s'en va ! Qui est-ce qui vous a dit de la laisser aller ?

— Moi, dit Madeleine.

La Fantine à la voix de Javert avait tremblé[34] et lâché le loquet comme un voleur pris lâche l'objet volé. A la voix de Madeleine, elle se retourna, et à partir de ce moment, sans qu'elle prononçât un mot, sans qu'elle osât même laisser sortir son souffle librement, son regard alla tour à tour de Madeleine à Javert et de Javert à Madeleine, selon que c'était l'un ou l'autre qui parlait.

Il était évident qu'il fallait que Javert eût été, comme on dit, « jeté hors des gonds » pour qu'il se fût permis d'apostropher le sergent comme il l'avait fait, après l'invitation du maire de mettre Fantine en liberté. En était-il venu à oublier la présence de monsieur le maire ? Avait-il fini par se déclarer à lui-même qu'il était impossible qu'une « autorité » eût donné un pareil ordre, et que bien certainement monsieur le maire avait dû dire sans le vouloir une chose pour une autre ? Ou bien, devant les énormités dont il était témoin depuis deux heures, se disait-il qu'il fallait revenir aux suprêmes résolutions, qu'il était nécessaire que le petit se fît grand, que le mouchard se transformât en magistrat, que l'homme de police devînt homme de justice, et qu'en cette extrémité prodigieuse l'ordre, la loi, la morale, le gouvernement, la société tout entière, se personnifiaient en lui Javert ?

Quoi qu'il en soit, quand M. Madeleine eut dit ce *moi* qu'on vient d'entendre, on vit l'inspecteur de police Javert se tourner vers monsieur le maire, pâle, froid, les lèvres bleues, le regard[35] désespéré, tout le corps agité d'un tremblement imperceptible, et, chose inouïe, lui dire, l'œil baissé, mais la voix ferme :

— Monsieur le maire, cela ne se peut pas.

— Comment? dit M. Madeleine.

— Cette malheureuse a insulté un bourgeois.

— Inspecteur Javert, repartit M. Madeleine avec un accent conciliant et calme, écoutez. Vous êtes un honnête homme, et je ne fais nulle difficulté de m'expliquer avec vous. Voici le vrai. Je passais sur la place comme vous emmeniez cette femme, il y avait encore des groupes, je me suis informé, j'ai tout su; c'est le bourgeois qui a eu tort et qui, en bonne police, eût dû être arrêté.

Javert reprit :

— Cette misérable vient d'insulter monsieur le maire.

— Ceci me regarde, dit M. Madeleine. Mon injure est à moi peut-être. J'en puis faire ce que je veux.

— Je demande pardon à monsieur le maire. Son injure n'est pas à lui, elle est à la justice.

— Inspecteur Javert, répliqua M. Madeleine, la première justice, c'est la conscience. J'ai entendu cette femme. Je sais ce que je fais.

— Et moi, monsieur le maire, je ne sais pas ce que je vois.

— Alors contentez-vous d'obéir.

— J'obéis à mon devoir. Mon devoir veut que cette femme fasse six mois de prison.

M. Madeleine répondit avec douceur :

— Écoutez bien ceci. Elle n'en fera pas un jour.

A cette parole décisive, Javert osa regarder le maire fixement, et lui dit, mais avec un son de voix toujours profondément respectueux :

— Je suis au désespoir de résister à monsieur le maire, c'est la première fois de ma vie, mais il daignera me permettre de lui faire observer que je suis dans la limite de mes attributions. Je reste, puisque monsieur le maire le veut, dans le fait du bourgeois. J'étais là. C'est cette fille qui s'est jetée sur monsieur Bamatabois, qui est électeur et propriétaire de cette belle maison à balcon qui fait le coin de l'esplanade, à trois étages et toute en pierre de taille. Enfin, il y a des choses dans ce monde ! Quoi qu'il en soit, monsieur le maire, cela, c'est un fait de police de la rue qui me regarde, et je retiens la femme Fantine.

Alors M. Madeleine croisa les bras et dit avec une voix sévère que personne dans la ville n'avait encore entendue :

— Le fait dont vous parlez est un fait de police municipale. Aux termes des articles neuf, quinze et soixante-six du code d'instruction criminelle, j'en suis juge. J'ordonne que cette femme soit mise en liberté.

Javert voulut tenter un dernier effort.

— Mais, monsieur le maire...

— Je vous rappelle, à vous, l'article quatre-vingt-un de la loi du 13 décembre 1799 sur la détention arbitraire[36].

— Monsieur le maire, permettez...

— Plus un mot.

— Pourtant...

— Sortez, dit M. Madeleine.

Javert reçut le coup[37], debout, de face, et en pleine poitrine comme un soldat russe. Il salua jusqu'à terre monsieur le maire, et sortit.

Fantine se rangea de la porte et le regarda avec stupeur passer devant elle.

Cependant elle aussi était en proie à un bouleversement étrange. Elle venait de se voir en quelque sorte disputée par deux puissances opposées. Elle avait vu lutter devant ses yeux deux hommes tenant dans leurs mains sa liberté, sa vie, son âme, son enfant; l'un de ces hommes la tirait du côté de l'ombre, l'autre la ramenait vers la lumière. Dans cette lutte, entrevue à travers les grossissements de l'épouvante, ces deux hommes lui étaient apparus comme deux géants; l'un parlait comme son démon, l'autre parlait comme son bon ange. L'ange avait vaincu le démon, et, chose qui la faisait frissonner de la tête aux pieds, cet ange, ce libérateur, c'était précisément l'homme qu'elle abhorrait, ce maire qu'elle avait si longtemps considéré comme l'auteur de tous ses maux, ce Madeleine ! et au moment même où elle venait de l'insulter d'une façon hideuse, il la sauvait[38] ! S'était-elle donc trompée? Devait-elle donc changer toute son âme?... Elle ne savait, elle tremblait[39]. Elle écoutait éperdue, elle regardait effarée, et à chaque parole que disait M. Madeleine, elle sentait fondre et s'écrouler en elle les affreuses ténèbres de la haine et naître dans son cœur je ne sais quoi de réchauffant et d'ineffable qui était de la joie, de la confiance et[40] de l'amour.

Quand Javert fut sorti, M. Madeleine se tourna vers elle, et lui dit avec une voix lente, ayant peine à parler comme un homme sérieux qui ne veut pas pleurer :

— Je vous ai entendue. Je ne savais rien de ce que vous avez dit. Je crois que c'est vrai, et je sens que c'est vrai. J'ignorais même que vous eussiez quitté mes ateliers. Pourquoi ne vous êtes-vous pas adressée à moi ? Mais voici : je payerai vos dettes, je ferai venir votre enfant, ou vous irez la rejoindre. Vous vivrez ici, à Paris, où vous voudrez. Je me charge de votre enfant et de vous. Vous ne travaillerez plus, si vous voulez. Je vous donnerai tout l'argent qu'il vous faudra. Vous redeviendrez honnête en redevenant heureuse. Et même, écoutez, je vous le déclare dès à présent, si tout est comme vous le dites, et je n'en doute pas, vous n'avez jamais cessé d'être vertueuse et sainte devant Dieu. Oh ! pauvre femme !

C'en était plus que la pauvre Fantine n'en pouvait supporter. Avoir Cosette ! sortir de cette vie infâme ! vivre libre[41], riche, heureuse, honnête, avec Cosette ! voir brusquement s'épanouir au milieu de sa misère toutes ces réalités du paradis ! Elle regarda comme hébétée cet homme qui lui parlait, et ne put que jeter deux ou trois sanglots : oh ! oh ! oh ! Ses jarrets plièrent, elle se mit à genoux[42] devant M. Madeleine, et, avant qu'il eût pu l'en empêcher, il sentit qu'elle lui prenait la main et que ses lèvres s'y posaient.

Puis elle s'évanouit.

LIVRE SIXIÈME[1]

JAVERT

I

Commencement du repos

M. Madeleine fit transporter la Fantine à cette infirmerie qu'il avait dans sa propre maison. Il la confia aux sœurs qui la mirent au lit. Une fièvre ardente était survenue. Elle passa une partie de la nuit à délirer et à parler haut. Cependant elle finit par s'endormir.

Le lendemain vers midi Fantine se réveilla, elle entendit une respiration tout près de son lit, elle écarta son rideau et vit M. Madeleine debout qui regardait quelque chose au-dessus de sa tête. Ce regard était plein de pitié et d'angoisse et suppliait. Elle en suivit la direction et vit qu'il s'adressait à un crucifix cloué au mur.

M. Madeleine était désormais transfiguré aux yeux de Fantine. Il lui paraissait enveloppé de lumière. Il était absorbé dans une sorte de prière. Elle le considéra longtemps sans oser l'interrompre. Enfin elle lui dit timidement :

— Que faites-vous donc là ?

M. Madeleine était à cette place depuis une heure. Il attendait que Fantine se réveillât. Il lui prit la main, lui tâta le pouls, et répondit :

— Comment êtes-vous ?

— Bien, j'ai dormi, dit-elle, je crois que je vais mieux. Ce ne sera rien.

Lui reprit, répondant à la question qu'elle lui avait adressée d'abord, comme s'il ne faisait que de l'entendre :

— Je priais le martyr qui est là-haut.

Et il ajouta dans sa pensée : « Pour la martyre qui est ici-bas. »

M. Madeleine avait passé la nuit et la matinée à s'informer. Il savait tout maintenant. Il connaissait dans tous ses poignants détails l'histoire de Fantine. Il continua :

— Vous avez bien souffert, pauvre mère. Oh! ne vous plaignez pas, vous avez à présent la dot des élus. C'est de cette façon que les hommes font des anges. Ce n'est point leur faute; ils ne savent pas s'y prendre autrement. Voyez-vous, cet enfer dont vous sortez est la première forme du ciel. Il fallait commencer par là.

Il soupira profondément. Elle cependant lui souriait avec ce sublime sourire auquel il manquait deux dents.

Javert dans cette même nuit avait écrit une lettre. Il remit lui-même cette lettre le lendemain matin au bureau de poste de Montreuil-sur-mer. Elle était pour Paris, et la suscription portait : *A monsieur Chabouillet, secrétaire de monsieur le préfet de police.* Comme l'affaire du corps de garde s'était ébruitée, la directrice du bureau de poste et quelques autres personnes qui virent la lettre avant le départ et qui reconnurent l'écriture de Javert sur l'adresse, pensèrent que c'était sa démission qu'il envoyait[2].

M. Madeleine se hâta d'écrire aux Thénardier. Fantine leur devait cent vingt francs. Il leur envoya trois cents francs, en leur disant de se payer sur cette somme, et d'amener tout de suite l'enfant à Montreuil-sur-mer où sa mère malade la réclamait.

Ceci éblouit le Thénardier. — Diable! dit-il à sa femme, ne lâchons pas l'enfant. Voilà que cette mauviette va devenir une vache à lait. Je devine. Quelque jocrisse se sera amouraché de la mère.

Il riposta par un mémoire de cinq cents et quelques francs fort bien fait. Dans ce mémoire figuraient pour plus de trois cents francs deux notes incontestables, l'une d'un médecin, l'autre d'un apothicaire, lesquels avaient soigné et médicamenté dans deux longues maladies Éponine et Azelma[3]. Cosette, nous l'avons dit, n'avait pas été malade. Ce fut l'affaire d'une toute petite substitution de noms. Thénardier mit au bas du mémoire *Reçu à compte trois cents francs.*

M. Madeleine envoya tout de suite trois cents autres francs et écrivit : « Dépêchez-vous d'amener Cosette. »

— Christi! dit le Thénardier, ne lâchons pas l'enfant.

Cependant Fantine ne se rétablissait point. Elle était toujours à l'infirmerie.

Les sœurs n'avaient d'abord reçu et soigné « cette fille » qu'avec répugnance. Qui a vu les bas-reliefs de Reims se souvient du gonflement de la lèvre inférieure des vierges sages regardant les vierges folles. Cet antique mépris des vestales pour les ambubaïes[4] est un des plus profonds instincts de la dignité féminine; les sœurs l'avaient éprouvé, avec le redoublement qu'ajoute la religion. Mais, en peu de jours, Fantine les avait désarmées. Elle avait toutes sortes de paroles humbles et douces, et la mère qui était en elle attendrissait. Un jour les sœurs l'entendirent qui disait à travers la fièvre:

— J'ai été une pécheresse, mais quand j'aurai mon enfant près de moi, cela voudra dire que Dieu m'a pardonné. Pendant que j'étais dans le mal, je n'aurais pas voulu avoir ma Cosette avec moi, je n'aurais pas pu supporter ses yeux étonnés et tristes. C'était pour elle pourtant[5] que je faisais le mal, et c'est ce qui fait que Dieu me pardonne. Je sentirai la bénédiction du bon Dieu quand Cosette sera ici. Je la regarderai, cela me fera du bien de voir cette innocente. Elle ne sait rien du tout. C'est un ange, voyez-vous, mes sœurs. A cet âge-là, les ailes, ça n'est pas encore tombé.

M. Madeleine l'allait voir deux fois par jour, et chaque fois elle lui demandait:

— Verrai-je bientôt ma Cosette?

Il lui répondait:

— Peut-être demain matin. D'un moment à l'autre elle arrivera, je l'attends.

Et le visage pâle de la mère rayonnait.

— Oh! disait-elle, comme je vais être heureuse!

Nous venons de dire qu'elle ne se rétablissait pas. Au contraire, son état semblait s'aggraver de semaine en semaine. Cette poignée de neige appliquée à nu sur la peau entre les deux omoplates avait déterminé une suppression subite de transpiration à la suite de laquelle la maladie qu'elle couvait depuis plusieurs années finit par se déclarer violemment. On commençait alors à suivre pour l'étude et le traitement des maladies de poitrine les belles indications de Laënnec[6]. Le médecin ausculta la Fantine et hocha la tête.

M. Madeleine dit au médecin:

— Eh bien?

— N'a-t-elle pas un enfant qu'elle désire voir? dit le médecin.

— Oui.

— Eh bien, hâtez-vous de le faire venir.

M. Madeleine eut un tressaillement.

Fantine lui demanda :

— Qu'a dit le médecin ?

M. Madeleine s'efforça de sourire.

— Il a dit de faire venir bien vite votre enfant. Que cela vous rendra la santé.

— Oh ! reprit-elle, il a raison ! Mais qu'est-ce qu'ils ont donc ces Thénardier à me garder ma Cosette ! Oh ! elle va venir. Voici enfin que je vois le bonheur tout près de moi !

Le Thénardier cependant ne « lâchait pas l'enfant » et donnait cent mauvaises raisons. Cosette était un peu souffrante pour se mettre en route l'hiver. Et puis il y avait un reste de petites dettes criardes dans le pays dont il rassemblait les factures, etc., etc.

— J'enverrai quelqu'un chercher Cosette, dit le père Madeleine. S'il le faut, j'irai moi-même.

Il écrivit sous la dictée de Fantine cette lettre qu'il lui fit signer :

« Monsieur Thénardier,

« Vous remettrez Cosette à la personne.
« On vous payera toutes les petites choses.
« J'ai l'honneur de vous saluer avec considération.

« Fantine. »

Sur ces entrefaites, il survint un grave incident. Nous avons beau tailler de notre mieux le bloc mystérieux dont notre vie est faite, la veine noire de la destinée y reparaît toujours[7].

II

Comment Jean peut devenir Champ

Un matin, M. Madeleine était dans son cabinet, occupé à régler d'avance quelques affaires pressantes de la mairie pour le cas où il se déciderait à ce voyage de Montfermeil, lorsqu'on vint lui dire que l'inspecteur de police Javert demandait à lui parler. En entendant prononcer ce nom, M. Madeleine ne put se défendre d'une impression désagréable. Depuis l'aventure du bureau de police, Javert l'avait plus que jamais évité, et M. Madeleine ne l'avait point revu.

— Faites entrer, dit-il.

Javert entra[1].

M. Madeleine était resté assis près de la cheminée, une plume à la main, l'œil sur un dossier qu'il feuilletait et qu'il annotait, et qui contenait des procès-verbaux de contraventions à la police de la voirie. Il ne se dérangea point pour Javert. Il ne pouvait s'empêcher de songer à la pauvre Fantine, et il lui convenait d'être glacial.

Javert salua respectueusement M. le maire qui lui tournait le dos. M. le maire ne le regarda pas et continua d'annoter son dossier.

Javert fit deux ou trois pas dans le cabinet, et s'arrêta sans rompre le silence.

Un physionomiste qui eût été familier avec la nature de Javert, qui eût étudié depuis longtemps ce sauvage au service de la civilisation, ce composé bizarre du Romain, du spartiate, du moine et du caporal, cet espion incapable d'un mensonge, ce mouchard vierge, un physionomiste qui eût su sa secrète et ancienne aversion pour M. Madeleine, son conflit avec le maire au sujet de la Fantine, et qui eût considéré Javert en ce moment, se fût dit : que s'est-il passé ? Il était évident, pour qui eût connu cette conscience droite, claire, sincère, probe, austère et féroce, que Javert sortait de quelque grand événement intérieur. Javert n'avait rien dans l'âme qu'il ne l'eût aussi sur le visage. Il était, comme les gens violents, sujet aux revirements brusques. Jamais sa physionomie n'avait été plus étrange et plus inattendue. En entrant, il s'était incliné devant M. Madeleine avec un regard où il n'y avait ni rancune, ni colère, ni défiance, il s'était arrêté à quelques pas derrière le fauteuil du maire ; et maintenant il se tenait là, debout, dans une attitude presque disciplinaire, avec la rudesse naïve et froide d'un homme qui n'a jamais été doux et qui a toujours été patient ; il attendait, sans dire un mot, sans faire un mouvement, dans une humilité vraie et dans une résignation tranquille, qu'il plût à monsieur le maire de se retourner, calme, sérieux, le chapeau à la main, les yeux baissés, avec une expression qui tenait le milieu entre le soldat devant son officier et le coupable devant son juge. Tous les sentiments comme tous les souvenirs qu'on eût pu lui supposer avaient disparu. Il n'y avait plus rien sur ce visage impénétrable et simple comme le granit, qu'une morne tristesse. Toute sa personne respirait l'abaissement et la fermeté, et je ne sais quel accablement courageux.

Enfin M. le maire posa sa plume et se tourna à demi :

— Eh bien ! qu'est-ce ? qu'y a-t-il, Javert ?

Javert demeura un instant silencieux comme s'il se recueillait, puis éleva la voix avec une sorte de solennité triste qui n'excluait pourtant pas la simplicité :

— Il y a, monsieur le maire, qu'un acte coupable a été commis.

— Quel acte ?

— Un agent inférieur de l'autorité a manqué de respect à un magistrat de la façon la plus grave. Je viens, comme c'est mon devoir, porter le fait à votre connaissance.

— Quel est cet agent ? demanda M. Madeleine[2].

— Moi, dit Javert[3].

— Vous ?

— Moi.

— Et quel est le magistrat qui aurait à se plaindre de l'agent ?

— Vous, monsieur le maire.

M. Madeleine se dressa sur son fauteuil. Javert poursuivit, l'air sévère et les yeux toujours baissés :

— Monsieur le maire[4], je viens vous prier de vouloir bien provoquer près de l'autorité ma destitution.

M. Madeleine stupéfait ouvrit la bouche. Javert l'interrompit.

— Vous direz, j'aurais pu[5] donner ma démission, mais cela ne suffit pas. Donner sa démission, c'est honorable. J'ai failli, je dois être puni. Il faut que je sois chassé.

Et après une pause, il ajouta :

— Monsieur le maire, vous avez été sévère pour moi l'autre jour injustement. Soyez-le aujourd'hui justement.

— Ah çà ! pourquoi ? s'écria M. Madeleine. Quel est ce galimatias ? qu'est-ce que cela veut dire ? où y a-t-il un acte coupable commis contre moi par vous ? qu'est-ce que vous m'avez fait ? quels torts avez-vous envers moi ? Vous vous accusez, vous voulez être remplacé...

— Chassé, dit Javert.

— Chassé, soit. C'est fort bien. Je ne comprends pas.
— Vous allez comprendre, monsieur le maire.

Javert soupira du fond de sa poitrine et reprit toujours froidement et tristement[6] :

— Monsieur[7] le maire, il y a six semaines, à la suite de cette scène pour cette fille, j'étais furieux, je vous ai dénoncé.
— Dénoncé !
— A la préfecture de police de Paris.

M. Madeleine, qui ne riait pas beaucoup plus souvent que Javert, se mit à rire.

— Comme maire ayant empiété sur la police?
— Comme ancien forçat.

Le maire devint livide.

Javert, qui n'avait pas levé les yeux, continua :

— Je le croyais. Depuis longtemps j'avais des idées. Une ressemblance, des renseignements que vous avez fait prendre à Faverolles, votre force des reins, l'aventure du vieux Fauchelevent, votre adresse au tir, votre jambe qui traîne un peu, est-ce que je sais, moi? des bêtises ! mais enfin je vous prenais pour un nommé Jean Valjean.

— Un nommé?... Comment dites-vous ce nom-là?
— Jean Valjean. C'est un forçat que j'avais vu il y a vingt ans quand j'étais adjudant-garde-chiourme à Toulon. En sortant du bagne, ce Jean Valjean avait, à ce qu'il paraît, volé chez un évêque, puis il avait commis un autre vol à main armée, dans un chemin public, sur un petit Savoyard. Depuis huit ans il s'était dérobé, on ne sait comment, et on le cherchait. Moi je m'étais figuré... — Enfin j'ai fait cette chose ! La colère m'a décidé, je vous ai dénoncé à la préfecture.

M. Madeleine, qui avait ressaisi le dossier depuis quelques instants, reprit avec un accent de parfaite indifférence :

— Et que vous a-t-on répondu?
— Que j'étais fou.
— Eh bien?
— Eh bien, on avait raison.
— C'est heureux que vous le reconnaissiez !
— Il faut bien, puisque le véritable Jean Valjean est trouvé.

La feuille que tenait M. Madeleine lui échappa des

mains, il leva la tête, regarda fixement Javert, et dit avec un accent inexprimable : — Ah !

Javert poursuivit :

— Voilà ce que c'est, monsieur le maire. Il paraît qu'il y avait dans le pays, du côté d'Ailly-le-Haut-Clocher[8], une espèce de bonhomme[9] qu'on appelait le père Champmathieu. C'était très misérable. On n'y faisait pas attention. Ces gens-là, on ne sait pas de quoi cela vit. Dernièrement, cet automne, le père Champmathieu a été arrêté pour un vol de pommes à cidre, commis chez... Enfin n'importe ! Il y a eu vol, mur escaladé, branches de l'arbre cassées. On a arrêté mon Champmathieu. Il avait encore la branche de pommier à la main. On coffre le drôle. Jusqu'ici[10] ce n'est pas beaucoup plus qu'une affaire correctionnelle. Mais voici qui est de la providence. La geôle étant en mauvais état, monsieur le juge d'instruction trouve à propos de faire transférer Champmathieu à Arras où est la prison départementale. Dans cette prison d'Arras[11], il y a un ancien forçat nommé Brevet qui est détenu pour je ne sais quoi et qu'on a fait guichetier de chambrée parce qu'il se conduit bien. Monsieur le maire, Champmathieu n'est pas plus tôt débarqué que voilà Brevet qui s'écrie : « Eh mais ! je connais cet homme-là. C'est un *fagot**. Regardez-moi donc, bonhomme ! Vous êtes[12] Jean Valjean ! — Jean Valjean ! qui ça Jean Valjean ? Le Champmathieu joue l'étonné[13]. — Ne fais donc pas le *sinvre,* dit Brevet. Tu es Jean Valjean ! Tu as été au bagne de Toulon. Il y a vingt ans[14] nous y étions ensemble. » Le Champmathieu nie. Parbleu ! vous comprenez. On approfondit. On me fouille cette aventure-là. Voici[15] ce qu'on trouve : ce Champmathieu, il y a une trentaine d'années, a été ouvrier émondeur d'arbres dans plusieurs pays, notamment à Faverolles. Là on perd sa trace. Longtemps après, on le revoit en Auvergne, puis à Paris, où il dit avoir été charron et avoir eu une fille blanchisseuse, mais cela n'est pas prouvé ; enfin dans ce pays-ci. Or, avant d'aller au bagne pour vol qualifié, qu'était Jean Valjean ? émondeur. Où ? à Faverolles. Autre fait. Ce Valjean s'appelait de son nom de baptême Jean et sa mère se nommait de son nom de famille Mathieu. Quoi de plus

---

* *Fagot,* ancien forçat.

naturel que de penser qu'en sortant du bagne il aura pris le nom de sa mère pour se cacher et se sera fait appeler Jean Mathieu ? Il va en Auvergne. De *Jean* la prononciation du pays fait *Chan,* on l'appelle Chan Mathieu. Notre homme se laisse faire[16] et le voilà transformé en Champmathieu. Vous me suivez, n'est-ce pas ? On s'informe à Faverolles. La famille de Jean Valjean n'y est plus. On ne sait plus où elle est. Vous savez, dans ces classes-là, il y a souvent de ces évanouissements d'une famille. On cherche, on ne trouve plus rien. Ces gens-là, quand ce n'est pas de la boue, c'est de la poussière. Et puis, comme le commencement de ces histoires[17] date de trente ans, il n'y a plus personne à Faverolles qui ait connu Jean Valjean. On s'informe à Toulon. Avec Brevet, il n'y a plus que deux forçats qui aient vu Jean Valjean. Ce sont les condamnés à vie Cochepaille et Chenildieu. On les extrait du bagne et on[18] les fait venir. On les confronte au prétendu Champmathieu. Ils n'hésitent pas. Pour eux comme pour Brevet, c'est Jean Valjean. Même âge, il a cinquante-quatre ans, même taille, même air, même homme enfin, c'est lui. C'est en ce moment-là même que j'envoyais ma dénonciation à la préfecture de Paris. On me répond que je perds l'esprit et que Jean Valjean est à Arras au pouvoir de la justice. Vous concevez si cela m'étonne, moi qui croyais tenir ici ce même Jean Valjean ! J'écris à monsieur le juge d'instruction. Il me fait venir, on m'amène le Champmathieu...

— Eh bien ? interrompit M. Madeleine.

Javert répondit avec son visage incorruptible et triste :

— Monsieur le maire, la vérité est la vérité. J'en suis fâché, mais c'est cet homme-là qui est Jean Valjean. Moi aussi je l'ai reconnu.

M. Madeleine reprit d'une voix très basse :

— Vous êtes sûr ?

Javert se mit à rire de ce rire douloureux qui échappe à une conviction profonde :

— Oh, sûr !

Il demeura un moment pensif, prenant machinalement des pincées de poudre de bois dans la sébille à sécher l'encre qui était sur la table, et il ajouta :

— Et même, maintenant que je vois le vrai Jean Valjean, je ne comprends pas comment j'ai pu croire autre chose. Je vous demande pardon, monsieur le maire.

En adressant cette parole suppliante et grave à celui qui, six semaines auparavant, l'avait humilié en plein corps de garde et lui avait dit : sortez ! Javert, cet homme hautain, était à son insu plein de simplicité et de dignité. M. Madeleine ne répondit à sa prière que par cette question brusque :

— Et que dit cet homme ?

— Ah, dame ! monsieur le maire, l'affaire est mauvaise[19]. Si c'est Jean Valjean, il y a récidive. Enjamber un mur, casser une branche, chiper des pommes, pour un enfant, c'est une polissonnerie ; pour un homme, c'est un délit ; pour un forçat, c'est un crime. Escalade et vol, tout y est. Ce n'est plus la police correctionnelle, c'est la cour d'assises. Ce n'est plus quelques jours de prison, ce sont les galères à perpétuité. Et puis, il y a l'affaire du petit Savoyard que j'espère bien qui reviendra. Diable ! il y a de quoi se débattre, n'est-ce pas ? Oui, pour un autre que Jean Valjean. Mais Jean Valjean est un sournois. C'est encore là que je le reconnais. Un autre sentirait que cela chauffe ; il se démènerait, il crierait, la bouilloire chante devant le feu, il ne voudrait pas être Jean Valjean, *et cætera*. Lui, il n'a pas l'air de comprendre, il dit : Je suis Champmathieu, je ne sors pas de là ! Il a l'air étonné, il fait la brute, c'est bien mieux. Oh ! le drôle est habile. Mais c'est égal, les preuves sont là. Il est reconnu[20] par quatre personnes, le vieux coquin sera condamné[21]. C'est porté aux assises, à Arras. Je vais y aller pour témoigner. Je suis cité.

M. Madeleine s'était remis à son bureau, avait ressaisi son dossier, et le feuilletait tranquillement, lisant et écrivant tour à tour comme un homme affairé. Il se tourna vers Javert[22].

— Assez, Javert. Au fait, tous ces détails m'intéressent fort peu. Nous perdons notre temps, et nous avons des affaires pressées. Javert, vous allez vous rendre sur-le-champ chez la bonne femme Buseaupied qui vend des herbes là-bas au coin de la rue Saint-Saulve. Vous lui direz de déposer sa plainte contre le charretier Pierre Chesnelong. Cet homme est un brutal qui a failli écraser cette femme et son enfant. Il faut qu'il soit puni. Vous irez ensuite chez M. Charcellay, rue Montre-de-Champigny. Il se plaint qu'il y a une gouttière de la maison voisine qui verse l'eau de la pluie chez lui, et qui affouille les fondations de sa maison. Après vous constaterez des contraventions de police qu'on me signale rue Guibourg chez la veuve Doris, et rue du Garraud-Blanc chez Mme Renée Le Bossé, et vous dresserez procès-verbal. Mais je vous donne[23] là beaucoup de besogne. N'allez-vous pas être absent? Ne m'avez-vous pas dit que vous alliez à Arras pour cette affaire dans huit ou dix jours?...

— Plus tôt que cela, monsieur le maire.

— Quel jour donc?

— Mais je croyais avoir dit à monsieur le maire que cela se jugeait demain et que je partais par la diligence cette nuit.

M. Madeleine fit un mouvement imperceptible.

— Et combien de temps durera l'affaire?

— Un jour tout au plus. L'arrêt sera prononcé au plus tard demain dans la nuit. Mais je n'attendrai pas l'arrêt, qui ne peut manquer. Sitôt ma déposition faite, je reviendrai ici.

— C'est bon, dit M. Madeleine.

Et il congédia Javert d'un signe de main.

Javert ne s'en alla pas.

— Pardon, monsieur le maire, dit-il.

— Qu'est-ce encore? demanda M. Madeleine.

— Monsieur le maire, il me reste une chose à vous rappeler.

— Laquelle?

— C'est que je dois être destitué.

M. Madeleine se leva.

— Javert, vous êtes un homme d'honneur, et je vous estime. Vous vous exagérez votre faute. Ceci d'ailleurs est encore une offense[24] qui me concerne. Javert, vous êtes digne de monter et non de descendre. J'entends que vous gardiez votre place.

Javert regarda M. Madeleine avec sa prunelle candide au fond de laquelle il semblait qu'on vît cette conscience peu éclairée, mais rigide et chaste, et il dit d'une voix tranquille[25] :

— Monsieur le maire, je ne puis vous accorder cela.

— Je vous répète, répliqua M. Madeleine, que la chose me regarde.

Mais Javert, attentif à sa seule pensée, continua :

— Quant à exagérer, je n'exagère point. Voici

comment je raisonne. Je vous ai soupçonné injustement. Cela, ce n'est rien. C'est notre droit à nous autres de soupçonner, quoiqu'il y ait pourtant abus à soupçonner au-dessus de soi. Mais, sans preuves, dans un accès de colère, dans le but de me venger, je vous ai dénoncé comme forçat, vous, un homme respectable, un maire, un magistrat! ceci est grave. Très grave. J'ai offensé l'autorité dans votre personne, moi, agent de l'autorité! Si l'un de mes subordonnés avait fait ce que j'ai fait, je l'aurais déclaré indigne du service, et chassé. Eh bien? — Tenez, monsieur le maire, encore un mot. J'ai souvent été sévère dans ma vie. Pour les autres. C'était juste. Je faisais bien. Maintenant, si je n'étais pas sévère pour moi, tout ce que j'ai fait de juste deviendrait injuste. Est-ce que je dois m'épargner plus que les autres? Non. Quoi! je n'aurais été bon qu'à châtier autrui, et pas moi! mais je serais un misérable! mais ceux qui disent: ce gueux de Javert! auraient raison! Monsieur le maire, je ne souhaite pas[26] que vous me traitiez avec bonté, votre bonté m'a fait faire assez de mauvais sang quand elle était pour les autres. Je n'en veux pas pour moi. La bonté qui consiste à donner raison à la fille publique contre le bourgeois, à l'agent de police contre le maire, à celui qui est en bas contre celui qui est en haut, c'est ce que j'appelle de la mauvaise bonté[27]. C'est avec cette bonté-là que la société se désorganise. Mon Dieu! c'est bien facile d'être bon, le malaisé c'est d'être juste. Allez[28]! si vous aviez été ce que je croyais, je n'aurais pas été bon pour vous, moi! vous auriez vu! Monsieur le maire, je dois me traiter comme je traiterais tout autre. Quand je réprimais des malfaiteurs, quand je sévissais sur des gredins, je me suis souvent dit à moi-même: toi, si tu bronches, si jamais je te prends en faute, sois tranquille! — J'ai bronché, je me prends en faute, tant pis! Allons, renvoyé, cassé, chassé! c'est bon. J'ai des bras, je travaillerai à la terre, cela m'est égal. Monsieur le maire, le bien du service veut un exemple. Je demande simplement la destitution de l'inspecteur Javert.

Tout cela était prononcé d'un accent humble, fier, désespéré et convaincu qui donnait je ne sais quelle grandeur bizarre à cet étrange honnête homme[29].

— Nous verrons, fit M. Madeleine.

Et il lui tendit la main.

Javert recula, et dit d'un ton[30] farouche :

— Pardon, monsieur le maire, mais cela ne doit pas être. Un maire ne donne pas la main à un mouchard.

Il ajouta entre ses dents :

— Mouchard, oui ; du moment où j'ai mésusé de la police, je ne suis plus qu'un mouchard[31].

Puis il salua profondément, et se dirigea vers la porte.

Là, il se retourna, et, les yeux toujours baissés[32] :

— Monsieur le maire, dit-il, je continuerai le service jusqu'à ce que je sois remplacé[33].

Il sortit. M. Madeleine resta rêveur, écoutant ce pas ferme et assuré qui s'éloignait sur le pavé du corridor.

LIVRE SEPTIÈME

L'AFFAIRE CHAMPMATHIEU

I

La sœur Simplice[1]

Les incidents qu'on va lire n'ont pas tous été connus à Montreuil-sur-mer, mais le peu qui en a percé a laissé dans cette ville un tel souvenir, que ce serait une grave lacune dans ce livre[2] si nous ne les racontions dans leurs moindres détails.

Dans ces détails, le lecteur rencontrera deux ou trois circonstances invraisemblables que nous maintenons par respect pour la vérité[3].

Dans l'après-midi qui suivit la visite de Javert, M. Madeleine alla voir la Fantine comme d'habitude.

Avant[4] de pénétrer près de Fantine, il fit demander la sœur Simplice. Les deux religieuses qui faisaient le service de l'infirmerie, dames lazaristes comme toutes les sœurs de charité, s'appelaient sœur Perpétue et sœur Simplice.

La sœur Perpétue était la première villageoise venue, grossièrement sœur de charité, entrée chez Dieu comme on entre en place. Elle était religieuse comme on est cuisinière. Ce type n'est point rare. Les ordres monastiques acceptent volontiers cette lourde poterie paysanne, aisément façonnée en capucin ou en ursuline. Ces rusticités s'utilisent pour les grosses besognes de la dévotion. La transition d'un bouvier à un carme n'a rien de heurté; l'un devient l'autre sans grand travail; le fond commun d'ignorance du village et du cloître est une préparation toute faite, et met tout de suite le campagnard de plain-pied avec le moine. Un peu d'ampleur au sarrau, et voilà un froc. La sœur Perpétue était une forte religieuse, de Marines, près Pontoise, patoisant, psalmodiant, bougonnant, sucrant la tisane selon le bigotisme ou l'hypocrisie du grabataire, brusquant les malades, bourrue avec les mourants, leur jetant presque Dieu au visage, lapidant l'agonie avec des prières en colère, hardie, honnête et rougeaude.

La sœur Simplice était blanche d'une blancheur de cire. Près de sœur Perpétue, c'était le cierge à côté de la chandelle. Vincent de Paul a divinement fixé la figure de la sœur de charité dans ces admirables paroles où il mêle tant de liberté à tant de servitude : « Elles n'auront pour monastère que la maison des malades, pour cellule qu'une chambre de louage, pour chapelle que l'église de leur paroisse, pour cloître que les rues de la ville ou les salles des hôpitaux, pour clôture que l'obéissance, pour grille que la crainte de Dieu, pour voile que la modestie. » Cet idéal était vivant dans la sœur Simplice. Personne n'eût pu dire l'âge de la sœur Simplice ; elle n'avait jamais été jeune et semblait ne devoir jamais être vieille. C'était une personne — nous n'osons dire une femme — calme, austère, de bonne compagnie, froide, et qui n'avait jamais menti. Elle était si douce qu'elle paraissait fragile ; plus solide d'ailleurs que le granit. Elle touchait aux malheureux avec de charmants doigts fins et purs. Il y avait, pour ainsi dire, du silence dans sa parole ; elle parlait juste le nécessaire, et elle avait un son de voix qui eût tout à la fois édifié un confessionnal et enchanté un salon. Cette délicatesse s'accommodait de la robe de bure, trouvant à ce rude contact un rappel continuel du ciel et de Dieu. Insistons sur un détail. N'avoir jamais menti, n'avoir jamais dit, pour un intérêt quelconque, même indifféremment, une chose qui ne fût la vérité, la sainte vérité, c'était le trait distinctif de la sœur Simplice ; c'était l'accent de sa vertu. Elle était presque célèbre dans la congrégation pour cette véracité imperturbable. L'abbé Sicard[5] parle de la sœur Simplice dans une lettre au sourd-muet Massieu. Si sincères, si loyaux et si purs que nous soyons, nous avons tous sur notre candeur au moins la fêlure du petit mensonge innocent. Elle, point. Petit mensonge, mensonge innocent, est-ce que cela existe ? Mentir, c'est l'absolu du mal. Peu mentir n'est pas possible ; celui qui ment, ment tout le mensonge ; mentir, c'est la face même du démon ; Satan a deux noms, il s'appelle Satan et il s'appelle Mensonge. Voilà ce qu'elle pensait. Et comme elle pensait, elle pratiquait. Il en résultait cette blancheur dont nous avons parlé, blancheur qui couvrait de son rayonnement même ses lèvres et ses yeux. Son sourire était blanc, son regard était blanc. Il n'y avait pas une toile d'araignée, pas un grain de poussière à la vitre de cette conscience. En entrant dans l'obédience de saint Vincent de Paul, elle avait pris le nom de Simplice par choix spécial. Simplice de Sicile, on le sait, est cette sainte qui aima mieux se laisser arracher les deux seins que de répondre, étant née à Syracuse, qu'elle était née à Ségeste, mensonge qui la sauvait. Cette patronne convenait à cette âme.

La sœur Simplice, en entrant dans l'ordre, avait deux défauts dont elle s'était peu à peu corrigée; elle avait eu le goût des friandises et elle avait aimé à recevoir des lettres. Elle ne lisait jamais qu'un livre de prières en gros caractères et en latin. Elle ne comprenait pas le latin, mais elle comprenait le livre.

La pieuse fille avait pris en affection Fantine, y sentant probablement de la vertu latente, et s'était dévouée à la soigner presque exclusivement. M. Madeleine emmena à part la sœur Simplice et lui recommanda Fantine avec un accent singulier dont la sœur se souvint plus tard. En quittant la sœur, il s'approcha de Fantine.

Fantine attendait chaque jour l'apparition de M. Madeleine comme on attend un rayon de chaleur et de joie. Elle disait aux sœurs :

— Je ne vis que lorsque monsieur le maire est là.

Elle avait ce jour-là beaucoup de fièvre. Dès qu'elle vit M. Madeleine, elle lui demanda[6] :

— Et Cosette?

Il répondit en souriant :

— Bientôt[7].

M. Madeleine fut avec Fantine comme à l'ordinaire. Seulement il resta une heure au lieu d'une demi-heure, au grand contentement de Fantine[8]. Il fit mille instances à tout le monde pour que rien ne manquât à la malade. On remarqua[9] qu'il y eut un moment où son visage[10] devint très sombre. Mais cela s'expliqua quand on sut que le médecin s'était penché à son oreille et lui avait dit :

— Elle baisse beaucoup.

Puis il rentra à la mairie, et le garçon de bureau le vit examiner avec attention une carte routière de France qui était suspendue dans son cabinet. Il écrivit quelques chiffres au crayon sur un papier.

II

Perspicacité de maître Scaufflaire

De la mairie il se rendit au bout de la ville chez un flamand, maître Scaufflaër[1], francisé Scaufflaire, qui louait des chevaux et des « cabriolets à volonté ».

Pour aller chez ce Scaufflaire, le plus court était de prendre une rue peu fréquentée où était le presbytère de la paroisse que M. Madeleine habitait. Le curé était, disait-on, un homme digne et respectable, et de bon conseil. A l'instant où M. Madeleine arriva devant le presbytère, il n'y avait dans la rue qu'un passant, et ce passant remarqua ceci : M. le Maire, après avoir dépassé la maison curiale, s'arrêta, demeura immobile, puis revint sur ses pas et rebroussa chemin jusqu'à la porte du presbytère, qui était une porte bâtarde avec marteau de fer. Il mit vivement la main au marteau, et le souleva; puis il s'arrêta de nouveau, et resta court, et comme pensif, et, après quelques secondes, au lieu de laisser bruyamment retomber le marteau, il le reposa doucement et reprit son chemin avec une sorte de hâte qu'il n'avait pas auparavant.

M. Madeleine trouva maître Scaufflaire chez lui occupé à repiquer un harnais.

— Maître Scaufflaire, demanda-t-il, avez-vous un bon cheval[2]?

— Monsieur le maire, dit le Flamand, tous mes chevaux sont bons. Qu'entendez-vous par un bon cheval?

— J'entends un cheval qui puisse faire vingt lieues en un jour.

— Diable! fit le Flamand, vingt lieues!

— Oui[3].

— Attelé à un cabriolet?

— Oui.

— Et combien de temps se reposera-t-il après la course?

— Il faut qu'il puisse au besoin repartir le lendemain.

— Pour refaire le même trajet?

— Oui.

— Diable! diable! et c'est vingt lieues?

M. Madeleine tira de sa poche le papier où il avait crayonné des chiffres. Il les montra au Flamand. C'étaient les chiffres 5, 6, 8 1/2.

— Vous voyez, dit-il. Total, dix-neuf et demi, autant dire vingt lieues[4].

— Monsieur le maire, reprit le Flamand, j'ai votre affaire. Mon petit cheval blanc. Vous avez dû le voir passer quelquefois. C'est une petite bête du bas Boulonnais. C'est plein de feu. On a voulu d'abord en faire un cheval de selle. Bah! il ruait, il flanquait tout le monde par terre. On le croyait vicieux, on ne savait qu'en faire. Je l'ai acheté. Je l'ai mis au cabriolet. Monsieur, c'est cela qu'il voulait; il est doux comme une fille, il va le vent. Ah! par exemple, il ne faudrait pas lui monter sur le dos. Ce n'est pas son idée d'être cheval de selle. Chacun a son ambition. Tirer, oui, porter, non; il faut croire qu'il s'est dit ça.

— Et il fera la course?

— Vos vingt lieues. Toujours au grand trot[5], et en moins de huit heures. Mais voici à quelles conditions.

— Dites.

— Premièrement, vous le ferez souffler une heure à moitié chemin; il mangera, et on sera là pendant qu'il mangera pour empêcher le garçon de l'auberge de lui voler son avoine; car j'ai remarqué que dans les auberges l'avoine est plus souvent bue par les garçons d'écurie que mangée par les chevaux.

— On sera là[6].

— Deuxièmement... Est-ce pour monsieur le maire le cabriolet?

— Oui.

— Monsieur le maire sait conduire?

— Oui.

— Eh bien, monsieur le maire voyagera seul et sans bagage afin de ne point charger le cheval.

— Convenu.

— Mais monsieur le maire, n'ayant personne avec lui[7], sera obligé de prendre la peine de surveiller lui-même l'avoine.

— C'est dit.

— Il me faudra trente francs par jour. Les jours de repos payés. Pas un liard de moins, et la nourriture de la bête à la charge de monsieur le maire[8].

M. Madeleine tira trois napoléons de sa bourse et les mit sur la table.

— Voilà deux jours d'avance.

— Quatrièmement, pour une course pareille un cabriolet serait trop lourd et fatiguerait le cheval. Il faudrait que monsieur le maire consentît à voyager dans un petit tilbury que j'ai.

— J'y consens.

— C'est léger, mais c'est découvert.

— Cela m'est égal.

— Monsieur le maire a-t-il réfléchi que nous sommes en hiver?...

M. Madeleine ne répondit pas. Le Flamand reprit :

— Qu'il fait très froid?

M. Madeleine garda le silence. Maître Scaufflaire continua :

— Qu'il peut pleuvoir?

M. Madeleine leva la tête et dit :

— Le tilbury et le cheval seront devant ma porte demain à quatre heures et demie[9] du matin.

— C'est entendu, monsieur le maire, répondit Scaufflaire, puis, grattant avec l'ongle de son pouce une tache qui était dans le bois de la table, il reprit de cet air insouciant que les Flamands savent si bien mêler à leur finesse :

— Mais voilà que j'y songe à présent! monsieur le maire ne me dit pas où il va. Où est-ce que va monsieur le maire?

Il ne songeait pas à autre chose depuis le commencement de la conversation, mais il ne savait pourquoi il n'avait pas osé faire cette question.

— Votre cheval a-t-il de bonnes jambes de devant? dit M. Madeleine.

— Oui, monsieur le maire. Vous le soutiendrez un peu dans les descentes. Y a-t-il beaucoup de descentes d'ici où vous allez?

— N'oubliez pas d'être à ma porte à quatre heures et demie du matin, très précises, répondit[10] M. Madeleine; et il sortit.

Le[11] Flamand resta « tout bête », comme il disait lui-même quelque temps après.

M. le maire était sorti depuis deux ou trois minutes, lorsque la porte se rouvrit; c'était M. le maire.

Il avait toujours le même air impassible et préoccupé.

— Monsieur Scaufflaire, dit-il, à quelle somme estimez-vous le cheval et le tilbury que vous me louerez, l'un portant l'autre ?

— L'un traînant l'autre, monsieur le maire, dit le Flamand avec un gros rire.

— Soit. Eh bien !

— Est-ce que monsieur le maire veut me les acheter ?

— Non, mais à tout événement, je veux vous les garantir. A mon retour vous me rendrez la somme. A combien estimez-vous cabriolet et cheval ?

— A cinq cents francs, monsieur le maire.

— Les voici.

M. Madeleine posa un billet de banque sur la table, puis sortit et cette fois ne rentra plus.

Maître Scaufflaire regretta affreusement de n'avoir point dit mille francs. Du reste le cheval et le tilbury, en bloc, valaient cent écus.

Le Flamand appela sa femme, et lui conta la chose. Où diable monsieur le maire peut-il aller ? Ils tinrent conseil. — Il va à Paris, dit la femme. — Je ne crois pas, dit le mari. M. Madeleine avait oublié sur la cheminée[12] le papier où il avait tracé des chiffres. Le Flamand le prit et l'étudia. — Cinq, six, huit et demi ? cela doit marquer des relais de poste. Il se tourna vers sa femme. — J'ai trouvé. — Comment ? — Il y a cinq lieues d'ici à Hesdin, six de Hesdin à Saint-Pol, huit et demie de Saint-Pol à Arras. Il va à Arras.

Cependant M. Madeleine était rentré chez lui.

Pour revenir de chez maître Scaufflaire, il avait pris le plus long, comme si la porte du presbytère avait été pour lui une tentation, et qu'il eût voulu l'éviter[13]. Il était monté dans sa chambre et s'y était enfermé, ce qui n'avait rien que de simple, car il se couchait volontiers de bonne heure. Pourtant la concierge de la fabrique, qui était en même temps l'unique servante de M. Madeleine, observa que sa lumière[14] s'éteignit à huit heures et demie, et elle le dit au caissier qui rentrait, en ajoutant :

— Est-ce que monsieur le maire est malade ? je lui ai trouvé l'air un peu singulier.

Ce caissier habitait une chambre située précisément au-dessous de la chambre de M. Madeleine. Il ne prit point garde aux paroles de la portière, se coucha et s'endormit. Vers minuit[15], il se réveilla brusquement; il avait entendu à travers son sommeil un bruit au-dessus de sa tête. Il écouta. C'était un pas qui allait et venait, comme si l'on marchait dans la chambre en haut. Il écouta[16] plus attentivement, et reconnut le pas de M. Madeleine. Cela lui parut étrange; habituellement aucun bruit ne se faisait dans la chambre de M. Madeleine avant l'heure[17] de son lever. Un moment après, le caissier entendit quelque chose qui ressemblait à une armoire[18] qu'on ouvre et qu'on referme. Puis on dérangea un meuble, il y eut un silence, et le pas recommença. Le[19] caissier se dressa sur son séant, s'éveilla tout à fait, regarda, et à travers les vitres de sa croisée aperçut sur le mur d'en face la réverbération rougeâtre d'une fenêtre éclairée. A la direction des rayons, ce ne pouvait être que la fenêtre de la chambre de M. Madeleine. La réverbération tremblait, comme si elle venait plutôt d'un feu allumé que d'une lumière. L'ombre des châssis vitrés ne s'y dessinait pas, ce qui indiquait que la fenêtre était toute grande ouverte. Par le froid qu'il faisait, cette fenêtre ouverte était surprenante. Le caissier se rendormit. Une heure ou deux après, il se réveilla encore. Le même pas, lent et régulier, allait et venait toujours au-dessus de sa tête.

La réverbération se dessinait toujours sur le mur, mais elle était maintenant pâle et paisible comme le reflet d'une lampe ou d'une bougie. La fenêtre était toujours ouverte[20].

Voici ce qui se passait dans la chambre de M. Madeleine.

III

Une tempête sous un crâne[1]

Le lecteur a sans doute deviné que M. Madeleine n'est autre que Jean Valjean.

Nous avons déjà regardé dans les profondeurs de cette conscience; le moment est venu d'y regarder encore. Nous ne le faisons pas sans émotion et sans tremblement. Il n'existe rien de plus terrifiant que cette sorte[2] de contemplation. L'œil de l'esprit[3] ne peut trouver nulle part plus d'éblouissements ni plus de ténèbres que dans l'homme[4] ; il ne peut se fixer sur aucune chose qui soit plus redoutable, plus compliquée, plus mystérieuse et plus infinie. Il y a un spectacle plus grand que la mer, c'est le ciel ; il y a un spectacle plus grand que le ciel, c'est l'intérieur de l'âme.

Faire le poëme de la conscience humaine, ne fût-ce qu'à propos d'un seul homme, ne fût-ce qu'à propos du plus infime des hommes, ce serait fondre toutes les épopées dans une épopée supérieure et définitive. La conscience, c'est le chaos des chimères, des convoitises et des tentatives, la fournaise des rêves, l'antre des idées dont on a honte ; c'est le pandémonium des sophismes, c'est le champ de bataille des passions. A de certaines heures, pénétrez à travers la face livide d'un être humain[5] qui réfléchit, et regardez derrière, regardez dans cette âme, regardez dans cette obscurité. Il y a là, sous le silence extérieur[6], des combats de géants comme dans Homère, des mêlées de dragons et d'hydres et des nuées[7] de fantômes comme dans Milton, des spirales visionnaires comme chez Dante. Chose sombre que cet infini que tout homme porte en soi et auquel il mesure avec désespoir les volontés de son cerveau et les actions de sa vie !

Alighieri rencontra un jour une sinistre porte devant laquelle il hésita[8]. En voici une aussi devant nous, au seuil de laquelle nous hésitons. Entrons pourtant[9].

Nous n'avons que peu de chose à ajouter à ce que le lecteur connaît déjà de ce qui était arrivé à Jean Valjean[10] depuis l'aventure de Petit-Gervais. A partir de ce moment, on l'a vu, il fut un autre homme. Ce que l'évêque avait voulu faire de lui, il l'exécuta. Ce fut plus qu'une transformation, ce fut une transfiguration[11].

Il réussit à disparaître, vendit l'argenterie de l'évêque, ne gardant que les flambeaux, comme souvenir, se glissa de ville en ville[12], traversa la France, vint à Montreuil-sur-mer, eut l'idée que nous avons dite, accomplit ce que nous avons raconté, parvint à se faire insaisissable et inaccessible, et désormais, établi à Montreuil-sur-mer, heureux de sentir sa conscience attristée par son passé et la première moitié de son existence démentie par la dernière, il vécut paisible, rassuré[13] et espérant, n'ayant plus que deux pensées : cacher son nom, et sanctifier sa vie ; échapper aux hommes, et revenir à Dieu.

Ces deux pensées étaient si étroitement mêlées dans son esprit qu'elles n'en formaient qu'une seule; elles étaient toutes deux également absorbantes et impérieuses, et dominaient ses moindres actions[14]. D'ordinaire elles étaient d'accord pour régler la conduite de sa vie; elles le tournaient vers l'ombre; elles le faisaient bienveillant et simple; elles lui conseillaient les mêmes choses. Quelquefois cependant il y avait conflit entre elles. Dans ce cas-là on s'en souvient, l'homme que tout le pays de Montreuil-sur-mer appelait M. Madeleine ne balançait pas à sacrifier la première à la seconde, sa sécurité à sa vertu. Ainsi, en dépit de toute réserve et de toute prudence, il avait gardé les chandeliers de l'évêque, porté son deuil, appelé et interrogé tous les petits Savoyards qui passaient, pris des renseignements sur les familles de Faverolles, et sauvé la vie au vieux Fauchelevent, malgré les inquiétantes insinuations de Javert. Il semblait, nous l'avons déjà remarqué, qu'il pensât, à l'exemple[15] de tous ceux qui ont été sages, saints et justes, que son premier devoir n'était pas envers lui.

Toutefois[16], il faut le dire, jamais rien de pareil ne s'était encore présenté. Jamais les deux idées qui gouvernaient le malheureux homme dont nous racontons les souffrances n'avaient engagé une lutte si sérieuse. Il le comprit confusément, mais profondément[17], dès les premières paroles que prononça Javert, en entrant dans son cabinet. Au moment où fut si étrangement articulé ce nom qu'il avait enseveli sous tant d'épaisseurs, il fut saisi de stupeur et comme enivré par la sinistre bizarrerie de sa destinée, et, à travers cette stupeur, il eut ce tressaillement[18] qui précède les grandes secousses; il se courba comme un chêne à l'approche d'un orage, comme un soldat à l'approche d'un assaut. Il sentit venir sur sa tête des ombres pleines de foudres et d'éclairs. Tout en écoutant parler Javert, il eut une première pensée[19] d'aller, de courir, de se dénoncer, de tirer ce Champmathieu de prison et de s'y mettre; cela fut douloureux et poignant comme une incision dans la chair vive, puis cela passa, et il se dit : Voyons ! voyons ! — Il[20] réprima ce premier mouvement généreux et recula devant l'héroïsme.

Sans doute il serait beau qu'après les saintes paroles

de l'évêque, après tant d'années de repentir et d'abnégation, au milieu d'une pénitence admirablement commencée, cet homme, même en présence d'une si terrible conjoncture, n'eût pas bronché un instant et eût continué de marcher du même pas vers ce précipice ouvert au fond duquel était le ciel; cela serait beau, mais cela ne fut pas ainsi. Il faut bien que nous rendions compte des choses qui s'accomplissaient dans cette âme, et nous ne pouvons dire que ce qui y était. Ce qui l'emporta tout d'abord, ce fut l'instinct de la conservation; il rallia en hâte ses idées, étouffa ses émotions, considéra la présence de Javert, ce grand péril, ajourna toute résolution avec la fermeté de l'épouvante, s'étourdit sur ce qu'il y avait à faire, et reprit son calme comme un lutteur ramasse son bouclier[21].

Le reste de la journée il fut dans cet état[22], un tourbillon au dedans, une tranquillité profonde au dehors; il ne prit que ce qu'on pourrait appeler « les mesures conservatoires ». Tout était encore confus et se heurtait dans son cerveau; le trouble y était tel qu'il ne voyait distinctement la forme d'aucune idée; et lui-même n'aurait pu rien dire de lui-même, si ce n'est qu'il venait de recevoir un grand coup. Il se rendit comme d'habitude près du lit de douleur de Fantine et prolongea sa visite, par un instinct de bonté, se disant qu'il fallait agir ainsi et la bien recommander aux sœurs pour le cas où il arriverait qu'il eût à s'absenter. Il sentit vaguement qu'il faudrait peut-être aller à Arras, et, sans être le moins du monde décidé à ce voyage, il se dit qu'à l'abri de tout soupçon comme il l'était, il n'y avait point d'inconvénient à être témoin de ce qui se passerait, et il retint le tilbury de Scaufflaire[23], afin d'être préparé à tout événement.

Il dîna avec assez d'appétit[24].

Rentré dans sa chambre il se recueillit.

Il examina la situation et la trouva inouïe; tellement inouïe[25] qu'au milieu de sa rêverie, par je ne sais quelle impulsion d'anxiété presque inexplicable, il se leva de sa chaise et ferma sa porte au verrou. Il craignait qu'il n'entrât encore quelque chose. Il se barricadait contre le possible.

Un moment après il souffla sa lumière. Elle le gênait.

Il lui semblait qu'on pouvait le voir.

Qui, on?

Hélas! ce qu'il voulait mettre à la porte était entré; ce qu'il voulait aveugler, le regardait. Sa conscience.

Sa conscience, c'est-à-dire Dieu.

Pourtant, dans le premier moment, il se fit illusion; il eut un sentiment de sûreté et de solitude; le verrou tiré, il se crut imprenable; la chandelle éteinte, il se sentit invisible. Alors il prit possession de lui-même; il posa ses coudes sur la table, appuya la tête sur sa main, et se mit à songer[26] dans les ténèbres.

— Où en suis-je? — Est-ce que je ne rêve pas? — Que m'a-t-on dit? — Est-il bien vrai que j'aie vu ce Javert et qu'il m'ait parlé ainsi? — Que peut être ce Champmathieu? — Il me ressemble donc? — Est-ce possible? — Quand je pense qu'hier j'étais si tranquille et si loin de me douter de rien! — Qu'est-ce que je faisais donc hier à pareille heure? — Qu'y a-t-il dans cet incident? — Comment se dénouera-t-il? — Que faire?

Voilà dans quelle tourmente il était. Son cerveau avait perdu la force de retenir ses idées, elles passaient comme des ondes, et il prenait son front dans ses deux mains pour les arrêter.

De ce tumulte qui bouleversait sa volonté et sa raison, et dont il cherchait à tirer une évidence et une résolution, rien ne se dégageait que l'angoisse.

Sa tête était brûlante. Il alla à la fenêtre et l'ouvrit toute grande. Il n'y avait pas d'étoiles au ciel. Il revint s'asseoir près de la table[27].

La première heure s'écoula ainsi.

Peu à peu cependant des linéaments vagues commencèrent à se former et à se fixer dans sa méditation, et il put entrevoir avec la précision de la réalité, non l'ensemble de la situation, mais quelques détails.

Il commença par reconnaître que, si extraordinaire et si critique que fût cette situation, il en était tout à fait le maître[28].

Sa stupeur ne fit que s'en accroître.

Indépendamment du but sévère[29] et religieux que se proposaient ses actions, tout ce qu'il avait fait jusqu'à ce jour n'était autre chose qu'un trou qu'il creusait pour y enfouir son nom. Ce qu'il avait toujours le plus redouté, dans ses heures de repli sur lui-même, dans ses nuits d'insomnie, c'était d'entendre jamais prononcer ce nom ; il se disait que ce serait là pour lui la fin de tout ; que le jour où ce nom reparaîtrait, il ferait évanouir autour de lui sa vie nouvelle, et qui sait même peut-être ? au dedans de lui sa nouvelle âme. Il frémissait de la seule pensée que c'était possible. Certes, si quelqu'un lui eût dit en ces moments-là qu'une heure viendrait où ce nom retentirait à son oreille, où ce hideux mot, Jean Valjean, sortirait tout à coup de la nuit[30] et se dresserait devant lui, où cette lumière formidable[31] faite pour dissiper le mystère dont il s'enveloppait resplendirait subitement[32] sur sa tête ; et que ce nom ne le menacerait pas[33], que cette lumière ne produirait qu'une obscurité plus épaisse[34], que ce voile déchiré accroîtrait le mystère, que ce tremblement de terre consoliderait son édifice, que ce prodigieux incident n'aurait d'autre résultat, si bon lui semblait, à lui, que de rendre son existence à la fois plus claire et plus impénétrable, et que, de sa confrontation avec le fantôme de Jean Valjean, le bon et digne bourgeois monsieur Madeleine sortirait plus honoré, plus paisible et plus respecté que jamais, — si quelqu'un lui eût dit cela, il eût hoché la tête et regardé ces paroles comme insensées. Eh bien ! tout cela venait précisément d'arriver, tout cet entassement de l'impossible était un fait, et Dieu avait permis que ces choses folles devinssent des choses réelles !

Sa rêverie continuait de s'éclaircir. Il se rendait de plus en plus compte de sa position.

Il lui semblait qu'il venait de s'éveiller de je ne sais quel sommeil, et qu'il se trouvait glissant sur une pente au milieu de la nuit, debout, frissonnant, reculant en vain, sur le bord extrême d'un abîme. Il entrevoyait distinctement dans l'ombre un inconnu, un étranger, que la destinée prenait pour lui et poussait dans le gouffre à sa place. Il fallait, pour que le gouffre se refermât, que quelqu'un y tombât, lui ou l'autre.

Il n'avait qu'à laisser faire.

La[35] clarté devint complète, et il s'avoua ceci : — Que sa place était vide aux galères, qu'il avait beau faire, qu'elle l'y attendait toujours, que le vol de Petit-Gervais l'y ramenait, que cette place vide l'attendait et l'attirerait jusqu'à ce qu'il y fût, que cela était inévitable et fatal. — Et puis il se dit : — Qu'en ce moment il avait un remplaçant, qu'il paraissait qu'un nommé Champmathieu avait cette mauvaise chance, et que, quant à lui, présent désormais au bagne dans la personne de ce Champmathieu, présent dans la société sous le nom de M. Madeleine, il n'avait plus rien à redouter, pourvu qu'il n'empêchât pas les hommes de sceller sur la tête de ce Champmathieu cette pierre de l'infamie qui, comme la pierre du sépulcre, tombe une fois et ne se relève jamais.

Tout cela était si violent et si étrange qu'il se fit soudain en lui cette espèce de mouvement indescriptible qu'aucun homme n'éprouve plus de deux ou trois fois dans sa vie, sorte de convulsion de la conscience qui remue tout ce que le cœur a de douteux[36], qui se compose d'ironie, de joie et de désespoir, et qu'on pourrait appeler un éclat de rire intérieur.

Il ralluma brusquement sa bougie.

— Eh bien quoi ! se dit-il, de quoi est-ce que j'ai peur ? qu'est-ce que j'ai à songer[37] comme cela ? Me voilà sauvé. Tout est fini. Je n'avais plus qu'une porte entr'ouverte par laquelle mon passé pouvait faire irruption dans ma vie ; cette porte, la voilà murée ! à jamais ! Ce Javert qui me trouble depuis si longtemps, ce redoutable instinct qui semblait m'avoir deviné, qui m'avait deviné, pardieu ! et qui me suivait partout, cet affreux chien de chasse toujours en arrêt sur moi, le voilà dérouté, occupé ailleurs, absolument dépisté ! Il est satisfait désormais[38], il me laissera tranquille, il tient son Jean Valjean ! Qui sait même, il est probable qu'il voudra quitter la ville ! Et tout cela s'est fait sans moi ! Et je n'y suis pour rien ! Ah çà[39], mais ! qu'est-ce qu'il y a de malheureux dans ceci ? Des gens qui me verraient, parole d'honneur ! croiraient[40] qu'il m'est arrivé une catastrophe ! Après tout, s'il y a du mal pour quelqu'un, ce n'est aucunement de ma faute. C'est la providence qui a tout fait. C'est qu'elle veut cela apparemment ! Ai-je le droit de déranger ce qu'elle arrange ? Qu'est-ce que je demande à présent ? De quoi est-ce que je vais me mêler[41] ? Cela ne me regarde pas. Comment ! je ne suis pas content ! Mais qu'est-ce qu'il me faut donc ? Le but auquel j'aspire depuis tant d'années, le songe de mes nuits, l'objet de mes prières au ciel, la sécurité, je l'atteins ! C'est Dieu qui le veut. Je n'ai rien à faire contre la volonté de Dieu. Et pourquoi Dieu le veut-il ? Pour que je continue ce que j'ai commencé, pour que je fasse le bien, pour que je sois un jour un grand et encourageant exemple, pour qu'il soit dit qu'il y a eu enfin un peu de bonheur attaché à cette pénitence que j'ai subie et à cette vertu où je suis revenu ! Vraiment je ne comprends pas pourquoi j'ai eu peur tantôt d'entrer chez ce brave curé et de tout lui raconter comme à un confesseur, et de lui demander conseil, c'est évidemment là ce qu'il m'aurait dit. C'est décidé, laissons aller[42] les choses ! laissons faire le bon Dieu !

Il se parlait ainsi dans les profondeurs de sa conscience, penché sur ce qu'on pourrait appeler son propre abîme. Il se leva de sa chaise, et se mit à marcher dans la chambre.

— Allons, dit-il, n'y pensons plus. Voilà une résolution prise !

Mais il ne sentit aucune joie. Au contraire.

On n'empêche pas plus la pensée de revenir à une idée que la mer de revenir à un rivage. Pour le matelot, cela s'appelle la marée ; pour le coupable, cela s'appelle le remords. Dieu soulève l'âme comme l'Océan.

Au bout de peu d'instants, il eut beau faire, il reprit ce sombre dialogue dans lequel c'était lui qui parlait et lui qui écoutait, disant ce qu'il eût voulu taire, écoutant ce qu'il n'eût pas voulu entendre, cédant à cette puissance mystérieuse qui lui disait : Pense ! comme elle disait il y a deux mille ans à un autre condamné : Marche !

Avant d'aller plus loin et pour être pleinement compris, insistons sur une observation nécessaire[43].

Il est certain qu'on se parle à soi-même, il n'est pas un être pensant qui ne l'ait éprouvé. On peut dire même que le verbe n'est jamais un plus magnifique mystère que lorsqu'il va, dans l'intérieur d'un homme, de la pensée à la conscience et qu'il retourne de la conscience à la pensée. C'est dans ce sens seulement qu'il faut entendre les mots souvent employés dans ce chapitre, *il dit, il s'écria*. On se dit, on se parle, on s'écrie en soi-même, sans que le silence extérieur soit rompu. Il y a un grand tumulte ; tout parle en nous, excepté la bouche. Les réalités de l'âme, pour n'être point visibles et palpables, n'en sont pas moins des réalités.

Il se demanda donc où il en était. Il s'interrogea[44] sur cette « résolution prise ». Il se confessa[45] à lui-même que tout ce qu'il venait d'arranger dans son esprit était monstrueux[46], que « laisser aller les choses, laisser faire le bon Dieu », c'était tout simplement horrible. Laisser[47] s'accomplir cette méprise de la destinée et des hommes, ne pas l'empêcher, s'y prêter par son silence, ne rien faire enfin, c'était faire tout ! c'était le dernier degré de l'indignité hypocrite ! c'était un crime bas, lâche, sournois, abject, hideux !

Pour la première fois depuis huit années, le malheureux homme venait de sentir la saveur amère d'une mauvaise action.

Il la recracha avec dégoût.

Il continua de se questionner. Il se demanda sévèrement ce qu'il avait entendu[48] par ceci : « Mon but est atteint ! » Il se déclara que sa vie avait un but en effet. Mais quel but ? Cacher son nom ? tromper la police ? Était-ce pour une chose si petite qu'il avait fait tout ce qu'il avait fait ? Est-ce qu'il n'avait pas un autre but, qui était le grand, qui était le vrai[49] ? Sauver, non sa personne, mais son âme. Redevenir honnête et bon. Être un juste ! Est-ce que ce n'était pas là surtout, là uniquement, ce qu'il avait toujours voulu, ce que l'évêque lui avait ordonné[50] ? — Fermer la porte à son passé ? Mais il ne la fermait pas, grand Dieu ! il la rouvrait en faisant une action infâme ! mais il redevenait un voleur, et le plus odieux des voleurs ! il volait à un autre son existence, sa vie, sa paix, sa place au soleil ! il devenait un assassin ! il tuait, il tuait moralement un misérable homme, il lui infligeait cette affreuse mort vivante, cette mort à ciel ouvert, qu'on appelle le bagne ! Au contraire, se livrer, sauver cet homme frappé d'une si lugubre erreur, reprendre son nom, redevenir[51] par devoir le forçat Jean Valjean, c'était là vraiment achever sa résurrection, et fermer à jamais l'enfer[52] d'où il sortait ! Y retomber en apparence, c'était en sortir en réalité ! Il fallait faire cela ! il n'avait rien fait s'il ne faisait pas cela ! toute sa vie était inutile, toute sa pénitence était perdue, et il n'y avait plus qu'à dire : à quoi bon ? Il sentait que l'évêque était là, que l'évêque était d'autant plus présent qu'il était mort, que l'évêque le regardait fixement, que désormais le maire Madeleine avec toutes ses vertus lui serait abominable, et que le galérien Jean Valjean serait admirable[53] et pur devant lui. Que les hommes voyaient son masque, mais que l'évêque voyait sa face. Que les hommes voyaient sa vie, mais que l'évêque voyait sa conscience[54]. Il fallait donc aller à Arras, délivrer le faux Jean Valjean, dénoncer le véritable ! Hélas ! c'était là le plus grand des sacrifices, la plus poignante des victoires, le dernier pas à franchir ; mais il le fallait. Douloureuse destinée ! il n'entrerait dans la sainteté aux yeux de Dieu que s'il rentrait dans l'infamie aux yeux des hommes !

— Eh bien[55], dit-il, prenons ce parti ! faisons notre devoir ! sauvons cet homme !

Il prononça ces paroles à haute voix, sans s'apercevoir qu'il parlait tout haut. Il prit ses livres, les vérifia et les mit en ordre. Il jeta au feu une liasse de créances qu'il avait sur de petits commerçants gênés. Il écrivit une lettre qu'il cacheta et sur l'enveloppe de laquelle on aurait pu lire, s'il y avait eu quelqu'un dans sa chambre en cet instant : *A Monsieur Laffitte, banquier, rue d'Artois, à Paris.*

Il tira d'un secrétaire un portefeuille qui contenait quelques billets de banque et le passeport dont il s'était servi cette même année pour aller aux élections. Qui l'eût vu pendant qu'il accomplissait ces divers actes auxquels se mêlait une méditation si grave, ne se fût pas douté de ce qui se passait en lui. Seulement par moments ses lèvres remuaient ; dans d'autres instants il relevait la tête et fixait son regard sur un point quelconque de la muraille, comme s'il y avait précisément là quelque chose qu'il voulait éclaircir ou interroger.

La lettre à M. Laffitte terminée, il la mit dans sa poche ainsi que le portefeuille, et recommença à marcher.

Sa rêverie n'avait point dévié. Il continuait de voir clairement son devoir écrit en lettres lumineuses qui flamboyaient devant ses yeux et se déplaçaient avec son regard : — *Va ! nomme-toi ! dénonce-toi !* —

Il voyait de même, et comme si elles se fussent mues devant lui avec des formes sensibles, les deux idées qui avaient été jusque-là la double règle de sa vie : cacher son nom, sanctifier son âme. Pour la première fois, elles lui apparaissaient absolument distinctes, et il voyait la différence qui les séparait. Il reconnaissait que l'une de ces idées était nécessairement bonne, tandis que l'autre pouvait devenir mauvaise ; que celle-là était le dévouement et que celle-ci était la personnalité ; que l'une disait : *le prochain,* et que l'autre disait : *moi ;* que l'une venait de la lumière et que l'autre venait de la nuit.

Elles se combattaient, il les voyait se combattre. A mesure qu'il songeait, elles avaient grandi devant l'œil de son esprit; elles avaient maintenant des statures colossales; et il lui semblait qu'il voyait lutter au dedans de lui-même, dans cet infini dont nous parlions tout à l'heure, au milieu des obscurités et des lueurs, une déesse et une géante.

Il était plein d'épouvante, mais il lui semblait que la bonne pensée l'emportait. Il sentait qu'il touchait à l'autre moment décisif de sa conscience et de sa destinée; que l'évêque avait marqué la première phase de sa vie nouvelle, et que ce Champmathieu en marquait la seconde. Après la grande crise, la grande épreuve.

Cependant la fièvre, un instant apaisée, lui revenait peu à peu. Mille pensées le traversaient, mais elles continuaient de le fortifier dans sa résolution.

Un moment il s'était dit : — qu'il prenait peut-être la chose trop vivement, qu'après tout ce Champmathieu n'était pas intéressant, qu'en somme il avait volé. Il se répondit : — Si cet homme a en effet volé quelques pommes, c'est un mois de prison. Il y a loin de là aux galères. Et qui sait même? a-t-il volé? est-ce prouvé? Le nom de Jean Valjean l'accable et semble dispenser de preuves. Les procureurs du roi n'agissent-ils pas habituellement ainsi? On le croit voleur, parce qu'on le sait forçat.

Dans un autre instant, cette idée lui vint que, lorsqu'il se serait dénoncé, peut-être on considérerait l'héroïsme de son action, et sa vie honnête depuis sept ans, et ce qu'il avait fait pour le pays, et qu'on lui ferait grâce.

Mais cette supposition s'évanouit bien vite, et il sourit amèrement en songeant que le vol des quarante sous à Petit-Gervais le faisait récidiviste, que cette affaire reparaîtrait certainement et, aux termes précis de la loi, le ferait passible des travaux forcés à perpétuité.

Il se détourna de toute illusion, se détacha de plus en plus de la terre et chercha la consolation et la force ailleurs. Il se dit qu'il fallait faire son devoir; que peut-être même ne serait-il pas plus malheureux après avoir fait son devoir qu'après l'avoir éludé; que s'il *laissait faire,* s'il restait à Montreuil-sur-mer, sa considération, sa bonne renommée, ses bonnes œuvres, la déférence, la vénération, sa charité, sa richesse, sa popularité, sa vertu, seraient assaisonnées d'un crime ; et quel goût auraient toutes ces choses saintes liées à cette chose hideuse ! tandis que, s'il accomplissait son sacrifice, au bagne, au poteau, au carcan, au bonnet vert, au travail sans relâche, à la honte sans pitié, il se mêlerait une idée céleste !

Enfin il se dit qu'il y avait nécessité, que sa destinée était ainsi faite, qu'il n'était pas maître de déranger les arrangements d'en haut, que dans tous les cas il fallait choisir : ou la vertu au dehors et l'abomination au dedans ou la sainteté au dedans et l'infamie au dehors.

A remuer tant d'idées lugubres, son courage ne défaillait pas, mais son cerveau se fatiguait. Il commençait à penser malgré lui à d'autres choses, à des choses indifférentes.

Ses artères battaient violemment dans ses tempes. Il allait et venait toujours. Minuit sonna d'abord à la paroisse, puis à la maison de ville. Il compta les douze coups aux deux horloges, et il compara le son des deux cloches. Il se rappela à cette occasion que quelques jours auparavant il avait vu chez un marchand de ferrailles une vieille cloche à vendre sur laquelle ce nom était écrit : *Antoine Albin de Romainville*.

Il avait froid. Il alluma un peu de feu. Il ne songea pas à fermer la fenêtre. Cependant[56] il était retombé dans sa stupeur. Il lui fallait faire un assez grand effort pour se rappeler à quoi il songeait avant que minuit sonnât. Il y parvint enfin.

— Ah ! oui, se dit-il, j'avais pris la résolution de me dénoncer.

Et puis tout à coup il pensa à la Fantine.

— Tiens ! dit-il, et cette pauvre femme !

Ici une crise nouvelle se déclara.

Fantine, apparaissant brusquement dans sa rêverie, y fut comme un rayon d'une lumière inattendue[57]. Il lui sembla que tout changeait d'aspect autour de lui, il s'écria[58] :

— Ah çà, mais ! jusqu'ici je n'ai considéré que moi ! je n'ai eu égard qu'à ma convenance ! Il me convient de me taire ou de me dénoncer, — cacher ma personne ou sauver mon âme, — être un magistrat[59] méprisable et respecté ou un galérien infâme et vénérable[60], c'est moi, c'est toujours moi, ce n'est que moi ! Mais, mon Dieu[61], c'est de l'égoïsme tout cela ! Ce sont des formes diverses de l'égoïsme, mais c'est de l'égoïsme ! Si je songeais un peu aux autres ? La première sainteté est de penser à autrui. Voyons, examinons. Moi excepté, moi effacé, moi oublié, qu'arrivera-t-il de tout ceci ? — Si je me dénonce ? on me prend, on lâche ce Champmathieu, on me remet aux galères, c'est bien[62]. Et puis ? Que se passe-t-il ici ? Ah ! ici, il y a un pays, une ville, des fabriques, une industrie, des ouvriers, des hommes, des femmes, des vieux grands-pères, des enfants, des pauvres gens[63] ! J'ai créé tout cela, je fais vivre tout cela ; partout[64] où il y a une cheminée qui fume, c'est moi qui ai mis le tison dans le feu et la viande dans la marmite ; j'ai fait l'aisance, la circulation, le crédit ; avant moi il n'y avait rien ; j'ai relevé[65], vivifié, animé, fécondé, stimulé, enrichi tout le pays ; moi de moins, c'est l'âme de moins. Je m'ôte, tout meurt. — Et cette femme qui a tant souffert, qui a tant de mérites dans sa chute, dont j'ai causé[66] sans le vouloir tout le malheur ! Et cet enfant que je voulais aller chercher, que j'ai promis à la mère ! Est-ce que je ne dois pas aussi quelque chose à cette femme, en réparation du mal que je lui ai fait[67] ? Si je disparais, qu'arrivera-t-il ? La mère meurt. L'enfant devient ce qu'il peut. Voilà ce qui se passe, si je me dénonce. — Si je ne me dénonce pas ? Voyons, si je ne me dénonce pas[68] ?

Après s'être fait cette question, il s'arrêta ; il eut comme un moment d'hésitation et de tremblement ; mais ce moment dura peu, et il se répondit avec calme :

— Eh bien, cet homme va aux galères, c'est vrai, mais, que diable ! il a volé ! J'ai beau me dire qu'il n'a pas volé, il a volé[69] ! Moi, je reste ici, je continue. Dans dix ans[70] j'aurai gagné dix millions, je les répands dans le pays, je n'ai rien à moi, qu'est-ce que cela me fait ? Ce n'est pas pour moi ce que je fais[71] ! La prospérité de tous va croissant, les industries s'éveillent et s'excitent, les manufactures et les usines se multiplient, les familles, cent familles, mille familles ! sont heureuses ; la contrée se peuple ; il naît des villages où il n'y a que des fermes, il naît des fermes où il n'y a rien[72] ; la misère disparaît, et avec la misère disparaissent la débauche, la prostitution, le vol, le meurtre, tous les vices, tous les crimes !

Et cette pauvre mère élève son enfant ! et voilà tout un pays riche et honnête ! Ah çà, j'étais fou, j'étais absurde, qu'est-ce que je parlais donc de me dénoncer ? Il faut faire attention, vraiment, et ne rien[73] précipiter. Quoi ! parce qu'il m'aura plu de faire le grand et le généreux, — c'est du mélodrame, après tout ! — parce que je n'aurai songé qu'à moi, qu'à moi seul, quoi ! pour sauver d'une punition peut-être un peu exagérée, mais juste au fond, on ne sait qui, un voleur, un drôle évidemment, il faudra que tout un pays périsse ! il faudra[74] qu'une pauvre femme crève à l'hôpital ! qu'une pauvre petite fille crève sur le pavé ! comme des chiens ! Ah ! mais c'est abominable ! Sans même que la mère ait revu son enfant ! sans que l'enfant ait presque connu sa mère ! Et tout ça[75] pour ce vieux gredin de voleur de pommes qui, à coup sûr, a mérité les galères pour autre chose, si ce n'est pour cela ! Beaux scrupules qui sauvent un coupable et qui sacrifient des innocents, qui sauvent un vieux vagabond, lequel n'a plus que quelques années à vivre au bout du compte et ne sera guère plus malheureux au bagne que dans sa masure, et qui sacrifient toute une population, mères, femmes, enfants[76] ! Cette pauvre petite Cosette qui n'a que moi au monde et qui est sans doute en ce moment toute bleue de froid dans le bouge de ces Thénardier ! Voilà encore des canailles ceux-là ! Et je manquerais à mes devoirs envers tous ces pauvres êtres[77] ! Et je m'en irais me dénoncer ! Et je ferais cette inepte sottise ! Mettons tout au pis. Supposons qu'il y ait une mauvaise action pour moi dans ceci et que ma conscience me la reproche un jour, accepter, pour le bien d'autrui, ces reproches qui ne chargent que moi, cette mauvaise action qui ne compromet que mon âme, c'est là qu'est le dévouement, c'est là qu'est la vertu.

Il se leva, il se remit à marcher[78]. Cette fois il lui semblait qu'il était content.

On ne trouve les diamants que dans les ténèbres de la terre ; on ne trouve les vérités que dans les profondeurs de la pensée. Il lui semblait qu'après être descendu dans ces profondeurs, après avoir longtemps tâtonné au plus noir de ces ténèbres, il venait enfin de trouver[79] un de ces diamants, une de ces vérités, et qu'il la tenait dans sa main ; et il s'éblouissait à la regarder.

— Oui, pensa-t-il[80], c'est cela. Je suis dans le vrai.

J'ai la solution. Il faut finir par s'en tenir à quelque chose. Mon parti est pris. Laissons faire ! Ne vacillons plus, ne reculons plus. Ceci est dans l'intérêt de tous, non dans le mien. Je suis Madeleine, je reste Madeleine. Malheur à celui qui est Jean Valjean ! Ce n'est plus moi. Je ne connais pas cet homme, je ne sais plus ce que c'est, s'il se trouve que quelqu'un est Jean Valjean à cette heure, qu'il s'arrange ! cela ne me regarde pas. C'est un nom de fatalité qui flotte dans la nuit; s'il s'arrête et s'abat sur une tête, tant pis pour elle !

Il se regarda dans le petit miroir qui était sur sa cheminée, et dit :

— Tiens ! cela m'a soulagé de prendre une résolution[81] ! Je suis tout autre à présent.

Il marcha encore quelques pas, puis il s'arrêta court :

— Allons ! dit-il, il ne faut hésiter devant aucune des conséquences de la résolution prise. Il y a encore des fils qui m'attachent à ce Jean Valjean. Il faut les briser ! Il y a ici, dans cette chambre même, des objets qui m'accuseraient, des choses muettes qui seraient des témoins, c'est dit, il faut que tout cela disparaisse.

Il fouilla dans sa poche, en tira sa bourse, l'ouvrit, et y prit une petite clef. Il introduisit cette clef dans une serrure dont on voyait à peine le trou, perdu qu'il était[82] dans les nuances les plus sombres du dessin qui couvrait le papier collé sur le mur. Une cachette s'ouvrit, une espèce de fausse armoire ménagée entre l'angle de la muraille et le manteau de la cheminée. Il n'y avait dans cette cachette[83] que quelques guenilles, un sarrau de toile bleue, un vieux pantalon, un vieux havresac, et un gros bâton d'épine ferré aux deux bouts[84]. Ceux qui avaient vu Jean Valjean à l'époque où il traversait Digne, en octobre 1815, eussent aisément reconnu toutes les pièces de ce misérable accoutrement.

Il les avait conservées comme il avait conservé les chandeliers d'argent[85], pour se rappeler toujours son point de départ. Seulement il cachait ceci qui venait du bagne, et il laissait voir les flambeaux qui venaient de l'évêque[86].

Il jeta un regard furtif vers la porte, comme s'il eût craint qu'elle ne s'ouvrît malgré le verrou qui la fermait; puis d'un mouvement vif et brusque et d'une seule brassée, sans même donner un coup d'œil à ces choses qu'il avait si religieusement et si périlleusement gardées pendant tant d'années, il prit tout, haillons, bâton, havresac, et jeta tout au feu.

Il referma la fausse armoire, et, redoublant de précautions, désormais inutiles puisqu'elle était vide, en cacha la porte derrière un gros meuble qu'il y poussa[87].

Au bout de quelques secondes, la chambre et le mur d'en face furent éclairés d'une grande réverbération rouge et tremblante. Tout brûlait. Le bâton d'épine pétillait et jetait des étincelles jusqu'au milieu de la chambre.

Le havresac, en se consumant avec d'affreux chiffons qu'il contenait, avait mis à nu quelque chose qui brillait dans la cendre. En se penchant, on eût aisément reconnu une pièce d'argent. Sans doute la pièce de quarante sous volée au petit Savoyard[88].

Lui ne regardait pas le feu et marchait, allant et venant toujours du même pas. Tout à coup ses yeux tombèrent sur les deux flambeaux d'argent que la réverbération faisait reluire vaguement sur la cheminée.

— Tiens ! pensa-t-il, tout Jean Valjean est encore là-dedans. Il faut aussi détruire cela.

Il prit les deux flambeaux. Il y avait assez de feu pour qu'on pût les déformer promptement et en faire une sorte de lingot méconnaissable[89].

Il se pencha sur le foyer et s'y chauffa un instant. Il eut un vrai bien-être. — La bonne chaleur ! dit-il.

Il remua le brasier avec un des deux chandeliers. Une minute de plus, et ils étaient dans le feu.

En ce moment il lui sembla qu'il entendait une voix qui criait au dedans de lui : « Jean Valjean ! Jean Valjean ! »

Ses cheveux se dressèrent, il[90] devint comme un homme qui écoute une chose terrible.

— Oui ! c'est cela, achève ! disait la voix. Complète ce que tu fais ! détruis ces flambeaux ! anéantis ce souvenir ! oublie l'évêque ! oublie tout ! perds ce Champmathieu ! va, c'est bien. Applaudis-toi ! Ainsi, c'est convenu, c'est résolu, c'est dit, voilà un homme, voilà un vieillard qui ne sait ce qu'on lui veut, qui n'a rien fait peut-être, un innocent, dont ton nom fait tout le malheur, sur qui ton nom pèse comme un crime, qui va être pris pour toi, qui va être condamné, qui va finir ses jours dans l'abjection et dans l'horreur ! c'est bien. Sois honnête homme, toi. Reste monsieur le maire, reste honorable et honoré, enrichis la ville, nourris des indigents[91], élève des orphelins, vis heureux, vertueux et admiré, et pendant ce temps-là, pendant que tu seras ici dans la joie et dans la lumière, il y aura quelqu'un qui aura ta casaque rouge, qui portera ton nom dans l'ignominie et qui traînera ta chaîne au bagne ! Oui, c'est bien arrangé ainsi ! Ah ! misérable !

La sueur lui coulait du front. Il attachait sur les flambeaux un œil hagard. Cependant ce qui parlait en lui n'avait pas fini. La voix continuait :

— Jean Valjean ! il y aura autour de toi beaucoup de voix[92] qui feront un grand bruit, qui parleront bien haut, et qui te béniront, et une seule que personne n'entendra et qui te maudira dans les ténèbres. Eh bien ! écoute, infâme ! toutes ces bénédictions retomberont avant d'arriver au ciel, et il n'y aura que la malédiction qui montera jusqu'à Dieu !

Cette voix, d'abord toute faible et qui s'était élevée du plus obscur de sa conscience, était devenue par degrés éclatante et formidable, et il l'entendait maintenant à son oreille. Il lui semblait qu'elle était sortie de lui-même et qu'elle parlait à présent en dehors de lui. Il crut entendre les dernières paroles si distinctement qu'il regarda dans la chambre avec une sorte de terreur.

— Y a-t-il quelqu'un ici ? demanda-t-il à haute voix, et tout égaré.

Puis il reprit avec un rire qui ressemblait au rire d'un idiot :

— Que je suis bête ! il ne peut y avoir personne.

Il y avait quelqu'un ; mais celui qui y était n'était pas de ceux que l'œil humain peut voir.

Il posa les flambeaux sur la cheminée.

Alors il reprit cette marche monotone et lugubre qui troublait dans ses rêves et réveillait en sursaut l'homme endormi au-dessous de lui.

Cette marche le soulageait et l'enivrait en même temps. Il semble que parfois dans les occasions suprêmes[93] on se remue pour demander conseil à tout ce qu'on peut rencontrer en se déplaçant. Au bout de quelques instants il ne savait plus où il en était.

Il[94] reculait maintenant avec une égale épouvante devant les deux résolutions qu'il avait prises tour à tour. Les deux idées qui le conseillaient lui paraissaient aussi funestes l'une que l'autre. — Quelle fatalité ! quelle rencontre que ce Champmathieu pris pour lui ! Être précipité justement par le moyen que la providence paraissait d'abord avoir employé pour l'affermir !

Il y eut un moment où il considéra l'avenir. Se dénoncer, grand Dieu ! se livrer ! Il envisagea avec un immense désespoir tout ce qu'il faudrait quitter, tout ce qu'il faudrait reprendre. Il faudrait donc dire adieu à cette existence si bonne, si pure, si radieuse, à ce respect de tous, à l'honneur, à la liberté ! Il n'irait plus se promener dans les champs, il n'entendrait plus chanter les oiseaux au mois de mai, il ne ferait plus l'aumône aux petits enfants ! Il ne sentirait plus la douceur des regards de reconnaissance et d'amour fixés sur lui ! Il quitterait cette maison qu'il avait bâtie, cette chambre, cette petite chambre ! Tout lui paraissait charmant à cette heure. Il ne lirait plus dans ces livres, il n'écrirait plus sur cette petite table de bois blanc ! Sa vieille portière, la seule servante qu'il eût, ne lui monterait plus son café le matin. Grand Dieu ! au lieu de cela, la chiourme, le carcan, la veste rouge, la chaîne au pied, la fatigue, le cachot, le lit de camp, toutes ces horreurs connues ! A son âge, après avoir été ce qu'il était ! Si encore il était jeune ! Mais, vieux, être tutoyé par le premier venu, être fouillé par le garde-chiourme, recevoir le coup de bâton de l'argousin ! avoir les pieds nus dans des souliers ferrés ! tendre matin et soir sa jambe au marteau du rondier qui visite la manille ! subir la curiosité des étrangers auxquels on dirait : *Celui-là, c'est le fameux Jean Valjean, qui a été maire à Montreuil-sur-mer !* Le soir, ruisselant de sueur, accablé de lassitude, le bonnet vert sur les yeux, remonter deux à deux, sous le fouet du sergent, l'escalier-échelle du bagne flottant ! Oh ! quelle misère ! La destinée peut-elle donc être méchante comme un être intelligent et devenir monstrueuse comme le cœur humain !

Et, quoi qu'il fît, il retombait toujours sur ce poignant dilemme qui était au fond de sa rêverie : — rester dans le paradis, et y devenir démon ! rentrer dans l'enfer, et y devenir ange !

Que faire, grand Dieu ! que faire ?

La tourmente dont il était sorti avec tant de peine[95] se déchaîna de nouveau en lui. Ses idées recommencèrent à se mêler. Elles prirent ce je ne sais quoi de stupéfié et de machinal qui est propre au désespoir[96]. Ce nom de Romainville lui revenait sans cesse à l'esprit avec deux vers d'une chanson qu'il avait entendue autrefois. Il songeait que Romainville est un petit bois près Paris où les jeunes gens amoureux vont cueillir des lilas au mois d'avril.

Il[97] chancelait au dehors comme au dedans. Il marchait comme un petit enfant qu'on laisse aller seul.

A de certains moments, luttant contre sa lassitude, il faisait effort pour ressaisir son intelligence. Il tâchait de se poser une dernière fois, et définitivement, le problème sur lequel il était en quelque sorte tombé d'épuisement. Faut-il se dénoncer? Faut-il se taire? — Il ne réussissait à rien voir de distinct. Les vagues aspects de tous les raisonnements ébauchés par sa rêverie tremblaient et se dissipaient l'un après l'autre en fumée. Seulement il sentait que, à quelque parti qu'il s'arrêtât, nécessairement, et sans qu'il fût possible d'y échapper, quelque chose de lui allait mourir; qu'il entrait dans un sépulcre à droite comme à gauche; qu'il accomplissait une agonie, l'agonie de son bonheur ou l'agonie de sa vertu.

Hélas! toutes ses irrésolutions l'avaient repris. Il n'était pas plus avancé qu'au commencement.

Ainsi se débattait sous l'angoisse cette malheureuse âme. Dix-huit cents ans avant cet homme infortuné, l'être mystérieux, en qui se résument toutes les saintetés et toutes les souffrances de l'humanité, avait aussi lui, pendant que les oliviers frémissaient au vent farouche de l'infini, longtemps écarté de la main l'effrayant calice qui lui apparaissait ruisselant d'ombre et débordant de ténèbres dans des profondeurs pleines d'étoiles.

IV

Formes que prend la souffrance pendant le sommeil

Trois heures du matin venaient de sonner, et il y avait cinq heures qu'il marchait ainsi, presque sans interruption, lorsqu'il se laissa tomber sur sa chaise.

Il s'y endormit et fit un rêve.

Ce rêve, comme la plupart des rêves, ne se rapportait à la situation que par je ne sais quoi de funeste et de poignant, mais il lui fit impression. Ce cauchemar le frappa tellement que plus tard il l'a écrit. C'est un des papiers écrits de sa main qu'il a laissés. Nous croyons devoir transcrire ici cette chose textuellement[1].

Quel que soit ce rêve, l'histoire de cette nuit serait incomplète si nous l'omettions. C'est la sombre aventure d'une âme malade.

Le voici. Sur l'enveloppe nous trouvons cette ligne écrite : *Le rêve que j'ai eu cette nuit-là*.

« J'étais dans une campagne[2]. Une grande campagne triste où il n'y avait pas d'herbe. Il ne me semblait pas qu'il fît jour ni qu'il fît nuit.

« Je me promenais avec mon frère, le frère de mes années d'enfance, ce frère auquel je dois dire que je ne pense jamais et dont je ne me souviens[3] presque plus.

« Nous causions, et nous rencontrions des passants. Nous parlions d'une voisine que nous avions eue autrefois, et qui, depuis qu'elle demeurait sur la rue, travaillait la fenêtre toujours ouverte. Tout en causant, nous avions froid à cause de cette fenêtre ouverte[4].

« Il n'y avait pas d'arbres dans la campagne.

« Nous vîmes un homme qui passa près de nous. C'était un homme tout nu, couleur de cendre, monté sur un cheval couleur de terre. L'homme n'avait pas de cheveux; on voyait son crâne et des veines sur son crâne. Il tenait à la main une baguette qui était souple comme un sarment de vigne et lourde comme du fer. Ce cavalier passa et ne nous dit rien.

« Mon frère me dit : Prenons par le chemin creux.

« Il y avait un chemin creux où l'on ne voyait pas une broussaille ni un brin de mousse. Tout était couleur de terre, même le ciel. Au bout de quelques pas, on ne me répondit plus quand je parlais. Je m'aperçus que mon frère n'était plus avec moi.

« J'entrai dans un village que je vis. Je songeai que ce devait être là Romainville (pourquoi Romainville?)*[5].

« La première rue où j'entrai était déserte. J'entrai dans une seconde rue. Derrière l'angle que faisaient les deux rues, il y avait un homme debout contre le mur. Je dis à cet homme : Quel est ce pays ? où suis-je ?

---

* Cette parenthèse est de la main de Jean Valjean.

L'homme ne répondit pas. Je vis la porte d'une maison ouverte, j'y entrai.

« La première chambre était déserte. J'entrai dans la seconde. Derrière la porte de cette chambre, il y avait un homme debout contre le mur. Je demandai à cet homme : — A qui est cette maison[6]? où suis-je? L'homme ne répondit pas. La maison avait un jardin.

« Je sortis de la maison et j'entrai dans le jardin. Le jardin était désert. Derrière le premier arbre, je trouvai un homme qui se tenait debout. Je dis à cet homme : Quel est ce jardin? où suis-je? L'homme ne répondit pas.

« J'errai dans le village, et je m'aperçus que c'était une ville. Toutes les rues étaient désertes, toutes les portes étaient ouvertes. Aucun être vivant ne passait dans les rues, ne marchait dans les chambres ou ne se promenait dans les jardins. Mais il y avait derrière chaque angle de mur, derrière chaque porte, derrière chaque arbre, un homme debout qui se taisait. On n'en voyait jamais qu'un à la fois. Ces hommes me regardaient passer.

« Je sortis de la ville et je me mis à marcher dans les champs.

« Au bout de quelque temps, je me retournai, et je vis une grande foule qui venait derrière moi. Je reconnus tous les hommes que j'avais vus dans la ville. Ils avaient des têtes étranges. Ils ne semblaient pas se hâter, et cependant ils marchaient plus vite que moi. Ils ne faisaient aucun bruit en marchant. En un instant, cette foule me rejoignit et m'entoura. Les visages de ces hommes étaient couleur de terre.

« Alors le premier que j'avais vu et questionné en entrant dans la ville me dit : — Où allez-vous? Est-ce que vous ne savez pas que vous êtes mort depuis longtemps?

« J'ouvris la bouche pour répondre, et je m'aperçus qu'il n'y avait personne autour de moi. »

Il se réveilla. Il était glacé. Un vent qui était froid comme le vent du matin faisait tourner dans leurs gonds les châssis de la croisée restée ouverte[7]. Le feu s'était éteint. La bougie touchait à sa fin[8]. Il était encore nuit noire.

Il se leva, il alla à la fenêtre. Il n'y avait toujours pas d'étoiles au ciel.

De sa fenêtre on voyait la cour de la maison et la rue.

Un bruit sec et dur qui résonna tout à coup sur le sol lui fit baisser les yeux.

Il vit au-dessous de lui deux étoiles rouges dont les rayons s'allongeaient et se raccourcissaient bizarrement dans l'ombre.

Comme sa pensée était encore à demi submergée dans la brume des rêves :

— Tiens ! songea-t-il, il n'y en a pas dans le ciel. Elles sont sur la terre maintenant.

Cependant ce trouble se dissipa, un second bruit pareil au premier acheva de le réveiller; il regarda, et il reconnut que ces deux étoiles étaient les lanternes d'une voiture. A la clarté qu'elles jetaient, il put distinguer la forme de cette voiture. C'était un tilbury attelé d'un petit cheval blanc. Le bruit qu'il avait entendu, c'étaient les coups de pied du cheval sur le pavé.

— Qu'est-ce que c'est que cette voiture ? se dit-il. Qui est-ce qui vient donc si matin ?

En ce moment on frappa un petit coup à la porte de sa chambre.

Il frissonna de la tête aux pieds, et cria d'une voix terrible :

— Qui est là ?

Quelqu'un répondit[9] :

— Moi, monsieur le maire.

Il reconnut la voix de la vieille femme, sa portière.

— Eh bien, reprit-il, qu'est-ce que c'est ?

— Monsieur le maire, il est tout à l'heure cinq heures du matin[10].

— Qu'est-ce que cela me fait ?

— Monsieur le maire, c'est le cabriolet.

— Quel cabriolet ?

— Le tilbury.

— Quel tilbury ?

— Est-ce que monsieur le maire n'a pas fait demander un tilbury ?

— Non, dit-il.

— Le cocher dit qu'il vient chercher monsieur le maire.

— Quel cocher ?

— Le cocher de M. Scaufflaire.

— M. Scaufflaire ?

Ce nom le fit tressaillir comme si un éclair lui eût passé devant la face.

— Ah oui ! reprit-il, M. Scaufflaire.

Si la vieille femme l'eût pu voir en ce moment, elle eût été épouvantée.

Il se fit un assez long silence. Il examinait d'un air stupide la flamme de la bougie et prenait autour de la mèche de la cire brûlante qu'il roulait dans ses doigts. La vieille attendait. Elle se hasarda pourtant à élever encore la voix :

— Monsieur le maire, que faut-il que je réponde ?
— Dites que c'est bien, et que je descends.

V

Bâtons dans les roues

Le service des postes d'Arras à Montreuil-sur-mer se faisait encore[1] à cette époque par de petites malles du temps de l'Empire. Ces malles étaient des cabriolets à deux roues, tapissés de cuir fauve au dedans[2], suspendus sur des ressorts à pompe, et n'ayant que deux places, l'une pour le courrier, l'autre pour le voyageur. Les roues étaient armées de ces longs moyeux offensifs qui tiennent les autres voitures à distance et qu'on voit encore sur les routes d'Allemagne[3]. Le coffre aux dépêches, immense boîte oblongue, était placé derrière le cabriolet et faisait corps avec lui. Ce coffre était peint en noir et le cabriolet en jaune.

Ces voitures, auxquelles rien ne ressemble aujourd'hui, avaient je ne sais quoi de difforme et de bossu, et, quand on les voyait passer de loin et ramper dans quelque route à l'horizon, elles ressemblaient à ces insectes qu'on appelle, je crois, termites, et qui, avec un petit corsage, traînent un gros arrière-train[4]. Elles allaient, du reste, fort vite. La malle partie d'Arras toutes les nuits à une heure, après le passage du courrier de Paris[5], arrivait à Montreuil-sur-mer un peu avant cinq heures du matin.

Cette nuit-là, la malle qui descendait à Montreuil-sur-mer par la route de Hesdin accrocha, au tournant d'une rue, au moment où elle entrait dans la ville, un petit tilbury attelé d'un cheval blanc, qui venait en sens inverse et dans lequel il n'y avait qu'une personne, un homme enveloppé d'un manteau[6]. La roue du tilbury reçut un choc assez rude[7]. Le courrier cria à cet homme d'arrêter, mais le voyageur n'écouta pas[8], et continua sa route au grand trot.

— Voilà un homme diablement pressé ! dit le courrier.

L'homme qui se hâtait ainsi, c'est celui[9] que nous venons de voir se débattre dans des convulsions dignes à coup sûr de pitié[10].

Où allait-il ? Il n'eût pu le dire. Pourquoi se hâtait-il ? Il ne savait. Il allait au hasard devant lui. Où ? A Arras sans doute ; mais il allait peut-être ailleurs aussi. Par moments il le sentait, et il tressaillait[11].

Il s'enfonçait dans cette nuit comme dans un gouffre[12]. Quelque chose le poussait, quelque chose l'attirait. Ce qui se passait en lui, personne ne pourrait le dire, tous le comprendront. Quel homme n'est entré, au moins une fois en sa vie, dans cette obscure caverne de l'inconnu[13] ?

Du reste il n'avait rien résolu, rien décidé, rien arrêté, rien fait. Aucun des actes de sa conscience n'avait été définitif. Il était plus que jamais comme au premier moment.

Pourquoi allait-il à Arras ?

Il se répétait ce qu'il s'était déjà dit en retenant le cabriolet de Scaufflaire, — que, quel que dût être le résultat, il n'y avait aucun inconvénient à voir de ses yeux, à juger les choses par lui-même ; — que cela même était prudent, qu'il fallait savoir ce qui se passerait ; — qu'on ne pouvait rien décider sans avoir observé et scruté ; — que de loin on se faisait des montagnes de tout ; qu'au bout du compte, lorsqu'il aurait vu ce Champmathieu, quelque misérable, sa conscience serait probablement fort soulagée de le laisser aller au bagne à sa place ; — qu'à la vérité il y aurait là Javert, et ce Brevet, ce Chenildieu, ce Cochepaille, anciens forçats qui l'avaient connu ; mais qu'à coup sûr ils ne le reconnaîtraient pas ; — bah ! quelle idée ! — que Javert en était à cent lieues ; — que toutes les conjectures et toutes les suppositions étaient fixées sur ce Champmathieu, et que rien n'est entêté comme les suppositions et les conjectures ; — qu'il n'y avait donc aucun danger.

Que sans doute c'était un moment noir, mais qu'il en sortirait ; — qu'après tout il tenait sa destinée, si mauvaise qu'elle voulût être, dans sa main ; — qu'il en était le maître. Il se cramponnait à cette pensée.

Au fond, pour tout dire, il eût mieux aimé ne point aller à Arras.

Cependant il y allait.

Tout en songeant, il fouettait le cheval, lequel trottait de ce bon trot réglé et sûr qui fait deux lieues et demie à l'heure. A mesure que le cabriolet avançait, il sentait quelque chose en lui qui reculait.

Au point du jour il était en rase campagne; la ville de Montreuil-sur-mer était assez loin derrière lui. Il regarda l'horizon blanchir; il regarda, sans le voir, passer devant ses yeux toutes les froides figures d'une aube d'hiver. Le matin a ses spectres comme le soir. Il ne les voyait pas, mais, à son insu, et par une sorte de pénétration presque physique, ces noires silhouettes d'arbres et de collines ajoutaient à l'état violent de son âme je ne sais quoi de morne et de sinistre.

Chaque fois qu'il passait devant une de ces maisons isolées qui côtoient parfois les routes, il se disait: il y a pourtant là-dedans des gens qui dorment[14] !

Le trot du cheval, les grelots du harnais, les roues sur le pavé, faisaient[15] un bruit doux et monotone. Ces choses-là sont charmantes quand on est joyeux et lugubres quand on est triste.

Il était grand jour lorsqu'il arriva à Hesdin. Il s'arrêta devant une auberge pour laisser souffler le cheval et lui faire donner l'avoine[16].

Ce cheval était, comme l'avait dit Scaufflaire, de cette petite race du Boulonnais qui a trop de tête, trop de ventre et pas assez d'encolure, mais qui a le poitrail ouvert, la croupe large, la jambe sèche et fine et le pied solide; race laide, mais robuste et saine[17]. L'excellente bête avait fait cinq lieues en deux heures et n'avait pas une goutte de sueur sur la croupe.

Il n'était pas descendu du tilbury. Le garçon d'écurie qui apportait l'avoine se baissa[18] tout à coup et examina la roue de gauche.

— Allez-vous loin[19] comme cela? dit cet homme.

Il répondit, presque sans sortir de sa rêverie:

— Pourquoi?

— Venez-vous de loin[20]? reprit le garçon.

— De cinq lieues d'ici.

— Ah!

— Pourquoi dites-vous: ah?

Le garçon se pencha de nouveau, resta un moment silencieux, l'œil fixé sur la roue, puis se redressa en disant :

— C'est que voilà une roue qui vient de faire cinq lieues, c'est possible, mais qui à coup sûr ne fera pas maintenant un quart de lieue.

Il sauta à bas du tilbury.

— Que dites-vous là, mon ami?

— Je dis que c'est un miracle que vous ayez fait cinq lieues sans rouler, vous et votre cheval, dans quelque fossé de la grande route. Regardez plutôt.

La roue en effet était gravement endommagée. Le choc de la malle-poste avait fendu deux rayons et labouré le moyeu dont l'écrou ne tenait plus.

— Mon ami, dit-il au garçon d'écurie, il y a un charron ici?

— Sans doute, monsieur.

— Rendez-moi le service de l'aller chercher.

— Il est là, à deux pas. Hé! maître Bourgaillard!

Maître Bourgaillard, le charron, était sur le seuil de sa porte. Il vint examiner la roue et fit la grimace d'un chirurgien qui considère une jambe cassée[21].

— Pouvez-vous raccommoder cette roue sur-le-champ?

— Oui, monsieur.

— Quand pourrai-je repartir?

— Demain.

— Demain!

— Il y a une grande journée d'ouvrage. Est-ce que monsieur est pressé?

— Très pressé. Il faut que je reparte dans une heure au plus tard.

— Impossible, monsieur.

— Je payerai tout ce qu'on voudra.

— Impossible.

— Eh bien! dans deux heures.

— Impossible pour aujourd'hui. Il faut refaire deux rais et un moyeu. Monsieur ne pourra repartir avant demain.

— L'affaire que j'ai ne peut attendre à demain[22]. Si, au lieu de raccommoder cette roue, on la remplaçait?

— Comment cela?

— Vous êtes charron?

— Sans doute, monsieur.

— Est-ce que vous n'auriez pas une roue à me vendre? Je pourrais repartir tout de suite.
— Une roue de rechange?
— Oui.
— Je n'ai pas une roue toute faite pour votre cabriolet. Deux roues font la paire. Deux roues ne vont pas ensemble au hasard.
— En ce cas, vendez-moi une paire de roues.
— Monsieur, toutes les roues ne vont pas à tous les essieux.
— Essayez toujours.
— C'est inutile, monsieur. Je n'ai à vendre que des roues de charrette. Nous sommes un petit pays ici.
— Auriez-vous un cabriolet à me louer?

Le maître charron, du premier coup d'œil, avait reconnu que le tilbury était une voiture de louage. Il haussa les épaules.

— Vous les arrangez bien, les cabriolets qu'on vous loue! j'en aurais un que je ne vous le louerais pas.
— Eh bien, à me vendre?
— Je n'en ai pas.
— Quoi! pas une carriole[23]? Je ne suis pas difficile, comme vous voyez.
— Nous sommes un petit pays. J'ai bien là sous la remise, ajouta le charron, une vieille calèche qui est à un bourgeois de la ville qui me l'a donnée en garde et qui s'en sert tous les trente-six du mois. Je vous la louerais bien, qu'est-ce que cela me fait? mais il ne faudrait pas que le bourgeois la vît passer; et puis, c'est une calèche, il faudrait deux chevaux.
— Je prendrai des chevaux de poste[24].
— Où va monsieur?
— A Arras.
— Et monsieur veut arriver aujourd'hui?
— Mais oui.
— En prenant des chevaux de poste?
— Pourquoi pas?
— Est-il égal[25] à monsieur d'arriver cette nuit à quatre heures du matin?
— Non certes.
— C'est que, voyez-vous bien, il y a une chose à dire[26], en prenant des chevaux de poste... — Monsieur a son passeport?

— Oui.

— Eh bien, en prenant des chevaux de poste, monsieur n'arrivera pas à Arras avant demain. Nous sommes un chemin de traverse. Les relais sont mal servis, les chevaux sont aux champs. C'est la saison des grandes charrues qui commence, il faut de forts attelages, et l'on prend les chevaux partout, à la poste comme ailleurs[27]. Monsieur attendra au moins trois ou quatre heures à chaque relais. Et[28] puis on va au pas. Il y a beaucoup de côtes à monter.

— Allons, j'irai à cheval. Dételez le cabriolet. On me vendra bien une selle dans le pays.

— Sans doute. Mais ce cheval-ci endure-t-il la selle ?

— C'est vrai, vous m'y faites penser. Il ne l'endure pas.

— Alors...

— Mais je trouverai bien dans le village un cheval à louer ?

— Un cheval pour aller à Arras d'une traite !

— Oui.

— Il faudrait un cheval comme on n'en a pas dans nos endroits. Il faudrait l'acheter d'abord, car on ne vous connaît pas. Mais ni à vendre ni à louer, ni pour cinq cents francs, ni pour mille, vous ne le trouveriez pas !

— Comment faire ?

— Le mieux, là, en honnête homme, c'est que je raccommode la roue et que vous remettiez votre voyage à demain.

— Demain il sera trop tard.

— Dame !

— N'y a-t-il pas la malle-poste qui va à Arras ? Quand passe-t-elle ?

— La nuit prochaine. Les deux malles font le service la nuit, celle qui monte comme celle qui descend.

— Comment ! il vous faut une journée pour raccommoder cette roue ?

— Une journée, et une bonne !

— En mettant deux ouvriers[29] ?

— En en mettant dix !

— Si on liait les rayons avec des cordes ?

— Les rayons, oui ; le moyeu, non. Et puis la jante aussi est en mauvais état.

— Y a-t-il un loueur de voitures dans la ville ?

— Non.

— Y a-t-il un autre charron ?

Le garçon d'écurie et le maître charron répondirent en même temps en hochant la tête.

— Non.

Il sentit une immense joie.

Il était évident que la providence s'en mêlait. C'était elle qui avait brisé la roue du tilbury et qui l'arrêtait en route. Il ne s'était pas rendu à cette espèce de première sommation ; il venait de faire tous les efforts possibles pour continuer son voyage ; il avait loyalement et scrupuleusement épuisé tous les moyens ; il n'avait reculé ni devant la saison, ni devant la fatigue, ni devant la dépense ; il n'avait rien à se reprocher. S'il n'allait pas plus loin, cela ne le regardait plus. Ce n'était plus sa faute, c'était, non le fait de sa conscience, mais le fait de la providence.

Il respira. Il respira librement et à pleine poitrine[30] pour la première fois depuis la visite de Javert. Il lui semblait que le poignet de fer qui lui serrait le cœur depuis vingt heures venait de le lâcher.

Il lui paraissait que maintenant Dieu était pour lui, et se déclarait.

Il se dit qu'il avait fait tout ce qu'il pouvait, et qu'à présent il n'avait qu'à revenir sur ses pas, tranquillement.

Si sa conversation avec le charron eût eu lieu dans une chambre de l'auberge, elle n'eût point eu de témoins, personne ne l'eût entendue, les choses en fussent restées là, et il est probable que nous n'aurions eu à raconter aucun des événements qu'on va lire ; mais cette conversation s'était faite dans la rue[31]. Tout colloque dans la rue produit inévitablement un cercle. Il y a toujours des gens qui ne demandent qu'à être spectateurs. Pendant qu'il questionnait le charron, quelques allants et venants s'étaient arrêtés autour d'eux. Après avoir écouté pendant quelques minutes, un jeune garçon, auquel personne n'avait pris garde, s'était détaché du groupe en courant.

Au moment où le voyageur, après la délibération intérieure que nous venons d'indiquer, prenait la résolution de rebrousser chemin, cet enfant revenait. Il était accompagné d'une vieille femme.

— Monsieur, dit la femme, mon garçon me dit que vous avez envie de louer un cabriolet.

Cette simple parole, prononcée par une vieille femme que conduisait un enfant, lui fit ruisseler la sueur dans les reins. Il crut[32] voir la main qui l'avait lâché reparaître dans l'ombre derrière lui, toute prête à le reprendre.

Il répondit :

— Oui, bonne femme, je cherche un cabriolet à louer.

Et il se hâta d'ajouter :

— Mais il n'y en a pas dans le pays.

— Si fait, dit la vieille.

— Où ça donc? reprit le charron.

— Chez moi, répliqua la vieille.

Il tressaillit. La main fatale l'avait ressaisi.

La vieille avait en effet sous un hangar une façon de carriole en osier. Le charron et le garçon d'auberge, désolés que le voyageur leur échappât, intervinrent.

— C'était une affreuse guimbarde, — cela était posé à cru sur l'essieu, — il est vrai que les banquettes étaient suspendues à l'intérieur avec des lanières de cuir, — il pleuvait dedans, — les roues étaient rouillées et rongées d'humidité, — cela n'irait pas beaucoup plus loin que le tilbury, — une vraie patache ! — Ce monsieur aurait bien tort de s'y embarquer, — etc., etc.

Tout cela était vrai, mais cette guimbarde, cette patache, cette chose, quelle qu'elle fût, roulait sur ses deux roues et pouvait aller à Arras.

Il paya ce qu'on voulut, laissa le tilbury à réparer chez le charron pour l'y retrouver à son retour, fit atteler le cheval blanc à la carriole, y monta, et reprit la route qu'il suivait depuis le matin[33].

Au moment où la carriole s'ébranla, il s'avoua qu'il avait eu l'instant d'auparavant une certaine joie de songer qu'il n'irait point où il allait[34]. Il examina cette joie avec une sorte de colère et la trouva absurde. Pourquoi de la joie à revenir en arrière? Après tout, il faisait ce voyage librement. Personne ne l'y forçait. Et, certainement, rien n'arriverait que ce qu'il voudrait bien.

Comme il sortait de Hesdin, il entendit une voix qui lui criait : « Arrêtez ! arrêtez ! » Il arrêta la carriole d'un mouvement vif dans lequel il y avait encore je ne sais quoi de fébrile et de convulsif qui ressemblait à de l'espérance.

C'était le petit garçon de la vieille.

— Monsieur, dit-il, c'est moi qui vous ai procuré la carriole.

— Eh bien !
— Vous ne m'avez rien donné.

Lui qui donnait à tous et si facilement, il trouva cette prétention exorbitante et presque odieuse.

— Ah ! c'est toi, drôle ? dit-il, tu n'auras rien !

Il fouetta le cheval et repartit au grand trot[35].

Il avait perdu beaucoup de temps à Hesdin, il eût voulu le rattraper. Le petit cheval était courageux et tirait comme deux ; mais on était au mois de février[36], il avait plu, les routes étaient mauvaises. Et puis, ce n'était plus le tilbury. La carriole était dure et très lourde. Avec cela force montées.

Il mit près de quatre heures pour aller de Hesdin à Saint-Pol. Quatre heures pour cinq lieues.

A Saint-Pol il détela à la première auberge venue, et fit mener le cheval à l'écurie. Comme il l'avait promis à Scaufflaire, il se tint près du râtelier pendant que le cheval mangeait. Il songeait à des choses tristes et confuses.

La femme de l'aubergiste entra dans l'écurie.

— Est-ce que monsieur ne veut pas déjeuner ?
— Tiens, c'est vrai, dit-il, j'ai même bon appétit[37].

Il suivit cette femme qui avait une figure fraîche et réjouie. Elle le conduisit dans une salle basse où il y avait des tables ayant pour nappes des toiles cirées.

— Dépêchez-vous, reprit-il, il faut que je reparte[38]. Je suis pressé.

Une grosse servante flamande mit son couvert en toute hâte. Il regardait cette fille avec un sentiment de bien-être.

— C'est là ce que j'avais, pensa-t-il. Je n'avais pas déjeuné.

On le servit. Il se jeta sur le pain, mordit une bouchée, puis le reposa lentement sur la table et n'y toucha plus.

Un roulier mangeait à une autre table. Il dit à cet homme :

— Pourquoi leur pain est-il donc si amer ?

Le roulier était allemand et n'entendit pas.

Il retourna dans l'écurie près du cheval.

Une heure après, il avait quitté Saint-Pol et se dirigeait vers Tinques qui n'est qu'à cinq lieues d'Arras.

Que[39] faisait-il pendant ce trajet ? A quoi pensait-il ? Comme le matin, il regardait passer les arbres, les toits de chaume, les champs cultivés, et les évanouissements du paysage qui se disloque à chaque coude du chemin. C'est là une contemplation qui suffit quelquefois à l'âme et qui la dispense presque de penser. Voir mille objets pour la première et pour la dernière fois, quoi de plus mélancolique et de plus profond ! Voyager, c'est naître et mourir à chaque instant. Peut-être, dans la région la plus vague de son esprit, faisait-il des rapprochements entre ces horizons changeants et l'existence humaine. Toutes les choses de la vie sont perpétuellement en fuite devant nous. Les obscurcissements et les clartés s'entremêlent : après un éblouissement, une éclipse; on regarde, on se hâte, on tend les mains pour saisir ce qui passe; chaque événement est un tournant de la route; et tout à coup on est vieux. On sent comme une secousse, tout est noir, on distingue une porte obscure, ce sombre cheval de la vie qui vous traînait s'arrête, et l'on voit quelqu'un de voilé et d'inconnu qui le détèle dans les ténèbres.

Le crépuscule tombait au moment où des enfants qui sortaient de l'école regardèrent ce voyageur entrer dans Tinques[40]. Il est vrai qu'on était encore aux jours courts de l'année. Il ne s'arrêta pas à Tinques. Comme il débouchait du village[41], un cantonnier qui empierrait la route dressa la tête et dit :

— Voilà un cheval bien fatigué.

La pauvre bête en effet n'allait plus qu'au pas.

— Est-ce que vous allez à Arras ? ajouta le cantonnier.

— Oui.

— Si vous allez de ce train, vous n'y arriverez pas de bonne heure.

Il arrêta le cheval et demanda au cantonnier[42] :

— Combien y a-t-il encore d'ici à Arras ?

— Près de sept grandes lieues.

— Comment cela ? le livre de poste ne marque que cinq lieues et un quart.

— Ah ! reprit le cantonnier, vous ne savez donc pas que la route est en réparation ? Vous allez la trouver coupée à un quart d'heure d'ici. Pas moyen d'aller plus loin.

— Vraiment.

— Vous prendrez à gauche, le chemin qui va à Carency, vous passerez la rivière ; et, quand vous serez à Camblin, vous tournerez à droite ; c'est la route de Mont-Saint-Éloy qui va à Arras.

— Mais voilà la nuit, je me perdrai.
— Vous n'êtes pas du pays ?
— Non.
— Avec ça, c'est tout chemins de traverse. — Tenez, monsieur, reprit le cantonnier, voulez-vous que je vous donne un conseil ? Votre cheval est las, rentrez dans Tinques. Il y a une bonne auberge. Couchez-y. Vous irez demain à Arras.
— Il faut que j'y sois ce soir.
— C'est différent. Alors allez tout de même à cette auberge et prenez-y un cheval de renfort. Le garçon du cheval vous guidera dans la traverse[43].

Il suivit le conseil du cantonnier, rebroussa chemin, et une demi-heure après il repassait au même endroit, mais au grand trot, avec un bon cheval de renfort. Un garçon d'écurie qui s'intitulait postillon était assis[44] sur le brancard de la carriole.

Cependant il sentait qu'il perdait du temps. Il faisait tout à fait nuit.

Ils s'engagèrent dans la traverse. La route devint affreuse. La carriole tombait d'une ornière dans l'autre. Il dit au postillon :

— Toujours au trot, et double pourboire.

Dans un cahot le palonnier cassa.

— Monsieur, dit le postillon, voilà le palonnier cassé, je ne sais plus comment atteler mon cheval, cette route-ci est bien mauvaise la nuit ; si vous vouliez revenir coucher à Tinques, nous pourrions être demain matin de bonne heure à Arras.

Il répondit : — As-tu un bout de corde et un couteau ?

— Oui, monsieur.

Il coupa une branche d'arbre et en fit un palonnier.

Ce fut encore une perte de vingt minutes ; mais ils repartirent au galop.

La plaine était ténébreuse. Des brouillards bas, courts et noirs rampaient sur les collines et s'en arrachaient comme des fumées. Il y avait des lueurs blanchâtres dans les nuages. Un grand vent qui venait de la mer faisait dans tous les coins de l'horizon le bruit de quelqu'un qui remue des meubles. Tout ce qu'on entrevoyait avait des attitudes de terreur. Que de choses frissonnent sous ces vastes souffles[45] de la nuit !

Le froid le pénétrait. Il n'avait pas mangé depuis la

veille. Il se rappelait vaguement son autre course nocturne dans la grande plaine aux environs de Digne. Il y avait huit ans ; et cela lui semblait hier.

Une heure sonna à quelque clocher lointain. Il demanda au garçon :

— Quelle est cette heure ?

— Sept heures, monsieur. Nous serons à Arras à huit. Nous n'avons plus que trois lieues.

En ce moment il fit pour la première fois cette réflexion, — en trouvant étrange qu'elle ne lui fût pas venue plus tôt : — que c'était peut-être inutile, toute la peine qu'il prenait ; qu'il ne savait seulement pas l'heure du procès ; qu'il aurait dû au moins s'en informer ; qu'il était extravagant d'aller ainsi devant soi sans savoir si cela servirait à quelque chose. — Puis il ébaucha quelques calculs dans son esprit : — qu'ordinairement les séances des cours d'assises commençaient à neuf heures du matin ; — que cela ne devait pas être long, cette affaire-là ; — que le vol de pommes, ce serait très court ; — qu'il n'y aurait plus ensuite qu'une question d'identité ; — quatre ou cinq dépositions, peu de chose à dire pour les avocats ; — qu'il allait arriver lorsque tout serait fini !

Le postillon fouettait les chevaux. Ils avaient passé la rivière et laissé derrière eux Mont-Saint-Éloy.

La nuit devenait de plus en plus profonde.

VI

LA SŒUR SIMPLICE MISE A L'ÉPREUVE[1]

CEPENDANT, en ce moment-là même, Fantine était dans la joie.

Elle avait passé une très mauvaise nuit. Toux affreuse, redoublement de fièvre ; elle avait eu des songes[2]. Le matin, à la visite du médecin, elle délirait. Il avait eu l'air alarmé et avait recommandé qu'on le prévînt dès que M. Madeleine viendrait.

Toute la matinée elle fut morne, parla peu, et fit des plis à ses draps en murmurant à voix basse des calculs qui avaient l'air d'être des calculs de distances. Ses yeux étaient caves et fixes. Ils paraissaient presque éteints, et puis, par moments, ils se rallumaient et resplendissaient comme des étoiles. Il semble qu'aux approches d'une certaine heure sombre, la clarté du ciel emplisse ceux que quitte la clarté de la terre.

Chaque fois que la sœur Simplice lui demandait[3] comment elle se trouvait, elle répondait invariablement :
— Bien. Je voudrais voir monsieur Madeleine.

Quelques mois auparavant, à ce moment où Fantine venait de perdre sa dernière pudeur, sa dernière honte et sa dernière joie, elle était l'ombre d'elle-même ; maintenant elle en était le spectre. Le mal physique avait complété l'œuvre du mal moral. Cette créature de vingt-cinq ans avait le front ridé, les joues flasques, les narines pincées, les dents déchaussées, le teint plombé, le cou osseux, les clavicules saillantes, les membres chétifs, la peau terreuse, et ses cheveux blonds poussaient mêlés de cheveux gris. Hélas ! comme la maladie improvise la vieillesse !

A midi, le médecin revint, il fit quelques prescriptions, s'informa si M. le maire avait paru à l'infirmerie, et branla la tête.

M. Madeleine venait d'habitude à trois heures voir la malade. Comme l'exactitude était de la bonté, il était exact.

Vers deux heures et demie, Fantine commença à s'agiter. Dans l'espace de vingt minutes, elle demanda plus de dix fois à la religieuse : — Ma sœur, quelle heure est-il ?

Trois heures sonnèrent. Au troisième coup, Fantine se dressa sur son séant, elle qui d'ordinaire pouvait à peine remuer dans son lit ; elle joignit dans une sorte d'étreinte convulsive ses deux mains décharnées et jaunes, et la religieuse entendit sortir de sa poitrine un de ces soupirs profonds qui semblent soulever un accablement[4]. Puis Fantine se tourna et regarda la porte.

Personne n'entra ; la porte ne s'ouvrit point.

Elle resta ainsi un quart d'heure, l'œil attaché sur la porte, immobile et comme retenant son haleine. La sœur n'osait lui parler. L'église sonna trois heures un quart. Fantine se laissa retomber sur l'oreiller.

Elle ne dit rien et se remit à faire des plis à son drap.

La demi-heure passa, puis l'heure. Personne ne vint. Chaque fois que l'horloge sonnait, Fantine se dressait et regardait du côté de la porte, puis elle retombait.

On voyait clairement sa pensée, mais elle ne prononçait aucun nom, elle ne se plaignait pas, elle n'accusait pas. Seulement elle toussait d'une façon lugubre.

On eût dit que quelque chose d'obscur s'abaissait sur elle. Elle était livide et avait les lèvres bleues. Elle souriait par moments.

Cinq heures sonnèrent. Alors la sœur l'entendit qui disait très bas et doucement :

— Mais puisque je m'en vais demain, il a tort de ne pas venir aujourd'hui[5] !

La sœur Simplice[6] elle-même était surprise du retard de M. Madeleine.

Cependant Fantine regardait le ciel de son lit. Elle avait l'air de chercher à se rappeler quelque chose. Tout à coup elle se mit à chanter d'une voix faible comme un souffle. La religieuse écouta. Voici ce que Fantine chantait :

> Nous achèterons de bien belles choses
> En nous promenant le long des faubourgs.
> Les bleuets sont bleus, les roses sont roses,
> Les bleuets sont bleus, j'aime mes amours.
>
> La vierge Marie auprès de mon poêle
> Est venue hier en manteau brodé,
> Et m'a dit : — Voici, caché sous mon voile,
> Le petit qu'un jour tu m'as demandé. —
> Courez à la ville, ayez de la toile,
> Achetez du fil, achetez un dé.
>
> Nous achèterons de bien belles choses
> En nous promenant le long des faubourgs.
>
> Bonne sainte Vierge, auprès de mon poêle
> J'ai mis un berceau de rubans orné.
> Dieu me donnerait sa plus belle étoile,
> J'aime mieux l'enfant que tu m'as donné.
> — Madame, que faire avec cette toile?
> — Faites un trousseau pour mon nouveau-né.
>
> Les bleuets sont bleus, les roses sont roses,
> Les bleuets sont bleus, j'aime mes amours.
>
> — Lavez cette toile. — Où? — Dans la rivière.
> Faites-en, sans rien gâter ni salir,
> Une belle jupe avec sa brassière
> Que je veux broder et de fleurs emplir.
> — L'enfant n'est plus là, madame, qu'en faire?
> — Faites-en un drap pour m'ensevelir.
>
> Nous achèterons de bien belles choses
> En nous promenant le long des faubourgs.
> Les bleuets sont bleus, les roses sont roses,
> Les bleuets sont bleus, j'aime mes amours.

Cette[7] chanson était une vieille romance de berceuse avec laquelle autrefois elle endormait sa petite Cosette, et qui ne s'était pas offerte à son esprit depuis cinq ans qu'elle n'avait plus son enfant. Elle chantait cela d'une voix si triste et sur un air si doux que c'était à faire pleurer, même une religieuse. La sœur, habituée aux choses austères, sentit une larme lui venir.

L'horloge sonna six heures. Fantine ne parut pas entendre. Elle semblait ne plus faire attention à aucune chose autour d'elle.

La sœur Simplice envoya une fille de service s'informer près de la portière de la fabrique si M. le maire était rentré et s'il ne monterait pas[8] bientôt à l'infirmerie. La fille revint au bout de quelques minutes.

Fantine était toujours immobile et paraissait attentive à des idées qu'elle avait.

La servante raconta très bas à la sœur Simplice que M. le maire était parti le matin même avant six heures dans un petit tilbury attelé d'un cheval blanc, par le froid qu'il faisait, qu'il était parti seul, pas même de cocher, qu'on ne savait pas le chemin qu'il avait pris, que des personnes disaient l'avoir vu tourner par la route d'Arras, que d'autres assuraient l'avoir rencontré sur la route de Paris. Qu'en s'en allant il avait été comme à l'ordinaire très doux, et qu'il avait seulement dit à la portière qu'on ne l'attendît pas cette nuit.

Pendant que les deux femmes, le dos tourné au lit de la Fantine, chuchotaient, la sœur questionnant, la servante conjecturant, la Fantine, avec cette vivacité fébrile de certaines maladies organiques qui mêle les mouvements libres de la santé à l'effrayante maigreur de la mort, s'était mise à genoux sur son lit, ses deux poings crispés appuyés sur le traversin, et, la tête passée par l'intervalle des rideaux, elle écoutait. Tout à coup elle cria :

— Vous parlez là de monsieur Madeleine ! pourquoi parlez-vous tout bas ? Qu'est-ce qu'il fait ? Pourquoi ne vient-il pas ?

Sa voix était si brusque et si rauque que les deux femmes crurent entendre une voix d'homme ; elles se retournèrent effrayées.

— Répondez donc ! cria Fantine.

La servante balbutia :

— La portière m'a dit qu'il ne pourrait pas venir aujourd'hui.

— Mon enfant, dit la sœur, tenez-vous tranquille, recouchez-vous.

Fantine, sans changer d'attitude, reprit d'une voix haute et avec un accent tout à la fois impérieux et déchirant :

— Il ne pourra venir? Pourquoi cela? Vous savez la raison. Vous la chuchotiez là entre vous. Je veux la savoir.

La servante se hâta de dire à l'oreille de la religieuse :

— Répondez qu'il est occupé au conseil municipal.

La sœur Simplice rougit légèrement; c'était un mensonge que la servante lui proposait. D'un autre côté il lui semblait bien[9] que dire la vérité à la malade ce serait sans doute lui porter un coup terrible et que cela était grave dans l'état où était Fantine. Cette rougeur dura peu. La sœur leva[10] sur Fantine son œil calme et triste, et dit :

— Monsieur le maire est parti.

Fantine se redressa et s'assit sur ses talons. Ses yeux étincelèrent. Une joie inouïe rayonna sur cette physionomie douloureuse.

— Parti! s'écria-t-elle. Il est allé chercher Cosette!

Puis elle tendit ses deux mains vers le ciel et tout son visage devint ineffable. Ses lèvres remuaient; elle priait à voix basse.

Quand sa prière fut finie : — Ma sœur, dit-elle, je veux bien me recoucher, je vais faire tout ce qu'on voudra; tout à l'heure j'ai été méchante, je vous demande pardon d'avoir parlé si haut, c'est très mal de parler haut, je le sais bien, ma bonne sœur, mais voyez-vous, je suis très contente. Le bon Dieu est bon, monsieur Madeleine est bon, figurez-vous qu'il est allé chercher ma petite Cosette à Montfermeil.

Elle se recoucha, aida la religieuse à arranger l'oreiller et baisa une petite croix d'argent qu'elle avait au cou et que la sœur Simplice lui avait donnée.

— Mon enfant, dit la sœur, tâchez de reposer maintenant, et ne parlez plus.

Fantine prit dans ses mains moites la main de la sœur[11], qui souffrait de lui sentir cette sueur.

— Il est parti ce matin pour aller à Paris. Au fait il n'a pas même besoin de passer par Paris. Montfermeil, c'est un peu à gauche en venant[12]. Vous rappelez-vous comme il me disait hier quand je lui parlais de Cosette : *Bientôt, bientôt ?* C'est une surprise qu'il veut me faire. Vous savez ? il m'avait fait signer une lettre pour la reprendre aux Thénardier. Ils n'auront rien à dire, pas vrai ? Ils rendront Cosette. Puisqu'ils sont payés. Les autorités ne souffriraient pas qu'on garde un enfant quand on est payé. Ma sœur, ne me faites pas signe qu'il ne faut pas que je parle. Je suis extrêmement heureuse, je vais très bien, je n'ai plus de mal du tout, je vais revoir Cosette, j'ai même très faim. Il y a près de cinq ans que je ne l'ai vue. Vous ne vous figurez pas, vous, comme cela vous tient, les enfants ! Et puis elle sera si gentille, vous verrez ! Si[13] vous saviez, elle a de si jolis petits doigts roses ! D'abord elle aura de très belles mains. A un an, elle avait des mains ridicules. Ainsi ! — Elle doit être grande à présent. Cela vous a sept ans. C'est une demoiselle. Je l'appelle Cosette, mais elle s'appelle Euphrasie[14]. Tenez, ce matin, je regardais de la poussière qui était sur la cheminée et j'avais bien l'idée comme cela que je reverrais bientôt Cosette. Mon Dieu ! comme on a tort d'être des années sans voir ses enfants ! on devrait bien réfléchir que la vie n'est pas éternelle ! Oh ! comme il est bon d'être parti, monsieur le maire ! C'est vrai ça, qu'il fait bien froid ! Avait-il[15] son manteau au moins ? Il sera ici demain, n'est-ce pas ? Ce[16] sera demain fête. Demain matin, ma sœur, vous me ferez penser à mettre mon petit bonnet qui a de la dentelle. Montfermeil, c'est un pays. J'ai fait cette route-là à pied, dans le temps. Il y a eu bien loin pour moi. Mais les diligences vont très vite ! Il sera ici demain avec Cosette. Combien y a-t-il d'ici Montfermeil ?

La sœur, qui n'avait aucune idée des distances, répondit : — Oh ! je crois bien qu'il pourra être ici demain.

— Demain ! demain ! dit Fantine, je verrai Cosette demain ! Voyez-vous, bonne sœur du bon Dieu, je ne suis plus malade. Je suis folle. Je danserais, si on voulait.

Quelqu'un qui l'eût vue un quart d'heure auparavant n'y eût rien compris. Elle était maintenant toute rose, elle parlait d'une voix vive et naturelle, toute sa figure n'était qu'un sourire. Par moments elle riait en se parlant tout bas. Joie de mère, c'est presque joie d'enfant[17].

— Eh bien, reprit la religieuse, vous voilà heureuse, obéissez-moi, ne parlez plus.

Fantine posa sa tête sur l'oreiller et dit à demi-voix :

— Oui, recouche-toi, sois sage puisque tu vas avoir ton enfant. Elle a raison, sœur Simplice[18]. Tous ceux qui sont ici ont raison.

Et puis, sans bouger, sans remuer la tête, elle se mit à regarder partout avec ses yeux tout grands ouverts et un air joyeux, et elle ne dit plus rien.

La sœur referma ses rideaux, espérant qu'elle s'assoupirait.

Entre sept et huit heures le médecin vint. N'entendant aucun bruit, il crut que Fantine dormait, entra doucement et s'approcha du lit sur la pointe du pied. Il entr'ouvrit les rideaux, et à la lueur de la veilleuse il vit les grands yeux calmes de Fantine qui le regardaient.

Elle lui dit : — Monsieur, n'est-ce pas, on me laissera la coucher à côté de moi dans un petit lit ?

Le médecin crut qu'elle délirait. Elle ajouta :

— Regardez plutôt, il y a juste la place.

Le médecin prit à part la sœur Simplice qui lui expliqua la chose, que M. Madeleine était absent pour un jour ou deux, et que, dans le doute, on n'avait pas cru devoir détromper la malade qui croyait monsieur le maire parti pour Montfermeil ; qu'il était possible en somme qu'elle eût deviné juste. Le médecin approuva.

Il se rapprocha du lit de Fantine, qui reprit :

— C'est que, voyez-vous, le matin, quand elle s'éveillera, je lui dirai bonjour à ce pauvre chat, et la nuit, moi qui ne dors pas, je l'entendrai dormir. Sa petite respiration si douce, cela me fera du bien.

— Donnez-moi votre main, dit le médecin.

Elle tendit son bras, et s'écria en riant :

— Ah ! tiens ! au fait, c'est vrai, vous ne savez pas ! c'est que je suis guérie. Cosette arrive demain.

Le médecin fut surpris. Elle était mieux. L'oppression était moindre. Le pouls avait repris de la force. Une sorte de vie survenue tout à coup ranimait ce pauvre être épuisé.

— Monsieur le docteur, reprit-elle, la sœur vous a-t-elle dit que monsieur le maire était allé chercher le chiffon[19] ?

Le médecin recommanda le silence et qu'on évitât toute

émotion pénible. Il prescrivit une infusion de quinquina pur, et, pour le cas où la fièvre reprendrait dans la nuit, une potion calmante. En s'en allant, il dit à la sœur :

— Cela va mieux. Si le bonheur voulait qu'en effet monsieur le maire arrivât demain avec l'enfant, qui sait? il y a des crises si étonnantes, on a vu de grandes joies arrêter court des maladies ; je sais bien que celle-ci est une maladie organique, et bien avancée, mais c'est un tel mystère que tout cela ! Nous la sauverions peut-être.

VII[1]

Le voyageur arrivé prend ses précautions pour repartir

Il était près de huit heures du soir quand la carriole que nous avons laissée en route entra sous la porte cochère de l'hôtel de la Poste à Arras. L'homme que nous avons suivi jusqu'à ce moment en descendit, répondit d'un air distrait aux empressements des gens de l'auberge, renvoya le cheval de renfort, et conduisit lui-même le petit cheval blanc à l'écurie ; puis il poussa la porte d'une salle[2] de billard qui était au rez-de-chaussée, s'y assit, et s'accouda sur une table. Il avait mis quatorze heures[3] à ce trajet qu'il comptait faire en six. Il se rendait la justice que ce n'était pas sa faute ; mais au fond il n'en était pas fâché.

La maîtresse de l'hôtel entra.

— Monsieur couche-t-il? monsieur soupe-t-il?

Il fit un signe de tête négatif.

— Le garçon d'écurie dit que le cheval de monsieur est bien fatigué !

Ici il rompit le silence.

— Est-ce que le cheval ne pourra pas repartir demain matin?

— Oh! monsieur! il lui faut au moins deux jours de repos.

Il demanda :

— N'est-ce pas ici le bureau de la poste?

— Oui, monsieur.

L'hôtesse le mena à ce bureau ; il montra son passeport et s'informa s'il y avait moyen de revenir cette nuit même à Montreuil-sur-mer par la malle ; la place à côté du courrier était justement vacante ; il la retint et la paya.

— Monsieur, dit le buraliste, ne manquez pas d'être ici pour partir à une heure précise du matin.

Cela fait, il sortit de l'hôtel et se mit à marcher dans la ville.

Il ne connaissait pas Arras, les rues étaient obscures, et il allait au hasard. Cependant il semblait s'obstiner à ne pas demander son chemin aux passants. Il traversa la petite rivière Crinchon et se trouva dans un dédale de ruelles étroites où il se perdit. Un bourgeois cheminait avec un falot. Après quelque hésitation, il prit le parti de s'adresser à ce bourgeois, non sans avoir d'abord regardé devant et derrière lui, comme s'il craignait que quelqu'un n'entendît la question qu'il allait faire.

— Monsieur, dit-il, le palais de justice, s'il vous plaît ?

— Vous n'êtes pas de la ville, monsieur ? répondit le bourgeois qui était un assez vieux homme[4], eh bien, suivez-moi. Je vais précisément du côté du palais de justice, c'est-à-dire du côté de l'hôtel de la préfecture. Car on répare en ce moment le palais, et provisoirement[5] les tribunaux ont leurs audiences à la préfecture.

— Est-ce là, demanda-t-il, qu'on tient les assises ?

— Sans doute, monsieur. Voyez-vous, ce qui est la préfecture aujourd'hui était l'évêché avant la révolution. Monsieur de Conzié, qui était évêque en quatre-vingt-deux, y a fait bâtir une grande salle. C'est dans cette grande salle qu'on juge.

Chemin faisant, le bourgeois lui dit :

— Si c'est un procès que monsieur veut voir, il est un peu tard. Ordinairement les séances finissent à six heures.

Cependant, comme ils arrivaient sur la grande place, le bourgeois lui montra quatre longues fenêtres éclairées sur la façade d'un vaste bâtiment ténébreux.

— Ma foi, monsieur, vous arrivez à temps, vous avez du bonheur[6]. Voyez-vous ces quatre fenêtres ? c'est la cour d'assises. Il y a de la lumière. Donc ce n'est pas fini. L'affaire aura traîné en longueur et on fait une audience du soir. Vous vous intéressez à cette affaire ? Est-ce que c'est un procès criminel ? Est-ce que vous êtes témoin ?

Il répondit :

— Je ne viens pour aucune affaire, j'ai seulement à parler à un avocat.

— C'est différent, dit le bourgeois. Tenez, monsieur voici la porte. Où est le factionnaire. Vous n'aurez qu'à monter le grand escalier.

Il se conforma aux indications du bourgeois, et, quelques minutes après, il était dans une salle où il y avait beaucoup de monde et où des groupes mêlés d'avocats en robe chuchotaient çà et là[7].

C'est toujours une chose qui serre le cœur de voir ces attroupements d'hommes vêtus de noir qui murmurent entre eux à voix basse sur le seuil des chambres de justice. Il est rare que la charité et la pitié sortent de toutes ces paroles. Ce qui en sort le plus souvent, ce sont des condamnations faites d'avance. Tous ces groupes semblent à l'observateur qui passe et qui rêve autant de ruches sombres où des espèces d'esprits bourdonnants construisent en commun toutes sortes d'édifices ténébreux.

Cette salle, spacieuse et éclairée d'une seule lampe, était une ancienne antichambre de l'évêché et servait de salle des pas perdus. Une porte à deux battants, fermée en ce moment, la séparait de la grande chambre où siégeait la cour d'assises.

L'obscurité était telle qu'il ne craignit pas de s'adresser au premier avocat qu'il rencontra.

— Monsieur, dit-il, où en est-on?
— C'est fini, dit l'avocat.
— Fini!

Ce mot fut répété d'un tel accent que l'avocat se retourna.

— Pardon, monsieur, vous êtes peut-être un parent?
— Non. Je ne connais personne ici. Et y a-t-il eu condamnation?
— Sans doute. Cela n'était guère possible autrement.
— Aux travaux forcés?...
— A perpétuité.

Il reprit d'une voix tellement faible qu'on l'entendait à peine:

— L'identité a donc été constatée?
— Quelle identité? répondit l'avocat. Il n'y avait pas d'identité à constater. L'affaire était simple. Cette femme avait tué son enfant, l'infanticide a été prouvé, le jury a écarté la préméditation, on l'a condamnée à vie.

— C'est donc une femme? dit-il.

— Mais sûrement. La fille Limosin. De quoi me parlez-vous donc ?

— De rien. Mais puisque c'est fini, comment se fait-il que la salle soit encore éclairée ?

— C'est pour l'autre affaire qu'on a commencée il y a à peu près deux heures.

— Quelle autre affaire ?

— Oh ! celle-là est claire aussi. C'est une espèce de gueux, un récidiviste[8], un galérien, qui a volé. Je ne sais plus trop son nom. En voilà un qui vous a une mine de bandit. Rien que pour avoir cette figure-là, je l'enverrais aux galères.

— Monsieur, demanda-t-il, y a-t-il moyen de pénétrer dans la salle ?

— Je ne crois vraiment pas. Il y a beaucoup de foule. Cependant l'audience est suspendue. Il y a des gens qui sont sortis, et, à la reprise de l'audience, vous pourrez essayer.

— Par où entre-t-on ?

— Par cette grande porte.

L'avocat le quitta. En quelques instants, il avait éprouvé, presque en même temps, presque mêlées, toutes les émotions possibles. Les paroles de cet indifférent lui avaient tour à tour traversé le cœur comme des aiguilles de glace et comme des lames de feu. Quand il vit que rien n'était terminé, il respira ; mais il n'eût pu dire si ce qu'il ressentait était du contentement ou de la douleur.

Il s'approcha de plusieurs groupes et il écouta ce qu'on disait. Le rôle de la session étant très chargé, le président avait indiqué pour ce même jour deux affaires simples et courtes. On avait commencé par l'infanticide, et maintenant on en était au forçat, au récidiviste, au « cheval de retour ». Cet homme avait volé des pommes, mais cela ne paraissait pas bien prouvé ; ce qui était prouvé, c'est qu'il avait été déjà aux galères à Toulon. C'est ce qui faisait son affaire mauvaise. Du reste, l'interrogatoire de l'homme était terminé et les dépositions des témoins ; mais il y avait encore les plaidoiries de l'avocat et le réquisitoire du ministère public ; cela ne devait guère finir avant minuit. L'homme[9] serait probablement condamné ; l'avocat général était très bon, — et ne *manquait* pas ses accusés ; — c'était un garçon d'esprit qui faisait des vers.

Un huissier se tenait debout près de la porte qui communiquait avec la salle des assises. Il demanda à cet huissier :

— Monsieur, la porte va-t-elle bientôt s'ouvrir?

— Elle ne s'ouvrira pas, dit l'huissier.

— Comment! on ne l'ouvrira pas à la reprise de l'audience? est-ce que l'audience n'est pas suspendue?

— L'audience vient d'être reprise, répondit l'huissier, mais la porte ne se rouvrira pas.

— Pourquoi?

— Parce que la salle est pleine.

— Quoi! il n'y a plus une place?

— Plus une seule. La porte est fermée. Personne ne peut plus entrer.

L'huissier ajouta après un silence : — Il y a bien encore deux ou trois places derrière monsieur le président, mais monsieur le président n'y admet que les fonctionnaires publics.

Cela dit, l'huissier lui tourna le dos.

Il se retira la tête baissée, traversa l'antichambre et redescendit[10] l'escalier lentement, comme hésitant à chaque marche. Il est probable qu'il tenait conseil avec lui-même. Le violent combat qui se livrait en lui depuis la veille n'était pas fini; et, à chaque instant, il en traversait quelque nouvelle péripétie. Arrivé sur le palier, il s'adossa à la rampe et croisa les bras. Tout à coup il ouvrit sa redingote, prit son portefeuille, en tira un crayon, déchira une feuille, et écrivit rapidement sur cette feuille à la lueur du réverbère cette ligne : — *M. Madeleine, maire de Montreuil-sur-mer*. Puis il remonta l'escalier à grands pas, fendit la foule, marcha droit à l'huissier, lui remit le papier, et lui dit avec autorité :

— Portez ceci à monsieur le président.

L'huissier prit le papier, y jeta un coup d'œil et obéit.

VIII

Entrée de faveur[1]

Sans qu'il s'en doutât, le maire de Montreuil-sur-mer avait une sorte de célébrité. Depuis sept ans que sa réputation de vertu remplissait tout le bas Boulonnais, elle avait fini par franchir les limites d'un petit pays et s'était répandue dans les deux ou trois départements voisins. Outre le service considérable[2] qu'il avait rendu au chef-lieu en y restaurant l'industrie des verroteries noires, il n'était pas une des cent quarante et une communes de l'arrondissement de Montreuil-sur-mer qui ne lui dût quelque bienfait. Il avait su même au besoin aider et féconder les industries des autres arrondissements. C'est ainsi qu'il avait dans l'occasion soutenu de son crédit et de ses fonds la fabrique de tulle de Boulogne, la filature de lin à la mécanique de Frévent et la manufacture hydraulique de toiles de Boubers-sur-Canche. Partout on prononçait avec vénération le nom de M. Madeleine. Arras et Douai enviaient son maire à l'heureuse petite ville de Montreuil-sur-mer.

Le conseiller à la cour royale de Douai, qui présidait cette session des assises à Arras, connaissait comme tout le monde ce nom si profondément et si universellement honoré. Quand l'huissier, ouvrant discrètement la porte qui communiquait de la chambre du conseil à l'audience, se pencha derrière le fauteuil du président et lui remit le papier où était écrite la ligne qu'on vient de lire, en ajoutant : *Ce monsieur désire assister à l'audience,* le président fit un vif mouvement de déférence, saisit une plume, écrivit quelques mots au bas du papier, et le rendit à l'huissier en lui disant : Faites entrer.

L'homme malheureux dont nous racontons l'histoire était resté près de la porte de la salle à la même place et dans la même attitude où l'huissier l'avait quitté. Il entendit, à travers sa rêverie, quelqu'un qui lui disait : Monsieur veut-il bien me faire l'honneur de me suivre? C'était ce même huissier qui lui avait tourné le dos l'instant d'auparavant et qui maintenant le saluait jusqu'à terre. L'huissier en même temps lui remit le papier. Il le déplia, et, comme il se rencontrait qu'il était près de la lampe, il put lire[3] :

« Le président de la cour d'assises présente son respect à M. Madeleine. »

Il froissa le papier entre ses mains, comme si ces quelques mots eussent eu pour lui un arrière-goût étrange et amer.

Il suivit l'huissier.

Quelques minutes après, il se trouvait seul dans une espèce de cabinet lambrissé, d'un aspect sévère, éclairé par deux bougies posées sur une table à tapis vert. Il avait encore dans l'oreille les dernières paroles de l'huissier qui venait de le quitter : « Monsieur, vous voici dans la chambre du conseil ; vous n'avez qu'à tourner le bouton de cuivre de cette porte, et vous vous trouverez dans l'audience derrière le fauteuil de monsieur le président. » Ces paroles se mêlaient dans sa pensée à un souvenir vague de corridors étroits et d'escaliers noirs qu'il venait de parcourir.

L'huissier l'avait laissé seul. Le moment suprême était arrivé. Il cherchait à se recueillir sans pouvoir y parvenir. C'est surtout aux heures où l'on aurait le plus besoin de les rattacher aux réalités poignantes de la vie que tous les fils de la pensée se rompent dans le cerveau. Il était dans l'endroit même où les juges délibèrent et condamnent. Il regardait avec une tranquillité stupide cette chambre paisible et redoutable où tant d'existences avaient été brisées, où son nom allait retentir tout à l'heure, et que sa destinée traversait en ce moment. Il regardait la muraille, puis il se regardait lui-même, s'étonnant[4] que ce fût cette chambre et que ce fût lui.

Il n'avait pas mangé depuis plus de vingt-quatre heures, il était brisé par les cahots de la carriole, mais il ne le sentait pas ; il lui semblait qu'il ne sentait rien[5].

Il s'approcha d'un cadre noir qui était accroché au mur et qui contenait sous verre une vieille lettre autographe de Jean-Nicolas Pache[6], maire de Paris et ministre, datée, sans doute par erreur, du *9 juin* an II, et dans laquelle Pache envoyait à la commune la liste des ministres et des députés tenus en arrestation chez eux. Un témoin qui l'eût pu voir et qui l'eût observé en cet instant eût sans doute imaginé que cette lettre lui paraissait bien curieuse, car il n'en détachait pas ses yeux, et il la lut deux ou trois fois. Il la lisait sans y faire attention et à son insu. Il pensait[7] à Fantine et à Cosette.

Tout en rêvant, il se retourna, et ses yeux rencontrèrent le bouton de cuivre de la porte qui le séparait de la salle des assises. Il avait presque oublié cette porte. Son regard, d'abord calme, s'y arrêta, resta attaché à ce bouton de cuivre, puis devint effaré et fixe, et s'empreignit peu à peu d'épouvante.

Des[8] gouttes de sueur lui sortaient d'entre les cheveux et ruisselaient sur ses tempes. A un certain moment, il fit avec une sorte d'autorité mêlée de rébellion ce geste indescriptible qui veut dire et qui dit si bien : *Pardieu ! qui est-ce qui m'y force ?* Puis il se tourna vivement, vit devant lui la porte par laquelle il était entré, y alla, l'ouvrit, et sortit. Il n'était plus dans cette chambre, il était dehors, dans un corridor, un corridor long, étroit, coupé de degrés et de guichets, faisant toutes sortes d'angles, éclairé çà et là de réverbères pareils à des veilleuses de malades, le corridor par où il était venu. Il respira, il écouta ; aucun bruit derrière lui, aucun bruit devant lui ; il se mit à fuir comme si on le poursuivait.

Quand il eut doublé plusieurs des coudes de ce couloir, il écouta encore. C'était toujours le même silence et la même ombre autour de lui. Il était essoufflé, il chancelait, il s'appuya au mur. La pierre était froide, sa sueur était glacée sur son front, il se redressa en frissonnant.

Alors, là, seul, debout dans cette obscurité, tremblant de froid et d'autre chose peut-être, il songea.

Il avait songé toute la nuit, il avait songé toute la journée ; il n'entendait plus en lui qu'une voix qui disait : hélas !

Un quart d'heure s'écoula ainsi. Enfin, il pencha la tête, soupira avec angoisse, laissa pendre ses bras, et revint sur ses pas. Il marchait lentement et comme accablé. Il semblait que quelqu'un l'eût atteint dans sa fuite et le ramenât.

Il rentra dans la chambre du conseil. La première chose qu'il aperçut, ce fut la gâchette de la porte. Cette gâchette, ronde et en cuivre poli, resplendissait pour lui comme une effroyable étoile. Il la regardait comme une brebis regarderait l'œil d'un tigre. Ses yeux ne pouvaient s'en détacher.

De temps en temps il faisait un pas et se rapprochait de la porte.

S'il eût écouté, il eût entendu, comme une sorte de murmure confus, le bruit de la salle voisine ; mais il n'écoutait pas, et il n'entendait pas.

Tout à coup, sans qu'il sût lui-même comment, il se trouva près de la porte. Il saisit convulsivement le bouton ; la porte s'ouvrit.

Il était dans la salle d'audience.

IX

Un lieu ou des convictions sont en train de se former[1]

Il fit un pas, referma machinalement la porte derrière lui, et resta debout, considérant ce qu'il voyait.

C'était une assez vaste enceinte à peine éclairée, tantôt pleine de rumeur, tantôt pleine de silence, où tout[2] l'appareil d'un procès criminel se développait avec sa gravité mesquine et lugubre au milieu de la foule.

A un bout de la salle, celui où il se trouvait, des juges à l'air distrait, en robe usée, se rongeant les ongles ou fermant les paupières; à l'autre bout, une foule en haillons; des avocats dans toutes sortes d'attitudes; des soldats au visage honnête et dur; de vieilles boiseries tachées, un plafond sale, des tables couvertes d'une serge plutôt jaune que verte, des portes noircies par les mains; à des clous plantés dans le lambris, des quinquets d'estaminet donnant plus de fumée que de clarté; sur les tables, des chandelles dans des chandeliers de cuivre; l'obscurité, la laideur, la tristesse; et de tout cela se dégageait une impression austère et auguste, car on y sentait cette grande chose humaine qu'on appelle la loi et cette grande chose divine qu'on appelle la justice[3].

Personne dans cette foule ne fit attention à lui. Tous les regards convergeaient vers un point unique, un banc de bois adossé à une petite porte, le long de la muraille, à gauche du président. Sur ce banc, que plusieurs chandelles éclairaient[4], il y avait un homme entre deux gendarmes.

Cet homme, c'était l'homme. Il ne le chercha pas, il le vit. Ses yeux allèrent là naturellement, comme s'ils avaient su d'avance où était cette figure[5].

Il crut se voir lui-même, vieilli, non pas sans doute absolument semblable de visage, mais tout pareil d'attitude et d'aspect, avec ces cheveux hérissés, avec cette prunelle fauve et inquiète, avec cette blouse, tel qu'il était le jour où il entrait à Digne, plein de haine et cachant dans son âme ce hideux trésor de pensées affreuses qu'il avait mis dix-neuf ans à ramasser sur le pavé du bagne. Il se dit avec un frémissement:

— Mon Dieu! est-ce que je redeviendrai ainsi?

Cet être paraissait au moins soixante ans. Il avait je ne sais quoi de rude, de stupide et d'effarouché.

Au bruit de la porte, on s'était rangé pour lui faire place[6], le président avait tourné la tête, et comprenant que le personnage qui venait d'entrer était M. le maire de Montreuil-sur-mer, il l'avait salué. L'avocat général, qui avait vu M. Madeleine à Montreuil-sur-mer où des opérations de son ministère l'avaient plus d'une fois appelé, le reconnut, et salua également[7]. Lui s'en aperçut à peine. Il était en proie à une sorte d'hallucination; il regardait.

Des juges, un greffier, des gendarmes, une foule de têtes cruellement curieuses, il avait déjà vu cela une fois, autrefois, il y avait vingt-sept ans. Ces choses funestes, il les retrouvait; elles étaient là, elles remuaient, elles existaient[8]. Ce n'était plus un effort de sa mémoire, un mirage de sa pensée, c'étaient de vrais gendarmes et de vrais juges, une vraie foule et de vrais hommes[9] en chair et en os. C'en était fait, il voyait reparaître et revivre autour de lui, avec tout ce que la réalité a de formidable, les aspects monstrueux de son passé.

Tout cela était béant devant lui. Il en eut horreur, il ferma les yeux, et s'écria au plus profond de son âme : jamais !

Et par un jeu tragique de la destinée qui faisait trembler toutes ses idées et le rendait presque fou, c'était un autre[10] lui-même qui était là ! Cet homme qu'on jugeait, tous l'appelaient Jean Valjean !

Il avait sous les yeux, vision inouïe[11], une sorte de représentation du moment le plus horrible[12] de sa vie, jouée par son fantôme.

Tout y était, c'était le même appareil, la même heure de nuit, presque les mêmes faces de juges, de soldats et de spectateurs. Seulement, au-dessus de la tête du président, il y avait un crucifix, chose qui manquait aux tribunaux du temps de sa condamnation. Quand on l'avait jugé, Dieu était absent.

Une chaise était derrière lui; il s'y laissa tomber, terrifié de l'idée qu'on pouvait le voir. Quand il fut assis, il profita d'une pile de cartons qui était sur le bureau des juges pour dérober son visage à toute la salle. Il pouvait maintenant voir sans être vu. Peu à peu il se remit. Il rentra pleinement dans le sentiment du réel ; il arriva à cette phase de calme où l'on peut écouter.

M. Bamatabois était au nombre des jurés.

Il chercha Javert, mais il ne le vit pas. Le banc des témoins lui était caché par la table du greffier. Et puis, nous venons de le dire[13], la salle était à peine éclairée.

Au moment où il était entré, l'avocat de l'accusé achevait sa plaidoirie. L'attention de tous était excitée au plus haut point ; l'affaire durait depuis trois heures. Depuis trois heures, cette foule regardait plier peu à peu sous le poids d'une vraisemblance terrible un homme, un inconnu, une espèce d'être misérable, profondément stupide ou profondément habile. Cet homme, on le sait déjà, était un vagabond qui avait été trouvé dans un champ, emportant une branche chargée de pommes mûres, cassée à un pommier dans un clos voisin, appelé le clos Pierron. Qui était cet homme ? Une enquête avait eu lieu[14] ; des témoins venaient d'être entendus, ils avaient été unanimes, des lumières avaient jailli de tout le débat. L'accusation disait : — Nous ne tenons pas seulement un voleur de fruits, un maraudeur ; nous tenons là, dans notre main, un bandit[15], un relaps en rupture de ban, un ancien forçat, un scélérat des plus dangereux, un malfaiteur appelé Jean Valjean que la justice recherche depuis longtemps, et qui, il y a huit ans, en sortant du bagne de Toulon, a commis un vol de grand chemin à main armée sur la personne d'un enfant Savoyard appelé Petit-Gervais, crime prévu par l'article 383 du code pénal, pour lequel nous nous réservons de le poursuivre ultérieurement, quand l'identité sera judiciairement acquise. Il vient de commettre un nouveau vol. C'est un cas de récidive. Condamnez-le pour le fait nouveau ; il sera jugé plus tard pour le fait ancien.

Devant cette accusation, devant l'unanimité des témoins, l'accusé paraissait surtout étonné. Il faisait des gestes et des signes qui voulaient dire non, ou bien il considérait[16] le plafond. Il parlait avec peine, répondait avec embarras, mais de la tête aux pieds toute sa personne niait. Il était comme un idiot en présence de toutes ces intelligences rangées en bataille autour de lui, et comme un étranger au milieu de cette société qui le saisissait. Cependant il y allait pour lui de l'avenir le plus menaçant, la vraisemblance croissait à chaque minute, et toute cette foule regardait avec plus d'anxiété que lui-même cette sentence pleine de calamités qui penchait sur lui de plus en plus. Une éventualité laissait même entrevoir, outre le bagne, la peine de mort possible, si l'identité était reconnue et si l'affaire Petit-Gervais se terminait plus tard par une condamnation[17]. Qu'était-ce que cet homme ? De quelle nature était son apathie ? Était-ce imbécillité ou ruse ? Comprenait-il trop, ou ne comprenait-il pas du tout ? Questions qui divisaient la foule et semblaient partager le jury. Il y avait dans ce procès ce qui effraye et ce qui intrigue ; le drame n'était pas seulement sombre, il était obscur.

Le défenseur avait assez bien plaidé, dans cette langue de province qui a longtemps constitué l'éloquence du barreau et dont[18] usaient jadis tous les avocats, aussi bien à Paris qu'à Romorantin ou à Montbrison, et qui aujourd'hui, étant devenue classique, n'est plus guère parlée que par les orateurs officiels du parquet, auxquels elle convient par sa sonorité grave et son allure majestueuse ; langue où un mari s'appelle *un époux,* une femme, *une épouse,* Paris, *le centre des arts et de la civilisation,* le roi, *le monarque,* monseigneur l'évêque, *un saint pontife,* l'avocat général, *l'éloquent interprète de la vindicte*[19], la plaidoirie, *les accents qu'on vient d'entendre,* le siècle de Louis XIV, *le grand siècle,* un théâtre, *le temple de Melpomène,* la famille régnante, *l'auguste sang de nos rois,* un concert, *une solennité musicale,* monsieur le général commandant le département, *l'illustre guerrier qui,* etc., les élèves du séminaire, *ces tendres lévites,* les erreurs imputées aux journaux, *l'imposture qui distille son venin dans les colonnes de ces organes,* etc., etc[20]. — L'avocat donc avait commencé par s'expliquer sur le vol de pommes, — chose malaisée en beau style ; mais Bénigne Bossuet lui-même a été obligé de faire allusion à une poule en pleine oraison funèbre, et il s'en est tiré avec pompe. L'avocat avait établi que le vol[21] de pommes n'était pas matériellement prouvé.

— Son client, qu'en sa qualité de défenseur, il persistait à appeler Champmathieu, n'avait été vu de personne escaladant le mur ou cassant la branche. On l'avait arrêté nanti de cette branche (que l'avocat appelait plus volontiers *rameau*) ; mais il disait l'avoir trouvée à terre et ramassée. Où était la preuve du contraire ? — Sans doute cette branche avait été cassée et dérobée après escalade, puis jetée là par le maraudeur alarmé ; sans doute il y avait un voleur. Mais qu'est-ce qui prouvait que ce voleur était Champmathieu ? Une seule chose. Sa qualité d'ancien forçat. L'avocat ne niait pas que cette qualité ne parût malheureusement bien constatée[22] ; l'accusé avait résidé à Faverolles ; l'accusé y avait été émondeur ; le nom de Champmathieu pouvait bien avoir pour origine Jean Mathieu ; tout cela était vrai ; enfin quatre témoins reconnaissaient sans hésiter et positivement Champmathieu pour être le galérien Jean Valjean ; à ces indications, à ces témoignages, l'avocat ne pouvait opposer que la dénégation de son client, dénégation intéressée ; mais en supposant qu'il fût le forçat Jean Valjean, cela prouvait-il qu'il fût le voleur des pommes ? C'était une présomption, tout au plus ; non une preuve. L'accusé[23], cela était vrai, et le défenseur « dans sa bonne foi » devait en convenir, avait adopté « un mauvais système de défense ». Il s'obstinait à nier tout, le vol et sa qualité de forçat. Un aveu sur ce dernier point eût mieux valu, à coup sûr, et lui eût concilié l'indulgence de ses juges ; l'avocat le lui avait conseillé ; mais l'accusé s'y était refusé obstinément, croyant sans doute sauver tout en n'avouant rien. C'était un tort ; mais ne fallait-il pas considérer la brièveté de cette intelligence ? Cet homme était visiblement stupide. Un long malheur au bagne, une longue misère hors du bagne, l'avaient abruti, etc., etc. Il se défendait mal, était-ce une raison pour le condamner ? Quant à l'affaire Petit-Gervais, l'avocat n'avait pas à la discuter, elle n'était point dans la cause. L'avocat concluait en suppliant le jury et la cour, si l'identité de Jean Valjean leur paraissait évidente, de lui appliquer les peines de police qui s'adressent au condamné[24] en rupture de ban, et non le châtiment épouvantable qui frappe le forçat récidiviste.

L'avocat général répliqua au défenseur. Il fut violent et fleuri, comme sont habituellement les avocats généraux.

Il félicita le défenseur de sa « loyauté », et profita habilement de cette loyauté. Il atteignit l'accusé par toutes les concessions que l'avocat avait faites. L'avocat semblait accorder que l'accusé était Jean Valjean. Il en prit acte. Cet homme était donc Jean Valjean. Ceci était acquis à l'accusation[25] et ne pouvait plus se contester.

Ici, par une habile antonomase, remontant aux sources et aux causes de la criminalité, l'avocat général tonna contre l'immoralité de l'école romantique, alors à son aurore sous le nom d'*école satanique* que lui avaient décerné les critiques de *l'Oriflamme* et de *la Quotidienne*[26]; il attribua, non sans vraisemblance, à l'influence de cette littérature perverse le délit de Champmathieu, ou pour mieux dire, de Jean Valjean. Ces considérations épuisées, il passa à Jean Valjean lui-même. Qu'était-ce que[27] Jean Valjean? Description de Jean Valjean. Un monstre vomi, etc[28]. Le modèle de ces sortes de descriptions est dans le récit de Théramène, lequel n'est pas utile à la tragédie, mais rend tous les jours de grands services à l'éloquence judiciaire. L'auditoire et les jurés « frémirent ». La description achevée, l'avocat général reprit, dans un mouvement oratoire fait pour exciter au plus haut point le lendemain matin l'enthousiasme du Journal de la Préfecture :

— Et c'est un pareil homme[29], etc., etc., etc., vagabond, mendiant, sans moyens d'existence, etc., etc., — accoutumé par sa vie passée aux actions coupables et peu corrigé par son séjour au bagne, comme le prouve le crime commis sur Petit-Gervais, etc., etc., — c'est un homme pareil qui, trouvé sur la voie publique en flagrant délit de vol, à quelques pas d'un mur escaladé, tenant encore à la main l'objet volé, nie le flagrant délit, le vol, l'escalade, nie tout, nie jusqu'à son nom, nie jusqu'à son identité! Outre cent autres preuves sur lesquelles nous ne revenons pas, quatre témoins le reconnaissent, Javert, l'intègre inspecteur de police Javert, et trois de ses anciens compagnons d'ignominie, les forçats Brevet, Chenildieu et Cochepaille. Qu'oppose-t-il à cette unanimité foudroyante? Il nie. Quel endurcissement! Vous ferez justice, messieurs les jurés, etc., etc. —

Pendant que l'avocat général parlait, l'accusé écoutait, la bouche ouverte, avec une sorte d'étonnement où il entrait bien quelque admiration. Il était évidemment surpris qu'un homme pût parler comme cela. De temps en temps, aux moments les plus « énergiques » du réquisitoire, dans ces instants où l'éloquence, qui ne peut se contenir, déborde dans un flux d'épithètes flétrissantes et enveloppe l'accusé comme un orage, il remuait lentement la tête de droite à gauche et de gauche à droite, sorte de protestation triste et muette dont il se contentait depuis le commencement des débats. Deux ou trois fois les spectateurs placés le plus près de lui l'entendirent dire à demi-voix :

— Voilà ce que c'est, de n'avoir pas demandé à M. Baloup ! L'avocat général fit remarquer au jury cette attitude hébétée, calculée évidemment, qui dénotait, non l'imbécillité, mais l'adresse, la ruse, l'habitude de tromper la justice, et qui mettait dans tout son jour « la profonde perversité » de cet homme. Il termina en faisant ses réserves pour l'affaire Petit-Gervais, et en réclamant une condamnation sévère.

C'était, pour l'instant, on s'en souvient, les travaux forcés à perpétuité.

Le défenseur se leva, commença par complimenter « monsieur l'avocat général » sur son « admirable parole » puis répliqua comme il put, mais il faiblissait; le terrain évidemment se dérobait sous lui.

X

Le système de dénégations[1]

L'instant de clore les débats était venu. Le président fit lever l'accusé et lui adressa la question d'usage :

— Avez-vous quelque chose à ajouter à votre défense ?

L'homme, debout, roulant dans ses mains un affreux bonnet qu'il avait, sembla ne pas entendre. Le président répéta la question.

Cette fois l'homme entendit. Il parut comprendre, il fit le mouvement de quelqu'un qui se réveille, promena ses yeux autour de lui, regarda le public, les gendarmes, son avocat, les jurés, la cour, posa son poing monstrueux sur le rebord de la boiserie placée devant son banc, regarda encore, et tout à coup, fixant son regard sur l'avocat général, il se mit à parler. Ce fut comme une éruption. Il sembla, à la façon dont les paroles s'échappaient de sa bouche, incohérentes, impétueuses, heurtées, pêle-mêle, qu'elles s'y pressaient toutes à la fois pour sortir en même temps. Il dit :

— J'ai à dire ça. Que j'ai été charron à Paris, même que c'était chez monsieur Baloup. C'est un état dur.

Dans la chose de charron, on travaille toujours en plein air, dans des cours, sous des hangars chez les bons maîtres, jamais dans des ateliers fermés, parce qu'il faut des espaces, voyez-vous. L'hiver, on a si froid qu'on se bat les bras pour se réchauffer ; mais les maîtres ne veulent pas, ils disent que cela perd du temps. Manier du fer quand il y a de la glace entre les pavés, c'est rude. Ça vous use vite un homme. On est vieux tout jeune dans cet état-là. A quarante ans, un homme est fini. Moi, j'en avais cinquante-trois, j'avais bien du mal. Et puis c'est si méchant les ouvriers ! Quand un bonhomme n'est plus jeune, on vous l'appelle pour tout vieux serin, vieille bête ! Je ne gagnais plus que trente sous par jour, on me payait le moins cher qu'on pouvait, les maîtres profitaient de mon âge. Avec ça, j'avais ma fille qui était blanchisseuse à la rivière. Elle gagnait un peu de son côté. A nous deux, cela allait. Elle avait de la peine aussi. Toute la journée dans un baquet jusqu'à mi-corps, à la pluie, à la neige, avec le vent qui vous coupe la figure ; quand il gèle, c'est tout de même, il faut laver ; il y a des personnes qui n'ont pas beaucoup de linge et qui attendent après ; si on ne lavait pas, on perdrait des pratiques. Les planches sont mal jointes et il vous tombe des gouttes d'eau partout. On a ses jupes toutes mouillées, dessus et dessous. Ça pénètre. Elle a aussi travaillé au lavoir des Enfants-Rouges, où l'eau arrive par des robinets. On n'est pas dans le baquet. On lave devant soi au robinet et on rince derrière soi dans le bassin. Comme c'est fermé, on a moins froid au corps. Mais il y a une buée d'eau chaude qui est terrible et qui vous perd les yeux. Elle revenait à sept heures du soir, et se couchait bien vite ; elle était si fatiguée. Son mari la battait. Elle est morte. Nous n'avons pas été bien heureux. C'était une brave fille qui n'allait pas au bal, qui était bien tranquille. Je me rappelle un mardi gras où elle était couchée à huit heures. Voilà. Je dis vrai. Vous n'avez qu'à demander. Ah, bien oui, demander ! que je suis bête ! Paris, c'est un gouffre. Qui est-ce qui connaît le père Champmathieu ? Pourtant je vous dis monsieur Baloup. Voyez chez monsieur Baloup. Après ça, je ne sais pas ce qu'on me veut.

L'homme se tut, et resta debout. Il avait dit ces choses d'une voix haute, rapide, rauque, dure et enrouée, avec une sorte de naïveté irritée et sauvage. Une fois il s'était interrompu pour saluer quelqu'un dans la foule. Les espèces d'affirmations qu'il semblait jeter au hasard devant lui, lui venaient comme des hoquets, et il ajoutait à chacune d'elles le geste[2] d'un bûcheron qui fend du bois. Quand il eut fini, l'auditoire éclata de rire. Il regarda le public, et voyant qu'on riait, et ne comprenant pas, il se mit à rire lui-même.

Cela était sinistre.

Le président, homme attentif et bienveillant, éleva la voix.

Il rappela à « messieurs les jurés » que « le sieur Baloup, l'ancien maître charron chez lequel l'accusé disait avoir servi, avait été inutilement cité. Il était en faillite et n'avait pu être retrouvé. » Puis se tournant vers l'accusé, il l'engagea à écouter ce qu'il allait lui dire et ajouta :

— Vous êtes dans une situation où il faut réfléchir[3]. Les présomptions les plus graves pèsent sur vous et peuvent entraîner des conséquences capitales[4]. Accusé, dans votre intérêt, je vous interpelle une dernière fois, expliquez-vous clairement sur ces deux faits : — Premièrement, avez-vous, oui ou non, franchi le mur du clos Pierron, cassé la branche et volé les pommes, c'est-à-dire commis le crime de vol avec escalade? Deuxièmement, oui ou non, êtes-vous le forçat libéré Jean Valjean?

L'accusé secoua la tête d'un air capable, comme un homme qui a bien compris et qui sait ce qu'il va répondre. Il ouvrit la bouche, se tourna vers le président et dit[5] :

— D'abord...

Puis il regarda son bonnet, il regarda le plafond, et se tut.

— Accusé, reprit l'avocat général d'une voix sévère, faites attention. Vous ne répondez à rien de ce qu'on vous demande. Votre trouble vous condamne. Il est évident que vous ne vous appelez pas Champmathieu, que vous êtes le forçat Jean Valjean caché d'abord sous le nom de Jean Mathieu qui était le nom de sa mère, que vous êtes allé en Auvergne, que vous êtes né à Faverolles où vous avez été émondeur. Il est évident que vous avez volé avec escalade des pommes mûres dans le clos Pierron. Messieurs les jurés apprécieront.

L'accusé avait fini par se rasseoir; il se leva brusquement quand l'avocat général eut fini, et s'écria :

— Vous êtes très méchant, vous! Voilà ce que je

voulais dire. Je ne trouvais pas d'abord. Je n'ai rien volé. Je suis un homme[6] qui ne mange pas tous les jours. Je[7] venais d'Ailly, je marchais dans le pays après une ondée qui avait fait la campagne toute jaune, même que les mares débordaient et qu'il ne sortait plus des sables que de petits brins d'herbe au bord de la route, j'ai trouvé une branche cassée par terre où il y avait des pommes, j'ai ramassé la branche sans savoir qu'elle me ferait arriver de la peine. Il y a trois mois que je suis en prison et qu'on me trimbale. Après ça, je ne peux pas dire, on parle contre moi, on me dit : répondez ! Le gendarme, qui est bon enfant, me pousse le coude et me dit tout bas : réponds donc. Je ne sais pas expliquer, moi, je n'ai pas fait les études, je suis un pauvre homme. Voilà ce qu'on a tort de ne pas voir. Je n'ai pas volé, j'ai ramassé par terre des choses qu'il y avait. Vous dites Jean Valjean, Jean Mathieu ! Je ne connais pas ces personnes-là. C'est des villageois. J'ai travaillé chez monsieur Baloup, boulevard de l'Hôpital. Je m'appelle Champmathieu. Vous êtes bien malins de me dire où je suis né. Moi, je l'ignore. Tout le monde n'a pas des maisons pour y venir au monde. Ce serait trop commode. Je crois que mon père et ma mère étaient des gens qui allaient sur les routes. Je ne sais pas d'ailleurs. Quand j'étais enfant, on m'appelait Petit, maintenant, on m'appelle Vieux. Voilà mes noms de baptême. Prenez ça comme vous voudrez. J'ai été en Auvergne, j'ai été à Faverolles, pardi ! Eh bien ? est-ce qu'on ne peut pas avoir été en Auvergne et avoir été à Faverolles sans avoir été aux galères ? Je vous dis que je n'ai pas volé, et que je suis le père Champmathieu. J'ai été chez monsieur Baloup, j'ai été domicilié. Vous m'ennuyez avec vos bêtises à la fin ! Pourquoi donc est-ce que le monde est après moi comme des acharnés !

L'avocat général était demeuré debout; il s'adressa au président :

— Monsieur le président, en présence des dénégations confuses, mais fort habiles de l'accusé, qui voudrait bien se faire passer pour idiot, mais qui n'y parviendra pas, — nous l'en prévenons, — nous requérons qu'il vous plaise et qu'il plaise à la cour appeler de nouveau dans cette enceinte les condamnés Brevet, Cochepaille et Chenildieu et l'inspecteur de police Javert, et les interpeller une dernière fois sur l'identité de l'accusé avec le forçat Jean Valjean.

— Je fais remarquer à monsieur l'avocat général, dit le président, que l'inspecteur de police Javert, rappelé par ses fonctions au chef-lieu d'un arrondissement voisin, a quitté l'audience et même la ville, aussitôt sa déposition faite. Nous lui en avons accordé l'autorisation, avec l'agrément de monsieur l'avocat général et du défenseur de l'accusé.

— C'est juste, monsieur le président, reprit l'avocat général. En l'absence du sieur Javert, je crois devoir rappeler à messieurs les jurés ce qu'il a dit ici-même il y a peu d'heures. Javert est un homme estimé qui honore par sa rigoureuse et stricte probité des fonctions inférieures, mais importantes. Voici en quels termes il a déposé : — « Je n'ai pas même besoin des présomptions morales et des preuves matérielles qui démentent les dénégations de l'accusé. Je le reconnais parfaitement. Cet homme ne s'appelle pas Champmathieu ; c'est un ancien forçat très méchant et très redouté nommé Jean Valjean. On ne l'a libéré à l'expiration de sa peine qu'avec un extrême regret. Il a subi dix-neuf ans de travaux forcés pour vol qualifié. Il avait cinq ou six fois tenté de s'évader. Outre le vol Petit-Gervais et le vol Pierron, je le soupçonne encore d'un vol commis chez Sa Grandeur le défunt évêque de Digne. Je l'ai souvent vu à l'époque où j'étais adjudant garde-chiourme au bagne de Toulon. Je répète que je le reconnais parfaitement. »

Cette déclaration si précise parut produire une vive impression sur le public et le jury. L'avocat général termina en insistant pour qu'à défaut de Javert, les trois témoins Brevet, Chenildieu et Cochepaille fussent entendus de nouveau et interpellés solennellement.

Le président transmit un ordre à un huissier, et un moment après la porte de la chambre des témoins s'ouvrit. L'huissier, accompagné d'un gendarme prêt à lui prêter main-forte, introduisit le condamné Brevet. L'auditoire était en suspens et toutes les poitrines palpitaient comme si elles n'eussent eu qu'une seule âme.

L'ancien forçat Brevet portait la veste noire et grise des maisons centrales. Brevet était un personnage d'une soixantaine d'années qui avait une espèce de figure d'homme d'affaires et l'air d'un coquin. Cela va quelquefois ensemble. Il était devenu, dans la prison où de nouveaux méfaits l'avaient ramené, quelque chose comme guichetier. C'était un homme dont les chefs disaient : Il cherche à se rendre utile. Les aumôniers portaient bon témoignage de ses habitudes religieuses. Il ne faut pas oublier que ceci se passait sous la Restauration.

— Brevet, dit le président, vous avez subi une condamnation infamante et vous ne pouvez prêter serment...

Brevet baissa les yeux.

— Cependant, reprit le président, même dans l'homme que la loi a dégradé, il peut rester, quand la pitié divine le permet, un sentiment d'honneur et d'équité. C'est à ce sentiment que je fais appel à cette heure décisive. S'il existe encore en vous, et je l'espère, réfléchissez avant de me répondre, considérez d'une part cet homme qu'un mot de vous peut perdre, d'autre part la justice qu'un mot de vous peut éclairer. L'instant est solennel, et il est toujours temps de vous rétracter, si vous croyez vous être trompé. — Accusé, levez-vous. — Brevet, regardez bien l'accusé, recueillez vos souvenirs, et dites-nous, en votre âme et conscience, si vous persistez à reconnaître cet homme pour votre ancien camarade de bagne Jean Valjean.

Brevet regarda l'accusé, puis se retourna vers la cour.

— Oui, monsieur le président. C'est moi qui l'ai reconnu le premier et je persiste. Cet homme est Jean Valjean. Entré à Toulon en 1796 et sorti en 1815. Je suis sorti l'an d'après. Il a l'air d'une brute maintenant, alors ce serait que l'âge l'a abruti; au bagne il était sournois. Je le reconnais positivement.

— Allez vous asseoir, dit le président. Accusé, restez debout.

On introduisit Chenildieu, forçat à vie, comme l'indiquaient sa casaque rouge et son bonnet vert. Il subissait sa peine au bagne de Toulon, d'où on l'avait extrait pour cette affaire. C'était un petit homme d'environ cinquante ans, vif, ridé, chétif, jaune, effronté, fiévreux, qui avait dans tous ses membres et dans toute sa personne une sorte de faiblesse maladive et dans le regard une force immense. Ses compagnons du bagne l'avaient surnommé Je-nie-Dieu.

Le président lui adressa à peu près les mêmes paroles qu'à Brevet. Au moment où il lui rappela que son infamie lui ôtait le droit de prêter serment, Chenildieu leva la tête et regarda la foule en face. Le président l'invita à se recueillir et lui demanda, comme à Brevet, s'il persistait à reconnaître l'accusé.

Chenildieu éclata de rire.

— Pardine ! si je le reconnais ! nous avons été cinq ans attachés à la même chaîne. Tu boudes donc, mon vieux ?

— Allez vous asseoir, dit le président.

L'huissier amena Cochepaille. Cet autre condamné à perpétuité, venu du bagne et vêtu de rouge comme Chenildieu, était un paysan de Lourdes et un demi-ours des Pyrénées. Il avait gardé des troupeaux dans la montagne, et de pâtre il avait glissé brigand. Cochepaille n'était pas moins sauvage et paraissait plus stupide encore que l'accusé. C'était un de ces malheureux hommes que la nature a ébauchés en bêtes fauves et que la société termine en galériens.

Le président essaya de le remuer par quelques paroles pathétiques et graves et lui demanda, comme aux deux autres, s'il persistait, sans hésitation et sans trouble, à reconnaître l'homme debout devant lui.

— C'est Jean Valjean, dit Cochepaille. Même qu'on l'appelait Jean-le-Cric, tant il était fort.

Chacune des affirmations de ces trois hommes, évidemment sincères et de bonne foi, avait soulevé dans l'auditoire un murmure de fâcheux augure pour l'accusé, murmure qui croissait et se prolongeait plus longtemps chaque fois qu'une déclaration nouvelle venait s'ajouter à la précédente. L'accusé, lui, les avait écoutées avec ce visage étonné qui, selon l'accusation, était son principal moyen de défense. A la première, les gendarmes ses voisins l'avaient entendu grommeler entre ses dents : « Ah bien ! en voilà un ! » Après la seconde il dit un peu plus haut, d'un air presque satisfait : « Bon ! » A la troisième il s'écria : « Fameux ! »

Le président l'interpella :

— Accusé, vous avez entendu. Qu'avez-vous à dire ?

Il répondit :

— Je dis : Fameux !

Une rumeur éclata dans le public et gagna presque le jury. Il était évident que l'homme était perdu.

— Huissiers, dit le président, faites faire silence. Je vais clore les débats.

En ce moment un mouvement se fit tout à côté du président. On entendit une voix qui criait :

— Brevet, Chenildieu, Cochepaille ! regardez de ce côté-ci.

Tous ceux qui entendirent cette voix se sentirent glacés, tant elle était lamentable et terrible. Les yeux se tournèrent vers le point d'où elle venait. Un homme, placé parmi les spectateurs privilégiés qui étaient assis derrière la cour, venait de se lever, avait poussé la porte à hauteur d'appui qui séparait le tribunal du prétoire, et était debout au milieu de la salle. Le président, l'avocat général, M. Bamatabois, vingt personnes, le reconnurent, et s'écrièrent à la fois :

— Monsieur Madeleine !

XI

Champmathieu de plus en plus étonné

C'était lui en effet. La lampe du greffier éclairait son visage. Il tenait son chapeau à la main, il n'y avait aucun désordre dans ses vêtements, sa redingote était boutonnée avec soin. Il était pâle et il tremblait légèrement. Ses cheveux, gris encore au moment de son arrivée à Arras, étaient maintenant tout à fait blancs. Ils avaient blanchi depuis une heure qu'il était là.

Toutes les têtes se dressèrent. La sensation fut indescriptible. Il y eut dans l'auditoire un instant d'hésitation. La voix avait été si poignante, l'homme qui était là paraissait si calme, qu'au premier abord on ne comprit pas. On se demanda qui avait crié. On ne pouvait croire que ce fût cet homme tranquille qui eût jeté ce cri effrayant.

Cette indécision ne dura que quelques secondes. Avant même que le président et l'avocat général eussent pu dire un mot, avant que les gendarmes et les huissiers eussent pu faire un geste, l'homme que tous appelaient encore en ce moment M. Madeleine s'était avancé vers les témoins Cochepaille, Brevet et Chenildieu.

— Vous ne me reconnaissez pas ? dit-il.

Tous trois demeurèrent interdits et indiquèrent par

un signe de tête qu'ils ne le connaissaient point. Cochepaille intimidé fit le salut militaire. M. Madeleine se tourna vers les jurés et vers la cour et dit d'une voix douce :

— Messieurs les jurés, faites relâcher l'accusé. Monsieur le président, faites-moi arrêter. L'homme que vous cherchez, ce n'est pas lui, c'est moi. Je suis Jean Valjean.

Pas une bouche ne respirait. A la première commotion de l'étonnement avait succédé un silence de sépulcre. On sentait dans la salle cette espèce de terreur religieuse qui saisit la foule lorsque quelque chose de grand s'accomplit.

Cependant le visage du président s'était empreint de sympathie et de tristesse; il avait échangé un signe rapide avec l'avocat général et quelques paroles à voix basse avec les conseillers assesseurs. Il s'adressa au public, et demanda avec un accent qui fut compris de tous :

— Y a-t-il un médecin ici?

L'avocat général prit la parole :

— Messieurs les jurés, l'incident si étrange et si inattendu qui trouble l'audience ne nous inspire, ainsi qu'à vous, qu'un sentiment que nous n'avons pas besoin d'exprimer. Vous connaissez tous, au moins de réputation, l'honorable M. Madeleine, maire de Montreuil-sur-mer. S'il y a un médecin dans l'auditoire, nous nous joignons à monsieur le président pour le prier de vouloir bien assister monsieur Madeleine et le reconduire à sa demeure.

M. Madeleine ne laissa point achever l'avocat général. Il l'interrompit d'un accent plein de mansuétude et d'autorité. Voici les paroles qu'il prononça; les voici littéralement, telles[1] qu'elles furent écrites immédiatement après l'audience par un des témoins de cette scène, telles qu'elles sont encore dans l'oreille de ceux qui les ont entendues, il y a près de quarante ans[2] aujourd'hui.

— Je vous remercie, monsieur l'avocat général, mais je ne suis pas fou. Vous allez voir. Vous étiez sur le point de commettre une grande erreur, lâchez cet homme, j'accomplis un devoir, je suis ce malheureux condamné. Je suis le seul qui voie clair ici, et je vous dis la vérité. Ce que je fais en ce moment, Dieu, qui est là-haut, le regarde, et cela suffit. Vous pouvez me prendre, puisque me voilà. J'avais pourtant fait de mon mieux. Je me suis caché sous un nom ; je suis devenu riche, je suis devenu maire ; j'ai voulu rentrer parmi les honnêtes gens. Il paraît que cela ne se peut pas[3]. Enfin, il y a bien des choses que je ne puis dire, je ne vais pas vous raconter ma vie, un jour on saura. J'ai volé monseigneur l'évêque, cela est vrai ; j'ai volé Petit-Gervais, cela est vrai. On a eu raison de vous dire que Jean Valjean était un malheureux très méchant. Toute la faute n'est peut-être pas à lui. Écoutez, messieurs les juges, un homme aussi abaissé que moi n'a pas de remontrance à faire à la providence ni de conseil à donner à la société ; mais, voyez-vous, l'infamie d'où j'avais essayé de sortir est une chose nuisible[4]. Les galères font le galérien. Recueillez cela, si vous voulez. Avant le bagne, j'étais un pauvre paysan très peu intelligent, une espèce d'idiot ; le bagne m'a changé. J'étais stupide, je suis devenu méchant ; j'étais bûche, je suis devenu tison. Plus[5] tard l'indulgence et la bonté m'ont sauvé, comme la sévérité m'avait perdu. Mais, pardon, vous ne pouvez pas comprendre ce que je dis là. Vous trouverez chez moi, dans les cendres de la cheminée, la pièce de quarante sous que j'ai volée il y a sept ans à Petit-Gervais. Je n'ai plus rien à ajouter. Prenez-moi[6]. Mon Dieu ! monsieur l'avocat général remue la tête, vous dites : M. Madeleine est devenu fou, vous ne me croyez pas ! Voilà qui est affligeant[7]. N'allez point condamner cet homme au moins ! Quoi ! ceux-ci ne me reconnaissent pas ! Je voudrais que Javert fût ici. Il me reconnaîtrait, lui !

Rien ne pourrait rendre ce qu'il y avait de mélancolie bienveillante et sombre dans l'accent qui accompagnait ces paroles[8].

Il se tourna vers les trois forçats :

— Eh bien, je vous reconnais, moi ! Brevet ! vous rappelez-vous ?...

Il s'interrompit, hésita un moment, et dit :

— Te rappelles-tu ces bretelles en tricot à damier que tu avais au bagne ?

Brevet eut comme une secousse de surprise et le regarda de la tête aux pieds d'un air effrayé. Lui continua :

— Chenildieu, qui te surnommais toi-même Je-nie-Dieu, tu as toute l'épaule droite brûlée profondément, parce que tu t'es couché un jour l'épaule sur un réchaud plein de braise, pour effacer les trois lettres T.F.P., qu'on y voit toujours cependant. Réponds, est-ce vrai ?

— C'est vrai, dit Chenildieu.

Il s'adressa à Cochepaille :

— Cochepaille, tu as près de la saignée du bras gauche une date gravée en lettres bleues avec de la poudre brûlée. Cette date, c'est celle du débarquement de l'empereur à Cannes, *1er mars 1815*. Relève ta manche.

Cochepaille releva sa manche, tous les regards se penchèrent autour de lui sur son bras nu. Un gendarme approcha une lampe; la date y était.

Le malheureux homme se tourna vers l'auditoire et vers les juges avec un sourire dont ceux qui l'ont vu sont encore navrés lorsqu'ils y songent. C'était le sourire du triomphe, c'était aussi le sourire du désespoir.

— Vous voyez bien, dit-il, que je suis Jean Valjean.

Il n'y avait plus dans cette enceinte ni juges, ni accusateurs, ni gendarmes; il n'y avait que des yeux fixes et des cœurs émus. Personne ne se rappelait plus le rôle que chacun pouvait avoir à jouer; l'avocat général oubliait qu'il était là pour requérir, le président qu'il était là pour présider, le défenseur qu'il était là pour défendre. Chose frappante, aucune question ne fut faite, aucune autorité n'intervint[9]. Le propre des spectacles sublimes, c'est de prendre toutes les âmes et de faire de tous les témoins des spectateurs. Aucun peut-être ne se rendait compte de ce qu'il éprouvait; aucun, sans doute, ne se disait qu'il voyait resplendir là une grande lumière; tous intérieurement se sentaient éblouis.

Il était évident qu'on avait sous les yeux Jean Valjean. Cela rayonnait. L'apparition de cet homme avait suffi pour remplir de clarté cette aventure si obscure le moment d'auparavant. Sans qu'il fût besoin d'aucune explication désormais, toute cette foule, comme par une sorte de révélation électrique, comprit tout de suite et d'un seul coup d'œil cette simple et magnifique histoire d'un homme qui se livrait pour qu'un autre homme ne fût pas condamné à sa place. Les détails, les hésitations, les petites résistances possibles se perdirent dans ce vaste fait lumineux[10].

Impression qui passa vite, mais qui dans l'instant fut irrésistible[11].

— Je ne veux pas déranger davantage l'audience, reprit Jean Valjean. Je m'en vais, puisqu'on ne m'arrête pas. J'ai plusieurs choses à faire. Monsieur l'avocat général sait qui je suis, il sait où je vais, il me fera arrêter quand il voudra[12].

Il se dirigea vers la porte de sortie. Pas une voix ne s'éleva, pas un bras ne s'étendit pour l'empêcher. Tous s'écartèrent. Il avait en ce moment ce je ne sais quoi de divin qui fait que les multitudes reculent et se rangent devant un homme. Il traversa la foule à pas lents. On n'a jamais su qui ouvrit la porte, mais il est certain que la porte se trouva ouverte lorsqu'il y parvint. Arrivé là, il se retourna et dit :

— Monsieur l'avocat général, je reste à votre disposition.

Puis il s'adressa à l'auditoire :

— Vous tous, tous ceux qui sont ici, vous me trouvez digne de pitié, n'est-ce pas ? Mon Dieu ! quand je pense à ce que j'ai été sur le point de faire, je me trouve digne d'envie. Cependant j'aurais mieux aimé que tout ceci n'arrivât pas.

Il sortit, et la porte se referma comme elle avait été ouverte, car ceux qui font de certaines choses souveraines sont toujours sûrs d'être servis par quelqu'un dans la foule.

Moins d'une heure après, le verdict du jury déchargeait de toute accusation le nommé Champmathieu ; et Champmathieu, mis en liberté immédiatement, s'en allait stupéfait, croyant tous les hommes fous et ne comprenant rien à cette vision.

LIVRE HUITIÈME

CONTRE-COUP[1]

I

Dans quel miroir
M. Madeleine regarde ses cheveux[2]

Le jour commençait à poindre. Fantine avait eu une nuit de fièvre et d'insomnie, pleine d'ailleurs d'images heureuses; au matin, elle s'endormit. La sœur Simplice qui l'avait veillée[3] profita de ce sommeil pour aller préparer une nouvelle potion[4] de quinquina. La digne sœur était depuis quelques instants dans le laboratoire de l'infirmerie, penchée sur ses drogues et sur ses fioles et regardant de très près à cause de cette brume que le crépuscule répand sur les objets. Tout à coup elle tourna la tête et fit un léger cri. M. Madeleine était devant elle. Il venait d'entrer silencieusement.

— C'est vous, monsieur le maire! s'écria-t-elle.

Il répondit, à voix basse :

— Comment va cette pauvre femme?

— Pas mal en ce moment. Mais nous avons été bien inquiets, allez!

Elle lui expliqua ce qui s'était passé, que Fantine était bien mal la veille et que maintenant elle était mieux, parce qu'elle croyait que monsieur le maire était allé chercher son enfant à Montfermeil. La sœur n'osa pas interroger monsieur le maire, mais elle vit bien à son air que ce n'était point de là qu'il venait.

— Tout cela est bien, dit-il, vous avez eu raison de ne pas la détromper.

— Oui, reprit la sœur, mais maintenant, monsieur le maire, qu'elle va vous voir et qu'elle ne verra pas son enfant, que lui dirons-nous?

Il resta un moment rêveur.

— Dieu nous inspirera, dit-il.

— On ne pourrait cependant pas mentir, murmura la sœur à demi-voix.

Le plein jour s'était fait dans la chambre. Il éclairait en face le visage de M. Madeleine. Le hasard fit que la sœur leva les yeux.

— Mon Dieu, monsieur ! s'écria-t-elle, que vous est-il donc arrivé ? vos cheveux sont tout blancs !

— Blancs ! dit-il.

La sœur Simplice n'avait point de miroir ; elle fouilla dans une trousse et en tira une petite glace dont se servait le médecin de l'infirmerie pour constater qu'un malade était mort et ne respirait plus. M. Madeleine prit la glace, y considéra ses cheveux, et dit : « Tiens ! »

Il prononça ce mot avec indifférence et comme s'il pensait à autre chose.

La sœur se sentit glacée par je ne sais quoi d'inconnu qu'elle entrevoyait dans tout ceci. Il demanda :

— Puis-je la voir ?

— Est-ce que monsieur le maire ne lui fera pas revenir son enfant ? dit la sœur, osant à peine hasarder une question.

— Sans doute, mais il faut au moins deux ou trois jours.

— Si elle ne voyait pas monsieur le maire d'ici là, reprit timidement la sœur, elle ne saurait pas que monsieur le maire est de retour, il serait aisé de lui faire prendre patience, et quand l'enfant arriverait elle penserait tout naturellement que monsieur le maire est arrivé avec l'enfant. On n'aurait pas de mensonges à faire.

M. Madeleine parut réfléchir quelques instants, puis il dit avec sa gravité calme :

— Non, ma sœur, il faut que je la voie. Je suis peut-être pressé.

La religieuse[5] ne sembla pas remarquer ce mot « peut-être », qui donnait un sens obscur et singulier aux paroles de M. le Maire. Elle répondit en baissant les yeux et la voix respectueusement :

— En ce cas, elle repose, mais monsieur le maire peut entrer.

Il fit quelques observations sur une porte qui fermait mal, et dont le bruit pouvait réveiller la malade, puis[6] il entra dans la chambre de Fantine, s'approcha du lit et entr'ouvrit les rideaux. Elle dormait. Son souffle sortait[7] de sa poitrine avec ce bruit tragique qui est propre à ces maladies, et qui navre les pauvres mères lorsqu'elles veillent la nuit près de leur enfant condamné et endormi.

Mais cette respiration pénible troublait à peine une sorte de sérénité ineffable, répandue sur son visage, qui la transfigurait dans son sommeil. Sa pâleur était devenue de la blancheur; ses joues étaient vermeilles[8]. Ses longs cils blonds, la seule beauté qui lui fût restée de sa virginité et de sa jeunesse, palpitaient tout en demeurant clos et baissés. Toute sa personne tremblait de je ne sais quel déploiement d'ailes prêtes à s'entr'ouvrir et à l'emporter, qu'on sentait frémir, mais qu'on ne voyait pas. A la voir ainsi, on n'eût jamais pu croire que c'était là une malade presque désespérée[9]. Elle ressemblait plutôt à ce qui va s'envoler qu'à ce qui va mourir.

La branche, lorsqu'une main s'approche pour détacher la fleur, frissonne, et semble à la fois se dérober et s'offrir. Le corps humain a quelque chose de ce tressaillement, quand arrive l'instant où les doigts mystérieux de la mort vont cueillir l'âme[10].

M. Madeleine resta quelque temps immobile près de ce lit, regardant tour à tour la malade et le crucifix, comme il faisait deux mois auparavant, le jour où il était venu pour la première fois la voir dans cet asile. Ils étaient encore là tous les deux dans la même attitude, elle dormant, lui priant; seulement maintenant, depuis ces deux mois écoulés, elle avait des cheveux gris et lui des cheveux blancs.

La sœur n'était pas entrée avec lui. Il se tenait près de ce lit, debout, le doigt sur la bouche, comme s'il y eût dans la chambre quelqu'un à faire taire.

Elle ouvrit les yeux, le vit, et dit paisiblement, avec un sourire :

— Et Cosette?

II

Fantine heureuse

Elle n'eut pas un mouvement de surprise, ni un mouvement de joie; elle était la joie même. Cette simple question : « Et Cosette? » fut faite avec une foi si profonde, avec tant de certitude, avec une absence si complète d'inquiétude et de doute, qu'il ne trouva pas une parole. Elle continua :

— Je savais que vous étiez là. Je dormais, mais je vous voyais. Il y a longtemps que je vous vois. Je vous ai suivi des yeux toute la nuit. Vous étiez dans une gloire et vous aviez autour de vous toutes sortes de figures célestes.

Il leva son regard vers le crucifix.

— Mais, reprit-elle, dites-moi donc où est Cosette ? Pourquoi ne l'avoir pas mise sur mon lit pour le moment où je m'éveillerais ?

Il répondit machinalement quelque chose qu'il n'a jamais pu se rappeler plus tard. Heureusement le médecin, averti, était survenu. Il vint en aide à M. Madeleine.

— Mon enfant, dit le médecin, calmez-vous. Votre enfant est là.

Les yeux de Fantine s'illuminèrent et couvrirent de clarté tout son visage. Elle joignit les mains avec une expression qui contenait tout ce que la prière peut avoir à la fois de plus violent et de plus doux.

— Oh ! s'écria-t-elle, apportez-la-moi !

Touchante illusion de mère ! Cosette était toujours pour elle le petit enfant qu'on apporte[1].

— Pas encore, reprit le médecin, pas en ce moment. Vous avez un reste de fièvre. La vue de votre enfant vous agiterait et vous ferait du mal. Il faut d'abord vous guérir.

Elle l'interrompit impétueusement.

— Mais je suis guérie ! je vous dis que je suis guérie ! Est-il âne, ce médecin[2] ! Ah çà ! je veux voir mon enfant, moi !

— Vous voyez, dit le médecin, comme vous vous emportez. Tant que vous serez ainsi, je m'opposerai à ce que vous ayez votre enfant. Il ne suffit pas de la voir, il faut vivre pour elle. Quand vous serez raisonnable, je vous l'amènerai moi-même.

La pauvre mère courba la tête.

— Monsieur le médecin, je vous demande pardon, je vous demande vraiment bien pardon. Autrefois je n'aurais pas parlé comme je viens de faire, il m'est arrivé tant de malheurs que quelquefois je ne sais plus ce que je dis. Je comprends, vous craignez l'émotion, j'attendrai tant que vous voudrez, mais je vous jure que cela ne m'aurait pas fait de mal de voir ma fille. Je la vois, je ne la quitte pas des yeux depuis hier soir. Savez-vous ? on me l'apporterait maintenant que je me mettrais à lui parler doucement. Voilà tout. Est-ce que ce n'est pas bien naturel que j'aie envie de voir mon enfant qu'on a été me chercher exprès à Montfermeil? Je ne suis pas en colère. Je sais bien que je vais être heureuse. Toute la nuit j'ai vu des choses blanches et des personnes qui me souriaient. Quand monsieur le médecin voudra, il m'apportera ma Cosette. Je n'ai plus de fièvre, puisque je suis guérie; je sens bien que je n'ai plus rien du tout; mais je vais faire comme si j'étais malade et ne pas bouger pour faire plaisir aux dames d'ici. Quand on verra que je suis bien tranquille, on dira : il faut lui donner son enfant.

M. Madeleine s'était assis sur une chaise qui était à côté du lit. Elle se tourna vers lui; elle faisait visiblement effort pour paraître calme et « bien sage », comme elle disait dans cet affaiblissement de la maladie qui ressemble à l'enfance, afin que, la voyant si paisible, on ne fît pas difficulté de lui amener Cosette. Cependant, tout en se contenant, elle ne pouvait s'empêcher d'adresser à M. Madeleine mille questions.

— Avez-vous fait un bon voyage, monsieur le maire? Oh! comme vous êtes bon d'avoir été me la chercher! Dites-moi seulement comment elle est. A-t-elle bien supporté la route? Hélas! elle ne me reconnaîtra pas! Depuis le temps, elle m'a oubliée, pauvre chou! Les enfants, cela n'a pas de mémoire. C'est comme des oiseaux. Aujourd'hui cela voit une chose et demain une autre, et cela ne pense plus à rien. Avait-elle du linge blanc seulement? Ces Thénardier la tenaient-ils proprement? Comment la nourrissait-on? Oh! comme j'ai souffert, si vous saviez! de me faire toutes ces questions-là dans le temps de ma misère! Maintenant, c'est passé! Je suis joyeuse! Oh! que je voudrais donc la voir! Monsieur le maire, l'avez-vous trouvée jolie? N'est-ce pas qu'elle est belle, ma fille? Vous devez avoir eu bien froid dans cette diligence! Est-ce qu'on ne pourrait pas l'amener rien qu'un petit moment? On la remporterait tout de suite après. Dites! vous qui êtes le maître, si vous vouliez!

Il lui prit la main :

— Cosette est belle, dit-il, Cosette se porte bien, vous la verrez bientôt, mais apaisez-vous. Vous parlez trop vivement, et puis vous sortez vos bras du lit, et cela vous fait tousser.

En effet, des quintes de toux interrompaient Fantine presque à chaque mot.

Fantine ne murmura pas, elle craignit d'avoir compromis par quelques plaintes trop passionnées la confiance qu'elle voulait inspirer, et elle se mit à dire des paroles indifférentes.

— C'est assez joli, Montfermeil, n'est-ce pas? L'été, on va y faire des parties de plaisir. Ces Thénardier font-ils de bonnes affaires? Il ne passe pas grand monde dans leur pays. C'est une espèce de gargote que cette auberge-là.

M. Madeleine lui tenait toujours la main, il la considérait avec anxiété; il était évident qu'il était venu pour lui dire des choses devant lesquelles sa pensée hésitait maintenant. Le médecin, sa visite faite, s'était retiré. La sœur Simplice était seule restée auprès d'eux.

Cependant, au milieu de ce silence, Fantine s'écria :

— Je l'entends! mon Dieu! je l'entends!

Elle étendit le bras pour qu'on se tût autour d'elle, retint son souffle, et se mit à écouter avec ravissement.

Il y avait un enfant qui jouait dans la cour; l'enfant de la portière ou d'une ouvrière quelconque. C'est là un de ces hasards qu'on retrouve toujours et qui semblent faire partie de la mystérieuse mise en scène des événements lugubres. L'enfant, c'était une petite fille, allait, venait, courait pour se réchauffer, riait et chantait à haute voix. Hélas! à quoi les jeux des enfants ne se mêlent-ils pas! C'était cette petite fille que Fantine entendait chanter.

— Oh! reprit-elle, c'est ma Cosette! je reconnais sa voix!

L'enfant s'éloigna comme il était venu, la voix s'éteignit, Fantine écouta encore quelque temps, puis son visage s'assombrit, et M. Madeleine l'entendit qui disait à voix basse :

— Comme ce médecin est méchant de ne pas me laisser voir ma fille! Il a une mauvaise figure, cet homme-là!

Cependant le fond riant de ses idées revint. Elle continua de se parler à elle-même, la tête sur l'oreiller :

— Comme nous allons être heureuses! Nous aurons un petit jardin, d'abord! M. Madeleine me l'a promis. Ma fille jouera dans le jardin. Elle doit savoir ses lettres maintenant. Je la ferai épeler. Elle courra dans l'herbe après les papillons. Je la regarderai. Et puis elle fera sa première communion. Ah çà! quand fera-t-elle sa première communion?

Elle se mit à compter sur ses doigts.

— ... Un, deux, trois, quatre... elle a sept ans. Dans cinq ans. Elle aura un voile blanc, des bas à jour, elle aura l'air d'une petite femme. O ma bonne sœur, vous ne savez pas comme je suis bête, voilà que je pense à la première communion de ma fille!

Et elle se mit à rire.

Il avait quitté la main de Fantine. Il écoutait ces paroles comme on écoute un vent qui souffle[3], les yeux à terre, l'esprit plongé dans des réflexions sans fond. Tout à coup elle cessa de parler, cela lui fit lever machinalement la tête. Fantine était devenue effrayante.

Elle ne parlait plus, elle ne respirait plus; elle s'était soulevée à demi sur son séant, son épaule maigre sortait de sa chemise, son visage, radieux le moment d'auparavant, était blême, et elle paraissait fixer sur quelque chose de formidable, devant elle, à l'autre extrémité de la chambre, son œil agrandi par la terreur.

— Mon Dieu! s'écria-t-il. Qu'avez-vous, Fantine?

Elle ne répondit pas, elle ne quitta point des yeux l'objet quelconque qu'elle semblait voir, elle lui toucha le bras d'une main et de l'autre lui fit signe de regarder derrière lui.

Il se retourna, et vit Javert.

III

JAVERT CONTENT[1]

Voici ce qui s'était passé[2].

Minuit et demi venait de sonner, quand M. Madeleine était sorti de la salle des assises d'Arras. Il était rentré à son auberge juste à temps pour repartir par la malle-poste où l'on se rappelle qu'il avait retenu sa place. Un peu avant six heures du matin, il était arrivé à Montreuil-sur-mer, et son premier soin avait été de jeter à la poste sa lettre à M. Laffite, puis[3] d'entrer à l'infirmerie et de voir Fantine.

Cependant, à peine avait-il quitté la salle d'audience de la cour d'assises, que l'avocat général, revenu du premier saisissement, avait pris la parole pour déplorer l'acte de folie de l'honorable maire de Montreuil-sur-mer, déclarer que ses convictions n'étaient en rien modifiées par cet incident bizarre qui s'éclaircirait plus tard, et requérir, en attendant, la condamnation de ce Champmathieu, évidemment le vrai Jean Valjean. La persistance de l'avocat général était visiblement en contradiction avec le sentiment de tous, du public, de la cour et du jury. Le défenseur avait eu peu de peine à réfuter cette harangue et à établir que, par suite des révélations de M. Madeleine, c'est-à-dire du vrai Jean Valjean, la face de l'affaire était bouleversée de fond en comble, et que le jury n'avait plus devant les yeux qu'un innocent. L'avocat avait tiré de là quelques épiphonèmes, malheureusement peu neufs, sur les erreurs judiciaires, etc., etc., le président dans son résumé s'était joint au défenseur, et le jury en quelques minutes avait mis hors de cause Champmathieu.

Cependant il fallait un Jean Valjean à l'avocat général, et, n'ayant plus Champmathieu, il prit Madeleine.

Immédiatement après la mise en liberté de Champmathieu, l'avocat général s'enferma avec le président. Ils conférèrent « de la nécessité de se saisir de la personne de M. le maire de Montreuil-sur-mer ». Cette phrase, où il y a beaucoup de *de,* est de M. l'avocat général, entièrement écrite de sa main sur la minute de son rapport au procureur général. La première émotion passée, le président fit peu d'objections. Il fallait bien que justice eût son cours. Et puis, pour tout dire, quoique le président fût homme bon et assez intelligent, il était en même temps fort royaliste et presque ardent, et il avait été choqué que le maire de Montreuil-sur-mer, en parlant du débarquement à Cannes, eût dit *l'empereur* et non *Buonaparte.*

L'ordre d'arrestation fut donc expédié. L'avocat général l'envoya à Montreuil-sur-mer par un exprès, à franc étrier, et en chargea l'inspecteur de police Javert.

On sait que Javert était revenu à Montreuil-sur-mer immédiatement après avoir fait sa déposition.

Javert se levait au moment où l'exprès lui remit l'ordre d'arrestation et le mandat d'amener. L'exprès était lui-même un homme de police fort entendu qui, en deux mots, mit Javert au fait de ce qui était arrivé à Arras. L'ordre d'arrestation, signé de l'avocat général, était ainsi conçu : « L'inspecteur Javert appréhendera au corps le sieur Madeleine, maire de Montreuil-sur-mer, qui, dans l'audience de ce jour, a été reconnu pour être le forçat libéré Jean Valjean[4]. »

Quelqu'un qui n'eût pas connu Javert et qui l'eût vu au moment où il pénétra dans l'antichambre de l'infirmerie[5] n'eût pu rien deviner de ce qui se passait, et lui eût trouvé l'air le plus ordinaire du monde. Il était froid, calme, grave, avait ses cheveux gris parfaitement lissés sur les tempes et venait de monter l'escalier avec sa lenteur habituelle. Quelqu'un qui l'eût connu à fond et qui l'eût examiné attentivement eût frémi. La boucle de son col de cuir, au lieu d'être sur sa nuque, était sur son oreille gauche. Ceci révélait une agitation inouïe.

Javert était un caractère complet, ne laissant faire de pli ni à son devoir, ni à son uniforme ; méthodique avec les scélérats, rigide avec les boutons de son habit. Pour qu'il eût mal mis la boucle de son col, il fallait qu'il y eût en lui une de ces émotions qu'on pourrait appeler des tremblements de terre intérieurs.

Il était venu simplement, avait requis un caporal et quatre soldats au poste voisin, avait laissé les soldats dans la cour, et s'était fait indiquer la chambre de Fantine par la portière sans défiance, accoutumée qu'elle était à voir des gens armés demander monsieur le maire.

Arrivé à la chambre de Fantine, Javert tourna la clef, poussa la porte avec une douceur de garde-malade ou de mouchard, et entra.

A proprement parler, il n'entra pas. Il se tint debout dans la porte entre-bâillée, le chapeau sur la tête, la main gauche dans sa redingote fermée jusqu'au menton. Dans le pli du coude on pouvait voir le pommeau de plomb de son énorme canne, laquelle disparaissait derrière lui.

Il resta ainsi près d'une minute sans qu'on s'aperçut de sa présence. Tout à coup Fantine leva les yeux, le vit, et fit retourner M. Madeleine.

A l'instant où le regard de Madeleine rencontra le regard de Javert, Javert, sans bouger, sans remuer, sans approcher, devint épouvantable[6]. Aucun sentiment humain ne réussit à être effroyable comme la joie.

Ce fut le visage d'un démon qui vient de retrouver son damné.

La certitude de tenir enfin Jean Valjean fit apparaître

sur sa physionomie tout ce qu'il avait dans l'âme. Le fond remué monta à la surface. L'humiliation d'avoir un peu perdu la piste et de s'être mépris quelques minutes sur ce Champmathieu, s'effaçait sous l'orgueil d'avoir si bien deviné d'abord et d'avoir eu si longtemps un instinct juste. Le contentement de Javert éclata dans son attitude souveraine. La difformité du triomphe s'épanouit sur ce front étroit. Ce fut tout le déploiement d'horreur que peut donner une figure satisfaite.

Javert en ce moment était au ciel. Sans qu'il s'en rendît nettement compte, mais pourtant avec une intuition confuse de sa nécessité et de son succès, il personnifiait, lui Javert, la justice, la lumière et la vérité dans leur fonction céleste d'écrasement du mal. Il avait derrière lui et autour de lui, à une profondeur infinie, l'autorité, la raison, la chose jugée, la conscience légale, la vindicte publique, toutes les étoiles; il protégeait l'ordre, il faisait sortir de la loi la foudre, il vengeait la société, il prêtait main-forte à l'absolu; il se dressait dans une gloire; il y avait dans sa victoire un reste de défi et de combat; debout, altier, éclatant, il étalait en plein azur la bestialité surhumaine d'un archange féroce; l'ombre redoutable de l'action qu'il accomplissait faisait visible à son poing crispé le vague flamboiement de l'épée sociale; heureux et indigné, il tenait sous son talon le crime, le vice, la rébellion, la perdition, l'enfer, il rayonnait, il exterminait, il souriait, et il y avait une incontestable grandeur dans ce saint Michel monstrueux.

Javert, effroyable, n'avait rien d'ignoble.

La probité, la sincérité, la candeur, la conviction, l'idée du devoir, sont des choses qui, en se trompant, peuvent devenir hideuses, mais qui, même hideuses, restent grandes; leur majesté, propre à la conscience humaine, persiste dans l'horreur. Ce sont des vertus qui ont un vice, l'erreur. L'impitoyable joie honnête d'un fanatique en pleine atrocité conserve on ne sait quel rayonnement lugubrement vénérable. Sans qu'il s'en doutât, Javert, dans son bonheur formidable, était à plaindre comme tout ignorant qui triomphe. Rien n'était poignant et terrible comme cette figure où se montrait ce qu'on pourrait appeler tout le mauvais du bon.

IV

L'AUTORITÉ REPREND SES DROITS

La Fantine n'avait point vu Javert depuis le jour où M. le maire l'avait arrachée à cet homme. Son cerveau malade ne se rendit compte de rien, seulement elle ne douta pas qu'il ne revînt la chercher. Elle ne put supporter cette figure affreuse[1], elle se sentit expirer, elle cacha son visage de ses deux mains et cria avec angoisse :

— Monsieur Madeleine, sauvez-moi !

Jean Valjean, — nous ne le nommerons plus désormais autrement — s'était levé. Il dit à Fantine de sa voix la plus douce et la plus calme :

— Soyez tranquille. Ce n'est pas pour vous qu'il vient.

Puis il s'adressa à Javert et lui dit :

— Je sais ce que vous voulez.

Javert répondit :

— Allons, vite !

Il y eut dans l'inflexion qui accompagna ces deux mots je ne sais quoi de fauve et de frénétique. Javert ne dit pas : Allons, vite ! il dit : Allonouaite ! Aucune orthographe ne pourrait rendre l'accent dont cela fut prononcé[2]; ce n'était plus une parole humaine, c'était un rugissement.

Il ne fit point comme d'habitude; il n'entra point en matière; il n'exhiba point de mandat d'amener. Pour lui, Jean Valjean était une sorte de combattant mystérieux et insaisissable, un lutteur ténébreux qu'il étreignait depuis cinq ans sans pouvoir le renverser. Cette arrestation n'était pas un commencement, mais une fin. Il se borna à dire : « Allons, vite[3] ! »

En parlant ainsi, il ne fit point un pas; il lança sur Jean Valjean ce regard qu'il jetait comme un crampon, et avec lequel il avait coutume de tirer violemment les misérables à lui. C'était ce regard que la Fantine avait senti pénétrer jusque dans la moelle de ses os deux mois auparavant.

Au cri de Javert, Fantine avait rouvert les yeux. Mais M. le maire était là. Que pouvait-elle craindre ? Javert avança au milieu de la chambre et cria :

— Ah çà ! viendras-tu ?

La malheureuse regarda autour d'elle. Il n'y avait personne que la religieuse et monsieur le maire. A qui pouvait s'adresser ce tutoiement abject ? A elle seulement. Elle frissonna.

Alors elle vit une chose inouïe, tellement inouïe que jamais rien de pareil ne lui était apparu dans les plus noirs délires de la fièvre. Elle vit le mouchard Javert saisir au collet monsieur le maire ; elle vit monsieur le maire courber la tête. Il lui sembla que le monde s'évanouissait.

Javert, en effet, avait pris Jean Valjean au collet.

— Monsieur le maire ! cria Fantine.

Javert éclata de rire, de cet affreux rire qui lui déchaussait toutes les dents.

— Il n'y a plus de monsieur le maire ici !

Jean Valjean n'essaya pas de déranger la main qui tenait le col de sa redingote. Il dit :

— Javert...

Javert l'interrompit :

— Appelle-moi monsieur l'inspecteur.

— Monsieur, reprit Jean Valjean, je voudrais vous dire un mot en particulier.

— Tout haut ! parle tout haut ! répondit Javert ; on me parle tout haut à moi !

Jean Valjean continua en baissant la voix :

— C'est une prière que j'ai à vous faire...

— Je te dis de parler tout haut.

— Mais cela ne doit être entendu que de vous seul...

— Qu'est-ce que cela me fait ? je n'écoute pas !

Jean Valjean se tourna vers lui et lui dit rapidement et très bas :

— Accordez-moi trois jours ! trois jours pour aller chercher l'enfant de cette malheureuse femme ! Je payerai ce qu'il faudra. Vous m'accompagnerez si vous voulez.

— Tu veux rire ! cria Javert. Ah çà ! je ne te croyais pas bête ! Tu me demandes trois jours pour t'en aller ! Tu dis que c'est pour aller chercher l'enfant de cette fille ! Ah ! ah ! c'est bon ! voilà qui est bon !

Fantine eut un tremblement.

— Mon enfant ! s'écria-t-elle, aller chercher mon enfant ! Elle n'est donc pas ici ! Ma sœur, répondez-moi, où est Cosette ? Je veux mon enfant ! Monsieur Madeleine ! monsieur le maire !

Javert frappa du pied.

— Voilà l'autre, à présent ! Te tairas-tu, drôlesse ! Gredin[4] de pays où les galériens sont magistrats et où les filles publiques sont soignées comme des comtesses ! Ah mais ! tout ça va changer ; il était temps !

Il regarda fixement Fantine et ajouta en reprenant à poignée la cravate, la chemise et le collet de Jean Valjean :

— Je te dis qu'il n'y a point de monsieur Madeleine et qu'il n'y a point de monsieur le maire. Il y a un voleur, il y a un brigand, il y a un forçat appelé Jean Valjean ! c'est lui que je tiens ! voilà ce qu'il y a !

Fantine se dressa en sursaut, appuyée sur ses bras roides et sur ses deux mains, elle regarda Jean Valjean, elle regarda Javert, elle regarda la religieuse, elle ouvrit la bouche comme pour parler, un râle sortit du fond de sa gorge, ses dents claquèrent, elle[5] étendit les bras avec angoisse, ouvrant convulsivement les mains, et cherchant autour d'elle comme quelqu'un qui se noie, puis elle s'affaissa subitement sur l'oreiller[6]. Sa tête heurta le chevet du lit et vint retomber sur sa poitrine, la bouche béante, les yeux ouverts et éteints.

Elle était morte.

Jean Valjean posa sa main sur la main de Javert qui le tenait, et l'ouvrit comme il eût ouvert la main d'un enfant, puis il dit à Javert :

— Vous avez tué cette femme.

— Finirons-nous ! cria Javert furieux. Je ne suis pas ici pour entendre des raisons. Économisons tout ça. La garde est en bas. Marchons tout de suite, ou les poucettes !

Il y avait dans un coin de la chambre un vieux lit en fer en assez mauvais état qui servait de lit de camp aux sœurs quand elles veillaient. Jean Valjean alla à ce lit, disloqua en un clin d'œil le chevet déjà fort délabré, chose facile à des muscles comme les siens, saisit à poigne-main la maîtresse-tringle, et considéra Javert[7]. Javert recula vers la porte.

Jean Valjean, sa barre de fer au poing, marcha lentement vers le lit de Fantine. Quand il y fut parvenu, il se retourna, et dit à Javert d'une voix qu'on entendait à peine :

— Je ne vous conseille pas de me déranger en ce moment.

Ce qui est certain, c'est que Javert tremblait.

Il eut l'idée d'aller appeler la garde, mais Jean Valjean

pouvait profiter de cette minute pour s'évader. Il resta donc, saisit sa canne par le petit bout, et s'adossa au chambranle de la porte sans quitter du regard Jean Valjean.

Jean Valjean posa son coude sur la pomme du chevet du lit et son front sur sa main, et se mit à contempler Fantine immobile et étendue. Il demeura ainsi, absorbé, muet, et ne songeant évidemment plus à aucune chose de cette vie. Il n'y avait plus rien sur son visage et dans son attitude qu'une inexprimable pitié. Après quelques instants de cette rêverie, il se pencha vers Fantine et lui parla à voix basse.

Que lui dit-il? Que pouvait dire cet homme qui était réprouvé[8] à cette femme qui était morte? Qu'était-ce que ces paroles? Personne sur la terre ne les a entendues. La morte les entendit-elle? Il y a des illusions touchantes qui sont peut-être des réalités sublimes. Ce qui est hors de doute, c'est que la sœur Simplice, unique témoin de la chose qui se passait, a souvent raconté qu'au moment où Jean Valjean parla à l'oreille de Fantine, elle vit distinctement poindre un ineffable sourire sur ces lèvres pâles et dans ces prunelles vagues, pleines de l'étonnement du tombeau.

Jean Valjean prit dans ses deux mains la tête de Fantine et l'arrangea sur l'oreiller comme une mère eût fait pour son enfant, il lui rattacha le cordon de sa chemise et rentra ses cheveux sous son bonnet. Cela fait, il lui ferma les yeux.

La face de Fantine en cet instant semblait étrangement éclairée. La mort, c'est l'entrée dans la grande lueur[9].

La main de Fantine pendait hors du lit. Jean Valjean s'agenouilla devant cette main, la souleva doucement, et la baisa.

Puis il se redressa, et, se tournant vers Javert :
— Maintenant, dit-il, je suis à vous.

V

Tombeau convenable

Javert déposa Jean Valjean à la prison de la ville. L'arrestation de M. Madeleine produisit à Montreuil-sur-mer une sensation, ou pour mieux dire une commotion extraordinaire. Nous sommes triste de ne pouvoir dissimuler que sur ce seul mot : *c'était un galérien,* tout le monde à peu près l'abandonna. En moins de deux heures tout le bien qu'il avait fait fut oublié, et ce ne fut plus « qu'un galérien ». Il est juste de dire qu'on ne connaissait pas encore les détails de l'événement d'Arras. Toute la journée on entendait dans toutes les parties de la ville des conversations comme celle-ci :

— Vous ne savez pas ? c'était un forçat libéré ! — Qui ça ? — Le maire. — Bah ! M. Madeleine ? — Oui. — Vraiment ? — Il ne s'appelait pas Madeleine, il a un affreux nom, Béjean, Bojean, Boujean. — Ah, mon Dieu ! — Il est arrêté. — Arrêté ! — En prison à la prison de la ville, en attendant qu'on le transfère. — Qu'on le transfère ! On va le transférer ! Où va-t-on le transférer[1] ? — Il va passer aux assises pour un vol de grand chemin qu'il a fait autrefois. — Eh bien ! je m'en doutais. Cet homme était trop bon, trop parfait, trop confit. Il refusait la croix, il donnait des sous à tous les petits drôles qu'il rencontrait. J'ai toujours pensé qu'il y avait là-dessous quelque mauvaise histoire.

« Les salons » surtout abondèrent dans ce sens. Une vieille dame, abonnée au *Drapeau blanc*[2], fit cette réflexion dont il est presque impossible de sonder la profondeur :

— Je n'en suis pas fâchée. Cela apprendra aux buonapartistes !

C'est ainsi que ce fantôme qui s'était appelé M. Madeleine se dissipa à Montreuil-sur-mer[3]. Trois ou quatre personnes seulement dans toute la ville restèrent fidèles à cette mémoire. La vieille portière qui l'avait servi fut du nombre.

Le soir de ce même jour, cette digne vieille était assise dans sa loge, encore tout effarée et réfléchissant tristement. La fabrique avait été fermée toute la journée, la porte cochère était verrouillée, la rue était déserte[4]. Il n'y avait dans la maison que deux religieuses, sœur Perpétue et sœur Simplice[5], qui veillaient près du corps de Fantine.

Vers[6] l'heure où M. Madeleine avait coutume de rentrer, la brave portière se leva machinalement, prit la clef de la chambre de M. Madeleine dans un tiroir et le bougeoir dont il se servait tous les soirs pour monter chez lui, puis elle accrocha la clef au clou où il la prenait d'habitude, et plaça le bougeoir à côté, comme si elle l'attendait. Ensuite elle se rassit sur sa chaise et se remit à songer. La pauvre bonne vieille avait fait tout cela sans en avoir conscience.

Ce ne fut qu'au bout de plus de deux heures qu'elle sortit de sa rêverie et s'écria : Tiens ! mon bon Dieu Jésus ! moi qui ai mis sa clef au clou !

En ce moment la vitre de la loge s'ouvrit, une main passa par l'ouverture, saisit la clef et le bougeoir et alluma la bougie à la chandelle qui brûlait. La portière leva les yeux et resta béante, avec un cri dans le gosier qu'elle retint. Elle connaissait cette main, ce bras, cette manche de redingote.

C'était M. Madeleine.

Elle fut quelques secondes avant de pouvoir parler, *saisie,* comme elle le disait elle-même plus tard en racontant son aventure.

— Mon Dieu, monsieur le maire, s'écria-t-elle enfin, je vous croyais...

Elle s'arrêta, la fin de sa phrase eût manqué de respect au commencement. Jean Valjean était toujours pour elle monsieur le maire.

Il acheva sa pensée.

— En prison, dit-il. J'y étais. J'ai brisé un barreau d'une fenêtre, je me suis laissé tomber du haut d'un toit, et me voici. Je monte à ma chambre, allez me chercher la sœur Simplice[7]. Elle est sans doute près de cette pauvre femme.

La vieille obéit en toute hâte[8].

Il ne lui fit aucune recommandation ; il était bien sûr qu'elle le garderait mieux qu'il ne se garderait lui-même.

On n'a jamais su comment il avait réussi à pénétrer dans la cour sans faire ouvrir la porte cochère. Il avait, et portait toujours sur lui, un passe-partout qui ouvrait une petite porte latérale ; mais on avait dû le fouiller et lui prendre son passe-partout. Ce point n'a pas été éclairci.

Il monta l'escalier qui conduisait à sa chambre. Arrivé en haut, il laissa son bougeoir sur les dernières marches de l'escalier, ouvrit sa porte avec peu de bruit, et alla fermer à tâtons sa fenêtre et son volet, puis il revint prendre sa bougie et rentra dans sa chambre.

La[9] précaution était utile; on se souvient que sa fenêtre pouvait être aperçue de la rue.

Il jeta un coup d'œil autour de lui, sur sa table, sur sa chaise, sur son lit qui n'avait pas été défait depuis trois jours. Il ne restait aucune trace du désordre de l'avant-dernière nuit. La portière avait « fait la chambre ». Seulement elle avait ramassé dans les cendres et posé proprement sur la table les deux bouts du bâton ferré et la pièce de quarante sous noircie par le feu.

Il prit une feuille de papier sur laquelle il écrivit[10] : *Voici les deux bouts de mon bâton ferré et la pièce de quarante sous volée à Petit-Gervais dont j'ai parlé à la cour d'assises,* et il posa sur cette feuille la pièce d'argent et les deux morceaux de fer, de façon que ce fût la première chose qu'on aperçut en entrant dans la chambre. Il tira d'une armoire une vieille chemise à lui qu'il déchira. Cela fit quelques morceaux de toile dans lesquels il emballa les deux flambeaux d'argent. Du reste il n'avait ni hâte ni agitation, et, tout en emballant les chandeliers de l'évêque, il mordait dans un morceau de pain noir. Il est probable que c'était le pain de la prison qu'il avait emporté en s'évadant.

Ceci a été constaté par les miettes de pain qui furent trouvées sur le carreau de la chambre, lorsque la justice plus tard fit une perquisition[11].

On frappa deux petits coups à la porte.

— Entrez, dit-il.

C'était la sœur Simplice.

Elle était pâle, elle avait les yeux rouges, la chandelle qu'elle tenait vacillait dans sa main. Les violences de la destinée ont cela de particulier que, si perfectionnés ou si refroidis que nous soyons, elles nous tirent du fond des entrailles la nature humaine et la forcent de reparaître au dehors. Dans les émotions de cette journée, la religieuse était redevenue femme. Elle avait pleuré, et elle tremblait.

Jean Valjean venait d'écrire quelques lignes sur un papier qu'il tendit à la religieuse en disant : — Ma sœur, vous remettrez ceci à monsieur le curé.

Le papier était déplié. Elle y jeta les yeux.

— Vous pouvez lire, dit-il.

Elle lut : — « Je prie monsieur le curé de veiller sur tout ce que je laisse ici. Il voudra bien payer là-dessus les frais de mon procès et l'enterrement de la femme qui est morte aujourd'hui. Le reste sera aux pauvres. »

La sœur voulut parler, mais elle put à peine balbutier quelques sons inarticulés. Elle parvint cependant à dire :

— Est-ce que monsieur le maire ne désire pas revoir une dernière fois cette pauvre malheureuse?

— Non, dit-il, on est à ma poursuite, on n'aurait qu'à m'arrêter dans sa chambre, cela la troublerait.

Il achevait à peine qu'un grand bruit se fit dans l'escalier. Ils entendirent un tumulte de pas qui montaient, et la vieille portière qui disait de sa voix la plus haute et la plus perçante :

— Mon bon monsieur, je vous jure le bon Dieu qu'il n'est entré personne ici de toute la journée ni de toute la soirée, que même je n'ai pas quitté ma porte !

Un homme répondit :

— Cependant il y a de la lumière dans cette chambre.

Ils reconnurent la voix de Javert.

La chambre était disposée de façon que la porte en s'ouvrant masquait l'angle du mur à droite. Jean Valjean souffla la bougie et se mit dans cet angle.

La sœur Simplice[12] tomba à genoux près de la table.

La porte s'ouvrit. Javert entra.

On entendait le chuchotement de plusieurs hommes et les protestations de la portière dans le corridor. La religieuse ne leva pas les yeux. Elle priait.

La chandelle était sur la cheminée et ne donnait que peu de clarté.

Javert aperçut la sœur et s'arrêta interdit.

On se rappelle que le fond même de Javert, son élément, son milieu respirable, c'était la vénération de toute autorité. Il était tout d'une pièce et n'admettait ni objection, ni restriction. Pour lui, bien entendu, l'autorité ecclésiastique était la première de toutes. Il était religieux, superficiel et correct sur ce point comme sur tous. A ses yeux un prêtre était un esprit qui ne se trompe pas, une religieuse était une créature qui ne pèche pas. C'étaient des âmes murées à ce monde avec une seule porte qui ne s'ouvrait jamais que pour laisser sortir la vérité.

En apercevant la sœur, son premier mouvement fut de se retirer[13].

Cependant il y avait aussi un autre devoir qui le tenait,

et qui le poussait impérieusement en sens inverse. Son second mouvement fut de rester, et de hasarder au moins une question.

C'était cette sœur Simplice qui n'avait menti de sa vie. Javert le savait, et la vénérait particulièrement à cause de cela.

— Ma sœur, dit-il, êtes-vous seule dans cette chambre ?

Il y eut un moment affreux pendant lequel la pauvre portière se sentit défaillir. La sœur leva les yeux et répondit :

— Oui.

— Ainsi, reprit Javert, excusez-moi si j'insiste, c'est mon devoir, vous n'avez pas vu ce soir une personne, un homme. Il s'est évadé, nous le cherchons, — ce nommé Jean Valjean, vous ne l'avez pas vu ?

La sœur répondit : — Non.

Elle mentit. Elle mentit deux fois de suite, coup sur coup, sans hésiter, rapidement, comme on se dévoue.

— Pardon, dit Javert, et il se retira en saluant profondément.

O sainte fille ! vous n'êtes plus de ce monde depuis beaucoup d'années ; vous avez rejoint dans la lumière vos sœurs les vierges et vos frères les anges ; que ce mensonge vous soit compté dans le paradis !

L'affirmation de la sœur fut pour Javert quelque chose de si décisif qu'il ne remarqua même pas la singularité de cette bougie qu'on venait de souffler et qui fumait sur la table[14].

Une heure après, un homme, marchant à travers les arbres et les brumes, s'éloignait rapidement de Montreuil-sur-mer dans la direction de Paris. Cet homme était Jean Valjean. Il a été établi, par le témoignage de deux ou trois rouliers qui l'avaient rencontré, qu'il portait un paquet et qu'il était vêtu d'une blouse. Où avait-il pris cette blouse ? On ne l'a jamais su. Cependant un vieux ouvrier était mort quelques jours auparavant à l'infirmerie de la fabrique, ne laissant que sa blouse. C'était peut-être celle-là[15].

Un dernier mot sur Fantine.

Nous avons tous une mère, la terre. On rendit Fantine à cette mère.

Le curé crut bien faire, et fit bien peut-être, en réservant, sur ce que Jean Valjean avait laissé, le plus d'argent possible aux pauvres. Après tout, de qui s'agissait-il ? d'un forçat et d'une fille publique. C'est pourquoi il simplifia l'enterrement de Fantine, et le réduisit à ce strict nécessaire qu'on appelle la fosse commune.

Fantine fut donc enterrée dans ce coin gratis du cimetière qui est à tous et à personne, et où l'on perd les pauvres. Heureusement Dieu sait où retrouver l'âme. On coucha Fantine dans les ténèbres parmi les premiers os venus ; elle subit la promiscuité des cendres. Elle fut jetée à la fosse publique. Sa tombe ressembla à son lit.

DEUXIÈME PARTIE

COSETTE

LIVRE PREMIER

WATERLOO[1]

I

CE QU'ON RENCONTRE EN VENANT DE NIVELLES[2]

L'an dernier (1861), par une belle matinée de mai, un passant, celui qui raconte cette histoire[3], arrivait de Nivelles et se dirigeait vers La Hulpe. Il allait à pied. Il suivait, entre deux rangées d'arbres, une large chaussée pavée ondulant sur des collines qui viennent l'une après l'autre, soulèvent la route et la laissent retomber, et font là comme des vagues énormes. Il avait dépassé Lillois et Bois-Seigneur-Isaac. Il apercevait, à l'ouest, le clocher d'ardoise de Braine-l'Alleud qui a la forme d'un vase renversé. Il venait de laisser derrière lui un bois sur une hauteur, et, à l'angle d'un chemin de traverse, à côté d'une espèce de potence vermoulue portant l'inscription : *Ancienne barrière n° 4*, un cabaret ayant sur sa façade cet écriteau : *Au quatre vents. Échabeau, café de particulier.*

Un demi-quart de lieue plus loin que ce cabaret, il arriva au fond d'un petit vallon où il y a de l'eau qui passe sous une arche pratiquée dans le remblai de la route. Le bouquet d'arbres, clair-semé mais très vert, qui emplit le vallon d'un côté de la chaussée, s'éparpille de l'autre dans les prairies et s'en va avec grâce et comme en désordre vers Braine-l'Alleud.

Il y avait là, à droite, au bord de la route, une auberge, une charrette à quatre roues devant la porte, un grand faisceau de perches à houblon, une charrue, un tas de broussailles sèches près d'une haie vive, de la chaux qui fumait dans un trou carré, une échelle le long d'un vieux hangar à cloisons de paille. Une jeune fille sarclait dans un champ où une grande affiche jaune, probablement du spectacle forain de quelque kermesse, volait au vent. A l'angle de l'auberge, à côté d'une mare où naviguait une flottille de canards, un sentier mal pavé s'enfonçait dans les broussailles. Ce passant y entra.

Au bout d'une centaine de pas, après avoir longé un mur du quinzième siècle surmonté d'un pignon aigu à briques contrariées, il se trouva en présence d'une grande porte de pierre cintrée, avec imposte rectiligne, dans le grave style de Louis XIV, accostée de deux médaillons planes. Une façade sévère dominait cette porte; un mur perpendiculaire à la façade venait presque toucher la porte et la flanquait d'un brusque angle droit. Sur le pré devant la porte gisaient trois herses à travers lesquelles poussaient pêle-mêle toutes les fleurs de mai. La porte était fermée. Elle avait pour clôture deux battants décrépits ornés d'un vieux marteau rouillé.

Le soleil était charmant; les branches avaient ce doux frémissement de mai qui semble venir des nids plus encore que du vent. Un brave petit oiseau, probablement amoureux, vocalisait éperdument dans un grand arbre.

Le passant se courba et considéra dans la pierre à gauche, au bas du pied-droit de la porte, une assez large excavation circulaire ressemblant à l'alvéole d'une sphère. En ce moment les battants s'écartèrent et une paysanne sortit.

Elle vit le passant et aperçut ce qu'il regardait.

— C'est un boulet français qui a fait ça, lui dit-elle.

Et elle ajouta:

— Ce que vous voyez là, plus haut, dans la porte, près d'un clou, c'est le trou d'un gros biscayen. Le biscayen n'a pas traversé le bois[4].

— Comment s'appelle cet endroit-ci? demanda le passant.

— Hougomont, dit la paysanne.

Le passant se redressa. Il fit quelques pas et s'en alla regarder au-dessus des haies. Il aperçut à l'horizon à travers les arbres une espèce de monticule et sur ce monticule quelque chose qui, de loin, ressemblait à un lion.

Il était dans le champ de bataille de Waterloo.

WATERLOO

II

Hougomont

Hougomont, ce fut là un lieu funèbre, le commencement de l'obstacle, la première résistance que rencontra à Waterloo ce grand bûcheron de l'Europe qu'on appelait Napoléon; le premier nœud sous le coup de hache.

C'était un château, ce n'est plus qu'une ferme. Hougomont, pour l'antiquaire, c'est *Hugomons*. Ce manoir fut bâti par Hugo, sire de Somerel, le même qui dota la sixième chapellenie de l'abbaye de Villers.

Le passant poussa la porte, coudoya sous un porche une vieille calèche, et entra dans la cour.

La première chose qui le frappa dans ce préau, ce fut une porte du seizième siècle qui y simule une arcade, tout étant tombé autour d'elle. L'aspect monumental naît souvent de la ruine. Auprès de l'arcade s'ouvre dans un mur une autre porte avec claveaux du temps de Henri IV, laissant voir les arbres d'un verger. A côté de cette porte un trou à fumier, des pioches et des pelles, quelques charrettes, un vieux puits avec sa dalle et son tourniquet de fer, un poulain qui saute, un dindon qui fait la roue, une chapelle que surmonte un petit clocher, un poirier en fleur en espalier sur le mur de la chapelle, voilà cette cour dont la conquête fut un rêve de Napoléon. Ce coin de terre, s'il eût pu le prendre, lui eût peut-être donné le monde. Des poules y éparpillent du bec la poussière. On entend un grondement; c'est un gros chien qui montre les dents et qui remplace les Anglais.

Les Anglais là ont été admirables. Les quatre compagnies des gardes de Cooke y ont tenu tête pendant sept heures à l'acharnement d'une armée.

Hougomont, vu sur la carte, en plan géométral, bâtiments et enclos compris, présente une espèce de rectangle irrégulier dont un angle aurait été entaillé. C'est à cet angle qu'est la porte méridionale, gardée par ce mur qui la fusille à bout portant. Hougomont a deux portes : la porte méridionale, celle du château, et la porte septentrionale, celle de la ferme. Napoléon envoya contre Hougomont son frère Jérôme; les divisions Guilleminot, Foy et Bachelu s'y heurtèrent, presque tout le corps de

Reille y fut employé et y échoua, les boulets de Kellermann s'épuisèrent sur cet héroïque pan de mur. Ce ne fut pas trop de la brigade Bauduin pour forcer Hougomont au nord, et la brigade Soye ne put que l'entamer au sud, sans le prendre.

Les bâtiments de la ferme bordent la cour au sud. Un morceau de la porte nord, brisée par les Français, pend accroché au mur. Ce sont quatre planches clouées sur deux traverses, et où l'on distingue les balafres de l'attaque.

La porte septentrionale, enfoncée par les Français, et à laquelle on a mis une pièce pour remplacer le panneau suspendu à la muraille, s'entre-bâille au fond du préau; elle est coupée carrément dans un mur, de pierre en bas, de brique en haut, qui ferme la cour au nord. C'est une simple porte charretière comme il y en a dans toutes les métairies, deux larges battants faits de planches rustiques; au delà, des prairies. La dispute de cette entrée a été furieuse. On a longtemps vu sur le montant de la porte toutes sortes d'empreintes de mains sanglantes. C'est là que Bauduin fut tué.

L'orage du combat est encore dans cette cour; l'horreur y est visible; le bouleversement de la mêlée s'y est pétrifié; cela vit, cela meurt; c'était hier. Les murs agonisent, les pierres tombent, les brèches crient; les trous sont des plaies; les arbres penchés et frissonnants semblent faire effort pour s'enfuir.

Cette cour, en 1815, était plus bâtie qu'elle ne l'est aujourd'hui. Des constructions qu'on a depuis jetées bas y faisaient des redans, des angles et des coudes d'équerre.

Les Anglais s'y étaient barricadés; les Français y pénétrèrent, mais ne purent s'y maintenir. A côté de la chapelle, une aile du château, le seul débris qui reste du manoir d'Hougomont, se dresse écroulée, on pourrait dire éventrée. Le château servit de donjon, la chapelle servit de blockhaus. On s'y extermina. Les Français, arquebusés de toutes parts, de derrière les murailles, du haut des greniers, du fond des caves, par toutes les croisées, par tous les soupiraux, par toutes les fentes des pierres, apportèrent des fascines et mirent le feu aux murs et aux hommes; la mitraille eut pour réplique l'incendie.

On entrevoit dans l'aile ruinée, à travers des fenêtres garnies de barreaux de fer, les chambres démantelées d'un corps de logis en brique ; les gardes anglaises étaient embusquées dans ces chambres ; la spirale de l'escalier, crevassé du rez-de-chaussée jusqu'au toit, apparaît comme l'intérieur d'un coquillage brisé. L'escalier a deux étages ; les Anglais, assiégés dans l'escalier, et massés sur les marches supérieures, avaient coupé les marches inférieures. Ce sont de larges dalles de pierre bleue qui font un monceau dans les orties. Une dizaine de marches tiennent encore au mur ; sur la première est entaillée l'image d'un trident. Ces degrés inaccessibles sont solides dans leurs alvéoles. Tout le reste ressemble à une mâchoire édentée. Deux vieux arbres sont là ; l'un est mort, l'autre est blessé au pied, et reverdit en avril. Depuis 1815, il s'est mis à pousser à travers l'escalier.

On s'est massacré dans la chapelle. Le dedans, redevenu calme, est étrange. On n'y a plus dit la messe depuis le carnage. Pourtant l'autel y est resté, un autel de bois grossier adossé à un fond de pierre brute. Quatre murs lavés au lait de chaux, une porte vis-à-vis l'autel, deux petites fenêtres cintrées, sur la porte un grand crucifix de bois, au-dessus du crucifix un soupirail carré bouché d'une botte de foin, dans un coin, à terre, un vieux châssis vitré tout cassé, telle est cette chapelle. Près de l'autel est clouée une statue en bois de sainte Anne, du quinzième siècle ; la tête de l'enfant Jésus a été emportée par un biscayen. Les Français, maîtres un moment de la chapelle, puis délogés, l'ont incendiée. Les flammes ont rempli cette masure ; elle a été fournaise ; la porte a brûlé, le plancher a brûlé, le Christ en bois n'a pas brûlé. Le feu lui a rongé les pieds dont on ne voit plus que les moignons noircis, puis s'est arrêté. Miracle, au dire des gens du pays. L'enfant Jésus, décapité, n'a pas été aussi heureux que le Christ.

Les murs sont couverts d'inscriptions. Près des pieds du Christ on lit ce nom : *Henquinez*. Puis ces autres : *Conde de Rio Maïor. Marques y Marquesa de Almagro (Habana)*. Il y a des noms français avec des points d'exclamation, signes de colère. On a reblanchi le mur en 1849. Les nations s'y insultaient.

C'est à la porte de cette chapelle qu'a été ramassé un cadavre qui tenait une hache à la main. Ce cadavre était le sous-lieutenant Legros.

On sort de la chapelle, et à gauche, on voit un puits.

Il y en a deux dans cette cour. On demande : pourquoi n'y a-t-il pas de seau et de poulie à celui-ci ? C'est qu'on n'y puise plus d'eau. Pourquoi n'y puise-t-on plus d'eau ? Parce qu'il est plein de squelettes.

Le dernier qui ait tiré de l'eau de ce puits se nommait Guillaume Van Kylsom. C'était un paysan qui habitait Hougomont et y était jardinier. Le 18 juin 1815, sa famille prit la fuite et s'alla cacher dans les bois.

La forêt autour de l'abbaye de Villers abrita pendant plusieurs jours et plusieurs nuits toutes ces malheureuses populations dispersées. Aujourd'hui encore de certains vestiges reconnaissables, tels que de vieux troncs d'arbres brûlés, marquent la place de ces pauvres bivouacs tremblants au fond des halliers.

Guillaume Van Kylsom demeura à Hougomont « pour garder le château » et se blottit dans une cave. Les Anglais l'y découvrirent. On l'arracha de sa cachette, et, à coups de plat de sabre, les combattants se firent servir par cet homme effrayé. Ils avaient soif ; ce Guillaume leur portait à boire. C'est à ce puits qu'il puisait l'eau. Beaucoup burent là leur dernière gorgée. Ce puits, où burent tant de morts, devait mourir lui aussi.

Après l'action, on eut une hâte, enterrer les cadavres. La mort a une façon à elle de harceler la victoire, et elle fait suivre la gloire par la peste. Le typhus est une annexe du triomphe. Ce puits était profond, on en fit un sépulcre. On y jeta trois cents morts. Peut-être avec trop d'empressement. Tous étaient-ils morts ? la légende dit non. Il paraît que, la nuit qui suivit l'ensevelissement, on entendit sortir du puits des voix faibles qui appelaient.

Ce puits est isolé au milieu de la cour. Trois murs mi-partis pierre et brique, repliés comme les feuilles d'un paravent et simulant une tourelle carrée, l'entourent de trois côtés. Le quatrième côté est ouvert. C'est par là qu'on puisait l'eau. Le mur du fond a une façon d'œil-de-bœuf informe, peut-être un trou d'obus. Cette tourelle avait un plafond dont il ne reste que les poutres. La ferrure de soutènement du mur de droite dessine une croix. On se penche, et l'œil se perd dans un profond cylindre de brique qu'emplit un entassement de ténèbres. Tout autour du puits, le bas des murs disparaît dans les orties.

Ce puits n'a point pour devanture la large dalle

bleue qui sert de tablier à tous les puits de Belgique. La dalle bleue y est remplacée par une traverse à laquelle s'appuient cinq ou six difformes tronçons de bois noueux et ankylosés qui ressemblent à de grands ossements. Il n'a plus ni seau, ni chaîne, ni poulie ; mais il a encore la cuvette de pierre qui servait de déversoir. L'eau des pluies s'y amasse, et de temps en temps un oiseau des forêts voisines vient y boire et s'envole.

Une maison dans cette ruine, la maison de la ferme, est encore habitée. La porte de cette maison donne sur la cour. A côté d'une jolie plaque de serrure gothique il y a sur cette porte une poignée de fer à trèfles, posée de biais. Au moment où le lieutenant hanovrien Wilda saisissait cette poignée pour se réfugier dans la ferme, un sapeur français lui abattit la main d'un coup de hache.

La famille qui occupe la maison a pour grand-père l'ancien jardinier Van Kylsom, mort depuis longtemps. Une femme en cheveux gris vous dit : — J'étais là. J'avais trois ans. Ma sœur, plus grande, avait peur et pleurait. On nous a emportées dans les bois. J'étais dans les bras de ma mère. On se collait l'oreille à terre pour écouter. Moi, j'imitais le canon, et je faisais *boum, boum*.

Une porte de la cour, à gauche, nous l'avons dit, donne dans le verger.

Le verger est terrible.

Il est en trois parties, on pourrait presque dire en trois actes. La première partie est un jardin, la deuxième est le verger, la troisième est un bois. Ces trois parties ont une enceinte commune, du côté de l'entrée les bâtiments du château et de la ferme, à gauche une haie, à droite un mur, au fond un mur. Le mur de droite est en brique, le mur du fond est en pierre. On entre dans le jardin d'abord. Il est en contre-bas, planté de groseilliers, encombré de végétations sauvages, fermé d'un terrassement monumental en pierre de taille avec balustres à double renflement. C'était un jardin seigneurial dans ce premier style français qui a précédé Lenôtre ; ruine et ronce aujourd'hui. Les pilastres sont surmontés de globes qui semblent des boulets de pierre. On compte encore quarante-trois balustres sur leurs dés ; les autres sont couchés dans l'herbe. Presque tous ont des éraflures de mousqueterie. Un balustre brisé est posé sur l'étrave comme une jambe cassée.

C'est dans ce jardin, plus bas que le verger, que six voltigeurs du 1er léger, ayant pénétré là et n'en pouvant plus sortir, pris et traqués comme des ours dans leur fosse, acceptèrent le combat avec deux compagnies hanovriennes, dont une était armée de carabines. Les Hanovriens bordaient ces balustres et tiraient d'en haut. Ces voltigeurs, ripostant d'en bas, six contre deux cents, intrépides, n'ayant pour abri que les groseilliers, mirent un quart d'heure à mourir.

On monte quelques marches, et du jardin on passe dans le verger proprement dit. Là, dans ces quelques toises carrées, quinze cents hommes tombèrent en moins d'une heure. Le mur semble prêt à recommencer le combat. Les trente-huit meurtrières percées par les Anglais à des hauteurs irrégulières, y sont encore. Devant la seizième sont couchées deux tombes anglaises en granit. Il n'y a de meurtrières qu'au mur sud; l'attaque principale venait de là. Ce mur est caché au dehors par une grande haie vive; les Français arrivèrent, croyant n'avoir affaire qu'à la haie, la franchirent, et trouvèrent ce mur, obstacle et embuscade, les gardes anglaises derrière, les trente-huit meurtrières faisant feu à la fois, un orage de mitraille et de balles; et la brigade Soye s'y brisa. Waterloo commença ainsi.

Le verger pourtant fut pris. On n'avait pas d'échelles, les Français grimpèrent avec les ongles. On se battit corps à corps sous les arbres. Toute cette herbe a été mouillée de sang. Un bataillon de Nassau, sept cents hommes, fut foudroyé là. Au dehors le mur, contre lequel furent braquées les deux batteries de Kellermann, est rongé par la mitraille.

Ce verger est sensible comme un autre au mois de mai. Il a ses boutons d'or et ses pâquerettes, l'herbe y est haute, des chevaux de charrue y paissent, des cordes de crin où sèche du linge traversent les intervalles des arbres et font baisser la tête aux passants, on marche dans cette friche et le pied enfonce dans les trous de taupes. Au milieu de l'herbe on remarque un tronc déraciné, gisant, verdissant. Le major Blackman s'y est adossé pour expirer. Sous un grand arbre voisin est tombé le général allemand Duplat, d'une famille française réfugiée à la révocation de l'édit de Nantes. Tout à côté se penche un vieux pommier malade pansé avec un bandage de paille et de terre glaise. Presque tous les pommiers tombent de vieillesse. Il n'y en a pas un qui n'ait sa balle ou son biscayen. Les squelettes d'arbres morts abondent dans ce verger. Les corbeaux volent dans les branches, au fond il y a un bois plein de violettes.

Bauduin tué, Foy blessé, l'incendie, le massacre, le carnage, un ruisseau fait de sang anglais, de sang allemand et de sang français, furieusement mêlés, un puits comblé de cadavres, le régiment de Nassau et le régiment de Brunswick détruits, Duplat tué, Blackman tué, les gardes anglaises mutilées, vingt bataillons français, sur les quarante du corps de Reille, décimés, trois mille hommes, dans cette seule masure de Hougomont, sabrés, écharpés, égorgés, fusillés, brûlés; et tout cela pour qu'aujourd'hui un paysan dise à un voyageur : *Monsieur, donnez-moi trois francs ; si vous aimez, je vous expliquerai la chose de Waterloo !*

III

LE 18 JUIN 1815

Retournons en arrière, c'est un des droits du narrateur, et replaçons-nous en l'année 1815, et même un peu avant l'époque où commence l'action racontée dans la première partie de ce livre.

S'il n'avait pas plu dans la nuit du 17 au 18 juin 1815, l'avenir de l'Europe était changé. Quelques gouttes d'eau de plus ou de moins ont fait pencher Napoléon. Pour que Waterloo fût la fin d'Austerlitz, la providence n'a eu besoin que d'un peu de pluie, et un nuage traversant le ciel à contre-sens de la saison a suffi pour l'écroulement d'un monde[1].

La bataille de Waterloo, et ceci a donné à Blücher le temps d'arriver, n'a pu commencer qu'à onze heures et demie. Pourquoi? Parce que la terre était mouillée. Il a fallu attendre un peu de raffermissement pour que l'artillerie pût manœuvrer.

Napoléon était officier d'artillerie, et il s'en ressentait. Le fond de ce prodigieux capitaine, c'était l'homme qui, dans le rapport au Directoire sur Aboukir, disait : *Tel de nos boulets a tué six hommes.* Tous ses plans de bataille sont faits pour le projectile. Faire converger l'artillerie sur un point donné, c'était là sa clef de victoire. Il traitait la stratégie du général ennemi comme une citadelle, et il la battait en brèche. Il accablait le point faible de mitraille; il nouait et dénouait les batailles avec le canon. Il y avait du tir dans son génie. Enfoncer les carrés, pulvériser les régiments, rompre les lignes, broyer et disperser les masses, tout pour lui était là, frapper, frapper, frapper sans cesse, et il confiait cette besogne au boulet. Méthode redoutable, et qui, jointe au génie, a fait invincible pendant quinze ans ce sombre athlète du pugilat de la guerre.

Le 18 juin 1815, il comptait d'autant plus sur l'artillerie qu'il avait pour lui le nombre. Wellington n'avait que cent cinquante-neuf bouches à feu; Napoléon en avait deux cent quarante.

Supposez la terre sèche, l'artillerie pouvant rouler, l'action commençait à six heures du matin. La bataille était gagnée et finie à deux heures, trois heures avant la péripétie prussienne.

Quelle quantité de faute y a-t-il de la part de Napoléon dans la perte de cette bataille ? le naufrage est-il imputable au pilote ?

Le déclin physique évident de Napoléon se compliquait-il à cette époque d'une certaine diminution intérieure ? les vingt ans de guerre avaient-ils usé la lame comme le fourreau, l'âme comme le corps ? le vétéran se faisait-il fâcheusement sentir dans le capitaine ? en un mot, ce génie, comme beaucoup d'historiens considérables l'ont cru, s'éclipsait-il ? entrait-il en frénésie pour se déguiser à lui-même son affaiblissement ? commençait-il à osciller sous l'égarement d'un souffle d'aventure ? devenait-il, chose grave dans un général, inconscient du péril ? dans cette classe de grands hommes matériels qu'on peut appeler les géants de l'action, y a-t-il un âge pour la myopie du génie ? La vieillesse n'a pas de prise sur les génies de l'idéal; pour les Dantes et les Michel-Anges, vieillir, c'est croître; pour les Annibals et les Bonapartes, est-ce décroître ? Napoléon avait-il perdu le sens de la victoire ? en était-il à ne plus reconnaître l'écueil, à ne plus deviner le piège, à ne plus discerner le bord croulant des abîmes ? manquait-il du flair des catastrophes ? lui qui jadis savait toutes les routes du triomphe et qui, du haut de son char d'éclairs, les indiquait d'un doigt souverain, avait-il maintenant cet ahurissement sinistre de mener aux précipices son tumultueux attelage de légions? était-il pris, à quarante-six ans, d'une folie suprême? ce cocher titanique du destin n'était-il plus qu'un immense casse-cou?

Nous ne le pensons point.

Son plan de bataille était, de l'aveu de tous, un chef-d'œuvre. Aller droit au centre de la ligne alliée, faire un trou dans l'ennemi, le couper en deux, pousser la moitié britannique sur Hal et la moitié prussienne sur Tongres, faire de Wellington et de Blücher deux tronçons, enlever Mont-Saint-Jean, saisir Bruxelles, jeter l'Allemand dans le Rhin et l'Anglais dans la mer. Tout cela, pour Napoléon, était dans cette bataille. Ensuite on verrait.

Il va sans dire que nous ne prétendons pas faire ici l'histoire de Waterloo; une des scènes génératrices du drame que nous racontons se rattache à cette bataille; mais cette histoire n'est pas notre sujet; cette histoire d'ailleurs est faite, et faite magistralement, à un point de vue par Napoléon, à l'autre point de vue par toute une pléiade d'historiens*. Quant à nous, nous laissons les historiens aux prises; nous ne sommes qu'un témoin à distance, un passant dans la plaine, un chercheur penché sur cette terre pétrie de chair humaine, prenant peut-être des apparences pour des réalités; nous n'avons pas le droit de tenir tête, au nom de la science, à un ensemble de faits où il y a sans doute du mirage, nous n'avons ni la pratique militaire ni la compétence stratégique qui autorisent un système; selon nous, un enchaînement de hasards domine à Waterloo les deux capitaines; et quand il s'agit du destin, ce mystérieux accusé, nous jugeons comme le peuple, ce juge naïf.

IV

A.

Ceux qui veulent se figurer nettement la bataille de Waterloo n'ont qu'à coucher sur le sol par la pensée un A majuscule. Le jambage gauche de l'A est la route de Nivelles, le jambage droit est la route de

---

* Walter Scott, Lamartine, Vaulabelle, Charras, Quinet, Thiers.

Genappe, la corde de l'A est le chemin creux d'Ohain à Braine-l'Alleud. Le sommet de l'A est Mont-Saint-Jean, là est Wellington ; la pointe gauche inférieure est Hougomont, là est Reille avec Jérôme Bonaparte ; la pointe droite inférieure est la Belle-Alliance, là est Napoléon. Un peu au-dessous du point où la corde de l'A rencontre et coupe le jambage droit est la Haie-Sainte. Au milieu de cette corde est le point précis où s'est dit le mot final de la bataille[1]. C'est là qu'on a placé le lion, symbole involontaire du suprême héroïsme de la garde impériale[2].

Le triangle compris au sommet de l'A, entre les deux jambages et la corde, est le plateau de Mont-Saint-Jean. La dispute de ce plateau fut toute la bataille.

Les ailes des deux armées s'étendent à droite et à gauche des deux routes de Genappe et de Nivelles ; d'Erlon faisant face à Picton, Reille faisant face à Hill.

Derrière la pointe de l'A, derrière le plateau de Mont-Saint-Jean, est la forêt de Soignes.

Quant à la plaine en elle-même, qu'on se représente un vaste terrain ondulant ; chaque pli domine le pli suivant, et toutes les ondulations montent vers Mont-Saint-Jean, et y aboutissent à la forêt.

Deux troupes ennemies sur un champ de bataille sont deux lutteurs. C'est un bras-le-corps. L'une cherche à faire glisser l'autre. On se cramponne à tout ; un buisson est un point d'appui ; un angle de mur est un épaulement ; faute d'une bicoque où s'adosser, un régiment lâche pied ; un ravalement de la plaine, un mouvement de terrain, un sentier transversal à propos, un bois, un ravin, peuvent arrêter le talon de ce colosse qu'on appelle une armée et l'empêcher de reculer. Qui sort du champ est battu. De là, pour le chef responsable, la nécessité d'examiner la moindre touffe d'arbres et d'approfondir le moindre relief.

Les deux généraux avaient attentivement étudié la plaine de Mont-Saint-Jean, dite aujourd'hui plaine de Waterloo. Dès l'année précédente, Wellington, avec une sagacité prévoyante, l'avait examinée comme un en-cas de grande bataille. Sur ce terrain et pour ce duel, le 18 juin, Wellington avait le bon côté, Napoléon le mauvais. L'armée anglaise était en haut, l'armée française en bas.

Esquisser ici l'aspect de Napoléon, à cheval, sa lunette à la main, sur la hauteur de Rossomme, à l'aube du 18 juin 1815, cela est presque de trop. Avant qu'on le montre, tout le monde l'a vu. Ce profil calme sous le petit chapeau de l'école de Brienne, cet uniforme vert, le revers blanc cachant la plaque, la redingote grise cachant les épaulettes, l'angle du cordon rouge sous le gilet, la culotte de peau, le cheval blanc avec sa housse de velours pourpre ayant aux coins des N couronnées et des aigles, les bottes à l'écuyère sur des bas de soie, les éperons d'argent, l'épée de Marengo, toute cette figure du dernier césar est debout dans les imaginations, acclamée des uns, sévèrement regardée par les autres.

Cette figure a été longtemps toute dans la lumière; cela tenait à un certain obscurcissement légendaire que la plupart des héros dégagent et qui voile toujours plus ou moins longtemps la vérité; mais aujourd'hui l'histoire et le jour se font.

Cette clarté, l'histoire, est impitoyable; elle a cela d'étrange et de divin que, toute lumière qu'elle est, et précisément parce qu'elle est lumière, elle met souvent de l'ombre là où l'on voyait des rayons; du même homme elle fait deux fantômes différents, et l'un attaque l'autre, et en fait justice, et les ténèbres du despote luttent avec l'éblouissement du capitaine. De là une mesure plus vraie dans l'appréciation définitive des peuples. Babylone violée diminue Alexandre; Rome enchaînée diminue César; Jérusalem tuée diminue Titus. La tyrannie suit le tyran. C'est un malheur pour un homme de laisser derrière lui de la nuit qui a sa forme.

V

Le « quid obscurum » des batailles[1]

Tout le monde connaît la première phase de cette bataille; début trouble, incertain, hésitant, menaçant pour les deux armées, mais pour les Anglais plus encore que pour les Français.

Il avait plu toute la nuit; la terre était défoncée par l'averse; l'eau s'était çà et là amassée dans les creux de la plaine comme dans des cuvettes; sur de certains points les équipages du train en avaient jusqu'à l'essieu[2]; les sous-ventrières des attelages dégouttaient de boue liquide ; si les blés et les seigles couchés par cette cohue de charrois en marche n'eussent comblé les ornières et fait litière sous les roues, tout mouvement, particulièrement dans les vallons du côté de Papelotte, eût été impossible.

L'affaire commença tard ; Napoléon, nous l'avons expliqué, avait l'habitude de tenir toute l'artillerie dans sa main comme un pistolet, visant tantôt tel point, tantôt tel autre de la bataille, et il avait voulu attendre que les batteries attelées pussent rouler et galoper librement ; il fallait pour cela que le soleil parût et séchât le sol. Mais le soleil ne parut pas. Ce n'était plus le rendez-vous d'Austerlitz. Quand le premier coup de canon fut tiré, le général anglais Colville regarda à sa montre et constata qu'il était onze heures trente-cinq minutes.

L'action s'engagea avec furie, plus de furie peut-être que l'empereur n'eût voulu, par l'aile française sur Hougomont. En même temps Napoléon attaqua le centre en précipitant la brigade Quiot sur la Haie-Sainte, et Ney poussa l'aile droite française contre l'aile gauche anglaise qui s'appuyait sur Papelotte.

L'attaque sur Hougomont avait quelque simulation ; attirer là Wellington, le faire pencher à gauche, tel était le plan. Ce plan eût réussi, si les quatre compagnies des gardes anglaises et les braves Belges de la division Perponcher n'eussent solidement gardé la position, et Wellington, au lieu de s'y masser, put se borner à y envoyer pour tout renfort quatre autres compagnies de gardes et un bataillon de Brunswick.

L'attaque de l'aile droite française sur Papelotte était à fond ; culbuter la gauche anglaise, couper la route de Bruxelles, barrer le passage aux Prussiens possibles, forcer Mont-Saint-Jean, refouler Wellington sur Hougomont, de là sur Braine-l'Alleud, de là sur Hal, rien de plus net. A part quelques incidents, cette attaque réussit. Papelotte fut pris ; la Haie-Sainte fut enlevée.

Détail à noter. Il y avait dans l'infanterie anglaise, particulièrement dans la brigade de Kempt, force recrues. Ces jeunes soldats, devant nos redoutables fantassins, furent vaillants ; leur inexpérience se tira intrépidement d'affaire ; ils firent surtout un excellent service de tirailleurs ; le soldat en tirailleur, un peu livré à lui-même, devient pour ainsi dire son propre général; ces recrues montrèrent quelque chose de l'invention et de la furie françaises. Cette infanterie novice eut de la verve. Ceci déplut à Wellington.

Après la prise de la Haie-Sainte, la bataille vacilla.

Il y a dans cette journée, de midi à quatre heures, un intervalle obscur; le milieu de cette bataille est presque indistinct et participe du sombre de la mêlée. Le crépuscule s'y fait. On aperçoit de vastes fluctuations dans cette brume, un mirage vertigineux, l'attirail de guerre d'alors presque inconnu aujourd'hui, les colbacks à flamme, les sabretaches flottantes, les buffleteries croisées, les gibernes à grenade, les dolmans des hussards, les bottes rouges à mille plis, les lourds shakos enguirlandés de torsades, l'infanterie presque noire de Brunswick mêlée à l'infanterie écarlate d'Angleterre, les soldats anglais ayant aux entournures pour épaulettes de gros bourrelets blancs circulaires, les chevau-légers hanovriens avec leur casque de cuir oblong à bandes de cuivre et à crinières de crins rouges, les Écossais aux genoux nus et aux plaids quadrillés, les grandes guêtres blanches de nos grenadiers, des tableaux, non des lignes stratégiques, ce qu'il faut à Salvator Rosa, non ce qu'il faut à Gribeauval[3].

Une certaine quantité de tempête se mêle toujours à une bataille. *Quid obscurum, quid divinum*[4]. Chaque historien trace un peu le linéament qui lui plaît dans ces pêle-mêle. Quelle que soit la combinaison des généraux, le choc des masses armées a d'incalculables reflux; dans l'action, les deux plans des deux chefs entrent l'un dans l'autre et se déforment l'un par l'autre. Tel point du champ de bataille dévore plus de combattants que tel autre, comme ces sols plus ou moins spongieux qui boivent plus ou moins vite l'eau qu'on y jette. On est obligé de reverser là plus de soldats qu'on ne voudrait. Dépenses qui sont l'imprévu. La ligne de bataille flotte et serpente comme un fil, les traînées de sang ruissellent illogiquement, les fronts des armées ondoient, les régiments entrant ou sortant font des caps ou des golfes, tous ces écueils remuent continuellement les uns devant les autres; où était l'infanterie, l'artillerie arrive; où était l'artillerie, accourt la cavalerie; les bataillons sont des fumées. Il y avait là quelque chose, cherchez, c'est disparu ; les éclaircies se déplacent ; les plis sombres avancent et reculent ; une sorte de vent du sépulcre pousse, refoule, enfle et disperse ces multitudes tragiques. Qu'est-ce qu'une mêlée ? une oscillation. L'immobilité d'un plan mathématique exprime une minute et non une journée. Pour peindre une bataille, il faut de ces puissants peintres qui aient du chaos dans le pinceau ; Rembrandt vaut mieux que Van Der Meulen. Van Der Meulen, exact à midi, ment à trois heures. La géométrie trompe ; l'ouragan seul est vrai. C'est ce qui donne à Folard le droit de contredire Polybe[5]. Ajoutons qu'il y a toujours un certain instant où la bataille dégénère en combat, se particularise, et s'éparpille en d'innombrables faits de détails qui, pour emprunter l'expression de Napoléon lui-même, « appartiennent plutôt à la biographie des régiments qu'à l'histoire de l'armée ». L'historien, en ce cas, a le droit évident de résumé. Il ne peut que saisir les contours principaux de la lutte, et il n'est donné à aucun narrateur, si consciencieux qu'il soit, de fixer absolument la forme de ce nuage horrible qu'on appelle une bataille.

Ceci, qui est vrai de tous les grands chocs armés, est particulièrement applicable à Waterloo.

Toutefois, dans l'après-midi, à un certain moment, la bataille se précisa.

VI

Quatre heures de l'après-midi

Vers quatre heures, la situation de l'armée anglaise était grave. Le prince d'Orange commandait le centre, Hill l'aile droite, Picton l'aile gauche. Le prince d'Orange, éperdu et intrépide, criait aux hollando-belges : *Nassau ! Brunswick ! jamais en arrière !* Hill, affaibli, venait s'adosser à Wellington, Picton était mort. Dans la même minute où les Anglais avaient enlevé aux Français le drapeau du 105e de ligne, les Français avaient tué aux Anglais le général Picton d'une balle à travers la tête. La bataille, pour Wellington, avait deux points d'appui, Hougomont et la Haie-Sainte ; Hougomont tenait encore, mais brûlait ; la Haie-Sainte était prise. Du bataillon allemand qui la défendait, quarante-deux hommes seulement survivaient; tous les officiers, moins cinq, étaient morts ou pris. Trois mille combattants s'étaient massacrés dans cette grange. Un sergent des gardes anglaises, le premier boxeur de l'Angleterre, réputé par ses compagnons invulnérable, y avait été tué par un petit tambour français. Baring était délogé, Alten était sabré. Plusieurs drapeaux étaient perdus, dont un de la division Alten, et un du bataillon de Lunebourg porté par un prince de la famille de Deux-Ponts. Les Écossais gris n'existaient plus; les gros dragons de Ponsonby étaient hachés. Cette vaillante cavalerie avait plié sous les lanciers de Bro et sous les cuirassiers de Travers; de douze cents chevaux il en restait six cents; des trois lieutenants-colonels, deux étaient à terre, Hamilton blessé, Mater tué. Ponsonby était tombé, troué de sept coups de lance. Gordon était mort, Marsh était mort. Deux divisions, la cinquième et la sixième, étaient détruites.

Hougomont entamé, la Haie-Sainte prise, il n'y avait plus qu'un nœud, le centre. Ce nœud-là tenait toujours. Wellington le renforça. Il y appela Hill qui était à Merbe-Braine, il y appela Chassé qui était à Braine-l'Alleud.

Le centre de l'armée anglaise, un peu concave, très dense et très compact, était fortement situé. Il occupait le plateau de Mont-Saint-Jean, ayant derrière lui le village et devant lui la pente, assez âpre alors. Il s'adossait à cette forte maison de pierre, qui était à cette époque un bien domanial de Nivelles et qui marque l'intersection des routes, masse du seizième siècle si robuste que les boulets y ricochaient sans l'entamer. Tout autour du plateau, les Anglais avaient taillé çà et là les haies, fait des embrasures dans les aubépines, mis une gueule de canon entre deux branches, crénelé les buissons. Leur artillerie était en embuscade sous les broussailles. Ce travail punique, incontestablement autorisé par la guerre qui admet le piège, était si bien fait que Haxo, envoyé par l'empereur à neuf heures du matin pour reconnaître les batteries ennemies, n'en avait rien vu, et était revenu dire à Napoléon qu'il n'y avait pas d'obstacle, hors les deux barricades barrant les routes de Nivelles et de Genappe. C'était le moment où la moisson est haute; sur la lisière du plateau, un bataillon de la brigade Kempt, le 95e, armé de carabines, était couché dans les grands blés.

Ainsi assuré et contre-buté, le centre de l'armée anglo-hollandaise était en bonne posture.

Le péril de cette position était la forêt de Soignes, alors contiguë au champ de bataille et coupée par les étangs de Groenendael et de Boitsfort. Une armée n'eût pu y reculer sans se dissoudre; les régiments s'y fussent tout de suite désagrégés. L'artillerie s'y fût perdue dans les marais. La retraite, selon l'opinion de plusieurs hommes du métier, contestée par d'autres, il est vrai, eût été là un sauve-qui-peut.

Wellington ajouta à ce centre une brigade de Chassé, ôtée à l'aile droite, et une brigade de Wincke, ôtée à l'aile gauche, plus la division Clinton. A ses Anglais, aux régiments de Halkett, à la brigade de Mitchell, aux gardes de Maitland, il donna comme épaulements et contre-forts l'infanterie de Brunswick, le contingent de Nassau, les Hanovriens de Kielmansegge et les Allemands d'Ompteda. Cela lui mit sous la main vingt-six bataillons. *L'aile droite,* comme dit Charras, *fut rabattue derrière le centre.* Une batterie énorme était masquée par des sacs à terre à l'endroit où est aujourd'hui ce qu'on appelle « le musée de Waterloo ». Wellington avait en outre dans un pli de terrain les dragons-gardes de Somerset, quatorze cents chevaux. C'était l'autre moitié de cette cavalerie anglaise, si justement célèbre. Ponsonby détruit, restait Somerset.

La batterie, qui, achevée, eût été presque une redoute, était disposée derrière un mur de jardin très bas, revêtu à la hâte d'une chemise de sacs de sable et d'un large talus de terre. Cet ouvrage n'était pas fini; on n'avait pas eu le temps de le palissader.

Wellington, inquiet, mais impassible, était à cheval, et y demeura toute la journée dans la même attitude, un peu en avant du vieux moulin de Mont-Saint-Jean, qui existe encore, sous un orme qu'un Anglais, depuis, vandale enthousiaste, a acheté deux cents francs, scié et emporté. Wellington fut là froidement héroïque. Les boulets pleuvaient. L'aide de camp Gordon venait de tomber à côté de lui. Lord Hill, lui montrant un obus qui éclatait, lui dit : — Mylord, quelles sont vos instructions, et quels ordres nous laissez-vous, si vous vous faites tuer? — *De faire comme moi,* répondit Wellington. A Clinton, il dit laconiquement : — *Tenir ici jusqu'au dernier homme.* — La journée visiblement tournait mal. Wellington criait à ses anciens compagnons de Talavera, de Vitoria et de Salamanque : — *Boys* (garçons) ! *est-ce qu'on peut songer à lâcher pied ? pensez à la vieille Angleterre !*

Vers quatre heures, la ligne anglaise s'ébranla en arrière. Tout à coup on ne vit plus sur la crête du plateau que l'artillerie et les tirailleurs, le reste disparut ; les régiments, chassés par les obus et les boulets français, se replièrent dans le fond que coupe encore aujourd'hui le sentier de service de la ferme de Mont-Saint-Jean, un mouvement rétrograde se fit, le front de bataille anglais se déroba, Wellington recula. — Commencement de retraite ! cria Napoléon.

VII

Napoléon de belle humeur

L'empereur, quoique malade et gêné à cheval par une souffrance locale, n'avait jamais été de si bonne humeur que ce jour-là. Depuis le matin, son impénétrabilité souriait. Le 18 juin 1815, cette âme profonde, masquée de marbre, rayonnait aveuglément. L'homme qui avait été sombre à Austerlitz fut gai à Waterloo. Les plus grands prédestinés font de ces contresens. Nos joies sont de l'ombre. Le suprême sourire est à Dieu.

Ridet Caesar, Pompeius flebit[1], disaient les légionnaires de la légion Fulminatrix. Pompée cette fois ne devait pas pleurer, mais il est certain que César riait.

Dès la veille, la nuit, à une heure, explorant à cheval, sous l'orage et sous la pluie, avec Bertrand, les collines qui avoisinent Rossomme, satisfait de voir la longue ligne des feux anglais illuminant tout l'horizon de Frischemont à Braine-l'Alleud, il lui avait semblé que le destin, assigné par lui à jour fixe sur ce champ de Waterloo, était exact ; il avait arrêté son cheval, et était demeuré quelque temps immobile, regardant les éclairs, écoutant le tonnerre, et on avait entendu ce fataliste jeter dans l'ombre cette parole mystérieuse : « Nous sommes d'accord. » Napoléon se trompait. Ils n'étaient plus d'accord.

Il n'avait pas pris une minute de sommeil, tous les

instants de cette nuit-là avaient été marqués pour lui par une joie. Il avait parcouru toute la ligne des grand'-gardes, en s'arrêtant çà et là pour parler aux vedettes. A deux heures et demie, près du bois d'Hougomont, il avait entendu le pas d'une colonne en marche ; il avait cru un moment à la reculade de Wellington. Il avait dit à Bertrand : *C'est l'arrière-garde anglaise qui s'ébranle pour décamper. Je ferai prisonniers les six mille Anglais qui viennent d'arriver à Ostende.* Il causait avec expansion ; il avait retrouvé cette verve du débarquement du 1ᵉʳ mars, quand il montrait au grand-maréchal le paysan enthousiaste du golfe Juan, en s'écriant : — *Eh bien, Bertrand, voilà déjà du renfort !* La nuit du 17 au 18 juin, il raillait Wellington. — *Ce petit Anglais a besoin d'une leçon,* disait Napoléon. La pluie redoublait ; il tonnait pendant que l'empereur parlait.

A trois heures et demie du matin, il avait perdu une illusion ; des officiers envoyés en reconnaissance lui avaient annoncé que l'ennemi ne faisait aucun mouvement. Rien ne bougeait ; pas un feu de bivouac n'était éteint. L'armée anglaise dormait. Le silence était profond sur la terre ; il n'y avait de bruit que dans le ciel. A quatre heures, un paysan lui avait été amené par les coureurs ; ce paysan avait servi de guide à une brigade de cavalerie anglaise, probablement la brigade Vivian, qui allait prendre position au village d'Ohain, à l'extrême gauche. A cinq heures, deux déserteurs belges lui avaient rapporté qu'ils venaient de quitter leur régiment, et que l'armée anglaise attendait la bataille. — *Tant mieux !* s'était écrié Napoléon. *J'aime encore mieux les culbuter que les refouler.*

Le matin, sur la berge qui fait l'angle du chemin de Plancenoit, il avait mis pied à terre dans la boue, s'était fait apporter de la ferme de Rossomme une table de cuisine et une chaise de paysan, s'était assis, avec une botte de paille pour tapis, et avait déployé sur la table la carte du champ de bataille, en disant à Soult : *Joli échiquier !*

Par suite des pluies de la nuit, les convois de vivres, empêtrés dans des routes défoncées, n'avaient pu arriver le matin, le soldat n'avait pas dormi, était mouillé, et était à jeun ; cela n'avait pas empêché Napoléon de crier allégrement à Ney : *Nous avons quatre-vingt-dix chances sur cent.* A huit heures, on avait apporté le déjeuner de l'empereur. Il y avait invité plusieurs généraux. Tout en déjeunant, on avait raconté que Wellington était l'avant-veille au bal à Bruxelles, chez la duchesse de Richmond, et Soult, rude homme de guerre avec une figure d'archevêque, avait dit : *Le bal, c'est aujourd'hui*. L'empereur avait plaisanté Ney qui disait : *Wellington ne sera pas assez simple pour attendre Votre Majesté*[2]. C'était là d'ailleurs sa manière. *Il badinait volontiers*, dit Fleury de Chaboulon. *Le fond de son caractère était une humeur enjouée*, dit Gourgaud. *Il abondait en plaisanteries, plutôt bizarres que spirituelles*, dit Benjamin Constant. Ces gaîtés de géant valent la peine qu'on y insiste. C'est lui qui avait appelé ses grenadiers « les grognards »; il leur pinçait l'oreille, il leur tirait la moustache. *L'empereur ne faisait que nous faire des niches ;* ceci est un mot de l'un d'eux. Pendant le mystérieux trajet de l'île d'Elbe en France, le 27 février, en pleine mer, le brick de guerre français le *Zéphir* ayant rencontré le brick *l'Inconstant* où Napoléon était caché et ayant demandé à *l'Inconstant* des nouvelles de Napoléon, l'empereur, qui avait encore en ce moment-là à son chapeau la cocarde blanche et amarante semée d'abeilles, adoptée par lui à l'île d'Elbe, avait pris en riant le porte-voix et avait répondu lui-même : *L'empereur se porte bien*[3]. Qui rit de la sorte est en familiarité avec les événements. Napoléon avait eu plusieurs accès de ce rire pendant le déjeuner de Waterloo. Après le déjeuner il s'était recueilli un quart d'heure, puis deux généraux s'étaient assis sur la botte de paille, une plume à la main, une feuille de papier sur le genou, et l'empereur leur avait dicté l'ordre de bataille.

A neuf heures, à l'instant où l'armée française, échelonnée et mise en mouvement sur cinq colonnes, s'était déployée, les divisions sur deux lignes, l'artillerie entre les brigades, musique en tête, battant aux champs, avec les roulements des tambours et les sonneries des trompettes, puissante, vaste, joyeuse, mer de casques, de sabres et de bayonnettes sur l'horizon, l'empereur, ému, s'était écrié à deux reprises : Magnifique! magnifique!

De neuf heures à dix heures et demie, toute l'armée, ce qui semble incroyable, avait pris position et s'était rangée sur six lignes, formant, pour répéter l'expression de l'empereur, « la figure de six V ». Quelques instants après la formation du front de bataille, au milieu de ce profond silence de commencement d'orage qui précède les mêlées, voyant défiler les trois batteries de douze, détachées sur son ordre des trois corps de d'Erlon, de Reille et de Lobau, et destinées à commencer l'action en battant Mont-Saint-Jean où est l'intersection des routes de Nivelles et de Genappe, l'empereur avait frappé sur l'épaule de Haxo en lui disant : *Voilà vingt-quatre belles filles, général.*

Sûr de l'issue, il avait encouragé d'un sourire, à son passage devant lui, la compagnie de sapeurs du premier corps, désignée par lui pour se barricader dans Mont-Saint-Jean, sitôt le village enlevé. Toute cette sérénité n'avait été traversée que par un mot de pitié hautaine ; en voyant à sa gauche, à un endroit où il y a aujourd'hui une grande tombe, se masser avec leurs chevaux superbes ces admirables Écossais gris, il avait dit : *C'est dommage.*

Puis il était monté à cheval, s'était porté en avant de Rossomme, et avait choisi pour observatoire une étroite croupe de gazon à droite de la route de Genappe à Bruxelles, qui fut sa seconde station pendant la bataille. La troisième station, celle de sept heures du soir, entre la Belle-Alliance et la Haie-Sainte, est redoutable ; c'est un tertre assez élevé qui existe encore et derrière lequel la garde était massée dans une déclivité de la plaine. Autour de ce tertre, les boulets ricochaient sur le pavé de la chaussée jusqu'à Napoléon. Comme à Brienne, il avait sur sa tête le sifflement des balles et des biscayens. On a ramassé, presque à l'endroit où étaient les pieds de son cheval, des boulets vermoulus, de vieilles lames de sabre et des projectiles informes, mangés de rouille. *Scabra rubigine.* Il y a quelques années, on y a déterré un obus de soixante, encore chargé, dont la fusée s'était brisée au ras de la bombe. C'est à cette dernière station que l'empereur disait à son guide Lacoste, paysan hostile, effaré, attaché à la selle d'un hussard, se retournant à chaque paquet de mitraille, et tâchant de se cacher derrière lui : — *Imbécile ! c'est honteux, tu vas te faire tuer dans le dos*[4]. Celui qui écrit ces lignes a trouvé lui-même dans le talus friable de ce tertre, en creusant le sable, les restes du col d'une bombe désagrégés par l'oxyde de quarante-six années, et de vieux tronçons de fer qui cassaient comme des bâtons de sureau entre ses doigts.

Les ondulations des plaines diversement inclinées où eut lieu la rencontre de Napoléon et de Wellington ne sont plus, personne ne l'ignore, ce qu'elles étaient le 18 juin 1815. En prenant à ce champ funèbre de quoi lui faire un monument, on lui a ôté son relief réel, et l'histoire, déconcertée, ne s'y reconnaît plus. Pour le glorifier, on l'a défiguré. Wellington, deux ans après, revoyant Waterloo, s'est écrié : *On m'a changé mon champ de bataille*. Là où est aujourd'hui la grosse pyramide de terre surmontée du lion, il y avait une crête qui, vers la route de Nivelles, s'abaissait en rampe praticable, mais qui, du côté de la chaussée de Genappe, était presque un escarpement. L'élévation de cet escarpement peut encore être mesurée aujourd'hui par la hauteur des deux tertres des deux grandes sépultures qui encaissent la route de Genappe à Bruxelles ; l'une, le tombeau anglais, à gauche ; l'autre, le tombeau allemand, à droite. Il n'y a point de tombeau français. Pour la France, toute cette plaine est sépulcre. Grâce aux mille et mille charretées de terre employées à la butte de cent cinquante pieds de haut et d'un demi-mille de circuit, le plateau de Mont-Saint-Jean est aujourd'hui accessible en pente douce ; le jour de la bataille, surtout du côté de la Haie-Sainte, il était d'un abord âpre et abrupt. Le versant là était si incliné que les canons anglais ne voyaient pas au-dessous d'eux la ferme située au fond du vallon, centre du combat. Le 18 juin 1815, les pluies avaient encore raviné cette roideur, la fange compliquait la montée, et non seulement on gravissait, mais on s'embourbait. Le long de la crête du plateau courait une sorte de fossé impossible à deviner pour un observateur lointain.

Qu'était-ce que ce fossé ? Disons-le. Braine-l'Alleud est un village de Belgique, Ohain en est un autre. Ces villages, cachés tous les deux dans des courbes de terrain, sont joints par un chemin d'une lieue et demie environ qui traverse une plaine à niveau ondulant, et souvent entre et s'enfonce dans des collines comme un sillon, ce qui fait que sur divers points cette route est un ravin. En 1815, comme aujourd'hui, cette route coupait la crête du plateau de Mont-Saint-Jean entre les deux chaussées de Genappe et de Nivelles ; seulement, elle est aujourd'hui de plain-pied avec la plaine ; elle était alors chemin creux. On lui a pris ses deux talus pour la buttemonument. Cette route était et est encore une tranchée dans la plus grande partie de son parcours ; tranchée creuse quelquefois d'une douzaine de pieds et dont les talus trop escarpés s'écroulaient çà et là, surtout en hiver, sous les averses. Des accidents y arrivaient. La route était si étroite à l'entrée de Braine-l'Alleud qu'un passant y avait été broyé par un chariot, comme le constate une croix de pierre debout près du cimetière qui donne le nom du mort, *Monsieur Bernard Debrye, marchand à Bruxelles,* et la date de l'accident, *février 1637**. Elle était si profonde sur le plateau du Mont-Saint-Jean qu'un paysan, Mathieu Nicaise, y avait été écrasé en 1783 par un éboulement du talus, comme le constatait une autre croix de pierre dont le faîte a disparu dans les défrichements, mais dont le piédestal renversé est encore visible aujourd'hui sur la pente du gazon à gauche de la chaussée entre la Haie-Sainte et la ferme de Mont-Saint-Jean.

Un jour de bataille, ce chemin creux dont rien n'avertissait, bordant la crête de Mont-Saint-Jean, fossé au sommet de l'escarpement, ornière cachée dans les terres, était invisible, c'est-à-dire terrible.

VIII

L'empereur fait une question au guide Lacoste

Donc, le matin de Waterloo, Napoléon était content. Il avait raison ; le plan de bataille conçu par lui, nous l'avons constaté, était en effet admirable.

Une fois la bataille engagée, ses péripéties très diverses, la résistance d'Hougomont, la ténacité de la Haie-Sainte, Bauduin tué, Foy mis hors de combat, la muraille inattendue où s'était brisée la brigade Soye, l'étourderie

---

* Voici l'inscription :

DOM
CY A ÉTÉ ÉCRASÉ
PAR MALHEUR
SOUS UN CHARIOT
MONSIEUR BERNARD
DE BRYE MARCHAND
A BRUXELLE LE (illisible)
FEBVRIER 1637

fatale de Guilleminot n'ayant ni pétards ni sacs à poudre, l'embourbement des batteries, les quinze pièces sans escorte culbutées par Uxbridge dans un chemin creux, le peu d'effet des bombes tombant dans les lignes anglaises, s'y enfouissant dans le sol détrempé par les pluies et ne réussissant qu'à y faire des volcans de boue, de sorte que la mitraille se changeait en éclaboussure, l'inutilité de la démonstration de Piré sur Braine-l'Alleud, toute cette cavalerie, quinze escadrons, à peu près annulée, l'aile droite anglaise mal inquiétée, l'aile gauche mal entamée, l'étrange malentendu de Ney massant, au lieu de les échelonner, les quatre divisions du premier corps, des épaisseurs de vingt-sept rangs et des fronts de deux cents hommes livrés de la sorte à la mitraille, l'effrayante trouée des boulets dans ces masses, les colonnes d'attaque désunies, la batterie d'écharpe brusquement démasquée sur leur flanc, Bourgeois, Donzelot et Durutte compromis, Quiot repoussé, le lieutenant Vieux, cet hercule sorti de l'école polytechnique, blessé au moment où il enfonçait à coups de hache la porte de la Haie-Sainte sous le feu plongeant de la barricade anglaise barrant le coude de la route de Genappe à Bruxelles, la division Marcognet, prise entre l'infanterie et la cavalerie, fusillée à bout portant dans les blés par Best et Pack, sabrée par Ponsonby; sa batterie de sept pièces enclouée, le prince de Saxe-Weimar tenant et gardant, malgré le comte d'Erlon, Frischemont et Smohain, le drapeau du 105e pris, le drapeau du 45e pris, ce hussard noir prussien arrêté par les coureurs de la colonne volante de trois cents chasseurs battant l'estrade entre Wavre et Plancenoit, les choses inquiétantes que ce prisonnier avait dites, le retard de Grouchy, les quinze cents hommes tués en moins d'une heure dans le verger d'Hougomont, les dix-huit cents hommes couchés en moins de temps encore autour de la Haie-Sainte, tous ces incidents orageux, passant comme les nuées de la bataille devant Napoléon, avaient à peine troublé son regard et n'avaient point assombri cette face impériale de la certitude. Napoléon était habitué à regarder la guerre fixement; il ne faisait jamais chiffre à chiffre l'addition poignante du détail; les chiffres lui importaient peu, pourvu qu'ils donnassent ce total: victoire; que les commencements s'égarassent, il ne s'en alarmait point, lui qui se croyait maître et possesseur de la fin ; il savait attendre, se supposant hors de question, et il traitait le destin d'égal à égal. Il paraissait dire au sort : tu n'oserais pas.

Mi-parti lumière et ombre, Napoléon se sentait protégé dans le bien et toléré dans le mal. Il avait, ou croyait avoir pour lui, une connivence, on pourrait presque dire une complicité des événements, équivalente à l'antique invulnérabilité.

Pourtant, quand on a derrière soi la Bérésina, Leipsick et Fontainebleau, il semble qu'on pourrait se défier de Waterloo. Un mystérieux froncement de sourcil devient visible au fond du ciel.

Au moment où Wellington rétrograda, Napoléon tressaillit. Il vit subitement le plateau de Mont-Saint-Jean se dégarnir et le front de l'armée anglaise disparaître. Elle se ralliait, mais se dérobait. L'empereur se souleva à demi sur ses étriers. L'éclair de la victoire passa dans ses yeux.

Wellington acculé à la forêt de Soignes et détruit, c'était le terrassement définitif de l'Angleterre par la France ; c'était Crécy, Poitiers, Malplaquet et Ramillies vengés. L'homme de Marengo raturait Azincourt.

L'empereur alors, méditant la péripétie terrible, promena une dernière fois sa lunette sur tous les points du champ de bataille. Sa garde, l'arme au pied derrière lui, l'observait d'en bas avec une sorte de religion. Il songeait ; il examinait les versants, notait les pentes, scrutait le bouquet d'arbres, le carré de seigles, le sentier ; il semblait compter chaque buisson. Il regarda avec quelque fixité les barricades anglaises des deux chaussées, deux larges abatis d'arbres, celle de la chaussée de Genappe au-dessus de la Haie-Sainte, armée de deux canons, les seuls de toute l'artillerie anglaise qui vissent le fond du champ de bataille, et celle de la chaussée de Nivelles où étincelaient les bayonnettes hollandaises de la brigade Chassé. Il remarqua près de cette barricade la vieille chapelle de Saint-Nicolas peinte en blanc qui est à l'angle de la traverse vers Braine-l'Alleud. Il se pencha et parla à demi-voix au guide Lacoste. Le guide fit un signe de tête négatif, probablement perfide.

L'empereur se redressa et se recueillit.

Wellington avait reculé. Il ne restait plus qu'à achever ce recul par un écrasement.

Napoléon, se retournant brusquement, expédia une estafette à franc étrier à Paris pour y annoncer que la bataille était gagnée[1].

Napoléon était un de ces génies d'où sort le tonnerre.

Il venait de trouver son coup de foudre.

Il donna l'ordre aux cuirassiers de Milhaud d'enlever le plateau de Mont-Saint-Jean.

IX

L'INATTENDU

Ils étaient trois mille cinq cents. Ils faisaient un front d'un quart de lieue. C'étaient des hommes géants sur des chevaux colosses. Ils étaient vingt-six escadrons; et ils avaient derrière eux, pour les appuyer, la division de Lefebvre-Desnouettes, les cent six gendarmes d'élite, les chasseurs de la garde, onze cent quatre-vingt-dix-sept hommes, et les lanciers de la garde, huit cent quatre-vingts lances. Ils portaient le casque sans crins et la cuirasse de fer battu, avec les pistolets d'arçon dans les fontes et le long sabre-épée. Le matin toute l'armée les avait admirés quand, à neuf heures, les clairons sonnant, toutes les musiques chantant *Veillons au salut de l'empire*[1], ils étaient venus, colonne épaisse, une de leurs batteries à leur flanc, l'autre à leur centre, se déployer sur deux rangs entre la chaussée de Genappe et Frischemont, et prendre leur place de bataille dans cette puissante deuxième ligne, si savamment composée par Napoléon, laquelle, ayant à son extrémité de gauche les cuirassiers de Kellermann et à son extrémité de droite les cuirassiers de Milhaud, avait, pour ainsi dire, deux ailes de fer.

L'aide de camp Bernard leur porta l'ordre de l'empereur. Ney tira son épée et prit la tête. Les escadrons énormes s'ébranlèrent.

Alors on vit un spectacle formidable.

Toute cette cavalerie, sabres levés, étendards et trompettes au vent, formée en colonne par division, descendit, d'un même mouvement et comme un seul homme, avec la précision d'un bélier de bronze qui ouvre une brèche, la colline de la Belle-Alliance, s'enfonça dans le fond redoutable où tant d'hommes déjà étaient tombés, y disparut dans la fumée, puis, sortant de cette ombre, reparut de l'autre côté du vallon, toujours compacte et serrée, montant au grand trot, à travers un nuage de mitraille crevant sur elle, l'épouvantable pente de boue du plateau de Mont-Saint-Jean. Ils montaient, graves, menaçants, imperturbables ; dans les intervalles de la mousqueterie et de l'artillerie, on entendait ce piétinement colossal. Étant deux divisions, ils étaient deux colonnes ; la division Wathier avait la droite, la division Delord avait la gauche. On croyait voir de loin s'allonger vers la crête du plateau deux immenses couleuvres d'acier. Cela traversa la bataille comme un prodige.

Rien de semblable ne s'était vu depuis la prise de la grande redoute de la Moskowa par la grosse cavalerie ; Murat y manquait, mais Ney s'y retrouvait. Il semblait que cette masse était devenue monstre et n'eût qu'une âme. Chaque escadron ondulait et se gonflait comme un anneau du polype. On les apercevait à travers une vaste fumée déchirée çà et là. Pêle-mêle de casques, de cris, de sabres, bondissement orageux des croupes des chevaux dans le canon et la fanfare, tumulte discipliné et terrible ; là-dessus les cuirasses, comme les écailles sur l'hydre.

Ces récits semblent d'un autre âge. Quelque chose de pareil à cette vision apparaissait sans doute dans les vieilles épopées orphiques racontant les hommes-chevaux, les antiques hippanthropes, ces titans à face humaine et à poitrail équestre dont le galop escalada l'Olympe, horribles, invulnérables, sublimes ; dieux et bêtes.

Bizarre coïncidence numérique, vingt-six bataillons allaient recevoir ces vingt-six escadrons. Derrière la crête du plateau, à l'ombre de la batterie masquée, l'infanterie anglaise, formée en treize carrés, deux bataillons par carré, et sur deux lignes, sept sur la première, six sur la seconde, la crosse à l'épaule, couchant en joue ce qui allait venir, calme, muette, immobile, attendait. Elle ne voyait pas les cuirassiers et les cuirassiers ne la voyaient pas. Elle écoutait monter cette marée d'hommes. Elle entendait le grossissement du bruit des trois mille chevaux, le frappement alternatif et symétrique des sabots au grand trot, le froissement des cuirasses, le cliquetis des sabres, et une sorte de grand souffle farouche. Il y eut un silence redoutable, puis, subitement, une longue file de bras levés brandissant des sabres apparut au-dessus de la crête, et les casques, et les trompettes, et les étendards, et trois mille têtes à moustaches grises criant : vive l'empereur ! toute cette cavalerie déboucha sur le plateau, et ce fut comme l'entrée d'un tremblement de terre.

Tout à coup, chose tragique, à la gauche des Anglais, à notre droite, la tête de colonne des cuirassiers se cabra avec une clameur effroyable. Parvenus au point culminant de la crête, effrénés, tout à leur furie et à leur course d'extermination sur les carrés et les canons, les cuirassiers venaient d'apercevoir entre eux et les Anglais un fossé, une fosse. C'était le chemin creux d'Ohain.

L'instant fut épouvantable. Le ravin était là, inattendu, béant, à pic sous les pieds des chevaux, profond de deux toises entre son double talus ; le second rang y poussa le premier, et le troisième y poussa le second ; les chevaux se dressaient, se rejetaient en arrière, tombaient sur la croupe, glissaient les quatre pieds en l'air, pilant et bouleversant les cavaliers, aucun moyen de reculer, toute la colonne n'était plus qu'un projectile, la force acquise pour écraser les Anglais écrasa les Français, le ravin inexorable ne pouvait se rendre que comblé, cavaliers et chevaux y roulèrent pêle-mêle se broyant les uns les autres, ne faisant qu'une chair dans ce gouffre, et, quand cette fosse fut pleine d'hommes vivants, on marcha dessus et le reste passa. Presque un tiers de la brigade Dubois croula dans cet abîme[2].

Ceci commença la perte de la bataille.

Une tradition locale, qui exagère évidemment, dit que deux mille chevaux et quinze cents hommes furent ensevelis dans le chemin creux d'Ohain. Ce chiffre vraisemblablement comprend tous les autres cadavres qu'on jeta dans ce ravin le lendemain du combat.

Notons en passant que c'était cette brigade Dubois, si funestement éprouvée, qui, une heure auparavant, chargeant à part, avait enlevé le drapeau du bataillon de Lunebourg.

Napoléon, avant d'ordonner cette charge des cuirassiers de Milhaud, avait scruté le terrain, mais n'avait pu voir ce chemin creux qui ne faisait pas même une ride à la surface du plateau. Averti pourtant et mis en éveil par la petite chapelle blanche qui en marque l'angle sur la chaussée de Nivelles, il avait fait, probablement sur l'éventualité d'un obstacle, une question au guide Lacoste. Le guide avait répondu non. On pourrait presque dire que de ce signe de tête d'un paysan est sortie la catastrophe de Napoléon.

D'autres fatalités encore devaient surgir. Était-il possible que Napoléon gagnât cette bataille? nous répondons non. Pourquoi? A cause de Wellington? à cause de Blücher? Non. A cause de Dieu. Bonaparte vainqueur à Waterloo, ceci n'était plus dans la loi du dix-neuvième siècle. Une autre série de faits se préparait, où Napoléon n'avait plus de place. La mauvaise volonté des événements s'était annoncée de longue date. Il était temps que cet homme vaste tombât.

L'excessive pesanteur de cet homme dans la destinée humaine troublait l'équilibre. Cet individu comptait à lui seul plus que le groupe universel. Ces pléthores de toute la vitalité humaine concentrée dans une seule tête, le monde montant au cerveau d'un homme, cela serait mortel à la civilisation si cela durait. Le moment était venu pour l'incorruptible équité suprême d'aviser. Probablement les principes et les éléments, d'où dépendent les gravitations régulières dans l'ordre moral comme dans l'ordre matériel, se plaignaient. Le sang qui fume, le trop-plein des cimetières, les mères en larmes, ce sont des plaidoyers redoutables. Il y a, quand la terre souffre d'une surcharge, de mystérieux gémissements de l'ombre, que l'abîme entend.

Napoléon avait été dénoncé dans l'infini, et sa chute était décidée. Il gênait Dieu.

Waterloo n'est point une bataille; c'est le changement de front de l'univers.

X

LE PLATEAU DE MONT-SAINT-JEAN

En même temps que le ravin, la batterie s'était démasquée.

Soixante canons et les treize carrés foudroyèrent les cuirassiers à bout portant. L'intrépide général Delord fit le salut militaire à la batterie anglaise.

Toute l'artillerie volante anglaise était rentrée au

galop dans les carrés. Les cuirassiers n'eurent pas même un temps d'arrêt. Le désastre du chemin creux les avait décimés, mais non découragés. C'étaient de ces hommes qui, diminués de nombre, grandissent de cœur.

La colonne Wathier seule avait souffert du désastre; la colonne Delord, que Ney avait fait obliquer à gauche, comme s'il pressentait l'embûche, était arrivée entière.

Les cuirassiers se ruèrent sur les carrés anglais. Ventre à terre, brides lâchées, sabre aux dents, pistolets au poing, telle fut l'attaque. Il y a des moments dans les batailles où l'âme durcit l'homme jusqu'à changer le soldat en statue, et où toute cette chair se fait granit. Les bataillons anglais, éperdument assaillis, ne bougèrent pas. Alors ce fut effrayant.

Toutes les faces des carrés anglais furent attaquées à la fois. Un tournoiement frénétique les enveloppa. Cette froide infanterie demeura impassible. Le premier rang, genou en terre, recevait les cuirassiers sur les baïonnettes, le second rang les fusillait; derrière le second rang les canonniers chargeaient les pièces, le front du carré s'ouvrait, laissait passer une éruption de mitraille et se refermait. Les cuirassiers répondaient par l'écrasement. Leurs grands chevaux se cabraient, enjambaient les rangs, sautaient par-dessus les baïonnettes et tombaient, gigantesques, au milieu de ces quatre murs vivants. Les boulets faisaient des trouées dans les cuirassiers, les cuirassiers faisaient des brèches dans les carrés. Des files d'hommes disparaissaient broyés sous les chevaux. Les baïonnettes s'enfonçaient dans les ventres de ces centaures. De là une difformité de blessures qu'on n'a pas vue peut-être ailleurs. Les carrés, rongés par cette cavalerie forcenée, se rétrécissaient sans broncher. Inépuisables en mitraille, ils faisaient explosion au milieu des assaillants. La figure de ce combat était monstrueuse. Ces carrés n'étaient plus des bataillons, c'étaient des cratères; ces cuirassiers n'étaient plus une cavalerie, c'était une tempête. Chaque carré était un volcan attaqué par un nuage; la lave combattait la foudre.

Le carré extrême de droite, le plus exposé de tous, étant en l'air, fut presque anéanti dès les premiers chocs. Il était formé du 75e régiment de highlanders. Le joueur de cornemuse au centre, pendant qu'on s'exterminait autour de lui, baissant dans une inattention profonde son œil mélancolique plein du reflet des forêts et des lacs, assis sur un tambour, son pibroch sous le bras, jouait les airs de la montagne. Ces Écossais mouraient en pensant au Ben Lothian[1], comme les Grecs en se souvenant d'Argos. Le sabre d'un cuirassier, abattant le pibroch[2] et le bras qui le portait, fit cesser le chant en tuant le chanteur.

Les cuirassiers, relativement peu nombreux, amoindris par la catastrophe du ravin, avaient là contre eux presque toute l'armée anglaise, mais ils se multipliaient, chaque homme valant dix. Cependant quelques bataillons hanovriens plièrent. Wellington le vit, et songea à sa cavalerie. Si Napoléon, en ce moment-là même, eût songé à son infanterie, il eût gagné la bataille. Cet oubli fut sa grande faute fatale.

Tout à coup les cuirassiers, assaillants, se sentirent assaillis. La cavalerie anglaise était sur leur dos. Devant eux les carrés, derrière eux Somerset; Somerset, c'étaient les quatorze cents dragons-gardes. Somerset avait à sa droite Dornberg avec les chevau-légers allemands, et à sa gauche Trip avec les carabiniers belges; les cuirassiers, attaqués en flanc et en tête, en avant et en arrière, par l'infanterie et par la cavalerie, durent faire face de tous les côtés. Que leur importait? ils étaient tourbillon. La bravoure devint inexprimable.

En outre, ils avaient derrière eux la batterie toujours tonnante. Il fallait cela pour que ces hommes fussent blessés dans le dos. Une de leurs cuirasses, trouée à l'omoplate gauche d'un biscayen, est dans la collection dite musée de Waterloo. Pour de tels Français, il ne fallait pas moins que de tels Anglais.

Ce ne fut plus une mêlée, ce fut une ombre, une furie, un vertigineux emportement d'âmes et de courages, un ouragan d'épées éclairs. En un instant les quatorze cents dragons-gardes ne furent plus que huit cents; Fuller, leur lieutenant-colonel, tomba mort. Ney accourut avec les lanciers et les chasseurs de Lefebvre-Desnouettes. Le plateau de Mont-Saint-Jean fut pris, repris, pris encore. Les cuirassiers quittaient la cavalerie pour retourner à l'infanterie, ou, pour mieux dire, toute cette cohue formidable se colletait sans que l'un lâchât l'autre. Les carrés tenaient toujours. Il y eut douze assauts. Ney eut quatre chevaux tués sous lui. La moitié des cuirassiers resta sur le plateau. Cette lutte dura deux heures.

L'armée anglaise en fut profondément ébranlée. Nul doute que, s'ils n'eussent été affaiblis dans leur premier choc par le désastre du chemin creux, les cuirassiers n'eussent culbuté le centre et décidé la victoire. Cette cavalerie extraordinaire pétrifia Clinton qui avait vu Talavera et Badajoz. Wellington, aux trois quarts vaincu, admirait héroïquement. Il disait à demi-voix : sublime* !

Les cuirassiers anéantirent sept carrés sur treize, prirent ou enclouèrent soixante pièces de canon, et enlevèrent aux régiments anglais six drapeaux, que trois cuirassiers et trois chasseurs de la garde allèrent porter à l'empereur devant la ferme de la Belle-Alliance.

La situation de Wellington avait empiré. Cette étrange bataille était comme un duel entre deux blessés acharnés qui, chacun de leur côté, tout en combattant et en se résistant toujours, perdent tout leur sang. Lequel des deux tombera le premier ?

La lutte du plateau continuait.

Jusqu'où sont allés les cuirassiers ? personne ne saurait le dire. Ce qui est certain, c'est que, le lendemain de la bataille, un cuirassier et son cheval furent trouvés morts dans la charpente de la bascule du pesage des voitures à Mont-Saint-Jean, au point même où s'entrecoupent et se rencontrent les quatre routes de Nivelles, de Genappe, de la Hulpe et de Bruxelles. Ce cavalier avait percé les lignes anglaises. Un des hommes qui ont relevé ce cadavre vit encore à Mont-Saint-Jean. Il se nomme Dehaze. Il avait alors dix-huit ans.

Wellington se sentait pencher. La crise était proche.

Les cuirassiers n'avaient point réussi, en ce sens que le centre n'était pas enfoncé. Tout le monde ayant le plateau, personne ne l'avait, et en somme il restait pour la plus grande part aux Anglais. Wellington avait le village et la plaine culminante ; Ney n'avait que la crête et la pente. Des deux côtés on semblait enraciné dans ce sol funèbre.

Mais l'affaiblissement des Anglais paraissait irrémédiable. L'hémorragie de cette armée était horrible.

---

* *Splendid!* mot textuel.

Kempt, à l'aile gauche, réclamait du renfort. — *Il n'y en a pas,* répondait Wellington, *qu'il se fasse tuer !* — Presque à la même minute, rapprochement singulier qui peint l'épuisement des deux armées, Ney demandait de l'infanterie à Napoléon, et Napoléon s'écriait : *De l'infanterie ! où veut-il que j'en prenne ? Veut-il que j'en fasse ?*

Pourtant l'armée anglaise était la plus malade. Les poussées furieuses de ces grands escadrons à cuirasses de fer et à poitrines d'acier avaient broyé l'infanterie. Quelques hommes autour d'un drapeau marquaient la place d'un régiment, tel bataillon n'était plus commandé que par un capitaine ou par un lieutenant; la division Alten, déjà si maltraitée à la Haie-Sainte, était presque détruite; les intrépides Belges de la brigade Van Kluze jonchaient les seigles le long de la route de Nivelles; il ne restait presque rien de ces grenadiers hollandais qui, en 1811, mêlés en Espagne à nos rangs, combattaient Wellington, et qui, en 1815, ralliés aux Anglais, combattaient Napoléon. La perte en officiers était considérable. Lord Uxbridge, qui le lendemain fit enterrer sa jambe, avait le genou fracassé. Si, du côté des Français, dans cette lutte des cuirassiers, Delord, Lhéritier, Colbert, Dnop, Travers et Blancard étaient hors de combat, du côté des Anglais, Alten était blessé, Barne était blessé, Delancey était tué, Van Merlen était tué, Ompteda était tué, tout l'état-major de Wellington était décimé, et l'Angleterre avait le pire partage dans ce sanglant équilibre. Le 2ᵉ régiment des gardes à pied avait perdu cinq lieutenants-colonels, quatre capitaines et trois enseignes; le premier bataillon du 30ᵉ d'infanterie avait perdu vingt-quatre officiers et cent douze soldats; le 79ᵉ montagnards avait vingt-quatre officiers blessés, dix-huit officiers morts, quatre cent cinquante soldats tués. Les hussards hanovriens de Cumberland, un régiment tout entier, ayant à sa tête son colonel Hacke, qui devait plus tard être jugé et cassé, avaient tourné bride devant la mêlée et étaient en fuite dans la forêt de Soignes, semant la déroute jusqu'à Bruxelles. Les charrois, les prolonges, les bagages, les fourgons pleins de blessés, voyant les Français gagner du terrain et s'approcher de la forêt, s'y précipitaient; les Hollandais, sabrés par la cavalerie française, criaient : alarme ! De Vert-Coucou jusqu'à Groenendael, sur une longueur de près de deux lieues dans la direction de Bruxelles, il y avait, au dire des témoins qui existent encore, un encombrement de fuyards. Cette panique fut telle qu'elle gagna le prince de Condé à Malines et Louis XVIII à Gand. A l'exception de la faible réserve échelonnée derrière l'ambulance établie dans la ferme de Mont-Saint-Jean et des brigades Vivian et Vandeleur qui flanquaient l'aile gauche, Wellington n'avait plus de cavalerie. Nombre de batteries gisaient démontées. Ces faits sont avoués par Siborne; et Pringle, exagérant le désastre, va jusqu'à dire que l'armée anglo-hollandaise était réduite à trente-quatre mille hommes. Le duc-de-fer demeurait calme, mais ses lèvres avaient blêmi. Le commissaire autrichien Vincent, le commissaire espagnol Alava, présents à la bataille dans l'état-major anglais, croyaient le duc perdu. A cinq heures, Wellington tira sa montre, et on l'entendit murmurer ce mot sombre: *Blücher, ou la nuit!*

Ce fut vers ce moment-là qu'une ligne lointaine de baïonnettes étincela sur les hauteurs du côté de Frischemont.

Ici est la péripétie de ce drame géant.

XI

Mauvais guide a Napoléon, bon guide a Bülow

On connaît la poignante méprise de Napoléon; Grouchy espéré, Blücher survenant; la mort au lieu de la vie[1].

La destinée a de ces tournants; on s'attendait au trône du monde; on aperçoit Sainte-Hélène.

Si le petit pâtre, qui servait de guide à Bülow, lieutenant de Blücher, lui eût conseillé de déboucher de la forêt au-dessus de Frischemont plutôt qu'au-dessous de Plancenoit, la forme du dix-neuvième siècle eût peut-être été différente. Napoléon eût gagné la bataille de Waterloo. Par tout autre chemin qu'au-dessous de Plancenoit, l'armée prussienne aboutissait à un ravin infranchissable à l'artillerie, et Bülow n'arrivait pas.

Or, une heure de retard, c'est le général prussien Muffling qui le déclare, et Blücher n'aurait plus trouvé Wellington debout; « la bataille était perdue ».

Il était temps, on le voit, que Bülow arrivât. Il avait

du reste été fort retardé. Il avait bivouaqué à Dion-le-Mont et était parti dès l'aube. Mais les chemins étaient impraticables et ses divisions s'étaient embourbées. Les ornières venaient au moyeu des canons. En outre, il avait fallu passer la Dyle sur l'étroit pont de Wavre; la rue menant au pont avait été incendiée par les Français; les caissons et les fourgons de l'artillerie, ne pouvant passer entre deux rangs de maisons en feu, avaient dû attendre que l'incendie fût éteint. Il était midi que l'avant-garde de Bülow n'avait pu encore atteindre Chapelle-Saint-Lambert.

L'action, commencée deux heures plus tôt, eût été finie à quatre heures, et Blücher serait tombé sur la bataille gagnée par Napoléon. Tels sont ces immenses hasards, proportionnés à un infini qui nous échappe.

Dès midi, l'empereur, le premier, avec sa longue-vue, avait aperçu à l'extrême horizon quelque chose qui avait fixé son attention. Il avait dit : — Je vois là-bas un nuage qui me paraît être des troupes. Puis il avait demandé au duc de Dalmatie : — Soult, que voyez-vous vers Chapelle-Saint-Lambert? — Le maréchal braquant sa lunette avait répondu : — Quatre ou cinq mille hommes, sire. Évidemment Grouchy. — Cependant cela restait immobile dans la brume. Toutes les lunettes de l'état-major avaient étudié « le nuage » signalé par l'empereur. Quelques-uns avaient dit : Ce sont des colonnes qui font halte. La plupart avaient dit : Ce sont des arbres. La vérité est que le nuage ne remuait pas. L'empereur avait détaché en reconnaissance vers ce point obscur la division de cavalerie légère de Domon.

Bülow en effet n'avait pas bougé. Son avant-garde était très faible, et ne pouvait rien. Il devait attendre le gros du corps d'armée, et il avait l'ordre de se concentrer avant d'entrer en ligne; mais à cinq heures, voyant le péril de Wellington, Blücher ordonna à Bülow d'attaquer et dit ce mot remarquable : « Il faut donner de l'air à l'armée anglaise. »

Peu après, les divisions Losthin, Hiller, Hacke et Ryssel se déployaient devant le corps de Lobau, la cavalerie du prince Guillaume de Prusse débouchait du bois de Paris, Plancenoit était en flammes, et les boulets prussiens commençaient à pleuvoir jusque dans les rangs de la garde en réserve derrière Napoléon.

XII

La garde

On sait le reste : l'irruption d'une troisième armée, la bataille disloquée, quatre vingt-six bouches à feu tonnant tout à coup, Pirch Ier survenant avec Bülow, la cavalerie de Zieten menée par Blücher en personne, les Français refoulés, Marcognet balayé du plateau d'Ohain, Durutte délogé de Papelotte, Donzelot et Quiot reculant, Lobau pris en écharpe, une nouvelle bataille se précipitant à la nuit tombante sur nos régiments démantelés, toute la ligne anglaise reprenant l'offensive et poussée en avant, la gigantesque trouée faite dans l'armée française, la mitraille anglaise et la mitraille prussienne s'entr'aidant, l'extermination, le désastre de front, le désastre en flanc, la garde entrant en ligne sous cet épouvantable écroulement.

Comme elle sentait qu'elle allait mourir, elle cria : vive l'empereur ! L'histoire n'a rien de plus émouvant que cette agonie éclatant en acclamations.

Le ciel avait été couvert toute la journée. Tout à coup, en ce moment-là même, il était huit heures du soir, les nuages de l'horizon s'écartèrent et laissèrent passer, à travers les ormes de la route de Nivelles, la grande rougeur sinistre du soleil qui se couchait. On l'avait vu se lever à Austerlitz.

Chaque bataillon de la garde, pour ce dénouement, était commandé par un général. Friant, Michel, Roguet, Harlet, Mallet, Poret de Morvan, étaient là. Quand les hauts bonnets des grenadiers de la garde avec la large plaque à l'aigle apparurent, symétriques, alignés, tranquilles, superbes, dans la brume de cette mêlée, l'ennemi sentit le respect de la France; on crut voir vingt victoires entrer sur le champ de bataille, ailes déployées, et ceux qui étaient vainqueurs, s'estimant vaincus, reculèrent; mais Wellington cria : *Debout, gardes, et visez juste !* le régiment rouge des gardes anglaises, couché derrière les haies, se leva, une nuée de mitraille cribla le drapeau tricolore frissonnant autour de nos aigles, tous se ruèrent, et le suprême carnage commença. La garde impériale sentit dans l'ombre l'armée lâchant pied autour d'elle, et le vaste ébranlement de la déroute, elle entendit le sauve-qui-peut ! qui avait remplacé le vive l'empereur ! et, avec la fuite derrière elle, elle continua d'avancer, de plus en plus foudroyée et mourant davantage à chaque pas qu'elle faisait. Il n'y eut point d'hésitants ni de timides. Le soldat dans cette troupe était aussi héros que le général. Pas un homme ne manqua au suicide.

Ney, éperdu, grand de toute la hauteur de la mort acceptée, s'offrait à tous les coups dans cette tourmente. Il eut là son cinquième cheval tué sous lui. En sueur, la flamme aux yeux, l'écume aux lèvres, l'uniforme déboutonné, une de ses épaulettes à demi coupée par le coup de sabre d'un horse-guard, sa plaque de grand-aigle bosselée par une balle, sanglant, fangeux, magnifique, une épée cassée à la main, il disait : *Venez voir comment meurt un maréchal de France sur le champ de bataille !* Mais en vain ; il ne mourut pas. Il était hagard et indigné. Il jetait à Drouet d'Erlon cette question : *Est-ce que tu ne te fais pas tuer, toi*[1] *?* Il criait au milieu de toute cette artillerie écrasant une poignée d'hommes : — *Il n'y a donc rien pour moi ! Oh ! je voudrais que tous ces boulets anglais m'entrassent dans le ventre !* — Tu étais réservé à des balles françaises, infortuné !

XIII

LA CATASTROPHE

La déroute derrière la garde fut lugubre.

L'armée plia brusquement de tous les côtés à la fois, de Hougomont, de la Haie-Sainte, de Papelotte, de Plancenoit. Le cri : Trahison ! fut suivi du cri : Sauve-qui-peut ! Une armée qui se débande, c'est un dégel. Tout fléchit, se fêle, craque, flotte, roule, tombe, se heurte, se hâte, se précipite. Désagrégation inouïe. Ney emprunte un cheval, saute dessus, et, sans chapeau, sans cravate, sans épée, se met en travers de la chaussée de Bruxelles, arrêtant à la fois les Anglais et les Français. Il tâche de retenir l'armée, il la rappelle, il l'insulte, il se cramponne à la déroute. Il est débordé. Les soldats le fuient, en criant : *Vive le maréchal Ney !* Deux régiments de Durutte vont et viennent effarés et comme ballottés entre le sabre des uhlans et la fusillade des brigades de

Kempt, de Best, de Pack et de Rylandt; la pire des mêlées, c'est la déroute; les amis s'entre-tuent pour fuir; les escadrons et les bataillons se brisent et se dispersent les uns contre les autres, énorme écume de la bataille. Lobau à une extrémité comme Reille à l'autre sont roulés dans le flot. En vain Napoléon fait des murailles avec ce qui lui reste de la garde; en vain il dépense à un dernier effort ses escadrons de service. Quiot recule devant Vivian, Kellermann devant Vandeleur, Lobau devant Bülow, Morand devant Pirch, Domon et Subervic devant le prince Guillaume de Prusse. Guyot, qui a mené à la charge les escadrons de l'empereur, tombe sous les pieds des dragons anglais. Napoléon court au galop le long des fuyards, les harangue, presse, menace, supplie. Toutes ces bouches qui criaient le matin vive l'empereur, restent béantes; c'est à peine si on le connaît. La cavalerie prussienne, fraîche venue, s'élance, vole, sabre, taille, hache, tue, extermine. Les attelages se ruent, les canons se sauvent; les soldats du train détellent les caissons et en prennent les chevaux pour s'échapper; des fourgons culbutés les quatre roues en l'air entravent la route et sont des occasions de massacre. On s'écrase, on se foule, on marche sur les morts et sur les vivants. Les bras sont éperdus. Une multitude vertigineuse emplit les routes, les sentiers, les ponts, les plaines, les collines, les vallées, les bois, encombrés par cette évasion de quarante mille hommes. Cris, désespoir, sacs et fusils jetés dans les seigles, passages frayés à coups d'épée, plus de camarades, plus d'officiers, plus de généraux, une inexprimable épouvante. Zieten sabrant la France à son aise. Les lions devenus chevreuils. Telle fut cette fuite.

A Genappe, on essaya de se retourner, de faire front, d'enrayer. Lobau rallia trois cents hommes. On barricada l'entrée du village; mais à la première volée de la mitraille prussienne, tout se remit à fuir; et Lobau fut pris. On voit encore aujourd'hui cette volée de mitraille empreinte sur le vieux pignon d'une masure en brique à droite de la route, quelques minutes avant d'entrer à Genappe. Les Prussiens s'élancèrent dans Genappe, furieux sans doute d'être si peu vainqueurs. La poursuite fut monstrueuse. Blücher ordonna l'extermination. Roguet avait donné ce lugubre exemple de menacer de mort tout grenadier français qui lui amènerait un prisonnier prussien. Blücher dépassa Roguet. Le général de la jeune garde, Duhesme, acculé sur la porte d'une auberge de Genappe, rendit son épée à un hussard de la Mort qui prit l'épée et tua le prisonnier. La victoire s'acheva par l'assassinat des vaincus. Punissons, puisque nous sommes l'histoire : le vieux Blücher se déshonora. Cette férocité mit le comble au désastre. La déroute désespérée traversa Genappe, traversa les Quatre-Bras, traversa Gosselies, traversa Frasnes, traversa Charleroi, traversa Thuin, et ne s'arrêta qu'à la frontière. Hélas ! et qui donc fuyait de la sorte ? la grande armée.

Ce vertige, cette terreur, cette chute en ruine de la plus haute bravoure qui ait jamais étonné l'histoire, est-ce que cela est sans cause ? Non. L'ombre d'une droite énorme se projette sur Waterloo. C'est la journée du destin. La force au-dessus de l'homme a donné ce jour-là. De là le pli épouvanté des têtes ; de là toutes ces grandes âmes rendant leur épée. Ceux qui avaient vaincu l'Europe sont tombés terrassés, n'ayant plus rien à dire ni à faire, sentant dans l'ombre une présence terrible. *Hoc erat in fatis*[1]. Ce jour-là, la perspective du genre humain a changé. Waterloo, c'est le gond du dix-neuvième siècle. La disparition du grand homme était nécessaire à l'avènement du grand siècle. Quelqu'un à qui on ne réplique pas s'en est chargé. La panique des héros s'explique. Dans la bataille de Waterloo, il y a plus que du nuage, il y a du météore. Dieu a passé.

A la nuit tombante, dans un champ près de Genappe, Bernard et Bertrand saisirent par un pan de sa redingote et arrêtèrent un homme hagard, pensif, sinistre, qui, entraîné jusque-là par le courant de la déroute, venait de mettre pied à terre, avait passé sous un bras la bride de son cheval, et, l'œil égaré, s'en retournait seul vers Waterloo. C'était Napoléon essayant encore d'aller en avant, immense somnambule de ce rêve écroulé.

XIV

Le dernier carré

Quelques carrés de la garde, immobiles dans le ruissellement de la déroute comme des rochers dans de l'eau qui coule, tinrent jusqu'à la nuit. La nuit venant, la mort aussi, ils attendirent cette ombre double, et, inébranlables, s'en laissèrent envelopper. Chaque régiment, isolé des autres et n'ayant plus de lien avec l'armée rompue de toutes parts, mourait pour son compte. Ils avaient pris position, pour faire cette dernière action, les uns sur les hauteurs de Rossomme, les autres dans la plaine de Mont-Saint-Jean. Là, abandonnés, vaincus, terribles, ces carrés sombres agonisaient formidablement. Ulm, Wagram, Iéna, Friedland, mouraient en eux.

Au crépuscule, vers neuf heures du soir, au bas du plateau de Mont-Saint-Jean, il en restait un. Dans ce vallon funeste, au pied de cette pente gravie par les cuirassiers, inondée maintenant par les masses anglaises, sous les feux convergents de l'artillerie ennemie victorieuse, sous une effroyable densité de projectiles, ce carré luttait. Il était commandé par un officier obscur nommé Cambronne. A chaque décharge, le carré diminuait, et ripostait. Il répliquait à la mitraille par la fusillade, rétrécissant continuellement ses quatre murs. De loin les fuyards, s'arrêtant par moment essoufflés, écoutaient dans les ténèbres ce sombre tonnerre décroissant.

Quand cette légion ne fut plus qu'une poignée, quand leur drapeau ne fut plus qu'une loque, quand leurs fusils épuisés de balles ne furent plus que des bâtons, quand le tas de cadavres fut plus grand que le groupe vivant, il y eut parmi les vainqueurs une sorte de terreur sacrée autour de ces mourants sublimes, et l'artillerie anglaise, reprenant haleine, fit silence. Ce fut une espèce de répit. Ces combattants avaient autour d'eux comme un fourmillement de spectres, des silhouettes d'hommes à cheval, le profil noir des canons, le ciel blanc aperçu à travers les roues et les affûts ; la colossale tête de mort que les héros entrevoient toujours dans la fumée au fond de la bataille, s'avançait sur eux et les regardait.

Ils purent entendre dans l'ombre crépusculaire qu'on chargeait les pièces, les mèches allumées pareilles à des yeux de tigre dans la nuit firent un cercle autour de leurs têtes, tous les boute-feu des batteries anglaises s'approchèrent des canons, et alors, ému, tenant la minute suprême suspendue au-dessus de ces hommes, un général anglais, Colville selon les uns, Maitland selon les autres, leur cria : Braves Français, rendez-vous ! Cambronne répondit : Merde[1] !

XV

CAMBRONNE

Le lecteur français voulant être respecté, le plus beau mot peut-être qu'un Français ait jamais dit ne peut lui être répété. Défense de déposer du sublime dans l'histoire.

A nos risques et périls, nous enfreignons cette défense.

Donc, parmi tous ces géants, il y eut un titan, Cambronne.

Dire ce mot, et mourir ensuite. Quoi de plus grand ! car c'est mourir que de le vouloir, et ce n'est pas la faute de cet homme, si, mitraillé, il a survécu.

L'homme qui a gagné la bataille de Waterloo, ce n'est pas Napoléon en déroute, ce n'est pas Wellington pliant à quatre heures, désespéré à cinq, ce n'est pas Blücher qui ne s'est point battu ; l'homme qui a gagné la bataille de Waterloo, c'est Cambronne.

Foudroyer d'un tel mot le tonnerre qui vous tue, c'est vaincre.

Faire cette réponse à la catastrophe, dire cela au destin, donner cette base au lion futur, jeter cette réplique à la pluie de la nuit, au mur traître de Hougomont, au chemin creux d'Ohain, au retard de Grouchy, à l'arrivée de Blücher, être l'ironie dans le sépulcre, faire en sorte de rester debout après qu'on sera tombé, noyer dans deux syllabes la coalition européenne, offrir aux rois ces latrines déjà connues des césars, faire du dernier des mots le premier en y mêlant l'éclair de la France, clore insolemment Waterloo par le mardi gras, compléter Léonidas par Rabelais, résumer cette victoire dans une parole suprême impossible à prononcer, perdre le terrain et garder l'histoire, après ce carnage avoir pour soi les rieurs, c'est immense.

C'est l'insulte à la foudre. Cela atteint la grandeur eschylienne.

Le mot de Cambronne fait l'effet d'une fracture. C'est la fracture d'une poitrine par le dédain; c'est le trop-plein de l'agonie qui fait explosion. Qui a vaincu? Est-ce Wellington? Non. Sans Blücher il était perdu. Est-ce Blücher? Non. Si Wellington n'eût pas commencé, Blücher n'aurait pu finir. Ce Cambronne, ce passant de la dernière heure, ce soldat ignoré, cet infiniment petit de la guerre, sent qu'il y a là un mensonge, un mensonge dans une catastrophe, redoublement poignant, et, au moment où il en éclate de rage, on lui offre cette dérision, la vie ! Comment ne pas bondir?

Ils sont là, tous les rois de l'Europe, les généraux heureux, les Jupiters tonnants, ils ont cent mille soldats victorieux, et derrière les cent mille, un million, leurs canons, mèche allumée, sont béants, ils ont sous leurs talons la garde impériale et la grande armée, ils viennent d'écraser Napoléon, et il ne reste plus que Cambronne; il n'y a plus pour protester que ce ver de terre. Il protestera. Alors il cherche un mot comme on cherche une épée. Il lui vient de l'écume, et cette écume, c'est le mot. Devant cette victoire prodigieuse et médiocre, devant cette victoire sans victorieux, ce désespéré se redresse; il en subit l'énormité, mais il en constate le néant; et il fait plus que cracher sur elle; et sous l'accablement du nombre, de la force et de la matière, il trouve à l'âme une expression, l'excrément. Nous le répétons. Dire cela, faire cela, trouver cela, c'est être le vainqueur.

L'esprit des grands jours entra dans cet homme inconnu à cette minute fatale. Cambronne trouve le mot de Waterloo comme Rouget de l'Isle trouve la Marseillaise, par visitation du souffle d'en haut. Un effluve de l'ouragan divin se détache et vient passer à travers ces hommes, et ils tressaillent, et l'un chante le chant suprême et l'autre pousse le cri terrible. Cette parole du dédain titanique, Cambronne ne la jette pas seulement à l'Europe au nom de l'empire, ce serait peu; il la jette au passé au nom de la Révolution. On l'entend, et l'on reconnaît dans Cambronne la vieille âme des géants. Il semble que c'est Danton qui parle ou Kléber qui rugit.

Au mot de Cambronne, la voix anglaise répondit : feu ! les batteries flamboyèrent, la colline trembla, de toutes ces bouches d'airain sortit un dernier vomissement de mitraille, épouvantable, une vaste fumée, vaguement blanchie du lever de la lune, roula, et quand la fumée se dissipa, il n'y avait plus rien. Ce reste formidable était anéanti ; la garde était morte. Les quatre murs de la redoute vivante gisaient, à peine distinguait-on çà et là un tressaillement parmi les cadavres ; et c'est ainsi que les légions françaises, plus grandes que les légions romaines, expirèrent à Mont-Saint-Jean sur la terre mouillée de pluie et de sang, dans les blés sombres, à l'endroit où passe maintenant, à quatre heures du matin, en sifflant et en fouettant gaîment son cheval, Joseph, qui fait le service de la malle-poste de Nivelles.

XVI

QUOT LIBRAS IN DUCE[1] ?

La bataille de Waterloo est une énigme. Elle est aussi obscure pour ceux qui l'ont gagnée que pour celui qui l'a perdue. Pour Napoléon, c'est une panique*; Blücher n'y voit que du feu ; Wellington n'y comprend rien. Voyez les rapports. Les bulletins sont confus, les commentaires sont embrouillés. Ceux-ci balbutient, ceux-là bégayent. Jomini partage la bataille de Waterloo en quatre moments ; Muffling la coupe en trois péripéties ; Charras, quoique sur quelques points nous ayons une autre appréciation que lui, a seul saisi de son fier coup d'œil les linéaments caractéristiques de cette catastrophe du génie humain aux prises avec le hasard divin[2]. Tous les autres historiens ont un certain éblouissement, et dans cet éblouissement ils tâtonnent. Journée fulgurante, en effet, écroulement de la monarchie militaire

---

* « Une bataille terminée, une journée finie, de fausses mesures réparées, de plus grands succès assurés pour le lendemain, tout fut perdu par un moment de terreur panique. »
(NAPOLÉON, *Dictées de Sainte-Hélène*.)

qui, à la grande stupeur des rois, a entraîné tous les royaumes, chute de la force, déroute de la guerre.

Dans cet événement, empreint de nécessité surhumaine, la part des hommes n'est rien.

Retirer Waterloo à Wellington et à Blücher, est-ce ôter quelque chose à l'Angleterre et à l'Allemagne? Non. Ni cette illustre Angleterre ni cette auguste Allemagne ne sont en question dans le problème de Waterloo. Grâce au ciel, les peuples sont grands en dehors des lugubres aventures de l'épée. Ni l'Allemagne, ni l'Angleterre, ni la France, ne tiennent dans un fourreau. Dans cette époque où Waterloo n'est qu'un cliquetis de sabres, au-dessus de Blücher l'Allemagne a Gœthe et au-dessus de Wellington l'Angleterre a Byron. Un vaste lever d'idées est propre à notre siècle, et dans cette aurore l'Angleterre et l'Allemagne ont leur lueur magnifique. Elles sont majestueuses par ce qu'elles pensent. L'élévation de niveau qu'elles apportent à la civilisation leur est intrinsèque; il vient d'elles-mêmes, et non d'un accident. Ce qu'elles ont d'agrandissement au dix-neuvième siècle n'a point Waterloo pour source. Il n'y a que les peuples barbares qui aient des crues subites après une victoire. C'est la vanité passagère des torrents enflés d'un orage. Les peuples civilisés, surtout au temps où nous sommes, ne se haussent ni ne s'abaissent par la bonne ou mauvaise fortune d'un capitaine. Leur poids spécifique dans le genre humain résulte de quelque chose de plus qu'un combat. Leur honneur, Dieu merci, leur dignité, leur lumière, leur génie, ne sont pas des numéros que les héros et les conquérants, ces joueurs, peuvent mettre à la loterie des batailles. Souvent bataille perdue, progrès conquis. Moins de gloire, plus de liberté. Le tambour se tait, la raison prend la parole. C'est le jeu à qui perd gagne. Parlons donc de Waterloo froidement des deux côtés. Rendons au hasard ce qui est au hasard et à Dieu ce qui est à Dieu. Qu'est-ce que Waterloo? Une victoire? Non. Un quine. Quine gagné par l'Europe, payé par la France. Ce n'était pas beaucoup la peine de mettre là un lion[3].

Waterloo du reste est la plus étrange rencontre qui soit dans l'histoire. Napoléon et Wellington. Ce ne sont pas des ennemis, ce sont des contraires. Jamais Dieu, qui se plaît aux antithèses, n'a fait un plus saisissant contraste et une confrontation plus extraordinaire. D'un côté la précision, la prévision, la géométrie, la prudence, la retraite assurée, les réserves ménagées, un sang-froid opiniâtre, une méthode imperturbable, la stratégie qui profite du terrain, la tactique qui équilibre les bataillons, le carnage tiré au cordeau, la guerre réglée montre en main, rien laissé volontairement au hasard, le vieux courage classique, la correction absolue; de l'autre l'intuition, la divination, l'étrangeté militaire, l'instinct surhumain, le coup d'œil flamboyant, on ne sait quoi qui regarde comme l'aigle et qui frappe comme la foudre, un art prodigieux dans une impétuosité dédaigneuse, tous les mystères d'une âme profonde, l'association avec le destin, le fleuve, la plaine, la forêt, la colline, sommés et en quelque sorte forcés d'obéir, le despote allant jusqu'à tyranniser le champ de bataille, la foi à l'étoile mêlée à la science stratégique, la grandissant, mais la troublant. Wellington était le Barrême de la guerre, Napoléon en était le Michel-Ange; et cette fois le génie fut vaincu par le calcul.

Des deux côtés on attendait quelqu'un. Ce fut le calculateur exact qui réussit. Napoléon attendait Grouchy; il ne vint pas. Wellington attendait Blücher; il vint.

Wellington, c'est la guerre classique qui prend sa revanche. Bonaparte, à son aurore, l'avait rencontrée en Italie, et superbement battue. La vieille chouette avait fui devant le jeune vautour. L'ancienne tactique avait été non seulement foudroyée, mais scandalisée. Qu'était-ce que ce Corse de vingt-six ans, que signifiait cet ignorant splendide qui, ayant tout contre lui, rien pour lui, sans vivres, sans munitions, sans canons, sans souliers, presque sans armée, avec une poignée d'hommes contre des masses, se ruait sur l'Europe coalisée, et gagnait absurdement des victoires dans l'impossible? D'où sortait ce forcené foudroyant qui, presque sans reprendre haleine, et avec le même jeu de combattants dans la main, pulvérisait l'une après l'autre les cinq armées de l'empereur d'Allemagne, culbutant Beaulieu sur Alvinzi, Wurmser sur Beaulieu, Mélas sur Wurmser, Mack sur Mélas? Qu'était-ce que ce nouveau venu de la guerre ayant l'effronterie d'un astre? L'école académique militaire l'excommuniait en lâchant pied. De là une implacable rancune du vieux césarisme contre le nouveau, du sabre correct contre l'épée flamboyante, et de l'échiquier contre le génie. Le 18 juin 1815, cette rancune eut le dernier mot, et au-dessous de Lodi, de Montebello, de Montenotte, de Mantoue, de Marengo, d'Arcole, elle écrivit : Waterloo. Triomphe des médiocres, doux aux majorités. Le destin consentit à cette ironie. A son déclin, Napoléon retrouva devant lui Wurmser jeune.

Pour avoir Wurmser en effet, il suffit de blanchir les cheveux de Wellington.

Waterloo est une bataille du premier ordre gagnée par un capitaine du second.

Ce qu'il faut admirer dans la bataille de Waterloo, c'est l'Angleterre, c'est la fermeté anglaise, c'est la résolution anglaise, c'est le sang anglais; ce que l'Angleterre a eu là de superbe, ne lui en déplaise, c'est elle-même. Ce n'est pas son capitaine, c'est son armée.

Wellington, bizarrement ingrat, déclare dans une lettre à lord Bathurst que son armée, l'armée qui a combattu le 18 juin 1815, était une « détestable armée ». Qu'en pense cette sombre mêlée d'ossements enfouis sous les sillons de Waterloo?

L'Angleterre a été trop modeste vis-à-vis de Wellington. Faire Wellington si grand, c'est faire l'Angleterre petite. Wellington n'est qu'un héros comme un autre. Ces Écossais gris, ces horse-guards, ces régiments de Maitland et de Mitchell, cette infanterie de Pack et de Kempt, cette cavalerie de Ponsonby et de Somerset, ces highlanders jouant du pibroch sous la mitraille, ces bataillons de Rylandt, ces recrues toutes fraîches qui savaient à peine manier le mousquet tenant tête aux vieilles bandes d'Essling et de Rivoli, voilà ce qui est grand. Wellington a été tenace, ce fut là son mérite, et nous ne le lui marchandons pas, mais le moindre de ses fantassins et de ses cavaliers a été tout aussi solide que lui. L'iron-soldier vaut l'iron-duke[4]. Quant à nous, toute notre glorification va au soldat anglais, à l'armée anglaise, au peuple anglais. Si trophée il y a, c'est à l'Angleterre que le trophée est dû. La colonne de Waterloo serait plus juste si au lieu de la figure d'un homme, elle élevait dans la nue la statue d'un peuple[5].

Mais cette grande Angleterre s'irritera de ce que nous disons ici. Elle a encore, après son 1688 et notre 1789, l'illusion féodale. Elle croit à l'hérédité et à la hiérarchie. Ce peuple, qu'aucun ne dépasse en puissance et en gloire, s'estime comme nation, non comme peuple. En tant que peuple, il se subordonne volontiers et prend un lord pour une tête. Workman, il se laisse dédaigner; soldat, il se laisse bâtonner. On se souvient qu'à la bataille d'Inkermann un sergent qui, à ce qu'il paraît, avait sauvé l'armée, ne put être mentionné par lord Raglan, la hiérarchie militaire anglaise ne permettant de citer dans un rapport aucun héros au-dessous du grade d'officier.

Ce que nous admirons par-dessus tout, dans une rencontre du genre de celle de Waterloo, c'est la prodigieuse habileté du hasard. Pluie nocturne, mur de Hougomont, chemin creux d'Ohain, Grouchy sourd au canon, guide de Napoléon qui le trompe, guide de Bülow qui l'éclaire; tout ce cataclysme est merveilleusement conduit.

Au total, disons-le, il y eut à Waterloo plus de massacre que de bataille.

Waterloo est de toutes les batailles rangées celle qui a le plus petit front sur un tel nombre de combattants. Napoléon, trois quarts de lieue, Wellington, une demi-lieue; soixante-douze mille combattants de chaque côté. De cette épaisseur vint le carnage.

On a fait ce calcul et établi cette proportion : Perte d'hommes : à Austerlitz, Français, quatorze pour cent; Russes, trente pour cent; Autrichiens, quarante-quatre pour cent. A Wagram, Français, treize pour cent; Autrichiens, quatorze. A la Moskowa, Français, trente-sept pour cent; Russes, quarante-quatre. A Bautzen, Français, treize pour cent; Russes et Prussiens, quatorze. A Waterloo, Français, cinquante-six pour cent; Alliés, trente et un. Total pour Waterloo, quarante et un pour cent. Cent quarante-quatre mille combattants; soixante mille morts.

Le champ de Waterloo aujourd'hui a le calme qui appartient à la terre, support impassible de l'homme, et il ressemble à toutes les plaines.

La nuit pourtant une espèce de brume visionnaire s'en dégage, et si quelque voyageur s'y promène, s'il regarde, s'il écoute, s'il rêve comme Virgile devant les funestes plaines de Philippes[6], l'hallucination de la catastrophe le saisit. L'effrayant 18 juin revit; la fausse collinemonument s'efface, ce lion quelconque se dissipe, le champ de bataille reprend sa réalité ; des lignes d'infanterie ondulent dans la plaine, des galops furieux traversent l'horizon ; le songeur effaré voit l'éclair des sabres, l'étincelle des bayonnettes, le flamboiement des bombes, l'entre-croisement monstrueux des tonnerres ; il entend, comme un râle au fond d'une tombe, la clameur vague de la bataille fantôme ; ces ombres, ce sont les grenadiers ; ces lueurs, ce sont les cuirassiers ; ce squelette, c'est Napoléon ; ce squelette, c'est Wellington ; tout cela n'est plus et se heurte et combat encore ; et les ravins s'empourprent, et les arbres frissonnent, et il y a de la furie jusque dans les nuées, et, dans les ténèbres, toutes ces hauteurs farouches, Mont-Saint-Jean, Hougomont, Frischemont, Papelotte, Plancenoit, apparaissent confusément couronnées de tourbillons de spectres s'exterminant.

XVII

Faut-il trouver bon Waterloo ?

Il existe une école libérale très respectable qui ne hait point Waterloo. Nous n'en sommes pas. Pour nous, Waterloo n'est que la date stupéfaite de la liberté. Qu'un tel aigle sorte d'un tel œuf, c'est à coup sûr l'inattendu.

Waterloo, si l'on se place au point de vue culminant de la question, est intentionnellement une victoire contre-révolutionnaire. C'est l'Europe contre la France, c'est Pétersbourg, Berlin et Vienne contre Paris, c'est le *statu quo* contre l'initiative, c'est le 14 juillet 1789 attaqué à travers le 20 mars 1815, c'est le branle-bas des monarchies contre l'indomptable émeute française. Éteindre enfin ce vaste peuple en éruption depuis vingt-six ans, tel était le rêve. Solidarité des Brunswick, des Nassau, des Romanoff, des Hohenzollern, des Habsbourg, avec les Bourbons. Waterloo porte en croupe le droit divin. Il est vrai que, l'empire ayant été despotique, la royauté, par la réaction naturelle des choses, devait forcément être libérale, et qu'un ordre constitutionnel à contre-cœur est sorti de Waterloo, au grand regret des vainqueurs. C'est que la révolution ne peut être vraiment vaincue, et qu'étant providentielle et absolument fatale, elle reparaît toujours, avant Waterloo, dans Bonaparte jetant bas les vieux trônes, après Waterloo, dans Louis XVIII octroyant et subissant la Charte. Bonaparte met un postillon sur le trône de Naples et un sergent sur le trône de Suède[1], employant l'inégalité à démontrer l'égalité; Louis XVIII à Saint-Ouen contresigne la déclaration des droits de l'homme. Voulez-vous vous rendre compte de ce que c'est que la révolution, appelez-la Progrès; et voulez-vous vous rendre compte de ce que c'est que le progrès, appelez-le Demain. Demain fait irrésistiblement son œuvre, et il la fait dès aujourd'hui. Il arrive toujours à son but, étrangement. Il emploie Wellington à faire de Foy, qui n'était qu'un soldat, un orateur. Foy tombe à Hougomont et se relève à la tribune[2]. Ainsi procède le progrès. Pas de mauvais outil pour cet ouvrier-là. Il ajuste à son travail divin, sans se déconcerter, l'homme qui a enjambé les Alpes, et le bon vieux malade chancelant du père Élysée. Il se sert du podagre comme du conquérant; du conquérant au dehors, du podagre au dedans. Waterloo, en coupant court à la démolition des trônes européens par l'épée, n'a eu d'autre effet que de faire continuer le travail révolutionnaire d'un autre côté. Les sabreurs ont fini, c'est le tour des penseurs. Le siècle que Waterloo voulait arrêter a marché dessus et a poursuivi sa route. Cette victoire sinistre a été vaincue par la liberté.

En somme, et incontestablement, ce qui triomphait à Waterloo, ce qui souriait derrière Wellington, ce qui lui apportait tous les bâtons de maréchal de l'Europe, y compris, dit-on, le bâton de maréchal de France, ce qui roulait joyeusement les brouettées de terre pleine d'ossements pour élever la butte du lion, ce qui a triomphalement écrit sur ce piédestal cette date : *18 juin 1815*, ce qui encourageait Blücher sabrant la déroute, ce qui du haut du plateau de Mont-Saint-Jean se penchait sur la France comme sur une proie, c'était la contre-révolution. C'est la contre-révolution qui murmurait ce mot infâme : démembrement. Arrivée à Paris, elle a vu le cratère de près, elle a senti que cette cendre lui brûlait les pieds, et elle s'est ravisée. Elle est revenue au bégayement d'une charte.

Ne voyons dans Waterloo que ce qui est dans Waterloo. De liberté intentionnelle, point. La contre-révolution était involontairement libérale, de même que, par un phénomène correspondant, Napoléon était involontairement révolutionnaire. Le 18 juin 1815, Robespierre à cheval fut désarçonné.

XVIII

Recrudescence du droit divin

Fin de la dictature. Tout un système d'Europe croula.

L'empire s'affaissa dans une ombre qui ressembla à celle du monde romain expirant. On revit de l'abîme comme au temps des barbares. Seulement la barbarie de 1815, qu'il faut nommer de son petit nom, la contre-révolution, avait peu d'haleine, s'essouffla vite, et resta court. L'empire, avouons-le, fut pleuré, et pleuré par des yeux héroïques. Si la gloire est dans le glaive fait sceptre, l'empire avait été la gloire même. Il avait répandu sur la terre toute la lumière que la tyrannie peut donner; lumière sombre. Disons plus : lumière obscure. Comparée au vrai jour, c'est de la nuit. Cette disparition de la nuit fit l'effet d'une éclipse.

Louis XVIII rentra dans Paris. Les danses en rond du 8 juillet[1] effacèrent les enthousiasmes du 20 mars. Le Corse devint l'antithèse du Béarnais. Le drapeau du dôme des Tuileries fut blanc. L'exil trôna. La table de sapin de Hartwell prit place devant le fauteuil fleurdelisé de Louis XIV. On parla de Bouvines et de Fontenoy comme d'hier, Austerlitz ayant vieilli. L'autel et le trône fraternisèrent majestueusement. Une des formes les plus incontestées du salut de la société au dix-neuvième siècle s'établit sur la France et sur le continent. L'Europe prit la cocarde blanche. Trestaillon fut célèbre[2]. La devise *non pluribus impar*[3] reparut dans des rayons de pierre figurant un soleil sur la façade de la caserne du quai d'Orsay. Où il y avait eu une garde impériale, il y eut une maison rouge. L'arc du carrousel, tout chargé de victoires mal portées, dépaysé dans ces nouveautés, un peu honteux peut-être de Marengo et d'Arcole, se tira d'affaire avec la statue du duc d'Angoulême. Le cimetière de la Madeleine, redoutable fosse commune de

93, se couvrit de marbre et de jaspe, les os de Louis XVI et de Marie-Antoinette[4] étant dans cette poussière. Dans le fossé de Vincennes, un cippe sépulcral sortit de terre, rappelant que le duc d'Enghien était mort dans le mois même où Napoléon avait été couronné. Le pape Pie VII, qui avait fait ce sacre très près de cette mort, bénit tranquillement la chute comme il avait béni l'élévation. Il y eut à Schœnbrunn une petite ombre âgée de quatre ans qu'il fut séditieux d'appeler le roi de Rome. Et ces choses se sont faites, et ces rois ont repris leurs trônes, et le maître de l'Europe a été mis dans une cage, et l'ancien régime est devenu le nouveau, et toute l'ombre et toute la lumière de la terre ont changé de place, parce que, dans l'après-midi d'un jour d'été, un pâtre a dit à un Prussien dans un bois : passez par ici et non par là !

Ce 1815 fut une sorte d'avril lugubre. Les vieilles réalités malsaines et vénéneuses se couvrirent d'apparences neuves. Le mensonge épousa 1789, le droit divin se masqua d'une charte, les fictions se firent constitutionnelles, les préjugés, les superstitions et les arrière-pensées, avec l'article 14 au cœur, se vernirent de libéralisme. Changement de peau des serpents.

L'homme avait été à la fois agrandi et amoindri par Napoléon. L'idéal, sous ce règne de la matière splendide, avait reçu le nom étrange d'idéologie. Grave imprudence d'un grand homme, tourner en dérision l'avenir. Les peuples cependant, cette chair à canon si amoureuse du canonnier, le cherchaient des yeux. Où est-il ? Que fait-il ? Napoléon est mort, disait un passant à un invalide de Marengo et de Waterloo. — *Lui mort !* s'écria ce soldat, *vous le connaissez bien*[b] *!* Les imaginations défiaient cet homme terrassé. Le fond de l'Europe, après Waterloo, fut ténébreux. Quelque chose d'énorme resta longtemps vide par l'évanouissement de Napoléon.

Les rois se mirent dans ce vide. La vieille Europe en profita pour se reformer. Il y eut une Sainte-Alliance. Belle-Alliance, avait dit d'avance le champ fatal de Waterloo.

En présence et en face de cette antique Europe refaite, les linéaments d'une France nouvelle s'ébauchèrent. L'avenir, raillé par l'empereur, fit son entrée. Il avait sur le front cette étoile, Liberté. Les yeux ardents des jeunes générations se tournèrent vers lui. Chose singulière, on s'éprit en même temps de cet avenir, Liberté, et de ce passé, Napoléon. La défaite avait grandi le vaincu. Bonaparte tombé semblait plus haut que Napoléon debout. Ceux qui avaient triomphé eurent peur. L'Angleterre le fit garder par Hudson Lowe et la France le fit guetter par Montchenu. Ses bras croisés devinrent l'inquiétude des trônes. Alexandre le nommait : mon insomnie. Cet effroi venait de la quantité de révolution qu'il avait en lui. C'est ce qui explique et excuse le libéralisme bonapartiste. Ce fantôme donnait le tremblement au vieux monde. Les rois régnèrent mal à leur aise, avec le rocher de Sainte-Hélène à l'horizon.

Pendant que Napoléon agonisait à Longwood, les soixante mille hommes tombés dans le champ de Waterloo pourrirent tranquillement, et quelque chose de leur paix se répandit dans le monde. Le congrès de Vienne en fit les traités de 1815, et l'Europe nomma cela la restauration.

Voilà ce que c'est que Waterloo.

Mais qu'importe à l'infini? toute cette tempête, tout ce nuage, cette guerre, puis cette paix, toute cette ombre, ne troubla pas un moment la lueur de l'œil immense devant lequel un puceron sautant d'un brin d'herbe à l'autre égale l'aigle volant de clocher en clocher aux tours de Notre-Dame[6].

XIX

LE CHAMP DE BATAILLE LA NUIT

REVENONS, c'est une nécessité de ce livre, sur ce fatal champ de bataille.

Le 18 juin 1815, c'était pleine lune. Cette clarté favorisa la poursuite féroce de Blücher, dénonça les traces des fuyards, livra cette masse désastreuse à la cavalerie prussienne acharnée, et aida au massacre. Il y a parfois dans les catastrophes de ces tragiques complaisances de la nuit.

Après le dernier coup de canon tiré, la plaine de Mont-Saint-Jean resta déserte.

Les Anglais occupèrent le campement des Français, c'est la constatation habituelle de la victoire; coucher dans le lit du vaincu. Ils établirent leur bivouac au delà de Rossomme. Les Prussiens, lâchés sur la déroute, poussèrent en avant. Wellington alla au village de Waterloo rédiger son rapport à lord Bathurst.

Si jamais le *sic vos non vobis*[1] a été applicable, c'est à coup sûr à ce village de Waterloo. Waterloo n'a rien fait, et est resté à une demi-lieue de l'action. Mont-Saint-Jean a été canonné, Hougomont a été brûlé, Papelotte a été brûlé, Plancenoit a été brûlé, la Haie-Sainte a été prise d'assaut, la Belle-Alliance a vu l'embrassement des deux vainqueurs; on sait à peine ces noms, et Waterloo qui n'a point travaillé dans la bataille en a tout l'honneur.

Nous ne sommes pas de ceux qui flattent la guerre; quand l'occasion s'en présente, nous lui disons ses vérités. La guerre a d'affreuses beautés que nous n'avons point cachées; elle a aussi, convenons-en, quelques laideurs. Une des plus surprenantes, c'est le prompt dépouillement des morts après la victoire. L'aube qui suit une bataille se lève toujours sur des cadavres nus.

Qui fait cela? Qui souille ainsi le triomphe? Quelle est cette hideuse main furtive qui se glisse dans la poche de la victoire? Quels sont ces filous faisant leur coup derrière la gloire? Quelques philosophes, Voltaire entre autres, affirment que ce sont précisément ceux-là qui ont fait la gloire. Ce sont les mêmes, disent-ils, il n'y a pas de rechange, ceux qui sont debout pillent ceux qui sont à terre. Le héros du jour est le vampire de la nuit. On a bien le droit, après tout, de détrousser un peu un cadavre dont on est l'auteur. Quant à nous, nous ne le croyons pas. Cueillir des lauriers et voler les souliers d'un mort, cela nous semble impossible à la même main.

Ce qui est certain, c'est que, d'ordinaire, après les vainqueurs viennent les voleurs. Mais mettons le soldat, surtout le soldat contemporain, hors de cause.

Toute armée a une queue, et c'est là ce qu'il faut accuser. Des êtres chauve-souris, mi-partis brigands et valets, toutes les espèces de vespertilio[2] qu'engendre ce crépuscule qu'on appelle la guerre, des porteurs d'uniformes qui ne combattent pas, de faux malades, des éclopés redoutables, des cantiniers interlopes, trottant, quelquefois avec leurs femmes, sur de petites charrettes et volant ce qu'ils revendent, des mendiants s'offrant pour guides aux officiers, des goujats, des maraudeurs, les armées en marche autrefois, — nous ne parlons pas du temps présent, — traînaient tout cela, si bien que, dans la langue spéciale, cela s'appelait « les traînards ». Aucune armée ni aucune nation n'étaient responsables de ces êtres; ils parlaient italien et suivaient les Allemands; ils parlaient français et suivaient les Anglais. C'est par un de ces misérables, traînard espagnol qui parlait français, que le marquis de Fervacques, trompé par son baragouin picard, et le prenant pour un des nôtres, fut tué en traître et volé sur le champ de bataille même, dans la nuit qui suivit la victoire de Cerisoles[3]. De la maraude naissait le maraud. La détestable maxime: *vivre sur l'ennemi*, produisait cette lèpre, qu'une forte discipline pouvait seule guérir. Il y a des renommées qui trompent; on ne sait pas toujours pourquoi de certains généraux, grands d'ailleurs, ont été si populaires. Turenne était adoré de ses soldats parce qu'il tolérait le pillage; le mal permis fait partie de la bonté; Turenne était si bon qu'il a laissé mettre à feu et à sang le Palatinat. On voyait à la suite des armées moins ou plus de maraudeurs selon que le chef était plus ou moins sévère. Hoche et Marceau n'avaient point de traînards; Wellington, nous lui rendons volontiers cette justice, en avait peu.

Pourtant, dans la nuit du 18 au 19 juin, on dépouilla les morts. Wellington fut rigide; ordre de passer par les armes quiconque serait pris en flagrant délit; mais la rapine est tenace. Les maraudeurs volaient dans un coin du champ de bataille pendant qu'on les fusillait dans l'autre.

La lune était sinistre sur cette plaine.

Vers minuit, un homme rôdait, ou plutôt rampait, du côté du chemin creux d'Ohain. C'était, selon toute apparence, un de ceux que nous venons de caractériser, ni Anglais, ni Français, ni paysan, ni soldat, moins homme que goule, attiré par le flair des morts, ayant pour victoire le vol, venant dévaliser Waterloo. Il était vêtu d'une blouse qui était un peu une capote, il était inquiet et audacieux, il allait devant lui et regardait derrière lui. Qu'était-ce que cet homme? La nuit probablement en savait plus sur son compte que le jour. Il n'avait point de sac, mais évidemment de larges poches sous sa capote. De temps en temps, il s'arrêtait, examinait la plaine autour de lui comme pour voir s'il n'était pas observé, se penchait brusquement, dérangeait à terre quelque chose de silencieux et d'immobile, puis se redressait et s'esquivait. Son glissement, ses attitudes, son geste rapide et mystérieux le faisaient ressembler à ces larves crépusculaires qui hantent les ruines et que les anciennes légendes normandes appellent les Alleurs[4].

De certains échassiers nocturnes font de ces silhouettes dans les marécages.

Un regard qui eût sondé attentivement toute cette brume eût pu remarquer, à quelque distance, arrêté et comme caché derrière la masure qui borde sur la chaussée de Nivelles l'angle de la route de Mont-Saint-Jean à Braine-l'Alleud, une façon de petit fourgon de vivandier à coiffe d'osier goudronnée, attelé d'une haridelle affamée broutant l'ortie à travers son mors, et dans ce fourgon une espèce de femme assise sur des coffres et des paquets. Peut-être y avait-il un lien entre ce fourgon et ce rôdeur.

L'obscurité était sereine. Pas un nuage au zénith. Qu'importe que la terre soit rouge, la lune reste blanche. Ce sont là les indifférences du ciel. Dans les prairies, des branches d'arbre cassées par la mitraille mais non tombées et retenues par l'écorce se balançaient doucement au vent de la nuit. Une haleine, presque une respiration, remuait les broussailles. Il y avait dans l'herbe des frissons qui ressemblaient à des départs d'âmes.

On entendait vaguement au loin aller et venir les patrouilles et les rondes-major du campement anglais.

Hougomont et la Haie-Sainte continuaient de brûler, faisant, l'un à l'ouest, l'autre à l'est, deux grosses flammes auxquelles venait se rattacher, comme un collier de rubis dénoué ayant à ses extrémités deux escarboucles, le cordon de feux du bivouac anglais étalé en demi-cercle immense sur les collines de l'horizon.

Nous avons dit la catastrophe du chemin d'Ohain. Ce qu'avait été cette mort pour tant de braves, le cœur s'épouvante d'y songer.

Si quelque chose est effroyable, s'il existe une réalité qui dépasse le rêve, c'est ceci : vivre, voir le soleil, être en pleine possession de la force virile, avoir la santé et la joie, rire vaillamment, courir vers une gloire qu'on a devant soi, éblouissante, se sentir dans la poitrine un poumon qui respire, un cœur qui bat, une volonté qui raisonne, parler, penser, espérer, aimer, avoir une mère, avoir une femme, avoir des enfants, avoir la lumière, et tout à coup, le temps d'un cri, en moins d'une minute, s'effondrer dans un abîme, tomber, rouler, écraser, être écrasé, voir des épis de blé, des fleurs, des feuilles, des branches, ne pouvoir se retenir à rien, sentir son sabre inutile, des hommes sous soi, des chevaux sur soi, se débattre en vain, les os brisés par quelque ruade dans les ténèbres, sentir un talon qui vous fait jaillir les yeux, mordre avec rage des fers de chevaux, étouffer, hurler, se tordre, être là-dessous, et se dire : tout à l'heure j'étais un vivant !

Là où avait râlé ce lamentable désastre, tout faisait silence maintenant. L'encaissement du chemin creux était comble de chevaux et de cavaliers inextricablement amoncelés. Enchevêtrement terrible. Il n'y avait plus de talus. Les cadavres nivelaient la route avec la plaine et venaient au ras du bord comme un boisseau d'orge bien mesuré. Un tas de morts dans la partie haute, une rivière de sang dans la partie basse ; telle était cette route le soir du 18 juin 1815. Le sang coulait jusque sur la chaussée de Nivelles et s'y extravasait en une large mare devant l'abatis d'arbres qui barrait la chaussée, à un endroit qu'on montre encore. C'est, on s'en souvient, au point opposé, vers la chaussée de Genappe, qu'avait eu lieu l'effondrement des cuirassiers. L'épaisseur des cadavres se proportionnait à la profondeur du chemin creux. Vers le milieu, à l'endroit où il devenait plaine, là où avait passé la division Delord, la couche des morts s'amincissait.

Le rôdeur nocturne, que nous venons de faire entrevoir au lecteur, allait de ce côté. Il furetait cette immense tombe. Il regardait. Il passait on ne sait quelle hideuse revue des morts. Il marchait les pieds dans le sang.

Tout à coup, il s'arrêta.

A quelques pas devant lui, dans le chemin creux, au point où finissait le monceau des morts, de dessous cet amas d'hommes et de chevaux, sortait une main ouverte, éclairée par la lune.

Cette main avait au doigt quelque chose qui brillait, et qui était un anneau d'or.

L'homme se courba, demeura un moment accroupi, et quand il se releva, il n'y avait plus d'anneau à cette main.

Il ne se releva pas précisément ; il resta dans une

attitude fauve et effarouchée, tournant le dos au tas de morts, scrutant l'horizon, à genoux, tout l'avant du corps portant sur ses deux index appuyés à terre, la tête guettant par-dessus le bord du chemin creux. Les quatre pattes du chacal conviennent à de certaines actions.

Puis, prenant son parti, il se dressa.

En ce moment il eut un soubresaut. Il sentit que par derrière on le tenait.

Il se retourna; c'était la main ouverte qui s'était refermée et qui avait saisi le pan de sa capote.

Un honnête homme eût eu peur. Celui-ci se mit à rire.

— Tiens, dit-il, ce n'est que le mort. J'aime mieux un revenant qu'un gendarme.

Cependant la main défaillit et le lâcha. L'effort s'épuise vite dans la tombe.

— Ah çà! reprit le rôdeur, est-il vivant, ce mort? Voyons donc.

Il se pencha de nouveau, fouilla le tas, écarta ce qui faisait obstacle, saisit la main, empoigna le bras, dégagea la tête, tira le corps et quelques instants après il traînait dans l'ombre du chemin creux un homme inanimé, au moins évanoui. C'était un cuirassier, un officier, un officier même d'un certain rang; une grosse épaulette d'or sortait de dessous la cuirasse; cet officier n'avait plus de casque. Un furieux coup de sabre balafrait son visage où l'on ne voyait que du sang. Du reste, il ne semblait pas qu'il eût de membre cassé, et par quelque hasard heureux, si ce mot est possible ici, les morts s'étaient arc-boutés au-dessus de lui de façon à le garantir de l'écrasement. Ses yeux étaient fermés.

Il avait sur sa cuirasse la croix d'argent de la Légion d'honneur.

Le rôdeur arracha cette croix qui disparut dans un des gouffres qu'il avait sous sa capote.

Après quoi, il tâta le gousset de l'officier, y sentit une montre et la prit. Puis il fouilla le gilet, y trouva une bourse et l'empocha.

Comme il en était à cette phase des secours qu'il portait à ce mourant, l'officier ouvrit les yeux.

— Merci, dit-il faiblement.

La brusquerie des mouvements de l'homme qui le maniait, la fraîcheur de la nuit, l'air respiré librement, l'avaient tiré de sa léthargie.

Le rôdeur ne répondit point. Il leva la tête. On entendait un bruit de pas dans la plaine; probablement quelque patrouille qui approchait.

L'officier murmura, car il y avait encore de l'agonie dans sa voix :

— Qui a gagné la bataille ?
— Les Anglais, répondit le rôdeur.

L'officier reprit :

— Cherchez dans mes poches. Vous y trouverez une bourse et une montre. Prenez-les.

C'était déjà fait.

Le rôdeur exécuta le semblant demandé, et dit :

— Il n'y a rien.
— On m'a volé, reprit l'officier ; j'en suis fâché. C'eût été pour vous.

Les pas de la patrouille devenaient de plus en plus distincts.

— Voici qu'on vient, dit le rôdeur, faisant le mouvement d'un homme qui s'en va.

L'officier, soulevant péniblement le bras, le retint :

— Vous m'avez sauvé la vie. Qui êtes-vous ?

Le rôdeur répondit vite et bas :

— J'étais comme vous de l'armée française. Il faut que je vous quitte. Si l'on me prenait, on me fusillerait. Je vous ai sauvé la vie. Tirez-vous d'affaire maintenant.

— Quel est votre grade ?
— Sergent.
— Comment vous appelez-vous ?
— Thénardier.
— Je n'oublierai pas ce nom, dit l'officier. Et vous, retenez le mien. Je me nomme Pontmercy[5].

LIVRE DEUXIÈME

LE VAISSEAU L'*ORION*[1]

I

LE NUMÉRO 24601 DEVIENT LE NUMÉRO 9430[2]

JEAN VALJEAN avait été repris[3].
On nous saura gré de passer rapidement sur des détails douloureux. Nous nous bornons à transcrire deux entrefilets publiés[4] par les journaux du temps, quelques mois après les événements surprenants accomplis à Montreuil-sur-mer.

Ces articles sont un peu sommaires[5]. On se souvient qu'il n'existait pas encore à cette époque de *Gazette des Tribunaux*[6].

Nous empruntons le premier au *Drapeau blanc*. Il est daté du 25 juillet 1823[7] :

« — Un arrondissement du Pas-de-Calais vient d'être le théâtre d'un événement peu ordinaire. Un homme étranger au département et nommé M. Madeleine avait relevé depuis quelques années, grâce à des procédés nouveaux, une ancienne industrie locale, la fabrication des jais et des verroteries noires. Il y avait fait sa fortune, et, disons-le, celle de l'arrondissement. En reconnaissance de ses services, on l'avait nommé maire. La police a découvert que ce M. Madeleine n'était autre qu'un ancien forçat en rupture de ban, condamné en 1796 pour vol, et nommé Jean Valjean. Jean Valjean a été réintégré au bagne. Il paraît qu'avant son arrestation il avait réussi à retirer de chez M. Laffitte une somme de plus d'un demi-million qu'il y avait placée, et qu'il avait, du reste, très légitimement, dit-on, gagnée dans son commerce. On n'a pu savoir où Jean Valjean avait caché cette somme depuis sa rentrée au bagne de Toulon. »

Le deuxième article, un peu plus détaillé, est extrait du *Journal de Paris*[8], même date.

« — Un ancien forçat libéré, nommé Jean Valjean, vient de comparaître devant la cour d'assises du Var dans des circonstances faites pour appeler l'attention[9].

Ce scélérat était parvenu à tromper la vigilance de la police ; il avait changé de nom et avait réussi à se faire nommer maire d'une de nos petites villes du Nord. Il avait établi dans cette ville un commerce assez considérable. Il a été enfin démasqué et arrêté, grâce au zèle infatigable du ministère public. Il avait pour concubine une fille publique qui est morte de saisissement au moment de son arrestation. Ce misérable, qui est doué d'une force herculéenne[10], avait trouvé moyen de s'évader ; mais, trois ou quatre jours après son évasion, la police mit de nouveau la main sur lui, à Paris même[11], au moment où il montait dans une de ces petites voitures qui font le trajet de la capitale au village de Montfermeil (Seine-et-Oise). On dit qu'il avait profité de l'intervalle de ces trois ou quatre jours de liberté pour rentrer en possession d'une somme[12] considérable placée par lui chez un de nos principaux banquiers. On évalue cette somme à six ou sept cent mille francs. A en croire l'acte d'accusation, il l'aurait enfouie en un lieu connu de lui seul et[13] l'on n'a pas pu la saisir. Quoi qu'il en soit, le nommé Jean Valjean vient d'être traduit aux assises du département du Var comme accusé d'un vol de grand chemin commis à main armée, il y a huit ans environ, sur la personne d'un de ces honnêtes enfants qui, comme l'a dit le patriarche de Ferney en vers immortels,

> ... De Savoie arrivent tous les ans
> Et dont la main légèrement essuie
> Ces longs canaux engorgés par la suie.[14]

« Ce bandit a renoncé à se défendre. Il a été établi, par l'habile et éloquent organe du ministère public, que le vol avait été commis de complicité, et que Jean Valjean faisait partie d'une bande de voleurs dans le Midi. En conséquence Jean Valjean, déclaré coupable, a été condamné à la peine de mort. Ce criminel avait refusé de se pourvoir en cassation. Le roi, dans son inépuisable clémence, a daigné commuer sa peine en celle des travaux forcés à perpétuité. Jean Valjean a été immédiatement dirigé sur le bagne de Toulon. »

On n'a pas oublié que Jean Valjean avait à Montreuil-sur-mer des habitudes religieuses[15]. Quelques journaux, entre autres le *Constitutionnel*[16], présentèrent cette commutation comme un triomphe du parti prêtre.

Jean Valjean changea de chiffre au bagne. Il s'appela 9430[17].

Du reste, disons-le pour n'y plus revenir, avec M. Madeleine la prospérité de Montreuil-sur-mer disparut ; tout ce qu'il avait prévu dans sa nuit de fièvre et d'hésitation se réalisa ; lui de moins, ce fut en effet l'*âme de moins*. Après sa chute, il se fit à Montreuil-sur-mer ce partage égoïste des grandes existences tombées, ce fatal dépècement des choses florissantes qui s'accomplit tous les jours obscurément dans la communauté humaine et que l'histoire n'a remarqué qu'une fois, parce qu'il s'est fait après la mort d'Alexandre. Les lieutenants se couronnent rois ; les contre-maîtres s'improvisèrent fabricants[18]. Les rivalités envieuses surgirent. Les vastes[19] ateliers de M. Madeleine furent fermés ; les bâtiments tombèrent en ruine, les ouvriers se dispersèrent. Les uns quittèrent le pays, les autres quittèrent le métier. Tout se fit désormais en petit, au lieu de se faire en grand ; pour le lucre, au lieu de se faire pour le bien. Plus de centre ; la concurrence partout, et l'acharnement. M. Madeleine dominait tout, et dirigeait. Lui tombé, chacun tira à soi ; l'esprit de lutte succéda à l'esprit d'organisation, l'âpreté à la cordialité, la haine de l'un contre l'autre à la bienveillance du fondateur pour tous ; les fils noués par M. Madeleine se brouillèrent et se rompirent ; on falsifia les procédés, on avilit les produits, on tua la confiance ; les débouchés diminuèrent, moins de commandes ; le salaire baissa, les ateliers chômèrent, la faillite vint. Et puis plus rien pour les pauvres. Tout s'évanouit.

L'État lui-même s'aperçut que quelqu'un avait été écrasé quelque part. Moins de quatre ans après l'arrêt de la cour d'assises constatant au profit du bagne l'identité de M. Madeleine et de Jean Valjean, les frais[20] de perception de l'impôt étaient doublés dans l'arrondissement de Montreuil-sur-mer, et M. de Villèle en faisait l'observation à la tribune au mois de février 1827.

II

OÙ ON LIRA DEUX VERS QUI SONT PEUT-ÊTRE DU DIABLE[1]

Avant d'aller plus loin, il est à propos de raconter avec quelque détail un fait singulier qui se passa vers la même époque à Montfermeil et qui n'est peut-être pas sans coïncidence avec certaines conjectures du ministère public.

Il y a dans le pays de Montfermeil une superstition très ancienne, d'autant plus curieuse et d'autant plus précieuse qu'une superstition populaire dans le voisinage de Paris est comme un aloès en Sibérie. Nous sommes de ceux qui respectent tout ce qui est à l'état de plante rare. Voici donc la superstition de Montfermeil. On croit que le diable a, de temps immémorial, choisi la forêt pour y cacher ses trésors. Les bonnes femmes affirment qu'il n'est pas rare de rencontrer, à la chute du jour, dans les endroits écartés du bois, un homme noir, ayant la mine d'un charretier ou d'un bûcheron, chaussé de sabots, vêtu d'un pantalon et d'un sarrau de toile, et reconnaissable en ce qu'au lieu de bonnet ou de chapeau il a deux immenses cornes sur la tête. Ceci doit le rendre reconnaissable en effet. Cet homme est habituellement occupé à creuser un trou. Il y a trois manières de tirer parti de cette rencontre. La première, c'est d'aborder l'homme et de lui parler. Alors on s'aperçoit que cet homme est tout bonnement un paysan, qu'il paraît noir parce qu'on est au crépuscule, qu'il ne creuse pas le moindre trou, mais qu'il coupe de l'herbe pour ses vaches, et que ce qu'on avait pris pour des cornes n'est autre chose qu'une fourche à fumier qu'il porte sur son dos et dont les dents, grâce à la perspective du soir, semblaient lui sortir de la tête. On rentre chez soi, et l'on meurt dans la semaine. La seconde manière, c'est de l'observer, d'attendre qu'il ait creusé son trou, qu'il l'ait refermé et qu'il s'en soit allé; puis de courir bien vite à la fosse, de la rouvrir et d'y prendre le « trésor » que l'homme noir y a nécessairement déposé. En ce cas, on meurt dans le mois. Enfin la troisième manière, c'est de ne point parler à l'homme noir, de ne point le regarder, et de s'enfuir à toutes jambes. On meurt dans l'année.

Comme les trois manières ont leurs inconvénients, la seconde, qui offre du moins quelques avantages, entre autres celui de posséder un trésor, ne fût-ce qu'un mois, est la plus généralement adoptée. Les hommes hardis, que toutes les chances tentent, ont donc, assez souvent, à ce qu'on assure, rouvert les trous creusés par l'homme noir et essayé de voler le diable. Il paraît que l'opération est médiocre. Du moins, s'il faut en croire la tradition et en particulier les deux vers énigmatiques en latin barbare qu'a laissés sur ce sujet un mauvais moine normand, un peu sorcier, appelé Tryphon. Ce Tryphon est enterré à l'abbaye de Saint-Georges de Bocherville près Rouen, et il naît des crapauds sur sa tombe.

On fait donc des efforts énormes, ces fosses-là sont ordinairement très creuses, on sue, on fouille, on travaille toute une nuit, car c'est la nuit que cela se fait, on mouille sa chemise, on brûle sa chandelle, on ébrèche sa pioche, et lorsqu'on est arrivé enfin au fond du trou, lorsqu'on met la main sur « le trésor », que trouve-t-on? qu'est-ce que c'est que le trésor du diable? Un sou, parfois un écu, une pierre, un squelette, un cadavre saignant, quelquefois un spectre plié en quatre comme une feuille de papier dans un portefeuille, quelquefois rien. C'est ce que semblent annoncer aux curieux indiscrets les vers de Tryphon[2] :

> *Fodit, et in fossa thesauros condit opaca,*
> *As, nummos, lapides, cadaver, simulacra, nihilque.*

Il paraît que de nos jours on y trouve aussi, tantôt une poire à poudre avec des balles, tantôt un vieux jeu de cartes gras et roussi qui a évidemment servi aux diables. Tryphon n'enregistre point ces deux dernières trouvailles, attendu que Tryphon vivait au douzième siècle et qu'il ne semble point que le diable ait eu l'esprit d'inventer la poudre avant Roger Bacon et les cartes avant Charles VI.

Du reste, si l'on joue avec ces cartes, on est sûr de perdre tout ce qu'on possède; et quant à la poudre qui est dans la poire, elle a la propriété de vous faire éclater votre fusil à la figure.

Or, fort peu de temps après l'époque où il sembla au ministère public que le forçat libéré Jean Valjean, pendant son évasion de quelques jours, avait rôdé autour de Montfermeil, on remarqua dans ce même village qu'un certain vieux cantonnier appelé Boulatruelle avait « des allures » dans le bois. On croyait savoir dans le pays que ce Boulatruelle avait été au bagne; il était soumis à de certaines surveillances de police, et, comme il ne trouvait d'ouvrage nulle part, l'administration l'employait au rabais comme cantonnier sur le chemin de traverse de Gagny à Lagny.

Ce Boulatruelle était un homme vu de travers par les gens de l'endroit, trop respectueux, trop humble, prompt à ôter son bonnet à tout le monde, tremblant et souriant devant les gendarmes, probablement affilié à des bandes, disait-on, suspect d'embuscade au coin des taillis à la nuit tombante. Il n'avait que cela pour lui qu'il était ivrogne.

Voici ce qu'on croyait avoir remarqué :

Depuis quelque temps, Boulatruelle quittait de fort bonne heure sa besogne d'empierrement et d'entretien de la route et s'en allait dans la forêt avec sa pioche. On le rencontrait vers le soir dans les clairières les plus désertes, dans les fourrés les plus sauvages, ayant l'air de chercher quelque chose, quelquefois creusant des trous. Les bonnes femmes qui passaient le prenaient d'abord pour Belzébuth, puis elles reconnaissaient Boulatruelle, et n'étaient guère plus rassurées. Ces rencontres paraissaient contrarier vivement Boulatruelle. Il était visible qu'il cherchait à se cacher, et qu'il y avait un mystère dans ce qu'il faisait.

On disait dans le village : — C'est clair que le diable a fait quelque apparition. Boulatruelle l'a vu, et cherche. Au fait, il est fichu pour empoigner le magot de Lucifer. — Les voltairiens ajoutaient : Sera-ce Boulatruelle qui attrapera le diable, ou le diable qui attrapera Boulatruelle ? — Les vieilles femmes faisaient beaucoup de signes de croix.

Cependant les manèges de Boulatruelle dans le bois cessèrent, et il reprit régulièrement son travail de cantonnier. On parla d'autre chose.

Quelques personnes toutefois étaient restées curieuses, pensant qu'il y avait probablement dans ceci, non point les fabuleux trésors de la légende, mais quelque bonne aubaine, plus sérieuse et plus palpable que les billets de banque du diable, et dont le cantonnier avait sans doute surpris à moitié le secret. Les plus « intrigués » étaient le maître d'école et le gargotier Thénardier, lequel était l'ami de tout le monde et n'avait point dédaigné de se lier avec Boulatruelle.

— Il a été aux galères ? disait Thénardier. Eh ! mon Dieu ! on ne sait ni qui y est, ni qui y sera.

Un soir le maître d'école affirmait qu'autrefois la justice se serait enquise de ce que Boulatruelle allait faire dans le bois, et qu'il aurait bien fallu qu'il parlât, et qu'on

l'aurait mis à la torture au besoin, et que Boulatruelle n'aurait point résisté, par exemple, à la question de l'eau.
— Donnons-lui la question du vin, dit Thénardier.

On se mit à quatre et l'on fit boire le vieux cantonnier. Boulatruelle but énormément, et parla peu. Il combina, avec un art admirable et dans une proportion magistrale, la soif d'un goinfre avec la discrétion d'un juge. Cependant, à force de revenir à la charge, et de rapprocher et de presser les quelques paroles obscures qui lui échappaient, voici ce que le Thénardier et le maître d'école crurent comprendre :

Boulatruelle, un matin, en se rendant au point du jour à son ouvrage, aurait été surpris de voir dans un coin du bois, sous une broussaille, une pelle et une pioche, *comme qui dirait cachées*. Cependant il aurait pensé que c'étaient probablement la pelle et la pioche du père Six-Fours, le porteur d'eau, et il n'y aurait plus songé. Mais le soir du même jour, il aurait vu, sans pouvoir être vu lui-même, étant masqué par un gros arbre, se diriger de la route vers le plus épais du bois « un particulier qui n'était pas du tout du pays, et que lui, Boulatruelle, connaissait très bien ». Traduction par Thénardier : *un camarade du bagne*. Boulatruelle s'était obstinément refusé à dire le nom. Ce particulier portait un paquet, quelque chose de carré, comme une grande boîte ou un petit coffre. Surprise de Boulatruelle. Ce ne serait pourtant qu'au bout de sept ou huit minutes que l'idée de suivre « le particulier » lui serait venue. Mais il était trop tard, le particulier était déjà dans le fourré, la nuit s'était faite, et Boulatruelle n'avait pu le rejoindre. Alors il avait pris le parti d'observer la lisière du bois. « Il faisait lune. » Deux ou trois heures après, Boulatruelle avait vu ressortir du taillis son particulier portant maintenant, non plus le petit coffre-malle, mais une pioche et une pelle. Boulatruelle avait laissé passer le particulier et n'avait pas eu l'idée de l'aborder, parce qu'il s'était dit que l'autre était trois fois plus fort que lui, et armé d'une pioche, et l'assommerait probablement en le reconnaissant et en se voyant reconnu. Touchante effusion de deux vieux camarades qui se retrouvent. Mais la pelle et la pioche avaient été un trait de lumière pour Boulatruelle; il avait couru à la broussaille du matin, et n'y avait plus trouvé ni pelle ni pioche. Il en avait conclu que son particulier, entré dans le bois, y avait creusé un trou avec la pioche, avait enfoui le coffre, et avait refermé le trou avec la pelle. Or, le coffre était trop petit pour contenir un cadavre, donc il contenait de l'argent. De là ses recherches. Boulatruelle avait exploré, sondé et fureté toute la forêt, et fouillé partout où la terre lui avait paru fraîchement remuée. En vain.

Il n'avait rien « déniché ». Personne n'y pensa plus dans Montfermeil. Il y eut seulement quelques braves commères qui dirent : Tenez pour certain que le cantonnier de Gagny n'a pas fait tout ce triquemaque pour rien ; il est sûr que le diable est venu.

III

Qu'il fallait que la chaîne de la manille eût subi un certain travail préparatoire pour être ainsi brisée d'un coup de marteau

Vers la fin d'octobre[1] de cette même année 1823, les habitants de Toulon virent rentrer dans leur port, à la suite d'un gros temps et pour réparer quelques avaries, le vaisseau l'*Orion* qui a été plus tard employé à Brest comme vaisseau-école et qui faisait alors partie de l'escadre de la Méditerranée.

Ce bâtiment, tout éclopé qu'il était, car la mer l'avait malmené, fit de l'effet en entrant dans la rade. Il portait je ne sais plus quel pavillon qui lui valut un salut réglementaire de onze coups de canon, rendus par lui coup pour coup ; total : vingt-deux. On a calculé qu'en salves, politesses royales et militaires, échanges de tapages courtois, signaux d'étiquette, formalités de rades et de citadelles, levers et couchers de soleil salués tous les jours par toutes les forteresses et tous les navires de guerre, ouvertures et fermetures de portes, etc., etc., le monde civilisé tirait à poudre par toute la terre, toutes les vingt-quatre heures, cent cinquante mille coups de canon inutiles. A six francs le coup de canon, cela fait neuf cent mille francs par jour, trois cents millions par an, qui s'en vont en fumée. Ceci n'est qu'un détail. Pendant ce temps-là les pauvres meurent de faim[2].

L'année 1823 était ce que[3] la Restauration a appelé « l'époque de la guerre d'Espagne ».

Cette guerre contenait beaucoup d'événements dans un seul, et force singularités[4]. Une grosse affaire de famille pour la maison de Bourbon; la branche de France secourant et protégeant la branche de Madrid[5], c'est-à-dire faisant acte d'aînesse; un retour apparent à nos traditions nationales compliqué de servitude et de sujétion aux cabinets du Nord; M. le duc d'Angoulême, surnommé par les feuilles libérales *le héros d'Andujar*[6], comprimant, dans une attitude triomphale un peu contrariée par son air paisible, le vieux terrorisme fort réel du saint-office aux prises avec le terrorisme chimérique des libéraux; les sans-culottes ressuscités au grand effroi des douairières sous le nom de *descamisados;* le monarchisme faisant obstacle au progrès qualifié anarchie; les théories de 89 brusquement interrompues dans la sape; un holà européen intimé à l'idée française faisant son tour du monde; à côté du fils de France généralissime, le prince de Carignan, depuis Charles-Albert, s'enrôlant dans cette croisade des rois contre les peuples comme volontaire avec des épaulettes de grenadier en laine rouge; les soldats de l'empire[7] se remettant en campagne, mais après huit années de repos, vieillis, tristes, et sous la cocarde blanche; le drapeau tricolore agité à l'étranger[8] par une héroïque poignée de Français comme le drapeau blanc l'avait été à Coblentz trente ans auparavant; les moines mêlés à nos troupiers[9]; l'esprit de liberté et de nouveauté mis à la raison par les baïonnettes; les principes matés à[10] coups de canon; la France défaisant par ses armes ce qu'elle avait fait par son esprit[11]; du reste, les chefs ennemis vendus, les soldats hésitants, les villes assiégées par des millions; point[12] de périls militaires et pourtant des explosions possibles, comme dans toute mine surprise et envahie; peu de sang versé, peu d'honneur conquis[13], de la honte pour quelques-uns, de la gloire pour personne; telle fut cette guerre, faite par des princes qui descendaient de Louis XIV et conduite par des généraux qui sortaient de Napoléon. Elle eut ce triste sort de ne rappeler ni la grande guerre ni la grande politique.

Quelques[14] faits d'armes furent sérieux; la prise du Trocadéro, entre autres, fut une belle action militaire; mais en somme, nous le répétons, les trompettes de cette guerre rendent un son fêlé, l'ensemble fut suspect, l'histoire approuve la France dans sa difficulté d'acceptation de ce faux triomphe. Il parut évident que certains officiers espagnols chargés de la résistance cédèrent trop aisément, l'idée de corruption se dégagea de la victoire; il sembla qu'on avait plutôt gagné les généraux que les batailles, et le soldat vainqueur rentra humilié. Guerre diminuante en effet où l'on put lire *Banque de France* dans les plis du drapeau.

Des soldats de la guerre de 1808, sur lesquels s'était formidablement écroulée Saragosse, fronçaient le sourcil en 1823 devant l'ouverture facile des citadelles, et se prenaient à regretter Palafox. C'est l'humeur de la France d'aimer encore mieux avoir devant elle Rostopchine que Ballesteros.

A un point de vue plus grave encore, et sur lequel il convient d'insister aussi, cette guerre, qui froissait en France l'esprit militaire, indignait l'esprit démocratique. C'était une entreprise d'asservissement. Dans cette campagne, le but du soldat français, fils de la démocratie, était la conquête d'un joug pour autrui. Contre-sens hideux. La France est faite pour réveiller l'âme des peuples, non pour l'étouffer. Depuis 1792, toutes les révolutions de l'Europe sont la Révolution française; la liberté rayonne de France. C'est là un fait solaire. Aveugle qui ne le voit pas ! c'est Bonaparte qui l'a dit.

La guerre de 1823, attentat à la généreuse nation espagnole, était donc en même temps un attentat à la Révolution française. Cette voie de fait monstrueuse, c'était la France qui la commettait; de force; car, en dehors des guerres libératrices, tout ce que font les armées, elles le font de force. Le mot *obéissance passive* l'indique. Une armée est un étrange chef-d'œuvre de combinaison où la force résulte d'une somme énorme d'impuissance. Ainsi s'explique la guerre, faite par l'humanité contre l'humanité malgré l'humanité.

Quant aux Bourbons, la guerre de 1823 leur fut fatale. Ils la prirent pour un succès. Ils ne virent point quel danger il y a à faire tuer une idée par une consigne. Ils se méprirent dans leur naïveté au point d'introduire dans leur établissement comme élément de force l'immense affaiblissement d'un crime. L'esprit de guet-apens entra dans leur politique. 1830 germa dans 1823. La campagne d'Espagne devint dans leurs conseils un argument pour les coups de force et pour les aventures de droit divin. La France, ayant rétabli *el rey neto*[15] en Espagne, pouvait bien rétablir le roi absolu chez elle. Ils tombèrent dans cette redoutable erreur de prendre l'obéissance du soldat pour le consentement de la nation. Cette confiance-là perd les trônes. Il ne faut s'endormir, ni à l'ombre d'un mancenillier, ni à l'ombre d'une armée.

Revenons au navire l'*Orion*.

Pendant les opérations de l'armée commandée par le prince-généralissime, une escadre croisait[16] dans la Méditerranée. Nous venons de dire que l'*Orion* était de cette escadre et qu'il fut ramené par des événements de mer dans le port de Toulon[17].

La présence d'un vaisseau de guerre dans un port a je ne sais quoi qui appelle et qui occupe la foule. C'est que cela est grand, et que la foule aime ce qui est grand.

Un vaisseau de ligne est une des plus magnifiques rencontres qu'ait le génie de l'homme avec la puissance de la nature.

Un vaisseau de ligne est composé à la fois de ce qu'il y a de plus lourd et de ce qu'il y a de plus léger, parce qu'il a affaire en même temps aux trois formes de la substance, au solide, au liquide, au fluide, et qu'il doit lutter contre toutes les trois. Il a onze griffes de fer pour saisir le granit au fond de la mer, et plus d'ailes et plus d'antennes que la bigaille[18] pour prendre le vent dans les nuées. Son haleine sort par ses cent vingt canons comme par des clairons énormes, et répond fièrement à la foudre. L'océan cherche à l'égarer dans l'effrayante similitude de ses vagues, mais le vaisseau a son âme, sa boussole, qui le conseille et lui montre toujours le nord. Dans les nuits noires ses fanaux suppléent aux étoiles. Ainsi, contre le vent il a la corde et la toile, contre l'eau le bois, contre le rocher le fer, le cuivre et le plomb, contre l'ombre la lumière, contre l'immensité une aiguille.

Si l'on veut se faire une idée de toutes ces proportions gigantesques dont l'ensemble constitue le vaisseau de ligne, on n'a qu'à entrer sous une des cales couvertes, à six étages, des ports de Brest ou de Toulon. Les vaisseaux en construction sont là sous cloche, pour ainsi dire. Cette poutre colossale, c'est une vergue; cette grosse colonne de bois couchée à terre à perte de vue, c'est le grand mât. A le prendre de sa racine dans la cale à sa cime dans la nuée[19], il est long de soixante toises, et il a trois pieds de diamètre à sa base. Le grand mât anglais s'élève à deux cent dix-sept pieds au-dessus de la ligne de flottaison[20]. La marine de nos pères employait des câbles, la nôtre emploie des chaînes. Le simple tas de chaînes d'un vaisseau de cent canons a quatre pieds de haut, vingt pieds de large, huit pieds de profondeur. Et[21] pour faire ce vaisseau, combien faut-il de bois ? Trois mille stères. C'est une forêt qui flotte.

Et encore, qu'on le remarque bien, il ne s'agit ici que du bâtiment militaire d'il y a quarante ans, du simple navire à voiles ; la vapeur, alors dans l'enfance, a depuis ajouté de nouveaux miracles à ce prodige qu'on appelle le vaisseau de guerre. A l'heure qu'il est, par exemple, le navire mixte à hélice est une machine surprenante traînée par une voilure de trois mille mètres carrés de surface et par une chaudière de la force de deux mille cinq cents chevaux.

Sans parler de ces merveilles nouvelles, l'ancien navire de Christophe Colomb et de Ruyter est un des grands chefs-d'œuvre de l'homme. Il est inépuisable en force comme l'infini en souffles, il emmagasine le vent dans sa voile, il est précis dans l'immense diffusion des vagues, il flotte et il règne.

Il vient une heure pourtant où la rafale brise comme une paille cette vergue de soixante pieds de long, où le vent ploie[22] comme un jonc ce mât de quatre cents pieds de haut, où cette ancre qui pèse dix milliers se tord dans la gueule de la vague comme l'hameçon d'un pêcheur dans la mâchoire d'un brochet, où ces canons monstrueux poussent des rugissements plaintifs et inutiles que l'ouragan emporte dans le vide et dans la nuit, où toute cette puissance et toute cette majesté s'abîment dans une puissance et dans une majesté supérieures.

Toutes les fois qu'une force immense se déploie pour aboutir à une immense faiblesse, cela fait rêver les hommes. De là, dans les ports, les curieux qui abondent, sans qu'ils s'expliquent eux-mêmes parfaitement pourquoi, autour de ces merveilleuses machines de guerre et de navigation.

Tous les jours donc, du matin au soir, les quais, les musoirs et les jetées du port de Toulon étaient couverts d'une quantité d'oisifs et de badauds, comme on dit à Paris, ayant pour affaire de regarder l'*Orion*.

L'*Orion* était un navire malade depuis longtemps. Dans ses navigations antérieures, des couches épaisses de coquillages s'étaient amoncelées sur sa carène au point de lui faire perdre la moitié de sa marche; on l'avait mis à sec l'année précédente pour gratter ces coquillages, puis il avait repris la mer. Mais ce grattage avait altéré les boulonnages de la carène. A la hauteur des Baléares, le bordé s'était fatigué et ouvert, et, comme le vaigrage ne se faisait pas alors en tôle, le navire avait fait de l'eau. Un violent coup d'équinoxe était survenu, qui avait défoncé à bâbord la poulaine et un sabord et endommagé le porte-haubans de misaine. A la suite de ces avaries, l'*Orion* avait regagné Toulon.

Il était mouillé près de l'Arsenal. Il était en armement et on le réparait. La coque n'avait pas été endommagée à tribord, mais quelques bordages y étaient décloués çà et là, selon l'usage, pour laisser pénétrer de l'air dans la carcasse.

Un matin la foule qui le contemplait fut témoin d'un accident.

L'équipage était occupé à enverguer les voiles. Le gabier chargé de prendre l'empointure du grand hunier tribord perdit l'équilibre. On le vit chanceler, la multitude amassée sur le quai de l'Arsenal jeta un cri, la tête emporta le corps, l'homme tourna autour de la vergue, les mains étendues vers l'abîme; il saisit, au passage, le faux marchepied d'une main d'abord, puis de l'autre, et il y resta[23] suspendu. La mer était au-dessous de lui à une profondeur vertigineuse. La secousse de sa chute avait imprimé au faux marchepied un violent mouvement d'escarpolette. L'homme allait et venait au bout de cette corde comme la pierre d'une fronde.

Aller à son secours, c'était courir un risque effrayant. Aucun des matelots, tous pêcheurs de la côte nouvellement levés pour le service, n'osait s'y aventurer. Cependant le malheureux gabier se fatiguait; on ne pouvait voir son angoisse sur son visage, mais on distinguait dans tous ses membres son épuisement. Ses bras se tendaient dans un tiraillement horrible[24]. Chaque effort qu'il faisait pour remonter ne servait qu'à augmenter les oscillations du faux marchepied. Il ne criait pas de peur de perdre de la force. On n'attendait plus que la minute[25] où il lâcherait la corde et par instants toutes les têtes se détournaient afin de ne pas le voir passer. Il y a des moments où un bout de corde, une perche, une branche d'arbre, c'est la vie même, et[26] c'est une chose affreuse de voir un être vivant s'en détacher et tomber comme un fruit mûr[27].

Tout à coup, on aperçut un homme qui grimpait dans le gréement avec l'agilité d'un chat-tigre. Cet homme était vêtu de rouge, c'était un forçat; il avait un bonnet vert, c'était un forçat à vie. Arrivé à la hauteur de la hune, un coup de vent emporta son bonnet et laissa voir une tête toute blanche; ce n'était pas un jeune homme.

Un forçat en effet, employé à bord avec une corvée du bagne, avait dès le premier moment couru à l'officier de quart et au milieu du trouble et de l'hésitation de l'équipage, pendant que tous les matelots tremblaient et reculaient, il avait demandé à l'officier la permission de risquer sa vie pour sauver le gabier. Sur un signe affirmatif de l'officier, il avait rompu d'un coup de marteau la chaîne rivée à la manille de son pied, puis il avait pris une corde, et il s'était élancé dans les haubans. Personne ne remarqua en cet instant-là avec quelle facilité cette chaîne fut brisée. Ce ne fut que plus tard qu'on s'en souvint.

En un clin d'œil il fut sur la vergue. Il s'arrêta quelques secondes et parut la mesurer du regard. Ces secondes, pendant lesquelles le vent balançait le gabier à l'extrémité d'un fil, semblèrent des siècles à ceux qui regardaient. Enfin le forçat leva les yeux au ciel, et fit un pas en avant. La foule respira. On le vit[28] parcourir la vergue en courant. Parvenu à la pointe, il y attacha un bout de la corde qu'il avait apportée, et laissa pendre l'autre bout, puis il se mit à descendre avec les mains le long de cette corde, et alors ce fut une inexprimable angoisse, au lieu d'un homme suspendu sur le gouffre, on en vit deux.

On eût dit une araignée venant saisir une mouche; seulement ici l'araignée apportait la vie et non la mort. Dix mille regards étaient fixés sur ce groupe. Pas un cri, pas une parole, le même frémissement fronçait tous les sourcils. Toutes les bouches retenaient leur haleine, comme si elles eussent craint d'ajouter le moindre souffle au vent qui secouait les deux misérables.

Cependant le forçat était parvenu à s'affaler près du matelot. Il était temps; une minute de plus, l'homme, épuisé et désespéré, se laissait tomber dans l'abîme; le forçat l'avait amarré solidement avec la corde à laquelle il se tenait d'une main pendant qu'il travaillait de l'autre. Enfin on le vit remonter sur la vergue et y haler le matelot; il le soutint là un instant pour lui laisser reprendre des forces, puis il le saisit dans ses bras et le porta, en marchant sur la vergue jusqu'au chouquet, et de là dans le hune où il le laissa dans les mains de ses camarades.

A cet instant la foule applaudit; il y eut de vieux argousins de chiourme qui pleurèrent, les femmes s'embrassaient sur le quai, et l'on entendit toutes les voix crier avec une sorte de fureur attendrie : « La grâce de cet homme ! »

Lui, cependant, s'était mis en devoir de redescendre immédiatement pour rejoindre sa corvée. Pour être plus promptement arrivé, il se laissa glisser dans le gréement et se mit à courir sur une basse vergue. Tous les yeux le suivaient. A un certain moment, on eut peur; soit qu'il fût fatigué, soit que la tête lui tournât, on crut le voir hésiter et chanceler. Tout à coup la foule poussa un grand cri, le forçat venait de tomber à la mer.

La chute était périlleuse. La frégate l'*Algésiras* était mouillée auprès de l'*Orion*, et le pauvre galérien était tombé entre les deux navires. Il était à craindre qu'il ne glissât sous l'un ou sous l'autre. Quatre hommes se jetèrent en hâte dans une embarcation. La foule les encourageait, l'anxiété était de nouveau dans toutes les âmes. L'homme n'était pas remonté à la surface. Il avait disparu dans la mer sans y faire un pli, comme s'il fût tombé dans une tonne d'huile. On sonda, on plongea. Ce fut en vain. On chercha jusqu'au soir; on ne retrouva pas même le corps.

Le lendemain, le journal de Toulon imprimait ces quelques lignes : — « 17 novembre 1823. — Hier, un forçat, de corvée à bord de l'*Orion*, en revenant de porter secours à un matelot, est tombé à la mer et s'est noyé. On n'a pu retrouver son cadavre. On présume qu'il se sera engagé sous les pilotis de la pointe de l'Arsenal. Cet homme était écroué sous le n° 9430 et se nommait Jean Valjean[29]. »

LIVRE TROISIÈME

ACCOMPLISSEMENT DE LA PROMESSE FAITE A LA MORTE[1]

I

La question de l'eau a Montfermeil[2]

Montfermeil est situé entre Livry et Chelles, sur la lisière méridionale de ce haut plateau qui sépare l'Ourcq de la Marne. Aujourd'hui c'est un assez gros bourg, orné, toute l'année, de villas en plâtre, et, le dimanche, de bourgeois épanouis. En 1823, il n'y avait à Montfermeil ni tant de maisons blanches ni tant de bourgeois satisfaits. Ce n'était qu'un village dans les bois. On y rencontrait bien çà et là quelques maisons de plaisance du dernier siècle, reconnaissables à leur grand air, à leurs balcons en fer tordu et à ces longues fenêtres dont les petits carreaux font sur le blanc des volets fermés toutes sortes de verts différents. Mais Montfermeil n'en était pas moins un village. Les marchands de drap retirés et les agréés en villégiature ne l'avaient pas encore découvert. C'était un endroit paisible et charmant, qui n'était sur la route de rien; on y vivait à bon marché de cette vie paysanne si abondante et si facile. Seulement l'eau y était rare à cause de l'élévation du plateau.

Il fallait aller la chercher assez loin. Le bout du village qui est du côté de Gagny puisait son eau aux magnifiques étangs qu'il y a là dans les bois; l'autre bout, qui entoure l'église et qui est du côté de Chelles, ne trouvait d'eau potable qu'à une petite source à mi-côte, près de la route de Chelles, à environ un quart d'heure de Montfermeil.

C'était donc une assez rude besogne pour chaque ménage que cet approvisionnement de l'eau. Les grosses maisons, l'aristocratie, la gargote Thénardier en faisait partie, payaient un liard par seau d'eau à un bonhomme dont c'était l'état et qui gagnait à cette entreprise des eaux de Montfermeil environ huit sous par jour; mais ce bonhomme ne travaillait que jusqu'à sept heures du soir l'été et jusqu'à cinq heures l'hiver, et une fois la nuit venue, une fois les volets des rez-de-chaussée clos, qui n'avait pas d'eau à boire en allait chercher ou s'en passait.

C'était là la terreur de ce pauvre être que le lecteur n'a peut-être pas oublié, de la petite Cosette. On se souvient que Cosette était utile aux Thénardier de deux manières, ils se faisaient payer par la mère et ils se faisaient servir par l'enfant. Aussi quand la mère cessa tout à fait de payer, on vient de lire pourquoi dans les chapitres précédents, les Thénardier gardèrent Cosette. Elle leur remplaçait une servante. En cette qualité, c'était elle qui courait chercher de l'eau quand il en fallait. Aussi l'enfant, fort épouvantée de l'idée d'aller à la source la nuit, avait-elle grand soin que l'eau ne manquât jamais à la maison.

La Noël de l'année 1823 fut particulièrement brillante à Montfermeil. Le commencement de l'hiver avait été doux; il n'avait encore ni gelé ni neigé. Des bateleurs venus de Paris avaient obtenu de M. le maire la permission de dresser leurs baraques dans la grande rue du village, et une bande de marchands ambulants avait, sous la même tolérance, construit ses échoppes sur la place de l'Église et jusque dans la ruelle du Boulanger, où était située, on s'en souvient peut-être, la gargote des Thénardier. Cela emplissait les auberges et les cabarets, et donnait à ce petit pays tranquille une vie bruyante et joyeuse. Nous devons même dire, pour être fidèle historien, que parmi les curiosités étalées sur la place, il y avait une ménagerie dans laquelle d'affreux paillasses, vêtus de loques et venus on ne sait d'où, montraient en 1823 aux paysans de Montfermeil un de ces effrayants vautours du Brésil que notre Muséum royal ne possède que depuis 1845, et qui ont pour œil une cocarde tricolore. Les naturalistes appellent, je crois, cet oiseau *Caracara Polyborus*; il est de l'ordre des apicides et de la famille des vautouriens[3]. Quelques bons vieux soldats bonapartistes retirés dans le village allaient voir cette bête avec dévotion. Les bateleurs donnaient la cocarde tricolore comme un phénomène unique et fait exprès par le bon Dieu pour leur ménagerie[4].

Dans la soirée même de Noël, plusieurs hommes, rouliers et colporteurs, étaient attablés et buvaient autour de quatre ou cinq chandelles dans la salle basse de l'auberge Thénardier. Cette salle ressemblait à toutes les salles de cabaret ; des tables, des brocs d'étain, des bouteilles, des buveurs, des fumeurs ; peu de lumière, beaucoup de bruit. La date de l'année 1823 était pourtant indiquée par les deux objets à la mode alors dans la classe bourgeoise qui étaient sur une table, savoir un kaléidoscope et une lampe de fer-blanc moiré. La Thénardier surveillait le souper qui rôtissait devant un bon feu clair[5] ; le mari Thénardier buvait avec ses hôtes et parlait politique.

Outre[6] les causeries politiques, qui avaient pour objets principaux la guerre d'Espagne et M. le duc d'Angoulême, on entendait dans le brouhaha des parenthèses toutes locales comme celles-ci :

— Du côté de Nanterre et de Suresnes le vin a beau coup donné. Où l'on comptait sur dix pièces on en a eu douze. Cela a beaucoup juté sous le pressoir. — Mais le raisin ne devait pas être mûr ? — Dans ces pays-là il ne faut pas qu'on vendange mûr. Si l'on vendange mûr, le vin tourne au gras sitôt le printemps. — C'est donc tout petit vin ? — C'est des vins encore plus petits que par ici. Il faut qu'on vendange vert. Etc. —

Ou bien, c'était un meunier qui s'écriait :

— Est-ce que nous sommes responsables de ce qu'il y a dans les sacs ? Nous y trouvons un tas de petites graines que nous ne pouvons pas nous amuser à éplucher, et qu'il faut bien laisser passer sous les meules ; c'est l'ivraie, c'est la luzette, la nielle, la vesce, le chènevis, la gaverolle, la queue-de-renard, et une foule d'autres drogues, sans compter les cailloux qui abondent dans de certains blés, surtout dans les blés bretons. Je n'ai pas l'amour de moudre du blé breton, pas plus que les scieurs de long de scier des poutres où il y a des clous. Jugez de la mauvaise poussière que tout cela fait dans le rendement. Après quoi on se plaint de la farine. On a tort. La farine n'est pas notre faute.

Dans un entre-deux de fenêtres, un faucheur, attablé avec un propriétaire qui faisait prix pour un travail de prairie à faire au printemps, disait :

— Il n'y a point de mal que l'herbe soit mouillée. Elle se coupe mieux. La rousée est bonne, monsieur. C'est égal, cette herbe-là, votre herbe, est jeune et bien difficile encore. Que voilà qui est si tendre, que voilà qui plie devant la planche de fer. Etc. —

Cosette était à sa place ordinaire, assise sur la traverse de la table de cuisine près de la cheminée. Elle était en haillons, elle avait ses pieds nus dans des sabots, et elle tricotait à la lueur du feu des bas de laine destinés aux petites Thénardier[7]. Un tout jeune chat jouait sous les chaises. On entendait rire et jaser dans une pièce voisine deux fraîches voix d'enfants ; c'était Éponine et Azelma.

Au coin de la cheminée, un martinet était suspendu à un clou.

Par intervalles, le cri d'un très jeune enfant, qui était quelque part dans la maison, perçait au milieu du bruit du cabaret. C'était un petit garçon que la Thénardier avait eu un des hivers précédents[8], — « sans savoir pourquoi, disait-elle, effet du froid, » — et qui était âgé d'un peu plus de trois ans. La mère l'avait nourri, mais ne l'aimait pas. Quand la clameur acharnée du mioche devenait trop importune : — Ton fils piaille, disait Thénardier, va donc voir ce qu'il veut. — Bah ! répondait la mère, il m'ennuie. — Et le petit abandonné continuait de crier dans les ténèbres.

II

Deux portraits complétés[1]

On n'a encore aperçu dans ce livre les Thénardier que de profil ; le moment est venu de tourner autour de ce couple et de le regarder sous toutes ses faces.

Thénardier venait de dépasser ses cinquante ans ; Mme Thénardier touchait à la quarantaine, qui est la cinquantaine de la femme ; de façon qu'il y avait équilibre d'âge entre la femme et le mari.

Les lecteurs ont peut-être, dès sa première apparition, conservé quelque souvenir de cette Thénardier grande, blonde, rouge, grasse, charnue, carrée, énorme et agile ; elle tenait, nous l'avons dit, de la race de ces sauvagesses colosses qui se cambrent dans les foires avec des pavés pendus à leur chevelure. Elle faisait tout dans le logis, les lits, les chambres, la lessive, la cuisine, la pluie, le beau temps, le diable. Elle avait pour tout domestique Cosette ; une souris au service d'un éléphant. Tout tremblait au son de sa voix, les vitres, les meubles et les gens. Son large visage, criblé de taches de rousseur, avait l'aspect d'une écumoire. Elle avait de la barbe. C'était l'idéal d'un fort de la halle habillé en fille. Elle jurait splendidement; elle se vantait de casser une noix d'un coup de poing. Sans les romans qu'elle avait lus, et qui, par moments, faisaient bizarrement reparaître la mijaurée sous l'ogresse, jamais l'idée ne fût venue à personne de dire d'elle : c'est une femme. Cette Thénardier était comme le produit de la greffe d'une donzelle sur une poissarde. Quand on l'entendait parler, on disait : C'est un gendarme; quand on la regardait boire, on disait : C'est un charretier; quand on la voyait manier Cosette, on disait : C'est le bourreau. Au repos, il lui sortait de la bouche une dent.

Le Thénardier était un homme petit, maigre, blême, anguleux, osseux, chétif, qui avait l'air malade et qui se portait à merveille; sa fourberie commençait là. Il souriait habituellement par précaution, et était poli à peu près avec tout le monde, même avec le mendiant auquel il refusait un liard. Il avait le regard d'une fouine et la mine d'un homme de lettres. Il ressemblait beaucoup aux portraits de l'abbé Delille. Sa coquetterie consistait à boire avec les rouliers. Personne n'avait jamais pu le griser. Il fumait dans une grosse pipe. Il portait une blouse et sous sa blouse un vieil habit noir. Il avait des prétentions à la littérature et au matérialisme. Il y avait des noms qu'il prononçait souvent, pour appuyer les choses quelconques qu'il disait, Voltaire, Raynal, Parny, et, chose bizarre, saint Augustin. Il affirmait avoir « un système ». Du reste fort escroc. Un *filousophe*. Cette nuance existe. On se souvient qu'il prétendait avoir servi; il contait avec quelque luxe qu'à Waterloo, étant sergent dans un 6ᵉ ou un 9ᵉ léger quelconque, il avait, seul contre un escadron de hussards de la Mort, couvert de son corps et sauvé à travers la mitraille « un général dangereusement blessé ». De là, venait, pour son mur, sa flamboyante enseigne, et, pour son auberge, dans le pays, le nom de « cabaret du sergent de Waterloo ». Il était libéral, classique et bonapartiste. Il avait souscrit pour le champ d'Asile[2]. On disait dans le village qu'il avait étudié pour être prêtre.

Nous croyons qu'il avait simplement étudié en Hollande pour être aubergiste. Ce gredin de l'ordre composite était, selon les probabilités, quelque Flamand de Lille en Flandre, Français à Paris, Belge à Bruxelles, commodément à cheval sur deux frontières. Sa prouesse à Waterloo, on la connaît. Comme on voit, il l'exagérait un peu. Le flux et le reflux, le méandre, l'aventure, était l'élément de son existence; conscience déchirée entraîne vie décousue; et vraisemblablement, à l'orageuse époque du 18 juin 1815, Thénardier appartenait à cette variété de cantiniers maraudeurs dont nous avons parlé, battant l'estrade, vendant à ceux-ci, volant ceux-là, et roulant en famille, homme, femme et enfants, dans quelque carriole boiteuse, à la suite des troupes en marche, avec l'instinct de se rattacher toujours à l'armée victorieuse. Cette campagne faite, ayant, comme il disait, « du quibus », il était venu ouvrir gargote à Montfermeil.

Ce quibus, composé des bourses et des montres, des bagues d'or et des croix d'argent récoltées au temps de la moisson dans les sillons ensemencés de cadavres, ne faisait pas un gros total et n'avait pas mené bien loin ce vivandier passé gargotier.

Thénardier avait ce je ne sais quoi de rectiligne dans le geste qui, avec un juron, rappelle la caserne et, avec un signe de croix, le séminaire. Il était beau parleur. Il se laissait croire savant. Néanmoins, le maître d'école avait remarqué qu'il faisait — « des cuirs ». Il composait la carte à payer des voyageurs avec supériorité, mais des yeux exercés y trouvaient parfois des fautes d'orthographe. Thénardier était sournois, gourmand, flâneur et habile. Il ne dédaignait pas ses servantes, ce qui faisait que sa femme n'en avait plus. Cette géante était jalouse. Il lui semblait que ce petit homme maigre et jaune devait être l'objet de la convoitise universelle.

Thénardier, par-dessus tout, homme d'astuce et d'équilibre, était un coquin du genre tempéré. Cette espèce est la pire; l'hypocrisie s'y mêle.

Ce n'est pas que Thénardier ne fût dans l'occasion capable de colère au moins autant que sa femme; mais cela était très rare, et dans ces moments-là, comme il en voulait au genre humain tout entier, comme il avait en lui une profonde fournaise de haine, comme il était de ces gens qui se vengent perpétuellement, qui accusent tout ce qui passe devant eux de tout ce qui est tombé sur eux, et qui sont toujours prêts à jeter sur le premier venu, comme légitime grief, le total des déceptions, des banqueroutes et des calamités de leur vie, comme tout ce levain se soulevait en lui et lui bouillonnait dans la bouche et dans les yeux, il était épouvantable. Malheur à qui passait sous sa fureur alors !

Outre toutes ses autres qualités, Thénardier était attentif et pénétrant, silencieux ou bavard à l'occasion, et toujours avec une haute intelligence. Il avait quelque chose du regard des marins accoutumés à cligner des yeux dans les lunettes d'approche. Thénardier était un homme d'État.

Tout nouveau venu qui entrait dans la gargote disait en voyant la Thénardier : Voilà le maître de la maison. Erreur. Elle n'était même pas la maîtresse. Le maître et la maîtresse, c'était le mari. Elle faisait, il créait. Il dirigeait tout par une sorte d'action magnétique invisible et continuelle. Un mot lui suffisait, quelquefois un signe ; le mastodonte obéissait. Le Thénardier était pour la Thénardier, sans qu'elle s'en rendît trop compte, une espèce d'être particulier et souverain. Elle avait les vertus de sa façon d'être ; jamais, eût-elle été en dissentiment sur un détail avec « monsieur Thénardier », hypothèse du reste inadmissible, elle n'eût donné publiquement tort à son mari, sur quoi que ce soit. Jamais elle n'eût commis « devant des étrangers » cette faute que font si souvent les femmes, et qu'on appelle, en langage parlementaire : découvrir la couronne Quoique leur accord n'eût pour résultat que le mal, il y avait de la contemplation dans la soumission de la Thénardier à son mari. Cette montagne de bruit et de chair se mouvait sous le petit doigt de ce despote frêle. C'était, vu par son côté nain et grotesque, cette grande chose universelle : l'adoration de la matière pour l'esprit ; car de certaines laideurs ont leur raison d'être dans les profondeurs mêmes de la beauté éternelle. Il y avait de l'inconnu dans Thénardier ; de là l'empire absolu de cet homme sur cette femme. A de certains moments, elle le voyait comme une chandelle allumée ; dans d'autres, elle le sentait comme une griffe.

Cette femme était une créature formidable qui n'aimait que ses enfants et ne craignait que son mari. Elle était mère parce qu'elle était mammifère. Du reste, sa maternité s'arrêtait à ses filles, et, comme on le verra, ne s'étendait pas jusqu'aux garçons. Lui, l'homme, n'avait qu'une pensée : s'enrichir.

Il n'y réussissait point. Un digne théâtre manquait à ce grand talent. Thénardier à Montfermeil se ruinait, si la ruine est possible à zéro; en Suisse ou dans les Pyrénées, ce sans-le-sou serait devenu millionnaire. Mais où le sort attache l'aubergiste, il faut qu'il broute.

On comprend que le mot *aubergiste* est employé ici dans un sens restreint, et qui ne s'étend pas à une classe entière.

En cette même année 1823, Thénardier était endetté d'environ quinze cents francs de dettes criardes, ce qui le rendait soucieux.

Quelle que fût envers lui l'injustice opiniâtre de la destinée, le Thénardier était un des hommes qui comprenaient le mieux, avec le plus de profondeur et de la façon la plus moderne, cette chose qui est une vertu chez les peuples barbares et une marchandise chez les peuples civilisés, l'hospitalité. Du reste braconnier admirable et cité pour son coup de fusil. Il avait un certain rire froid et paisible qui était particulièrement dangereux.

Ses théories d'aubergiste jaillissaient quelquefois de lui par éclairs. Il avait des aphorismes professionnels qu'il insérait dans l'esprit de sa femme. — « Le devoir de l'aubergiste, lui disait-il un jour violemment et à voix basse, c'est de vendre au premier venu du fricot, du repos, de la lumière, du feu, des draps sales, de la bonne, des puces, du sourire; d'arrêter les passants, de vider les petites bourses et d'alléger honnêtement les grosses, d'abriter avec respect les familles en route, de râper l'homme, de plumer la femme, d'éplucher l'enfant; de coter la fenêtre ouverte, la fenêtre fermée, le coin de la cheminée, le fauteuil, la chaise, le tabouret, l'escabeau, le lit de plume, le matelas et la botte de paille; de savoir de combien l'ombre use le miroir et de tarifer cela, et, par les cinq cent mille diables, de faire tout payer au voyageur, jusqu'aux mouches que son chien mange ! »

Cet homme et cette femme, c'était ruse et rage mariées ensemble, attelage hideux et terrible.

Pendant que le mari ruminait et combinait, la Thénardier, elle, ne pensait pas aux créanciers absents, n'avait souci d'hier ni de demain, et vivait avec emportement, toute dans la minute.

Tels étaient ces deux êtres. Cosette était entre eux, subissant leur double pression, comme une créature qui serait à la fois broyée par une meule et déchiquetée par une tenaille. L'homme et la femme avaient chacun une manière différente ; Cosette était rouée de coups, cela venait de la femme ; elle allait pieds nus l'hiver, cela venait du mari.

Cosette montait, descendait, lavait, brossait, frottait, balayait, courait, trimait, haletait, remuait des choses lourdes, et, toute chétive, faisait les grosses besognes. Nulle pitié ; une maîtresse farouche, un maître venimeux. La gargote Thénardier était comme une toile où Cosette était prise et tremblait. L'idéal de l'oppression était réalisé par cette domesticité sinistre. C'était quelque chose comme la mouche servante des araignées.

La pauvre enfant, passive, se taisait.

Quand elles se trouvent ainsi, dès l'aube, toutes petites, toutes nues, parmi les hommes, que se passe-t-il dans ces âmes qui viennent de quitter Dieu ?

III

IL FAUT DU VIN AUX HOMMES ET DE L'EAU AUX CHEVAUX

Il était arrivé quatre nouveaux voyageurs.

Cosette songeait tristement ; car, quoiqu'elle n'eût que huit ans[1] elle avait déjà tant souffert qu'elle rêvait avec l'air lugubre d'une vieille femme.

Elle avait la paupière noire d'un coup de poing que la Thénardier lui avait donné, ce qui faisait dire de temps en temps à la Thénardier : — Est-elle laide avec son pochon sur l'œil[2] !

Cosette pensait donc qu'il était nuit, très nuit[3], qu'il avait fallu remplir à l'improviste les pots et les carafes dans les chambres des voyageurs survenus, et qu'il n'y avait plus d'eau dans la fontaine.

Ce qui la rassurait un peu, c'est qu'on ne buvait pas beaucoup d'eau dans la maison Thénardier. Il ne manquait pas là de gens qui avaient soif ; mais c'était de cette soif qui s'adresse plus volontiers au broc qu'à la cruche. Qui eût demandé un verre d'eau parmi ces verres de vin eût semblé un sauvage à tous ces hommes. Il y eut pourtant un moment où l'enfant trembla : la Thénardier souleva le couvercle d'une casserole qui bouillait sur le fourneau, puis saisit un verre et s'approcha vivement de la fontaine. Elle tourna le robinet, l'enfant avait levé la tête et suivait tous ses mouvements. Un maigre filet d'eau coula du robinet et remplit le verre à moitié. — Tiens, dit-elle, il n'y a plus d'eau !

Puis elle eut un moment de silence. L'enfant ne respirait pas.

— Bah, reprit la Thénardier en examinant le verre à demi plein, il y en aura assez comme cela.

Cosette se remit à son travail, mais pendant plus d'un quart d'heure elle sentit son cœur sauter comme un gros flocon dans sa poitrine. Elle comptait les minutes qui s'écoulaient ainsi[i], et eût bien voulu être au lendemain matin.

De temps en temps, un des buveurs regardait dans la rue et s'exclamait : — Il fait noir comme dans un four ! — ou : — Il faut être chat pour aller dans la rue sans lanterne à cette heure-ci ! — Et Cosette tressaillait.

Tout à coup, un des marchands colporteurs[4] logés dans l'auberge entra, et dit d'une voix dure :

— On n'a pas donné à boire à mon cheval.

— Si fait vraiment, dit la Thénardier.

— Je vous dis que non, la mère, reprit le marchand.

Cosette était sortie de dessous la table.

— Oh ! si ! monsieur ! dit-elle, le cheval a bu, il a bu[5] dans le seau, plein le seau, et même que c'est moi qui lui ai porté à boire, et je lui ai parlé[6].

Cela n'était pas vrai. Cosette mentait.

— En voilà une qui est grosse comme le poing et qui ment gros comme la maison, s'écria[7] le marchand. Je te dis qu'il n'a pas bu, petite drôlesse ! Il a une manière de souffler quand il n'a pas bu que je connais bien.

Cosette persista, et ajouta d'une voix enrouée par l'angoisse et qu'on entendait[8] à peine :

— Et même qu'il a bien bu !

— Allons, reprit le marchand avec colère, ce n'est pas tout ça, qu'on donne à boire à mon cheval et que cela finisse !

Cosette rentra sous la table.

— Au fait, c'est juste, dit la Thénardier, si cette bête n'a pas bu, il faut qu'elle boive.

Puis, regardant autour d'elle :
— Eh bien, où est donc cette autre ?

Elle se pencha et découvrit Cosette blottie à l'autre bout de la table, presque sous les pieds des buveurs.

— Vas-tu venir ? cria la Thénardier.

Cosette sortit de l'espèce de trou où elle s'était cachée. La Thénardier reprit :

— Mademoiselle Chien-faute-de-nom, va porter à boire à ce cheval.

— Mais, madame, dit Cosette faiblement, c'est qu'il n'y a pas d'eau.

La Thénardier ouvrit toute grande la porte de la rue.

— Eh bien, va en chercher !

Cosette baissa la tête, et alla prendre un seau vide qui était au coin de la cheminée. Ce seau était plus grand qu'elle, et l'enfant aurait pu s'asseoir dedans et y tenir à l'aise.

La Thénardier se remit à son fourneau, et goûta avec une cuillère de bois ce qui était dans la casserole, tout en grommelant :

— Il y en a à la source. Ce n'est pas plus malin que ça. Je crois que j'aurais mieux fait de passer mes oignons.

Puis elle fouilla dans un tiroir où il y avait des sous, du poivre et des échalotes.

— Tiens, mamzelle Crapaud, ajouta-t-elle, en revenant tu prendras un gros pain chez le boulanger. Voilà une pièce-quinze-sous.

Cosette avait une petite poche de côté à son tablier ; elle prit la pièce sans dire un mot, et la mit dans cette poche.

Puis elle resta immobile, le seau à la main, la porte ouverte devant elle. Elle semblait attendre qu'on vînt à son secours.

— Va donc ! cria la Thénardier.

Cosette sortit. La porte se referma.

IV

Entrée en scène d'une poupée

La file de boutiques en plein vent qui partait de l'église se développait, on s'en souvient, jusqu'à l'auberge Thénardier. Ces boutiques, à cause du passage prochain des bourgeois allant à la messe de minuit, étaient toutes illuminées de chandelles brûlant dans des entonnoirs de papier, ce qui, comme le disait le maître d'école de Montfermeil attablé en ce moment chez Thénardier, faisait « un effet magique ». En revanche, on ne voyait pas une étoile au ciel.

La dernière de ces baraques, établie précisément en face de la porte des Thénardier, était une boutique de bimbeloterie, toute reluisante de clinquants, de verroteries et de choses magnifiques en fer-blanc. Au premier rang, et en avant, le marchand avait placé, sur un fond de serviettes blanches, une immense poupée haute de près de deux pieds qui était vêtue d'une robe de crêpe rose avec des épis d'or sur la tête et qui avait de vrais cheveux et des yeux en émail. Tout le jour, cette merveille avait été étalée à l'ébahissement des passants de moins de dix ans, sans qu'il se fût trouvé à Montfermeil une mère assez riche, ou assez prodigue, pour la donner à son enfant. Éponine et Azelma avaient passé des heures à la contempler, et Cosette elle-même, furtivement, il est vrai, avait osé la regarder.

Au moment où Cosette sortit, son seau à la main, si morne et si accablée qu'elle fût, elle ne put s'empêcher de lever les yeux sur cette prodigieuse poupée, vers *la dame,* comme elle l'appelait. La pauvre enfant s'arrêta pétrifiée. Elle n'avait pas encore vu cette poupée de près[1]. Toute cette boutique lui semblait un palais; cette poupée n'était pas une poupée, c'était une vision. C'étaient la joie, la splendeur, la richesse, le bonheur, qui apparaissaient dans une sorte de rayonnement chimérique à ce malheureux petit être englouti si profondément dans une misère funèbre et froide. Cosette mesurait avec cette sagacité naïve et triste de l'enfance l'abîme qui la séparait de cette poupée. Elle se disait qu'il fallait être reine ou au moins princesse pour avoir une « chose » comme cela. Elle considérait cette belle robe rose, ces beaux cheveux lisses, et elle pensait : Comme elle doit être heureuse, cette poupée-là ! Ses yeux ne pouvaient se détacher de cette boutique fantastique. Plus elle regardait, plus elle s'éblouissait. Elle croyait voir le paradis. Il y avait d'autres poupées derrière la grande qui lui paraissaient des fées et des génies. Le marchand qui allait et venait au fond de sa baraque lui faisait un peu l'effet d'être le Père éternel.

Dans cette adoration, elle oubliait tout, même la commission dont elle était chargée. Tout à coup, la voix rude de la Thénardier la rappela à la réalité : — Comment, péronnelle, tu n'es pas partie ! Attends ! je vais à toi ! Je vous demande un peu ce qu'elle fait là ! Petit monstre, va !

La Thénardier avait jeté un coup d'œil dans la rue et aperçu Cosette en extase.

Cosette s'enfuit emportant son seau et faisant les plus grands pas qu'elle pouvait.

V

La petite toute seule

Comme l'auberge Thénardier était dans cette partie du village qui est près de l'église, c'était à la source du bois du côté de Chelles que Cosette devait aller puiser de l'eau.

Elle ne regarda plus un seul étalage de marchand. Tant qu'elle fut dans la ruelle du Boulanger et dans les environs de l'église, les boutiques illuminées éclairaient le chemin, mais bientôt la dernière lueur de la dernière baraque disparut. La pauvre enfant se trouva dans l'obscurité. Elle s'y enfonça. Seulement, comme une certaine émotion la gagnait, tout en marchant elle agitait le plus qu'elle pouvait l'anse du seau. Cela faisait un bruit qui lui tenait compagnie.

Plus elle cheminait, plus les ténèbres devenaient épaisses[1]. Il n'y avait plus personne dans les rues. Pourtant, elle rencontra une femme qui se retourna en la voyant passer, et qui resta immobile, marmottant[2] entre ses lèvres : « Mais où peut donc aller cet enfant[3] ? Est-ce que c'est un enfant-garou ? » Puis la femme reconnut Cosette. « Tiens, dit-elle, c'est l'Alouette ! »

Cosette traversa ainsi le labyrinthe de rues tortueuses et désertes qui termine du côté de Chelles le village de Montfermeil. Tant qu'elle eut des maisons et même seulement des murs des deux côtés de son chemin, elle alla assez hardiment. De temps en temps, elle voyait le rayonnement d'une chandelle à travers la fente d'un volet, c'était de la lumière et de la vie, il y avait là des gens, cela la rassurait. Cependant, à mesure qu'elle

avançait, sa marche se ralentissait comme machinalement. Quand elle eut passé l'angle de la dernière maison, Cosette s'arrêta. Aller au delà de la dernière boutique, cela avait été difficile ; aller plus loin que la dernière maison, cela devenait impossible. Elle posa le seau à terre, plongea sa main dans ses cheveux et se mit à se gratter lentement la tête, geste propre aux enfants terrifiés et indécis. Ce n'était plus Montfermeil, c'étaient les champs. L'espace noir et désert était devant elle. Elle regarda avec désespoir cette obscurité où il n'y avait plus personne, où il y avait des bêtes, où il y avait peut-être des revenants. Elle regarda bien, et elle entendit les bêtes qui marchaient dans l'herbe, et elle vit distinctement les revenants qui remuaient dans les arbres. Alors elle ressaisit le seau, la peur lui donna de l'audace :
— Bah ! dit-elle, je lui dirai qu'il n'y avait plus d'eau !

Et elle rentra résolument dans Montfermeil.

A peine eut-elle fait cent pas qu'elle s'arrêta encore, et se remit à se gratter la tête. Maintenant, c'était la Thénardier qui lui apparaissait ; la Thénardier hideuse avec sa bouche d'hyène et la colère flamboyante dans les yeux. L'enfant jeta[4] un regard lamentable en avant et en arrière. Que faire ? que devenir ? où aller ? Devant elle le spectre de la Thénardier ; derrière elle tous les fantômes de la nuit et des bois. Ce fut devant la Thénardier qu'elle recula. Elle reprit le chemin de la source et se mit à courir. Elle sortit du village en courant, elle entra dans le bois en courant, ne regardant plus rien, n'écoutant plus rien. Elle n'arrêta sa course que lorsque la respiration lui manqua, mais elle n'interrompit point sa marche. Elle allait devant elle, éperdue.

Tout en courant, elle avait envie de pleurer[5].

Le frémissement nocturne de la forêt l'enveloppait tout entière. Elle ne pensait plus, elle ne voyait plus. L'immense nuit faisait face à ce petit être. D'un côté, toute l'ombre ; de l'autre, un atome[6].

Il n'y avait que sept ou huit minutes de la lisière du bois à la source. Cosette connaissait le chemin pour l'avoir fait bien souvent[7] le jour. Chose étrange, elle ne se perdit pas. Un reste d'instinct la conduisait vaguement. Elle ne jetait cependant les yeux ni à droite ni à gauche, de crainte de voir des choses dans les branches et dans les broussailles. Elle arriva ainsi à la source.

C'était une étroite cuve naturelle creusée par l'eau dans un sol glaiseux, profonde d'environ deux pieds, entourée de mousses et de ces grandes herbes gaufrées qu'on appelle collerettes de Henri IV, et pavée[8] de quelques grosses pierres. Un ruisseau s'en échappait avec un petit bruit tranquille.

Cosette ne prit pas le temps de respirer. Il faisait très noir, mais elle avait l'habitude de venir à cette fontaine[9]. Elle chercha de la main gauche dans l'obscurité un jeune chêne incliné sur la source qui lui servait ordinairement de point d'appui, rencontra une branche, s'y suspendit, se pencha et plongea[10] le seau dans l'eau. Elle était dans un moment si violent que ses forces étaient triplées. Pendant qu'elle était ainsi penchée, elle ne fit pas attention que la poche de son tablier se vidait dans la source. La pièce de quinze sous tomba dans l'eau. Cosette ne la vit ni ne l'entendit tomber. Elle retira le seau presque plein et le posa sur l'herbe.

Cela fait, elle s'aperçut qu'elle était épuisée de lassitude[11]. Elle eût bien voulu repartir tout de suite; mais l'effort de remplir le seau avait été tel qu'il lui fut impossible de faire un pas. Elle fut bien forcée de s'asseoir. Elle se laissa tomber sur l'herbe et y demeura accroupie. Elle ferma les yeux, puis elle les rouvrit, sans savoir pourquoi, mais ne pouvant faire autrement.

A côté d'elle l'eau agitée dans le seau faisait des cercles qui ressemblaient à des serpents de feu blanc.

Au-dessus de sa tête, le ciel était couvert de vastes nuages noirs[12] qui étaient comme des pans de fumée. Le tragique masque de l'ombre semblait se pencher vaguement sur cet enfant[13].

Jupiter se couchait[14] dans les profondeurs.

L'enfant regardait d'un œil égaré cette grosse étoile qu'elle ne connaissait pas et qui lui faisait peur. La planète[15], en effet, était en ce moment très près de l'horizon et traversait une épaisse couche de brume qui lui donnait une rougeur horrible[16]. La brume, lugubrement empourprée, élargissait l'astre. On eût dit une plaie lumineuse.

Un vent froid soufflait de la plaine. Le bois était ténébreux, sans aucun froissement de feuilles, sans aucune de ces vagues et fraîches lueurs de l'été[17]. De grands branchages s'y dressaient affreusement. Des buissons chétifs et difformes sifflaient dans les clairières. Les hautes herbes fourmillaient sous la bise comme des anguilles. Les ronces se tordaient comme de longs bras armés de griffes cherchant à prendre[18] des proies; quelques bruyères sèches, chassées par le vent, passaient rapidement et avaient l'air de s'enfuir avec épouvante devant quelque chose qui arrivait. De tous les côtés il y avait des étendues lugubres.

L'obscurité est vertigineuse. Il faut à l'homme de la clarté. Quiconque s'enfonce dans le contraire du jour se sent le cœur serré. Quand l'œil voit noir, l'esprit voit trouble. Dans l'éclipse, dans la nuit, dans l'opacité fuligineuse, il y a de l'anxiété, même pour les plus forts. Nul ne marche seul la nuit dans la forêt sans tremblement. Ombres et arbres, deux épaisseurs redoutables. Une réalité chimérique apparaît dans la profondeur indistincte. L'inconcevable s'ébauche à quelques pas de vous avec une netteté spectrale. On voit flotter, dans l'espace ou dans son propre cerveau, on ne sait quoi de vague et d'insaisissable comme les rêves des fleurs endormies. Il y a des attitudes farouches sur l'horizon. On aspire les effluves du grand vide noir. On a peur et envie de regarder derrière soi. Les cavités de la nuit, les choses devenues hagardes, des profils taciturnes qui se dissipent quand on avance, des échevellements obscurs, des touffes irritées, des flaques livides, le lugubre reflété dans le funèbre, l'immensité sépulcrale du silence, les êtres inconnus possibles, des penchements de branches mystérieux, d'effrayants torses d'arbres, de longues poignées d'herbes frémissantes, on est sans défense contre tout cela. Pas de hardiesse qui ne tressaille et qui ne sente le voisinage de l'angoisse. On éprouve quelque chose de hideux comme si l'âme s'amalgamait à l'ombre. Cette pénétration des ténèbres est inexprimablement sinistre dans un enfant.

Les forêts sont des apocalypses; et le battement d'ailes d'une petite âme fait un bruit d'agonie sous leur voûte monstrueuse.

Sans se rendre compte de ce qu'elle éprouvait, Cosette se sentait saisir par cette énormité[19] noire de la nature. Ce n'était plus seulement de la terreur qui la gagnait[20], c'était quelque chose de plus terrible même que la terreur. Elle frissonnait. Les expressions manquent pour dire ce qu'avait d'étrange ce frisson qui la glaçait jusqu'au fond du cœur. Son œil était devenu farouche. Elle croyait sentir qu'elle ne pourrait peut-être pas s'empêcher de revenir là à la même heure le lendemain.

Alors, par une sorte d'instinct, pour sortir de cet état singulier qu'elle ne comprenait pas, mais qui l'effrayait, elle se mit[21] à compter à haute voix un, deux, trois, quatre, jusqu'à dix, et, quand elle eut fini, elle recommença. Cela lui rendit la perception vraie des choses qui l'entouraient. Elle sentit le froid à ses mains qu'elle avait mouillées en puisant de l'eau. Elle se leva. La peur lui était revenue, une peur naturelle et insurmontable. Elle n'eut plus qu'une pensée, s'enfuir ; s'enfuir à toutes jambes, à travers bois, à travers champs, jusqu'aux maisons, jusqu'aux fenêtres, jusqu'aux chandelles allumées. Son regard tomba sur le seau qui était devant elle. Tel était l'effroi que lui inspirait la Thénardier qu'elle n'osa pas s'enfuir sans le seau d'eau. Elle saisit l'anse à deux mains. Elle eut de la peine à soulever le seau.

Elle fit ainsi une douzaine de pas, mais le seau était plein, il était lourd, elle fut forcée de le reposer à terre. Elle respira un instant, puis elle enleva l'anse de nouveau, et se remit à marcher, cette fois un peu plus longtemps. Mais il fallut s'arrêter encore. Après quelques secondes de repos, elle repartit. Elle marchait penchée en avant, la tête baissée, comme une vieille[22]. Le poids du seau tendait et roidissait ses bras maigres. L'anse de fer achevait d'engourdir et de geler ses petites mains mouillées ; de temps en temps elle était forcée de s'arrêter, et chaque fois qu'elle s'arrêtait l'eau froide qui débordait du seau tombait sur ses jambes nues. Cela se passait au fond d'un bois, la nuit, en hiver, loin de tout regard humain ; c'était un enfant de huit ans[23]. Il n'y avait que Dieu en ce moment qui voyait cette chose triste.

Et sans doute sa mère, hélas ! Car il est des choses qui font ouvrir les yeux aux mortes dans leur tombeau.

Elle soufflait avec une sorte de râlement douloureux ; des sanglots lui serraient la gorge ; mais elle n'osait pas pleurer, tant elle avait peur de la Thénardier, même loin. C'était son habitude de se figurer toujours[24] que la Thénardier était là.

Cependant elle ne pouvait pas faire beaucoup de chemin de la sorte, et elle allait bien lentement. Elle avait beau diminuer la durée des stations et marcher entre chaque le plus longtemps possible, elle pensait avec angoisse qu'il lui faudrait plus d'une heure pour retourner ainsi à Montfermeil et que la Thénardier la battrait. Cette angoisse se mêlait à son épouvante d'être seule dans le bois la nuit. Elle était harassée de fatigue et n'était pas encore sortie de la forêt. Parvenue près d'un vieux châtaignier qu'elle connaissait, elle fit une dernière halte plus longue que les autres pour se bien reposer, puis elle rassembla toutes ses forces, reprit le seau et se remit à marcher courageusement. Cependant le pauvre petit être désespéré ne put s'empêcher de s'écrier : O mon Dieu! mon Dieu!

En ce moment, elle sentit tout à coup que le seau ne pesait plus rien. Une main, qui lui parut énorme, venait de saisir l'anse et la soulevait vigoureusement. Elle leva la tête. Une grande forme noire, droite et debout, marchait auprès d'elle dans l'obscurité. C'était un homme qui était arrivé derrière elle et qu'elle n'avait pas entendu venir. Cet homme, sans dire un mot, avait empoigné l'anse du seau qu'elle portait.

Il y a des instincts pour toutes les rencontres de la vie. L'enfant n'eut pas peur.

VI

Qui peut-être prouve l'intelligence de Boulatruelle[1]

Dans l'après-midi de cette même journée de Noël 1823, un homme se promena assez longtemps dans la partie la plus déserte du boulevard de l'Hôpital à Paris. Cet homme avait l'air de quelqu'un qui cherche un logement, et semblait s'arrêter de préférence aux plus modestes[2] maisons de cette lisière délabrée du faubourg Saint-Marceau.

On verra plus loin que cet homme avait en effet loué une chambre dans ce quartier isolé.

Cet homme, dans son vêtement comme dans toute sa personne, réalisait le type de ce qu'on pourrait nommer le mendiant de bonne compagnie, l'extrême misère combinée avec l'extrême propreté. C'est là un mélange assez rare qui inspire aux cœurs intelligents ce double respect qu'on éprouve pour celui qui est très pauvre et pour celui qui est très digne. Il avait un chapeau rond fort vieux et fort brossé, une redingote râpée jusqu'à la corde en gros drap jaune d'ocre, couleur qui n'avait rien de trop bizarre à cette époque, un grand gilet à poches de forme séculaire, des culottes noires devenues grises aux genoux, des bas de laine noire et d'épais souliers à boucles de cuivre. On eût dit un ancien précepteur de bonne maison revenu de l'émigration. A ses cheveux tout blancs, à son front ridé, à ses lèvres livides, à son visage où tout respirait l'accablement et la lassitude de la vie, on lui eût supposé beaucoup plus de soixante ans. A sa démarche ferme, quoique lente, à la vigueur singulière empreinte dans tous ses mouvements, on lui en eût donné à peine cinquante. Les rides de son front étaient bien placées, et eussent prévenu en sa faveur quelqu'un qui l'eût observé avec attention[3]. Sa lèvre se contractait avec un pli étrange, qui semblait sévère et qui était humble. Il y avait au fond de son regard on ne sait quelle sérénité lugubre. Il portait de la main gauche un petit paquet noué dans un mouchoir; de la droite il s'appuyait sur une espèce de bâton coupé dans une haie. Ce bâton avait été travaillé avec quelque soin, et n'avait pas trop méchant air; on avait tiré parti des nœuds, et on lui avait figuré un pommeau de corail avec de la cire rouge; c'était un gourdin, et cela semblait une canne.

Il y a peu de passants sur ce boulevard, surtout l'hiver. Cet homme, sans affectation pourtant, paraissait les éviter plutôt que les chercher.

A cette époque le roi Louis XVIII allait presque tous les jours à Choisy-le-Roi. C'était une de ses promenades favorites. Vers deux heures, presque invariablement, on voyait la voiture et la cavalcade royale passer ventre à terre sur le boulevard de l'Hôpital[4].

Cela[5] tenait lieu de montre et d'horloge aux pauvresses du quartier qui disaient : — Il est deux heures, voilà qui s'en retourne aux Tuileries.

Et les uns accouraient, et les autres se rangeaient; car un roi qui passe, c'est toujours un tumulte. Du reste l'apparition et la disparition de Louis XVIII faisaient un certain effet dans les rues de Paris. Cela était rapide, mais majestueux. Ce roi impotent avait le goût du grand galop; ne pouvant marcher, il voulait courir; ce cul-de-jatte se fût fait volontiers traîner par l'éclair. Il passait, pacifique et sévère, au milieu des sabres nus. Sa berline massive, toute dorée, avec de grosses branches de lis peintes sur les panneaux, roulait bruyamment. A peine avait-on le temps d'y jeter un coup d'œil. On voyait dans l'angle du fond à droite, sur des coussins capitonnés de satin blanc, une face large, ferme et vermeille, un front frais poudré à l'oiseau royal, un œil fier, dur et fin, un sourire de lettré, deux grosses épaulettes à torsades flottantes sur un habit bourgeois, la Toison d'or, la croix de Saint-Louis, la croix de la Légion d'honneur, la plaque d'argent du Saint-Esprit, un gros ventre et un large cordon bleu; c'était le roi. Hors de Paris, il tenait son chapeau à plumes blanches sur ses genoux emmaillottés de hautes guêtres anglaises; quand il rentrait dans la ville, il mettait son chapeau sur sa tête, saluant peu. Il regardait froidement le peuple, qui le lui rendait. Quand il parut pour la première fois dans le quartier Saint-Marceau, tout son succès fut ce mot d'un faubourien à son camarade : « C'est ce gros-là qui est le gouvernement. »

Cet infaillible passage du roi à la même heure était donc l'événement quotidien du boulevard de l'Hôpital.

Le promeneur à la redingote jaune n'était évidemment pas du quartier, et probablement pas de Paris, car il ignorait ce détail. Lorsqu'à deux heures[6] la voiture royale, entourée d'un escadron de gardes du corps galonnés d'argent, déboucha[7] sur le boulevard, après avoir tourné la Salpêtrière, il parut surpris et presque effrayé. Il n'y avait que lui dans la contre-allée, il se rangea vivement derrière un angle du mur d'enceinte, ce qui n'empêcha pas M. le duc d'Havré de l'apercevoir. M. le duc d'Havré, comme capitaine des gardes de service ce jour-là, était assis dans la voiture vis-à-vis du roi. Il dit à Sa Majesté : « Voilà un homme d'assez mauvaise mine. » Des gens de police, qui éclairaient le passage du roi, le remarquèrent également, et l'un d'eux reçut l'ordre de le suivre. Mais l'homme s'enfonça dans les petites rues solitaires du faubourg, et comme le jour commençait à baisser, l'agent perdit sa trace, ainsi que cela est constaté par un rapport adressé le soir même à M. le comte Anglès, ministre d'État, préfet de police[8].

Quand l'homme à la redingote jaune eut dépisté l'agent, il doubla le pas, non sans s'être retourné bien des fois pour s'assurer qu'il n'était pas suivi. A quatre heures un quart, c'est-à-dire à la nuit close, il passait devant le théâtre de la Porte-Saint-Martin où l'on donnait ce jour-là *les deux Forçats*[9]. Cette affiche, éclairée par les réverbères du théâtre, le frappa, car, quoiqu'il marchât vite, il s'arrêta pour la lire. Un instant après, il était dans le cul-de-sac de la Planchette, et il entrait au *Plat d'étain,* où était alors le bureau de la voiture de Lagny[10]. Cette voiture partait à quatre heures et demie. Les chevaux étaient attelés, et les voyageurs, appelés par le cocher, escaladaient en hâte le haut escalier de fer du coucou.

L'homme demanda :

— Avez-vous une place ?

— Une seule, à côté de moi, sur le siège, dit le cocher.

— Je la prends.

— Montez.

Cependant, avant de partir, le cocher jeta un coup d'œil sur le costume médiocre du voyageur, sur la petitesse de son paquet, et se fit payer.

— Allez-vous jusqu'à Lagny ? demanda le cocher.

— Oui, dit l'homme.

Le voyageur paya jusqu'à Lagny.

On partit. Quand on eut passé la barrière, le cocher essaya de nouer la conversation, mais le voyageur ne répondait que par monosyllabes. Le cocher prit le parti de siffler et de jurer après ses chevaux.

Le cocher s'enveloppa de son manteau. Il faisait froid. L'homme ne paraissait pas y songer. On traversa ainsi Gournay et Neuilly-sur-Marne.

Vers six heures du soir on était à Chelles. Le cocher s'arrêta pour laisser souffler ses chevaux, devant l'auberge à rouliers installée dans les vieux bâtiments de l'abbaye royale.

— Je descends ici, dit l'homme.

Il prit son paquet et son bâton, et sauta à bas de la voiture. Un instant après, il avait disparu. Il n'était pas entré dans l'auberge.

Quand, au bout de quelques minutes, la voiture repartit pour Lagny, elle ne le rencontra pas dans la grande rue de Chelles.

Le cocher se tourna vers les voyageurs de l'intérieur.

— Voilà, dit-il, un homme qui n'est pas d'ici, car je ne le connais pas. Il a l'air de n'avoir pas le sou ; cependant il ne tient pas à l'argent ; il paye pour Lagny, et il ne va que jusqu'à Chelles. Il est nuit, toutes les maisons sont fermées, il n'entre pas à l'auberge, et on ne le retrouve plus. Il s'est donc enfoncé dans la terre.

L'homme ne s'était pas enfoncé dans la terre, mais il avait arpenté en hâte dans l'obscurité la grande rue de Chelles ; puis il avait pris à gauche avant d'arriver à l'église le chemin vicinal qui mène à Montfermeil, comme quelqu'un qui eût connu le pays et qui y fût déjà venu.

Il suivit ce chemin rapidement. A l'endroit où il est coupé par l'ancienne route bordée d'arbres qui va de Gagny à Lagny, il entendit venir des passants. Il se cacha précipitamment dans un fossé, et y attendit que les gens qui passaient se fussent éloignés. La précaution était d'ailleurs presque superflue, car, comme nous l'avons déjà dit, c'était une nuit de décembre très noire. On voyait à peine deux ou trois étoiles au ciel.

C'est à ce point-là que commence la montée de la colline. L'homme ne rentra pas dans le chemin de Montfermeil ; il prit à droite, à travers champs, et gagna à grands pas le bois.

Quand il fut dans le bois, il ralentit sa marche, et se mit à regarder soigneusement tous les arbres, avançant pas à pas, comme s'il cherchait et suivait une route mystérieuse connue de lui seul. Il y eut un moment où il parut se perdre et où il s'arrêta indécis. Enfin il arriva, de tâtonnements en tâtonnements, à une clairière où il y avait un monceau de grosses pierres blanchâtres. Il se dirigea vivement vers ces pierres et les examina avec attention à travers la brume de la nuit, comme s'il les passait en revue. Un gros arbre, couvert de ces excroissances qui sont les verrues de la végétation, était à quelques pas[11] du tas de pierres. Il alla à cet arbre, et promena sa main sur l'écorce du tronc, comme s'il cherchait à reconnaître et à compter toutes les verrues.

Vis-à-vis de cet arbre, qui était un frêne, il y avait un châtaignier malade d'une décortication, auquel on avait mis pour pansement une bande de zinc clouée. Il se haussa sur la pointe des pieds et toucha cette bande de zinc[12].

Puis il piétina pendant quelque temps sur le sol dans l'espace compris entre l'arbre et les pierres, comme quelqu'un qui s'assure que la terre n'a pas été fraîchement remuée.

Cela fait, il s'orienta et reprit sa marche à travers le bois.

C'était cet homme qui venait de rencontrer Cosette.

En cheminant par le taillis dans la direction de Montfermeil, il avait aperçu[13] cette petite ombre qui se mouvait avec un gémissement, qui déposait un fardeau à terre, puis le reprenait, et se remettait à marcher. Il s'était approché et avait reconnu que c'était un tout jeune enfant chargé d'un énorme seau d'eau. Alors il était allé à l'enfant, et avait pris silencieusement l'anse du seau.

VII

Cosette côte a côte dans l'ombre avec l'inconnu

Cosette, nous l'avons dit, n'avait pas eu peur. L'homme lui adressa la parole. Il parlait d'une voix grave et presque basse.

— Mon enfant, c'est bien lourd pour vous ce que vous portez là.

Cosette leva la tête et répondit :

— Oui, monsieur.

— Donnez, reprit l'homme. Je vais vous le porter.

Cosette lâcha le seau. L'homme se mit à cheminer près d'elle.

— C'est très lourd en effet, dit-il entre ses dents. Puis il ajouta :

— Petite, quel âge as-tu?

— Huit ans[1], monsieur.

— Et viens-tu de loin comme cela?

— De la source qui est dans le bois.

— Et est-ce loin où tu vas?

— A un bon quart d'heure d'ici.

L'homme resta un moment sans parler, puis il dit brusquement :

— Tu n'as donc pas de mère?

— Je ne sais pas, répondit l'enfant.

Avant que l'homme eût eu le temps de reprendre la parole, elle ajouta :

— Je ne crois pas. Les autres en ont. Moi, je n'en ai pas.

Et après un silence, elle reprit :
— Je crois que je n'en ai jamais eu[2].

L'homme s'arrêta, il posa le seau à terre, se pencha et mit ses deux mains sur les deux épaules de l'enfant, faisant effort pour la regarder et voir son visage dans l'obscurité. La figure maigre et chétive de Cosette se dessinait vaguement à la lueur livide du ciel.

— Comment t'appelles-tu ? dit l'homme.
— Cosette.

L'homme eut comme une secousse électrique. Il la regarda encore, puis il ôta ses mains de dessus les épaules de Cosette, saisit le seau, et se remit à marcher[3].

Au bout d'un instant il demanda :
— Petite, où demeures-tu ?
— A Montfermeil, si vous connaissez.
— C'est là que nous allons ?
— Oui, monsieur.

Il fit encore une pause, puis recommença :
— Qui est-ce donc qui t'a envoyée à cette heure chercher de l'eau dans le bois ?
— C'est madame Thénardier.

L'homme repartit d'un son de voix qu'il voulait s'efforcer de rendre indifférent, mais où il y avait pourtant un tremblement singulier[4] :
— Qu'est-ce qu'elle fait, ta madame Thénardier ?
— C'est ma bourgeoise, dit l'enfant. Elle tient l'auberge.
— L'auberge ? dit l'homme. Eh bien, je vais aller y loger cette nuit. Conduis-moi[5].
— Nous y allons, dit l'enfant.

L'homme marchait assez vite. Cosette le suivait sans peine. Elle ne sentait plus la fatigue. De temps en temps, elle levait les yeux vers cet homme avec une sorte de tranquillité et d'abandon inexprimables. Jamais on ne lui avait appris à se tourner vers la providence et à prier. Cependant elle sentait en elle quelque chose qui ressemblait à de l'espérance et à de la joie et qui s'en allait vers le ciel.

Quelques minutes s'écoulèrent. L'homme reprit :
— Est-ce qu'il n'y a pas de servante chez madame Thénardier ?
— Non, monsieur.
— Est-ce que tu es seule ?

— Oui, monsieur.

Il y eut encore une interruption. Cosette éleva la voix[6] :

— C'est-à-dire il y a deux petites filles.

— Quelles petites filles?

— Ponine et Zelma.

L'enfant simplifiait de la sorte les noms romanesques chers à la Thénardier[7].

— Qu'est-ce que c'est que Ponine et Zelma?

— Ce sont les demoiselles de madame Thénardier. Comme qui dirait ses filles.

— Et que font-elles, celles-là?

— Oh! dit l'enfant, elles ont de belles poupées, des choses où il y a de l'or, tout plein d'affaires. Elles jouent, elles s'amusent.

— Toute la journée?

— Oui, monsieur.

— Et toi?

— Moi, je travaille.

— Toute la journée?

L'enfant leva ses grands yeux où il y avait une larme qu'on ne voyait pas à cause de la nuit, et répondit doucement :

— Oui, monsieur.

Elle poursuivit après un intervalle de silence :

— Des fois, quand j'ai fini l'ouvrage et qu'on veut bien, je m'amuse aussi.

— Comment t'amuses-tu?

— Comme je peux. On me laisse. Mais je n'ai pas beaucoup de joujoux. Ponine et Zelma ne veulent pas que je joue avec leurs poupées. Je n'ai qu'un petit sabre en plomb, pas plus long que ça.

L'enfant montrait son petit doigt.

— Et qui ne coupe pas?

— Si, monsieur, dit l'enfant, ça coupe la salade et les têtes de mouches.

Ils atteignirent le village; Cosette guida l'étranger dans les rues. Ils passèrent devant la boulangerie, mais Cosette ne songea pas au pain qu'elle devait rapporter. L'homme avait cessé de lui faire des questions et gardait maintenant un silence morne. Quand ils eurent laissé l'église derrière eux, l'homme, voyant toutes ces boutiques en plein vent, demanda à Cosette :

— C'est donc la foire ici?

— Non, monsieur, c'est Noël.

Comme ils approchaient de l'auberge, Cosette lui toucha le bras timidement.

— Monsieur ?
— Quoi, mon enfant ?
— Nous voilà tout près de la maison.
— Eh bien ?
— Voulez-vous me laisser reprendre le seau à présent ?
— Pourquoi ?
— C'est que, si madame voit qu'on me l'a porté, elle me battra.

L'homme lui remit le seau. Un instant après, ils étaient à la porte de la gargote.

VIII

Désagrément de recevoir chez soi un pauvre qui est peut-être un riche[1]

Cosette ne put s'empêcher de jeter un regard de côté à la grande poupée toujours étalée chez le bimbelotier, puis elle frappa. La porte[2] s'ouvrit. La Thénardier parut une chandelle à la main.

— Ah ! c'est toi, petite gueuse ! Dieu merci, tu y as mis le temps ! Elle se sera amusée, la drôlesse[3] !

— Madame, dit Cosette toute tremblante, voilà un monsieur qui vient loger.

La Thénardier remplaça bien vite sa mine bourrue par sa grimace aimable, changement à vue propre aux aubergistes, et chercha avidement des yeux le nouveau venu.

— C'est monsieur ? dit-elle.

— Oui, madame, répondit l'homme en portant la main à son chapeau.

Les voyageurs riches ne sont pas si polis. Ce geste et l'inspection du costume et du bagage de l'étranger que la Thénardier passa en revue d'un coup d'œil firent évanouir la grimace aimable et reparaître la mine bourrue. Elle reprit sèchement :

— Entrez, bonhomme.

Le « bonhomme » entra. La Thénardier lui jeta un second coup d'œil, examina particulièrement sa redingote qui était absolument râpée et son chapeau qui était un peu défoncé, et consulta d'un hochement de tête, d'un froncement de nez et d'un clignement d'yeux, son mari, lequel buvait toujours avec les rouliers. Le mari répondit par cette imperceptible agitation de l'index qui, appuyée du gonflement des lèvres, signifie en pareil cas : débine complète. Sur ce, la Thénardier s'écria[4] :

— Ah! çà, brave homme, je suis bien fâchée, mais c'est que je n'ai plus de place.

— Mettez-moi où vous voudrez, dit l'homme, au grenier, à l'écurie. Je payerai comme si j'avais une chambre.

— Quarante sous.

— Quarante sous. Soit.

— A la bonne heure.

— Quarante sous ! dit un roulier bas à la Thénardier, mais ce n'est que vingt sous.

— C'est quarante sous pour lui, répliqua la Thénardier du même ton. Je ne loge pas des pauvres à moins.

— C'est vrai, ajouta le mari avec douceur, ça gâte une maison d'y avoir de ce monde-là[5].

Cependant l'homme, après avoir laissé sur un banc son paquet et son bâton, s'était assis à une table où Cosette s'était empressée de poser une bouteille de vin et un verre. Le marchand qui avait demandé le seau d'eau était allé lui-même le porter à son cheval. Cosette avait repris sa place sous la table de cuisine et son tricot.

L'homme, qui avait à peine trempé ses lèvres dans le verre de vin qu'il s'était versé, considérait l'enfant avec une attention étrange[6].

Cosette était laide. Heureuse, elle eût peut-être été jolie. Nous avons déjà esquissé cette petite figure sombre[7]. Cosette était maigre et blême. Elle avait près de huit ans, on lui en eût donné à peine six[8]. Ses grands yeux enfoncés dans une sorte d'ombre profonde[9] étaient presque éteints à force d'avoir pleuré. Les coins de sa bouche avaient cette courbe de l'angoisse habituelle, qu'on observe chez les condamnés et chez les malades désespérés[10]. Ses mains étaient, comme sa mère l'avait deviné, «perdues d'engelures». Le feu qui l'éclairait en ce moment faisait saillir les angles de ses os et rendait sa maigreur affreusement visible. Comme elle grelottait toujours, elle avait pris l'habitude de serrer ses deux genoux l'un contre l'autre. Tout son vêtement n'était qu'un haillon qui eût fait pitié l'été et qui faisait horreur l'hiver. Elle n'avait sur elle que de la toile trouée; pas un chiffon de laine. On voyait sa peau çà et là, et l'on y distinguait partout des taches bleues ou noires qui indiquaient les endroits où la Thénardier l'avait touchée. Ses jambes nues étaient rouges et grêles. Le creux de ses clavicules était à faire pleurer. Toute la personne de cette enfant, son allure, son attitude, le son de sa voix, ses intervalles entre un mot et l'autre, son regard, son silence, son moindre geste, exprimaient et traduisaient une seule idée : la crainte.

La crainte était répandue sur elle; elle en était pour ainsi dire couverte; la crainte ramenait ses coudes contre ses hanches, retirait ses talons sous ses jupes, lui faisait tenir le moins de place possible, ne lui laissait de souffle que le nécessaire, et était devenue ce qu'on pourrait appeler son habitude de corps, sans variation possible que d'augmenter. Il y avait au fond de sa prunelle un coin étonné où était la terreur[11].

Cette crainte était telle qu'en arrivant, toute mouillée comme elle était, Cosette n'avait pas osé s'aller sécher au feu et s'était remise silencieusement à son travail.

L'expression du regard de cette enfant de huit ans était habituellement si morne et parfois si tragique qu'il semblait, à de certains moments, qu'elle fût en train de devenir une idiote ou un démon.

Jamais, nous l'avons dit, elle n'avait su ce que c'est que prier, jamais elle n'avait mis le pied dans une église. « Est-ce que j'ai le temps ? » disait la Thénardier.

L'homme à la redingote jaune ne quittait pas Cosette des yeux.

— A propos ! et ce pain ?

Cosette, selon sa coutume toutes les fois que la Thénardier élevait la voix, sortit bien vite de dessous la table.

Elle avait complètement oublié ce pain. Elle eut recours à l'expédient des enfants toujours effrayés. Elle mentit.

— Madame, le boulanger était fermé.
— Il fallait cogner.
— J'ai cogné, madame.

— Eh bien ?

— Il n'a pas ouvert.

— Je saurai demain si c'est vrai, dit la Thénardier, et si tu mens, tu auras une fière danse. En attendant, rends-moi la pièce-quinze-sous.

Cosette plongea sa main dans la poche de son tablier, et devint verte. La pièce de quinze sous n'y était plus.

— Ah çà ! dit la Thénardier, m'as-tu entendue ?

Cosette retourna la poche, il n'y avait rien. Qu'est-ce que cet argent pouvait être devenu ? La malheureuse[12] petite ne trouva pas une parole. Elle était pétrifiée.

— Est-ce que tu l'as perdue, la pièce-quinze-sous ? râla la Thénardier, ou bien est-ce que tu veux me la voler[13] ?

En même temps elle allongea le bras vers le martinet suspendu à la cheminée[14]. Ce geste redoutable rendit à Cosette la force de crier :

— Grâce ! madame ! madame ! je ne le ferai plus.

La Thénardier détacha le martinet.

Cependant l'homme à la redingote jaune avait fouillé dans le gousset de son gilet, sans qu'on eût remarqué ce mouvement. D'ailleurs les autres voyageurs buvaient ou jouaient aux cartes et ne faisaient attention à rien.

Cosette se pelotonnait avec angoisse dans l'angle de la cheminée, tâchant de ramasser et de dérober ses pauvres membres demi-nus. La Thénardier leva le bras[15].

— Pardon, madame, dit l'homme[16], mais tout à l'heure j'ai vu quelque chose qui est tombé de la poche du tablier de cette petite et qui a roulé. C'est peut-être cela.

En même temps il se baissa et parut chercher à terre un instant.

— Justement. Voici, reprit-il en se relevant.

Et il tendit une pièce d'argent à la Thénardier.

— Oui, c'est cela, dit-elle.

Ce n'était pas cela, car c'était une pièce de vingt sous, mais la Thénardier y trouvait du bénéfice. Elle mit la pièce dans sa poche, et se borna à jeter un regard farouche à l'enfant en disant :

— Que cela ne t'arrive plus, toujours !

Cosette rentra dans ce que la Thénardier appelait « sa niche », et son grand œil, fixé sur le voyageur inconnu, commença à prendre une expression qu'il n'avait jamais eue. Ce n'était encore qu'un naïf étonnement, mais une sorte de confiance stupéfaite s'y mêlait.

— A propos[17], voulez-vous souper? demanda la Thénardier au voyageur.

Il ne répondit pas. Il semblait songer profondément.

— Qu'est-ce que c'est que cet homme-là? dit-elle entre ses dents. C'est quelque affreux pauvre. Cela n'a pas le sou pour souper[18]. Me payera-t-il mon logement seulement? Il est bien heureux tout de même qu'il n'ait pas eu l'idée de voler l'argent qui était à terre.

Cependant une porte s'était ouverte et Éponine et Azelma étaient entrées[19].

C'étaient vraiment deux jolies petites filles, plutôt bourgeoises que paysannes, très charmantes, l'une avec ses tresses châtaines bien lustrées, l'autre avec ses longues nattes noires tombant derrière le dos, toutes deux vives, propres, grasses, fraîches et saines à réjouir le regard. Elles étaient chaudement vêtues, mais avec un tel art maternel, que l'épaisseur des étoffes n'ôtait rien à la coquetterie de l'ajustement. L'hiver était prévu sans que le printemps fût effacé. Ces deux petites dégageaient de la lumière. En outre, elles étaient régnantes. Dans leur toilette, dans leur gaîté, dans le bruit qu'elles faisaient, il y avait de la souveraineté. Quand elles entrèrent, la Thénardier leur dit d'un ton grondeur, qui était plein d'adoration[20] :

— Ah! vous voilà donc, vous autres!

Puis, les attirant dans ses genoux l'une après l'autre, lissant leurs cheveux, renouant leurs rubans, et les lâchant ensuite avec cette douce façon de secouer qui est propre aux mères, elle s'écria : — Sont-elles fagotées[21]!

Elles vinrent s'asseoir au coin du feu. Elles avaient une poupée qu'elles tournaient et retournaient sur leurs genoux avec toutes sortes de gazouillements joyeux. De temps en temps, Cosette levait les yeux de son tricot, et les regardait jouer d'un air lugubre.

Éponine et Azelma ne regardaient pas Cosette. C'était pour elles comme le chien. Ces trois petites filles n'avaient pas vingt-quatre ans à elles trois, et elles représentaient déjà toute la société des hommes; d'un côté l'envie, de l'autre le dédain.

La poupée des sœurs Thénardier était très fanée et

très vieille et toute cassée, mais elle n'en paraissait pas moins admirable à Cosette, qui de sa vie n'avait eu une poupée, *une vraie poupée,* pour nous servir d'une expression que tous les enfants comprendront.

Tout à coup la Thénardier, qui continuait d'aller et de venir dans la salle, s'aperçut que Cosette avait des distractions et qu'au lieu de travailler elle s'occupait des petites qui jouaient.

— Ah! je t'y prends! cria-t-elle. C'est comme cela que tu travailles! Je vais te faire travailler à coups de martinet, moi.

L'étranger, sans quitter sa chaise, se tourna vers la Thénardier.

— Madame, dit-il en souriant d'un air presque craintif bah! laissez-la jouer[22]!

De la part de tout voyageur qui eût mangé une tranche de gigot et bu deux bouteilles de vin à son souper et qui n'eût pas eu l'air d'*un affreux pauvre,* un pareil souhait eût été un ordre. Mais qu'un homme qui avait ce chapeau se permît d'avoir un désir et qu'un homme qui avait cette redingote se permît d'avoir une volonté, c'est ce que la Thénardier ne crut pas devoir tolérer. Elle repartit aigrement :

— Il faut qu'elle travaille, puisqu'elle mange. Je ne la nourris pas à rien faire.

— Qu'est-ce qu'elle fait donc? reprit l'étranger de cette voix douce qui contrastait si étrangement avec ses habits de mendiant et ses épaules de portefaix.

La Thénardier daigna répondre :

— Des bas, s'il vous plaît. Des bas pour mes petites filles qui n'en ont pas, autant dire, et qui vont tout à l'heure pieds nus.

L'homme regarda les pauvres pieds rouges de Cosette, et continua[23] :

— Quand aura-t-elle fini cette paire de bas?

— Elle en a encore au moins pour trois ou quatre grands jours, la paresseuse.

— Et combien peut valoir cette paire de bas, quand elle sera faite?

La Thénardier lui jeta un coup d'œil méprisant.

— Au moins trente[24] sous.

— La donneriez-vous pour cinq francs? reprit l'homme.

— Pardieu ! s'écria avec un gros rire un roulier qui écoutait, cinq francs ? Je crois fichtre bien ! cinq balles[25] !

Le Thénardier crut devoir prendre la parole.

— Oui, monsieur, si c'est votre fantaisie, on vous donnera cette paire de bas pour cinq francs. Nous ne savons rien refuser aux voyageurs.

— Il faudrait payer tout de suite, dit la Thénardier avec sa façon brève[26] et péremptoire.

— J'achète cette paire de bas, répondit l'homme, et, ajouta-t-il en tirant de sa poche une pièce de cinq francs qu'il posa sur la table, — je la paye.

Puis il se tourna vers Cosette.

— Maintenant ton travail est à moi. Joue, mon enfant.

Le roulier fut si ému de la pièce de cinq francs, qu'il laissa là son verre et accourut[27].

— C'est pourtant vrai ! cria-t-il en l'examinant. Une vraie roue de derrière ! et pas fausse !

Le Thénardier approcha et mit silencieusement la pièce dans son gousset.

La Thénardier n'avait rien à répliquer. Elle se mordit les lèvres, et son visage prit une expression de haine.

Cependant Cosette tremblait. Elle se risqua à demander :

— Madame, est-ce que c'est vrai ? est-ce que je peux jouer ?

— Joue ! dit la Thénardier d'une voix terrible.

— Merci, madame, dit Cosette.

Et pendant que sa bouche remerciait la Thénardier, toute sa petite âme remerciait[28] le voyageur.

Le Thénardier s'était remis à boire. Sa femme lui dit à l'oreille :

— Qu'est-ce que ça peut être que cet homme jaune ?

— J'ai vu, répondit souverainement Thénardier, des millionnaires qui avaient des redingotes comme cela[29].

Cosette avait laissé là son tricot, mais elle n'était pas sortie de sa place. Cosette bougeait[30] toujours le moins possible. Elle avait pris dans une boîte derrière elle quelques vieux chiffons et son petit sabre de plomb.

Éponine et Azelma ne faisaient aucune attention à ce qui se passait. Elles venaient d'exécuter une opération fort importante ; elles s'étaient emparées du chat. Elles avaient jeté la poupée à terre, et Éponine, qui était

ACCOMPLISSEMENT DE LA PROMESSE

l'aînée, emmaillotait le petit chat, malgré ses miaulements et ses contorsions, avec une foule de nippes et de guenilles rouges et bleues. Tout en faisant ce grave et difficile travail, elle disait à sa sœur dans ce doux et adorable langage des enfants dont la grâce, pareille à la splendeur de l'aile des papillons, s'en va quand on veut la fixer :

— Vois-tu, ma sœur, cette poupée-là est plus amusante que l'autre. Elle remue, elle crie, elle est chaude. Vois-tu, ma sœur, jouons avec. Ce serait ma petite fille. Je serais une dame. Je viendrais te voir et tu la regarderais. Peu à peu tu verrais ses moustaches, et cela t'étonnerait. Et puis tu verrais ses oreilles, et puis tu verrais sa queue, et cela t'étonnerait. Et tu me dirais : Ah ! mon Dieu ! et je te dirais : Oui, madame, c'est une petite fille que j'ai comme ça. Les petites filles sont comme ça à présent.

Azelma écoutait Éponine avec admiration.

Cependant, les buveurs s'étaient mis à chanter une chanson obscène dont ils riaient à faire trembler le plafond. Le Thénardier les encourageait et les accompagnait.

Comme les oiseaux font un nid avec tout, les enfants font une poupée avec n'importe quoi. Pendant qu'Éponine et Azelma emmaillottaient le chat, Cosette de son côté avait emmaillotté le sabre. Cela fait, elle l'avait couché sur ses bras, et elle chantait doucement pour l'endormir.

La poupée est un des plus impérieux besoins et en même temps un des plus charmants instincts de l'enfance féminine. Soigner, vêtir, parer, habiller, déshabiller, rhabiller, enseigner, un peu gronder, bercer, dorloter, endormir, se figurer que quelque chose est quelqu'un, tout l'avenir de la femme est là. Tout en rêvant et tout en jasant, tout en faisant de petits trousseaux et de petites layettes, tout en cousant de petites robes, de petits corsages et de petites brassières, l'enfant devient jeune fille, la jeune fille devient grande fille, la grande fille devient femme. Le premier enfant continue la dernière poupée.

Une petite fille sans poupée est à peu près aussi malheureuse et tout à fait aussi impossible qu'une femme sans enfant.

Cosette s'était donc fait une poupée avec le sabre.

La Thénardier, elle, s'était rapprochée de l'*homme jaune*.

— Mon mari a raison, pensait-elle, c'est peut-être monsieur Laffitte. Il y a des riches si farces !

Elle vint s'accouder à sa table.

— Monsieur... dit-elle.

A ce mot *monsieur,* l'homme se retourna. La Thénardier ne l'avait encore appelé que *brave homme* ou *bonhomme*.

— Voyez-vous, monsieur, poursuivit-elle en prenant son air douceâtre qui était encore plus fâcheux à voir que son air féroce, je veux bien que l'enfant joue, je ne m'y oppose pas, mais c'est bon pour une fois, parce que vous êtes généreux. Voyez-vous, cela n'a rien. Il faut que cela travaille.

— Elle n'est donc pas à vous, cette enfant ? demanda l'homme.

— Oh mon Dieu non, monsieur ! c'est une petite pauvre que nous avons recueillie comme cela, par charité. Une espèce d'enfant imbécile. Elle doit avoir de l'eau dans la tête. Elle a la tête grosse, comme vous voyez. Nous faisons pour elle ce que nous pouvons, car nous ne sommes pas riches. Nous avons beau écrire à son pays, voilà six mois qu'on ne nous répond plus. Il faut croire que sa mère est morte.

— Ah ! dit l'homme, et il retomba dans sa rêverie.

— C'était une pas grand'chose que cette mère, ajouta la Thénardier. Elle abandonnait son enfant.

Pendant toute cette conversation, Cosette, comme si un instinct l'eût avertie qu'on parlait d'elle, n'avait pas quitté des yeux la Thénardier. Elle écoutait vaguement. Elle entendait çà et là quelques mots[31].

Cependant les buveurs, tous ivres aux trois quarts, répétaient leur refrain immonde avec un redoublement de gaîté. C'était une gaillardise de haut goût où étaient mêlés la Vierge et l'enfant Jésus. La Thénardier était allée prendre sa part des éclats de rire. Cosette, sous la table, regardait le feu qui se réverbérait dans son œil fixe ; elle s'était remise à bercer l'espèce de maillot qu'elle avait fait, et, tout en le berçant, elle chantait à voix basse : « Ma mère est morte ! ma mère est morte ! ma mère est morte ! »

Sur de nouvelles insistances de l'hôtesse[32], l'homme jaune, « le millionnaire », consentit enfin à souper.

— Que veut monsieur ?
— Du pain et du fromage, dit l'homme.
— Décidément c'est un gueux, pensa la Thénardier.

Les ivrognes chantaient toujours leur chanson, et l'enfant, sous la table, chantait aussi la sienne.

Tout à coup Cosette s'interrompit. Elle venait de se retourner et d'apercevoir la poupée des petites Thénardier qu'elles avaient quittée pour le chat et laissée à terre[33] à quelques pas de la table de cuisine.

Alors elle laissa tomber le sabre emmaillotté qui ne lui suffisait qu'à demi, puis[34] elle promena lentement ses yeux autour de la salle. La Thénardier parlait bas à son mari, et comptait de la monnaie, Ponine et Zelma jouaient avec le chat, les voyageurs mangeaient, ou buvaient, ou chantaient[35], aucun regard n'était fixé sur elle. Elle n'avait pas un moment à perdre. Elle sortit de dessous la table en rampant sur ses genoux et sur ses mains, s'assura encore une fois qu'on ne la guettait pas, puis se glissa vivement jusqu'à la poupée, et la saisit. Un instant après elle était à sa place, assise, immobile, tournée seulement de manière à faire de l'ombre sur la poupée qu'elle tenait dans ses bras. Ce bonheur de jouer avec une poupée était tellement rare pour elle qu'il avait toute la violence d'une volupté.

Personne ne l'avait vue, excepté le voyageur, qui mangeait lentement son maigre souper.

Cette joie dura près d'un quart d'heure.

Mais, quelque précaution que prît Cosette, elle ne s'apercevait pas qu'un des pieds de la poupée — *passait,* — et que le feu de la cheminée l'éclairait très vivement. Ce pied rose et lumineux qui sortait de l'ombre frappa subitement le regard d'Azelma qui dit à Éponine : — Tiens ! ma sœur !

Les deux petites filles s'arrêtèrent, stupéfaites. Cosette avait osé prendre la poupée ! Éponine se leva, et, sans lâcher le chat, alla vers sa mère et se mit à la tirer par sa jupe.

— Mais laisse-moi donc ! dit la mère. Qu'est-ce que tu me veux ?

— Mère, dit l'enfant, regarde donc !

Et elle désignait du doigt Cosette. Cosette, elle, tout entière aux extases de la possession, ne voyait et n'entendait plus rien.

Le visage de la Thénardier prit cette expression particulière qui se compose du terrible mêlé aux riens de la vie et qui a fait nommer ces sortes de femmes : mégères. Cette fois, l'orgueil blessé exaspérait encore sa colère. Cosette avait franchi tous les intervalles, Cosette avait attenté à la poupée de « ces demoiselles ». Une czarine qui verrait un mougick essayer le grand cordon bleu de son impérial fils n'aurait pas une autre figure.

Elle cria d'une voix que l'indignation enrouait :
— Cosette !

Cosette tressaillit comme si la terre eût tremblé sous elle. Elle se retourna.

— Cosette ! répéta la Thénardier.

Cosette prit la poupée et la posa doucement à terre avec une sorte de vénération[36] mêlée de désespoir. Alors, sans la quitter des yeux, elle joignit les mains, et, ce qui est effrayant à dire dans un enfant de cet âge, elle se les tordit ; puis, ce que n'avait pu lui arracher aucune[37] des émotions de la journée, ni la course dans le bois, ni la pesanteur du seau d'eau, ni la perte de l'argent, ni la vue du martinet, ni même la sombre parole qu'elle avait entendu dire à la Thénardier, — elle pleura[38]. Elle éclata en sanglots.

Cependant le voyageur s'était levé.

— Qu'est-ce donc ? dit-il à la Thénardier.

— Vous ne voyez pas ? dit la Thénardier en montrant du doigt le corps du délit qui gisait aux pieds de Cosette.

— Hé bien, quoi ? reprit l'homme.

— Cette gueuse, répondit la Thénardier, s'est permis de toucher à la poupée des enfants !

— Tout ce bruit pour cela ! dit l'homme. Eh bien, quand elle jouerait avec cette poupée ?

— Elle y a touché avec ses mains sales ! poursuivit la Thénardier, avec ses affreuses mains !

Ici Cosette redoubla ses sanglots.

— Te tairas-tu ! cria la Thénardier.

L'homme alla droit à la porte de la rue, l'ouvrit et sortit.

Dès qu'il fut sorti, la Thénardier profita de son absence pour allonger sous la table à Cosette un grand coup de pied qui fit jeter à l'enfant les hauts cris.

La porte se rouvrit, l'homme reparut, il portait dans ses deux mains la poupée fabuleuse dont nous avons

ACCOMPLISSEMENT DE LA PROMESSE

parlé, et que tous les marmots du village contemplaient depuis le matin, et il la posa debout devant Cosette en disant :

— Tiens, c'est pour toi.

Il faut croire que, depuis plus d'une heure qu'il était là, au milieu de sa rêverie, il avait confusément remarqué cette boutique de bimbeloterie éclairée de lampions et de chandelles si splendidement qu'on l'apercevait à travers la vitre du cabaret comme une illumination.

Cosette leva les yeux, elle avait vu venir l'homme à elle avec cette poupée comme elle eût vu venir le soleil, elle entendit ces paroles inouïes : *C'est pour toi,* elle le regarda, elle regarda la poupée, puis elle recula lentement, et s'alla cacher tout au fond sous la table dans le coin du mur.

Elle ne pleurait plus, elle ne criait plus, elle avait l'air de ne plus oser respirer[39].

La Thénardier, Éponine, Azelma étaient autant de statues. Les buveurs eux-mêmes s'étaient arrêtés. Il s'était fait un silence solennel dans tout le cabaret. La Thénardier, pétrifiée et muette, recommençait ses conjectures :

— Qu'est-ce que c'est que ce vieux? est-ce un pauvre? est-ce un millionnaire? C'est peut-être les deux, c'est-à-dire un voleur.

La face du mari Thénardier offrit cette ride expressive qui accentue la figure humaine[40] chaque fois que l'instinct dominant y apparaît avec toute sa puissance bestiale. Le gargotier considérait tour à tour la poupée et le voyageur; il semblait flairer cet homme comme il eût flairé un sac d'argent. Cela ne dura que le temps d'un éclair. Il s'approcha de sa femme et lui dit bas :

— Cette machine coûte au moins trente francs. Pas de bêtises. A plat ventre devant l'homme.

Les natures grossières ont cela de commun avec les natures naïves qu'elles n'ont pas de transitions[41].

— Eh bien, Cosette, dit la Thénardier d'une voix qui voulait être douce et qui était toute composée de ce miel aigre des méchantes femmes, est-ce que tu ne prends pas ta poupée?

Cosette se hasarda à sortir de son trou.

— Ma petite Cosette, reprit le Thénardier d'un air caressant, monsieur te donne une poupée. Prends-la. Elle est à toi.

Cosette considérait la poupée merveilleuse avec une sorte de terreur. Son visage était encore inondé de larmes, mais ses yeux commençaient à s'emplir, comme le ciel au crépuscule du matin, des rayonnements étranges de la joie. Ce qu'elle éprouvait en ce moment-là était un peu pareil à ce qu'elle eût ressenti si on lui eût dit brusquement : Petite, vous êtes la reine de France.

Il lui semblait que si elle touchait à cette poupée, le tonnerre en sortirait. Ce qui était vrai jusqu'à un certain point, car elle se disait que la Thénardier gronderait, — et la battrait. Pourtant l'attraction l'emporta. Elle finit par s'approcher, et murmura timidement en se tournant vers la Thénardier :

— Est-ce que je peux, madame ?

Aucune expression ne saurait rendre cet air à la fois désespéré, épouvanté et ravi.

— Pardi ! fit la Thénardier, c'est à toi. Puisque monsieur te la donne.

— Vrai, monsieur ? reprit Cosette, est-ce que c'est vrai ? c'est à moi, la dame ?

L'étranger paraissait avoir les yeux pleins de larmes. Il semblait être à ce point d'émotion où l'on ne parle pas pour ne pas pleurer. Il fit un signe de tête à Cosette, et mit la main de « la dame » dans sa petite main.

Cosette retira vivement sa main, comme si celle de *la dame* la brûlait, et se mit à regarder le pavé. Nous sommes forcé d'ajouter qu'en cet instant-là elle tirait la langue d'une façon démesurée. Tout à coup elle se retourna et saisit la poupée avec emportement.

— Je l'appellerai Catherine, dit-elle.

Ce fut un moment bizarre que celui où les haillons de Cosette rencontrèrent et étreignirent les rubans et les fraîches mousselines roses de la poupée.

— Madame, reprit-elle, est-ce que je peux la mettre sur une chaise ?

— Oui, mon enfant, répondit le Thénardier.

Maintenant c'étaient Éponine et Azelma qui regardaient Cosette avec envie. Cosette posa Catherine sur une chaise, puis s'assit à terre devant elle, et demeura immobile, sans dire un mot, dans l'attitude de la contemplation.

— Joue donc, Cosette, dit l'étranger.

— Oh ! je joue, répondit l'enfant.

Cet étranger, cet inconnu qui avait l'air d'une visite[42] que la providence faisait à Cosette, était en ce moment-là ce que la Thénardier haïssait le plus au monde. Pourtant il fallait se contraindre[43]. C'était plus d'émotions qu'elle n'en pouvait supporter, si habituée qu'elle fût à la dissimulation par la copie qu'elle tâchait de faire de son mari dans toutes ses actions. Elle se hâta d'envoyer ses filles coucher, puis elle demanda à l'homme jaune *la permission* d'y envoyer aussi Cosette, — *qui a bien fatigué aujourd'hui,* ajouta-t-elle d'un air maternel. Cosette s'alla coucher emportant Catherine entre ses bras[44].

La Thénardier allait de temps en temps à l'autre bout de la salle où était son homme, *pour se soulager l'âme,* disait-elle. Elle échangeait avec son mari quelques paroles d'autant plus furieuses qu'elle n'osait les dire haut :

— Vieille bête ! qu'est-ce qu'il a donc dans le ventre ? Venir nous déranger ici ! vouloir que ce petit monstre joue ! lui donner des poupées ! donner des poupées de quarante francs à une chienne que je donnerais moi pour quarante sous ! Encore un peu il lui dirait votre majesté comme à la duchesse de Berry ! Y a-t-il du bon sens ? il est donc enragé, ce vieux mystérieux-là ?

— Pourquoi ? C'est tout simple, répliquait le Thénardier. Si ça l'amuse ! Toi, ça t'amuse que la petite travaille, lui, ça l'amuse qu'elle joue. Il est dans son droit. Un voyageur, ça fait ce que ça veut quand ça paye. Si ce vieux est un philanthrope, qu'est-ce que ça te fait ? Si c'est un imbécile, ça ne te regarde pas. De quoi te mêles-tu, puisqu'il a de l'argent ?

Langage de maître et raisonnement d'aubergiste qui n'admettaient ni l'un ni l'autre la réplique.

L'homme s'était accoudé sur la table et avait repris son attitude de rêverie. Tous les autres voyageurs, marchands et rouliers, s'étaient un peu éloignés et ne chantaient plus. Ils le considéraient à distance avec une sorte de crainte respectueuse. Ce particulier si pauvrement vêtu, qui tirait de sa poche les roues de derrière avec tant d'aisance et qui prodiguait des poupées gigantesques à de petites souillons en sabots, était certainement un bonhomme magnifique et redoutable.

Plusieurs heures s'écoulèrent. La messe de minuit était dite, le réveillon était fini, les buveurs s'en étaient allés, le cabaret était fermé, la salle basse était déserte, le feu s'était éteint, l'étranger était toujours à la même place et dans la même posture. De temps en temps il changeait le coude sur lequel il s'appuyait. Voilà tout. Mais il n'avait pas dit un mot depuis que Cosette n'était plus là.

Les Thénardier seuls, par convenance et par curiosité, étaient restés dans la salle.

— Est-ce qu'il va passer la nuit comme ça? grommelait la Thénardier.

Comme deux heures du matin sonnaient, elle se déclara vaincue et dit à son mari :

— Je vais me coucher. Fais-en ce que tu voudras.

Le mari s'assit à une table dans un coin, alluma une chandelle et se mit à lire le *Courrier français*[45].

Une bonne heure se passa ainsi. Le digne aubergiste avait lu au moins trois fois le *Courrier français,* depuis la date du numéro jusqu'au nom de l'imprimeur. L'étranger ne bougeait pas.

Le Thénardier remua, toussa, cracha, se moucha, fit craquer sa chaise. Aucun mouvement de l'homme. — Est-ce qu'il dort? pensa Thénardier. L'homme ne dormait pas, mais rien ne pouvait l'éveiller. Enfin Thénardier ôta son bonnet, s'approcha doucement, et s'aventura à dire :

— Est-ce que monsieur ne va pas reposer?

Ne va pas se coucher lui eût semblé excessif et familier. *Reposer* sentait le luxe et était du respect. Ces mots-là ont la propriété mystérieuse et admirable de gonfler le lendemain matin le chiffre de la carte à payer. Une chambre où l'on *couche* coûte vingt sous; une chambre où l'on *repose* coûte vingt francs.

— Tiens! dit l'étranger, vous avez raison. Où est votre écurie?

— Monsieur, fit le Thénardier avec un sourire, je vais conduire monsieur.

Il prit la chandelle, l'homme prit son paquet et son bâton, et Thénardier le mena dans une chambre au premier qui était d'une rare splendeur, toute meublée en acajou avec un lit-bateau et des rideaux de calicot rouge.

— Qu'est-ce que c'est que cela? dit le voyageur.

— C'est notre propre chambre de noce, dit l'aubergiste. Nous en habitons une autre, mon épouse et moi. On n'entre ici que trois ou quatre fois dans l'année.

ACCOMPLISSEMENT DE LA PROMESSE

— J'aurais autant aimé l'écurie, dit l'homme brusquement.

Le Thénardier n'eut pas l'air d'entendre cette réflexion peu obligeante.

Il alluma deux bougies de cire toutes neuves qui figuraient sur la cheminée. Un assez bon feu flambait dans l'âtre. Il y avait sur cette cheminée, sous un bocal, une coiffure de femme en fils d'argent et en fleurs d'oranger.

— Et ceci, qu'est-ce que c'est? reprit l'étranger.

— Monsieur, dit le Thénardier, c'est le chapeau de mariée de ma femme.

Le voyageur regarda l'objet d'un regard qui semblait dire : Il y a donc eu un moment où ce monstre a été une vierge!

Du reste le Thénardier mentait. Quand il avait pris à bail cette bicoque pour en faire une gargote, il avait trouvé cette chambre ainsi garnie, et avait acheté ces meubles et brocanté ces fleurs d'oranger, jugeant que cela ferait une ombre gracieuse sur « son épouse », et qu'il en résulterait pour sa maison ce que les Anglais appellent de la respectabilité[46].

Quand le voyageur se retourna, l'hôte avait disparu. Le Thénardier s'était éclipsé discrètement, sans oser dire bonsoir, ne voulant pas traiter avec une cordialité irrespectueuse un homme qu'il se proposait d'écorcher royalement le lendemain matin.

L'aubergiste se retira dans sa chambre. Sa femme était couchée, mais elle ne dormait pas. Quand elle entendit le pas de son mari, elle se tourna et lui dit :

— Tu sais que je flanque demain Cosette à la porte.

Le Thénardier répondit froidement :

— Comme tu y vas!

Ils n'échangèrent pas d'autres paroles, et quelques minutes après leur chandelle était éteinte.

De son côté le voyageur avait déposé dans un coin son bâton et son paquet. L'hôte parti, il s'assit sur un fauteuil et resta quelque temps pensif. Puis il ôta ses souliers, prit une des deux bougies, souffla l'autre, poussa la porte et sortit de la chambre, regardant autour de lui comme quelqu'un qui cherche. Il traversa un corridor et parvint à l'escalier. Là il entendit un petit bruit très doux qui ressemblait à une respiration d'enfant. Il se laissa conduire par ce bruit et arriva à une espèce d'enfoncement triangulaire pratiqué sous l'escalier ou pour mieux dire formé par l'escalier même. Cet enfoncement n'était autre chose que le dessous des marches. Là, parmi toutes sortes de vieux paniers et de vieux tessons, dans la poussière et dans les toiles d'araignée, il y avait un lit; si l'on peut appeler lit une paillasse trouée jusqu'à montrer la paille et une couverture trouée jusqu'à laisser voir la paillasse. Point de draps. Cela était posé à terre sur le carreau. Dans ce lit Cosette dormait.

L'homme s'approcha, et la considéra. Cosette dormait profondément. Elle était tout habillée. L'hiver elle ne se déshabillait pas pour avoir moins froid.

Elle tenait serrée contre elle la poupée dont les grands yeux ouverts brillaient dans l'obscurité. De temps en temps elle poussait un grand soupir comme si elle allait se réveiller, et elle étreignait la poupée dans ses bras presque convulsivement. Il n'y avait à côté de son lit qu'un de ses sabots.

Une porte ouverte près du galetas de Cosette laissait voir une assez grande chambre sombre. L'étranger y pénétra. Au fond, à travers une porte vitrée, on apercevait deux petits lits jumeaux très blancs. C'étaient ceux d'Azelma et d'Éponine. Derrière ces lits disparaissait à demi un berceau d'osier sans rideaux où dormait le petit garçon qui avait crié toute la soirée[47].

L'étranger conjectura que cette chambre communiquait avec celle des époux Thénardier. Il allait se retirer quand son regard rencontra la cheminée; une de ces vastes cheminées d'auberge où il y a toujours un si petit feu, quand il y a du feu, et qui sont si froides à voir. Dans celle-là il n'y avait pas de feu, il n'y avait pas même de cendre; ce qui y était attira pourtant l'attention du voyageur. C'étaient deux petits souliers d'enfant de forme coquette et de grandeur inégale; le voyageur se rappela la gracieuse et immémoriale coutume des enfants qui déposent leur chaussure dans la cheminée le jour de Noël pour y attendre dans les ténèbres quelque étincelant cadeau de leur bonne fée[48]. Éponine et Azelma n'avaient eu garde d'y manquer, et elles avaient mis chacune un de leurs souliers dans la cheminée.

Le voyageur se pencha.

La fée, c'est-à-dire la mère, avait déjà fait sa visite,

et l'on voyait reluire dans chaque soulier une belle pièce de dix sous toute neuve.

L'homme se relevait et allait s'en aller lorsqu'il aperçut au fond, à l'écart[49], dans le coin le plus obscur de l'âtre, un autre objet. Il regarda, et reconnut un sabot, un affreux sabot du bois le plus grossier, à demi brisé et tout couvert de cendre et de boue desséchée. C'était le sabot de Cosette. Cosette, avec cette touchante confiance des enfants qui peut être trompée toujours sans se décourager jamais, avait mis, elle aussi, son sabot dans la cheminée.

C'est une chose sublime et douce que l'espérance dans un enfant qui n'a jamais connu que le désespoir[50].

Il n'y avait rien dans ce sabot. L'étranger fouilla dans son gilet, se courba, et mit dans le sabot de Cosette un louis d'or.

Puis il regagna sa chambre à pas de loup.

IX[1]

Thénardier a la manœuvre

Le lendemain matin, deux heures au moins avant le jour, le mari Thénardier, attablé près d'une chandelle dans la salle basse du cabaret, une plume à la main, composait la carte du voyageur à la redingote jaune.

La femme debout, à demi courbée sur lui, le suivait des yeux. Ils n'échangeaient pas une parole. C'était, d'un côté, une méditation profonde, de l'autre, cette admiration religieuse avec laquelle on regarde naître et s'épanouir une merveille de l'esprit humain. On entendait un bruit dans la maison; c'était l'Alouette qui balayait l'escalier.

Après un bon quart d'heure et quelques ratures, le Thénardier produisit ce chef-d'œuvre :

NOTE DU MONSIEUR DU N° 1.

Souper	fr. 3
Chambre	» 10
Bougie	» 5
Feu	» 4
Service	» 1
Total	fr. 23

Service était écrit *servisse*[2].

— Vingt-trois francs ! s'écria la femme avec un enthousiasme mêlé de quelque hésitation.

Comme tous les grands artistes, le Thénardier n'était pas content.

— Peuh ! fit-il.

C'était l'accent de Castlereagh rédigeant au congrès de Vienne la carte à payer de la France[3].

— Monsieur Thénardier, tu as raison, il doit bien cela, murmura la femme qui songeait à la poupée donnée à Cosette en présence de ses filles, c'est juste, mais c'est trop. Il ne voudra pas payer.

Le Thénardier fit son rire froid, et dit :

— Il payera.

Ce rire était la signification suprême de la certitude et de l'autorité. Ce qui était dit ainsi devait être. La femme n'insista point. Elle se mit à ranger les tables ; le mari marchait de long en large dans la salle. Un moment après il ajouta :

— Je dois bien quinze cents francs, moi !

Il alla s'asseoir au coin de la cheminée, méditant, les pieds sur les cendres chaudes.

— Ah çà ! reprit la femme, tu n'oublies pas que je flanque Cosette à la porte aujourd'hui ? Ce monstre ! elle me mange le cœur avec sa poupée ! J'aimerais mieux épouser Louis XVIII que de la garder un jour de plus à la maison !

Le Thénardier alluma sa pipe et répondit entre deux bouffées :

— Tu remettras la carte à l'homme.

Puis il sortit. Il était à peine hors de la salle que le voyageur y entra.

Le Thénardier reparut sur-le-champ derrière lui et demeura immobile dans la porte entre-bâillée, visible seulement pour sa femme.

L'homme jaune portait à la main son bâton et son paquet.

— Levé si tôt ! dit la Thénardier, est-ce que monsieur nous quitte déjà ?

Tout en parlant ainsi, elle tournait d'un air embarrassé la carte dans ses mains et y faisait des plis avec ses ongles. Son visage dur offrait une nuance[4] qui ne lui était pas habituelle, la timidité et le scrupule.

Présenter une pareille note à un homme qui avait si parfaitement l'air d'« un pauvre », cela lui paraissait malaisé.

Le voyageur semblait préoccupé et distrait. Il répondit :

— Oui, madame. Je m'en vais.

— Monsieur, reprit-elle, n'avait donc pas d'affaires à Montfermeil ?

— Non. Je passe par ici. Voilà tout. — Madame, ajouta-t-il, qu'est-ce que je dois ?

La Thénardier, sans répondre, lui tendit la carte pliée.

L'homme déplia le papier, le regarda, mais son attention était visiblement ailleurs.

— Madame, reprit-il, faites-vous de bonnes affaires dans ce Montfermeil ?

— Comme cela, monsieur, répondit la Thénardier stupéfaite de ne point voir d'autre explosion.

Elle poursuivit d'un accent élégiaque et lamentable :

— Oh ! monsieur, les temps sont bien durs ! et puis nous avons si peu de bourgeois dans nos endroits ! C'est tout petit monde, voyez-vous. Si nous n'avions pas par-ci par-là des voyageurs généreux et riches comme monsieur ! Nous avons tant de charges. Tenez, cette petite nous coûte les yeux de la tête.

— Quelle petite ?

— Eh bien, la petite, vous savez ! Cosette ! l'Alouette, comme on dit dans le pays !

— Ah ! dit l'homme.

Elle continua :

— Sont-ils bêtes, ces paysans, avec leurs sobriquets ! elle a plutôt l'air d'une chauve-souris que d'une alouette. Voyez-vous, monsieur, nous ne demandons pas la charité, mais nous ne pouvons pas la faire. Nous ne gagnons rien, et nous avons gros à payer. La patente, les impositions, les portes et fenêtres, les centimes ! Monsieur sait que le gouvernement demande un argent terrible. Et puis j'ai mes filles, moi. Je n'ai pas besoin de nourrir l'enfant des autres.

L'homme reprit, de cette voix qu'il s'efforçait de rendre indifférente et dans laquelle il y avait un tremblement :

— Et si l'on vous en débarrassait ?

— De qui ? de la Cosette ?

— Oui.

La face rouge et violente de la gargotière s'illumina d'un épanouissement hideux.

— Ah, monsieur! mon bon monsieur[5]! prenez-la, gardez-la, emmenez-la, emportez-la, sucrez-la, truffez-la, buvez-la, mangez-la, et soyez béni de la bonne sainte Vierge et de tous les saints du paradis!

— C'est dit.

— Vrai? vous l'emmenez?

— Je l'emmène.

— Tout de suite?

— Tout de suite. Appelez l'enfant.

— Cosette! cria la Thénardier.

— En attendant, poursuivit l'homme, je vais toujours vous payer ma dépense. Combien est-ce?

Il jeta un coup d'œil sur la carte et ne put réprimer un mouvement de surprise :

— Vingt-trois francs!

Il regarda la gargotière et répéta :

— Vingt-trois francs?

Il y avait dans la prononciation de ces deux mots ainsi répétés l'accent qui sépare le point d'exclamation du point d'interrogation. La Thénardier avait eu le temps de se préparer au choc. Elle répondit avec assurance :

— Dame oui, monsieur! c'est vingt-trois francs.

L'étranger posa cinq pièces de cinq francs sur la table.

— Allez chercher la petite, dit-il.

En ce moment le Thénardier s'avança au milieu de la salle et dit :

— Monsieur doit vingt-six sous.

— Vingt-six sous! s'écria la femme.

— Vingt sous pour la chambre, reprit le Thénardier froidement, et six sous pour le souper. Quant à la petite, j'ai besoin d'en causer un peu avec monsieur. Laissez-nous, ma femme.

La Thénardier eut un de ces éblouissements que donnent les éclairs imprévus du talent. Elle sentit que le grand acteur entrait en scène, ne répliqua pas un mot, et sortit.

Dès qu'ils furent seuls, le Thénardier offrit une chaise au voyageur. Le voyageur s'assit; le Thénardier resta debout, et son visage prit une singulière expression de bonhomie et de simplicité.

— Monsieur, dit-il, tenez, je vais vous dire. C'est que je l'adore, moi, cette enfant.

L'étranger le regarda fixement.

— Quelle enfant?

Thénardier continua :

— Comme c'est drôle! on s'attache. Qu'est-ce que c'est que tout cet argent-là? reprenez donc vos pièces de cent sous. C'est une enfant que j'adore.

— Qui ça? demanda l'étranger.

— Hé, notre petite Cosette! ne voulez-vous pas nous l'emmener? Eh bien, je parle franchement, vrai comme vous êtes un honnête homme, je ne peux pas y consentir. Elle me ferait faute, cette enfant. J'ai vu ça tout petit. C'est vrai qu'elle nous coûte de l'argent, c'est vrai qu'elle a des défauts, c'est vrai que nous ne sommes pas riches, c'est vrai que j'ai payé plus de quatre cents francs en drogues rien que pour une de ses maladies! Mais il faut bien faire quelque chose pour le bon Dieu. Ça n'a ni père ni mère, je l'ai élevée. J'ai du pain pour elle et pour moi. Au fait j'y tiens, à cette enfant. Vous comprenez, on se prend d'affection; je suis une bonne bête, moi; je ne raisonne pas; je l'aime, cette petite; ma femme est vive, mais elle l'aime aussi. Voyez-vous, c'est comme notre enfant. J'ai besoin que ça babille dans la maison.

L'étranger le regardait toujours fixement. Il continua.

— Pardon, excuse, monsieur, mais on ne donne point son enfant comme ça à un passant. Pas vrai que j'ai raison? Après cela, je ne dis pas, vous êtes riche, vous avez l'air d'un bien brave homme, si c'était pour son bonheur? mais il faudrait savoir. Vous comprenez? une supposition que je la laisserais aller et que je me sacrifierais, je voudrais savoir où elle va, je ne voudrais pas la perdre de vue, je voudrais savoir chez qui elle est, pour l'aller voir de temps en temps, qu'elle sache que son bon père nourricier est là, qu'il veille sur elle. Enfin il y a des choses qui ne sont pas possibles. Je ne sais seulement pas votre nom. Vous l'emmèneriez, je dirais : eh bien, l'Alouette? où donc a-t-elle passé? Il faudrait au moins voir quelque méchant chiffon de papier, un petit bout de passeport, quoi!

L'étranger, sans cesser de le regarder de ce regard qui va, pour ainsi dire, jusqu'au fond de la conscience, lui répondit d'un accent grave et ferme :

— Monsieur Thénardier, on n'a pas de passeport pour venir à cinq lieues de Paris. Si j'emmène Cosette, je l'emmènerai, voilà tout. Vous ne saurez pas mon nom, vous ne saurez pas ma demeure, vous ne saurez pas où elle sera, et mon intention est qu'elle ne vous revoie de sa vie. Je casse le fil qu'elle a au pied, et elle s'en va. Cela vous convient-il? oui ou non.

De même que les démons et les génies reconnaissaient à de certains signes la présence d'un dieu supérieur, le Thénardier comprit qu'il avait affaire à quelqu'un de très fort. Ce fut comme une intuition; il comprit cela avec sa promptitude nette et sagace. La veille, tout en buvant avec les rouliers, tout en fumant, tout en chantant des gaudrioles, il avait passé la soirée à observer l'étranger, le guettant comme un chat et l'étudiant comme un mathématicien. Il l'avait à la fois épié pour son propre compte, pour le plaisir et par instinct, et espionné comme s'il eût été payé pour cela. Pas un geste, pas un mouvement de l'homme à la capote jaune ne lui était échappé. Avant même que l'inconnu manifestât si clairement son intérêt pour Cosette, le Thénardier l'avait deviné. Il avait surpris les regards profonds de ce vieux qui revenaient toujours à l'enfant. Pourquoi cet intérêt? qu'était-ce que cet homme? pourquoi, avec tant d'argent dans sa bourse, ce costume si misérable? Questions qu'il se posait sans pouvoir les résoudre et qui l'irritaient. Il y avait songé toute la nuit. Ce ne pouvait être le père de Cosette. Était-ce quelque grand-père? Alors pourquoi ne pas se faire connaître tout de suite? Quand on a un droit, on le montre. Cet homme évidemment n'avait pas de droit sur Cosette. Alors qu'était-ce? Le Thénardier se perdait en suppositions. Il entrevoyait tout, et ne voyait rien. Quoi qu'il en fût, en entamant la conversation avec l'homme, sûr qu'il y avait un secret dans tout cela, sûr que l'homme était intéressé à rester dans l'ombre, il se sentait fort; à la réponse nette et ferme de l'étranger, quand il vit que ce personnage mystérieux était mystérieux si simplement, il se sentit faible. Il ne s'attendait à rien de pareil. Ce fut la déroute de ses conjectures. Il rallia ses idées. Il pesa tout cela en une seconde. Le Thénardier était un de ces hommes qui jugent d'un coup d'œil une situation. Il estima que c'était le moment de marcher droit et vite. Il fit comme les grands capitaines à cet instant décisif qu'ils savent seuls reconnaître, il démasqua brusquement sa batterie.

— Monsieur, dit-il, il me faut quinze cents francs.

L'étranger prit dans sa poche de côté un vieux portefeuille en cuir noir, l'ouvrit et en tira trois billets de banque qu'il posa sur la table. Puis il appuya son large pouce sur ces billets, et dit au gargotier :

— Faites venir Cosette.

Pendant que ceci se passait, que faisait Cosette ?

Cosette, en s'éveillant, avait couru à son sabot. Elle y avait trouvé la pièce d'or. Ce n'était pas un napoléon, c'était une de ces pièces de vingt francs toutes neuves de la Restauration sur l'effigie desquelles la petite queue prussienne avait remplacé la couronne de laurier. Cosette fut éblouie. Sa destinée commençait à l'enivrer. Elle ne savait pas ce que c'était qu'une pièce d'or, elle n'en avait jamais vu, elle la cacha bien vite dans sa poche comme si elle l'avait volée. Cependant elle sentait que cela était bien à elle, elle devinait d'où ce don lui venait, mais elle éprouvait une sorte de joie pleine de peur. Elle était contente ; elle était surtout stupéfaite. Ces choses si magnifiques et si jolies ne lui paraissaient pas réelles. La poupée lui faisait peur, la pièce d'or lui faisait peur. Elle tremblait vaguement devant ces magnificences. L'étranger seul ne lui faisait pas peur. Au contraire, il la rassurait. Depuis la veille, à travers ses étonnements, à travers son sommeil, elle songeait dans son petit esprit d'enfant à cet homme qui avait l'air vieux et pauvre et si triste, et qui était si riche et si bon. Depuis qu'elle avait rencontré ce bonhomme dans le bois, tout était comme changé pour elle. Cosette, moins heureuse que la moindre hirondelle du ciel, n'avait jamais su ce que c'est que de se réfugier à l'ombre de sa mère et sous une aile. Depuis cinq ans, c'est-à-dire aussi loin que pouvaient remonter ses souvenirs, la pauvre enfant frissonnait et grelottait. Elle avait toujours été toute nue sous la bise aigre du malheur, maintenant il lui semblait qu'elle était vêtue. Autrefois son âme avait froid, maintenant elle avait chaud. Elle n'avait plus autant de crainte de la Thénardier. Elle n'était plus seule ; il y avait quelqu'un là[6].

Elle s'était mise bien vite à sa besogne de tous les matins. Ce louis, qu'elle avait sur elle, dans ce même gousset de son tablier d'où la pièce de quinze sous était tombée la veille, lui donnait des distractions. Elle n'osait pas y toucher, mais elle passait des cinq minutes à le contempler, il faut le dire, en tirant la langue. Tout en balayant l'escalier, elle s'arrêtait, et restait là, immobile, oubliant son balai et l'univers entier, occupée à regarder cette étoile briller au fond de sa poche.

Ce fut dans une de ces contemplations que la Thénardier la rejoignit.

Sur l'ordre de son mari, elle l'était allée chercher. Chose inouïe, elle ne lui donna pas une tape et ne lui dit pas une injure.

— Cosette, dit-elle presque doucement, viens tout de suite.

Un instant après, Cosette entrait dans la salle basse.

L'étranger prit le paquet qu'il avait apporté et le dénoua. Ce paquet contenait une petite robe de laine, un tablier, une brassière de futaine, un jupon, un fichu[7], des bas de laine, des souliers, un vêtement complet pour une fille de huit ans. Tout cela était noir.

— Mon enfant, dit l'homme, prends ceci et va t'habiller bien vite.

Le jour paraissait lorsque ceux des habitants de Montfermeil qui commençaient à ouvrir leurs portes virent passer dans la rue de Paris un bonhomme pauvrement vêtu donnant la main à une petite fille tout en deuil qui portait une grande poupée rose dans ses bras. Ils se dirigeaient du côté de Livry. C'étaient notre homme et Cosette.

Personne ne connaissait l'homme; comme Cosette n'était plus en guenilles, beaucoup ne la reconnurent pas.

Cosette s'en allait. Avec qui? elle l'ignorait. Où? elle ne savait. Tout ce qu'elle comprenait, c'est qu'elle laissait derrière elle la gargote Thénardier. Personne n'avait songé à lui dire adieu, ni elle à dire adieu à personne. Elle sortait de cette maison haïe et haïssant.

Pauvre doux être dont le cœur n'avait jusqu'à cette heure été que comprimé[8] !

Cosette marchait gravement, ouvrant ses grands yeux et considérant le ciel. Elle avait mis son louis dans la poche de son tablier neuf. De temps en temps elle se penchait et lui jetait un coup d'œil, puis elle regardait le bonhomme. Elle sentait quelque chose comme si elle était près du bon Dieu.

X

Qui cherche le mieux peut trouver le pire[1]

La Thénardier, selon son habitude, avait laissé faire son mari. Elle s'attendait à de grands événements. Quand l'homme et Cosette furent partis, le Thénardier laissa s'écouler un grand quart d'heure, puis il la prit à part et lui montra les quinze cents francs.

— Que ça ! dit-elle.

C'était la première fois, depuis le commencement de leur ménage, qu'elle osait critiquer un acte du maître. Le coup porta.

— Au fait, tu as raison, dit-il, je suis un imbécile. Donne-moi mon chapeau.

Il plia les trois billets de banque, les enfonça dans sa poche et sortit en toute hâte, mais il se trompa et prit d'abord à droite. Quelques voisins auxquels il s'informa le remirent sur la trace, l'Alouette et l'homme avaient été vus allant dans la direction de Livry. Il suivit cette indication, marchant à grands pas et monologuant.

— Cet homme est évidemment un million habillé en jaune, et moi je suis un animal. Il a d'abord donné vingt sous, puis cinq francs, puis cinquante francs, puis quinze cents francs, toujours aussi facilement. Il aurait donné quinze mille francs. Mais je vais le rattraper.

Et puis ce paquet d'habits préparés d'avance pour la petite, tout cela était singulier ; il y avait bien des mystères là-dessous. On ne lâche pas des mystères quand on les tient. Les secrets des riches sont des éponges pleines d'or ; il faut savoir les presser. Toutes ces pensées lui tourbillonnaient dans le cerveau. « Je suis un animal », disait-il.

Quand on est sorti de Montfermeil et qu'on a atteint le coude que fait la route qui va à Livry, on la voit se développer devant soi très loin sur le plateau. Parvenu là, il calcula qu'il devait apercevoir l'homme et la petite. Il regarda aussi loin que sa vue put s'étendre, et ne vit rien. Il s'informa encore. Cependant il perdait du temps. Des passants lui dirent que l'homme et l'enfant qu'il cherchait s'étaient acheminés vers les bois du côté de Gagny. Il se hâta dans cette direction.

Ils avaient de l'avance sur lui, mais un enfant marche

lentement, et lui il allait vite. Et puis le pays lui était bien connu.

Tout à coup[2] il s'arrêta et se frappa le front comme un homme qui a oublié l'essentiel, et qui est prêt à revenir sur ses pas.

— J'aurais dû prendre mon fusil ! se dit-il.

Thénardier était une de ces natures doubles qui passent quelquefois au milieu de nous à notre insu et qui disparaissent sans qu'on les ait connues parce que la destinée n'en a montré qu'un côté. Le sort de beaucoup d'hommes est de vivre ainsi à demi submergés. Dans une situation calme et plate, Thénardier avait tout ce qu'il fallait pour faire — nous ne disons pas pour être — ce qu'on est convenu d'appeler un honnête commerçant, un bon bourgeois. En même temps, certaines circonstances étant données, certaines secousses venant à soulever sa nature de dessous, il avait tout ce qu'il fallait pour être un scélérat. C'était un boutiquier dans lequel il y avait du monstre. Satan devait par moments s'accroupir dans quelque coin du bouge où vivait Thénardier et rêver devant ce chef-d'œuvre hideux.

Après une hésitation d'un instant :

— Bah ! pensa-t-il, ils auraient le temps d'échapper !

Et il continua son chemin, allant devant lui rapidement, et presque d'un air de certitude, avec la sagacité du renard flairant une compagnie de perdrix.

En effet, quand il eut dépassé les étangs et traversé obliquement la grande clairière qui est à droite de l'avenue de Bellevue, comme il arrivait à cette allée de gazon qui fait presque le tour de la colline et qui recouvre la voûte de l'ancien canal des eaux de l'abbaye de Chelles, il aperçut au-dessus d'une broussaille un chapeau sur lequel il avait déjà échafaudé bien des conjectures. C'était le chapeau de l'homme. La broussaille était basse. Le Thénardier reconnut que l'homme et Cosette étaient assis là. On ne voyait pas l'enfant à cause de sa petitesse[3], mais on apercevait la tête de la poupée.

Le Thénardier ne se trompait pas. L'homme s'était assis là pour laisser un peu reposer Cosette. Le gargotier tourna la broussaille et apparut brusquement aux regards de ceux qu'il cherchait.

— Pardon excuse, monsieur, dit-il tout essoufflé, mais voici vos quinze cents francs.

En parlant ainsi, il tendait à l'étranger les trois billets de banque. L'homme leva les yeux.

— Qu'est-ce que cela signifie ?

Le Thénardier répondit respectueusement :

— Monsieur, cela signifie que je reprends Cosette.

Cosette frissonna et se serra contre le bonhomme.

Lui, il répondit en regardant le Thénardier dans le fond des yeux et en espaçant toutes ses syllabes :

— Vous-re-pre-nez Cosette ?

— Oui, monsieur, je la reprends. Je vais vous dire. J'ai réfléchi. Au fait, je n'ai pas le droit de vous la donner. Je suis un honnête homme, voyez-vous. Cette petite n'est pas à moi, elle est à sa mère. C'est sa mère qui me l'a confiée, je ne puis la remettre qu'à sa mère. Vous me direz : Mais la mère est morte. Bon. En ce cas je ne puis rendre l'enfant qu'à une personne qui m'apporterait un écrit signé de la mère comme quoi je dois remettre l'enfant à cette personne-là. Cela est clair.

L'homme, sans répondre, fouilla dans sa poche et le Thénardier vit reparaître le portefeuille aux billets de banque. Le gargotier eut un frémissement de joie.

— Bon ! pensa-t-il, tenons-nous. Il va me corrompre !

Avant d'ouvrir le portefeuille, le voyageur jeta un coup d'œil autour de lui. Le lieu était absolument désert. Il n'y avait pas une âme dans le bois ni dans la vallée. L'homme ouvrit le portefeuille et en tira, non la poignée de billets de banque qu'attendait Thénardier, mais un simple petit papier qu'il développa et présenta tout ouvert à l'aubergiste en disant :

— Vous avez raison. Lisez.

Le Thénardier prit le papier, et lut :

Montreuil-sur-mer, le 25 mars 1823.

« Monsieur Thénardier,

« Vous remettrez Cosette à la personne. On vous
« payera toutes les petites choses.

« J'ai l'honneur de vous saluer avec considération.
                                  « Fantine. »

— Vous connaissez cette signature ? reprit l'homme.

C'était la signature de Fantine. Le Thénardier la reconnut.

Il n'y avait rien à répliquer. Il sentit deux violents

dépits, le dépit de renoncer à la corruption qu'il espérait, et le dépit d'être battu. L'homme ajouta :

— Vous pouvez garder ce papier pour votre décharge.

Le Thénardier se replia en bon ordre.

— Cette signature est assez bien imitée, grommela-t-il entre ses dents. Enfin, soit !

Puis il essaya un effort désespéré.

— Monsieur, dit-il, c'est bon. Puisque vous êtes la personne. Mais il faut me payer « toutes les petites choses ». On me doit gros.

L'homme se dressa debout, et dit en époussetant avec des chiquenaudes sa manche râpée où il y avait de la poussière :

— Monsieur Thénardier, en janvier la mère comptait qu'elle vous devait cent vingt francs ; vous lui avez envoyé en février un mémoire de cinq cents francs ; vous avez reçu trois cents francs fin février et trois cents francs au commencement de mars. Il s'est écoulé depuis lors neuf mois à quinze francs, prix convenu, cela fait cent trente-cinq francs. Vous aviez reçu cent francs de trop. Reste trente-cinq francs qu'on vous doit. Je viens de vous donner quinze cents francs.

Le Thénardier éprouva ce qu'éprouve le loup au moment où il se sent mordu et saisi par la mâchoire d'acier du piège.

— Quel est ce diable d'homme ? pensa-t-il.

Il fit ce que fait le loup. Il donna une secousse. L'audace lui avait déjà réussi une fois.

— Monsieur-dont-je-ne-sais-pas-le-nom, dit-il résolûment et mettant cette fois les façons respectueuses de côté, je reprendrai Cosette ou vous me donnerez mille écus.

L'étranger dit tranquillement :

— Viens, Cosette.

Il prit Cosette de la main gauche, et de la droite il ramassa son bâton qui était à terre. Le Thénardier remarqua l'énormité de la trique et la solitude du lieu.

L'homme s'enfonça dans le bois avec l'enfant, laissant le gargotier immobile et interdit. Pendant qu'ils s'éloignaient, le Thénardier considérait ses larges épaules un peu voûtées et ses gros poings. Puis ses yeux, revenant à lui-même, retombaient sur ses bras chétifs et sur ses mains maigres.

— Il faut que je sois vraiment bien bête, pensait-il,

de n'avoir pas pris mon fusil, puisque j'allais à la chasse[4] !
 Cependant l'aubergiste ne lâcha pas prise.
 — Je veux savoir où il ira, dit-il.
 Et il se mit à les suivre à distance. Il lui restait deux choses dans les mains, une ironie, le chiffon de papier signé *Fantine,* et une consolation, les quinze cents francs.
 L'homme emmenait Cosette dans la direction de Livry et de Bondy. Il marchait lentement, la tête baissée, dans une attitude de réflexion et de tristesse. L'hiver avait fait le bois à claire-voie, si bien que le Thénardier ne les perdait pas de vue, tout en restant assez loin. De temps en temps l'homme se retournait et regardait si on ne le suivait pas. Tout à coup il aperçut Thénardier. Il entra brusquement avec Cosette dans un taillis où ils pouvaient tous deux disparaître.
 — Diantre ! dit le Thénardier. Et il doubla le pas.
 L'épaisseur du fourré l'avait forcé de se rapprocher d'eux. Quand l'homme fut au plus épais, il se retourna. Thénardier eut beau se cacher dans les branches ; il ne put faire que l'homme ne le vît pas. L'homme lui jeta un coup d'œil inquiet, puis hocha la tête et reprit sa route. L'aubergiste se remit à le suivre. Ils firent ainsi deux ou trois cents pas. Tout à coup l'homme se retourna encore. Il aperçut l'aubergiste. Cette fois il le regarda d'un air si sombre que le Thénardier jugea « inutile » d'aller plus loin. Thénardier rebroussa chemin.

XI

Le numéro 9430 reparaît et Cosette le gagne a la loterie[1]

Jean Valjean n'était pas mort.
 En tombant à la mer, ou plutôt en s'y jetant, il était, comme on l'a vu, sans fers. Il nagea entre deux eaux jusque sous un navire au mouillage, auquel était amarrée une embarcation. Il trouva moyen de se cacher dans cette embarcation jusqu'au soir. A la nuit, il se jeta de nouveau à la nage, et atteignit la côte[2] à peu de distance du cap Brun. Là, comme ce n'était pas l'argent qui lui manquait, il put se procurer des vêtements[3]. Une guinguette aux environs de Balaguier était alors le vestiaire des forçats évadés, spécialité lucrative. Puis,

Jean Valjean, comme tous ces tristes fugitifs qui tâchent de dépister le guet de la loi et la fatalité sociale, suivit un itinéraire obscur et ondulant. Il trouva un premier asile aux Pradeaux, près Beausset. Ensuite il se dirigea vers le Grand-Villard, près Briançon, dans les Hautes-Alpes. Fuite tâtonnante et inquiète, chemin de taupe dont les embranchements sont inconnus. On a pu, plus tard, retrouver quelque trace de son passage dans l'Ain sur le territoire de Civrieux, dans les Pyrénées, à Accons au lieu dit la Grange-de-Doumecq, près du hameau de Chavailles, et dans les environs de Périgueux, à Brunies, canton de la Chapelle-Gonaguet. Il gagna Paris. On vient de le voir à Montfermeil.

Son premier soin, en arrivant à Paris, avait été d'acheter des habits de deuil pour une petite fille de sept à huit ans, puis de se procurer un logement. Cela fait, il s'était rendu à Montfermeil.

On se souvient que déjà, lors de sa précédente évasion, il y avait fait, ou dans les environs, un voyage mystérieux dont la justice avait eu quelque lueur. Du reste on le croyait mort, et cela épaississait l'obscurité qui s'était faite sur lui. A Paris, il lui tomba sous la main un des journaux qui enregistraient le fait. Il se sentit rassuré et presque en paix comme s'il était réellement mort.

Le soir même du jour où Jean Valjean avait tiré Cosette des griffes des Thénardier, il rentrait dans Paris. Il y rentrait à la nuit tombante, avec l'enfant, par la barrière de Monceaux[4]. Là il monta dans un cabriolet qui le conduisit à l'esplanade de l'Observatoire. Il y descendit, paya le cocher, prit Cosette par la main, et tous deux, dans la nuit noire, par les rues désertes qui avoisinent Lourcine et la Glacière, se dirigèrent vers le boulevard de l'Hôpital.

La journée avait été étrange et remplie d'émotions pour Cosette; on[5] avait mangé derrière des haies du pain et du fromage achetés dans des gargotes isolées, on avait souvent changé de voiture, on avait fait des bouts de chemin à pied, elle ne se plaignait pas[6], mais elle était fatiguée, et Jean Valjean s'en aperçut à sa main qu'elle tirait davantage en marchant. Il la prit sur son dos; Cosette, sans lâcher Catherine, posa sa tête sur l'épaule de Jean Valjean, et s'y endormit.

LIVRE QUATRIÈME

LA MASURE GORBEAU

I

Maitre Gorbeau

Il y a quarante ans, le promeneur solitaire qui s'aventurait[1] dans les pays perdus de la Salpêtrière et qui montait par le boulevard jusque vers la barrière d'Italie, arrivait à des endroits où l'on eût pu dire que Paris disparaissait. Ce n'était pas la solitude, il y avait des passants; ce n'était pas la campagne, il y avait des maisons et des rues; ce n'était pas une ville, les rues avaient des[2] ornières comme les grandes routes et l'herbe y poussait, ce n'était pas un village, les maisons étaient trop hautes. Qu'était-ce donc? C'était un lieu habité où il n'y avait personne, c'était un lieu désert où il y avait quelqu'un; c'était un boulevard de la grande ville, une rue de Paris, plus farouche la nuit qu'une forêt, plus morne le jour qu'un cimetière.

C'était le vieux quartier du Marché-aux-Chevaux.

Ce promeneur, s'il se risquait au delà des quatre murs caducs de ce Marché-aux-Chevaux[3], s'il consentait même à dépasser la rue du Petit-Banquier, après avoir laissé à sa droite un courtil gardé par de hautes murailles, puis un pré où se dressaient des meules de tan pareilles à des huttes de castors gigantesques, puis un enclos encombré de bois de charpente avec des tas de souches, de sciures et de copeaux au haut desquels aboyait un gros chien, puis un long mur bas tout en ruine, avec une petite porte noire et en deuil, chargé de mousses qui s'emplissaient de fleurs au printemps, puis, au plus désert, une affreuse bâtisse décrépite sur laquelle on lisait en grosses lettres : DÉFENSE D'AFFICHER, ce promeneur hasardeux atteignait l'angle de la rue des Vignes-Saint-Marcel, latitudes peu connues. Là, près d'une usine et entre deux murs de jardins, on voyait en ce temps-là une masure qui[4], au premier coup d'œil, semblait petite comme une chaumière et qui en réalité était grande comme une cathédrale. Elle se présentait sur la voie publique de côté, par le pignon; de là son exiguïté apparente. Presque toute la maison était cachée[5]. On n'en apercevait[6] que la porte et une fenêtre.

Cette masure n'avait qu'un étage[7].

En l'examinant, le détail qui frappait[8] d'abord, c'est que cette porte n'avait jamais pu être que la porte d'un bouge, tandis que cette croisée, si elle eût été[9] coupée dans la pierre de taille au lieu de l'être dans le moellon, aurait pu être la croisée d'un hôtel.

La porte n'était autre chose qu'un assemblage de planches vermoulues grossièrement reliées par des traverses[10] pareilles à des bûches mal équarries. Elle s'ouvrait immédiatement sur un roide escalier à hautes marches, boueux, plâtreux, poudreux, de la même largeur qu'elle, qu'on voyait de la rue monter droit comme une échelle et disparaître dans l'ombre entre deux murs. Le haut de la baie informe que battait cette porte était masqué d'une volige étroite au milieu de laquelle on avait scié un jour triangulaire, tout ensemble lucarne et vasistas quand la porte était fermée. Sur le dedans de la porte un pinceau trempé dans l'encre avait tracé en deux coups de poing le chiffre 52, et au-dessus de la volige le même pinceau avait barbouillé le numéro 50; de sorte qu'on hésitait. Où est-on? Le dessus de la porte dit: au numéro 50; le dedans réplique: non, au numéro 52. On ne sait quels chiffons couleur de poussière pendaient comme des draperies au vasistas triangulaire[11].

La fenêtre était large, suffisamment élevée, garnie de persiennes et de châssis à grands carreaux; seulement ces grands carreaux avaient des blessures variées, à la fois cachées et trahies par un ingénieux bandage en papier, et les persiennes, disloquées et descellées, menaçaient plutôt les passants qu'elles ne gardaient les habitants. Les abat-jour horizontaux y manquaient çà et là et étaient naïvement remplacés par des planches clouées perpendiculairement; si bien que la chose commençait en persienne et finissait en volet.

Cette porte qui avait l'air immonde et cette fenêtre qui avait l'air honnête, quoique délabrée, ainsi vues sur la même maison, faisaient l'effet de deux mendiants dépareillés qui iraient ensemble et marcheraient côte à côte, avec deux mines différentes sous les mêmes haillons, l'un ayant toujours été un gueux, l'autre ayant été un gentilhomme.

L'escalier menait à un corps de bâtiment très vaste qui ressemblait à un hangar dont on aurait fait une maison. Ce bâtiment avait pour tube intestinal un long corridor sur lequel s'ouvraient, à droite et à gauche, des espèces de compartiments de dimensions variées, à la rigueur logeables et plutôt semblables à des échoppes qu'à des cellules. Ces chambres prenaient jour sur des terrains vagues des environs. Tout cela était obscur, fâcheux, blafard, mélancolique, sépulcral; traversé, selon que les fentes étaient dans le toit ou dans la porte, par des rayons froids ou par des bises glacées. Une particularité intéressante et pittoresque de ce genre d'habitation, c'est l'énormité des araignées[12].

A gauche de la porte d'entrée, sur le boulevard, à hauteur[13] d'homme, une lucarne qu'on avait murée faisait une niche carrée pleine de pierres que les enfants y jetaient en passant[14].

Une partie de ce bâtiment a été dernièrement démolie. Ce qui en reste aujourd'hui peut encore faire juger de ce qu'il a été. Le tout, dans son ensemble, n'a guère plus d'une centaine d'années. Cent ans, c'est la jeunesse d'une église et la vieillesse d'une maison. Il semble que le logis de l'homme participe de sa brièveté et le logis de Dieu de son éternité.

Les facteurs[15] de la poste appelaient cette masure le numéro 50-52; mais elle était connue dans le quartier sous le nom de maison Gorbeau. Disons d'où lui venait cette appellation.

Les collecteurs de petits faits, qui se font des herbiers d'anecdotes et qui piquent dans leur mémoire les dates fugaces avec une épingle, savent qu'il y avait à Paris, au siècle dernier, vers 1770, deux procureurs au Châtelet, appelés, l'un Corbeau, l'autre Renard. Deux noms prévus par La Fontaine. L'occasion était trop belle pour que la basoche n'en fît point gorge chaude. Tout de suite la parodie courut, en vers quelque peu boiteux, les galeries du Palais :

> Maître Corbeau, sur un dossier perché,
>   Tenait dans son bec une saisie exécutoire ;
> Maître Renard, par l'odeur alléché,
>   Lui fit à peu près cette histoire :
> Hé bonjour ! etc.

Les deux honnêtes praticiens, gênés par les quolibets et contrariés dans leur port de tête par les éclats de rire qui les suivaient, résolurent de se débarrasser de leurs noms et prirent le parti de s'adresser au roi. La requête fut présentée à Louis XV le jour même où le nonce du pape, d'un côté, et le cardinal de La Roche-Aymon, de l'autre, dévotement agenouillés tous les deux, chaussèrent, en présence de sa majesté, chacun d'une pantoufle les deux pieds nus de Mme Du Barry sortant du lit. Le roi, qui riait, continua de rire, passa gaîment des deux évêques aux deux procureurs, et fit à ces robins grâce de leurs noms, ou à peu près. Il fut permis, de par le roi, à maître Corbeau d'ajouter une queue à son initiale et de se nommer Gorbeau ; maître Renard fut moins heureux, il ne put obtenir que de mettre un P devant son R et de s'appeler Prenard ; si bien que le deuxième nom n'était guère moins ressemblant que le premier.

Or, selon la tradition locale, ce maître Gorbeau avait été propriétaire de la bâtisse numérotée 50-52 boulevard de l'Hôpital. Il était même l'auteur de la fenêtre monumentale. De là à cette masure le nom de maison Gorbeau.

Vis-à-vis le numéro 50-52 se dresse, parmi les plantations du boulevard, un grand orme aux trois quarts mort[16] ; presque en face s'ouvre la rue de la barrière des Gobelins[17], rue alors sans maisons, non pavée, plantée d'arbres mal venus, verte ou fangeuse selon la saison, qui allait aboutir carrément au mur d'enceinte de Paris. Une odeur de couperose sort par bouffées des toits d'une fabrique voisine.

La barrière était tout près. En 1823, le mur d'enceinte existait encore[18].

Cette barrière elle-même jetait dans l'esprit des figures funestes. C'était le chemin de Bicêtre. C'est par là que, sous l'Empire et la Restauration, rentraient à Paris les condamnés à mort le jour de leur exécution. C'est là que fut commis vers 1829 ce mystérieux assassinat dit « de la barrière de Fontainebleau » dont la justice n'a pu découvrir les auteurs, problème funèbre qui n'a pas été éclairci, énigme effroyable qui n'a pas été ouverte. Faites quelques pas, vous trouverez cette fatale rue[19] Croulebarbe où Ulbach poignarda la chevrière d'Ivry au bruit du tonnerre, comme dans un mélodrame. Quelques pas encore, et vous arrivez aux abominables ormes étêtés de la barrière Saint-Jacques, cet expédient des philanthropes cachant l'échafaud, cette mesquine[20] et honteuse place de Grève d'une société boutiquière et bourgeoise, qui a reculé[21] devant la peine de mort, n'osant ni l'abolir avec grandeur, ni la maintenir avec autorité.

Il y a trente-sept ans[22], en laissant à part cette place Saint-Jacques qui était comme prédestinée et qui a toujours été horrible, le point le plus morne peut-être de tout ce morne boulevard était l'endroit, si peu attrayant encore aujourd'hui, où l'on rencontrait la masure 50-52.

Les maisons bourgeoises n'ont commencé à poindre là que vingt-cinq ans plus tard[23]. Le lieu était morose. Aux idées funèbres qui vous y saisissaient, on se sentait entre la Salpêtrière dont on entrevoyait le dôme et Bicêtre dont on touchait la barrière[24]; c'est-à-dire entre la folie de la femme et la folie de l'homme. Si loin que la vue pût s'étendre, on n'apercevait que les abattoirs, le mur d'enceinte et quelques rares façades d'usines, pareilles à des casernes ou à des monastères; partout des baraques et des plâtras, de vieux murs noirs comme des linceuls, des murs neufs blancs comme des suaires; partout des rangées d'arbres parallèles, des bâtisses tirées au cordeau, des constructions plates, de longues lignes froides, et la tristesse lugubre des angles droits. Pas un accident de terrain, pas un caprice d'architecture, pas un pli. C'était un ensemble glacial, régulier, hideux. Rien ne serre le cœur comme la symétrie. C'est que la symétrie, c'est l'ennui, et l'ennui est le fond même du deuil. Le désespoir bâille. On peut rêver quelque chose de plus terrible qu'un enfer où l'on souffre, c'est un enfer où l'on s'ennuierait. Si cet enfer existait, ce morceau du boulevard de l'Hôpital en eût pu être l'avenue.

Cependant, à la nuit tombante, au moment où la clarté s'en va, l'hiver surtout, à l'heure où la bise crépusculaire arrache[25] aux ormes leurs dernières feuilles rousses, quand l'ombre est profonde et sans étoiles, ou quand la lune et le vent font des trous dans les nuages, ce boulevard devenait tout à coup effrayant. Les lignes droites[26] s'enfonçaient et se perdaient dans les ténèbres comme des tronçons de l'infini. Le passant ne pouvait s'empêcher de songer aux innombrables traditions patibulaires du lieu. La solitude de cet endroit où il s'était commis tant de crimes avait quelque chose d'affreux. On croyait pressentir des pièges dans cette obscurité, toutes les formes confuses de l'ombre paraissaient suspectes, et les longs creux carrés qu'on apercevait entre chaque arbre semblaient des fosses. Le jour, c'était laid; le soir, c'était lugubre; la nuit, c'était sinistre.

L'été, au crépuscule, on voyait çà et là quelques vieilles femmes, assises au pied des ormes sur des bancs moisis par les pluies. Ces bonnes vieilles mendiaient volontiers.

Du reste ce quartier, qui avait plutôt l'air suranné qu'antique, tendait dès lors à se transformer. Dès cette époque, qui voulait le voir devait[27] se hâter. Chaque jour quelque détail de cet ensemble s'en allait. Aujourd'hui, et depuis vingt ans[28], l'embarcadère du chemin de fer d'Orléans est là, à côté du vieux faubourg, et le travaille. Partout où l'on place, sur la lisière d'une capitale, l'embarcadère d'un chemin de fer, c'est la mort d'un faubourg et la naissance d'une ville. Il semble qu'autour de ces grands centres du mouvement des peuples, au roulement de ces puissantes machines, au souffle de ces monstrueux chevaux de la civilisation qui mangent du charbon et vomissent du feu, la terre pleine de germes tremble et s'ouvre pour engloutir les anciennes demeures des hommes et laisser sortir les nouvelles. Les vieilles maisons croulent, les maisons neuves montent.

Depuis que la gare du railway d'Orléans a envahi les terrains de la Salpêtrière, les antiques rues étroites qui avoisinent les fossés Saint-Victor[29] et le Jardin des Plantes[30] s'ébranlent, violemment traversées trois ou quatre fois chaque jour par ces courants de diligences, de fiacres et d'omnibus qui, dans un temps donné, refoulent les maisons à droite et à gauche; car il y a des choses bizarres à énoncer qui sont rigoureusement exactes, et de même qu'il est vrai de dire que dans les grandes villes le soleil fait végéter et croître les façades

des maisons au midi, il est certain que le passage fréquent des voitures élargit les rues. Les symptômes d'une vie nouvelle sont évidents. Dans ce vieux quartier provincial, aux recoins les plus sauvages, le pavé[31] se montre, les trottoirs commencent à ramper et à s'allonger, même là où il n'y a pas encore de passants. Un matin, matin mémorable, en juillet 1845, on vit tout à coup fumer les marmites noires du bitume; ce jour-là on put dire[32] que la civilisation était arrivée rue de Lourcine[33] et que Paris était entré dans le faubourg Saint-Marceau.

II

Nid pour hibou et fauvette

Ce fut devant cette masure Gorbeau[1] que Jean Valjean s'arrêta. Comme les oiseaux fauves, il avait choisi le lieu le plus désert pour y faire son nid.

Il fouilla dans son gilet, y prit une sorte de passe-partout, ouvrit la porte, entra, puis la referma avec soin, et monta l'escalier, portant toujours Cosette. Au haut de l'escalier, il tira de sa poche une autre clef avec laquelle il ouvrit une autre porte. La chambre où il entra et qu'il referma sur-le-champ était une espèce de galetas assez spacieux meublé d'un matelas posé à terre[2], d'une table et de quelques chaises. Un poêle allumé et dont on voyait la braise était dans un coin. Le réverbère du boulevard éclairait vaguement cet intérieur pauvre. Au fond il y avait un cabinet avec un lit de sangle. Jean Valjean porta l'enfant sur ce lit et l'y déposa sans qu'elle s'éveillât.

Il battit le briquet, et alluma une chandelle; tout cela était préparé d'avance sur la table; et, comme il l'avait fait la veille, il se mit à considérer Cosette d'un regard plein d'extase où l'expression de la bonté et de l'attendrissement allait presque jusqu'à l'égarement. La petite fille, avec cette confiance tranquille qui n'appartient qu'à l'extrême force et qu'à l'extrême faiblesse, s'était endormie sans savoir avec qui elle était, et continuait de dormir sans savoir où elle était.

Jean Valjean se courba et baisa la main de cette enfant. Neuf mois auparavant il baisait la main de la mère qui, elle aussi, venait de s'endormir. Le même sentiment douloureux, religieux, poignant, lui remplissait le cœur. Il s'agenouilla près du lit de Cosette[3].

Il faisait grand jour que l'enfant dormait encore. Un rayon pâle du soleil de décembre traversait la croisée du galetas et traînait sur le plafond de longues filandres d'ombre et de lumière. Tout à coup une charrette de carrier, lourdement chargée, qui passait sur la chaussée du boulevard, ébranla la baraque comme un roulement d'orage et la fit trembler du haut en bas.

— Oui, madame[4]! cria Cosette réveillée en sursaut, voilà! voilà!

Et elle se jeta à bas du lit, les paupières encore à demi fermées par la pesanteur du sommeil, étendant le bras vers l'angle du mur.

— Ah! mon Dieu! mon balai! dit-elle.

Elle ouvrit tout à fait les yeux, et vit le visage souriant de Jean Valjean.

— Ah! tiens, c'est vrai! dit l'enfant. Bonjour, monsieur.

Les enfants acceptent tout de suite et familièrement la joie et le bonheur, étant eux-mêmes naturellement bonheur et joie[5].

Cosette aperçut Catherine au pied de son lit, et s'en empara, et, tout en jouant, elle faisait cent questions à Jean Valjean. — Où elle était? Si c'était grand, Paris? Si Mme Thénardier était bien loin? Si elle ne reviendrait pas? etc., etc. Tout à coup elle s'écria : — Comme c'est joli ici!

C'était un affreux taudis; mais elle se sentait libre.

— Faut-il pas que je balaye? reprit-elle enfin.

— Joue, dit Jean Valjean.

La journée se passa ainsi. Cosette, sans s'inquiéter de rien comprendre, était inexprimablement heureuse entre cette poupée et ce bonhomme.

III

DEUX MALHEURS MÊLÉS FONT DU BONHEUR

LE lendemain au point du jour, Jean Valjean était encore près du lit de Cosette. Il attendit là, immobile, et il la regarda se réveiller.

Quelque chose de nouveau lui entrait dans l'âme.

Jean Valjean n'avait jamais rien aimé. Depuis vingt-cinq ans il était seul au monde. Il n'avait jamais été père, amant, mari, ami. Au bagne il était mauvais, sombre, chaste, ignorant et farouche[1]. Le cœur de ce vieux forçat était plein de virginités. Sa sœur et les enfants de sa sœur ne lui avaient laissé qu'un souvenir vague et lointain qui avait fini par s'évanouir presque entièrement. Il avait fait tous ses efforts pour les retrouver, et, n'ayant pu les retrouver, il les avait oubliés. La nature humaine est ainsi faite[2]. Les autres émotions tendres de sa jeunesse, s'il en avait eu, étaient tombées dans un abîme.

Quand il vit Cosette, quand il l'eut prise, emportée et délivrée, il sentit se remuer ses entrailles. Tout ce qu'il y avait de passionné et d'affectueux en lui s'éveilla et se précipita vers cet enfant. Il allait près du lit où elle dormait, et il y tremblait de joie; il éprouvait des épreintes comme une mère et il ne savait ce que c'était; car c'est une chose bien obscure et bien douce que ce grand et étrange mouvement d'un cœur qui se met à aimer.

Pauvre vieux cœur tout neuf!

Seulement, comme il avait cinquante-cinq ans et que Cosette en avait huit, tout ce qu'il aurait pu avoir d'amour dans toute sa vie se fondit en une sorte de lueur ineffable[3].

C'était la deuxième apparition blanche qu'il rencontrait[4]. L'évêque avait fait lever à son horizon l'aube de la vertu; Cosette y faisait lever l'aube de l'amour.

Les premiers jours s'écoulèrent dans cet éblouissement.

De son côté, Cosette, elle aussi, devenait autre, à son insu, pauvre petit être! Elle était si petite quand sa mère l'avait quittée qu'elle ne s'en souvenait plus. Comme tous les enfants, pareils aux jeunes pousses de la vigne qui s'accrochent à tout, elle avait essayé d'aimer. Elle n'y avait pu réussir. Tous l'avaient repoussée, les Thénardier, leurs enfants, d'autres enfants. Elle avait aimé le chien, qui était mort. Après quoi, rien n'avait voulu d'elle, ni personne. Chose lugubre à dire, et que nous avons déjà indiquée, à huit ans elle avait le cœur froid. Ce n'était pas sa faute, ce n'était point la faculté d'aimer qui lui manquait; hélas! c'était la possibilité. Aussi, dès le premier jour, tout ce qui sentait et songeait en elle se mit[5] à aimer ce bonhomme. Elle éprouvait ce qu'elle n'avait jamais ressenti, une sensation d'épanouissement.

Le bonhomme ne lui faisait même plus l'effet d'être vieux, ni d'être pauvre. Elle trouvait Jean Valjean beau, de même qu'elle trouvait le taudis joli.

Ce sont là des effets d'aurore, d'enfance, de jeunesse, de joie. La nouveauté de la terre et de la vie y est pour quelque chose. Rien n'est charmant comme le reflet colorant du bonheur sur le grenier. Nous avons tous ainsi dans notre passé un galetas bleu[6].

La nature, cinquante ans d'intervalle, avaient mis une séparation profonde entre Jean Valjean et Cosette; cette séparation[7], la destinée la combla. La destinée unit brusquement et fiança avec son irrésistible puissance ces deux existences déracinées[8], différentes par l'âge, semblables par le deuil. L'une en effet complétait l'autre. L'instinct de Cosette cherchait un père comme l'instinct de Jean Valjean cherchait un enfant. Se rencontrer, ce fut se trouver. Au moment mystérieux où leurs deux mains se touchèrent, elles se soudèrent. Quand ces deux âmes s'aperçurent, elles se reconnurent comme étant le besoin l'une de l'autre et s'embrassèrent étroitement.

En prenant les mots dans leur sens le plus compréhensif et le plus absolu, on pourrait dire que, séparés de tout par des murs de tombe, Jean Valjean était le Veuf comme Cosette était l'Orpheline. Cette situation fit que Jean Valjean devint d'une façon céleste le père de Cosette. Et, en vérité, l'impression mystérieuse produite à Cosette, au fond du bois de Chelles, par la main de Jean Valjean saisissant la sienne dans l'obscurité, n'était pas une illusion, mais une réalité. L'entrée de cet homme dans la destinée de cet enfant avait été l'arrivée de Dieu[9].

Du reste, Jean Valjean avait bien choisi son asile. Il était là dans une sécurité qui pouvait sembler entière.

La chambre à cabinet qu'il occupait avec Cosette était celle dont la fenêtre donnait sur le boulevard. Cette fenêtre étant unique dans la maison, aucun regard de voisin n'était à craindre, pas plus de côté qu'en face[10].

Le rez-de-chaussée du numéro 50-52, espèce d'appentis délabré, servait de remise à des maraîchers, et n'avait aucune communication avec le premier. Il en était séparé par le plancher qui n'avait ni trappe ni escalier et qui était comme le diaphragme de la masure. Le premier étage contenait, comme nous l'avons dit, plusieurs chambres et quelques greniers, dont un seulement était occupé par une vieille femme qui[11] faisait le ménage de Jean Valjean. Tout le reste était inhabité.

C'était cette vieille femme, ornée du nom de *principale locataire* et en réalité chargée des fonctions de portière, qui lui avait loué ce logis dans la journée de Noël. Il s'était donné à elle pour un rentier ruiné par les bons d'Espagne, qui allait venir demeurer là avec sa petite-fille. Il avait payé six mois d'avance et chargé la vieille de meubler la chambre et le cabinet comme on a vu. C'était cette bonne femme qui avait allumé le poêle[12] et tout préparé le soir de leur arrivée.

Les semaines se succédèrent[13]. Ces deux êtres menaient dans ce taudis misérable une existence heureuse. Dès l'aube Cosette riait, jasait, chantait. Les enfants ont leur chant du matin comme les oiseaux.

Il arrivait quelquefois que Jean Valjean lui prenait sa petite main rouge et crevassée d'engelures et la baisait. La pauvre enfant, accoutumée à être battue, ne savait ce que cela voulait dire, et s'en allait toute honteuse.

Par moments elle devenait sérieuse et elle considérait sa petite robe noire. Cosette n'était plus en guenilles, elle était en deuil. Elle sortait de la misère et elle entrait dans la vie.

Jean Valjean s'était mis à lui enseigner à lire. Parfois, tout en faisant épeler l'enfant, il songeait que c'était avec l'idée de faire le mal qu'il avait appris à lire au bagne. Cette idée avait tourné à montrer à lire à un enfant. Alors le vieux galérien souriait du sourire pensif des anges[14].

Il sentait là une préméditation d'en haut, une volonté de quelqu'un qui n'est pas l'homme, et il se perdait dans la rêverie. Les bonnes pensées ont leurs abîmes comme les mauvaises[15].

Apprendre à lire à Cosette, et la laisser jouer, c'était à peu près là toute la vie de Jean Valjean[16]. Et puis il lui parlait de sa mère et il la faisait prier.

Elle l'appelait : *père,* et ne lui savait pas d'autre nom[17].

Il passait des heures à la contempler habillant et déshabillant sa poupée, et à l'écouter gazouiller. La vie lui paraissait désormais pleine d'intérêt, les hommes lui semblaient bons et justes, il ne reprochait dans sa pensée plus rien à personne, il n'apercevait aucune raison de ne pas vieillir très vieux maintenant que cette enfant l'aimait. Il se voyait tout un avenir éclairé par Cosette comme par une charmante lumière. Les meilleurs ne sont pas exempts d'une pensée égoïste. Par moments il songeait avec une sorte de joie qu'elle serait laide.

Ceci[18] n'est qu'une opinion personnelle; mais pour dire notre pensée tout entière, au point où en était Jean Valjean quand il se mit à aimer Cosette, il ne nous est pas prouvé qu'il n'ait pas eu besoin de ce ravitaillement pour persévérer dans le bien. Il venait de voir sous de nouveaux aspects la méchanceté des hommes et la misère de la société, aspects incomplets et qui ne montraient fatalement qu'un côté du vrai, le sort de la femme résumé dans Fantine, l'autorité publique personnifiée dans Javert; il était retourné au bagne, cette fois pour avoir bien fait; de nouvelles amertumes l'avaient abreuvé; le dégoût et la lassitude le reprenaient; le souvenir même de l'évêque touchait peut-être à quelque moment d'éclipse, sauf à reparaître plus tard lumineux et triomphant; mais enfin ce souvenir sacré s'affaiblissait. Qui sait si Jean Valjean n'était pas à la veille de se décourager et de retomber? Il aima, et il redevint fort. Hélas! il n'était guère moins chancelant que Cosette. Il la protégea et elle l'affermit. Grâce à lui, elle put marcher dans la vie; grâce à elle, il put continuer dans la vertu. Il fut le soutien de l'enfant et cet enfant fut son point d'appui. O mystère insondable et divin des équilibres de la destinée!

IV

LES REMARQUES DE LA PRINCIPALE LOCATAIRE[1]

JEAN VALJEAN avait la prudence de ne sortir jamais le jour. Tous les soirs, au crépuscule, il se promenait une heure ou deux, quelquefois seul, souvent avec Cosette, cherchant les contre-allées du boulevard les plus solitaires, ou entrant dans les églises à la tombée de la nuit. Il allait volontiers à Saint-Médard qui est l'église la plus proche. Quand il n'emmenait pas Cosette, elle restait avec la vieille femme; mais c'était la joie de l'enfant de sortir avec le bonhomme. Elle préférait une heure avec lui même aux tête-à-tête ravissants de Catherine. Il marchait en la tenant par la main et en lui disant des choses douces.

Il se trouva que Cosette était très gaie.

La vieille faisait le ménage et la cuisine et allait aux provisions².

Ils vivaient sobrement, ayant toujours un peu de feu, mais comme des gens très gênés. Jean Valjean n'avait rien changé au mobilier du premier jour; seulement il avait fait remplacer par une porte pleine la porte vitrée du cabinet de Cosette³.

Il avait toujours sa redingote jaune, sa culotte noire et son vieux chapeau. Dans la rue on le prenait pour un pauvre. Il arrivait quelquefois que des bonnes femmes se retournaient et lui donnaient un sou. Jean Valjean recevait le sou et saluait profondément. Il arrivait aussi parfois qu'il rencontrait quelque misérable demandant la charité, alors il regardait derrière lui si personne ne le voyait, s'approchait furtivement du malheureux, lui mettait dans la main une pièce de monnaie, souvent une pièce d'argent, et s'éloignait rapidement. Cela avait ses inconvénients. On commençait à le connaître dans le quartier sous le nom du *mendiant qui fait l'aumône*.

La vieille *principale locataire,* créature rechignée, toute pétrie vis-à-vis du prochain de l'attention des envieux, examinait⁴ beaucoup Jean Valjean, sans qu'il s'en doutât. Elle était un peu sourde, ce qui la rendait bavarde⁵. Il lui restait de son passé deux dents, l'une en haut, l'autre en bas, qu'elle cognait toujours l'une contre l'autre. Elle avait fait des questions à Cosette qui, ne sachant rien, n'avait pu rien dire, sinon qu'elle venait de Montfermeil. Un matin, cette guetteuse aperçut Jean Valjean qui entrait, d'un air qui sembla à la commère particulier, dans un des compartiments inhabités de la masure. Elle le suivit du pas d'une vieille chatte, et put⁶ l'observer, sans en être vue, par la fente de la porte qui était tout contre. Jean Valjean, pour plus de précaution sans doute, tournait le dos à cette porte. La vieille le vit fouiller dans sa poche et y prendre un étui⁷, des ciseaux et du fil, puis il se mit à découdre la doublure d'un pan de sa redingote et il tira de l'ouverture un morceau de papier jaunâtre qu'il déplia. La vieille reconnut avec épouvante que c'était un billet de mille francs. C'était le second ou le troisième qu'elle voyait depuis qu'elle était au monde. Elle s'enfuit très effrayée.

Un moment après, Jean Valjean l'aborda et la pria d'aller lui changer ce billet de mille francs, ajoutant que c'était le semestre de sa rente qu'il avait touché la veille.

— Où? pensa la vieille. Il n'est sorti qu'à six heures du soir, et la caisse du gouvernement n'est certainement pas ouverte[8] à cette heure-là.

La vieille alla changer le billet et fit ses conjectures. Ce billet de mille francs, commenté et multiplié, produisit une foule de conversations effarées parmi les commères de la rue des Vignes-Saint-Marcel.

Les jours suivants, il arriva que Jean Valjean, en manches de veste, scia du bois dans le corridor[9]. La vieille était dans la chambre et faisait le ménage. Elle était seule, Cosette étant occupée à admirer le bois qu'on sciait, la vieille vit la redingote accrochée à un clou, et la scruta : la doublure avait été recousue. La bonne femme la palpa attentivement, et crut sentir dans les pans et dans les entournures des épaisseurs de papier. D'autres billets de mille francs sans doute !

Elle remarqua en outre qu'il y avait toutes sortes de choses dans les poches, non seulement les aiguilles, les ciseaux et le fil qu'elle avait vus, mais un gros portefeuille, un très grand couteau[10] et, détail suspect, plusieurs perruques de couleurs variées. Chaque poche de cette redingote avait l'air d'être une façon d'en-cas pour des événements imprévus.

Les habitants de la masure atteignirent ainsi les derniers jours de l'hiver.

V

UNE PIÈCE DE CINQ FRANCS QUI TOMBE A TERRE FAIT DU BRUIT

Il y avait près de Saint-Médard un pauvre qui s'accroupissait sur la margelle d'un puits banal condamné, et auquel Jean Valjean faisait volontiers la charité. Il ne passait guère devant cet homme sans lui donner quelques sous. Parfois il lui parlait. Les envieux de ce mendiant disaient qu'il était *de la police*. C'était un vieux bedeau de soixante-quinze ans qui marmottait continuellement des oraisons.

Un soir que Jean Valjean passait par là, il n'avait pas Cosette avec lui[1], il aperçut le mendiant à sa place ordinaire sous le réverbère qu'on venait d'allumer. Cet homme, selon son habitude, semblait prier et était tout courbé. Jean Valjean alla à lui et lui mit dans la main son aumône accoutumée. Le mendiant leva brusquement les yeux, regarda fixement Jean Valjean, puis baissa rapidement la tête. Ce mouvement fut comme un éclair, Jean Valjean eut un tressaillement. Il lui sembla qu'il venait d'entrevoir, à la lueur du réverbère, non le visage placide et béat du vieux bedeau, mais une figure effrayante et connue. Il eut l'impression qu'on aurait en se trouvant tout à coup[2] dans l'ombre face à face avec un tigre. Il recula terrifié et pétrifié, n'osant ni respirer, ni parler, ni rester, ni fuir, considérant le mendiant qui avait baissé sa tête couverte d'une loque[3] et paraissait ne plus savoir qu'il était là. Dans ce moment étrange, un instinct, peut-être l'instinct mystérieux de la conservation, fit que Jean Valjean ne prononça pas une parole. Le mendiant avait la même taille, les mêmes guenilles, la même apparence que tous les jours. — Bah!... dit Jean Valjean, je suis fou! je rêve! impossible! — Et il rentra profondément troublé[4].

C'est à peine s'il osait s'avouer à lui-même que cette figure qu'il avait cru voir était la figure de Javert.

La nuit, en y réfléchissant[5], il regretta de n'avoir pas questionné l'homme pour le forcer à lever la tête une seconde fois.

Le lendemain à la nuit tombante[6] il y retourna. Le mendiant était à sa place. — Bonjour, bonhomme, dit résolûment Jean Valjean en lui donnant un sou. Le mendiant leva la tête, et répondit d'une voix dolente : — Merci, mon bon monsieur. — C'était bien le vieux bedeau.

Jean Valjean se sentit pleinement rassuré. Il se mit à rire.
— Où diable ai-je été voir là Javert? pensa-t-il. Ah çà, est-ce que je vais avoir la berlue à présent?

Il n'y songea plus.

Quelques jours après, il pouvait être huit heures du soir, il était dans sa chambre et il faisait épeler Cosette à haute voix, il entendit ouvrir, puis refermer la porte de la masure. Cela lui parut singulier. La vieille, qui seule habitait avec lui la maison, se couchait toujours à la nuit pour ne point user de chandelle. Jean Valjean fit signe à Cosette de se taire. Il entendit qu'on montait l'escalier. A la rigueur ce pouvait être la vieille qui avait pu se trouver malade et aller chez l'apothicaire. Jean Valjean écouta. Le pas était lourd et sonnait comme le pas d'un homme ; mais la vieille portait de gros souliers et rien ne ressemble au pas d'un homme comme le pas d'une vieille femme. Cependant Jean Valjean souffla sa chandelle.

Il avait envoyé Cosette au lit en lui disant tout bas : « Couche-toi bien doucement » ; et, pendant qu'il la baisait au front, les pas s'étaient arrêtés. Jean Valjean demeura en silence, immobile, le dos tourné à la porte, assis sur sa chaise dont il n'avait pas bougé, retenant son souffle dans l'obscurité. Au bout d'un temps assez long, n'entendant plus rien, il se retourna sans faire de bruit, et, comme il levait les yeux vers la porte de sa chambre, il vit une lumière par le trou de la serrure. Cette lumière faisait une sorte d'étoile sinistre dans le noir de la porte et du mur. Il y avait évidemment là quelqu'un qui tenait une chandelle à la main, et qui écoutait.

Quelques minutes s'écoulèrent, et la lumière s'en alla. Seulement il n'entendit plus aucun bruit de pas, ce qui semblait indiquer que celui qui était venu écouter à la porte avait ôté ses souliers.

Jean Valjean se jeta tout habillé sur son lit et ne put fermer l'œil de la nuit.

Au point du jour, comme il s'assoupissait de fatigue, il fut réveillé par le grincement[7] d'une porte qui s'ouvrait à quelque mansarde du fond du corridor, puis il entendit le même pas d'homme qui avait monté l'escalier la veille. Le pas s'approchait. Il se jeta à bas du lit et appliqua son œil au trou de sa serrure, lequel était assez grand, espérant voir au passage l'être quelconque qui s'était introduit la nuit[8] dans la masure et qui avait écouté à sa porte. C'était un homme en effet qui passa, cette fois sans s'arrêter, devant la chambre de Jean Valjean. Le corridor était encore trop obscur pour qu'on pût distinguer son visage ; mais quand l'homme arriva à l'escalier, un rayon de la lumière du dehors le fit saillir comme une silhouette, et Jean Valjean le vit de dos complètement. L'homme était de haute taille, vêtu d'une redingote longue, avec un gourdin sous son bras. C'était l'encolure formidable de Javert.

Jean Valjean aurait pu essayer de le revoir par sa fenêtre sur le boulevard. Mais il eût fallu ouvrir cette fenêtre, il n'osa pas.

Il était évident que cet homme était entré avec une clef, et comme chez lui. Qui lui avait donné cette clef? qu'est-ce que cela voulait dire?

A sept heures du matin, quand la vieille vint faire le ménage, Jean Valjean lui jeta un coup d'œil pénétrant, mais[9] il ne l'interrogea pas. La bonne femme était comme à l'ordinaire.

Tout en balayant, elle lui dit :

— Monsieur a peut-être entendu quelqu'un qui entrait cette nuit?

A cet âge et sur ce boulevard, huit heures du soir, c'est la nuit la plus noire.

— A propos, c'est vrai, répondit-il de l'accent le plus naturel. Qui était-ce donc?

— C'est un nouveau locataire, dit la vieille, qu'il y a dans la maison.

— Et qui s'appelle?

— Je ne sais plus trop. Monsieur Dumont ou Daumont. Un nom comme cela.

— Et qu'est-ce qu'il est, ce monsieur Dumont?

La vieille le considéra avec ses petits yeux de fouine, et répondit :

— Un rentier, comme vous.

Elle n'avait peut-être aucune intention. Jean Valjean crut lui en démêler une. Quand la vieille fut partie, il fit un rouleau d'une centaine de francs qu'il avait dans une armoire et le mit dans sa poche. Quelque précaution qu'il prît dans cette opération pour qu'on ne l'entendît pas remuer de l'argent, une pièce de cent sous lui échappa des mains et roula bruyamment sur le carreau.

A la brune, il descendit et regarda avec attention de tous les côtés sur le boulevard. Il n'y vit personne. Le boulevard semblait absolument désert. Il est vrai qu'on peut s'y cacher derrière les arbres.

Il remonta.

— Viens, dit-il à Cosette.

Il la prit par la main, et ils sortirent tous deux.

LIVRE CINQUIÈME

A CHASSE NOIRE MEUTE MUETTE[1]

I

LES ZIGZAGS DE LA STRATÉGIE[2]

Ici, pour les pages qu'on va lire et pour d'autres encore qu'on rencontrera plus tard, une observation est nécessaire.

Voilà bien des années déjà que l'auteur de ce livre, forcé, à regret, de parler de lui, est absent de Paris. Depuis qu'il l'a quitté, Paris s'est transformé[3]. Une ville nouvelle a surgi qui lui est en quelque sorte inconnue. Il n'a pas besoin de dire qu'il aime Paris; Paris est la ville natale de son esprit. Par suite des démolitions et des reconstructions, le Paris de sa jeunesse, ce Paris qu'il a religieusement emporté dans sa mémoire, est à cette heure un Paris d'autrefois. Qu'on lui permette de parler de ce Paris-là comme s'il existait encore. Il est possible que là où l'auteur va conduire les lecteurs en disant : « Dans telle rue il y a telle maison », il n'y ait plus aujourd'hui ni maison ni rue. Les lecteurs vérifieront, s'ils veulent en prendre la peine. Quant à lui, il ignore le Paris nouveau, et il écrit avec le Paris ancien devant les yeux dans une illusion qui lui est précieuse. C'est une douceur pour lui de rêver qu'il reste derrière lui quelque chose de ce qu'il voyait quand il était dans son pays, et que tout ne s'est pas évanoui. Tant qu'on va et vient dans le pays natal, on s'imagine que ces rues vous sont indifférentes, que ces fenêtres, ces toits et ces portes ne vous sont de rien, que ces murs vous sont étrangers, que ces arbres sont les premiers arbres venus, que ces maisons où l'on n'entre pas vous sont inutiles, que ces pavés où l'on marche sont des pierres. Plus tard, quand on n'y est plus, on s'aperçoit que ces rues vous sont chères, que ces toits, ces fenêtres et ces portes vous manquent, que ces murailles vous sont nécessaires, que ces arbres sont vos bien-aimés, que ces maisons où l'on n'entrait pas on y entrait tous les jours, et qu'on a laissé de ses entrailles, de son sang et de son cœur dans ces pavés. Tous ces lieux qu'on ne voit plus, qu'on ne reverra jamais peut-être, et dont on a gardé l'image, prennent un charme douloureux, vous reviennent avec la mélancolie d'une apparition, vous font la terre sainte visible, et sont, pour ainsi dire, la forme même de la France; et on les aime et on les évoque tels qu'ils sont, tels qu'ils étaient, et l'on s'y obstine, et l'on n'y veut rien changer, car on tient à la figure de la patrie comme au visage de sa mère.

Qu'il nous soit donc permis de parler du passé au présent. Cela dit, nous prions le lecteur d'en tenir note, et nous continuons[4].

Jean Valjean avait tout de suite quitté le boulevard et s'était engagé dans les rues, faisant le plus de lignes brisées[5] qu'il pouvait, revenant quelquefois brusquement sur ses pas pour s'assurer qu'il n'était pas suivi.

Cette manœuvre est propre au cerf traqué. Sur les terrains où la trace peut s'imprimer, cette manœuvre a, entre autres avantages, celui de tromper les chasseurs et les chiens par le contre-pied. C'est ce qu'en vénerie on appelle *faux rembuchement*[6].

C'était une nuit de pleine lune. Jean Valjean n'en fut pas fâché. La lune, encore très près de l'horizon, coupait dans les rues de grands pans d'ombre et de lumière. Jean Valjean pouvait se glisser le long des maisons et des murs dans le côté sombre et observer le côté clair. Il ne réfléchissait peut-être pas assez que le côté obscur lui échappait. Pourtant, dans toutes les ruelles désertes qui avoisinent la rue de Poliveau, il crut être certain que personne ne venait derrière lui.

Cosette marchait sans faire de questions. Les souffrances des six premières années de sa vie avaient introduit quelque chose de passif dans sa nature. D'ailleurs, et c'est là une remarque sur laquelle nous aurons plus d'une occasion de revenir[7], elle était habituée, sans trop s'en rendre compte, aux singularités du bonhomme et aux bizarreries de la destinée. Et puis elle se sentait en sûreté, étant avec lui.

Jean Valjean, pas plus que Cosette, ne savait où il allait. Il se confiait à Dieu comme elle se confiait à lui. Il lui semblait qu'il tenait, lui aussi, quelqu'un de plus grand que lui par la main; il croyait sentir un être qui le menait, invisible[8]. Du reste il n'avait aucune idée arrêtée, aucun plan, aucun projet. Il n'était même pas absolument sûr que ce fût Javert, et puis ce pouvait être Javert sans que Javert sût que c'était lui Jean Valjean. N'était-il pas déguisé? ne le croyait-on pas mort? Cependant depuis quelques jours il se passait des choses qui devenaient singulières. Il ne lui en fallait pas davantage. Il était déterminé à ne plus rentrer dans la maison Gorbeau[9]. Comme l'animal chassé du gîte, il cherchait un trou où se cacher, en attendant qu'il en trouvât un où se loger[10].

Jean Valjean décrivit plusieurs labyrinthes variés dans le quartier Mouffetard, déjà endormi comme s'il avait encore la discipline du Moyen Age et le joug du couvre-feu; il combina[11] de diverses façons, dans des stratégies savantes, la rue Censier et la rue Copeau, la rue du Battoir-Saint-Victor[12] et la rue du Puits-l'Ermite. Il y a par là des logeurs, mais il n'y entrait même pas, ne trouvant point ce qui lui convenait. Par exemple, il ne doutait pas que, si, par hasard, on avait cherché sa piste[13], on ne l'eût perdue.

Comme onze heures[14] sonnaient à Saint-Étienne du Mont, il traversait la rue de Pontoise devant le bureau du commissaire de police qui est au n° 14. Quelques instants après, l'instinct dont nous parlions plus haut fit qu'il se retourna. En ce moment, il vit distinctement, grâce à la lanterne du commissaire qui les trahissait, trois hommes qui le suivaient d'assez près passer successivement sous cette lanterne dans le côté ténébreux de la rue. L'un de ces trois hommes entra dans l'allée de la maison du commissaire. Celui qui marchait en tête lui parut décidément suspect[15].

— Viens, enfant, dit-il à Cosette, et il se hâta de quitter la rue de Pontoise[16].

Il fit un circuit, tourna le passage des Patriarches qui était fermé à cause de l'heure, arpenta la rue de l'Épée-de-Bois et la rue de l'Arbalète et s'enfonça dans la rue des Postes.

Il y a là un carrefour, où est aujourd'hui le collège Rollin et où vient s'embrancher la rue Neuve-Sainte-Geneviève[17].

(Il va sans dire que la rue Neuve-Sainte-Geneviève

est une vieille rue, et qu'il ne passe pas une chaise de poste tous les dix ans rue des Postes. Cette rue des Postes était au treizième siècle habitée par des potiers et son vrai nom est rue des Pots[18].)

La lune jetait une vive lumière dans ce carrefour[19]. Jean Valjean s'embusqua sous une porte, calculant que si ces hommes le suivaient encore, il ne pourrait manquer de les très bien voir lorsqu'ils traverseraient cette clarté.

En effet, il ne s'était pas écoulé trois minutes que les hommes parurent. Ils étaient maintenant quatre; tous de haute taille, vêtus de longues redingotes brunes[20], avec des chapeaux ronds, et de gros bâtons à la main. Ils n'étaient pas moins inquiétants par leur grande stature[21] et leurs vastes poings que par leur marche sinistre dans les ténèbres. On eût dit quatre spectres déguisés en bourgeois[22].

Ils s'arrêtèrent au milieu du carrefour et firent groupe, comme des gens qui se consultent. Ils avaient l'air indécis. Celui qui paraissait les conduire se tourna et désigna vivement de la main droite la direction où s'était engagé Jean Valjean; un autre semblait indiquer avec une certaine obstination la direction contraire. A l'instant où le premier se retourna, la lune éclaira en plein son visage. Jean Valjean reconnut parfaitement Javert[23].

II

IL EST HEUREUX QUE LE PONT D'AUSTERLITZ PORTE VOITURES[1]

L'INCERTITUDE cessait pour Jean Valjean; heureusement elle durait encore pour ces hommes. Il profita de leur hésitation; c'était du temps perdu pour eux, gagné pour lui. Il sortit de dessous la porte où il s'était tapi, et poussa dans la rue des Postes vers la région du Jardin des Plantes. Cosette commençait à se fatiguer, il la prit dans ses bras, et la porta. Il n'y avait point un passant, et l'on n'avait pas allumé les réverbères à cause de la lune.

Il doubla le pas.

En quelques enjambées, il atteignit la poterie Goblet

sur la façade de laquelle le clair de lune faisait très distinctement lisible la vieille inscription :

> De Goblet fils c'est ici la fabrique
> Venez choisir des cruches et des brocs,
> Des pots à fleurs, des tuyaux, de la brique.
> A tout venant le Cœur vend des Carreaux.

Il laissa derrière lui la rue de la Clef, puis la fontaine Saint-Victor, longea le Jardin des Plantes par les rues basses, et arriva au quai. Là il se retourna. Le quai était désert. Les rues étaient désertes. Personne derrière lui. Il respira.

Il gagna le pont d'Austerlitz.

Le péage y existait encore à cette époque.

Il se présenta au bureau du péager, et donna un sou.

— C'est deux sous, dit l'invalide du pont. Vous portez là un enfant qui peut marcher. Payez pour deux.

Il paya, contrarié que son passage eût donné lieu à une observation. Toute fuite doit être un glissement.

Une grosse charrette passait la Seine en même temps que lui et allait comme lui sur la rive droite. Cela lui fut utile. Il put traverser tout le pont dans l'ombre de cette charrette.

Vers le milieu du pont, Cosette, ayant les pieds engourdis, désira marcher. Il la posa à terre et la reprit par la main.

Le pont franchi, il aperçut un peu à droite des chantiers devant lui; il y marcha. Pour y arriver, il fallait s'aventurer dans un assez large espace découvert et éclairé. Il n'hésita pas. Ceux qui le traquaient étaient évidemment dépistés et Jean Valjean se croyait hors de danger. Cherché, oui; suivi, non.

Une petite rue, la rue du Chemin-Vert-Saint-Antoine[2], s'ouvrait entre deux chantiers enclos de murs. Cette rue était étroite, obscure, et comme faite exprès pour lui. Avant d'y entrer, il regarda en arrière.

Du point où il était, il voyait dans toute sa longueur le pont d'Austerlitz.

Quatre ombres venaient d'entrer sur le pont.

Ces ombres tournaient le dos au Jardin des Plantes et se dirigeaient vers la rive droite.

Ces quatre ombres, c'étaient les quatre hommes.

Jean Valjean eut le frémissement de la bête reprise.

Il lui restait une espérance; c'est que ces hommes peut-être n'étaient pas encore entrés sur le pont et ne l'avaient pas aperçu au moment où il avait traversé, tenant Cosette par la main, la grande place éclairée.

En ce cas-là, en s'enfonçant dans la petite rue qui était devant lui, s'il parvenait à atteindre les chantiers, les marais, les cultures, les terrains non bâtis, il pouvait échapper.

Il lui sembla qu'on pouvait se confier à cette petite rue silencieuse. Il y entra.

III

Voir le plan de Paris de 1727

Au bout de trois cents pas, il arriva à un point où la rue se bifurquait. Elle se partageait en deux rues, obliquant l'une à gauche, l'autre à droite. Jean Valjean avait devant lui comme les deux branches d'un Y. Laquelle choisir?

Il ne balança point, et prit la droite.

Pourquoi?

C'est que la branche gauche allait vers le faubourg, c'est-à-dire vers les lieux habités, et la branche droite vers la campagne, c'est-à-dire vers les lieux déserts.

Cependant ils ne marchaient plus très rapidement. Le pas de Cosette ralentissait le pas de Jean Valjean.

Il se remit à la porter. Cosette appuyait sa tête sur l'épaule du bonhomme et ne disait pas un mot.

Il se retournait de temps en temps et regardait. Il avait soin de se tenir toujours du côté obscur de la rue. La rue était droite derrière lui. Les deux ou trois premières fois qu'il se retourna, il ne vit rien, le silence était profond, il continua sa marche un peu rassuré. Tout à coup, à un certain instant, s'étant retourné, il lui sembla voir dans la partie de la rue où il venait de passer, loin dans l'obscurité, quelque chose qui bougeait.

Il se précipita en avant, plutôt qu'il ne marcha, espérant trouver quelque ruelle latérale, s'évader par là, et rompre encore une fois sa piste.

Il arriva à un mur.

Ce mur pourtant n'était point une impossibilité d'aller plus loin; c'était une muraille bordant une ruelle transversale à laquelle aboutissait la rue où s'était engagé Jean Valjean.

Ici encore il fallait se décider; prendre à droite ou à gauche.

Il regarda à droite. La ruelle se prolongeait en tronçon entre des constructions qui étaient des hangars ou des granges, puis se terminait en impasse. On voyait distinctement le fond du cul-de-sac; un grand mur blanc.

Il regarda à gauche. La ruelle de ce côté était ouverte, et, au bout de deux cents pas environ, tombait dans une rue dont elle était l'affluent. C'était de ce côté-là qu'était le salut.

Au moment où Jean Valjean songeait à tourner à gauche, pour tâcher de gagner la rue qu'il entrevoyait au bout de la ruelle, il aperçut, à l'angle de la ruelle et de cette rue vers laquelle il allait se diriger, une espèce de statue noire, immobile.

C'était quelqu'un, un homme, qui venait d'être posté là évidemment, et qui, barrant le passage, attendait.

Jean Valjean recula.

Le point de Paris où se trouvait Jean Valjean, situé entre le faubourg Saint-Antoine et la Râpée, est un de ceux qu'ont transformés de fond en comble les travaux récents, enlaidissement selon les uns, transfiguration selon les autres. Les cultures, les chantiers et les vieilles bâtisses se sont effacés. Il y a là aujourd'hui de grandes rues toutes neuves, des arènes, des cirques, des hippodromes, des embarcadères de chemins de fer, une prison, Mazas : le progrès, comme on voit, avec son correctif.

Il y a un demi-siècle, dans cette langue usuelle populaire, toute faite de traditions, qui s'obstine à appeler l'Institut *les Quatre-Nations* et l'Opéra-Comique *Feydeau*, l'endroit précis où était parvenu Jean Valjean se nommait *le Petit-Picpus*. La porte Saint-Jacques, la porte Paris, la barrière des Sergents, les Porcherons, la Galiote, les Célestins, les Capucins, le Mail, la Bourbe, l'Arbre-de-Cracovie, la Petite-Pologne, le Petit-Picpus, ce sont les noms du vieux Paris surnageant dans le nouveau[1]. La mémoire du peuple flotte sur ces épaves du passé.

Le Petit-Picpus, qui du reste a existé à peine et n'a jamais été qu'une ébauche de quartier, avait presque l'aspect monacal d'une ville espagnole. Les chemins étaient peu pavés, les rues étaient peu bâties. Excepté les deux ou trois rues dont nous allons parler, tout y était muraille et solitude. Pas une boutique, pas une voiture ; à peine çà et là une chandelle allumée aux fenêtres ; toute lumière éteinte après dix heures. Des jardins, des couvents, des chantiers, des marais ; de rares maisons basses, et de grands murs aussi hauts que les maisons.

Tel était ce quartier au dernier siècle. La Révolution l'avait déjà fort rabroué. L'édilité républicaine l'avait démoli, percé, troué. Des dépôts de gravats y avaient été établis. Il y a trente ans, ce quartier disparaissait sous la rature des constructions nouvelles. Aujourd'hui il est biffé tout à fait. Le Petit-Picpus, dont aucun plan actuel n'a gardé trace, est assez clairement indiqué dans le plan de 1727, publié à Paris chez Denis Thierry, rue Saint-Jacques, vis-à-vis la rue du Plâtre, et à Lyon chez Jean Girin, rue Mercière, à la Prudence. Le Petit-Picpus avait ce que nous venons d'appeler un Y de rues, formé par la rue du Chemin-Vert-Saint-Antoine s'écartant en deux branches et prenant à gauche le nom de petite rue Picpus et à droite le nom de rue Polonceau. Les deux branches de l'Y étaient réunies à leur sommet comme par une barre. Cette barre se nommait rue Droit-Mur. La rue Polonceau y aboutissait ; la petite rue Picpus passait outre, et montait vers le marché Lenoir. Celui qui, venant de la Seine, arrivait à l'extrémité de la rue Polonceau, avait à sa gauche la rue Droit-Mur, tournant brusquement à angle droit, devant lui la muraille de cette rue, et à sa droite un prolongement tronqué de la rue Droit-Mur, sans issue, appelé le cul-de-sac Genrot[2].

C'est là qu'était Jean Valjean.

Comme nous venons de le dire, en apercevant la silhouette noire, en vedette à l'angle de la rue Droit-Mur et de la petite rue Picpus, il recula. Nul doute. Il était guetté par ce fantôme.

Que faire ?

Il n'était plus temps de rétrograder. Ce qu'il avait vu remuer dans l'ombre à quelque distance derrière lui le moment d'auparavant, c'était sans doute Javert et son escouade. Javert était probablement déjà au commencement de la rue à la fin de laquelle était Jean Valjean. Javert, selon toute apparence, connaissait ce petit dédale, et avait pris ses précautions en envoyant un de ses hommes garder l'issue. Ces conjectures, si ressemblantes à des évidences, tourbillonnèrent tout de suite, comme une poignée de poussière qui s'envole à un vent subit, dans le cerveau douloureux de Jean Valjean. Il examina le cul-de-sac Genrot; là, barrage. Il examina la petite rue Picpus; là, une sentinelle. Il voyait cette figure sombre se détacher en noir sur le pavé blanc inondé de lune. Avancer, c'était tomber sur cet homme. Reculer, c'était se jeter dans Javert. Jean Valjean se sentait pris dans un filet qui se resserrait lentement. Il regarda le ciel avec désespoir[3].

IV

LES TATONNEMENTS DE L'ÉVASION

Pour comprendre ce qui va suivre[1], il faut se figurer d'une manière exacte la ruelle Droit-Mur, et en particulier[2] l'angle qu'on laissait[3] à gauche quand on sortait de la rue Polonceau pour entrer dans cette ruelle. La ruelle Droit-Mur était[4] à peu près entièrement bordée à droite jusqu'à la petite rue Picpus par des maisons de pauvre apparence; à gauche par un seul bâtiment d'une ligne sévère[5] composé de plusieurs corps de logis qui allaient se haussant[6] graduellement d'un étage ou deux à mesure qu'ils approchaient de la petite rue Picpus[7]; de sorte que ce bâtiment, très élevé du côté de la petite rue Picpus, était assez bas du côté de la rue Polonceau[8]. Là, à l'angle dont nous avons parlé, il s'abaissait au point de n'avoir plus qu'une muraille. Cette muraille n'allait pas aboutir carrément à la rue; elle dessinait un pan coupé[9] fort en retraite, dérobé par ses deux angles à deux observateurs qui eussent été l'un rue Polonceau, l'autre rue Droit-Mur[10].

A partir des deux angles du pan coupé, la muraille se prolongeait sur la rue Polonceau jusqu'à une maison qui portait le n° 49 et sur la rue Droit-Mur[11], où son tronçon était beaucoup plus court, jusqu'au bâtiment sombre dont nous avons parlé et dont elle coupait le pignon, faisant ainsi dans la rue un nouvel angle rentrant. Ce pignon était d'un aspect morne; on n'y voyait qu'une seule fenêtre, ou, pour mieux dire, deux volets revêtus d'une feuille de zinc, et toujours fermés.

L'état de lieux que nous dressons ici est d'une rigoureuse exactitude et éveillera certainement un souvenir très précis dans l'esprit des anciens habitants du quartier[12].

Le pan coupé était entièrement rempli par une chose qui ressemblait à une porte colossale et misérable. C'était un vaste assemblage informe de planches perpendiculaires, celles d'en haut plus larges que celles d'en bas, reliées par de longues lanières de fer transversales. A côté il y avait une porte cochère de dimension ordinaire et dont le percement ne remontait évidemment pas à plus d'une cinquantaine d'années.

Un tilleul montrait son branchage au-dessus du pan coupé, et le mur était couvert de lierre du côté de la rue Polonceau[13].

Dans l'imminent péril[14] où se trouvait Jean Valjean, ce bâtiment sombre avait quelque chose d'inhabité et de solitaire qui le tentait. Il le parcourut rapidement des yeux. Il se disait que s'il parvenait à y pénétrer, il était peut-être sauvé[15]. Il eut d'abord une idée et une espérance.

Dans la partie moyenne de la devanture de ce bâtiment sur la rue Droit-Mur[16], il y avait à toutes les fenêtres des divers étages de vieilles cuvettes-entonnoirs en plomb. Les embranchements variés des conduits qui allaient d'un conduit central aboutir à toutes ces cuvettes dessinaient sur la façade une espèce d'arbre. Ces ramifications de tuyaux avec leurs cent coudes imitaient ces vieux ceps de vigne dépouillés qui se tordent sur les devantures des anciennes fermes.

Ce bizarre espalier aux branches de tôle et de fer fut le premier objet qui frappa le regard de Jean Valjean[17]. Il assit Cosette le dos contre une borne en lui recommandant le silence et courut[18] à l'endroit où le conduit venait toucher le pavé. Peut-être y avait-il moyen d'escalader par là et d'entrer dans la maison. Mais le conduit était délabré et hors de service et tenait à peine à son scellement. D'ailleurs toutes les fenêtres de ce logis[19] silencieux étaient grillées d'épaisses barres de fer, même les mansardes du toit. Et puis la lune éclairait pleinement cette façade, et l'homme qui l'observait du bout de la rue aurait vu Jean Valjean faire l'escalade. Enfin que faire de Cosette ? comment la hisser au haut d'une maison à trois étages ?

Il renonça à grimper par le conduit et rampa le long du mur pour rentrer dans la rue Polonceau[20].

Quand il fut au pan coupé où il avait laissé Cosette[21], il remarqua que, là, personne ne pouvait le voir. Il échappait, comme nous venons de l'expliquer, à tous les regards, de quelque côté qu'ils vinssent. En outre il était dans l'ombre. Enfin il y avait deux portes. Peut-être pourrait-on les forcer. Le mur au-dessus duquel il voyait le tilleul et le lierre donnait évidemment dans un jardin où il pourrait tout au moins se cacher, quoiqu'il n'y eût pas encore de feuilles aux arbres[22], et passer le reste de la nuit.

Le temps s'écoulait. Il fallait faire vite[23].

Il tâta la porte cochère et reconnut tout de suite qu'elle était condamnée au dedans et au dehors.

Il s'approcha de l'autre grande porte avec plus d'espoir. Elle était affreusement décrépite, son immensité même la rendait moins solide, les planches étaient pourries, les ligatures de fer, il n'y en avait que trois, étaient rouillées. Il semblait possible de percer cette clôture vermoulue.

En l'examinant, il vit que cette porte n'était pas une porte. Elle n'avait ni gonds, ni pentures, ni serrure, ni fente au milieu. Les bandes de fer la traversaient de part en part sans solution de continuité. Par les crevasses des planches il entrevit des moellons et des pierres grossièrement cimentés que les passants pouvaient y voir encore il y a dix ans[24]. Il fut forcé de s'avouer avec consternation[25] que cette apparence de porte était simplement le parement en bois[26] d'une bâtisse à laquelle elle était adossée. Il était facile d'arracher une planche, mais on se trouvait face à face avec un mur.

V

Qui serait impossible avec l'éclairage au gaz

En ce moment un bruit sourd et cadencé commença à se faire entendre à quelque distance[1]. Jean Valjean risqua un peu son regard en dehors du coin de la rue[2]. Sept ou huit soldats disposés en peloton venaient de déboucher dans la rue Polonceau[3]. Il voyait briller les bayonnettes. Cela venait vers lui.

Ces soldats, en tête desquels il distinguait la haute

stature de Javert, s'avançaient lentement et avec précaution. Ils s'arrêtaient fréquemment. Il était visible qu'ils exploraient tous les recoins des murs et toutes les embrasures de portes et d'allées.

C'était, et ici la conjecture ne pouvait se tromper, quelque patrouille que Javert avait rencontrée et qu'il avait requise. Les deux acolytes de Javert marchaient dans leurs rangs[4].

Du pas dont ils marchaient, et avec les stations qu'ils faisaient[5], il leur fallait environ un quart d'heure[6] pour arriver à l'endroit où se trouvait Jean Valjean. Ce fut un instant affreux. Quelques minutes séparaient Jean Valjean de cet épouvantable précipice qui s'ouvrait devant lui pour la troisième fois. Et le bagne maintenant n'était plus seulement le bagne, c'était Cosette perdue à jamais ; c'est-à-dire une vie qui ressemblait au dedans d'une tombe[7].

Il n'y avait plus qu'une chose possible.

Jean Valjean avait cela de particulier qu'on pouvait dire qu'il portait deux besaces ; dans l'une il avait les pensées d'un saint, dans l'autre les redoutables talents d'un forçat. Il fouillait dans l'une ou dans l'autre, selon l'occasion.

Entre autres ressources, grâce à ses nombreuses évasions du bagne de Toulon, il était, on s'en souvient[8], passé maître dans cet art incroyable de s'élever, sans échelles, sans crampons, par la seule force musculaire, en s'appuyant de la nuque, des épaules, des hanches et des genoux[9], en s'aidant à peine des rares reliefs[10] de la pierre, dans l'angle droit d'un mur, au besoin jusqu'à la hauteur d'un sixième étage ; art qui a rendu si effrayant et si célèbre le coin de la cour de la Conciergerie de Paris par où s'échappa, il y a une vingtaine d'années, le condamné Battemolle[11].

Jean Valjean mesura des yeux la muraille au-dessus de laquelle il voyait le tilleul. Elle avait environ dix-huit pieds de haut. L'angle qu'elle faisait avec le pignon du grand bâtiment était rempli, dans sa partie inférieure, d'un massif de maçonnerie de forme triangulaire[12], probablement destiné à préserver ce trop commode recoin des stations de ces stercoraires qu'on appelle les passants. Ce remplissage préventif des coins de mur est fort usité à Paris.

Ce massif avait environ cinq pieds de haut[13]. Du sommet de ce massif l'espace à franchir pour arriver sur le mur n'était guère que de quatorze pieds. Le mur était surmonté d'une pierre plate sans chevron.

La difficulté était Cosette. Cosette, elle, ne savait pas escalader un mur. L'abandonner? Jean Valjean n'y songeait pas. L'emporter était impossible. Toutes les forces d'un homme lui sont nécessaires pour mener à bien ces étranges ascensions. Le moindre fardeau dérangerait son centre de gravité et le précipiterait.

Il aurait fallu une corde. Jean Valjean n'en avait pas. Où trouver une corde à minuit, rue Polonceau[14]? Certes, en cet instant-là, si Jean Valjean avait eu un royaume, il l'eût donné pour une corde.

Toutes les situations extrêmes ont leurs éclairs qui tantôt nous aveuglent, tantôt nous illuminent. Le regard désespéré de Jean Valjean rencontra la potence du réverbère du cul-de-sac Genrot[15].

A cette époque il n'y avait point de becs de gaz dans les rues de Paris. A la nuit tombante on y allumait les réverbères placés de distance en distance, lesquels montaient et descendaient au moyen d'une corde qui traversait la rue de part en part et qui s'ajustait dans la rainure d'une potence. Le tourniquet où se dévidait cette corde était scellé au-dessous de la lanterne dans une petite armoire de fer dont l'allumeur avait la clef, et la corde elle-même était protégée jusqu'à une certaine hauteur par un étui de métal.

Jean Valjean, avec l'énergie d'une lutte suprême, franchit la rue d'un bond, entra dans le cul-de-sac, fit sauter le pêne de la petite armoire avec la pointe de son couteau, et un instant après il était revenu près de Cosette. Il avait une corde. Ils vont vite en besogne, les sombres trouveurs d'expédients, aux prises avec la fatalité[16].

Nous avons expliqué que les réverbères n'avaient pas été allumés cette nuit-là. La lanterne du cul-de-sac Genrot se trouvait donc naturellement éteinte comme les autres, et l'on pouvait passer à côté sans même remarquer qu'elle n'était plus à sa place.

Cependant l'heure, le lieu, l'obscurité, la préoccupation de Jean Valjean, ses gestes singuliers[17], ses allées et venues, tout cela commençait à inquiéter Cosette. Tout autre enfant qu'elle aurait depuis longtemps jeté

les hauts cris. Elle se borna à tirer Jean Valjean par le
pan de sa redingote. On entendait toujours de plus en
plus distinctement le bruit de la patrouille qui approchait.

— Père, dit-elle tout bas, j'ai peur. Qu'est-ce qui
vient donc là?

— Chut! répondit le malheureux homme. C'est la
Thénardier.

Cosette tressaillit. Il ajouta:

— Ne dis rien. Laisse-moi faire. Si tu cries, si tu
pleures, la Thénardier te guette. Elle vient pour te
ravoir[18].

Alors, sans se hâter, mais sans s'y reprendre à deux
fois pour rien, avec une précision ferme et brève, d'autant plus remarquable en un pareil moment que la
patrouille et Javert pouvaient survenir[19] d'un instant à
l'autre, il défit sa cravate, la passa autour du corps de
Cosette sous les aisselles en ayant soin qu'elle ne pût
blesser l'enfant, rattacha cette cravate à un bout de la
corde au moyen de ce nœud que les gens de mer appellent
nœud d'hirondelle, prit l'autre bout de cette corde dans
ses dents[20], ôta ses souliers et ses bas qu'il jeta par-dessus
la muraille, monta sur le massif de maçonnerie, et commença à s'élever dans l'angle du mur et du pignon avec
autant de solidité et de certitude que s'il eût eu des
échelons sous les talons et sous les coudes. Une demi-
minute ne s'était pas écoulée qu'il était à genoux sur le
mur.

Cosette le considérait avec stupeur, sans dire une
parole. La recommandation de Jean Valjean et le nom
de la Thénardier l'avaient glacée[21].

Tout à coup elle entendit la voix de Jean Valjean qui
lui criait, tout en restant très basse:

— Adosse-toi au mur.

Elle obéit.

— Ne dis pas un mot et n'aie pas peur, reprit Jean
Valjean.

Et elle se sentit enlever de terre. Avant qu'elle eût eu le
temps de se reconnaître, elle était au haut de la muraille.

Jean Valjean la saisit, la mit sur son dos, lui prit ses
deux petites mains dans sa main gauche, se coucha à
plat ventre et rampa sur le haut du mur jusqu'au pan
coupé. Comme il l'avait deviné, il y avait là une bâtisse

dont le toit partait du haut de la clôture en bois et descendait fort près de terre, selon un plan assez doucement incliné, en effleurant le tilleul. Circonstance heureuse, car la muraille était beaucoup plus haute de ce côté que du côté de la rue. Jean Valjean n'apercevait le sol au-dessous de lui que très profondément.

Il venait d'arriver au plan incliné du toit et n'avait pas encore lâché la crête de la muraille lorsqu'un hourvari violent annonça l'arrivée de la patrouille. On entendit la voix tonnante de Javert :

— Fouillez le cul-de-sac ! La rue Droit-Mur est gardée, la petite rue Picpus aussi[22]. Je réponds qu'il est dans le cul-de-sac !

Les soldats se précipitèrent dans le cul-de-sac Genrot.

Jean Valjean se laissa glisser le long du toit, tout en soutenant Cosette, atteignit le tilleul et sauta à terre. Soit terreur, soit courage, Cosette n'avait pas soufflé. Elle avait les mains un peu écorchées.

VI

COMMENCEMENT D'UNE ÉNIGME[1]

Jean Valjean se trouvait dans une espèce de jardin fort vaste et d'un aspect[2] singulier ; un de ces jardins tristes qui semblent faits pour être regardés l'hiver et la nuit. Ce jardin était d'une forme oblongue, avec une allée de grands peupliers au fond, des futaies assez hautes dans les coins, et un espace sans ombre au milieu, où l'on distinguait un très grand arbre isolé, puis quelques arbres fruitiers tordus[3] et hérissés comme de grosses broussailles, des carrés de légumes, une melonnière dont les cloches brillaient à la lune, et un vieux puisard. Il y avait çà et là des bancs de pierre qui semblaient noirs de mousse. Les allées étaient bordées de petits arbustes sombres, et toutes droites[4]. L'herbe en envahissait la moitié et une moisissure verte couvrait le reste.

Jean Valjean avait à côté de lui la bâtisse[5] dont le toit lui avait servi pour descendre, un tas de fagots, et derrière les fagots, tout contre le mur, une statue de pierre dont la face mutilée[6] n'était plus qu'un masque informe qui apparaissait vaguement dans l'obscurité.

La bâtisse était une sorte de ruine où l'on distinguait

des chambres démantelées dont une, tout encombrée, semblait servir de hangar[7].

Le grand bâtiment de la rue Droit-Mur qui faisait retour sur la petite rue Picpus[8] développait sur ce jardin deux façades en équerre. Ces façades du dedans étaient plus tragiques[9] encore que celles du dehors. Toutes les fenêtres étaient grillées. On n'y entrevoyait aucune lumière[10]. Aux étages supérieurs il y avait des hottes comme aux prisons. L'une de ces façades projetait sur l'autre son ombre qui[11] retombait sur le jardin comme un immense drap noir.

On n'apercevait pas d'autre maison. Le fond du jardin se perdait dans la brume et dans la nuit. Cependant on y distinguait confusément des murailles qui s'entrecoupaient comme s'il y avait d'autres cultures au delà, et les toits bas de la rue Polonceau[13].

On ne pouvait rien se figurer de plus farouche[14] et de plus solitaire que ce jardin. Il n'y avait personne, ce qui était tout simple à cause de l'heure; mais il ne semblait pas que cet endroit fût fait pour que quelqu'un y marchât, même en plein midi.

Le premier soin de Jean Valjean avait été de retrouver ses souliers et[15] de se rechausser, puis d'entrer dans le hangar avec Cosette. Celui qui s'évade ne se croit jamais assez caché. L'enfant, songeant toujours à la Thénardier, partageait son instinct de se blottir le plus possible.

Cosette tremblait et se serrait contre lui. On entendait le bruit tumultueux de la patrouille qui fouillait le cul-de-sac et la rue, les coups de crosse contre les pierres[16], les appels de Javert aux mouchards qu'il avait postés, et ses imprécations mêlées de paroles qu'on ne distinguait point.

Au bout d'un quart d'heure, il sembla que cette espèce de grondement orageux commençait à s'éloigner. Jean Valjean ne respirait pas.

Il avait posé doucement sa main sur la bouche de Cosette.

Au reste la solitude où il se trouvait était si étrangement calme que cet effroyable tapage, si furieux et si proche, n'y jetait même pas l'ombre d'un trouble. Il semblait que ces murs fussent bâtis avec ces pierres sourdes dont parle l'Écriture.

Tout à coup, au milieu de ce calme profond[17], un

nouveau bruit s'éleva ; un bruit céleste, divin, ineffable, aussi ravissant que l'autre était horrible. C'était un hymne qui sortait des ténèbres, un éblouissement de prière et d'harmonie dans l'obscur et effrayant silence de la nuit ; des voix de femmes, mais des voix composées à la fois de l'accent pur des vierges et de l'accent naïf des enfants, de ces voix qui ne sont pas de la terre et qui ressemblent à celles que les nouveau-nés entendent encore et que les moribonds entendent déjà. Ce chant venait du sombre édifice qui dominait le jardin. Au moment où le vacarme des démons s'éloignait, on eût dit un chœur d'anges qui s'approchait dans l'ombre.

Cosette et Jean Valjean tombèrent[18] à genoux.

Ils ne savaient pas ce que c'était, ils ne savaient pas où ils étaient, mais ils sentaient tous deux, l'homme et l'enfant, le pénitent et l'innocent, qu'il fallait qu'ils fussent[19] à genoux.

Ces voix avaient cela d'étrange qu'elles n'empêchaient pas que le bâtiment ne parût désert. C'était comme un chant surnaturel dans une demeure inhabitée. Pendant que ces voix chantaient, Jean Valjean ne songeait plus à rien. Il ne voyait plus la nuit, il voyait un ciel bleu. Il lui semblait sentir s'ouvrir ces ailes que nous avons tous au dedans de nous.

Le chant s'éteignit. Il avait peut-être duré longtemps. Jean Valjean n'aurait pu le dire. Les heures de l'extase ne sont jamais qu'une minute.

Tout était retombé dans le silence. Plus rien dans la rue, plus rien dans le jardin. Ce qui menaçait, ce qui rassurait, tout s'était évanoui. Le vent froissait dans la crête du mur quelques herbes sèches qui faisaient un petit bruit doux et lugubre.

VII

Suite de l'énigme

La bise de nuit s'était levée, ce qui indiquait qu'il devait être entre une et deux heures du matin. La pauvre Cosette ne disait rien. Comme elle s'était assise à terre à son côté et qu'elle avait penché sa tête sur lui, Jean Valjean pensa qu'elle s'était endormie. Il se baissa et la regarda. Cosette avait les yeux tout grands ouverts et un air pensif qui fit mal à Jean Valjean. Elle tremblait toujours.

— As-tu envie de dormir? dit Jean Valjean.
— J'ai bien froid, répondit-elle.
Un moment après elle reprit :
— Est-ce qu'elle est toujours là?
— Qui? dit Jean Valjean.
— Madame Thénardier.

Jean Valjean avait déjà oublié le moyen dont il s'était servi pour faire garder le silence à Cosette.

— Ah! dit-il, elle est partie. Ne crains plus rien.

L'enfant soupira comme si un poids se soulevait de dessus sa poitrine.

La terre était humide, le hangar ouvert de toute part[1], la bise plus fraîche à chaque instant. Le bonhomme ôta sa redingote et en enveloppa Cosette.

— As-tu moins froid ainsi? dit-il.
— Oh oui, père!
— Eh bien, attends-moi un instant. Je vais revenir.

Il sortit de la ruine, et se mit à longer le grand bâtiment, cherchant quelque abri meilleur. Il rencontra des portes, mais elles étaient fermées. Il y avait des barreaux à toutes les croisées du rez-de-chaussée.

Comme il venait de dépasser l'angle intérieur de l'édifice, il remarqua qu'il arrivait à des fenêtres cintrées, et il y aperçut quelque clarté. Il se haussa sur la pointe du pied et regarda par l'une de ces fenêtres. Elles donnaient toutes dans une salle assez vaste, pavée de larges dalles, coupée d'arcades et de piliers, où l'on ne distinguait rien qu'une petite lueur et de grandes ombres. La lueur venait d'une veilleuse allumée dans un coin. Cette salle était déserte et rien n'y bougeait. Cependant, à force de regarder, il crut voir à terre, sur le pavé, quelque chose qui paraissait couvert d'un linceul et qui ressemblait à une forme humaine. Cela était étendu à plat ventre, la face contre la pierre, les bras en croix, dans l'immobilité de la mort. On eût dit, à une sorte de serpent qui traînait sur le pavé, que cette forme sinistre avait la corde au cou.

Toute la salle baignait dans cette brume[2] des lieux à peine éclairés qui ajoute à l'horreur.

Jean Valjean a souvent dit depuis que, quoique bien des spectacles funèbres eussent traversé sa vie, jamais il n'avait rien vu de plus glaçant et de plus terrible que cette figure énigmatique accomplissant on ne sait quel mystère inconnu dans ce lieu sombre et ainsi entrevue dans la nuit. Il était effrayant de supposer que cela était peut-être mort, et plus effrayant encore de songer que cela était peut-être vivant.

Il eut le courage de coller son front à la vitre et d'épier si cette chose remuerait. Il eut beau rester un temps qui lui parut très long, la forme étendue ne faisait aucun mouvement. Tout à coup il se sentit pris d'une épouvante inexprimable, et il s'enfuit. Il se mit à courir vers le hangar sans oser regarder en arrière. Il lui semblait que s'il tournait la tête il verrait la figure marcher derrière lui à grands pas en agitant les bras.

Il arriva à la ruine haletant[3]. Ses genoux pliaient; la sueur lui coulait dans les reins.

Où était-il? qui aurait jamais pu s'imaginer quelque chose de pareil à cette espèce de sépulcre au milieu de Paris? qu'était-ce que cette étrange maison? Édifice plein de mystères nocturnes, appelant les âmes dans l'ombre avec la voix des anges et, lorsqu'elles viennent, leur offrant brusquement cette vision épouvantable, promettant d'ouvrir la porte radieuse du ciel et ouvrant la porte horrible du tombeau! Et cela était bien en effet un édifice, une maison qui avait son numéro dans une rue! Ce n'était pas un rêve! Il avait besoin d'en toucher les pierres pour y croire.

Le froid, l'anxiété, l'inquiétude, les émotions de la soirée, lui donnaient une véritable fièvre, et toutes ces idées s'entre-heurtaient dans son cerveau.

Il s'approcha de Cosette. Elle dormait.

VIII

L'ÉNIGME REDOUBLE

L'ENFANT avait posé sa tête sur une pierre et s'était endormie.

Il s'assit auprès d'elle et se mit à la considérer. Peu à peu, à mesure qu'il la regardait, il se calmait, et il reprenait possession de sa liberté d'esprit.

Il percevait clairement cette vérité, le fond de sa vie désormais, que tant qu'elle serait là[1], tant qu'il l'aurait près de lui, il n'aurait besoin de rien que pour elle, ni peur de rien qu'à cause d'elle. Il ne sentait même pas qu'il avait très froid, ayant quitté sa redingote pour l'en couvrir.

Cependant, à travers la rêverie où il était tombé, il entendait depuis quelque temps un bruit singulier. C'était comme un grelot qu'on agitait. Ce bruit était dans le jardin. On l'entendait distinctement, quoique faiblement. Cela ressemblait à la petite musique vague que font les clarines des bestiaux la nuit dans les pâturages. Ce bruit fit retourner Jean Valjean. Il regarda, et vit qu'il y avait quelqu'un dans le jardin.

Un être qui ressemblait à un homme marchait au milieu des cloches de la melonnière, se levant, se baissant, s'arrêtant, avec des mouvements réguliers, comme s'il traînait ou étendait quelque chose à terre. Cet être paraissait boiter.

Jean Valjean tressaillit avec ce tremblement continuel des malheureux. Tout leur est hostile et suspect. Ils se défient du jour parce qu'il aide à les voir et de la nuit parce qu'elle aide à les surprendre. Tout à l'heure il frissonnait de ce que le jardin était désert, maintenant il frissonnait de ce qu'il y avait quelqu'un.

Il retomba des terreurs chimériques aux terreurs réelles. Il se dit que Javert et les mouchards n'étaient[2] peut-être pas partis, que sans doute ils avaient laissé dans la rue des gens en observation, que, si cet homme le découvrait dans ce jardin, il crierait au voleur, et le livrerait. Il prit doucement Cosette endormie dans ses bras et la porta derrière un tas de vieux meubles hors d'usage, dans le coin[3] le plus reculé du hangar. Cosette ne remua pas.

De là il observa les allures de l'être[4] qui était dans la melonnière. Ce qui était bizarre, c'est que le bruit du grelot suivait tous les mouvements de cet homme. Quand l'homme s'approchait, le bruit s'approchait; quand il s'éloignait, le bruit s'éloignait; s'il faisait quelque geste précipité, un trémolo accompagnait ce geste; quand il s'arrêtait, le bruit cessait. Il paraissait évident que le grelot était attaché à cet homme; mais alors qu'est-ce que cela pouvait signifier? qu'était-ce que cet homme auquel une clochette était suspendue comme à un bélier ou à un bœuf? Tout en faisant ces questions, il toucha les mains de Cosette. Elles étaient glacées.

— Ah mon Dieu ! dit-il.
Il appela à voix basse :
— Cosette !
Elle n'ouvrit pas les yeux.
Il la secoua vivement. Elle ne s'éveilla pas.
— Serait-elle morte ! dit-il, et il se dressa debout, frémissant de la tête aux pieds.

Les idées[5] les plus affreuses lui traversèrent l'esprit pêle-mêle. Il y a des moments où les suppositions hideuses nous assiègent comme une cohue de furies et forcent violemment les cloisons de notre cerveau. Quand il s'agit de ceux que nous aimons, notre prudence invente toutes les folies. Il se souvint que le sommeil peut être mortel en plein air dans une nuit froide.

Cosette, pâle, était retombée étendue à terre à ses pieds sans faire un mouvement. Il écouta son souffle ; elle respirait ; mais d'une respiration qui lui paraissait faible et prête à s'éteindre.

Comment la réchauffer ? comment la réveiller ? Tout ce qui n'était pas ceci s'effaça de sa pensée. Il s'élança éperdu hors de la ruine. Il fallait absolument qu'avant un quart d'heure Cosette fût devant un feu et dans un lit.

IX

L'homme au grelot

Il marcha droit à l'homme qu'il apercevait[1] dans le jardin. Il avait pris à sa main le rouleau d'argent qui était dans la poche de son gilet.

Cet homme baissait la tête et ne le voyait pas venir. En quelques enjambées, Jean Valjean fut à lui. Jean Valjean l'aborda en criant :
— Cent francs !
L'homme fit un soubresaut et leva les yeux[2].
— Cent francs à gagner, reprit Jean Valjean, si vous me donnez asile pour cette nuit !
La lune éclairait en plein le visage effaré de Jean Valjean.
— Tiens, c'est vous, père Madeleine ! dit l'homme.
Ce nom, ainsi prononcé, à cette heure obscure, dans ce lieu inconnu, par cet homme inconnu, fit reculer Jean Valjean.

Il s'attendait à tout, excepté à cela. Celui qui lui parlait était un vieillard courbé et boiteux, vêtu à peu près comme un paysan, qui avait au genou gauche une genouillère de cuir où pendait une assez grosse cloche[3]. On ne distinguait pas son visage qui était dans l'ombre.

Cependant ce bonhomme avait ôté son bonnet, et s'écriait tout tremblant :

— Ah mon Dieu ! comment êtes-vous ici, père Madeleine ? Par où êtes-vous entré, Dieu Jésus ? Vous tombez donc du ciel ! Ce n'est pas l'embarras, si vous tombez jamais, c'est de là que vous tomberez. Et comme vous voilà fait ! Vous n'avez pas de cravate, vous n'avez pas de chapeau, vous n'avez pas d'habit ! Savez-vous que vous auriez fait peur à quelqu'un qui ne vous aurait pas connu ? Pas d'habit ! Mon Dieu Seigneur, est-ce que les saints deviennent fous à présent ? Mais comment donc êtes-vous entré ici ?

Un mot n'attendait pas l'autre. Le vieux homme parlait avec une volubilité campagnarde où il n'y avait rien d'inquiétant. Tout cela était dit avec un mélange de stupéfaction et de bonhomie naïve.

— Qui êtes-vous ? et qu'est-ce que c'est que cette maison-ci ? demanda Jean Valjean.

— Ah, pardieu, voilà qui est fort ! s'écria le vieillard, je suis celui que vous avez fait placer ici, et cette maison est celle où vous m'avez fait placer. Comment ! vous ne me reconnaissez pas ?

— Non, dit Jean Valjean. Et comment se fait-il que vous me connaissiez, vous ?

— Vous m'avez sauvé la vie, dit l'homme.

Il se tourna, un rayon de lune lui dessina le profil, et Jean Valjean reconnut le vieux Fauchelevent.

— Ah ! dit Jean Valjean, c'est vous ? oui, je vous reconnais.

— C'est bien heureux ! fit le vieux d'un ton de reproche.

— Et que faites-vous ici ? reprit Jean Valjean.

— Tiens ! je couvre mes melons donc !

Le vieux Fauchelevent tenait en effet à la main, au moment où Jean Valjean l'avait accosté, le bout d'un paillasson qu'il était occupé à étendre sur la melonnière. Il en avait déjà ainsi posé un certain nombre depuis une heure environ qu'il était dans le jardin. C'était cette opération qui lui faisait faire les mouvements particuliers[4] observés du hangar par Jean Valjean.

Il continua :

— Je me suis dit : la lune est claire, il va geler. Si je mettais à mes melons leurs carricks ? — Et, ajouta-t-il en regardant Jean Valjean avec un gros rire, vous auriez pardieu bien dû en faire autant ! Mais comment donc êtes-vous ici ?

Jean Valjean, se sentant connu par cet homme, du moins sous le nom de Madeleine, n'avançait plus qu'avec précaution. Il multipliait les questions. Chose bizarre, les rôles semblaient intervertis. C'était lui, intrus, qui interrogeait.

— Et qu'est-ce que c'est que cette sonnette que vous avez au genou ?

— Ça ? répondit Fauchelevent, c'est pour qu'on m'évite.

— Comment ! pour qu'on vous évite[5] ?

Le vieux Fauchelevent cligna de l'œil d'un air inexprimable.

— Ah dame ! il n'y a que des femmes dans cette maison-ci ; beaucoup de jeunes filles. Il paraît que je serais dangereux à rencontrer. La sonnette les avertit. Quand je viens, elles s'en vont.

— Qu'est-ce que c'est que cette maison-ci ?

— Tiens ! vous[6] savez bien.

— Mais non, je ne sais pas.

— Puisque vous m'y avez fait placer jardinier !

— Répondez-moi comme si je ne savais rien.

— Eh bien, c'est le couvent du Petit-Picpus donc[7] !

Les souvenirs revenaient à Jean Valjean. Le hasard, c'est-à-dire la providence, l'avait jeté précisément dans ce couvent du quartier Saint-Antoine[8] où le vieux Fauchelevent, estropié par la chute de sa charrette, avait été admis sur sa recommandation, il y avait deux ans de cela[9]. Il répéta comme se parlant à lui-même :

— Le couvent du Petit-Picpus !

— Ah çà mais, au fait, reprit Fauchelevent, comment diable avez-vous fait pour y entrer, vous, père Madeleine ? Vous avez beau être un saint, vous êtes un homme, et il n'entre pas d'hommes ici.

— Vous y êtes bien.

— Il n'y a que moi.

— Cependant, reprit Jean Valjean, il faut que j'y reste.

— Ah mon Dieu ! s'écria Fauchelevent.

Jean Valjean s'approcha du vieillard et lui dit d'une voix grave :

— Père Fauchelevent, je vous ai sauvé la vie.

— C'est moi qui m'en suis souvenu le premier[10], répondit Fauchelevent.

— Eh bien, vous pouvez faire aujourd'hui pour moi ce que j'ai fait autrefois pour vous.

Fauchelevent prit dans ses vieilles mains ridées et tremblantes les deux robustes mains de Jean Valjean, et fut quelques secondes comme s'il ne pouvait parler. Enfin il s'écria :

— Oh ! ce serait une bénédiction du bon Dieu si je pouvais vous rendre un peu cela ! Moi ! vous sauver la vie ! Monsieur le maire, disposez du vieux bonhomme !

Une joie admirable avait comme transfiguré ce vieillard. Un rayon semblait lui sortir du visage.

— Que voulez-vous que je fasse ? reprit-il.

— Je vous expliquerai cela. Vous avez une chambre ?

— J'ai une baraque isolée, là, derrière la ruine du vieux couvent, dans un recoin que personne ne voit. Il y a trois chambres.

La baraque était en effet si bien cachée derrière la ruine et si bien disposée pour que personne ne la vît, que Jean Valjean ne l'avait pas vue.

— Bien, dit Jean Valjean. Maintenant je vous demande deux choses.

— Lesquelles, monsieur le maire ?

— Premièrement, vous ne direz à personne ce que vous savez de moi. Deuxièmement, vous ne chercherez pas à en savoir davantage.

— Comme vous voudrez. Je sais que vous ne pouvez rien faire que d'honnête et que vous avez toujours été un homme du bon Dieu. Et puis d'ailleurs, c'est vous qui m'avez mis ici. Ça vous regarde. Je suis à vous.

— C'est dit. A présent, venez avec moi. Nous allons chercher l'enfant.

— Ah ! dit Fauchelevent. Il y a un enfant !

Il n'ajouta pas une parole et suivit Jean Valjean comme un chien suit son maître.

Moins d'une demi-heure après, Cosette, redevenue rose à la flamme[11] d'un bon feu, dormait dans le lit du vieux jardinier. Jean Valjean avait remis sa cravate et sa redingote; le chapeau lancé par-dessus le mur avait été retrouvé et ramassé; pendant que Jean Valjean endossait sa redingote, Fauchelevent avait ôté sa genouillère à clochette, qui maintenant, accrochée à un clou près d'une hotte, ornait le mur[12]. Les deux hommes se chauffaient accoudés sur une table où Fauchelevent avait posé un morceau de fromage, du pain bis, une bouteille de vin et deux verres[13], et le vieux disait à Jean Valjean en lui posant la main sur le genou :

— Ah! père Madeleine! vous ne m'avez pas reconnu tout de suite! Vous sauvez la vie aux gens, et après vous les oubliez! Oh! c'est mal! eux ils se souviennent de vous! vous êtes un ingrat[14]!

X

Où il est expliqué comment Javert
a fait buisson creux

Les événements dont nous venons de voir, pour ainsi dire, l'envers, s'étaient accomplis dans les conditions les plus simples.

Lorsque Jean Valjean, dans la nuit même du jour où Javert l'arrêta près du lit de mort de Fantine, s'échappa de la prison[1] municipale de Montreuil-sur-mer, la police supposa que le forçat évadé avait dû se diriger vers Paris. Paris est un maelström où tout se perd[2], et tout disparaît dans ce nombril du monde comme dans le nombril de la mer. Aucune forêt ne cache un homme comme cette foule. Les fugitifs de toute espèce le savent. Ils vont à Paris comme à un engloutissement; il y a des engloutissements qui sauvent. La police aussi le sait, et c'est à Paris qu'elle cherche ce qu'elle a perdu ailleurs. Elle y chercha l'ex-maire de Montreuil-sur-mer. Javert fut appelé à Paris afin d'éclairer les perquisitions. Javert en effet aida puissamment à reprendre Jean Valjean. Le zèle et l'intelligence de Javert en cette occasion furent remarqués de M. Chabouillet, secrétaire de la préfecture sous le comte Anglès. M. Chabouillet, qui du reste avait déjà protégé Javert, fit attacher l'inspecteur de Montreuil-sur-mer à[3] la police de Paris. Là Javert se rendit diversement et, disons-le, quoique le mot semble inattendu[4] pour de pareils services, honorablement utile.

Il ne songeait plus à Jean Valjean, — à ces chiens toujours en chasse le loup d'aujourd'hui fait oublier le loup d'hier, — lorsqu'en décembre 1823 il lut un journal, lui qui ne lisait jamais de journaux; mais Javert, homme monarchique[5], avait tenu à savoir les détails de l'entrée triomphale du « prince généralissime » à Bayonne[6]. Comme il achevait l'article qui l'intéressait, un nom[7], le nom de Jean Valjean, au bas d'une page, appela son attention. Le journal annonçait que le forçat Jean Valjean était mort, et publiait le fait en termes si formels que Javert n'en douta pas. Il se borna à dire : *C'est là le bon écrou.* Puis il jeta le journal, et n'y pensa plus.

Quelque temps après il arriva qu'une note de police fut transmise par la préfecture de Seine-et-Oise à la préfecture de police de Paris sur l'enlèvement d'un enfant, qui avait eu lieu, disait-on, avec des circonstances particulières, dans la commune de Montfermeil. Une petite fille de sept à huit ans, disait la note, qui avait été confiée par sa mère à un aubergiste du pays, avait été volée par un inconnu; cette petite répondait au nom de Cosette et était l'enfant d'une fille nommée Fantine, morte à l'hôpital, on ne savait quand ni où. Cette note passa sous les yeux de Javert, et le rendit rêveur.

Le nom de Fantine lui était bien connu. Il se souvenait que Jean Valjean l'avait fait éclater de rire, lui Javert, en lui demandant un répit de trois jours pour aller chercher l'enfant de cette créature. Il se rappela que Jean Valjean avait été arrêté à Paris au moment où il montait dans la voiture de Montfermeil. Quelques indications avaient même fait songer à cette époque que c'était la seconde fois qu'il montait dans cette voiture, et qu'il avait déjà, la veille, fait une première excursion aux environs de ce village, car on ne l'avait point vu dans le village même. Qu'allait-il faire dans ce pays de Montfermeil? on ne l'avait pu deviner. Javert le comprenait maintenant. La fille de Fantine s'y trouvait. Jean Valjean l'allait chercher. Or, cette enfant venait d'être volée par un inconnu. Quel pouvait être cet inconnu? Serait-ce Jean Valjean? mais Jean Valjean était mort. Javert, sans rien dire à personne, prit le coucou du Platd'étain[8], cul-de-sac de la Planchette, et fit le voyage de Montfermeil.

Il s'attendait à trouver là un grand éclaircissement ; il y trouva une grande obscurité.

Dans les premiers jours, les Thénardier, dépités, avaient jasé. La disparition de l'Alouette avait fait bruit dans le village. Il y avait eu tout de suite plusieurs versions de l'histoire qui avait fini par être un vol d'enfant. De là, la note de police. Cependant, la première humeur passée, le Thénardier, avec son admirable instinct, avait très vite compris qu'il n'est jamais utile d'émouvoir le procureur du roi, et que ses plaintes à propos de l'*enlèvement* de Cosette auraient pour premier résultat de fixer sur lui Thénardier, et sur beaucoup d'affaires troubles qu'il avait, l'étincelante prunelle de la justice. La première chose que les hiboux ne veulent pas, c'est qu'on leur apporte une chandelle. Et d'abord, comment se tirerait-il des quinze cents francs qu'il avait reçus ? Il tourna court, mit un bâillon à sa femme, et fit l'étonné quand on lui parlait de l'*enfant volé*. Il n'y comprenait rien ; sans doute il s'était plaint dans le moment de ce qu'on lui « enlevait » si vite cette chère petite ; il eût voulu par tendresse la garder encore deux ou trois jours[9] ; mais c'était son « grand-père » qui était venu la chercher le plus naturellement du monde. Il avait ajouté le grand-père, qui faisait bien. Ce fut sur cette histoire que Javert tomba en arrivant à Montfermeil. Le grand-père faisait évanouir Jean Valjean.

Javert pourtant enfonça quelques questions, comme des sondes, dans l'histoire de Thénardier[10]. — Qu'était-ce que ce grand-père, et comment s'appelait-il ?

Thénardier répondit avec simplicité :

— C'est un riche cultivateur. J'ai vu son passeport. Je crois qu'il s'appelle M. Guillaume Lambert.

Lambert est un nom bonhomme et très rassurant[11]. Javert s'en revint à Paris.

— Le Jean Valjean est bien mort, se dit-il, et je suis un jobard.

Il recommençait à oublier toute cette histoire, lorsque, dans le courant de mars 1824, il entendit parler d'un personnage bizarre qui habitait sur la paroisse de Saint-Médard et qu'on surnommait « le mendiant qui fait l'aumône ». Ce personnage était, disait-on, un rentier dont personne ne savait au juste le nom et qui vivait seul avec une petite fille de huit ans, laquelle ne savait rien elle-même, sinon qu'elle venait de Montfermeil. Montfermeil! ce nom revenait toujours, et fit dresser l'oreille à Javert[12]. Un vieux mendiant mouchard, ancien bedeau, auquel ce personnage faisait la charité, ajoutait quelques autres détails. — Ce rentier était un être très farouche[13], — ne sortant jamais que le soir, — ne parlant à personne, — qu'aux pauvres quelquefois, — et ne se laissant pas approcher. Il portait une horrible vieille redingote jaune qui valait plusieurs millions, étant toute cousue de billets de banque. — Ceci piqua décidément la curiosité de Javert. Afin de voir ce rentier fantastique de très près sans l'effaroucher, il emprunta un jour au bedeau sa défroque et la place où le vieux mouchard s'accroupissait tous les soirs en nasillant des oraisons[14] et en espionnant à travers la prière.

« L'individu suspect » vint en effet à Javert ainsi travesti, et lui fit l'aumône. En ce moment Javert leva la tête, et la secousse que reçut Jean Valjean en croyant reconnaître Javert, Javert la reçut en croyant reconnaître Jean Valjean.

Cependant l'obscurité avait pu le tromper; la mort de Jean Valjean était officielle; il restait à Javert des doutes[15] et des doutes graves; et dans le doute Javert, l'homme du scrupule, ne mettait la main au collet de personne.

Il suivit son homme jusqu'à la masure Gorbeau, et fit parler « la vieille[16] », ce qui n'était pas malaisé. La vieille lui confirma le fait de la redingote doublée de millions, et lui conta l'épisode du billet de mille francs. Elle avait vu! elle avait touché! Javert loua une chambre. Le soir même il s'y installa. Il vint écouter à la porte du locataire mystérieux, espérant entendre le son de sa voix, mais Jean Valjean aperçut sa chandelle à travers la serrure et déjoua l'espion en gardant le silence.

Le lendemain Jean Valjean décampait. Mais le bruit de la pièce de cinq francs qu'il laissa tomber fut remarqué de la vieille[17] qui, entendant remuer de l'argent, songea qu'on allait déménager et se hâta de prévenir Javert. A la nuit, lorsque Jean Valjean sortit, Javert l'attendait derrière les arbres du boulevard avec deux hommes.

Javert avait réclamé main-forte à la Préfecture, mais il n'avait pas dit le nom de l'individu qu'il espérait saisir. C'était son secret; et il l'avait gardé pour trois raisons : d'abord, parce que la moindre indiscrétion pouvait donner l'éveil à Jean Valjean; ensuite, parce que mettre la main sur un vieux forçat évadé et réputé mort, sur un condamné que les notes de justice avaient jadis classé[18] à jamais *parmi les malfaiteurs de l'espèce la plus dangereuse*, c'était un magnifique succès que les anciens de la police parisienne ne laisseraient certainement pas à un nouveau venu comme Javert, et qu'il craignait qu'on ne lui prît son galérien; enfin, parce que Javert, étant un artiste, avait le goût de l'imprévu. Il haïssait ces succès annoncés qu'on déflore[19] en en parlant longtemps d'avance. Il tenait à élaborer ses chefs-d'œuvre dans l'ombre et à les dévoiler ensuite brusquement.

Javert avait suivi Jean Valjean d'arbre en arbre, puis de coin de rue en coin de rue, et ne l'avait pas perdu de vue un seul instant. Même dans les moments où Jean Valjean se croyait le plus en sûreté, l'œil de Javert était sur lui.

Pourquoi[20] Javert n'arrêtait-il pas Jean Valjean? c'est qu'il doutait encore.

Il faut se souvenir qu'à cette époque la police n'était pas précisément à son aise; la presse libre la gênait. Quelques arrestations arbitraires, dénoncées par les journaux, avaient retenti jusqu'aux chambres, et rendu la Préfecture timide. Attenter à la liberté individuelle était un fait grave. Les agents craignaient de se tromper; le préfet s'en prenait à eux; une erreur, c'était la destitution. Se figure-t-on l'effet qu'eût fait dans Paris ce bref entrefilet reproduit par vingt journaux : « Hier, un vieux grand-père en cheveux blancs, rentier respectable, qui se promenait avec sa petite-fille âgée de huit ans, a été arrêté et conduit au Dépôt de la Préfecture comme forçat évadé ! »

Répétons en outre que Javert avait ses scrupules à lui; les recommandations de sa conscience s'ajoutaient aux recommandations du préfet. Il doutait réellement.

Jean Valjean tournait le dos et marchait dans l'obscurité.

La tristesse, l'inquiétude, l'anxiété, l'accablement, ce nouveau malheur d'être obligé de s'enfuir la nuit et de chercher un asile au hasard dans Paris pour Cosette et pour lui, la nécessité de régler son pas sur le pas d'un enfant, tout cela, à son insu même, avait changé la démarche de Jean Valjean et imprimé à son habitude de corps une telle sénilité que la police elle-même, incarnée dans Javert, pouvait s'y tromper, et s'y trompa. L'impossibilité d'approcher de trop près, son costume de vieux précepteur émigré, la déclaration de Thénardier qui le faisait grand-père, enfin la croyance de sa mort au bagne, ajoutaient encore aux incertitudes qui s'épaississaient dans l'esprit de Javert.

Il eut un moment l'idée de lui demander brusquement ses papiers. Mais si cet homme n'était pas Jean Valjean, et si cet homme n'était pas un bon vieux rentier honnête, c'était probablement quelque gaillard profondément et savamment mêlé à la trame obscure des méfaits parisiens, quelque chef de bande dangereux, faisant l'aumône pour cacher ses autres talents, vieille rubrique. Il avait des affidés, des complices, des logis en-cas où il allait se réfugier sans doute. Tous ces détours qu'il faisait dans les rues semblaient indiquer que ce n'était pas un simple bonhomme. L'arrêter trop vite, c'était « tuer la poule aux œufs d'or ». Où était l'inconvénient d'attendre ? Javert était bien sûr qu'il n'échapperait pas. Il cheminait donc assez perplexe, en se posant cent questions sur ce personnage énigmatique.

Ce ne fut qu'assez tard, rue de Pontoise, que, grâce à la vive clarté que jetait un cabaret, il reconnut décidément Jean Valjean.

Il y a dans ce monde deux êtres qui tressaillent profondément : la mère qui retrouve son enfant, et le tigre qui retrouve sa proie. Javert eut ce tressaillement profond.

Dès qu'il eut positivement reconnu Jean Valjean, le forçat redoutable[21], il s'aperçut qu'ils n'étaient que trois, et il fit demander du renfort au commissaire de police de la rue de Pontoise.

Avant[22] d'empoigner un bâton d'épine, on met des gants.

Ce retard et la station au carrefour Rollin pour se concerter avec ses agents faillirent lui faire perdre la piste. Cependant il eut bien vite deviné que Jean Valjean voudrait placer la rivière entre ses chasseurs et lui. Il pencha la tête et réfléchit, comme un limier qui met le nez à terre pour être juste à la voie. Javert, avec sa puissante rectitude d'instinct, alla droit au pont d'Austerlitz.

Un mot au péager le mit au fait : — Avez-vous vu un homme avec une petite fille ? — Je lui ai fait payer deux sous, répondit le péager. Javert arriva sur le pont à temps pour voir de l'autre côté de l'eau Jean Valjean traverser avec Cosette à la main l'espace éclairé par la lune. Il le vit s'engager dans la rue du Chemin-Vert-Saint-Antoine ; il songea au cul-de-sac Genrot disposé là comme une trappe et à l'issue unique de la rue Droit-Mur sur la petite rue Picpus. Il *assura les grands devants,* comme parlent les chasseurs ; il envoya en hâte par un détour un de ses agents garder cette issue. Une patrouille, qui rentrait au poste de l'Arsenal, ayant passé, il la requit et s'en fit accompagner. Dans ces parties-là, les soldats sont des atouts. D'ailleurs, c'est le principe que, pour venir à bout d'un sanglier, il faut faire science de veneur et force de chiens. Ces dispositions combinées, sentant Jean Valjean saisi entre l'impasse Genrot à droite, son agent à gauche, et lui Javert derrière, il prit une prise de tabac.

Puis il se mit à jouer. Il eut un moment ravissant et infernal[23] ; il laissa aller son homme devant lui, sachant qu'il le tenait, mais désirant reculer le plus possible le moment de l'arrêter, heureux de le sentir pris et de le voir libre, le couvant du regard avec cette volupté de l'araignée qui laisse voleter la mouche et du chat qui laisse courir la souris[24]. La griffe et la serre ont une sensualité monstrueuse ; c'est le mouvement obscur de la bête emprisonnée dans leur tenaille. Quel délice que cet étouffement !

Javert jouissait. Les mailles de son filet étaient solidement attachées. Il était sûr du succès ; il n'avait plus maintenant qu'à fermer la main[25].

Accompagné comme il l'était, l'idée même de la résistance était impossible, si énergique, si vigoureux, et si désespéré que fût Jean Valjean.

Javert avança lentement, sondant et fouillant sur son passage tous les recoins de la rue comme les poches d'un voleur.

Quand il arriva au centre de sa toile, il n'y trouva plus la mouche.

On imagine son exaspération.

Il interrogea sa vedette des rues Droit-Mur et Picpus ; cet agent, resté imperturbable à son poste, n'avait point vu passer l'homme[26].

Il arrive quelquefois qu'un cerf est brisé la tête couverte, c'est-à-dire s'échappe, quoique ayant la meute sur le corps, et alors les plus vieux chasseurs ne savent que dire. Duvivier, Ligniville et Desprez restent court. Dans une déconvenue de ce genre, Artonge s'écria : *Ce n'est pas un cerf, c'est un sorcier.* Javert eût volontiers jeté le même cri[27].

Son désappointement tint[28] un moment du désespoir et de la fureur.

Il est certain que Napoléon fit des fautes dans la guerre de Russie, qu'Alexandre fit des fautes dans la guerre de l'Inde, que César fit des fautes dans la guerre d'Afrique, que Cyrus fit des fautes dans la guerre de Scythie[29], et que Javert fit des fautes dans cette campagne contre Jean Valjean. Il eut tort peut-être d'hésiter à reconnaître l'ancien galérien[30]. Le premier coup d'œil aurait dû lui suffire. Il eut tort de ne pas l'appréhender[31] purement et simplement dans la masure[32]. Il eut tort de ne pas l'arrêter quand il le reconnut positivement rue de Pontoise. Il[33] eut tort de se concerter avec ses auxiliaires en plein clair de lune dans le carrefour Rollin; certes, les avis sont utiles, et il est bon de connaître et d'interroger ceux des chiens qui méritent créance. Mais le chasseur ne saurait prendre trop de précautions quand il chasse des animaux inquiets, comme le loup et le forçat. Javert, en se préoccupant trop de mettre les limiers de meute sur la voie, alarma la bête en lui donnant vent du trait et la fit partir. Il eut tort surtout, dès qu'il eût retrouvé la piste au pont d'Austerlitz[34], de jouer ce jeu formidable et puéril de tenir un pareil homme au bout d'un fil. Il s'estima plus fort qu'il n'était, et crut pouvoir jouer à la souris avec un lion. En même temps, il s'estima trop faible quand il jugea nécessaire de s'adjoindre du renfort. Précaution fatale, perte d'un temps précieux[35]. Javert commit toutes ces fautes, et n'en était pas moins un des espions les plus savants et les plus corrects qui aient existé. Il était, dans toute la force du terme, ce qu'en vénerie on appelle *un chien sage*[36]. Mais qui est-ce qui est parfait ?

Les grands stratégistes ont leurs éclipses[37].

Les fortes sottises sont souvent faites, comme les grosses cordes, d'une multitude de brins. Prenez le câble fil à fil, prenez séparément tous les petits motifs déterminants, vous les cassez l'un après l'autre, et vous dites : Ce n'est que cela ! Tressez-les et tordez-les ensemble, c'est une énormité ; c'est Attila qui hésite entre Marcien à l'Orient et Valentinien à l'Occident ; c'est Annibal qui s'attarde à Capoue ; c'est Danton qui s'endort à Arcis-sur-Aube.

Quoi qu'il en soit, au[38] moment même où il s'aperçut que Jean Valjean lui échappait, Javert ne perdit pas la tête. Sûr que le forçat en rupture de ban ne pouvait[39] être bien loin, il établit des guets, il organisa des souricières et des embuscades et battit le quartier toute la nuit. La première chose qu'il vit, ce fut le désordre du réverbère dont la corde était coupée. Indice précieux, qui l'égara pourtant en ce qu'il fit dévier toutes ses recherches vers le cul-de-sac Genrot[40]. Il y a dans ce cul-de-sac des murs assez bas qui donnent sur des jardins dont les enceintes touchent à d'immenses terrains en friche[41]. Jean Valjean avait dû évidemment s'enfuir par là. Le fait est que, s'il eût pénétré un peu plus avant dans le cul-de-sac Genrot, il l'eût fait probablement, et il était perdu. Javert explora ces jardins et ces terrains comme s'il y eût cherché une aiguille.

Au point du jour, il laissa deux hommes intelligents en observation, et il regagna la Préfecture de police, honteux comme un mouchard qu'un voleur aurait pris.

LIVRE SIXIÈME

LE PETIT-PICPUS

I

Petite rue Picpus, numéro 62[1]

Rien ne ressemblait plus, il y a un demi-siècle, à la première porte cochère venue que la porte cochère du numéro 62 de la petite rue Picpus. Cette porte, habituellement entr'ouverte de la façon la plus engageante, laissait voir deux choses qui n'ont rien de très funèbre, une cour entourée de murs tapissés de vigne et la face d'un portier qui flâne. Au-dessus du mur du fond on apercevait de grands arbres. Quand un rayon de soleil égayait la cour, quand un verre de vin égayait le portier, il était difficile de passer devant le numéro 62 de la petite rue Picpus sans en emporter une idée riante. C'était pourtant un lieu sombre qu'on avait entrevu.

Le seuil souriait, la maison priait et pleurait.

Si l'on parvenait, ce qui n'était point facile, à franchir le portier, — ce qui même pour presque tous était impossible, car il y avait un *sésame, ouvre-toi !* — qu'il fallait savoir; si, le portier franchi, on entrait à droite dans un petit vestibule où donnait un escalier resserré entre deux murs et si étroit qu'il n'y pouvait passer qu'une personne à la fois, si l'on ne se laissait pas effrayer par le badigeonnage jaune serin avec soubassement chocolat qui enduisait cet escalier, si l'on s'aventurait à monter, on dépassait un premier palier, puis un deuxième, et l'on arrivait au premier étage dans un corridor où la détrempe jaune et la plinthe chocolat vous suivaient avec un acharnement paisible. Escalier et corridor étaient éclairés par deux belles fenêtres. Le corridor faisait un coude et devenait obscur. Si l'on doublait ce cap, on parvenait après quelques pas devant une porte d'autant plus mystérieuse qu'elle n'était pas fermée. On la poussait, et l'on se trouvait dans une petite chambre d'environ six pieds carrés, carrelée, lavée, propre, froide, tendue de papier nankin à fleurettes vertes, à quinze sous le rouleau. Un jour blanc et mat venait d'une grande fenêtre à petits carreaux qui était à gauche et qui tenait toute la largeur de la chambre. On regardait, on ne voyait personne; on écoutait, on n'entendait ni un pas, ni un murmure humain. La muraille était nue; la chambre n'était point meublée; pas une chaise.

On regardait encore, et l'on voyait au mur en face de la porte un trou quadrangulaire d'environ un pied carré, grillé d'une grille en fer à barreaux entre-croisés, noirs, noueux, solides, lesquels formaient des carreaux, j'ai presque dit des mailles, de moins d'un pouce et demi de diagonale. Les petites fleurettes vertes du papier nankin arrivaient avec calme et en ordre jusqu'à ces barreaux de fer, sans que ce contact funèbre les effarouchât et les fît tourbillonner. En supposant qu'un être vivant eût été assez admirablement maigre pour essayer d'entrer ou de sortir par le trou carré, cette grille l'en eût empêché. Elle ne laissait point passer le corps, mais elle laissait passer les yeux, c'est-à-dire l'esprit. Il semblait qu'on eût songé à cela, car on l'avait doublée d'une lame de fer-blanc sertie dans la muraille un peu en arrière et piquée de mille trous plus microscopiques que les trous d'une écumoire. Au bas de cette plaque était percée une ouverture tout à fait pareille à la bouche d'une boîte aux lettres. Un ruban de fil attaché à un mouvement de sonnette pendait à droite du trou grillé.

Si l'on agitait ce ruban, une clochette tintait et l'on entendait une voix, tout près de soi, ce qui faisait tressaillir.

— Qui est là? demandait la voix.

C'était une voix de femme, une voix douce, si douce qu'elle en était lugubre.

Ici encore il y avait un mot magique qu'il fallait savoir. Si on ne le savait pas, la voix se taisait, et le mur redevenait silencieux comme si l'obscurité effarée du sépulcre eût été de l'autre côté.

Si l'on savait le mot, la voix reprenait:

— Entrez à droite.

On remarquait alors à sa droite, en face de la fenêtre, une porte vitrée surmontée d'un châssis vitré et peinte en gris. On soulevait le loquet, on franchissait la porte, et l'on éprouvait absolument la même impression que lorsqu'on entre au spectacle dans une baignoire grillée avant que la grille soit baissée et que le lustre soit allumé. On était en effet dans une espèce de loge de théâtre, à peine éclairée par le jour vague de la porte vitrée, étroite, meublée de deux vieilles chaises et d'un paillasson tout démaillé, véritable loge avec sa devanture à hauteur d'appui qui portait une tablette en bois noir. Cette loge était grillée, seulement ce n'était pas une grille de bois doré comme à l'Opéra, c'était un monstrueux treillis de barres de fer affreusement enchevêtrées et scellées au mur par des scellements énormes qui ressemblaient à des poings fermés.

Les premières minutes passées, quand le regard commençait à se faire à ce demi-jour de cave, il essayait de franchir la grille, mais il n'allait pas plus loin que six pouces au delà. Là il rencontrait une barrière de volets noirs, assurés et fortifiés de traverses de bois peintes en jaune pain d'épice. Ces volets étaient à jointures, divisés en longues lames minces, et masquaient toute la largeur de la grille. Ils étaient toujours clos.

Au bout de quelques instants, on entendait une voix qui vous appelait de derrière ces volets et qui vous disait :
— Je suis là. Que me voulez-vous ?

C'était une voix aimée, quelquefois une voix adorée. On ne voyait personne. On entendait à peine le bruit d'un souffle. Il semblait que ce fût une évocation qui vous parlait à travers la cloison de la tombe.

Si l'on était dans de certaines conditions voulues, bien rares, l'étroite lame d'un des volets s'ouvrait en face de vous, et l'évocation devenait une apparition. Derrière la grille, derrière le volet, on apercevait, autant que la grille permettait d'apercevoir, une tête dont on ne voyait que la bouche et le menton ; le reste était couvert d'un voile noir. On entrevoyait une guimpe noire et une forme à peine distincte couverte d'un suaire noir. Cette tête vous parlait, mais ne vous regardait pas et ne vous souriait jamais.

Le jour qui venait de derrière vous était disposé de telle façon que vous la voyiez blanche et qu'elle vous voyait noir. Ce jour était un symbole.

Cependant les yeux plongeaient avidement, par cette ouverture qui s'était faite, dans ce lieu clos à tous les regards. Un vague profond enveloppait cette forme vêtue de deuil. Les yeux fouillaient ce vague et cherchaient à démêler ce qui était autour de l'apparition. Au bout de très peu de temps on s'apercevait qu'on ne voyait rien. Ce qu'on voyait, c'était la nuit, le vide, les ténèbres, une brume de l'hiver mêlée à une vapeur du tombeau, une sorte de paix effrayante, un silence où l'on ne recueillait rien, pas même des soupirs, une ombre où l'on ne distinguait rien, pas même des fantômes.

Ce qu'on voyait, c'était l'intérieur d'un cloître.

C'était l'intérieur de cette maison morne et sévère qu'on appelait le couvent des bernardines de l'Adoration Perpétuelle. Cette loge où l'on était, c'était le parloir. Cette voix, la première qui vous avait parlé, c'était la voix de la tourière qui était toujours assise, immobile et silencieuse, de l'autre côté du mur, près de l'ouverture carrée, défendue par la grille de fer et par la plaque à mille trous comme par une double visière.

L'obscurité où plongeait la loge grillée venait de ce que le parloir qui avait une fenêtre du côté du monde n'en avait aucune du côté du couvent. Les yeux profanes ne devaient rien voir de ce lieu sacré.

Pourtant il y avait quelque chose au delà de cette ombre, il y avait une lumière; il y avait une vie dans cette mort. Quoique ce couvent fût le plus muré de tous, nous allons essayer d'y pénétrer, et d'y faire pénétrer le lecteur, et de dire, sans oublier la mesure, des choses que les raconteurs n'ont jamais vues et par conséquent jamais dites.

II

L'OBÉDIENCE DE MARTIN VERGA[1]

CE couvent, qui en 1824 existait depuis longues années déjà petite rue Picpus, était une communauté de bernardines de l'obédience de Martin Verga[2].

Ces[3] bernardines, par conséquent, se rattachaient non à Clairvaux, comme les bernardins, mais à Cîteaux, comme les bénédictins. En d'autres termes, elles étaient sujettes, non de saint Bernard, mais de saint Benoît.

Quiconque a un peu remué des in-folio sait que Martin Verga fonda en 1425 une congrégation de bernardines-bénédictines[4], ayant pour chef d'ordre Salamanque et pour succursale Alcala. Cette congrégation avait poussé des rameaux dans tous les pays catholiques de l'Europe.

Ces greffes d'un ordre sur l'autre n'ont rien d'inusité dans l'église latine. Pour ne parler que du seul ordre de saint Benoît dont il est ici question, à cet ordre se rattachent, sans compter l'obédience de Martin Verga, quatre congrégations; deux en Italie, le Mont-Cassin et Sainte-Justine de Padoue, deux en France, Cluny et Saint-Maur; et neuf ordres, Valombrosa, Grammont, les célestins, les camaldules, les chartreux, les humiliés, les olivateurs, et les silvestrins, enfin Cîteaux; car Cîteaux lui-même, tronc pour d'autres ordres, n'est qu'un rejeton pour saint Benoît. Cîteaux date de saint Robert, abbé de Molesme dans le diocèse de Langres en 1098. Or c'est en 529 que le diable, retiré au désert de Subiaco (il était vieux. S'était-il fait ermite?), fut chassé de l'ancien temple d'Apollon où il demeurait par saint Benoît, âgé de dix-sept ans.

Après la règle des carmélites, lesquelles vont pieds nus, portent une pièce d'osier sur la gorge et ne s'asseyent jamais, la règle la plus dure est celle des bernardines-bénédictines de Martin Verga[5]. Elles sont vêtues de noir avec une guimpe qui, selon la prescription expresse de saint Benoît, monte jusqu'au menton. Une robe de serge à manches larges, un grand voile de laine, la guimpe qui monte jusqu'au menton[6] coupée carrément sur la poitrine, le bandeau qui descend jusqu'aux yeux, voilà leur habit. Tout est noir, excepté le bandeau qui est blanc. Les novices portent le même habit, tout blanc. Les professes ont en outre un rosaire au côté[7].

Les bernardines-bénédictines de Martin Verga pratiquent l'Adoration Perpétuelle, comme les bénédictines dites dames du Saint Sacrement, lesquelles, au commencement de ce siècle, avaient à Paris deux maisons, l'une au Temple, l'autre rue Neuve-Sainte-Geneviève. Du reste les bernardines-bénédictines du Petit-Picpus, dont nous parlons, étaient un ordre absolument autre que les dames du Saint-Sacrement cloîtrées rue Neuve-Sainte-Geneviève et au Temple. Il y avait de nombreuses différences dans la règle; il y en avait dans le costume. Les bernardines-bénédictines du Petit-Picpus portaient la guimpe noire, et les bénédictines du Saint-Sacrement et de la rue Neuve-Sainte-Geneviève la portaient blanche, et avaient de plus sur la poitrine un saint-sacrement d'environ trois pouces de haut en vermeil ou en cuivre doré. Les religieuses du Petit-Picpus ne portaient point ce saint-sacrement. L'Adoration Perpétuelle, commune à la maison du Petit-Picpus et à la maison du Temple, laisse les deux ordres parfaitement distincts. Il y a seulement ressemblance pour cette pratique entre les dames du Saint-Sacrement et les bernardines de Martin Verga, de même qu'il y avait similitude, pour l'étude et la glorification de tous les mystères relatifs à l'enfance, à la vie et à la mort de Jésus-Christ, et à la Vierge, entre deux ordres pourtant fort séparés et dans l'occasion ennemis : l'Oratoire d'Italie, établi à Florence par Philippe de Néri, et l'Oratoire de France, établi à Paris par Pierre de Bérulle. L'Oratoire de Paris prétendait le pas, Philippe de Néri n'étant que saint, et Bérulle étant cardinal.

Revenons à la dure règle espagnole de Martin Verga. Les bernardines-bénédictines de cette obédience font maigre toute l'année, jeûnent le carême et beaucoup d'autres jours qui leur sont spéciaux, se relèvent dans leur premier sommeil depuis une heure du matin jusqu'à trois pour lire le bréviaire et chanter matines, couchent dans des draps de serge en toute saison et sur la paille, n'usent point de bains, n'allument jamais de feu, se donnent la discipline tous les vendredis, observent la règle du silence, ne se parlent qu'aux récréations, lesquelles sont très courtes, et portent des chemises de bure pendant six mois, du 14 septembre, qui est l'exaltation de la sainte-croix, jusqu'à Pâques. Ces six mois sont une modération ; la règle dit toute l'année ; mais cette chemise de bure, insupportable dans les chaleurs de l'été, produisait des fièvres et des spasmes nerveux. Il a fallu en restreindre l'usage. Même avec cet adoucissement, le 14 septembre, quand les religieuses mettent cette chemise, elles ont trois ou quatre jours de fièvre. Obéissance, pauvreté, chasteté, stabilité sous clôture ; voilà leurs vœux, fort aggravés par la règle.

La prieure est élue pour trois ans par les mères, qu'on appelle *mères vocales* parce qu'elles ont voix au chapitre. Une prieure ne peut être réélue que deux fois, ce qui fixe à neuf ans le plus long règne possible d'une prieure[8].

Elles ne voient jamais le prêtre officiant, qui leur est toujours caché par une serge tendue à sept pieds de haut.

Au sermon, quand le prédicateur est dans la chapelle, elles baissent leur voile sur leur visage. Elles doivent toujours parler bas, marcher les yeux à terre et la tête inclinée. Un seul homme peut entrer dans le couvent, l'archevêque diocésain[9].

Il y en a bien un autre, qui est le jardinier; mais c'est toujours un vieillard, et afin qu'il soit perpétuellement seul dans le jardin et que les religieuses soient averties de l'éviter, on lui attache une clochette au genou[10].

Elles sont soumises à la prieure d'une soumission absolue et passive. C'est la sujétion canonique dans toute son abnégation. Comme à la voix du Christ, *ut voci Christi,* au geste, au premier signe, *ad nutum, ad primum signum,* tout de suite, avec bonheur, avec persévérance, avec une certaine obéissance aveugle, *prompte, hilariter, perseveranter et cæca quadam obedientia,* comme la lime dans la main de l'ouvrier, *quasi limam in manibus fabri,* ne pouvant lire ni écrire quoi que ce soit sans permission expresse, *legere vel scribere non addiscerit sine expressa superioris licentia*[11].

A tour de rôle chacune d'elles fait ce qu'elles appellent *la réparation*. La réparation, c'est la prière pour tous les péchés, pour toutes les fautes, pour tous les désordres, pour toutes les violations, pour toutes les iniquités[12], pour tous les crimes qui se commettent sur la terre. Pendant douze heures consécutives, de quatre heures du soir à quatre heures du matin, ou de quatre heures du matin à quatre heures du soir, la sœur qui fait *la réparation* reste à genoux sur la pierre devant le Saint-Sacrement[13], les mains jointes, la corde au cou. Quand la fatigue devient insupportable, elle se prosterne[14] à plat ventre, la face contre terre, les bras en croix. C'est là tout son soulagement. Dans cette attitude, elle prie pour tous les coupables de l'univers. Ceci est grand jusqu'au sublime.

Comme cet acte s'accomplit devant un poteau au haut duquel brûle un cierge, on dit indistinctement *faire la réparation* ou *être au poteau*. Les religieuses préfèrent même, par humilité, cette dernière expression qui contient une idée de supplice et d'abaissement[15].

Faire la réparation est une fonction où toute l'âme s'absorbe. La sœur au poteau ne se retournerait pas pour le tonnerre tombant derrière elle.

En outre, il y a toujours une religieuse à genoux

devant le Saint-Sacrement. Cette station dure une heure. Elles se relèvent comme des soldats en faction. C'est là l'Adoration Perpétuelle.

Les prieures[16] et les mères portent presque toujours des noms empreints d'une gravité particulière, rappelant, non des saintes et des martyres, mais des moments de la vie de Jésus-Christ, comme la mère Nativité, la mère Conception, la mère Présentation, la mère Passion. Cependant les noms de saintes ne sont pas interdits.

Quand on les voit, on ne voit jamais que leur bouche. Toutes ont les dents jaunes. Jamais une brosse à dents n'est entrée dans le couvent. Se brosser les dents, est au haut d'une échelle au bas de laquelle il y a : perdre son âme.

Elles ne disent de rien *ma* ni *mon*. Elles n'ont rien à elles et ne doivent tenir à rien. Elles disent de toute chose *notre* ; ainsi : notre voile, notre chapelet; si elles parlaient de leur chemise, elles diraient *notre chemise*. Quelquefois elles s'attachent à quelque petit objet, à un livre d'heures, à une relique, à une médaille bénie. Dès qu'elles s'aperçoivent qu'elles commencent à tenir à cet objet, elles doivent le donner. Elles se rappellent le mot de sainte Thérèse à laquelle une grande dame, au moment d'entrer dans son ordre, disait : Permettez, ma mère, que j'envoie chercher une sainte Bible à laquelle je tiens beaucoup. — *Ah ! vous tenez à quelque chose ! En ce cas, n'entrez pas chez nous.*

Défense à qui que ce soit de s'enfermer, et d'avoir un *chez-soi*, une *chambre*. Elles vivent cellules ouvertes. Quand elles s'abordent, l'une dit : *Loué soit et adoré le Très Saint-Sacrement de l'autel !* L'autre répond : *A jamais*. Même cérémonie quand l'une frappe à la porte de l'autre. A peine la porte a-t-elle été touchée qu'on entend de l'autre côté une voix douce dire précipitamment : A jamais ! Comme toutes les pratiques, cela devient machinal par l'habitude; et l'une dit quelquefois *à jamais* avant que l'autre ait eu le temps de dire, ce qui est assez long d'ailleurs : *Loué soit et adoré le Très Saint-Sacrement de l'autel !*

Chez les visitandines, celle qui entre dit : *Ave Maria*, et celle chez laquelle on entre dit : *Gratia plena*. C'est leur bonjour, qui est « plein de grâce » en effet.

A chaque heure du jour, trois coups supplémentaires

sonnent à la cloche de l'église du couvent. A ce signal, prieure, mères vocales, professes, converses, novices, postulantes, interrompent ce qu'elles disent, ce qu'elles font ou ce qu'elles pensent, et toutes disent à la fois, s'il est cinq heures, par exemple : — *A cinq heures et à toute heure, loué soit et adoré le Très Saint-Sacrement de l'autel !* S'il est huit heures : — *A huit heures et à toute heure,* etc., et ainsi de suite, selon l'heure qu'il est[17].

Cette coutume, qui a pour but de rompre la pensée et de la ramener toujours à Dieu, existe dans beaucoup de communautés; seulement la formule varie. Ainsi, à l'Enfant-Jésus, on dit : — *A l'heure qu'il est et à toute heure que l'amour de Jésus enflamme mon coeur !*

Les bénédictines-bernardines de Martin Verga, cloîtrées il y a cinquante ans au Petit-Picpus, chantent[18] les offices sur une psalmodie grave, plain-chant pur, et toujours à pleine voix toute la durée de l'office. Partout où il y a un astérisque dans le missel, elles font une pause et disent à voix basse : *Jésus-Marie-Joseph*. Pour l'office des morts, elles prennent le ton si bas, que c'est à peine si des voix de femmes peuvent descendre jusque-là. Il en résulte un effet saisissant et tragique.

Celles du Petit-Picpus avaient[20] fait faire un caveau sous leur maître-autel pour la sépulture de leur communauté. *Le gouvernement,* comme elles disent, ne permit pas que ce caveau reçût les cercueils. Elles sortaient donc du couvent quand elles étaient[21] mortes. Ceci les affligeait et les consternait comme une infraction.

Elles[22] avaient obtenu, consolation médiocre, d'être enterrées à une heure spéciale et en un coin spécial dans l'ancien cimetière Vaugirard, qui était fait d'une terre appartenant jadis à leur communauté.

Le jeudi ces religieuses entendent la grand'messe, vêpres et tous les offices comme le dimanche. Elles observent en outre scrupuleusement toutes les petites fêtes, presque inconnues aux gens du monde, que l'Église prodiguait autrefois en France et prodigue encore en Espagne et en Italie. Leurs stations à la chapelle sont interminables. Quant au nombre et à la durée de leurs prières, nous n'en pouvons donner une meilleure idée qu'en citant le mot naïf de l'une d'elles : *Les prières des postulantes sont effrayantes, les prières des novices encore pires, et les prières des professes encore pires.*

Une fois par semaine, on assemble le chapitre; la prieure préside, les mères vocales assistent. Chaque sœur vient à son tour s'agenouiller sur la pierre, et confesser à haute voix, devant toutes, les fautes et les péchés qu'elle a commis dans la semaine. Les mères vocales se consultent après chaque confession, et infligent tout haut les pénitences.

Outre la confession à haute voix, pour laquelle on réserve toutes les fautes un peu graves, elles ont pour les fautes vénielles ce qu'elles appellent *la coulpe*. Faire sa coulpe, c'est se prosterner à plat ventre durant l'office devant la prieure jusqu'à ce que celle-ci, qu'on ne nomme jamais autrement que *notre mère,* avertisse la patiente par un petit coup frappé sur le bois de sa stalle qu'elle peut se relever. On fait sa coulpe pour très peu de chose. Un verre cassé, un voile déchiré, un retard involontaire de quelques secondes à un office, une fausse note à l'église, etc., cela suffit, on fait sa coulpe. La coulpe est toute spontanée; c'est la *coupable* elle-même (ce mot est ici étymologiquement à sa place) qui se juge et qui se l'inflige. Les jours de fêtes et les dimanches il y a quatre mères chantres qui psalmodient les offices devant un grand lutrin à quatre pupitres. Un jour une mère chantre entonna un psaume qui commençait par *Ecce,* et, au lieu de *Ecce,* dit à haute voix ces trois notes : *ut, si, sol ;* elle subit pour cette distraction une coulpe qui dura tout l'office. Ce qui rendait la faute énorme, c'est que le chapitre avait ri.

Lorsqu'une religieuse est appelée au parloir, [fût-ce la prieure, elle baisse son voile de façon, l'on s'en souvient, à ne laisser voir que sa bouche.

La prieure seule peut communiquer avec des étrangers. Les autres ne peuvent voir que leur famille étroite, et très rarement. Si par hasard une personne du dehors se présente pour voir une religieuse qu'elle a connue ou aimée dans le monde, il faut toute une négociation. Si c'est une femme, l'autorisation peut être quelquefois accordée; la religieuse vient et on lui parle à travers les volets, lesquels ne s'ouvrent que pour une mère ou une sœur. Il va sans dire que la permission est toujours refusée aux hommes.

Telle est la règle de saint Benoît, aggravée par Martin Verga.

Ces religieuses ne sont point gaies, roses et fraîches comme le sont souvent les filles des autres ordres. Elles sont pâles et graves. De 1825 à 1830 trois sont devenues folles.

III

Sévérités

On est au moins deux ans postulante, souvent quatre; quatre ans novice. Il est rare que les vœux définitifs puissent être prononcés avant vingt-trois ou vingt-quatre ans. Les bernardines-bénédictines de Martin Verga n'admettent point de veuves dans leur ordre.

Elles se livrent dans leurs cellules à beaucoup de macérations inconnues dont elles ne doivent jamais parler.

Le jour où une novice fait profession, on l'habille de ses plus beaux atours, on la coiffe de roses blanches, on lustre et on boucle ses cheveux, puis elle se prosterne; on étend sur elle un grand voile noir et l'on chante l'office des morts. Alors les religieuses se divisent en deux files, une file passe près d'elle en disant d'un accent plaintif : *notre sœur est morte*, et l'autre file répond d'une voix éclatante : *vivante en Jésus-Christ!*

A l'époque où se passe cette histoire, un pensionnat était joint au couvent. Pensionnat de jeunes filles nobles, la plupart riches[1], parmi lesquelles on remarquait Mlles de Sainte-Aulaire et de Bélissen et une Anglaise portant l'illustre nom catholique de Talbot. Ces jeunes filles, élevées par ces religieuses entre quatre murs, grandissaient dans l'horreur du monde et du siècle. Une d'elles nous disait un jour : *Voir le pavé de la rue me faisait frissonner de la tête aux pieds*. Elles étaient vêtues de bleu avec un bonnet blanc et un Saint-Esprit de vermeil ou de cuivre fixé sur la poitrine[2]. A de certains jours de grande fête, particulièrement à la Sainte-Marthe[3], on leur accordait, comme haute faveur et bonheur suprême, de s'habiller en religieuses et de faire les offices et les pratiques de saint Benoît pendant toute une journée. Dans les premiers temps, les religieuses leur prêtaient leurs vêtements noirs. Cela parut profane, et la prieure le défendit. Ce prêt ne fut permis qu'aux novices. Il est remarquable que ces représentations, tolérées sans doute et encouragées dans le couvent par un secret esprit de prosélytisme, et pour donner à ces enfants quelque avant-goût du saint habit[4], étaient un bonheur réel et une vraie récréation pour les pensionnaires. Elles s'en amusaient tout simplement. *C'était nouveau, cela les changeait.* Candides raisons[5] de l'enfance qui ne réussissent pas d'ailleurs à faire comprendre à nous mondains cette félicité[6] de tenir en main un goupillon et de rester debout des heures entières chantant à quatre devant un lutrin[7].

Les élèves, aux austérités près, se conformaient à toutes les pratiques du couvent. Il est telle jeune femme qui, entrée dans le monde et après plusieurs années de mariage, n'était pas encore parvenue à se déshabituer de dire en toute hâte chaque fois qu'on frappait à sa porte : *à jamais!* Comme les religieuses, les pensionnaires ne voyaient leurs parents qu'au parloir. Leurs mères elles-mêmes n'obtenaient pas de les embrasser. Voici jusqu'où allait la sévérité sur ce point. Un jour une jeune fille fut visitée par sa mère accompagnée d'une petite sœur de trois ans. La jeune fille pleurait, car elle eût bien voulu embrasser sa sœur. Impossible. Elle supplia du moins qu'il fût permis à l'enfant de passer à travers les barreaux sa petite main pour qu'elle pût la baiser. Ceci fut refusé, presque avec scandale.

IV

Gaités

CES jeunes filles n'en ont pas moins rempli cette grave maison de souvenirs charmants.

A de certaines heures, l'enfance étincelait dans ce cloître. La récréation sonnait. Une porte tournait sur ses gonds. Les oiseaux disaient : Bon ! voilà les enfants ! Une irruption de jeunesse inondait ce jardin coupé d'une croix comme un linceul. Des visages radieux, des fronts blancs, des yeux ingénus pleins de gaie lumière, toutes sortes d'aurores, s'éparpillaient dans ces ténèbres. Après les psalmodies, les cloches, les sonneries, les glas, les offices, tout à coup éclatait ce bruit des petites filles, plus doux qu'un bruit d'abeilles. La ruche de la joie s'ouvrait, et chacune apportait son miel. On jouait, on s'appelait, on se groupait, on courait; de jolies petites dents blanches jasaient dans des coins; les voiles, de loin, surveillaient les rires, les ombres guettaient les rayons, mais qu'importe ! on rayonnait et on riait. Ces quatre murs lugubres avaient leur minute d'éblouissement. Ils assistaient, vaguement blanchis du reflet de tant de joie, à ce doux tourbillonnement d'essaims. C'était comme une pluie de roses traversant ce deuil. Les jeunes filles folâtraient sous l'œil des religieuses; le regard de l'impeccabilité ne gêne pas l'innocence. Grâce à ces enfants, parmi tant d'heures austères, il y avait l'heure naïve. Les petites sautaient, les grandes dansaient. Dans ce cloître, le jeu était mêlé de ciel. Rien n'était ravissant et auguste comme toutes ces fraîches âmes épanouies. Homère fût venu rire là avec Perrault, et il y avait, dans ce jardin noir, de la jeunesse, de la santé, du bruit, des cris, de l'étourdissement, du plaisir, du bonheur, à dérider toutes les aïeules, celles de l'épopée comme celles du conte, celles du trône comme celles du chaume, depuis Hécube jusqu'à la Mère-Grand.

Il s'est dit dans cette maison, plus que partout ailleurs peut-être, de ces *mots d'enfants* qui ont toujours tant de grâce et qui font rire d'un rire plein de rêverie. C'est entre ces quatre murs funèbres qu'une enfant de cinq ans s'écria un jour : — *Ma mère! une grande vient de me dire que je n'ai plus que neuf ans et dix mois à rester ici. Quel bonheur!*

C'est là encore qu'eut lieu ce dialogue mémorable :

UNE MÈRE VOCALE. — Pourquoi pleurez-vous, mon enfant?

L'ENFANT *(six ans)*, sanglotant : — J'ai dit à Alix que je savais mon histoire de France. Elle me dit que je ne la sais pas, et je la sais.

ALIX *(la grande, neuf ans)*. — Non. Elle ne la sait pas.

LA MÈRE. — Comment cela, mon enfant?

ALIX. — Elle m'a dit d'ouvrir le livre au hasard et de lui faire une question qu'il y a dans le livre, et qu'elle répondrait.

— Eh bien?

— Elle n'a pas répondu.

— Voyons. Que lui avez-vous demandé?

— J'ai ouvert le livre au hasard comme elle disait, et je lui ai demandé la première demande que j'ai trouvée.

— Et qu'est-ce que c'était que cette demande?

— C'était : *Qu'arriva-t-il ensuite ?*

C'est là qu'a été faite cette observation profonde sur

une perruche un peu gourmande qui appartenait à une dame pensionnaire :

— *Est-elle gentille! elle mange le dessus de sa tartine, comme une personne!*

C'est sur une des dalles de ce cloître qu'a été ramassée cette confession, écrite d'avance, pour ne pas l'oublier, par une pécheresse âgée de sept ans :

« — Mon père, je m'accuse d'avoir été avarice.

« — Mon père, je m'accuse d'avoir été adultère.

« — Mon père, je m'accuse d'avoir élevé mes regards vers les monsieurs. »

C'est sur un des bancs de gazon de ce jardin qu'a été improvisé par une bouche rose de six ans ce conte écouté par des yeux bleus de quatre à cinq ans :

« — Il y avait trois petits coqs qui avaient un pays où il y avait beaucoup de fleurs. Ils ont cueilli les fleurs, et ils les ont mises dans leur poche. Après ça, ils ont cueilli les feuilles, et ils les ont mises dans leurs joujoux. Il y avait un loup dans le pays, et il y avait beaucoup de bois; et le loup était dans le bois; et il a mangé les petits coqs. »

Et encore cet autre poème :

« — Il est arrivé un coup de bâton.

« C'est Polichinelle qui l'a donné au chat.

« Ça ne lui a pas fait de bien, ça lui a fait du mal.

« Alors une dame a mis Polichinelle en prison. »

C'est là qu'a été dit, par une petite abandonnée, enfant trouvé que le couvent élevait par charité, ce mot doux et navrant. Elle entendait les autres parler de leurs mères, et elle murmura dans son coin :

— *Moi, ma mère n'était pas là quand je suis née!*

Il y avait une grosse tourière qu'on voyait toujours se hâter dans les corridors avec son trousseau de clefs et qui se nommait sœur Agathe. Les *grandes grandes*, — au-dessus de dix ans, — l'appelaient *Agathoclès*.

Le réfectoire, grande pièce oblongue et carrée qui ne recevait de jour que par un cloître à archivoltes de plain-pied avec le jardin, était obscur et humide, et comme disent les enfants, — plein de bêtes. Tous les lieux circonvoisins y fournissaient leur contingent d'insectes. Chacun des quatre coins en avait reçu, dans le langage des pensionnaires, un nom particulier et expressif. Il y avait le coin des Araignées, le coin des Chenilles, le coin des Cloportes et le coin des Cricris. Le coin des Cricris était voisin de la cuisine et fort estimé. On y avait moins froid qu'ailleurs. Du réfectoire les noms avaient passé au pensionnat et servaient à y distinguer comme à l'ancien collège Mazarin quatre nations. Toute élève était de l'une de ces quatre nations selon le coin du réfectoire où elle s'asseyait aux heures des repas. Un jour, M. l'archevêque, faisant la visite pastorale, vit entrer dans la classe où il passait une jolie petite fille toute vermeille avec d'admirables cheveux blonds, il demanda à une autre pensionnaire, charmante brune aux joues fraîches qui était près de lui :

— Qu'est-ce que c'est que celle-ci ?
— C'est une araignée, monseigneur.
— Bah ! et cette autre ?
— C'est un cricri.
— Et celle-là ?
— C'est une chenille.
— En vérité, et vous-même ?
— Je suis un cloporte, monseigneur.

Chaque maison de ce genre a ses particularités. Au commencement de ce siècle, Écouen était un de ces lieux gracieux et sévères où grandit, dans une ombre presque auguste, l'enfance des jeunes filles. A Écouen, pour prendre rang dans la procession du Saint-Sacrement, on distinguait entre les vierges et les fleuristes. Il y avait aussi « les dais » et « les encensoirs », les unes portant les cordons du dais, les autres encensant le Saint-Sacrement. Les fleurs revenaient de droit aux fleuristes. Quatre « vierges » marchaient en avant. Le matin de ce grand jour, il n'était pas rare d'entendre demander dans le dortoir :

— Qui est-ce qui est vierge ?

Mme Campan citait ce mot d'une « petite » de sept ans à une « grande » de seize, qui prenait la tête de la procession pendant qu'elle, la petite, restait à la queue : — Tu es vierge, toi ; moi, je ne le suis pas.

V

DISTRACTIONS

A<small>U-DESSUS</small> de la porte du réfectoire était écrite en grosses lettres noires cette prière qu'on appelait *la Patenôtre blanche*, et qui avait pour vertu de mener les gens droit en paradis :

« Petite patenôtre blanche, que Dieu fit, que Dieu dit, que Dieu mit en paradis. Au soir, m'allant coucher, je trouvis (*sic*) trois anges à mon lit couchis, un aux pieds, deux aux chevet, la bonne vierge Marie au milieu, qui me dit que je m'y couchis, que rien ne doutis. Le bon Dieu est mon père, la bonne Vierge est ma mère, les trois apôtres sont mes frères, les trois vierges sont mes sœurs. La chemise où Dieu fut né, mon corps en est enveloppé; la croix Sainte-Marguerite à ma poitrine est écrite; Mme la Vierge s'en va sur les champs, Dieu pleurant, rencontrit M. saint Jean. Monsieur saint Jean, d'où venez-vous? Je viens d'*Ave Salus*. Vous n'avez pas vu le bon Dieu, si est? Il est dans l'arbre de la croix, les pieds pendants, les mains clouants, un petit chapeau d'épine blanche sur la tête. Qui la dira trois fois au soir, trois fois au matin, gagnera le paradis à la fin. »

En 1827, cette oraison caractéristique avait disparu du mur sous une triple couche de badigeon. Elle achève à cette heure de s'effacer dans la mémoire de quelques jeunes filles d'alors, vieilles femmes aujourd'hui.

Un grand crucifix accroché au mur complétait la décoration de ce réfectoire, dont la porte unique, nous croyons l'avoir dit, s'ouvrait sur le jardin. Deux tables étroites, côtoyées chacune de deux bancs de bois, faisaient deux longues lignes parallèles d'un bout à l'autre du réfectoire. Les murs étaient blancs, les tables étaient noires; ces deux couleurs du deuil sont le seul rechange des couvents. Les repas étaient revêches et la nourriture des enfants eux-mêmes sévère. Un seul plat, viande et légumes mêlés, ou poisson salé, tel était le luxe. Ce bref ordinaire, réservé aux pensionnaires seules, était pourtant une exception. Les enfants mangeaient et se taisaient sous le guet de la mère semainière qui, de temps en temps, si une mouche s'avisait de voler et de bourdonner contre la règle, ouvrait et fermait bruyamment un livre de bois. Ce silence était assaisonné de la vie des saints, lue à haute voix dans une petite chaire avec pupitre située au pied du crucifix. La lectrice était une grande élève, de semaine. Il y avait de distance en distance sur la table nue des terrines vernies où les élèves lavaient elles-mêmes leur timbale et leur couvert, et quelquefois jetaient quelque morceau de rebut, viande dure ou poisson gâté; ceci était puni. On appelait ces terrines *ronds d'eau*.

L'enfant qui rompait le silence faisait une « croix de langue ». Où ? à terre. Elle léchait le pavé. La poussière, cette fin de toutes les joies, était chargée de châtier ces pauvres petites feuilles de rose, coupables de gazouillement.

Il y avait dans le couvent un livre qui n'a jamais été imprimé qu'à *exemplaire unique*, et qu'il est défendu de lire. C'est la règle de saint Benoît. Arcane où nul œil profane ne doit pénétrer. *Nemo regulas, seu constitutiones nostras, externis communicabit*[1].

Les pensionnaires parvinrent un jour à dérober ce livre, et se mirent à le lire avidement, lecture souvent interrompue par des terreurs d'être surprises qui leur faisaient refermer le volume précipitamment. Elles ne tirèrent de ce grand danger couru qu'un plaisir médiocre. Quelques pages inintelligibles sur les péchés des jeunes garçons, voilà ce qu'elles eurent de « plus intéressant ».

Elles jouaient dans une allée du jardin, bordée de quelques maigres arbres fruitiers. Malgré l'extrême surveillance et la sévérité des punitions, quand le vent avait secoué les arbres, elles réussissaient quelquefois à ramasser furtivement une pomme verte, ou un abricot gâté, ou une poire habitée. Maintenant je laisse parler une lettre que j'ai sous les yeux, lettre écrite il y a vingt-cinq ans par une ancienne pensionnaire, aujourd'hui Mme la duchesse de —, une des plus élégantes femmes de Paris. Je cite textuellement : « On cache sa poire ou sa pomme comme on peut. Lorsqu'on monte mettre le voile sur le lit en attendant le souper, on les fourre sous son oreiller et le soir on les mange dans son lit, et lorsqu'on ne peut pas, on les mange dans les commodités. » C'était là une de leurs voluptés les plus vives[2].

Une fois, c'était encore à l'époque d'une visite de M. l'archevêque au couvent, une des jeunes filles, Mlle Bouchard, qui était un peu Montmorency, gagea[3] qu'elle lui demanderait un jour de congé, énormité dans une communauté si austère. La gageure fut acceptée, mais aucune de celles qui tenaient le pari n'y croyait. Au moment venu, comme l'archevêque passait devant les pensionnaires, Mlle Bouchard, à l'indescriptible épouvante de ses compagnes, sortit des rangs, et dit : « Monseigneur, un jour de congé. » Mlle Bouchard était fraîche et grande, avec la plus jolie petite mine rose du monde.

M. de Quélen[4] sourit et dit : *Comment donc, ma chère enfant, un jour de congé ! Trois jours, s'il vous plaît. J'accorde trois jours.* La prieure n'y pouvait rien, l'archevêque avait parlé. Scandale pour le couvent, mais joie pour le pensionnat. Qu'on juge de l'effet.

Ce cloître bourru n'était pourtant pas si bien muré que la vie des passions du dehors, que le drame, que le roman même, n'y pénétrassent. Pour le prouver, nous nous bornerons à constater ici et à indiquer brièvement un fait réel et incontestable, qui d'ailleurs n'a en lui-même aucun rapport et ne tient par aucun fil à l'histoire que nous racontons. Nous mentionnons ce fait pour compléter dans l'esprit du lecteur la physionomie du couvent[5].

Vers cette époque donc, il y avait dans le couvent une personne mystérieuse qui n'était pas religieuse, qu'on traitait[6] avec grand respect, et qu'on nommait *Mme Albertine*. On ne savait rien d'elle sinon qu'elle était folle, et que dans le monde elle passait pour morte. Il y avait sous cette histoire, disait-on, des arrangements de fortune nécessaires pour un grand mariage.

Cette femme, de trente ans à peine, brune, assez belle, regardait vaguement avec de grands yeux noirs. Voyait-elle ? On en doutait. Elle glissait plutôt qu'elle ne marchait ; elle ne parlait jamais ; on n'était pas bien sûr qu'elle respirât. Ses narines étaient pincées et livides comme après le dernier soupir. Toucher sa main, c'était toucher de la neige. Elle avait une étrange grâce spectrale. Là où elle entrait, on avait froid. Un jour une sœur, la voyant passer, dit à une autre : Elle passe pour morte. — Elle l'est peut-être, répondit l'autre[7].

On faisait sur Mme Albertine[8] cent récits. C'était l'éternelle curiosité des pensionnaires. Il y avait dans la chapelle une tribune qu'on appelait *l'Œil-de-Bœuf*. C'est de cette tribune qui n'avait qu'une baie circulaire, un *œil-de-bœuf*, que Mme Albertine assistait aux offices. Elle y était habituellement seule, parce que de cette tribune, placée au premier étage, on pouvait voir le prédicateur ou l'officiant ; ce qui était interdit aux religieuses. Un jour la chaire était occupée par un jeune prêtre de haut rang, M. le duc de Rohan, pair de France, officier[9] des mousquetaires rouges en 1815 lorsqu'il était prince de Léon, mort après 1830 cardinal et archevêque de Besançon. C'était la première fois que M. de Rohan prêchait au couvent du Petit-

Picpus. Mme Albertine assistait ordinairement aux sermons et aux offices dans un calme profond et dans une immobilité complète. Ce jour-là, dès qu'elle aperçut M. de Rohan, elle se dressa à demi, et dit à haute voix dans le silence de la chapelle : *Tiens! Auguste!* Toute la communauté stupéfaite tourna la tête, le prédicateur leva les yeux, mais Mme Albertine était retombée dans son immobilité. Un souffle du monde extérieur, une lueur de vie avait passé un moment sur cette figure éteinte et glacée, puis tout s'était évanoui, et la folle était redevenue cadavre[10].

Ces deux mots cependant firent jaser tout ce qui pouvait parler dans le couvent. Que de choses dans ce *tiens! Auguste!* que de révélations! M. de Rohan s'appelait en effet Auguste. Il était évident que Mme Albertine sortait du plus grand monde, puisqu'elle connaissait M. de Rohan, qu'elle y était elle-même haut placée, puisqu'elle parlait d'un si grand seigneur si familièrement, et qu'elle avait avec lui une relation, de parenté peut-être, mais à coup sûr bien étroite, puisqu'elle savait son « petit nom ».

Deux duchesses très sévères, Mmes de Choiseul et de Sérent, visitaient souvent la communauté, où elles pénétraient sans doute en vertu du privilège *Magnates mulieres*[11], et faisaient grand'peur au pensionnat. Quand les deux vieilles dames passaient, toutes les pauvres jeunes filles tremblaient et baissaient les yeux.

M. de Rohan était du reste, à son insu, l'objet de l'attention des pensionnaires. Il venait à cette époque d'être fait, en attendant l'épiscopat, grand vicaire de l'archevêque de Paris. C'était une de ses habitudes de venir assez souvent chanter aux offices de la chapelle des religieuses du Petit-Picpus[12]. Aucune des jeunes recluses ne pouvait l'apercevoir, à cause du rideau de serge, mais il avait une voix douce et un peu grêle qu'elles étaient parvenues à reconnaître et à distinguer. Il avait été mousquetaire; et puis on le disait fort coquet, fort bien coiffé avec de beaux cheveux châtains arrangés en rouleau autour de la tête[13], et qu'il avait une large ceinture noire magnifique, et que sa soutane noire était coupée le plus élégamment du monde. Il occupait[14] fort toutes ces imaginations de seize ans.

Aucun bruit du dehors ne pénétrait dans le couvent. Cependant il y eut une année où le son d'une flûte y parvint. Ce fut un événement, et les pensionnaires d'alors s'en souviennent encore.

C'était une flûte dont quelqu'un jouait dans le voisinage. Cette flûte jouait toujours le même air, un air aujourd'hui bien lointain : *Ma Zétulbé, viens régner sur mon âme*, et on l'entendait deux ou trois fois dans la journée.

Les jeunes filles passaient des heures à écouter, les mères vocales étaient bouleversées, les cervelles travaillaient, les punitions pleuvaient. Cela dura plusieurs mois. Les pensionnaires étaient toutes plus ou moins amoureuses du musicien inconnu. Chacune se rêvait Zétulbé. Le bruit de flûte venait du côté de la rue Droit-Mur; elles auraient tout donné, tout compromis, tout tenté, pour voir, ne fût-ce qu'une seconde, pour entrevoir, pour apercevoir, le « jeune homme » qui jouait si délicieusement de cette flûte et qui, sans s'en douter, jouait en même temps de toutes ces âmes. Il y en eut qui s'échappèrent par une porte de service et qui montèrent au troisième sur la rue Droit-Mur, afin d'essayer de voir par les jours de souffrance. Impossible. Une alla jusqu'à passer son bras au-dessus de sa tête par la grille et agita son mouchoir blanc. Deux furent plus hardies encore. Elles trouvèrent moyen de grimper jusque sur un toit et s'y risquèrent et réussirent enfin à voir « le jeune homme ». C'était un vieux gentilhomme émigré, aveugle et ruiné, qui jouait de la flûte dans son grenier pour se désennuyer.

VI

Le petit couvent

Il y avait dans cette enceinte du Petit-Picpus[1] trois bâtiments parfaitement distincts, le grand couvent qu'habitaient les religieuses, le pensionnat où logeaient les élèves, et enfin ce qu'on appelait *le petit couvent*. C'était un corps de logis avec jardin où demeuraient en commun toutes sortes de vieilles religieuses de divers ordres, restes des cloîtres détruits par la Révolution; une réunion de toutes les bigarrures noires, grises et blanches, de toutes les communautés et de toutes les variétés possibles; ce qu'on pourrait appeler, si un pareil accouplement de mots était permis[2], une sorte de couvent-arlequin.

Dès l'Empire, il avait été permis à toutes ces pauvres

filles dispersées et dépaysées de venir s'abriter là sous les ailes des bénédictines-bernardines[3]. Le gouvernement leur payait une petite pension ; les dames du Petit-Picpus[4] les avaient reçues avec empressement. C'était un pêle-mêle bizarre. Chacune suivait sa règle. On permettait quelquefois aux élèves pensionnaires[5], comme grande récréation, de leur rendre visite[6], ce qui fait que ces jeunes mémoires ont gardé entre autres le souvenir de la mère Saint-Basile, de la mère Sainte-Scolastique et de la mère Jacob.

Une de ces réfugiées se retrouvait presque chez elle. C'était une religieuse de Sainte-Aure, la seule de son ordre qui eût survécu. L'ancien couvent des dames de Sainte-Aure[7] occupait dès le commencement du dix-huitième siècle précisément cette même maison du Petit-Picpus qui appartint plus tard aux bénédictines de Martin Verga. Cette sainte fille, trop pauvre pour porter le magnifique habit de son ordre, qui était une robe blanche avec le scapulaire écarlate, en avait revêtu pieusement un petit mannequin qu'elle montrait avec complaisance et qu'à sa mort elle a légué à la maison. En 1824, il ne restait de cet ordre qu'une religieuse ; aujourd'hui il n'en reste qu'une poupée.

Outre ces dignes mères, quelques vieilles femmes du monde avaient obtenu de la prieure, comme Mme Albertine, la permission de se retirer dans le petit couvent. De ce nombre étaient Mme de Beaufort d'Hautpoul et Mme la marquise Dufresne. Une autre n'a jamais été connue dans le couvent que par le bruit formidable qu'elle faisait en se mouchant. Les élèves l'appelaient Mme Vacarmini.

Vers 1820 ou 1821, Mme de Genlis, qui rédigeait à cette époque un petit recueil périodique intitulé l'*Intrépide*[8], demanda à entrer dame en chambre au couvent du Petit-Picpus. M. le duc d'Orléans la recommandait. Rumeur dans la ruche ; les mères vocales étaient toutes tremblantes ; Mme de Genlis avait fait des romans. Mais elle déclara qu'elle était la première à les détester, et puis elle était arrivée à sa phase de dévotion farouche. Dieu aidant, et le prince aussi, elle entra. Elle s'en alla au bout de six ou huit mois, donnant pour raison que le jardin n'avait pas d'ombre. Les religieuses en furent ravies. Quoique très vieille, elle jouait encore de la harpe, et fort bien.

En s'en allant, elle laissa sa marque à sa cellule. Mme de Genlis était superstitieuse et latiniste. Ces deux mots donnent d'elle un assez bon profil. On voyait encore, il y a quelques années, collés dans l'intérieur d'une petite armoire de sa cellule où elle serrait son argent et ses bijoux, ces cinq vers latins écrits de sa main à l'encre rouge sur papier jaune, et qui, dans son opinion, avaient la vertu d'effaroucher les voleurs :

> *Imparibus meritis pendent tria corpora ramis :*
> *Dismas et Gesmas, media est divina potestas ;*
> *Alta petit Dismas, infelix, infima, Gesmas.*
> *Nos et res nostras conservet summa potestas.*
> *Hos versus dicas, ne tu furto tua perdas* [9].

Ces vers, en latin du sixième siècle, soulèvent la question de savoir si les deux larrons du calvaire s'appelaient, comme on le croit communément, Dimas et Gestas, ou Dismas et Gesmas. Cette orthographe eût pu contrarier les prétentions qu'avait, au siècle dernier, le vicomte de Gestas à descendre du mauvais larron. Du reste, la vertu utile attachée à ces vers fait article de foi dans l'ordre des hospitalières.

L'église de la maison, construite de manière à séparer, comme une véritable coupure, le grand couvent du pensionnat, était, bien entendu, commune au pensionnat, au grand couvent et au petit couvent. On y admettait même le public par une sorte d'entrée de lazaret ménagée sur la rue. Mais tout était disposé de façon qu'aucune des habitantes du cloître ne pût voir un visage du dehors. Supposez une église dont le chœur serait saisi par une main gigantesque, et plié de manière à former, non plus, comme dans les églises ordinaires, un prolongement derrière l'autel, mais une sorte de salle ou de caverne obscure à la droite de l'officiant ; supposez cette salle fermée par le rideau de sept pieds de haut dont nous avons déjà parlé ; entassez dans l'ombre de ce rideau, sur des stalles de bois, les religieuses de chœur à gauche, les pensionnaires à droite, les converses et les novices au fond, et vous aurez quelque idée des religieuses du Petit-Picpus, assistant au service divin. Cette caverne, qu'on appelait le chœur, communiquait avec le cloître par un couloir. L'église prenait jour sur le jardin. Quand les religieuses assistaient à des offices où leur règle leur commandait le silence, le public n'était averti de leur présence que par le choc des miséricordes des stalles se levant ou s'abaissant avec bruit.

VII

QUELQUES SILHOUETTES DE CETTE OMBRE

Pendant les six années qui séparent 1819 de 1825, la prieure du Petit-Picpus était Mlle de Blemeur qui en religion s'appelait mère Innocente. Elle était de la famille de la Marguerite de Blemeur, auteur de *la Vie des saints de l'ordre de Saint Benoît*. Elle avait été réélue. C'était une femme d'une soixantaine d'années, courte, grosse, « chantant comme un pot fêlé », dit la lettre que nous avons déjà citée ; du reste excellente, la seule gaie dans tout le couvent, et pour cela adorée.

Mère Innocente tenait de son ascendante Marguerite, la Dacier de l'Ordre. Elle était lettrée, érudite, savante, compétente, curieusement historienne, farcie de latin, bourrée de grec, pleine d'hébreu, et plutôt bénédictin que bénédictine.

La sous-prieure était une vieille religieuse espagnole presque aveugle, la mère Cineres.

Les plus comptées parmi les *vocales* étaient la mère Sainte-Honorine, trésorière, la mère Sainte-Gertrude, première maîtresse des novices, la mère Saint-Ange, deuxième maîtresse, la mère Annonciation, sacristaine, la mère Saint-Augustin, infirmière, la seule dans tout le couvent qui fût méchante ; puis mère Sainte-Mechtilde (Mlle Gauvain), toute jeune, ayant une admirable voix ; mère des Anges (Mlle Drouet), qui avait été au couvent des Filles-Dieu et au couvent du Trésor entre Gisors et Magny ; mère Saint-Joseph (Mlle de Cogolludo) ; mère Sainte-Adélaïde (Mlle d'Auverney) ; mère Miséricorde (Mlle de Cifuentes, qui ne put résister aux austérités) ; mère Compassion (Mlle de la Miltière, reçue à soixante ans malgré la règle, très riche) ; mère Providence (Mlle de Laudinière) ; mère Présentation (Mlle de Siguenza), qui fut prieure en 1847 ; enfin, mère Sainte-Céligne (la sœur du sculpteur Ceracchi), devenue folle ; mère Sainte-Chantal (Mlle de Suzon), devenue folle.

Il y avait encore parmi les plus jolies une charmante fille de vingt-trois ans, qui était de l'île Bourbon et descendante du chevalier Roze[1], qui se fût appelée dans le monde Mlle Roze et qui là s'appelait mère Assomption.

La mère Sainte-Mechtilde, chargée du chant et du chœur, y employait volontiers les pensionnaires. Elle en prenait ordinairement une gamme complète, c'est-à-dire sept, de dix ans à seize inclusivement, voix et tailles assorties, qu'elle faisait chanter debout, alignées côte à côte par rang d'âge de la plus petite à la plus grande. Cela offrait aux regards quelque chose comme un pipeau de jeunes filles, une sorte de flûte de Pan vivante faite avec des anges.

Celles des sœurs converses que les pensionnaires aimaient le mieux, c'étaient la sœur Sainte-Euphrasie, la sœur Sainte-Marguerite, le sœur Sainte-Marthe, qui était en enfance, et la sœur Saint-Michel, dont le long nez les faisait rire.

Toutes ces femmes étaient douces pour tous ces enfants. Les religieuses n'étaient sévères que pour elles-mêmes. On ne faisait de feu qu'au pensionnat, et la nourriture, comparée à celle du couvent, y était recherchée. Avec cela mille soins. Seulement, quand un enfant passait près d'une religieuse et lui parlait, la religieuse ne répondait jamais.

Cette règle du silence avait engendré ceci que, dans tout le couvent, la parole était retirée aux créatures humaines et donnée aux objets inanimés. Tantôt c'était la cloche de l'église qui parlait, tantôt le grelot du jardinier. Un timbre très sonore, placé à côté de la tourière et qu'on entendait de toute la maison, indiquait par des sonneries variées, qui étaient une façon de télégraphe acoustique, toutes les actions de la vie matérielle à accomplir, et appelait au parloir, si besoin était, telle ou telle habitante de la maison. Chaque personne et chaque chose avait sa sonnerie. La prieure avait un et un; la sous-prieure un et deux. Six-cinq annonçait la classe, de telle sorte que les élèves ne disaient jamais rentrer en classe, mais aller à six-cinq. Quatre-quatre était le timbre de Mme de Genlis. On l'entendait très souvent. *C'est le diable à quatre*, disaient celles qui n'étaient point charitables. Dix-neuf coups annonçaient un grand événement. C'était l'ouverture de la *porte de clôture*, effroyable planche de fer hérissée de verrous qui ne tournait sur ses gonds que devant l'archevêque.

Lui et le jardinier exceptés, nous l'avons dit, aucun homme n'entrait dans le couvent. Les pensionnaires en voyaient deux autres ; l'un, l'aumônier, l'abbé Banès, vieux et laid, qu'il leur était donné de contempler au chœur à travers une grille ; l'autre, le maître de dessin, M. Ansiaux, que la lettre dont on a déjà lu quelques lignes appelle *M. Anciot*, et qualifie *vieux affreux bossu*.

On voit que tous les hommes étaient choisis.

Telle était cette curieuse maison.

VIII

POST CORDA LAPIDES[1]

Après en avoir esquissé la figure morale, il n'est pas inutile d'en indiquer en quelques mots la configuration matérielle. Le lecteur en a déjà quelque idée.

Le couvent du Petit-Picpus-Saint-Antoine emplissait presque entièrement le vaste trapèze qui résultait des intersections de la rue Polonceau, de la rue Droit-Mur, de la petite rue Picpus et de la ruelle condamnée nommée dans les vieux plans rue Aumarais. Ces quatre rues entouraient ce trapèze comme ferait un fossé. Le couvent se composait de plusieurs bâtiments et d'un jardin. Le bâtiment principal, pris dans son entier, était une juxtaposition de constructions hybrides qui, vues à vol d'oiseau, dessinaient assez exactement une potence posée sur le sol. Le grand bras de la potence occupait tout le tronçon de la rue Droit-Mur compris entre la petite rue Picpus et la rue Polonceau ; le petit bras était une haute, grise et sévère façade grillée qui regardait la petite rue Picpus ; la porte cochère nº 62 en marquait l'extrémité. Vers le milieu de cette façade, la poussière et la cendre blanchissaient une vieille porte basse cintrée où les araignées faisaient leur toile et qui ne s'ouvrait qu'une heure ou deux le dimanche et aux rares occasions où le cercueil d'une religieuse sortait du couvent. C'était l'entrée publique de l'église. Le coude de la potence était une salle carrée qui servait d'office et que les religieuses nommaient *la dépense*. Dans le grand bras étaient les cellules des mères et des sœurs et le noviciat. Dans le petit bras les cuisines, le réfectoire, doublé du cloître, et l'église. Entre la porte nº 62 et le coin de la ruelle fermée Aumarais était le pensionnat, qu'on ne voyait pas du dehors. Le reste du trapèze formait le jardin qui était beaucoup plus bas que le niveau de la rue Polonceau; ce qui faisait les murailles bien plus élevées encore au dedans qu'à l'extérieur. Le jardin, légèrement bombé, avait à son milieu, au sommet d'une butte, un beau sapin aigu et conique duquel partaient, comme du rond-point à pique d'un bouclier, quatre grandes allées, et, disposées deux par deux dans les embranchements des grandes, huit petites, de façon que, si l'enclos eût été circulaire, le plan géométral des allées eût ressemblé à une croix posée sur une roue. Les allées venant toutes aboutir aux murs très irréguliers du jardin, étaient de longueurs inégales. Elles étaient bordées de groseilliers. Au fond une allée de grands peupliers allait des ruines du vieux couvent, qui était à l'angle de la rue Droit-Mur, à la maison du petit couvent, qui était à l'angle de la ruelle Aumarais. En avant du petit couvent, il y avait ce qu'on intitulait le petit jardin. Qu'on ajoute à cet ensemble une cour, toutes sortes d'angles variés que faisaient les corps de logis intérieurs, des murailles de prison, pour toute perspective et pour tout voisinage la longue ligne noire de toits qui bordait l'autre côté de la rue Polonceau, et l'on pourra se faire une image complète de ce qu'était, il y a quarante-cinq ans, la maison des bernardines du Petit-Picpus. Cette sainte maison avait été bâtie précisément sur l'emplacement d'un jeu de paume fameux du quatorzième au seizième siècle qu'on appelait le *tripot des onze mille diables*.

Toutes ces rues du reste étaient des plus anciennes de Paris. Ces noms, Droit-Mur et Aumarais, sont bien vieux; les rues qui les portent sont beaucoup plus vieilles encore. La ruelle Aumarais s'est appelée la ruelle Maugout; la rue Droit-Mur s'est appelée la rue des Églantiers[2], car Dieu ouvrait les fleurs avant que l'homme taillât les pierres.

IX

Un siècle sous une guimpe

Puisque nous sommes en train de détails sur ce qu'était autrefois le couvent du Petit-Picpus et que nous avons osé ouvrir une fenêtre sur ce discret asile, que le lecteur nous permette encore une petite digression, étrangère au fond de ce livre, mais caractéristique et utile en ce qu'elle fait comprendre que le cloître lui-même a ses figures originales.

Il y avait dans le petit couvent une centenaire qui venait de l'abbaye de Fontevrault. Avant la Révolution elle avait même été du monde. Elle parlait beaucoup de M. de Miromesnil, garde des sceaux sous Louis XVI, et d'une présidente Duplat qu'elle avait beaucoup connue. C'était son plaisir et sa vanité de ramener ces deux noms à tout propos. Elle disait merveilles de l'abbaye de Fontevrault[1], que c'était comme une ville, et qu'il y avait des rues dans le monastère.

Elle parlait avec un parler picard qui égayait les pensionnaires. Tous les ans, elle renouvelait solennellement ses vœux, et, au moment de faire serment, elle disait au prêtre : Monseigneur saint François l'a baillé à monseigneur saint Julien, monseigneur saint Julien l'a baillé à monseigneur saint Eusèbe, monseigneur saint Eusèbe l'a baillé à monseigneur saint Procope, etc., etc. ; ainsi je vous la baille, mon père. — Et les pensionnaires de rire, non sous cape, mais sous voile ; charmants petits rires étouffés qui faisaient froncer le sourcil aux mères vocales.

Une autre fois, la centenaire racontait des histoires. Elle disait que *dans sa jeunesse les bernardins ne le cédaient pas aux mousquetaires*. C'était un siècle qui parlait, mais c'était le dix-huitième siècle. Elle contait la coutume champenoise et bourguignonne des quatre vins. Avant la Révolution, quand un grand personnage, un maréchal de France, un prince, un duc et pair, traversait une ville de Bourgogne ou de Champagne, le corps de ville venait le haranguer et lui présentait quatre gondoles d'argent dans lesquelles on avait versé de quatre vins différents. Sur le premier gobelet on lisait cette inscription : *vin de singe*, sur le deuxième : *vin de lion*, sur le troisième : *vin de mouton*, sur le quatrième : *vin de cochon*. Ces quatre légendes exprimaient les quatre degrés que descend l'ivrogne : la première ivresse, celle qui égaye ; la deuxième, celle qui irrite ; la troisième, celle qui hébète ; la dernière enfin, celle qui abrutit.

Elle avait dans une armoire, sous clef, un objet mystérieux auquel elle tenait fort. La règle de Fontevrault ne le lui défendait pas. Elle ne voulait montrer cet objet à personne. Elle s'enfermait, ce que sa règle lui permettait, et se cachait chaque fois qu'elle voulait le contempler. Si elle entendait marcher dans le corridor, elle refermait l'armoire aussi précipitamment qu'elle le pouvait avec ses vieilles mains. Dès qu'on lui parlait de cela, elle se taisait, elle qui parlait si volontiers. Les plus curieuses échouèrent devant son silence et les plus tenaces devant son obstination. C'était aussi là un sujet de commentaires pour tout ce qui était désœuvré ou ennuyé dans le couvent. Que pouvait donc être cette chose si précieuse et si secrète qui était le trésor de la centenaire? Sans doute quelque saint livre? quelque chapelet unique? quelque relique prouvée? On se perdait en conjectures. A la mort de la pauvre vieille, on courut à l'armoire plus vite peut-être qu'il n'eût convenu, et on l'ouvrit. On trouva l'objet sous un triple linge comme une patène bénite. C'était un plat de Faenza représentant des amours qui s'envolent poursuivis par des garçons apothicaires armés d'énormes seringues. La poursuite abonde en grimaces et en postures comiques. Un des charmants petits amours est déjà tout embroché. Il se débat, agite ses petites ailes et essaye encore de voler, mais le matassin rit d'un rire satanique. Moralité : l'amour vaincu par la colique. Ce plat, fort curieux d'ailleurs, et qui a peut-être eu l'honneur de donner une idée à Molière, existait encore en septembre 1845; il était à vendre chez un marchand de bric-à-brac du boulevard Beaumarchais.

Cette bonne vieille ne voulait recevoir aucune visite du dehors, *à cause*, disait-elle, *que le parloir est trop triste*.

X

ORIGINE DE L'ADORATION PERPÉTUELLE

Du reste, ce parloir presque sépulcral dont nous avons essayé de donner idée est un fait[1] tout local qui ne se reproduit pas avec la même sévérité dans d'autres couvents. Au couvent de la rue du Temple en particulier qui, à la vérité, était d'un autre ordre[2], les volets noirs étaient remplacés par des rideaux bruns, et le parloir lui-même était un salon parqueté dont les fenêtres s'encadraient de bonnes-grâces en mousseline blanche et dont les murailles admettaient toutes sortes de cadres, un portrait d'une bénédictine à visage découvert, des bouquets en peinture, et jusqu'à une tête de Turc.

C'est dans le jardin du couvent de la rue du Temple que se trouvait ce marronnier d'Inde qui passait pour le plus beau et le plus grand de France et qui avait parmi le bon peuple du dix-huitième siècle la renommée d'être *le père de tous les marronniers du royaume*.

Nous l'avons dit, ce couvent du Temple était occupé par des bénédictines de l'Adoration Perpétuelle, bénédictines tout autres que celles qui relevaient de Cîteaux[3]. Cet ordre de l'Adoration Perpétuelle n'est pas très ancien et ne remonte pas à plus de deux cents ans. En 1649, le Saint-Sacrement fut profané deux fois, à quelques jours de distance, dans deux églises de Paris, à Saint-Sulpice et à Saint-Jean en Grève, sacrilège effrayant et rare qui émut toute la ville. M. le prieur-grand vicaire de Saint-Germain-des-Prés ordonna une procession solennelle de tout son clergé où officia le nonce du pape. Mais l'expiation ne suffit pas à deux dignes femmes, Mme Courtin, marquise de Boucs, et la comtesse de Châteauvieux. Cet outrage, fait au « très auguste sacrement de l'autel », quoique passager, ne sortait pas de ces deux saintes âmes, et leur parut ne pouvoir être réparé que par une « Adoration Perpétuelle » dans quelque monastère de filles. Toutes deux, l'une en 1652, l'autre en 1653, firent donation de sommes notables à la mère Catherine de Bar, dite du Saint-Sacrement, religieuse bénédictine, pour fonder, dans ce but pieux, un monastère de l'ordre de saint-Benoît; la première permission pour cette fondation fut donnée à la mère Catherine de Bar par M. de Metz, abbé de Saint-Germain, « à la charge qu'aucune fille ne pourrait être reçue qu'elle n'apportât trois cents livres de pension, qui font six mille livres au principal ». Après l'abbé de Saint-Germain, le roi accorda des lettres patentes, et le tout, charte abbatiale et lettres royales, fut homologué en 1654 à la Chambre des comptes et au Parlement.

Telle est l'origine et la consécration légale de l'établissement des bénédictines de l'Adoration Perpétuelle du Saint-Sacrement à Paris. Leur premier couvent fut « bâti à neuf », rue Cassette, des deniers de Mmes de Boucs et de Châteauvieux.

Cet[4] ordre, comme on voit, ne se confondait point avec les bénédictines dites de Cîteaux. Il relevait de l'abbé de Saint-Germain-des-Prés, de la même manière que les dames du Sacré-Cœur relèvent du général des jésuites et les sœurs de charité du général des lazaristes.

Il était également tout à fait différent des bernardines du Petit-Picpus, dont nous venons de montrer l'intérieur. En 1657, le pape Alexandre VII avait autorisé, par bref spécial, les bernardines du Petit-Picpus à pratiquer l'Adoration Perpétuelle comme les bénédictines du Saint-Sacrement. Mais les deux ordres n'en étaient pas moins restés distincts.

XI

Fin du Petit-Picpus

Dès le commencement de la Restauration, le couvent du Petit-Picpus dépérissait, ce qui fait partie de la mort générale de l'ordre, lequel, après le dix-huitième siècle, s'en va comme tous les ordres religieux. La contemplation est, ainsi que la prière, un besoin de l'humanité; mais, comme tout ce que la Révolution a touché, elle se transformera, et, d'hostile au progrès social, lui deviendra favorable[1].

La maison du Petit-Picpus[2] se dépeuplait rapidement. En 1840[3], le petit couvent avait disparu, le pensionnat avait disparu. Il n'y avait plus ni les vieilles femmes, ni les jeunes filles; les unes étaient mortes, les autres s'en étaient allées. *Volaverunt.*

La règle de l'Adoration Perpétuelle est d'une telle rigidité qu'elle épouvante; les vocations reculent, l'ordre ne se recrute pas. En 1845[4], il se faisait encore çà et là quelques sœurs converses; mais de religieuses de chœur, point. Il y a quarante ans[5], les religieuses étaient près de cent; il y a quinze ans, elles n'étaient plus que vingt-huit. Combien sont-elles aujourd'hui[6]? En 1847, la prieure était jeune[7], signe que le cercle du choix se restreint. Elle n'avait pas[8] quarante ans. A mesure que le nombre diminue, la fatigue augmente[9], le service de chacune devient plus pénible; on voyait dès lors approcher le moment où elles ne seraient plus qu'une douzaine[10] d'épaules douloureuses et courbées pour porter la lourde règle de saint Benoît. Le fardeau est implacable et reste le même à peu comme à beaucoup. Il pesait, il écrase. Aussi elles meurent. Du temps que l'auteur de ce livre habitait encore Paris[11], deux sont mortes. L'une avait vingt-cinq ans, l'autre vingt-trois. Celle-ci peut dire comme Julia Alpinula : *Hic jaceo, vixi annos viginti et tres*[12]. C'est à cause de cette décadence que le couvent a renoncé à l'éducation des filles[13].

Nous n'avons pu passer devant cette maison extraordinaire, inconnue, obscure, sans y entrer et sans y faire entrer les esprits qui nous accompagnent et qui nous écoutent raconter, pour l'utilité de quelques-uns peut-être[14], l'histoire mélancolique de Jean Valjean. Nous avons jeté un coup d'œil dans cette communauté toute pleine de ces vieilles pratiques qui semblent si nouvelles aujourd'hui. C'est le jardin fermé. *Hortus conclusus*. Nous avons parlé[15] de ce lieu singulier avec détail, mais avec respect, autant du moins[16] que le respect et le détail sont conciliables. Nous ne comprenons pas tout, mais nous n'insultons rien. Nous sommes à égale distance de l'hosanna de Joseph de Maistre qui aboutit à sacrer le bourreau et du ricanement de Voltaire qui va jusqu'à railler le crucifix[17].

Illogisme de Voltaire, soit dit en passant ; car Voltaire eût défendu Jésus comme il défendait Calas ; et, pour ceux-là mêmes qui nient les incarnations surhumaines, que représente le crucifix ? Le sage assassiné.

Au dix-neuvième siècle, l'idée religieuse subit une crise. On désapprend de certaines choses, et l'on fait bien, pourvu qu'en désapprenant ceci, on apprenne cela. Pas de vide dans le cœur humain. De certaines démolitions se font, et il est bon qu'elles se fassent, mais à la condition d'être suivies de reconstructions.

En attendant, étudions les choses qui ne sont plus. Il est nécessaire de les connaître, ne fût-ce que pour les éviter. Les contrefaçons du passé prennent de faux noms et s'appellent volontiers l'avenir. Ce revenant, le passé, est sujet à falsifier son passeport. Mettons-nous au fait du piège. Défions-nous. Le passé a un visage, la superstition, et un masque, l'hypocrisie. Dénonçons le visage et arrachons le masque.

Quant aux couvents, ils offrent une question complexe. Question de civilisation, qui les condamne ; question de liberté, qui les protège.

LIVRE SEPTIÈME[1]

PARENTHÈSE

I

LE COUVENT, IDÉE ABSTRAITE

Ce livre est un drame dont le premier personnage est l'infini.

L'homme est le second.

Cela étant, comme un couvent s'est trouvé sur notre chemin, nous avons dû y pénétrer. Pourquoi? C'est que le couvent, qui est propre à l'orient comme à l'occident, à l'antiquité comme aux temps modernes, au paganisme, au boudhisme, au mahométisme, comme au christianisme, est un des appareils d'optique appliqués par l'homme sur l'infini.

Ce n'est point ici le lieu de développer hors de mesure de certaines idées; cependant, tout en maintenant absolument nos réserves, nos restrictions, et même nos indignations, nous devons le dire, toutes les fois que nous rencontrons dans l'homme l'infini, bien ou mal compris, nous nous sentons pris de respect. Il y a dans la synagogue, dans la mosquée, dans la pagode, dans le wigwam, un côté hideux que nous exécrons et un côté sublime que nous adorons. Quelle contemplation pour l'esprit et quelle rêverie sans fond! la réverbération de Dieu sur le mur humain.

II

LE COUVENT, FAIT HISTORIQUE[1]

Au point de vue de l'histoire, de la raison et de la vérité, le monachisme est condamné.

Les monastères, quand ils abondent chez une nation, sont des nœuds à la circulation, des établissements encombrants, des centres de paresse là où il faut des centres de travail. Les communautés monastiques sont à la grande communauté sociale ce que le gui est au chêne, ce que la verrue est au corps humain. Leur prospérité et leur embonpoint sont l'appauvrissement du pays. Le régime monacal, bon au début des civilisations, utile à produire la réduction de la brutalité par le spirituel, est mauvais à la virilité des peuples. En outre, lorsqu'il se relâche et qu'il entre dans sa période de dérèglement, comme il continue à donner l'exemple il devient mauvais par toutes les raisons qui le faisaient salutaire dans sa période de pureté.

Les claustrations ont fait leur temps. Les cloîtres, utiles à la première éducation de la civilisation moderne, ont été gênants pour sa croissance et sont nuisibles à son développement. En tant qu'institution et que mode de formation pour l'homme, les monastères, bons au dixième siècle, discutables au quinzième, sont détestables au dix-neuvième. La lèpre monacale a presque rongé jusqu'au squelette deux admirables nations, l'Italie et l'Espagne, l'une la lumière, l'autre la splendeur de l'Europe pendant des siècles, et, à l'époque où nous sommes, ces deux illustres peuples ne commencent à guérir que grâce à la saine et vigoureuse hygiène de 1789.

Le couvent, l'antique couvent de femmes particulièrement, tel qu'il apparaît encore au seuil de ce siècle en Italie, en Autriche, en Espagne, est une des plus sombres concrétions du Moyen Age. Le cloître, ce cloître-là, est le point d'intersection des terreurs. Le cloître catholique proprement dit est tout rempli du rayonnement noir de la mort.

Le couvent espagnol surtout est funèbre. Là montent dans l'obscurité, sous des voûtes pleines de brume, sous des dômes vagues à force d'ombre, de massifs autels babéliques, hauts comme des cathédrales; là pendent à des chaînes dans les ténèbres d'immenses crucifix blancs; là s'étalent, nus sur l'ébène, de grands Christs d'ivoire; plus que sanglants, saignants; hideux et magnifiques, les coudes montrent les os, les rotules montrent les téguments, les plaies montrent les chairs, couronnés d'épines d'argent, cloués de clous d'or, avec des gouttes de sang en rubis sur le front et des larmes en diamants dans les yeux. Les diamants et les rubis semblent mouillés, et font pleurer en bas dans l'ombre des êtres voilés qui ont les flancs meurtris par le cilice et par le fouet aux pointes de fer, les seins écrasés par des claies d'osier, les genoux écorchés par la prière; des femmes qui se croient des épouses; des spectres qui se croient des séraphins. Ces femmes pensent-elles? non. Veulent-elles? non. Aiment-elles? non. Vivent-elles? non. Leurs nerfs sont devenus des os; leurs os sont devenus des pierres. Leur voile est de la nuit tissu. Leur souffle sous le voile ressemble à on ne sait quelle tragique respiration de la mort. L'abbesse, une larve, les sanctifie et les terrifie. L'immaculé est là, farouche. Tels sont les vieux monastères d'Espagne. Repaires de la dévotion terrible, antres de vierges, lieux féroces.

L'Espagne catholique était plus romaine que Rome même. Le couvent espagnol était par excellence le couvent catholique. On y sentait l'orient. L'archevêque, kislar-aga du ciel, verrouillait et espionnait ce sérail d'âmes réservé à Dieu. La nonne était l'odalisque, le prêtre était l'eunuque. Les ferventes étaient choisies en songe et possédaient Christ. La nuit, le beau jeune homme nu descendait de la croix et devenait l'extase de la cellule. De hautes murailles gardaient de toute distraction vivante la sultane mystique qui avait le crucifié pour sultan. Un regard dehors était une infidélité. L'*in-pace* remplaçait le sac de cuir. Ce qu'on jetait à la mer en orient, on le jetait à la terre en occident. Des deux côtés, des femmes se tordaient les bras; la vague aux unes, la fosse aux autres; ici les noyées, là les enterrées. Parallélisme monstrueux.

Aujourd'hui les souteneurs du passé, ne pouvant nier ces choses, ont pris le parti d'en sourire. On a mis à la mode une façon commode et étrange de supprimer les révélations de l'histoire, d'infirmer les commentaires de la philosophie, et d'éluder tous les faits gênants et toutes les questions sombres. *Matière à déclamations*, disent les habiles. Déclamations, répètent les niais. Jean-Jacques, déclamateur; Diderot, déclamateur; Voltaire sur Calas, Labarre et Sirven, déclamateur. Je ne sais qui a trouvé dernièrement que Tacite était un déclamateur, que Néron était une victime, et que décidément il fallait s'apitoyer « sur ce pauvre Holopherne ».

Les faits pourtant sont malaisés à déconcerter, et s'obstinent. L'auteur de ce livre a vu, de ses yeux, à huit lieues de Bruxelles, c'est là du Moyen Age que tout le monde a sous la main, à l'abbaye de Villers, le trou des oubliettes au milieu du pré qui a été la cour du cloître, et, au bord de la Dyle, quatre cachots de pierre, moitié sous terre, moitié sous l'eau. C'étaient des *in-pace*. Chacun de ces cachots a un reste de porte de fer, une latrine, et une lucarne grillée qui, dehors, est à deux pieds au-dessus de la rivière, et, dedans, à six pieds au-dessus du sol. Quatre pieds de rivière coulent extérieurement le long du mur. Le sol est toujours mouillé. L'habitant de l'*in-pace* avait pour lit cette terre mouillée. Dans l'un des cachots, il y a un tronçon de carcan scellé au mur; dans un autre, on voit une espèce de boîte carrée faite de quatre lames de granit, trop courte pour qu'on s'y couche, trop basse pour qu'on s'y dresse. On mettait là dedans un être avec un couvercle de pierre par-dessus. Cela est. On le voit. On le touche. Ces *in-pace*, ces cachots, ces gonds de fer, ces carcans, cette haute lucarne au ras de laquelle coule la rivière, cette boîte de pierre fermée d'un couvercle de granit comme une tombe, avec cette différence qu'ici le mort était un vivant, ce sol qui est de la boue, ce trou de latrines, ces murs qui suintent, quels déclamateurs !

III

A QUELLE CONDITION ON PEUT RESPECTER LE PASSÉ

Le monachisme, tel qu'il existait en Espagne et tel qu'il existe au Thibet, est pour la civilisation une sorte de phtisie. Il arrête net la vie. Il dépeuple, tout simplement. Claustration, castration. Il a été fléau en Europe. Ajoutez à cela la violence si souvent faite à la conscience, les vocations forcées, la féodalité s'appuyant au cloître, l'aînesse versant dans le monachisme le trop plein de la famille, les férocités dont nous venons de parler, les *in-pace*, les bouches closes, les cerveaux murés, tant d'intelligences infortunées mises au cachot des vœux éternels, la prise d'habit, enterrement des âmes toutes vives. Ajoutez les supplices individuels aux dégradations nationales, et, qui que vous soyez, vous vous sentirez tressaillir devant le froc et le voile, ces deux suaires d'invention humaine.

Pourtant, sur certains points et en certains lieux, en dépit de la philosophie, en dépit du progrès, l'esprit claustral persiste en plein dix-neuvième siècle, et une bizarre recrudescence ascétique étonne en ce moment le monde civilisé. L'entêtement des institutions vieillies à se perpétuer ressemble à l'obstination du parfum ranci qui réclamerait votre chevelure, à la prétention du poisson gâté qui voudrait être mangé, à la persécution du vêtement d'enfant qui voudrait habiller l'homme, et à la tendresse des cadavres qui reviendraient embrasser les vivants.

Ingrats! dit le vêtement, je vous ai protégés dans le mauvais temps. Pourquoi ne voulez-vous plus de moi? Je viens de la pleine mer, dit le poisson. J'ai été la rose, dit le parfum. Je vous ai aimés, dit le cadavre. Je vous ai civilisés, dit le couvent.

A cela une seule réponse : Jadis.

Rêver la prolongation indéfinie des choses défuntes et le gouvernement des hommes par embaumement, restaurer les dogmes en mauvais état, redorer les châsses, recrépir les cloîtres, rebénir les reliquaires, remeubler les superstitions, ravitailler les fanatismes, remmancher les goupillons et les sabres, reconstituer le monachisme et le militarisme, croire au salut de la société par la multiplication des parasites, imposer le passé au présent, cela semble étrange. Il y a cependant des théoriciens pour ces théories-là. Ces théoriciens, gens d'esprit d'ailleurs, ont un procédé bien simple, ils appliquent sur le passé un enduit qu'ils appellent ordre social, droit divin, morale, famille, respect des aïeux, autorité antique, tradition sainte, légitimité, religion; et ils vont criant : — Voyez! prenez ceci, honnêtes gens. — Cette logique était connue des anciens. Les aruspices la pratiquaient. Ils frottaient de craie une génisse noire, et disaient : Elle est blanche. *Bos cretatus.*

Quant à nous, nous respectons çà et là et nous épargnons partout le passé, pourvu qu'il consente à être mort. S'il veut être vivant, nous l'attaquons, et nous tâchons de le tuer.

Superstitions, bigotismes, cagotismes, préjugés, ces larves, toutes larves qu'elles sont, sont tenaces à la vie, elles ont des dents et des ongles dans leur fumée; et il faut les étreindre corps à corps, et leur faire la guerre, et la leur faire sans trêve, car c'est une des fatalités de l'humanité d'être condamnée à l'éternel combat des fantômes. L'ombre est difficile à prendre à la gorge et à terrasser.

Un couvent en France, en plein midi du dix-neuvième siècle, c'est un collège de hiboux faisant face au jour. Un cloître, en flagrant délit d'ascétisme au beau milieu de la cité de 89, de 1830, et de 1848, Rome s'épanouissant dans Paris, c'est un anachronisme. En temps ordinaire, pour dissoudre un anachronisme et le faire évanouir, on n'a qu'à lui faire épeler le millésime. Mais nous ne sommes point en temps ordinaire.

Combattons.

Combattons, mais distinguons. Le propre de la vérité, c'est de n'être jamais excessive. Quel besoin a-t-elle d'exagérer? Il y a ce qu'il faut détruire, et il y a ce qu'il faut simplement éclairer et regarder. L'examen bienveillant et grave, quelle force! N'apportons point la flamme là où la lumière suffit.

Donc, le dix-neuvième siècle étant donné, nous sommes contraire, en thèse générale, et chez tous les peuples, en Asie comme en Europe, dans l'Inde comme en Turquie, aux claustrations ascétiques. Qui dit couvent dit marais. Leur putrescibilité est évidente, leur stagnation est malsaine, leur fermentation enfièvre les peuples et les étiole; leur multiplication devient plaie d'Égypte. Nous ne pouvons penser sans effroi à ces pays où les fakirs, les bonzes, les santons, les caloyers, les marabouts, les talapoins et les derviches pullulent jusqu'au fourmillement vermineux.

Cela dit, la question religieuse subsiste. Cette question a de certains côtés mystérieux, presque redoutables; qu'il nous soit permis de la regarder fixement[1].

IV

LE COUVENT AU POINT DE VUE DES PRINCIPES

Des hommes se réunissent et habitent en commun. En vertu de quel droit? en vertu du droit d'association.

Ils s'enferment chez eux. En vertu de quel droit? en vertu du droit qu'a tout homme d'ouvrir ou de fermer sa porte.

Ils ne sortent pas. En vertu de quel droit? en vertu du

droit d'aller et de venir, qui implique le droit de rester chez soi.

Là, chez eux, que font-ils ?

Ils parlent bas, ils baissent les yeux ; ils travaillent. Ils renoncent au monde, aux villes, aux sensualités, aux plaisirs, aux vanités, aux orgueils, aux intérêts. Ils sont vêtus de grosse laine ou de grosse toile. Pas un d'eux ne possède en propriété quoi que ce soit. En entrant là, celui qui était riche se fait pauvre. Ce qu'il a, il le donne à tous. Celui qui était ce qu'on appelle noble, gentilhomme et seigneur, est l'égal de celui qui était paysan. La cellule est identique pour tous. Tous subissent la même tonsure, portent le même froc, mangent le même pain noir, dorment sur la même paille, meurent sur la même cendre. Le même sac sur le dos, la même corde autour des reins. Si le parti pris est d'aller pieds nus, tous vont pieds nus. Il peut y avoir là un prince, ce prince est la même ombre que les autres. Plus de titres. Les noms de famille même ont disparu. Ils ne portent que des prénoms. Tous sont courbés sous l'égalité des noms de baptême. Ils ont dissous la famille charnelle et constitué dans leur communauté la famille spirituelle. Ils n'ont plus d'autres parents que tous les hommes. Ils secourent les pauvres, ils soignent les malades. Ils élisent ceux auxquels ils obéissent. Ils se disent l'un à l'autre : mon frère.

Vous m'arrêtez, et vous vous écriez : — Mais c'est là le couvent idéal !

Il suffit que ce soit le couvent possible, pour que j'en doive tenir compte.

De là vient que, dans le livre précédent, j'ai parlé d'un couvent avec un accent respectueux. Le Moyen Age écarté, l'Asie écartée, la question historique et politique réservée, au point de vue philosophique pur, en dehors des nécessités de la polémique militante, à la condition que le monastère soit absolument volontaire et ne renferme que des consentements, je considérerai toujours la communauté claustrale avec une certaine gravité attentive et, à quelques égards, déférente. Là où il y a la communauté, il y a la commune ; là où il y a la commune, il y a le droit. Le monastère est le produit de la formule : Égalité, Fraternité. Oh ! que la Liberté est grande ! et quelle transfiguration splendide ! la Liberté suffit à transformer le monastère en république.

Continuons.

Mais ces hommes, ou ces femmes, qui sont derrière ces quatre murs, ils s'habillent de bure, ils sont égaux, ils s'appellent frères; c'est bien; mais ils font encore autre chose?

Oui.

Quoi?

Ils regardent l'ombre, ils se mettent à genoux, et ils joignent les mains.

Qu'est-ce que cela signifie?

V

La prière

Ils prient.

Qui?

Dieu.

Prier Dieu, que veut dire ce mot?

Y a-t-il un infini hors de nous? Cet infini est-il un, immanent, permanent; nécessairement substantiel, puisqu'il est infini, et que, si la matière lui manquait, il serait borné là, nécessairement intelligent, puisqu'il est infini, et que, si l'intelligence lui manquait, il serait fini là? Cet infini éveille-t-il en nous l'idée d'essence, tandis que nous ne pouvons nous attribuer à nous-mêmes que l'idée d'existence? En d'autres termes, n'est-il pas l'absolu dont nous sommes le relatif?

En même temps qu'il y a un infini hors de nous, n'y a-t-il pas un infini en nous? Ces deux infinis (quel pluriel effrayant!) ne se superposent-ils pas l'un à l'autre? Le second infini n'est-il pas pour ainsi dire sous-jacent au premier? n'en est-il pas le miroir, le reflet, l'écho, abîme concentrique à un autre abîme? Ce second infini est-il intelligent lui aussi? Pense-t-il? aime-t-il? veut-il? Si les deux infinis sont intelligents, chacun d'eux a un principe voulant, et il y a un moi dans l'infini d'en haut comme il y a un moi dans l'infini d'en bas. Ce moi d'en bas, c'est l'âme; ce moi d'en haut, c'est Dieu.

Mettre, par la pensée, l'infini d'en bas en contact avec l'infini d'en haut, cela s'appelle prier.

Ne retirons rien à l'esprit humain; supprimer est mauvais. Il faut réformer et transformer. Certaines facultés de l'homme sont dirigées vers l'Inconnu; la pensée, la rêverie, la prière. L'Inconnu est un océan. Qu'est-ce que la conscience? C'est la boussole de l'Inconnu. Pensée, rêverie, prière; ce sont là de grands rayonnements mystérieux. Respectons-les. Où vont ces irradiations majestueuses de l'âme? à l'ombre; c'est-à-dire à la lumière.

La grandeur de la démocratie, c'est de ne rien nier et de ne rien renier de l'humanité. Près du droit de l'Homme, au moins à côté, il y a le droit de l'Ame.

Écraser les fanatismes et vénérer l'infini, telle est la loi. Ne nous bornons pas à nous prosterner sous l'arbre Création, et à contempler ses immenses branchages pleins d'astres. Nous avons un devoir: travailler à l'âme humaine, défendre le mystère contre le miracle, adorer l'incompréhensible et rejeter l'absurde, n'admettre, en fait d'inexplicable, que le nécessaire, assainir la croyance, ôter les superstitions de dessus la religion; échenillier Dieu.

VI

Bonté absolue de la prière

Quant au mode de prier, tous sont bons, pourvu qu'ils soient sincères. Tournez votre livre à l'envers, et soyez dans l'infini.

Il y a, nous le savons, une philosophie qui nie l'infini. Il y a aussi une philosophie, classée pathologiquement, qui nie le soleil; cette philosophie s'appelle cécité.

Ériger un sens qui nous manque en source de vérité, c'est un bel aplomb d'aveugle.

Le curieux, ce sont les airs hautains, supérieurs et compatissants que prend, vis-à-vis de la philosophie qui voit Dieu, cette philosophie à tâtons. On croit entendre une taupe s'écrier: Ils me font pitié avec leur soleil!

Il y a, nous le savons, d'illustres et puissants athées. Ceux-là, au fond, ramenés au vrai par leur puissance même, ne sont pas bien sûrs d'être athées, ce n'est guère avec eux qu'une affaire de définition, et, dans tous les cas, s'ils ne croient pas Dieu, étant de grands esprits, ils prouvent Dieu.

Nous saluons en eux les philosophes, tout en qualifiant inexorablement leur philosophie.

Continuons.

L'admirable aussi, c'est la facilité à se payer de mots. Une école métaphysique du nord, un peu imprégnée de brouillard, a cru faire une révolution dans l'entendement humain en remplaçant le mot Force par le mot Volonté.

Dire : la plante veut; au lieu de : la plante croît; cela serait fécond, en effet, si l'on ajoutait : l'univers veut. Pourquoi? C'est qu'il en sortirait ceci : la plante veut, donc elle a un moi; l'univers veut, donc il a un Dieu.

Quant à nous, qui pourtant, au rebours de cette école, ne rejetons rien à priori, une volonté dans la plante, acceptée par cette école, nous paraît plus difficile à admettre qu'une volonté dans l'univers, niée par elle.

Nier la volonté de l'infini, c'est-à-dire Dieu, cela ne se peut qu'à la condition de nier l'infini. Nous l'avons démontré.

La négation de l'infini mène droit au nihilisme. Tout devient « une conception de l'esprit ».

Avec le nihilisme pas de discussion possible. Car le nihiliste logique doute que son interlocuteur existe, et n'est pas bien sûr d'exister lui-même.

A son point de vue, il est possible qu'il ne soit lui-même pour lui-même qu'une « conception de son esprit ».

Seulement, il ne s'aperçoit point que tout ce qu'il a nié, il l'admet en bloc, rien qu'en prononçant ce mot : Esprit.

En somme, aucune voie n'est ouverte pour la pensée par une philosophie qui fait tout aboutir au monosyllabe : Non.

A : Non, il n'y a qu'une réponse : Oui.

Le nihilisme est sans portée.

Il n'y a pas de néant. Zéro n'existe pas. Tout est quelque chose. Rien n'est rien.

L'homme vit d'affirmation plus encore que de pain.

Voir et montrer, cela même ne suffit pas. La philosophie doit être une énergie; elle doit avoir pour effort et pour effet d'améliorer l'homme. Socrate doit entrer dans Adam et produire Marc-Aurèle; en d'autres termes, faire sortir de l'homme de la félicité l'homme de la sagesse. Changer l'Éden en Lycée. La science doit être un cordial. Jouir, quel triste but et quelle ambition chétive ! La brute jouit. Penser, voilà le triomphe vrai de l'âme. Tendre la pensée à la soif des hommes, leur donner à tous en élixir la notion de Dieu, faire fraterniser en eux la conscience et la science, les rendre justes par cette confrontation mystérieuse, telle est la fonction de la philosophie réelle. La morale est un épanouissement de vérités. Contempler mène à agir. L'absolu doit être pratique. Il faut que l'idéal soit respirable, potable et mangeable à l'esprit humain. C'est l'idéal qui a le droit de dire : *Prenez, ceci est ma chair, ceci est mon sang.* La sagesse est une communion sacrée. C'est à cette condition qu'elle cesse d'être un stérile amour de la science pour devenir le mode un et souverain du ralliement humain, et que de philosophie elle est promue religion.

La philosophie ne doit pas être un simple encorbellement bâti sur le mystère pour le regarder à son aise, sans autre résultat que d'être commode à la curiosité.

Pour nous, en ajournant le développement de notre pensée à une autre occasion, nous nous bornons à dire que nous ne comprenons ni l'homme comme point de départ, ni le progrès comme but, sans ces deux forces qui sont les deux moteurs : croire et aimer.

Le progrès est le but; l'idéal est le type.

Qu'est-ce que l'idéal? C'est Dieu.

Idéal, absolu, perfection, infini; mots identiques.

VII

PRÉCAUTION A PRENDRE DANS LE BLÂME

L'HISTOIRE et la philosophie ont d'éternels devoirs qui sont en même temps des devoirs simples; combattre Caïphe évêque, Dracon juge, Trimalcion législateur, Tibère empereur; cela est clair, direct et limpide et n'offre aucune obscurité. Mais le droit de vivre à part, même avec ses inconvénients et ses abus, veut être constaté et ménagé. Le cénobitisme est un problème humain.

Lorsqu'on parle des couvents, ces lieux d'erreur, mais d'innocence, d'égarement, mais de bonne volonté, d'ignorance, mais de dévouement, de supplice, mais de martyre, il faut presque toujours dire oui et non.

Un couvent, c'est une contradiction. Pour but, le salut; pour moyen, le sacrifice. Le couvent, c'est le suprême égoïsme ayant pour résultante la suprême abnégation.

Abdiquer pour régner, semble être la devise du monachisme.

Au cloître, on souffre pour jouir. On tire une lettre de change sur la mort. On escompte en nuit terrestre la lumière céleste. Au cloître, l'enfer est accepté en avance d'hoirie sur le paradis.

La prise de voile ou de froc est un suicide payé d'éternité.

Il ne nous paraît pas qu'en un pareil sujet la moquerie soit de mise. Tout y est sérieux, le bien comme le mal.

L'homme juste fronce le sourcil, mais ne sourit jamais du mauvais sourire. Nous comprenons la colère, non la malignité.

VIII

Foi, Loi

Encore quelques mots.

Nous blâmons l'Église quand elle est saturée d'intrigue, nous méprisons le spirituel âpre au temporel; mais nous honorons partout l'homme pensif.

Nous saluons qui s'agenouille.

Une foi; c'est là pour l'homme le nécessaire. Malheur à qui ne croit rien!

On n'est pas inoccupé parce qu'on est absorbé. Il y a le labeur visible et le labeur invisible.

Contempler, c'est labourer; penser, c'est agir. Les bras croisés travaillent, les mains jointes font. Le regard au ciel est une œuvre.

Thalès resta quatre ans immobile[1]. Il fonda la philosophie.

Pour nous les cénobites ne sont pas des oisifs, et les solitaires ne sont pas des fainéants.

Songer à l'Ombre est une chose sérieuse.

Sans rien infirmer de ce que nous venons de dire, nous croyons qu'un perpétuel souvenir du tombeau convient aux vivants. Sur ce point le prêtre et le philosophe sont d'accord. *Il faut mourir*. L'abbé de La Trappe donne la réplique à Horace.

Mêler à sa vie une certaine présence du sépulcre, c'est la loi du sage; et c'est la loi de l'ascète. Sous ce rapport l'ascète et le sage convergent.

Il y a la croissance matérielle; nous la voulons. Il y a aussi la grandeur morale; nous y tenons.

Les esprits irréfléchis et rapides disent :

— A quoi bon ces figures immobiles du côté du mystère ? à quoi servent-elles ? qu'est-ce qu'elles font ?

Hélas ! en présence de l'obscurité qui nous environne et qui nous attend, ne sachant pas ce que la dispersion immense fera de nous, nous répondons : Il n'y a pas d'œuvre plus sublime peut-être que celle que font ces âmes. Et nous ajoutons : Il n'y a peut-être pas de travail plus utile.

Il faut bien ceux qui prient toujours pour ceux qui ne prient jamais.

Pour nous, toute la question est dans la quantité de pensée qui se mêle à la prière.

Leibnitz priant, cela est grand; Voltaire adorant, cela est beau. *Deo erexit Voltaire*[2].

Nous sommes pour la religion contre les religions.

Nous sommes de ceux qui croient à la misère des oraisons et à la sublimité de la prière.

Du reste, dans cette minute que nous traversons, minute qui heureusement ne laissera pas au dix-neuvième siècle sa figure, à cette heure où tant d'hommes ont le front bas et l'âme peu haute, parmi tant de vivants ayant pour morale de jouir, et occupés des choses courtes et difformes de la matière, quiconque s'exile nous semble vénérable. Le monastère est un renoncement. Le sacrifice qui porte à faux est encore le sacrifice. Prendre pour devoir une erreur sévère, cela a sa grandeur.

Pris en soi, et idéalement, et pour tourner autour de la vérité jusqu'à épuisement impartial de tous les aspects, le monastère, le couvent de femmes surtout, car dans notre société c'est la femme qui souffre le plus, et dans cet exil du cloître il y a de la protestation, le couvent de femmes a incontestablement une certaine majesté.

Cette existence claustrale si austère et si morne, dont nous venons d'indiquer quelques linéaments, ce n'est pas la vie, car ce n'est pas la liberté; ce n'est pas la tombe, car ce n'est pas la plénitude; c'est le lieu étrange d'où l'on aperçoit, comme de la crête d'une haute montagne, d'un côté l'abîme où nous sommes, de l'autre l'abîme où nous serons; c'est une frontière étroite et brumeuse séparant deux mondes, éclairée et obscurcie par les deux à la fois, où le rayon affaibli de la vie se mêle au rayon vague de la mort ; c'est la pénombre du tombeau.

Quant à nous, qui ne croyons pas ce que ces femmes croient, mais qui vivons comme elles par la foi, nous n'avons jamais pu considérer sans une espèce de terreur religieuse et tendre, sans une sorte de pitié pleine d'envie, ces créatures dévouées, tremblantes et confiantes, ces âmes humbles et augustes qui osent vivre au bord même du mystère, attendant, entre le monde qui est fermé et le ciel qui n'est pas ouvert, tournées vers la clarté qu'on ne voit pas, ayant seulement le bonheur de penser qu'elles savent où elle est, aspirant au gouffre et à l'inconnu, l'œil fixé sur l'obscurité immobile, agenouillées, éperdues, stupéfaites, frissonnantes, à demi soulevées à de certaines heures par les souffles profonds de l'éternité.

LIVRE HUITIÈME

LES CIMETIÈRES PRENNENT CE QU'ON LEUR DONNE[1]

I

OÙ IL EST TRAITÉ DE LA MANIÈRE D'ENTRER AU COUVENT

C'EST dans cette maison que Jean Valjean était, comme avait dit Fauchelevent, « tombé du ciel ».

Il avait franchi le mur du jardin qui faisait l'angle de la rue Polonceau[2]. Cet hymne des anges qu'il avait entendu au milieu de la nuit, c'étaient les religieuses chantant matines; cette salle qu'il avait entrevue dans l'obscurité, c'était la chapelle; ce fantôme qu'il avait vu étendu à terre, c'était la sœur faisant la réparation; ce grelot dont le bruit l'avait si étrangement surpris, c'était le grelot du jardinier attaché au genou du père Fauchelevent.

Une fois[3] Cosette couchée, Jean Valjean et Fauchelevent avaient, comme on l'a vu, soupé d'un verre de vin et d'un morceau de fromage devant un bon fagot flambant; puis, le seul lit qu'il y eût dans la baraque étant occupé par Cosette, ils s'étaient jetés chacun sur une botte de paille. Avant de fermer les yeux, Jean Valjean avait dit :

— Il faut désormais que je reste ici.

Cette parole avait trotté toute la nuit dans la tête de Fauchelevent. A vrai dire, ni l'un ni l'autre n'avaient dormi.

Jean Valjean, se sentant découvert et Javert sur sa piste, comprenait que lui et Cosette étaient perdus s'ils rentraient dans Paris. Puisque le nouveau coup de vent qui venait de souffler sur lui l'avait échoué dans ce cloître, Jean Valjean n'avait plus qu'une pensée, y rester. Or, pour un malheureux dans sa position, ce couvent était à la fois le lieu le plus dangereux et le plus sûr; le plus dangereux, car, aucun homme ne pouvant y pénétrer, si on l'y découvrait, c'était un flagrant délit, et Jean Valjean ne faisait qu'un pas du couvent à la prison ; le plus sûr, car si l'on parvenait à s'y faire accepter et à y demeurer, qui viendrait vous chercher là ? Habiter un lieu impossible, c'était le salut.

De son côté, Fauchelevent se creusait la cervelle. Il commençait par se déclarer qu'il n'y comprenait rien. Comment M. Madeleine se trouvait-il là, avec les murs qu'il y avait ? Des murs de cloître ne s'enjambent pas. Comment s'y trouvait-il avec un enfant ? On n'escalade pas une muraille à pic avec un enfant dans ses bras. Qu'était-ce que cet enfant ? D'où venaient-ils tous les deux ?

Depuis que Fauchelevent était dans le couvent, il n'avait plus entendu parler de Montreuil-sur-mer, et il ne savait rien[4] de ce qui s'était passé. Le père[5] Madeleine avait cet air qui décourage les questions ; et d'ailleurs Fauchelevent se disait : On ne questionne pas un saint. M. Madeleine avait conservé pour lui tout son prestige. Seulement, de quelques mots échappés à Jean Valjean, le jardinier crut pouvoir conclure que M. Madeleine avait probablement fait faillite[6] par la dureté des temps, et qu'il était poursuivi par ses créanciers ; ou bien qu'il était compromis dans une affaire politique et qu'il se cachait ; ce qui ne déplut point à Fauchelevent, lequel, comme beaucoup de nos paysans[7] du nord, avait un vieux fond bonapartiste. Se cachant, M. Madeleine[8] avait pris le couvent pour asile, et il était simple qu'il voulût y rester. Mais l'inexplicable, où Fauchelevent revenait toujours et où il se cassait la tête, c'était que M. Madeleine fût là, et qu'il y fût avec cette petite. Fauchelevent les voyait, les touchait, leur parlait, et n'y croyait pas. L'incompréhensible venait de faire son entrée dans la cahute de Fauchelevent. Fauchelevent était à tâtons dans les conjectures, et ne voyait plus rien de clair sinon ceci : M. Madeleine m'a sauvé la vie. Cette certitude unique suffisait, et le détermina. Il se dit à part lui : C'est mon tour. Il ajouta dans sa conscience : M. Madeleine n'a pas tant délibéré quand il s'est agi de se fourrer sous la voiture pour m'en tirer. Il décida qu'il sauverait M. Madeleine.

Il se fit pourtant diverses questions et diverses réponses.

— Après ce qu'il a été pour moi, si c'était un voleur, le sauverais-je ? Tout de même. Si c'était un assassin, le sauverais-je ? Tout de même. Puisque c'est un saint, le sauverai-je ? Tout de même.

Mais le faire rester dans le couvent, quel problème ! Devant cette tentative presque chimérique, Fauchelevent ne recula point ; ce pauvre paysan picard, sans autre échelle que son dévouement, sa bonne volonté, et un peu de cette vieille finesse campagnarde mise cette fois au service d'une intention généreuse, entreprit d'escalader les impossibilités du cloître et les rudes escarpements de la règle de saint Benoît. Le père Fauchelevent était un vieux qui toute sa vie avait été égoïste, et qui, à la fin de ses jours, boiteux, infirme, n'ayant plus aucun intérêt au monde, trouva doux d'être reconnaissant, et, voyant une vertueuse action à faire, se jeta dessus comme un homme qui, au moment de mourir, rencontrerait sous sa main un verre d'un bon vin dont il n'aurait jamais goûté et le boirait avidement. On peut ajouter que l'air qu'il respirait depuis plusieurs années déjà dans ce couvent avait détruit la personnalité en lui, et avait fini par lui rendre nécessaire une bonne action quelconque.

Il prit donc sa résolution : se dévouer à M. Madeleine.

Nous venons de le qualifier *pauvre paysan picard*. La qualification est juste, mais incomplète. Au point de cette histoire où nous sommes, un peu de physiologie du père Fauchelevent devient utile. Il était paysan, mais il avait été tabellion, ce qui ajoutait de la chicane à sa finesse, et de la pénétration à sa naïveté. Ayant, pour des causes diverses, échoué dans ses affaires, de tabellion il était tombé charretier et manœuvre. Mais, en dépit des jurons et des coups de fouet, nécessaires aux chevaux, à ce qu'il paraît, il était resté du tabellion en lui. Il avait quelque esprit naturel ; il ne disait ni j'ons ni j'avons ; il causait, chose rare au village ; et les autres paysans disaient de lui : Il parle quasiment comme un monsieur à chapeau. Fauchelevent était en effet de cette espèce que le vocabulaire impertinent et léger du dernier siècle qualifiait : *demi-bourgeois, demi-manant ;* et que les métaphores tombant du château sur la chaumière étiquetaient dans le casier de la roture *un peu rustre, un peu citadin ; poivre et sel.* Fauchelevent, quoique fort éprouvé et fort usé par le sort, espèce de pauvre vieille âme montrant la corde, était pourtant homme de premier mouvement, et très spontané ; qualité précieuse qui empêche qu'on soit jamais mauvais. Ses défauts et ses vices, car il en avait eu, étaient de surface; en somme, sa physionomie était de celles qui réussissent près de l'observateur. Ce vieux visage n'avait aucune de ces fâcheuses rides du haut du front qui signifient méchanceté ou bêtise.

Au point du jour, ayant énormément songé, le père Fauchelevent ouvrit les yeux et vit M. Madeleine qui, assis sur sa botte de paille, regardait Cosette dormir. Fauchelevent se dressa sur son séant et dit :

— Maintenant que vous êtes ici, comment allez-vous faire pour y entrer?

Ce mot résumait la situation, et réveilla Jean Valjean de sa rêverie.

Les deux bonshommes tinrent conseil.

— D'abord, dit Fauchelevent, vous allez commencer par ne pas mettre les pieds hors de cette chambre. La petite ni vous. Un pas dans le jardin, nous sommes flambés.

— C'est juste.

— Monsieur Madeleine, reprit Fauchelevent, vous êtes arrivé dans un moment très bon, je veux dire très mauvais, il y a une de ces dames fort malade. Cela fait qu'on ne regardera pas beaucoup de notre côté. Il paraît qu'elle se meurt. On dit les prières de quarante heures. Toute la communauté est en l'air. Ça les occupe. Celle qui est en train de s'en aller est une sainte. Au fait, nous sommes tous des saints ici. Toute la différence entre elles et moi, c'est qu'elles disent : notre cellule, et que je dis : ma piolle. Il va y avoir l'oraison pour les agonisants, et puis l'oraison pour les morts. Pour aujourd'hui nous serons tranquilles ici; mais je ne réponds pas de demain.

— Pourtant, observa Jean Valjean, cette baraque est dans le rentrant du mur, elle est cachée par une espèce de ruine, il y a des arbres, on ne la voit pas du couvent.

— Et j'ajoute que les religieuses n'en approchent jamais.

— Eh bien? fit Jean Valjean.

Le point d'interrogation qui accentuait cet : eh bien, signifiait : il me semble qu'on peut y demeurer caché. C'est à ce point d'interrogation que Fauchelevent répondit :

— Il y a les petites.

— Quelles petites? demanda Jean Valjean.

Comme Fauchelevent ouvrait la bouche pour expliquer le mot qu'il venait de prononcer, une cloche sonna un coup.

— La religieuse est morte, dit-il. Voici le glas.

Et il fit signe à Jean Valjean d'écouter.

La cloche sonna un second coup.

— C'est le glas, monsieur Madeleine. La cloche va continuer de minute en minute pendant vingt-quatre heures jusqu'à la sortie du corps de l'église. Voyez-vous, ça joue. Aux récréations il suffit qu'une balle roule pour qu'elles s'en viennent, malgré les défenses, chercher et fourbanser partout par ici. C'est des diables, ces chérubins-là.

— Qui? demanda Jean Valjean.

— Les petites. Vous seriez bien vite découvert, allez. Elles crieraient : Tiens ! un homme ! Mais il n'y a pas de danger aujourd'hui. Il n'y aura pas de récréation. La journée va être tout prières. Vous entendez la cloche. Comme je vous le disais, un coup par minute. C'est le glas.

— Je comprends, père Fauchelevent. Il y a des pensionnaires.

Et Jean Valjean pensa à part lui :

— Ce serait l'éducation de Cosette toute trouvée.

Fauchelevent s'exclama :

— Pardine ! s'il y a des petites filles ! Et qui piailleraient autour de vous ! et qui se sauveraient ! Ici, être homme, c'est avoir la peste. Vous voyez bien qu'on m'attache un grelot à la patte comme à une bête féroce.

Jean Valjean songeait de plus en plus profondément.

— Ce couvent nous sauverait, murmurait-il. Puis il éleva la voix :

— Oui, le difficile, c'est de rester.

— Non, dit Fauchelevent, c'est de sortir.

Jean Valjean sentit le sang lui refluer au cœur.

— Sortir !

— Oui, monsieur Madeleine, pour rentrer, il faut que vous sortiez.

Et, après avoir laissé passer un coup de cloche du glas, Fauchelevent poursuivit :

— On ne peut pas vous trouver ici comme ça. D'où venez-vous? Pour moi vous tombez du ciel, parce que je vous connais ; mais des religieuses, ça a besoin qu'on entre par la porte.

Tout à coup on entendit une sonnerie assez compliquée d'une autre cloche.

— Ah! dit Fauchelevent, on sonne les mères vocales. Elles vont au chapitre. On tient toujours chapitre quand quelqu'un est mort. Elle est morte au point du jour. C'est ordinairement au point du jour qu'on meurt. Mais est-ce que vous ne pourriez pas sortir par où vous êtes entré? Voyons, ce n'est pas pour vous faire une question, par où êtes-vous entré?

Jean Valjean devint pâle. La seule idée de redescendre dans cette rue formidable le faisait frissonner. Sortez d'une forêt pleine de tigres, et, une fois dehors, imaginez-vous un conseil d'ami qui vous engage à y rentrer. Jean Valjean se figurait toute la police encore grouillante dans le quartier, des agents en observation, des vedettes partout, d'affreux poings tendus vers son collet, Javert peut-être au coin du carrefour.

— Impossible! dit-il. Père Fauchelevent, mettez que je suis tombé de là-haut.

— Mais je le crois, je le crois, repartit Fauchelevent. Vous n'avez pas besoin de me le dire. Le bon Dieu vous aura pris dans sa main pour vous regarder de près, et puis vous aura lâché. Seulement il voulait vous mettre dans un couvent d'hommes; il s'est trompé. Allons, encore une sonnerie. Celle-ci est pour avertir le portier d'aller prévenir la municipalité pour qu'elle aille prévenir le médecin des morts pour qu'il vienne voir qu'il y a une morte. Tout ça, c'est la cérémonie de mourir. Elles n'aiment pas beaucoup cette visite-là, ces bonnes dames. Un médecin, ça ne croit à rien. Il lève le voile. Il lève même quelquefois autre chose. Comme elles ont vite fait avertir le médecin, cette fois-ci! Qu'est-ce qu'il y a donc? Votre petite dort toujours. Comment se nomme-t-elle?

— Cosette.

— C'est votre fille? comme qui dirait: vous seriez son grand-père?

— Oui.

— Pour elle, sortir d'ici, ce sera facile. J'ai ma porte de service qui donne sur la cour. Je cogne. Le portier ouvre. J'ai ma hotte sur le dos, la petite est dedans. Je sors. Le père Fauchelevent sort avec sa hotte, c'est tout simple. Vous direz à la petite de se tenir bien tranquille. Elle sera sous la bâche. Je la déposerai le temps qu'il faudra chez une vieille bonne amie de fruitière que j'ai rue du Chemin-Vert, qui est sourde et où il y a un petit lit. Je crierai dans l'oreille à la fruitière que c'est une nièce à moi, et de me la garder jusqu'à demain. Puis la petite rentrera avec vous. Car je vous ferai rentrer. Il le faudra bien. Mais vous, comment ferez-vous pour sortir?

Jean Valjean hocha la tête.

— Que personne ne me voie. Tout est là, père Fauchelevent. Trouvez moyen de me faire sortir comme Cosette dans une hotte et sous une bâche.

Fauchelevent se grattait le bas de l'oreille avec le médium de la main gauche, signe de sérieux embarras.

Une troisième sonnerie fit diversion.

— Voici le médecin des morts qui s'en va, dit Fauchelevent. Il a regardé, et dit : elle est morte, c'est bon. Quand le médecin a visé le passeport pour le paradis, les pompes funèbres envoient une bière. Si c'est une mère, les mères l'ensevelissent; si c'est une sœur, les sœurs l'ensevelissent. Après quoi, je cloue. Cela fait partie de mon jardinage. Un jardinier est un peu un fossoyeur. On la met dans une salle basse de l'église qui communique à la rue et où pas un homme ne peut entrer que le médecin des morts. Je ne compte pas pour des hommes les croque-morts et moi. C'est dans cette salle que je cloue la bière. Les croque-morts viennent la prendre, et fouette cocher! c'est comme cela qu'on s'en va au ciel. On apporte une boîte où il n'y a rien, on la remporte avec quelque chose dedans Voilà ce que c'est qu'un enterrement. *De profundis.*

Un rayon de soleil horizontal effleurait le visage de Cosette endormie qui entr'ouvrait vaguement la bouche, et avait l'air d'un ange buvant de la lumière. Jean Valjean s'était mis à la regarder. Il n'écoutait plus Fauchelevent.

N'être pas écouté, ce n'est pas une raison pour se taire. Le brave vieux jardinier continuait paisiblement son rabâchage :

— On fait la fosse au cimetière Vaugirard. On prétend qu'on va le supprimer, ce cimetière Vaugirard. C'est un ancien cimetière qui est en dehors des règlements, qui n'a pas l'uniforme, et qui va prendre sa retraite. C'est dommage, car il est commode. J'ai là un ami, le père Mestienne, le fossoyeur. Les religieuses d'ici ont un privilège, c'est d'être portées à ce cimetière-là à la tombée de la nuit. Il y a un arrêté de la préfecture exprès pour elles. Mais que d'événements depuis hier ! la mère Crucifixion est morte, et le père Madeleine...

— Est enterré, dit Jean Valjean souriant tristement.

Fauchelevent fit ricocher le mot.

— Dame ! si vous étiez ici tout à fait, ce serait un véritable enterrement.

Une quatrième sonnerie éclata. Fauchelevent détacha vivement du clou la genouillère à grelot et la reboucla à son genou.

— Cette fois, c'est moi. La mère prieure me demande. Bon, je me pique à l'ardillon de ma boucle. Monsieur Madeleine, ne bougez pas, et attendez-moi. Il y a du nouveau. Si vous avez faim, il y a là le vin, le pain et le fromage.

Et il sortit de la cahute en disant : On y va ! on y va ! Jean Valjean le vit se hâter à travers le jardin, aussi vite que sa jambe torse le lui permettait, tout en regardant de côté ses melonnières.

Moins de dix minutes après, le père Fauchelevent, dont le grelot mettait sur son passage les religieuses en déroute, frappait un petit coup à une porte, et une voix douce répondait : *A jamais. A jamais,* c'est-à-dire : *Entrez.*

Cette porte était celle du parloir réservé au jardinier pour les besoins du service. Ce parloir était contigu à la salle du chapitre. La prieure, assise sur l'unique chaise du parloir, attendait Fauchelevent.

II

FAUCHELEVENT EN PRÉSENCE DE LA DIFFICULTÉ

Avoir l'air agité et grave, cela est particulier, dans les occasions critiques, à de certains caractères et à de certaines professions, notamment aux prêtres et aux religieux. Au moment où Fauchelevent entra, cette double forme de la préoccupation était empreinte sur la physionomie de la prieure, qui était cette charmante et savante Mlle de Blemeur, mère Innocente, ordinairement gaie.

Le jardinier fit un salut craintif, et resta sur le seuil de la cellule. La prieure, qui égrenait son rosaire, leva les yeux et dit :

— Ah ! c'est vous, père Fauvent.

Cette abréviation avait été adoptée dans le couvent. Fauchelevent recommença son salut.

— Père Fauvent, je vous ai fait appeler.

— Me voici, révérende mère.

— J'ai à vous parler.

— Et moi, de mon côté, dit Fauchelevent avec une hardiesse dont il avait peur intérieurement, j'ai quelque chose à dire à la très révérende mère.

La prieure le regarda.

— Ah ! vous avez une communication à me faire.

— Une prière.

— Eh bien, parlez.

Le bonhomme Fauchelevent, ex-tabellion, appartenait à la catégorie des paysans qui ont de l'aplomb. Une certaine ignorance habile est une force ; on ne s'en défie pas et cela vous prend. Depuis un peu plus de deux ans qu'il habitait le couvent, Fauchelevent avait réussi dans la communauté. Toujours solitaire, et tout en vaquant à son jardinage, il n'avait guère autre chose à faire que d'être curieux. A distance comme il était de toutes ces femmes voilées allant et venant, il ne voyait guère devant lui qu'une agitation d'ombres. A force d'attention et de pénétration, il était parvenu à remettre de la chair dans tous ces fantômes, et ces mortes vivaient pour lui. Il était comme un sourd dont la vue s'allonge et comme un aveugle dont l'ouïe s'aiguise. Il s'était appliqué à démêler le sens des diverses sonneries, et il y était arrivé, de sorte que ce cloître énigmatique et taciturne n'avait rien de caché pour lui ; ce sphinx lui bavardait tous ses secrets à l'oreille. Fauchelevent, sachant tout, cachait tout. C'était là son art. Tout le couvent le croyait stupide. Grand mérite en religion. Les mères vocales faisaient cas de Fauchelevent. C'était un curieux muet. Il inspirait la confiance. En outre, il était régulier, et ne sortait que pour les nécessités démontrées du verger et du potager. Cette discrétion d'allures lui était comptée. Il n'en avait pas moins fait jaser deux hommes : au couvent, le portier, et il savait les particularités du parloir ; et, au cimetière, le fossoyeur, et il savait les singularités de la sépulture ; de la sorte il avait, à l'endroit de ces religieuses, une double lumière, l'une sur la vie, l'autre sur la mort. Mais il n'abusait de rien. La congrégation tenait à lui. Vieux, boiteux, n'y voyant goutte, probablement un peu sourd, que de qualités ! On l'eût difficilement remplacé.

Le bonhomme, avec l'assurance de celui qui se sent apprécié, entama, vis-à-vis de la révérende prieure, une harangue campagnarde assez diffuse et très profonde. Il parla longuement de son âge, de ses infirmités, de la surcharge des années comptant double désormais pour lui, des exigences croissantes du travail, de la grandeur du jardin, des nuits à passer, comme la dernière, par exemple, où il avait fallu mettre des paillassons sur les melonnières à cause de la lune, et il finit par aboutir à ceci : qu'il avait un frère, — (la prieure fit un mouvement) — un frère point jeune, — (second mouvement de la prieure, mais mouvement rassuré) — que, si on le voulait bien, ce frère pourrait venir loger avec lui et l'aider, qu'il était excellent jardinier, que la communauté en tirerait de bons services, meilleurs que les siens à lui; — que, autrement, si l'on n'admettait point son frère, comme, lui, l'aîné, il se sentait cassé, et insuffisant à la besogne, il serait, avec bien du regret, obligé de s'en aller; — et que son frère avait une petite fille qu'il amènerait avec lui, qui s'élèverait en Dieu dans la maison, et qui peut-être, qui sait ? ferait une religieuse un jour.

Quand il eut fini de parler, la prieure interrompit le glissement de son rosaire entre ses doigts, et lui dit :

— Pourriez-vous, d'ici à ce soir, vous procurer une forte barre de fer ?

— Pourquoi faire ?

— Pour servir de levier.

— Oui, révérende mère, répondit Fauchelevent.

La prieure, sans ajouter une parole, se leva, et entra dans la chambre voisine, qui était la salle du chapitre et où les mères vocales étaient probablement assemblées. Fauchelevent demeura seul.

III

Mère innocente

Un quart d'heure environ s'écoula. La prieure rentra et revint s'asseoir sur la chaise.

Les deux interlocuteurs semblaient préoccupés. Nous sténographions de notre mieux le dialogue qui s'engagea.

— Père Fauvent?
— Révérende mère?
— Vous connaissez la chapelle?
— J'y ai une petite cage pour entendre la messe et les offices.
— Et vous êtes entré dans le chœur pour votre ouvrage?
— Deux ou trois fois.
— Il s'agit de soulever une pierre.
— Lourde?
— La dalle du pavé qui est à côté de l'autel.
— La pierre qui ferme le caveau?
— Oui.
— C'est là une occasion où il serait bon d'être deux hommes.
— La mère Ascension, qui est forte comme un homme, vous aidera.
— Une femme n'est jamais un homme.
— Nous n'avons qu'une femme pour vous aider. Chacun fait ce qu'il peut. Parce que dom Mabillon donne quatre cent dix-sept épîtres de saint Bernard et que Merlonus Horstius n'en donne que trois cent soixante-sept, je ne méprise point Merlonus Horstius.
— Ni moi non plus.
— Le mérite est de travailler selon ses forces. Un cloître n'est pas un chantier.
— Et une femme n'est pas un homme. C'est mon frère qui est fort!
— Et puis vous aurez un levier.
— C'est la seule espèce de clef qui aille à ces espèces de portes.
— Il y a un anneau à la pierre.
— J'y passerai le levier.
— Et la pierre est arrangée de façon à pivoter.
— C'est bien, révérende mère. J'ouvrirai le caveau.
— Et les quatre mères chantres vous assisteront.
— Et quand le caveau sera ouvert?
— Il faudra le refermer.
— Sera-ce tout?
— Non.
— Donnez-moi vos ordres, très révérende mère.
— Fauvent, nous avons confiance en vous.
— Je suis ici pour tout faire.

— Et pour tout taire.
— Oui, révérende mère.
— Quand le caveau sera ouvert...
— Je le refermerai.
— Mais auparavant...
— Quoi, révérende mère?
— Il faudra y descendre quelque chose.

Il y eut un silence. La prieure, après une moue de la lèvre inférieure qui ressemblait à de l'hésitation, le rompit.

— Père Fauvent?
— Révérende mère?
— Vous savez qu'une mère est morte ce matin.
— Non.
— Vous n'avez donc pas entendu la cloche?
— On n'entend rien au fond du jardin.
— En vérité?
— C'est à peine si je distingue ma sonnerie.
— Elle est morte à la pointe du jour.
— Et puis, ce matin, le vent ne portait pas de mon côté.
— C'est la mère Crucifixion. Une bienheureuse.

La prieure se tut, remua un moment les lèvres, comme pour une oraison mentale, et reprit:

— Il y a trois ans, rien que pour avoir vu prier la mère Crucifixion, une janséniste, Mme de Béthune, s'est faite orthodoxe.
— Ah oui, j'entends le glas maintenant, révérende mère.
— Les mères l'ont portée dans la chambre des mortes qui donne dans l'église.
— Je sais.
— Aucun autre homme que vous ne peut et ne doit entrer dans cette chambre-là. Veillez-y bien. Il ferait beau voir qu'un homme entrât dans la chambre des mortes!
— Plus souvent!
— Hein?
— Plus souvent!
— Qu'est-ce que vous dites?
— Je dis plus souvent.
— Plus souvent que quoi?
— Révérende mère, je ne dis pas plus souvent que quoi, je dis plus souvent.

— Je ne vous comprends pas. Pourquoi dites-vous plus souvent ?

— Pour dire comme vous, révérende mère.

— Mais je n'ai pas dit plus souvent.

— Vous ne l'avez pas dit, mais je l'ai dit pour dire comme vous.

En ce moment neuf heures sonnèrent.

— A neuf heures du matin et à toute heure loué soit et adoré le très saint-sacrement de l'autel, dit la prieure.

— Amen, dit Fauchelevent.

L'heure sonna à propos. Elle coupa court à Plus Souvent. Il est probable que sans elle la prieure et Fauchelevent ne se fussent jamais tirés de cet écheveau.

Fauchelevent s'essuya le front.

La prieure fit un nouveau petit murmure intérieur, probablement sacré, puis haussa la voix.

— De son vivant, mère Crucifixion faisait des conversions ; après sa mort, elle fera des miracles.

— Elle en fera ! répondit Fauchelevent emboîtant le pas, et faisant effort pour ne plus broncher désormais.

— Père Fauvent, la communauté a été bénie en la mère Crucifixion. Sans doute il n'est point donné à tout le monde de mourir comme le cardinal de Bérulle en disant la sainte messe, et d'exhaler son âme vers Dieu en prononçant ces paroles : *Hanc igitur oblationem*[1]. Mais, sans atteindre à tant de bonheur, la mère Crucifixion a eu une mort très précieuse. Elle a eu sa connaissance jusqu'au dernier instant. Elle nous parlait, puis elle parlait aux anges. Elle nous a fait ses derniers commandements. Si vous aviez un peu plus de foi, et si vous aviez pu être dans sa cellule, elle vous aurait guéri votre jambe en y touchant. Elle souriait. On sentait qu'elle ressuscitait en Dieu. Il y a eu du paradis dans cette mort-là.

Fauchelevent crut que c'était une oraison qui finissait.

— Amen, dit-il.

— Père Fauvent, il faut faire ce que veulent les morts.

La prieure dévida quelques grains de son chapelet. Fauchelevent se taisait. Elle poursuivit.

— J'ai consulté sur cette question plusieurs ecclésiastiques travaillant en Notre-Seigneur qui s'occupent dans l'exercice de la vie cléricale et qui font un fruit admirable.

— Révérende mère, on entend bien mieux le glas d'ici que dans le jardin.

— D'ailleurs, c'est plus qu'une morte, c'est une sainte.

— Comme vous, révérende mère.

— Elle couchait dans son cercueil depuis vingt ans, par permission expresse de notre saint-père Pie VII.

— Celui qui a couronné l'emp... Buonaparte.

Pour un habile homme comme Fauchelevent, le souvenir était malencontreux. Heureusement la prieure, toute à sa pensée, ne l'entendit pas. Elle continua :

— Père Fauvent ?

— Révérende mère ?

— Saint Diodore, archevêque de Cappadoce, voulut qu'on écrivît sur sa sépulture ce seul mot : *Acarus*, qui signifie ver de terre ; cela fut fait. Est-ce vrai ?

— Oui, révérende mère.

— Le bienheureux Mezzocane, abbé d'Aquila, voulut être inhumé sous la potence ; cela fut fait.

— C'est vrai.

— Saint Térence, évêque de Port sur l'embouchure du Tibre dans la mer, demanda qu'on gravât sur sa pierre le signe qu'on mettait sur la fosse des parricides, dans l'espoir que les passants cracheraient sur son tombeau. Cela fut fait. Il faut obéir aux morts.

— Ainsi soit-il.

— Le corps de Bernard Guidonis, né en France près de Roche-Abeille, fut, comme il l'avait ordonné et malgré le roi de Castille, porté en l'église des Dominicains de Limoges, quoique Bernard Guidonis fût évêque de Tuy en Espagne. Peut-on dire le contraire ?

— Pour ça non, révérende mère.

— Le fait est attesté par Plantavit de la Fosse[2].

Quelques grains du chapelet s'égrenèrent encore silencieusement. La prieure reprit :

— Père Fauvent, la mère Crucifixion sera ensevelie dans le cercueil où elle a couché depuis vingt ans.

— C'est juste.

— C'est une continuation de sommeil.

— J'aurai donc à la clouer dans ce cercueil-là ?

— Oui.

— Et nous laisserons de côté la bière des pompes ?

— Précisément.

— Je suis aux ordres de la très révérende communauté.

— Les quatre mères chantres vous aideront.
— A clouer le cercueil? Je n'ai pas besoin d'elles.
— Non. A le descendre.
— Où?
— Dans le caveau.
— Quel caveau?
— Sous l'autel.
Fauchelevent fit un soubresaut.
— Le caveau sous l'autel!
— Sous l'autel.
— Mais...
— Vous aurez une barre de fer.
— Oui, mais...
— Vous lèverez la pierre avec la barre au moyen de l'anneau.
— Mais...
— Il faut obéir aux morts. Être enterrée dans le caveau sous l'autel de la chapelle, ne point aller en sol profane, rester morte là où elle a prié vivante; ç'a été le vœu suprême de la mère Crucifixion. Elle nous l'a demandé, c'est-à-dire commandé.
— Mais c'est défendu.
— Défendu par les hommes, ordonné par Dieu.
— Si cela venait à se savoir?
— Nous avons confiance en vous.
— Oh, moi, je suis une pierre de votre mur.
— Le chapitre s'est assemblé. Les mères vocales, que je viens de consulter encore et qui sont en délibération, ont décidé que la mère Crucifixion serait, selon son vœu, enterrée dans son cercueil sous notre autel. Jugez, père Fauvent, s'il allait se faire des miracles ici! quelle gloire en Dieu pour la communauté! Les miracles sortent des tombeaux.
— Mais, révérende mère, si l'agent de la commission de salubrité...
— Saint Benoît II, en matière de sépulture, a résisté à Constantin Pogonat.
— Pourtant le commissaire de police...
— Chonodemaire, un des sept rois allemands qui entrèrent dans les Gaules sous l'empire de Constance, a reconnu expressément le droit des religieux d'être inhumés en religion, c'est-à-dire sous l'autel.
— Mais l'inspecteur de la préfecture...

— Le monde n'est rien devant la croix. Martin, onzième général des chartreux, a donné cette devise à son ordre : *Stat crux dum volvitur orbis*.

— Amen, dit Fauchelevent, imperturbable dans cette façon de se tirer d'affaire toutes les fois qu'il entendait du latin.

Un auditoire quelconque suffit à qui s'est tu trop longtemps. Le jour où le rhéteur Gymnastoras sortit de prison, ayant dans le corps beaucoup de dilemmes et de syllogismes rentrés, il s'arrêta devant le premier arbre qu'il rencontra, le harangua, et fit de très grands efforts pour le convaincre. La prieure, habituellement sujette au barrage du silence, et ayant du trop-plein dans son réservoir, se leva et s'écria avec une loquacité d'écluse lâchée :

— J'ai à ma droite Benoît et à ma gauche Bernard. Qu'est-ce que Bernard ? c'est le premier abbé de Clairvaux. Fontaines en Bourgogne est un pays béni pour l'avoir vu naître. Son père s'appelait Técelin et sa mère Alèthe. Il a commencé par Cîteaux pour aboutir à Clairvaux ; il a été ordonné abbé par l'évêque de Châlon-sur-Saône, Guillaume de Champeaux ; il a eu sept cents novices et fondé cent soixante monastères ; il a terrassé Abeilard au concile de Sens, en 1140, et Pierre de Bruys et Henry son disciple, et une autre sorte de dévoyés qu'on nommait les Apostoliques ; il a confondu Arnaud de Bresce, foudroyé le moine Raoul, le tueur de juifs, dominé en 1148 le concile de Reims, fait condamner Gilbert de la Porée, évêque de Poitiers, fait condamner Éon de l'Étoile, arrangé les différends des princes, éclairé le roi Louis le Jeune, conseillé le pape Eugène III, réglé le Temple, prêché la croisade, fait deux cent cinquante miracles dans sa vie, et jusqu'à trente-neuf en un jour. Qu'est-ce que Benoît ? c'est le patriarche de Mont-Cassin ; c'est le deuxième fondateur de la sainteté claustrale, c'est le Basile de l'occident. Son ordre a produit quarante papes, deux cents cardinaux, cinquante patriarches, seize cents archevêques, quatre mille six cents évêques, quatre empereurs, douze impératrices, quarante-six rois, quarante et une reines, trois mille six cents saints canonisés, et subsiste depuis quatorze cents ans. D'un côté saint Bernard ; de l'autre l'agent de la salubrité ! D'un côté saint Benoît ; de l'autre l'inspecteur de la voirie ! L'État, la voirie, les pompes funèbres, les règlements, l'administration, est-ce que nous connaissons cela ? Aucuns passants seraient indignés de voir comme on nous traite. Nous n'avons même pas le droit de donner notre poussière à Jésus-Christ ! Votre salubrité est une invention révolutionnaire. Dieu subordonné au commissaire de police ; tel est le siècle. Silence, Fauvent[3] !

Fauchelevent, sous cette douche, n'était pas fort à son aise. La prieure continua.

— Le droit du monastère à la sépulture ne fait doute pour personne. Il n'y a pour le nier que les fanatiques et les errants. Nous vivons dans des temps de confusion terrible. On ignore ce qu'il faut savoir, et l'on sait ce qu'il faut ignorer. On est crasse et impie. Il y a dans cette époque des gens qui ne distinguent pas entre le grandissime saint Bernard et le Bernard dit des Pauvres Catholiques, certain bon ecclésiastique qui vivait dans le treizième siècle. D'autres blasphèment jusqu'à rapprocher l'échafaud de Louis XVI de la croix de Jésus-Christ. Louis XVI n'était qu'un roi. Prenons donc garde à Dieu ! Il n'y a plus ni juste ni injuste. On sait le nom de Voltaire et l'on ne sait pas le nom de César de Bus. Pourtant César de Bus est un bienheureux, et Voltaire est un malheureux. Le dernier archevêque, le cardinal de Périgord, ne savait même pas que Charles de Condren a succédé à Bérulle, et François Bourgoin à Condren, et Jean-François Senault à Bourgoin, et le père de sainte Marthe à Jean-François Senault. On connaît le nom du père Coton, non parce qu'il a été un des trois qui ont poussé à la fondation de l'Oratoire, mais parce qu'il a été matière à juron pour le roi huguenot Henri IV. Ce qui fait saint François de Sales aimable aux gens du monde, c'est qu'il trichait au jeu. Et puis on attaque la religion. Pourquoi ? Parce qu'il y a eu de mauvais prêtres, parce que Sagittaire, évêque de Gap, était frère de Salone, évêque d'Embrun, et que tous les deux ont suivi Mommol. Qu'est-ce que cela fait ? Cela empêche-t-il Martin de Tours d'être un saint et d'avoir donné la moitié de son manteau à un pauvre ? On persécute les saints. On ferme les yeux aux vérités. Les ténèbres sont l'habitude. Les plus féroces bêtes sont les bêtes aveugles. Personne ne pense à l'enfer pour de bon. Oh ! le méchant peuple ! De par le Roi signifie aujourd'hui de par la Révolution. On ne sait plus ce qu'on doit, ni aux vivants, ni aux morts.

Il est défendu de mourir saintement. Le sépulcre est une affaire civile. Ceci fait horreur. Saint Léon II a écrit deux lettres exprès, l'une à Pierre Notaire, l'autre au roi des Visigoths, pour combattre et rejeter, dans les questions qui touchent aux morts, l'autorité de l'exarque et la suprématie de l'empereur. Gautier, évêque de Châlons, tenait tête en cette matière à Othon, duc de Bourgogne. L'ancienne magistrature en tombait d'accord. Autrefois nous avions voix au chapitre même dans les choses du siècle. L'abbé de Cîteaux, général de l'ordre, était conseiller-né au parlement de Bourgogne. Nous faisons de nos morts ce que nous voulons. Est-ce que le corps de saint Benoît lui-même n'est pas en France dans l'abbaye de Fleury, dite Saint-Benoît-sur-Loire, quoiqu'il soit mort en Italie au Mont-Cassin, un samedi 21 du mois de mars de l'an 543 ? Tout ceci est incontestable. J'abhorre les psallants[4], je hais les prieurs, j'exècre les hérétiques, mais je détesterais plus encore quiconque me soutiendrait le contraire. On n'a qu'à lire Arnoul Wion, Gabriel Bucelin, Trithème, Maurolicus et dom Luc d'Achery[5].

La prieure respira puis se tourna vers Fauchelevent :

— Père Fauvent, est-ce dit ?
— C'est dit, révérende mère.
— Peut-on compter sur vous ?
— J'obéirai.
— C'est bien.
— Je suis tout dévoué au couvent.
— C'est entendu. Vous fermerez le cercueil. Les sœurs le porteront dans la chapelle. On dira l'office des morts. Puis on rentrera dans le cloître. Entre onze heures et minuit, vous viendrez avec votre barre de fer. Tout se passera dans le plus grand secret. Il n'y aura dans la chapelle que les quatre mères chantres, la mère Ascension, et vous.
— Et la sœur qui sera au poteau.
— Elle ne se retournera pas.
— Mais elle entendra.
— Elle n'écoutera pas. D'ailleurs, ce que le cloître sait, le monde l'ignore.

Il y eut encore une pause. La prieure poursuivit :

— Vous ôterez votre grelot. Il est inutile que la sœur au poteau s'aperçoive que vous êtes là.

— Révérende mère ?
— Quoi, père Fauvent ?
— Le médecin des morts a-t-il fait sa visite ?
— Il va la faire aujourd'hui à quatre heures. On a sonné la sonnerie qui fait venir le médecin des morts. Mais vous n'entendez donc aucune sonnerie ?
— Je ne fais attention qu'à la mienne.
— Cela est bien, père Fauvent.
— Révérende mère, il faudra un levier d'au moins six pieds.
— Où le prendrez-vous ?
— Où il ne manque pas de grilles, il ne manque pas de barres de fer. J'ai mon tas de ferrailles au fond du jardin.
— Trois quarts d'heure environ avant minuit ; n'oubliez pas.
— Révérende mère ?
— Quoi ?
— Si jamais vous aviez d'autres ouvrages comme ça, c'est mon frère qui est fort. Un Turc !
— Vous ferez le plus vite possible.
— Je ne vais pas hardi vite. Je suis infirme ; c'est pour cela qu'il me faudrait un aide. Je boite.
— Boiter n'est pas un tort, et peut être une bénédiction. L'empereur Henri II, qui combattit l'antipape Grégoire et rétablit Benoît VIII, a deux surnoms : le Saint et le Boiteux.
— C'est bien bon deux surtouts, murmura Fauchelevent, qui, en réalité, avait l'oreille un peu dure.
— Père Fauvent, j'y pense, prenons une heure entière. Ce n'est pas trop. Soyez près du maître-autel avec votre barre de fer à onze heures. L'office commence à minuit. Il faut que tout soit fini un bon quart d'heure auparavant.
— Je ferai tout pour prouver mon zèle à la communauté. Voilà qui est dit. Je clouerai le cercueil. A onze heures précises je serai dans la chapelle. Les mères chantres y seront, la mère Ascension y sera. Deux hommes, cela vaudrait mieux. Enfin n'importe ! J'aurai mon levier. Nous ouvrirons le caveau, nous descendrons le cercueil, et nous refermerons le caveau. Après quoi, plus trace de rien. Le gouvernement ne s'en doutera pas. Révérende mère, tout est arrangé ainsi ?
— Non.

— Qu'y a-t-il donc encore?
— Il reste la bière vide.

Ceci fit un temps d'arrêt. Fauchelevent songeait. La prieure songeait.

— Père Fauvent, que fera-t-on de la bière?
— On la portera en terre.
— Vide?

Autre silence. Fauchelevent fit de la main gauche cette espèce de geste qui donne congé à une question inquiétante.

— Révérende mère, c'est moi qui cloue la bière dans la chambre basse de l'église, et personne n'y peut entrer que moi, et je couvrirai la bière du drap mortuaire.

— Oui, mais les porteurs, en la mettant dans le corbillard et en la descendant dans la fosse, sentiront bien qu'il n'y a rien dedans.

— Ah! di... s'écria Fauchelevent.

La prieure commença un signe de croix, et regarda fixement le jardinier. *Able* lui resta dans le gosier.

Il se hâta d'improviser un expédient pour faire oublier le juron.

— Révérende mère, je mettrai de la terre dans la bière. Cela fera l'effet de quelqu'un.

— Vous avez raison. La terre, c'est la même chose que l'homme. Ainsi vous arrangerez la bière vide?

— J'en fais mon affaire.

Le visage de la prieure, jusqu'alors trouble et obscur, se rasséréna. Elle lui fit le signe du supérieur congédiant l'inférieur. Fauchelevent se dirigea vers la porte. Comme il allait sortir, la prieure éleva doucement la voix:

— Père Fauvent, je suis contente de vous; demain, après l'enterrement, amenez-moi votre frère, et dites-lui qu'il m'amène sa fille.

IV

Où Jean Valjean a tout a fait l'air
d'avoir lu Austin Castillejo

Les enjambées de boiteux sont comme des œillades de borgne; elles n'arrivent pas vite au but. En outre, Fauchelevent était perplexe. Il mit près d'un quart d'heure à revenir dans la baraque du jardin. Cosette était éveillée. Jean Valjean l'avait assise près du feu. Au moment où Fauchelevent entra, Jean Valjean lui montrait la hotte du jardinier accrochée au mur et lui disait :

— Écoute-moi bien, ma petite Cosette. Il faudra nous en aller de cette maison, mais nous y reviendrons et nous y serons très bien. Le bonhomme d'ici t'emportera sur son dos là-dedans. Tu m'attendras chez une dame. J'irai te retrouver. Surtout, si tu ne veux pas que la Thénardier te reprenne, obéis et ne dis rien !

Cosette fit un signe de tête d'un air grave.

Au bruit de Fauchelevent poussant la porte, Jean Valjean se retourna.

— Eh bien ?

— Tout est arrangé, et rien ne l'est, dit Fauchelevent. J'ai permission de vous faire entrer ; mais avant de vous faire entrer, il faut vous faire sortir. C'est là qu'est l'embarras de charrettes. Pour la petite, c'est aisé.

— Vous l'emporterez ?

— Et elle se taira ?

— J'en réponds.

— Mais vous, père Madeleine ?

Et, après un silence où il y avait de l'anxiété, Fauchelevent s'écria :

— Mais sortez donc par où vous êtes entré !

Jean Valjean, comme la première fois, se borna à répondre : — Impossible.

Fauchelevent, se parlant plus à lui-même qu'à Jean Valjean, grommela :

— Il y a une autre chose qui me tourmente. J'ai dit que j'y mettrais de la terre. C'est que je pense que de la terre là-dedans, au lieu d'un corps, ça ne sera pas ressemblant, ça n'ira pas, ça se déplacera, ça remuera. Les hommes le sentiront. Vous comprenez, père Madeleine, le gouvernement s'en apercevra.

Jean Valjean le considéra entre les deux yeux, et crut qu'il délirait.

Fauchelevent reprit :

— Comment di... — antre allez-vous sortir ? C'est qu'il faut que tout cela soit fait demain ! C'est demain que je vous amène. La prieure vous attend.

Alors il expliqua à Jean Valjean que c'était une récompense pour un service que lui, Fauchelevent, rendait à la communauté. Qu'il entrait dans ses attributions de participer aux sépultures, qu'il clouait les bières et assistait le fossoyeur au cimetière. Que la religieuse morte le matin avait demandé d'être ensevelie dans le cercueil qui lui servait de lit et enterrée dans le caveau sous l'autel de la chapelle. Que cela était défendu par les règlements de police, mais que c'était une de ces mortes à qui l'on ne refuse rien. Que la prieure et les mères vocales entendaient exécuter le vœu de la défunte. Que tant pis pour le gouvernement. Que lui Fauchelevent clouerait le cercueil dans la cellule, lèverait la pierre dans la chapelle, et descendrait la morte dans le caveau. Et que, pour le remercier, la prieure admettait dans la maison son frère comme jardinier et sa nièce comme pensionnaire. Que son frère, c'était M. Madeleine, et que sa nièce, c'était Cosette. Que la prieure lui avait dit d'amener son frère le lendemain soir, après l'enterrement postiche au cimetière. Mais qu'il ne pouvait pas amener du dehors M. Madeleine, si M. Madeleine n'était pas dehors. Que c'était là le premier embarras. Et puis qu'il avait encore un embarras : la bière vide.

— Qu'est-ce que c'est que la bière vide ? demanda Jean Valjean.

Fauchelevent répondit :

— La bière de l'administration.

— Quelle bière ? et quelle administration ?

— Une religieuse meurt. Le médecin de la municipalité vient et dit : il y a une religieuse morte. Le gouvernement envoie une bière. Le lendemain il envoie un corbillard et des croque-morts pour reprendre la bière et la porter au cimetière. Les croque-morts viendront, et soulèveront la bière ; il n'y aura rien dedans.

— Mettez-y quelque chose.

— Un mort ? je n'en ai pas.

— Non.

— Quoi donc ?

— Un vivant.

— Quel vivant ?

— Moi, dit Jean Valjean.

Fauchelevent, qui s'était assis, se leva comme si un pétard fût parti sous sa chaise.

— Vous !

— Pourquoi pas ?

Jean Valjean eut un de ces rares sourires qui lui venaient comme une lueur dans un ciel d'hiver.

— Vous savez, Fauchelevent, que vous avez dit : La mère Crucifixion est morte, et que j'ai ajouté : Et le père Madeleine est enterré. Ce sera cela.

— Ah, bon, vous riez. Vous ne parlez pas sérieusement.

— Très sérieusement. Il faut sortir d'ici ?

— Sans doute.

— Je vous ai dit de me trouver pour moi aussi une hotte et une bâche.

— Eh bien ?

— La hotte sera en sapin, et la bâche sera un drap noir.

— D'abord, un drap blanc. On enterre les religieuses en blanc.

— Va pour le drap blanc.

— Vous n'êtes pas un homme comme les autres, père Madeleine.

Voir de telles imaginations, qui ne sont pas autre chose que les sauvages et téméraires inventions du bagne, sortir des choses paisibles qui l'entouraient et se mêler à ce qu'il appelait le « petit train-train du couvent », c'était pour Fauchelevent une stupeur comparable à celle d'un passant qui verrait un goëland pêcher dans le ruisseau de la rue Saint-Denis.

Jean Valjean poursuivit :

— Il s'agit de sortir d'ici sans être vu. C'est un moyen. Mais d'abord renseignez-moi. Comment cela se passe-t-il ? Où est cette bière ?

— Celle qui est vide ?

— Oui.

— En bas, dans ce qu'on appelle la salle des mortes. Elle est sur deux tréteaux et sous le drap mortuaire.

— Quelle est la longueur de la bière ?

— Six pieds.

— Qu'est-ce que c'est que la salle des mortes ?

— C'est une chambre du rez-de-chaussée qui a une fenêtre grillée sur le jardin qu'on ferme du dehors avec un volet, et deux portes ; l'une qui va au couvent, l'autre qui va à l'église.

— Quelle église ?

— L'église de la rue, l'église de tout le monde.

— Avez-vous les clefs de ces deux portes ?

— Non. J'ai la clef de la porte qui communique au couvent ; le concierge a la clef de la porte qui communique à l'église.

— Quand le concierge ouvre-t-il cette porte-là ?

— Uniquement pour laisser entrer les croque-morts qui viennent chercher la bière. La bière sortie, la porte se referme.

— Qui est-ce qui cloue la bière ?

— C'est moi.

— Qui est-ce qui met le drap dessus ?

— C'est moi.

— Êtes-vous seul ?

— Pas un autre homme, excepté le médecin de la police, ne peut entrer dans la salle des mortes. C'est même écrit sur le mur.

— Pourriez-vous, cette nuit, quand tout dormira dans le couvent, me cacher dans cette salle ?

— Non. Mais je puis vous cacher dans un petit réduit noir qui donne dans la salle des mortes, où je mets mes outils d'enterrement, et dont j'ai la garde et la clef.

— A quelle heure le corbillard viendra-t-il chercher la bière demain ?

— Vers trois heures du soir. L'enterrement se fait au cimetière Vaugirard, un peu avant la nuit. Ce n'est pas tout près.

— Je resterai caché dans votre réduit à outils toute la nuit et toute la matinée. Et à manger ? J'aurai faim.

— Je vous porterai de quoi.

— Vous pourriez venir me clouer dans la bière à deux heures.

Fauchelevent recula et se fit craquer les os des doigts.

— Mais c'est impossible !

— Bah ! prendre un marteau et clouer des clous dans une planche !

Ce qui semblait inouï à Fauchelevent était, nous le répétons, simple pour Jean Valjean. Jean Valjean avait traversé de pires détroits. Quiconque a été prisonnier sait l'art de se rapetisser selon le diamètre des évasions. Le prisonnier est sujet à la fuite comme le malade à la crise qui le sauve ou qui le perd. Une évasion, c'est une guérison. Que n'accepte-t-on pas pour guérir ? Se faire clouer et emporter dans une caisse comme un colis, vivre longtemps dans une boîte, trouver de l'air où il n'y en a pas, économiser sa respiration des heures entières, savoir étouffer sans mourir, c'était là un des sombres talents de Jean Valjean.

Du reste, une bière dans laquelle il y a un être vivant, cet expédient de forçat, est aussi un expédient d'empereur. S'il faut en croire le moine Austin Castillejo[1], ce fut le moyen que Charles-Quint, voulant après son abdication revoir une dernière fois la Plombes, employa pour la faire entrer dans le monastère de Saint-Just et pour l'en faire sortir.

Fauchelevent, un peu revenu à lui, s'écria :

— Mais comment ferez-vous pour respirer ?

— Je respirerai.

— Dans cette boîte ! Moi, seulement d'y penser, je suffoque.

— Vous avez bien une vrille, vous ferez quelques petits trous autour de la bouche çà et là, et vous clouerez sans serrer la planche de dessus.

— Bon ! Et s'il vous arrive de tousser ou d'éternuer ?

— Celui qui s'évade ne tousse pas et n'éternue pas.

Et Jean Valjean ajouta :

— Père Fauchelevent, il faut se décider : ou être pris ici, ou accepter la sortie par le corbillard.

Tout le monde a remarqué le goût qu'ont les chats de s'arrêter et de flâner entre les deux battants d'une porte entre-bâillée. Qui n'a dit à un chat : Mais entre donc ! Il y a des hommes qui, dans un incident entr'ouvert devant eux, ont aussi une tendance à rester indécis entre deux résolutions, au risque de se faire écraser par le destin fermant brusquement l'aventure. Les trop prudents, tout chats qu'ils sont, et parce qu'ils sont chats, courent quelquefois plus de danger que les audacieux. Fauchelevent était de cette nature hésitante. Pourtant le sang-froid de Jean Valjean le gagnait malgré lui. Il grommela :

— Au fait, c'est qu'il n'y a pas d'autre moyen.

Jean Valjean reprit :

— La seule chose qui m'inquiète, c'est ce qui se passera au cimetière.

— C'est justement cela qui ne m'embarrasse pas, s'écria Fauchelevent. Si vous êtes sûr de vous tirer de la bière, moi je suis sûr de vous tirer de la fosse. Le fossoyeur est un ivrogne de mes amis. C'est le père Mestienne. Un vieux de la vieille vigne. Le fossoyeur met les morts dans la fosse, et moi je mets le fossoyeur dans ma poche. Ce qui se passera, je vais vous le dire. On arrivera un peu avant la brune, trois quarts d'heure avant la fermeture des grilles du cimetière. Le corbillard roulera jusqu'à la fosse. Je suivrai ; c'est ma besogne. J'aurai un marteau, un ciseau et des tenailles dans ma poche. Le corbillard s'arrête, les croque-morts vous nouent une corde autour de votre bière et vous descendent. Le prêtre dit les prières, fait le signe de croix, jette l'eau bénite, et file. Je reste seul avec le père Mestienne. C'est mon ami, je vous dis. De deux choses l'une, ou il sera soûl, ou il ne sera pas soûl. S'il n'est pas soûl, je lui dis : Viens boire un coup pendant que le *Bon Coing* est encore ouvert. Je l'emmène, je le grise, le père Mestienne n'est pas long à griser, il est toujours commencé, je te le couche sous la table, je lui prends sa carte pour rentrer au cimetière, et je reviens sans lui. Vous n'avez plus affaire qu'à moi. S'il est soûl, je lui dis : Va-t'en, je vais faire ta besogne. Il s'en va, et je vous tire du trou.

Jean Valjean lui tendit sa main sur laquelle Fauchelevent se précipita avec une touchante effusion paysanne.

— C'est convenu, père Fauchelevent. Tout ira bien.

— Pourvu que rien ne se dérange, pensa Fauchelevent. Si cela allait devenir terrible[2] !

V

Il ne suffit pas d'être ivrogne pour être immortel

Le lendemain, comme le soleil déclinait, les allants et venants fort clairsemés du boulevard du Maine ôtaient leur chapeau au passage d'un corbillard vieux modèle, orné de têtes de mort, de tibias et de larmes. Dans ce corbillard il y avait un cercueil couvert d'un drap blanc sur lequel s'étalait une vaste croix noire, pareille à une grande morte dont les bras pendent. Un carrosse drapé, où l'on apercevait un prêtre en surplis et un enfant de chœur en calotte rouge, suivait. Deux croque-morts en uniforme gris à parements noirs marchaient à droite et à gauche du corbillard. Derrière venait un vieux homme en habits d'ouvrier, qui boitait. Ce cortège se dirigeait vers le cimetière Vaugirard[1].

On voyait passer de la poche de l'homme le manche d'un marteau, la lame d'un ciseau à froid, et la double antenne d'une paire de tenailles.

Le cimetière Vaugirard faisait exception parmi les cimetières de Paris. Il avait ses usages particuliers, de même qu'il avait sa porte cochère et sa porte bâtarde que, dans le quartier, les vieilles gens, tenaces aux vieux mots, appelaient la porte cavalière et la porte piétonne. Les bernardines-bénédictines du Petit-Picpus avaient obtenu, nous l'avons dit, d'y être enterrées dans un coin à part, et le soir, ce terrain ayant jadis appartenu à leur communauté. Les fossoyeurs, ayant de cette façon dans le cimetière un service du soir l'été et de nuit l'hiver, y étaient astreints à une discipline particulière. Les portes des cimetières de Paris se fermaient à cette époque au coucher du soleil, et, ceci étant une mesure d'ordre municipal, le cimetière Vaugirard y était soumis comme les autres. La porte cavalière et la porte piétonne étaient deux grilles contiguës, accostées d'un pavillon bâti par l'architecte Perronnet et habité par le portier du cimetière. Ces grilles tournaient donc inexorablement sur leurs gonds à l'instant où le soleil disparaissait derrière le dôme des Invalides. Si quelque fossoyeur, à ce moment-là, était attardé dans le cimetière, il n'avait qu'une ressource pour sortir, sa carte de fossoyeur délivrée par l'administration des pompes funèbres. Une espèce de boîte aux lettres était pratiquée dans le volet de la fenêtre du concierge. Le fossoyeur jetait sa carte dans cette boîte, le concierge l'entendait tomber, tirait du cordon, et la porte piétonne s'ouvrait. Si le fossoyeur n'avait pas sa carte, il se nommait, le concierge, parfois couché et endormi, se levait, allait reconnaître le fossoyeur, et ouvrait la porte avec la clef; le fossoyeur sortait, mais payait quinze francs d'amende.

Ce cimetière, avec ses originalités en dehors de la règle, gênait la symétrie administrative. On l'a supprimé peu après 1830. Le cimetière Montparnasse, dit cimetière de l'Est, lui a succédé, et a hérité de ce fameux cabaret mitoyen au cimetière Vaugirard qui était surmonté d'un coing peint sur une planche, et qui faisait angle, d'un côté sur les tables des buveurs, de l'autre sur les tombeaux, avec cette enseigne : *Au Bon Coing*.

Le cimetière Vaugirard était ce qu'on pourrait appeler un cimetière fané. Il tombait en désuétude. La moisissure l'envahissait, les fleurs le quittaient. Les bourgeois se souciaient peu d'être enterrés à Vaugirard ; cela sentait le pauvre. Le Père-Lachaise, à la bonne heure ! Être enterré au Père-Lachaise, c'est comme avoir des meubles en acajou. L'élégance se reconnaît là. Le cimetière Vaugirard était un enclos vénérable, planté en ancien jardin français. Des allées droites, des buis, des thuias, des houx, de vieilles tombes sous de vieux ifs, l'herbe très haute. Le soir y était tragique. Il y avait là des lignes très lugubres.

Le soleil n'était pas encore couché quand le corbillard au drap blanc et à la croix noire entra dans l'avenue du cimetière Vaugirard. L'homme boiteux qui le suivait n'était autre que Fauchelevent.

L'enterrement de la mère Crucifixion dans le caveau sous l'autel, la sortie de Cosette, l'introduction de Jean Valjean dans la salle des mortes, tout s'était exécuté sans encombre, et rien n'avait accroché.

Disons-le en passant, l'inhumation de la mère Crucifixion sous l'autel du couvent est pour nous chose parfaitement vénielle. C'est une de ces fautes qui ressemblent à un devoir. Les religieuses l'avaient accomplie, non seulement sans trouble, mais avec l'applaudissement de leur conscience. Au cloître, ce qu'on appelle « le gouvernement » n'est qu'une immixtion dans l'autorité, immixtion toujours discutable. D'abord la règle ; quant au code, on verra. Hommes, faites des lois tant qu'il vous plaira, mais gardez-les pour vous. Le péage à César n'est jamais que le reste du péage à Dieu. Un prince n'est rien près d'un principe.

Fauchelevent boitait derrière le corbillard, très content. Ses deux mystères, ses deux complots jumeaux, l'un avec les religieuses, l'autre avec M. Madeleine, l'un pour le couvent, l'autre contre, avaient réussi de front. Le calme de Jean Valjean était de ces tranquillités puissantes qui se communiquent. Fauchelevent ne doutait plus du succès. Ce qui restait à faire n'était rien. Depuis deux ans, il avait grisé dix fois le fossoyeur, le brave père Mestienne, un bonhomme joufflu. Il en jouait, du père Mestienne. Il en faisait ce qu'il voulait. Il le coiffait de sa volonté et de sa fantaisie. La tête de Mestienne s'ajustait au bonnet de Fauchelevent. La sécurité de Fauchelevent était complète.

Au moment où le convoi entra dans l'avenue menant au cimetière, Fauchelevent, heureux, regarda le corbillard et se frotta ses grosses mains en disant à demi-voix :

— En voilà une farce !

Tout à coup le corbillard s'arrêta ; on était à la grille. Il fallait exhiber le permis d'inhumer. L'homme des pompes funèbres s'aboucha avec le portier du cimetière. Pendant ce colloque, qui produit toujours un temps d'arrêt d'une ou deux minutes, quelqu'un, un inconnu, vint se placer derrière le corbillard à côté de Fauchelevent. C'était une espèce d'ouvrier qui avait une veste aux larges poches, et une pioche sous le bras.

Fauchelevent regarda cet inconnu.

— Qui êtes-vous ? demanda-t-il.

L'homme répondit :

— Le fossoyeur.

Si l'on survivait à un boulet de canon en pleine poitrine, on ferait la figure que fit Fauchelevent.

— Le fossoyeur !
— Oui.
— Vous !
— Moi.
— Le fossoyeur, c'est le père Mestienne.
— C'était.
— Comment ! c'était ?
— Il est mort.

Fauchelevent s'était attendu à tout, excepté à ceci, qu'un fossoyeur pût mourir. C'est pourtant vrai ; les fossoyeurs eux-mêmes meurent. A force de creuser la fosse des autres, on ouvre la sienne.

Fauchelevent demeura béant. Il eut à peine la force de bégayer :

— Mais ce n'est pas possible !
— Cela est.
— Mais, reprit-il faiblement, le fossoyeur, c'est le père Mestienne.
— Après Napoléon, Louis XVIII. Après Mestienne, Gribier. Paysan, je m'appelle Gribier.

Fauchelevent, tout pâle, considéra ce Gribier.

C'était un homme long, maigre, livide, parfaitement funèbre. Il avait l'air d'un médecin manqué tourné fossoyeur.

Fauchelevent éclata de rire.

— Ah ! comme il arrive de drôles de choses ! le père Mestienne est mort. Le petit père Mestienne est mort, mais vive le petit père Lenoir ! Vous savez ce que c'est que le petit père Lenoir ? C'est le cruchon du rouge à six sur le plomb. C'est le cruchon du Suresnes, morbigou ! du vrai Suresnes de Paris ! Ah ! il est mort, le vieux Mestienne ! J'en suis fâché ; c'était un bon vivant. Mais vous aussi, vous êtes un bon vivant. Pas vrai, camarade ? Nous allons aller boire ensemble un coup, tout à l'heure.

L'homme répondit : — J'ai étudié. J'ai fait ma quatrième. Je ne bois jamais.

Le corbillard s'était remis en marche et roulait dans la grande allée du cimetière.

Fauchelevent avait ralenti son pas. Il boitait, plus encore d'anxiété que d'infirmité.

Le fossoyeur marchait devant lui.

Fauchelevent passa encore une fois l'examen du Gribier inattendu.

C'était un de ces hommes qui, jeunes, ont l'air vieux, et qui, maigres, sont très forts.

— Camarade ! cria Fauchelevent.

L'homme se retourna.

— Je suis le fossoyeur du couvent.

— Mon collègue, dit l'homme.

Fauchelevent, illettré, mais très fin, comprit qu'il avait affaire à une espèce redoutable, à un beau parleur.

Il grommela :

— Comme ça, le père Mestienne est mort.

L'homme répondit :

— Complètement. Le bon Dieu a consulté son carnet d'échéances. C'était le tour du père Mestienne. Le père Mestienne est mort.

Fauchelevent répéta machinalement :

— Le bon Dieu...

— Le bon Dieu, fit l'homme avec autorité. Pour les philosophes, le Père éternel ; pour les jacobins, l'Être suprême.

— Est-ce que nous ne ferons pas connaissance ? balbutia Fauchelevent.

— Elle est faite. Vous êtes paysan, je suis parisien.

— On ne se connaît pas tant qu'on n'a pas bu ensemble. Qui vide son verre vide son cœur. Vous allez venir boire avec moi. Ça ne se refuse pas.

— D'abord la besogne.

Fauchelevent pensa : je suis perdu. On n'était plus qu'à quelques tours de roue de la petite allée qui menait au coin des religieuses.

Le fossoyeur reprit :

— Paysan, j'ai sept mioches qu'il faut nourrir. Comme il faut qu'ils mangent, il ne faut pas que je boive.

Et il ajouta avec la satisfaction d'un être sérieux qui fait une phrase :

— Leur faim est ennemie de ma soif.

Le corbillard tourna un massif de cyprès, quitta la grande allée, en prit une petite, entra dans les terres et s'enfonça dans un fourré. Ceci indiquait la proximité immédiate de la sépulture. Fauchelevent ralentissait son pas, mais ne pouvait ralentir le corbillard. Heureusement la terre meuble, et mouillée par les pluies d'hiver, engluait les roues et alourdissait la marche.

Il se rapprocha du fossoyeur.

— Il y a un si bon petit vin d'Argenteuil, murmura Fauchelevent.

— Villageois, reprit l'homme, cela ne devrait pas être que je sois fossoyeur. Mon père était portier au Prytanée. Il me destinait à la littérature. Mais il a eu des malheurs. Il a fait des pertes à la Bourse. J'ai dû renoncer à l'état d'auteur. Pourtant je suis encore écrivain public.

— Mais vous n'êtes donc pas fossoyeur? repartit Fauchelevent, se raccrochant à cette branche, bien faible.

— L'un n'empêche pas l'autre. Je cumule.

Fauchelevent ne comprit pas ce dernier mot.

— Venons boire, dit-il.

Ici une observation est nécessaire. Fauchelevent, quelle que fut son angoisse, offrait à boire, mais ne s'expliquait pas sur un point : qui payera? D'ordinaire Fauchelevent offrait, et le père Mestienne payait. Une offre à boire résultait évidemment de la situation nouvelle créée par le fossoyeur nouveau, et cette offre, il fallait la faire, mais le vieux jardinier laissait, non sans intention, le proverbial quart d'heure dit de Rabelais, dans l'ombre. Quant à lui, Fauchelevent, si ému qu'il fût, il ne se souciait point de payer.

Le fossoyeur poursuivit, avec un sourire supérieur :

— Il faut manger. J'ai accepté la survivance du père

Mestienne. Quand on a fait presque ses classes, on est philosophe. Au travail de la main, j'ai ajouté le travail du bras. J'ai mon échoppe d'écrivain au marché de la rue de Sèvres. Vous savez? le marché aux Parapluies. Toutes les cuisinières de la Croix-Rouge s'adressent à moi. Je leur bâcle leurs déclarations aux tourlourous. Le matin j'écris des billets doux, le soir je creuse des fosses. Telle est la vie, campagnard.

Le corbillard avançait. Fauchelevent, au comble de l'inquiétude, regardait de tous les côtés autour de lui. De grosses larmes de sueur lui tombaient du front.

— Pourtant, continua le fossoyeur, on ne peut pas servir deux maîtresses. Il faudra que je choisisse de la plume ou de la pioche. La pioche me gâte la main.

Le corbillard s'arrêta. L'enfant de chœur descendit de la voiture drapée, puis le prêtre. Une des petites roues de devant du corbillard montait un peu sur un tas de terre au delà duquel on voyait une fosse ouverte.

— En voilà une farce! répéta Fauchelevent consterné.

VI

Entre quatre planches

Qui était dans la bière? on le sait. Jean Valjean.

Jean Valjean s'était arrangé pour vivre là-dedans, et il respirait à peu près.

C'est une chose étrange à quel point la sécurité de la conscience donne la sécurité du reste. Toute la combinaison préméditée par Jean Valjean marchait, et marchait bien, depuis la veille. Il comptait, comme Fauchelevent, sur le père Mestienne. Il ne doutait pas de la fin. Jamais situation plus critique, jamais calme plus complet.

Les quatre planches du cercueil dégagent une sorte de paix terrible. Il semblait que quelque chose du repos des morts entrât dans la tranquillité de Jean Valjean. Du fond de cette bière, il avait pu suivre et il suivait toutes les phases du drame redoutable qu'il jouait avec la mort.

Peu après que Fauchelevent eut achevé de clouer la planche de dessus, Jean Valjean s'était senti emporter, puis rouler. A moins de secousses, il avait senti qu'on passait du pavé à la terre battue, c'est-à-dire qu'on quittait les rues et qu'on arrivait aux boulevards. A un bruit sourd, il avait deviné qu'on traversait le pont d'Austerlitz. Au premier temps d'arrêt, il avait compris qu'on entrait dans le cimetière; au second temps d'arrêt, il s'était dit : voici la fosse.

Brusquement il sentit que des mains saisissaient la bière, puis un frottement rauque sur les planches; il se rendit compte que c'était une corde qu'on nouait autour du cercueil pour le descendre dans l'excavation. Puis il eut une espèce d'étourdissement. Probablement les croque-morts et le fossoyeur avaient laissé basculer le cercueil et descendu la tête avant les pieds. Il revint pleinement à lui en se sentant horizontal et immobile. Il venait de toucher le fond. Il sentit un certain froid.

Une voix s'éleva au-dessus de lui, glaciale et solennelle. Il entendit passer, si lentement qu'il pouvait les saisir l'un après l'autre, des mots latins qu'il ne comprenait pas :

— *Qui dormiunt in terrae pulvere, evigilabunt; alii in vitam aeternam, et alii in opprobrium, ut videant semper.*

Une voix d'enfant dit :
— *De profundis.*
La voix grave recommença :
— *Requiem aeternam dona ei, Domine.*
La voix d'enfant répondit :
— *Et lux perpetua luceat ei.*

Il entendit sur la planche qui le recouvrait quelque chose comme le frappement doux de quelques gouttes de pluie. C'était probablement l'eau bénite. Il songea : Cela va être fini. Encore un peu de patience. Le prêtre va s'en aller. Fauchelevent emmènera Mestienne boire. On me laissera. Puis Fauchelevent reviendra seul, et je sortirai. Ce sera l'affaire d'une bonne heure.

La voix grave reprit :
— *Requiescat in pace.*
Et la voix d'enfant dit :
— *Amen.*

Jean Valjean, l'oreille tendue, perçut quelque chose comme des pas qui s'éloignaient.
— Les voilà qui s'en vont, pensa-t-il. Je suis seul.

Tout à coup il entendit sur sa tête un bruit qui lui sembla la chute du tonnerre. C'était une pelletée de terre qui tombait sur le cercueil.

Une seconde pelletée de terre tomba. Un des trous par

où il respirait venait de se boucher. Une troisième pelletée de terre tomba. Puis une quatrième. Il est des choses plus fortes que l'homme le plus fort. Jean Valjean perdit connaissance.

VII

Où l'on trouvera l'origine du mot : ne pas perdre la carte

Voici ce qui se passait au-dessus de la bière où était Jean Valjean.

Quand le corbillard se fut éloigné, quand le prêtre et l'enfant de chœur furent remontés en voiture et partis, Fauchelevent, qui ne quittait pas des yeux le fossoyeur, le vit se pencher et empoigner sa pelle, qui était enfoncée droite dans le tas de terre.

Alors Fauchelevent prit une résolution suprême.

Il se plaça entre la fosse et le fossoyeur, croisa les bras, et dit :

— C'est moi qui paye !

Le fossoyeur le regarda avec étonnement, et répondit :

— Quoi, paysan ?

Fauchelevent répéta :

— C'est moi qui paye !

— Quoi ?

— Le vin.

— Quel vin ?

— L'Argenteuil.

— Où ça l'Argenteuil ?

— *Au Bon Coing.*

— Va-t'en au diable ! dit le fossoyeur.

Et il jeta une pelletée de terre sur le cercueil.

La bière rendit un son creux. Fauchelevent se sentit chanceler et prêt à tomber lui-même dans la fosse. Il cria, d'une voix où commençait à se mêler l'étranglement du râle :

— Camarade, avant que le *Bon Coing* soit fermé !

Le fossoyeur reprit de la terre dans la pelle. Fauchelevent continua :

— Je paye !

Et il saisit le bras du fossoyeur.

— Écoutez-moi, camarade. Je suis le fossoyeur du couvent. Je viens pour vous aider. C'est une besogne qui peut se faire la nuit. Commençons donc par aller boire un coup.

Et tout en parlant, tout en se cramponnant à cette insistance désespérée, il faisait cette réflexion lugubre :
— Et quand il boirait ! se griserait-il ?
— Provincial, dit le fossoyeur, si vous le voulez absolument, j'y consens. Nous boirons. Après l'ouvrage, jamais avant.

Et il donna le branle à sa pelle. Fauchelevent le retint.
— C'est de l'Argenteuil à six !
— Ah çà, dit le fossoyeur, vous êtes sonneur de cloches. Din don, din don ; vous ne savez dire que ça. Allez vous faire lanlaire.

Et il lança la seconde pelletée.

Fauchelevent arrivait à ce moment où l'on ne sait plus ce qu'on dit.
— Mais venez donc boire, cria-t-il, puisque c'est moi qui paye !
— Quand nous aurons couché l'enfant, dit le fossoyeur.

Il jeta la troisième pelletée.

Puis il enfonça la pelle dans la terre et ajouta :
— Voyez-vous, il va faire froid cette nuit, et la morte crierait derrière nous si nous la plantions là sans couverture.

En ce moment, tout en chargeant sa pelle, le fossoyeur se courbait, et la poche de sa veste bâillait.

Le regard égaré de Fauchelevent tomba machinalement dans cette poche, et s'y arrêta.

Le soleil n'était pas encore caché par l'horizon ; il faisait assez de jour pour qu'on pût distinguer quelque chose de blanc au fond de cette poche béante.

Toute la quantité d'éclair que peut avoir l'œil d'un paysan picard traversa la prunelle de Fauchelevent. Il venait de lui venir une idée.

Sans que le fossoyeur, tout à sa pelletée de terre, s'en aperçût, il lui plongea par derrière la main dans la poche, et retira de cette poche la chose blanche qui était au fond.

Le fossoyeur envoya dans la fosse la quatrième pelletée.

Au moment où il se retournait pour prendre la cinquième, Fauchelevent le regarda avec un profond calme et lui dit :

— A propos, nouveau, avez-vous votre carte?
Le fossoyeur s'interrompit.
— Quelle carte?
— Le soleil va se coucher.
— C'est bon, qu'il mette son bonnet de nuit.
— La grille du cimetière va se fermer.
— Eh bien, après?
— Avez-vous votre carte?
— Ah, ma carte! dit le fossoyeur.
Et il fouilla dans sa poche.
Une poche fouillée, il fouilla l'autre. Il passa aux goussets, explora le premier, retourna le second.
— Mais non, dit-il, je n'ai pas ma carte. Je l'aurai oubliée.
— Quinze francs d'amende, dit Fauchelevent.
Le fossoyeur devint vert. Le vert est la pâleur des gens livides.
— Ah Jésus - mon - Dieu - bancroche - à - bas - la - lune! s'écria-t-il. Quinze francs d'amende!
— Trois pièces-cent-sous, dit Fauchelevent.
Le fossoyeur laissa tomber sa pelle.
Le tour de Fauchelevent était venu.
— Ah çà, dit Fauchelevent, conscrit, pas de désespoir. Il ne s'agit pas de se suicider, et de profiter de la fosse. Quinze francs, c'est quinze francs, et d'ailleurs vous pouvez ne pas les payer. Je suis vieux, vous êtes nouveau. Je connais les trucs, les trocs, les trics et les tracs. Je vas vous donner un conseil d'ami. Une chose est claire, c'est que le soleil se couche, il touche au dôme, le cimetière va fermer dans cinq minutes.
— C'est vrai, répondit le fossoyeur.
— D'ici à cinq minutes, vous n'avez pas le temps de remplir la fosse, elle est creuse comme le diable, cette fosse, et d'arriver à temps pour sortir avant que la grille soit fermée.
— C'est juste.
— En ce cas quinze francs d'amende.
— Quinze francs.
— Mais vous avez le temps... — Où demeurez-vous?
— A deux pas de la barrière. A un quart d'heure d'ici. Rue de Vaugirard, numéro 87.
— Vous avez le temps, en pendant vos guiboles à votre cou, de sortir tout de suite.

— C'est exact.

— Une fois hors de la grille, vous galopez chez vous, vous prenez votre carte, vous revenez, le portier du cimetière vous ouvre. Ayant votre carte, rien à payer. Et vous enterrez votre mort. Moi, je vas vous le garder en attendant pour qu'il ne se sauve pas.

— Je vous dois la vie, paysan.

— Fichez-moi le camp, dit Fauchelevent.

Le fossoyeur, éperdu de reconnaissance, lui secoua la main, et partit en courant.

Quand le fossoyeur eut disparu dans le fourré, Fauchelevent écouta jusqu'à ce qu'il eût entendu le pas se perdre, puis il se pencha vers la fosse et dit à demi-voix :

— Père Madeleine !

Rien ne répondit.

Fauchelevent eut un frémissement. Il se laissa rouler dans la fosse plutôt qu'il n'y descendit, se jeta sur la tête du cercueil et cria :

— Êtes-vous là ?

Silence dans la bière.

Fauchelevent, ne respirant plus à force de tremblement, prit son ciseau à froid et son marteau, et fit sauter la planche de dessus. La face de Jean Valjean apparut dans le crépuscule, les yeux fermés, pâle.

Les cheveux de Fauchelevent se hérissèrent, il se leva debout, puis tomba adossé à la paroi de la fosse, prêt à s'affaisser sur la bière. Il regarda Jean Valjean.

Jean Valjean gisait, blême et immobile.

Fauchelevent murmura d'une voix basse comme un souffle.

— Il est mort !

Et se redressant, croisant les bras si violemment que ses deux poings fermés vinrent frapper ses deux épaules, il cria :

— Voilà comme je le sauve, moi !

Alors le pauvre bonhomme se mit à sangloter. Monologuant, car c'est une erreur de croire que le monologue n'est pas dans la nature. Les fortes agitations parlent souvent à haute voix.

— C'est la faute au père Mestienne. Pourquoi est-il mort, cet imbécile-là ? qu'est-ce qu'il avait besoin de crever au moment où on ne s'y attend pas ? c'est lui qui fait mourir M. Madeleine. Père Madeleine ! Il est dans la bière. Il est tout porté. C'est fini. — Aussi, ces choses-là, est-ce que ça a du bon sens ? Ah ! mon Dieu ! il est mort ! Eh bien, et sa petite qu'est-ce que je vas en faire ? qu'est-ce que la fruitière va dire ? Qu'un homme comme ça meure comme ça, si c'est Dieu possible ! Quand je pense qu'il s'était mis sous ma charrette ! Père Madeleine ! père Madeleine ! Pardine, il a étouffé, je disais bien. Il n'a pas voulu me croire. Eh bien, voilà une jolie polissonnerie de faite ! Il est mort, ce brave homme, le plus bon homme qu'il y eût dans les bonnes gens du bon Dieu ! Et sa petite ! Ah ! d'abord je ne rentre pas là-bas, moi. Je reste ici. Avoir fait un coup comme ça ! C'est bien la peine d'être deux vieux pour être deux vieux fous. Mais d'abord comment avait-il fait pour entrer dans le couvent ? c'était déjà le commencement. On ne doit pas faire de ces choses-là. Père Madeleine ! père Madeleine ! père Madeleine ! Madeleine ! monsieur Madeleine ! monsieur le maire ! Il ne m'entend pas. Tirez-vous donc de là à présent !

Et il s'arracha les cheveux.

On entendit au loin dans les arbres un grincement aigu. C'était la grille du cimetière qui se fermait.

Fauchelevent se pencha sur Jean Valjean, et tout à coup eut une sorte de rebondissement et tout le recul qu'on peut avoir dans une fosse. Jean Valjean avait les yeux ouverts, et le regardait.

Voir une mort est effrayant, voir une résurrection l'est presque autant. Fauchelevent devint comme de pierre, pâle, hagard, bouleversé par tous ces excès d'émotions, ne sachant s'il avait affaire à un vivant ou à un mort, regardant Jean Valjean qui le regardait.

— Je m'endormais, dit Jean Valjean.

Et il se mit sur son séant.

Fauchelevent tomba à genoux.

— Juste bonne Vierge ! m'avez-vous fait peur !

Puis il se releva et cria :

— Merci, père Madeleine !

Jean Valjean n'était qu'évanoui. Le grand air l'avait réveillé.

La joie est le reflux de la terreur. Fauchelevent avait presque autant à faire que Jean Valjean pour revenir à lui.

— Vous n'êtes donc pas mort ! Oh ! comme vous avez

de l'esprit, vous ! Je vous ai tant appelé que vous êtes revenu. Quand j'ai vu vos yeux fermés, j'ai dit : bon ! le voilà étouffé. Je serais devenu fou furieux, vrai fou à camisole. On m'aurait mis à Bicêtre. Qu'est-ce que vous voulez que je fasse si vous étiez mort ? Et votre petite ! c'est la fruitière qui n'y aurait rien compris ! On lui campe l'enfant sur les bras, et le grand-père est mort ! Quelle histoire ! mes bons saints du paradis, quelle histoire ! Ah ! vous êtes vivant, voilà le bouquet.

— J'ai froid, dit Jean Valjean.

Ce mot rappela complètement Fauchelevent à la réalité, qui était urgente. Ces deux hommes, même revenus à eux, avaient, sans s'en rendre compte, l'âme trouble, et en eux quelque chose d'étrange qui était l'égarement sinistre du lieu.

— Sortons vite d'ici, cria Fauchelevent.

Il fouilla dans sa poche, et en tira une gourde dont il s'était pourvu.

— Mais d'abord la goutte ! dit-il.

La gourde acheva ce que le grand air avait commencé. Jean Valjean but une gorgée d'eau-de-vie et reprit pleine possession de lui-même.

Il sortit de la bière, et aida Fauchelevent à en reclouer le couvercle.

Trois minutes après, ils étaient hors de la fosse.

Du reste Fauchelevent était tranquille. Il prit son temps. Le cimetière était fermé. La survenue du fossoyeur Gribier n'était pas à craindre. Ce « conscrit » était chez lui, occupé à chercher sa carte, et bien empêché de la trouver dans son logis puisqu'elle était dans la poche de Fauchelevent. Sans carte, il ne pouvait rentrer au cimetière.

Fauchelevent prit la pelle et Jean Valjean la pioche, et tous deux firent l'enterrement de la bière vide.

Quand la fosse fut comblée, Fauchelevent dit à Jean Valjean :

—Venons-nous-en. Je garde la pelle ; emportez la pioche.

La nuit tombait.

Jean Valjean eut quelque peine à se remuer et à marcher. Dans cette bière il s'était roidi et était devenu un peu cadavre. L'ankylose de la mort l'avait saisi entre ces quatre planches. Il fallut, en quelque sorte, qu'il se dégelât du sépulcre.

— Vous êtes gourd, dit Fauchelevent. C'est dommage que je sois bancal, nous battrions la semelle.

— Bah! répondit Jean Valjean, quatre pas me mettront la marche dans les jambes.

Ils s'en allèrent par les allées où le corbillard avait passé. Arrivés devant la grille fermée et le pavillon du portier, Fauchelevent, qui tenait à sa main la carte du fossoyeur, la jeta dans la boîte, le portier tira le cordon, la porte s'ouvrit, ils sortirent.

— Comme tout cela va bien! dit Fauchelevent; quelle bonne idée vous avez eue, père Madeleine!

Ils franchirent la barrière Vaugirard de la façon la plus simple du monde. Aux alentours d'un cimetière, une pelle et une pioche sont deux passeports.

La rue de Vaugirard était déserte.

— Père Madeleine, dit Fauchelevent tout en cheminant et en levant les yeux vers les maisons, vous avez de meilleurs yeux que moi. Indiquez-moi donc le numéro 87.

— Le voici justement, dit Jean Valjean.

— Il n'y a personne dans la rue, reprit Fauchelevent. Donnez-moi la pioche, et attendez-moi deux minutes.

Fauchelevent entra au numéro 87, monta tout en haut, guidé par l'instinct qui mène toujours le pauvre au grenier, et frappa dans l'ombre à la porte d'une mansarde. Une voix répondit :

— Entrez.

C'était la voix de Gribier.

Fauchelevent poussa la porte. Le logis du fossoyeur était, comme toutes ces infortunées demeures, un galetas démeublé et encombré. Une caisse d'emballage, — une bière peut-être, — y tenait lieu de commode, un pot à beurre y tenait lieu de fontaine, une paillasse y tenait lieu de lit, le carreau y tenait lieu de chaises et de table. Il y avait dans un coin, sur une loque qui était un vieux lambeau de tapis, une femme maigre et force enfants, faisant un tas. Tout ce pauvre intérieur portait les traces d'un bouleversement. On eût dit qu'il y avait eu là un tremblement de terre « pour un ». Les couvercles étaient déplacés, les haillons étaient épars, la cruche était cassée, la mère avait pleuré, les enfants probablement avaient été battus; traces d'une perquisition acharnée et bourrue. Il était visible que le fossoyeur avait éperdument cherché sa carte, et fait tout responsable de cette perte dans le galetas, depuis sa cruche jusqu'à sa femme. Il avait l'air désespéré.

Mais Fauchelevent se hâtait trop vers le dénouement de l'aventure pour remarquer ce côté triste de son succès.

Il entra et dit :

— Je vous rapporte votre pioche et votre pelle.

Gribier le regarda stupéfait.

— C'est vous, paysan?

— Et demain matin chez le concierge du cimetière vous trouverez votre carte.

Et il posa la pelle et la pioche sur le carreau.

— Qu'est-ce que cela veut dire? demanda Gribier.

— Cela veut dire que vous aviez laissé tomber votre carte de votre poche, que je l'ai trouvée à terre quand vous avez été parti, que j'ai enterré le mort, que j'ai rempli la fosse, que j'ai fait votre besogne, que le portier vous rendra votre carte, et que vous ne payerez pas quinze francs. Voilà, conscrit.

— Merci, villageois! s'écria Gribier ébloui. La prochaine fois, c'est moi qui paye à boire.

VIII

Interrogatoire réussi

Une heure après, par la nuit noire, deux hommes et un enfant se présentaient au numéro 62 de la petite rue Picpus. Le plus vieux de ces hommes levait le marteau et frappait. C'étaient Fauchelevent, Jean Valjean et Cosette.

Les deux bonshommes étaient allés chercher Cosette chez la fruitière de la rue du Chemin-Vert, où Fauchelevent l'avait déposée la veille. Cosette avait passé ces vingt-quatre heures à ne rien comprendre et à trembler silencieusement. Elle tremblait tant qu'elle n'avait pas pleuré. Elle n'avait pas mangé non plus, ni dormi. La digne fruitière lui avait fait cent questions, sans obtenir d'autre réponse qu'un regard morne, toujours le même. Cosette n'avait rien laissé transpirer de tout ce qu'elle avait entendu et vu depuis deux jours. Elle devinait qu'on traversait une crise. Elle sentait profondément qu'il fallait « être sage ». Qui n'a éprouvé la souveraine puissance de ces trois mots prononcés avec un certain accent dans l'oreille d'un petit être effrayé : *Ne dis rien!* La peur est une muette. D'ailleurs, personne ne garde un secret comme un enfant.

Seulement, quand, après ces lugubres vingt-quatre heures, elle avait revu Jean Valjean, elle avait poussé un tel cri de joie, que quelqu'un de pensif qui l'eût entendu eût deviné dans ce cri la sortie d'un abîme.

Fauchelevent était du couvent et savait les mots de passe. Toutes les portes s'ouvrirent. Ainsi fut résolu le double et effrayant problème : sortir, et entrer.

Le portier, qui avait ses instructions, ouvrit la petite porte de service qui communiquait de la cour au jardin, et qu'il y a vingt ans on voyait encore de la rue, dans le mur du fond de la cour, faisant face à la porte cochère. Le portier les introduisit tous les trois par cette porte, et, de là, ils gagnèrent ce parloir intérieur réservé où Fauchelevent, la veille, avait pris les ordres de la prieure.

La prieure, son rosaire à la main, les attendait. Une mère vocale, le voile bas, était debout près d'elle. Une chandelle discrète éclairait, on pourrait presque dire faisait semblant d'éclairer le parloir.

La prieure passa en revue Jean Valjean. Rien n'examine comme un œil baissé. Puis elle le questionna :

— C'est vous le frère ?

— Oui, révérende mère, répondit Fauchelevent.

— Comment vous appelez-vous ?

Fauchelevent répondit :

— Ultime Fauchelevent.

Il avait eu en effet un frère nommé Ultime qui était mort.

— De quel pays êtes-vous ?

Fauchelevent répondit :

— De Picquigny, près Amiens.

— Quel âge avez-vous ?

Fauchelevent répondit :

— Cinquante ans.

— Quel est votre état ?

Fauchelevent répondit :

— Jardinier.

— Êtes-vous bon chrétien ?

Fauchelevent répondit :

— Tout le monde l'est dans la famille.

— Cette petite est à vous ?

Fauchelevent répondit :
— Oui, révérende mère.
— Vous êtes son père ?
Fauchelevent répondit :
— Son grand-père.
La mère vocale dit à la prieure à demi-voix :
— Il répond bien.

Jean Valjean n'avait pas prononcé un mot. La prieure regarda Cosette avec attention, et dit à demi-voix à la mère vocale :
— Elle sera laide.

Les deux mères causèrent quelques minutes très bas dans l'angle du parloir, puis la prieure se retourna et dit :
— Père Fauvent, vous aurez une autre genouillère avec grelot. Il en faut deux maintenant.

Le lendemain en effet on entendait deux grelots dans le jardin, et les religieuses ne résistaient pas à soulever un coin de leur voile. On voyait au fond sous les arbres deux hommes bêcher côte à côte, Fauvent et un autre. Événement énorme. Le silence fut rompu jusqu'à s'entre-dire : C'est un aide-jardinier.

Les mères vocales ajoutaient : C'est un frère au père Fauvent.

Jean Valjean en effet était régulièrement installé ; il avait la genouillère de cuir et le grelot ; il était désormais officiel. Il s'appelait Ultime Fauchelevent.

La plus forte cause déterminante de l'admission avait été l'observation de la prieure sur Cosette : *Elle sera laide.* La prieure, ce pronostic prononcé, prit immédiatement Cosette en amitié, et lui donna place au pensionnat comme élève de charité.

Ceci n'a rien que de très logique. On a beau n'avoir point de miroir au couvent, les femmes ont une conscience pour leur figure ; or, les filles qui se sentent jolies se laissent malaisément faire religieuses ; la vocation étant assez volontiers en proportion inverse de la beauté, on espère plus des laides que des belles. De là un goût vif pour les laiderons.

Toute[1] cette aventure grandit le bon vieux Fauchelevent ; il eut un triple succès ; auprès de Jean Valjean qu'il sauva et abrita ; auprès du fossoyeur Gribier qui se disait : il m'a épargné l'amende ; auprès du couvent qui, grâce à lui, en gardant le cercueil de la mère

Crucifixion sous l'autel, éluda César et satisfit Dieu. Il y eut une bière avec cadavre au Petit-Picpus et une bière sans cadavre au cimetière Vaugirard ; l'ordre public en fut sans doute profondément troublé, mais ne s'en aperçut pas. Quant au couvent, sa reconnaissance pour Fauchelevent fut grande. Fauchelevent devint le meilleur des serviteurs et le plus précieux des jardiniers. A la plus prochaine visite de l'archevêque, la prieure conta la chose à Sa Grandeur, en s'en confessant un peu et en s'en vantant aussi. L'archevêque, au sortir du couvent, en parla avec applaudissement et tout bas, à M. de Latil, confesseur de Monsieur, plus tard archevêque de Reims et cardinal[2] L'admiration pour Fauchelevent fit du chemin, car elle alla à Rome. Nous avons eu sous les yeux un billet adressé par le pape régnant alors, Léon XII, à un de ses parents, monsignor dans la nonciature de Paris, et nommé comme lui Della Genga[3] ; on y lit ces lignes : « Il paraît qu'il y a dans un couvent de Paris un jardinier excellent, qui est un saint homme, appelé Fauvan ». Rien de tout ce triomphe ne parvint jusqu'à Fauchelevent dans sa baraque ; il continua de greffer, de sarcler, et de couvrir ses melonnières, sans être au fait de son excellence et de sa sainteté. Il ne se douta pas plus de sa gloire que ne s'en doute un bœuf de Durham ou de Surrey dont le portrait est publié dans l'*Illustrated London News* avec cette inscription : *Bœuf qui a remporté le prix au concours des bêtes à cornes.*

IX

Clôture

COSETTE au couvent continua de se taire.
Cosette se croyait tout naturellement la fille de Jean Valjean. Du reste, ne sachant rien, elle ne pouvait rien dire, et puis, dans tous les cas, elle n'aurait rien dit. Nous venons de le faire remarquer[1], rien ne dresse les enfants au silence comme le malheur. Cosette avait tant souffert qu'elle craignait tout, même de parler, même de respirer. Une parole avait si souvent fait crouler sur elle une avalanche[2] ! A peine commençait-elle à se rassurer depuis qu'elle était à Jean Valjean. Elle s'habitua assez vite au couvent. Seulement elle regrettait Catherine, mais elle n'osait pas le dire. Une fois pourtant elle dit à

Jean Valjean : — Père, si j'avais su, je l'aurais emmenée.

Cosette, en devenant pensionnaire du couvent, dut prendre l'habit des élèves de la maison. Jean Valjean obtint qu'on lui remît les vêtements qu'elle dépouillait. C'était ce même habillement de deuil qu'il lui avait fait revêtir lorsqu'elle avait quitté la gargote Thénardier. Il n'était pas encore très usé. Jean Valjean enferma ces nippes, plus les bas de laine et les souliers, avec force camphre et tous les aromates dont abondent les couvents, dans une petite valise qu'il trouva moyen de se procurer. Il mit cette valise sur une chaise près de son lit, et il en avait toujours la clef sur lui. — Père, lui demanda un jour Cosette, qu'est-ce que c'est donc que cette boîte-là qui sent si bon[3] ?

Le père Fauchelevent, outre cette gloire que nous venons de raconter et qu'il ignora[4], fut récompensé de sa bonne action ; d'abord il en fut heureux ; puis il eut beaucoup moins de besogne, la partageant. Enfin, comme il aimait beaucoup le tabac, il trouvait à la présence de M. Madeleine cet avantage qu'il prenait trois fois plus de tabac que par le passé, et d'une manière infiniment plus voluptueuse, attendu que M. Madeleine le lui payait.

Les religieuses[5] n'adoptèrent point ce nom d'Ultime ; elles appelèrent Jean Valjean *l'autre Fauvent*.

Si ces saintes filles avaient eu quelque chose du regard de Javert, elles auraient pu finir par remarquer que, lorsqu'il y avait quelque course à faire au dehors pour l'entretien du jardin, c'était toujours l'aîné Fauchelevent, le vieux, l'infirme, le bancal, qui sortait, et jamais l'autre ; mais, soit que les yeux toujours fixés sur Dieu ne sachent pas espionner, soit qu'elles fussent, de préférence, occupées à se guetter entre elles, elles n'y firent point attention[6].

Du reste bien en prit à Jean Valjean de se tenir coi et de ne pas bouger[7]. Javert observa le quartier plus d'un grand mois.

Ce couvent était pour Jean Valjean comme une île entourée de gouffres. Ces quatre murs[8] étaient désormais le monde pour lui. Il y voyait le ciel assez pour être serein et Cosette assez pour être heureux.

Une vie très douce recommença pour lui.

Il habitait avec le vieux Fauchelevent la baraque du fond du jardin. Cette bicoque, bâtie en plâtras, qui existait encore en 1845, était composée, comme on sait, de trois chambres, lesquelles étaient toutes nues et n'avaient que les murailles. La principale avait été cédée, de force, car Jean Valjean avait résisté en vain, par le père Fauchelevent à M. Madeleine. Le mur de cette chambre, outre les deux clous destinés à l'accrochement de la genouillère et de la hotte, avait pour ornement un papier-monnaie royaliste de 93 appliqué à la muraille au-dessus de la cheminée et dont[9] voici le fac-similé exact :

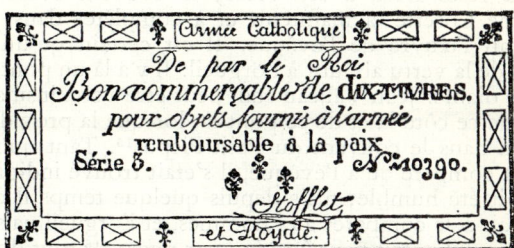

Cet assignat vendéen avait été cloué au mur par le précédent jardinier, ancien chouan qui était mort dans le couvent et que Fauchelevent avait remplacé.

Jean Valjean travaillait tout le jour dans le jardin et y était très utile. Il avait été jadis émondeur et se retrouvait volontiers jardinier[10]. On se rappelle qu'il avait toutes sortes de recettes et de secrets de culture. Il en tira parti. Presque tous les arbres du verger étaient des sauvageons ; il les écussonna et leur fit donner d'excellent fruits.

Cosette avait permission de venir tous les jours passer une heure près de lui. Comme les sœurs étaient tristes et qu'il était bon, l'enfant le comparait et l'adorait. A l'heure fixée elle accourait vers la baraque[11]. Quand elle entrait dans la masure, elle l'emplissait de paradis[12]. Jean Valjean s'épanouissait, et sentait son bonheur s'accroître du bonheur qu'il donnait à Cosette. La joie que nous inspirons a cela de charmant que, loin de s'affaiblir comme tout reflet, elle nous revient plus rayonnante. Aux heures des récréations, Jean Valjean regardait de loin Cosette jouer et courir, et il distinguait son rire du rire des autres.

Car maintenant Cosette riait.

La figure de Cosette en était[13] même jusqu'à un certain point changée. Le sombre en avait disparu. Le rire, c'est le soleil; il chasse l'hiver du visage humain.

Cosette, toujours pas jolie, devenait charmante d'ailleurs. Elle disait des petites choses raisonnables avec sa douce voix enfantine[14].

La récréation finie, quand Cosette rentrait, Jean Valjean regardait les fenêtres de sa classe, et la nuit il se relevait pour regarder les fenêtres de son dortoir.

Du reste Dieu a ses voies; le couvent contribua, comme Cosette, à maintenir et à compléter dans Jean Valjean l'œuvre de l'évêque. Il est certain qu'un des côtés de la vertu aboutit à l'orgueil. Il y a là un pont bâti par le diable. Jean Valjean était peut-être à son insu assez près de ce côté-là et de ce pont-là, lorsque la providence le jeta dans le couvent du Petit-Picpus[15]. Tant qu'il ne s'était comparé qu'à l'évêque, il s'était trouvé indigne et il avait été humble; mais depuis quelque temps il commençait à se comparer aux hommes, et l'orgueil naissait. Qui sait? il aurait peut-être fini par revenir[16] tout doucement à la haine.

Le couvent l'arrêta sur cette pente.

C'était le deuxième lieu de captivité qu'il voyait. Dans sa jeunesse, dans ce qui avait été pour lui le commencement de la vie, et plus tard, tout récemment encore, il en avait vu un autre, lieu affreux, lieu terrible, et dont les sévérités lui avaient toujours paru être l'iniquité de la justice et le crime de la loi. Aujourd'hui après le bagne il voyait le cloître; et songeant qu'il avait fait partie du bagne et qu'il était maintenant, pour ainsi dire, spectateur du cloître, il les confrontait dans sa pensée avec anxiété.

Quelquefois il s'accoudait sur sa bêche et descendait lentement dans les spirales sans fond de la rêverie[17].

Il se rappelait ses anciens compagnons; comme ils étaient misérables; ils se levaient dès l'aube et travaillaient jusqu'à la nuit; à peine leur laissait-on le sommeil; ils couchaient sur des lits de camp, où l'on ne leur tolérait que des matelas de deux pouces d'épaisseur, dans des salles qui n'étaient chauffées qu'aux mois les plus rudes de l'année; ils étaient vêtus d'affreuses casaques rouges; on leur permettait, par grâce, un pantalon de toile dans les grandes chaleurs et une roulière de laine sur le dos dans les grands froids; ils ne buvaient de vin et ne man-

geaient de viande que lorsqu'ils allaient « à la fatigue ».
Ils vivaient, n'ayant plus de noms, désignés seulement
par des numéros et en quelque sorte faits chiffres, baissant les yeux[18], baissant la voix, les cheveux coupés, sous
le bâton, la honte.

Puis son esprit retombait sur les êtres qu'il avait devant
les yeux.

Ces êtres vivaient, eux aussi, les cheveux coupés, les
yeux baissés, la voix basse, non dans la honte, mais au
milieu des railleries du monde, non le dos meurtri par
le bâton, mais les épaules déchirées[19] par la discipline.
A eux aussi, leur nom parmi les hommes s'était évanoui;
ils n'existaient plus que sous des appellations austères[20].
Ils ne mangeaient jamais de viande et ne buvaient jamais
de vin[21]; ils restaient souvent jusqu'au soir sans nourriture; ils étaient vêtus, non de vestes rouges, mais de
suaires noirs, en laine, pesants l'été, légers l'hiver, sans
pouvoir y rien retrancher ni y rien ajouter; sans même
avoir, selon la saison, la ressource du vêtement de toile
ou du surtout de laine[22]; et ils portaient six mois de
l'année des chemises de serge qui leur donnaient la
fièvre. Ils habitaient, non des salles chauffées seulement
dans les froids rigoureux, mais des cellules où l'on n'allumait jamais de feu; ils couchaient, non sur des matelas
épais de deux pouces, mais sur la paille. Enfin on ne leur
laissait pas même le sommeil; toutes les nuits, après une
journée de labeur, il fallait, dans l'accablement du premier repos, au moment où l'on s'endormait et où l'on se
réchauffait à peine, se réveiller, se lever, et s'en aller prier
dans une chapelle glacée et sombre, les deux genoux sur
la pierre.

A de certains jours, il fallait que chacun de ces êtres, à
tour de rôle, restât douze heures de suite agenouillé sur
la dalle ou prosterné la face contre terre et les bras en
croix.

Les autres étaient des hommes; ceux-ci étaient des
femmes.

Qu'avaient fait ces hommes? Ils avaient volé, violé,
pillé, tué, assassiné. C'étaient des bandits, des faussaires,
des empoisonneurs, des incendiaires, des meurtriers, des
parricides. Qu'avaient fait ces femmes? Elles n'avaient
rien fait.

D'un côté le brigandage, la fraude, le dol, la violence,

la lubricité, l'homicide, toutes les espèces du sacrilège, toutes les variétés de l'attentat ; de l'autre une seule chose, l'innocence. L'innocence parfaite, presque enlevée[23] dans une mystérieuse assomption, tenant encore à la terre par la vertu, tenant déjà au ciel par la sainteté.

D'un côté des confidences de crimes qu'on se fait à voix basse ; de l'autre la confession des fautes qui se fait à voix haute. Et quels crimes ! et quelles fautes !

D'un côté des miasmes, de l'autre un ineffable parfum. D'un côté une peste morale, gardée à vue, parquée sous le canon, et dévorant lentement ses pestiférés ; de l'autre un chaste embrasement de toutes les âmes dans le même foyer. Là les ténèbres ; ici l'ombre[24] ; mais une ombre pleine de clartés, et des clartés pleines de rayonnements.

Deux lieux d'esclavage ; mais dans le premier la délivrance possible, une limite légale toujours entrevue, et puis l'évasion. Dans le second, la perpétuité ; pour toute espérance, à l'extrémité lointaine de l'avenir, cette lueur de liberté que les hommes appellent la mort.

Dans le premier, on n'était enchaîné que par des chaînes, dans l'autre, on était enchaîné par sa foi.

Que se dégageait-il du premier ? Une immense malédiction, le grincement de dents, la haine, la méchanceté désespérée, un cri de rage contre l'association humaine, un sarcasme au ciel. Que sortait-il du second ? La bénédiction et l'amour. Et dans ces deux endroits si semblables et si divers, ces deux espèces d'êtres si différents accomplissaient la même œuvre, l'expiation.

Jean Valjean comprenait bien l'expiation des premiers ; l'expiation personnelle, l'expiation pour soi-même. Mais il ne comprenait pas celle des autres, celle de ces créatures sans reproche et sans souillure, et il se demandait avec un tremblement : Expiation de quoi ? quelle expiation ?

Une voix répondait dans sa conscience : La plus divine des générosités humaines, l'expiation pour autrui.

Ici toute théorie personnelle est réservée, nous ne sommes que narrateur ; c'est au point de vue de Jean Valjean que nous nous plaçons, et nous traduisons ses impressions[25].

Il avait sous les yeux le sommet sublime de l'abnégation, la plus haute cime de la vertu possible ; l'innocence qui pardonne aux hommes leurs fautes et qui les expie à leur place; la servitude subie, la torture acceptée, le supplice réclamé par les âmes qui n'ont pas péché pour en dispenser les âmes qui ont failli; l'amour de l'humanité s'abîmant dans l'amour de Dieu, mais y demeurant distinct, et suppliant; de doux êtres faibles ayant la misère de ceux qui sont punis et le sourire de ceux qui sont récompensés. Et il se rappelait qu'il avait osé se plaindre!

Souvent, au milieu de la nuit, il se relevait pour écouter le chant reconnaissant de ces créatures innocentes et accablées de sévérités, et il se sentait froid dans les veines en songeant que ceux qui étaient châtiés justement n'élevaient la voix vers le ciel que pour blasphémer, et que lui, misérable, il avait montré le poing à Dieu.

Chose frappante et qui le faisait rêver profondément comme un avertissement à voix basse de la providence même : l'escalade, les clôtures franchies, l'aventure acceptée jusqu'à la mort, l'ascension difficile et dure, tous ces mêmes efforts qu'il avait faits pour sortir de l'autre lieu d'expiation, il les avait faits pour entrer dans celui-ci. Était-ce un symbole de sa destinée?

Cette maison était une prison aussi, et ressemblait lugubrement à l'autre demeure dont il s'était enfui, et pourtant il n'avait jamais eu l'idée de rien de pareil.

Il revoyait des grilles, des verrous, des barreaux de fer, pour garder qui? Des anges. Ces hautes murailles qu'il avait vues autour des tigres, il les revoyait autour des brebis.

C'était un lieu d'expiation, et non de châtiment; et pourtant il était plus austère encore, plus morne et plus impitoyable que l'autre. Ces vierges étaient plus durement courbées que les forçats. Un vent froid et rude, ce vent qui avait glacé sa jeunesse, traversait la fosse grillée et cadenassée des vautours; une bise plus âpre et plus douloureuse encore soufflait dans la cage des colombes.

Pourquoi?

Quand il pensait à ces choses, tout ce qui était en lui s'abîmait devant ce mystère de sublimité. Dans ces méditations l'orgueil s'évanouit. Il fit toutes sortes de retours sur lui-même; il se sentit chétif et pleura bien des fois. Tout ce qui était entré dans sa vie depuis six mois le ramenait vers les saintes injonctions de l'évêque, Cosette par l'amour, le couvent par l'humilité.

Quelquefois, le soir, au crépuscule, à l'heure où le jardin était désert, on le voyait à genoux au milieu de l'allée qui côtoyait la chapelle, devant la fenêtre où il avait regardé la nuit de son arrivée, tourné vers l'endroit où il savait que la sœur qui faisait la réparation était prosternée et en prière. Il priait, ainsi agenouillé devant cette sœur. Il semblait qu'il n'osât s'agenouiller directement devant Dieu.

Tout ce qui l'entourait, ce jardin paisible, ces fleurs embaumées, ces enfants poussant des cris joyeux, ces femmes graves et simples, ce cloître silencieux, le pénétraient lentement, et peu à peu son âme se composait de silence comme ce cloître, de parfum comme ces fleurs, de paix comme ce jardin, de simplicité comme ces femmes, de joie comme ces enfants. Et puis il songeait que c'étaient deux maisons de Dieu qui l'avaient successivement recueilli aux deux instants critiques de sa vie, la première lorsque toutes les portes se fermaient et que la société humaine le repoussait, la deuxième au moment où la société humaine se remettait à sa poursuite et où le bagne se rouvrait ; et que sans la première il serait retombé dans le crime et sans la seconde dans le supplice.

Tout son cœur se fondait en reconnaissance et il aimait de plus en plus.

Plusieurs années s'écoulèrent ainsi ; Cosette grandissait.

TROISIÈME PARTIE

MARIUS

LIVRE PREMIER

PARIS ÉTUDIÉ DANS SON ATOME[1]

I

PARVULUS

Paris a un enfant et la forêt a un oiseau; l'oiseau s'appelle le moineau; l'enfant s'appelle le gamin.

Accouplez ces deux idées qui contiennent, l'une toute la fournaise, l'autre toute l'aurore, choquez ces étincelles, Paris, l'enfance; il en jaillit un petit être. *Homuncio*, dirait Plaute[2].

Ce petit être est joyeux. Il ne mange[3] pas tous les jours et il va au spectacle, si bon lui semble, tous les soirs. Il n'a pas[4] de chemise sur le corps, pas de souliers aux pieds, pas de toit sur la tête; il est comme les mouches du ciel qui n'ont[5] rien de tout cela. Il a de sept à treize ans, vit par bandes, bat le pavé, loge en plein air[6], porte un vieux pantalon de son père qui lui descend plus bas que les talons, un vieux chapeau de quelque autre père qui lui descend plus bas que les oreilles, une seule bretelle en lisière jaune, court, guette, quête, perd le temps, culotte des pipes, jure comme[7] un damné, hante le cabaret, connaît des voleurs, tutoie des filles, parle argot[8], chante des chansons obscènes, et n'a rien de mauvais dans le cœur. C'est qu'il a dans l'âme une perle, l'innocence, et les perles ne se dissolvent pas dans la boue. Tant que l'homme est enfant, Dieu veut qu'il soit innocent.

Si l'on demandait à l'énorme ville: Qu'est-ce que c'est que cela? elle répondrait: C'est mon petit[9].

II

Quelques-uns de ses signes particuliers

Le gamin de Paris, c'est le nain de la géante[1].

N'exagérons point, ce chérubin du ruisseau a[2] quelquefois une chemise, mais alors il n'en a qu'une ; il a quelquefois des souliers, mais alors ils n'ont point de semelles ; il a quelquefois un logis, et il l'aime, car il y trouve sa mère ; mais il préfère[3] la rue, parce qu'il y trouve la liberté. Il a ses jeux à lui, ses malices à lui dont la haine des bourgeois fait le fond ; ses métaphores à lui ; être mort, cela s'appelle *manger des pissenlits par la racine*[4] ; ses métiers à lui, amener des fiacres, baisser les marche-pieds des voitures, établir des péages d'un côté de la rue à l'autre dans[5] les grosses pluies, ce qu'il appelle faire *des ponts des arts*, crier les discours prononcés par l'autorité en faveur du peuple français[6], gratter l'entre-deux des pavés ; il a sa monnaie à lui, qui se compose de tous les petits morceaux de cuivre façonné qu'on peut trouver sur la voie publique. Cette curieuse monnaie, qui prend le nom de *loques*, a un cours invariable et fort bien réglé dans cette petite bohème d'enfants.

Enfin il a sa faune à lui, qu'il observe studieusement dans des coins ; la bête à bon Dieu, le puceron tête-de-mort, le faucheux, « le diable », insecte noir qui menace en tordant sa queue armée de deux cornes. Il a son monstre fabuleux qui a des écailles sous le ventre et qui n'est pas un lézard, qui a des pustules sur le dos et qui n'est pas un crapaud, qui habite les trous des vieux fours à chaux et des puisards desséchés, noir, velu, visqueux, rampant, tantôt lent, tantôt rapide, qui ne crie pas, mais qui regarde, et qui est si terrible que personne ne l'a jamais vu ; il nomme ce monstre « le sourd ». Chercher des sourds dans les pierres, c'est un plaisir du genre redoutable. Autre plaisir, lever brusquement un pavé, et voir des cloportes. Chaque région de Paris est célèbre par les trouvailles intéressantes qu'on peut y faire. Il y a des perce-oreilles dans les chantiers des Ursulines, il y a des mille-pieds au Panthéon, il y a des têtards dans les fossés du Champ de Mars[7].

Quant à des mots, cet enfant en a comme Talleyrand[8]. Il n'est pas moins cynique, mais il est plus honnête. Il est doué d'on ne sait quelle jovialité imprévue; il ahurit le boutiquier de son fou rire. Sa gamme va gaillardement[9] de la haute comédie à la farce.

Un enterrement passe. Parmi ceux qui accompagnent le mort, il y a un médecin.

— Tiens, s'écrie un gamin, depuis quand les médecins reportent-ils leur ouvrage?

Un autre est dans une foule. Un homme grave, orné de lunettes et de breloques, se retourne indigné :

— Vaurien, tu viens de prendre « la taille » à ma femme.
— Moi, monsieur ! fouillez-moi.

III

Il est agréable

Le soir, grâce à quelques sous qu'il trouve toujours moyen de se procurer, l'*homuncio* entre à un théâtre. En franchissant ce seuil magique, il se transfigure; il était le gamin, il devient le titi[2]. Les théâtres sont des espèces de vaisseaux retournés qui ont la cale en haut. C'est dans cette cale que le titi s'entasse. Le titi est au gamin ce que la phalène est à la larve; le même être envolé et planant. Il suffit qu'il soit là, avec son rayonnement de bonheur, avec sa puissance d'enthousiasme et de joie, avec son battement de mains qui ressemble à un battement d'ailes, pour que cette cale étroite, fétide[3], obscure, sordide, malsaine, hideuse, abominable, se nomme le Paradis.

Donnez[4] à un être l'inutile et ôtez-lui le nécessaire, vous aurez le gamin.

Le gamin n'est pas sans quelque intuition littéraire. Sa tendance, nous le disons avec la quantité de regret qui convient, ne serait point le goût classique. Il est, de sa nature, peu académique. Ainsi, pour donner un exemple, la popularité de Mlle Mars dans ce petit public d'enfants orageux était assaisonnée d'une pointe d'ironie. Le gamin l'appelait Mlle *Muche*.

Cet être braille, raille, gouaille, bataille, a des chiffons comme un bambin et des guenilles comme un philosophe, pêche dans l'égout, chasse dans le cloaque, extrait la gaîté de l'immondice, fouaille de sa verve les carrefours, ricane et mord, siffle et chante, acclame et engueule, tempère Alleluia par Matanturlurette, psalmodie tous les rythmes depuis le De Profundis jusqu'à la Chienlit, trouve sans chercher, sait ce qu'il ignore, est spartiate jusqu'à la filouterie, est fou jusqu'à la sagesse, est lyrique jusqu'à l'ordure, s'accroupirait sur l'Olympe, se vautre dans le fumier et en sort couvert d'étoiles. Le gamin de Paris, c'est Rabelais petit.

Il n'est pas content de sa culotte, s'il n'y a point de gousset de montre.

Il s'étonne peu, s'effraye encore moins, chansonne les superstitions, dégonfle les exagérations, blague les mystères, tire la langue aux revenants, dépoétise les échasses, introduit la caricature dans les grossissements épiques. Ce n'est pas qu'il soit prosaïque; loin de là; mais il remplace la vision solennelle par la fantasmagorie farce. Si Adamastor lui apparaissait, le gamin dirait : Tiens ! Croquemitaine[5] !

IV

Il peut être utile

Paris commence au badaud et finit au gamin, deux êtres dont aucune autre ville n'est capable; l'acceptation passive qui se satisfait de regarder, et l'initiative inépuisable; Prudhomme et Fouillou. Paris seul a cela dans son histoire naturelle. Toute la monarchie est dans le badaud. Toute l'anarchie est dans le gamin.

Ce pâle enfant des faubourgs de Paris vit et se développe, se noue et « se dénoue » dans la souffrance, en présence des réalités sociales et des choses humaines, témoin pensif. Il se croit lui-même insouciant; il ne l'est pas. Il regarde, prêt à rire; prêt à autre chose aussi. Qui que vous soyez qui vous nommez Préjugé, Abus, Ignominie, Oppression, Iniquité, Despotisme, Injustice, Fanatisme, Tyrannie, prenez garde au gamin béant.

Ce petit grandira.

De quelle argile est-il fait? de la première fange venue. Une poignée de boue, un souffle, et voilà Adam. Il suffit qu'un dieu passe. Un dieu a toujours passé sur le gamin. La fortune travaille à ce petit être. Par ce mot la fortune, nous entendons un peu l'aventure. Ce pygmée pétri à même dans la grosse terre commune, ignorant, illettré, ahuri, vulgaire, populacier, sera-ce un ionien ou un béotien? Attendez, *currit rota*[1], l'esprit de Paris, ce démon qui crée les enfants du hasard et les hommes du destin, au rebours du potier latin, fait de la cruche une amphore.

V

Ses frontières

Le gamin aime la ville, il aime aussi la solitude, ayant du sage en lui. *Urbis amator,* comme Fuscus; *ruris amator,* comme Flaccus[1].

Errer songeant, c'est-à-dire flâner, est un bon emploi du temps pour le philosophe; particulièrement dans cette espèce de campagne un peu bâtarde, assez laide, mais bizarre et composée de deux natures, qui entoure certaines grandes villes, notamment Paris. Observer la banlieue, c'est observer l'amphibie. Fin des arbres, commencement des toits, fin de l'herbe, commencement du pavé, fin des sillons, commencement des boutiques, fin des ornières, commencement des passions, fin du murmure divin, commencement de la rumeur humaine; de là un intérêt extraordinaire.

De là, dans ces lieux peu attrayants, et marqués à jamais par le passant de l'épithète : *triste*, les promenades, en apparence sans but, du songeur.

Celui qui écrit ces lignes a été longtemps rôdeur de barrières à Paris, et c'est pour lui une source de souvenirs profonds. Ce gazon ras, ces sentiers pierreux, cette craie, ces marnes, ces plâtres, ces âpres monotonies des friches et des jachères, les plants de primeurs des maraîchers aperçus tout à coup dans un fond, ce mélange du sauvage et du bourgeois, ces vastes recoins déserts où les tambours de la garnison tiennent bruyamment école et font une sorte de bégayement de la bataille, ces thébaïdes le jour, coupe-gorge la nuit, le moulin dégingandé qui tourne au vent, les roues d'extraction des carrières, les guinguettes au coin des cimetières, le charme mystérieux des grands murs sombres coupant carrément d'immenses terrains vagues inondés de soleil et pleins de papillons, tout cela l'attirait.

Presque personne sur la terre ne connaît ces lieux singuliers, la Glacière, la Cunette, le hideux mur de Grenelle tigré de balles, le Mont-Parnasse, la Fosse-aux-

Loups, les Aubiers sur la berge de la Marne, Montsouris, la Tombe-Issoire, la Pierre-Plate de Châtillon où il y a une vieille carrière épuisée qui ne sert plus qu'à faire pousser des champignons, et que ferme à fleur de terre[2] une trappe en planches pourries. La campagne de Rome est une idée, la banlieue de Paris en est une autre; ne voir dans ce que nous offre un horizon rien que des champs, des maisons ou des arbres, c'est rester à la surface; tous les aspects des choses sont des pensées de Dieu. Le lieu où une plaine fait sa jonction avec une ville est toujours empreint d'on ne sait quelle mélancolie pénétrante. La nature et l'humanité vous y parlent à la fois. Les originalités locales y apparaissent.

Quiconque a erré comme nous dans ces solitudes contiguës à nos faubourgs qu'on pourrait nommer les limbes de Paris, y a entrevu çà et là, à l'endroit le plus abandonné, au moment le plus inattendu, derrière une haie maigre ou dans l'angle d'un mur lugubre, des enfants, groupés tumultueusement, livides, boueux, poudreux, dépenaillés, hérissés, qui jouent à la pigoche couronnés de bleuets. Ce sont tous les petits échappés des familles pauvres. Le boulevard extérieur est leur milieu respirable; la banlieue leur appartient. Ils y font une éternelle école buissonnière. Ils y chantent ingénument leur répertoire de chansons malpropres. Ils sont là, ou pour mieux dire, ils existent là, loin de tout regard, dans la douce clarté de mai ou de juin, agenouillés autour d'un trou dans la terre, chassant des billes avec le pouce, se disputant des liards, irresponsables, envolés, lâchés, heureux; et, dès qu'ils vous aperçoivent, ils se souviennent qu'ils ont une industrie, et qu'il leur faut gagner leur vie, et ils vous offrent à vendre un vieux bas de laine plein de hannetons ou une touffe de lilas. Ces rencontres d'enfants étranges sont une des grâces charmantes, et en même temps poignantes, des environs de Paris.

Quelquefois, dans ces tas de garçons, il y a des petites filles, — sont-ce leurs sœurs? — presque jeunes filles, maigres, fiévreuses, gantées de hâle, marquées de taches de rousseur, coiffées d'épis de seigle et de coquelicots, gaies, hagardes, pieds nus. On en voit qui mangent des cerises dans les blés. Le soir on les entend rire. Ces groupes, chaudement éclairés de la pleine lumière de midi ou entrevus dans le crépuscule, occupent longtemps le songeur, et ces visions se mêlent à son rêve.

Paris, centre, la banlieue, circonférence ; voilà pour ces enfants toute la terre. Jamais ils ne se hasardent au delà. Ils ne peuvent pas plus sortir de l'atmosphère parisienne que les poissons ne peuvent sortir de l'eau. Pour eux, à deux lieues des barrières, il n'y a plus rien. Ivry, Gentilly, Arcueil, Belleville, Aubervilliers, Ménilmontant, Choisy-le-Roi, Billancourt, Meudon, Issy, Vanves, Sèvres, Puteaux, Neuilly, Gennevilliers, Colombes, Romainville, Chatou, Asnières, Bougival, Nanterre, Enghien, Noisy-le-Sec, Nogent, Gournay, Drancy, Gonesse, c'est là que finit l'univers.

VI

Un peu d'histoire

A L'ÉPOQUE, d'ailleurs presque contemporaine, où se passe l'action de ce livre, il n'y avait pas, comme aujourd'hui, un sergent de ville à chaque coin de rue (bienfait qu'il n'est pas temps de discuter) ; les enfants errants abondaient dans Paris. Les statistiques donnent une moyenne de deux cent soixante enfants sans asile ramassés alors annuellement par les rondes de police dans les terrains non clos, dans les maisons en construction et sous les arches des ponts. Un de ces nids, resté fameux, a produit « les hirondelles du pont d'Arcole ». C'est là, du reste, le plus désastreux des symptômes sociaux. Tous les crimes de l'homme commencent au vagabondage de l'enfant.

Exceptons Paris pourtant. Dans une mesure relative, et nonobstant le souvenir que nous venons de rappeler, l'exception est juste. Tandis que dans toute autre grande ville un enfant vagabond est un homme perdu, tandis que, presque partout, l'enfant livré à lui-même est en quelque sorte dévoué et abandonné à une sorte d'immersion fatale dans les vices publics qui dévore en lui l'honnêteté et la conscience, le gamin de Paris, insistons-y, si fruste et si entamé à la surface, est intérieurement à peu près intact. Chose magnifique à constater et qui éclate dans la splendide probité de nos révolutions populaires, une certaine incorruptibilité résulte de l'idée qui est dans l'air de Paris comme du sel qui est dans l'eau de l'océan. Respirer Paris, cela conserve l'âme.

Ce que nous disons là n'ôte rien au serrement de cœur dont on se sent pris chaque fois qu'on rencontre un de ces enfants autour desquels il semble qu'on voie flotter les fils de la famille brisée. Dans la civilisation actuelle, si incomplète encore, ce n'est point une chose très anormale que ces fractures de familles se vidant dans l'ombre, ne sachant plus trop ce que leurs enfants sont devenus, et laissant tomber leurs entrailles sur la voie publique. De là des destinées obscures. Cela s'appelle, car cette chose triste a fait locution, « être jeté sur le pavé de Paris ».

Soit dit en passant, ces abandons d'enfants n'étaient point découragés par l'ancienne monarchie. Un peu d'Égypte et de Bohême dans les basses régions accommodait les hautes sphères, et faisait l'affaire des puissants. La haine de l'enseignement des enfants du peuple était un dogme. A quoi bon les « demi-lumières »? Tel était le mot d'ordre. Or l'enfant errant est le corollaire de l'enfant ignorant.

D'ailleurs, la monarchie avait quelquefois besoin d'enfants, et alors elle écumait la rue.

Sous Louis XIV, pour ne pas remonter plus haut, le roi voulait, avec raison, créer une flotte. L'idée était bonne. Mais voyons le moyen. Pas de flotte si, à côté du navire à voiles, jouet du vent, et pour le remorquer au besoin, on n'a pas le navire qui va où il veut, soit par la rame, soit par la vapeur; les galères étaient alors à la marine ce que sont aujourd'hui les steamers. Il fallait donc des galères; mais la galère ne se meut que par le galérien; il fallait donc des galériens. Colbert faisait faire par les intendants de province et par les parlements le plus de forçats qu'il pouvait. La magistrature y mettait beaucoup de complaisance. Un homme gardait son chapeau sur sa tête devant une procession, attitude huguenote; on l'envoyait aux galères. On rencontrait un enfant dans la rue; pourvu qu'il eût quinze ans et qu'il ne sût où coucher, on l'envoyait aux galères. Grand règne; grand siècle.

Sous Louis XV, les enfants disparaissaient dans Paris; la police les enlevait, on ne sait pour quel mystérieux emploi. On chuchotait avec épouvante de monstrueuses conjectures sur les bains de pourpre du roi. Barbier parle naïvement de ces choses[1]. Il arrivait parfois que les exempts, à court d'enfants, en prenaient qui avaient des pères. Les pères, désespérés, couraient sus aux exempts. En ce cas-là, le parlement intervenait, et faisait pendre, qui ? Les exempts ? Non. Les pères.

VII

Le gamin aurait sa place dans les classifications de l'Inde

La gaminerie parisienne est presque une caste. On pourrait dire : n'en est pas qui veut.

Ce mot, *gamin*, fut imprimé pour la première fois et arriva de la langue populaire dans la langue littéraire en 1834. C'est dans un opuscule intitulé *Claude Gueux* que ce mot fit son apparition. Le scandale fut vif. Le mot a passé[1].

Les éléments qui constituent la considération des gamins entre eux sont très variés. Nous en avons connu et pratiqué un qui était fort respecté et fort admiré pour avoir vu tomber un homme du haut des tours de Notre-Dame; un autre, pour avoir réussi à pénétrer dans l'arrière-cour où étaient momentanément déposées les statues du dôme des Invalides et leur avoir « chipé » du plomb; un troisième, pour avoir vu verser une diligence; un autre encore, parce qu'il « connaissait » un soldat qui avait manqué crever un œil à un bourgeois.

C'est ce qui explique cette exclamation d'un gamin parisien, épiphonème profond[2] dont le vulgaire rit sans le comprendre : — *Dieu de Dieu! ai-je du malheur! dire que je n'ai pas encore vu quelqu'un tomber d'un cinquième*[3] *?* (*Ai-je* se prononce *j'ai-t-y*; *cinquième* se prononce *cintième*.)

Certes, c'est un beau mot de paysan que celui-ci : — Père un tel, votre femme est morte de sa maladie; pourquoi n'avez-vous pas envoyé chercher de médecin ? — Que voulez-vous, monsieur, nous autres pauvres gens, *j'nous mourons nous-mêmes*. Mais si toute la passivité narquoise du paysan est dans ce mot, toute l'anarchie libre-penseuse du mioche faubourien est, à coup sûr, dans cet autre. Un condamné à mort dans la charrette écoute son confesseur. L'enfant de Paris se récrie : — *Il parle à son calotin. Oh! le capon!*

Une certaine audace en matière religieuse rehausse le gamin. Être esprit fort est important.

Assister aux exécutions constitue un devoir. On se montre la guillotine et l'on rit. On l'appelle de toutes sortes de petits noms : — Fin de la soupe, — Grognon, — La mère au Bleu (au ciel), — La dernière bouchée, — etc. etc. Pour ne rien perdre de la chose, on escalade les murs, on se hisse aux balcons, on monte aux arbres, on se suspend aux grilles, on s'accroche aux cheminées. Le gamin naît couvreur comme il naît marin. Un toit ne lui fait pas plus peur qu'un mât. Pas de fête qui vaille la Grève. Sanson et l'abbé Montès sont les vrais noms populaires. On hue le patient pour l'encourager. On l'admire quelquefois. Lacenaire, gamin, voyant l'affreux Dautun mourir bravement, a dit ce mot où il y a un avenir : *J'en étais jaloux*. Dans la gaminerie, on ne connaît pas Voltaire, mais on connaît Papavoine. On mêle dans la même légende « les politiques » aux assassins. On a les traditions du dernier vêtement de tous. On sait que Tolleron avait un bonnet de chauffeur, Avril une casquette de loutre, Louvel un chapeau rond, que le vieux Delaporte était chauve et nu-tête, que Castaing était tout rose et très joli, que Bories avait une barbiche romantique, que Jean-Martin avait gardé ses bretelles, que Lecouffé et sa mère se querellaient. — *Ne vous reprochez donc pas votre panier*, leur cria un gamin. Un autre, pour voir passer Debacker[4], trop petit dans la foule, avise la lanterne du quai et y grimpe. Un gendarme, de station là, fronce le sourcil. — Laissez-moi monter, m'sieu le gendarme, dit le gamin. Et pour attendrir l'autorité, il ajoute : Je ne tomberai pas. — Je m'importe peu que tu tombes, répond le gendarme.

Dans la gaminerie, un accident mémorable est fort compté. On parvient au sommet de la considération s'il arrive qu'on se coupe très profondément, « jusqu'à l'os ».

Le poing n'est pas un médiocre élément de respect. Une des choses que le gamin dit le plus volontiers, c'est : *Je suis joliment fort, va!* — Être gaucher vous rend fort enviable. Loucher est une chose estimée[5].

VIII

Où on lira un mot charmant du dernier roi

L'été, il se métamorphose en grenouille; et le soir, à la nuit tombante, devant les ponts d'Austerlitz et d'Iéna, du haut des trains à charbon et des bateaux de blanchisseuses, il se précipite tête baissée dans la Seine et dans toutes les infractions possibles aux lois de la pudeur et de la police. Cependant les sergents de ville veillent, et il en résulte une situation hautement dramatique qui a donné lieu une fois à un cri fraternel et mémorable; ce cri, qui fut célèbre vers 1830, est un avertissement stratégique de gamin à gamin; il se scande comme un vers d'Homère, avec une notation presque aussi inexprimable que la mélopée éleusiaque des Panathénées, et l'on y retrouve l'antique Évohé. Le voici : — *Ohé, Titi, ohéée! y a de la grippe, y a de la cogne, prends tes zardes et va-t'en, passe par l'égout!*

Quelquefois ce moucheron — c'est ainsi qu'il se qualifie lui-même — sait lire; quelquefois il sait écrire, toujours il sait barbouiller. Il n'hésite pas à se donner, par on ne sait quel mystérieux enseignement mutuel, tous les talents qui peuvent être utiles à la chose publique : de 1815 à 1830, il imitait le cri du dindon; de 1830 à 1848, il griffonnait une poire sur les murailles. Un soir d'été, Louis-Philippe, rentrant à pied, en vit un, tout petit, haut comme cela, qui suait et se haussait pour charbonner une poire gigantesque sur un des piliers de la grille de Neuilly; le roi, avec cette bonhomie qui lui venait de Henri IV, aida le gamin, acheva la poire, et donna un louis à l'enfant en lui disant : *La poire est aussi là-dessus.* Le gamin aime le hourvari. Un certain état violent lui plaît. Il exècre « les curés ». Un jour, rue de l'Université, un de ces jeunes drôles faisait un pied de nez à la porte cochère du numéro 69. — Pourquoi fais-tu cela à cette porte? lui demanda un passant. L'enfant répondit : Il y a là un curé. C'est là, en effet, que demeure le nonce du pape. Cependant, quel que soit le voltairianisme du gamin, si l'occasion se présente d'être enfant de chœur, il se peut qu'il accepte, et dans ce cas il sert la messe poliment. Il y a deux choses dont il est le Tantale et qu'il désire toujours sans y atteindre jamais : renverser le gouvernement et faire recoudre son pantalon.

Le gamin à l'état parfait possède tous les sergents de ville de Paris, et sait toujours, lorsqu'il en rencontre un, mettre le nom sous la figure. Il les dénombre sur le bout du doigt[1]. Il étudie leurs mœurs et il a sur chacun des notes spéciales. Il lit à livre ouvert dans les âmes de la police[2]. Il vous dira couramment et sans broncher[3] : — « Un tel est *traître ;* — un tel est *très méchant ;* — un tel est *grand ;* — un tel est *ridicule ;* » (tous ces mots, traître, méchant, grand, ridicule, ont dans sa bouche une acception particulière) — « celui-ci s'imagine que le Pont-Neuf est à lui et empêche *le monde* de se promener sur la corniche en dehors des parapets ; celui-là a la manie de « tirer les oreilles aux *personnes ;* — etc., etc.[4] »

IX

LA VIEILLE AME DE LA GAULE

Il y avait de cet enfant-là dans Poquelin, fils des Halles ; il y en avait dans Beaumarchais. La gaminerie est une nuance de l'esprit gaulois. Mêlée au bon sens, elle lui ajoute parfois de la force, comme l'alcool au vin. Quelquefois elle est défaut. Homère rabâche, soit ; on pourrait dire que Voltaire gamine. Camille Desmoulins était faubourien. Championnet, qui brutalisait les miracles, était sorti du pavé de Paris ; il avait, tout petit, *inondé les portiques* de Saint-Jean-de-Beauvais et de Saint-Étienne-du-Mont ; il avait assez tutoyé la châsse de sainte Geneviève pour donner des ordres à la fiole de saint Janvier[1].

Le gamin de Paris est respectueux, ironique[2] et insolent. Il a de vilaines dents parce qu'il est mal nourri et que son estomac souffre, et de beaux yeux parce qu'il a de l'esprit[3]. Jéhovah présent, il sauterait à cloche-pied les marches du paradis. Il est fort à la savate. Toutes les croissances lui sont possibles. Il joue dans le ruisseau et se redresse par l'émeute ; son effronterie persiste devant la mitraille ; c'était un polisson, c'est un héros ; ainsi que le petit thébain, il secoue la peau du lion ; le tambour Bara[4] était un gamin de Paris ; il crie : En avant ! comme le cheval de l'Écriture dit : Vah ! et en une minute, il passe du marmot au géant.

Cet enfant du bourbier est aussi l'enfant de l'idéal. Mesurez cette envergure qui va de Molière à Bara.

Somme toute, et pour tout résumer d'un mot, le gamin est un être qui s'amuse, parce qu'il est malheureux.

X

ECCE PARIS, ECCE HOMO

Pour tout résumer encore, le gamin de Paris aujourd'hui, comme autrefois le græculus de Rome, c'est le peuple enfant ayant au front la ride du monde vieux[1].

Le gamin[2] est une grâce pour la nation, et en même temps une maladie. Maladie qu'il faut guérir. Comment? Par la lumière.

La lumière assainit.

La lumière allume.

Toutes les généreuses irradiations sociales sortent de la science, des lettres, des arts, de l'enseignement. Faites des hommes, faites des hommes. Éclairez-les pour qu'ils vous échauffent. Tôt ou tard la splendide question de l'instruction universelle se posera avec l'irrésistible autorité du vrai absolu; et alors ceux qui gouverneront sous la surveillance de l'idée française auront à faire ce choix : les enfants de la France, ou les gamins de Paris; des flammes dans la lumière, ou des feux follets dans les ténèbres.

Le gamin exprime Paris, et Paris exprime le monde.

Car Paris est un total. Paris est le plafond du genre humain. Toute cette prodigieuse ville est un raccourci des mœurs mortes et des mœurs vivantes. Qui voit Paris croit voir le dessous de toute l'histoire avec du ciel et des constellations dans les intervalles. Paris a un Capitole, L'Hôtel de ville, un Parthénon, Notre-Dame, un Mont-Aventin, le faubourg Saint-Antoine, un Asinarium, la Sorbonne, un Panthéon, le Panthéon, une Voie Sacrée, le boulevard des Italiens, une Tour des Vents, l'opinion; et il remplace les Gémonies par le ridicule. Son majo s'appelle le faraud, son transtévérin s'appelle le faubourien, son hammal s'appelle le fort de la halle, son lazzarone s'appelle la pègre, son cockney s'appelle le gandin. Tout ce qui est ailleurs est à Paris. La poissarde de Dumarsais peut donner la réplique à la vendeuse d'herbes d'Euripide, le discobole Vejanus revit dans le danseur de corde Forioso³, Therapontigonus Miles prendrait bras dessus bras dessous le grenadier Vadeboncœur, Damasippe le brocanteur serait heureux chez les marchands de bric-à-brac⁴, Vincennes empoignerait Socrate tout comme l'Agora coffrerait Diderot, Grimod de la Reynière⁵ a découvert le roastbeef au suif comme Curtillus avait inventé le hérisson rôti⁶, nous voyons reparaître sous le ballon de l'arc de l'Étoile le trapèze qui est dans Plaute, le mangeur d'épées du Pœcile rencontré par Apulée est avaleur de sabres sur le Pont-Neuf, le neveu de Rameau et Curculion le parasite font la paire, Ergasile se ferait présenter chez Cambacérès par d'Aigrefeuille; les quatre muscadins de Rome, Alcesimarchus, Phœdromus, Diabolus et Argyrippe descendent de la Courtille dans la chaise de poste de Labatut; Aulu-Gelle ne s'arrêtait pas plus longtemps devant Congrio que Charles Nodier devant Polichinelle; Marton n'est pas une tigresse, mais Pardalisca n'était point un dragon; Pantolabus le loustic blague au Café Anglais Nomentanus le viveur, Hermogène est ténor aux Champs-Élysées, et, autour de lui, Thrasius le gueux, vêtu en Bobèche⁷, fait la quête; l'importun qui vous arrête aux Tuileries par le bouton de votre habit vous fait répéter après deux mille ans l'apostrophe de Thesprion : *quis properantem me prehendit pallio*⁸ ? le vin de Suresnes parodie le vin d'Albe, le rouge bord de Désaugiers fait équilibre à la grande coupe de Balatron; le Père-Lachaise exhale sous les pluies nocturnes les mêmes lueurs que les Esquilies, et la fosse du pauvre achetée pour cinq ans vaut la bière de louage de l'esclave.

Cherchez quelque chose que Paris n'ait pas. La cuve de Trophonius ne contient rien qui ne soit dans le baquet de Mesmer; Ergaphilas ressuscite dans Cagliostro; le brahmine Vâsaphantâ s'incarne dans le comte de Saint-Germain; le cimetière de Saint-Médard fait de tout aussi bons miracles que la mosquée Oumoumié de Damas.

Paris a un Ésope qui est Mayeux⁹, et une Canidie qui est Mlle Lenormand¹⁰. Il s'effare comme Delphes aux réalités fulgurantes de la vision; il fait tourner les tables comme Dodone les trépieds. Il met la grisette sur le trône comme Rome y met la courtisane; et, somme toute, si Louis XV est pire que Claude, Mme Du Barry vaut mieux que Messaline. Paris combine dans un type inouï, qui a vécu et que nous avons coudoyé, la nudité grecque, l'ulcère hébraïque et le quolibet gascon. Il mêle Diogène, Job et Paillasse, habille un spectre de vieux numéros du *Constitutionnel*, et fait Chodruc Duclos[11].

Bien que Plutarque dise : *le tyran n'envieillit guère*, Rome, sous Sylla comme sous Domitien, se résignait et mettait volontiers de l'eau dans son vin. Le Tibre était un Léthé, s'il faut en croire l'éloge un peu doctrinaire qu'en faisait Varus Vibiscus : *Contra Gracchos Tiberim habemus. Bibere Tiberim, id est seditionem oblivisci*[12]. Paris boit un million de litres d'eau par jour, mais cela ne l'empêche pas dans l'occasion de battre la générale et de sonner le tocsin.

A cela près, Paris est bon enfant. Il accepte royalement tout; il n'est pas difficile en fait de Vénus; sa callipyge est hottentote; pourvu qu'il rie, il amnistie; la laideur l'égaye, la difformité le désopile, le vice le distrait; soyez drôle, et vous pourrez être un drôle; l'hypocrisie même, ce cynisme suprême, ne le révolte pas; il est si littéraire qu'il ne se bouche pas le nez devant Basile, et il ne se scandalise pas plus de la prière de Tartuffe qu'Horace ne s'effarouche du « hoquet » de Priape. Aucun trait de la face universelle ne manque au profil de Paris. Le bal Mabille[13] n'est pas la danse polymnienne du Janicule, mais la revendeuse à la toilette y couve des yeux la lorette exactement comme l'entremetteuse Staphyla guettait la vierge Planesium. La barrière du Combat n'est pas un Colisée, mais on y est féroce comme si César regardait. L'hôtesse syrienne a plus de grâce que la mère Saguet[14], mais, si Virgile hantait le cabaret romain, David d'Angers, Balzac et Charlet se sont attablés à la gargote parisienne. Paris règne. Les génies y flamboient, les queues rouges y prospèrent. Adonaï y passe sur son char aux douze roues de tonnerre et d'éclairs; Silène y fait son entrée sur sa bourrique. Silène, lisez Ramponneau[15].

Paris est synonyme de Cosmos. Paris est Athènes, Rome, Sybaris, Jérusalem, Pantin. Toutes les civilisations y sont en abrégé, toutes les barbaries aussi. Paris serait bien fâché de n'avoir pas une guillotine.

Un peu de place de Grève est bon. Que serait toute cette fête éternelle sans cet assaisonnement? Nos lois y ont sagement pourvu, et, grâce à elles, ce couperet s'égoutte sur ce mardi gras.

XI

Railler, régner

De limite à Paris, point. Aucune ville n'a eu cette domination qui bafoue parfois ceux qu'elle subjugue. *Vous plaire, ô Athéniens!* s'écriait Alexandre. Paris fait plus que la loi, il fait la mode; Paris fait plus que la mode, il fait la routine. Paris peut être bête si bon lui semble; il se donne quelquefois ce luxe; alors l'univers est bête avec lui; puis Paris se réveille, se frotte les yeux, dit: Suis-je stupide! et éclate de rire à la face du genre humain. Quelle merveille qu'une telle ville! Chose étrange que ce grandiose et ce burlesque fassent bon voisinage, que toute cette majesté ne soit pas dérangée par toute cette parodie, et que la même bouche puisse souffler aujourd'hui dans le clairon du jugement dernier et demain dans la flûte à l'oignon! Paris a une jovialité souveraine. Sa gaîté est de la foudre et sa farce tient un sceptre. Son ouragan sort parfois d'une grimace. Ses explosions, ses journées, ses chefs-d'œuvre, ses prodiges, ses épopées, vont au bout de l'univers, et ses coq-à-l'âne aussi. Son rire est une bouche de volcan qui éclabousse toute la terre. Ses lazzi sont des flammèches. Il impose aux peuples ses caricatures aussi bien que son idéal; les plus hauts monuments de la civilisation humaine acceptent ses ironies et prêtent leur éternité à ses polissonneries. Il est superbe; il a un prodigieux 14 juillet qui délivre le globe; il fait faire le serment du Jeu de Paume à toutes les nations; sa nuit du 4 août dissout en trois heures mille ans de féodalité; il fait de sa logique le muscle de la volonté unanime; il se multiplie sous toutes les formes du sublime; il emplit de sa lueur Washington, Kosciusko, Bolivar, Botzaris, Riego, Bem, Manin, Lopez, John Brown, Garibaldi; il est partout où l'avenir s'allume, à Boston en 1779, à l'île de Léon en 1820, à Pesth en 1848, à Palerme en 1860; il chuchote le puissant mot d'ordre: *Liberté*, à l'oreille des abolitionnistes américains groupés au bac de Harper's Ferry, et à l'oreille des patriotes d'Ancône assemblés dans l'ombre aux Archi, devant l'auberge Gozzi, au bord de la mer; il crée Canaris; il crée Quiroga; il crée Pisacane; il rayonne le grand sur la terre; c'est en allant où son souffle les pousse que Byron meurt à Missolonghi et que Mazet meurt à Barcelone ; il est tribune sous les pieds de Mirabeau et cratère sous les pieds de Robespierre ; ses livres, son théâtre, son art, sa science, sa littérature, sa philosophie, sont les manuels du genre humain ; il a Pascal, Régnier, Corneille, Descartes, Jean-Jacques, Voltaire pour toutes les minutes, Molière pour tous les siècles ; il fait parler sa langue à la bouche universelle, et cette langue devient le Verbe ; il construit dans tous les esprits l'idée de progrès ; les dogmes libérateurs qu'il forge sont pour les générations des épées de chevet, et c'est avec l'âme de ses penseurs et de ses poëtes que sont faits depuis 1789 tous les héros de tous les peuples ; cela ne l'empêche pas de gaminer ; et ce génie énorme qu'on appelle Paris, tout en transfigurant le monde par sa lumière, charbonne le nez de Bouginier au mur du temple de Thésée et écrit *Crédeville voleur* sur les pyramides.

Paris montre toujours les dents ; quand il ne gronde pas, il rit.

Tel est ce Paris. Les fumées de ses toits sont les idées de l'univers. Tas de boue et de pierres si l'on veut, mais, par-dessus tout, être moral. Il est plus que grand, il est immense. Pourquoi ? parce qu'il ose.

Oser ; le progrès est à ce prix.

Toutes les conquêtes sublimes sont plus ou moins des prix de hardiesse. Pour que la révolution soit, il ne suffit pas que Montesquieu la pressente, que Diderot la prêche, que Beaumarchais l'annonce, que Condorcet la calcule, qu'Arouet la prépare, que Rousseau la prémédite ; il faut que Danton l'ose.

Le cri : *Audace !* est un Fiat Lux. Il faut, pour la marche en avant du genre humain, qu'il y ait sur les sommets en permanence de fières leçons de courage. Les témérités éblouissent l'histoire et sont une des grandes clartés de l'homme. L'aurore ose quand elle se lève. Tenter, braver, persister, persévérer, s'être fidèle à soi-même, prendre corps à corps le destin, étonner la catastrophe par le peu de peur qu'elle nous fait, tantôt affronter la puissance injuste, tantôt insulter la victoire ivre, tenir bon, tenir tête ; voilà l'exemple dont les peuples ont besoin, et la lumière qui les électrise. Le même éclair formidable va de la torche de Prométhée au brûle-gueule de Cambronne.

XII

L'avenir latent dans le peuple

Quant au peuple parisien, même homme fait, il est toujours le gamin ; peindre l'enfant, c'est peindre la ville ; et c'est pour cela que nous avons étudié cet aigle dans ce moineau franc.

C'est surtout dans les faubourgs, insistons-y, que la race parisienne apparaît ; là est le pur sang ; là est la vraie physionomie ; là ce peuple travaille et souffre, et la souffrance et le travail sont les deux figures de l'homme. Il y a là des quantités profondes d'êtres inconnus où fourmillent les types les plus étranges depuis le déchargeur de la Rapée jusqu'à l'équarrisseur de Montfaucon. *Fex urbis*, s'écrie Cicéron[1] ; *mob,* ajoute Burke indigné ; tourbe, multitude, populace. Ces mots-là sont vite dits. Mais soit. Qu'importe ? qu'est-ce que cela me fait qu'ils aillent pieds nus ? Ils ne savent pas lire ; tant pis. Les abandonnerez-vous pour cela ? leur ferez-vous de leur détresse une malédiction ? la lumière ne peut-elle pénétrer ces masses ? Revenons à ce cri : Lumière ! et obstinons-nous-y ! Lumière ! lumière ! — Qui sait si ces opacités ne deviendront pas transparentes ? les révolutions ne sont-elles pas des transfigurations ? Allez, philosophes, enseignez, éclairez, allumez, pensez haut, parlez haut, courez joyeux au grand soleil, fraternisez avec les places publiques, annoncez les bonnes nouvelles, prodiguez les alphabets, proclamez les droits, chantez les Marseillaises, semez les enthousiasmes, arrachez des branches vertes aux chênes. Faites de l'idée un tourbillon. Cette foule peut être sublimée. Sachons nous servir de ce vaste embrasement des principes et des vertus qui pétille, éclate et frissonne à de certaines heures. Ces pieds nus, ces bras nus, ces haillons, ces ignorances, ces abjections, ces ténèbres, peuvent être employés à la conquête de l'idéal. Regardez à travers le peuple et vous apercevrez la vérité. Ce vil sable que vous foulez aux pieds, qu'on le jette dans la fournaise, qu'il y fonde et qu'il y bouillonne, il deviendra cristal splendide, et c'est grâce à lui que Galilée et Newton découvriront les astres.

XIII

LE PETIT GAVROCHE[1]

Huit ou neuf ans environ après les événements racontés dans la deuxième partie de cette histoire[2], on remarquait sur le boulevard du Temple et dans les régions du Château-d'Eau un petit garçon de onze à douze ans qui eût assez correctement réalisé cet idéal du gamin ébauché plus haut, si, avec le rire de son âge sur les lèvres, il n'eût pas eu le cœur absolument sombre et vide. Cet enfant[3] était bien affublé d'un pantalon d'homme, mais il ne le tenait pas de son père, et d'une camisole de femme, mais il ne la tenait pas de sa mère. Des gens quelconques l'avaient habillé de chiffons par charité[4]. Pourtant il avait un père et une mère. Mais son père ne songeait pas à lui et sa mère ne l'aimait point. C'était un de ces enfants dignes de pitié entre tous qui ont père et mère et qui sont orphelins[5].

Cet enfant ne se sentait jamais si bien que dans la rue. Le pavé lui était moins dur que le cœur de sa mère.

Ses parents l'avaient jeté dans la vie d'un coup de pied. Il avait tout bonnement pris sa volée. C'était un garçon bruyant, blême, leste, éveillé, goguenard, à l'air vivace et maladif[6]. Il allait, venait, chantait, jouait à la fayousse[7], grattait les ruisseaux, volait un peu, mais comme les chats et les passereaux, gaîment, riait quand on l'appelait galopin, se fâchait quand on l'appelait voyou. Il n'avait pas de gîte, pas de pain, pas de feu, pas d'amour; mais il était joyeux parce qu'il était libre.

Quand ces pauvres êtres sont hommes, presque toujours la meule de l'ordre social les rencontre et les broie, mais tant qu'ils sont enfants, ils échappent, étant petits. Le moindre trou les sauve.

Pourtant, si abandonné que fût cet enfant, il arrivait parfois, tous les deux ou trois mois, qu'il disait : « Tiens, je vas voir maman ! » Alors il quittait le boulevard, le Cirque, la Porte Saint-Martin, descendait aux quais, passait les ponts, gagnait les faubourgs, atteignait la Salpêtrière, et arrivait où ? Précisément à ce double numéro 50-52 que le lecteur connaît, à la masure Gorbeau[8].

A cette époque, la masure 50-52, habituellement déserte et éternellement décorée de l'écriteau : « Chambres à louer », se trouvait, chose rare, habitée par plusieurs individus[9] qui, du reste, comme cela est toujours à Paris, n'avaient aucun lien ni aucun rapport entre eux. Tous appartenaient[10] à cette classe indigente qui commence à partir du dernier petit bourgeois gêné et qui se prolonge de misère en misère dans les bas-fonds de la société jusqu'à ces deux êtres auxquels toutes les choses matérielles de la civilisation viennent aboutir, l'égoutier qui balaye la boue et le chiffonnier qui ramasse les guenilles.

La « principale locataire » du temps de Jean Valjean était morte et avait été remplacée par une toute pareille. Je ne sais quel philosophe a dit : On ne manque jamais de vieilles femmes.

Cette nouvelle vieille s'appelait Mme Burgon, et n'avait rien de remarquable dans sa vie qu'une dynastie de trois perroquets, lesquels avaient successivement régné sur son âme[11].

Les plus misérables entre ceux qui habitaient la masure étaient une famille de quatre personnes[12], le père, la mère et deux filles déjà assez grandes, tous les quatre logés dans le même galetas, une de ces cellules dont nous avons déjà parlé.

Cette famille n'offrait au premier abord rien de très particulier que son extrême dénûment ; le père en louant la chambre avait dit s'appeler Jondrette. Quelque temps après son emménagement, qui avait singulièrement ressemblé, pour emprunter l'expression mémorable de la principale locataire, à *l'entrée de rien du tout*, ce Jondrette avait dit à cette femme qui, comme sa devancière, était en même temps portière et balayait l'escalier : — Mère une telle, si quelqu'un venait par hasard demander un Polonais ou un Italien, ou peut-être un Espagnol, ce serait moi.

Cette famille était la famille du joyeux petit va-nu-pieds. Il y arrivait, et il y trouvait la pauvreté[13], la détresse, et, ce qui est plus triste, aucun sourire ; le froid dans l'âtre et le froid dans les cœurs. Quand il entrait, on lui demandait : — D'où viens-tu ? Il répondait : — De la rue. Quand il s'en allait, on lui demandait : — Où vas-tu ? Il répondait : — Dans la rue. Sa mère lui disait : — Qu'est-ce que tu viens faire ici ?

Cet enfant vivait dans cette absence d'affection comme ces herbes pâles qui viennent dans les caves. Il ne souffrait pas d'être ainsi et n'en voulait à personne. Il ne savait pas au juste comment devaient être un père et une mère.

Du reste sa mère aimait ses sœurs.

Nous avons oublié de dire que sur le boulevard du Temple on nommait cet enfant le petit Gavroche. Pourquoi s'appelait-il Gavroche? Probablement parce que son père s'appelait Jondrette.

Casser le fil semble être l'instinct de certaines familles misérables.

La chambre que les Jondrette habitaient dans la masure Gorbeau[14] était la dernière au bout du corridor. La cellule d'à côté était occupée par un jeune homme très pauvre qu'on nommait M. Marius.

Disons ce que[15] c'était que M. Marius.

LIVRE DEUXIÈME

LE GRAND BOURGEOIS[1]

I

QUATRE-VINGT-DIX ANS ET TRENTE-DEUX DENTS

Rue Boucherat, rue de Normandie et rue de Saintonge, il existe encore quelques anciens habitants qui ont gardé le souvenir d'un bonhomme appelé M. Gillenormand, et qui en parlent avec complaisance. Ce bonhomme était vieux quand ils étaient jeunes. Cette silhouette, pour ceux qui regardent mélancoliquement ce vague fourmillement d'ombres qu'on nomme le passé, n'a pas encore tout à fait disparu du labyrinthe des rues voisines du Temple auxquelles, sous Louis XIV, on a attaché les noms de toutes les provinces de France absolument comme on a donné de nos jours aux rues du nouveau quartier Tivoli les noms de toutes les capitales d'Europe ; progression, soit dit en passant, où est visible le progrès[2].

M. Gillenormand, lequel était on ne peut plus vivant en 1831, était un de ces hommes devenus curieux à voir uniquement à cause qu'ils ont[3] longtemps vécu, et qui sont étranges parce qu'ils ont jadis ressemblé à tout le monde et que maintenant ils ne ressemblent plus à personne. C'était un vieillard particulier, et bien véritablement l'homme d'un autre âge, le vrai bourgeois complet et un peu hautain du dix-huitième siècle, portant sa bonne vieille bourgeoisie de l'air dont les marquis portaient leur marquisat[4]. Il avait dépassé quatre-vingt-dix ans, marchait droit, parlait haut, voyait clair, buvait sec, mangeait, dormait et ronflait. Il avait ses trente-deux dents[5]. Il ne mettait de lunettes que pour lire. Il était d'humeur amoureuse, mais[6] disait que depuis une dizaine d'années il avait décidément et tout à fait renoncé aux femmes. Il ne pouvait plus plaire, disait-il ; il n'ajoutait pas : Je suis trop vieux, mais : Je suis trop pauvre. Il disait : Si je n'étais pas ruiné... héée ! — Il ne lui restait en effet qu'un revenu d'environ quinze mille livres[7]. Son rêve[8] était de faire un héritage et d'avoir cent mille francs de rente pour avoir des maîtresses. Il n'appartenait point, comme on voit, à cette variété malingre d'octogénaires qui, comme M. de Voltaire, ont été mourants toute leur vie ; ce n'était pas une longévité de pot fêlé ; ce vieillard gaillard s'était toujours bien porté. Il était superficiel, rapide, aisément courroucé. Il entrait en tempête à tout propos, le plus souvent à contre-sens du vrai. Quand on le contredisait, il levait la canne ; il battait les gens, comme au grand siècle[9]. Il avait une fille de cinquante ans passés, non mariée[10], qu'il rossait très fort quand il se mettait en colère, et qu'il eût volontiers fouettée. Elle lui faisait l'effet d'avoir huit ans. Il souffletait énergiquement ses domestiques et disait : Ah ! carogne ! Un de ses jurons était : *Par la pantoufloche de la pantouflochade*[11] ! Il avait des tranquillités singulières ; il se faisait raser tous les jours par un barbier qui avait été fou, et qui le détestait[12], étant jaloux de M. Gillenormand à cause de sa femme, jolie barbière coquette. M. Gillenormand admirait son propre discernement en toute chose, et se déclarait très sagace ; voici un de ses mots : « J'ai, en vérité, quelque pénétration ; je suis de force à dire, quand une puce me pique, de quelle femme elle me vient. » Les mots qu'il prononçait le plus souvent, c'était : *l'homme sensible*, et *la nature*. Il ne donnait pas à ce dernier mot la grande acception que notre époque lui a rendue. Mais il le faisait entrer à sa façon dans ses petites satires du coin du feu : — La nature, disait-il, pour que la civilisation ait un peu de tout, lui donne jusqu'à des spécimens de barbarie amusante. L'Europe a des échantillons de l'Asie et de l'Afrique, en petit format. Le chat est un tigre de salon, le lézard est un crocodile de poche. Les danseuses de l'Opéra sont des sauvagesses roses. Elles ne mangent pas les hommes, elles les grugent. Ou bien, les magiciennes ! elles les changent en huîtres, et les avalent. Les caraïbes ne laissent que les os, elles ne laissent que l'écaille. Telles sont nos mœurs. Nous ne dévorons pas, nous rongeons ; nous n'exterminons pas, nous griffons.

II

Tel maitre, tel logis

Il demeurait au Marais, rue des Filles-du-Calvaire, n° 6. La maison était à lui. Cette maison a été démolie et rebâtie depuis, et le chiffre en a probablement été changé dans ces révolutions de numérotage que subissent les rues de Paris. Il occupait un vieil et vaste appartement au premier, entre la rue et des jardins, meublé[1] jusqu'aux plafonds de grandes tapisseries des Gobelins et de Beauvais représentant des bergerades; les sujets des plafonds et des panneaux étaient répétés en petit sur les fauteuils. Il enveloppait son lit d'un vaste paravent à neuf feuilles en laque de Coromandel[2]. De longs rideaux diffus pendaient aux croisées et y faisaient de grands plis cassés très magnifiques. Le jardin immédiatement situé sous ses fenêtres se rattachait à celle d'entre elles qui faisait l'angle au moyen d'un escalier de douze ou quinze marches fort allégrement monté et descendu par ce bonhomme. Outre une bibliothèque contiguë à sa chambre, il avait un boudoir auquel il tenait fort, réduit galant tapissé d'une magnifique tenture de paille fleurdelysée et fleurie faite sur les galères de Louis XIV et commandée par M. de Vivonne[3] à ses forçats pour sa maîtresse. M. Gillenormand avait hérité cela d'une farouche grand'tante maternelle, morte centenaire. Il avait eu deux femmes. Ses manières tenaient le milieu entre l'homme de cour qu'il n'avait jamais été et l'homme de robe qu'il aurait pu être. Il était gai, et caressant quand il voulait. Dans sa jeunesse, il avait été de ces hommes qui sont toujours trompés par leur femme et jamais par leur maîtresse, parce qu'ils sont à la fois les plus maussades maris et les plus charmants amants qu'il y ait. Il était connaisseur en peinture. Il avait dans sa chambre un merveilleux portrait d'on ne sait qui, peint par Jordaens, fait à grands coups de brosse, avec des millions de détails, à la façon fouillis et comme au hasard. Le vêtement[4] de M. Gillenormand n'était pas l'habit Louis XV, ni même l'habit Louis XVI; c'était le costume des incroyables du Directoire. Il s'était cru tout jeune jusque-là et avait suivi les modes. Son habit était en drap léger, avec de spacieux revers[5], une longue queue de morue et de larges boutons d'acier. Avec cela la culotte courte et les souliers à boucles. Il mettait toujours les mains dans ses goussets. Il disait avec autorité : *La Révolution française est un tas de chenapans*[6].

III

Luc-Esprit

A L'AGE de seize ans, un soir, à l'Opéra, il avait eu l'honneur d'être lorgné à la fois par deux beautés alors mûres et célèbres et chantées par Voltaire, la Camargo et la Sallé[1]. Pris entre deux feux, il avait fait une retraite héroïque vers une petite danseuse fillette appelée Nahenry, qui avait seize ans comme lui, obscure comme un chat, et dont il était amoureux. Il abondait en souvenirs. Il s'écriait : — Qu'elle était jolie, cette Guimard-Guimardini-Guimardinette, la dernière fois que je l'ai vue à Longchamps, frisée en sentiments soutenus, avec ses venez-y-voir en turquoises, sa robe couleur de gens nouvellement arrivés, et son manchon d'agitation[2] ! — Il avait porté dans son adolescence une veste de Nain-Londrin dont il parlait volontiers et avec effusion. — J'étais vêtu comme un turc du Levant levantin, disait-il. Mme de Boufflers, l'ayant vu par hasard quand il avait vingt ans, l'avait qualifié « un fol charmant[3] ».

Il se scandalisait de tous les noms[4] qu'il voyait dans la politique et au pouvoir, les trouvant bas et bourgeois. Il lisait les journaux, *les papiers nouvelles*[5], *les gazettes,* comme il disait, en étouffant des éclats de rire. Oh ! disait-il, quelles sont ces gens-là ! Corbière ! Humann ! Casimir Périer[6] ! cela vous est ministre. Je me figure ceci dans un journal : M. Gillenormand, ministre ! ce serait farce[7]. Eh bien ! ils sont si bêtes que ça irait ! Il appelait allégrement toutes choses par le mot propre ou malpropre et ne se gênait pas devant les femmes. Il disait des grossièretés, des obscénités et des ordures avec je ne sais quoi de tranquille et de peu étonné qui était élégant. C'était le sans-façon de son siècle. Il est à remarquer que le temps des périphrases en vers a été le temps des crudités en prose. Son parrain avait prédit qu'il serait un homme de génie, et lui avait donné ces deux prénoms significatifs : Luc-Esprit.

IV

Aspirant centenaire

Il avait eu des prix en son enfance au collège de Moulins où il était né, et il avait été couronné de la main du duc de Nivernais qu'il appelait le duc de Nevers[1]. Ni la Convention, ni la mort de Louis XVI, ni Napoléon, ni le retour des Bourbons, rien n'avait pu effacer le souvenir de ce couronnement. *Le duc de Nevers* était pour lui la grande figure du siècle. Quel charmant grand seigneur, disait-il, et qu'il avait bon air avec son cordon bleu[2] !

Aux yeux de M. Gillenormand, Catherine II avait réparé le crime du partage de la Pologne en achetant pour trois mille roubles le secret de l'élixir d'or à Bestuchef. Là-dessus, il s'animait : — L'élixir d'or, s'écriait-il, la teinture jaune de Bestuchef, les gouttes du général Lamotte, c'était, au dix-huitième siècle, à un louis le flacon d'une demi-once, le grand remède aux catastrophes de l'amour, la panacée contre Vénus. Louis XV en envoyait deux cents flacons au pape. — On l'eût fort exaspéré et mis hors des gonds si on lui eût dit que l'élixir d'or n'est autre chose que le perchlorure de fer[3].

M. Gillenormand adorait les Bourbons et avait en horreur 1789[4] ; il racontait sans cesse de quelle façon il s'était sauvé dans la Terreur[5], et comment il lui avait fallu bien de la gaîté et bien de l'esprit pour ne pas avoir la tête coupée. Si quelque jeune homme s'avisait de faire devant lui l'éloge de la République, il devenait bleu et s'irritait à s'évanouir.

Quelquefois il faisait allusion à son âge de quatre-vingt-dix ans, et disait : *J'espère bien que je ne verrai pas deux fois quatre-vingt-treize.* D'autres fois, il signifiait aux gens qu'il entendait vivre cent ans[6].

V

BASQUE ET NICOLETTE

Il avait des théories. En voici une : « Quand un homme aime passionnément les femmes, et qu'il a lui-même une femme à lui dont il se soucie peu, laide, revêche, légitime, pleine de droits, juchée sur le code et jalouse au besoin, il n'a qu'une façon de s'en tirer et d'avoir la paix, c'est de laisser à sa femme les cordons de la bourse. Cette abdication le fait libre. La femme s'occupe alors, se passionne au maniement des espèces, s'y vert-de-grise les doigts, entreprend l'élève des métayers et le dressage des fermiers, convoque les avoués, préside les notaires, harangue les tabellions, visite les robins, suit les procès, rédige les baux, dicte les contrats, se sent souveraine, vend, achète, règle, jordonne, promet et compromet, lie et résilie, cède, concède et rétrocède, arrange, dérange, thésaurise, prodigue; elle fait des sottises, bonheur magistral et personnel, et cela console. Pendant que son mari la dédaigne, elle a la satisfaction de ruiner son mari. » Cette théorie, M. Gillenormand se l'était appliquée, et elle était devenue son histoire. Sa femme, la deuxième, avait administré sa fortune de telle façon qu'il restait à M. Gillenormand, quand un beau jour il se trouva veuf, juste de quoi vivre, en plaçant presque tout en viager, une quinzaine de mille francs de rente dont les trois quarts devaient s'éteindre avec lui. Il n'avait pas hésité, peu préoccupé du souci de laisser un héritage. D'ailleurs il avait vu que les patrimoines avaient des aventures, et, par exemple, devenaient des *biens nationaux;* il avait assisté aux avatars du tiers consolidé, et il croyait peu au grand-livre. — *Rue Quincampoix que tout cela!* disait-il. Sa maison de la rue des Filles-du-Calvaire, nous l'avons dit, lui appartenait. Il avait deux domestiques, « un mâle et un femelle ». Quand un domestique entrait chez lui, M. Gillenormand le rebaptisait. Il donnait aux hommes le nom de leur province : Nîmois, Comtois, Poitevin, Picard. Son dernier valet était un gros homme fourbu et poussif de cinquante-cinq ans, incapable de courir vingt pas, mais, comme il était né à Bayonne, M. Gillenormand l'appelait Basque. Quant aux servantes, toutes s'appelaient chez lui Nicolette (même la Magnon dont il sera question plus loin). Un jour une fière cuisinière, cordon bleu, de haute race de concierges, se présenta. — Combien voulez-vous gagner de gages par mois? lui demanda M. Gillenormand. — Trente francs. — Comment vous nommez-vous? — Olympie. — Tu auras cinquante francs, et tu t'appelleras Nicolette[1].

VI

Où l'on entrevoit la Magnon et ses deux petits

Chez M. Gillenormand la douleur se traduisait en colère; il était furieux d'être désespéré. Il avait tous les préjugés et prenait toutes les licences. Une des choses dont il composait son relief extérieur et sa satisfaction intime, c'était, nous venons de l'indiquer, d'être resté vert-galant, et de passer énergiquement pour tel. Il appelait cela avoir « royale renommée ». La royale renommée lui attirait parfois de singulières aubaines. Un jour on apporta chez lui dans une bourriche, comme une cloyère d'huîtres, un gros garçon nouveau-né, criant le diable et dûment emmitouflé de langes, qu'une servante chassée six mois auparavant lui attribuait. M. Gillenormand avait alors ses parfaits quatre-vingt-quatre ans. Indignation et clameur dans l'entourage. Et à qui cette effrontée drôlesse espérait-elle faire accroire cela? Quelle audace! quelle abominable calomnie! M. Gillenormand, lui, n'eut aucune colère. Il regarda le maillot avec l'aimable sourire d'un bonhomme flatté de la calomnie, et dit à la cantonade : « — Hé bien quoi? qu'est-ce? qu'y a-t-il? qu'est-ce qu'il y a? vous vous ébahissez bellement, et, en vérité, comme aucunes personnes ignorantes. M. le duc d'Angoulême, bâtard de sa majesté Charles IX, se maria à quatre-vingt-cinq ans avec une péronnelle de quinze ans[1]; M. Virginal, marquis d'Alluye, frère du cardinal de Sourdis, archevêque de Bordeaux, eut à quatre-vingt-trois ans d'une fille de chambre de Mme la présidente Jacquin un fils, un vrai fils d'amour, qui fut chevalier de Malte et conseiller d'État d'épée; un des grands hommes de ce siècle-ci, l'abbé Tarabaud, est fils d'un homme de quatre-vingt-sept ans. Ces choses-là n'ont rien que d'ordinaire. Et la Bible donc ! Sur ce, je déclare que ce petit monsieur n'est pas de moi. Qu'on en prenne soin. Ce n'est pas sa faute. » — Le procédé était débonnaire. La créature, celle-là qui se nommait Magnon, lui fit un deuxième envoi l'année d'après. C'était encore un garçon. Pour le coup, M. Gillenormand capitula. Il remit à la mère les deux mioches, s'engageant à payer pour leur entretien quatre-vingts francs par mois, à la condition que ladite mère ne recommencerait plus. Il ajouta : « J'entends que la mère les traite bien. Je les irai voir de temps en temps. » Ce qu'il fit.

Il avait eu un frère prêtre, lequel avait été trente-trois[2] ans recteur de l'Académie de Poitiers, et était mort à soixante-dix-neuf ans. *Je l'ai perdu jeune*, disait-il. Ce frère, dont il est resté peu de souvenir, était un paisible avare qui, étant prêtre, se croyait obligé de faire l'aumône aux pauvres qu'il rencontrait, mais il ne leur donnait jamais que des monnerons ou des sous démonétisés, trouvant ainsi moyen d'aller en enfer par le chemin du paradis. Quant à M. Gillenormand aîné, il ne marchandait pas l'aumône et donnait volontiers, et noblement[3]. Il était bienveillant, brusque, charitable, et s'il eût été riche, sa pente eût été le magnifique. Il voulait que tout ce qui le concernait fût fait grandement, même les friponneries. Un jour, dans une succession, ayant été dévalisé par un homme d'affaires d'une manière grossière et visible, il jeta cette exclamation solennelle : — « Fi ! c'est malproprement fait ! j'ai vraiment honte de ces grivèleries. Tout a dégénéré dans ce siècle, même les coquins. Morbleu ! ce n'est pas ainsi qu'on doit voler un homme de ma sorte. Je suis volé comme dans un bois, mais mal volé. *Sylvae sint consule dignae*[4] ! »

Il avait eu, nous l'avons dit, deux femmes[5] ; de la première une fille qui était restée fille, et de la seconde une autre fille, morte vers l'âge de trente ans, laquelle avait épousé par amour ou hasard ou autrement un soldat de fortune qui avait servi dans les armées de la République et de l'Empire[6], avait eu la croix à Austerlitz et avait été fait colonel à Waterloo[7]. *C'est la honte de ma famille*, disait le vieux bourgeois. Il prenait force tabac, et avait une grâce particulière à chiffonner son jabot de dentelle d'un revers de main. Il croyait fort peu en Dieu[8].

VII

Règle : ne recevoir personne que le soir

Tel était M. Luc-Esprit Gillenormand, lequel n'avait point perdu ses cheveux, plutôt gris que blancs, et était toujours coiffé en oreilles de chien. En somme, et avec tout cela, vénérable. Il tenait du dix-huitième siècle : frivole et grand[1].

Dans les premières années de la Restauration, M. Gillenormand, qui était encore jeune, — il n'avait que soixante-quatorze ans[2] en 1814, — avait habité le faubourg Saint-Germain[3], rue Servandoni, près Saint-Sulpice. Il ne s'était retiré au Marais qu'en sortant du monde, bien après ses quatre-vingts ans sonnés.

Et en sortant du monde, il s'était muré dans ses habitudes. La principale, et où il était invariable, c'était de tenir sa porte absolument fermée le jour, et de ne jamais recevoir qui que ce soit, pour quelque affaire que ce fût, que le soir. Il dînait à cinq heures, puis sa porte était ouverte. C'était la mode de son siècle, et il n'en voulait point démordre. — Le jour est canaille, disait-il, et ne mérite qu'un volet fermé. Les gens comme il faut allument leur esprit quand le zénith allume ses étoiles. — Et il se barricadait pour tout le monde, fût-ce pour le roi. Vieille élégance de son temps[4].

VIII

Les deux ne font pas la paire

Quant aux deux filles de M. Gillenormand, nous venons d'en parler. Elles étaient nées à dix ans d'intervalle. Dans leur jeunesse elles s'étaient fort peu ressemblé, et, par le caractère comme par le visage, avaient été aussi peu sœurs que possible[1]. La cadette était une charmante âme tournée vers tout ce qui est lumière, occupée de fleurs, de vers et de musique, envolée dans des espaces glorieux, enthousiaste, éthérée, fiancée dès l'enfance dans l'idéal à une vague figure héroïque. L'aînée avait aussi sa chimère ; elle voyait dans l'azur un fournisseur, quelque bon gros munitionnaire bien riche, un mari splendidement bête, un million fait homme, ou bien, un préfet ; les réceptions de la préfecture, un huissier d'antichambre chaîne au cou, les bals officiels, les harangues de la mairie, être « madame la préfète », cela tourbillonnait dans son imagination. Les deux sœurs s'égaraient ainsi, chacune dans son rêve, à l'époque où elles étaient jeunes filles. Toutes deux avaient des ailes, l'une comme un ange, l'autre comme une oie.

Aucune ambition ne se réalise pleinement, ici-bas du moins. Aucun paradis ne devient terrestre à l'époque où nous sommes. La cadette avait épousé l'homme de ses songes, mais elle était morte. L'aînée ne s'était pas mariée.

Au moment où elle fait son entrée dans l'histoire que nous racontons, c'était une vieille vertu, une prude incombustible, un des nez les plus pointus et un des esprits les plus obtus qu'on pût voir. Détail caractéristique : en dehors de la famille étroite, personne n'avait jamais su son petit nom. On l'appelait *Mlle Gillenormand l'aînée*.

En fait de cant, Mlle Gillenormand l'aînée eût rendu des points à une miss. C'était la pudeur poussée au noir. Elle avait un souvenir affreux dans sa vie ; un jour, un homme avait vu sa jarretière.

L'âge n'avait fait qu'accroître cette pudeur impitoyable. Sa guimpe n'était jamais assez opaque, et ne montait jamais assez haut. Elle multipliait les agrafes et les épingles là où personne ne songeait à regarder. Le propre de la pruderie, c'est de mettre d'autant plus de factionnaires que la forteresse est moins menacée.

Pourtant, explique qui pourra ces vieux mystères d'innocence, elle se laissait embrasser sans déplaisir par un officier de lanciers qui était son petit-neveu et qui s'appelait Théodule.

En dépit de ce lancier favorisé, l'étiquette : *Prude*, sous laquelle nous l'avons classée, lui convenait absolument. Mlle Gillenormand était une espèce d'âme crépusculaire. La pruderie est une demi-vertu et un demi-vice.

Elle ajoutait à la pruderie le bigotisme, doublure assortie. Elle était de la confrérie de la Vierge, portait un voile blanc à de certaines fêtes, marmottait des oraisons spéciales, révérait « le saint sang », vénérait « le sacré cœur », restait des heures en contemplation devant un autel rococo-jésuite dans une chapelle fermée au commun des fidèles, et y laissait envoler son âme parmi de petites nuées de marbre et à travers de grands rayons de bois doré.

Elle avait une amie de chapelle, vieille vierge comme elle, appelée Mlle Vaubois, absolument hébétée, et près de laquelle Mlle Gillenormand avait le plaisir d'être une aigle. En dehors des *Agnus Dei* et des *Ave Maria,* Mlle Vaubois n'avait de lumières que sur les différentes façons de faire les confitures. Mlle Vaubois, parfaite en son genre, était l'hermine de la stupidité sans une seule tache d'intelligence.

Disons-le, en vieillissant Mlle Gillenormand avait plutôt gagné que perdu. C'est le fait des natures passives. Elle n'avait jamais été méchante, ce qui est une bonté relative; et puis, les années usent les angles, et l'adoucissement de la durée lui était venu. Elle était triste d'une tristesse obscure dont elle n'avait pas elle-même le secret. Il y avait dans toute sa personne la stupeur d'une vie finie qui n'a pas commencé.

Elle tenait la maison de son père. M. Gillenormand avait près de lui sa fille comme on a vu que monseigneur Bienvenu avait près de lui sa sœur. Ces ménages d'un vieillard et d'une vieille fille ne sont point rares et ont l'aspect toujours touchant de deux faiblesses qui s'appuient l'une sur l'autre.

Il y avait en outre dans la maison, entre cette vieille fille et ce vieillard, un enfant, un petit garçon toujours tremblant et muet devant M. Gillenormand. M. Gillenormand ne parlait jamais à cet enfant que d'une voix sévère et quelquefois la canne levée : — *Ici! monsieur!* — *Maroufle, polisson, approchez!* — *Répondez, drôle!* — *Que je vous voie, vaurien!* etc., etc. Il l'idolâtrait.

C'était son petit-fils. Nous retrouverons cet enfant.

LIVRE TROISIÈME

LE GRAND-PÈRE ET LE PETIT-FILS[1]

I

UN ANCIEN SALON[2]

Lorsque M. Gillenormand habitait la rue Servandoni, il hantait plusieurs salons[3] très bons et très nobles. Quoique bourgeois, M. Gillenormand était reçu. Comme il avait deux fois de l'esprit, d'abord l'esprit qu'il avait, ensuite l'esprit qu'on lui prêtait, on le recherchait même, et on le fêtait. Il n'allait nulle part qu'à la condition d'y dominer. Il est des gens qui veulent à tout prix l'influence et qu'on s'occupe d'eux ; là où ils ne peuvent être oracles, ils se font loustics. M. Gillenormand n'était pas de cette nature ; sa domination dans les salons royalistes qu'il fréquentait ne coûtait rien à son respect de lui-même[4]. Il était oracle partout. Il lui arrivait de tenir tête à M. de Bonald, et même à M. Bengy-Puy-Vallée[5].

Vers 1817, il passait invariablement deux après-midi par semaine dans une maison de son voisinage, rue Férou[6], chez Mme la baronne de T., digne et respectable personne dont le mari avait été, sous Louis XVI, ambassadeur de France à Berlin. Le baron de T., qui de son vivant donnait passionnément dans les extases et les visions magnétiques, était mort ruiné dans l'émigration, laissant, pour toute fortune, en dix volumes manuscrits reliés en maroquin rouge et dorés sur tranche[7], des mémoires fort curieux sur Mesmer et son baquet[8]. Mme de T. n'avait point publié les mémoires par dignité, et se soutenait d'une petite rente, qui avait surnagé on ne sait comment. Mme de T. vivait loin de la cour, *monde fort mêlé*, disait-elle, dans un isolement noble, fier et pauvre[9]. Quelques amis se réunissaient deux fois par semaine autour de son feu de veuve et cela constituait un salon royaliste pur[10]. On y prenait le thé, et l'on y poussait, selon que le vent était à l'élégie ou au dithyrambe, des gémissements ou des cris d'horreur sur le siècle, sur la charte, sur les buonapartistes, sur la prostitution du cordon bleu à des bourgeois[11], sur le jacobinisme de Louis XVIII, et l'on s'y entretenait tout bas des espérances que donnait Monsieur, depuis Charles X.

On[12] y accueillait avec des transports de joie des chansons poissardes où Napoléon était appelé *Nicolas*. Des duchesses, les plus délicates et les plus charmantes femmes du monde, s'y extasiaient sur des couplets comme celui-ci adressé « aux fédérés » :

> Renfoncez dans vos culottes
> Le bout d' chemis' qui vous pend.
> Qu'on n' dis' pas qu' les patriotes
> Ont arboré l' drapeau blanc!

On s'y amusait à des calembours qu'on croyait terribles, à des jeux de mots innocents qu'on supposait venimeux, à des quatrains, même à des distiques; ainsi sur le ministère Dessolles, cabinet modéré dont faisaient partie MM. Decazes et Deserre[13] :

> Pour raffermir le trône ébranlé sur sa base,
> Il faut changer de sol, et de serre et de case.

Ou bien on y façonnait la liste de la chambre des pairs, « chambre abominablement jacobine », et l'on combinait sur cette liste des alliances de noms, de manière à faire, par exemple, des phrases comme celle-ci : *Damas, Sabran, Gouvion Saint-Cyr*[14]. Le tout gaîment.

Dans ce monde-là on parodiait la Révolution. On avait je ne sais quelles velléités d'aiguiser les mêmes colères en sens inverse. On chantait son petit *Ça ira* :

> Ah! ça ira! ça ira! ça ira!
> Les buonapartist' à la lanterne!

Les chansons sont comme la guillotine; elles coupent indifféremment, aujourd'hui cette tête-ci, demain celle-là. Ce n'est qu'une variante.

Dans l'affaire Fualdès, qui est de cette époque, 1816, on prenait parti pour Bastide et Jausion, parce que Fualdès était « buonapartiste[15] ». On qualifiait les libéraux, *les frères et amis;* c'était le dernier degré de l'injure.

Comme certains clochers d'église, le salon de Mme la baronne de T. avait deux coqs[16]. L'un était M. Gillenormand, l'autre était le comte de Lamothe-Valois, duquel on se disait à l'oreille avec une sorte de considération :

Vous savez ? C'est le Lamothe de l'affaire du collier[17]. Les partis ont de ces amnisties singulières.

Ajoutons ceci : dans la bourgeoisie, les situations honorées s'amoindrissent par des relations trop faciles ; il faut prendre garde à qui l'on admet ; de même qu'il y a perte de calorique dans le voisinage de ceux qui ont froid, il y a diminution de considération dans l'approche des gens méprisés. L'ancien monde d'en haut se tenait au-dessus de cette loi-là comme de toutes les autres. Marigny, frère de la Pompadour, a ses entrées chez M. le prince de Soubise. Quoique ? non, parce que. Du Barry, parrain de la Vaubernier, est le très bien venu chez M. le maréchal de Richelieu. Ce monde-là, c'est l'olympe. Mercure et le prince de Guéménée y sont chez eux[18]. Un voleur y est admis, pourvu qu'il soit dieu.

Le comte de Lamothe qui, en 1815, était un vieillard de soixante-quinze ans[19], n'avait de remarquable que son air silencieux et sentencieux, sa figure anguleuse et froide, ses manières parfaitement polies, son habit boutonné jusqu'à la cravate, et ses grandes jambes toujours croisées dans un long pantalon flasque couleur de terre de Sienne brûlée. Son visage était de la couleur de son pantalon.

Ce M. de Lamothe était « compté » dans ce salon, à cause de sa « célébrité », et, chose étrange à dire, mais exacte, à cause du nom de Valois.

Quant à M. Gillenormand, sa considération était absolument de bon aloi. Il faisait autorité parce qu'il faisait autorité. Il avait, tout léger qu'il était et sans que cela coûtât rien à sa gaîté, une certaine façon d'être, imposante, digne[20], honnête et bourgeoisement altière ; et son grand âge s'y ajoutait. On n'est pas impunément un siècle. Les années finissent par faire autour d'une tête un échevellement vénérable.

Il avait en outre de ces mots qui sont tout à fait l'étincelle de la vieille roche. Ainsi quand le roi de Prusse, après avoir restauré Louis XVIII, vint lui faire visite sous le nom de comte de Ruppin, il fut reçu par le descendant de Louis XIV un peu comme marquis de Brandebourg et avec l'impertinence la plus délicate. M. Gillenormand approuva. — *Tous les rois qui ne sont pas le roi de France*, dit-il, *sont des rois de province*. On fit un jour devant lui cette demande et cette réponse : — A quoi donc a été condamné le rédacteur du *Courrier français ?* — A être suspendu. — *Sus* est de trop, observa M. Gillenormand. Des paroles de ce genre fondent une situation. A un *Te Deum* anniversaire du retour des Bourbons, voyant passer M. de Talleyrand, il dit : *Voilà son excellence le Mal*[21].

M. Gillenormand venait habituellement accompagné de sa fille, cette longue mademoiselle qui avait alors passé quarante ans et en semblait cinquante[22], et d'un beau petit garçon de sept ans, blanc, rose, frais, avec des yeux heureux et confiants, lequel n'apparaissait jamais dans ce salon sans entendre toutes les voix bourdonner autour de lui : Qu'il est joli ! quel dommage ! pauvre enfant ! Cet enfant était celui dont nous avons dit un mot tout à l'heure. On l'appelait — pauvre enfant — parce qu'il avait pour père « un brigand de la Loire ».

Ce brigand de la Loire était ce gendre de M. Gillenormand dont il a déjà été fait mention, et que M. Gillenormand qualifiait[23] *la honte de sa famille*.

II

Un des spectres rouges de ce temps-là[1]

Quelqu'un qui aurait passé à cette époque dans la petite ville de Vernon et qui s'y serait promené sur ce beau pont monumental auquel succédera bientôt, espérons-le, quelque affreux pont[2] en fil de fer, aurait pu remarquer, en laissant tomber ses yeux du haut du parapet, un homme d'une cinquantaine d'années coiffé d'une casquette de cuir, vêtu d'un pantalon et d'une veste de gros drap gris, à laquelle était cousu quelque chose de jaune qui avait été un ruban rouge, chaussé de sabots[3], hâlé par le soleil, la face presque noire et les cheveux presque blancs, une large cicatrice sur le front se continuant sur la joue, courbé, voûté, vieilli avant l'âge, se promenant à peu près tout le jour, une bêche ou une serpe à la main, dans un de ces compartiments entourés de murs qui avoisinent le pont et qui bordent comme une chaîne de[4] terrasses la rive gauche de la Seine, charmants enclos pleins de fleurs desquels on dirait, s'ils étaient beaucoup plus grands : ce sont des jardins, et, s'ils étaient un peu[5] plus petits : ce sont des bouquets. Tous ces enclos aboutissent par un bout à la rivière et par l'autre à une maison. L'homme en veste et en sabots dont nous venons de parler habitait vers 1817 le plus étroit de ces enclos et la plus humble de ces maisons. Il vivait là seul, et solitaire, silencieusement et pauvrement[6], avec une femme ni jeune, ni vieille, ni belle, ni laide, ni paysanne, ni bourgeoise, qui le servait. Le carré de terre qu'il appelait son jardin était célèbre dans la ville pour la beauté des fleurs qu'il y cultivait. Les fleurs étaient son occupation[7].

A force de travail, de persévérance, d'attention et de seaux d'eau, il avait réussi à créer après le créateur, et il avait inventé de certaines tulipes et de certains dahlias qui semblaient avoir été oubliés par la nature. Il était ingénieux; il avait devancé Soulange Bodin[8] dans la formation des petits massifs de terre de bruyère pour la culture des rares et précieux arbustes d'Amérique et de Chine. Dès le point du jour, en été, il était dans ses allées, piquant, taillant, sarclant, arrosant, marchant au milieu de ses fleurs avec un air de bonté, de tristesse et de douceur, quelquefois rêveur et immobile des heures entières, écoutant le chant d'un oiseau dans un arbre, le gazouillement d'un enfant dans une maison, ou bien les yeux fixés au bout d'un brin d'herbe sur quelque goutte de rosée dont le soleil faisait une escarboucle. Il avait une table fort maigre, et buvait plus de lait que de vin. Un marmot le faisait céder, sa servante le grondait[9]. Il était timide jusqu'à sembler farouche, sortait rarement[10], et ne voyait personne que les pauvres qui frappaient à sa vitre et son curé, l'abbé Mabeuf, bon vieux homme. Pourtant si des habitants de la ville ou des étrangers[11], les premiers venus, curieux de voir ses tulipes et ses roses, venaient sonner à sa petite maison, il ouvrait sa porte en souriant. C'était le brigand de la Loire.

Quelqu'un qui, dans le même temps, aurait lu les mémoires militaires, les biographies, le *Moniteur*[12] et les bulletins de la Grande Armée, aurait pu être frappé d'un nom qui y revient assez souvent, le nom de Georges Pontmercy. Tout jeune, ce Georges Pontmercy était soldat au régiment de Saintonge. La Révolution éclata. Le régiment de Saintonge fit partie de l'armée du Rhin. Car les anciens régiments de la monarchie gardèrent leurs noms de province, même après la chute de la monarchie, et ne furent embrigadés qu'en 1794. Pontmercy se battit à Spire, à Worms, à Neustadt, à Turkheim, à Alzey, à Mayence où il était des deux cents qui formaient l'arrière-garde de Houchard. Il tint, lui douzième, contre le corps entier du prince de Hesse, derrière le vieux rempart d'Andernach, et ne se replia sur le gros de l'armée que lorsque le canon ennemi eut ouvert la brèche depuis le cordon du parapet jusqu'au talus de plongée. Il était sous Kléber à Marchiennes et au combat du Mont-Palissel où il eut le bras cassé d'un biscayen. Puis il passa à la frontière d'Italie, et il fut un des trente grenadiers qui défendirent le col de Tende avec Joubert. Joubert en fut nommé adjudant-général et Pontmercy sous-lieutenant. Pontmercy était à côté de Berthier au milieu de la mitraille dans cette journée de Lodi qui fit dire à Bonaparte : *Berthier a été canonnier, cavalier et grenadier*. Il vit son ancien général Joubert tomber à Novi, au moment où, le sabre levé, il criait : « En avant ! » Ayant été embarqué avec sa compagnie pour les besoins de la campagne dans une péniche qui allait de Gênes à je ne sais plus quel petit port de la côte, il tomba dans un guêpier de sept ou huit voiles anglaises. Le commandant génois voulait jeter les canons à la mer, cacher les soldats dans l'entre-pont et se glisser dans l'ombre comme navire marchand. Pontmercy fit frapper les couleurs tricolores à la drisse du mât de pavillon, et passa fièrement sous le canon des frégates britanniques. A vingt lieues de là, son audace croissant, avec sa péniche il attaqua et captura un gros transport anglais qui portait des troupes en Sicile, si chargé d'hommes et de chevaux que le bâtiment était bondé jusqu'aux hiloires[13]. En 1805, il était de cette division Malher qui enleva Günzbourg à l'archiduc Ferdinand. A Wettingen, il reçut dans ses bras, sous une grêle de balles, le colonel Maupetit blessé mortellement à la tête du 9ᵉ dragons. Il se distingua à Austerlitz dans cette admirable marche en échelons faite sous le feu de l'ennemi. Lorsque la cavalerie de la garde impériale russe écrasa un bataillon du 4ᵉ de ligne, Pontmercy fut de ceux qui prirent la revanche et qui culbutèrent cette garde. L'empereur lui donna la croix. Pontmercy vit successivement faire prisonniers Wurmser dans Mantoue, Mélas dans Alexandrie, Mack dans Ulm. Il fit partie du huitième corps de la Grande Armée que Mortier commandait et qui s'empara de Hambourg. Puis il passa dans le 55ᵉ de ligne qui était l'ancien régiment de Flandre. A Eylau, il était dans le cimetière où l'héroïque capitaine Louis

Hugo, oncle de l'auteur de ce livre, soutint seul avec sa compagnie de quatre-vingt-trois hommes, pendant deux heures, tout l'effort de l'armée ennemie[14]. Pontmercy fut un des trois qui sortirent de ce cimetière vivants. Il fut de Friedland. Puis il vit Moscou, puis la Bérésina, puis Lutzen, Bautzen, Dresde, Wachau, Leipsick, et les défilés de Gelenshausen ; puis Montmirail, Château-Thierry, Craon, les bords de la Marne, les bords de l'Aisne, et la redoutable position de Laon. A Arnay-le-Duc, étant capitaine, il sabra dix cosaques, et sauva, non son général, mais son caporal[15]. Il fut haché à cette occasion, et on lui tira vingt-sept esquilles rien que du bras gauche. Huit jours avant la capitulation de Paris, il venait de permuter avec un camarade et d'entrer dans la cavalerie. Il avait ce qu'on appelait dans l'ancien régime *la double-main*, c'est-à-dire une aptitude égale à manier, soldat, le sabre ou le fusil, officier, un escadron ou un bataillon. C'est de cette aptitude, perfectionnée par l'éducation militaire, que sont nées certaines armes spéciales, les dragons, par exemple, qui sont tout ensemble cavaliers et fantassins. Il accompagna Napoléon à l'île d'Elbe. A Waterloo, il était chef d'escadron de cuirassiers dans la brigade Dubois. Ce fut lui qui prit le drapeau du bataillon de Lunebourg. Il vint jeter le drapeau aux pieds de l'empereur. Il était couvert de sang. Il avait reçu, en arrachant le drapeau, un coup de sabre à travers le visage. L'empereur, content, lui cria[16] : *Tu es colonel, tu es baron, tu es officier de la Légion d'honneur!* Pontmercy répondit : *Sire, je vous remercie pour ma veuve*. Une heure après, il tombait dans le ravin d'Ohain. Maintenant[17] qu'était-ce que ce Georges Pontmercy ? C'était ce même brigand de la Loire.

On a déjà vu quelque chose de son histoire[18]. Après Waterloo, Pontmercy, tiré, on s'en souvient, du chemin creux d'Ohain, avait réussi à regagner l'armée, et s'était traîné[19] d'ambulance en ambulance jusqu'aux cantonnements de la Loire.

La Restauration l'avait mis à la demi-solde, puis l'avait envoyé en résidence, c'est-à-dire en surveillance, à Vernon. Le roi Louis XVIII, considérant comme non avenu tout ce qui s'était fait dans les Cent-Jours, ne lui avait reconnu ni sa qualité d'officier de la Légion d'honneur, ni son grade de colonel, ni son titre de baron. Lui de son côté ne négligeait aucune occasion de signer *le colonel baron Pontmercy*. Il n'avait qu'un vieil habit bleu, et il ne sortait jamais sans y attacher la rosette[20] d'officier de la Légion d'honneur. Le procureur du roi le fit prévenir que le parquet le poursuivrait pour « port illégal de cette décoration ». Quand cet avis lui fut donné par un intermédiaire officieux, Pontmercy répondit avec un amer sourire[21] : Je ne sais point si c'est moi qui n'entends plus le français, ou si c'est vous qui ne le parlez plus, mais le fait est que je ne comprends pas. — Puis il sortit huit jours de suite avec sa rosette. On n'osa point l'inquiéter[22]. Deux ou trois fois le ministre de la Guerre et le général commandant le département lui écrivirent avec cette suscription : *A M. le commandant Pontmercy*. Il renvoya les lettres non décachetées. En ce même moment, Napoléon à Sainte-Hélène traitait de la même façon les missives de sir Hudson Lowe adressées *au général Bonaparte*. Pontmercy avait fini, qu'on nous passe le mot, par avoir dans la bouche la même salive que son empereur[23].

Il y avait ainsi à Rome des soldats carthaginois prisonniers qui refusaient de saluer Flaminius et qui avaient un peu de l'âme d'Annibal[24].

Un matin, il rencontra le procureur du roi dans une rue de Vernon, alla à lui et lui dit :

— Monsieur le procureur du roi, m'est-il permis de porter ma balafre ?

Il n'avait rien, que sa très chétive demi-solde de chef d'escadron[25]. Il avait loué à Vernon la plus petite maison qu'il avait pu trouver. Il y vivait seul, on vient de voir comment. Sous l'Empire, entre deux guerres, il avait trouvé le temps d'épouser Mlle Gillenormand. Le vieux bourgeois, indigné au fond, avait consenti en soupirant et en disant : *Les plus grandes familles y sont forcées*. En 1815, Mme Pontmercy, femme [26] du reste de tout point admirable, élevée et rare et digne de son mari, était morte, laissant un enfant. Cet enfant eût été la joie du colonel dans sa solitude ; mais l'aïeul avait impérieusement réclamé son petit-fils, déclarant que, si on ne le lui donnait pas, il le déshériterait[27]. Le père avait cédé[28] dans l'intérêt du petit, et, ne pouvant avoir son enfant, il s'était mis à aimer les fleurs.

Il avait du reste renoncé à tout, ne remuant ni ne conspirant. Il partageait sa pensée entre les choses innocentes qu'il faisait et les choses grandes qu'il avait faites. Il passait son temps à espérer un œillet ou à se souvenir d'Austerlitz[29].

M. Gillenormand n'avait aucune relation avec son gendre[30]. Le colonel était pour lui « un bandit », et il était pour le colonel « une ganache ». M. Gillenormand ne parlait jamais du colonel, si ce n'est quelquefois pour faire des allusions moqueuses à « sa baronnie ». Il était expressément convenu que Pontmercy n'essayerait jamais de voir son fils ni de lui parler, sous peine qu'on le lui rendît chassé et déshérité. Pour les Gillenormand, Pontmercy était un pestiféré. Ils entendaient élever l'enfant à leur guise. Le colonel eut tort peut-être d'accepter ces conditions, mais il les subit, croyant bien faire et ne sacrifier que lui. L'héritage du père Gillenormand était peu de chose, mais l'héritage de Mlle Gillenormand aînée était considérable. Cette tante, restée fille, était fort riche du côté maternel, et le fils de sa sœur était son héritier naturel.

L'enfant, qui s'appelait Marius, savait qu'il avait un père, mais rien de plus. Personne ne lui en ouvrait la bouche. Cependant, dans le monde où son grand-père le menait, les chuchotements, les demi-mots, les clins d'yeux, s'étaient fait jour à la longue jusque dans l'esprit du petit ; il avait fini par comprendre quelque chose, et comme il prenait naturellement, par une sorte d'infiltration et de pénétration lente, les idées et les opinions qui étaient, pour ainsi dire, son milieu respirable, il en vint peu à peu à ne songer à son père qu'avec honte et le cœur serré.

Pendant qu'il grandissait ainsi, tous les deux ou trois mois, le colonel s'échappait, venait furtivement à Paris comme un repris de justice qui rompt son ban, et allait se poster à Saint-Sulpice, à l'heure où la tante Gillenormand menait Marius à la messe. Là, tremblant que la tante ne se retournât, caché derrière un pilier, immobile, n'osant respirer, il regardait son enfant. Ce balafré avait peur de cette vieille fille.

De là même était venue sa liaison avec le curé de Vernon, M. l'abbé Mabeuf. Ce digne prêtre était frère d'un marguillier de Saint-Sulpice, lequel avait plusieurs fois remarqué cet homme contemplant cet enfant, et la cicatrice qu'il avait sur la joue, et la grosse larme qu'il avait dans les yeux. Cet homme qui avait si bien l'air d'un homme et qui pleurait comme une femme avait frappé le marguillier. Cette figure lui était restée dans l'esprit. Un jour, étant allé à Vernon voir son frère, il rencontra sur le pont le colonel Pontmercy et reconnut l'homme de Saint-Sulpice. Le marguillier en parla au curé, et tous deux sous un prétexte quelconque firent une visite au colonel. Cette visite en amena d'autres. Le colonel d'abord très fermé finit par s'ouvrir, et le curé et le marguillier arrivèrent à savoir toute l'histoire, et comment Pontmercy sacrifiait son bonheur à l'avenir de son enfant. Cela fit que le curé le prit en vénération et en tendresse, et le colonel de son côté prit en affection le curé. D'ailleurs, quand d'aventure ils sont sincères et bons tous les deux, rien ne se pénètre et ne s'amalgame plus aisément qu'un vieux prêtre et un vieux soldat. Au fond, c'est le même homme. L'un s'est dévoué pour la patrie d'en bas, l'autre pour la patrie d'en haut; pas d'autre différence[31].

Deux fois par an, au 1er janvier et à la Saint-Georges, Marius écrivait à son père des lettres de devoir que sa tante dictait, et qu'on eût dit copiées dans quelque formulaire; c'était tout ce que tolérait M. Gillenormand; et le père répondait des lettres fort tendres que l'aïeul fourrait dans sa poche sans les lire.

III

REQUIESCANT

Le salon de Mme de T. était tout ce que Marius Pontmercy connaissait du monde. C'était la seule ouverture par laquelle il pût regarder dans la vie. Cette ouverture[1] était sombre, et il lui venait par cette lucarne[2] plus de froid que de chaleur, plus de nuit que de jour. Cet enfant, qui n'était que joie et lumière en entrant dans ce monde étrange, y devint en peu de temps triste, et, ce qui est plus contraire encore à cet âge, grave. Entouré de toutes ces personnes imposantes et singulières, il regardait autour de lui avec un étonnement sérieux. Tout se réunissait pour accroître en lui cette stupeur. Il y avait dans le salon de Mme de T. de vieilles nobles dames très vénérables qui s'appelaient Mathan, Noé, Lévis qu'on prononçait Lévi, Cambis qu'on prononçait Cambyse. Ces antiques visages et ces noms bibliques se mêlaient dans l'esprit de l'enfant à son Ancien Testament qu'il apprenait par cœur, et quand elles étaient là toutes, assises en cercle autour d'un feu mourant, à peine éclairées par une lampe voilée de vert, avec leurs profils sévères, leurs cheveux gris ou blancs, leurs longues robes d'un autre âge dont on ne distinguait que les couleurs lugubres, laissant tomber à de rares intervalles des paroles à la fois majestueuses et farouches, le petit Marius les considérait avec des yeux effarés, croyant voir, non des femmes, mais des patriarches et des mages, non des êtres réels, mais des fantômes[3].

A ces fantômes se mêlaient plusieurs prêtres, habitués de ce salon vieux, et quelques gentilshommes; le marquis de Sassenay, secrétaire des commandements de Mme de Berry, le vicomte de Valory, qui publiait sous le pseudonyme de *Charles-Antoine* des odes monorimes, le prince de Beauffremont qui, assez jeune, avait un chef grisonnant et une jolie et spirituelle femme dont les toilettes de velours écarlate à torsades d'or, fort décolletées, effarouchaient ces ténèbres, le marquis de Coriolis d'Espinouse, l'homme de France qui savait le mieux « la politesse proportionnée », le comte d'Amendre, bonhomme au menton bienveillant, et le chevalier de Port de Guy, pilier de la bibliothèque du Louvre, dite le cabinet du roi. M. de Port de Guy, chauve et plutôt vieilli que vieux, contait qu'en 1793, âgé de seize ans, on l'avait mis au bagne comme réfractaire, et ferré avec un octogénaire, l'évêque de Mirepoix, réfractaire aussi, mais comme prêtre, tandis que lui l'était comme soldat. C'était à Toulon. Leur fonction était d'aller la nuit ramasser sur l'échafaud les têtes et les corps des guillotinés du jour; ils emportaient sur leur dos ces troncs ruisselants, et leurs capes rouges de galériens avaient derrière leur nuque une croûte de sang, sèche le matin, humide le soir. Ces récits tragiques abondaient dans le salon de Mme de T.; et à force d'y maudire Marat, on y applaudissait Trestaillon. Quelques députés du genre introuvable y faisaient leur whist, M. Thibord du Chalard, M. Lemarchant de Gomicourt, et le célèbre railleur de la droite, M. Cornet-Dincourt. Le bailli de Ferrette, avec ses culottes courtes et ses jambes maigres, traversait quelquefois ce salon en

allant chez M. de Talleyrand. Il avait été le camarade de
plaisirs de M. le comte d'Artois, et, à l'inverse d'Aristote accroupi sous Campaspe, il avait fait marcher la Guimard à quatre pattes, et de la sorte montré aux siècles un
philosophe vengé par un bailli.

Quant aux prêtres, c'étaient l'abbé Halma, le même à
qui M. Larose, son collaborateur à *la Foudre,* disait :
*Bah! qui est-ce qui n'a pas cinquante ans? quelques blancs-becs
peut-être!* l'abbé Letourneur, prédicateur du roi, l'abbé
Frayssinous, qui n'était encore ni comte, ni évêque, ni
ministre, ni pair, et qui portait une vieille soutane où il
manquait des boutons, et l'abbé Keravenant, curé de
Saint-Germain-des-Prés; plus le nonce du pape, alors
monsignor Macchi, archevêque de Nisibis, plus tard cardinal, remarquable par son long nez pensif, et un autre
monsignor ainsi intitulé : abbate Palmieri, prélat domestique, un des sept protonotaires participants du saintsiège, chanoine de l'insigne basilique libérienne, avocat
des saints, *postulatore di santi,* ce qui se rapporte aux affaires
de canonisation et signifie à peu près maître des requêtes
de la section du paradis; enfin deux cardinaux, M. de la
Luzerne et M. de Clermont-Tonnerre. M. le cardinal de
la Luzerne était un écrivain et devait avoir, quelques
années plus tard, l'honneur de signer dans le *Conservateur* des articles côte à côte avec Chateaubriand; M. de
Clermont-Tonnerre était archevêque de Toulouse, et
venait souvent en villégiature à Paris chez son neveu le
marquis de Tonnerre, qui a été ministre de la Marine et
de la Guerre. Le cardinal de Clermont-Tonnerre était un
petit vieillard gai montrant ses bas rouges sous sa soutane troussée; il avait pour spécialité de haïr l'Encyclopédie et de jouer éperdument au billard, et les gens qui,
à cette époque, passaient dans les soirs d'été rue Madame,
où était alors l'hôtel de Clermont-Tonnerre, s'arrêtaient
pour entendre le choc des billes, et la voix aiguë du cardinal criant à son conclaviste, monsignor Cottret,
évêque *in partibus* de Caryste : *Marque, l'abbé, je carambole.*
Le cardinal de Clermont-Tonnerre avait été amené chez
Mme de T. par son ami le plus intime, M. de Roquelaure,
ancien évêque de Senlis et l'un des quarante. M. de Roquelaure était considérable par sa haute taille et par son
assiduité à l'Académie; à travers la porte vitrée de la salle
voisine de la bibliothèque où l'Académie française tenait

alors ses séances, les curieux pouvaient tous les jeudis contempler l'ancien évêque de Senlis, habituellement debout, poudré à frais, en bas violets, et tournant le dos à la porte, apparemment pour mieux faire voir son petit collet. Tous ces ecclésiastiques, quoique la plupart hommes de cour autant qu'hommes d'église, s'ajoutaient à la gravité du salon de T., dont cinq pairs de France, le marquis de Vibraye, le marquis de Talaru, le marquis d'Herbouville, le vicomte Dambray et le duc de Valentinois, accentuaient l'aspect seigneurial. Ce duc de Valentinois, quoique prince de Monaco, c'est-à-dire prince souverain étranger, avait une si haute idée de la France et de la pairie qu'il voyait tout à travers elles[4]. C'était lui qui disait : *Les cardinaux sont les pairs de France de Rome; les lords sont les pairs de France d'Angleterre.* Au reste, car il faut en ce siècle que la révolution soit partout, ce salon féodal était, comme nous l'avons dit, dominé par un bourgeois. M. Gillenormand y régnait.

C'était là l'essence et la quintessence de la société parisienne blanche. On y tenait en quarantaine les renommées, même royalistes. Il y a toujours de l'anarchie dans la renommée. Chateaubriand, entrant là, y eût fait l'effet du père Duchesne. Quelques ralliés pourtant pénétraient, par tolérance, dans ce monde orthodoxe. Le comte Beugnot[5] y était reçu à correction.

Les salons « nobles » d'aujourd'hui ne ressemblent plus à ces salons-là. Le faubourg Saint-Germain d'à présent sent le fagot. Les royalistes de maintenant sont des démagogues, disons-le à leur louange.

Chez Mme de T., le monde étant supérieur, le goût était exquis et hautain, sous une grande fleur de politesse. Les habitudes y comportaient toutes sortes de raffinements involontaires qui étaient l'ancien régime même, enterré, mais vivant. Quelques-unes de ces habitudes, dans le langage surtout, semblaient bizarres. Des connaisseurs superficiels eussent pris pour province ce qui n'était que vétusté. On appelait une femme *Mme la générale*. *Mme la colonelle* n'était pas absolument inusité. La charmante Mme de Léon, en souvenir sans doute des duchesses de Longueville et de Chevreuse, préférait cette appellation à son titre de princesse. La marquise de Créquy, elle aussi, s'était appelée *Mme la colonelle*.

Ce fut ce petit haut monde qui inventa aux Tuileries

le raffinement de dire toujours en parlant du roi dans l'intimité *le roi* à la troisième personne et jamais *votre majesté*, la qualification *votre majesté* ayant été « souillée par l'usurpateur ». On jugeait là les faits et les hommes. On raillait le siècle, ce qui dispensait de le comprendre. On s'entr'aidait dans l'étonnement. On se communiquait la quantité de clarté qu'on avait. Mathusalem renseignait Épiménide. Le sourd mettait l'aveugle au courant. On déclarait non avenu le temps écoulé depuis Coblentz. De même que Louis XVIII était, par la grâce de Dieu, à la vingt-cinquième année de son règne, les émigrés étaient, de droit, à la vingt-cinquième année de leur adolescence.

Tout était harmonieux; rien ne vivait trop; la parole était à peine un souffle; le journal, d'accord avec le salon, semblait un papyrus. Il y avait des jeunes gens, mais ils étaient un peu morts. Dans l'antichambre, les livrées étaient vieillottes. Ces personnages, complètement passés, étaient servis par des domestiques du même genre. Tout cela avait l'air d'avoir vécu il y a longtemps, et de s'obstiner contre le sépulcre. Conserver, Conservation, Conservateur, c'était là à peu près tout le dictionnaire. *Être en bonne odeur*, était la question. Il y avait en effet des aromates dans les opinions de ces groupes vénérables, et les idées sentaient le vétyver. C'était un monde momie. Les maîtres étaient embaumés, les valets étaient empaillés. Une digne vieille marquise émigrée et ruinée, n'ayant plus qu'une bonne, continuait de dire : *Mes gens*.

Que faisait-on dans le salon de Mme de T.? On était ultra. Être ultra; ce mot, quoique ce qu'il représente n'ait peut-être pas disparu, ce mot n'a plus de sens aujourd'hui. Expliquons-le.

Être ultra, c'est aller au delà. C'est attaquer le sceptre au nom du trône et la mitre au nom de l'autel; c'est malmener la chose qu'on traîne; c'est ruer dans l'attelage; c'est chicaner le bûcher sur le degré de cuisson des hérétiques; c'est reprocher à l'idole son peu d'idolâtrie; c'est insulter par excès de respect; c'est trouver dans le pape pas assez de papisme, dans le roi pas assez de royauté, et trop de lumière à la nuit; c'est être mécontent de l'albâtre, de la neige, du cygne et du lys au nom de la blancheur; c'est être partisan des choses au point d'en devenir l'ennemi; c'est être si fort pour, qu'on est contre. L'esprit ultra caractérise spécialement la première phase de la Restauration.

Rien dans l'histoire n'a ressemblé à ce quart d'heure qui commence[6] à 1814 et qui se termine vers 1820 à l'avènement de M. de Villèle, l'homme pratique de la droite. Ces six années furent un moment extraordinaire, à la fois bruyant et morne, riant et sombre, éclairé comme par le rayonnement de l'aube et tout couvert en même temps des ténèbres des grandes catastrophes qui emplissaient encore l'horizon et s'enfonçaient lentement dans le passé. Il y eut là, dans cette lumière et dans cette ombre, tout un petit monde nouveau et vieux, bouffon et triste, juvénile et sénile, se frottant[7] les yeux; rien ne ressemble au réveil comme le retour; groupe qui regardait la France avec humeur et que la France regardait avec ironie; de bons vieux hiboux marquis plein les rues, les revenus et les revenants, des « ci-devant[8] » stupéfaits de tout, de braves et nobles gentilshommes souriant d'être en France et en pleurant aussi, ravis de revoir leur patrie, désespérés de ne plus retrouver leur monarchie; la noblesse des croisades conspuant la noblesse de l'Empire, c'est-à-dire la noblesse de l'épée; les races historiques ayant perdu le sens de l'histoire; les fils des compagnons de Charlemagne dédaignant les compagnons de Napoléon. Les épées, comme nous venons de le dire, se renvoyaient l'insulte; l'épée de Fontenoy était risible et n'était qu'une rouillarde; l'épée de Marengo était odieuse et n'était qu'un sabre. Jadis méconnaissait Hier[9]. On n'avait plus le sentiment de ce qui était grand, ni le sentiment de ce qui était ridicule. Il y eut quelqu'un qui appela Bonaparte Scapin. Ce monde n'est plus. Rien, répétons-le, n'en reste aujourd'hui. Quand nous en tirons par hasard quelque figure et que nous essayons de le faire revivre par la pensée, il nous semble étrange comme un monde antédiluvien. C'est qu'en effet il a été lui aussi englouti par un déluge. Il a disparu sous deux révolutions[10]. Quels flots que les idées! Comme elles couvrent vite tout ce qu'elles ont mission de détruire et d'ensevelir, et comme elles font promptement d'effrayantes profondeurs!

Telle était la physionomie des salons de ces temps lointains et candides où M. de Martainville avait plus d'esprit que Voltaire[11].

Ces salons avaient une littérature et une politique à eux. On y croyait en Fiévée. M. Agier y faisait loi. On y commentait M. Colnet[12], le publiciste bouquiniste du quai Malaquais. Napoléon y était pleinement Ogre de Corse. Plus tard, l'introduction dans l'histoire de M. le marquis de Buonaparté, lieutenant général des armées du roi, fut une concession à l'esprit du siècle.

Ces salons ne furent pas longtemps purs. Dès 1818, quelques doctrinaires commencèrent à y poindre, nuance inquiétante. La manière de ceux-là était d'être royalistes et de s'en excuser. Là où les ultras étaient très fiers, les doctrinaires étaient un peu honteux. Ils avaient de l'esprit; ils avaient du silence; leur dogme politique était convenablement empesé de morgue; ils devaient réussir. Ils faisaient, utilement d'ailleurs, des excès de cravate blanche et d'habit boutonné. Le tort, ou le malheur, du parti doctrinaire a été de créer la jeunesse vieille. Ils prenaient des poses de sages. Ils rêvaient de greffer sur le principe absolu et excessif un pouvoir tempéré. Ils opposaient, et parfois avec une rare intelligence, au libéralisme démolisseur un libéralisme conservateur. On les entendait dire : « Grâce pour le royalisme ! il a rendu plus d'un service. Il a rapporté la tradition, le culte, la religion, le respect. Il est fidèle, brave, chevaleresque, aimant, dévoué. Il vient mêler, quoique à regret, aux grandeurs nouvelles de la nation les grandeurs séculaires de la monarchie. Il a le tort de ne pas comprendre la Révolution, l'Empire, la gloire, la liberté, les jeunes idées, les jeunes générations, le siècle. Mais ce tort qu'il a envers nous, ne l'avons-nous pas quelquefois envers lui? La Révolution, dont nous sommes les héritiers, doit avoir l'intelligence de tout. Attaquer le royalisme, c'est le contresens du libéralisme. Quelle faute ! et quel aveuglement ! La France révolutionnaire manque de respect à la France historique, c'est-à-dire à sa mère, c'est-à-dire à elle-même. Après le 5 septembre, on traite la noblesse de la monarchie comme après le 8 juillet on traitait la noblesse de l'Empire. Ils ont été injustes pour l'aigle, nous sommes injustes pour la fleur de lis. On veut donc toujours avoir quelque chose à proscrire ! Dédorer la couronne de Louis XIV, gratter l'écusson d'Henri IV, cela est-il bien utile? Nous raillons M. de Vaublanc[13] qui effaçait les N du pont d'Iéna ! Que faisait-il donc? Ce que nous faisons. Bouvines nous appartient comme Marengo. Les fleurs de lis sont à nous comme les N. C'est notre patrimoine. A quoi bon l'amoindrir? Il ne faut pas plus renier la patrie dans le passé que dans le présent. Pourquoi ne pas vouloir toute l'histoire ? Pourquoi ne pas aimer toute la France ? »

C'est ainsi que les doctrinaires critiquaient et protégeaient le royalisme, mécontent d'être critiqué et furieux d'être protégé. Les ultras marquèrent la première époque du royalisme ; la Congrégation caractérisa la seconde. A la fougue succéda l'habileté. Bornons ici cette esquisse.

Dans le cours de ce récit, l'auteur de ce livre a trouvé sur son chemin ce moment curieux de l'histoire contemporaine ; il a dû jeter en passant un coup d'œil et retracer quelques-uns des linéaments singuliers de cette société aujourd'hui inconnue. Mais il le fait rapidement et sans aucune idée amère ou dérisoire. Des souvenirs, affectueux et respectueux, car ils touchent à sa mère, l'attachent à ce passé. D'ailleurs, disons-le, ce même[14] petit monde avait sa grandeur. On en peut sourire, mais on ne peut ni le mépriser ni le haïr. C'était la France d'autrefois[15].

Marius Pontmercy fit comme tous les enfants des études quelconques. Quand il sortit des mains de la tante Gillenormand, son grand-père le confia à un digne professeur de la plus pure innocence classique[16]. Cette jeune âme qui s'ouvrait passa d'une prude à un cuistre. Marius eut ses années de collège, puis il entra à l'école de droit. Il était royaliste, fanatique et austère[17]. Il aimait peu son grand-père dont la gaîté et le cynisme le froissaient, et il était sombre à l'endroit de son père.

C'était du reste un garçon ardent et froid[18], noble, généreux, fier, religieux, exalté, digne jusqu'à la dureté, pur jusqu'à la sauvagerie.

IV

Fin du brigand

L'achèvement des études classiques de Marius coïncida avec la sortie du monde de M. Gillenormand. Le vieillard dit adieu au faubourg Saint-Germain et au salon de Mme de T., et vint s'établir au Marais dans sa maison de la rue des Filles-du-Calvaire. Il avait là pour domestiques, outre le portier, cette femme de chambre Nicolette qui avait succédé à la Magnon, et ce basque essoufflé et poussif dont il a été parlé plus haut[1].

En 1827, Marius venait d'atteindre ses dix-sept ans. Comme il rentrait un soir, il vit son grand-père qui tenait une lettre à la main.

— Marius, dit M. Gillenormand, tu partiras demain pour Vernon.

— Pourquoi? dit Marius.

— Pour voir ton père.

Marius eut un tremblement. Il avait songé à tout, excepté à ceci, qu'il pourrait un jour se faire qu'il eût à voir son père. Rien ne pouvait être pour lui plus inattendu, plus surprenant, et, disons-le, plus désagréable. C'était l'éloignement contraint au rapprochement. Ce n'était pas un chagrin, non, c'était une corvée.

Marius, outre ses motifs d'antipathie politique, était convaincu que son père, le sabreur, comme l'appelait M. Gillenormand dans ses jours de douceur, ne l'aimait pas; cela était évident, puisqu'il l'avait abandonné ainsi et laissé[2] à d'autres. Ne se sentant point aimé, il n'aimait point. Rien de plus simple, se disait-il.

Il fut si stupéfait qu'il ne questionna pas M. Gillenormand. Le grand-père[3] reprit :

— Il paraît qu'il est malade. Il te demande.

Et après un silence il ajouta :

— Pars demain matin. Je crois qu'il y a cour des Fontaines[4] une voiture qui part à six heures et qui arrive le soir. Prends-la. Il dit que c'est pressé.

Puis il froissa la lettre et la mit dans sa poche. Marius aurait pu partir le soir même et être près de son père le lendemain matin. Une diligence de la rue du Bouloi faisait à cette époque le voyage de Rouen la nuit et passait par Vernon. Ni M. Gillenormand ni Marius ne songèrent à s'informer[5].

Le lendemain, à la brune, Marius arrivait à Vernon. Les chandelles commençaient à s'allumer. Il demanda au premier passant venu : *la maison de M. Pontmercy*. Car dans sa pensée il était de l'avis de la Restauration, et, lui non plus, ne reconnaissait son père ni baron ni colonel.

On lui indiqua le logis. Il sonna; une femme vint lui ouvrir, une petite lampe à la main.

— M. Pontmercy? dit Marius.

La femme resta immobile.

— Est-ce ici? demanda Marius.

La femme fit de la tête un signe affirmatif.

— Pourrais-je lui parler ?

La femme fit un signe négatif.

— Mais je suis son fils, reprit Marius. Il m'attend.

— Il ne vous attend plus, dit la femme.

Alors il s'aperçut qu'elle pleurait.

Elle lui désigna du doigt la porte d'une salle basse. Il entra.

Dans cette salle qu'éclairait une chandelle de suif posée sur la cheminée, il y avait trois hommes, un qui était debout, un qui était à genoux, et un qui était à terre et en chemise couché tout de son long sur le carreau. Celui qui était à terre était le colonel.

Les deux autres étaient un médecin et un prêtre, qui priait.

Le colonel était depuis trois jours atteint d'une fièvre cérébrale. Au début de la maladie, ayant un mauvais pressentiment, il avait écrit à M. Gillenormand pour demander son fils. La maladie avait empiré. Le soir même de l'arrivée de Marius à Vernon, le colonel avait eu un accès de délire ; il s'était levé de son lit malgré la servante, en criant : « Mon fils n'arrive pas ! je vais au-devant de lui ! » Puis il était sorti de sa chambre et était tombé sur le carreau de l'antichambre. Il venait d'expirer.

On avait appelé le médecin et le curé. Le médecin était arrivé trop tard, le curé était arrivé trop tard. Le fils aussi était arrivé trop tard.

A la clarté crépusculaire de la chandelle, on distinguait sur la joue du colonel gisant et pâle une grosse larme qui avait coulé de son œil mort. L'œil était éteint, mais la larme n'était pas séchée. Cette larme, c'était le retard de son fils[6].

Marius considéra cet homme qu'il voyait pour la première fois, et pour la dernière, ce visage vénérable et mâle, ces yeux ouverts qui ne regardaient pas, ces cheveux blancs, ces membres robustes sur lesquels on distinguait çà et là des lignes brunes qui étaient des coups de sabre et des espèces d'étoiles rouges qui étaient des trous de balles. Il considéra cette gigantesque balafre qui imprimait l'héroïsme sur cette face où Dieu avait empreint la bonté[7]. Il songea que cet homme était son père et que cet homme était mort, et il resta froid.

La tristesse qu'il éprouvait fut la tristesse qu'il aurait ressentie devant tout autre homme qu'il aurait vu étendu mort[8].

Le deuil, un deuil poignant, était dans cette chambre[9]. La servante se lamentait dans un coin, le curé priait, et on l'entendait sangloter, le médecin s'essuyait les yeux ; le cadavre lui-même pleurait.

Ce médecin, ce prêtre et cette femme regardaient Marius à travers leur affliction sans dire une parole ; c'était lui qui était l'étranger. Marius, trop peu ému, se sentit honteux[10] et embarrassé de son attitude ; il avait son chapeau à la main, il le laissa tomber à terre, afin de faire croire que la douleur lui ôtait la force de le tenir.

En même temps il éprouvait comme un remords et il se méprisait d'agir ainsi. Mais était-ce sa faute ? Il n'aimait pas son père, quoi !

Le colonel ne laissait rien. La vente du mobilier paya à peine l'enterrement. La servante trouva un chiffon de papier qu'elle remit à Marius. Il y avait ceci, écrit de la main du colonel :

« — *Pour mon fils*. — L'Empereur m'a fait baron sur le champ de bataille de Waterloo. Puisque la Restauration me conteste ce titre que j'ai payé de mon sang, mon fils le prendra et le portera. Il va sans dire qu'il en sera digne. »

Derrière, le colonel avait ajouté :

« A cette même bataille de Waterloo, un sergent m'a sauvé la vie[11]. Cet homme s'appelle Thénardier. Dans ces derniers temps, je crois qu'il tenait une petite auberge dans un village des environs de Paris, à Chelles ou à Montfermeil. Si mon fils le rencontre, il fera à Thénardier tout le bien[12] qu'il pourra. »

Non par religion pour son père, mais à cause de ce respect vague de la mort qui est toujours si impérieux au cœur de l'homme, Marius prit ce papier et le serra.

Rien ne resta du colonel. M. Gillenormand fit vendre au fripier son épée et son uniforme. Les voisins dévalisèrent le jardin et pillèrent les fleurs rares. Les autres plantes devinrent ronces et broussailles, ou moururent[13].

Marius n'était demeuré que quarante-huit heures à Vernon. Après l'enterrement, il était revenu[14] à Paris et s'était remis à son droit, sans plus songer à son père que s'il n'eût jamais vécu. En deux jours le colonel avait été enterré, et en trois jours oublié.

Marius avait un crêpe à son chapeau. Voilà tout[15].

V

Utilité d'aller a la messe
pour devenir révolutionnaire[1]

Marius avait gardé les habitudes religieuses de son enfance. Un dimanche qu'il était allé entendre la messe à Saint-Sulpice, à cette même chapelle de la Vierge où sa tante le menait quand il était petit, étant ce jour-là distrait et rêveur plus qu'à l'ordinaire, il s'était placé derrière un pilier et agenouillé, sans y faire attention, sur une chaise en velours d'Utrecht au dossier de laquelle était écrit ce nom : *M. Mabeuf, marguillier*. La messe commençait à peine qu'un vieillard se présenta et dit à Marius :

— Monsieur, c'est ma place.

Marius s'écarta avec empressement, et le vieillard reprit sa chaise.

La messe finie, Marius était resté pensif à quelques pas ; le vieillard s'approcha de nouveau et lui dit :

— Je vous demande pardon, monsieur, de vous avoir dérangé tout à l'heure et de vous déranger encore en ce moment ; mais vous avez dû me trouver fâcheux, il faut que je vous explique.

— Monsieur, dit Marius, c'est inutile.

— Si ! reprit le vieillard, je ne veux pas que vous ayez mauvaise idée de moi. Voyez-vous, je tiens à cette place. Il me semble que la messe y est meilleure. Pourquoi ? je vais vous le dire. C'est à cette place-là que j'ai vu venir pendant des années, tous les deux ou trois mois régulièrement, un pauvre brave père qui n'avait pas d'autre occasion et pas d'autre manière de voir son enfant, parce que, pour des arrangements de famille, on l'en empêchait. Il venait à l'heure où il savait qu'on menait son fils à la messe. Le petit ne se doutait pas que son père était là. Il ne savait même peut-être[2] pas qu'il avait un père, l'innocent ! Le père, lui, se tenait derrière ce pilier pour qu'on ne le vît pas. Il regardait son enfant, et il pleurait. Il adorait ce petit, ce pauvre homme ! J'ai vu cela. Cet endroit est devenu comme sanctifié pour moi, et j'ai pris l'habitude de venir y entendre la messe. Je le préfère au banc d'œuvre où j'aurais droit d'être comme marguillier[3]. J'ai même un peu connu ce malheureux monsieur. Il avait un beau-père, une tante riche, des parents[4], je ne sais plus trop, qui menaçaient de déshériter l'enfant si, lui le père, il le voyait. Il s'était sacrifié pour que son fils fût riche un jour et heureux. On l'en séparait pour opinion politique. Certainement j'approuve les opinions politiques, mais il y a[5] des gens qui ne savent pas s'arrêter. Mon Dieu[6]! parce qu'un homme a été à Waterloo, ce n'est pas un monstre; on ne sépare point pour cela un père de son enfant. C'était un colonel de Bonaparte. Il est mort, je crois. Il demeurait à Vernon où j'ai mon frère curé, et il s'appelait quelque chose comme Pontmarie ou Montpercy... — Il avait, ma foi, un beau coup de sabre.

— Pontmercy? dit Marius en pâlissant.

— Précisément. Pontmercy. Est-ce que vous l'avez connu?

— Monsieur, dit Marius, c'était mon père.

Le vieux marguillier joignit les mains, et s'écria :

— Ah! vous êtes l'enfant! Oui, c'est cela, ce doit être un homme à présent. Eh bien! pauvre enfant, vous pouvez dire que vous avez eu un père qui vous a bien aimé!

Marius offrit son bras au vieillard et le ramena jusqu'à son logis. Le lendemain, il dit à M. Gillenormand :

— Nous avons arrangé une partie de chasse avec quelques amis. Voulez-vous me permettre de m'absenter trois jours?

— Quatre! répondit le grand-père. Va, amuse-toi[7]. Et, clignant de l'œil, il dit bas à sa fille :

— Quelque amourette!

VI

Ce que c'est que d'avoir rencontré un marguillier

Où alla Marius, on le verra un peu plus loin.

Marius fut trois jours absent, puis il revint[1] à Paris, alla droit à la bibliothèque de l'école de droit, et demanda la collection du *Moniteur*.

Il lut le *Moniteur,* il lut toutes les histoires de la République et de l'Empire, le *Mémorial de Sainte-Hélène,* tous les mémoires, les journaux, les bulletins, les proclamations; il dévora tout. La première fois qu'il rencontra le nom de son père dans les bulletins de la Grande Armée, il en eut la fièvre toute une semaine[2]. Il alla voir les généraux sous lesquels Georges Pontmercy avait servi, entre autres le comte H[3]. Le marguillier Mabeuf, qu'il était allé revoir, lui avait conté[4] la vie de Vernon, la retraite du colonel, ses fleurs, sa solitude. Marius arriva à connaître pleinement cet homme rare, sublime et doux[5], cette espèce de lion-agneau qui avait été son père.

Cependant, occupé de cette étude qui lui prenait tous ses instants comme toutes ses pensées, il ne voyait presque plus les Gillenormand. Aux heures des repas, il paraissait; puis on le cherchait, il n'était plus là. La tante bougonnait. Le père Gillenormand souriait. — Bah! bah! c'est le temps des fillettes! — quelquefois le vieillard ajoutait : — Diable! je croyais que c'était une galanterie, il paraît que c'est une passion.

C'était une passion en effet. Marius était en train d'adorer son père[6].

En même temps un changement extraordinaire se faisait dans ses idées. Les phases de ce changement furent nombreuses et successives. Comme ceci est l'histoire de beaucoup d'esprits de notre temps, nous croyons utile de suivre ces phases pas à pas et de les indiquer toutes. Cette histoire où il venait de mettre les yeux l'effarait. Le premier effet fut l'éblouissement[7].

La République, l'Empire, n'avaient été pour lui jusqu'alors que des mots monstrueux. La République, une guillotine dans un crépuscule; l'Empire, un sabre dans la nuit. Il venait d'y regarder[8], et là où il s'attendait à ne trouver qu'un chaos de ténèbres, il avait vu, avec une sorte de surprise inouïe mêlée de crainte et de joie, étinceler des astres, Mirabeau, Vergniaud, Saint-Just, Robespierre, Camille Desmoulins, Danton, et se lever[9] un soleil, Napoléon. Il ne savait où il en était. Il reculait aveuglé de clartés. Peu à peu, l'étonnement passé, il s'accoutuma à ces rayonnements, il considéra les actions sans vertige, il examina les personnages sans terreur[10]; la Révolution et l'Empire se mirent lumineusement en perspective devant sa prunelle visionnaire; il vit chacun de ces deux groupes d'événements et d'hommes se résumer dans deux faits énormes : la République dans la souveraineté du droit civique restituée aux masses, l'Empire dans la souveraineté de l'idée française imposée à l'Europe; il vit[11] sortir de la Révolution la grande figure du peuple, et de l'Empire la grande figure de la France. Il se déclara dans sa conscience que tout cela[12] avait été bon.

Ce que son éblouissement négligeait dans cette première appréciation beaucoup trop synthétique, nous ne croyons pas nécessaire de l'indiquer ici. C'est l'état d'un esprit en marche que nous constatons. Les progrès ne se font pas tous en une étape. Cela dit, une fois pour toutes, pour ce qui précède comme pour ce qui va suivre, nous continuons[13].

Il s'aperçut alors que jusqu'à ce moment il n'avait pas plus compris son pays qu'il n'avait compris son père. Il n'avait connu ni l'un ni l'autre, et il avait eu une sorte de nuit volontaire sur les yeux. Il voyait maintenant; et d'un côté il admirait, de l'autre il adorait.

Il était plein de regrets, et de remords, et il songeait avec désespoir que tout ce qu'il avait dans l'âme, il ne pouvait plus le dire maintenant qu'à un tombeau. Oh! si son père avait existé, s'il l'avait eu encore, si Dieu dans sa compassion et dans sa bonté avait permis que ce père fût encore vivant, comme il aurait couru, comme il se serait précipité, comme il aurait crié à son père : « Père! me voici! c'est moi! j'ai le même cœur que toi! je suis ton fils! » Comme il aurait embrassé sa tête blanche, inondé ses cheveux de larmes, contemplé sa cicatrice[14], pressé ses mains, adoré ses vêtements, baisé ses pieds! Oh! pourquoi ce père[15] était-il mort si tôt, avant l'âge, avant la justice, avant l'amour de son fils! Marius avait un continuel sanglot dans le cœur qui disait à tout moment : hélas! En même temps il devenait plus vraiment sérieux, plus vraiment grave, plus sûr de sa foi[16] et de sa pensée. A chaque instant des lueurs du vrai venaient compléter sa raison. Il se faisait en lui comme une croissance intérieure. Il sentait une sorte d'agrandissement naturel que lui apportaient ces deux choses, nouvelles pour lui[17], son père et sa patrie.

Comme lorsqu'on a une clef, tout s'ouvrait; il s'expliquait ce qu'il avait haï, il pénétrait ce qu'il avait abhorré; il voyait[18] désormais clairement le sens providentiel, divin et humain, des grandes choses qu'on lui avait appris à détester et des grands hommes qu'on lui avait enseigné à maudire. Quand il songeait à ses précédentes opinions, qui n'étaient que d'hier et qui pourtant lui semblaient déjà si anciennes, il s'indignait et il souriait.

De la réhabilitation de son père il avait naturellement

passé à la réhabilitation de Napoléon. Pourtant celle-ci, disons-le, ne s'était point faite sans labeur.

Dès l'enfance on l'avait imbu des jugements[19] du parti de 1814 sur Bonaparte. Or, tous les préjugés de la Restauration, tous ses intérêts, tous ses instincts, tendaient à défigurer Napoléon. Elle l'exécrait plus encore que Robespierre[20]. Elle avait exploité assez habilement la fatigue de la nation et la haine des mères. Bonaparte était devenu une sorte de monstre presque fabuleux, et, pour le peindre à l'imagination du peuple qui, comme nous l'indiquions tout à l'heure[21], ressemble à l'imagination des enfants, le parti de 1814 faisait apparaître successivement tous les masques effrayants, depuis ce qui est terrible en restant grandiose jusqu'à ce qui est terrible en devenant grotesque, depuis Tibère jusqu'à Croquemitaine. Ainsi, en parlant de Bonaparte, on était libre de sangloter ou de pouffer de rire, pourvu que la haine fît la basse. Marius n'avait jamais eu — sur cet homme, comme on l'appelait, — d'autres idées dans l'esprit. Elles s'étaient combinées avec la ténacité qui était dans sa nature. Il y avait en lui tout un petit homme têtu qui haïssait Napoléon.

En lisant l'histoire[22], en l'étudiant surtout dans les documents et dans les matériaux, le voile qui couvrait Napoléon aux yeux de Marius se déchira peu à peu. Il entrevit quelque chose d'immense, et soupçonna qu'il s'était trompé jusqu'à ce moment sur Bonaparte[23] comme sur tout le reste; chaque jour il voyait mieux; et il se mit à gravir lentement, pas à pas, au commencement presque à regret, ensuite avec enivrement et comme attiré par une fascination irrésistible, d'abord les degrés sombres, puis les degrés vaguement éclairés, enfin les degrés lumineux et splendides de l'enthousiasme.

Une nuit, il était seul dans sa petite chambre située sous le toit. Sa bougie était allumée; il lisait accoudé sur sa table à côté de sa fenêtre ouverte. Toutes sortes de rêveries lui arrivaient de l'espace et se mêlaient à sa pensée. Quel spectacle que la nuit! on entend des bruits sourds sans savoir d'où ils viennent, on voit rutiler comme une braise Jupiter qui est douze cents fois plus gros que la terre, l'azur est noir, les étoiles brillent, c'est formidable.

Il lisait les bulletins de la Grande Armée, ces strophes

homériques écrites sur le champ de bataille ; il y voyait par intervalles le nom de son père[24], toujours le nom de l'empereur ; tout le grand empire lui apparaissait ; il sentait comme une marée qui se gonflait en lui[25] et qui montait ; il lui semblait par moments que son père passait près de lui comme un souffle, et lui parlait à l'oreille ; il devenait peu à peu étrange ; il croyait entendre les tambours, le canon, les trompettes, le pas mesuré des bataillons, le galop sourd et lointain des cavaleries ; de temps en temps ses yeux se levaient vers le ciel et regardaient luire dans les profondeurs sans fond les constellations colossales, puis ils retombaient sur le livre et ils y voyaient d'autres choses colossales remuer confusément. Il[26] avait le cœur serré. Il était transporté, tremblant, haletant ; tout à coup, sans savoir lui-même ce qui était en lui et à quoi il obéissait, il se dressa, étendit ses deux bras hors de la fenêtre, regarda fixement l'ombre, le silence, l'infini ténébreux, l'immensité éternelle, et cria : Vive l'empereur !

À partir de ce moment, tout fut dit. L'Ogre de Corse, — l'usurpateur, — le tyran, — le monstre qui était l'amant de ses sœurs, — l'histrion qui prenait des leçons de Talma, — l'empoisonneur de Jaffa, — le tigre[27], — Buonaparté, — tout cela s'évanouit, et fit place dans son esprit à un vague et éclatant rayonnement où resplendissait à une hauteur inaccessible le pâle fantôme de marbre de César. L'empereur n'avait été pour son père que le bien-aimé capitaine[28] qu'on admire et pour qui l'on se dévoue ; il fut pour Marius quelque chose de plus. Il fut[29] le constructeur prédestiné du groupe français succédant au groupe romain dans la domination de l'univers. Il fut le prodigieux architecte d'un écroulement, le continuateur de Charlemagne, de Louis XI, de Henri IV, de Richelieu, de Louis XIV et du comité de salut public, ayant sans doute ses taches, ses fautes et même son crime, c'est-à-dire étant homme ; mais auguste dans ses fautes, brillant dans ses taches, puissant dans son crime. Il fut l'homme prédestiné qui avait forcé toutes les nations à dire : — la grande nation. Il fut mieux encore[30] ; il fut l'incarnation même de la France, conquérant l'Europe par l'épée qu'il tenait et le monde par la clarté qu'il jetait. Marius vit en Bonaparte le spectre éblouissant qui se dressera toujours sur la frontière et qui gardera l'avenir. Despote, mais dictateur; despote résultant d'une république et résumant une révolution. Napoléon devint pour lui l'homme-peuple comme Jésus est l'homme-Dieu.

On le voit[31], à la façon de tous les nouveaux venus dans une religion, sa conversion l'enivrait, il se précipitait dans l'adhésion et il allait trop loin. Sa nature était ainsi; une fois sur une pente, il lui était presque impossible d'enrayer. Le fanatisme pour l'épée le gagnait et compliquait dans son esprit l'enthousiasme pour l'idée. Il ne s'apercevait point qu'avec le génie, et pêle-mêle, il admirait la force, c'est-à-dire qu'il installait dans les deux compartiments de son idolâtrie, d'un côté ce qui est divin, de l'autre ce qui est brutal. A plusieurs égards, il s'était mis à se tromper autrement. Il admettait tout. Il y a une manière de rencontrer l'erreur en allant à la vérité. Il avait une sorte de bonne foi violente qui prenait tout en bloc. Dans la voie nouvelle où il était entré, en jugeant les torts de l'ancien régime comme en mesurant la gloire de Napoléon, il négligeait les circonstances atténuantes.

Quoi qu'il en fût, un pas prodigieux était fait. Où il avait vu autrefois la chute de la monarchie, il voyait maintenant l'avènement de la France. Son orientation était changée. Ce qui avait été le couchant était le levant. Il s'était retourné.

Toutes ces révolutions s'accomplissaient en lui sans que sa famille s'en doutât.

Quand, dans ce mystérieux travail, il eut tout à fait perdu son ancienne peau de bourbonien et d'ultra, quand il eut dépouillé l'aristocrate, le jacobite et le royaliste, lorsqu'il fut pleinement révolutionnaire, profondément démocrate et presque républicain, il alla chez un graveur du quai des Orfèvres et y commanda cent cartes portant ce nom : *le baron Marius Pontmercy*.

Ce qui n'était qu'une conséquence très logique du changement qui s'était opéré en lui, changement dans lequel tout gravitait autour de son père. Seulement, comme il ne connaissait personne et qu'il ne pouvait semer ces cartes chez aucun portier, il les mit dans sa poche.

Par une autre conséquence naturelle, à mesure qu'il se rapprochait de son père, de sa mémoire, et des choses pour lesquelles le colonel avait combattu vingt-cinq ans, il s'éloignait de son grand-père. Nous l'avons dit[32], dès longtemps l'humeur de M. Gillenormand ne lui agréait point. Il y avait déjà entre eux toutes les dissonances[33] de jeune homme grave à vieillard frivole. La gaîté de Géronte choque et exaspère la mélancolie de Werther. Tant que les mêmes opinions politiques et les mêmes idées leur avaient été communes, Marius s'était rencontré là avec M. Gillenormand comme sur un pont. Quand ce pont tomba, l'abîme se fit. Et puis, par-dessus tout, Marius éprouvait des mouvements de révolte inexprimables en songeant que c'était M. Gillenormand qui, pour des motifs stupides, l'avait arraché sans pitié au colonel, privant ainsi le père de l'enfant et l'enfant du père.

A force de piété pour son père, Marius en était presque venu à l'aversion pour son aïeul.

Rien de cela du reste, nous l'avons dit[34], ne se trahissait au dehors. Seulement il était froid de plus en plus; laconique aux repas, et rare dans la maison. Quand sa tante l'en grondait, il était très doux et donnait pour prétexte ses études, les cours, les examens, des conférences, etc. Le grand-père ne sortait pas de son diagnostic infaillible : — Amoureux ! Je m'y connais.

Marius faisait de temps en temps quelques absences.

— Où va-t-il donc comme cela? demandait la tante.

Dans un de ces voyages, toujours très courts, il était allé[35] à Montfermeil pour obéir à l'indication que son père lui avait laissée, et il avait cherché l'ancien sergent de Waterloo, l'aubergiste Thénardier[36]. Thénardier avait fait faillite, l'auberge était fermée, et l'on ne savait ce qu'il était devenu. Pour ces recherches, Marius fut quatre jours hors de la maison[37].

— Décidément, dit le grand-père, il se dérange.

On avait cru remarquer qu'il portait sur sa poitrine et sous sa chemise quelque chose qui était attaché à son cou par un ruban noir.

VII

Quelque cotillon

Nous avons parlé d'un lancier.

C'était un arrière-petit-neveu que M. Gillenormand avait du côté paternel, et qui menait, en dehors de la famille et loin de tous les foyers domestiques, la vie de garnison. Le lieutenant Théodule Gillenormand remplissait toutes les conditions voulues pour être ce qu'on appelle un joli officier. Il avait « une taille de demoiselle », une façon de traîner le sabre victorieuse, et la moustache en croc. Il venait fort rarement à Paris, si rarement que Marius ne l'avait jamais vu. Les deux cousins ne se connaissaient que de nom. Théodule était, nous croyons l'avoir dit, le favori de la tante Gillenormand, qui le préférait parce qu'elle ne le voyait pas. Ne pas voir les gens, cela permet de leur supposer toutes les perfections.

Un matin, Mlle Gillenormand aînée était rentrée chez elle aussi émue que sa placidité pouvait l'être. Marius venait encore de demander à son grand-père la permission de faire un petit voyage, ajoutant qu'il comptait partir le soir même. — Va ! avait répondu le grand-père, et M. Gillenormand avait ajouté à part en poussant ses deux sourcils vers le haut de son front : Il découche avec récidive. Mlle Gillenormand était remontée dans sa chambre très intriguée, et avait jeté dans l'escalier ce point d'exclamation : C'est fort ! et ce point d'interrogation : Mais où donc est-ce qu'il va ? Elle entrevoyait quelque aventure de cœur plus ou moins illicite, une femme dans la pénombre, un rendez-vous, un mystère, et elle n'eût pas été fâchée d'y fourrer ses lunettes. La dégustation d'un mystère, cela ressemble à la primeur d'un esclandre ; les saintes âmes ne détestent point cela. Il y a dans les compartiments secrets de la bigoterie quelque curiosité pour le scandale.

Elle était donc en proie au vague appétit de savoir une histoire.

Pour se distraire de cette curiosité qui l'agitait un peu au delà de ses habitudes, elle s'était réfugiée dans ses talents, et elle s'était mise à festonner avec du coton sur du coton une de ces broderies de l'Empire et de la Restauration où il y a beaucoup de roues de cabriolet. Ouvrage maussade, ouvrière revêche. Elle était depuis plusieurs heures sur sa chaise quand la porte s'ouvrit. Mlle Gillenormand leva le nez ; le lieutenant Théodule était devant elle, et lui faisait le salut d'ordonnance. Elle poussa un cri de bonheur. On est vieille, on est prude, on est dévote, on est la tante ; mais c'est toujours agréable de voir entrer dans sa chambre un lancier.

— Toi ici, Théodule! s'écria-t-elle.
— En passant, ma tante.
— Mais embrasse-moi donc.
— Voilà! dit Théodule.

Et il l'embrassa. La tante Gillenormand alla à son secrétaire, et l'ouvrit.

— Tu nous restes au moins toute la semaine?
— Ma tante, je repars ce soir.
— Pas possible!
— Mathématiquement.
— Reste, mon petit Théodule, je t'en prie.
— Le cœur dit oui, mais la consigne dit non. L'histoire est simple. On nous change de garnison; nous étions à Melun, on nous met à Gaillon. Pour aller de l'ancienne garnison à la nouvelle il faut passer par Paris. J'ai dit : je vais aller voir ma tante.
— Et voici pour ta peine.

Elle lui mit dix louis dans la main.

— Vous voulez dire pour mon plaisir, chère tante.

Théodule l'embrassa une seconde fois, et elle eut la joie d'avoir le cou un peu écorché par les soutaches de l'uniforme.

— Est-ce que tu fais le voyage à cheval avec ton régiment? lui demanda-t-elle.
— Non, ma tante. J'ai tenu à vous voir. J'ai une permission spéciale. Mon brosseur mène mon cheval; je vais par la diligence. Et à propos, il faut que je vous demande une chose.
— Quoi?
— Mon cousin Marius Pontmercy voyage donc aussi, lui?
— Comment sais-tu cela? fit la tante, subitement chatouillée au vif de la curiosité.
— En arrivant, je suis allé à la diligence retenir ma place dans le coupé.
— Eh bien?
— Un voyageur était déjà venu retenir une place sur l'impériale. J'ai vu sur la feuille son nom.
— Quel nom?
— Marius Pontmercy.
— Le mauvais sujet! s'écria la tante. Ah! ton cousin n'est pas un garçon rangé comme toi. Dire qu'il va passer la nuit en diligence!

— Comme moi.

— Mais toi, c'est par devoir; lui, c'est par désordre.

— Bigre! fit Théodule.

Ici, il arriva un événement à Mlle Gillenormand aînée; elle eut une idée. Si elle eût été homme, elle se fût frappé le front. Elle apostropha Théodule :

— Sais-tu que ton cousin ne te connaît pas?

— Non. Je l'ai vu, moi; mais il n'a jamais daigné me remarquer.

— Vous allez donc voyager ensemble comme cela?

— Lui sur l'impériale, moi dans le coupé.

— Où va cette diligence?

— Aux Andelys.

— C'est donc là que va Marius?

— A moins que, comme moi, il ne s'arrête en route. Moi, je descends à Vernon pour prendre la correspondance de Gaillon. Je ne sais rien de l'itinéraire de Marius.

— Marius! quel vilain nom! Quelle idée a-t-on eue de l'appeler Marius! Tandis que toi, au moins, tu t'appelles Théodule!

— J'aimerais mieux m'appeler Alfred, dit l'officier.

— Écoute, Théodule.

— J'écoute, ma tante.

— Fais attention.

— Je fais attention.

— Y es-tu?

— Oui.

— Eh bien, Marius fait des absences.

— Hé hé!

— Il voyage.

— Ah ah!

— Il découche.

— Oh oh!

— Nous voudrions savoir ce qu'il y a là-dessous.

Théodule répondit avec le calme d'un homme bronzé :

— Quelque cotillon.

Et avec ce rire entre cuir et chair qui décèle la certitude, il ajouta :

— Une fillette.

— C'est évident, s'écria la tante qui crut entendre parler M. Gillenormand, et qui sentit sa conviction sortir irrésistiblement de ce mot *fillette*, accentué presque de la même façon par le grand-oncle et par le petit-neveu. Elle reprit :

— Fais-nous un plaisir. Suis un peu Marius. Il ne te connaît pas, cela te sera facile. Puisque fillette il y a, tâche de voir la fillette. Tu nous écriras l'historiette. Cela amusera le grand-père.

Théodule n'avait point un goût excessif pour ce genre de guet ; mais il était fort touché des dix louis, et il croyait leur voir une suite possible. Il accepta la commission et dit : — Comme il vous plaira, ma tante. Et il ajouta à part lui : — Me voilà duègne.

Mlle Gillenormand l'embrassa.

— Ce n'est pas toi, Théodule, qui ferais de ces frasques-là. Tu obéis à la discipline, tu es l'esclave de la consigne, tu es un homme de scrupule et de devoir, et tu ne quitterais pas ta famille pour aller voir une créature.

Le lancier fit la grimace satisfaite de Cartouche loué pour sa probité.

Marius, le soir qui suivit ce dialogue, monta en diligence sans se douter qu'il eût un surveillant. Quant au surveillant, la première chose qu'il fit, ce fut de s'endormir. Le sommeil fut complet et consciencieux. Argus ronfla toute la nuit.

Au point du jour, le conducteur de la diligence cria : — Vernon ! relais de Vernon ! les voyageurs pour Vernon ! — Et le lieutenant Théodule se réveilla.

— Bon, grommela-t-il, à demi endormi encore, c'est ici que je descends.

Puis, sa mémoire se nettoyant par degrés, effet du réveil, il songea à sa tante, aux dix louis, et au compte qu'il s'était chargé de rendre des faits et gestes de Marius. Cela le fit rire.

Il n'est peut-être plus dans la voiture, pensa-t-il, tout en reboutonnant sa veste de petit uniforme. Il a pu s'arrêter à Poissy ; il a pu s'arrêter à Triel ; s'il n'est pas descendu à Meulan, il a pu descendre à Mantes, à moins qu'il ne soit descendu à Rolleboise, ou qu'il n'ait poussé jusqu'à Pacy, avec le choix de tourner à gauche sur Évreux ou à droite sur Laroche-Guyon. Cours après, ma tante. Que diable vais-je écrire, à la bonne vieille ?

En ce moment un pantalon noir qui descendait de l'impériale apparut à la vitre du coupé.

— Serait-ce Marius ? dit le lieutenant.

C'était Marius.

Une petite paysanne, au bas de la voiture, mêlée aux

chevaux et aux postillons, offrait des fleurs aux voyageurs. — Fleurissez vos dames, criait-elle.

Marius s'approcha d'elle et lui acheta les plus belles fleurs de son éventaire.

— Pour le coup, dit Théodule sautant à bas du coupé, voilà qui me pique. A qui diantre va-t-il porter ces fleurs-là? Il faut une fièrement jolie femme pour un si beau bouquet. Je veux la voir.

Et, non plus par mandat maintenant, mais par curiosité personnelle, comme ces chiens qui chassent pour leur compte, il se mit à suivre Marius.

Marius ne faisait nulle attention à Théodule. Des femmes élégantes descendaient de la diligence, il ne les regarda pas. Il semblait ne rien voir autour de lui.

— Est-il amoureux! pensa Théodule.

Marius se dirigea vers l'église.

— A merveille, se dit Théodule. L'église! c'est cela. Les rendez-vous assaisonnés d'un peu de messe sont les meilleurs. Rien n'est exquis comme une œillade qui passe par-dessus le bon Dieu.

Parvenu à l'église, Marius n'y entra point, et tourna derrière le chevet. Il disparut à l'angle d'un des contreforts de l'abside.

— Le rendez-vous est dehors, dit Théodule. Voyons la fillette.

Et il s'avança sur la pointe de ses bottes vers l'angle où Marius avait tourné.

Arrivé là, il s'arrêta stupéfait.

Marius, le front dans ses deux mains, était agenouillé dans l'herbe sur une fosse. Il y avait effeuillé son bouquet. A l'extrémité de la fosse, à un renflement qui marquait la tête, il y avait une croix de bois noir avec ce nom en lettres blanches: COLONEL BARON PONTMERCY. On entendait Marius sangloter.

La fillette était une tombe.

VIII

MARBRE CONTRE GRANIT

C'ÉTAIT là que Marius était venu la première fois qu'il s'était absenté de Paris. C'était là qu'il revenait chaque fois que M. Gillenormand disait: Il découche.

Le lieutenant Théodule fut absolument décontenancé

par ce coudoiement inattendu d'un sépulcre; il éprouva une sensation désagréable et singulière qu'il était incapable d'analyser, et qui se composait du respect d'un tombeau mêlé au respect d'un colonel. Il recula, laissant Marius seul dans le cimetière, et il y eut de la discipline dans cette reculade. La mort lui apparut avec de grosses épaulettes, et il lui fit presque le salut militaire. Ne sachant qu'écrire à la tante, il prit le parti de ne rien écrire du tout; et il ne serait probablement rien résulté de la découverte faite par Théodule sur les amours de Marius, si, par un de ces arrangements mystérieux si fréquents dans le hasard, la scène de Vernon n'eût eu presque immédiatement une sorte de contre-coup à Paris.

Marius revint de Vernon le troisième jour de grand matin, descendit chez son grand-père, et, fatigué de deux nuits passées en diligence, sentant le besoin de réparer son insomnie par une heure d'école de natation, monta rapidement à sa chambre, ne prit que le temps de quitter sa redingote de voyage et le cordon noir qu'il avait au cou, et s'en alla au bain.

M. Gillenormand, levé de bonne heure comme tous les vieillards qui se portent bien, l'avait entendu rentrer, et s'était hâté d'escalader, le plus vite qu'il avait pu avec ses vieilles jambes, l'escalier des combles où habitait Marius, afin de l'embrasser, et de le questionner dans l'embrassade, et de savoir un peu d'où il venait.

Mais l'adolescent avait mis moins de temps à descendre que l'octogénaire à monter, et quand le père Gillenormand entra dans la mansarde, Marius n'y était plus.

Le lit n'était pas défait, et sur le lit s'étalaient sans défiance la redingote et le cordon noir.

— J'aime mieux ça, dit M. Gillenormand.

Et un moment après il fit son entrée dans le salon où était déjà assise Mlle Gillenormand aînée, brodant ses roues de cabriolet.

L'entrée fut triomphante.

M. Gillenormand tenait d'une main la redingote et de l'autre le ruban de cou, et criait :

— Victoire ! nous allons pénétrer le mystère[1] ! nous allons savoir le fin du fin ! nous allons palper les libertinages de notre sournois ! nous voici à même le roman. J'ai le portrait !

En effet, une boîte de chagrin noir, assez semblable à un médaillon, était suspendue au cordon. Le vieillard prit cette boîte et la considéra quelque temps sans l'ouvrir, avec cet air de volupté, de ravissement et de colère d'un pauvre diable affamé regardant passer sous son nez un admirable dîner[2] qui ne serait pas pour lui.

— Car c'est évidemment là un portrait. Je m'y connais. Cela se porte tendrement sur le cœur. Sont-ils bêtes ! Quelque abominable goton, qui fait frémir probablement ! Les jeunes gens ont si mauvais goût aujourd'hui !

— Voyons, mon père, dit la vieille fille.

La boîte s'ouvrait en pressant un ressort. Ils n'y trouvèrent rien qu'un papier soigneusement plié.

— *De la même au même*, dit M. Gillenormand éclatant de rire. Je sais ce que c'est. Un billet doux !

— Ah ! lisons donc ! dit la tante.

Et elle mit ses lunettes. Ils déplièrent le papier et lurent ceci :

« — *Pour mon fils.* — L'empereur m'a fait baron sur le champ de bataille de Waterloo. Puisque la Restauration me conteste ce titre que j'ai payé de mon sang, mon fils le prendra et le portera. Il va sans dire qu'il en sera digne. »

Ce que le père et la fille éprouvèrent ne saurait se dire. Ils se sentirent glacés comme par le souffle d'une tête de mort[3]. Ils n'échangèrent pas un mot. Seulement M. Gillenormand dit à voix basse et comme se parlant à lui-même :

— C'est l'écriture de ce sabreur.

La tante examina le papier, le retourna dans tous les sens, puis le remit dans la boîte.

Au même moment, un petit paquet carré long enveloppé de papier bleu tomba d'une poche de la redingote. Mlle Gillenormand le ramassa et développa le papier bleu. C'était le cent de cartes de Marius. Elle en passa une à M. Gillenormand qui lut : *Le baron Marius Pontmercy*.

Le vieillard sonna. Nicolette vint[4]. M. Gillenormand prit le cordon, la boîte et la redingote, jeta le tout à terre au milieu du salon, et dit :

— Remportez ces nippes.

Une grande heure se passa dans le plus profond silence.

Le vieux homme et la vieille fille s'étaient assis se tournant le dos l'un à l'autre[5], et pensaient, chacun de leur côté, probablement les mêmes choses. Au bout de cette heure, la tante Gillenormand dit :

— Joli !

Quelques instants après, Marius parut. Il rentrait. Avant même d'avoir franchi le seuil du salon, il aperçut son grand-père qui tenait à la main une de ses cartes et qui, en le voyant, s'écria avec son air de supériorité bourgeoise et ricanante qui était quelque chose d'écrasant :

— Tiens ! tiens ! tiens ! tiens ! tiens ! tu es baron à présent. Je te fais mon compliment. Qu'est-ce que cela veut dire ?

Marius rougit légèrement, et répondit :

— Cela veut dire que je suis le fils de mon père.

M. Gillenormand cessa de rire et dit durement :

— Ton père, c'est moi.

— Mon père, reprit Marius les yeux baissés et l'air sévère, c'était un homme humble et héroïque qui a glorieusement servi la République et la France[6], qui a été grand dans la plus grande histoire que les hommes aient jamais faite, qui a vécu un quart de siècle au bivouac, le jour sous la mitraille et sous les balles, la nuit dans la neige, dans la boue, sous la pluie, qui a pris deux drapeaux, qui a reçu vingt blessures, qui est mort dans l'oubli et dans l'abandon, et qui n'a jamais eu qu'un tort, c'est de trop aimer deux ingrats, son pays et moi !

C'était plus que M. Gillenormand n'en pouvait entendre. A ce mot, *la République*, il s'était levé[7], ou pour mieux dire, dressé debout. Chacune des paroles que Marius venait de prononcer avait fait sur le visage du vieux royaliste l'effet des bouffées d'un soufflet de forge sur un tison ardent. De sombre il était devenu rouge, de rouge pourpre, et de pourpre flamboyant.

— Marius ! s'écria-t-il. Abominable enfant ! je ne sais pas ce qu'était ton père ! je ne veux pas le savoir ! je n'en sais rien et je ne le sais pas ! mais ce que je sais, c'est qu'il n'y a jamais eu que des misérables parmi tous ces gens-là ! c'est que c'étaient tous des gueux, des assassins, des bonnets rouges, des voleurs ! je dis tous ! je dis tous ! je ne connais personne ! je dis tous ! entends-tu, Marius ! Vois-tu bien, tu es baron comme ma pantoufle[8] ! C'étaient tous des bandits qui ont servi Robespierre ! tous des brigands qui ont servi Bu-o-na-parté ! tous des traîtres qui ont trahi, trahi, trahi ! leur roi légitime ! tous des lâches qui se sont sauvés devant les Prussiens et les Anglais à Waterloo ! Voilà ce que je sais. Si monsieur votre père est là-dessous, je l'ignore, j'en suis fâché, tant pis, votre serviteur !

A son tour, c'était Marius qui était le tison, et M. Gillenormand qui était le soufflet. Marius frissonnait dans tous ses membres, il ne savait que devenir, sa tête flambait. Il était le prêtre qui regarde jeter au vent toutes ses hosties, le fakir qui voit un passant cracher sur son idole. Il ne se pouvait[9] que de telles choses eussent été dites impunément devant lui. Mais que faire ? Son père venait d'être foulé aux pieds et trépigné en sa présence, mais par qui ? par son grand-père. Comment venger l'un sans outrager l'autre ? Il était impossible qu'il insultât son grand-père, et il était également impossible qu'il ne vengeât point son père. D'un côté une tombe sacrée, de l'autre des cheveux blancs. Il fut quelques instants ivre et chancelant, ayant tout ce tourbillon dans la tête ; puis il leva les yeux, regarda fixement son aïeul, et cria d'une voix tonnante :

— A bas les Bourbons, et ce gros cochon de Louis XVIII !

Louis XVIII était mort depuis quatre ans, mais cela lui était bien égal.

Le vieillard, d'écarlate qu'il était, devint subitement plus blanc que ses cheveux. Il se tourna vers un buste de M. le duc de Berry qui était sur la cheminée et le salua profondément avec une sorte de majesté singulière[10]. Puis il alla deux fois, lentement et en silence, de la cheminée à la fenêtre et de la fenêtre à la cheminée, traversant toute la salle et faisant craquer le parquet comme une figure de pierre qui marche. A la seconde fois, il se pencha vers sa fille, qui assistait à ce choc avec la stupeur d'une vieille brebis, et lui dit en souriant d'un sourire presque calme :

— Un baron comme monsieur et un bourgeois comme moi ne peuvent rester sous le même toit.

Et tout à coup se redressant, blême, tremblant, terrible, le front agrandi par l'effrayant rayonnement de la colère, il étendit le bras vers Marius et lui cria :

— Va-t'en.

Marius quitta la maison.

Le lendemain, M. Gillenormand dit à sa fille :

— Vous enverrez tous les six mois soixante pistoles à ce buveur de sang, et vous ne m'en parlerez jamais.

Ayant un immense reste de fureur à dépenser et ne sachant qu'en faire, il continua de dire *vous* à sa fille pendant plus de trois mois[11].

Marius, de son côté, était sorti indigné. Une circonstance qu'il faut dire avait aggravé encore son exaspération. Il y a toujours de ces petites fatalités qui compliquent les drames domestiques. Les griefs s'en augmentent, quoique au fond les torts n'en soient pas accrus. En reportant précipitamment, sur l'ordre du grand-père, « les nippes » de Marius dans sa chambre, Nicolette avait, sans s'en apercevoir, laissé tomber, probablement dans l'escalier des combles, qui était obscur, le médaillon de chagrin noir où était le papier écrit par le colonel. Ce papier ni ce médaillon ne purent être retrouvés. Marius fut convaincu que « monsieur Gillenormand », à dater de ce jour il ne l'appela plus autrement, avait jeté « le testament de son père » au feu. Il savait par cœur les quelques lignes écrites par le colonel, et, par conséquent, rien n'était perdu. Mais le papier, l'écriture, cette relique sacrée, tout cela était son cœur même. Qu'en avait-on fait ?

Marius s'en était allé, sans dire où il allait, et sans savoir où il allait, avec trente francs, sa montre, et quelques hardes dans un sac de nuit. Il était monté dans un cabriolet de place, l'avait pris à l'heure et s'était dirigé à tout hasard vers le pays latin.

Qu'allait devenir Marius ?

LIVRE QUATRIÈME

LES AMIS DE L'A B C

I

UN GROUPE QUI A FAILLI DEVENIR HISTORIQUE

À CETTE ÉPOQUE, indifférente en apparence, un certain frisson révolutionnaire courait vaguement. Des souffles, revenus des profondeurs de 89 et de 92, étaient dans l'air. La jeunesse était, qu'on nous passe le mot, en train de muer. On se transformait, presque sans s'en douter, par le mouvement même du temps. L'aiguille qui marche sur le cadran marche aussi dans les âmes. Chacun faisait en avant le pas qu'il avait à faire. Les royalistes devenaient libéraux, les libéraux devenaient démocrates.

C'était comme une marée montante compliquée de mille reflux; le propre des reflux, c'est de faire des mélanges; de là des combinaisons d'idées très singulières; on adorait à la fois Napoléon et la liberté. Nous faisons ici de l'histoire. C'étaient les mirages de ce temps-là. Les opinions traversent des phases. Le royalisme voltairien, variété bizarre, a eu un pendant non moins étrange, le libéralisme bonapartiste.

D'autres groupes d'esprits étaient plus sérieux. Là on sondait le principe; là on s'attachait au droit. On se passionnait pour l'absolu, on entrevoyait les réalisations infinies; l'absolu, par sa rigidité même, pousse les esprits vers l'azur et les fait flotter dans l'illimité. Rien n'est tel que le dogme pour enfanter le rêve. Et rien n'est tel que le rêve pour engendrer l'avenir. Utopie aujourd'hui, chair et os demain.

Les opinions avancées avaient des doubles fonds. Un commencement de mystère menaçait « l'ordre établi », lequel était suspect et sournois. Signe au plus haut point révolutionnaire. L'arrière-pensée du pouvoir rencontre dans la sape l'arrière-pensée du peuple. L'incubation des insurrections donne la réplique à la préméditation des coups d'état.

Il n'y avait pas encore en France alors de ces vastes organisations sous-jacentes comme le tugendbund allemand et le carbonarisme italien; mais çà et là des creusements obscurs, se ramifiaient. La Cougourde s'ébauchait à Aix[1]; il y avait à Paris, entre autres affiliations de ce genre, la société des Amis de l'A B C.

Qu'était-ce que les Amis de l'A B C? une société ayant pour but, en apparence, l'éducation des enfants, en réalité le redressement des hommes.

On se déclarait les amis de l'A B C. — L'*Abaissé*, c'était le peuple. On voulait le relever. Calembour dont on aurait tort de rire. Les calembours sont quelquefois graves en politique; témoin le *Castratus ad castra* qui fit de Narsès un général d'armée; témoin : *Barbari et Barberini* ; témoin : *Fueros y Fuegos* ; témoin : *Tu es Petrus et super hanc petram*[2], etc., etc.

Les amis de l'A B C étaient peu nombreux. C'était une société secrète à l'état d'embryon; nous dirions presque une coterie, si les coteries aboutissaient à des héros. Ils se réunissaient à Paris en deux endroits, près des Halles, dans un cabaret appelé *Corinthe* dont il sera question plus tard, et près du Panthéon dans un petit café de la place Saint-Michel appelé *le café Musain*[3], aujourd'hui démoli; le premier de ces lieux de rendez-vous était contigu aux ouvriers, le deuxième, aux étudiants.

Les conciliabules habituels des Amis de l'A B C se tenaient dans une arrière-salle du café Musain. Cette salle, assez éloignée du café, auquel elle communiquait par un très long couloir, avait deux fenêtres et une issue avec un escalier dérobé sur la petite rue des Grès[4]. On y fumait, on y buvait, on y jouait, on y riait. On y causait très haut de tout, et à voix basse d'autre chose. Au mur était clouée, indice suffisant pour éveiller le flair d'un agent de police, une vieille carte de la France sous la République.

La plupart des Amis de l'A B C étaient des étudiants, en entente cordiale avec quelques ouvriers. Voici les noms des principaux. Ils appartiennent dans une certaine mesure à l'histoire : Enjolras[5], Combeferre, Jean Prouvaire, Feuilly, Courfeyrac, Bahorel, Lesgle ou Laigle, Joly, Grantaire.

Ces jeunes gens faisaient entre eux une sorte de famille, à force d'amitié. Tous, Laigle excepté, étaient du midi.

Ce groupe était remarquable. Il s'est évanoui dans les profondeurs invisibles qui sont derrière nous. Au point de ce drame où nous sommes parvenus, il n'est pas inutile peut-être de diriger un rayon de clarté sur ces jeunes têtes avant que le lecteur les voie s'enfoncer dans l'ombre d'une aventure tragique.

Enjolras, que nous avons nommé le premier, on verra plus tard pourquoi, était fils unique et riche.

Enjolras était un jeune homme charmant, capable d'être terrible. Il était angéliquement beau. C'était Antinoüs, farouche. On eût dit, à voir la réverbération pensive de son regard, qu'il avait déjà, dans quelque existence précédente, traversé l'apocalypse révolutionnaire. Il en avait la tradition comme un témoin. Il savait tous les petits détails de la grande chose. Nature pontificale et guerrière, étrange dans un adolescent. Il était officiant et militant; au point de vue immédiat, soldat de la démocratie; au-dessus du mouvement contemporain, prêtre de l'idéal. Il avait la prunelle profonde, la paupière un peu rouge, la lèvre inférieure épaisse et facilement dédaigneuse, le front haut. Beaucoup de front dans un visage, c'est comme beaucoup de ciel dans un horizon. Ainsi que certains jeunes hommes du commencement de ce siècle et de la fin du siècle dernier qui ont été illustres de bonne heure, il avait une jeunesse excessive, fraîche comme chez les jeunes filles, quoique avec des heures de pâleur. Déjà homme, il semblait encore enfant. Ses vingt-deux ans en paraissaient dix-sept. Il était grave, il ne semblait pas savoir qu'il y eût sur la terre un être appelé la femme. Il n'avait qu'une passion, le droit, qu'une pensée, renverser l'obstacle. Sur le mont Aventin, il eût été Gracchus; dans la Convention, il eût été Saint-Just. Il voyait à peine les roses, il ignorait le printemps, il n'entendait pas chanter les oiseaux; la gorge nue d'Évadné ne l'eût pas plus ému qu'Aristogiton; pour lui, comme pour Harmodius, les fleurs n'étaient bonnes qu'à cacher l'épée[6]. Il était sévère dans les joies. Devant tout ce qui n'était pas la république, il baissait chastement les yeux. C'était l'amoureux de marbre de la Liberté. Sa parole était âprement inspirée et avait un frémissement d'hymne. Il avait des ouvertures d'ailes inattendues. Malheur à l'amourette qui se fût risquée de son côté! Si quelque grisette de la place Cambrai ou de la rue Saint-Jean-de-

Beauvais[7], voyant cette figure d'échappé de collège, cette encolure de page, ces longs cils blonds, ces yeux bleus, cette chevelure tumultueuse au vent, ces joues roses, ces lèvres neuves, ces dents exquises, eût eu appétit de toute cette aurore, et fût venue essayer sa beauté sur Enjolras, un regard surprenant et redoutable lui eût montré brusquement l'abîme, et lui eût appris à ne pas confondre avec le chérubin galant de Beaumarchais le formidable chérubin d'Ézéchiel.

À côté d'Enjolras qui représentait la logique de la révolution, Combeferre en représentait la philosophie. Entre la logique de la révolution et sa philosophie, il y a cette différence que sa logique peut conclure à la guerre, tandis que sa philosophie ne peut aboutir qu'à la paix. Combeferre complétait et rectifiait Enjolras. Il était moins haut et plus large. Il voulait qu'on versât aux esprits les principes étendus d'idées générales; il disait : Révolution, mais civilisation; et autour de la montagne à pic il ouvrait le vaste horizon bleu. De là, dans toutes les vues de Combeferre, quelque chose d'accessible et de praticable. La révolution avec Combeferre était plus respirable qu'avec Enjolras. Enjolras en exprimait le droit divin, et Combeferre le droit naturel. Le premier se rattachait à Robespierre; le second confinait à Condorcet. Combeferre vivait plus qu'Enjolras de la vie de tout le monde. S'il eût été donné à ces deux jeunes hommes d'arriver jusqu'à l'histoire, l'un eût été le juste, l'autre eût été le sage. Enjolras était plus viril, Combeferre était plus humain. *Homo* et *Vir*, c'était bien là en effet leur nuance. Combeferre était doux comme Enjolras était sévère, par blancheur naturelle. Il aimait le mot citoyen, mais il préférait le mot homme. Il eût volontiers dit : *Hombre*, comme les Espagnols. Il lisait tout, allait aux théâtres, suivait les cours publics, apprenait d'Arago la polarisation de la lumière, se passionnait pour une leçon où Geoffroy Saint-Hilaire[8] avait expliqué la double fonction de l'artère carotide externe et de l'artère carotide interne, l'une qui fait le visage, l'autre qui fait le cerveau; il était au courant, suivait la science pas à pas, confrontait Saint-Simon avec Fourier, déchiffrait les hiéroglyphes, cassait les cailloux qu'il trouvait et raisonnait géologie, dessinait de mémoire un papillon bombyx, signalait les fautes de français dans le *Dictionnaire de* l'*Académie,* étudiait Puységur et Deleuze[9], n'affirmait rien, pas même les miracles, ne niait rien, pas même les revenants, feuilletait la collection du *Moniteur,* songeait. Il déclarait que l'avenir est dans la main du maître d'école, et se préoccupait des questions d'éducation. Il voulait que la société travaillât sans relâche à l'élévation du niveau intellectuel et moral, au monnayage de la science, à la mise en circulation des idées, à la croissance de l'esprit dans la jeunesse, et il craignait que la pauvreté actuelle des méthodes, la misère du point de vue littéraire borné à deux ou trois siècles dits classiques, le dogmatisme tyrannique des pédants officiels, les préjugés scolastiques et les routines ne finissent par faire de nos collèges des huîtrières artificielles. Il était savant, puriste, précis, polytechnique, piocheur, et en même temps pensif « jusqu'à la chimère », disaient ses amis. Il croyait à tous ces rêves: les chemins de fer, la suppression de la souffrance dans les opérations chirurgicales, la fixation de l'image de la chambre noire, le télégraphe électrique, la direction des ballons. Du reste peu effrayé des citadelles bâties de toutes parts contre le genre humain par les superstitions, les despotismes et les préjugés. Il était de ceux qui pensent que la science finira par tourner la position. Enjolras était un chef, Combeferre était un guide. On eût voulu combattre avec l'un et marcher avec l'autre. Ce n'est pas que Combeferre ne fût capable de combattre, il ne refusait pas de prendre corps à corps l'obstacle et de l'attaquer de vive force et par explosion; mais mettre peu à peu, par l'enseignement des axiomes et la promulgation des lois positives, le genre humain d'accord avec ses destinées, cela lui plaisait mieux; et, entre deux clartés, sa pente était plutôt pour l'illumination que pour l'embrasement. Un incendie peut faire une aurore sans doute, mais pourquoi ne pas attendre le lever du jour? Un volcan éclaire, mais l'aube éclaire encore mieux. Combeferre préférait peut-être la blancheur du beau au flamboiement du sublime. Une clarté troublée par de la fumée, un progrès acheté par de la violence, ne satisfaisaient qu'à demi ce tendre et sérieux esprit. Une précipitation à pic d'un peuple dans la vérité, un 93, l'effrayait; cependant la stagnation lui répugnait plus encore, il y sentait la putréfaction et la mort; à tout prendre, il aimait mieux l'écume que le miasme, et il préférait au cloaque le torrent, et la chute du Niagara au lac de Montfaucon. En somme il ne voulait ni halte, ni hâte. Tandis que ses tumultueux amis, chevaleresquement épris de l'absolu, adoraient et appelaient les splendides aventures révolutionnaires, Combeferre inclinait à laisser faire le progrès, le bon progrès froid peut-être, mais pur; méthodique, mais irréprochable; flegmatique, mais imperturbable. Combeferre se fût agenouillé et eût joint les mains pour que l'avenir arrivât avec toute sa candeur, et pour que rien ne troublât l'immense évolution vertueuse des peuples. *Il faut que le bien soit innocent*, répétait-il sans cesse. Et en effet, si la grandeur de la révolution, c'est de regarder fixement l'éblouissant idéal et d'y voler à travers les foudres, avec du sang et du feu à ses serres, la beauté du progrès, c'est d'être sans tache; et il y a entre Washington qui représente l'un et Danton qui incarne l'autre, la différence qui sépare l'ange aux ailes de cygne de l'ange aux ailes d'aigle.

Jean Prouvaire était une nuance plus adoucie encore que Combeferre. Il s'appelait Jehan, par cette petite fantaisie momentanée qui se mêlait au puissant et profond mouvement d'où est sortie l'étude si nécessaire du Moyen Age. Jean Prouvaire était amoureux, cultivait un pot de fleurs, jouait de la flûte, faisait des vers, aimait le peuple, plaignait la femme, pleurait sur l'enfant, confondait dans la même confiance l'avenir et Dieu, et blâmait la Révolution d'avoir fait tomber une tête royale, celle d'André Chénier. Il avait la voix habituellement délicate et tout à coup virile. Il était lettré jusqu'à l'érudition, et presque orientaliste. Il était bon par-dessus tout; et, chose toute simple pour qui sait combien la bonté confine à la grandeur, en fait de poésie il préférait l'immense. Il savait l'italien, le latin, le grec et l'hébreu; et cela lui servait à ne lire que quatre poëtes : Dante, Juvénal, Eschyle et Isaïe. En français, il préférait Corneille à Racine et Agrippa d'Aubigné à Corneille. Il flânait volontiers dans les champs de folle avoine et de bleuets, et s'occupait des nuages presque autant que des événements. Son esprit avait deux attitudes, l'une du côté de l'homme, l'autre du côté de Dieu; il étudiait, ou il contemplait. Toute la journée il approfondissait les questions sociales : le salaire, le capital, le crédit, le mariage, la religion, la liberté de penser, la liberté d'aimer, l'éducation, la pénalité, la misère, l'association, la propriété, la production et la répartition, l'énigme d'en bas qui couvre d'ombre la fourmilière humaine ; et le soir, il regardait les astres, ces êtres énormes. Comme Enjolras, il était riche et fils unique. Il parlait doucement, penchait la tête, baissait les yeux, souriait avec embarras, se mettait mal, avait l'air gauche, rougissait de rien, était fort timide. Du reste, intrépide.

Feuilly était un ouvrier éventailliste, orphelin de père et de mère, qui gagnait péniblement trois francs par jour, et qui n'avait qu'une pensée, délivrer le monde. Il avait une autre préoccupation encore : s'instruire ; ce qu'il appelait aussi se délivrer. Il s'était enseigné à lui-même à lire et à écrire ; tout ce qu'il savait, il l'avait appris seul. Feuilly était un généreux cœur. Il avait l'embrassement immense. Cet orphelin avait adopté les peuples. Sa mère lui manquant, il avait médité sur la patrie. Il ne voulait pas qu'il y eût sur la terre un homme qui fût sans patrie. Il couvait en lui-même, avec la divination profonde de l'homme du peuple, ce que nous appelons aujourd'hui *l'idée des nationalités*. Il avait appris l'histoire exprès pour s'indigner en connaissance de cause. Dans ce jeune cénacle d'utopistes, surtout occupés de la France, il représentait le dehors. Il avait pour spécialité la Grèce, la Pologne, la Hongrie, la Roumanie, l'Italie. Il prononçait ces noms-là sans cesse, à propos et hors de propos, avec la ténacité du droit. La Turquie sur la Crète et la Thessalie, la Russie sur Varsovie, l'Autriche sur Venise, ces viols l'exaspéraient. Entre toutes, la grande voie de fait de 1772 le soulevait[10]. Le vrai dans l'indignation, il n'y a pas de plus souveraine éloquence, il était éloquent de cette éloquence-là. Il ne tarissait pas sur cette date infâme 1772, sur ce noble et vaillant peuple supprimé par trahison, sur ce crime à trois, sur ce guet-apens monstre, prototype et patron de toutes ces effrayantes suppressions d'État qui, depuis, ont frappé plusieurs nobles nations, et leur ont, pour ainsi dire, raturé leur acte de naissance. Tous les attentats sociaux contemporains dérivent du partage de la Pologne. Le partage de la Pologne est un théorème dont tous les forfaits politiques actuels sont les corollaires. Pas un despote, pas un traître, depuis tout à l'heure un siècle, qui n'ait visé, homologué, contresigné et paraphé, *ne varietur*, le partage de la Pologne. Quand on compulse le dossier des trahisons modernes, celle-là apparaît la première. Le congrès de Vienne a consulté ce crime avant de consommer le sien. 1772 sonne l'hallali, 1815 est la curée. Tel était le texte habituel de Feuilly. Ce pauvre ouvrier s'était fait le tuteur de la justice, et elle le récompensait en le faisant grand. C'est qu'en effet il y a de l'éternité dans le droit. Varsovie ne peut pas plus être tartare que Venise ne peut être tudesque. Les rois y perdent leur peine, et leur honneur. Tôt ou tard, la patrie submergée flotte à la surface et reparaît. La Grèce redevient la Grèce; l'Italie redevient l'Italie. La protestation du droit contre le fait persiste à jamais. Le vol d'un peuple ne se prescrit pas. Ces hautes escroqueries n'ont point d'avenir. On ne démarque pas une nation comme un mouchoir.

Courfeyrac avait un père qu'on nommait M. de Courfeyrac. Une des idées fausses de la bourgeoisie de la Restauration en fait d'aristocratie et de noblesse, c'était de croire à la particule. La particule, on le sait, n'a aucune signification. Mais les bourgeois du temps de *la Minerve* estimaient si haut ce pauvre *de* qu'on se croyait obligé de l'abdiquer. M. de Chauvelin se faisait appeler M. Chauvelin, M. de Caumartin, M. Caumartin, M. de Constant de Rebecque, Benjamin Constant, M. de Lafayette, M. Lafayette. Courfeyrac n'avait pas voulu rester en arrière, et s'appelait Courfeyrac tout court[11].

Nous pourrions presque, en ce qui concerne Courfeyrac, nous en tenir là, et nous borner à dire quant au reste : Courfeyrac, voyez Tholomyès.

Courfeyrac en effet avait cette verve de jeunesse qu'on pourrait appeler la beauté du diable de l'esprit. Plus tard, cela s'éteint comme la gentillesse du petit chat, et toute cette grâce aboutit, sur deux pieds, au bourgeois, et, sur quatre pattes, au matou.

Ce genre d'esprit, les générations qui traversent les écoles, les levées successives de la jeunesse, se le transmettent, et se le passent de main en main, *quasi cursores*, à peu près toujours le même; de sorte que, ainsi que nous venons de l'indiquer, le premier venu qui eût écouté Courfeyrac en 1828 eût cru entendre Tholomyès en 1817. Seulement Courfeyrac était un brave garçon. Sous les apparentes similitudes de l'esprit extérieur, la différence entre Tholomyès et lui était grande. L'homme latent qui existait entre eux était chez le premier tout autre que chez le second. Il y avait dans Tholomyès un procureur et dans Courfeyrac un paladin.

Enjolras était le chef, Combeferre était le guide, Courfeyrac était le centre. Les autres donnaient plus de lumière, lui il donnait plus de calorique ; le fait est qu'il avait toutes les qualités d'un centre, la rondeur et le rayonnement.

Bahorel avait figuré dans le tumulte sanglant de juin 1822, à l'occasion de l'enterrement du jeune Lallemand[12].

Bahorel était un être de bonne humeur et de mauvaise compagnie, brave, panier percé, prodigue et rencontrant la générosité, bavard et rencontrant l'éloquence, hardi et rencontrant l'effronterie ; la meilleure pâte de diable qui fût possible ; ayant des gilets téméraires et des opinions écarlates ; tapageur en grand, c'est-à-dire n'aimant rien tant qu'une querelle, si ce n'est une émeute, et rien tant qu'une émeute, si ce n'est une révolution ; toujours prêt à casser un carreau, puis à dépaver une rue, puis à démolir un gouvernement, pour voir l'effet ; étudiant de onzième année. Il flairait le droit, mais il ne le faisait pas. Il avait pris pour devise : *avocat jamais*, et pour armoiries une table de nuit dans laquelle on entrevoyait un bonnet carré. Chaque fois qu'il passait devant l'école de droit, ce qui lui arrivait rarement, il boutonnait sa redingote, le paletot n'était pas encore inventé, et il prenait des précautions hygiéniques. Il disait du portail de l'école : quel beau vieillard ! et du doyen, M. Delvincourt : quel monument ! Il voyait dans ses cours des sujets de chansons et dans ses professeurs des occasions de caricatures. Il mangeait à rien faire une assez grosse pension, quelque chose comme trois mille francs. Il avait des parents paysans auxquels il avait su inculquer le respect de leur fils.

Il disait d'eux : Ce sont des paysans, et non pas des bourgeois ; c'est pour cela qu'ils ont de l'intelligence.

Bahorel, homme de caprice, était épars sur plusieurs cafés ; les autres avaient des habitudes, lui n'en avait pas. Il flânait. Errer est humain, flâner est parisien. Au fond, esprit pénétrant, et penseur plus qu'il ne semblait.

Il servait de lien entre les Amis de l'A B C et d'autres groupes encore informes, mais qui devaient se dessiner plus tard.

Il y avait dans ce conclave de jeunes têtes un membre chauve.

Le marquis d'Avaray, que Louis XVIII fit duc[13] pour l'avoir aidé à monter dans un cabriolet de place le jour où il émigra, racontait qu'en 1814, à son retour en France, comme le roi débarquait à Calais, un homme lui présenta un placet. — Que demandez-vous? dit le roi. — Sire, un bureau de poste. — Comment vous appelez-vous? — L'Aigle.

Le roi fronça le sourcil, regarda la signature du placet et vit le nom écrit ainsi : Lesgle. Cette orthographe peu bonapartiste toucha le roi et il commença à sourire. — Sire, reprit l'homme au placet, j'ai pour ancêtre un valet de chiens, surnommé Lesgueules. Ce surnom a fait mon nom. Je m'appelle Lesgueules, par contraction Lesgle, et par corruption L'Aigle. — Ceci fit que le roi acheva son sourire. Plus tard il donna à l'homme le bureau de poste de Meaux, exprès ou par mégarde.

Le membre chauve du groupe était fils de ce Lesgle, ou Lègle, et signait Lègle (de Meaux). Ses camarades, pour abréger, l'appelaient Bossuet.

Bossuet était un garçon gai qui avait du malheur. Sa spécialité était de ne réussir à rien. Par contre, il riait de tout. A vingt-cinq ans, il était chauve. Son père avait fini par avoir une maison et un champ; mais lui, le fils, n'avait rien eu de plus pressé que de perdre dans une fausse spéculation ce champ et cette maison. Il ne lui était rien resté. Il avait de la science et de l'esprit, mais il avortait. Tout lui manquait, tout le trompait; ce qu'il échafaudait croulait sur lui. S'il fendait du bois, il se coupait un doigt. S'il avait une maîtresse, il découvrait bientôt qu'il avait aussi un ami. A tout moment quelque misère lui advenait; de là sa jovialité. Il disait : *J'habite sous le toit des tuiles qui tombent*. Peu étonné, car pour lui l'accident était le prévu, il prenait la mauvaise chance en sérénité et souriait des taquineries de la destinée comme quelqu'un qui entend la plaisanterie. Il était pauvre, mais son gousset de bonne humeur était inépuisable. Il arrivait vite à son dernier sou, jamais à son dernier éclat de rire. Quand l'adversité entrait chez lui, il saluait cordialement cette ancienne connaissance; il tapait sur le ventre aux catastrophes; il était familier avec la Fatalité au point de l'appeler par son petit nom. — Bonjour, Guignon, lui disait-il.

Ces persécutions du sort l'avaient fait inventif. Il était plein de ressources. Il n'avait point d'argent, mais il trouvait moyen de faire, quand bon lui semblait, « des dépenses effrénées ». Une nuit, il alla jusqu'à manger « cent francs » dans un souper avec une péronnelle, ce qui lui inspira au milieu de l'orgie ce mot mémorable : *Fille de cinq louis, tire-moi mes bottes.*

Bossuet se dirigeait lentement vers la profession d'avocat ; il faisait son droit, à la manière de Bahorel. Bossuet avait peu de domicile ; quelquefois pas du tout. Il logeait tantôt chez l'un, tantôt chez l'autre, le plus souvent chez Joly. Joly étudiait la médecine. Il avait deux ans de moins que Bossuet.

Joly était le malade imaginaire jeune. Ce qu'il avait gagné à la médecine, c'était d'être plus malade que médecin. A vingt-trois ans, il se croyait valétudinaire et passait sa vie à regarder sa langue dans son miroir. Il affirmait que l'homme s'aimante comme une aiguille, et dans sa chambre il mettait son lit la tête au midi et les pieds au nord, afin que, la nuit, la circulation de son sang ne fût pas contrariée par le grand courant magnétique du globe. Dans les orages, il se tâtait le pouls. Du reste, le plus gai de tous. Toutes ces incohérences, jeune, maniaque, malingre, joyeux, faisaient bon ménage ensemble, et il en résultait un être excentrique et agréable que ses camarades, prodigues de consonnes ailées, appelaient Jolllly. — Tu peux t'envoler sur quatre L, lui disait Jean Prouvaire.

Joly avait l'habitude de se toucher le nez avec le bout de sa canne, ce qui est l'indice d'un esprit sagace.

Tous ces jeunes gens, si divers, et dont, en somme, il ne faut parler que sérieusement, avaient une même religion : le Progrès.

Tous étaient les fils directs de la Révolution française. Les plus légers devenaient solennels en prononçant cette date : 89. Leurs pères selon la chair étaient ou avaient été feuillants, royalistes, doctrinaires ; peu importait ; ce pêle-mêle antérieur à eux, qui étaient jeunes, ne les regardait point ; le pur sang des principes coulait dans leurs veines. Ils se rattachaient sans nuance intermédiaire au droit incorruptible et au devoir absolu.

Affiliés et initiés, ils ébauchaient souterrainement l'idéal.

Parmi tous ces cœurs passionnés et tous ces esprits

convaincus, il y avait un sceptique. Comment se trouvait-il là ? Par juxtaposition. Ce sceptique s'appelait Grantaire, et signait habituellement de ce rébus : R. Grantaire était un homme qui se gardait bien de croire à quelque chose. C'était du reste un des étudiants qui avaient le plus appris pendant leurs cours à Paris ; il savait que le meilleur café était au café Lemblin, et le meilleur billard au café Voltaire, qu'on trouvait de bonnes galettes et de bonnes filles à l'Ermitage sur le boulevard du Maine, des poulets à la crapaudine chez la mère Saguet, d'excellentes matelotes barrière de la Cunette, et un certain petit vin blanc barrière du Combat[14]. Pour tout, il savait les bons endroits ; en outre la savate et le chausson, quelques danses, et il était profond bâtonniste. Par-dessus le marché, grand buveur. Il était laid démesurément ; la plus jolie piqueuse de bottines de ce temps-là, Irma Boissy, indignée de sa laideur, avait rendu cette sentence : *Grantaire est impossible ;* mais la fatuité de Grantaire ne se déconcertait pas. Il regardait tendrement et fixement toutes les femmes, ayant l'air de dire de toutes : *si je voulais !* et cherchant à faire croire aux camarades qu'il était généralement demandé.

Tous ces mots : droit du peuple, droits de l'homme, contrat social, révolution française, république, démocratie, humanité, civilisation, religion, progrès, étaient, pour Grantaire, très voisins de ne rien signifier du tout. Il en souriait. Le scepticisme, cette carie sèche de l'intelligence, ne lui avait pas laissé une idée entière dans l'esprit. Il vivait avec ironie. Ceci était son axiome : Il n'y a qu'une certitude, mon verre plein. Il raillait tous les dévouements dans tous les partis, aussi bien le frère que le père, aussi bien Robespierre jeune que Loizerolles. — Ils sont bien avancés d'être morts, s'écriait-il. Il disait du crucifix : Voilà une potence qui a réussi. Coureur, joueur, libertin, souvent ivre, il faisait à ces jeunes songeurs le déplaisir de chantonner sans cesse : *J'aimons les filles et j'aimons le bon vin.* Air : Vive Henri IV[15].

Du reste ce sceptique avait un fanatisme. Ce fanatisme n'était ni une idée, ni un dogme, ni un art, ni une science ; c'était un homme : Enjolras. Grantaire admirait, aimait et vénérait Enjolras. A qui se ralliait ce douteur anarchique dans cette phalange d'esprits absolus ? Au plus absolu. De quelle façon Enjolras le subjuguaitil ? Par les idées ? Non. Par le caractère. Phénomène souvent observé. Un sceptique qui adhère à un croyant, cela est simple comme la loi des couleurs complémentaires. Ce qui nous manque nous attire. Personne n'aime le jour comme l'aveugle. La naine adore le tambour-major. Le crapaud a toujours les yeux au ciel ; pourquoi ? pour voir voler l'oiseau. Grantaire, en qui rampait le doute, aimait à voir dans Enjolras la foi planer. Il avait besoin d'Enjolras. Sans qu'il s'en rendît clairement compte et sans qu'il songeât à se l'expliquer à lui-même, cette nature chaste, saine, ferme, droite, dure, candide, le charmait. Il admirait, d'instinct, son contraire. Ses idées molles, fléchissantes, disloquées, malades, difformes, se rattachaient à Enjolras comme à une épine dorsale. Son rachis moral s'appuyait à cette fermeté. Grantaire, près d'Enjolras, redevenait quelqu'un. Il était lui-même d'ailleurs composé de deux éléments en apparence incompatibles. Il était ironique et cordial. Son indifférence aimait. Son esprit se passait de croyance et son cœur ne pouvait se passer d'amitié. Contradiction profonde ; car une affection est une conviction. Sa nature était ainsi. Il y a des hommes qui semblent nés pour être le verso, l'envers, le revers. Ils sont Pollux, Patrocle, Nisus, Eudamidas, Éphestion, Pechméja[16]. Ils ne vivent qu'à la condition d'être adossés à un autre ; leur nom est une suite, et ne s'écrit que précédé de la conjonction *et ;* leur existence ne leur est pas propre ; elle est l'autre côté d'une destinée qui n'est pas la leur. Grantaire était un de ces hommes. Il était l'envers d'Enjolras.

On pourrait presque dire que les affinités commencent aux lettres de l'alphabet. Dans la série, O et P sont inséparables. Vous pouvez, à votre gré, prononcer O et P, ou Oreste et Pylade.

Grantaire, vrai satellite d'Enjolras, habitait ce cercle de jeunes gens ; il y vivait ; il ne se plaisait que là ; il les suivait partout. Sa joie était de voir aller et venir ces silhouettes dans les fumées du vin. On le tolérait pour sa bonne humeur.

Enjolras, croyant, dédaignait ce sceptique, et, sobre, cet ivrogne. Il lui accordait un peu de pitié hautaine. Grantaire était un Pylade point accepté. Toujours rudoyé par Enjolras, repoussé durement, rejeté et revenant, il disait d'Enjolras : Quel beau marbre !

II

Oraison funèbre de Blondeau, par Bossuet[1]

Une certaine après-midi, qui avait, comme on va le voir, quelque coïncidence avec les événements racontés plus haut, Laigle de Meaux était sensuellement adossé au chambranle de la porte du café Musain. Il avait l'air d'une cariatide en vacances ; il ne portait rien que sa rêverie. Il regardait la place Saint-Michel. S'adosser, c'est une manière d'être couché debout qui n'est point haïe des songeurs. Laigle de Meaux pensait, sans mélancolie, à une petite mésaventure qui lui était échue l'avant-veille à l'école de droit, et qui modifiait ses plans personnels d'avenir, plans d'ailleurs assez indistincts.

La rêverie n'empêche pas un cabriolet de passer, et le songeur de remarquer le cabriolet. Laigle de Meaux, dont les yeux erraient dans une sorte de flânerie diffuse, aperçut, à travers ce somnambulisme, un véhicule à deux roues cheminant dans la place, lequel allait au pas, et comme indécis. A qui en voulait ce cabriolet ? pourquoi allait-il au pas ? Laigle y regarda. Il y avait dedans, à côté du cocher, un jeune homme, et devant ce jeune homme un assez gros sac de nuit. Le sac montrait aux passants ce nom écrit en grosses lettres noires sur une carte cousue à l'étoffe : Marius Pontmercy.

Ce nom fit changer d'attitude à Laigle. Il se dressa et jeta cette apostrophe au jeune homme du cabriolet :

— Monsieur Marius Pontmercy !

Le cabriolet interpellé s'arrêta.

Le jeune homme qui, lui aussi, semblait songer profondément, leva les yeux.

— Hein ? dit-il.

— Vous êtes monsieur Marius Pontmercy ?

— Sans doute.

— Je vous cherchais, reprit Laigle de Meaux.

— Comment cela ? demanda Marius ; car c'était lui, en effet, qui sortait de chez son grand-père, et il avait devant lui une figure qu'il voyait pour la première fois. Je ne vous connais pas.

— Moi non plus, je ne vous connais point, répondit Laigle.

Marius crut à une rencontre de loustic, à un commencement de mystification en pleine rue. Il n'était pas d'humeur facile en ce moment-là. Il fronça le sourcil. Laigle de Meaux, imperturbable, poursuivit:

— Vous n'étiez pas avant-hier à l'école?
— Cela est possible.
— Cela est certain.
— Vous êtes étudiant? demanda Marius.
— Oui, monsieur. Comme vous. Avant-hier je suis entré à l'école par hasard. Vous savez, on a quelquefois de ces idées-là. Le professeur était en train de faire l'appel. Vous n'ignorez pas qu'ils sont très ridicules dans ce moment-ci. Au troisième appel manqué, on vous raye l'inscription. Soixante francs dans le gouffre.

Marius commençait à écouter. Laigle continua:

— C'était Blondeau[2] qui faisait l'appel. Vous connaissez Blondeau, il a le nez fort pointu et fort malicieux, et il flaire avec délices les absents. Il a sournoisement commencé par la lettre P. Je n'écoutais pas, n'étant point compromis dans cette lettre-là. L'appel n'allait pas mal. Aucune radiation. L'univers était présent. Blondeau était triste. Je disais à part moi: Blondeau, mon amour, tu ne feras pas la plus petite exécution aujourd'hui. Tout à coup Blondeau appelle *Marius Pontmercy*. Personne ne répond. Blondeau, plein d'espoir, répète plus fort: *Marius Pontmercy*. Et il prend sa plume. Monsieur, j'ai des entrailles. Je me suis dit rapidement: Voilà un brave garçon qu'on va rayer. Attention. Ceci est un véritable vivant qui n'est pas exact. Ceci n'est pas un bon élève. Ce n'est point là un cul-de-plomb, un étudiant qui étudie, un blanc-bec pédant, fort en sciences, lettres, théologie et sapience, un de ces esprits bêtas tirés à quatre épingles; une épingle par faculté. C'est un honorable paresseux qui flâne, qui pratique la villégiature, qui cultive la grisette, qui fait la cour aux belles, qui est peut-être en cet instant-ci chez ma maîtresse. Sauvons-le. Mort à Blondeau! En ce moment, Blondeau a trempé dans l'encre sa plume noire de ratures, a promené sa prunelle fauve sur l'auditoire, et a répété pour la troisième fois: *Marius Pontmercy!* J'ai répondu: *Présent!* Cela fait que vous n'avez pas été rayé.

— Monsieur!... dit Marius.
— Et que, moi, je l'ai été, ajouta Laigle de Meaux.

— Je ne vous comprends pas, fit Marius.

Laigle reprit :

— Rien de plus simple. J'étais près de la chaire pour répondre et près de la porte pour m'enfuir. Le professeur me contemplait avec une certaine fixité. Brusquement, Blondeau, qui doit être le nez malin dont parle Boileau, saute à la lettre L.L, c'est ma lettre. Je suis de Meaux, et je m'appelle Lesgle.

— L'Aigle ! interrompit Marius, quel beau nom !

— Monsieur, le Blondeau arrive à ce beau nom, et crie : *Laigle!* Je réponds : *Présent!* Alors Blondeau me regarde avec la douceur du tigre, sourit, et me dit : Si vous êtes Pontmercy, vous n'êtes pas Laigle. Phrase qui a l'air désobligeante pour vous, mais qui n'était lugubre que pour moi. Cela dit, il me raye.

Marius s'exclama.

— Monsieur, je suis mortifié...

— Avant tout, interrompit Laigle, je demande à embaumer Blondeau dans quelques phrases d'éloge senti. Je le suppose mort. Il n'y aurait pas grand'chose à changer à sa maigreur, à sa pâleur, à sa froideur, à sa roideur et à son odeur. Et je dis : *Erudimini qui judicatis terram*[3]. Ci-gît Blondeau, Blondeau le Nez, Blondeau Nasica, le bœuf de la discipline, *bos disciplinae*, le molosse de la consigne, l'ange de l'appel, qui fut droit, carré, exact, rigide, honnête et hideux. Dieu le raya comme il m'a rayé.

Marius reprit :

— Je suis désolé...

— Jeune homme, dit Laigle de Meaux, que ceci vous serve de leçon. A l'avenir, soyez exact.

— Je vous fais vraiment mille excuses.

— Ne vous exposez plus à faire rayer votre prochain.

— Je suis désespéré...

Laigle éclata de rire.

— Et moi, ravi. J'étais sur la pente d'être avocat. Cette rature me sauve. Je renonce aux triomphes du barreau. Je ne défendrai point la veuve et je n'attaquerai point l'orphelin. Plus de toge, plus de stage. Voilà ma radiation obtenue. C'est à vous que je la dois, monsieur Pontmercy. J'entends vous faire solennellement une visite de remerciements. Où demeurez-vous ?

— Dans ce cabriolet, dit Marius.

— Signe d'opulence, repartit Laigle avec calme. Je

vous félicite. Vous avez là un loyer de neuf mille francs par an.

En ce moment Courfeyrac sortait du café.

Marius sourit tristement :

— Je suis dans ce loyer depuis deux heures et j'aspire à en sortir ; mais, c'est une histoire comme cela, je ne sais où aller.

— Monsieur, dit Courfeyrac, venez chez moi.

— J'aurais la priorité, observa Laigle, mais je n'ai pas de chez moi.

— Tais-toi, Bossuet, reprit Courfeyrac.

— Bossuet, fit Marius, mais il me semblait que vous vous appeliez Laigle.

— De Meaux, répondit Laigle ; par métaphore, Bossuet.

Courfeyrac monta dans le cabriolet.

— Cocher, dit-il, hôtel de la Porte-Saint-Jacques.

Et le soir même, Marius était installé dans une chambre de l'hôtel de la Porte-Saint-Jacques, côte à côte avec Courfeyrac.

III

LES ÉTONNEMENTS DE MARIUS

En quelques jours, Marius fut l'ami de Courfeyrac. La jeunesse est la saison des promptes soudures et des cicatrisations rapides. Marius près de Courfeyrac respirait librement, chose assez nouvelle pour lui. Courfeyrac ne lui fit pas de questions. Il n'y songea même pas. A cet âge, les visages disent tout de suite tout. La parole est inutile. Il y a tel jeune homme dont on pourrait dire que sa physionomie bavarde. On se regarde, on se connaît.

Un matin pourtant, Courfeyrac lui jeta brusquement cette interrogation :

— A propos, avez-vous une opinion politique ?

— Tiens ! dit Marius, presque offensé de la question.

— Qu'est-ce que vous êtes ?

— Démocrate-bonapartiste.

— Nuance gris de souris rassurée, dit Courfeyrac.

Le lendemain, Courfeyrac introduisit Marius au café Musain. Puis il lui chuchota à l'oreille avec un sourire : Il faut que je vous donne vos entrées dans la révolution.

Et il le mena dans la salle des Amis de l'A B C. Il le présenta aux autres camarades en disant à demi-voix ce simple mot que Marius ne comprit pas : Un élève.

Marius était tombé dans un guêpier d'esprits. Du reste, quoique silencieux et grave, il n'était ni le moins ailé ni le moins armé.

Marius, jusque-là solitaire et inclinant au monologue et à l'aparté par habitude et par goût, fut un peu effarouché de cette volée de jeunes gens autour de lui. Toutes ces initiatives diverses le sollicitaient à la fois, et le tiraillaient. Le va-et-vient tumultueux de tous ces esprits en liberté et en travail faisait tourbillonner ses idées. Quelquefois, dans le trouble, elles s'en allaient si loin de lui qu'il avait de la peine à les retrouver. Il entendait parler de philosophie, de littérature, d'art, d'histoire, de religion, d'une façon inattendue. Il entrevoyait des aspects étranges ; et, comme il ne les mettait point en perspective, il n'était pas sûr de ne pas voir le chaos. En quittant les opinions de son grand-père pour les opinions de son père, il s'était cru fixé ; il soupçonnait maintenant, avec inquiétude et sans oser se l'avouer, qu'il ne l'était pas. L'angle sous lequel il voyait toute chose commençait de nouveau à se déplacer. Une certaine oscillation mettait en branle tous les horizons de son cerveau. Bizarre remue-ménage intérieur. Il en souffrait presque.

Il semblait qu'il n'y eût pas pour ces jeunes gens de « choses consacrées ». Marius entendait, sur toute matière, des langages singuliers, gênants pour son esprit encore timide.

Une affiche de théâtre se présentait, ornée d'un titre de tragédie du vieux répertoire, dit classique. — A bas la tragédie chère aux bourgeois ! criait Bahorel. Et Marius entendait Combeferre répliquer :

— Tu as tort, Bahorel. La bourgeoisie aime la tragédie, et il faut laisser sur ce point la bourgeoisie tranquille. La tragédie à perruque a sa raison d'être, et je ne suis pas de ceux qui, de par Eschyle, lui contestent le droit d'exister. Il y a des ébauches dans la nature ; il y a, dans la création, des parodies toutes faites ; un bec qui n'est pas un bec, des ailes qui ne sont pas des ailes, des nageoires qui ne sont pas des nageoires, des pattes qui ne sont pas des pattes, un cri douloureux qui donne envie de rire, voilà le canard. Or, puisque la volaille existe à côté de l'oiseau, je ne vois pas pourquoi la tragédie classique n'existerait point en face de la tragédie antique.

Ou bien le hasard faisait que Marius passait rue Jean-Jacques-Rousseau entre Enjolras et Courfeyrac.

Courfeyrac lui prenait le bras.

— Faites attention. Ceci est la rue Plâtrière, nommée aujourd'hui rue Jean-Jacques-Rousseau, à cause d'un ménage singulier qui l'habitait il y a une soixantaine d'années. C'étaient Jean-Jacques et Thérèse[1]. De temps en temps, il naissait là de petits êtres. Thérèse les enfantait, Jean-Jacques les enfantrouvait.

Et Enjolras rudoyait Courfeyrac.

— Silence devant Jean-Jacques ! Cet homme, je l'admire. Il a renié ses enfants, soit ; mais il a adopté le peuple.

Aucun de ces jeunes gens n'articulait ce mot : l'empereur. Jean Prouvaire seul disait quelquefois Napoléon ; tous les autres disaient Bonaparte. Enjolras prononçait *Buonaparte*.

Marius s'étonnait vaguement. *Initium sapientiae*.

IV

L'arrière-salle du café Musain

Une des conversations entre ces jeunes gens, auxquelles Marius assistait et dans lesquelles il intervenait quelquefois, fut une véritable secousse pour son esprit.

Cela se passait dans l'arrière-salle du café Musain. A peu près tous les Amis de l'A B C étaient réunis ce soir-là. Le quinquet était solennellement allumé. On parlait de choses et d'autres, sans passion et avec bruit. Excepté Enjolras et Marius, qui se taisaient, chacun haranguait un peu au hasard. Les causeries entre camarades ont parfois de ces tumultes paisibles. C'était un jeu et un pêle-mêle autant qu'une conversation. On se jetait des mots qu'on rattrapait. On causait aux quatre coins.

Aucune femme n'était admise dans cette arrière-salle, excepté Louison, la laveuse de vaisselle du café, qui la traversait de temps en temps pour aller de la laverie au « laboratoire ».

Grantaire, parfaitement gris, assourdissait le coin dont

il s'était emparé. Il raisonnait et déraisonnait à tue-tête,
il criait :

— J'ai soif. Mortels, je fais un rêve : que la tonne de
Heidelberg[1] ait une attaque d'apoplexie, et être de la
douzaine de sangsues qu'on lui appliquera. Je voudrais
boire. Je désire oublier la vie. La vie est une invention
hideuse de je ne sais qui. Cela ne dure rien et cela ne vaut
rien. On se casse le cou à vivre. La vie est un décor où il
y a peu de praticables. Le bonheur est un vieux châssis
peint d'un seul côté. L'Ecclésiaste dit : tout est vanité ;
je pense comme ce bonhomme qui n'a peut-être jamais
existé. Zéro, ne voulant pas aller tout nu, s'est vêtu de
vanité. O vanité ! rhabillage de tout avec de grands mots !
une cuisine est un laboratoire, un danseur est un professeur, un saltimbanque est un gymnaste, un boxeur
est un pugiliste, un apothicaire est un chimiste, un perruquier est un artiste, un gâcheux est un architecte, un
jockey est un sportman, un cloporte est un ptérigibranche.
La vanité a un envers et un endroit ; l'endroit est bête,
c'est le nègre avec ses verroteries ; l'envers est sot, c'est
le philosophe avec ses guenilles. Je pleure sur l'un et je
ris de l'autre. Ce qu'on appelle honneurs et dignités, et
même honneur et dignité, est généralement en chrysocale. Les rois font joujou avec l'orgueil humain. Caligula faisait consul un cheval ; Charles II faisait chevalier
un aloyau. Drapez-vous donc maintenant entre le consul
Incitatus et le baronnet Roatsbeef. Quant à la valeur
intrinsèque des gens, elle n'est guère plus respectable.
Écoutez le panégyrique que le voisin fait du voisin.
Blanc sur blanc est féroce ; si le lis parlait, comme il
arrangerait la colombe ! une bigote qui jase d'une dévote
est plus venimeuse que l'aspic et le bongare bleu. C'est
dommage que je sois un ignorant, car je vous citerais
une foule de choses ; mais je ne sais rien. Par exemple,
j'ai toujours eu de l'esprit ; quand j'étais élève chez Gros,
au lieu de barbouiller des tableautins, je passais mon
temps à chiper des pommes ; rapin est le mâle de rapine.
Voilà pour moi ; quant à vous autres, vous me valez.
Je me fiche de vos perfections, excellences et qualités.
Toute qualité verse dans un défaut ; l'économe touche à
l'avare, le généreux confine au prodigue, le brave côtoie
le bravache ; qui dit très pieux dit un peu cagot ; il y a
juste autant de vices dans la vertu qu'il y a de trous au

manteau de Diogène. Qui admirez-vous, le tué ou le tueur, César ou Brutus ? Généralement on est pour le tueur. Vive Brutus ! il a tué. C'est ça qui est la vertu. Vertu ? soit, mais folie aussi. Il y a des taches bizarres à ces grands hommes-là. Le Brutus qui tua César était amoureux d'une statue de petit garçon. Cette statue était du statuaire grec Strongylion, lequel avait aussi sculpté cette figure d'amazone appelée Belle-Jambe, Eucnemos, que Néron emportait avec lui dans ses voyages. Ce Strongylion n'a laissé que deux statues qui ont mis d'accord Brutus et Néron; Brutus fut amoureux de l'une et Néron de l'autre[2]. Toute l'histoire n'est qu'un long rabâchage. Un siècle est le plagiaire de l'autre. La bataille de Marengo copie la bataille de Pydna; le Tolbiac de Clovis et l'Austerlitz de Napoléon se ressemblent comme deux gouttes de sang. Je fais peu de cas de la victoire. Rien n'est stupide comme vaincre; la vraie gloire est convaincre. Mais tâchez donc de prouver quelque chose ! Vous vous contentez de réussir, quelle médiocrité ! et de conquérir, quelle misère ! Hélas, vanité et lâcheté partout. Tout obéit au succès, même la grammaire. *Si volet usus*, dit Horace[3]. Donc je dédaigne le genre humain. Descendrons-nous du tout à la partie ? Voulez-vous que je me mette à admirer les peuples ? Quel peuple, s'il vous plaît ? Est-ce la Grèce ? Les Athéniens, ces Parisiens de jadis, tuaient Phocion, comme qui dirait Coligny, et flagornaient les tyrans au point qu'Anacéphore disait de Pisistrate : Son urine attire les abeilles. L'homme le plus considérable de la Grèce pendant cinquante ans a été ce grammairien Philetas[4], lequel était si petit et si menu qu'il était obligé de plomber ses souliers pour n'être pas emporté par le vent. Il y avait sur la plus grande place de Corinthe une statue sculptée par Silanion et cataloguée par Pline; cette statue représentait Épisthate. Qu'a fait Épisthate[5] ? Il a inventé le croc-en-jambe. Ceci résume la Grèce et la gloire. Passons à d'autres. Admirerai-je l'Angleterre ? Admirerai-je la France ? La France ? pourquoi ? A cause de Paris ? je viens de vous dire mon opinion sur Athènes. L'Angleterre ? pourquoi ? A cause de Londres ? je hais Carthage. Et puis, Londres, métropole du luxe, est le chef-lieu de la misère. Sur la seule paroisse de Charing-Cross, il y a par an cent morts de faim. Telle est Albion. J'ajoute, pour comble, que j'ai vu une Anglaise danser avec une couronne de roses et des lunettes bleues. Donc un groin pour l'Angleterre ! Si je n'admire pas John Bull, j'admirerai donc frère Jonathan ? Je goûte peu ce frère à esclaves. Otez *time is money*, que reste-t-il de l'Angleterre ? Otez *cotton is king*[6], que reste-t-il de l'Amérique ? L'Allemagne, c'est la lymphe ; l'Italie, c'est la bile. Nous extasierons-nous sur la Russie ? Voltaire l'admirait. Il admirait aussi la Chine. Je conviens que la Russie a ses beautés entre autres un fort despotisme ; mais je plains les despotes. Ils ont une santé délicate. Un Alexis décapité, un Pierre poignardé, un Paul étranglé, un autre Paul aplati à coups de talon de botte, divers Ivans égorgés, plusieurs Nicolas et Basiles empoisonnés, tout cela indique que le palais des empereurs de Russie est dans une condition flagrante d'insalubrité. Tous les peuples civilisés offrent à l'admiration du penseur ce détail : la guerre ; or la guerre, la guerre civilisée, épuise et totalise toutes les formes du banditisme, depuis le brigandage des trabucaires aux gorges du mont Jaxa jusqu'à la maraude des Indiens comanches dans la Passe-Douteuse. Bah ! me direz-vous, l'Europe vaut pourtant mieux que l'Asie ? Je conviens que l'Asie est farce ; mais je ne vois pas trop ce que vous avez à rire du grand lama, vous peuples d'occident qui avez mêlé à vos modes et à vos élégances toutes les ordures compliquées de majesté, depuis la chemise sale de la reine Isabelle jusqu'à la chaise percée du dauphin. Messieurs les humains, je vous dis bernique ! C'est à Bruxelles que l'on consomme le plus de bière, à Stockholm le plus d'eau-de-vie, à Madrid le plus de chocolat, à Amsterdam le plus de genièvre, à Londres le plus de vin, à Constantinople le plus de café, à Paris le plus d'absinthe ; voilà toutes les notions utiles. Paris l'emporte, en somme. A Paris, les chiffonniers mêmes sont des sybarites ; Diogène eût autant aimé être chiffonnier place Maubert que philosophe au Pirée. Apprenez encore ceci : les cabarets des chiffonniers s'appellent bibines ; les plus célèbres sont *la Casserole* et *l'Abattoir*[7]. Donc, ô guinguettes, goguettes, bouchons, caboulots, bouibouis, mastroquets, bastringues, manezingues, bibines des chiffonniers, caravansérails des califes, je vous atteste, je suis un voluptueux, je mange chez Richard à quarante sous par tête, il me faut des tapis de Perse à y rouler Cléopâtre nue ! Où est Cléopâtre ? Ah ! c'est toi, Louison. Bonjour.

Ainsi se répandait en paroles, accrochant la laveuse de vaisselle au passage, dans son coin de l'arrière-salle Musain, Grantaire plus qu'ivre.

Bossuet, étendant la main vers lui, essayait de lui imposer silence, et Grantaire repartait de plus belle :

— Aigle de Meaux, à bas les pattes. Tu ne me fais aucun effet avec ton geste d'Hippocrate refusant le bric-à-brac d'Artaxerce. Je te dispense de me calmer. D'ailleurs je suis triste. Que voulez-vous que je vous dise ? L'homme est mauvais, l'homme est difforme ; le papillon est réussi, l'homme est raté. Dieu a manqué cet animal-là. Une foule est un choix de laideurs. Le premier venu est un misérable. Femme rime à infâme. Oui, j'ai le spleen, compliqué de la mélancolie, avec la nostalgie, plus l'hypocondrie, et je bisque, et je rage, et je bâille, et je m'ennuie, et je m'assomme, et je m'embête ! Que Dieu aille au diable !

— Silence donc, R majuscule ! reprit Bossuet qui discutait un point de droit avec la cantonade, et qui était engagé plus qu'à mi-corps dans une phrase d'argot judiciaire dont voici la fin :

— ...Et quant à moi, quoique je sois à peine légiste et tout au plus procureur amateur, je soutiens ceci : qu'aux termes de la coutume de Normandie, à la Saint-Michel, et pour chaque année, un Équivalent devait être payé au profit du seigneur, sauf autrui droit, par tous et un chacun, tant les propriétaires que les saisis d'héritage, et ce, pour toutes emphytéoses, baux, alleux, contrats domaniaires et domaniaux, hypothécaires et hypothécaux...

— Échos, nymphes plaintives, fredonna Grantaire.

Tout près de Grantaire, sur une table presque silencieuse, une feuille de papier, un encrier et une plume entre deux petits verres annonçaient qu'un vaudeville s'ébauchait. Cette grosse affaire se traitait à voix basse, et les deux têtes en travail se touchaient :

— Commençons par trouver les noms. Quand on a les noms, on trouve le sujet.

— C'est juste. Dicte. J'écris.

— Monsieur Dorimon ?

— Rentier ?

— Sans doute.

— Sa fille, Célestine.
— ...tine. Après ?
— Le colonel Sainval.
— Sainval est usé. Je dirais Valsin.

A côté des aspirants vaudevillistes, un autre groupe, qui, lui aussi, profitait du brouhaha pour parler bas, discutait un duel. Un vieux, trente ans, conseillait un jeune, dix-huit ans, et lui expliquait à quel adversaire il avait affaire :

— Diable ! méfiez-vous. C'est une belle épée. Son jeu est net. Il a de l'attaque, pas de feintes perdues, du poignet, du pétillement, de l'éclair, la parade juste, et des ripostes mathématiques, bigre ! et il est gaucher.

Dans l'angle opposé à Grantaire, Joly et Bahorel jouaient aux dominos et parlaient d'amour.

— Tu es heureux, toi, disait Joly. Tu as une maîtresse qui rit toujours.

— C'est une faute qu'elle fait, répondait Bahorel. La maîtresse qu'on a a tort de rire. Ça encourage à la tromper. La voir gaie, cela vous ôte le remords ; si on la voit triste, on se fait conscience.

— Ingrat ! c'est si bon une femme qui rit ! Et jamais vous ne vous querellez !

— Cela tient au traité que nous avons fait. En faisant notre petite sainte-alliance, nous nous sommes assigné à chacun notre frontière que nous ne dépassons jamais. Ce qui est situé du côté de bise appartient à Vaud, du côté de vent à Gex. De là la paix.

— La paix, c'est le bonheur digérant.

— Et toi, Jollly, où en es-tu de ta brouillerie avec mamselle... tu sais qui je veux dire ?

— Elle me boude avec une patience cruelle.

— Tu es pourtant un amoureux attendrissant de maigreur.

— Hélas !

— A ta place, je la planterais là.

— C'est facile à dire.

— Et à faire. N'est-ce pas Musichetta qu'elle s'appelle ?

— Oui. Ah ! mon pauvre Bahorel, c'est une fille superbe, très littéraire, de petits pieds, de petites mains, se mettant bien, blanche, potelée ; avec des yeux de tireuse de cartes. J'en suis fou.

— Mon cher, alors il faut lui plaire, être élégant, et

faire des effets de rotule. Achète-moi chez Staub[8] un bon pantalon de cuir de laine. Cela prête.

— A combien ? cria Grantaire.

Le troisième coin était en proie à une discussion poétique. La mythologie païenne se gourmait avec la mythologie chrétienne. Il s'agissait de l'olympe dont Jean Prouvaire, par romantisme même, prenait le parti. Jean Prouvaire n'était timide qu'au repos. Une fois excité, il éclatait, une sorte de gaîté accentuait son enthousiasme, et il était à la fois riant et lyrique :

— N'insultons pas les dieux, disait-il. Les dieux ne s'en sont peut-être pas allés. Jupiter ne me fait point l'effet d'un mort. Les dieux sont des songes, dites-vous. Eh bien, même dans la nature, telle qu'elle est aujourd'hui, après la fuite de ces songes, on retrouve tous les grands vieux mythes païens. Telle montagne à profil de citadelle, comme le Vignemale[9], par exemple, est encore pour moi la coiffure de Cybèle ; il ne m'est pas prouvé que Pan ne vienne pas la nuit souffler dans le tronc creux des saules, en bouchant tour à tour les trous avec ses doigts ; et j'ai toujours cru qu'Io était pour quelque chose dans la cascade de Pissevache.

Dans le dernier coin, on parlait politique. On malmenait la charte octroyée. Combeferre la soutenait mollement, Courfeyrac la battait en brèche énergiquement. Il y avait sur la table un malencontreux exemplaire de la fameuse Charte-Touquet[10]. Courfeyrac l'avait saisie et la secouait, mêlant à ses arguments le frémissement de cette feuille de papier.

— Premièrement, je ne veux pas de rois. Ne fût-ce qu'au point de vue économique, je n'en veux pas ; un roi est un parasite. On n'a pas de roi gratis. Écoutez ceci : Cherté des rois. A la mort de François Ier, la dette publique en France était de trente mille livres de rente ; à la mort de Louis XIV, elle était de deux milliards six cents millions à vingt-huit livres le marc, ce qui équivalait en 1760, au dire de Desmarets, à quatre milliards cinq cents millions, et ce qui équivaudrait aujourd'hui à douze milliards. Deuxièmement, n'en déplaise à Combeferre, une charte octroyée est un mauvais expédient de civilisation. Sauver la transition, adoucir le passage, amortir la secousse, faire passer insensiblement la nation de la monarchie à la démocratie par la pratique des fictions constitutionnelles, détestables raisons que tout cela ! Non ! non ! n'éclairons jamais le peuple à faux jour. Les principes s'étiolent et pâlissent dans votre cave constitutionnelle. Pas d'abâtardissement. Pas de compromis. Pas d'octroi du roi au peuple. Dans tous ces octrois-là, il y a un article 14. A côté de la main qui donne, il y a la griffe qui reprend. Je refuse net votre charte. Une charte est un masque ; le mensonge est dessous. Un peuple qui accepte une charte abdique. Le droit n'est le droit qu'entier. Non ! pas de charte !

On était en hiver ; deux bûches pétillaient dans la cheminée. Cela était tentant, et Courfeyrac n'y résista pas. Il froissa dans son poing la pauvre Charte-Touquet, et la jeta au feu. Le papier flamba. Combeferre regarda philosophiquement brûler le chef-d'œuvre de Louis XVIII, et se contenta de dire :

— La charte métamorphosée en flamme.

Et les sarcasmes, les saillies, les quolibets, cette chose française qu'on appelle l'entrain, cette chose anglaise qu'on appelle l'humour, le bon et le mauvais goût, les bonnes et les mauvaises raisons, toutes les folles fusées du dialogue, montant à la fois et se croisant de tous les points de la salle, faisaient au-dessus des têtes une sorte de bombardement joyeux.

V

ÉLARGISSEMENT DE L'HORIZON

Les chocs des jeunes esprits entre eux ont cela d'admirable qu'on ne peut jamais prévoir l'étincelle ni deviner l'éclair. Que va-t-il jaillir tout à l'heure ? on l'ignore. L'éclat de rire part de l'attendrissement. Au moment bouffon, le sérieux fait son entrée. Les impulsions dépendent du premier mot venu. La verve de chacun est souveraine. Un lazzi suffit pour ouvrir le champ à l'inattendu. Ce sont des entretiens à brusques tournants où la perspective change tout à coup. Le hasard est le machiniste de ces conversations-là.

Une pensée sévère, bizarrement sortie d'un cliquetis de mots, traversa tout à coup la mêlée de paroles où ferraillaient confusément Grantaire, Bahorel, Prouvaire, Bossuet, Combeferre et Courfeyrac.

Comment une phrase survient-elle dans le dialogue ? d'où vient qu'elle se souligne tout à coup d'elle-même dans l'attention de ceux qui l'entendent ? Nous venons de le dire, nul n'en sait rien. Au milieu du brouhaha, Bossuet termina tout à coup une apostrophe quelconque à Combeferre par cette date :

— 18 juin 1815 : Waterloo.

A ce nom, Waterloo, Marius, accoudé près d'un verre d'eau sur une table, ôta son poignet de dessous son menton, et commença à regarder fixement l'auditoire.

— Pardieu, s'écria Courfeyrac (*Parbleu*, à cette époque, tombait en désuétude), ce chiffre 18 est étrange, et me frappe. C'est le nombre fatal de Bonaparte. Mettez Louis devant et Brumaire derrière, vous avez toute la destinée de l'homme, avec cette particularité expressive que le commencement y est talonné par la fin.

Enjolras, jusque-là muet, rompit le silence, et adressa à Courfeyrac cette parole :

— Tu veux dire le crime par l'expiation.

Ce mot, *crime*, dépassait la mesure de ce que pouvait accepter Marius, déjà très ému par la brusque évocation de Waterloo.

Il se leva, il marcha lentement vers la carte de France étalée sur le mur et au bas de laquelle on voyait une île dans un compartiment séparé, il posa son doigt sur ce compartiment, et dit :

— La Corse. Une petite île qui a fait la France bien grande.

Ce fut le souffle d'air glacé. Tous s'interrompirent. On sentit que quelque chose allait commencer.

Bahorel, ripostant à Bossuet, était en train de prendre une pose de torse à laquelle il tenait. Il y renonça pour écouter.

Enjolras, dont l'œil bleu n'était attaché sur personne et semblait considérer le vide, répondit sans regarder Marius :

— La France n'a besoin d'aucune Corse pour être grande. La France est grande parce qu'elle est la France. *Quia nominor leo*[1].

Marius n'éprouva nulle velléité de reculer ; il se tourna vers Enjolras, et sa voix éclata avec une vibration qui venait du tressaillement des entrailles :

— A Dieu ne plaise que je diminue la France ! mais ce

n'est point la diminuer que de lui amalgamer Napoléon. Ah çà, parlons donc. Je suis nouveau parmi vous, mais je vous avoue que vous m'étonnez. Où en sommes-nous ? qui sommes-nous ? qui êtes-vous ? qui suis-je ? Expliquons-nous sur l'empereur. Je vous entends dire Buonaparte en accentuant l'*u* comme des royalistes. Je vous préviens que mon grand-père fait mieux encore ; il dit Buonaparté. Je vous croyais des jeunes gens. Où mettez-vous donc votre enthousiasme ? et qu'est-ce que vous en faites ? qui admirez-vous si vous n'admirez pas l'empereur ? et que vous faut-il de plus ? Si vous ne voulez pas de ce grand homme-là, de quels grands hommes voudrez-vous ? Il avait tout. Il était complet. Il avait dans son cerveau le cube des facultés humaines. Il faisait des codes comme Justinien, il dictait comme César, sa causerie mêlait l'éclair de Pascal au coup de foudre de Tacite, il faisait l'histoire et il l'écrivait, ses bulletins sont des Iliades, il combinait le chiffre de Newton avec la métaphore de Mahomet, il laissait derrière lui dans l'orient des paroles grandes comme les pyramides ; à Tilsitt il enseignait la majesté aux empereurs, à l'Académie des sciences il donnait la réplique à Laplace, au conseil d'État il tenait tête à Merlin, il donnait une âme à la géométrie des uns et à la chicane des autres, il était légiste avec les procureurs et sidéral avec les astronomes ; comme Cromwell soufflant une chandelle sur deux, il s'en allait au Temple marchander un gland de rideau ; il voyait tout, il savait tout ; ce qui ne l'empêchait pas de rire d'un rire bonhomme au berceau de son petit enfant ; et tout à coup, l'Europe effarée écoutait, des armées se mettaient en marche, des parcs d'artillerie roulaient, des ponts de bateaux s'allongeaient sur les fleuves, les nuées de la cavalerie galopaient dans l'ouragan, cris, trompettes, tremblement de trônes partout, les frontières des royaumes oscillaient sur la carte, on entendait le bruit d'un glaive surhumain qui sortait du fourreau, on le voyait, lui, se dresser debout sur l'horizon avec un flamboiement dans la main et un resplendissement dans les yeux, déployant dans le tonnerre ses deux ailes, la grande armée et la vieille garde, et c'était l'archange de la guerre !

Tous se taisaient, et Enjolras baissait la tête. Le silence fait toujours un peu l'effet de l'acquiescement ou d'une sorte de mise au pied du mur. Marius, presque sans reprendre haleine, continua avec un surcroît d'enthousiasme :

— Soyons justes, mes amis ! être l'empire d'un tel empereur, quelle splendide destinée pour un peuple, lorsque ce peuple est la France et qu'il ajoute son génie au génie de cet homme ! Apparaître et régner, marcher et triompher, avoir pour étapes toutes les capitales, prendre ses grenadiers et en faire des rois, décréter des chutes de dynastie, transfigurer l'Europe au pas de charge, qu'on sente, quand vous menacez, que vous mettez la main sur le pommeau de l'épée de Dieu, suivre dans un seul homme Annibal, César et Charlemagne, être le peuple de quelqu'un qui mêle à toutes vos aubes l'annonce éclatante d'une bataille gagnée, avoir pour réveille-matin le canon des Invalides, jeter dans des abîmes de lumière des mots prodigieux qui flamboient à jamais, Marengo, Arcole, Austerlitz, Iéna, Wagram ! faire à chaque instant éclore au zénith des siècles des constellations de victoires, donner l'empire français pour pendant à l'empire romain, être la grande nation et enfanter la grande armée, faire envoler par toute la terre ses légions comme une montagne envoie de tous côtés ses aigles, vaincre, dominer, foudroyer, être en Europe une sorte de peuple doré à force de gloire, sonner à travers l'histoire une fanfare de titans, conquérir le monde deux fois, par la conquête et par l'éblouissement, cela est sublime ; et qu'y a-t-il de plus grand ?

— Être libre, dit Combeferre.

Marius à son tour baissa la tête. Ce mot simple et froid avait traversé comme une lame d'acier son effusion épique, et il la sentait s'évanouir en lui. Lorsqu'il leva les yeux, Combeferre n'était plus là. Satisfait probablement de sa réplique à l'apothéose, il venait de partir, et tous, excepté Enjolras, l'avaient suivi. La salle s'était vidée. Enjolras, resté seul avec Marius, le regardait gravement. Marius, cependant, ayant un peu rallié ses idées, ne se tenait pas pour battu ; il y avait en lui un reste de bouillonnement qui allait sans doute se traduire en syllogismes déployés contre Enjolras, quand tout à coup on entendit quelqu'un qui chantait dans l'escalier en s'en allant. C'était Combeferre, et voici ce qu'il chantait :

> Si César m'avait donné
> La gloire et la guerre,
> Et qu'il me fallût quitter
> L'amour de ma mère,
> Je dirais au grand César :
> Reprends ton sceptre et ton char,
> J'aime mieux ma mère, ô gué !
> J'aime mieux ma mère[2].

L'accent tendre et farouche dont Combeferre le chantait donnait à ce couplet une sorte de grandeur étrange. Marius, pensif et l'œil au plafond, répéta presque machinalement : Ma mère ?...

En ce moment, il sentit sur son épaule la main d'Enjolras.

— Citoyen, lui dit Enjolras, ma mère, c'est la République.

VI

RES ANGUSTA

Cette soirée laissa à Marius un ébranlement profond, et une obscurité triste dans l'âme. Il éprouva ce qu'éprouve peut-être la terre au moment où on l'ouvre avec le fer pour y déposer le grain de blé; elle ne sent que la blessure; le tressaillement du germe et la joie du fruit n'arrivent que plus tard.

Marius fut sombre. Il venait à peine de se faire une foi; fallait-il donc déjà la rejeter? Il s'affirma à lui-même que non. Il se déclara qu'il ne voulait pas douter, et il commença à douter malgré lui. Être entre deux religions, l'une dont on n'est encore sorti, l'autre où l'on n'est pas encore entré, cela est insupportable; et ces crépuscules ne plaisent qu'aux âmes chauves-souris. Marius était une prunelle franche, et il lui fallait de la vraie lumière. Les demi-jours du doute lui faisaient mal. Quel que fût son désir de rester où il était et de s'en tenir là, il était invinciblement contraint de continuer, d'avancer, d'examiner, de penser, de marcher plus loin. Où cela allait-il le conduire? il craignait, après avoir fait tant de pas qui l'avaient rapproché de son père, de faire maintenant des pas qui l'en éloigneraient. Son malaise croissait de toutes les réflexions qui lui venaient. L'escarpement se dessinait autour de lui. Il n'était d'accord ni avec son grand-père, ni avec ses amis ; téméraire pour l'un, arriéré pour les autres ; et il se reconnut doublement isolé, du côté de la vieillesse, et du côté de la jeunesse. Il cessa d'aller au café Musain.

Dans ce trouble où était sa conscience, il ne songeait plus guère à de certains côtés sérieux de l'existence. Les réalités de la vie ne se laissent pas oublier. Elles vinrent brusquement lui donner leur coup de coude.

Un matin, le maître de l'hôtel entra dans la chambre de Marius et lui dit[1] :

— M. Courfeyrac a répondu pour vous.

— Oui.

— Mais il me faudrait de l'argent.

— Priez Courfeyrac de venir me parler, dit Marius.

Courfeyrac venu, l'hôte les quitta. Marius lui conta ce qu'il n'avait pas songé à lui dire encore, qu'il était comme seul au monde et n'ayant pas de parents[2].

— Qu'allez-vous devenir ? dit Courfeyrac.

— Je n'en sais rien, répondit Marius.

— Qu'allez-vous faire ?

— Je n'en sais rien.

— Avez-vous de l'argent ?

— Quinze francs.

— Voulez-vous que je vous en prête[3] ?

— Jamais.

— Avez-vous des habits ?

— Voilà.

— Avez-vous des bijoux ?

— Une montre.

— D'argent ?

— D'or. La voici.

— Je sais un marchand d'habits qui vous prendra votre redingote et un pantalon.

— C'est bien.

— Vous n'aurez plus qu'un pantalon, un gilet, un chapeau et un habit.

— Et mes bottes.

— Quoi ! vous n'irez pas pieds nus ? quelle opulence[4] !

— Ce sera assez.

— Je sais un horloger qui vous achètera votre montre.

— C'est bon.

— Non, ce n'est pas bon. Que ferez-vous après ?

— Tout ce qu'il faudra. Tout l'honnête du moins.

— Savez-vous l'anglais ?
— Non.
— Savez-vous l'allemand ?
— Non.
— Tant pis.
— Pourquoi ?
— C'est qu'un de mes amis, libraire, fait une façon d'encyclopédie pour laquelle vous auriez pu traduire des articles allemands ou anglais. C'est mal payé, mais on vit.
— J'apprendrai l'anglais et l'allemand.
— Et en attendant ?
— En attendant je mangerai mes habits et ma montre.

On fit venir le marchand d'habits. Il acheta la défroque vingt francs. On alla chez l'horloger. Il acheta la montre quarante-cinq francs.

— Ce n'est pas mal, disait Marius à Courfeyrac en rentrant à l'hôtel, avec mes quinze francs, cela fait quatre-vingts francs.
— Et la note de l'hôtel ? observa Courfeyrac.
— Tiens, j'oubliais, dit Marius[5].
— Diable, fit Courfeyrac, vous mangerez cinq francs pendant que vous apprendrez l'anglais, et cinq francs pendant que vous apprendrez l'allemand. Ce sera avaler une langue bien vite ou une pièce de cent sous bien lentement.

Cependant la tante Gillenormand, assez bonne personne[6] au fond dans les occasions tristes, avait fini par déterrer[7] le logis de Marius. Un matin, comme Marius revenait de l'école, il trouva une lettre de sa tante et les *soixante pistoles*, c'est-à-dire six cents francs en or dans une boîte cachetée.

Marius renvoya les trente louis à sa tante avec une lettre respectueuse où il déclarait avoir des moyens d'existence et pouvoir suffire désormais à tous ses besoins. En ce moment-là il lui restait trois francs.

La tante n'informa point le grand-père de ce refus de peur d'achever de l'exaspérer. D'ailleurs n'avait-il pas dit : Qu'on ne me parle jamais de ce buveur de sang !

Marius sortit de l'hôtel de la Porte Saint-Jacques, ne voulant pas s'y endetter[8].

LIVRE CINQUIÈME

EXCELLENCE DU MALHEUR[1]

I

Marius indigent[2]

La vie devint sévère pour Marius. Manger ses habits et sa montre, ce n'était rien. Il mangea de cette chose inexprimable qu'on appelle *de la vache enragée*. Chose horrible, qui contient les jours sans pain, les nuits sans sommeil, les soirs sans chandelle, l'âtre sans feu, les semaines sans travail, l'avenir sans espérance, l'habit percé au coude, le vieux chapeau qui fait rire les jeunes filles, la porte qu'on trouve fermée le soir parce qu'on ne paye pas son loyer, l'insolence du portier et du gargotier, les ricanements des voisins, les humiliations, la dignité[3] refoulée, les besognes quelconques acceptées, les dégoûts, l'amertume, l'accablement. Marius apprit comment on dévore tout cela, et comment ce sont souvent les seules choses qu'on ait à dévorer. A ce moment de l'existence où l'homme a besoin d'orgueil parce qu'il a besoin d'amour, il se sentit moqué parce qu'il était mal vêtu, et ridicule parce qu'il était pauvre[4]. A l'âge où la jeunesse vous gonfle le cœur d'une fierté impériale, il abaissa plus d'une fois ses yeux sur ses bottes trouées, et il connut les hontes injustes et les rougeurs poignantes de la misère. Admirable et terrible épreuve dont les faibles sortent infâmes, dont les forts sortent sublimes. Creuset où la destinée jette un homme, toutes les fois qu'elle veut avoir un gredin ou un demi-dieu.

Car il se fait beaucoup de grandes actions dans les petites luttes. Il y a des bravoures opiniâtres et ignorées qui se défendent pied à pied dans l'ombre contre l'envahissement fatal des nécessités et des turpitudes. Nobles et mystérieux triomphes qu'aucun regard ne voit, qu'aucune renommée ne paye, qu'aucune fanfare ne salue[5].

La vie, le malheur, l'isolement, l'abandon, la pauvreté, sont des champs de bataille qui ont leurs héros; héros obscurs plus grands parfois que les héros illustres.

De fermes et rares natures sont ainsi créées ; la misère, presque toujours marâtre, est quelquefois mère ; le dénûment enfante la puissance d'âme et d'esprit ; la détresse est nourrice de la fierté ; le malheur est un bon lait pour les magnanimes[6].

Il y eut un moment dans la vie de Marius où il balayait son palier, où il achetait un sou de fromage de Brie chez la fruitière, où il attendait que la brune tombât pour s'introduire chez le boulanger, et y acheter un pain qu'il emportait furtivement dans son grenier, comme s'il l'eût volé. Quelquefois on voyait se glisser dans la boucherie du coin, au milieu des cuisinières goguenardes qui le coudoyaient, un jeune homme gauche portant des livres sous son bras, qui avait l'air timide et furieux, qui en entrant ôtait son chapeau de son front où perlait la sueur, faisait un profond salut à la bouchère étonnée, un autre salut au garçon boucher, demandait une côtelette de mouton, la payait six ou sept sous, l'enveloppait de papier, la mettait sous son bras entre deux livres, et s'en allait. C'était Marius. Avec cette côtelette, qu'il faisait cuire lui-même, il vivait trois jours.

Le premier jour il mangeait la viande, le second jour il mangeait la graisse, le troisième jour il rongeait l'os[7].

A plusieurs reprises la tante Gillenormand fit des tentatives, et lui adressa les soixante pistoles. Marius les renvoya constamment, en disant qu'il n'avait besoin de rien.

Il était encore en deuil de son père quand la révolution que nous avons racontée s'était faite en lui. Depuis lors, il n'avait plus quitté les vêtements noirs. Cependant ses vêtements le quittèrent. Un jour vint où il n'eut plus d'habit. Le pantalon allait encore. Que faire ? Courfeyrac, auquel il avait de son côté rendu quelques bons offices, lui donna un vieil habit. Pour trente sous, Marius le fit retourner par un portier quelconque, et ce fut un habit neuf. Mais cet habit était vert. Alors Marius ne sortit plus qu'après la chute du jour. Cela faisait que son habit était noir. Voulant toujours être en deuil, il se vêtissait de la nuit.

A travers tout cela, il se fit recevoir avocat. Il était censé habiter la chambre de Courfeyrac, qui était décente et où un certain nombre de bouquins de droit soutenus et complétés par des volumes de romans dépareillés figuraient la bibliothèque voulue par les règlements. Il se faisait adresser ses lettres chez Courfeyrac[8].

Quand Marius fut avocat, il en informa son grand-père[9] par une lettre froide, mais pleine de soumission et de respect. M. Gillenormand prit la lettre avec un tremblement, la lut, et la jeta, déchirée en quatre, au panier[10]. Deux ou trois jours après, Mlle Gillenormand entendit son père qui était seul dans sa chambre et qui parlait tout haut. Cela lui arrivait chaque fois qu'il était très agité[11]. Elle prêta l'oreille; le vieillard disait :

— Si tu n'étais pas un imbécile, tu saurais qu'on ne peut pas être à la fois baron et avocat.

II

Marius pauvre

Il en est de la misère comme de tout. Elle arrive à devenir possible[1]. Elle finit par prendre une forme et se composer. On végète, c'est-à-dire on se développe d'une certaine façon chétive, mais suffisante à la vie. Voici de quelle manière l'existence de Marius Pontmercy s'était arrangée :

Il était sorti du plus étroit; le défilé s'élargissait un peu devant lui. A force de labeur, de courage, de persévérance et de volonté, il était parvenu à tirer de son travail environ sept cents francs par an. Il avait appris l'allemand et l'anglais; grâce à Courfeyrac qui l'avait mis en rapport avec son ami le libraire, Marius remplissait dans la littérature-librairie le modeste rôle d'*utilité*. Il faisait des prospectus, traduisait des journaux, annotait des éditions, compilait des biographies, etc. Produit net, bon an mal an, sept cents francs. Il en vivait. Pas mal. Comment? Nous l'allons dire.

Marius occupait dans la masure Gorbeau[2], moyennant le prix annuel de trente francs, un taudis sans cheminée qualifié cabinet où[3] il n'y avait, en fait de meubles, que l'indispensable. Ces meubles étaient à lui. Il donnait trois francs par mois à la vieille principale locataire pour qu'elle vînt balayer le taudis et lui apporter chaque matin un peu d'eau chaude, un œuf frais et un pain d'un sou. De ce pain et de cet œuf, il déjeunait. Son déjeuner variait de deux à quatre sous[4] selon que les œufs étaient chers ou bon marché. A six heures du soir, il descendait rue Saint-Jacques, dîner chez Rousseau, vis-à-vis Basset, le marchand d'estampes[5] du coin de la rue des Mathurins[6]. Il ne mangeait[7] pas de soupe. Il prenait un plat de viande de six sous, un demi-plat de légumes de trois sous, et un dessert de trois sous. Pour trois sous, du pain à discrétion. Quant au vin, il buvait de l'eau. En payant au comptoir, où siégeait majestueusement Mme Rousseau, à cette époque toujours grasse et encore fraîche, il donnait un sou au garçon, et Mme Rousseau lui donnait un sourire. Puis il s'en allait. Pour seize sous, il avait eu un sourire et un dîner.

Ce restaurant Rousseau, où l'on vidait si peu de bouteilles et tant de carafes, était un calmant plus encore qu'un restaurant. Il n'existe plus aujourd'hui. Le maître avait un beau surnom; on l'appelait *Rousseau l'aquatique*.

Ainsi, déjeuner[8] quatre sous, dîner seize sous; sa nourriture lui coûtait vingt sous par jour; ce qui faisait trois cent soixante-cinq francs par an. Ajoutez les trente francs de loyer et les trente-six francs à la vieille, plus quelques menus frais; pour quatre cent cinquante francs, Marius était nourri, logé et servi. Son habillement lui coûtait cent francs, son linge cinquante francs, son blanchissage cinquante francs. Le tout ne dépassait pas six cent cinquante francs. Il lui restait cinquante francs. Il était riche. Il prêtait dans l'occasion dix francs à un ami; Courfeyrac avait pu lui emprunter[9] une fois soixante francs. Quant au chauffage, n'ayant pas de cheminée, Marius l'avait « simplifié ».

Marius avait toujours deux habillements complets; l'un vieux, « pour tous les jours », l'autre tout neuf, pour les occasions. Les deux étaient noirs. Il n'avait que trois chemises, l'une sur lui, l'autre dans sa commode, la troisième chez la blanchisseuse. Il les renouvelait à mesure qu'elles s'usaient. Elles étaient habituellement déchirées, ce qui lui faisait boutonner son habit jusqu'au menton.

Pour que Marius en vînt à cette situation florissante, il avait fallu des années. Années rudes; difficiles, les unes à traverser, les autres à gravir. Marius n'avait point failli un seul jour. Il avait tout subi, en fait de dénûment; il avait tout fait, excepté des dettes. Il se rendait ce témoignage que jamais il n'avait dû un sou à personne. Pour lui, une dette[10], c'était le commencement de l'esclavage. Il se disait même qu'un créancier est pire qu'un maître;

car un maître ne possède que votre personne, un créancier possède votre dignité et peut la souffleter. Plutôt que d'emprunter il ne mangeait pas. Il avait eu beaucoup de jours de jeûne. Sentant que toutes les extrémités se touchent et que, si l'on n'y prend garde, l'abaissement de fortune peut mener à la bassesse d'âme, il veillait jalousement sur sa fierté. Telle formule ou telle démarche qui, dans toute autre[11] situation, lui eût paru déférence, lui semblait platitude, et il se redressait. Il ne hasardait rien, ne voulant pas reculer. Il avait sur le visage une sorte de rougeur sévère. Il était timide jusqu'à l'âpreté[12].

Dans toutes ses épreuves il se sentait encouragé et quelquefois même porté par une force secrète qu'il avait en lui. L'âme aide le corps, et à de certains moments le soulève. C'est le seul oiseau qui soutienne sa cage.

A côté du nom de son père, un autre nom était gravé dans le cœur de Marius, le nom de Thénardier. Marius, dans sa nature enthousiaste et grave, environnait d'une sorte d'auréole l'homme auquel, dans sa pensée, il devait la vie de son père, cet intrépide sergent qui avait sauvé le colonel au milieu des boulets et des balles de Waterloo. Il ne séparait jamais le souvenir de cet homme du souvenir de son père, et il les associait dans sa vénération. C'était une sorte de culte à deux degrés, le grand autel pour le colonel, le petit pour Thénardier. Ce qui redoublait l'attendrissement de sa reconnaissance, c'est l'idée de l'infortune[13] où il savait Thénardier tombé et englouti. Marius avait appris à Montfermeil la ruine et la faillite du malheureux aubergiste. Depuis il avait fait des efforts inouïs pour saisir sa trace et tâcher d'arriver à lui dans ce ténébreux abîme de la misère où Thénardier avait disparu. Marius avait battu tout le pays; il était allé à Chelles, à Bondy, à Gournay, à Nogent, à Lagny. Pendant trois années il s'y était acharné, dépensant à ces explorations[14] le peu d'argent qu'il épargnait. Personne n'avait pu lui donner de nouvelles de Thénardier; on le croyait passé en pays étranger. Ses créanciers l'avaient cherché aussi, avec moins d'amour que Marius, mais avec autant d'acharnement, et n'avaient pu mettre la main sur lui. Marius s'accusait et s'en voulait presque de ne pas réussir dans ses recherches. C'était la seule dette que lui eût laissée le colonel, et Marius tenait à honneur de la payer. — Comment! pensait-il, quand mon père gisait mourant[15] sur le champ de bataille, Thénardier, lui, a bien su le trouver à travers la fumée et la mitraille et l'emporter sur ses épaules, et il ne lui devait rien cependant, et moi qui dois tant à Thénardier, je ne saurais pas le rejoindre[16] dans cette ombre où il agonise et le rapporter à mon tour de la mort à la vie ! Oh ! je le retrouverai ! — Pour retrouver Thénardier en effet, Marius eût donné un de ses bras, et, pour le tirer de la misère, tout son sang. Revoir Thénardier, rendre un service quelconque à Thénardier, lui dire : « Vous ne me connaissez pas, eh bien, moi, je vous connais ! je suis là ! disposez de moi ! » — c'était le plus doux et le plus magnifique rêve de Marius.

III

Marius grandi

A CETTE ÉPOQUE, Marius avait vingt ans. Il y avait trois ans qu'il avait quitté son grand-père. On était resté dans les mêmes termes de part et d'autre, sans tenter de rapprochement et sans chercher à se revoir[1]. D'ailleurs, se revoir, à quoi bon ? pour se heurter ? Lequel eût eu raison de l'autre ? Marius était le vase d'airain, mais le père Gillenormand était le pot de fer.

Disons-le, Marius s'était mépris sur le cœur de son grand-père. Il s'était figuré que M. Gillenormand ne l'avait jamais aimé, et que ce bonhomme bref, dur et riant, qui jurait, criait, tempêtait et levait la canne, n'avait pour lui tout au plus que cette affection à la fois légère et sévère des Gérontes de comédie. Marius se trompait. Il y a des pères qui n'aiment pas leurs enfants ; il n'existe point d'aïeul qui n'adore son petit-fils. Au fond, nous l'avons dit, M. Gillenormand idolâtrait Marius. Il l'idolâtrait à sa façon, avec accompagnement de bourrades et même de gifles ; mais, cet enfant disparu, il se sentit un vide noir dans le cœur. Il exigea qu'on ne lui en parlât plus, en regrettant tout bas d'être si bien obéi. Dans les premiers temps il espéra que ce buonapartiste, ce jacobin, ce terroriste, ce septembriseur reviendrait. Mais les semaines se passèrent[2], les mois se passèrent, les années se passèrent ; au grand désespoir de M. Gillenormand, le buveur de sang ne reparut pas. — Je ne pouvais pourtant pas faire autrement que de le chasser, se disait le grand-père, et il se demandait : Si c'était à refaire, le referais-je ? Son orgueil sur-le-champ répondait oui, mais sa vieille tête qu'il hochait en silence répondait tristement non. Il avait ses heures d'abattement. Marius lui manquait. Les vieillards ont besoin d'affections comme de soleil. C'est de la chaleur. Quelle que fût sa forte nature, l'absence de Marius avait changé quelque chose en lui. Pour rien au monde, il n'eût voulu faire un pas vers ce « petit drôle » ; mais il souffrait. Il ne s'informait jamais de lui, mais il y pensait toujours. Il vivait, de plus en plus retiré, au Marais. Il était encore, comme autrefois, gai et violent, mais sa gaîté avait une dureté convulsive comme si elle contenait de la douleur et de la colère, et ses violences se terminaient toujours par une sorte d'accablement doux et sombre. Il disait quelquefois :

— Oh ! s'il revenait, quel bon soufflet je lui donnerais[3] !

Quant à la tante, elle pensait trop peu pour aimer beaucoup ; Marius n'était plus pour elle qu'une espèce de silhouette noire et vague ; et elle avait fini par s'en occuper beaucoup moins que du chat ou du perroquet qu'il est probable qu'elle avait[4].

Ce qui accroissait la souffrance secrète du père Gillenormand, c'est qu'il la renfermait tout entière et n'en laissait rien deviner. Son chagrin était comme ces fournaises nouvellement inventées qui brûlent leur fumée. Quelquefois, il arrivait que des officieux malencontreux lui parlaient de Marius, et lui demandaient :

— Que fait, ou que devient monsieur votre petit-fils ?

Le vieux bourgeois répondait, en[5] soupirant, s'il était trop triste, ou en donnant une chiquenaude à sa manchette, s'il voulait paraître gai :

— Monsieur le baron Pontmercy plaidaille dans quelque coin.

Pendant que le vieillard regrettait, Marius s'applaudissait[6]. Comme à tous les bons cœurs, le malheur lui avait ôté l'amertume. Il ne pensait à M. Gillenormand qu'avec douceur, mais il avait tenu à ne plus rien recevoir de l'homme *qui avait été mal pour son père*. C'était maintenant la traduction mitigée de ses premières indignations. En outre, il était heureux d'avoir souffert, et de souffrir encore. C'était pour son père. La dureté de sa vie le satisfaisait et lui plaisait. Il se disait avec une sorte de joie que *c'était bien le moins;* que c'était une expiation ; que, sans cela, il eût été puni, autrement et plus tard, de son indifférence impie pour son père et pour un tel père ; qu'il n'aurait pas été juste que son père eût eu toute la souffrance, et lui rien ; qu'était-ce d'ailleurs que ses travaux et son dénûment comparés à la vie héroïque du colonel ? qu'enfin sa seule manière de se rapprocher de son père et de lui ressembler, c'était d'être vaillant contre l'indigence comme lui avait été brave contre l'ennemi ; et que c'était là sans doute ce que le colonel avait voulu dire par ce mot : *il en sera digne.* — Paroles que Marius continuait de porter, non[7] sur sa poitrine, l'écrit du colonel ayant disparu, mais dans son cœur.

Et puis, le jour où son grand-père l'avait chassé, il n'était encore qu'un enfant, maintenant il était un homme. Il le sentait. La misère, insistons-y[8], lui avait été bonne. La pauvreté dans la jeunesse, quand elle réussit, a cela de magnifique qu'elle tourne toute la volonté vers l'effort et toute l'âme vers l'aspiration. La pauvreté met tout de suite la vie matérielle à nu et la fait hideuse ; de là d'inexprimables élans vers la vie idéale. Le jeune homme riche a cent distractions brillantes et grossières, les courses de chevaux, la chasse, les chiens, le tabac, le jeu, les bons repas, et le reste ; occupations des bas côtés de l'âme aux dépens des côtés hauts et délicats. Le jeune homme pauvre se donne de la peine pour avoir son pain[9] ; il mange ; quand il a mangé, il n'a plus que la rêverie. Il va aux spectacles gratis que Dieu donne[10] ; il regarde le ciel, l'espace, les astres, les fleurs, les enfants, l'humanité dans laquelle il souffre, la création dans laquelle il rayonne. Il regarde tant l'humanité qu'il voit l'âme, il regarde tant la création qu'il voit Dieu. Il rêve, et il se sent grand ; il rêve encore, et il se sent tendre. De l'égoïsme de l'homme qui souffre, il passe à la compassion de l'homme qui médite[11]. Un admirable sentiment éclôt en lui[12], l'oubli de soi et la pitié pour tous. En songeant aux jouissances sans nombre que la nature offre, donne et prodigue aux âmes ouvertes et refuse aux âmes fermées, il en vient à plaindre, lui millionnaire de l'intelligence, les millionnaires de l'argent[13]. Toute haine s'en va de son cœur à mesure que toute clarté entre dans son esprit. D'ailleurs est-il malheureux ? Non. La misère d'un jeune homme n'est jamais misérable. Le premier jeune garçon venu, si pauvre qu'il soit, avec sa santé, sa force, sa marche vive, ses yeux brillants, son sang qui circule chaudement, ses cheveux noirs, ses joues fraîches, ses lèvres roses, ses dents blanches, son souffle pur, fera toujours envie à un vieil empereur. Et puis chaque matin[14] il se remet à gagner son pain; et tandis que ses mains gagnent du pain, son épine dorsale gagne de la fierté, son cerveau gagne des idées[15]. Sa besogne finie, il revient aux extases ineffables, aux contemplations, aux joies; il vit[16] les pieds dans les afflictions, dans les obstacles, sur le pavé, dans les ronces, quelquefois dans la boue, la tête dans la lumière. Il est ferme, serein[17], doux, paisible, attentif, sérieux, content de peu, bienveillant; et il bénit Dieu de lui avoir donné ces deux richesses qui manquent à bien des riches : le travail qui le fait libre et la pensée qui le fait digne.

C'était là ce qui s'était passé en Marius. Il avait même, pour tout dire, un peu trop versé du côté de la contemplation. Du jour où il était arrivé à gagner sa vie à peu près sûrement, il s'était arrêté là, trouvant bon d'être pauvre, et retranchant au travail pour donner à la pensée. C'est-à-dire qu'il passait quelquefois des journées entières à songer, plongé[19] et englouti comme un visionnaire dans les voluptés muettes de l'extase et du rayonnement intérieur. Il avait ainsi posé le problème de sa vie : travailler le moins possible du travail matériel pour travailler le plus possible du travail impalpable; en d'autres termes, donner quelques heures à la vie réelle, et jeter le reste dans l'infini. Il ne s'apercevait pas, croyant ne manquer de rien, que la contemplation ainsi comprise finit par être une des formes de la paresse; qu'il s'était contenté de dompter les premières nécessités de la vie, et qu'il se reposait trop tôt.

Il était évident que, pour cette nature énergique et généreuse, ce ne pouvait être là qu'un état transitoire, et qu'au premier choc contre les inévitables complications de la destinée, Marius se réveillerait.

En attendant, bien qu'il fût avocat et quoi qu'en pensât le père Gillenormand, il ne plaidait pas, il ne plaidaillait même pas. La rêverie l'avait détourné de la plaidoirie. Hanter les avoués, suivre le palais, chercher des causes, ennui. Pourquoi faire[20]? Il ne voyait aucune raison pour changer de gagne-pain. Cette librairie marchande et obscure avait fini par lui faire un travail sûr, un travail de peu de labeur[21], qui, comme nous venons de l'expliquer, lui suffisait.

Un des libraires pour lesquels il travaillait, M. Magimel, je crois, lui avait offert de le prendre chez lui, de le bien loger, de lui fournir un travail régulier, et de lui donner quinze cents francs par an. Être bien logé ! quinze cents francs ! Sans doute. Mais renoncer à sa liberté ! être un gagiste ! une espèce d'homme de lettres commis ! Dans la pensée de Marius, en acceptant, sa position devenait meilleure et pire en même temps, il gagnait du bien-être et perdait de la dignité; c'était un malheur complet et beau qui se changeait en une gêne laide et ridicule; quelque chose comme un aveugle qui deviendrait borgne. Il refusa.

Marius vivait solitaire. Par[22] ce goût qu'il avait de rester en dehors de tout, et aussi pour avoir été par trop effarouché, il n'était décidément pas entré dans le groupe présidé par Enjolras. On était resté bons camarades; on était prêt à s'entr'aider dans l'occasion de toutes les façons possibles; mais rien de plus[23]. Marius avait deux amis, un jeune, Courfeyrac, et un vieux, M. Mabeuf. Il penchait vers le vieux. D'abord il lui devait la révolution qui s'était faite en lui; il lui devait d'avoir connu et aimé son père. *Il m'a opéré de la cataracte*, disait-il.

Certes, ce marguillier avait été décisif[24].

Ce n'est pas pourtant que M. Mabeuf eût été dans cette occasion autre chose que l'agent calme et impassible de la providence. Il avait éclairé Marius par hasard et sans le savoir, comme fait une chandelle que quelqu'un apporte; il avait été la chandelle et non le quelqu'un.

Quant à la révolution politique intérieure de Marius, M. Mabeuf était tout à fait incapable de la comprendre, de la vouloir et de la diriger.

Comme on retrouvera plus tard M. Mabeuf, quelques mots ne sont pas inutiles.

IV

M. Mabeuf

Le jour où M. Mabeuf disait à Marius : *Certainement, j'approuve les opinions politiques*, il exprimait le véritable état de son esprit. Toutes les opinions politiques lui étaient indifférentes, et il les approuvait toutes sans distinguer, pour qu'elles le laissassent tranquille, comme les Grecs appelaient les Furies « les belles, les bonnes, les charmantes », les *Euménides*. M. Mabeuf avait pour opinion politique d'aimer passionnément les plantes, et surtout les livres. Il possédait comme tout le monde sa terminaison en *iste*, sans laquelle personne n'aurait pu vivre en ce temps-là, mais il n'était ni royaliste, ni bonapartiste, ni chartiste, ni orléaniste, ni anarchiste; il était bouquiniste.

Il ne comprenait pas que les hommes s'occupassent à se haïr à propos de billevesées comme la charte, la démocratie, la légitimité, la monarchie[1], la république, etc., lorsqu'il y avait dans ce monde toutes sortes de mousses, d'herbes et d'arbustes qu'ils pouvaient regarder, et des tas d'in-folio et même d'in-trente-deux qu'ils pouvaient feuilleter. Il se gardait fort d'être inutile; avoir des livres ne l'empêchait pas de lire[2], être botaniste ne l'empêchait pas d'être jardinier. Quand il avait connu Pontmercy, il y avait eu cette sympathie entre le colonel et lui, que ce que le colonel faisait pour les fleurs, il le faisait pour les fruits. M. Mabeuf était parvenu à produire des poires de semis aussi savoureuses que les poires de Saint-Germain; c'est d'une de ses combinaisons qu'est née, à ce qu'il paraît, la mirabelle d'octobre, célèbre aujourd'hui, et non moins parfumée que la mirabelle d'été. Il allait à la messe plutôt par douceur que par dévotion, et puis parce qu'aimant le visage des hommes, mais haïssant leur bruit, il ne les trouvait qu'à l'église réunis et silencieux. Sentant qu'il fallait être quelque chose dans l'État, il avait choisi la carrière de marguillier. Du reste, il n'avait jamais réussi à aimer aucune femme autant qu'un oignon de tulipe ou aucun homme autant qu'un elzévir. Il avait depuis longtemps passé soixante ans lorsqu'un jour quelqu'un lui demanda :

— Est-ce que vous ne vous êtes jamais marié?

— J'ai oublié, dit-il.

Quand il lui arrivait parfois — à qui cela n'arrive-t-il pas ? — de dire : — Oh ! si j'étais riche ! — ce n'était pas en lorgnant une jolie fille, comme le père Gillenormand, c'était en contemplant un bouquin. Il vivait seul, avec une vieille gouvernante. Il était un peu chiragre, et quand il dormait ses vieux doigts ankylosés par le rhumatisme s'arc-boutaient dans les plis de ses draps. Il avait fait et publié[3] une *Flore des environs de Cauteretz* avec planches coloriées[4], ouvrage assez estimé dont il possédait les cuivres et qu'il vendait lui-même. On venait deux ou trois fois par jour sonner chez lui, rue Mézières, pour cela. Il en tirait bien deux mille francs par an ; c'était à peu près là toute sa fortune. Quoique pauvre, il avait eu le talent de se faire, à force de patience, de privations et de temps, une collection précieuse d'exemplaires rares en tous genres[5]. Il ne sortait jamais qu'avec un livre sous le bras et il revenait souvent avec deux. L'unique décoration des quatre chambres au rez-de-chaussée qui, avec un petit jardin, composaient son logis, c'étaient des herbiers encadrés et des gravures de vieux maîtres. La vue d'un sabre ou d'un fusil le glaçait[6]. De sa vie, il n'avait approché d'un canon, même aux Invalides[7]. Il avait un estomac passable, un frère curé, les cheveux tout blancs, plus de dents ni dans la bouche ni dans l'esprit, un tremblement de tout le corps, l'accent picard, un rire enfantin, l'effroi facile, et l'air d'un vieux mouton. Avec cela point d'autre amitié ou d'autre habitude parmi les vivants qu'un vieux libraire de la Porte Saint-Jacques appelé Royol. Il avait pour rêve de naturaliser l'indigo en France.

Sa servante était, elle aussi, une variété de l'innocence. La pauvre bonne vieille femme était vierge. Sultan, son matou, qui eût pu miauler le *Miserere* d'Allegri à la chapelle Sixtine, avait rempli son cœur et suffisait à la quantité de passion qui était en elle. Aucun de ses rêves n'était allé jusqu'à l'homme. Elle n'avait jamais pu franchir son chat. Elle avait, comme lui, des moustaches. Sa gloire était dans ses bonnets, toujours blancs. Elle passait son temps le dimanche après la messe à compter son linge dans sa malle et à étaler sur son lit des robes en pièce qu'elle achetait et qu'elle ne faisait jamais faire. Elle savait lire. M. Mabeuf l'avait surnommée *la mère Plutarque*[8].

M. Mabeuf avait pris Marius en gré, parce que Marius, étant jeune et doux, réchauffait sa vieillesse sans effaroucher sa timidité. La jeunesse avec la douceur fait aux vieillards l'effet du soleil sans le vent. Quand Marius était saturé de gloire militaire, de poudre à canon, de marches et de contre-marches, et de toutes ces prodigieuses batailles où son père avait donné et reçu de si grands coups de sabre, il allait voir M. Mabeuf, et M. Mabeuf lui parlait du héros[9] au point de vue des fleurs.

Vers 1830, son frère le curé était mort, et presque tout de suite, comme lorsque la nuit vient, tout l'horizon s'était assombri pour M. Mabeuf. Une faillite — de notaire — lui enleva une somme de dix mille francs, qui était tout ce qu'il possédait du chef de son frère et du sien. La révolution de Juillet amena une crise dans la librairie. En temps de gêne, la première chose qui ne se vend pas, c'est une *Flore*. La *Flore des environs de Cauteretz* s'arrêta court. Des semaines s'écoulaient sans un acheteur. Quelquefois M. Mabeuf tressaillait à un coup de sonnette.

— Monsieur, lui disait tristement la mère Plutarque[10], c'est le porteur d'eau.

Bref, un jour M. Mabeuf quitta la rue Mézières, abdiqua les fonctions de marguillier, renonça à Saint-Sulpice, vendit une partie, non de ses livres, mais de ses estampes, — ce à quoi il tenait le moins, — et s'alla installer[11] dans une petite maison du boulevard Montparnasse, où du reste il ne demeura qu'un trimestre, pour deux raisons : premièrement, le rez-de-chaussée et le jardin coûtaient trois cents francs et il n'osait pas mettre plus de deux cents francs à son loyer; deuxièmement, étant voisin du tir Fatou, il entendait toute la journée des coups de pistolet, ce qui lui était insupportable.

Il emporta sa *Flore*, ses cuivres, ses herbiers, ses portefeuilles[12] et ses livres, et s'établit près de la Salpêtrière dans une espèce de chaumière du village d'Austerlitz[13], où il avait pour cinquante écus par an trois chambres et un jardin clos d'une haie avec puits. Il profita de ce déménagement pour vendre presque tous ses meubles. Le jour de son entrée dans ce nouveau logis, il fut très gai et cloua lui-même les clous pour accrocher les gravures et les herbiers, il piocha son jardin le reste de la journée, et, le soir, voyant que la mère Plutarque[14] avait l'air morne et songeait, il lui frappa sur l'épaule et lui dit en souriant :

— Bah ! nous avons l'indigo !

Deux[15] seuls visiteurs, le libraire de la Porte Saint-Jacques et Marius, étaient admis à le voir dans sa chaumière d'Austerlitz, nom tapageur qui lui était, pour tout dire, assez désagréable.

Du reste, comme nous venons de l'indiquer, les cerveaux absorbés dans une sagesse, ou dans une folie, ou, ce qui arrive souvent, dans les deux à la fois, ne sont que très lentement perméables aux choses de la vie. Leur propre destin leur est lointain. Il résulte de ces concentrations-là une passivité qui, si elle était raisonnée, ressemblerait à la philosophie. On décline, on descend, on s'écoule, on s'écroule même, sans trop s'en apercevoir. Cela finit toujours, il est vrai, par un réveil, mais tardif. En attendant, il semble qu'on soit neutre dans le jeu qui se joue entre notre bonheur et notre malheur. On est l'enjeu, et l'on regarde la partie avec indifférence.

C'est ainsi qu'à travers cet obscurcissement qui se faisait autour de lui, toutes ses espérances s'éteignant l'une après l'autre, M. Mabeuf était resté serein, un peu puérilement, mais très profondément. Ses habitudes d'esprit avaient le va-et-vient d'un pendule. Une fois monté par une illusion, il allait très longtemps, même quand l'illusion avait disparu. Une horloge ne s'arrête pas court au moment précis où l'on en perd la clef.

M. Mabeuf avait des plaisirs innocents. Ces plaisirs étaient peu coûteux et inattendus ; le moindre hasard les lui fournissait. Un jour la mère Plutarque lisait un roman dans un coin de la chambre. Elle lisait haut, trouvant qu'elle comprenait mieux ainsi. Lire haut, c'est s'affirmer à soi-même sa lecture. Il y a des gens qui lisent très haut et qui ont l'air de se donner leur parole d'honneur de ce qu'ils lisent.

La mère Plutarque lisait avec cette énergie-là le roman qu'elle tenait à la main. M. Mabeuf entendait sans écouter.

Tout en lisant, la mère Plutarque arriva à cette phrase. Il était question d'un officier de dragons et d'une belle :

« ...La belle bouda, et le dragon... »

Ici elle s'interrompit pour essuyer ses lunettes.

— Bouddha et le Dragon, reprit à demi-voix M. Mabeuf. Oui, c'est vrai, il y avait un dragon qui, du fond de sa caverne, jetait des flammes par la gueule et brûlait le ciel. Plusieurs étoiles avaient déjà été incendiées par ce monstre qui, en outre, avait des griffes de tigre. Bouddha alla dans son antre et réussit à convertir le dragon. C'est un bon livre que vous lisez là, mère Plutarque. Il n'y a pas de plus belle légende.

Et M. Mabeuf tomba dans une rêverie délicieuse.

V

Pauvreté, bonne voisine de misère

Marius avait du goût pour ce vieillard candide qui se voyait lentement saisi par l'indigence, et qui arrivait à s'étonner[1] peu à peu, sans pourtant s'attrister encore. Marius rencontrait Courfeyrac et cherchait M. Mabeuf. Fort rarement pourtant, une ou deux fois par mois, tout au plus.

Le plaisir de Marius était de faire de longues promenades seul sur les boulevards extérieurs, ou au Champ de Mars, ou dans les allées les moins fréquentées[2] du Luxembourg. Il passait quelquefois une demi-journée à regarder le jardin d'un maraîcher, les carrés de salade, les poules dans le fumier et le cheval tournant la roue de la noria. Les passants le considéraient[3] avec surprise, et quelques-uns lui trouvaient une mise suspecte[4] et une mine sinistre. Ce n'était qu'un jeune homme pauvre, rêvant sans objet.

C'est dans une de ses promenades qu'il avait découvert la masure Gorbeau, et, l'isolement et le bon marché le tentant, il s'y était logé[5]. On ne l'y connaissait que sous le nom[6] de M. Marius.

Quelques-uns des anciens généraux ou des anciens camarades de son père l'avaient invité, quand ils le connurent, à les venir voir. Marius n'avait point refusé. C'étaient des occasions de parler de son père. Il allait ainsi de temps en temps chez le comte Pajol, chez le général Bellavesne, chez le général Fririon, aux Invalides. On y faisait de la musique, on y dansait. Ces soirs-là Marius mettait son habit neuf. Mais il n'allait jamais à ces soirées ni à ces bals que les jours où il gelait à pierre fendre, car il ne pouvait payer une voiture et il ne voulait arriver qu'avec des bottes comme des miroirs[7].

Il disait quelquefois, mais sans amertume :

— Les hommes sont ainsi faits que, dans un salon, vous pouvez être crotté partout, excepté sur les souliers. On ne vous demande là, pour vous bien accueillir, qu'une chose irréprochable ; la conscience ? non, les bottes.

Toutes les passions, autres que celles du cœur, se dissipent dans la rêverie. Les fièvres politiques de Marius s'y étaient évanouies. La révolution de 1830, en le satisfaisant, et en le calmant, y avait aidé[8]. Il était resté le même, aux colères près. Il avait toujours les mêmes opinions, seulement elles s'étaient attendries[9]. A proprement parler, il n'avait plus d'opinions, il avait des sympathies. De quel parti était-il ? du parti de l'humanité. Dans l'humanité il choisissait la France ; dans la nation il choisissait le peuple ; dans le peuple il choisissait la femme[10]. C'était là surtout que sa pitié allait. Maintenant il préférait une idée à un fait, un poëte à un héros, et il admirait plus encore un livre comme Job[11] qu'un événement comme Marengo. Et puis quand, après une journée de méditation, il s'en revenait le soir par les boulevards et qu'à travers les branches des arbres il apercevait l'espace sans fond, les lueurs sans nom, l'abîme, l'ombre, le mystère, tout ce qui n'est qu'humain lui semblait bien petit.

Il croyait être et il était peut-être en effet arrivé au vrai de la vie et de la philosophie humaine, et il avait fini par ne plus guère regarder que le ciel, seule chose que la vérité puisse voir du fond de son puits.

Cela ne l'empêchait pas de multiplier les plans, les combinaisons, les échafaudages, les projets d'avenir. Dans cet état de rêverie, un œil qui eût regardé au dedans de Marius, eût été ébloui de la pureté de cette âme. En effet, s'il était donné à nos yeux de chair de voir dans la conscience d'autrui, on jugerait bien plus sûrement un homme d'après ce qu'il rêve que d'après ce qu'il pense. Il y a de la volonté dans la pensée, il n'y en a pas dans le rêve. Le rêve, qui est tout spontané, prend et garde, même dans le gigantesque et l'idéal, la figure de notre esprit : rien ne sort plus directement et plus sincèrement du fond même de notre âme que nos aspirations irréfléchies et démesurées vers les splendeurs de la destinée. Dans ces aspirations, bien plus que dans les idées composées, raisonnées et coordonnées, on peut retrouver le vrai caractère de chaque homme. Nos chimères sont ce qui nous ressemble le mieux. Chacun rêve l'inconnu et l'impossible selon sa nature[12].

Vers le milieu de cette année 1831, la vieille qui servait Marius lui conta qu'on allait mettre à la porte ses voisins, le misérable ménage Jondrette. Marius, qui passait presque toutes ses journées dehors, savait à peine qu'il eût des voisins.

— Pourquoi les renvoie-t-on? dit-il.

— Parce qu'ils ne payent pas leur loyer. Ils doivent deux termes.

— Combien est-ce?

— Vingt francs, dit la vieille.

Marius avait trente francs en réserve dans un tiroir.

— Tenez, dit-il à la vieille, voilà vingt-cinq francs. Payez pour ces pauvres gens, donnez-leur cinq francs, et ne dites pas que c'est moi.

VI

Le remplaçant[1]

Le hasard fit que le régiment dont était le lieutenant Théodule vint tenir garnison à Paris. Ceci fut l'occasion d'une deuxième idée pour la tante Gillenormand. Elle avait, une première fois, imaginé de faire surveiller Marius par Théodule; elle complota de faire succéder Théodule à Marius.

A toute aventure, et pour le cas où le grand-père aurait le vague besoin d'un jeune visage dans la maison, ces rayons d'aurore sont quelquefois doux aux ruines, il était expédient de trouver un autre Marius. Soit, pensa-t-elle, c'est un simple erratum comme j'en vois dans les livres; Marius, lisez Théodule.

Un petit-neveu est l'à-peu-près d'un petit-fils; à défaut d'un avocat, on prend un lancier.

Un matin, que M. Gillenormand était en train de lire quelque chose comme *la Quotidienne,* sa fille entra, et lui dit de sa voix la plus douce, car il s'agissait de son favori:

— Mon père, Théodule va venir ce matin vous présenter ses respects.

— Qui ça, Théodule?

— Votre petit-neveu.

— Ah ! fit le grand-père.

Puis il se remit à lire, ne songea plus au petit-neveu qui n'était qu'un Théodule quelconque, et ne tarda pas à avoir beaucoup d'humeur, ce qui lui arrivait presque toujours quand il lisait. La « feuille » qu'il tenait, royaliste d'ailleurs, cela va de soi, annonçait pour le lendemain, sans aménité aucune, un des petits événements quotidiens du Paris d'alors : — Que les élèves des écoles de droit et de médecine devaient se réunir sur la place du Panthéon à midi ; — pour délibérer. — Il s'agissait d'une des questions du moment : de l'artillerie de la garde nationale, et d'un conflit entre le ministre de la Guerre et « la milice citoyenne » au sujet des canons parqués dans la cour du Louvre. Les étudiants devaient « délibérer » là-dessus. Il n'en fallait pas beaucoup plus pour gonfler M. Gillenormand.

Il songea à Marius, qui était étudiant, et qui, probablement, irait, comme les autres, « délibérer, à midi, sur la place du Panthéon ».

Comme il faisait ce songe pénible, le lieutenant Théodule entra, vêtu en bourgeois, ce qui était habile, et discrètement introduit par Mlle Gillenormand. Le lancier avait fait ce raisonnement : — Le vieux druide n'a pas tout placé en viager. Cela vaut bien qu'on se déguise en pékin de temps en temps.

Mlle Gillenormand dit, haut, à son père :

— Théodule, votre petit-neveu.

Et, bas, au lieutenant :

— Approuve tout.

Et se retira.

Le lieutenant, peu accoutumé à des rencontres si vénérables, balbutia avec quelque timidité : Bonjour, mon oncle, et fit un salut mixte composé de l'ébauche involontaire et machinale du salut militaire achevée en salut bourgeois.

— Ah ! c'est vous ; c'est bien, asseyez-vous, dit l'aïeul.

Cela dit, il oublia parfaitement le lancier.

Théodule s'assit, et M. Gillenormand se leva.

M. Gillenormand se mit à marcher de long en large, les mains dans ses poches, parlant tout haut et tourmentant avec ses vieux doigts irrités les deux montres qu'il avait dans ses deux goussets.

— Ce tas de morveux ! ça se convoque sur la place du

Panthéon ! Vertu de ma mie ! Des galopins qui étaient hier en nourrice ! Si on leur pressait le nez, il en sortirait du lait ! Et ça délibère demain à midi ! Où va-t-on ? où va-t-on ? Il est clair qu'on va à l'abîme. C'est là que nous ont conduits les descamisados[2] ! L'artillerie citoyenne ! Délibérer sur l'artillerie citoyenne ! S'en aller jaboter en plein air sur les pétarades de la garde nationale ! Et avec qui vont-ils se trouver-là ? Voyez un peu où mène le jacobinisme. Je parie tout ce qu'on voudra, un million contre un fichtre, qu'il n'y aura là que des repris de justice et des forçats libérés. Les républicains et les galériens, ça ne fait qu'un nez et qu'un mouchoir. Carnot disait : Où veux-tu que j'aille, traître ? Fouché répondait : Où tu voudras, imbécile ! Voilà ce que c'est que les républicains.

— C'est juste, dit Théodule.

M. Gillenormand tourna la tête à demi, vit Théodule, et continua :

— Quand on pense que ce drôle a eu la scélératesse de se faire carbonaro ! Pourquoi as-tu quitté ma maison ? Pour t'aller faire républicain. Pssst ! d'abord le peuple n'en veut pas de ta république, il n'en veut pas, il a du bon sens, il sait bien qu'il y a toujours eu des rois et qu'il y en aura toujours, il sait bien que le peuple, après tout, ce n'est que le peuple, il s'en burle, de ta république, entends-tu, crétin ! Est-ce assez horrible, ce caprice-là ! S'amouracher du père Duchesne, faire les yeux doux à la guillotine, chanter des romances et jouer de la guitare sous le balcon de 93, c'est à cracher sur tous ces jeunes gens-là, tant ils sont bêtes ! Ils en sont tous là. Pas un n'échappe. Il suffit de respirer l'air qui passe dans la rue pour être insensé. Le dix-neuvième siècle est du poison. Le premier polisson venu laisse pousser sa barbe de bouc, se croit un drôle pour de vrai, et vous plante là les vieux parents. C'est républicain, c'est romantique. Qu'est-ce que c'est que ça, romantique ? faites-moi l'amitié de me dire ce que c'est que ça ? Toutes les folies possibles. Il y a un an, ça vous allait à *Hernani*. Je vous demande un peu, *Hernani !* des antithèses, des abominations qui ne sont pas même écrites en français ! et puis on a des canons dans la cour du Louvre. Tels sont les brigandages de ce temps-ci.

— Vous avez raison, mon oncle, dit Théodule.

M. Gillenormand reprit :

— Des canons dans la cour du Muséum ! pourquoi faire ? Canon, que me veux-tu ? Vous voulez donc mitrailler l'Apollon du Belvédère ? Qu'est-ce que les gargousses ont à faire avec la Vénus de Médicis ? Oh ! ces jeunes gens d'à présent, tous des chenapans ! Quel pas grand'chose que leur Benjamin Constant ! Et ceux qui ne sont pas des scélérats sont des dadais ! Ils font tout ce qu'ils peuvent pour être laids, ils sont mal habillés, ils ont peur des femmes, ils ont autour des cotillons un air de mendier qui fait éclater de rire les Jeannetons ; ma parole d'honneur, on dirait les pauvres honteux de l'amour. Ils sont difformes, et ils se complètent en étant stupides ; ils répètent les calembours de Tiercelin et de Potier, ils ont des habits-sacs, des gilets de palefrenier, des chemises de grosse toile, des pantalons de gros drap, des bottes de gros cuir, et le ramage ressemble au plumage. On pourrait se servir de leur jargon pour ressemeler leurs savates. Et toute cette inepte marmaille vous a des opinions politiques. Il devrait être sévèrement défendu d'avoir des opinions politiques. Ils fabriquent des systèmes, ils refont la société, ils démolissent la monarchie, ils flanquent par terre toutes les lois, ils mettent le grenier à la place de la cave et mon portier à la place du roi, ils bousculent l'Europe de fond en comble, ils rebâtissent le monde, et ils ont pour bonne fortune de regarder sournoisement les jambes des blanchisseuses qui remontent dans leurs charrettes ! Ah ! Marius ! ah ! gueusard ! aller vociférer en place publique ! discuter, débattre, prendre des mesures ! ils appellent cela des mesures, justes dieux ! le désordre se rapetisse et devient niais. J'ai vu le chaos, je vois le gâchis. Des écoliers délibérer sur la garde nationale, cela ne se verrait pas chez les Ogibewas et chez les Cadodaches ! Les sauvages qui vont tout nus, la caboche coiffée comme un volant de raquette, avec une massue à la patte, sont moins brutes que ces bacheliers-là ! Des marmousets de quatre sous ! ça fait les entendus et les jordonnes ! ça délibère et ratiocine ! C'est la fin du monde. C'est évidemment la fin de ce misérable globe terraqué. Il fallait un hoquet final, la France le pousse. Délibérez, mes drôles ! Ces choses-là arriveront tant qu'ils iront lire les journaux sous les arcades de l'Odéon. Cela leur coûte un sou, et leur bon sens, et leur intelligence, et leur cœur, et leur âme, et

EXCELLENCE DU MALHEUR

leur esprit. On sort de là, et l'on fiche le camp de chez sa famille. Tous les journaux sont de la peste; tous, même le *Drapeau blanc!* au fond Martainville était un jacobin. Ah! juste ciel! tu pourras te vanter d'avoir désespéré ton grand-père, toi!

— C'est évident, dit Théodule.

Et, profitant de ce que M. Gillenormand reprenait haleine, le lancier ajouta magistralement :

— Il ne devrait pas y avoir d'autre journal que le *Moniteur* et d'autre livre que l'*Annuaire militaire*.

M. Gillenormand poursuivit :

— C'est comme leur Sieyès! un régicide aboutissant à un sénateur! car c'est toujours par là qu'ils finissent. On se balafre avec le tutoiement citoyen pour arriver à se faire dire M. le comte. M. le comte gros comme le bras, des assommeurs de septembre! Le philosophe Sieyès! Je me rends cette justice que je n'ai jamais fait plus de cas des philosophies de tous ces philosophes-là que des lunettes du grimacier de Tivoli! J'ai vu un jour les sénateurs passer sur le quai Malaquais en manteaux de velours violet semés d'abeilles avec des chapeaux à la Henri IV. Ils étaient hideux. On eût dit les singes de la cour du tigre. Citoyens, je vous déclare que votre progrès est une folie, que votre humanité est un rêve, que votre révolution est un crime, que votre République est un monstre, que votre jeune France pucelle sort du lupanar, et je vous le soutiens à tous, qui que vous soyez, fussiez-vous publicistes, fussiez-vous économistes, fussiez-vous légistes, fussiez-vous plus connaisseurs en liberté, en égalité et en fraternité que le couperet de la guillotine! Je vous signifie cela, mes bonshommes!

— Parbleu, cria le lieutenant, voilà qui est admirablement vrai.

M. Gillenormand interrompit un geste qu'il avait commencé, se retourna, regarda fixement le lancier Théodule entre les deux yeux, et lui dit :

— Vous êtes un imbécile.

LIVRE SIXIÈME[1]

LA CONJONCTION DE DEUX ÉTOILES

I

Le sobriquet : mode de formation
des noms de famille

Marius à cette époque était un beau jeune homme de moyenne taille, avec d'épais cheveux très noirs, un front haut et intelligent, les narines ouvertes et passionnées[2], l'air sincère et calme[3], et sur tout son visage je ne sais quoi qui était hautain, pensif et innocent. Son profil[4], dont toutes les lignes étaient arrondies sans cesser d'être fermes, avait cette douceur germanique qui a pénétré dans la physionomie française par l'Alsace et la Lorraine, et cette absence complète d'angles qui rendait les Sicambres si reconnaissables parmi les Romains et qui distingue la race léonine de la race aquiline. Il était à cette saison de la vie où l'esprit des hommes qui pensent se compose, presque à proportions égales, de profondeur et de naïveté. Une situation grave étant donnée, il avait tout ce qu'il fallait pour être stupide; un tour de clef de plus, il pouvait être sublime. Ses façons étaient réservées, froides, polies, peu ouvertes. Comme sa bouche était charmante, ses lèvres les plus vermeilles et ses dents les plus blanches du monde, son sourire corrigeait ce que toute sa physionomie avait de sévère. A de certains moments, c'était un singulier contraste que ce front chaste[5] et ce sourire voluptueux. Il avait l'œil petit et le regard grand.

Au temps de sa pire misère, il remarquait que les jeunes filles[6] se retournaient quand il passait, et il se sauvait[7] ou se cachait, la mort dans l'âme. Il pensait qu'elles le regardaient pour ses vieux habits et qu'elles en riaient; le fait est qu'elles le regardaient pour sa grâce et qu'elles en rêvaient.

Ce muet malentendu entre lui et les jolies passantes

l'avait rendu farouche⁸. Il n'en choisit aucune, par l'excellente raison qu'il s'enfuyait devant toutes. Il vécut ainsi indéfiniment, — bêtement, disait Courfeyrac.

Courfeyrac lui disait encore : — N'aspire pas à être vénérable (car ils se tutoyaient; glisser au tutoiement est la pente des amitiés jeunes⁹). Mon cher, un conseil. Ne lis pas tant dans les livres et regarde un peu plus les margotons. Les coquines ont du bon, ô Marius ! A force de t'enfuir et de rougir, tu t'abrutiras.

D'autres fois Courfeyrac le rencontrait et lui disait :
— Bonjour, monsieur l'abbé.

Quand Courfeyrac lui avait tenu quelque propos de ce genre, Marius était huit jours à éviter plus que jamais les femmes, jeunes et vieilles¹⁰, et il évitait par-dessus le marché Courfeyrac.

Il y avait pourtant dans toute l'immense création deux femmes que Marius ne fuyait¹¹ pas et auxquelles il ne prenait point garde. A la vérité on l'eût fort étonné si on lui eût dit que c'étaient des femmes¹². L'une était la vieille barbue qui balayait sa chambre et qui faisait dire à Courfeyrac : « Voyant que sa servante porte sa barbe, Marius ne porte point la sienne ». L'autre était une espèce de petite fille qu'il voyait très souvent et qu'il ne regardait jamais.

Depuis plus d'un an, Marius remarquait dans une allée déserte du Luxembourg, l'allée qui longe le parapet de la Pépinière, un homme et une toute jeune fille presque toujours assis côte à côte sur le même banc, à l'extrémité la plus solitaire de l'allée, du côté de la rue de l'Ouest¹³. Chaque fois que ce hasard qui se mêle aux promenades des gens dont l'œil est retourné en dedans, amenait Marius dans cette allée, et c'était presque tous les jours, il y retrouvait ce couple. L'homme pouvait avoir une soixantaine d'années; il paraissait triste et sérieux; toute sa personne offrait cet aspect robuste et fatigué des gens de guerre retirés du service. S'il avait eu une décoration, Marius eût dit : c'est un ancien officier. Il avait l'air bon, mais inabordable, et il n'arrêtait jamais son regard sur le regard de personne. Il portait un pantalon bleu, une redingote bleue et un chapeau à bords larges, qui paraissaient toujours neufs, une cravate noire et une chemise de quaker, c'est-à-dire éclatante de blancheur, mais de grosse toile¹⁴. Une grisette passant un jour près de lui, dit : « Voilà un veuf fort propre. » Il avait les cheveux très blancs.

La première fois que la jeune fille qui l'accompagnait vint s'asseoir avec lui sur le banc qu'ils semblaient avoir adopté, c'était une façon de fille de treize ou quatorze ans, maigre, au point d'en être presque laide[15], gauche, insignifiante, et qui promettait peut-être d'avoir d'assez beaux yeux[16]. Seulement ils étaient toujours levés avec une sorte d'assurance déplaisante. Elle avait cette mise à la fois vieille et enfantine des pensionnaires de couvent ; une robe mal coupée de gros mérinos noir. Ils avaient l'air du père et de la fille.

Marius examina pendant deux ou trois jours cet homme vieux qui n'était pas encore un vieillard et cette petite fille qui n'était pas encore une personne[17], puis il n'y fit plus aucune attention. Eux de leur côté semblaient ne pas même le voir. Ils causaient entre eux d'un air paisible et indifférent. La fille jasait sans cesse, et gaîment. Le vieux homme parlait peu, et, par instants, il attachait sur elle des yeux remplis d'une ineffable paternité[18].

Marius avait pris l'habitude machinale de se promener dans cette allée. Il les y retrouvait invariablement. Voici comment la chose se passait :

Marius arrivait le plus volontiers par le bout de l'allée opposé à leur banc. Il marchait toute la longueur de l'allée, passait devant eux, puis s'en retournait jusqu'à l'extrémité par où il était venu, et recommençait. Il faisait ce va-et-vient cinq ou six fois dans sa promenade, et cette promenade cinq ou six fois par semaine sans qu'ils en fussent arrivés, ces gens et lui, à échanger un salut[19]. Ce personnage et cette jeune fille, quoiqu'ils parussent et peut-être parce qu'ils paraissaient éviter les regards, avaient naturellement quelque peu éveillé l'attention des cinq ou six étudiants qui se promenaient de temps en temps le long de la Pépinière, les studieux après leurs cours, les autres après leur partie de billard. Courfeyrac, qui était des derniers, les avait observés quelque temps, mais trouvant la fille laide, il s'en était bien vite et soigneusement écarté. Il s'était enfui comme un Parthe en leur décochant un sobriquet. Frappé uniquement de la robe de la petite et des cheveux du vieux, il avait appelé la fille *mademoiselle Lanoire* et le père *monsieur Leblanc*, si bien que, personne ne les connaissant d'ailleurs, en l'absence du nom, le surnom avait fait loi. Les étudiants disaient : « Ah ! M. Leblanc est à son banc ! » et Marius, comme les autres, avait trouvé commode d'appeler ce monsieur inconnu M. Leblanc. Nous ferons comme eux, et nous dirons M. Leblanc pour la facilité de ce récit.

Marius les vit ainsi presque tous les jours à la même heure pendant la première année. Il trouvait l'homme à son gré, mais la fille assez maussade[20].

II

LUX FACTA EST

La seconde année, précisément[1] au point de cette histoire où le lecteur est parvenu, il arriva que cette habitude du Luxembourg s'interrompit, sans que Marius sût trop pourquoi lui-même, et qu'il fut près de six mois sans mettre les pieds dans son allée. Un jour enfin il y retourna. C'était[2] par une sereine matinée d'été, Marius était joyeux comme on l'est quand il fait beau. Il lui semblait qu'il avait dans le cœur tous les chants d'oiseaux qu'il entendait et tous les morceaux du ciel bleu qu'il voyait à travers les feuilles des arbres.

Il alla droit à « son allée », et, quand il fut au bout, il aperçut, toujours sur le même banc, ce couple connu[3]. Seulement, quand il approcha, c'était bien le même homme ; mais il lui parut que ce n'était plus la même fille. La personne qu'il voyait maintenant était une grande et belle créature ayant toutes les formes les plus charmantes de la femme à ce moment précis où elles se combinent encore avec toutes les grâces les plus naïves de l'enfant ; moment fugitif et pur que peuvent seuls traduire ces deux mots : quinze ans. C'étaient d'admirables cheveux châtains nuancés de veines dorées, un front qui semblait fait de marbre, des joues qui semblaient faites d'une feuille de rose, un incarnat pâle, une blancheur émue, une bouche exquise d'où le sourire sortait comme une clarté et la parole comme une musique, une tête que Raphaël eût donnée à Marie, posée sur un cou que Jean Goujon eût donné à Vénus. Et, afin que rien ne manquât à cette ravissante figure, le nez n'était pas beau, il était joli ; ni droit ni courbé, ni italien ni grec ; c'était le nez parisien ; c'est-à-dire quelque chose de spirituel, de fin, d'irrégulier et de pur, qui désespère les peintres et qui charme les poëtes[4].

Quand Marius passa près d'elle, il ne put voir ses yeux qui étaient constamment baissés. Il ne vit que ses longs cils châtains pénétrés d'ombre[5] et de pudeur.

Cela n'empêchait pas la belle enfant de sourire tout en écoutant l'homme à cheveux blancs qui lui parlait, et rien n'était ravissant[6] comme ce frais sourire avec des yeux baissés.

Dans le premier moment, Marius pensa que c'était une autre fille du même homme, une sœur sans doute de la première. Mais, quand l'invariable habitude de la promenade le ramena pour[7] la seconde fois près du banc, et qu'il l'eut examinée avec attention, il reconnut que c'était la même. En six mois la petite fille était devenue jeune fille ; voilà tout. Rien n'est plus fréquent que ce phénomène. Il y a un instant où les filles s'épanouissent en un clin d'œil et deviennent des roses tout à coup. Hier on les a laissées enfants, aujourd'hui on les retrouve inquiétantes.

Celle-ci n'avait pas seulement grandi, elle s'était idéalisée. Comme trois jours en avril suffisent à de certains arbres pour se couvrir de fleurs, six mois lui avaient suffi pour se vêtir de beauté. Son avril à elle était venu.

On voit quelquefois des gens qui, pauvres et mesquins, semblent se réveiller, passent subitement de l'indigence au faste, font des dépenses de toutes sortes, et deviennent tout à coup éclatants, prodigues et magnifiques. Cela tient à une rente empochée ; il y a eu une échéance hier. La jeune fille avait touché son semestre[8].

Et puis ce n'était plus la pensionnaire avec son chapeau de peluche, sa robe de mérinos[9], ses souliers d'écolier et ses mains rouges[10] ; le goût lui était venu avec la beauté ; c'était une personne bien mise avec une sorte d'élégance simple et riche et sans manière. Elle avait une robe de damas noir, un camail de même étoffe et un chapeau de crêpe blanc[11]. Ses gants blancs montraient la finesse de sa main qui jouait avec le manche d'une ombrelle en ivoire chinois[12], et son brodequin de soie dessinait la petitesse de son pied. Quand on passait près d'elle, toute sa toilette [13] exhalait un parfum jeune et pénétrant.

Quant à l'homme, il était toujours le même.

La seconde fois que Marius arriva près d'elle[14], la jeune fille leva les paupières[15]. Ses yeux étaient d'un bleu céleste et profond, mais dans cet azur voilé il n'y avait encore que le regard d'un enfant. Elle regarda Marius avec indifférence, comme elle eût regardé le marmot qui courait sous les sycomores, ou le vase de marbre qui faisait de l'ombre sur le banc; et Marius de son côté continua sa promenade en pensant à autre chose.

Il passa encore quatre ou cinq fois près du banc où était la jeune fille, mais sans même tourner les yeux vers elle.

Les jours suivants, il revint comme à l'ordinaire au Luxembourg; comme à l'ordinaire, il y trouva « le père et la fille », mais il n'y fit plus attention. Il ne songea pas plus à cette fille quand elle fut belle qu'il n'y songeait lorsqu'elle était laide. Il passait toujours fort près du banc où elle était, parce que c'était son habitude.

III

Effet de printemps

Un jour, l'air était tiède, le Luxembourg était inondé d'ombre et de soleil, le ciel était pur comme si les anges l'eussent lavé le matin, les passereaux poussaient de petits cris dans les profondeurs des marronniers, Marius avait ouvert toute son âme à la nature, il ne pensait à rien, il vivait et il respirait, il passa près de ce banc, la jeune fille leva les yeux sur lui, leurs deux regards se rencontrèrent.

Qu'y avait-il cette fois dans le regard de la jeune fille? Marius n'eût pu le dire. Il n'y avait rien et il y avait tout. Ce fut un étrange éclair.

Elle baissa les yeux, et il continua son chemin.

Ce qu'il venait de voir, ce n'était pas l'œil ingénu et simple d'un enfant, c'était un gouffre mystérieux qui s'était entr'ouvert, puis brusquement refermé. Il y a un jour où toute jeune fille regarde ainsi. Malheur à qui se trouve là !

Ce premier regard d'une[1] âme qui ne se connaît pas encore est comme l'aube dans le ciel. C'est l'éveil de quelque chose de rayonnant et d'inconnu. Rien ne saurait rendre le charme dangereux de cette lueur inattendue qui éclaire vaguement tout à coup d'adorables ténèbres et qui se compose de toute l'innocence du présent et de toute la passion de l'avenir. C'est une sorte de tendresse indécise qui se révèle au hasard et qui attend. C'est un piège que l'innocence tend à son insu et où elle prend des cœurs sans le vouloir et sans le savoir. C'est une vierge qui regarde comme une femme.

Il est rare qu'une rêverie profonde ne naisse pas de ce regard là où il tombe. Toutes les puretés et toutes les ardeurs se concentrent dans ce rayon céleste et fatal qui, plus que les œillades les mieux travaillées des coquettes, a le pouvoir magique de faire subitement éclore au fond d'une âme cette fleur sombre, pleine de parfums et de poisons, qu'on appelle l'amour.

Le soir, en rentrant dans son galetas, Marius jeta les yeux sur son vêtement, et s'aperçut pour la première fois qu'il avait la malpropreté[2], l'inconvenance et la stupidité inouïe d'aller se promener au Luxembourg avec ses habits « de tous les jours », c'est-à-dire avec un chapeau cassé près de la ganse, de grosse bottes de roulier, un pantalon noir blanc aux genoux et un habit noir pâle aux coudes.

IV

COMMENCEMENT D'UNE GRANDE MALADIE

Le lendemain, à l'heure accoutumée, Marius tira de son armoire son habit neuf, son pantalon neuf, son chapeau neuf et ses bottes neuves; il se revêtit de cette panoplie complète, mit des gants, luxe prodigieux, et s'en alla au Luxembourg.

Chemin faisant, il rencontra Courfeyrac, et feignit de ne pas le voir. Courfeyrac en rentrant chez lui dit à ses amis :

— Je viens de rencontrer le chapeau neuf et l'habit neuf de Marius, et Marius dedans. Il allait sans doute passer un examen. Il avait l'air tout bête.

Arrivé au Luxembourg, Marius fit le tour du bassin et considéra les cygnes, puis il demeura longtemps en contemplation devant une statue[1] qui avait la tête toute noire de moisissure et à laquelle une hanche manquait. Il y avait près du bassin un bourgeois quadragénaire et ventru qui tenait par la main un petit garçon de cinq ans et lui disait : « Évite les excès. Mon fils, tiens-toi à égale distance du despotisme et de l'anarchie. » Marius écouta ce bourgeois[2]. Puis il fit encore une fois le tour du bassin. Enfin il se dirigea vers « son allée », lentement et comme s'il y allait à regret. On eût dit qu'il était à la fois forcé et empêché d'y aller. Il ne se rendait aucun compte de tout cela, et croyait faire comme tous les jours.

En débouchant dans l'allée, il aperçut à l'autre bout « sur leur banc » M. Leblanc[3] et la jeune fille. Il boutonna son habit jusqu'en haut, le tendit sur son torse pour qu'il ne fît pas de plis, examina avec une certaine complaisance les reflets lustrés de son pantalon, et marcha sur le banc[4]. Il y avait de l'attaque dans cette marche et certainement une velléité de conquête. Je dis donc : il marcha sur le banc, comme je dirais : Annibal marcha sur Rome.

Du reste il n'y avait rien que de machinal dans tous ses mouvements, et il n'avait aucunement interrompu les préoccupations habituelles de son esprit et de ses travaux. Il pensait en ce moment-là que le *Manuel du Baccalauréat* était un livre stupide et qu'il fallait qu'il eût été rédigé par de rares crétins pour qu'on y analysât comme chefs-d'œuvre de l'esprit humain trois tragédies de Racine et seulement une comédie de Molière. Il avait un sifflement aigu dans l'oreille. Tout en approchant du banc, il tendait les plis de son habit, et ses yeux se fixaient sur la jeune fille. Il lui semblait qu'elle emplissait toute l'extrémité de l'allée d'une vague lueur bleue.

A mesure qu'il approchait, son pas se ralentissait de plus en plus. Parvenu à une certaine distance du banc, bien avant d'être à la fin de l'allée, il s'arrêta, et il ne put savoir lui-même comment il se fit qu'il rebroussa chemin. Il ne se dit même point qu'il n'allait pas jusqu'au bout. Ce fut à peine si la jeune fille put l'apercevoir de loin et voir le bel air qu'il avait dans ses habits neufs. Cependant il se tenait très droit, pour avoir bonne mine dans le cas où quelqu'un qui serait derrière lui le regarderait.

Il atteignit le bout opposé, puis revint, et cette fois il s'approcha un peu plus près du banc. Il parvint même jusqu'à une distance de trois intervalles d'arbres, mais là il sentit je ne sais quelle impossibilité d'aller plus loin, et il hésita. Il avait cru voir le visage de la jeune fille se pencher vers lui. Cependant il fit un effort viril et violent, dompta l'hésitation, et continua d'aller en avant. Quelques secondes après, il passait devant le banc, droit et ferme, rouge jusqu'aux oreilles, sans oser jeter un regard à droite, ni à gauche, la main dans son habit comme un homme d'État. Au moment où il passa — sous le canon de la place — il éprouva un affreux battement de cœur. Elle avait comme la veille sa robe de damas et son chapeau de crêpe. Il entendit une voix ineffable qui devait être « sa voix ». Elle causait tranquillement. Elle était bien jolie. Il le sentait, quoiqu'il n'essayât pas de la voir. — Elle ne pourrait cependant, pensait-il, s'empêcher d'avoir de l'estime et de la considération pour moi si elle savait que c'est moi qui suis le véritable auteur de la dissertation sur Marcos Obregon de la Ronda que M. François de Neufchâteau a mise, comme étant de lui, en tête de son édition de *Gil Blas*[5] !

Il dépassa le banc, alla jusqu'à l'extrémité de l'allée qui était tout proche, puis revint sur ses pas et passa encore devant la belle fille. Cette fois il était très pâle. Du reste il n'éprouvait rien que de fort désagréable. Il s'éloigna du banc et de la jeune fille, et, tout en lui tournant le dos, il se figurait qu'elle le regardait, et cela le faisait trébucher.

Il n'essaya plus de s'approcher du banc, il s'arrêta vers la moitié de l'allée, et, là, chose qu'il ne faisait jamais, il s'assit, jetant des regards de côté, et songeant, dans les profondeurs les plus indistinctes de son esprit, qu'après tout il était difficile que les personnes dont il admirait le chapeau blanc et la robe noire fussent absolument insensibles à son pantalon lustré et à son habit neuf.

Au bout d'un quart d'heure il se leva, comme s'il allait recommencer à marcher vers ce banc qu'une auréole entourait. Cependant il restait debout et immobile. Pour la première fois depuis quinze mois il se dit que ce monsieur qui s'asseyait là tous les jours avec sa fille l'avait sans doute remarqué de son côté et trouvait probablement son assiduité étrange.

Pour la première fois aussi il sentit quelque irrévérence à désigner cet inconnu, même dans le secret de sa pensée, par le sobriquet de M. Leblanc.

Il demeura ainsi quelques minutes la tête baissée et faisant des dessins sur le sable avec une baguette qu'il avait à la main. Puis il se tourna brusquement du côté opposé au banc, à M. Leblanc et à sa fille, et s'en revint chez lui.

Ce jour-là il oublia d'aller dîner. A huit heures du soir il s'en aperçut, et comme il était trop tard pour descendre rue Saint-Jacques : « Tiens ! » dit-il, et il mangea un morceau de pain.

Il ne se coucha qu'après avoir brossé son habit et l'avoir plié avec soin[6].

V

Divers coups de foudre tombent sur mame Bougon

Le lendemain, mame Bougon, — c'est ainsi que Courfeyrac nommait la vieille portière-principale-locataire-femme-de-ménage de la masure Gorbeau[1], elle s'appelait en réalité Mme Burgon, nous l'avons constaté, mais ce brise-fer de Courfeyrac ne respectait rien, — mame Bougon, stupéfaite, remarqua que M. Marius sortait encore avec son habit neuf.

Il retourna au Luxembourg, mais il ne dépassa point son banc de la moitié de l'allée. Il s'y assit comme la veille, considérant de loin et voyant distinctement le chapeau blanc, la robe noire et surtout la lueur bleue. Il n'en bougea pas, et ne rentra chez lui que lorsqu'on ferma les portes du Luxembourg. Il ne vit pas M. Leblanc et sa fille se retirer. Il en conclut qu'ils étaient sortis du jardin par la grille de la rue de l'Ouest. Plus tard, quelques semaines après, quand il y songea, il ne put jamais se rappeler où il avait dîné ce soir-là.

Le lendemain, c'était le troisième jour, mame Bougon fut refoudroyée. Marius sortit avec son habit neuf.

— Trois jours de suite ! s'écria-t-elle.

Elle essaya de le suivre, mais Marius marchait lestement et avec d'immenses enjambées ; c'était un hippopotame entreprenant la poursuite d'un chamois. Elle le perdit de vue en deux minutes et rentra essoufflée, aux trois quarts étouffée par son asthme, furieuse.

— Si cela a du bon sens, grommela-t-elle, de mettre ses beaux habits tous les jours et de faire courir les personnes comme cela !

Marius s'était rendu au Luxembourg. La jeune fille y était avec M. Leblanc. Marius approcha le plus près qu'il put en faisant semblant de lire dans un livre, mais il resta encore fort loin, puis revint s'asseoir sur son banc où il passa quatre heures à regarder sauter dans l'allée les moineaux francs qui lui faisaient l'effet de se moquer de lui.

Une quinzaine s'écoula ainsi. Marius allait au Luxembourg non plus pour se promener, mais pour s'y asseoir toujours à la même place et sans savoir pourquoi. Arrivé là, il ne remuait plus. Il mettait chaque matin son habit neuf pour ne pas se montrer, et il recommençait le lendemain.

Elle était décidément d'une beauté merveilleuse. La seule remarque qu'on pût faire qui ressemblât à une critique, c'est que la contradiction entre son regard qui était triste et son sourire qui était joyeux donnait à son visage quelque chose d'un peu égaré, ce qui fait qu'à de certains moments ce doux visage devenait étrange sans cesser d'être charmant.

VI

Fait prisonnier

Un des derniers jours de la seconde semaine, Marius était comme à son ordinaire assis sur son banc, tenant à la main un livre ouvert dont depuis deux heures il n'avait pas tourné une page. Tout à coup il tressaillit. Un événement se passait à l'extrémité de l'allée. M. Leblanc et sa fille venaient de quitter leur banc, la fille avait pris le bras du père, et tous deux se dirigeaient lentement vers le milieu de l'allée où était Marius. Marius ferma son livre, puis il le rouvrit, puis il s'efforça de lire. Il tremblait. L'auréole venait droit à lui. — Ah! mon Dieu! pensait-il, je n'aurai jamais le temps de prendre une attitude.

Cependant, l'homme à cheveux blancs et la jeune fille s'avançaient. Il lui paraissait que cela durait un siècle et que cela n'était qu'une seconde. — Qu'est-ce qu'ils viennent faire par ici? se demandait-il. Comment[1]! elle va passer là! Ses pieds vont marcher sur ce sable, dans cette allée, à deux pas de moi!

Il était bouleversé, il eût voulu être très beau, il eût voulu avoir la croix. Il entendait s'approcher le bruit doux et mesuré de leurs pas. Il s'imaginait que M. Leblanc lui jetait des regards irrités.

— Est-ce que ce monsieur va me parler ? pensait-il. Il baissa la tête ; quand il la releva, ils étaient tout près de lui. La jeune fille passa, et en passant elle le regarda. Elle le regarda fixement, avec une douceur pensive qui fit frissonner Marius de la tête aux pieds. Il lui sembla qu'elle lui reprochait d'avoir été si longtemps sans venir jusqu'à elle et qu'elle lui disait : C'est moi qui viens.

Marius resta ébloui devant ces prunelles pleines de rayons et d'abîmes. Il se sentait un brasier dans le cerveau. Elle était venue à lui, quelle joie ! Et puis, comme elle l'avait regardé[2] ! Elle lui parut plus belle qu'il ne l'avait encore vue. Belle d'une beauté tout ensemble féminine et angélique, d'une beauté complète qui eût fait chanter Pétrarque et agenouiller Dante. Il lui semblait qu'il nageait en plein ciel bleu. En même temps il était horriblement contrarié, parce qu'il avait de la poussière sur ses bottes.

Il croyait être sûr qu'elle avait regardé aussi ses bottes.

Il la suivit des yeux jusqu'à ce qu'elle eût disparu. Puis il se mit à marcher dans le Luxembourg comme un fou. Il est probable que par moments il riait tout seul et parlait haut. Il était si rêveur près des bonnes d'enfants que chacune[3] le croyait amoureux d'elle.

Il sortit du Luxembourg, espérant la retrouver dans une rue.

Il se croisa avec Courfeyrac sous les arcades de l'Odéon et lui dit :

— Viens dîner avec moi.

Ils s'en allèrent chez Rousseau, et dépensèrent six francs. Marius mangea comme un ogre. Il donna six sous au garçon[4]. Au dessert il dit à Courfeyrac :

— As-tu lu le journal ? Quel beau discours a fait Audry de Puyraveau[5] !

Il était éperdument amoureux. Après le dîner, il dit à Courfeyrac :

— Je te paye le spectacle.

Ils allèrent à la Porte-Saint-Martin voir Frédérick dans *l'Auberge des Adrets*[6]. Marius s'amusa énormément.

En même temps il eut un redoublement de sauvagerie. En sortant du théâtre, il refusa de regarder la jarretière d'une modiste qui enjambait un ruisseau, et Courfeyrac ayant dit : *Je mettrais volontiers cette femme dans ma collection*, lui fit presque horreur[7].

Courfeyrac l'avait invité à déjeuner au café Voltaire le lendemain. Marius y alla, et mangea encore plus que la veille. Il était tout pensif[8] et très gai. On eût dit qu'il saisissait toutes les occasions de rire aux éclats. Il embrassa tendrement un provincial quelconque qu'on lui présenta. Un cercle d'étudiants s'était fait autour de la table et l'on avait parlé des niaiseries payées par l'État qui se débitent en chaire à la Sorbonne, puis la conversation était tombée sur les fautes et les lacunes des dictionnaires et des prosodies-Quicherat[9]. Marius interrompit la discussion pour s'écrier :

— C'est cependant bien agréable d'avoir la croix !

— Voilà qui est drôle ! dit Courfeyrac bas à Jean Prouvaire[10].

— Non, répondit Jean Prouvaire[11], voilà qui est sérieux.

Cela était sérieux en effet. Marius en était à cette première heure violente et charmante qui commence les grandes passions. Un regard avait fait tout cela. Quand la mine est chargée, quand l'incendie est prêt, rien n'est plus simple. Un regard est une étincelle.

C'en était fait. Marius aimait une femme. Sa destinée entrait dans l'inconnu.

Le regard des femmes ressemble à de certains rouages tranquilles en apparence et formidables. On passe à côté tous les jours paisiblement et impunément et sans se douter de rien. Il vient un moment où l'on oublie même que cette chose est là. On va, on vient, on rêve, on parle, on rit. Tout à coup on se sent saisi. C'est fini. Le rouage vous tient, le regard vous a pris. Il vous a pris, n'importe par où ni comment, par une partie quelconque de votre pensée qui traînait, par une distraction que vous avez eue. Vous êtes perdu. Vous y passerez tout entier. Un enchaînement de forces mystérieuses s'empare de vous. Vous vous débattez en vain. Plus de secours humain possible. Vous allez tomber d'engrenage en engrenage, d'angoisse en angoisse, de torture en torture, vous, votre esprit, votre fortune, votre avenir, votre âme; et, selon que vous serez au pouvoir d'une créature méchante ou d'un noble cœur, vous ne sortirez de cette effrayante machine que défiguré par la honte ou transfiguré par la passion.

VII

Aventures de la lettre U livrée aux conjectures

L'isolement, le détachement de tout, la fierté, l'indépendance, le goût de la nature, l'absence d'activité quotidienne et matérielle, la vie en soi, les luttes secrètes de la chasteté, l'extase bienveillante devant toute la création, avaient préparé Marius à cette possession qu'on nomme la passion. Son culte pour son père était devenu peu à peu une religion, et, comme toute religion, s'était retiré au fond de l'âme. Il fallait quelque chose sur le premier plan. L'amour vint[1].

Tout un grand mois s'écoula, pendant lequel Marius alla tous les jours au Luxembourg. L'heure[2] venue, rien ne pouvait le retenir.

— Il est de service, disait Courfeyrac.

Marius vivait dans les ravissements. Il est certain que la jeune fille le regardait.

Il avait fini par s'enhardir, et il s'approchait du banc. Cependant il ne passait plus devant, obéissant à la fois à l'instinct de timidité et à l'instinct de prudence des amoureux. Il jugeait utile de ne point attirer « l'attention du père ». Il combinait ses stations derrière les arbres et les piédestaux des statues avec un machiavélisme profond[3], de façon à se faire voir le plus possible à la jeune fille et à se laisser voir le moins possible du vieux monsieur. Quelquefois, pendant des demi-heures entières, il restait immobile à l'ombre d'un Léonidas ou d'un Spartacus quelconque, tenant à la main un livre au-dessus duquel ses yeux, doucement levés, allaient chercher la belle fille, et elle, de son côté, détournait avec un vague sourire son charmant profil vers lui. Tout en causant le plus naturellement et le plus tranquillement du monde avec l'homme à cheveux blancs, elle appuyait sur Marius toutes les rêveries d'un œil virginal et passionné. Antique et immémorial manège qu'Ève savait dès le premier jour du monde et que toute femme sait dès le premier jour de la vie ! Sa bouche donnait la réplique à l'un et son regard donnait la réplique à l'autre.

Il faut croire pourtant que M. Leblanc finissait par s'apercevoir de quelque chose, car souvent, lorsque Marius arrivait, il se levait et se mettait à marcher. Il avait quitté leur place accoutumée et avait adopté, à l'autre extrémité de l'allée, le banc voisin du Gladiateur, comme pour voir si Marius les y suivrait. Marius ne comprit point, et fit cette faute. Le « père » commença à devenir inexact, et n'amena plus « sa fille » tous les jours. Quelquefois il venait seul. Alors Marius ne restait pas. Autre faute.

Marius ne prenait point garde à ces symptômes. De la phase de timidité il avait passé, progrès naturel et fatal, à la phase d'aveuglement. Son amour croissait. Il en rêvait toutes les nuits. Et puis il lui était arrivé un bonheur inespéré, huile sur le feu, redoublement de ténèbres sur ses yeux. Un soir, à la brune, il avait trouvé sur le banc que « M. Leblanc et sa fille » venaient de quitter, un mouchoir. Un mouchoir tout simple et sans broderie, mais blanc, fin, et qui lui parut exhaler des senteurs ineffables. Il s'en empara avec transport. Ce mouchoir était marqué des lettres U.F.; Marius ne savait rien de cette belle enfant, ni sa famille, ni son nom, ni sa demeure; ces deux lettres étaient la première chose d'elle qu'il saisissait, adorables initiales sur lesquelles il commença tout de suite à construire son échafaudage. U était évidemment le prénom. Ursule! pensa-t-il, quel délicieux nom! Il baisa le mouchoir, l'aspira, le mit sur son cœur, sur sa chair, pendant le jour, et la nuit sous ses lèvres pour s'endormir.

— J'y sens toute son âme! s'écriait-il.

Ce mouchoir était au vieux monsieur qui l'avait tout bonnement laissé tomber de sa poche. Les jours qui suivirent la trouvaille, il ne se montra plus au Luxembourg que baisant le mouchoir et l'appuyant sur son cœur. La belle enfant n'y comprenait rien et le lui marquait par des signes imperceptibles.

— O pudeur! disait Marius.

VIII

LES INVALIDES EUX-MÊMES PEUVENT ÊTRE HEUREUX[1]

Puisque nous avons prononcé le mot *pudeur,* et puisque nous ne cachons rien, nous devons dire qu'une fois pourtant, à travers ses extases, « son Ursule » lui donna un grief très sérieux. C'était un de ces jours où elle déterminait M. Leblanc à quitter le banc et à se promener dans l'allée. Il faisait une vive brise de prairial qui remuait le haut des platanes. Le père et la fille, se donnant le bras, venaient de passer devant le banc de Marius. Marius s'était levé derrière eux et les suivait du regard, comme il convient dans cette situation d'âme éperdue.

Tout à coup un souffle de vent, plus en gaîté que les autres, et probablement chargé de faire les affaires du printemps, s'envola de la pépinière, s'abattit sur l'allée, enveloppa la jeune fille dans un ravissant frisson digne des nymphes de Virgile et des faunes de Théocrite, et souleva sa robe, cette robe plus sacrée que celle d'Isis, presque jusqu'à la hauteur de la jarretière. Une jambe d'une forme exquise apparut. Marius la vit. Il fut exaspéré et furieux.

La jeune fille avait rapidement baissé sa robe d'un mouvement divinement effarouché, mais il n'en fut pas moins indigné. — Il était seul dans l'allée, c'est vrai. Mais il pouvait y avoir eu quelqu'un. Et s'il y avait eu quelqu'un ! Comprend-on une chose pareille ! C'est horrible ce qu'elle vient de faire là ! — Hélas ! la pauvre enfant n'avait rien fait ; il n'y avait qu'un coupable, le vent ; mais Marius, en qui frémissait confusément le Bartholo qu'il y a dans Chérubin, était déterminé à être mécontent, et était jaloux de son ombre. C'est ainsi en effet que s'éveille dans le cœur humain, et que s'impose, même sans droit, l'âcre et bizarre jalousie de la chair. Du reste, en dehors même de cette jalousie, la vue de cette jambe charmante n'avait eu pour lui rien d'agréable ; le bas blanc de la première femme venue lui eût fait plus de plaisir.

Quand « son Ursule », après avoir atteint l'extrémité de l'allée, revint sur ses pas avec M. Leblanc et passa devant le banc où Marius s'était rassis, Marius lui jeta un regard bourru et féroce. La jeune fille eut ce petit redressement en arrière accompagné d'un haussement de paupières qui signifie : Eh bien, qu'est-ce qu'il a donc ?

Ce fut là leur « première querelle ».

Marius achevait à peine de lui faire cette scène avec les yeux que quelqu'un traversa l'allée. C'était un invalide tout courbé, tout ridé et tout blanc, en uniforme Louis XV, ayant sur le torse la petite plaque ovale de drap rouge aux épées croisées, croix de Saint-Louis du soldat, et orné en outre d'une manche d'habit sans bras dedans, d'un menton d'argent et d'une jambe de bois. Marius crut distinguer que cet être avait l'air extrêmement satisfait. Il lui sembla même que le vieux cynique, tout en clopinant près de lui, lui avait adressé un clignement d'œil très fraternel et très joyeux, comme si un hasard quelconque avait fait qu'ils pussent être d'intelligence et qu'ils eussent savouré en commun quelque bonne aubaine. Qu'avait-il donc à être si content, ce débris de Mars? Que s'était-il donc passé entre cette jambe de bois et l'autre? Marius arriva au paroxysme de la jalousie. — Il était peut-être là! se dit-il; il a peut-être vu! — Et il eut envie d'exterminer l'invalide[2].

Le temps aidant, toute pointe s'émousse. Cette colère de Marius contre « Ursule », si juste et si légitime qu'elle fût, passa. Il finit par pardonner; mais ce fut un grand effort; il la bouda trois jours.

Cependant, à travers tout cela et à cause de tout cela, la passion grandissait et devenait folle.

IX

ÉCLIPSE

ON vient de voir comment Marius avait découvert ou cru découvrir qu'Elle s'appelait Ursule[1].

L'appétit vient en aimant. Savoir qu'elle se nommait Ursule, c'était déjà beaucoup; c'était peu. Marius en trois ou quatre semaines[2] eut dévoré ce bonheur. Il en voulut un autre. Il voulut savoir où elle demeurait.

Il avait fait une première faute : tomber dans l'embûche du banc du Gladiateur. Il en avait fait une seconde : ne pas rester au Luxembourg quand M. Leblanc y venait seul. Il en fit une troisième. Immense. Il suivit « Ursule[3] ».

Elle demeurait rue de l'Ouest, à l'endroit de la rue le moins fréquenté, dans une maison neuve à trois étages d'apparence modeste.

À partir de ce moment, Marius ajouta à son bonheur de la voir au Luxembourg le bonheur de la suivre jusque chez elle. Sa faim augmentait. Il savait comment elle s'appelait, son petit nom du moins, le nom charmant, le vrai nom d'une femme; il savait où elle demeurait; il voulut savoir qui elle était.

Un soir, après qu'il les eut suivis jusque chez eux et qu'il les eut vus disparaître sous la porte cochère, il entra à leur suite et dit vaillamment au portier :

— C'est le monsieur du premier qui vient de rentrer?

— Non, répondit le portier. C'est le monsieur du troisième.

Encore un pas de fait. Ce succès enhardit Marius.

— Sur le devant? demanda-t-il.

— Parbleu ! fit le portier, la maison n'est bâtie que sur la rue.

— Et quel est l'état de ce monsieur? repartit Marius.

— C'est un rentier, monsieur. Un homme bien bon, et qui fait du bien aux malheureux, quoique pas riche[4].

— Comment s'appelle-t-il? reprit Marius.

Le portier leva la tête[5], et dit :

— Est-ce que monsieur est mouchard?

Marius s'en alla assez penaud, mais fort ravi. Il avançait.

— Bon, pensa-t-il. Je sais qu'elle s'appelle Ursule, qu'elle est fille d'un rentier, et qu'elle demeure là, rue de l'Ouest, au troisième.

Le lendemain M. Leblanc et sa fille ne firent au Luxembourg qu'une courte apparition; ils s'en allèrent qu'il faisait grand jour. Marius les suivit rue de l'Ouest comme il en avait pris l'habitude. En arrivant à la porte cochère, M. Leblanc fit passer sa fille devant, puis s'arrêta avant de franchir le seuil, se retourna et regarda Marius fixement.

Le jour d'après, ils ne vinrent pas au Luxembourg. Marius attendit en vain toute la journée. A la nuit tombée, il alla rue de l'Ouest, et vit de la lumière aux fenêtres du troisième. Il se promena sous ces fenêtres jusqu'à ce que cette lumière fût éteinte.

Le jour suivant, personne au Luxembourg. Marius attendit tout le jour, puis alla faire sa faction de nuit sous les croisées. Cela le conduisait jusqu'à dix heures du soir. Son dîner devenait ce qu'il pouvait. La fièvre nourrit le malade et l'amour l'amoureux.

Il se passa huit jours de la sorte, M. Leblanc[6] et sa fille ne paraissaient plus au Luxembourg. Marius faisait des conjectures tristes[7]; il n'osait guetter la porte cochère pendant le jour. Il se contentait d'aller à la nuit contempler la clarté rougeâtre des vitres. Il y voyait par moments passer des ombres, et le cœur lui battait. Le huitième jour, quand il arriva sous les fenêtres, il n'y avait pas de lumière.

— Tiens ! dit-il, la lampe n'est pas encore allumée. Il fait nuit pourtant. Est-ce qu'ils seraient sortis ?

Il attendit. Jusqu'à dix heures. Jusqu'à minuit. Jusqu'à une heure du matin. Aucune lumière ne s'alluma aux fenêtres du troisième étage et personne ne rentra dans la maison. Il s'en alla très sombre.

Le lendemain, — car il ne vivait que de lendemains en lendemains, il n'y avait, pour ainsi dire, plus d'aujourd'hui pour lui, — le lendemain il ne trouva personne au Luxembourg, il s'y attendait ; à la brune, il alla à la maison. Aucune lueur aux fenêtres ; les persiennes étaient fermées ; le troisième était tout noir.

Marius frappa à la porte cochère, entra et dit au portier :

— Le monsieur du troisième ?

— Déménagé, répondit le portier.

Marius chancela et dit faiblement :

— Depuis quand donc ?

— D'hier.

— Où demeure-t-il maintenant ?

— Je n'en sais rien.

— Il n'a donc point laissé sa nouvelle adresse ?

— Non.

Et le portier levant le nez reconnut Marius.

— Tiens ! c'est vous ! dit-il, mais vous êtes donc décidément quart-d'œil[8] ?

LIVRE SEPTIÈME[1]

PATRON-MINETTE

I

LES MINES ET LES MINEURS

Les sociétés humaines ont toutes ce qu'on appelle dans les théâtres *un troisième dessous*. Le sol social est partout miné, tantôt pour le bien, tantôt pour le mal. Ces travaux se superposent. Il y a les mines supérieures et les mines inférieures. Il y a un haut et un bas dans cet obscur sous-sol qui s'effondre parfois sous la civilisation, et que notre indifférence et notre insouciance foulent aux pieds. L'Encyclopédie, au siècle dernier, était une mine, presque à ciel ouvert. Les ténèbres, ces sombres couveuses du christianisme primitif, n'attendaient qu'une occasion pour faire explosion sous les Césars et pour inonder le genre humain de lumière. Car dans les ténèbres sacrées il y a de la lumière latente. Les volcans sont pleins d'une ombre capable de flamboiement. Toute lave commence par être nuit. Les catacombes, où s'est dite la première messe, n'étaient pas seulement la cave de Rome, elles étaient le souterrain du monde.

Il y a sous la construction sociale, cette merveille compliquée d'une masure, des excavations de toutes sortes. Il y a la mine religieuse, la mine philosophique, la mine politique, la mine économique, la mine révolutionnaire. Tel pioche avec l'idée, tel pioche avec le chiffre, tel pioche avec la colère. On s'appelle et on se répond d'une catacombe à l'autre. Les utopies cheminent sous terre dans ces conduits. Elles s'y ramifient en tous sens. Elles s'y rencontrent parfois, et y fraternisent. Jean-Jacques prête son pic à Diogène qui lui prête sa lanterne. Quelquefois elles s'y combattent. Calvin prend Socin[2] aux cheveux. Mais rien n'arrête ni n'interrompt la tension de toutes ces énergies vers le but, et la vaste activité simultanée, qui va et vient, monte, descend et remonte dans ces obscurités, et qui transforme lentement le dessus par le dessous et le dehors par le dedans;

immense fourmillement inconnu. La société se doute à peine de ce creusement qui lui laisse sa surface et lui change les entrailles. Autant d'étages souterrains, autant de travaux différents, autant d'extractions diverses. Que sort-il de toutes ces fouilles profondes ? L'avenir.

Plus on s'enfonce, plus les travailleurs sont mystérieux. Jusqu'à un degré que le philosophe social sait reconnaître, le travail est bon ; au delà de ce degré, il est douteux et mixte ; plus bas, il devient terrible. À une certaine profondeur, les excavations ne sont plus pénétrables à l'esprit de civilisation, la limite respirable à l'homme est dépassée ; un commencement de monstres est possible.

L'échelle descendante est étrange ; et chacun de ces échelons correspond à un étage où la philosophie peut prendre pied, et où l'on rencontre un de ces ouvriers, quelquefois divins, quelquefois difformes. Au-dessous de Jean Huss[3], il y a Luther ; au-dessous de Luther, il y a Descartes ; au-dessous de Descartes, il y a Voltaire ; au-dessous de Voltaire, il y a Condorcet ; au-dessous de Condorcet, il y a Robespierre ; au-dessous de Robespierre, il y a Marat ; au-dessous de Marat, il y a Babeuf. Et cela continue. Plus bas, confusément, à la limite qui sépare l'indistinct de l'invisible, on aperçoit d'autres hommes sombres, qui peut-être n'existent pas encore. Ceux d'hier sont des spectres ; ceux de demain sont des larves. L'œil de l'esprit les distingue obscurément. Le travail embryonnaire de l'avenir est une des visions du philosophe.

Un monde dans les limbes à l'état de fœtus, quelle silhouette inouïe !

Saint-Simon, Owen[4], Fourier, sont là aussi, dans des sapes latérales.

Certes, quoiqu'une divine chaîne invisible lie entre eux à leur insu tous ces pionniers souterrains qui, presque toujours, se croient isolés, et qui ne le sont pas, leurs travaux sont bien divers, et la lumière des uns contraste avec le flamboiement des autres. Les uns sont paradisiaques, les autres sont tragiques. Pourtant, quel que soit le contraste, tous ces travailleurs, depuis le plus haut jusqu'au plus nocturne, depuis le plus sage jusqu'au plus fou, ont une similitude, et la voici : le désintéressement. Marat s'oublie comme Jésus. Ils se laissent de côté, ils s'omettent, ils ne songent point à eux. Ils voient autre chose qu'eux-mêmes. Ils ont un regard, et ce regard cherche l'absolu. Le premier a tout le ciel dans les yeux ; le dernier, si énigmatique qu'il soit, a encore sous le sourcil la pâle clarté de l'infini. Vénérez, quoi qu'il fasse, quiconque a ce signe : la prunelle étoile.

La prunelle ombre est l'autre signe.

A elle commence le mal. Devant qui n'a pas de regard, songez et tremblez. L'ordre social a ses mineurs noirs.

Il y a un point où l'approfondissement est de l'ensevelissement, et où la lumière s'éteint.

Au-dessous de toutes ces mines que nous venons d'indiquer, au-dessous de toutes ces galeries, au-dessous de tout cet immense système veineux souterrain du progrès et de l'utopie, bien plus avant dans la terre, plus bas que Marat, plus bas que Babeuf, plus bas, beaucoup plus bas, et sans relation aucune avec les étages supérieurs, il y a la dernière sape. Lieu formidable. C'est ce que nous avons nommé le troisième dessous. C'est la fosse des ténèbres. C'est la cave des aveugles. *Inferi*.

Ceci communique aux abîmes.

II

LE BAS-FOND

Là le désintéressement s'évanouit. Le démon s'ébauche vaguement ; chacun pour soi. Le moi sans yeux hurle, cherche, tâtonne et ronge. L'Ugolin social est dans ce gouffre.

Les silhouettes farouches qui rôdent dans cette fosse, presque bêtes, presque fantômes, ne s'occupent pas du progrès universel, elles ignorent l'idée et le mot, elles n'ont souci que de l'assouvissement individuel. Elles sont presque inconscientes, et il y a au dedans d'elles une sorte d'effacement effrayant. Elles ont deux mères, toutes deux marâtres, l'ignorance et la misère. Elles ont un guide, le besoin ; et, pour toutes les formes de la satisfaction, l'appétit. Elles sont brutalement voraces, c'est-à-dire féroces, non à la façon du tyran, mais à la façon du tigre. De la souffrance ces larves passent au crime ; filiation fatale, engendrement vertigineux, logique de l'ombre. Ce qui rampe dans le troisième dessous social, ce n'est plus la réclamation étouffée de l'absolu ; c'est la protestation de la matière. L'homme y devient dragon.

Avoir faim, avoir soif, c'est le point de départ, être Satan, c'est le point d'arrivée. De cette cave sort Lacenaire[1].

On vient de voir tout à l'heure, au livre quatrième, un des compartiments de la mine supérieure, de la grande sape politique, révolutionnaire et philosophique. Là, nous venons de le dire, tout est noble, pur, digne, honnête. Là, certes, on peut se tromper, et l'on se trompe; mais l'erreur y est vénérable tant elle implique d'héroïsme. L'ensemble du travail qui se fait là a un nom : le Progrès.

Le moment est venu d'entrevoir d'autres profondeurs, les profondeurs hideuses.

Il y a sous la société, insistons-y, et, jusqu'au jour où l'ignorance sera dissipée, il y aura la grande caverne du mal.

Cette cave est au-dessous de toutes et est l'ennemie de toutes. C'est la haine sans exception. Cette cave ne connaît pas de philosophes; son poignard n'a jamais taillé de plume. Sa noirceur n'a aucun rapport avec la noirceur sublime de l'écritoire. Jamais les doigts de la nuit qui se crispent sous ce plafond asphyxiant n'ont feuilleté un livre ni déplié un journal. Babeuf est un exploiteur pour Cartouche; Marat est un aristocrate pour Schinderhannes[2]. Cette cave a pour but l'effondrement de tout.

De tout. Y compris les sapes supérieures, qu'elle exècre. Elle ne mine pas seulement, dans son fourmillement hideux, l'ordre social actuel; elle mine la philosophie, elle mine la science, elle mine le droit, elle mine la pensée humaine, elle mine la civilisation, elle mine la révolution, elle mine le progrès. Elle s'appelle tout simplement vol, prostitution, meurtre et assassinat. Elle est ténèbres, et elle veut le chaos. Sa voûte est faite d'ignorance.

Toutes les autres, celles d'en haut, n'ont qu'un but, la supprimer. C'est là que tendent, par tous leurs organes à la fois, par l'amélioration du réel comme par la contemplation de l'absolu, la philosophie et le progrès. Détruisez la cave Ignorance, vous détruisez la taupe Crime.

Condensons en quelques mots une partie de ce que nous venons d'écrire. L'unique péril social, c'est l'Ombre.

Humanité, c'est identité. Tous les hommes sont la même argile. Nulle différence, ici-bas du moins, dans la prédestination. Même ombre avant, même chair pendant, même cendre après. Mais l'ignorance mêlée à la pâte humaine la noircit. Cette incurable noirceur gagne le dedans de l'homme et y devient le Mal.

III

Babet, Gueulemer, Claquesous et Montparnasse

Un quatuor de bandits, Claquesous, Gueulemer, Babet et Montparnasse, gouvernait de 1830 à 1835 le troisième dessous de Paris.

Gueulemer était un Hercule déclassé. Il avait pour antre l'égout de l'Arche-Marion[1]. Il avait six pieds de haut, des pectoraux de marbre, des biceps d'airain, une respiration de caverne, le torse d'un colosse, un crâne d'oiseau. On croyait voir l'Hercule Farnèse vêtu d'un pantalon de coutil et d'une veste de velours de coton. Gueulemer, bâti de cette façon sculpturale, aurait pu dompter les monstres; il avait trouvé plus court d'en être un. Front bas, tempes larges, moins de quarante ans et la patte d'oie, le poil rude et court, la joue en brosse, une barbe sanglière; on voit d'ici l'homme. Ses muscles sollicitaient le travail, sa stupidité n'en voulait pas. C'était une grosse force paresseuse. Il était assassin par nonchalance. On le croyait créole. Il avait probablement un peu touché au maréchal Brune, ayant été portefaix à Avignon en 1815[2]. Après ce stage, il était passé bandit.

La diaphanéité de Babet contrastait avec la viande de Gueulemer. Babet était maigre et savant. Il était transparent, mais impénétrable. On voyait le jour à travers les os, mais rien à travers la prunelle. Il se déclarait chimiste. Il avait été pitre chez Bobèche et paillasse chez Bobino[3]. Il avait joué le vaudeville à Saint-Mihiel. C'était un homme à intentions, beau parleur, qui soulignait ses sourires et guillemetait ses gestes. Son industrie était de vendre en plein vent des bustes de plâtre et des portraits du « chef de l'État ». De plus, il arrachait les dents. Il avait montré des phénomènes dans les foires, et possédé une baraque avec trompette, et cette affiche : — Babet, artiste dentiste, membre des académies, fait des expériences physiques sur métaux et métalloïdes, extirpe les dents, entreprend les chicots abandonnés par ses confrères. Prix : une dent, un franc cinquante centimes; deux dents, deux francs; trois dents, deux francs cinquante. Profitez de l'occasion. — (Ce « profitez de l'occasion » signifiait : faites-vous-en arracher le plus possible.) Il avait été marié et avait eu des enfants. Il ne savait ce que sa femme et ses enfants étaient devenus. Il les avait perdus comme on perd son mouchoir. Haute exception dans le monde obscur dont il était, Babet lisait les journaux. Un jour, du temps qu'il avait sa famille avec lui dans sa baraque roulante, il avait lu dans le *Messager*[1] qu'une femme venait d'accoucher d'un enfant suffisamment viable, ayant un mufle de veau, et il s'était écrié : *Voilà une fortune! ce n'est pas ma femme qui aurait l'esprit de me faire un enfant comme cela!*

Depuis, il avait tout quitté pour « entreprendre Paris ». Expression de lui.

Qu'était-ce que Claquesous? C'était la nuit. Il attendait pour se montrer que le ciel se fût barbouillé de noir. Le soir il sortait d'un trou où il rentrait avant le jour. Où était ce trou? Personne ne le savait. Dans la plus complète obscurité, à ses complices, il ne parlait qu'en tournant le dos. S'appelait-il Claquesous? non. Il disait : Je m'appelle Pas-du-tout. Si une chandelle survenait, il mettait un masque. Il était ventriloque. Babet disait : *Claquesous est un nocturne à deux voix.* Claquesous était vague, errant, terrible. On n'était pas sûr qu'il eût un nom, Claquesous étant un sobriquet; on n'était pas sûr qu'il eût une voix, son ventre parlant plus souvent que sa bouche; on n'était pas sûr qu'il eût un visage, personne n'ayant jamais vu que son masque. Il disparaissait comme un évanouissement; ses apparitions étaient des sorties de terre.

Un être lugubre, c'était Montparnasse. Montparnasse était un enfant; moins de vingt ans, un joli visage, des lèvres qui ressemblaient à des cerises, de charmants cheveux noirs, la clarté du printemps dans les yeux; il avait tous les vices et aspirait à tous les crimes. La digestion du mal le mettait en appétit du pire. C'était le gamin tourné en voyou, et le voyou devenu escarpe. Il était gentil, efféminé, gracieux, robuste, mou, féroce. Il avait le bord du chapeau relevé à gauche pour faire place à la touffe de cheveux, selon le style de 1829. Il vivait de voler violemment. Sa redingote était de la meilleure coupe, mais râpée. Montparnasse, c'était une gravure de modes ayant de la misère et commettant des meurtres. La cause de tous les attentats de cet adolescent était l'envie d'être bien mis. La première grisette qui lui avait dit : Tu es beau, lui avait jeté la tache de ténèbres dans le cœur, et avait fait un Caïn de cet Abel. Se trouvant joli, il avait voulu être élégant ; or la première élégance, c'est l'oisiveté ; l'oisiveté d'un pauvre, c'est le crime. Peu de rôdeurs étaient aussi redoutés que Montparnasse. A dix-huit ans, il avait déjà plusieurs cadavres derrière lui. Plus d'un passant les bras étendus gisait dans l'ombre de ce misérable, la face dans une mare de sang. Frisé, pommadé, pincé à la taille, des hanches de femme, un buste d'officier prussien, le murmure d'admiration des filles du boulevard autour de lui, la cravate savamment nouée, un casse-tête dans sa poche, une fleur à sa boutonnière ; tel était ce mirliflore du sépulcre.

IV

Composition de la troupe

A EUX QUATRE, ces bandits formaient une sorte de Protée, serpentant à travers la police, et s'efforçant d'échapper aux regards indiscrets de Vidocq « sous diverse figure, arbre, flamme, fontaine », s'entre-prêtant leurs noms et leurs trucs, se dérobant dans leur propre ombre, boîtes à secrets et asiles les uns pour les autres, défaisant leurs personnalités comme on ôte son faux nez au bal masqué, parfois se simplifiant au point de ne plus être qu'un, parfois se multipliant au point que Coco-Lacour lui-même les prenait pour une foule.

Ces quatre hommes n'étaient point quatre hommes ; c'était une sorte de mystérieux voleur à quatre têtes travaillant en grand sur Paris ; c'était le polype monstrueux du mal habitant la crypte de la société.

Grâce à leurs ramifications, et au réseau sous-jacent de leurs relations, Babet, Gueulemer, Claquesous et Montparnasse avaient l'entreprise générale des guets-apens du département de la Seine. Ils faisaient sur le passant le coup d'État d'en bas. Les trouveurs d'idées en ce genre, les hommes à imagination nocturne, s'adressaient à eux pour l'exécution. On fournissait aux quatre coquins le canevas, ils se chargeaient de la mise en scène. Ils travaillaient sur scenario. Ils étaient toujours en situation de prêter un personnel proportionné et convenable à tous les attentats ayant besoin d'un coup d'épaule et suffisamment lucratifs. Un crime étant en quête de bras, ils lui sous-louaient des complices. Ils avaient une troupe d'acteurs de ténèbres à la disposition de toutes les tragédies de cavernes.

Ils se réunissaient habituellement à la nuit tombante, heure de leur réveil, dans les steppes qui avoisinent la Salpêtrière. Là, ils conféraient. Ils avaient les douze heures noires devant eux; ils en réglaient l'emploi.

Patron-Minette, tel était le nom qu'on donnait dans la circulation souterraine à l'association de ces quatre hommes. Dans la vieille langue populaire fantasque qui va s'effaçant tous les jours, *Patron-Minette* signifie le matin, de même que *Entre chien et loup* signifie le soir. Cette appellation, Patron-Minette, venait probablement de l'heure à laquelle leur besogne finissait, l'aube étant l'instant de l'évanouissement des fantômes et de la séparation des bandits. Ces quatre hommes étaient connus sous cette rubrique. Quand le président des assises visita Lacenaire dans sa prison, il le questionna sur un méfait que Lacenaire niait. — Qui a fait cela? demanda le président. Lacenaire fit cette réponse, énigmatique pour le magistrat, mais claire pour la police: — C'est peut-être Patron-Minette.

On devine parfois une pièce sur l'énoncé des personnages; on peut de même presque apprécier une bande sur la liste des bandits. Voici, car ces noms-là surnagent dans les mémoires spéciales, à quelles appellations répondaient les principaux affiliés de Patron-Minette:

Panchaud, dit Printanier, dit Bigrenaille.

Brujon. (Il y avait une dynastie de Brujon; nous ne renonçons pas à en dire un mot.)

Boulatruelle, le cantonnier déjà entrevu.

Laveuve.

Finistère.

Homère Hogu, nègre.

Mardisoir.

Dépêche.

Fauntleroy, dit Bouquetière.

Glorieux, forçat libéré.

Barrecarrosse, dit M. Dupont.

Lesplanade-du-Sud.

Poussagrive.

Carmagnolet.

Kruideniers, dit Bizarro.

Mangedentelle.
Les-pieds-en-l'air.
Demi-liard, dit Deux-milliards.
Etc., etc.

Nous en passons, et non des pires. Ces noms ont des figures. Ils n'expriment pas seulement des êtres, mais des espèces. Chacun de ces noms répond à une variété de ces difformes champignons du dessous de la civilisation.

Ces êtres, peu prodigues de leurs visages, n'étaient pas de ceux qu'on voit passer dans les rues. Le jour, fatigués des nuits farouches qu'ils avaient, ils s'en allaient dormir, tantôt dans les fours à plâtre, tantôt dans les carrières abandonnées de Montmartre ou de Montrouge, parfois dans les égouts. Ils se terraient.

Que sont devenus ces hommes? Ils existent toujours. Ils ont toujours existé. Horace en parle : *Ambubaiarum collegia, pharmacopolae, mendici, mimae;* et[1], tant que la société sera ce qu'elle est, ils seront ce qu'ils sont. Sous l'obscur plafond de leur cave, ils renaissent à jamais du suintement social. Ils reviennent, spectres, toujours identiques; seulement ils ne portent plus les mêmes noms et ils ne sont plus dans les mêmes peaux.

Les individus extirpés, la tribu subsiste.

Ils ont toujours les mêmes facultés. Du truand au rôdeur, la race se maintient pure. Ils devinent les bourses dans les poches, ils flairent les montres dans les goussets. L'or et l'argent ont pour eux une odeur. Il y a des bourgeois naïfs dont on pourrait dire qu'ils ont l'air volables. Ces hommes suivent patiemment ces bourgeois. Au passage d'un étranger ou d'un provincial, ils ont des tressaillements d'araignée.

Ces hommes-là, quand, vers minuit, sur un boulevard désert, on les rencontre ou on les en revoit, sont effrayants. Ils ne semblent pas des hommes, mais des formes faites de brume vivante; on dirait qu'ils font habituellement bloc avec les ténèbres, qu'ils n'en sont pas distincts, qu'ils n'ont pas d'autre âme que l'ombre, et que c'est momentanément, et pour vivre pendant quelques minutes d'une vie monstrueuse, qu'ils se sont désagrégés de la nuit.

Que faut-il pour faire évanouir ces larves? De la lumière. De la lumière à flots. Pas une chauve-souris ne résiste à l'aube. Éclairez la société en dessous[2].

LIVRE HUITIÈME

LE MAUVAIS PAUVRE

I

MARIUS, CHERCHANT UNE FILLE EN CHAPEAU[1]
RENCONTRE UN HOMME EN CASQUETTE

L'été passa, puis l'automne; l'hiver vint. Ni M. Leblanc ni la jeune fille n'avaient remis les pieds au Luxembourg. Marius n'avait plus qu'une pensée, revoir ce doux et adorable visage. Il cherchait toujours, il cherchait partout; il ne trouvait rien. Ce n'était plus Marius le rêveur enthousiaste, l'homme résolu, ardent et ferme, le hardi provocateur de la destinée[2], le cerveau qui échafaudait avenir sur avenir, le jeune esprit encombré de plans, de projets, de fiertés, d'idées et de volontés; c'était un chien perdu. Il tomba dans une tristesse noire. C'était fini[3]. Le travail le rebutait, la promenade le fatiguait, la solitude l'ennuyait; la vaste nature, si remplie autrefois de formes, de clartés, de voix, de conseils, de perspectives, d'horizons, d'enseignements, était maintenant vide devant lui. Il lui semblait que tout avait disparu.

Il pensait toujours, car il ne pouvait faire autrement; mais il ne se plaisait plus dans ses pensées. A tout ce qu'elles lui proposaient tout bas sans cesse, il répondait dans l'ombre : A quoi bon?

Il se faisait cent reproches. Pourquoi l'ai-je suivie? J'étais si heureux rien que de la voir! Elle[4] me regardait, est-ce que ce n'était pas immense? Elle avait l'air de m'aimer. Est-ce que ce n'était pas tout? J'ai voulu avoir quoi? Il n'y a rien après cela[5]. J'ai été absurde. C'est ma faute, etc., etc. Courfeyrac, auquel il ne confiait rien, c'était sa nature, mais qui devinait un peu tout, c'était sa nature aussi, avait commencé par le féliciter d'être amoureux, en s'en ébahissant d'ailleurs; puis, voyant Marius tombé dans cette mélancolie, il avait fini par lui dire :

— Je vois que tu as été simplement un animal. Tiens, viens à la Chaumière[6] !

Une fois[7], ayant confiance dans un beau soleil de septembre, Marius s'était laissé mener au bal de Sceaux par Courfeyrac, Bossuet et Grantaire, espérant, quel rêve ! qu'il la retrouverait peut-être là. Bien entendu, il n'y vit pas celle qu'il cherchait. — C'est pourtant ici qu'on retrouve toutes les femmes perdues, grommelait Grantaire en aparté. Marius laissa ses amis au bal, et s'en retourna à pied, seul, las, fiévreux, les yeux troubles et tristes dans la nuit, ahuri de bruit et de poussière par les joyeux coucous pleins d'êtres chantants qui revenaient de la fête et passaient à côté de lui, découragé, aspirant pour se rafraîchir la tête l'âcre senteur des noyers de la route.

Il se remit à vivre de plus en plus seul, égaré, accablé, tout à son angoisse intérieure, allant et venant dans sa douleur comme le loup dans le piège, quêtant partout l'absente, abruti d'amour.

Une autre fois, il avait fait une rencontre qui lui avait produit un effet singulier. Il avait croisé dans les petites rues qui avoisinent le boulevard des Invalides un homme vêtu comme un ouvrier et coiffé d'une casquette à longue visière qui laissait passer des mèches de cheveux très blancs. Marius fut frappé de la beauté de ces cheveux blancs et considéra cet homme qui marchait à pas lents et comme absorbé dans une méditation douloureuse. Chose étrange, il lui parut reconnaître M. Leblanc. C'étaient les mêmes cheveux, le même profil, autant que la casquette le laissait voir, la même allure, seulement plus triste. Mais pourquoi ces habits d'ouvrier? qu'est-ce que cela voulait dire? que signifiait ce déguisement? Marius fut très étonné. Qaund il revint à lui, son premier mouvement fut de se mettre à suivre cet homme; qui sait s'il ne tenait point enfin la trace qu'il cherchait? En tout cas, il fallait revoir l'homme de près et éclaircir l'énigme. Mais il s'avisa de cette idée trop tard, l'homme n'était déjà plus là. Il avait pris quelque petite rue latérale, et Marius ne put le retrouver. Cette rencontre le préoccupa quelques jours, puis s'effaça. — Après tout, se dit-il, ce n'est probablement qu'une ressemblance.

II

Trouvaille

Marius n'avait pas cessé d'habiter la masure Gorbeau[1]. Il n'y faisait attention à personne.

A cette époque, à la vérité, il n'y avait plus dans cette masure d'autres habitants que lui et ces Jondrette dont il avait une fois acquitté le loyer, sans avoir du reste jamais parlé ni au père, ni à la mère, ni aux filles. Les autres locataires étaient déménagés ou morts, ou avaient été expulsés faute de payement[2].

Un jour de cet hiver-là, le soleil s'était un peu montré dans l'après-midi, mais c'était le 2 février, cet antique jour de la Chandeleur dont le soleil traître, précurseur d'un froid de six semaines, a inspiré à Mathieu Lænsberg ces deux vers restés justement classiques :

> Qu'il luise ou qu'il luiserne
> L'ours rentre en sa caverne.

Marius venait de sortir de la sienne. La nuit tombait. C'était l'heure d'aller dîner; car il avait bien fallu se remettre à dîner, hélas[3] ! ô infirmités des passions idéales ! Il venait de franchir le seuil de sa porte que mame Bougon balayait en ce moment-là même tout en prononçant ce mémorable monologue :

— Qu'est-ce qui est bon marché à présent ? Tout est cher. Il n'y a que la peine du monde qui est bon marché ; elle est pour rien, la peine du monde !

Marius montait à pas lents le boulevard vers la barrière afin de gagner la rue Saint-Jacques. Il marchait pensif, la tête baissée.

Tout à coup il se sentit coudoyé dans la brume[4] ; il se retourna, et vit deux jeunes filles en haillons, l'une longue et mince, l'autre un peu moins grande[5], qui passaient rapidement, essoufflées, effarouchées, et comme ayant l'air de s'enfuir ; elles venaient à sa rencontre, ne l'avaient pas vu, et l'avaient heurté en passant. Marius distinguait dans le crépuscule leurs figures livides, leurs têtes décoiffées, leurs cheveux épars, leurs affreux bonnets, leurs jupes en guenilles et leurs pieds nus. Tout en courant, elles se parlaient. La plus grande disait d'une voix très basse :

— Les cognes sont venus. Ils ont manqué me pincer au demi-cercle[6].

L'autre répondait :

— Je les ai vus. J'ai cavalé, cavalé, cavalé !

Marius comprit, à travers cet argot sinistre, que les gendarmes ou les sergents de ville avaient failli saisir ces deux enfants, et que ces enfants s'étaient échappées.

Elles s'enfoncèrent sous les arbres du boulevard derrière lui, et y firent pendant quelques instants dans l'obscurité une espèce de blancheur vague qui s'effaça[7].

Marius s'était arrêté un moment. Il allait continuer son chemin lorsqu'il aperçut un petit paquet grisâtre à terre à ses pieds. Il se baissa et le ramassa. C'était une façon d'enveloppe qui paraissait contenir des papiers.

— Bon, dit-il, ces malheureuses auront laissé tomber cela !

Il revint sur ses pas, il appela, il ne les retrouva plus; il pensa qu'elles étaient déjà loin, mit le paquet dans sa poche, et s'en alla dîner.

Chemin faisant, il vit dans une allée de la rue Mouffetard une bière d'enfant couverte d'un drap noir, posée sur trois chaises et éclairée par une chandelle. Les deux filles du crépuscule lui revinrent à l'esprit.

— Pauvres mères ! pensa-t-il. Il y a une chose plus triste que de voir ses enfants mourir ; c'est de les voir mal vivre.

Puis ces ombres qui variaient sa tristesse lui sortirent de la pensée, et il retomba dans ses préoccupations habituelles. Il se remit à songer à ses six mois d'amour et de bonheur en plein air et en pleine lumière sous les beaux arbres du Luxembourg[8].

— Comme ma vie est devenue sombre ! se disait-il. Les jeunes filles m'apparaissent toujours. Seulement autrefois c'étaient les anges ; maintenant ce sont les goules[9].

III

QUADRIFRONS[1]

Le soir, comme il se déshabillait pour se coucher, sa main rencontra dans la poche de son habit le paquet qu'il avait ramassé sur le boulevard. Il l'avait oublié. Il songea qu'il serait utile de l'ouvrir, et que ce paquet contenait peut-être l'adresse de ces jeunes filles, si, en réalité, il leur appartenait, et dans tous les cas les renseignements nécessaires pour le restituer à la personne qui l'avait perdu.

Il défit l'enveloppe. Elle n'était pas cachetée et contenait quatre lettres, non cachetées également. Les adresses y étaient mises. Toutes quatre exhalaient une odeur d'affreux tabac[2].

La première lettre était adressée : *à Madame, madame la marquise de Grucheray, place vis-à-vis la chambre des députés, n°...*

Marius se dit qu'il trouverait probablement là les indications qu'il cherchait, et que d'ailleurs la lettre n'étant pas fermée, il était vraisemblable qu'elle pouvait être lue sans inconvénient.

Elle était ainsi conçue :

« Madame la marquise,

« La vertu de la clémence et piété est celle qui unit plus étroitement la société. Promenez votre sentiment chrétien, et faites un regard de compassion sur cette infortuné Español victime de la loyauté et d'attachement à la cause sacrée de la légitimité, qu'il a payé de son sang, consacrée sa fortune, toutte, pour défendre cette cause, et aujourd'hui se trouve dans la plus grande missère. Il ne doute point que votre honorable personne l'accordera un secour pour conserver une existance éxtremement penible pour un militaire d'éducation et d'honneur plein de blessures. Compte d'avance sur l'humanité qui vous animé et sur l'intérêt que Madame la marquise porte à une nation aussi malheureuse. Leur prière ne sera pas en vaine, et leur reconnaissance conservera sont charmant souvenir.

« De mes sentiments respectueux avec lesquelles j'ai l'honneur d'être,

« Madame,

« Don Alvarez, capitaine español de caballerie, royaliste réfugié en France que se trouve en voyagé pour sa patrie et le manquent les réssources pour continuer son voyagé. »

Aucune adresse n'était jointe à la signature. Marius espéra trouver l'adresse dans la deuxième lettre dont la

suscription portait : *à Madame, madame la contesse de Mont-*
vernet, rue Cassette, n° 9.
Voici ce que Marius y lut :

« Madame la contesse,
« C'eſt une malhereuse meré de famille de six enfants
dont le dernier n'a que huit mois. Moi malade depuis
ma dernière couche, abandonnée de mon mari depuis
cinq mois n'aiyant aucune réssource au monde dans la
plus affreuse indigance.
« Dans l'espoir de Madame la contesse, elle a l'honneur d'être, madame, avec un profond respeƈt.
« Femme BALIZARD. »

Marius passa à la troisième lettre, qui était comme les
précédentes une supplique ; on y lisait :

« Monsieur Pabourgeot, éleƈteur, négociant bonnetier en gros, rue Saint-Denis
au coin de la rue aux Fers.

« Je me permets de vous adresser cette lettre pour vous
prier de m'accorder la faveur prétieuse de vos simpaties
et de vous intéresser à un homme de lettres qui vient
d'envoyer un drame au Théâtre-Français. Le sujet en eſt
hiſtorique, et l'aƈtion se passe en Auvergne du temps de
l'Empire. Le ſtyle, je crois, en eſt naturel, laconique, et
peut avoir quelque mérite. Il y a des couplets à chanter en
quatre endroits. Le comique, le sérieux, l'imprévu, s'y
mêlent à la variété des caraƈtères et à une teinte de romantisme répandue légèrement dans toute l'intrigue qui marche
miſtérieusement, et va, par des péripessies frappantes, se
denouer au milieu de plusieurs coups de scènes éclatants.
« Mon but principal eſt de satisfère le desir qui anime
progressivement l'homme de notre siècle, c'eſt à dire,
LA MODE, cette caprisieuse et bizarre girouette qui
change presque à chaque nouveau vent.
« Malgré ces qualités j'ai lieu de craindre que la jalousie, l'égoïsme des auteurs privilégiés, obtienne mon
exclusion du théâtre, car je n'ignore pas les deboires
dont on abreuve les nouveaux venus.
« Monsieur Pabourgeot, votre juſte réputation de pro-
teƈteur éclairé des gants de lettres m'enhardit à vous envoyer ma fille qui vous exposera notre situation indigante,
manquant de pain et de feu dans cette saison d'hyver.

Vous dire que je vous prie d'agreer l'hommage que je désire vous faire de mon drame et de tous ceux que je ferai, c'est vous prouver combien j'ambicionne l'honneur de m'abriter sous votre égide, et de parer mes écrits de votre nom. Si vous daignez m'honorer de la plus modeste offrande, je m'occuperai aussitôt à faire une pièsse de vers pour vous payer mon tribu de reconnaissance. Cette pièsse, que je tacherai de rendre aussi parfaite que possible, vous sera envoyér avant d'être insérée au commencement du drame et débitée sur la scène.

« A Monsieur,
« Et Madame Pabourgeot,
« Mes hommages les plus respectueux.
« Genflot, homme de lettres.

« *P.-S.* — Ne serait-ce que quarante sous.

« Excusez-moi d'envoyer ma fille et de ne pas me présenter moi-même, mais de tristes motifs de toilette ne me permettent pas, hélas ! de sortir... »

Marius ouvrit enfin la quatrième lettre. Il y avait sur l'adresse : *Au monsieur bienfaisant de l'église Saint-Jacques-du-Haut-Pas*. Elle contenait ces quelques lignes :

« Homme bienfaisant,

« Si vous daignez accompagner ma fille, vous verrez une calamité misérable, et je vous montrerai mes certificats.

« A l'aspect de ces écrits votre âme généreuse sera mue d'un sentiment de sencible bienveillance, car les vrais philosophes éprouvent toujours de vives émotions.

« Convenez, homme compatissant, qu'il faut éprouver le plus cruel besoin, et qu'il est bien douloureux, pour obtenir quelque soulagement, de le faire attester par l'autorité comme si l'on n'était pas libre de souffrir et de mourir d'innanition en attendant que l'on soulage notre missère. Les destins sont bien fatals pour d'aucuns et trop prodigue ou trop protecteur pour d'autres.

« J'attends votre présance ou votre offrande, si vous daignez la faire, et je vous prie de vouloir bien agréer les sentiments respectueux avec lesquels je m'honore d'être,
« homme vraiment magnanime,
« votre très humble
« et très obéissant serviteur,
« P. Fabantou, artiste dramatique. »

Après avoir lu ces quatre lettres, Marius ne se trouva pas beaucoup plus avancé qu'auparavant. D'abord aucun des signataires ne donnait son adresse. Ensuite elles semblaient venir de quatre individus différents, don Alvarès, la femme Balizard, le poëte Genflot et l'artiste dramatique Fabantou, mais ces lettres offraient ceci d'étrange qu'elles étaient écrites toutes quatre de la même écriture. Que conclure de là, sinon qu'elles venaient de la même personne?

En outre, et cela rendait la conjecture encore plus vraisemblable, le papier, grossier et jauni, était le même pour les quatre, l'odeur de tabac était la même[3], et, quoiqu'on eût évidemment cherché à varier le style, les mêmes fautes d'orthographe s'y reproduisaient avec une tranquillité profonde[4], et l'homme de lettres Genflot n'en était pas plus exempt que le capitaine español.

S'évertuer à deviner ce petit mystère était peine inutile. Si ce n'eût pas été une trouvaille, cela eût eu l'air d'une mystification. Marius était trop triste pour bien prendre même une plaisanterie du hasard et pour se prêter au jeu que paraissait vouloir jouer avec lui le pavé de la rue. Il lui semblait qu'il était à Colin-Maillard entre ces quatre lettres qui se moquaient de lui.

Rien n'indiquait d'ailleurs que ces lettres appartinssent aux jeunes filles que Marius avait rencontrées sur le boulevard. Après tout, c'étaient des paperasses évidemment sans aucune valeur. Marius les remit dans l'enveloppe, jeta le tout dans un coin, et se coucha.

Vers sept heures du matin, il venait de se lever et de déjeuner, et il essayait de se mettre au travail lorsqu'on frappa doucement à sa porte.

Comme il ne possédait rien, il n'ôtait jamais sa clef, si ce n'est quelquefois, fort rarement, lorsqu'il travaillait à quelque travail pressé. Du reste, même absent, il laissait sa clef à sa serrure[5].

— On vous volera, disait mame Bougon.

— Quoi? disait Marius.

Le fait est pourtant qu'un jour on lui avait volé une vieille paire de bottes, au grand triomphe de mame Bougon.

On frappa un second coup, très doux comme le premier.

— Entrez, dit Marius.

La porte s'ouvrit.

— Qu'est-ce que vous voulez, mame Bougon ? reprit Marius sans quitter des yeux les livres et les manuscrits qu'il avait sur sa table.

Une voix, qui n'était pas celle de mame Bougon, répondit :

— Pardon, monsieur...

C'était une voix sourde, cassée, étranglée, éraillée, une voix de vieux homme enroué d'eau-de-vie et de rogomme.

Marius se tourna vivement, et vit une jeune fille.

IV

Une rose dans la misère

Une toute jeune fille était debout dans la porte entre-bâillée. La lucarne du galetas où le jour paraissait était précisément en face de la porte et éclairait cette figure d'une lumière blafarde. C'était une créature hâve, chétive, décharnée ; rien qu'une chemise et une jupe sur une nudité frissonnante[1] et glacée. Pour ceinture une ficelle, pour coiffure une ficelle, des épaules pointues sortant de la chemise, une pâleur blonde et lymphatique[2], des clavicules terreuses, des mains rouges, la bouche entr'ouverte et dégradée, des dents de moins, l'œil terne, hardi et bas, les formes d'une jeune fille avortée et le regard d'une vieille femme corrompue ; cinquante ans mêlés à quinze ans ; un de ces êtres qui sont tout ensemble faibles et horribles et qui font frémir ceux qu'ils ne font pas pleurer.

Marius s'était levé et considérait avec une sorte de stupeur cet être presque pareil aux formes de l'ombre qui traversent les rêves[3].

Ce qui était poignant surtout, c'est que cette fille[4] n'était pas venue au monde pour être laide. Dans sa première enfance, elle avait dû même être jolie. La grâce de l'âge luttait encore contre la hideuse vieillesse anticipée de la débauche et de la pauvreté. Un reste de beauté se mourait sur ce visage de seize ans, comme ce pâle soleil qui s'éteint sous d'affreuses nuées à l'aube d'une journée d'hiver.

Ce visage n'était pas absolument inconnu à Marius. Il croyait se rappeler l'avoir vu quelque part.

— Que voulez-vous, mademoiselle? demanda-t-il.
La jeune fille répondit avec sa voix de galérien ivre :
— C'est une lettre pour vous, monsieur Marius.

Elle appelait Marius par son nom; il ne pouvait douter que ce ne fût à lui qu'elle eût affaire; mais qu'était-ce que cette fille? comment savait-elle son nom?

Sans attendre qu'il lui dît d'avancer, elle entra. Elle entra résolûment[5], regardant avec une sorte d'assurance qui serrait le cœur toute la chambre et le lit défait. Elle avait les pieds nus. De larges trous à son jupon laissaient voir ses longues jambes et ses genoux maigres. Elle grelottait.

Elle tenait en effet une lettre à la main qu'elle présenta à Marius.

Marius en ouvrant cette lettre remarqua que le pain à cacheter large et énorme[6] était encore mouillé. Le message ne pouvait venir de bien loin. Il lut :

« Mon aimable voisin, jeune homme !

« J'ai appris vos bontés pour moi, que vous avez payé mon terme il y a six mois. Je vous bénis, jeune homme. Ma fille aînée vous dira que nous sommes sans un morceau de pain depuit deux jours, quatre personnes, et mon épouse malade. Si je ne suis point desçu dans ma pensée, je crois devoir espérer que votre cœur généreux s'humanisera à cet exposé et vous subjuguera le désir de m'être propice en daignant me prodiguer un léger bienfait.

« Je suis avec la considération distinguée qu'on doit aux bienfaiteurs de l'humanité,

« JONDRETTE.

« *P. S.* — Ma fille attendra vos ordres, cher monsieur Marius. »

Cette lettre, au milieu de l'aventure obscure qui occupait Marius depuis la veille au soir, c'était une chandelle dans une cave. Tout fut brusquement éclairé. Cette lettre venait d'où venaient les quatre autres[7]. C'était la même écriture, le même style, la même orthographe, le même papier, la même odeur de tabac.

Il y avait cinq missives, cinq histoires, cinq noms, cinq signatures, et un seul signataire. Le capitaine español don Alvarès, la malheureuse mère Balizard, le poëte dramatique Genflot, le vieux comédien Fabantou se nommaient tous les quatre Jondrette, si toutefois Jondrette lui-même s'appelait Jondrette.

Depuis assez longtemps déjà que Marius habitait la masure, il n'avait eu, nous l'avons dit, que de bien rares occasions de voir, d'entrevoir même son très infime voisinage[8]. Il avait l'esprit ailleurs, et où est l'esprit est le regard. Il avait dû plus d'une fois croiser les Jondrette dans le corridor ou dans l'escalier; mais ce n'était pour lui que des silhouettes; il y avait pris si peu garde que la veille au soir il avait heurté sur le boulevard sans les reconnaître les filles Jondrette, car c'était évidemment elles, et que c'était à grand'peine que celle-ci, qui venait d'entrer dans sa chambre, avait éveillé en lui, à travers le dégoût et la pitié, un vague souvenir de l'avoir rencontrée ailleurs[9].

Maintenant il voyait clairement tout[10]. Il comprenait que son voisin Jondrette avait pour industrie dans sa détresse d'exploiter la charité des personnes bienfaisantes, qu'il se procurait des adresses, et qu'il écrivait sous des noms supposés à des gens qu'il jugeait riches et pitoyables des lettres que ses filles portaient, à leurs risques et périls, car ce père en était là qu'il[11] risquait ses filles; il jouait une partie avec la destinée et il les mettait au jeu. Marius comprenait que probablement, à en juger par leur fuite de la veille, par leur essoufflement, par leur terreur, et par ces mots d'argot qu'il avait entendus, ces infortunées faisaient encore on ne sait quels métiers sombres, et que de tout cela il était résulté, au milieu de la société humaine telle qu'elle est faite, deux misérables êtres qui n'étaient ni des enfants, ni des filles, ni des femmes, espèces de monstres impurs et innocents produits par la misère.

Tristes créatures sans nom, sans âge[12], sans sexe, auxquelles ni le bien, ni le mal ne sont plus possibles, et qui, en sortant de l'enfance, n'ont déjà plus rien dans ce monde, ni la liberté, ni la vertu, ni la responsabilité. Ames écloses hier, fanées aujourd'hui, pareilles à ces fleurs tombées dans la rue que toutes les boues flétrissent en attendant qu'une roue les écrase.

Cependant, tandis que Marius attachait sur elle un regard étonné et douloureux, la jeune fille allait et venait dans la mansarde avec une audace de spectre. Elle se démenait sans se préoccuper de sa nudité[13]. Par instants, sa chemise défaite et déchirée lui tombait presque à la ceinture. Elle remuait les chaises, elle dérangeait les objets de toilette posés sur la commode, elle touchait aux vêtements de Marius, elle furetait ce qu'il y avait dans les coins.

— Tiens, dit-elle, vous avez un miroir !

Et elle fredonnait, comme si elle eût été seule, des bribes de vaudeville, des refrains folâtres que sa voix gutturale et rauque[14] faisait lugubres. Sous cette hardiesse perçait je ne sais quoi de contraint, d'inquiet et d'humilié. L'effronterie est une honte.

Rien n'était plus morne que de la voir s'ébattre et pour ainsi dire voleter dans la chambre avec des mouvements d'oiseau que le jour effare, ou qui a l'aile cassée. On sentait qu'avec d'autres conditions d'éducation et de destinée, l'allure gaie et libre de cette jeune fille eût pu être quelque chose de doux et de charmant. Jamais parmi les animaux la créature née pour être une colombe ne se change en une orfraie. Cela ne se voit que parmi les hommes.

Marius songeait, et la laissait faire. Elle s'approcha de la table.

— Ah ! dit-elle, des livres !

Une lueur traversa son œil vitreux. Elle reprit, et son accent exprimait ce bonheur de se vanter de quelque chose, auquel nulle créature humaine n'est insensible :

— Je sais lire, moi.

Elle saisit vivement le livre ouvert sur la table, et lut assez couramment :

« ...Le général Bauduin reçut l'ordre d'enlever avec les cinq bataillons de sa brigade le château de Hougomont qui est au milieu de la plaine de Waterloo... »

Elle s'interrompit :

— Ah ! Waterloo ! Je connais ça. C'est une bataille dans les temps. Mon père y était. Mon père a servi dans les armées. Nous sommes joliment bonapartistes chez nous, allez ! C'est contre les Anglais Waterloo.

Elle posa le livre, prit une plume, et s'écria :

— Et je sais écrire aussi !

Elle trempa la plume dans l'encre, et se tournant vers Marius :

— Voulez-vous voir ? Tenez, je vais écrire un mot pour voir.

Et avant qu'il eût le temps de répondre, elle écrivit sur une feuille de papier blanc qui était au milieu de la table : *Les cognes*[15] *sont là.*

Puis, jetant la plume :

— Il n'y a pas de fautes d'orthographe. Vous pouvez regarder. Nous avons reçu de l'éducation, ma sœur et moi. Nous n'avons pas toujours été comme nous sommes[16]. Nous n'étions pas faites...

Ici elle s'arrêta, fixa sa prunelle éteinte sur Marius, et éclata de rire en disant avec une intonation[17] qui contenait toutes les angoisses étouffées par tous les cynismes :

— Bah !

Et elle se mit à fredonner ces paroles sur un air gai :

> J'ai faim, mon père.
> Pas de fricot.
> J'ai froid, ma mère.
> Pas de tricot.
>   Grelotte,
>   Lolotte !
>   Sanglote,
>   Jacquot !

A peine eut-elle achevé ce couplet qu'elle s'écria :

— Allez-vous quelquefois au spectacle, monsieur Marius ? Moi, j'y vais. J'ai un petit frère qui est ami avec des artistes et qui me donne des fois des billets. Par exemple, je n'aime pas les banquettes de galeries. On y est gêné, on y est mal. Il y a quelquefois du gros monde; il y a aussi du monde qui sent mauvais.

Puis elle considéra Marius, prit un air étrange, et lui dit :

— Savez-vous, monsieur Marius, que vous êtes très joli garçon ?

Et en même temps il leur vint à tous les deux la même pensée, qui la fit sourire et qui le fit rougir. Elle s'approcha de lui, et lui posa une main sur l'épaule[18].

— Vous ne faites pas attention à moi, mais je vous connais, monsieur Marius. Je vous rencontre ici dans l'escalier, et puis je vous vois entrer chez un appelé le père Mabeuf qui demeure du côté d'Austerlitz, des fois, quand je me promène par là[19]. Cela vous va très bien, vos cheveux ébouriffés.

Sa voix cherchait à être très douce et ne parvenait qu'à

être très basse. Une partie des mots se perdait dans le trajet du larynx aux lèvres comme sur un clavier où il manque des notes[20].

Marius s'était reculé doucement.

— Mademoiselle, dit-il avec sa gravité froide, j'ai là un paquet qui est, je crois, à vous. Permettez-moi de vous le remettre.

Et il lui tendit l'enveloppe qui renfermait les quatre lettres.

Elle frappa dans ses deux mains, et s'écria :

— Nous avons cherché partout !

Puis elle saisit vivement le paquet, et défit l'enveloppe, tout en disant :

— Dieu de Dieu ! avons-nous cherché, ma sœur et moi ! C'est vous qui l'aviez trouvé ! Sur le boulevard, n'est-ce pas ? ce doit être sur le boulevard ? Voyez-vous, ça a tombé quand nous avons couru. C'est ma mioche de sœur qui a fait la bêtise. En rentrant nous ne l'avons plus trouvé. Comme nous ne voulions pas être battues, que cela est inutile, que cela est entièrement inutile, que cela est absolument inutile, nous avons dit chez nous que nous avions porté les lettres chez les personnes et qu'on nous avait dit nix ! Les voilà, ces pauvres lettres ! Et à quoi avez-vous vu qu'elles étaient à moi ? Ah ! oui, à l'écriture ! C'est donc vous que nous avons cogné en passant hier soir. On n'y voyait pas, quoi ! J'ai dit à ma sœur : Est-ce que c'est un monsieur ? Ma sœur m'a dit : Je crois que c'est un monsieur !

Cependant, elle avait déplié la supplique adressée « au monsieur bienfaisant de l'église Saint-Jacques-du-Haut-Pas ».

— Tiens ! dit-elle, c'est celle pour ce vieux qui va à la messe. Au fait, c'est l'heure. Je vas lui porter. Il nous donnera peut-être de quoi déjeuner.

Puis elle se remit à rire, et ajouta :

— Savez-vous ce que cela fera si nous déjeunons aujourd'hui ? Cela fera que nous aurons eu notre déjeuner d'avant-hier, notre dîner d'avant-hier, notre déjeuner d'hier, notre dîner d'hier, tout ça en une fois, ce matin. Tiens ! parbleu ! si vous n'êtes pas contents, crevez, chiens !

Ceci fit souvenir Marius de ce que la malheureuse venait chercher chez lui. Il fouilla dans son gilet, il n'y trouva rien. La jeune fille continuait[21], et semblait parler comme si elle n'avait plus conscience que Marius fût là.

— Des fois je m'en vais le soir. Des fois je ne rentre pas. Avant d'être ici, l'autre hiver, nous demeurions sous les arches des ponts. On se serrait pour ne pas geler. Ma petite sœur pleurait. L'eau, comme c'est triste ! Quand je pensais à me noyer, je disais : Non, c'est trop froid. Je vais toute seule quand je veux, je dors des fois dans les fossés[22]. Savez-vous, la nuit, quand je marche sur le boulevard, je vois les arbres comme des fourches, je vois[23] des maisons toutes noires grosses comme les tours de Notre-Dame, je me figure que les murs blancs sont la rivière, je me dis : Tiens, il y a de l'eau là ! Les étoiles sont comme des lampions d'illuminations, on dirait qu'elles fument et que le vent les éteint, je suis ahurie, comme si j'avais des chevaux qui me soufflent dans l'oreille. Quoique ce soit la nuit, j'entends des orgues de Barbarie et les mécaniques des filatures, est-ce que je sais, moi[24] ? Je crois qu'on me jette des pierres, je me sauve sans savoir, tout tourne, tout tourne. Quand on n'a pas mangé, c'est très drôle.

Et elle le regarda d'un air égaré.

A force de creuser et d'approfondir ses poches, Marius avait fini par réunir cinq francs seize sous. C'était en ce moment tout ce qu'il possédait au monde.

— Voilà toujours mon dîner d'aujourd'hui, pensa-t-il, demain nous verrons.

Il prit les seize sous et donna les cinq francs à la fille. Elle saisit la pièce.

— Bon, dit-elle, il y a du soleil !

Et comme si ce soleil eût eu la propriété de faire fondre dans son cerveau des avalanches d'argot, elle poursuivit :

— Cinque francs ! du luisant ! un monarque[25] ! dans cette piolle ! c'est chenâtre ! Vous êtes un bon mion[26]. Je vous fonce mon palpitant. Bravo les fanandels ! deux jours de pivois ! et de la viandemuche ! et du fricotmar ! on pitancera chenument[27] ! et de la bonne mouise !

Elle ramena sa chemise sur ses épaules, fit un profond salut à Marius, puis un signe familier de la main, et se dirigea vers la porte en disant[28] :

— Bonjour, monsieur. C'est égal. Je vas trouver mon vieux.

En passant, elle aperçut sur la commode une croûte

de pain desséchée qui y moisissait dans la poussière ; elle se jeta dessus et y mordit[29] en grommelant :

— C'est bon ! c'est dur ! ça me casse les dents !

Puis elle sortit.

V

Le Judas de la providence[1]

Marius depuis cinq ans avait vécu dans la pauvreté, dans le dénûment, dans la détresse même, mais il s'aperçut qu'il n'avait point connu la vraie misère. La vraie misère, il venait de la voir. C'était cette larve qui venait de passer sous ses yeux. C'est qu'en effet qui n'a vu que la misère de l'homme n'a rien vu, il faut voir la misère de la femme ; qui n'a vu que la misère de la femme n'a rien vu, il faut voir la misère de l'enfant.

Quand l'homme est arrivé aux dernières extrémités, il arrive en même temps aux dernières ressources. Malheur aux êtres sans défense qui l'entourent ! Le travail, le salaire, le pain, le feu, le courage, la bonne volonté, tout lui manque à la fois. La clarté du jour semble s'éteindre au dehors, la lumière morale s'éteint au dedans ; dans ces ombres, l'homme rencontre la faiblesse de la femme et de l'enfant, et les ploie violemment aux ignominies.

Alors[2] toutes les horreurs sont possibles. Le désespoir est entouré de cloisons fragiles qui donnent toutes sur le vice ou sur le crime.

La santé, la jeunesse, l'honneur, les saintes et farouches délicatesses de la chair encore neuve, le cœur, la virginité, la pudeur, cet épiderme de l'âme, sont sinistrement maniés par ce tâtonnement qui cherche des ressources, qui rencontre l'opprobre, et qui s'en accommode. Pères, mères, enfants, frères, sœurs, hommes, femmes, filles, adhèrent, et s'agrègent presque comme une formation minérale, dans cette brumeuse promiscuité de sexes, de parentés, d'âges, d'infamies, d'innocences. Ils s'accroupissent, adossés les uns aux autres, dans une espèce de destin taudis. Ils s'entre-regardent lamentablement. O les infortunés ! comme ils sont pâles ! comme ils ont froid ! Il semble qu'ils soient dans une planète bien plus loin du soleil que nous.

Cette jeune fille fut pour Marius une sorte d'envoyée des

ténèbres. Elle lui révéla tout un côté hideux de la nuit.

Marius se reprocha presque les préoccupations de rêverie et de passion qui l'avaient empêché jusqu'à ce jour de jeter un coup d'œil sur ses voisins. Avoir payé leur loyer, c'était un mouvement machinal, tout le monde eût eu ce mouvement; mais lui Marius eût dû faire mieux. Quoi! un mur seulement le séparait de ces êtres abandonnés, qui vivaient à tâtons dans la nuit, en dehors du reste des vivants, il les coudoyait, il était en quelque sorte, lui, le dernier chaînon du genre humain qu'ils touchassent, il les entendait vivre ou plutôt râler à côté de lui, et il n'y prenait point garde! tous les jours, à chaque instant, à travers la muraille[3], il les entendait marcher, aller, venir, parler, et il ne prêtait pas l'oreille! et dans ces paroles il y avait des gémissements[4], et il ne les écoutait même pas! sa pensée était ailleurs, à des songes, à des rayonnements impossibles, à des amours en l'air, à des folies[5]; et cependant des créatures humaines, ses frères en Jésus-Christ, ses frères dans le peuple, agonisaient à côté de lui! agonisaient inutilement! Il faisait même partie de leur malheur, et il l'aggravait. Car s'ils avaient eu un autre voisin, un voisin moins chimérique et plus attentif, un homme ordinaire et charitable, évidemment leur indigence eût été remarquée[6], leurs signaux de détresse eussent été aperçus, et depuis longtemps déjà peut-être ils eussent été recueillis et sauvés! Sans doute ils paraissaient bien dépravés[7], bien corrompus, bien avilis, bien odieux même, mais ils sont rares, ceux qui sont tombés sans être dégradés; d'ailleurs il y a un point où les infortunés[8] et les infâmes se mêlent et se confondent dans un seul mot, mot fatal, les misérables; de qui est-ce la faute? Et puis, est-ce que ce n'est pas quand la chute est plus profonde que la charité doit être plus grande?

Tout en se faisant cette morale, car il y avait des occasions où Marius, comme tous les cœurs vraiment honnêtes, était à lui-même son propre pédagogue et se grondait plus qu'il ne le méritait, il considérait le mur qui le séparait des Jondrette, comme s'il eût pu faire passer à travers cette cloison son regard plein de pitié et en aller réchauffer ces malheureux. Le mur était une mince lame de plâtre soutenue par des lattes et des solives, et qui, comme on vient de le lire, laissait parfaitement distinguer[9] le bruit des paroles et des voix. Il fallait être le

songeur Marius pour ne pas s'en être encore aperçu.
Aucun papier n'était collé sur ce mur ni du côté des Jondrette, ni du côté de Marius; on en voyait à nu la grossière construction. Sans presque en avoir conscience, Marius examinait cette cloison; quelquefois la rêverie examine, observe et scrute comme ferait la pensée. Tout à coup il se leva, il venait de remarquer vers le haut, près du plafond, un trou triangulaire résultant de trois lattes qui laissaient un vide entre elles. Le plâtras qui avait dû boucher ce vide était absent, et en montant sur la commode on pouvait voir par cette ouverture dans le galetas des Jondrette. La commisération a et doit avoir sa curiosité. Ce trou faisait une espèce de judas. Il est permis de regarder l'infortune en traître pour la secourir[10].

— Voyons un peu ce que c'est que ces gens-là, pensa Marius, et où ils en sont.

Il escalada la commode, approcha sa prunelle de la crevasse et regarda.

VI

L'HOMME FAUVE AU GITE

LES[1] villes, comme les forêts, ont leurs antres où se cachent tout ce qu'elles ont de plus méchant et de plus redoutable. Seulement, dans les villes, ce qui se cache ainsi est féroce, immonde et petit, c'est-à-dire laid; dans les forêts, ce qui se cache est féroce, sauvage et grand, c'est-à-dire beau. Repaires pour repaires, ceux des bêtes sont préférables à ceux des hommes. Les cavernes valent mieux que les bouges.

Ce que Marius voyait était un bouge[2].

Marius était pauvre et sa chambre était indigente; mais, de même que sa pauvreté était noble, son grenier était propre. Le taudis où son regard plongeait en ce moment était abject, sale, fétide, infect, ténébreux, sordide. Pour tous meubles, une chaise de paille, une table infirme, quelques vieux tessons, et dans deux coins deux grabats indescriptibles; pour toute clarté, une fenêtre-mansarde à quatre carreaux, drapée de toiles d'araignée. Il venait par cette lucarne juste assez de jour pour qu'une face d'homme parût une face de fantôme[3]. Les murs avaient un aspect lépreux, et étaient couverts de coutures et de cicatrices comme un visage défiguré par quelque horrible maladie. Une humidité chassieuse y suintait. On y distinguait des dessins obscènes grossièrement charbonnés[4].

La chambre que Marius occupait avait un pavage de briques délabré ; celle-ci n'était ni carrelée, ni planchéiée ; on y marchait à cru sur l'antique plâtre[5] de la masure devenu noir sous les pieds. Sur ce sol inégal, où la poussière était comme incrustée, et qui[6] n'avait qu'une virginité, celle du balai, se groupaient capricieusement des constellations de vieux chaussons, de savates et de chiffons affreux ; du reste cette chambre avait une cheminée ; aussi la louait-on quarante francs par an. Il y avait de tout dans cette cheminée, un réchaud, une marmite, des planches cassées, des loques pendues à des clous, une cage d'oiseau, de la cendre, et même un peu de feu. Deux tisons y fumaient tristement.

Une chose qui ajoutait encore à l'horreur[7] de ce galetas, c'est que c'était grand. Cela avait des saillies, des angles, des trous noirs, des dessous de toits, des baies et des promontoires. De là d'affreux coins insondables où il semblait que devaient se blottir des araignées grosses comme le poing, des cloportes larges comme le pied, et peut-être même on ne sait quels êtres humains monstrueux[8].

L'un des grabats était près de la porte, l'autre près de la fenêtre. Tous deux touchaient par une extrémité à la cheminée et faisaient face à Marius[9].

Dans un angle voisin de l'ouverture[10] par où Marius regardait, était accrochée au mur dans un cadre de bois noir une gravure coloriée au bas de laquelle était écrit en grosses lettres : LE SONGE. Cela représentait une femme endormie et un enfant endormi, l'enfant sur les genoux de la femme, un aigle dans un nuage avec une couronne dans le bec, et la femme écartant la couronne de la tête de l'enfant, sans se réveiller d'ailleurs ; au fond Napoléon dans une gloire s'appuyait sur une colonne gros bleu à chapiteau jaune ornée de cette inscription :

        MARINGO.
        AUSTERLITS.
        IENA.
        WAGRAMME.
        ELOT.

Au-dessous de ce cadre, une espèce de panneau de bois plus long que large était posé à terre et appuyé en plan incliné contre le mur. Cela avait l'air d'un tableau retourné, d'un châssis probablement barbouillé de l'autre côté, de quelque trumeau détaché d'une muraille et oublié là en attendant qu'on le raccroche[11].

Près de la table, sur laquelle Marius apercevait une plume, de l'encre et du papier, était assis un homme d'environ soixante ans, petit, maigre, livide, hagard, l'air fin, cruel et inquiet; un gredin hideux.

Lavater, s'il eût[12] considéré ce visage, y eût trouvé le vautour mêlé au procureur; l'oiseau de proie et l'homme de chicane s'enlaidissant et se complétant l'un par l'autre, l'homme de chicane faisant[13] l'oiseau de proie ignoble, l'oiseau de proie faisant l'homme de chicane horrible.

Cet homme avait une longue barbe grise. Il était vêtu d'une chemise de femme qui laissait voir sa poitrine velue et ses bras nus hérissés de poils gris. Sous cette chemise, on voyait passer un pantalon boueux et des bottes dont sortaient les doigts de ses pieds. Il avait une pipe à la bouche et il fumait. Il n'y avait plus de pain dans le taudis, mais il y avait encore du tabac. Il écrivait, probablement quelque lettre comme celles que Marius avait lues.

Sur un coin de la table on apercevait un vieux volume rougeâtre dépareillé, et le format, qui était l'ancien in-12 des cabinets de lecture, révélait un roman. Sur la couverture, s'étalait ce titre imprimé en grosses majuscules : DIEU, LE ROI, L'HONNEUR ET LES DAMES, PAR DUCRAY-DUMINIL. 1814[14].

Tout en écrivant, l'homme parlait haut, et Marius entendait ses paroles :

— Dire qu'il n'y a pas d'égalité, même quand on est mort ! Voyez un peu le Père-Lachaise ! Les grands, ceux qui sont riches, sont en haut, dans l'allée des acacias, qui est pavée. Ils peuvent y arriver en voiture. Les petits, les pauvres gens, les malheureux, quoi ! on les met dans le bas, où il y a de la boue jusqu'aux genoux, dans les trous, dans l'humidité. On les met là pour qu'ils soient plus vite gâtés ! On ne peut pas aller les voir sans enfoncer dans la terre.

Ici il s'arrêta, frappa du poing sur la table, et ajouta en grinçant des dents :

— Oh ! je mangerais le monde !

Une grosse femme qui pouvait avoir quarante ans ou cent ans était accroupie près de la cheminée sur ses talons nus. Elle n'était vêtue, elle aussi, que d'une chemise et d'un jupon de tricot rapiécé avec des morceaux de vieux drap. Un tablier de grosse toile cachait la moitié du jupon. Quoique cette femme fût pliée et ramassée sur elle-même, on voyait qu'elle était de très haute taille. C'était une espèce de géante à côté de son mari. Elle avait d'affreux cheveux d'un blond roux grisonnants qu'elle remuait de temps en temps avec ses énormes mains luisantes à ongles plats[15].

A côté d'elle était posé à terre, tout grand ouvert, un volume du même format que l'autre, et probablement du même roman.

Sur un des grabats, Marius entrevoyait une espèce de longue petite fille blême assise, presque nue et les pieds pendants, n'ayant l'air ni d'écouter, ni de voir, ni de vivre. La sœur cadette sans doute de celle qui était venue chez lui.

Elle[16] paraissait onze ou douze ans. En l'examinant avec attention, on reconnaissait qu'elle en avait bien quinze. C'était l'enfant qui disait la veille au soir sur le boulevard : *J'ai cavalé ! cavalé ! cavalé !*

Elle était de cette espèce malingre qui reste longtemps en retard, puis pousse vite et tout à coup. C'est l'indigence qui fait ces tristes plantes humaines. Ces créatures n'ont ni enfance ni adolescence. A quinze ans, elles en paraissent douze, à seize ans, elles en paraissent vingt. Aujourd'hui petites filles, demain femmes. On dirait qu'elles enjambent la vie, pour avoir fini plus vite. En ce moment, cet être avait l'air d'un enfant.

Du reste, il ne se révélait dans ce logis la présence d'aucun travail ; pas un métier, pas un rouet, pas un outil. Dans un coin quelques ferrailles d'un aspect douteux. C'était cette morne paresse qui suit le désespoir et qui précède l'agonie.

Marius considéra quelque temps cet intérieur funèbre plus effrayant que l'intérieur d'une tombe, car on y sentait remuer l'âme humaine et palpiter la vie.

Le galetas, la cave, la basse fosse où de certains indigents rampent au plus bas de l'édifice social, n'est pas tout à fait le sépulcre[17], c'en est l'antichambre ; mais, comme ces riches qui étalent leurs plus grandes magnificences à l'entrée de leur palais, il semble que la mort, qui est tout à côté, mette ses plus grandes misères dans ce vestibule.

L'homme s'était tu, la femme ne parlait pas, la jeune fille ne semblait pas respirer. On entendait crier la plume sur le papier.

L'homme[18] grommela sans cesser d'écrire :

— Canaille ! canaille ! tout est canaille !

Cette variante à l'épiphonème de Salomon arracha un soupir à la femme.

— Petit ami, calme-toi, dit-elle. Ne te fais pas de mal, chéri. Tu es trop bon d'écrire à tous ces gens-là, mon homme.

Dans la misère, les corps se serrent les uns contre les autres, comme dans le froid, mais les cœurs s'éloignent. Cette femme, selon toute apparence, avait dû aimer cet homme de la quantité d'amour qui était en elle; mais probablement, dans les reproches quotidiens et réciproques d'une affreuse détresse pesant sur tout le groupe, cela s'était éteint. Il n'y avait plus en elle pour son mari que de la cendre d'affection. Pourtant les appellations caressantes, comme cela arrive souvent, avaient survécu. Elle lui disait : *Chéri, petit ami, mon homme,* etc., de bouche, le cœur se taisant.

L'homme s'était remis à écrire.

VII

Stratégie et tactique

Marius, la poitrine oppressée[1], allait redescendre de l'espèce d'observatoire qu'il s'était improvisé, quand un bruit attira son attention et le fit rester à sa place.

La porte du galetas venait de s'ouvrir brusquement. La fille aînée parut sur le seuil. Elle avait aux pieds de gros souliers d'homme tachés de boue qui avait jailli jusque sur ses chevilles rouges, et[2] elle était couverte[3] d'une vieille mante en lambeaux que Marius ne lui avait pas vue une heure auparavant, mais qu'elle avait probablement déposée à sa porte afin d'inspirer plus de pitié, et qu'elle avait dû reprendre en sortant. Elle entra, repoussa la porte derrière elle, s'arrêta pour reprendre haleine, car elle était tout essoufflée, puis cria avec une expression de triomphe et de joie :

— Il vient !

Le père tourna les yeux[4], la femme tourna la tête, la petite sœur ne bougea pas.

— Qui ? demanda le père.
— Le monsieur !
— Le philanthrope ?
— Oui.
— De l'église Saint-Jacques ?
— Oui.
— Ce vieux ?
— Oui.
— Et il va venir ?
— Il me suit.
— Tu es sûre ?
— Je suis sûre.
— Là, vrai, il vient ?
— Il vient en fiacre.
— En fiacre. C'est Rothschild !

Le père se leva.

— Comment es-tu sûre ? s'il vient en fiacre, comment se fait-il que tu arrives avant lui ? Lui as-tu bien donné l'adresse au moins ? lui as-tu bien dit la dernière porte au fond du corridor à droite ? Pourvu qu'il ne se trompe pas ! Tu l'as donc trouvé à l'église ? a-t-il lu ma lettre ? qu'est-ce qu'il t'a dit ?

— Ta, ta, ta ! dit la fille, comme tu galopes, bonhomme ! Voici[5] : je suis entrée dans l'église, il était à sa place d'habitude, je lui ai fait la révérence[6], et je lui ai remis la lettre, il a lu, et il m'a dit : Où demeurez-vous, mon enfant ? J'ai dit : Monsieur, je vas vous mener. Il m'a dit : Non, donnez-moi votre adresse, ma fille a des emplettes à faire, je vais prendre une voiture, et j'arriverai chez vous en même temps que vous. Je lui ai donné l'adresse. Quand je lui ai dit la maison, il a paru surpris et qu'il hésitait un instant, puis il a dit : C'est égal, j'irai. La messe finie, je l'ai vu sortir de l'église avec sa fille, je les ai vus monter en fiacre. Et je lui ai bien dit la dernière porte au fond du corridor à droite.

— Et qu'est-ce qui te dit qu'il viendra ?
— Je viens de voir le fiacre qui arrivait rue du Petit-Banquier[7]. C'est ce qui fait que j'ai couru.

— Comment sais-tu que c'est le même fiacre ?
— Parce que j'en avais remarqué le numéro donc !
— Quel est ce numéro ?
— 440.
— Bien, tu es une fille d'esprit.

La fille regarda hardiment son père, et, montrant les chaussures qu'elle avait aux pieds :

— Une fille d'esprit, c'est possible. Mais je dis que je ne mettrai plus ces souliers-là, et que je n'en veux plus, pour la santé d'abord, et pour la propreté ensuite. Je ne connais rien de plus agaçant que des semelles qui jutent et qui font ghi, ghi, ghi, tout le long du chemin. J'aime mieux aller nu-pieds.

— Tu as raison, répondit le père d'un ton de douceur qui contrastait avec la rudesse de la jeune fille, mais c'est qu'on ne te laisserait pas entrer dans les églises. Il faut que les pauvres aient des souliers. On ne va pas pieds nus chez le bon Dieu, ajouta-t-il amèrement. Puis revenant à l'objet qui le préoccupait :

— Et tu es sûre, là, sûre qu'il vient ?
— Il est derrière mes talons, dit-elle.

L'homme se dressa. Il y avait une sorte d'illumination sur son visage.

— Ma femme ! cria-t-il, tu entends. Voilà le philanthrope. Éteins le feu.

La mère stupéfaite ne bougea pas. Le père, avec l'agilité d'un saltimbanque, saisit un pot éguelé qui était sur la cheminée et jeta de l'eau sur les tisons. Puis s'adressant à sa fille aînée :

— Toi ! dépaille la chaise !

Sa fille ne comprenait point. Il empoigna la chaise et d'un coup de talon il en fit une chaise dépaillée. Sa jambe passa au travers. Tout en retirant sa jambe, il demanda à sa fille :

— Fait-il froid ?
— Très froid. Il neige.

Le père se tourna vers la cadette qui était sur le grabat près de la fenêtre et lui cria d'une voix tonnante :

— Vite ! à bas du lit, fainéante ! tu ne feras donc jamais rien ! Casse un carreau !

La petite se jeta à bas du lit en frissonnant.

— Casse un carreau ! reprit-il.

L'enfant demeura interdite.

— M'entends-tu ? répéta le père, je te dis de casser un carreau !

L'enfant, avec une sorte d'obéissance terrifiée, se dressa sur la pointe du pied, et donna un coup de poing dans un carreau. La vitre se brisa et tomba à grand bruit.

— Bien, dit le père.

Il était grave et brusque. Son regard parcourait rapidement tous les recoins du galetas. On eût dit un général qui fait les derniers préparatifs au moment où la bataille va commencer.

La mère, qui n'avait pas encore dit un mot, se souleva et demanda d'une voix lente et sourde et dont les paroles semblaient sortir comme figées :

— Chéri, qu'est-ce que tu veux faire ?

— Mets-toi au lit, répondit l'homme.

L'intonation n'admettait pas de délibération. La mère obéit et se jeta lourdement sur un des grabats. Cependant on entendait un sanglot dans un coin.

— Qu'est-ce que c'est ? cria le père.

La fille cadette, sans sortir de l'ombre où elle s'était blottie, montra son poing ensanglanté. En brisant la vitre elle s'était blessée ; elle s'en était allée près du grabat de sa mère, et elle pleurait silencieusement.

Ce fut le tour de la mère de se dresser et de crier :

— Tu vois bien ! les bêtises que tu fais ! en cassant ton carreau, elle s'est coupée !

— Tant mieux ! dit l'homme, c'était prévu.

— Comment ? tant mieux ? reprit la femme.

— Paix ! répliqua le père, je supprime la liberté de la presse.

Puis, déchirant la chemise de femme qu'il avait sur le corps, il fit un lambeau de toile dont il enveloppa vivement le poing sanglant de la petite. Cela fait, son œil s'abaissa sur la chemise déchirée avec satisfaction.

— Et la chemise aussi, dit-il. Tout cela a bon air.

Une bise glacée sifflait à la vitre et entrait dans la chambre. La brume du dehors y pénétrait et s'y dilatait comme une ouate blanchâtre vaguement démêlée par des doigts invisibles. A travers le carreau cassé, on voyait tomber la neige. Le froid promis la veille par le soleil de la Chandeleur était en effet venu.

Le père promena un coup d'œil autour de lui comme pour s'assurer qu'il n'avait rien oublié. Il prit une vieille pelle et répandit de la cendre sur les tisons mouillés de façon à les cacher complètement.

Puis se relevant et s'adossant à la cheminée :

— Maintenant, dit-il, nous pouvons recevoir le philanthrope.

VIII

Le rayon dans le bouge

La grande fille s'approcha et posa sa main sur celle de son père.

— Tâte comme j'ai froid, dit-elle.

— Bah! répondit le père, j'ai bien plus froid que cela.

La mère cria impétueusement :

— Tu as toujours tout mieux que les autres, toi! même le mal.

— A bas! dit l'homme.

La mère, regardée d'une certaine façon, se tut. Il y eut dans le bouge un moment de silence. La fille aînée décrottait d'un air insouciant le bas de sa mante, la jeune sœur continuait de sangloter; la mère lui avait pris la tête dans ses deux mains et la couvrait de baisers en lui disant tout bas :

— Mon trésor[1], je t'en prie, ce ne sera rien, ne pleure pas, tu vas fâcher ton père.

— Non! cria le père, au contraire! sanglote! sanglote! cela fait bien.

Puis, revenant à l'aînée :

— Ah ça, mais! il n'arrive pas! S'il allait ne pas venir! j'aurais éteint mon feu, défoncé ma chaise, déchiré ma chemise et cassé mon carreau pour rien!

— Et blessé la petite! murmura la mère.

— Savez-vous, reprit le père, qu'il fait un froid de chien dans ce galetas du diable? Si cet homme ne venait pas! Oh! voilà! il se fait attendre! il se dit : Eh bien! ils m'attendront! ils sont là pour cela! — Oh! que je les hais, et comme je les étranglerais avec jubilation, joie, enthousiasme et satisfaction, ces riches! tous ces riches! ces prétendus hommes charitables, qui font les confits, qui vont à la messe, qui donnent dans la prêtraille, prêchi, prêcha, dans les calotins[2], et qui se croient

au-dessus de nous, et qui viennent nous humilier, et nous apporter des vêtements ! comme ils disent ! des nippes qui ne valent pas quatre sous, et du pain ! Ce n'est pas cela que je veux, tas de canailles ! c'est de l'argent ! Ah ! de l'argent ! jamais ! parce qu'ils disent que nous l'irions boire, et que nous sommes des ivrognes et des fainéants ! Et eux ! qu'est-ce qu'ils sont donc, et qu'est-ce qu'ils ont été dans leur temps ? des voleurs ! ils ne se seraient pas enrichis sans cela ! Oh ! l'on devrait prendre la société par les quatre coins de la nappe et tout jeter en l'air ! tout se casserait, c'est possible, mais au moins personne n'aurait rien, ce serait cela de gagné !
— Mais qu'est-ce qu'il fait donc, ton mufle de monsieur bienfaisant ? viendra-t-il ! L'animal a peut-être oublié l'adresse ! Gageons que cette vieille bête...

En ce moment on frappa un léger coup à la porte; l'homme s'y précipita et l'ouvrit en s'écriant avec des salutations profondes et des sourires d'adoration :

— Entrez, monsieur ! daignez entrer, mon respectable bienfaiteur, ainsi que votre charmante demoiselle.

Un homme d'un âge mûr[3] et une jeune fille parurent sur le seuil du galetas. Marius n'avait pas quitté sa place. Ce qu'il éprouva en ce moment échappe à la langue humaine.

C'était Elle.

Quiconque a aimé sait tous les sens rayonnants que contiennent les quatre lettres de ce mot : Elle.

C'était bien elle. C'est à peine si Marius la distinguait à travers la vapeur lumineuse qui s'était subitement répandue sur ses yeux[4]. C'était ce doux être absent, cet astre qui lui avait lui pendant six mois, c'était[5] cette prunelle, ce front, cette bouche, ce beau visage évanoui qui avait fait la nuit en s'en allant. La vision s'était éclipsée, elle reparaissait !

Elle reparaissait dans cette ombre, dans ce galetas, dans ce bouge difforme, dans cette horreur !

Marius frémissait éperdument. Quoi ! c'était elle ! les palpitations de son cœur lui troublaient la vue. Il se sentait prêt à fondre en larmes. Quoi ! il la revoyait enfin après l'avoir cherchée si longtemps ! il lui semblait qu'il avait perdu son âme et qu'il venait de la retrouver.

Elle était toujours la même, un peu pâle seulement; sa délicate figure[6] s'encadrait dans un chapeau de velours violet[7], sa taille se dérobait sous une pelisse de satin noir. On entrevoyait sous sa longue robe son petit pied serré dans un brodequin de soie.

Elle était toujours accompagnée de M. Leblanc. Elle avait fait quelques pas dans la chambre et avait déposé un assez gros paquet sur la table.

La Jondrette[8] aînée s'était retirée derrière la porte et regardait d'un œil sombre ce chapeau de velours, cette mante de soie, et ce charmant visage heureux.

IX

Jondrette pleure presque

Le taudis était tellement obscur que les gens qui venaient du dehors éprouvaient en y pénétrant un effet d'entrée de cave. Les deux nouveaux venus avancèrent donc avec une certaine hésitation, distinguant à peine des formes vagues autour d'eux, tandis qu'ils étaient parfaitement vus et examinés par les yeux des habitants du galetas, accoutumés à ce crépuscule.

M. Leblanc s'approcha avec son regard bon et triste[1], et dit au père Jondrette :

— Monsieur, vous trouverez dans ce paquet des hardes neuves, des bas et des couvertures de laine.

— Notre angélique bienfaiteur nous comble, dit Jondrette en s'inclinant jusqu'à terre.

Puis, se penchant à l'oreille de sa fille aînée, pendant que les deux visiteurs examinaient cet intérieur lamentable, il ajouta bas et rapidement :

— Hein ? qu'est-ce que je disais ? des nippes ! pas d'argent. Ils sont tous les mêmes ! A propos, comment la lettre à cette vieille ganache était-elle signée ?

— Fabantou, répondit la fille.

— L'artiste dramatique, bon !

Bien en prit à Jondrette, car en ce moment-là même M. Leblanc se retournait vers lui, et lui disait de cet air de quelqu'un qui cherche le nom :

— Je vois que vous êtes bien à plaindre, monsieur...

— Fabantou, répondit vivement Jondrette.

— Monsieur Fabantou, oui, c'est cela, je me rappelle.

— Artiste dramatique, monsieur, et qui a eu des succès.

Ici Jondrette crut évidemment le moment venu de s'emparer du « philanthrope ». Il s'écria avec un son de voix qui tenait tout à la fois de la gloriole[2] du bateleur dans les foires et de l'humilité[3] du mendiant sur les grandes routes :

— Élève de Talma, monsieur[4] ! je suis élève de Talma !

La fortune m'a souri jadis. Hélas ! maintenant c'est le tour du malheur. Voyez, mon bienfaiteur, pas de pain, pas de feu. Mes pauvres mômes n'ont pas de feu ! Mon unique chaise dépaillée ! Un carreau cassé ! par le temps qu'il fait ! Mon épouse au lit ! malade[5] !

— Pauvre femme ! dit M. Leblanc.

— Mon enfant blessé ! ajouta Jondrette.

L'enfant[6], distraite par l'arrivée des étrangers, s'était mise à contempler « la demoiselle », et avait cessé de sangloter.

— Pleure donc ! braille donc ! lui dit Jondrette bas.

En même temps il lui pinça sa main malade. Tout cela avec un talent d'escamoteur. La petite jeta les hauts cris.

L'adorable[7] jeune fille que Marius nommait dans son cœur « son Ursule » s'approcha vivement :

— Pauvre chère enfant ! dit-elle.

— Voyez, ma belle demoiselle, poursuivit Jondrette, son poignet ensanglanté ! C'est un accident qui est arrivé[8] en travaillant sous une mécanique pour gagner six sous par jour. On sera peut-être obligé de lui couper le bras !

— Vraiment ? dit le vieux monsieur alarmé.

La petite fille, prenant cette parole au sérieux, se remit à sangloter de plus belle.

— Hélas, oui, mon bienfaiteur ! répondit le père.

Depuis quelques instants, Jondrette considérait « le philanthrope » d'une manière bizarre. Tout en parlant, il semblait le scruter avec attention comme s'il cherchait à recueillir des souvenirs. Tout à coup, profitant d'un moment où les nouveaux venus questionnaient avec intérêt la petite sur sa main blessée, il passa près de sa femme qui était dans son lit avec un air accablé et stupide, et lui dit vivement et très bas :

— Regarde donc cet homme-là !

Puis se retournant vers M. Leblanc, et continuant sa lamentation :

— Voyez, monsieur ! je n'ai, moi, pour tout vêtement qu'une chemise de ma femme ! et toute déchirée[9] ! au cœur de l'hiver. Je ne puis sortir faute d'un habit. Si j'avais le moindre habit, j'irais voir mademoiselle Mars qui me connaît et qui m'aime beaucoup. Ne demeure-t-elle pas toujours rue de la Tour-des-Dames ? Savez-vous, monsieur[10] ? nous avons joué ensemble en province. J'ai partagé ses lauriers. Célimène viendrait à mon secours, monsieur ! Elmire ferait l'aumône à Bélisaire[11] ! Mais non, rien ! Et pas un sou dans la maison ! Ma femme malade, pas un sou ! Ma fille dangereusement blessée, pas un sou ! Mon épouse[12] a des étouffements. C'est son âge, et puis le système nerveux s'en est mêlé. Il lui faudrait des secours, et à ma fille aussi ! Mais le médecin ! mais le pharmacien ! comment payer ? pas un liard ! Je m'agenouillerais devant un décime, monsieur ! Voilà où les arts en sont réduits ! Et savez-vous, ma charmante demoiselle, et vous[13], mon généreux protecteur, savez-vous, vous qui respirez la vertu et la bonté, et qui parfumez cette église où ma pauvre fille en venant faire sa prière vous aperçoit tous les jours ?... Car j'élève[14] mes filles dans la religion, monsieur. Je n'ai pas voulu qu'elles prissent le théâtre. Ah ! les drôlesses ! que je les voie broncher ! Je ne badine pas, moi ! Je leur flanque des bouzins sur l'honneur, sur la morale, sur la vertu ! Demandez-leur. Il faut que ça marche droit. Elles ont un père. Ce ne sont pas de ces malheureuses qui commencent par n'avoir pas de famille et qui finissent par épouser le public. On est mamselle Personne, on devient madame Tout-le-Monde. Crebleur ! pas de ça dans la famille Fabantou ! J'entends les éduquer vertueusement, et que ça soit honnête, et que ça soit gentil, et que ça croie en Dieu ! sacré nom ! — Eh bien, monsieur, mon digne monsieur, savez-vous ce qui va se passer demain ? Demain, c'est le 4 février, le jour fatal, le dernier délai que m'a donné mon propriétaire ; si ce soir je ne l'ai pas payé, demain ma fille aînée, moi, mon épouse avec sa fièvre, mon enfant avec sa blessure, nous serons tous quatre chassés d'ici, et jetés dehors, dans la rue, sur le boulevard, sans abri, sous la pluie, sous la neige. Voilà, monsieur. Je dois quatre termes, une année ! c'est-à-dire soixante francs.

Jondrette mentait. Quatre termes n'eussent fait que quarante francs, et il n'en pouvait devoir quatre, puisqu'il n'y avait pas six mois que Marius en avait payé deux.

M. Leblanc tira cinq francs de sa poche et les posa sur la table.

Jondrette eut le temps de grommeler à l'oreille de sa grande fille :

— Gredin ! que veut-il que je fasse avec ses cinq francs ? Cela ne me paye pas ma chaise et mon carreau ! Faites donc des frais[15] !

Cependant, M. Leblanc avait quitté une grande redingote brune qu'il portait par-dessus sa redingote bleue et l'avait jetée sur le dos de la chaise.

— Monsieur Fabantou, dit-il, je n'ai plus que ces cinq francs sur moi, mais je vais reconduire ma fille à la maison et je reviendrai[16] ce soir ; n'est-ce pas ce soir que vous devez payer ?...

Le visage de Jondrette s'éclaira d'une expression étrange. Il répondit vivement :

— Oui, mon respectable monsieur. A huit heures je dois être chez mon propriétaire.

— Je serai ici à six heures, et je vous apporterai les soixante francs.

— Mon bienfaiteur ! cria Jondrette éperdu.

Et il ajouta tout bas :

— Regarde-le bien, ma femme !

M. Leblanc avait repris le bras de la belle jeune fille et se tournait[17] vers la porte :

— A ce soir, mes amis, dit-il.

— Six heures ? fit Jondrette.

— Six heures précises.

En ce moment le pardessus resté sur la chaise frappa les yeux de la Jondrette aînée.

— Monsieur, dit-elle, vous oubliez votre redingote.

Jondrette dirigea vers sa fille un regard foudroyant accompagné d'un haussement d'épaules formidable. M. Leblanc se retourna et répondit avec un sourire :

— Je ne l'oublie pas, je la laisse.

— O mon protecteur, dit Jondrette, mon auguste

bienfaiteur[18], je fonds en larmes ! Souffrez que je vous reconduise jusqu'à votre fiacre.

— Si vous sortez, repartit M. Leblanc, mettez ce pardessus. Il fait vraiment très froid.

Jondrette ne se le fit pas dire deux fois. Il endossa vivement la redingote brune. Et ils sortirent tous les trois, Jondrette précédant les deux étrangers.

X

Tarif des cabriolets de régie : deux francs l'heure

Marius n'avait rien perdu de toute cette scène, et pourtant en réalité il n'en avait rien vu. Ses yeux étaient restés fixés sur la jeune fille, son cœur l'avait pour ainsi dire saisie et enveloppée tout entière dès son premier pas dans le galetas. Pendant tout le temps qu'elle avait été là, il avait vécu de cette vie de l'extase qui suspend les perceptions matérielles et précipite toute l'âme sur un seul point. Il contemplait, non pas cette fille, mais cette lumière qui avait une pelisse de satin et un chapeau de velours. L'étoile Sirius fût entrée dans la chambre qu'il n'eût pas été plus ébloui.

Tandis que la jeune fille ouvrait le paquet, dépliait les hardes et les couvertures, questionnait la mère malade avec bonté et la petite blessée avec attendrissement, il épiait tous ses mouvements, il tâchait d'écouter ses paroles. Il connaissait ses yeux, son front, sa beauté, sa taille, sa démarche, il ne connaissait pas le son de sa voix. Il avait cru en saisir quelques mots une fois au Luxembourg, mais il n'en était pas absolument sûr[1]. Il eût donné dix ans de sa vie pour l'entendre, pour pouvoir emporter dans son âme un peu de cette musique. Mais tout se perdait dans les étalages lamentables et les éclats de trompette de Jondrette. Cela mêlait une vraie colère[2] au ravissement de Marius. Il la couvait des yeux. Il ne pouvait s'imaginer que ce fût vraiment cette créature divine qu'il apercevait au milieu de ces êtres immondes dans ce taudis monstrueux. Il lui semblait voir un colibri parmi des crapauds.

Quand elle sortit, il n'eut qu'une pensée, la suivre, s'attacher à sa trace, ne la quitter que sachant où elle demeurait, ne pas la reperdre au moins après l'avoir si miraculeusement retrouvée ! Il sauta à bas de la commode et prit son chapeau. Comme il mettait la main au pêne de la serrure et allait sortir, une réflexion l'arrêta. Le corridor était long, l'escalier roide, le Jondrette bavard, M. Leblanc n'était sans doute pas encore remonté en voiture; si, en se retournant dans le corridor, ou dans l'escalier, ou sur le seuil, il l'apercevait lui Marius dans cette maison, évidemment il s'alarmerait et trouverait moyen de lui échapper de nouveau, et ce serait[3] encore une fois fini. Que faire? Attendre un peu? mais pendant cette attente, la voiture pouvait partir. Marius était perplexe. Enfin il se risqua, et sortit de sa chambre.

Il n'y avait plus personne dans le corridor. Il courut à l'escalier. Il n'y avait personne dans l'escalier. Il descendit en hâte, et il arriva sur le boulevard à temps pour voir un fiacre tourner le coin de la rue du Petit-Banquier et rentrer dans Paris.

Marius se précipita dans cette direction. Parvenu à l'angle du boulevard, il revit le fiacre qui descendait rapidement la rue Mouffetard; le fiacre était déjà très loin, aucun moyen de le rejoindre; quoi? courir après? impossible; et d'ailleurs de la voiture on remarquerait certainement un individu courant à toutes jambes à la poursuite du fiacre, et le père le reconnaîtrait. En ce moment, hasard inouï et merveilleux, Marius aperçut un cabriolet de régie qui passait à vide sur le boulevard. Il n'y avait qu'un parti à prendre, monter dans ce cabriolet, et suivre le fiacre. Cela était sûr, efficace et sans danger.

Marius fit signe au cocher d'arrêter, et lui cria :

— A l'heure !

Marius était sans cravate, il avait son vieil habit de travail auquel des boutons manquaient, sa chemise était déchirée à l'un des plis de la poitrine.

Le cocher s'arrêta, cligna de l'œil et étendit vers Marius sa main gauche en frottant doucement son index avec son pouce.

— Quoi ? dit Marius.

— Payez d'avance, dit le cocher.

Marius se souvint qu'il n'avait sur lui que seize sous.

— Combien? demanda-t-il.

— Quarante sous.

— Je payerai en revenant.

Le cocher, pour toute réponse, siffla l'air de La Palisse et fouetta son cheval.

Marius regarda le cabriolet s'éloigner d'un air égaré. Pour vingt-quatre sous qui lui manquaient, il perdait sa joie, son bonheur, son amour ! il retombait dans la nuit[4] ! il avait vu et il redevenait aveugle ! il songea amèrement et, il faut bien le dire, avec un regret profond, aux cinq francs qu'il avait donnés le matin même à cette misérable fille. S'il avait eu ces cinq francs, il était sauvé, il renaissait, il sortait des limbes et des ténèbres, il[5] sortait de l'isolement, du spleen, du veuvage ; il renouait le fil noir de sa destinée à ce beau fil d'or qui venait de flotter devant ses yeux et de se casser encore une fois. Il rentra dans la masure désespéré[6].

Il aurait pu se dire que M. Leblanc avait promis de revenir le soir, et qu'il n'y aurait qu'à s'y mieux prendre cette fois pour le suivre ; mais dans sa contemplation, c'est à peine s'il avait entendu.

Au moment[7] de monter l'escalier, il aperçut de l'autre côté du boulevard, le long du mur désert de la rue de la Barrière-des-Gobelins[8], Jondrette enveloppé du pardessus du « philanthrope », qui parlait à un de ces hommes de mine inquiétante qu'on est convenu d'appeler *rôdeurs de barrières ;* gens à figures équivoques[9], à monologues suspects, qui ont un air de mauvaise pensée, et qui dorment assez habituellement le jour, ce qui fait supposer qu'ils travaillent la nuit.

Ces deux hommes, causant immobiles sous la neige qui tombait par tourbillons, faisaient un groupe qu'un sergent de ville eût à coup sûr observé, mais que Marius remarqua à peine.

Cependant[10], quelle que fût sa préoccupation douloureuse, il ne put s'empêcher de se dire que ce rôdeur de barrières à qui Jondrette parlait ressemblait à un certain Panchaud, dit Printanier, dit Bigrenaille, que Courfeyrac lui avait montré une fois et qui passait dans le quartier pour un promeneur nocturne assez dangereux. On a vu, dans le livre précédent, le nom de cet homme. Ce Panchaud, dit Printanier, dit Bigrenaille, a figuré plus tard dans plusieurs procès criminels et est devenu depuis un coquin célèbre. Il n'était encore qu'un fameux coquin. Aujourd'hui il est à l'état de tradition parmi les bandits et les escarpes. Il faisait école vers la fin du dernier règne. Et le soir, à la nuit tombante, à l'heure où les groupes se forment et se parlent bas, on en causait à la Force dans la fosse-aux-lions. On pouvait même, dans cette prison, précisément à l'endroit où passait sous le chemin de ronde ce canal des latrines qui servit à la fuite inouïe en plein jour de trente détenus en 1843, on pouvait, au-dessus de la dalle de ces latrines, lire son nom, PANCHAUD, audacieusement gravé par lui sur le mur de ronde dans une de ses tentatives d'évasion. En 1832, la police le surveillait déjà, mais il n'avait pas encore sérieusement débuté.

XI

OFFRES DE SERVICE DE LA MISÈRE À LA DOULEUR

MARIUS monta l'escalier de la masure à pas lents ; à l'instant où il allait rentrer dans sa cellule, il aperçut derrière lui dans le corridor la Jondrette aînée qui le suivait. Cette fille lui fut odieuse à voir, c'était elle qui avait ses cinq francs, il était trop tard pour les lui redemander, le cabriolet n'était plus là, le fiacre était bien loin. D'ailleurs elle ne les lui rendrait pas. Quant à la questionner sur la demeure des gens qui étaient venus tout à l'heure, cela était inutile, il était évident qu'elle ne la savait point, puisque la lettre signée Fabantou était adressée *au monsieur bienfaisant de l'église Saint-Jacques-du-Haut-Pas.*

Marius entra dans sa chambre et poussa sa porte derrière lui. Elle ne se ferma pas ; il se retourna et vit une main qui retenait la porte entr'ouverte.

— Qu'est-ce que c'est ? demanda-t-il, qui est là ?

C'était la fille Jondrette.

— C'est vous ? reprit Marius presque durement, toujours vous donc ! Que me voulez-vous ?

Elle semblait pensive et ne répondait pas. Elle n'avait plus son assurance du matin. Elle n'était pas entrée et se tenait dans l'ombre du corridor, où Marius l'apercevait par la porte entre-bâillée.

— Ah çà, répondrez-vous ? fit Marius. Qu'est-ce que vous me voulez ?

Elle leva sur lui son œil morne où une espèce de clarté semblait s'allumer vaguement, et lui dit :

— Monsieur Marius, vous avez l'air triste. Qu'est-ce que vous avez?
— Moi! dit Marius.
— Oui, vous.
— Je n'ai rien.
— Si!
— Non.
— Je vous dis que si!
— Laissez-moi tranquille!

Marius poussa de nouveau la porte, elle continua de la retenir.

— Tenez, dit-elle, vous avez tort. Quoique vous ne soyez pas riche, vous avez été bon ce matin. Soyez-le encore à présent. Vous m'avez donné de quoi manger, dites-moi maintenant ce que vous avez. Vous avez du chagrin, cela se voit. Je ne voudrais pas que vous eussiez du chagrin. Qu'est-ce qu'il faut faire pour cela? Puis-je servir à quelque chose? Employez-moi. Je ne vous demande pas vos secrets, vous n'aurez pas besoin de me les dire, mais enfin je peux être utile. Je peux bien vous aider, puisque j'aide mon père. Quand il faut porter des lettres, aller dans les maisons, demander de porte en porte, trouver une adresse, suivre quelqu'un, moi je sers à ça. Eh bien, vous pouvez bien me dire ce que vous avez, j'irai parler aux personnes. Quelquefois quelqu'un qui parle aux personnes, ça suffit pour qu'on sache les choses, et tout s'arrange. Servez-vous de moi[1].

Une idée traversa l'esprit de Marius. Quelle branche dédaigne-t-on quand on se sent tomber? Il s'approcha de la Jondrette.

— Écoute... lui dit-il.

Elle l'interrompit avec un éclair de joie dans les yeux.

— Oh! oui, tutoyez-moi! j'aime mieux cela.

— Eh bien, reprit-il, tu as amené ici ce vieux monsieur avec sa fille...

— Oui.

— Sais-tu leur adresse?

— Non.

— Trouve-la-moi.

L'œil de la Jondrette, de morne, était devenu joyeux, de joyeux il devint sombre.

— C'est là ce que vous voulez? demanda-t-elle.

— Oui.

— Est-ce que vous les connaissez ?
— Non.
— C'est-à-dire, reprit-elle vivement, vous ne la connaissez pas, mais vous voulez la connaître.

Ce *les* qui était devenu *la* avait je ne sais quoi de significatif et d'amer.

— Enfin, peux-tu ? dit Marius.
— Vous avoir l'adresse² de la belle demoiselle ?

Il y avait encore dans ces mots « la belle demoiselle » une nuance qui importuna Marius. Il reprit :

— Enfin n'importe ! l'adresse du père et de la fille. Leur adresse, quoi !

Elle le regarda fixement.

— Qu'est-ce que vous me donnerez ?
— Tout ce que tu voudras !
— Tout ce que je voudrai ?
— Oui.
— Vous aurez l'adresse.

Elle baissa la tête, puis d'un mouvement brusque elle tira la porte qui se referma.

Marius se retrouva seul.

Il se laissa tomber sur une chaise, la tête et les deux coudes sur son lit, abîmé dans des pensées qu'il ne pouvait saisir et comme en proie à un vertige. Tout ce qui s'était passé depuis le matin, l'apparition de l'ange, sa disparition, ce que cette créature venait de lui dire, une lueur d'espérance flottant dans un désespoir immense, voilà ce qui emplissait confusément son cerveau.

Tout à coup il fut violemment arraché à sa rêverie. Il entendit la voix haute et dure de Jondrette prononcer ces paroles pleines du plus étrange intérêt pour lui :

— Je te dis que j'en suis sûr et que je l'ai reconnu.

De qui parlait Jondrette ? il avait reconnu qui ? M. Leblanc ? le père de « son Ursule » ? Quoi ! est-ce que Jondrette le connaissait ? Marius allait-il avoir de cette façon brusque et inattendue tous les renseignements sans lesquels sa vie était obscure pour lui-même ? allait-il savoir enfin qui il aimait ? qui était cette jeune fille ? qui était son père ? L'ombre si épaisse qui les couvrait était-elle au moment de s'éclaircir ? le voile allait-il se déchirer ? Ah ciel !

Il bondit, plutôt qu'il ne monta, sur la commode, et reprit sa place près de la petite lucarne de la cloison.

Il revoyait l'intérieur du bouge Jondrette.

XII

EMPLOI DE LA PIÈCE DE CINQ FRANCS DE M. LEBLANC

Rien n'était changé dans l'aspect de la famille, sinon que la femme et les filles avaient puisé dans le paquet, et mis des bas et des camisoles de laine. Deux couvertures neuves étaient jetées sur les deux lits.

Le Jondrette venait évidemment de rentrer. Il avait encore l'essoufflement du dehors. Ses filles étaient près de la cheminée, assises à terre, l'aînée pansant la main de la cadette. Sa femme était comme affaissée[1] sur le grabat voisin de la cheminée avec un visage étonné. Jondrette marchait dans le galetas de long en large à grands pas. Il avait les yeux extraordinaires.

La femme, qui semblait timide et frappée de stupeur devant son mari, se hasarda à lui dire :

— Quoi, vraiment ? tu es sûr ?

— Sûr ! Il y a huit ans ! mais je le reconnais ! Ah ! je le reconnais ! je l'ai reconnu tout de suite ! Quoi, cela ne t'a pas sauté aux yeux[2] ?

— Non.

— Mais je t'ai dit pourtant : fais attention ! mais c'est la taille, c'est le visage, à peine plus vieux, il[3] y a des gens qui ne vieillissent pas, je ne sais pas comment ils font, c'est le son de voix. Il est mieux mis, voilà tout ! Ah ! vieux mystérieux du diable, je te tiens, va !

Il s'arrêta et dit à ses filles :

— Allez-vous-en, vous autres ! — C'est drôle que cela ne t'ait pas sauté aux yeux.

Elles se levèrent pour obéir. La mère balbutia :

— Avec sa main malade ?

— L'air lui fera du bien, dit Jondrette. Allez.

Il était visible que cet homme était de ceux auxquels on ne réplique pas. Les deux filles sortirent. Au moment où elles allaient passer la porte, le père retint l'aînée par le bras et dit avec un accent particulier[4] :

— Vous serez ici à cinq heures précises. Toutes les deux. J'aurai besoin de vous.

Marius redoubla d'attention[5].

Demeuré seul avec sa femme, Jondrette se remit à

marcher dans la chambre et en fit deux ou trois fois le tour en silence. Puis[6] il passa quelques minutes à faire rentrer et à enfoncer dans la ceinture de son pantalon le bas de la chemise de femme qu'il portait.

Tout à coup il se tourna vers la Jondrette, croisa les bras, et s'écria :

— Et veux-tu que je te dise une chose? La demoiselle...
— Eh bien quoi? repartit la femme, la demoiselle?

Marius n'en pouvait douter, c'était bien d'elle qu'on parlait. Il écoutait avec une anxiété ardente. Toute sa vie était dans ses oreilles.

Mais le Jondrette s'était penché, et avait parlé bas à sa femme. Puis il se releva et termina tout haut :

— C'est elle !
— Ça? dit la femme.
— Ça! dit le mari.

Aucune expression ne saurait rendre ce qu'il y avait dans le *ça* de la mère. C'était la surprise, la rage, la haine, la colère, mêlées et combinées dans une intonation monstrueuse. Il avait suffi de quelques mots prononcés, du nom sans doute, que son mari lui avait dit à l'oreille, pour que cette grosse femme assoupie se réveillât, et de repoussante devînt effroyable.

— Pas possible! s'écria-t-elle. Quand je pense que mes filles vont nu-pieds et n'ont pas une robe à mettre! Comment! une pelisse de satin, un chapeau de velours, des brodequins, et tout! pour plus de deux cents francs d'effets! qu'on croirait que c'est une dame! Non, tu te trompes! Mais d'abord l'autre était affreuse, celle-ci n'est pas mal! elle n'est vraiment pas mal! ce ne peut être[7]!

— Je te dis que c'est elle. Tu verras.

A cette affirmation si absolue, la Jondrette leva sa large face rouge et blonde et regarda le plafond avec une expression difforme. En ce moment elle parut à Marius plus redoutable[8] encore que son mari. C'était une truie avec le regard d'une tigresse.

— Quoi! reprit-elle, cette horrible belle demoiselle qui regardait mes filles d'un air de pitié, ce serait cette gueuse! Oh! je voudrais lui crever le ventre à coups de sabot!

Elle sauta à bas du lit, et resta un moment debout, décoiffée, les narines gonflées, la bouche entr'ouverte les poings crispés et rejetés en arrière. Puis elle se laissa retomber sur le grabat. L'homme allait et venait sans faire attention à sa femelle. Après quelques instants de ce silence, il s'approcha de la Jondrette et s'arrêta devant elle, les bras croisés, comme le moment d'auparavant.

— Et veux-tu que je te dise encore une chose ?
— Quoi ? demanda-t-elle.

Il répondit d'une voix brève et basse[9] :
— C'est que ma fortune est faite.

La Jondrette le considéra de ce regard qui veut dire : Est-ce que celui qui me parle deviendrait fou ?

Lui continua :
— Tonnerre ! voilà pas mal longtemps déjà que je suis paroissien de la paroisse-meurs-de-faim-si-tu-as-du-feu-meurs-de-froid-si-tu-as-du-pain ! j'en ai assez eu de la misère ! ma charge et la charge des autres ! Je ne plaisante plus, je ne trouve plus ça comique, assez de calembours, bon Dieu ! plus de farces, père éternel ! Je veux manger à ma faim, je veux boire à ma soif ! bâfrer ! dormir ! ne rien faire[10] ! je veux avoir mon tour, moi, tiens ! avant de crever, je veux être un peu millionnaire !

Il fit le tour du bouge et ajouta :
— Comme les autres.
— Qu'est-ce que tu veux dire ? demanda la femme.

Il secoua la tête, cligna de l'œil et haussa la voix comme un physicien de carrefour qui va faire une démonstration :

— Ce que je veux dire ? écoute !
— Chut ! grommela la Jondrette, pas si haut ! ce sont des affaires qu'il ne faut pas qu'on entende.
— Bah ! qui ça ? le voisin ? je l'ai vu sortir tout à l'heure. D'ailleurs est-ce qu'il entend, ce grand bêta ? Et puis je te dis que je l'ai vu sortir.

Cependant, par une sorte d'instinct[11], Jondrette baissa la voix, pas assez pourtant pour que ses paroles échappassent à Marius. Une circonstance favorable, et qui avait permis à Marius de ne rien perdre de cette conversation, c'est que la neige tombée assourdissait le bruit des voitures sur le boulevard.

Voici ce que Marius entendit :

— Écoute bien. Il est pris, le Crésus ! C'est tout comme. C'est déjà fait. Tout est arrangé. J'ai vu des gens. Il viendra ce soir à six heures. Apporter ses soixante francs, canaille ! As-tu vu comme je vous ai débagoulé ça, mes soixante francs, mon propriétaire, mon 4 février ! ce n'est seulement pas un terme ! était-ce bête ! Il viendra donc à six heures ! c'est l'heure où le voisin est allé dîner. La mère Burgon lave la vaisselle en ville[12]. Il n'y a personne dans la maison. Le voisin ne rentre jamais avant onze heures. Les petites feront le guet. Tu nous aideras. Il s'exécutera.

— Et s'il ne s'exécute pas ? demanda la femme.

Jondrette fit un geste sinistre et dit :

— Nous l'exécuterons.

Et il éclata de rire.

C'était[13] la première fois que Marius le voyait rire. Ce rire était froid et doux, et faisait frissonner[14].

Jondrette ouvrit un placard près de la cheminée et en tira une vieille casquette qu'il mit sur sa tête après l'avoir brossée avec sa manche[15].

— Maintenant, fit-il, je sors. J'ai encore des gens à voir. Des bons. Tu verras comme ça va marcher. Je serai dehors le moins longtemps possible. C'est un beau coup à jouer[16]. Garde la maison.

Et, les deux poings dans les deux goussets de son pantalon, il resta un moment pensif, puis s'écria[17] :

— Sais-tu qu'il est tout de même bien heureux qu'il ne m'ait pas reconnu, lui ! S'il m'avait reconnu de son côté, il ne serait pas revenu. Il nous échappait ! C'est ma barbe qui m'a sauvé ! ma barbiche romantique ! ma jolie petite barbiche romantique[18] !

Et il se remit à rire. Il alla à la fenêtre. La neige tombait toujours et rayait le gris du ciel.

— Quel chien de temps ! dit-il.

Puis croisant la redingote :

— La pelure est trop large. — C'est égal, ajouta-t-il, il a diablement bien fait de me la laisser, le vieux coquin[19] ! Sans cela je n'aurais pas pu sortir et tout aurait encore manqué ! A quoi les choses tiennent pourtant !

Et, enfonçant la casquette sur ses yeux, il sortit.

A peine avait-il eu le temps de faire quelques pas dehors que la porte se rouvrit et que son profil fauve et intelligent reparut par l'ouverture.

— J'oubliais, dit-il. Tu auras un réchaud de charbon.

Et il jeta dans le tablier de sa femme la pièce de cinq francs que lui avait laissée le « philanthrope ».

— Un réchaud[20] de charbon? demanda la femme.
— Oui.
— Combien de boisseaux?
— Deux bons.
— Cela fera trente sous. Avec le reste, j'achèterai de quoi dîner.
— Diable, non.
— Pourquoi?
— Ne va pas dépenser la pièce-cent-sous.
— Pourquoi?
— Parce que j'aurai quelque chose à acheter de mon côté.
— Quoi?
— Quelque chose.
— Combien te faudra-t-il?
— Où y a-t-il un quincaillier par ici?
— Rue Mouffetard.
— Ah oui, au coin d'une rue, je vois la boutique.
— Mais dis-moi donc combien il te faudra pour ce que tu as à acheter?
— Cinquante sous-trois francs.
— Il ne restera pas gras pour le dîner.
— Aujourd'hui il ne s'agit pas de manger. Il y a mieux à faire.
— Ça suffit, mon bijou.

Sur ce mot de sa femme, Jondrette referma la porte, et cette fois Marius entendit son pas[21] s'éloigner dans le corridor de la masure et descendre rapidement l'escalier.

Une heure sonnait en cet instant à Saint-Médard.

XIII

SOLUS CUM SOLO, IN LOCO REMOTO, NON COGITABUNTUR ORARE PATER NOSTER[1]

Marius, tout songeur qu'il était, était, nous l'avons dit, une nature ferme et énergique. Les habitudes de recueillement solitaire, en développant en lui la sympathie et la compassion, avaient diminué peut-être la faculté de s'irriter, mais laissé intacte la faculté de s'indigner; il avait la bienveillance d'un brahme et la sévérité d'un juge; il avait pitié d'un crapaud, mais il écrasait une vipère. Or, c'était dans un trou de vipères que son regard venait de plonger; c'était un nid de monstres qu'il avait sous les yeux.

— Il faut mettre le pied sur ces misérables, dit-il[2].

Aucune des énigmes qu'il espérait voir dissiper ne s'était éclaircie; au contraire, toutes s'étaient épaissies peut-être; il ne savait rien de plus sur la belle enfant du Luxembourg et sur l'homme qu'il appelait M. Leblanc, sinon que Jondrette les connaissait. A travers[3] les paroles ténébreuses qui avaient été dites, il n'entrevoyait distinctement qu'une chose, c'est qu'un guet-apens se préparait, un guet-apens obscur, mais terrible; c'est qu'ils couraient tous les deux un grand danger, elle probablement, son père à coup sûr; c'est qu'il fallait les sauver; c'est qu'il fallait déjouer les combinaisons hideuses des Jondrette et rompre la toile de ces araignées. Il observa un moment la Jondrette. Elle avait tiré d'un coin un vieux fourneau de tôle et elle fouillait dans des ferrailles.

Il descendit de la commode[4] le plus doucement qu'il put et en ayant soin de ne faire aucun bruit.

Dans son effroi de ce qui s'apprêtait et dans l'horreur dont les Jondrette l'avaient pénétré, il sentait une sorte de joie à l'idée qu'il lui serait peut-être donné de rendre un tel service à celle qu'il aimait.

Mais comment faire? Avertir les personnes menacées? où les trouver? Il ne savait pas leur adresse. Elles avaient reparu un instant à ses yeux, puis elles s'étaient replongées dans les immenses profondeurs de Paris. Attendre M. Leblanc à la porte le soir[5] à six heures, au moment où il arriverait, et le prévenir du piège? Mais Jondrette et ses gens le verraient guetter, le lieu était désert, ils seraient plus forts que lui, ils trouveraient moyen ou de le saisir ou de l'éloigner, et celui que Marius voulait sauver serait perdu[6]. Une heure venait de sonner, le guet-apens devait s'accomplir à six heures. Marius avait cinq heures devant lui.

Il n'y avait qu'une chose à faire[7].

Il mit son habit passable, se noua un foulard au cou, prit son chapeau, et sortit, sans faire plus de bruit que s'il eût marché sur de la mousse avec des pieds nus[8].

D'ailleurs la Jondrette continuait de fourgonner dans ses ferrailles[9].

Une fois hors de la maison, il gagna la rue du Petit-Banquier.

Il était vers le milieu de cette rue près d'un mur très bas qu'on peut[10] enjamber à de certains endroits et qui donne dans un terrain vague, il marchait lentement, préoccupé qu'il était, la neige assourdissait ses pas ; tout à coup il entendit des voix qui parlaient tout près de lui. Il tourna la tête, la rue était déserte, il n'y avait personne, c'était en plein jour, et cependant il entendait distinctement des voix.

Il eut l'idée de regarder par-dessus le mur qu'il côtoyait. Il y avait là en effet deux hommes adossés à la muraille, assis dans la neige et se parlant bas. Ces deux figures lui étaient inconnues. L'un était un homme barbu en blouse et l'autre un homme chevelu en guenilles. Le barbu avait une calotte grecque, l'autre la tête nue et de la neige dans les cheveux.

En avançant la tête au-dessus d'eux, Marius pouvait entendre. Le chevelu poussait l'autre du coude et disait :

— Avec Patron-Minette, ça ne peut pas manquer[11].

— Crois-tu? dit le barbu ; et le chevelu repartit :

— Ce sera pour chacun un fafiot de cinq cents balles, et le pire qui puisse arriver : cinq ans, six ans, dix ans au plus !

L'autre répondit avec quelque hésitation et en se grattant[12] sous son bonnet grec :

— Ça, c'est une chose réelle. On ne peut pas aller à l'encontre de ces choses-là.

— Je te dis que l'affaire ne peut pas manquer, reprit le chevelu. La maringotte du père Chose sera attelée[13].

Puis ils se mirent à parler d'un mélodrame qu'ils avaient vu la veille à la Gaîté. Marius continua son chemin.

Il lui semblait que les paroles obscures de ces hommes, si étrangement cachés derrière ce mur et accroupis dans la neige, n'étaient pas peut-être sans quelque rapport avec les abominables projets de Jondrette. Ce devait être là *l'affaire*[14].

Il se dirigea vers le faubourg Saint-Marceau et demanda à la première boutique qu'il rencontra où il y avait un commissaire de police. On lui indiqua la rue de Pontoise et le numéro 14. Marius s'y rendit.

En passant devant un boulanger, il acheta un pain de

deux sous et le mangea, prévoyant qu'il ne dînerait pas.

Chemin faisant, il rendit justice à la providence. Il songea que, s'il n'avait pas donné ses cinq francs le matin à la fille Jondrette, il aurait suivi le fiacre de M. Leblanc, et par conséquent tout ignoré, que rien n'aurait fait obstacle au guet-apens des Jondrette, et que M. Leblanc était perdu, et sans doute sa fille avec lui.

XIV

Où un agent de police donne deux coups de poing à un avocat

Arrivé au numéro 14 de la rue de Pontoise, il monta au premier et demanda le commissaire de police.

— Monsieur le commissaire de police n'y est pas, dit un garçon de bureau quelconque ; mais il y a un inspecteur qui le remplace. Voulez-vous lui parler ? est-ce pressé ?

— Oui, dit Marius.

Le garçon de bureau l'introduisit dans le cabinet du commissaire. Un homme de haute taille s'y tenait debout, derrière une grille[1], appuyé à un poêle, et relevant de ses deux mains les pans d'un vaste carrick à trois collets. C'était une figure carrée, une bouche mince et ferme, d'épais favoris grisonnants très farouches, un regard à retourner vos poches. On eût pu dire de ce regard, non qu'il pénétrait, mais qu'il fouillait.

Cet homme n'avait pas l'air beaucoup moins féroce ni beaucoup moins redoutable que Jondrette ; le dogue quelquefois n'est pas moins inquiétant à rencontrer que le loup.

— Que voulez-vous ? dit-il à Marius, sans ajouter monsieur.

— Monsieur le commissaire de police ?

— Il est absent. Je le remplace.

— C'est pour une affaire très secrète.

— Alors parlez.

— Et très pressée.

— Alors parlez vite.

Cet homme, calme et brusque, était tout à la fois effrayant et rassurant. Il inspirait la crainte et la confiance. Marius lui conta l'aventure. — Qu'une personne qu'il ne connaissait que de vue devait être attirée le soir même dans un guet-apens ; — qu'habitant la chambre voisine du repaire il avait, lui Marius Pontmercy, avocat, entendu tout le complot à travers la cloison ; — que le scélérat qui avait imaginé le piège était un nommé Jondrette ; — qu'il aurait des complices, probablement des rôdeurs de barrières, entre autres[2] un certain Panchaud, dit Printanier, dit Bigrenaille ; — que les filles de Jondrette feraient le guet ; — qu'il n'existait aucun moyen de prévenir l'homme menacé, attendu qu'on ne savait même pas son nom ; — et qu'enfin tout cela devait s'exécuter à six heures du soir au point le plus désert du boulevard de l'Hôpital, dans la maison du numéro 50-52.

A ce numéro, l'inspecteur leva la tête, et dit froidement :

— C'est donc dans la chambre du fond du corridor ?

— Précisément, fit Marius, et il ajouta : — Est-ce que vous connaissez cette maison ?

L'inspecteur resta un moment silencieux, puis répondit en chauffant le talon de sa botte à la bouche du poêle :

— Apparemment.

Il continua dans ses dents, parlant moins à Marius qu'à sa cravate :

— Il doit[3] y avoir un peu de Patron-Minette là dedans.

Ce mot frappa Marius.

— Patron-Minette, dit-il. J'ai en effet entendu prononcer ce mot-là.

Et il raconta à l'inspecteur le dialogue de l'homme chevelu et de l'homme barbu dans la neige derrière le mur de la rue du Petit-Banquier.

L'inspecteur grommela :

— Le chevelu doit être Brujon, et le barbu doit être Demi-Liard, dit Deux-Milliards.

Il avait de nouveau baissé les paupières, et il méditait.

— Quant au père Chose, je l'entrevois. Voilà que j'ai brûlé mon carrick. Ils font toujours trop de feu dans ces maudits poêles. Le numéro 50-52. Ancienne propriété Gorbeau.

Puis il regarda Marius :

— Vous n'avez vu que ce barbu et ce chevelu ?

— Et Panchaud.

— Vous n'avez pas vu rôdailler par là une espèce de petit muscadin du diable ?
— Non.
— Ni un grand gros massif matériel qui ressemble à l'éléphant du Jardin des Plantes ?
— Non.
— Ni un malin qui a l'air d'une ancienne queue-rouge ?
— Non.
— Quant au quatrième, personne ne le voit, pas même ses adjudants, commis et employés. Il est peu surprenant que vous ne l'ayez pas aperçu.
— Non. Qu'est-ce que c'est, demanda Marius, que tous ces êtres-là ?

L'inspecteur répondit :

— D'ailleurs ce n'est pas leur heure.

Il retomba dans son silence, puis reprit :

— 50-52. Je connais la baraque. Impossible de nous cacher dans l'intérieur sans que les artistes s'en aperçoivent. Alors ils en seraient quittes pour décommander le vaudeville. Ils sont si modestes ! le public les gêne. Pas de ça, pas de ça. Je veux les entendre chanter et les faire danser.

Ce monologue terminé, il se tourna[4] vers Marius et lui demanda en le regardant fixement :

— Aurez-vous peur ?
— De quoi ? dit Marius.
— De ces hommes ?
— Pas plus que de vous ! répliqua rudement Marius qui commençait à remarquer que ce mouchard ne lui avait pas encore dit monsieur.

L'inspecteur regarda Marius plus fixement encore et reprit avec une sorte de solennité sentencieuse :

— Vous parlez là comme un homme brave et comme un homme honnête. Le courage ne craint pas le crime, et l'honnêteté ne craint pas l'autorité.

Marius l'interrompit :

— C'est bon ; mais que comptez-vous faire[5] ?

L'inspecteur se borna à lui répondre :

— Les locataires de cette maison-là ont des passe-partout pour rentrer la nuit chez eux. Vous devez en avoir un ?
— Oui, dit Marius.

— Bossuet ! s'écria Courfeyrac, aigle de Meaux ! vous êtes une prodigieuse brute. Suivre[3] un homme qui suit un homme !

Ils rebroussèrent chemin.

Marius en effet avait vu passer Jondrette rue Mouffetard, et l'épiait.

Jondrette allait devant lui sans se douter qu'il y eût déjà un regard qui le tenait. Il quitta la rue Mouffetard, et Marius le vit entrer dans une des plus affreuses bicoques de la rue Gracieuse[4], il y resta un quart d'heure environ, puis revint rue Mouffetard. Il s'arrêta chez un quincaillier qu'il y avait à cette époque au coin de la rue Pierre-Lombard[5], et, quelques minutes après, Marius le vit sortir de la boutique, tenant à la main un grand ciseau à froid emmanché de bois blanc qu'il cacha sous sa redingote. A la hauteur de la rue du Petit-Gentilly[6], il tourna à gauche et gagna rapidement la rue du Petit-Banquier. Le jour tombait, la neige qui avait cessé un moment venait de recommencer, Marius s'embusqua au coin même de la rue du Petit-Banquier qui était déserte comme toujours, et il n'y suivit pas Jondrette. Bien lui en prit, car parvenu près du mur bas où Marius avait entendu parler l'homme chevelu et l'homme barbu, Jondrette se retourna, s'assura que personne ne le suivait et ne le voyait, puis enjamba le mur, et disparut.

Le terrain vague que ce mur bordait communiquait avec l'arrière-cour d'un ancien loueur de voitures mal famé qui avait fait faillite et qui avait encore quelques vieux berlingots sous des hangars.

Marius pensa qu'il était sage de profiter de l'absence de Jondrette pour rentrer ; d'ailleurs l'heure avançait ; tous les soirs mame Burgon, en partant pour aller laver la vaisselle en ville, avait coutume de fermer la porte de la maison qui était toujours close à la brune ; Marius avait donné sa clef à l'inspecteur de police ; il était donc important qu'il se hâtât.

Le soir était venu ; la nuit était à peu près fermée ; il n'y avait plus, sur l'horizon et dans l'immensité, qu'un point éclairé par le soleil, c'était la lune. Elle se levait rouge derrière le dôme bas de la Salpêtrière[7].

Marius regagna à grands pas le n° 50-52. La porte était encore ouverte quand il arriva[8]. Il monta l'escalier sur la pointe du pied et se glissa le long du mur du corridor jusqu'à sa chambre. Ce corridor, on s'en souvient, était bordé des deux côtés de galetas en ce moment tous à louer et vides. Mame Burgon en laissait habituellement les portes ouvertes. En passant devant une de ces portes, Marius crut apercevoir dans la cellule inhabitée quatre têtes d'hommes immobiles que blanchissait vaguement un reste de jour tombant[9] par une lucarne. Marius ne chercha pas à voir, ne voulant pas être vu[10]. Il parvint à rentrer dans sa chambre sans être aperçu et sans bruit. Il était temps[11]. Un moment après, il entendit mame Burgon qui s'en allait et la porte de la maison qui se fermait.

XVI[1]

Où l'on retrouvera la chanson sur un air anglais à la mode en 1832

Marius s'assit sur son lit. Il pouvait être cinq heures et demie. Une demi-heure seulement le séparait de ce qui allait arriver. Il entendait battre ses artères comme on entend le battement d'une montre dans l'obscurité. Il songeait à cette double marche qui se faisait en ce moment dans les ténèbres, le crime s'avançant d'un côté, la justice venant de l'autre. Il n'avait pas peur, mais il ne pouvait penser sans un certain tressaillement aux choses qui allaient se passer. Comme à tous ceux que vient assaillir soudainement une aventure surprenante, cette journée entière lui faisait l'effet d'un rêve, et, pour ne point se croire en proie à un cauchemar, il avait besoin de sentir dans ses goussets le froid des deux pistolets d'acier.

Il ne neigeait plus; la lune, de plus en plus claire, se dégageait des brumes, et sa lueur[2] mêlée au reflet blanc de la neige tombée donnait à la chambre un aspect crépusculaire.

Il y avait de la lumière dans le taudis Jondrette. Marius voyait le trou de la cloison briller d'une clarté rouge qui lui paraissait sanglante.

Il était réel que cette clarté ne pouvait guère être produite par une chandelle. Du reste, aucun mouvement chez les Jondrette, personne n'y bougeait, personne n'y parlait, pas un souffle, le silence y était glacial et profond, et sans cette lumière on se fût cru à côté d'un sépulcre³.

Marius ôta doucement ses bottes et les poussa sous son lit.

Quelques minutes s'écoulèrent. Marius entendit la porte d'en bas tourner sur ses gonds, un pas lourd et rapide monta l'escalier et parcourut le corridor, le loquet du bouge se souleva avec bruit ; c'était Jondrette qui rentrait.

Tout de suite plusieurs voix s'élevèrent. Toute la famille était dans le galetas. Seulement elle se taisait en l'absence du maître comme les louveteaux en l'absence du loup.

— C'est moi, dit-il.
— Bonsoir, pèremuche! glapirent les filles.
— Eh bien? dit la mère.
— Tout va à la papa, répondit Jondrette⁴, mais j'ai un froid de chien aux pieds. Bon, c'est cela, tu t'es habillée. Il faudra que tu puisses inspirer de la confiance.
— Toute prête à sortir⁵.
— Tu n'oublieras rien de ce que je t'ai dit? tu feras bien tout?
— Sois tranquille.
— C'est que..., dit Jondrette. Et il n'acheva pas sa phrase.

Marius l'entendit poser quelque chose de lourd sur la table, probablement le ciseau qu'il avait acheté.

— Ah çà, reprit Jondrette, a-t-on mangé ici?
— Oui, dit la mère, j'ai eu trois grosses pommes de terre et du sel. J'ai profité du feu pour les faire cuire.
— Bon, repartit Jondrette. Demain je vous mène dîner avec moi. Il y aura un canard et des accessoires. Vous dînerez comme des Charles-Dix. Tout va bien!

Puis il ajouta en baissant la voix :
— La souricière est ouverte. Les chats sont là.

Il baissa encore la voix et dit :
— Mets ça dans le feu.

Marius entendit un cliquetis de charbon qu'on heurtait avec une pincette ou un outil en fer, et Jondrette continua⁶ :
— As-tu suifé les gonds de la porte pour qu'ils ne fassent pas de bruit⁷?
— Oui, répondit la mère.
— Quelle heure est-il?

— Six heures bientôt. La demie vient de sonner[8] à Saint-Médard.

— Diable ! fit Jondrette. Il faut que les petites aillent faire le guet. Venez, vous autres, écoutez ici.

Il y eut un chuchotement. La voix de Jondrette s'éleva encore :

— La Burgon est-elle partie ?
— Oui, dit la mère.
— Es-tu sûre qu'il n'y a personne chez le voisin ?
— Il n'est pas rentré de la journée, et tu sais bien que c'est l'heure de son dîner.
— Tu es sûre ?
— Sûre.
— C'est égal, reprit Jondrette, il n'y a pas de mal à aller voir chez lui s'il y est. Ma fille, prends la chandelle et vas-y.

Marius se laissa tomber sur ses mains et ses genoux et rampa silencieusement sous son lit. A peine y était-il blotti qu'il aperçut une lumière à travers les fentes de sa porte.

— P'pa, cria une voix, il est sorti.

Il reconnut la voix de la fille aînée.

— Es-tu entrée ? demanda le père.
— Non, répondit la fille, mais puisque sa clef est à sa porte, il est sorti.

Le père cria :

— Entre tout de même.

La porte s'ouvrit, et Marius vit entrer la grande Jondrette, une chandelle à la main. Elle était comme le matin, seulement plus effrayante encore à cette clarté.

Elle marcha droit au lit, Marius eut un inexprimable moment d'anxiété, mais il y avait[9] près du lit un miroir cloué au mur, c'était là qu'elle allait. Elle se haussa sur la pointe des pieds et s'y regarda. On entendait un bruit de ferrailles remuées dans la pièce voisine.

Elle lissa ses cheveux avec la paume de sa main et fit des sourires au miroir tout en chantonnant de sa voix cassée et sépulcrale :

> Nos amours ont duré toute une semaine,
> Mais que du bonheur les instants sont courts !
> S'adorer huit jours, c'était bien la peine !
> Le temps des amours devrait durer toujours !
> Devrait durer toujours ! devrait durer toujours[10] !

Cependant Marius tremblait. Il lui semblait impossible qu'elle n'entendît pas sa respiration.

Elle se dirigea vers la fenêtre et regarda dehors en parlant haut avec cet air à demi fou qu'elle avait.

— Comme Paris est laid quand il a mis une chemise blanche ! dit-elle.

Elle revint au miroir et se fit de nouveau des mines[11], se contemplant successivement de face et de trois quarts.

— Eh bien ! cria le père, qu'est-ce que tu fais donc ?

— Je regarde sous le lit et sous les meubles, répondit-elle en continuant d'arranger ses cheveux, il n'y a personne.

— Cruche ! hurla le père. Ici tout de suite ! et ne perdons pas le temps.

— J'y vas[12] ! j'y vas ! dit-elle. On n'a le temps de rien dans leur baraque !

Elle fredonna :

> Vous me quittez pour aller à la gloire,
> Mon triste cœur suivra partout vos pas.

Elle jeta un dernier coup d'œil au miroir et sortit en refermant la porte sur elle.

Un moment après, Marius entendit le bruit des pieds nus des deux jeunes filles dans le corridor et la voix de Jondrette qui leur criait :

— Faites bien attention ! l'une du côté de la barrière, l'autre au coin de la rue du Petit-Banquier. Ne perdez pas de vue une minute la porte de la maison, et pour peu que vous voyiez quelque chose, tout de suite ici ! quatre à quatre ! Vous avez une clef pour rentrer.

La fille aînée grommela :

— Faire faction nu-pieds dans la neige !

— Demain vous aurez des bottines de soie couleur scarabée[13] ! dit le père.

Elles descendirent l'escalier, et, quelques secondes après, le choc de la porte d'en bas qui se refermait annonça qu'elles étaient dehors.

Il n'y avait plus dans la maison que Marius et les Jondrette ; et probablement aussi les êtres mystérieux entrevus par Marius dans le crépuscule derrière la porte du galetas inhabité.

XVII

Emploi de la pièce de cinq francs de Marius

Marius jugea que le moment était venu de reprendre sa place à son observatoire. En un clin d'œil, et avec la souplesse de son âge, il fut près du trou de la cloison.

Il regarda.

L'intérieur du logis Jondrette offrait un aspect singulier, et Marius s'expliqua la clarté étrange qu'il y avait remarquée. Une chandelle y brûlait dans un chandelier vert-de-grisé, mais ce n'était[1] pas elle qui éclairait réellement la chambre. Le taudis tout entier était comme illuminé par la réverbération d'un assez grand réchaud de tôle placé dans la cheminée et rempli de charbon allumé[2]; le réchaud que la Jondrette avait préparé le matin. Le charbon était ardent et le réchaud était rouge, une flamme bleue y dansait[3] et aidait à distinguer la forme du ciseau acheté par Jondrette rue Pierre-Lombard, qui rougissait[4] enfoncé dans la braise. On voyait dans un coin près de la porte, et comme disposés pour un usage prévu, deux tas qui paraissaient être l'un un tas de ferrailles, l'autre un tas de cordes. Tout cela, pour quelqu'un qui n'eût rien su de ce qui s'apprêtait, eût fait flotter l'esprit entre une idée très sinistre et une idée très simple. Le bouge ainsi éclairé ressemblait plutôt à une forge qu'à une bouche de l'enfer, mais Jondrette, à cette lueur, avait plutôt l'air d'un démon que d'un forgeron.

La chaleur du brasier était telle que la chandelle sur la table fondait du côté du réchaud et se consumait en biseau. Une vieille lanterne sourde en cuivre, digne de Diogène devenu Cartouche, était posée sur la cheminée.

Le réchaud, placé dans le foyer même, à côté des tisons à peu près éteints, envoyait sa vapeur dans le tuyau de la cheminée et ne répandait pas d'odeur[5].

La lune, entrant par les quatre carreaux de la fenêtre[6], jetait sa blancheur dans le galetas pourpre et flamboyant, et pour le poétique esprit de Marius, songeur même au moment de l'action, c'était comme une pensée du ciel mêlée aux rêves difformes de la terre.

Un souffle d'air, pénétrant par le carreau cassé, contribuait à dissiper l'odeur du charbon et à dissimuler le réchaud[7].

Le repaire Jondrette était, si l'on se rappelle ce que nous avons dit de la masure Gorbeau, admirablement choisi pour servir de théâtre à un fait violent et sombre et d'enveloppe à un crime. C'était la chambre la plus reculée de la maison la plus isolée du boulevard le plus désert de Paris. Si le guet-apens n'existait pas, on l'y eût inventé.

Toute l'épaisseur d'une maison et une foule de chambres inhabitées séparaient ce bouge du boulevard, et la seule fenêtre qu'il eût donnait sur de vastes terrains vagues enclos de murailles et de palissades.

Jondrette avait allumé sa pipe, s'était assis sur la chaise dépaillée, et fumait. Sa femme lui parlait bas.

Si Marius eût été Courfeyrac, c'est-à-dire[8] de ces hommes qui rient dans toutes les occasions de la vie, il eût éclaté de rire quand son regard tomba sur la Jondrette. Elle avait un chapeau noir avec des plumes assez semblable aux chapeaux des hérauts d'armes du sacre de Charles X, un immense châle tartan sur son jupon de tricot, et les souliers d'homme que sa fille avait dédaignés le matin. C'était cette toilette qui avait arraché à Jondrette l'exclamation : *Bon ! tu t'es habillée ! tu as bien fait. Il faut que tu puisses inspirer de la confiance !*

Quant à Jondrette, il n'avait pas quitté le surtout neuf et trop large pour lui que M. Leblanc lui avait donné, et son costume continuait d'offrir ce contraste de la redingote et du pantalon qui constituait aux yeux de Courfeyrac l'idéal du poëte.

Tout à coup Jondrette haussa la voix :

— A propos ! j'y songe. Par le temps qu'il fait, il va venir en fiacre. Allume la lanterne, prends-la, et descends. Tu te tiendras derrière la porte en bas. Au moment où tu entendras la voiture s'arrêter, tu ouvriras tout de suite, il montera, tu l'éclaireras dans l'escalier et dans le corridor, et pendant qu'il entrera ici, tu redescendras bien vite, tu payeras le cocher, et tu renverras le fiacre.

— Et de l'argent ? demanda la femme.

Jondrette fouilla dans son pantalon, et lui remit cinq francs.

— Qu'est-ce que c'est que ça ? s'écria-t-elle.

Jondrette répondit avec dignité :

— C'est le monarque que le voisin a donné ce matin.

Et il ajouta :

— Sais-tu ? il faudrait ici deux chaises.

— Pourquoi ?

— Pour s'asseoir.

Marius sentit un frisson lui courir dans les reins en entendant la Jondrette faire cette réponse paisible :

— Pardieu ! je vais t'aller chercher celles du voisin.

Et d'un mouvement rapide elle ouvrit la porte du bouge et sortit dans le corridor.

Marius n'avait pas matériellement le temps de descendre de la commode, d'aller jusqu'à son lit et de s'y cacher.

— Prends la chandelle, cria Jondrette.

— Non, dit-elle, cela m'embarrasserait, j'ai les deux chaises à porter. Il fait clair de lune.

Marius entendit la lourde main de la mère Jondrette chercher en tâtonnant sa clef dans l'obscurité. La porte s'ouvrit. Il resta cloué à sa place par le saisissement et la stupeur.

La Jondrette entra.

La lucarne mansardée laissait passer un rayon de lune entre deux grands pans d'ombre. Un de ces pans d'ombre couvrait entièrement le mur auquel était adossé Marius, de sorte qu'il y disparaissait.

La mère Jondrette leva les yeux, ne vit pas Marius, prit les deux chaises, les seules que Marius possédât, et s'en alla, en laissant la porte retomber bruyamment derrière elle.

Elle rentra dans le bouge :

— Voici les deux chaises.

— Et voilà la lanterne, dit le mari. Descends bien vite.

Elle obéit en hâte, et Jondrette resta seul.

Il disposa les deux chaises des deux côtés de la table, retourna le ciseau dans le brasier[9], mit devant la cheminée un vieux paravent, qui masquait le réchaud, puis alla au coin où était le tas de cordes et se baissa comme pour y examiner quelque chose. Marius reconnut alors que ce qu'il avait pris pour un tas informe était une échelle de corde très bien faite avec des échelons de bois et deux crampons pour l'accrocher.

Cette[10] échelle et quelques gros outils, véritables massues de fer, qui étaient mêlés au monceau de ferrailles entassé derrière la porte, n'étaient point le matin dans le bouge Jondrette et y avaient été évidemment apportés dans l'après-midi, pendant l'absence de Marius.

— Ce sont des outils de taillandier, pensa Marius.

Si Marius eût été un peu plus lettré en ce genre, il eût reconnu, dans ce qu'il prenait pour des engins de taillandier, de certains instruments pouvant forcer une serrure ou crocheter une porte, et d'autres pouvant couper ou trancher, les deux familles d'outils sinistres que les voleurs appellent *les cadets* et *les fauchants*.

La cheminée et la table avec les deux chaises étaient précisément en face de Marius. Le réchaud étant caché, la chambre n'était plus éclairée que par la chandelle; le moindre tesson sur la table ou sur la cheminée faisait une grande ombre. Un pot à l'eau éguelé masquait la moitié d'un mur[11]. Il y avait dans cette chambre je ne sais quel calme hideux et menaçant. On y sentait l'attente de quelque chose d'épouvantable.

Jondrette avait laissé sa pipe s'éteindre, grave signe de préoccupation[12], et était venu se rasseoir. La chandelle faisait saillir les angles farouches et fins[13] de son visage. Il avait des froncements de sourcils et de brusques épanouissements de la main droite comme s'il répondait aux derniers conseils d'un sombre monologue intérieur. Dans une de ces obscures répliques qu'il se faisait à lui-même, il amena vivement à lui le tiroir de la table, y prit un long couteau de cuisine qui y était caché et en essaya le tranchant sur son ongle. Cela fait, il remit le couteau dans le tiroir, qu'il repoussa.

Marius de son côté saisit le pistolet qui était dans son gousset droit, l'en retira et l'arma. Le pistolet en s'armant fit un petit bruit clair et sec. Jondrette tressaillit et se souleva à demi sur sa chaise :

— Qui est là ? cria-t-il.

Marius suspendit son haleine, Jondrette écouta un instant, puis se mit à rire en disant :

— Suis-je bête ! C'est la cloison qui craque.

Marius garda le pistolet à sa main[14].

XVIII

Les deux chaises de Marius se font vis-a-vis

Tout à coup la vibration lointaine et mélancolique d'une cloche ébranla les vitres. Six heures sonnaient à Saint-Médard.

Jondrette marqua chaque coup d'un hochement de tête. Le sixième sonné, il moucha la chandelle avec ses doigts. Puis il se mit à marcher dans la chambre, écouta dans le corridor, marcha, écouta encore :

— Pourvu qu'il vienne ! grommela-t-il; puis il revint à sa chaise.

Il se rasseyait à peine que la porte s'ouvrit. La mère Jondrette l'avait ouverte et restait dans le corridor faisant une horrible grimace aimable qu'un des trous de la lanterne sourde éclairait d'en bas.

— Entrez, monsieur, dit-elle.

— Entrez, mon bienfaiteur, répéta Jondrette se levant précipitamment.

M. Leblanc parut. Il avait un air de sérénité qui le faisait singulièrement vénérable. Il posa sur la table quatre louis.

— Monsieur Fabantou, dit-il, voici pour votre loyer et vos premiers besoins. Nous verrons ensuite.

— Dieu vous le rende, mon généreux bienfaiteur ! dit Jondrette; et, s'approchant rapidement de sa femme :

— Renvoie le fiacre !

Elle s'esquiva pendant que son mari prodiguait les saluts et offrait une chaise à M. Leblanc. Un instant après elle revint et lui dit bas à l'oreille :

— C'est fait.

La neige qui n'avait cessé de tomber depuis le matin était tellement épaisse qu'on n'avait point entendu le fiacre arriver, et qu'on ne l'entendit pas s'en aller[1].

Cependant M. Leblanc s'était assis. Jondrette avait pris possession de l'autre chaise en face de M. Leblanc.

Maintenant, pour se faire une idée de la scène qui va suivre, que le lecteur se figure dans son esprit la nuit glacée, les solitudes de la Salpêtrière couvertes de neige, et[2] blanches au clair de lune comme d'immenses linceuls, la clarté de veilleuse des réverbères rougissant çà et là ces boulevards tragiques et les longues rangées des ormes noirs, pas un passant peut-être à un quart de lieue à la ronde, la masure Gorbeau[3] à son plus haut point de silence, d'horreur et de nuit, dans cette masure, au milieu de ces solitudes, au milieu de cette ombre, le vaste galetas[4] Jondrette éclairé d'une chandelle, et dans ce bouge deux hommes assis à une table, M. Leblanc tranquille, Jondrette souriant et effroyable, la Jondrette, la mère louve, dans un coin, et, derrière la cloison, Marius, invisible, debout, ne perdant pas une parole, ne perdant pas un mouvement, l'œil au guet, le pistolet au poing.

Marius du reste n'éprouvait qu'une émotion d'horreur, mais aucune crainte. Il étreignait la crosse du pistolet et se sentait rassuré. — J'arrêterai ce misérable quand je voudrai, pensait-il.

Il sentait la police quelque part par là en embuscade[5], attendant le signal convenu et toute prête à étendre le bras.

Il espérait du reste que de cette violente rencontre de Jondrette et de M. Leblanc quelque lumière jaillirait sur tout ce qu'il avait intérêt à connaître.

XIX

Se préoccuper des fonds obscurs[1]

A peine assis, M. Leblanc tourna les yeux vers les grabats qui étaient vides.

— Comment va la pauvre petite blessée? demanda-t-il.

— Mal, répondit Jondrette avec un sourire navré et reconnaissant, très mal, mon digne monsieur. Sa sœur aînée l'a menée à la Bourbe[2] se faire panser. Vous allez les voir, elles vont rentrer tout à l'heure.

— Madame Fabantou me paraît mieux portante? reprit M. Leblanc en jetant les yeux sur le bizarre accoutrement de la Jondrette, qui, debout entre lui et la porte, comme si elle gardait déjà l'issue, le considérait dans une posture de menace et[3] presque de combat.

— Elle est mourante, dit Jondrette. Mais que voulez-vous, monsieur? elle a tant de courage, cette femme-là! Ce n'est pas une femme, c'est un bœuf.

La Jondrette, touchée du compliment, se récria avec une minauderie de monstre flatté :

— Tu es toujours trop bon pour moi, monsieur Jondrette !

— Jondrette, dit M. Leblanc, je croyais que vous vous appeliez Fabantou ?

— Fabantou dit Jondrette ! reprit vivement le mari. Sobriquet d'artiste.

Et, jetant à sa femme un haussement d'épaules que M. Leblanc ne vit pas, il poursuivit avec une inflexion de voix emphatique et caressante :

— Ah ! c'est que nous avons toujours fait bon ménage, cette pauvre chérie et moi ! Qu'est-ce qu'il nous resterait, si nous n'avions pas cela ? Nous sommes si malheureux, mon respectable monsieur ! On a des bras, pas de travail ! On a du cœur, pas d'ouvrage ! Je ne sais pas comment le gouvernement arrange cela, mais, ma parole d'honneur, monsieur, je ne suis pas jacobin, monsieur, je ne suis pas bousingot[4], je ne lui veux pas de mal, mais si j'étais les ministres, ma parole la plus sacrée, cela irait autrement. Tenez, exemple, j'ai voulu faire apprendre le métier du cartonnage à mes filles. Vous me direz : Quoi ! un métier ? Oui ! un métier ! un simple métier ! un gagne-pain ! Quelle chute, mon bienfaiteur ! Quelle dégradation quand on a été ce que nous étions ! Hélas ! il ne nous reste rien de notre temps de prospérité ! Rien qu'une seule chose, un tableau auquel je tiens, mais dont je me déferais pourtant, car il faut vivre ! item, il faut vivre !

Pendant que Jondrette parlait, avec une sorte de désordre apparent qui n'ôtait rien à l'expression réfléchie et sagace de sa physionomie, Marius leva les yeux et aperçut au fond de la chambre quelqu'un qu'il n'avait pas encore vu. Un homme venait d'entrer, si doucement qu'on n'avait pas entendu tourner les gonds de la porte. Cet homme avait un gilet de tricot violet, vieux[5], usé, taché, coupé et faisant des bouches ouvertes à tous ses plis, un large pantalon de velours de coton, des chaussons à sabots aux pieds, pas de chemise, le cou nu, les bras nus et tatoués, et le visage barbouillé de noir. Il s'était assis en silence et les bras croisés sur le lit le plus voisin, et, comme il se tenait derrière la Jondrette, on ne le distinguait que confusément.

Cette espèce d'instinct magnétique qui avertit le regard fit que M. Leblanc se tourna presque en même temps que Marius. Il ne put se défendre d'un mouvement de surprise qui n'échappa point à Jondrette.

— Ah ! je vois ! s'écria Jondrette en se boutonnant d'un air de complaisance, vous regardez votre redingote ? Elle me va ! ma foi, elle me va !

— Qu'est-ce que c'est que cet homme ? dit M. Leblanc.

— Ça ? fit Jondrette, c'est un voisin. Ne faites pas attention.

Le voisin était d'un aspect singulier. Cependant les fabriques de produits chimiques abondent dans le faubourg Saint-Marceau. Beaucoup d'ouvriers d'usines peuvent avoir le visage noirci. Toute la personne de M. Leblanc respirait d'ailleurs une confiance candide et intrépide. Il reprit :

— Pardon, que me disiez-vous donc, monsieur Fabantou ?

— Je vous disais, monsieur et cher protecteur, repartit Jondrette, en s'accoudant sur la table et en contemplant M. Leblanc avec des yeux fixes et tendres assez semblables aux yeux d'un serpent boa, je vous disais que j'avais un tableau à vendre.

Un léger bruit se fit à la porte. Un second homme venait d'entrer et de s'asseoir sur le lit, derrière la Jondrette. Il avait, comme le premier, les bras nus et un masque d'encre ou de suie. Quoique cet homme se fût, à la lettre, glissé dans la chambre, il ne put faire que M. Leblanc ne l'aperçut.

— Ne prenez pas garde, dit Jondrette. Ce sont des gens de la maison. Je disais donc qu'il me restait un tableau, un tableau précieux... Tenez, monsieur, voyez.

Il se leva, alla à la muraille au bas de laquelle était posé le panneau dont nous avons parlé, et le retourna, tout en le laissant appuyé au mur. C'était quelque chose en effet qui ressemblait à un tableau et que la chandelle éclairait à peu près. Marius n'en pouvait rien distinguer, Jondrette étant placé entre le tableau et lui ; seulement il entrevoyait un barbouillage grossier, et une espèce de personnage principal enluminé avec la crudité criarde des toiles foraines et des peintures de paravent.

— Qu'est-ce[6] que c'est que cela ? demanda M. Leblanc.

Jondrette s'exclama[7] :

— Une peinture[8] de maître, un tableau d'un grand prix, mon bienfaiteur ! J'y[9] tiens comme je tiens à mes deux filles, il me rappelle des souvenirs ! mais, je vous l'ai dit et je ne m'en dédis pas, je suis si malheureux que je m'en déferais...

Soit hasard, soit qu'il eût quelque commencement d'inquiétude[10], tout en examinant le tableau, le regard de M. Leblanc revint vers le fond de la chambre. Il y avait maintenant quatre hommes, trois assis sur le lit, un debout près du chambranle de la porte, tous quatre bras nus, immobiles, le visage barbouillé de noir. Un[11] des trois qui étaient sur le lit s'appuyait au mur, les yeux fermés, et l'on eût dit qu'il dormait. Celui-là était vieux ; ses cheveux blancs sur son visage noir étaient horribles. Les deux autres semblaient jeunes. L'un était barbu, l'autre chevelu. Aucun n'avait de souliers ; ceux qui n'avaient pas de chaussons étaient pieds nus.

Jondrette remarqua que l'œil de M. Leblanc s'attachait à ces hommes.

— C'est des amis. Ça voisine, dit-il. C'est barbouillé parce que ça travaille dans le charbon. Ce sont des fumistes[12]. Ne vous en occupez pas, mon bienfaiteur, mais achetez-moi mon tableau. Ayez pitié de ma misère. Je ne vous le vendrai pas cher. Combien l'estimez-vous ?

— Mais, dit M. Leblanc en regardant[13] Jondrette entre les deux yeux et comme un homme qui se met sur ses gardes, c'est[14] quelque enseigne de cabaret. Cela vaut bien trois francs[15].

Jondrette répondit avec douceur[16] :

— Avez-vous votre portefeuille là ? je me contenterais de mille écus.

M. Leblanc se leva debout, s'adossa à la muraille et promena rapidement son regard dans la chambre. Il avait Jondrette à sa gauche du côté de la fenêtre et la Jondrette et les quatre hommes à sa droite du côté de la porte. Les quatre hommes ne bougeaient pas et n'avaient pas même l'air de le voir ; Jondrette s'était remis à parler d'un accent plaintif, avec la prunelle si vague et l'intonation si lamentable que M. Leblanc pouvait croire que c'était tout simplement un homme devenu fou de misère qu'il avait devant les yeux.

— Si vous ne m'achetez pas mon tableau, cher bienfaiteur, disait Jondrette, je suis sans ressource, je n'ai plus qu'à me jeter à même la rivière. Quand je pense que j'ai voulu faire apprendre à mes deux filles le cartonnage demi-fin, le cartonnage des boîtes d'étrennes. Eh bien ! il faut une table avec une planche au fond pour que les verres ne tombent pas par terre, il faut un fourneau fait exprès, un pot à trois compartiments pour les différents degrés de force que doit avoir la colle selon qu'on l'emploie pour le bois, le papier ou les étoffes[17], un tranchet pour couper le carton, un moule pour l'ajuster, un marteau pour clouer les aciers, des pinceaux, le diable, est-ce que je sais, moi ? et tout cela pour gagner quatre sous par jour ! et on travaille quatorze heures ! et chaque boîte passe treize fois dans les mains de l'ouvrière ! et mouiller le papier ! et ne rien tacher ! et tenir la colle chaude ! le diable, je vous dis ! quatre sous par jour ! comment voulez-vous qu'on vive ?

Tout en parlant, Jondrette ne regardait pas M. Leblanc qui l'observait. L'œil de M. Leblanc était fixé sur Jondrette et l'œil de Jondrette sur la porte. L'attention haletante de Marius allait de l'un à l'autre. M. Leblanc paraissait se demander : Est-ce un idiot ? Jondrette répéta deux ou trois fois avec toutes sortes d'inflexions variées dans le genre traînant et suppliant : Je n'ai plus qu'à me jeter à la rivière ! j'ai descendu l'autre jour trois marches pour cela du côté du pont d'Austerlitz !

Tout à coup sa prunelle éteinte s'illumina d'un flamboiement hideux, ce petit homme se dressa et devint effrayant, il fit un pas vers M. Leblanc et lui cria d'une voix tonnante :

— Il ne s'agit pas de tout cela ! me reconnaissez-vous ?

XX

LE GUET-APENS

La porte du galetas venait de s'ouvrir brusquement, et laissait voir trois hommes en blouse de toile bleue, masqués de masques de papier noir. Le premier était maigre et avait une longue trique ferrée, le second, qui était une espèce de colosse, portait, par le milieu du manche et la cognée en bas, un merlin à assommer les bœufs. Le troisième, homme aux épaules trapues, moins maigre que le premier, moins massif que le second, tenait à plein poing une énorme clef volée à quelque porte de prison.

Il paraît que c'était l'arrivée de ces hommes que Jondrette attendait. Un dialogue rapide s'engagea entre lui et l'homme à la trique, le maigre[1].

— Tout est-il prêt? dit Jondrette.

— Oui, répondit[2] l'homme maigre.

— Où donc est Montparnasse?

— Le jeune premier s'est arrêté pour causer avec ta fille.

— Laquelle?

— L'aînée.

— Il y a un fiacre en bas?

— Oui.

— La maringotte est attelée?

— Attelée.

— De deux bons chevaux?

— Excellents.

— Elle attend où j'ai dit qu'elle attendît[3]?

— Oui.

— Bien, dit Jondrette.

M. Leblanc était très pâle. Il considérait tout dans le bouge autour de lui comme[4] un homme qui comprend où il est tombé, et sa tête, tour à tour dirigée vers toutes les têtes qui l'entouraient, se mouvait sur son cou avec une lenteur attentive et étonnée, mais il n'y avait dans son air rien qui ressemblât à la peur. Il s'était fait de la table un retranchement improvisé; et cet homme[5] qui, le moment d'auparavant, n'avait l'air que d'un bon vieux homme, était devenu subitement une sorte d'athlète, et posait son poing robuste sur le dossier de sa chaise avec un geste redoutable et surprenant[6].

Ce vieillard, si ferme et si brave devant un tel danger, semblait être de ces natures qui sont courageuses comme elles sont bonnes, aisément et simplement. Le père d'une femme qu'on aime n'est jamais un étranger pour nous. Marius se sentit fier de cet inconnu[7].

Trois des hommes[8] aux bras nus dont[9] Jondrette avait dit: *ce sont des fumistes,* avaient pris dans le tas de ferrailles, l'un une grande cisaille, l'autre une pince à faire des pesées, le troisième un marteau, et s'étaient mis en travers de la porte sans prononcer une parole. Le vieux était resté sur le lit, et avait seulement ouvert les yeux. La Jondrette s'était assise à côté de lui.

Marius pensa qu'avant quelques secondes le moment d'intervenir serait arrivé, et il éleva sa main droite vers le plafond, dans la direction du corridor, prêt à lâcher son coup de pistolet.

Jondrette, son colloque avec l'homme à la trique terminé, se tourna de nouveau vers M. Leblanc et répéta sa question en l'accompagnant de ce rire bas, contenu et terrible qu'il avait :

— Vous ne me reconnaissez donc pas ?

M. Leblanc le regarda en face et répondit :

— Non.

Alors Jondrette vint jusqu'à la table. Il se pencha par-dessus la chandelle, croisant les bras, approchant sa mâchoire anguleuse et féroce[10] du visage calme de M. Leblanc, et avançant le plus qu'il pouvait sans que M. Leblanc reculât, et, dans cette posture de bête fauve[11] qui va mordre, il cria :

— Je ne m'appelle pas Fabantou, je ne m'appelle pas Jondrette, je me nomme Thénardier ! je suis l'aubergiste de Montfermeil ! entendez-vous bien ? Thénardier ! Maintenant me reconnaissez-vous ?

Une imperceptible rougeur passa sur le front de M. Leblanc, et il répondit sans que sa voix tremblât, ni s'élevât, avec sa placidité ordinaire :

— Pas davantage.

Marius n'entendit pas cette réponse. Qui l'eût vu en ce moment dans cette obscurité l'eût vu hagard, stupide et foudroyé. Au moment où Jondrette avait dit : *Je me nomme Thénardier,* Marius avait tremblé de tous ses membres et s'était appuyé au mur comme s'il eût senti le froid d'une lame d'épée à travers son cœur[12]. Puis son bras droit, prêt à lâcher le coup de signal, s'était abaissé lentement, et au moment où Jondrette avait répété : *Entendez-vous bien, Thénardier ?* les doigts défaillants de Marius avaient manqué laisser tomber le pistolet. Jondrette, en dévoilant qui il était, n'avait pas ému M. Leblanc, mais il avait bouleversé Marius. Ce nom de Thénardier, que M. Leblanc ne semblait pas connaître, Marius le connaissait[13]. Qu'on se rappelle ce que ce nom était pour lui ! Ce nom, il l'avait porté sur son

cœur, écrit dans le testament de son père ! il le portait
au fond de sa pensée, au fond de sa mémoire, dans cette
recommandation sacrée : « Un nommé Thénardier m'a
sauvé la vie. Si mon fils le rencontre, il lui fera tout le
bien qu'il pourra. » Ce nom, on s'en souvient, était une
des piétés de son âme ; il le mêlait au nom de son père
dans son culte[14]. Quoi ! c'était là ce Thénardier, c'était
là cet aubergiste de Montfermeil qu'il avait vainement
et si longtemps cherché ! Il le trouvait enfin, et comment !
ce sauveur de son père était un bandit ! cet homme,
auquel lui Marius brûlait de se dévouer, était un monstre !
ce libérateur du colonel Pontmercy était[15] en train de
commettre un attentat[16] dont Marius ne voyait pas
encore bien distinctement la forme, mais qui ressemblait à un assassinat ! et sur qui, grand Dieu ! Quelle
fatalité ! quelle amère moquerie du sort ! Son père lui
ordonnait du fond de son cercueil de faire tout le bien
possible à Thénardier, depuis quatre ans Marius n'avait
pas d'autre idée que d'acquitter cette dette de son père,
et, au moment où il allait faire saisir par la justice un
brigand au milieu d'un crime, la destinée lui criait : c'est
Thénardier ! La vie de son père, sauvée dans une grêle
de mitraille sur le champ héroïque de Waterloo, il allait
enfin la payer à cet homme, et la payer de l'échafaud ! Il
s'était promis, si jamais il retrouvait ce Thénardier, de
ne l'aborder qu'en se jetant à ses pieds, et il le retrouvait
en effet, mais pour le livrer au bourreau ! Son père lui
disait : Secours Thénardier ! et il répondait à cette voix
adorée et sainte en écrasant Thénardier ! Donner pour
spectacle à son père dans son tombeau l'homme qui
l'avait arraché à la mort au péril de sa vie, exécuté place
Saint-Jacques par le fait de son fils, de ce Marius à qui
il avait légué cet homme ! Et quelle dérision que d'avoir
si longtemps porté sur sa poitrine les dernières volontés
de son père écrites de sa main pour faire affreusement
tout le contraire ! Mais, d'un autre côté, assister à ce
guet-apens et ne pas l'empêcher ! quoi ! condamner la
victime et épargner l'assassin ! est-ce qu'on pouvait être
tenu à quelque reconnaissance envers un pareil misérable ?

Toutes les idées que Marius avait depuis quatre ans
étaient comme traversées de part en part par ce coup
inattendu. Il frémissait[17]. Tout dépendait de lui. Il tenait

dans sa main à leur insu ces êtres qui s'agitaient là sous ses yeux. S'il tirait le coup de pistolet, M. Leblanc était sauvé et Thénardier était perdu; s'il ne le tirait pas, M. Leblanc était sacrifié et, qui sait? Thénardier échappait. Précipiter l'un, ou laisser tomber l'autre ! remords des deux côtés. Que faire? que choisir? manquer aux souvenirs les plus impérieux, à tant[18] d'engagements profonds pris avec lui-même, au devoir le plus saint, au texte le plus vénéré ! manquer au testament de son père, ou laisser s'accomplir un crime ! Il lui semblait d'un côté entendre « son Ursule » le supplier pour son père, et de l'autre le colonel lui recommander Thénardier. Il se sentait fou. Ses genoux se dérobaient sous lui. Et il n'avait pas même le temps de délibérer, tant la scène qu'il avait sous les yeux se précipitait avec furie. C'était comme un tourbillon[19] dont il s'était cru maître et qui l'emportait. Il fut au moment de s'évanouir.

Cependant Thénardier, nous ne le nommerons plus autrement désormais, se promenait de long en large devant la table dans une sorte d'égarement et de triomphe frénétique.

Il prit[20] à plein poing la chandelle et la posa sur la cheminée avec un frappement si violent que la mèche faillit s'éteindre et que le suif éclaboussa le mur.

Puis il se tourna vers M. Leblanc, effroyable, et cracha ceci :

— Flambé ! fumé ! fricassé ! à la crapaudine !

Et il se remit à marcher, en pleine explosion.

— Ah ! criait-il, je vous retrouve enfin, monsieur le philanthrope ! monsieur le millionnaire râpé ! monsieur le donneur de poupées ! vieux Jocrisse ! Ah ! vous ne me reconnaissez pas ? Non, ce n'est pas vous qui êtes venu à Montfermeil, à mon auberge, il y a huit ans, la nuit de Noël 1823 ! ce n'est pas vous qui avez emmené de chez moi l'enfant de la Fantine, l'Alouette[21] ! ce n'est pas vous qui aviez un carrick jaune ! non ! et un paquet plein de nippes à la main comme ce matin chez moi ! Dis donc, ma femme ! c'est sa manie[22], à ce qu'il paraît, de porter dans les maisons des paquets pleins de bas de laine ! vieux charitable, va ! Est-ce que vous êtes bonnetier, monsieur le millionnaire? Vous donnez[23] aux pauvres votre fonds de boutique, saint homme ! quel funambule ! Ah ! vous ne me reconnaissez pas ? Eh bien, je vous reconnais, moi ! je vous ai reconnu tout de suite dès que vous avez fourré votre mufle ici. Ah ! on va voir enfin que ce n'est pas tout roses d'aller comme cela dans les maisons des gens, sous prétexte que ce sont des auberges, avec des habits minables, avec l'air d'un pauvre, qu'on lui aurait donné un sou, tromper les personnes, faire le généreux, leur prendre leur gagne-pain, et menacer dans les bois, et qu'on n'en est pas quitte pour rapporter après, quand les gens sont ruinés, une redingote trop large et deux méchantes couvertures d'hôpital, vieux gueux, voleur d'enfants !

Il s'arrêta, et parut un moment se parler à lui-même. On eût dit que sa fureur tombait comme le Rhône dans quelque trou ; puis, comme s'il achevait tout haut des choses qu'il venait de se dire tout bas, il frappa un coup de poing sur la table et cria :

— Avec son air bonasse !

Et apostrophant M. Leblanc :

— Parbleu ! vous[24] vous êtes moqué de moi autrefois. Vous êtes cause de tous mes malheurs ! Vous avez eu pour quinze cents francs une fille que j'avais, et qui était certainement à des riches, et qui m'avait déjà rapporté beaucoup d'argent, et dont je devais tirer de quoi vivre toute ma vie ! une fille[25] qui m'aurait dédommagé de tout ce que j'ai perdu dans cette abominable gargote où l'on faisait des sabbats sterlings et où j'ai mangé comme un imbécile tout mon saint-frusquin ! Oh ! je voudrais que tout le vin qu'on a bu chez moi fût du poison à ceux qui l'ont bu ! Enfin n'importe ! Dites donc ! vous avez dû me trouver farce quand vous vous êtes en allé avec l'Alouette ! Vous aviez votre gourdin dans la forêt[26] ! Vous étiez le plus fort. Revanche. C'est moi qui ai l'atout aujourd'hui ! Vous êtes fichu, mon bonhomme ! Oh mais, je ris. Vrai, je ris ! Est-il tombé dans le panneau ! Je lui ai dit que[27] j'étais acteur, que je m'appelais Fabantou, que j'avais joué la comédie avec mamselle Mars, avec mamselle Muche, que mon propriétaire voulait être payé demain 4 février, et il n'a même pas vu que c'est le 8 janvier et non le 4 février qui est un terme ! Absurde crétin ! Et ces quatre méchants philippes qu'il m'apporte ! Canaille ! Il n'a même pas eu le cœur d'aller jusqu'à cent francs ! Et comme il donnait dans mes platitudes ! Ça m'amusait. Je me disais :

Ganache ! Va, je te tiens. Je te lèche les pattes ce matin ! Je te rongerai le cœur ce soir !

Thénardier cessa. Il était essoufflé. Sa petite poitrine étroite haletait[28] comme un soufflet de forge. Son œil était plein de cet ignoble bonheur d'une créature faible, cruelle et lâche, qui peut enfin terrasser ce qu'elle a redouté et insulter ce qu'elle a flatté, joie d'un nain qui mettrait le talon sur la tête de Goliath[29], joie d'un chacal qui commence à déchirer un taureau malade, assez mort pour ne plus se défendre, assez vivant pour souffrir encore.

M. Leblanc ne l'interrompit pas, mais lui dit lorsqu'il s'interrompit :

— Je ne sais ce que vous voulez dire. Vous vous méprenez. Je suis un homme très pauvre et rien moins qu'un millionnaire. Je ne vous connais pas[30]. Vous me prenez pour un autre.

— Ah ! râla Thénardier, la bonne balançoire[31] ! Vous tenez à cette plaisanterie ! Vous pataugez, mon vieux[32] ! Ah ! vous ne vous souvenez pas ? Vous ne voyez pas qui je suis !

— Pardon, monsieur, répondit M. Leblanc avec un accent de politesse qui avait en un pareil moment quelque chose d'étrange et de puissant, je vois que vous êtes un bandit.

Qui ne l'a remarqué, les êtres odieux ont leur susceptibilité, les monstres sont chatouilleux. A ce mot de bandit, la femme Thénardier se jeta à bas du lit, Thénardier saisit[33] sa chaise comme s'il allait la briser dans ses mains. — Ne bouge pas, toi ! cria-t-il à sa femme ; et, se tournant vers M. Leblanc :

— Bandit ! oui, je sais que vous nous appelez comme cela, messieurs les gens riches ! Tiens ! c'est vrai, j'ai fait faillite, je me cache, je n'ai pas de pain, je n'ai pas le sou, je suis un bandit ! Voilà trois jours que je n'ai mangé, je suis un bandit ! Ah ! vous vous chauffez les pieds, vous autres, vous avez des escarpins de Sakoski[34], vous avez des redingotes ouatées, comme des archevêques[35], vous logez au premier dans des maisons à portier[36], vous mangez des truffes, vous[37] mangez des bottes d'asperges à quarante francs au mois de janvier, des petits pois, vous vous gavez, et, quand vous voulez savoir s'il fait froid, vous regardez dans le journal ce que marque le thermomètre de l'ingénieur Chevalier[38]. Nous ! c'est nous qui sommes les thermomètres ! nous n'avons pas besoin d'aller voir sur le quai au coin de la tour de l'Horloge combien il y a de degrés de froid, nous sentons le sang se figer dans nos veines et la glace nous arriver au cœur, et nous disons : Il n'y a pas de Dieu ! Et vous venez dans nos cavernes, oui, dans nos cavernes, nous appeler bandits ! Mais nous vous mangerons ! mais, pauvres petits, nous vous dévorerons ! Monsieur le millionnaire ! sachez ceci : J'ai été un homme établi, j'ai été patenté, j'ai été électeur, je suis un bourgeois, moi ! et vous n'en êtes peut-être pas un, vous !

Ici Thénardier fit un pas vers les hommes qui étaient près de la porte, et ajouta avec un frémissement :

— Quand je pense qu'il ose venir me parler comme à un savetier !

Puis s'adressant à M. Leblanc avec une recrudescence de frénésie :

— Et sachez encore ceci, monsieur le philanthrope ! je ne suis pas un homme louche, moi ! je ne suis pas un homme dont on ne sait point le nom et qui vient enlever des enfants dans les maisons ! Je suis un ancien soldat français, je devrais être décoré ! J'étais à Waterloo, moi ! et j'ai sauvé dans la bataille un général appelé le comte de je ne sais quoi[39] ! Il m'a dit son nom ; mais sa chienne de voix était si faible que je ne l'ai pas entendu. Je n'ai entendu que *merci*. J'aurais mieux aimé son nom que son remercîment. Cela m'aurait aidé à le retrouver. Ce tableau que vous voyez, et qui a été peint par David à Bruqueselles, savez-vous qui il représente ? il représente moi. David a voulu immortaliser ce fait d'armes. J'ai ce général sur mon dos, et je l'emporte à travers la mitraille. Voilà l'histoire. Il n'a même jamais rien fait pour moi, ce général-là ; il ne valait pas mieux que les autres ! Je ne lui en ai pas moins sauvé la vie au danger de la mienne, et j'en ai les certificats plein mes poches ! Je suis un soldat de Waterloo, mille noms de noms ! Et maintenant que j'ai eu la bonté de vous dire tout ça, finissons, il me faut de l'argent, il me faut beaucoup d'argent, il me faut énormément d'argent, ou je vous extermine, tonnerre du bon Dieu !

Marius avait repris quelque empire sur ses angoisses,

et écoutait. La dernière possibilité de doute venait de s'évanouir. C'était bien le Thénardier du testament. Marius frissonna à ce reproche d'ingratitude adressé à son père et qu'il était sur le point de justifier si fatalement. Ses perplexités en redoublèrent[40]. Du reste il y avait dans toutes ces paroles de Thénardier, dans l'accent, dans le geste, dans le regard qui faisait jaillir des flammes de chaque mot, il y avait dans cette explosion d'une mauvaise nature montrant tout, dans ce mélange de fanfaronnade et d'abjection, d'orgueil et de petitesse, de rage et de sottise, dans ce chaos de griefs réels et de sentiments faux, dans cette impudeur d'un méchant homme savourant la volupté de la violence, dans cette nudité effrontée d'une âme laide, dans cette conflagration de toutes les souffrances combinées avec toutes les haines, quelque chose qui était hideux comme le mal et poignant comme le vrai.

Le[41] tableau de maître, la peinture de David dont il avait proposé l'achat à M. Leblanc, n'était, le lecteur l'a deviné, autre chose que l'enseigne de sa gargote, peinte, on s'en souvient, par lui-même, seul débris qu'il eût conservé de son naufrage de Montfermeil.

Comme il avait cessé d'intercepter le rayon visuel de Marius, Marius maintenant pouvait considérer cette chose, et dans ce badigeonnage il reconnaissait réellement une bataille, un fond de fumée, et un homme qui en portait un autre. C'était le groupe de Thénardier et de Pontmercy, le sergent sauveur, le colonel sauvé. Marius était comme ivre, ce tableau faisait en quelque sorte son père vivant, ce n'était plus l'enseigne du cabaret de Montfermeil, c'était une résurrection, une tombe s'y entr'ouvrait, un fantôme s'y dressait, Marius entendait son cœur tinter à ses tempes, il avait le canon de Waterloo dans les oreilles, son père sanglant vaguement peint sur ce panneau sinistre l'effarait, et il lui semblait que cette silhouette informe le regardait fixement.

Quand Thénardier eut repris haleine, il attacha sur M. Leblanc ses prunelles sanglantes, et lui dit d'une voix basse et brève :

— Qu'as-tu à dire avant qu'on te mette en brinde-singues?

M. Leblanc[42] se taisait. Au milieu de ce silence une voix éraillée lança du corridor ce sarcasme lugubre :

— S'il faut fendre du bois, je suis là, moi !

C'était l'homme au merlin qui s'égayait.

En même temps une énorme face hérissée et terreuse parut à la porte avec un affreux rire qui montrait non des dents, mais des crocs.

C'était la face de l'homme au merlin.

— Pourquoi as-tu ôté ton masque ? lui cria Thénardier avec fureur.

— Pour rire, répliqua l'homme.

Depuis quelques instants, M. Leblanc semblait suivre et guetter tous les mouvements de Thénardier, qui, aveuglé et ébloui par sa propre rage, allait et venait dans le repaire avec[43] la confiance de sentir la porte gardée, de tenir, armé, un homme désarmé, et d'être neuf contre un, en supposant que la Thénardier ne comptât que pour un homme. Dans son apostrophe à l'homme au merlin, il tournait le dos à M. Leblanc[44].

M. Leblanc saisit ce moment, repoussa du pied la chaise, du poing la table, et d'un bond, avec une agilité prodigieuse, avant que Thénardier eût eu le temps de se retourner, il était à la fenêtre. L'ouvrir, escalader l'appui, l'enjamber, ce fut une seconde. Il était à moitié dehors quand six poings robustes le saisirent et le ramenèrent énergiquement dans le bouge. C'étaient les trois « fumistes » qui s'étaient élancés sur lui. En même temps, la Thénardier l'avait empoigné aux cheveux.

Au[45] piétinement qui se fit, les autres bandits accoururent du corridor. Le vieux qui était sur le lit et qui semblait pris de vin, descendit du grabat et arriva en chancelant, un marteau de cantonnier à la main.

Un des « fumistes » dont la chandelle éclairait le visage barbouillé, et dans lequel Marius, malgré ce barbouillage, reconnut Panchaud, dit Printanier, dit Bigrenaille, levait au-dessus de la tête de M. Leblanc une espèce d'assommoir fait de deux pommes de plomb aux deux bouts d'une barre de fer.

Marius ne put résister à ce spectacle. — Mon père, pensa-t-il, pardonne-moi ! — Et son doigt chercha la détente du pistolet. Le coup allait partir lorsque la voix de Thénardier cria :

— Ne lui faites pas de mal !

Cette tentative désespérée de la victime, loin d'exaspérer Thénardier, l'avait calmé. Il y avait deux hommes en lui, l'homme féroce et l'homme adroit. Jusqu'à cet instant, dans le débordement du triomphe, devant la proie abattue et ne bougeant pas, l'homme féroce avait dominé ; quand la victime se débattit et parut vouloir lutter, l'homme adroit reparut et prit le dessus.

— Ne lui faites pas de mal ! répéta-t-il. Et, sans s'en douter, pour premier succès, il arrêta le pistolet prêt à partir et paralysa Marius pour lequel l'urgence disparut, et qui, devant cette phase nouvelle, ne vit point d'inconvénient à attendre encore. Qui sait si quelque chance ne surgirait pas qui le délivrerait de l'affreuse alternative de laisser périr le père d'Ursule ou de perdre le sauveur du colonel ?

Une lutte herculéenne s'était engagée. D'un coup de poing en plein torse M. Leblanc avait envoyé le vieux rouler au milieu de la chambre, puis[46] de deux revers de main avait terrassé deux autres assaillants, et il en tenait un sous chacun de ses genoux ; les misérables râlaient sous cette pression comme sous une meule de granit[47] ; mais les quatre autres avaient saisi le redoutable vieillard aux deux bras et à la nuque et le tenaient accroupi sur les deux « fumistes[48] » terrassés. Ainsi, maître des uns et maîtrisé par les autres, écrasant ceux d'en bas et étouffant sous ceux d'en haut, secouant vainement tous les efforts qui s'entassaient sur lui, M. Leblanc disparaissait sous le groupe horrible des bandits comme un sanglier sous un monceau hurlant de dogues et de limiers.

Ils parvinrent à le renverser sur le lit le plus proche de la croisée et l'y tinrent en respect. La Thénardier ne lui avait pas lâché les cheveux.

— Toi, dit Thénardier, ne t'en mêle pas. Tu vas déchirer ton châle.

La Thénardier obéit, comme la louve obéit au loup, avec un grondement.

— Vous autres, reprit Thénardier, fouillez-le.

M. Leblanc semblait avoir renoncé à la résistance. On le fouilla. Il n'avait rien sur lui qu'une bourse de cuir qui contenait six francs, et son mouchoir. Thénardier mit le mouchoir dans sa poche.

— Quoi ! pas de portefeuille ? demanda-t-il.

— Ni de montre, répondit un des « fumistes ».

— C'est égal, murmura avec une voix de ventriloque

l'homme masqué qui tenait la grosse clef, c'est[49] un vieux rude !

Thénardier alla au coin de la porte et y prit un paquet de cordes, qu'il leur jeta.

— Attachez-le au pied du lit, dit-il. Et[50], apercevant le vieux qui était resté étendu à travers la chambre du coup de poing de M. Leblanc et qui ne bougeait pas :

— Est-ce que Boulatruelle est mort ? demanda-t-il.

— Non, répondit Bigrenaille, il est ivre.

— Balayez-le dans un coin, dit Thénardier.

Deux des « fumistes » poussèrent l'ivrogne avec le pied près du tas de ferrailles.

— Babet, pourquoi en as-tu amené tant ? dit Thénardier bas à l'homme à la trique, c'était inutile.

— Que veux-tu ? répliqua l'homme à la trique, ils ont tous voulu en être. La saison est mauvaise. Il ne se fait pas d'affaires.

Le grabat où M. Leblanc avait été renversé était[51] une façon de lit d'hôpital porté sur quatre montants grossiers[52] en bois à peine équarri. M. Leblanc se laissa faire. Les brigands le lièrent solidement, debout[53] et les pieds posant à terre, au montant du lit le plus éloigné de la fenêtre et le plus proche de la cheminée.

Quand le dernier nœud fut serré, Thénardier prit une chaise et vint s'asseoir presque en face de M. Leblanc. Thénardier ne se ressemblait plus, en quelques instants sa physionomie avait passé de la violence effrénée à la douceur tranquille et rusée. Marius avait peine à reconnaître dans ce sourire poli d'homme de bureau[54] la bouche presque bestiale qui écumait le moment d'auparavant, il considérait avec stupeur cette métamorphose fantastique et inquiétante, et il éprouvait ce qu'éprouverait un homme qui verrait un tigre se changer en un avoué.

— Monsieur... fit Thénardier.

Et écartant du geste les brigands qui avaient encore la main sur M. Leblanc :

— Éloignez-vous un peu, et laissez-moi causer avec monsieur.

Tous se retirèrent vers la porte. Il reprit :

— Monsieur, vous avez eu tort de vouloir sauter par la fenêtre. Vous auriez pu vous casser une jambe. Maintenant, si vous le permettez, nous allons causer tranquillement. Il faut d'abord que je vous communique une remarque que j'ai faite, c'est que vous n'avez pas encore poussé le moindre cri.

Thénardier avait raison, ce détail était réel, quoiqu'il eût échappé à Marius dans son trouble. M. Leblanc avait à peine prononcé quelques paroles sans hausser la voix, et, même dans sa lutte près de la fenêtre avec les six bandits, il avait gardé le plus profond et le plus singulier silence. Thénardier poursuivit :

— Mon Dieu ! vous auriez un peu crié au voleur[55], que je ne l'aurais pas trouvé inconvénient[56]. A l'assassin ! cela se dit dans l'occasion, et, quant à moi, je ne l'aurais point pris en mauvaise part. Il est tout simple qu'on fasse un peu de vacarme quand on se trouve avec des personnes qui ne vous inspirent pas suffisamment de confiance. Vous l'auriez fait qu'on ne vous aurait pas dérangé. On ne vous aurait même pas bâillonné. Et je vais vous dire pourquoi. C'est que cette chambre-ci est très sourde. Elle n'a que cela pour elle, mais elle a cela. C'est une cave. On y tirerait une bombe que cela ferait pour le corps de garde le plus prochain le bruit d'un ronflement d'ivrogne[57]. Ici le canon ferait boum et le tonnerre ferait pouf. C'est un logement commode. Mais enfin vous n'avez pas crié, c'est mieux, je vous en fais mon compliment, et je vais vous dire ce que j'en conclus : mon cher monsieur, quand on crie, qu'est-ce qui vient ? la police. Et après la police ? la justice. Eh bien, vous n'avez pas crié ; c'est que vous ne vous souciez pas plus que nous de voir arriver la justice et la police. C'est que, — il y a longtemps que je m'en doute[58], — vous avez un intérêt quelconque à cacher quelque chose. De notre côté nous avons le même intérêt. Donc nous pouvons nous entendre.

Tout en parlant[59] ainsi, il semblait que Thénardier, la prunelle attachée sur M. Leblanc, cherchât à enfoncer les pointes aiguës qui sortaient de ses yeux jusque dans la conscience de son prisonnier. Du reste son langage, empreint d'une sorte d'insolence modérée et sournoise, était réservé et presque choisi, et dans ce misérable qui n'était tout à l'heure qu'un brigand on sentait maintenant « l'homme qui a étudié pour être prêtre ».

Le silence qu'avait gardé le prisonnier, cette précaution qui allait jusqu'à l'oubli même du soin de sa vie, cette résistance opposée au premier mouvement de la nature, qui est de jeter un cri, tout cela, il faut le dire, depuis que la remarque en avait été faite, était importun à Marius, et l'étonnait péniblement[60].

L'observation si fondée de Thénardier obscurcissait encore pour Marius les épaisseurs mystérieuses sous lesquelles se dérobait cette figure grave et étrange à laquelle Courfeyrac avait jeté le sobriquet de *monsieur Leblanc*. Mais, quel qu'il fût, lié de cordes, entouré de bourreaux, à demi plongé, pour ainsi dire, dans une fosse qui s'enfonçait sous lui d'un degré à chaque instant, devant la fureur comme devant la douceur de Thénardier, cet homme demeurait impassible; et Marius ne pouvait s'empêcher d'admirer en un pareil moment ce visage superbement mélancolique.

C'était évidemment une âme inaccessible à l'épouvante et ne sachant pas ce que c'est que d'être éperdue. C'était un de ces hommes qui dominent l'étonnement des situations désespérées. Si extrême que fût la crise, si inévitable que fût la catastrophe, il n'y avait rien là de l'agonie du noyé ouvrant sous l'eau des yeux horribles[61].

Thénardier se leva sans affectation, alla à la cheminée, déplaça le paravent qu'il appuya au grabat voisin, et démasqua ainsi le réchaud plein de braise ardente dans laquelle le prisonnier pouvait parfaitement voir le ciseau rougi à blanc et piqué çà et là de petites étoiles écarlates.

Puis Thénardier vint se rasseoir près de M. Leblanc.

— Je continue, dit-il. Nous pouvons nous entendre. Arrangeons ceci à l'amiable. J'ai eu tort de m'emporter tout à l'heure, je ne sais où j'avais l'esprit, j'ai été beaucoup trop loin, j'ai dit des extravagances. Par exemple, parce que vous êtes millionnaire, je vous ai dit que j'exigeais de l'argent, beaucoup d'argent, immensément d'argent. Cela ne serait pas raisonnable. Mon Dieu, vous avez beau être riche, vous avez vos charges, qui n'a pas les siennes? Je ne veux pas vous ruiner, je ne suis pas un happe-chair après tout. Je ne suis pas de ces gens qui, parce qu'ils ont l'avantage de la position, profitent de cela pour être ridicules. Tenez, j'y mets du mien et je fais un sacrifice de mon côté. Il me faut simplement deux cent mille francs.

M. Leblanc ne souffla pas un mot. Thénardier poursuivit :

— Vous voyez que je ne mets pas mal d'eau[62] dans mon vin. Je ne connais pas l'état de votre fortune, mais je sais que vous ne regardez pas à l'argent, et un homme bienfaisant comme vous peut bien donner deux cent mille francs à un père de famille qui n'est pas heureux. Certainement[63] vous êtes raisonnable aussi, vous ne vous êtes pas figuré que je me donnerais de la peine comme aujourd'hui, et que j'organiserais la chose de ce soir, qui est un travail bien fait, de l'aveu de tous ces messieurs, pour aboutir à vous demander de quoi aller boire du rouge à quinze et manger du veau chez Desnoyers. Deux cent mille francs, ça vaut ça. Une fois cette bagatelle sortie de votre poche, je vous réponds que tout est dit et que vous n'avez pas à craindre une pichenette. Vous me direz : Mais je n'ai pas deux cent mille francs sur moi. Oh ! je ne suis pas exagéré. Je n'exige pas cela. Je ne vous demande qu'une chose. Ayez la bonté d'écrire ce que je vais vous dicter.

Ici Thénardier s'interrompit, puis il ajouta en appuyant sur les mots et en jetant un sourire du côté du réchaud :

— Je vous préviens que je n'admettrais pas que vous ne sachiez pas écrire.

Un grand inquisiteur eût pu envier ce sourire.

Thénardier poussa la table tout près de M. Leblanc, et prit l'encrier, une plume et une feuille de papier dans le tiroir qu'il laissa entr'ouvert et où luisait la longue lame du couteau. Il posa la feuille de papier devant M. Leblanc.

— Écrivez, dit-il.

Le prisonnier parla enfin.

— Comment voulez-vous que j'écrive[64] ? je suis attaché.

— C'est vrai, pardon ! fit Thénardier, vous avez bien raison.

Et se tournant vers Bigrenaille[65] :

— Déliez le bras droit de monsieur.

Panchaud, dit Printanier, dit Bigrenaille, exécuta[66] l'ordre de Thénardier. Quand la main droite du prisonnier fut libre, Thénardier trempa la plume dans l'encre et la lui présenta.

— Remarquez bien, monsieur, que vous êtes en notre pouvoir, à notre discrétion, qu'aucune puissance humaine ne peut vous tirer d'ici, et que nous serions vraiment désolés d'être contraints d'en venir à des extrémités désagréables. Je ne sais ni votre nom, ni votre adresse; mais je vous préviens que vous resterez attaché jusqu'à ce que la personne chargée de porter la lettre que vous allez écrire soit revenue. Maintenant veuillez écrire.

— Quoi? demanda le prisonnier.

— Je dicte.

M. Leblanc prit la plume. Thénardier commença à dicter :

— « Ma fille... »

Le prisonnier tressaillit et leva les yeux sur Thénardier.

— Mettez « ma chère fille », dit Thénardier. M. Leblanc obéit. Thénardier continua :

— « Viens sur-le-champ... »

Il s'interrompit :

— Vous la tutoyez, n'est-ce pas?

— Qui? demanda M. Leblanc.

— Parbleu! dit Thénardier, la petite, l'Alouette[67].

M. Leblanc répondit sans la moindre émotion apparente :

— Je ne sais ce que vous voulez dire.

— Allez toujours, fit Thénardier; et il se remit à dicter :

— « Viens sur-le-champ. J'ai absolument besoin de
» toi. La personne qui te remettra ce billet est chargée
» de t'amener près de moi. Je t'attends. Viens avec
» confiance[68]. »

M. Leblanc avait tout écrit. Thénardier[69] reprit :

— Ah! effacez *viens avec confiance ;* cela pourrait faire supposer que la chose n'est pas toute simple et que la défiance est possible.

M. Leblanc ratura les trois mots.

— A présent, poursuivit Thénardier, signez. Comment[70] vous appelez-vous?

Le prisonnier posa la plume et demanda :

— Pour qui est cette lettre?

— Vous le savez bien, répondit Thénardier[71]. Pour la petite. Je viens de vous le dire.

Il était évident que Thénardier évitait de nommer la jeune fille dont il était question. Il disait « l'Alouette », il disait « la petite », mais il ne prononçait pas le nom.

Précaution d'habile homme gardant son secret devant ses complices. Dire le nom, c'eût été leur livrer « toute l'affaire », et leur en apprendre plus qu'ils n'avaient besoin d'en savoir.

Il reprit :

— Signez. Quel est votre nom ?

— Urbain Fabre, dit le prisonnier.

Thénardier, avec le mouvement d'un chat, précipita sa main dans sa poche et en tira le mouchoir saisi sur M. Leblanc. Il en chercha la marque et l'approcha de la chandelle.

— U. F. C'est cela. Urbain Fabre. Eh bien, signez U. F.

Le prisonnier signa.

— Comme il faut les deux mains pour plier la lettre, donnez, je vais la plier.

Cela fait, Thénardier reprit :

— Mettez l'adresse. *Mademoiselle Fabre,* chez vous[72]. Je sais que vous demeurez pas très loin d'ici[73], aux environs de Saint-Jacques-du-Haut-Pas, puisque c'est là que vous allez à la messe tous les jours, mais je ne sais pas dans quelle rue. Je vois que vous comprenez votre situation. Comme vous n'avez pas menti pour votre nom, vous ne mentirez pas pour votre adresse. Mettez-la vous-même.

Le prisonnier resta un moment pensif, puis il prit la plume et écrivit :

— Mademoiselle Fabre, chez monsieur Urbain Fabre, rue Saint-Dominique-d'Enfer, n° 17[74].

Thénardier saisit la lettre avec une sorte de convulsion fébrile.

— Ma femme ! cria-t-il.

La Thénardier accourut.

— Voici la lettre. Tu sais ce que tu as à faire. Un fiacre est en bas. Pars tout de suite, et reviens idem.

Et s'adressant à l'homme au merlin :

— Toi, puisque[75] tu as ôté ton cache-nez, accompagne la bourgeoise. Tu monteras derrière le fiacre. Tu sais où tu as laissé la maringotte ?

— Oui, dit l'homme.

Et, déposant son merlin dans un coin, il suivit la Thénardier.

Comme ils s'en allaient, Thénardier passa sa tête par la porte entrebâillée et cria dans le corridor :

— Surtout ne perds pas la lettre ! Songe que tu as deux cent mille francs sur toi[76].

La voix rauque de la Thénardier répondit :

— Sois tranquille. Je l'ai mise dans mon estomac.

Une minute ne s'était pas écoulée qu'on entendit le claquement d'un fouet qui décrut et s'éteignit rapidement[77].

— Bon ! grommela Thénardier. Ils vont bon train. De ce galop-là la bourgeoise sera de retour dans trois quarts d'heure.

Il approcha une chaise de la cheminée et s'assit en croisant les bras et en présentant ses bottes boueuses au réchaud.

— J'ai froid aux pieds, dit-il.

Il ne restait plus dans le bouge avec Thénardier et le prisonnier que cinq bandits. Ces hommes, à travers les masques ou la glu noire[78] qui leur couvrait la face et en faisait, au choix de la peur, des charbonniers, des nègres ou des démons, avaient des airs engourdis et mornes[79], et l'on sentait qu'ils exécutaient un crime comme une besogne, tranquillement, sans colère et sans pitié, avec une sorte d'ennui. Ils étaient dans un coin entassés comme des brutes et se taisaient. Thénardier se chauffait les pieds. Le prisonnier était retombé dans sa taciturnité[80]. Un calme sombre avait succédé au vacarme farouche qui remplissait le galetas quelques instants auparavant.

La chandelle, où un large champignon s'était formé, éclairait à peine l'immense taudis, le brasier s'était terni, et toutes ces têtes monstrueuses faisaient des ombres difformes sur les murs et au plafond. On n'entendait d'autre bruit que la respiration paisible du vieillard ivre qui dormait[81].

Marius attendait, dans une anxiété que tout accroissait[82]. L'énigme était plus impénétrable que jamais. Qu'était-ce que cette « petite » que Thénardier avait aussi nommée l'Alouette ? était-ce son « Ursule » ? Le prisonnier[83] n'avait pas paru ému à ce mot, l'Alouette, et avait[84] répondu le plus naturellement du monde : Je ne sais ce que vous voulez dire. D'un autre côté, les deux lettres U. F. étaient expliquées, c'était Urbain Fabre, et Ursule ne s'appelait plus Ursule. C'est là ce que Marius voyait le plus clairement. Une sorte de fascination affreuse le retenait cloué à la place d'où il observait et dominait toute cette scène. Il était là, presque incapable de réflexion et de mouvement, comme anéanti par de si abominables choses vues de près⁸⁵. Il attendait, espérant quelque incident, n'importe quoi, ne pouvant rassembler ses idées et ne sachant quel parti prendre.

— Dans tous les cas, disait-il, si l'Alouette⁸⁶, c'est elle, je le verrai bien, car la Thénardier va l'amener ici. Alors tout sera dit, je donnerai ma vie et mon sang s'il le faut, mais je la délivrerai ! Rien ne m'arrêtera.

Près d'une demi-heure passa ainsi. Thénardier paraissait absorbé par une méditation ténébreuse⁸⁷. Le prisonnier ne bougeait pas. Cependant Marius croyait par intervalles et depuis quelques instants⁸⁸ entendre un petit bruit sourd du côté du prisonnier⁸⁹.

Tout à coup Thénardier apostropha le prisonnier :

— Monsieur Fabre, tenez, autant que je vous dise tout de suite.

Ces quelques mots semblaient commencer un éclaircissement. Marius prêta l'oreille⁹⁰. Thénardier continua :

— Mon épouse va revenir, ne vous impatientez pas. Je pense que l'Alouette⁹¹ est véritablement votre fille, et je trouve tout simple que vous la gardiez. Seulement, écoutez un peu. Avec votre lettre, ma femme ira la trouver. J'ai dit à ma femme de s'habiller, comme vous avez vu, de façon que votre demoiselle⁹² la suive sans difficulté. Elles monteront toutes deux dans le fiacre avec mon camarade derrière. Il y a quelque part en dehors d'une barrière une maringotte attelée de deux très bons chevaux. On y conduira votre demoiselle. Elle descendra du fiacre. Mon camarade montera avec elle dans la maringotte, et ma femme reviendra ici nous dire : C'est fait. Quant à votre demoiselle, on ne lui fera pas de mal, la maringotte la mènera dans un endroit où elle sera tranquille, et, dès que vous m'aurez donné les petits deux cent mille francs, on vous la rendra. Si vous me faites arrêter, mon camarade donnera le coup de pouce à l'Alouette. Voilà.

Le prisonnier n'articula pas une parole. Après une pause, Thénardier poursuivit :

— C'est simple, comme vous voyez. Il n'y aura pas de mal si vous ne voulez pas qu'il y ait du mal. Je vous conte la chose. Je vous préviens pour que vous sachiez⁹³.

Il s'arrêta, le prisonnier ne rompit pas le silence, et Thénardier reprit :

— Dès que mon épouse sera revenue et qu'elle m'aura dit : L'Alouette⁹⁴ est en route, nous vous lâcherons, et vous serez libre d'aller coucher chez vous. Vous voyez que nous n'avions pas de mauvaises intentions.

Des images épouvantables passèrent devant la pensée de Marius. Quoi! cette jeune fille qu'on enlevait, on n'allait pas la ramener? un de ces monstres allait l'emporter dans l'ombre? où?... Et si c'était elle! Et il était clair que c'était elle[95]! Marius sentait les battements de son cœur s'arrêter. Que faire? Tirer le coup de pistolet? mettre aux mains de la justice tous ces misérables? Mais l'affreux homme au merlin n'en serait pas moins hors de toute atteinte avec la jeune fille, et Marius songeait à ces mots de Thénardier dont il entrevoyait la signification sanglante : *Si vous me faites arrêter, mon camarade donnera le coup de pouce à l'Alouette*[96].

Maintenant ce n'était pas seulement par le testament du colonel, c'était par son amour même, par le péril de celle qu'il aimait, qu'il se sentait retenu. Cette effroyable situation, qui durait déjà depuis plus d'une heure, changeait d'aspect à chaque instant. Marius eut la force de passer successivement en revue toutes les plus poignantes conjectures, cherchant une espérance et ne la trouvant pas. Le tumulte de ses pensées contrastait avec le silence funèbre du repaire.

Au milieu de ce silence on entendit le bruit de la porte de l'escalier qui s'ouvrait, puis se fermait.

Le prisonnier fit un mouvement dans ses liens.

— Voici la bourgeoise[97], dit Thénardier.

Il achevait à peine qu'en effet la Thénardier se précipita dans la chambre, rouge, essoufflée, haletante, les yeux flambants, et cria en frappant de ses grosses mains sur ses deux cuisses à la fois :

— Fausse adresse!

Le bandit qu'elle avait emmené avec elle, parut derrière elle et vint reprendre son merlin.

— Fausse adresse? répéta Thénardier.

Elle reprit :

— Personne! Rue Saint-Dominique, numéro dix-sept, pas de monsieur Urbain Fabre! On ne sait pas ce que c'est!

Elle s'arrêta suffoquée, puis continua :
— Monsieur Thénardier ! ce vieux t'a fait poser ! tu es trop bon, vois-tu ! Moi, je te vous lui aurais coupé la margoulette en quatre pour commencer ! et s'il avait fait le méchant, je l'aurais fait cuire tout vivant ! Il aurait bien fallu qu'il parle, et qu'il dise où est la fille, et qu'il dise où est le magot ! Voilà comment j'aurais mené cela, moi ! On a bien raison de dire que les hommes sont plus bêtes que les femmes ! Personne ! numéro dix-sept ! C'est une grande porte cochère ! Pas de monsieur Fabre, rue Saint-Dominique ! et ventre à terre, et pourboire au cocher, et tout ! J'ai parlé au portier et à la portière, qui est une belle forte femme[98], ils ne connaissent pas ça !

Marius respira. Elle, Ursule ou l'Alouette[99], celle qu'il ne savait plus comment nommer, était sauvée.

Pendant que sa femme exaspérée vociférait, Thénardier s'était assis sur la table; il resta quelques instants sans prononcer une parole, balançant sa jambe droite qui pendait, et considérant le réchaud d'un air de rêverie sauvage. Enfin il dit au prisonnier avec une inflexion lente et singulièrement féroce :

— Une fausse adresse? qu'est-ce que tu as donc espéré?

— Gagner du temps ! cria le prisonnier d'une voix éclatante.

Et au même instant il secoua ses liens; ils étaient coupés. Le prisonnier n'était plus attaché au lit que par une jambe.

Avant que les sept hommes eussent eu le temps de se reconnaître et de s'élancer, lui s'était penché sous la cheminée, avait étendu la main vers le réchaud, puis s'était redressé, et maintenant Thénardier, la Thénardier et les bandits, refoulés par le saisissement au fond du bouge, le regardaient avec stupeur élevant au-dessus de sa tête le ciseau rouge d'où tombait une lueur sinistre, presque libre et dans une attitude formidable.

L'enquête judiciaire, à laquelle le guet-apens de la masure Gorbeau[100] donna lieu par la suite, a constaté qu'un gros sou, coupé et travaillé d'une façon particulière, fut trouvé dans le galetas, quand la police y fit une descente; ce gros sou était une de ces merveilles d'industrie que la patience du bagne engendre dans les ténèbres et pour les ténèbres, merveilles qui ne sont autre chose que des instruments d'évasion. Ces[101] produits hideux et délicats d'un art prodigieux sont dans la bijouterie ce que les métaphores de l'argot sont dans la poésie. Il y a des Benvenuto Cellini au bagne, de même que dans la langue il y a des Villon. Le malheureux qui aspire à la délivrance trouve moyen, quelquefois sans outils, avec[102] un eustache, avec un vieux couteau, de scier un sou en deux lames minces, de creuser ces deux lames sans toucher aux empreintes monétaires, et de pratiquer un pas de vis sur la tranche du sou de manière à faire adhérer les lames de nouveau. Cela se visse et se dévisse à volonté ; c'est une boîte. Dans cette boîte, on cache un ressort de montre, et ce ressort de montre bien manié coupe des manilles de calibre et des barreaux de fer. On croit que ce malheureux forçat ne possède qu'un sou ; point, il possède la liberté. C'est un gros sou de ce genre qui, dans des perquisitions de police ultérieures, fut trouvé ouvert et en deux morceaux dans le bouge sous le grabat près de la fenêtre. On découvrit également une petite scie en acier bleu qui pouvait se cacher dans le gros sou. Il est probable qu'au moment où les bandits fouillèrent le prisonnier, il avait sur lui ce gros sou qu'il réussit à cacher dans sa main, et qu'ensuite, ayant la main droite libre, il le dévissa, et se servit de la scie pour couper les cordes qui l'attachaient, ce qui expliquerait le bruit léger et les mouvements imperceptibles que Marius avait remarqués.

N'ayant pu se baisser de peur de se trahir, il n'avait point coupé les liens de sa jambe gauche.

Les bandits étaient revenus de leur première surprise.

— Sois tranquille, dit Bigrenaille à Thénardier. Il tient encore par une jambe, et il ne s'en ira pas. J'en réponds. C'est moi qui lui ai ficelé cette patte-là.

Cependant le prisonnier éleva la voix :

— Vous êtes des malheureux, mais ma vie ne vaut pas la peine d'être tant défendue. Quant à vous imaginer que vous me feriez parler, que vous me feriez écrire ce que je ne veux pas écrire, que vous me feriez dire ce que je ne veux pas dire...

Il releva la manche de son bras gauche et ajouta :

— Tenez.

En même temps il tendit son bras et posa sur la chair

nue le ciseau ardent qu'il tenait dans sa main droite[103] par le manche de bois.

On entendit le frémissement de la chair brûlée, l'odeur propre aux chambres de torture se répandit dans le taudis. Marius chancela éperdu d'horreur, les brigands eux-mêmes eurent un frisson, le visage de l'étrange vieillard se contracta à peine, et, tandis que le fer rouge s'enfonçait dans la plaie fumante, impassible et presque auguste, il attachait sur Thénardier son beau regard sans haine où la souffrance s'évanouissait dans une majesté sereine.

Chez les grandes et hautes natures les révoltes de la chair et des sens en proie à la douleur physique font sortir l'âme et la font apparaître sur le front, de même que les rébellions de la soldatesque forcent le capitaine[104] à se montrer.

— Misérables, dit-il, n'ayez pas plus peur de moi que je n'ai peur de vous.

Et arrachant le ciseau de la plaie, il le lança par la fenêtre qui était restée ouverte, l'horrible outil embrasé disparut dans la nuit en tournoyant et alla tomber au loin et s'éteindre dans la neige.

Le prisonnier reprit :

— Faites de moi ce que vous voudrez.

Il était désarmé.

— Empoignez-le ! dit Thénardier.

Deux des brigands lui posèrent la main sur l'épaule, et l'homme masqué à voix de ventriloque se tint[105] en face de lui, prêt à lui faire sauter le crâne d'un coup de clef[106] au moindre mouvement.

En même temps Marius entendit au-dessous de lui, au bas de la cloison, mais tellement près qu'il ne pouvait voir ceux qui parlaient, ce colloque échangé à voix basse :

— Il n'y a plus qu'une chose à faire.

— L'escarper !

— C'est cela.

C'était le mari et la femme qui tenaient conseil. Thénardier marcha à pas lents vers la table, ouvrit le tiroir et y prit le couteau.

Marius tourmentait le pommeau du pistolet. Perplexité inouïe. Depuis une heure il y avait[107] deux voix dans sa conscience, l'une lui disait de respecter le testament de son père, l'autre lui criait de secourir[108] le prisonnier. Ces deux voix continuaient sans interruption[109] leur lutte qui le mettait à l'agonie. Il avait vaguement espéré jusqu'à ce moment trouver un moyen de concilier ces deux devoirs, mais rien de possible n'avait surgi. Cependant le péril pressait, la dernière limite de l'attente était dépassée, à quelques pas du prisonnier Thénardier songeait, le couteau à la main.

Marius égaré promenait ses yeux autour de lui, dernière ressource machinale du désespoir. Tout à coup il tressaillit.

A ses pieds, sur sa table, un vif rayon de pleine lune[110] éclairait et semblait lui montrer une feuille de papier. Sur cette feuille il lut cette ligne écrite en grosses lettres le matin même par l'aînée des filles Thénardier :

— LES COGNES[111] SONT LÀ.

Une idée, une clarté traversa l'esprit de Marius; c'était le moyen qu'il cherchait, la solution de cet affreux problème qui le torturait, épargner l'assassin et sauver la victime. Il s'agenouilla sur la commode, étendit le bras, saisit la feuille de papier, détacha doucement un morceau de plâtre de la cloison, l'enveloppa dans le papier, et jeta le tout par la crevasse au milieu du bouge.

Il était temps. Thénardier avait vaincu ses dernières craintes ou ses derniers scrupules et se dirigeait vers le prisonnier.

— Quelque chose qui tombe ! cria la Thénardier.
— Qu'est-ce? dit le mari.

La femme s'était élancée et avait ramassé le plâtras enveloppé du papier.

Elle le remit à son mari.

— Par où cela est-il venu? demanda Thénardier.
— Pardié ! fit la femme, par où veux-tu que cela soit entré? C'est venu par la fenêtre.
— Je l'ai vu passer, dit Bigrenaille.

Thénardier déplia rapidement le papier et l'approcha de la chandelle.

— C'est de l'écriture d'Éponine[112]. Diable !

Il fit signe à sa femme, qui s'approcha vivement, et il lui montra la ligne écrite sur la feuille de papier, puis il ajouta d'une voix sourde :

— Vite ! l'échelle ! laissons le lard dans la souricière et fichons le camp !

— Sans couper le cou à l'homme ? demanda la Thénardier.

— Nous n'avons pas le temps.

— Par où ? reprit Bigrenaille[113].

— Par la fenêtre, répondit Thénardier. Puisque Ponine a jeté la pierre par la fenêtre, c'est que la maison n'est pas cernée de ce côté-là.

Le masque à voix de ventriloque posa à terre sa grosse clef, éleva[114] ses deux bras en l'air et ferma trois fois rapidement ses mains sans dire un mot. Ce fut comme le signal du branle-bas dans un équipage[115]. Les brigands qui tenaient le prisonnier le lâchèrent ; en un clin d'œil l'échelle de corde fut déroulée hors de la fenêtre et attachée solidement au rebord par les deux crampons de fer.

Le prisonnier ne faisait pas attention à ce qui se passait autour de lui. Il semblait rêver ou prier. Sitôt l'échelle fixée, Thénardier cria :

— Viens ! la bourgeoise !

Et il se précipita vers la croisée. Mais comme il allait enjamber, Bigrenaille le saisit rudement au collet.

— Non pas, dis donc, vieux farceur ! après nous !

— Après nous ! hurlèrent les bandits.

— Vous êtes des enfants, dit Thénardier, nous perdons le temps. Les railles sont sur nos talons.

— Eh bien, dit un des bandits, tirons au sort à qui passera le premier.

Thénardier s'exclama :

— Êtes-vous fous[116] ! êtes-vous toqués ! en voilà-t-il un tas de jobards ! perdre le temps, n'est-ce pas ? tirer au sort, n'est-ce pas ? au doigt mouillé ! à la courte paille ! écrire nos noms ! les mettre[117] dans un bonnet !...

— Voulez-vous mon chapeau ? cria une voix du seuil de la porte.

Tous se retournèrent. C'était Javert.

Il tenait son chapeau à la main, et le tendait en souriant[118].

XXI

On devrait toujours commencer par arrêter les victimes

Javert, à la nuit tombante, avait aposté des hommes et s'était embusqué lui-même derrière les arbres de la rue de la Barrière-des-Gobelins qui fait face à la masure Gorbeau[1] de l'autre côté du boulevard. Il avait commencé par ouvrir « sa poche » pour y fourrer les[2] deux jeunes filles chargées de surveiller les abords du bouge[3]. Mais il n'avait « coffré » qu'Azelma. Quant à Éponine, elle n'était pas à son poste, elle avait disparu et il n'avait pu la saisir. Puis Javert s'était mis en arrêt, prêtant l'oreille au signal convenu. Les allées et venues du fiacre l'avaient fort agité. Enfin il s'était impatienté, et, *sûr qu'il y avait un nid-là,* sûr d'être *en bonne fortune*[4], ayant reconnu plusieurs des bandits qui étaient entrés, il avait fini par se décider à monter sans attendre le coup de pistolet.

On se souvient qu'il avait le passe-partout de Marius[5].

Il était arrivé à point[6].

Les bandits effarés se jetèrent sur les armes qu'ils avaient abandonnées dans tous les coins au moment de s'évader. En moins d'une seconde, ces sept hommes, épouvantables[7] à voir, se groupèrent dans une posture de défense, l'un avec son merlin, l'autre[8] avec sa clef, l'autre avec son assommoir, les autres avec les cisailles, les pinces et les marteaux, Thénardier son couteau au poing[9]. La Thénardier saisit un énorme pavé qui était dans l'angle de la fenêtre et qui servait à ses filles[10] de tabouret.

Javert remit son chapeau sur sa tête, et fit deux pas dans la chambre, les bras croisés, la canne sous le bras, l'épée dans le fourreau.

— Halte-là ! dit-il. Vous ne passerez pas par la fenêtre, vous passerez par la porte. C'est moins malsain. Vous êtes sept, nous sommes quinze. Ne nous colletons pas comme des auvergnats. Soyons gentils.

Bigrenaille prit[11] un pistolet qu'il tenait caché sous sa blouse et le mit dans la main de Thénardier en lui disant à l'oreille :

— C'est Javert. Je n'ose pas tirer sur cet homme-là. Oses-tu, toi ?

— Parbleu ! répondit Thénardier.

— Eh bien, tire.

Thénardier prit le pistolet, et ajusta Javert. Javert, qui était à trois pas, le regarda fixement et se contenta de dire :

— Ne tire pas, va ! ton coup va rater.

Thénardier pressa la détente. Le coup rata.

— Quand je te le disais ! fit Javert.

Bigrenaille jeta son casse-tête[12] aux pieds de Javert.

— Tu es l'empereur des diables ! je me rends.

— Et vous ? demanda Javert aux autres bandits.

Ils répondirent :

— Nous aussi.

Javert repartit avec calme :

— C'est ça, c'est bon, je le disais, on est gentil.

— Je ne demande qu'une chose, reprit le Bigrenaille, c'est qu'on ne me refuse pas du tabac pendant que je serai au secret.

— Accordé, dit Javert.

Et se retournant et appelant derrière lui[13] :

— Entrez maintenant !

Une escouade de sergents de ville l'épée au poing et d'agents armés de casse-tête et de gourdins se rua à l'appel de Javert. On garrotta les bandits[14]. Cette foule[15] d'hommes à peine éclairés d'une chandelle emplissait d'ombre le repaire.

— Les poucettes à tous ! cria Javert.

— Approchez donc un peu ! cria une voix qui n'était pas une voix d'homme, mais dont personne n'eût pu dire : c'est une voix de femme.

La Thénardier s'était retranchée dans un des angles de la fenêtre, et c'était elle qui venait de pousser ce rugissement. Les sergents de ville et les agents reculèrent. Elle avait jeté son châle et gardé son chapeau ; son mari, accroupi derrière elle, disparaissait presque sous le châle tombé, et elle le couvrait de son corps, élevant le pavé des deux mains au-dessus de sa tête avec le balancement d'une géante qui va lancer un rocher.

— Gare ! cria-t-elle.

Tous se refoulèrent vers le corridor. Un large vide se fit au milieu du galetas. La Thénardier jeta un regard aux bandits qui s'étaient laissé garrotter et murmura d'un accent guttural et rauque :

— Les lâches !

Javert sourit et s'avança dans l'espace vide que la Thénardier couvait de ses deux prunelles.

— N'approche pas, va-t'en, cria-t-elle, ou je t'écroule !
— Quel grenadier ! fit Javert; la mère ! tu as de la barbe comme un homme, mais j'ai des griffes comme une femme.

Et il continua de s'avancer.

La Thénardier, échevelée et terrible, écarta les jambes, se cambra en arrière et jeta éperdument le pavé à la tête de Javert. Javert se courba. Le pavé passa au-dessus de lui, heurta la muraille du fond dont il fit tomber un vaste plâtras et revint, en ricochant d'angle en angle à travers le bouge, heureusement presque vide, mourir sur les talons de Javert.

Au même instant Javert arrivait au couple Thénardier. Une de ses larges mains s'abattit sur l'épaule de la femme et l'autre sur la tête du mari.

— Les poucettes ! cria-t-il.

Les hommes de police rentrèrent en foule, et en quelques secondes l'ordre de Javert fut exécuté. La Thénardier, brisée, regarda ses mains garrottées et celles de son mari, se laissa tomber à terre et s'écria en pleurant :

— Mes filles !
— Elles sont à l'ombre, dit Javert.

Cependant les agents avaient avisé l'ivrogne endormi derrière la porte et le secouaient. Il s'éveilla en balbutiant :

— Est-ce fini, Jondrette ?
— Oui, répondit Javert.

Les six bandits garrottés étaient debout; du reste, ils avaient encore leurs mines de spectres; trois barbouillés de noir, trois masqués.

— Gardez vos masques, dit Javert.

Et, les passant en revue avec le regard d'un Frédéric II à la parade de Potsdam, il dit aux trois « fumistes » :

— Bonjour, Bigrenaille, Bonjour, Brujon. Bonjour, Deux-Milliards.

Puis, se tournant vers les trois masqués, il dit à l'homme au merlin :

— Bonjour, Gueulemer.

Et à l'homme à la trique :
— Bonjour, Babet.
Et au ventriloque :
— Salut, Claquesous.

En ce moment, il aperçut le prisonnier des bandits qui, depuis[16] l'entrée des agents de police, n'avait pas prononcé une parole et se tenait tête baissée[17].

— Déliez monsieur ! dit Javert, et que personne ne sorte !

Cela dit, il s'assit souverainement devant la table, où étaient restées la chandelle[18] et l'écritoire, tira un papier timbré de sa poche et commença son procès-verbal. Quand il eut écrit les premières lignes qui ne sont que des formules toujours les mêmes, il leva les yeux :

— Faites approcher ce monsieur que ces messieurs avaient attaché.

Les agents regardèrent autour d'eux.

— Eh bien, demanda Javert, où est-il donc ?

Le prisonnier des bandits, M. Leblanc, M. Urbain Fabre, le père d'Ursule ou de l'Alouette, avait disparu[19].

La porte était gardée, mais la croisée ne l'était pas. Sitôt qu'il s'était vu délié, et pendant que Javert verbalisait, il avait profité du trouble, du tumulte, de l'encombrement, de l'obscurité, et d'un moment où l'attention n'était pas fixée sur lui, pour s'élancer par la fenêtre. Un agent courut à la lucarne, et regarda. On ne voyait personne dehors. L'échelle de corde tremblait encore.

— Diable ! fit Javert entre ses dents, ce devait être le meilleur !

XXII

LE PETIT QUI CRIAIT AU TOME III[1]

LE lendemain du jour où ces événements s'étaient accomplis dans la maison du boulevard de l'Hôpital, un enfant, qui semblait venir du côté du pont d'Austerlitz, montait par la contre-allée de droite dans la direction de la barrière de Fontainebleau. Il était nuit close. Cet enfant était pâle, maigre, vêtu de loques, avec un pantalon de toile au mois de février, et chantait à tue-tête.

Au coin de la rue du Petit-Banquier, une vieille courbée fouillait dans un tas d'ordures à la lueur du réverbère ; l'enfant la heurta en passant, puis recula en s'écriant :

— Tiens ! moi qui avais pris ça pour un énorme, un énorme chien !

Il prononça le mot énorme pour la seconde fois avec un renflement de voix goguenarde que des majuscules exprimeraient assez bien : un énorme, un ÉNORME chien !

La vieille se redressa furieuse.

— Carcan de moutard ! grommela-t-elle. Si je n'avais pas été penchée, je sais bien où je t'aurais flanqué mon pied !

L'enfant était déjà à distance.

— Kiss ! kiss ! fit-il. Après ça, je ne me suis peut-être pas trompé.

La vieille[2], suffoquée d'indignation, se dressa tout à fait, et le rougeoiement de la lanterne éclaira en plein sa face livide, toute creusée d'angles et de rides, avec des pattes d'oie rejoignant les coins de la bouche. Le corps se perdait dans l'ombre et l'on ne voyait que la tête. On eût dit le masque de la Décrépitude découpé par une lueur dans la nuit. L'enfant la considéra.

— Madame, dit-il, n'a pas le genre de beauté qui me conviendrait.

Il poursuivit son chemin et se remit à chanter :

> Le roi Coupdesabot
> S'en allait à la chasse,
> A la chasse aux corbeaux[3]...

Au bout de ces trois vers, il s'interrompit. Il était arrivé devant le numéro 50-52, et, trouvant la porte fermée, il avait commencé à la battre à coups de pied, coups de pied retentissants et héroïques, lesquels décelaient plutôt les souliers d'homme qu'il portait que les pieds d'enfant qu'il avait.

Cependant cette même vieille qu'il avait rencontrée au coin de la rue du Petit-Banquier accourait derrière lui poussant des clameurs et prodiguant des gestes démesurés.

— Qu'est-ce que c'est ? qu'est-ce que c'est ? Dieu Seigneur ! on enfonce la porte ! on défonce la maison !

Les coups[4] de pied continuaient. La vieille s'époumonait.

— Est-ce qu'on arrange les bâtiments comme ça à présent !

Tout à coup elle s'arrêta. Elle avait reconnu le gamin.

— Quoi ! c'est ce satan !

— Tiens, c'est la vieille, dit l'enfant. Bonjour, la Burgonmuche[5]. Je viens voir mes ancêtres.

La vieille répondit, avec une grimace composite, admirable improvisation de la haine tirant parti de la caducité et de la laideur, qui fut malheureusement perdue dans l'obscurité :

— Il n'y a personne, mufle.

— Bah ! reprit l'enfant, où donc est mon père?

— A la Force.

— Tiens ! et ma mère?

— A Saint-Lazare.

— Eh bien ! et mes sœurs?

— Aux Madelonnettes.

L'enfant se gratta le derrière de l'oreille, regarda mame Burgon[6], et dit :

— Ah !

Puis il pirouetta sur ses talons, et, un moment après, la vieille restée sur le pas de la porte l'entendit qui chantait de sa voix claire et jeune en s'enfonçant sous les ormes frissonnant au vent d'hiver :

> Le roi Coupdesabot
> S'en allait à la chasse,
> A la chasse aux corbeaux,
> Monté sur des échasses.
> Quand on passait dessous
> On lui payait deux sous[7].

QUATRIÈME PARTIE

L'IDYLLE RUE PLUMET
ET
L'ÉPOPÉE RUE SAINT-DENIS

LIVRE PREMIER

QUELQUES PAGES D'HISTOIRE[1]

I

BIEN COUPÉ

Mille huit cent trente et un et mille huit cent-trente-deux, les deux années qui se rattachent immédiatement à la Révolution de Juillet, sont un des moments les plus particuliers et les plus frappants de l'histoire. Ces deux années au milieu de celles qui les précèdent et qui les suivent sont comme deux montagnes. Elles ont la grandeur révolutionnaire. On y distingue des précipices. Les masses sociales, les assises mêmes de la civilisation, le groupe solide des intérêts superposés et adhérents, les profils séculaires de l'antique formation française, y apparaissent et y disparaissent à chaque instant à travers les nuages orageux des systèmes, des passions et des théories. Ces apparitions et ces disparitions ont été nommées la résistance et le mouvement. Par intervalles on y voit luire la vérité, ce jour de l'âme humaine.

Cette remarquable époque est assez circonscrite et commence à s'éloigner assez de nous pour qu'on puisse en saisir dès à présent les lignes principales.

Nous allons l'essayer.

La Restauration avait été une de ces phases intermédiaires difficiles à définir, où il y a de la fatigue, du bourdonnement, des murmures, du sommeil, du tumulte, et qui ne sont autre chose que l'arrivée d'une grande nation à une étape. Ces époques sont singulières et trompent les politiques qui veulent les exploiter. Au début, la nation ne demande que le repos ; on n'a qu'une soif, la paix ; on n'a qu'une ambition, être petit. Ce qui est la traduction de rester tranquille. Les grands événements, les grands hasards, les grandes aventures, les grands hommes, Dieu merci, on en a assez vu, on en a par-dessus la tête. On donnerait César pour Prusias[2] et Napoléon pour le roi d'Yvetot. « Quel bon petit roi c'était là ! » On a marché depuis le point du jour, on est au soir d'une longue et rude journée ; on a fait le premier relais avec Mirabeau, le second avec Robespierre, le troisième avec Bonaparte ; on est éreinté. Chacun demande un lit.

Les dévouements las, les héroïsmes vieillis, les ambitions repues, les fortunes faites, cherchent, réclament, implorent, sollicitent, quoi ? Un gîte. Ils l'ont. Ils prennent possession de la paix, de la tranquillité, du loisir ; les voilà contents. Cependant en même temps de certains faits surgissent, se font reconnaître et frappent à la porte de leur côté. Ces faits sont sortis des révolutions et des guerres, ils sont, ils vivent, ils ont droit de s'installer dans la société et ils s'y installent ; et la plupart du temps les faits sont des maréchaux des logis et des fourriers qui ne font que préparer le logement aux principes.

Alors voici ce qui apparaît aux philosophes politiques :

En même temps que les hommes fatigués demandent le repos, les faits accomplis demandent des garanties. Les garanties pour les faits, c'est la même chose que le repos pour les hommes.

C'est ce que l'Angleterre demandait aux Stuarts après le Protecteur ; c'est ce que la France demandait aux Bourbons après l'Empire.

Ces garanties sont une nécessité des temps. Il faut bien les accorder. Les princes les « octroient », mais en réalité c'est la force des choses qui les donne. Vérité profonde et utile à savoir, dont les Stuarts ne se doutèrent pas en 1660, que les Bourbons n'entrevirent même pas en 1814.

La famille prédestinée qui revint en France quand Napoléon s'écroula eut la simplicité fatale de croire que c'était elle qui donnait, et que ce qu'elle avait donné elle pouvait le reprendre ; que la maison de Bourbon possédait le droit divin, que la France ne possédait rien ; et que le droit politique concédé dans la charte de Louis XVIII n'était autre chose qu'une branche du droit divin, détachée par la maison de Bourbon et gracieusement donnée au peuple jusqu'au jour où il plairait au roi de s'en ressaisir. Cependant, au déplaisir que le don lui faisait, la maison de Bourbon aurait dû sentir qu'il ne venait pas d'elle.

Elle fut hargneuse au dix-neuvième siècle. Elle fit mauvaise mine à chaque épanouissement de la nation. Pour nous servir du mot trivial, c'est-à-dire populaire et vrai, elle rechigna. Le peuple le vit.

Elle crut qu'elle avait de la force parce que l'Empire avait été emporté devant elle comme un châssis de théâtre. Elle ne s'aperçut pas qu'elle avait été apportée elle-même de la même façon. Elle ne vit pas qu'elle aussi était dans cette main qui avait ôté de là Napoléon.

Elle crut qu'elle avait des racines parce qu'elle était le passé. Elle se trompait ; elle faisait partie du passé, mais tout le passé, c'était la France. Les racines de la société française n'étaient point dans les Bourbons, mais dans la nation. Ces obscures et vivaces racines ne constituaient point le droit d'une famille, mais l'histoire d'un peuple. Elles étaient partout, excepté sous le trône.

La maison de Bourbon était pour la France le nœud illustre et sanglant de son histoire, mais n'était plus l'élément principal de sa destinée et la base nécessaire de sa politique. On pouvait se passer des Bourbons ; on s'en était passé vingt-deux ans ; il y avait eu solution de continuité ; ils ne s'en doutaient pas. Et comment s'en seraient-ils doutés, eux qui se figuraient que Louis XVII régnait le 9 thermidor et que Louis XVIII régnait le jour de Marengo ? Jamais, depuis l'origine de l'histoire, les princes n'avaient été si aveugles en présence des faits et de la portion d'autorité divine que les faits contiennent et promulguent. Jamais cette prétention d'en bas qu'on appelle le droit des rois n'avait nié à ce point le droit d'en haut.

Erreur capitale qui amena cette famille à remettre la main sur les garanties « octroyées » en 1814, sur les concessions, comme elle les qualifiait. Chose triste ! ce qu'elle nommait ses concessions, c'étaient nos conquêtes ; ce qu'elle appelait nos empiétements, c'étaient nos droits.

Lorsque l'heure lui sembla venue, la Restauration, se supposant victorieuse de Bonaparte et enracinée dans le pays, c'est-à-dire se croyant forte et se croyant profonde, prit brusquement son parti et risqua son coup. Un matin elle se dressa en face de la France, et, élevant la voix, elle contesta le titre collectif et le titre individuel, à la nation la souveraineté, au citoyen la liberté. En d'autres termes, elle nia à la nation ce qui la faisait nation et au citoyen ce qui le faisait citoyen.

C'est là le fond de ces actes fameux qu'on appelle les Ordonnances de juillet.

La Restauration tomba.

Elle tomba justement. Cependant, disons-le, elle n'avait pas été absolument hostile à toutes les formes du progrès. De grandes choses s'étaient faites, elle étant à côté.

Sous la Restauration la nation s'était habituée à la discussion dans le calme, ce qui avait manqué à la République, et à la grandeur dans la paix, ce qui avait manqué à l'Empire. La France libre et forte avait été un spectacle encourageant pour les autres peuples de l'Europe. La Révolution avait eu la parole sous Robespierre ; le canon avait eu la parole sous Bonaparte ; c'est sous Louis XVIII et Charles X que vint le tour de parole de l'intelligence. Le vent cessa, le flambeau se ralluma. On vit frissonner sur les cimes sereines la pure lumière des esprits. Spectacle magnifique, utile et charmant. On vit travailler pendant quinze ans, en pleine paix, en pleine place publique, ces grands principes, si vieux pour le penseur, si nouveaux pour l'homme d'État : l'égalité devant la loi, la liberté de la conscience, la liberté de la parole, la liberté de la presse, l'accessibilité de toutes les aptitudes à toutes les fonctions. Cela alla ainsi jusqu'en 1830. Les Bourbons furent un instrument de civilisation qui cassa dans les mains de la providence.

La chute des Bourbons fut pleine de grandeur, non de leur côté, mais du côté de la nation. Eux quittèrent le trône avec gravité, mais sans autorité ; leur descente dans la nuit ne fut pas une de ces disparitions solennelles qui laissent une sombre émotion à l'histoire ; ce ne fut ni le calme spectral de Charles Ier, ni le cri d'aigle de

Napoléon. Ils s'en allèrent, voilà tout. Ils déposèrent la couronne et ne gardèrent pas d'auréole. Ils furent dignes, mais ils ne furent pas augustes. Ils manquèrent dans une certaine mesure à la majesté de leur malheur. Charles X, pendant le voyage de Cherbourg, faisant couper une table ronde en table carrée, parut plus soucieux de l'étiquette en péril que de la monarchie croulante. Cette diminution attrista les hommes dévoués qui aimaient leurs personnes et les hommes sérieux qui honoraient leur race. Le peuple, lui, fut admirable. La nation, attaquée un matin à main armée par une sorte d'insurrection royale, se sentit tant de force qu'elle n'eut pas de colère. Elle se défendit, se contint, remit les choses à leur place, le gouvernement dans la loi, les Bourbons dans l'exil, hélas ! et s'arrêta. Elle prit le vieux roi Charles X sous ce dais qui avait abrité Louis XIV, et le posa à terre doucement. Elle ne toucha aux personnes royales qu'avec tristesse et précaution. Ce ne fut pas un homme, ce ne furent pas quelques hommes, ce fut la France, la France entière, la France victorieuse et enivrée de sa victoire, qui sembla se rappeler et qui pratiqua aux yeux du monde entier ces graves paroles de Guillaume du Vair[3] après la journée des barricades : — « Il est aysé à ceux qui ont accoutumé d'effleurer les faveurs des grands et saulter, comme un oyseau de branche en branche, d'une fortune affligée à une florissante, de se montrer hardis contre leur prince en son adversité; mais pour moy la fortune de mes roys me sera toujours vénérable, et principalement des affligés. »

Les Bourbons emportèrent le respect, mais non le regret. Comme nous venons de le dire, leur malheur fut plus grand qu'eux. Ils s'effacèrent à l'horizon.

La Révolution de Juillet eut tout de suite des amis et des ennemis dans le monde entier. Les uns se précipitèrent vers elle avec enthousiasme et joie, les autres s'en détournèrent, chacun selon sa nature. Les princes de l'Europe, au premier moment, hiboux de cette aube, fermèrent les yeux, blessés et stupéfaits, et ne les rouvrirent que pour menacer. Effroi qui se comprend, colère qui s'excuse. Cette étrange révolution avait à peine été un choc; elle n'avait pas même fait à la royauté vaincue l'honneur de la traiter en ennemie et de verser son sang. Aux yeux des gouvernements despotiques toujours intéressés à ce que la liberté se calomnie elle-même, la Révolution de Juillet avait le tort d'être formidable et de rester douce. Rien du reste ne fut tenté ni machiné contre elle. Les plus mécontents, les plus irrités, les plus frémissants, la saluaient. Quels que soient nos égoïsmes et nos rancunes, un respect mystérieux sort des événements dans lesquels on sent la collaboration de quelqu'un qui travaille plus haut que l'homme.

La Révolution de Juillet est le triomphe du droit terrassant le fait. Chose pleine de splendeur.

Le droit terrassant le fait. De là l'éclat de la révolution de 1830, de là sa mansuétude aussi. Le droit qui triomphe n'a nul besoin d'être violent.

Le droit, c'est le juste et le vrai.

Le propre du droit, c'est de rester éternellement beau et pur. Le fait, même le plus nécessaire en apparence, même le mieux accepté des contemporains, s'il n'existe que comme fait et s'il ne contient que trop peu de droit ou point du tout de droit, est destiné infailliblement à devenir, avec la durée du temps, difforme, immonde, peut-être même monstrueux. Si l'on veut constater d'un coup à quel degré de laideur le fait peut arriver, vu à la distance des siècles, qu'on regarde Machiavel. Machiavel, ce n'est point un mauvais génie, ni un démon, ni un écrivain lâche et misérable ; ce n'est rien que le fait. Et ce n'est pas seulement le fait italien, c'est le fait européen, le fait du seizième siècle. Il semble hideux, et il l'est, en présence de l'idée morale du dix-neuvième.

Cette lutte du droit et du fait dure depuis l'origine des sociétés. Terminer le duel, amalgamer l'idée pure avec la réalité humaine, faire pénétrer pacifiquement le droit dans le fait et le fait dans le droit, voilà le travail des sages.

II

MAL COUSU

Mais autre est le travail des sages, autre est le travail des habiles.

La révolution de 1830 s'était vite arrêtée.

Sitôt qu'une révolution a fait côte, les habiles dépècent l'échouement.

Les habiles, dans notre siècle, se sont décerné à eux-mêmes la qualification d'hommes d'État ; si bien que ce mot, homme d'État, a fini par être un peu un mot d'argot. Qu'on ne l'oublie pas en effet, là où il n'y a qu'habileté, il y a nécessairement petitesse. Dire : les habiles, cela revient à dire : les médiocres.

De même que dire : les hommes d'État, cela équivaut quelquefois à dire : les traîtres.

A en croire les habiles donc, les révolutions comme la Révolution de Juillet sont des artères coupées ; il faut une prompte ligature. Le droit, trop grandement proclamé, ébranle. Aussi, une fois le droit affirmé, il faut raffermir l'État. La liberté assurée, il faut songer au pouvoir.

Ici les sages ne se séparent pas encore des habiles, mais ils commencent à se défier. Le pouvoir, soit. Mais, premièrement, qu'est-ce que le pouvoir ? deuxièmement, d'où vient-il ?

Les habiles semblent ne pas entendre l'objection murmurée, et ils continuent leur manœuvre.

Selon ces politiques, ingénieux à mettre aux fictions profitables un masque de nécessité, le premier besoin d'un peuple après une révolution, quand ce peuple fait partie d'un continent monarchique, c'est de se procurer une dynastie. De cette façon, disent-ils, il peut avoir la paix après sa révolution, c'est-à-dire le temps de panser ses plaies et de réparer sa maison. La dynastie cache l'échafaudage et couvre l'ambulance.

Or, il n'est pas toujours facile de se procurer une dynastie.

A la rigueur, le premier homme de génie ou même le premier homme de fortune venu suffit pour faire un roi. Vous avez dans le premier cas Bonaparte et dans le second Iturbide.

Mais la première famille venue ne suffit pas pour faire une dynastie. Il y a nécessairement un ecertaine quantité d'ancienneté dans une race, et la ride des siècles ne s'improvise pas.

Si l'on se place au point de vue des « hommes d'État », sous toutes réserves, bien entendu, après une révolution, quelles sont les qualités du roi qui en sort ? Il peut être et il est utile qu'il soit révolutionnaire, c'est-à-dire participant de sa personne à cette révolution, qu'il y ait mis la main, qu'il s'y soit compromis ou illustré, qu'il en ait touché la hache ou manié l'épée.

Quelles sont les qualités d'une dynastie ? Elle doit être nationale, c'est-à-dire révolutionnaire à distance, non par des actes commis, mais par les idées acceptées. Elle doit se composer de passé et être historique, se composer d'avenir et être sympathique.

Tout ceci explique pourquoi les premières révolutions se contentent de trouver un homme, Cromwell ou Napoléon ; et pourquoi les deuxièmes veulent absolument trouver une famille, la maison de Brunswick ou la maison d'Orléans.

Les maisons royales ressemblent à ces figuiers de l'Inde dont chaque rameau, en se courbant jusqu'à terre, y prend racine et devient un figuier. Chaque branche peut devenir une dynastie. A la seule condition de se courber jusqu'au peuple.

Telle est la théorie des habiles.

Voici donc le grand art : faire un peu rendre à un succès le son d'une catastrophe afin que ceux qui en profitent en tremblent aussi, assaisonner de peur un pas de fait, augmenter la courbe de la transition jusqu'au ralentissement du progrès, affadir cette aurore, dénoncer et retrancher les âpretés de l'enthousiasme, couper les angles et les ongles, ouater le triomphe, emmitoufler le droit, envelopper le géant peuple de flanelle et le coucher bien vite, imposer la diète à cet excès de santé, mettre Hercule en traitement de convalescence, délayer l'événement dans l'expédient, offrir aux esprits altérés d'idéal ce nectar étendu de tisane, prendre ses précautions contre le trop de réussite, garnir la révolution d'un abat-jour.

1830 pratiqua cette théorie, déjà appliquée à l'Angleterre par 1688.

1830 est une révolution arrêtée à mi-côte. Moitié de progrès ; quasi-droit. Or la logique ignore l'à peu près ; absolument comme le soleil ignore la chandelle[1].

Qui arrête les révolutions à mi-côte ? La bourgeoisie.

Pourquoi ?

Parce que la bourgeoisie est l'intérêt arrivé à satisfaction. Hier c'était l'appétit, aujourd'hui c'est la plénitude, demain ce sera la satiété.

Le phénomène de 1814 après Napoléon se reproduisit en 1830 après Charles X.

On a voulu, à tort, faire de la bourgeoisie une classe. La bourgeoisie est tout simplement la portion contentée du peuple. Le bourgeois, c'est l'homme qui a maintenant le temps de s'asseoir. Une chaise n'est pas une caste.

Mais, pour vouloir s'asseoir trop tôt, on peut arrêter la marche même du genre humain. Cela a été souvent la faute de la bourgeoisie.

On n'est pas une classe parce qu'on fait une faute. L'égoïsme n'est pas une des divisions de l'ordre social.

Du reste, il faut être juste, même envers l'égoïsme, l'état auquel aspirait, après la secousse de 1830, cette partie de la nation qu'on nomme la bourgeoisie, ce n'était pas l'inertie, qui se complique d'indifférence et de paresse et qui contient un peu de honte; ce n'était pas le sommeil, qui suppose un oubli momentané accessible aux songes; c'était la halte.

La halte est un mot formé d'un double sens singulier et presque contradictoire : troupe en marche, c'est-à-dire mouvement; station, c'est-à-dire repos.

La halte, c'est la réparation des forces; c'est le repos armé et éveillé; c'est le fait accompli qui pose des sentinelles et se tient sur ses gardes. La halte suppose le combat hier et le combat demain.

C'est l'entre-deux de 1830 et de 1848.

Ce que nous appelons ici combat peut aussi s'appeler progrès.

Il fallait donc à la bourgeoisie, comme aux hommes d'État, un homme qui exprimât ce mot : halte. Un Quoique Parce que. Une individualité composite, signifiant révolution et signifiant stabilité, en d'autres termes affermissant le présent par la comptabilité évidente du passé avec l'avenir.

Cet homme était « tout trouvé ». Il s'appelait Louis-Philippe d'Orléans.

Les 221 firent Louis-Philippe roi[2]. Lafayette se chargea du sacre. Il le nomma *la meilleure des républiques*. L'hôtel de ville de Paris remplaça la cathédrale de Reims.

Cette substitution d'un demi-trône au trône complet fut « l'œuvre de 1830 ».

Quand les habiles eurent fini, le vice immense de leur solution apparut. Tout cela était fait en dehors du droit absolu. Le droit absolu cria : Je proteste ! puis, chose redoutable, il rentra dans l'ombre.

III

Louis-Philippe[1]

Les révolutions ont le bras terrible et la main heureuse; elles frappent ferme et choisissent bien. Même incomplètes, même abâtardies et mâtinées, et réduites à l'état de révolution cadette, comme la révolution de 1830, il leur reste presque toujours assez de lucidité providentielle pour qu'elles ne puissent mal tomber. Leur éclipse n'est jamais une abdication.

Pourtant, ne nous vantons pas trop haut; les révolutions, elles aussi, se trompent, et de graves méprises se sont vues.

Revenons à 1830. 1830, dans sa déviation, eut du bonheur. Dans l'établissement qui s'appela l'ordre après la révolution coupée court, le roi valait mieux que la royauté. Louis-Philippe était un homme rare.

Fils d'un père auquel l'histoire accordera certainement les circonstances atténuantes, mais aussi digne d'estime que ce père avait été digne de blâme; ayant toutes les vertus privées et plusieurs des vertus publiques; soigneux de sa santé, de sa fortune, de sa personne, de ses affaires; connaissant le prix d'une minute et pas toujours le prix d'une année; sobre, serein, paisible, patient; bonhomme et bon prince; couchant avec sa femme, et ayant dans son palais des laquais chargés de faire voir le lit conjugal aux bourgeois, ostentation d'alcôve régulière devenue utile après les anciens étalages illégitimes de la branche aînée; sachant toutes les langues de l'Europe, et, ce qui est plus rare, tous les langages de tous les intérêts, et les parlant; admirable représentant de « la classe moyenne », mais la dépassant, et de toutes les façons plus grand qu'elle; ayant l'excellent esprit, tout en appréciant le sang dont il sortait, de se compter surtout pour sa valeur intrinsèque, et, sur la question même de sa race, très particulier, se déclarant Orléans et non Bourbon; très premier prince du sang tant qu'il n'avait été qu'altesse sérénissime, mais franc bourgeois le jour où il fut majesté; diffus en public, concis dans l'intimité; avare signalé, mais non prouvé; au fond, un de ces économes aisément prodigues pour leur fantaisie ou leur devoir; lettré, et peu sensible aux lettres; gentilhomme, mais non chevalier; simple, calme et fort; adoré de sa famille et de sa maison; causeur séduisant; homme d'État désabusé, intérieurement froid, dominé par l'intérêt immédiat, gouvernant toujours au plus près, incapable de rancune et de reconnaissance, usant sans pitié les supériorités sur les médiocrités, habile à faire donner tort par les majorités parlementaires à ces unanimités mystérieuses qui grondent sourdement sous les trônes; expansif, parfois imprudent dans son expansion, mais d'une merveilleuse adresse dans cette imprudence; fertile en expédients, en visages, en masques; faisant peur à la France de l'Europe et à l'Europe de la France; aimant incontestablement son pays, mais préférant sa famille; prisant plus la domination que l'autorité et l'autorité que la dignité, disposition qui a cela de funeste que, tournant tout au succès, elle admet la ruse et ne répudie pas absolument la bassesse, mais qui a cela de profitable qu'elle préserve la politique des chocs violents, l'État des fractures et la société des catastrophes; minutieux, correct, vigilant, attentif, sagace, infatigable; se contredisant quelquefois, et se démentant; hardi contre l'Autriche à Ancône, opiniâtre contre l'Angleterre en Espagne, bombardant Anvers et payant Pritchard; chantant avec conviction la *Marseillaise;* inaccessible à l'abattement, aux lassitudes, au goût du beau et de l'idéal, aux générosités téméraires, à l'utopie, à la chimère, à la colère, à la vanité, à la crainte; ayant toutes les formes de l'intrépidité personnelle; général à Valmy, soldat à Jemmapes; tâté huit fois par le régicide, et toujours souriant; brave comme un grenadier, courageux comme un penseur; inquiet seulement devant les chances d'un ébranlement européen, et impropre aux grandes aventures politiques; toujours prêt à risquer sa vie, jamais son œuvre; déguisant sa volonté en influence afin d'être plutôt obéi comme intelligence que comme roi; doué d'observation et non de divination; peu attentif aux esprits, mais se connaissant en hommes, c'est-à-dire ayant besoin de voir pour juger; bon sens prompt et pénétrant, sagesse pratique, parole facile, mémoire prodigieuse; puisant sans cesse dans cette mémoire, son unique point de ressemblance avec César, Alexandre et Napoléon; sachant les faits, les détails, les dates, les noms propres; ignorant les tendances, les

passions, les génies divers de la foule, les aspirations
intérieures, les soulèvements cachés et obscurs des âmes,
en un mot, tout ce qu'on pourrait appeler les courants
invisibles des consciences; accepté par la surface, mais
peu d'accord avec la France de dessous; s'en tirant par
la finesse; gouvernant trop et ne régnant pas assez;
son premier ministre à lui-même; excellant à faire
de la petitesse des réalités un obstacle à l'immensité
des idées; mêlant à une vraie faculté créatrice de civilisation, d'ordre et d'organisation, on ne sait quel esprit
de procédure et de chicane; fondateur et procureur
d'une dynastie; ayant quelque chose de Charlemagne
et quelque chose d'un avoué; en somme, figure haute et
originale, prince qui sut faire du pouvoir malgré l'inquiétude de la France et de la puissance malgré la jalousie
de l'Europe, Louis-Philippe sera classé parmi iles hommes
éminents de son siècle, et serait rangé parmi les gouver-
nants les plus illustres de l'histoire, s'il eût un peu aimé
la gloire et s'il eût eu le sentiment de ce qui est grand
au même degré que le sentiment de ce qui est utile.

Louis-Philippe avait été beau, et, vieilli, était resté
gracieux; pas toujours agréé de la nation, il l'était
toujours de la foule; il plaisait. Il avait ce don, le charme.
La majesté lui faisait défaut; il ne portait ni la couronne,
quoique roi, ni les cheveux blancs, quoique vieillard. Ses
manières étaient du vieux régime et ses habitudes du
nouveau, mélange du noble et du bourgeois qui convenait à 1830; Louis-Philippe était la transition régnante;
il avait conservé l'ancienne prononciation et l'ancienne
orthographe qu'il mettait au service des opinions modernes; il aimait la Pologne et la Hongrie, mais il écrivait *les polonois* et il prononçait *les hongrais*. Il portait
l'habit de la garde nationale comme Charles X, et le
cordon de la Légion d'honneur comme Napoléon.

Il allait peu à la chapelle, point à la chasse, jamais à
l'Opéra. Incorruptible aux sacristains, aux valets de
chiens et aux danseuses; cela entrait dans sa popularité
bourgeoise. Il n'avait point de cour. Il sortait avec son
parapluie sous son bras, et ce parapluie a longtemps fait
partie de son auréole. Il était un peu maçon, un peu
jardinier et un peu médecin; il saignait un postillon
tombé de cheval; Louis-Philippe n'allait pas plus sans
sa lancette que Henri III sans son poignard. Les roya-

listes raillaient ce roi ridicule, le premier qui ait versé le sang pour guérir.

Dans les griefs de l'histoire contre Louis-Philippe, il y a une défalcation à faire ; il y a ce qui accuse la royauté, ce qui accuse le règne, et ce qui accuse le roi ; trois colonnes qui donnent chacune un total différent. Le droit démocratique confisqué, le progrès devenu le deuxième intérêt, les protestations de la rue réprimées violemment, l'exécution militaire des insurrections, l'émeute passée par les armes, la rue Transnonain, les conseils de guerre, l'absorption du pays réel par le pays légal, le gouvernement de compte à demi avec trois cent mille privilégiés, sont le fait de la royauté ; la Belgique refusée, l'Algérie trop durement conquise, et, comme l'Inde par les Anglais, avec plus de barbarie que de civilisation, le manque de foi à Abd-el-Kader, Blaye, Deutz acheté[2], Pritchard payé[3], sont le fait du règne ; la politique plus familiale que nationale est le fait du roi.

Comme on voit, le décompte opéré, la charge du roi s'amoindrit.

Sa grande faute, la voici : il a été modeste au nom de la France.

D'où vient cette faute ?

Disons-le.

Louis-Philippe a été un roi trop père ; cette incubation d'une famille qu'on veut faire éclore dynastie a peur de tout et n'entend pas être dérangée ; de là des timidités excessives, importunes au peuple qui a le 14 juillet dans sa tradition civile et Austerlitz dans sa tradition militaire.

Du reste, si l'on fait abstraction des devoirs publics, qui veulent être remplis les premiers, cette profonde tendresse de Louis-Philippe pour sa famille, la famille la méritait. Ce groupe domestique était admirable. Les vertus y coudoyaient les talents. Une des filles de Louis-Philippe, Marie d'Orléans, mettait le nom de sa race parmi les artistes comme Charles d'Orléans l'avait mis parmi les poëtes. Elle avait fait de son âme un marbre qu'elle avait nommé Jeanne d'Arc. Deux des fils de Louis-Philippe avaient arraché à Metternich cet éloge démagogique : *Ce sont des jeunes gens comme on n'en voit guère et des princes comme on n'en voit pas.*

Voilà, sans rien dissimuler, mais aussi sans rien aggraver, le vrai sur Louis-Philippe.

Être le prince égalité, porter en soi la contradiction de la Restauration et de la Révolution, avoir ce côté inquiétant du révolutionnaire qui devient rassurant dans le gouvernant, ce fut là la fortune de Louis-Philippe en 1830; jamais il n'y eut adaptation plus complète d'un homme à un événement; l'un entra dans l'autre, et l'incarnation se fit. Louis-Philippe, c'est 1830 fait homme. De plus il avait pour lui cette grande désignation au trône, l'exil. Il avait été proscrit, errant, pauvre. Il avait vécu de son travail. En Suisse, cet apanagiste des plus riches domaines princiers de France avait vendu un vieux cheval pour manger. A Reichenau il avait donné des leçons de mathématiques pendant que sa sœur Adélaïde faisait de la broderie et cousait. Ces souvenirs mêlés à un roi enthousiasmaient la bourgeoisie. Il avait démoli de ses propres mains la dernière cage de fer du Mont Saint-Michel, bâtie par Louis XI et utilisée par Louis XV. C'était le compagnon de Dumouriez, c'était l'ami de Lafayette; il avait été du club des jacobins; Mirabeau lui avait frappé sur l'épaule; Danton lui avait dit : Jeune homme! A vingt-quatre ans, en 93, étant M. de Chartres, du fond d'une logette obscure de la Convention, il avait assisté au procès de Louis XVI, si bien nommé *ce pauvre tyran*. La clairvoyance aveugle de la Révolution, brisant la royauté dans le roi et le roi avec la royauté, sans presque remarquer l'homme dans le farouche écrasement de l'idée, le vaste orage de l'assemblée tribunal, la colère publique interrogeant, Capet ne sachant que répondre, l'effrayante vacillation stupéfaite de cette tête royale sous ce souffle sombre, l'innocence relative de tous dans cette catastrophe, de ceux qui condamnaient comme de celui qui était condamné, il avait regardé ces choses, il avait contemplé ces vertiges; il avait vu les siècles comparaître à la barre de la Convention; il avait vu, derrière Louis XVI, cet infortuné passant responsable, se dresser dans les ténèbres la formidable accusée, la monarchie; et il lui était resté dans l'âme l'épouvante respectueuse de ces immenses justices du peuple presque aussi impersonnelles que la justice de Dieu.

La trace que la Révolution avait laissée en lui était prodigieuse. Son souvenir était comme une empreinte vivante de ces grandes années minute par minute. Un jour, devant un témoin dont il nous est impossible de douter, il rectifia de mémoire toute la lettre A de la liste alphabétique de l'assemblée constituante.

Louis-Philippe a été un roi de plein jour. Lui régnant, la presse a été libre, la tribune a été libre, la conscience et la parole ont été libres[4]. Les lois de septembre sont à claire-voie. Bien que sachant le pouvoir rongeur de la lumière sur les privilèges, il a laissé son trône exposé à la lumière. L'histoire lui tiendra compte de cette loyauté.

Louis-Philippe, comme tous les hommes historiques sortis de scène, est aujourd'hui mis en jugement par la conscience humaine. Son procès n'est encore qu'en première instance.

L'heure où l'histoire parle avec son accent vénérable et libre n'a pas encore sonné pour lui; le moment n'est pas venu de prononcer sur ce roi le jugement définitif; l'austère et illustre historien Louis Blanc a lui-même récemment adouci son premier verdict; Louis-Philippe a été l'élu de ces deux à peu près qu'on appelle les 221 et 1830, c'est-à-dire d'un demi-parlement et d'une demi-révolution; et dans tous les cas, au point de vue supérieur où doit se placer la philosophie, nous ne pourrions le juger ici, comme on a pu l'entrevoir plus haut, qu'avec de certaines réserves au nom du principe démocratique absolu; aux yeux de l'absolu, en dehors de ces deux droits, le droit de l'homme d'abord, le droit du peuple ensuite, tout est usurpation; mais ce que nous pouvons dire dès à présent, ces réserves faites, c'est que, somme toute et de quelque façon qu'on le considère, Louis-Philippe, pris en lui-même et au point de vue de la bonté humaine, demeurera, pour nous servir du vieux langage de l'ancienne histoire, un des meilleurs princes qui aient passé sur un trône.

Qu'a-t-il contre lui? Ce trône. Otez de Louis-Philippe le roi, il reste l'homme. Et l'homme est bon. Il est bon parfois jusqu'à être admirable. Souvent, au milieu des plus graves soucis, après une journée de lutte contre toute la diplomatie du continent, il rentrait le soir dans son appartement, et là, épuisé de fatigue, accablé de sommeil, que faisait-il? il prenait un dossier, et il passait sa nuit à reviser un procès criminel, trouvant que c'était quelque chose de tenir tête à l'Europe, mais que c'était une plus grande affaire encore d'arracher un homme au bourreau. Il s'opiniâtrait contre son garde des sceaux; il disputait pied à pied le terrain de la guillotine aux procureurs généraux, *ces bavards de la loi,* comme il les appelait. Quelquefois les dossiers empilés couvraient sa table; il les examinait tous; c'était une angoisse pour lui d'abandonner ces misérables têtes condamnées. Un jour il disait au même témoin que nous avons indiqué tout à l'heure : *Cette nuit, j'en ai gagné sept.* Pendant les premières années de son règne, la peine de mort fut comme abolie, et l'échafaud relevé fut une violence faite au roi. La Grève ayant disparu avec la branche aînée, une Grève bourgeoise fut instituée sous le nom de Barrière Saint-Jacques; les « hommes pratiques » sentirent le besoin d'une guillotine quasi légitime; et ce fut là une des victoires de Casimir Perier, qui représentait les côtés étroits de la bourgeoisie, sur Louis-Philippe, qui en représentait les côtés libéraux. Louis-Philippe avait annoté de sa main Beccaria. Après la machine Fieschi, il s'écriait : *Quel dommage que je n'aie pas été blessé ! j'aurais pu faire grâce.* Une autre fois, faisant allusion aux résistances de ses ministres, il écrivait à propos d'uncon damné politique qui est une des plus généreuses figures de notre temps : *Sa grâce est accordée, il ne me reste plus qu'à l'obtenir*[5]. Louis-Philippe était doux comme Louis IX et bon comme Henri IV.

Or, pour nous, dans l'histoire où la bonté est la perle rare, qui a été bon passe presque avant qui a été grand.

Louis-Philippe ayant été apprécié sévèrement par les uns, durement peut-être par les autres, il est tout simple qu'un homme, fantôme lui-même aujourd'hui, qui a connu ce roi, vienne déposer pour lui devant l'histoire; cette déposition, quelle qu'elle soit, est évidemment et avant tout désintéressée; une épitaphe écrite par un mort est sincère; une ombre peut consoler une autre ombre; le partage des mêmes ténèbres donne le droit de louange; et il est peu à craindre qu'on dise jamais de deux tombeaux dans l'exil : Celui-ci a flatté l'autre[6].

IV

Lézardes sous la fondation

Au moment où le drame que nous racontons va pénétrer dans l'épaisseur d'un des nuages tragiques qui couvrent les commencements du règne de Louis-Philippe, il ne fallait pas d'équivoque, et il était nécessaire que ce livre s'expliquât sur ce roi.

Louis-Philippe était entré dans l'autorité royale sans violence, sans action directe de sa part, par le fait d'un virement révolutionnaire, évidemment fort distinct du but réel de la révolution, mais dans lequel lui, duc d'Orléans, n'avait aucune initiative personnelle. Il était né prince et se croyait élu roi. Il ne s'était point donné à lui-même ce mandat; il ne l'avait point pris; on le lui avait offert et il l'avait accepté; convaincu, à tort certes, mais convaincu que l'offre était selon le droit et que l'acceptation était selon le devoir. De là une possession de bonne foi. Or, nous le disons en toute conscience, Louis-Philippe étant de bonne foi dans sa possession, et la démocratie étant de bonne foi dans son attaque, la quantité d'épouvante qui se dégage des luttes sociales ne charge ni le roi, ni la démocratie. Un choc de principes ressemble à un choc d'éléments. L'océan défend l'eau, l'ouragan défend l'air; le roi défend la royauté, la démocratie défend le peuple; le relatif, qui est la monarchie, résiste à l'absolu, qui est la république; la société saigne sous ce conflit, mais ce qui est sa souffrance aujourd'hui sera plus tard son salut; et, dans tous les cas, il n'y a point ici à blâmer ceux qui luttent; un des deux partis évidemment se trompe; le droit n'est pas, comme le colosse de Rhodes, sur deux rivages à la fois, un pied dans la république, un pied dans la royauté; il est indivisible, et tout d'un côté; mais ceux qui se trompent se trompent sincèrement; un aveugle n'est pas plus un coupable qu'un Vendéen n'est un brigand. N'imputons donc qu'à la fatalité des choses ces collisions redoutables. Quelles que soient ces tempêtes, l'irresponsabilité humaine y est mêlée.

Achevons cet exposé.

Le gouvernement de 1830 eut tout de suite la vie dure. Il dut, né d'hier, combattre aujourd'hui.

A peine installé, il sentait déjà partout de vagues mouvements de traction sur l'appareil de juillet encore si fraîchement posé et si peu solide.

La résistance naquit le lendemain; peut-être même était-elle née la veille[1].

De mois en mois, l'hostilité grandit, et de sourde devint patente.

La Révolution de Juillet, peu acceptée hors de France par les rois, nous l'avons dit, avait été en France diversement interprétée.

Dieu livre aux hommes ses volontés visibles dans les événements, texte obscur écrit dans une langue mystérieuse. Les hommes en font sur-le-champ des traductions; traductions hâtives, incorrectes, pleines de fautes, de lacunes et de contre-sens. Bien peu d'esprits comprennent la langue divine. Les plus sagaces, les plus calmes, les plus profonds, déchiffrent lentement, et, quand ils arrivent avec leur texte, la besogne est faite depuis longtemps; il y a déjà vingt traductions sur la place publique. De chaque traduction naît un parti, et de chaque contre-sens une faction; et chaque parti croit avoir le seul vrai texte, et chaque faction croit posséder la lumière.

Souvent le pouvoir lui-même est une faction.

Il y a dans les révolutions des nageurs à contre-courant; ce sont les vieux partis.

Pour les vieux partis qui se rattachent à l'hérédité par la grâce de Dieu, les révolutions étant sorties du droit de révolte, on a droit de révolte contre elles. Erreur. Car dans les révolutions, le révolté, ce n'est pas le peuple, c'est le roi. Révolution est précisément le contraire de révolte. Toute révolution, étant un accomplissement normal, contient en elle sa légitimité, que de faux révolutionnaires déshonorent quelquefois, mais qui persiste, même souillée, qui survit, même ensanglantée. Les révolutions sortent, non d'un accident, mais de la nécessité. Une révolution est un retour du factice au réel. Elle est parce qu'il faut qu'elle soit.

Les vieux partis légitimistes n'en assaillaient pas moins la révolution de 1830 avec toutes les violences qui jaillissent du faux raisonnement. Les erreurs sont d'excellents projectiles. Ils la frappaient savamment là où elle était vulnérable, au défaut de sa cuirasse, à son manque de logique; ils attaquaient cette révolution dans sa royauté. Ils lui criaient : Révolution, pourquoi ce roi ? Les factions sont des aveugles qui visent juste.

Ce cri, les républicains le poussaient également. Mais, venant d'eux, ce cri était logique. Ce qui était cécité chez les légitimistes était clairvoyance chez les démocrates. 1830 avait fait banqueroute au peuple. La démocratie indignée le lui reprochait[2].

Entre l'attaque du passé et l'attaque de l'avenir, l'établissement de juillet se débattait. Il représentait la minute, aux prises d'une part avec les siècles monarchiques, d'autre part avec le droit éternel.

En outre, au dehors, n'étant plus la révolution et devenant la monarchie, 1830 était obligé de prendre le pas de l'Europe. Garder la paix, surcroît de complication. Une harmonie voulue à contre-sens est souvent plus onéreuse qu'une guerre. De ce sourd conflit, toujours muselé, mais toujours grondant, naquit la paix armée, ce ruineux expédient de la civilisation suspecte à elle-même. La royauté de juillet se cabrait, malgré qu'elle en eût, dans l'attelage des cabinets européens. Metternich l'eût volontiers mise à la plate-longe. Poussée en France par le progrès, elle poussait en Europe les monarchies, ces tardigrades. Remorquée, elle remorquait.

Cependant, à l'intérieur, paupérisme, prolétariat, salaire, éducation, pénalité, prostitution, sort de la femme, richesse, misère, production, consommation, répartition, échange, monnaie, crédit, droit du capital, droit du travail, toutes ces questions se multipliaient au dessus de la société ; surplomb terrible.

En dehors des partis politiques proprement dits, un autre mouvement se manifestait. A la fermentation démocratique répondait la fermentation philosophique. L'élite se sentait troublée comme la foule ; autrement, mais autant.

Des penseurs méditaient, tandis que le sol, c'est-à-dire le peuple, traversé par les courants révolutionnaires, tremblait sous eux avec je ne sais quelles vagues secousses épileptiques. Ces songeurs, les uns isolés, les autres réunis en familles et presque en communions, remuaient les questions sociales, pacifiquement, mais profondément ; mineurs impassibles, qui poussaient tranquillement leurs galeries dans les profondeurs d'un volcan, à peine dérangés par les commotions sourdes et par les fournaises entrevues.

Cette tranquillité n'était pas le moins beau spectacle de cette époque agitée.

Ces hommes laissaient aux partis politiques la question des droits; ils s'occupaient de la question du bonheur.

Le bien-être de l'homme, voilà ce qu'ils voulaient extraire de la société.

Ils élevaient les questions matérielles, les questions d'agriculture, d'industrie, de commerce, presque à la dignité d'une religion. Dans la civilisation telle qu'elle se fait, un peu par Dieu, beaucoup par l'homme, les intérêts se combinent, s'agrègent et s'amalgament de manière à former une véritable roche dure, selon une loi dynamique patiemment étudiée par les économistes, ces géologues de la politique.

Ces hommes, qui se groupaient sous des appellations différentes, mais qu'on peut désigner tous par le titre générique de socialistes, tâchaient de percer cette roche et d'en faire jaillir les eaux vives de la félicité humaine.

Depuis la question de l'échafaud jusqu'à la question de la guerre, leurs travaux embrassaient tout. Au droit de l'homme, proclamé par la Révolution française, ils ajoutaient le droit de la femme et le droit de l'enfant.

On ne s'étonnera pas que, pour des raisons diverses, nous ne traitions pas ici à fond, au point de vue théorique, les questions soulevées par le socialisme. Nous nous bornons à les indiquer.

Tous les problèmes que les socialistes se proposaient, les visions cosmogoniques, la rêverie et le mysticisme écartés, peuvent être ramenés à deux problèmes principaux :

Premier problème :

Produire la richesse.

Deuxième problème :

La répartir.

Le premier problème contient la question du travail.

Le deuxième contient la question du salaire.

Dans le premier problème il s'agit de l'emploi des forces.

Dans le second de la distribution des jouissances.

Du bon emploi des forces résulte la puissance publique.

De la bonne distribution des jouissances résulte le bonheur individuel.

Par bonne distribution, il faut entendre non distribution égale, mais distribution équitable. La première égalité, c'est l'équité.

De ces deux choses combinées, puissance publique au dehors, bonheur individuel au dedans, résulte la prospérité sociale.

Prospérité sociale, cela veut dire l'homme heureux, le citoyen libre, la nation grande.

L'Angleterre résout le premier de ces deux problèmes. Elle crée admirablement la richesse; elle la répartit mal. Cette solution qui n'est complète que d'un côté la mène fatalement à ces deux extrêmes : opulence monstrueuse, misère monstrueuse. Toutes les jouissances à quelques-uns, toutes les privations aux autres, c'est-à-dire au peuple; le privilège, l'exception, le monopole, la féodalité, naissent du travail même. Situation fausse et dangereuse qui assoit la puissance publique sur la misère privée, et qui enracine la grandeur de l'État dans les souffrances de l'individu. Grandeur mal composée où se combinent tous les éléments matériels et dans laquelle n'entre aucun élément moral.

Le communisme et la loi agraire croient résoudre le deuxième problème. Ils se trompent. Leur répartition tue la production. Le partage égal abolit l'émulation. Et par conséquent le travail. C'est une répartition faite par le boucher, qui tue ce qu'il partage. Il est donc impossible de s'arrêter à ces prétendues solutions. Tuer la richesse, ce n'est pas la répartir.

Les deux problèmes veulent être résolus ensemble pour être bien résolus. Les deux solutions veulent être combinées et n'en faire qu'une.

Ne résolvez que le premier des deux problèmes, vous serez Venise, vous serez l'Angleterre. Vous aurez comme Venise une puissance artificielle, ou comme l'Angleterre une puissance matérielle; vous serez le mauvais riche. Vous périrez par une voie de fait, comme est morte Venise, ou par une banqueroute, comme tombera l'Angleterre. Et le monde vous laissera mourir et tomber, parce que le monde laisse tomber et mourir tout ce qui n'est que l'égoïsme, tout ce qui ne représente pas pour le genre humain une vertu ou une idée.

Il est bien entendu ici que par ces mots, Venise, l'Angleterre, nous désignons non des peuples, mais des constructions sociales; les oligarchies superposées aux nations, et non les nations elles-mêmes. Les nations ont toujours notre respect et notre sympathie. Venise, peuple, renaîtra; l'Angleterre, aristocratie, tombera, mais l'Angleterre, nation, est immortelle. Cela dit, nous poursuivons.

Résolvez les deux problèmes, encouragez le riche et protégez le pauvre, supprimez la misère, mettez un terme à l'exploitation injuste du faible par le fort, mettez un frein à la jalousie inique de celui qui est en route contre celui qui est arrivé, ajustez mathématiquement et fraternellement le salaire au travail, mêlez l'enseignement gratuit et obligatoire à la croissance de l'enfance et faites de la science la base de la virilité, développez les intelligences tout en occupant les bras, soyez à la fois un peuple puissant et une famille d'hommes heureux, démocratisez la propriété, non en l'abolissant, mais en l'universalisant, de façon que tout citoyen sans exception soit propriétaire, chose plus facile qu'on ne croit, en deux mots sachez produire la richesse et sachez la répartir; et vous aurez tout ensemble la grandeur matérielle et la grandeur morale; et vous serez dignes de vous appeler la France.

Voilà, en dehors et au-dessus de quelques sectes qui s'égaraient, ce que disait le socialisme; voilà ce qu'il cherchait dans les faits, voilà ce qu'il ébauchait dans les esprits.

Efforts admirables! tentatives sacrées!

Ces doctrines, ces théories, ces résistances, la nécessité inattendue pour l'homme d'État de compter avec les philosophes, de confuses évidences entrevues, une politique nouvelle à créer, d'accord avec le vieux monde sans trop de désaccord avec l'idéal révolutionnaire, une situation dans laquelle il fallait user Lafayette à défendre Polignac, l'intuition du progrès transparent sous l'émeute, les chambres et la rue, les compétitions à équilibrer autour de lui, sa foi dans la révolution, peut-être on ne sait quelle résignation éventuelle née de la vague acceptation d'un droit définitif et supérieur, sa volonté de rester de sa race, son esprit de famille, son sincère respect du peuple, sa propre honnêteté, préoccupaient Louis-Philippe presque douloureusement, et par instants, si fort et si courageux qu'il fût, l'accablaient sous la difficulté d'être roi.

Il sentait sous ses pieds une désagrégation redoutable, qui n'était pourtant pas une mise en poussière, la France étant plus France que jamais.

De ténébreux amoncellements couvraient l'horizon. Une ombre étrange, gagnant de proche en proche, s'étendait peu à peu sur les hommes, sur les choses, sur les idées ; ombre qui venait des colères et des systèmes. Tout ce qui avait été hâtivement étouffé remuait et fermentait. Parfois la conscience de l'honnête homme reprenait sa respiration tant il y avait de malaise dans cet air où les sophismes se mêlaient aux vérités. Les esprits tremblaient dans l'anxiété sociale comme les feuilles à l'approche d'un orage. La tension électrique était telle qu'à de certains instants le premier venu, un inconnu, éclairait. Puis l'obscurité crépusculaire retombait. Par intervalles, de profonds et sourds grondements pouvaient faire juger de la quantité de foudre qu'il y avait dans la nuée.

Vingt mois à peine s'étaient écoulés depuis la Révolution de Juillet, l'année 1832 s'était ouverte avec un aspect d'imminence et de menace. La détresse du peuple, les travailleurs sans pain, le dernier prince de Condé disparu dans les ténèbres, Bruxelles chassant les Nassau comme Paris les Bourbons, la Belgique s'offrant à un prince français et donnée à un prince anglais, la haine russe de Nicolas, derrière nous deux démons du midi, Ferdinand en Espagne, Miguel en Portugal, la terre tremblant en Italie, Metternich étendant la main sur Bologne, la France brusquant l'Autriche à Ancône, au nord on ne sait quel sinistre bruit de marteau reclouant la Pologne dans son cercueil, dans toute l'Europe des regards irrités guettant la France, l'Angleterre, alliée suspecte, prête à pousser ce qui pencherait et à se jeter sur ce qui tomberait, la pairie s'abritant derrière Beccaria pour refuser quatre têtes à la loi, les fleurs de lis raturées sur la voiture du roi, la croix arrachée de Notre-Dame, Lafayette amoindri, Laffitte ruiné, Benjamin Constant mort dans l'indigence, Casimir Perier mort dans l'épuisement du pouvoir ; la maladie politique et la maladie sociale se déclarant à la fois dans les deux capitales du royaume, l'une la ville de la pensée, l'autre la ville du travail ; à Paris la guerre civile, à Lyon la guerre servile ; dans les deux cités la même lueur de fournaise; une pourpre de cratère au front du peuple; le midi fanatisé, l'ouest troublé, la duchesse de Berry dans la Vendée, les complots, les conspirations, les soulèvements, le choléra, ajoutaient à la sombre rumeur des idées le sombre tumulte des événements.

V

Faits
d'où l'histoire sort et que l'histoire ignore[1]

Vers la fin d'avril, tout s'était aggravé. La fermentation devenait du bouillonnement. Depuis 1830, il y avait eu çà et là de petites émeutes partielles, vite comprimées, mais renaissantes, signe d'une vaste conflagration sous-jacente. Quelque chose de terrible couvait. On entrevoyait les linéaments encore peu distincts et mal éclairés d'une révolution possible. La France regardait Paris; Paris regardait le faubourg Saint-Antoine.

Le faubourg Saint-Antoine, sourdement chauffé, entrait en ébullition.

Les cabarets de la rue de Charonne étaient, quoique la jonction de ces deux épithètes semble singulière appliquée à des cabarets, graves et orageux.

Le gouvernement y était purement et simplement mis en question. On y discutait publiquement *la chose pour se battre ou pour rester tranquilles.* Il y avait des arrière-boutiques où l'on faisait jurer à des ouvriers qu' « ils se trouveraient dans la rue au premier cri d'alarme, et qu'ils se battraient sans compter le nombre des ennemis ». Une fois l'engagement pris, un homme assis dans un coin du cabaret « faisait une voix sonore » et disait : *Tu l'entends ! tu l'as juré !* Quelquefois on montait au premier étage dans une chambre close, et là il se passait des scènes presque maçonniques. On faisait prêter à l'initié des serments *pour lui rendre service ainsi qu'aux pères de famille.* C'était la formule.

Dans les salles basses on lisait des brochures « subversives ». *Ils crossaient le gouvernement,* dit un rapport secret du temps.

On y entendait des paroles comme celles-ci : — *Je ne sais pas les noms des chefs. Nous autres, nous ne saurons le jour que deux heures d'avance.* — Un ouvrier disait : —

Nous sommes trois cents, mettons chacun dix sous, cela fera cent cinquante francs pour fabriquer des balles et de la poudre. — Un autre disait : — *Je ne demande pas six mois, je n'en demande pas deux. Avant quinze jours nous serons en parallèle avec le gouvernement. Avec vingt-cinq mille hommes on peut se mettre en face.* — Un autre disait : — *Je ne me couche pas parce que je fais des cartouches la nuit.* — De temps en temps des hommes « en bourgeois et en beaux habits » venaient, « faisant des embarras », et ayant l'air « de commander », donnaient des poignées de main *aux plus importants,* et s'en allaient. Ils ne restaient jamais plus de dix minutes. On échangeait à voix basse des propos significatifs : — *Le complot est mûr, la chose est comble.* — « C'était bourdonné par tous ceux qui étaient là », pour emprunter l'expression même d'un des assistants. L'exaltation était telle qu'un jour, en plein cabaret, un ouvrier s'écria : *Nous n'avons pas d'armes !* — Un de ses camarades répondit : — *Les soldats en ont !* — parodiant ainsi, sans s'en douter, la proclamation de Bonaparte à l'armée d'Italie. — « Quand ils avaient quelque chose de plus secret, ajoute un rapport, ils ne se le communiquaient pas là. » On ne comprend guère ce qu'ils pouvaient cacher après avoir dit ce qu'ils disaient.

Les réunions étaient quelquefois périodiques. A de certaines, on n'était jamais plus de huit ou dix, et toujours les mêmes. Dans d'autres, entrait qui voulait, et la salle était si pleine qu'on était forcé de se tenir debout. Les uns s'y trouvaient par enthousiasme et passion ; les autres parce que *c'était leur chemin pour aller au travail.* Comme pendant la révolution, il y avait dans ces cabarets des femmes patriotes qui embrassaient les nouveaux venus.

D'autres faits expressifs se faisaient jour.

Un homme entrait dans un cabaret, buvait et sortait en disant : *Marchand de vin, ce qui est dû, la révolution le payera.*

Chez un cabaretier en face de la rue de Charonne on nommait des agents révolutionnaires. Le scrutin se faisait dans des casquettes.

Des ouvriers se réunissaient chez un maître d'escrime qui donnait des assauts rue de Cotte[2]. Il y avait là un trophée d'armes formé d'espadons en bois, de cannes, de bâtons et de fleurets. Un jour on démoucheta les fleurets. Un ouvrier disait : — *Nous sommes vingt-cinq, mais on ne compte pas sur moi, parce qu'on me regarde comme une machine.* — Cette machine a été plus tard Quénisset.

Les choses quelconques qui se préméditaient prenaient peu à peu on ne sait quelle étrange notoriété. Une femme balayant sa porte disait à une autre femme : — *Depuis longtemps on travaille à force à faire des cartouches.* — On lisait en pleine rue des proclamations adressées aux gardes nationales des départements. Une de ces proclamations était signée : *Burtot, marchand de vin.*

Un jour, à la porte d'un liquoriste du marché Lenoir, un homme ayant un collier de barbe et l'accent italien montait sur une borne et lisait à haute voix un écrit singulier qui semblait émaner d'un pouvoir occulte. Des groupes s'étaient formés autour de lui et applaudissaient. Les passages qui remuaient le plus la foule ont été recueillis et notés. — « ... Nos doctrines sont entravées, nos proclamations sont déchirées, nos afficheurs sont guettés et jetés en prison... » — « La débâcle qui vient d'avoir lieu dans les cotons nous a converti plusieurs juste-milieu. » — « ... L'avenir des peuples s'élabore dans nos rangs obscurs. » — « ... Voici les termes posés : action ou réaction, révolution ou contre-révolution. Car, à notre époque, on ne croit plus à l'inertie ni à l'immobilité. Pour le peuple ou contre le peuple, c'est la question. Il n'y en a pas d'autre. » — « ... Le jour où nous ne vous conviendrons plus, cassez-nous, mais jusque-là aidez-nous à marcher. » Tout cela en plein jour.

D'autres faits, plus audacieux encore, étaient suspects au peuple à cause de leur audace même. Le 4 avril 1832, un passant montait sur la borne qui fait l'angle de la rue Sainte-Marguerite[3] et criait : *Je suis babouviste !* Mais sous Babeuf le peuple flairait Gisquet[4].

Entre autres choses, ce passant disait :

— « A bas la propriété ! L'opposition de gauche est lâche et traître. Quand elle veut avoir raison, elle prêche la révolution. Elle est démocrate pour n'être pas battue, et royaliste pour ne pas combattre. Les républicains sont des bêtes à plumes. Défiez-vous des républicains, citoyens travailleurs. »

— Silence, citoyen mouchard ! cria un ouvrier.

Ce cri mit fin au discours.

Des incidents mystérieux se produisaient.

A la chute du jour, un ouvrier rencontrait près du canal « un homme bien mis » qui lui disait : — Où vas-tu, citoyen? — Monsieur, répondait l'ouvrier, je n'ai pas l'honneur de vous connaître. — Je te connais bien, moi. Et l'homme ajoutait : Ne crains pas. Je suis l'agent du comité. On te soupçonne de n'être pas bien sûr. Tu sais que si tu révélais quelque chose, on a l'œil sur toi. — Puis il donnait à l'ouvrier une poignée de main et s'en allait en disant : — Nous nous reverrons bientôt.

La police, aux écoutes, recueillait, non plus seulement dans les cabarets, mais dans la rue, des dialogues singuliers : — Fais-toi recevoir bien vite, disait un tisserand à un ébéniste.

— Pourquoi?

— Il va y avoir un coup de feu à faire.

Deux passants en haillons échangeaient ces répliques remarquables, grosses d'une apparente jacquerie :

— Qui nous gouverne?

— C'est monsieur Philippe.

— Non, c'est la bourgeoisie.

On se tromperait si l'on croyait que nous prenons le mot *jacquerie* en mauvaise part. Les jacques, c'étaient les pauvres. Or ceux qui ont faim ont droit.

Une autre fois, on entendait passer deux hommes dont l'un disait à l'autre : — Nous avons un bon plan d'attaque.

D'une conversation intime entre quatre hommes accroupis dans un fossé du rond-point de la barrière du Trône, on ne saisissait que ceci :

— On fera le possible pour qu'il ne se promène plus dans Paris.

Qui, *il ?* Obscurité menaçante.

« Les principaux chefs », comme on disait dans le faubourg, se tenaient à l'écart. On croyait qu'ils se réunissaient, pour se concerter, dans un cabaret près de la pointe Saint-Eustache. Un nommé Aug. —, chef de la Société des Secours pour les tailleurs, rue Mondétour, passait pour servir d'intermédiaire central entre les chefs et le faubourg Saint-Antoine. Néanmoins, il y eut toujours beaucoup d'ombre sur ces chefs, et aucun fait certain ne put infirmer la fierté singulière de cette réponse faite plus tard par un accusé devant la Cour des pairs :

— Quel était votre chef ?

— *Je n'en connaissais pas, et je n'en reconnaissais pas.*

Ce n'étaient guère encore que des paroles, transparentes, mais vagues ; quelquefois des propos en l'air, des on-dit, des ouï-dire. D'autres indices survenaient.

Un charpentier, occupé rue de Reuilly à clouer les planches d'une palissade autour d'un terrain où s'élevait une maison en construction, trouvait dans ce terrain un fragment de lettre déchirée où étaient encore lisibles les lignes que voici :

— « ... Il faut que le comité prenne des mesures pour
» empêcher le recrutement dans les sections pour les
» différentes sociétés... »

Et en post-scriptum :

« Nous avons appris qu'il y avait des fusils rue du
» Faubourg-Poissonnière, n° 5 (bis), au nombre de cinq
» ou six mille, chez un armurier, dans une cour. La
» section ne possède point d'armes. »

Ce qui fit que le charpentier s'émut et montra la chose à ses voisins, c'est qu'à quelques pas plus loin il ramassa un autre papier également déchiré et plus significatif encore, dont nous reproduisons la configuration à cause de l'intérêt historique de ces étranges documents :

Q	C	D	E	*Apprenez cette liste par cœur. Après, vous la déchirerez. Les hommes admis en feront autant lorsque vous leur aurez transmis des ordres.*
				Salut et fraternité.
				L.
				u og a¹ fe

Les personnes qui furent alors dans le secret de cette trouvaille n'ont connu que plus tard le sous-entendu de ces quatre majuscules : *quinturions, centurions, décurions, éclaireurs,* et le sens de ces lettres : *u og a¹ fe* qui était une date et qui voulait dire *ce 15 avril 1832*. Sous chaque majuscule étaient inscrits des noms suivis d'indications très caractéristiques. Ainsi : — Q. *Bannerel*. 8 fusils. 83 cartouches. Homme sûr. — C. *Boubière*. 1 pistolet. 40 cartouches. — D. *Rollet*. 1 fleuret. 1 pistolet. 1 livre de poudre. — E. *Teissier*. 1 sabre. 1 giberne. Exact. — *Terreur*. 8 fusils, Brave, etc.

Enfin ce charpentier trouva, toujours dans le même enclos, un troisième papier sur lequel était écrite au crayon, mais très lisiblement, cette espèce de liste énigmatique :

Unité. Blanchard. Arbre-sec. 6.
Barra. Soize. Salle-au-Comte.
Kosciusko. Aubry-le-boucher?
J. J. R.
Caïus Gracchus.
Droit de revision. Dufond. Four.
Chute des Girondins. Derbac. Maubuée.
Washington. Pinson. 1 pist. 86 cart.
Marseillaise.
Souver. du peuple. Michel. Quincampoix. Sabre.
Hoche.
Marceau. Platon. Arbre-sec.
Varsovie. Tilly, crieur du *Populaire*[5].

L'honnête bourgeois entre les mains duquel cette liste était demeurée en sut la signification. Il paraît que cette liste était la nomenclature complète des sections du quatrième arrondissement de la société des Droits de l'Homme, avec les noms et les demeures des chefs de sections. Aujourd'hui que tous ces faits restés dans l'ombre ne sont plus que de l'histoire, on peut les publier. Il faut ajouter que la fondation de la société des Droits de l'Homme semble avoir été postérieure à la date où ce papier fut trouvé. Peut-être n'était-ce qu'une ébauche.

Cependant, après les propos et les paroles, après les indices écrits, des faits matériels commençaient à percer.

Rue Popincourt, chez un marchand de bric-à-brac, on saisissait dans le tiroir d'une commode sept feuilles de papier gris toutes également pliées en long et en quatre ; ces feuilles recouvraient vingt-six carrés de ce même papier gris pliés en forme de cartouche, et une carte sur laquelle on lisait ceci :

Salpêtre	12 onces.
Soufre	2 onces.
Charbon	2 onces et demie.
Eau	2 onces.

Le procès-verbal de saisie constatait que le tiroir exhalait une forte odeur de poudre.

Un maçon revenant, sa journée faite, oubliait un petit paquet sur un banc près du pont d'Austerlitz. Ce paquet était porté au corps de garde. On l'ouvrait et l'on y trouvait deux dialogues imprimés, signés *Lahautière,* une chanson intitulée: *Ouvriers, associez-vous,* et une boîte de fer-blanc pleine de cartouches.

Un ouvrier buvant avec un camarade lui faisait tâter comme il avait chaud; l'autre sentait un pistolet sous sa veste.

Dans un fossé sur le boulevard, entre le Père-Lachaise et la barrière du Trône, à l'endroit le plus désert, des enfants, en jouant, découvraient sous un tas de copeaux et d'épluchures un sac qui contenait un moule à balles, un mandrin en bois à faire des cartouches, une sébille dans laquelle il y avait des grains de poudre de chasse, et une petite marmite en fonte dont l'intérieur offrait des traces évidentes de plomb fondu.

Des agents de police, pénétrant à l'improviste à cinq heures du matin chez un nommé Pardon, qui fut plus tard sectionnaire de la section Barricade-Merry et se fit tuer dans l'insurrection d'avril 1834, le trouvaient debout près de son lit, tenant à la main des cartouches qu'il était en train de faire.

Vers l'heure où les ouvriers se reposent, deux hommes étaient vus se rencontrant entre la barrière Picpus et la barrière Charenton[6] dans un petit chemin de ronde entre deux murs près d'un cabaretier qui a un jeu de Siam devant sa porte. L'un tirait de dessous sa blouse et remettait à l'autre un pistolet. Au moment de le lui remettre il s'apercevait que la transpiration de sa poitrine avait communiqué quelque humidité à la poudre. Il amorçait le pistolet et ajoutait de la poudre à celle qui était déjà dans le bassinet. Puis les deux hommes se quittaient.

Un nommé Gallais, tué plus tard rue Beaubourg dans l'affaire d'avril, se vantait d'avoir chez lui sept cents cartouches et vingt-quatre pierres à fusil.

Le gouvernement reçut un jour l'avis qu'il venait d'être distribué des armes au faubourg et deux cent mille cartouches. La semaine d'après trente mille cartouches furent distribuées. Chose remarquable, la police n'en put saisir aucune. Une lettre interceptée portait :
— « Le jour n'est pas loin où en quatre heures d'horloge quatre-vingt mille patriotes seront sous les armes. »

Toute cette fermentation était publique, on pourrait presque dire tranquille. L'insurrection imminente apprêtait son orage avec calme en face du gouvernement. Aucune singularité ne manquait à cette crise encore souterraine, mais déjà perceptible. Les bourgeois parlaient paisiblement aux ouvriers de ce qui se préparait. On disait : Comment va l'émeute ? du ton dont on eût dit : Comment va votre femme ?

Un marchand de meubles, rue Moreau, demandait :
— Eh bien, quand attaquez-vous ?

Un autre boutiquier disait :
— On attaquera bientôt. Je le sais. Il y a un mois vous étiez quinze mille, maintenant vous êtes vingt-cinq mille. — Il offrait son fusil, et un voisin offrait un petit pistolet qu'il voulait vendre sept francs.

Du reste, la fièvre révolutionnaire gagnait. Aucun point de Paris ni de la France n'en était exempt. L'artère battait partout. Comme ces membranes qui naissent de certaines inflammations et se forment dans le corps humain, le réseau des sociétés secrètes commençait à s'étendre sur le pays. De l'association des Amis du peuple, publique et secrète tout à la fois, naissait la société des Droits de l'Homme, qui datait ainsi un de ses ordres du jour : *Pluviôse, an* XL *de l'ère républicaine,* qui devait survivre même à des arrêts de cour d'assises prononçant sa dissolution, et qui n'hésitait pas à donner à ses sections des noms significatifs tels que ceux-ci :

Des piques.
Tocsin.
Canon d'alarme.
Bonnet phrygien.
21 janvier.
Des Gueux.
Des Truands.
Marche en avant.

Robespierre.
Niveau.
Ça ira.

La société des Droits de l'Homme engendrait la société d'Action. C'étaient les impatients qui se détachaient et couraient devant. D'autres associations cherchaient à se recruter dans les grandes sociétés mères. Les sectionnaires se plaignaient d'être tiraillés. Ainsi *la société Gauloise* et *le Comité organisateur des municipalités*. Ainsi les associations pour *la liberté de la presse,* pour *la liberté individuelle,* pour *l'instruction du peuple, contre les impôts indirects.* Puis la société des Ouvriers égalitaires, qui se divisait en trois fractions, les Égalitaires, les Communistes, les Réformistes. Puis l'Armée des Bastilles, une espèce de cohorte organisée militairement, quatre hommes commandés par un caporal, dix par un sergent, vingt par un sous-lieutenant, quarante par un lieutenant; il n'y avait jamais plus de cinq hommes qui se connussent. Création où la précaution est combinée avec l'audace et qui semble empreinte du génie de Venise. Le comité central, qui était la tête, avait deux bras, la société d'Action et l'Armée des Bastilles. Une association légitimiste, les Chevaliers de la Fidélité, remuait parmi ces affiliations républicaines. Elle y était dénoncée et répudiée.

Les sociétés parisiennes se ramifiaient dans les principales villes. Lyon, Nantes, Lille et Marseille avaient leur société des Droits de l'Homme, la Charbonnière, les Hommes libres. Aix avait une société révolutionnaire qu'on appelait la Cougourde. Nous avons déjà prononcé ce mot[7].

A Paris, le faubourg Saint-Marceau n'était moins bourdonnant que le faubourg Saint-Antoine, et les écoles pas moins émues que les faubourgs. Un café de la rue Saint-Hyacinthe et l'estaminet des Sept-Billards, rue des Mathurins-Saint-Jacques[8], servaient de lieux de ralliement aux étudiants. La société des Amis de l'A B C, affiliée aux mutuellistes d'Angers et à la Cougourde d'Aix, se réunissait, on l'a vu, au café Musain. Ces mêmes jeunes gens se retrouvaient aussi, nous l'avons dit, dans un restaurant cabaret près la rue Mondétour qu'on appelait Corinthe. Ces réunions étaient secrètes.

D'autres étaient aussi publiques que possible, et l'on peut juger de ces hardiesses par ce fragment d'un interrogatoire subi dans un des procès ultérieurs : — Où se tint cette réunion ? — Rue de la Paix. — Chez qui ? — Dans la rue. — Quelles sections étaient là ? — Une seule. — Laquelle ? — La section Manuel. — Qui était le chef ? — Moi. — Vous êtes trop jeune pour avoir pris tout seul ce grave parti d'attaquer le gouvernement. D'où vous venaient vos instructions ? — Du comité central.

L'armée était minée en même temps que la population, comme le prouvèrent plus tard les mouvements de Belfort, de Lunéville et d'Épinal. On comptait sur le cinquante-deuxième régiment, sur le cinquième, sur le huitième, sur le trente-septième, et sur le vingtième léger. En Bourgogne et dans les villes du midi on plantait *l'arbre de la Liberté*, c'est-à-dire un mât surmonté d'un bonnet rouge.

Telle était la situation.

Cette situation, le faubourg Saint-Antoine, plus que tout autre groupe de population, comme nous l'avons dit en commençant, la rendait sensible et l'accentuait. C'est là qu'était le point de côté.

Ce vieux faubourg, peuplé comme une fourmilière, laborieux, courageux et colère comme une ruche, frémissait dans l'attente et dans le désir d'une commotion. Tout s'y agitait sans que le travail fût pour cela interrompu. Rien ne saurait donner l'idée de cette physionomie vive et sombre. Il y a dans ce faubourg de poignantes détresses cachées sous le toit des mansardes ; il y a là aussi des intelligences ardentes et rares. C'est surtout en fait de détresse et d'intelligence qu'il est dangereux que les extrêmes se touchent.

Le faubourg Saint-Antoine avait encore d'autres causes de tressaillement ; car il reçoit le contre-coup des crises commerciales, des faillites, des grèves, des chômages, inhérents aux grands ébranlements politiques. En temps de révolution la misère est à la fois cause et effet. Le coup qu'elle frappe lui revient. Cette population, pleine de vertu fière, capable au plus haut point de calorique latent, toujours prête aux prises d'armes, prompte aux explosions, irritée, profonde, minée, semblait n'attendre que la chute d'une flammèche. Toutes les fois que de certaines étincelles flottent sur l'horizon, chassées par le vent des événements, on ne peut s'empêcher de songer au faubourg Saint-Antoine et au redoutable hasard qui a placé aux portes de Paris cette poudrière de souffrances et d'idées.

Les cabarets du *faubourg Antoine,* qui se sont plus d'une fois dessinés dans l'esquisse qu'on vient de lire, ont une notoriété historique. En temps de troubles on s'y enivre de paroles plus que de vin. Une sorte d'esprit prophétique et un effluve d'avenir y circule, enflant les cœurs et grandissant les âmes. Les cabarets du faubourg Antoine ressemblent à ces tavernes du Mont Aventin bâties sur l'antre de la sibylle et communiquant avec les profonds souffles sacrés; tavernes dont les tables étaient presque des trépieds, et où l'on buvait ce qu'Ennius appelle *le vin sibyllin*[9].

Le faubourg Saint-Antoine est un réservoir de peuple. L'ébranlement révolutionnaire y fait des fissures par où coule la souveraineté populaire. Cette souveraineté peut mal faire; elle se trompe comme toute autre; mais, même fourvoyée, elle reste grande. On peut dire d'elle comme du cyclope aveugle, *Ingens*[10].

En 93, selon que l'idée qui flottait était bonne ou mauvaise, selon que c'était le jour du fanatisme ou de l'enthousiasme, il partait du faubourg Saint-Antoine tantôt des légions sauvages, tantôt des bandes héroïques.

Sauvages. Expliquons-nous sur ce mot. Ces hommes hérissés qui, dans les jours génésiaques du chaos révolutionnaire, déguenillés, hurlants, farouches, le casse-tête levé, la pique haute, se ruaient sur le vieux Paris bouleversé, que voulaient-ils? Ils voulaient la fin des oppressions, la fin des tyrannies, la fin du glaive, le travail pour l'homme, l'instruction pour l'enfant, la douceur sociale pour la femme, la liberté, l'égalité, la fraternité, le pain pour tous, l'idée pour tous, l'édénisation du monde, le Progrès; et cette chose sainte, bonne et douce, le progrès, poussés à bout, hors d'eux-mêmes, ils la réclamaient terribles, demi-nus, la massue au poing, le rugissement à la bouche. C'étaient les sauvages, oui; mais les sauvages de la civilisation.

Ils proclamaient avec furie le droit; ils voulaient, fût-ce par le tremblement et l'épouvante, forcer le genre humain au paradis. Ils semblaient des barbares et ils étaient des sauveurs. Ils réclamaient la lumière avec le masque de la nuit.

En regard de ces hommes, farouches, nous en convenons, et effrayants, mais farouches et effrayants pour le bien, il y a d'autres hommes, souriants, brodés, dorés, enrubannés, constellés, en bas de soie, en plumes blanches, en gants jaunes, en souliers vernis, qui, accoudés à une table de velours au coin d'une cheminée de marbre, insistent doucement pour le maintien et la conservation du passé, du moyen âge, du droit divin, du fanatisme, de l'ignorance, de l'esclavage, de la peine de mort, de la guerre, glorifiant à demi-voix et avec politesse le sabre, le bûcher et l'échafaud. Quant à nous, si nous étions forcés à l'option entre les barbares de la civilisation et les civilisés de la barbarie, nous choisirions les barbares.

Mais, grâce au ciel, un autre choix est possible. Aucune chute à pic n'est nécessaire, pas plus en avant qu'en arrière. Ni despotisme, ni terrorisme. Nous voulons le progrès en pente douce.

Dieu y pourvoit. L'adoucissement des pentes, c'est là toute la politique de Dieu.

VI

Enjolras et ses lieutenants

A peu près vers cette époque, Enjolras, en vue de l'événement possible, fit une sorte de recensement mystérieux.

Tous étaient en conciliabule au café Musain.

Enjolras dit, en mêlant à ses paroles quelques métaphores demi-énigmatiques, mais significatives :

— Il convient de savoir où l'on en est et sur qui l'on peut compter. Si l'on veut des combattants, il faut en faire. Avoir de quoi frapper. Cela ne peut nuire. Ceux qui passent ont toujours plus de chance d'attraper des coups de corne quand il y a des bœufs sur la route que lorsqu'il n'y en a pas. Donc comptons un peu le troupeau. Combien sommes-nous ? Il ne s'agit pas de remettre ce travail-là à demain. Les révolutionnaires doivent toujours être pressés ; le progrès n'a pas de temps à perdre. Défions-nous de l'inattendu. Ne nous laissons pas prendre au dépourvu. Il s'agit de repasser sur toutes les coutures que nous avons faites et de voir si elles tiennent. Cette affaire doit être coulée à fond aujourd'hui. Courfeyrac, tu verras les polytechniciens. C'est leur jour de sortie. Aujourd'hui mercredi. Feuilly, n'est-ce pas? vous verrez ceux de la Glacière. Combeferre m'a promis d'aller à Picpus. Il y a là tout un fourmillement excellent. Bahorel visitera l'Estrapade[1]. Prouvaire, les maçons s'attiédissent; tu nous rapporteras des nouvelles de la loge de la rue de Grenelle-Saint-Honoré[2]. Joly ira à la clinique de Dupuytren et tâtera le pouls à l'école de médecine. Bossuet fera un petit tour au palais et causera avec les stagiaires. Moi, je me charge de la Cougourde.

— Voilà tout réglé, dit Courfeyrac.
— Non.
— Qu'y a-t-il donc encore?
— Une chose très importante.
— Qu'est-ce? demanda Combeferre.
— La barrière du Maine[3], répondit Enjolras.

Enjolras resta un moment comme absorbé dans ses réflexions, puis reprit:

— Barrière du Maine il y a des marbriers, des peintres, les praticiens des ateliers de sculpture. C'est une famille enthousiaste, mais sujette à refroidissement. Je ne sais pas ce qu'ils ont depuis quelque temps. Ils pensent à autre chose. Ils s'éteignent. Ils passent leur temps à jouer aux dominos. Il serait urgent d'aller leur parler un peu, et ferme. C'est chez Richefeu qu'ils se réunissent. On les y trouverait entre midi et une heure. Il faudrait souffler sur ces cendres-là. J'avais compté pour cela sur ce distrait de Marius, qui en somme est bon, mais il ne vient plus. Il me faudrait quelqu'un pour la barrière du Maine. Je n'ai plus personne.

— Et moi, dit Grantaire, je suis là.
— Toi?
— Moi.
— Toi, endoctriner des républicains! toi, réchauffer, au nom des principes, des cœurs refroidis!
— Pourquoi pas?
— Est-ce que tu peux être bon à quelque chose?
— Mais j'en ai la vague ambition, dit Grantaire.
— Tu ne crois à rien.
— Je crois à toi.

— Grantaire, veux-tu me rendre un service?
— Tous. Cirer tes bottes.
— Eh bien, ne te mêle pas de nos affaires. Cuve ton absinthe.
— Tu es un ingrat, Enjolras.
— Tu serais homme à aller barrière du Maine! tu en serais capable!
— Je suis capable de descendre rue des Grès, de traverser la place Saint-Michel[4], d'obliquer par la rue Monsieur-le-Prince, de prendre la rue de Vaugirard, de dépasser les Carmes, de tourner rue d'Assas, d'arriver rue du Cherche-Midi, de laisser derrière moi le Conseil de guerre, d'arpenter la rue des Vieilles-Tuileries, d'enjamber le boulevard[5], de suivre la chaussée du Maine, de franchir la barrière, et d'entrer chez Richefeu. Je suis capable de cela. Mes souliers en sont capables.
— Connais-tu un peu ces camarades-là de chez Richefeu?
— Pas beaucoup. Nous nous tutoyons seulement.
— Qu'est-ce que tu leur diras?
— Je leur parlerai de Robespierre, pardi. De Danton. Des principes.
— Toi!
— Moi. Mais on ne me rend pas justice. Quand je m'y mets, je suis terrible. J'ai lu Prud'homme, je connais le Contrat social, je sais par cœur ma constitution de l'an II. « La liberté du citoyen finit où la liberté d'un « autre citoyen commence. » Est-ce que tu me prends pour une brute? J'ai un vieil assignat dans mon tiroir. Les droits de l'Homme, la souveraineté du peuple, sapristi! Je suis même un peu hébertiste. Je puis rabâcher, pendant six heures d'horloge, montre en main, des choses superbes.
— Sois sérieux, dit Enjolras.
— Je suis farouche, répondit Grantaire.

Enjolras pensa quelques secondes, et fit le geste d'un homme qui prend son parti.
— Grantaire, dit-il gravement, je consens à t'essayer. Tu iras barrière du Maine.

Grantaire logeait dans un garni tout voisin du café Musain. Il sortit, et revint cinq minutes après. Il était allé chez lui mettre un gilet à la Robespierre.

— Rouge, dit-il en entrant, et en regardant fixement Enjolras.

Puis, d'un plat de main énergique, il appuya sur sa poitrine les deux pointes écarlates du gilet.

Et, s'approchant d'Enjolras, il lui dit à l'oreille :

— Sois tranquille.

Il enfonça son chapeau résolument, et partit.

Un quart d'heure après, l'arrière-salle du café Musain était déserte. Tous les Amis de l'A B C étaient allés, chacun de leur côté, à leur besogne. Enjolras, qui s'était réservé la Cougourde, sortit le dernier.

Ceux de la Cougourde d'Aix qui étaient à Paris se réunissaient alors plaine d'Issy, dans une des carrières abandonnées si nombreuses de ce côté de Paris.

Enjolras, tout en cheminant vers ce lieu de rendez-vous, passait en lui-même la revue de la situation. La gravité des événements était visible. Quand les faits, prodromes d'une espèce de maladie sociale latente, se meuvent lourdement, la moindre complication les arrête et les enchevêtre. Phénomène d'où sortent les écroulements et les renaissances. Enjolras entrevoyait un soulèvement lumineux sous les pans ténébreux de l'avenir. Qui sait? le moment approchait peut-être. Le peuple ressaisissant le droit, quel beau spectacle ! la révolution reprenant majestueusement possession de la France, et disant au monde : La suite à demain! Enjolras était content. La fournaise chauffait. Il avait, dans ce même instant-là, une traînée de poudre d'amis éparse sur Paris. Il composait, dans sa pensée, avec l'éloquence philosophique et pénétrante de Combeferre, l'enthousiasme cosmopolite de Feuilly, la verve de Courfeyrac, le rire de Bahorel, la mélancolie de Jean Prouvaire, la science de Joly, les sarcasmes de Bossuet, une sorte de pétillement électrique prenant feu à la fois un peu partout. Tous à l'œuvre. A coup sûr le résultat répondrait à l'effort. C'était bien. Ceci le fit penser à Grantaire. — Tiens, se dit-il, la barrière du Maine me détourne à peine de mon chemin. Si je poussais jusque chez Richefeu? Voyons un peu ce que fait Grantaire, et où il en est.

Une heure sonnait au clocher de Vaugirard quand Enjolras arriva à la tabagie Richefeu. Il poussa la porte, entra, croisa les bras, laissant retomber la porte qui vint lui heurter les épaules, et regarda dans la salle pleine de tables, d'hommes et de fumée.

Une voix éclatait dans cette brume, vivement coupée par une autre voix. C'était Grantaire dialoguant avec un adversaire qu'il avait.

Grantaire était assis, vis-à-vis d'une autre figure, à une table de marbre Sainte-Anne semée de grains de son et constellée de dominos, il frappait ce marbre du poing, et voici ce qu'Enjolras entendit :

— Double-six.
— Du quatre.
— Le porc ! je n'en ai plus.
— Tu es mort. Du deux.
— Du six.
— Du trois.
— De l'as.
— A moi la pose.
— Quatre points.
— Péniblement.
— A toi.
— J'ai fait une faute énorme.
— Tu vas bien.
— Quinze.
— Sept de plus.
— Cela me fait vingt-deux. (Rêvant.) Vingt-deux !
— Tu ne t'attendais pas au double-six. Si je l'avais mis au commencement, cela changeait tout le jeu.
— Du deux même.
— De l'as.
— De l'as ! Eh bien, du cinq.
— Je n'en ai pas.
— C'est toi qui as posé, je crois ?
— Oui.
— Du blanc.
— A-t-il de la chance ! Ah ! tu as une chance ! (Longue rêverie.) Du deux.
— De l'as.
— Ni cinq, ni as. C'est embêtant pour toi.
— Domino.
— Nom d'un caniche !

LIVRE DEUXIÈME

ÉPONINE[1]

I

LE CHAMP DE L'ALOUETTE[2]

Marius avait assisté au dénouement inattendu du guet-apens sur la trace duquel il avait mis Javert; mais à peine Javert eut-il quitté la masure, emmenant ses prisonniers dans trois fiacres, que Marius de son côté se glissa hors de la maison. Il n'était encore que neuf heures du soir. Marius alla chez Courfeyrac. Courfeyrac n'était plus l'imperturbable habitant du quartier latin[3]; il était allé demeurer rue de la Verrerie « pour des raisons politiques »; ce quartier était de ceux où l'insurrection dans ce temps-là s'installait volontiers. Marius dit à Courfeyrac : Je viens coucher chez toi. Courfeyrac tira un matelas de son lit qui en avait deux, l'étendit à terre[4], et dit : Voilà.

Le lendemain, dès sept heures du matin, Marius revint à la masure, paya le terme et ce qu'il devait à mame Bougon, fit charger sur une charrette à bras ses livres, son lit, sa table, sa commode et ses deux chaises, et s'en alla sans laisser son adresse, si bien que, lorsque Javert revint dans la matinée afin de questionner Marius sur les événements de la veille, il ne trouva que mame Bougon qui lui répondit : Déménagé !

Mame Bougon fut convaincue que Marius était un peu complice des voleurs saisis dans la nuit. — Qui aurait dit cela? s'écriait-elle chez les portières du quartier, un jeune[5] homme, que ça vous avait l'air d'une fille !

Marius avait eu deux raisons pour ce déménagement si prompt. La première, c'est qu'il avait horreur maintenant de cette maison où il avait vu, de si près et dans tout son développement le plus repoussant[6] et le plus féroce, une laideur sociale plus affreuse peut-être encore que le mauvais riche : le mauvais pauvre. La deuxième, c'est qu'il ne voulait pas figurer dans le procès quelconque qui s'ensuivrait probablement, et être amené à déposer contre Thénardier.

Javert crut que le jeune homme, dont il n'avait pas retenu le nom, avait eu peur et s'était sauvé[7] ou n'était peut-être même pas rentré chez lui au moment du guet-apens; il fit pourtant quelques efforts pour le retrouver, mais il n'y parvint pas[8].

Un mois s'écoula, puis un autre. Marius était toujours chez Courfeyrac. Il avait su par un avocat stagiaire, promeneur habituel de la salle des Pas-Perdus, que Thénardier était au secret. Tous les lundis, Marius faisait remettre au greffe de la Force cinq francs pour Thénardier.

Marius, n'ayant plus d'argent, empruntait les cinq francs à Courfeyrac. C'était la première fois de sa vie qu'il empruntait de l'argent. Ces cinq francs périodiques étaient une double énigme pour Courfeyrac qui les donnait et pour Thénardier qui les recevait. — A qui cela peut-il aller? songeait Courfeyrac. — D'où cela peut-il me venir? se demandait Thénardier.

Marius du reste était navré. Tout était de nouveau rentré dans une trappe. Il ne voyait plus rien devant lui; sa vie était replongée dans ce mystère où il errait à tâtons. Il avait un moment revu de très près dans cette obscurité la jeune fille qu'il aimait, le vieillard qui semblait son père, ces êtres inconnus qui étaient son seul intérêt et sa seule espérance en ce monde; et au moment où il avait cru les saisir, un souffle avait emporté toutes ces ombres. Pas une étincelle de certitude et de vérité n'avait jailli même du choc le plus effrayant. Aucune conjecture possible. Il ne savait même plus le nom qu'il avait cru savoir[9]. A coup sûr ce n'était plus Ursule. Et l'Alouette était un sobriquet[10]. Et que penser du vieillard? Se cachait-il en effet de la police? L'ouvrier[11] à cheveux blancs que Marius avait rencontré aux environs des Invalides lui était revenu à l'esprit. Il devenait probable maintenant que cet ouvrier et M. Leblanc étaient le même homme. Il se déguisait donc? Cet homme avait des côtés héroïques et des côtés équivoques. Pourquoi n'avait-il pas appelé au secours? pourquoi s'était-il enfui? était-il, oui ou non, le père de la jeune fille? enfin était-il réellement l'homme que Thénardier avait cru reconnaître? Thénardier avait pu se méprendre?

Autant[12] de problèmes sans issue. Tout ceci, il est vrai, n'ôtait rien au charme angélique de la jeune fille du Luxembourg. Détresse poignante; Marius avait une passion dans le cœur, et la nuit sur les yeux. Il était poussé, il était attiré, et il ne pouvait bouger. Tout s'était évanoui, excepté l'amour. De l'amour même, il avait perdu les instincts et les illuminations subites. Ordinairement cette flamme qui nous brûle nous éclaire aussi un peu, et nous jette quelque lueur utile au dehors. Ces sourds conseils de la passion, Marius ne les entendait même plus. Jamais il ne se disait : Si j'allais là? si j'essayais ceci? Celle qu'il ne pouvait plus nommer Ursule[13] était évidemment quelque part; rien n'avertissait Marius du côté où il fallait chercher. Toute sa vie se résumait maintenant en deux mots : une incertitude absolue dans une brume impénétrable. La revoir, elle; il y aspirait toujours, il ne l'espérait plus.

Pour comble, la misère revenait. Il sentait tout près de lui, derrière lui, ce souffle glacé. Dans toutes ces tourmentes, et depuis longtemps déjà, il avait discontinué son travail, et rien n'est plus dangereux que le travail discontinué; c'est une habitude qui s'en va. Habitude facile à quitter, difficile à reprendre.

Une certaine quantité de rêverie est bonne, comme un narcotique à dose discrète. Cela endort les fièvres, quelquefois dures, de l'intelligence en travail, et fait naître dans l'esprit une vapeur molle et fraîche qui corrige les contours trop âpres de la pensée pure, comble çà et là des lacunes et des intervalles, lie les ensembles et estompe les angles des idées. Mais trop de rêverie submerge et noie[14]. Malheur au travailleur par l'esprit qui se laisse tomber tout entier de la pensée dans la rêverie! Il croit qu'il remontera aisément, et il se dit qu'après tout c'est la même chose. Erreur!

La pensée est le labeur de l'intelligence, la rêverie en est la volupté. Remplacer la pensée par la rêverie, c'est confondre un poison avec une nourriture[15].

Marius, on s'en souvient, avait commencé par là. La passion était survenue, et avait achevé de le précipiter dans les chimères sans objet et sans fond[16]. On ne sort plus de chez soi que pour aller songer. Enfantement paresseux. Gouffre tumultueux et stagnant. Et, à mesure que le travail diminuait, les besoins croissaient. Ceci est une loi[17]. L'homme, à l'état rêveur, est naturellement prodigue et mou; l'esprit détendu ne peut[18] pas tenir la vie serrée. Il y a, dans cette façon de vivre, du bien mêlé au mal, car si l'amollissement est funeste, la générosité est saine et[19] bonne. Mais l'homme pauvre, généreux et noble, qui ne travaille pas, est perdu. Les ressources tarissent, les nécessités surgissent.

Pente fatale[20] où les plus honnêtes et les plus fermes sont entraînés comme les plus faibles et les plus vicieux, et qui aboutit à l'un de ces deux trous, le suicide ou le crime. A force de sortir pour aller songer, il vient un jour où l'on sort pour aller se jeter à l'eau. L'excès de songe fait les Escousse et les Lebras[21].

Marius descendait cette pente à pas lents, les yeux fixés sur celle qu'il ne voyait plus. Ce que[22] nous venons d'écrire là semble étrange et pourtant est vrai. Le souvenir d'un être absent s'allume dans les ténèbres du cœur; plus il a disparu, plus il rayonne; l'âme désespérée et obscure voit cette lumière à son horizon; étoile de la nuit intérieure. Elle, c'était là toute la pensée de Marius. Il ne songeait pas à autre chose; il sentait confusément que son vieux habit devenait un habit impossible et que son habit neuf devenait un vieux habit, que ses chemises s'usaient, que son chapeau s'usait, que ses bottes s'usaient, c'est-à-dire que sa vie s'usait, et il se disait : Si je pouvais seulement la revoir avant de mourir !

Une seule idée douce lui restait, c'est qu'Elle[23] l'avait aimé, que son regard le lui avait dit, qu'elle ne connaissait pas son nom, mais qu'elle connaissait son âme, et que peut-être là où elle était, quel que fût ce lieu mystérieux, elle l'aimait encore. Qui sait si elle ne songeait pas à lui comme lui songeait à elle? Quelquefois, dans des heures inexplicables comme en a tout cœur qui aime, n'ayant que des raisons de douleur et se sentant pourtant un obscur tressaillement de joie, il se disait : Ce sont ses pensées qui viennent à moi ! — Puis il ajoutait : Mes pensées lui arrivent aussi peut-être.

Cette illusion, dont il hochait la tête le moment d'après, réussissait pourtant à lui jeter dans l'âme des rayons qui ressemblaient parfois à de l'espérance. De temps en temps, surtout à cette heure du soir qui attriste le plus les songeurs, il laissait[24] tomber sur un cahier de papier où il n'y avait que cela, le plus pur, le plus impersonnel, le plus idéal des rêveries dont l'amour lui emplissait le cerveau. Il appelait cela « lui écrire ».

Il ne faut pas croire que sa raison fût en désordre. Au contraire. Il avait perdu la faculté de travailler et de se mouvoir fermement vers un but déterminé, mais il avait plus que jamais la clairvoyance et la rectitude. Marius voyait à un jour calme et réel, quoique singulier, ce qui passait sous ses yeux, même les faits ou les hommes les plus indifférents[25]; il disait de tout le mot juste avec une sorte d'accablement honnête et de désintéressement candide. Son jugement, presque détaché de l'espérance, se tenait haut et planait.

Dans cette situation d'esprit rien ne lui échappait, rien ne le trompait, et il découvrait à chaque instant le fond de la vie, de l'humanité et de la destinée. Heureux, même dans les angoisses[26], celui à qui Dieu a donné une âme digne de l'amour et du malheur! Qui n'a pas vu les choses de ce monde et le cœur des hommes à cette double lumière n'a rien vu de vrai et ne sait rien.

L'âme qui aime et qui souffre est à l'état sublime.

Du reste les jours se succédaient, et rien de nouveau ne se présentait. Il lui semblait seulement que l'espace sombre qui lui restait à parcourir se raccourcissait à chaque instant. Il croyait déjà entrevoir distinctement le bord de l'escarpement sans fond.

— Quoi! se répétait-il, est-ce que je ne la reverrai pas auparavant!

Quand[27] on a monté la rue Saint-Jacques, laissé de côté la barrière et suivi quelque temps à gauche l'ancien boulevard intérieur, on atteint la rue de la Santé, puis la Glacière, et, un peu avant d'arriver à la petite rivière des Gobelins, on rencontre une espèce de champ, qui est, dans toute la longue et monotone ceinture des boulevards de Paris, le seul endroit où Ruysdaël serait tenté de s'asseoir.

Ce je ne sais quoi d'où la grâce se dégage est là, un pré vert traversé de cordes tendues où des loques sèchent au vent, une vieille ferme à maraîchers bâtie du temps de Louis XIII avec son grand toit bizarrement percé de mansardes, des palissades délabrées, un peu d'eau entre des peupliers, des femmes, des rires, des voix; à l'horizon le Panthéon, l'arbre des Sourds-

Muets, le Val-de-Grâce, noir, trapu, fantasque, amusant, magnifique, et au fond le sévère faîte carré des tours de Notre-Dame.

Comme le lieu vaut la peine d'être vu, personne n'y vient. À peine une charrette ou un roulier tous les quarts d'heure.

Il arriva une fois que les promenades solitaires de Marius le conduisirent à ce terrain près de cette eau. Ce jour-là, il y avait sur ce boulevard une rareté, un passant. Marius, vaguement frappé du charme presque sauvage du lieu, demanda à ce passant : — Comment se nomme cet endroit-ci ?

Le passant répondit : — C'est le champ de l'Alouette.

Et il ajouta : — C'est ici qu'Ulbach a tué la bergère d'Ivry[28].

Mais après ce mot : l'Alouette, Marius n'avait plus rien entendu. Il y a de ces congélations subites dans l'état rêveur qu'un mot suffit à produire. Toute la pensée se condense brusquement autour d'une idée, et n'est plus capable d'aucune autre perception. L'Alouette, c'était l'appellation qui, dans les profondeurs de la mélancolie de Marius, avait remplacé Ursule. — Tiens, dit-il, dans l'espèce de stupeur irraisonnée propre à ces apartés mystérieux, ceci est son champ. Je saurai ici où elle demeure.

Cela était absurde, mais irrésistible.

Et il vint tous les jours à ce champ de l'Alouette.

II

FORMATION EMBRYONNAIRE DES CRIMES
DANS L'INCUBATION DES PRISONS[1]

Le triomphe de Javert dans la masure Gorbeau avait semblé complet, mais ne l'avait pas été.

D'abord, et c'était là son principal souci, Javert n'avait point fait prisonnier le prisonnier. L'assassiné qui s'évade est plus suspect que l'assassin ; et il est probable que ce personnage, si précieuse capture pour les bandits, n'était pas de moins bonne prise pour l'autorité. Ensuite, Montparnasse avait échappé à Javert.

Il fallait attendre une autre occasion pour remettre la main sur ce « muscadin du diable ». Montparnasse en effet, ayant rencontré Éponine qui faisait le guet sous les arbres du boulevard, l'avait emmenée, aimant mieux être Némorin avec la fille que Schinderhannes² avec le père. Bien lui en avait pris. Il était libre. Quant à Éponine, Javert l'avait fait « repincer ». Consolation médiocre. Éponine avait rejoint Azelma aux Madelonnettes.

Enfin, dans le trajet de la masure Gorbeau à la Force, un des principaux arrêtés, Claquesous, s'était perdu. On ne savait comment cela s'était fait, les agents et les sergents « n'y comprenaient rien », il s'était changé en vapeur, il avait glissé entre les poucettes, il avait coulé entre les fentes de la voiture, le fiacre était fêlé et avait fui ; on ne savait que dire, sinon qu'en arrivant à la prison, plus de Claquesous. Il y avait là de la féerie, ou de la police. Claquesous avait-il fondu dans les ténèbres comme un flocon de neige dans l'eau ? Y avait-il eu connivence inavouée des agents ? Cet homme appartenait-il à la double énigme du désordre et de l'ordre ? Était-il concentrique à l'infraction et à la répression ? Ce sphinx avait-il les pattes de devant dans le crime et les pattes de derrière dans l'autorité ? Javert n'acceptait point ces combinaisons-là, et se fût hérissé devant de tels compromis ; mais son escouade comprenait d'autres inspecteurs que lui, plus initiés peut-être que lui-même, quoique ses subordonnés, aux secrets de la préfecture, et Claquesous était un tel scélérat qu'il pouvait être un fort bon agent. Être en de si intimes rapports d'escamotage avec la nuit, cela est excellent pour le brigandage et admirable pour la police. Il y a de ces coquins à deux tranchants. Quoi qu'il en fût, Claquesous égaré ne se retrouva pas. Javert en parut plus irrité qu'étonné.

Quant à Marius, « ce dadais d'avocat qui avait eu probablement peur », et dont Javert avait oublié le nom, Javert y tenait peu. D'ailleurs, un avocat, cela se retrouve toujours. Mais était-ce un avocat seulement ?

L'information avait commencé. Le juge d'instruction avait trouvé utile de ne point mettre un des hommes de la bande Patron-Minette au secret, espérant quelque bavardage. Cet homme était Brujon, le chevelu de la rue du Petit-Banquier. On l'avait lâché dans la cour Charlemagne, et l'œil des surveillants était ouvert sur lui.

Ce nom, Brujon, est³ un des souvenirs de la Force. Dans la hideuse cour dite du Bâtiment-Neuf, que l'administration appelait cour Saint-Bernard et que les voleurs appelaient Fosse-aux-Lions, sur cette muraille couverte de squames et de lèpres qui montait à gauche à la hauteur des toits, près d'une vieille porte de fer rouillée qui menait à l'ancienne chapelle de l'hôtel ducal de la Force devenue un dortoir de brigands, on voyait encore il y a douze ans une espèce de bastille grossièrement sculptée au clou dans la pierre, et au-dessous cette signature :

BRUJON, 1811.

Le Brujon de 1811 était le père du Brujon de 1832.

Ce dernier, qu'on n'a[4] pu qu'entrevoir dans le guet-apens Gorbeau, était un jeune gaillard fort rusé et fort adroit[5], ayant l'air ahuri et plaintif. C'est sur cet air ahuri que le juge d'instruction l'avait lâché, le croyant plus utile dans la cour Charlemagne que dans la cellule du secret.

Les voleurs ne s'interrompent pas parce qu'ils sont entre les mains de la justice. On ne se gêne point pour si peu. Être en prison pour un crime n'empêche pas de commencer un autre crime. Ce sont des artistes qui ont un tableau au Salon et qui n'en travaillent pas moins à une nouvelle œuvre dans leur atelier.

Brujon semblait stupéfié par la prison. On le voyait quelquefois des heures entières dans la cour Charlemagne, debout près de la lucarne du cantinier, et contemplant comme un idiot cette sordide pancarte des prix de la cantine qui commençait par : *ail, 62 centimes,* et finissait par : *cigare, cinq centimes.* Ou bien il passait son temps à trembler, claquant des dents, disant qu'il avait la fièvre, et s'informant si l'un des vingt-huit lits de la salle des fiévreux était vacant[6].

Tout à coup, vers la deuxième quinzaine de février 1832, on sut que Brujon, cet endormi, avait[7] fait faire, par des commissionnaires de la maison, mais sous son nom, mais sous le nom de trois de ses camarades, trois commissions différentes, lesquelles lui avaient coûté en tout cinquante sous, dépense exorbitante[8] qui attira l'attention du brigadier de la prison.

On s'informa, et en consultant le tarif des commissions affiché dans le parloir des détenus, on arriva à savoir que les cinquante sous se décomposaient ainsi : trois commissions; une au Panthéon, dix sous; une au Val-de-Grâce, quinze sous; et une à la barrière de Grenelle[9], vingt-cinq sous. Celle-ci était la plus chère de tout le tarif. Or, au Panthéon, au Val-de-Grâce, à la barrière de Grenelle, se trouvaient précisément les domiciles de trois rôdeurs de barrières fort redoutés, Kruideniers, dit Bizarro, Glorieux, forçat libéré, et Barrecarrosse[10], sur lesquels cet incident ramena le regard de la police. On croyait deviner que ces hommes étaient affiliés à Patron-Minette, dont on avait coffré deux chefs, Babet et Gueulemer[11]. On supposa que dans les envois de Brujon, remis, non à des adresses de maisons, mais à des gens qui attendaient dans la rue, il devait y avoir des avis pour quelque méfait comploté. On avait d'autres indices encore; on mit la main sur les trois rôdeurs, et l'on crut avoir éventé la machination quelconque de Brujon.

Une semaine environ après[12] ces mesures prises, une nuit, un surveillant de ronde, qui inspectait le dortoir d'en bas du Bâtiment-Neuf, au moment de mettre son marron dans la boîte à marrons, — c'est le moyen qu'on employait pour s'assurer que les surveillants faisaient exactement leur service; toutes les heures un marron devait tomber dans toutes les boîtes clouées aux portes des dortoirs; — un surveillant donc vit par le judas du dortoir Brujon sur son séant qui écrivait quelque chose dans son lit à la clarté de l'applique. Le gardien entra, on mit Brujon pour un mois au cachot, mais on ne put saisir ce qu'il avait écrit. La police n'en sut pas davantage.

Ce qui est certain, c'est que le lendemain « un postillon » fut lancé de la cour Charlemagne dans la Fosse-aux-Lions par-dessus le bâtiment à cinq étages qui séparait les deux cours.

Les détenus appellent postillon une boulette de pain artistement pétrie qu'on envoie *en Irlande,* c'est-à-dire par-dessus les toits d'une prison, d'une cour à l'autre. Étymologie : par-dessus l'Angleterre; d'une terre à l'autre; *en Irlande*. Cette boulette tombe dans la cour. Celui qui la ramasse l'ouvre et y trouve un billet adressé à quelque prisonnier de la cour. Si c'est un détenu qui fait la trouvaille, il remet le billet à sa destination; si c'est un gardien, ou l'un de ces prisonniers secrètement vendus qu'on appelle moutons dans les prisons et renards dans les bagnes, le billet est porté au greffe et livré à la police.

Cette fois, le postillon parvint à son adresse, quoique celui auquel le message était destiné[13] fût en ce moment *au séparé*. Ce destinataire n'était rien moins que Babet, l'une des quatre têtes de Patron-Minette[14].

Le postillon contenait un papier roulé sur lequel il n'y avait que ces deux lignes :

— Babet[15]. Il y a une affaire à faire rue Plumet. Une grille sur un jardin. —

C'était la chose que Brujon avait écrite dans la nuit.

En dépit des fouilleurs et des fouilleuses, Babet trouva moyen de faire passer le billet de la Force à la Salpêtrière à une « bonne amie » qu'il avait là, et qui y était enfermée. Cette[16] fille à son tour transmit le billet à une autre qu'elle connaissait, une appelée Magnon, fort regardée par la police, mais pas encore arrêtée. Cette Magnon, dont le lecteur a déjà vu le nom, avait avec les Thénardier des relations qui seront précisées plus tard, et pouvait, en allant voir Éponine, servir de pont entre la Salpêtrière et les Madelonnettes.

Il arriva justement qu'en ce moment-là même, les preuves manquant dans l'instruction dirigée contre Thénardier à l'endroit de ses filles[17], Éponine et Azelma furent relâchées.

Quand Éponine sortit, Magnon, qui[18] la guettait à la porte des Madelonnettes, lui remit le billet de Brujon à Babet en la chargeant d'*éclairer* l'affaire.

Éponine alla rue Plumet, reconnut la grille et le jardin, observa la maison, épia, guetta, et, quelques jours après, porta à Magnon, qui demeurait rue Clocheperce, un biscuit que Magnon transmit à la maîtresse de Babet à la Salpêtrière. Un biscuit dans[19] le ténébreux symbolisme des prisons, signifie : *rien à faire*.

Si bien qu'à moins d'une semaine de là, Babet et Brujon se croisant dans le chemin de ronde de la Force, comme l'un allait « à l'instruction » et que l'autre en revenait :

— Eh bien, demanda Brujon, la rue P?

— Biscuit, répondit Babet.

Ainsi[20] avorta ce fœtus de crime enfanté par Brujon à la Force. Cet avortement pourtant eut des suites, parfaitement étrangères au programme de Brujon. On les verra.

Souvent en croyant nouer un fil, on en lie un autre.

III

Apparition au père Mabeuf

Marius n'allait plus chez personne, seulement il lui arrivait quelquefois de rencontrer le père Mabeuf.

Pendant que Marius descendait lentement ces degrés lugubres qu'on pourrait nommer l'escalier des caves et qui mènent dans des lieux sans lumière où l'on entend les heureux marcher au-dessus de soi, M. Mabeuf descendait de son côté.

La *Flore de Cauteretz* ne se vendait absolument plus. Les expériences sur l'indigo n'avaient point réussi dans le petit jardin d'Austerlitz qui était mal exposé. M. Mabeuf n'y pouvait cultiver que quelques plantes rares qui aiment l'humidité et l'ombre. Il ne se décourageait pourtant pas. Il avait obtenu un coin de terre au Jardin des plantes, en bonne exposition, pour y faire, « à ses frais », ses essais d'indigo. Pour cela il avait mis les cuivres de sa *Flore* au mont-de-piété. Il avait réduit son déjeuner à deux œufs, et il en laissait un à sa vieille servante dont il ne payait plus les gages depuis quinze mois. Et souvent son déjeuner était son seul repas. Il ne riait plus de son rire enfantin, il était devenu morose, et ne recevait plus de visites. Marius faisait bien de ne plus songer à venir. Quelquefois, à l'heure où M. Mabeuf allait au Jardin des plantes, le vieillard et le jeune homme se croisaient sur le boulevard de l'Hôpital. Ils ne parlaient pas et se faisaient un signe de tête tristement. Chose poignante, qu'il y ait un moment où la misère dénoue ! On était deux amis, on est deux passants.

Le libraire Royol était mort. M. Mabeuf ne connaissait plus que ses livres, son jardin et son indigo; c'étaient les trois formes qu'avaient prises pour lui le bonheur, le plaisir et l'espérance. Cela lui suffisait pour vivre. Il se disait : — Quand j'aurai fait mes boules de bleu, je serai riche, je retirerai mes cuivres du mont-de-piété, je remettrai ma *Flore* en vogue avec du charlatanisme, de la grosse caisse et des annonces dans les journaux, et j'achèterai, je sais bien où, un exemplaire de l'*Art de naviguer* de Pierre de Médine, avec bois, édition de 1559[1]. — En attendant, il travaillait toute la journée à son carré d'indigo, et le soir il rentrait chez lui pour arroser son jardin, et lire ses livres. M. Mabeuf avait à cette époque fort près de quatre-vingts ans.

Un soir il eut une singulière apparition.

Il était rentré qu'il faisait grand jour encore. La mère Plutarque dont la santé se dérangeait était malade et couchée. Il avait dîné d'un os où il restait un peu de viande et d'un morceau de pain qu'il avait trouvé sur la table de cuisine, et s'était assis sur une borne de pierre renversée qui tenait lieu de banc dans son jardin.

Près de ce banc se dressait, à la mode des vieux jardins vergers, une espèce de grand bahut en solives et en planches fort délabré, clapier au rez-de-chaussée, fruitier au premier étage. Il n'y avait pas de lapins dans le clapier, mais il y avait quelques pommes dans le fruitier. Reste de la provision d'hiver.

M. Mabeuf s'était mis à feuilleter et à lire, à l'aide de ses lunettes, deux livres qui le passionnaient, et même, chose plus grave à son âge, le préoccupaient. Sa timidité naturelle le rendait propre à une certaine acceptation des superstitions. Le premier de ces livres était le fameux traité du président Delancre, *De l'inconstance des démons*, l'autre était l'in-quarto de Mutor de la Rubaudière, *Sur les diables de Vauvert et les gobelins de la Bièvre*[2]. Ce dernier bouquin l'intéressait d'autant plus que son jardin avait été un des terrains anciennement hantés par les gobelins. Le crépuscule commençait à blanchir ce qui est en haut et à noircir ce qui est en bas. Tout en lisant, et par-dessus le livre qu'il tenait à la main, le père Mabeuf considérait ses plantes et entre autres un rhododendron magnifique qui était une de ses consolations ; quatre jours de hâle, de vent et de soleil, sans une goutte de pluie, venaient de passer ; les tiges se courbaient, les boutons penchaient, les feuilles tombaient, tout cela avait besoin d'être arrosé ; le rhododendron surtout était triste. Le père Mabeuf était de ceux pour qui les plantes ont des âmes. Le vieillard avait travaillé toute la journée à son carré d'indigo, il était épuisé de fatigue, il se leva pourtant, posa ses livres sur le banc, et marcha tout courbé et à pas chancelants jusqu'au puits, mais quand il eut saisi la chaîne, il ne put même pas la tirer assez pour la décrocher. Alors il se retourna et leva un regard d'angoisse vers le ciel qui s'emplissait d'étoiles.

La soirée avait cette sérénité qui accable les douleurs de l'homme sous je ne sais quelle lugubre et éternelle joie. La nuit promettait d'être aussi aride que l'avait été le jour.

— Des étoiles partout ! pensait le vieillard ; pas la plus petite nuée ! pas une larme d'eau !

Et sa tête, qui s'était soulevée un moment, retomba sur sa poitrine.

Il la releva et regarda encore le ciel en murmurant :

— Une larme de rosée ! un peu de pitié !

Il essaya encore une fois de décrocher la chaîne du puits, et ne put.

En ce moment il entendit une voix qui disait :

— Père Mabeuf, voulez-vous que je vous arrose votre jardin?

En même temps un bruit de bête fauve qui passe se fit dans la haie, et il vit sortir de la broussaille une espèce de grande fille maigre qui se dressa devant lui en le regardant hardiment. Cela avait moins l'air d'un être humain que d'une forme qui venait d'éclore au crépuscule.

Avant que le père Mabeuf, qui s'effarait aisément et qui avait, comme nous avons dit, l'effroi facile, eût pu répondre une syllabe, cet être, dont les mouvements avaient dans l'obscurité une sorte de brusquerie bizarre, avait décroché la chaîne, plongé et retiré le seau, et rempli l'arrosoir, et le bonhomme voyait cette apparition qui avait les pieds nus et une jupe en guenilles courir dans les plates-bandes en distribuant la vie autour d'elle. Le bruit de l'arrosoir sur les feuilles remplissait l'âme du père Mabeuf de ravissement. Il lui semblait que maintenant le rhododendron était heureux.

Le premier seau vidé, la fille en tira un second, puis un troisième. Elle arrosa tout le jardin.

A la voir marcher ainsi dans les allées où sa silhouette apparaissait toute noire, agitant sur ses grands bras anguleux son fichu tout déchiqueté, elle avait je ne sais quoi d'une chauve-souris.

Quand elle eut fini, le père Mabeuf s'approcha les larmes aux yeux, et lui posa la main sur le front.

— Dieu vous bénira, dit-il, vous êtes un ange puisque vous avez soin des fleurs.

— Non, répondit-elle, je suis le diable, mais ça m'est égal.

Le vieillard s'écria, sans attendre et sans entendre sa réponse :

— Quel dommage que je sois si malheureux et si pauvre, et que je ne puisse rien faire pour vous !

— Vous pouvez quelque chose, dit-elle.

— Quoi ?

— Me dire où demeure M. Marius.

Le vieillard ne comprit point.

— Quel monsieur Marius ?

Il leva son regard vitreux et parut chercher quelque chose d'évanoui.

— Un jeune homme qui venait ici dans les temps.

Cependant M. Mabeuf avait fouillé dans sa mémoire.

— Ah! oui... s'écria-t-il, je sais ce que vous voulez dire. Attendez donc ! monsieur Marius... le baron Marius Pontmercy, parbleu ! Il demeure... ou plutôt il ne demeure plus... Ah bien, je ne sais pas.

Tout en parlant, il s'était courbé pour assujettir une branche du rhododendron, et il continuait :

— Tenez, je me souviens à présent. Il passe très souvent sur le boulevard et va du côté de la Glacière. Rue Croulebarbe. Le champ de l'Alouette. Allez par là. Il n'est pas difficile à rencontrer.

Quand M. Mabeuf se releva, il n'y avait plus personne, la fille avait disparu.

Il eut décidément un peu peur.

— Vrai, pensa-t-il, si mon jardin n'était pas arrosé, je croirais que c'est un esprit.

Une heure plus tard, quand il fut couché, cela lui revint, et, en s'endormant, à cet instant trouble où la pensée, pareille à cet oiseau fabuleux qui se change en poisson pour passer la mer, prend peu à peu la forme du songe pour traverser le sommeil, il se disait confusément :

— Au fait, cela ressemble beaucoup à ce que la Rubaudière raconte des gobelins. Serait-ce un gobelin ?

IV

Apparition à Marius

Quelques jours après cette visite d'un « esprit » au père Mabeuf[1], un matin, — c'était un lundi, le jour de la pièce de cent sous que Marius empruntait à Courfeyrac pour Thénardier, — Marius avait mis cette pièce de cent sous dans sa poche, et, avant de la porter au greffe, il était allé « se promener un peu », espérant qu'à son retour cela le ferait travailler. C'était d'ailleurs éternellement ainsi[2]. Sitôt levé, il s'asseyait[3] devant un livre et une feuille de papier pour bâcler quelque traduction; il avait à cette époque-là pour besogne la translation en français d'une célèbre querelle d'Allemands, la controverse de Gans et de Savigny[4]; il prenait Savigny, il prenait Gans, lisait quatre lignes, essayait d'en écrire une, ne pouvait, voyait une étoile entre son papier et lui, et se levait de sa chaise en disant : — Je vais sortir. Cela me mettra en train.

Et il allait au champ de l'Alouette. Là il voyait plus que jamais l'étoile, et moins que jamais Savigny et Gans[5].

Il rentrait, essayait de reprendre son labeur, et n'y parvenait point; pas moyen de renouer un seul des fils cassés dans son cerveau; alors il disait : — Je ne sortirai[6] pas demain. Cela m'empêche de travailler. — Et il sortait tous les jours[7].

Il habitait le champ de l'Alouette plus que le logis de Courfeyrac. Sa véritable adresse était celle-ci : boulevard de la Santé, au septième arbre après la rue Croulebarbe.

Ce matin-là, il avait quitté ce septième arbre, et s'était assis sur le parapet de la rivière des Gobelins. Un gai soleil pénétrait les feuilles fraîches épanouies et toutes lumineuses.

Il songeait à « Elle ». Et sa songerie, devenant reproche, retombait sur lui; il pensait douloureusement à la paresse, paralysie de l'âme, qui le gagnait, et à cette nuit qui s'épaississait d'instant en instant devant lui au point qu'il ne voyait même déjà plus le soleil.

Cependant, à travers ce pénible dégagement d'idées indistinctes[8] qui n'étaient pas même un monologue, tant l'action s'affaiblissait en lui, et[9] il n'avait plus même la force de vouloir se désoler, à travers cette absorption mélancolique, les sensations du dehors lui arrivaient. Il entendait derrière lui, au-dessous de lui, sur les deux bords de la rivière, les laveuses des Gobelins battre leur linge, et, au-dessus de sa tête, les oiseaux jaser et chanter dans les ormes. D'un côté le bruit de la liberté, de l'insouciance heureuse, du loisir qui a des ailes; de l'autre le bruit du travail. Chose qui le faisait rêver profondément, et presque réfléchir, c'étaient deux bruits joyeux.

Tout à coup, au milieu de son extase accablée, il entendit une voix connue qui disait:

— Tiens! le voilà!

Il leva les yeux, et reconnut cette malheureuse enfant qui était venue un matin chez lui, l'aînée des filles Thénardier, Éponine; il savait maintenant comment elle se nommait. Chose[10] étrange, elle était appauvrie et embellie; deux pas qu'il ne semblait point qu'elle pût faire. Elle avait accompli un double progrès, vers la lumière et vers la détresse. Elle était pieds nus et en haillons comme le jour où elle[11] était entrée si résolument dans sa chambre, seulement ses haillons avaient deux mois de plus; les trous étaient plus larges, les guenilles plus sordides. C'était cette même voix enrouée, ce même front terni et ridé par le hâle, ce même regard libre, égaré[12] et vacillant. Elle avait de plus qu'autrefois dans la physionomie ce je ne sais quoi d'effrayé et de lamentable que la prison traversée ajoute à la misère.

Elle avait des brins de paille et de foin dans les cheveux, non comme Ophélia pour être devenue folle à la contagion de la folie d'Hamlet, mais parce qu'elle avait couché dans quelque grenier d'écurie.

Et avec tout cela elle était belle. Quel astre vous êtes, ô jeunesse[13]!

Cependant elle était arrêtée devant Marius avec un peu de joie sur son visage livide[14] et quelque chose qui ressemblait à un sourire.

Elle fut quelques moments comme si elle ne pouvait parler.

— Je vous rencontre donc! dit-elle enfin. Le père Mabeuf avait raison, c'était sur ce boulevard-ci[15]! Comme je vous ai cherché! si vous saviez! Savez-vous cela? j'ai été au bloc. Quinze jours! Ils m'ont lâchée!

vu qu'il[16] n'y avait rien sur moi, et que d'ailleurs je n'avais pas l'âge du discernement. Il s'en fallait de deux mois. Oh! comme je vous ai cherché! Voilà six semaines. Vous ne demeurez donc plus là-bas?

— Non, dit Marius.

— Oh! je comprends. A cause de la chose. C'est désagréable ces esbrouffes-là. Vous avez déménagé. Tiens! pourquoi donc portez-vous des vieux chapeaux comme ça? Un jeune homme comme vous, ça doit avoir de beaux habits. Savez-vous, monsieur Marius? le père Mabeuf vous appelle le baron Marius je ne sais plus quoi. Pas vrai[17] que vous n'êtes pas baron? Les barons c'est des vieux, ça va au Luxembourg devant[18] le château, où il y a le plus de soleil, ça lit *la Quotidienne*[19] pour un sou. J'ai[20] été une fois porter une lettre chez un baron qui était comme ça. Il avait plus de cent ans. Dites donc, où est-ce que vous demeurez à présent?

Marius ne répondit pas.

— Ah! continua-t-elle, vous avez un trou à votre chemise. Il faudra que je vous recouse cela[21].

Elle reprit avec une expression qui s'assombrissait peu à peu.

— Vous n'avez pas l'air content de me voir[22]?

Marius se taisait; elle garda elle-même un instant le silence, puis s'écria:

— Si je voulais pourtant, je vous forcerais bien à avoir l'air content!

— Quoi? demanda Marius. Que voulez-vous dire?

— Ah! vous me disiez tu! reprit-elle.

— Eh bien, que veux-tu dire?

Elle se mordit la lèvre; elle semblait[23] hésiter comme en proie à une sorte de combat intérieur. Enfin elle parut prendre son parti.

— Tant pis, c'est égal. Vous avez l'air triste, je veux que vous soyez content. Promettez-moi seulement que vous allez rire. Je veux vous voir rire et vous voir dire: Ah bien! c'est bon. Pauvre monsieur Marius! vous savez! vous m'avez promis que vous me donneriez tout ce que je voudrais...

— Oui! mais parle donc!

Elle regarda Marius dans le blanc des yeux et lui dit:

— J'ai l'adresse.

Marius pâlit. Tout son sang reflua à son cœur.

— Quelle adresse ?
— L'adresse que vous m'avez demandée !
Elle ajouta comme si elle faisait effort :
— L'adresse... vous savez bien ?
— Oui ! bégaya Marius.
— De la demoiselle !
Ce mot prononcé, elle soupira profondément.
Marius sauta du parapet où il était assis et lui prit éperdument la main.
— Oh ! eh bien ! conduis-moi ! dis-moi ! demande-moi tout ce que tu voudras ! Où est-ce[24] ?
— Venez avec moi, répondit-elle. Je ne sais pas bien la rue et le numéro ; c'est tout de l'autre côté d'ici, mais je connais bien la maison, je vais vous conduire.
Elle retira sa main et[25] reprit, d'un ton qui eût navré un observateur, mais qui n'effleura même pas Marius ivre et transporté :
— Oh ! comme vous êtes content !
Un nuage passa sur le front de Marius. Il saisit Éponine par le bras.
— Jure-moi une chose !
— Jurer ? dit-elle, qu'est-ce que cela veut dire ? Tiens ! vous voulez que je jure[26] ?
Et elle rit.
— Ton père ! promets-moi, Éponine ! jure-moi que tu ne diras pas cette adresse à ton père !
Elle se tourna vers lui d'un air stupéfait.
— Éponine ! Comment savez-vous que je m'appelle Éponine ?
— Promets-moi ce que je te dis !
Mais elle semblait ne pas l'entendre.
— C'est gentil, ça ! vous m'avez appelée Éponine !
Marius lui prit les deux bras à la fois.
— Mais réponds-moi donc, au nom du ciel ! fais attention à ce que je te dis, jure-moi que tu ne diras pas l'adresse que tu sais à ton père !
— Mon père ? dit-elle. Ah oui, mon père ! Soyez donc tranquille. Il est au secret. D'ailleurs est-ce que je m'occupe de mon père !
— Mais tu ne me promets[27] pas ! s'écria Marius.
— Mais lâchez-moi donc ! dit-elle en éclatant de rire, comme vous me secouez ! Si ! si ! Je vous promets ça[28] ! Je vous jure ça ! Qu'est-ce que cela me fait[29] ? je ne

dirai pas l'adresse à mon père. Là ! ça va-t-il ? c'est-il ça ?
— Ni à personne ? fit Marius.
— Ni à personne.
— A présent, reprit Marius, conduis-moi.
— Tout de suite ?
— Tout de suite.
— Venez. — Oh ! comme il est content ! dit-elle[30].
Après quelques pas, elle s'arrêta.
— Vous me suivez de trop près, monsieur Marius. Laissez-moi aller devant, et suivez-moi comme cela, sans faire semblant. Il ne faut pas qu'on voie un jeune homme bien, comme vous, avec une femme comme moi.

Aucune langue ne saurait dire tout ce qu'il y avait dans ce mot, femme, ainsi prononcé par cette enfant.

Elle fit une dizaine de pas, et s'arrêta encore ; Marius la rejoignit. Elle lui adressa la parole de côté et sans se tourner vers lui :

— A propos, vous savez que vous m'avez promis quelque chose ?

Marius fouilla dans sa poche. Il ne possédait au monde que les cinq francs destinés au père Thénardier. Il les prit, et les mit dans la main d'Éponine.

Elle ouvrit les doigts et laissa tomber la pièce à terre, et le regardant d'un air sombre :

— Je ne veux pas de votre argent, dit-elle.

LIVRE TROISIÈME

LA MAISON DE LA RUE PLUMET

I

La maison à secret[1]

Vers le milieu du siècle dernier[2], un président à mortier au parlement de Paris ayant une maîtresse et s'en cachant, car à cette époque les grands seigneurs montraient leurs maîtresses et les bourgeois les cachaient, fit construire « une petite maison » faubourg[3] Saint-Germain, dans la rue déserte de Blomet, qu'on nomme aujourd'hui rue Plumet[4], non loin de l'endroit qu'on appelait alors le *Combat des Animaux*.

Cette maison se composait d'un pavillon à un seul étage ; deux salles au rez-de-chaussée, deux chambres au premier, en bas une cuisine, en haut un boudoir, sous le toit un grenier, le tout précédé d'un jardin avec[5] large grille donnant sur la rue. Ce jardin avait environ un arpent. C'était là tout ce que les passants pouvaient entrevoir ; mais en arrière du pavillon il y avait[6] une cour étroite et au fond de la cour un logis bas de deux pièces sur cave, espèce d'en-cas destiné à dissimuler au besoin un enfant et une nourrice. Ce logis communiquait, par derrière, par une porte masquée et ouvrant à secret[7], avec un long couloir étroit, pavé, sinueux, à ciel ouvert, bordé de deux hautes murailles, lequel, caché avec[8] un art prodigieux et comme perdu entre les clôtures des jardins et des cultures dont il suivait tous les angles et tous les détours, allait aboutir à une autre porte également à secret qui s'ouvrait à un demi-quart de lieue de là, presque dans un autre quartier, à l'extrémité solitaire de la rue de Babylone.

M. le président s'introduisait par là, si bien que ceux-là mêmes qui l'eussent épié et suivi et qui eussent observé que[9] M. le président se rendait tous les jours mystérieusement quelque part, n'eussent pu se douter qu'aller rue de Babylone c'était aller rue Blomet[10]. Grâce à d'habiles achats de terrains, l'ingénieux magistrat avait pu faire faire ce travail de voirie secrète chez lui, sur sa propre terre, et par conséquent sans contrôle. Plus tard il avait revendu par petites parcelles pour jardins et cultures les lots de terre riverains du corridor, et les propriétaires de ces lots de terre croyaient des deux côtés avoir devant les yeux un mur mitoyen, et ne soupçonnaient pas même l'existence de ce long ruban de pavé serpentant entre deux murailles parmi leurs plates-bandes et leurs vergers. Les oiseaux seuls voyaient cette curiosité. Il est probable que les fauvettes et les mésanges du siècle dernier avaient fort jasé sur le compte de M. le président.

Le pavillon, bâti en pierre dans le goût Mansart, lambrissé et meublé dans le goût Watteau, rocaille au dedans, perruque au dehors, muré[11] d'une triple haie de fleurs, avait quelque chose de discret, de coquet et de solennel, comme il sied à un caprice de l'amour et de la magistrature.

Cette maison et ce couloir, qui ont disparu aujourd'hui, existaient encore il y a une quinzaine d'années. En 93, un chaudronnier avait acheté la maison pour la démolir, mais n'ayant pu en payer le prix, la nation le mit en faillite. De sorte que ce fut la maison qui démolit le chaudronnier. Depuis la maison resta inhabitée, et tomba lentement en ruine, comme toute demeure à laquelle la présence de l'homme ne communique plus la vie. Elle était restée meublée de ses vieux meubles et toujours à vendre ou à louer[12], et les dix ou douze personnes qui passent par an rue Plumet en étaient averties par un écriteau jaune et illisible accroché à la grille du jardin depuis 1810.

Vers la fin de la Restauration, ces mêmes passants purent remarquer que l'écriteau avait disparu, et que, même, les volets du premier étage étaient ouverts. La maison en effet était occupée. Les fenêtres avaient « des petits rideaux », signe qu'il y avait une femme.

Au mois d'octobre 1829, un homme d'un certain âge s'était présenté et avait loué la maison telle qu'elle était[13], y compris, bien entendu, l'arrière-corps de logis et le couloir[14] qui allait aboutir à la rue de Babylone. Il avait fait rétablir les ouvertures à secret des deux portes de ce passage. La maison, nous venons de le dire[15], était encore à peu près meublée des vieux ameublements[16] du président, le nouveau locataire avait ordonné[17] quelques réparations, ajouté çà et là ce qui manquait, remis des pavés à la cour, des briques[18] aux carrelages, des marches à l'escalier, des feuilles aux parquets et des vitres aux croisées, et enfin était venu s'installer avec une jeune fille et une servante âgée, sans bruit, plutôt comme quelqu'un qui se glisse que comme quelqu'un qui entre chez soi. Les voisins n'en jasèrent point, par la raison qu'il n'y avait pas de voisins.

Ce locataire peu à effet était Jean Valjean, la jeune fille était Cosette. La servante était une fille appelée Toussaint que Jean Valjean avait sauvée de l'hôpital et de la misère et qui était vieille[19], provinciale et bègue, trois qualités qui avaient déterminé Jean Valjean à la prendre[20] avec lui. Il avait loué la maison sous le nom de M. Fauchelevent, rentier[21]. Dans tout ce qui a été raconté plus haut, le lecteur a sans doute moins tardé encore que Thénardier à reconnaître Jean Valjean.

Pourquoi Jean Valjean avait-il quitté le couvent du Petit-Picpus? Que s'était-il passé? Il ne s'était rien passé.

On s'en souvient, Jean Valjean était heureux dans le couvent, si heureux que sa conscience finit par s'inquiéter. Il voyait Cosette tous les jours[22], il sentait la paternité naître et se développer en lui de plus en plus, il couvait de l'âme cette enfant, il se disait qu'elle était à lui, que rien ne pouvait la lui enlever, que cela serait ainsi indéfiniment[23]; que certainement elle se ferait religieuse, y étant chaque jour doucement provoquée, qu'ainsi le couvent était désormais l'univers pour elle comme pour lui, qu'il y vieillirait et qu'elle y grandirait, qu'elle y vieillirait et qu'il y mourrait, qu'enfin, ravissante espérance, aucune séparation n'était possible. En réfléchissant à ceci, il en vint à tomber dans des perplexités. Il s'interrogea. Il se demandait si tout ce bonheur-là était bien à lui, s'il ne se composait pas du bonheur d'un autre, du bonheur de cette enfant qu'il confisquait et qu'il dérobait, lui vieillard; si ce n'était point là un vol? Il se disait que cette enfant avait le droit de connaître la vie avant d'y renoncer, que lui retrancher, d'avance et en quelque sorte sans la consulter, toutes les joies sous prétexte de lui sauver toutes les épreuves, profiter de son ignorance et de son isolement pour lui faire germer une vocation artificielle[24], c'était dénaturer une créature humaine et mentir à Dieu. Et qui sait si, se rendant compte un jour de tout cela et religieuse à regret, Cosette n'en viendrait pas à le haïr? Dernière pensée, presque égoïste et moins héroïque que[25] les autres, mais qui lui était insupportable. Il résolut de quitter le couvent.

Il le résolut; il reconnut avec désolation[26] qu'il le fallait. Quant aux objections, il n'y en avait pas. Cinq ans de séjour entre ces quatre murs et de disparition avaient nécessairement détruit ou dispersé les éléments de crainte. Il pouvait rentrer parmi les hommes tranquillement. Il avait vieilli, et tout avait changé. Qui le reconnaîtrait maintenant? Et puis, à voir le pire, il n'y avait de danger que pour lui-même, et il n'avait pas le droit de condamner Cosette au cloître par la raison qu'il avait été condamné au bagne. D'ailleurs, qu'est-ce que le danger devant le devoir? Enfin, rien ne l'empêchait d'être prudent et de prendre ses précautions. Quant à l'éducation de Cosette, elle était à peu près terminée et complète[27].

Une fois sa détermination arrêtée, il attendit l'occasion. Elle ne tarda pas à se présenter. Le vieux Fauchelevent mourut.

Jean Valjean demanda audience à la révérende prieure[28] et lui dit qu'ayant fait à la mort de son frère un petit héritage qui lui permettait de vivre désormais sans travailler, il quittait le service du couvent, et emmenait sa fille; mais que, comme il n'était pas juste que Cosette, ne prononçant point ses vœux, eût été élevée gratuitement, il suppliait humblement la révérende prieure de trouver bon qu'il offrît à la communauté, comme indemnité des cinq années que Cosette y avait passées, une somme de cinq mille francs.

C'est ainsi que Jean Valjean sortit du couvent de l'Adoration Perpétuelle.

En[29] quittant le couvent, il prit lui-même sous son bras et ne voulut confier à aucun commissionnaire la petite valise dont il avait toujours la clef sur lui. Cette valise intriguait Cosette, à cause de l'odeur d'embaumement qui en sortait.

Disons tout de suite que désormais cette malle ne le quitta plus. Il l'avait toujours dans sa chambre. C'était la première et quelquefois l'unique chose qu'il emportait dans ses déménagements. Cosette en riait, et appelait

aux avis du percepteur des contributions et aux billets de garde. Car M. Fauchelevent, rentier, était de la garde nationale ; il n'avait pu échapper aux mailles étroites du recensement de 1831. Les renseignements municipaux pris à cette époque étaient remontés jusqu'au couvent du Petit-Picpus, sorte de nuée impénétrable et sainte d'où Jean Valjean était sorti vénérable aux yeux de sa mairie, et, par conséquent, digne de monter sa garde.

Trois ou quatre fois l'an, Jean Valjean endossait son uniforme et faisait sa faction ; très volontiers d'ailleurs ; c'était pour lui un déguisement correct qui le mêlait à tout le monde en le laissant solitaire. Jean Valjean venait d'atteindre ses soixante ans, âge de l'exemption légale ; mais il n'en paraissait pas plus de cinquante ; d'ailleurs, il n'avait aucune envie de se soustraire à son sergent-major et de chicaner le comte de Lobau ; il n'avait pas d'état civil ; il cachait son nom, il cachait son identité, il cachait son âge, il cachait tout ; et, nous venons de le dire, c'était un garde national de bonne volonté. Ressembler au premier venu qui paye ses contributions, c'était là toute son ambition. Cet homme avait pour idéal, au dedans, l'ange, au dehors, le bourgeois.

Notons un détail pourtant. Quand Jean Valjean sortait avec Cosette, il s'habillait comme on l'a vu et avait assez l'air d'un ancien officier. Lorsqu'il sortait seul, et c'était le plus habituellement le soir, il était toujours vêtu d'une veste et d'un pantalon d'ouvrier, et coiffé d'une casquette qui lui cachait le visage. Était-ce précaution, ou humilité ? Les deux à la fois. Cosette était accoutumée au côté énigmatique de sa destinée et remarquait à peine les singularités de son père. Quant à Toussaint, elle vénérait Jean Valjean, et trouvait bon tout ce qu'il faisait. Un jour, son boucher, qui avait entrevu Jean Valjean, lui dit : C'est un drôle de corps. Elle répondit : C'est un-un saint.

Ni Jean Valjean, ni Cosette, ni Toussaint[15] n'entraient et ne sortaient jamais que par la porte de la rue de Babylone. A moins de les apercevoir par la grille du jardin, il était difficile de deviner qu'ils demeuraient rue Plumet. Cette grille[16] restait toujours fermée. Jean Valjean avait laissé le jardin inculte, afin qu'il n'attirât pas l'attention.

En cela il se trompait peut-être.

III

FOLIIS AC FRONDIBUS[1]

Ce jardin ainsi livré à lui-même depuis plus d'un demi-siècle était devenu extraordinaire et charmant. Les passants d'il y a quarante ans s'arrêtaient[2] dans cette rue pour le contempler, sans se douter des secrets qu'il dérobait derrière ses épaisseurs fraîches et vertes. Plus d'un songeur à cette époque a laissé bien des fois[3] ses yeux et sa pensée pénétrer indiscrètement à travers les barreaux de l'antique grille cadenassée, tordue, branlante, scellée à deux piliers verdis et moussus, bizarrement couronnée d'un fronton d'arabesques indéchiffrables.

Il y avait un banc de pierre dans un coin, une ou deux statues moisies[4], quelques treillages[5] décloués par le temps pourrissant sur le mur; du reste plus d'allées ni de gazon; du chiendent partout. Le jardinage était parti, et la nature était revenue[6]. Les mauvaises herbes abondaient[7], aventure admirable pour un pauvre coin de terre. La fête des giroflées y était splendide. Rien dans ce jardin ne contrariait l'effort sacré des choses vers la vie; la croissance vénérable était là chez elle[8]. Les arbres s'étaient baissés vers les ronces, les ronces étaient montées vers les arbres, la plante avait grimpé, la branche avait fléchi, ce qui rampe sur la terre avait été trouver ce qui s'épanouit dans l'air, ce qui flotte au vent s'était penché vers ce qui se traîne dans la mousse; troncs, rameaux, feuilles, fibres[9], touffes, vrilles, sarments, épines, s'étaient mêlés, traversés, mariés, confondus; la végétation, dans[10] un embrassement étroit et profond, avait célébré et accompli là, sous[11] l'œil satisfait du créateur, en cet enclos de trois cents pieds carrés, le saint mystère de sa fraternité, symbole de la fraternité humaine. Ce jardin n'était plus un jardin, c'était une broussaille colossale, c'est-à-dire quelque chose qui est impénétrable comme une forêt, peuplé comme une ville, frissonnant comme un nid[12], sombre comme une cathédrale, odorant comme un bouquet, solitaire comme[13] une tombe, vivant comme une foule.

En Floréal[14], cet énorme buisson, libre derrière sa

grille et dans ses quatre murs, entrait en rut dans le sourd travail de la germination universelle, tressaillait au soleil levant presque comme une bête qui aspire les effluves de l'amour cosmique et qui sent la sève d'avril monter et bouillonner dans ses veines, et, secouant au vent sa prodigieuse chevelure verte, semait sur la terre humide, sur les statues frustes[15], sur le perron croulant[16] du pavillon et jusque sur le pavé de la rue déserte, les fleurs en étoiles, la rosée en perles, la fécondité, la beauté, la vie, la joie, les parfums[17]. A midi mille papillons blancs s'y réfugiaient, et c'était un spectacle divin de voir là tourbillonner en flocons dans l'ombre cette neige vivante de l'été. Là, dans ces gaies ténèbres de la verdure, une foule de voix innocentes parlaient doucement à l'âme, et ce que les gazouillements avaient oublié de dire, les bourdonnements le complétaient. Le soir une vapeur de rêverie se dégageait du jardin et l'enveloppait; un linceul de brume[18], une tristesse céleste et calme, le couvraient; l'odeur si enivrante des chèvrefeuilles et des liserons en sortait de toute part comme un poison exquis[19] et subtil; on entendait les derniers appels des grimpereaux et des bergeronnettes s'assoupissant sous les branchages; on y sentait cette intimité sacrée de l'oiseau et de l'arbre; le jour les ailes réjouissent les feuilles, la nuit les feuilles protègent les ailes.

L'hiver, la broussaille était noire, mouillée, hérissée, grelottante[20], et laissait un peu voir la maison. On apercevait, au lieu de fleurs dans les rameaux et de rosée dans les fleurs, les longs rubans d'argent des limaces sur le froid et épais tapis des feuilles jaunes; mais de toute façon, sous tout aspect, en toute saison, printemps, hiver, été, automne, ce petit enclos[21] respirait la mélancolie, la contemplation, la solitude, la liberté, l'absence de l'homme, la présence de Dieu; et la vieille grille rouillée avait l'air de dire : ce jardin est à moi.

Le pavé de Paris avait beau être là tout autour, les hôtels classiques et splendides de la rue de Varenne à deux pas, le dôme des Invalides tout près, la Chambre des députés pas loin; les carrosses de la rue de Bourgogne et de la rue Saint-Dominique avaient beau rouler fastueusement dans le voisinage, les omnibus jaunes, bruns, blancs, rouges, avaient beau se croiser dans le carrefour prochain, le désert était rue Plumet; et la mort des anciens propriétaires, une révolution qui avait passé, l'écroulement des antiques fortunes, l'absence, l'oubli, quarante ans d'abandon et de viduité, avaient suffi pour ramener dans ce lieu privilégié les fougères[22], les bouillons-blancs, les ciguës, les achillées, les digitales[23], les hautes herbes, les grandes plantes gaufrées aux larges feuilles de drap vert pâle, les lézards, les scarabées, les insectes inquiets et rapides; pour faire sortir des profondeurs de la terre et[24] reparaître entre ces quatre murs je ne sais quelle grandeur sauvage et farouche; et pour que la nature, qui déconcerte les arrangements mesquins de l'homme et qui se répand toujours tout entière là où elle se répand, aussi bien dans la fourmi que dans l'aigle, en vînt à s'épanouir dans un méchant petit jardin parisien avec autant de rudesse et de majesté que dans une forêt vierge du Nouveau Monde.

Rien[25] n'est petit en effet; quiconque est sujet aux pénétrations profondes de la nature, le sait. Bien qu'aucune satisfaction absolue ne soit donnée à la philosophie, pas plus de circonscrire la cause que de limiter l'effet, le contemplateur tombe dans des extases sans fond à cause de toutes ces décompositions de forces aboutissant à l'unité. Tout travaille à tout.

L'algèbre s'applique aux nuages; l'irradiation de l'astre profite à la rose; aucun penseur n'oserait dire que le parfum de l'aubépine est inutile aux constellations. Qui donc peut calculer le trajet d'une molécule? que savons-nous si des créations de mondes ne sont point déterminées par des chutes de grains de sable? qui donc connaît les flux et les reflux réciproques de l'infiniment grand et de l'infiniment petit, le retentissement des causes dans les précipices de l'être, et les avalanches de la création? Un ciron importe; le petit est grand, le grand est petit; tout est en équilibre dans la nécessité; effrayante vision pour l'esprit. Il y a entre les êtres et les choses des relations de prodige; dans cet inépuisable ensemble, de soleil à puceron, on ne se méprise pas; on a besoin les uns des autres. La lumière n'emporte pas dans l'azur les parfums terrestres sans savoir ce qu'elle en fait; la nuit fait des distributions d'essence stellaire aux fleurs endormies. Tous les oiseaux qui volent ont à la patte le fil de l'infini. La germination se complique de l'éclosion d'un météore et du coup de bec de l'hirondelle brisant l'œuf, et elle mène de front la naissance d'un ver de terre et l'avènement de Socrate. Où finit le télescope, le microscope commence. Lequel des deux a la vue la plus grande ? Choisissez. Une moisissure est une pléiade de fleurs ; une nébuleuse est une fourmilière d'étoiles. Même promiscuité, et plus inouïe encore, des choses de l'intelligence et des faits de la substance. Les éléments et les principes se mêlent, se combinent, s'épousent, se multiplient les uns par les autres, au point de faire aboutir le monde matériel et le monde moral à la même clarté. Le phénomène est en perpétuel repli sur lui-même. Dans les vastes échanges cosmiques, la vie universelle va et vient en quantités inconnues, roulant tout dans l'invisible mystère des effluves, employant tout, ne perdant pas un rêve de pas un sommeil, semant un animalcule ici, émiettant un astre là, oscillant et serpentant, faisant de la lumière une force et de la pensée un élément, disséminée et indivisible, dissolvant tout, excepté ce point géométrique, le moi ; ramenant tout à l'âme atome ; épanouissant tout en Dieu ; enchevêtrant, depuis la plus haute jusqu'à la plus basse, toutes les activités dans l'obscurité d'un mécanisme vertigineux, rattachant le vol d'un insecte au mouvement de la terre, subordonnant, qui sait ? ne fût-ce que par l'identité de la loi, l'évolution de la comète dans le firmament au tournoiement de l'infusoire dans la goutte d'eau. Machine faite d'esprit. Engrenage énorme dont le premier moteur est le moucheron et dont la dernière roue est le zodiaque.

IV

CHANGEMENT DE GRILLE

Il semblait que ce jardin, créé autrefois pour cacher les mystères libertins, se fût transformé et fût devenu propre à abriter les mystères chastes. Il n'avait plus ni berceaux, ni boulingrins, ni tonnelles, ni grottes ; il avait une magnifique obscurité échevelée tombant comme un voile de toutes parts. Paphos[1] s'était refait Éden. On ne sait quoi de repentant avait assaini cette retraite. Cette bouquetière offrait maintenant ses fleurs à l'âme. Ce coquet jardin, jadis fort compromis, était rentré dans la virginité et la pudeur. Un président assisté d'un jardinier, un bonhomme qui croyait continuer Lamoignon et un autre bonhomme qui croyait continuer Le Nôtre², l'avaient contourné, taillé, chiffonné, attifé, façonné pour la galanterie; la nature l'avait ressaisi, l'avait rempli d'ombre, et l'avait arrangé pour l'amour.

Il y avait dans cette solitude un cœur qui était tout prêt. L'amour n'avait qu'à se montrer; il avait là un temple composé de verdures, d'herbe, de mousse, de soupirs d'oiseaux, de molles ténèbres, de branches agitées, et une âme faite de douceur, de foi, de candeur, d'espoir³, d'aspiration et d'illusion.

Cosette était sortie du couvent encore presque enfant; elle avait un peu plus de quatorze ans, et elle était « dans l'âge ingrat »; nous l'avons dit, à part les yeux, elle semblait plutôt laide que jolie; elle n'avait cependant aucun trait disgracieux, mais elle était gauche, maigre, timide et hardie à la fois, une grande⁴ petite fille enfin.

Son éducation était terminée; c'est-à-dire on lui avait appris la religion, et même, et surtout⁵ la dévotion; puis « l'histoire », c'est-à-dire la chose qu'on appelle ainsi au couvent, la géographie, la grammaire, les participes, les rois de France, un peu de musique, à faire un nez, etc., mais du reste elle ignorait tout, ce qui est un charme et un péril. L'âme d'une jeune fille ne doit pas être laissée obscure; plus tard, il s'y fait des mirages trop brusques et trop vifs comme dans une chambre noire. Elle doit être doucement et discrètement éclairée, plutôt du reflet des réalités que de leur lumière directe et dure. Demi-jour utile et gracieusement austère qui dissipe les peurs puériles et empêche les chutes. Il n'y a que l'instinct maternel, intuition admirable où entrent les souvenirs de la vierge et l'expérience de la femme, qui sache comment et de quoi doit être fait ce demi-jour. Rien ne supplée à cet instinct⁶. Pour former l'âme d'une jeune fille, toutes les religieuses du monde ne valent pas une mère.

Cosette n'avait pas eu de mère. Elle n'avait eu que beaucoup de mères, au pluriel. Quant à Jean Valjean, il y avait bien en lui toutes les tendresses à la fois, et toutes les sollicitudes; mais ce n'était qu'un vieux homme qui ne savait rien du tout. Or, dans cette œuvre de l'éducation, dans cette grave affaire de la préparation d'une femme à la vie, que de science il faut pour lutter contre cette grande ignorance qu'on appelle l'innocence !

Rien ne prépare une jeune fille aux passions comme le couvent. Le couvent tourne la pensée du côté de l'inconnu. Le cœur, replié sur lui-même, se creuse, ne pouvant s'épancher, et s'approfondit, ne pouvant s'épanouir. De là des visions, des suppositions, des conjectures, des romans ébauchés, des aventures souhaitées, des constructions fantastiques[7], des édifices tout entiers bâtis dans l'obscurité intérieure de l'esprit, sombres et secrètes demeures où les passions trouvent tout de suite à se loger dès que la grille franchie leur permet d'entrer. Le couvent est une compression qui, pour triompher du cœur humain, doit durer toute la vie.

En quittant le couvent, Cosette ne pouvait rien trouver de plus doux et de plus dangereux que la maison de la rue Plumet. C'était la continuation de la solitude avec le commencement de la liberté; un jardin fermé, mais une nature âcre, riche, voluptueuse et odorante; les mêmes songes que dans le couvent, mais de jeunes hommes entrevus; une grille, mais sur la rue.

Cependant, nous le répétons, quand elle y arriva, elle n'était encore qu'une enfant. Jean Valjean lui livra ce jardin inculte. — Fais-y tout ce que tu voudras, lui disait-il. Cela amusait Cosette; elle en remuait toutes les touffes et toutes les pierres, elle y cherchait « des bêtes »; elle y jouait, en attendant qu'elle y rêvât; elle aimait ce jardin pour les insectes qu'elle y trouvait sous ses pieds à travers l'herbe, en attendant qu'elle l'aimât pour les étoiles qu'elle y verrait dans les branches au-dessus de sa tête.

Et puis, elle aimait son père, c'est-à-dire Jean Valjean, de toute son âme, avec une naïve passion filiale qui lui faisait du bonhomme un compagnon désiré et charmant. On se souvient que M. Madeleine lisait beaucoup, Jean Valjean avait continué; il en était venu à causer bien; il avait la richesse secrète et l'éloquence d'une intelligence humble et vraie qui s'est spontanément cultivée. Il lui était resté juste assez d'âpreté pour assaisonner sa bonté; c'était un esprit rude et un cœur doux[8]. Au Luxembourg, dans leurs tête-à-tête[9], il faisait de longues explications de tout, puisant dans ce qu'il avait lu, puisant aussi dans ce qu'il avait souffert. Tout en l'écoutant, les yeux de Cosette erraient vaguement.

Cet homme simple suffisait à la pensée de Cosette, de

même que ce jardin sauvage[10] à ses jeux. Quand elle avait bien poursuivi les papillons, elle arrivait près de lui essoufflée et disait : « Ah ! comme j'ai couru ! » Il la baisait au front.

Cosette adorait le bonhomme. Elle était toujours sur ses talons. Là où était Jean Valjean était le bien-être. Comme Jean Valjean n'habitait ni le pavillon, ni le jardin, elle se plaisait mieux dans l'arrière-cour pavée que dans l'enclos plein de fleurs, et dans la petite loge meublée de chaises de paille que dans le grand salon tendu de tapisseries où s'adossaient des fauteuils capitonnés. Jean Valjean lui disait quelquefois en souriant du bonheur d'être importuné : — Mais va-t'en chez toi ! laisse-moi donc un peu seul !

Elle lui faisait de ces charmantes gronderies tendres qui ont tant de grâce remontant de la fille au père.

— Père, j'ai très froid chez vous ; pourquoi ne mettez-vous pas ici un tapis et un poêle ?

— Chère enfant, il y a tant de gens qui valent mieux que moi et qui n'ont même pas un toit sur leur tête.

— Alors pourquoi y a-t-il du feu chez moi et tout ce qu'il faut ?

— Parce que tu es une femme et un enfant.

— Bah ! les hommes doivent donc avoir froid et être mal ?

— Certains hommes.

— C'est bon, je viendrai si souvent ici que vous serez bien obligé d'y faire du feu.

Elle lui disait encore :

— Père, pourquoi mangez-vous du vilain pain comme cela ?

— Parce que, ma fille.

— Eh bien, si vous en mangez, j'en mangerai.

Alors, pour que Cosette ne mangeât pas de pain noir, Jean Valjean mangeait du pain blanc.

Cosette ne se rappelait que confusément son enfance. Elle priait matin et soir pour sa mère qu'elle n'avait pas connue. Les Thénardier lui étaient restés comme deux figures hideuses à l'état de rêve. Elle se rappelait qu'elle avait été « un jour, la nuit » chercher de l'eau dans un bois. Elle croyait que c'était très loin de Paris. Il lui semblait qu'elle avait commencé à vivre dans un abîme et que c'était Jean Valjean qui l'en avait tirée. Son enfance lui faisait l'effet d'un temps où il n'y avait autour d'elle que des mille-pieds, des araignées et des serpents. Quand elle songeait le soir avant de s'endormir, comme elle n'avait pas une idée très nette d'être la fille de Jean Valjean et qu'il fût son père, elle s'imaginait que l'âme de sa mère avait passé dans ce bonhomme et était venue demeurer auprès d'elle.

Lorsqu'il était assis, elle appuyait sa joue sur ses cheveux blancs et y laissait silencieusement tomber une larme en disant : C'est peut-être ma mère, cet homme-là !

Cosette[11], quoique ceci soit étrange à énoncer, dans sa profonde ignorance de fille élevée au couvent, la maternité d'ailleurs étant absolument inintelligible à la virginité, avait fini par se figurer qu'elle avait eu aussi peu de mère que possible. Cette mère, elle ne savait pas même son nom. Toutes les fois qu'il lui arrivait de le demander à Jean Valjean, Jean Valjean se taisait. Si elle répétait sa question, il répondait par un sourire. Une fois elle insista; le sourire s'acheva par une larme.

Ce silence de Jean Valjean couvrait de nuit Fantine. Était-ce prudence? était-ce respect? était-ce crainte de livrer ce nom aux hasards d'une autre mémoire que la sienne?

Tant que Cosette avait été petite, Jean Valjean lui avait volontiers parlé de sa mère; quand elle fut jeune fille, cela lui fut impossible. Il lui sembla qu'il n'osait plus. Était-ce à cause de Cosette? était-ce à cause de Fantine? il éprouvait une sorte d'horreur religieuse à faire entrer cette ombre dans la pensée de Cosette, et à mettre la morte en tiers dans leur destinée. Plus cette ombre lui était sacrée, plus elle lui semblait redoutable. Il songeait à Fantine et se sentait accablé de silence. Il voyait vaguement dans les ténèbres quelque chose qui ressemblait à un doigt sur une bouche. Toute cette pudeur qui avait été dans Fantine et qui, pendant sa vie, était sortie d'elle violemment, était-elle revenue après sa mort se poser sur elle, veiller, indignée, sur la paix de cette morte, et, farouche, la garder dans sa tombe? Jean Valjean, à son insu, en subissait-il la pression? Nous qui croyons en la mort, nous ne sommes pas de ceux qui rejetteraient cette explication mystérieuse. De là l'impossibilité de prononcer, même pour Cosette, ce nom : Fantine.

Un jour Cosette lui dit :

— Père, j'ai vu cette nuit ma mère en songe. Elle avait deux grandes ailes. Ma mère dans sa vie doit avoir touché à la sainteté.

— Par le martyre, répondit Jean Valjean.

Du reste, Jean Valjean était heureux.

Quand Cosette sortait[12] avec lui, elle s'appuyait sur son bras, fière, heureuse, dans la plénitude du cœur. Jean Valjean, à toutes ces marques d'une tendresse si exclusive et si satisfaite de lui seul, sentait sa pensée se fondre en délices. Le pauvre homme tressaillait inondé d'une joie angélique ; il s'affirmait avec transport que cela durerait toute la vie ; il se disait qu'il n'avait vraiment pas assez souffert pour mériter un si radieux bonheur, et il remerciait Dieu, dans les profondeurs de son âme, d'avoir permis qu'il fût ainsi aimé, lui misérable, par cet être innocent.

V

LA ROSE S'APERÇOIT QU'ELLE EST
UNE MACHINE DE GUERRE[1]

Un jour Cosette se regarda par hasard dans son miroir et se dit : Tiens ! Il lui semblait presque qu'elle était jolie. Ceci la jeta dans un trouble singulier. Jusqu'à ce moment elle n'avait point songé à sa figure. Elle se voyait dans son miroir, mais elle ne s'y regardait pas. Et puis, on lui avait souvent dit qu'elle était laide ; Jean Valjean seul disait doucement : Mais non ! mais non ! Quoi qu'il en fût, Cosette s'était toujours crue laide, et avait grandi dans cette idée avec la résignation facile de l'enfance. Voici que tout d'un coup son miroir lui disait comme Jean Valjean : Mais non ! Elle ne dormit pas de la nuit. — Si j'étais jolie ? pensait-elle, comme cela serait drôle que je fusse jolie ! — Et elle se rappelait celles de ses compagnes dont la beauté faisait effet dans le couvent, et elle se disait : Comment ! je serais comme mademoiselle une telle !

Le lendemain elle se regarda, mais non par hasard, et elle douta : — Où avais-je l'esprit ? dit-elle, non, je suis laide. — Elle avait tout simplement mal dormi, elle avait les yeux battus et elle était pâle. Elle ne s'était pas sentie très joyeuse la veille de croire à sa beauté, mais elle fut triste de n'y plus croire. Elle ne se regarda plus, et pendant plus de quinze jours elle tâcha de se coiffer en tournant le dos au miroir.

Le soir, après le dîner, elle faisait assez habituellement de la tapisserie dans le salon, ou quelque ouvrage de couvent, et Jean Valjean lisait à côté d'elle. Une fois elle leva les yeux de son ouvrage et elle fut toute surprise de la façon inquiète dont son père la regardait.

Une autre fois, elle passait dans la rue, et il lui sembla que quelqu'un qu'elle ne vit pas disait derrière elle : « Jolie femme ! mais mal mise. » — Bah ! pensa-t-elle, ce n'est pas moi. Je suis bien mise et bien parée. — Elle avait alors son chapeau de peluche et sa robe de mérinos.

Un jour enfin, elle était dans le jardin, et elle entendit la pauvre vieille Toussaint[3] qui disait : « Monsieur, remarquez-vous comme mademoiselle devient jolie ? » Cosette n'entendit pas ce que son père répondit, les paroles de Toussaint furent pour elle une sorte de commotion. Elle s'échappa du jardin, monta à sa chambre, courut à la glace, il y avait trois mois qu'elle ne s'était regardée, et poussa un cri. Elle venait de s'éblouir elle-même.

Elle était belle et jolie ; elle ne pouvait s'empêcher d'être de l'avis de Toussaint[4] et de son miroir. Sa taille s'était faite, sa peau avait blanchi, ses cheveux s'étaient lustrés[5], une splendeur inconnue s'était allumée dans ses prunelles bleues[6]. La conviction de sa beauté lui vint tout entière, en une minute, comme un grand jour qui se fait ; les autres la remarquaient d'ailleurs, Toussaint[7] le disait, c'était d'elle évidemment que le passant avait parlé, il n'y avait plus à douter ; elle redescendit au jardin, se croyant reine, entendant les oiseaux chanter, c'était en hiver, voyant le ciel doré, le soleil dans les arbres, des fleurs dans les buissons, éperdue, folle, dans un ravissement inexprimable.

De son côté, Jean Valjean éprouvait un profond et indéfinissable serrement de cœur. C'est qu'en effet, depuis quelque temps, il contemplait avec terreur cette beauté qui apparaissait chaque jour plus rayonnante sur le doux visage de Cosette. Aube riante pour tous, lugubre pour lui.

Cosette avait été belle assez longtemps avant de s'en

apercevoir. Mais, du premier jour, cette lumière inattendue qui se levait lentement et enveloppait par degrés toute la personne de la jeune fille blessa la paupière sombre de Jean Valjean. Il sentit que c'était un changement dans une vie heureuse, si heureuse qu'il n'osait y remuer dans la crainte d'y déranger quelque chose. Cet homme qui avait passé par toutes les détresses, qui était encore tout saignant des meurtrissures de sa destinée, qui avait été presque méchant et qui était devenu presque saint, qui, après avoir traîné la chaîne du bagne, traînait maintenant la chaîne invisible, mais pesante, de l'infamie indéfinie, cet homme que la loi n'avait pas lâché et qui pouvait être à chaque instant ressaisi et ramené de l'obscurité de sa vertu au grand jour de l'opprobre public, cet homme acceptait tout, excusait tout, pardonnait tout, bénissait tout, voulait bien tout[8], et ne demandait à la providence, aux hommes, aux lois, à la société, à la nature, au monde, qu'une chose, que Cosette l'aimât !

Que Cosette continuât de l'aimer ! que Dieu n'empêchât pas le cœur de cette enfant de venir à lui, et de rester à lui[9] ! Aimé de Cosette, il se trouvait guéri, reposé, apaisé, comblé, récompensé, couronné. Aimé de Cosette, il était bien ! il n'en demandait pas davantage. On lui eût dit : Veux-tu être mieux ? Il eût répondu : Non. Dieu lui eût dit : Veux-tu le ciel ? il eût répondu : J'y perdrais.

Tout ce qui pouvait effleurer cette situation, ne fût-ce qu'à la surface, le faisait frémir comme le commencement d'autre chose[10]. Il n'avait jamais trop su ce que c'était que la beauté d'une femme ; mais, par instinct, il comprenait que c'était terrible.

Cette beauté qui s'épanouissait de plus en plus triomphante et superbe[11] à côté de lui, sous ses yeux, sur le front ingénu et redoutable de l'enfant, du fond de sa laideur, de sa vieillesse, de sa misère, de sa réprobation, de son accablement, il la regardait effaré.

Il se disait : Comme elle est belle ! Qu'est-ce que je vais devenir, moi ?

Là du reste était la différence entre sa tendresse et la tendresse d'une mère. Ce qu'il voyait avec angoisse, une mère l'eût vu avec joie.

Les premiers symptômes ne tardèrent pas à se manifester. Dès le lendemain du jour où elle s'était dit : Décidément, je suis belle ! Cosette fit attention à sa toilette. Elle se rappela le mot du passant : — Jolie, mais mal mise, — souffle d'oracle qui avait passé à côté d'elle et s'était évanoui après avoir déposé dans son cœur un des deux germes qui doivent plus tard emplir toute la vie de la femme, la coquetterie. L'amour est l'autre.

Avec la foi en sa beauté, toute l'âme féminine s'épanouit en elle. Elle eut horreur du mérinos et honte de la peluche. Son père ne lui avait jamais rien refusé. Elle sut tout de suite toute la science du chapeau, de la robe, du mantelet, du brodequin, de la manchette, de l'étoffe qui va, de la couleur qui sied, cette science qui fait de la femme parisienne quelque chose de si charmant, de si profond et de si dangereux. Le mot *femme capiteuse* a été inventé pour la Parisienne[12].

En moins d'un mois la petite Cosette fut dans[13] cette thébaïde de la rue de Babylone une des femmes, non seulement les plus jolies, ce qui est quelque chose, mais « les mieux mises » de Paris, ce qui est bien davantage. Elle eût voulu rencontrer « son passant » pour voir ce qu'il dirait, et « pour lui apprendre ! » Le fait est qu'elle était ravissante de tout point[14], et qu'elle distinguait à merveille un chapeau de Gérard d'un chapeau d'Herbaut[15].

Jean Valjean considérait ces ravages avec anxiété. Lui qui sentait qu'il ne pourrait jamais que ramper, marcher tout au plus, il voyait des ailes venir à Cosette.

Du reste, rien qu'à la simple inspection de la toilette de Cosette, une femme eût reconnu qu'elle n'avait pas de mère. Certaines petites bienséances, certaines conventions spéciales, n'étaient point observées par Cosette. Une mère, par exemple, lui eût dit qu'une jeune fille ne s'habille point en damas[16].

Le premier jour que Cosette sortit avec sa robe et son camail de damas noir et son chapeau de crêpe blanc, elle vint prendre le bras de Jean Valjean, gaie, radieuse, rose, fière, éclatante.

— Père, dit-elle, comment me trouvez-vous ainsi[17]?

Jean Valjean répondit d'une voix qui ressemblait à la voix amère d'un envieux.

— Charmante !

Il fut dans la promenade comme à l'ordinaire. En rentrant il demanda à Cosette :

— Est-ce que tu ne remettras plus ta robe et ton chapeau, tu sais ?

Ceci se passait dans la chambre de Cosette. Cosette se tourna vers le porte-manteau de la garde-robe où sa défroque de pensionnaire était accrochée.

— Ce déguisement[18] ! dit-elle. Père, que voulez-vous que j'en fasse ? Oh ! par exemple, non, je ne remettrai jamais ces horreurs. Avec ce machin-là sur la tête, j'ai l'air de madame Chien-fou[19].

Jean Valjean soupira profondément[20].

A partir de ce moment, il remarqua que Cosette, qui autrefois demandait toujours à rester, disant : « Père, je m'amuse mieux ici avec vous », demandait maintenant toujours à sortir. En effet, à quoi bon avoir une jolie figure et une délicieuse toilette, si on ne les montre pas ?

Il remarqua aussi que Cosette n'avait plus le même goût pour l'arrière-cour. A présent, elle se tenait plus volontiers au jardin, se promenant sans déplaisir devant la grille. Jean Valjean, farouche, ne mettait pas les pieds dans le jardin. Il restait dans son arrière-cour, comme le chien.

Cosette, à se savoir belle, perdit la grâce de l'ignorer ; grâce exquise, car la beauté rehaussée de naïveté est ineffable, et rien n'est adorable comme une innocente éblouissante qui marche tenant en main, sans le savoir, la clef d'un paradis. Mais ce qu'elle perdit en grâce ingénue, elle le regagna en charme pensif et sérieux. Toute sa personne, pénétrée des joies de la jeunesse, de l'innocence et de la beauté, respirait une mélancolie splendide.

Ce fut à cette époque que Marius, après six mois écoulés, la revit au Luxembourg.

VI

LA BATAILLE COMMENCE

Cosette était dans son ombre, comme Marius dans la sienne[1], toute disposée pour l'embrasement. La destinée, avec sa patience mystérieuse et fatale, approchait lentement l'un de l'autre ces deux êtres tout chargés et tout languissants des orageuses électricités de la passion, ces deux âmes qui portaient l'amour comme deux nuages portent la foudre, et qui devaient s'aborder et se mêler dans un regard comme les nuages dans un éclair.

On a tant abusé du regard dans les romans d'amour qu'on a fini par le déconsidérer. C'est à peine si l'on ose dire maintenant que deux êtres se sont aimés parce qu'ils se sont regardés. C'est pourtant comme cela qu'on s'aime et uniquement comme cela. Le reste n'est que le reste, et vient après. Rien n'est plus réel que ces grandes secousses que deux âmes se donnent en échangeant cette étincelle.

A cette certaine heure où Cosette eut[2] sans le savoir ce regard qui troubla Marius, Marius ne se douta pas que lui aussi eut un regard qui troubla Cosette. Il lui fit le même mal et le même bien.

Depuis longtemps déjà elle le voyait et elle l'examinait comme les filles examinent et voient, en regardant ailleurs. Marius trouvait encore Cosette laide que déjà Cosette trouvait Marius beau. Mais comme il ne prenait point garde à elle, ce jeune homme lui était bien égal.

Cependant elle ne pouvait s'empêcher de se dire qu'il avait de beaux cheveux, de beaux yeux, de belles dents, un charmant son de voix quand elle l'entendait causer avec ses camarades, qu'il marchait en se tenant mal, si l'on veut, mais avec une grâce à lui, qu'il ne paraissait pas bête du tout, que toute sa personne était noble, douce, simple et fière, et qu'enfin il avait l'air pauvre, mais qu'il avait bon air.

Le jour où leurs yeux se rencontrèrent et se dirent enfin brusquement ces premières choses obscures et ineffables que le regard balbutie, Cosette ne comprit pas d'abord. Elle rentra pensive à la maison de la rue de l'Ouest où Jean Valjean, selon son habitude, était venu passer six semaines. Le lendemain, en s'éveillant, elle songea à ce jeune homme inconnu, si longtemps indifférent et glacé, qui semblait[3] maintenant faire attention à elle, et il ne lui sembla pas le moins du monde que cette attention lui fût agréable[4]. Elle avait plutôt un peu de colère[5] contre ce beau dédaigneux. Un fond de guerre remua en elle[6]. Il lui sembla, et elle en éprouvait une joie encore tout enfantine[7], qu'elle allait enfin se venger.

Se sachant belle, elle sentait bien, quoique d'une façon indistincte[8], qu'elle avait une arme. Les femmes jouent avec leur beauté comme les enfants avec leur couteau. Elles s'y blessent[9].

On se rappelle les hésitations de Marius, ses palpitations, ses terreurs. Il restait sur son banc et n'approchait pas. Ce qui dépitait Cosette. Un jour elle dit à Jean Valjean : « Père, promenons-nous donc un peu de ce côté-là. » Voyant que Marius ne venait point à elle, elle alla à lui. En pareil cas, toute femme ressemble à Mahomet. Et puis, chose bizarre, le premier symptôme de l'amour vrai chez un jeune homme, c'est la timidité, chez une jeune fille, c'est la hardiesse. Ceci étonne, et rien n'est plus simple pourtant. Ce sont les deux sexes qui tendent à se rapprocher et qui prennent les qualités l'un de l'autre.

Ce jour-là, le regard de Cosette rendit Marius fou, le regard de Marius rendit Cosette tremblante. Marius s'en alla confiant, et Cosette inquiète. A partir de ce jour, ils s'adorèrent[10].

La première chose que Cosette éprouva, ce fut une tristesse confuse et profonde. Il lui sembla que, du jour au lendemain, son âme était devenue noire. Elle ne la reconnaissait plus. La blancheur de l'âme des jeunes filles, qui se compose de froideur et de gaîté, ressemble à la neige. Elle fond à l'amour qui est son soleil.

Cosette ne savait pas ce que c'était que l'amour. Elle n'avait jamais entendu prononcer ce mot dans le sens terrestre. Sur les livres de musique profane qui entraient dans le couvent, *amour* était remplacé par *tambour* ou *pandour*. Cela faisait des énigmes qui exerçaient l'imagination des *grandes* comme : *Ah ! que le tambour est agréable !* ou : *La pitié n'est pas un pandour !* Mais Cosette était sortie encore trop jeune pour s'être beaucoup préoccupée du « tambour ». Elle n'eût donc su quel nom donner à ce qu'elle éprouvait maintenant. Est-on moins malade pour ignorer le nom de sa maladie ?

Elle aimait avec d'autant plus de passion qu'elle aimait avec ignorance. Elle ne savait pas si cela est bon ou mauvais, utile ou dangereux, nécessaire ou mortel, éternel ou passager, permis ou prohibé ; elle aimait. On l'eût bien étonnée si on lui eût dit : Vous ne dormez pas ? mais c'est défendu ! Vous ne mangez pas ? mais c'est fort mal ! Vous avez des oppressions et des battements de cœur ? mais cela ne se fait pas ! Vous rougissez et vous pâlissez quand un certain être vêtu de noir paraît au bout d'une certaine allée verte[11] ? mais c'est abominable !

Elle n'eût pas compris, et elle eût répondu : Comment peut-il y avoir de ma faute dans une chose où je ne puis rien et où je ne sais rien ?

Il se trouva que l'amour qui se présenta était précisément celui qui convenait le mieux à l'état de son âme. C'était une sorte d'adoration à distance, une contemplation muette, la déification d'un inconnu. C'était l'apparition de l'adolescence à l'adolescence, le rêve des nuits devenu roman et resté rêve, le fantôme souhaité enfin et réalisé et fait chair, mais n'ayant pas encore de nom, ni de tort, ni de tache, ni d'exigence, ni de défaut ; en un mot, l'amant lointain et demeuré dans l'idéal[12], une chimère ayant une forme. Toute rencontre plus palpable et plus proche eût à cette première époque effarouché Cosette, encore à demi plongée[13] dans la brume grossissante du cloître. Elle avait toutes les peurs des enfants et toutes les peurs des religieuses, mêlées. L'esprit du couvent, dont elle s'était pénétrée pendant cinq ans, s'évaporait encore lentement de toute sa personne et faisait tout trembler autour d'elle. Dans cette situation, ce n'était pas un amant qu'il lui fallait, ce n'était pas même un amoureux, c'était une vision. Elle se mit à adorer Marius comme quelque chose de charmant, de lumineux et d'impossible.

Comme l'extrême naïveté touche à l'extrême coquetterie, elle lui souriait, tout franchement.

Elle attendait tous les jours l'heure de la promenade avec impatience, elle y trouvait Marius, se sentait indiciblement heureuse, et croyait sincèrement exprimer toute sa pensée en disant à Jean Valjean : — Quel délicieux jardin que ce Luxembourg !

Marius et Cosette étaient dans la nuit l'un pour l'autre. Ils ne se parlaient pas, ils ne se saluaient pas, ils ne se connaissaient pas ; ils se voyaient ; et comme les astres dans le ciel que des millions de lieues séparent, ils vivaient de se regarder.

C'est ainsi que Cosette devenait peu à peu une femme et se développait, belle et amoureuse, avec la conscience de sa beauté et l'ignorance de son amour[14]. Coquette par-dessus le marché, par innocence.

VII

A TRISTESSE, TRISTESSE ET DEMIE

Toutes les situations ont leurs instincts. La vieille et éternelle mère nature avertissait sourdement Jean Valjean de la présence de Marius. Jean Valjean tressaillait dans le plus obscur de sa pensée. Jean Valjean ne voyait rien, ne savait rien, et considérait pourtant avec une attention opiniâtre les ténèbres où il était, comme s'il sentait d'un côté quelque chose qui se construisait, et de l'autre quelque chose qui s'écroulait. Marius, averti aussi, et, ce qui est la profonde loi du bon Dieu, par[1] cette même mère nature, faisait tout ce qu'il pouvait pour se dérober au « père ». Il arrivait cependant que Jean Valjean l'apercevait quelquefois. Les allures de Marius n'étaient plus du tout naturelles. Il avait des prudences louches et des témérités gauches. Il ne venait plus tout près comme autrefois; il s'asseyait loin et restait en extase; il avait un livre et faisait semblant de lire; pour qui[2] faisait-il semblant? Autrefois il venait avec son vieux habit, maintenant il avait tous les jours son habit neuf; il n'était pas bien sûr qu'il ne se fît point friser, il avait des yeux tout drôles, il mettait des gants; bref, Jean Valjean détestait cordialement ce jeune homme.

Cosette ne laissait rien deviner. Sans savoir au juste ce qu'elle avait, elle avait bien le sentiment que c'était quelque chose et qu'il fallait le cacher.

Il y avait entre le goût de toilette qui était venu à Cosette et l'habitude d'habits neufs qui était poussée à cet inconnu un parallélisme importun à Jean Valjean. C'était un hasard peut-être, sans doute, à coup sûr, mais un hasard menaçant. Jamais il n'ouvrirait la bouche à Cosette de cet inconnu. Un jour cependant, il ne put s'en tenir, et avec ce vague désespoir qui jette brusquement la sonde dans son malheur, il lui dit :

— Que voilà un jeune homme qui a l'air pédant!

Cosette, l'année d'auparavant, petite fille indifférente, eût répondu : — Mais non, il est charmant. Dix ans plus tard, avec l'amour de Marius au cœur, elle[3] eût répondu : — Pédant et insupportable à voir! vous avez bien raison ! — Au moment de la vie et du cœur où elle était, elle se borna à répondre avec un calme suprême :

— Ce jeune homme-là !

Comme si elle le regardait pour la première fois de sa vie.

— Que je suis stupide ! pensa Jean Valjean. Elle ne l'avait pas encore remarqué. C'est moi qui le lui montre.

O simplicité des vieux ! profondeur des enfants !

C'est encore une loi de ces fraîches années de souffrance et de souci, de ces vives luttes du premier amour contre les premiers obstacles, la jeune fille ne se laisse prendre à aucun piège, le jeune homme tombe dans tous. Jean Valjean avait commencé contre Marius une sourde guerre que Marius, avec la bêtise sublime de sa passion et de son âge, ne devina point. Jean Valjean lui tendit une foule d'embûches ; il changea d'heures, il changea de banc, il oublia son mouchoir, il vint seul au Luxembourg ; Marius donna tête baissée dans tous les panneaux ; et à tous ces points d'interrogation plantés sur sa route par Jean Valjean, il répondit ingénument oui. Cependant Cosette restait murée dans son insouciance apparente et dans sa tranquillité imperturbable, si bien que Jean Valjean arriva à cette conclusion : Ce dadais est amoureux fou de Cosette, mais Cosette ne sait seulement pas qu'il existe.

Il n'en avait pas moins dans le cœur un tremblement douloureux[4]. La minute où Cosette aimerait pouvait sonner d'un instant à l'autre. Tout ne commence-t-il pas par l'indifférence ?

Une seule fois Cosette fit une faute et l'effraya. Il se levait du banc pour partir après trois heures de station, elle dit : — Déjà[5] !

Jean Valjean n'avait pas discontinué les promenades au Luxembourg, ne voulant rien faire de singulier et par-dessus tout redoutant de donner l'éveil à Cosette ; mais pendant ces heures si douces pour les deux amoureux, tandis que Cosette envoyait son sourire à Marius enivré qui ne[6] s'apercevait que de cela et maintenant ne voyait plus rien dans ce monde qu'un radieux visage[7] adoré, Jean Valjean fixait sur Marius des yeux étincelants et terribles. Lui qui avait fini par ne plus se croire capable d'un sentiment malveillant, il y avait des instants où, quand

Marius était là, il croyait redevenir sauvage et féroce, et il sentait se rouvrir et se soulever contre ce jeune homme ces vieilles profondeurs de son âme où il y avait eu jadis tant de colère. Il lui semblait presque[8] qu'il se reformait en lui des cratères inconnus.

Quoi ! il était là, cet être ! que venait-il faire ? il venait tourner, flairer, examiner, essayer ! il[9] venait dire : hein ? pourquoi pas ? il venait rôder autour de sa vie, à lui Jean Valjean ! rôder autour de son bonheur, pour le prendre et l'emporter !

Jean Valjean ajoutait : — Oui, c'est cela ! que vient-il chercher ? une aventure ! que veut-il ? une amourette ! Une amourette ! et moi ? Quoi ! j'aurai été d'abord le plus misérable des hommes, et puis le plus malheureux, j'aurai fait soixante ans de vie sur les genoux, j'aurai souffert tout ce qu'on peut souffrir, j'aurai[10] vieilli sans avoir été jeune, j'aurai vécu sans famille, sans parents, sans amis, sans femme, sans enfants, j'aurai laissé de mon sang sur toutes les pierres, sur toutes les ronces, à toutes les bornes, le long de tous les murs, j'aurai été doux quoiqu'on fût dur pour moi et bon quoiqu'on fût méchant, je serai redevenu honnête homme malgré tout, je me serai repenti du mal que j'ai fait et j'aurai pardonné le mal qu'on m'a fait, et au moment où je suis récompensé, au moment où c'est fini, au moment où je touche au but, au moment où j'ai ce que je veux, c'est bon, c'est bien, je l'ai payé, je l'ai gagné, tout cela s'en ira, tout cela s'évanouira, et je perdrai Cosette, et je perdrai ma vie, ma joie, mon âme, parce[11] qu'il aura plu à un grand niais de venir flâner au Luxembourg !

Alors ses prunelles s'emplissaient d'une clarté lugubre et extraordinaire. Ce n'était plus un homme qui regarde un homme ; ce n'était pas un ennemi qui regarde un ennemi. C'était un dogue qui regarde un voleur.

On sait le reste. Marius continua d'être insensé. Un jour il suivit Cosette rue de l'Ouest. Un autre jour il parla au portier. Le portier de son côté parla, et dit à Jean Valjean :

— Monsieur, qu'est-ce que c'est donc qu'un jeune homme curieux qui vous a demandé ?

Le lendemain Jean Valjean jeta à Marius ce coup d'œil dont Marius s'aperçut enfin. Huit jours après, Jean Valjean avait déménagé. Il se jura qu'il ne remettrait plus les pieds ni au Luxembourg, ni rue de l'Ouest. Il retourna rue Plumet.

Cosette ne se plaignit pas, elle ne dit rien, elle ne fit pas de questions, elle ne chercha à savoir aucun pourquoi ; elle en était déjà à la période où l'on craint d'être pénétré[12] et de se trahir. Jean Valjean n'avait aucune expérience de ces misères, les seules qui soient charmantes et les seules qu'il ne connût pas ; cela fit qu'il ne comprit point la grave signification du silence de Cosette. Seulement il remarqua qu'elle était devenue triste, et il devint sombre. C'étaient de part et d'autre des inexpériences aux prises[13].

Une fois il fit un essai. Il demanda à Cosette :

— Veux-tu venir au Luxembourg ?

Un rayon illumina le visage pâle de Cosette.

— Oui, dit-elle.

Ils y allèrent. Trois mois s'étaient écoulés. Marius n'y allait plus. Marius n'y était pas. Le lendemain Jean Valjean redemanda à Cosette :

— Veux-tu venir au Luxembourg ?

Elle répondit tristement et doucement :

— Non.

Jean Valjean fut froissé de cette tristesse et navré de cette douceur.

Que se passait-il dans cet esprit si jeune et déjà si impénétrable ? Qu'est-ce qui était en train de s'y accomplir ? qu'arrivait-il à l'âme de Cosette[14] ? Quelquefois, au lieu de se coucher, Jean Valjean restait assis près de son grabat la tête dans ses mains, et il passait des nuits entières à se demander : Qu'y a-t-il dans la pensée de Cosette ? et à songer aux choses auxquelles elle pouvait songer.

Oh ! dans ces moments-là, quels regards douloureux il tournait vers le cloître, ce sommet chaste, ce lieu des anges[15], cet inaccessible glacier de la vertu ! Comme il contemplait avec un ravissement désespéré ce jardin du couvent, plein de fleurs ignorées et de vierges enfermées, où tous les parfums et toutes les âmes montent droit vers le ciel ! Comme il adorait cet éden refermé à jamais, dont il était sorti volontairement et follement descendu ! Comme il regrettait son abnégation et sa démence[16] d'avoir ramené Cosette au monde, pauvre héros du sacrifice, saisi et terrassé par son dévouement même ! comme il se disait : Qu'ai-je fait ?

Du reste rien de ceci ne perçait pour Cosette. Ni humeur, ni rudesse. Toujours la même figure sereine et bonne. Les manières de Jean Valjean étaient plus tendres et plus paternelles que jamais. Si quelque chose eût pu faire deviner[17] moins de joie, c'était plus de mansuétude.

De son côté, Cosette languissait. Elle souffrait de l'absence de Marius comme elle avait joui de sa présence, singulièrement, sans savoir au juste[18]. Quand Jean Valjean avait cessé de la conduire aux promenades habituelles[19], un instinct de femme lui avait confusément murmuré au fond du cœur qu'il ne fallait pas paraître tenir au Luxembourg, et que si cela lui était indifférent, son père l'y remènerait. Mais les jours, les semaines et les mois se succédèrent[20]. Jean Valjean avait accepté tacitement le consentement tacite de Cosette. Elle le regretta. Il était trop tard. Le jour où elle retourna au Luxembourg, Marius n'y était plus. Marius avait donc disparu; c'était fini, que faire? le retrouverait-elle jamais? Elle se sentit un serrement de cœur que rien ne dilatait et qui s'accroissait chaque jour; elle ne sut plus si c'était l'hiver ou l'été, le soleil ou la pluie, si les oiseaux chantaient, si l'on était aux dahlias ou aux pâquerettes, si le Luxembourg était plus charmant que les Tuileries, si le linge que rapportait la blanchisseuse était trop empesé ou pas assez, si Toussaint[21] avait fait bien ou mal « son marché », et elle resta accablée, absorbée, attentive à une seule pensée, l'œil vague et fixe, comme lorsqu'on regarde dans la nuit la place noire et profonde où une apparition s'est évanouie.

Du reste elle non plus ne laissa rien voir à Jean Valjean, que sa pâleur. Elle lui continua son doux visage. Cette pâleur ne suffisait que trop pour occuper Jean Valjean. Quelquefois il lui demandait :

— Qu'as-tu?

Elle répondait :

— Je n'ai rien.

Et après un silence, comme elle le devinait triste aussi, elle reprenait :

— Et vous, père, est-ce que vous avez quelque chose?

— Moi? rien, disait-il.

Ces deux êtres qui s'étaient si exclusivement aimés, et d'un si touchant amour, et qui avaient vécu si longtemps l'un par l'autre, souffraient maintenant l'un à côté de l'autre, l'un à cause de l'autre, sans se le dire, sans s'en vouloir, et en souriant.

VIII

LA CADÈNE[1]

Le plus malheureux des deux, c'était Jean Valjean. La jeunesse, même dans ses chagrins, a toujours une clarté à elle.

A de certains moments, Jean Valjean souffrait tant qu'il devenait puéril. C'est le propre de la douleur de faire reparaître le côté enfant de l'homme. Il sentait invinciblement que Cosette lui échappait. Il eût voulu lutter, la retenir, l'enthousiasmer par quelque chose d'extérieur et d'éclatant. Ces idées, puériles, nous venons de le dire, et en même temps séniles, lui donnèrent, par leur enfantillage même, une notion assez juste de l'influence de la passementerie sur l'imagination des jeunes filles. Il lui arriva une fois de voir passer dans la rue un général à cheval en grand uniforme, le comte Coutard, commandant de Paris. Il envia cet homme doré; il se dit : quel bonheur ce serait de pouvoir mettre cet habit-là qui était une chose incontestable, que si Cosette le voyait ainsi, cela l'éblouirait, que lorsqu'il donnerait le bras à Cosette et qu'il passerait devant la grille des Tuileries, on lui présenterait les armes, et que cela suffirait à Cosette et lui ôterait l'idée de regarder les jeunes gens.

Une secousse inattendue vint se mêler à ces pensées tristes.

Dans la vie isolée qu'ils menaient, et depuis qu'ils étaient venus se loger rue Plumet, ils avaient une habitude. Ils faisaient quelquefois la partie de plaisir d'aller voir lever le soleil, genre de joie douce qui convient à ceux qui entrent dans la vie et à ceux qui en sortent.

Se promener de grand matin, pour qui aime la solitude, équivaut à se promener la nuit, avec la gaîté de la nature de plus. Les rues sont désertes, et les oiseaux chantent. Cosette, oiseau elle-même, s'éveillait volontiers de bonne heure. Ces excursions matinales se préparaient la veille. Il proposait, elle acceptait. Cela s'arrangeait comme un complot, on sortait avant le jour, et c'était autant de petits bonheurs pour Cosette. Ces excentricités innocentes plaisent à la jeunesse.

La pente de Jean Valjean était, on le sait, d'aller aux endroits peu fréquentés, aux recoins solitaires, aux lieux d'oubli. Il y avait alors aux environs des barrières de Paris des espèces de champs pauvres, presque mêlés à la ville, où il poussait, l'été, un blé maigre, et qui, l'automne, après la récolte faite, n'avaient pas l'air moissonnés, mais pelés. Jean Valjean les hantait avec prédilection. Cosette ne s'y ennuyait point. C'était la solitude pour lui, la liberté pour elle. Là, elle redevenait petite fille, elle pouvait courir et presque jouer, elle ôtait son chapeau, le posait sur les genoux de Jean Valjean, et cueillait des bouquets. Elle regardait les papillons sur les fleurs, mais ne les prenait pas; les mansuétudes et les attendrissements naissent avec l'amour, et la jeune fille, qui a en elle un idéal tremblant et fragile, a pitié de l'aile du papillon. Elle tressait en guirlandes des coquelicots qu'elle mettait sur sa tête, et qui, traversés et pénétrés de soleil, empourprés jusqu'au flamboiement, faisaient à ce frais visage rose une couronne de braises.

Même après que leur vie avait été attristée, ils avaient conservé leur habitude de promenades matinales.

Donc un matin d'octobre, tentés par la sérénité parfaite de l'automne de 1831, ils étaient sortis, et ils se trouvaient au petit jour près de la barrière du Maine[2]. Ce n'était pas l'aurore, c'était l'aube; minute ravissante et farouche. Quelques constellations çà et là dans l'azur pâle et profond, la terre toute noire, le ciel tout blanc, un frisson dans les brins d'herbe, partout le mystérieux saisissement du crépuscule. Une alouette, qui semblait mêlée aux étoiles, chantait à une hauteur prodigieuse, et l'on eût dit que cet hymne de la petitesse à l'infini calmait l'immensité. A l'orient, le Val-de-Grâce découpait, sur l'horizon clair d'une clarté d'acier, sa masse obscure; Vénus éblouissante montait derrière ce dôme et avait l'air d'une âme qui s'évade d'un édifice ténébreux.

Tout était paix et silence; personne sur la chaussée; dans les bas côtés, quelques rares ouvriers, à peine entrevus, se rendant à leur travail.

Jean Valjean s'était assis dans la contre-allée sur des charpentes déposées à la porte d'un chantier. Il avait le visage tourné vers la route et le dos tourné au jour; il oubliait le soleil qui allait se lever; il était tombé dans une de ces absorptions profondes où tout l'esprit se concentre, qui emprisonnent même le regard, et qui équivalent à quatre murs. Il y a des méditations qu'on pourrait nommer verticales; quand on est au fond, il faut du temps pour revenir sur la terre. Jean Valjean était descendu dans une de ces songeries-là. Il pensait à Cosette, au bonheur possible si rien ne se mettait entre elle et lui, à cette lumière dont elle remplissait sa vie, lumière qui était la respiration de son âme. Il était presque heureux dans cette rêverie. Cosette, debout près de lui, regardait les nuages devenir roses.

Tout à coup, Cosette s'écria : Père, on dirait qu'on vient là-bas. Jean Valjean leva les yeux.

Cosette avait raison.

La chaussée qui mène à l'ancienne barrière du Maine prolonge, comme on sait, la rue de Sèvres, et est coupée à angle droit par le boulevard intérieur[3]. Au coude de la chaussée et du boulevard, à l'endroit où se fait l'embranchement, on entendait un bruit difficile à expliquer à pareille heure, et une sorte d'encombrement confus apparaissait. On ne sait quoi d'informe, qui venait du boulevard, entrait dans la chaussée.

Cela grandissait, cela semblait se mouvoir avec ordre, pourtant c'était hérissé et frémissant; cela semblait une voiture, mais on n'en pouvait distinguer le chargement. Il y avait des chevaux, des roues, des cris; des fouets claquaient. Par degrés les linéaments se fixèrent, quoique noyés de ténèbres. C'était une voiture en effet, qui venait de tourner du boulevard sur la route et qui se dirigeait vers la barrière près de laquelle était Jean Valjean; une deuxième, du même aspect, la suivit, puis une troisième, puis une quatrième; sept chariots débouchèrent successivement, la tête des chevaux touchant l'arrière des voitures. Des silhouettes s'agitaient sur ces chariots, on voyait des étincelles dans le crépuscule comme s'il y avait des sabres nus, on entendait un cliquetis qui ressemblait à des chaînes remuées, cela avançait, les voix grossissaient, et c'était une chose formidable comme il en sort de la caverne des songes.

En approchant, cela prit forme, et s'ébaucha derrière les arbres avec le blêmissement de l'apparition; la masse blanchit; le jour qui se levait peu à peu plaquait une lueur blafarde sur ce fourmillement à la fois sépulcral et vivant, les têtes de silhouettes devinrent des faces de cadavres, et voici ce que c'était :

Sept voitures marchaient à la file sur la route. Les six premières avaient une structure singulière. Elles ressemblaient à des haquets de tonneliers; c'étaient des espèces de longues échelles posées sur deux roues et formant brancard à leur extrémité antérieure. Chaque haquet, disons mieux, chaque échelle était attelée de quatre chevaux bout à bout. Sur ces échelles étaient traînées d'étranges grappes d'hommes. Dans le peu de jour qu'il faisait, on ne voyait pas ces hommes, on les devinait. Vingt-quatre sur chaque voiture, douze de chaque côté, adossés les uns aux autres, faisant face aux passants, les jambes dans le vide, ces hommes cheminaient ainsi; et ils avaient derrière le dos quelque chose qui sonnait et qui était une chaîne et au cou quelque chose qui brillait et qui était un carcan. Chacun avait son carcan, mais la chaîne était pour tous; de façon que ces vingt-quatre hommes, s'il leur arrivait de descendre du haquet et de marcher, étaient saisis par une sorte d'unité inexorable et devaient serpenter sur le sol avec la chaîne pour vertèbre à peu près comme le mille-pieds. A l'avant et à l'arrière de chaque voiture, deux hommes, armés de fusils, se tenaient debout, ayant chacun une des extrémités de la chaîne sous son pied. Les carcans étaient carrés. La septième voiture, vaste fourgon à ridelles, mais sans capote, avait quatre roues et six chevaux, et portait un tas sonore de chaudières de fer, de marmites de fonte, de réchauds et de chaînes, où étaient mêlés quelques hommes garrottés et couchés tout de leur long, qui paraissaient malades. Ce fourgon, tout à claire-voie, était garni de claies délabrées qui semblaient avoir servi aux vieux supplices.

Ces voitures tenaient le milieu du pavé. Des deux côtés marchaient en double haie des gardes d'un aspect infâme, coiffés de tricornes claques comme les soldats du Directoire, tachés, troués, sordides, affublés d'uniformes d'invalides et de pantalons de croque-morts, mi-partis gris et bleus, presque en lambeaux, avec des épaulettes rouges, des bandoulières jaunes, des coupechoux, des fusils et des bâtons ; espèces de soldats goujats. Ces sbires semblaient composés de l'abjection du mendiant et de l'autorité du bourreau. Celui qui paraissait leur chef tenait à la main un fouet de poste. Tous ces détails, estompés par le crépuscule, se dessinaient de plus en plus dans le jour grandissant. En tête et en queue du convoi, marchaient des gendarmes à cheval, graves, le sabre au poing.

Ce cortège était si long qu'au moment où la première voiture atteignait la barrière, la dernière débouchait à peine du boulevard.

Une foule, sortie on ne sait d'où et formée en un clin d'œil, comme cela est fréquent à Paris, se pressait des deux côtés de la chaussée et regardait. On entendait dans les ruelles voisines des cris de gens qui s'appelaient et les sabots des maraîchers qui accouraient pour voir.

Les hommes entassés sur les haquets se laissaient cahoter en silence. Ils étaient livides du frisson du matin. Ils avaient tous des pantalons de toile et les pieds nus dans des sabots. Le reste du costume était à la fantaisie de la misère. Leurs accoutrements étaient hideusement disparates ; rien n'est plus funèbre que l'arlequin des guenilles. Feutres défoncés, casquettes goudronnées, d'affreux bonnets de laine, et, près du bourgeron, l'habit noir crevé aux coudes ; plusieurs avaient des chapeaux de femme ; d'autres étaient coiffés d'un panier ; on voyait des poitrines velues, et à travers les déchirures des vêtements on distinguait des tatouages, des temples de l'amour, des cœurs enflammés, des Cupidons. On apercevait aussi des dartres et des rougeurs malsaines. Deux ou trois avaient une corde de paille fixée aux traverses du haquet, et suspendue au-dessous d'eux comme un étrier, qui leur soutenait les pieds. L'un d'eux tenait à la main et portait à sa bouche quelque chose qui avait l'air d'une pierre noire et qu'il semblait mordre ; c'était du pain qu'il mangeait. Il n'y avait là que des yeux secs, éteints, ou lumineux d'une mauvaise lumière. La troupe d'escorte maugréait ; les enchaînés ne soufflaient pas ; de temps en temps on entendait le bruit d'un coup de bâton sur les omoplates ou sur les têtes ; quelques-uns de ces hommes bâillaient ; les haillons étaient terribles ; les pieds pendaient, les épaules oscillaient ; les têtes s'entre-heurtaient, les fers tintaient, les prunelles flambaient férocement, les poings se crispaient ou s'ouvraient inertes comme des mains de morts ; derrière le convoi, une troupe d'enfants éclatait de rire.

Cette file de voitures, quelle qu'elle fût, était lugubre. Il était évident que demain, que dans une heure, une averse pouvait éclater, qu'elle serait suivie d'une autre, et d'une autre, et que ces vêtements délabrés seraient traversés, qu'une fois mouillés, ces hommes ne se sécheraient plus, qu'une fois glacés, ils ne se réchaufferaient plus, que leurs pantalons de toile seraient collés par l'ondée sur leurs os, que l'eau emplirait leurs sabots, que les coups de fouet ne pourraient empêcher le claquement des mâchoires, que la chaîne continuerait de les tenir par le cou, que leurs pieds continueraient de pendre ; et il était impossible de ne pas frémir en voyant ces créatures humaines liées ainsi et passives sous les froides nuées d'automne, et livrées à la pluie, à la bise, à toutes les furies de l'air, comme des arbres et comme des pierres.

Les coups de bâton n'épargnaient pas même les malades qui gisaient noués de cordes et sans mouvement sur la septième voiture et qu'on semblait avoir jetés là comme des sacs pleins de misère.

Brusquement, le soleil parut ; l'immense rayon de l'orient jaillit, et l'on eût dit qu'il mettait le feu à toutes ces têtes farouches. Les langues se délièrent ; un incendie de ricanements, de jurements et de chansons fit explosion. La large lumière horizontale coupa en deux toute la file, illuminant les têtes et les torses, laissant les pieds et les roues dans l'obscurité. Les pensées apparurent sur les visages ; ce moment fut épouvantable ; des démons visibles à masques tombés, des âmes féroces toutes nues. Éclairée, cette cohue resta ténébreuse. Quelques-uns, gais, avaient à la bouche des tuyaux de plume d'où ils soufflaient de la vermine sur la foule, choisissant les femmes ; l'aurore accentuait par la noirceur des ombres ces profils lamentables ; pas un de ces êtres qui ne fût difforme à force de misère ; et c'était si monstrueux qu'on eût dit que cela changeait la clarté du soleil en lueur d'éclair. La voiturée qui ouvrait le cortège avait entonné et psalmodiait à tue-tête avec une jovialité hagarde un pot-pourri de Désaugiers, alors fameux, *la Vestale*[4] ; les arbres frémissaient lugubrement ; dans les contre-allées, des faces de bourgeois écoutaient avec une béatitude idiote ces gaudrioles chantées par des spectres.

Toutes les détresses étaient dans ce cortège comme un chaos ; il y avait là l'angle facial de toutes les bêtes, des vieillards, des adolescents, des crânes nus, des barbes grises, des monstruosités cyniques, des résignations hargneuses, des rictus sauvages, des attitudes insensées, des grouins coiffés de casquettes, des espèces de têtes de jeunes filles avec des tire-bouchons sur les tempes, des visages enfantins, et à cause de cela, horribles, de maigres faces de squelettes auxquelles il ne manquait que la mort. On voyait sur la première voiture un nègre, qui, peut-être, avait été esclave et qui pouvait comparer les chaînes. L'effrayant niveau d'en bas, la honte, avait passé sur ces fronts ; à ce degré d'abaissement, les dernières transformations étaient subies par tous dans les dernières profondeurs ; et l'ignorance changée en hébétement était l'égale de l'intelligence, changée en désespoir. Pas de choix possible entre ces hommes qui apparaissaient aux regards comme l'élite de la boue. Il était clair que l'ordonnateur quelconque de cette procession immonde ne les avait pas classés. Ces êtres avaient été liés et accouplés pêle-mêle, dans le désordre alphabétique probablement, et chargés au hasard sur ces voitures. Cependant des horreurs groupées finissent toujours par dégager une résultante ; toute addition de malheureux donne un total ; il sortait de chaque chaîne une âme commune, et chaque charretée avait sa physionomie. A côté de celle qui chantait, il y en avait une qui hurlait ; une troisième mendiait ; on en voyait une qui grinçait des dents ; une autre menaçait les passants, une autre blasphémait Dieu ; la dernière se taisait comme la tombe. Dante eût cru voir les sept cercles de l'enfer en marche.

Marche des damnations vers les supplices, faite sinistrement, non sur le formidable char fulgurant de l'Apocalypse, mais, chose plus sombre, sur la charrette des gémonies.

Un des gardes, qui avait un crochet au bout de son bâton, faisait de temps en temps mine de remuer ces tas d'ordure humains. Une vieille femme dans la foule les montrait du doigt à un petit garçon de cinq ans, et lui disait : *Gredin, cela t'apprendra !*

Comme les chants et les blasphèmes grossissaient,

celui qui semblait le capitaine de l'escorte fit claquer son fouet, et, à ce signal, une effroyable bastonnade sourde et aveugle qui faisait le bruit de la grêle tomba sur les sept voiturées; beaucoup rugirent et écumèrent; ce qui redoubla la joie des gamins accourus, nuée de mouches sur ces plaies.

L'œil de Jean Valjean était devenu effrayant. Ce n'était plus une prunelle; c'était cette vitre profonde qui remplace le regard chez certains infortunés, qui semble inconsciente de la réalité, et où flamboie la réverbération des épouvantes et des catastrophes. Il ne regardait pas un spectacle; il subissait une vision. Il voulut se lever, fuir, échapper; il ne put remuer un pied. Quelquefois les choses qu'on voit vous saisissent et vous tiennent. Il demeura cloué, pétrifié, stupide, se demandant, à travers une confuse angoisse inexprimable, ce que signifiait cette persécution sépulcrale, et d'où sortait ce pandémonium qui le poursuivait. Tout à coup il porta la main à son front, geste habituel de ceux auxquels la mémoire revient subitement; il se souvint que c'était là l'itinéraire en effet, que ce détour était d'usage pour éviter les rencontres royales toujours possibles sur la route de Fontainebleau, et que, trente-cinq ans auparavant, il avait passé par cette barrière-là.

Cosette, autrement épouvantée, ne l'était pas moins. Elle ne comprenait pas; le souffle lui manquait; ce qu'elle voyait ne lui semblait pas possible; enfin elle s'écria :

— Père! qu'est-ce qu'il y a donc dans ces voitures-là?

Jean Valjean répondit :

— Des forçats.

— Où donc est-ce qu'ils vont?

— Aux galères.

En ce moment la bastonnade, multipliée par cent mains, fit du zèle, les coups de plat de sabre s'en mêlèrent, ce fut comme une rage de fouets et de bâtons; les galériens se courbèrent, une obéissance hideuse se dégagea du supplice, et tous se turent avec des regards de loups enchaînés. Cosette tremblait de tous ses membres; elle reprit :

— Père, est-ce que ce sont des hommes?

— Quelquefois, dit le misérable.

C'était la Chaîne en effet qui, partie avant le jour de Bicêtre, prenait la route du Mans pour éviter Fontainebleau où était le roi. Ce détour faisait durer l'épouvantable voyage trois ou quatre jours de plus; mais, pour épargner à la personne royale la vue d'un supplice, on peut bien le prolonger.

Jean Valjean rentra accablé. De telles rencontres sont des chocs et le souvenir qu'elles laissent ressemble à un ébranlement[5].

Pourtant Jean Valjean, en regagnant avec Cosette la rue de Babylone, ne remarqua point qu'elle lui fit d'autres questions au sujet de ce qu'ils venaient de voir; peut-être était-il trop absorbé lui-même dans son accablement pour percevoir ses paroles et pour lui répondre. Seulement le soir, comme Cosette le quittait pour s'aller coucher, il l'entendit qui disait à demi-voix et comme se parlant à elle-même : — Il me semble que si je trouvais sur mon chemin un de ces hommes-là, ô mon Dieu, je mourrais rien que de le voir de près!

Heureusement le hasard fit que le lendemain de ce jour tragique il y eut, à propos de je ne sais plus quelle solennité officielle, des fêtes dans Paris, revue au Champ de Mars, joutes sur la Seine, théâtres aux Champs-Élysées, feu d'artifice à l'Étoile, illuminations partout. Jean Valjean, faisant violence à ses habitudes, conduisit Cosette à ces réjouissances, afin de la distraire du souvenir de la veille et d'effacer sous le riant tumulte de tout Paris la chose abominable qui avait passé devant elle. La revue, qui assaisonnait la fête, faisait toute naturelle la circulation des uniformes; Jean Valjean mit son habit de garde national avec le vague sentiment intérieur d'un homme qui se réfugie. Du reste, le but de cette promenade sembla atteint. Cosette, qui se faisait une loi de complaire à son père et pour qui d'ailleurs tout spectacle était nouveau, accepta la distraction avec la bonne grâce facile et légère de l'adolescence, et ne fit pas une moue trop dédaigneuse devant cette gamelle de joie qu'on appelle une fête publique; si bien que Jean Valjean put croire qu'il avait réussi, et qu'il ne restait plus trace de la hideuse vision.

Quelques jours après, un matin, comme il faisait beau soleil et qu'ils étaient tous deux sur le perron du jardin, autre infraction aux règles que semblait s'être imposées Jean Valjean, et à l'habitude de rester dans sa chambre que la tristesse avait fait prendre à Cosette, Cosette, en peignoir, se tenait debout dans ce négligé de la première heure qui enveloppe adorablement les jeunes filles et qui a l'air du nuage sur l'astre ; et, la tête dans la lumière, rose d'avoir bien dormi, regardée doucement par le bonhomme attendri, elle effeuillait une pâquerette. Cosette ignorait la ravissante légende *je t'aime, un peu, passionnément,* etc.; qui la lui eût apprise? Elle maniait cette fleur, d'instinct, innocemment, sans se douter qu'effeuiller une pâquerette, c'est éplucher un cœur. S'il y avait une quatrième Grâce appelée la Mélancolie, et souriante, elle eût eu l'air de cette Grâce-là. Jean Valjean était fasciné par la contemplation de ces petits doigts sur cette fleur, oubliant tout dans le rayonnement que cette enfant avait. Un rouge-gorge chuchotait dans la broussaille d'à côté. Des nuées blanches traversaient le ciel si gaîment qu'on eût dit qu'elles venaient d'être mises en liberté. Cosette continuait d'effeuiller sa fleur attentivement ; elle semblait songer à quelque chose ; mais cela devait être charmant ; tout à coup elle tourna la tête sur son épaule avec la lenteur délicate du cygne, et dit à Jean Valjean : Père, qu'est-ce que c'est donc que cela, les galères ?

LIVRE QUATRIÈME

SECOURS D'EN BAS PEUT ÊTRE SECOURS D'EN HAUT[1]

I

BLESSURE AU DEHORS, GUÉRISON AU DEDANS[2]

Leur vie s'assombrissait ainsi par degrés[3].

Il ne leur restait plus qu'une distraction[4] qui avait été autrefois un bonheur, c'était d'aller porter du pain à ceux qui avaient faim et des vêtements à ceux qui avaient froid. Dans ces visites aux pauvres, où Cosette accompagnait souvent Jean Valjean, ils retrouvaient quelque reste de leur ancien épanchement; et, parfois, quand la journée avait été bonne, quand[5] il y avait eu beaucoup de détresses secourues et beaucoup de petits enfants ranimés et réchauffés, Cosette, le soir, était un peu gaie. Ce fut à cette époque qu'ils firent visite au bouge Jondrette.

Le lendemain même de cette visite, Jean Valjean parut le matin dans le pavillon, calme comme à l'ordinaire, mais avec une large blessure au bras gauche, fort enflammée, fort venimeuse, qui ressemblait à une brûlure et qu'il expliqua d'une façon quelconque. Cette blessure fit qu'il fut plus d'un mois avec la fièvre sans sortir. Il ne voulut voir aucun médecin. Quand Cosette l'en pressait : « Appelle le médecin des chiens », disait-il.

Cosette le pansait matin et soir avec un air divin et un si angélique bonheur de lui être utile, que Jean Valjean sentait toute sa vieille joie lui revenir, ses craintes et ses anxiétés se dissiper, et contemplait[6] Cosette en disant : Oh! la bonne blessure! Oh! le bon mal!

Cosette, voyant son père malade, avait déserté le pavillon et avait repris goût à la petite logette et à l'arrière-cour. Elle passait presque toutes ses journées près de Jean Valjean, et lui lisait les livres qu'il voulait. En général, des livres de voyages. Jean Valjean renaissait; son bonheur revivait avec des rayons ineffables; le

Luxembourg, le jeune rôdeur inconnu, le refroidissement de Cosette, toutes ces nuées de son âme s'effaçaient. Il en venait à se dire : J'ai imaginé tout cela. Je suis un vieux fou.

Son bonheur était tel, que l'affreuse trouvaille des Thénardier, faite au bouge Jondrette, et si inattendue, avait en quelque sorte glissé sur lui. Il avait réussi à s'échapper, sa piste, à lui, était perdue, que lui importait le reste ! il n'y songeait que pour plaindre ces misérables. Les voilà en prison, et désormais hors d'état de nuire, pensait-il, mais quelle lamentable famille en détresse ! Quant à la hideuse vision de la barrière du Maine, Cosette n'en avait plus reparlé[7].

Au couvent, sœur Sainte-Mechtilde avait appris la musique à Cosette. Cosette[8] avait la voix d'une fauvette qui aurait une âme, et quelquefois le soir, dans l'humble logis du blessé, elle chantait des chansons[9] tristes qui réjouissaient Jean Valjean.

Le printemps arrivait, le jardin était si admirable[10] dans cette saison de l'année, que Jean Valjean dit à Cosette :

— Tu n'y vas jamais, je veux que tu t'y promènes.

— Comme vous voudrez, père, dit Cosette.

Et, pour obéir à son père, elle reprit ses promenades dans son jardin, le plus souvent seule, car, comme nous l'avons indiqué[11], Jean Valjean, qui probablement craignait d'être aperçu par la grille, n'y venait presque jamais.

La blessure de Jean Valjean avait été une diversion[12].

Quand Cosette vit que son père souffrait moins, et qu'il guérissait, et qu'il semblait heureux, elle eut un contentement qu'elle ne remarqua même pas, tant il vint doucement et naturellement. Puis c'était le mois de mars, les jours allongeaient, l'hiver s'en allait, l'hiver emporte toujours avec lui quelque chose de nos tristesses ; puis vint avril, ce point du jour de l'été, frais comme toutes les aubes, gai comme toutes les enfances[13] ; un peu pleureur parfois comme un nouveau-né qu'il est. La nature en ce mois-là a des lueurs charmantes qui passent du ciel, des nuages, des arbres, des prairies et des fleurs, au cœur de l'homme[14].

Cosette était trop jeune encore pour que cette joie d'avril qui lui ressemblait ne la pénétrât pas. Insensiblement, et sans qu'elle s'en doutât, le noir s'en alla de son esprit. Au printemps il fait clair dans les âmes tristes comme à midi il fait clair dans les caves. Cosette même n'était déjà plus très triste[15]. Du reste, cela était ainsi, mais elle ne s'en rendait pas compte. Le matin, vers dix heures, après déjeuner, lorsqu'elle avait réussi à entraîner son père pour un quart d'heure dans le jardin, et qu'elle le promenait au soleil devant le perron en lui soutenant son bras malade, elle ne s'apercevait point qu'elle riait à chaque instant et qu'elle était heureuse.

Jean Valjean, enivré, la voyait redevenir vermeille et fraîche.

— Oh! la bonne blessure! répétait-il tout bas.

Et[16] il était reconnaissant aux Thénardier.

Une fois sa blessure guérie, il avait repris ses promenades solitaires et crépusculaires.

Ce serait une erreur de croire qu'on peut se promener de la sorte seul dans les régions inhabitées de Paris sans rencontrer quelque aventure.

II

La mère Plutarque n'est pas embarrassée
pour expliquer un phénomène

Un soir le petit Gavroche n'avait point mangé; il se souvint qu'il n'avait pas non plus dîné la veille; cela devenait fatigant. Il prit la résolution d'essayer de souper. Il s'en alla rôder au delà de la Salpêtrière, dans les lieux déserts; c'est là que sont les aubaines; où il n'y a personne, on trouve quelque chose. Il parvint jusqu'à une peuplade qui lui parut être le village d'Austerlitz.

Dans une de ses précédentes flâneries, il avait remarqué là un vieux jardin hanté d'un vieux homme et d'une vieille femme, et dans ce jardin un pommier passable. A côté de ce pommier, il y avait une espèce de fruitier mal clos où l'on pouvait conquérir une pomme. Une pomme, c'est un souper; une pomme c'est la vie. Ce qui a perdu Adam pouvait sauver Gavroche. Le jardin côtoyait une ruelle solitaire non pavée et bordée de broussailles en attendant les maisons; une haie l'en séparait.

Gavroche se dirigea vers le jardin; il retrouva la ruelle, il reconnut le pommier, il constata le fruitier, il examina la haie; une haie, c'est une enjambée. Le jour déclinait, pas un chat dans la ruelle, l'heure était bonne. Gavroche ébaucha l'escalade, puis s'arrêta tout à coup.

On parlait dans le jardin. Gavroche regarda par une des claires-voies de la haie.

A deux pas de lui, au pied de la haie et de l'autre côté, précisément au point où l'eût fait déboucher la trouée qu'il méditait, il y avait une pierre couchée qui faisait une espèce de banc, et sur ce banc était assis le vieux homme du jardin, ayant devant lui la vieille femme debout. La vieille bougonnait. Gavroche, peu discret, écouta.

— Monsieur Mabeuf! disait la vieille.

— Mabeuf! pensa Gavroche, ce nom est farce.

Le vieillard interpellé ne bougeait point. La vieille répéta:

— Monsieur Mabeuf!

Le vieillard, sans quitter la terre des yeux, se décida à répondre:

— Quoi, mère Plutarque?

— Mère Plutarque! pensa Gavroche, autre nom farce.

La mère Plutarque reprit, et force fut au vieillard d'accepter la conversation.

— Le propriétaire n'est pas content.

— Pourquoi?

— On lui doit trois termes.

— Dans trois mois on lui en devra quatre.

— Il dit qu'il vous enverra coucher dehors.

— J'irai.

— La fruitière veut qu'on la paye. Elle ne lâche plus ses falourdes. Avec quoi vous chaufferez-vous cet hiver? Nous n'aurons point de bois.

— Il y a le soleil.

— Le boucher refuse crédit, il ne veut plus donner de viande.

— Cela se trouve bien. Je digère mal la viande. C'est lourd.

— Qu'est-ce qu'on aura pour dîner?

— Du pain.

— Le boulanger exige un acompte, et dit que pas d'argent, pas de pain.

— C'est bon.

— Qu'est-ce que vous mangerez?

— Nous avons les pommes du pommier.

— Mais, monsieur, on ne peut pourtant pas vivre comme ça sans argent.

— Je n'en ai pas.

La vieille s'en alla, le vieillard resta seul. Il se mit à songer. Gavroche songeait de son côté. Il faisait presque nuit.

Le premier résultat de la songerie de Gavroche, ce fut qu'au lieu d'escalader la haie, il s'accroupit dessous. Les branches s'écartaient un peu au bas de la broussaille.

— Tiens, s'écria intérieurement Gavroche, une alcôve ! et il s'y blottit. Il était presque adossé au banc du père Mabeuf. Il entendait l'octogénaire respirer.

Alors, pour dîner, il tâcha de dormir.

Sommeil de chat, sommeil d'un œil. Tout en s'assoupissant, Gavroche guettait.

La blancheur du ciel crépusculaire blanchissait la terre, et la ruelle faisait une ligne livide entre deux rangées de buissons obscurs.

Tout à coup, sur cette bande blanchâtre deux silhouettes parurent. L'une venait devant, l'autre, à quelque distance, derrière.

— Voilà deux êtres, grommela Gavroche.

La première silhouette semblait quelque vieux bourgeois courbé et pensif, vêtu plus que simplement, marchant lentement à cause de l'âge, et flânant le soir aux étoiles.

La seconde était droite, ferme, mince. Elle réglait son pas sur le pas de la première; mais dans la lenteur volontaire de l'allure, on sentait de la souplesse et de l'agilité. Cette silhouette avait, avec on ne sait quoi de farouche et d'inquiétant, toute la tournure de ce qu'on appelait alors un élégant; le chapeau était d'une bonne forme, la redingote était noire, bien coupée, probablement de beau drap, et serrée à la taille. La tête se dressait avec une sorte de grâce robuste, et, sous le chapeau, on entrevoyait dans le crépuscule un pâle profil d'adolescent. Ce profil avait une rose à la bouche. Cette seconde silhouette était bien connue de Gavroche; c'était Montparnasse.

Quant à l'autre, il n'en eût rien pu dire, sinon que c'était un vieux bonhomme.

Gavroche entra sur-le-champ en observation.

L'un de ces deux passants avait évidemment des projets sur l'autre. Gavroche était bien situé pour voir la suite. L'alcôve était fort à propos devenue cachette.

Montparnasse à la chasse, à une pareille heure, en un pareil lieu, cela était menaçant. Gavroche sentait ses entrailles de gamin s'émouvoir de pitié pour le vieux.

Que faire? intervenir? une faiblesse en secourant une autre! C'était de quoi rire pour Montparnasse. Gavroche ne se dissimulait pas que, pour ce redoutable bandit de dix-huit ans, le vieillard d'abord, l'enfant ensuite, c'étaient deux bouchées.

Pendant que Gavroche délibérait, l'attaque eut lieu, brusque et hideuse. Attaque de tigre à l'onagre, attaque d'araignée à la mouche. Montparnasse, à l'improviste, jeta la rose, bondit sur le vieillard, le colleta, l'empoigna et s'y cramponna, et Gavroche eut de la peine à retenir un cri. Un moment après, l'un de ces hommes était sous l'autre, accablé, râlant, se débattant, avec un genou de marbre sur la poitrine. Seulement ce n'était pas tout à fait ce à quoi Gavroche s'était attendu. Celui qui était à terre, c'était Montparnasse; celui qui était dessus, c'était le bonhomme.

Tout ceci se passait à quelques pas de Gavroche.

Le vieillard avait reçu le choc, et l'avait rendu, et rendu si terriblement qu'en un clin d'œil l'assaillant et l'assailli avaient changé de rôle.

— Voilà un fier invalide! pensa Gavroche.

Et il ne put s'empêcher de battre des mains. Mais ce fut un battement de mains perdu. Il n'arriva pas jusqu'aux deux combattants, absorbés et assourdis l'un par l'autre et mêlant leurs souffles dans la lutte.

Le silence se fit. Montparnasse cessa de se débattre. Gavroche eut cet aparté: Est-ce qu'il est mort?

Le bonhomme n'avait pas prononcé un mot ni jeté un cri. Il se redressa, et Gavroche l'entendit qui disait à Montparnasse:

— Relève-toi.

Montparnasse se releva, mais le bonhomme le tenait. Montparnasse avait l'attitude humiliée et furieuse d'un loup qui serait happé par un mouton.

Gavroche regardait et écoutait, faisant effort pour doubler ses yeux par ses oreilles. Il s'amusait énormément.

Il fut récompensé de sa consciencieuse anxiété de spectateur. Il put saisir au vol ce dialogue qui empruntait à l'obscurité on ne sait quel accent tragique. Le bonhomme questionnait. Montparnasse répondait.

— Quel âge as-tu?

— Dix-neuf ans.

— Tu es fort et bien portant. Pourquoi ne travailles-tu pas ?

— Ça m'ennuie.

— Quel est ton état ?

— Fainéant.

— Parle sérieusement. Peut-on faire quelque chose pour toi ? Qu'est-ce que tu veux être ?

— Voleur.

Il y eut un silence. Le vieillard semblait profondément pensif. Il était immobile et ne lâchait point Montparnasse.

De moment en moment, le jeune bandit, vigoureux et leste, avait des soubresauts de bête prise au piège. Il donnait une secousse, essayait un croc-en-jambe, tordait éperdument ses membres, tâchait de s'échapper. Le vieillard n'avait pas l'air de s'en apercevoir, et lui tenait les deux bras d'une seule main avec l'indifférence souveraine d'une force absolue.

La rêverie du vieillard dura quelque temps, puis, regardant fixement Montparnasse, il éleva doucement la voix, et lui adressa, dans cette ombre où ils étaient, une sorte d'allocution solennelle dont Gavroche ne perdit pas une syllabe :

— Mon enfant, tu entres par paresse dans la plus laborieuse des existences. Ah ! tu te déclares fainéant ! prépare-toi à travailler. As-tu vu une machine qui est redoutable ? cela s'appelle le laminoir. Il faut y prendre garde, c'est une chose sournoise et féroce ; si elle vous attrape le pan de votre habit, vous y passez tout entier. Cette machine, c'est l'oisiveté. Arrête-toi, pendant qu'il en est temps encore, et sauve-toi ! Autrement, c'est fini ; avant peu tu seras dans l'engrenage. Une fois pris, n'espère plus rien. A la fatigue, paresseux ! plus de repos. La main de fer du travail implacable t'a saisi. Gagner ta vie, avoir une tâche, accomplir un devoir, tu ne veux pas ! être comme les autres, cela t'ennuie ! Eh bien ! tu seras autrement. Le travail est la loi ; qui le repousse ennui, l'aura supplice. Tu ne veux pas être ouvrier, tu seras esclave. Le travail ne vous lâche d'un côté que pour vous reprendre de l'autre ; tu ne veux pas être son ami, tu seras son nègre. Ah ! tu n'as pas voulu de la lassitude honnête des hommes, tu vas avoir la sueur des damnés. Où les autres chantent, tu râleras. Tu verras de loin, d'en bas, les autres hommes travailler ; il te semblera qu'ils se reposent. Le laboureur, le moissonneur, le matelot, le forgeron, t'apparaîtront dans la lumière comme les bienheureux d'un paradis. Quel rayonnement dans l'enclume ! Mener la charrue, lier la gerbe, c'est de la joie. La barque en liberté dans le vent, quelle fête ! Toi, paresseux, pioche, traîne, roule, marche ! Tire ton licou, te voilà bête de somme dans l'attelage de l'enfer ! Ah ! ne rien faire, c'était là ton but. Eh bien ! pas une semaine, pas une journée, pas une heure sans accablement. Tu ne pourras rien soulever qu'avec angoisse. Toutes les minutes qui passeront feront craquer tes muscles. Ce qui est plume pour les autres sera pour toi rocher. Les choses les plus simples s'escarperont. La vie se fera monstre autour de toi. Aller, venir, respirer, autant de travaux terribles. Ton poumon te fera l'effet d'un poids de cent livres. Marcher ici plutôt que là, ce sera un problème à résoudre. Le premier venu qui veut sortir pousse sa porte, c'est fait, le voilà dehors. Toi, si tu veux sortir, il te faudra percer ton mur. Pour aller dans la rue, qu'est-ce que tout le monde fait ? Tout le monde descend l'escalier, toi, tu déchireras tes draps de lit, tu en feras brin à brin une corde, puis tu passeras par ta fenêtre, et tu te suspendras à ce fil sur un abîme, et ce sera la nuit, dans l'orage, dans la pluie, dans l'ouragan, et, si la corde est trop courte, tu n'auras plus qu'une manière de descendre, tomber. Tomber au hasard, dans le gouffre, d'une hauteur quelconque, sur quoi ? sur ce qui est en bas, sur l'inconnu. Ou tu grimperas par un tuyau de cheminée, au risque de t'y brûler ; ou tu ramperas par un conduit de latrines, au risque de t'y noyer. Je ne te parle pas des trous qu'il faut masquer, des pierres qu'il faut ôter et remettre vingt fois par jour, des plâtras qu'il faut cacher dans sa paillasse. Une serrure se présente ; le bourgeois a dans sa poche sa clef fabriquée par un serrurier. Toi, si tu veux passer outre, tu es condamné à faire un chef-d'œuvre effrayant ; tu prendras un gros sou, tu le couperas en deux lames ; avec quels outils ? tu les inventeras. Cela te regarde. Puis tu creuseras l'intérieur de ces deux lames, en ménageant soigneusement le dehors, et tu pratiqueras sur le bord tout autour un pas de vis, de façon qu'elles s'ajustent étroitement l'une sur l'autre comme un fond et comme un couvercle. Le dessous et le dessus ainsi vissés, on

n'y devinera rien. Pour les surveillants, car tu seras
guetté, ce sera un gros sou; pour toi, ce sera une boîte.
Que mettras-tu dans cette boîte? Un petit morceau
d'acier. Un ressort de montre auquel tu auras fait des
dents et qui sera une scie. Avec cette scie, longue comme
une épingle et cachée dans un sou, tu devras couper le
pêne de la serrure, la mèche du verrou, l'anse du cadenas,
et le barreau que tu auras à ta fenêtre, et la manille que
tu auras à ta jambe. Ce chef-d'œuvre fait, ce prodige
accompli, tous ces miracles d'art, d'adresse, d'habileté,
de patience, exécutés, si l'on vient à savoir que tu en es
l'auteur, quelle sera ta récompense? le cachot. Voilà
l'avenir. La paresse, le plaisir, quels précipices! Ne rien
faire, c'est un lugubre parti pris, sais-tu bien? Vivre
oisif de la substance sociale! être inutile, c'est-à-dire
nuisible! cela mène droit au fond de la misère. Malheur
à qui veut être parasite! il sera vermine. Ah! il ne te
plaît pas de travailler! Ah! tu n'as qu'une pensée : bien
boire, bien manger, bien dormir. Tu boiras de l'eau,
tu mangeras du pain noir, tu dormiras sur une planche
avec une ferraille rivée à tes membres et dont tu sentiras
la nuit le froid sur ta chair! Tu briseras cette ferraille,
tu t'enfuiras. C'est bon. Tu te traîneras sur le ventre
dans les broussailles et tu mangeras de l'herbe comme
les brutes des bois. Et tu seras repris. Et alors tu passeras
des années dans une basse-fosse, scellé à une muraille,
tâtonnant pour boire à ta cruche, mordant dans un
affreux pain de ténèbres dont les chiens ne voudraient
pas, mangeant des fèves que les vers auront mangées
avant toi. Tu seras cloporte dans une cave. Ah! aie
pitié de toi-même, misérable enfant, tout jeune, qui
tétais ta nourrice il n'y a pas vingt ans, et qui a sans doute
encore ta mère! je t'en conjure, écoute-moi. Tu veux de
fin drap noir, des escarpins vernis, te friser, te mettre
dans tes boucles de l'huile qui sent bon, plaire aux
créatures, être joli. Tu seras tondu ras, avec une casaque
rouge et des sabots. Tu veux une bague au doigt, tu
auras un carcan au cou. Et si tu regardes une femme, un
coup de bâton. Et tu entreras là à vingt ans, et tu en
sortiras à cinquante! Tu entreras jeune, rose, frais, avec
tes yeux brillants et toutes tes dents blanches, et ta belle
chevelure d'adolescent, tu sortiras cassé, courbé, ridé,
édenté, horrible, en cheveux blancs! Ah! mon pauvre

enfant, tu fais fausse route, la fainéantise te conseille
mal; le plus rude des travaux, c'est le vol. Crois-moi,
n'entreprends pas cette pénible besogne d'être un paresseux. Devenir un coquin, ce n'est pas commode. Il est
moins malaisé d'être honnête homme. Va maintenant,
et pense à ce que je t'ai dit. A propos, que voulais-tu
de moi? Ma bourse. La voici.

Et le vieillard, lâchant Montparnasse, lui mit dans la
main sa bourse, que Montparnasse soupesa un moment;
après quoi, avec la même précaution machinale que s'il
l'eût volée, Montparnasse la laissa glisser doucement
dans la poche de derrière de sa redingote.

Tout cela dit et fait, le bonhomme tourna le dos et
reprit tranquillement sa promenade.

— Ganache! murmura Montparnasse.

Qui était ce bonhomme? le lecteur l'a sans doute
deviné.

Montparnasse, stupéfait, le regarda disparaître dans
le crépuscule. Cette contemplation lui fut fatale.

Tandis que le vieillard s'éloignait, Gavroche s'approchait.

Gavroche, d'un coup d'œil de côté, s'était assuré que
le père Mabeuf, endormi peut-être, était toujours assis
sur le banc. Puis le gamin était sorti de sa broussaille,
et s'était mis à ramper dans l'ombre en arrière de Montparnasse immobile. Il parvint ainsi jusqu'à Montparnasse, sans en être vu ni entendu, insinua doucement sa
main dans la poche de derrière de la redingote de fin
drap noir, saisit la bourse, retira sa main, et, se remettant
à ramper, fit une évasion de couleuvre dans les ténèbres.
Montparnasse, qui n'avait aucune raison d'être sur ses
gardes et qui songeait pour la première fois de sa vie,
ne s'aperçut de rien. Gavroche, quand il fut revenu au
point où était le père Mabeuf, jeta la bourse par-dessus
la haie, et s'enfuit à toutes jambes.

La bourse tomba sur le pied du père Mabeuf. Cette
commotion le réveilla. Il se pencha, et ramassa la bourse.
Il n'y comprit rien, et l'ouvrit. C'était une bourse à deux
compartiments; dans l'un, il y avait quelque monnaie;
dans l'autre, il y avait six napoléons.

M. Mabeuf, fort effaré, porta la chose à sa gouvernante.

— Cela tombe du ciel, dit la mère Plutarque.

LIVRE CINQUIÈME

DONT LA FIN NE RESSEMBLE PAS AU COMMENCEMENT

I

La solitude et la caserne combinées[1]

La douleur de Cosette, si poignante encore et si vive quatre ou cinq mois[2] auparavant, était, à son insu même, entrée en convalescence. La nature, le printemps, la jeunesse, l'amour pour son père, la gaîté des oiseaux et des fleurs faisaient filtrer peu à peu, jour à jour, goutte à goutte, dans cette âme si vierge et si jeune[3], on ne sait quoi qui ressemblait presque à l'oubli. Le feu s'y éteignait-il tout à fait? ou s'y formait-il seulement des couches de cendre? Le fait est qu'elle ne se sentait presque plus de point douloureux et brûlant.

Un jour elle pensa tout à coup à Marius : — Tiens! dit-elle, je n'y pense plus.

Dans cette même semaine elle remarqua, passant devant la grille du jardin, un fort bel officier de lanciers, taille de guêpe, ravissant uniforme, joues de jeune fille, sabre sous le bras, moustaches cirées, schapska verni. Du reste cheveux blonds, yeux bleus à fleur de tête, figure ronde, vaine, insolente et jolie; tout le contraire de Marius. Un cigare à la bouche. — Cosette songea que cet officier était sans doute du régiment caserné rue de Babylone.

Le lendemain, elle le vit encore passer. Elle remarqua l'heure. A dater de ce moment, était-ce le hasard? presque tous les jours elle le vit passer.

Les camarades de l'officier s'aperçurent qu'il y avait là, dans ce jardin « mal tenu », derrière cette méchante grille rococo, une assez jolie créature qui se trouvait presque toujours là au passage du beau lieutenant[4], lequel n'est point inconnu du lecteur et s'appelait Théodule Gillenormand.

— Tiens ! lui disaient-ils. Il y a une petite qui te fait l'œil, regarde donc.

— Est-ce que j'ai le temps, répondait le lancier, de regarder toutes les filles qui me regardent?

C'était précisément l'instant où Marius descendait gravement vers l'agonie et disait[5] : — Si je pouvais seulement la revoir avant de mourir ! — Si son souhait eût été réalisé, s'il eût vu en ce moment-là Cosette regardant un lancier, il[6] n'eût pas pu prononcer une parole et il eût expiré de douleur.

A qui la faute? A personne[7].

Marius était de ces tempéraments[8] qui s'enfoncent dans le chagrin et qui y séjournent; Cosette était de ceux qui s'y plongent et qui en sortent.

Cosette du reste traversait ce moment[9] dangereux, phase fatale de la rêverie féminine abandonnée à elle-même, où le cœur d'une jeune fille isolée ressemble à ces vrilles de la vigne qui s'accrochent, selon le hasard, au chapiteau d'une colonne de marbre ou au poteau d'un cabaret.

Moment rapide et décisif, critique pour toute orpheline, qu'elle soit pauvre ou qu'elle soit riche, car la richesse ne défend pas du mauvais choix; on se mésallie très haut; la vraie mésalliance est celle des âmes; et, de même que plus d'un jeune homme inconnu, sans nom, sans naissance, sans fortune, est un chapiteau de marbre qui soutient un temple de grands sentiments et de grandes idées, de même tel homme du monde, satisfait et opulent, qui a des bottes polies et des paroles vernies, si l'on regarde, non le dehors, mais le dedans, c'est-à-dire ce qui est réservé à la femme, n'est autre chose qu'un soliveau stupide obscurément hanté par les passions violentes, immondes et avinées; le poteau d'un cabaret[10].

Qu'y avait-il dans l'âme de Cosette? De la passion calmée ou endormie[11]; de l'amour à l'état flottant; quelque chose qui était limpide[12], brillant, trouble à une certaine profondeur, sombre plus bas. L'image du bel officier se reflétait à la surface. Y avait-il un souvenir au fond? — tout au fond? — Peut-être. Cosette ne savait pas.

Il survint un incident singulier.

II

Peurs de Cosette

Dans la première quinzaine d'avril, Jean Valjean fit un voyage. Cela, on le sait, lui arrivait[1] de temps en temps, à de très longs intervalles. Il restait absent un ou deux jours, trois jours au plus[2]. Où allait-il? personne ne le savait, pas même Cosette. Une fois seulement[3] à un de ces départs, elle l'avait accompagné en fiacre jusqu'au coin d'un petit cul-de-sac sur l'angle duquel elle avait lu : *Impasse de la Planchette*[4]. Là il était descendu, et le fiacre avait ramené Cosette rue de Babylone. C'était en général quand l'argent manquait à la maison que Jean Valjean faisait ces petits voyages.

Jean Valjean était donc absent. Il avait dit : Je reviendrai dans trois jours.

Le soir, Cosette était seule dans le salon. Pour se désennuyer, elle avait ouvert son piano-orgue et elle s'était mise à chanter, en s'accompagnant, le chœur d'Euryanthe : *Chasseurs égarés dans les bois*[5] ! qui est peut-être ce qu'il y a de plus beau dans toute la musique. Quand elle eut fini, elle demeura pensive.

Tout à coup il lui sembla qu'elle entendait marcher dans le jardin. Ce ne pouvait être son père, il était absent; ce ne pouvait être Toussaint[6], elle était couchée. Il était dix heures du soir. Elle alla près du volet du salon qui était fermé et y colla son oreille. Il lui parut que c'était le pas d'un homme, et qu'on marchait très doucement.

Elle monta rapidement au premier, dans sa chambre, ouvrit un vasistas percé dans son volet, et regarda dans le jardin. C'était le moment de la pleine lune. On y voyait comme s'il eût fait jour. Il n'y avait personne.

Elle ouvrit la fenêtre. Le jardin était absolument calme, et tout ce qu'on apercevait de la rue était désert comme toujours.

Cosette pensa qu'elle s'était trompée. Elle avait cru entendre ce bruit. C'était une hallucination produite par ce sombre et prodigieux chœur[7] de Weber qui ouvre devant l'esprit des profondeurs effarées, qui tremble au regard comme une forêt vertigineuse, et où l'on entend le craquement des branches mortes sous le pas inquiet des chasseurs entrevus dans le crépuscule[8].

Elle n'y songea plus.

D'ailleurs Cosette de sa nature n'était pas très effrayée[9]. Il y avait dans ses veines du sang de bohémienne et d'aventurière qui va pieds nus. On s'en souvient, elle était plutôt alouette que colombe. Elle avait un fond farouche et brave.

Le lendemain, moins tard, à la tombée de la nuit, elle se promenait dans le jardin. Au milieu des pensées confuses qui l'occupaient, elle croyait bien percevoir par instants un bruit pareil[10] au bruit de la veille, comme de quelqu'un qui marcherait dans l'obscurité sous les arbres pas très loin d'elle, mais elle se disait que rien ne ressemble à un pas qui marche dans l'herbe comme le froissement de deux branches qui se déplacent d'elles-mêmes, et elle[11] n'y prenait pas garde. Elle ne voyait rien d'ailleurs.

Elle sortit de « la broussaille »; il lui restait à traverser[12] une petite pelouse verte pour regagner le perron. La lune, qui venait de se lever derrière elle, projeta, comme Cosette sortait du massif, son ombre devant elle sur cette pelouse.

Cosette s'arrêta terrifiée.

A côté de son ombre, la lune découpait distinctement sur le gazon une autre ombre singulièrement effrayante et terrible, une ombre qui avait un chapeau rond. C'était comme l'ombre d'un homme qui eût été debout sur la lisière du massif à quelques pas en arrière de Cosette.

Elle fut une minute sans pouvoir parler, ni crier, ni appeler, ni bouger, ni tourner la tête. Enfin elle rassembla tout son courage et se retourna résolument. Il n'y avait personne. Elle regarda à terre. L'ombre avait disparu.

Elle rentra dans la broussaille, fureta hardiment dans[13] les coins, alla jusqu'à la grille, et ne trouva rien.

Elle se sentit vraiment glacée[14]. Était-ce encore une hallucination? Quoi! deux jours de suite? Une hallucination, passe, mais deux hallucinations? Ce qui était inquiétant, c'est que l'ombre n'était assurément[15] pas un fantôme. Les fantômes ne portent guère de chapeaux ronds.

Le lendemain Jean Valjean revint. Cosette lui conta ce qu'elle avait cru entendre et voir. Elle s'attendait à être rassurée et que son père hausserait les épaules et lui dirait : Tu es une petite fille folle. Jean Valjean devint soucieux.

— Ce ne peut être rien, lui dit-il.

Il la quitta sous un prétexte et alla dans le jardin, et elle l'aperçut qui examinait la grille avec beaucoup d'attention.

Dans la nuit elle se réveilla ; cette fois elle était sûre, elle entendait distinctement marcher tout près du perron au-dessous de sa fenêtre. Elle courut à son vasistas et l'ouvrit. Il y avait en effet dans le jardin un homme qui tenait un gros bâton à la main. Au moment où elle allait crier, la lune éclaira le profil de l'homme. C'était son père. Elle se recoucha en se disant : — Il est donc bien inquiet !

Jean Valjean passa dans le jardin cette nuit-là et les deux nuits qui suivirent. Cosette le vit par le trou de son volet.

La troisième nuit, la lune décroissait et commençait à se lever plus tard, il pouvait être une heure du matin, elle entendit un grand éclat de rire et la voix de son père qui l'appelait :

— Cosette !

Elle se jeta à bas du lit, passa sa robe de chambre et ouvrit sa fenêtre.

Son père était en bas sur la pelouse.

— Je te réveille pour te rassurer, dit-il. Regarde. Voici ton ombre en chapeau rond.

Et il lui montrait sur le gazon une ombre portée que la lune dessinait et qui ressemblait en effet assez bien au spectre[16] d'un homme qui eût eu un chapeau rond. C'était une silhouette produite par un tuyau de cheminée en tôle, à chapiteau, qui s'élevait au-dessus d'un toit[17] voisin.

Cosette aussi se mit à rire, toutes ses suppositions lugubres tombèrent, et le lendemain, en déjeunant avec son père, elle s'égaya[18] du sinistre jardin hanté par des ombres de tuyaux de poêle.

Jean Valjean redevint tout à fait tranquille ; quant à Cosette, elle ne remarqua pas beaucoup si le tuyau de poêle était bien dans la direction de l'ombre qu'elle avait vue ou cru voir, et si la lune se trouvait au même point du ciel. Elle ne s'interrogea point sur cette singularité d'un tuyau de poêle qui craint d'être pris en flagrant délit et qui se retire quand on regarde son ombre, car l'ombre s'était effacée quand Cosette s'était retournée et Cosette avait bien cru en être sûre. Cosette se rasséréna pleinement. La démonstration lui parut complète, et qu'il pût y avoir quelqu'un qui marchait le soir ou la nuit dans le jardin, ceci lui sortit de la tête.

A quelques jours de là cependant un nouvel incident se produisit.

III

ENRICHIES DES COMMENTAIRES DE TOUSSAINT

Dans le jardin, près de la grille sur la rue, il y avait un banc de pierre défendu par une charmille du regard des curieux, mais auquel pourtant, à la rigueur, le bras d'un passant pouvait atteindre à travers la grille et la charmille.

Un soir de ce même mois d'avril, Jean Valjean était sorti, Cosette, après le soleil couché[1], s'était assise sur ce banc. Le vent fraîchissait dans les arbres; Cosette songeait; une tristesse sans objet la gagnait peu à peu, cette tristesse invincible que donne le soir et qui vient peut-être, qui sait? du mystère de la tombe entr'ouvert à cette heure-là.

Fantine était peut-être dans cette ombre[2].

Cosette se leva, fit lentement le tour du jardin, marchant dans l'herbe inondée de rosée et se disant à travers l'espèce de somnambulisme mélancolique où elle était plongée : — Il faudrait vraiment des sabots pour le jardin à cette heure-ci. On s'enrhume.

Elle revint au banc. Au moment de s'y rasseoir, elle remarqua à la place qu'elle avait quittée une assez grosse pierre qui n'y était évidemment pas l'instant d'auparavant.

Cosette considéra cette pierre, se demandant ce que cela voulait dire. Tout à coup l'idée que[3] cette pierre n'était point venue sur ce banc toute seule, que quelqu'un l'avait mise là, qu'un bras avait passé à travers cette grille, cette idée lui apparut et lui fit peur. Cette fois ce fut une vraie peur[4]. Pas de doute possible; la pierre était là; elle n'y toucha pas, s'enfuit sans oser regarder derrière elle, se réfugia dans la maison, et ferma tout de suite au volet, à la barre et au verrou la porte-fenêtre du perron. Elle demanda à Toussaint :

— Mon père est-il rentré ?

— Pas encore, mademoiselle.

(Nous avons indiqué une fois pour toutes le bégayement de Toussaint. Qu'on nous permette de ne plus l'accentuer. Nous répugnons à la notation musicale d'une infirmité[5].)

Jean Valjean, homme pensif et promeneur nocturne, ne rentrait souvent qu'assez tard dans la nuit.

— Toussaint, reprit Cosette, vous avez soin de bien barricader[6] le soir les volets sur le jardin au moins, avec les barres, et de bien mettre les petites choses en fer dans les petits anneaux[7] qui ferment ?

— Oh ! soyez tranquille, mademoiselle.

Toussaint n'y manquait pas, et Cosette le savait bien, mais elle ne put s'empêcher d'ajouter[8] :

— C'est que c'est si désert par ici !

— Pour ça, dit Toussaint, c'est vrai. On serait assassiné avant d'avoir le temps de dire ouf ! Avec cela que monsieur ne couche pas dans la maison. Mais ne craignez rien, mademoiselle, je ferme les fenêtres comme des bastilles. Des femmes seules ! je crois[9] bien que cela fait frémir ! Vous figurez-vous ? voir entrer la nuit des hommes dans la chambre qui vous disent : « Tais-toi ! » et qui se mettent à vous couper le cou. Ce n'est pas tant de mourir, on[10] meurt, c'est bon, on sait bien qu'il faut qu'on meure, mais c'est l'abomination de sentir ces gens-là vous toucher. Et puis leurs couteaux, ça doit mal couper ! Ah Dieu !

— Taisez-vous, dit Cosette. Fermez[11] bien tout.

Cosette, épouvantée du mélodrame improvisé par Toussaint et peut-être aussi du souvenir des apparitions de l'autre semaine qui lui revenaient, n'osa même pas lui dire[12] : — Allez donc voir la pierre qu'on a mise sur le banc ! de peur de rouvrir la porte du jardin, et que « les hommes » n'entrassent. Elle fit clore soigneusement partout les portes et fenêtres, fit visiter par Toussaint toute la maison de la cave au grenier[13], s'enferma dans sa chambre, mit ses verrous, regarda sous son lit, se coucha, et dormit mal. Toute la nuit elle vit la pierre grosse comme une montagne et pleine de cavernes.

Au soleil levant, — le propre du soleil levant est de nous faire rire de toutes nos terreurs de la nuit, et le rire qu'on a est toujours proportionné à la peur qu'on a eue, — au soleil levant Cosette, en s'éveillant, vit son effroi comme un cauchemar, et se dit : — A quoi ai-je été songer ? C'est comme ces pas que j'avais cru entendre l'autre semaine dans le jardin la nuit ! C'est comme l'ombre du tuyau de poêle[14] ! Est-ce que je vais devenir poltronne à présent ? — Le soleil, qui rutilait aux fentes de ses volets et faisait de pourpre les rideaux de damas, la rassura tellement que tout s'évanouit dans sa pensée, même la pierre.

— Il n'y avait pas plus de pierre sur le banc qu'il[15] n'y avait d'homme en chapeau rond dans le jardin ; j'ai rêvé la pierre comme le reste.

Elle s'habilla, descendit au jardin, courut au banc, et se sentit une sueur froide. La pierre y était. Mais ce ne fut qu'un moment. Ce qui est frayeur la nuit est curiosité le jour.

— Bah ! dit-elle, voyons donc.

Elle souleva cette pierre qui était assez grosse. Il y avait dessous quelque chose qui ressemblait à une lettre. C'était une enveloppe de papier blanc. Cosette s'en saisit. Il n'y avait pas d'adresse d'un côté, pas de cachet de l'autre. Cependant l'enveloppe, quoique ouverte, n'était point[16] vide. On entrevoyait des papiers dans l'intérieur.

Cosette y fouilla[17]. Ce n'était plus de la frayeur, ce n'était plus de la curiosité ; c'était un commencement d'anxiété.

Cosette tira de l'enveloppe ce qu'elle contenait, un petit cahier de papier dont chaque page était numérotée et portait quelques lignes écrites d'une écriture assez jolie, pensa Cosette, et très fine.

Cosette chercha un nom, il n'y en avait pas ; une signature, il n'y en avait pas. A qui cela était-il adressé ? A elle probablement, puisqu'une main avait déposé le paquet sur son banc. De qui cela venait-il ? Une fascination irrésistible s'empara d'elle, elle essaya de détourner ses yeux de ces feuillets qui tremblaient[18] dans sa main, elle regarda le ciel, la rue, les acacias tout trempés de lumière, des pigeons qui volaient sur un toit voisin, puis tout à coup son regard s'abaissa vivement sur le

Vous qui souffrez parce que vous aimez, aimez plus encore. Mourir d'amour, c'est en vivre.

Aimez. Une sombre transfiguration étoilée est mêlée à ce supplice. Il y a de l'extase dans l'agonie.

O joie des oiseaux ! c'est parce qu'ils ont le nid qu'ils ont le chant.

L'amour est une respiration céleste de l'air du paradis.

Cœurs profonds, esprits sages, prenez la vie comme Dieu la fait[8]. C'est une longue épreuve, une préparation inintelligible à la destinée inconnue. Cette destinée, la vraie, commence pour l'homme à la première marche de l'intérieur du tombeau. Alors il lui apparaît quelque chose, et il commence à distinguer le définitif. Le définitif, songez à ce mot. Les vivants voient l'infini ; le définitif ne se laisse voir qu'aux morts. En attendant, aimez et souffrez, espérez et contemplez. Malheur, hélas ! à qui n'aura aimé que des corps, des formes, des apparences ! La mort lui ôtera tout. Tâchez d'aimer des âmes, vous les retrouverez.

J'ai rencontré dans la rue un jeune homme très pauvre qui aimait. Son chapeau était vieux, son habit était usé ; il avait les coudes troués ; l'eau passait à travers ses souliers et les astres à travers son âme.

Quelle grande chose, être aimé ! Quelle chose plus grande encore, aimer ! Le cœur devient héroïque à force de passion. Il ne se compose plus de rien que de pur ; il ne s'appuie plus sur rien que d'élevé et de grand. Une pensée indigne n'y peut pas plus germer qu'une ortie sur un glacier. L'âme haute et sereine, inaccessible aux passions et aux émotions vulgaires, dominant les nuées et les ombres de ce monde, les folies, les mensonges, les haines, les vanités, les misères, habite le bleu du ciel, et ne sent plus que les ébranlements profonds et souterrains de la destinée, comme le haut des montagnes sent les tremblements de terre.

S'il n'y avait pas quelqu'un qui aime, le soleil s'éteindrait.

même destinée; ils ne sont plus que les deux ailes d'un même esprit. Aimez, planez!

Le jour où une femme qui passe devant vous dégage de la lumière en marchant, vous êtes perdu, vous aimez. Vous n'avez plus qu'une chose à faire, penser à elle si fixement qu'elle soit contrainte de penser à vous.

Ce que l'amour commence ne peut être achevé que par Dieu.

L'amour vrai se désole et s'enchante pour un gant perdu ou pour un mouchoir trouvé, et[7] il a besoin de l'éternité pour son dévouement et ses espérances. Il se compose à la fois de l'infiniment grand et de l'infiniment petit.

Si vous êtes pierre, soyez aimant; si vous êtes plante, soyez sensitive; si vous êtes homme, soyez amour.

Rien ne suffit à l'amour. On a le bonheur, on veut le paradis; on a le paradis, on veut le ciel.

O vous qui vous aimez, tout cela est dans l'amour. Sachez l'y trouver. L'amour a autant que le ciel, la contemplation, et de plus que le ciel, la volupté.

— Vient-elle encore au Luxembourg? — Non, monsieur. — C'est dans cette église qu'elle entend la messe, n'est-ce pas? — Elle n'y vient plus. — Habite-t-elle toujours cette maison? — Elle est déménagée. — Où est-elle allée demeurer? — Elle ne l'a pas dit.

Quelle chose sombre de ne pas savoir l'adresse de son âme!

L'amour a des enfantillages, les autres passions ont des petitesses. Honte aux passions qui rendent l'homme petit! Honneur à celle qui le fait enfant!

C'est une chose étrange, savez-vous cela? Je suis dans la nuit. Il y a un être qui en s'en allant a emporté le ciel.

Oh! être couchés côte à côte dans le même tombeau la main dans la main, et de temps en temps, dans les ténèbres, nous caresser doucement un doigt, cela suffirait à mon éternité.

O printemps, tu es une lettre que je lui écris[2].

L'avenir appartient encore bien plus aux cœurs qu'aux esprits. Aimer, voilà la seule chose qui puisse occuper et emplir l'éternité. A l'infini, il faut l'inépuisable.

L'amour participe de l'âme même. Il est de même nature qu'elle. Comme elle il est étincelle divine, comme elle il est incorruptible, indivisible, impérissable. C'est un point de feu qui est en nous, qui est immortel et infini, que rien ne peut borner et que rien ne peut éteindre. On le sent brûler jusque dans la moelle des os et on le voit rayonner jusqu'au fond du ciel.

O amour ! adorations ! volupté de deux esprits qui[3] se comprennent, de deux cœurs qui s'échangent, de deux regards qui se pénètrent[4] ! Vous me viendrez, n'est-ce pas, bonheurs ! Promenades à deux dans les solitudes ! Journées bénies et rayonnantes ! J'ai quelquefois rêvé que de temps en temps des heures se détachaient de la vie des anges et venaient ici-bas traverser la destinée des hommes.

Dieu ne peut rien ajouter au bonheur de ceux qui s'aiment que de leur donner la durée sans fin. Après une vie d'amour, une éternité d'amour, c'est une augmentation en effet; mais accroître en son intensité même la félicité ineffable que l'amour donne à l'âme dès ce monde, c'est impossible, même à Dieu. Dieu, c'est la plénitude du ciel; l'amour, c'est la plénitude de l'homme[5].

Vous regardez une étoile pour deux motifs, parce qu'elle est lumineuse et parce qu'elle est impénétrable. Vous avez auprès de vous un plus doux rayonnement et un plus grand mystère, la femme.

Tous, qui que nous soyons, nous avons nos êtres respirables. S'ils nous manquent, l'air nous manque, nous étouffons. Alors on meurt. Mourir par manque d'amour, c'est affreux. L'asphyxie de l'âme !

Quand l'amour a fondu et mêlé deux êtres dans une unité angélique et sacrée[6], le secret de la vie est trouvé pour eux; ils ne sont plus que les deux termes d'une

manuscrit, et elle se dit qu'il fallait qu'elle sût ce qu'il y avait là dedans.

Voici ce qu'elle lut :

IV

Un cœur sous une pierre[1]

La réduction de l'univers à un seul être, la dilatation d'un seul être jusqu'à Dieu, voilà l'amour.

L'amour, c'est la salutation des anges aux astres.

Comme l'âme est triste quand elle est triste par l'amour !

Quel vide que l'absence de l'être qui à lui seul remplit le monde ! Oh ! comme il est vrai que l'être aimé devient Dieu. On comprendrait que Dieu en fût jaloux si le Père de tout n'avait pas évidemment fait la création pour l'âme, et l'âme pour l'amour.

Il suffit d'un sourire entrevu là-bas sous un chapeau de crêpe blanc à bavolet lilas, pour que l'âme entre dans le palais des rêves.

Dieu est derrière tout, mais tout cache Dieu. Les choses sont noires, les créatures sont opaques. Aimer un être, c'est le rendre transparent.

De certaines pensées sont des prières. Il y a des moments où, quelle que soit l'attitude du corps, l'âme est à genoux.

Les amants séparés trompent l'absence par mille choses chimériques qui ont pourtant leur réalité. On les empêche de se voir, ils ne peuvent s'écrire ; ils trouvent une foule de moyens mystérieux de correspondre. Ils s'envoient le chant des oiseaux, le parfum des fleurs, le rire des enfants, la lumière du soleil, les soupirs du vent, les rayons des étoiles, toute la création. Et pourquoi non ? Toutes les œuvres de Dieu sont faites pour servir l'amour. L'amour est assez puissant pour charger la nature entière de ses messages.

V

COSETTE APRÈS LA LETTRE

Pendant cette lecture, Cosette entrait peu à peu en rêverie[1]. Au moment où elle levait les yeux de la dernière ligne du cahier, le bel officier, c'était son heure, passa triomphant devant la grille. Cosette le trouva hideux.

Elle se remit à contempler le cahier. Il était écrit d'une écriture ravissante, pensa Cosette; de la même main, mais avec des encres diverses, tantôt très noires, tantôt blanchâtres, comme[2] lorsqu'on met de l'eau dans l'encrier, et par conséquent à des jours différents. C'était donc une pensée qui s'était épanchée là, soupir à soupir[3], irrégulièrement, sans ordre, sans choix, sans but, au hasard. Cosette n'avait jamais rien lu de pareil. Ce manuscrit, où elle voyait plus de clarté encore que d'obscurité, lui faisait l'effet d'un sanctuaire entr'ouvert[4]. Chacune de ces lignes mystérieuses resplendissait à ses yeux et lui inondait le cœur d'une lumière étrange. L'éducation qu'elle avait reçue lui avait parlé toujours de l'âme et jamais de l'amour, à peu près comme qui parlerait du tison et point de la flamme. Ce manuscrit de quinze pages lui révélait brusquement et doucement tout l'amour, la douleur, la destinée[5], la vie, l'éternité, le commencement, la fin. C'était comme une main qui se serait ouverte et lui aurait jeté subitement une poignée de rayons. Elle sentait dans ces quelques lignes une nature passionnée, ardente, généreuse, honnête, une volonté sacrée[6], une immense douleur et un espoir immense, un cœur serré, une extase épanouie. Qu'était-ce que ce manuscrit? Une lettre. Lettre sans adresse, sans nom, sans date, sans signature, pressante et désintéressée, énigme[7] composée de vérités, message d'amour fait pour être apporté par un ange et lu par une vierge, rendez-vous donné hors de la terre, billet doux d'un fantôme à une ombre[8]. C'était un absent tranquille et accablé qui semblait prêt à se réfugier dans la mort et qui envoyait à l'absente le secret de la destinée, la clef de la vie, l'amour. Cela avait été écrit le pied dans le tombeau et le doigt dans le ciel. Ces lignes, tombées une à une sur le papier, étaient ce qu'on pourrait appeler des gouttes d'âme[9].

Maintenant ces pages, de qui pouvaient-elles venir ? qui pouvait les avoir écrites ? Cosette n'hésita pas une minute. Un seul homme.

Lui !

Le jour s'était refait dans son esprit. Tout avait reparu. Elle éprouvait une joie inouïe et une angoisse profonde. C'était lui ! lui qui lui écrivait ! lui qui était là ! lui dont le bras avait passé à travers cette grille ! Pendant qu'elle l'oubliait, il l'avait retrouvée ! Mais est-ce qu'elle l'avait oublié ? Non ! jamais ! Elle était folle d'avoir cru cela un moment. Elle l'avait toujours aimé, toujours adoré. Le feu s'était couvert et avait couvé quelque temps, mais elle le voyait bien, il n'avait fait que creuser plus avant, et maintenant il éclatait de nouveau et l'embrasait tout entière. Ce cahier était comme une flammèche tombée de cette autre âme dans la sienne, et elle sentait recommencer l'incendie. Elle se pénétrait de chaque mot du manuscrit[10] : — Oh oui ! disait-elle, comme je reconnais tout cela ! C'est tout ce que j'avais déjà lu dans ses yeux.

Comme elle l'achevait pour la troisième fois, le lieutenant Théodule revint devant la grille et fit sonner[11] ses éperons sur le pavé. Force fut à Cosette de lever les yeux. Elle le trouva fade, niais[12], sot, inutile, fat, déplaisant, impertinent, et très laid. L'officier crut devoir lui sourire. Elle se détourna honteuse et indignée. Elle lui aurait volontiers jeté quelque chose à la tête.

Elle s'enfuit, rentra dans la maison et s'enferma dans sa chambre pour relire le manuscrit, pour l'apprendre par cœur, et pour songer. Quand elle l'eut bien lu, elle le baisa et le mit dans son corset.

C'en était fait, Cosette était retombée dans le profond amour séraphique. L'abîme Éden venait de se rouvrir[13].

Toute la journée, Cosette fut dans une sorte d'étourdissement. Elle pensait à peine, ses idées étaient à l'état d'écheveau brouillé dans son cerveau, elle ne parvenait à rien conjecturer, elle espérait à travers un tremblement, quoi ? des choses vagues. Elle n'osait rien se promettre, et ne voulait rien se refuser[14]. Des pâleurs lui passaient sur le visage et des frissons sur le corps. Il lui semblait par moments qu'elle entrait dans le chimérique ; elle se disait : est-ce réel ? alors elle tâtait le papier bien-aimé sous sa robe[15], elle le pressait contre son cœur, elle en sentait les angles sur sa chair, et si Jean Valjean l'eût vue en ce moment, il eût frémi devant cette joie lumineuse et inconnue qui lui débordait des paupières. — Oh oui ! pensait-elle. C'est bien lui ! ceci vient de lui pour moi !

Et elle se disait qu'une intervention des anges, qu'un hasard céleste, le lui avait rendu.

O transfigurations de l'amour ! ô rêves ! ce hasard céleste, cette intervention des anges, c'était cette boulette de pain lancée par un voleur à un autre voleur, de la cour Charlemagne à la Fosse-aux-Lions, par-dessus les toits[16] de la Force.

VI

Les vieux sont faits pour sortir a propos

Le soir venu, Jean Valjean sortit ; Cosette s'habilla. Elle arrangea ses cheveux de la manière qui lui allait le mieux, et elle mit une robe dont le corsage, qui avait reçu un coup de ciseau de trop, et qui, par cette échancrure, laissait voir la naissance du cou, était, comme disent les jeunes filles, « un peu indécent ». Ce n'était pas le moins du monde indécent, mais c'était plus joli qu'autrement. Elle fit toute cette toilette sans savoir pourquoi.

Voulait-elle sortir ? non. Attendait-elle une visite ? non. A la brune, elle descendit au jardin. Toussaint était occupée à sa cuisine qui donnait sur l'arrière-cour.

Elle se mit à marcher sous les branches, les écartant de temps en temps avec la main, parce qu'il y en avait de très basses.

Elle arriva ainsi au banc. La pierre y était restée. Elle s'assit, et posa sa douce main blanche sur cette pierre comme si elle voulait la caresser et la remercier.

Tout à coup, elle eut cette impression indéfinissable qu'on éprouve, même sans voir, lorsqu'on a quelqu'un debout derrière soi. Elle tourna la tête et se dressa.

C'était lui.

Il était tête nue. Il paraissait pâle et amaigri. On distinguait à peine son vêtement noir. Le crépuscule blêmissait son beau front et couvrait ses yeux de ténèbres. Il avait, sous un voile d'incomparable douceur, quelque chose de la mort et de la nuit. Son visage était éclairé par la clarté du jour qui se meurt et par la pensée d'une âme qui s'en va. Il semblait que ce n'était pas encore le fantôme et que ce n'était déjà plus l'homme.

Son chapeau était jeté à quelques pas dans les broussailles.

Cosette, prête à défaillir, ne[1] poussa pas un cri. Elle reculait lentement, car elle se sentait attirée. Lui ne bougeait point. A je ne sais quoi d'ineffable et de triste qui l'enveloppait, elle sentait le regard de ses yeux qu'elle ne voyait pas.

Cosette, en reculant, rencontra un arbre et s'y adossa. Sans cet arbre, elle fût tombée.

Alors elle entendit sa voix, cette voix qu'elle n'avait vraiment jamais entendue, qui s'élevait au-dessus du frémissement des feuilles, et qui murmurait :

— Pardonnez-moi, je suis là. J'ai le cœur gonflé, je ne[2] pouvais pas vivre comme j'étais, je suis venu. Avez-vous lu ce que j'avais mis là, sur ce banc? Me reconnaissez-vous un peu? N'ayez pas peur de moi. Voilà du temps[3] déjà, vous rappelez-vous le jour où vous m'avez regardé? c'était dans le Luxembourg, près du Gladiateur. Et le jour où vous avez passé devant moi? C'étaient le 16 juin et le 2 juillet. Il va y avoir un an. Depuis bien longtemps, je ne vous ai plus vue. J'ai demandé à la loueuse de chaises, elle m'a dit qu'elle ne vous voyait plus[4]. Vous demeuriez rue de l'Ouest au troisième sur le devant dans une maison neuve, vous voyez que je sais? Je vous suivais, moi. Qu'est-ce que j'avais à faire? Et puis vous avez disparu. J'ai cru vous voir passer une fois que je lisais les journaux sous les arcades de l'Odéon. J'ai couru. Mais non. C'était une personne qui avait un chapeau comme vous. La nuit, je viens ici. Ne craignez pas, personne[5] ne me voit. Je viens regarder vos fenêtres de près. Je marche bien doucement pour que vous n'entendiez pas, car vous auriez peut-être peur. L'autre soir j'étais derrière vous, vous vous êtes retournée, je me suis enfui. Une fois je vous ai entendue chanter. J'étais heureux. Est-ce que cela vous fait quelque chose que je vous entende chanter à travers[6] le volet? cela ne peut rien vous faire. Non, n'est-ce pas? Voyez-vous, vous êtes mon ange, laissez-moi venir un peu. Je crois que je vais mourir[7]. Si vous saviez ! je vous adore, moi ! Pardonnez-moi, je vous parle, je ne sais pas ce que je vous dis, je vous fâche peut-être, est-ce que je vous fâche ?

— O ma mère ! dit-elle.

Et elle s'affaissa sur elle-même comme si elle se mourait[8].

Il la prit, elle tombait, il la prit dans ses bras, il la serra étroitement sans avoir conscience de ce qu'il faisait[9]. Il la soutenait tout en chancelant. Il était comme s'il avait la tête pleine de fumée ; des éclairs lui passaient entre les cils ; ses idées s'évanouissaient[10] ; il lui semblait qu'il accomplissait un acte religieux et qu'il commettait une profanation. Du reste il n'avait pas le moindre désir de cette femme ravissante dont il sentait la forme contre sa poitrine. Il était éperdu d'amour.

Elle lui prit une main et la posa sur son cœur. Il sentit le papier qui y était. Il balbutia :

— Vous m'aimez donc ?

Elle répondit d'une voix si basse que ce n'était plus qu'un souffle qu'on entendait à peine :

— Tais-toi ! tu le sais !

Et elle cacha sa tête rouge dans le sein du jeune homme superbe et enivré.

Il tomba sur le banc, elle près de lui. Ils n'avaient plus de paroles. Les étoiles commençaient à rayonner. Comment se fit-il que leurs lèvres se rencontrèrent ? Comment se fait-il que l'oiseau chante, que la neige fonde, que la rose s'ouvre, que mai s'épanouisse, que l'aube blanchisse derrière les arbres noirs au sommet frissonnant des collines ?

Un baiser, et ce fut tout.

Tous deux tressaillirent, et ils se regardèrent dans l'ombre avec des yeux éclatants. Ils ne sentaient ni la nuit fraîche, ni la pierre froide, ni la terre humide, ni l'herbe mouillée, ils se regardaient et ils avaient le cœur plein de pensées. Ils s'étaient pris les mains, sans savoir.

Elle ne lui demandait pas, elle n'y songeait pas même, par où il était entré et comment il avait pénétré dans le jardin. Cela lui paraissait si simple qu'il fût là !

De temps en temps le genou de Marius touchait le genou de Cosette, et tous deux frémissaient. Par intervalles, Cosette bégayait une parole. Son âme tremblait à ses lèvres comme une goutte de rosée à une fleur.

Peu à peu ils se parlèrent. L'épanchement succéda au silence qui est la plénitude. La nuit était sereine et splendide au-dessus de leur tête. Ces deux êtres, purs comme des esprits, se dirent tout, leurs songes, leurs ivresses, leurs extases, leurs chimères, leurs défaillances, comme ils s'étaient adorés de loin, comme ils s'étaient souhaités, leur désespoir quand ils avaient cessé de s'apercevoir. Ils se confièrent, dans une intimité idéale que rien déjà ne pouvait plus accroître, ce qu'ils avaient de plus caché et de plus mystérieux. Ils se racontèrent, avec une foi candide dans leurs illusions, tout ce que l'amour, la jeunesse et ce reste d'enfance qu'ils avaient, leur mettaient dans la pensée. Ces deux cœurs se versèrent l'un dans l'autre, de sorte qu'au bout d'une heure, c'était le jeune homme qui avait l'âme de la jeune fille et la jeune fille qui avait l'âme du jeune homme. Ils se pénétrèrent, ils s'enchantèrent, ils s'éblouirent.

Quand ils eurent fini, quand ils se furent tout dit, elle posa sa tête sur son épaule et lui demanda :

— Comment vous appelez-vous ?

— Je m'appelle Marius, dit-il. Et vous ?

— Je m'appelle Cosette.

LIVRE SIXIÈME

LE PETIT GAVROCHE

I

MÉCHANTE ESPIÈGLERIE DU VENT[1]

Depuis 1823, tandis que la gargote de Montfermeil sombrait et s'engloutissait peu à peu, non dans l'abîme d'une banqueroute, mais dans le cloaque des petites dettes, les mariés Thénardier avaient eu deux autres enfants, mâles tous deux. Cela faisait cinq; deux filles et trois garçons. C'était beaucoup.

La Thénardier s'était débarrassée des deux derniers, encore en bas âge et tout petits, avec un bonheur singulier.

Débarrassée est le mot. Il n'y avait chez cette femme qu'un fragment de nature. Phénomène dont il y a du reste plus d'un exemple. Comme la maréchale de La Mothe-Houdancourt, la Thénardier n'était mère que jusqu'à ses filles. Sa maternité finissait là. Sa haine du genre humain commençait à ses garçons. Du côté de ses fils sa méchanceté était à pic, et son cœur avait à cet endroit un lugubre escarpement. Comme on l'a vu, elle détestait l'aîné; elle exécrait les deux autres. Pourquoi? Parce que. Le plus terrible des motifs et la plus indiscutable des réponses : Parce que. — Je n'ai pas besoin d'une tiaulée d'enfants, disait cette mère.

Expliquons comment les Thénardier étaient parvenus à s'exonérer de leurs derniers enfants, et même à en tirer profit.

Cette fille Magnon, dont il a été question quelques pages plus haut, était la même qui avait réussi à faire renter par le bonhomme Gillenormand les deux enfants qu'elle avait. Elle demeurait quai des Célestins, à l'angle de cette antique rue du Petit-Musc qui a fait ce qu'elle a pu pour changer en bonne odeur sa mauvaise renommée[2]. On se souvient de la grande épidémie de croup qui désola, il y a trente-cinq ans, les quartiers riverains de la Seine à Paris, et dont la science profita pour expé-

rimenter sur une large échelle l'efficacité des insufflations
d'alun, si utilement remplacées aujourd'hui par la teinture externe d'iode. Dans cette épidémie, la Magnon
perdit, le même jour, l'un le matin, l'autre le soir, ses
deux garçons, encore en très bas âge. Ce fut un coup.
Ces enfants étaient précieux à leur mère; ils représentaient quatre-vingts francs par mois. Ces quatre-vingts
francs étaient fort exactement soldés, au nom de M. Gillenormand, par son receveur de rentes, M. Barge,
huissier retiré, rue du Roi-de-Sicile. Les enfants morts,
la rente était enterrée. La Magnon chercha un expédient.
Dans cette ténébreuse maçonnerie du mal dont elle
faisait partie, on sait tout, on se garde le secret, et l'on
s'entr'aide. Il fallait deux enfants à la Magnon; la Thénardier en avait deux. Même sexe, même âge. Bon arrangement pour l'une, bon placement pour l'autre. Les
petits Thénardier devinrent les petits Magnon. La
Magnon quitta le quai des Célestins et alla demeurer
rue Clocheperce[3]. A Paris, l'identité qui lie un individu
à lui-même se rompt d'une rue à l'autre.

L'état civil, n'étant averti par rien, ne réclama pas,
et la substitution se fit le plus simplement du monde.
Seulement le Thénardier exigea, pour ce prêt d'enfants,
dix francs par mois que la Magnon promit, et même
paya. Il va sans dire que M. Gillenormand continua de
s'exécuter. Il venait tous les six mois voir les petits. Il
ne s'aperçut pas du changement. — Monsieur, lui disait
la Magnon, comme ils vous ressemblent!

Thénardier, à qui les avatars étaient aisés, saisit
cette occasion de devenir Jondrette. Ses deux filles et
Gavroche avaient à peine eu le temps de s'apercevoir
qu'ils avaient deux petits frères. A un certain degré de
misère, on est gagné par une sorte d'indifférence spectrale, et l'on voit les êtres comme des larves. Vos plus
proches ne sont souvent pour vous que de vagues
formes de l'ombre, à peine distinctes du fond nébuleux
de la vie et facilement remêlées à l'invisible.

Le soir du jour où elle avait fait livraison de ses deux
petits à la Magnon, avec la volonté bien expresse d'y
renoncer à jamais, la Thénardier avait eu, ou fait
semblant d'avoir, un scrupule. Elle avait dit à son
mari :

— Mais c'est abandonner ses enfants, cela !

Thénardier, magistral et flegmatique, cautérisa le scrupule avec ce mot :

— Jean-Jacques Rousseau a fait mieux !

Du scrupule la mère avait passé à l'inquiétude :

— Mais si la police allait nous tourmenter? Ce que nous avons fait là, monsieur Thénardier, dis donc, est-ce que c'est permis?

Thénardier répondit :

— Tout est permis. Personne n'y verra que de l'azur. D'ailleurs, dans des enfants qui n'ont pas le sou, nul n'a intérêt à y regarder de près.

La Magnon était une sorte d'élégante du crime. Elle faisait de la toilette. Elle partageait son logis, meublé d'une façon maniérée et misérable, avec une savante voleuse anglaise francisée. Cette anglaise naturalisée parisienne, recommandable par des relations fort riches, intimement liée avec les médailles de la bibliothèque et les diamants de Mlle Mars, fut plus tard célèbre dans les sommiers judiciaires. On l'appelait *mamselle Miss*.

Les deux petits échus à la Magnon n'eurent pas à se plaindre. Recommandés par les quatre-vingts francs, ils étaient ménagés, comme tout ce qui est exploité; point mal vêtus, point mal nourris, traités presque comme « de petits messieurs », mieux avec la fausse mère qu'avec la vraie. La Magnon faisait la dame et ne parlait pas argot devant eux.

Ils passèrent ainsi quelques années. Le Thénardier en augurait bien. Il lui arriva un jour de dire à la Magnon qui lui remettait ses dix francs mensuels : — Il faudra que « le père » leur donne de l'éducation.

Tout à coup, ces deux pauvres enfants, jusque-là assez protégés, même par leur mauvais sort, furent brusquement jetés dans la vie, et forcés de la commencer.

Une arrestation en masse de malfaiteurs comme celle du galetas Jondrette, nécessairement compliquée de perquisitions et d'incarcérations ultérieures, est un véritable désastre pour cette hideuse contre-société occulte qui vit sous la société publique; une aventure de ce genre entraîne toutes sortes d'écroulements dans ce monde sombre. La catastrophe des Thénardier produisit la catastrophe de la Magnon.

Un jour, peu de temps après que la Magnon eut remis à Éponine le billet relatif à la rue Plumet, il se fit rue

Clocheperce une subite descente de police ; la Magnon fut saisie, ainsi que mamselle Miss, et toute la maisonnée, qui était suspecte, passa dans le coup de filet. Les deux petits garçons jouaient pendant ce temps-là dans une arrière-cour et ne virent rien de la razzia. Quand ils voulurent rentrer, ils trouvèrent la porte fermée et la maison vide. Un savetier d'une échoppe en face les appela et leur remit un papier que « leur mère » avait laissé pour eux. Sur le papier il y avait une adresse : M. Barge, receveur de rentes, rue du Roi-de-Sicile, n° 8. L'homme de l'échoppe leur dit : — Vous ne demeurez plus ici. Allez là. C'est tout près. La première rue à gauche. Demandez votre chemin avec ce papier-ci.

Les deux enfants partirent, l'aîné menant le cadet, et tenant à la main le papier qui devait les guider. Il avait froid, et ses petits doigts engourdis serraient peu et tenaient mal ce papier. Au détour de la rue Clocheperce, un coup de vent le lui arracha, et, comme la nuit tombait, l'enfant ne put le retrouver.

Ils se mirent à errer au hasard dans les rues.

II

Où le petit Gavroche tire parti de Napoléon le Grand

Le printemps à Paris est assez souvent traversé par des bises aigres et dures dont on est, non pas précisément glacé, mais gelé ; ces bises, qui attristent les plus belles journées, font exactement l'effet de ces souffles d'air froid qui entrent dans une chambre chaude par les fentes d'une fenêtre ou d'une porte mal fermée. Il semble que la sombre porte de l'hiver soit restée entrebâillée et qu'il vienne du vent par là. Au printemps de 1832, époque où éclata la première grande épidémie de ce siècle en Europe[1], ces bises étaient plus âpres et plus poignantes que jamais. C'était une porte plus glaciale encore que celle de l'hiver qui était entr'ouverte. C'était la porte du sépulcre[2]. On sentait dans ces bises le souffle du choléra[3].

Au point de vue météorologique, ces vents froids avaient cela de particulier qu'ils n'excluaient point une forte tension électrique. De fréquents orages, accompagnés d'éclairs et de tonnerres, éclatèrent à cette époque[4].

Un soir que ces bises soufflaient[5] rudement, au point que janvier semblait revenu et que les bourgeois avaient repris les manteaux, le petit Gavroche, toujours grelottant gaîment sous ses loques, se tenait debout et comme en extase devant la boutique[6] d'un perruquier des environs de l'Orme-Saint-Gervais[7]. Il était orné d'un châle de femme en laine, cueilli on ne sait où, dont il s'était fait un cache-nez. Le petit Gavroche avait l'air d'admirer profondément une mariée en cire, décolletée et coiffée de fleurs d'oranger, qui tournait derrière la vitre, montrant, entre deux quinquets[8], son sourire aux passants; mais en réalité il observait la boutique afin de voir s'il ne pourrait pas « chiper » dans la devanture un pain de savon, qu'il irait ensuite revendre un sou à un « coiffeur » de la banlieue. Il lui arrivait souvent de déjeuner d'un de ces pains-là. Il appelait ce genre de travail, pour lequel il avait du talent, « faire la barbe aux barbiers ».

Tout[9] en contemplant la mariée et tout en lorgnant le pain de savon, il grommelait entre ses dents ceci : — Mardi. — Ce n'est pas mardi. — Est-ce mardi ? — C'est peut-être mardi. — Oui, c'est mardi.

On n'a jamais su à quoi avait trait ce monologue. Si, par hasard, ce monologue se rapportait à la dernière fois où il avait dîné, il y avait trois jours, car on était au vendredi.

Le barbier, dans sa boutique chauffée d'un bon poêle, rasait une pratique et jetait de temps en temps un regard de côté à cet ennemi, à ce gamin gelé et effronté qui avait les deux mains dans ses poches, mais l'esprit évidemment hors du fourreau.

Pendant que Gavroche examinait la[10] mariée, le vitrage et les Windsor-soaps, deux enfants de taille inégale, assez proprement vêtus[11], et encore plus petits que lui, paraissant l'un sept ans, l'autre cinq, tournèrent timidement le bec-de-cane et entrèrent dans la boutique en demandant on ne sait quoi, la charité peut-être[12], dans un murmure plaintif et qui ressemblait plutôt à un gémissement qu'à une prière. Ils parlaient tous deux à la fois, et[13] leurs paroles étaient inintelligibles parce[14] que les sanglots coupaient la voix du plus jeune et que le froid faisait claquer les dents de l'aîné. Le barbier se tourna avec un visage furieux, et sans quitter son rasoir, refoulant l'aîné de la main gauche et le petit du genou, les poussa tous deux dans la rue[15], et referma sa porte en disant :

— Venir refroidir le monde pour rien !

Les deux enfants se remirent en marche en pleurant. Cependant une nuée était venue; il commençait à pleuvoir[16]. Le petit Gavroche courut après eux et les aborda :

— Qu'est-ce que vous avez donc, moutards ?
— Nous ne savons pas où coucher, répondit l'aîné.
— C'est ça ? dit Gavroche. Voilà grand'chose. Est-ce qu'on pleure pour ça ? Sont-ils serins donc !

Et prenant, à travers sa supériorité un peu goguenarde, un accent d'autorité attendrie et de protection douce :

— Momacques, venez avec moi.
— Oui, monsieur, fit l'aîné.

Et les deux enfants le suivirent comme ils auraient suivi un archevêque. Ils avaient cessé de pleurer. Gavroche leur fit monter la rue Saint-Antoine dans la direction de la Bastille.

Gavroche[17], tout en cheminant, jeta un coup d'œil indigné et rétrospectif à la boutique du barbier.

— Ça n'a pas de cœur, ce merlan-là, grommela-t-il. C'est un angliche.

Une fille, les voyant marcher à la file tous les trois, Gavroche en tête, partit d'un rire bruyant. Ce rire manquait de respect au groupe.

— Bonjour, mamselle Omnibus, lui dit Gavroche.

Un instant après, le perruquier lui revenant, il ajouta :

— Je me trompe de bête; ce n'est pas un merlan, c'est un serpent. Perruquier, j'irai chercher un serrurier, et je te ferai mettre une sonnette à la queue.

Ce perruquier l'avait rendu agressif. Il apostropha, en enjambant un ruisseau, une portière barbue et digne de rencontrer Faust sur le Brocken, laquelle avait son balai à la main.

— Madame, lui dit-il, vous sortez donc avec votre cheval ?

Et sur ce, il éclaboussa les bottes vernies d'un passant.

— Drôle ! cria le passant furieux.

Gavroche leva le nez par-dessus son châle.

— Monsieur se plaint?

— De toi ! fit le passant.

— Le bureau est fermé, dit Gavroche, je ne reçois plus de plaintes.

Cependant, en continuant de monter la rue, il avisa, toute glacée sous une porte cochère, une mendiante de treize ou quatorze ans, si court-vêtue qu'on voyait ses genoux. La petite commençait à être trop grande fille pour cela. La croissance vous joue de ces tours. La jupe devient courte au moment où la nudité devient indécente.

— Pauvre fille ! dit Gavroche. Ça n'a même pas de culotte. Tiens, prends toujours ça.

Et, défaisant toute cette bonne laine qu'il avait autour du cou, il la jeta sur les épaules maigres et violettes de la mendiante, où le cache-nez redevint châle. La petite le considéra d'un air étonné et reçut le châle en silence. A un certain degré de détresse, le pauvre, dans sa stupeur, ne gémit plus du mal et ne remercie plus du bien.

Cela fait :

— Brrr ! dit Gavroche, plus frissonnant que saint Martin, qui, lui du moins, avait gardé la moitié de son manteau.

Sur ce brrr ! l'averse, redoublant d'humeur, fit rage. Ces mauvais ciels-là punissent les bonnes actions.

— Ah çà, s'écria Gavroche, qu'est-ce que cela signifie? Il repleut ! Bon Dieu, si cela continue, je me désabonne.

Et il se remit en marche.

— C'est égal, reprit-il en jetant un coup d'œil à la mendiante qui se pelotonnait sous le châle, en voilà une qui a une fameuse pelure.

Et, regardant la nuée, il cria :

— Attrapé !

Les deux enfants emboîtaient le pas derrière lui.

Comme ils passaient devant un de ces épais treillis grillés qui indiquent la boutique d'un boulanger, car on met le pain comme l'or derrière des grillages de fer, Gavroche se tourna :

— Ah çà, mômes, avons-nous dîné?

— Monsieur, répondit l'aîné, nous n'avons pas mangé depuis tantôt ce matin[18].

— Vous êtes donc sans père ni mère? reprit majestueusement Gavroche.

— Faites excuse, monsieur, nous avons papa et maman, mais nous ne savons pas où ils sont.

— Des fois, cela vaut mieux que de le savoir, dit Gavroche qui était un penseur.

— Voilà, continua l'aîné, deux heures que nous marchons, nous avons cherché des choses au coin des bornes, mais nous ne trouvons rien[19].

— Je sais, fit Gavroche. C'est les chiens qui mangent tout.

Il reprit[20] après un silence :

— Ah! nous avons perdu nos auteurs. Nous ne savons plus ce que nous en avons fait. Ça ne se doit pas, gamins. C'est bête d'égarer comme ça des gens d'âge. Ah çà! il faut licher pourtant.

Du reste il ne leur fit pas de questions. Être sans domicile, quoi de plus simple? L'aîné des deux mômes, presque entièrement revenu à la prompte insouciance de l'enfance, fit cette exclamation :

— C'est drôle tout de même. Maman qui avait dit qu'elle nous mènerait chercher du buis bénit le dimanche des rameaux.

— Neurs, répondit Gavroche.

— Maman, reprit l'aîné, est une dame qui demeure avec mamselle Miss.

— Tanflûte, repartit Gavroche.

Cependant il s'était arrêté, et depuis quelques minutes il tâtait et fouillait toutes sortes de recoins qu'il avait dans ses haillons. Enfin il releva la tête d'un air qui ne voulait qu'être satisfait, mais qui était en réalité triomphant.

— Calmons-nous, les momignards. Voici de quoi souper pour trois.

Et il tira d'une de ses poches un sou. Sans laisser aux deux petits le temps de s'ébahir, il les poussa tous deux devant lui dans la boutique du boulanger, et mit son sou sur le comptoir en criant :

— Garçon! cinque centimes de pain.

Le boulanger, qui était le maître en personne[21], prit un pain et un couteau.

— En trois morceaux, garçon! reprit Gavroche; et il ajouta avec dignité :

— Nous sommes trois.

Et voyant que le boulanger, après avoir examiné les trois soupeurs, avait pris un pain bis, il plongea profondément son doigt dans son nez avec une aspiration aussi impérieuse que s'il eût eu au bout du pouce la prise de tabac du grand Frédéric, et jeta au boulanger en plein visage[22] cette apostrophe indignée :

Keksekça?

Ceux de nos lecteurs qui seraient tentés de voir dans cette interpellation de Gavroche au boulanger un mot russe ou polonais, ou l'un de ces cris sauvages que les Yoways et les Botocudos se lancent du bord d'un fleuve à l'autre à travers les solitudes, sont prévenus que c'est un mot qu'ils disent tous les jours (eux nos lecteurs) et qui tient lieu de cette phrase : qu'est-ce que c'est que cela? Le boulanger comprit parfaitement et répondit :

— Eh mais! c'est du pain, du très bon pain de deuxième qualité.

— Vous voulez dire du larton brutal*, reprit Gavroche, calme et froidement dédaigneux[23]. Du pain blanc, garçon! du larton savonné! je régale.

Le boulanger ne put s'empêcher de sourire, et tout en coupant le pain blanc, il les considérait d'une façon compatissante qui choqua Gavroche.

— Ah çà, mitron! dit-il, qu'est-ce que vous avez donc à nous toiser comme ça?

Mis tous trois bout à bout, ils auraient à peine fait une toise.

Quand le pain fut coupé, le boulanger encaissa le sou, et Gavroche dit aux deux enfants :

— Morfilez.

Les petits garçons le regardèrent interdits. Gavroche se mit à rire :

— Ah! tiens, c'est vrai, ça ne sait pas encore, c'est si petit!

Et il reprit :

— Mangez.

En[24] même temps, il leur tendait à chacun un morceau de pain.

Et, pensant que l'aîné, qui lui paraissait plus digne de sa conversation, méritait quelque encouragement spécial et devait être débarrassé de toute hésitation à

---

* Pain noir.

satisfaire son appétit, il ajouta en lui donnant la plus grosse part :

— Colle-toi ça dans le fusil.

Il y avait un morceau plus petit que les deux autres ; il le prit pour lui.

Les pauvres enfants étaient affamés, y compris Gavroche. Tout en arrachant leur pain à belles dents, ils encombraient la boutique du boulanger qui, maintenant qu'il était payé, les regardait avec humeur.

— Rentrons dans la rue, dit Gavroche.

Ils reprirent la direction de la Bastille.

De temps[25] en temps, quand ils passaient devant les devantures de boutiques éclairées, le plus petit s'arrêtait pour regarder l'heure à une montre en plomb suspendue à son cou par une ficelle.

— Voilà décidément un fort serin, disait Gavroche.

Puis, pensif, il grommelait entre ses dents :

— C'est égal, si j'avais des mômes, je les serrerais mieux que ça.

Comme ils achevaient[26] leur morceau de pain et atteignaient l'angle de cette morose rue des Ballets[27] au fond de laquelle on aperçoit le guichet bas et hostile de la Force :

— Tiens, c'est toi, Gavroche ? dit quelqu'un.

— Tiens, c'est toi, Montparnasse[28] ? dit Gavroche.

C'était un homme qui venait d'aborder le gamin, et cet homme n'était autre que Montparnasse déguisé, avec des besicles bleues[29], mais reconnaissable pour Gavroche.

— Mâtin ! poursuivit Gavroche, tu as une pelure couleur cataplasme de graine de lin et des lunettes bleues comme un médecin. Tu as du style, parole de vieux !

— Chut, fit Montparnasse, pas si haut !

Et il entraîna vivement Gavroche hors de la lumière des boutiques.

Les deux petits suivaient machinalement en se tenant par la main.

Quand ils furent sous l'archivolte noire d'une porte cochère[30], à l'abri des regards et de la pluie :

— Sais-tu[31] où je vas ? demanda Montparnasse.

— A l'abbaye de Monte-à-Regret*, dit Gavroche.

---

* A l'échafaud.

— Farceur !

Et Montparnasse reprit :

— Je vas retrouver Babet.

— Ah ! fit Gavroche, elle s'appelle Babet.

Montparnasse baissa la voix.

— Pas elle, lui.

— Ah, Babet !

— Oui, Babet.

— Je le croyais bouclé.

— Il a défait la boucle, répondit Montparnasse.

Et il conta rapidement au gamin que, le matin de ce même jour où ils étaient, Babet, ayant été transféré à la Conciergerie, s'était évadé en prenant à gauche au lieu de prendre à droite dans « le corridor de l'instruction ».

Gavroche admira l'habileté.

— Quel dentiste ! dit-il.

Montparnasse ajouta quelques détails sur l'évasion de Babet, et termina par :

— Oh ! ce n'est pas tout.

Gavroche, tout en écoutant, s'était saisi d'une canne que Montparnasse tenait à la main ; il en avait machinalement tiré la partie supérieure, et la lame d'un poignard avait apparu.

— Ah ! fit-il en repoussant vivement le poignard, tu as emmené ton gendarme déguisé en bourgeois.

Montparnasse cligna de l'œil.

— Fichtre ! reprit Gavroche, tu vas donc te colleter avec les cognes[32] ?

— On ne sait pas, répondit Montparnasse d'un air indifférent. Il est toujours bon d'avoir une épingle sur soi.

Gavroche insista :

— Qu'est-ce que tu vas donc faire cette nuit ?

Montparnasse prit de nouveau la corde grave et dit[33] en mangeant les syllabes :

— Des choses[34].

Et, changeant brusquement de conversation :

— A propos !

— Quoi ?

— Une histoire de l'autre jour. Figure-toi. Je rencontre un bourgeois. Il me fait cadeau d'un sermon et de sa bourse. Je mets ça dans ma poche. Une minute

après, je fouille dans ma poche. Il n'y avait plus rien.
— Que le sermon, fit Gavroche.
— Mais toi, reprit Montparnasse, où vas-tu donc maintenant ?

Gavroche montra ses deux protégés et dit :
— Je vas coucher ces enfants-là.
— Où ça, coucher ?
— Chez moi.
— Où ça chez toi ?
— Chez moi.
— Tu loges donc ?
— Oui, je loge.
— Et où loges-tu ?
— Dans l'éléphant[35], dit Gavroche.

Montparnasse, quoique[36] de sa nature peu étonné, ne put retenir une exclamation :
— Dans l'éléphant !
— Eh bien oui, dans l'éléphant ! repartit Gavroche. Kekçaa ?

Ceci est encore un mot de la langue que personne n'écrit et que tout le monde parle. Kekçaa signifie : qu'est-ce que cela a ?

L'observation profonde du gamin ramena Montparnasse au calme et au bon sens. Il parut revenir à de meilleurs sentiments pour le logis de Gavroche.
— Au fait ! dit-il, oui, l'éléphant... — y est-on bien ?
— Très bien, fit Gavroche. Là, vrai, chenûment[37]. Il n'y a pas de vents coulis comme sous les ponts.
— Comment y entres-tu ?
— J'entre.
— Il y a donc un trou ? demanda Montparnasse.
— Parbleu ! Mais il ne faut pas le dire. C'est entre les jambes de devant. Les coqueurs* ne l'ont pas vu.
— Et tu grimpes ? Oui, je comprends.
— Un tour de main, cric, crac, c'est fait, plus personne.

Après un silence, Gavroche ajouta :
— Pour ces petits j'aurai une échelle.

Montparnasse se mit à rire.
— Où diable as-tu pris ces mômes-là ?

Gavroche répondit avec simplicité :

---

* Mouchards, gens de police.

— C'est des momichards dont un perruquier m'a fait cadeau.

Cependant Montparnasse était devenu pensif.

— Tu m'as reconnu bien aisément, murmura-t-il.

Il prit dans sa poche deux petits objets qui n'étaient autre chose que deux tuyaux de plume enveloppés de coton et s'en introduisit un dans chaque narine. Ceci lui faisait un autre nez.

— Ça te change, dit Gavroche, tu es moins laid, tu devrais garder toujours ça[38].

Montparnasse était joli garçon, mais Gavroche était railleur.

— Sans rire, demanda Montparnasse, comment me trouves-tu ?

C'était aussi un autre son de voix. En un clin d'œil, Montparnasse était devenu méconnaissable.

— Oh ! fais-nous Porrichinelle ! s'écria Gavroche.

Les deux petits, qui n'avaient rien écouté jusque-là, occupés qu'ils étaient eux-mêmes à fourrer leurs doigts dans leur nez, s'approchèrent à ce nom et regardèrent Montparnasse avec un commencement de joie et d'admiration.

Malheureusement Montparnasse était soucieux[39].

Il posa sa main sur l'épaule de Gavroche et lui dit en appuyant sur les mots :

— Écoute ce que je te dis, garçon, si j'étais sur la place, avec mon dogue, ma dague et ma digue, et si vous me prodiguiez dix gros sous, je ne refuserais pas d'y goupiner*, mais nous ne sommes pas le mardi gras.

Cette phrase bizarre produisit sur le gamin un effet singulier. Il se retourna vivement, promena avec une attention profonde ses petits yeux brillants autour de lui, et aperçut, à quelques pas, un sergent de ville qui leur tournait le dos. Gavroche laissa échapper un : ah, bon ! qu'il réprima sur-le-champ, et, secouant la main de Montparnasse :

— Eh bien, bonsoir, fit-il, je m'en vas à mon éléphant avec mes mômes. Une supposition que tu aurais besoin de moi une nuit, tu viendrais me trouver là. Je loge à l'entre-sol. Il n'y a pas de portier. Tu demanderais monsieur Gavroche.

---

* Travailler.

— C'est bon, dit Montparnasse.

Et ils se séparèrent, Montparnasse cheminant vers la Grève et Gavroche vers la Bastille. Le petit de cinq ans, traîné par son frère que traînait Gavroche, tourna plusieurs fois la tête en arrière pour voir s'en aller « Porrichinelle ».

La phrase amphigourique par laquelle Montparnasse avait averti Gavroche de la présence du sergent de ville ne contenait pas d'autre talisman que l'assonance *dig* répétée cinq ou six fois sous des formes variées. Cette syllabe *dig,* non prononcée isolément, mais artistement mêlée aux mots d'une phrase, veut dire : — *Prenons garde, on ne peut pas parler librement.* — Il y avait en outre dans la phrase de Montparnasse une beauté littéraire qui échappa à Gavroche, c'est *mon dogue, ma dague et ma digue,* locution de l'argot du Temple qui signifie, *mon chien, mon couteau et ma femme,* fort usitée parmi les pitres et les queues-rouges du grand siècle où Molière écrivait et où Callot dessinait[40].

Il y a vingt ans, on voyait encore dans l'angle sud-est de la place de la Bastille, près de la gare du canal creusée dans l'ancien fossé de la prison-citadelle, un monument bizarre qui s'est effacé déjà de la mémoire des Parisiens, et qui méritait d'y laisser quelque trace, car c'était une pensée du « membre de l'Institut, général en chef de l'armée d'Égypte[41] ».

Nous disons monument, quoique ce ne fût qu'une maquette. Mais cette maquette elle-même, ébauche prodigieuse, cadavre grandiose d'une idée[42] de Napoléon que deux ou trois coups de vent successifs avaient emportée et jetée à chaque fois plus loin de nous, était devenue historique, et avait pris je ne sais quoi de définitif qui contrastait avec son aspect provisoire. C'était un éléphant de quarante pieds de haut, construit en charpente et en maçonnerie, portant sur son dos sa tour qui ressemblait à une maison, jadis peint en vert par un badigeonneur quelconque, maintenant peint en noir par le ciel, la pluie et le temps. Dans cet angle désert et découvert de la place, le large front du colosse, sa trompe, ses défenses, sa tour, sa croupe énorme, ses quatre pieds pareils à des colonnes faisaient, la nuit, sur le ciel étoilé, une silhouette surprenante et terrible[43]. On ne savait ce que cela voulait dire. C'était une sorte de symbole de la force populaire. C'était sombre, énigmatique et immense. C'était on ne sait quel fantôme puissant, visible et debout à côté du spectre invisible de la Bastille⁴⁴.

Peu d'étrangers visitaient cet édifice, aucun passant ne le regardait. Il tombait en ruine ; à chaque saison, des plâtras qui se détachaient de ses flancs lui faisaient des plaies hideuses. Les « édiles », comme on dit en patois élégant, l'avaient oublié depuis 1814⁴⁵. Il était là dans son coin, morne, malade, croulant, entouré d'une palissade pourrie souillée à chaque instant par des cochers ivres ; des crevasses lui lézardaient le ventre, une⁴⁶ latte lui sortait de la queue, les hautes herbes lui poussaient entre les jambes ; et comme le niveau de la place s'élevait depuis trente ans tout autour par ce mouvement lent et continu qui exhausse insensiblement le sol des grandes villes, il était dans un creux et il semblait que la terre s'enfonçât sous lui. Il était immonde, méprisé⁴⁷, repoussant et superbe, laid aux yeux du bourgeois, mélancolique aux yeux du penseur. Il avait quelque chose d'une ordure qu'on va balayer et quelque chose d'une majesté qu'on va décapiter.

Comme nous l'avons dit⁴⁸, la nuit l'aspect changeait. La nuit est le véritable milieu de tout ce qui est ombre. Dès que tombait le crépuscule, le vieil éléphant se transfigurait ; il prenait une figure tranquille et redoutable dans la formidable sérénité des ténèbres. Étant du passé, il était de la nuit ; et cette obscurité allait à sa grandeur.

Ce monument, rude, trapu, pesant, âpre, austère, presque difforme, mais à coup sûr majestueux et empreint d'une sorte de gravité magnifique et sauvage, a disparu pour laisser régner en paix l'espèce de poêle gigantesque orné de son tuyau qui a remplacé la sombre forteresse à neuf tours, à peu près comme la bourgeoisie remplace la féodalité⁴⁹. Il est tout simple qu'un poêle soit le symbole d'une époque dont une marmite contient la puissance. Cette époque passera, elle passe déjà ; on commence à comprendre que, s'il peut y avoir de la force dans une chaudière, il ne peut y avoir de puissance que dans un cerveau ; en d'autres termes, que ce qui mène et entraîne le monde, ce ne sont pas les locomotives, ce sont les idées. Attelez les locomotives aux idées, c'est bien ; mais ne prenez pas le cheval pour le cavalier.

Quoi qu'il en soit, pour revenir à la place de la Bastille, l'architecte de l'éléphant avec du plâtre était parvenu à faire du grand ; l'architecte du tuyau de poêle a réussi à faire du petit avec du bronze.

Ce tuyau de poêle, qu'on a baptisé d'un nom sonore[50] et nommé la colonne de Juillet, ce[51] monument manqué d'une révolution avortée, était encore enveloppé en 1832 d'une immense chemise en charpente que nous regrettons pour notre part, et d'un vaste enclos en planches, qui achevait d'isoler l'éléphant.

Ce fut vers ce coin de la place, à[52] peine éclairé du reflet d'un réverbère éloigné, que le gamin dirigea les deux « mômes ».

Qu'on nous permette de[53] nous interrompre ici et de rappeler que nous sommes dans la simple réalité, et qu'il y a vingt ans[54] les tribunaux correctionnels eurent à juger, sous prévention de vagabondage et[55] de bris d'un monument public, un enfant qui avait été surpris couché dans l'intérieur même de l'éléphant de la Bastille. Ce fait constaté, nous continuons[56].

En arrivant près du colosse, Gavroche comprit l'effet que l'infiniment grand peut produire sur l'infiniment petit, et dit :

— Moutards ! n'ayez pas peur.

Puis il entra par une lacune de la palissade dans l'enceinte de l'éléphant et aida les mômes à enjamber la brèche. Les deux enfants, un peu effrayés, suivaient sans dire un mot Gavroche et se confiaient à cette petite providence en guenilles qui leur avait donné du pain et leur avait promis un gîte.

Il y avait là, couchée le long de la palissade, une échelle qui servait le jour[57] aux ouvriers du chantier voisin. Gavroche la souleva avec une singulière vigueur, et l'appliqua contre une des jambes de devant de l'éléphant. Vers le point où l'échelle allait aboutir, on distinguait une espèce de trou noir dans le ventre du colosse. Gavroche montra l'échelle et le trou à ses hôtes et leur dit :

— Montez et entrez.

Les deux petits garçons se regardèrent terrifiés.

— Vous avez peur, mômes ! s'écria Gavroche.

Et il ajouta :

— Vous allez voir.

Il étreignit le pied rugueux de l'éléphant, et en un

clin d'œil, sans daigner se servir de l'échelle, il arriva à
la crevasse. Il y entra comme une couleuvre qui se glisse
dans une fente, il s'y enfonça, et un moment après les
deux enfants virent vaguement apparaître, comme une
forme blanchâtre et blafarde, sa tête pâle au bord du
trou plein de ténèbres.

— Eh bien, cria-t-il, montez donc, les momignards !
vous allez voir comme on est bien ! — Monte, toi ! dit-il
à l'aîné, je te tends la main.

Les petits se poussèrent de l'épaule; le gamin[58] leur
faisait peur et les rassurait à la fois[59], et puis il pleuvait
bien fort. L'aîné se risqua. Le plus jeune[60], en voyant
monter son frère et lui resté tout seul entre les pattes de
cette grosse bête, avait bien envie de pleurer, mais il
n'osait.

L'aîné[61] gravissait, tout en chancelant, les barreaux
de l'échelle; Gavroche, chemin faisant, l'encourageait
par des exclamations de maître d'armes à ses écoliers
ou de muletier à ses mules :

— Aye pas peur !
— C'est ça !
— Va toujours !
— Mets ton pied là !
— Ta main ici.
— Hardi !

Et quand il fut à sa portée, il l'empoigna brusquement
et vigoureusement[62] par le bras et le tira à lui.

— Gobé ! dit-il.

Le môme avait franchi la crevasse.

— Maintenant, fit Gavroche, attends-moi. Monsieur,
prenez la peine de vous asseoir[63].

Et, sortant[64] de la crevasse comme il y était entré, il
se laissa glisser avec l'agilité d'un ouistiti[65] le long de la
jambe de l'éléphant, il tomba debout sur ses pieds dans
l'herbe, saisit le petit de cinq ans à bras-le-corps et le
planta au beau milieu de l'échelle, puis il se mit à monter
derrière lui en criant à l'aîné :

— Je vas le pousser, tu vas le tirer.

En un instant le petit fut monté, poussé, traîné, tiré,
bourré, fourré dans le trou sans avoir le temps de se
reconnaître, et Gavroche, entrant après lui, repoussant
d'un coup de talon l'échelle qui tomba sur le gazon, se
mit à battre des mains et cria :

— Nous y v'là ! Vive le général Lafayette !

Cette explosion passée, il ajouta :

— Les mioches, vous êtes chez moi.

Gavroche était en effet chez lui.

O utilité inattendue de l'inutile ! charité des grandes choses ! bonté des géants ! Ce monument démesuré qui avait contenu une pensée de l'Empereur était devenu la boîte d'un gamin. Le môme avait été accepté et abrité par le colosse. Les bourgeois endimanchés qui passaient devant l'éléphant de la Bastille disaient volontiers en le toisant d'un air de mépris[66] avec leurs yeux à fleur de tête : — A quoi cela sert-il ? — Cela servait à sauver du froid, du givre, de la grêle, de la pluie, à garantir du vent d'hiver, à préserver du sommeil dans la boue qui donne la fièvre et du sommeil dans la neige qui donne la mort, un petit être sans père ni mère, sans pain, sans vêtements, sans asile. Cela servait à recueillir l'innocent que la société repoussait. Cela servait à diminuer la faute publique. C'était une tanière ouverte à celui auquel toutes les portes étaient fermées. Il semblait que le vieux mastodonte[67] misérable, envahi par la vermine et par l'oubli, couvert de verrues, de moisissures et d'ulcères, chancelant, vermoulu, abandonné, condamné, espèce de mendiant colossal demandant en vain l'aumône d'un regard bienveillant au milieu du carrefour, avait eu pitié, lui, de[68] cet autre mendiant, du pauvre pygmée qui s'en allait sans souliers aux pieds, sans plafond sur la tête, soufflant dans ses doigts, vêtu de chiffons, nourri de ce qu'on jette. Voilà à quoi servait l'éléphant de la Bastille. Cette idée de Napoléon, dédaignée par les hommes, avait été reprise par Dieu. Ce qui n'eût été qu'illustre était devenu auguste. Il eût fallu à l'Empereur, pour réaliser ce qu'il méditait, le porphyre, l'airain, le fer, l'or, le marbre ; à Dieu le vieil assemblage de planches, de solives et de plâtras suffisait. L'Empereur avait eu un rêve de génie ; dans cet éléphant titanique, armé, prodigieux, dressant sa trompe, portant sa tour, et faisant jaillir de toutes parts autour de lui des eaux joyeuses et vivifiantes, il voulait incarner le peuple ; Dieu en avait fait une chose plus grande, il y logeait un enfant.

Le trou par où Gavroche était entré était une brèche à peine visible du dehors, cachée qu'elle était, nous l'avons dit, sous le ventre de l'éléphant, et si étroite qu'il n'y avait guère que des chats et des mômes qui pussent y passer.

— Commençons, dit Gavroche, par dire au portier que nous n'y sommes pas.

Et plongeant dans l'obscurité avec certitude comme quelqu'un qui connaît son appartement, il prit[69] une planche et en boucha le trou.

Gavroche replongea dans l'obscurité. Les enfants entendirent le reniflement de l'allumette enfoncée dans la bouteille phosphorique. L'allumette chimique n'existait pas encore; le briquet Fumade[70] représentait à cette époque le progrès.

Une clarté subite leur fit cligner les yeux; Gavroche venait d'allumer un de ces bouts de ficelle trempés dans la résine qu'on appelle rats de cave[71]. Le rat de cave, qui fumait plus qu'il n'éclairait, rendait confusément visible le dedans de l'éléphant.

Les deux hôtes de Gavroche regardèrent autour d'eux et éprouvèrent quelque chose de pareil à ce qu'éprouverait quelqu'un qui serait enfermé dans la grosse tonne de Heidelberg, ou mieux encore, à ce que dut éprouver Jonas dans le ventre biblique de la baleine[72]. Tout un squelette gigantesque leur apparaissait et les enveloppait. En haut, une longue poutre brune d'où partaient de distance en distance de massives membrures cintrées figurait la colonne vertébrale avec les côtes, des stalactites de plâtre y pendaient comme des viscères, et d'une côte à l'autre de vastes toiles d'araignée faisaient des diaphragmes poudreux. On voyait çà et là dans les coins de grosses taches noirâtres qui avaient l'air de vivre et qui se déplaçaient rapidement avec un mouvement brusque et effaré.

Les débris[73] tombés du dos de l'éléphant sur son ventre en avaient comblé la concavité, de sorte qu'on pouvait y marcher comme sur un plancher.

Le plus petit se rencogna contre son frère et dit à demi-voix :

— C'est noir.

Ce mot fit exclamer Gavroche. L'air pétrifié des deux mômes rendait une secousse nécessaire.

— Qu'est-ce que vous me fichez? s'écria-t-il. Blaguons-nous? faisons-nous les dégoûtés? vous faut-il pas les Tuileries? Seriez-vous des brutes? Dites-le. Je vous préviens que je ne suis pas du régiment des godiches. Ah çà, est-ce que vous êtes les moutards du moutardier du pape ?

Un peu de rudoiement est bon dans l'épouvante. Cela rassure. Les deux enfants se rapprochèrent de Gavroche.

Gavroche, paternellement attendri de cette confiance, passa « du grave au doux » et s'adressant au plus petit :

— Bêta, lui dit-il en accentuant l'injure d'une nuance caressante, c'est dehors que c'est noir. Dehors il pleut, ici il ne pleut pas ; dehors il fait froid, ici il n'y a pas une miette de vent ; dehors il y a des tas de monde, ici il n'y a personne ; dehors il n'y a pas même la lune, ici il y a ma chandelle, nom d'unch !

Les deux enfants commençaient à regarder l'appartement avec moins d'effroi ; mais Gavroche ne leur laissa pas plus longtemps le loisir[74] de la contemplation.

— Vite, dit-il.

Et il les poussa vers ce que nous sommes très heureux de pouvoir appeler le fond de la chambre. Là était son lit. Le lit de Gavroche était complet. C'est-à-dire qu'il y avait un matelas, une couverture et une alcôve avec rideaux. Le matelas était une natte de paille, la couverture un assez vaste pagne de grosse laine grise fort chaud et presque neuf.

Voici ce que c'était que l'alcôve :

Trois échalas assez longs, enfoncés et consolidés[75] dans les gravois du sol, c'est-à-dire du ventre de l'éléphant, deux en avant, un en arrière, et réunis par une corde à leur sommet, de manière à former un faisceau pyramidal. Ce faisceau supportait un treillage de fil de laiton qui était simplement posé dessus, mais artistement appliqué et maintenu par des attaches de fil de fer, de sorte qu'il enveloppait entièrement les trois échalas. Un cordon de grosses pierres fixait tout autour ce treillage sur le sol[76], de manière à ne rien laisser passer. Ce treillage n'était autre chose qu'un morceau de ces grillages de cuivre dont on revêt les volières dans les ménageries. Le lit de Gavroche était sous ce grillage comme dans une cage. L'ensemble ressemblait à une tente d'esquimau[77]. C'est ce grillage qui tenait lieu de rideaux.

Gavroche dérangea un peu les pierres qui assujettissaient le grillage par devant, les deux pans du treillage qui retombaient l'un sur l'autre s'écartèrent.

— Mômes, à quatre pattes ! dit Gavroche[78].

Il fit entrer[79] avec précaution ses hôtes dans la cage, puis il y entra après eux en rampant[80], rapprocha les pierres et referma hermétiquement l'ouverture.

Ils s'étaient étendus tous trois sur la natte[81]. Si petits qu'ils fussent, aucun d'eux n'eût pu se tenir debout dans l'alcôve. Gavroche avait toujours le rat de cave à sa main.

— Maintenant, dit-il, pioncez ! Je vas supprimer le candélabre.

— Monsieur, demanda l'aîné des deux frères à Gavroche en montrant le grillage, qu'est-ce que c'est donc que ça ?

— Ça, dit Gavroche gravement, c'est pour les rats. Pioncez !

Cependant il se crut obligé d'ajouter quelques paroles pour l'instruction de ces êtres en bas âge[82], et il continua :

— C'est des choses du Jardin des plantes. Ça sert aux animaux féroces. Gniena (il y en a) plein un magasin. Gnia (il n'y a) qu'à monter par-dessus un mur, qu'à grimper par une fenêtre et qu'à passer sous une porte. On en a tant qu'on veut.

Tout en parlant, il enveloppait d'un pan de la couverture le tout petit qui murmura :

— Oh ! c'est bon ! c'est chaud !

Gavroche fixa un œil satisfait sur la couverture.

— C'est encore du Jardin des plantes, dit-il. J'ai pris ça aux singes.

Et montrant à l'aîné la natte sur laquelle il était couché, natte fort épaisse et admirablement travaillée, il ajouta :

— Ça, c'était à la girafe.

Après[83] une pause, il poursuivit :

— Les bêtes avaient tout ça. Je le leur ai pris. Ça ne les a pas fâchées. Je leur ai dit : C'est pour l'éléphant.

Il fit encore un silence et reprit :

— On passe par-dessus les murs et on se fiche du gouvernement. V'là.

Les deux enfants considéraient avec un respect craintif et stupéfait cet être intrépide et inventif, vagabond comme eux, isolé comme eux[84], chétif comme eux, qui avait quelque chose de misérable et de tout-puissant, qui leur semblait surnaturel, et dont la physionomie se composait de toutes les grimaces d'un vieux saltimbanque mêlées au plus naïf et au plus charmant sourire.

— Monsieur, fit timidement l'aîné, vous n'avez donc pas peur des sergents de ville ?

Gavroche se borna à répondre :

— Môme ! on ne dit pas les sergents de ville, on dit les cognes.

Le tout petit avait les yeux ouverts, mais il ne disait rien. Comme il était au bord de la natte, l'aîné étant au milieu, Gavroche lui borda la couverture comme eût fait une mère et exhaussa la natte sous sa tête avec de vieux chiffons de manière à faire au môme un oreiller. Puis il se tourna vers l'aîné.

— Hein ? on est joliment bien, ici !

— Ah oui ! répondit l'aîné en regardant Gavroche avec une expression d'ange sauvé.

Les deux pauvres petits enfants tout mouillés commençaient à se réchauffer[85].

Ah çà, continua Gavroche, pourquoi donc est ce que vous pleuriez ?

Et montrant le petit à son frère :

— Un mioche comme ça, je ne dis pas ; mais un grand comme toi, pleurer, c'est crétin ; on a l'air d'un veau.

— Dame, fit l'enfant, nous n'avions plus du tout de logement où aller[86].

— Moutard ! reprit Gavroche, on ne dit pas un logement, on dit une piolle.

— Et puis nous avions peur d'être tout seuls comme ça la nuit.

— On ne dit pas la nuit, on dit la sorgue.

— Merci, monsieur, dit l'enfant.

— Écoute, repartit Gavroche, il ne faut plus geindre jamais pour rien[87]. J'aurai soin de vous. Tu verras comme on s'amuse. L'été, nous irons à la Glacière avec Navet, un camarade à moi, nous nous baignerons à la gare, nous courrons tout nus sur les trains devant le pont d'Austerlitz, ça fait rager les blanchisseuses. Elles crient, elles bisquent, si tu savais comme elles sont farces ! Nous[88] irons voir l'homme squelette. Il est en vie. Aux Champs-Élysées. Il est maigre comme tout, ce paroissien-là. Et puis je vous conduirai[89] au spectacle. Je vous mènerai à Frédérick Lemaître[90]. J'ai des billets, je connais des acteurs, j'ai même joué une fois dans une pièce. Nous étions des mômes comme ça, on courait sous une toile, ça faisait la mer. Je vous ferai engager[91] à mon théâtre. Nous irons voir les sauvages. Ce n'est pas vrai, ces sauvages-là. Ils ont des maillots roses qui font des plis, et on leur voit aux coudes des reprises en fil blanc. Après ça, nous irons à l'Opéra. Nous entrerons avec les claqueurs. La claque à l'Opéra est très bien composée. Je n'irais pas avec la claque sur les boulevards. A l'Opéra, figure-toi, il y en a qui payent vingt sous, mais c'est des bêtas. On les appelle des lavettes. — Et puis nous irons voir guillotiner. Je vous ferai voir le bourreau. Il demeure rue des Marais. Monsieur Sanson. Il y a une boîte aux lettres à la porte. Ah ! on s'amuse fameusement !

En ce moment, une goutte de cire tomba sur le doigt de Gavroche et le rappela aux réalités de la vie.

— Bigre ! dit-il, v'là la mèche qui s'use. Attention ! je ne peux pas mettre plus d'un sou par mois à mon éclairage. Quand on se couche, il faut dormir. Nous n'avons pas le temps de lire des romans de monsieur Paul de Kock. Avec ça que la lumière pourrait passer par les fentes de la porte cochère, et les cognes n'auraient qu'à voir.

— Et puis, observa timidement l'aîné qui seul osait causer avec Gavroche et lui donner la réplique, un fumeron pourrait tomber dans la paille, il faut prendre garde de brûler la maison.

— On ne dit pas brûler la maison, fit Gavroche, on dit riffauder le bocard.

L'orage redoublait. On entendait, à travers des roulements de tonnerre, l'averse battre le dos du colosse[92].

— Enfoncé, la pluie ! dit Gavroche. Ça m'amuse d'entendre couler la carafe le long des jambes de la maison[93]. L'hiver est une bête ; il perd sa marchandise, il perd sa peine, il ne peut pas nous mouiller, et ça le fait bougonner, ce vieux porteur d'eau là !

Cette allusion au tonnerre, dont Gavroche, en sa qualité de philosophe du dix-neuvième siècle, acceptait toutes les conséquences, fut suivie d'un large éclair, si éblouissant que quelque chose en entra par la crevasse dans le ventre de l'éléphant. Presque en même temps la foudre gronda, et très furieusement. Les deux petits poussèrent un cri, et se soulevèrent si vivement que le treillage en fut presque écarté ; mais Gavroche tourna vers eux sa face hardie et profita du coup de tonnerre pour éclater de rire.

— Du calme, enfants. Ne bousculons pas l'édifice. Voilà du beau tonnerre, à la bonne heure ! Ce n'est pas là de la gnognotte d'éclair. Bravo le bon Dieu ! nom d'unch ! c'est presque aussi bien qu'à l'Ambigu.

Cela dit[94], il refit l'ordre dans le treillage, poussa doucement les deux enfants sur le chevet du lit, pressa leurs genoux pour les bien étendre tout de leur long, et s'écria :

— Puisque le bon Dieu allume sa chandelle, je peux souffler la mienne. Les enfants, il faut dormir, mes jeunes humains. C'est très mauvais de ne pas dormir. Ça vous fait schlinguer du couloir, ou, comme on dit dans le grand monde, puer de la gueule. Entortillez-vous bien de la pelure ! je vas éteindre. Y êtes-vous ?

— Oui, murmura l'aîné, je suis bien. J'ai comme de la plume sous la tête.

— On ne dit pas la tête, cria Gavroche, on dit la tronche.

Les deux enfants se serrèrent l'un contre l'autre. Gavroche acheva[95] de les arranger sur la natte et leur monta la couverture jusqu'aux oreilles, puis répéta pour la troisième fois l'injonction en langue hiératique[96] :

— Pioncez !

Et il souffla le lumignon[97].

A peine la lumière était-elle éteinte qu'un tremblement singulier commença à ébranler le treillage sous lequel les trois enfants étaient couchés. C'était une multitude de frottements sourds qui rendaient un son métallique, comme si des griffes et des dents grinçaient sur le fil de cuivre[98]. Cela était accompagné de toutes sortes de petits cris aigus.

Le petit garçon de cinq ans, entendant ce vacarme au-dessus de sa tête et glacé d'épouvante, poussa du coude son frère aîné, mais le frère aîné « pionçait » déjà, comme Gavroche le lui avait ordonné. Alors le petit, n'en pouvant plus de peur, osa interpeller Gavroche[99], mais tout bas, en retenant son haleine :

— Monsieur ?
— Hein ? fit Gavroche qui venait de fermer les paupières[100].
— Qu'est-ce que c'est donc que ça ?
— C'est les rats, répondit Gavroche.
Et il remit sa tête sur la natte.

Les rats en effet, qui pullulaient par milliers dans la carcasse de l'éléphant et qui étaient ces taches noires vivantes dont nous avons parlé, avaient été tenus en respect par la flamme de la bougie tant qu'elle avait brillé, mais dès que cette caverne, qui était comme leur cité, avait été rendue à la nuit, sentant là ce que le bon conteur Perrault appelle « de la chair fraîche[101] », ils s'étaient rués en foule sur la tente de Gavroche, avaient grimpé jusqu'au sommet, et en mordaient les mailles comme s'ils cherchaient à percer cette zinzelière[102] d'un nouveau genre.

Cependant le petit ne s'endormait pas :
— Monsieur ! reprit-il.
— Hein ? fit Gavroche.
— Qu'est-ce que c'est donc que les rats ?
— C'est des souris.

Cette explication rassura un peu l'enfant. Il avait vu dans sa vie des souris blanches et il n'en avait pas eu peur. Pourtant il éleva encore la voix :
— Monsieur ?
— Hein ? refit Gavroche.
— Pourquoi n'avez-vous pas un chat ?
— J'en ai eu un, répondit Gavroche, j'en ai apporté un, mais ils me l'ont mangé.

Cette seconde explication défit l'œuvre de la première, et le petit recommença à trembler. Le dialogue entre lui et Gavroche reprit pour la quatrième fois.
— Monsieur !
— Hein ?
— Qui ça qui a été mangé ?
— Le chat.
— Qui ça qui a mangé le chat ?
— Les rats.
— Les souris ?
— Oui, les rats.

L'enfant, consterné de ces souris qui mangent les chats, poursuivit :

— Monsieur, est-ce qu'elles nous mangeraient, ces souris-là ?

— Pardi ! fit Gavroche.

La terreur de l'enfant était au comble. Mais Gavroche ajouta :

— N'eille pas peur ! ils ne peuvent pas entrer. Et puis je suis là ! Tiens, prends ma main. Tais-toi, et pionce !

Gavroche en même temps prit la main du petit par-dessus son frère. L'enfant serra cette main contre lui et se sentit rassuré. Le courage et la force ont de ces communications mystérieuses. Le silence s'était refait autour d'eux, le bruit des voix avait effrayé et éloigné les rats ; au bout de quelques minutes ils eurent beau revenir et faire rage, les trois mômes, plongés dans le sommeil, n'entendaient plus rien.

Les heures de la nuit s'écoulèrent. L'ombre couvrait l'immense place de la Bastille, un vent d'hiver qui se mêlait à la pluie soufflait par bouffées, les patrouilles furetaient les portes, les allées, les enclos, les coins obscurs, et, cherchant les vagabonds nocturnes, passaient silencieusement devant l'éléphant ; le monstre, debout, immobile, les yeux ouverts dans les ténèbres, avait l'air de rêver comme satisfait de sa bonne action, et abritait du ciel et des hommes les trois pauvres enfants endormis.

Pour comprendre ce qui va suivre, il faut se souvenir qu'à cette époque le corps de garde de la Bastille était situé à l'autre extrémité de la place, et que ce qui se passait près de l'éléphant ne pouvait être ni aperçu, ni entendu par la sentinelle.

Vers la fin de cette heure qui précède immédiatement le point du jour, un homme déboucha de la rue[103] Saint-Antoine en courant, traversa la place, tourna le grand enclos de la colonne de Juillet, et se glissa entre les palissades jusque sous le ventre de l'éléphant. Si une lumière quelconque eût éclairé cet homme, à la manière profonde dont il était mouillé, on eût deviné qu'il avait passé la nuit sous la pluie. Arrivé sous l'éléphant, il fit entendre un cri bizarre qui n'appartient à aucune langue humaine et qu'une perruche seule pourrait reproduire. Il répéta deux fois ce cri dont l'orthographe que voici donne à peine quelque idée :

— Kirikikiou !

Au second cri, une voix claire, gaie et jeune, répondit du ventre de l'éléphant :

— Oui.

Presque immédiatement, la planche qui fermait le trou se dérangea[104] et donna passage à un enfant qui descendit le long du pied de l'éléphant et vint lestement tomber près de l'homme. C'était Gavroche. L'homme était Montparnasse.

Quant à ce cri, *kirikikiou,* c'était là sans doute ce que l'enfant voulait dire par : *Tu demanderas monsieur Gavroche.*

En l'entendant, il s'était réveillé en sursaut, avait rampé hors de son « alcôve », en écartant un peu le grillage qu'il avait ensuite refermé soigneusement, puis il avait ouvert la trappe et était descendu.

L'homme et l'enfant se reconnurent silencieusement dans la nuit ; Montparnasse se borna à dire :

— Nous avons besoin de toi. Viens nous donner un coup de main.

Le gamin ne demanda pas d'autre éclaircissement.

— Me v'là, dit-il.

Et tous deux se dirigèrent vers la rue Saint-Antoine d'où sortait Montparnasse, serpentant rapidement à travers la longue file des charrettes de maraîchers qui descendent à cette heure-là vers la halle.

Les maraîchers, accroupis dans leurs voitures parmi les salades et les légumes, à demi assoupis, enfouis jusqu'aux yeux dans leurs roulières à cause de la pluie battante, ne regardaient même pas ces étranges passants[105].

III

LES PÉRIPÉTIES DE L'ÉVASION

Voici ce qui avait eu lieu[1] cette même nuit à la Force :

Une évasion avait été concertée entre Babet, Brujon, Gueulemer et Thénardier[2], quoique Thénardier fût au secret. Babet avait fait l'affaire pour son compte, le jour même, comme on a vu[3] d'après le récit de Montparnasse à Gavroche.

Montparnasse devait les aider du dehors.

Brujon, ayant passé un mois dans une chambre de

punition, avait eu le temps, premièrement, d'y tresser une corde, deuxièmement, d'y mûrir un plan. Autrefois ces lieux sévères où la discipline de la prison livre le condamné à lui-même se composaient de quatre murs de pierre, d'un plafond de pierre, d'un pavé de dalles, d'un lit de camp, d'une lucarne grillée, d'une porte doublée de fer, et s'appelaient *cachots ;* mais le cachot a été jugé trop horrible ; maintenant cela se compose d'une porte de fer, d'une lucarne grillée, d'un lit de camp, d'un pavé de dalles, d'un plafond de pierre, de quatre murs de pierre, et cela s'appelle *chambre de punition*. Il y fait un peu jour vers midi. L'inconvénient de ces chambres qui, comme on voit, ne sont pas des cachots, c'est de laisser songer des êtres qu'il faudrait faire travailler.

Brujon donc avait songé, et il était sorti de la chambre de punition avec une corde. Comme on le réputait[4] fort dangereux dans la cour Charlemagne, on le mit dans le Bâtiment-Neuf. La première chose qu'il trouva dans le Bâtiment-Neuf, ce fut Gueulemer[5], la seconde, ce fut un clou, Gueulemer, c'est-à-dire le crime, un clou, c'est-à-dire la liberté.

Brujon[6], dont il est temps de se faire une idée complète, était, avec une apparence de complexion délicate et une langueur profondément préméditée, un gaillard poli, intelligent et voleur qui avait le regard caressant et le sourire atroce. Son regard résultait de sa volonté et son sourire résultait de sa nature. Ses premières études dans son art s'étaient dirigées vers les toits ; il avait fait faire de grands progrès à l'industrie des arracheurs de plomb qui dépouillent les toitures et dépiautent les gouttières par le procédé dit *au gras-double*.

Ce qui achevait de rendre l'instant favorable pour une tentative d'évasion, c'est que les couvreurs remaniaient et rejointoyaient, en ce moment-là même, une partie des ardoises de la prison. La cour Saint-Bernard n'était plus absolument isolée de la cour Charlemagne et de la cour Saint-Louis. Il y avait par là-haut des échafaudages et des échelles ; en d'autres termes, des ponts et des escaliers du côté de la délivrance.

Le Bâtiment-Neuf, qui était[7] tout ce qu'on pouvait voir au monde de plus lézardé et de plus décrépit, était le point faible de la prison. Les murs en étaient à ce point rongés par le salpêtre qu'on avait été obligé de revêtir d'un parement de bois les voûtes des dortoirs, parce qu'il s'en détachait des pierres qui tombaient sur les prisonniers dans leurs lits. Malgré cette vétusté, on faisait la faute d'enfermer dans le Bâtiment-Neuf les accusés les plus inquiétants, d'y mettre « les fortes causes », comme on dit en langage de prison.

Le Bâtiment-Neuf contenait quatre dortoirs superposés et un comble qu'on appelait le Bel-Air. Un large tuyau de cheminée, probablement de quelque ancienne cuisine des ducs de La Force, partait du rez-de-chaussée, traversait les quatre étages, coupait en deux tous les dortoirs où[8] il figurait une façon de pilier aplati, et allait trouer le toit.

Gueulemer et Brujon étaient dans[9] le même dortoir. On les avait mis par précaution dans l'étage d'en bas. Le hasard faisait que la tête de leurs lits s'appuyait[10] au tuyau de la cheminée. Thénardier se trouvait précisément au-dessus de leur tête dans ce comble qualifié le Bel-Air.

Le passant qui s'arrête rue Culture-Sainte-Catherine[11], après la caserne des pompiers, devant la porte cochère de la maison des Bains, voit une cour pleine de fleurs et d'arbustes en caisses[12], au fond de laquelle se développe, avec deux ailes[13], une petite rotonde blanche égayée par des contrevents verts, le rêve bucolique de Jean-Jacques. Il n'y a pas plus de dix ans, au-dessus de cette rotonde[14] s'élevait un mur noir, énorme, affreux, nu[15], auquel elle était adossée. C'était le mur du chemin de ronde de la Force.

Ce mur derrière cette rotonde, c'était Milton entrevu derrière Berquin[16].

Si haut qu'il fût, ce mur était dépassé par un toit plus noir encore qu'on apercevait au delà. C'était le toit du Bâtiment-Neuf. On y remarquait[17] quatre lucarnes-mansardes armées de barreaux; c'étaient les fenêtres du Bel-Air. Une cheminée perçait ce toit; c'était la cheminée qui traversait les dortoirs.

Le Bel-Air, ce comble du Bâtiment-Neuf, était une espèce de grande halle mansardée, fermée de triples grilles et de portes doublées de tôle[18] que constellaient des clous démesurés. Quand on y entrait par l'extrémité nord, on avait à sa gauche les quatre lucarnes, et à sa droite, faisant face aux lucarnes, quatre cages carrées assez vastes, espacées, séparées par des couloirs étroits, construites jusqu'à hauteur d'appui en maçonnerie et le reste jusqu'au toit en barreaux de fer.

Thénardier était au secret dans une de ces cages, depuis la nuit du 3 février. On n'a jamais pu découvrir comment, et par quelle connivence, il avait réussi[19] à s'y procurer et à y cacher une bouteille de ce vin inventé, dit-on, par Desrues, auquel se mêle un narcotique et que la bande des *Endormeurs*[20] a rendu célèbre.

Il y a dans beaucoup de prisons des employés traîtres, mi-partis geôliers et voleurs, qui aident aux évasions, qui vendent à la police une domesticité infidèle, et qui font danser l'anse du panier à salade[21].

Dans cette même nuit donc, où le petit Gavroche avait recueilli les deux[22] enfants errants, Brujon et Gueulemer, qui savaient que Babet, évadé le matin même, les attendait dans la rue ainsi que Montparnasse[23], se levèrent doucement et se mirent à percer avec le clou que Brujon avait trouvé le tuyau de cheminée auquel leurs lits touchaient[24]. Les gravois tombaient sur le lit de Brujon, de sorte qu'on ne les entendait pas. Les giboulées mêlées de tonnerre ébranlaient les portes sur leurs gonds et faisaient[25] dans la prison un vacarme affreux et utile. Ceux des prisonniers qui se réveillèrent firent semblant de se rendormir et laissèrent faire Gueulemer et Brujon. Brujon était adroit; Gueulemer était vigoureux[26]. Avant qu'aucun bruit fût parvenu au surveillant couché dans la cellule grillée qui avait jour sur le dortoir, le mur était percé, la cheminée escaladée, le treillis de fer qui fermait l'orifice supérieur du tuyau forcé[27] et les deux redoutables bandits sur le toit. La pluie et le vent redoublaient, le toit glissait[28].

— Quelle bonne sorgue pour une crampe*! dit Brujon.

Un abîme de[29] six pieds de large et de quatre-vingts pieds de profondeur les séparait du mur de ronde. Au fond de cet abîme[30] ils voyaient reluire dans l'obscurité le fusil d'un factionnaire. Ils attachèrent par un bout aux tronçons des barreaux de la cheminée qu'ils venaient de tordre la corde que Brujon avait filée dans son cachot, lancèrent l'autre bout par-dessus le mur de

---

* Quelle bonne nuit pour une évasion!

ronde, franchirent d'un bond l'abîme, se cramponnèrent au chevron du mur, l'enjambèrent, se laissèrent glisser l'un après l'autre le long de la corde sur un petit toit qui touche à la maison des Bains, ramenèrent leur corde à eux, sautèrent dans la cour des Bains, la traversèrent, poussèrent le vasistas du portier, auprès duquel pendait son cordon, tirèrent le cordon, ouvrirent la porte cochère, et se trouvèrent dans la rue.

Il n'y avait pas trois quarts d'heure qu'ils s'étaient levés debout sur leurs lits dans les ténèbres, leur clou à la main, leur projet dans la tête.

Quelques instants après, ils avaient rejoint[31] Babet et Montparnasse qui rôdaient dans les environs.

En tirant leur corde à eux, ils l'avaient cassée, et il en était resté un morceau[32] attaché à la cheminée sur le toit. Ils n'avaient du reste d'autre avarie que de s'être à peu près entièrement enlevé la peau des mains[33].

Cette nuit-là, Thénardier était prévenu, sans qu'on ait pu éclaircir de quelle façon[34], et ne dormait pas. Vers une heure du matin, la nuit étant très noire, il vit passer sur le toit, dans la pluie et dans la bourrasque[35], devant la lucarne qui était vis-à-vis de sa cage, deux ombres. L'une s'arrêta à la lucarne le temps d'un regard. C'était Brujon. Thénardier le reconnut, et comprit. Cela lui suffit.

Thénardier, signalé comme escarpe et détenu sous prévention de guet-apens nocturne à main armée, était gardé à vue. Un factionnaire, qu'on relevait de deux heures en deux heures, se promenait le fusil chargé[36] devant sa cage. Le Bel-Air était éclairé par une applique. Le prisonnier avait[37] aux pieds une paire de fers du poids de cinquante livres. Tous les jours à quatre heures de l'après-midi, un gardien escorté de deux dogues, — cela se faisait encore ainsi à cette époque, — entrait dans sa cage, déposait près de son lit un pain noir de deux livres, une cruche d'eau et une écuelle pleine d'un bouillon assez maigre où nageaient quelques gourganes, visitait ses fers et frappait sur les barreaux. Cet homme avec ses dogues revenait deux fois dans la nuit.

Thénardier avait obtenu la permission de conserver une espèce de cheville en fer dont il se servait pour clouer son pain dans une fente de la muraille, « afin, disait-il, de le préserver des rats ». Comme on gardait

Thénardier à vue, on n'avait point trouvé d'inconvénient à cette cheville. Cependant on se souvint plus tard qu'un gardien avait dit : — Il vaudrait mieux ne lui laisser qu'une cheville en bois.

A deux heures du matin on vint changer[38] le factionnaire qui était un vieux soldat, et on le remplaça par un conscrit. Quelques instants après, l'homme aux chiens fit sa visite, et s'en alla sans avoir rien remarqué, si ce n'est la trop grande jeunesse et « l'air paysan » du « tourlourou ». Deux heures après, à quatre heures, quand on vint relever le conscrit, on le trouva endormi et tombé à terre comme un bloc près de la cage de Thénardier. Quant à Thénardier, il n'y était plus. Ses fers brisés étaient sur le carreau. Il y avait un trou au plafond de sa cage, et, au-dessus, un autre trou dans le toit. Une planche de son lit avait été arrachée et sans doute emportée, car on ne la retrouva point. On saisit aussi dans la cellule une bouteille à moitié vidée qui contenait le reste du vin stupéfiant avec lequel le soldat avait été endormi. La bayonnette du soldat avait disparu.

Au moment où ceci fut découvert, on crut Thénardier hors de toute atteinte. La réalité est qu'il n'était plus dans le Bâtiment-Neuf, mais qu'il était encore fort en danger[39]. Son évasion n'était point consommée.

Thénardier, en arrivant[40] sur le toit du Bâtiment-Neuf, avait trouvé le reste de la corde de Brujon qui pendait aux barreaux de la trappe supérieure[41] de la cheminée, mais ce bout cassé étant beaucoup trop court, il n'avait pu s'évader par-dessus le chemin de ronde comme avaient fait Brujon et Gueulemer.

Quand on détourne de la rue des Ballets dans la rue du Roi-de-Sicile, on rencontre presque tout de suite un enfoncement sordide. Il y avait là au siècle dernier une maison dont il ne reste plus que le mur de fond, véritable mur de masure qui s'élève à la hauteur d'un troisième étage entre les bâtiments voisins. Cette ruine est reconnaissable à deux grandes fenêtres carrées qu'on y voit encore; celle du milieu, la plus proche du pignon de droite, est barrée d'une solive vermoulue ajustée en chevron d'étai. A travers ces fenêtres on distinguait autrefois une[42] haute muraille lugubre qui était un morceau de l'enceinte du chemin de ronde[43] de la Force.

Le vide que la maison démolie a laissé sur la rue est
à moitié rempli par une palissade[44] en planches pourries
contre-butée de cinq bornes de pierre. Dans cette clôture
se cache une petite baraque appuyée à la ruine restée
debout[45]. La palissade a une porte qui, il y a quelques
années, n'était fermée que d'un loquet[46].

C'est sur la crête de cette ruine que Thénardier était
parvenu un peu après trois heures du matin.

Comment était-il arrivé là? C'est ce qu'on n'a jamais
pu expliquer ni comprendre. Les éclairs avaient dû tout
ensemble le gêner et l'aider[47]. S'était-il servi des échelles
et des échafaudages des couvreurs pour gagner de toit
en toit, de clôture en clôture, de compartiment en
compartiment, les bâtiments de la cour Charlemagne,
puis les bâtiments de la cour Saint-Louis, le mur de
ronde, et de là la masure sur la rue du Roi-de-Sicile?
Mais il y avait dans ce trajet des solutions de continuité
qui semblaient le rendre impossible. Avait-il posé la
planche de son lit comme un pont du toit du Bel-Air au
mur du chemin de ronde, et s'était-il mis à ramper à
plat ventre sur le chevron du mur de ronde tout autour
de la prison jusqu'à la masure? Mais le mur du chemin
de ronde de la Force dessinait une ligne crénelée et inégale, il montait et descendait, il s'abaissait à la caserne
des pompiers, il se relevait à la maison des Bains, il était
coupé par des constructions, il[48] n'avait pas la même
hauteur sur l'hôtel Lamoignon que sur la rue Pavée, il
avait partout des chutes et des angles droits[49]; et puis
les sentinelles auraient dû voir la sombre silhouette du
fugitif; de cette façon encore le chemin fait par Thénardier reste à peu près inexplicable. Des deux manières,
fuite impossible. Thénardier, illuminé par cette effrayante
soif de la liberté qui change les précipices en fossés,
les grilles de fer en claies d'osier, un[50] cul-de-jatte en
athlète, un podagre en oiseau, la stupidité en instinct,
l'instinct en intelligence et l'intelligence en génie, Thénardier avait-il inventé et improvisé une troisième
manière? On ne l'a jamais su.

On ne peut pas toujours se rendre compte des merveilles de l'évasion. L'homme qui s'échappe, répétons-le,
est un inspiré; il y a de l'étoile et de l'éclair dans la mystérieuse lueur de la fuite; l'effort vers la délivrance n'est
pas moins surprenant que le coup d'aile vers le sublime;

et l'on dit d'un voleur évadé : Comment a-t-il fait pour escalader ce toit? de même qu'on dit de Corneille : Où a-t-il trouvé *Qu'il mourût*[51]?

Quoi qu'il en soit, ruisselant[52] de sueur, trempé par la pluie, les vêtements en lambeaux, les mains écorchées, les coudes en sang, les genoux déchirés, Thénardier était arrivé sur ce que les enfants, dans leur langue figurée, appellent *le coupant* du mur de la ruine, il s'y était couché tout de son long, et là, la force lui avait manqué. Un escarpement à pic de la hauteur d'un troisième étage le séparait du pavé de la rue.

La corde qu'il avait était trop courte.

Il attendait là, pâle, épuisé, désespéré de tout l'espoir qu'il avait eu, encore couvert par la nuit[53], mais se disant que le jour allait venir, épouvanté de l'idée d'entendre avant quelques instants sonner à l'horloge voisine de Saint-Paul quatre heures, heure où l'on viendrait relever la sentinelle et[54] où on la trouverait endormie sous le toit percé, regardant avec stupeur[55], à une profondeur terrible, à la lueur des réverbères, le pavé mouillé et noir, ce pavé désiré et effroyable qui était la mort et qui était la liberté.

Il se demandait si ses trois complices d'évasion avaient réussi, s'ils l'avaient attendu, et s'ils viendraient à son aide. Il écoutait. Excepté une patrouille, personne n'avait passé dans la rue depuis qu'il était là. Presque toute la descente des maraîchers de Montreuil, de Charonne, de Vincennes et de Bercy à la halle se fait par la rue Saint-Antoine.

Quatre heures sonnèrent. Thénardier[56] tressaillit. Peu d'instants après, cette rumeur effarée et confuse qui suit une évasion découverte éclata dans la prison. Le bruit des portes qu'on ouvre et qu'on ferme, le grincement des grilles sur leurs gonds, le tumulte du corps[57] de garde, les appels rauques des guichetiers, le choc des crosses de fusil sur le pavé des cours, arrivaient jusqu'à lui. Des lumières montaient et descendaient aux fenêtres grillées des dortoirs, une torche courait sur le comble du Bâtiment-Neuf, les pompiers de la caserne d'à côté avaient été appelés. Leurs casques, que la torche éclairait dans la pluie, allaient et venaient le long des toits. En même temps Thénardier voyait du côté de la Bastille une nuance blafarde blanchir lugubrement le bas du ciel.

Lui était sur le haut d'un mur de dix pouces de large, étendu sous l'averse, avec deux gouffres à droite et à gauche, ne pouvant bouger, en proie au vertige d'une chute possible et à l'horreur d'une arrestation certaine, et sa pensée, comme le battant d'une cloche, allait de l'une de ces idées à l'autre : — Mort si je tombe, pris si je reste.

Dans cette angoisse, il vit tout à coup, la rue étant encore tout à fait obscure, un homme qui se glissait le long des murailles et qui venait du côté de la rue Pavée s'arrêter dans le renfoncement au-dessus duquel Thénardier était comme suspendu. Cet homme fut rejoint par un second qui marchait avec la même précaution, puis par un troisième[58], puis par un quatrième. Quand ces hommes furent réunis, l'un d'eux souleva le loquet de la porte de la palissade, et ils entrèrent tous quatre dans l'enceinte où est la baraque. Ils se trouvaient précisément au-dessous de Thénardier[59]. Ces hommes[60] avaient évidemment choisi ce renfoncement pour pouvoir causer sans être vus des passants ni de la sentinelle qui garde le guichet de la Force à quelques pas de là. Il faut dire aussi que la pluie tenait cette sentinelle bloquée dans sa guérite[61]. Thénardier, ne pouvant distinguer leurs visages, prêta l'oreille à leurs paroles avec l'attention désespérée d'un misérable qui se sent perdu.

Thénardier vit passer devant ses yeux quelque chose qui ressemblait à l'espérance, ces hommes parlaient argot. Le premier disait, bas, mais distinctement :

— Décarrons. Qu'est-ce que nous maquillons icigo*?

Le second répondit :

— Il lansquine à éteindre le riffe du rabouin. Et puis les coqueurs vont passer, il y a là un grivier qui porte gaffe, nous allons nous faire emballer icicaille**.

Ces deux mots, *icigo* et *icicaille,* qui tous deux veulent dire *ici,* et qui appartiennent, le premier à l'argot des barrières, le second à l'argot du Temple, furent des traits de lumière pour Thénardier. A icigo il reconnut Brujon, qui était rôdeur de barrières, et à icicaille Babet,

---

* Allons-nous-en. Qu'est-ce que nous faisons ici?

** Il pleut à éteindre le feu du diable. Et puis les gens de police vont passer. Il y a là un soldat qui fait sentinelle. Nous allons nous faire arrêter ici.

qui, parmi tous ses métiers, avait été revendeur au Temple.

L'antique argot du grand siècle ne se parle plus qu'au Temple, et Babet était le seul même qui le parlât bien purement. Sans *iricaille*, Thénardier ne l'aurait point reconnu, car il avait tout à fait dénaturé sa voix[2].

Cependant le troisième était intervenu :

— Rien ne presse encore, attendons un peu. Qu'est-ce qui nous dit qu'il n'a pas besoin de nous?

A ceci, qui n'était que du français, Thénardier reconnut Montparnasse, lequel mettait son élégance à entendre tous les argots et à n'en parler aucun.

Quant au quatrième, il se taisait, mais ses vastes épaules le dénonçaient. Thénardier n'hésita pas. C'était Gueulemer[3].

Brujon répliqua presque impétueusement, mais toujours à voix basse :

— Qu'est-ce que tu nous bon's là? Le tapissier n'aura pas pu tirer sa crampe. Il ne sait pas le truc, quoi! Bouliner sa limace et faucher ses empaffes pour maquiller une tortouse, caler des boulins aux lourdes, braser des faffes, maquiller des caroubles, faucher les durs, balancer sa tortouse dehors, se planquer, se camoufler, il faut être mariol! Le vieux n'aura pas pu, il ne sait pas goupiner[*]!

Babet ajouta, toujours dans ce sage argot classique que parlaient Poulailler[4] et Cartouche, et qui est à l'argot hardi, nouveau, coloré et risqué dont usait Brujon ce que la langue de Racine est à la langue d'André Chénier :

— Ton orgue tapissier aura été fait marron dans l'escalier. Il faut être arcasien. C'est un galifard. Il se sera laissé jouer l'harnache par ur roussin, peut-être même par un roussi, qui lui aura battu comtois. Prête l'oche, Montparnasse, entends-tu ces criblements dans le collège? Tu as vu toutes ces camouflés. Il est tombé,

---

* Qu'est-ce que tu nous dis là? L'aubergiste n'a pas pu s'évader. Il ne sait pas le métier, quoi! Déchirer sa chemise et couper ses draps de lit pour faire une corde, faire des trous aux portes, fabriquer des faux papiers, faire des fausses clefs, couper ses fers, suspendre sa corde, se cacher, se déguiser, il faut être malin! Le vieux n'aura pas pu, il ne sait pas travailler!

va ! Il en sera quitte pour tirer ses vingt longes. Je n'ai pas taf, je ne suis pas un taffeur, c'est colombé, mais il n'y a plus qu'à faire les lézards, ou autrement on nous la fera gambiller. Ne renaude pas, viens avec nousiergue, allons picter une rouillarde encible*.

— On ne laisse pas les amis dans l'embarras, grommela Montparnasse.

— Je te bonis qu'il est malade ! reprit Brujon. A l'heure qui toque, le tapissier ne vaut pas une broque ! Nous n'y pouvons rien. Décarrons. Je crois à tout moment qu'un cogne me ceintre en pogne**.

Montparnasse ne résistait plus que faiblement ; le fait est que ces quatre[65] hommes, avec cette fidélité qu'ont les bandits de ne jamais s'abandonner entre eux, avaient rôdé toute la nuit autour de la Force, quel que fût le péril, dans l'espérance de voir surgir au haut de quelque muraille Thénardier. Mais la nuit qui devenait vraiment trop belle, c'était une averse à rendre toutes les rues désertes, le froid qui les gagnait, leurs vêtements trempés, leurs chaussures percées, le bruit inquiétant qui venait d'éclater dans la prison, les heures écoulées, les patrouilles rencontrées, l'espoir qui s'en allait, la peur qui revenait, tout cela les poussait à la retraite[66]. Montparnasse lui-même, qui était peut-être un peu le gendre de Thénardier[67], cédait. Un moment de plus, ils étaient partis. Thénardier haletait sur son mur comme les naufragés de la *Méduse* sur leur radeau en voyant le navire apparu s'évanouir à l'horizon.

Il n'osait les appeler, un cri entendu pouvait tout perdre, il eut une idée, une dernière, une lueur[68] ; il prit dans sa poche le bout de la corde de Brujon qu'il avait

---

* Ton aubergiste aura été pris sur le fait. Il faut être malin. C'est un apprenti. Il se sera laissé duper par un mouchard, peut-être même par un mouton, qui aura fait le compère. Écoute, Montparnasse, entends-tu ces cris dans la prison ? Tu as vu toutes ces chandelles. Il est repris, va ! Il en sera quitte pour faire ses vingt ans. Je n'ai pas peur, je ne suis pas un poltron, c'est connu, mais il n'y a plus rien à faire, ou autrement on nous la fera danser. Ne te fâche pas, viens avec nous, allons boire une bouteille de vieux vin ensemble.

** Je te dis qu'il est repris. A l'heure qu'il est, l'aubergiste ne vaut pas un liard. Nous n'y pouvons rien. Allons-nous-en. Je crois à tout moment qu'un sergent de ville me tient dans sa main.

détaché de la cheminée du Bâtiment-Neuf, et le jeta dans l'enceinte de la palissade.

Cette corde tomba à leurs pieds.

— Une veuve*, dit Babet.
— Ma tortouse**! dit Brujon.
— L'aubergiste est là, dit Montparnasse.

Ils levèrent les yeux. Thénardier avança un peu la tête.

— Vite! dit Montparnasse, as-tu l'autre bout de la corde, Brujon?
— Oui.
— Noue les deux bouts ensemble, nous lui jetterons la corde, il la fixera au mur, il en aura assez pour des cendre.

Thénardier se risqua à élever la voix.

— Je suis transi⁶⁹.
— On te réchauffera.
— Je ne puis plus bouger.
— Tu te laisseras glisser, nous te recevrons.
— J'ai les mains gourdes.
— Noue seulement la corde au mur.
— Je ne pourrai pas.
— Il faut que l'un de nous monte, dit Montparnasse.
— Trois étages! fit Brujon.

Un ancien conduit en plâtre, lequel avait servi à un poêle qu'on allumait jadis dans la baraque, rampait le long du mur et montait presque jusqu'à l'endroit où l'on apercevait Thénardier. Ce tuyau, alors fort lézardé et tout crevassé, est tombé depuis, mais on en voit encore les traces. Il était fort étroit⁷⁰.

— On pourrait monter par là, fit Montparnasse.
— Par ce tuyau? s'écria Babet, un orgue***! jamais! il faudrait un mion****.
— Il faudrait un môme*****, reprit Brujon.
— Où trouver un moucheron? dit Gueulemer.
— Attendez, dit Montparnasse. J'ai l'affaire.

Il entr'ouvrit doucement la porte de la palissade,

---

* Une corde (argot du Temple).
** Ma corde (argot des barrières).
*** Un homme.
**** Un enfant (argot du Temple).
***** Un enfant (argot des barrières).

s'assura qu'aucun passant ne traversait la rue, sortit avec précaution, referma la porte derrière lui, et partit en courant dans la direction de la Bastille[71].

Sept ou huit minutes s'écoulèrent, huit[72] mille siècles pour Thénardier; Babet, Brujon et Gueulemer ne desserraient pas les dents; la porte se rouvrit enfin, et Montparnasse parut, essoufflé, et amenant Gavroche. La pluie continuait de faire la rue complètement déserte[73].

Le petit Gavroche entra[74] dans l'enceinte et regarda ces figures de bandits d'un air tranquille. L'eau lui dégouttait des cheveux[75]. Gueulemer lui adressa la parole :

— Mioche, es-tu un homme?

Gavroche haussa les épaules et répondit :

— Un[76] môme comme mézig est un orgue, et des orgues comme vousailles sont des mômes*.

— Comme le mion joue du crachoir**! s'écria Babet.

— Le môme pantinois n'est pas maquillé de fertille lansquinée***, ajouta Brujon.

— Qu'est-ce qu'il vous faut? dit Gavroche.

Montparnasse répondit :

— Grimper par ce tuyau[77].

— Avec cette veuve****, fit Babet.

— Et ligoter la tortouse*****, continua Brujon.

— Au monté du montant******, reprit Babet.

— Au pieu de la vanterne*******, ajouta Brujon.

— Et puis? dit Gavroche.

— Voilà! dit Gueulemer.

Le gamin examina la corde, le tuyau, le mur, les fenêtres, et fit cet inexprimable et dédaigneux bruit des lèvres qui signifie :

— Que ça!

— Il y a un homme là-haut que tu sauveras, reprit Montparnasse.

---

* Un enfant comme moi est un homme, et des hommes comme vous sont des enfants.
** Comme l'enfant a la langue bien pendue!
*** L'enfant de Paris n'est pas fait en paille mouillée.
**** Cette corde.
***** Attacher la corde.
****** Au haut du mur.
******* A la traverse de la fenêtre.

— Veux-tu ? reprit Brujon.

— Serin ! répondit l'enfant comme si la question lui paraissait inouïe ; et il ôta ses souliers[78].

Gueulemer saisit Gavroche d'un bras, le posa sur le toit de la baraque, dont les planches vermoulues pliaient sous le poids de l'enfant, et lui remit[79] la corde que Brujon avait renouée pendant l'absence de Montparnasse. Le gamin se dirigea vers le tuyau où il était facile d'entrer grâce à une large crevasse qui touchait au toit. Au moment où il allait monter, Thénardier, qui[80] voyait le salut et la vie s'approcher, se pencha au bord du mur ; la première lueur du jour blanchissait son front inondé de sueur, ses pommettes livides, son nez effilé et sauvage, sa barbe grise toute hérissée, et Gavroche le reconnut.

— Tiens ! dit-il, c'est mon père !... Oh ! cela n'empêche pas.

Et prenant la corde dans ses dents, il commença résolument l'escalade.

Il parvint au haut de la masure, enfourcha le vieux mur comme un cheval[81], et noua solidement la corde à la traverse supérieure de la fenêtre.

Un moment après, Thénardier était dans la rue.

Dès qu'il eut touché le pavé, dès qu'il se sentit hors de danger[82], il ne fut plus ni fatigué, ni transi, ni tremblant ; les choses terribles dont il sortait s'évanouirent comme une fumée, toute cette étrange et féroce intelligence se réveilla, et se trouva debout et libre, prête à marcher devant elle. Voici quel fut le premier mot de cet homme :

— Maintenant, qui allons-nous manger[83] ?

Il est inutile d'expliquer le sens de ce mot affreusement transparent qui signifie tout à la fois tuer, assassiner et dévaliser. *Manger,* sens vrai : *dévorer*[84].

— Rencognons-nous bien, dit Brujon. Finissons en trois mots, et nous nous séparerons tout de suite. Il y avait une affaire qui avait l'air bonne rue Plumet, une rue déserte, une maison isolée, une vieille grille pourrie sur un jardin, des femmes seules.

— Eh bien ! pourquoi pas ? demanda Thénardier.

— Ta fée*, Éponine, a été voir la chose, répondit Babet.

---

* Ta fille.

— Et elle a apporté un biscuit à Magnon, ajouta Gueulemer. Rien à maquiller là*.

— La fée n'est pas loffe**, fit Thénardier. Pourtant il faudra voir.

— Oui, oui, dit Brujon, il faudra voir.

Cependant aucun de ces hommes n'avait plus l'air de voir Gavroche qui, pendant ce colloque, s'était assis sur une des bornes de la palissade; il attendit quelques instants, peut-être que son père se tournât vers lui, puis il remit ses souliers, et dit:

— C'est fini? vous n'avez plus besoin de moi, les hommes? vous voilà tirés d'affaire. Je m'en vas. Il faut que j'aille lever mes mômes.

Et il s'en alla. Les cinq hommes sortirent l'un après l'autre de la palissade[85].

Quand Gavroche eut disparu au tournant de la rue des Ballets, Babet prit Thénardier à part:

— As-tu regardé ce mion? lui demanda-t-il.

— Quel mion?

— Le mion qui a grimpé au mur et t'a porté la corde.

— Pas trop.

— Eh bien, je ne sais pas, mais il me semble que c'est ton fils.

— Bah! dit Thénardier, crois-tu[86]?

Et il s'en alla[87].

---

* Rien à faire là.
** Bête.

LIVRE SEPTIÈME

L'ARGOT[1]

I

ORIGINE

Pigritia est un mot terrible. Il engendre un monde, *la pègre*, lisez : *le vol*, et un enfer, *la pégrenne*, lisez : *la faim*.

Ainsi la paresse est mère. Elle a un fils, le vol, et une fille, la faim. Où sommes-nous en ce moment? Dans l'argot.

Qu'est-ce que l'argot? C'est tout à la fois la nation et l'idiome; c'est le vol sous ses deux espèces, peuple et langue.

Lorsqu'il y a trente-quatre ans, le narrateur de cette grave et sombre histoire introduisait au milieu d'un ouvrage écrit dans le même but que celui-ci* un voleur parlant argot, il y eut ébahissement et clameur. — Quoi! comment! l'argot! Mais l'argot est affreux! mais c'est la langue des chiourmes, des bagnes, des prisons, de tout ce que la société a de plus abominable! etc., etc., etc.

Nous n'avons jamais compris ce genre d'objections.

Depuis, deux puissants romanciers, dont l'un est un profond observateur du cœur humain, l'autre un intrépide ami du peuple, Balzac et Eugène Sue, ayant fait parler des bandits dans leur langue naturelle comme l'avait fait en 1828 l'auteur du *Dernier jour d'un condamné*, les mêmes réclamations se sont élevées. On a répété : — Que nous veulent les écrivains avec ce révoltant patois? l'argot est odieux! l'argot fait frémir!

Qui le nie? Sans doute.

Lorsqu'il s'agit de sonder une plaie, un gouffre ou une société, depuis quand est-ce un tort de descendre trop avant, d'aller au fond? Nous avions toujours pensé que c'était quelquefois un acte de courage, et tout au

---

* *Le dernier Jour d'un Condamné.*

moins une action simple et utile, digne de l'attention sympathique que mérite le devoir accepté et accompli. Ne pas tout explorer, ne pas tout étudier, s'arrêter en chemin, pourquoi? S'arrêter est le fait de la sonde et non du sondeur.

Certes, aller chercher dans les bas-fonds de l'ordre social, là où la terre finit et où la boue commence, fouiller dans ces vagues épaisses, poursuivre, saisir et jeter tout palpitant sur le pavé cet idiome abject qui ruisselle de fange ainsi tiré au jour, ce vocabulaire pustuleux dont chaque mot semble un anneau immonde d'un monstre de la vase et des ténèbres, ce n'est ni une tâche attrayante ni une tâche aisée. Rien n'est plus lugubre que de contempler ainsi à nu, à la lumière de la pensée, le fourmillement effroyable de l'argot. Il semble en effet que ce soit une sorte d'horrible bête faite pour la nuit qu'on vient d'arracher de son cloaque. On croit voir une affreuse broussaille vivante et hérissée qui tressaille, se meut, s'agite, redemande l'ombre, menace et regarde. Tel mot ressemble à une griffe, tel autre à un œil éteint et sanglant; telle phrase semble remuer comme une pince de crabe. Tout cela vit de cette vitalité hideuse des choses qui se sont organisées dans la désorganisation.

Maintenant, depuis quand l'horreur exclut-elle l'étude? depuis quand la maladie chasse-t-elle le médecin? Se figure-t-on un naturaliste qui refuserait d'étudier la vipère, la chauve-souris, le scorpion, la scolopendre, la tarentule, et qui les rejetterait dans leurs ténèbres en disant: Oh! que c'est laid! Le penseur qui se détournerait de l'argot ressemblerait à un chirurgien qui se détournerait d'un ulcère ou d'une verrue. Ce serait un philologue hésitant à examiner un fait de la langue, un philosophe hésitant à scruter un fait de l'humanité. Car, il faut bien le dire à ceux qui l'ignorent, l'argot est tout ensemble un phénomène littéraire et un résultat social. Qu'est-ce que l'argot proprement dit? L'argot est la langue de la misère.

Ici on peut nous arrêter; on peut généraliser le fait, ce qui est quelquefois une manière de l'atténuer; on peut nous dire que tous les métiers, toutes les professions, on pourrait presque ajouter tous les accidents de la hiérarchie sociale et toutes les formes de l'intelligence, ont leur argot. Le marchand qui dit: *Montpellier dispo-*

nible ; *Marseille belle qualité*, l'agent de change qui dit : *report, prime, fin courant*, le joueur qui dit : *tiers et tout, refait de pique*, l'huissier des îles normandes qui dit : *l'affieffeur s'arrêtant à son fonds ne peut clâmer les fruits de ce fonds pendant la saisie héréditale des immeubles du renonciateur*, le vaudevilliste qui dit : *on a égayé l'ours**, le comédien qui dit : *j'ai fait four*, le philosophe qui dit : *triplicité phénoménale*, le chasseur qui dit : *voilèci allais, voilèci fuyant*, le phrénologue qui dit : *amativité, combativité, sécrétivité*, le fantassin qui dit : *ma clarinette*, le cavalier qui dit : *mon poulet d'Inde*, le maître d'armes qui dit : *tierce, quarte, rompez*, l'imprimeur qui dit : *parlons batio*, tous, imprimeur, maître d'armes, cavalier, fantassin, phrénologue, chasseur, philosophe, comédien, vaudevilliste, huissier, joueur, agent de change, marchand, parlent argot. Le peintre qui dit : *mon rapin*, le notaire qui dit : *mon saute-ruisseau*, le perruquier qui dit : *mon commis*, le savetier qui dit : *mon gniaf*, parlent argot. A la rigueur, et si on le veut absolument, toutes ces façons diverses de dire la droite et la gauche, le matelot *bâbord* et *tribord*, le machiniste, *côté cour* et *côté jardin*, le bedeau, *côté de l'épître* et *côté de l'évangile*, sont de l'argot. Il y a l'argot des mijaurées comme il y a eu l'argot des précieuses. L'hôtel de Rambouillet confinait quelque peu à la Cour des Miracles. Il y a l'argot des duchesses, témoin cette phrase écrite dans un billet doux par une très grande dame et très jolie femme de la Restauration : « Vous trouverez dans ces potains-là une foultitude de raisons pour que je me liberetis**. » Les chiffres diplomatiques sont de l'argot; la chancellerie pontificale, en disant 26 pour *Rome*, *grkztntgzyal* pour *envoi* et *abfxustgrnogrkzutu*xi pour *duc de Modène*, parle argot. Les médecins du moyen âge qui, pour dire carotte, radis et navet, disaient : *opoponach, perfroschinum, reptitalmus, dracatholicum angelorum, postmegorum*, parlaient argot. Le fabricant de sucre qui dit : *vergeoise, tête, claircé, tape, lumps, mélis, bâtarde, commun, brûlé, plaque*, cet honnête manufacturier parle argot. Une certaine école de critique d'il y a vingt ans qui disait : — *La moitié de Shakespeare est jeux de mots et*

---

* On a sifflé la pièce.
** Vous trouverez dans ces commérages-là une multitude de raisons pour que je prenne ma liberté.

calembours, — parlait argot. Le poëte et l'artiste qui, avec un sens profond, qualifieront M. de Montmorency « un bourgeois », s'il ne se connaît pas en vers et en statues, parlent argot. L'académicien classique qui appelle les fleurs *Flore,* les fruits *Pomone,* la mer *Neptune,* l'amour *les feux,* la beauté *les appas,* un cheval *un coursier,* la cocarde blanche ou tricolore *la rose de Bellone,* le chapeau à trois cornes *le triangle de Mars,* l'académicien classique parle argot. L'algèbre, la médecine, la botanique, ont leur argot. La langue qu'on emploie à bord, cette admirable langue de la mer, si complète et si pittoresque, qu'ont parlée Jean Bart, Duquesne, Suffren et Duperré, qui se mêle au sifflement des agrès, au bruit des porte-voix, au choc des haches d'abordage, au roulis, au vent, à la rafale, au canon, est tout un argot héroïque et éclatant qui est au farouche argot de la pègre ce que le lion est au chacal.

Sans doute. Mais, quoi qu'on en puisse dire, cette façon de comprendre le mot argot est une extension, que tout le monde même n'admettra pas. Quant à nous, nous conservons à ce mot sa vieille acception précise, circonscrite et déterminée, et nous restreignons l'argot à l'argot. L'argot véritable, l'argot par excellence, si ces deux mots peuvent s'accoupler, l'immémorial argot qui était un royaume, n'est autre chose, nous le répétons, que la langue laide, inquiète, sournoise, traître, venimeuse, cruelle, louche, vile, profonde, fatale, de la misère. Il y a, à l'extrémité de tous les abaissements et de toutes les infortunes, une dernière misère qui se révolte et qui se décide à entrer en lutte contre l'ensemble des faits heureux et des droits régnants; lutte affreuse où, tantôt rusée, tantôt violente, à la fois malsaine et féroce, elle attaque l'ordre social à coups d'épingle par le vice et à coups de massue par le crime. Pour les besoins de cette lutte, la misère a inventé une langue de combat qui est l'argot.

Faire surnager et soutenir au-dessus de l'oubli, au-dessus du gouffre, ne fût-ce qu'un fragment d'une langue quelconque que l'homme a parlée et qui se perdrait, c'est-à-dire un des éléments, bons ou mauvais, dont la civilisation se compose ou se complique, c'est étendre les données de l'observation sociale, c'est servir la civilisation même. Ce service, Plaute l'a rendu, le voulant ou ne le voulant pas, en faisant parler le Phénicien à deux soldats carthaginois ; ce service[2], Molière l'a rendu en faisant parler le Levantin et toutes sortes de patois à tant de ses personnages. Ici les objections se raniment : Le Phénicien, à merveille ! le Levantin, à la bonne heure ! même le patois, passe ! ce sont des langues qui ont appartenu à des nations ou à des provinces ; mais l'argot ? à quoi bon conserver l'argot ? à quoi bon « faire surnager » l'argot ?

À cela nous ne répondrons qu'un mot. Certes, si la langue qu'a parlée une nation ou une province est digne d'intérêt, il est une chose plus digne encore d'attention et d'étude, c'est la langue qu'a parlée une misère.

C'est la langue qu'a parlée en France, par exemple, depuis plus de quatre siècles, non seulement une misère, mais la misère, toute la misère humaine possible.

Et puis, nous y insistons, étudier les difformités et les infirmités sociales et les signaler pour les guérir, ce n'est point une besogne où le choix soit permis. L'historien des mœurs et des idées n'a pas une mission moins austère que l'historien des événements. Celui-ci a la surface de la civilisation, les luttes des couronnes, les naissances de princes, les mariages de rois, les batailles, les assemblées, les grands hommes publics, les révolutions au soleil, tout le dehors ; l'autre historien a l'intérieur, le fond, le peuple qui travaille, qui souffre et qui attend, la femme accablée, l'enfant qui agonise, les guerres sourdes d'homme à homme, les férocités obscures, les préjugés, les iniquités convenues, les contre-coups souterrains de la loi, les évolutions secrètes des âmes, les tressaillements indistincts des multitudes, les meurt-de-faim, les va-nu-pieds, les bras-nus, les déshérités, les orphelins, les malheureux et les infâmes, toutes les larves qui errent dans l'obscurité. Il faut qu'il descende, le cœur plein de charité et de sévérité à la fois, comme un frère et comme un juge, jusqu'à ces casemates impénétrables où rampent pêle-mêle ceux qui saignent et ceux qui frappent, ceux qui pleurent et ceux qui maudissent, ceux qui jeûnent et ceux qui dévorent, ceux qui endurent le mal et ceux qui le font. Ces historiens des cœurs et des âmes ont-ils des devoirs moindres que les historiens des faits extérieurs ? Croit-on qu'Alighieri ait moins de choses à dire que Machiavel ? Le dessous de la civilisation, pour être plus profond et plus sombre, est-il moins important que le dessus? Connaît-on bien la montagne quand on ne connaît pas la caverne?

Disons-le du reste en passant, de quelques mots de ce qui précède on pourrait inférer entre les deux classes d'historiens une séparation tranchée qui n'existe pas dans notre esprit. Nul n'est bon historien de la vie patente, visible, éclatante et publique des peuples s'il n'est en même temps, dans une certaine mesure, historien de leur vie profonde et cachée; et nul n'est bon historien du dedans s'il ne sait être, toutes les fois que besoin est, historien du dehors. L'histoire des mœurs et des idées pénètre l'histoire des événements, et réciproquement. Ce sont deux ordres de faits différents qui se répondent, qui s'enchaînent toujours et s'engendrent souvent. Tous les linéaments que la providence trace à la surface d'une nation ont leurs parallèles sombres, mais distincts, dans le fond, et toutes les convulsions du fond produisent des soulèvements à la surface. La vraie histoire étant mêlée à tout, le véritable historien se mêle de tout.

L'homme n'est pas un cercle à un seul centre; c'est une ellipse à deux foyers. Les faits sont l'un, les idées sont l'autre.

L'argot n'est autre chose qu'un vestiaire où la langue, ayant quelque mauvaise action à faire, se déguise. Elle s'y revêt de mots masques et de métaphores haillons.

De la sorte elle devient horrible.

On a peine à la reconnaître. Est-ce bien la langue française, la grande langue humaine? La voilà prête à entrer en scène et à donner au crime la réplique, et propre à tous les emplois du répertoire du mal. Elle ne marche plus, elle clopine; elle boite sur la béquille de la Cour des Miracles, béquille métamorphosable en massue; elle se nomme truanderie; tous les spectres, ses habilleurs, l'ont grimée; elle se traîne et se dresse, double allure du reptile. Elle est apte à tous les rôles désormais, faite louche par le faussaire, vert-de-grisée par l'empoisonneur, charbonnée de la suie de l'incendiaire; et le meurtrier lui met son rouge.

Quand on écoute, du côté des honnêtes gens, à la porte de la société, on surprend le dialogue de ceux qui sont dehors. On distingue des demandes et des réponses.

On perçoit, sans le comprendre, un murmure hideux, sonnant presque comme l'accent humain, mais plus voisin du hurlement que de la parole. C'est l'argot. Les mots sont difformes, et empreints d'on ne sait quelle bestialité fantastique. On croit entendre des hydres parler.

C'est l'inintelligible dans le ténébreux. Cela grince et cela chuchote, complétant le crépuscule par l'énigme. Il fait noir dans le malheur, il fait plus noir encore dans le crime; ces deux noirceurs amalgamées composent l'argot. Obscurité dans l'atmosphère, obscurité dans les actes, obscurité dans les voix. Épouvantable langue crapaude qui va, vient, sautelle, rampe, bave, et se meut monstrueusement dans cette immense brume grise faite de pluie, de nuit, de faim, de vice, de mensonge, d'injustice, de nudité, d'asphyxie et d'hiver, plein midi des misérables.

Ayons compassion des châtiés. Hélas! qui sommes-nous nous-mêmes? qui suis-je, moi qui vous parle? qui êtes-vous, vous qui m'écoutez? d'où venons-nous? et est-il bien sûr que nous n'ayons rien fait avant d'être nés? La terre n'est point sans ressemblance avec une geôle. Qui sait si l'homme n'est pas un repris de justice divine?

Regardez la vie de près. Elle est ainsi faite qu'on y sent partout de la punition.

Êtes-vous ce qu'on appelle un heureux? Eh bien, vous êtes triste tous les jours. Chaque jour a son grand chagrin ou son petit souci. Hier, vous trembliez pour une santé qui vous est chère, aujourd'hui vous craignez pour la vôtre; demain ce sera une inquiétude d'argent, après-demain la diatribe d'un calomniateur, l'autre après-demain le malheur d'un ami; puis le temps qu'il fait, puis quelque chose de cassé ou de perdu, puis un plaisir que la conscience et la colonne vertébrale vous reprochent; une autre fois, la marche des affaires publiques. Sans compter les peines de cœur. Et ainsi de suite. Un nuage se dissipe, un autre se reforme. A peine un jour sur cent de pleine joie et de plein soleil. Et vous êtes de ce petit nombre qui a le bonheur! Quant aux autres hommes, la nuit stagnante est sur eux.

Les esprits réfléchis usent peu de cette locution: les heureux et les malheureux. Dans ce monde, vestibule d'un autre évidemment, il n'y a pas d'heureux.

La vraie division humaine est celle-ci : les lumineux et les ténébreux.

Diminuer le nombre des ténébreux, augmenter le nombre des lumineux, voilà le but. C'est pourquoi nous crions : enseignement ! science ! Apprendre à lire, c'est allumer du feu ; toute syllabe épelée étincelle.

Du reste qui dit lumière ne dit pas nécessairement joie. On souffre dans la lumière ; l'excès brûle. La flamme est ennemie de l'aile. Brûler sans cesser de voler, c'est là le prodige du génie.

Quand vous connaîtrez et quand vous aimerez, vous souffrirez encore. Le jour naît en larmes. Les lumineux pleurent, ne fût-ce que sur les ténébreux.

II

Racines

L'argot, c'est la langue des ténébreux.

La pensée est émue dans ses plus sombres profondeurs, la philosophie sociale est sollicitée à ses méditations les plus poignantes, en présence de cet énigmatique dialecte à la fois flétri et révolté. C'est là qu'il y a du châtiment visible. Chaque syllabe y a l'air marquée. Les mots de la langue vulgaire y apparaissent comme froncés et racornis sous le fer rouge du bourreau. Quelques-uns semblent fumer encore. Telle phrase vous fait l'effet de l'épaule fleurdelysée d'un voleur brusquement mise à nu. L'idée refuse presque de se laisser exprimer par ces substantifs repris de justice. La métaphore y est parfois si effrontée qu'on sent qu'elle a été au carcan.

Du reste, malgré tout cela et à cause de tout cela, ce patois étrange a de droit son compartiment dans ce grand casier impartial où il y a place pour le liard oxydé comme pour la médaille d'or, et qu'on nomme la littérature. L'argot, qu'on y consente ou non, a sa syntaxe et sa poésie. C'est une langue. Si, à la difformité de certains vocables, on reconnaît qu'elle a été mâchée par Mandrin, à la splendeur de certaines métonymies, on sent que Villon l'a parlée.

Ce vers si exquis et si célèbre :

Mais où sont les neiges d'antan ?

est un vers d'argot[1]. Antan — *ante annum* — est un mot de l'argot de Thunes qui signifiait *l'an passé* et par extension *autrefois*. On pouvait encore lire il y a trente-cinq ans, à l'époque du départ de la grande chaîne de 1827, dans un des cachots de Bicêtre, cette maxime gravée au clou sur le mur par un roi de Thunes condamné aux galères : *Les dabs d'antan trimaient siempre pour la pierre du Coësre.* Ce qui veut dire : *Les rois d'autrefois allaient toujours se faire sacrer.* Dans la pensée de ce roi-là, le sacre, c'était le bagne.

Le mot *décarade,* qui exprime le départ d'une lourde voiture au galop, est attribué à Villon[2], et il en est digne. Ce mot, qui fait feu des quatre pieds, résume dans une onomatopée magistrale tout l'admirable vers de La Fontaine :

> Six forts chevaux tiraient un coche.

Au point de vue purement littéraire, peu d'études seraient plus curieuses et plus fécondes que celle de l'argot. C'est toute une langue dans la langue, une sorte d'excroissance maladive, une greffe malsaine qui a produit une végétation, un parasite qui a ses racines dans le vieux tronc gaulois et dont le feuillage sinistre rampe sur tout un côté de la langue. Ceci est ce qu'on pourrait appeler le premier aspect, l'aspect vulgaire de l'argot. Mais, pour ceux qui étudient la langue ainsi qu'il faut l'étudier, c'est-à-dire comme les géologues étudient la terre, l'argot apparaît comme une véritable alluvion. Selon qu'on y creuse plus ou moins avant, on trouve dans l'argot, au-dessous du vieux français populaire, le provençal, l'espagnol, de l'italien, du levantin, cette langue des ports de la Méditerranée, de l'anglais et de l'allemand, du roman dans ses trois variétés : roman français, roman italien, roman roman, du latin, enfin du basque et du celte. Formation profonde et bizarre. Édifice souterrain bâti en commun par tous les misérables. Chaque race maudite a déposé sa couche, chaque souffrance a laissé tomber sa pierre, chaque cœur a donné son caillou. Une foule d'âmes mauvaises, basses ou irritées, qui ont traversé la vie et sont allées s'évanouir dans l'éternité sont là presque entières et en quelque sorte visibles encore sous la forme d'un mot monstrueux.

Veut-on de l'espagnol? le vieil argot gothique en fourmille. Voici *boffete,* soufflet, qui vient de *bofeton ; vantane,* fenêtre (plus tard vanterne), qui vient de *vantana ; gat,* chat, qui vient de *gato ; acite,* huile, qui vient de *aceyte.* Veut-on de l'italien? Voici *spade,* épée, qui vient de *spada ; carvel,* bateau, qui vient de *caravella.* Veut-on de l'anglais? Voici le *bichot,* l'évêque, qui vient de *bishop ; raille,* espion, qui vient de *rascal, rascalion,* coquin; *pilche,* étui, qui vient de *pilcher,* fourreau. Veut-on de l'allemand? Voici le *caleur,* le garçon, *kellner ;* le *hers,* le maître, *herzog* (duc). Veut-on du latin? Voici *frangir,* casser, *frangere ; affurer,* voler, *fur ; cadène,* chaîne, *catena.* Il y a un mot qui reparaît dans toutes les langues du continent avec une sorte de puissance et d'autorité mystérieuse, c'est le mot *magnus ;* l'Écosse en fait son *mac,* qui désigne le chef du clan, Mac-Farlane, Mac-Callummore, le grand Farlane, le grand Callummore*; l'argot en fait le *meck,* et plus tard, le *meg,* c'est-à-dire Dieu. Veut-on du basque? Voici *gahisto,* le diable, qui vient de *gaïztoa,* mauvais; *sorgabon,* bonne nuit, qui vient de *gabon,* bonsoir. Veut-on du celte? Voici *blavin,* mouchoir, qui vient de *blavet,* eau jaillissante; *ménesse,* femme (en mauvaise part), qui vient de *meinec,* plein de pierres; *barant,* ruisseau, de *baranton,* fontaine; *goffeur,* serrurier, de *goff,* forgeron; la *guédouze,* la mort, qui vient de *guenn-du,* blanche-noire. Veut-on de l'histoire enfin? L'argot appelle les écus *les maltaises,* souvenir de la monnaie qui avait cours sur les galères de Malte.

Outre les origines philologiques qui viennent d'être indiquées, l'argot a d'autres racines plus naturelles encore et qui sortent pour ainsi dire de l'esprit même de l'homme :

Premièrement, la création directe des mots. Là est le mystère des langues. Peindre par des mots qui ont, on ne sait comment ni pourquoi, des figures. Ceci est le fond primitif de tout langage humain, ce qu'on en pourrait nommer le granit. L'argot pullule de mots de ce genre, mots immédiats, créés de toute pièce on ne sait où ni par qui, sans étymologies, sans analogies, sans dérivés, mots solitaires, barbares, quelquefois hideux, qui ont une singulière puissance d'expression et qui

---

* Il faut observer pourtant que *mac* en celte veut dire fils.

vivent. — Le bourreau, *le taule ;* — la forêt, *le sabri ;* — la peur, la fuite, *taf ;* — le laquais, *le larbin ;* — le général, le préfet, le ministre, *pharos ;* — le diable, *le rabouin.* Rien n'est plus étrange que ces mots qui masquent et qui montrent. Quelques-uns, *le rabouin,* par exemple, sont en même temps grotesques et terribles, et vous font l'effet d'une grimace cyclopéenne.

Deuxièmement, la métaphore. Le propre d'une langue qui veut tout dire et tout cacher, c'est d'abonder en figures. La métaphore est une énigme où se réfugie le voleur qui complote un coup, le prisonnier qui combine une évasion. Aucun idiome n'est plus métaphorique que l'argot. — *Dévisser le coco,* tordre le cou ; — *tortiller,* manger ; — *être gerbé,* être jugé ; — *un rat,* un voleur de pain ; — *il lansquine,* il pleut, vieille figure frappante, qui porte en quelque sorte sa date avec elle, qui assimile les longues lignes obliques de la pluie aux piques épaisses et penchées des lansquenets, et qui fait tenir dans un seul mot la métonymie populaire : *il pleut des hallebardes.* Quelquefois, à mesure que l'argot va de la première époque à la seconde, des mots passent de l'état sauvage et primitif au sens métaphorique. Le diable cesse d'être *le rabouin* et devient *le boulanger,* celui qui enfourne. C'est plus spirituel, mais moins grand ; quelque chose comme Racine après Corneille, comme Euripide après Eschyle. Certaines phrases d'argot, qui participent des deux époques et ont à la fois le caractère barbare et le caractère métaphorique, ressemblent à des fantasmagories. — *Les sorgueurs vont sollicer des gails à la lune* (les rôdeurs vont voler des chevaux la nuit). Cela passe devant l'esprit comme un groupe de spectres. On ne sait ce qu'on voit.

Troisièmement, l'expédient. L'argot vit sur la langue. Il en use à sa fantaisie, il y puise au hasard, et il se borne souvent, quand le besoin surgit, à la dénaturer sommairement et grossièrement. Parfois, avec les mots usuels ainsi déformés, et compliqués de mots d'argot pur, il compose des locutions pittoresques où l'on sent le mélange des deux éléments précédents, la création directe et la métaphore : — *Le cab jaspine, je marronne que la roulotte de Pantin trime dans le sabri ;* le chien aboie, je soupçonne que la diligence de Paris passe dans le bois. — *Le dab est sinve, la dabuge est merloussière, la fée est bative ;* le bourgeois est bête, la bourgeoise est rusée, la fille est jolie. — Le plus souvent, afin de dérouter les écouteurs, l'argot se borne à ajouter indistinctement à tous les mots de la langue une sorte de queue ignoble, une terminaison en aille, en orgue, en iergue, ou en uche. Ainsi : *Vousiergue trouvaille bonorgue ce gigotmuche ?* Trouvez-vous ce gigot bon ? Phrase adressée par Cartouche à un guichetier, afin de savoir si la somme offerte pour l'évasion lui convenait. — La terminaison en *mar* a été ajoutée assez récemment.

L'argot, étant l'idiome de la corruption, se corrompt vite. En outre, comme il cherche toujours à se dérober sitôt qu'il se sent compris, il se transforme. Au rebours de toute autre végétation, tout rayon de jour y tue ce qu'il touche. Aussi l'argot va-t-il se décomposant et se recomposant sans cesse ; travail obscur et rapide qui ne s'arrête jamais. Il fait plus de chemin en dix ans que la langue en dix siècles. Ainsi le larton* devient le lartif ; le gail** devient le gaye ; la fertanche***, la fertille ; le momignard, le momacque ; les siques****, les frusques ; la chique*****, l'égrugeoir ; le colabre******, le colas. Le diable est d'abord gahisto, puis le rabouin, puis le boulanger ; le prêtre est le ratichon, puis le sanglier ; le poignard est le vingt-deux, puis le surin, puis le lingre ; les gens de police sont des railles, puis des roussins, puis des rousses, puis des marchands de lacets, puis des coqueurs, puis des cognes ; le bourreau est le taule, puis Charlot, puis l'atigeur, puis le becquillard. Au dix-septième siècle, se battre, c'était *se donner du tabac ;* au dix-neuvième, c'est *se chiquer la gueule.* Vingt locutions différentes ont passé entre ces deux extrêmes. Cartouche parlerait hébreu pour Lacenaire. Tous les mots de cette langue sont perpétuellement en fuite comme les hommes qui les prononcent.

Cependant, de temps en temps, et à cause de ce mouvement même, l'ancien argot reparaît et redevient nouveau. Il a ses chefs-lieux où il se maintient. Le Temple conservait l'argot du dix-septième siècle ; Bicêtre,

---

* Pain.
** Cheval.
*** Paille.
**** Hardes.
***** L'église.
****** Le cou.

lorsqu'il était prison, conservait l'argot de Thunes. On y entendait la terminaison en *anche* des vieux thuneurs. *Boyanches-tu* (bois-tu)? *il croyanche* (il croit). Mais le mouvement perpétuel n'en reste pas moins la loi.

Si le philosophe parvient à fixer un moment, pour l'observer, cette langue qui s'évapore sans cesse, il tombe dans de douloureuses et utiles méditations. Aucune étude n'est plus efficace et plus féconde en enseignements. Pas une métaphore, pas une étymologie de l'argot qui ne contienne une leçon. — Parmi ces hommes, *battre* veut dire *feindre ;* on *bat* une maladie; la ruse est leur force.

Pour eux l'idée de l'homme ne se sépare pas de l'idée de l'ombre. La nuit se dit *la sorgue ;* l'homme, *l'orgue.* L'homme est un dérivé de la nuit.

Ils ont pris l'habitude de considérer la société comme une atmosphère qui les tue, comme une force fatale, et ils parlent de leur liberté comme on parlerait de sa santé. Un homme arrêté est un *malade,* un homme condamné est un *mort.*

Ce qu'il y a de plus terrible pour le prisonnier dans les quatre murs de pierre qui l'ensevelissent, c'est une sorte de chasteté glaciale; il appelle le cachot, le *castus.* — Dans ce lieu funèbre, c'est toujours sous son aspect le plus riant que la vie extérieure apparaît. Le prisonnier a des fers aux pieds; vous croyez peut-être qu'il songe que c'est avec les pieds qu'on marche? non, il songe que c'est avec les pieds qu'on danse; aussi, qu'il parvienne à scier ses fers, sa première idée est que maintenant il peut danser, et il appelle la scie un *bastringue.* — Un *nom* est un *centre ;* profonde assimilation. — Le bandit a deux têtes, l'une qui raisonne ses actions et le mène pendant toute sa vie, l'autre qu'il a sur ses épaules le jour de sa mort; il appelle la tête qui lui conseille le crime, la *sorbonne,* et la tête qui l'expie, la *tronche.* — Quand un homme n'a plus que des guenilles sur le corps et des vices dans le cœur, quand il est arrivé à cette double dégradation matérielle et morale que caractérise dans ses deux acceptions le mot *gueux,* il est à point pour le crime; il est comme un couteau bien affilé; il a deux tranchants, sa détresse et sa méchanceté; aussi l'argot ne dit pas « un gueux »; il dit un *réguisé.* Qu'est-ce que le bagne? un brasier de damnation, un enfer. Le forçat s'appelle un *fagot*. — Enfin, quel nom les malfaiteurs donnent-ils à la prison? *le collège*. Tout un système pénitentiaire peut sortir de ce mot.

Le voleur a, lui aussi, sa chair à canon, la matière volable, vous, moi, quiconque passe; le *pantre*. (*Pan*, tout le monde.)

Veut-on savoir où sont écloses la plupart des chansons de bagne, ces refrains appelés dans le vocabulaire spécial les *lirlonfa*[3]? Qu'on écoute ceci:

Il y avait au Châtelet de Paris une grande cave longue. Cette cave était à huit pieds en contre-bas au-dessous du niveau de la Seine. Elle n'avait ni fenêtres ni soupiraux, l'unique ouverture était la porte; les hommes pouvaient y entrer, l'air non. Cette cave avait pour plafond une voûte de pierre et pour plancher dix pouces de boue. Elle avait été dallée; mais, sous le suintement des eaux, le dallage s'était pourri et crevassé. A huit pieds au-dessus du sol, une longue poutre massive traversait ce souterrain de part en part; de cette poutre tombaient, de distance en distance, des chaînes de trois pieds de long, et à l'extrémité de ces chaînes il y avait des carcans. On mettait dans cette cave les hommes condamnés aux galères jusqu'au jour du départ pour Toulon. On les poussait sous cette poutre où chacun avait son ferrement oscillant dans les ténèbres, qui l'attendait. Les chaînes, ces bras pendants, et les carcans, ces mains ouvertes, prenaient ces misérables par le cou. On les rivait, et on les laissait là. La chaîne étant trop courte, ils ne pouvaient se coucher. Ils restaient immobiles dans cette cave, dans cette nuit, sous cette poutre, presque pendus, obligés à des efforts inouïs pour atteindre au pain ou à la cruche, la voûte sur la tête, la boue jusqu'à mi-jambe, leurs excréments coulant sur leurs jarrets, écartelés de fatigue, ployant aux hanches et aux genoux, s'accrochant par les mains à la chaîne pour se reposer, ne pouvant dormir que debout, et réveillés à chaque instant par l'étranglement du carcan; quelques-uns ne se réveillaient pas. Pour manger, ils faisaient monter avec leur talon le long de leur tibia jusqu'à leur main leur pain qu'on leur jetait dans la boue. Combien de temps demeuraient-ils ainsi? Un mois, deux mois, six mois quelquefois; un resta une année. C'était l'antichambre des galères. On était mis là pour un lièvre volé au roi. Dans ce sépulcre enfer, que faisaient-ils? Ce qu'on peut faire dans un sépulcre, ils agonisaient, et ce qu'on peut faire dans un enfer, ils chantaient. Car où il n'y a plus l'espérance, le chant reste. Dans les eaux de Malte, quand une galère approchait, on entendait le chant avant d'entendre les rames. Le pauvre braconnier Survincent qui avait traversé la prison-cave du Châtelet disait : *Ce sont les rimes qui m'ont soutenu.* Inutilité de la poésie. A quoi bon la rime? C'est dans cette cave que sont nées presque toutes les chansons d'argot. C'est de ce cachot du Grand-Châtelet de Paris que vient le mélancolique refrain de la galère de Montgomery : *Timaloumisaine, timoulamison.* La plupart de ces chansons sont lugubres; quelques-unes sont gaies; une est tendre :

> Icicaille est le théâtre
> Du petit dardant*.

Vous aurez beau faire, vous n'anéantirez pas cet éternel reste du cœur de l'homme, l'amour.

Dans ce monde des actions sombres, on se garde le secret. Le secret, c'est la chose de tous. Le secret, pour ces misérables, c'est l'unité qui sert de base à l'union. Rompre le secret, c'est arracher à chaque membre de cette communauté farouche quelque chose de lui-même. Dénoncer, dans l'énergique langue d'argot, cela se dit : *manger le morceau.* Comme si le dénonciateur tirait à lui un peu de la substance de tous et se nourrissait d'un morceau de la chair de chacun.

Qu'est-ce que recevoir un soufflet? La métaphore banale répond : *C'est voir trente-six chandelles.* Ici l'argot intervient, et reprend : *Chandelle, camoufle.* Sur ce, le langage usuel donne au soufflet pour synonyme *camouflet.* Ainsi, par une sorte de pénétration de bas en haut, la métaphore, cette trajectoire incalculable, aidant, l'argot monte de la caverne à l'académie; et Poulailler disant : *J'allume ma camoufle,* fait écrire à Voltaire : *Langleviel La Beaumelle mérite cent camouflets.*

Une fouille dans l'argot, c'est la découverte à chaque pas. L'étude et l'approfondissement de cet étrange idiome mènent au mystérieux point d'intersection de la société régulière avec la société maudite.

---

* Archer. Cupidon.

L'argot, c'est le verbe devenu forçat.

Que le principe pensant de l'homme puisse être refoulé si bas, qu'il puisse être traîné et garrotté là par les obscures tyrannies de la fatalité, qu'il puisse être lié à on ne sait quelles attaches dans ce précipice, cela consterne.

O pauvre pensée des misérables !

Hélas ! personne ne viendra-t-il au secours de l'âme humaine dans cette ombre ? Sa destinée est-elle d'y attendre à jamais l'esprit, le libérateur, l'immense chevaucheur des pégases et des hippogriffes, le combattant couleur d'aurore qui descend de l'azur entre deux ailes, le radieux chevalier de l'avenir ? Appellera-t-elle toujours en vain à son secours la lance de lumière de l'idéal ? Est-elle condamnée à entendre venir épouvantablement dans l'épaisseur du gouffre le Mal, et à entrevoir, de plus en plus près d'elle, sous l'eau hideuse, cette tête draconienne, cette gueule mâchant l'écume, et cette ondulation serpentante de griffes, de gonflements et d'anneaux ? Faut-il qu'elle reste là, sans une lueur, sans espoir, livrée à cette approche formidable, vaguement flairée du monstre, frissonnante, échevelée, se tordant les bras, à jamais enchaînée au rocher de la nuit, sombre Andromède blanche et nue dans les ténèbres !

III

Argot qui pleure et argot qui rit

Comme on le voit, l'argot tout entier, l'argot d'il y a quatre cents ans comme l'argot d'aujourd'hui, est pénétré de ce sombre esprit symbolique qui donne à tous les mots tantôt une allure dolente, tantôt un air menaçant. On y sent la vieille tristesse farouche de ces truands de la Cour des Miracles qui jouaient aux cartes avec des jeux à eux, dont quelques-uns nous ont été conservés. Le huit de trèfle, par exemple, représentait un grand arbre portant huit énormes feuilles de trèfle, sorte de personnification fantastique de la forêt. Au pied de cet arbre on voyait un feu allumé où trois lièvres faisaient rôtir un chasseur à la broche, et derrière, sur un autre feu, une marmite fumante d'où sortait la tête du chien. Rien de plus lugubre que ces représailles en peinture, sur un jeu de cartes, en présence des bûchers à rôtir les contrebandiers et de la chaudière à bouillir les faux monnayeurs. Les diverses formes que prenait la pensée dans le royaume d'argot, même la chanson, même la raillerie, même la menace, avaient toutes ce caractère impuissant et accablé. Tous les chants, dont quelques mélodies ont été recueillies, étaient humbles et lamentables à pleurer. Le pègre s'appelle *le pauvre pègre*, et il est toujours le lièvre qui se cache, la souris qui se sauve, l'oiseau qui s'enfuit. À peine réclame-t-il; il se borne à soupirer; un de ses gémissements est venu jusqu'à nous : — *Je n'entrave que le dail comment meck, le daron des orgues, peut atiger ses mômes et ses momignards et les locher criblant sans être atigé lui-même**. — Le misérable, toutes les fois qu'il a le temps de penser, se fait petit devant la loi et chétif devant la société; il se couche à plat ventre, il supplie, il se tourne du côté de la pitié; on sent qu'il se sait dans son tort.

Vers le milieu du dernier siècle, un changement se fit. Les chants de prisons, les ritournelles de voleurs prirent, pour ainsi parler, un goût insolent et jovial. Le plaintif *maluré* fut remplacé par *larifla*. On retrouve au dix-huitième siècle dans presque toutes les chansons des galères, des bagnes et des chiourmes, une gaîté diabolique et énigmatique. On y entend ce refrain strident et sautant qu'on dirait éclairé d'une lueur phosphorescente et qui semble jeté dans la forêt par un feu follet jouant du fifre :

> Mirlababi, surlabado,
>   Mirliton ribon ribette,
> Surlababi, mirlababo,
>   Mirliton ribon ribo.

Cela se chantait en égorgeant un homme dans une cave ou au coin d'un bois.

Symptôme sérieux. Au dix-huitième siècle l'antique mélancolie de ces classes mornes se dissipe. Elles se mettent à rire. Elles raillent le grand meg et le grand dab. Louis XV étant donné, elles appellent le roi de France « le marquis de Pantin ». Les voilà presque gaies.

---

* Je ne comprends pas comment Dieu, le père des hommes, peut torturer ses enfants et ses petits-enfants et les entendre crier sans être torturé lui-même.

Une sorte de lumière légère sort de ces misérables comme si la conscience ne leur pesait plus. Ces lamentables tribus de l'ombre n'ont plus seulement l'audace désespérée des actions, elles ont l'audace insouciante de l'esprit. Indice qu'elles perdent le sentiment de leur criminalité, et qu'elles se sentent jusque parmi les penseurs et les songeurs je ne sais quels appuis qui s'ignorent eux-mêmes. Indice que le vol et le pillage commencent à s'infiltrer jusque dans des doctrines et des sophismes, de manière à perdre un peu de leur laideur en en donnant beaucoup aux sophismes et aux doctrines. Indice enfin, si aucune diversion ne surgit, de quelque éclosion prodigieuse et prochaine.

Arrêtons-nous un moment. Qui accusons-nous ici? est-ce le dix-huitième siècle? est-ce sa philosophie? Non certes. L'œuvre du dix-huitième siècle est saine et bonne. Les encyclopédistes, Diderot en tête, les physiocrates, Turgot en tête, les philosophes, Voltaire en tête, les utopistes, Rousseau en tête, ce sont là quatre légions sacrées. L'immense avance de l'humanité vers la lumière leur est due. Ce sont les quatre avant-gardes du genre humain allant aux quatre points cardinaux du progrès, Diderot vers le beau, Turgot vers l'utile, Voltaire vers le vrai, Rousseau vers le juste. Mais, à côté et au-dessous des philosophes, il y avait les sophistes, végétation vénéneuse mêlée à la croissance salubre, ciguë dans la forêt vierge. Pendant que le bourreau brûlait sur le maître-escalier du palais de justice les grands livres libérateurs du siècle, des écrivains aujourd'hui oubliés publiaient, avec privilège du roi, on ne sait quels écrits étrangement désorganisateurs, avidement lus des misérables. Quelques-unes de ces publications, détail bizarre, patronnées par un prince, se retrouvent dans la *Bibliothèque secrète*. Ces faits, profonds mais ignorés, étaient inaperçus à la surface. Parfois c'est l'obscurité même d'un fait qui est son danger. Il est obscur parce qu'il est souterrain. De tous ces écrivains, celui peut-être qui creusa alors dans les masses la galerie la plus malsaine, c'est Restif de la Bretonne[1].

Ce travail, propre à toute l'Europe, fit plus de ravage en Allemagne que partout ailleurs. En Allemagne, pendant une certaine période, résumée par Schiller dans son drame fameux des *Brigands,* le vol et le pillage s'érigeaient en protestation contre la propriété et le travail, s'assimilaient de certaines idées élémentaires, spécieuses et fausses, justes en apparence, absurdes en réalité, s'enveloppaient de ces idées, y disparaissaient en quelque sorte, prenaient un nom abstrait et passaient à l'état de théorie, et de cette façon circulaient dans les foules laborieuses, souffrantes et honnêtes, à l'insu même des chimistes imprudents qui avaient préparé la mixture, à l'insu même des masses qui l'acceptaient. Toutes les fois qu'un fait de ce genre se produit, il est grave. La souffrance engendre la colère; et tandis que les classes prospères s'aveuglent, ou s'endorment, ce qui est toujours fermer les yeux, la haine des classes malheureuses allume sa torche à quelque esprit chagrin ou mal fait qui rêve dans un coin, et elle se met à examiner la société. L'examen de la haine, chose terrible!

De là, si le malheur des temps le veut, ces effrayantes commotions qu'on nommait jadis, *jacqueries,* près desquelles les agitations purement politiques sont jeux d'enfants, qui ne sont plus la lutte de l'opprimé contre l'oppresseur, mais la révolte du malaise contre le bien-être. Tout s'écroule alors.

Les jacqueries sont des tremblements de peuple.

C'est à ce péril, imminent peut-être en Europe vers la fin du dix-huitième siècle, que vint couper court la Révolution française, cet immense acte de probité.

La Révolution française, qui n'est pas autre chose que l'idéal armé du glaive, se dressa, et, du même mouvement brusque, ferma la porte du mal et ouvrit la porte du bien.

Elle dégagea la question, promulgua la vérité, chassa le miasme, assainit le siècle, couronna le peuple.

On peut dire d'elle qu'elle a créé l'homme une deuxième fois, en lui donnant une seconde âme, le droit.

Le dix-neuvième siècle hérite et profite de son œuvre, et aujourd'hui la catastrophe sociale que nous indiquions tout à l'heure est simplement impossible. Aveugle qui la dénonce! niais qui la redoute! la révolution est la vaccine de la jacquerie.

Grâce à la Révolution, les conditions sociales sont changées. Les maladies féodales et monarchiques ne sont plus dans notre sang. Il n'y a plus de Moyen Age dans notre constitution. Nous ne sommes plus aux temps où d'effroyables fourmillements intérieurs faisaient irruption, où l'on entendait sous ses pieds la course obscure d'un bruit sourd, où apparaissaient à la surface de la civilisation on ne sait quels soulèvements de galeries de taupes, où le sol se crevassait, où le dessus des cavernes s'ouvrait, et où l'on voyait tout à coup sortir de terre des têtes monstrueuses.

 Le sens révolutionnaire est un sens moral. Le sentiment du droit, développé, développe le sentiment du devoir. La loi de tous, c'est la liberté, qui finit où commence la liberté d'autrui, selon l'admirable définition de Robespierre. Depuis 89, le peuple tout entier se dilate dans l'individu sublimé; il n'y a pas de pauvre qui, ayant son droit, n'ait son rayon; le meurt-de-faim sent en lui l'honnêteté de la France; la dignité du citoyen est une armure intérieure; qui est libre est scrupuleux; qui vote règne. De là l'incorruptibilité; de là l'avortement des convoitises malsaines; de là les yeux héroïquement baissés devant les tentations. L'assainissement révolutionnaire est tel qu'un jour de délivrance, un 14 juillet, un 10 août, il n'y a plus de populace. Le premier cri des foules illuminées et grandissantes c'est: mort aux voleurs! Le progrès est honnête homme; l'idéal et l'absolu ne font pas le mouchoir. Par qui furent escortés en 1848 les fourgons qui contenaient les richesses des Tuileries? par les chiffonniers du faubourg Saint-Antoine. Le haillon monta la garde devant le trésor. La vertu fit ces déguenillés resplendissants. Il y avait là, dans ces fourgons, dans des caisses à peine fermées, quelques-unes même entr'ouvertes, parmi cent écrins éblouissants, cette vieille couronne de France toute en diamants, surmontée de l'escarboucle de la royauté, du régent, qui valait trente millions. Ils gardaient, pieds nus, cette couronne.

 Donc plus de jacquerie. J'en suis fâché pour les habiles. C'est là de la vieille peur qui a fait son dernier effet et qui ne pourrait plus désormais être employée en politique. Le grand ressort du spectre rouge est cassé. Tout le monde le sait maintenant. L'épouvantail n'épouvante plus. Les oiseaux prennent des familiarités avec le mannequin, les stercoraires s'y posent, les bourgeois rient dessus.

IV

Les deux devoirs : veiller et espérer

Cela étant, tout danger social est-il dissipé ? non certes. Point de jacquerie. La société peut se rassurer de ce côté, le sang ne lui portera plus à la tête ; mais qu'elle se préoccupe de la façon dont elle respire. L'apoplexie n'est plus à craindre, mais la phthisie est là. La phthisie sociale s'appelle misère.

On meurt miné aussi bien que foudroyé.

Ne nous lassons pas de le répéter, songer, avant tout, aux foules déshéritées et douloureuses, les soulager, les aérer, les éclairer, les aimer, leur élargir magnifiquement l'horizon, leur prodiguer sous toutes les formes l'éducation, leur offrir l'exemple du labeur, jamais l'exemple de l'oisiveté, amoindrir le poids du fardeau individuel en accroissant la notion du but universel, limiter la pauvreté sans limiter la richesse, créer de vastes champs d'activité publique et populaire, avoir comme Briarée cent mains à tendre de toutes parts aux accablés et aux faibles, employer la puissance collective à ce grand devoir d'ouvrir des ateliers à tous les bras, des écoles à toutes les aptitudes et des laboratoires à toutes les intelligences, augmenter le salaire, diminuer la peine, balancer le doit et l'avoir, c'est-à-dire proportionner la jouissance à l'effort et l'assouvissement au besoin, en un mot, faire dégager à l'appareil social, au profit de ceux qui souffrent et de ceux qui ignorent, plus de clarté et plus de bien-être, c'est, que les âmes sympathiques ne l'oublient pas, la première des obligations fraternelles, c'est, que les cœurs égoïstes le sachent, la première des nécessités politiques.

Et, disons-le, tout cela, ce n'est encore qu'un commencement. La vraie question, c'est celle-ci : le travail ne peut être une loi sans être un droit.

Nous n'insistons pas, ce n'est point ici le lieu.

Si la nature s'appelle providence, la société doit s'appeler prévoyance.

La croissance intellectuelle et morale n'est pas moins indispensable que l'amélioration matérielle. Savoir est un viatique ; penser est de première nécessité ; la vérité est nourriture comme le froment. Une raison, à jeun de science et de sagesse, maigrit. Plaignons, à l'égal des estomacs, les esprits qui nemangent pas. S'il y a quelque chose de plus poignant qu'un corps agonisant faute de pain, c'est une âme qui meurt de la faim de la lumière.

Le progrès tout entier tend du côté de la solution. Un jour on sera stupéfait. Le genre humain montant, les couches profondes sortiront tout naturellement de la zone de détresse. L'effacement de la misère se fera par une simple élévation de niveau.

Cette solution bénie, on aurait tort d'en douter.

Le passé, il est vrai, est très fort à l'heure où nous sommes. Il reprend. Ce rajeunissement d'un cadavre est surprenant. Le voici qui marche et qui vient. Il semble vainqueur; ce mort est un conquérant. Il arrive avec sa légion, les superstitions, avec son épée, le despotisme, avec son drapeau, l'ignorance; depuis quelque temps il a gagné dix batailles. Il avance, il menace, il rit, il est à nos portes. Quant à nous, ne désespérons pas. Vendons le champ où campe Annibal.

Nous qui croyons, que pouvons-nous craindre?

Il n'y a pas plus de reculs d'idées que de reculs de fleuves.

Mais que ceux qui ne veulent pas de l'avenir y réfléchissent. En disant non au progrès, ce n'est point l'avenir qu'ils condamnent, c'est eux-mêmes. Ils se donnent une maladie sombre; ils s'inoculent le passé. Il n'y a qu'une manière de refuser Demain, c'est de mourir.

Or, aucune mort, celle du corps le plus tard possible, celle de l'âme jamais, c'est là ce que nous voulons.

Oui, l'énigme dira son mot, le sphinx parlera, le problème sera résolu. Oui, le Peuple, ébauché par le dix-huitième siècle, sera achevé par le dix-neuvième. Idiot qui en douterait ! L'éclosion future, l'éclosion prochaine du bien-être universel, est un phénomène divinement fatal.

D'immenses poussées d'ensemble régissent les faits humains et les amènent tous dans un temps donné à l'état logique, c'est-à-dire à l'équilibre, c'est-à-dire à l'équité. Une force composée de terre et de ciel résulte de l'humanité et la gouverne; cette force-là est une faiseuse de miracles; les dénoûments merveilleux ne lui sont pas plus difficiles que les péripéties extraordinaires. Aidée de la science qui vient de l'homme et de l'événement qui vient d'un autre, elle s'épouvante peu de ces contradictions dans la pose des problèmes, qui semblent au vulgaire impossibilités. Elle n'est pas moins habile à faire jaillir une solution du rapprochement des idées qu'un enseignement du rapprochement des faits; et l'on peut s'attendre à tout de la part de cette mystérieuse puissance du progrès qui, un beau jour, confronte l'orient et l'occident au fond d'un sépulcre et fait dialoguer les imans avec Bonaparte dans l'intérieur de la grande pyramide.

En attendant, pas de halte, pas d'hésitation, pas de temps d'arrêt dans la grandiose marche en avant des esprits. La philosophie sociale est essentiellement la science de la paix. Elle a pour but et doit avoir pour résultat de dissoudre les colères par l'étude des antagonismes. Elle examine, elle scrute, elle analyse; puis elle recompose. Elle procède par voie de réduction, retranchant de tout la haine.

Qu'une société s'abîme au vent qui se déchaîne sur les hommes, cela s'est vu plus d'une fois; l'histoire est pleine de naufrages de peuples et d'empires; mœurs, lois, religions, un beau jour cet inconnu, l'ouragan, passe et emporte tout cela. Les civilisations de l'Inde, de la Chaldée, de la Perse, de l'Assyrie, de l'Égypte, ont disparu l'une après l'autre. Pourquoi? nous l'ignorons. Quelles sont les causes de ces désastres? nous ne le savons pas. Ces sociétés auraient-elles pu être sauvées? y a-t-il de leur faute? se sont-elles obstinées dans quelque vice fatal qui les a perdues? quelle quantité de suicide y a-t-il dans ces morts terribles d'une nation et d'une race? Questions sans réponse. L'ombre couvre ces civilisations condamnées. Elles faisaient eau, puisqu'elles s'engloutissent; nous n'avons rien de plus à dire; et c'est avec une sorte d'effarement que nous regardons, au fond de cette mer qu'on appelle le passé, derrière ces vagues colossales, les siècles, sombrer ces immenses navires, Babylone, Ninive, Tarse, Thèbes, Rome, sous le souffle effrayant qui sort de toutes les bouches des ténèbres. Mais ténèbres là, clarté ici. Nous ignorons les maladies des civilisations antiques, nous connaissons les infirmités de la nôtre. Nous avons partout sur elle le droit de lumière; nous contemplons ses beautés et nous mettons à nu ses difformités. Là où elle a mal, nous sondons; et, une fois la souffrance constatée, l'étude de la cause mène à la découverte du remède. Notre civilisation, œuvre de vingt siècles, en est à la fois le monstre et le prodige; elle vaut la peine d'être sauvée. Elle le sera. La soulager, c'est déjà beaucoup; l'éclairer, c'est encore quelque chose. Tous les travaux de la philosophie sociale moderne doivent converger vers ce but. Le penseur aujourd'hui a un grand devoir, ausculter la civilisation.

Nous le répétons, cette auscultation encourage; et c'est par cette insistance dans l'encouragement que nous voulons finir ces quelques pages, entr'acte austère d'un drame douloureux. Sous la mortalité sociale on sent l'impérissabilité humaine. Pour avoir çà et là ces plaies, les cratères, et ces dartres, les solfatares, pour un volcan qui aboutit et qui jette son pus, le globe ne meurt pas. Des maladies de peuple ne tuent pas l'homme.

Et néanmoins, quiconque suit la clinique sociale hoche la tête par instants. Les plus forts, les plus tendres, les plus logiques ont leurs heures de défaillance.

L'avenir arrivera-t-il? il semble qu'on peut presque se faire cette question quand on voit tant d'ombre terrible. Sombre face-à-face des égoïstes et des misérables. Chez les égoïstes, les préjugés, les ténèbres de l'éducation riche, l'appétit croissant par l'enivrement, un étourdissement de prospérité qui assourdit, la crainte de souffrir qui, dans quelques-uns, va jusqu'à l'aversion des souffrants, une satisfaction implacable, le moi si enflé qu'il ferme l'âme; — chez les misérables, la convoitise, l'envie, la haine de voir les autres jouir, les profondes secousses de la bête humaine vers les assouvissements, les cœurs pleins de brume, la tristesse, le besoin, la fatalité, l'ignorance impure et simple.

Faut-il continuer de lever les yeux vers le ciel? le point lumineux qu'on y distingue est-il de ceux qui s'éteignent? L'idéal est effrayant à voir ainsi perdu dans les profondeurs, petit, isolé, imperceptible, brillant, mais entouré de toutes ces grandes menaces noires monstrueusement amoncelées autour de lui; pourtant pas plus en danger qu'une étoile dans les gueules des nuages.

LIVRE HUITIÈME

LES ENCHANTEMENTS ET LES DÉSOLATIONS

I

PLEINE LUMIÈRE[1]

Le lecteur a compris qu'Éponine, ayant reconnu à travers la grille l'habitante de cette rue Plumet où Magnon l'avait envoyée, avait[2] commencé par écarter les bandits de la rue Plumet, puis y avait conduit Marius, et qu'après plusieurs jours d'extase devant cette grille, Marius, entraîné par cette force qui pousse le fer vers l'aimant et l'amoureux vers les pierres dont est faite la maison de celle qu'il aime, avait fini par entrer dans le jardin de Cosette comme Roméo dans le jardin de Juliette. Cela même lui avait été plus facile qu'à Roméo ; Roméo était obligé d'escalader un mur, Marius n'eut qu'à forcer un peu un des barreaux de la grille décrépite qui vacillait dans son alvéole rouillé, à la manière des dents des vieilles gens. Marius était mince et passa aisément[3].

Comme il n'y avait jamais personne dans la rue et que d'ailleurs Marius ne pénétrait dans le jardin que la nuit, il ne risquait pas d'être vu.

A partir de cette heure bénie et sainte où un baiser fiança ces deux âmes, Marius vint là tous les soirs. Si, à ce moment de sa vie, Cosette était tombée dans l'amour d'un homme peu scrupuleux et libertin, elle était perdue ; car il y a des natures généreuses qui se livrent, et Cosette en était une. Une[4] des magnanimités de la femme, c'est de céder. L'amour, à cette hauteur où il est absolu, se complique d'on ne sait quel céleste aveuglement de la pudeur. Mais que de dangers vous courez, ô nobles âmes ! Souvent, vous donnez le cœur, nous prenons le corps. Votre cœur vous reste, et vous le regardez dans l'ombre en frémissant. L'amour n'a point de moyen terme ; ou il perd, ou il sauve. Toute la destinée humaine est ce dilemme-là. Ce dilemme, perte ou salut, aucune fatalité ne le pose plus inexorablement que l'amour. L'amour est la vie, s'il n'est pas la mort. Berceau; cercueil aussi. Le même sentiment dit oui et non dans le cœur humain. De toutes les choses que Dieu a faites, le cœur humain est celle qui dégage le plus de lumière, hélas ! et le plus de nuit.

Dieu voulut que l'amour que Cosette rencontra fût un de ces amours qui sauvent.

Tant que dura le mois[5] de mai de cette année 1832, il y eut là, toutes les nuits, dans ce pauvre jardin sauvage, sous cette broussaille chaque jour plus odorante et plus épaissie, deux êtres composés de toutes les chastetés et de toutes les innocences, débordant de toutes les félicités du ciel, plus voisins des archanges[6] que des hommes, purs, honnêtes, enivrés, rayonnants, qui resplendissaient l'un pour l'autre dans les ténèbres. Il semblait à Cosette que Marius avait une couronne et à Marius que Cosette avait un nimbe[7]. Ils se touchaient, ils se regardaient, ils se prenaient les mains, ils se serraient l'un contre l'autre; mais il y avait une distance qu'ils ne franchissaient pas. Non qu'ils la respectassent; ils l'ignoraient. Marius sentait une barrière, la pureté de Cosette, et Cosette sentait un appui, la loyauté de Marius. Le premier baiser avait été aussi le dernier. Marius, depuis, n'était pas allé au delà d'effleurer de ses lèvres la main, ou le fichu, ou une boucle de cheveux de Cosette. Cosette était pour lui un parfum et non une femme. Il la respirait. Elle ne refusait[8] rien, et il ne demandait rien. Cosette était heureuse, et Marius était satisfait. Ils vivaient dans ce ravissant état qu'on pourrait appeler l'éblouissement d'une âme par une âme[9]. C'était cet ineffable premier embrassement de deux virginités[10] dans l'idéal. Deux cygnes se rencontrant sur la Jungfrau[11].

À cette heure-là de l'amour, heure où la volupté[12] se tait absolument sous la toute-puissance de l'extase, Marius, le pur et séraphique Marius, eût été plutôt capable de monter chez une fille publique que de soulever la robe de Cosette à la hauteur de la cheville. Une fois, à un clair de lune, Cosette se pencha pour ramasser quelque chose à terre, son corsage s'entr'ouvrit et laissa voir la naissance de sa gorge, Marius détourna les yeux.

Que se passait-il entre ces deux êtres? Rien. Ils s'adoraient.

La nuit, quand ils étaient là, ce jardin semblait un lieu vivant et sacré. Toutes les fleurs s'ouvraient autour d'eux et leur envoyaient de l'encens[13]; eux, ils ouvraient leurs âmes et les répandaient dans les fleurs. La végétation lascive et vigoureuse tressaillait pleine de sève et d'ivresse autour de ces deux innocents, et ils disaient des paroles d'amour dont les arbres frissonnaient.

Qu'étaient-ce que ces paroles? Des souffles. Rien de plus. Ces souffles suffisaient pour troubler et pour émouvoir toute cette nature. Puissance magique qu'on aurait peine à comprendre si on lisait dans un livre ces causeries faites pour être emportées et dissipées comme des fumées par le vent sous les feuilles. Otez à ces murmures de deux amants cette mélodie qui sort de l'âme et qui les accompagne comme une lyre, ce qui reste n'est plus qu'une ombre; vous dites: Quoi! ce n'est que cela! Eh oui, des enfantillages, des redites, des rires pour rien, des inutilités, des niaiseries, tout ce qu'il y a au monde de plus sublime et de plus profond! les seules choses qui vaillent la peine d'être dites et d'être écoutées!

Ces niaiseries-là, ces pauvretés-là, l'homme qui ne les a jamais entendues, l'homme qui ne les a jamais prononcées, est un imbécile et un méchant homme. Cosette disait à Marius:

— Sais-tu?...

(Dans tout cela, et à travers cette céleste virginité[14], et sans qu'il fût possible à l'un et à l'autre de dire comment, le tutoiement était venu.)

— Sais-tu? Je m'appelle Euphrasie.

— Euphrasie? Mais non, tu t'appelles Cosette.

— Oh! Cosette est un assez vilain nom[15] qu'on m'a donné comme cela quand j'étais petite. Mais mon vrai nom est Euphrasie. Est-ce que tu n'aimes pas ce nom-là, Euphrasie?

— Si... — Mais Cosette n'est pas vilain.

— Est-ce que tu l'aimes mieux qu'Euphrasie?

— Mais... — oui.

— Alors je l'aime mieux aussi. C'est vrai, c'est joli, Cosette. Appelle-moi Cosette.

Et le sourire qu'elle ajoutait faisait[16] de ce dialogue une idylle digne d'un bois qui serait dans le ciel.

Une[17] autre fois elle le regardait fixement et s'écriait:

— Monsieur, vous êtes beau, vous êtes joli, vous

avez de l'esprit, vous n'êtes pas bête du tout, vous êtes bien plus savant que moi, mais je vous défie à ce mot-là : je t'aime !

Et Marius, en plein azur, croyait entendre une strophe chantée par une étoile.

Ou bien, elle lui donnait une petite tape parce qu'il toussait, et elle lui disait :

— Ne toussez pas, monsieur. Je ne veux pas qu'on tousse chez moi sans ma permission. C'est très laid de tousser et de m'inquiéter. Je veux que tu te portes bien, parce que d'abord, moi, si tu ne te portais pas bien, je serais très malheureuse. Qu'est-ce que tu veux que je fasse ?

Et cela était tout simplement divin. Une fois Marius dit à Cosette :

— Figure-toi, j'ai cru un temps que tu t'appelais Ursule.

Ceci les fit rire toute la soirée.

Au milieu[18] d'une autre causerie, il lui arriva de s'écrier :

— Oh ! un jour, au Luxembourg, j'ai eu envie d'achever de casser un invalide !

Mais il s'arrêta court et n'alla pas plus loin. Il aurait fallu parler à Cosette de sa jarretière, et cela lui était impossible. Il y avait là un côtoiement inconnu, la chair, devant lequel reculait, avec une sorte d'effroi sacré, cet immense amour innocent.

Marius se figurait la vie avec Cosette comme cela, sans autre chose ; venir tous les soirs rue Plumet, déranger le vieux barreau complaisant de la grille du président, s'asseoir coude à coude sur ce banc, regarder à travers les arbres la scintillation de la nuit commençante, faire cohabiter le pli du genou de son pantalon avec l'ampleur de la robe de Cosette, lui caresser l'ongle du pouce, lui dire tu, respirer l'un après l'autre la même fleur, à jamais, indéfiniment. Pendant ce temps-là les nuages passaient au-dessus de leur tête. Chaque fois que le vent souffle, il emporte plus de rêves de l'homme que de nuées du ciel.

Que ce chaste amour presque farouche fût absolument sans galanterie, non. « Faire des compliments » à celle qu'on aime est la première façon de faire des caresses, demi-audace qui s'essaye. Le compliment, c'est quelque chose comme le baiser à travers le voile. La volupté y met sa douce pointe, tout en se cachant.

Devant la volupté le cœur recule, pour mieux aimer. Les cajoleries de Marius, toutes saturées de chimère, étaient, pour ainsi dire, azurées. Les oiseaux, quand ils volent là-haut du côté des anges, doivent entendre de ces paroles-là. Il s'y mêlait pourtant la vie, toute la quantité de positif dont Marius était capable. C'était ce qui se dit dans la grotte, prélude de ce qui se dira dans l'alcôve, une effusion lyrique, la strophe et le sonnet mêlés, les gentilles hyperboles du roucoulement, tous les raffinements de l'adoration arrangés en bouquet et exhalant un subtil parfum céleste, un ineffable gazouillement de cœur à cœur.

— Oh! murmurait Marius, que tu es belle! Je n'ose pas te regarder. C'est ce qui fait que je te contemple. Tu es une grâce. Je ne sais pas ce que j'ai. Le bas de ta robe, quand le bout de ton soulier passe, me bouleverse. Et puis quelle lueur enchantée quand ta pensée s'entr'ouvre! Tu parles raison étonnamment. Il me semble par moments que tu es un songe. Parle, je t'écoute, je t'admire. Ô Cosette! comme c'est étrange et charmant, je suis vraiment fou. Vous êtes adorable, mademoiselle. J'étudie tes pieds au microscope et ton âme au télescope.

Et Cosette répondait :

— Je t'aime un peu plus de tout le temps qui s'est écoulé depuis ce matin.

Demandes et réponses allaient comme elles pouvaient dans ce dialogue, tombant toujours d'accord, sur l'amour, comme les figurines de sureau sur le clou.

Toute la personne de Cosette était naïveté, ingénuité, transparence, blancheur, candeur, rayon. On eût pu dire de Cosette qu'elle était claire. Elle faisait à qui la voyait une sensation d'avril et de point du jour. Il y avait de la rosée dans ses yeux. Cosette était une condensation de lumière aurorale en forme de femme.

Il était tout simple que Marius, l'adorant, l'admirât. Mais la vérité est que cette petite pensionnaire, fraîche émoulue du couvent, causait avec une pénétration exquise et disait par moments toutes sortes de paroles vraies et délicates. Son babil était de la conversation. Elle ne se trompait sur rien, et voyait juste. La femme sent et parle avec le tendre instinct du cœur, cette infaillibilité. Personne ne sait comme une femme dire des choses à la fois douces et profondes. La douceur et la profondeur, c'est là toute la femme; c'est là tout le ciel.

En cette pleine félicité, il leur venait à chaque instant des larmes aux yeux. Une bête à bon Dieu écrasée, une plume tombée d'un nid, une branche d'aubépine cassée, les apitoyait, et leur extase, doucement noyée de mélancolie, semblait ne demander pas mieux que de pleurer. Le plus souverain symptôme de l'amour, c'est un attendrissement parfois presque insupportable.

Et, à côté de cela, — toutes ces contradictions sont le jeu d'éclairs de l'amour, — ils riaient volontiers, et avec une liberté ravissante, et si familièrement qu'ils avaient parfois presque l'air de deux garçons. Cependant, à l'insu même des cœurs ivres de chasteté, la nature inoubliable est toujours là. Elle est là, avec son but brutal et sublime; et, quelle que soit l'innocence des âmes, on sent, dans le tête-à-tête le plus pudique, l'adorable et mystérieuse nuance qui sépare un couple d'amants d'une paire d'amis.

Ils s'idolâtraient.

Le permanent et l'immuable subsistent. On s'aime, on se sourit, on se rit, on se fait des petites moues avec le bout des lèvres, on s'entrelace les doigts des mains, on se tutoie, et cela n'empêche pas l'éternité. Deux amants se cachent dans le soir, dans le crépuscule, dans l'invisible, avec les oiseaux, avec les roses, ils se fascinent l'un l'autre dans l'ombre avec leurs cœurs qu'ils mettent dans leurs yeux, ils murmurent, ils chuchotent, et pendant ce temps-là d'immenses balancements d'astres emplissent l'infini.

II

L'ÉTOURDISSEMENT DU BONHEUR COMPLET

Ils existaient[1] vaguement, effarés de bonheur. Ils ne s'apercevaient pas du choléra[2] qui décimait Paris précisément en ce mois-là. Ils s'étaient fait le plus de confidences qu'ils avaient pu, mais cela n'avait pas été bien loin au delà de leurs noms. Marius avait dit à Cosette qu'il était orphelin, qu'il s'appelait Marius Pontmercy, qu'il était avocat[3], qu'il vivait d'écrire des choses pour les libraires, que son père était colonel, que[4] c'était un héros, et que lui Marius était brouillé avec son grand-père qui était riche. Il[5] lui avait aussi un peu dit qu'il était baron ; mais cela n'avait fait aucun effet à Cosette. Marius baron ? elle n'avait pas compris. Elle ne savait pas ce que ce mot voulait dire. Marius était Marius. De son côté elle lui avait confié qu'elle avait été élevée au couvent du Petit-Picpus, que sa mère était morte comme à lui, que son père s'appelait M. Fauchelevent, qu'il était très bon, qu'il donnait beaucoup aux pauvres, mais qu'il était pauvre lui-même, et qu'il se privait de tout en ne la privant de rien.

Chose bizarre, dans l'espèce de symphonie où Marius vivait depuis qu'il voyait Cosette, le passé, même le plus récent, était devenu tellement confus et lointain pour lui que ce que Cosette lui conta le satisfit pleinement. Il ne songea même pas à lui parler de l'aventure nocturne de la masure, des Thénardier, de[6] la brûlure, et de l'étrange attitude et de la singulière fuite de son père. Marius avait momentanément oublié tout cela ; il ne savait même pas le soir ce qu'il avait fait le matin, ni où il avait déjeuné, ni qui lui avait parlé ; il avait des chants dans l'oreille qui le rendaient sourd à toute autre pensée, il n'existait qu'aux heures où il voyait Cosette. Alors, comme il était dans le ciel, il était tout simple qu'il oubliât la terre. Tous deux portaient avec langueur le poids indéfinissable des voluptés immatérielles. Ainsi vivent ces somnambules qu'on appelle les amoureux[7].

Hélas ! qui n'a éprouvé toutes ces choses ? pourquoi vient-il une heure où l'on sort de cet azur, et pourquoi la vie continue-t-elle après ?

Aimer[8] remplace presque penser. L'amour est un ardent oubli du reste. Demandez donc de la logique à la passion. Il n'y a pas plus d'enchaînement logique absolu dans le cœur humain qu'il n'y a de figure géométrique parfaite dans la mécanique céleste. Pour Cosette et Marius rien n'existait plus que Marius et Cosette. L'univers autour d'eux était tombé dans un trou. Ils vivaient dans une minute d'or. Il n'y avait rien devant, rien derrière. C'est à peine si Marius songeait que Cosette avait un père. Il y avait dans son cerveau l'effacement de l'éblouissement. De quoi donc parlaient-ils, ces amants ? On l'a vu, des fleurs, des hirondelles, du soleil couchant, du lever de la lune, de toutes les choses importantes. Ils s'étaient dit tout, excepté tout. Le tout des amoureux, c'est le rien. Mais le père, les réalités, ce bouge, ces bandits, cette aventure, à quoi bon? et était-il bien sûr que ce cauchemar eût existé? On était deux, on s'adorait, il n'y avait que cela. Toute autre chose n'était pas. Il est probable que cet évanouissement de l'enfer derrière nous est inhérent à l'arrivée au paradis. Est-ce qu'on a vu des démons? est-ce qu'il y en a? est-ce qu'on a tremblé? est-ce qu'on a souffert? On n'en sait plus rien. Une nuée rose est là-dessus.

Donc ces deux êtres vivaient ainsi, très haut, avec toute l'invraisemblance qui est dans la nature; ni au nadir, ni au zénith, entre l'homme et le séraphin, au-dessus de la fange, au-dessous de l'éther, dans le nuage; à peine os et chair, âme et extase de la tête aux pieds; déjà trop sublimés pour marcher à terre, encore trop chargés d'humanité pour disparaître dans le bleu, en suspension comme des atomes qui attendent le précipité; en apparence hors du destin; ignorant cette ornière, hier, aujourd'hui, demain; émerveillés, pâmés, flottants; par moments, assez allégés pour la fuite dans l'infini; presque prêts à l'envolement éternel.

Ils dormaient éveillés dans ce bercement. O léthargie splendide du réel accablé d'idéal! Quelquefois, si belle que fût Cosette, Marius fermait les yeux devant elle. Les yeux fermés, c'est la meilleure manière de regarder l'âme.

Marius et Cosette ne se demandaient pas où cela les conduirait; ils se regardaient comme arrivés. C'est une étrange prétention des hommes de vouloir que l'amour conduise quelque part.

III

Commencement d'ombre[1]

Jean Valjean, lui, ne se doutait de rien.

Cosette, un peu moins rêveuse que Marius, était gaie, et cela suffisait à Jean Valjean pour être heureux. Les pensées que Cosette avait, ses préoccupations tendres, l'image de Marius qui lui remplissait l'âme, n'ôtaient rien à la pureté incomparable de son beau front chaste et souriant. Elle était dans l'âge où la vierge porte son amour comme l'ange porte son lis. Jean Valjean était donc tranquille. Et puis, quand deux amants s'entendent, cela va toujours très bien, le tiers quelconque qui pourrait troubler leur amour est maintenu dans un parfait aveuglement par un petit nombre de précautions toujours les mêmes pour tous les amoureux. Ainsi jamais d'objections de Cosette à Jean Valjean. Voulait-il promener ? Oui, mon petit père. Voulait-il rester ? Très bien. Voulait-il passer la soirée près de Cosette ? Elle était ravie. Comme il se retirait toujours à dix heures du soir, ces fois-là Marius ne venait au jardin que passé cette heure, lorsqu'il entendait de la rue Cosette ouvrir la porte-fenêtre du perron. Il va sans dire que le jour on ne rencontrait jamais Marius. Jean Valjean ne songeait même plus que Marius existât. Une fois seulement, un matin, il lui arriva de dire à Cosette : — Tiens, comme tu as du blanc derrière le dos ! La veille au soir, Marius, dans un transport, avait pressé Cosette contre le mur.

La vieille Toussaint[2], qui se couchait de bonne heure, ne songeait qu'à dormir une fois sa besogne faite, et ignorait tout comme Jean Valjean.

Jamais Marius ne mettait le pied[3] dans la maison. Quand il était avec Cosette, ils se cachaient dans un enfoncement près du perron afin de ne pouvoir être vus ni entendus de la rue, et s'asseyaient là, se contentant souvent, pour toute conversation, de se presser les mains vingt fois par minute en regardant les branches des arbres[4]. Dans ces instants-là, le tonnerre fût tombé à trente pas d'eux qu'ils ne s'en fussent pas doutés, tant la rêverie de l'un s'absorbait et plongeait profondément[5] dans la rêverie de l'autre.

Puretés limpides. Heures toutes blanches ; presque toutes pareilles. Ce genre d'amours-là est une collection de feuilles de lis et de plumes de colombe[6].

Tout le jardin était[7] entre eux et la rue. Chaque fois que Marius entrait ou sortait, il rajustait soigneusement le barreau de la grille de manière qu'aucun dérangement ne fût visible.

Il s'en allait habituellement vers minuit[8], et s'en retournait chez Courfeyrac. Courfeyrac disait à Bahorel :

— Croirais-tu ? Marius rentre à présent à des une heure du matin !

Bahorel répondait[9] :

— Que veux-tu ? il y a toujours un pétard dans un séminariste.

Par moments Courfeyrac croisait les bras, prenait un air sérieux, et disait à Marius :

— Vous vous dérangez, jeune homme !

Courfeyrac[10], homme pratique, ne prenait pas en bonne part ce reflet d'un paradis invisible sur Marius ; il avait peu l'habitude des passions inédites ; il s'en impatientait, et il faisait par instants à Marius des sommations de rentrer dans le réel.

Un matin, il lui jeta cette admonition :

— Mon cher, tu me fais l'effet pour le moment d'être situé dans la lune, royaume du rêve, province de l'illusion, capitale Bulle de Savon. Voyons, sois bon enfant, comment s'appelle-t-elle ?

Mais rien ne pouvait « faire parler[11] » Marius. On lui eût arraché les ongles plutôt qu'une des trois syllabes sacrées dont se composait ce nom ineffable, *Cosette*. L'amour vrai est lumineux comme l'aurore et silencieux comme la tombe. Seulement il y avait, pour Courfeyrac, ceci de changé en Marius, qu'il avait une taciturnité rayonnante[12].

Pendant ce doux mois de mai Marius et Cosette connurent ces immenses bonheurs :

Se quereller et se dire vous, uniquement pour mieux se dire tu ensuite ;

Se parler longuement, et dans les plus minutieux détails, de gens qui ne les intéressaient pas le moins du monde ; preuve de plus que, dans ce ravissant opéra qu'on appelle l'amour, le libretto n'est presque rien ;

Pour Marius, écouter Cosette parler chiffons ;

Pour Cosette, écouter Marius parler politique ;

Entendre, genou contre genou, rouler les voitures rue de Babylone ;

Considérer la même planète dans l'espace ou le même ver luisant dans l'herbe ;

Se taire ensemble ; douceur plus grande encore que causer ;

Etc., etc.

Cependant diverses complications approchaient.

Un soir, Marius s'acheminait au rendez-vous par le boulevard des Invalides. Il marchait habituellement le front baissé[13]. Comme il allait tourner l'angle de la rue Plumet, il entendit qu'on disait tout près de lui :

— Bonsoir, monsieur Marius.

Il leva la tête, et reconnut Éponine.

Cela lui fit un effet singulier. Il n'avait pas songé une seule fois à cette fille depuis le jour où elle l'avait amené rue Plumet, il ne l'avait point revue, et elle lui était complètement sortie de l'esprit[14]. Il n'avait que des motifs de reconnaissance pour elle, il lui devait son bonheur présent, et pourtant il lui était gênant de la rencontrer.

C'est une erreur de croire que la passion, quand elle est heureuse et pure, conduit l'homme à un état de perfection ; elle le conduit simplement, nous l'avons constaté, à un état d'oubli. Dans cette situation, l'homme oublie d'être mauvais, mais il oublie aussi d'être bon. La reconnaissance, le devoir, les souvenirs essentiels et importuns, s'évanouissent. En tout autre temps Marius eût été bien autre pour Éponine. Absorbé par Cosette, il ne s'était même pas clairement rendu compte que cette Éponine s'appelait Éponine Thénardier, et qu'elle portait un nom écrit dans le testament de son père, ce nom pour lequel il se serait, quelques mois auparavant, si ardemment dévoué. Nous montrons Marius tel qu'il était. Son père lui-même disparaissait un peu dans son âme sous la splendeur de son amour[15].

Il répondit[16] avec quelque embarras :

— Ah ! c'est vous, Éponine ?

— Pourquoi me dites-vous vous ? Est-ce que je vous ai fait quelque chose ?

— Non, répondit-il.

Certes, il n'avait rien contre elle. Loin de là. Seulement, il sentait qu'il ne pouvait faire autrement, maintenant qu'il disait tu à Cosette, que de dire vous à Éponine.

Comme il se taisait, elle s'écria :

— Dites donc...

Puis elle s'arrêta. Il semblait que les paroles manquaient à cette créature autrefois si insouciante et si hardie. Elle essaya de sourire et ne put. Elle reprit :

— Eh bien ?...

Puis elle se tut encore et resta les yeux baissés.

— Bonsoir, monsieur Marius, dit-elle tout à coup brusquement, et elle s'en alla.

IV

Cab roule en anglais et jappe en argot

Le lendemain, c'était le 3 juin, le 3 juin 1832, date qu'il faut indiquer[1] à cause des événements graves qui étaient à cette époque suspendus sur l'horizon[2] de Paris à l'état de nuages chargés, Marius à la nuit tombante suivait le même chemin que la veille avec les mêmes pensées de ravissement dans le cœur, lorsqu'il aperçut, entre les arbres du boulevard, Éponine qui venait à lui. Deux jours de suite, c'était trop. Il se détourna vivement, quitta le boulevard, changea de route, et s'en alla rue Plumet par la rue Monsieur.

Cela fit qu'Éponine le suivit jusqu'à la rue Plumet, chose qu'elle n'avait point faite encore. Elle s'était contentée jusque-là de l'apercevoir à son passage sur le boulevard sans même chercher à le rencontrer. La veille seulement, elle avait essayé de lui parler.

Éponine le suivit donc, sans qu'il s'en doutât. Elle le vit déranger le barreau de la grille, et se glisser dans le jardin.

— Tiens ! dit-elle, il entre dans la maison !

Elle s'approcha de la grille, tâta les barreaux l'un après l'autre et reconnut facilement celui que Marius avait dérangé. Elle murmura à demi-voix, avec un accent lugubre :

— Pas de ça, Lisette !

Elle s'assit sur le soubassement de la grille, tout à côté du barreau, comme si elle le gardait. C'était précisément le point où la grille venait toucher le mur voisin. Il y avait là un angle obscur où Éponine disparaissait entièrement.

Elle demeura ainsi plus d'une heure sans bouger et sans souffler, en proie à ses idées. Vers dix heures du soir, un des deux ou trois passants de la rue Plumet, vieux bourgeois attardé qui[3] se hâtait dans ce lieu désert et mal famé, côtoyant la grille du jardin, et[4] arrivé à l'angle que la grille faisait avec le mur, entendit une voix sourde et menaçante qui disait :

— Je ne m'étonne plus s'il vient tous les soirs !

Le passant promena ses yeux autour de lui[5], ne vit

personne, n'osa[6] pas regarder dans ce coin noir, et eut grand'peur. Il doubla le pas.

Ce passant eut raison de se hâter, car, très peu d'instants après, six hommes[7] qui marchaient séparés et à quelque distance les uns des autres, le long des murs, et qu'on eût pu prendre pour une patrouille grise, entrèrent dans la rue Plumet.

Le premier qui arriva à la grille du jardin s'arrêta, et attendit les autres; une seconde après, ils étaient tous les six réunis. Ces hommes se mirent à parler à voix basse.

— C'est icicaille, dit l'un d'eux.

— Y a-t-il un cab* dans le jardin? demanda un autre.

— Je ne sais pas. En tout cas j'ai levé** une boulette que nous lui ferons morfiler***.

— As-tu du mastic pour frangir la vanterne****?

— Oui[8].

— La grille est vieille, reprit un cinquième[9] qui avait une voix de ventriloque.

— Tant mieux, dit le second qui avait parlé. Elle ne criblera***** pas tant sous la bastringue****** et ne sera pas si dure[10] à faucher*******.

Le sixième[11], qui n'avait pas encore ouvert la bouche, se mit à visiter la grille comme avait fait Éponine une heure auparavant, empoignant successivement chaque barreau et les ébranlant avec précaution[12]. Il arriva ainsi au barreau que Marius avait descellé. Comme il allait saisir ce barreau, une main sortant brusquement de l'ombre s'abattit sur son bras, il se sentit vivement repoussé par le milieu de la poitrine, et une voix enrouée lui dit sans crier[13] :

— Il y a un cab.

En même temps il vit une fille pâle debout devant lui.

L'homme eut cette commotion que donne toujours

---

  * Chien.
  ** Apporté. De l'espagnol *llevar*.
  *** Manger.
  **** *Casser un carreau* au moyen d'un emplâtre de mastic, qui, appuyé sur la vitre, retient les morceaux de verre et empêche le bruit.
  ***** Criera.
  ****** La scie.
  ******* Couper.

l'inattendu. Il se hérissa hideusement; rien n'est formidable à voir comme les bêtes féroces inquiètes; leur air effrayé est effrayant. Il recula, et bégaya[14] :

— Quelle est cette drôlesse?

— Votre fille.

C'était en effet Éponine qui parlait à Thénardier.

A l'apparition d'Éponine, les cinq autres[15], c'est-à-dire Claquesous, Gueulemer, Babet, Montparnasse et Brujon, s'étaient approchés sans bruit, sans précipitation, sans dire une parole, avec la lenteur sinistre propre à ces hommes de nuit[16].

On leur distinguait je ne sais quels hideux outils à la main. Gueulemer tenait une de ces pinces courbes que les rôdeurs appellent fanchons.

— Ah çà, qu'est-ce que tu fais là? qu'est-ce que tu nous veux? es-tu folle? s'écria Thénardier, autant qu'on peut s'écrier en parlant bas. Qu'est-ce que tu viens nous empêcher de travailler?

Éponine se mit à rire et lui sauta au cou.

— Je suis là, mon petit père, parce que je suis là. Est-ce qu'il n'est pas permis de s'asseoir sur les pierres, à présent? C'est vous qui ne devriez pas y être. Qu'est-ce que vous venez y faire, puisque c'est un biscuit? Je l'avais dit à Magnon. Il n'y a rien à faire ici. Mais embrassez-moi donc, mon bon petit père[17] ! Comme il y a longtemps que je ne vous ai vu ! Vous êtes dehors, donc?

Le Thénardier essaya de se débarrasser des bras[18] d'Éponine et grommela :

— C'est bon. Tu m'as embrassé. Oui, je suis dehors. Je ne suis pas dedans[19]. A présent, va-t'en.

Mais Éponine ne lâchait pas prise et redoublait ses caresses.

— Mon petit père, comment avez-vous donc fait? Il faut que vous ayez bien de l'esprit pour vous être tiré de là. Contez-moi[20] ça ! Et ma mère? où est ma mère? Donnez-moi donc des nouvelles de maman.

Thénardier répondit :

— Elle va bien, je ne sais pas, laisse-moi, je te dis va-t'en.

— Je ne veux pas m'en aller justement, fit Éponine avec une minauderie d'enfant gâté, vous me renvoyez que voilà quatre mois que je ne vous ai vu et que j'ai à peine le temps de vous embrasser.

Et elle reprit son père par le cou.
— Ah çà, mais, c'est bête ! dit Babet.
— Dépêchons ! dit Gueulemer, les coqueurs peuvent passer[21].

La voix de ventriloque scanda ce distique[22] :

> Nous n'sommes pas le jour de l'an,
> A bécoter papa maman.

Éponine se tourna vers les cinq[23] bandits.

—Tiens, c'est monsieur Brujon. — Bonjour, monsieur Babet[24]. Bonjour, monsieur Claquesous. — Est-ce que vous ne me reconnaissez pas, monsieur Gueulemer ? — Comment ça va, Montparnasse[25] ?

— Si, on te reconnaît ! fit Thénardier. Mais bonjour, bonsoir, au large ! laisse-nous tranquilles.

— C'est l'heure des renards, et pas des poules, dit Montparnasse[26].

— Tu vois bien que nous avons à goupiner icigo*, ajouta Babet.

Éponine prit la main de Montparnasse.

— Prends garde ! dit-il, tu vas te couper, j'ai un lingre[27] ouvert**.

— Mon petit Montparnasse, répondit Éponine très doucement, il faut avoir confiance dans les gens. Je suis la fille de mon père peut-être. Monsieur Babet, monsieur Gueulemer[28], c'est moi qu'on a chargée d'éclairer l'affaire.

Il est remarquable qu'Éponine ne parlait pas argot. Depuis qu'elle connaissait Marius, cette affreuse langue lui était devenue impossible.

Elle pressa dans sa petite main osseuse et faible comme la main d'un squelette les gros doigts rudes de Gueulemer et continua :

— Vous savez bien que je ne suis pas sotte. Ordinairement on me croit. Je vous ai rendu service dans les occasions. Eh bien, j'ai pris des renseignements, vous vous exposeriez inutilement, voyez-vous. Je vous jure qu'il n'y a rien à faire dans cette maison-ci.

— Il y a des femmes seules, dit Gueulemer.

— Non. Les personnes sont déménagées.

---

* Travailler ici.
** Couteau.

— Les chandelles ne le sont pas toujours ! fit Babet.

Et il montra à Éponine, à travers le haut des arbres, une lumière qui se promenait dans la mansarde du pavillon. C'était Toussaint qui avait veillé pour étendre du linge à sécher.

Éponine tenta un dernier effort.

— Eh bien, dit-elle, c'est du monde très pauvre, et une baraque où ils n'ont pas le sou.

— Va-t'en au diable ! cria Thénardier. Quand nous aurons retourné la maison, et que nous aurons mis la cave en haut et le grenier en bas, nous te dirons ce qu'il y a dedans, et si ce sont des balles, des ronds ou des broques*.

Et il la poussa pour passer outre[29].

— Mon bon ami monsieur Montparnasse, dit Éponine, je vous en prie, vous qui êtes bon enfant, n'entrez pas !

— Prends donc garde, tu vas te couper ! répliqua Montparnasse.

Thénardier reprit avec l'accent décisif qu'il avait[30] :

— Décampe, la fée, et laisse les hommes faire leurs affaires.

Éponine lâcha la main de Montparnasse qu'elle avait ressaisie, et dit[31] :

— Vous voulez donc entrer dans cette maison ?

— Un peu ! fit le ventriloque[32] en ricanant.

Alors elle s'adossa à la grille, fit face aux six bandits[33] armés jusqu'aux dents et à qui la nuit donnait des visages de démons, et dit d'une voix ferme et basse :

— Eh bien, moi, je ne veux pas.

Ils s'arrêtèrent stupéfaits. Le ventriloque[34] pourtant acheva son ricanement. Elle reprit :

— Les amis ! écoutez bien. Ce n'est pas ça. Maintenant je parle. D'abord, si vous entrez dans ce jardin, si vous touchez à cette grille, je crie, je cogne aux portes, je réveille le monde, je vous fais empoigner tous les six, j'appelle les sergents de ville.

— Elle le ferait, dit Thénardier bas à Brujon et au ventriloque.

Elle secoua la tête et ajouta :

— A commencer par mon père !

---

* Des francs, des sous ou des liards.

Thénardier s'approcha.

— Pas si près, bonhomme ! dit-elle[35].

Il recula en grommelant dans ses dents : — Mais qu'est-ce qu'elle a donc ? Et il ajouta :

— Chienne !

Elle se mit à rire d'une façon terrible.

— Comme vous voudrez, vous n'entrerez pas. Je ne suis pas la fille au chien, puisque je suis la fille au loup. Vous êtes six, qu'est-ce que cela me fait ? Vous êtes des hommes. Eh bien, je suis une femme. Vous ne me faites pas peur, allez. Je vous dis que vous n'entrerez pas dans cette maison, parce que cela ne me plaît pas. Si vous approchez, j'aboie. Je vous l'ai dit, le cab, c'est moi. Je me fiche pas mal de vous. Passez votre chemin, vous m'ennuyez ! Allez où vous voudrez, mais ne venez pas ici, je vous le défends ! Vous à coups de couteau, moi à coups de savate, ça m'est égal, avancez donc !

Elle fit un pas vers les bandits, elle était effrayante, elle se remit à rire.

— Pardine ! je n'ai pas peur[36]. Cet été, j'aurai faim, cet hiver, j'aurai froid. Sont-ils farces, ces bêtas d'hommes de croire qu'ils font peur à une fille ! De quoi ! peur ? Ah ouiche, joliment ! Parce que vous avez des chipies de maîtresses qui se cachent sous le lit quand vous faites la grosse voix, voilà-t-il pas ! Moi, je n'ai peur de rien !

Elle appuya sur Thénardier son regard fixe, et dit :

— Pas même de vous[37] !

Puis elle poursuivit en promenant sur les bandits ses sanglantes prunelles de spectre :

— Qu'est-ce que ça me fait à moi qu'on me ramasse demain, rue Plumet sur le pavé, tuée à coups de surin par mon père, ou bien qu'on me trouve dans un an dans les filets de Saint-Cloud ou à l'île des Cygnes au milieu des vieux bouchons pourris et des chiens noyés !

Force lui fut de s'interrompre, une toux sèche la prit, son souffle sortait comme un râle de sa poitrine étroite et débile.

Elle reprit[38] :

— Je n'ai qu'à crier, on vient, patatras. Vous êtes six ; moi je suis tout le monde.

Thénardier fit un mouvement vers elle.

— Prochez pas ! cria-t-elle.

Il s'arrêta, et lui dit avec douceur :

— Eh bien non. Je n'approcherai pas, mais ne parle pas si haut. Ma fille, tu veux donc nous empêcher de travailler ? Il faut pourtant que nous gagnions notre vie. Tu n'as donc plus d'amitié pour ton père ?

— Vous m'embêtez, dit Éponine.

— Il faut pourtant que nous vivions, que nous mangions...

— Crevez.

Cela dit, elle s'assit sur le soubassement de la grille en chantonnant :

> Mon bras si dodu,
> Ma jambe bien faite,
> Et le temps perdu[39].

Elle avait le coude sur le genou et le menton dans sa main, et elle balançait son pied d'un air d'indifférence. Sa robe trouée laissait voir ses clavicules maigres[40]. Le réverbère voisin éclairait son profil et son attitude. On ne pouvait rien voir de plus résolu et de plus surprenant.

Les six escarpes[41], interdits et sombres d'être tenus en échec par une fille, allèrent sous l'ombre portée de la lanterne, et tinrent conseil avec des haussements d'épaule humiliés et furieux.

Elle cependant les regardait d'un air paisible et farouche.

— Elle a quelque chose, dit Babet. Une raison. Est-ce qu'elle est amoureuse du cab ? C'est pourtant dommage de manquer ça. Deux[42] femmes, un vieux qui loge dans une arrière-cour ; il y a des rideaux pas mal aux fenêtres. Le vieux doit être un guinal*. Je crois l'affaire bonne.

— Eh bien, entrez, vous autres, s'écria Montparnasse. Faites l'affaire. Je resterai là avec la fille, et si elle bronche...

Il fit reluire au réverbère le couteau qu'il tenait ouvert dans sa manche.

Thénardier ne[43] disait mot et semblait prêt à ce qu'on voudrait.

Brujon, qui était[44] un peu oracle et qui avait, comme on sait, « donné l'affaire », n'avait pas encore parlé. Il

---

* Un juif.

paraissait pensif. Il passait pour ne reculer devant rien, et l'on savait qu'il avait un jour⁴⁵ dévalisé, rien que par bravade, un poste de sergents de ville. En outre il faisait des vers et des chansons, ce qui lui donnait une grande autorité.

Babet le questionna.

— Tu ne dis rien, Brujon?

Brujon resta encore un instant silencieux, puis il hocha la tête de plusieurs façons variées, et se décida enfin à élever la voix :

— Voici : j'ai rencontré ce matin deux moineaux qui se battaient; ce soir, je me cogne à une femme qui querelle. Tout ça est mauvais. Allons-nous-en.

Ils s'en allèrent.

Tout⁴⁶ en s'en allant, Montparnasse murmura :

— C'est égal, si on avait voulu, j'aurais donné le coup de pouce.

Babet lui répondit :

— Moi pas. Je ne tape pas une dame.

Au coin de la rue, ils s'arrêtèrent et échangèrent à voix sourde ce dialogue énigmatique :

— Où irons-nous coucher ce soir?
— Sous Pantin*.
— As-tu sur toi la clef de la grille, Thénardier?
— Pardi.

Éponine, qui ne les quittait pas des yeux, les vit reprendre le chemin par où ils étaient venus. Elle se leva et se mit à ramper derrière eux le long des murailles et des maisons. Elle les suivit ainsi jusqu'au boulevard. Là, ils se séparèrent, et elle vit ces six hommes s'enfoncer dans l'obscurité où ils semblèrent fondre.

V

CHOSES DE LA NUIT¹

APRÈS le départ des bandits, la rue Plumet reprit son tranquille aspect nocturne.

Ce qui venait de se passer dans cette rue n'eût point étonné une forêt. Les futaies, les taillis, les bruyères, les branches âprement entre-croisées, les hautes herbes,

---

*Pantin, Paris.

existent d'une manière sombre; le fourmillement sauvage entrevoit là les subites apparitions de l'invisible; ce qui est au-dessous de l'homme y distingue à travers la brume ce qui est au delà de l'homme; et les choses ignorées de nous vivants s'y confrontent dans la nuit. La nature hérissée et fauve s'effare à de certaines approches où elle croit sentir le surnaturel. Les forces de l'ombre se connaissent, et ont entre elles de mystérieux équilibres. Les dents et les griffes redoutent l'insaisissable. La bestialité buveuse de sang, les voraces appétits affamés en quête de la proie, les instincts armés d'ongles et de mâchoires qui n'ont pour source et pour but que le ventre, regardent et flairent avec inquiétude l'impassible linéament spectral rôdant sous un suaire, debout dans sa vague robe frissonnante, et qui leur semble vivre d'une vie morte et terrible. Ces brutalités, qui ne sont que matière, craignent confusément d'avoir affaire à l'immense obscurité condensée dans un être inconnu. Une figure noire barrant le passage arrête net la bête farouche. Ce qui sort du cimetière intimide et déconcerte ce qui sort de l'antre; le féroce a peur du sinistre; les loups reculent devant une goule rencontrée.

VI

Marius redevient réel au point de donner son adresse a Cosette

Pendant que cette espèce de chienne à figure humaine montait la garde contre la grille et que les six bandits lâchaient pied devant une fille, Marius était près de Cosette.

Jamais le ciel n'avait été plus constellé[1] et plus charmant, les arbres plus tremblants[2], la senteur des herbes plus pénétrante; jamais les oiseaux ne s'étaient endormis dans les feuilles avec un bruit plus doux; jamais toutes les harmonies de la sérénité universelle n'avaient mieux répondu aux musiques intérieures de l'amour; jamais Marius n'avait été plus épris, plus heureux, plus extasié. Mais il avait trouvé Cosette triste. Cosette avait pleuré. Elle avait les yeux rouges[3].

C'était le premier nuage dans cet admirable rêve.

Le premier mot de Marius avait été :

— Qu'as-tu ?
Et elle avait répondu :
— Voilà.
Puis elle s'était assise sur le banc près du perron, et pendant qu'il prenait place tout tremblant auprès d'elle[4], elle avait poursuivi :
— Mon père m'a dit ce matin de me tenir prête, qu'il avait des affaires, et que nous allions peut-être partir.
Marius frissonna de la tête aux pieds.
Quand on est à la fin de la vie, mourir, cela veut dire partir ; quand on est au commencement, partir, cela veut dire mourir.
Depuis six semaines, Marius, peu à peu, lentement, par degrés, prenait chaque jour possession de Cosette. Possession toute idéale, mais profonde. Comme nous l'avons expliqué déjà, dans le premier amour, on prend l'âme bien avant le corps ; plus tard on prend le corps bien avant l'âme, quelquefois on ne prend pas l'âme du tout ; les Faublas et les Prudhomme ajoutent[5] : parce qu'il n'y en a pas ; mais ce sarcasme est par bonheur un blasphème. Marius donc possédait Cosette, comme les esprits possèdent ; mais il l'enveloppait de toute son âme[6] et la saisissait jalousement avec une incroyable conviction. Il possédait son sourire, son haleine, son parfum, le rayonnement profond de ses prunelles bleues, la douceur de sa peau quand il lui touchait la main, le charmant signe qu'elle avait au cou, toutes ses pensées. Ils étaient convenus de ne jamais dormir sans rêver l'un de l'autre, et ils s'étaient tenu parole. Il possédait donc tous les rêves de Cosette. Il regardait sans cesse et il effleurait quelquefois de son souffle les petits cheveux qu'elle avait à la nuque, et il se déclarait qu'il n'y avait pas un de ces petits cheveux qui ne lui appartînt à lui Marius. Il contemplait et il adorait les choses qu'elle mettait, son nœud de ruban, ses gants, ses manchettes, ses brodequins, comme des objets sacrés dont il était le maître. Il songeait qu'il était le seigneur de ces jolis peignes d'écaille qu'elle avait dans ses cheveux, et il se disait même, sourds et confus bégayements de la volupté[7] qui se faisait jour, qu'il n'y avait pas un cordon de sa robe, pas une maille de ses bas, pas un pli de son corset, qui ne fût à lui. A côté de Cosette, il se sentait près de son bien, près de sa chose, près de son despote et de son

esclave. Il semblait qu'ils eussent tellement mêlé leurs
âmes que, s'ils eussent voulu les reprendre, il leur eût été
impossible de les reconnaître. — Celle-ci[8] est la mienne.
— Non, c'est la mienne. — Je t'assure que tu te trompes.
Voilà bien moi. — Ce que tu prends pour toi, c'est moi.
— Marius était quelque chose qui faisait partie de Cosette
et Cosette était quelque chose qui faisait partie de
Marius. Marius sentait Cosette vivre en lui. Avoir
Cosette, posséder Cosette, cela pour lui n'était pas distinct de respirer. Ce fut au milieu de cette foi, de cet
enivrement, de cette possession virginale, inouïe et
absolue, de cette souveraineté[9], que ces mots : « Nous
allons partir », tombèrent tout à coup, et que la voix
brusque[10], de la réalité lui cria : Cosette n'est pas à toi !

Marius se réveilla. Depuis six semaines, Marius vivait,
nous l'avons dit, hors de la vie ; ce mot, partir ! l'y fit
rentrer durement.

Il ne trouva pas une parole. Cosette sentit seulement
que sa main était très froide. Elle lui dit à son tour :

— Qu'as-tu ?

Il répondit, si bas que Cosette l'entendait à peine :

— Je ne comprends pas[11] ce que tu as dit.

Elle reprit :

— Ce matin mon père m'a dit de préparer toutes mes
petites affaires et de me tenir prête, qu'il me donnerait
son linge pour le mettre dans une malle, qu'il était obligé
de faire un voyage, que nous allions partir, qu'il faudrait
avoir une grande malle pour moi et une petite pour lui,
de préparer tout cela d'ici à une semaine, et que nous
irions peut-être en Angleterre.

— Mais c'est monstrueux ! s'écria Marius.

Il est certain qu'en ce moment, dans l'esprit de Marius,
aucun abus de pouvoir, aucune violence, aucune abomination des tyrans les plus prodigieux[12], aucune action
de Busiris, de Tibère ou de Henri VIII n'égalait en
férocité celle-ci : M. Fauchelevent emmenant sa fille en
Angleterre parce qu'il a des affaires.

Il demanda d'une voix faible :

— Et quand partirais-tu ?

— Il n'a pas dit quand.

— Et quand reviendrais-tu ?

— Il n'a pas dit quand.

Marius se leva, et dit froidement :

— Cosette, irez-vous?

Cosette tourna vers lui ses beaux yeux pleins d'angoisse[13] et répondit avec une sorte d'égarement :

— Où?

— En Angleterre? irez-vous?

— Pourquoi me dis-tu vous?

— Je vous demande si vous irez?

— Comment veux-tu que je fasse? dit-elle en joignant les mains.

— Ainsi, vous irez?

— Si mon père y va?

— Ainsi, vous irez?

Cosette prit la main de Marius et l'étreignit sans répondre.

— C'est bon, dit Marius. Alors j'irai ailleurs.

Cosette sentit le sens de ce mot plus encore qu'elle ne le comprit. Elle pâlit[14] tellement que sa figure devint blanche dans l'obscurité. Elle balbutia :

— Que veux-tu dire?

Marius la regarda, puis éleva lentement ses yeux vers le ciel et répondit :

— Rien.

Quand sa paupière s'abaissa, il vit Cosette qui lui souriait. Le sourire d'une femme qu'on aime a une clarté qu'on voit la nuit.

— Que nous sommes bêtes ! Marius, j'ai une idée.

— Quoi?

— Pars si nous partons ! Je te dirai où ! Viens me rejoindre où je serai !

Marius était maintenant un homme tout à fait réveillé. Il était retombé dans la réalité. Il cria à Cosette :

— Partir avec vous ! es-tu folle? Mais il faut de l'argent, et je n'en ai pas ! Aller en Angleterre? Mais je dois maintenant, je ne sais pas, plus de dix louis à Courfeyrac[15], un de mes amis que tu ne connais pas ! Mais j'ai un vieux chapeau qui ne vaut pas trois francs, j'ai un habit où il manque des boutons par devant, ma chemise est toute déchirée, j'ai les coudes percés, mes bottes prennent l'eau; depuis six semaines je n'y pense plus, et je ne te l'ai pas dit. Cosette ! je suis un misérable. Tu ne me vois que la nuit, et tu me donnes ton amour; si tu me voyais le jour, tu me donnerais un sou ! Aller en Angleterre ! Eh ! je n'ai pas de quoi payer le passeport !

Il se jeta contre un arbre qui était là, debout, les deux bras au-dessus de sa tête, le front contre l'écorce, ne sentant ni le bois qui lui écorchait la peau ni la fièvre qui lui martelait[16] les tempes, immobile, et prêt à tomber, comme la statue du désespoir.

Il demeura longtemps ainsi. On resterait l'éternité dans ces abîmes-là. Enfin[17] il se retourna. Il entendait derrière lui un petit bruit étouffé, doux et triste.

C'était Cosette qui sanglotait.

Elle pleurait depuis plus de deux heures à côté de Marius qui songeait.

Il vint à elle, tomba à genoux, et, se prosternant lentement, il prit le bout de son pied qui passait sous sa robe et le baisa. Elle le laissa faire en silence. Il y a des moments où la femme accepte, comme une déesse sombre et résignée, la religion de l'amour.

— Ne pleure pas, dit-il.

Elle murmura :

— Puisque je vais peut-être m'en aller, et que tu ne peux pas venir !

Lui reprit :

— M'aimes-tu ?

Elle lui répondit en sanglotant ce mot du paradis qui n'est jamais plus charmant qu'à travers les larmes :

— Je t'adore !

Il poursuivit avec un son de voix qui était une inexprimable caresse :

— Ne pleure pas. Dis, veux-tu faire cela pour moi de ne pas pleurer ?

— M'aimes-tu, toi ? dit-elle.

Il lui prit la main :

— Cosette, je n'ai jamais donné ma parole d'honneur à personne, parce que ma parole d'honneur me fait peur. Je sens que mon père est à côté. Eh bien, je te donne ma parole d'honneur la plus sacrée que, si tu t'en vas, je mourrai.

Il y eut dans l'accent dont il prononça ces paroles une mélancolie si solennelle et si tranquille que Cosette trembla[18]. Elle sentit ce froid que donne une chose sombre et vraie qui passe. De saisissement elle cessa de pleurer.

— Maintenant écoute, dit-il. Ne m'attends pas demain.

— Pourquoi ?

— Ne m'attends qu'après-demain.
— Oh! pourquoi?
— Tu verras.
— Un jour sans te voir! mais c'est impossible.
— Sacrifions un jour pour avoir peut-être toute la vie.

Et[19] Marius ajouta à demi-voix et en aparté :
— C'est un homme qui ne change rien à ses habitudes, et il n'a jamais reçu personne que le soir.
— De quel homme parles-tu? demanda Cosette.
— Moi? je n'ai rien dit.
— Qu'est-ce que tu espères donc?
— Attends jusqu'à après-demain.
— Tu le veux?
— Oui, Cosette.

Elle lui prit la tête dans ses deux mains, se haussant sur la pointe des pieds pour être à sa taille, et cherchant à voir dans ses yeux son espérance.

Marius reprit :
— J'y songe, il faut que tu saches mon adresse, il peut arriver des choses, on ne sait pas, je demeure chez cet ami appelé Courfeyrac, rue de la Verrerie, numéro 16.

Il fouilla dans sa poche, en tira un couteau-canif, et avec la lame écrivit sur le plâtre du mur : *16, rue de la Verrerie*. Cosette cependant s'était remise à lui regarder dans les yeux.

— Dis-moi ta pensée. Marius, tu as une pensée. Dis-la-moi. Oh! dis-la-moi pour que je passe une bonne nuit!

— Ma pensée, la voici : c'est qu'il est impossible que Dieu veuille nous séparer. Attends-moi après-demain.

— Qu'est-ce que je ferai jusque-là? dit Cosette. Toi, tu es dehors, tu vas, tu viens. Comme c'est heureux, les hommes[20]! Moi, je vais rester toute seule. Oh! que je vais être triste! Qu'est-ce que tu feras donc demain soir, dis?

— J'essayerai une chose.

— Alors je prierai Dieu et je penserai à toi d'ici là pour que tu réussisses. Je[21] ne te questionne plus, puisque tu ne veux pas. Tu es mon maître. Je passerai ma soirée demain à chanter cette musique d'*Euryanthe* que tu aimes et que tu es venu entendre un soir derrière mon volet. Mais après-demain tu viendras de bonne heure. Je t'attendrai à la nuit, à neuf heures précises, je t'en préviens. Mon Dieu ! que c'est triste que les jours soient longs ! Tu entends, à neuf heures sonnant je serai dans le jardin.

— Et moi aussi.

Et sans se l'être dit, mus par la même pensée, entraînés par ces courants électriques qui mettent deux amants en communication continuelle, tous deux[22] enivrés de volupté jusque dans leur douleur, ils tombèrent dans les bras l'un de l'autre, sans s'apercevoir que leurs lèvres s'étaient jointes pendant que leurs regards levés, débordant d'extase[23] et pleins de larmes, contemplaient les étoiles.

Quand Marius sortit, la rue était déserte. C'était le moment où Éponine suivait les bandits jusque sur le boulevard.

Tandis que Marius rêvait, la tête appuyée contre l'arbre, une idée lui avait traversé l'esprit[24]; une idée, hélas ! qu'il jugeait lui-même insensée et impossible. Il avait pris un parti violent.

VII

Le vieux cœur et le jeune cœur en présence[1]

Le père Gillenormand avait à cette époque ses quatre-vingt-onze ans bien sonnés. Il demeurait toujours avec mademoiselle Gillenormand rue des Filles-du-Calvaire[2], n° 6, dans cette vieille maison qui était à lui. C'était, on s'en souvient, un de ces vieillards antiques qui attendent la mort tout droits, que l'âge charge sans les faire plier, et que le chagrin même ne courbe pas.

Cependant, depuis quelque temps, sa fille disait : « Mon père baisse. » Il ne souffletait plus les servantes ; il ne frappait plus de sa canne avec autant de verve le palier de l'escalier quand Basque tardait à lui ouvrir. La Révolution de Juillet l'avait à peine exaspéré pendant six mois. Il avait vu presque avec tranquillité dans le *Moniteur* cet accouplement de mots : M. Humblot-Conté, pair de France. Le fait est que le vieillard était rempli d'accablement. Il ne fléchissait pas, il ne se rendait pas[3], ce n'était pas plus dans sa nature physique que dans sa nature morale ; mais il se sentait intérieurement défaillir.

Depuis quatre ans il attendait Marius, de pied ferme, c'est bien le mot, avec la conviction que ce mauvais petit garnement[4] sonnerait à la porte un jour ou l'autre ; maintenant il en venait, dans de certaines heures mornes, à se dire que pour peu[5] que Marius se fît encore attendre…
— Ce n'était pas la mort qui lui était insupportable, c'était l'idée que peut-être il ne reverrait plus Marius. Ne plus revoir Marius, ceci n'était pas même entré un instant dans son cerveau jusqu'à[6] ce jour ; à présent cette idée commençait à lui apparaître, et le glaçait. L'absence, comme il arrive toujours dans les sentiments naturels et vrais, n'avait fait qu'accroître son amour de grand-père pour l'enfant ingrat qui s'en était allé comme cela. C'est dans les nuits de décembre, par dix degrés de froid, qu'on pense le plus au soleil. M. Gillenormand était, ou se croyait[7], par-dessus tout incapable de faire un pas, lui l'aïeul, vers son petit-fils[8] ; — je crèverais plutôt, disait-il. Il ne se trouvait aucun tort, mais il ne songeait à Marius qu'avec un attendrissement profond et le muet désespoir d'un vieux bonhomme qui s'en va dans les ténèbres.

Il commençait à perdre ses dents, ce qui s'ajoutait à sa tristesse.

M. Gillenormand, sans pourtant se l'avouer à lui-même, car il en eût été furieux et honteux, n'avait jamais aimé une maîtresse comme il aimait Marius.

Il avait fait placer dans sa chambre, devant le chevet de son lit, comme la première chose qu'il voulait voir en s'éveillant, un ancien portrait de son autre fille, celle qui était morte, madame Pontmercy, portrait fait lorsqu'elle avait dix-huit ans. Il regardait sans cesse ce portrait. Il lui arriva un jour de dire en le considérant :
— Je trouve qu'il lui ressemble.
— A ma sœur ? reprit mademoiselle Gillenormand. Mais oui.

Le vieillard ajouta :
— Et à lui aussi.

Une fois, comme il était assis, les deux genoux l'un contre l'autre et l'œil presque fermé[9], dans une posture d'abattement, sa fille se risqua à lui dire :
— Mon père, est-ce que vous en voulez toujours autant ?…

Elle s'arrêta, n'osant aller plus loin.

— A qui ? demanda-t-il.
— A ce pauvre Marius ?

Il souleva sa vieille tête, posa son poing amaigri et ridé sur la table, et cria de son accent le plus irrité et le plus vibrant :

— Pauvre Marius, vous dites ! Ce monsieur est un drôle, un mauvais gueux, un petit vaniteux ingrat, sans cœur, sans âme, un orgueilleux, un méchant homme !

Et il se détourna pour que sa fille ne vît pas une larme qu'il avait dans les yeux. Trois jours après, il sortit d'un silence qui durait depuis quatre heures pour dire à sa fille à brûle-pourpoint :

— J'avais eu l'honneur de prier mademoiselle Gillenormand de ne jamais m'en parler.

La tante Gillenormand renonça à toute tentative et porta ce diagnostic profond :

— Mon père n'a jamais beaucoup aimé ma sœur depuis sa sottise. Il est clair qu'il déteste Marius.

« Depuis sa sottise » signifiait : depuis qu'elle avait épousé le colonel.

Du reste, comme on a pu le conjecturer, mademoiselle Gillenormand avait échoué dans sa tentative de substituer son favori, l'officier de lanciers, à Marius. Le remplaçant Théodule n'avait point réussi. M. Gillenormand n'avait pas accepté le quiproquo. Le vide du cœur ne s'accommode point d'un bouche-trou[10]. Théodule, de son côté, tout en flairant l'héritage, répugnait à la corvée de plaire. Le bonhomme ennuyait le lancier, et le lancier choquait le bonhomme. Le lieutenant Théodule[11] était gai sans doute, mais bavard ; frivole, mais vulgaire[12] ; bon vivant, mais de mauvaise compagnie ; il avait des maîtresses, c'est vrai, et il en parlait beaucoup, c'est vrai encore, mais il en parlait mal. Toutes ses qualités avaient un défaut[13]. M. Gillenormand était excédé de l'entendre conter les bonnes fortunes quelconques qu'il avait autour de sa caserne, rue de Babylone. Et puis le lieutenant Gillenormand venait quelquefois en uniforme avec la cocarde tricolore. Ceci le rendait tout bonnement impossible. Le père Gillenormand avait fini par dire à sa fille : — J'en ai assez, du Théodule. Reçois-le si tu veux. J'ai peu de goût pour les gens de guerre en temps de paix[14]. Je ne sais pas si je n'aime pas mieux encore les sabreurs que les traîneurs de sabre. Le cliquetis[15] des lames dans la bataille est moins misérable, après tout, que le tapage des fourreaux sur le pavé. Et puis, se cambrer comme un matamore et se sangler comme une femmelette, avoir un corset sous une cuirasse, c'est être ridicule deux fois. Quand on est un véritable homme, on se tient à égale distance de la fanfaronnade et de la mièvrerie. Ni fier-à-bras, ni joli cœur. Garde ton Théodule pour toi.

Sa fille eut beau lui dire : — C'est pourtant votre petit-neveu, — il se trouva que M. Gillenormand, qui était grand-père jusqu'au bout des ongles, n'était pas grand-oncle du tout.

Au fond, comme il avait de l'esprit et qu'il comparait, Théodule n'avait servi qu'à lui faire mieux regretter Marius.

Un soir, c'était le 4 juin, ce qui n'empêchait pas que le père Gillenormand n'eût un très bon feu dans sa cheminée[16], il avait congédié sa fille qui cousait dans la pièce voisine. Il était seul dans sa chambre à bergerades, les pieds sur ses chenets, à demi enveloppé dans son vaste paravent de coromandel[17] à neuf feuilles, accoudé à sa table où[18] brûlaient deux bougies sous un abat-jour vert, englouti dans son fauteuil de tapisserie, un livre[19] à la main, mais ne lisant pas. Il était vêtu, selon sa mode, en *incroyable*[20], et ressemblait à un antique portrait de Garat. Cela l'eût fait suivre dans les rues, mais sa fille le couvrait toujours, lorsqu'il sortait, d'une vaste douillette d'évêque[21], qui cachait ses vêtements. Chez lui, excepté pour se lever et se coucher, il ne portait jamais de robe de chambre. — *Cela donne l'air vieux,* disait-il.

Le père Gillenormand songeait à Marius amoureusement et amèrement, et, comme[22] d'ordinaire, l'amertume dominait. Sa tendresse aigrie finissait toujours par bouillonner et par tourner en indignation[23]. Il en était à ce point où l'on cherche à prendre son parti et à accepter ce qui déchire[24]. Il était en train de s'expliquer qu'il n'y avait maintenant plus de raison pour que Marius revînt, que s'il avait dû revenir, il l'aurait déjà fait, qu'il fallait y renoncer. Il essayait de s'habituer à l'idée que c'était fini, et qu'il mourrait sans revoir « ce monsieur ». Mais toute sa nature se révoltait; sa vieille paternité n'y pouvait consentir. — Quoi! disait-il,

c'était son refrain douloureux, il ne reviendra pas !
— Sa tête chauve était tombée sur sa poitrine, et il fixait vaguement sur la cendre de son foyer un regard lamentable et irrité.

Au plus profond de cette rêverie, son vieux domestique, Basque, entra[25] et demanda :

— Monsieur peut-il recevoir monsieur Marius ?

Le vieillard se dressa sur son séant, blême et pareil à un cadavre qui se lève sous une secousse galvanique. Tout son sang avait reflué à son cœur. Il bégaya :

— Monsieur Marius quoi ?

— Je ne sais pas, répondit Basque intimidé et décontenancé par l'air du maître, je ne l'ai pas vu. C'est Nicolette qui vient de me dire : Il y a là un jeune homme, dites[26] que c'est monsieur Marius.

Le père Gillenormand balbutia à voix basse :

— Faites entrer.

Et il resta dans la même attitude, la tête branlante, l'œil fixé sur la porte. Elle se rouvrit. Un jeune homme entra. C'était Marius.

Marius s'arrêta à la porte comme attendant qu'on lui dît d'entrer[27].

Son vêtement presque misérable ne s'apercevait pas dans l'obscurité que faisait l'abat-jour. On ne distinguait que son visage calme et grave, mais étrangement triste[28].

Le père Gillenormand, hébété de stupeur et de joie, resta quelques instants[29] sans voir autre chose qu'une clarté comme lorsqu'on est devant une apparition. Il était prêt à défaillir ; il apercevait[30] Marius à travers un éblouissement. C'était bien lui, c'était bien Marius !

Enfin ! après quatre ans[31] ! Il le saisit, pour ainsi dire, tout entier d'un coup d'œil. Il le trouva beau, noble, distingué, grandi, homme fait, l'attitude convenable, l'air charmant. Il eut envie d'ouvrir ses bras, de l'appeler, de se précipiter, ses entrailles se fondirent en ravissement, les paroles affectueuses le gonflaient et débordaient de sa poitrine ; enfin[32] toute cette tendresse se fit jour et lui arriva aux lèvres, et, par le contraste qui était le fond de sa nature, il en sortit une dureté. Il dit brusquement :

— Qu'est-ce que vous venez faire ici ?

Marius répondit avec embarras :

— Monsieur...

M. Gillenormand eût voulu que Marius se jetât dans

ses bras[33]. Il fut mécontent de Marius et de lui-même. Il sentit qu'il était brusque et que Marius était froid. C'était pour le bonhomme une insupportable et irritante anxiété[34] de se sentir si tendre et si éploré au dedans et de ne pouvoir être que dur au dehors. L'amertume lui revint. Il interrompit Marius avec un accent bourru :

— Alors pourquoi venez-vous?

Cet « alors » signifiait : *si vous ne venez pas m'embrasser*. Marius regarda son aïeul à qui la pâleur faisait un visage de marbre.

— Monsieur...

Le vieillard reprit d'une voix sévère :

— Venez-vous me demander pardon? avez-vous reconnu vos torts?

Il croyait mettre Marius sur la voie et que « l'enfant » allait fléchir. Marius frissonna; c'était le désaveu de son père qu'on lui demandait; il baissa les yeux et répondit :

— Non, monsieur.

— Et alors, s'écria impétueusement le vieillard avec une douleur poignante et pleine de colère, qu'est-ce que vous me voulez?

Marius joignit les mains, fit un pas et dit d'une voix faible et qui tremblait :

— Monsieur, ayez pitié de moi.

Ce mot remua M. Gillenormand; dit plus tôt, il l'eût attendri, mais il venait trop tard[35]. L'aïeul se leva[36]; il s'appuyait sur sa canne de ses deux mains, ses lèvres étaient blanches, son front vacillait, mais sa haute taille dominait Marius incliné.

— Pitié de vous, monsieur! C'est l'adolescent qui demande de la pitié au vieillard de quatre-vingt-onze ans! Vous entrez dans la vie, j'en sors; vous allez au spectacle, au bal, au café, au billard, vous avez de l'esprit, vous plaisez aux femmes, vous êtes joli garçon; moi je crache en plein été sur mes tisons; vous êtes riche des seules richesses qu'il y ait, moi j'ai toutes les pauvretés de la vieillesse[37], l'infirmité, l'isolement! Vous avez vos trente-deux dents, un bon estomac, l'œil vif, la force[38], l'appétit, la santé, la gaîté, une forêt de cheveux noirs; moi je n'ai même plus de cheveux blancs, j'ai perdu mes dents, je perds mes jambes, je perds la mémoire, il y a trois noms de rues que je confonds sans cesse, la rue Charlot, la rue du Chaume et la rue Saint-Claude. J'en suis là ; vous avez devant vous tout l'avenir plein de soleil, moi je commence à n'y plus voir goutte, tant j'avance dans la nuit ; vous êtes amoureux, ça va sans dire, moi je ne suis aimé de personne au monde, et vous me demandez de la pitié ! Parbleu, Molière a oublié ceci. Si c'est comme cela que vous plaisantez au palais, messieurs les avocats, je vous fais mon sincère compliment. Vous êtes drôles.

Et l'octogénaire reprit d'une voix courroucée et grave[39] :

— Ah çà, qu'est-ce que vous me voulez ?

— Monsieur, dit Marius, je sais que ma présence vous déplaît, mais je viens seulement pour vous demander une chose, et puis je vais m'en aller[40] tout de suite.

— Vous êtes un sot ! dit le vieillard. Qui est-ce qui vous dit de vous en aller ?

Ceci était la traduction de cette parole tendre qu'il avait au fond du cœur : *Mais demande-moi donc pardon ! Jette-toi donc à mon cou !* M. Gillenormand sentait que Marius allait dans quelques instants le quitter, que son mauvais accueil le rebutait, que sa dureté le chassait, il se disait tout cela, et sa douleur s'en accroissait, et comme sa douleur se tournait immédiatement en colère, sa dureté en augmentait. Il eût voulu que Marius comprît et Marius ne comprenait pas ; ce qui rendait le bonhomme furieux. Il reprit :

— Comment[41] ! vous m'avez manqué, à moi, votre grand-père, vous avez quitté ma maison pour aller on ne sait où, vous avez désolé votre tante, vous avez été, cela se devine, c'est plus commode, mener la vie de garçon, faire le muscadin, rentrer à toutes les heures, vous amuser, vous ne m'avez pas donné signe de vie, vous avez fait des dettes sans même me dire de les payer, vous vous êtes fait casseur de vitres et tapageur, et, au bout de quatre ans, vous venez chez moi, et vous n'avez pas autre chose à me dire que cela !

Cette façon violente de pousser le petit-fils à la tendresse ne produisit que le silence de Marius. M. Gillenormand croisa les bras, geste qui, chez lui, était particulièrement impérieux, et apostropha Marius amèrement :

— Finissons. Vous venez me demander quelque chose, dites-vous ? Eh bien quoi ? qu'est-ce[42] ? Parlez.

— Monsieur, dit Marius avec le regard d'un homme qui sent qu'il va tomber dans un précipice, je viens vous demander la permission de me marier.

M. Gillenormand sonna. Basque entr'ouvrit la porte[43].

— Faites venir ma fille.

Une seconde après, la porte se rouvrit, mademoiselle Gillenormand n'entra pas, mais se montra; Marius était debout, muet, les bras pendants, avec une figure de criminel[44], M. Gillenormand allait et venait en long et en large dans la chambre. Il se tourna vers sa fille et lui dit:

— Rien. C'est monsieur Marius. Dites-lui bonjour. Monsieur veut se marier. Voilà. Allez-vous-en.

Le son de voix bref et rauque du vieillard annonçait une étrange plénitude d'emportement[45]. La tante regarda Marius d'un air effaré, parut à peine le reconnaître, ne laissa pas échapper un geste ni[46] une syllabe, et disparut au souffle de son père plus vite qu'un fétu devant l'ouragan.

Cependant le père Gillenormand était revenu s'adosser à la cheminée.

— Vous marier! à vingt et un ans! Vous avez arrangé cela! Vous n'avez plus qu'une permission à demander! une formalité. Asseyez-vous, monsieur. Eh bien[47], vous avez eu une révolution depuis que je n'ai eu l'honneur de vous voir. Les jacobins ont eu le dessus. Vous avez dû être content. N'êtes-vous pas républicain depuis que vous êtes baron[48]? Vous accommodez cela. La république fait une sauce à la baronnie. Êtes-vous décoré[49] de Juillet? avez-vous un peu pris le Louvre, monsieur? Il y a ici tout près, rue Saint-Antoine, vis-à-vis la rue des Nonnains-d'Hyères, un boulet incrusté dans le mur au troisième étage d'une maison avec cette inscription: 28 juillet 1830. Allez voir cela. Cela fait bon effet. Ah! ils font de jolies choses, vos amis[50]! A propos, ne font-ils pas une fontaine à la place du monument de M. le duc de Berry[51]? Ainsi vous voulez vous marier? à qui? peut-on sans indiscrétion demander à qui?

Il s'arrêta, et, avant que Marius eût eu le temps de répondre, il ajouta violemment:

— Ah çà, vous avez un état? une fortune faite? combien gagnez-vous dans votre métier d'avocat?

— Rien, dit Marius avec une sorte de fermeté et de résolution presque farouche.

— Rien ? vous n'avez pour vivre que les douze cents livres que je vous fais ?

Marius ne répondit point. M. Gillenormand continua :

— Alors, je comprends, c'est que la fille est riche ?

— Comme moi.

— Quoi ! pas de dot ?

— Non.

— Des espérances ?

— Je ne crois pas.

— Toute nue ! et qu'est-ce que c'est que le père ?

— Je ne sais pas.

— Et comment s'appelle-t-elle ?

— Mademoiselle Fauchelevent.

— Fauchequoi ?

— Fauchelevent.

— Pttt ! fit le vieillard.

— Monsieur ! s'écria Marius.

M. Gillenormand l'interrompit du ton d'un homme qui se parle à lui-même.

— C'est cela, vingt et un ans, pas d'état, douze cents livres par an, madame la baronne Pontmercy ira acheter deux sous de persil chez la fruitière.

— Monsieur, reprit Marius dans l'égarement de la dernière espérance qui s'évanouit, je vous en supplie ! je vous en conjure, au nom du ciel, à mains jointes, monsieur, je me mets à vos pieds[52], permettez-moi de l'épouser.

Le vieillard poussa un éclat de rire strident et lugubre à travers lequel il toussait et parlait[53].

— Ah ! ah ! ah ! vous vous êtes dit : Pardine ! je vais aller trouver cette vieille perruque, cette absurde ganache ! Quel dommage que je n'aie pas mes vingt-cinq ans ! comme je te vous lui flanquerais une bonne sommation respectueuse ! comme je me passerais de lui ! C'est égal, je lui dirai : Vieux crétin, tu es trop heureux de me voir, j'ai envie de me marier, j'ai envie d'épouser mamselle n'importe qui, fille de monsieur n'importe quoi[54], je n'ai pas de souliers, elle n'a pas de chemise, ça va, j'ai envie de jeter à l'eau ma carrière, mon avenir, ma jeunesse, ma vie, j'ai envie de faire un plongeon dans la misère avec une femme au cou, c'est mon idée, il faut que tu y consentes ! et le vieux fossile consentira. Va, mon garçon, comme tu voudras, attache-toi ton

pavé, épouse ta Pousselevent, ta Coupelevent... —
Jamais, monsieur ! jamais !

— Mon père !

— Jamais !

A l'accent dont ce « jamais » fut prononcé, Marius
perdit tout espoir. Il traversa la chambre à pas lents, la
tête ployée, chancelant, plus semblable encore à quelqu'un qui se meurt qu'à quelqu'un qui s'en va. M. Gillenormand le suivait des yeux[55], et au moment où la porte
s'ouvrait et où Marius allait sortir, il fit quatre pas avec
cette vivacité sénile des vieillards impérieux et gâtés,
saisit Marius au collet, le ramena énergiquement[56] dans
la chambre, le jeta dans un fauteuil, et lui dit :

— Conte-moi ça !

C'était ce seul mot, *mon père,* échappé à Marius, qui
avait fait cette révolution. Marius le regarda égaré. Le
visage mobile de M. Gillenormand n'exprimait plus rien
qu'une rude et ineffable bonhomie. L'aïeul avait fait
place au grand-père[57].

— Allons, voyons, parle, conte-moi tes amourettes,
jabote, dis-moi tout ! Sapristi ! que les jeunes gens sont
bêtes !

— Mon père ! reprit Marius.

Toute la face du vieillard s'illumina d'un indicible
rayonnement.

— Oui, c'est ça ! appelle-moi ton père, et tu verras !

Il y avait maintenant quelque chose de si bon, de si
doux, de si ouvert, de si paternel en cette brusquerie,
que Marius, dans ce passage subit du découragement à
l'espérance, en fut comme étourdi et enivré. Il était assis
près de la table, la lumière des bougies faisait saillir le
délabrement de son costume que le père Gillenormand
considérait avec étonnement.

— Eh bien, mon père, dit Marius.

— Ah çà, interrompit M. Gillenormand, tu n'as donc
vraiment pas le sou ? Tu es mis comme un voleur.

Il fouilla dans un tiroir, et y prit une bourse qu'il posa
sur la table :

— Tiens, voilà cent louis, achète-toi un chapeau.

— Mon père, poursuivit Marius, mon bon père, si
vous saviez ! je l'aime. Vous ne vous figurez pas, la
première fois que je l'ai vue, c'était au Luxembourg,
elle y venait ; au commencement, je n'y faisais pas grande

attention, et puis je ne sais pas comment cela s'est fait, j'en suis devenu amoureux. Oh ! comme cela m'a rendu malheureux ! Enfin je la vois maintenant, tous les jours, chez elle, son père ne sait pas, imaginez qu'ils vont partir, c'est dans le jardin que nous nous voyons, le soir, son père veut l'emmener en Angleterre, alors je me suis dit : Je vais aller voir mon grand-père et lui conter la chose. Je deviendrais fou d'abord, je mourrais, je ferais une maladie, je me jetterais à l'eau. Il faut absolument que je l'épouse, puisque je deviendrais fou. Enfin voilà toute la vérité, je ne crois pas que j'aie oublié quelque chose. Elle demeure dans un jardin où il y a une grille, rue Plumet. C'est du côté des Invalides.

Le père Gillenormand s'était assis radieux près de Marius. Tout en l'écoutant et en savourant le son de sa voix, il savourait en même temps une longue prise de tabac. A ce mot, rue Plumet, il interrompit son aspiration et laissa tomber le reste de son tabac sur ses genoux.

— Rue Plumet ! tu dis rue Plumet ? — Voyons donc ! N'y a-t-il pas une caserne par là ? — Mais oui, c'est ça. Ton cousin Théodule[58] m'en a parlé. Le lancier, l'officier. — Une fillette, mon bon ami, une fillette ! — Pardieu oui, rue Plumet. C'est ce qu'on appelait autrefois la rue Blomet. — Voilà que ça me revient. J'en ai entendu parler de cette petite de la grille de la rue Plumet. Dans un jardin. Une Paméla. Tu n'as pas mauvais goût. On la dit proprette. Entre nous, je crois que ce dadais de lancier lui a un peu fait la cour. Je ne sais pas jusqu'où cela a été. Enfin ça ne fait rien. D'ailleurs[59] il ne faut pas le croire. Il se vante. Marius ! je trouve ça très bien qu'un jeune homme comme toi soit amoureux. C'est de ton âge. Je t'aime mieux amoureux que jacobin. Je t'aime mieux épris d'un cotillon, sapristi ! de vingt cotillons, que de monsieur de Robespierre. Pour ma part, je me rends cette justice qu'en fait de sans-culottes, je n'ai jamais aimé que les femmes. Les jolies filles sont les jolies filles, que diable ! il n'y a pas d'objection à ça. Quant à la petite, elle te reçoit en cachette du papa. C'est dans l'ordre. J'ai eu des histoires comme ça, moi aussi. Plus d'une. Sais-tu ce qu'on fait ? On[60] ne prend pas la chose avec férocité; on ne se précipite pas dans le tragique; on ne conclut pas au mariage et à monsieur le maire avec son écharpe. On est tout bêtement un garçon d'esprit. On a du bon sens. Glissez, mortels, n'épousez pas. On vient trouver le grand-père qui est bonhomme au fond, et qui a bien toujours quelques rouleaux de louis dans un vieux tiroir ; on lui dit : Grand-père, voilà. Et le grand-père dit : C'est tout simple. Il faut que jeunesse se passe et que vieillesse se casse. J'ai été jeune, tu seras vieux. Va, mon garçon, tu rendras ça à ton petit-fils. Voilà deux cents pistoles. Amuse-toi, mordi ! Rien de mieux ! C'est ainsi que l'affaire doit se passer. On n'épouse point, mais ça n'empêche pas. Tu me comprends ?

Marius, pétrifié et hors d'état d'articuler une parole, fit de la tête signe que non. Le bonhomme éclata de rire, cligna sa vieille paupière, lui donna une tape sur le genou, le regarda[61] entre deux yeux d'un air mystérieux et rayonnant, et lui dit avec le plus tendre des haussements d'épaules :

— Bêta[62] ! fais-en ta maîtresse.

Marius pâlit. Il n'avait rien compris à tout ce que venait de dire son grand-père. Ce rabâchage de rue Blomet, de Paméla, de caserne, de lancier, avait passé devant Marius comme une fantasmagorie. Rien de tout cela ne pouvait se rapporter à Cosette, qui était un lis. Le bonhomme divaguait. Mais cette divagation avait abouti à un mot que Marius avait compris et qui était une mortelle injure à Cosette. Ce mot, *fais-en ta maîtresse,* entra dans le cœur du sévère jeune homme comme une épée.

Il se leva, ramassa son chapeau qui était à terre, et marcha vers la porte d'un pas assuré et ferme. Là il se retourna, s'inclina profondément devant son grand-père, redressa la tête, et dit :

— Il y a cinq ans, vous avez outragé mon père ; aujourd'hui vous outragez ma femme. Je ne vous demande plus rien, monsieur. Adieu.

Le père Gillenormand, stupéfait, ouvrit la bouche, étendit les bras, essaya de se lever, et avant qu'il eût pu prononcer un mot, la porte s'était refermée et Marius avait disparu.

Le vieillard resta quelques instants immobile et comme foudroyé, sans pouvoir parler ni respirer, comme si un poing fermé lui serrait le gosier. Enfin il s'arracha de son fauteuil, courut à la porte autant qu'on peut courir à quatre-vingt-onze ans, l'ouvrit, et cria :

— Au secours ! au secours !

Sa fille parut[63], puis les domestiques. Il reprit avec un râle lamentable :

— Courez après lui ! rattrapez-le ! Qu'est-ce que je lui ai fait ? Il est fou ! il s'en va ! Ah ! mon Dieu ! ah ! mon Dieu ! cette fois il ne reviendra plus !

Il alla à la fenêtre qui donnait sur la rue, l'ouvrit de ses vieilles mains chevrotantes, se pencha plus d'à mi-corps pendant que Basque et Nicolette[64] le retenaient par derrière, et cria :

— Marius ! Marius ! Marius ! Marius !

Mais Marius ne pouvait déjà plus entendre, et tournait en ce moment-là même l'angle de la rue Saint-Louis.

L'octogénaire porta deux ou trois fois ses deux mains à ses tempes avec une expression d'angoisse, recula en chancelant et s'affaissa sur un fauteuil, sans pouls, sans voix, sans larmes, branlant la tête et agitant les lèvres d'un air stupide, n'ayant plus rien dans les yeux et dans le cœur que quelque chose de morne et de profond qui ressemblait à la nuit.

LIVRE NEUVIÈME[1]

OÙ VONT-ILS?

I

JEAN VALJEAN

Ce même jour, vers quatre heures de l'après-midi, Jean Valjean était assis seul sur le revers de l'un des talus les plus solitaires du Champ de Mars. Soit prudence, soit désir de se recueillir, soit tout simplement par suite d'un de ces insensibles changements d'habitudes qui s'introduisent peu à peu dans toutes les existences, il sortait maintenant assez rarement avec Cosette. Il avait sa veste d'ouvrier et un pantalon de toile grise, et sa casquette à longue visière lui cachait le visage. Il était à présent calme et heureux du côté de Cosette; ce qui l'avait quelque temps effrayé et troublé s'était dissipé; mais, depuis une semaine ou deux, des anxiétés[2] d'une autre nature lui étaient venues. Un jour, en se promenant sur le boulevard, il avait aperçu Thénardier; grâce à son déguisement, Thénardier ne l'avait point reconnu; mais depuis lors Jean Valjean l'avait revu plusieurs fois, et il avait maintenant la certitude que Thénardier rôdait dans le quartier. Ceci avait suffi pour lui faire prendre un grand parti. Thénardier là, c'étaient tous les périls à la fois.

En outre Paris n'était pas tranquille; les troubles politiques offraient cet inconvénient pour quiconque avait quelque chose à cacher dans sa vie que la police était devenue très inquiète et très ombrageuse, et qu'en cherchant à dépister un homme comme Pépin ou Morey[3], elle pouvait fort bien découvrir un homme comme Jean Valjean.

A tous[4] ces points de vue, il était soucieux.

Enfin, un fait inexplicable qui venait de le frapper, et dont il était encore tout chaud, avait ajouté à son éveil. Le matin de ce même jour, seul levé dans la maison, et se promenant dans le jardin avant que les volets de Cosette fussent ouverts, il avait aperçu tout à coup cette ligne gravée sur la muraille, probablement avec un clou : *16, rue de la Verrerie.*

Cela était tout récent, les entailles étaient blanches dans le vieux mortier noir, une touffe d'ortie au pied du mur était poudrée de fin plâtre frais. Cela probablement avait été écrit là dans la nuit. Qu'était-ce? une adresse? un signal pour d'autres? un avertissement pour lui? Dans tous les cas, il était évident que le jardin était violé, et que des inconnus y pénétraient. Il se rappela les incidents bizarres qui avaient déjà alarmé la maison. Son esprit travailla sur ce canevas. Il se garda bien de parler à Cosette de la ligne écrite au clou sur le mur, de peur de l'effrayer.

Tout cela considéré et pesé[5], Jean Valjean s'était décidé à quitter Paris, et même la France, et à passer en Angleterre. Il avait prévenu Cosette. Avant huit jours il voulait être parti. Il s'était assis sur le talus du Champ de Mars, roulant dans son esprit toutes sortes de pensées, Thénardier, la police, cette[6] ligne étrange écrite sur le mur, ce voyage, et la difficulté de se procurer un passeport.

Au milieu de ces préoccupations, il s'aperçut, à une ombre que le soleil projetait, que quelqu'un venait de s'arrêter sur la crête du talus immédiatement derrière lui. Il allait se retourner, lorsqu'un papier plié en quatre tomba sur ses genoux, comme si une main l'eût lâché au-dessus de sa tête. Il prit le papier, le déplia, et y lut ce mot écrit en grosses lettres au crayon:

DÉMÉNAGEZ.

Jean Valjean se leva vivement, il n'y avait plus personne sur le talus; il chercha autour de lui et aperçut[7] une espèce d'être plus grand qu'un enfant, plus petit qu'un homme, vêtu d'une blouse grise et d'un pantalon de velours de coton couleur poussière, qui enjambait le parapet et se laissait glisser dans le fossé du Champ de Mars.

Jean Valjean rentra chez lui sur-le-champ, tout pensif[8].

II

MARIUS

Marius était parti désolé de chez M. Gillenormand. Il y était entré avec une espérance bien petite; il en sortait avec un désespoir immense.

Du reste, et ceux qui ont observé les commencements

du cœur humain le comprendront, le lancier, l'officier, le dadais, le cousin Théodule, n'avait laissé aucune ombre dans son esprit. Pas la moindre. Le poëte dramatique pourrait en apparence espérer quelques complications de cette révélation faite à brûle-pourpoint au petit-fils par le grand-père. Mais ce que le drame y gagnerait, la vérité le perdrait. Marius était dans l'âge où, en fait de mal, on ne croit rien; plus tard vient l'âge où l'on croit tout. Les soupçons ne sont autre chose que des rides. La première jeunesse n'en a pas. Ce qui bouleverse Othello, glisse sur Candide[1]. Soupçonner Cosette! il y a une foule de crimes que Marius eût faits plus aisément.

Il se mit à marcher dans les rues, ressource de ceux qui souffrent. Il ne pensa à rien dont il pût se souvenir. À deux heures du matin il rentra chez Courfeyrac et se jeta tout habillé sur son matelas. Il faisait grand soleil lorsqu'il s'endormit de cet affreux sommeil pesant qui laisse aller et venir les idées dans le cerveau. Quand il se réveilla, il vit debout dans la chambre, le chapeau sur la tête, tout prêts à sortir et très affairés, Courfeyrac, Enjolras, Feuilly et Combeferre.

Courfeyrac lui dit:

— Viens-tu à l'enterrement du général Lamarque?

Il lui sembla que Courfeyrac parlait chinois.

Il sortit quelque temps après eux. Il mit dans sa poche les pistolets que Javert lui avait confiés lors de l'aventure du 3 février et qui étaient restés entre ses mains. Ces pistolets étaient encore chargés. Il serait difficile de dire quelle pensée obscure il avait dans l'esprit en les emportant.

Toute la journée il rôda sans savoir où; il pleuvait[2] par instants, il ne s'en apercevait point; il acheta pour son dîner une flûte d'un sou chez un boulanger, la mit dans sa poche et l'oublia. Il paraît qu'il prit un bain dans la Seine sans en avoir conscience. Il y a des moments où l'on a[3] une fournaise sous le crâne. Marius était dans un de ces moments-là. Il n'espérait plus rien, il ne craignait plus rien; il avait fait ce pas depuis la veille. Il attendait le soir avec une impatience fiévreuse, il n'avait plus qu'une idée claire, c'est qu'à neuf heures il verrait Cosette. Ce dernier bonheur était maintenant tout son avenir; après, l'ombre. Par intervalles[4], tout en marchant sur les boulevards les plus déserts, il lui semblait entendre dans Paris des bruits étranges. Il sortait la tête hors de sa rêverie et disait : Est-ce qu'on se bat ?

A la nuit tombante, à⁵ neuf heures précises, comme il l'avait promis à Cosette, il était rue Plumet. Quand il approcha de la grille, il oublia tout. Il y avait quarante-huit heures qu'il n'avait vu Cosette, il allait la revoir, toute autre pensée s'effaça et il n'eut plus qu'une joie inouïe et profonde. Ces minutes où l'on vit des siècles ont toujours cela de⁶ souverain et d'admirable qu'au moment où elles passent elles emplissent entièrement le cœur.

Marius dérangea la grille et se précipita dans le jardin. Cosette n'était pas à la place où elle l'attendait d'ordinaire. Il traversa⁷ le fourré et alla à l'enfoncement près du perron. — Elle m'attend là, dit-il. — Cosette n'y était pas. Il leva les yeux, et vit que les volets de la maison étaient fermés. Il fit le tour du jardin, le jardin était désert. Alors il revint à la maison, et, insensé d'amour⁸, ivre, épouvanté, exaspéré de douleur et d'inquiétude, comme un maître qui rentre chez lui à une mauvaise heure, il frappa aux volets. Il frappa, il frappa encore, au risque de voir la fenêtre s'ouvrir et la face sombre du père apparaître et lui demander : « Que voulez-vous ? » Ceci n'était plus rien auprès de ce qu'il entrevoyait. Quand il eut frappé, il éleva la voix et appela Cosette.

— Cosette ! cria-t-il. Cosette ! répéta-t-il impérieusement.

On ne répondit pas. C'était fini. Personne dans le jardin ; personne dans la maison.

Marius fixa ses yeux désespérés sur cette maison lugubre, aussi noire, aussi silencieuse et plus vide qu'une tombe. Il regarda le banc de pierre où il avait passé tant d'adorables heures près de Cosette. Alors il s'assit sur les marches du perron, le cœur plein de douceur et de résolution, il bénit son amour dans le fond de sa pensée, et il se dit que, puisque Cosette était partie, il n'avait plus qu'à mourir.

Tout à coup il entendit une voix qui paraissait venir de la rue et qui criait à travers les arbres :

— Monsieur Marius !

Il se dressa.

— Hein ? dit-il.

— Monsieur Marius, êtes-vous là ?
— Oui.
— Monsieur Marius, reprit la voix, vos amis vous attendent à la barricade de la rue de la Chanvrerie[9].

Cette voix ne lui était pas entièrement inconnue. Elle ressemblait à la voix enrouée et rude d'Éponine. Marius courut à la grille, écarta le barreau mobile, passa sa tête au travers et vit quelqu'un, qui lui parut être un jeune homme, s'enfoncer en courant dans le crépuscule.

III

M. Mabeuf

La bourse de Jean Valjean fut inutile à M. Mabeuf. M. Mabeuf, dans sa vénérable austérité enfantine, n'avait point accepté le cadeau des astres ; il n'avait point admis qu'une étoile pût se monnayer en louis d'or. Il n'avait pas deviné que ce qui tombait du ciel venait de Gavroche. Il avait porté la bourse au commissaire de police du quartier, comme objet perdu mis par le trouveur à la disposition des réclamants. La bourse fut perdue en effet. Il va sans dire que personne ne la réclama et elle ne secourut point M. Mabeuf[1].

Du reste, M. Mabeuf avait continué de descendre.

Les expériences sur l'indigo n'avaient pas mieux réussi au Jardin des plantes que dans son jardin d'Austerlitz. L'année d'auparavant, il devait les gages de sa gouvernante ; maintenant, on l'a vu[2], il devait les termes de son loyer. Le mont-de-piété, au bout des treize mois écoulés, avait vendu les cuivres de sa *Flore*. Quelque chaudronnier en avait fait des casseroles. Ses cuivres disparus, ne pouvant[3] plus compléter même les exemplaires dépareillés de sa *Flore* qu'il possédait encore, il avait cédé à vil prix à un libraire-brocanteur planches et texte, comme *défets*. Il ne lui était plus rien resté de l'œuvre[4] de toute sa vie. Il se mit à manger l'argent de ces exemplaires. Quand il vit que cette chétive ressource s'épuisait, il renonça à son jardin et le laissa en friche. Auparavant, et longtemps auparavant, il avait renoncé aux deux œufs et au morceau de bœuf qu'il mangeait de temps en temps. Il dînait avec du pain et des pommes de terre. Il avait vendu ses derniers meubles, puis tout ce qu'il avait en double en fait de literie, de vêtements et de couvertures, puis ses herbiers et ses estampes[5]; mais il avait encore ses livres les plus précieux, parmi lesquels plusieurs d'une haute rareté, entre autres *les Quadrains historiques de la Bible,* édition de 1560, *la Concordance des Bibles* de Pierre de Besse, *les Marguerites de la Marguerite* de Jean de La Haye avec dédicace à la reine de Navarre, le livre *de la Charge et dignité de l'ambassadeur* par le sieur de Villiers-Hotman, un *Florilegium rabbinicum* de 1644, un Tibulle de 1756 avec cette splendide inscription : *Venetiis, in oedibus Manutianis ;* enfin un Diogène Laërce, imprimé à Lyon[6] en 1644, et où se trouvaient les fameuses variantes du manuscrit 411, treizième siècle, du Vatican, et celles des deux manuscrits de Venise, 393 et 394, si fructueusement consultés par Henri Estienne, et tous les passages en dialecte dorique qui ne se trouvent que dans le célèbre manuscrit du douzième siècle de la bibliothèque de Naples. M. Mabeuf ne faisait jamais de feu dans sa chambre et se couchait avec le jour pour ne pas brûler de chandelle. Il semblait qu'il n'eût plus de voisins, on l'évitait quand il sortait, il s'en apercevait. La misère d'un enfant intéresse une mère, la misère d'un jeune homme intéresse une jeune fille, la misère d'un vieillard n'intéresse personne. C'est de toutes les détresses la plus froide. Cependant le père Mabeuf n'avait pas entièrement perdu sa sérénité d'enfant. Sa prunelle prenait quelque vivacité lorsqu'elle se fixait sur ses livres, et il souriait lorsqu'il considérait le Diogène Laërce, qui était un exemplaire unique. Son armoire vitrée[7] était le seul meuble qu'il eût conservé en dehors de l'indispensable.

Un jour la mère Plutarque[8] lui dit :

— Je n'ai pas de quoi acheter le dîner.

Ce qu'elle appelait le dîner, c'était un pain et quatre ou cinq pommes de terre.

— A crédit? fit M. Mabeuf.

— Vous savez bien qu'on me refuse[9].

M. Mabeuf ouvrit sa bibliothèque, regarda longtemps tous ses livres l'un après l'autre, comme un père obligé de décimer ses enfants les regarderait avant de choisir, puis[10] en prit un vivement, le mit sous son bras, et sortit. Il rentra deux heures après n'ayant plus rien sous le bras, posa trente sous sur la table et dit :

— Vous ferez à dîner.

A partir de ce moment, la mère Plutarque vit s'abaisser sur[11] le candide visage du vieillard un voile sombre qui ne se releva plus.

Le lendemain, le surlendemain, tous les jours, il fallut recommencer. M. Mabeuf sortait avec un livre et rentrait avec une pièce d'argent. Comme les libraires brocanteurs le voyaient forcé de vendre, ils lui rachetaient vingt sous ce qu'il avait payé vingt francs. Quelquefois aux mêmes libraires[12]. Volume à volume, toute la bibliothèque y passait. Il disait par moments : J'ai pourtant quatre-vingts ans, comme s'il avait je ne sais quelle arrière-espérance d'arriver à la fin de ses jours avant d'arriver à la fin de ses livres. Sa tristesse croissait. Une fois pourtant il eut une joie. Il sortit avec un Robert Estienne qu'il vendit trente-cinq sous quai Malaquais et revint avec un Alde qu'il avait acheté quarante sous rue des Grès.

— Je dois cinq sous, dit-il tout rayonnant à la mère Plutarque.

Ce jour-là il ne dîna point.

Il était de la Société d'horticulture. On y savait son dénuement. Le président de cette société le vint voir, lui promit de parler de lui au ministre de l'Agriculture et du Commerce, et le fit.

— Mais comment donc ! s'écria le ministre. Je crois bien ! Un vieux savant ! un botaniste ! un bonhomme inoffensif ! Il faut faire quelque chose pour lui !

Le lendemain M. Mabeuf reçut une invitation à dîner chez le ministre. Il montra en tremblant de joie la lettre à la mère Plutarque.

— Nous sommes sauvés ! dit-il.

Au jour fixé, il alla chez le ministre. Il s'aperçut que sa cravate chiffonnée, son grand vieil habit carré et ses souliers cirés à l'œuf étonnaient les huissiers. Personne ne lui parla, pas même le ministre. Vers dix heures du soir, comme il attendait toujours une parole, il entendit la femme du ministre[13], belle dame décolletée dont il n'avait osé s'approcher, qui demandait : « Quel est donc ce vieux monsieur? » Il s'en retourna chez lui à pied, à minuit, par une pluie battante. Il avait vendu un Elzévir pour payer son fiacre en allant.

Tous les soirs avant de se coucher il avait pris l'habitude de lire quelques pages de son Diogène Laërce. Il savait assez de grec pour jouir des particularités du texte qu'il possédait. Il n'avait plus maintenant d'autre joie. Quelques semaines s'écoulèrent. Tout à coup la mère Plutarque[14] tomba malade. Il est une chose plus triste que de n'avoir pas de quoi acheter du pain chez le boulanger, c'est de n'avoir pas de quoi acheter des drogues chez l'apothicaire. Un soir, le médecin avait ordonné une potion fort chère. Et puis, la maladie s'aggravait, il fallait une garde. M. Mabeuf ouvrit sa bibliothèque, il n'y avait plus rien. Le dernier volume était parti. Il ne lui restait que le Diogène Laërce.

Il mit l'exemplaire unique sous son bras et sortit, c'était le 4 juin 1832; il alla porte Saint-Jacques chez le successeur de Royol, et revint avec cent francs. Il posa la pile de pièces de cinq francs sur la table de nuit de la vieille servante et rentra dans sa chambre sans dire une parole.

Le lendemain, dès l'aube, il s'assit sur la borne renversée dans son jardin, et par-dessus la haie on put le voir toute la matinée immobile, le front baissé, l'œil vaguement fixé sur ses plates-bandes flétries. Il pleuvait par instants, le vieillard ne semblait pas s'en apercevoir[15]. Dans l'après-midi, des bruits extraordinaires éclatèrent dans Paris. Cela ressemblait à des coups de fusil et aux clameurs d'une multitude.

Le père Mabeuf leva la tête. Il aperçut un jardinier qui passait, et demanda :

— Qu'est-ce que c'est?

Le jardinier répondit, sa bêche sur le dos, et de l'accent le plus paisible :

— Ce sont des émeutes.
— Comment! des émeutes?
— Oui. On se bat.
— Pourquoi se bat-on?
— Ah! dame! fit le jardinier.
— De quel côté? reprit M. Mabeuf.
— Du côté de l'Arsenal[16].

Le père Mabeuf rentra chez lui, prit son chapeau, chercha machinalement un livre pour le mettre sous son bras, n'en trouva point, dit : Ah! c'est vrai[17]! et s'en alla d'un air égaré.

LIVRE DIXIÈME

LE 5 JUIN 1832[1]

I

LA SURFACE DE LA QUESTION[2]

De quoi se compose l'émeute? De rien et de tout. D'une électricité dégagée peu à peu, d'une flamme subitement jaillie, d'une force qui erre, d'un souffle qui passe. Ce souffle rencontre des têtes qui pensent, des cerveaux qui rêvent, des âmes qui souffrent, des passions qui brûlent, des misères qui hurlent, et les emporte.

Où?

Au hasard. A travers l'État, à travers les lois, à travers la prospérité et l'insolence des autres.

Les convictions irritées, les enthousiasmes aigris, les indignations émues, les instincts de guerre comprimés, les jeunes courages exaltés, les aveuglements généreux, la curiosité, le goût du changement, la soif de l'inattendu, le sentiment qui fait qu'on se plaît à lire l'affiche d'un nouveau spectacle et qu'on aime au théâtre le coup de sifflet du machiniste; les haines vagues, les rancunes, les désappointements, toute vanité qui croit que la destinée lui a fait faillite; les malaises, les songes creux, les ambitions entourées d'escarpements; quiconque espère d'un écroulement une issue; enfin, au plus bas, la tourbe, cette boue qui prend feu, tels sont les éléments de l'émeute.

Ce qu'il y a de plus grand et ce qu'il y a de plus infime; les êtres qui rôdent en dehors de tout, attendant une occasion, bohèmes, gens sans aveu, vagabonds de carrefours, ceux qui dorment la nuit dans un désert de maisons sans autre toit que les froides nuées du ciel, ceux qui demandent chaque jour leur pain au hasard et non au travail, les inconnus de la misère et du néant, les bras nus, les pieds nus, appartiennent à l'émeute.

Quiconque a dans l'âme une révolte secrète contre un fait quelconque de l'État, de la vie ou du sort, confine à l'émeute, et, dès qu'elle paraît, commence à frissonner et à se sentir soulevé par le tourbillon.

L'émeute est une sorte de trombe de l'atmosphère sociale qui se forme brusquement dans de certaines conditions de température, et qui, dans son tournoiement, monte, court, tonne, arrache, rase, écrase, démolit, déracine, entraînant avec elle les grandes natures et les chétives, l'homme fort et l'esprit faible, le trou d'arbre et le brin de paille.

Malheur à celui qu'elle emporte comme à celui qu'elle vient heurter ! Elle les brise l'un contre l'autre.

Elle communique à ceux qu'elle saisit on ne sait quelle puissance extraordinaire. Elle emplit le premier venu de la force des événements ; elle fait de tout des projectiles. Elle fait d'un moellon un boulet et d'un portefaix un général.

Si l'on en croit de certains oracles de la politique sournoise, au point de vue du pouvoir, un peu d'émeute est souhaitable. Système : l'émeute raffermit les gouvernements qu'elle ne renverse pas. Elle éprouve l'armée ; elle concentre la bourgeoisie ; elle étire les muscles de la police ; elle constate la force de l'ossature sociale. C'est une gymnastique ; c'est presque de l'hygiène. Le pouvoir se porte mieux après une émeute comme l'homme après une friction.

L'émeute, il y a trente ans, était envisagée à un autre point de vue encore.

Il y a pour toute chose une théorie qui se proclame elle-même « le bon sens » ; Philinte contre Alceste ; médiation offerte entre le vrai et le faux ; explication, admonition, atténuation un peu hautaine qui, parce qu'elle est mélangée de blâme et d'excuse, se croit la sagesse et n'est souvent que la pédanterie. Toute une école politique, appelée juste milieu, est sortie de là. Entre l'eau froide et l'eau chaude, c'est le parti de l'eau tiède. Cette école, avec sa fausse profondeur, toute de surface, qui dissèque les effets sans remonter aux causes, gourmande, du haut d'une demi-science, les agitations de la place publique.

A entendre cette école : « Les émeutes qui compliquèrent le fait de 1830 ôtèrent à ce grand événement une partie de sa pureté. La révolution de Juillet avait été un beau coup de vent populaire, brusquement suivi du ciel bleu. Elles firent reparaître le ciel nébuleux. Elles firent dégénérer en querelle cette révolution d'abord si remarquable par l'unanimité. Dans la révolution de Juillet, comme dans tout progrès par saccades, il y avait eu des fractures secrètes ; l'émeute les rendit sensibles. On peut dire : Ah ! ceci est cassé. Après la révolution de Juillet, on ne sentait que la délivrance ; après les émeutes, on sentit la catastrophe.

« Toute émeute ferme les boutiques, déprime les fonds, consterne la bourse, suspend le commerce, entrave les affaires, précipite les faillites ; plus d'argent ; les fortunes privées inquiètes, le crédit public ébranlé, l'industrie déconcertée, les capitaux reculant, le travail au rabais, partout la peur ; des contre-coups dans toutes les villes. De là des gouffres. On a calculé que le premier jour d'émeute coûte à la France vingt millions, le deuxième quarante, le troisième soixante. Une émeute de trois jours coûte cent vingt millions, c'est-à-dire, à ne voir que le résultat financier, équivaut à un désastre, naufrage ou bataille perdue, qui anéantirait une flotte de soixante vaisseaux de ligne.

« Sans doute, historiquement, les émeutes eurent leur beauté ; la guerre des pavés n'est pas moins grandiose et pas moins pathétique que la guerre des buissons ; dans l'une il y a l'âme des forêts, dans l'autre le cœur des villes ; l'une a Jean Chouan, l'autre a Jeanne. Les émeutes éclairèrent en rouge, mais splendidement, toutes les saillies les plus originales du caractère parisien, la générosité, le dévouement, la gaîté orageuse, les étudiants prouvant que la bravoure fait partie de l'intelligence, la garde nationale inébranlable, des bivouacs de boutiquiers, des forteresses de gamins, le mépris de la mort chez des passants. Écoles et légions se heurtaient. Après tout, entre les combattants, il n'y avait qu'une différence d'âge ; c'est la même race ; ce sont les mêmes hommes stoïques qui meurent à vingt ans pour leurs idées, à quarante ans pour leurs familles. L'armée, toujours triste dans les guerres civiles, opposait la prudence à l'audace. Les émeutes, en même temps qu'elles manifestèrent l'intrépidité populaire, firent l'éducation du courage bourgeois.

« C'est bien. Mais tout cela vaut-il le sang versé ? Et au sang versé ajoutez l'avenir assombri, le progrès compromis, l'inquiétude parmi les meilleurs, les libéraux honnêtes désespérant, l'absolutisme étranger heureux de ces blessures faites à la révolution par elle-même, les vaincus de 1830 triomphant, et disant : Nous l'avions bien dit ! Ajoutez Paris grandi peut-être, mais à coup sûr la France diminuée. Ajoutez, car il faut tout dire, les massacres qui déshonoraient trop souvent la victoire de l'ordre devenu féroce sur la liberté devenue folle. Somme toute, les émeutes ont été funestes. »

Ainsi parle cet à peu près de sagesse dont la bourgeoisie, cet à peu près de peuple, se contente si volontiers.

Quant à nous, nous rejetons ce mot trop large et par conséquent trop commode : les émeutes. Entre un mouvement populaire et un mouvement populaire, nous distinguons. Nous ne nous demandons pas si une émeute coûte autant qu'une bataille. D'abord pourquoi une bataille ? Ici la question de la guerre surgit. La guerre est-elle moins fléau que l'émeute n'est calamité ? Et puis, toutes les émeutes sont-elles calamités ? Et quand le 14 Juillet coûterait cent vingt millions ? L'établissement de Philippe V en Espagne a coûté à la France deux milliards. Même à prix égal, nous préférerions le 14 Juillet D'ailleurs nous repoussons ces chiffres, qui semblent des raisons et qui ne sont que des mots. Une émeute étant donnée, nous l'examinons en elle-même. Dans tout ce que dit l'objection doctrinaire exposée plus haut, il n'est question que de l'effet, nous cherchons la cause.

Nous précisons.

II

LE FOND DE LA QUESTION

Il y a l'émeute, et il y a l'insurrection ; ce sont deux colères ; l'une a tort, l'autre a droit. Dans les États démocratiques, les seuls fondés en justice, il arrive quelquefois que la fraction usurpe ; alors le tout se lève, et la nécessaire revendication de son droit peut aller jusqu'à la prise d'armes. Dans toutes les questions qui ressortissent à la souveraineté collective, la guerre du tout contre la fraction est insurrection, l'attaque de la fraction contre le tout est émeute ; selon que les Tuileries contiennent le roi ou contiennent la Convention, elles sont justement ou injustement attaquées. Le même canon braqué contre la foule a tort le 10 août et raison le 14 vendémiaire. Apparence semblable, fond différent ; les Suisses défendent le faux, Bonaparte défend le vrai. Ce que le suffrage universel a fait dans sa liberté et dans sa souveraineté, ne peut être défait par la rue. De même dans les choses de pure civilisation ; l'instinct des masses, hier clairvoyant, peut demain être trouble. La même furie est légitime contre Terray et absurde contre Turgot. Les bris de machines, les pillages d'entrepôts, les ruptures de rails, les démolitions de docks, les fausses routes des multitudes, les dénis de justice du peuple au progrès, Ramus assassiné par les écoliers, Rousseau chassé de Suisse à coups de pierres, c'est l'émeute. Israël contre Moïse, Athènes contre Phocion, Rome contre Scipion, c'est l'émeute ; Paris contre la Bastille, c'est l'insurrection. Les soldats contre Alexandre, les matelots contre Christophe Colomb, c'est la même révolte ; révolte impie ; pourquoi ? C'est qu'Alexandre fait pour l'Asie avec l'épée ce que Christophe Colomb fait pour l'Amérique avec la boussole ; Alexandre, comme Colomb, trouve un monde. Ces dons d'un monde à la civilisation sont de tels accroissements de lumière que toute résistance, là, est coupable. Quelquefois le peuple se fausse fidélité à lui-même. La foule est traître au peuple. Est-il, par exemple, rien de plus étrange que cette longue et sanglante protestation des faux saulniers, légitime révolte chronique, qui, au moment décisif, au jour du salut, à l'heure de la victoire populaire, épouse le trône, tourne chouannerie, et d'insurrection contre se fait émeute pour ! Sombres chefs-d'œuvre de l'ignorance ! Le faux saulnier échappe aux potences royales, et, un reste de corde au cou, arbore la cocarde blanche. Mort aux gabelles accouche de Vive le roi. Tueurs de la Saint-Barthélemy, égorgeurs de Septembre, massacreurs d'Avignon, assassins de Coligny, assassins de madame de Lamballe, assassins de Brune, miquelets, verdets, cadenettes, compagnons de Jéhu[1], chevaliers du brassard, voilà l'émeute. La Vendée est une grande émeute catholique.

Le bruit du droit en mouvement se reconnaît, et il ne sort pas toujours du tremblement des masses bouleversées ; il y a des rages folles, il y a des cloches fêlées ; tous les tocsins ne sonnent pas le son du bronze. Le branle des passions et des ignorances est autre que la secousse du progrès. Levez-vous, soit, mais pour grandir. Montrez-moi de quel côté vous allez. Il n'y a d'insurrection qu'en avant. Toute autre levée est mauvaise. Tout pas violent en arrière est émeute ; reculer est une voie de fait contre le genre humain. L'insurrection est l'accès de fureur de la vérité ; les pavés de l'insurrection remue jettent l'étincelle du droit. Ces pavés ne laissent à l'émeute que leur boue. Danton contre Louis XVI, c'est l'insurrection ; Hébert contre Danton, c'est l'émeute.

De là vient que, si l'insurrection, dans des cas donnés, peut être, comme a dit Lafayette[2], le plus saint des devoirs, l'émeute peut être le plus fatal des attentats.

Il y a aussi quelque différence dans l'intensité de calorique ; l'insurrection est souvent volcan, l'émeute est souvent feu de paille.

La révolte, nous l'avons dit, est quelquefois dans le pouvoir. Polignac est un émeutier ; Camille Desmoulins est un gouvernant.

Parfois, insurrection, c'est résurrection.

La solution de tout par le suffrage universel étant un fait absolument moderne, et toute l'histoire antérieure à ce fait étant, depuis quatre mille ans, remplie du droit violé et de la souffrance des peuples, chaque époque de l'histoire apporte avec elle la protestation qui lui est possible. Sous les Césars, il n'y avait pas d'insurrection, mais il y avait Juvénal.

Le *facit indignatio* remplace les Gracques.

Sous les Césars il y a l'exilé de Syène ; il y a aussi l'homme des *Annales*[3].

Nous ne parlons pas de l'immense exilé de Pathmos[4] qui, lui aussi, accable le monde réel d'une protestation au nom du monde idéal, fait de la vision une satire énorme, et jette sur Rome-Ninive, sur Rome-Babylone, sur Rome-Sodome, la flamboyante réverbération de l'Apocalypse.

Jean sur son rocher, c'est le sphinx sur son piédestal ; on peut ne pas le comprendre ; c'est un juif, et c'est de l'hébreu ; mais l'homme qui écrit les *Annales* est un latin ; disons mieux, c'est un romain.

Comme les Nérons règnent à la manière noire, ils doivent être peints de même. Le travail au burin tout seul serait pâle ; il faut verser dans l'entaille une prose concentrée qui morde.

Les despotes sont pour quelque chose dans les penseurs. Parole enchaînée, c'est parole terrible. L'écrivain double et triple son style quand le silence est imposé par un maître au peuple. Il sort de ce silence une certaine plénitude mystérieuse qui filtre et se fige en airain dans la pensée. La compression dans l'histoire produit la concision dans l'historien. La solidité granitique de telle prose célèbre n'est autre chose qu'un tassement fait par le tyran.

La tyrannie contraint l'écrivain à des rétrécissements de diamètre qui sont des accroissements de force. La période cicéronienne, à peine suffisante sur Verrès, s'émousserait sur Caligula. Moins d'envergure dans la phrase, plus d'intensité dans le coup. Tacite pense à bras raccourci.

L'honnêteté d'un grand cœur, condensée en justice et en vérité, foudroie.

Soit dit en passant, il est à remarquer que Tacite n'est pas historiquement superposé à César. Les Tibères lui sont réservés. César et Tacite sont deux phénomènes successifs dont la rencontre semble mystérieusement évitée par celui qui, dans la mise en scène des siècles, règle les entrées et les sorties. César est grand, Tacite est grand ; Dieu épargne ces deux grandeurs en ne les heurtant pas l'une contre l'autre. Le justicier, frappant César, pourrait frapper trop, et être injuste. Dieu ne veut pas. Les grandes guerres d'Afrique et d'Espagne, les pirates de Cilicie détruits, la civilisation introduite en Gaule, en Bretagne, en Germanie, toute cette gloire couvre le Rubicon. Il y a là une sorte de délicatesse de la justice divine, hésitant à lâcher sur l'usurpateur illustre l'historien formidable, faisant à César grâce de Tacite, et accordant les circonstances atténuantes au génie.

Certes, le despotisme reste le despotisme, même sous le despote de génie. Il y a corruption sous les tyrans illustres, mais la peste morale est plus hideuse encore sous les tyrans infâmes. Dans ces règnes-là rien ne voile la honte ; et les faiseurs d'exemples, Tacite comme Juvénal, soufflettent plus utilement, en présence du genre humain, cette ignominie sans réplique.

Rome sent plus mauvais sous Vitellius que sous

Sylla. Sous Claude et sous Domitien, il y a une difformité de bassesse correspondante à la laideur du tyran. La vilenie des esclaves est un produit direct du despote ; un miasme s'exhale de ces consciences croupies où se reflète le maître ; les pouvoirs publics sont immondes ; les cœurs sont petits, les consciences sont plates, les âmes sont punaises ; cela est ainsi sous Caracalla, cela est ainsi sous Commode, cela est ainsi sous Héliogabale, tandis qu'il ne sort du sénat romain sous César que l'odeur de fiente propre aux aires d'aigle.

De là la venue, en apparence tardive, des Tacite et des Juvénal ; c'est à l'heure de l'évidence que le démonstrateur paraît.

Mais Juvénal et Tacite, de même qu'Isaïe aux temps bibliques, de même que Dante au moyen âge, c'est l'homme ; l'émeute et l'insurrection, c'est la multitude, qui tantôt a tort, tantôt a raison.

Dans les cas les plus généraux, l'émeute sort d'un fait matériel ; l'insurrection est toujours un phénomène moral. L'émeute, c'est Masaniello ; l'insurrection, c'est Spartacus. L'insurrection confine à l'esprit, l'émeute à l'estomac. Gaster s'irrite ; mais Gaster, certes, n'a pas toujours tort. Dans les questions de famine, l'émeute, Buzançais, par exemple, a un point de départ vrai, pathétique et juste. Pourtant elle reste émeute. Pourquoi ? c'est qu'ayant raison au fond, elle a eu tort dans la forme. Farouche, quoique ayant droit, violente, quoique forte, elle a frappé au hasard ; elle a marché comme l'éléphant aveugle, en écrasant ; elle a laissé derrière elle des cadavres de vieillards, de femmes et d'enfants ; elle a versé, sans savoir pourquoi, le sang des inoffensifs et des innocents. Nourrir le peuple est un bon but, le massacrer est un mauvais moyen.

Toutes les protestations armées, même les plus légitimes, même le 10 août, même le 14 juillet, débutent par le même trouble. Avant que le droit se dégage, il y a tumulte et écume. Au commencement l'insurrection est émeute, de même que le fleuve est torrent. Ordinairement elle aboutit à cet océan : révolution. Quelquefois pourtant, venue de ces hautes montagnes qui dominent l'horizon moral, la justice, la sagesse, la raison, le droit, faite de la plus pure neige de l'idéal, après une longue chute de roche en roche, après avoir reflété le ciel dans sa transparence et s'être grossie de cent affluents dans la majestueuse allure du triomphe, l'insurrection se perd tout à coup dans quelque fondrière bourgeoise, comme le Rhin dans un marais[5].

Tout ceci est du passé, l'avenir est autre. Le suffrage universel a cela d'admirable qu'il dissout l'émeute dans son principe, et qu'en donnant le vote à l'insurrection, il lui ôte l'arme. L'évanouissement des guerres, de la guerre des rues comme de la guerre des frontières, tel est l'inévitable progrès. Quel que soit aujourd'hui, la paix, c'est Demain.

Du reste, insurrection, émeute, en quoi la première diffère de la seconde, le bourgeois, proprement dit, connaît peu ces nuances. Pour lui tout est sédition, rébellion pure et simple, révolte du dogue contre le maître, essai de morsure qu'il faut punir de la chaîne et de la niche, aboiement, jappement; jusqu'au jour où la tête du chien, grossie tout à coup, s'ébauche vaguement dans l'ombre en face de lion.

Alors le bourgeois crie : Vive le peuple !

Cette explication donnée, qu'est-ce pour l'histoire que le mouvement de juin 1832? est-ce une émeute? est-ce une insurrection?

C'est une insurrection.

Il pourra nous arriver, dans cette mise en scène d'un événement redoutable, de dire parfois l'émeute, mais seulement pour qualifier les faits de surface, et en maintenant toujours la distinction entre la forme émeute et le fond insurrection.

Ce mouvement de 1832 a eu, dans son explosion rapide et dans son extinction lugubre, tant de grandeur que ceux-là mêmes qui n'y voient qu'une émeute n'en parlent pas sans respect. Pour eux, c'est comme un reste de 1830. Les imaginations émues, disent-ils, ne se calment pas en un jour. Une révolution ne se coupe pas à pic. Elle a toujours nécessairement quelques ondulations avant de revenir à l'état de paix comme une montagne en redescendant vers la plaine. Il n'y a point d'Alpes sans Jura, ni de Pyrénées sans Asturies.

Cette crise pathétique de l'histoire contemporaine que la mémoire des Parisiens appelle *l'époque des émeutes,* est à coup sûr une heure caractéristique parmi les heures orageuses de ce siècle.

Un dernier mot avant d'entrer dans le récit.

Les faits[6] qui vont être racontés appartiennent à cette réalité dramatique et vivante que l'historien[7] néglige quelquefois, faute de temps et d'espace. Là pourtant, nous y insistons, là est la vie, la palpitation, le frémissement humain[8]. Les petits détails, nous croyons l'avoir dit, sont, pour ainsi parler, le feuillage des grands événements et se perdent dans les lointains de l'histoire. L'époque dite *des émeutes* abonde en détails de ce genre. Les instructions judiciaires, par d'autres raisons que l'histoire, n'ont pas tout révélé, ni peut-être tout approfondi. Nous allons donc[9] mettre en lumière, parmi les particularités connues et publiées, des choses qu'on n'a point sues, des faits sur lesquels a passé l'oubli des uns, la mort des autres. La plupart des acteurs de ces scènes gigantesques ont disparu; dès le lendemain ils se taisaient; mais ce que nous raconterons, nous pourrons dire: nous l'avons vu. Nous changerons quelques noms, car l'histoire raconte et ne dénonce pas, mais nous peindrons des choses vraies. Dans les conditions du livre[10] que nous écrivons, nous ne montrerons qu'un côté et qu'un épisode, et[11] à coup sûr le moins connu, des journées des 5 et 6 juin 1832; mais nous ferons en sorte que le lecteur entrevoie, sous le sombre voile que nous allons soulever, la figure réelle de cette effrayante aventure publique[12].

III

Un enterrement: occasion de renaitre

Au printemps de 1832, quoique depuis trois mois le choléra eût glacé les esprits et jeté sur leur agitation je ne sais quel morne apaisement, Paris était dès longtemps prêt pour une commotion[1]. Ainsi que nous l'avons dit, la grande ville[2] ressemble à une pièce de canon; quand elle est chargée, il suffit d'une étincelle qui tombe, le coup part. En juin 1832, l'étincelle fut la mort du général Lamarque[3].

Lamarque était un homme de renommée et d'action. Il avait eu successivement, sous l'Empire et sous la Restauration, les deux bravoures nécessaires aux deux époques, la bravoure des champs de bataille et la bravoure de la tribune. Il était éloquent comme il avait été vaillant ; on sentait une épée dans sa parole. Comme Foy, son devancier, après avoir tenu haut le commandement, il tenait haut la liberté⁴. Il siégeait entre la gauche et l'extrême gauche, aimé du peuple⁵ parce qu'il acceptait les chances de l'avenir, aimé de la foule parce qu'il avait bien servi l'Empereur. Il était, avec les comtes Gérard et Drouet, un des maréchaux *in petto*⁶ de Napoléon. Les traités de 1815 le soulevaient comme une offense personnelle⁷. Il haïssait Wellington d'une haine directe qui plaisait à la multitude ; et depuis dix-sept ans, à peine attentif aux événements intermédiaires, il avait⁸ majestueusement gardé la tristesse de Waterloo. Dans son agonie, à sa dernière heure⁹, il avait serré contre sa poitrine une épée que lui avaient décernée les officiers des Cent-Jours. Napoléon était mort en prononçant le mot *armée,* Lamarque en prononçant le mot *patrie.*

Sa mort, prévue, était redoutée du peuple comme une perte et du gouvernement comme une occasion. Cette mort fut un deuil. Comme tout ce qui est amer, le deuil peut se tourner en révolte. C'est ce qui arriva.

La veille et le matin du 5 juin, jour fixé pour l'enterrement de Lamarque, le faubourg Saint-Antoine, que le convoi devait venir toucher, prit un aspect redoutable. Ce tumultueux réseau de rues s'emplit de rumeurs¹⁰. On s'y armait comme on pouvait. Des menuisiers emportaient le valet de leur établi « pour enfoncer les portes ». Un d'eux s'était fait un poignard d'un crochet de chaussonnier en cassant le crochet et en aiguisant le tronçon. Un autre, dans la fièvre « d'attaquer », couchait depuis trois jours tout habillé. Un charpentier nommé Lombier rencontrait un camarade qui lui demandait : Où vas-tu ? — Eh bien ! je n'ai pas d'armes. — Et puis ? — Je vais à mon chantier chercher mon compas. — Pour quoi faire ? — Je ne sais pas, disait Lombier.

Un nommé Jacqueline, homme d'expédition, abordait les ouvriers quelconques qui passaient : — Viens, toi ! — Il payait dix sous de vin, et disait : — As-tu de l'ouvrage ? — Non. — Va chez Filspierre, entre la barrière Montreuil et la barrière Charonne¹¹, tu trouveras de l'ouvrage.

On trouvait chez Filspierre des cartouches et des armes. Certains chefs connus *faisaient la poste,* c'est-à-dire couraient chez l'un et chez l'autre pour rassembler leur monde. Chez Barthélemy, près la barrière du Trône[12], chez Capel, au Petit-Chapeau, les buveurs s'accostaient d'un air grave. On les entendait se dire : — *Où as-tu ton pistolet ?* — *Sous ma blouse. Et toi ?* — *Sous ma chemise.* Rue Traversière, devant l'atelier Roland, et cour de la Maison-Brûlée, devant l'atelier de l'outilleur Bernier, des groupes chuchotaient. On y remarquait, comme le plus ardent, un certain Mavot, qui ne faisait jamais plus d'une semaine dans un atelier, les maîtres le renvoyant « parce qu'il fallait tous les jours se disputer avec lui ». Mavot fut tué le lendemain dans la barricade de la rue Ménilmontant. Pretot, qui devait mourir aussi dans la lutte, secondait Mavot, et à cette question : Quel est ton but ? répondait : — *L'insurrection.* Des ouvriers rassemblés au coin de la rue de Bercy attendaient un nommé Lemarin, agent révolutionnaire pour le faubourg Saint-Marceau. Des mots d'ordre s'échangeaient presque publiquement.

Le 5 juin donc, par une journée mêlée de pluie et de soleil, le convoi du général Lamarque traversa Paris avec la pompe militaire officielle, un peu accrue par les précautions. Deux bataillons, tambours drapés, fusils renversés, dix mille gardes nationaux, le sabre au côté, les batteries de l'artillerie de la garde nationale, escortaient le cercueil. Le corbillard était traîné par des jeunes gens. Les officiers des invalides le suivaient immédiatement, portant des branches de laurier[13]. Puis venait une multitude innombrable, agitée, étrange, les sectionnaires des Amis du Peuple, l'École de droit, l'École de médecine, les réfugiés de toutes les nations, drapeaux espagnols, italiens, allemands, polonais, drapeaux tricolores horizontaux, toutes les bannières possibles, des enfants agitant des branches vertes, des tailleurs de pierre et des charpentiers qui faisaient grève en ce moment-là même, des imprimeurs reconnaissables à leurs bonnets de papier, marchant deux par deux, trois par trois, poussant des cris, agitant presque tous des bâtons, quelques-uns des sabres, sans ordre et pourtant avec une seule âme, tantôt une cohue, tantôt une colonne[14]. Des pelotons se choisissaient des chefs ; un homme, armé d'une paire de pistolets parfaitement visible, semblait en passer d'autres en revue dont les files s'écartaient devant lui. Sur les contre-allées des boulevards, dans les branches des arbres, aux balcons, aux fenêtres, sur les toits, les têtes fourmillaient, hommes, femmes, enfants ; les yeux étaient pleins d'anxiété. Une foule armée passait, une foule effarée regardait[15].

De son côté le gouvernement observait. Il observait, la main sur la poignée de l'épée. On pouvait voir, tout prêts à marcher, gibernes pleines, fusils et mousquetons chargés, place Louis XV[16], quatre escadrons de carabiniers, en selle et clairons en tête ; dans le pays latin et au Jardin des plantes, la garde municipale, échelonnée de rue en rue ; à la Halle-aux-Vins un escadron de dragons, à la Grève une moitié du 12e léger, l'autre moitié à la Bastille, le 6e dragons aux Célestins, de l'artillerie plein la cour du Louvre. Le reste des troupes était consigné dans les casernes, sans compter les régiments des environs de Paris. Le pouvoir inquiet tenait suspendus sur la multitude menaçante vingt-quatre mille soldats dans la ville et trente mille dans la banlieue.

Divers bruits circulaient dans le cortège. On parlait de menées légitimistes ; on parlait du duc de Reichstadt, que Dieu marquait pour la mort à cette minute même où la foule le désignait pour l'Empire. Un personnage resté inconnu annonçait qu'à l'heure dite deux contremaîtres gagnés ouvriraient au peuple les portes d'une fabrique d'armes. Ce qui dominait sur les fronts découverts de la plupart des assistants, c'était un enthousiasme mêlé d'accablement. On voyait aussi çà et là dans cette multitude en proie à tant d'émotions violentes, mais nobles, de vrais visages de malfaiteurs et des bouches ignobles qui disaient : pillons ! Il y a de certaines agitations qui remuent le fond des marais et qui font monter dans l'eau des nuages de boue. Phénomène auquel ne sont point étrangères les polices « bien faites[17] ».

Le cortège chemina, avec une lenteur fébrile, de la maison mortuaire par les boulevards jusqu'à la Bastille. Il pleuvait de temps en temps ; la pluie ne faisait rien à cette foule. Plusieurs incidents, le cercueil promené autour de la colonne Vendôme, des pierres jetées au duc de Fitz-James aperçu à un balcon le chapeau sur la tête[18], le coq gaulois arraché d'un drapeau populaire et traîné dans la boue, un sergent de ville blessé d'un coup d'épée à la porte Saint-Martin, un officier du 12e léger disant tout haut : Je suis républicain, l'École polytechnique survenant après sa consigne forcée, les cris : vive l'École polytechnique ! vive la République ! marquèrent le trajet du convoi. A la Bastille, les longues files de curieux redoutables qui descendaient du faubourg Saint-Antoine firent leur jonction avec le cortège et un certain bouillonnement terrible commença à soulever la foule.

On entendit un homme qui disait à un autre : — Tu vois bien celui-là avec sa barbiche rouge, c'est lui qui dira quand il faudra tirer. Il paraît que cette même barbiche rouge s'est retrouvée plus tard avec la même fonction dans une autre émeute, l'affaire Quénisset[19].

Le corbillard dépassa la Bastille, suivit le canal, traversa le petit pont et atteignit l'esplanade du pont d'Austerlitz. Là il s'arrêta. En ce moment cette foule vue à vol d'oiseau eût offert l'aspect d'une comète dont la tête était à l'esplanade et dont la queue développée sur le quai Bourbon couvrait la Bastille et se prolongeait sur le boulevard jusqu'à la porte Saint-Martin. Un cercle se traça autour du corbillard[20]. La vaste cohue[21] fit silence. Lafayette parla et dit adieu à Lamarque. Ce fut un instant touchant et auguste, toutes les têtes se découvrirent, tous les cœurs battaient. Tout à coup un homme à cheval, vêtu de noir, parut au milieu du groupe avec un drapeau rouge, d'autres disent avec une pique surmontée d'un bonnet rouge. Lafayette détourna la tête. Exelmans quitta le cortège[22].

Ce drapeau rouge souleva un orage et y disparut. Du boulevard Bourdon au pont d'Austerlitz une de ces clameurs qui ressemblent à des houles remua la multitude. Deux cris prodigieux s'élevèrent : — *Lamarque au Panthéon ! — Lafayette à l'hôtel de ville !* — Des jeunes gens, aux acclamations de la foule, s'attelèrent et se mirent à traîner Lamarque dans le corbillard par le pont d'Austerlitz et Lafayette dans un fiacre par le quai Morland.

Dans la foule qui entourait et acclamait Lafayette, on remarquait et l'on se montrait un Allemand nommé Ludwig Snyder, mort centenaire depuis, qui avait fait lui aussi la guerre de 1776, et qui avait combattu à Trenton sous Washington, et sous Lafayette à Brandywine[23].

Cependant sur la rive gauche la cavalerie municipale s'ébranlait et venait barrer le pont, sur la rive droite les dragons sortaient des Célestins et se déployaient le long du quai Morland. Le peuple qui traînait Lafayette les aperçut brusquement au coude du quai et cria : « Les dragons ! les dragons ! » Les dragons s'avançaient au pas, en silence, pistolets dans les fontes, sabres aux fourreaux, mousquetons aux porte-crosse, avec un air d'attente sombre.

A deux cents pas du petit pont, ils firent halte. Le fiacre où était Lafayette chemina jusqu'à eux, ils ouvrirent les rangs, le laissèrent passer, et se refermèrent sur lui. En ce moment les dragons et la foule se touchaient. Les femmes s'enfuyaient avec terreur.

Que se passa-t-il dans cette minute fatale? personne ne saurait le dire. C'est le moment ténébreux où deux nuées se mêlent. Les uns racontent qu'une fanfare sonnant la charge fut entendue du côté de l'Arsenal, les autres qu'un coup de poignard fut donné par un enfant à un dragon. Le fait est que trois coups de feu partirent subitement, le premier tua le chef d'escadron Cholet, le second tua une vieille sourde qui fermait sa fenêtre rue Contrescarpe[24], le troisième brûla l'épaulette d'un officier; une femme cria : *On commence trop tôt !* et tout à coup on vit du côté opposé au quai Morland un escadron de dragons qui était resté dans la caserne déboucher au galop, le sabre nu, par la rue Bassompierre et le boulevard Bourdon, et balayer tout devant lui.

Alors tout est dit, la tempête se déchaîne, les pierres pleuvent, la fusillade éclate, beaucoup[25] se précipitent au bas de la berge et passent le petit bras de la Seine aujourd'hui comblé; les chantiers de l'île Louviers, cette vaste citadelle toute faite, se hérissent de combattants; on arrache des pieux, on tire des coups de pistolet, une barricade s'ébauche, les jeunes gens refoulés passent le pont d'Austerlitz avec le corbillard au pas de course et chargent la garde municipale, les carabiniers accourent, les dragons sabrent, la foule se disperse dans tous les sens, une rumeur de guerre vole aux quatre coins de Paris, on crie : Aux[26] armes ! on court, on culbute, on fuit, on résiste. La colère emporte l'émeute comme le vent emporte le feu.

IV

Les bouillonnements d'autrefois

Rien n'est plus extraordinaire que le premier fourmillement d'une émeute. Tout éclate partout à la fois. Était-ce prévu ? oui. Était-ce préparé ? non. D'où cela sort-il ? des pavés. D'où cela tombe-t-il ? des nues. Ici l'insurrection a le caractère d'un complot ; là d'une improvisation. Le premier venu s'empare d'un courant de la foule et le mène où il veut. Début plein d'épouvante où se mêle une sorte de gaîté formidable. Ce sont d'abord des clameurs, les magasins se ferment, les étalages des marchands disparaissent ; puis des coups de feu isolés ; des gens s'enfuient ; des coups de crosse heurtent les portes cochères ; on entend les servantes rire dans les cours des maisons et dire : *Il va y avoir du train !*

Un quart d'heure n'était pas écoulé, voici ce qui se passait presque en même temps sur vingt points de Paris différents.

Rue Sainte-Croix-de-la-Bretonnerie, une vingtaine de jeunes gens, à barbes et à cheveux longs, entraient dans un estaminet et en ressortaient un moment après, portant un drapeau tricolore horizontal couvert d'un crêpe et ayant à leur tête trois hommes armés, l'un d'un sabre, l'autre d'un fusil, le troisième d'une pique.

Rue des Nonnains-d'Hyères, un bourgeois bien vêtu, qui avait du ventre, la voix sonore, le crâne chauve, le front élevé, la barbe noire et une de ces moustaches rudes qui ne peuvent se rabattre, offrait publiquement des cartouches aux passants.

Rue Saint-Pierre-Montmartre, des hommes aux bras nus promenaient un drapeau noir où on lisait ces mots en lettres blanches : *République ou la mort*. Rue des Jeûneurs, rue du Cadran[1], rue Montorgueil, rue Mandar, apparaissaient des groupes agitant des drapeaux sur lesquels on distinguait des lettres d'or, le mot *section* avec un numéro. Un de ces drapeaux était rouge et bleu avec un imperceptible entre-deux blanc.

On pillait une fabrique d'armes, boulevard Saint-Martin, et trois boutiques d'armuriers, la première rue Beaubourg, la deuxième rue Michel-le-Comte, l'autre rue du Temple. En quelques minutes les mille mains de la foule saisissaient et emportaient deux cent trente fusils, presque tous à deux coups, soixante-quatre sabres, quatre-vingt-trois pistolets. Afin d'armer plus de monde, l'un prenait le fusil, l'autre la bayonnette.

Vis-à-vis le quai de la Grève, des jeunes gens armés de mousquets s'installaient chez des femmes pour tirer. L'un d'eux avait un mousquet à rouet. Ils sonnaient, entraient, et se mettaient à faire des cartouches. Une de ces femmes a raconté : « *Je ne savais pas ce que c'était que des cartouches, c'est mon mari qui me l'a dit.* »

Un rassemblement enfonçait une boutique de curiosités rue des Vieilles-Haudrettes[2] et y prenait des yatagans et des armes turques.

Le cadavre d'un maçon tué d'un coup de fusil gisait rue de la Perle.

Et puis, rive droite, rive gauche, sur les quais, sur les boulevards, dans le pays latin, dans le quartier des Halles, des hommes haletants, ouvriers, étudiants, sectionnaires, lisaient des proclamations, criaient : « Aux armes ! » brisaient les réverbères, dételaient les voitures, dépavaient les rues, enfonçaient les portes des maisons, déracinaient les arbres, fouillaient les caves, roulaient des tonneaux, entassaient pavés, moellons, meubles, planches, faisaient des barricades.

On forçait les bourgeois d'y aider. On entrait chez les femmes, on leur faisait donner le sabre et le fusil des maris absents, et l'on écrivait avec du blanc d'Espagne sur la porte : « *Les armes sont livrées.* » Quelques-uns signaient « de leurs noms » des reçus du fusil et du sabre, et disaient : « *Envoyez-les chercher demain à la mairie.* » On désarmait dans les rues les sentinelles isolées et les gardes nationaux allant à leur municipalité. On arrachait les épaulettes aux officiers. Rue du Cimetière-Saint-Nicolas[3], un officier de la garde nationale, poursuivi par une troupe armée de bâtons et de fleurets, se réfugia à grand'peine dans une maison d'où il ne put sortir qu'à la nuit, et déguisé.

Dans le quartier Saint-Jacques, les étudiants sortaient par essaims de leurs hôtels, et montaient rue Saint-Hyacinthe au café du Progrès ou descendaient au café des Sept-Billards, rue des Mathurins[4]. Là, devant les portes, des jeunes gens debout sur des bornes distribuaient des armes. On pillait le chantier de la rue Transnonain[5] pour faire des barricades. Sur un seul point, les habitants résistaient, à l'angle des rues Sainte-Avoye et Simon-le-Franc[6] où ils détruisaient eux-mêmes la barricade. Sur un seul point, les insurgés pliaient; ils abandonnaient une barricade commencée rue du Temple après avoir fait feu sur un détachement de garde nationale, et s'enfuyaient par la rue de la Corderie. Le détachement ramassa dans la barricade un drapeau rouge, un paquet de cartouches et trois cents balles de pistolet. Les gardes nationaux déchirèrent le drapeau et en remportèrent les lambeaux à la pointe de leurs bayonnettes.

Tout ce que nous racontons ici lentement et successivement se faisait à la fois sur tous les points de la ville au milieu d'un vaste tumulte, comme une foule d'éclairs dans un seul roulement de tonnerre.

En moins d'une heure, vingt-sept barricades sortirent de terre dans le seul quartier des Halles. Au centre était cette fameuse maison n° 50, qui fut la forteresse de Jeanne et de ses cent six compagnons, et qui, flanquée d'un côté par une barricade à Saint-Merry[7] et de l'autre par une barricade à la rue Maubuée, commandait trois rues, la rue des Arcis[8], la rue Saint-Martin, et la rue Aubry-le-Boucher qu'elle prenait de front. Deux barricades en équerre se repliaient l'une de la rue Montorgueil sur la Grande-Truanderie, l'autre de la rue Geoffroy-Langevin sur la rue Sainte-Avoye. Sans compter d'innombrables barricades dans vingt autres quartiers de Paris, au Marais, à la montagne Sainte-Geneviève; une, rue Ménilmontant, où l'on voyait une porte cochère arrachée de ses gonds; une autre près du petit pont de l'Hôtel-Dieu faite[9] avec une écossaise dételée et renversée, à trois cents pas de la préfecture de police.

A la barricade de la rue des Ménétriers, un homme bien mis distribuait de l'argent aux travailleurs. A la barricade de la rue Greneta[10], un cavalier parut et remit à celui qui paraissait le chef de la barricade un rouleau qui avait l'air d'un rouleau d'argent. « *Voilà*, dit-il, *pour payer les dépenses, le vin, et cætera.* » Un jeune homme blond, sans cravate, allait d'une barricade à l'autre portant des mots d'ordre. Un autre, le sabre nu, un bonnet de police bleu sur la tête, posait des sentinelles. Dans l'intérieur des barricades, les cabarets et les loges de portiers étaient convertis en corps de garde. Du reste l'émeute se comportait selon la plus savante tactique militaire. Les rues étroites, inégales, sinueuses, pleines d'angles et de tournants, étaient admirablement choisies ; les environs des Halles en particulier[11], réseau de rues plus embrouillé qu'une forêt. La société des Amis du Peuple avait, disait-on, pris la direction de l'insurrection dans le quartier Sainte-Avoye. Un homme tué rue du Ponceau qu'on fouilla avait sur lui un plan de Paris.

Ce qui avait réellement pris la direction de l'émeute, c'était une sorte d'impétuosité inconnue qui était dans l'air. L'insurrection, brusquement, avait bâti les barricades d'une main et de l'autre saisi presque tous les postes de la garnison. En moins de trois heures, comme une traînée de poudre qui s'allume, les insurgés avaient envahi et occupé, sur la rive droite, l'Arsenal, la mairie de la place Royale, tout le Marais, la fabrique d'armes Popincourt, la Galiote, le Château-d'Eau, toutes les rues près les Halles ; sur la rive gauche, la caserne des Vétérans, Sainte-Pélagie, la place Maubert, la poudrière des Deux-Moulins, toutes les barrières. À cinq heures du soir ils étaient maîtres de la Bastille, de la Lingerie, des Blancs-Manteaux ; leurs éclaireurs touchaient la place des Victoires, et menaçaient la Banque, la caserne des Petits-Pères, l'hôtel des Postes. Le tiers de Paris était à l'émeute.

Sur tous les points la lutte était gigantesquement engagée ; et, des désarmements, des visites domiciliaires, des boutiques d'armuriers vivement envahies, il résultait ceci que le combat[12] commencé à coups de pierres continuait à coups de fusil.

Vers six heures du soir, le passage du Saumon[13] devenait champ de bataille. L'émeute était à un bout, la troupe au bout opposé. On se fusillait d'une grille à l'autre. Un observateur, un rêveur, l'auteur de ce livre[14], qui était allé voir le volcan de près, se trouva dans le passage pris entre les deux feux. Il n'avait pour se garantir des balles que le renflement des demi-colonnes qui séparent les boutiques[15] ; il fut près d'une demi-heure dans cette situation délicate[16].

Cependant le rappel battait, les gardes nationaux s'habillaient et s'armaient en hâte, les légions sortaient des mairies, les régiments sortaient des casernes. Vis-à-vis le passage de l'Ancre un tambour recevait un coup de poignard. Un autre, rue du Cygne[17], était assailli par une trentaine de jeunes gens qui lui crevaient sa caisse et lui prenaient son sabre. Un autre était tué rue Grenier-Saint-Lazare. Rue Michel-le-Comte, trois officiers tombaient morts l'un après l'autre. Plusieurs gardes municipaux, blessés rue des Lombards, rétrogradaient.

Devant la Cour-Batave[18], un détachement de gardes nationaux trouvait un drapeau rouge portant cette inscription : *Révolution républicaine, n° 127*. Était-ce une révolution en effet ?

L'insurrection s'était fait du centre de Paris une sorte de citadelle inextricable, tortueuse, colossale. Là était le foyer, là était évidemment la question. Tout le reste n'était qu'escarmouches. Ce qui prouvait que tout se déciderait là, c'est qu'on ne s'y battait pas encore.

Dans quelques régiments, les soldats étaient incertains, ce qui ajoutait à l'obscurité effrayante de la crise. Ils se rappelaient l'ovation populaire qui avait accueilli en juillet 1830 la neutralité du 53e de ligne. Deux hommes intrépides et éprouvés par les grandes guerres, le maréchal [19] de Lobau et le général Bugeaud, commandaient, Bugeaud sous Lobau. D'énormes patrouilles, composées de bataillons de la ligne enfermés dans des compagnies entières de garde nationale, et précédées d'un commissaire de police en écharpe, allaient reconnaître les rues insurgées. De leur côté, les insurgés posaient des vedettes au coin des carrefours et envoyaient audacieusement des patrouilles hors des barricades. On s'observait des deux parts. Le gouvernement, avec une armée dans la main, hésitait ; la nuit allait venir, et l'on commençait à entendre le tocsin de Saint-Merry. Le ministre de la guerre d'alors, le maréchal Soult, qui avait vu Austerlitz[20], regardait cela d'un air sombre.

Ces vieux matelots-là, habitués à la manœuvre correcte et n'ayant pour ressource et pour guide que la tactique, cette boussole des batailles, sont tout désorientés en présence de cette immense écume qu'on appelle la colère publique. Le vent des révolutions n'est pas maniable[21].

Les gardes nationales de la banlieue accouraient en hâte et en désordre. Un bataillon du 12e léger venait au pas de course de Saint-Denis ; le 14e de ligne arrivait de Courbevoie ; les batteries de l'École militaire avaient pris position au Carrousel; des canons descendaient de Vincennes.

La solitude se faisait aux Tuileries. Louis-Philippe était plein de sérénité.

V

ORIGINALITÉ DE PARIS

Depuis deux ans, nous l'avons dit, Paris avait vu plus d'une insurrection. Hors des quartiers insurgés, rien n'est d'ordinaire plus étrangement calme que la physionomie de Paris pendant une émeute. Paris s'accoutume très vite à tout, — ce n'est qu'une émeute, — et Paris a tant d'affaires qu'il ne se dérange pas pour si peu. Ces villes colossales peuvent seules donner de tels spectacles. Ces enceintes immenses peuvent seules contenir en même temps la guerre civile et on ne sait quelle bizarre tranquillité. D'habitude, quand l'insurrection commence, quand on entend le tambour, le rappel, la générale, le boutiquier se borne à dire :

— Il paraît qu'il y a du grabuge rue Saint-Martin.

Ou :

— Faubourg Saint-Antoine.

Souvent il ajoute avec insouciance :

— Quelque part par là.

Plus tard, quand on distingue le vacarme déchirant et lugubre de la mousqueterie et des feux de peloton, le boutiquier dit :

— Ça chauffe donc? Tiens, ça chauffe !

Un moment après, si l'émeute approche et gagne, il ferme précipitamment sa boutique et endosse rapidement son uniforme, c'est-à-dire met ses marchandises en sûreté et risque sa personne.

On se fusille dans un carrefour, dans un passage, dans un cul-de-sac; on prend, perd et reprend des barricades; le sang coule, la mitraille crible les façades des maisons, les balles tuent les gens dans leur alcôve, les cadavres encombrent le pavé. A quelques rues de là, on entend le choc des billes de billard dans les cafés.

Les curieux causent et rient à deux pas de ces rues pleines de guerre; les théâtres ouvrent leurs portes et jouent des vaudevilles[1]. Les fiacres cheminent; les passants vont dîner en ville. Quelquefois dans le quartier même où l'on se bat. En 1831, une fusillade s'interrompit pour laisser passer une noce.

Lors de l'insurrection du 12 mai 1839[2], rue Saint-Martin, un petit vieux homme infirme traînant une charrette à bras surmontée d'un chiffon tricolore dans laquelle il y avait des carafes emplies d'un liquide quelconque, allait et venait de la barricade à la troupe et de la troupe à la barricade, offrant impartialement des verres de coco tantôt au gouvernement, tantôt à l'anarchie.

Rien n'est plus étrange; et c'est là le caractère propre des émeutes de Paris qui ne se retrouve dans aucune autre capitale. Il faut pour cela deux choses, la grandeur de Paris, et sa gaîté. Il faut la ville de Voltaire et de Napoléon.

Cette fois cependant, dans la prise d'armes du 5 juin 1832, la grande ville sentit quelque chose qui était peut-être[3] plus fort qu'elle. Elle eut peur. On vit partout, dans les quartiers les plus lointains et les plus « désintéressés », les portes, les fenêtres et les volets fermés en plein jour. Les courageux s'armèrent, les poltrons se cachèrent. Le passant insouciant et affairé disparut. Beaucoup de rues étaient vides comme à quatre heures du matin[4]. On colportait des détails alarmants, on répandait des nouvelles fatales[5]. — Qu'*ils* étaient maîtres de la Banque; — que, rien qu'au cloître de Saint-Merry, ils étaient six cents, retranchés et crénelés dans l'église; — que la ligne n'était pas sûre; — qu'Armand Carrel avait été voir le maréchal Clauzel[6] et que le maréchal avait dit: *Ayez d'abord un régiment ;* — que Lafayette était malade, mais qu'il leur avait dit pourtant : *Je suis à vous. Je vous suivrai partout où il y aura place pour une chaise*[7] ; — qu'il fallait se tenir sur ses gardes; qu'à la nuit il y aurait des gens qui pilleraient les maisons isolées dans les coins déserts de Paris (ici on reconnaissait l'imagination de la police, cette Anne Radcliffe mêlée au gouvernement[8]); — qu'une batterie avait été établie rue Aubry-le-Boucher; — que Lobau et Bugeaud se concertaient, et qu'à minuit, ou au point du jour au plus tard, quatre colonnes marcheraient à la fois sur le centre de l'émeute, la première venant de la Bastille, la deuxième de la porte Saint-Martin, la troisième de la Grève, la quatrième des Halles; — que peut-être aussi les troupes évacueraient Paris et se retireraient au Champ de Mars ; — qu'on ne savait ce qui arriverait, mais qu'à coup sûr, cette fois, c'était grave. — On se préoccupait des hésitations du maréchal Soult. — Pourquoi n'attaquait-il pas tout de suite ? — Il est certain qu'il était profondément absorbé. Le vieux lion semblait flairer dans cette ombre un monstre inconnu.

Le soir vint, les théâtres n'ouvrirent pas ; les patrouilles circulaient d'un air irrité ; on fouillait les passants ; on arrêtait les suspects. Il y avait à neuf heures[9] plus de huit cents personnes arrêtées ; la préfecture de police était encombrée, la Conciergerie encombrée, la Force encombrée. A la[10] Conciergerie en particulier, le long souterrain qu'on nomme la rue de Paris était jonché de bottes de paille sur lesquelles gisait un entassement de prisonniers, que l'homme de Lyon, Lagrange[11], haranguait avec vaillance. Toute cette paille, remuée par tous ces hommes, faisait le bruit d'une averse. Ailleurs[12] les prisonniers couchaient en plein air dans les préaux les uns sur les autres. L'anxiété était partout, et un certain tremblement, peu habituel à Paris.

On se barricadait dans les maisons ; les femmes et les mères s'inquiétaient ; on n'entendait que ceci : *Ah mon Dieu ! il n'est pas rentré !* Il y avait[13] à peine au loin quelques rares roulements de voitures. On écoutait, sur le pas des portes, les rumeurs, les cris, les tumultes, les bruits sourds et indistincts, des choses dont on disait : *C'est la cavalerie,* ou : *Ce sont les caissons qui galopent,* les clairons, les tambours, la fusillade, et surtout ce lamentable tocsin de Saint-Merry. On attendait le premier coup de canon. Des hommes armés surgissaient au coin des rues et disparaissaient en criant : « Rentrez chez vous ! » Et l'on se hâtait de verrouiller les portes. On se disait : « Comment cela finira-t-il ? » D'instant en instant[14], à mesure que la nuit tombait, Paris semblait se colorer plus lugubrement du flamboiement formidable de l'émeute.

LIVRE ONZIÈME

L'ATOME FRATERNISE AVEC L'OURAGAN[1]

I

QUELQUES ÉCLAIRCISSEMENTS SUR LES ORIGINES DE LA POÉSIE DE GAVROCHE INFLUENCE D'UN ACADÉMICIEN SUR CETTE POÉSIE

A L'INSTANT[2] où l'insurrection, surgissant du choc du peuple et de la troupe devant l'Arsenal, détermina un mouvement d'avant en arrière dans la multitude qui suivait le corbillard et qui, de toute la longueur des boulevards, pesait, pour ainsi dire, sur la tête du convoi, ce fut un effrayant reflux. La cohue s'ébranla, les rangs se rompirent, tous coururent, partirent, s'échappèrent, les uns avec les cris de l'attaque, les autres avec la pâleur de la fuite. Le grand fleuve qui couvrait les boulevards se divisa en un clin d'œil, déborda à droite et à gauche et se répandit en torrents dans deux cents rues à la fois avec le ruissellement d'une écluse lâchée. En ce moment un enfant déguenillé qui descendait par la rue Ménilmontant, tenant à la main une branche de faux ébénier en fleurs qu'il venait de cueillir sur les hauteurs de Belleville, avisa dans la devanture de boutique d'une marchande de bric-à-brac un vieux pistolet d'arçon. Il jeta sa branche fleurie sur le pavé, et cria :

— Mère chose, je vous emprunte votre machin.

Et il se sauva avec le pistolet.

Deux minutes après, un flot de bourgeois épouvantés qui s'enfuyait par la rue Amelot et la rue Basse, rencontra l'enfant qui brandissait son pistolet et qui chantait :

> La nuit on ne voit rien,
> Le jour on voit très bien,
> D'un écrit apocryphe
> Le bourgeois s'ébouriffe,
> Pratiquez la vertu,
> Tutu chapeau pointu !

C'était le petit Gavroche qui s'en allait en guerre.

Sur[3] le boulevard il s'aperçut que le pistolet n'avait pas de chien.

De qui était ce couplet qui lui servait à ponctuer sa marche, et toutes les autres chansons que, dans l'occasion, il chantait volontiers ? nous l'ignorons. Qui sait ? de lui peut-être[4]. Gavroche d'ailleurs était au courant de tout le fredonnement populaire en circulation, et il y mêlait son propre gazouillement. Farfadet et galopin, il faisait un pot-pourri des voix de la nature et des voix de Paris. Il combinait le répertoire des oiseaux avec le répertoire des ateliers. Il connaissait des rapins, tribu contiguë à la sienne. Il avait, à ce qu'il paraît, été trois mois apprenti imprimeur. Il avait fait un jour une commission pour monsieur Baour-Lormian, l'un des quarante[5]. Gavroche était un gamin de lettres.

Gavroche du reste ne se doutait pas que dans cette vilaine nuit pluvieuse où il avait offert à deux mioches l'hospitalité de son éléphant, c'était pour ses propres frères qu'il avait fait office de providence. Ses frères le soir, son père le matin ; voilà quelle avait été sa nuit. En quittant la rue des Ballets au petit jour, il était retourné en hâte à l'éléphant[6], en avait artistement extrait les deux mômes, avait partagé avec eux le déjeuner quelconque qu'il avait inventé, puis s'en était allé, les confiant à cette bonne mère la rue qui l'avait à peu près élevé lui-même. En les quittant, il leur avait donné rendez-vous pour le soir au même endroit, et leur avait laissé pour adieu ce discours : — *Je casse une canne, autrement dit je m'esbigne, ou, comme on dit à la cour, je file. Les mioches, si vous ne retrouvez pas papa maman, revenez ici ce soir. Je vous ficherai à souper et je vous coucherai.* Les deux enfants, ramassés par quelque sergent de ville et mis au dépôt, ou volés par quelque saltimbanque, ou simplement égarés dans l'immense casse-tête chinois parisien, n'étaient pas revenus. Les bas-fonds du monde social actuel sont pleins de ces traces perdues. Gavroche ne les avait pas revus. Dix ou douze semaines s'étaient écoulées depuis cette nuit-là. Il lui était arrivé plus d'une fois de se gratter le dessus de la tête et de dire : Où diable sont mes deux enfants ?

Cependant, il était parvenu, son pistolet au poing, rue du Pont-aux-Choux. Il remarqua qu'il n'y avait plus, dans cette rue, qu'une boutique ouverte, et, chose digne de réflexion, une boutique de pâtissier. C'était une occasion providentielle de manger encore un chausson aux pommes avant d'entrer dans l'inconnu. Gavroche s'arrêta, tâta ses flancs, fouilla son gousset, retourna ses poches, n'y trouva rien, pas un sou, et se mit à crier : Au secours !

Il est dur de manquer le gâteau suprême.

Gavroche n'en continua pas moins son chemin.

Deux minutes après, il était rue Saint-Louis. En traversant la rue du Parc-Royal[7] il sentit le besoin de se dédommager du chausson aux pommes impossible, et il se donna l'immense volupté de déchirer en plein jour les affiches de spectacles.

Un peu plus loin, voyant passer un groupe d'êtres bien portants qui lui parurent des propriétaires, il haussa les épaules et cracha au hasard devant lui cette gorgée de bile philosophique :

— Ces rentiers, comme c'est gras ! Ça se gave. Ça patauge dans les bons dîners. Demandez-leur ce qu'ils font de leur argent. Ils n'en savent rien. Ils le mangent, quoi ! Autant en emporte le ventre.

II

Gavroche en marche[1]

L'agitation d'un pistolet sans chien qu'on tient à la main en pleine rue est une telle fonction publique que Gavroche sentait croître sa verve à chaque pas. Il criait, parmi des bribes de la *Marseillaise* qu'il chantait :

— Tout va bien. Je souffre beaucoup de la patte gauche, je me suis cassé mon rhumatisme, mais je suis content, citoyens. Les bourgeois n'ont qu'à se bien tenir, je vas leur éternuer des couplets subversifs. Qu'est-ce que c'est que les mouchards ? c'est des chiens. Nom d'unch ! ne manquons pas de respect aux chiens. Avec ça que je voudrais bien en avoir un à mon pistolet. Je viens du boulevard, mes amis, ça chauffe, ça jette un petit bouillon, ça mijote. Il est temps d'écumer le pot. En avant les hommes ! qu'un sang impur inonde les sillons ! Je donne mes jours pour la patrie, je ne reverrai plus ma concubine, n-i-ni, fini, oui, Nini ! mais c'est égal, vive la joie! Battons-nous, crebleu! j'en ai assez du despotisme.

En cet instant, le cheval d'un garde national lancier qui passait s'étant abattu, Gavroche posa son pistolet sur le pavé, et releva l'homme, puis il aida à relever le cheval. Après quoi il ramassa son pistolet et reprit son chemin.

Rue de Thorigny, tout était paix et silence. Cette apathie, propre au Marais, contrastait avec la vaste rumeur environnante. Quatre commères causaient sur le pas d'une porte. L'Écosse a des trios de sorcières, mais Paris a des quatuors de commères; et le « tu seras roi » serait tout aussi lugubrement jeté à Bonaparte dans le carrefour Baudoyer qu'à Macbeth dans la bruyère d'Armuyr. Ce serait à peu près le même croassement.

Les commères de la rue de Thorigny ne s'occupaient que de leurs affaires. C'étaient trois portières et une chiffonnière avec sa hotte et son crochet.

Elles semblaient debout toutes les quatre aux quatre coins de la vieillesse qui sont la caducité, la décrépitude, la ruine et la tristesse.

La chiffonnière était humble. Dans ce monde en plein vent, la chiffonnière salue, la portière protège. Cela tient au coin de la borne qui est ce que veulent les concierges gras ou maigre, selon la fantaisie de celui qui fait tas. Il peut y avoir de la bonté dans le balai.

Cette chiffonnière était une hotte reconnaissante, elle souriait, quel sourire aux trois portières. Il se disait des choses comme ceci :

— Ah çà, votre chat est donc toujours méchant?

— Mon Dieu, les chats, vous le savez, naturellement sont l'ennemi des chiens. C'est les chiens qui se plaignent.

— Et le monde aussi.

— Pourtant les puces de chat ne vont pas après le monde.

— Ce n'est pas l'embarras, les chiens, c'est dangereux. Je me rappelle une année où il y avait tant de chiens qu'on a été obligé de le mettre dans les journaux. C'était du temps qu'il y avait aux Tuileries de grands moutons qui traînaient la petite voiture du roi de Rome. Vous rappelez-vous le roi de Rome?

— Moi, j'aimais bien le duc de Bordeaux.

— Moi, j'ai connu Louis XVII. J'aime mieux Louis XVII.

— C'est la viande qui est chère, mame Patagon !

— Ah ! ne m'en parlez pas, la boucherie est une horreur. Une horreur horrible. On n'a plus que de la réjouissance.

Ici la chiffonnière intervint :

— Mesdames, le commerce ne va pas. Les tas d'ordures sont minables. On ne jette plus rien. On mange tout.

— Il y en a de plus pauvres que vous, la Vargoulême.

— Ah, ça c'est vrai, répondit la chiffonnière avec déférence, moi j'ai un état.

Il y eut une pause, et la chiffonnière, cédant à ce besoin d'étalage qui est le fond de l'homme, ajouta :

— Le matin en rentrant, j'épluche la hotte, je fais mon treillage (probablement triage). Ça fait des tas dans ma chambre. Je mets les chiffons dans un panier, les trognons dans un baquet, les linges dans mon placard, les lainages dans ma commode, les vieux papiers dans le coin de la fenêtre, les choses bonnes à manger dans mon écuelle, les morceaux de verre dans la cheminée, les savates derrière la porte, et les os sous mon lit. Gavroche, arrêté derrière, écoutait :

— Les vieilles, dit-il, qu'est-ce que vous avez donc à parler politique ?

Une bordée l'assaillit, composée d'une huée quadruple.

— En voilà encore un scélérat !

— Qu'est-ce qu'il a donc à son moignon ? Un pistolet !

— Je vous demande un peu, ce gueux de môme !

— Ça n'est pas tranquille si ça ne renverse pas l'autorité.

Gavroche, dédaigneux, se borna, pour toute représaille, à soulever le bout de son nez avec son pouce en ouvrant sa main toute grande.

La chiffonnière cria :

— Méchant va-nu-pattes !

Celle qui répondait au nom de mame Patagon frappa ses deux mains l'une contre l'autre avec scandale :

— Il va y avoir des malheurs, c'est sûr. Le galopin à côté qui a une barbiche, je le voyais passer tous les matins avec une jeunesse en bonnet rose sous le bras, aujourd'hui je l'ai vu passer, il donnait le bras à un fusil.

Mame Bacheux dit qu'il y a eu la semaine passée une révolution à... à... à... — où est le veau ! — à Pontoise. Et puis le voyez-vous là avec son pistolet, cette horreur de polisson ! Il paraît qu'il y a des canons tout plein les Célestins. Comment voulez-vous que fasse le gouvernement avec des garnements qui ne savent qu'inventer pour déranger le monde, quand on commençait à être un peu tranquille après tous les malheurs qu'il y a eu, bon Dieu Seigneur, cette pauvre reine que j'ai vue passer dans la charrette ! Et tout ça va encore faire renchérir le tabac. C'est une infamie ! Et certainement, j'irai te voir guillotiner, malfaiteur[2] !

— Tu renifles, mon ancienne, dit Gavroche. Mouche ton promontoire.

Et il passa outre. Quand il fut rue Pavée, la chiffonnière lui revint à l'esprit, et il eut ce soliloque :

— Tu as tort d'insulter les révolutionnaires, mère Coin-de-la-Borne. Ce pistolet-là, c'est dans ton intérêt. C'est pour que tu aies dans ta hotte plus de choses bonnes à manger.

Tout à coup il entendit du bruit derrière lui; c'était la portière Patagon qui l'avait suivi, et qui, de loin, lui montrait le poing en criant :

— Tu n'es qu'un bâtard !

— Ça, dit Gavroche, je m'en fiche d'une manière profonde.

Peu après, il passait devant l'hôtel Lamoignon. Là il poussa cet appel :

— En route pour la bataille !

Et il fut pris d'un accès de mélancolie. Il regarda son pistolet d'un air de reproche qui semblait essayer de l'attendrir.

— Je pars, lui dit-il, mais toi tu ne pars pas.

Un chien peut distraire d'un autre. Un caniche très maigre vint à passer. Gavroche s'apitoya.

— Mon pauvre toutou, lui dit-il, tu as donc avalé un tonneau qu'on te voit tous les cerceaux.

Puis il se dirigea vers l'Orme-Saint-Gervais[3].

III

Juste indignation d'un perruquier

Le digne perruquier qui avait chassé les deux petits auxquels Gavroche avait ouvert l'intestin paternel de l'éléphant, était en ce moment dans sa boutique occupé à raser un vieux soldat légionnaire qui avait servi sous l'Empire. On causait. Le perruquier avait naturellement parlé au vétéran de l'émeute, puis du général Lamarque, et de Lamarque on était venu à l'Empereur. De là une conversation de barbier à soldat, que Prudhomme, s'il eût été présent, eût enrichie d'arabesques, et qu'il eût intitulée : *Dialogue du rasoir et du sabre*[1].

— Monsieur, disait le perruquier, comment l'Empereur montait-il à cheval?

— Mal. Il ne savait pas tomber. Aussi il ne tombait jamais.

— Avait-il de beaux chevaux? il devait avoir de beaux chevaux?

— Le jour où il m'a donné la croix, j'ai remarqué sa bête. C'était une jument coureuse, toute blanche. Elle avait les oreilles très écartées, la selle profonde, une fine tête marquée d'une étoile noire, le cou très long, les genoux fortement articulés, les côtes saillantes, les épaules obliques, l'arrière-main puissante. Un peu plus de quinze palmes de haut.

— Joli cheval, fit le perruquier.

— C'était la bête de sa majesté.

Le perruquier sentit qu'après ce mot, un peu de silence était convenable, il s'y conforma, puis reprit :

— L'Empereur n'a été[2] blessé qu'une fois, n'est-ce pas, monsieur?

Le vieux soldat répondit avec l'accent calme et souverain de l'homme qui y a été[3] :

— Au talon. A Ratisbonne. Je ne l'ai jamais vu si bien mis que ce jour-là. Il était propre comme un sou.

— Et vous, monsieur le vétéran, vous avez dû être souvent blessé?

— Moi? dit le soldat, ah! pas grand'chose. J'ai reçu à Marengo deux coups de sabre sur la nuque, une balle dans le bras droit à Austerlitz, une autre dans la hanche gauche à Iéna, à Friedland un coup de bayonnette —

là, — à la Moskowa sept ou huit coups de lance n'importe où, à Lutzen un éclat d'obus qui m'a écrasé un doigt... — Ah! et puis à Waterloo un biscayen dans la cuisse. Voilà tout.

— Comme c'est beau, s'écria le perruquier avec un accent pindarique, de mourir sur le champ de bataille! Moi, parole d'honneur, plutôt que de crever[4] sur le grabat, de maladie, lentement, un peu tous les jours, avec les drogues, les cataplasmes, la seringue et le médecin[5], j'aimerais mieux recevoir dans le ventre un boulet de canon.

— Vous n'êtes pas dégoûté, fit le soldat.

Il achevait à peine qu'un effroyable fracas ébranla la boutique. Une vitre de la devanture venait de s'étoiler brusquement. Le perruquier devint blême.

— Ah Dieu! cria-t-il, c'en est un!

— Quoi?

— Un boulet de canon.

— Le voici, dit le soldat.

Et il ramassa quelque chose qui roulait à terre. C'était un caillou.

Le perruquier courut à la vitre brisée et vit Gavroche qui s'enfuyait à toutes jambes vers le marché Saint-Jean. En passant devant la boutique du perruquier, Gavroche, qui avait les deux mômes sur le cœur, n'avait pu résister au désir de lui dire bonjour, et lui avait jeté une pierre dans ses carreaux.

— Voyez-vous! hurla le perruquier qui[6] de blanc était devenu bleu, cela fait le mal pour le mal. Qu'est-ce qu'on lui a fait à ce gamin-là?

IV

L'ENFANT S'ÉTONNE DU VIEILLARD

CEPENDANT Gavroche, au marché Saint-Jean, dont le poste était déjà désarmé, venait d'opérer sa jonction avec une bande conduite par Enjolras, Courfeyrac, Combeferre et Feuilly. Ils étaient à peu près armés[1]. Bahorel et Jean Prouvaire les avaient retrouvés et grossissaient le groupe[2]. Enjolras avait un fusil de chasse à deux coups, Combeferre un fusil de garde national portant un numéro de légion, et[3] dans sa ceinture deux pistolets que sa redingote déboutonnée laissait voir, Jean Prouvaire un vieux mousqueton de cavalerie, Bahorel une carabine, Courfeyrac agitait[4] une canne à épée dégaînée. Feuilly, un sabre nu au poing, marchait en avant en criant : « Vive la Pologne[5] ! »

Ils arrivaient du quai Morland, sans cravates, sans chapeaux, essoufflés, mouillés par la pluie[6], l'éclair dans les yeux. Gavroche les aborda avec calme.

— Où allons-nous ?

— Viens, dit Courfeyrac.

Derrière[7] Feuilly marchait, ou plutôt bondissait Bahorel, poisson dans l'eau de l'émeute. Il avait un gilet cramoisi et de ces mots qui cassent tout. Son gilet bouleversa un passant qui cria tout éperdu :

— Voilà les rouges !

— Le rouge, les rouges ! répliqua Bahorel. Drôle de peur, bourgeois. Quant à moi, je ne tremble point devant un coquelicot, le petit chaperon rouge ne m'inspire aucune épouvante. Bourgeois, croyez-moi, laissons la peur du rouge aux bêtes à cornes.

Il avisa un coin de mur où était placardée la plus pacifique feuille de papier du monde, une permission de manger des œufs, un mandement de carême adressé par l'archevêque de Paris à ses « ouailles ».

Bahorel s'écria :

— Ouailles, manière polie de dire oies.

Et il arracha du mur le mandement. Ceci conquit Gavroche. A partir de cet instant, Gavroche se mit à étudier Bahorel.

— Bahorel, observa Enjolras, tu as tort. Tu aurais dû laisser ce mandement tranquille, ce n'est pas à lui que nous avons affaire, tu dépenses inutilement de la colère. Garde ta provision. On ne fait pas feu hors des rangs, pas plus avec l'âme qu'avec le fusil.

— Chacun son genre, Enjolras, riposta Bahorel. Cette prose d'évêque me choque, je veux manger des œufs sans qu'on me le permette. Toi tu as le genre froid brûlant ; moi je m'amuse. D'ailleurs je ne me dépense pas, je prends de l'élan ; et si j'ai déchiré ce mandement, Hercle ! c'est pour me mettre en appétit.

Ce mot, *Hercle,* frappa Gavroche. Il cherchait toutes les occasions de s'instruire, et ce déchireur d'affiches-là avait son estime. Il lui demanda :

— Qu'est-ce que cela veut dire, *Hercle* ?
Bahorel répondit :
— Cela veut dire sacré nom d'un chien en latin.

Ici Bahorel reconnut à une fenêtre un jeune homme pâle à barbe noire qui les regardait passer, probablement un ami de l'A B C. Il lui cria :
— Vite, des cartouches ! *para bellum*[8].
— Bel homme ! c'est vrai, dit Gavroche, qui maintenant comprenait le latin.

Un cortège tumultueux les accompagnait, étudiants, artistes, jeunes gens affiliés à la Cougourde d'Aix, ouvriers[9], gens du port, armés de bâtons et de bayonnettes, quelques-uns comme Combeferre[10], avec des pistolets entrés dans leurs pantalons. Un vieillard, qui[11] paraissait très vieux, marchait dans cette bande. Il n'avait point d'arme, et se hâtait pour ne point rester en arrière, quoiqu'il eût l'air pensif[12]. Gavroche l'aperçut :
— Keksekça ? dit-il à Courfeyrac.
— C'est un vieux.

C'était M. Mabeuf.

V

Le vieillard

Disons ce qui[1] s'était passé :

Enjolras et ses amis étaient sur le boulevard Bourdon près des greniers d'abondance au moment où les dragons avaient chargé. Enjolras, Courfeyrac et Combeferre étaient de ceux qui avaient pris par la rue Bassompierre en criant : Aux barricades ! Rue Lesdiguières ils avaient rencontré un vieillard qui cheminait.

Ce qui avait appelé leur attention, c'est que ce bonhomme marchait en zigzag comme s'il était ivre. En outre il avait son chapeau à la main, quoiqu'il eût plu toute la matinée et qu'il plût assez fort en ce moment-là même. Courfeyrac avait reconnu le père Mabeuf. Il le connaissait pour avoir maintes fois accompagné Marius jusqu'à sa porte. Sachant les habitudes paisibles et plus que timides du vieux marguillier bouquiniste, et stupéfait de le voir au milieu de ce tumulte, à deux[2] pas des charges de cavalerie, presque au milieu d'une fusillade, décoiffé sous la pluie et se promenant parmi les balles, il l'avait abordé, et l'émeutier de vingt-cinq ans et l'octogénaire avaient échangé ce dialogue :

— Monsieur Mabeuf, rentrez chez vous.
— Pourquoi?
— Il va y avoir du tapage[3].
— C'est bon.
— Des coups de sabre, des coups de fusil, monsieur Mabeuf.
— C'est bon.
— Des coups de canon.
— C'est bon. Où allez-vous, vous autres?
— Nous allons flanquer le gouvernement par terre.
— C'est bon[4].

Et il s'était mis à les suivre. Depuis ce moment-là, il n'avait pas prononcé une parole. Son pas était devenu ferme tout à coup, des ouvriers lui avaient offert le bras, il avait refusé d'un signe de tête. Il s'avançait presque au premier rang de la colonne, ayant tout à la fois le mouvement d'un homme qui marche et le visage d'un homme qui dort[5].

— Quel[6] bonhomme enragé! murmuraient les étudiants. Le bruit courait dans l'attroupement que c'était — un ancien conventionnel, — un vieux régicide.

Le rassemblement avait pris par la rue de la Verrerie. Le petit Gavroche marchait en avant avec ce chant à tue-tête qui faisait de lui une espèce de clairon. Il chantait[7] :

> Voici la lune qui paraît,
> Quand irons-nous dans la forêt?
> Demandait Charlot à Charlotte.
>
> Tou tou tou
> Pour Chatou
> Je n'ai qu'un Dieu, qu'un roi, qu'un liard et qu'une botte.
>
> Pour avoir bu de grand matin
> La rosée à même le thym,
> Deux moineaux étaient en ribote.
>
> Zi zi zi
> Pour Passy.
> Je n'ai qu'un Dieu, qu'un roi, qu'un liard et qu'une botte.
>
> Et ces deux pauvres petits loups
> Comme deux grives étaient soûls;
> Un tigre en riait dans sa grotte.

Don don don
Pour Meudon.
Je n'ai qu'un Dieu, qu'un roi, qu'un liard et qu'une botte.

L'un jurait et l'autre sacrait.
Quand irons-nous dans la forêt?
Demandait Charlot à Charlotte.

Tin tin tin
Pour Pantin
Je n'ai qu'un Dieu, qu'un roi, qu'un liard et qu'une botte.

Ils se dirigeaient vers Saint-Merry.

VI

Recrues[1]

La bande grossissait à chaque instant. Vers la rue des Billettes[2], un homme de haute taille, grisonnant, dont Courfeyrac, Enjolras et Combeferre remarquèrent la mine rude et hardie, mais qu'aucun d'eux ne connaissait, se joignit à eux. Gavroche occupé de chanter, de siffler, de bourdonner, d'aller en avant, et[3] de cogner aux volets des boutiques avec la crosse de son pistolet sans chien, ne fit pas attention à cet homme.

Il se trouva que, rue de la Verrerie, ils passèrent devant la porte de Courfeyrac.

— Cela se trouve bien, dit Courfeyrac, j'ai oublié ma bourse, et j'ai perdu mon chapeau. Il quitta l'attroupement et monta chez lui quatre à quatre. Il prit un vieux chapeau et sa bourse. Il prit aussi un assez grand coffre carré de la dimension d'une grosse valise qui était caché dans son linge sale. Comme il redescendait en courant, la portière le héla.

— Monsieur de Courfeyrac!

— Portière[4], comment vous appelez-vous? riposta Courfeyrac.

La portière demeura ébahie.

— Mais vous le savez bien, je suis la concierge, je me nomme la mère Veuvain.

— Eh bien, si vous m'appelez encore monsieur de Courfeyrac, je vous appelle mère de Veuvain. Maintenant, parlez, qu'y a-t-il? qu'est-ce?

— Il y a là quelqu'un qui veut vous parler.

— Qui ça?
— Je ne sais pas.
— Où ça?
— Dans ma loge.
— Au diable! fit Courfeyrac.
— Mais ça attend depuis plus d'une heure que vous rentriez! reprit la portière.

En même temps, une espèce de jeune ouvrier, maigre, blême, petit, marqué[5] de taches de rousseur, vêtu d'une blouse trouée et d'un pantalon de velours à côtes rapiécé, et qui avait plutôt l'air d'une fille accoutrée en[6] garçon que d'un homme, sortit de la loge et dit à Courfeyrac d'une voix qui, par exemple, n'était pas le moins du monde une voix de femme :

— Monsieur Marius, s'il vous plaît?
— Il n'y est pas.
— Rentrera-t-il ce soir?
— Je n'en sais rien.
Et Courfeyrac ajouta :
— Quant à moi, je ne rentrerai pas.
Le jeune homme le regarda fixement et lui demanda :
— Pourquoi cela?
— Parce que.
— Où allez-vous donc?
— Qu'est-ce que cela te fait[7]?
— Voulez-vous que je vous porte votre coffre?
— Je vais aux barricades.
— Voulez-vous que j'aille avec vous?
— Si tu veux! répondit Courfeyrac. La rue est libre, les pavés sont à tout le monde.

Et il s'échappa en courant pour rejoindre ses amis. Quand il les eut rejoints, il donna le coffre à porter à l'un d'eux. Ce ne fut qu'un grand quart d'heure après qu'il s'aperçut que le jeune homme les avait en effet suivis.

Un attroupement ne va pas précisément où il veut. Nous avons expliqué que c'est un coup de vent qui l'emporte. Ils dépassèrent Saint-Merry et se trouvèrent, sans trop savoir comment, rue Saint-Denis.

LIVRE DOUZIÈME

CORINTHE

I

HISTOIRE DE CORINTHE DEPUIS SA FONDATION[1]

Les Parisiens qui, aujourd'hui, en entrant dans la rue Rambuteau du côté des Halles, remarquent à leur droite, vis-à-vis la rue Mondétour, une boutique de vannier ayant pour enseigne un panier qui a la forme de l'empereur Napoléon le Grand avec cette inscription :

NAPOLÉON EST FAIT
TOUT EN OSIER

ne se doutent guère des scènes terribles que ce même emplacement a vues il y a à peine trente ans.

C'est là qu'étaient la rue de la Chanvrerie, que les anciens titres écrivent Chanverrerie, et le cabaret célèbre[2] appelé Corinthe.

On se rappelle tout ce qui a été dit sur la barricade élevée en cet endroit et éclipsée d'ailleurs par la barricade Saint-Merry. C'est sur cette fameuse[3] barricade de la rue de la Chanvrerie, aujourd'hui tombée dans une nuit profonde, que nous allons jeter un peu de lumière.

Qu'on nous permette de recourir, pour la clarté du récit, au moyen simple déjà employé par nous pour Waterloo[4]. Les personnes qui voudront se représenter, d'une manière assez exacte, les pâtés de maisons qui se dressaient à cette époque, près la pointe Saint-Eustache[5], à l'angle nord-est des Halles de Paris, où est aujourd'hui l'embouchure de la rue Rambuteau, n'ont qu'à se figurer, touchant la rue Saint-Denis par le sommet et par la base les Halles, une N dont les deux jambages verticaux seraient la rue de la Grande-Truanderie et la rue de la Chanvrerie et dont la rue de la Petite-Truanderie ferait le jambage transversal. La vieille rue Mondétour coupait[6] les trois jambages selon les angles les plus tortus. Si bien que l'enchevêtrement dédaléen de ces quatre rues suffisait pour faire, sur un espace de cent toises carrées, entre[7] les Halles et la rue Saint-Denis d'une part, entre la rue du Cygne et la rue des Prêcheurs d'autre part, sept îlots de maisons, bizarrement taillés, de grandeurs diverses[8], posés de travers et comme au hasard et séparés à peine, ainsi que les blocs de pierre dans le chantier, par des fentes étroites[9].

Nous disons fentes étroites, et nous ne pouvons pas donner une plus juste idée de ces ruelles obscures, resserrées, anguleuses, bordées de masures à huit étages. Ces masures étaient si décrépites que, dans les rues de la Chanvrerie et de la Petite-Truanderie, les façades s'étayaient de poutres allant d'une maison à l'autre. La rue était étroite et le ruisseau large, le passant y cheminait sur le pavé toujours mouillé[10], côtoyant des boutiques pareilles à des caves[11], de grosses bornes cerclées de fer, des tas d'ordures excessifs, des portes d'allées armées d'énormes grilles séculaires. La rue Rambuteau a dévasté tout cela.

Ce nom, Mondétour, peint à merveille les sinuosités de toute cette voirie. Un peu plus loin, on les trouvait encore mieux exprimées par la *rue Pirouette*[12] qui se jetait dans la rue Mondétour.

Le passant qui s'engageait de la rue Saint-Denis dans la rue de la Chanvrerie la voyait peu à peu se rétrécir devant lui comme s'il fût entré dans un entonnoir allongé. Au bout de la rue, qui était fort courte, il trouvait le passage barré du côté des Halles par une haute rangée de maisons, et il se fût cru dans un cul-de-sac, s'il n'eût aperçu à droite et à gauche deux tranchées noires par où il pouvait s'échapper. C'était la rue Mondétour, laquelle[13] allait rejoindre d'un côté la rue des Prêcheurs, de l'autre la rue du Cygne et la Petite-Truanderie. Au fond de cette espèce de cul-de-sac, à l'angle de la tranchée de droite, on remarquait une maison moins élevée que les autres et formant une sorte de cap sur la rue.

C'est dans cette maison, de deux étages seulement, qu'était allégrement installé depuis trois cents ans un cabaret illustre[14]. Ce cabaret faisait un bruit de joie au lieu même que le vieux Théophile a signalé dans ces deux vers :

> Là branle le squelette horrible
> D'un pauvre amant qui se pendit[15]

L'endroit étant bon, les cabaretiers s'y succédaient de père en fils.

Du temps de Mathurin Régnier, ce cabaret s'appelait le *Pot-aux-Roses,* et comme la mode était aux rébus, il avait pour enseigne un poteau peint en rose. Au siècle dernier, le digne Natoire[13], l'un des maîtres fantasques aujourd'hui dédaignés par l'école roide, s'étant grisé plusieurs fois dans ce cabaret à la table même où s'était soûlé Régnier, avait peint par reconnaissance une grappe de raisin de Corinthe sur le poteau rose. Le cabaretier, de joie, en avait changé son enseigne et avait fait dorer au-dessous de la grappe ces mots : *au Raisin de Corinthe*. De là ce nom, *Corinthe*. Rien n'est plus naturel aux ivrognes que les ellipses. L'ellipse est le zigzag de la phrase. Corinthe avait peu à peu détrôné le Pot-aux-Roses. Le dernier cabaretier de la dynastie, le père Hucheloup, ne sachant même plus la tradition, avait fait peindre le poteau en bleu.

Une salle en bas où était le comptoir, une salle au premier où était le billard, un escalier de bois en spirale perçant le plafond, le vin[17] sur les tables, la fumée sur les murs, des chandelles en plein jour, voilà quel était le cabaret. Un escalier à trappe dans la salle d'en bas conduisait à la cave. Au second était le logis des Hucheloup. On y montait par un escalier, échelle plutôt qu'escalier, n'ayant pour entrée qu'une porte dérobée dans la grande salle du premier. Sous le toit, deux greniers mansardes, nids de servantes. La cuisine partageait le rez-de-chaussée avec la salle du comptoir.

Le père Hucheloup était peut-être né chimiste, le fait est qu'il fut cuisinier ; on ne buvait pas seulement dans son cabaret, on y mangeait. Hucheloup avait inventé une chose excellente qu'on ne mangeait que chez lui, c'étaient des carpes farcies qu'il appelait *carpes au gras*. On mangeait cela à la lueur d'une chandelle de suif ou d'un quinquet du temps de Louis XVI sur des tables où était clouée une toile cirée en guise de nappe. On venait de loin. Hucheloup, un beau matin, avait jugé à propos d'avertir les passants de sa « spécialité » ; il avait trempé un pinceau dans un pot de noir, et comme il avait une orthographe à lui de même qu'une cuisine à lui, il avait improvisé sur son mur cette inscription remarquable :

Carpes ho gras

Un hiver, les averses et les giboulées avaient eu la fantaisie d'effacer l'S qui terminait le premier mot et le G qui commençait le troisième, et il était resté ceci :

Carpe ho ras

Le temps et la pluie aidant, une humble annonce gastronomique était devenue un conseil profond.

De la sorte il s'était trouvé que, ne sachant pas le français, le père Hucheloup avait su le latin, qu'il avait fait sortir de la cuisine la philosophie, et que, voulant simplement effacer Carême, il avait égalé Horace[19]. Et ce qui était frappant, c'est que cela aussi voulait dire : entrez dans mon cabaret.

Rien de tout cela n'existe aujourd'hui. Le dédale Mondétour était éventré et[20] largement ouvert dès 1847, et probablement n'est plus à l'heure qu'il est. La rue de la Chanvrerie et Corinthe ont disparu sous le pavé de la rue Rambuteau.

Comme nous l'avons dit, Corinthe était un des lieux de réunion, sinon de ralliement, de Courfeyrac et de ses amis. C'est Grantaire qui avait découvert Corinthe. Il y était entré à cause de *Carpe Horas* et y était retourné à cause des *Carpes au Gras*. On y buvait, on y mangeait, on y criait; on y payait peu, on y payait mal, on n'y payait pas, on était toujours bienvenu. Le père Hucheloup était un bon homme.

Hucheloup, bon homme, nous venons de le dire, était un gargotier à moustaches; variété amusante. Il avait toujours la mine de mauvaise humeur, semblait vouloir intimider ses pratiques, bougonnait les gens qui entraient chez lui, et avait l'air plus disposé à leur chercher querelle qu'à leur servir la soupe. Et pourtant, nous maintenons le mot, on était toujours bienvenu. Cette bizarrerie avait achalandé sa boutique, et lui amenait des jeunes gens se disant : Viens donc voir *marronner* le père Hucheloup. Il avait été maître d'armes. Tout à coup il éclatait de rire. Grosse voix, bon diable. C'était un fond comique avec une apparence tragique; il ne demandait pas mieux que de vous faire peur; à peu près comme ces tabatières qui ont la forme d'un pistolet. La détonation éternue. Il avait pour femme la mère Hucheloup, un être barbu, fort laid[21].

Vers 1830[22], le père Hucheloup mourut. Avec lui disparut le secret des carpes au gras. Sa veuve, peu consolable, continua le cabaret. Mais la cuisine dégénéra et devint exécrable, le vin, qui avait toujours été mauvais, fut affreux. Courfeyrac et ses amis continuèrent pourtant d'aller à Corinthe, — par pitié, disait Bossuet.

La veuve Hucheloup était essoufflée et difforme avec des souvenirs champêtres. Elle leur ôtait la fadeur par la prononciation. Elle avait une façon à elle de dire les choses qui assaisonnait ses réminiscences villageoises et printanières. Ç'avait été jadis son bonheur, affirmait-elle, d'entendre « les loups-de-gorge chanter dans les ogrépines[23] ».

La salle du premier, où était « le restaurant », était une grande longue pièce encombrée de tabourets, d'escabeaux, de chaises, de bancs et de tables, et d'un vieux billard boiteux. On y arrivait par l'escalier en spirale qui aboutissait dans l'angle de la salle à un trou carré pareil à une écoutille de navire[24].

Cette salle, éclairée[25] d'une seule fenêtre étroite et d'un quinquet toujours allumé, avait un air de galetas. Tous les meubles à quatre pieds se comportaient comme s'ils en avaient trois. Les murs blanchis à la chaux n'avaient pour tout ornement que ce quatrain en l'honneur de mame Hucheloup[26] :

> Elle étonne à dix pas, elle épouvante à deux[27].
> Une verrue habite en son nez hasardeux ;
> On tremble à chaque instant qu'elle ne vous la mouche,
> Et qu'un beau jour son nez ne tombe dans sa bouche.

Cela était charbonné sur la muraille[28].

Mame Hucheloup, ressemblante, allait et venait du matin au soir devant ce quatrain avec[29] une parfaite tranquillité. Deux servantes, appelées Matelote et Gibelotte, et auxquelles on n'a jamais connu d'autres noms, aidaient mame Hucheloup à poser[30] sur les tables les cruchons de vin bleu et les brouets variés qu'on servait aux affamés dans des écuelles de poterie. Matelote[31], grosse, ronde, rousse et criarde, ancienne sultane favorite du défunt Hucheloup, était laide, plus que n'importe quel monstre mythologique ; pourtant, comme il sied que la servante se tienne toujours en arrière de la maîtresse, elle était moins laide que mame Hucheloup. Gibelotte, longue, délicate, blanche d'une blancheur lymphatique, les yeux cernés, les paupières tombantes, toujours épuisée et accablée, atteinte de ce qu'on pourrait appeler la lassitude chronique, levée la première, couchée la dernière, servait tout le monde, même l'autre servante, en silence et avec douceur, en souriant sous la fatigue d'une sorte de vague sourire endormi.

Il y avait un miroir au-dessus du comptoir.

Avant d'entrer dans la salle-restaurant, on lisait sur la porte ce vers écrit à la craie par Courfeyrac :

Régale si tu peux et mange si tu l'oses[32].

II

Gaîtés préalables

Laigle de Meaux, on le sait, demeurait plutôt chez Joly qu'ailleurs. Il avait un logis comme l'oiseau a une branche. Les deux amis vivaient ensemble, mangeaient ensemble, dormaient ensemble. Tout leur était commun, même un peu Musichetta. Ils étaient ce que chez les frères chapeaux, on appelle *bini*. Le matin du 5 juin, ils s'en allèrent déjeuner à Corinthe. Joly, enchifrené, avait un fort coryza que Laigle commençait à partager. L'habit de Laigle était râpé, mais Joly était bien mis.

Il était environ neuf heures du matin quand ils poussèrent la porte de Corinthe. Ils montèrent au premier. Matelote et Gibelotte les reçurent.

— Huîtres, fromage et jambon, dit Laigle.

Et ils s'attablèrent. Le cabaret était vide ; il n'y avait qu'eux deux. Gibelotte, reconnaissant Joly et Laigle, mit une bouteille de vin sur la table.

Comme ils étaient aux premières huîtres, une tête apparut à l'écoutille de l'escalier, et une voix dit :

— Je passais. J'ai senti, de la rue, une délicieuse odeur de fromage de Brie. J'entre.

C'était Grantaire. Grantaire prit un tabouret et s'attabla. Gibelotte, voyant Grantaire, mit deux bouteilles de vin sur la table. Cela fit trois.

— Est-ce que tu vas boire ces deux bouteilles? demanda Laigle à Grantaire.

Grantaire répondit :

— Tous sont ingénieux, toi seul es ingénu. Deux bouteilles n'ont jamais étonné un homme.

Les autres avaient commencé par manger, Grantaire commença par boire. Une demi-bouteille fut vivement engloutie.

— Tu as donc un trou à l'estomac? reprit Laigle.

— Tu en as bien un au coude, dit Grantaire.

Et, après avoir vidé son verre, il ajouta :

— Ah çà, Laigle des oraisons funèbres, ton habit est vieux.

— Je l'espère, repartit Laigle. Cela fait que nous faisons bon ménage, mon habit et moi. Il a pris tous mes plis, il ne me gêne en rien, il s'est moulé sur mes difformités, il est complaisant à tous mes mouvements; je ne le sens que parce qu'il me tient chaud. Les vieux habits, c'est la même chose que les vieux amis.

— C'est vrai, s'écria Joly entrant dans le dialogue, un vieil habit est un vieil abi.

— Surtout, dit Grantaire, dans la bouche d'un homme enchifrené.

— Grantaire, demanda Laigle, viens-tu du boulevard?

— Non.

— Nous venons de voir passer la tête du cortège, Joly et moi.

— C'est un spectacle berveilleux, dit Joly.

— Comme cette rue est tranquille! s'écria Laigle. Qui est-ce qui se douterait que Paris est sens dessus dessous? Comme on voit que c'était jadis tout couvents par ici! Du Breul et Sauval en donnent la liste, et l'abbé Lebeuf[1]. Il y en avait tout autour, ça fourmillait, des chaussés, des déchaussés, des tondus, des barbus, des gris, des noirs, des blancs, des franciscains, des minimes, des capucins, des carmes, des petits augustins, des grands augustins, des vieux augustins... — Ça pullulait.

— Ne parlons pas de moines, interrompit Grantaire, cela donne envie de se gratter.

Puis il s'exclama :

— Bouh! je viens d'avaler une mauvaise huître. Voilà l'hypocondrie qui me reprend. Les huîtres sont gâtées, les servantes sont laides. Je hais l'espèce humaine. J'ai passé tout à l'heure rue Richelieu devant la grosse librairie publique[2]. Ce tas d'écailles d'huîtres qu'on appelle une bibliothèque me dégoûte de penser. Que de papier ! que d'encre ! que de griffonnage ! On a écrit tout ça ! Quel maroufle a donc dit que l'homme était un bipède sans plume? Et puis, j'ai rencontré une jolie fille que je connais, belle comme le printemps, digne de s'appeler Floréal, et ravie, transportée, heureuse, aux anges, la misérable, parce que hier un épouvantable banquier tigré de petite vérole a daigné vouloir d'elle ! Hélas ! la femme guette le traitant non moins que le muguet ; les chattes chassent aux souris comme aux oiseaux. Cette donzelle, il n'y a pas deux mois qu'elle était sage dans une mansarde, elle ajustait des petits ronds de cuivre à des œillets de corset, comment appelez-vous ça ? elle cousait, elle avait un lit de sangle, elle demeurait auprès d'un pot de fleurs, elle était contente. La voilà banquière. Cette transformation s'est faite cette nuit. J'ai rencontré cette victime ce matin, toute joyeuse. Ce qui est hideux, c'est que la drôlesse était tout aussi jolie aujourd'hui qu'hier. Son financier ne paraissait pas sur sa figure. Les roses ont ceci de plus ou de moins que les femmes, que les traces que leur laissent les chenilles sont visibles. Ah ! il n'y a pas de morale sur la terre, j'en atteste le myrte, symbole de l'amour, le laurier, symbole de la guerre, l'olivier, ce bêta, symbole de la paix, le pommier, qui a failli étrangler Adam avec son pépin, et le figuier, grand-père des jupons. Quant au droit, voulez-vous savoir ce que c'est que le droit ? Les Gaulois convoitent Cluse[3], Rome protège Cluse, et leur demande quel tort Cluse leur a fait. Brennus répond : — Le tort que vous a fait Albe, le tort que vous a fait Fidène, le tort que vous ont fait les Éques, les Volsques et les Sabins. Ils étaient vos voisins. Les Clusiens sont les nôtres. Nous entendons le voisinage comme vous. Vous avez volé Albe, nous prenons Cluse. Rome dit : Vous ne prendrez pas Cluse. Brennus prit Rome. Puis il cria : *Væ victis*[4] ! Voilà ce qu'est le droit. Ah ! dans ce monde, que de bêtes de proie ! que d'aigles ! que d'aigles ! J'en ai la chair de poule.

Il tendit son verre à Joly qui le remplit, puis il but, et poursuivit, sans presque avoir été interrompu par ce

verre de vin dont personne ne s'aperçut, pas même lui :
— Brennus, qui prend Rome, est un aigle ; le banquier, qui prend la grisette, est un aigle. Pas plus de pudeur ici que là. Donc ne croyons à rien. Il n'y a qu'une réalité : boire. Quelle que soit votre opinion, soyez pour le coq maigre comme le canton d'Uri ou pour le coq gras comme le canton de Glaris, peu importe, buvez. Vous me parlez du boulevard, du cortège, *et cætera*. Ah çà, il va donc encore y avoir une révolution ? Cette indigence de moyens m'étonne de la part du bon Dieu. Il faut qu'à tout moment il se remette à suifer la rainure des événements. Ça accroche, ça ne marche pas. Vite une révolution. Le bon Dieu a toujours les mains noires de ce vilain cambouis-là. A sa place, je serais plus simple, je ne remonterais pas à chaque instant ma mécanique, je mènerais le genre humain rondement, je tricoterais les faits maille à maille sans casser le fil, je n'aurais point d'en-cas, je n'aurais pas de répertoire extraordinaire. Ce que vous autres appelez le progrès marche par deux moteurs, les hommes et les événements. Mais, chose triste, de temps en temps, l'exceptionnel est nécessaire. Pour les événements comme pour les hommes, la troupe ordinaire ne suffit pas ; il faut parmi les hommes des génies, et parmi les événements des révolutions. Les grands accidents sont la loi ; l'ordre des choses ne peut s'en passer ; et, à voir les apparitions de comètes, on serait tenté de croire que le ciel lui-même a besoin d'acteurs en représentation. Au moment où l'on s'y attend le moins, Dieu placarde un météore sur la muraille du firmament. Quelque étoile bizarre survient, soulignée par une queue énorme. Et cela fait mourir César. Brutus lui donne un coup de couteau, et Dieu un coup de comète. Crac, voilà une aurore boréale, voilà une révolution, voilà un grand homme ; 93 en grosses lettres, Napoléon en vedette, la comète de 1811 au haut de l'affiche. Ah ! la belle affiche bleue, toute constellée de flamboiements inattendus ! Boum ! boum ! spectacle extraordinaire. Levez les yeux, badauds. Tout est échevelé, l'astre comme le drame. Bon Dieu, c'est trop, et ce n'est pas assez. Ces ressources, prises dans l'exception, semblent magnificence et sont pauvreté. Mes amis, la providence en est aux expédients. Une révolution, qu'est-ce que cela prouve ? Que Dieu est à court. Il fait un coup d'État, parce qu'il y a solution

de continuité entre le présent et l'avenir, et parce que, lui Dieu, il n'a pas pu joindre les deux bouts. Au fait, cela me confirme dans mes conjectures sur la situation de fortune de Jéhovah ; et à voir tant de malaise en haut et en bas, tant de mesquinerie et de pingrerie et de ladrerie et de détresse au ciel et sur la terre, depuis l'oiseau qui n'a pas un grain de mil jusqu'à moi qui n'ai pas cent mille livres de rente, à voir la destinée humaine, qui est fort usée, et même la destinée royale, qui montre la corde, témoin le prince de Condé pendu, à voir l'hiver, qui n'est pas autre chose qu'une déchirure au zénith par où le vent souffle, à voir tant de haillons dans la pourpre toute neuve du matin au sommet des collines, à voir les gouttes de rosée, ces perles fausses, à voir le givre, ce strass, à voir l'humanité décousue et les événements rapiécés, et tant de taches au soleil, et tant de trous à la lune, à voir tant de misère partout, je soupçonne que Dieu n'est pas riche. Il a de l'apparence, c'est vrai, mais je sens la gêne. Il donne une révolution, comme un négociant dont la caisse est vide donne un bal. Il ne faut pas juger des dieux sur l'apparence. Sous la dorure du ciel j'entrevois un univers pauvre. Dans la création il y a de la faillite. C'est pourquoi je suis mécontent. Voyez, c'est le 5 juin, il fait presque nuit ; depuis ce matin j'attends que le jour vienne. Il n'est pas venu, et je gage qu'il ne viendra pas de la journée. C'est une inexactitude de commis mal payé. Oui, tout est mal arrangé, rien ne s'ajuste à rien, ce vieux monde est tout déjeté, je me range dans l'opposition. Tout va de guingois ; l'univers est taquinant. C'est comme les enfants, ceux qui en désirent n'en ont pas, ceux qui n'en désirent pas en ont. Total : je bisque. En outre, Laigle de Meaux, ce chauve, m'afflige à voir. Cela m'humilie de penser que je suis du même âge que ce genou. Du reste, je critique, mais je n'insulte pas. L'univers est ce qu'il est. Je parle ici sans méchante intention et pour l'acquit de ma conscience. Recevez, Père éternel, l'assurance de ma considération distinguée. Ah ! par tous les saints de l'olympe et par tous les dieux du paradis, je n'étais pas fait pour être Parisien, c'est-à-dire pour ricocher à jamais, comme un volant entre deux raquettes, du groupe des flâneurs au groupe des tapageurs ! J'étais fait pour être Turc, regardant toute la journée des péronnelles orientales exécuter

ces exquises danses d'Égypte lubriques comme les songes
d'un homme chaste, ou paysan beauceron, ou gentilhomme vénitien entouré de gentilles-donnes, ou petit
prince allemand fournissant la moitié d'un fantassin à la
confédération germanique, et occupant ses loisirs à faire
sécher ses chaussettes sur sa haie, c'est-à-dire sur sa
frontière ! Voilà pour quels destins j'étais né ! Oui, j'ai
dit Turc, et je ne m'en dédis point. Je ne comprends pas
qu'on prenne habituellement les Turcs en mauvaise part;
Mahom a du bon; respect à l'inventeur des sérails à
houris et des paradis à odalisques ! N'insultons pas le
mahométisme, la seule religion qui soit ornée d'un
poulailler ! Sur ce, j'insiste pour boire. La terre est une
grosse bêtise. Et il paraît qu'ils vont se battre, tous ces
imbéciles, se faire casser le profil, se massacrer, en plein
été, au mois de prairial, quand ils pourraient s'en aller
avec une créature sous le bras, respirer dans les champs
l'immense tasse de thé des foins coupés ! Vraiment, on
fait trop de sottises. Une vieille lanterne cassée que j'ai
vue tout à l'heure chez un marchand de bric-à-brac me
suggère une réflexion : il serait temps d'éclairer le genre
humain. Oui, me revoilà triste ! Ce que c'est que d'avaler
une huître et une révolution de travers ! Je redeviens
lugubre. Oh ! l'affreux vieux monde ! On s'y évertue, on
s'y destitue, on s'y prostitue, on s'y tue, on s'y habitue.

Et Grantaire, après cette quinte d'éloquence, eut une
quinte de toux méritée.

— A propos de révolution, dit Joly, il paraît que décidément Barius est amoureux.

— Sait-on de qui ? demanda Laigle.

— Don.

— Non ?

— Don, je te dis !

— Les amours de Marius ! s'écria Grantaire. Je vois
ça d'ici. Marius est un brouillard, et il aura trouvé une
vapeur. Marius est de la race poëte. Qui dit poëte dit fou.
Timbræus Apollo[5]. Marius et sa Marie, ou sa Maria, ou sa
Mariette, ou sa Marion, cela doit faire de drôles d'amants.
Je me rends compte de ce que cela est. Des extases où
l'on oublie le baiser. Chastes sur la terre, mais s'accouplant dans l'infini. Ce sont des âmes qui ont des sens. Ils
couchent ensemble dans les étoiles.

Grantaire entamait sa seconde bouteille et peut-ê

sa seconde harangue quand un nouvel être émergea du trou carré de l'escalier. C'était un garçon de moins de dix ans, déguenillé, très petit, jaune, le visage en museau, l'œil vif, énormément chevelu, mouillé de pluie, l'air content.

L'enfant, choisissant sans hésiter parmi les trois, quoiqu'il n'en connût évidemment aucun, s'adressa à Laigle de Meaux.

— Est-ce vous qui êtes monsieur Bossuet? demanda-t-il.

— C'est mon petit nom, répondit Laigle. Que me veux-tu?

— Voilà. Un grand blond sur le boulevard m'a dit : Connais-tu la mère Hucheloup? J'ai dit : Oui, rue Chanvrerie, la veuve au vieux. Il m'a dit : Vas-y. Tu y trouveras monsieur Bossuet, et tu lui diras de ma part : A—B—C. C'est une farce qu'on vous fait, n'est-ce pas? Il m'a donné dix sous.

— Joly, prête-moi dix sous, dit Laigle; et se tournant vers Grantaire : Grantaire, prête-moi dix sous.

Cela fit vingt sous que Laigle donna à l'enfant.

— Merci, monsieur, dit le petit garçon.

— Comment t'appelles-tu? demanda Laigle.

— Navet, l'ami à Gavroche.

— Reste avec nous, dit Laigle.

— Déjeune avec nous, dit Grantaire.

L'enfant répondit :

— Je ne peux pas, je suis du cortège, c'est moi qui crie à bas Polignac.

Et tirant le pied longuement derrière lui, ce qui est le plus respectueux des saluts possibles, il s'en alla.

L'enfant parti, Grantaire prit la parole :

— Ceci est le gamin pur. Il y a beaucoup de variétés dans le genre gamin. Le gamin notaire s'appelle sauteruisseau, le gamin cuisinier s'appelle marmiton, le gamin boulanger s'appelle mitron, le gamin laquais s'appelle groom, le gamin marin s'appelle mousse, le gamin soldat s'appelle tapin, le gamin peintre s'appelle rapin, le gamin négociant s'appelle trottin, le gamin courtisan s'appelle menin, le gamin roi s'appelle dauphin, le gamin dieu s'appelle bambino.

Cependant Laigle méditait; il dit à demi-voix :

— A—B—C, c'est-à-dire : Enterrement de Lamarque.

— Le grand blond, observa Grantaire, c'est Enjolras qui te fait avertir.

— Irons-nous? fit Bossuet.

— Il pleut, dit Joly. J'ai juré d'aller au feu, pas à l'eau. Je de veux pas b'enrhuber.

— Je reste ici, dit Grantaire. Je préfère un déjeuner à un corbillard.

— Conclusion : nous restons, reprit Laigle. Eh bien, buvons alors. D'ailleurs on peut manquer l'enterrement sans manquer l'émeute.

— Ah! l'ébeute, j'en suis, s'écria Joly.

Laigle se frotta les mains :

— Voilà donc qu'on va retoucher à la révolution de 1830. Au fait elle gêne le peuple aux entournures.

— Cela m'est à peu près égal, votre révolution, dit Grantaire. Je n'exècre pas ce gouvernement-ci. C'est la couronne tempérée par le bonnet de coton. C'est un sceptre terminé en parapluie. Au fait, aujourd'hui, j'y songe, par le temps qu'il fait, Louis-Philippe pourra utiliser sa royauté à deux fins, étendre le bout sceptre contre le peuple et ouvrir le bout parapluie contre le ciel.

La salle était obscure, de grosses nuées achevaient de supprimer le jour. Il n'y avait personne dans le cabaret, ni dans la rue, tout le monde étant allé « voir les événements ».

— Est-il midi ou minuit? cria Bossuet. On n'y voit goutte. Gibelotte, de la lumière!

Grantaire, triste, buvait.

— Enjolras me dédaigne, murmura-t-il. Enjolras a dit : Joly est malade. Grantaire est ivre. C'est à Bossuet qu'il a envoyé Navet. S'il était venu me prendre, je l'aurais suivi. Tant pis pour Enjolras! je n'irai pas à son enterrement.

Cette résolution prise, Bossuet, Joly et Grantaire ne bougèrent plus du cabaret. Vers deux heures de l'après-midi, la table où ils s'accoudaient était couverte de bouteilles vides. Deux chandelles y brûlaient, l'une dans un bougeoir de cuivre parfaitement vert, l'autre dans le goulot d'une carafe fêlée. Grantaire avait entraîné Joly et Bossuet vers le vin; Bossuet et Joly avaient ramené Grantaire vers la joie.

Quant à Grantaire, depuis midi, il avait dépassé le

vin, médiocre source de rêves. Le vin, près des ivrognes sérieux, n'a qu'un succès d'estime. Il y a, en fait d'ébriété, la magie noire et la magie blanche; le vin n'est que la magie blanche. Grantaire était un aventureux buveur de songes. La noirceur d'une ivresse redoutable entr'ouverte devant lui, loin de l'arrêter, l'attirait. Il avait laissé là les bouteilles et pris la chope. La chope, c'est le gouffre. N'ayant sous la main ni opium, ni haschisch, et voulant s'emplir le cerveau de crépuscule, il avait eu recours à cet effrayant mélange d'eau-de-vie, de stout et d'absinthe qui produit des léthargies si terribles. C'est de ces trois vapeurs, bière, eau-de-vie, absinthe, qu'est fait le plomb de l'âme. Ce sont trois ténèbres, le papillon céleste s'y noie; et il s'y forme, dans une fumée membraneuse vaguement condensée en aile de chauve-souris, trois furies muettes, le Cauchemar, la Nuit, la Mort, voletant au-dessus de Psyché endormie.

Grantaire n'en était point encore à cette phase lugubre; loin de là. Il était prodigieusement gai, et Bossuet et Joly lui donnaient la réplique. Ils trinquaient. Grantaire ajoutait à l'accentuation excentrique des mots et des idées la divagation du geste; il appuyait avec dignité son poing gauche sur son genou, son bras faisant l'équerre, et, la cravate défaite, à cheval sur un tabouret, son verre plein dans sa main droite, il jetait à la grosse servante Matelote ces paroles solennelles :

— Qu'on ouvre les portes du palais ! que tout le monde soit de l'Académie française, et ait le droit d'embrasser madame Hucheloup ! Buvons.

Et se tournant vers madame Hucheloup, il ajoutait :

— Femme antique et consacrée par l'usage, approche, que je te contemple !

Et Joly s'écriait :

— Batelote et Gibelotte, de doddez plus à boire à Grantaire. Il bange des argents fous. Il a déjà dévoré depuis ce batin en prodigalités éperdues deux francs quatre-vingt-quinze centibes.

Et Grantaire reprenait :

— Qui donc a décroché les étoiles sans ma permission pour les mettre sur la table en guise de chandelles ?

Bossuet, fort ivre, avait conservé son calme.

Il s'était assis sur l'appui de la fenêtre ouverte, mouillant son dos à la pluie qui tombait, et il contemplait[6] ses deux amis.

Tout à coup il entendit derrière lui un tumulte, des pas précipités, des cris *aux armes!* Il se retourna, et aperçut, rue Saint-Denis, au bout de la rue de la Chanvrerie, Enjolras qui passait, le fusil à la main, et Gavroche avec son pistolet, Feuilly avec son sabre, Courfeyrac avec son épée, Jean Prouvaire avec son mousqueton, Combeferre avec son fusil Bahorel avec sa carabine, et tout[7] le rassemblement armé et orageux qui les suivait.

La rue de la Chanvrerie n'était guère longue que d'une portée de carabine[8]. Bossuet improvisa avec ses deux mains un porte-voix autour de sa bouche, et cria :

— Courfeyrac ! Courfeyrac ! hohée !

Courfeyrac entendit l'appel[9], aperçut Bossuet, et fit quelques pas dans la rue de la Chanvrerie, en criant un : « Que veux-tu ? » qui se croisa avec un : « Où vas-tu ? »

— Faire une barricade, répondit Courfeyrac.

— Eh bien, ici ! la place est bonne ! fais-la ici !

— C'est vrai, Aigle[10], dit Courfeyrac.

Et sur un signe de Courfeyrac, l'attroupement se précipita rue de la Chanvrerie.

III

LA NUIT COMMENCE A SE FAIRE SUR GRANTAIRE

LA place était en effet admirablement indiquée, l'entrée de la rue évasée, le fond rétréci et en cul-de-sac[1], Corinthe y faisant un étranglement, la rue Mondétour facile à barrer à droite et à gauche, aucune attaque possible que par la rue Saint-Denis, c'est-à-dire de front et à découvert. Bossuet gris avait eu le coup d'œil d'Annibal[2] à jeun.

A l'irruption du rassemblement, l'épouvante avait pris toute la rue. Pas un passant qui ne se fût éclipsé[3]. Le temps d'un éclair, au fond, à droite, à gauche, boutiques établis, portes d'allées, fenêtres, persiennes, mansardes volets de toute dimension, s'étaient fermés depuis le rez-de-chaussée jusque sur les toits. Une vieille femme effrayée avait fixé un matelas devant sa fenêtre à deux perches à sécher le linge, afin d'amortir la mousqueterie. La maison du cabaret était seule ouverte ; et cela par une

bonne raison, c'est que l'attroupement s'y était rué.
— Ah mon Dieu ! ah mon Dieu ! soupirait mame Hucheloup.

Bossuet était descendu au-devant de Courfeyrac[5].

Joly, qui s'était mis à la fenêtre, cria :

— Courfeyrac, tu aurais dû prendre un parapluie. Tu vas t'enrhuber.

Cependant, en quelques minutes, vingt barres de fer avaient été arrachées de la devanture grillée du cabaret, dix toises de rue avaient été dépavées ; Gavroche et Bahorel avaient saisi au passage et renversé[6] le haquet d'un fabricant de chaux appelé Anceau, ce haquet contenait trois barriques pleines de chaux qu'ils avaient placées sous des piles de pavés ; Enjolras avait levé la trappe de la cave, et toutes les futailles vides de la veuve Hucheloup étaient allées flanquer les barriques[7] de chaux ; Feuilly[8], avec ses doigts habitués à enluminer les lames délicates des éventails, avait contre-buté les barriques et le haquet de deux massives piles de moellons. Moellons improvisés comme le reste, et pris on ne sait où. Des poutres d'étai avaient été arrachées à la façade d'une maison voisine et couchées sur les futailles. Quand Bossuet et Courfeyrac se retournèrent, la moitié de la rue était déjà barrée d'un rempart plus haut qu'un homme. Rien n'est tel que la main populaire pour bâtir tout ce qui se bâtit en démolissant.

Matelote et Gibelotte s'étaient mêlées aux travailleurs. Gibelotte allait et venait chargée de gravats. Sa lassitude aidait à la barricade. Elle servait des pavés comme elle eût servi du vin, l'air endormi[9].

Un omnibus qui avait deux chevaux blancs passa au bout de la rue.

Bossuet enjamba les pavés, courut, arrêta le cocher, fit descendre les voyageurs, donna la main « aux dames », congédia le conducteur et revint ramenant voiture et chevaux par la bride.

— Les omnibus, dit-il, ne passent pas devant Corinthe. *Non licet omnibus adire Corinthum.*

Un instant après, les chevaux dételés s'en allaient au hasard par la rue Mondétour, et l'omnibus couché sur le flanc complétait le barrage de la rue.

Mame Hucheloup, bouleversée, s'était réfugiée[10] au premier étage.

Elle avait l'œil vague et regardait sans voir, criant tout bas. Ses cris épouvantés n'osaient sortir de son gosier[11].

— C'est la fin du monde, murmurait-elle[12].

Joly déposait un baiser sur le gros cou rouge et ridé de mame Hucheloup et disait à Grantaire :

— Mon cher, j'ai toujours considéré le cou d'une femme comme une chose infiniment délicate[13].

Mais Grantaire atteignait les plus hautes régions du dithyrambe. Matelote étant remontée au premier[14], Grantaire l'avait saisie par la taille et poussait à la fenêtre de longs éclats de rire.

— Matelote[15] est laide ! criait-il, Matelote est la laideur rêve[16] ! Matelote est une chimère. Voici[17] le secret de sa naissance : un pygmalion gothique qui faisait des gargouilles de cathédrales tomba un beau matin amoureux de l'une d'elles, la plus horrible. Il supplia l'amour de l'animer, et cela fit Matelote. Regardez-la, citoyens ! elle a les cheveux couleur chromate de plomb comme la maîtresse du Titien, et c'est une bonne fille. Je vous réponds qu'elle se battra bien. Toute bonne fille contient un héros. Quant à la mère Hucheloup, c'est une vieille brave. Voyez les moustaches qu'elle a ! elle les a héritées de son mari. Une housarde, quoi ! Elle se battra aussi. A elles deux elles feront peur à la banlieue. Camarades[18], nous renverserons le gouvernement, vrai comme il est vrai qu'il existe quinze acides intermédiaires entre l'acide margarique et l'acide formique. Du reste cela m'est parfaitement égal[19]. Messieurs[20], mon père m'a toujours détesté parce que je ne pouvais comprendre les mathématiques. Je ne comprends que l'amour et la liberté. Je suis Grantaire[21] le bon enfant ! N'ayant jamais eu d'argent, je n'en ai pas pris l'habitude, ce qui fait que je n'en ai jamais manqué ; mais si j'avais été riche, il n'y aurait plus eu de pauvres ! on aurait vu ! Oh ! si les bons cœurs avaient les grosses bourses ! comme tout irait mieux ! Je me figure Jésus-Christ avec la fortune de Rothschild ! Que de bien il ferait ! Matelote, embrassez-moi[22] ! Vous êtes voluptueuse et timide ! vous avez des joues qui appellent le baiser d'une sœur, et des lèvres qui réclament le baiser d'un amant !

— Tais-toi, futaille[23] ! dit Courfeyrac.

Grantaire répondit[24] :

— Je suis capitoul et maître ès jeux floraux !

Enjolras qui était debout sur la crête du barrage, le fusil au poing, leva son beau visage austère[25]. Enjolras, on le sait, tenait du spartiate et du puritain. Il fût mort aux Thermopyles avec Léonidas et eût brûlé Drogheda avec Cromwell[26].

— Grantaire ! cria-t-il, va-t'en cuver ton vin hors d'ici. C'est la place de l'ivresse et non de l'ivrognerie[27]. Ne déshonore pas la barricade !

Cette parole irritée produisit sur Grantaire[28] un effet singulier. On eût dit qu'il recevait un verre d'eau froide à travers le visage[29]. Il parut subitement dégrisé. Il s'assit, s'accouda sur une table près de la croisée, regarda Enjolras avec une inexprimable douceur, et lui dit[30] :

— Tu sais que je crois en toi[31].
— Va-t'en.
— Laisse-moi dormir ici.
— Va dormir ailleurs, cria Enjolras.

Mais Grantaire, fixant toujours sur lui ses yeux tendres et troubles, répondit[32] :

— Laisse-moi y dormir — jusqu'à ce que j'y meure.

Enjolras[33] le considéra d'un œil dédaigneux :

— Grantaire, tu es incapable de croire, de penser, de vouloir, de vivre, et de mourir.

Grantaire répliqua d'une voix grave :
— Tu verras.

Il bégaya encore quelques mots inintelligibles, puis sa tête tomba pesamment sur la table, et, ce qui est un effet assez habituel de la seconde période de l'ébriété où Enjolras l'avait rudement et brusquement poussé, un instant après[34] il était endormi.

IV

Essai de consolation sur la veuve Hucheloup

Bahorel, extasié de la barricade, criait :
— Voilà la rue décolletée ! comme cela fait bien !

Courfeyrac, tout en démolissant un peu le cabaret, cherchait à consoler la veuve cabaretière.

— Mère Hucheloup, ne vous plaigniez-vous pas l'autre jour qu'on vous avait signifié procès-verbal et mise en contravention parce que Gibelotte avait secoué un tapis de lit par votre fenêtre ?

— Oui, mon bon monsieur Courfeyrac. Ah ! mon Dieu, est-ce que vous allez me mettre aussi cette table-là dans votre horreur ? Et même que, pour le tapis, et aussi pour un pot de fleurs qui était tombé de la mansarde dans la rue, le gouvernement m'a pris cent francs d'amende. Si ce n'est pas une abomination !

— Eh bien ! mère Hucheloup, nous vous vengeons.

La mère Hucheloup, dans cette réparation qu'on lui faisait, ne semblait pas comprendre beaucoup son bénéfice. Elle était satisfaite à la manière de cette femme arabe qui, ayant reçu un soufflet de son mari, s'alla plaindre à son père, criant vengeance et disant : — Père, tu dois à mon mari affront pour affront. Le père demanda : — Sur quelle joue as-tu reçu le soufflet ? — Sur la joue gauche. Le père souffleta la joue droite et dit : — Te voilà contente. Va dire à ton mari qu'il a souffleté ma fille, mais que j'ai souffleté sa femme[1].

La pluie avait cessé. Des recrues étaient arrivées. Des ouvriers avaient apporté sous leurs blouses un baril de poudre, un panier contenant des bouteilles de vitriol, deux ou trois torches de carnaval et une bourriche pleine de lampions « restés de la fête du roi ». Laquelle fête était toute récente, ayant eu lieu le 1er mai[2]. On disait que ces munitions venaient de la part d'un épicier du faubourg Saint-Antoine nommé Pépin[3]. On brisait l'unique réverbère de la rue de la Chanvrerie, la lanterne correspondante de la rue Saint-Denis, et toutes les lanternes des rues circonvoisines, de Mondétour, du Cygne, des Prêcheurs, et de la Grande et de la Petite-Truanderie.

Enjolras, Combeferre[4] et Courfeyrac dirigeaient tout. Maintenant deux barricades se construisaient en même temps, toutes deux appuyées à la maison de Corinthe et faisant équerre ; la plus grande fermait la rue de la Chanvrerie, l'autre fermait la rue Mondétour du côté de la rue du Cygne. Cette dernière barricade[5], très étroite, n'était construite que de tonneaux et de pavés. Ils étaient là environ cinquante travailleurs ; une trentaine armés de fusils ; car, chemin faisant, ils avaient fait un emprunt en bloc à une boutique d'armurier[6].

Rien de plus bizarre et de plus bigarré que cette troupe. L'un avait un habit veste, un sabre de cavalerie et deux pistolets d'arçon, un autre était en manches de chemise avec un chapeau rond et une poire à poudre pendue au côté, un troisième était plastronné de neuf feuilles de papier gris et armé d'une alène de sellier. Il y en avait un qui criait : « *Exterminons jusqu'au dernier et mourons au bout de notre bayonnette !* » Celui-là n'avait pas de bayonnette. Un autre étalait[7] par-dessus sa redingote une buffleterie et une giberne de garde national avec le couvre-giberne orné de cette inscription en laine rouge : « *Ordre public.* » Force fusils portant des numéros de légions, peu de chapeaux, point de cravates, beaucoup de bras nus, quelques piques. Ajoutez à cela tous les âges, tous les visages, de petits jeunes gens pâles, des ouvriers du port bronzés. Tous se hâtaient et, tout en s'entr'aidant, on causait des chances possibles, — qu'on aurait des secours vers trois heures du matin, — qu'on était sûr d'un régiment, — que Paris se soulèverait. Propos terribles auxquels se mêlait une sorte de jovialité cordiale. On eût dit des frères ; ils ne savaient pas les noms les uns des autres. Les grands périls ont cela de beau qu'ils mettent en lumière la fraternité des inconnus.

Un feu avait été allumé dans la cuisine, et l'on y fondait dans un moule à balles brocs, cuillers, fourchettes, toute l'argenterie d'étain du cabaret. On buvait à travers tout cela. Les capsules et les chevrotines traînaient pêle-mêle sur les tables avec les verres de vin. Dans la salle de billard, mame Hucheloup, Matelote et Gibelotte, diversement modifiées par la terreur, dont l'une était abrutie, l'autre essoufflée, l'autre éveillée[8], déchiraient de vieux torchons et faisaient de la charpie ; trois insurgés les assistaient, trois gaillards chevelus, barbus et moustachus, qui épluchaient la toile avec des doigts de lingère et qui les faisaient trembler.

L'homme de haute stature que Courfeyrac, Combeferre et Enjolras avaient remarqué à l'instant[9] où il abordait l'attroupement au coin de la rue des Billettes, travaillait à la petite barricade et s'y rendait utile. Gavroche travaillait à la grande. Quant au jeune homme qui avait attendu Courfeyrac chez lui et lui avait demandé monsieur Marius, il avait disparu à peu près vers le moment où l'on avait renversé l'omnibus.

Gavroche[10], complètement envolé et radieux, s'était chargé de la mise en train. Il allait, venait, montait, descendait, remontait, bruissait, étincelait. Il semblait être là pour l'encouragement de tous, Avait-il un aiguillon ? oui, certes, sa misère ; avait-il des ailes ? oui, certes, sa joie. Gavroche était un tourbillonnement. On le voyait sans cesse, on l'entendait toujours. Il remplissait l'air, étant partout à la fois. C'était une espèce d'ubiquité presque irritante ; pas d'arrêt possible avec lui. L'énorme barricade le sentait sur sa croupe. Il gênait les flâneurs, il excitait les paresseux, il ranimait les fatigués, il impatientait les pensifs, mettait les uns en gaîté, les autres en haleine, les autres en colère, tous en mouvement, piquait un étudiant, mordait un ouvrier, se posait, s'arrêtait, repartait, volait au-dessus du tumulte et de l'effort, sautait de ceux-ci à ceux-là, murmurait, bourdonnait, et harcelait tout l'attelage ; mouche de l'immense Coche révolutionnaire.

Le mouvement perpétuel était dans ses petits bras et la clameur perpétuelle dans ses petits poumons :

— Hardi ! encore des pavés ! encore des tonneaux ! encore des machins ! où y en a-t-il ? Une hottée de plâtras pour me boucher ce trou-là. C'est tout petit, votre barricade. Il faut que ça monte. Mettez-y tout, flanquez-y tout, fichez-y tout. Cassez la maison. Une barricade, c'est le thé de la mère Gibou. Tenez, voilà une porte vitrée.

Ceci fit exclamer les travailleurs.

— Une porte vitrée ! qu'est-ce que tu veux qu'on fasse d'une porte vitrée, tubercule ?

— Hercules vous-mêmes ! riposta Gavroche. Une porte vitrée dans la barricade, c'est excellent. Ça n'empêche pas de l'attaquer, mais ça gêne pour la prendre. Vous n'avez donc jamais chipé des pommes par-dessus un mur où il y avait des culs de bouteilles ? Une porte vitrée, ça coupe les cors aux pieds de la garde nationale quand elle veut monter sur la barricade. Pardi ! le verre est traître. Ah çà, vous n'avez pas une imagination effrénée, mes camarades !

Du reste, il était furieux de son pistolet sans chien. Il allait de l'un à l'autre, réclamant :

— Un fusil ! je veux un fusil ! Pourquoi ne me donne-t-on pas un fusil ?

— Un fusil à toi ! dit Combeferre.

— Tiens ! répliqua Gavroche[11], pourquoi pas ? J'en

ai bien eu un en 1830 quand on s'est disputé avec Charles X !

Enjolras haussa les épaules.

— Quand il y en aura pour les hommes, on en donnera aux enfants.

Gavroche se tourna fièrement, et lui répondit :

— Si tu es tué avant moi, je te prends le tien.

— Gamin[12] ! dit Enjolras.

— Blanc-bec ! dit Gavroche.

Un élégant fourvoyé qui flânait au bout de la rue, fit diversion.

Gavroche lui cria :

— Venez avec nous, jeune homme ! Eh bien, cette vieille patrie, on ne fait donc rien pour elle ?

L'élégant s'enfuit.

V

LES PRÉPARATIFS

Les journaux du temps qui ont dit que la barricade de la rue de la Chanvrerie, cette *construction presque inexpugnable,* comme ils l'appellent, atteignait au niveau d'un premier étage, se sont trompés. Le fait est qu'elle ne dépassait pas une hauteur moyenne de six ou sept pieds. Elle était bâtie de manière que les combattants pouvaient, à volonté, ou disparaître derrière, ou dominer le barrage et même en escalader la crête au moyen d'une quadruple rangée de pavés superposés et arrangés en gradins à l'intérieur. Au dehors le front de la barricade, composé de piles de pavés et de tonneaux reliés par des poutres et des planches qui s'enchevêtraient dans les roues de la charrette Anceau et de l'omnibus renversé, avait un aspect hérissé et inextricable. Une coupure suffisante pour qu'un homme y pût passer avait été ménagée entre le mur des maisons et l'extrémité de la barricade la plus éloignée du cabaret, de façon[1] qu'une sortie était possible. La flèche de l'omnibus était dressée droite et[2] maintenue avec des cordes, et un drapeau rouge, fixé à cette flèche, flottait sur la barricade.

La petite barricade Mondétour, cachée derrière la maison du cabaret, ne s'apercevait pas. Les deux barricades réunies formaient une véritable redoute. Enjolras et Courfeyrac n'avaient pas jugé à propos de barricader l'autre tronçon de la rue Mondétour qui ouvre par la rue des Prêcheurs une issue sur les Halles, voulant sans doute conserver une communication possible avec le dehors et redoutant peu d'être attaqués par la dangereuse et difficile ruelle des Prêcheurs.

A cela près de cette issue restée libre, qui constituait ce que Folard[3], dans son style stratégique, eût appelé un boyau, et en tenant compte aussi de la coupure exiguë ménagée sur la rue de la Chanvrerie, l'intérieur de la barricade, où le cabaret faisait un angle saillant, présentait un quadrilatère irrégulier fermé de toutes parts. Il y avait une vingtaine de pas d'intervalle entre le grand barrage et les hautes maisons qui formaient le fond de la rue, en sorte qu'on pouvait dire que la barricade était adossée à ces maisons, toutes habitées, mais closes du haut en bas.

Tout ce travail se fit sans empêchement en moins d'une heure et sans que cette poignée d'hommes hardis vît surgir un bonnet à poil ni une baïonnette. Les bourgeois peu fréquents qui[4] se hasardaient encore à ce moment de l'émeute dans la rue Saint-Denis jetaient un coup d'œil rue de la Chanvrerie, apercevaient la barricade, et doublaient le pas.

Les deux barricades terminées, le drapeau arboré, on traîna une table hors du cabaret; et Courfeyrac monta sur la table[5]. Enjolras apporta le coffre carré et Courfeyrac l'ouvrit. Ce coffre était rempli de cartouches[6]. Quand on vit les cartouches, il y eut un tressaillement parmi les plus braves et un moment de silence. Courfeyrac les distribua en souriant.

Chacun reçut trente cartouches. Beaucoup avaient de la poudre et se mirent à en faire d'autres avec les balles qu'on fondait. Quant au baril de poudre, il était sur une table à part, près de la porte, et on le réserva[7].

Le rappel, qui parcourait tout Paris[8], ne discontinuait pas, mais cela avait fini par ne plus être qu'un bruit[9] monotone auquel ils ne faisaient plus attention. Ce bruit tantôt s'éloignait, tantôt s'approchait, avec des ondulations lugubres.

On chargea les fusils et les carabines, tous ensemble, sans précipitation, avec une gravité solennelle. Enjolras alla placer trois sentinelles hors des barricades, l'une rue de la Chanvrerie, la seconde rue des Prêcheurs, la troisième au coin de la Petite-Truanderie.

Puis, les barricades bâties, les postes assignés, les fusils chargés, les vedettes posées, seuls dans ces rues redoutables où personne ne passait plus, entourés de ces maisons muettes et comme mortes où ne palpitait aucun mouvement humain, enveloppés des ombres croissantes du crépuscule qui commençait[10], au milieu de cette obscurité et de ce silence où l'on sentait s'avancer quelque chose et qui avaient je ne sais quoi de tragique et de terrifiant[11], isolés, armés, déterminés, tranquilles, ils attendirent.

VI

En attendant[1]

Dans ces heures d'attente, que firent-ils?
Il faut bien que nous le disions, puisque ceci est de l'histoire.

Tandis que les hommes faisaient des cartouches et les femmes de la charpie, tandis qu'une large casserole, pleine d'étain et de plomb fondu destiné au moule à balles, fumait sur un réchaud ardent, pendant que les vedettes veillaient l'arme au bras sur la barricade, pendant qu'Enjolras, impossible à distraire, veillait sur les vedettes, Combeferre, Courfeyrac, Jean Prouvaire, Feuilly, Bossuet, Joly, Bahorel, quelques autres encore, se cherchèrent et se réunirent[2], comme aux plus paisibles jours de leurs causeries d'écoliers, et dans un coin de ce cabaret changé en casemate, à deux pas de la redoute[3] qu'ils avaient élevée, leurs carabines amorcées et chargées appuyées au dossier[4] de leur chaise, ces beaux jeunes gens, si voisins d'une heure suprême, se mirent à dire des vers d'amour.

Quels vers? Les voici:

> Vous rappelez-vous notre douce vie[5],
> Lorsque nous étions si jeunes tous deux,
> Et que nous n'avions au cœur d'autre envie
> Que d'être bien mis et d'être amoureux!
>
> Lorsqu'en ajoutant votre âge à mon âge,
> Nous ne comptions pas à deux quarante ans,

Et que, dans notre humble et petit ménage,
Tout, même l'hiver, nous était printemps!

Beaux jours! Manuel était fier et sage,
Paris s'asseyait à de saints banquets,
Foy lançait la foudre, et votre corsage
Avait une épingle où je me piquais[6].

Tout vous contemplait. Avocat sans causes,
Quand je vous menais au Prado dîner,
Vous étiez jolie au point que les roses
Me faisaient l'effet de se retourner.

Je les entendais dire : Est-elle belle!
Comme elle sent bon! quels cheveux à flots!
Sous son mantelet elle cache une aile;
Son bonnet charmant est à peine éclos.

J'errais avec toi, pressant ton bras souple[7].
Les passants croyaient que l'amour charmé
Avait marié, dans notre heureux couple,
Le doux mois d'avril au beau mois de mai.

Nous vivions cachés, contents, porte close,
Dévorant l'amour, bon fruit défendu;
Ma bouche n'avait pas dit une chose
Que déjà ton cœur avait répondu.

La Sorbonne était l'endroit bucolique
Où je t'adorais du soir au matin.
C'est ainsi qu'une âme amoureuse applique
La carte du Tendre au pays latin[8].

O place Maubert! O place Dauphine!
Quand, dans le taudis frais et printanier,
Tu tirais ton bas sur ta jambe fine,
Je voyais un astre au fond du grenier.

J'ai fort lu Platon, mais rien ne m'en reste;
Mieux que Malebranche et que Lamennais,
Tu me démontrais la bonté céleste
Avec une fleur que tu me donnais.

Je t'obéissais, tu m'étais soumise.
O grenier doré! te lacer! te voir
Aller et venir dès l'aube en chemise,
Mirant ton front jeune[9] à ton vieux miroir!

> Et qui donc pourrait perdre la mémoire
> De ces temps d'aurore et de firmament,
> De rubans, de fleurs, de gaze et de moire,
> Où l'amour bégaye un argot charmant[10]!
>
> Nos jardins étaient un pot de tulipe;
> Tu masquais la vitre avec un jupon;
> Je prenais le bol de terre de pipe,
> Et je te donnais la tasse en japon.
>
> Et ces grands malheurs qui nous faisaient rire!
> Ton manchon brûlé, ton boa perdu!
> Et ce cher portrait du divin Shakspeare
> Qu'un soir pour souper nous avons vendu!
>
> J'étais mendiant, et toi charitable.
> Je baisais au vol tes bras frais et ronds.
> Dante in-folio nous servait de table
> Pour manger gaîment un cent de marrons.
>
> La première fois qu'en mon joyeux bouge[11]
> Je pris un baiser à ta lèvre en feu,
> Quand tu t'en allas décoiffée et rouge,
> Je restai tout pâle et je crus en Dieu[12]!
>
> Te rappelles-tu nos bonheurs sans nombre,
> Et tous ces fichus changés en chiffons!
> Oh! que de soupirs, de nos cœurs pleins d'ombre,
> Se sont envolés dans les cieux profonds!

L'heure, le lieu, ces souvenirs de jeunesse rappelés, quelques étoiles qui commençaient à briller au ciel, le repos funèbre de ces rues désertes, l'imminence de l'aventure inexorable qui se préparait, donnaient un charme pathétique à ces vers murmurés à demi-voix dans le crépuscule par Jean Prouvaire qui, nous l'avons dit, était un doux poëte[13].

Cependant on avait allumé un lampion dans la petite barricade, et, dans la grande, une de ces torches de cire comme on en rencontre le mardi gras en avant des voitures chargées de masques qui vont à la Courtille. Ces torches, on l'a vu, venaient du faubourg Saint-Antoine.

La torche avait été placée dans une espèce de cage de pavés fermée de trois côtés pour l'abriter du vent, et disposée de façon que toute la lumière tombait sur le drapeau. La rue et la barricade restaient plongées dans l'obscurité, et l'on ne voyait rien que le drapeau rouge formidablement éclairé comme par une énorme lanterne sourde.

Cette lumière ajoutait à l'écarlate du drapeau je ne sais quelle pourpre terrible.

VII

L'homme recruté rue des Billettes

La nuit était tout à fait tombée, rien ne venait. On n'entendait que des rumeurs confuses, et par instants des fusillades, mais rares, peu nourries et lointaines[1]. Ce répit, qui se prolongeait, était signe que le gouvernement prenait son temps et ramassait ses forces. Ces cinquante hommes en attendaient soixante mille.

Enjolras se sentit pris de cette impatience qui saisit les âmes fortes au seuil des événements redoutables. Il alla trouver Gavroche qui s'était mis à fabriquer des cartouches[2] dans la salle basse à la clarté douteuse de deux chandelles, posées sur le comptoir par précaution à cause de la poudre répandue sur les tables[3]. Ces deux chandelles ne jetaient aucun rayonnement au dehors. Les insurgés en outre avaient eu soin de ne point allumer de lumière dans les étages supérieurs.

Gavroche en ce moment était fort préoccupé, non pas précisément de ses cartouches. L'homme de la rue des Billettes venait d'entrer dans la salle basse et était allé s'asseoir à la table la moins éclairée. Il lui était échu un fusil de munition grand modèle, qu'il tenait entre ses jambes. Gavroche jusqu'à cet instant, distrait par cent choses « amusantes », n'avait pas même vu cet homme.

Lorsqu'il entra, Gavroche le suivit machinalement des yeux, admirant son fusil, puis, brusquement, quand l'homme fut assis, le gamin se leva. Ceux qui auraient épié l'homme jusqu'à ce moment l'auraient vu tout observer dans la barricade et dans la bande des insurgés avec une attention singulière; mais depuis qu'il était entré dans la salle, il avait été pris d'une sorte de recueillement et semblait ne plus rien voir de ce qui se passait. Le gamin s'approcha de ce personnage pensif et se mit à tourner autour de lui sur la pointe du pied comme on marche auprès de quelqu'un qu'on craint de réveiller. En même temps, sur son visage enfantin, à la fois si effronté et si sérieux, si évaporé et si profond, si gai et si navrant, passaient toutes ces grimaces de vieux qui signifient : — Ah bah ! — pas possible ! — j'ai la berlue ! — je rêve ! — est-ce que ce serait ?... — non, ce n'est pas ! — mais si ! — mais non ! etc. Gavroche se balançait sur ses talons, crispait ses deux poings dans ses poches, remuait le cou comme un oiseau, dépensait en une lippe démesurée toute la sagacité de sa lèvre inférieure[4]. Il était stupéfait, incertain, incrédule, convaincu, ébloui. Il avait la mine du chef des eunuques au marché des esclaves découvrant une Vénus parmi les dondons, et l'air d'un amateur[5] reconnaissant un Raphaël dans un tas de croûtes. Tout chez lui était en travail, l'instinct qui flaire et l'intelligence qui combine. Il était évident qu'il arrivait un événement à Gavroche.

C'est au plus fort de cette préoccupation qu'Enjolras l'aborda.

— Tu es petit, dit Enjolras, on ne te verra pas. Sors des barricades, glisse-toi le long des maisons, va un peu partout par les rues[6], et reviens me dire ce qui se passe.

Gavroche se haussa sur ses hanches.

— Les petits sont donc bons à quelque chose ! c'est bien heureux ! J'y vas. En attendant fiez-vous aux petits, méfiez-vous des grands...

Et Gavroche, levant la tête et baissant la voix, ajouta, en désignant l'homme de la rue des Billettes :

— Vous voyez bien ce grand-là ?
— Eh bien ?
— C'est un mouchard.
— Tu es sûr ?
— Il n'y a pas quinze jours qu'il m'a enlevé par l'oreille de la corniche du pont Royal où je prenais l'air.

Enjolras quitta vivement le gamin et murmura quelques mots très bas à un ouvrier du port aux vins qui se trouvait là. L'ouvrier sortit de la salle et y rentra presque tout de suite accompagné de trois autres. Ces quatre hommes, quatre portefaix aux larges épaules, allèrent se placer, sans rien faire qui pût attirer son attention, derrière la table où était accoudé l'homme de la rue des Billettes. Ils étaient prêts à se jeter sur lui.

Alors Enjolras s'approcha de l'homme et lui demanda :
— Qui êtes-vous ?

A cette question brusque, l'homme eut un soubresaut. Il plongea son regard jusqu'au fond de la prunelle candide d'Enjolras et parut y saisir sa pensée. Il sourit d'un sourire qui était tout ce qu'on peut voir au monde de plus dédaigneux, de plus énergique et de plus résolu, et répondit avec une gravité hautaine :
— Je vois ce que c'est... Eh bien oui !
— Vous êtes mouchard ?
— Je suis agent de l'autorité.
— Vous vous appelez ?
— Javert.

Enjolras fit signe aux quatre hommes. En un clin d'œil, avant que Javert eût eu le temps de se retourner, il fut colleté[7], terrassé, garrotté, fouillé.

On trouva sur lui une petite carte ronde collée entre deux verres et portant d'un côté les armes de France gravées, avec cette légende : *Surveillance et vigilance,* et de l'autre[8] cette mention : JAVERT, inspecteur de police, âgé de cinquante-deux ans ; et la signature du préfet de police d'alors, M. Gisquet.

Il avait en outre sa montre et sa bourse, qui contenait quelques pièces d'or. On lui laissa la bourse et la montre. Derrière la montre, au fond du gousset, on tâta et l'on saisit un papier sous enveloppe qu'Enjolras déplia et où il lut ces cinq lignes écrites de la main même du préfet de police :

« Sitôt sa mission politique remplie, l'inspecteur Javert s'assurera, par une surveillance spéciale, s'il est vrai que des malfaiteurs aient des allures sur la berge de la rive droite de la Seine, près le pont d'Iéna. »

Le fouillage terminé, on redressa Javert, on lui noua[9] les bras derrière le dos et on l'attacha au milieu de la salle basse à ce poteau célèbre qui avait jadis donné son nom au cabaret.

Gavroche[10], qui avait assisté à toute la scène et tout approuvé d'un hochement de tête silencieux, s'approcha de Javert et lui dit :
— C'est la souris qui a pris le chat.

Tout cela s'était exécuté si rapidement que c'était fini quand on s'en aperçut autour du cabaret. Javert n'avait pas jeté un cri.

En voyant Javert lié au poteau, Courfeyrac, Bossuet, Joly, Combeferre, et les hommes dispersés dans les deux barricades, accoururent.

Javert, adossé au poteau, et si entouré de cordes qu'il ne pouvait faire un mouvement, levait la tête avec la sérénité intrépide de[11] l'homme qui n'a jamais menti.

— C'est un mouchard, dit Enjolras.

Et se tournant vers Javert :

— Vous serez fusillé deux minutes avant que la barricade soit prise.

Javert répliqua de son accent le plus impérieux :

— Pourquoi pas tout de suite[12] ?

— Nous ménageons la poudre.

— Alors finissez-en d'un coup de couteau.

— Mouchard, dit le bel Enjolras, nous sommes des juges et non des assassins.

Puis il appela Gavroche.

— Toi ! va à ton affaire ! Fais ce que je t'ai dit.

— J'y vas, cria Gavroche.

Et s'arrêtant au moment de partir :

— A propos, vous me donnerez son fusil !

Et il ajouta : Je vous laisse le musicien, mais je veux la clarinette[13].

Le gamin fit le salut militaire et franchit gaîment la coupure de la grande barricade[14].

VIII

Plusieurs points d'interrogation a propos d'un nommé Le Cabuc qui ne se nommait peut-être pas Le Cabuc

La peinture tragique que nous avons entreprise ne serait pas complète, le lecteur ne verrait pas dans leur relief exact et réel ces grandes minutes de gésine sociale et d'enfantement révolutionnaire où il y a de la convulsion mêlée à l'effort, si nous omettions, dans l'esquisse ébauchée ici, un incident plein d'une horreur épique et farouche qui survint presque aussitôt après le départ de Gavroche.

Les attroupements, comme on sait, font boule de neige et agglomèrent en roulant un tas d'hommes tumultueux. Ces hommes ne se demandent pas entre eux d'où ils viennent. Parmi les passants qui s'étaient réunis au rassemblement conduit par Enjolras, Combeferre et Courfeyrac, il y avait un être portant la veste du portefaix usée aux épaules, qui gesticulait et vociférait et avait la mine d'une espèce d'ivrogne sauvage. Cet homme, un nommé ou surnommé Le Cabuc, et du reste tout à fait inconnu de ceux qui prétendaient le connaître, très ivre, ou faisant semblant, s'était attablé avec quelques autres à une table qu'ils avaient tirée en dehors du cabaret. Ce Cabuc, tout en faisant boire ceux qui lui tenaient tête, semblait considérer d'un air de réflexion la grande maison du fond de la barricade dont les cinq étages dominaient toute la rue et faisaient face à la rue Saint-Denis. Tout à coup il s'écria :

— Camarades, savez-vous ? c'est de cette maison-là qu'il faudrait tirer. Quand nous serons là aux croisées, du diable si quelqu'un avance dans la rue !

— Oui, mais la maison est fermée, dit un des buveurs.

— Cognons !

— On n'ouvrira pas.

— Enfonçons la porte !

Le Cabuc court à la porte qui avait un marteau fort massif, et frappe[1]. La porte ne s'ouvre pas. Il frappe un second coup. Personne ne répond. Un troisième coup. Même silence.

— Y a-t-il quelqu'un ici ? crie Le Cabuc.

Rien ne bouge.

Alors il saisit un fusil et commence à battre la porte à coups de crosse. C'était une vieille porte d'allée, cintrée, basse, étroite, solide, toute en chêne, doublée à l'intérieur[2] d'une feuille de tôle et d'une armature de fer, une vraie poterne de bastille. Les coups de crosse faisaient trembler la maison, mais n'ébranlaient pas la porte.

Toutefois il est probable que les habitants[3] s'étaient émus, car on vit enfin s'éclairer et s'ouvrir une petite lucarne carrée au troisième étage, et apparaître à cette lucarne une chandelle et la tête béate et effrayée d'un bonhomme en cheveux gris qui était le portier.

L'homme qui cognait s'interrompit.

— Messieurs, demanda le portier, que désirez-vous ?

— Ouvre ! dit Le Cabuc.

— Messieurs, cela ne se peut pas.

— Ouvre toujours !

— Impossible, messieurs !

Le Cabuc[4] prit son fusil et coucha en joue le portier ; mais comme il était en bas, et qu'il faisait très noir[5], le portier ne le vit point.

— Oui ou non, veux-tu ouvrir ?

— Non, messieurs !

— Tu dis non ?

— Je dis non, mes bons...

Le portier n'acheva pas. Le coup de fusil était lâché ; la balle lui était entrée sous le menton et était sortie par la nuque après avoir traversé la jugulaire. Le vieillard s'affaissa sur lui-même sans pousser un soupir. La chandelle tomba et s'éteignit, et l'on ne vit plus rien qu'une tête immobile posée au bord de la lucarne et un peu de fumée blanchâtre qui s'en allait vers le toit.

— Voilà ! dit Le Cabuc en laissant retomber sur le pavé la crosse de son fusil.

Il avait à peine prononcé ce mot qu'il sentit une main qui se posait[6] sur son épaule avec la pesanteur d'une serre d'aigle, et il entendit une voix qui lui disait :

— A genoux.

Le meurtrier se retourna et vit devant lui la figure blanche et froide d'Enjolras. Enjolras avait un pistolet à la main.

A la détonation, il était arrivé. Il avait empoigné[7] de sa main gauche le collet, la blouse, la chemise et la bretelle du Cabuc.

— A genoux, répéta-t-il.

Et d'un mouvement souverain le frêle jeune homme de vingt ans plia comme un roseau le crocheteur trapu et robuste et l'agenouilla dans la boue. Le Cabuc essaya de résister, mais il semblait qu'il eût été saisi par un poing surhumain.

Pâle, le col nu, les cheveux épars, Enjolras, avec son visage de femme, avait en ce moment je ne sais quoi de la Thémis antique. Ses narines gonflées, ses yeux baissés donnaient à son implacable profil grec cette expression de colère et cette expression de chasteté qui, au[8] point de vue de l'ancien monde, conviennent à la justice.

Toute la barricade était accourue, puis tous s'étaient rangés en cercle à distance, sentant qu'il était impossible de prononcer une parole devant la chose qu'ils allaient voir.

Le Cabuc, vaincu, n'essayait plus de se débattre et tremblait de tous ses membres. Enjolras le lâcha et tira sa montre.

— Recueille-toi, dit-il. Prie ou pense[9]. Tu as une minute.

— Grâce ! murmura le meurtrier ; puis il baissa la tête et balbutia quelques jurements inarticulés.

Enjolras ne quitta pas la montre des yeux ; il laissa passer la minute, puis il remit la montre dans son gousset. Cela fait, il prit par les cheveux Le Cabuc qui[10] se pelotonnait contre ses genoux en hurlant et lui appuya sur l'oreille le canon de son pistolet. Beaucoup de ces hommes intrépides, qui étaient si tranquillement entrés dans la plus effrayante des aventures, détournèrent la tête[11].

On entendit l'explosion, l'assassin[12] tomba sur le pavé le front en avant, et Enjolras se redressa et promena autour de lui son regard convaincu et sévère[13].

Puis il poussa du pied le cadavre et dit :

— Jetez cela dehors.

Trois hommes soulevèrent le corps du misérable qu'agitaient les dernières convulsions machinales de la vie expirée, et le jetèrent par-dessus la petite barricade dans la ruelle Mondétour.

Enjolras[14] était demeuré pensif. On ne sait quelles ténèbres grandioses se répandaient lentement sur sa redoutable sérénité. Tout à coup il éleva la voix. On fit silence.

— Citoyens, dit Enjolras, ce que cet homme a fait est effroyable et ce que j'ai fait est horrible. Il a tué, c'est pourquoi je l'ai tué. J'ai dû le faire, car l'insurrection doit avoir sa discipline. L'assassinat est encore plus un crime ici qu'ailleurs ; nous sommes sous le regard de la révolution, nous sommes les prêtres de la république, nous sommes les hosties du devoir, et il ne faut pas qu'on puisse calomnier notre combat. J'ai donc jugé et condamné à mort cet homme. Quant à moi, contraint de faire ce que j'ai fait, mais l'abhorrant, je me suis jugé aussi, et vous verrez tout à l'heure à quoi je me suis condamné.

Ceux qui écoutaient tressaillirent.

— Nous partagerons ton sort, cria Combeferre.

— Soit, reprit Enjolras. Encore un mot. En exécutant cet homme, j'ai obéi à la nécessité ; mais la nécessité est un monstre du vieux monde ; la nécessité s'appelle Fatalité. Or, la loi du progrès, c'est que les monstres disparaissent devant les anges, et que la Fatalité s'évanouisse devant la fraternité. C'est un mauvais moment pour prononcer le mot amour. N'importe, je le prononce, et je le glorifie. Amour, tu as l'avenir. Mort, je me sers de toi, mais je te hais. Citoyens, il n'y aura dans l'avenir ni ténèbres, ni coups de foudre, ni ignorance féroce, ni talion sanglant. Comme il n'y aura plus de Satan, il n'y aura plus de Michel. Dans l'avenir personne ne tuera personne, la terre rayonnera, le genre humain aimera. Il viendra, citoyens, ce jour où tout sera concorde, harmonie, lumière, joie et vie, il viendra. Et c'est pour qu'il vienne que nous allons mourir.

Enjolras se tut. Ses lèvres de vierge se refermèrent ; et il resta quelque temps debout à l'endroit où il avait versé le sang, dans une immobilité de marbre. Son œil fixe faisait qu'on parlait bas autour de lui.

Jean Prouvaire et Combeferre se serraient la main silencieusement, et, appuyés l'un sur l'autre à l'angle de la barricade, considéraient avec une admiration où il y avait de la compassion ce grave jeune homme, bourreau et prêtre, de lumière comme le cristal, et de roche aussi.

Disons tout de suite que plus tard, après l'action, quand les cadavres furent portés à la morgue et fouillés, on trouva sur Le Cabuc une carte d'agent de police. L'auteur de ce livre a eu entre les mains, en 1848, le rapport spécial fait à ce sujet au préfet de police de 1832.

Ajoutons que, s'il faut en croire une tradition de police étrange, mais probablement fondée, Le Cabuc, c'était Claquesous. Le fait est qu'à partir de la mort du Cabuc, il ne fut plus question de Claquesous. Claquesous n'a laissé nulle trace de sa disparition ; il semblerait s'être amalgamé à l'invisible. Sa vie avait été ténèbres ; sa fin fut nuit.

Tout le groupe insurgé était encore dans l'émotion de ce procès tragique si vite instruit et si vite terminé, quand Courfeyrac revit dans la barricade le petit jeune homme qui le matin avait demandé chez lui Marius.

Ce garçon, qui avait l'air hardi et insouciant, était venu à la nuit rejoindre les insurgés.

LIVRE TREIZIÈME

MARIUS ENTRE DANS L'OMBRE

I

DE LA RUE PLUMET AU QUARTIER SAINT-DENIS

Cette voix qui à travers le crépuscule avait appelé Marius à la barricade de la rue de la Chanvrerie lui avait fait l'effet de la voix de la destinée. Il voulait mourir, l'occasion s'offrait; il frappait à la porte du tombeau, une main dans l'ombre lui en tendait la clef. Ces lugubres ouvertures qui se font dans les ténèbres devant le désespoir sont tentantes[1]. Marius écarta la grille qui l'avait tant de fois laissé passer, sortit du jardin et dit : « Allons ! »

Fou de douleur, ne se sentant plus rien de fixe et de solide dans le cerveau, incapable de rien accepter désormais du sort après ces deux mois passés dans les enivrements de la jeunesse et de l'amour, accablé à la fois par toutes les rêveries du désespoir, il n'avait plus qu'un désir : en finir bien vite. Il se mit à marcher rapidement. Il se trouvait précisément qu'il était armé, ayant sur lui les pistolets de Javert[2].

Le jeune homme qu'il avait cru apercevoir s'était perdu à ses yeux dans les rues[3].

Marius, qui était sorti de la rue Plumet par le boulevard, traversa l'Esplanade et le pont des Invalides, les Champs-Élysées, la place Louis XV[4], et gagna la rue de Rivoli. Les magasins y étaient ouverts, le gaz y brûlait sous les arcades, les femmes achetaient dans les boutiques, on prenait des glaces au café Laiter, on mangeait des petits gâteaux à la pâtisserie anglaise. Seulement quelques chaises de poste partaient au galop de l'hôtel des Princes et de l'hôtel Meurice.

Marius entra par le passage Delorme[5] dans la rue Saint-Honoré. Les boutiques y étaient fermées, les marchands causaient devant leurs portes entr'ouvertes, les passants circulaient, les réverbères étaient allumés, à partir du premier étage toutes les croisées étaient[6] éclairées comme à l'ordinaire. Il y avait de la cavalerie sur la place du Palais-Royal.

Marius suivit la rue Saint-Honoré. A mesure qu'il s'éloignait du Palais-Royal, il y avait moins de fenêtres éclairées; les boutiques étaient tout à fait closes, personne ne causait sur les seuils, la rue s'assombrissait et en même temps la foule s'épaississait. Car les passants maintenant étaient une foule. On ne voyait personne parler dans cette foule, et pourtant il en sortait un bourdonnement sourd et profond.

Vers la fontaine de l'Arbre-Sec, il y avait « des rassemblements », espèces de groupes immobiles et sombres qui étaient parmi les allants et venants comme des pierres au milieu[7] d'une eau courante.

A l'entrée de la rue des Prouvaires[8], la foule ne marchait plus. C'était un bloc résistant, massif[9], solide, compact, presque impénétrable, de gens entassés qui[10] s'entretenaient tout bas. Il n'y avait là presque plus d'habits noirs ni de chapeaux ronds. Des sarraus, des blouses, des casquettes, des têtes hérissées et terreuses. Cette multitude ondulait confusément dans la brume nocturne. Son chuchotement avait l'accent rauque d'un frémissement. Quoique pas un ne marchât, on entendait un piétinement dans la boue. Au delà de cette épaisseur de foule, dans la rue du Roule, dans la rue des Prouvaires et dans le prolongement de la rue Saint-Honoré, il n'y avait plus une seule vitre où brillât une chandelle. On voyait s'enfoncer dans ces rues les files solitaires et[11] décroissantes des lanternes. Les lanternes de ce temps-là ressemblaient à de grosses étoiles rouges pendues à des cordes et jetaient sur le pavé une ombre qui avait la forme d'une grande araignée. Ces rues n'étaient pas désertes. On y distinguait des fusils en faisceaux, des bayonnettes remuées et des troupes bivouaquant. Aucun curieux ne dépassait cette limite. Là cessait la circulation. Là finissait la foule et commençait l'armée.

Marius voulait avec la volonté de l'homme qui n'espère plus. On l'avait appelé, il fallait qu'il allât. Il trouva le moyen de traverser la foule et de traverser le bivouac des troupes, il se déroba aux patrouilles, il évita les sentinelles. Il fit un détour, gagna la rue de Béthisy[12], et se dirigea vers les Halles. Au coin de la rue des Bourdonnais il n'y avait plus de lanternes.

Après avoir franchi la zone de la foule, il avait dépassé la lisière des troupes; il se trouvait dans quelque chose d'effrayant. Plus un passant, plus un soldat, plus une lumière; personne. La solitude, le silence, la nuit; je ne sais quel froid qui saisissait. Entrer dans une rue, c'était entrer dans une cave.

Il continua d'avancer. Il fit quelques pas. Quelqu'un passa près de lui en courant. Était-ce un homme? une femme? étaient-ils plusieurs? Il n'eût pu le dire. Cela avait passé et s'était évanoui.

De circuit en circuit, il arriva dans une ruelle qu'il jugea être la rue de la Poterie; vers le milieu de cette ruelle[13] il se heurta à un obstacle. Il étendit les mains. C'était une charrette renversée; son pied reconnut des flaques d'eau, des fondrières, des pavés épars et amoncelés. Il y avait là une barricade ébauchée et abandonnée. Il escalada les pavés et se trouva de l'autre côté du barrage. Il marchait très près des bornes et se guidait sur le mur des maisons. Un peu au delà de la barricade, il lui sembla entrevoir devant lui quelque chose de blanc. Il approcha, cela prit une forme. C'étaient deux chevaux blancs; les chevaux de l'omnibus dételé le matin par Bossuet, qui avaient erré au hasard de rue en rue toute la journée et avaient fini par s'arrêter là, avec cette patience accablée[14] des brutes qui ne comprennent pas plus les actions de l'homme que l'homme ne comprend les actions de la providence.

Marius laissa les chevaux derrière lui. Comme il abordait une rue qui lui faisait l'effet d'être la rue du Contrat-Social[15], un coup de fusil, venu on ne sait d'où et qui traversait l'obscurité au hasard, siffla tout près de lui, et la balle perça au-dessus de sa tête un plat à barbe de cuivre suspendu à la boutique d'un coiffeur. On voyait encore, en 1846, rue du Contrat-Social, au coin des piliers des Halles, ce plat à barbe troué[16].

Ce coup de fusil, c'était encore de la vie. A partir de cet instant, il ne rencontra plus rien.

Tout cet itinéraire ressemblait à une descente de marches noires[17].

Marius n'en alla pas moins en avant.

II

Paris à vol de hibou

Un être qui eût plané sur Paris en ce moment avec l'aile de la chauve-souris ou de la chouette, eût eu sous les yeux un spectacle morne.

Tout ce vieux quartier des Halles, qui[1] est comme une ville dans la ville, que traversent les rues Saint-Denis et Saint-Martin, où se croisent mille ruelles et dont les insurgés avaient fait leur redoute et leur place d'armes, lui eût apparu comme un énorme trou sombre[2] creusé au centre de Paris. Là le regard tombait dans un abîme[3]. Grâce aux réverbères brisés, grâce aux fenêtres fermées, là cessait tout rayonnement[4], toute vie, toute rumeur, tout mouvement. L'invisible police de l'émeute veillait partout, et maintenait l'ordre, c'est-à-dire la nuit. Noyer le petit nombre dans une vaste obscurité, multiplier[5] chaque combattant par les possibilités que cette obscurité contient, c'est la tactique nécessaire de l'insurrection. A la chute du jour[6], toute croisée où une chandelle s'allumait avait reçu[7] une balle. La lumière était éteinte, quelquefois l'habitant tué. Aussi rien ne bougeait. Il n'y avait rien là que l'effroi, le deuil, la stupeur dans les maisons ; dans les rues une sorte[8] d'horreur sacrée. On n'y apercevait[9] même pas les longues rangées de fenêtres et d'étages, les dentelures des cheminées et des toits, les reflets vagues qui luisent sur le pavé boueux et mouillé. L'œil qui eût regardé d'en haut dans cet amas d'ombre[10] eût entrevu peut-être çà et là, de distance en distance, des clartés indistinctes faisant saillir des lignes brisées et bizarres, des profils de constructions singulières, quelque chose de pareil à des lueurs allant et venant dans des ruines ; c'est là qu'étaient[11] les barricades. Le reste était un lac d'obscurité, brumeux, pesant, funèbre, au-dessus duquel se dressaient, silhouettes immobiles et lugubres, la tour Saint-Jacques, l'église Saint-Merry, et deux ou trois autres de ces grands édifices dont l'homme fait des géants et dont la nuit fait des fantômes.

Tout autour de ce labyrinthe[12] désert et inquiétant, dans les quartiers où la circulation parisienne n'était pas anéantie et où quelques rares réverbères brillaient, l'observateur aérien eût pu distinguer la scintillation métallique[13] des sabres et des bayonnettes, le roulement sourd de l'artillerie, et le fourmillement des bataillons silencieux grossissant de minute en minute; ceinture formidable qui se serrait et se fermait lentement autour de l'émeute.

Le quartier investi n'était plus qu'une sorte de monstrueuse caverne; tout y paraissait endormi ou immobile, et, comme on vient de le voir, chacune des rues[14] où l'on pouvait arriver n'offrait rien que de l'ombre.

Ombre farouche[15], pleine de pièges, pleine de chocs inconnus et redoutables, où il était effrayant de pénétrer et épouvantable de séjourner, où ceux qui entraient frissonnaient devant ceux qui les attendaient, où ceux qui attendaient tressaillaient devant ceux qui allaient venir. Des combattants invisibles retranchés à[16] chaque coin de rue; les embûches du sépulcre cachées dans les épaisseurs de la nuit. C'était fini. Plus d'autre clarté à espérer là désormais que l'éclair des fusils, plus d'autre rencontre que l'apparition brusque et rapide de la mort. Où? comment? quand? On ne savait, mais c'était certain et inévitable. Là, dans ce lieu marqué pour la lutte[17], le gouvernement et l'insurrection, la garde nationale et les sociétés populaires, la bourgeoisie et l'émeute, allaient s'aborder à tâtons. Pour les uns comme pour les autres, la nécessité était la même. Sortir de là tués ou vainqueurs, seule issue possible désormais. Situation tellement extrême, obscurité tellement puissante, que les plus timides s'y sentaient pris de résolution et les plus hardis de terreur.

Du reste, des deux côtés, furie, acharnement, détermination égale. Pour les uns, avancer, c'était mourir, et personne ne songeait à reculer; pour les autres, rester, c'était mourir, et personne ne songeait à fuir.

Il était nécessaire que le lendemain tout fût terminé, que le triomphe fût ici ou là, que l'insurrection fût une révolution ou une échauffourée. Le gouvernement le comprenait comme les partis; le moindre bourgeois le sentait. De là une pensée d'angoisse qui se mêlait à l'ombre impénétrable de ce quartier où tout allait se décider; de là un redoublement d'anxiété autour de ce silence d'où allait sortir une catastrophe. On n'y entendait qu'un seul bruit, bruit déchirant comme un râle, menaçant comme une malédiction[18], le tocsin de Saint-Merry. Rien n'était glaçant comme la clameur de cette cloche éperdue et désespérée se lamentant dans les ténèbres.

Comme il arrive souvent, la nature semblait s'être mise d'accord avec ce que les hommes allaient faire. Rien ne dérangeait les funestes harmonies de cet ensemble. Les étoiles avaient disparu; des nuages lourds emplissaient tout l'horizon de leurs plis mélancoliques. Il y avait un ciel noir sur ces rues mortes, comme si un immense linceul se déployait sur cet immense tombeau.

Tandis qu'une bataille encore toute politique se préparait dans ce même emplacement qui avait vu déjà tant d'événements révolutionnaires, tandis que la jeunesse, les associations secrètes, les écoles, au nom des principes, et la classe moyenne, au nom des intérêts, s'approchaient pour se heurter, s'étreindre et se terrasser, tandis que chacun hâtait et appelait l'heure dernière et décisive de la crise, au loin et en dehors de ce quartier fatal, au plus profond des cavités insondables de ce vieux Paris misérable qui disparaît sous la splendeur du Paris heureux et opulent, on entendait gronder sourdement la sombre voix du peuple.

Voix effrayante et sacrée qui se compose du rugissement de la brute et de la parole de Dieu, qui terrifie les faibles et qui avertit les sages, qui vient tout à la fois d'en bas comme la voix du lion et d'en haut comme la voix du tonnerre.

III

L'EXTRÊME BORD

Marius était arrivé aux Halles.
Là tout était plus calme, plus obscur et plus immobile encore que dans les rues voisines. On eût dit que la paix glaciale du sépulcre était sortie de terre et s'était répandue sous le ciel.

Une rougeur pourtant découpait sur ce fond noir la haute toiture[1] des maisons qui barraient la rue de la Chanvrerie du côté de Saint-Eustache. C'était le reflet de la torche qui brûlait dans la barricade de Corinthe. Marius s'était dirigé sur cette rougeur. Elle l'avait amené au Marché-aux-Poirées[2], et il entrevoyait l'embouchure ténébreuse de la rue des Prêcheurs. Il y entra. La vedette des insurgés qui guettait à l'autre bout ne l'aperçut pas. Il se sentait tout près de ce qu'il était venu chercher, et il marchait sur la pointe du pied. Il arriva ainsi au coude de ce court[3] tronçon de la ruelle Mondétour qui était, on s'en souvient, la seule communication conservée par Enjolras[4] avec le dehors. Au coin de la dernière maison, à sa gauche, il avança la tête, et[5] regarda dans le tronçon Mondétour.

Un peu au delà de l'angle noir de la ruelle et de la rue de la Chanvrerie qui jetait une large nappe d'ombre où il était lui-même enseveli, il aperçut quelque lueur sur les pavés, un[6] peu du cabaret, et, derrière, un lampion clignotant dans une espèce de muraille informe, et des hommes accroupis ayant des fusils sur leurs genoux. Tout cela était à dix toises de lui. C'était l'intérieur de la barricade.

Les maisons qui bordaient la ruelle à droite lui cachaient[7] le reste du cabaret, la grande barricade et le drapeau.

Marius n'avait plus qu'un pas à faire. Alors le malheureux jeune homme s'assit sur une borne, croisa les bras, et songea à son père.

Il songea à cet héroïque colonel Pontmercy qui avait été un si fier soldat, qui avait gardé sous la République la frontière de France et touché sous l'Empereur la frontière d'Asie, qui avait vu Gênes, Alexandrie, Milan, Turin, Madrid, Vienne, Dresde, Berlin, Moscou, qui avait laissé sur tous les champs de victoire de l'Europe des gouttes de ce même sang que lui Marius avait dans les veines, qui[8] avait blanchi avant l'âge dans la discipline et le commandement, qui avait vécu le ceinturon bouclé, les épaulettes tombant sur la poitrine, la cocarde noircie par la poudre, le front plissé par le casque, sous la baraque, au camp, au bivouac, aux ambulances, et qui au bout de vingt ans était revenu des grandes guerres la joue balafrée, le visage souriant, simple, tranquille, admirable, pur comme un enfant, ayant tout fait pour la France et rien contre elle.

Il se dit que son jour à lui était venu aussi, que son heure avait enfin sonné, qu'après son père il allait, lui aussi, être brave, intrépide, hardi, courir au-devant des balles, offrir sa poitrine aux bayonnettes, verser son sang[9], chercher l'ennemi, chercher la mort, qu'il allait faire la guerre à son tour et descendre sur le champ de bataille, et que ce champ de bataille où il allait descendre, c'était la rue, et que cette guerre qu'il allait faire, c'était la guerre civile !

Il vit la guerre civile ouverte comme un gouffre devant lui et que c'était là qu'il allait tomber. Alors il frissonna.

Il songea à cette épée de son père que son aïeul avait vendue à un brocanteur, et qu'il avait, lui, si douloureusement[10] regrettée. Il se dit qu'elle avait bien fait, cette vaillante et chaste épée, de lui échapper et de s'en aller irritée dans les ténèbres ; que si elle s'était enfuie ainsi, c'est qu'elle était intelligente et qu'elle prévoyait l'avenir ; c'est qu'elle pressentait l'émeute, la guerre des ruisseaux, la guerre des pavés, les fusillades par les soupiraux des caves, les coups donnés et reçus par derrière ; c'est que, venant de Marengo et de Friedland, elle ne[11] voulait pas aller rue de la Chanvrerie, c'est qu'après ce qu'elle avait fait avec le père, elle ne voulait pas faire cela avec le fils ! Il se dit que si cette épée était là, si, l'ayant recueillie au chevet de son père mort, il avait osé la prendre et l'emporter pour ce combat de nuit entre Français dans un carrefour, à coup sûr elle lui brûlerait les mains et se mettrait à flamboyer devant lui comme l'épée de l'ange ! Il se dit qu'il était heureux qu'elle n'y fût pas et qu'elle eût disparu, que cela était bien, que cela était juste, que son aïeul avait été le vrai gardien de la gloire de son père, et qu'il valait mieux que l'épée du colonel eût été criée à l'encan, vendue au fripier, jetée aux ferrailles, que de faire aujourd'hui saigner le flanc de la patrie.

Et puis il se mit à pleurer amèrement.

Cela était horrible. Mais que faire ? Vivre sans Cosette, il ne le pouvait[12]. Puisqu'elle était partie, il fallait bien qu'il mourût. Ne lui avait-il pas donné sa parole d'honneur qu'il mourrait ? Elle était partie sachant cela ; c'est qu'il lui plaisait que Marius mourût. Et puis[13] il était clair qu'elle ne l'aimait plus, puisqu'elle s'en était allée ainsi, sans l'avertir, sans un mot, sans une lettre, et elle savait son adresse ! A quoi bon vivre et pourquoi vivre à présent ? Et puis, quoi ! être venu jusque-là, et reculer !

s'être approché du danger, et s'enfuir ! être venu regarder dans la barricade, et s'esquiver ! s'esquiver tout tremblant en disant : au fait, j'en ai assez comme cela, j'ai vu, cela suffit, c'est la guerre civile, je m'en vais ! Abandonner ses amis qui l'attendaient ! qui avaient[14] peut-être besoin de lui ! qui étaient une poignée contre une armée ! Manquer à tout à la fois, à l'amour, à l'amitié, à sa parole ! Donner à sa poltronnerie le prétexte du patriotisme ! Mais cela était impossible, et si le fantôme de son père était là dans l'ombre et le voyait reculer, il lui fouetterait les reins du plat de son épée et lui crierait : Marche donc, lâche[15] !

En proie au va-et-vient de ses pensées, il baissait la tête.

Tout à coup[16] il la redressa. Une sorte de rectification splendide venait de se faire dans son esprit. Il y a une dilatation de pensée propre au voisinage de la tombe; être près de la mort, cela fait voir vrai. La vision de l'action dans laquelle il se sentait peut-être sur le point d'entrer lui apparut, non plus lamentable, mais superbe. La guerre de la rue se transfigura subitement, par on ne sait quel travail d'âme intérieur, devant l'œil de sa pensée. Tous les tumultueux points d'interrogation de la rêverie lui revinrent en foule, mais sans le troubler. Il n'en laissa aucun sans réponse.

Voyons, pourquoi son père s'indignerait-il? est-ce qu'il n'y a point des cas où l'insurrection monte à la dignité de devoir? qu'y aurait-il donc de diminuant pour le fils du colonel Pontmercy dans le combat qui s'engage? Ce n'est plus Montmirail ni Champaubert; c'est autre chose. Il ne s'agit plus d'un territoire sacré, mais d'une idée sainte. La patrie se plaint, soit; mais l'humanité applaudit. Est-il vrai d'ailleurs que la patrie se plaigne? La France saigne, mais la liberté sourit; et devant le sourire de la liberté, la France oublie sa plaie. Et puis, à voir les choses de plus haut encore, que viendrait-on parler de guerre civile?

La guerre civile? qu'est-ce à dire? Est-ce qu'il y a une guerre étrangère? Est-ce que toute guerre entre hommes n'est pas la guerre entre frères? La guerre ne se qualifie que par son but. Il n'y a ni guerre étrangère, ni guerre civile; il n'y a que la guerre injuste et la guerre juste. Jusqu'au jour où le grand concordat humain sera conclu, la guerre, celle du moins qui est l'effort de l'avenir qui se hâte contre le passé qui s'attarde, peut être nécessaire. Qu'a-t-on à reprocher à cette guerre-là ? La guerre ne devient honte, l'épée ne devient poignard que lorsqu'elle assassine le droit, le progrès, la raison, la civilisation, la vérité. Alors, guerre civile ou guerre étrangère, elle est inique ; elle s'appelle le crime. En dehors de cette chose sainte, la justice, de quel droit une forme de la guerre en mépriserait-elle une autre ? de quel droit l'épée de Washington renierait-elle la pique de Camille Desmoulins ? Léonidas contre l'étranger, Timoléon contre le tyran, lequel est le plus grand ? l'un est le défenseur, l'autre est le libérateur. Flétrira-t-on, sans s'inquiéter du but, toute prise d'armes dans l'intérieur de la cité ? alors notez d'infamie Brutus, Marcel, Arnould de Blankenheim, Coligny. Guerre de buissons ? guerre de rues ? Pourquoi pas ? c'était la guerre d'Ambiorix, d'Artevelde, de Marnix, de Pélage. Mais Ambiorix luttait contre Rome, Artevelde contre la France, Marnix contre l'Espagne, Pélage contre les Maures[17] ; tous contre l'étranger. Eh bien, la monarchie, c'est l'étranger ; l'oppression, c'est l'étranger ; le droit divin, c'est l'étranger. Le despotisme viole la frontière morale comme l'invasion viole la frontière géographique. Chasser le tyran ou chasser l'Anglais, c'est, dans les deux cas, reprendre son territoire. Il vient une heure où protester ne suffit plus ; après la philosophie il faut l'action ; la vive force achève ce que l'idée a ébauché ; *Prométhée enchaîné* commence, Aristogiton finit ; l'Encyclopédie éclaire les âmes, le 10 août les électrise. Après Eschyle, Thrasybule ; après Diderot, Danton. Les multitudes ont une tendance à accepter le maître. Leur masse dépose de l'apathie. Une foule se totalise aisément en obéissance. Il faut les remuer, les pousser, rudoyer les hommes par le bienfait même de leur délivrance, leur blesser les yeux par le vrai, leur jeter la lumière à poignées terribles. Il faut qu'ils soient eux-mêmes un peu foudroyés par leur propre salut ; cet éblouissement les réveille. De là la nécessité des tocsins et des guerres. Il faut que de grands combattants se lèvent, illuminent les nations par l'audace, et secouent cette triste humanité que couvrent d'ombre le droit divin, la gloire césarienne, la force, le fanatisme, le pouvoir irresponsable et les majestés absolues ; cohue stupidement occupée à contempler, dans leur splendeur crépusculaire, ces sombres triomphes de la nuit. A bas le tyran ! Mais quoi ? de qui parlez-vous ? appelez-vous Louis-Philippe tyran ? Non ; pas plus que Louis XVI. Ils sont tous deux ce que l'histoire a coutume de nommer de bons rois ; mais les principes ne se morcellent pas, la logique du vrai est rectiligne, le propre de la vérité, c'est de manquer de complaisance ; pas de concession donc ; tout empiétement sur l'homme doit être réprimé ; il y a le droit divin dans Louis XVI, il y a le *parce que Bourbon* dans Louis-Philippe ; tous deux représentent dans une certaine mesure la confiscation du droit, et pour déblayer l'usurpation universelle, il faut les combattre ; il le faut, la France étant toujours ce qui commence. Quand le maître tombe en France, il tombe partout. En somme, rétablir la vérité sociale, rendre son trône à la liberté, rendre le peuple au peuple, rendre à l'homme la souveraineté, replacer la pourpre sur la tête de la France, restaurer dans leur plénitude la raison et l'équité, supprimer tout germe d'antagonisme en restituant chacun à lui-même, anéantir l'obstacle que la royauté fait à l'immense concorde universelle, remettre le genre humain de niveau avec le droit, quelle cause plus juste, et, par conséquent, quelle guerre plus grande ? Ces guerres-là construisent la paix. Une énorme forteresse de préjugés, de privilèges, de superstitions, de mensonges, d'exactions, d'abus, de violences, d'iniquités, de ténèbres, est encore debout sur le monde avec ses tours de haine. Il faut la jeter bas. Il faut faire crouler cette masse monstrueuse. Vaincre à Austerlitz, c'est grand, prendre la Bastille, c'est immense.

Il n'est personne qui ne l'ait remarqué sur soi-même, l'âme, et c'est là la merveille de son unité compliquée d'ubiquité, a cette aptitude étrange de raisonner presque froidement dans les extrémités les plus violentes, et il arrive souvent que la passion désolée et le profond désespoir, dans l'agonie même de leurs monologues les plus noirs, traitent des sujets et discutent des thèses. La logique se mêle à la convulsion, et le fil du syllogisme flotte sans se casser dans l'orage lugubre de la pensée. C'était là la situation d'esprit de Marius.

Tout en songeant ainsi, accablé, mais résolu, hésitant pourtant, et, en somme, frémissant devant ce qu'il allait faire, son regard[18] errait dans l'intérieur de la barricade. Les insurgés y causaient à demi-voix, sans remuer, et l'on y sentait ce quasi-silence qui marque la dernière phase de l'attente[19]. Au-dessus d'eux, à une lucarne d'un troisième étage, Marius distinguait une espèce de spectateur ou de témoin qui lui semblait singulièrement attentif. C'était le portier tué par Le Cabuc. D'en bas, à la réverbération de la torche enfouie dans les pavés, on apercevait cette tête vaguement. Rien n'était plus étrange, à cette clarté sombre et incertaine, que cette face livide, immobile, étonnée, avec ses cheveux hérissés, ses yeux ouverts et fixes et sa bouche béante, penchée sur la rue dans une attitude de curiosité. On eût dit que celui qui était mort considérait ceux qui allaient mourir. Une longue traînée de sang qui avait coulé de cette tête descendait en filets rougeâtres de la lucarne jusqu'à la hauteur du premier étage où elle s'arrêtait.

LIVRE QUATORZIÈME

LES GRANDEURS DU DÉSESPOIR

I

LE DRAPEAU. — PREMIER ACTE[1]

Rien ne venait encore. Dix heures avaient sonné à Saint-Merry, Enjolras et Combeferre étaient allés s'asseoir, la carabine à la main[2], près de la coupure de la grande barricade. Ils ne se parlaient pas; ils écoutaient, cherchant à saisir même le bruit de marche[3] le plus sourd et le plus lointain.

Subitement[4], au milieu de ce calme lugubre, une voix claire, jeune, gaie[5], qui semblait venir de la rue Saint-Denis, s'éleva et se mit à chanter distinctement sur le vieil air populaire *Au clair de la lune* cette poésie terminée par une sorte de cri pareil au chant du coq :

> Mon nez est en larmes.
> Mon ami Bugeaud,
> Prêt'-moi tes gendarmes
> Pour leur dire un mot.
> En capote bleue,
> La poule au shako,
> Voici la banlieue !
> Co-cocorico !

Ils se serrèrent la main.

— C'est Gavroche, dit Enjolras.

— Il nous avertit, dit Combeferre.

Une course précipitée troubla la rue déserte, on vit un être plus agile qu'un clown grimper par-dessus l'omnibus, et Gavroche bondit dans la barricade tout essoufflé, en disant:

— Mon fusil ! Les voici.

Un frisson électrique parcourut toute la barricade, et l'on entendit le mouvement des mains cherchant les fusils[6].

— Veux-tu ma carabine? dit Enjolras au gamin.

— Je veux le grand fusil, répondit Gavroche.

Et il prit le fusil de Javert.

Deux sentinelles s'étaient repliées et étaient rentrées

presque en même temps que Gavroche. C'était la sentinelle du bout de la rue et la vedette de la Petite-Truanderie. La vedette de la ruelle des Prêcheurs était restée à son poste, ce qui indiquait que rien ne venait du côté des ponts et des Halles.

La rue de la Chanvrerie, dont quelques pavés à peine étaient visibles au reflet de la lumière qui se projetait sur le drapeau, offrait aux insurgés l'aspect d'un grand porche[7] noir vaguement ouvert dans une fumée.

Chacun avait pris son poste de combat.

Quarante-trois insurgés, parmi lesquels Enjolras, Combeferre, Courfeyrac, Bossuet, Joly, Bahorel[8] et Gavroche, étaient agenouillés dans la grande barricade, les têtes à fleur de la crête du barrage, les canons des fusils et des carabines braqués sur les pavés comme à des meurtrières[9], attentifs, muets, prêts à faire feu. Six, commandés par Feuilly[10], s'étaient installés, le fusil en joue, aux fenêtres des deux étages de Corinthe.

Quelques instants s'écoulèrent encore; puis un bruit de pas, mesuré, pesant, nombreux, se fit entendre distinctement du côté de Saint-Leu. Ce bruit, d'abord faible, puis précis, puis lourd et sonore, s'approchait lentement, sans halte, sans interruption, avec une continuité tranquille et terrible. On n'entendait rien que cela. C'était tout ensemble le silence et le bruit de la statue du Commandeur, mais ce pas de pierre avait on ne sait quoi d'énorme et de multiple qui éveillait l'idée d'une foule en même temps que l'idée d'un spectre. On croyait entendre marcher l'effrayante statue Légion[11]. Ce pas approcha; il approcha encore, et s'arrêta. Il sembla qu'on entendît au bout de la rue le souffle de beaucoup d'hommes. On ne voyait rien pourtant, seulement on distinguait[12] tout au fond, dans cette épaisse obscurité, une multitude de fils métalliques, fins comme des aiguilles et presque imperceptibles, qui s'agitaient, pareils à ces indescriptibles réseaux[13] phosphoriques qu'au moment de s'endormir on aperçoit, sous ses paupières fermées, dans les premiers brouillards[14] du sommeil. C'étaient les baïonnettes et les canons de fusils confusément éclairés[15] par la réverbération lointaine de la torche.

Il y eut encore une pause, comme si des deux côtés on attendait. Tout à coup, du fond de cette ombre, une voix, d'autant plus sinistre qu'on ne voyait personne, et qu'il semblait que c'était l'obscurité elle-même qui parlait, cria :

— Qui vive ?

En même temps on entendit le cliquetis des fusils qui s'abattent.

Enjolras répondit d'un accent vibrant et altier :

— Révolution française.

— Feu ! dit la voix.

Un éclair empourpra toutes les façades de la rue comme si la porte d'une fournaise s'ouvrait et se fermait brusquement[16].

Une effroyable détonation éclata sur la barricade. Le drapeau rouge tomba. La décharge avait été si violente et si dense qu'elle en avait coupé la hampe[17]; c'est-à-dire la pointe même du timon de l'omnibus. Des balles, qui avaient ricoché sur les corniches des maisons, pénétrèrent dans la barricade et blessèrent[18] plusieurs hommes.

L'impression de cette première décharge fut glaçante[19]. L'attaque était rude, et de nature à faire songer les plus hardis. Il était évident qu'on avait au moins affaire à un régiment tout entier.

— Camarades, cria Courfeyrac, ne perdons pas la poudre. Attendons pour riposter qu'ils soient engagés dans la rue.

— Et, avant tout, dit Enjolras, relevons le drapeau !

Il ramassa le drapeau qui était précisément tombé à ses pieds.

On entendait au dehors le choc des baguettes dans les fusils ; la troupe rechargeait les armes. Enjolras reprit :

— Qui est-ce qui a du cœur ici ? qui est-ce qui replante le drapeau sur la barricade ?

Pas un ne répondit[20]. Monter sur la barricade au moment où sans doute elle était couchée en joue de nouveau, c'était simplement la mort. Le plus brave hésite à se condamner. Enjolras lui-même avait un frémissement. Il répéta :

— Personne ne se présente ?

II

Le drapeau. — deuxième acte[1]

Depuis qu'on était arrivé à Corinthe et qu'on avait commencé à construire la barricade, on n'avait plus guère fait[2] attention au père Mabeuf. M. Mabeuf pourtant n'avait pas quitté l'attroupement. Il était entré dans le rez-de-chaussée du cabaret et s'était assis derrière le comptoir. Là, il s'était[3] pour ainsi dire anéanti en lui-même. Il semblait ne plus regarder et ne plus penser[4]. Courfeyrac et d'autres l'avaient deux ou trois fois accosté, l'avertissant du péril, l'engageant à se retirer, sans qu'il parût les entendre. Quand on ne lui parlait pas, sa bouche remuait comme s'il répondait à quelqu'un, et dès qu'on lui adressait la parole, ses lèvres devenaient immobiles et ses yeux n'avaient plus l'air vivants. Quelques heures avant que la barricade fût attaquée, il avait pris une posture qu'il n'avait plus quittée, les deux poings sur ses deux genoux et la tête penchée en avant comme s'il regardait dans un précipice[5]. Rien n'avait pu le tirer de cette attitude; il ne paraissait pas que son esprit fût dans la barricade. Quand chacun était allé prendre sa place de combat, il n'était plus resté dans la salle basse que Javert lié au poteau, un insurgé, le sabre nu, veillant sur Javert, et lui Mabeuf[6]. Au moment de l'attaque, à la détonation, la[7] secousse physique l'avait atteint et comme éveillé, il s'était levé brusquement, il avait traversé la salle, et à l'instant où Enjolras répéta son appel : « Personne ne se présente? » on vit le vieillard apparaître sur le seuil du cabaret.

Sa présence fit une sorte de commotion dans les groupes. Un cri s'éleva :

— C'est le votant[8]! c'est le conventionnel! c'est le représentant du peuple!

Il est probable qu'il n'entendait pas[9].

Il marcha droit à Enjolras, les insurgés s'écartaient devant lui avec une crainte religieuse, il arracha le drapeau à Enjolras qui reculait pétrifié, et alors[10], sans que personne osât ni l'arrêter ni l'aider, ce vieillard de quatre-vingts ans, la tête branlante, le pied ferme, se mit à gravir lentement l'escalier de pavés pratiqué dans la barricade. Cela était si sombre et si grand que tous autour de lui crièrent : « Chapeau bas[11] ! » A chaque marche qu'il montait, c'était effrayant ; ses cheveux blancs, sa face décrépite, son grand front chauve et ridé, ses yeux caves[12], sa bouche étonnée et ouverte, son vieux bras levant la bannière rouge, surgissaient de l'ombre et grandissaient dans la clarté sanglante de la torche ; et l'on croyait voir le spectre de 93 sortir de terre, le drapeau de la terreur à la main.

Quand il fut au haut de la dernière marche, quand ce fantôme tremblant et terrible, debout sur ce monceau de décombres en présence de douze cents fusils invisibles, se dressa, en face de la mort et comme s'il était plus fort qu'elle, toute la barricade eut dans les ténèbres une figure surnaturelle et colossale. Il y eut un de ces silences qui ne se font qu'autour des prodiges[13].

Au milieu de ce silence le vieillard agita le drapeau rouge et cria :

— Vive la Révolution ! vive la République ! fraternité ! égalité ! et la mort !

On entendit de la barricade un chuchotement bas et rapide pareil au murmure d'un prêtre pressé qui dépêche une prière. C'était probablement le commissaire de police qui faisait les sommations légales à l'autre bout de la rue. Puis la même voix éclatante qui avait crié : « Qui vive ? » cria :

— Retirez-vous !

M. Mabeuf, blême, hagard, les prunelles illuminées des lugubres flammes[14] de l'égarement, leva le drapeau au-dessus de son front et répéta :

— Vive la République !

— Feu ! dit la voix[15].

Une seconde décharge, pareille à une mitraille, s'abattit sur la barricade.

Le vieillard fléchit sur ses genoux, puis se redressa, laissa échapper le drapeau et tomba en arrière à la renverse[16] sur le pavé, comme une planche, tout de son long et les bras en croix. Des ruisseaux de sang coulèrent de dessous lui. Sa vieille tête, pâle et triste, semblait regarder le ciel.

Une de ces émotions[17] supérieures à l'homme qui font qu'on oublie même de se défendre, saisit les insurgés[18], et ils s'approchèrent du cadavre avec une épouvante respectueuse.

— Quels hommes que ces régicides ! dit Enjolras.

Courfeyrac se pencha à l'oreille d'Enjolras :

— Ceci n'est que pour toi, et je ne veux pas diminuer l'enthousiasme. Mais ce n'était rien moins qu'un régicide. Je l'ai connu. Il s'appelait le père Mabeuf. Je ne sais pas ce qu'il avait aujourd'hui. Mais c'était une brave ganache. Regarde-moi sa tête.

— Tête de ganache et cœur de Brutus, répondit Enjolras.

Puis[19] il éleva la voix :

— Citoyens ! ceci est l'exemple que les vieux donnent aux jeunes. Nous hésitions, il est venu ! nous reculions, il a avancé ! Voilà ce que ceux qui tremblent de vieillesse enseignent à ceux qui tremblent de peur ! Cet aïeul est auguste devant la patrie. Il a eu une longue vie et une magnifique mort ! Maintenant abritons le cadavre, que chacun de nous défende ce vieillard mort comme il défendrait son père vivant, et que sa présence au milieu de nous fasse la barricade imprenable !

Un murmure d'adhésion morne et énergique suivit ces paroles.

Enjolras se courba, souleva la tête du vieillard, et, farouche, le baisa au front, puis, lui écartant les bras, et maniant ce mort avec une précaution tendre, comme s'il eût craint de lui faire du mal, il lui ôta son habit, en montra à tous les trous sanglants, et dit :

— Voilà maintenant notre drapeau.

III

GAVROCHE AURAIT MIEUX FAIT D'ACCEPTER LA CARABINE D'ENJOLRAS

On jeta sur le père Mabeuf un long châle noir de la veuve Hucheloup. Six hommes firent de leurs fusils une civière, on y posa le cadavre, et on le porta, têtes nues, avec une lenteur solennelle, sur la grande table de la salle basse.

Ces hommes, tout entiers à la chose grave et sacrée qu'ils faisaient, ne songeaient plus à la situation périlleuse où ils étaient.

Quand le cadavre passa près de Javert toujours impassible, Enjolras dit à l'espion :

— Toi ! tout à l'heure.

Pendant ce temps-là, le petit Gavroche[1], qui seul n'avait pas quitté son poste et était resté en observation, croyait voir des hommes s'approcher à pas de loup de la barricade. Tout à coup il cria :

— Méfiez-vous !

Courfeyrac, Enjolras, Jean Prouvaire, Combeferre, Joly, Bahorel, Bossuet, tous sortirent en tumulte du cabaret. Il n'était déjà presque plus temps[3]. On apercevait une étincelante épaisseur de bayonnettes ondulant au-dessus de la barricade. Des gardes municipaux de haute taille pénétraient[4], les uns en enjambant l'omnibus, les autres par la coupure, poussant devant eux le gamin qui reculait, mais ne fuyait pas.

L'instant était critique. C'était cette première redoutable minute[5] de l'inondation, quand le fleuve se soulève au niveau[6] de la levée et que l'eau commence à s'infiltrer par les fissures de la digue. Une seconde encore, et la barricade était prise.

Bahorel[7] s'élança sur le premier garde municipal qui entrait et le tua à bout portant d'un coup de carabine ; le second tua Bahorel d'un coup de bayonnette. Un autre avait déjà terrassé Courfeyrac qui criait : « A moi ! » Le plus grand de tous, une espèce de colosse[8] marchait sur Gavroche la bayonnette en avant. Le gamin prit dans ses petits bras l'énorme fusil de Javert, coucha résolument en joue le géant, et lâcha son coup. Rien ne partit. Javert n'avait pas chargé son fusil. Le garde municipal éclata de rire et leva la bayonnette sur l'enfant.

Avant que la bayonnette eût touché Gavroche, le fusil échappait des mains du soldat, une balle avait frappé le garde municipal au milieu du front et il tombait sur le dos. Une seconde balle frappait en pleine poitrine l'autre garde qui avait assailli Courfeyrac, et le jetait sur le pavé[9].

C'était Marius qui venait d'entrer dans la barricade.

IV

LE BARIL DE POUDRE

MARIUS, toujours caché dans le coude de la rue Mondétour, avait assisté à la première phase du combat, irrésolu et frissonnant. Cependant il n'avait pu résister à ce vertige mystérieux et souverain qu'on pourrait nommer l'appel de l'abîme[1]. Devant l'imminence du péril, devant la mort de M. Mabeuf, cette funèbre énigme, devant Bahorel tué, Courfeyrac criant : « A moi ! » cet enfant menacé, ses amis à secourir ou à venger, toute hésitation s'était évanouie, et il s'était rué dans la mêlée ses deux pistolets à la main. Du premier coup il avait sauvé Gavroche et du second délivré Courfeyrac.

Aux coups de feu, aux cris des gardes frappés, les assaillants avaient gravi le retranchement, sur le sommet duquel on voyait maintenant se dresser plus d'à mi-corps, et en foule, des gardes municipaux, des soldats de la ligne, des gardes nationaux de la banlieue, le fusil au poing. Ils couvraient déjà plus des deux tiers du barrage, mais ils ne sautaient pas dans l'enceinte, comme s'ils balançaient, craignant quelque piège. Ils regardaient dans la barricade obscure comme on regarderait dans une tanière de lions. La lueur de la torche n'éclairait que les bayonnettes, les bonnets à poil et le haut des visages inquiets et irrités.

Marius n'avait plus d'armes, il avait jeté ses pistolets déchargés, mais il avait aperçu le baril de poudre dans la salle basse près de la porte[2].

Comme il se tournait à demi, regardant de ce côté, un soldat le coucha en joue. Au moment où le soldat ajustait Marius, une main se posa sur le bout du canon du fusil, et le boucha. C'était quelqu'un qui s'était élancé, le jeune ouvrier au pantalon de velours. Le coup partit, traversa la main, et peut-être aussi l'ouvrier, car il tomba, mais la balle n'atteignit pas Marius. Tout cela dans la fumée, plutôt entrevu que vu[3].

Marius, qui entrait dans la salle basse[4], s'en aperçut à peine. Cependant il avait confusément vu ce canon de fusil dirigé sur lui et cette main qui l'avait bouché, et il avait entendu le coup. Mais dans des minutes comme celle-là, les choses qu'on voit vacillent et se précipitent, et l'on ne s'arrête à rien. On se sent obscurément poussé vers plus d'ombre encore, et tout est nuage.

Les insurgés, surpris, mais non effrayés, s'étaient ralliés. Enjolras avait crié : Attendez ! ne tirez pas au hasard ! Dans la première confusion en effet ils pouvaient se blesser les uns les autres. La plupart étaient montés à la fenêtre du premier étage et aux mansardes d'où ils dominaient les assaillants. Les plus déterminés, avec

Enjolras, Courfeyrac, Jean Prouvaire et Combeferre, s'étaient fièrement adossés aux maisons du fond, à découvert et faisant face aux rangées de soldats et de gardes qui couronnaient la barricade.

Tout cela s'accomplit sans précipitation, avec cette gravité étrange et menaçante qui précède les mêlées. Des deux parts on se couchait en joue, à bout portant, on était si près qu'on pouvait se parler à portée de voix. Quand on fut à ce point où l'étincelle va jaillir, un officier en hausse-col et à grosses épaulettes étendit son épée et dit :

— Bas les armes !

— Feu ! dit Enjolras.

Les deux détonations partirent en même temps, et tout disparut dans la fumée. Fumée âcre et étouffante où se traînaient, avec des gémissements faibles et sourds, des mourants et des blessés.

Quand la fumée se dissipa, on vit des deux côtés les combattants, éclaircis, mais toujours aux mêmes places, qui rechargeaient les armes en silence. Tout à coup, on entendit une voix tonnante qui criait :

— Allez-vous-en, ou je fais sauter la barricade !

Tous se retournèrent du côté d'où venait la voix.

Marius était entré dans la salle basse, y avait pris le baril de poudre, puis il avait profité de la fumée et de l'espèce de brouillard obscur qui emplissait l'enceinte retranchée, pour se glisser le long de la barricade jusqu'à cette cage de pavés où était fixée la torche. En arracher la torche, y mettre le baril de poudre, pousser la pile de pavés sous le baril, qui s'était sur-le-champ défoncé, avec une sorte d'obéissance terrible, tout cela avait été pour Marius le temps de se baisser et de se relever ; et maintenant tous, gardes nationaux, gardes municipaux, officiers, soldats, pelotonnés à l'autre extrémité de la barricade, le regardaient avec stupeur le pied sur les pavés, la torche à la main, son fier visage éclairé par une résolution fatale, penchant la flamme de la torche vers ce monceau redoutable où l'on distinguait le baril de poudre brisé, et poussant ce cri terrifiant :

— Allez-vous-en, ou je fais sauter la barricade !

Marius sur cette barricade après l'octogénaire, c'était la vision de la jeune révolution après l'apparition de la vieille[5].

— Sauter la barricade ! dit un sergent, et toi aussi[6] !
Marius répondit :
— Et moi aussi.
Et il approcha la torche du baril de poudre[7].
Mais il n'y avait déjà plus personne sur le barrage. Les assaillants, laissant leurs morts et leurs blessés, refluaient pêle-mêle et en désordre vers l'extrémité de la rue et s'y perdaient de nouveau dans la nuit. Ce fut un sauve-qui-peut[8].

La barricade était dégagée.

V

Fin des vers de Jean Prouvaire[1]

Tous entourèrent Marius. Courfeyrac lui sauta au cou.
— Te voilà[2] !
— Quel bonheur ! dit Combeferre.
— Tu es venu à propos ! fit Bossuet.
— Sans toi j'étais mort ! reprit Courfeyrac.
— Sans vous j'étais gobé[3] ! ajouta Gavroche.
Marius demanda :
— Où est le chef ?
— C'est toi, dit Enjolras.

Marius avait eu toute la journée une fournaise dans le cerveau, maintenant c'était un tourbillon. Ce tourbillon qui était en lui lui faisait l'effet d'être hors de lui et de l'emporter. Il lui semblait qu'il était déjà à une distance immense de la vie. Ses deux lumineux mois de joie et d'amour aboutissant brusquement à cet effroyable précipice, Cosette perdue pour lui, cette barricade, M. Mabeuf se faisant tuer pour la République, lui-même chef d'insurgés, toutes ces choses lui paraissaient un cauchemar monstrueux. Il était obligé de faire un effort d'esprit pour se rappeler que tout ce qui l'entourait était réel. Marius avait trop peu vécu encore pour savoir que rien n'est plus imminent que l'impossible, et que ce qu'il faut toujours prévoir, c'est l'imprévu. Il assistait à son propre drame comme à une pièce qu'on ne comprend pas[4].

Dans cette brume où était sa pensée, il ne reconnut pas Javert qui, lié à son poteau, n'avait pas fait un mouvement de tête pendant l'attaque de la barricade et qui regardait s'agiter autour de lui la révolte[5] avec la résignation d'un martyr et la majesté d'un juge. Marius ne l'aperçut même pas.

Cependant les assaillants ne bougeaient plus, on les entendait marcher et fourmiller au bout[6] de la rue, mais ils ne s'y aventuraient pas[7], soit qu'ils attendissent des ordres, soit qu'avant de se ruer de nouveau sur cette imprenable redoute, ils attendissent des renforts. Les insurgés avaient posé des sentinelles, et quelques-uns[8] qui étaient étudiants en médecine s'étaient mis à panser les blessés.

On avait jeté les tables hors du cabaret à l'exception de deux tables réservées à la charpie et aux cartouches, et de la table où gisait[9] le père Mabeuf; on les avait ajoutées à la barricade, et on les avait remplacées dans la salle basse par les matelas des lits de la veuve Hucheloup et des servantes[10]. Sur ces matelas on avait étendu les blessés. Quant aux trois pauvres créatures qui habitaient Corinthe, on ne savait ce qu'elles étaient devenues. On finit pourtant par les retrouver cachées dans la cave[11].

Une[12] émotion poignante vint assombrir la joie de la barricade dégagée.

On fit l'appel. Un des insurgés manquait. Et qui? Un des plus chers, un des plus vaillants. Jean Prouvaire. On le chercha parmi les blessés, il n'y était pas. On le chercha parmi les morts, il n'y était pas. Il était évidemment prisonnier.

Combeferre dit à Enjolras :

— Ils ont notre ami; mais nous avons leur agent. Tiens-tu à la mort de ce mouchard?

— Oui, répondit Enjolras; mais moins qu'à la vie de Jean Prouvaire.

Ceci se passait dans la salle basse près du poteau de Javert.

— Eh bien, reprit Combeferre, je vais attacher mon mouchoir à ma canne, et aller en parlementaire leur offrir de leur donner leur homme pour le nôtre.

— Écoute, dit Enjolras en posant sa main sur le bras de Combeferre.

Il y avait au bout de la rue un cliquetis d'armes significatif.

On entendit une voix mâle crier :

— Vive la France! vive l'avenir!

On reconnut la voix de Prouvaire.
Un éclair passa et une détonation éclata.
Le silence se refit.
— Ils l'ont tué, s'écria Combeferre.
Enjolras regarda Javert et lui dit :
— Tes amis viennent de te fusiller.

VI

L'AGONIE DE LA MORT APRÈS L'AGONIE DE LA VIE

Une singularité de ce genre de guerre, c'est que l'attaque des barricades se fait presque toujours de front, et qu'en général les assaillants s'abstiennent de tourner les positions, soit qu'ils redoutent des embuscades, soit qu'ils craignent de s'engager dans des rues tortueuses. Toute l'attention des insurgés se portait donc du côté de la grande barricade qui était évidemment le point toujours menacé et où devait recommencer infailliblement la lutte. Marius pourtant songea à la petite barricade et y alla. Elle était déserte et n'était gardée que par le lampion qui tremblait entre les pavés. Du reste la ruelle Mondétour et les embranchements[1] de la Petite-Truanderie et du Cygne étaient profondément calmes.

Comme Marius, l'inspection faite, se retirait, il entendit son nom prononcé faiblement dans l'obscurité[2] :

— Monsieur Marius !

Il tressaillit[3], car il reconnut la voix qui l'avait appelé deux heures auparavant à travers la grille de la rue Plumet. Seulement cette voix maintenant semblait n'être plus qu'un souffle.

Il regarda autour de lui et ne vit personne. Marius crut s'être trompé, et que c'était une hallucination ajoutée par son esprit aux réalités extraordinaires qui se heurtaient autour de lui. Il fit un pas pour sortir de l'enfoncement reculé où était la barricade.

— Monsieur Marius ! répéta la voix.

Cette fois il ne pouvait douter, il avait distinctement entendu ; il regarda, et ne vit rien.

— A vos pieds, dit la voix.

Il se courba et vit dans l'ombre une forme qui se traînait vers lui. Cela rampait sur le pavé. C'était cela qui lui parlait.

Le lampion permettait de distinguer une blouse, un pantalon de gros velours déchiré, des pieds nus, et quelque chose qui ressemblait à une mare de sang. Marius entrevit une tête pâle qui se dressait vers lui et qui lui dit :

— Vous ne me reconnaissez pas ?
— Non.
— Éponine[4].

Marius se baissa vivement. C'était en effet cette malheureuse enfant. Elle était habillée en homme.

— Comment êtes-vous ici ? que faites-vous là ?
— Je meurs, lui dit-elle.

Il y a des mots et des incidents qui réveillent les êtres accablés. Marius s'écria comme en sursaut :

— Vous êtes blessée ! Attendez[5], je vais vous porter dans la salle. On va vous panser. Est-ce grave ? comment faut-il vous prendre pour ne pas vous faire mal ? où souffrez-vous ? Du secours ! mon Dieu ! Mais qu'êtes-vous venue faire ici ?

Et il essaya de passer son bras sous elle pour la soulever.

En la[6] soulevant il rencontra sa main.

Elle poussa un cri faible.

— Vous ai-je fait mal ? demanda Marius.
— Un peu.
— Mais je n'ai touché que votre main.

Elle leva sa main vers le regard de Marius, et Marius au milieu de cette main vit un trou noir.

— Qu'avez-vous donc à la main ? dit-il.
— Elle est percée.
— Percée !
— Oui.
— De quoi ?
— D'une balle.
— Comment ?
— Avez-vous vu un fusil qui vous couchait en joue ?
— Oui, et une main qui l'a bouché.
— C'était la mienne.

Marius eut un frémissement.

— Quelle folie ! Pauvre enfant ! Mais tant mieux, si c'est cela, ce n'est rien. Laissez-moi vous porter sur un lit. On va vous panser, on ne meurt pas d'une main percée.

Elle murmura :

— La balle a traversé la main, mais elle est sortie par le dos. C'est inutile de m'ôter d'ici. Je vais vous dire comment vous pouvez me panser, mieux qu'un chirurgien. Asseyez-vous⁷ près de moi sur cette pierre.

Il obéit ; elle posa sa tête sur les genoux de Marius, et, sans le regarder, elle dit :

— Oh ! que c'est bon ! Comme on est bien ! Voilà ! Je ne souffre plus.

Elle demeura un moment en silence, puis elle tourna son visage avec effort et regarda Marius.

— Savez-vous, monsieur Marius ? Cela me taquinait que vous entriez dans ce jardin, c'était bête, puisque c'était moi qui vous avais montré la maison, et⁸ puis enfin je devais bien me dire qu'un jeune homme comme vous...

Elle s'interrompit, et, franchissant les sombres transitions qui étaient sans doute dans son esprit, elle reprit avec un déchirant sourire :

— Vous me trouviez laide, n'est-ce pas ?

Elle continua :

— Voyez-vous, vous êtes perdu ! Maintenant personne ne sortira de la barricade. C'est moi qui vous ai amené ici, tiens ! Vous allez mourir. J'y compte bien⁹. Et pourtant, quand j'ai vu qu'on vous visait, j'ai mis la main sur la bouche du canon de fusil. Comme c'est drôle ! Mais c'est que je voulais mourir avant vous. Quand j'ai reçu cette balle, je me suis traînée ici, on ne m'a pas vue, on ne m'a pas ramassée. Je vous attendais, je disais : Il ne viendra donc pas ? Oh ! si vous saviez, je mordais ma blouse, je souffrais tant ! Maintenant je suis bien. Vous rappelez-vous le jour où je suis entrée dans votre chambre et où je me suis mirée dans votre miroir, et le jour où je vous ai rencontré sur le boulevard près des femmes en journée ? Comme les oiseaux chantaient ! Il n'y a pas bien longtemps. Vous m'avez donné cent sous, et je vous ai dit : Je ne veux pas de votre argent. Avez-vous¹⁰ ramassé votre pièce au moins ? Vous n'êtes pas riche. Je n'ai pas pensé à vous dire de la ramasser. Il faisait beau soleil, on n'avait pas froid. Vous souvenez-vous, monsieur Marius ? Oh ! je suis heureuse ! Tout le monde va mourir.

Elle avait un air insensé, grave et navrant. Sa blouse

déchirée montrait sa gorge nue. Elle appuyait en parlant sa main percée sur sa poitrine où[11] il y avait un autre trou, et d'où il sortait par instants un flot de sang comme le jet de[12] vin d'une bonde ouverte.

Marius considérait cette créature infortunée[13] avec une profonde compassion.

— Oh! reprit-elle tout à coup, cela revient. J'étouffe!

Elle prit sa blouse et la mordit, et ses jambes se raidissaient sur le pavé.

En ce moment la voix de jeune coq du petit Gavroche retentit dans la barricade. L'enfant était monté sur une table pour charger son fusil et chantait gaîment la chanson alors si populaire :

> En voyant Lafayette,
> Le gendarme répète :
> Sauvons-nous! sauvons-nous! sauvons-nous!

Éponine se souleva, et écouta, puis elle murmura :

— C'est lui.

Et se tournant vers Marius :

— Mon frère est là. Il ne faut pas qu'il me voie. Il me gronderait.

— Votre frère? demanda Marius qui songeait dans le plus amer et le plus douloureux de son cœur[14] aux devoirs que son père lui avait légués envers les Thénardier, qui est votre frère?

— Le petit.

— Celui qui chante?

— Oui.

Marius fit un mouvement.

— Oh! ne vous en allez pas! dit-elle, cela ne sera pas long à présent!

Elle était presque sur son séant, mais sa voix était très basse et coupée de hoquets[15]. Par intervalles le râle l'interrompait. Elle approchait le plus qu'elle pouvait son visage du visage de Marius. Elle ajouta avec une expression étrange :

— Écoutez. Je ne veux pas vous faire une farce[16]. J'ai dans ma poche une lettre pour vous. Depuis hier. On m'avait dit de la mettre à la poste. Je l'ai gardée. Je ne voulais pas qu'elle vous parvînt. Mais vous m'en voudriez peut-être quand nous allons nous revoir tout à l'heure. On se revoit, n'est-ce pas? Prenez votre lettre[17].

Elle saisit convulsivement la main de Marius avec sa main trouée, mais elle semblait ne plus percevoir la souffrance. Elle mit la main de Marius dans[18] la poche de sa blouse. Marius y sentit en effet un papier.

— Prenez, dit-elle.

Marius prit la lettre. Elle fit un signe de satisfaction et de consentement.

— Maintenant pour ma peine, promettez-moi...

Et elle s'arrêta.

— Quoi? demanda Marius.

— Promettez-moi!

— Je vous promets.

— Promettez-moi de me donner un baiser sur le front quand je serai morte. — Je le sentirai.

Elle laissa retomber sa tête sur les genoux de Marius et ses paupières se fermèrent. Il crut cette pauvre âme partie. Éponine restait immobile; tout à coup, à l'instant où Marius la croyait à jamais endormie, elle ouvrit lentement ses yeux où apparaissait la sombre profondeur[19] de la mort, et lui dit avec un accent dont la douceur semblait déjà venir d'un autre monde:

— Et puis, tenez, monsieur Marius, je crois que j'étais un peu amoureuse de vous.

Elle essaya encore de sourire et expira.

VII

Gavroche profond calculateur des distances

Marius tint sa promesse. Il déposa un baiser sur ce front livide où perlait une sueur glacée. Ce n'était pas une infidélité à Cosette; c'était un adieu pensif et doux[1] à une malheureuse âme.

Il n'avait pas pris sans un tressaillement la lettre qu'Éponine lui avait donnée. Il avait tout de suite senti là un événement. Il était impatient de la lire. Le cœur de l'homme est ainsi fait, l'infortunée enfant avait à peine fermé les yeux que Marius songeait à déplier ce papier. Il la reposa doucement sur la terre et s'en alla. Quelque chose lui disait qu'il ne pouvait lire cette lettre devant ce cadavre.

Il s'approcha d'une chandelle dans la salle basse. C'était un petit billet plié et cacheté avec ce soin élégant des femmes. L'adresse était d'une écriture de femme et portait :

— A monsieur, monsieur Marius Pontmercy, chez M. Courfeyrac, rue de la Verrerie, n° 16.

Il défit le cachet, et lut :

« Mon bien-aimé, hélas ! mon père veut que nous partions tout de suite. Nous serons ce soir rue de l'Homme-Armé, n° 7. Dans huit jours nous serons en Angleterre. COSETTE. 4 juin. »

Telle était l'innocence de ces amours que Marius ne connaissait même pas l'écriture de Cosette.

Ce qui s'était passé peut être dit en quelques mots. Éponine avait tout fait. Après la soirée du 3 juin, elle avait eu une double pensée, déjouer les projets de son père et des bandits sur la maison de la rue Plumet, et séparer Marius de Cosette. Elle avait changé de guenilles avec le premier jeune drôle venu qui avait trouvé amusant de s'habiller en femme pendant qu'Éponine se déguisait en homme. C'était elle qui au Champ de Mars avait donné à Jean Valjean l'avertissement expressif : *Déménagez*. Jean Valjean était rentré en effet et avait dit à Cosette : *Nous partons ce soir et nous allons rue de l'Homme-Armé avec Toussaint. La semaine prochaine nous serons à Londres*. Cosette, atterrée de ce coup inattendu, avait écrit en hâte deux lignes à Marius. Mais comment faire mettre la lettre à la poste ? Elle ne sortait pas seule, et Toussaint, surprise d'une telle commission, eût à coup sûr montré la lettre à M. Fauchelevent. Dans cette anxiété, Cosette avait aperçu à travers la grille Éponine en habits d'homme, qui rôdait maintenant sans cesse autour du jardin. Cosette avait appelé « ce jeune ouvrier » et lui avait remis cinq francs et la lettre, en lui disant : « Portez cette lettre tout de suite à son adresse. » Éponine[2] avait mis la lettre dans sa poche. Le lendemain 5 juin, elle était allée chez Courfeyrac demander Marius, non pour lui remettre la lettre, mais, chose que toute âme jalouse et aimante comprendra, « pour voir[3] ». Là elle avait attendu[4] Marius, ou au moins Courfeyrac, — toujours pour voir. — Quand Courfeyrac lui avait dit : « Nous allons aux barricades », une idée lui avait traversé l'esprit. Se jeter dans cette mort-là comme elle se serait jetée dans toute autre, et y pousser[5] Marius. Elle avait suivi Courfeyrac, s'était assurée de l'endroit où l'on construisait la barricade, et bien sûre, puisque Marius n'avait reçu aucun avis et qu'elle avait intercepté la lettre, qu'il serait à la nuit tombante au rendez-vous de tous les soirs, elle était allée rue Plumet, y avait attendu Marius, et lui avait envoyé, au nom de ses amis, cet appel qui devait, pensait-elle, l'amener à la barricade. Elle comptait sur le désespoir de Marius quand il ne trouverait pas Cosette ; elle ne se trompait pas. Elle était retournée de son côté rue de la Chanvrerie. On vient de voir ce qu'elle y avait fait. Elle était morte avec cette joie tragique des cœurs jaloux qui entraînent l'être aimé dans leur mort, et qui disent : personne ne l'aura !

Marius couvrit de baisers la lettre de Cosette. Elle l'aimait donc ! Il eut un instant l'idée qu'il ne devait plus mourir. Puis il se dit : Elle part. Son père l'emmène en Angleterre et mon grand-père se refuse au mariage. Rien n'est changé dans la fatalité[6]. Les rêveurs comme Marius ont de ces accablements suprêmes, et il en sort des partis pris désespérés. La fatigue de vivre est insupportable ; la mort, c'est plus tôt fait.

Alors il songea qu'il lui restait deux devoirs à accomplir : informer Cosette de sa mort et lui envoyer un suprême adieu, et sauver de la catastrophe imminente qui se préparait ce pauvre enfant, frère d'Éponine et fils de Thénardier[7].

Il avait sur lui un portefeuille ; le même qui avait contenu le cahier où il avait[8] écrit tant de pensées d'amour pour Cosette. Il en arracha une feuille et écrivit au crayon ces quelques lignes :

« Notre mariage était impossible. J'ai demandé à mon grand-père, il a refusé ; je suis sans fortune, et toi aussi. J'ai couru chez toi, je ne t'ai plus trouvée. Tu sais la parole que je t'avais donnée, je la tiens. Je meurs. Je t'aime. Quand tu liras ceci, mon âme sera près de toi, et te sourira. »

N'ayant rien pour cacheter cette lettre, il se borna à plier le papier en quatre et y mit cette adresse :

A Mademoiselle Cosette Fauchelevent, chez M. Fauchelevent, rue de l'Homme-Armé, nº 7.

La lettre pliée, il demeura un moment pensif, reprit son portefeuille, l'ouvrit, et écrivit avec le même crayon sur la première page ces quatre lignes :

« Je m'appelle Marius Pontmercy. Porter mon cadavre

chez mon grand-père, M. Gillenormand, rue des Filles-du-Calvaire[9], n° 6, au Marais. »

Il remit le portefeuille dans la poche de son habit[10], puis il appela Gavroche. Le gamin, à la voix de Marius, accourut[11] avec sa mine joyeuse et dévouée.

— Veux-tu faire quelque chose pour moi ?

— Tout, dit Gavroche. Dieu du bon Dieu ! sans vous, vrai, j'étais cuit[12].

— Tu vois bien cette lettre ?

— Oui.

— Prends-la. Sors de la barricade sur-le-champ (Gavroche, inquiet, commença à se gratter l'oreille), et demain[13] matin tu la remettras à son adresse, à mademoiselle Cosette, chez M. Fauchelevent, rue de l'Homme-Armé, n° 7.

L'héroïque enfant répondit[14] :

— Ah bien mais ! pendant ce temps-là, on prendra la barricade, et je n'y serai pas.

— La barricade ne sera plus attaquée qu'au point du jour selon toute apparence et ne sera pas prise avant demain midi.

Le nouveau répit que les assaillants laissaient à la barricade se prolongeait en effet. C'était une de ces intermittences, fréquentes dans les combats nocturnes, qui sont toujours suivies d'un redoublement d'acharnement.

— Eh bien, fit Gavroche, si j'allais porter votre lettre demain matin ?

— Il sera trop tard. La barricade sera probablement bloquée, toutes les rues seront gardées, et tu ne pourras sortir. Va tout de suite.

Gavroche ne trouva rien à répliquer, il restait là, indécis, et se grattant l'oreille tristement. Tout à coup, avec un de ces mouvements d'oiseau qu'il avait, il prit la lettre.

— C'est bon, dit-il.

Et il partit en courant par la ruelle Mondétour.

Gavroche avait eu une idée qui l'avait déterminé, mais qu'il n'avait pas dite, de peur que Marius n'y fît quelque objection.

Cette idée, la voici :

— Il est à peine minuit[15], la rue de l'Homme-Armé n'est pas loin, je vais porter la lettre tout de suite, et je serai revenu à temps.

LIVRE QUINZIÈME

LA RUE DE L'HOMME-ARMÉ

I

BUVARD, BAVARD

Qu'est-ce que les convulsions[1] d'une ville auprès des émeutes de l'âme? L'homme est une profondeur plus grande encore que le peuple[2]. Jean Valjean, en ce moment-là même, était en proie à un soulèvement effrayant. Tous les gouffres[3] s'étaient rouverts en lui. Lui aussi frissonnait, comme Paris, au seuil d'une révolution formidable[4] et obscure. Quelques heures avaient suffi. Sa destinée et sa conscience s'étaient brusquement couvertes d'ombre. De lui aussi, comme de Paris, on pouvait dire : les deux principes sont en présence. L'ange[5] blanc et l'ange noir vont se saisir corps à corps sur le pont de l'abîme. Lequel des deux précipitera l'autre? Qui l'emportera?

La veille de ce même jour 5 juin, Jean Valjean, accompagné de Cosette et de Toussaint, s'était installé rue de l'Homme-Armé. Une péripétie l'y attendait.

Cosette[6] n'avait pas quitté la rue Plumet sans un essai de résistance. Pour la première fois depuis qu'ils existaient côte à côte, la volonté de Cosette et la volonté de Jean Valjean s'étaient montrées distinctes, et s'étaient, sinon heurtées, du moins contredites. Il y avait eu objection d'un côté et inflexibilité de l'autre. Le brusque conseil : *déménagez*, jeté par un inconnu à Jean Valjean, l'avait alarmé au point de le rendre absolu. Il se croyait dépisté et poursuivi. Cosette avait dû céder.

Tous deux étaient arrivés rue de l'Homme-Armé sans desserrer les dents et sans se dire un mot, absorbés chacun dans leur préoccupation personnelle; Jean Valjean si inquiet qu'il ne voyait pas la tristesse de Cosette, Cosette si triste qu'elle ne voyait pas l'inquiétude de Jean Valjean.

Jean Valjean avait emmené Toussaint, ce qu'il n'avait jamais fait dans ses précédentes absences. Il entrevoyait qu'il ne reviendrait peut-être pas rue Plumet, et il ne pouvait ni laisser Toussaint derrière lui, ni lui dire son secret. D'ailleurs il la sentait dévouée et sûre. De domestique à maître, la trahison commence par la curiosité. Or, Toussaint, comme si elle eût été prédestinée à être la servante de Jean Valjean, n'était pas curieuse. Elle disait à travers son bégayement, dans son parler de paysanne de Barneville : Je suis de même de même ; je chose mon fait ; le demeurant n'est pas mon travail. (Je suis ainsi ; je fais ma besogne ; le reste n'est pas mon affaire.)

Dans ce départ de la rue Plumet[7], qui avait été presque une fuite, Jean Valjean n'avait rien emporté que[8] la petite valise embaumée baptisée par Cosette l'*inséparable*. Des malles pleines eussent exigé des commissionnaires, et des commissionnaires sont des témoins. On avait fait venir un fiacre à la porte de la rue de Babylone, et l'on s'en était allé[9].

C'est à grand'peine que Toussaint avait obtenu la permission d'empaqueter un peu de linge et de vêtements et quelques objets de toilette. Cosette, elle, n'avait emporté que sa papeterie et son buvard.

Jean Valjean, pour accroître la solitude et l'ombre de cette disparition, s'était arrangé de façon à ne quitter le pavillon de la rue Plumet qu'à la chute du jour, ce qui avait laissé à Cosette le temps d'écrire son billet à Marius. On était arrivé rue de l'Homme-Armé à la nuit close. On s'était couché silencieusement.

Le logement de la rue de l'Homme-Armé était situé dans une arrière-cour, à un deuxième étage, et composé de deux chambres à coucher, d'une salle à manger et d'une cuisine attenante à la salle à manger, avec soupente où il y avait un lit de sangle qui échut à Toussaint[10]. La salle à manger était en même temps l'antichambre et séparait les deux chambres à coucher. L'appartement était pourvu des ustensiles nécessaires[11].

On se rassure presque aussi follement qu'on s'inquiète ; la nature humaine est ainsi. A peine Jean Valjean fut-il rue de l'Homme-Armé que son anxiété s'éclaircit, et, par degrés, se dissipa. Il y a des lieux calmants qui agissent en quelque sorte mécaniquement sur l'esprit. Rue obscure, habitants paisibles, Jean Valjean sentit on ne sait quelle contagion de tranquillité dans cette ruelle de l'ancien Paris, si étroite qu'elle est barrée aux voitures par un madrier transversal posé sur deux poteaux, muette et sourde au milieu de la ville en rumeur, crépusculaire en plein jour, et, pour ainsi dire, incapable d'émotions entre ses deux rangées de hautes maisons centenaires qui se taisent comme des vieillards qu'elles sont. Il y a dans cette rue de l'oubli stagnant. Jean Valjean y respira. Le moyen qu'on pût le trouver là ?

Son[12] premier soin fut de mettre l'*inséparable* à côté de lui.

Il dormit bien. La nuit conseille, on peut ajouter : la nuit apaise. Le lendemain matin, il s'éveilla presque gai. Il trouva charmante la salle à manger qui était hideuse, meublée d'une vieille table ronde, d'un buffet bas que surmontait un miroir penché, d'un fauteuil vermoulu et de quelques chaises encombrées des paquets de Toussaint. Dans un de ces paquets, on apercevait par un hiatus l'uniforme de garde national de Jean Valjean.

Quant à Cosette, elle s'était fait apporter par Toussaint un bouillon dans sa chambre, et ne parut que le soir.

Vers cinq heures[13], Toussaint, qui allait et venait, très occupée de ce petit emménagement, avait mis sur la table de la salle à manger une volaille froide que Cosette, par déférence pour son père, avait consenti à regarder.

Cela fait, Cosette, prétextant une migraine persistante, avait[14] dit bonsoir à Jean Valjean et s'était enfermée dans sa chambre à coucher. Jean Valjean avait mangé une aile de poulet avec appétit, et, accoudé sur la table, rasséréné peu à peu[15], rentrait en possession de sa sécurité.

Pendant qu'il faisait ce sobre dîner, il avait[16] perçu confusément, à deux ou trois reprises, le bégayement[17] de Toussaint qui lui disait : « Monsieur, il y a du train, on se bat dans Paris[18] ». Mais, absorbé dans une foule de combinaisons intérieures, il n'y avait point pris garde. A vrai dire, il n'avait pas entendu.

Il se leva, et se mit à marcher de la fenêtre à la porte et de la porte à la fenêtre, de plus en plus apaisé.

Avec le calme, Cosette, sa préoccupation unique, revenait dans sa pensée. Non qu'il s'émût de cette migraine, petite crise de nerfs, bouderie de jeune fille, nuage d'un moment, il n'y paraîtrait pas dans un jour ou deux ; mais il songeait à l'avenir, et, comme d'habitude, il y songeait avec douceur.

Après tout, il ne voyait aucun obstacle à ce que la vie heureuse reprît son cours. A de certaines heures, tout semble impossible ; à d'autres heures, tout paraît aisé ; Jean Valjean était dans une de ces bonnes heures. Elles viennent d'ordinaire après les mauvaises, comme le jour après la nuit, par cette loi de succession et de contraste qui est le fond même de la nature et que les esprits superficiels appellent antithèse. Dans cette paisible rue où il se réfugiait, Jean Valjean se dégageait de tout ce qui l'avait troublé depuis quelque temps. Par cela même qu'il avait vu beaucoup de ténèbres, il commençait à apercevoir un peu d'azur. Avoir quitté la rue Plumet sans complication et sans incident, c'était déjà un bon pas de fait[19].

Peut-être serait-il sage de[20] se dépayser, ne fût-ce que pour quelques mois, et d'aller à Londres. Eh bien, on irait. Être en France, être en Angleterre, qu'est-ce que cela faisait, pourvu qu'il eût près de lui Cosette ? Cosette était sa nation. Cosette suffisait[21] à son bonheur ; l'idée qu'il ne suffisait peut-être pas, lui, au bonheur de Cosette, cette idée, qui avait été autrefois sa fièvre et son insomnie, ne se présentait même pas à son esprit. Il était dans le collapsus de toutes ses douleurs passées, et en plein optimisme. Cosette, étant près de lui, lui semblait à lui ; effet d'optique que tout le monde a éprouvé. Il arrangeait en lui-même, et avec toutes sortes de facilités, le départ pour l'Angleterre avec Cosette, et il voyait sa félicité se reconstruire n'importe où dans les perspectives de sa rêverie.

Tout en marchant de long en large à pas lents, son regard rencontra tout à coup quelque chose d'étrange. Il aperçut en face de lui, dans le miroir incliné qui surmontait le buffet, et il lut distinctement les quatre lignes que voici :

« Mon bien-aimé, hélas ! mon père veut que nous partions tout de suite. Nous serons ce soir rue de l'Homme-Armé, n° 7. Dans huit jours nous serons à Londres. — COSETTE. 4 juin. »

Jean Valjean s'arrêta hagard.

Cosette en arrivant avait posé son buvard sur le buffet devant le miroir, et, toute à sa douloureuse angoisse, l'avait oublié là, sans même remarquer qu'elle le laissait tout ouvert, et ouvert précisément à la page sur laquelle elle avait appuyé, pour les sécher, les quatre lignes écrites par elle et dont elle avait chargé le jeune ouvrier passant rue Plumet. L'écriture s'était imprimée sur le buvard. Le miroir reflétait l'écriture.

Il en résultait ce qu'on appelle en géométrie l'image symétrique ; de telle sorte que l'écriture renversée sur le buvard s'offrait redressée dans le miroir et présentait son sens naturel ; et Jean Valjean avait sous les yeux la lettre écrite la veille par Cosette à Marius. C'était simple et foudroyant.

Jean Valjean alla au miroir. Il relut les quatre lignes, mais il n'y crut point. Elles lui faisaient l'effet d'apparaître dans de la lueur d'éclair. C'était une hallucination. Cela était impossible. Cela n'était pas.

Peu à peu sa perception devint plus précise ; il regarda le buvard de Cosette, et le sentiment du fait réel lui revint. Il prit le buvard et dit : « Cela vient de là. » Il examina fiévreusement les quatre lignes imprimées sur le buvard, le renversement des lettres en faisait un griffonnage bizarre, et il n'y vit aucun sens. Alors il se dit : « Mais cela ne signifie rien, il n'y a rien d'écrit là. » Et il respira à pleine poitrine avec un inexprimable soulagement. Qui n'a pas eu de ces joies bêtes dans les instants horribles ? L'âme ne se rend pas au désespoir sans avoir épuisé toutes les illusions.

Il tenait le buvard à la main et le contemplait, stupidement heureux, presque prêt à rire de l'hallucination dont il avait été dupe. Tout à coup ses yeux retombèrent sur le miroir, et il revit la vision. Les quatre lignes s'y dessinaient avec une netteté inexorable. Cette fois ce n'était pas un mirage. La récidive d'une vision est une réalité, c'était palpable, c'était l'écriture redressée dans le miroir. Il comprit.

Jean Valjean chancela, laissa échapper le buvard, et s'affaissa dans le vieux fauteuil à côté du buffet, la tête tombante, la prunelle vitreuse, égaré. Il se dit que c'était évident, et que la lumière du monde était à jamais éclipsée, et que Cosette avait écrit cela à quelqu'un. Alors il entendit son âme, redevenue terrible, pousser dans les ténèbres un sourd rugissement. Allez donc ôter au lion le chien qu'il a dans sa cage !

Chose bizarre et triste, en ce moment-là, Marius n'avait

pas encore la lettre de Cosette ; le hasard l'avait portée en traître à Jean Valjean avant de la remettre à Marius.

Jean Valjean jusqu'à ce jour n'avait pas été vaincu par l'épreuve. Il avait été soumis à des essais affreux ; pas une voie de fait de la mauvaise fortune ne lui avait été épargnée ; la férocité du sort, armée de toutes les vindictes et de toutes les méprises sociales, l'avait pris pour sujet et s'était acharnée sur lui. Il n'avait reculé ni fléchi devant rien. Il avait accepté, quand il l'avait fallu, toutes les extrémités ; il avait sacrifié son inviolabilité d'homme reconquise, livré sa liberté, risqué sa tête, tout perdu, tout souffert, et il était resté désintéressé et stoïque, au point que par moments on aurait pu le croire absent de lui-même comme un martyr. Sa conscience, aguerrie à tous les assauts possibles de l'adversité, pouvait sembler à jamais imprenable. Eh bien, quelqu'un qui eût vu son for intérieur eût été forcé de constater qu'à cette heure elle faiblissait.

C'est que de toutes les tortures qu'il avait subies dans cette longue question que lui donnait la destinée, celle-ci était la plus redoutable. Jamais pareille tenaille ne l'avait saisi. Il sentit le remuement mystérieux de toutes les sensibilités latentes. Il sentit le pincement de la fibre inconnue. Hélas, l'épreuve suprême, disons mieux, l'épreuve unique, c'est la perte de l'être aimé.

Le pauvre vieux Jean Valjean n'aimait, certes, pas Cosette autrement que comme un père ; mais, nous l'avons fait remarquer plus haut, dans cette paternité la viduité même de sa vie avait introduit tous les amours ; il aimait Cosette comme sa fille, et il l'aimait comme sa mère, et il l'aimait comme sa sœur ; et, comme il n'avait jamais eu ni amante ni épouse, comme la nature est un créancier qui n'accepte aucun protêt, ce sentiment-là aussi, le plus imperdable de tous, était mêlé aux autres, vague, ignorant, pur de la pureté de l'aveuglement, inconscient, céleste, angélique, divin ; moins comme un sentiment que comme un instinct, moins comme un instinct que comme un attrait, imperceptible et invisible, mais réel ; et l'amour proprement dit était dans sa tendresse énorme pour Cosette comme le filon d'or est dans la montagne, ténébreux et vierge.

Qu'on se rappelle cette situation de cœur que nous avons indiquée déjà[22]. Aucun mariage n'était possible

entre eux ; pas même celui des âmes ; et cependant il est
certain que leurs destinées s'étaient épousées. Excepté[23]
Cosette, c'est-à-dire excepté une enfance, Jean Valjean
n'avait, dans toute sa longue vie, rien connu de ce qu'on
peut aimer. Les passions et les amours qui se succèdent
n'avaient point fait en lui de ces verts successifs, vert
tendre sur vert sombre, qu'on remarque sur les feuillages
qui passent l'hiver et[24] sur les hommes qui passent la cinquantaine. En somme, et nous y avons plus d'une fois
insisté, toute cette fusion intérieure, tout cet ensemble,
dont le résultante était une haute vertu, aboutissait à faire
de Jean Valjean un père pour Cosette. Père étrange
forgé de l'aïeul, du fils, du frère et du mari qu'il y avait
dans Jean Valjean ; père dans lequel il y avait même une
mère ; père qui aimait Cosette et qui l'adorait, et qui
avait cette enfant pour lumière, pour demeure, pour
famille, pour patrie, pour paradis.

Aussi, quand il vit que c'était décidément fini, qu'elle
lui échappait, qu'elle glissait de ses mains, qu'elle se
dérobait, que c'était du nuage, que c'était de l'eau, quand
il eut devant les yeux cette évidence écrasante : un autre
est le but de son cœur, un autre est le souhait de sa vie ;
il y a le bien-aimé, je ne suis que le père ; je n'existe plus ;
quand[25] il ne put plus douter, quand il se dit : « Elle s'en
va hors de moi ! » la douleur qu'il éprouva dépassa le
possible. Avoir fait tout ce qu'il avait fait pour en venir
là ! et, quoi donc ! n'être rien ! Alors, comme[26] nous
venons de le dire, il eut de la tête aux pieds un frémissement de révolte. Il sentit jusque dans la racine de ses
cheveux l'immense réveil de l'égoïsme, et le moi hurla
dans l'abîme de cet homme.

Il y a des effondrements intérieurs. La pénétration
d'une certitude désespérante dans l'homme ne se fait
point sans écarter et rompre de certains éléments profonds qui sont quelquefois l'homme lui-même[27]. La
douleur, quand elle arrive à ce degré, est un sauve-qui-
peut de toutes les forces de la conscience. Ce sont là des
crises fatales. Peu d'entre nous en sortent semblables à
eux-mêmes et fermes dans le devoir. Quand la limite de
la souffrance est débordée, la vertu la plus imperturbable se déconcerte. Jean Valjean reprit le buvard, et se
convainquit de nouveau ; il resta penché et comme
pétrifié sur les quatre lignes irrécusables, l'œil fixe ; et il

se fit en lui un tel nuage qu'on eût pu croire que tout le dedans de cette âme s'écroulait.

Il examina cette révélation, à travers les grossissements de la rêverie, avec un calme apparent, et effrayant, car c'est une chose redoutable quand le calme de l'homme arrive à la froideur de la statue.

Il mesura le pas épouvantable que sa destinée avait fait sans qu'il s'en doutât; il se rappela ses craintes de l'autre été, si follement dissipées; il reconnut le précipice; c'était toujours le même; seulement Jean Valjean n'était plus au seuil, il était au fond.

Chose inouïe et poignante, il y était tombé sans s'en apercevoir. Toute la lumière de sa vie s'en était allée, lui croyant voir toujours le soleil.

Son instinct[28] n'hésita point. Il rapprocha certaines circonstances, certaines dates, certaines rougeurs et certaines pâleurs de Cosette, et il se dit : C'est lui. La divination du désespoir est une sorte d'arc mystérieux qui ne manque jamais son coup. Dès sa première conjecture, il atteignit Marius. Il ne savait pas le nom, mais il trouva tout de suite l'homme. Il aperçut distinctement, au fond de l'implacable évocation du souvenir, le rôdeur inconnu du Luxembourg, ce misérable chercheur d'amourettes, ce fainéant de romance, cet imbécile, ce lâche, car c'est une lâcheté de venir faire les yeux doux à des filles qui ont à côté d'elles leur père qui les aime.

Après qu'il eut bien constaté qu'au fond de cette situation il y avait ce jeune homme, et que tout venait de là, lui, Jean Valjean, l'homme régénéré, l'homme qui avait tant travaillé à son âme, l'homme qui avait fait tant d'efforts pour résoudre toute la vie, toute la misère et tout le malheur en amour, il regarda en lui-même et il y vit un spectre, la Haine.

Les grandes douleurs contiennent de l'accablement. Elles découragent d'être. L'homme chez lequel elles entrent sent quelque chose se retirer de lui. Dans la jeunesse leur visite est lugubre; plus tard, elle est sinistre. Hélas, quand le sang est chaud, quand les cheveux sont noirs, quand la tête est droite sur le corps comme la flamme sur le flambeau, quand le rouleau de la destinée a encore presque toute son épaisseur, quand le cœur, plein d'un amour désirable, a encore des battements qu'on peut lui rendre, quand on a devant soi le temps de réparer, quand toutes les femmes sont là, et tous les sourires, et tout l'avenir, et tout l'horizon, quand la force de la vie est complète, si c'est une chose effroyable que le désespoir, qu'est-ce donc dans la vieillesse, quand les années se précipitent de plus en plus blêmissantes, à cette heure crépusculaire où l'on commence à voir les étoiles de la tombe !

Tandis qu'il songeait, Toussaint entra. Jean Valjean se leva, et lui demanda :

— De quel côté est-ce ? savez-vous ?

Toussaint, stupéfaite, ne put que lui répondre :

— Plaît-il ?

Jean Valjean reprit :

— Ne m'avez-vous pas dit tout à l'heure qu'on se bat ?

— Ah ! oui, monsieur, répondit Toussaint. C'est du côté de Saint-Merry.

Il y a tel mouvement machinal qui nous vient, à notre insu même, de notre pensée la plus profonde. Ce fut sans doute sous l'impulsion d'un mouvement de ce genre, et dont il avait à peine conscience, que Jean Valjean se trouva cinq minutes après dans la rue.

Il était nu-tête, assis sur la borne de la porte de sa maison. Il semblait écouter. La nuit était venue.

II

Le gamin ennemi des lumières[1]

Combien de temps passa-t-il ainsi ? Quels furent les flux et les reflux de cette méditation tragique ? Se[2] redressa-t-il ? resta-t-il ployé ? avait-il été courbé jusqu'à être brisé ? pouvait-il se redresser encore et reprendre pied dans sa conscience sur quelque chose de solide ? Il n'aurait probablement pu le dire lui-même.

La rue était déserte. Quelques bourgeois inquiets qui rentraient rapidement chez eux l'aperçurent à peine. Chacun pour soi dans les temps de péril. L'allumeur de nuit vint comme à l'ordinaire allumer le réverbère qui[3] était précisément placé en face de la porte du n° 7, et s'en alla. Jean Valjean, à qui l'eût examiné dans cette ombre, n'eût pas semblé un homme vivant. Il était là, assis sur la borne de sa porte, immobile comme une larve de glace[4]. Il y a de la congélation dans le désespoir[5]. On entendait le tocsin et de vagues rumeurs orageuses. Au milieu de toutes ces convulsions de la cloche mêlée à l'émeute, l'horloge de Saint-Paul sonna onze heures, gravement et sans se hâter; car le tocsin, c'est l'homme; l'heure, c'est Dieu. Le passage de l'heure ne fit rien à Jean Valjean; Jean Valjean ne remua pas. Cependant, à peu près vers ce moment-là, une brusque détonation éclata du côté des Halles, une seconde la suivit, plus violente encore; c'était probablement cette attaque de la barricade de la rue de la Chanvrerie que nous venons de voir repoussée par Marius. A cette double décharge, dont la furie semblait accrue par la stupeur de la nuit, Jean Valjean tressaillit; il se dressa du côté d'où le bruit venait; puis il retomba sur la borne, il croisa les bras, et sa tête revint lentement se poser sur sa poitrine.

Il reprit son ténébreux dialogue avec lui-même.

Tout à coup il leva les yeux, on marchait dans la rue, il entendait des pas près de lui, il regarda, et, à la lueur du réverbère, du[6] côté de la rue qui aboutit aux Archives, il aperçut une figure livide, jeune et radieuse[7].

Gavroche venait d'arriver rue de l'Homme-Armé. Gavroche regardait en l'air, et paraissait chercher. Il voyait parfaitement Jean Valjean, mais il ne s'en apercevait pas.

Gavroche[8], après avoir regardé en l'air, regardait en bas; il se haussait sur la pointe des pieds et tâtait les portes et les fenêtres des rez-de-chaussée; elles étaient toutes fermées, verrouillées et cadenassées. Après avoir constaté cinq ou six devantures de maisons barricadées de la sorte, le gamin haussa les épaules, et entra en matière avec lui-même en ces termes :

— Pardi!

Puis il se remit à regarder en l'air.

Jean Valjean, qui, l'instant d'auparavant, dans la situation d'âme où il était, n'eût parlé ni même répondu à personne, se sentit irrésistiblement poussé à adresser la parole à cet enfant.

— Petit, dit-il, qu'est-ce que tu as?

— J'ai que j'ai faim, répondit Gavroche nettement. Et il ajouta : Petit vous-même.

Jean Valjean fouilla dans son gousset et en tira une pièce de cinq francs. Mais Gavroche, qui était de l'espèce du hoche-queue et qui passait vite d'un geste à l'autre, venait de ramasser une pierre. Il avait aperçu le réverbère.

— Tiens, dit-il, vous avez encore vos lanternes ici. Vous n'êtes pas en règle, mes amis. C'est du désordre. Cassez-moi ça.

Et il jeta la pierre dans le réverbère dont la vitre tomba avec un tel fracas que des bourgeois, blottis sous leurs rideaux dans la maison d'en face, crièrent : « Voilà Quatre-vingt-treize ! »

Le réverbère[9] oscilla violemment et s'éteignit. La rue devint brusquement noire.

— C'est ça, la vieille rue, fit Gavroche, mets ton bonnet de nuit.

Et se tournant vers Jean Valjean :

— Comment est-ce que vous appelez ce monument gigantesque que vous avez là au bout de la rue ? C'est les Archives, pas vrai ? Il faudrait me chiffonner un peu ces grosses bêtes de colonnes-là, et en faire gentiment une barricade.

Jean Valjean s'approcha de Gavroche.

— Pauvre être, dit-il à demi-voix et se parlant à lui-même, il a faim.

Et il lui mit la pièce de cent sous dans la main.

Gavroche leva le nez, étonné de la grandeur de ce gros sou ; il le regarda dans l'obscurité, et la blancheur du gros sou l'éblouit. Il connaissait les pièces de cinq francs par ouï-dire ; leur réputation lui était agréable ; il fut charmé d'en voir une de près. Il dit : « Contemplons le tigre. »

Il le considéra quelques instants avec extase ; puis, se retournant vers Jean Valjean, il lui tendit la pièce et lui dit majestueusement :

— Bourgeois, j'aime mieux casser les lanternes. Reprenez votre bête féroce. On ne me corrompt point. Ça a cinq griffes ; mais ça ne m'égratigne pas.

— As-tu une mère ? demanda Jean Valjean.

Gavroche répondit :

— Peut-être plus que vous.

— Eh bien, reprit Jean Valjean, garde cet argent pour ta mère.

Gavroche se sentit remué. D'ailleurs il venait de remarquer que l'homme qui lui parlait n'avait pas de chapeau, et cela lui inspirait confiance.

— Vrai, dit-il, ce n'est pas pour m'empêcher de casser les réverbères ?

— Casse tout ce que tu voudras.

— Vous êtes un brave homme, dit Gavroche.

Et il mit la pièce de cinq francs dans une de ses poches. Sa confiance croissant, il ajouta :

— Êtes-vous de la rue?

— Oui, pourquoi?

— Pourriez-vous m'indiquer le numéro 7?

— Pourquoi faire le numéro 7?

Ici l'enfant s'arrêta, il craignit d'en avoir trop dit, il plongea énergiquement ses ongles dans ses cheveux, et se borna à répondre :

— Ah! voilà.

Une idée traversa l'esprit de Jean Valjean. L'angoisse a de ces lucidités-là. Il dit à l'enfant :

— Est-ce que c'est toi qui m'apportes la lettre que j'attends?

— Vous? dit Gavroche. Vous n'êtes pas une femme.

— La lettre est pour mademoiselle Cosette, n'est-ce pas?

— Cosette? grommela Gavroche. Oui, je crois que c'est ce drôle de nom-là.

— Eh bien, reprit Jean Valjean, c'est moi qui dois lui remettre la lettre. Donne.

— En ce cas, vous devez savoir que je suis envoyé de la barricade[10]?

— Sans doute, dit Jean Valjean.

Gavroche engloutit son poing dans une autre de ses poches et en tira un papier plié en quatre.

Puis[11] il fit le salut militaire.

— Respect à la dépêche, dit-il. Elle vient du gouvernement provisoire.

— Donne, dit Jean Valjean.

Gavroche tenait le papier élevé au-dessus de sa tête.

— Ne vous imaginez pas que c'est là un billet doux. C'est pour une femme, mais c'est pour le peuple. Nous autres, nous nous battons, et nous respectons le sexe. Nous ne sommes pas comme dans le grand monde où il y a des lions qui envoient des poulets à des chameaux.

— Donne.

— Au fait, continua Gavroche, vous m'avez l'air d'un brave homme.

— Donne vite.

— Tenez.

IV

LES EXCÈS DE ZÈLE DE GAVROCHE

Cependant il venait d'arriver une aventure à Gavroche.

Gavroche, après avoir consciencieusement lapidé le réverbère de la rue du Chaume, aborda la rue des Vieilles-Haudriettes, et n'y voyant pas « un chat », trouva l'occasion bonne pour entonner toute la chanson dont il était capable. Sa marche, loin de se ralentir par le chant, s'en accélérait. Il se mit à semer le long des maisons endormies ou terrifiées ces couplets incendiaires :

> L'oiseau médit dans les charmilles
> Et prétend qu'hier Atala
> Avec un Russe s'en alla.
>
>   Où vont les belles filles,
>   Lon la.
>
> Mon ami Pierrot, tu babilles,
> Parce que l'autre jour Mila
> Cogna sa vitre, et m'appela.
>
>   Où vont les belles filles,
>   Lon la.
>
> Les drôlesses sont fort gentilles ;
> Leur poison qui m'ensorcela
> Griserait monsieur Orfila[1].
>
>   Où vont les belles filles,
>   Lon la
>
> J'aime l'amour et ses bisbilles,
> J'aime Agnès, j'aime Paméla,
> Lise en m'allumant se brûla.
>
>   Où vont les belles filles,
>   Lon la.
>
> Jadis, quand je vis les mantilles
> De Suzette et de Zéila,
> Mon âme à leurs plis se mêla.
>
>   Où vont les belles filles,
>   Lon la.

Amour, quand, dans l'ombre où tu brilles,
Tu coiffes de roses Lola,
Je me damnerais pour cela.

   Où vont les belles filles,
      Lon la.

Jeanne, à ton miroir tu t'habilles !
Mon cœur un beau jour s'envola ;
Je crois que c'est Jeanne qui l'a.

   Où vont les belles filles,
      Lon la.

Le soir, en sortant des quadrilles,
Je montre aux étoiles Stella
Et je leur dis : regardez-la.

   Où vont les belles filles,
      Lon la.

Gavroche, tout en chantant, prodiguait la pantomime. Le geste est le point d'appui du refrain. Son visage, inépuisable répertoire de masques, faisait des grimaces plus convulsives et plus fantasques que les bouches d'un linge troué dans un grand vent. Malheureusement, comme il était seul et dans la nuit, cela n'était ni vu, ni visible. Il y a de ces richesses perdues.

Soudain il s'arrêta court.

— Interrompons la romance, dit-il.

Sa prunelle féline venait de distinguer dans le renfoncement d'une porte cochère ce qu'on appelle en peinture un ensemble ; c'est-à-dire un être et une chose ; la chose était une charrette à bras, l'être était un Auvergnat qui dormait dedans.

Les bras de la charrette s'appuyaient sur le pavé et la tête de l'Auvergnat s'appuyait sur le tablier de la charrette. Son corps se pelotonnait sur ce plan incliné et ses pieds touchaient la terre.

Gavroche, avec son expérience des choses de ce monde, reconnut un ivrogne. C'était quelque commissionnaire du coin qui avait trop bu et qui dormait trop.

— Voilà, pensa Gavroche, à quoi servent les nuits d'été. L'Auvergnat s'endort dans sa charrette. On prend la charrette pour la République et on laisse l'Auvergnat à la monarchie.

Son esprit venait d'être illuminé par la clarté que voici :
— Cette charrette ferait joliment bien sur notre barricade.

L'Auvergnat ronflait.

Gavroche tira doucement la charrette par l'arrière et l'Auvergnat par l'avant, c'est-à-dire par les pieds ; et, au bout d'une minute, l'Auvergnat, imperturbable, reposait à plat sur le pavé. La charrette était délivrée.

Gavroche, habitué à faire face de toutes parts à l'imprévu, avait toujours tout sur lui. Il fouilla dans une de ses poches, et en tira un chiffon de papier et un bout de crayon rouge chipé à quelque charpentier.

Il écrivit :

« *République française.*

« Reçu ta charrette. »

Et il signa : « Gavroche. »

Cela fait, il mit le papier dans la poche du gilet de velours de l'Auvergnat toujours ronflant, saisit le brancard dans ses deux poings, et partit, dans la direction des Halles, poussant devant lui la charrette au grand galop avec un glorieux tapage triomphal.

Ceci était périlleux. Il y avait un poste à l'Imprimerie royale. Gavroche n'y songeait pas. Ce poste était occupé par des gardes nationaux de la banlieue. Un certain éveil commençait à émouvoir l'escouade[2], et les têtes se soulevaient sur les lits de camp. Deux réverbères brisés coup sur coup, cette chanson chantée à tue-tête, cela était beaucoup pour des rues si poltronnes, qui ont envie de dormir au coucher du soleil, et qui mettent de si bonne heure leur éteignoir sur leur chandelle[3]. Depuis une heure le gamin faisait dans cet arrondissement paisible le vacarme d'un moucheron dans une bouteille. Le sergent de la banlieue écoutait. Il attendait. C'était un homme prudent.

Le roulement forcé de la charrette combla la mesure de l'attente possible, et détermina le sergent à tenter une reconnaissance.

— Ils sont là toute une bande ! dit-il, allons doucement.

Il était clair que l'Hydre de l'Anarchie était sortie de sa boîte et qu'elle se démenait dans le quartier. Et le sergent se hasarda hors du poste à pas sourds[4].

Tout à coup, Gavroche, poussant sa charrette, au moment où il allait déboucher de la rue des Vieilles-Haudriettes, se trouva face à face avec un uniforme, un shako, un plumet et un fusil. Pour la seconde fois, il s'arrêta net.

— Tiens, dit-il, c'est lui. Bonjour, l'ordre public.

Les étonnements de Gavroche étaient courts et dégelaient vite[5].

— Où vas-tu, voyou ? cria le sergent.

— Citoyen, dit Gavroche, je ne vous ai pas encore appelé bourgeois. Pourquoi m'insultez-vous ?

— Où vas-tu, drôle ?

— Monsieur, reprit Gavroche, vous étiez peut-être hier un homme d'esprit, mais vous avez été destitué ce matin.

— Je te[6] demande où tu vas, gredin ?

Gavroche répondit :

— Vous parlez gentiment. Vrai, on ne vous donnerait pas votre âge. Vous devriez vendre tous vos cheveux cent francs la pièce. Cela vous ferait cinq cents francs.

— Où vas-tu ? où vas-tu ? où vas-tu, bandit ?

Gavroche repartit :

— Voilà de vilains mots. La première fois qu'on vous donnera à téter, il faudra qu'on vous essuie mieux la bouche.

Le sergent croisa la bayonnette.

— Me diras-tu où tu vas, à la fin, misérable ?

— Mon général, dit Gavroche, je vas chercher le médecin pour mon épouse qui est en couches.

— Aux armes ! cria le sergent.

Se sauver par ce qui vous a perdu, c'est là le chef-d'œuvre des hommes forts ; Gavroche mesura d'un coup d'œil toute la situation. C'était la charrette qui l'avait compromis, c'était à la charrette de le protéger.

Au moment où le sergent allait fondre sur Gavroche, la charrette, devenue projectile et lancée à tour de bras, roulait sur lui avec furie, et le sergent, atteint en plein ventre, tombait à la renverse dans le ruisseau pendant que son fusil partait en l'air.

CINQUIÈME PARTIE

JEAN VALJEAN

LIVRE PREMIER

LA GUERRE ENTRE QUATRE MURS

I

LA CHARYBDE DU FAUBOURG SAINT-ANTOINE
ET LA SCYLLA DU FAUBOURG DU TEMPLE[1]

Les deux plus mémorables barricades que l'observateur des maladies sociales puisse mentionner n'appartiennent point à la période où est placée l'action de ce livre. Ces deux barricades, symboles toutes les deux, sous deux aspects différents, d'une situation redoutable, sortirent de terre lors de la fatale insurrection de juin 1848, la plus grande guerre des rues qu'ait vue l'histoire[2].

Il arrive quelquefois que, même contre les principes, même contre la liberté, l'égalité et la fraternité, même contre le vol universel, même contre le gouvernement de tous par tous, du fond de ses angoisses, de ses découragements, de ses dénûments, de ses fièvres, de ses détresses, de ses miasmes, de ses ignorances, de ses ténèbres, cette grande désespérée, la canaille, proteste, et que la populace livre bataille au peuple.

Les gueux attaquent le droit commun; l'ochlocratie s'insurge contre le démos.

Ce sont des journées lugubres; car il y a toujours une certaine quantité de droit même dans cette démence, il y a du suicide dans ce duel; et ces mots, qui veulent être des injures, gueux, canaille, ochlocratie, populace, constatent, hélas ! plutôt la faute de ceux qui règnent que la faute de ceux qui souffrent ; plutôt la faute des privilégiés que la faute des déshérités.

Quant à nous, ces mots-là, nous ne les prononçons jamais sans douleur et sans respect, car, lorsque la philosophie sonde les faits auxquels ils correspondent, elle y trouve souvent bien des grandeurs à côté des misères. Athènes était une ochlocratie ; les gueux ont fait la Hollande ; la populace a plus d'une fois sauvé Rome ; et la canaille suivait Jésus-Christ.

Il n'est pas de penseur qui n'ait parfois contemplé les magnificences d'en bas.

C'est à cette canaille que songeait sans doute saint Jérôme, et à tous ces pauvres gens, et à tous ces vagabonds, et à tous ces misérables d'où sont sortis les apôtres et les martyrs, quand il disait cette parole mystérieuse : *Fex urbis, lex orbis*[3].

Les exaspérations de cette foule qui souffre et qui saigne, ses violences à contre-sens sur les principes qui sont sa vie, ses voies de fait contre le droit, sont des coups d'État populaires, et doivent être réprimés. L'homme probe s'y dévoue, et, par amour même pour cette foule, il la combat. Mais comme il la sent excusable tout en lui tenant tête ! comme il la vénère tout en lui résistant ! C'est là un de ces moments rares où, en faisant ce qu'on doit faire, on sent quelque chose qui déconcerte et qui déconseillerait presque d'aller plus loin ; on persiste, il le faut ; mais la conscience satisfaite est triste, et l'accomplissement du devoir se complique d'un serrement de cœur.

Juin 1848 fut, hâtons-nous de le dire, un fait à part, et presque impossible à classer dans la philosophie de l'histoire. Tous les mots que nous venons de prononcer doivent être écartés quand il s'agit de cette émeute extraordinaire où l'on sentit la sainte anxiété du travail réclamant ses droits. Il fallut la combattre, et c'était le devoir, car elle attaquait la République. Mais, au fond, que fut juin 1848 ? Une révolte du peuple contre lui-même.

Là où le sujet n'est point perdu de vue, il n'y a point de digression ; qu'il nous soit donc permis d'arrêter un moment l'attention du lecteur sur les deux barricades absolument uniques dont nous venons de parler et qui ont caractérisé cette insurrection.

L'une encombrait l'entrée du faubourg Saint-Antoine ; l'autre défendait l'approche du faubourg du Temple ; ceux devant qui se sont dressés, sous l'éclatant ciel bleu de juin, ces deux effrayants chefs-d'œuvre de la guerre civile, ne les oublieront jamais.

La barricade Saint-Antoine était monstrueuse ; elle était haute de trois étages et large de sept cents pieds. Elle barrait d'un angle à l'autre la vaste embouchure du faubourg, c'est-à-dire trois rues ; ravinée, déchiquetée, dentelée, hachée, crénelée d'une immense déchirure, contre-butée de monceaux qui étaient eux-mêmes des bastions, poussant des caps çà et là, puissamment adossée aux deux grands promontoires de maisons du faubourg, elle surgissait comme une levée cyclopéenne au fond de la redoutable place qui a vu le 14 juillet. Dix-neuf barricades s'étageaient dans la profondeur des rues derrière cette barricade mère. Rien qu'à la voir, on sentait dans le faubourg l'immense souffrance agonisante arrivée à cette minute extrême où une détresse veut devenir une catastrophe. De quoi était faite cette barricade ? De l'écroulement de trois maisons à six étages, démolies exprès, disaient les uns. Du prodige de toutes les colères, disaient les autres. Elle avait l'aspect lamentable de toutes les constructions de la haine : la ruine. On pouvait dire : qui a bâti cela ? On pouvait dire aussi : qui a détruit cela ? C'était l'improvisation du bouillonnement. Tiens ! cette porte ! cette grille ! cet auvent ! ce chambranle ! ce réchaud brisé ! cette marmite fêlée ! Donnez tout ! jetez tout ! poussez, roulez, piochez, démantelez, bouleversez, écroulez tout ! C'était la collaboration du pavé, du moellon, de la poutre, de la barre de fer, du chiffon, du carreau défoncé, de la chaise dépaillée, du trognon de chou, de la loque, de la guenille, et de la malédiction. C'était grand et c'était petit. C'était l'abîme parodié sur place par le tohu-bohu. La masse près de l'atome ; le pan de mur arraché et l'écuelle cassée ; une fraternisation menaçante de tous les débris ; Sisyphe avait jeté là son rocher et Job son tesson. En somme, terrible. C'était l'acropole des va-nu-pieds. Des charrettes renversées accidentaient le talus ; un immense haquet y était étalé en travers, l'essieu vers le ciel, et semblait une balafre sur cette façade tumultueuse ; un omnibus, hissé gaîment à force de bras tout au sommet de l'entassement, comme si les architectes

de cette sauvagerie eussent voulu ajouter la gaminerie
à l'épouvante, offrait son timon dételé à on ne sait quels
chevaux de l'air. Cet amas gigantesque, alluvion de
l'émeute, figurait à l'esprit un Ossa sur Pélion de toutes
les révolutions; 93 sur 89, le 9 thermidor sur le 10 août,
le 18 brumaire sur le 21 janvier, vendémiaire sur prairial,
1848 sur 1830. La place en valait la peine, et cette barricade était digne d'apparaître à l'endroit même où la
Bastille avait disparu. Si l'océan faisait des digues, c'est
ainsi qu'il les bâtirait. La furie du flot était empreinte
sur cet encombrement difforme. Quel flot? la foule. On
croyait voir du vacarme pétrifié. On croyait entendre
bourdonner, au-dessus de cette barricade, comme si elles
eussent été là sur leur ruche, les énormes abeilles ténébreuses du progrès violent. Était-ce une broussaille?
était-ce une bacchanale? était-ce une forteresse? Le vertige semblait avoir construit cela à coups d'aile. Il y
avait du cloaque dans cette redoute et quelque chose
d'olympien dans ce fouillis. On y voyait, dans un pêle-
mêle plein de désespoir, des chevrons de toits, des morceaux de mansardes avec leur papier peint, des châssis
de fenêtres avec toutes leurs vitres plantés dans les
décombres, attendant le canon, des cheminées descellées,
des armoires, des tables, des bancs, un sens dessus dessous
hurlant, et ces mille choses indigentes, rebuts même du
mendiant, qui contiennent à la fois de la fureur et du
néant. On eût dit que c'était le haillon d'un peuple,
haillon de bois, de fer, de bronze, de pierre, et que le
faubourg Saint-Antoine l'avait poussé là à sa porte d'un
colossal coup de balai, faisant de sa misère sa barricade.
Des blocs pareils à des billots, des chaînes disloquées,
des charpentes à tasseaux ayant forme de potences, des
roues horizontales sortant des décombres, amalgamaient
à cet édifice de l'anarchie la sombre figure des vieux
supplices soufferts par le peuple. La barricade Saint-
Antoine faisait arme de tout; tout ce que la guerre civile
peut jeter à la tête de la société sortait de là; ce n'était
pas du combat, c'était du paroxysme; les carabines qui
défendaient cette redoute, parmi lesquelles il y avait
quelques espingoles, envoyaient des miettes de faïence,
des osselets, des boutons d'habit, jusqu'à des roulettes
de tables de nuit, projectiles dangereux à cause du cuivre.
Cette barricade était forcenée; elle jetait dans les nuées

une clameur inexprimable ; à de certains moments, provoquant l'armée, elle se couvrait de foule et de tempête ; une cohue de têtes flamboyantes la couronnait ; un fourmillement l'emplissait ; elle avait une crête épineuse de fusils, de sabres, de bâtons, de haches, de piques et de baïonnettes ; un vaste drapeau rouge y claquait dans le vent ; on y entendait les cris du commandement, les chansons d'attaque, des roulements de tambours, des sanglots de femmes, et l'éclat de rire ténébreux des meurt-de-faim. Elle était démesurée et vivante ; et, comme du dos d'une bête électrique, il en sortait un pétillement de foudres. L'esprit de révolution couvrait de son nuage ce sommet où grondait cette voix du peuple qui ressemble à la voix de Dieu ; une majesté étrange se dégageait de cette titanique hottée de gravats. C'était un tas d'ordures et c'était le Sinaï.

Comme nous l'avons dit plus haut, elle attaquait au nom de la Révolution, quoi ? la Révolution. Elle, cette barricade, le hasard, le désordre, l'effarement, le malentendu, l'inconnu, elle avait en face d'elle l'assemblée constituante, la souveraineté du peuple, le suffrage universel, la nation, la République ; et c'était la *Carmagnole* défiant la *Marseillaise*.

Défi insensé, mais héroïque, car ce vieux faubourg est un héros.

Le faubourg et sa redoute se prêtaient main-forte. Le faubourg s'épaulait à la redoute, la redoute s'acculait au faubourg. La vaste barricade s'étalait comme une falaise où venait se briser la stratégie des généraux d'Afrique. Ses cavernes, ses excroissances, ses verrues, ses gibbosités, grimaçaient, pour ainsi dire, et ricanaient sous la fumée. La mitraille s'y évanouissait dans l'informe ; les obus s'y enfonçaient, s'y engloutissaient, s'y engouffraient ; les boulets n'y réussissaient qu'à trouer des trous ; à quoi bon canonner le chaos ? Et les régiments, accoutumés aux plus farouches visions de la guerre, regardaient d'un œil inquiet cette espèce de redoute bête fauve, par le hérissement sanglier, et par l'énormité montagne.

A un quart de lieue de là, de l'angle de la rue du Temple qui débouche sur le boulevard près du Château-d'Eau, si l'on avançait hardiment la tête en dehors de la pointe formée par la devanture du magasin Dallemagne, on

apercevait au loin, au delà du canal, dans la rue qui monte
les rampes de Belleville⁴, au point culminant de la montée,
une muraille étrange atteignant au deuxième étage des
façades, sorte d'union des maisons de droite aux maisons
de gauche, comme si la rue avait replié d'elle-même son
plus haut mur pour se fermer brusquement. Ce mur était
bâti avec des pavés. Il était droit, correct, froid, perpendiculaire, nivelé à l'équerre, tiré au cordeau, aligné au
fil de plomb. Le ciment y manquait sans doute, mais
comme à de certains murs romains, sans troubler sa
rigide architecture. A sa hauteur on devinait sa profondeur. L'entablement était mathématiquement parallèle
au soubassement. On distinguait d'espace en espace, sur
sa surface grise, des meurtrières invisibles qui ressemblaient à des fils noirs. Ces meurtrières étaient séparées
les unes des autres par des intervalles égaux. La rue était
déserte à perte de vue. Toutes les fenêtres et toutes les
portes fermées. Au fond se dressait ce barrage qui faisait
de la rue un cul-de-sac; mur immobile et tranquille; on
n'y voyait personne, on n'y entendait rien; pas un cri,
pas un bruit, pas un souffle. Un sépulcre.

L'éblouissant soleil de juin inondait de lumière cette
chose terrible.

C'était la barricade du faubourg du Temple.

Dès qu'on arrivait sur le terrain et qu'on l'apercevait,
il était impossible, même aux plus hardis, de ne pas
devenir pensif devant cette apparition mystérieuse.
C'était ajusté, emboîté, imbriqué, rectiligne, symétrique,
et funèbre. Il y avait là de la science et des ténèbres. On
sentait que le chef de cette barricade était un géomètre
ou un spectre. On regardait cela et l'on parlait bas.

De temps en temps, si quelqu'un, soldat, officier
ou représentant du peuple, se hasardait à traverser la
chaussée solitaire, on entendait un sifflement aigu et
faible, et le passant tombait blessé ou mort, ou, s'il
échappait, on voyait s'enfoncer dans quelque volet
fermé, dans un entre-deux de moellons, dans le plâtre
d'un mur, une balle. Quelquefois un biscayen. Car les
hommes de la barricade s'étaient fait de deux tronçons
de tuyaux de fonte du gaz bouchés à un bout avec de
l'étoupe et de la terre à poêle, deux petits canons. Pas de
dépense de poudre inutile. Presque tout coup portait.
Il y avait quelques cadavres çà et là, et des flaques de

sang sur les pavés. Je me souviens d'un papillon blanc qui allait et venait dans la rue. L'été n'abdique pas.

Aux environs, le dessous des portes cochères était encombré de blessés.

On se sentait là visé par quelqu'un qu'on ne voyait point, et l'on comprenait que toute la longueur de la rue était couchée en joue.

Massés derrière l'espèce de dos d'âne que fait à l'entrée du faubourg du Temple le pont cintré du canal, les soldats de la colonne d'attaque observaient, graves et recueillis, cette redoute lugubre, cette immobilité, cette impassibilité, d'où la mort sortait. Quelques-uns rampaient à plat ventre jusqu'au haut de la courbe du pont en ayant soin que leurs shakos ne passassent point.

Le vaillant colonel Monteynard admirait cette barricade avec un frémissement. — *Comme c'est bâti!* disait-il à un représentant. *Pas un pavé ne déborde l'autre. C'est de la porcelaine.* — En ce moment une balle lui brisa sa croix sur sa poitrine, et il tomba.

— Les lâches! disait-on. Mais qu'ils se montrent donc! qu'on les voie! Ils n'osent pas! ils se cachent! — La barricade du faubourg du Temple, défendue par quatre-vingts hommes, attaquée par dix mille, tint trois jours. Le quatrième, on fit comme à Zaatcha et à Constantine[5], on perça les maisons, on vint par les toits, la barricade fut prise. Pas un des quatre-vingts lâches ne songea à fuir; tous y furent tués, excepté le chef, Barthélemy, dont nous parlerons tout à l'heure.

La barricade Saint-Antoine était le tumulte des tonnerres; la barricade du Temple était le silence. Il y avait entre ces deux redoutes la différence du formidable au sinistre. L'une semblait une gueule; l'autre un masque.

En admettant que la gigantesque et ténébreuse insurrection de juin fût composée d'une colère et d'une énigme, on sentait dans la première barricade le dragon et derrière la seconde le sphinx.

Ces deux forteresses avaient été édifiées par deux hommes nommés, l'un Cournet, l'autre Barthélemy[6]. Cournet avait fait la barricade Saint-Antoine; Barthélemy la barricade du Temple. Chacune d'elles était l'image de celui qui l'avait bâtie.

Cournet était un homme de haute stature; il avait les épaules larges, la face rouge, le poing écrasant, le cœur hardi, l'âme loyale, l'œil sincère et terrible. Intrépide, énergique, irascible, orageux; le plus cordial des hommes, le plus redoutable des combattants. La guerre, la lutte, la mêlée, étaient son air respirable et le mettaient de belle humeur. Il avait été officier de marine, et, à ses gestes et à sa voix, on devinait qu'il sortait de l'océan et qu'il venait de la tempête; il continuait l'ouragan dans la bataille. Au génie près, il y avait en Cournet quelque chose de Danton, comme, à la divinité près, il y avait en Danton quelque chose d'Hercule.

Barthélemy, maigre, chétif, pâle, taciturne, était une espèce de gamin tragique qui, souffleté par un sergent de ville, le guetta, l'attendit, et le tua, et, à dix-sept ans, fut mis au bagne. Il en sortit, et fit cette barricade.

Plus tard, chose fatale, à Londres, proscrits tous deux, Barthélemy tua Cournet. Ce fut un duel funèbre. Quelque temps après, pris dans l'engrenage d'une de ces mystérieuses aventures où la passion est mêlée, catastrophes où la justice française voit des circonstances atténuantes et où la justice anglaise ne voit que la mort, Barthélemy fut pendu. La sombre construction sociale est ainsi faite que, grâce au dénûment matériel, grâce à l'obscurité morale, ce malheureux être qui contenait une intelligence, ferme à coup sûr, grande peut-être, commença par le bagne en France et finit par le gibet en Angleterre. Barthélemy, dans les occasions, n'arborait qu'un drapeau; le drapeau noir.

II

Que faire dans l'abîme à moins que l'on ne cause

Seize ans comptent dans la souterraine éducation de l'émeute, et juin 1848 en savait plus long que juin 1832. Aussi la barricade de la rue de la Chanvrerie n'était-elle qu'une ébauche et qu'un embryon, comparée aux deux barricades colosses que nous venons d'esquisser; mais, pour l'époque, elle était redoutable.

Les insurgés, sous l'œil d'Enjolras, car Marius ne regardait plus rien, avaient mis la nuit à profit. La barricade avait été non seulement réparée, mais augmentée. On l'avait exhaussée de deux pieds. Des barres de fer plantées dans les pavés ressemblaient à des lances en arrêt. Toutes sortes de décombres ajoutés et apportés de toutes parts compliquaient l'enchevêtrement extérieur. La redoute avait été savamment refaite en muraille au dedans et en broussaille au dehors.

On avait rétabli l'escalier de pavés qui permettait d'y monter comme à un mur de citadelle[1].

On avait fait le ménage de la barricade, désencombré la salle basse, pris la cuisine pour ambulance, achevé le pansement des blessés, recueilli la poudre éparse à terre et sur les tables, fondu des balles, fabriqué des cartouches, épluché de la charpie, distribué les armes tombées, nettoyé l'intérieur de la redoute, ramassé les débris, emporté les cadavres.

On déposa les morts en tas dans la ruelle Mondétour dont on était toujours maître. Le pavé a été longtemps rouge à cet endroit. Il y avait parmi les morts quatre gardes nationaux de la banlieue. Enjolras fit mettre de côté leurs uniformes.

Enjolras[2] avait conseillé deux heures de sommeil. Un conseil d'Enjolras était une consigne. Pourtant, trois ou quatre seulement en profitèrent. Feuilly employa ces deux heures à la gravure de cette inscription sur le mur qui faisait face au cabaret :

Vivent les peuples !

Ces trois mots, creusés dans le moellon avec un clou, se lisaient encore sur cette muraille en 1848.

Les trois femmes avaient profité du répit de la nuit pour disparaître définitivement ; ce qui faisait respirer les insurgés plus à l'aise. Elles avaient trouvé moyen de se réfugier dans quelque maison voisine.

La plupart des blessés pouvaient et voulaient encore combattre. Il y avait, sur une litière de matelas et de bottes de paille, dans la cuisine devenue l'ambulance, cinq hommes gravement atteints, dont deux gardes municipaux. Les gardes municipaux furent pansés les premiers.

Il ne resta plus dans la salle basse que Mabeuf sous son drap noir et Javert lié au poteau.

— C'est ici la salle des morts, dit Enjolras.

Dans[3] l'intérieur de cette salle, à peine éclairée d'une chandelle, tout au fond, la table mortuaire étant derrière le poteau comme une barre horizontale, une sorte de grande croix vague résultait de Javert debout et de Mabeuf couché.

Le timon de l'omnibus, quoique tronqué par la fusillade, était encore assez debout pour qu'on pût y accrocher un drapeau.

Enjolras, qui avait cette qualité d'un chef, de toujours faire ce qu'il disait, attacha à cette hampe l'habit troué et sanglant du vieillard tué.

Aucun repas n'était plus possible. Il n'y avait ni pain ni viande. Les cinquante hommes de la barricade, depuis seize heures qu'ils étaient là, avaient eu vite épuisé les maigres provisions du cabaret. A un instant donné, toute barricade qui tient devient inévitablement le radeau de la Méduse. Il fallut se résigner à la faim. On était aux premières heures de cette journée spartiate du 6 juin où, dans la barricade Saint-Merry, Jeanne, entouré d'insurgés qui demandaient du pain, à tous ces combattants criant : « A manger ! » répondait : « Pourquoi ? il est trois heures. A quatre heures nous serons morts. »

Comme on ne pouvait plus manger, Enjolras défendit de boire. Il interdit le vin et rationna l'eau-de-vie.

On avait trouvé dans la cave une quinzaine de bouteilles pleines, hermétiquement cachetées. Enjolras et Combeferre les examinèrent. Combeferre en remontant dit : — C'est du vieux fonds du père Hucheloup qui a commencé par être épicier. — Cela doit être du vrai vin, observa Bossuet. Il est heureux que Grantaire dorme. S'il était debout, on aurait de la peine à sauver ces bouteilles-là. — Enjolras, malgré les murmures, mit son veto sur les quinze bouteilles, et afin que personne n'y touchât et qu'elles fussent comme sacrées, il les fit placer sous la table où gisait le père Mabeuf[4].

Vers deux heures du matin, on se compta. Ils étaient encore trente-sept.

Le jour commençait à paraître. On venait d'éteindre la torche qui avait été replacée dans son alvéole de pavés. L'intérieur de la barricade, cette espèce de petite cour prise sur la rue, était noyé de ténèbres et ressemblait, à travers la vague horreur crépusculaire, au pont d'un navire désemparé. Les combattants allant et venant s'y mouvaient comme des formes noires. Au-dessus de cet effrayant nid d'ombre, les étages des maisons muettes s'ébauchaient lividement ; tout en haut les cheminées blêmissaient. Le ciel avait cette charmante nuance indécise qui est peut-être le blanc et peut-être le bleu. Des oiseaux y volaient avec des cris de bonheur. La haute maison qui faisait le fond de la barricade, étant tournée vers le levant, avait sur son toit un reflet rose. A la lucarne du troisième étage, le vent du matin agitait les cheveux gris sur la tête de l'homme mort.

— Je suis[5] charmé qu'on ait éteint la torche, disait Courfeyrac à Feuilly. Cette torche effarée au vent m'ennuyait. Elle avait l'air d'avoir peur. La lumière des torches ressemble à la sagesse des lâches ; elle éclaire mal, parce qu'elle tremble.

L'aube éveille les esprits comme les oiseaux ; tous causaient.

Joly, voyant un chat rôder sur une gouttière, en extrayait la philosophie.

— Qu'est-ce que le chat ? s'écriait-il. C'est un correctif. Le bon Dieu, ayant fait la souris, a dit : Tiens, j'ai fait une bêtise. Et il a fait le chat. Le chat, c'est l'erratum de la souris. La souris, plus le chat, c'est l'épreuve revue et corrigée de la création.

Combeferre, entouré d'étudiants et d'ouvriers, parlait des morts, de Jean Prouvaire, de Bahorel, de Mabeuf, et même du Cabuc, et de la tristesse sévère d'Enjolras. Il disait :

— Harmodius et Aristogiton, Brutus, Chéréas, Stephanus, Cromwell, Charlotte Corday, Sand[6], tous ont eu, après le coup, leur moment d'angoisse. Notre cœur est si frémissant et la vie humaine est un tel mystère que, même dans un meurtre civique, même dans un meurtre libérateur, s'il y en a, le remords d'avoir frappé un homme dépasse la joie d'avoir servi le genre humain.

Et, ce sont là les méandres de la parole échangée, une minute après, par une transition venue des vers de Jean Prouvaire, Combeferre comparait entre eux les traducteurs des *Géorgiques,* Raux à Cournand, Cournand à Delille, indiquant les quelques passages traduits par Malfilâtre[7], particulièrement les prodiges de la mort de César ; et par ce mot, César, la causerie revenait à Brutus.

— César, disait Combeferre, est tombé justement. Cicéron a été sévère pour César, et il a eu raison. Cette sévérité-là n'est point la diatribe. Quand Zoïle insulte Homère, quand Mævius insulte Virgile, quand Visé insulte Molière, quand Pope insulte Shakespeare, quand Fréron insulte Voltaire, c'est une vieille loi d'envie et de haine qui s'exécute; les génies attirent l'injure, les grands hommes sont toujours plus ou moins aboyés. Mais Zoïle et Cicéron, c'est deux. Cicéron est un justicier par la pensée de même que Brutus est un justicier par l'épée. Je blâme, quant à moi, cette dernière justice-là, le glaive; mais l'antiquité l'admettait. César, violateur du Rubicon, conférant, comme venant de lui, les dignités qui venaient du peuple, ne se levant pas à l'entrée du sénat, faisait, comme dit Eutrope, des choses de roi et presque de tyran, *regia ac poene tyrannica*[8]. C'était un grand homme; tant pis, ou tant mieux; la leçon est plus haute. Ses vingt-trois blessures me touchent moins que le crachat au front de Jésus-Christ. César est poignardé par les sénateurs; Christ est souffleté par les valets. A plus d'outrage, on sent le dieu.

Bossuet, dominant les causeurs du haut d'un tas de pavés, s'écriait, la carabine à la main :

— O Cydathenæum, ô Myrrhinus, ô Probalinthe, ô grâces de l'Æantide ! Oh ! qui me donnera de prononcer les vers d'Homère comme un Grec de Laurium ou d'Édaptéon !

III

ÉCLAIRCISSEMENT ET ASSOMBRISSEMENT

Enjolras était allé faire une reconnaissance. Il était sorti par la ruelle Mondétour en serpentant le long des maisons.

Les insurgés, disons-le, étaient pleins d'espoir. La façon dont ils avaient repoussé l'attaque de la nuit leur faisait presque dédaigner d'avance l'attaque du point du jour. Ils l'attendaient et en souriaient. Ils ne doutaient pas plus de leur succès que de leur cause. D'ailleurs un secours allait évidemment leur venir. Ils y comptaient. Avec cette facilité de prophétie triomphante qui est une des forces du Français combattant, ils divisaient en trois phases certaines la journée qui allait s'ouvrir : à six heures du matin, un régiment, « qu'on avait travaillé », tournerait; à midi, l'insurrection de tout Paris; au coucher du soleil, la révolution.

On entendait le tocsin de Saint-Merry qui ne s'était

pas tu une minute depuis la veille; preuve que l'autre barricade, la grande, celle de Jeanne, tenait toujours.

Toutes ces espérances s'échangeaient d'un groupe à l'autre dans une sorte de chuchotement gai et redoutable qui ressemblait au bourdonnement de guerre d'une ruche d'abeilles.

Enjolras reparut. Il revenait de sa sombre promenade d'aigle dans l'obscurité extérieure. Il écouta un instant toute cette joie les bras croisés, une main sur sa bouche. Puis, frais et rose dans la blancheur grandissante du matin, il dit :

— Toute l'armée de Paris donne. Un tiers de cette armée pèse sur la barricade où vous êtes. De plus la garde nationale. J'ai distingué les shakos du cinquième de ligne et les guidons de la sixième légion. Vous serez attaqués dans une heure. Quant au peuple, il a bouillonné hier, mais ce matin il ne bouge pas. Rien à attendre, rien à espérer. Pas plus un faubourg qu'un régiment. Vous êtes abandonnés.

Ces paroles tombèrent sur le bourdonnement des groupes[1], et y firent l'effet que fait sur un essaim la première goutte de l'orage. Tous restèrent muets. Il y eut un moment d'inexprimable silence où l'on eût entendu voler la mort.

Ce moment fut court. Une voix, du fond le plus obscur des groupes, cria à Enjolras :

— Soit. Élevons la barricade à vingt pieds de haut, et restons-y tous. Citoyens, faisons la protestation des cadavres. Montrons que, si le peuple abandonne les républicains, les républicains n'abandonnent pas le peuple.

Cette parole dégageait du pénible nuage des anxiétés individuelles la pensée de tous. Une acclamation enthousiaste l'accueillit.

On n'a jamais su le nom de l'homme qui avait parlé ainsi; c'était quelque porte-blouse ignoré, un inconnu, un oublié, un passant héros, ce grand anonyme toujours mêlé aux crises humaines et aux genèses sociales qui, à un instant donné, dit d'une façon suprême le mot décisif, et qui s'évanouit dans les ténèbres après avoir représenté une minute, dans la lumière d'un éclair, le peuple et Dieu.

Cette[2] résolution inexorable était tellement dans l'air du 6 juin 1832 que, presque à la même heure, dans la barricade de Saint-Merry, les insurgés poussaient cette clameur demeurée historique et consignée au procès : Qu'on vienne à notre secours ou qu'on n'y vienne pas, qu'importe ! Faisons-nous tuer ici jusqu'au dernier.

Comme on voit, les deux barricades, quoique matériellement isolées, communiquaient.

IV

Cinq de moins, un de plus

Après que l'homme quelconque, qui[1] décrétait « la protestation des cadavres », eut parlé et donné la formule de l'âme commune, de toutes les bouches sortit un cri étrangement satisfait et terrible, funèbre par le sens et triomphal par l'accent :

— Vive la mort ! Restons ici tous.

— Pourquoi tous ? dit Enjolras.

— Tous ! tous !

Enjolras reprit :

— La position est bonne, la barricade est belle. Trente hommes suffisent. Pourquoi en sacrifier quarante ?

Ils répliquèrent :

— Parce que pas un ne voudra s'en aller.

— Citoyens, cria Enjolras, et il y avait dans sa voix une vibration presque irritée, la République n'est pas assez riche en hommes pour faire des dépenses inutiles. La gloriole est un gaspillage. Si, pour quelques-uns, le devoir est de s'en aller, ce devoir-là doit être fait comme un autre.

Enjolras, l'homme principe, avait sur ses coreligionnaires cette sorte de toute-puissance qui se dégage de l'absolu. Cependant, quelle que fût cette omnipotence, on murmura.

Chef[2] jusque dans le bout des ongles, Enjolras, voyant qu'on murmurait, insista. Il reprit avec hauteur :

— Que ceux qui craignent de n'être plus que trente le disent.

Les murmures redoublèrent.

— D'ailleurs, observa une voix dans un groupe, s'en aller, c'est facile à dire. La barricade est cernée.

— Pas du côté des Halles, dit Enjolras. La rue Mondétour est libre, et par la rue des Prêcheurs on peut gagner le marché des Innocents.

— Et là, reprit une autre voix du groupe, on sera pris. On tombera dans quelque grand'garde de la ligne ou de la banlieue. Ils verront passer un homme en blouse et en casquette. D'où viens-tu, toi ? serais-tu pas de la barricade ? Et on vous regarde les mains. Tu sens la poudre. Fusillé.

Enjolras, sans répondre, toucha l'épaule de Combeferre, et tous deux entrèrent dans la salle basse.

Ils ressortirent un moment après. Enjolras tenait dans ses deux mains étendues les quatre uniformes qu'il avait fait réserver. Combeferre le suivait portant les buffleteries et les shakos.

— Avec cet uniforme, dit Enjolras, on se mêle aux rangs et l'on s'échappe. Voici toujours pour quatre.

Et[3] il jeta sur le sol dépavé les quatre uniformes.

Aucun ébranlement ne se faisait dans le stoïque auditoire. Combeferre prit la parole.

— Allons, dit-il, il faut avoir un peu de pitié. Savez-vous de quoi il est question ici ? Il est question des femmes. Voyons. Y a-t-il des femmes, oui ou non ? y a-t-il des enfants, oui ou non ? y a-t-il, oui ou non, des mères, qui poussent des berceaux du pied et qui ont des tas de petits autour d'elles ? Que celui de vous qui n'a jamais vu le sein d'une nourrice lève la main. Ah ! vous voulez vous faire tuer, je le veux aussi, moi qui vous parle, mais je ne veux pas sentir des fantômes de femmes qui se tordent les bras autour de moi. Mourez, soit, mais ne faites pas mourir. Des suicides comme celui qui va s'accomplir ici sont sublimes, mais le suicide est étroit, et ne veut pas d'extension ; et dès qu'il touche à vos proches, le suicide s'appelle meurtre. Songez aux petites têtes blondes, et songez aux cheveux blancs. Écoutez, tout à l'heure, Enjolras, il vient de me le dire, a vu au coin de la rue du Cygne une croisée éclairée, une chandelle à une pauvre fenêtre, au cinquième, et sur la vitre l'ombre toute branlante d'une tête de vieille femme qui avait l'air d'avoir passé la nuit et d'attendre. C'est peut-être la mère de l'un de vous. Eh bien, qu'il s'en aille, celui-là, et qu'il se dépêche d'aller dire à sa mère : Mère, me voilà ! Qu'il soit tranquille, on fera la besogne ici tout de même. Quand on soutient ses proches de son travail, on n'a plus le droit de se sacrifier. C'est déserter la famille, cela. Et ceux qui ont des filles, et ceux qui ont des sœurs ! Y pensez-vous ? Vous vous faites tuer, vous voilà morts, c'est bon, et demain ? Des jeunes filles qui n'ont pas de pain, cela est terrible. L'homme mendie, la femme vend. Ah ! ces charmants êtres si gracieux et si doux qui ont des bonnets de fleurs, qui chantent, qui jasent, qui emplissent la maison de chasteté, qui sont comme un parfum vivant, qui prouvent l'existence des anges dans le ciel par la pureté des vierges sur la terre, cette Jeanne, cette Lise, cette Mimi, ces adorables et honnêtes créatures qui sont votre bénédiction et votre orgueil, ah mon Dieu, elles vont avoir faim ! Que voulez-vous que je vous dise ? Il y a un marché de chair humaine, et ce n'est pas avec vos mains d'ombres, frémissantes autour d'elles, que vous les empêcherez d'y entrer ! Songez à la rue, songez au pavé couvert de passants, songez aux boutiques devant lesquelles des femmes vont et viennent décolletées et dans la boue. Ces femmes-là aussi ont été pures. Songez à vos sœurs, ceux qui en ont. La misère, la prostitution, les sergents de ville, Saint-Lazare, voilà où vont tomber ces délicates belles filles, ces fragiles merveilles de pudeur, de gentillesse et de beauté, plus fraîches que les lilas du mois de mai. Ah ! vous vous êtes fait tuer ! ah ! vous n'êtes plus là ! C'est bien ; vous avez voulu soustraire le peuple à la royauté, vous donnez vos filles à la police. Amis, prenez garde, ayez de la compassion. Les femmes, les malheureuses femmes, on n'a pas l'habitude d'y songer beaucoup. On se fie sur ce que les femmes n'ont pas reçu l'éducation des hommes, on les empêche de lire, on les empêche de penser, on les empêche de s'occuper de politique ; les empêcherez-vous d'aller ce soir à la morgue et de reconnaître vos cadavres ? Voyons, il faut que ceux qui ont des familles soient bons enfants et nous donnent une poignée de main et s'en aillent, et nous laissent faire ici l'affaire tout seuls. Je sais bien qu'il faut du courage pour s'en aller, c'est difficile ; mais plus c'est difficile, plus c'est méritoire. On dit : J'ai un fusil, je suis à la barricade, tant pis, j'y reste. Tant pis, c'est bientôt dit. Mes amis, il y a un lendemain, vous n'y serez pas à ce lendemain, mais vos familles y seront. Et que de souffrances ! Tenez, un joli enfant bien portant qui a des joues comme une pomme, qui babille, qui jacasse, qui jabote, qui rit, qu'on sent frais sous le baiser, savez-vous ce que cela devient quand c'est abandonné ? J'en ai vu un, tout petit, haut comme cela. Son père était mort. De pauvres gens l'avaient recueilli par charité, mais ils n'avaient pas de pain pour eux-mêmes. L'enfant avait toujours faim. C'était l'hiver. Il ne pleurait pas. On le voyait aller près du poêle où il n'y avait jamais de feu et dont le tuyau, vous savez, était mastiqué avec de la terre jaune. L'enfant détachait avec ses petits doigts un peu de cette terre et la mangeait. Il avait la respiration rauque, la face livide, les jambes molles, le ventre gros. Il ne disait rien. On lui parlait, il ne répondait pas. Il est mort. On l'a apporté mourir à l'hospice Necker, où je l'ai vu. J'étais interne à cet hospice-là. Maintenant, s'il y a des pères parmi vous, des pères qui ont pour bonheur de se promener le dimanche en tenant dans leur bonne main robuste la petite main de leur enfant, que chacun de ces pères se figure que cet enfant-là est le sien. Ce pauvre môme, je me le rappelle, il me semble que je le vois, quand il a été nu sur la table d'anatomie, ses côtes faisaient saillie sous sa peau comme les fosses sous l'herbe d'un cimetière. On lui a trouvé une espèce de boue dans l'estomac. Il avait de la cendre dans les dents. Allons, tâtons-nous en conscience et prenons conseil de notre cœur. Les statistiques constatent que la mortalité des enfants abandonnés est de cinquante-cinq pour cent. Je le répète, il s'agit des femmes, il s'agit des mères, il s'agit des jeunes filles, il s'agit des mioches. Est-ce qu'on vous parle de vous ? On sait bien ce que vous êtes ; on sait bien que vous êtes tous des braves, parbleu ! on sait bien que vous avez tous dans l'âme la joie et la gloire de donner votre vie pour la grande cause ; on sait bien que vous vous sentez élus pour mourir utilement et magnifiquement, et que chacun de vous tient à sa part du triomphe. A la bonne heure. Mais vous n'êtes pas seuls en ce monde. Il y a d'autres êtres auxquels il faut penser. Il ne faut pas être égoïstes.

Tous baissèrent la tête d'un air sombre.

Étranges contradictions du cœur humain à ses moments les plus sublimes ! Combeferre, qui parlait ainsi, n'était pas orphelin. Il se souvenait des mères des autres,

et il oubliait la sienne. Il allait se faire tuer. Il était
« égoïste ».

Marius, à jeun, fiévreux, successivement sorti de toutes
les espérances, échoué dans la douleur, le plus sombre
des naufrages, saturé d'émotions violentes, et sentant la
fin venir, s'était de plus en plus enfoncé dans cette stupeur visionnaire qui précède toujours l'heure fatale volontairement acceptée.

Un physiologiste eût pu étudier sur lui les symptômes
croissants de cette absorption fébrile connue et classée
par la science, et qui est à la souffrance ce que la volupté
est au plaisir. Le désespoir aussi a son extase. Marius en
était là[4]. Il assistait à tout comme du dehors ; ainsi[5] que
nous l'avons dit, les choses qui se passaient devant lui
lui semblaient lointaines ; il distinguait l'ensemble, mais
n'apercevait point les détails. Il voyait les allants et
venants à travers un flamboiement. Il entendait les voix
parler comme au fond d'un abîme.

Cependant ceci l'émut. Il y avait dans cette scène une
pointe qui perça jusqu'à lui, et qui le réveilla. Il n'avait
plus qu'une idée, mourir, et il ne voulait pas s'en distraire ; mais il songea, dans son somnambulisme funèbre,
qu'en se perdant, il n'est pas défendu de sauver quelqu'un.

Il éleva la voix :

— Enjolras et Combeferre ont raison[6], dit-il ; pas de
sacrifice inutile. Je me joins à eux, et il faut se hâter.
Combeferre vous a dit les choses décisives[7]. Il y[8] en a
parmi vous qui ont des familles, des mères, des sœurs,
des femmes, des enfants. Que ceux-là sortent des rangs.

Personne ne bougea.

— Les hommes mariés et les soutiens de famille hors
des rangs ! répéta Marius.

Son autorité était grande. Enjolras était bien le chef
de la barricade, mais Marius en était le sauveur.

— Je l'ordonne ! cria Enjolras.

— Je vous en prie, dit Marius.

Alors, remués par la parole de Combeferre, ébranlés
par l'ordre d'Enjolras, émus par la prière de Marius, ces
hommes[9] héroïques commencèrent à se dénoncer les uns
les autres.

— C'est vrai, disait un jeune à un homme fait. Tu es
père de famille. Va-t'en.

— C'est plutôt toi, répondait l'homme, tu as tes deux sœurs que tu nourris.

Et une lutte inouïe éclatait. C'était à qui ne se laisserait pas mettre à la porte du tombeau.

— Dépêchons, dit Courfeyrac, dans un quart d'heure il ne serait plus temps.

— Citoyens, poursuivit Enjolras, c'est ici la République, et le suffrage universel règne. Désignez vous-mêmes ceux qui doivent s'en aller.

On obéit. Au bout de quelques minutes, cinq étaient unanimement désignés et sortaient des rangs.

— Ils sont cinq ! s'écria Marius.

Il n'y avait que quatre uniformes.

— Eh bien, reprirent les cinq, il faut qu'un reste.

Et ce fut à qui resterait[10], et à qui trouverait aux autres des raisons de ne pas rester. La généreuse querelle recommença.

— Toi, tu as une femme qui t'aime.

— Toi, tu as ta vieille mère.

— Toi, tu n'as plus ni père ni mère, qu'est-ce que tes trois petits frères vont devenir?

— Toi, tu es père de cinq enfants.

— Toi, tu as le droit de vivre, tu as dix-sept ans, c'est trop tôt.

Ces grandes barricades révolutionnaires étaient des rendez-vous d'héroïsmes. L'invraisemblable y était simple. Ces hommes ne s'étonnaient pas les uns les autres[11].

— Faites vite, répétait Courfeyrac.

On cria des groupes à Marius :

— Désignez, vous, celui qui doit rester.

— Oui, dirent les cinq, choisissez. Nous vous obéirons.

Marius ne croyait plus à une émotion possible. Cependant à cette idée, choisir un homme pour la mort, tout son sang reflua vers son cœur. Il eût pâli, s'il eût pu pâlir encore.

Il s'avança vers les cinq qui lui souriaient, et chacun, l'œil plein de cette grande flamme qu'on voit au fond de l'histoire sur les Thermopyles, lui criait[12] :

— Moi ! moi ! moi !

Et Marius, stupidement, les compta; ils étaient toujours cinq ! Puis son regard s'abaissa sur les quatre uniformes. En cet instant, un cinquième uniforme tomba, comme du ciel, sur les quatre autres. Le cinquième homme était sauvé.

Marius leva les yeux et reconnut M. Fauchelevent. Jean Valjean venait d'entrer dans la barricade.

Soit renseignement pris, soit instinct, soit hasard, il arrivait par la ruelle Mondétour. Grâce à son habit de garde national, il avait passé aisément.

La vedette placée par les insurgés dans la rue Mondétour, n'avait point à donner le signal d'alarme pour un garde national seul. Elle l'avait laissé s'engager dans la rue en se disant : c'est un renfort probablement, ou au pis aller un prisonnier. Le moment était trop grave pour que la sentinelle pût se distraire de son devoir et de son poste d'observation[13].

Au moment où Jean Valjean était entré dans la redoute personne ne l'avait remarqué, tous les yeux étant fixés sur les cinq choisis et sur les quatre uniformes. Jean Valjean, lui, avait vu et entendu, et, silencieusement, il s'était dépouillé de son habit et l'avait jeté sur le tas des autres.

L'émotion fut indescriptible.

— Quel est cet homme? demanda Bossuet.

— C'est, répondit Combeferre, un homme qui sauve les autres[14].

Marius ajouta d'une voix grave :

— Je le connais[15].

Cette caution suffisait à tous. Enjolras se tourna vers Jean Valjean.

— Citoyen, soyez le bienvenu.

Et il ajouta :

— Vous savez qu'on va mourir.

Jean Valjean, sans répondre, aida l'insurgé qu'il sauvait à revêtir son uniforme[16].

V

Quel horizon on voit du haut de la barricade[1]

La situation de tous, dans cette heure fatale et dans ce lieu inexorable, avait comme résultante et comme sommet la mélancolie suprême d'Enjolras.

Enjolras avait en lui la plénitude de la révolution; il

était incomplet pourtant, autant que l'absolu peut l'être ; il tenait trop de Saint-Just, et pas assez d'Anacharsis Clootz ; cependant son esprit, dans la société des Amis de l'A B C, avait fini par subir une certaine aimantation des idées de Combeferre ; depuis quelque temps, il sortait peu à peu de la forme étroite du dogme et se laissait aller aux élargissements du progrès, et il en était venu à accepter, comme évolution définitive et magnifique, la transformation de la grande république française en immense république humaine. Quant aux moyens immédiats, une situation violente étant donnée, il les voulait violents ; en cela, il ne variait pas ; et il était resté de cette école épique et redoutable que résume ce mot : Quatre-vingt-treize.

Enjolras était debout sur l'escalier de pavés, un de ses coudes sur le canon de sa carabine. Il songeait ; il tressaillait, comme à des passages de souffles ; les endroits où est la mort ont de ces effets de trépieds. Il sortait de ses prunelles, pleines du regard intérieur, des espèces de feux étouffés. Tout à coup, il dressa la tête, ses cheveux blonds se renversèrent en arrière comme ceux de l'ange sur le sombre quadrige fait d'étoiles, ce fut comme une crinière de lion effarée en flamboiement d'auréole, et Enjolras s'écria :

— Citoyens, vous représentez-vous l'avenir? Les rues des villes inondées de lumières, des branches vertes sur les seuils, les nations sœurs, les hommes justes, les vieillards bénissant les enfants, le passé aimant le présent, les penseurs en pleine liberté, les croyants en pleine égalité, pour religion le ciel, Dieu prêtre direct, la conscience humaine devenue l'autel, plus de haines, la fraternité de l'atelier et de l'école, pour pénalité et pour récompense la notoriété, à tous le travail, pour tous le droit, sur tous la paix, plus de sang versé, plus de guerres, les mères heureuses ! Dompter la matière, c'est le premier pas ; réaliser l'idéal, c'est le second. Réfléchissez à ce qu'a déjà fait le progrès. Jadis les premières races humaines voyaient avec terreur passer devant leurs yeux l'hydre qui soufflait sur les eaux, le dragon qui vomissait du feu, le griffon qui était le monstre de l'air et qui volait avec les ailes d'un aigle et les griffes d'un tigre ; bêtes effrayantes qui étaient au-dessus de l'homme. L'homme cependant a tendu ses pièges, les pièges sacrés de l'intelligence, et il a fini par y prendre les monstres.

Nous avons dompté l'hydre, et elle s'appelle le steamer ; nous avons dompté le dragon, et il s'appelle la locomotive ; nous sommes sur le point de dompter le griffon, nous le tenons déjà, et il s'appelle le ballon. Le jour où cette œuvre prométhéenne sera terminée et où l'homme aura définitivement attelé à sa volonté la triple Chimère antique, l'hydre, le dragon et le griffon, il sera maître de l'eau, du feu et de l'air, et il sera pour le reste de la création animée ce que les anciens dieux étaient jadis pour lui. Courage, et en avant ! Citoyens, où allons-nous ? A la science faite gouvernement, à la force des choses devenue seule force publique, à la loi naturelle ayant sa sanction et sa pénalité en elle-même et se promulguant par l'évidence, à un lever de vérité correspondant au lever du jour. Nous allons à l'union des peuples ; nous allons à l'unité de l'homme. Plus de fictions ; plus de parasites. Le réel gouverné par le vrai, voilà le but. La civilisation tiendra ses assises au sommet de l'Europe, et plus tard au centre des continents, dans un grand parlement de l'intelligence. Quelque chose de pareil s'est vu déjà. Les amphictyons avaient deux séances par an, l'une à Delphes, lieu des dieux, l'autre aux Thermopyles, lieu des héros. L'Europe aura ses amphictyons ; le globe aura ses amphictyons. La France porte cet avenir sublime dans ses flancs. C'est là la gestation du dix-neuvième siècle. Ce qu'avait ébauché la Grèce est digne d'être achevé par la France. Écoute-moi, toi Feuilly, vaillant ouvrier, homme du peuple, homme des peuples. Je te vénère. Oui, tu vois nettement les temps futurs, oui, tu as raison. Tu n'avais ni père ni mère, Feuilly ; tu as adopté pour mère l'humanité et pour père le droit. Tu vas mourir ici, c'est-à-dire triompher. Citoyens, quoi qu'il arrive aujourd'hui, par notre défaite aussi bien que par notre victoire, c'est une révolution que nous allons faire. De même que les incendies éclairent toute la ville, les révolutions éclairent tout le genre humain. Et quelle révolution ferons-nous ? Je viens de le dire, la révolution du Vrai. Au point de vue politique, il n'y a qu'un seul principe : la souveraineté de l'homme sur lui-même. Cette souveraineté de moi sur moi s'appelle Liberté. Là où deux ou plusieurs de ces souverainetés s'associent commence l'État. Mais dans cette association il n'y a nulle abdication. Chaque souveraineté concède une certaine quantité d'elle-même pour former le droit commun. Cette quantité est la même pour tous. Cette identité de concession que chacun fait à tous s'appelle Égalité. Le droit commun n'est pas autre chose que la protection de tous rayonnant sur le droit de chacun. Cette protection de tous sur chacun s'appelle Fraternité. Le point d'intersection de toutes ces souverainetés qui s'agrègent s'appelle Société. Cette intersection étant une jonction, ce point est un nœud. De là ce qu'on appelle le lien social. Quelques-uns disent contrat social ; ce qui est la même chose, le mot contrat étant étymologiquement formé avec l'idée de lien. Entendons-nous sur l'égalité ; car, si la liberté est le sommet, l'égalité est la base. L'égalité, citoyens, ce n'est pas toute la végétation à niveau, une société de grands brins d'herbe et de petits chênes ; un voisinage de jalousies s'entre-châtrant ; c'est, civilement, toutes les aptitudes ayant la même ouverture ; politiquement, tous les votes ayant le même poids ; religieusement, toutes les consciences ayant le même droit. L'égalité a un organe : l'instruction gratuite et obligatoire. Le droit à l'alphabet, c'est par là qu'il faut commencer. L'école primaire imposée à tous, l'école secondaire offerte à tous, c'est là la loi. De l'école identique sort la société égale. Oui, enseignement ! Lumière ! lumière ! tout vient de la lumière et tout y retourne. Citoyens, le dix-neuvième siècle est grand, mais le vingtième siècle sera heureux. Alors plus rien de semblable à la vieille histoire ; on n'aura plus à craindre, comme aujourd'hui, une conquête, une invasion, une usurpation, une rivalité de nations à main armée, une interruption de civilisation dépendant d'un mariage de rois, une naissance dans les tyrannies héréditaires, un partage de peuples par congrès, un démembrement par écroulement de dynastie, un combat de deux religions se rencontrant de front, comme deux boucs de l'ombre, sur le pont de l'infini ; on n'aura plus à craindre la famine, l'exploitation, la prostitution par détresse, la misère par chômage, et l'échafaud, et le glaive, et les batailles, et tous les brigandages du hasard dans la forêt des événements. On pourrait presque dire : il n'y aura plus d'événements. On sera heureux. Le genre humain accomplira sa loi comme le globe terrestre accomplit la sienne ;

l'harmonie se rétablira entre l'âme et l'astre. L'âme gravitera autour de la vérité comme l'astre autour de la lumière. Amis, l'heure où nous sommes et où je vous parle est une heure sombre; mais ce sont là les achats terribles de l'avenir. Une révolution est un péage. Oh! le genre humain sera délivré, relevé et consolé! Nous le lui affirmons sur cette barricade. D'où poussera-t-on le cri d'amour, si ce n'est du haut du sacrifice? O mes frères, c'est ici le lieu de jonction de ceux qui pensent et de ceux qui souffrent; cette barricade n'est faite ni de pavés, ni de poutres, ni de ferrailles; elle est faite de deux monceaux, un monceau d'idées et un monceau de douleurs. La misère y rencontre l'idéal. Le jour y embrasse la nuit et lui dit : Je vais mourir avec toi et tu vas renaître avec moi. De l'étreinte de toutes les désolations jaillit la foi. Les souffrances apportent ici leur agonie, et les idées leur immortalité. Cette agonie et cette immortalité vont se mêler et composer notre mort. Frères, qui meurt ici meurt dans le rayonnement de l'avenir, et nous entrons dans une tombe toute pénétrée d'aurore.

Enjolras s'interrompit plutôt qu'il ne se tut; ses lèvres remuaient silencieusement comme s'il continuait de se parler à lui-même, ce qui fit qu'attentifs, et pour tâcher de l'entendre encore, ils le regardèrent. Il n'y eut pas d'applaudissements; mais on chuchota longtemps. La parole étant souffle, les frémissements d'intelligences ressemblent à des frémissements de feuilles.

VI

Marius hagard, Javert laconique

Disons ce qui se passait dans la pensée de Marius.
Qu'on se souvienne de sa situation d'âme. Nous venons de le rappeler, tout n'était plus pour lui que vision. Son appréciation était trouble. Marius, insistons-y[1], était sous l'ombre des grandes ailes ténébreuses ouvertes sur les agonisants. Il se sentait entré dans le tombeau, il lui semblait qu'il était déjà de l'autre côté de la muraille, et il ne voyait plus les faces des vivants qu'avec les yeux d'un mort.

Comment M. Fauchelevent était-il là? Pourquoi y était-il? Qu'y venait-il faire? Marius ne s'adressa point toutes ces questions. D'ailleurs, notre[2] désespoir ayant cela de particulier qu'il enveloppe autrui comme nous-même, il lui semblait logique que tout le monde vînt mourir.

Seulement il songea à Cosette avec un serrement de cœur.

Du reste M. Fauchelevent ne lui parla pas, ne le regarda pas, et n'eut pas même l'air d'entendre lorsque Marius éleva la voix pour dire : « Je le connais. »

Quant à Marius, cette attitude de M. Fauchelevent le soulageait, et si l'on pouvait employer un tel mot pour de telles impressions, nous dirions, lui plaisait. Il s'était toujours senti une impossibilité absolue d'adresser la parole à cet homme énigmatique qui était à la fois pour lui équivoque et imposant. Il y avait en outre très longtemps qu'il ne l'avait vu ; ce qui, pour la nature timide et réservée de Marius, augmentait encore l'impossibilité.

Les cinq hommes désignés sortirent de la barricade par la ruelle Mondétour ; ils ressemblaient parfaitement à des gardes nationaux. Un d'eux s'en alla en pleurant. Avant de partir, ils embrassèrent ceux qui restaient.

Quand les cinq hommes renvoyés à la vie furent partis, Enjolras pensa au condamné à mort. Il entra dans la salle basse. Javert, lié au pilier, songeait.

— Te faut-il quelque chose? lui demanda Enjolras.

Javert répondit :

— Quand me tuerez-vous?

— Attends. Nous avons besoin de toutes nos cartouches[3] en ce moment.

— Alors, donnez-moi à boire, dit Javert.

Enjolras lui présenta lui-même un verre d'eau, et, comme Javert était garrotté, il l'aida à boire.

— Est-ce là tout? reprit Enjolras.

— Je suis mal à ce poteau, répondit Javert. Vous n'êtes pas tendres de m'avoir laissé passer la nuit là[4]. Liez-moi comme il vous plaira, mais vous pouvez bien me coucher sur une table, comme l'autre.

Et d'un mouvement de tête il désignait le cadavre de M. Mabeuf.

Il y avait, on s'en souvient, au fond de la salle une grande et longue table sur laquelle on avait fondu des balles et fait des cartouches. Toutes les cartouches étant faites et toute la poudre étant employée, cette table était libre[5].

Sur l'ordre d'Enjolras, quatre insurgés délièrent Javert du poteau. Tandis qu'on le déliait, un cinquième lui tenait une bayonnette appuyée sur la poitrine. On lui laissa les mains attachées derrière le dos, on lui mit aux pieds une corde à fouet mince et solide qui lui permettait de faire des pas de quinze pouces comme à ceux qui vont monter à l'échafaud, et on le fit marcher jusqu'à la table au fond de la salle où on l'étendit, étroitement lié par le milieu du corps.

Pour plus de sûreté, au moyen d'une corde fixée au cou, on ajouta au système de ligatures qui lui rendaient toute évasion impossible cette espèce de lien, appelé dans les prisons martingale, qui part de la nuque, se bifurque sur l'estomac, et vient rejoindre les mains après avoir passé entre les jambes[6].

Pendant qu'on garrottait Javert, un homme, sur le seuil de la porte, le considérait avec une attention singulière. L'ombre que faisait cet homme fit tourner la tête à Javert. Il leva les yeux et reconnut Jean Valjean. Il ne tressaillit même pas, abaissa fièrement la paupière, et se borna à dire : « C'est tout simple. »

VII

LA SITUATION S'AGGRAVE[1]

Le jour croissait rapidement. Mais pas une fenêtre ne s'ouvrait, pas une porte ne s'entre-bâillait; c'était l'aurore, non le réveil. L'extrémité de la rue de la Chanvrerie opposée à la barricade avait été évacuée par les troupes, comme nous l'avons dit; elle semblait libre et s'ouvrait aux passants avec une tranquillité sinistre[2]. La rue Saint-Denis était muette comme l'avenue des Sphinx à Thèbes. Pas un être vivant dans les carrefours que blanchissait un reflet de soleil. Rien n'est lugubre comme cette clarté des rues désertes.

On ne voyait rien, mais on entendait. Il se faisait à une certaine distance un mouvement mystérieux. Il était évident que l'instant critique arrivait. Comme la veille au soir les vedettes se replièrent; mais cette fois toutes.

La barricade était plus forte que lors de la première attaque. Depuis le départ des cinq, on l'avait exhaussée encore.

Sur l'avis de la vedette qui avait observé la région des Halles, Enjolras, de peur d'une surprise par derrière, prit une résolution grave. Il fit barricader le petit boyau de la ruelle Mondétour resté libre jusqu'alors. On dépava pour cela quelques longueurs de maisons de plus. De cette façon, la barricade, murée sur trois rues, en avant sur la rue de la Chanvrerie, à gauche sur la rue du Cygne et la Petite-Truanderie, à droite sur la rue Mondétour, était vraiment presque inexpugnable ; il est vrai qu'on y était fatalement enfermé. Elle avait trois fronts, mais n'avait plus d'issue.

— Forteresse, mais souricière, dit Courfeyrac en riant.

Enjolras fit entasser près de la porte du cabaret une trentaine de pavés, « arrachés de trop », disait Bossuet[3].

Le silence était maintenant si profond du côté d'où l'attaque devait venir qu'Enjolras fit reprendre à chacun le poste de combat.

On distribua à tous une ration d'eau-de-vie.

Rien n'est plus curieux qu'une barricade qui se prépare à un assaut. Chacun choisit sa place comme au spectacle. On s'accote, on s'accoude, on s'épaule. Il y en a qui se font des stalles avec des pavés. Voilà un coin de mur qui gêne, on s'en éloigne ; voici un redan qui peut protéger, on s'y abrite. Les gauchers sont précieux ; ils prennent les places incommodes aux autres. Beaucoup s'arrangent pour combattre assis. On veut être à l'aise pour tuer et confortablement pour mourir. Dans la funeste guerre de juin 1848, un insurgé qui avait un tir redoutable et qui se battait du haut d'une terrasse sur un toit, s'y était fait apporter un fauteuil Voltaire ; un coup de mitraille vint l'y trouver.

Sitôt que le chef a commandé le branle-bas de combat, tous les mouvements désordonnés cessent ; plus de tiraillements de l'un à l'autre ; plus de coteries ; plus d'aparté ; plus de bande à part ; tout ce qui[4] est dans les esprits converge et se change en attente de l'assaillant. Une barricade avant le danger, chaos ; dans le danger, discipline. Le péril fait l'ordre.

Dès qu'Enjolras eut pris sa carabine à deux coups et se fut placé à une espèce de créneau qu'il s'était réservé, tous se turent. Un pétillement de petits bruits secs retentit confusément le long de la muraille de pavés. C'était les fusils qu'on armait.

Du reste, les attitudes étaient plus fières et plus confiantes que jamais ; l'excès du sacrifice est un affermissement ; ils n'avaient plus l'espérance, mais ils avaient le désespoir. Le désespoir, dernière arme, qui donne la victoire quelquefois ; Virgile l'a dit. Les ressources suprêmes sortent des résolutions extrêmes. S'embarquer dans la mort, c'est parfois le moyen d'échapper au naufrage ; et le couvercle du cercueil devient une planche de salut[5].

Comme la veille au soir, toutes les attentions étaient tournées, et on pourrait presque dire appuyées, sur le bout de la rue, maintenant éclairé et visible.

L'attente ne fut pas longue. Le remuement recommença distinctement du côté de Saint-Leu, mais cela ne ressemblait pas au mouvement de la première attaque. Un clapotement de chaînes, le cahotement inquiétant d'une masse, un cliquetis d'airain sautant sur le pavé, une sorte de fracas solennel, annoncèrent qu'une ferraille sinistre s'approchait. Il y eut un tressaillement dans les entrailles de ces vieilles rues paisibles, percées et bâties pour la circulation féconde des intérêts et des idées, et qui ne sont pas faites pour le roulement monstrueux de la guerre.

La fixité des prunelles de tous les combattants sur l'extrémité de la rue devint farouche. Une pièce de canon apparut.

Les artilleurs poussaient la pièce ; elle[6] était dans son encastrement de tir ; l'avant-train avait été détaché ; deux soutenaient l'affût, quatre étaient aux roues ; d'autres suivaient avec le caisson. On voyait fumer la mèche allumée.

— Feu ! cria Enjolras.

Toute la barricade fit feu, la détonation fut effroyable ; une avalanche de fumée couvrit et effaça la pièce et les hommes ; après quelques secondes le nuage se dissipa, et le canon et les hommes reparurent ; les servants de la pièce achevaient de la rouler en face de la barricade lentement, correctement, et sans se hâter. Pas un n'était atteint. Puis le chef de pièce, pesant[7] sur la culasse pour élever le tir, se mit à pointer le canon avec la gravité d'un astronome qui braque une lunette.

— Bravo les canonniers ! cria Bossuet.

Et toute la barricade battit des mains. Un moment

après, carrément[8] posée au beau milieu de la rue, à cheval sur le ruisseau, la pièce était en batterie. Une gueule formidable était ouverte sur la barricade.

— Allons, gai ! fit Courfeyrac. Voilà le brutal. Après la chiquenaude, le coup de poing. L'armée étend vers nous sa grosse patte. La barricade va être sérieusement secouée. La fusillade tâte, le canon prend.

— C'est[9] une pièce de huit, nouveau modèle, en bronze, ajouta Combeferre. Ces pièces-là, pour peu qu'on dépasse la proportion de dix parties d'étain sur cent de cuivre, sont sujettes à éclater. L'excès d'étain les fait trop tendres. Il arrive alors qu'elles ont des caves et des chambres dans la lumière. Pour obvier à ce danger et pouvoir forcer la charge, il faudrait peut-être en revenir au procédé du quatorzième siècle, le cerclage, et émenaucher extérieurement la pièce d'une suite d'anneaux d'acier sans soudure, depuis la culasse jusqu'au tourillon. En attendant, on remédie comme on peut au défaut ; on parvient à reconnaître où sont les trous et les caves dans la lumière d'un canon au moyen du chat. Mais il y a un meilleur moyen, c'est l'étoile mobile de Gribeauval[10].

— Au seizième siècle, observa Bossuet, on rayait les canons.

— Oui, répondit Combeferre, cela augmente la puissance balistique, mais diminue la justesse de tir. En outre, dans le tir à courte distance, la trajectoire n'a pas toute la roideur désirable, la parabole s'exagère, le chemin du projectile n'est plus assez rectiligne pour qu'il puisse frapper tous les objets intermédiaires, nécessité de combat pourtant, dont l'importance croît avec la proximité de l'ennemi et la précipitation du tir. Ce défaut de tension de la courbe dans les canons rayés du seizième siècle tenait à la faiblesse de la charge ; les faibles charges, pour cette espèce d'engins, sont imposées par des nécessités balistiques, telles, par exemple, que la conservation des affûts. En somme, le canon, ce despote, ne peut pas tout ce qu'il veut ; la force est une grosse faiblesse. Un boulet de canon ne fait que six cents lieues par heure ; la lumière fait soixante-dix mille lieues par seconde. Telle est la supériorité de Jésus-Christ sur Napoléon.

— Rechargez les armes, dit Enjolras.

De quelle façon le revêtement de la barricade allait-il

se comporter sous le boulet ? le coup ferait-il brèche ?
Là était la question. Pendant que les insurgés rechargeaient les fusils, les artilleurs chargeaient le canon.

L'anxiété était profonde dans la redoute. Le coup partit, la détonation éclata.

— Présent ! cria une voix joyeuse.

Et en même temps que le boulet sur la barricade, Gavroche s'abattit dedans. Il arrivait du côté de la rue du Cygne et il avait lestement enjambé la barricade accessoire[11] qui faisait front au dédale de la Petite-Truanderie.

Gavroche fit plus d'effet dans la barricade que le boulet.

Le boulet s'était perdu dans le fouillis des décombres. Il avait tout au plus brisé une roue de l'omnibus[12], et achevé la vieille charrette Anceau. Ce que voyant, la barricade se mit à rire.

— Continuez, cria Bossuet aux artilleurs.

VIII

Les artilleurs se font prendre au sérieux

On entoura Gavroche. Mais il[1] n'eut le temps de rien raconter. Marius, frissonnant, le prit à part.

— Qu'est-ce que tu viens faire ici ?

— Tiens ! dit l'enfant. Et vous ?

Et il regarda fixement Marius avec son effronterie épique. Ses deux yeux s'agrandissaient de la clarté fière qui était dedans. Ce fut avec un accent sévère que Marius continua :

— Qui est-ce qui te disait de revenir ? As-tu au moins remis ma lettre à son adresse ?

Gavroche n'était point sans quelque remords à l'endroit de cette lettre. Dans sa hâte de revenir à la barricade, il s'en était défait plutôt qu'il ne l'avait remise. Il était forcé de s'avouer à lui-même qu'il l'avait confiée un peu légèrement à cet inconnu dont il n'avait même pu distinguer le visage. Il est vrai que cet homme était nu-tête, mais cela ne suffisait pas. En somme, il se faisait à ce sujet de petites remontrances intérieures et il craignait les reproches de Marius. Il prit, pour se tirer d'affaire, le procédé le plus simple ; il mentit abominablement.

— Citoyen, j'ai remis la lettre au portier. La dame dormait. Elle aura la lettre en se réveillant.

Marius, en envoyant cette lettre, avait deux buts, dire adieu à Cosette et sauver Gavroche. Il dut se contenter de la moitié de ce qu'il voulait.

L'envoi[2] de sa lettre, et la présence de M. Fauchelevent dans la barricade, ce rapprochement s'offrit à son esprit. Il montra à Gavroche M. Fauchelevent :

— Connais-tu cet homme?

— Non, dit Gavroche.

Gavroche, en effet, nous venons de le rappeler, n'avait vu Jean Valjean que la nuit.

Les conjectures troubles et maladives qui s'étaient ébauchées dans l'esprit de Marius se dissipèrent. Connaissait-il les opinions de M. Fauchelevent? M. Fauchelevent était républicain peut-être. De là sa présence toute simple dans ce combat.

Cependant[3] Gavroche était déjà à l'autre bout de la barricade criant : mon fusil ! Courfeyrac le lui fit rendre.

Gavroche prévint[4] « les camarades », comme il les appelait, que la barricade était bloquée. Il avait eu grand'-peine à arriver. Un bataillon de ligne, dont les faisceaux étaient dans la Petite-Truanderie, observait le côté de la rue du Cygne; du côté opposé, la garde municipale occupait la rue des Prêcheurs. En face, on avait le gros de l'armée.

Ce renseignement donné, Gavroche ajouta :

— Je vous autorise à leur flanquer une pile indigne.

Cependant Enjolras à son créneau, l'oreille tendue, épiait.

Les assaillants, peu contents sans doute du coup à boulet, ne l'avaient pas répété.

Une compagnie d'infanterie de ligne était venue occuper l'extrémité de la rue, en arrière de la pièce. Les soldats dépavaient la chaussée et y construisaient avec les pavés une petite muraille basse, une façon d'épaulement qui n'avait guère plus de dix-huit pouces de hauteur et qui faisait front à la barricade[5]. A l'angle de gauche de cet épaulement, on voyait la tête de colonne d'un bataillon de la banlieue, massé rue Saint-Denis.

Enjolras, au guet, crut distinguer le bruit particulier qui se fait quand on retire des caissons les boîtes à mitraille, et il vit le chef de pièce changer le pointage et incliner légèrement la bouche du canon à gauche. Puis les canonniers se mirent à charger la pièce. Le chef de pièce saisit lui-même le boute-feu et l'approcha de la lumière[6].

— Baissez la tête, ralliez le mur ! cria Enjolras, et tous à genoux le long de la barricade !

Les insurgés, épars devant le cabaret et qui avaient quitté leur poste de combat à l'arrivée de Gavroche, se ruèrent pêle-mêle vers la barricade ; mais avant que l'ordre d'Enjolras fût exécuté, la décharge se fit avec le râle effrayant d'un coup de mitraille. Ç'en était un en effet.

La charge avait été dirigée sur la coupure de la redoute, y avait ricoché sur le mur, et ce ricochet épouvantable avait fait deux morts et trois blessés. Si cela continuait, la barricade n'était plus tenable. La mitraille entrait. Il y eut une rumeur de consternation.

— Empêchons toujours le second coup, dit Enjolras.

Et, abaissant sa carabine, il ajusta le chef de pièce qui, en ce moment, penché sur la culasse du canon, rectifiait et fixait[7] définitivement le pointage.

Ce chef de pièce était un beau sergent de canonniers, tout jeune, blond, à la figure très douce, avec l'air intelligent propre à cette arme prédestinée et redoutable qui, à force de se perfectionner dans l'horreur, doit finir par tuer la guerre.

Combeferre, debout près d'Enjolras, considérait ce jeune homme.

— Quel dommage ! dit Combeferre. La hideuse chose que ces boucheries ! Allons, quand il n'y aura plus de rois, il n'y aura plus de guerre. Enjolras, tu vises ce sergent, tu ne le regardes pas. Figure-toi que c'est un charmant jeune homme, il est intrépide, on voit qu'il pense, c'est[8] très instruit, ces jeunes gens de l'artillerie ; il a un père, une mère, une famille, il aime probablement, il a tout au plus vingt-cinq ans, il pourrait être ton frère.

— Il l'est, dit Enjolras.

— Oui, reprit Combeferre, et le mien aussi. Eh bien, ne le tuons pas.

— Laisse-moi. Il faut ce qu'il faut.

Et une larme coula lentement sur la joue de marbre d'Enjolras.

En même temps il pressa la détente de sa carabine. L'éclair jaillit. L'artilleur tourna deux fois sur lui-même, les bras étendus devant lui et la tête levée comme pour aspirer l'air, puis se renversa le flanc sur la pièce et y resta sans mouvement. On voyait son dos du centre duquel sortait tout droit un flot de sang. La balle lui avait traversé la poitrine de part en part. Il était mort.

Il fallut l'emporter et le remplacer. C'étaient en effet quelques minutes de gagnées.

IX

Emploi de ce vieux talent de braconnier et de ce coup de fusil infaillible qui a influé sur la condamnation de 1796

Les avis se croisaient dans la barricade. Le tir de la pièce allait recommencer. On n'en avait pas pour un quart d'heure avec cette mitraille. Il était absolument nécessaire d'amortir les coups. Enjolras jeta ce commandement :

— Il faut mettre là un matelas.

— On n'en a pas, dit Combeferre, les blessés sont dessus.

Jean Valjean, assis à l'écart sur une borne, à l'angle du cabaret, son fusil entre les jambes, n'avait jusqu'à cet instant pris part à rien de ce qui se passait. Il semblait ne pas entendre les combattants dire autour de lui : « Voilà un fusil qui ne fait rien. »

A l'ordre donné par Enjolras, il se leva.

On se souvient qu'à l'arrivée du rassemblement rue de la Chanvrerie, une vieille femme, prévoyant les balles, avait mis son matelas devant sa fenêtre. Cette fenêtre, fenêtre de grenier, était sur le toit d'une maison à six étages située un peu en dehors de la barricade. Le matelas, posé en travers, appuyé par le bas sur deux perches à sécher le linge, était soutenu en haut par deux cordes qui, de loin, semblaient deux ficelles et qui se rattachaient à des clous plantés dans les chambranles de la mansarde. On voyait ces deux cordes distinctement sur le ciel comme des cheveux.

— Quelqu'un peut-il me prêter une carabine à deux coups ? dit Jean Valjean.

Enjolras, qui venait de recharger la sienne, la lui tendit. Jean Valjean ajusta la mansarde et tira. Une des deux cordes du matelas était coupée. Le matelas ne pendait plus que par un fil. Jean Valjean lâcha le second coup. La deuxième corde fouetta la vitre de la mansarde. Le matelas glissa entre les deux perches et tomba dans la rue. La barricade applaudit. Toutes les voix crièrent :

— Voilà un matelas.

— Oui, dit Combeferre, mais qui l'ira chercher ?

Le matelas en effet était tombé en dehors de la barricade, entre les assiégés et les assiégeants. Or, la mort du sergent de canonniers ayant exaspéré la troupe, les soldats, depuis quelques instants, s'étaient couchés à plat ventre derrière la ligne de pavés qu'ils avaient élevée, et, pour suppléer au silence forcé de la pièce qui se taisait en attendant que son service fût réorganisé, ils avaient ouvert le feu contre la barricade. Les insurgés ne répondaient pas à cette mousqueterie, pour épargner les munitions. La fusillade se brisait à la barricade ; mais la rue, qu'elle remplissait de balles, était terrible.

Jean Valjean sortit de la coupure, entra dans la rue, traversa l'orage de balles, alla au matelas, le ramassa, le chargea sur son dos, et revint dans la barricade. Lui-même mit le matelas dans la coupure. Il l'y fixa contre le mur de façon que les artilleurs ne le vissent pas.

Cela fait, on attendit le coup de mitraille. Il ne tarda pas.

Le canon vomit avec un rugissement son paquet de chevrotines. Mais il n'y eut pas de ricochet. La mitraille avorta sur le matelas. L'effet prévu était obtenu. La barricade était préservée.

— Citoyen, dit Enjolras à Jean Valjean, la République vous remercie.

Bossuet admirait et riait. Il s'écria :

— C'est immoral qu'un matelas ait tant de puissance. Triomphe de ce qui plie sur ce qui foudroie. Mais c'est égal, gloire au matelas qui annule un canon !

X

Aurore[1]

En ce moment-là, Cosette se réveillait.

Sa chambre était étroite, propre, discrète, avec une longue croisée au levant sur l'arrière-cour de la maison.

Cosette ne savait rien de ce qui se passait dans Paris.

Elle n'était point là la veille et elle était déjà rentrée dans sa chambre quand Toussaint avait dit : Il paraît qu'il y a du train.

Cosette avait dormi peu d'heures, mais bien. Elle avait eu de doux rêves, ce qui tenait peut-être un peu à ce que son petit lit était très blanc. Quelqu'un qui était Marius lui était apparu dans de la lumière. Elle se réveilla avec du soleil dans les yeux, ce qui d'abord lui fit l'effet de la continuation du songe.

Sa première pensée sortant de ce rêve fut riante. Cosette se sentit toute rassurée. Elle traversait, comme Jean Valjean quelques heures auparavant, cette réaction de l'âme qui ne veut absolument pas du malheur. Elle se mit à espérer de toutes ses forces sans savoir pourquoi. Puis un serrement de cœur lui vint. — Voilà trois jours qu'elle n'avait vu Marius. Mais elle se dit qu'il devait avoir reçu sa lettre, qu'il savait où elle était, et qu'il avait tant d'esprit, et qu'il trouverait moyen d'arriver jusqu'à elle. — Et cela certainement aujourd'hui, et peut-être ce matin même. — Il faisait grand jour, mais le rayon de lumière était très horizontal, elle pensa qu'il était de bonne heure; qu'il fallait se lever pourtant; pour recevoir Marius.

Elle sentait qu'elle ne pouvait vivre sans Marius, et que par conséquent cela suffisait, et que Marius viendrait. Aucune objection n'était recevable. Tout cela était certain. C'était déjà assez monstrueux d'avoir souffert trois jours. Marius absent trois jours, c'était horrible au bon Dieu. Maintenant, cette cruelle taquinerie d'en haut était une épreuve traversée, Marius allait arriver, et apporterait une bonne nouvelle. Ainsi est faite la jeunesse; elle essuie vite ses yeux; elle trouve la douleur inutile et ne l'accepte pas. La jeunesse est le sourire de l'avenir devant un inconnu qui est lui-même. Il lui est naturel d'être heureuse. Il semble que sa respiration soit faite d'espérance.

Du reste, Cosette ne pouvait parvenir à se rappeler ce que Marius lui avait dit au sujet de cette absence qui ne devait durer qu'un jour, et quelle explication il lui en avait donnée. Tout le monde a remarqué avec quelle adresse une monnaie qu'on laisse tomber à terre court se cacher, et quel art elle a de se rendre introuvable. Il y a des pensées qui nous jouent le même tour; elles se blottissent dans un coin de notre cerveau ; c'est fini ; elles sont perdues ; impossible de remettre la mémoire dessus. Cosette se dépitait quelque peu du petit effort inutile que faisait son souvenir. Elle se disait que c'était bien mal à elle et bien coupable d'avoir oublié des paroles prononcées par Marius.

Elle sortit du lit et fit les deux ablutions de l'âme et du corps, sa prière et sa toilette.

On peut à la rigueur introduire le lecteur dans une chambre nuptiale, non dans une chambre virginale. Le vers l'oserait à peine, la prose ne le doit pas.

C'est l'intérieur d'une fleur encore close, c'est une blancheur dans l'ombre, c'est la cellule intime d'un lis fermé qui ne doit pas être regardé par l'homme tant qu'il n'a pas été regardé par le soleil. La femme en bouton est sacrée. Ce lit innocent qui se découvre, cette adorable demi-nudité qui a peur d'elle-même, ce pied blanc qui se réfugie dans une pantoufle, cette gorge qui se voile devant un miroir comme si ce miroir était une prunelle, cette chemise qui se hâte de remonter et de cacher l'épaule pour un meuble qui craque ou pour une voiture qui passe, ces cordons noués, ces agrafes accrochées, ces lacets tirés, ces tressaillements, ces petits frissons de froid et de pudeur, cet effarouchement exquis de tous les mouvements, cette inquiétude presque ailée là où rien n'est à craindre, les phases successives du vêtement aussi charmantes que les nuages de l'aurore, il ne sied point que tout cela soit raconté, et c'est déjà trop de l'indiquer.

L'œil de l'homme doit être plus religieux encore devant le lever d'une jeune fille que devant le lever d'une étoile. La possibilité d'atteindre doit tourner en augmentation de respect. Le duvet de la pêche, la cendre de la prune, le cristal radié de la neige, l'aile du papillon poudrée de plumes, sont des choses grossières auprès de cette chasteté qui ne sait pas même qu'elle est chaste. La jeune fille n'est qu'une lueur de rêve et n'est pas encore une statue. Son alcôve est cachée dans la partie sombre de l'idéal. L'indiscret toucher du regard brutalise cette vague pénombre. Ici, contempler, c'est profaner.

Nous ne montrerons donc rien de tout ce suave petit remue-ménage du réveil de Cosette.

Un conte d'orient dit que la rose avait été faite par Dieu blanche, mais qu'Adam l'ayant regardée au moment où elle s'entr'ouvrait, elle eut honte et devint rose. Nous sommes de ceux qui se sentent interdits devant les jeunes filles et les fleurs, les trouvant vénérables.

Cosette s'habilla bien vite, se peigna, se coiffa, ce qui était fort simple en ce temps-là où les femmes n'enflaient pas leurs boucles et leurs bandeaux avec des coussinets et des tonnelets et ne mettaient point de crinolines dans leurs cheveux. Puis elle ouvrit la fenêtre et promena ses yeux partout autour d'elle, espérant découvrir quelque peu de la rue, un angle de maison, un coin de pavés, et pouvoir guetter là Marius. Mais on ne voyait rien du dehors. L'arrière-cour était enveloppée de murs assez hauts, et n'avait pour échappée que quelques jardins. Cosette déclara ces jardins hideux; pour la première fois de sa vie elle trouva des fleurs laides. Le moindre bout de ruisseau du carrefour eût été bien mieux son affaire. Elle prit le parti de regarder le ciel, comme si elle pensait que Marius pouvait venir aussi de là.

Subitement, elle fondit en larmes. Non que ce fût mobilité d'âme; mais, des espérances coupées d'accablement, c'était sa situation. Elle sentit confusément on ne sait quoi d'horrible. Les choses passent dans l'air en effet. Elle se dit qu'elle n'était sûre de rien, que se perdre de vue, c'était se perdre; et l'idée que Marius pourrait bien lui revenir du ciel, lui apparut, non plus charmante, mais lugubre.

Puis, tels sont ces nuages, le calme lui revint, et l'espoir, et une sorte de sourire inconscient, mais confiant en Dieu.

Tout le monde était encore couché dans la maison. Un silence provincial régnait. Aucun volet n'était poussé. La loge du portier était fermée. Toussaint n'était pas levée, et Cosette pensa tout naturellement que son père dormait. Il fallait qu'elle eût bien souffert, et qu'elle souffrît bien encore, car elle se disait que son père avait été méchant; mais elle comptait sur Marius. L'éclipse d'une telle lumière était décidément impossible. Elle pria. Par instants elle entendait à une certaine distance des espèces de secousses sourdes, et elle disait : C'est singulier qu'on ouvre et qu'on ferme les portes cochères de si bonne heure. C'étaient les coups de canon qui battaient la barricade.

Il y avait, à quelques pieds au-dessous de la croisée de Cosette, dans la vieille corniche toute noire du mur, un nid de martinets; l'encorbellement de ce nid faisait un peu saillie au delà de la corniche, si bien que d'en haut on pouvait voir le dedans de ce petit paradis. La mère y était, ouvrant ses ailes en éventail sur sa couvée; le père voletait, s'en allait, puis revenait, rapportant dans son bec de la nourriture et des baisers. Le jour levant dorait cette chose heureuse, la grande loi Multipliez était là souriante et auguste, et ce doux mystère s'épanouissait dans la gloire du matin. Cosette, les cheveux dans le soleil, l'âme dans les chimères, éclairée par l'amour au dedans et par l'aurore au dehors, se pencha comme machinalement, et, sans presque oser s'avouer qu'elle pensait en même temps à Marius, se mit à regarder ces oiseaux, cette famille, ce mâle et cette femelle, cette mère et ces petits, avec le profond trouble qu'un nid donne à une vierge.

XI

LE COUP DE FUSIL QUI NE MANQUE RIEN ET QUI NE TUE PERSONNE

Le feu des assaillants continuait. La mousqueterie et la mitraille alternaient, sans grand ravage à la vérité. Le haut de la façade de Corinthe souffrait seul; la croisée du premier étage et les mansardes du toit, criblées de chevrotines et de biscayens, se déformaient lentement. Les combattants qui s'y étaient postés avaient dû s'effacer. Du reste, ceci est une tactique de l'attaque des barricades; tirailler longtemps, afin d'épuiser les munitions des insurgés, s'ils font la faute de répliquer. Quand on s'aperçoit, au ralentissement de leur feu, qu'ils n'ont plus ni balles ni poudre, on donne l'assaut. Enjolras n'était pas tombé dans ce piège; la barricade ne ripostait point.

A chaque[1] feu de peloton, Gavroche se gonflait la joue avec sa langue, signe de haut dédain.

— C'est bon, disait-il, déchirez de la toile. Nous avons besoin de charpie.

Courfeyrac interpellait la mitraille sur son peu d'effet et disait au canon :

— Tu deviens diffus, mon bonhomme.

Dans la bataille on s'intrigue comme au bal. Il est probable que ce silence de la redoute commençait à inquiéter les assiégeants et à leur faire craindre quelque incident inattendu, et qu'ils sentirent le besoin de voir clair à travers ce tas de pavés et de savoir ce qui se passait derrière cette muraille impassible qui recevait les coups sans y répondre. Les insurgés aperçurent subitement un casque qui brillait au soleil sur un toit voisin. Un pompier était adossé à une haute cheminée et semblait là en sentinelle. Son regard plongeait à pic dans la barricade.

— Voilà un surveillant gênant, dit Enjolras.

Jean Valjean avait rendu la carabine d'Enjolras, mais il avait son fusil.

Sans dire un mot, il ajusta le pompier, et, une seconde après, le casque, frappé d'une balle, tombait bruyamment dans la rue. Le soldat effaré se hâta de disparaître.

Un deuxième observateur prit sa place. Celui-ci était un officier. Jean Valjean, qui avait rechargé son fusil, ajusta le nouveau venu, et envoya le casque de l'officier rejoindre le casque du soldat. L'officier n'insista pas, et se retira très vite. Cette fois l'avis fut compris. Personne ne reparut sur le toit; et l'on renonça à espionner la barricade.

— Pourquoi n'avez-vous pas tué l'homme? demanda Bossuet à Jean Valjean.

Jean Valjean ne répondit pas.

XII

Le désordre partisan de l'ordre[1]

Bossuet murmura à l'oreille de Combeferre :

— Il n'a pas répondu à ma question.

— C'est un homme qui fait de la bonté à coups de fusil, dit Combeferre[2].

Ceux qui ont gardé quelque souvenir de cette époque déjà lointaine savent que la garde nationale de la banlieue était vaillante contre les insurrections. Elle fut particulièrement acharnée et intrépide aux journées de juin 1832. Tel bon cabaretier de Pantin, des Vertus ou de la Cunette, dont l'émeute faisait chômer « l'établissement », devenait léonin en voyant sa salle de danse déserte, et se faisait tuer pour sauver l'ordre représenté par la guinguette. Dans ce temps à la fois bourgeois et héroïque, en présence des idées qui avaient leurs chevaliers, les intérêts avaient leurs paladins. Le prosaïsme du mobile n'ôtait rien à la bravoure du mouvement. La décroissance d'une pile d'écus faisait chanter à des banquiers *la Marseillaise*. On versait lyriquement son sang pour le comptoir; et l'on défendait avec un enthousiasme lacédémonien la boutique, cet immense diminutif de la patrie.

Au fond, disons-le, il n'y avait rien dans tout cela que de très sérieux. C'étaient les éléments sociaux qui entraient en lutte, en attendant le jour où ils entreront en équilibre.

Un autre signe de ce temps, c'était l'anarchie mêlée au gouvernementalisme (nom barbare du parti correct). On était pour l'ordre avec indiscipline. Le tambour battait inopinément, sur le commandement de tel colonel de la garde nationale, des rappels de caprice; tel capitaine allait au feu par inspiration; tel garde national se battait « d'idée », et pour son propre compte. Dans les minutes de crise, dans les « journées », on prenait conseil moins de ses chefs que de ses instincts. Il y avait dans l'armée de l'ordre de véritables guérilleros, les uns d'épée comme Fannicot, les autres de plume comme Henri Fonfrède[3].

La civilisation, malheureusement représentée à cette époque plutôt par une agrégation d'intérêts que par un groupe de principes, était ou se croyait en péril; elle poussait le cri d'alarme; chacun, se faisant centre, la défendait, la secourait et la protégeait, à sa tête; et le premier venu prenait sur lui de sauver la société.

Le zèle parfois allait jusqu'à l'extermination. Tel peloton de gardes nationaux se constituait de son autorité privée conseil de guerre, et jugeait et exécutait en cinq minutes un insurgé prisonnier. C'est une improvisation de cette sorte qui avait tué Jean Prouvaire. Féroce loi de Lynch, qu'aucun parti n'a le droit de reprocher aux autres, car elle est appliquée par la république en Amérique comme par la monarchie en Europe. Cette loi de

LA GUERRE ENTRE QUATRE MURS 1257

Lynch se compliquait de méprises. Un jour d'émeute, un jeune poëte, nommé Paul-Aimé Garnier[4], fut poursuivi place Royale, la bayonnette aux reins, et n'échappa qu'en se réfugiant sous la porte cochère du numéro 6. On criait : — *En voilà encore un de ces Saint-Simoniens !* et l'on voulait le tuer. Or, il avait sous le bras un volume des mémoires du duc de Saint-Simon. Un garde national avait lu sur ce livre le mot : *Saint-Simon,* et avait crié : A mort[5] !

Le 6 juin 1832, une compagnie de gardes nationaux de la banlieue, commandée par le capitaine Fannicot, nommé plus haut, se fit, par fantaisie et bon plaisir, décimer rue de la Chanvrerie. Le fait, si singulier qu'il soit, a été constaté par l'instruction judiciaire ouverte à la suite de l'insurrection de 1832. Le capitaine Fannicot, bourgeois impatient et hardi, espèce de condottiere de l'ordre, de ceux que nous venons de caractériser, gouvernementaliste fanatique et insoumis, ne put résister à l'attrait de faire feu avant l'heure et à l'ambition de prendre la barricade à lui tout seul, c'est-à-dire avec sa compagnie. Exaspéré par l'apparition successive du drapeau rouge et du vieil habit qu'il prit pour le drapeau noir, il blâmait tout haut les généraux et les chefs de corps, lesquels tenaient conseil, ne jugeaient pas que le moment de l'assaut décisif fût venu, et laissaient, suivant une expression célèbre de l'un d'eux, « l'insurrection cuire dans son jus ». Quant à lui, il trouvait la barricade mûre, et comme ce qui est mûr doit tomber, il essaya[7].

Il commandait à des hommes résolus comme lui, « à des enragés », a dit un témoin. Sa compagnie, celle-là même qui avait fusillé le poëte Jean Prouvaire[8], était la première du bataillon posté à l'angle de la rue. Au moment où l'on s'y attendait le moins, le capitaine lança ses hommes contre la barricade. Ce mouvement, exécuté avec plus de bonne volonté que de stratégie, coûta cher à la compagnie Fannicot[9]. Avant qu'elle fût arrivée aux deux tiers de la rue, une décharge générale de la barricade l'accueillit. Quatre[10], les plus audacieux, qui couraient en tête, furent foudroyés à bout portant au pied même de la redoute, et cette courageuse cohue de gardes nationaux, gens[11] très braves, mais qui n'avaient point la ténacité militaire, dut se replier, après quelque hésitation, en laissant quinze cadavres sur le pavé. L'instant d'hésitation donna aux insurgés le temps de recharger les armes, et une seconde décharge, très meurtrière, atteignit la compagnie avant qu'elle eût pu regagner l'angle de la rue, son abri. Un moment, elle fut prise entre deux mitrailles, et elle reçut la volée de la pièce en batterie qui, n'ayant pas d'ordre, n'avait pas discontinué son feu. L'intrépide et imprudent Fannicot fut un des morts de cette mitraille. Il fut tué par le canon, c'est-à-dire par l'ordre.

Cette attaque, plus furieuse que sérieuse, irrita Enjolras.

— Les imbéciles ! dit-il. Ils font tuer leurs hommes, et ils nous usent nos munitions, pour rien.

Enjolras parlait comme un vrai général d'émeute qu'il était. L'insurrection et la répression ne luttent point à armes égales. L'insurrection, promptement épuisable, n'a qu'un nombre de coups à tirer, et qu'un nombre de combattants à dépenser. Une giberne vidée, un homme tué, ne se remplacent pas. La répression, ayant l'armée, ne compte pas les hommes, et, ayant Vincennes, ne compte pas les coups. La répression a autant de régiments que la barricade a d'hommes, et autant d'arsenaux que la barricade a de cartouchières. Aussi sont-ce là des luttes d'un contre cent, qui finissent toujours par l'écrasement des barricades; à moins que la révolution, surgissant brusquement, ne vienne jeter dans la balance son flamboyant glaive d'archange. Cela arrive. Alors tout se lève, les pavés entrent en bouillonnement, les redoutes populaires pullulent, Paris tressaille souverainement, le *quid divinum* se dégage, un 10 août est dans l'air, un 29 juillet est dans l'air, une prodigieuse lumière apparaît, la gueule béante de la force recule, et l'armée, ce lion, voit devant elle, debout et tranquille, ce prophète, la France[12].

XIII

Lueurs qui passent

Dans le chaos de sentiments et de passions qui défendent une barricade, il y a de tout; il y a de la bravoure, de la jeunesse, du point d'honneur, de l'enthousiasme, de l'idéal, de la conviction[1], de l'acharnement de joueur, et surtout, des intermittences d'espoir.

Une de ces intermittences, un de ces vagues frémissements d'espérance traversa subitement, à l'instant le plus inattendu, la barricade de la Chanvrerie.

— Écoutez, s'écria brusquement Enjolras toujours aux aguets, il me semble que Paris s'éveille.

Il est certain que, dans la matinée du 6 juin, l'insurrection eut, pendant une heure ou deux, une certaine recrudescence. L'obstination du tocsin de Saint-Merry ranima quelques velléités. Rue du Poirier, rue des Gravilliers[2], des barricades s'ébauchèrent. Devant la porte Saint-Martin, un jeune homme, armé d'une carabine, attaqua seul un escadron de cavalerie. A découvert, en plein boulevard, il mit un genou en terre, épaula son arme, tira, tua le chef d'escadron, et se retourna en disant : *En voilà encore un qui ne nous fera plus de mal.* Il fut sabré. Rue Saint-Denis, une femme tirait sur la garde municipale de derrière une jalousie baissée. On voyait à chaque coup trembler les feuilles de la jalousie. Un enfant de quatorze ans fut arrêté rue de la Cossonnerie avec ses poches pleines de cartouches. Plusieurs postes furent attaqués. A l'entrée de la rue Bertin-Poirée, une fusillade très vive et tout à fait imprévue accueillit un régiment de cuirassiers, en tête duquel marchait le général Cavaignac de Baragne[3] Rue Planche-Mibray, on jeta du haut des toits sur la troupe de vieux tessons de vaisselle et des ustensiles de ménage ; mauvais signe ; et quand on rendit compte de ce fait au maréchal Soult, le vieux lieutenant de Napoléon devint rêveur, se rappelant le mot de Suchet[4] à Sarragosse : *Nous sommes perdus quand les vieilles femmes nous vident leur pot de chambre sur la tête*[5].

Ces symptômes généraux qui se manifestaient au moment où l'on croyait l'émeute localisée, cette fièvre de colère qui reprenait le dessus, ces flammèches qui volaient çà et là au-dessus de ces masses profondes de combustible qu'on nomme les faubourgs de Paris, tout cet ensemble inquiéta les chefs militaires. On se hâta d'éteindre ces commencements d'incendie. On retarda, jusqu'à[6] ce que ces pétillements fussent étouffés, l'attaque des barricades Maubuée, de la Chanvrerie et de Saint-Merry, afin de n'avoir plus affaire qu'à elles, et de pouvoir tout finir d'un coup Des colonnes furent lancées dans les rues en fermentation, balayant les grandes, sondant les petites, à droite, à gauche, tantôt avec précaution et lentement, tantôt au pas de charge. La troupe enfonçait les portes des maisons d'où l'on avait tiré[7]. En même temps des manœuvres de cavalerie dispersaient les groupes des boulevards. Cette répression ne se fit pas sans rumeur et sans ce fracas tumultueux propre aux chocs d'armée et de peuple. C'était là ce qu'Enjolras, dans les intervalles de la canonnade et de la mousqueterie, saisissait. En outre, il avait vu au bout de la rue passer des blessés sur des civières, et il disait à Courfeyrac :

— Ces blessés-là ne viennent pas de chez nous.

L'espoir dura peu; la lueur s'éclipsa vite. En moins d'une demi-heure, ce qui était dans l'air s'évanouit, ce fut comme un éclair sans foudre, et les insurgés sentirent retomber sur eux cette espèce de chape de plomb que l'indifférence du peuple jette sur les obstinés abandonnés.

Le mouvement général qui semblait s'être vaguement dessiné avait avorté; et l'attention du ministre de la guerre et la stratégie des généraux pouvaient se concentrer maintenant sur les trois ou quatre barricades restées debout.

Le soleil montait sur l'horizon.

Un insurgé interpella Enjolras :

— On a faim ici. Est-ce que vraiment nous allons mourir comme ça sans manger?

Enjolras, toujours accoudé à son créneau, sans quitter des yeux l'extrémité de la rue, fit un signe de tête affirmatif.

XIV

Où on lira le nom de la maîtresse d'Enjolras[1]

Courfeyrac, assis sur un pavé à côté d'Enjolras, continuait d'insulter le canon, et chaque fois que passait, avec son bruit monstrueux, cette sombre nuée de projectiles qu'on appelle la mitraille, il l'accueillait par une bouffée d'ironie.

— Tu t'époumones, mon pauvre vieux brutal, tu me fais de la peine, tu perds ton vacarme. Ce n'est pas du tonnerre, ça. C'est de la toux.

Et l'on riait autour de lui[2].

Courfeyrac et Bossuet, dont la vaillante belle humeur croissait avec le péril, remplaçaient, comme madame Scarron, la nourriture par la plaisanterie, et, puisque le vin manquait, versaient à tous de la gaîté.

— J'admire Enjolras, disait Bossuet. Sa témérité[3] impassible m'émerveille. Il vit seul, ce qui le rend peut-être un peu triste ; Enjolras se plaint de sa grandeur qui l'attache au veuvage. Nous autres, nous avons tous plus ou moins des maîtresses qui nous rendent fous, c'est-à-dire braves. Quand on est amoureux comme un tigre, c'est bien le moins qu'on se batte comme un lion. C'est une façon de nous venger des traits que nous font mesdames nos grisettes. Roland se fait tuer pour faire bisquer Angélique. Tous nos héroïsmes viennent de nos femmes. Un homme sans femme, c'est un pistolet sans chien ; c'est la femme qui fait partir l'homme. Eh bien, Enjolras n'a pas de femme. Il n'est pas amoureux, et il trouve le moyen d'être intrépide. C'est une chose inouïe qu'on puisse être froid comme la glace et hardi comme le feu.

Enjolras ne paraissait pas écouter, mais quelqu'un qui eût été près de lui l'eût entendu murmurer à demi-voix : *Patria*.

Bossuet riait encore quand Courfeyrac s'écria :

— Du nouveau !

Et, prenant une voix d'huissier qui annonce, il ajouta :

— Je m'appelle Pièce de Huit.

En effet, un nouveau personnage venait d'entrer en scène. C'était une deuxième bouche à feu. Les artilleurs firent rapidement la manœuvre de force, et[4] mirent cette seconde pièce en batterie près[5] de la première. Ceci ébauchait le dénouement.

Quelques instants après, les deux pièces, vivement servies, tiraient de front contre la redoute[6] ; les feux de peloton de la ligne et de la banlieue soutenaient l'artillerie.

On entendait une autre canonnade à quelque distance. En même temps que deux pièces s'acharnaient sur la redoute de la rue de la Chanvrerie, deux autres bouches à feu, braquées, l'une rue Saint-Denis, l'autre rue Aubry-le-Boucher, criblaient la barricade Saint-Merry. Les quatre canons se faisaient lugubrement écho.

Les aboiements des sombres chiens de la guerre se répondaient.

Des deux pièces qui battaient maintenant la barricade de la rue de la Chanvrerie, l'une tirait à mitraille, l'autre à boulet.

La pièce qui tirait à boulet était pointée un peu haut et le tir était calculé de façon que le boulet frappait le bord extrême de l'arête supérieure de la barricade, l'écrêtait, et émiettait les pavés sur les insurgés en éclats de mitraille.

Ce procédé de tir avait pour but d'écarter les combattants du sommet de la redoute, et de les contraindre à se pelotonner dans l'intérieur; c'est-à-dire que cela annonçait l'assaut.

Une fois les combattants chassés du haut de la barricade par le boulet et des fenêtres du cabaret par la mitraille, les colonnes d'attaque pourraient s'aventurer dans la rue sans être visées, peut-être même sans être aperçues, escalader brusquement la redoute, comme la veille au soir, et, qui sait? la prendre par surprise.

— Il faut absolument diminuer l'incommodité de ces pièces, dit Enjolras, et il cria : « Feu sur les artilleurs ! »

Tous étaient prêts. La barricade, qui se taisait depuis si longtemps, fit feu éperdument, sept ou huit décharges se succédèrent avec une sorte de rage et de joie, la rue s'emplit d'une fumée aveuglante, et, au bout de quelques minutes, à travers cette brume toute rayée de flamme, on put distinguer confusément les deux tiers des artilleurs couchés sous les roues des canons. Ceux qui étaient restés debout continuaient de servir les pièces avec une tranquillité sévère; mais le feu était ralenti.

— Voilà qui va bien, dit Bossuet à Enjolras. Succès.

Enjolras hocha la tête et répondit :

— Encore un quart d'heure de ce succès, et il n'y aura plus dix cartouches dans la barricade.

Il paraît que Gavroche entendit ce mot.

XV

Gavroche dehors[1]

Courfeyrac tout à coup aperçut quelqu'un au bas de la barricade, dehors, dans la rue, sous les balles.

Gavroche avait pris un panier à bouteilles dans le cabaret, était sorti par la coupure, et était paisiblement occupé à vider dans son panier les gibernes pleines de cartouches des gardes nationaux tués sur le talus de la redoute.

— Qu'est-ce que tu fais là ? dit Courfeyrac.

Gavroche leva le nez :

— Citoyen, j'emplis mon panier.

— Tu ne vois donc pas la mitraille ?

Gavroche répondit :

— Eh bien, il pleut. Après ?

Courfeyrac cria :

— Rentre !

— Tout à l'heure, fit Gavroche.

Et, d'un bond, il s'enfonça dans la rue.

On se souvient que la compagnie Fannicot, en se retirant, avait laissé derrière elle une traînée de cadavres. Une vingtaine de morts gisaient çà et là dans toute la longueur de la rue sur le pavé. Une vingtaine de gibernes pour Gavroche. Une provision de cartouches pour la barricade.

La fumée était dans la rue comme un brouillard. Quiconque a vu un nuage tombé dans une gorge de montagnes entre deux escarpements à pic, peut se figurer cette fumée resserrée et comme épaissie par deux sombres lignes de hautes maisons. Elle montait lentement et se renouvelait sans cesse ; de là un obscurcissement graduel qui blêmissait même le plein jour. C'est à peine si, d'un bout à l'autre de la rue, pourtant fort courte, les combattants s'apercevaient[2].

Cet obscurcissement, probablement voulu et calculé par les chefs qui devaient diriger l'assaut de la barricade, fut utile à Gavroche.

Sous les plis de ce voile de fumée, et grâce à sa petitesse, il put s'avancer assez loin dans la rue sans être vu. Il dévalisa les sept ou huit premières gibernes sans grand danger.

Il rampait à plat ventre, galopait à quatre pattes, prenait son panier aux dents, se tordait, glissait, ondulait, serpentait d'un mort à l'autre, et vidait la giberne ou la cartouchière comme un singe ouvre une noix.

De la barricade, dont il était encore assez près, on n'osait lui crier de revenir, de peur d'appeler l'attention sur lui[3].

Sur un cadavre, qui était un caporal, il trouva une poire à poudre.

— Pour la soif, dit-il, en la mettant dans sa poche.

A force d'aller en avant, il parvint au point où le brouillard de la fusillade devenait transparent. Si bien que les tirailleurs de la ligne rangés et à l'affût derrière leur levée de pavés, et les tirailleurs de la banlieue massés à l'angle de la rue, se montrèrent soudainement quelque chose qui remuait dans la fumée.

Au moment où Gavroche débarrassait de ses cartouches un sergent gisant près d'une borne, une balle frappa le cadavre.

— Fichtre ! fit Gavroche. Voilà qu'on me tue mes morts.

Une deuxième balle fit étinceler le pavé à côté de lui. Une troisième renversa son panier. Gavroche regarda, et vit que cela venait de la banlieue.

Il se dressa tout droit, debout, les cheveux au vent, les mains sur les hanches, l'œil fixé sur les gardes nationaux qui tiraient, et il chanta :

> On est laid à Nanterre,
> C'est la faute à Voltaire,
> Et bête à Palaiseau,
> C'est la faute à Rousseau.

Puis il ramassa son panier, y remit, sans en perdre une seule, les cartouches qui en étaient tombées, et, avançant vers la fusillade, alla dépouiller une autre giberne. Là une quatrième balle le manqua encore. Gavroche chanta :

> Je ne suis pas notaire,
> C'est la faute à Voltaire,
> Je suis petit oiseau,
> C'est la faute à Rousseau.

Une cinquième balle ne réussit qu'à tirer de lui un troisième couplet :

> Joie est mon caractère,
> C'est la faute à Voltaire,
> Misère est mon trousseau,
> C'est la faute à Rousseau.

Cela continua ainsi quelque temps.

Le spectacle était épouvantable et charmant. Gavroche fusillé, taquinait la fusillade. Il avait l'air de s'amuser beaucoup. C'était le moineau becquetant les chasseurs. Il répondait à chaque décharge par un couplet. On le visait sans cesse, on le manquait toujours. Les gardes nationaux et les soldats riaient en l'ajustant. Il se couchait, puis se redressait, s'effaçait dans un coin de porte, puis bondissait, disparaissait, reparaissait, se sauvait, revenait, ripostait à la mitraille par des pieds de nez, et cependant pillait les cartouches, vidait les gibernes et remplissait son panier. Les insurgés, haletants d'anxiété, le suivaient des yeux. La barricade tremblait; lui, il chantait. Ce n'était pas un enfant, ce n'était pas un homme; c'était un étrange gamin fée. On eût dit le nain invulnérable de la mêlée. Les balles couraient après lui, il était plus leste qu'elles. Il jouait on ne sait quel effrayant jeu de cache-cache avec la mort; chaque fois que la face camarde du spectre s'approchait, le gamin lui donnait une pichenette.

Une balle pourtant, mieux ajustée ou plus traître que les autres, finit par atteindre l'enfant feu follet. On vit Gavroche chanceler, puis il s'affaissa. Toute la barricade poussa un cri; mais il y avait de l'Antée dans ce pygmée; pour le gamin toucher le pavé, c'est comme pour le géant toucher la terre; Gavroche n'était tombé que pour se redresser; il resta assis sur son séant, un long filet de sang rayait son visage, il éleva ses deux bras en l'air, regarda du côté d'où était venu le coup, et se mit à chanter :

> Je suis tombé par terre,
> C'est la faute à Voltaire,
> Le nez dans le ruisseau,
> C'est la faute à...[4]

Il n'acheva point. Une seconde balle du même tireur l'arrêta court. Cette fois il s'abattit la face contre le pavé, et ne remua plus. Cette petite grande âme venait de s'envoler.

XVI

Comment de frère on devient père[1]

Il y avait en ce moment-là même dans le jardin du Luxembourg, — car le regard du drame doit être présent partout, — deux enfants qui se tenaient par la main. L'un pouvait avoir sept ans, l'autre cinq. La pluie les ayant mouillés, ils marchaient dans les allées du côté du soleil ; l'aîné conduisait le petit ; ils étaient en haillons et pâles ; ils avaient un air d'oiseaux fauves. Le plus petit disait : « J'ai bien faim. »

L'aîné, déjà un peu protecteur, conduisait son frère de la main gauche et avait une baguette dans sa main droite.

Ils étaient seuls dans le jardin. Le jardin était désert, les grilles étaient fermées par mesure de police à cause de l'insurrection. Les troupes qui y avaient bivouaqué en étaient sorties pour les besoins du combat.

Comment ces enfants étaient-ils là ? Peut-être s'étaient-ils évadés de quelque corps de garde entrebâillé ; peut-être aux environs, à la barrière d'Enfer, ou sur l'esplanade de l'Observatoire, ou dans le carrefour voisin dominé par le fronton où on lit : *invenerunt parvulum pannis involutum*[2], y avait-il quelque baraque de saltimbanques dont ils s'étaient enfuis ; peut-être avaient-ils, la veille au soir, trompé l'œil des inspecteurs du jardin à l'heure de la clôture, et avaient-ils passé la nuit dans quelqu'une de ces guérites où on lit les journaux ? Le fait est qu'ils étaient errants et qu'ils semblaient libres. Être errant et sembler libre, c'est être perdu. Ces pauvres petits étaient perdus en effet.

Ces deux enfants étaient ceux-là mêmes dont Gavroche avait été en peine, et que le lecteur se rappelle. Enfants des Thénardier, en location chez la Magnon, attribués à M. Gillenormand, et maintenant feuilles tombées de toutes ces branches sans racines, et roulées sur la terre par le vent.

Leurs vêtements, propres du temps de la Magnon et qui lui servaient de prospectus vis-à-vis de M. Gillenormand, étaient devenus guenilles.

Ces êtres appartiendraient désormais à la statistique des
« Enfants Abandonnés » que la police constate, ramasse,
égare et retrouve sur le pavé de Paris.

Il fallait le trouble d'un tel jour pour que ces petits
misérables fussent dans ce jardin. Si les surveillants les
eussent aperçus, ils eussent chassé ces haillons. Les petits
pauvres n'entrent pas dans les jardins publics ; pourtant
on devrait songer que, comme enfants, ils ont droit aux
fleurs.

Ceux-ci étaient là, grâce aux grilles fermées. Ils étaient
en contravention. Ils s'étaient glissés dans le jardin, et
ils y étaient restés. Les grilles fermées ne donnent pas
congé aux inspecteurs, la surveillance est censée continuer, mais elle s'amollit et se repose ; et les inspecteurs,
émus eux aussi par l'anxiété publique et plus occupés
du dehors que du dedans, ne regardaient plus le jardin,
et n'avaient pas vu les deux délinquants.

Il avait plu la veille, et même un peu le matin. Mais
en juin les ondées ne comptent pas. C'est à peine si l'on
s'aperçoit, une heure après un orage, que cette belle
journée blonde a pleuré. La terre en été est aussi vite
sèche que la joue d'un enfant.

A cet instant du solstice, la lumière du plein midi est,
pour ainsi dire, poignante. Elle prend tout. Elle s'applique et se superpose à la terre avec une sorte de succion.
On dirait que le soleil a soif. Une averse est un verre
d'eau ; une pluie est tout de suite bue. Le matin tout
ruisselait, l'après-midi tout poudroie.

Rien n'est admirable comme une verdure débarbouillée
par la pluie et essuyée par le rayon ; c'est de la fraîcheur
chaude. Les jardins et les prairies, ayant de l'eau dans
leurs racines et du soleil dans leurs fleurs, deviennent
des cassolettes d'encens et fument de tous leurs parfums
à la fois. Tout rit, chante et s'offre. On se sent doucement ivre. Le printemps est un paradis provisoire ; le
soleil aide à faire patienter l'homme.

Il y a des êtres qui n'en demandent pas davantage ;
vivants qui, ayant l'azur du ciel, disent : c'est assez ! songeurs absorbés dans le prodige, puisant dans l'idolâtrie
de la nature l'indifférence du bien et du mal, contemplateurs du cosmos radieusement distraits de l'homme, qui
ne comprennent pas qu'on s'occupe de la faim de ceux-ci,
de la soif de ceux-là, de la nudité du pauvre en hiver,

de la courbure lymphatique d'une petite épine dorsale, du grabat, du grenier, du cachot, et des haillons des jeunes filles grelottantes, quand on peut rêver sous les arbres ; esprits paisibles et terribles, impitoyablement satisfaits. Chose étrange, l'infini leur suffit. Ce grand besoin de l'homme, le fini, qui admet l'embrassement, ils l'ignorent. Le fini, qui admet le progrès, ce travail sublime, ils n'y songent pas. L'indéfini, qui naît de la combinaison humaine et divine de l'infini et du fini, leur échappe. Pourvu qu'ils soient face à face avec l'immensité, ils sourient. Jamais la joie, toujours l'extase. S'abîmer, voilà leur vie. L'histoire de l'humanité pour eux n'est qu'un plan parcellaire ; Tout n'y est pas ; le vrai Tout reste en dehors ; à quoi bon s'occuper de ce détail, l'homme ? L'homme souffre, c'est possible ; mais regardez donc Aldebaran[3] qui se lève ! La mère n'a plus de lait, le nouveau-né se meurt, je n'en sais rien, mais considérez donc cette rosace merveilleuse que fait une rondelle du sapin examinée au microscope ! comparez-moi la plus belle malines à cela ! Ces penseurs oublient d'aimer. Le zodiaque réussit sur eux au point de les empêcher de voir l'enfant qui pleure. Dieu leur éclipse l'âme. C'est là une famille d'esprits, à la fois petits et grands. Horace en était, Gœthe en était, La Fontaine peut-être ; magnifiques égoïstes de l'infini, spectateurs tranquilles de la douleur, qui ne voient pas Néron s'il fait beau, auxquels le soleil cache le bûcher, qui regarderaient guillotiner en y cherchant un effet de lumière, qui n'entendent ni le cri, ni le sanglot, ni le râle, ni le tocsin, pour qui tout est bien puisqu'il y a le mois de mai, qui, tant qu'il y aura des nuages de pourpre et d'or au-dessus de leur tête, se déclarent contents, et qui sont déterminés à être heureux jusqu'à épuisement du rayonnement des astres et du chant des oiseaux.

Ce sont de radieux ténébreux. Ils ne se doutent pas qu'ils sont à plaindre. Certes, ils le sont. Qui ne pleure pas ne voit pas. Il faut les admirer et les plaindre, comme on plaindrait et comme on admirerait un être à la fois nuit et jour qui n'aurait pas d'yeux sous les sourcils et qui aurait un astre au milieu du front.

L'indifférence de ces penseurs, c'est là, selon quelques-uns, une philosophie supérieure. Soit ; mais dans cette supériorité il y a de l'infirmité. On peut être immortel et boiteux ; témoin Vulcain. On peut être plus qu'homme et moins qu'homme. L'incomplet immense est dans la nature. Qui sait si le soleil n'est pas un aveugle ?

Mais alors, quoi ! à qui se fier ? *Solem quis dicere falsum audeat*[4] ? Ainsi de certains génies eux-mêmes, de certains Très-Hauts humains, des hommes astres, pourraient se tromper ? Ce qui est là-haut, au faîte, au sommet, au zénith, ce qui envoie sur la terre tant de clarté, verrait peu, verrait mal, ne verrait pas ? Cela n'est-il pas désespérant ? Non. Mais qu'y a-t-il donc au-dessus du soleil ? Le dieu.

Le 6 juin 1832, vers onze heures du matin, le Luxembourg, solitaire et dépeuplé, était charmant. Les quinconces et les parterres s'envoyaient dans la lumière des baumes et des éblouissements. Les branches, folles à la clarté de midi, semblaient chercher à s'embrasser. Il y avait dans les sycomores un tintamarre de fauvettes, les passereaux triomphaient, les pique-bois grimpaient le long des marronniers en donnant de petits coups de bec dans les trous de l'écorce. Les plates-bandes acceptaient la royauté légitime des lis ; le plus auguste des parfums, c'est celui qui sort de la blancheur. On respirait l'odeur poivrée des œillets. Les vieilles corneilles de Marie de Médicis étaient amoureuses dans les grands arbres. Le soleil dorait, empourprait et allumait les tulipes, qui ne sont autre chose que toutes les variétés de la flamme faites fleurs. Tout autour des bancs de tulipes tourbillonnaient les abeilles, étincelles de ces fleurs flammes. Tout était grâce et gaîté, même la pluie prochaine ; cette récidive, dont les muguets et les chèvrefeuilles devaient profiter, n'avait rien d'inquiétant ; les hirondelles faisaient la charmante menace de voler bas. Qui était là aspirait du bonheur ; la vie sentait bon ; toute cette nature exhalait la candeur, le secours, l'assistance, la paternité, la caresse, l'aurore. Les pensées qui tombaient du ciel étaient douces comme une petite main d'enfant qu'on baise.

Les statues sous les arbres, nues et blanches, avaient des robes d'ombre trouées de lumière ; ces déesses étaient toutes déguenillées de soleil ; il leur pendait des rayons de tous les côtés. Autour du grand bassin, la terre était déjà séchée au point d'être presque brûlée. Il faisait assez de vent pour soulever çà et là de petites émeutes de poussière. Quelques feuilles jaunes, restées du dernier automne, se poursuivaient joyeusement, et semblaient gaminer.

L'abondance de la clarté avait on ne sait quoi de rassurant. Vie, sève, chaleur, effluves, débordaient; on sentait sous la création l'énormité de la source; dans tous ces souffles pénétrés d'amour, dans ce va-et-vient de réverbérations et de reflets, dans cette prodigieuse dépense de rayons, dans ce versement indéfini d'or fluide, on sentait la prodigalité de l'inépuisable; et, derrière cette splendeur comme derrière un rideau de flamme, on entrevoyait Dieu, ce millionnaire d'étoiles.

Grâce au sable, il n'y avait pas une tache de boue; grâce à la pluie, il n'y avait pas un grain de cendre. Les bouquets venaient de se laver; tous les velours, tous les satins, tous les vernis, tous les ors, qui sortent de la terre sous forme de fleurs, étaient irréprochables. Cette magnificence était propre. Le grand silence de la nature heureuse emplissait le jardin. Silence céleste compatible avec mille musiques, roucoulements de nids, bourdonnements d'essaims, palpitations du vent. Toute l'harmonie de la saison s'accomplissait dans un gracieux ensemble; les entrées et les sorties du printemps avaient lieu dans l'ordre voulu; les lilas finissaient, les jasmins commençaient; quelques fleurs étaient attardées, quelques insectes en avance; l'avant-garde des papillons rouges de juin fraternisait avec l'arrière-garde des papillons blancs de mai. Les platanes faisaient peau neuve. La brise creusait des ondulations dans l'énormité magnifique des marronniers. C'était splendide. Un vétéran de la caserne voisine qui regardait à travers la grille disait: Voilà le printemps au port d'armes et en grande tenue.

Toute la nature déjeunait; la création était à table; c'était l'heure; la grande nappe bleue était mise au ciel et la grande nappe verte sur la terre; le soleil éclairait à giorno. Dieu servait le repas universel. Chaque être avait sa pâture ou sa pâtée. Le ramier trouvait du chènevis, le pinson trouvait du millet, le chardonneret trouvait du mouron, le rouge-gorge trouvait des vers, l'abeille trouvait des fleurs, la mouche trouvait des infusoires, le verdier trouvait des mouches. On se mangeait bien un peu les uns les autres, ce qui est le mystère du mal mêlé au bien; mais pas une bête n'avait l'estomac vide.

Les deux petits abandonnés étaient parvenus près du grand bassin, et, un peu troublés par toute cette lumière, ils tâchaient de se cacher, instinct du pauvre et du faible devant la magnificence, même impersonnelle; et ils se tenaient derrière la baraque des cygnes.

Çà et là, par intervalles, quand le vent donnait, on entendait confusément des cris, une rumeur, des espèces de râles tumultueux qui étaient des fusillades, et des frappements sourds qui étaient des coups de canon. Il y avait de la fumée au-dessus des toits du côté des Halles. Une cloche, qui avait l'air d'appeler, sonnait au loin.

Ces enfants ne semblaient pas percevoir ces bruits. Le petit répétait de temps en temps à demi-voix : J'ai faim.

Presque au même instant que les deux enfants, un autre couple s'approchait du grand bassin. C'était un bonhomme de cinquante ans qui menait par la main un bonhomme de six ans. Sans doute le père avec son fils. Le bonhomme de six ans tenait une grosse brioche.

A cette époque, de certaines maisons riveraines, rue Madame et rue d'Enfer, avaient une clef du Luxembourg dont jouissaient les locataires quand les grilles étaient fermées, tolérance supprimée depuis. Ce père et ce fils sortaient sans doute d'une de ces maisons-là. Les deux petits pauvres regardèrent venir « ce monsieur », et se cachèrent un peu plus.

Celui-ci était un bourgeois. Le même peut-être qu'un jour Marius, à travers sa fièvre d'amour, avait entendu, près de ce même grand bassin, conseillant à son fils « d'éviter les excès ». Il avait l'air affable et altier, et une bouche qui, ne se fermant pas, souriait toujours. Ce sourire mécanique, produit par trop de mâchoire et trop peu de peau, montre les dents plutôt que l'âme. L'enfant, avec sa brioche mordue qu'il n'achevait pas, semblait gavé. L'enfant était vêtu en garde national à cause de l'émeute, et le père était resté habillé en bourgeois à cause de la prudence.

Le père et le fils s'étaient arrêtés près du bassin où s'ébattaient les deux cygnes. Ce bourgeois paraissait avoir pour les cygnes une admiration spéciale. Il leur ressemblait en ce sens qu'il marchait comme eux. Pour l'instant les cygnes nageaient, ce qui est leur talent principal, et ils étaient superbes.

Si les deux petits pauvres eussent écouté et eussent

été d'âge à comprendre, ils eussent pu recueillir les paroles d'un homme grave. Le père disait au fils :

— Le sage vit content de peu. Regarde-moi, mon fils. Je n'aime pas le faste. Jamais on ne me voit avec des habits chamarrés d'or et de pierreries ; je laisse ce faux éclat aux âmes mal organisées.

Ici les cris profonds qui venaient du côté des Halles éclatèrent avec un redoublement de cloche et de rumeur.

— Qu'est-ce que c'est que cela ? demanda l'enfant.

Le père répondit :

— Ce sont des saturnales.

Tout à coup, il aperçut les deux petits déguenillés, immobiles derrière la maisonnette verte des cygnes.

— Voilà le commencement, dit-il.

Et après un silence il ajouta :

— L'anarchie entre dans ce jardin.

Cependant le fils mordit la brioche, la recracha, et brusquement se mit à pleurer.

— Pourquoi pleures-tu ? demanda le père.

— Je n'ai plus faim, dit l'enfant.

Le sourire du père s'accentua.

— On n'a pas besoin de faim pour manger un gâteau.

— Mon gâteau m'ennuie. Il est rassis.

— Tu n'en veux plus ?

— Non.

Le père lui montra les cygnes.

— Jette-le à ces palmipèdes.

L'enfant hésita. On ne veut plus de son gâteau ; ce n'est pas une raison pour le donner.

Le père poursuivit :

— Sois humain. Il faut avoir pitié des animaux.

Et, prenant à son fils le gâteau, il le jeta dans le bassin. Le gâteau tomba assez près du bord. Les cygnes étaient loin, au centre du bassin, et occupés à quelque proie. Ils n'avaient vu ni le bourgeois, ni la brioche.

Le bourgeois, sentant que le gâteau risquait de se perdre, et ému de ce naufrage inutile, se livra à une agitation télégraphique qui finit par attirer l'attention des cygnes.

Ils aperçurent quelque chose qui surnageait, virèrent de bord comme des navires qu'ils sont, et se dirigèrent vers la brioche lentement, avec la majesté béate qui convient à des bêtes blanches.

— Les cygnes comprennent les signes, dit le bourgeois, heureux d'avoir de l'esprit.

En ce moment le tumulte lointain de la ville eut encore un grossissement subit. Cette fois, ce fut sinistre. Il y a des bouffées de vent qui parlent plus distinctement que d'autres. Celle qui soufflait en cet instant-là apporta nettement des roulements de tambour, des clameurs, des feux de peloton, et les répliques lugubres du tocsin et du canon. Ceci coïncida avec un nuage noir qui cacha brusquement le soleil.

Les cygnes n'étaient pas encore arrivés à la brioche.

— Rentrons, dit le père, on attaque les Tuileries.

Il ressaisit la main de son fils. Puis il continua :

— Des Tuileries au Luxembourg, il n'y a que la distance qui sépare la royauté de la pairie ; ce n'est pas loin. Les coups de fusil vont pleuvoir.

Il regarda le nuage.

— Et peut-être aussi la pluie elle-même va pleuvoir ; le ciel s'en mêle ; la branche cadette est condamnée. Rentrons vite.

— Je voudrais voir les cygnes manger la brioche, dit l'enfant.

Le père répondit :

— Ce serait une imprudence.

Et il emmena son petit bourgeois. Le fils, regrettant les cygnes, tourna la tête vers le bassin jusqu'à ce qu'un coude des quinconces le lui eût caché.

Cependant, en même temps que les cygnes, les deux petits errants s'étaient approchés de la brioche. Elle flottait sur l'eau. Le plus petit regardait le gâteau, le plus grand regardait le bourgeois qui s'en allait.

Le père et le fils entrèrent dans le labyrinthe d'allées qui mène au grand escalier du massif d'arbres du côté de la rue Madame.

Dès qu'ils ne furent plus en vue, l'aîné se coucha vivement à plat ventre sur le rebord arrondi du bassin, et, s'y cramponnant de la main gauche, penché sur l'eau, presque prêt à y tomber, étendit avec sa main droite sa baguette vers le gâteau. Les cygnes, voyant l'ennemi, se hâtèrent, et en se hâtant firent un effet de poitrail utile au petit pêcheur ; l'eau devant les cygnes reflua, et l'une de ces molles ondulations concentriques poussa doucement la brioche vers la baguette de l'enfant.

Comme les cygnes arrivaient, la baguette toucha le gâteau. L'enfant donna un coup vif, ramena la brioche, effraya les cygnes, saisit le gâteau, et se redressa. Le gâteau était mouillé; mais ils avaient faim et soif. L'aîné fit deux parts de la brioche, une grosse et une petite, prit la petite pour lui, donna la grosse à son petit frère, et lui dit :

— Colle-toi ça dans le fusil.

XVII

MORTUUS PATER FILIUM MORITURUM EXPECTAT[1]

Marius s'était élancé hors de la barricade. Combeferre l'avait suivi. Mais il était trop tard. Gavroche était mort. Combeferre rapporta le panier de cartouches; Marius rapporta l'enfant.

Hélas ! pensait-il, ce que le père avait fait pour son père, il le rendait au fils; seulement Thénardier avait rapporté son père vivant; lui, il rapportait l'enfant mort.

Quand Marius rentra dans la redoute avec Gavroche dans ses bras, il avait, comme l'enfant, le visage inondé de sang. A l'instant où il s'était baissé pour ramasser Gavroche, une balle lui avait effleuré le crâne; il ne s'en était pas aperçu.

Courfeyrac défit sa cravate et en banda le front de Marius[2].

On déposa Gavroche sur la même table que Mabeuf, et l'on étendit sur les deux corps le châle noir. Il y en eut assez pour le vieillard et pour l'enfant.

Combeferre distribua les cartouches du panier qu'il avait rapporté. Cela donnait à chaque homme quinze coups à tirer.

Jean Valjean était toujours à la même place, immobile sur sa borne. Quand Combeferre lui présenta ses quinze cartouches, il secoua la tête.

— Voilà un rare excentrique, dit Combeferre bas à Enjolras. Il trouve moyen de ne pas se battre dans cette barricade.

— Ce qui ne l'empêche pas de la défendre, répondit Enjolras.

— L'héroïsme a ses originaux, reprit Combeferre.

Et Courfeyrac, qui avait entendu, ajouta :

— C'est un autre genre que le père Mabeuf.

Chose qu'il faut noter, le feu qui battait la barricade en troublait à peine l'intérieur. Ceux qui n'ont jamais traversé le tourbillon de ces sortes de guerre, ne peuvent se faire aucune idée des singuliers moments de tranquillité mêlés à ces convulsions. On va et vient, on cause, on plaisante, on flâne. Quelqu'un que nous connaissons a entendu un combattant lui dire au milieu de la mitraille : *Nous sommes ici comme à un déjeuner de garçons*. La redoute de la rue de la Chanvrerie, nous le répétons, semblait au dedans fort calme. Toutes les péripéties et toutes les phases avaient été ou allaient être épuisées. La position de critique, était devenue menaçante, et, de menaçante, allait probablement devenir désespérée. A mesure que la situation s'assombrissait, la lueur héroïque empourprait de plus en plus la barricade. Enjolras, grave, la dominait, dans l'attitude d'un jeune Spartiate dévouant son glaive nu au sombre génie Épidotas.

Combeferre, le tablier sur le ventre, pansait les blessés; Bossuet et Feuilly faisaient des cartouches avec la poire à poudre cueillie par Gavroche sur le caporal mort, et Bossuet disait à Feuilly : *Nous allons bientôt prendre la diligence pour une autre planète ;* Courfeyrac, sur les quelques pavés qu'il s'était réservés près d'Enjolras, disposait et rangeait tout un arsenal, sa canne à épée, son fusil, deux pistolets d'arçon et un coup de poing, avec le soin d'une jeune fille qui met en ordre un petit dunkerque. Jean Valjean, muet, regardait le mur en face de lui. Un ouvrier s'assujettissait sur la tête avec une ficelle un large chapeau de paille de la mère Hucheloup, *de peur des coups de soleil,* disait-il. Les jeunes gens de la Cougourde d'Aix devisaient gaîment entre eux, comme s'ils avaient hâte de parler patois une dernière fois. Joly, qui avait décroché le miroir de la veuve Hucheloup, y examinait sa langue. Quelques combattants, ayant découvert des croûtes de pain, à peu près moisies, dans un tiroir, les mangeaient avidement. Marius était inquiet de ce que son père allait lui dire.

XVIII

Le vautour devenu proie

Insistons sur un fait psychologique propre aux barricades. Rien de ce qui caractérise cette surprenante guerre des rues ne doit être omis.

Quelle que soit cette étrange tranquillité intérieure dont nous venons de parler, la barricade, pour ceux qui sont dedans, n'en reste pas moins vision.

Il y a de l'apocalypse dans la guerre civile, toutes les brumes de l'inconnu se mêlent à ces flamboiements farouches, les révolutions sont sphinx, et quiconque a traversé une barricade croit avoir traversé un songe. Ce qu'on ressent dans ces lieux-là, nous l'avons indiqué à propos de Marius, et nous en verrons les conséquences, c'est plus et c'est moins que de la vie. Sorti d'une barricade, on ne sait plus ce qu'on y a vu. On a été terrible, on l'ignore. On a été entouré d'idées combattantes qui avaient des faces humaines; on a eu la tête dans de la lumière d'avenir. Il y avait des cadavres couchés et des fantômes debout. Les heures étaient colossales et semblaient des heures d'éternité. On a vécu dans la mort. Des ombres ont passé. Qu'était-ce? On a vu des mains où il y avait du sang; c'était un assourdissement épouvantable, c'était aussi un affreux silence; il y avait des bouches ouvertes qui criaient, et d'autres bouches ouvertes qui se taisaient; on était dans de la fumée, dans de la nuit peut-être. On croit avoir touché au suintement sinistre des profondeurs inconnues; on regarde quelque chose de rouge qu'on a dans les ongles. On ne se souvient plus.

Revenons à la rue de la Chanvrerie. Tout à coup, entre deux décharges, on entendit le son lointain d'une heure qui sonnait.

— C'est midi, dit Combeferre.

Les douze coups n'étaient pas sonnés qu'[1]Enjolras se dressait tout debout, et jetait du haut de la barricade cette clameur tonnante :

— Montez des pavés dans la maison. Garnissez-en le rebord de la fenêtre et des mansardes[2]. La moitié des hommes aux fusils, l'autre moitié aux pavés. Pas une minute à perdre.

Un peloton de sapeurs-pompiers, la hache à l'épaule, venait d'apparaître en ordre de bataille à l'extrémité de la rue.

Ceci ne pouvait être qu'une tête de colonne ; et de quelle colonne ? de la colonne d'attaque évidemment ; les sapeurs-pompiers chargés de démolir la barricade devant toujours précéder les soldats chargés de l'escalader.

On touchait évidemment à l'instant que M. de Clermont-Tonnerre[3], en 1822, appelait « le coup de collier ».

L'ordre d'Enjolras fut exécuté avec la hâte correcte propre aux navires et aux barricades, les deux seuls lieux de combat d'où l'évasion soit impossible. En moins d'une minute, les deux tiers des pavés qu'Enjolras avait fait entasser à la porte de Corinthe furent montés au premier étage et au grenier, et, avant qu'une deuxième minute fût écoulée, ces pavés, artistement posés l'un sur l'autre, muraient[4] jusqu'à moitié de la hauteur la fenêtre du premier[5] et les lucarnes des mansardes. Quelques intervalles, ménagés soigneusement par Feuilly, principal constructeur, pouvaient laisser passer des canons de fusil. Cet armement des fenêtres put se faire d'autant plus facilement que la mitraille avait cessé. Les deux pièces tiraient maintenant à boulet sur le centre du barrage afin d'y faire une trouée, et, s'il était possible, une brèche, pour l'assaut.

Quand les pavés, destinés à la défense suprême, furent en place, Enjolras fit porter au premier étage les bouteilles qu'il avait placées sous la table où était Mabeuf.

— Qui donc boira cela ? lui demanda Bossuet.

— Eux, répondit Enjolras.

Puis on barricada la fenêtre d'en bas, et l'on tint toutes prêtes les traverses de fer[7] qui servaient à barrer intérieurement la nuit la porte du cabaret. La forteresse était complète. La barricade était le rempart, le cabaret était le donjon.

Des pavés qui restaient, on boucha la coupure[8].

Comme les défenseurs d'une barricade sont toujours obligés de ménager les munitions, et que les assiégeants le savent, les assiégeants combinent leurs arrangements avec une sorte de loisir irritant, s'exposent avant l'heure au feu, mais en apparence plus qu'en réalité, et prennent leurs aises. Les apprêts d'attaque se font toujours avec une certaine lenteur méthodique; après quoi, la foudre.

Cette lenteur permit à Enjolras de tout revoir et de tout perfectionner. Il sentait que puisque de tels hommes allaient mourir, leur mort devait être un chef-d'œuvre.

Il dit[9] à Marius :

— Nous sommes les deux chefs. Je vais donner les derniers ordres au dedans. Toi, reste dehors et observe.

Marius se posta en observation sur la crête de la barricade. Enjolras fit clouer la porte de la cuisine qui, on s'en souvient, était l'ambulance.

— Pas d'éclaboussures sur les blessés, dit-il.

Il donna ses dernières instructions dans la salle basse d'une voix brève, mais profondément tranquille; Feuilly écoutait et répondait au nom de tous.

— Au premier étage, tenez des haches prêtes pour couper l'escalier. Les a-t-on?

— Oui, dit Feuilly.

— Combien?

— Deux haches et un merlin.

— C'est bien. Nous sommes vingt-six combattants debout. Combien y a-t-il de fusils?

— Trente-quatre.

— Huit de trop. Tenez ces huit fusils chargés comme les autres, et sous la main. Aux ceintures les sabres et les pistolets. Vingt[10] hommes à la barricade. Six embusqués aux mansardes et à la fenêtre du premier pour faire feu sur les assaillants à travers les meurtrières des pavés. Qu'il ne reste pas ici un seul travailleur inutile. Tout à l'heure, quand le tambour battra la charge, que les vingt[11] d'en bas se précipitent à la barricade. Les premiers arrivés seront les mieux placés.

Ces dispositions faites[12], il se tourna vers Javert, et lui dit :

— Je ne t'oublie pas.

Et, posant sur la table un pistolet, il ajouta :

— Le dernier qui sortira d'ici cassera la tête à cet espion.

— Ici? demanda une voix.

— Non, ne mêlons pas ce cadavre aux nôtres. On peut enjamber la petite barricade sur la ruelle Mondétour. Elle n'a que quatre pieds de haut. L'homme est bien garroté. On l'y mènera, et on l'y exécutera.

Quelqu'un, en ce moment-là, était plus impassible

qu'Enjolras ; c'était Javert. Ici Jean Valjean apparut. Il était confondu dans les groupe des insurgés. Il en sortit, et dit à Enjolras :

— Vous êtes le commandant?
— Oui.
— Vous m'avez remercié tout à l'heure.
— Au nom de la République. La barricade a deux sauveurs : Marius Pontmercy et vous.
— Pensez-vous que je mérite une récompense?
— Certes.
— Eh bien, j'en demande une.
— Laquelle?
— Brûler moi-même la cervelle à cet homme-là.

Javert leva la tête, vit Jean Valjean, eut un mouvement imperceptible, et dit :

— C'est juste.

Quant à Enjolras, il s'était mis à recharger sa carabine ; il[13] promena ses yeux autour de lui :

— Pas de réclamation?

Et il se tourna vers Jean Valjean[14] :

— Prenez le mouchard.

Jean Valjean, en effet, prit possession de Javert en s'asseyant sur l'extrémité de la table. Il saisit le pistolet, et un faible cliquetis annonça qu'il venait de l'armer. Presque au même instant, on entendit une sonnerie de clairons.

— Alerte ! cria Marius du haut de la barricade.

Javert se mit à rire de ce rire sans bruit qui lui était propre, et, regardant fixement les insurgés, leur dit :

— Vous n'êtes guère mieux portants que moi.
— Tous dehors ! cria Enjolras.

Les insurgés s'élancèrent en tumulte, et, en sortant, reçurent dans le dos, qu'on nous passe l'expression, cette parole de Javert :

— A tout à l'heure !

XIX

JEAN VALJEAN SE VENGE

Quand Jean Valjean fut seul avec Javert, il défit la corde qui assujettissait le prisonnier par le milieu du corps, et dont le nœud était sous la table. Après quoi il lui fit signe de se lever. Javert obéit, avec cet indéfinissable sourire où se condense la suprématie de l'autorité enchaînée.

Jean Valjean prit Javert par la martingale comme on prendrait une bête de somme par la bricole, et, l'entraînant après lui, sortit du cabaret, lentement, car Javert, entravé aux jambes, ne pouvait faire que de très petits pas.

Jean Valjean avait le pistolet au poing. Ils franchirent ainsi le trapèze intérieur de la barricade. Les insurgés, tout à l'attaque imminente, tournaient le dos.

Marius, seul, placé de côté à l'extrémité gauche du barrage, les vit passer. Ce groupe du patient et du bourreau s'éclaira de la lueur sépulcrale qu'il avait dans l'âme.

Jean Valjean fit escalader, avec quelque peine, à Javert garrotté, mais sans le lâcher un seul instant, le petit retranchement de la ruelle Mondétour. Quand ils eurent enjambé ce barrage, ils se trouvèrent seuls tous les deux dans la ruelle. Personne ne les voyait plus. Le coude des maisons les cachait aux insurgés. Les cadavres retirés de la barricade faisaient un monceau terrible à quelques pas.

On[1] distinguait dans le tas des morts une face livide, une chevelure dénouée, une main percée, et un sein de femme demi-nu. C'était Éponine.

Javert considéra obliquement cette morte, et, profondément calme, dit à demi-voix :

— Il me semble que je connais cette fille-là.

Puis il se tourna vers Jean Valjean.

Jean Valjean mit le pistolet sous son bras, et fixa sur Javert un regard qui n'avait pas besoin de paroles pour dire : — Javert, c'est moi.

Javert répondit :

— Prends ta revanche.

Jean Valjean tira de son gousset un couteau, et l'ouvrit.

— Un surin ! s'écria Javert. Tu as raison. Cela te convient mieux.

Jean Valjean coupa la martingale que Javert avait au cou, puis il coupa les cordes qu'il avait aux poignets, puis, se baissant, il coupa la ficelle qu'il avait aux pieds; et, se redressant, il lui dit :

— Vous êtes libre.

Javert n'était pas facile à étonner. Cependant, tout maître qu'il était de lui, il ne put se soustraire à une commotion[2]. Il resta béant et immobile.

Jean Valjean poursuivit :

— Je ne crois pas que je sorte d'ici. Pourtant, si, par hasard, j'en sortais, je demeure, sous le nom de Fauchelevent, rue de l'Homme-Armé, numéro sept.

Javert eut un froncement de tigre qui lui entr'ouvrit un coin de la bouche et il murmura entre ses dents :

— Prends garde.

— Allez, dit Jean Valjean.

Javert reprit :

— Tu as dit Fauchelevent, rue de l'Homme-Armé?

— Numéro sept.

Javert répéta à demi-voix : — Numéro sept.

Il reboutonna sa redingote, remit de la roideur militaire entre ses deux épaules, fit demi-tour, croisa les bras en soutenant son menton dans une de ses mains, et se mit à marcher dans la direction des Halles. Jean Valjean le suivait des yeux. Après quelques pas, Javert se retourna, et cria à Jean Valjean :

— Vous m'ennuyez. Tuez-moi plutôt.

Javert ne s'apercevait pas lui-même qu'il ne tutoyait plus Jean Valjean.

— Allez-vous-en, dit Jean Valjean.

Javert s'éloigna à pas lents. Un moment après, il tourna l'angle de la rue des Prêcheurs.

Quand Javert eut disparu, Jean Valjean déchargea le pistolet en l'air. Puis il rentra dans la barricade et dit :

— C'est fait[3].

Cependant voici ce qui s'était passé :

Marius, plus occupé du dehors que du dedans, n'avait pas jusque-là regardé attentivement l'espion garrotté au fond obscur de la salle basse.

Quand il le vit au grand jour, enjambant la barricade pour aller mourir, il le reconnut. Un souvenir subit lui entra dans l'esprit. Il se rappela l'inspecteur de la rue de Pontoise, et les deux pistolets qu'il lui avait remis et dont il s'était servi, lui Marius, dans cette barricade même; et non seulement il se rappela la figure, mais il se rappela le nom.

Ce souvenir pourtant était brumeux et trouble comme toutes ses idées. Ce ne fut pas une affirmation qu'il se fit, ce fut une question qu'il s'adressa : — Est-ce que ce n'est pas là cet inspecteur de police qui m'a dit s'appeler Javert?

Peut-être était-il encore temps d'intervenir pour cet homme? Mais il fallait d'abord savoir si c'était bien ce Javert.

Marius interpella Enjolras qui venait de se placer à l'autre bout de la barricade.

— Enjolras !
— Quoi?
— Comment s'appelle cet homme-là?
— Qui?
— L'agent de police. Sais-tu son nom?
— Sans doute. Il nous l'a dit.
— Comment s'appelle-t-il?
— Javert.

Marius se dressa.

En ce moment on entendit le coup de pistolet. Jean Valjean reparut et cria : C'est fait.

Un froid sombre traversa le cœur de Marius.

XX

LES MORTS ONT RAISON ET LES VIVANTS N'ONT PAS TORT[1]

L'AGONIE de la barricade allait commencer.
Tout concourait à la majesté tragique de cette minute suprême; mille fracas mystérieux dans l'air, le souffle des masses armées mises en mouvement dans des rues qu'on ne voyait pas, le galop intermittent de la cavalerie, le lourd ébranlement des artilleries en marche, les feux de peloton et les canonnades se croisant dans le dédale de Paris, les fumées de la bataille montant toutes dorées au-dessus des toits, on ne sait quels cris lointains vaguement terribles, des éclairs de menace partout, le tocsin de Saint-Merry qui maintenant avait l'accent du sanglot, la douceur de la saison, la splendeur du ciel plein de soleil et de nuages, la beauté du jour et l'épouvantable silence des maisons.

Car, depuis la veille, les deux rangées de maisons de la rue de la Chanvrerie étaient devenues deux murailles; murailles farouches. Portes fermées, fenêtres fermées, volets fermés.

Dans ces temps-là, si différents de ceux où nous sommes, quand l'heure était venue où le peuple voulait en finir avec une situation qui avait trop duré, avec[2] une charte octroyée ou avec un pays légal, quand la colère universelle était diffuse dans l'atmosphère, quand la ville consentait au soulèvement de ses pavés, quand l'insurrection faisait sourire la bourgeoisie en lui chuchotant son mot d'ordre à l'oreille, alors l'habitant, pénétré d'émeute, pour ainsi dire, était l'auxiliaire du combattant, et la maison fraternisait avec la forteresse improvisée qui s'appuyait sur elle. Quand la situation n'était pas mûre[3], quand l'insurrection n'était décidément pas consentie, quand[4] la masse désavouait le mouvement, c'en était fait des combattants, la ville se changeait en désert autour de la révolte, les âmes se glaçaient, les asiles se muraient, et la rue se faisait défilé pour aider l'armée à prendre la barricade.

On ne fait pas marcher un peuple par surprise plus vite qu'il ne veut. Malheur à qui tente de lui forcer la main ! Un peuple ne se laisse pas faire. Alors il abandonne l'insurrection à elle-même. Les insurgés deviennent des pestiférés[5]. Une maison est un escarpement, une porte est un refus, une façade est un mur. Ce mur voit, entend, et ne veut pas. Il pourrait s'entr'ouvrir et vous sauver. Non. Ce mur, c'est un juge. Il vous regarde et vous condamne. Quelle sombre chose que ces maisons fermées ! Elles semblent mortes, elles sont vivantes. La vie, qui y est comme suspendue, y persiste. Personne n'en est sorti depuis vingt-quatre heures, mais personne n'y manque. Dans l'intérieur de cette roche, on va, on vient, on se couche, on se lève; on y est en famille; on y boit et on y mange; on y a peur, chose terrible ! La peur excuse cette inhospitalité redoutable; elle y mêle l'effarement, circonstance atténuante. Quelquefois même, et cela s'est vu, la peur devient passion; l'effroi peut se changer en furie, comme la prudence en rage; de là ce mot si profond : *Les enragés de modérés*. Il y a des flamboiements d'épouvante suprême d'où sort, comme une fumée lugubre, la colère. « Que veulent ces gens-là ? ils ne sont jamais contents. Ils compromettent les hommes paisibles. Comme si l'on n'avait pas assez de révolutions comme cela ! Qu'est-ce qu'ils sont venus faire ici ? Qu'ils s'en tirent. Tant pis pour eux. C'est leur faute. Ils n'ont que ce qu'ils méritent. Cela ne nous regarde pas. Voilà notre pauvre rue criblée de balles. C'est un tas de vauriens. Surtout n'ouvrez pas la porte. » Et la maison prend une figure de tombe. L'insurgé devant cette porte agonise; il voit arriver la mitraille et les sabres nus; s'il crie, il sait qu'on l'écoute, mais qu'on ne viendra pas; il y a là des murs qui pourraient le protéger, il y a là des hommes qui pourraient le sauver, et ces murs ont des oreilles de chair, et ces hommes ont des entrailles de pierre.

Qui accuser?

Personne, et tout le monde[6].

Les temps incomplets où nous vivons.

C'est toujours à ses risques et périls que l'utopie se transforme en insurrection, et se fait de protestation philosophique protestation armée, et de Minerve Pallas. L'utopie qui s'impatiente et devient émeute sait ce qui l'attend; presque toujours elle arrive trop tôt. Alors elle se résigne, et accepte stoïquement, au lieu du triomphe, la catastrophe. Elle sert, sans se plaindre, et en les disculpant même, ceux qui la renient, et sa magnanimité est de consentir à l'abandon. Elle est indomptable contre l'obstacle et douce envers l'ingratitude.

Est-ce l'ingratitude d'ailleurs?

Oui, au point de vue du genre humain.

Non, au point de vue de l'individu.

Le progrès est le mode de l'homme. La vie générale du genre humain s'appelle le Progrès; le pas collectif du genre humain s'appelle le Progrès. Le progrès marche; il fait le grand voyage humain et terrestre vers le céleste et le divin; il a ses haltes où il rallie le troupeau attardé; il a ses stations où il médite, en présence de quelque Chanaan splendide dévoilant tout à coup son horizon; il a ses nuits où il dort; et c'est une des poignantes anxiétés du penseur de voir l'ombre sur l'âme humaine, et de tâter dans les ténèbres, sans pouvoir le réveiller, le progrès endormi.

— *Dieu est peut-être mort,* disait un jour à celui qui écrit ces lignes Gérard de Nerval, confondant le progrès avec Dieu, et prenant l'interruption du mouvement pour la mort de l'Être.

Qui désespère a tort. Le progrès se réveille infailliblement, et, en somme, on pourrait dire qu'il a marché, même endormi, car il a grandi. Quand on le revoit debout, on le retrouve plus haut. Être toujours paisible, cela ne dépend pas plus du progrès que du fleuve; n'y élevez point de barrage, n'y jetez pas de rocher; l'obstacle fait écumer l'eau et bouillonner l'humanité. De là des troubles; mais après ces troubles, on reconnaît qu'il y a du chemin de fait. Jusqu'à ce que l'ordre, qui n'est autre chose que la paix universelle, soit établi, jusqu'à ce que l'harmonie et l'unité règnent, le progrès aura pour étapes les révolutions.

Qu'est-ce donc que le Progrès? Nous venons de le dire. La vie permanente des peuples.

Or, il arrive quelquefois que la vie momentanée des individus fait résistance à la vie éternelle du genre humain.

Avouons-le sans amertume, l'individu a son intérêt distinct, et peut sans forfaiture stipuler pour cet intérêt et le défendre; le présent a sa quantité excusable d'égoïsme; la vie momentanée a son droit, et n'est pas tenue de se sacrifier sans cesse à l'avenir. La génération qui a actuellement son tour de passage sur la terre n'est pas forcée de l'abréger pour les générations, ses égales après tout, qui auront leur tour plus tard. — J'existe, murmure ce quelqu'un qui se nomme Tous. Je suis jeune et je suis amoureux, je suis vieux et je veux me reposer, je suis père de famille, je travaille, je prospère, je fais de bonnes affaires, j'ai des maisons à louer, j'ai de l'argent sur l'État, je suis heureux, j'ai femme et enfants, j'aime tout cela, je désire vivre, laissez-moi tranquille. — De là, à de certaines heures, un froid profond sur les magnanimes avant-gardes du genre humain.

L'utopie d'ailleurs, convenons-en, sort de sa sphère radieuse en faisant la guerre. Elle, la vérité de demain, elle emprunte son procédé, la bataille, au mensonge d'hier. Elle, l'avenir, elle agit comme le passé. Elle, l'idée pure, elle devient voie de fait. Elle complique son héroïsme d'une violence dont il est juste qu'elle réponde; violence d'occasion et d'expédient, contraire aux principes, et dont elle est fatalement punie. L'utopie insurrection combat, le vieux code militaire au poing; elle fusille les espions, elle exécute les traîtres, elle supprime des êtres vivants et les jette dans les ténèbres inconnues.

Elle se sert de la mort, chose grave. Il semble que l'utopie n'ait plus foi dans le rayonnement, sa force irrésistible et incorruptible. Elle frappe avec le glaive. Or aucun glaive n'est simple. Toute épée a deux tranchants; qui blesse avec l'un se blesse à l'autre.

Cette réserve faite, et faite en toute sévérité, il nous est impossible de ne pas admirer, qu'ils réussissent ou non, les glorieux combattants de l'avenir, les confesseurs de l'utopie. Même quand ils avortent, ils sont vénérables, et c'est peut-être dans l'insuccès qu'ils ont plus de majesté. La victoire, quand elle est selon le progrès, mérite l'applaudissement des peuples; mais une défaite héroïque mérite leur attendrissement. L'une est magnifique, l'autre est sublime. Pour nous, qui préférons le martyre au succès, John Brown est plus grand que Washington, et Pisacane est plus grand que Garibaldi[7].

Il faut bien que quelqu'un soit pour les vaincus.

On est injuste pour ces grands essayeurs de l'avenir quand ils avortent.

On accuse les révolutionnaires de semer l'effroi. Toute barricade semble attentat. On incrimine leurs théories, on suspecte leur but, on redoute leur arrière-pensée, on dénonce leur conscience. On leur reproche d'élever, d'échafauder et d'entasser contre le fait social régnant un monceau de misères, de douleurs, d'iniquités, de griefs, de désespoirs, et d'arracher des bas-fonds des blocs de ténèbres pour s'y créneler et y combattre. On leur crie : Vous dépavez l'enfer ! Ils pourraient répondre : C'est pour cela que notre barricade est faite de bonnes intentions.

Le mieux, certes, c'est la solution pacifique. En somme, convenons-en, lorsqu'on voit le pavé, on songe à l'ours, et c'est une bonne volonté dont la société s'inquiète. Mais il dépend de la société de se sauver elle-même; c'est à sa propre bonne volonté que nous faisons appel. Aucun remède violent n'est nécessaire. Étudier le mal à l'amiable, le constater, puis le guérir. C'est à cela que nous la convions.

Quoi qu'il en soit, même tombés, surtout tombés, ils sont augustes, ces hommes qui, sur tous les points de l'univers, l'œil fixé sur la France, luttent pour la grande œuvre avec la logique inflexible de l'idéal; ils donnent leur vie en pur don pour le progrès ; ils accomplissent la volonté de la providence ; ils font un acte religieux. A l'heure dite, avec autant de désintéressement qu'un acteur qui arrive à sa réplique, obéissant au scénario divin, ils entrent dans le tombeau. Et ce combat sans espérance, et cette disparition stoïque, ils l'acceptent pour amener à ses splendides et suprêmes conséquences universelles le magnifique mouvement humain irrésistiblement commencé le 14 juillet 1789. Ces soldats sont des prêtres. La Révolution française est un geste de Dieu.

Du reste il y a, et il convient d'ajouter cette distinction aux distinctions déjà indiquées dans un autre chapitre, il y a les insurrections acceptées qui s'appellent révolutions ; il y a les révolutions refusées qui s'appellent émeutes. Une insurrection qui éclate, c'est une idée qui passe son examen devant le peuple. Si le peuple laisse tomber sa boule noire, l'idée est fruit sec, l'insurrection est échauffourée.

L'entrée en guerre à toute sommation et chaque fois que l'utopie le désire n'est pas le fait des peuples. Les nations n'ont pas toujours et à toute heure le tempérament des héros et des martyrs.

Elles sont positives. A priori, l'insurrection leur répugne ; premièrement, parce qu'elle a souvent pour résultat une catastrophe, deuxièmement, parce qu'elle a toujours pour point de départ une abstraction.

Car, et ceci est beau, c'est toujours pour l'idéal, et pour l'idéal seul que se dévouent ceux qui se dévouent. Une insurrection est un enthousiasme. L'enthousiasme peut se mettre en colère ; de là les prises d'armes. Mais toute insurrection qui couche en joue un gouvernement ou un régime vise plus haut. Ainsi, par exemple, insistons-y, ce que combattaient les chefs de l'insurrection de 1832, et en particulier les jeunes enthousiastes de la rue de la Chanvrerie, ce n'était pas précisément Louis-Philippe. La plupart, causant à cœur ouvert, rendaient justice aux qualités de ce roi mitoyen à la monarchie et à la révolution ; aucun ne le haïssait. Mais ils attaquaient la branche cadette du droit divin dans Louis-Philippe comme ils en avaient attaqué la branche aînée dans Charles X ; et ce qu'ils voulaient renverser en renversant la royauté en France, nous l'avons expliqué, c'était l'usurpation de l'homme sur l'homme et du privilège sur le droit dans l'univers entier. Paris sans roi a pour contre-coup le monde sans despotes. Ils raisonnaient de la sorte. Leur but était lointain sans doute, vague peut-être, et reculant devant l'effort; mais grand.

Cela est ainsi. Et l'on se sacrifie pour ces visions, qui, pour les sacrifiés, sont des illusions presque toujours, mais des illusions auxquelles, en somme, toute la certitude humaine est mêlée. L'insurgé poétise et dore l'insurrection. On se jette dans ces choses tragiques en se grisant de ce qu'on va faire. Qui sait? on réussira peut-être. On est le petit nombre; on a contre soi toute une armée; mais on défend le droit, la loi naturelle, la souveraineté de chacun sur soi-même qui n'a pas d'abdication possible, la justice, la vérité, et au besoin on mourra comme les trois cents Spartiates. On ne songe pas à Don Quichotte, mais à Léonidas. Et l'on va devant soi, et, une fois engagé, on ne recule plus, et l'on se précipite tête baissée, ayant pour espérance une victoire inouïe, la révolution complétée, le progrès remis en liberté, l'agrandissement du genre humain, la délivrance universelle; et pour pis aller les Thermopyles.

Ces passes d'armes pour le progrès échouent souvent, et nous venons de dire pourquoi. La foule est rétive à l'entraînement des paladins. Ces lourdes masses, les multitudes, fragiles à cause de leur pesanteur même, craignent les aventures; et il y a de l'aventure dans l'idéal.

D'ailleurs, qu'on ne l'oublie pas, les intérêts sont là, peu amis de l'idéal et du sentimental. Quelquefois l'estomac paralyse le cœur.

La grandeur et la beauté de la France, c'est qu'elle prend moins de ventre que les autres peuples; elle se noue plus aisément la corde aux reins. Elle est la première éveillée, la dernière endormie. Elle va en avant. Elle est chercheuse.

Cela tient à ce qu'elle est artiste.

L'idéal n'est autre chose que le point culminant de la logique, de même que le beau n'est autre chose que la cime du vrai. Les peuples artistes sont aussi les peuples conséquents. Aimer la beauté, c'est vouloir la lumière. C'est ce qui fait que le flambeau de l'Europe, c'est-à-dire de la civilisation, a été porté d'abord par la

est permis peut-être, sinon d'en soulever le voile, du moins d'en laisser transparaître nettement la lueur.

Le livre que le lecteur a sous les yeux en ce moment, c'est, d'un bout à l'autre, dans son ensemble et dans ses détails, quelles que soient les intermittences, les exceptions ou les défaillances, la marche du mal au bien, de l'injuste au juste, du faux au vrai, de la nuit au jour, de l'appétit à la conscience, de la pourriture à la vie; de la bestialité au devoir, de l'enfer au ciel, du néant à Dieu. Point de départ: la matière, point d'arrivée: l'âme. L'hydre au commencement, l'ange à la fin.

XXI

Les héros[1]

Tout à coup le tambour battit la charge.

L'attaque fut l'ouragan. La veille, dans l'obscurité, la barricade avait été approchée silencieusement comme par un boa. A présent, en plein jour, dans cette rue évasée, la surprise était décidément impossible, la vive force d'ailleurs s'était démasquée, le canon avait commencé le rugissement, l'armée se rua sur la barricade. La furie était maintenant l'habileté. Une puissante colonne d'infanterie de ligne, coupée à intervalles égaux de garde nationale et de garde municipale à pied, et appuyée sur des masses profondes qu'on entendait sans les voir, déboucha dans la rue au pas de course, tambour battant, clairon sonnant, bayonnettes croisées, sapeurs en tête, et, imperturbable sous les projectiles, arriva droit sur la barricade avec le poids d'une poutre d'airain sur un mur.

Le mur tint bon.

Les insurgés firent feu impétueusement. La barricade escaladée eut une crinière d'éclairs. L'assaut fut si forcené qu'elle fut un moment inondée d'assaillants; mais elle secoua les soldats ainsi que le lion les chiens, et elle ne se couvrit d'assiégeants que comme la falaise d'écume, pour reparaître l'instant d'après, escarpée, noire et formidable.

La colonne, forcée de se replier, resta massée dans la rue, à découvert, mais terrible, et riposta à la redoute par une mousqueterie effrayante. Quiconque a vu un feu d'artifice se rappelle cette gerbe faite d'un croisement de foudres qu'on appelle le bouquet. Qu'on se représente ce bouquet, non plus vertical, mais horizontal, portant une balle, une chevrotine ou un biscayen à la pointe de chacun de ses jets de feu, et égrenant la mort dans ses grappes de tonnerres. La barricade était là-dessous.

Des deux parts résolution égale. La bravoure était là presque barbare et se compliquait d'une sorte de férocité héroïque qui commençait par le sacrifice de soi-même. C'était l'époque où un garde national se battait comme un zouave. La troupe voulait en finir; l'insurrection voulait lutter. L'acceptation de l'agonie en pleine jeunesse et en pleine santé fait de l'intrépidité une frénésie. Chacun dans cette mêlée avait le grandissement de l'heure suprême. La rue se joncha de cadavres.

La barricade avait à l'une de ses extrémités Enjolras et à l'autre Marius. Enjolras, qui portait toute la barricade dans sa tête, se réservait et s'abritait; trois soldats tombèrent l'un après l'autre sous son créneau sans l'avoir même aperçu; Marius combattait à découvert. Il se faisait point de mire. Il sortait du sommet de la redoute plus qu'à mi-corps. Il n'y a pas de plus violent prodigue qu'un avare qui prend le mors aux dents; il n'y a pas d'homme plus effrayant dans l'action qu'un songeur. Marius était formidable et pensif. Il était dans la bataille comme dans un rêve. On eût dit un fantôme qui fait le coup de fusil.

Les cartouches[2] des assiégés s'épuisaient; leurs sarcasmes non. Dans ce tourbillon du sépulcre où ils étaient, ils riaient.

Courfeyrac était nu-tête.

— Qu'est-ce que tu as donc fait de ton chapeau? lui demanda Bossuet.

Courfeyrac répondit:

— Ils ont fini par me l'emporter à coups de canon.

Ou bien ils disaient des choses hautaines.

— Comprend-on, s'écriait amèrement Feuilly, ces hommes — (et il citait les noms, des noms connus, célèbres même, quelques-uns de l'ancienne armée) — qui avaient promis de nous rejoindre et fait serment de nous aider, et qui s'y étaient engagés d'honneur, et qui sont nos généraux, et qui nous abandonnent!

Et Combeferre se bornait à répondre avec un grave sourire :

— Il y a des gens qui observent les règles de l'honneur comme on observe les étoiles, de très loin.

L'intérieur de la barricade était tellement semé de cartouches déchirées qu'on eût dit qu'il y avait neigé.

Les assaillants avaient le nombre ; les insurgés avaient la position. Ils étaient au haut d'une muraille, et ils foudroyaient à bout portant les soldats trébuchant dans les morts et les blessés et empêtrés dans l'escarpement. Cette barricade, construite comme elle l'était et admirablement contrebutée, était vraiment une de ces situations où une poignée d'hommes tient en échec une légion. Cependant, toujours recrutée et grossissant sous la pluie de balles, la colonne d'attaque se rapprochait inexorablement, et maintenant, peu à peu, pas à pas, mais avec certitude, l'armée serrait la barricade comme la vis le pressoir.

Les assauts se succédèrent. L'horreur alla grandissant.

Alors éclata, sur ce tas de pavés, dans cette rue de la Chanvrerie, une lutte digne d'une muraille de Troie. Ces hommes hâves, déguenillés, épuisés, qui n'avaient pas mangé depuis vingt-quatre heures, qui n'avaient pas dormi, qui n'avaient plus que quelques coups à tirer, qui tâtaient leurs poches vides de cartouches, presque[3] tous blessés, la tête ou le bras bandé d'un linge rouillé et noirâtre, ayant dans leurs habits des trous d'où le sang coulait, à peine armés de mauvais fusils et de vieux sabres ébréchés, devinrent des Titans. La barricade fut dix fois abordée, assaillie, escaladée, et jamais prise.

Pour[4] se faire une idée de cette lutte, il faudrait se figurer le feu mis à un tas de courages terribles, et qu'on regarde l'incendie. Ce n'était pas un combat, c'était le dedans d'une fournaise ; les bouches y respiraient de la flamme ; les visages y étaient extraordinaires, la forme humaine y semblait impossible, les combattants y flamboyaient, et c'était formidable de voir aller et venir dans cette fumée rouge ces salamandres de la mêlée. Les scènes successives et simultanées de cette tuerie grandiose, nous renonçons à les peindre. L'épopée seule a le droit de remplir douze mille vers avec une bataille.

On eût dit cet enfer du brahmanisme, le plus redoutable des dix-sept abîmes, que le Véda appelle la Forêt des Épées.

On se battait corps à corps, pied à pied, à coups de pistolet, à coups de sabre, à coups de poing, de loin, de près, d'en haut, d'en bas, de partout, des toits de la maison, des fenêtres du cabaret, des soupiraux des caves où quelques-uns s'étaient glissés. Ils étaient un contre soixante. La façade de Corinthe, à demi démolie, était hideuse. La fenêtre, tatouée de mitraille, avait perdu vitres et châssis, et n'était plus qu'un trou informe, tumultueusement bouché avec des pavés. Bossuet fut tué; Feuilly fut tué; Courfeyrac fut tué; Joly fut tué[5]; Combeferre, traversé de trois coups de bayonnette dans la poitrine au moment où il relevait un soldat blessé, n'eut que le temps de regarder le ciel, et expira.

Marius, toujours combattant, était si criblé de blessures, particulièrement à la tête, que son visage disparaissait dans le sang et qu'on eût dit qu'il avait la face couverte d'un mouchoir rouge.

Enjolras seul n'était pas atteint. Quand il n'avait plus d'arme, il tendait la main à droite ou à gauche et un insurgé lui mettait une lame quelconque au poing[6]. Il n'avait plus qu'un tronçon de quatre épées; une de plus que François Ier à Marignan.

Homère dit : « Diomède égorge Axyle, fils de Teuthranis, qui habitait l'heureuse Arisba; Euryale, fils de Mécistée, extermine Drésos, et Opheltios, Ésèpe, et ce Pédasus que la naïade Abarbarée conçut de l'irréprochable Boucolion; Ulysse renverse Pidyte de Percose; Antiloque, Ablère; Polypætès, Astyale; Polydamas, Otos de Cyllène, et Teucer, Arétaon. Méganthios meurt sous les coups de pique d'Euripyle. Agamemnon, roi des héros, terrasse Élatos né dans la ville escarpée que baigne le sonore fleuve Satnoïs[7] ». Dans nos vieux poëmes de Gestes, Esplandian[8] attaque avec une bisaiguë de feu le marquis géant Swantibore, lequel se défend en lapidant le chevalier avec des tours qu'il déracine. Nos anciennes fresques murales nous montrent les deux ducs de Bretagne et de Bourbon, armés, armoriés et timbrés en guerre, à cheval, et s'abordant, la hache d'armes à la main, masqués de fer, bottés de fer, gantés de fer, l'un caparaçonné d'hermine, l'autre drapé d'azur;

Bretagne avec son lion entre les deux cornes de sa couronne, Bourbon casqué d'une monstrueuse fleur de lys à visière. Mais pour être superbe, il n'est pas nécessaire de porter, comme Yvon, le morion ducal, d'avoir au poing, comme Esplandian, une flamme vivante, ou, comme Phylès, père de Polydamas, d'avoir rapporté d'Éphyre[9] une bonne armure, présent du roi des hommes Euphète; il suffit de donner sa vie pour une conviction ou pour une loyauté. Ce petit soldat naïf, hier paysan de la Beauce ou du Limousin, qui rôde, le coupe-chou au côté, autour des bonnes d'enfants dans le Luxembourg, ce jeune étudiant pâle penché sur une pièce d'anatomie ou sur un livre, blond adolescent qui fait sa barbe avec des ciseaux, prenez-les tous les deux, soufflez-leur un souffle de devoir, mettez-les en face l'un de l'autre dans le carrefour Boucherat ou dans le cul-de-sac Planche-Mibray[10], et que l'un combatte pour son drapeau, et que l'autre combatte pour son idéal, et qu'ils s'imaginent tous les deux combattre pour la patrie; la lutte sera colossale; et l'ombre que feront, dans le grand champ épique où se débat l'humanité, ce pioupiou et ce carabin aux prises, égalera l'ombre que jette Mégaryon, roi de la Lycie pleine de tigres, étreignant corps à corps l'immense Ajax, égal aux dieux.

XXII

Pied à pied[1]

Quand il n'y eut plus de chefs vivants qu'Enjolras et Marius aux deux extrémités de la barricade, le centre, qu'avaient si longtemps soutenu Courfeyrac, Joly, Bossuet, Feuilly et Combeferre[2], plia. Le canon, sans faire de brèche praticable, avait assez largement échancré le milieu de la redoute; là, le sommet de la muraille avait disparu sous le boulet, et s'était écroulé; et les débris, qui étaient tombés, tantôt à l'intérieur, tantôt à l'extérieur, avaient fini, en s'amoncelant, par faire, des deux côtés du barrage, deux espèces de talus, l'un au dedans, l'autre au dehors[3]. Le talus extérieur offrait à l'abordage un plan incliné.

Un suprême assaut y fut tenté et cet assaut réussit. La

masse hérissée de bayonnettes et lancée au pas gymnastique arriva irrésistible, et l'épais front de bataille de la colonne d'attaque apparut dans la fumée au haut de l'escarpement. Cette fois c'était fini. Le groupe d'insurgés qui défendait le centre recula pêle-mêle.

Alors le sombre amour de la vie se réveilla chez quelques-uns. Couchés en joue par cette forêt de fusils, plusieurs ne voulurent plus mourir. C'est là une minute où l'instinct de la conservation pousse des hurlements et où la bête reparaît dans l'homme. Ils étaient acculés à la haute maison à six étages qui faisait le fond de la redoute. Cette maison pouvait être le salut. Cette maison était barricadée et comme murée du haut en bas. Avant que la troupe de ligne fût dans l'intérieur de la redoute, une porte avait le temps de s'ouvrir et de se fermer, la durée d'un éclair suffisait pour cela, et la porte de cette maison, entre-bâillée brusquement et refermée tout de suite, pour ces désespérés c'était la vie. En arrière de cette maison, il y avait les rues, la fuite possible, l'espace. Ils se mirent à frapper contre cette porte à coups de crosse et à coups de pied, appelant, criant, suppliant, joignant les mains. Personne n'ouvrit. De la lucarne du troisième étage, la tête morte les regardait.

Mais Enjolras et Marius, et sept ou huit ralliés autour d'eux, s'étaient élancés et les protégeaient. Enjolras avait crié aux soldats : « N'avancez pas ! » et un officier n'ayant pas obéi, Enjolras avait tué l'officier. Il était maintenant dans la petite cour intérieure de la redoute, adossé à la maison de Corinthe, l'épée d'une main, la carabine de l'autre, tenant ouverte la porte du cabaret qu'il barrait aux assaillants. Il cria aux désespérés : « Il n'y a qu'une porte ouverte. Celle-ci ». Et, les couvrant de son corps, faisant à lui seul face à un bataillon, il les fit passer derrière lui. Tous s'y précipitèrent. Enjolras, exécutant avec sa carabine[4], dont il se servait maintenant comme d'une canne, ce que les bâtonnistes appellent la rose couverte, rabattit les bayonnettes autour de lui et devant lui, et entra le dernier; et il y eut un instant horrible, les soldats voulant pénétrer, les insurgés voulant fermer. La porte fut close avec une telle violence qu'en se remboîtant dans son cadre, elle laissa voir coupés et collés à son chambranle les cinq doigts d'un soldat qui s'y était cramponné.

Marius était resté dehors. Un coup de feu venait de lui casser la clavicule; il sentit qu'il s'évanouissait et qu'il tombait. En ce moment, les yeux déjà fermés, il eut la commotion d'une main vigoureuse qui le saisissait, et son évanouissement, dans lequel il se perdit, lui laissa à peine le temps de cette pensée mêlée au suprême souvenir de Cosette : « Je suis fait prisonnier. Je serai fusillé »

Enjolras, ne voyant pas Marius parmi les réfugiés du cabaret, eut la même idée. Mais ils étaient à cet instant où chacun n'a que le temps de songer à sa propre mort. Enjolras assujettit la barre de la porte, et la verrouilla, et en ferma à double tour la serrure et le cadenas, pendant qu'on la battait furieusement au dehors, les soldats à coups de crosse, les sapeurs à coups de hache. Les assaillants s'étaient groupés sur cette porte. C'était maintenant le siège du cabaret qui commençait.

Les soldats, disons-le, étaient pleins de colère.

La mort du sergent d'artillerie les avait irrités, et puis, chose plus funeste, pendant les quelques heures qui avaient précédé l'attaque, il s'était dit parmi eux que les insurgés mutilaient les prisonniers, et qu'il y avait dans le cabaret le cadavre d'un soldat sans tête. Ce genre de rumeurs fatales est l'accompagnement ordinaire des guerres civiles, et ce fut un faux bruit de cette espèce qui causa plus tard la catastrophe de la rue Transnonain.

Quand la porte fut barricadée, Enjolras dit aux autres :

— Vendons-nous cher.

Puis il s'approcha de la table où étaient étendus Mabeuf et Gavroche. On voyait sous le drap noir deux formes droites et rigides, l'une grande, l'autre petite, et les deux visages se dessinaient vaguement sous les plis froids du suaire. Une main sortait de dessous le linceul et pendait vers la terre. C'était celle du vieillard.

Enjolras se pencha et baisa cette main vénérable, de même que la veille il avait baisé le front. C'étaient les deux seuls baisers qu'il eût donnés dans sa vie.

Abrégeons. La barricade avait lutté comme une porte de Thèbes, le cabaret lutta comme une maison de Saragosse. Ces résistances-là sont bourrues. Pas de quartier. Pas de parlementaire possible. On veut mourir pourvu qu'on tue. Quand Suchet dit : « Capitulez », Palafox[5] répond : « Après la guerre au canon, la guerre au couteau. » Rien ne manqua à la prise d'assaut du cabaret Hucheloup : ni les pavés pleuvant de la fenêtre et du toit sur les assiégeants et exaspérant les soldats par d'horribles écrasements, ni les coups de feu des caves et des mansardes, ni la fureur de l'attaque, ni la rage de la défense, ni enfin, quand la porte céda, les démences frénétiques de l'extermination. Les assaillants, en se ruant dans le cabaret, les pieds embarrassés dans les panneaux de la porte enfoncée et jetée à terre, n'y trouvèrent pas un combattant. L'escalier en spirale, coupé à coups de hache, gisait au milieu de la salle basse, quelques blessés achevaient d'expirer, tout ce qui n'était pas tué était au premier étage, et là, par le trou du plafond, qui avait été l'entrée de l'escalier, un feu terrifiant éclata. C'étaient les dernières cartouches. Quand elles furent brûlées, quand ces agonisants redoutables n'eurent plus ni poudre ni balles, chacun prit à la main deux de ces bouteilles réservées par Enjolras et dont nous avons parlé, et ils tinrent tête à l'escalade avec ces massues effroyablement fragiles. C'étaient des bouteilles d'eau-forte. Nous disons telles qu'elles sont ces choses sombres du carnage. L'assiégé, hélas, fait arme de tout. Le feu grégeois n'a pas déshonoré Archimède ; la poix bouillante n'a pas déshonoré Bayard. Toute la guerre est de l'épouvante, et il n'y a rien à y choisir. La mousqueterie des assiégeants, quoique gênée et de bas en haut, était meurtrière. Le rebord du trou du plafond fut bientôt entouré de têtes mortes d'où ruisselaient de longs fils rouges et fumants. Le fracas était inexprimable ; une fumée enfermée et brûlante faisait presque la nuit sur ce combat. Les mots manquent pour dire l'horreur arrivée à ce degré. Il n'y avait plus d'hommes dans cette lutte maintenant infernale. Ce n'étaient plus des géants contre des colosses. Cela ressemblait plus à Milton et à Dante qu'à Homère. Des démons attaquaient, des spectres résistaient.

C'était l'héroïsme monstre.

XXIII

Oreste à jeun et Pylade ivre

Enfin, se faisant la courte échelle, s'aidant du squelette de l'escalier, grimpant aux murs, s'accrochant au plafond, écharpant, au bord de la trappe même, les derniers qui résistaient, une vingtaine d'assiégeants, soldats, gardes nationaux, gardes municipaux, pêle-mêle, la plupart défigurés par des blessures au visage dans cette ascension redoutable, aveuglés par le sang, furieux, devenus sauvages, firent irruption dans la salle du premier étage. Il n'y avait plus là qu'un seul homme qui fût debout, Enjolras. Sans cartouches, sans épée, il n'avait plus à la main que le canon de sa carabine dont il avait brisé la crosse sur la tête de ceux qui entraient. Il avait mis le billard entre les assaillants et lui ; il avait reculé à l'angle de la salle, et là, l'œil fier, la tête haute, ce tronçon d'arme au poing, il était encore assez inquiétant pour que le vide se fût fait autour de lui. Un cri s'éleva :

— C'est le chef. C'est lui qui a tué l'artilleur. Puisqu'il s'est mis là, il y est bien. Qu'il y reste. Fusillons-le sur place.

— Fusillez-moi, dit Enjolras.

Et, jetant le tronçon de sa carabine, et croisant les bras, il présenta sa poitrine.

L'audace de bien mourir émeut toujours les hommes. Dès qu'Enjolras eut croisé les bras, acceptant la fin, l'assourdissement de la lutte cessa dans la salle, et ce chaos s'apaisa subitement dans une sorte de solennité sépulcrale. Il semblait que la majesté menaçante d'Enjolras désarmé et immobile pesât sur ce tumulte, et que, rien que par l'autorité de son regard tranquille, ce jeune homme, qui seul n'avait pas une blessure, superbe, sanglant, charmant, indifférent comme un invulnérable, contraignît cette cohue sinistre à le tuer avec respect. Sa beauté, en ce moment-là augmentée de sa fierté, était un resplendissement, et, comme s'il ne pouvait pas plus être fatigué que blessé, après les effrayantes vingt-quatre heures qui venaient de s'écouler, il était vermeil et rose. C'était de lui peut-être que parlait le témoin qui disait plus tard devant le conseil de guerre : « Il y avait un insurgé que j'ai entendu nommer Apollon. » Un garde national qui visait Enjolras abaissa son arme en disant : « Il me semble que je vais fusiller une fleur. »

Douze hommes se formèrent en peloton à l'angle opposé à Enjolras, et apprêtèrent leurs fusils en silence.

Puis un sergent cria : — Joue.

Un officier intervint.

— Attendez.

Et s'adressant à Enjolras :

— Voulez-vous qu'on vous bande les yeux?

— Non.

— Est-ce bien vous qui avez tué le sergent d'artillerie?

— Oui.

Depuis quelques instants Grantaire s'était réveillé.

Grantaire, on s'en souvient, dormait depuis la veille dans la salle haute du cabaret, assis sur une chaise, affaissé sur une table.

Il réalisait, dans toute son énergie, la vieille métaphore : ivre mort. Le hideux philtre absinthe-stout-alcool l'avait jeté en léthargie[1]. Sa table étant petite et ne pouvant servir à la barricade, on la lui avait laissée. Il était toujours dans la même posture, la poitrine pliée sur la table, la tête appuyée à plat sur les bras, entouré de verres, de chopes et de bouteilles. Il dormait de cet écrasant sommeil de l'ours engourdi et de la sangsue repue. Rien n'y avait fait, ni la fusillade, ni les boulets, ni la mitraille qui pénétrait par la croisée dans la salle où il était, ni le prodigieux vacarme de l'assaut. Seulement, il répondait quelquefois au canon par un ronflement. Il semblait attendre là qu'une balle vînt lui épargner la peine de se réveiller. Plusieurs cadavres gisaient autour de lui; et, au premier coup d'œil, rien ne le distinguait de ces dormeurs profonds de la mort.

Le bruit n'éveille pas un ivrogne, le silence le réveille. Cette singularité a été plus d'une fois observée. La chute de tout, autour de lui, augmentait l'anéantissement de Grantaire; l'écroulement le berçait. L'espèce de halte que fit le tumulte devant Enjolras fut une secousse pour ce pesant sommeil. C'est[2] l'effet d'une voiture au galop qui s'arrête court. Les assoupis s'y réveillent. Grantaire se dressa en sursaut, étendit les bras, se frotta les yeux, regarda, bâilla, et comprit.

L'ivresse qui finit ressemble à un rideau qui se déchire. On voit, en bloc et d'un seul coup d'œil, tout ce qu'elle cachait. Tout s'offre subitement à la mémoire; et l'ivrogne qui ne sait rien de ce qui s'est passé depuis vingt-quatre heures, n'a pas achevé d'ouvrir les paupières qu'il est au fait. Les idées lui reviennent avec une lucidité brusque ; l'effacement de l'ivresse, sorte de buée qui aveuglait le cerveau, se dissipe, et fait place à la claire et nette obsession des réalités[3].

Relégué qu'il était dans un coin et comme abrité derrière le billard, les soldats, l'œil fixé sur Enjolras, n'avaient pas même aperçu Grantaire, et le sergent se préparait à répéter l'ordre : « En joue ! » quand tout à coup ils entendirent une voix forte crier à côté d'eux :

— Vive la République ! J'en suis.

Grantaire s'était levé.

L'immense lueur de tout le combat qu'il avait manqué, et dont il n'avait pas été, apparut dans le regard éclatant de l'ivrogne transfiguré.

Il répéta : « Vive la République ! » traversa la salle d'un pas ferme, et alla se placer devant les fusils debout près d'Enjolras.

— Faites-en deux d'un coup, dit-il.

Et, se tournant vers Enjolras avec douceur, il lui dit :

— Permets-tu ?

Enjolras lui serra la main en souriant. Ce sourire n'était pas achevé que la détonation éclata. Enjolras, traversé de huit coups de feu, resta adossé au mur comme si les balles l'y eussent cloué. Seulement il pencha la tête. Grantaire, foudroyé, s'abattit à ses pieds.

Quelques instants après, les soldats délogeaient les derniers insurgés réfugiés au haut de la maison. Ils tiraillaient à travers un treillis de bois dans le grenier. On se battait dans les combles. On jetait des corps par les fenêtres, quelques-uns vivants. Deux voltigeurs, qui essayaient de relever l'omnibus fracassé, étaient tués de deux coups de carabine tirés des mansardes[4]. Un homme en blouse en était précipité, un coup de bayonnette dans le ventre, et râlait à terre. Un soldat et un insurgé glissaient ensemble sur le talus de tuiles du toit, et ne voulaient pas se lâcher, et tombaient, se tenant embrassés d'un embrassement féroce. Lutte pareille dans la cave. Cris, coups de feu, piétinement farouche. Puis le silence. La barricade était prise.

Les soldats commencèrent la fouille des maisons d'alentour et la poursuite des fuyards.

XXIV

Prisonnier

Marius était prisonnier en effet. Prisonnier de Jean Valjean.

La main qui l'avait étreint par derrière au moment où il tombait, et dont, en perdant connaissance, il avait senti le saisissement, était celle de Jean Valjean.

Jean Valjean n'avait pris au combat d'autre part que de s'y exposer. Sans lui, à cette phase suprême de l'agonie, personne n'eût songé aux blessés. Grâce à lui, partout présent dans le carnage comme une providence, ceux qui tombaient étaient relevés, transportés dans la salle basse, et pansés. Dans les intervalles, il réparait la barricade. Mais rien qui pût ressembler à un coup, à une attaque, ou même à une défense personnelle, ne sortit de ses mains. Il se taisait et secourait. Du reste, il avait à peine quelques égratignures. Les balles n'avaient pas voulu de lui. Si le suicide faisait partie de ce qu'il avait rêvé en venant dans ce sépulcre, de ce côté-là il n'avait point réussi. Mais nous doutons qu'il eût songé au suicide, acte irréligieux[1].

Jean Valjean, dans la nuée épaisse du combat, n'avait pas l'air de voir Marius ; le fait est qu'il ne le quittait pas des yeux. Quand un coup de feu renversa Marius, Jean Valjean bondit avec une agilité de tigre, s'abattit sur lui comme sur une proie, et l'emporta.

Le tourbillon de l'attaque était en cet instant-là si violemment concentré sur Enjolras et sur la porte du cabaret que personne ne vit Jean Valjean, soutenant dans ses bras Marius évanoui, traverser le champ dépavé de la barricade et disparaître derrière l'angle de la maison de Corinthe.

On se rappelle cet angle qui faisait une sorte de cap dans la rue ; il garantissait des balles et de la mitraille, et des regards aussi, quelques pieds carrés de terrain. Il y a ainsi parfois dans les incendies une chambre qui ne brûle point, et dans les mers les plus furieuses, en deçà d'un promontoire ou au fond d'un cul-de-sac d'écueils, un petit coin tranquille. C'était dans cette espèce de repli du trapèze intérieur de la barricade qu'Éponine avait agonisé[2].

Là Jean Valjean s'arrêta, il laissa glisser à terre Marius, s'adossa au mur et jeta les yeux autour de lui. La situation était épouvantable.

Pour l'instant, pour deux ou trois minutes peut-être, ce pan de muraille était un abri; mais comment sortir de ce massacre? Il se rappelait l'angoisse où il s'était trouvé rue Polonceau[3], huit ans auparavant, et de quelle façon il était parvenu à s'échapper; c'était difficile alors, aujourd'hui c'était impossible. Il avait devant lui cette implacable et sourde maison à six étages qui ne semblait habitée que par l'homme mort penché à sa fenêtre; il avait à sa droite la barricade assez basse qui fermait la Petite-Truanderie; enjamber cet obstacle paraissait facile, mais on voyait au-dessus de la crête du barrage une rangée de pointes de bayonnettes. C'était la troupe de ligne, postée au delà de cette barricade, et aux aguets. Il était évident que franchir la barricade c'était aller chercher un feu de peloton, et que toute tête qui se risquerait à dépasser le haut de la muraille de pavés servirait de cible à soixante coups de fusil. Il avait à sa gauche le champ du combat. La mort était derrière l'angle du mur.

Que faire? Un oiseau seul eût pu se tirer de là.

Et il fallait se décider sur-le-champ, trouver un expédient, prendre un parti. On se battait à quelques pas de lui; par bonheur tous s'acharnaient sur un point unique, sur la porte du cabaret; mais qu'un soldat, un seul, eût l'idée de tourner la maison, ou de l'attaquer en flanc, tout était fini.

Jean Valjean regarda la maison en face de lui, il regarda la barricade à côté de lui, puis il regarda la terre, avec la violence de l'extrémité suprême, éperdu, et comme s'il eût voulu y faire un trou avec ses yeux.

A force de regarder, on ne sait quoi de vaguement saisissable dans une telle agonie se dessina et prit forme à ses pieds, comme si c'était une puissance du regard de faire éclore la chose demandée. Il aperçut à quelques pas de lui, au bas du petit barrage si impitoyablement gardé et guetté au dehors, sous un écroulement de pavés qui la cachait en partie, une grille de fer posée à plat et de niveau avec le sol. Cette grille, faite de forts barreaux transversaux, avait environ deux pieds carrés. L'encadrement de pavés qui la maintenait avait été arraché, et elle était comme descellée. A travers les barreaux on entrevoyait une ouverture obscure, quelque chose de pareil au conduit d'une cheminée ou au cylindre d'une citerne. Jean Valjean s'élança. Sa vieille science des évasions lui monta au cerveau comme une clarté. Écarter les pavés, soulever la grille, charger sur ses épaules Marius inerte comme un corps mort, descendre, avec ce fardeau sur les reins, en s'aidant des coudes et des genoux, dans cette espèce de puits heureusement peu profond, laisser retomber au-dessus de sa tête la lourde trappe de fer sur laquelle les pavés ébranlés croulèrent de nouveau, prendre pied sur une surface dallée à trois mètres au-dessous du sol, cela fut exécuté comme ce qu'on fait dans le délire, avec une force de géant et une rapidité d'aigle ; cela dura quelques minutes à peine.

Jean Valjean se trouva, avec Marius toujours évanoui, dans une sorte de long corridor souterrain. Là, paix profonde, silence absolu, nuit.

L'impression qu'il avait autrefois éprouvée en tombant de la rue dans le couvert, lui revint. Seulement, ce qu'il emportait aujourd'hui, ce n'était plus Cosette, c'était Marius[4].

C'est à peine maintenant s'il entendait au-dessus de lui, comme un vague murmure, le formidable tumulte du cabaret pris d'assaut.

LIVRE DEUXIÈME[1]

L'INTESTIN DE LÉVIATHAN

I

LA TERRE APPAUVRIE PAR LA MER[2]

Paris jette par an vingt-cinq millions à l'eau. Et ceci sans métaphore. Comment, et de quelle façon? jour et nuit. Dans quel but? sans aucun but. Avec quelle pensée? sans y penser. Pourquoi faire? pour rien. Au moyen de quel organe? au moyen de son intestin. Quel est son intestin? c'est son égout.

Vingt-cinq millions, c'est le plus modéré des chiffres approximatifs que donnent les évaluations de la science spéciale[3].

La science, après avoir longtemps tâtonné, sait aujourd'hui que le plus fécondant et le plus efficace des engrais, c'est l'engrais humain. Les Chinois[4], disons-le à notre honte, le savaient avant nous. Pas un paysan chinois, c'est Eckeberg qui le dit, ne va à la ville sans rapporter, aux deux extrémités de son bambou, deux seaux pleins de ce que nous nommons immondices. Grâce à l'engrais humain, la terre en Chine est encore aussi jeune qu'au temps d'Abraham. Le froment chinois rend jusqu'à cent vingt fois la semence. Il n'est aucun guano comparable en fertilité au détritus d'une capitale. Une[5] grande ville est le plus puissant des stercoraires. Employer la ville à fumer la plaine, ce serait une réussite certaine. Si notre or est fumier, en revanche, notre fumier est or.

Que fait-on de cet or fumier? On le balaye à l'abîme.

On expédie à grands frais des convois de navires afin de récolter au pôle austral la fiente des pétrels et des pingouins, et l'incalculable élément d'opulence qu'on a sous la main, on l'envoie à la mer. Tout l'engrais humain et animal que le monde perd, rendu à la terre au lieu d'être jeté à l'eau, suffirait à nourrir le monde.

Ces tas[6] d'ordures du coin des bornes, ces tombereaux

de boue cahotés la nuit dans les rues, ces affreux tonneaux de la voirie, ces fétides écoulements de fange souterraine que le pavé vous cache, savez-vous ce que c'est? C'est la prairie en fleur, c'est de l'herbe verte, c'est du serpolet et du thym et de la sauge, c'est du gibier, c'est du bétail, c'est le mugissement satisfait des grands bœufs le soir, c'est du foin parfumé, c'est du blé doré, c'est du pain sur votre table, c'est du sang chaud dans vos veines, c'est de la santé, c'est de la joie, c'est de la vie. Ainsi le veut cette création mystérieuse qui est la transformation sur la terre et la transfiguration dans le ciel.

Rendez cela au grand creuset; votre abondance en sortira. La nutrition des plaines fait la nourriture des hommes.

Vous êtes maîtres de perdre cette richesse, et de me trouver ridicule par-dessus le marché. Ce sera là le chef-d'œuvre de votre ignorance[7].

La statistique a calculé[8] que la France à elle seule fait tous les ans à l'Atlantique par la bouche de ses rivières un versement d'un demi-milliard. Notez ceci : avec ces cinq cents millions on payerait le quart des dépenses du budget. L'habileté de l'homme est telle qu'il aime mieux se débarrasser de ces cinq cents millions dans le ruisseau. C'est la substance même du peuple qu'emportent, ici goutte à goutte, là à flots, le misérable vomissement de nos égouts dans les fleuves et le gigantesque vomissement de nos fleuves dans l'Océan. Chaque hoquet de nos cloaques nous coûte mille francs. A cela deux résultats : la terre appauvrie et l'eau empestée. La faim sortant du sillon et la maladie sortant du fleuve.

Il est notoire, par exemple, qu'à cette heure, la Tamise empoisonne Londres. Pour ce qui est de Paris, on a dû, dans ces derniers temps, transporter la plupart des embouchures d'égouts en aval au-dessous du dernier pont[9].

Un double appareil tubulaire, pourvu de soupapes et d'écluses de chasse, aspirant et refoulant, un système de drainage élémentaire, simple comme le poumon de l'homme, et qui est déjà en pleine fonction dans plusieurs communes d'Angleterre, suffirait pour amener dans nos villes l'eau pure des champs et pour renvoyer dans nos champs l'eau riche des villes, et ce facile va-et-vient, le plus simple du monde, retiendrait chez nous les cinq cents millions jetés dehors. On pense à autre chose.

Le procédé actuel fait le mal en voulant faire le bien. L'intention est bonne, le résultat est triste. On croit expurger la ville, on étiole la population. Un égout est un malentendu. Quand partout le drainage, avec sa fonction double, restituant ce qu'il prend, aura remplacé l'égout, simple lavage appauvrissant, alors, ceci étant combiné avec les données d'une économie sociale nouvelle, le produit de la terre sera décuplé, et le problème de la misère sera singulièrement atténué. Ajoutez la suppression des parasitismes, il sera résolu[10].

En attendant, la richesse publique s'en va à la rivière, et le coulage a lieu. Coulage est le mot. L'Europe se ruine de la sorte par épuisement.

Quant à la France, nous venons de dire son chiffre. Or, Paris contenant le vingt-cinquième de la population française totale, et le guano parisien étant le plus riche de tous, on reste au-dessous de la vérité en évaluant à vingt-cinq millions la part de perte de Paris dans le demi-milliard que la France refuse annuellement. Ces vingt-cinq millions, employés en assistance et en jouissance, doubleraient la splendeur de Paris. La ville les dépense en cloaques. De sorte qu'on peut dire que la grande prodigalité de Paris, sa fête merveilleuse, sa Folie-Beaujon[11], son orgie, son ruissellement d'or à pleines mains, son faste, son luxe, sa magnificence, c'est son égout.

C'est de cette façon que, dans la cécité d'une mauvaise économie politique, on noie et on laisse aller à vau-l'eau et se perdre dans les gouffres le bien-être de tous. Il devrait y avoir des filets de Saint-Cloud pour la fortune publique.

Économiquement, le fait peut se résumer ainsi : Paris panier percé[12].

Paris, cette cité modèle, ce patron des capitales bien faites dont chaque peuple tâche d'avoir une copie, cette métropole de l'idéal, cette patrie auguste de l'initiative, de l'impulsion et de l'essai, ce centre et ce ce lieu des esprits, cette ville nation, cette ruche de l'avenir, ce composé merveilleux de Babylone et de Corinthe, ferait, au point de vue que nous venons de signaler, hausser les épaules à un paysan du Fo-Kian[13].

Imitez Paris[14], vous vous ruinerez. Au reste, particulièrement en ce gaspillage immémorial et insensé, Paris lui-même imite.

Ces surprenantes inepties ne sont pas nouvelles; ce n'est point là de la sottise jeune. Les anciens agissaient comme les modernes. « Les cloaques de Rome, dit Liebig, ont absorbé tout le bien-être du paysan romain[15]. » Quand la campagne de Rome fut ruinée par l'égout romain, Rome épuisa l'Italie, et quand elle eut mis l'Italie dans son cloaque, elle y versa la Sicile, puis la Sardaigne, puis l'Afrique. L'égout de Rome a engouffré le monde. Ce cloaque offrait son engloutissement à la cité et à l'univers. *Urbi et orbi*. Ville éternelle, égout insondable.

Pour ces choses-là comme pour d'autres, Rome donne l'exemple. Cet exemple, Paris le suit, avec toute la bêtise propre aux villes d'esprit.

Pour les besoins de l'opération sur laquelle nous venons de nous expliquer, Paris a sous lui un autre Paris; un Paris d'égouts; lequel a ses rues, ses carrefours, ses places, ses impasses, ses artères, et sa circulation, qui est de la fange, avec la forme humaine de moins.

Car il ne faut rien flatter, pas même un grand peuple; là où il y a tout, il y a l'ignominie à côté de la sublimité; et, si Paris contient Athènes, la ville de lumière, Tyr, la ville de puissance, Sparte, la ville de vertu, Ninive, la ville de prodige, il contient aussi Lutèce, la ville de boue.

D'ailleurs le cachet de sa puissance est là aussi, et la titanique sentine de Paris réalise, parmi les monuments, cet idéal étrange réalisé dans l'humanité par quelques hommes tels que Machiavel, Bacon et Mirabeau : le grandiose abject.

Le sous-sol de Paris, si l'œil pouvait en pénétrer la surface, présenterait l'aspect d'un madrépore colossal. Une éponge n'a guère plus de pertuis et de couloirs que la motte de terre de six lieues de tour sur laquelle repose l'antique grande ville. Sans parler des catacombes, qui sont une cave à part, sans parler de l'inextricable treillis des conduits du gaz, sans compter le vaste système tubulaire de la distribution d'eau vive qui aboutit aux bornes-fontaines, les égouts à eux seuls font sous les deux rives un prodigieux réseau ténébreux ; labyrinthe qui a pour fil sa pente.

Là apparaît, dans la brume humide, le rat, qui semble le produit de l'accouchement de Paris[16].

II

L'histoire ancienne de l'égout

Qu'on[1] s'imagine Paris ôté comme un couvercle, le réseau souterrain des égouts, vu à vol d'oiseau, dessinera sur les deux rives une espèce de grosse branche greffée au fleuve. Sur la rive droite l'égout de ceinture sera le tronc de cette branche, les conduits secondaires seront les rameaux et les impasses seront les ramuscules.

Cette figure n'est que sommaire et à demi exacte, l'angle droit, qui est l'angle habituel de ce genre de ramifications souterraines, étant très rare dans la végétation.

On se fera une image plus ressemblante de cet étrange plan géométral en supposant qu'on voie à plat sur un fond de ténèbres quelque bizarre alphabet d'orient brouillé comme un fouillis, et dont les lettres difformes seraient soudées les unes aux autres, dans un pêle-mêle apparent et comme au hasard, tantôt par leurs angles, tantôt par leurs extrémités.

Les sentines et les égouts jouaient un grand rôle au Moyen Age, au Bas-Empire et dans ce vieil Orient. La peste y naissait, les despotes y mouraient. Les multitudes regardaient presque avec une crainte religieuse ces lits de pourriture, monstrueux berceaux de la Mort. La fosse aux vermines de Bénarès n'est pas moins vertigineuse que la fosse aux lions de Babylone. Téglath-Phalasar[2], au dire des livres rabbiniques, jurait par la sentine de Ninive. C'est de l'égout de Munster que Jean de Leyde[3] faisait sortir sa fausse lune, et c'est du puits-cloaque de Kekhscheb que son ménechme oriental, Mokannâ, le prophète voilé du Khorassan, faisait sortir son faux soleil.

L'histoire des hommes se reflète dans l'histoire des cloaques. Les gémonies racontaient Rome. L'égout de Paris a été une vieille chose formidable. Il a été sépulcre, il a été asile. Le crime, l'intelligence, la protestation sociale, la liberté de conscience, la pensée, le vol, tout ce que les lois humaines poursuivent ou ont poursuivi, s'est caché dans ce trou ; les maillotins au quatorzième siècle, les tire-laine au quinzième, les huguenots au seizième, les illuminés de Morin⁴ au dix-septième, les chauffeurs⁵ au dix-huitième. Il y a cent ans, le coup de poignard nocturne en sortait, le filou en danger y glissait ; le bois avait la caverne, Paris avait l'égout. La truanderie, cette *picareria* gauloise⁶, acceptait l'égout comme succursale de la Cour des Miracles, et le soir, narquoise et féroce, rentrait sous le vomitoire Maubuée comme dans une alcôve.

Il était⁷ tout simple que ceux qui avaient pour lieu de travail quotidien le cul-de-sac Vide-Gousset ou la rue Coupe-Gorge eussent pour domicile nocturne le ponceau du Chemin-Vert ou le cagnard Hurepoix⁸. De là un fourmillement de souvenirs. Toutes sortes de fantômes hantent ces longs corridors solitaires ; partout la putridité et le miasme ; çà et là un soupirail où Villon dedans cause avec Rabelais dehors.

L'égout, dans l'ancien Paris, est le rendez-vous de tous les épuisements et de tous les essais. L'économie politique y voit un détritus, la philosophie sociale y voit un résidu.

L'égout, c'est la conscience de la ville. Tout y converge, et s'y confronte. Dans ce lieu livide, il y a des ténèbres, mais il n'y a plus de secrets. Chaque chose a sa forme vraie, ou du moins sa forme définitive. Le tas d'ordures a cela pour lui qu'il n'est pas menteur. La naïveté s'est réfugiée là. Le masque de Basile s'y trouve, mais on en voit le carton, et les ficelles, et le dedans comme le dehors, et il est accentué d'une boue honnête. Le faux nez de Scapin l'avoisine. Toutes les malpropretés de la civilisation, une fois hors de service, tombent dans cette fosse de vérité où aboutit l'immense glissement social, elles s'y engloutissent, mais elles s'y étalent. Ce pêle-mêle est une confession. Là, plus de fausse apparence, aucun plâtrage possible, l'ordure ôte sa chemise, dénudation absolue, déroute des illusions et des mirages, plus rien que ce qui est, faisant la sinistre figure de ce qui finit. Réalité et disparition. Là, un cul de bouteille avoue l'ivrognerie, une anse de panier raconte la domesticité ; là, le trognon de pomme qui a eu des opinions littéraires redevient le trognon de pomme ; l'effigie du gros sou se vert-de-grise franchement, le crachat de Caïphe rencontre le vomissement de Falstaff, le louis d'or qui sort du tripot heurte le clou où pend le bout de corde du suicide, un fœtus livide roule enveloppé dans des paillettes qui ont dansé le mardi gras dernier à l'Opéra, une toque qui a jugé les hommes se vautre près d'une pourriture qui a été la jupe de Margoton ; c'est plus que de la fraternité, c'est du tutoiement. Tout ce qui se fardait se barbouille. Le dernier voile est arraché. Un égout est un cynique. Il dit tout.

Cette sincérité de l'immondice nous plaît, et repose l'âme. Quand on a passé son temps à subir sur la terre le spectacle des grands airs que prennent la raison d'État, le serment, la sagesse politique, la justice humaine, les probités professionnelles, les austérités de situation, les robes incorruptibles, cela soulage d'entrer dans un égout et de voir de la fange qui en convient.

Cela enseigne en même temps. Nous l'avons dit tout à l'heure, l'histoire passe par l'égout. Les Saint-Barthélemy y filtrent goutte à goutte entre les pavés. Les grands assassinats publics, les boucheries politiques et religieuses, traversent ce souterrain de la civilisation et y poussent leurs cadavres. Pour l'œil du songeur, tous les meurtriers historiques sont là, dans la pénombre hideuse, à genoux, avec un pan de leur suaire pour tablier, épongeant lugubrement leur besogne. Louis XI y est avec Tristan, François Ier y est avec Duprat, Charles IX y est avec sa mère, Richelieu y est avec Louis XIII, Louvois y est, Letellier y est, Hébert et Maillard y sont, grattant les pierres et tâchant de faire disparaître la trace de leurs actions[9]. On entend sous ces voûtes le balai de ces spectres. On y respire la fétidité énorme des catastrophes sociales. On voit dans des coins des miroitements rougeâtres. Il coule là une eau terrible où se sont lavées des mains sanglantes.

L'observateur social doit entrer dans ces ombres. Elles font partie de son laboratoire. La philosophie est le microscope de la pensée. Tout veut la fuir, mais rien ne lui échappe. Tergiverser est inutile. Quel côté de soi montre-t-on en tergiversant ? le côté honte. La philosophie poursuit de son regard probe le mal, et ne lui permet pas de s'évader dans le néant. Dans l'effacement des choses qui disparaissent, dans le rapetissement des choses qui s'évanouissent, elle reconnaît tout. Elle reconstruit la pourpre d'après le haillon et la femme d'après le chiffon. Avec le cloaque elle refait la ville; avec la boue elle refait les mœurs. Du tesson elle conclut l'amphore, ou la cruche. Elle reconnaît à une empreinte d'ongle sur un parchemin la différence qui sépare la juiverie de la Judengasse de la juiverie du Ghetto. Elle retrouve dans ce qui reste ce qui a été, le bien, le mal, le faux, le vrai, la tache de sang du palais, le pâté d'encre de la caverne, la goutte de suif du lupanar, les épreuves subies, les tentations bien venues, les orgies vomies, le pli qu'ont fait les caractères en s'abaissant, la trace de la prostitution dans les âmes que leur grossièreté en faisait capables, et sur la veste des portefaix de Rome la marque du coup de coude de Messaline.

III

BRUNESEAU

L'ÉGOUT de Paris, au Moyen Age, était légendaire. Au seizième siècle Henri II essaya un sondage qui avorta. Il n'y a pas cent ans, le cloaque, Mercier[1] l'atteste, était abandonné à lui-même et devenait ce qu'il pouvait.

Tel était cet ancien Paris, livré aux querelles, aux indécisions et aux tâtonnements. Il fut longtemps assez bête. Plus tard, 89 montra comment l'esprit vient aux villes. Mais, au bon vieux temps, la capitale avait peu de tête; elle ne savait faire ses affaires ni moralement ni matériellement, et pas mieux balayer les ordures que les abus. Tout était obstacle, tout faisait question. L'égout, par exemple, était réfractaire à tout itinéraire. On ne parvenait pas plus à s'orienter dans la voirie qu'à s'entendre dans la ville; en haut l'inintelligible, en bas l'inextricable; sous la confusion des langues il y avait la confusion des caves; Dédale doublait Babel.

Quelquefois, l'égout de Paris se mêlait de déborder, comme si ce Nil méconnu était subitement pris de colère. Il y avait, chose infâme, des inondations d'égout. Par moments, cet estomac de la civilisation digérait mal, le cloaque refluait dans le gosier de la ville, et Paris avait l'arrière-goût de sa fange. Ces ressemblances de l'égout avec le remords avaient du bon ; c'étaient des avertissements ; fort mal pris du reste ; la ville s'indignait que sa boue eût tant d'audace, et n'admettait pas que l'ordure revînt. Chassez-la mieux.

L'inondation de 1802 est un des souvenirs actuels des Parisiens de quatre-vingts ans. La fange se répandit en croix place des Victoires, où est la statue de Louis XIV ; elle entra rue Saint-Honoré par les deux bouches d'égout des Champs-Élysées, rue Saint-Florentin par l'égout Saint-Florentin, rue Pierre-à-Poisson par l'égout de la Sonnerie², rue Popincourt par l'égout du Chemin-Vert, rue de la Roquette par l'égout de la rue de Lappe ; elle couvrit le caniveau de la rue des Champs-Élysées jusqu'à une hauteur de trente-cinq centimètres ; et, au midi, par le vomitoire de la Seine faisant sa fonction en sens inverse, elle pénétra rue Mazarine, rue de l'Échaudé, et rue des Marais, où elle s'arrêta à une longueur de cent neuf mètres, précisément à quelques pas de la maison qu'avait habitée Racine³, respectant, dans le dix-septième siècle, le poëte plus que le roi. Elle atteignit son maximum de profondeur rue Saint-Pierre où elle s'éleva à trois pieds au-dessus des dalles de la gargouille, et son maximum d'étendue rue Saint-Sabin⁴ où elle s'étala sur une longueur de deux cent trente-huit mètres.

Au commencement de ce siècle, l'égout de Paris était encore un lieu mystérieux. La boue ne peut jamais être bien famée ; mais ici le mauvais renom allait jusqu'à l'effroi. Paris savait confusément qu'il avait sous lui une cave terrible. On en parlait comme de cette monstrueuse souille de Thèbes où fourmillaient des scolopendres de quinze pieds de long et qui eût pu servir de baignoire à Béhémoth. Les grosses bottes des égoutiers ne s'aventuraient jamais au delà de certains points connus. On était encore très voisin du temps où les tombereaux des boueurs, du haut desquels Sainte-Foix fraternisait avec le marquis de Créqui, se déchargeaient tout simplement dans l'égout. Quant au curage, on confiait cette fonction aux averses, qui encombraient plus qu'elles ne balayaient. Rome laissait encore quelque poésie à son cloaque et l'appelait Gémonies ; Paris insultait le sien et l'appelait Trou punais. La science et la superstition étaient d'accord pour l'horreur. Le Trou punais ne répugnait pas moins à l'hygiène qu'à la légende. Le Moine-Bourru était éclos sous la voussure fétide de l'égout Mouffetard ; les cadavres des Marmousets avaient été jetés dans l'égout de la Barillerie ; Fagon avait attribué la redoutable fièvre maligne de 1685 au grand hiatus de l'égout du Marais qui resta béant jusqu'en 1833, rue Saint-Louis presque en face de l'enseigne du Messager galant. La bouche d'égout de la rue de la Mortellerie était célèbre par les pestes qui en sortaient ; avec sa grille de fer à pointes qui simulait une rangée de dents, elle était dans cette rue fatale comme une gueule de dragon soufflant l'enfer sur les hommes. L'imagination populaire assaisonnait le sombre évier parisien d'on ne sait quel hideux mélange d'infini. L'égout était sans fond. L'égout, c'était le barathrum. L'idée d'explorer ces régions lépreuses ne venait pas même à la police. Tenter cet inconnu, jeter la sonde dans cette ombre, aller à la découverte dans cet abîme, qui l'eût osé ? C'était effrayant. Quelqu'un se présenta pourtant. Le cloaque eut son Christophe Colomb.

Un jour, en 1805, dans une de ces rares apparitions que l'Empereur faisait à Paris, le ministre de l'intérieur, un Decrès ou un Crétet[5] quelconque, vint au petit lever du maître. On entendait dans le Carrousel le traînement des sabres de tous ces soldats extraordinaires de la grande république et du grand empire ; il y avait encombrement de héros à la porte de Napoléon ; hommes du Rhin, de l'Escaut, de l'Adige et du Nil ; compagnons de Joubert, de Desaix, de Marceau, de Hoche, de Kléber ; aérostiers de Fleurus, grenadiers de Mayence, pontonniers de Gênes, hussards que les Pyramides avaient regardés, artilleurs qu'avait éclaboussés le boulet de Junot, cuirassiers qui avaient pris d'assaut la flotte à l'ancre dans le Zuyderzée ; les uns avaient suivi Bonaparte sur le pont de Lodi, les autres avaient accompagné Murat dans la tranchée de Mantoue, les autres avaient devancé Lannes dans le chemin creux de Montebello. Toute l'armée d'alors était là, dans la cour des Tuileries, représentée par une escouade ou par un peloton, et gardant Napoléon au repos ; et c'était l'époque splendide où la grande armée avait derrière elle Marengo et devant elle Austerlitz. — Sire, dit le ministre de l'intérieur à Napoléon, j'ai vu hier l'homme le plus intrépide de votre empire.

— Qu'est-ce que cet homme? dit brusquement l'Empereur, et qu'est-ce qu'il a fait? — Il veut faire une chose, sire. — Laquelle? — Visiter les égouts de Paris.

Cet homme existait et se nommait Bruneseau.

IV

Détails ignorés[1]

LA visite eut lieu. Ce fut une campagne redoutable; une bataille nocturne contre la peste et l'asphyxie. Ce fut en même temps un voyage de découvertes. Un des survivants de cette exploration, ouvrier intelligent, très jeune alors, en racontait encore il y a quelques années les curieux détails que Bruneseau crut devoir omettre dans son rapport au préfet de police, comme indignes du style administratif. Les procédés désinfectants étaient à cette époque très rudimentaires. A peine Bruneseau eut-il franchi les premières articulations du réseau souterrain, que huit des travailleurs sur vingt refusèrent d'aller plus loin. L'opération était compliquée; la visite entraînait le curage; il fallait donc curer, et en même temps arpenter : noter les entrées d'eau, compter les grilles et les bouches, détailler les branchements, indiquer les courants à points de partage, reconnaître les circonscriptions respectives des divers bassins, sonder les petits égouts greffés sur l'égout principal, mesurer la hauteur sous clef de chaque couloir, et la largeur, tant à la naissance des voûtes qu'à fleur du radier, enfin déterminer les ordonnées du nivellement au droit de chaque entrée d'eau, soit du radier de l'égout, soit du sol de la rue. On avançait péniblement. Il n'était pas rare que les échelles de descente plongeassent dans trois pieds de vase. Les lanternes agonisaient dans les miasmes. De temps en temps on emportait un égoutier évanoui. A de certains endroits, précipice. Le sol s'était effondré, le dallage avait croulé, l'égout s'était changé en puits perdu; on ne trouvait plus le solide; un homme disparut brusquement; on eut grand'peine à le retirer. Par le conseil de Fourcroy, on allumait de distance en distance, dans les endroits suffisamment assainis, de grandes cages pleines d'étoupe imbibée de résine. La muraille, par places, était couverte de fongus difformes, et l'on eût dit des tumeurs;

la pierre elle-même semblait malade dans ce milieu irrespirable.

Bruneseau, dans son exploration, procéda d'amont en aval. Au point de partage des deux conduites d'eau du Grand-Hurleur, il déchiffra sur une pierre en saillie la date 1550; cette pierre indiquait la limite où s'était arrêté Philibert Delorme, chargé par Henri II de visiter la voirie souterraine de Paris. Cette pierre était la marque du seizième siècle à l'égout. Bruneseau retrouva la main-d'œuvre du dix-septième dans le conduit du Ponceau et dans le conduit de la rue Vieille-du-Temple, voûtés entre 1600 et 1650, et la main-d'œuvre du dix-huitième dans la section ouest du canal collecteur, encaissée et voûtée en 1740. Ces deux voûtes, surtout la moins ancienne, celle de 1740, étaient plus lézardées et plus décrépites que la maçonnerie de l'égout de ceinture, laquelle datait de 1412, époque où le ruisseau d'eau vive de Ménilmontant fut élevé à la dignité de grand égout de Paris, avancement analogue à celui d'un paysan qui deviendrait premier valet de chambre du roi; quelque chose comme Gros-Jean transformé en Lebel.

On crut reconnaître çà et là, notamment sous le Palais de justice, des alvéoles d'anciens cachots pratiqués dans l'égout même. *In pace* hideux. Un carcan de fer pendait dans l'une de ces cellules. On les mura toutes. Quelques trouvailles furent bizarres; entre autres le squelette d'un orang-outang disparu du Jardin des Plantes en 1800, disparition probablement connexe à la fameuse et incontestable apparition du diable rue des Bernardins dans la dernière année du dix-huitième siècle. Le pauvre diable avait fini par se noyer dans l'égout.

Sous le long couloir cintré qui aboutit à l'Arche-Marion[2], une hotte de chiffonnier, parfaitement conservée, fit l'admiration des connaisseurs. Partout, la vase, que les égoutiers en étaient venus à manier intrépidement, abondait en objets précieux, bijoux d'or et d'argent, pierreries, monnaies. Un géant qui eût filtré ce cloaque eût eu dans son tamis la richesse des siècles. Au point de partage des deux branchements de la rue du Temple et de la rue Sainte-Avoye, on ramassa une singulière médaille huguenote en cuivre, portant d'un côté un porc coiffé d'un chapeau de cardinal et de l'autre un loup la tiare en tête.

La rencontre la plus surprenante fut à l'entrée du Grand Égout. Cette entrée avait été autrefois fermée par une grille dont il ne restait plus que les gonds. A l'un de ces gonds pendait une sorte de loque informe et souillée qui, sans doute arrêtée là au passage, y flottait dans l'ombre et achevait de s'y déchiqueter. Bruneseau approcha sa lanterne et examina ce lambeau. C'était de la batiste très fine, et l'on distinguait à l'un des coins moins rongé que le reste une couronne héraldique brodée au-dessus de ces sept lettres : LAVBESP. La couronne était une couronne de marquis et les sept lettres signifiaient *Laubespine*. On reconnut que ce qu'on avait sous les yeux était un morceau du linceul de Marat. Marat, dans sa jeunesse, avait eu des amours. C'était quand il faisait partie de la maison du comte d'Artois en qualité de médecin des écuries. De ces amours, historiquement constatés, avec une grande dame, il lui était resté ce drap de lit. Épave ou souvenir. A sa mort, comme c'était le seul linge un peu fin qu'il eût chez lui, on l'y avait enseveli. De vieilles femmes avaient emmailloté pour la tombe, dans ce lange où il y avait eu de la volupté, le tragique Ami du Peuple.

Bruneseau passa outre. On laissa cette guenille où elle était; on ne l'acheva pas. Fut-ce mépris ou respect? Marat méritait les deux. Et puis, la destinée y était assez empreinte pour qu'on hésitât à y toucher. D'ailleurs, il faut laisser aux choses du sépulcre la place qu'elles choisissent. En somme, la relique était étrange. Une marquise y avait dormi. Marat y avait pourri; elle avait traversé le Panthéon pour aboutir aux rats de l'égout. Ce chiffon d'alcôve, dont Watteau eût jadis joyeusement dessiné tous les plis, avait fini par être digne du regard fixe de Dante.

La visite totale de la voirie immonditielle souterraine de Paris dura sept ans, de 1805 à 1812. Tout en cheminant, Bruneseau désignait, dirigeait et mettait à fin des travaux considérables; en 1808, il abaissait le radier du Ponceau, et, créant partout des lignes nouvelles, il poussait l'égout, en 1809, sous la rue Saint-Denis jusqu'à la fontaine des Innocents; en 1810, sous la rue Froid-manteau et sous la Salpêtrière, en 1811, sous la rue Neuve-des-Petits-Pères, sous la rue du Mail, sous la rue de l'Écharpe[3], sous la place Royale, en 1812, sous la rue de la Paix et sous la chaussée d'Antin. En même temps, il faisait désinfecter et assainir tout le réseau. Dès la deuxième année, Bruneseau s'était adjoint son gendre Nargaud.

C'est ainsi qu'au commencement de ce siècle la vieille société cura son double-fond et fit la toilette de son égout. Ce fut toujours cela de nettoyé.

Tortueux, crevassé, dépavé, craquelé, coupé de fondrières, cahoté par des coudes bizarres, montant et descendant sans logique, fétide, sauvage, farouche, submergé d'obscurité, avec des cicatrices sur ses dalles et des balafres sur ses murs, épouvantable, tel était, vu rétrospectivement, l'antique égout de Paris.

Ramifications en tous sens, croisements de tranchées, branchements[4], pattes d'oie, étoiles comme dans les sapes, cœcums, culs-de-sac, voûtes salpêtrées, puisards infects, suintements dartreux sur les parois, gouttes tombant des plafonds, ténèbres; rien n'égalait l'horreur de cette vieille crypte exutoire, appareil digestif de Babylone, antre, fosse, gouffre percé de rues, taupinière titanique où l'esprit croit voir rôder à travers l'ombre, dans de l'ordure qui a été de la splendeur, cette énorme taupe aveugle, le passé. Ceci, nous le répétons, c'était l'égout d'Autrefois[5].

V

Progrès actuel[1]

Aujourd'hui l'égout est propre, froid, droit, correct. Il réalise presque l'idéal de ce qu'on entend en Angleterre par le mot « respectable ». Il est convenable et grisâtre[2]; tiré au cordeau; on pourrait presque dire à quatre épingles. Il ressemble à un fournisseur devenu conseiller d'État. On y voit presque clair[3]. La fange s'y comporte décemment. Au premier abord, on le prendrait volontiers pour un de ces corridors souterrains si communs jadis et si utiles aux fuites de monarques et de princes, dans cet ancien bon temps « où le peuple aimait ses rois ». L'égout actuel est un bel égout; le style pur y règne; le classique alexandrin rectiligne qui, chassé de la poésie, paraît s'être réfugié dans l'architecture, semble mêlé à toutes les pierres de cette longue voûte ténébreuse et blanchâtre ; chaque dégorgeoir est une arcade ; la rue de Rivoli fait école jusque dans le cloaque. Au reste, si la ligne géométrique est quelque part à sa place, c'est à coup sûr dans la tranchée stercoraire d'une grande ville. Là, tout doit être subordonné au chemin le plus court. L'égout a pris aujourd'hui un certain aspect officiel. Les rapports mêmes de police dont il est quelquefois l'objet ne lui manquent plus de respect. Les mots qui le caractérisent dans le langage administratif sont relevés et dignes. Ce qu'on appelait boyau, on l'appelle galerie ; ce qu'on appelait trou, on l'appelle regard. Villon ne reconnaîtrait plus son antique logis en-cas. Ce réseau de caves a bien toujours son immémoriale population de rongeurs, plus pullulante que jamais ; de temps en temps, un rat, vieille moustache, risque sa tête à la fenêtre de l'égout et examine les Parisiens ; mais cette vermine elle-même s'apprivoise, satisfaite qu'elle est de son palais souterrain. Le cloaque n'a plus rien de sa férocité primitive. La pluie, qui salissait l'égout d'autrefois, lave l'égout d'à présent. Ne vous y fiez pas trop pourtant. Les miasmes l'habitent encore. Il est plutôt hypocrite qu'irréprochable. La préfecture de police et la commission de salubrité ont eu beau faire. En dépit de tous les procédés d'assainissement, il exhale une vague odeur suspecte, comme Tartuffe après la confession.

Convenons-en, comme, à tout prendre, le balayage est un hommage que l'égout rend à la civilisation, et comme, à ce point de vue, la conscience de Tartuffe est un progrès sur l'étable d'Augias, il est certain que l'égout de Paris s'est amélioré.

C'est plus qu'un progrès ; c'est une transmutation. Entre l'égout ancien et l'égout actuel, il y a une révolution. Qui[4] a fait cette révolution ? L'homme que tout le monde oublie et que nous avons nommé, Bruneseau.

VI

Progrès futur[1]

Le creusement de l'égout de Paris n'a pas été une petite besogne. Les dix derniers siècles y ont travaillé sans le pouvoir terminer, pas plus qu'ils n'ont pu finir Paris. L'égout, en effet, reçoit tous les contre-coups

de la croissance de Paris. C'est, dans la terre, une sorte
de polype ténébreux aux mille antennes qui grandit
dessous en même temps que la ville dessus. Chaque
fois que la ville perce une rue, l'égout allonge un bras.
La vieille monarchie n'avait construit que vingt-trois
mille trois cents mètres d'égouts; c'est là que Paris
en était le 1er janvier 1806. A partir de cette époque,
dont[2] nous reparlerons tout à l'heure, l'œuvre a été
utilement et énergiquement reprise et continuée; Napoléon a bâti, ces chiffres sont curieux[3], quatre mille huit
cent quatre mètres; Louis XVIII, cinq mille sept cent
neuf; Charles X, dix mille huit cent trente-six; Louis-
Philippe, quatre-vingt-neuf mille vingt; la République
de 1848, vingt-trois mille trois cent quatre-vingt-un; le
régime actuel, soixante-dix mille cinq cents; en tout, à
l'heure qu'il est, deux cent vingt-six mille six cent dix
mètres, soixante lieues d'égouts; entrailles énormes de
Paris. Ramification obscure, toujours en travail; construction ignorée et immense.

Comme on le voit, le dédale souterrain de Paris est
aujourd'hui plus que décuple de ce qu'il était au commencement du siècle. On se figure malaisément tout ce
qu'il a fallu de persévérance et d'efforts pour amener
ce cloaque au point de perfection relative où il est maintenant[4]. C'était à grand'peine que la vieille prévôté
monarchique et, dans les dix dernières années du dix-
huitième siècle, la mairie révolutionnaire étaient parvenues à forer les cinq lieues d'égouts qui existaient avant
1806. Tous les genres d'obstacles entravaient cette opération, les uns propres à la nature du sol, les autres inhérents aux préjugés mêmes de la population laborieuse
de Paris. Paris est bâti sur un gisement étrangement
rebelle à la pioche, à la houe, à la sonde, au maniement
humain. Rien de plus difficile à percer et à pénétrer que
cette formation géologique à laquelle se superpose la
merveilleuse formation historique nommée Paris; dès
que, sous une forme quelconque, le travail s'engage et
s'aventure dans cette nappe d'alluvions, les résistances
souterraines abondent. Ce sont des argiles liquides, des
sources vives, des roches dures, de ces vases molles et
profondes que la science spéciale appelle moutardes. Le
pic avance laborieusement dans des lames calcaires alter-
nées de filets de glaises très minces et de couches schis-

teuses aux feuillets incrustés d'écailles d'huîtres contemporaines des océans préadamites. Parfois un ruisseau crève brusquement une voûte commencée et inonde les travailleurs ; ou c'est une coulée de marne qui se fait jour et se rue avec la furie d'une cataracte, brisant comme verre les plus grosses poutres de soutènement. Tout récemment[5], à la Villette, quand il a fallu, sans interrompre la navigation et sans vider le canal, faire passer l'égout collecteur sous le canal Saint-Martin, une fissure s'est faite dans la cuvette du canal, l'eau a abondé subitement dans le chantier souterrain, au delà de toute la puissance des pompes d'épuisement ; il a fallu faire chercher par un plongeur la fissure qui était dans le goulet du grand bassin, et on ne l'a point bouchée sans peine. Ailleurs, près de la Seine, et même assez loin du fleuve, comme par exemple à Belleville, Grande-Rue et passage Lunière, on rencontre des sables sans fond où l'on s'enlise et où un homme peut fondre à vue d'œil. Ajoutez l'asphyxie par les miasmes, l'ensevelissement par les éboulements, les effondrements subits. Ajoutez[6] le typhus dont les travailleurs s'imprègnent lentement. De nos jours, après avoir creusé la galerie de Clichy, avec banquette pour recevoir une conduite maîtresse d'eau de l'Ourcq, travail exécuté en tranchée, à dix mètres de profondeur ; après avoir, à travers les éboulements, à l'aide des fouilles, souvent putrides, et des étrésillonnements, voûté la Bièvre du boulevard de l'Hôpital jusqu'à la Seine ; après avoir, pour délivrer Paris des eaux torrentielles de Montmartre et pour donner écoulement à cette mare fluviale de neuf hectares qui croupissait près de la barrière des Martyrs ; après avoir, disons-nous, construit la ligne d'égouts de la barrière Blanche[7] au chemin d'Aubervilliers, en quatre mois, jour et nuit, à une profondeur de onze mètres ; après avoir, chose qu'on n'avait pas vue encore, exécuté souterrainement un égout rue Barre-du-Bec[8], sans tranchée, à six mètres au-dessous du sol, le conducteur Monnot est mort. Après avoir voûté trois mille mètres d'égouts sur tous les points de la ville, de la rue Traversière-Saint-Antoine à la rue de Lourcine, après avoir, par le branchement de l'Arbalète, déchargé des inondations pluviales le carrefour Censier-Mouffetard, après avoir bâti l'égout Saint-Georges sur enrochement et béton dans des sables fluides, après avoir dirigé le redoutable abaissement de radier du branchement Notre-Dame-de-Nazareth, l'ingénieur Duleau est mort. Il n'y a pas de bulletin pour ces actes de bravoure-là, plus utiles pourtant que la tuerie bête des champs de bataille.

Les égouts de Paris, en 1832, étaient loin d'être ce qu'ils sont aujourd'hui. Bruneseau avait donné le branle, mais il fallait le choléra pour déterminer la vaste reconstruction qui a eu lieu depuis. Il est surprenant de dire, par exemple, qu'en 1821, une partie de l'égout de ceinture, dit Grand Canal, comme à Venise, croupissait encore à ciel ouvert, rue des Gourdes. Ce n'est qu'en 1823 que la ville de Paris a trouvé dans son gousset les deux cent soixante-six mille quatre-vingts francs six centimes nécessaires à la couverture de cette turpitude. Les trois puits absorbants du Combat, de la Cunette et de Saint-Mandé, avec leurs dégorgeoirs, leurs appareils, leurs puisards et leurs branchements dépuratoires, ne datent que de 1836. La voirie intestinale de Paris a été refaite à neuf et, comme nous l'avons dit, plus que décuplée depuis un quart de siècle.

Il y a trente ans, à l'époque de l'insurrection des 5 et 6 juin, c'était encore, dans beaucoup d'endroits, presque l'ancien égout. Un très grand nombre de rues, aujourd'hui bombées, étaient alors des chaussées fendues. On voyait très souvent, au point déclive où les versants d'une rue ou d'un carrefour aboutissaient, de larges grilles carrées à gros barreaux dont le fer luisait fourbi par les pas de la foule, dangereuses et glissantes aux voitures et faisant abattre les chevaux. La langue officielle des ponts et chaussées connait à ces points déclives et à ces grilles le nom expressif de *cassis*. En 1832, dans une foule de rues, rue de l'Étoile, rue Saint-Louis, rue du Temple, rue Vieille-du-Temple, rue Notre-Dame-de-Nazareth, rue Folie-Méricourt, quai aux Fleurs, rue du Petit-Musc, rue de Normandie, rue Pont-aux-Biches, rue des Marais, faubourg Saint-Martin, rue Notre-Dame-des-Victoires, faubourg Montmartre, rue Grange-Batelière, aux Champs-Élysées, rue Jacob, rue de Tournon[9], le vieux cloaque gothique montrait encore cyniquement ses gueules. C'étaient d'énormes hiatus de pierre à cagnards, quelquefois entourés de bornes, avec une effronterie monumentale.

Paris, en 1806, en était encore presque au chiffre d'égouts constaté en mai 1663 : cinq mille trois cent vingt-huit toises. Après Bruneseau, le 1er janvier 1832, il en avait quarante mille trois cents mètres. De 1806 à 1831, on avait bâti annuellement, en moyenne, sept cent cinquante mètres ; depuis on a construit tous les ans huit et même dix mille mètres de galeries, en maçonnerie de petits matériaux à bain de chaux hydraulique sur fondation de béton. A deux cents francs le mètre, les soixante lieues d'égouts du Paris actuel représentent quarante-huit millions.

Outre le progrès économique que nous avons indiqué en commençant, de graves problèmes d'hygiène publique se rattachent à cette immense question : l'égout de Paris.

Paris est entre deux nappes, une nappe d'eau et une nappe d'air. La nappe d'eau, gisante à une assez grande profondeur souterraine, mais déjà tâtée par deux forages, est fournie par la couche de grès vert située entre la craie et le calcaire jurassique ; cette couche peut être représentée par un disque de vingt-cinq lieues de rayon ; une foule de rivières et de ruisseaux y suintent ; on boit la Seine, la Marne, l'Yonne, l'Oise, l'Aisne, le Cher, la Vienne et la Loire dans un verre d'eau du puits de Grenelle. La nappe d'eau est salubre, elle vient du ciel d'abord, de la terre ensuite ; la nappe d'air est malsaine, elle vient de l'égout. Tous les miasmes du cloaque se mêlent à la respiration de la ville ; de là cette mauvaise haleine. L'air pris au-dessus d'un fumier, ceci a été scientifiquement constaté, est plus pur que l'air pris au-dessus de Paris. Dans un temps donné, le progrès aidant, les mécanismes se perfectionnant, et la clarté se faisant, on emploiera la nappe d'eau à purifier la nappe d'air. C'est-à-dire à laver l'égout. On sait que par : lavage de l'égout, nous entendons : restitution de la fange à la terre ; renvoi du fumier au sol et de l'engrais aux champs. Il y aura, par ce simple fait, pour toute la communauté sociale, diminution de misère et augmentation de santé. A l'heure où nous sommes, le rayonnement des maladies de Paris va à cinquante lieues autour du Louvre, pris comme moyeu de cette roue pestilentielle.

On pourrait dire que, depuis dix siècles, le cloaque est la maladie de Paris. L'égout est le vice que la ville a dans le sang. L'instinct populaire ne s'y est jamais trompé.

Le métier d'égoutier était autrefois presque aussi périlleux, et presque aussi répugnant au peuple, que le métier d'équarrisseur, frappé d'horreur et si longtemps abandonné[10] au bourreau. Il fallait une haute paye pour décider un maçon à disparaître dans cette sape fétide ; l'échelle du puisatier hésitait à s'y plonger ; on disait proverbialement : *descendre dans l'égout, c'est entrer dans la fosse ;* et toutes sortes de légendes hideuses, nous l'avons dit, couvraient d'épouvante ce colossal évier ; sentine redoutée qui a la trace des révolutions du globe comme des révolutions des hommes, et où l'on trouve des vestiges de tous les cataclysmes depuis le coquillage du déluge jusqu'au haillon de Marat.

LIVRE TROISIÈME

LA BOUE, MAIS L'AME[1]

I

LE CLOAQUE ET SES SURPRISES[2]

C'est dans l'égout de Paris que se trouvait Jean Valjean.

Ressemblance de plus de Paris avec la mer. Comme dans l'Océan, le plongeur peut y disparaître.

La transition était inouïe. Au milieu même de la ville, Jean Valjean était sorti de la ville; et, en un clin d'œil, le temps de lever un couvercle et de le refermer, il avait passé du plein jour à l'obscurité complète, de midi à minuit, du fracas au silence, du tourbillon des tonnerres à la stagnation de la tombe, et, par[3] une péripétie bien plus prodigieuse encore que celle de la rue Polonceau, du plus extrême péril à la sécurité la plus absolue.

Chute brusque dans une cave; disparition dans l'oubliette de Paris; quitter cette rue où la mort était partout pour cette espèce de sépulcre où il y avait la vie; ce fut un instant étrange. Il resta quelques secondes comme étourdi; écoutant, stupéfait. La chausse-trape du salut s'était subitement ouverte sous lui. La bonté céleste l'avait en quelque sorte pris par trahison. Adorables embuscades de la providence[4]!

Seulement le blessé ne remuait point, et Jean Valjean ne savait pas si ce qu'il emportait dans cette fosse était un vivant ou un mort.

Sa première sensation fut l'aveuglement. Brusquement, il ne vit plus rien. Il lui sembla aussi qu'en une minute il était devenu sourd. Il n'entendait plus rien. Le frénétique orage de meurtre qui se déchaînait à quelques pieds au-dessus de lui n'arrivait jusqu'à lui, nous[5] l'avons dit, grâce à l'épaisseur de terre qui l'en séparait, qu'éteint et indistinct, et comme une rumeur dans une profondeur. Il sentait que c'était solide sous ses pieds; voilà tout; mais cela suffisait. Il étendit un

bras, puis l'autre, et toucha le mur des deux côtés, et
reconnut que le couloir était étroit; il glissa, et reconnut
que la dalle était mouillée. Il avança un pied avec précaution, craignant un trou, un puisard, quelque gouffre;
il constata que le dallage se prolongeait. Une bouffée de
fétidité l'avertit du lieu où il était.

Au bout de quelques instants, il n'était plus aveugle.
Un peu de lumière tombait du soupirail par où il s'était
glissé, et son regard s'était fait à cette cave. Il commença
à distinguer quelque chose. Le couloir où il s'était terré,
nul autre mot n'exprime mieux la situation, était muré
derrière lui. C'était un de ces culs-de-sac que la langue
spéciale appelle branchements. Devant lui, il y avait un
autre mur, un mur de nuit. La clarté du soupirail expirait
à dix ou douze pas du point où était Jean Valjean, et
faisait à peine une blancheur blafarde sur quelques
mètres de la paroi humide de l'égout. Au delà l'opacité
était massive; y pénétrer paraissait horrible, et l'entrée
y semblait un engloutissement. On pouvait s'enfoncer
pourtant dans cette muraille de brume, et il le fallait. Il
fallait même se hâter. Jean Valjean songea que cette
grille, aperçue par lui sous les pavés, pouvait l'être par
les soldats, et que tout tenait à ce hasard. Ils pouvaient
descendre eux aussi dans ce puits et le fouiller. Il n'y
avait pas une minute à perdre. Il avait déposé Marius
sur le sol, il le ramassa, ceci est encore le mot vrai, le
reprit sur ses épaules et se mit en marche. Il entra résolument dans cette obscurité.

La réalité est qu'ils étaient moins sauvés que Jean
Valjean ne le croyait. Des périls d'un autre genre et non
moins grands les attendaient peut-être. Après le tourbillon fulgurant du combat, la caverne des miasmes et
des pièges; après le chaos, le cloaque. Jean Valjean était
tombé d'un cercle de l'enfer dans l'autre[6].

Quand il eut fait cinquante pas, il fallut s'arrêter. Une
question se présenta. Le couloir aboutissait à un autre
boyau qu'il rencontrait transversalement. Là s'offraient
deux voies. Laquelle prendre? fallait-il tourner à gauche
ou à droite? Comment s'orienter dans ce labyrinthe
noir? Ce labyrinthe, nous l'avons fait remarquer, a un
fil, c'est sa pente. Suivre la pente, c'est aller à la rivière.
Jean Valjean le comprit sur-le-champ.

Il se dit qu'il était probablement dans l'égout des

Halles ; que, s'il choisissait la gauche et suivait la pente, il arriverait avant un quart d'heure à quelque embouchure sur la Seine entre le Pont-au-Change et le Pont-Neuf, c'est-à-dire à une apparition en plein jour sur le point le plus peuplé de Paris. Peut-être aboutirait-il à quelque cagnard de carrefour. Stupeur des passants de voir deux hommes sanglants sortir de terre sous leurs pieds. Survenue des sergents de ville, prise d'armes du corps de garde voisin. On serait saisi avant d'être sorti. Il valait mieux s'enfoncer dans le dédale, se fier à cette noirceur, et s'en remettre à la providence quant à l'issue. Il remonta la pente et prit à droite.

Quand il eut tourné l'angle de la galerie, la lointaine lueur du soupirail disparut, le rideau d'obscurité retomba sur lui et il redevint aveugle. Il n'en avança pas moins, et aussi rapidement qu'il put. Les deux bras de Marius étaient passés autour de son cou et les pieds pendaient derrière lui[7]. Il tenait les deux bras d'une main[8] et tâtait le mur de l'autre. La joue de Marius touchait la sienne et s'y collait, étant sanglante. Il sentait couler sur lui et pénétrer sous ses vêtements un ruisseau tiède qui venait de Marius. Cependant une chaleur humide à son oreille que touchait la bouche du blessé indiquait de la respiration, et par conséquent de la vie. Le couloir où Jean Valjean cheminait maintenant était moins étroit que le premier. Jean Valjean y marchait assez péniblement. Les pluies de la veille n'étaient pas encore écoulées et faisaient un petit torrent au centre du radier, et il était forcé de se serrer contre le mur pour ne pas avoir les pieds dans l'eau. Il allait ainsi ténébreusement. Il ressemblait aux êtres de nuit tâtonnant dans l'invisible et souterrainement perdus dans les veines de l'ombre.

Pourtant, peu à peu, soit que des soupiraux lointains envoyassent un peu de lueur flottante dans cette brume opaque, soit que ses yeux s'accoutumassent à l'obscurité, il lui revint quelque vision vague, et il recommença à se rendre confusément compte, tantôt de la muraille à laquelle il touchait, tantôt de la voûte sous laquelle il passait. La pupille se dilate dans la nuit et finit par y trouver du jour, de même que l'âme se dilate dans le malheur et finit par y trouver Dieu.

Se diriger était malaisé. Le tracé des égouts répercute, pour ainsi dire, le tracé des rues qui lui est superposé.

Il y avait dans le Paris d'alors deux mille deux cents rues. Qu'on se figure là-dessous cette forêt de branches ténébreuses qu'on nomme l'égout. Le système d'égouts existant à cette époque, mis bout à bout, eût donné une longueur de onze lieues. Nous avons dit plus haut que le réseau actuel, grâce à l'activité spéciale des trente dernières années, n'a pas moins de soixante lieues.

Jean Valjean commença par se tromper. Il crut être sous la rue Saint-Denis, et il était fâcheux qu'il n'y fût pas. Il y a sous la rue Saint-Denis un vieil égout en pierre qui date de Louis XIII et qui va droit à l'égout collecteur dit Grand Égout, avec un seul coude, à droite, à la hauteur de l'ancienne cour des Miracles, et un seul embranchement, l'égout Saint-Martin, dont les quatre bras se coupent en croix. Mais le boyau de la Petite-Truanderie dont l'entrée était près du cabaret de Corinthe n'a jamais communiqué avec le souterrain de la rue Saint-Denis ; il aboutit à l'égout Montmartre et c'est là que Jean Valjean était engagé. Là, les occasions de se perdre abondaient. L'égout Montmartre est un des plus dédaléens du vieux réseau. Heureusement Jean Valjean avait laissé derrière lui l'égout des Halles dont le plan géométral figure une foule de mâts de perroquet enchevêtrés ; mais il avait devant lui plus d'une rencontre embarrassante et plus d'un coin de rue — car ce sont des rues — s'offrant dans l'obscurité comme un point d'interrogation : premièrement, à sa gauche, le vaste égout Plâtrière, espèce de casse-tête chinois, poussant et brouillant son chaos de T et de Z sous l'hôtel des Postes et sous la rotonde de la halle aux blés jusqu'à la Seine où il se termine en Y ; deuxièmement, à sa droite, le corridor courbe de la rue du Cadran[9] avec ses trois dents qui sont autant d'impasses ; troisièmement, à sa gauche, l'embranchement du Mail, compliqué, presque à l'entrée, d'une espèce de fourche, et allant de zigzag en zigzag aboutir à la grande crypte exutoire du Louvre tronçonnée et ramifiée dans tous les sens ; enfin, à droite, le couloir cul-de-sac de la rue des Jeûneurs, sans compter de petits réduits çà et là, avant d'arriver à l'égout de ceinture, lequel seul pouvait le conduire à quelque issue assez lointaine pour être sûre.

Si Jean Valjean eût eu quelque notion de tout ce que nous indiquons ici, il se fût vite aperçu, rien qu'en tâtant la muraille, qu'il n'était pas dans la galerie souterraine de la rue Saint-Denis. Au lieu de la vieille pierre de taille, au lieu de l'ancienne architecture, hautaine et royale jusque dans l'égout, avec radier et assises courantes en granit et mortier de chaux grasse, laquelle coûtait huit cents livres la toise, il eût senti sous sa main le bon marché contemporain, l'expédient économique, la meulière à bain de mortier hydraulique sur couche de béton qui coûte deux cents francs le mètre, la maçonnerie bourgeoise dite à *petits matériaux* ; mais il ne savait rien de tout cela.

Il allait devant lui, avec anxiété, mais avec calme, ne voyant rien, ne sachant rien, plongé dans le hasard, c'est-à-dire englouti dans la providence.

Par degrés, disons-le, quelque horreur le gagnait. L'ombre qui l'enveloppait entrait dans son esprit. Il marchait dans une énigme. Cet aqueduc du cloaque est redoutable ; il s'entre-croise vertigineusement. C'est une chose lugubre d'être pris dans ce Paris de ténèbres. Jean Valjean était obligé de trouver et presque d'inventer sa route sans la voir. Dans cet inconnu, chaque pas qu'il risquait pouvait être le dernier. Comment sortirait-il de là ? Trouverait-il une issue ? La trouverait-il à temps ? Cette colossale éponge souterraine aux alvéoles de pierre se laisserait-elle pénétrer et percer ? Y rencontrerait-on quelque nœud inattendu d'obscurité ? Arriverait-on à l'inextricable et à l'infranchissable ? Marius y mourrait-il d'hémorrhagie, et lui de faim ? Finiraient-ils par se perdre là tous les deux, et par faire deux squelettes dans un coin de cette nuit ? Il l'ignorait. Il se demandait tout cela et ne pouvait se répondre. L'intestin de Paris est un précipice. Comme le prophète, il était dans le ventre du monstre[10].

Il eut brusquement une surprise. A l'instant le plus imprévu, et sans avoir cessé de marcher en ligne droite, il s'aperçut qu'il ne montait plus ; l'eau du ruisseau lui battait les talons au lieu de lui venir sur la pointe des pieds. L'égout maintenant descendait. Pourquoi ? Allait-il donc arriver soudainement à la Seine ? Ce danger était grand, mais le péril de reculer l'était plus encore. Il continua d'avancer.

Ce n'était point vers la Seine qu'il allait. Le dos d'âne que fait le sol de Paris sur la rive droite vide un de ses versants dans la Seine et l'autre dans le Grand Égout. La crête de ce dos d'âne qui détermine la division des eaux dessine une ligne très capricieuse. Le point culminant, qui est le lieu de partage des écoulements, est, dans l'égout Sainte-Avoye, au delà de la rue Michel-le-Comte, dans l'égout du Louvre, près des boulevards, et dans l'égout Montmartre, près des Halles. C'est à ce point culminant que Jean Valjean était arrivé. Il se dirigeait vers l'égout de ceinture; il était dans le bon chemin. Mais il n'en savait rien.

Chaque fois qu'il rencontrait un embranchement, il en tâtait les angles, et s'il trouvait l'ouverture qui s'offrait moins large que le corridor où il était, il n'entrait pas et continuait sa route, jugeant avec raison que toute voie plus étroite devait aboutir à un cul-de-sac et ne pouvait que l'éloigner du but, c'est-à-dire de l'issue. Il évita ainsi le quadruple piège qui lui était tendu dans l'obscurité par les quatre dédales que nous venons d'énumérer.

A un certain moment il reconnut qu'il sortait de dessous le Paris pétrifié par l'émeute, où les barricades avaient supprimé la circulation, et qu'il rentrait sous le Paris vivant et normal. Il eut subitement au-dessus de sa tête comme un bruit de foudre, lointain, mais continu. C'était le roulement des voitures.

Il marchait depuis une demi-heure environ, du moins au calcul qu'il faisait en lui-même, et n'avait pas encore songé à se reposer; seulement il avait changé la main qui soutenait Marius. L'obscurité était plus profonde que jamais, mais cette profondeur le rassurait.

Tout à coup il vit son ombre devant lui. Elle se découpait sur une faible rougeur presque indistincte qui empourprait vaguement le radier à ses pieds et la voûte sur sa tête, et qui glissait à sa droite et à sa gauche sur les deux murailles visqueuses du corridor. Stupéfait, il se retourna.

Derrière lui, dans la partie du couloir qu'il venait de dépasser, à une distance qui lui parut immense, flamboyait, rayant l'épaisseur obscure, une sorte d'astre horrible qui avait l'air de le regarder.

C'était la sombre étoile de la police qui se levait dans l'égout. Derrière cette étoile remuaient confusément huit ou dix formes noires, droites, indistinctes, terribles[11].

II

EXPLICATION

Dans la journée du 6 juin, une battue des égouts avait été ordonnée. On craignit qu'ils ne fussent pris pour refuge par les vaincus, et le préfet Gisquet dut fouiller le Paris occulte pendant que le général Bugeaud balayait le Paris public; double opération connexe qui exigea une double stratégie de la force publique représentée en haut par l'armée et en bas par la police. Trois pelotons d'agents et d'égoutiers explorèrent la voirie souterraine de Paris, le premier, rive droite, le deuxième, rive gauche, le troisième, dans la Cité. Les agents étaient armés de carabines, de casse-tête, d'épées et de poignards[1].

Ce qui était en ce moment dirigé sur Jean Valjean, c'était la lanterne de la ronde de la rive droite.

Cette ronde venait de visiter la galerie courbe et les trois impasses qui sont sous la rue du Cadran. Pendant qu'elle promenait son falot au fond de ces impasses, Jean Valjean avait rencontré sur son chemin l'entrée de la galerie, l'avait reconnue plus étroite que le couloir principal et n'y avait point pénétré. Il avait passé outre. Les hommes de police, en ressortant de la galerie du Cadran, avaient cru entendre un bruit de pas dans la direction de l'égout de ceinture. C'étaient les pas de Jean Valjean en effet. Le sergent chef de ronde avait élevé sa lanterne, et l'escouade s'était mise à regarder dans le brouillard du côté d'où était venu le bruit.

Ce fut pour Jean Valjean une minute inexprimable.

Heureusement, s'il voyait bien la lanterne, la lanterne le voyait mal. Elle était la lumière et il était l'ombre. Il était très loin, et mêlé à la noirceur du lieu. Il se recogna le long du mur et s'arrêta.

Du reste, il ne se rendait pas compte de ce qui se mouvait là derrière lui. L'insomnie, le défaut de nourriture, les émotions, l'avaient fait passer, lui aussi, à l'état visionnaire. Il voyait un flamboiement, et, autour de ce flamboiement, des larves. Qu'était-ce? Il ne comprenait pas.

Jean Valjean s'étant arrêté, le bruit avait cessé. Les hommes de la ronde écoutaient et n'entendaient rien, ils regardaient et ne voyaient rien. Ils se consultèrent.

Il y avait à cette époque sur ce point de l'égout Montmartre une espèce de carrefour dit *de service* qu'on a supprimé depuis à cause du petit lac intérieur qu'y formait, en s'y engorgeant dans les forts orages, le torrent des eaux pluviales. La ronde put se pelotonner dans ce carrefour. Jean Valjean vit ces larves faire une sorte de cercle. Ces têtes de dogues se rapprochèrent et chuchotèrent[2].

Le résultat de ce conseil tenu par les chiens de garde fut qu'on s'était trompé, qu'il n'y avait pas eu de bruit, qu'il n'y avait là personne, qu'il était inutile de s'engager dans l'égout de ceinture, que ce serait du temps perdu, mais qu'il fallait se hâter d'aller vers Saint-Merry, que s'il y avait quelque chose à faire et quelque « bousingot » à dépister, c'était dans ce quartier-là.

De temps en temps les partis remettent des semelles neuves à leurs vieilles injures. En 1832, le mot *bousingot* faisait l'intérim entre le mot *jacobin* qui était éculé, et le mot *démagogue* alors presque inusité et qui a fait depuis un si excellent service[3].

Le sergent donna l'ordre d'obliquer à gauche vers le versant de la Seine. S'ils[4] eussent eu l'idée de se diviser en deux escouades et d'aller dans les deux sens, Jean Valjean était saisi. Cela tint à ce fil. Il est probable que les instructions de la préfecture, prévoyant un cas de combat et les insurgés en nombre, défendaient à la ronde de se morceler. La ronde se remit en marche, laissant derrière elle Jean Valjean. De tout ce mouvement Jean Valjean ne perçut rien sinon l'éclipse de la lanterne qui se retourna subitement.

Avant de s'en aller, le sergent, pour l'acquit de la conscience de la police, déchargea sa carabine du côté qu'on abandonnait, dans la direction de Jean Valjean. La détonation roula d'écho en écho dans la crypte comme le borborygme de ce boyau titanique. Un plâtras qui tomba dans le ruisseau et fit clapoter l'eau à quelques pas de Jean Valjean, l'avertit que la balle avait frappé la voûte au-dessus de sa tête[5].

Des pas mesurés et lents résonnèrent quelque temps sur le radier, de plus en plus amortis par l'augmentation progressive de l'éloignement, le groupe des formes noires s'enfonça, une lueur oscilla et flotta, faisant à la voûte un cintre rougeâtre qui décrut, puis disparut, le silence redevint profond, l'obscurité redevint complète, la cécité et la surdité reprirent possession des ténèbres ; et Jean Valjean, n'osant encore remuer, demeura longtemps adossé au mur, l'oreille tendue, la prunelle dilatée, regardant l'évanouissement de cette patrouille de fantômes.

III

L'HOMME FILÉ

Il faut rendre à la police de ce temps-là cette justice que, même dans les plus graves conjonctures publiques, elle accomplissait imperturbablement son devoir de voirie et de surveillance. Une émeute n'était point à ses yeux un prétexte pour laisser aux malfaiteurs la bride sur le cou, et pour négliger la société par la raison que le gouvernement était en péril. Le service ordinaire se faisait correctement à travers le service extraordinaire, et n'en était pas troublé. Au milieu d'un incalculable événement politique commencé, sous la pression d'une révolution possible, sans se laisser distraire par l'insurrection et la barricade, un agent « filait » un voleur.

C'était précisément quelque chose de pareil qui se passait dans l'après-midi du 6 juin au bord de la Seine, sur la berge de la rive droite, un peu au delà du pont des Invalides.

Il[1] n'y a plus là de berge aujourd'hui. L'aspect des lieux a changé.

Sur cette berge, deux hommes séparés par une certaine distance semblaient s'observer, l'un évitant l'autre. Celui qui allait en avant tâchait de s'éloigner, celui qui venait par derrière tâchait de se rapprocher.

C'était comme une partie d'échecs qui se jouait de loin et silencieusement. Ni l'un ni l'autre ne semblait se presser, et ils marchaient lentement tous les deux, comme si chacun d'eux craignait de faire par trop de hâte doubler le pas à son partenaire. On eût dit un appétit qui suit une proie, sans avoir l'air de le faire exprès. La proie était sournoise et se tenait sur ses gardes.

Les proportions voulues entre la fouine traquée et le dogue traqueur étaient observées. Celui qui tâchait d'échapper avait peu d'encolure et une chétive mine ; celui qui tâchait d'empoigner, gaillard de haute stature, était de rude aspect et devait être de rude rencontre.

Le premier, se sentant le plus faible, évitait le second ; mais il l'évitait d'une façon profondément furieuse ; qui eût pu l'observer eût vu dans ses yeux la sombre hostilité de la fuite, et toute la menace qu'il y a dans la crainte[2].

La berge était solitaire, il n'y avait point de passant ; pas même de batelier ni de débardeur dans les chalands amarrés çà et là.

On ne pouvait apercevoir aisément ces deux hommes que du quai en face, et pour qui les eût examinés à cette distance, l'homme qui allait devant eût apparu comme un être hérissé, déguenillé et oblique, inquiet et grelottant sous une blouse en haillons, et l'autre comme une personne classique et officielle, portant la redingote de l'autorité boutonnée jusqu'au menton. Le lecteur reconnaîtrait peut-être ces deux hommes, s'il les voyait de plus près[3].

Quel était le but du dernier? Probablement d'arriver à vêtir le premier plus chaudement.

Quand un homme habillé par l'État poursuit un homme en guenilles, c'est afin d'en faire aussi un homme habillé par l'État. Seulement la couleur est toute la question. Être habillé de bleu, c'est glorieux ; être habillé de rouge, c'est désagréable. Il y a une pourpre d'en bas. C'est probablement quelque désagrément et quelque pourpre de ce genre que le premier désirait esquiver.

Si l'autre le laissait marcher devant et ne le saisissait pas encore, c'était, selon toute apparence, dans l'espoir de le voir aboutir à quelque rendez-vous significatif et à quelque groupe de bonne prise. Cette opération délicate s'appelle « la filature ».

Ce qui rend cette conjecture tout à fait probable, c'est que l'homme boutonné, apercevant de la berge sur le quai un fiacre qui passait à vide, fit signe au cocher ; le cocher comprit, reconnut évidemment à qui il avait affaire, tourna bride et se mit à suivre au pas du haut du quai les deux hommes. Ceci ne fut pas aperçu du personnage louche et déchiré qui allait en avant.

Le fiacre roulait le long des arbres des Champs-Élysées. On voyait passer au-dessus du parapet le buste du cocher, son fouet à la main.

Une des instructions secrètes de la police aux agents contient cet article : — « Avoir toujours à portée une voiture de place, en cas. »

Tout en manœuvrant chacun de leur côté avec une stratégie irréprochable, ces deux hommes[4] approchaient d'une rampe du quai descendant jusqu'à la berge qui permettait alors aux cochers de fiacre arrivant de Passy de venir à la rivière faire boire leurs chevaux. Cette rampe a été supprimée depuis, pour la symétrie; les chevaux crèvent de soif, mais l'œil est flatté.

Il était vraisemblable que l'homme en blouse allait monter par cette rampe afin d'essayer de s'échapper dans les Champs-Élysées, lieu orné d'arbres, mais en revanche fort croisé d'agents de police, et où l'autre aurait aisément main-forte.

Ce point du quai est fort peu éloigné de la maison apportée de Moret à Paris en 1824 par le colonel Brack, et dite maison[5] de François Ier. Un corps de garde est là tout près.

A la grande surprise de son observateur, l'homme traqué ne prit point par la rampe de l'abreuvoir. Il continua de s'avancer sur la berge le long du quai. Sa position devenait visiblement critique. A moins de se jeter à la Seine, qu'allait-il faire?

Aucun moyen désormais de remonter sur le quai; plus de rampe et pas d'escalier; et l'on était tout près de l'endroit, marqué par le coude de la Seine vers le pont d'Iéna, où la berge, de plus en plus rétrécie, finissait en langue mince et se perdait sous l'eau. Là il allait inévitablement se trouver bloqué entre le mur à pic à sa droite, la rivière à gauche et en face, et l'autorité sur ses talons.

Il est vrai que cette fin de la berge était masquée au regard par un monceau de déblais de six à sept pieds de haut, produit d'on ne sait quelle démolition. Mais cet homme espérait-il se cacher utilement derrière ce tas de gravats qu'il suffisait de tourner? L'expédient eût été puéril. Il n'y songeait certainement pas. L'innocence des voleurs ne va point jusque-là.

Le tas de déblais faisait au bord de l'eau une sorte d'éminence qui se prolongeait en promontoire jusqu'à la muraille du quai.

L'homme suivi arriva[6] à cette petite colline et la doubla, de sorte qu'il cessa d'être aperçu par l'autre[7].

Celui-ci, ne[8] voyant pas, n'était pas vu; il en profita pour abandonner toute dissimulation et pour marcher très rapidement. En quelques instants il fut au monceau de déblais et le tourna. Là, il s'arrêta stupéfait. L'homme qu'il chassait n'était plus là. Éclipse totale de l'homme en blouse.

La berge n'avait guère à partir du monceau de déblais qu'une longueur d'une trentaine de pas, puis elle plongeait sous l'eau qui venait battre le mur du quai. Le fuyard n'aurait pu se jeter à la Seine ni escalader le quai sans être vu par celui qui le suivait. Qu'était-il devenu?

L'homme à la redingote boutonnée marcha jusqu'à l'extrémité de la berge, et y resta un moment pensif, les poings convulsifs, l'œil furetant. Tout à coup il se frappa le front. Il venait d'apercevoir au point où finissait la terre et où l'eau commençait, une grille de fer large et basse, cintrée, garnie d'une épaisse serrure et de trois gonds massifs. Cette grille, sorte de porte percée au bas du quai, s'ouvrait sur la rivière autant que sur la berge. Un ruisseau noirâtre passait dessous. Ce ruisseau se dégorgeait dans la Seine.

Au delà de ses lourds barreaux rouillés on distinguait une sorte de corridor voûté et obscur.

L'homme croisa les bras et regarda la grille d'un air de reproche[9].

Ce regard ne suffisant pas, il essaya de la pousser; il la secoua, elle résista solidement. Il était probable qu'elle venait d'être ouverte, quoiqu'on n'eût entendu aucun bruit, chose singulière d'une grille si rouillée; mais il était certain qu'elle avait été refermée. Cela indiquait que celui devant qui cette porte venait de tourner avait non un crochet, mais une clef.

Cette évidence éclata tout de suite à l'esprit de l'homme qui s'efforçait d'ébranler la grille et lui arracha cet épiphonème indigné:

— Voilà qui est fort! une clef du gouvernement!

Puis, se calmant immédiatement, il exprima tout un monde d'idées intérieures par cette bouffée de monosyllabes accentués presque ironiquement:

— Tiens! tiens! tiens! tiens[10]!

Cela dit, espérant on ne sait quoi, ou voir ressortir l'homme, ou en voir entrer d'autres, il se posta aux aguets derrière le tas de déblais, avec la rage patiente du chien d'arrêt.

De son côté, le fiacre, qui se réglait sur toutes ses allures, avait fait halte au-dessus de lui près du parapet.

Le cocher, prévoyant une longue station, emboîta le museau de ses chevaux dans le sac d'avoine humide en bas, si connu des Parisiens, auxquels les gouvernements, soit dit par parenthèse, le mettent quelquefois. Les rares passants du pont d'Iéna, avant de s'éloigner, tournaient la tête pour regarder un moment ces deux détails du paysage immobiles, l'homme sur la berge, le fiacre sur le quai[11].

IV

Lui aussi porte sa croix

Jean Valjean avait repris sa marche et ne s'était plus arrêté.

Cette marche était de plus en plus laborieuse. Le niveau de ces voûtes varie ; la hauteur[1] moyenne est d'environ cinq pieds six pouces, et a été calculée pour la taille d'un homme ; Jean Valjean était forcé de se courber pour ne pas heurter Marius à la voûte ; il fallait à chaque instant se baisser, puis se redresser, tâter sans cesse le mur. La moiteur des pierres et la viscosité du radier en faisaient de mauvais points d'appui, soit pour la main, soit pour le pied. Il trébuchait dans le hideux fumier de la ville. Les reflets intermittents des soupiraux n'apparaissaient qu'à de très longs intervalles, et si blêmes que le plein soleil y semblait clair de lune ; tout le reste était brouillard, miasme, opacité, noirceur. Jean Valjean avait faim et soif ; soif surtout ; et c'est là, comme la mer, un lieu plein d'eau où l'on ne peut boire. Sa force, qui était prodigieuse, on le sait, et fort peu diminuée par l'âge, grâce à sa vie chaste et sobre, commençait pourtant à fléchir. La fatigue lui venait, et la force en décroissant faisait croître le poids du fardeau. Marius, mort peut-être, pesait comme pèsent les corps inertes. Jean Valjean le soutenait de façon que la poitrine ne fût pas gênée et que la respiration pût toujours passer le mieux possible. Il sentait entre ses jambes le glissement rapide des rats. Un d'eux fut effaré au point de le mordre. Il lui venait de temps en temps par les bavettes des bouches de l'égout un souffle frais qui le ranimait.

Il pouvait être trois heures de l'après-midi quand il arriva à l'égout de ceinture. Il fut d'abord étonné de cet élargissement subit. Il se trouva brusquement dans une galerie dont ses mains étendues n'atteignaient point les deux murs et sous une voûte que sa tête ne touchait pas. Le Grand Égout en effet a huit pieds de large sur sept de haut.

Au point où l'égout Montmartre rejoint le Grand Égout, deux autres galeries souterraines, celle de la rue de Provence et celle de l'Abattoir², viennent faire un carrefour. Entre ces quatre voies, un moins sagace eût été indécis. Jean Valjean prit la plus large, c'est-à-dire l'égout de ceinture. Mais ici revenait la question : descendre, ou monter ? Il pensa que la situation pressait, et qu'il fallait, à tout risque, gagner maintenant la Seine. En d'autres termes, descendre. Il tourna à gauche.

Bien lui en prit. Car ce serait une erreur de croire que l'égout de ceinture a deux issues, l'une vers Bercy, l'autre vers Passy, et qu'il est, comme l'indique son nom, la ceinture souterraine du Paris de la rive droite. Le Grand Égout, qui n'est, il faut s'en souvenir, autre chose que l'ancien ruisseau Ménilmontant, aboutit, si on le remonte, à un cul-de-sac, c'est-à-dire à son ancien point de départ, qui fut sa source, au pied de la butte Ménilmontant. Il n'a point de communication directe avec le branchement qui ramasse les eaux de Paris à partir du quartier Popincourt, et qui se jette dans la Seine par l'égout Amelot au-dessus de l'ancienne île Louviers. Ce branchement, qui complète l'égout collecteur, en est séparé, sous la rue Ménilmontant même, par un massif qui marque le point de partage des eaux en amont et en aval. Si Jean Valjean eût remonté la galerie, il fût arrivé, après mille efforts, épuisé de fatigue, expirant, dans les ténèbres, à une muraille. Il était perdu.

A la rigueur, en revenant un peu sur ses pas, en s'engageant dans le couloir des Filles-du-Calvaire, à la condition de ne pas hésiter à la patte d'oie souterraine du carrefour Boucherat, en prenant le corridor Saint-Louis, puis, à gauche, le boyau Saint-Gilles, puis en tournant à droite et en évitant la galerie Saint-Sébastien, il eût pu gagner l'égout Amelot, et de là, pourvu qu'il ne s'égarât point dans l'espèce d'F qui est sous la Bastille, atteindre l'issue sur la Seine près de l'Arsenal. Mais, pour cela, il eût fallu connaître à fond, et dans toutes ses ramifications et dans toutes ses percées, l'énorme madrépore de l'égout. Or, nous devons y insister, il ne savait rien de cette voirie effrayante où il cheminait ; et, si on lui eût demandé dans quoi il était, il eût répondu : dans de la nuit.

Son instinct le servit bien. Descendre, c'était en effet le salut possible.

Il laissa à sa droite les deux couloirs qui se ramifient en forme de griffe sous la rue Laffitte et la rue Saint-Georges et le long corridor bifurqué de la Chaussée d'Antin.

Un peu au delà d'un affluent qui était vraisemblablement le branchement de la Madeleine, il fit halte. Il était très las. Un soupirail assez large, probablement le regard de la rue d'Anjou, donnait une lumière presque vive. Jean Valjean, avec la douceur de mouvements qu'aurait un frère pour son frère blessé, déposa Marius sur la banquette de l'égout. La face sanglante de Marius apparut sous la lueur blanche du soupirail comme au fond d'une tombe. Il avait les yeux fermés, les cheveux appliqués aux tempes comme des pinceaux séchés dans de la couleur rouge, les mains pendantes et mortes, les membres froids, du sang coagulé au coin des lèvres. Un caillot de sang s'était amassé dans le nœud de la cravate ; la chemise entrait dans les plaies, le drap de l'habit frottait les coupures béantes de la chair vive. Jean Valjean, écartant du bout des doigts les vêtements, lui posa la main sur la poitrine ; le cœur battait encore. Jean Valjean déchira sa chemise, banda les plaies le mieux qu'il put et arrêta le sang qui coulait ; puis, se penchant dans ce demi-jour sur Marius toujours sans connaissance et presque sans souffle, il le regarda avec une inexprimable haine.

En dérangeant les vêtements de Marius, il avait trouvé dans les poches deux choses, le pain qui y était oublié depuis la veille, et le portefeuille de Marius. Il mangea le pain et ouvrit le portefeuille. Sur la première page, il trouva les quatre lignes écrites par Marius. On s'en souvient :

« Je m'appelle Marius Pontmercy. Porter mon cadavre chez mon grand-père M. Gillenormand, rue des Filles-du-Calvaire, n° 6, au Marais[3]. »

Jean Valjean lut, à la clarté du soupirail, ces quatre lignes, et resta un moment comme absorbé en lui-même, répétant à demi-voix : Rue des Filles-du-Calvaire, numéro six, monsieur Gillenormand. Il replaça le portefeuille dans la poche de Marius. Il avait mangé, la force lui était revenue ; il reprit Marius sur son dos, lui appuya soigneusement la tête sur son épaule droite, et se remit à descendre l'égout.

Le Grand Égout, dirigé selon le thalweg de la vallée de Ménilmontant, a près de deux lieues de long. Il est pavé sur une notable partie de son parcours.

Ce flambeau du nom des rues de Paris dont nous éclairons pour le lecteur la marche souterraine de Jean Valjean, Jean Valjean ne l'avait pas. Rien ne lui disait quelle zone de la ville il traversait, ni quel trajet il avait fait. Seulement la pâleur croissante des flaques de lumière qu'il rencontrait de temps en temps lui indiqua que le soleil se retirait du pavé et que le jour ne tarderait pas à décliner ; et le roulement des voitures au-dessus de sa tête, étant devenu de continu intermittent, puis ayant presque cessé, il en conclut qu'il n'était plus sous le Paris central et qu'il approchait de quelque région solitaire, voisine des boulevards extérieurs ou des quais extrêmes. Là où il y a moins de maisons et moins de rues, l'égout a moins de soupiraux. L'obscurité s'épaississait autour de Jean Valjean. Il n'en continua pas moins d'avancer, tâtonnant dans l'ombre.

Cette ombre devint brusquement terrible.

V

POUR LE SABLE COMME POUR LA FEMME IL Y A UNE FINESSE QUI EST PERFIDIE

Il sentit qu'il entrait dans l'eau, et qu'il avait sous ses pieds, non plus du pavé, mais de la vase.

Il arrive parfois, sur de certaines côtes de Bretagne ou d'Écosse, qu'un homme, un voyageur ou un pêcheur, cheminant à marée basse sur la grève loin du rivage, s'aperçoit soudainement que depuis plusieurs minutes il marche avec quelque peine. La plage est sous ses pieds comme de la poix ; la semelle s'y attache ; ce n'est plus du sable, c'est de la glu. La grève est parfaitement sèche, mais à tous les pas qu'on fait, dès qu'on a levé le pied, l'empreinte qu'il laisse se remplit d'eau. L'œil, du reste, ne s'est aperçu d'aucun changement ; l'immense plage est unie et tranquille, tout le sable a le même aspect, rien ne distingue le sol qui est solide du sol qui ne l'est plus ; la petite nuée joyeuse des pucerons de mer continue de sauter tumultueusement sur les pieds du passant. L'homme suit sa route, va devant lui, appuie vers la

terre, tâche de se rapprocher de la côte. Il n'est pas
inquiet. Inquiet de quoi? Seulement il sent quelque
chose comme si la lourdeur de ses pieds croissait à chaque
pas qu'il fait. Brusquement, il enfonce. Il enfonce de
deux ou trois pouces. Décidément il n'est pas dans la
bonne route; il s'arrête pour s'orienter. Tout à coup il
regarde à ses pieds. Ses pieds ont disparu. Le sable les
couvre. Il retire ses pieds du sable, il veut revenir sur
ses pas, il retourne en arrière; il enfonce plus profondément. Le sable lui vient à la cheville, il s'en arrache
et se jette à gauche, le sable lui vient à mi-jambe, il se
jette à droite, le sable lui vient aux jarrets. Alors il reconnaît avec une indicible terreur qu'il est engagé dans de
la grève mouvante, et qu'il a sous lui le milieu effroyable
où l'homme ne peut pas plus marcher que le poisson n'y
peut nager. Il jette son fardeau s'il en a un, il s'allège
comme un navire en détresse; il n'est déjà plus temps,
le sable est au-dessus de ses genoux.

Il appelle, il agite son chapeau ou son mouchoir, le
sable le gagne de plus en plus; si la grève est déserte, si
la terre est trop loin, si le banc de sable est trop mal
famé, s'il n'y a pas de héros dans les environs, c'est fini,
il est condamné à l'enlisement. Il est condamné à cet
épouvantable enterrement long, infaillible, implacable,
impossible à retarder ni à hâter, qui dure des heures,
qui n'en finit pas, qui vous prend debout, libre et en
pleine santé, qui vous tire par les pieds, qui, à chaque
effort que vous tentez, à chaque clameur que vous poussez, vous entraîne un peu plus bas, qui a l'air de vous
punir de votre résistance par un redoublement d'étreinte,
qui fait rentrer lentement l'homme dans la terre en lui
laissant tout le temps de regarder l'horizon, les arbres,
les campagnes vertes, les fumées des villages dans la
plaine, les voiles des navires sur la mer, les oiseaux qui
volent et qui chantent, le soleil, le ciel. L'enlisement,
c'est le sépulcre qui se fait marée et qui monte du fond
de la terre vers un vivant. Chaque minute est une ense-
velisseuse inexorable. Le misérable essaye de s'asseoir,
de se coucher, de ramper; tous les mouvements qu'il
fait l'enterrent; il se redresse, il enfonce; il se sent engloutir; il hurle, implore, crie aux nuées, se tord les bras,
désespère. Le voilà dans le sable jusqu'au ventre; le
sable atteint la poitrine; il n'est plus qu'un buste. Il

élève les mains, jette des gémissements furieux, crispe ses ongles sur la grève, veut se retenir à cette cendre, s'appuie sur les coudes pour s'arracher de cette gaine molle, sanglote frénétiquement; le sable monte. Le sable atteint les épaules, le sable atteint le cou; la face seule est visible maintenant. La bouche crie, le sable l'emplit; silence. Les yeux regardent encore, le sable les ferme; nuit. Puis le front décroît, un peu de chevelure frissonne au-dessus du sable; une main sort, troue la surface de la grève, remue et s'agite, et disparaît. Sinistre effacement d'un homme.

Quelquefois le cavalier s'enlise avec le cheval; quelquefois le charretier s'enlise avec la charrette; tout sombre sous la grève. C'est le naufrage ailleurs que dans l'eau. C'est la terre noyant l'homme. La terre, pénétrée d'océan, devient piège. Elle s'offre comme une plaine et s'ouvre comme une onde. L'abîme a de ces trahisons.

Cette funèbre aventure, toujours possible sur telle ou telle plage de la mer, était possible aussi, il y a trente ans, dans l'égout de Paris. Avant les importants travaux commencés en 1833, la voirie souterraine de Paris était sujette à des effondrements subits.

L'eau s'infiltrait dans de certains terrains sous-jacents, particulièrement friables; le radier, qu'il fût de pavé, comme dans les anciens égouts, ou de chaux hydraulique sur béton, comme dans les nouvelles galeries, n'ayant plus de point d'appui, pliait. Un pli dans un plancher de ce genre, c'est une fente; une fente, c'est l'écroulement. Le radier croulait sur une certaine longueur. Cette crevasse, hiatus d'un gouffre de boue, s'appelait dans la langue spéciale *fontis*. Qu'est-ce qu'un fontis? C'est le sable mouvant des bords de la mer tout à coup rencontré sous terre; c'est la grève du mont Saint-Michel dans un égout. Le sol, détrempé, est comme en fusion; toutes ses molécules sont en suspension dans un milieu mou; ce n'est pas de la terre et ce n'est pas de l'eau. Profondeur quelquefois très grande. Rien de plus redoutable qu'une telle rencontre. Si l'eau domine, la mort est prompte, il y a engloutissement; si la terre domine, la mort est lente, il y a enlisement.

Se[1] figure-t-on une telle mort? si l'enlisement est effroyable sur une grève de la mer, qu'est-ce dans le cloaque ? Au lieu du plein air, de la pleine lumière, du grand jour, de ce clair horizon, de ces vastes bruits, de ces libres nuages d'où pleut la vie, de ces barques aperçues au loin, de cette espérance sous toutes les formes, des passants probables, du secours possible jusqu'à la dernière minute, au lieu de tout cela, la surdité, l'aveuglement, une voûte noire, un dedans de tombe déjà tout fait, la mort dans de la bourbe sous un couvercle, l'étouffement lent par l'immondice, une boîte de pierre où l'asphyxie ouvre sa griffe dans la fange et vous prend à la gorge ; la fétidité mêlée au râle ; la vase au lieu de la grève, l'hydrogène sulfuré au lieu de l'ouragan, l'ordure au lieu de l'océan ! et appeler, et grincer des dents, et se tordre, et se débattre, et agoniser, avec cette ville énorme qui n'en sait rien, et qu'on a au-dessus de sa tête !

Inexprimable horreur de mourir ainsi ! La mort rachète quelquefois son atrocité par une certaine dignité terrible. Sur le bûcher, dans le naufrage, on peut être grand ; dans la flamme comme dans l'écume, une attitude superbe est possible ; on s'y transfigure en s'y abîmant. Mais ici point. La mort est malpropre. Il est humiliant d'expirer. Les suprêmes visions flottantes sont abjectes. Boue est synonyme de honte. C'est petit, laid, infâme. Mourir dans une tonne de malvoisie, comme Clarence[2], soit ; dans la fosse du boueur, comme d'Escoubleau, c'est horrible. Se débattre là-dedans est hideux ; en même temps qu'on agonise, on patauge. Il y a assez de ténèbres pour que ce soit l'enfer, et assez de fange pour que ce ne soit que le bourbier, et le mourant ne sait pas s'il va devenir spectre ou s'il va devenir crapaud. Partout ailleurs le sépulcre est sinistre ; ici il est difforme.

La profondeur des fontis variait, et leur longueur, et leur densité, en raison de la plus ou moins mauvaise qualité du sous-sol. Parfois un fontis était profond de trois ou quatre pieds, parfois de huit ou dix ; quelquefois on ne trouvait pas le fond. La vase était ici presque solide, là presque liquide. Dans le fontis Lunière, un homme eût mis un jour à disparaître, tandis qu'il eût été dévoré en cinq minutes par le bourbier Phélippeaux[3]. La vase porte plus ou moins selon son plus ou moins de densité. Un enfant se sauve où un homme se perd. La première loi de salut, c'est de se dépouiller de tout espèce de chargement. Jeter son sac d'outils, ou sa hotte ou son auge, c'était par là que commençait tout égoutier qui sentait le sol fléchir sous lui.

Les fontis avaient des causes diverses : friabilité du sol ; quelque éboulement à une profondeur hors de la portée de l'homme ; les violentes averses de l'été ; l'ondée incessante de l'hiver ; les longues petites pluies fines. Parfois le poids des maisons environnantes sur un terrain marneux ou sablonneux chassait les voûtes des galeries souterraines et les faisait gauchir, ou bien il arrivait que le radier éclatait et se fendait sous cette écrasante poussée. Le tassement du Panthéon a oblitéré de cette façon, il y a un siècle, une partie des caves de la montagne Sainte-Geneviève. Quand un égout s'effondrait sous la pression des maisons, le désordre, dans certaines occasions, se traduisait en haut de la rue par une espèce d'écarts en dents de scie entre les pavés ; cette déchirure se développait en ligne serpentante dans toute la longueur de la voûte lézardée, et alors, le mal étant visible, le remède pouvait être prompt. Il advenait aussi que souvent le ravage intérieur ne se révélait par aucune balafre au dehors. Et dans ce cas-là, malheur aux égoutiers. Entrant sans précaution dans l'égout défoncé, ils pouvaient s'y perdre. Les anciens registres font mention de quelques puisatiers ensevelis de la sorte dans les fontis. Ils donnent plusieurs noms ; entre autres celui de l'égoutier qui s'enlisa dans un effondrement sous le cagnard de la rue Carême-Prenant[4], un nommé Blaise Poutrain ; ce Blaise Poutrain était frère de Nicolas Poutrain qui fut le dernier fossoyeur du cimetière dit charnier des Innocents en 1785, époque où ce cimetière mourut.

Il y eut aussi ce jeune et charmant vicomte d'Escoubleau dont nous venons de parler, l'un des héros du siège de Lérida où l'on donna l'assaut en bas de soie, violons en tête. D'Escoubleau, surpris une nuit chez sa cousine, la duchesse de Sourdis, se noya dans une fondrière de l'égout Beautreillis où il s'était réfugié pour échapper au duc. Madame de Sourdis, quand on lui raconta cette mort, demanda son flacon, et oublia de pleurer à force de respirer des sels. En pareil cas, il n'y a pas d'amour qui tienne ; le cloaque l'éteint. Héro refuse de laver le cadavre de Léandre. Thisbé se bouche le nez devant Pyrame et dit : Pouah !

VI

Le fontis[1]

Jean Valjean se trouvait en présence d'un fontis.

Ce genre d'écroulement était alors fréquent dans le sous-sol des Champs-Élysées, difficilement maniable aux travaux hydrauliques et peu conservateur des constructions souterraines à cause de son excessive fluidité. Cette fluidité dépasse l'inconsistance des sables même du quartier Saint-Georges, qui n'ont pu être vaincus que par un enrochement sur béton, et des couches glaiseuses infectées de gaz du quartier des Martyrs, si liquides que le passage n'a pu être pratiqué sous la galerie des Martyrs qu'au moyen d'un tuyau en fonte. Lorsqu'en 1836 on a démoli sous le faubourg Saint-Honoré, pour le reconstruire, le vieil égout en pierre où nous voyons en ce moment Jean Valjean engagé, le sable mouvant, qui est le sous-sol des Champs-Élysées jusqu'à la Seine, fit obstacle au point que l'opération dura près de six mois, au grand récri des riverains, surtout des riverains à hôtels et à carrosses. Les travaux furent plus que malaisés ; ils furent dangereux. Il est vrai qu'il y eut quatre mois et demi de pluie et trois crues de la Seine.

Le fontis que Jean Valjean rencontrait avait pour cause l'averse de la veille. Un fléchissement du pavé mal soutenu par le sable sous-jacent avait produit un engorgement d'eau pluviale. L'infiltration s'étant faite, l'effondrement avait suivi. Le radier, disloqué, s'était affaissé dans la vase. Sur quelle longueur ? Impossible de le dire. L'obscurité était là plus épaisse que partout ailleurs. C'était un trou de boue dans une caverne de nuit.

Jean Valjean sentit le pavé se dérober sous lui. Il entra dans cette fange. C'était de l'eau à la surface, de la vase au fond. Il fallait bien passer. Revenir sur ses pas était impossible. Marius était expirant, et Jean Valjean exténué. Où aller d'ailleurs ? Jean Valjean avança. Du reste la fondrière parut peu profonde aux premiers pas. Mais à mesure qu'il avançait, ses pieds plongeaient. Il eut bientôt de la vase jusqu'à mi-jambe et de l'eau plus haut que les genoux. Il marchait, exhaussant de ses deux bras Marius le plus qu'il pouvait au-dessus de l'eau. La vase lui venait maintenant aux jarrets et l'eau à la ceinture. Il ne pouvait déjà plus reculer. Il enfonçait de plus en plus. Cette vase, assez dense pour le poids d'un homme, ne pouvait évidemment en porter deux. Marius et Jean Valjean eussent eu chance de s'en tirer, isolément. Jean Valjean continua d'avancer, soutenant ce mourant, qui était un cadavre peut-être.

L'eau lui venait aux aisselles ; il se sentait sombrer ; c'est à peine s'il pouvait se mouvoir dans la profondeur de bourbe où il était. La densité, qui était le soutien, était aussi l'obstacle. Il soulevait toujours Marius, et, avec une dépense de force inouïe, il avançait ; mais il enfonçait. Il n'avait plus que la tête hors de l'eau, et ses deux bras élevant Marius. Il y a, dans les vieilles peintures du déluge, une mère qui fait ainsi de son enfant.

Il enfonça encore, il renversa sa face en arrière pour échapper à l'eau et pouvoir respirer ; qui l'eût vu dans cette obscurité eût cru voir un masque flottant sur de l'ombre ; il apercevait vaguement au-dessus de lui la tête pendante et le visage livide de Marius ; il fit un effort désespéré, et lança son pied en avant ; son pied heurta on ne sait quoi de solide. Un point d'appui. Il était temps.

Il se dressa et se tordit et s'enracina avec une sorte de furie sur ce point d'appui. Cela lui fit l'effet de la première marche d'un escalier remontant à la vie.

Ce point d'appui, rencontré dans la vase au moment suprême, était le commencement de l'autre versant du radier, qui avait plié sans se briser et s'était courbé sous l'eau comme une planche et d'un seul morceau. Les pavages bien construits font voûte et ont de ces fermetés-là. Ce fragment du radier, submergé en partie, mais solide, était une véritable rampe, et, une fois sur cette rampe, on était sauvé. Jean Valjean remonta ce plan incliné et arriva de l'autre côté de la fondrière.

En sortant de l'eau, il se heurta à une pierre et tomba sur les genoux. Il trouva que c'était juste, et y resta quelque temps, l'âme abîmée dans on ne sait quelle parole à Dieu.

Il se redressa, frissonnant, glacé, infect, courbé, sous ce mourant qu'il traînait, tout ruisselant de fange, l'âme pleine d'une étrange clarté.

VII

QUELQUEFOIS ON ÉCHOUE OÙ L'ON CROIT DÉBARQUER[1]

Il se remit en route encore une fois.

Du reste, s'il n'avait pas laissé sa vie dans le fontis, il semblait y avoir laissé sa force. Ce suprême effort l'avait épuisé. Sa lassitude était maintenant telle, que tous les trois ou quatre pas, il était obligé de reprendre haleine, et s'appuyait au mur. Une fois, il dut s'asseoir sur la banquette pour changer la position de Marius, et il crut qu'il demeurerait là. Mais si sa vigueur était morte, son énergie ne l'était point. Il se releva.

Il marcha désespérément, presque vite, fit ainsi une centaine de pas, sans dresser la tête, presque sans respirer, et tout à coup se cogna au mur. Il était parvenu à un coude de l'égout, et, en arrivant tête basse au tournant, il avait rencontré la muraille. Il leva les yeux, et à l'extrémité du souterrain, là-bas devant lui, loin, très loin, il aperçut une lumière. Cette fois, ce n'était pas la lumière terrible ; c'était la lumière bonne et blanche. C'était le jour. Jean Valjean voyait l'issue.

Une âme damnée qui, du milieu de la fournaise, apercevrait tout à coup la sortie de la géhenne, éprouverait ce qu'éprouva Jean Valjean. Elle volerait éperdument avec le moignon de ses ailes brûlées vers la porte radieuse. Jean Valjean ne sentit plus la fatigue, il ne sentit plus le poids de Marius, il retrouva ses jarrets d'acier, il courut plus qu'il ne marcha. A mesure qu'il approchait, l'issue se dessinait de plus en plus distinctement. C'était une arche cintrée, moins haute que la voûte qui se restreignait par degrés et moins large que la galerie qui se resserrait en même temps que la voûte s'abaissait. Le tunnel finissait en intérieur d'entonnoir ; rétrécissement vicieux, imité des guichets de maisons de force, logique dans une prison, illogique dans un égout, et qui a été corrigé depuis.

Jean Valjean arriva à l'issue. Là, il s'arrêta. C'était bien la sortie, mais on ne pouvait sortir.

L'arche était fermée d'une forte grille, et la grille, qui, selon toute apparence, tournait rarement sur ses gonds oxydés, était assujettie à son chambranle de pierre par une serrure épaisse qui, rouge de rouille, semblait une énorme brique. On voyait le trou de la clef, et le pêne robuste profondément plongé dans la gâche de fer. La serrure était visiblement fermée à double tour. C'était une de ces serrures de bastilles que le vieux Paris prodiguait volontiers.

Au delà de la grille, le grand air, la rivière, le jour, la berge très étroite, mais suffisante pour s'en aller, les quais lointains, Paris, ce gouffre où l'on se dérobe si aisément, le large horizon, la liberté. On distinguait à droite, en aval, le pont d'Iéna, et à gauche, en amont, le pont des Invalides; l'endroit eût été propice pour attendre la nuit et s'évader. C'était un des points les plus solitaires de Paris: la berge qui fait face au Gros-Caillou. Les mouches entraient et sortaient à travers les barreaux de la grille.

Il pouvait être huit heures et demie du soir. Le jour baissait.

Jean Valjean déposa Marius le long du mur sur la partie sèche du radier, puis marcha à la grille et crispa ses deux poings sur les barreaux; la secousse fut frénétique, l'ébranlement nul. La grille ne bougea pas. Jean Valjean saisit les barreaux l'un après l'autre, espérant pouvoir arracher le moins solide et s'en faire un levier pour soulever la porte ou pour briser la serrure. Aucun barreau ne remua. Les dents d'un tigre ne sont pas plus solides dans leurs alvéoles. Pas de levier; pas de pesée possible. L'obstacle était invincible. Aucun moyen d'ouvrir la porte.

Fallait-il donc finir là? Que faire? que devenir? Rétrograder; recommencer le trajet effrayant qu'il avait déjà parcouru; il n'en avait pas la force. D'ailleurs, comment traverser de nouveau cette fondrière d'où l'on ne s'était tiré que par miracle? Et après la fondrière, n'y avait-il pas cette ronde de police à laquelle, certes, on n'échapperait pas deux fois? Et puis où aller? quelle direction prendre? Suivre la pente, ce n'était point aller au but. Arrivât-on à une autre issue, on la trouverait obstruée d'un tampon ou d'une grille. Toutes les sorties étaient indubitablement closes de cette façon. Le hasard avait descellé la grille par laquelle on était entré, mais évidemment toutes les autres bouches de l'égout étaient fermées[2].

On n'avait réussi qu'à s'évader dans une prison. C'était fini[3]. Tout ce qu'avait fait Jean Valjean était inutile. Dieu refusait.

Ils étaient pris l'un et l'autre dans la sombre et immense toile de la mort, et Jean Valjean sentait courir sur ces fils noirs tressaillant dans les ténèbres l'épouvantable araignée.

Il tourna le dos à la grille, et tomba sur le pavé, plutôt terrassé qu'assis, près de Marius toujours sans mouvement, et sa tête s'affaissa entre ses genoux. Pas d'issue. C'était[4] la dernière goutte de l'angoisse.

A qui songeait-il dans ce profond accablement? Ni à lui-même, ni à Marius. Il pensait à Cosette.

VIII

Le pan de l'habit déchiré

Au milieu de cet anéantissement, une main se posa sur son épaule, et une voix qui parlait bas lui dit :
— Part à deux.

Quelqu'un dans cette ombre? Rien ne ressemble au rêve comme le désespoir. Jean Valjean crut rêver. Il n'avait point entendu de pas. Était-ce possible? Il leva les yeux. Un homme était devant lui.

Cet homme était vêtu d'une blouse; il avait les pieds nus; il tenait ses souliers dans sa main gauche; il les avait évidemment ôtés pour pouvoir arriver jusqu'à Jean Valjean, sans qu'on l'entendît marcher.

Jean Valjean n'eut pas un moment d'hésitation. Si imprévue que fût la rencontre, cet homme lui était connu[1]. Cet homme était Thénardier.

Quoique réveillé, pour ainsi dire, en sursaut, Jean Valjean, habitué aux alertes et aguerri aux coups inattendus qu'il faut parer vite, reprit possession sur-le-champ de toute sa présence d'esprit. D'ailleurs la situation ne pouvait empirer, un certain degré de détresse n'est plus capable de crescendo, et Thénardier lui-même ne pouvait ajouter de la noirceur à cette nuit.

Il y eut un instant d'attente.

Thénardier, élevant sa main droite à la hauteur de son front, s'en fit un abat-jour, puis il rapprocha les sourcils en clignant les yeux, ce qui, avec un léger pincement de la bouche, caractérise l'attention sagace d'un homme qui cherche à en reconnaître un autre. Il n'y réussit point. Jean Valjean, on vient de le dire, tournait le dos au jour, et était d'ailleurs si défiguré, si fangeux et si sanglant qu'en plein midi il eût été méconnaissable. Au contraire, éclairé de face par la lumière de la grille, clarté de cave, il est vrai, livide, mais précise dans sa lividité, Thénardier, comme dit l'énergique métaphore banale, sauta tout de suite aux yeux de Jean Valjean. Cette inégalité de conditions suffisait pour assurer quelque avantage à Jean Valjean dans ce mystérieux duel qui allait s'engager entre les deux situations et les deux hommes. La rencontre avait lieu entre Jean Valjean voilé et Thénardier démasqué.

Jean Valjean s'aperçut tout de suite que Thénardier ne le reconnaissait pas.

Ils se considérèrent un moment dans cette pénombre, comme s'ils se prenaient mesure. Thénardier rompit le premier le silence.

— Comment vas-tu faire pour sortir?

Jean Valjean ne répondit pas. Thénardier continua :

— Impossible de crocheter la porte. Il faut pourtant que tu t'en ailles d'ici.

— C'est vrai, dit Jean Valjean.

— Eh bien, part à deux.

— Que veux-tu dire?

— Tu as tué l'homme; c'est bien. Moi, j'ai la clef.

Thénardier montrait du doigt Marius. Il poursuivit :

— Je ne te connais pas, mais je veux t'aider. Tu dois être un ami.

Jean Valjean commença à comprendre. Thénardier le prenait pour un assassin. Thénardier reprit :

— Écoute, camarade. Tu n'as pas tué cet homme sans regarder ce qu'il avait dans ses poches. Donne-moi moitié. Je t'ouvre la porte.

Et, tirant à demi une grosse clef de dessous sa blouse toute trouée, il ajouta :

— Veux-tu voir comment est faite la clef des champs? Voilà.

Jean Valjean « demeura stupide », le mot est du vieux Corneille, au point de douter que ce qu'il voyait fût réel. C'était la providence apparaissant horrible, et le bon ange sortant de terre sous la forme de Thénardier.

Thénardier fourra son poing[2] dans une large poche cachée sous sa blouse, en tira une corde et la tendit à Jean Valjean.

— Tiens, dit-il, je te donne la corde par-dessus le marché.

— Pourquoi faire, une corde ?

— Il te faut aussi une pierre, mais tu en trouveras dehors. Il y a là un tas de gravats.

— Pourquoi faire, une pierre ?

— Imbécile, puisque tu vas jeter le pantre[3] à la rivière, il te faut une pierre et une corde, sans quoi ça flotterait sur l'eau.

Jean Valjean prit la corde. Il n'est personne qui n'ait de ces acceptations machinales.

Thénardier fit[4] claquer ses doigts comme à l'arrivée d'une idée subite :

— Ah çà, camarade, comment as-tu fait pour te tirer là-bas de la fondrière ? je n'ai pas osé m'y risquer. Peuh ! tu ne sens pas bon.

Après une pause, il ajouta :

— Je te fais des questions, mais tu as raison de ne pas y répondre. C'est un apprentissage pour le fichu quart d'heure du juge d'instruction. Et puis, en ne parlant pas du tout, on ne risque pas de parler trop haut. C'est égal, parce que je ne vois pas ta figure et parce que je ne sais pas ton nom, tu aurais tort de croire que je ne sais pas qui tu es et ce que tu veux. Connu. Tu as un peu cassé ce monsieur ; maintenant tu voudrais le serrer quelque part. Il te faut la rivière, le grand cache-sottise. Je vas te tirer d'embarras. Aider un bon garçon dans la peine, ça me botte.

Tout en approuvant Jean Valjean de se taire, il cherchait visiblement à le faire parler. Il lui poussa l'épaule, de façon à tâcher de le voir de profil, et s'écria sans sortir pourtant du médium où il maintenait sa voix :

— A propos de la fondrière, tu es un fier animal. Pourquoi n'y as-tu pas jeté l'homme ?

Jean Valjean garda le silence. Thénardier reprit en haussant jusqu'à sa pomme d'Adam la loque qui lui servait de cravate, geste qui complète l'air capable d'un homme sérieux :

— Au fait, tu as peut-être agi sagement. Les ouvriers demain en venant boucher le trou auraient, à coup sûr, trouvé le pantinois oublié là, et on aurait pu, fil à fil, brin à brin, pincer ta trace, et arriver jusqu'à toi. Quelqu'un a passé par l'égout. Qui ? par où est-il sorti ? l'a-t-on vu sortir ? La police est pleine d'esprit. L'égout est traître, et vous dénonce. Une telle trouvaille est une rareté, cela appelle l'attention, peu de gens se servent de l'égout pour leurs affaires, tandis que la rivière est à tout le monde. La rivière, c'est la vraie fosse. Au bout d'un mois, on vous repêche l'homme aux filets de Saint-Cloud. Eh bien, qu'est-ce que cela fiche ? c'est une charogne, quoi ! Qui a tué cet homme ? Paris. Et la justice n'informe même pas. Tu as bien fait.

Plus Thénardier était loquace, plus Jean Valjean était muet. Thénardier lui secoua de nouveau l'épaule.

— Maintenant, concluons l'affaire[5]. Partageons. Tu as vu ma clef, montre-moi ton argent.

Thénardier était hagard, fauve, louche, un peu menaçant, pourtant amical. Il y avait une chose étrange ; les allures de Thénardier n'étaient pas simples ; il n'avait pas l'air tout à fait à son aise ; tout en n'affectant pas d'air mystérieux, il parlait bas ; de temps en temps il mettait son doigt sur sa bouche et murmurait : chut ! Il était difficile de deviner pourquoi. Il n'y avait là personne qu'eux deux. Jean Valjean pensa que d'autres bandits étaient peut-être cachés dans quelque recoin, pas très loin, et que Thénardier ne se souciait pas de partager avec eux.

Thénardier reprit :

— Finissons. Combien le pantre avait-il dans ses profondes ?

Jean Valjean se fouilla.

C'était, on s'en souvient, son habitude, d'avoir toujours de l'argent sur lui. La sombre vie d'expédients à laquelle il était condamné lui en faisait une loi. Cette fois pourtant il était pris au dépourvu. En mettant, la veille au soir, son uniforme de garde national, il avait oublié, lugubrement absorbé qu'il était, d'emporter son portefeuille. Il n'avait que quelque monnaie dans le gousset de son gilet. Cela se montait à une trentaine de francs[6]. Il retourna sa poche, toute trempée de fange, et étala sur la banquette du radier un louis d'or, deux pièces de cinq francs et cinq ou six gros sous.

Thénardier avança la lèvre inférieure avec une torsion de cou significative.

— Tu l'as tué pour pas cher, dit-il.

Il se mit à palper, en toute familiarité, les poches de Jean Valjean et les poches de Marius. Jean Valjean, préoccupé surtout de tourner le dos au jour, le laissait faire. Tout en maniant l'habit de Marius, Thénardier, avec une dextérité d'escamoteur, trouva moyen d'en arracher, sans que Jean Valjean s'en aperçût, un lambeau qu'il cacha sous sa blouse, pensant probablement que ce morceau d'étoffe pourrait lui servir plus tard à reconnaître l'homme assassiné et l'assassin. Il ne trouva du reste rien de plus que les trente francs.

— C'est vrai, dit-il, l'un portant l'autre, vous n'avez pas plus que ça.

Et, oubliant son mot : *part à deux,* il prit tout.

Il hésita un peu devant les gros sous. Réflexion faite, il les prit aussi en grommelant[7] :

— N'importe ! c'est suriner les gens à trop bon marché.

Cela fait, il tira de nouveau la clef de dessous sa blouse.

— Maintenant, l'ami, il faut que tu sortes. C'est ici comme à la foire, on paye en sortant. Tu as payé, sors.

Et il se mit à rire.

Avait-il, en apportant à un inconnu l'aide de cette clef et en faisant sortir par cette porte un autre que lui, l'intention pure et désintéressée de sauver un assassin ? c'est ce dont il est permis de douter.

Thénardier aida Jean Valjean à replacer Marius sur ses épaules, puis il se dirigea vers la grille sur la pointe de ses pieds nus, faisant signe à Jean Valjean de le suivre, il regarda au dehors posa le doigt sur sa bouche, et demeura quelques secondes comme en suspens ; l'inspection faite, il mit la clef dans la serrure. Le pêne glissa et la porte tourna. Il n'y eut ni craquement, ni grincement. Cela se fit très doucement. Il était visible que cette grille et ces gonds, huilés avec soin, s'ouvraient plus souvent qu'on ne l'eût pensé. Cette douceur était sinistre ; on y sentait les allées et venues furtives, les entrées et les sorties silencieuses des hommes nocturnes, et les pas de loup du crime. L'égout était évidemment en complicité avec quelque bande mystérieuse. Cette grille taciturne était une recéleuse.

Thénardier entre-bâilla la porte, livra tout juste passage à Jean Valjean, referma la grille, tourna deux fois la clef dans la serrure, et replongea dans l'obscurité, sans faire plus de bruit qu'un souffle. Il semblait marcher avec les pattes de velours du tigre. Un moment après,

cette hideuse providence était rentrée dans l'invisible.
Jean Valjean se trouva dehors.

IX

MARIUS FAIT L'EFFET D'ÊTRE MORT
A QUELQU'UN QUI S'Y CONNAÎT[1]

Il laissa glisser Marius sur la berge. Ils étaient dehors !
Les miasmes, l'obscurité, l'horreur, étaient derrière
lui. L'air salubre, pur, vivant, joyeux, librement respirable, l'inondait. Partout autour de lui le silence, mais le
silence charmant du soleil couché en plein azur. Le
crépuscule s'était fait; la nuit venait, la grande libératrice, l'amie de tous ceux qui ont besoin d'un manteau
d'ombre pour sortir d'une angoisse. Le ciel s'offrait de
toutes parts comme un calme énorme. La rivière arrivait
à ses pieds avec le bruit d'un baiser. On entendait le dialogue aérien des nids qui se disaient bonsoir dans les
ormes des Champs-Élysées. Quelques étoiles, piquant
faiblement le bleu pâle du zénith et visibles à la seule
rêverie, faisaient dans l'immensité de petits resplendissements imperceptibles. Le soir déployait sur la tête de
Jean Valjean toutes les douceurs de l'infini.

C'était l'heure indécise et exquise qui ne dit ni oui ni
non. Il y avait déjà assez de nuit pour qu'on pût s'y
perdre à quelque distance, et encore assez de jour pour
qu'on pût s'y reconnaître de près[2].

Jean Valjean fut pendant quelques secondes irrésistiblement vaincu par toute cette sérénité auguste et caressante; il y a de ces minutes d'oubli; la souffrance renonce
à harceler le misérable; tout s'éclipse dans la pensée; la
paix couvre le songeur comme une nuit; et sous le crépuscule qui rayonne, et à l'imitation du ciel qui s'illumine, l'âme s'étoile. Jean Valjean ne put s'empêcher de
contempler cette vaste ombre claire qu'il avait au-dessus
de lui; pensif, il prenait dans le majestueux silence du ciel
éternel un bain d'extase et de prière. Puis, vivement,
comme si le sentiment d'un devoir lui revenait, il se
courba vers Marius, et, puisant de l'eau dans le creux de
sa main, il lui en jeta doucement quelques gouttes sur le
visage. Les paupières de Marius ne se soulevèrent pas;
cependant sa bouche entr'ouverte respirait.

Jean Valjean allait plonger de nouveau sa main dans la rivière, quand tout à coup il sentit je ne sais quelle gêne, comme lorsqu'on a, sans le voir, quelqu'un derrière soi. Nous avons déjà indiqué ailleurs cette impression, que tout le monde connaît[3]. Il se retourna.

Comme tout à l'heure, quelqu'un en effet était derrière lui.

Un homme de haute stature, enveloppé d'une longue redingote, les bras croisés, et portant dans son poing droit un casse-tête dont on voyait la pomme de plomb, se tenait debout à quelques pas en arrière de Jean Valjean accroupi sur Marius.

C'était, l'ombre aidant, une sorte d'apparition. Un homme simple en eût eu peur à cause du crépuscule, et un homme réfléchi à cause du casse-tête. Jean Valjean reconnut Javert.

Le lecteur a deviné sans doute que le traqueur de Thénardier n'était autre que Javert. Javert, après sa sortie inespérée de la barricade, était allé à la préfecture de police, avait rendu verbalement compte au préfet en personne, dans une courte audience, puis avait repris immédiatement son service, qui impliquait, on se souvient de la note saisie sur lui[4], une certaine surveillance de la berge de la rive droite aux Champs-Élysées, laquelle depuis quelque temps éveillait l'attention de la police. Là, il avait aperçu Thénardier et l'avait suivi. On sait le reste[5].

On comprend aussi que cette grille, si obligeamment ouverte devant Jean Valjean, était une habileté de Thénardier. Thénardier sentait Javert toujours là; l'homme guetté a un flair qui ne le trompe pas; il fallait jeter un os à ce limier. Un assassin, quelle aubaine ! C'était la part du feu, qu'il ne faut jamais refuser. Thénardier, en mettant dehors Jean Valjean à sa place, donnait une proie à la police, lui faisait lâcher sa piste, se faisait oublier dans une plus grosse aventure, récompensait Javert de son attente, ce qui flatte toujours un espion, gagnait trente francs, et comptait bien, quant à lui, s'échapper à l'aide de cette diversion.

Jean Valjean était passé d'un écueil à l'autre.

Ces deux rencontres coup sur coup, tomber de Thénardier en Javert, c'était rude.

Javert ne reconnut pas Jean Valjean qui, nous l'avons dit, ne se ressemblait plus à lui-même. Il ne décroisa pas les bras, assura son casse-tête dans son poing par un mouvement imperceptible, et dit d'une voix brève et calme :

— Qui êtes-vous ?
— Moi.
— Qui, vous ?
— Jean Valjean.

Javert mit le casse-tête entre ses dents, ploya les jarrets, inclina le torse, posa ses deux mains puissantes sur les épaules de Jean Valjean, qui s'y emboîtèrent comme dans deux étaux, l'examina, et le reconnut. Leurs visages se touchaient presque. Le regard de Javert était terrible.

Jean Valjean demeura inerte sous l'étreinte de Javert comme un lion qui consentirait à la griffe d'un lynx.

— Inspecteur Javert, dit-il, vous me tenez. D'ailleurs, depuis ce matin je me considère comme votre prisonnier. Je ne vous ai point donné mon adresse pour chercher à vous échapper. Prenez-moi. Seulement, accordez-moi une chose.

Javert semblait ne pas entendre. Il appuyait sur Jean Valjean sa prunelle fixe. Son menton froncé poussait ses lèvres vers son nez, signe de rêverie farouche. Enfin, il lâcha Jean Valjean, se dressa tout d'une pièce, reprit à plein poignet le casse-tête, et, comme dans un songe, murmura plutôt qu'il ne prononça cette question :

— Que faites-vous là ? et qu'est-ce que c'est que cet homme ?

Il continuait de ne plus tutoyer Jean Valjean.

Jean Valjean répondit, et le son de sa voix parut réveiller Javert :

— C'est de lui précisément que je voulais vous parler. Disposez de moi comme il vous plaira ; mais aidez-moi d'abord à le rapporter chez lui. Je ne vous demande que cela.

La face de Javert se contracta comme cela lui arrivait toutes les fois qu'on semblait le croire capable d'une concession. Cependant il ne dit pas non.

Il se courba de nouveau, tira de sa poche un mouchoir qu'il trempa dans l'eau, et essuya le front ensanglanté de Marius.

— Cet homme était à la barricade, dit-il à demi-voix et comme se parlant à lui-même. C'est celui qu'on appelait Marius.

Espion de première qualité, qui avait tout observé,

tout écouté, tout entendu et tout recueilli, croyant mourir ; qui épiait même dans l'agonie, et qui, accoudé sur la première marche du sépulcre, avait pris des notes.

Il saisit la main de Marius, cherchant le pouls.

— C'est un blessé, dit Jean Valjean.

— C'est un mort, dit Javert.

Jean Valjean répondit :

— Non. Pas encore.

— Vous l'avez donc apporté de la barricade ici ? observa Javert.

Il fallait que sa préoccupation fût profonde pour qu'il n'insistât point sur cet inquiétant sauvetage par l'égout, et pour qu'il ne remarquât même pas le silence de Jean Valjean après sa question.

Jean Valjean, de son côté, semblait avoir une pensée unique. Il reprit :

— Il demeure au Marais, rue des Filles-du-Calvaire[6], chez son aïeul... — Je ne sais plus le nom.

Jean Valjean fouilla dans l'habit de Marius, en tira le portefeuille, l'ouvrit à la page crayonnée par Marius, et le tendit à Javert.

Il y avait encore dans l'air assez de clarté flottante pour qu'on pût lire. Javert, en outre, avait dans l'œil la phosphorescence féline des oiseaux de nuit. Il déchiffra les quelques lignes écrites par Marius, et grommela : — Gillenormand, rue des Filles-du-Calvaire, numéro 6.

Puis il cria :

— Cocher !

On se rappelle le fiacre qui attendait, en cas.

Javert garda le portefeuille de Marius.

Un moment après, la voiture, descendue par la rampe de l'abreuvoir, était sur la berge, Marius était déposé sur la banquette du fond, et Javert s'asseyait près de Jean Valjean sur la banquette de devant.

La portière refermée, le fiacre s'éloigna rapidement, remontant les quais dans la direction de la Bastille.

Ils quittèrent les quais et entrèrent dans les rues. Le cocher, silhouette noire sur son siège, fouettait ses chevaux maigres. Silence glacial dans le fiacre. Marius, immobile, le torse adossé au coin du fond, la tête abattue sur la poitrine, les bras pendants, les jambes roides, paraissait ne plus attendre qu'un cercueil ; Jean Valjean semblait fait d'ombre, et Javert de pierre ; et dans cette voiture pleine de nuit, dont l'intérieur, chaque fois qu'elle passait devant un réverbère, apparaissait lividement blêmi comme par un éclair intermittent, le hasard réunissait et semblait confronter lugubrement les trois immobilités tragiques, le cadavre, le spectre, la statue.

X

Rentrée de l'enfant prodigue de sa vie

À chaque cahot du pavé, une goutte de sang tombait des cheveux de Marius. Il était nuit close quand le fiacre arriva au numéro 6 de la rue des Filles-du-Calvaire.

Javert mit pied à terre le premier, constata d'un coup d'œil le numéro au-dessus de la porte cochère, et, soulevant le lourd marteau de fer battu, historié à la vieille mode d'un bouc et d'un satyre qui s'affrontaient, frappa un coup violent. Le battant¹ s'entr'ouvrit, et Javert le poussa. Le portier se montra à demi, bâillant, vaguement réveillé, une chandelle² à la main.

Tout dormait dans la maison. On se couche de bonne heure au Marais; surtout les jours d'émeute. Ce bon vieux quartier, effarouché par la révolution, se réfugie dans le sommeil, comme les enfants, lorsqu'ils entendent venir Croquemitaine, cachent bien vite leur tête sous leur couverture³.

Cependant Jean Valjean et le cocher tiraient Marius du fiacre, Jean Valjean le soutenant sous les aisselles et le cocher sous les jarrets.

Tout en portant Marius de la sorte, Jean Valjean glissa sa main sous les vêtements qui étaient largement déchirés, tâta la poitrine et s'assura que le cœur battait encore. Il battait même un peu moins faiblement, comme si le mouvement de la voiture avait déterminé une certaine reprise de la vie.

Javert interpella le portier du ton qui convient au gouvernement en présence du portier d'un factieux.

— Quelqu'un qui s'appelle Gillenormand?

— C'est ici. Que lui voulez-vous?

— On lui rapporte son fils.

— Son fils? dit le portier avec hébétement.

— Il est mort.

Jean Valjean, qui venait, déguenillé et souillé, derrière

suivait Jean Valjean. Ils arrivèrent au numéro 7. Jean Valjean frappa. La porte s'ouvrit.

— C'est bien, dit Javert. Montez.

Il ajouta avec une expression étrange et comme s'il faisait effort en parlant de la sorte :

— Je vous attends ici.

Jean Valjean regarda Javert. Cette façon de faire était peu dans les habitudes de Javert. Cependant, que Javert eût maintenant en lui une sorte de confiance hautaine, la confiance du chat qui accorde à la souris une liberté de la longueur de sa griffe, résolu qu'était Jean Valjean à se livrer et à en finir, cela ne pouvait le surprendre beaucoup. Il poussa la porte, entra dans la maison, cria au portier qui était couché et qui avait tiré le cordon de son lit : « C'est moi ! » et monta l'escalier.

Parvenu au premier étage, il fit une pause. Toutes les voies douloureuses ont des stations. La fenêtre du palier, qui était une fenêtre-guillotine, était ouverte. Comme dans beaucoup d'anciennes maisons, l'escalier prenait jour et avait vue sur la rue. Le réverbère de la rue, situé précisément en face, jetait quelque lumière sur les marches, ce qui faisait une économie d'éclairage.

Jean Valjean, soit pour respirer, soit machinalement, mit la tête à cette fenêtre. Il se pencha sur la rue. Elle est courte et le réverbère l'éclairait d'un bout à l'autre. Jean Valjean eut un éblouissement de stupeur ; il n'y avait plus personne.

Javert s'en était allé.

XII

L'AIEUL

Basque et le portier avaient transporté dans le salon Marius toujours étendu sans mouvement sur le canapé où on l'avait déposé en arrivant. Le médecin, qu'on avait été chercher, était accouru. La tante Gillenormand s'était levée.

La tante Gillenormand allait et venait, épouvantée, joignant les mains, et incapable de faire autre chose que de dire : Est-il Dieu possible ! Elle ajoutait par moments : Tout va être confondu de sang ! Quand la première horreur fut passée, une certaine philosophie de la situation se fit jour jusqu'à son esprit et se traduisit par cette exclamation : Cela devait finir comme ça ! Elle n'alla point jusqu'au : *Je l'avais bien dit !* qui est d'usage dans les occasions de ce genre[1].

Sur l'ordre du médecin, un lit de sangle avait été dressé près du canapé. Le médecin examina Marius, et, après avoir constaté que le pouls persistait, que le blessé n'avait à la poitrine aucune plaie pénétrante, et que le sang du coin des lèvres venait des fosses nasales, il le fit poser à plat sur le lit, sans oreiller, la tête sur le même plan que le corps, et même un peu plus basse, le buste nu, afin de faciliter la respiration. Mademoiselle Gillenormand, voyant qu'on déshabillait Marius, se retira. Elle se mit à dire son chapelet dans sa chambre.

Le torse n'était atteint d'aucune lésion intérieure; une balle, amortie par le portefeuille, avait dévié et fait le tour des côtes avec une déchirure hideuse, mais sans profondeur, et par conséquent sans danger. La longue marche souterraine avait achevé la dislocation de la clavicule cassée, et il y avait là de sérieux désordres. Les bras étaient sabrés[2]. Aucune balafre ne défigurait le visage; la tête pourtant était comme couverte de hachures; que deviendraient ces blessures à la tête? s'arrêtaient-elles au cuir chevelu? entamaient-elles le crâne? On ne pouvait le dire encore. Un symptôme grave, c'est qu'elles avaient causé l'évanouissement, et l'on ne se réveille pas toujours de ces évanouissements-là. L'hémorragie, en outre, avait épuisé le blessé[3]. A partir de la ceinture, le bas du corps avait été protégé par la barricade.

Basque et Nicolette déchiraient des linges et préparaient des bandes; Nicolette les cousait, Basque les roulait. La charpie manquant, le médecin avait provisoirement arrêté le sang des plaies avec des galettes d'ouate. A côté du lit, trois bougies brûlaient sur une table où la trousse de chirurgie était étalée. Le médecin lava le visage et les cheveux de Marius avec de l'eau froide. Un seau plein fut rouge en un instant. Le portier, sa chandelle à la main, éclairait.

Le médecin semblait songer tristement. De temps en temps, il faisait un signe de tête négatif, comme s'il répondait à quelque question qu'il s'adressait intérieurement. Mauvais signe pour le malade, ces mystérieux dialogues du médecin avec lui-même[4].

Au moment où le médecin essuyait la face et touchait

légèrement du doigt les paupières toujours fermées, une porte s'ouvrit au fond du salon, et une longue figure pâle apparut. C'était le grand-père.

L'émeute, depuis deux jours, avait fort agité, indigné et préoccupé M. Gillenormand. Il n'avait pu dormir la nuit précédente, et il avait eu la fièvre toute la journée. Le soir, il s'était couché de très bonne heure, recommandant qu'on verrouillât tout dans la maison, et, de fatigue, il s'était assoupi[5].

Les vieillards ont le sommeil fragile ; la chambre de M. Gillenormand était contiguë au salon, et, quelques précautions qu'on eût prises, le bruit l'avait réveillé. Surpris de la fente de lumière qu'il voyait à sa porte, il était sorti de son lit et était venu à tâtons.

Il était sur le seuil, une main[6] sur le bec-de-cane de la porte entre-bâillée, la tête un peu penchée en avant, et branlante, le corps serré dans une robe de chambre blanche, droite et sans plis comme un suaire, étonné ; et il avait l'air d'un fantôme qui regarde dans un tombeau.

Il aperçut le lit, et sur le matelas ce jeune homme sanglant, blanc d'une blancheur de cire, les yeux fermés, la bouche ouverte, les lèvres blêmes, nu jusqu'à la ceinture, tailladé partout de plaies vermeilles, immobile, vivement éclairé.

L'aïeul eut de la tête aux pieds tout le frisson que peuvent avoir des membres ossifiés, ses yeux dont la cornée était jaune à cause du grand âge se voilèrent d'une sorte de miroitement vitreux, toute sa face prit en un instant les angles terreux d'une tête de squelette, ses bras tombèrent pendants comme si un ressort s'y fût brisé, et sa stupeur se traduisit par l'écartement des doigts de ses deux vieilles mains toutes tremblantes, ses genoux firent un angle en avant, laissant voir par l'ouverture de la robe de chambre ses pauvres jambes nues hérissées de poils blancs, et il murmura :

— Marius !

— Monsieur, dit Basque, on vient de rapporter monsieur. Il est allé à la barricade, et...

— Il est mort ! cria le vieillard d'une voix terrible. Ah ! le brigand !

Alors une sorte de transfiguration sépulcrale redressa ce centenaire droit comme un jeune homme[7].

— Monsieur, dit-il, c'est vous le médecin. Commencez par me dire une chose. Il est mort, n'est-ce pas ?

Le médecin, au comble de l'anxiété, garda le silence.

M. Gillenormand se tordit les mains avec un éclat de rire effrayant.

— Il est mort ! il est mort ! Il s'est fait tuer aux barricades ! en haine de moi ! C'est contre moi qu'il a fait ça ! Ah ! buveur de sang ! c'est comme cela qu'il me revient ! Misère de ma vie, il est mort !

Il alla à une fenêtre, l'ouvrit toute grande comme s'il étouffait, et, debout devant l'ombre, il se mit à parler dans la rue à la nuit :

— Percé, sabré, égorgé, exterminé, déchiqueté, coupé en morceaux ! voyez-vous ça, le gueux ! Il savait bien que je l'attendais, et que je lui avais fait arranger sa chambre, et que j'avais mis au chevet de mon lit son portrait du temps qu'il était enfant ! Il savait bien qu'il n'avait qu'à revenir, et que depuis des ans je le rappelais, et que je restais le soir au coin de mon feu les mains sur mes genoux ne sachant que faire, et que j'en étais imbécile ! Tu savais bien cela, que tu n'avais qu'à rentrer, et qu'à dire : C'est moi, et que tu serais le maître de la maison, et que je t'obéirais, et que tu ferais tout ce que tu voudrais de ta vieille ganache de grand-père ! Tu le savais bien, et tu as dit : « Non, c'est un royaliste, je n'irai pas ! » Et tu es allé aux barricades, et tu t'es fait tuer[8] par méchanceté ! pour te venger de ce que je t'avais dit au sujet de monsieur le duc de Berry ! C'est ça qui est infâme[9] ! Couchez-vous donc et dormez donc tranquillement ! Il est mort. Voilà mon réveil.

Le médecin, qui commençait à être inquiet de deux côtés, quitta un moment Marius et alla à M. Gillenormand, et lui prit le bras. L'aïeul se retourna, le regarda avec des yeux qui semblaient agrandis et sanglants, et lui dit avec calme :

— Monsieur, je vous remercie. Je suis tranquille, je suis un homme, j'ai vu la mort de Louis XVI, je sais porter les événements. Il y a une chose qui est terrible, c'est de penser que ce sont vos journaux qui font tout le mal. Vous aurez des écrivassiers, des parleurs, des avocats, des orateurs, des tribunes, des discussions, des progrès, des lumières, des droits de l'homme, de la liberté de la presse, et voilà comment on vous rapportera vos enfants dans vos maisons ! Ah ! Marius ! c'est abominable ! Tué ! mort avant moi ! Une barricade ! Ah ! le bandit ! Docteur, vous demeurez dans le quartier, je crois ? Oh ! je vous connais bien. Je vois de ma fenêtre passer votre cabriolet. Je vais vous dire. Vous auriez tort de croire que je suis en colère. On ne se met pas en colère contre un mort. Ce serait stupide. C'est un enfant que j'ai élevé. J'étais déjà vieux, qu'il était encore tout petit. Il jouait aux Tuileries avec sa petite pelle et sa petite chaise, et, pour que les inspecteurs ne grondassent pas, je bouchais à mesure avec ma canne les trous qu'il faisait dans la terre avec sa pelle. Un jour il a crié : A bas Louis XVIII ! et s'en est allé. Ce n'est pas ma faute. Il était tout rose et tout blond. Sa mère est morte. Avez-vous remarqué que tous les petits enfants sont blonds ? A quoi cela tient-il ? C'est le fils d'un de ces brigands de la Loire. Mais les enfants sont innocents des crimes de leurs pères. Je me le rappelle quand il était haut comme ceci. Il ne pouvait pas parvenir à prononcer les *d*. Il avait un parler si doux et si obscur qu'on eût cru un oiseau. Je me souviens qu'une fois, devant l'Hercule Farnèse, on faisait cercle pour s'émerveiller et l'admirer, tant il était beau, cet enfant ! C'était une tête comme il y en a dans les tableaux. Je lui faisais ma grosse voix, je lui faisais peur avec ma canne, mais il savait bien que c'était pour rire. Le matin, quand il entrait dans ma chambre, je bougonnais, mais cela me faisait l'effet du soleil. On ne peut pas se défendre contre ces mioches-là. Ils vous prennent, ils vous tiennent, ils ne vous lâchent plus. La vérité est qu'il n'y avait pas d'amour comme cet enfant-là. Maintenant, qu'est-ce que vous dites de vos Lafayette[10], de vos Benjamin Constant, et de vos Tirecuir de Corcelles, qui me le tuent ! Ça ne peut pas passer comme ça.

Il s'approcha de Marius toujours livide et sans mouvement, et auquel le médecin était revenu, et il recommença à se tordre les bras. Les lèvres blanches du vieillard remuaient comme machinalement, et laissaient passer, comme des souffles dans un râle, des mots presque indistincts qu'on entendait à peine : — Ah ! sans cœur ! Ah ! clubiste ! Ah ! scélérat ! Ah ! septembriseur ! — Reproches à voix basse d'un agonisant à un cadavre.

Peu à peu, comme il faut toujours que les éruptions intérieures se fassent jour, l'enchaînement des paroles revint, mais l'aïeul paraissait n'avoir plus la force de les prononcer ; sa voix était tellement sourde et éteinte qu'elle semblait venir de l'autre bord d'un abîme :

— Ça m'est bien égal, je vais mourir aussi, moi. Et dire qu'il n'y a pas dans Paris une drôlesse qui n'eût été heureuse de faire le bonheur de ce misérable ! Un gredin qui, au lieu de s'amuser et de jouir de la vie, est allé se battre et s'est fait mitrailler comme une brute ! Et pour qui ? pourquoi ? Pour la république ! Au lieu d'aller danser à la Chaumière[11], comme c'est le devoir des jeunes gens ! C'est bien la peine d'avoir vingt ans. La république, belle fichue sottise ! Pauvres mères, faites donc de jolis garçons ! Allons, il est mort. Ça fera deux enterrements sous la porte cochère. Tu t'es donc fait arranger comme cela[12] pour les beaux yeux du général Lamarque ! Qu'est-ce qu'il t'avait fait, ce général Lamarque ! Un sabreur ! un bavard ! Se faire tuer pour un mort ! S'il n'y a pas de quoi rendre fou[13] ! Comprenez cela ! A vingt ans ! Et sans retourner la tête pour regarder s'il ne laissait rien derrière lui[14] ! Voilà maintenant les pauvres vieux bonshommes qui sont forcés de mourir tout seuls. Crève dans ton coin, hibou ! Eh bien, au fait, tant mieux, c'est ce que j'espérais, ça va me tuer net. Je suis trop vieux, j'ai cent ans, j'ai cent mille ans, il y a longtemps que j'ai le droit d'être mort. De ce coup-là, c'est fait. C'est donc fini, quel bonheur ! A quoi[15] bon lui faire respirer de l'ammoniaque et tout ce tas de drogues ? Vous perdez votre peine, imbécile de médecin ! Allez, il est mort, bien mort. Je m'y connais, moi qui suis mort aussi. Il n'a pas fait la chose à demi. Oui, ce temps-ci est infâme, infâme, infâme, et voilà ce que je pense de vous, de vos idées, de vos systèmes, de vos maîtres, de vos oracles, de vos docteurs, de vos[16] garnements d'écrivains, de vos gueux de philosophes, et de toutes les révolutions qui effarouchent depuis soixante ans les nuées de corbeaux des Tuileries ! Et puisque tu as été sans pitié en te faisant tuer comme cela, je n'aurai même pas de chagrin de ta mort, entends-tu, assassin !

En ce moment, Marius ouvrit lentement les paupières[17], et son regard, encore voilé par l'étonnement léthargique, s'arrêta sur M. Gillenormand.

— Marius ! cria le vieillard. Marius ! mon petit Marius ! mon enfant ! mon fils bien-aimé[18] ! Tu ouvres les yeux, tu me regardes, tu es vivant, merci !

Et il tomba évanoui[19].

LIVRE QUATRIÈME

JAVERT DÉRAILLÉ

Javert s'était éloigné à pas lents de la rue de l'Homme-Armé.

Il marchait la tête baissée, pour la première fois de sa vie, et, pour la première fois de sa vie également, les mains derrière le dos. Jusqu'à ce jour, Javert n'avait pris, dans les deux attitudes de Napoléon, que celle qui exprime la résolution, les bras croisés sur la poitrine; celle qui exprime l'incertitude, les mains derrière le dos, lui était inconnue. Maintenant, un changement s'était fait; toute sa personne, lente et sombre, était empreinte d'anxiété.

Il s'enfonça dans les rues silencieuses. Cependant il suivait une direction. Il coupa par le plus court vers la Seine, gagna le quai des Ormes, longea le quai, dépassa la Grève, et s'arrêta, à quelque distance du poste de la place du Châtelet, à l'angle du pont Notre-Dame. La Seine fait là, entre le pont Notre-Dame et le Pont au Change d'une part, et d'autre part entre le quai de la Mégisserie et le quai aux Fleurs, une sorte de lac carré traversé par un rapide.

Ce point de la Seine est redouté des mariniers. Rien n'est plus dangereux que ce rapide, resserré à cette époque et irrité par les pilotis du moulin du pont, aujourd'hui démoli. Les deux ponts, si voisins l'un de l'autre, augmentent le péril; l'eau se hâte formidablement sous les arches. Elle y roule de larges plis terribles; elle s'y accumule et s'y entasse; le flot fait effort aux piles des ponts comme pour les arracher avec de grosses cordes liquides. Les hommes qui tombent là ne reparaissent pas; les meilleurs nageurs s'y noient[1].

Javert appuya ses deux coudes sur le parapet, son menton dans ses deux mains, et, pendant que ses ongles se crispaient machinalement dans l'épaisseur de ses favoris, il songea.

Une nouveauté, une révolution, une catastrophe, venait de se passer au fond de lui-même; et il y avait de

quoi s'examiner. Javert souffrait affreusement. Depuis
quelques heures Javert avait cessé d'être simple. Il était
troublé; ce cerveau, si limpide dans sa cécité, avait perdu
sa transparence; il y avait un nuage dans ce cristal. Javert
sentait dans sa conscience le devoir se dédoubler, et il
ne pouvait se le dissimuler. Quand il avait rencontré si
inopinément Jean Valjean sur la berge de la Seine, il y
avait eu en lui quelque chose du loup qui ressaisit sa
proie et du chien qui retrouve son maître.

Il voyait devant lui deux routes également droites
toutes deux, mais il en voyait deux; et cela le terrifiait,
lui qui n'avait jamais connu dans sa vie qu'une ligne
droite. Et, angoisse poignante, ces deux routes étaient
contraires. L'une de ces deux lignes droites excluait
l'autre. Laquelle des deux était la vraie? Sa situation
était inexprimable.

Devoir la vie à un malfaiteur, accepter cette dette et
la rembourser, être, en dépit de soi-même, de plain-pied
avec un repris de justice, et lui payer un service avec un
autre service; se laisser dire : « Va-t'en », et lui dire à
son tour : « Sois libre », sacrifier à des motifs personnels
le devoir, cette obligation générale, et sentir dans ces
motifs personnels quelque chose de général aussi, et de
supérieur peut-être; trahir la société pour rester fidèle à
sa conscience; que toutes ces absurdités se réalisassent
et qu'elles vinssent s'accumuler sur lui-même, c'est ce
dont il était atterré.

Une chose l'avait étonné, c'était que Jean Valjean lui
eût fait grâce, et une chose l'avait pétrifié, c'était que,
lui Javert, il eût fait grâce à Jean Valjean[2].

Où en était-il? Il se cherchait et ne se trouvait plus.

Que faire maintenant? Livrer Jean Valjean, c'était
mal; laisser Jean Valjean libre, c'était mal. Dans le
premier cas, l'homme de l'autorité tombait plus bas que
l'homme du bagne; dans le second, un forçat montait
plus haut que la loi et mettait le pied dessus. Dans les
deux cas, déshonneur pour lui Javert. Dans tous les
partis qu'on pouvait prendre, il y avait de la chute. La
destinée a de certaines extrémités à pic sur l'impossible,
et au delà desquelles la vie n'est plus qu'un précipice.
Javert était à une de ces extrémités-là.

Une[3] de ses anxiétés, c'était d'être contraint de penser.
La violence même de toutes ces émotions contradictoires

l'y obligeait. La pensée, chose inusitée pour lui, et singulièrement douloureuse.

Il y a toujours dans la pensée une certaine quantité de rébellion intérieure ; et il s'irritait d'avoir cela en lui.

La pensée, sur n'importe quel sujet en dehors du cercle étroit de ses fonctions, eût été pour lui, dans tous les cas, une inutilité et une fatigue ; mais la pensée sur la journée qui venait de s'écouler était une torture. Il fallait bien cependant regarder dans sa conscience après de telles secousses, et se rendre compte de soi-même à soi-même.

Ce qu'il venait de faire lui donnait le frisson. Il avait, lui Javert, trouvé bon de décider, contre tous les règlements de police, contre toute l'organisation sociale et judiciaire, contre le code tout entier, une mise en liberté ; cela lui avait convenu ; il avait substitué ses propres affaires aux affaires publiques ; n'était-ce pas inqualifiable ? Chaque fois qu'il se mettait en face de cette action sans nom qu'il avait commise, il tremblait de la tête aux pieds. A quoi se résoudre ? Une seule ressource lui restait : retourner en hâte rue de l'Homme-Armé, et faire écrouer Jean Valjean. Il était clair que c'était cela qu'il fallait faire. Il ne pouvait.

Quelque chose lui barrait le chemin de ce côté-là. Quelque chose ? Quoi ? Est-ce qu'il y a au monde autre chose que les tribunaux, les sentences exécutoires, la police et l'autorité ? Javert était bouleversé.

Un galérien[4] sacré ! un forçat imprenable à la justice ! et cela par le fait de Javert !

Que Javert et Jean Valjean, l'homme fait pour sévir, l'homme fait pour subir, que ces deux hommes, qui étaient l'un et l'autre la chose de la loi, en fussent venus à ce point de se mettre tous les deux au-dessus de la loi, est-ce que ce n'était pas effrayant ?

Quoi donc ! de telles énormités arriveraient, et personne ne serait puni ! Jean Valjean, plus fort que l'ordre social tout entier, serait libre, et lui Javert continuerait de manger le pain du gouvernement !

Sa rêverie devenait peu à peu terrible.

Il eût[5] pu à travers cette rêverie se faire encore quelque reproche au sujet de l'insurgé rapporté rue des Filles-du-Calvaire ; mais il n'y songeait pas. La faute moindre se perdait dans la plus grande. D'ailleurs cet insurgé était évidemment un homme mort, et, légalement, la mort éteint la poursuite.

Jean Valjean, c'était là le poids qu'il avait sur l'esprit.

Jean Valjean le déconcertait. Tous les axiomes qui avaient été les points d'appui de toute sa vie s'écroulaient devant cet homme. La générosité de Jean Valjean envers lui Javert l'accablait. D'autres faits, qu'il se rappelait et qu'il avait autrefois traités de mensonges et[7] de folies, lui revenaient maintenant comme des réalités. M. Madeleine reparaissait derrière Jean Valjean, et les deux figures se superposaient de façon à n'en plus faire qu'une, qui était vénérable. Javert sentait que quelque chose d'horrible pénétrait dans son âme, l'admiration pour un forçat. Le respect d'un galérien, est-ce que c'est possible ? Il en frémissait, et ne pouvait s'y soustraire. Il avait beau se débattre, il était réduit à confesser dans son for intérieur la sublimité de ce misérable. Cela était odieux.

Un malfaiteur bienfaisant, un forçat compatissant, doux, secourable, clément[8], rendant le bien pour le mal, rendant le pardon pour la haine, préférant la pitié à la vengeance, aimant mieux se perdre que de perdre son ennemi, sauvant celui qui l'a frappé, agenouillé sur le haut de la vertu, plus voisin de l'ange que de l'homme ! Javert était contraint de s'avouer que ce monstre existait. Cela ne pouvait durer ainsi.

Certes, et nous y insistons, il ne s'était pas rendu sans résistance à ce monstre, à cet ange infâme, à ce héros hideux, dont il était presque aussi indigné que stupéfait. Vingt fois, quand il était dans cette voiture face à face avec Jean Valjean, le tigre légal avait rugi en lui. Vingt fois il avait été tenté de se jeter sur Jean Valjean, de le saisir et de le dévorer, c'est-à-dire de l'arrêter. Quoi de plus simple en effet ? Crier au premier poste devant lequel on passe : « Voilà un repris de justice en rupture de ban ! » Appeler les gendarmes et leur dire : « Cet homme est pour vous ! » ensuite s'en aller, laisser là ce damné, ignorer le reste, et ne plus se mêler de rien. Cet homme est à jamais le prisonnier de la loi ; la loi en fera ce qu'elle voudra. Quoi de plus juste ? Javert s'était dit tout cela ; il avait voulu passer outre, agir, appréhender l'homme, et, alors comme à présent, il n'avait pas pu ; et chaque fois que sa main s'était convulsivement levée vers le collet de Jean Valjean; sa main, comme sous un poids énorme, était retombée, et il avait entendu au fond de sa pensée une voix, une étrange voix qui lui criait : « C'est bien. Livre ton sauveur. Ensuite fais apporter la cuvette de Ponce-Pilate, et lave-toi les griffes. »

Puis sa réflexion retombait sur lui-même, et à côté de Jean Valjean grandi, il se voyait, lui Javert, dégradé. Un forçat était son bienfaiteur !

Mais aussi pourquoi avait-il permis à cet homme de le laisser vivre? Il avait, dans cette barricade, le droit d'être tué. Il aurait dû user de ce droit. Appeler[9] les autres insurgés à son secours contre Jean Valjean, se faire fusiller de force, cela valait mieux.

Sa suprême angoisse, c'était la disparition de la certitude. Il se sentait déraciné. Le code n'était plus qu'un tronçon dans sa main. Il avait affaire à des scrupules d'une espèce inconnue. Il se faisait en lui une révélation sentimentale entièrement distincte de l'affirmation légale, son unique mesure jusqu'alors. Rester dans l'ancienne honnêteté, cela ne suffisait plus. Tout un ordre de faits inattendus surgissait et le subjuguait. Tout un monde nouveau apparaissait à son âme : le bienfait accepté et rendu, le dévouement, la miséricorde, l'indulgence, les violences faites par la pitié à l'austérité, l'acception de personnes, plus de condamnation définitive, plus de damnation, la possibilité d'une larme dans l'œil de la loi, on ne sait quelle justice selon Dieu allant en sens inverse de la justice selon les hommes. Il apercevait dans les ténèbres l'effrayant lever d'un soleil moral inconnu; il en avait l'horreur et l'éblouissement. Hibou forcé à des regards d'aigle.

Il se disait que c'était donc vrai, qu'il y avait des exceptions, que l'autorité pouvait être décontenancée, que la règle pouvait rester court devant un fait, que tout ne s'encadrait pas dans le texte du code, que l'imprévu se faisait obéir, que la vertu d'un forçat pouvait tendre un piège à la vertu d'un fonctionnaire, que le monstrueux pouvait être divin, que la destinée avait de ces embuscades-là, et il songeait avec désespoir que lui-même n'avait pas été à l'abri d'une surprise.

Il était forcé de reconnaître que la bonté existait. Ce forçat avait été bon. Et lui-même, chose inouïe, il venait d'être bon. Donc il se dépravait. Il se trouvait lâche. Il se faisait horreur.

L'idéal pour Javert, ce n'était pas d'être humain, d'être grand, d'être sublime ; c'était d'être irréprochable. Or il venait de faillir[10].

Comment en était-il arrivé là ? comment tout cela s'était-il passé ? Il n'aurait pu se le dire à lui-même. Il prenait sa tête dans ses deux mains, mais il avait beau faire, il ne parvenait pas à se l'expliquer[11].

Il avait certainement toujours eu l'intention de remettre Jean Valjean à la loi, dont Jean Valjean était le captif, et dont lui, Javert, était l'esclave. Il ne s'était pas avoué un seul instant, pendant qu'il le tenait, qu'il eût la pensée de le laisser aller. C'était en quelque sorte à son insu que sa main s'était ouverte et l'avait lâché.

Toutes sortes de nouveautés énigmatiques s'entr'ouvraient devant ses yeux[12]. Il s'adressait des questions, et il se faisait des réponses, et ses réponses l'effrayaient. Il se demandait : Ce forçat, ce désespéré, que j'ai poursuivi jusqu'à le persécuter, et qui m'a eu sous son pied, et qui pouvait se venger, et qui le devait tout à la fois pour sa rancune et pour sa sécurité, en me laissant la vie, en me faisant grâce, qu'a-t-il fait ? Son devoir ? Non. Quelque chose de plus. Et moi, en lui faisant grâce à mon tour, qu'ai-je fait ? Mon devoir ? Non. Quelque chose de plus. Il y a donc quelque chose de plus que le devoir ? Ici il s'effarait ; sa balance se disloquait ; l'un des plateaux tombait dans l'abîme, l'autre s'en allait dans le ciel ; et Javert n'avait pas moins d'épouvante de celui qui était en haut que de celui qui était en bas. Sans être le moins du monde ce qu'on appelle voltairien, ou philosophe, ou incrédule, respectueux au contraire, par instinct, pour l'Église établie, il ne la connaissait que comme un fragment auguste de l'ensemble social ; l'ordre était son dogme et lui suffisait ; depuis qu'il avait âge d'homme et de fonctionnaire, il mettait dans la police à peu près toute sa religion, étant, et nous employons ici les mots sans la moindre ironie et dans leur acception la plus sérieuse, étant, nous l'avons dit, espion comme[13] on est prêtre. Il avait un supérieur, M. Gisquet ; il n'avait guère songé jusqu'à ce jour à cet autre supérieur, Dieu.

Ce chef nouveau, Dieu, il le sentait inopinément, et en était troublé[14].

Il était désorienté de cette présence inattendue ; il ne savait que faire de ce supérieur-là, lui qui n'ignorait pas que le subordonné est tenu de se courber toujours, qu'il ne doit ni désobéir, ni blâmer, ni discuter, et que, vis-à-vis d'un supérieur qui l'étonne trop, l'inférieur n'a d'autre ressource que sa démission. Mais comment s'y prendre pour donner sa démission à Dieu ?

Quoi qu'il en fût, et c'était toujours là qu'il en revenait, un fait pour lui dominait tout, c'est qu'il venait de commettre une infraction épouvantable. Il venait de fermer les yeux sur un condamné récidiviste en rupture de ban. Il venait d'élargir un galérien. Il venait de voler aux lois un homme qui leur appartenait. Il avait fait cela. Il ne se comprenait plus. Il n'était pas sûr d'être lui-même. Les raisons mêmes de son action lui échappaient, il n'en avait que le vertige. Il avait vécu jusqu'à ce moment de cette foi aveugle qui engendre la probité ténébreuse. Cette foi le quittait, cette probité lui faisait défaut. Tout ce qu'il avait cru se dissipait. Des vérités dont il ne voulait pas l'obsédaient inexorablement. Il fallait désormais être un autre homme. Il souffrait les étranges douleurs d'une conscience brusquement opérée de la cataracte. Il voyait ce qu'il lui répugnait de voir. Il se sentait vidé, inutile, disloqué de sa vie passée, destitué, dissous. L'autorité était morte en lui. Il n'avait plus de raison d'être. Situation terrible ! être ému.

Être le granit, et douter ! être la statue du châtiment fondue tout d'une pièce dans le moule de la loi, et s'apercevoir subitement qu'on a sous sa mamelle de bronze quelque chose d'absurde et de désobéissant qui ressemble presque à un cœur ! en venir à rendre le bien pour le bien, quoiqu'on se soit dit jusqu'à ce jour que ce bien-là c'est le mal ! être le chien de garde, et lécher ! être la glace, et fondre ! être la tenaille, et devenir une main ! se sentir tout à coup des doigts qui s'ouvrent ! lâcher prise, chose épouvantable ! L'homme projectile ne sachant plus sa route, et reculant !

Être obligé de s'avouer ceci : l'infaillibilité n'est pas infaillible, il peut y avoir de l'erreur dans le dogme, tout n'est pas dit quand un code a parlé, la société n'est pas parfaite, l'autorité est compliquée de vacillation, un craquement dans l'immuable est possible, les juges sont des hommes, la loi peut se tromper, les tribunaux peuvent se méprendre ! voir une fêlure dans l'immense vitre bleue du firmament !

Ce qui se passait dans Javert, c'était le Fampoux d'une conscience rectiligne, la mise hors de voie d'une âme, l'écrasement d'une probité irrésistiblement lancée en ligne droite et se brisant à Dieu. Certes, cela était étrange. Que le chauffeur de l'ordre, que le mécanicien de l'autorité, monté sur l'aveugle cheval de fer à voie rigide, puisse être désarçonné par un coup de lumière ! que l'incommutable, le direct, le correct, le géométrique, le passif, le parfait, puisse fléchir ! qu'il y ait pour la locomotive un chemin de Damas !

Dieu, toujours intérieur à l'homme, et réfractaire, lui la vraie conscience, à la fausse, défense à l'étincelle de s'éteindre, ordre au rayon de se souvenir du soleil, injonction à l'âme de reconnaître le véritable absolu quand il se confronte avec l'absolu fictif, l'humanité imperdable, le cœur humain inamissible, ce phénomène splendide, le plus beau peut-être de nos prodiges intérieurs, Javert le comprenait-il ? Javert le pénétrait-il ? Javert s'en rendait-il compte ? Évidemment non. Mais sous la pression de cet incompréhensible, incontestable, il sentait son crâne s'entr'ouvrir.

Il était moins le transfiguré que la victime de ce prodige. Il le subissait, exaspéré. Il ne voyait dans tout cela qu'une immense difficulté d'être. Il lui semblait que désormais sa respiration était gênée à jamais. Avoir sur sa tête de l'inconnu, il n'était pas accoutumé à cela.

Jusqu'ici tout ce qu'il avait au-dessus de lui avait été pour son regard une surface nette, simple, limpide ; là rien d'ignoré, ni d'obscur ; rien qui ne fût défini, coordonné, enchaîné, précis, exact, circonscrit, limité, fermé ; tout prévu ; l'autorité était une chose plane ; aucune chute en elle, aucun vertige devant elle. Javert n'avait jamais vu de l'inconnu qu'en bas. L'irrégulier, l'inattendu, l'ouverture désordonnée du chaos, le glissement possible dans un précipice, c'était là le fait des régions inférieures, des rebelles, des mauvais, des misérables. Maintenant Javert se renversait en arrière, et il était brusquement effaré par cette apparition inouïe : un gouffre en haut. Quoi donc ! on était démantelé de fond en comble ! on était déconcerté, absolument ! A quoi se fier ? Ce dont on était convaincu s'effondrait !

Quoi ! le défaut de la cuirasse de la société pouvait être trouvé par un misérable magnanime[15] ! Quoi ! un honnête serviteur de la loi pouvait se voir tout à coup pris entre deux crimes, le crime de laisser échapper un homme, et le crime de l'arrêter ! Tout n'était pas certain dans la consigne donnée par l'État au fonctionnaire ! Il pouvait[16] y avoir des impasses dans le devoir ! Quoi donc ! tout cela était réel ! était-il vrai qu'un ancien bandit, courbé sous les condamnations, pût se redresser et finir par avoir raison ? était-ce croyable[17] ? y avait-il donc des cas où la loi devait se retirer devant le crime transfiguré en balbutiant des excuses !

Oui[18], cela était ! et Javert le voyait ! et Javert le touchait ! et non seulement il ne pouvait le nier, mais il y prenait part. C'étaient là des réalités. Il était abominable que les faits réels pussent arriver à une telle difformité.

Si les faits faisaient leur devoir, ils se borneraient à être les preuves de la loi ; les faits, c'est Dieu qui les envoie. L'anarchie allait-elle donc maintenant descendre de là-haut ?

Ainsi, — et dans le grossissement de l'angoisse, et dans l'illusion d'optique de la consternation, tout ce qui eût pu restreindre et corriger son impression s'effaçait, et la société, et le genre humain, et l'univers, se résumaient désormais à ses yeux dans un linéament simple et hideux, — ainsi la pénalité, la chose jugée, la force due à la législation, les arrêts des cours souveraines, la magistrature, le gouvernement, la prévention et la répression, la sagesse officielle[19], l'infaillibilité légale, le principe d'autorité, tous les dogmes sur lesquels repose la sécurité politique et civile, la souveraineté, la justice, la logique découlant du code[20], l'absolu social, la vérité publique, tout cela, décombre, monceau, chaos ; lui-même Javert, le guetteur de l'ordre, l'incorruptibilité au service de la police, la providence-dogue de la société, vaincu et terrassé ; et sur toute cette ruine un homme debout, le bonnet vert sur la tête et l'auréole au front ; voilà à quel bouleversement il en était venu ; voilà la vision effroyable qu'il avait dans l'âme.

Que cela fût supportable. Non.

État violent, s'il en fut. Il n'y avait que deux manières d'en sortir. L'une d'aller résolument à Jean Valjean, et de rendre au cachot l'homme du bagne. L'autre... —

Javert quitta[21] le parapet, et, la tête haute cette fois, se dirigea d'un pas ferme vers le poste indiqué par une lanterne à l'un des coins de la place du Châtelet.

Arrivé là, il aperçut par la vitre un sergent de ville, et entra. Rien qu'à la façon dont ils poussent la porte d'un corps de garde, les hommes de police se reconnaissent entre eux. Javert se nomma, montra sa carte au sergent, et s'assit à la table du poste où brûlait une chandelle. Il y avait sur la table une plume, un encrier de plomb, et du papier en cas pour les procès-verbaux éventuels et les consignations des rondes de nuit.

Cette table, toujours complétée par sa chaise de paille, est une institution; elle existe dans tous les postes de police; elle est invariablement ornée d'une soucoupe en buis pleine de sciure de bois et d'une grimace en carton pleine de pains à cacheter rouges, et elle est l'étage inférieur du style officiel. C'est à elle que commence la littérature de l'État[22].

Javert prit la plume et une feuille de papier et se mit à écrire. Voici ce qu'il écrivit :

Quelques observations pour le bien du service.

« Premièrement : je prie monsieur le préfet de jeter
» les yeux.

« Deuxièmement : les détenus arrivant de l'instruction
» ôtent leurs souliers et restent pieds nus sur la dalle
» pendant qu'on les fouille. Plusieurs toussent en ren-
» trant à la prison. Cela entraîne des dépenses d'infir-
» merie.

« Troisièmement : la filature est bonne, avec relais des
» agents de distance en distance, mais il faudrait que,
» dans les occasions importantes, deux agents au moins
» ne se perdissent pas de vue, attendu que, si, pour une
» cause quelconque, un agent vient à faiblir dans le ser-
» vice, l'autre le surveille et le supplée.

« Quatrièmement : on ne s'explique pas pourquoi le
» règlement spécial de la prison des Madelonnettes inter-
» dit au prisonnier d'avoir une chaise, même en la payant.

« Cinquièmement : aux Madelonnettes, il n'y a que
» deux barreaux à la cantine, ce qui permet à la cantinière
» de laisser toucher sa main aux détenus.

« Sixièmement: les détenus, dits aboyeurs, qui appellent
» les autres détenus au parloir, se font payer deux sous

» par le prisonnier pour crier son nom distinctement.
» C'est un vol.

« Septièmement : pour un fil courant, on retient dix
» sous au prisonnier dans l'atelier des tisserands ; c'est
» un abus de l'entrepreneur, puisque la toile n'est pas
» moins bonne.

« Huitièmement : il est fâcheux que les visitants de la
» Force aient à traverser la cour des mômes pour se
» rendre au parloir de Sainte-Marie-l'Égyptienne.

« Neuvièmement : il est certain qu'on entend tous les
» jours des gendarmes raconter dans la cour de la préfec-
» ture des interrogatoires de prévenus par les magistrats.
» Un gendarme, qui devrait être sacré, répéter ce qu'il a
» entendu dans le cabinet de l'instruction, c'est là un
» désordre grave.

« Dixièmement : Mme Henry est une honnête femme ;
» sa cantine est fort propre ; mais il est mauvais qu'une
» femme tienne le guichet de la souricière du secret. Cela
» n'est pas digne de la Conciergerie d'une grande civi-
» lisation[23]. »

Javert écrivit ces lignes de son écriture la plus calme
et la plus correcte, n'omettant pas une virgule, et faisant
fermement crier le papier sous la plume. Au-dessous de
la dernière ligne il signa :

« JAVERT.

« Inspecteur de 1re classe.

« Au poste de la place du Châtelet.

« 7 juin 1832, environ une heure du matin. »

Javert sécha l'encre fraîche sur le papier, le plia comme
une lettre, le cacheta, écrivit au dos : *Note pour l'administration,* le laissa sur la table, et sortit du poste. La porte
vitrée et grillée retomba derrière lui.

Il traversa de nouveau diagonalement la place du
Châtelet, regagna le quai, et revint avec une précision
automatique au point même qu'il avait quitté un quart
d'heure auparavant ; il s'y accouda, et se retrouva dans
la même attitude sur la même dalle du parapet. Il semblait qu'il n'eût pas bougé.

L'obscurité était complète. C'était le moment sépulcral qui suit minuit. Un plafond de nuages cachait les

étoiles. Le ciel n'était qu'une épaisseur sinistre. Les maisons de la Cité n'avaient plus une seule lumière; personne ne passait; tout ce qu'on apercevait des rues et des quais était désert; Notre-Dame et les tours du Palais de justice semblaient des linéaments de la nuit. Un réverbère rougissait la margelle du quai. Les silhouettes des ponts[24] se déformaient dans la brume les unes derrière les autres. Les pluies avaient grossi la rivière.

L'endroit où Javert s'était accoudé était, on s'en souvient, précisément situé au-dessus du rapide de la Seine, à pic sur cette redoutable spirale de tourbillons qui se dénoue et se renoue comme une vis sans fin.

Javert pencha la tête et regarda. Tout était noir. On ne distinguait rien. On entendait un bruit d'écume; mais on ne voyait pas la rivière. Par instants, dans cette profondeur vertigineuse, une lueur apparaissait et serpentait vaguement, l'eau ayant cette puissance, dans la nuit la plus complète, de prendre la lumière on ne sait où et de la changer en couleuvre. La lueur s'évanouissait, et tout redevenait indistinct. L'immensité semblait ouverte là. Ce qu'on avait au-dessous de soi, ce n'était pas de l'eau, c'était du gouffre. Le mur du quai, abrupt, confus, mêlé à la vapeur, tout de suite dérobé, faisait l'effet d'un escarpement de l'infini.

On ne voyait rien, mais on sentait la froideur hostile de l'eau et l'odeur fade des pierres mouillées. Un souffle farouche montait de cet abîme. Le grossissement du fleuve plutôt deviné qu'aperçu, le tragique chuchotement du flot, l'énormité lugubre des arches du pont, la chute imaginable dans ce vide sombre, toute cette ombre était pleine d'horreur.

Javert demeura quelques minutes immobile, regardant cette ouverture de ténèbres; il considérait l'invisible avec une fixité qui ressemblait à de l'attention. L'eau bruissait. Tout à coup, il ôta son chapeau et le posa sur le rebord du quai. Un moment après, une figure haute et noire, que de loin quelque passant attardé eût pu prendre pour un fantôme, apparut debout sur le parapet, se courba vers la Seine, puis se redressa, et tomba droite dans les ténèbres; il y eut un clapotement sourd; et l'ombre seule fut dans le secret des convulsions de cette forme obscure disparue sous l'eau.

LIVRE CINQUIÈME

LE PETIT-FILS
ET LE GRAND-PÈRE

I

Où l'on revoit l'arbre à l'emplâtre de zinc[1]

Quelque temps après les événements que nous venons de raconter, le sieur Boulatruelle eut une émotion vive.

Le sieur Boulatruelle est ce cantonnier de Montfermeil qu'on a déjà entrevu dans les parties ténébreuses de ce livre.

Boulatruelle, on s'en souvient peut-être, était un homme occupé de choses troubles et diverses. Il cassait des pierres et endommageait des voyageurs sur la grande route. Terrassier et voleur, il avait un rêve; il croyait aux trésors enfouis dans la forêt de Montfermeil. Il espérait quelque jour trouver de l'argent dans la terre au pied d'un arbre; en attendant, il en cherchait volontiers dans les poches des passants.

Néanmoins, pour l'instant, il était prudent. Il venait de l'échapper belle. Il avait été, on le sait, ramassé dans le galetas Jondrette avec les autres bandits. Utilité d'un vice : son ivrognerie l'avait sauvé. On n'avait jamais pu éclaircir s'il était là comme voleur ou comme volé. Une ordonnance de non-lieu, fondée sur son état d'ivresse bien constaté dans la soirée du guet-apens, l'avait mis en liberté. Il avait repris la clef des bois. Il était revenu à son chemin de Gagny à Lagny faire, sous la surveillance administrative, de l'empierrement pour le compte de l'État, la mine basse, fort pensif, un peu refroidi pour le vol, qui avait failli le perdre, mais ne se tournant qu'avec plus d'attendrissement vers le vin, qui venait de le sauver.

Quant à l'émotion vive qu'il eut peu de temps après

sa rentrée sous le toit de gazon de sa hutte de cantonnier, la voici :

Un matin, Boulatruelle, en se rendant comme d'habitude à son travail, et à son affût peut-être, un peu avant le point du jour, aperçut parmi les branches un homme dont il ne vit que le dos, mais dont l'encolure, à ce qui lui sembla, à travers la distance et le crépuscule, ne lui était pas tout à fait inconnue. Boulatruelle, quoique ivrogne, avait une mémoire correcte et lucide, arme défensive indispensable à quiconque est un peu en lutte avec l'ordre légal.

— Où diable ai-je vu quelque chose comme cet homme-là? se demanda-t-il.

Mais il ne put rien se répondre, sinon que cela ressemblait à quelqu'un dont il avait confusément la trace dans l'esprit.

Boulatruelle, du reste, en dehors de l'identité qu'il ne réussissait point à ressaisir, fit des rapprochements et des calculs. Cet homme n'était pas du pays. Il y arrivait. A pied, évidemment. Aucune voiture publique ne passe à ces heures-là à Montfermeil. Il avait marché toute la nuit. D'où venait-il? De pas loin. Car il n'avait ni havresac, ni paquet. De Paris sans doute. Pourquoi était-il dans ce bois? pourquoi y était-il à pareille heure? qu'y venait-il faire?

Boulatruelle songea au trésor. A force de creuser dans sa mémoire, il se rappela vaguement avoir eu déjà, plusieurs années auparavant, une semblable alerte au sujet d'un homme qui lui faisait bien l'effet de pouvoir être cet homme-là.

Tout en méditant, il avait, sous le poids même de sa méditation, baissé la tête, chose naturelle, mais peu habile. Quand il la releva, il n'y avait plus rien. L'homme s'était effacé dans la forêt et dans le crépuscule.

— Par le diantre, dit Boulatruelle, je le retrouverai. Je découvrirai la paroisse de ce paroissien-là. Ce promeneur de patron-minette a un pourquoi, je le saurai. On n'a pas de secret dans mon bois sans que je m'en mêle.

Il prit sa pioche qui était fort aiguë.

— Voilà, grommela-t-il, de quoi fouiller la terre et un homme.

Et, comme on rattache un fil à un autre fil, emboîtant le pas de son mieux dans l'itinéraire que l'homme avait dû suivre, il se mit en marche à travers le taillis.

Quand il eut fait une centaine d'enjambées, le jour, qui commençait à se lever, l'aida. Des semelles empreintes sur le sable çà et là, des herbes foulées, des bruyères écrasées, de jeunes branches pliées dans les broussailles et se redressant avec une gracieuse lenteur comme les bras d'une jolie femme qui s'étire en se réveillant, lui indiquèrent une sorte de piste. Il la suivit, puis il la perdit. Le temps s'écoulait. Il entra plus avant dans le bois et parvint sur une espèce d'éminence. Un chasseur matinal qui passait au loin sur un sentier en sifflant l'air de Guillery lui donna l'idée de grimper dans un arbre. Quoique vieux, il était agile. Il y avait là un hêtre de grande taille, digne de Tityre et de Boulatruelle. Boulatruelle monta sur le hêtre, le plus haut qu'il put.

L'idée était bonne. En explorant la solitude du côté où le bois est tout à fait enchevêtré et farouche, Boulatruelle aperçut tout à coup l'homme.

A peine l'eut-il aperçu qu'il le perdit de vue.

L'homme entra, ou plutôt se glissa, dans une clairière assez éloignée, masquée par de grands arbres, mais que Boulatruelle connaissait très bien, pour y avoir remarqué, près d'un gros tas de pierres meulières, un châtaignier malade pansé avec une plaque de zinc clouée à même sur l'écorce. Cette clairière est celle qu'on appelait autrefois le fonds Blaru. Le tas de pierres, destiné à on ne sait quel emploi, qu'on y voyait il y a trente ans, y est sans doute encore. Rien n'égale la longévité d'un tas de pierres, si ce n'est celle d'une palissade en planches. C'est là provisoirement. Quelle raison pour durer !

Boulatruelle, avec la rapidité de la joie, se laissa tomber de l'arbre plutôt qu'il n'en descendit. Le gîte était trouvé, il s'agissait de saisir la bête. Ce fameux trésor rêvé était probablement là.

Ce n'était pas une petite affaire d'arriver à cette clairière. Par les sentiers battus, qui font mille zigzags taquinants, il fallait un bon quart d'heure. En ligne droite, par le fourré, qui est là singulièrement épais, très épineux et très agressif, il fallait une grande demi-heure. C'est ce que Boulatruelle eut le tort de ne point comprendre. Il crut à la ligne droite ; illusion d'optique respectable, mais qui perd beaucoup d'hommes. Le fourré, si hérissé qu'il fût, lui parut le bon chemin.

— Prenons par la rue de Rivoli des loups, dit-il.

Boulatruelle, accoutumé à aller de travers, fit cette fois la faute d'aller droit.

Il se jeta résolument dans la mêlée des broussailles.

Il eut affaire à des houx, à des orties, à des aubépines, à des églantiers, à des chardons, à des ronces fort irascibles. Il fut très égratigné.

Au bas du ravin, il trouva de l'eau qu'il fallut traverser.

Il arriva enfin à la clairière Blaru, au bout de quarante minutes, suant, mouillé, essoufflé, griffé, féroce.

Personne dans la clairière.

Boulatruelle courut au tas de pierres. Il était à sa place. On ne l'avait pas emporté.

Quant à l'homme, il s'était évanoui dans la forêt. Il s'était évadé. Où? de quel côté? dans quel fourré? Impossible de le deviner.

Et, chose poignante, il y avait derrière le tas de pierres, devant l'arbre à la plaque de zinc, de la terre toute fraîche remuée, une pioche oubliée ou abandonnée, et un trou.

Ce trou était vide.

— Voleur! cria Boulatruelle en montrant les deux poings à l'horizon.

II

Marius, en sortant de la guerre civile, s'apprête a la guerre domestique

Marius fut longtemps ni mort ni vivant. Il eut durant plusieurs semaines une fièvre accompagnée de délire, et d'assez graves symptômes cérébraux causés plutôt encore par les commotions des blessures à la tête que par les blessures elles-mêmes.

Il répéta le nom de Cosette pendant des nuits entières dans la loquacité lugubre de la fièvre et avec la sombre opiniâtreté de l'agonie[1]. La largeur de certaines lésions fut un sérieux danger, la suppuration des plaies larges pouvant toujours se résorber, et par conséquent tuer le malade, sous de certaines influences atmosphériques; à chaque changement de temps, au moindre orage, le médecin était inquiet. « Surtout que le blessé n'ait aucune émotion », répétait-il[2]. Les pansements étaient compliqués et difficiles, la fixation des appareils et des linges par le sparadrap n'ayant pas encore été imaginée à cette époque. Nicolette dépensa en charpie un drap de lit « grand comme un plafond », disait-elle. Ce ne fut pas sans peine que les lotions chlorurées et le nitrate d'argent vinrent à bout de la gangrène. Tant qu'il y eut péril, M. Gillenormand, éperdu au chevet de son petit-fils[3], fut comme Marius; ni mort ni vivant.

Tous les jours, et quelquefois deux fois par jour, un monsieur en cheveux blancs, fort bien mis, tel était le signalement donné par le portier, venait savoir des nouvelles du blessé, et déposait pour les pansements un gros paquet de charpie[4].

Enfin, le 7 septembre, quatre mois, jour pour jour, après la douloureuse nuit où on l'avait rapporté mourant chez son grand-père, le médecin déclara qu'il répondait de lui. La convalescence s'ébaucha. Marius dut pourtant rester encore plus de deux mois étendu sur une chaise longue, à cause des accidents produits par la fracture de la clavicule. Il y a toujours comme cela une dernière plaie qui ne veut pas se fermer et qui éternise les pansements, au grand ennui du malade.

Du reste, cette longue maladie et cette longue convalescence le sauvèrent des poursuites. En France, il n'y a pas de colère, même publique, que six mois n'éteignent. Les émeutes, dans l'état où est la société, sont tellement la faute de tout le monde qu'elles sont suivies d'un certain besoin de fermer les yeux.

Ajoutons que l'inqualifiable ordonnance Gisquet, qui enjoignait aux médecins de dénoncer les blessés, ayant indigné l'opinion, et non seulement l'opinion, mais le roi tout le premier, les blessés furent couverts et protégés par cette indignation; et, à l'exception de ceux qui avaient été faits prisonniers dans le combat flagrant, les conseils de guerre n'osèrent en inquiéter aucun. On laissa donc Marius tranquille.

M. Gillenormand traversa toutes les angoisses d'abord, et ensuite toutes les extases. On eut beaucoup de peine à l'empêcher de passer toutes les nuits près du blessé; il fit apporter son grand fauteuil à côté du lit de Marius; il exigea que sa fille prît le plus beau linge de la maison pour en faire des compresses et des bandes. Mademoiselle Gillenormand, en personne sage et aînée, trouva moyen d'épargner le beau linge, tout en laissant croire à l'aïeul qu'il était obéi. M. Gillenormand ne permit pas qu'on lui expliquât que pour faire de la charpie la batiste ne vaut pas la grosse toile, ni la toile neuve la toile usée. Il assistait à tous les pansements dont mademoiselle Gillenormand s'absentait pudiquement. Quand on coupait les chairs mortes avec des ciseaux, il disait : « Aïe ! aïe ! » Rien n'était touchant comme de le voir tendre au blessé une tasse de tisane avec son doux tremblement sénile. Il accablait le médecin de questions. Il ne s'apercevait pas qu'il recommençait toujours les mêmes.

Le jour où le médecin lui annonça que Marius était hors de danger, le bonhomme fut en délire. Il donna trois louis de gratification à son portier. Le soir, en rentrant dans sa chambre, il dansa une gavotte, en faisant des castagnettes avec son pouce et son index, et il chanta une chanson que voici :

> Jeanne est née à Fougère,
> Vrai nid d'une bergère ;
> J'adore son jupon
>   Fripon.
>
> Amour, tu vis en elle ;
> Car c'est dans sa prunelle
> Que tu mets ton carquois,
>   Narquois.
>
> Moi, je la chante, et j'aime
> Plus que Diane même,
> Jeanne et ses durs tetons
>   Bretons[5].

Puis il se mit à genoux sur une chaise, et Basque, qui l'observait par la porte entr'ouverte, crut être sûr qu'il priait.

Jusque-là, il n'avait guère cru en Dieu[6].

A chaque nouvelle phase du mieux, qui allait se dessinant de plus en plus, l'aïeul extravaguait. Il faisait un tas d'actions machinales pleines d'allégresse, il montait et descendait les escaliers sans savoir pourquoi. Une voisine, jolie du reste, fut toute stupéfaite de recevoir un matin un gros bouquet ; c'était M. Gillenormand qui le lui envoyait. Le mari fit une scène de jalousie[7]. M. Gillenormand essayait de prendre Nicolette sur ses genoux. Il appelait Marius monsieur le baron. Il criait : « Vive la république ! »

A chaque instant, il demandait au médecin : « N'est-ce pas qu'il n'y a plus de danger ? » Il regardait Marius avec des yeux de grand'mère. Il le couvait quand il mangeait. Il ne se connaissait plus, il ne se comptait plus, Marius était le maître de la maison, il y avait de l'abdication dans sa joie, il était le petit-fils de son petit-fils.

Dans cette allégresse où il était, c'était le plus vénérable des enfants. De peur de fatiguer ou d'importuner le convalescent, il se mettait derrière lui pour lui sourire. Il était content, joyeux, ravi, charmant, jeune. Ses cheveux blancs ajoutaient une majesté douce à la lumière gaie qu'il avait sur le visage. Quand la grâce se mêle aux rides, elle est adorable. Il y a on ne sait quelle aurore dans de la vieillesse épanouie.

Quant à Marius, tout en se laissant panser et soigner, il avait une idée fixe : Cosette. Depuis que la fièvre et le délire l'avaient quitté, il ne prononçait plus ce nom, et l'on aurait pu croire qu'il n'y songeait plus. Il se taisait, précisément parce que son âme était là.

Il ne savait ce que Cosette était devenue, toute l'affaire de la rue de la Chanvrerie était comme un nuage dans son souvenir ; des ombres presque indistinctes flottaient dans son esprit, Éponine, Gavroche, Mabeuf, les Thénardier, tous ses amis lugubrement mêlés à la fumée de la barricade ; l'étrange passage de M. Fauchelevent dans cette aventure sanglante lui faisait l'effet d'une énigme dans une tempête ; il ne comprenait rien à sa propre vie, il ne savait comment ni par qui il avait été sauvé, et personne ne le savait autour de lui ; tout ce qu'on avait pu lui dire, c'est qu'il avait été rapporté la nuit dans un fiacre rue des Filles-du-Calvaire[8] ; passé, présent, avenir, tout n'était plus en lui que le brouillard d'une idée vague, mais il y avait dans cette brume un point immobile, un linéament net et précis, quelque chose qui était en granit, une résolution, une volonté : retrouver Cosette. Pour lui, l'idée de la vie n'était pas distincte de l'idée de Cosette ; il avait décrété dans son cœur qu'il n'accepterait pas l'une sans l'autre, et il était inébranlablement décidé à exiger de n'importe qui voudrait le forcer à vivre, de son grand-père, du sort, de l'enfer, la restitution de son éden disparu[9].

Les obstacles, il ne se les dissimulait pas.

Soulignons ici un détail : il n'était point gagné et

était peu attendri par toutes les sollicitudes et toutes les tendresses de[10] son grand-père. D'abord il n'était pas dans le secret de toutes; ensuite[11], dans ses rêveries de malade, encore fiévreuses peut-être, il se défiait de ces douceurs-là comme d'une chose étrange et nouvelle ayant pour but de le dompter. Il y restait froid. Le grand-père dépensait en pure perte son pauvre vieux sourire. Marius se disait que c'était bon tant que lui Marius ne parlait pas et se laissait faire; mais que, lorsqu'il s'agirait de Cosette, il trouverait un autre visage, et que la véritable attitude de l'aïeul se démasquerait. Alors ce serait rude; recrudescence des questions de famille, confrontation des positions, tous les sarcasmes et toutes les objections à la fois, Fauchelevent, Coupelevent, la fortune, la pauvreté, la misère, la pierre au cou, l'avenir. Résistance violente; conclusion, refus. Marius se roidissait d'avance.

Et puis, à mesure qu'il reprenait vie, ses anciens griefs reparaissaient, les vieux ulcères de sa mémoire se rouvraient, il resongeait au passé, le colonel Pontmercy se replaçait entre M. Gillenormand et lui Marius, il se disait qu'il n'avait aucune vraie bonté à espérer de qui avait été si injuste et si dur pour son père. Et avec la santé, il lui revenait une sorte d'âpreté contre son aïeul. Le vieillard en souffrait doucement.

M. Gillenormand, sans en rien témoigner d'ailleurs, remarquait que Marius, depuis qu'il avait été rapporté chez lui et qu'il avait repris connaissance, ne lui avait pas dit une seule fois mon père. Il ne disait point monsieur, cela est vrai; mais il trouvait moyen de ne dire ni l'un ni l'autre, par une certaine manière de tourner ses phrases. Une crise approchait évidemment[12].

Comme il arrive presque toujours en pareil cas, Marius, pour s'essayer, escarmoucha avant de livrer bataille. Cela s'appelle tâter le terrain. Un matin il advint que M. Gillenormand, à propos d'un journal qui lui était tombé sous la main, parla légèrement de la Convention et lâcha un épiphonème royaliste sur Danton, Saint-Just et Robespierre.

« Les hommes de 93 étaient des géants », dit Marius avec sévérité. Le vieillard se tut et ne souffla point du reste de la journée.

Marius, qui avait toujours présent à l'esprit l'inflexible grand-père de ses premières années, vit dans ce silence une profonde concentration de colère, en augura une lutte acharnée, et augmenta dans les arrière-recoins de sa pensée ses préparatifs de combat.

Il arrêta qu'en cas de refus il arracherait ses appareils, disloquerait sa clavicule, mettrait à nu et à vif ce qu'il lui restait de plaies, et repousserait toute nourriture. Ses plaies, c'étaient ses munitions[13]. Avoir Cosette ou mourir.

Il attendit le moment favorable avec la patience sournoise des malades. Ce moment arriva.

III

Marius attaque

Un jour, M. Gillenormand, tandis que sa fille mettait en ordre les fioles et les tasses sur le marbre de la commode, était penché sur Marius, et lui disait de son accent le plus tendre :

— Vois-tu, mon petit Marius, à ta place, je mangerais maintenant plutôt de la viande que du poisson. Une sole frite, cela est excellent pour commencer une convalescence, mais, pour mettre le malade debout, il faut une bonne côtelette.

Marius, dont presque toutes les forces étaient revenues, les rassembla, se dressa sur son séant, appuya ses deux poings crispés sur les draps de son lit, regarda son grand-père en face, prit un air terrible, et dit :

— Ceci m'amène à vous dire une chose.

— Laquelle?

— C'est que je veux me marier.

— Prévu, dit le grand-père. Et il éclata de rire.

— Comment, prévu?

— Oui, prévu. Tu l'auras, ta fillette.

Marius, stupéfait et[1] accablé par l'éblouissement, trembla de tous ses membres.

M. Gillenormand continua :

— Oui, tu l'auras, ta belle jolie petite fille. Elle vient tous les jours sous la forme d'un vieux monsieur savoir de tes nouvelles. Depuis que tu es blessé, elle passe son temps à pleurer et à faire de la charpie. Je me suis informé. Elle demeure rue de l'Homme-Armé, numéro sept. Ah, nous y voilà! Ah! tu la veux. Eh bien, tu l'auras. Ça t'attrape. Tu avais fait ton petit complot, tu t'étais dit : — Je vais lui signifier cela carrément à ce grand-père, à cette momie de la Régence et du Directoire, à cet ancien beau, à ce Dorante devenu Géronte; il a eu ses légèretés aussi, lui, et ses amourettes, et ses grisettes, et ses Cosettes; il[3] a fait son frou-frou, il a eu ses ailes, il a mangé du pain du printemps, il faudra bien qu'il s'en souvienne. Nous allons voir. Bataille. Ah! tu prends le hanneton par les cornes. C'est bon. Je t'offre une côtelette, et tu me réponds : A propos, je veux me marier. C'est ça qui est une transition! Ah! tu avais compté sur de la bisbille! Tu ne savais pas que j'étais un vieux lâche. Qu'est-ce que tu dis de ça? Tu bisques. Trouver ton grand-père encore plus bête que toi, tu ne t'y attendais pas, tu perds le discours que tu devais me faire, monsieur l'avocat, c'est taquinant. Eh bien, tant pis, rage. Je fais ce que tu veux, ça te la coupe, imbécile! Écoute. J'ai pris des renseignements, moi aussi je suis sournois; elle est charmante, elle est sage, le lancier n'est pas vrai, elle a fait des tas de charpie, c'est un bijou, elle t'adore. Si tu étais mort, nous aurions été trois; sa bière aurait accompagné la mienne. J'avais bien eu l'idée, dès que tu as été mieux, de te la camper tout bonnement à ton chevet, mais il n'y a que dans les romans qu'on introduit tout de go les jeunes filles près du lit des jolis blessés qui les intéressent. Ça ne se fait pas. Qu'aurait dit ta tante? Tu étais tout nu les trois quarts du temps, mon bonhomme. Demande à Nicolette, qui ne t'a pas quitté une minute, s'il y avait moyen qu'une femme fût là. Et puis[4] qu'aurait dit le médecin? Ça ne guérit pas la fièvre, une jolie fille. Enfin, c'est bon, n'en parlons plus, c'est dit, c'est fait, c'est bâclé, prends-la. Telle est ma férocité. Vois-tu, j'ai vu que tu ne m'aimais pas, j'ai dit : Qu'est-ce que je pourrais donc faire pour que cet animal-là m'aime? J'ai dit : Tiens, j'ai ma petite Cosette sous la main, je vais la lui donner, il faudra bien qu'il m'aime alors un peu, ou qu'il dise pourquoi. Ah! tu croyais que le vieux allait tempêter, faire la grosse voix, crier non, et lever la canne sur toute cette aurore. Pas du tout. Cosette, soit; amour, soit. Je ne demande pas mieux. Monsieur, prenez la peine de vous marier. Sois heureux, mon enfant bien-aimé.

Cela dit, le vieillard éclata en sanglots.

Et il prit la tête de Marius, et il la serra dans ses deux bras contre sa vieille poitrine, et tous deux se mirent à pleurer. C'est là une des formes du bonheur suprême.

— Mon père ! s'écria Marius.

— Ah ! tu m'aimes donc ! dit le vieillard.

Il y eut un moment ineffable. Ils étouffaient et ne pouvaient parler.

Enfin le vieillard bégaya[5] :

— Allons ! le voilà débouché. Il m'a dit : Mon père.

Marius dégagea sa tête des bras de l'aïeul, et dit doucement :

— Mais, mon père, à présent que je me porte bien, il me semble que je pourrais la voir.

— Prévu encore, tu la verras demain.

— Mon père !

— Quoi ?

— Pourquoi pas aujourd'hui ?

— Eh bien, aujourd'hui. Va pour aujourd'hui. Tu m'as dit trois fois « mon père », ça vaut bien ça[6]. Je vais m'en occuper. On te l'amènera. Prévu, te dis-je. Ceci a déjà été mis en vers. C'est le dénouement de l'élégie du *Jeune malade* d'André Chénier[7], d'André Chénier qui a été égorgé par les scélér... — par les géants de 93.

M. Gillenormand crut apercevoir un léger froncement du sourcil de Marius, qui, en vérité, nous devons le dire, ne l'écoutait plus, envolé qu'il était dans l'extase, et pensant beaucoup plus à Cosette qu'à 1793. Le grand-père, tremblant d'avoir introduit si mal à propos André Chénier, reprit précipitamment[8] :

— Égorgé n'est pas le mot. Le fait est que les grands génies révolutionnaires, qui n'étaient pas méchants, cela est incontestable, qui étaient des héros, pardi ! trouvaient qu'André Chénier les gênait un peu, et qu'ils l'ont fait guillot... — c'est-à-dire que ces grands hommes, le sept thermidor, dans l'intérêt du salut public, ont prié André Chénier de vouloir bien aller... —

M. Gillenormand, pris à la gorge par sa propre phrase, ne put continuer ; ne pouvant ni la terminer, ni la rétracter, pendant que sa fille arrangeait derrière Marius l'oreiller, bouleversé de tant d'émotions, le vieillard se jeta, avec autant de vitesse que son âge le lui permit, hors de la chambre à coucher, en repoussa la porte derrière lui, et, pourpre, étranglant, écumant, les yeux hors de la tête, se trouva nez à nez avec l'honnête Basque qui cirait les bottes dans l'antichambre. Il saisit Basque au collet et lui cria en plein visage avec fureur : — Par les cent mille Javottes du diable, ces brigands l'ont assassiné !

— Qui, monsieur ?
— André Chénier !
— Oui, monsieur, dit Basque épouvanté.

IV

MADEMOISELLE GILLENORMAND
FINIT PAR NE PLUS TROUVER MAUVAIS
QUE M. FAUCHELEVENT
SOIT ENTRÉ AVEC QUELQUE CHOSE SOUS LE BRAS

Cosette et Marius se revirent. Ce que fut l'entrevue, nous renonçons à le dire. Il y a des choses qu'il ne faut pas essayer de peindre ; le soleil est du nombre.

Toute[1] la famille, y compris Basque et Nicolette, était réunie dans la chambre de Marius au moment où Cosette entra. Elle apparut sur le seuil ; il semblait qu'elle était dans un nimbe. Précisément à cet instant-là, le grand-père allait se moucher ; il resta court, tenant son nez dans son mouchoir et regardant Cosette par-dessus :

— Adorable ! s'écria-t-il.

Puis il se moucha bruyamment.

Cosette était enivrée, ravie, effrayée, au ciel. Elle était aussi effarouchée qu'on peut l'être par le bonheur[2]. Elle balbutiait, toute pâle, toute rouge, voulant se jeter dans les bras de Marius, et n'osant pas, honteuse d'aimer devant tout ce monde. On est sans pitié pour les amants heureux ; on reste là quand ils auraient le plus envie d'être seuls. Ils n'ont pourtant pas du tout besoin des gens[3].

Avec Cosette et derrière elle, était entré un homme en cheveux blancs, grave, souriant néanmoins, mais d'un vague et poignant sourire. C'était « monsieur Fauchelevent » ; c'était Jean Valjean.

Il était *très bien mis,* comme avait dit le portier, entièrement vêtu de noir et de neuf et en cravate blanche.

Le portier était à mille[4] lieues de reconnaître dans ce bourgeois correct, dans ce notaire probable, l'effrayant porteur de cadavres qui avait surgi à sa porte dans la nuit du 7 juin, déguenillé, fangeux, hideux, hagard, la face masquée de sang et de boue, soutenant sous les bras Marius évanoui; cependant son flair de portier était éveillé. Quand M. Fauchelevent était arrivé avec Cosette, le portier n'avait pu s'empêcher de confier à sa femme cet aparté : « Je ne sais pourquoi je me figure toujours que j'ai déjà vu ce visage-là. »

M. Fauchelevent, dans la chambre de Marius, restait comme à l'écart près de la porte. Il avait sous le bras un paquet semblable assez à un volume in-octavo, enveloppé dans du papier. Le papier de l'enveloppe était verdâtre et semblait moisi[5].

— Est-ce que ce monsieur a toujours comme cela des livres sous le bras? demanda à voix basse à Nicolette mademoiselle Gillenormand qui n'aimait point les livres.

— Eh bien, répondit du même ton M. Gillenormand qui l'avait entendue, c'est un savant. Après[6]? Est-ce sa faute? Monsieur Boulard, que j'ai connu, ne marchait jamais sans un livre, lui non plus, et avait toujours comme cela un bouquin contre son cœur.

Et, saluant, il dit à haute voix :

— Monsieur Tranchelevent...

Le père Gillenormand ne le fit pas exprès, mais l'inattention aux noms propres était chez lui une manière aristocratique.

— Monsieur Tranchelevent, j'ai l'honneur de vous demander pour mon petit-fils, monsieur le baron Marius Pontmercy, la main de mademoiselle.

« Monsieur Tranchelevent » s'inclina.

— C'est dit, fit l'aïeul.

Et, se tournant vers Marius et Cosette, les deux bras étendus et bénissant, il cria :

— Permission de vous adorer.

Ils ne se le firent pas dire deux fois. Tant pis ! le gazouillement commença. Ils se parlaient bas, Marius accoudé sur sa chaise longue, Cosette debout près de lui.

— O mon Dieu ! murmurait Cosette, je vous revois. C'est toi ! c'est vous ! Être allé se battre comme cela !

Mais pourquoi ? C'est horrible. Pendant quatre mois, j'ai été morte. Oh ! que c'est méchant d'avoir été à cette bataille ! Qu'est-ce que je vous avais fait[7] ? Je vous pardonne, mais vous ne le ferez plus. Tout à l'heure, quand on est venu nous dire de venir, j'ai encore cru que j'allais mourir, mais c'était de joie. J'étais si triste ! Je n'ai pas pris le temps de m'habiller, je dois faire peur. Qu'est-ce que vos parents diront de me voir une collerette toute chiffonnée ? Mais parlez donc ! Vous me laissez parler toute seule. Nous sommes toujours rue de l'Homme-Armé. Il paraît que votre épaule, c'était terrible. On m'a dit qu'on pouvait mettre le poing dedans. Et puis[8] il paraît qu'on a coupé les chairs avec des ciseaux. C'est ça qui est affreux. J'ai pleuré, je n'ai plus d'yeux. C'est drôle qu'on puisse souffrir comme cela[9]. Votre grand-père a l'air très bon ! Ne vous dérangez pas, ne vous mettez pas sur le coude, prenez garde, vous allez vous faire du mal[10]. Oh ! comme je suis heureuse ! C'est donc fini, le malheur ! Je suis toute sotte. Je voulais vous dire des choses que je ne sais plus du tout. M'aimez-vous toujours ? Nous[11] demeurons rue de l'Homme-Armé. Il n'y a pas de jardin. J'ai fait de la charpie tout le temps ; tenez, monsieur, regardez, c'est votre faute, j'ai un durillon aux doigts.

— Ange ! disait Marius.

Ange est le seul mot de la langue qui ne puisse s'user. Aucun autre mot ne résisterait à l'emploi impitoyable qu'en font les amoureux.

Puis, comme il y avait des assistants, ils s'interrompirent et ne dirent plus un mot, se bornant à se toucher tout doucement la main. M. Gillenormand se tourna vers tous ceux qui étaient dans la chambre et cria :

— Parlez donc haut, vous autres. Faites du bruit, la cantonade. Allons, un peu de brouhaha, que diable ! que ces enfants puissent jaser à leur aise.

Et, s'approchant de Marius et de Cosette, il leur dit tout bas :

— Tutoyez-vous. Ne vous gênez pas.

La tante Gillenormand assistait avec stupeur à cette irruption de lumière dans son intérieur vieillot. Cette stupeur n'avait rien d'agressif ; ce n'était pas le moins du monde le regard scandalisé et envieux d'une chouette à deux ramiers ; c'était l'œil bête d'une pauvre innocente de cinquante-sept ans ; c'était la vie manquée regardant ce triomphe, l'amour.

— Mademoiselle Gillenormand aînée, lui disait son père, je t'avais bien dit que cela t'arriverait.

Il resta un moment silencieux et ajouta :

— Regarde le bonheur des autres.

Puis il se tourna vers Cosette :

— Qu'elle est jolie ! qu'elle est jolie ! C'est un Greuze. Tu vas donc avoir cela pour toi tout seul, polisson ! Ah ! mon coquin, tu l'échappes belle avec moi, tu es heureux, si je n'avais pas quinze ans de trop, nous nous battrions à l'épée à qui l'aurait. Tiens ! je suis amoureux de vous, mademoiselle. C'est tout simple. C'est votre droit. Ah ! la belle jolie charmante petite noce que cela va faire ! C'est Saint-Denis du Saint-Sacrement qui est notre paroisse, mais j'aurai une dispense pour que vous vous épousiez à Saint-Paul. L'église est mieux. C'est bâti[12] par les jésuites. C'est plus coquet. C'est vis-à-vis la fontaine du cardinal de Birague. Le chef-d'œuvre de l'architecture jésuite est à Namur. Ça s'appelle Saint-Loup. Il faudra y aller quand vous serez mariés. Cela vaut le voyage. Mademoiselle, je suis tout à fait de votre parti, je veux que les filles se marient, c'est fait pour ça. Il y a une certaine sainte Catherine que je voudrais voir toujours décoiffée. Rester fille, c'est beau, mais c'est froid. La Bible dit : Multipliez. Pour sauver le peuple, il faut Jeanne d'Arc ; mais, pour faire le peuple, il faut la mère Gigogne. Donc, mariez-vous, les belles. Je ne vois vraiment pas à quoi bon rester fille ? Je sais bien qu'on a une chapelle à part dans l'église et qu'on se rabat sur la confrérie de la Vierge ; mais, sapristi, un joli mari, brave garçon, et, au bout d'un an, un gros mioche blond qui vous tette gaillardement, et qui a de bons plis de graisse aux cuisses, et qui vous tripote le sein à poignées dans ses petites pattes roses en riant comme l'aurore, cela vaut pourtant mieux que de tenir un cierge à vêpres et de chanter *Turris eburnea*[13] !

Le[14] grand-père fit une pirouette sur ses talons de quatre-vingt-dix ans, et se remit à parler, comme un ressort qui repart :

— Ainsi, bornant le cours de tes rêvasseries,
Alcippe, il est donc vrai, dans peu tu te maries.

A propos !
— Quoi, mon père ?
— N'avais-tu pas un ami intime ?
— Oui, Courfeyrac.
— Qu'est-il devenu ?
— Il est mort.
— Ceci est bon.

Il s'assit près d'eux, fit asseoir Cosette, et prit leurs quatre mains dans ses vieilles mains ridées.

— Elle est exquise, cette mignonne. C'est un chef-d'œuvre, cette Cosette-là ! Elle est très petite fille et très grande dame. Elle ne sera que baronne, c'est déroger; elle est née marquise. Vous a-t-elle des cils ! Mes enfants, fichez-vous bien dans la caboche que vous êtes dans le vrai. Aimez-vous. Soyez-en bêtes. L'amour, c'est la bêtise des hommes et l'esprit de Dieu. Adorez-vous. Seulement, ajouta-t-il rembruni tout à coup, quel malheur ! Voilà que j'y pense ! Plus de la moitié[15] de ce que j'ai est en viager; tant que je vivrai, cela ira encore, mais après ma mort, dans une vingtaine d'années d'ici, ah ! mes pauvres enfants, vous n'aurez pas le sou ! Vos[16] belles mains blanches, madame la baronne, feront au diable l'honneur de le tirer par la queue.

Ici on entendit une voix grave et tranquille qui disait :
— Mademoiselle Euphrasie Fauchelevent a six cent mille francs.

C'était la voix de Jean Valjean.

Il n'avait[17] pas encore prononcé une parole, personne ne semblait même plus savoir qu'il était là, et il se tenait debout et immobile derrière tous ces gens heureux.

— Qu'est-ce que c'est que mademoiselle Euphrasie en question ? demanda le grand-père effaré[18].
— C'est moi, reprit Cosette.
— Six cent mille francs ! répondit M. Gillenormand[19].
— Moins quatorze ou quinze mille francs peut-être, dit Jean Valjean.

Et il posa sur la table le paquet que la tante Gillenormand avait pris pour un livre. Jean Valjean ouvrit lui-même le paquet; c'était une liasse de billets de banque. On les feuilleta et on les compta. Il y avait cinq cents billets de mille francs et cent soixante-huit de cinq cents. En tout cinq cent quatre-vingt-quatre mille francs.

— Voilà un bon livre, dit M. Gillenormand.

— Cinq cent quatre-vingt-quatre mille francs ! murmura la tante.

— Ceci arrange bien des choses, n'est-ce pas, mademoiselle Gillenormand aînée? reprit l'aïeul. Ce diable de Marius, il vous a déniché dans l'arbre des rêves une grisette millionnaire ! Fiez-vous donc maintenant aux amourettes des jeunes gens ! Les étudiants trouvent des étudiantes de six cent mille francs[20]. Chérubin travaille mieux que Rothschild.

— Cinq cent quatre-vingt-quatre mille francs ! répétait à demi-voix mademoiselle Gillenormand. Cinq cent quatre-vingt-quatre ! autant dire six cent mille, quoi[21] !

Quant à Marius et à Cosette, ils se regardaient pendant ce temps-là; ils firent à peine attention à ce détail.

V

Déposez plutôt votre argent dans telle forêt que chez tel notaire[1]

On a sans doute compris, sans qu'il soit nécessaire de l'expliquer longuement, que Jean Valjean, après l'affaire Champmathieu, avait pu, grâce à sa première évasion de quelques jours, venir à Paris, et retirer à temps de chez Laffitte la somme gagnée par lui, sous le nom de monsieur Madeleine, à Montreuil-sur-mer; et que, craignant d'être repris, ce qui lui arriva en effet peu de temps après, il avait caché et enfoui cette somme dans la forêt de Montfermeil au lieu dit le fonds Blaru. La somme, six cent trente mille francs, toute en billets de banque, avait peu de volume et tenait dans une boîte; seulement, pour préserver la boîte de l'humidité, il l'avait placée dans un coffret en chêne plein de copeaux de châtaignier. Dans le même coffret, il avait mis son autre trésor, les chandeliers de l'évêque. On se souvient qu'il avait emporté ces chandeliers en s'évadant de Montreuil-sur-mer. L'homme aperçu un soir une première fois par Boulatruelle, c'était Jean Valjean. Plus tard, chaque fois que Jean Valjean avait besoin d'argent, il venait en chercher à la clairière Blaru. De là les absences dont nous avons parlé. Il avait une pioche quelque part dans les bruyères, dans une cachette connue de lui seul. Lorsqu'il vit Marius convalescent, sentant que l'heure approchait où cet argent pourrait être utile, il était allé le chercher ; et c'était encore lui que Boulatruelle avait vu dans le bois, mais cette fois le matin et non le soir. Boulatruelle hérita de la pioche.

La somme réelle était cinq cent quatre-vingt-quatre mille cinq cents francs. Jean Valjean retira les cinq cents francs pour lui. — Nous verrons après, pensa-t-il.

La différence entre cette somme et les six cent trente mille francs retirés de chez Laffitte représentait la dépense de dix années, de 1823 à 1833. Les cinq années de séjour au couvent n'avaient coûté que cinq mille francs.

Jean Valjean mit les deux flambeaux d'argent sur la cheminée où ils resplendirent à la grande admiration de Toussaint.

Du reste, Jean Valjean se savait délivré de Javert. On avait raconté devant lui, et il avait vérifié le fait dans le *Moniteur,* qui l'avait publié, qu'un inspecteur de police nommé Javert avait été trouvé noyé sous un bateau de blanchisseuses entre le Pont au Change et le Pont-Neuf, et qu'un écrit laissé par cet homme, d'ailleurs irréprochable et fort estimé de ses chefs, faisait croire à un accès d'aliénation mentale et à un suicide.

— Au fait, pensa Jean Valjean, puisque, me tenant, il m'a laissé en liberté, c'est qu'il fallait qu'il fût déjà fou.

VI

LES DEUX VIEILLARDS FONT TOUT,
CHACUN A LEUR FAÇON,
POUR QUE COSETTE SOIT HEUREUSE[1]

ON prépara tout pour le mariage. Le médecin consulté déclara qu'il pourrait avoir lieu en février. On était en décembre. Quelques ravissantes semaines de bonheur parfait s'écoulèrent.

Le[2] moins heureux n'était pas le grand-père. Il restait des quarts d'heure en contemplation devant Cosette.

— L'admirable jolie fille ! s'écriait-il. Et elle a l'air si douce et si bonne ! Il n'y a pas à dire mamie mon cœur, c'est la plus charmante fille que j'aie vue de ma vie. Plus tard, ça vous aura des vertus avec odeur de violette. C'est une grâce, quoi ! On ne peut que vivre noblement

prodiguait tout à Cosette[10]. Cosette, émerveillée, éperdue d'amour pour Marius et effarée de reconnaissance pour M. Gillenormand, rêvait un bonheur sans bornes vêtu de satin et de velours. Sa corbeille de noces lui apparaissait soutenue par les séraphins. Son âme s'envolait dans l'azur avec des ailes de dentelle de Malines.

L'ivresse des amoureux n'était égalée, nous l'avons dit, que par l'extase du grand-père. Il y avait comme une fanfare dans la rue des Filles-du-Calvaire[11].

Chaque matin, nouvelle offrande de bric-à-brac du grand-père à Cosette. Tous les falbalas possibles s'épanouissaient splendidement autour d'elle.

Un jour Marius, qui, volontiers, causait gravement à travers son bonheur, dit à propos de je ne sais quel incident :

— Les hommes de la Révolution sont tellement grands, qu'ils ont déjà le prestige des siècles, comme Caton et comme Phocion, et chacun d'eux semble une mémoire antique.

— Moire antique ! s'écria le vieillard. Merci, Marius. C'est précisément l'idée que je cherchais.

Et le lendemain une magnifique robe de moire antique couleur thé s'ajoutait à la corbeille de Cosette. Le grand-père extrayait de ces chiffons une sagesse.

— L'amour, c'est bien ; mais il faut cela avec. Il faut de l'inutile dans le bonheur. Le bonheur, ce n'est que le nécessaire. Assaisonnez-le-moi énormément de superflu. Un palais et son cœur. Son cœur et le Louvre. Son cœur et les grandes eaux de Versailles. Donnez-moi ma bergère, et tâchez qu'elle soit duchesse. Amenez-moi Philis couronnée de bleuets et ajoutez-lui cent mille livres de rente. Ouvrez-moi une bucolique à perte de vue sous une colonnade de marbre. Je consens à la bucolique et aussi à la féerie de marbre et d'or. Le bonheur sec ressemble au pain sec. On mange, mais on ne dîne pas. Je veux du superflu, de l'inutile, de l'extravagant, du trop, de ce qui ne sert à rien. Je me souviens d'avoir vu dans la cathédrale de Strasbourg une horloge haute comme une maison à trois étages qui marquait l'heure, qui avait la bonté de marquer l'heure, mais qui n'avait pas l'air faite pour cela ; et qui, après avoir sonné midi ou minuit, midi, l'heure du soleil, minuit, l'heure de l'amour, ou toute autre qu'il

réservé là-dessus sa décision. Il est probable que si le mariage eût été pauvre, elle l'eût laissé pauvre. Tant pis pour monsieur mon neveu ! Il épouse une gueuse, qu'il soit gueux. Mais le demi-million de Cosette plut

on est sérieux. Le bourgeois est avare, la bourgeoisie est prude; votre siècle est infortuné. On chasserait les Grâces comme trop décolletées. Hélas! on cache la beauté comme une laideur. Depuis la révolution, tout

ces rideaux qui s'abaissent dans la vie. Dieu passe à l'acte suivant.

Et lui-même, était-il bien le même homme? Lui, le pauvre, il était riche; lui, l'abandonné, il avait une famille; lui, le désespéré, il épousait Cosette. Il lui semblait qu'il avait traversé une tombe, et qu'il y était entré noir, et qu'il en était sorti blanc. Et cette tombe, les autres y étaient restés. A de certains instants, tous ces êtres du passé, revenus et présents, faisaient cercle autour de lui et l'assombrissaient; alors il songeait à Cosette, et redevenait serein; mais il ne fallait rien moins que cette félicité pour effacer cette catastrophe.

M. Fauchelevent avait presque place parmi ces êtres évanouis. Marius hésitait à croire que le Fauchelevent de la barricade fût le même que ce Fauchelevent en chair et en os, si gravement assis près de Cosette. Le premier était probablement un de ces cauchemars apportés et remportés par ses heures de délire. Du reste, leurs deux natures[2] escarpées, aucune question n'était possible de Marius à M. Fauchelevent. L'idée ne lui en fût pas même venue. Nous avons indiqué déjà ce détail caractéristique.

Deux hommes qui ont un secret commun, et qui, par une sorte d'accord tacite, n'échangent pas une parole à ce sujet, cela est moins rare qu'on ne pense. Une fois seulement, Marius tenta un essai. Il fit venir dans la conversation la rue de la Chanvrerie, et, se tournant vers M. Fauchelevent, il lui dit:

— Vous connaissez-bien cette rue-là?
— Quelle rue?
— La rue de la Chanvrerie?
— Je n'ai aucune idée du nom de cette rue-là, répondit M. Fauchelevent du ton le plus naturel du monde.

La réponse, qui portait sur le nom de la rue, et point sur la rue elle-même, parut à Marius plus concluante qu'elle ne l'était.

— Décidément, pensa-t-il, j'ai rêvé. J'ai eu une hallucination. C'est quelqu'un qui lui ressemblait. M. Fauchelevent n'y était pas.

VIII

Deux hommes impossibles a retrouver

L'enchantement, si grand qu'il fût, n'effaça point dans l'esprit de Marius d'autres préoccupations. Pendant que le mariage s'apprêtait et en attendant l'époque fixée, il fit faire de difficiles et scrupuleuses recherches rétrospectives.

Il devait de la reconnaissance de plusieurs côtés; il en devait pour son père, il en devait pour lui-même. Il y avait Thénardier; il y avait l'inconnu qui l'avait rapporté, lui Marius, chez M. Gillenormand. Marius tenait à retrouver ces deux hommes, n'entendant point se marier, être heureux et les oublier, et craignant que ces dettes du devoir non payées ne fissent ombre sur sa vie, si lumineuse désormais. Il lui était impossible de laisser tout cet arriéré en souffrance derrière lui, et il voulait, avant d'entrer joyeusement dans l'avenir, avoir quittance du passé.

Que Thénardier fût un scélérat, cela n'ôtait rien à ce fait qu'il avait sauvé le colonel Pontmercy. Thénardier était un bandit pour tout le monde, excepté pour Marius. Et Marius, ignorant la véritable scène du champ de bataille de Waterloo, ne savait pas cette particularité, que son père était vis-à-vis de Thénardier dans cette situation étrange de lui devoir la vie sans lui devoir de reconnaissance[1].

Aucun des divers agents que Marius employa ne parvint à saisir la piste de Thénardier. L'effacement semblait complet de ce côté-là. La Thénardier était morte en prison pendant l'instruction du procès. Thénardier et sa fille Azelma, les deux seuls qui restassent de ce groupe lamentable, avaient replongé dans l'ombre. Le gouffre de l'Inconnu social s'était silencieusement refermé sur ces êtres. On ne voyait même plus à la surface ce frémissement, ce tremblement, ces obscurs cercles concentriques qui annoncent que quelque chose est tombé là, et qu'on peut y jeter la sonde.

La Thénardier étant morte, Boulatruelle étant mis hors de cause, Claquesous ayant disparu, les principaux accusés s'étant échappés de prison, le procès du guet-

regardé que leur jeune maître tout sanglant. Le portier, dont la chandelle avait éclairé la tragique arrivée de Marius, avait seul remarqué l'homme en question, et voici le signalement qu'il en donnait : « Cet homme était épouvantable. »

Dans l'espoir d'en tirer parti pour ses recherches, Marius fit conserver les vêtements ensanglantés qu'il avait sur le corps, lorsqu'on l'avait ramené chez son aïeul. En examinant l'habit, on remarqua qu'un pan était bizarrement déchiré. Un morceau manquait.

Un soir, Marius parlait, devant Cosette et Jean Valjean, de toute cette singulière aventure, des informations sans nombre qu'il avait prises et de l'inutilité de ses efforts. Le visage froid de « monsieur Fauchelevent » l'impatientait. Il s'écria avec une vivacité qui avait presque la vibration de la colère :

— Oui, cet homme-là, quel qu'il soit, a été sublime. Savez-vous ce qu'il a fait, monsieur ? Il est intervenu comme l'archange. Il a fallu qu'il se jetât au milieu du combat, qu'il me dérobât, qu'il ouvrît l'égout, qu'il m'y traînât, qu'il m'y portât. Il a fallu qu'il fît plus d'une lieue et demie dans d'affreuses galeries souterraines, courbé, ployé, dans les ténèbres, dans le cloaque, plus d'une lieue et demie, monsieur, avec un cadavre sur le dos ! Et dans quel but ? Dans l'unique but de sauver ce cadavre. Et ce cadavre, c'était moi. Il s'est dit : « Il y a encore là peut-être une lueur de vie ; je vais risquer mon existence à moi pour cette misérable étincelle ! » Et son existence, il ne l'a pas risquée une fois, mais vingt ! Et chaque pas était un danger. La preuve, c'est qu'en sortant de l'égout il a été arrêté. Savez-vous, monsieur, que cet homme a fait tout cela ? Et aucune récompense à attendre. Qu'étais-je ? Un insurgé. Qu'étais-je ? Un vaincu. Oh ! si les six cent mille francs de Cosette étaient à moi...

— Ils sont à vous, interrompit Jean Valjean.

— Eh bien, reprit Marius, je les donnerais pour retrouver cet homme !

Jean Valjean garda le silence.

LIVRE SIXIÈME

LA NUIT BLANCHE

I

Le 16 février 1833[1]

La nuit du 16 au 17 février 1833 fut une nuit bénie. Elle eut au-dessus de son ombre le ciel ouvert. Ce fut la nuit de noces de Marius et de Cosette[2].

La journée avait été adorable.

Ce n'avait pas été la fête bleue rêvée par le grand-père, une féerie avec une confusion de chérubins et de cupidons au-dessus de la tête des mariés, un mariage digne de faire un dessus de porte; mais cela avait été doux et riant.

La mode du mariage n'était pas en 1833 ce qu'elle est aujourd'hui[3]. La France n'avait[4] pas encore emprunté à l'Angleterre cette délicatesse suprême[5] d'enlever sa femme, de s'enfuir en sortant de l'église, de se cacher avec honte de son bonheur, et de combiner les allures d'un banqueroutier avec les ravissements du *Cantique des cantiques*. On n'avait pas encore compris tout ce qu'il y a de chaste, d'exquis[6] et de décent à cahoter son paradis en chaise de poste, à entrecouper son mystère de clic-clacs, à prendre pour lit nuptial un lit d'auberge, et à laisser derrière soi, dans l'alcôve banale à tant par nuit, le plus sacré des souvenirs de la vie pêle-mêle avec le tête-à-tête du conducteur de diligence et de la servante d'auberge.

Dans cette seconde moitié du dix-neuvième siècle où nous sommes, le maire et son écharpe, le prêtre et sa chasuble, la loi et Dieu, ne suffisent plus; il faut les compléter par le postillon de Longjumeau; veste bleue aux retroussis rouges et aux boutons grelots, plaque en brassard, culotte de peau verte, jurons aux chevaux normands à la queue rouée, faux galons, chapeau ciré, gros cheveux poudrés, fouet énorme et bottes fortes. La France ne pousse pas encore l'élégance jusqu'à faire, comme la *nobility* anglaise, pleuvoir sur la calèche de poste des mariés une grêle de pantoufles éculées et de vieilles savates, en souvenir de Churchill, depuis Marlborough, ou Malbrouck, assailli le jour de son mariage par une colère de tante qui lui porta bonheur. Les savates et les pantoufles ne font point encore partie de nos célébrations nuptiales ; mais patience, le bon goût continuant à se répandre, on y viendra. En 1833, il y a cent ans, on ne pratiquait pas le mariage au grand trot[7].

On s'imaginait encore à cette époque, chose bizarre, qu'un mariage est une fête intime et sociale[8], qu'un banquet patriarcal ne gâte point une solennité domestique, que la gaîté, fût-elle excessive, pourvu qu'elle soit honnête[9], ne fait aucun mal au bonheur, et qu'enfin il est vénérable et bon que la fusion de ces deux destinées d'où sortira une famille commence dans la maison, et que le ménage ait désormais pour témoin la chambre nuptiale. Et l'on avait l'impudeur de se marier chez soi.

Le mariage se fit donc, suivant cette mode maintenant caduque, chez M. Gillenormand.

Si naturelle et si ordinaire que soit cette affaire de se marier, les bans à publier, les actes à dresser, la mairie, l'église, ont toujours quelque complication. On ne put être prêt avant le 16 février.

Or, nous notons ce détail pour la pure satisfaction d'être exact, il se trouva que le 16 était un mardi gras[10]. Hésitations, scrupules, particulièrement de la tante Gillenormand.

— Un mardi gras ! s'écria l'aïeul, tant mieux. Il y a un proverbe :

> Mariage un mardi gras
> N'aura point d'enfants ingrats.

Passons outre. Va pour le 16 ! Est-ce que tu veux retarder, toi, Marius ?

— Non, certes ! répondit l'amoureux.

— Marions-nous, fit le grand-père.

Le mariage se fit donc le 16, nonobstant la gaîté publique. Il pleuvait ce jour-là, mais il y a toujours dans le ciel un petit coin d'azur au service du bonheur, que les amants voient, même quand le reste de la création serait sous un parapluie.

La veille, Jean Valjean avait remis à Marius, en présence de M. Gillenormand, les cinq cent quatre-vingt-quatre mille francs. Le mariage se faisant sous le régime de la communauté, les actes avaient été simples.

Toussaint était désormais inutile à Jean Valjean; Cosette en avait hérité et l'avait promue au grade de femme de chambre. Quant à Jean Valjean, il y avait dans la maison Gillenormand une belle chambre meublée exprès pour lui, et Cosette lui avait si irrésistiblement dit : « Père, je vous en prie », qu'elle lui avait fait à peu près promettre qu'il viendrait l'habiter[11].

Quelques jours avant le jour fixé pour le mariage, il était arrivé un accident à Jean Valjean; il s'était un peu écrasé le pouce de la main droite. Ce n'était point grave; et il n'avait pas permis que personne s'en occupât, ni le pansât, ni même vît son mal, pas même Cosette. Cela pourtant l'avait forcé de s'emmitoufler[12] la main d'un linge, et de porter le bras en écharpe, et l'avait empêché de rien signer. M. Gillenormand, comme subrogé tuteur de Cosette, l'avait suppléée.

Nous ne mènerons le lecteur ni à la mairie ni à l'église. On ne suit guère deux amoureux jusque-là, et l'on a l'habitude de tourner le dos au drame dès qu'il met à sa boutonnière un bouquet de marié. Nous nous bornerons à noter[13] un incident qui, d'ailleurs inaperçu de la noce, marqua le trajet de la rue des Filles-du-Calvaire à l'église Saint-Paul.

On repavait à cette époque l'extrémité nord de la rue Saint-Louis. Elle était barrée à partir de la rue du Parc-Royal. Il était impossible aux voitures de la noce d'aller directement à Saint-Paul. Force était de changer l'itinéraire, et le plus simple était de tourner par le boulevard. Un des invités fit observer que c'était le mardi gras, et qu'il y aurait là encombrement de voitures. — Pourquoi? demanda M. Gillenormand. — A cause des masques. — A merveille, dit le grand-père. Allons par là. Ces jeunes gens se marient; ils vont entrer dans le sérieux de la vie. Cela les préparera de voir un peu de mascarade.

On prit par le boulevard. La première des berlines de la noce contenait Cosette et la tante Gillenormand, M. Gillenormand et Jean Valjean. Marius, encore séparé de sa fiancée, selon l'usage, ne venait que dans la seconde. Le cortège nuptial, au sortir de la rue des Filles-du-Calvaire, s'engagea dans la longue procession de voitures qui faisait la chaîne sans fin de la Madeleine à la Bastille et de la Bastille à la Madeleine.

Les masques abondaient sur le boulevard. Il avait beau pleuvoir par intervalles, Paillasse, Pantalon et Gille s'obstinaient. Dans la bonne humeur de cet hiver de 1833, Paris s'était déguisé en Venise. On ne voit plus de ces mardis gras-là aujourd'hui. Tout ce qui existe étant un carnaval répandu, il n'y a plus de carnaval.

Les contre-allées regorgeaient de passants et les fenêtres de curieux. Les terrasses qui couronnent les péristyles des théâtres étaient bordées de spectateurs. Outre les masques, on regardait ce défilé, propre au mardi gras comme à Longchamp, de véhicules de toutes sortes, fiacres, citadines, tapissières, carrioles, cabriolets, marchant en ordre, rigoureusement rivés les uns aux autres par les règlements de police et comme emboîtés dans des rails. Quiconque est dans un de ces véhicules-là est tout à la fois spectateur et spectacle. Des sergents de ville maintenaient sur les bas-côtés du boulevard ces deux interminables files parallèles se mouvant en mouvement contrarié, et surveillaient, pour que rien n'entravât leur double courant, ces deux ruisseaux de voitures coulant, l'un en aval, l'autre en amont, l'un vers la chaussée d'Antin, l'autre vers le faubourg Saint-Antoine. Les voitures armoriées des pairs de France et des ambassadeurs tenaient le milieu de la chaussée, allant et venant librement. De certains cortèges magnifiques et joyeux, notamment le Bœuf Gras, avaient le même privilège. Dans cette gaîté de Paris, l'Angleterre faisait claquer son fouet ; la chaise de poste de lord Seymour, harcelée d'un sobriquet populacier, passait à grand bruit.

Dans la double file, le long de laquelle des gardes municipaux galopaient comme des chiens de berger, d'honnêtes berlingots de famille, encombrés de grand'-tantes et d'aïeules, étalaient à leurs portières de frais groupes d'enfants déguisés, pierrots de sept ans, pierrettes de six ans, ravissants petits êtres, sentant qu'ils faisaient officiellement partie de l'allégresse publique, pénétrés de la dignité de leur arlequinade et ayant une gravité de fonctionnaires.

De temps en temps un embarras survenait quelque part dans la procession des véhicules, et l'une ou l'autre des deux files latérales s'arrêtait jusqu'à ce que le nœud fût dénoué ; une voiture empêchée suffisait pour paralyser toute la ligne. Puis on se remettait en marche.

Les carrosses de la noce étaient dans la file allant vers la Bastille et longeaient le côté droit du boulevard. A la hauteur de la rue du Pont-aux-Choux, il y eut un temps d'arrêt. Presque au même instant, sur l'autre bas-côté, l'autre file qui allait vers la Madeleine s'arrêta également. Il y avait à ce point-là de cette file une voiture de masques.

Ces voitures, ou, pour mieux dire, ces charretées de masques sont bien connues des Parisiens. Si elles manquaient à un mardi gras ou à une mi-carême, on y entendrait malice, et l'on dirait : *Il y a quelque chose là-dessous. Probablement le ministre va changer*. Un entassement de Cassandres, d'Arlequins et de Colombines, cahoté au-dessus des passants, tous les grotesques possibles depuis le turc jusqu'au sauvage, des hercules supportant des marquises, des poissardes qui feraient boucher les oreilles à Rabelais de même que les ménades faisaient baisser les yeux à Aristophane, perruques de filasse, maillots roses, chapeaux de faraud, lunettes de grimacier, tricornes de Janot taquinés par un papillon, cris jetés aux piétons, poings sur les hanches, postures hardies, épaules nues, faces masquées, impudeurs démuselées ; un chaos d'effronteries promené par un cocher coiffé de fleurs ; voilà ce que c'est que cette institution.

La Grèce avait besoin du chariot de Thespis, la France a besoin du fiacre de Vadé.

Tout peut être parodié, même la parodie. La saturnale, cette grimace de la beauté antique, arrive, de grossissement en grossissement, au mardi gras ; et la bacchanale, jadis couronnée de pampres, inondée de soleil, montrant des seins de marbre dans une demi-nudité divine, aujourd'hui avachie sous la guenille mouillée du nord, a fini par s'appeler la chie-en-lit.

La tradition des voitures de masques remonte aux plus vieux temps de la monarchie. Les comptes de Louis XI allouent au bailli du palais « vingt sous tournois pour trois coches de mascarades ès carrefours ». De nos jours, ces monceaux bruyants de créatures se font habituellement charrier par quelque ancien coucou dont ils encombrent l'impériale, ou accablent de leur tumultueux groupe un landeau de régie dont les capotes sont rabattues. Ils sont vingt dans une voiture de six. Il y en a sur le siège, sur le strapontin, sur les joues des capotes, sur le timon. Ils enfourchent jusqu'aux lanternes de la voiture. Ils sont debout, couchés, assis, jarrets recroquevillés, jambes pendantes. Les femmes occupent les genoux des hommes. On voit de loin sur le fourmillement des têtes leur pyramide forcenée. Ces carrossées font des montagnes d'allégresse au milieu de la cohue. Collé, Panard et Piron en découlent, enrichis d'argot. On crache de là-haut sur le peuple le catéchisme poissard. Ce fiacre, devenu démesuré par son chargement, a un air de conquête. Brouhaha est à l'avant, Tohubohu est à l'arrière. On y vocifère, on y vocalise, on y hurle, on y éclate, on s'y tord de bonheur; la gaîté y rugit, le sarcasme y flamboie, la jovialité s'y étale comme une pourpre; deux haridelles y traînent la farce épanouie en apothéose; c'est le char de triomphe du Rire.

Rire trop cynique pour être franc. Et en effet ce rire est suspect. Ce rire a une mission. Il est chargé de prouver aux Parisiens le carnaval.

Ces voitures poissardes, où l'on sent on ne sait quelles ténèbres, font songer le philosophe. Il y a du gouvernement là-dedans. On touche là du doigt une affinité mystérieuse entre les hommes publics et les femmes publiques.

Que des turpides échafaudées donnent un total de gaîté, qu'en étageant l'ignominie sur l'opprobre on affriande un peuple, que l'espionnage servant de cariatide à la prostitution amuse les cohues en les affrontant, que la foule aime à voir passer sur les quatre roues d'un fiacre ce monstrueux tas vivant, clinquant-haillon, miparti ordure et lumière, qui aboie et qui chante, qu'on batte des mains à cette gloire faite de toutes les hontes, qu'il n'y ait pas de fête pour les multitudes si la police ne promène au milieu d'elles ces espèces d'hydres de joie à vingt têtes, certes, cela est triste. Mais qu'y faire? Ces tombereaux de fange enrubannée et fleurie sont insultés et amnistiés par le rire public. Le rire de tous est complice de la dégradation universelle. De certaines fêtes malsaines désagrègent le peuple et le font populace; et aux populaces comme aux tyrans il faut des bouffons. Le roi a Roquelaure, le peuple a Paillasse. Paris est la grande ville folle, toutes les fois qu'il n'est pas la grande cité sublime. Le carnaval y fait partie de la politique.

Paris, avouons-le, se laisse volontiers donner la comédie par l'infamie. Il ne demande à ses maîtres, — quand il a des maîtres, — qu'une chose : fardez-moi la boue. Rome était de la même humeur. Elle aimait Néron. Néron était un débardeur titan.

Le hasard fit, comme nous venons de le dire, qu'une de ces difformes grappes de femmes et d'hommes masqués, trimballée dans une vaste calèche, s'arrêta à gauche du boulevard pendant que le cortège de la noce s'arrêtait à droite. D'un bord du boulevard à l'autre, la voiture où étaient les masques aperçut vis-à-vis d'elle la voiture où était la mariée.

— Tiens ! dit un masque, une noce.

— Une fausse noce, reprit un autre. C'est nous qui sommes la vraie.

Et, trop loin pour pouvoir interpeller la noce, craignant d'ailleurs le holà des sergents de ville, les deux masques regardèrent ailleurs.

Toute la carrossée masquée eut fort à faire au bout d'un instant, la multitude se mit à la huer, ce qui est la caresse de la foule aux mascarades ; et les deux masques qui venaient de parler durent faire front à tout le monde avec leurs camarades, et n'eurent pas trop de tous les projectiles du répertoire des Halles pour répondre aux énormes coups de gueule du peuple. Il se fit entre les masques et la foule un effrayant échange de métaphores.

Cependant, deux autres masques de la même voiture, un Espagnol au nez démesuré avec un air vieillot et d'énormes moustaches noires, et une poissarde maigre, et toute jeune fille, masquée d'un loup, avaient remarqué la noce, eux aussi, et, pendant que leurs compagnons et les passants s'insultaient, avaient un dialogue à voix basse.

Leur aparté était couvert par le tumulte et s'y perdait. Les bouffées de pluie avaient mouillé la voiture toute grande ouverte ; le vent de février n'est pas chaud ; tout en répondant à l'Espagnol, la poissarde, décolletée, grelottait, riait, et toussait.

Voici le dialogue :

— Dis donc.

— Quoi, daron*?

---

* *Daron*, père.

— Vois-tu ce vieux?
— Quel vieux?
— Là, dans la première roulotte* de la noce, de notre côté.
— Qui a le bras accroché dans une cravate noire?
— Oui.
— Eh bien?
— Je suis sûr que je le connais.
— Ah!
— Je veux qu'on me fauche le colabre et n'avoir de ma vioc dit vousaille, tonorgue ni mézig, si je ne colombe pas ce pantinois-là**.
— C'est aujourd'hui que Paris est Pantin.
— Peux-tu voir la mariée, en te penchant?
— Non.
— Et le marié?
— Il n'y a pas de marié dans cette roulotte-là.
— Bah!
— A moins que ce ne soit l'autre vieux.
— Tâche donc de voir la mariée en te penchant bien.
— Je ne peux pas.
— C'est égal, ce vieux qui a quelque chose à la patte, j'en suis sûr, je connais ça.
— Et à quoi ça te sert-il de le connaître?
— On ne sait pas. Des fois!
— Je me fiche pas mal des vieux, moi.
— Je le connais!
— Connais-le à ton aise.
— Comment diable est-il à la noce?
— Nous y sommes bien, nous.
— D'où vient-elle, cette noce?
— Est-ce que je sais?
— Écoute.
— Quoi?
— Tu devrais faire une chose.
— Quoi?
— Descendre de notre roulotte et filer*** cette noce-là.
— Pourquoi faire?

---

* *Roulotte,* voiture.
** Je veux qu'on me coupe le cou, et n'avoir de ma vie dit vous, toi, ni moi, si je ne connais pas ce Parisien-là.
*** *Filer,* suivre.

— Pour savoir où elle va, et ce qu'elle est. Dépêche-toi de descendre, cours, ma fée*, toi qui es jeune.

— Je ne peux pas quitter la voiture.

— Pourquoi ça ?

— Je suis louée.

— Ah fichtre !

— Je dois ma journée de poissarde à la préfecture.

— C'est vrai.

— Si je quitte la voiture, le premier inspecteur qui me voit m'arrête. Tu sais bien.

— Oui, je sais.

— Aujourd'hui, je suis achetée par Pharos**.

— C'est égal. Ce vieux m'embête.

— Les vieux t'embêtent. Tu n'es pourtant pas une jeune fille.

— Il est dans la première voiture.

— Eh bien ?

— Dans la roulotte de la mariée.

— Après ?

— Donc il est le père.

— Qu'est-ce que cela me fait ?

— Je te dis qu'il est le père.

— Il n'y a pas que ce père-là.

— Écoute.

— Quoi ?

— Moi, je ne peux guère sortir que masqué. Ici, je suis caché, on ne sait pas que j'y suis. Mais demain, il n'y a plus de masques. C'est mercredi des cendres. Je risque de tomber***. Il faut que je rentre dans mon trou. Toi, tu es libre.

— Pas trop.

— Plus que moi toujours.

— Eh bien, après ?

— Il faut que tu tâches de savoir où est allée cette noce-là ?

— Où elle va ?

— Oui.

— Je le sais.

— Où va-t-elle donc ?

---

* *Fée*, fille.
** *Pharos*, le gouvernement.
*** *Tomber*, être arrêté.

— Au Cadran Bleu.
— D'abord ce n'est pas de ce côté-là.
— Eh bien ! à la Râpée.
— Ou ailleurs.
— Elle est libre. Les noces sont libres.
— Ce n'est pas tout ça. Je te dis qu'il faut que tu tâches de me savoir ce que c'est que cette noce-là, dont est ce vieux, et où cette noce-là demeure.
— Plus souvent ! voilà qui sera drôle. C'est commode de retrouver, huit jours après, une noce qui a passé dans Paris le mardi gras. Une tiquante* dans un grenier à foin ! Est-ce que c'est possible ?
— N'importe, il faudra tâcher. Entends-tu, Azelma ?
Les deux files reprirent des deux côtés du boulevard leur mouvement en sens inverse, et la voiture des masques perdit de vue « la roulotte » de la mariée.

II

Jean Valjean a toujours son bras en écharpe

Réaliser son rêve. A qui cela est-il donné ? Il doit y avoir des élections pour cela dans le ciel ; nous sommes tous candidats à notre insu ; les anges votent. Cosette et Marius avaient été élus.

Cosette, à la mairie et dans l'église, était éclatante et touchante. C'était Toussaint, aidée de Nicolette, qui l'avait habillée.

Cosette avait sur une jupe de taffetas blanc sa robe de guipure de Binche, un voile de point d'Angleterre, un collier de perles fines, une couronne de fleurs d'oranger ; tout cela était blanc, et, dans cette blancheur, elle rayonnait. C'était une candeur exquise se dilatant et se transfigurant dans de la clarté. On eût dit une vierge en train de devenir déesse.

Les beaux cheveux de Marius étaient lustrés et parfumés ; on entrevoyait çà et là, sous l'épaisseur des boucles, des lignes pâles qui étaient les cicatrices de la barricade[1].

Le grand-père, superbe, la tête haute, amalgamant plus que jamais dans sa toilette et dans ses manières

---

* *Tiquante*, épingle.

toutes les élégances du temps de Barras, conduisait Cosette. Il remplaçait Jean Valjean qui, à cause de son bras en écharpe, ne pouvait donner la main à la mariée.

Jean Valjean, en noir, suivait et souriait.

— Monsieur Fauchelevent, lui disait l'aïeul, voilà un beau jour. Je vote la fin des afflictions et des chagrins. Il ne faut plus qu'il y ait de tristesse nulle part désormais. Pardieu ! je décrète la joie ! Le mal n'a pas le droit d'être. Qu'il y ait des hommes malheureux, en vérité, cela est honteux pour l'azur du ciel. Le mal ne vient pas de l'homme qui, au fond, est bon. Toutes les misères humaines ont pour chef-lieu et pour gouvernement central l'enfer, autrement dit les Tuileries du diable. Bon, voilà que je dis des mots démagogiques à présent ! Quant à moi, je n'ai plus d'opinion politique ; que tous les hommes soient riches, c'est-à-dire joyeux, voilà à quoi je me borne.

Quand[2], à l'issue de toutes les cérémonies, après avoir prononcé devant le maire et devant le prêtre tous les oui possibles, après avoir signé sur les registres à la municipalité et à la sacristie, après avoir échangé leurs anneaux, après avoir été à genoux coude à coude sous le poêle de moire blanche dans la fumée de l'encensoir, ils arrivèrent se tenant par la main, admirés et enviés de tous, Marius en noir, elle en blanc, précédés du suisse à épaulettes de colonel frappant les dalles de sa hallebarde, entre deux haies d'assistants émerveillés, sous le portail de l'église ouvert à deux battants, prêts à remonter en voiture et tout étant fini, Cosette ne pouvait encore y croire. Elle regardait Marius, elle regardait la foule, elle regardait le ciel ; il semblait qu'elle eût peur de se réveiller. Son air étonné et inquiet lui ajoutait on ne sait quoi d'enchanteur. Pour s'en retourner, ils montèrent ensemble dans la même voiture, Marius près de Cosette ; M. Gillenormand et Jean Valjean leur faisaient vis-à-vis. La tante Gillenormand avait reculé d'un plan, et était dans la seconde voiture. — Mes enfants, disait le grand-père, vous voilà monsieur le baron et madame la baronne avec trente mille livres de rente. Et Cosette, se penchant tout contre Marius, lui caressa l'oreille de ce chuchotement angélique : — C'est donc vrai. Je m'appelle Marius. Je suis madame Toi.

Ces deux êtres resplendissaient. Ils étaient à la minute

irrévocable et introuvable, à l'éblouissant point d'intersection de toute la jeunesse et de toute la joie. Ils réalisaient le vers de Jean Prouvaire : à eux deux, ils n'avaient pas quarante ans. C'était le mariage sublimé ; ces deux enfants étaient deux lis. Ils ne se voyaient pas, ils se contemplaient. Cosette apercevait Marius dans une gloire ; Marius apercevait Cosette sur un autel. Et sur cet autel et dans cette gloire, les deux apothéoses se mêlant, au fond, on ne sait comment, derrière un nuage pour Cosette, dans un flamboiement pour Marius, il y avait la chose idéale, la chose réelle, le rendez-vous du baiser et du songe, l'oreiller nuptial.

Tout le tourment qu'ils avaient eu leur revenait en enivrement. Il leur semblait que les chagrins, les insomnies, les larmes, les angoisses, les épouvantes, les désespoirs, devenus caresses et rayons, rendaient plus charmante encore l'heure charmante qui approchait ; et que les tristesses étaient autant de servantes qui faisaient la toilette de la joie. Avoir souffert, comme c'est bon ! Leur malheur faisait auréole à leur bonheur. La longue agonie de leur amour aboutissait à une ascension.

C'était dans ces deux âmes le même enchantement, nuancé de volupté dans Marius et de pudeur dans Cosette. Ils se disaient tout bas : Nous irons revoir notre petit jardin de la rue Plumet. Les plis de la robe de Cosette étaient sur Marius.

Un tel jour est un mélange ineffable de rêve et de certitude. On possède et on suppose. On a encore du temps devant soi pour deviner. C'est une indicible émotion ce jour-là d'être à midi et de songer à minuit. Les délices de ces deux cœurs débordaient sur la foule et donnaient de l'allégresse aux passants.

On s'arrêtait rue Saint-Antoine devant Saint-Paul pour voir à travers la vitre de la voiture trembler les fleurs d'oranger sur la tête de Cosette.

Puis ils rentrèrent rue des Filles-du-Calvaire, chez eux. Marius, côte à côte avec Cosette, monta, triomphant et rayonnant, cet escalier où on l'avait traîné mourant. Les pauvres, attroupés devant la porte et se partageant leurs bourses, les bénissaient. Il y avait partout des fleurs. La maison n'était pas moins embaumée que l'église ; après l'encens, les roses. Ils croyaient entendre des voix chanter dans l'infini ; ils avaient Dieu dans le cœur; la destinée leur apparaissait comme un plafond d'étoiles; ils voyaient au-dessus de leurs têtes une lueur de soleil levant. Tout à coup l'horloge sonna. Marius regarda le charmant bras nu de Cosette et les choses roses qu'on apercevait vaguement à travers les dentelles de son corsage, et Cosette, voyant le regard de Marius, se mit à rougir jusqu'au blanc des yeux.

Bon nombre d'anciens amis de la famille Gillenormand avaient été invités; on s'empressait autour de Cosette. C'était à qui l'appellerait madame la baronne.

L'officier Théodule Gillenormand, maintenant capitaine, était venu de Chartres où il tenait garnison, pour assister à la noce de son cousin Pontmercy. Cosette ne le reconnut pas.

Lui, de son côté, habitué à être trouvé joli par les femmes, ne se souvint pas plus de Cosette que d'une autre.

— Comme j'ai eu raison de ne pas croire à cette histoire du lancier! disait à part soi le père Gillenormand.

Cosette n'avait jamais été plus tendre avec Jean Valjean. Elle était à l'unisson du père Gillenormand; pendant qu'il érigeait la joie en aphorismes et en maximes, elle exhalait l'amour et la bonté comme un parfum. Le bonheur[3] veut tout le monde heureux.

Elle retrouvait, pour parler à Jean Valjean, des inflexions de voix du temps qu'elle était petite fille. Elle le caressait du sourire.

Un banquet[4] avait été dressé dans la salle à manger. Un éclairage à giorno est l'assaisonnement nécessaire d'une grande joie. La brume et l'obscurité ne sont point acceptées par les heureux. Ils ne consentent pas à être noirs. La nuit, oui; les ténèbres, non. Si l'on n'a pas de soleil, il faut en faire un.

La salle à manger était une fournaise de choses gaies. Au centre, au-dessus de la table blanche et éclatante, un lustre de Venise à lames plates, avec toutes sortes d'oiseaux de couleur, bleus, violets, rouges, verts, perchés au milieu des bougies; autour du lustre des girandoles, sur le mur des miroirs-appliques à triples et quintuples branches; glaces, cristaux, verreries, vaisselles, porcelaines, faïences, poteries, orfèvreries, argenteries, tout étincelait et se réjouissait. Les vides entre les candélabres étaient comblés par les bouquets, en sorte que, là où il n'y avait pas une lumière, il y avait une fleur. Dans l'antichambre trois violons et une flûte jouaient en sourdine des quatuors de Haydn.

Jean Valjean s'était assis sur une chaise dans le salon, derrière la porte, dont le battant se repliait sur lui de façon à le cacher presque. Quelques instants avant qu'on se mît à table, Cosette vint, comme par coup de tête, lui faire[5] une grande révérence en étalant de ses deux mains sa toilette de mariée, et, avec un regard tendrement espiègle[6], elle lui demanda :

— Père, êtes-vous content?
— Oui, dit Jean Valjean, je suis content.
— Eh bien, riez alors.

Jean Valjean se mit à rire.

Quelques instants après, Basque annonça que le dîner était servi.

Les convives, précédés de M. Gillenormand donnant le bras à Cosette, entrèrent dans la salle à manger, et se répandirent, selon l'ordre voulu, autour de la table.

Deux grands fauteuils[7] y figuraient, à droite et à gauche de la mariée, le premier pour M. Gillenormand, le second pour Jean Valjean. M. Gillenormand s'assit. L'autre fauteuil resta vide.

On chercha des yeux « monsieur Fauchelevent ». Il n'était plus là. M. Gillenormand interpella Basque.

— Sais-tu où est monsieur Fauchelevent?
— Monsieur, répondit Basque, précisément. Monsieur Fauchelevent m'a dit de dire à monsieur qu'il souffrait un peu de sa main malade, et qu'il ne pourrait dîner avec monsieur le baron et madame la baronne. Qu'il priait qu'on l'excusât. Qu'il viendrait demain matin. Il vient de sortir.

Ce fauteuil vide refroidit un moment l'effusion du repas de noces. Mais, M. Fauchelevent absent, M. Gillenormand était là, et le grand-père rayonnait pour deux. Il affirma que M. Fauchelevent faisait bien de se coucher de bonne heure, s'il souffrait, mais que ce n'était qu'un « bobo ». Cette déclaration suffit. D'ailleurs, qu'est-ce qu'un coin obscur dans une telle submersion de joie? Cosette et Marius étaient dans un de ces moments égoïstes et bénis où l'on n'a pas d'autre faculté que de percevoir le bonheur. Et puis, M. Gillenormand eut une idée.

— Pardieu, ce fauteuil est vide. Viens-y, Marius. Ta tante, quoiqu'elle ait droit à toi, te le permettra. Ce fauteuil est pour toi. C'est légal, et c'est gentil. Fortunatus près de Fortunata.

Applaudissement de toute la table. Marius prit près de Cosette la place de Jean Valjean; et les choses s'arrangèrent de telle sorte que Cosette, d'abord triste de l'absence de Jean Valjean, finit par en être contente. Du moment où Marius était le remplaçant, Cosette n'eût pas regretté Dieu. Elle mit son doux petit pied chaussé de satin blanc sur le pied de Marius.

Le fauteuil occupé, M. Fauchelevent fut effacé; et rien ne manqua. Et, cinq minutes après, la table entière riait d'un bout à l'autre avec toute la verve de l'oubli.

Au dessert, M. Gillenormand debout, un verre de vin de Champagne en main, à demi plein pour que le tremblement de ses quatre-vingt-douze ans ne le fît pas déborder, porta la santé des mariés.

— Vous n'échapperez pas à deux sermons, s'écria-t-il. Vous avez eu le matin celui du curé, vous aurez le soir celui du grand-père. Écoutez-moi; je vais vous donner un conseil : adorez-vous. Je ne fais pas un tas de giries, je vais au but, soyez heureux. Il n'y a pas dans la création d'autres sages que les tourtereaux. Les philosophes disent: Modérez vos joies. Moi je dis : Lâchez-leur la bride, à vos joies. Soyez épris comme des diables[8]. Soyez enragés. Les philosophes radotent. Je voudrais leur faire rentrer leur philosophie dans la gargoine[9]. Est-ce qu'il peut y avoir trop de parfums, trop de boutons de rose ouverts, trop de rossignols chantants, trop de feuilles vertes, trop d'aurore dans la vie? est-ce qu'on peut trop s'aimer? est-ce qu'on peut trop se plaire l'un à l'autre? Prends garde, Estelle, tu es trop jolie ! Prends garde, Némorin, tu es trop beau! La bonne balourdise ! Est-ce qu'on peut trop s'enchanter, trop se cajoler, trop se charmer? est-ce qu'on peut trop être vivant? est-ce qu'on peut trop être heureux? Modérez vos joies. Ah ouiche ! A bas les philosophes ! La sagesse, c'est la jubilation. Jubilez, jubilons. Sommes-nous heureux parce que nous sommes bons, ou sommes-nous bons parce que nous sommes heureux? Le Sancy s'appelle-t-il le Sancy parce qu'il a appartenu à Harlay de Sancy, ou parce qu'il pèse cent six carats[10]? Je n'en sais rien; la vie est pleine de ces problèmes-là; l'important, c'est d'avoir le Sancy, et le bonheur. Soyons heureux sans chicaner. Obéissons aveu-

glément au soleil. Qu'est-ce que le soleil? C'est l'amour.
Qui dit amour, dit femme. Ah! ah! voilà une toute-
puissance, c'est la femme. Demandez à ce démagogue
de Marius s'il n'est pas l'esclave de cette petite tyranne
de Cosette. Et de son plein gré, le lâche! La femme! Il
n'y a pas de Robespierre qui tienne, la femme règne. Je
ne suis plus royaliste que de cette royauté-là. Qu'est-ce
qu'Adam? C'est le royaume d'Ève. Pas de 89 pour Ève.
Il y avait le sceptre royal surmonté d'une fleur de lis,
il y avait le sceptre impérial surmonté d'un globe, il y
avait le sceptre de Charlemagne qui était en fer, il y avait
le sceptre de Louis le Grand qui était en or, la révolution
les a tordus entre son pouce et son index, comme des
fétus de paille de deux liards; c'est fini, c'est cassé, c'est
par terre, il n'y a plus de sceptre; mais faites-moi donc
des révolutions contre ce petit mouchoir brodé qui sent
le patchouli! Je voudrais vous y voir. Essayez. Pourquoi
est-ce solide? Parce que c'est un chiffon. Ah! vous êtes
le dix-neuvième siècle? Eh bien, après? Nous étions le
dix-huitième, nous! Et nous étions aussi bêtes que vous.
Ne vous imaginez pas que vous ayez changé grand'chose
à l'univers, parce que votre trousse-galant s'appelle le
choléra-morbus, et parce que votre bourrée s'appelle la
cachucha. Au fond, il faudra bien toujours aimer les
femmes. Je vous défie de sortir de là. Ces diablesses sont
nos anges. Oui, l'amour, la femme, le baiser, c'est un
cercle dont je vous défie de sortir; et, quant à moi, je
voudrais bien y rentrer. Lequel de vous a vu se lever
dans l'infini, apaisant tout au-dessous d'elle, regardant
les flots comme une femme, l'étoile Vénus, la grande
coquette de l'abîme, la Célimène de l'océan? L'océan,
voilà un rude Alceste. Eh bien, il a beau bougonner,
Vénus paraît, il faut qu'il sourie. Cette bête brute se
soumet. Nous sommes tous ainsi. Colère, tempête, coups
de foudre, écume jusqu'au plafond. Une femme entre
en scène, une étoile se lève; à plat ventre! Marius se
battait il y a six mois; il se marie aujourd'hui. C'est bien
fait. Oui, Marius, oui, Cosette, vous avez raison. Existez
hardiment l'un pour l'autre, faites-vous des mamours,
faites-nous crever de rage de n'en pouvoir faire autant,
idolâtrez-vous. Prenez dans vos deux becs tous les petits
brins de félicité qu'il y a sur la terre, et arrangez-vous-en
un nid pour la vie. Pardi, aimer, être aimé, le beau miracle

quand on est jeune ! Ne vous figurez pas que vous ayez inventé cela. Moi aussi, j'ai rêvé, j'ai songé, j'ai soupiré; moi aussi, j'ai eu une âme clair de lune. L'amour est un enfant de six mille ans. L'amour a droit à une longue barbe blanche. Mathusalem est un gamin près de Cupidon. Depuis soixante siècles, l'homme et la femme se tirent d'affaire en aimant. Le diable, qui est malin, s'est mis à haïr l'homme; l'homme, qui est plus malin, s'est mis à aimer la femme. De cette façon, il s'est fait plus de bien que le diable ne lui a fait de mal. Cette finesse-là a été trouvée dès le paradis terrestre. Mes amis, l'invention est vieille, mais elle est toute neuve. Profitez-en. Soyez Daphnis et Chloé en attendant que vous soyez Philémon et Baucis. Faites en sorte que, quand vous êtes l'un avec l'autre, rien ne vous manque, et que Cosette soit le soleil pour Marius, et que Marius soit l'univers pour Cosette. Cosette, que le beau temps, ce soit le sourire de votre mari; Marius, que la pluie, ce soit les larmes de ta femme. Et qu'il ne pleuve jamais dans votre ménage. Vous avez chipé à la loterie le bon numéro, l'amour dans le sacrement; vous avez le gros lot, gardez-le bien, mettez-le sous clef, ne le gaspillez pas, adorez-vous, et fichez-vous du reste. Croyez ce que je dis là. C'est du bon sens. Bon sens ne peut mentir. Soyez-vous l'un pour l'autre une religion.

« Chacun a sa façon d'adorer Dieu. Saperlotte ! la meilleure manière d'adorer Dieu, c'est d'aimer sa femme. Je t'aime ! voilà mon catéchisme. Quiconque aime est orthodoxe. Le juron de Henri IV met la sainteté entre la ripaille et l'ivresse. Ventre-saint-gris ! je ne suis pas de la religion de ce juron-là. La femme y est oubliée. Cela m'étonne de la part du juron de Henri IV. Mes amis, vive la femme ! Je suis vieux, à ce qu'on dit; c'est étonnant comme je me sens en train d'être jeune. Je voudrais aller écouter des musettes dans les bois. Ces enfants-là, qui réussissent à être beaux et contents, cela me grise. Je me marierais bellement si quelqu'un voulait. Il est impossible de s'imaginer que Dieu nous ait faits pour autre chose que ceci : idolâtrer, roucouler, adoniser, être pigeon, être coq, becqueter ses amours du matin au soir, se mirer dans sa petite femme, être fier, être triomphant, faire jabot; voilà le but de la vie. Voilà, ne vous en déplaise, ce que nous pensions, nous autres, dans notre temps dont nous étions les jeunes gens. Ah! vertu-bamboche! qu'il y en avait donc de charmantes femmes, à cette époque-là, et des minois, et des tendrons! J'y exerçais mes ravages[11]. Donc aimez-vous. Si l'on ne s'aimait pas, je ne vois pas vraiment à quoi cela servirait qu'il y eût un printemps; et, quant à moi, je prierais le bon Dieu de serrer toutes les belles choses qu'il nous montre, et de nous les reprendre, et de remettre dans sa boîte les fleurs, les oiseaux et les jolies filles. Mes enfants, recevez la bénédiction du vieux bonhomme.

La soirée fut vive, gaie, aimable. La belle humeur souveraine du grand-père donna l'ut à toute la fête, et chacun se régla sur cette cordialité presque centenaire. On dansa un peu, on rit beaucoup; ce fut une noce bonne enfant. On eût pu y convier le bonhomme Jadis. Du reste il y était dans la personne du père Gillenormand[12].

Il y eut tumulte, puis silence. Les mariés disparurent. Un peu après minuit la maison Gillenormand devint un temple.

Ici nous nous arrêtons. Sur le seuil des nuits de noce un ange est debout, souriant, un doigt sur la bouche. L'âme entre en contemplation devant ce sanctuaire où se fait la célébration de l'amour.

Il doit y avoir des lueurs au-dessus de ces maisons-là. La joie qu'elles contiennent doit s'échapper à travers les pierres des murs en clarté et rayer vaguement les ténèbres. Il est impossible que cette fête sacrée et fatale n'envoie pas un rayonnement céleste à l'infini. L'amour, c'est le creuset sublime où se fait la fusion de l'homme et de la femme; l'être un, l'être triple, l'être final, la trinité humaine en sort. Cette naissance de deux âmes en une doit être une émotion pour l'ombre. L'amant[13] est prêtre; la vierge ravie s'épouvante. Quelque chose de cette joie va à Dieu. Là où il y a vraiment mariage, c'est-à-dire où il y a amour, l'idéal s'en mêle. Un lit nuptial fait dans les ténèbres un coin d'aurore. S'il était donné à la prunelle de chair de percevoir les visions redoutables et charmantes de la vie supérieure, il est probable qu'on verrait les formes de la nuit, les inconnus ailés, les passants bleus de l'invisible, se pencher, foule de têtes sombres, autour de la maison lumineuse, satisfaits, bénissants, se montrant les uns aux autres la vierge épouse, doucement effarés, et ayant le reflet de la félicité humaine sur leurs visages divins. Si, à cette heure suprême, les époux éblouis de volupté, et qui se croient seuls, écoutaient, ils entendraient dans leur chambre un bruissement d'ailes confuses. Le bonheur parfait implique la solidarité des anges. Cette petite alcôve obscure a pour plafond tout le ciel. Quand deux bouches, devenues sacrées par l'amour, se rapprochent pour créer, il est impossible qu'au-dessus de ce baiser ineffable il n'y ait pas un tressaillement dans l'immense mystère des étoiles.

Ces[14] félicités sont les vraies. Pas de joie hors de ces joies-là. L'amour, c'est là l'unique extase. Tout le reste pleure.

Aimer ou avoir aimé, cela suffit. Ne demandez rien ensuite. On n'a pas d'autre perle à trouver dans les plis ténébreux de la vie. Aimer est un accomplissement.

III

L'inséparable

Qu'était devenu Jean Valjean?

Immédiatement après avoir ri, sur la gentille injonction de Cosette, personne ne faisant attention à lui, Jean Valjean s'était levé, et, inaperçu, il avait gagné l'antichambre. C'était cette même salle où, huit mois auparavant, il était entré noir de boue, de sang et de poudre, rapportant le petit-fils à l'aïeul. La vieille boiserie était enguirlandée de feuillages et de fleurs; les musiciens étaient assis sur le canapé où l'on avait déposé Marius. Basque en habit noir, en culotte courte, en bas blancs et en gants blancs, disposait des couronnes de roses autour de chacun des plats qu'on allait servir. Jean Valjean lui avait montré son bras en écharpe, l'avait chargé d'expliquer son absence, et était sorti.

Les croisées de la salle à manger donnaient sur la rue. Jean Valjean demeura quelques minutes debout et immobile dans l'obscurité sous ces fenêtres radieuses. Il écoutait. Le bruit confus venait jusqu'à lui. Il entendait la parole haute et magistrale du grand-père, les violons, le cliquetis des assiettes et des verres, les éclats de rire, et dans toute cette rumeur gaie il distinguait la douce voix joyeuse de Cosette.

Il quitta la rue des Filles-du-Calvaire et s'en revint rue de l'Homme-Armé.

Pour s'en retourner, il prit par la rue Saint-Louis, la rue Culture-Sainte-Catherine et les Blancs-Manteaux; c'était un peu le plus long, mais c'était le chemin par où, depuis trois mois, pour éviter les encombrements et les boues de la rue Vieille-du-Temple, il avait coutume de venir tous les jours, de la rue de l'Homme-Armé à la rue des Filles-du-Calvaire, avec Cosette. Ce chemin où Cosette avait passé excluait pour lui tout autre itinéraire[1].

Jean Valjean rentra chez lui. Il alluma sa chandelle et monta. L'appartement était vide. Toussaint elle-même n'y était plus. Le pas de Jean Valjean faisait dans les chambres plus de bruit qu'à l'ordinaire. Toutes les armoires étaient ouvertes. Il pénétra dans la chambre de Cosette. Il n'y avait pas de draps au lit. L'oreiller de coutil, sans taie et sans dentelles, était posé sur les couvertures pliées au pied des matelas dont on voyait la toile et où personne ne devait plus coucher. Tous les petits objets féminins auxquels tenait Cosette avaient été emportés; il ne restait que les gros meubles et les quatre murs. Le lit de Toussaint était également dégarni. Un seul lit était fait et semblait attendre quelqu'un; c'était celui de Jean Valjean.

Jean Valjean regarda les murailles, ferma quelques portes d'armoires, alla et vint d'une chambre à l'autre. Puis il se retrouva dans sa chambre, et il posa sa chandelle sur une table.

Il avait dégagé son bras de l'écharpe, et il se servait de sa main droite comme s'il n'en souffrait pas[2].

Il s'approcha de son lit, et ses yeux s'arrêtèrent, fut-ce par hasard? fut-ce avec intention? sur[3] l'*inséparable,* dont Cosette avait été jalouse, sur la petite malle qui ne le quittait jamais. Le 4 juin, en arrivant rue de l'Homme-Armé, il l'avait déposée sur un guéridon près de son chevet. Il alla à ce guéridon avec une sorte de vivacité, prit dans sa poche une clef, et ouvrit la valise.

Il en tira lentement les vêtements avec lesquels, dix ans auparavant, Cosette avait quitté Montfermeil; d'abord la petite robe noire, puis le fichu noir, puis les bons gros souliers d'enfant que Cosette aurait presque pu mettre encore, tant elle avait le pied petit, puis la brassière de futaine bien épaisse, puis le jupon de tricot, puis le tablier à poches, puis les bas de laine. Ces bas, où était encore gracieusement marquée la forme d'une petite jambe, n'étaient guère plus longs que la main de Jean Valjean. Tout cela était de couleur noire[4]. C'était lui qui avait apporté ces vêtements pour elle à Montfermeil. A mesure qu'il les ôtait de la valise, il les posait sur le lit. Il pensait. Il se rappelait. C'était en hiver, un mois de décembre très froid, elle grelottait à demi nue dans des guenilles, ses pauvres petits pieds tout rouges dans des sabots. Lui Jean Valjean, il lui avait fait quitter ces haillons pour lui faire mettre cet habillement de deuil. La mère avait dû être contente dans sa tombe de voir sa fille porter son deuil, et surtout de voir qu'elle était vêtue et qu'elle avait chaud. Il pensait à cette forêt de Montfermeil; ils l'avaient traversée ensemble; Cosette et lui; il pensait au temps qu'il faisait, aux arbres sans feuilles, au bois sans oiseaux, au ciel sans soleil; c'est égal, c'était charmant. Il rangea les petites nippes sur le lit, le fichu près du jupon, les bas à côté des souliers, la brassière à côté de la robe, et il les regarda l'une après l'autre. Elle n'était pas plus haute que cela, elle avait sa grande poupée dans ses bras, elle avait mis son louis d'or dans la poche de ce tablier, elle riait, ils marchaient tous les deux se tenant par la main, elle n'avait que lui au monde.

Alors sa vénérable tête blanche tomba sur le lit, ce vieux cœur stoïque se brisa, sa face s'abîma pour ainsi dire dans les vêtements de Cosette, et si quelqu'un eût passé dans l'escalier en ce moment, on eût entendu d'effrayants sanglots.

IV

IMMORTALE JECUR[1]

La vieille lutte formidable, dont nous avons déjà vu plusieurs phases, recommença.

Jacob ne lutta avec l'ange qu'une nuit. Hélas! combien de fois avons-nous vu Jean Valjean saisi corps à corps dans les ténèbres par sa conscience, et luttant éperdument contre elle!

Lutte inouïe! A de certains moments, c'est le pied qui glisse; à d'autres instants, c'est le sol qui croule[2]. Combien de fois cette conscience, forcenée au bien, l'avait-elle étreint et accablé! Combien de fois la vérité, inexorable, lui avait-elle mis le genou sur la poitrine!

Combien de fois, terrassé par la lumière, lui avait-il crié grâce ! Combien de fois cette lumière implacable, allumée en lui et sur lui par l'évêque, l'avait-elle ébloui de force lorsqu'il souhaitait être aveuglé ! Combien de fois s'était-il redressé dans le combat, retenu au rocher, adossé au sophisme, traîné dans la poussière, tantôt renversant sa conscience sous lui, tantôt renversé par elle ! Combien[3] de fois, après une équivoque, après un raisonnement traître et spécieux de l'égoïsme, avait-il entendu sa conscience irritée lui crier à l'oreille : « Croc-en-jambe ! misérable ! » Combien de fois sa pensée réfractaire avait-elle râlé convulsivement sous l'évidence du devoir ! Résistance à Dieu. Sueurs funèbres. Que de blessures secrètes, que lui seul sentait saigner ! Que d'écorchures à sa lamentable existence ! Combien de fois s'était-il relevé sanglant, meurtri, brisé, éclairé, le désespoir au cœur, la sérénité dans l'âme ! et, vaincu, il se sentait vainqueur. Et, après l'avoir disloqué, tenaillé et rompu, sa conscience, debout au-dessus de lui, redoutable, lumineuse, tranquille, lui disait : « Maintenant, va en paix ! »

Mais, au sortir d'une si sombre lutte, quelle paix lugubre, hélas !

Cette nuit-là pourtant, Jean Valjean sentit qu'il livrait son dernier combat. Une question se présentait, poignante.

Les prédestinations ne sont pas toutes droites; elles ne se développent pas en avenue rectiligne devant le prédestiné; elles ont des impasses, des cœcums[4], des tournants obscurs, des carrefours inquiétants offrant plusieurs voies. Jean Valjean faisait halte en ce moment au plus périlleux de ces carrefours.

Il était parvenu au suprême croisement du bien et du mal. Il avait cette ténébreuse intersection sous les yeux. Cette fois encore, comme cela lui était déjà arrivé dans d'autres péripéties douloureuses, deux routes s'ouvraient devant lui; l'une tentante, l'autre effrayante. Laquelle prendre ?

Celle qui effrayait était conseillée par le mystérieux doigt indicateur que nous apercevons tous chaque fois que nous fixons nos yeux sur l'ombre.

Jean Valjean avait, encore une fois, le choix entre le port terrible et l'embûche souriante. Cela est-il donc vrai ? l'âme peut guérir; le sort, non. Chose affreuse ! une destinée incurable[5] !

La question qui se présentait, la voici :

De quelle façon Jean Valjean allait-il se comporter avec le bonheur de Cosette et de Marius? Ce bonheur, c'était lui qui l'avait voulu, c'était lui qui l'avait fait; il se l'était lui-même enfoncé dans les entrailles, et à cette heure, en le considérant, il pouvait avoir l'espèce de satisfaction qu'aurait un armurier qui reconnaîtrait sa marque de fabrique sur un couteau, en se le retirant tout fumant de la poitrine.

Cosette avait Marius, Marius possédait Cosette. Ils avaient tout, même la richesse. Et c'était son œuvre[6].

Mais ce bonheur, maintenant qu'il existait, maintenant qu'il était là, qu'allait-il en faire, lui Jean Valjean? S'imposerait-il à ce bonheur? Le traiterait-il comme lui appartenant? Sans doute Cosette était à un autre; mais lui Jean Valjean retiendrait-il de Cosette tout ce qu'il en pourrait retenir? Resterait-il l'espèce de père, entrevu, mais respecté, qu'il avait été jusqu'alors? S'introduirait-il tranquillement dans la maison de Cosette? Apporterait-il, sans dire mot, son passé à cet avenir? Se présenterait-il là comme ayant droit, et viendrait-il s'asseoir, voilé, à ce lumineux foyer? Prendrait-il, en leur souriant, les mains de ces innocents dans ses deux mains tragiques? Poserait-il sur les paisibles chenets du salon Gillenormand ses pieds qui traînaient derrière eux l'ombre infamante de la loi? Entrerait-il en participation de chances avec Cosette et Marius? Épaissirait-il l'obscurité sur son front et le nuage sur le leur? Mettrait-il en tiers avec leurs deux félicités sa catastrophe? Continuerait-il de se taire? En un mot serait-il, près de ces deux êtres heureux, le sinistre muet de la destinée?

Il faut être habitué à la fatalité et à ses rencontres pour oser lever les yeux quand de certaines questions nous apparaissent dans leur nudité horrible. Le bien ou le mal sont derrière ce sévère point d'interrogation. Que vas-tu faire? demande le sphinx.

Cette habitude de l'épreuve, Jean Valjean l'avait. Il regarda le sphinx fixement. Il examina l'impitoyable problème sous toutes ses faces.

Cosette, cette existence charmante, était le radeau de ce naufragé. Que faire? S'y cramponner, ou lâcher prise? S'il s'y cramponnait, il sortait du désastre, il remontait au soleil, il laissait ruisseler de ses vêtements et de ses cheveux l'eau amère, il était sauvé, il vivait. Allait-il lâcher prise? Alors, l'abîme.

Il tenait ainsi douloureusement conseil avec sa pensée. Ou, pour mieux dire, il combattait; il se ruait, furieux, au dedans de lui-même, tantôt contre sa volonté, tantôt contre sa conviction.

Ce fut un bonheur pour Jean Valjean d'avoir pu pleurer. Cela l'éclaira peut-être. Pourtant le commencement fut farouche. Une tempête, plus furieuse que celle qui autrefois l'avait poussé vers Arras, se déchaîna en lui. Le passé lui revenait en regard du présent; il comparait, et il sanglotait. Une fois l'écluse des larmes ouverte, le désespéré se tordit.

Il[7] se sentait arrêté.

Hélas, dans ce pugilat à outrance entre notre égoïsme et notre devoir, quand nous reculons ainsi pas à pas devant notre idéal incommutable, égarés, acharnés, exaspérés de céder, disputant le terrain, espérant une fuite possible, cherchant une issue, quelle brusque et sinistre résistance derrière nous que le pied du mur! Sentir l'ombre sacrée qui fait obstacle! L'invisible inexorable, quelle obsession!

Donc avec la conscience on n'a jamais fini. Prends-en ton parti, Brutus; prends-en ton parti, Caton[8]. Elle est sans fond, étant Dieu. On jette dans ce puits le travail de toute sa vie, on y jette sa fortune, on y jette sa richesse, on y jette son succès, on y jette sa liberté ou sa patrie, on y jette son bien-être, on y jette son repos, on y jette sa joie. Encore! encore! encore! Videz le vase! penchez l'urne! Il faut finir par y jeter son cœur. Il y a quelque part dans la brume des vieux enfers un tonneau comme cela.

N'est-on pas pardonnable de refuser enfin? Est-ce que l'inépuisable peut avoir un droit? Est-ce que les chaînes sans fin ne sont pas au-dessus de la force humaine? Qui donc blâmerait Sisyphe et Jean Valjean de dire : c'est assez! L'obéissance de la matière est limitée par le frottement; est-ce qu'il n'y a pas une limite à l'obéissance de l'âme? Si le mouvement perpétuel est impossible, est-ce que le dévouement perpétuel est exigible[9]?

Le premier pas n'est rien; c'est le dernier qui est difficile. Qu'était-ce que l'affaire Champmathieu à côté du mariage de Cosette et de ce qu'il entraînait? Qu'est-ce que ceci: rentrer au bagne, à côté de ceci: entrer dans le néant?

O première[10] marche à descendre, que tu es sombre ! O seconde marche, que tu es noire ! Comment ne pas détourner la tête cette fois ?

Le martyre est une sublimation, sublimation corrosive. C'est une torture qui sacre. On peut y consentir la première heure ; on s'assied sur le trône de fer rouge, on met sur son front la couronne de fer rouge, on accepte le globe de fer rouge, on prend le sceptre de fer rouge, mais il reste encore à vêtir le manteau de flamme ; et n'y a-t-il pas un moment où la chair misérable se révolte, et où l'on abdique le supplice ?

Enfin Jean Valjean entra dans le calme de l'accablement. Il pesa, il songea, il considéra les alternatives de la mystérieuse balance de lumière et d'ombre. Imposer son bagne à ces deux enfants éblouissants, ou consommer lui-même son irrémédiable engloutissement. D'un côté le sacrifice de Cosette ; de l'autre le sien propre.

A quelle solution s'arrêta-t-il ? Quelle détermination prit-il ? Quelle fut, au dedans de lui-même, sa réponse définitive à l'incorruptible interrogatoire de la fatalité ? Quelle porte se décida-t-il à ouvrir ? Quel côté de sa vie prit-il le parti de fermer et de condamner ? Entre tous ces escarpements insondables qui l'entouraient, quel fut son choix ? Quelle extrémité accepta-t-il ? Auquel de ces gouffres fit-il un signe de tête ?

Sa rêverie vertigineuse dura toute la nuit.

Il resta là jusqu'au jour, dans la même attitude, ployé en deux sur ce lit, prosterné sous l'énormité du sort, écrasé peut-être, hélas ! les poings crispés, les bras étendus à angle droit comme un crucifié décloué qu'on aurait jeté la face contre terre. Il demeura douze heures, les douze heures d'une longue nuit d'hiver, glacé, sans relever la tête et sans prononcer une parole. Il était immobile comme un cadavre, pendant que sa pensée se roulait à terre et s'envolait, tantôt comme l'hydre, tantôt comme l'aigle. A le voir ainsi sans mouvement on eût dit un mort ; tout à coup il tressaillait convulsivement et sa bouche, collée aux vêtements de Cosette, les baisait ; alors on voyait qu'il vivait.

Qui ? on ? puisque Jean Valjean était seul, et qu'il n'y avait personne là[11] ?

Le On qui est dans les ténèbres.

LIVRE SEPTIÈME

LA DERNIÈRE GORGÉE DU CALICE

I

LE SEPTIÈME CERCLE ET LE HUITIÈME CIEL

Les lendemains de noce sont solitaires. On respecte le recueillement des heureux. Et aussi un peu leur sommeil attardé. Le brouhaha des visites et des félicitations ne commence que plus tard. Le matin du 17 février, il était un peu plus[1] de midi quand Basque, la serviette et le plumeau sous le bras, occupé « à faire son antichambre », entendit un léger frappement à la porte. On n'avait point sonné, ce qui est discret un pareil jour. Basque ouvrit et vit M. Fauchelevent. Il l'introduisit dans le salon, encore encombré et sens dessus dessous, et qui avait l'air du champ de bataille des joies de la veille.

— Dame, monsieur, observa Basque, nous nous sommes réveillés tard.

— Votre maître est-il levé? demande Jean Valjean.

— Comment va le bras de monsieur? répondit Basque.

— Mieux. Votre maître est-il levé?

— Lequel? l'ancien ou le nouveau?

— Monsieur Pontmercy.

— Monsieur[2] le baron? fit Basque en se redressant.

On est surtout baron pour ses domestiques. Il leur en revient quelque chose; ils ont ce qu'un philosophe appellerait l'éclaboussure du titre, et cela les flatte. Marius, pour le dire en passant, républicain militant, et il l'avait prouvé, était maintenant baron malgré lui. Une petite révolution s'était faite dans la famille sur ce titre; c'était à présent M. Gillenormand qui y tenait et Marius qui s'en détachait. Mais le colonel Pontmercy avait écrit: *Mon fils portera mon titre.* Marius obéissait. Et puis Cosette, en qui la femme commençait à poindre, était ravie d'être baronne.

— Monsieur le baron ? répéta Basque[3]. Je vais voir. Je vais lui dire que monsieur Fauchelevent est là.

— Non. Ne lui dites pas que c'est moi. Dites-lui que quelqu'un demande à lui parler en particulier, et ne lui dites pas de nom.

— Ah ! fit Basque.

— Je veux lui faire une surprise.

— Ah ! reprit Basque[4], se donnant à lui-même son second Ah ! comme explication du premier.

Et il sortit. Jean Valjean resta seul.

Le salon, nous venons de le dire, était tout en désordre. Il semblait qu'en prêtant l'oreille on eût pu entendre encore la vague rumeur de la noce[5]. Il y avait sur le parquet toutes sortes de fleurs tombées des guirlandes et des coiffures. Les bougies brûlées jusqu'au tronçon ajoutaient aux cristaux des lustres des stalactites de cire. Pas un meuble n'était à sa place. Dans des coins, trois ou quatre fauteuils, rapprochés les uns des autres et faisant cercle, avaient l'air de continuer une causerie[6]. L'ensemble était riant. Il y a encore une certaine grâce dans une fête morte. Cela[7] a été heureux. Sur ces chaises en désarroi, parmi ces fleurs qui se fanent, sous ces lumières éteintes, on a pensé de la joie. Le soleil succédait au lustre, et entrait gaîment dans le salon.

Quelques minutes s'écoulèrent. Jean Valjean était immobile à l'endroit où Basque l'avait quitté. Il était très pâle. Ses yeux étaient creux et tellement enfoncés par l'insomnie sous l'orbite qu'ils y disparaissaient presque. Son habit noir avait les plis fatigués d'un vêtement qui a passé la nuit. Les coudes étaient blanchis de ce duvet que laisse au drap le frottement du linge[8]. Jean Valjean regardait à ses pieds la fenêtre dessinée sur le parquet par le soleil.

Un bruit se fit à la porte, il leva les yeux. Marius entra, la tête haute, la bouche riante, on ne sait quelle lumière sur le visage, le front épanoui, l'œil triomphant. Lui aussi n'avait pas dormi.

— C'est vous, père ! s'écria-t-il en apercevant Jean Valjean ; cet imbécile de Basque qui avait un air mystérieux ! Mais vous venez de trop bonne heure. Il n'est encore que midi et demi. Cosette dort.

Ce mot : Père, dit à M. Fauchelevent par Marius, signifiait : Félicité suprême. Il y avait toujours eu, on le sait, escarpement, froideur et contrainte entre eux, glace à rompre ou à fondre. Marius en était à ce point d'enivrement que l'escarpement s'abaissait, que la glace se dissolvait, et que M. Fauchelevent était pour lui, comme pour Cosette, un père.

Il continua; les paroles débordaient de lui, ce qui est propre à ces divins paroxysmes de la joie :

— Que je suis content de vous voir ! Si vous saviez comme vous nous avez manqué hier ! Bonjour, père. Comment va votre main ? Mieux, n'est-ce pas ?

Et, satisfait de la bonne réponse qu'il se faisait à lui-même, il poursuivit :

— Nous avons bien parlé de vous tous les deux. Cosette vous aime tant ! Vous n'oubliez[9] pas que vous avez votre chambre ici. Nous ne voulons plus de la rue de l'Homme-Armé. Nous n'en voulons plus du tout. Comment aviez-vous pu aller demeurer dans une rue comme ça, qui est malade, qui est grognon, qui est laide, qui a une barrière à un bout, où l'on a froid, où l'on[10] ne peut pas entrer ? Vous viendrez vous installer ici. Et dès aujourd'hui. Ou vous aurez affaire à Cosette. Elle entend nous mener tous par le bout du nez, je vous en préviens. Vous avez vu votre chambre, elle est tout près de la nôtre, elle donne sur des jardins; on a fait arranger ce qu'il y avait à la serrure, le lit est fait, elle est toute prête, vous n'avez qu'à arriver. Cosette a mis près de votre lit une grande vieille bergère en velours d'Utrecht, à qui elle a dit : « Tends-lui les bras. » Tous les printemps, dans le massif d'acacias qui est en face de vos fenêtres, il vient un rossignol. Vous l'aurez dans deux mois. Vous aurez son nid à votre gauche et le nôtre à votre droite. La nuit il chantera, et le jour Cosette parlera. Votre chambre est en plein midi. Cosette vous y rangera vos livres, votre voyage du capitaine Cook, et l'autre, celui de Vancouver, toutes vos affaires. Il y a, je crois, une petite valise à laquelle vous tenez, j'ai disposé un coin d'honneur pour elle. Vous avez conquis mon grand-père, vous lui allez. Nous vivrons ensemble. Savez-vous le whist ? vous comblerez mon grand-père si vous savez le whist. C'est vous qui mènerez promener Cosette mes jours de palais, vous lui donnerez le bras, vous savez, comme au Luxembourg autrefois. Nous sommes absolument décidés à être très heureux.

Et vous en serez, de notre bonheur, entendez-vous, père ? Ah çà, vous déjeunez avec nous aujourd'hui ?

— Monsieur, dit Jean Valjean, j'ai une chose à vous dire. Je suis un ancien forçat.

La limite des sons aigus perceptibles peut être tout aussi bien dépassée pour l'esprit que pour l'oreille. Ces mots : *Je suis un ancien forçat*, sortant de la bouche de M. Fauchelevent et entrant dans l'oreille de Marius, allaient au delà du possible. Marius n'entendit pas. Il lui sembla que quelque chose venait de lui être dit, mais il ne sut quoi. Il resta béant.

Il s'aperçut alors que l'homme qui lui parlait était effrayant. Tout à son éblouissement, il n'avait pas jusqu'à ce moment remarqué cette pâleur terrible[11].

Jean Valjean dénoua la cravate noire qui lui soutenait le bras droit, défit le linge roulé autour de sa main, mit son pouce à nu et le montra à Marius.

— Je n'ai rien à la main, dit-il.

Marius regarda le pouce.

— Je n'y ai jamais rien eu, reprit Jean Valjean.

Il n'y avait en effet aucune trace de blessure. Jean Valjean poursuivit :

— Il convenait que je fusse absent de votre mariage. Je me suis fait absent le plus que j'ai pu. J'ai supposé cette blessure pour ne point faire un faux, pour ne pas introduire de nullité dans les actes du mariage, pour être dispensé de signer.

Marius bégaya :

— Qu'est-ce que cela veut dire ?

— Cela veut dire, répondit Jean Valjean, que j'ai été aux galères.

— Vous me rendez fou ! s'écria Marius épouvanté.

— Monsieur Pontmercy, dit Jean Valjean, j'ai été dix-neuf ans aux galères. Pour vol. Puis j'ai été condamné à perpétuité. Pour vol. Pour récidive. A l'heure qu'il est, je suis en rupture de ban.

Marius avait beau reculer devant la réalité, refuser le fait, résister à l'évidence, il fallait s'y rendre. Il commença à comprendre, et comme cela arrive toujours en cas pareil, il comprit au delà. Il eut le frisson d'un hideux éclair intérieur ; une idée, qui le fit frémir, lui traversa l'esprit. Il entrevit dans l'avenir, pour lui-même, une destinée difforme.

— Dites tout, dites tout! cria-t-il. Vous êtes le père de Cosette!

Et il fit deux pas en arrière avec un mouvement d'indicible horreur.

Jean Valjean redressa la tête dans une telle majesté d'attitude qu'il sembla grandir jusqu'au plafond.

— Il est nécessaire que vous me croyiez ici, monsieur; et, quoique notre serment à nous autres ne soit pas reçu en justice...

Ici il fit un silence, puis, avec une sorte d'autorité souveraine et sépulcrale, il ajouta en articulant lentement et en pesant sur les syllabes[13] :

— ... Vous me croirez. Le père de Cosette, moi! devant Dieu, non. Monsieur le baron Pontmercy, je suis un paysan de Faverolles. Je gagnais ma vie à émonder des arbres. Je ne m'appelle pas Fauchelevent, je m'appelle Jean Valjean. Je ne suis rien à Cosette. Rassurez-vous.

Marius balbutia :

— Qui me prouve?...

— Moi. Puisque je le dis.

Marius regarda cet homme. Il était lugubre et tranquille. Aucun mensonge ne pouvait sortir d'un tel calme. Ce qui est glacé est sincère. On sentait le vrai dans cette froideur de tombe.

— Je vous crois, dit Marius.

Jean Valjean[13] inclina la tête comme pour prendre acte, et continua :

— Que suis-je pour Cosette? un passant. Il y a dix ans, je ne savais pas qu'elle existât. Je l'aime, c'est vrai. Une enfant qu'on a vue petite, étant soi-même déjà vieux, on l'aime. Quand on est vieux, on se sent grand-père pour tous les petits enfants. Vous pouvez, ce me semble, supposer que j'ai quelque chose qui ressemble à un cœur. Elle était orpheline. Sans père ni mère. Elle avait besoin de moi. Voilà pourquoi je me suis mis à l'aimer. C'est si faible les enfants, que le premier venu, même un homme comme moi, peut être leur protecteur. J'ai fait ce devoir-là vis-à-vis de Cosette. Je ne crois pas qu'on puisse vraiment appeler si peu de chose une bonne action; mais si c'est une bonne action, eh bien, mettez que je l'ai faite. Enregistrez cette circonstance atténuante. Aujourd'hui Cosette quitte ma vie; nos deux chemins se séparent. Désormais je ne puis plus rien pour elle. Elle est madame Pontmercy. Sa providence a changé. Et Cosette gagne au change. Tout est bien. Quant aux six cent mille francs, vous ne m'en parlez pas, mais je vais au-devant de votre pensée, c'est un dépôt. Comment ce dépôt était-il entre mes mains? Qu'importe? Je rends le dépôt. On n'a rien de plus à me demander. Je complète la restitution en disant mon vrai nom. Ceci encore me regarde. Je tiens, moi, à ce que vous sachiez qui je suis.

Et Jean Valjean regarda Marius en face.

Tout ce qu'éprouvait Marius était tumultueux et incohérent. De certains coups de vent de la destinée font de ces vagues dans notre âme.

Nous[14] avons tous eu de ces moments de trouble dans lesquels tout se disperse en nous; nous disons les premières choses venues, lesquelles ne sont pas toujours précisément celles qu'il faudrait dire. Il y a des révélations subites qu'on ne peut porter et qui enivrent comme un vin funeste. Marius était stupéfié de la situation nouvelle qui lui apparaissait, au point de parler à cet homme presque comme quelqu'un qui lui en aurait voulu de cet aveu.

— Mais enfin, s'écria-t-il, pourquoi me dites-vous tout cela? Qu'est-ce qui vous y force? Vous pouviez vous garder le secret à vous-même. Vous n'êtes ni dénoncé, ni poursuivi, ni traqué? Vous avez une raison pour faire, de gaîté de cœur, une telle révélation. Achevez. Il y a autre chose. A quel propos faites-vous cet aveu? Pour quel motif?

— Pour quel motif? répondit Jean Valjean d'une voix si basse et si sourde qu'on eût dit que c'était à lui-même qu'il parlait plus qu'à Marius. Pour quel motif, en effet, ce forçat vient-il dire : « Je suis un forçat? » Eh bien oui! le motif est étrange. C'est par honnêteté. Tenez, ce qu'il y a de malheureux, c'est un fil que j'ai là dans le cœur et qui me tient attaché. C'est surtout quand on est vieux que ces fils-là sont solides. Toute la vie se défait alentour; ils résistent. Si j'avais pu arracher ce fil, le casser, dénouer le nœud ou le couper, m'en aller bien loin, j'étais sauvé, je n'avais qu'à partir; il y a des diligences rue du Bouloi; vous êtes heureux, je m'en vais. J'ai essayé de le rompre, ce fil, j'ai tiré dessus, il a tenu bon, il n'a pas cassé, je m'arrachais le cœur avec. Alors j'ai dit : « Je ne puis pas vivre ailleurs que là. Il faut que je reste. » Eh bien oui, mais vous avez raison, je suis un imbécile, pourquoi ne pas rester tout simplement? Vous m'offrez une chambre dans la maison, madame Pontmercy m'aime bien, elle dit à ce fauteuil : « Tends-lui les bras », votre grand-père ne demande pas mieux que de m'avoir, je lui vas, nous habiterons tous ensemble, repas en commun, je donnerai le bras à Cosette... — à madame Pontmercy, pardon, c'est l'habitude, — nous n'aurons qu'un toit, qu'une table, qu'un feu, le même coin de cheminée l'hiver, la même promenade l'été, c'est la joie cela, c'est le bonheur cela, c'est tout, cela. Nous vivrons en famille. En famille[15] !

A ce mot, Jean Valjean devint farouche. Il croisa les bras, considéra le plancher à ses pieds comme s'il voulait y creuser un abîme, et sa voix fut tout à coup éclatante :

— En famille ! non. Je ne suis d'aucune famille, moi. Je ne suis pas de la vôtre. Je ne suis pas de celle des hommes. Les maisons où l'on est entre soi, j'y suis de trop. Il y a des familles, mais ce n'est pas pour moi. Je suis le malheureux; je suis dehors. Ai-je eu un père et une mère? j'en doute presque. Le jour où j'ai marié cette enfant, cela a été fini, je l'ai vue heureuse, et qu'elle était avec l'homme qu'elle aime, et qu'il y avait là un bon vieillard, un ménage de deux anges, toutes les joies dans cette maison, et que c'était bien, et je me suis dit : Toi, n'entre pas. Je pouvais mentir, c'est vrai, vous tromper tous, rester monsieur Fauchelevent. Tant que cela a été pour elle, j'ai pu mentir; mais maintenant ce serait pour moi, je ne le dois pas. Il suffisait de me taire, c'est vrai, et tout continuait. Vous me demandez ce qui me force à parler? une drôle de chose, ma conscience. Me taire, c'était pourtant bien facile. J'ai passé la nuit à tâcher de me le persuader; vous me confessez, et ce que je viens vous dire est si extraordinaire que vous en avez le droit; eh bien oui, j'ai passé la nuit à me donner des raisons, je me suis donné de très bonnes raisons, j'ai fait ce que j'ai pu, allez. Mais il y a deux choses où je n'ai pas réussi : ni à casser le fil qui me tient par le cœur fixé, rivé et scellé ici, ni à faire taire quelqu'un qui me parle bas quand je suis seul. C'est pourquoi je suis venu vous avouer tout ce matin. Tout[16], ou à peu près tout. Il y a de l'inutile à dire qui ne concerne que moi; je le garde pour moi. L'essentiel, vous le savez. Donc j'ai pris mon mystère, et je vous l'ai apporté. Et j'ai éventré mon secret sous vos yeux. Ce n'était pas une résolution aisée à prendre. Toute la nuit je me suis débattu. Ah ! vous croyez que je ne me suis pas dit que ce n'était point là l'affaire Champmathieu, qu'en cachant mon nom je ne faisais de mal à personne, que le nom de Fauchelevent m'avait été donné par Fauchelevent lui-même en reconnaissance d'un service rendu, et que je pouvais bien le garder, et que je serais heureux dans cette chambre que vous m'offrez que je ne gênerais rien, que je serais dans mon petit coin, et que, tandis que vous auriez Cosette, moi j'aurais l'idée d'être dans la même maison qu'elle. Chacun aurait eu son bonheur proportionné[17]. Continuer d'être monsieur Fauchelevent, cela arrangeait tout. Oui, excepté mon âme. Il y avait[18] de la joie partout sur moi, le fond de mon âme restait noir. Ce n'est pas assez d'être heureux, il faut être content. Ainsi je serais resté monsieur Fauchelevent, ainsi mon vrai visage, je l'aurais caché, ainsi, en présence de votre épanouissement, j'aurais eu une énigme, ainsi, au milieu de votre plein jour, j'aurais eu des ténèbres; ainsi, sans crier gare, tout bonnement, j'aurais introduit le bagne à votre foyer, je me serais assis à votre table avec la pensée que, si vous saviez qui je suis, vous m'en chasseriez, je me[19] serais laissé servir par des domestiques qui, s'ils avaient su, auraient dit : Quelle horreur ! Je vous aurais touché avec mon coude dont vous avez droit de ne pas vouloir, je vous aurais filouté vos poignées de main ! Il y aurait eu dans votre maison un partage de respect entre des cheveux blancs vénérables et des cheveux blancs flétris; à vos heures les plus intimes, quand tous les cœurs se seraient crus ouverts jusqu'au fond les uns pour les autres, quand nous aurions été tous quatre ensemble, votre aïeul, vous deux, et moi, il y aurait eu là un inconnu ! J'aurais été côte à côte avec vous dans votre existence, ayant pour unique soin de ne jamais déranger le couvercle de mon puits terrible[20]. Ainsi, moi, un mort, je me serais imposé à vous qui êtes des vivants. Elle, je l'aurais condamnée à moi à perpétuité. Vous, Cosette et moi, nous aurions été trois têtes dans le bonnet vert ! Est-ce que vous ne frissonnez pas ? Je ne suis que le plus accablé des hommes, j'en aurais été le plus monstrueux. Et ce crime[21], je l'aurais commis tous les jours ! Et ce mensonge, je l'aurais fait tous les jours ! Et cette face de nuit, je l'aurais eue sur mon visage tous les jours ! Et ma flétrissure, je vous en aurais donné votre part tous les jours ! tous les jours ! à vous mes bien-aimés, à vous mes enfants, à vous mes innocents[22] ! Se taire n'est rien ? garder le silence est simple ? Non, ce n'est pas simple[23]. Il y a un silence qui ment. Et mon mensonge, et ma fraude, et mon indignité, et ma lâcheté, et ma trahison, et mon crime, je l'aurais bu[24] goutte à goutte, je l'aurais recraché, puis rebu, j'aurais fini à minuit et recommencé à midi, et mon bonjour aurait menti, et mon bonsoir aurait menti, et j'aurais dormi là-dessus, et j'aurais mangé cela avec mon pain, et j'aurais regardé Cosette en face, et j'aurais répondu au sourire de l'ange par le sourire du damné[25], et j'aurais été un fourbe abominable ! Pourquoi faire ? pour être heureux. Pour être heureux[26], moi ! Est-ce que j'ai le droit d'être heureux ? Je suis hors de la vie, monsieur.

Jean Valjean s'arrêta. Marius écoutait. De tels enchaînements d'idées et d'angoisses ne se peuvent interrompre. Jean Valjean baissa la voix de nouveau, mais ce n'était plus la voix sourde, c'était la voix sinistre.

— Vous demandez pourquoi je parle ? je ne suis ni dénoncé, ni poursuivi, ni traqué, dites-vous. Si ! je suis dénoncé ! si ! je suis poursuivi ! si ! je suis traqué ! Par qui ? par moi. C'est moi qui me barre à moi-même le passage, et je me traîne, et je me pousse, et je m'arrête, et je m'exécute, et quand[27] on se tient soi-même on est bien tenu.

Et[28], saisissant son propre habit à poigne-main et le tirant vers Marius :

— Voyez donc ce poing-ci, continua-t-il. Est-ce que vous ne trouvez pas qu'il tient ce collet-là de façon à ne pas le lâcher ? Eh bien ! c'est bien un autre poignet, la conscience ! Il faut, si l'on veut être heureux, monsieur[29], ne jamais comprendre le devoir ; car, dès qu'on l'a compris, il est implacable. On dirait qu'il vous punit de le comprendre ; mais non ; il vous en récompense ; car il vous met dans un enfer où l'on sent à côté de soi Dieu. On ne s'est pas sitôt déchiré les entrailles qu'on est en paix avec soi-même.

Et, avec une accentuation poignante[30], il ajouta :

— Monsieur Pontmercy, cela n'a pas le sens commun, je suis un honnête homme. C'est en me dégradant à vos yeux que je m'élève aux miens. Ceci m'est déjà arrivé une fois, mais c'était moins douloureux ; ce n'était rien[31].

Oui, un honnête homme. Je ne le serais pas si vous aviez, par ma faute, continué de m'estimer ; maintenant que vous me méprisez, je le suis. J'ai cette fatalité sur moi, que, ne pouvant jamais avoir que de la considération volée, cette considération m'humilie et m'accable intérieurement, et que, pour que je me respecte, il faut qu'on me méprise. Alors je me redresse. Je suis un galérien qui obéit à sa conscience. Je sais bien que cela n'est pas ressemblant. Mais que voulez-vous que j'y fasse ? Cela est. J'ai pris des engagements envers moi-même ; je les tiens. Il y a des rencontres qui nous lient, il y a des hasards qui nous entraînent dans des devoirs. Voyez-vous, monsieur Pontmercy, il m'est arrivé des choses dans ma vie.

Jean Valjean fit encore une pause, avalant sa salive avec effort comme si ses paroles avaient un arrière-goût amer, et il reprit :

— Quand on a une telle horreur sur soi, on n'a pas le droit de la faire partager aux autres à leur insu, on n'a pas le droit de leur communiquer sa peste, on n'a pas le droit de les faire glisser dans son précipice sans qu'ils s'en aperçoivent, on n'a pas le droit de laisser traîner sa casaque rouge sur eux, on n'a pas le droit d'encombrer sournoisement de sa misère le bonheur d'autrui. S'approcher de ceux qui sont sains et les toucher dans l'ombre avec son ulcère invisible, c'est hideux. Fauchelevent a eu beau me prêter son nom, je n'ai pas le droit de m'en servir ; il a pu me le donner, je n'ai pas pu le prendre. Un nom, c'est un moi. Voyez-vous, monsieur, j'ai un peu pensé, j'ai un peu lu, quoique[32] je sois un paysan ; et je me rends compte des choses. Vous voyez que je m'exprime convenablement. Je me suis fait une éducation à moi. Eh bien oui, soustraire un nom et se mettre dessous, c'est déshonnête. Des lettres de l'alphabet, cela s'escroque comme une bourse ou comme une montre. Être une fausse signature en chair et en os, être une fausse clef vivante, entrer chez d'honnêtes gens en trichant leur serrure, ne plus jamais regarder, loucher toujours, être infâme au dedans de moi, non ! non ! non ! non ! Il vaut mieux souffrir, saigner, pleurer, s'arracher la peau de la chair avec les ongles, passer les nuits à se tordre dans les angoisses, se ronger le ventre et l'âme[33]. Voilà pourquoi je viens vous raconter tout cela. De gaîté de cœur, comme vous dites.

Il respira péniblement, et jeta ce dernier mot :

— Pour vivre, autrefois, j'ai volé un pain ; aujourd'hui, pour vivre, je ne veux pas voler un nom.

— Pour vivre ! interrompit Marius. Vous n'avez pas besoin de ce nom pour vivre ?

— Ah ! je m'entends, répondit Jean Valjean, en levant et en abaissant la tête lentement plusieurs fois de suite.

Il y eut un silence. Tous deux se taisaient, chacun abîmé dans un gouffre de pensées. Marius s'était assis près d'une table et appuyait le coin de sa bouche sur un de ses doigts replié. Jean Valjean allait et venait. Il s'arrêta devant une glace et demeura sans mouvement. Puis, comme s'il répondait à un raisonnement intérieur, il dit en regardant cette glace où il ne se voyait pas :

— Tandis qu'à présent je suis soulagé !

Il se remit à marcher et alla à l'autre bout du salon. A l'instant où il se retourna, il s'aperçut que Marius le regardait marcher. Alors il lui dit avec un accent inexprimable :

— Je traîne un peu la jambe. Vous comprenez maintenant pourquoi.

Puis il acheva de se tourner vers Marius.

— Et maintenant[34], monsieur, figurez-vous ceci : Je n'ai rien dit, je suis resté monsieur Fauchelevent, j'ai pris ma place chez vous, je suis des vôtres, je suis dans ma chambre, je viens déjeuner le matin en pantoufles, les soirs nous allons au spectacle tous les trois, j'accompagne madame Pontmercy aux Tuileries et à la place Royale, nous sommes ensemble, vous me croyez votre semblable ; un beau jour, je suis là, vous êtes là, nous causons, nous rions, tout à coup vous entendez une voix crier ce nom : Jean Valjean ! et voilà que cette main épouvantable, la police, sort de l'ombre et m'arrache mon masque brusquement !

Il se tut encore ; Marius s'était levé avec un frémissement. Jean Valjean reprit :

— Qu'en dites-vous ?

Le silence de Marius répondait. Jean Valjean continua :

— Vous voyez bien[35] que j'ai raison de ne pas me taire. Tenez, soyez heureux, soyez dans le ciel, soyez l'ange d'un ange, soyez dans le soleil, et contentez-vous-en, et ne vous inquiétez pas de la manière dont un pauvre damné s'y prend pour s'ouvrir la poitrine et faire son devoir[36] ;

vous avez un misérable homme devant vous, monsieur.

Marius traversa lentement le salon, et quand il fut près de Jean Valjean, lui tendit la main. Mais Marius dut aller prendre cette main qui ne se présentait point. Jean Valjean se laissa faire, et il sembla à Marius qu'il étreignait une main de marbre.

— Mon[37] grand-père a des amis, dit Marius ; je vous aurai votre grâce.

— C'est inutile, répondit Jean Valjean. On me croit mort, cela suffit. Les morts ne sont pas soumis à la surveillance. Ils sont censés pourrir tranquillement. La mort, c'est la même chose que la grâce.

Et, dégageant sa main que Marius tenait, il ajouta avec une sorte de dignité inexorable :

— D'ailleurs, faire mon devoir, voilà l'ami auquel j'ai recours ; et je n'ai besoin que d'une grâce, celle de ma conscience.

En ce moment, à l'autre extrémité du salon, la porte s'entr'ouvrit doucement et dans l'entre-bâillement la tête de Cosette apparut. On n'apercevait que son doux visage, elle était admirablement décoiffée, elle avait les paupières encore gonflées de sommeil. Elle fit le mouvement d'un oiseau qui passe sa tête hors du nid, regarda d'abord son mari, puis Jean Valjean, et leur cria en riant, on croyait voir un sourire au fond d'une rose[38] :

— Parions que vous parlez politique ! Comme c'est bête, au lieu d'être avec moi !

Jean Valjean tressaillit.

— Cosette !... balbutia Marius.

Et il s'arrêta. On eût dit deux coupables.

Cosette, radieuse, continuait de les regarder tour à tour tous les deux. Il y avait dans ses yeux comme des échappées de paradis[39].

— Je vous prends en flagrant délit, dit Cosette. Je viens d'entendre à travers la porte mon père Fauchelevent qui disait : « La conscience... — Faire son devoir... » C'est de la politique, ça. Je ne veux pas. On ne doit pas parler politique dès le lendemain. Ce n'est pas juste.

— Tu te trompes, Cosette, répondit Marius. Nous parlons affaires. Nous parlons du meilleur placement à trouver pour tes six cent mille francs...

— Ce n'est pas tout ça, interrompit Cosette. Je viens. Veut-on de moi ici ?

Et, passant résolument la porte, elle entra dans le salon. Elle était vêtue d'un large peignoir blanc à mille plis et à grandes manches qui, partant du cou, lui tombait jusqu'aux pieds. Il y a, dans les ciels d'or des vieux tableaux gothiques, de ces charmants sacs à mettre un ange.

Elle[40] se contempla de la tête aux pieds dans une grande glace, puis s'écria avec une explosion d'extase ineffable :

— Il y avait une fois un roi et une reine. Oh ! comme je suis contente !

Cela dit, elle fit la révérence à Marius et à Jean Valjean.

— Voilà, dit-elle, je vais m'installer près de vous sur un fauteuil, on déjeune dans une demi-heure, vous direz tout ce que vous voudrez, je sais[41] bien qu'il faut que les hommes parlent, je serai bien sage.

Marius lui prit le bras, et lui dit amoureusement :

— Nous parlons affaires.

— A propos, répondit Cosette, j'ai ouvert ma fenêtre, il vient d'arriver un tas de pierrots dans le jardin. Des oiseaux, pas des masques. C'est aujourd'hui mercredi des cendres ; mais pas pour les oiseaux.

— Je te dis que nous parlons affaires, va, ma petite Cosette, laisse-nous un moment. Nous parlons chiffres. Cela t'ennuierait[42].

— Tu[43] as mis ce matin une charmante cravate, Marius. Vous êtes fort coquet, monseigneur. Non, cela ne m'ennuiera pas.

— Je t'assure que cela t'ennuiera.

— Non. Puisque c'est vous[44]. Je ne vous comprendrai pas, mais je vous écouterai. Quand on entend les voix qu'on aime, on n'a pas besoin de comprendre les mots qu'elles disent. Être là ensemble, c'est tout ce que je veux. Je reste avec vous, bah !

— Tu es ma Cosette bien-aimée ! Impossible.

— Impossible ?

— Oui.

— C'est bon, reprit Cosette. Je vous aurais dit des nouvelles. Je vous aurais dit que mon grand-père dort encore, que votre tante est à la messe, que la cheminée de la chambre de mon père Fauchelevent fume, que Nicolette a fait venir le ramoneur[45], que Toussaint et Nicolette se sont déjà disputées, que Nicolette se moque du bégayement de Toussaint. Eh bien, vous ne saurez rien.

Ah ! c'est impossible ? Moi aussi, à mon tour, vous verrez, monsieur, je dirai : « C'est impossible. » Qui est-ce qui sera attrapé ? Je t'en prie, mon petit Marius, laisse-moi ici avec vous deux.

— Je te jure qu'il faut que nous soyons seuls.

— Eh bien, est-ce que je suis quelqu'un ?

Jean Valjean ne prononçait pas une parole. Cosette se tourna vers lui :

— D'abord, père, vous, je veux que vous veniez m'embrasser. Qu'est-ce que vous faites là à ne rien dire au lieu de prendre mon parti ? Qui est-ce qui m'a donné un père comme ça[46] ? Vous voyez bien que je suis très malheureuse en ménage. Mon mari me bat. Allons, embrassez-moi tout de suite.

Jean Valjean s'approcha. Cosette se retourna vers Marius.

— Vous, je vous fais la grimace.

Puis elle tendit son front à Jean Valjean. Jean Valjean fit un pas vers elle. Cosette recula.

— Père, vous êtes pâle. Est-ce que votre bras vous fait mal ?

— Il est guéri, dit Jean Valjean.

— Est-ce que vous avez mal dormi ?

— Non.

— Est-ce que vous êtes triste ?

— Non.

— Embrassez-moi. Si vous vous portez bien, si vous dormez bien, si vous êtes content, je ne vous gronderai pas.

Et de nouveau elle lui tendit son front. Jean Valjean déposa un baiser sur ce front où il y avait un reflet céleste.

— Souriez.

Jean Valjean obéit. Ce fut le sourire d'un spectre.

— Maintenant défendez-moi contre mon mari.

— Cosette !... fit Marius.

— Fâchez-vous, père. Dites-lui qu'il faut que je reste. On peut bien parler devant moi. Vous me trouvez donc bien sotte. C'est donc bien étonnant ce que vous dites ! des affaires, placer de l'argent à une banque, voilà grand'-chose. Les hommes font les mystérieux pour rien. Je veux rester. Je suis très jolie ce matin ; regarde-moi, Marius.

Et avec[47] un haussement d'épaules adorable et on ne

sait quelle bouderie exquise, elle regarda Marius. Il y eut comme un éclair entre ces deux êtres. Que quelqu'un fût là, peu importait.

— Je t'aime ! dit Marius.

— Je t'adore ! dit Cosette.

Et ils tombèrent irrésistiblement dans les bras l'un de l'autre.

— A présent, reprit Cosette en rajustant un pli de son peignoir avec une petite moue triomphante, je reste.

— Cela, non, répondit Marius d'un ton suppliant. Nous avons quelque chose à terminer.

— Encore non?

Marius prit une inflexion de voix grave :

— Je t'assure, Cosette, que c'est impossible.

— Ah! vous faites votre voix d'homme, monsieur. C'est bon, on s'en va. Vous, père, vous ne m'avez pas soutenue. Monsieur mon mari, monsieur mon papa, vous êtes des tyrans. Je vais le dire à grand-père. Si vous croyez que je vais revenir et vous faire des platitudes, vous vous trompez. Je suis fière. Je vous attends à présent. Vous allez voir que c'est vous qui allez vous ennuyer sans moi. Je m'en vais, c'est bien fait.

Et elle sortit.

Deux secondes après, la porte se rouvrit, sa fraîche tête vermeille passa encore une fois entre les deux battants, et elle leur cria :

— Je suis très en colère.

La porte se referma et les ténèbres se refirent. Ce fut comme un rayon de soleil fourvoyé qui, sans s'en douter, aurait traversé brusquement de la nuit. Marius s'assura que la porte était bien refermée.

— Pauvre Cosette ! murmura-t-il, quand elle va savoir...

A ce mot, Jean Valjean trembla de tous ses membres. Il fixa sur Marius un œil égaré.

— Cosette ! oh oui, c'est vrai, vous allez dire cela à Cosette. C'est juste. Tiens, je n'y avais pas pensé. On a de la force pour une chose, on n'en a pas pour une autre. Monsieur, je vous en conjure, je vous en supplie, monsieur, donnez-moi votre parole la plus sacrée[48], ne le lui dites pas. Est-ce qu'il ne suffit pas que vous le sachiez, vous[49]? J'ai pu le dire de moi-même sans y être forcé, je l'aurais dit à l'univers, à tout le monde, ça m'était égal. Mais elle, elle ne sait pas ce que c'est, cela l'épouvanterait. Un forçat, quoi! on serait forcé de lui expliquer, de lui dire : C'est un homme qui a été aux galères. Elle a vu un jour passer la chaîne. Oh mon Dieu!

Il s'affaissa sur un fauteuil et cacha son visage dans ses deux mains. On ne l'entendait pas, mais aux secousses de ses épaules, on voyait qu'il pleurait. Pleurs silencieux, pleurs terribles.

Il y a de l'étouffement dans le sanglot. Une sorte de convulsion le prit, il se renversa en arrière sur le dossier du fauteuil comme pour respirer, laissant pendre ses bras et laissant voir à Marius sa face inondée de larmes, et Marius l'entendit murmurer si bas que sa voix semblait être dans une profondeur sans fond :

— Oh! je voudrais mourir!

— Soyez tranquille, dit Marius, je garderai votre secret pour moi seul.

Et, moins attendri peut-être qu'il n'aurait dû l'être, mais obligé depuis une heure de se familiariser avec un inattendu effroyable, voyant par degrés un forçat se superposer sous ses yeux à M. Fauchelevent, gagné peu à peu par cette réalité lugubre, et amené[50] par la pente naturelle de la situation à constater l'intervalle qui venait de se faire entre cet homme et lui, Marius ajouta :

— Il est impossible que je ne vous dise pas un mot du dépôt que vous avez si fidèlement et si honnêtement remis. C'est là un acte de probité. Il est juste qu'une récompense vous soit donnée. Fixez la somme vous-même, elle vous sera comptée. Ne craignez pas de la fixer très haut.

— Je vous remercie, monsieur, répondit Jean Valjean avec douceur.

Il resta pensif un moment, passant machinalement le bout de son index sur l'ongle de son pouce, puis il éleva la voix :

— Tout est à peu près fini. Il me reste une dernière chose...

— Laquelle?

Jean Valjean eut comme une suprême hésitation, et, sans voix, presque sans souffle, il balbutia plus qu'il ne dit:

— A présent que vous savez, croyez-vous, monsieur, vous qui êtes le maître, que je ne dois plus voir Cosette?

— Je crois que ce serait mieux, répondit froidement Marius.

— Je ne la verrai plus, murmura Jean Valjean.

Et il se dirigea vers la porte. Il mit la main sur le bec-de-cane, le pêne céda, la porte s'entre-bâilla, Jean Valjean l'ouvrit assez pour pouvoir passer, demeura une seconde immobile, puis referma la porte et se retourna vers Marius.

Il n'était plus pâle, il était livide. Il n'y avait plus de larmes dans ses yeux, mais une sorte de flamme tragique. Sa voix était redevenue étrangement calme.

— Tenez, monsieur, dit-il, si vous voulez, je viendrai la voir. Je vous assure que je le désire beaucoup. Si je n'avais pas tenu à voir Cosette, je ne vous aurais pas fait l'aveu que je vous ai fait, je serais parti; mais voulant rester dans l'endroit où est Cosette et continuer de la voir, j'ai dû honnêtement tout vous dire. Vous suivez mon raisonnement, n'est-ce pas? c'est là une chose qui se comprend. Voyez-vous, il y a neuf ans passés que je l'ai près de moi. Nous avons demeuré d'abord dans cette masure du boulevard, ensuite dans le couvent, ensuite près du Luxembourg. C'est là que vous l'avez vue pour la première fois. Vous vous rappelez son chapeau de peluche bleue. Nous avons été ensuite dans le quartier des Invalides où il y avait une grille et un jardin. Rue Plumet. J'habitais une petite arrière-cour d'où j'entendais son piano. Voilà ma vie. Nous ne nous quittions jamais. Cela a duré neuf ans et des mois. J'étais comme son père, et elle était mon enfant. Je ne sais pas si vous me comprenez, monsieur Pontmercy, mais s'en aller à présent, ne plus la voir, ne plus lui parler, n'avoir plus rien, ce serait difficile. Si vous ne le trouvez pas mauvais, je viendrai de temps en temps voir Cosette. Je ne viendrais pas souvent. Je ne resterais pas longtemps. Vous diriez qu'on me reçoive dans la petite salle basse. Au rez-de-chaussée. J'entrerais bien par la porte de derrière, qui est pour les domestiques, mais cela étonnerait peut-être. Il vaut mieux, je crois, que j'entre par la porte de tout le monde. Monsieur, vraiment. Je voudrais bien voir encore un peu Cosette. Aussi rarement qu'il vous plaira. Mettez-vous à ma place, je n'ai plus que cela. Et puis, il faut prendre garde. Si je ne venais plus du tout, il y aurait un mauvais effet, on trouverait cela singulier.

Par exemple, ce que je puis faire, c'est de venir le soir, quand il commence à être nuit.

— Vous viendrez tous les soirs, dit Marius, et Cosette vous attendra.

— Vous êtes bon, monsieur, dit Jean Valjean.

Marius salua Jean Valjean, le bonheur reconduisit jusqu'à la porte le désespoir, et ces deux hommes se quittèrent.

II

Les obscurités que peut contenir une révélation

Marius était bouleversé.

L'espèce d'éloignement qu'il avait toujours eu pour l'homme près duquel il voyait Cosette lui était désormais expliqué. Il y avait dans ce personnage un on ne sait quoi énigmatique dont son instinct l'avertissait. Cette énigme, c'était la plus hideuse des hontes, le bagne. Ce M. Fauchelevent était le forçat Jean Valjean.

Trouver[1] brusquement un tel secret au milieu de son bonheur, cela ressemble à la découverte d'un scorpion dans un nid de tourterelles. Le bonheur de Marius et de Cosette était-il condamné désormais à ce voisinage? Était-ce là un fait accompli? L'acceptation de cet homme faisait-elle partie du mariage consommé? N'y avait-il plus rien à faire? Marius avait-il épousé aussi le forçat?

On a beau être couronné de lumière et de joie, on a beau savourer la grande heure de pourpre de la vie, l'amour heureux, de telles secousses forceraient même l'archange dans son extase, même le demi-dieu dans sa gloire, au frémissement.

Comme il arrive toujours dans les changements à vue de cette espèce, Marius se demandait s'il n'avait pas de reproche à se faire à lui-même? Avait-il manqué de divination? Avait-il manqué de prudence? S'était-il étourdi involontairement? Un peu, peut-être. S'était-il engagé, sans assez de précaution pour éclairer les alentours, dans cette aventure d'amour qui avait abouti à son mariage avec Cosette? Il constatait, — c'est ainsi : par une série de constatations successives de nous-mêmes sur nous-mêmes, que la vie nous amende peu à peu, — il constatait le côté chimérique et visionnaire de sa nature, sorte de nuage intérieur propre à beaucoup d'organisations, et qui, dans les paroxysmes de la passion et de la douleur, se dilate, la température de l'âme changeant, et envahit l'homme tout entier, au point de n'en plus faire qu'une conscience baignée d'un brouillard. Nous avons plus d'une fois indiqué cet élément caractéristique de l'individualité de Marius. Il se rappelait que, dans l'enivrement de son amour, rue Plumet, pendant ces six ou sept semaines extatiques, il n'avait pas même parlé à Cosette de ce drame énigmatique du bouge Gorbeau où la victime avait eu un si étrange parti pris de silence pendant la lutte et d'évasion après. Comment se faisait-il qu'il n'en eût point parlé à Cosette? Cela pourtant était si proche et si effroyable! Comment se faisait-il qu'il ne lui eût pas même nommé les Thénardier, et, particulièrement, le jour où il avait rencontré Éponine? Il avait presque peine à s'expliquer maintenant son silence d'alors. Il s'en rendait compte cependant. Il se rappelait son étourdissement, son ivresse de Cosette, l'amour absorbant tout, cet enlèvement de l'un par l'autre dans l'idéal, et peut-être aussi, comme la quantité imperceptible de raison mêlée à cet état violent et charmant de l'âme, un vague et sourd instinct de cacher et d'abolir dans sa mémoire cette aventure redoutable dont il craignait le contact, où il ne voulait jouer aucun rôle, à laquelle il se dérobait, et où il ne pouvait être narrateur ni témoin sans être accusateur. D'ailleurs, ces quelques semaines avaient été un éclair; on n'avait eu le temps de rien, que de s'aimer. Enfin, tout pesé, tout retourné, tout examiné, quand il eût raconté le guet-apens Gorbeau à Cosette, quand il lui eût nommé les Thénardier, quelles qu'eussent été les conséquences, quand même il eût découvert que Jean Valjean était un forçat, cela l'eût-il changé, lui Marius, cela l'eût-il changée, elle Cosette? Eût-il reculé? L'eût-il moins adorée? L'eût-il moins épousée? Non. Cela eût-il changé quelque chose à ce qui s'était fait? Non. Rien donc à regretter, rien à se reprocher. Tout était bien. Il y a un dieu pour ces ivrognes qu'on appelle les amoureux. Aveugle, Marius avait suivi la route qu'il eût choisie clairvoyant. L'amour lui avait bandé les yeux, pour le mener où? Au paradis.

Mais ce paradis était compliqué désormais d'un côtoiement infernal.

L'ancien éloignement de Marius pour cet homme, pour ce Fauchelevent devenu Jean Valjean, était² à présent mêlé d'horreur. Dans cette horreur, disons-le, il³ y avait quelque pitié, et même une certaine surprise.

Ce voleur, ce voleur récidiviste, avait restitué un dépôt. Six cent mille francs. Il était seul dans le secret du dépôt. Il pouvait tout garder, il avait tout rendu.

En outre, il avait révélé de lui-même sa situation. Rien ne l'y obligeait. Si l'on savait qui il était, c'était par lui. Il y avait dans cet aveu plus que l'acceptation de l'humiliation, il y avait l'acceptation du péril. Pour un condamné, un masque n'est pas un masque, c'est un abri. Il avait renoncé à cet abri. Un faux nom, c'est de la sécurité ; il avait rejeté ce faux nom. Il pouvait, lui galérien, se cacher à jamais dans une famille honnête ; il avait résisté à cette tentation. Et pour quel motif ? par scrupule de conscience. Il l'avait expliqué lui-même avec l'irrésistible accent de la réalité. En somme, quel que fût ce Jean Valjean, c'était incontestablement une conscience qui se réveillait. Il y avait là on ne sait quelle mystérieuse réhabilitation commencée ; et, selon toute apparence, depuis longtemps déjà le scrupule était maître de cet homme. De tels accès du juste et du bien ne sont pas propres aux natures vulgaires. Réveil de conscience, c'est grandeur d'âme.

Jean Valjean était sincère. Cette sincérité, visible, palpable, irréfragable, évidente même par la douleur qu'elle lui faisait, rendait les informations inutiles et donnait autorité à tout ce que disait cet homme. Ici, pour Marius, interversion étrange des situations. Que sortait-il de M. Fauchelevent ? la défiance. Que se dégageait-il de Jean Valjean ? la confiance.

Dans le mystérieux bilan de ce Jean Valjean que Marius pensif dressait, il constatait l'actif, il constatait le passif, et il tâchait d'arriver à une balance. Mais tout cela était comme dans un orage. Marius, s'efforçant de se faire une idée nette de cet homme, et poursuivant, pour ainsi dire, Jean Valjean au fond de sa pensée, le perdait et le retrouvait dans une brume fatale.

Le dépôt honnêtement rendu, la probité de l'aveu, c'était bien. Cela faisait comme une éclaircie dans la nuée, puis la nuée redevenait noire. Si troubles que fussent les souvenirs de Marius, il lui en revenait quelque ombre.

Qu'était-ce décidément que cette aventure du galetas Jondrette? Pourquoi, à l'arrivée de la police, cet homme, au lieu de se plaindre, s'était-il évadé? Ici Marius trouvait la réponse. Parce que cet homme était un repris de justice en rupture de ban.

Autre question : Pourquoi cet homme était-il venu dans la barricade? Car à présent Marius revoyait distinctement ce souvenir, reparu dans ces émotions comme l'encre sympathique au feu. Cet homme était dans la barricade. Il n'y combattait pas. Qu'était-il venu y faire? Devant cette question un spectre se dressait, et faisait la réponse. Javert. Marius se rappelait parfaitement à cette heure la funèbre vision de Jean Valjean entraînant hors de la barricade Javert garrotté, et il entendait encore derrière l'angle de la petite rue Mondétour l'affreux coup de pistolet. Il y avait, vraisemblablement, haine entre cet espion et ce galérien. L'un gênait l'autre. Jean Valjean était allé à la barricade pour se venger. Il[4] y était arrivé tard. Il savait probablement que Javert y était prisonnier. La vendetta corse a pénétré dans certains bas-fonds et y fait loi; elle est si simple qu'elle n'étonne pas les âmes même à demi retournées vers le bien; et ces cœurs-là sont ainsi faits qu'un criminel, en voie de repentir, peut être scrupuleux sur le vol et ne l'être pas sur la vengeance. Jean Valjean avait tué Javert. Du moins, cela semblait évident.

Dernière question enfin; mais à celle-ci pas de réponse. Cette question, Marius la sentait comme une tenaille. Comment se faisait-il que l'existence de Jean Valjean eût coudoyé si longtemps celle de Cosette? Qu'était-ce que ce sombre jeu de la providence qui avait mis cet enfant en contact avec cet homme? Y a-t-il donc aussi des chaînes à deux forgées là-haut, et Dieu se plaît-il à accoupler l'ange avec le démon? Un crime et une innocence peuvent donc être camarades de chambrée dans le mystérieux bagne des misères? Dans ce défilé de condamnés qu'on appelle la destinée humaine, deux fronts peuvent passer l'un près de l'autre, l'un naïf, l'autre formidable, l'un tout baigné des divines blancheurs de l'aube, l'autre à jamais blêmi par la lueur d'un éternel éclair ? Qui avait pu déterminer cet appareillement inexplicable ? De quelle façon, par suite de quel prodige, la communauté de vie avait-elle pu s'établir entre cette céleste petite et ce vieux damné ? Qui avait pu lier l'agneau au loup, et, chose plus incompréhensible encore, attacher le loup à l'agneau ? Car le loup aimait l'agneau, car l'être farouche adorait l'être faible, car pendant neuf années, l'ange avait eu pour point d'appui le monstre. L'enfance et l'adolescence de Cosette, sa venue au jour, sa virginale croissance vers la vie et la lumière, avaient été abritées par ce dévouement difforme[5]. Ici, les questions s'exfoliaient, pour ainsi parler, en énigmes innombrables, les abîmes s'ouvraient au fond des abîmes, et Marius ne pouvait plus se pencher sur Jean Valjean sans vertige. Qu'était-ce donc que cet homme précipice ?

Les vieux symboles génésiaques sont éternels ; dans la société humaine, telle qu'elle existe, jusqu'au jour où une clarté plus grande la changera, il y a à jamais deux hommes, l'un supérieur, l'autre souterrain ; celui qui est selon le bien, c'est Abel ; celui qui est selon le mal, c'est Caïn. Qu'était-ce que ce Caïn tendre ? Qu'était-ce que ce bandit religieusement absorbé dans l'adoration d'une vierge, veillant sur elle, l'élevant, la gardant, la dignifiant, et l'enveloppant, lui impur, de pureté ? Qu'était-ce que ce cloaque qui avait vénéré cette innocence au point de ne pas lui laisser une tache ? Qu'était-ce que ce Jean Valjean faisant l'éducation de Cosette ? Qu'était-ce que cette figure de ténèbres ayant pour unique soin de préserver de toute ombre et de tout nuage le lever d'un astre ?

Là était le secret de Jean Valjean ; là aussi était le secret de Dieu.

Devant ce double secret, Marius reculait. L'un en quelque sorte le rassurait sur l'autre. Dieu était dans cette aventure aussi visible que Jean Valjean. Dieu a ses instruments. Il se sert de l'outil qu'il veut. Il n'est pas responsable devant l'homme. Savons-nous comment Dieu s'y prend ? Jean Valjean avait travaillé à Cosette. Il avait un peu fait cette âme. C'était incontestable. Eh bien, après ? L'ouvrier était horrible ; mais l'œuvre était admirable. Dieu produit ses miracles comme bon lui semble. Il avait construit cette charmante Cosette, et il y avait employé Jean Valjean. Il lui avait plu de se choisir cet étrange collaborateur. Quel compte avons-nous à lui demander? Est-ce la première fois que le fumier aide le printemps à faire la rose?

Marius se faisait ces réponses-là et se déclarait à lui-même qu'elles étaient bonnes. Sur tous les points que nous venons d'indiquer, il n'avait pas osé presser Jean Valjean, sans s'avouer à lui-même qu'il ne l'osait pas. Il adorait Cosette, il possédait Cosette, Cosette était splendidement pure. Cela lui suffisait. De quel éclaircissement avait-il besoin? Cosette était une lumière. La lumière a-t-elle besoin d'être éclaircie? Il avait tout; que pouvait-il désirer? Tout, est-ce que ce n'est pas assez? Les affaires personnelles de Jean Valjean ne le regardaient pas. En se penchant sur l'ombre fatale de cet homme, il se cramponnait à cette déclaration solennelle du misérable: *Je ne suis rien à Cosette. Il y a dix ans, je ne savais pas qu'elle existât*[6].

Jean Valjean était un passant. Il l'avait dit lui-même. Eh bien, il passait. Quel qu'il fût[7], son rôle était fini. Il y avait désormais Marius pour faire les fonctions de la providence près de Cosette. Cosette était venue retrouver dans l'azur son pareil, son amant, son époux, son mâle céleste. En s'envolant, Cosette, ailée et transfigurée, laissait derrière elle à terre, vide et hideuse, sa chrysalide, Jean Valjean.

Dans quelque cercle d'idées que tournât Marius, il en revenait toujours à une certaine horreur de Jean Valjean. Horreur sacrée peut-être, car, nous venons de l'indiquer, il sentait un *quid divinum*[8] dans cet homme. Mais, quoi qu'on fît, et quelque atténuation qu'on y cherchât, il fallait bien toujours retomber sur ceci: c'était un forçat; c'est-à-dire l'être qui, dans l'échelle sociale, n'a même pas de place, étant au-dessous du dernier échelon. Après le dernier des hommes vient le forçat. Le forçat n'est plus, pour ainsi dire, le semblable des vivants. La loi l'a destitué de toute la quantité d'humanité qu'elle peut ôter à un homme. Marius, sur les questions pénales, en était encore, quoique démocrate, au système inexorable, et il avait, sur ceux que la loi frappe, toutes les idées de la loi. Il n'avait pas encore, disons-le, accompli tous les progrès. Il n'en était pas encore à distinguer entre ce qui est écrit par l'homme et ce qui est écrit par Dieu, entre la loi et le droit. Il n'avait point examiné et pesé le droit que prend l'homme de disposer de l'irrévocable et de l'irréparable. Il n'était pas révolté du mot *vindicte*. Il trouvait simple que de certaines effractions de la loi écrite fussent suivies de peines éternelles, et il acceptait, comme procédé de civilisation, la damnation sociale. Il en était encore là, sauf à avancer infailliblement plus tard, sa nature étant bonne, et au fond toute faite de progrès latent[9].

Dans ce milieu d'idées, Jean Valjean lui apparaissait difforme et repoussant. C'était le réprouvé. C'était le forçat. Ce mot était pour lui comme un son de la trompette du jugement; et, après avoir considéré longtemps Jean Valjean, son dernier geste était de détourner la tête. *Vade retro*[10].

Marius[11], il faut le reconnaître et même y insister, tout en interrogeant Jean Valjean au point que Jean Valjean lui avait dit : *vous me confessez,* ne lui avait pourtant pas fait deux ou trois questions décisives. Ce n'était pas qu'elles ne se fussent présentées à son esprit, mais il en avait eu peur. Le galetas Jondrette? La barricade? Javert? Qui sait où se fussent arrêtées les révélations? Jean Valjean ne semblait pas homme à reculer, et qui sait si Marius, après l'avoir poussé, n'aurait pas souhaité le retenir? Dans de certaines conjonctures suprêmes, ne nous est-il pas arrivé à tous, après avoir fait une question, de nous boucher les oreilles pour ne pas entendre la réponse? C'est surtout quand on aime qu'on a de ces lâchetés-là. Il n'est pas sage de questionner à outrance les situations sinistres, surtout quand le côté indissoluble de notre propre vie y est fatalement mêlé. Des explications désespérées de Jean Valjean, quelque épouvantable lumière pouvait sortir, et qui sait si cette clarté hideuse n'aurait pas rejailli jusqu'à Cosette? Qui sait s'il n'en fût pas resté une sorte de lueur infernale sur le front de cet ange? L'éclaboussure d'un éclair, c'est encore de la foudre. La fatalité a de ces solidarités-là, où l'innocence elle-même s'empreint de crime par la sombre loi des reflets colorants. Les plus pures figures peuvent garder à jamais la réverbération d'un voisinage horrible. À tort ou à raison, Marius avait eu peur. Il en savait déjà trop. Il cherchait plutôt à s'étourdir qu'à s'éclairer.

Éperdu, il emportait Cosette dans ses bras en fermant les yeux sur Jean Valjean.

Cet homme était de la nuit, de la nuit vivante et terrible. Comment oser en chercher le fond? C'est une épouvante de questionner l'ombre. Qui sait ce qu'elle va répondre? L'aube pourrait en être noircie pour jamais.

Dans cette situation d'esprit, c'était pour Marius une perplexité poignante de penser[12] que cet homme aurait désormais un contact quelconque avec Cosette. Ces questions[13] redoutables, devant lesquelles il avait reculé, et d'où aurait pu sortir une décision implacable et définitive, il se reprochait presque à présent de ne pas les avoir faites. Il se trouvait trop bon, trop doux, disons le mot, trop faible. Cette faiblesse l'avait entraîné à une concession imprudente. Il s'était laissé toucher. Il avait eu tort. Il aurait dû purement et simplement rejeter Jean Valjean. Jean Valjean était la part du feu, il aurait dû la faire, et débarrasser sa maison de cet homme. Il s'en voulait, il en voulait à la brusquerie de ce tourbillon d'émotions qui l'avait assourdi, aveuglé, et entraîné. Il était mécontent de lui-même.

Que faire maintenant? Les visites de Jean Valjean lui répugnaient profondément. A quoi bon cet homme chez lui? que faire? Ici il s'étourdissait[14], il ne voulait pas creuser, il ne voulait pas approfondir; il ne voulait pas se sonder lui-même. Il avait promis, il s'était laissé entraîner à promettre; Jean Valjean avait sa promesse; même à un forçat, surtout à un forçat, on doit tenir sa parole. Toutefois, son premier devoir était envers Cosette. En somme, une répulsion, qui dominait tout, le soulevait[15].

Marius roulait confusément tout cet ensemble d'idées dans son esprit, passant de l'une à l'autre, et remué par toutes. De là un trouble profond. Il ne lui fut pas aisé de cacher ce trouble à Cosette, mais l'amour est un talent, et Marius y parvint.

Du reste, il fit, sans but apparent, des questions à Cosette, candide comme une colombe est blanche, et ne se doutant de rien; il lui parla de son enfance et de sa jeunesse, et il se convainquit de plus en plus que tout ce qu'un homme peut être de bon, de paternel et de respectable, ce forçat l'avait été pour Cosette. Tout ce que Marius avait entrevu et supposé était réel. Cette ortie sinistre avait aimé et protégé ce lis.

LIVRE HUITIÈME

LA DÉCROISSANCE CRÉPUSCULAIRE

I

LA CHAMBRE D'EN BAS

Le lendemain, à la nuit tombante, Jean Valjean frappait à la porte cochère de la maison Gillenormand. Ce fut Basque qui le reçut. Basque se trouvait dans la cour à point nommé, et comme s'il avait eu des ordres. Il arrive quelquefois qu'on dit à un domestique : « Vous guetterez monsieur un tel, quand il arrivera. »

Basque, sans attendre que Jean Valjean vînt à lui, lui adressa la parole :

— Monsieur le baron m'a chargé de demander à monsieur s'il désire monter ou rester en bas?

— Rester en bas, répondit Jean Valjean.

Basque, d'ailleurs absolument respectueux, ouvrit la porte de la salle basse et dit : « Je vais prévenir madame. »

La pièce où Jean Valjean entra était un rez-de-chaussée voûté et humide, servant de cellier dans l'occasion, donnant sur la rue, carrelé de carreaux rouges, et mal éclairé d'une fenêtre à barreaux de fer.

Cette chambre n'était pas de celles que harcèlent le houssoir, la tête de loup et le balai. La poussière y était tranquille[1]. La persécution des araignées n'y était pas organisée. Une belle toile, largement étalée, bien noire, ornée de mouches mortes, faisait la roue[2] sur une des vitres de la fenêtre. La salle, petite et basse, était meublée d'un tas de bouteilles vides amoncelées dans un coin. La muraille, badigeonnée d'un badigeon d'ocre jaune, s'écaillait par larges plaques. Au fond, il y avait une cheminée de bois peinte en noir à tablette étroite. Un feu y était allumé; ce qui indiquait qu'on avait compté sur la réponse de Jean Valjean : *Rester en bas*.

Deux fauteuils étaient placés aux deux coins de la cheminée. Entre les fauteuils était étendue, en guise de tapis, une vieille descente de lit montrant plus de corde que de laine. La chambre avait pour éclairage le feu de la cheminée et le crépuscule de la fenêtre.

Jean Valjean était fatigué. Depuis plusieurs jours il ne mangeait ni ne dormait. Il se laissa tomber sur un des fauteuils. Basque revint, posa sur la cheminée une bougie allumée et se retira. Jean Valjean, la tête ployée et le menton sur la poitrine, n'aperçut ni Basque, ni la bougie.

Tout à coup, il se dressa comme en sursaut. Cosette était derrière lui. Il ne l'avait pas vue entrer, mais il avait senti qu'elle entrait. Il se retourna. Il la contempla[3]. Elle était adorablement belle. Mais ce qu'il regardait de ce profond regard, ce n'était pas la beauté, c'était l'âme[4].

— Ah bien, s'écria Cosette, voilà une idée ! père[5], je savais que vous étiez singulier, mais jamais je ne me serais attendue à celle-là. Marius me dit que c'est vous qui voulez que je vous reçoive ici.

— Oui, c'est moi[6].

— Je m'attendais à la réponse. Tenez-vous bien. Je vous préviens que je vais vous faire une scène. Commençons par le commencement. Père, embrassez-moi.

Et elle tendit sa joue. Jean Valjean demeura immobile.

— Vous ne bougez pas. Je le constate. Attitude de coupable. Mais c'est égal, je vous pardonne. Jésus-Christ a dit : Tendez l'autre joue. La voici.

Et elle tendit l'autre joue. Jean Valjean ne remua pas. Il semblait qu'il eût les pieds cloués dans le pavé.

— Ceci devient sérieux, dit Cosette. Qu'est-ce que je vous ai fait? Je me déclare brouillée. Vous me devez mon raccommodement. Vous dînez avec nous.

— J'ai dîné.

— Ce n'est pas vrai. Je vous ferai gronder par monsieur Gillenormand. Les grands-pères sont faits pour tancer les pères. Allons. Montez avec moi dans le salon. Tout de suite.

— Impossible.

Cosette ici perdit un peu de terrain. Elle cessa d'ordonner et passa aux questions.

— Mais pourquoi? Et vous choisissez pour me voir la chambre la plus laide de la maison. C'est horrible ici.

— Tu sais...

Jean Valjean se reprit.

— Vous savez, madame, je suis particulier, j'ai mes lubies.

Cosette frappa ses petites mains l'une contre l'autre.

— Madame!... vous savez!... encore du nouveau! Qu'est-ce que cela veut dire?

Jean Valjean attacha sur elle ce sourire navrant auquel il avait parfois recours.

— Vous avez voulu être madame. Vous l'êtes.
— Pas pour vous, père.
— Ne m'appelez plus père.
— Comment?
— Appelez-moi monsieur Jean. Jean, si vous voulez.
— Vous n'êtes plus père? je ne suis plus Cosette? monsieur Jean? Qu'est-ce que cela signifie? mais c'est des révolutions, ça! que s'est-il donc passé? regardez-moi donc un peu en face. Et vous ne voulez pas demeurer avec nous! Et vous ne voulez pas de ma chambre! Qu'est-ce que je vous ai fait? qu'est-ce que je vous ai fait? Il y a donc eu quelque chose?
— Rien.
— Eh bien alors?
— Tout est comme à l'ordinaire.
— Pourquoi changez-vous de nom?
— Vous en avez bien changé, vous.

Il sourit encore de ce même sourire et ajouta[7] :

— Puisque vous êtes madame Pontmercy, je puis bien être monsieur Jean[8].

— Je n'y comprends rien. Tout cela est idiot. Je demanderai à mon mari la permission que vous soyez monsieur Jean. J'espère qu'il n'y consentira pas. Vous me faites beaucoup de peine. On a des lubies, mais on ne fait pas du chagrin à sa petite Cosette. C'est mal. Vous n'avez pas le droit d'être méchant, vous qui êtes bon.

Il ne[9] répondit pas. Elle lui prit vivement les deux mains, et, d'un mouvement irrésistible, les élevant vers son visage, elle les pressa contre son cou sous son menton, ce qui est un profond geste de tendresse.

— Oh! lui dit-elle, soyez bon!

Et elle poursuivit :

— Voici ce que j'appelle être bon : être gentil, venir demeurer ici, reprendre nos bonnes petites promenades, il y a des oiseaux ici comme rue Plumet, vivre avec nous, quitter ce trou de la rue de l'Homme-Armé, ne pas nous donner des charades à deviner, être comme tout le monde, dîner avec nous, déjeuner avec nous, être mon père.

Il dégagea ses mains.

— Vous n'avez plus besoin de père, vous avez un mari.

Cosette s'emporta.

— Je n'ai plus besoin de père ! Des choses comme ça qui n'ont pas le sens commun, on ne sait que dire vraiment !

— Si Toussaint était là, reprit Jean Valjean comme quelqu'un qui[10] en est à chercher des autorités et qui se rattache à toutes les branches, elle serait la première à convenir que c'est vrai que j'ai toujours eu mes manières à moi. Il n'y a rien de nouveau. J'ai toujours aimé mon coin noir.

— Mais il fait froid ici. On n'y voit pas clair. C'est abominable, ça, de vouloir être monsieur Jean[11]. Je ne veux pas que vous me disiez vous.

— Tout à l'heure, en venant, répondit Jean Valjean, j'ai vu rue Saint-Louis un meuble. Chez un ébéniste. Si j'étais une jolie femme, je me donnerais ce meuble-là. Une toilette très bien; genre d'à présent. Ce que vous appelez du bois de rose, je crois. C'est incrusté. Une glace assez grande. Il y a des tiroirs. C'est joli.

— Hou ! le vilain ours ! répliqua Cosette.

Et avec une gentillesse suprême, serrant les dents et écartant les lèvres, elle souffla contre Jean Valjean. C'était une Grâce copiant une chatte.

— Je suis furieuse, reprit-elle. Depuis hier vous me faites tous rager. Je bisque beaucoup[12]. Je ne comprends pas. Vous ne me défendez pas contre Marius. Marius ne me soutient pas contre vous. Je suis toute seule. J'arrange une chambre gentiment. Si j'avais pu y mettre le bon Dieu, je l'y aurais mis. On me laisse ma chambre sur les bras. Mon locataire me fait banqueroute. Je commande à Nicolette un bon petit dîner. On n'en veut pas de votre dîner, madame. Et mon père Fauchelevent veut que je l'appelle monsieur Jean, et que je le reçoive dans une affreuse vieille laide cave moisie où les murs ont de la barbe, et où il y a, en fait de cristaux, des bouteilles vides, et en fait de rideaux, des toiles d'araignées ! Vous êtes singulier, j'y consens, c'est votre genre, mais on accorde une trêve à des gens qui se marient. Vous n'auriez pas dû vous remettre à être singulier tout de suite. Vous allez donc être bien content dans votre abominable rue de l'Homme-Armé. J'y ai été bien désespérée, moi ! Qu'est-ce que vous avez contre moi ? Vous me faites beaucoup de peine. Fi !

Et, sérieuse subitement, elle regarda fixement Jean Valjean, et ajouta :

— Vous m'en voulez donc de ce que je suis heureuse ?

La naïveté, à son insu, pénètre quelquefois très avant. Cette question, simple pour Cosette, était profonde pour Jean Valjean. Cosette voulait égratigner ; elle déchirait.

Jean Valjean pâlit. Il resta un moment sans répondre, puis, d'un accent inexprimable et se parlant à lui-même, il murmura :

— Son bonheur, c'était le but de ma vie. A présent Dieu peut me signer ma sortie[13]. Cosette, tu es heureuse ; mon temps est fait.

— Ah ! vous m'avez dit *tu !* s'écria Cosette.

Et elle lui sauta au cou. Jean Valjean, éperdu, l'étreignit contre sa poitrine avec égarement. Il lui sembla presque qu'il la reprenait.

— Merci, père ! lui dit Cosette.

L'entraînement allait devenir poignant pour Jean Valjean. Il se retira doucement des bras de Cosette, et prit son chapeau.

— Eh bien ? dit Cosette.

Jean Valjean répondit :

— Je vous quitte, madame, on vous attend.

Et, du seuil de la porte, il ajouta :

— Je vous ai dit tu. Dites à votre mari que cela ne m'arrivera plus. Pardonnez-moi.

Jean Valjean sortit, laissant Cosette stupéfaite de cet adieu énigmatique.

II

Autres pas en arrière[1]

Le jour suivant, à la même heure, Jean Valjean vint. Cosette ne lui fit pas de questions, ne s'étonna plus, ne s'écria plus qu'elle avait froid, ne parla plus du salon ; elle évita de dire ni père ni monsieur Jean. Elle se laissa dire vous. Elle se laissa appeler madame. Seulement elle avait une certaine diminution de joie. Elle eût été triste, si la tristesse lui eût été possible.

Il est probable qu'elle avait eu avec Marius une de ces conversations dans lesquelles l'homme aimé dit ce qu'il veut, n'explique rien, et satisfait la femme aimée. La curiosité des amoureux ne va pas très loin au delà de leur amour.

La salle basse avait fait un peu de toilette. Basque avait supprimé les bouteilles, et Nicolette les araignées[2].

Tous les lendemains qui suivirent ramenèrent à la même heure Jean Valjean. Il vint tous les jours, n'ayant pas la force de prendre les paroles de Marius autrement qu'à la lettre. Marius s'arrangea de manière à être absent aux heures où Jean Valjean venait. La maison s'accoutuma à la nouvelle manière d'être de M. Fauchelevent. Toussaint y aida. *Monsieur a toujours été comme ça,* répétait-elle. Le grand-père rendit ce décret : « C'est un original. » Et tout fut dit. D'ailleurs[3], à quatre-vingt-dix ans il n'y a plus de liaison possible ; tout est juxtaposition ; un nouveau venu est une gêne. Il n'y a plus de place ; toutes les habitudes sont prises. M. Fauchelevent, M. Tranchelevent, le père Gillenormand ne demanda pas mieux que d'être dispensé de « ce monsieur ». Il ajouta : « Rien n'est plus commun que ces originaux-là. Ils font toutes sortes de bizarreries. De motif, point. Le marquis de Canaples était pire. Il acheta un palais pour se loger dans le grenier. Ce sont des apparences fantasques qu'ont les gens. »

Personne n'entrevit le dessous sinistre. Qui eût d'ailleurs pu deviner une telle chose ? Il y a des marais dans l'Inde ; l'eau semble extraordinaire, inexplicable, frissonnante sans qu'il y ait de vent, agitée là où elle devrait être calme[4]. On regarde à la superficie ces bouillonnements sans cause ; on n'aperçoit pas l'hydre qui se traîne au fond.

Beaucoup d'hommes ont ainsi un monstre secret, un mal qu'ils nourrissent, un dragon qui les ronge, un désespoir qui habite leur nuit. Tel homme ressemble aux autres, va, vient. On ne sait pas qu'il a en lui une effroyable douleur parasite aux mille dents, laquelle vit dans ce misérable, qui en meurt. On ne sait pas que cet homme est un gouffre. Il est stagnant, mais profond. De temps en temps un trouble auquel on ne comprend rien se fait à sa surface. Une ride mystérieuse se plisse, puis s'évanouit, puis reparaît ; une bulle d'air monte et crève. C'est peu de chose, c'est terrible. C'est la respiration de la bête inconnue.

De certaines habitudes étranges, arriver à l'heure où les autres partent, s'effacer pendant que les autres s'étalent, garder dans toutes les occasions ce qu'on pourrait appeler le manteau couleur de muraille, chercher l'allée solitaire, préférer la rue déserte, ne point se mêler aux conversations, éviter les foules et les fêtes, sembler à son aise et vivre pauvrement, avoir, tout riche qu'on est, sa clef dans sa poche et sa chandelle chez le portier, entrer par la petite porte, monter par l'escalier dérobé, toutes ces singularités insignifiantes[5], rides, bulles d'air, plis fugitifs à la surface, viennent souvent d'un fond formidable.

Plusieurs semaines se passèrent ainsi. Une vie nouvelle s'empara peu à peu de Cosette; les relations que crée le mariage, les visites, le soin de la maison, les plaisirs, ces grandes affaires. Les plaisirs de Cosette n'étaient pas coûteux; ils consistaient en un seul : être avec Marius. Sortir avec lui, rester avec lui, c'était là la grande occupation de sa vie. C'était pour eux une joie toujours toute neuve de sortir bras dessus bras dessous, à la face du soleil, en pleine rue, sans se cacher, devant tout le monde, tous les deux tout seuls[6]. Cosette eut une contrariété. Toussaint ne put s'accorder avec Nicolette, le soudage de deux vieilles filles étant impossible, et s'en alla. Le grand-père se portait bien; Marius plaidait çà et là quelques causes; la tante Gillenormand menait paisiblement près du nouveau ménage cette vie latérale qui lui suffisait. Jean Valjean venait tous les jours.

Le tutoiement disparu, le vous, le madame, le monsieur Jean, tout cela le faisait autre pour Cosette. Le soin qu'il avait pris lui-même de la détacher de lui, lui réussissait. Elle était de plus en plus gaie et de moins en moins tendre. Pourtant elle l'aimait toujours bien, et il le sentait. Un jour elle lui dit tout à coup : « Vous étiez mon père, vous n'êtes plus mon père, vous étiez mon oncle, vous n'êtes plus mon oncle, vous étiez monsieur Fauchelevent, vous êtes Jean. Qui êtes-vous donc? Je n'aime pas tout ça. Si je ne vous savais pas si bon, j'aurais peur de vous. »

Il demeurait toujours rue de l'Homme-Armé, ne

pouvant se résoudre à s'éloigner du quartier qu'habitait Cosette.

Dans les premiers temps il ne restait près de Cosette que quelques minutes, puis s'en allait[7]. Peu à peu il prit l'habitude de faire ses visites moins courtes. On eût dit qu'il profitait de l'autorisation des jours qui s'allongeaient; il arriva plus tôt et partit plus tard.

Un jour il échappa à Cosette de lui dire : « Père. » Un éclair de joie illumina le vieux visage sombre de Jean Valjean. Il la reprit : « Dites Jean. »

— Ah ! c'est vrai, répondit-elle avec un éclat de rire, monsieur Jean.

— C'est bien, dit-il.

Et il se détourna pour qu'elle ne le vît pas essuyer ses yeux.

III

Ils se souviennent du jardin de la rue Plumet

Ce fut la dernière fois. A partir de cette lueur, l'extinction complète se fit. Plus de familiarité, plus de bonjour avec un baiser, plus jamais ce mot si profondément doux : mon père ! il était, sur sa demande et par sa propre complicité, successivement chassé de tous ses bonheurs; et il avait cette misère qu'après avoir perdu Cosette tout entière en un jour, il lui avait fallu ensuite la reperdre en détail.

L'œil finit par s'habituer aux jours de cave[1]. En somme, avoir tous les jours une apparition de Cosette, cela lui suffisait. Toute sa vie se concentrait dans cette heure-là. Il s'asseyait près d'elle, il la regardait en silence, ou bien il lui parlait des années d'autrefois, de son enfance, du couvent[2], de ses petites amies d'alors.

Une après-midi, — c'était une des premières journées d'avril, déjà chaude, encore fraîche, le moment de la grande gaîté du soleil, les jardins qui environnaient les fenêtres de Marius et de Cosette avaient l'émotion du réveil, l'aubépine allait poindre, une bijouterie de giroflées s'étalait sur les vieux murs, le gueules-de-loup roses bâillaient dans les fentes des pierres, il y avait dans l'herbe un charmant commencement de pâquerettes et de boutons-d'or, les papillons blancs de l'année débutaient, le vent, ce ménétrier de la noce éternelle, essayait dans les arbres les premières notes de cette grande symphonie aurorale que les vieux poëtes appelaient le renouveau. — Marius dit à Cosette :

— Nous avons dit que nous irions revoir notre jardin de la rue Plumet. Allons-y. Il ne faut pas être ingrats.

Et ils s'envolèrent comme deux hirondelles vers le printemps. Ce jardin de la rue Plumet leur faisait l'effet de l'aube. Ils avaient déjà derrière eux dans la vie quelque chose qui était comme le printemps de leur amour. La maison de la rue Plumet, étant prise à bail, appartenait encore à Cosette. Ils allèrent à ce jardin et à cette maison. Ils s'y retrouvèrent, ils s'y oublièrent. Le soir, à l'heure ordinaire, Jean Valjean vint rue des Filles-du-Calvaire.

— Madame est sortie avec monsieur, et n'est pas rentrée encore, lui dit Basque.

Il s'assit en silence et attendit une heure. Cosette ne rentra point. Il baissa la tête et s'en alla.

Cosette était si enivrée de sa promenade à « leur jardin » et si joyeuse d'avoir « vécu tout un jour dans son passé » qu'elle ne parla pas d'autre chose le lendemain. Elle ne s'aperçut pas qu'elle n'avait point vu Jean Valjean.

— De quelle façon êtes-vous allés là ? lui demanda Jean Valjean.

— A pied.

— Et comment êtes-vous revenus ?

— En fiacre.

Depuis quelque temps Jean Valjean remarquait la vie étroite que menait le jeune couple. Il en était importuné. L'économie de Marius était sévère, et le mot pour Jean Valjean avait son sens absolu. Il hasarda une question :

— Pourquoi n'avez-vous pas une voiture à vous ? Un joli coupé ne vous coûterait que cinq cents francs par mois. Vous êtes riches.

— Je ne sais pas, répondit Cosette.

— C'est comme Toussaint, reprit Jean Valjean. Elle est partie. Vous ne l'avez pas remplacée. Pourquoi ?

— Nicolette suffit.

— Mais il vous faudrait une femme de chambre.

— Est-ce que je n'ai pas Marius ?

— Vous devriez avoir une maison à vous, des domestiques à vous, une voiture, loge au spectacle. Il n'y a rien de trop beau pour vous. Pourquoi ne pas profiter de ce que vous êtes riches ? La richesse, cela s'ajoute au bonheur. Cosette ne répondit rien.

Les visites de Jean Valjean ne s'abrégeaient point. Loin de là. Quand c'est le cœur qui glisse, on ne s'arrête pas sur la pente.

Lorsque Jean Valjean voulait prolonger sa visite et faire oublier l'heure, il faisait l'éloge de Marius ; il le trouvait beau, noble, courageux, spirituel, éloquent, bon. Cosette renchérissait. Jean Valjean recommençait. On ne tarissait pas. Marius, ce mot était inépuisable ; il y avait des volumes dans ces six lettres. De cette façon, Jean Valjean parvenait à rester longtemps. Voir Cosette, oublier près d'elle, celui lui était[3] si doux ! C'était le pansement de sa plaie. Il arriva plusieurs fois que Basque vint dire à deux reprises : « Monsieur Gillenormand m'envoie rappeler à madame la baronne que le dîner est servi. »

Ces jours-là, Jean Valjean rentrait chez lui très pensif.

Y avait-il donc du vrai dans cette comparaison de la chrysalide qui s'était présentée à l'esprit de Marius ? Jean Valjean était-il en effet une chrysalide qui s'obstinerait, et qui viendrait faire des visites à son papillon ?

Un jour il resta plus longtemps encore qu'à l'ordinaire. Le lendemain, il remarqua qu'il n'y avait point de feu dans la cheminée. — Tiens ! pensa-t-il. Pas de feu. — Et il se donna à lui-même cette explication : — C'est tout simple. Nous sommes en avril. Les froids ont cessé.

— Dieu ! qu'il fait froid ici ! s'écria Cosette en entrant.

— Mais non, dit Jean Valjean.

— C'est donc vous qui avez dit à Basque de ne pas faire de feu ?

— Oui. Nous sommes en mai tout à l'heure.

— Mais on fait du feu jusqu'au mois de juin. Dans cette cave-ci, il en faut toute l'année.

— J'ai pensé que le feu était inutile[4].

— C'est bien là une de vos idées ! reprit Cosette.

Le jour d'après, il y avait du feu. Mais les deux fauteuils étaient rangés à l'autre bout de la salle près de la porte.

— Qu'est-ce que cela veut dire ? pensa Jean Valjean.
Il alla chercher les fauteuils, et les remit à leur place ordinaire près de la cheminée. Ce feu rallumé l'encouragea pourtant. Il fit durer la causerie plus longtemps encore que d'habitude. Comme il se levait pour s'en aller, Cosette lui dit :
— Mon mari m'a dit une drôle de chose hier.
— Quelle chose donc ?
— Il m'a dit : « Cosette, nous avons trente mille livres de rente. Vingt-sept que tu as, trois que me fait mon grand-père. » J'ai répondu : « Cela fait trente. » Il a repris : « Aurais-tu le courage de vivre avec les trois mille ? » J'ai répondu : « Oui, avec rien. Pourvu que ce soit avec toi. » Et puis j'ai demandé : « Pourquoi me dis-tu ça ? » Il m'a répondu : « Pour savoir. »

Jean Valjean ne trouva pas une parole. Cosette attendait probablement de lui quelque explication ; il l'écouta dans un morne silence. Il s'en retourna rue de l'Homme-Armé ; il était si profondément absorbé qu'il se trompa de porte, et qu'au lieu de rentrer chez lui, il entra dans la maison voisine. Ce ne fut qu'après avoir monté presque deux étages qu'il s'aperçut de son erreur et qu'il redescendit.

Son esprit était bourrelé de conjectures. Il était évident que Marius avait des doutes sur l'origine de ces six cent mille francs, qu'il craignait quelque source non pure, qui sait ? qu'il avait même peut-être découvert que cet argent venait de lui Jean Valjean, qu'il hésitait devant cette fortune suspecte, et répugnait à la prendre comme sienne, aimant mieux rester pauvres, lui et Cosette, que d'être riches d'une richesse trouble.

En outre, vaguement, Jean Valjean commençait à se sentir éconduit.

Le jour suivant, il eut, en pénétrant dans la salle basse, comme une secousse. Les fauteuils avaient disparu. Il n'y avait pas même une chaise.

— Ah çà, s'écria Cosette en entrant, pas de fauteuils ! Où sont donc les fauteuils ?
— Ils n'y sont plus, répondit Jean Valjean[5].
— Voilà qui est fort !
Jean Valjean bégaya :
— C'est moi qui ai dit à Basque de les enlever.
— Et la raison ?

— Je ne reste que quelques minutes aujourd'hui.

— Rester peu, ce n'est pas une raison pour rester debout.

— Je crois que Basque avait besoin des fauteuils pour le salon.

— Pourquoi ?

— Vous avez sans doute du monde ce soir.

— Nous n'avons personne.

Jean Valjean ne put dire un mot de plus. Cosette haussa les épaules.

— Faire enlever les fauteuils ! L'autre jour vous faites éteindre le feu. Comme vous êtes singulier !

— Adieu, murmura Jean Valjean.

Il ne dit pas : « Adieu, Cosette. » Mais il n'eut pas la force de dire : « Adieu, madame. »

Il sortit accablé. Cette fois il avait compris. Le lendemain il ne vint pas. Cosette ne le remarqua que le soir.

— Tiens, dit-elle, monsieur Jean n'est pas venu aujourd'hui.

Elle eut comme un léger serrement de cœur, mais elle s'en aperçut à peine, tout de suite distraite par un baiser de Marius.

Le jour d'après, il ne vint pas. Cosette n'y prit pas garde, passa sa soirée et dormit sa nuit, comme à l'ordinaire, et n'y pensa qu'en se réveillant[6]. Elle était si heureuse ! Elle envoya bien vite Nicolette chez monsieur Jean savoir s'il était malade, et pourquoi il n'était pas venu la veille. Nicolette rapporta la réponse de monsieur Jean. Il n'était point malade. Il était occupé. Il viendrait bientôt. Le plus tôt qu'il pourrait. Du reste, il allait faire un petit voyage. Que madame devait se souvenir que c'était son habitude de faire des voyages de temps en temps. Qu'on n'eût pas d'inquiétude. Qu'on ne songeât point à lui.

Nicolette, en entrant chez monsieur Jean, lui avait répété les propres paroles de sa maîtresse. Que madame envoyait savoir « pourquoi monsieur Jean n'était pas venu la veille ».

— Il y a deux jours que je ne suis venu, dit Jean Valjean avec douceur.

Mais l'observation glissa sur Nicolette qui n'en rapporta rien à Cosette.

IV

L'attraction et l'extinction

Pendant les derniers mois du printemps et les premiers mois de l'été de 1833, les passants clairsemés du Marais, les marchands des boutiques, les oisifs sur le pas des portes, remarquaient un vieillard proprement vêtu de noir, qui, tous les jours, vers la même heure, à la nuit tombante, sortait de la rue de l'Homme-Armé, du côté de la rue Sainte-Croix-de-la-Bretonnerie, passait devant les Blancs-Manteaux, gagnait la rue Culture-Sainte-Catherine, et, arrivé à la rue de l'Écharpe, tournait à gauche, et entrait dans la rue Saint-Louis.

Là il marchait à pas lents, la tête tendue en avant, ne voyant rien, n'entendant rien, l'œil immuablement fixé sur un point toujours le même, qui semblait pour lui étoilé, et qui n'était autre que l'angle de la rue des Filles-du-Calvaire[1]. Plus il approchait de ce coin de rue, plus son œil s'éclairait; une sorte de joie illuminait ses prunelles comme une aurore intérieure, il avait l'air fasciné et attendri, ses lèvres faisaient des mouvements obscurs, comme s'il parlait à quelqu'un qu'il ne voyait pas, il souriait vaguement, et il avançait le plus lentement qu'il pouvait. On eût dit que, tout en souhaitant d'arriver, il avait peur du moment où il serait tout près. Lorsqu'il n'y avait plus que quelques maisons entre lui et cette rue qui paraissait l'attirer, son pas se ralentissait au point que par instants on pouvait croire qu'il ne marchait plus. La vacillation de sa tête et la fixité de sa prunelle faisaient songer à l'aiguille qui cherche le pôle[2]. Quelque temps qu'il mît à faire durer l'arrivée, il fallait bien arriver; il atteignait la rue des Filles-du-Calvaire; alors il s'arrêtait, il tremblait, il passait sa tête avec une sorte de timidité sombre au delà du coin de la dernière maison, et il regardait dans cette rue, et il y avait dans ce tragique regard quelque chose qui ressemblait à l'éblouissement de l'impossible et à la réverbération d'un paradis fermé. Puis une larme, qui s'était peu à peu amassée dans l'angle des paupières, devenue assez grosse pour tomber, glissait sur sa joue, et quelquefois s'arrêtait à sa bouche. Le vieillard en sentait la saveur amère. Il restait ainsi quelques minutes comme s'il eût été de pierre; puis il s'en retournait par le même chemin et du même pas, et, à mesure qu'il s'éloignait, son regard s'éteignait.

Peu à peu³, ce vieillard cessa d'aller jusqu'à l'angle de la rue des Filles-du-Calvaire; il s'arrêtait à mi-chemin dans la rue Saint-Louis; tantôt un peu plus loin, tantôt un peu plus près. Un jour, il resta au coin de la rue Culture-Sainte-Catherine et regarda la rue des Filles-du-Calvaire de loin. Puis il hocha silencieusement la tête de droite à gauche, comme s'il se refusait quelque chose, et rebroussa chemin.

Bientôt il ne vint même plus jusqu'à la rue Saint-Louis. Il arrivait jusqu'à la rue Pavée, secouait le front, et s'en retournait; puis il n'alla plus au delà de la rue des Trois-Pavillons; puis il ne dépassa plus les Blancs-Manteaux. On eût dit un pendule qu'on ne remonte plus et dont les oscillations s'abrègent en attendant qu'elles s'arrêtent.

Tous les jours, il sortait de chez lui à la même heure, il entreprenait le même trajet, mais il ne l'achevait plus, et, peut-être sans qu'il en eût conscience, il le raccourcissait sans cesse. Tout son visage exprimait cette unique idée : A quoi bon? La prunelle était éteinte; plus de rayonnement. La larme aussi était tarie; elle ne s'amassait plus dans l'angle des paupières; cet œil pensif était sec. La tête du vieillard était toujours tendue en avant; le menton par moments remuait; les plis de son cou maigre faisaient de la peine. Quelquefois, quand le temps était mauvais, il avait sous le bras un parapluie, qu'il n'ouvrait point. Les bonnes femmes du quartier disaient : C'est un innocent. Les enfants le suivaient en riant⁴.

LIVRE NEUVIÈME

SUPRÊME OMBRE, SUPRÊME AURORE

I

PITIÉ POUR LES MALHEUREUX, MAIS INDULGENCE
POUR LES HEUREUX

C'EST une terrible chose d'être heureux ! Comme on s'en contente ! Comme on trouve que cela suffit ! Comme, étant en possession du faux but de la vie, le bonheur, on oublie le vrai but, le devoir !

Disons-le pourtant, on aurait tort d'accuser Marius.

Marius, nous l'avons expliqué, avant son mariage, n'avait pas fait de questions à M. Fauchelevent, et, depuis, il avait craint d'en faire à Jean Valjean. Il avait regretté la promesse à laquelle il s'était laissé entraîner. Il s'était beaucoup dit qu'il avait eu tort de faire cette concession au désespoir. Il s'était borné à éloigner peu à peu Jean Valjean de sa maison et à l'effacer le plus possible dans l'esprit de Cosette. Il s'était en quelque sorte toujours placé entre Cosette et Jean Valjean, sûr que de cette façon elle ne l'apercevrait pas et n'y songerait point. C'était plus que l'effacement, c'était l'éclipse[1].

Marius faisait ce qu'il jugeait nécessaire et juste. Il croyait avoir, pour écarter Jean Valjean, sans dureté, mais sans faiblesse, des raisons sérieuses qu'on a vues déjà et d'autres encore qu'on verra plus tard. Le hasard lui ayant fait rencontrer, dans un procès qu'il avait plaidé, un ancien commis de la maison Laffitte, il avait eu, sans les chercher, de mystérieux renseignements qu'il n'avait pu, à la vérité, approfondir, par respect même pour ce secret qu'il avait promis de garder[2], et par ménagement pour la situation périlleuse de Jean Valjean. Il croyait, en ce moment-là même, avoir un grave devoir à accomplir, la restitution des six cent mille francs à quelqu'un qu'il cherchait le plus discrètement possible. En attendant, il s'abstenait de toucher à cet argent.

Quant à Cosette, elle n'était dans aucun de ces secrets-là ; mais il serait dur de la condamner, elle aussi. Il y avait de Marius à elle un magnétisme tout-puissant, qui lui faisait faire, d'instinct et presque machinalement, ce que Marius souhaitait. Elle sentait, du côté de « monsieur Jean », une volonté de Marius ; elle s'y conformait. Son mari n'avait eu rien à lui dire ; elle subissait la pression vague, mais claire, de ses intentions tacites, et obéissait aveuglément. Son obéissance ici consistait à ne pas se souvenir de ce que Marius oubliait. Elle n'avait aucun effort à faire pour cela. Sans qu'elle sût elle-même pourquoi, et sans qu'il y ait à l'en accuser[3], son âme était tellement devenue celle de son mari, que ce qui se couvrait d'ombre dans la pensée de Marius s'obscurcissait dans la sienne.

N'allons[4] pas trop loin cependant ; en ce qui concerne Jean Valjean, cet oubli et cet effacement n'étaient que superficiels. Elle était plutôt étourdie qu'oublieuse. Au fond, elle aimait bien celui qu'elle avait si longtemps nommé son père. Mais elle aimait plus encore son mari. C'est ce qui avait un peu faussé la balance de ce cœur, penchée d'un seul côté.

Il arrivait parfois que Cosette parlait de Jean Valjean et s'étonnait. Alors Marius la calmait :

— Il est absent, je crois. N'a-t-il pas dit qu'il partait pour un voyage ?

— C'est vrai, pensait Cosette. Il avait l'habitude de disparaître ainsi. Mais pas si longtemps.

Deux ou trois fois elle envoya Nicolette rue de l'Homme-Armé s'informer si monsieur Jean était revenu de son voyage. Jean Valjean fit répondre que non.

Cosette n'en demanda pas davantage, n'ayant sur la terre qu'un besoin, Marius. Disons encore que, de leur côté, Marius et Cosette avaient été absents. Ils étaient allés à Vernon. Marius avait mené Cosette au tombeau de son père.

Marius avait peu à peu soustrait Cosette à Jean Valjean. Cosette s'était laissée faire.

Du reste, ce qu'on appelle beaucoup trop durement[5], dans de certains cas, l'ingratitude des enfants, n'est pas toujours une chose aussi reprochable[6] qu'on le croit.

C'est l'ingratitude de la nature. La nature, nous l'avons dit ailleurs, « regarde devant elle ». La nature divise les êtres vivants en arrivants et en partants. Les partants sont tournés vers l'ombre, les arrivants vers la lumière. De là un écart qui, du côté des vieux, est fatal, et, du côté des jeunes, involontaire. Cet écart, d'abord insensible, s'accroît lentement comme toute séparation de branches. Les rameaux, sans se détacher du tronc, s'en éloignent. Ce n'est pas leur faute. La jeunesse va où est la joie, aux fêtes, aux vives clartés, aux amours. La vieillesse va à la fin. On ne se perd pas de vue, mais il n'y a plus d'étreinte. Les jeunes gens sentent le refroidissement de la vie; les vieillards celui de la tombe. N'accusons pas ces pauvres enfants.

II

Dernières palpitations de la lampe sans huile

Jean Valjean un jour descendit son escalier, fit trois pas dans la rue, s'assit sur une borne, sur cette même borne où Gavroche, dans la nuit du 5 au 6 juin, l'avait trouvé songeant; il resta là quelques minutes, puis remonta. Ce fut la dernière oscillation du pendule. Le lendemain, il ne sortit pas de chez lui. Le surlendemain, il ne sortit pas de son lit.

Sa portière, qui lui apprêtait son maigre repas, quelques choux ou quelques pommes de terre avec un peu de lard, regarda dans l'assiette de terre brune et s'exclama :

— Mais vous n'avez pas mangé hier, pauvre cher homme !

— Si fait, répondit Jean Valjean.

— L'assiette est toute pleine.

— Regardez le pot à l'eau. Il est vide.

— Cela prouve que vous avez bu; cela ne prouve pas que vous avez mangé.

— Eh bien, fit Jean Valjean, si je n'ai eu faim que d'eau ?

— Cela s'appelle la soif, et, quand on ne mange pas en même temps, cela s'appelle la fièvre.

— Je mangerai demain.

— Ou à la Trinité. Pourquoi pas aujourd'hui ? Est-ce qu'on dit : Je mangerai demain ! Me laisser tout mon plat sans y toucher! Mes viquelottes[1] qui étaient si bonnes!

Jean Valjean prit la main de la vieille femme :

— Je vous promets de les manger, lui dit-il de sa voix bienveillante.

— Je ne suis pas contente de vous, répondit la portière.

Jean Valjean ne voyait guère d'autre créature humaine que cette bonne femme. Il y a dans Paris des rues où personne ne passe et des maisons où personne ne vient. Il était dans une de ces rues-là et dans une de ces maisons-là.

Du temps qu'il sortait encore, il avait acheté à un chaudronnier pour quelques sous un petit crucifix de cuivre qu'il avait accroché à un clou en face de son lit. Ce gibet-là est toujours bon à voir[2].

Une semaine s'écoula sans que Jean Valjean fît un pas dans sa chambre. Il demeurait toujours couché. La portière disait à son mari :

— Le bonhomme de là-haut ne se lève plus, il ne mange plus, il n'ira pas loin. Ça a des chagrins, ça. On ne m'ôtera pas de la tête que sa fille est mal mariée.

Le portier répliqua avec l'accent de la souveraineté maritale :

— S'il est riche, qu'il ait un médecin. S'il n'est pas riche, qu'il n'en ait pas. S'il n'a pas de médecin, il mourra.

— Et s'il en a un?

— Il mourra, dit le portier.

La portière se mit à gratter avec un vieux couteau de l'herbe qui poussait dans ce qu'elle appelait son pavé, et tout en arrachant l'herbe, elle grommelait :

— C'est dommage. Un vieillard qui est si propre! Il est blanc comme un poulet.

Elle aperçut au bout de la rue un médecin du quartier qui passait; elle prit sur elle de le prier de monter.

— C'est au deuxième, lui dit-elle. Vous n'aurez qu'à entrer. Comme le bonhomme ne bouge plus de son lit, la clef est toujours à la porte.

Le médecin vit Jean Valjean et lui parla. Quand il redescendit, la portière l'interpella :

— Eh bien, docteur?

— Votre malade est bien malade.

— Qu'est-ce qu'il a?

— Tout et rien. C'est un homme qui, selon toute apparence, a perdu une personne chère. On meurt de cela.

— Qu'est-ce qu'il vous a dit?

— Il m'a dit qu'il se portait bien.

— Reviendrez-vous, docteur?

— Oui, répondit le médecin. Mais il faudrait qu'un autre que moi revînt.

III

Une plume pèse a qui soulevait la charrette Fauchelevent

Un soir Jean Valjean eut de la peine à se soulever sur le coude; il se prit la main et ne trouva pas son pouls; sa respiration était courte et s'arrêtait par instants; il reconnut qu'il était plus faible qu'il ne l'avait encore été. Alors, sans doute sous la pression de quelque préoccupation suprême, il fit un effort, se dressa sur son séant, et s'habilla. Il mit son vieux vêtement d'ouvrier. Ne sortant plus, il y était revenu, et il le préférait. Il dut s'interrompre plusieurs fois en s'habillant; rien que pour passer les manches de la veste, la sueur lui coulait du front.

Depuis qu'il était seul, il avait mis son lit dans l'antichambre, afin d'habiter le moins possible cet appartement désert. Il ouvrit la valise et en tira le trousseau de Cosette. Il l'étala sur son lit.

Les chandeliers de l'évêque étaient à leur place sur la cheminée. Il prit dans un tiroir deux bougies de cire et les mit dans les chandeliers. Puis, quoiqu'il fît encore grand jour, c'était en été, il les alluma. On voit ainsi quelquefois des flambeaux allumés en plein jour dans les chambres où il y a des morts.

Chaque pas qu'il faisait en allant d'un meuble à l'autre l'exténuait, et il était obligé de s'asseoir. Ce n'était point de la fatigue ordinaire qui dépense la force pour la renouveler; c'était le reste des mouvements possibles; c'était la vie épuisée qui s'égoutte dans des efforts accablants qu'on ne recommencera pas.

Une des chaises où il se laissa tomber était placée devant le miroir, si fatal pour lui, si providentiel pour

Marius, où il avait lu sur le buvard l'écriture renversée de Cosette. Il se vit dans ce miroir, et ne se reconnut pas. Il avait quatre-vingts ans ; avant le mariage de Marius, on lui eût à peine donné cinquante ans ; cette année avait compté trente. Ce qu'il avait sur le front, ce n'était plus la ride de l'âge, c'était la marque mystérieuse de la mort. On sentait là le creusement de l'ongle impitoyable. Ses joues pendaient ; la peau de son visage avait cette couleur qui ferait croire qu'il y a déjà de la terre dessus ; les deux coins de sa bouche s'abaissaient comme dans ce masque que les anciens sculptaient sur les tombeaux ; il regardait[1] le vide avec un air de reproche ; on eût dit un de ces grands êtres tragiques qui ont à se plaindre de quelqu'un.

Il était dans cette situation, la dernière phase de l'accablement, où la douleur ne coule plus ; elle est, pour ainsi dire, coagulée ; il y a sur l'âme comme un caillot de désespoir[2].

La nuit était venue. Il traîna laborieusement une table et le vieux fauteuil près de la cheminée, et posa sur la table une plume, de l'encre et du papier.

Cela fait, il eut un évanouissement. Quand il reprit connaissance, il avait soif. Ne pouvant soulever le pot à l'eau, il le pencha péniblement vers sa bouche, et but une gorgée[3].

Puis il se tourna vers le lit, et, toujours assis, car il ne pouvait rester debout, il regarda la petite robe noire et tous ces chers objets. Ces contemplations-là durent des heures qui semblent des minutes. Tout à coup il eut un frisson, il sentit que le froid lui venait ; il s'accouda à la table que les flambeaux de l'évêque éclairaient, et prit la plume.

Comme la plume ni l'encre n'avaient servi depuis longtemps, le bec de la plume était recourbé, l'encre était desséchée, il fallut qu'il se levât et qu'il mît quelques gouttes d'eau dans l'encre, ce qu'il ne put faire sans s'arrêter et s'asseoir deux ou trois fois, et il fut forcé d'écrire avec le dos de la plume. Il s'essuyait le front de temps en temps.

Sa main tremblait. Il écrivit lentement quelques lignes que voici :

« Cosette, je te bénis. Je vais t'expliquer. Ton mari a eu raison de me faire comprendre que je devais m'en aller; cependant il y a un peu d'erreur dans ce qu'il a cru, mais il a eu raison. Il est excellent. Aime-le toujours bien quand je serai mort. Monsieur Pontmercy, aimez toujours mon enfant bien-aimé. Cosette, on trouvera ce papier-ci, voici ce que je veux te dire, tu vas voir les chiffres, si j'ai la force de me les rappeler, écoute bien, cet argent est bien à toi[4]. Voici toute la chose : Le jais blanc vient de Norvège, le jais noir vient d'Angleterre, la verroterie noire vient d'Allemagne. Le jais est plus léger, plus précieux, plus cher. On peut faire en France des imitations comme en Allemagne. Il faut une petite enclume de deux pouces carrés et une lampe à esprit de vin pour amollir la cire. La cire autrefois se faisait avec de la résine et du noir de fumée et coûtait quatre francs la livre. J'ai imaginé de la faire avec de la gomme laque et de la térébenthine. Elle ne coûte plus que trente sous, et elle est bien meilleure. Les boucles se font avec un verre violet qu'on colle au moyen de cette cire sur une petite membrure en fer noir. Le verre doit être violet pour les bijoux de fer et noir pour les bijoux d'or. L'Espagne en achète beaucoup. C'est le pays du jais... »

Ici il s'interrompit, la plume tomba de ses doigts, il lui vint un de ces sanglots désespérés qui montaient par moments des profondeurs de son être, le pauvre homme prit sa tête dans ses deux mains, et songea.

— Oh! s'écria-t-il au dedans de lui-même (cris lamentables, entendus de Dieu seul), c'est fini. Je ne la verrai plus. C'est un sourire qui a passé sur moi. Je vais entrer dans la nuit sans même la revoir. Oh! une minute, un instant, entendre sa voix, toucher sa sa robe, la regarder, elle, l'ange! et puis mourir! Ce n'est rien de mourir, ce qui est affreux, c'est de mourir sans la voir. Elle me sourirait, elle me dirait un mot. Est-ce que cela ferait du mal à quelqu'un? Non, c'est fini, jamais. Me voilà tout seul. Mon Dieu! mon Dieu! je ne la verrai plus.

En ce moment on frappa à sa porte.

IV

BOUTEILLE D'ENCRE QUI NE RÉUSSIT QU'A BLANCHIR

Le même jour, ou, pour mieux dire, ce même soir, comme Marius sortait de table et venait de se retirer dans son cabinet, ayant un dossier à étudier, Basque lui avait remis une lettre en disant : « La personne qui a écrit la lettre est dans l'antichambre. »

Cosette avait pris le bras du grand-père et faisait un tour dans le jardin.

Une lettre peut, comme un homme, avoir mauvaise tournure. Gros papier, pli grossier[1], rien qu'à les voir, de certaines missives déplaisent. La lettre qu'avait apportée Basque était de cette espèce.

Marius la prit. Elle sentait le tabac. Rien n'éveille un souvenir comme une odeur. Marius reconnut ce tabac. Il regarda la suscription : *A monsieur, monsieur le baron Pommerci. En son hôtel*. Le tabac reconnu lui fit reconnaître l'écriture. On pourrait dire que l'étonnement a des éclairs. Marius fut comme illuminé d'un de ces éclairs-là.

L'odorat, ce mystérieux aide-mémoire, venait de faire revivre en lui tout un monde. C'était bien là le papier, la façon de plier, la teinte blafarde de l'encre, c'était bien là l'écriture connue; surtout c'était là le tabac. Le galetas Jondrette lui apparaissait.

Ainsi, étrange coup de tête du hasard[2] ! une des deux pistes qu'il avait tant cherchées, celle pour laquelle dernièrement encore il avait fait tant d'efforts et qu'il croyait à jamais perdue, venait d'elle-même s'offrir à lui.

Il décacheta avidement la lettre, et il lut :

« Monsieur le baron,

« Si l'Être Suprême m'en avait donné les talents, j'aurais pu être le baron Thénard, membre de l'institut (académie des ciences[3]), mais je ne le suis pas. Je porte seulement le même nom que lui, heureux si ce souvenir me recommande à l'excellence de vos bontés. Le bienfait dont vous m'honorerez sera réciproque. Je suis en possession d'un secret consernant un individu. Cet individu vous conserne. Je tiens le secret à votre disposition désirant avoir l'honneur de vous être hutile. Je vous donnerai le moyen simple de chaser de votre honorable famille cet individu qui n'y a pas droit, madame la barone étant de haute naissance. Le sanctuaire de la vertu ne pourrait coabiter plus longtemps avec le crime sans abdiqer.

« J'atends dans l'entichambre les ordres de monsieur le baron.

« Avec respect. »

La lettre était signée « Thénard ».

Cette signature n'était pas fausse. Elle était seulement un peu abrégée.

Du reste l'amphigouri et l'orthographe achevaient la révélation. Le certificat d'origine était complet. Aucun doute n'était possible[4].

L'émotion de Marius fut profonde. Après le mouvement de surprise, il eut un mouvement de bonheur. Qu'il trouvât maintenant l'autre homme qu'il cherchait, celui qui l'avait sauvé lui Marius, et il n'aurait plus rien à souhaiter.

Il ouvrit un tiroir de son secrétaire, y prit quelques billets de banque, les mit dans sa poche, referma le secrétaire et sonna. Basque entre-bâilla la porte.

— Faites entrer, dit Marius.

Basque annonça :

— Monsieur Thénard.

Un homme entra. Nouvelle surprise pour Marius. L'homme qui entra lui était parfaitement inconnu.

Cet homme, vieux du reste, avait le nez gros, le menton dans la cravate, des lunettes vertes à double abat-jour de taffetas vert sur les yeux, les cheveux lissés et aplatis sur le front au ras des sourcils comme la perruque des cochers anglais de *high life*. Ses cheveux étaient gris. Il était vêtu de noir de la tête aux pieds, d'un noir très râpé, mais propre ; un trousseau de breloques, sortant de son gousset, y faisait supposer une montre. Il tenait à la main un vieux chapeau. Il marchait voûté, et la courbure de son dos s'augmentait de la profondeur de son salut.

Ce qui frappait au premier abord, c'est que l'habit de ce personnage, trop ample, quoique soigneusement boutonné, ne semblait pas fait pour lui.

Ici une courte digression est nécessaire. Il y avait à Paris, à cette époque, dans un vieux logis borgne, rue Beautreillis, près de l'Arsenal, un juif ingénieux qui avait pour profession de changer un gredin en honnête homme. Pas pour trop longtemps, ce qui eût pu être gênant pour le gredin. Le changement se faisait à vue, pour un jour ou deux, à raison de trente sous par jour, au moyen d'un costume ressemblant le plus possible à l'honnêteté de tout le monde. Ce loueur[5] de costumes s'appelait *le Changeur ;* les filous parisiens lui avaient donné ce nom, et ne lui en connaissaient pas d'autre. Il avait un vestiaire assez complet. Les loques dont il affublait les gens étaient à peu près possibles. Il avait des spécialités et des catégories; à chaque clou de son magasin pendait, usée et fripée, une condition sociale; ici l'habit de magistrat, là l'habit de curé[6], là l'habit de banquier, dans un coin l'habit de militaire en retraite, ailleurs l'habit d'homme de lettres, plus loin l'habit d'homme d'État. Cet être était le costumier du drame immense que la friponnerie joue à Paris. Son bouge était la coulisse d'où le vol sortait et où l'escroquerie rentrait. Un coquin déguenillé arrivait à ce vestiaire, déposait trente sous, et choisissait, selon le rôle qu'il voulait jouer ce jour-là, l'habit qui lui convenait, et, en redescendant l'escalier, le coquin était quelqu'un. Le lendemain les nippes étaient fidèlement rapportées, et le Changeur, qui confiait tout aux voleurs, n'était jamais volé. Ces vêtements avaient un inconvénient, ils « n'allaient pas »; n'étant point faits pour ceux qui les portaient, ils étaient collants pour celui-ci, flottants pour celui-là, et ne s'ajustaient à personne. Tout filou qui dépassait la moyenne humaine en petitesse ou en grandeur, était mal à l'aise dans les costumes du Changeur. Il ne fallait être ni trop gras ni trop maigre. Le Changeur n'avait prévu que les hommes ordinaires. Il avait pris mesure à l'espèce dans la personne du premier gueux venu, lequel n'est ni gros, ni mince, ni grand, ni petit. De là des adaptations quelquefois difficiles dont les pratiques du Changeur se tiraient comme elles pouvaient. Tant pis pour les exceptions ! L'habit d'homme d'État, par exemple, noir du haut en bas, et par conséquent convenable, eût été trop large pour Pitt et trop étroit pour Castelcicala. Le vêtement d'*homme d'État* était désigné comme il suit dans le catalogue du Changeur; nous copions : « Un habit de drap noir, un » pantalon de cuir de laine noir, un gilet de soie, des bottes et du linge. » Il y avait en marge : *Ancien ambassadeur,* et une note que nous transcrivons également : « Dans une boîte séparée, une perruque proprement frisée, des lunettes vertes, des breloques, et deux petits tuyaux de plume d'un pouce de long enveloppés de coton. » Tout cela revenait à l'homme d'État, ancien ambassadeur. Tout ce costume était, si l'on peut parler ainsi, exténué; les coutures blanchissaient, une vague boutonnière s'entr'ouvrait à l'un des coudes; en outre[7], un bouton manquait à l'habit sur la poitrine; mais ce n'est qu'un détail; la main de l'homme d'État, devant toujours être dans l'habit et sur le cœur, avait pour fonction de cacher le bouton absent.

Si Marius avait été familier avec les institutions occultes de Paris, il eût tout de suite reconnu, sur le dos du visiteur que Basque venait d'introduire, l'habit d'homme d'État emprunté au Décroche-moi-ça du Changeur.

Le désappointement de Marius, en voyant entrer un homme autre que celui qu'il attendait, tourna en disgrâce pour le nouveau venu. Il l'examina des pieds à la tête, pendant que le personnage s'inclinait démesurément, et lui demanda d'un ton bref :

— Que voulez-vous?

L'homme répondit avec un rictus aimable dont le sourire caressant d'un crocodile donnerait quelque idée :

— Il me semble impossible que je n'aie pas déjà eu l'honneur de voir monsieur le baron dans le monde. Je crois bien l'avoir particulièrement rencontré, il y a quelques années, chez madame la princesse Bagration[8] et dans les salons de Sa Seigneurie le vicomte Dambray, pair de France[9].

C'est toujours une bonne tactique en coquinerie que d'avoir l'air de reconnaître quelqu'un qu'on ne connaît point. Marius était attentif au parler de cet homme. Il épiait l'accent et le geste, mais son désappointement croissait; c'était une prononciation nasillarde, absolument différente du son aigre et sec auquel il s'attendait. Il était tout à fait dérouté[10].

— Je ne connais, dit-il, ni madame Bagration, ni

M. Dambray. Je n'ai de ma vie mis le pied ni chez l'un ni chez l'autre.

La réponse était bourrue. Le personnage, gracieux quand même, insista.

— Alors ce sera chez Chateaubriand que j'aurai vu monsieur ! Je connais beaucoup Chateaubriand. Il est très affable. Il me dit quelquefois : Thénard, mon ami,... est-ce que vous ne buvez pas un verre avec moi?

Le front de Marius devint de plus en plus sévère :

— Je n'ai jamais eu l'honneur d'être reçu chez monsieur de Chateaubriand. Abrégeons. Qu'est-ce que vous voulez?

L'homme, devant la voix plus dure, salua plus bas.

— Monsieur le baron, daignez m'écouter. Il y a en Amérique, dans un pays qui est du côté de Panama, un village appelé la Joya. Ce village se compose d'une seule maison. Une grande maison carrée de trois étages en briques cuites au soleil, chaque côté du carré long de cinq cents pieds, chaque étage en retrait de douze pieds sur l'étage inférieur de façon à laisser devant soi une terrasse qui fait le tour de l'édifice, au centre une cour intérieure où sont les provisions et les munitions, pas de fenêtres, des meurtrières, pas de porte, des échelles, des échelles pour monter du sol à la première terrasse, et de la première à la seconde, et de la seconde à la troisième, des échelles pour descendre dans la cour intérieure, pas de portes aux chambres, des trappes, pas d'escaliers aux chambres, des échelles; le soir on ferme les trappes, on retire les échelles, on braque des tromblons et des carabines aux meurtrières; nul moyen d'entrer; une maison le jour, une citadelle la nuit, huit cents habitants, voilà ce village. Pourquoi tant de précautions? c'est que ce pays est dangereux; il est plein d'anthropophages. Alors pourquoi y va-t-on? c'est que ce pays est merveilleux; on y trouve de l'or.

— Où voulez-vous en venir? interrompit Marius qui du désappointement passait à l'impatience.

— A ceci, monsieur le baron. Je suis un ancien diplomate fatigué. La vieille civilisation m'a mis sur les dents. Je veux essayer des sauvages.

— Après?

— Monsieur le baron, l'égoïsme est la loi du monde. La paysanne prolétaire qui travaille à la journée se retourne quand la diligence passe, la paysanne propriétaire qui travaille à son champ ne se retourne pas. Le chien du pauvre aboie après le riche, le chien du riche aboie après le pauvre. Chacun pour soi. L'intérêt, voilà le but des hommes. L'or, voilà l'aimant[11].

— Après ? Concluez.

— Je voudrais aller m'établir à la Joya. Nous sommes trois. J'ai mon épouse et ma demoiselle; une fille qui est fort belle. Le voyage est long et cher. Il me faut un peu d'argent.

— En quoi cela me regarde-t-il ? demanda Marius.

L'inconnu tendit le cou hors de sa cravate, geste propre au vautour, et répliqua avec un redoublement de sourire :

— Est-ce que monsieur le baron n'a pas lu ma lettre ?

Cela était à peu près vrai. Le fait est que le contenu de l'épître avait glissé sur Marius. Il avait vu l'écriture plus qu'il n'avait lu la lettre. Il s'en souvenait à peine. Depuis un moment un nouvel éveil venait de lui être donné. Il avait remarqué ce détail : « mon épouse et ma demoiselle. » Il attachait sur l'inconnu un œil pénétrant. Un juge d'instruction n'eût pas mieux regardé[12]. Il le guettait presque. Il se borna à lui répondre :

— Précisez.

L'inconnu inséra ses deux mains dans ses deux goussets, releva sa tête sans redresser son épine dorsale, mais en scrutant de son côté Marius avec le regard vert de ses lunettes.

— Soit, monsieur le baron. Je précise. J'ai un secret à vous vendre.

— Un secret !

— Un secret.

— Qui me concerne ?

— Un peu.

— Quel est ce secret ?

Marius examinait de plus en plus l'homme, tout en l'écoutant.

— Je commence gratis, dit l'inconnu. Vous allez voir que je suis intéressant.

— Parlez.

— Monsieur le baron, vous avez chez vous un voleur et un assassin.

Marius tressaillit.

— Chez moi ? non, dit-il.

L'inconnu, imperturbable, brossa son chapeau du coude, et poursuivit :

— Assassin et voleur. Remarquez, monsieur le baron, que je ne parle pas ici de faits anciens, arriérés, caducs, qui peuvent être effacés par la prescription devant la loi et par le repentir devant Dieu. Je parle de faits récents, de faits actuels[13], de faits encore ignorés de la justice à cette heure. Je continue. Cet homme s'est glissé dans votre confiance, et presque dans votre famille, sous un faux nom. Je vais vous dire son nom vrai. Et vous le dire pour rien.

— J'écoute.
— Il s'appelle Jean Valjean.
— Je le sais.
— Je vais vous dire, également pour rien, qui il est.
— Dites.
— C'est un ancien forçat.
— Je le sais.
— Vous le savez depuis que j'ai eu l'honneur de vous le dire.
— Non. Je le savais auparavant.

Le ton froid de Marius, cette double réplique *je le sais,* son laconisme réfractaire au dialogue, remuèrent dans l'inconnu quelque colère sourde. Il décocha à la dérobée à Marius un regard furieux, tout de suite éteint. Si rapide qu'il fût, ce regard était de ceux qu'on reconnaît quand on les a vus une fois ; il n'échappa point à Marius. De certains flamboiements ne peuvent venir que de certaines âmes ; la prunelle, ce soupirail de la pensée, s'en embrase ; les lunettes ne cachent rien ; mettez donc une vitre à l'enfer.

L'inconnu reprit, en souriant :

— Je ne me permets pas de démentir monsieur le baron. Dans tous les cas, vous devez voir que je suis renseigné. Maintenant ce que j'ai à vous apprendre n'est connu que de moi seul. Cela intéresse la fortune de madame la baronne. C'est un secret extraordinaire. Il est à vendre. C'est à vous que je l'offre d'abord. Bon marché. Vingt mille francs.

— Je sais ce secret-là comme je sais les autres, dit Marius.

Le personnage sentit le besoin de baisser un peu son prix :

— Monsieur le baron, mettez dix mille francs, et je parle.

— Je vous répète que vous n'avez rien à m'apprendre. Je sais ce que vous voulez me dire.

Il y eut dans l'œil de l'homme un nouvel éclair. Il s'écria :

— Il faut pourtant que je dîne aujourd'hui. C'est un secret extraordinaire, vous dis-je. Monsieur le baron, je vais parler. Je parle. Donnez-moi vingt francs.

Marius le regarda fixement :

— Je sais votre secret extraordinaire ; de même que je savais le nom de Jean Valjean, de même que je sais votre nom.

— Mon nom ?

— Oui.

— Ce n'est pas difficile, monsieur le baron. J'ai eu l'honneur de vous l'écrire et de vous le dire. Thénard.

— Dier.

— Hein ?

— Thénardier.

— Qui ça ?

Dans le danger, le porc-épic se hérisse, le scarabée fait le mort, la vieille garde se forme en carré ; cet homme se mit à rire. Puis il épousseta d'une chiquenaude un grain de poussière sur la manche de son habit. Marius continua[14] :

— Vous êtes aussi l'ouvrier Jondrette, le comédien Fabantou, le poëte Genflot, l'espagnol don Alvarès, et la femme Balizard.

— La femme quoi ?

— Et vous avez tenu une gargote à Montfermeil.

— Une gargote ! Jamais.

— Et je vous dis que vous êtes Thénardier.

— Je le nie.

— Et que vous êtes un gueux. Tenez.

Et Marius, tirant de sa poche un billet de banque, le lui jeta à la face.

— Merci ! pardon ! cinq cents francs ! monsieur le baron !

Et l'homme, bouleversé, saluant, saisissant le billet, l'examina.

— Cinq cents francs ! reprit-il, ébahi. Et il bégaya à demi-voix : Un fafiot sérieux !

Puis brusquement :

— Eh bien soit, s'écria-t-il. Mettons-nous à notre aise.

Et, avec une prestesse de singe, rejetant ses cheveux en arrière, arrachant ses lunettes, retirant de son nez et escamotant les deux tuyaux de plume dont il a été question tout à l'heure, et[15] qu'on a d'ailleurs déjà vus à une autre page de ce livre, il ôta son visage comme on ôte un chapeau.

L'œil s'alluma; le front inégal, raviné, bossu par endroits, hideusement ridé en haut, se dégagea, le nez redevint aigu comme un bec; le profil féroce et sagace de l'homme de proie reparut.

— Monsieur le baron est infaillible, dit-il d'une voix nette et d'où avait disparu tout nasillement, je suis Thénardier.

Et il redressa son dos voûté.

Thénardier, car c'était bien lui, était étrangement surpris; il eût été troublé s'il avait pu l'être. Il était venu apporter de l'étonnement, et c'était lui qui en recevait. Cette humiliation lui était payée cinq cents francs, et, à tout prendre, il l'acceptait; mais il n'en était pas moins abasourdi.

Il voyait pour la première fois ce baron Pontmercy, et, malgré son déguisement, ce baron Pontmercy le reconnaissait, et le reconnaissait à fond. Et non seulement ce baron était au fait de Thénardier, mais il semblait au fait de Jean Valjean. Qu'était-ce que ce jeune homme presque imberbe, si glacial et si généreux, qui savait les noms des gens, qui savait tous leurs noms, et qui leur ouvrait sa bourse, qui malmenait les fripons comme un juge et qui les payait comme une dupe[16]?

Thénardier, on se le rappelle, quoique ayant été voisin de Marius, ne l'avait jamais vu, ce qui est fréquent à Paris; il avait autrefois entendu vaguement ses filles parler d'un jeune homme très pauvre appelé Marius qui demeurait dans la maison. Il lui avait écrit, sans le connaître, la lettre qu'on sait[17]. Aucun rapprochement n'était possible dans son esprit entre ce Marius-là et M. le baron Pontmercy.

Quant au nom de Pontmercy, on se rappelle que, sur le champ de bataille de Waterloo, il n'en avait entendu que les deux dernières syllabes, pour lesquelles il avait toujours eu le légitime dédain qu'on doit à ce qui n'est qu'un remercîment[18].

Du reste, par sa fille Azelma, qu'il[19] avait mise à la piste des mariés du 16 février, et par ses fouilles personnelles, il était parvenu à savoir beaucoup de choses, et, du fond de ses ténèbres, il avait réussi à saisir plus d'un fil mystérieux. Il avait, à force d'industrie, découvert, ou, tout au moins, à force d'inductions, deviné, quel était l'homme qu'il avait rencontré un certain jour dans le Grand Égout. De l'homme, il était facilement arrivé au nom. Il savait que madame la baronne Pontmercy, c'était Cosette. Mais de ce côté-là, il comptait être discret. Qui était Cosette? Il ne le savait pas au juste lui-même. Il entrevoyait bien quelque bâtardise, l'histoire de Fantine lui avait toujours semblé louche; mais à quoi bon en parler? Pour se faire payer son silence? Il avait, ou croyait avoir, à vendre mieux que cela. Et, selon toute apparence, venir faire, sans preuve, cette révélation au baron Pontmercy: *Votre femme est bâtarde,* cela n'eût réussi qu'à attirer la botte du mari vers les reins du révélateur.

Dans la pensée de Thénardier, la conversation avec Marius n'avait pas encore commencé. Il avait dû reculer, modifier sa stratégie, quitter une position, changer de front; mais rien d'essentiel n'était encore compromis, et il avait cinq cents francs dans sa poche. En outre, il avait quelque chose de décisif à dire, et même contre ce baron Pontmercy si bien renseigné et si bien armé, il se sentait fort. Pour les hommes de la nature de Thénardier, tout dialogue est un combat. Dans celui qui allait s'engager, quelle était sa situation? Il ne savait pas à qui il parlait, mais il savait de quoi il parlait. Il fit rapidement cette revue intérieure de ses forces, et après avoir dit : « *Je suis Thénardier* », il attendit.

Marius était resté pensif. Il tenait donc enfin Thénardier. Cet homme, qu'il avait tant désiré retrouver, était là. Il allait donc pouvoir faire honneur à la recommandation du colonel Pontmercy. Il était humilié que ce héros dût quelque chose à ce bandit, et que la lettre de change tirée du fond du tombeau par son père sur lui Marius fût jusqu'à ce jour protestée. Il[20] lui paraissait aussi, dans la situation complexe où était son esprit vis-à-vis de Thénardier, qu'il y avait lieu de venger le colonel du malheur d'avoir été sauvé par un tel gredin. Quoi qu'il en fût, il était content. Il allait donc enfin délivrer de ce créancier indigne l'ombre du colonel, et il lui semblait qu'il allait retirer de la prison pour dettes la mémoire de son père.

A côté de ce devoir, il en avait un autre, éclaircir, s'il se pouvait, la source de la fortune de Cosette. L'occasion semblait se présenter. Thénardier savait peut-être quelque chose. Il pouvait être utile de voir le fond de cet homme. Il commença par là.

Thénardier avait fait disparaître le « fafiot sérieux » dans son gousset, et regardait Marius avec une douceur presque tendre. Marius rompit le silence.

— Thénardier, je vous ai dit votre nom. A présent, votre secret, ce que vous veniez m'apprendre, voulez-vous que je vous le dise ? J'ai mes informations aussi, moi. Vous allez voir que j'en sais plus long que vous. Jean Valjean, comme vous l'avez dit, est un assassin et un voleur. Un voleur, parce qu'il a volé un riche manufacturier dont il a causé la ruine, M. Madeleine. Un assassin, parce qu'il a assassiné l'agent de police Javert.

— Je ne comprends pas, monsieur le baron, fit Thénardier.

— Je vais me faire comprendre. Écoutez. Il y avait, dans un arrondissement du Pas-de-Calais, vers 1822, un homme qui avait eu quelque ancien démêlé avec la justice, et qui, sous le nom de M. Madeleine, s'était relevé et réhabilité. Cet homme était devenu, dans toute la force du terme, un juste. Avec une industrie, la fabrique des verroteries noires, il avait fait la fortune de toute une ville. Quant à sa fortune personnelle, il l'avait faite aussi, mais secondairement et, en quelque sorte, par occasion. Il était le père nourricier des pauvres. Il fondait des hôpitaux, ouvrait des écoles, visitait les malades, dotait les filles, soutenait les veuves, adoptait les orphelins ; il était comme le tuteur du pays. Il avait refusé la croix, on l'avait nommé maire. Un forçat libéré savait le secret d'une peine encourue autrefois par cet homme ; il le dénonça et le fit arrêter, et profita de l'arrestation pour venir à Paris et se faire remettre par le banquier Laffitte, — je tiens le fait du caissier lui-même, — au moyen d'une fausse signature, une somme de plus d'un demi-million qui appartenait à M. Madeleine. Ce forçat, qui a volé M. Madeleine, c'est Jean Valjean. Quant à l'autre fait, vous n'avez rien non plus à m'apprendre. Jean

Valjean a tué l'agent Javert; il l'a tué d'un coup de pistolet. Moi qui vous parle, j'étais présent.

Thénardier jeta à Marius le coup d'œil souverain d'un homme battu qui remet la main sur la victoire et qui vient de regagner en une minute tout le terrain qu'il avait perdu. Mais le sourire revint tout de suite; l'inférieur vis-à-vis du supérieur doit avoir le triomphe câlin, et Thénardier se borna à dire à Marius:

— Monsieur le baron, nous faisons fausse route.

Et il souligna cette phrase en faisant faire à son trousseau de breloques un moulinet expressif.

— Quoi! repartit Marius, contestez-vous cela? Ce sont des faits.

— Ce sont des chimères. La confiance dont monsieur le baron m'honore me fait un devoir de le lui dire. Avant tout la vérité et la justice. Je n'aime pas voir accuser les gens injustement. Monsieur le baron, Jean Valjean n'a point volé M. Madeleine, et Jean Valjean n'a point tué Javert.

— Voilà qui est fort! comment cela?

— Pour deux raisons.

— Lesquelles? parlez.

— Voici la première: il n'a pas volé M. Madeleine, attendu que c'est lui-même Jean Valjean qui est M. Madeleine.

— Que me contez-vous là?

— Et voici la seconde: il n'a pas assassiné Javert, attendu que celui qui a tué Javert, c'est Javert.

— Que voulez-vous dire?

— Que Javert s'est suicidé.

— Prouvez! prouvez! cria Marius hors de lui.

Thénardier reprit en scandant sa phrase à la façon d'un alexandrin antique:

— L'agent-de-police-Ja-vert-a-été-trouvé-no-yé-sous-un-bateau-du-Pont-au-Change.

— Mais prouvez donc!

Thénardier tira de sa poche de côté une large enveloppe de papier gris qui semblait contenir des feuilles pliées de diverses grandeurs.

— J'ai mon dossier, dit-il avec calme.

Et il ajouta:

— Monsieur le baron, dans votre intérêt, j'ai voulu connaître à fond mon Jean Valjean. Je dis que Jean

Valjean et Madeleine, c'est le même homme, et je dis que Javert n'a eu d'autre assassin que Javert, et quand je parle, c'est que j'ai des preuves. Non des preuves manuscrites, l'écriture est suspecte, l'écriture est complaisante, mais des preuves imprimées.

Tout en parlant, Thénardier extrayait de l'enveloppe deux numéros de journaux jaunis, fanés, et fortement saturés de tabac. L'un de ces deux journaux, cassé à tous les plis et tombant en lambeaux carrés, semblait beaucoup plus ancien que l'autre.

— Deux faits, deux preuves, fit Thénardier. Et il tendit à Marius les deux journaux déployés.

Ces deux journaux, le lecteur les connaît. L'un, le plus ancien, un numéro du *Drapeau blanc* du 25 juillet 1823, dont on a pu voir le texte à la page 148 du tome troisième de ce livre[21], établissait l'identité de M. Madeleine et de Jean Valjean. L'autre, un *Moniteur* du 15 juin 1832, constatait le suicide de Javert, ajoutant qu'il résultait d'un rapport verbal de Javert au préfet que, fait prisonnier dans la barricade de la rue de la Chanvrerie, il avait dû la vie à la magnanimité d'un insurgé qui, le tenant sous son pistolet, au lieu de lui brûler la cervelle, avait tiré en l'air.

Marius lut. Il y avait évidence, date certaine, preuve irréfragable, ces deux journaux n'avaient pas été imprimés exprès pour appuyer les dires de Thénardier; la note publiée dans le *Moniteur* était communiquée administrativement par la préfecture de police. Marius ne pouvait douter. Les renseignements du commis-caissier étaient faux, et lui-même s'était trompé. Jean Valjean, grandi brusquement, sortait du nuage. Marius ne put retenir un cri de joie :

— Eh bien alors, ce malheureux est un admirable homme ! toute cette fortune était vraiment à lui ! c'est Madeleine, la providence de tout un pays ! c'est Jean Valjean, le sauveur de Javert ! c'est un héros ! c'est un saint !

— Ce n'est pas un saint, et ce n'est pas un héros, dit Thénardier. C'est un assassin et un voleur.

Et il ajouta du ton d'un homme qui commence à se sentir quelque autorité :

— Calmons-nous.

Voleur, assassin, ces mots que Marius croyait disparus, et qui revenaient, tombèrent sur lui comme une douche de glace.

— Encore ! dit-il.

— Toujours, fit Thénardier. Jean Valjean n'a pas volé Madeleine, mais c'est un voleur. Il n'a pas tué Javert, mais c'est un meurtrier.

— Voulez-vous parler, reprit Marius, de ce misérable vol d'il y a quarante ans, expié, cela résulte de vos journaux mêmes, par toute une vie de repentir, d'abnégation et de vertu ?

— Je dis assassinat et vol, monsieur le baron. Et je répète que je parle de faits actuels. Ce que j'ai à vous révéler est absolument inconnu. C'est de l'inédit. Et peut-être y trouverez-vous la source de la fortune habilement offerte par Jean Valjean à madame la baronne. Je dis habilement, car, par une donation de ce genre, se glisser dans une honorable maison dont on partagera l'aisance, et, du même coup, cacher son crime, jouir de son vol, enfouir son nom, et se créer une famille, ce ne serait pas très maladroit.

— Je pourrais vous interrompre ici, observa Marius, mais continuez.

— Monsieur le baron, je vais vous dire tout, laissant la récompense à votre générosité. Ce secret[22] vaut de l'or massif. Vous me direz : Pourquoi ne t'es-tu pas adressé à Jean Valjean ? Par une raison toute simple : je sais qu'il s'est dessaisi, et dessaisi en votre faveur, et je trouve la combinaison ingénieuse ; mais il n'a plus le sou, il me montrerait ses mains vides, et, puisque j'ai besoin de quelque argent pour mon voyage à la Joya, je vous préfère, vous qui avez tout, à lui qui n'a rien. Je suis un peu fatigué, permettez-moi de prendre une chaise.

Marius s'assit et lui fit signe de s'asseoir.

Thénardier s'installa sur une chaise capitonnée, reprit les deux journaux, les replongea dans l'enveloppe, et murmura[23] en becquetant avec son ongle le *Drapeau blanc* : « Celui-ci m'a donné du mal pour l'avoir. » Cela fait, il croisa les jambes et s'étala sur le dos, attitude propre aux gens sûrs de ce qu'ils disent, puis entra en matière, gravement et en appuyant sur les mots :

— Monsieur le baron, le 6 juin 1832, il y a un an environ, le jour de l'émeute, un homme était dans le Grand Égout de Paris, du côté où l'égout vient rejoindre la Seine, entre le pont des Invalides et le pont d'Iéna.

Marius rapprocha brusquement sa chaise de celle de Thénardier. Thénardier remarqua ce mouvement et continua avec la lenteur d'un orateur qui tient son interlocuteur et qui sent la palpitation de son adversaire sous ses paroles :

— Cet homme, forcé de se cacher, pour des raisons du reste étrangères à la politique, avait pris l'égout pour domicile et en avait une clef. C'était, je le répète, le 6 juin ; il pouvait être huit heures du soir. L'homme entendit du bruit dans l'égout. Très surpris, il se blottit, et guetta. C'était un bruit de pas, on marchait dans l'ombre, on venait de son côté. Chose étrange, il y avait dans l'égout un autre homme que lui. La grille de sortie de l'égout n'était pas loin. Un peu de lumière qui en venait lui permit de reconnaître le nouveau venu et de voir que cet homme portait quelque chose sur son dos. Il marchait courbé. L'homme qui marchait courbé était un ancien forçat, et ce qu'il traînait sur ses épaules était un cadavre. Flagrant délit d'assassinat, s'il en fut. Quant au vol, il va de soi ; on ne tue pas un homme gratis. Ce forçat allait jeter ce cadavre à la rivière. Un fait à noter, c'est qu'avant d'arriver à la grille de sortie, ce forçat, qui venait de loin dans l'égout, avait nécessairement rencontré une fondrière épouvantable où il semble qu'il eût pu laisser le cadavre ; mais, dès le lendemain, les égoutiers, en travaillant à la fondrière, y auraient retrouvé l'homme assassiné, et ce n'était pas le compte de l'assassin. Il avait mieux aimé traverser la fondrière, avec son fardeau, et ses efforts ont dû être effrayants, il est impossible de risquer plus complètement sa vie ; je ne comprends pas qu'il soit sorti de là vivant.

La chaise de Marius se rapprocha encore. Thénardier en profita pour respirer longuement. Il poursuivit :

— Monsieur le baron, un égout n'est pas le Champ de Mars. On y manque de tout, et même de place. Quand deux hommes sont là, il faut qu'ils se rencontrent. C'est ce qui arriva. Le domicilié et le passant furent forcés de se dire bonjour, à regret l'un et l'autre. Le passant dit au domicilié : « *Tu vois ce que j'ai sur le dos, il faut que je sorte, tu as la clef, donne-la-moi.* » Ce forçat était un homme d'une force terrible. Il n'y avait pas à refuser. Pourtant celui qui avait la clef parlementa, uniquement pour gagner du temps. Il examina ce mort, mais il ne put rien voir, sinon qu'il était jeune, bien mis, l'air d'un riche, et tout défiguré par le sang. Tout en causant, il trouva moyen de déchirer et d'arracher par derrière, sans que l'assassin s'en aperçût, un morceau de l'habit de l'homme assassiné. Pièce à conviction, vous comprenez ; moyen de ressaisir la trace des choses et de prouver le crime au criminel. Il mit la pièce à conviction dans sa poche. Après quoi il ouvrit la grille, fit sortir l'homme avec son embarras sur le dos, referma la grille et se sauva, se souciant peu d'être mêlé au surplus de l'aventure et surtout ne voulant pas être là quand l'assassin jetterait l'assassiné à la rivière. Vous comprenez à présent. Celui qui portait le cadavre, c'est Jean Valjean ; celui qui avait la clef vous parle en ce moment ; et le morceau de l'habit...

Thénardier acheva la phrase en tirant de sa poche et en tenant, à la hauteur de ses yeux, pincé entre ses deux pouces et ses deux index, un lambeau de drap noir déchiqueté, tout couvert de taches sombres.

Marius s'était levé, pâle, respirant à peine, l'œil fixé sur le morceau de drap noir, et, sans prononcer une parole, sans quitter ce haillon du regard, il reculait vers le mur et, de sa main droite étendue derrière lui, cherchait en tâtonnant sur la muraille une clef qui était à la serrure d'un placard près de la cheminée. Il trouva cette clef, ouvrit le placard, et y enfonça son bras sans y regarder, et sans que sa prunelle effarée se détachât du chiffon que Thénardier tenait déployé.

Cependant Thénardier continuait :

— Monsieur le baron, j'ai les plus fortes raisons de croire que le jeune homme assassiné était un opulent étranger attiré par Jean Valjean dans un piège et porteur d'une somme énorme.

— Le jeune homme était moi, et voici l'habit ! cria Marius, et il jeta sur le parquet un vieil habit noir tout sanglant.

Puis, arrachant le morceau des mains de Thénardier, il s'accroupit sur l'habit, et rapprocha du pan déchiqueté le morceau déchiré. La déchirure s'adaptait exactement, et le lambeau complétait l'habit. Thénardier était pétrifié. Il pensa ceci : « Je suis épaté. »

Marius se redressa frémissant, désespéré, rayonnant. Il fouilla dans sa poche, et marcha, furieux, vers Thénardier, lui présentant et lui appuyant presque sur le visage son poing rempli de billets de cinq cents francs et de mille francs.

— Vous êtes un infâme ! vous êtes un menteur, un calomniateur, un scélérat. Vous veniez accuser un homme, vous l'avez justifié ; vous vouliez le perdre, vous n'avez réussi qu'à le glorifier. Et c'est vous qui êtes un voleur ! Et c'est vous qui êtes un assassin ! Je vous ai vu, Thénardier Jondrette, dans ce bouge du boulevard de l'Hôpital. J'en sais assez sur vous pour vous envoyer au bagne, et plus loin même, si je voulais. Tenez, voilà mille francs, sacripant que vous êtes !

Et il jeta un billet de mille francs à Thénardier.

— Ah ! Jondrette Thénardier, vil coquin ! que ceci vous serve de leçon, brocanteur de secrets, marchand de mystères, fouilleur de ténèbres, misérable ! Prenez ces cinq cents francs, et sortez d'ici ! Waterloo vous protège.

— Waterloo ! grommela Thénardier, en empochant les cinq cents francs avec les mille francs.

— Oui, assassin ! vous y avez sauvé la vie à un colonel...

— A un général, dit Thénardier, en relevant la tête.

— A un colonel ! reprit Marius avec emportement. Je ne donnerais pas un liard pour un général. Et vous veniez ici faire des infamies ! Je vous dis que vous avez commis tous les crimes. Partez ! disparaissez ! Soyez heureux seulement, c'est tout ce que je désire. Ah ! monstre ! Voilà encore trois mille francs. Prenez-les. Vous partirez dès demain, pour l'Amérique, avec votre fille ; car votre femme est morte, abominable menteur ! Je veillerai à votre départ, bandit, et je vous compterai à ce moment-là vingt mille francs. Allez vous faire pendre ailleurs !

— Monsieur le baron, répondit Thénardier en saluant jusqu'à terre, reconnaissance éternelle.

Et Thénardier sortit, n'y concevant rien, stupéfait et ravi de ce doux écrasement sous des sacs d'or et de cette foudre éclatant sur sa tête en billets de banque.

Foudroyé[24], il l'était, mais content aussi ; et il eût été très fâché d'avoir un paratonnerre contre cette foudre-là.

Finissons-en tout de suite avec cet homme. Deux jours après les événements que nous racontons en ce moment, il partit, par les soins de Marius, pour l'Amérique, sous un faux nom, avec sa fille Azelma, muni d'une traite de vingt mille francs sur New-York. La misère morale de Thénardier, ce bourgeois manqué, était irrémédiable ; il fut en Amérique ce qu'il était en Europe. Le contact d'un méchant homme suffit quelquefois pour pourrir une bonne action et pour en faire sortir une chose mauvaise. Avec l'argent de Marius, Thénardier se fit négrier.

Dès que Thénardier fut dehors, Marius courut au jardin où Cosette se promenait encore.

— Cosette ! Cosette ! cria-t-il. Viens ! viens vite. Partons. Basque, un fiacre ! Cosette, viens. Ah ! mon Dieu ! C'est lui qui m'avait sauvé la vie ! Ne perdons pas une minute ! Mets ton châle.

Cosette le crut fou, et obéit.

Il ne[25] respirait pas, il mettait la main sur son cœur pour en comprimer les battements. Il allait et venait à grands pas, il embrassait Cosette :

— Ah ! Cosette ! je suis un malheureux ! disait-il.

Marius était éperdu. Il commençait à entrevoir dans ce Jean Valjean on ne sait quelle haute et sombre figure. Une vertu inouïe lui apparaissait, suprême et douce, humble dans son immensité. Le forçat se transfigurait en Christ. Marius avait l'éblouissement de ce prodige. Il ne savait pas au juste ce qu'il voyait, mais c'était grand.

En un instant, un fiacre fut devant la porte.

Marius y fit monter Cosette et s'y élança.

— Cocher, dit-il, rue de l'Homme-Armé, numéro 7.

Le fiacre partit.

— Ah ! quel bonheur ! fit Cosette, rue de l'Homme-Armé. Je n'osais plus t'en parler. Nous allons voir monsieur Jean.

— Ton père, Cosette ! ton père plus que jamais. Cosette, je devine. Tu m'as dit que tu n'avais jamais reçu la lettre que je t'avais envoyée par Gavroche. Elle sera tombée dans ses mains. Cosette, il est allé à la barricade pour me sauver. Comme c'est son besoin d'être un ange, en passant, il en a sauvé d'autres ; il a sauvé Javert. Il m'a tiré de ce gouffre pour me donner à toi. Il m'a porté sur son dos dans cet effroyable égout. Ah !

je suis un monstrueux ingrat. Cosette, après avoir été ta providence, il a été la mienne. Figure-toi qu'il y avait une fondrière épouvantable, à s'y noyer cent fois, à se noyer dans la boue, Cosette ! il me l'a fait traverser. J'étais évanoui ; je ne voyais rien, je n'entendais rien, je ne pouvais rien savoir de ma propre aventure. Nous allons le ramener, le prendre avec nous, qu'il le veuille ou non, il ne nous quittera plus. Pourvu qu'il soit chez lui ! Pourvu que nous le trouvions ! Je passerai le reste de ma vie à le vénérer. Oui, ce doit être cela, vois-tu, Cosette ? C'est à lui que Gavroche aura remis ma lettre. Tout s'explique. Tu comprends.

Cosette ne comprenait pas un mot.

— Tu as raison, lui dit-elle.

Cependant le fiacre roulait.

V

Nuit derrière laquelle il y a le jour

Au coup qu'il entendit frapper à sa porte, Jean Valjean se retourna.

— Entrez, dit-il faiblement.

La porte s'ouvrit. Cosette et Marius parurent. Cosette se précipita dans la chambre. Marius resta sur le seuil, debout, appuyé contre le montant de la porte.

— Cosette ! dit Jean Valjean, et il se dressa sur sa chaise, les bras ouverts et tremblants, hagard, livide, sinistre, une joie immense dans les yeux.

Cosette, suffoquée d'émotion, tomba sur la poitrine de Jean Valjean.

— Père ! dit-elle.

Jean Valjean, bouleversé, bégayait :

— Cosette ! elle ! vous, madame ! c'est toi ! Ah mon Dieu !

Et, serré dans les bras de Cosette, il s'écria :

— C'est toi ! tu es là[1] ! Tu me pardonnes donc !

Marius, baissant les paupières pour empêcher ses larmes de couler, fit un pas et murmura entre ses lèvres contractées convulsivement pour arrêter les sanglots :

— Mon père !

— Et vous aussi, vous me pardonnez ! dit Jean Valjean.

Marius ne put trouver une parole, et Jean Valjean ajouta :

— Merci.

Cosette arracha son châle et jeta son chapeau sur le lit.

— Cela me gêne, dit-elle.

Et, s'asseyant sur les genoux du vieillard, elle écarta ses cheveux blancs d'un mouvement adorable, et lui baisa le front. Jean Valjean se laissait faire, égaré.

Cosette[2], qui ne comprenait que très confusément, redoublait ses caresses, comme si elle voulait payer la dette de Marius. Jean Valjean balbutiait :

— Comme on est bête ! Je croyais que je ne la verrais plus. Figurez-vous, monsieur Pontmercy, qu'au moment où vous êtes entré, je me disais : C'est fini. Voilà sa petite robe, je suis un misérable homme, je ne verrai plus Cosette, je disais cela au moment même où vous montiez l'escalier. Étais-je idiot ! Voilà comme on est idiot ! Mais on compte sans le bon Dieu. Le bon Dieu dit : Tu t'imagines qu'on va t'abandonner, bêta ! Non, non, ça ne se passera pas comme ça. Allons, il y a là un pauvre bonhomme qui a besoin d'un ange. Et l'ange vient ; et l'on revoit sa Cosette, et l'on revoit sa petite Cosette ! Ah ! j'étais bien malheureux !

Il fut un moment sans pouvoir parler, puis il poursuivit :

— J'avais vraiment besoin de voir Cosette une petite fois de temps en temps. Un cœur, cela veut un os à ronger. Cependant je sentais bien que j'étais de trop. Je me donnais des raisons : Ils n'ont pas besoin de toi, reste dans ton coin, on n'a pas le droit de s'éterniser. Ah ! Dieu béni, je la revois ! Sais-tu, Cosette, que ton mari est très beau ? Ah ! tu as un joli col brodé, à la bonne heure. J'aime ce dessin-là. C'est ton mari qui l'a choisi, n'est-ce pas ? Et puis, il te faudra des cachemires. Monsieur Pontmercy, laissez-moi la tutoyer. Ce n'est pas pour longtemps.

Et Cosette reprenait :

— Quelle méchanceté de nous avoir laissés comme cela ! Où êtes-vous donc allé ? pourquoi avez-vous été si longtemps ? Autrefois vos voyages ne duraient pas plus de trois ou quatre jours. J'ai envoyé Nicolette, on répondait toujours : Il est absent. Depuis quand êtes-vous revenu ? Pourquoi ne pas nous l'avoir fait savoir ? Savez-vous que vous êtes très changé ? Ah ! le vilain père ! il a été malade, et nous ne l'avons pas su ! Tiens, Marius, tâte sa main comme elle est froide !

— Ainsi vous voilà ! Monsieur Pontmercy, vous me pardonnez ! répéta Jean Valjean.

A ce mot, que Jean Valjean venait de redire, tout ce qui³ se gonflait dans le cœur de Marius trouva une issue, il éclata :

— Cosette, entends-tu ? il en est là ! il me demande pardon. Et sais-tu ce qu'il m'a fait, Cosette ? il m'a sauvé la vie. Il a fait plus. Il t'a donnée à moi. Et après m'avoir sauvé, et après t'avoir donnée à moi, Cosette, qu'a-t-il fait de lui-même ? il s'est sacrifié. Voilà l'homme. Et, à moi l'ingrat, à moi l'oublieux, à moi l'impitoyable, à moi le coupable, il me dit : Merci ! Cosette, toute ma vie passée aux pieds de cet homme, ce sera trop peu. Cette barricade, cet égout, cette fournaise, ce cloaque, il a tout traversé pour moi, pour toi, Cosette ! Il m'a emporté à travers toutes les morts qu'il écartait de moi et qu'il acceptait pour lui. Tous les courages, toutes les vertus, tous les héroïsmes, toutes les saintetés, il les a ! Cosette, cet homme-là, c'est l'ange !

— Chut ! chut ! dit tout bas Jean Valjean. Pourquoi dire tout cela ?

— Mais vous ! s'écria Marius avec une colère où il y avait de la vénération, pourquoi ne l'avez-vous pas dit ? C'est votre faute aussi. Vous sauvez la vie aux gens, et vous le leur cachez ! Vous faites plus, sous prétexte de vous démasquer, vous vous calomniez. C'est affreux.

— J'ai dit la vérité, répondit Jean Valjean.

— Non, reprit Marius, la vérité, c'est toute la vérité ; et vous ne l'avez pas dite. Vous étiez monsieur Madeleine, pourquoi ne pas l'avoir dit ? Vous aviez sauvé Javert, pourquoi ne pas l'avoir dit ? Je vous devais la vie, pourquoi ne pas l'avoir dit ?

— Parce que je pensais comme vous. Je trouvais que vous aviez raison. Il fallait que je m'en allasse. Si vous aviez su cette affaire de l'égout, vous m'auriez fait rester près de vous. Je devais donc me taire. Si j'avais parlé, cela aurait tout gêné.

— Gêné quoi ! gêné qui ! repartit Marius. Est-ce que vous croyez que vous allez rester ici ? Nous vous emmenons. Ah ! mon Dieu ! quand je pense que c'est par hasard que j'ai appris tout cela ! Nous vous emmenons. Vous faites partie de nous-mêmes. Vous êtes[4] son père et le mien. Vous ne passerez pas dans cette affreuse maison un jour de plus. Ne vous figurez pas que vous serez demain ici.

— Demain, dit Jean Valjean, je ne serai pas ici, mais je ne serai pas chez vous.

— Que voulez-vous dire? répliqua Marius. Ah çà, nous ne permettons plus de voyage. Vous ne nous quitterez plus. Vous nous appartenez. Nous ne vous lâchons pas[5].

— Cette fois-ci, c'est pour de bon, ajouta Cosette. Nous avons une voiture en bas. Je vous enlève. S'il le faut, j'emploierai la force.

Et, riant, elle fit le geste de soulever le vieillard dans ses bras.

— Il y a toujours votre chambre dans notre maison, poursuivit-elle. Si vous saviez comme le jardin est joli dans ce moment-ci ! Les azalées y viennent très bien. Les allées sont sablées avec du sable de rivière; il y a de petits coquillages violets[6]. Vous mangerez de mes fraises. C'est moi qui les arrose. Et plus de madame, et plus de monsieur Jean, nous sommes en république, tout le monde se dit *tu,* n'est-ce pas, Marius? Le programme est changé. Si vous saviez, père, j'ai eu un chagrin, il y avait un rouge-gorge qui avait fait son nid dans un trou du mur, un horrible chat me l'a mangé. Mon pauvre joli petit rouge-gorge qui mettait sa tête à sa fenêtre et qui me regardait ! J'en ai pleuré. J'aurais tué le chat ! Mais maintenant personne ne pleure plus. Tout le monde rit, tout le monde est heureux. Vous allez venir avec nous. Comme le grand-père va être content ! Vous aurez votre carré dans le jardin, vous le cultiverez, et nous verrons si vos fraises sont aussi belles que les miennes. Et puis, je ferai tout ce que vous voudrez, et puis, vous m'obéirez bien.

Jean Valjean[7] l'écoutait sans l'entendre. Il entendait la musique de sa voix plutôt que le sens de ses paroles; une de ces grosses larmes, qui sont les sombres perles de l'âme, germait lentement dans son œil. Il murmura :

— La preuve que Dieu est bon, c'est que la voilà.

— Mon père ! dit Cosette.

Jean Valjean continua :

— C'est bien vrai que ce serait charmant de vivre ensemble. Ils ont des oiseaux plein leurs arbres. Je me promènerais avec Cosette. Être des gens qui vivent, qui se disent bonjour, qui s'appellent dans le jardin, c'est doux. On se voit dès le matin. Nous cultiverions chacun un petit coin. Elle me ferait manger ses fraises, je lui ferais cueillir mes roses. Ce serait charmant. Seulement...

Il s'interrompit, et dit doucement :

— C'est dommage.

La larme ne tomba pas, elle rentra, et Jean Valjean la remplaça par un sourire. Cosette prit les deux mains du vieillard dans les siennes.

— Mon Dieu! dit-elle, vos mains sont encore plus froides[8]. Est-ce que vous êtes malade? Est-ce que vous souffrez?

— Moi? non, répondit Jean Valjean, je suis très bien. Seulement...

Il s'arrêta.

— Seulement quoi?

— Je vais mourir tout à l'heure.

Cosette et Marius frissonnèrent.

— Mourir! s'écria Marius.

— Oui, mais ce n'est rien, dit Jean Valjean.

Il respira, sourit, et reprit :

— Cosette, tu me parlais, continue, parle encore, ton petit rouge-gorge est donc mort, parle, que j'entende ta voix!

Marius pétrifié regardait le vieillard. Cosette poussa un cri déchirant.

— Père! mon père! vous vivrez. Vous allez vivre. Je veux que vous viviez, entendez-vous!

Jean Valjean leva la tête vers elle avec adoration.

— Oh! oui, défends-moi de mourir. Qui sait? j'obéirai peut-être. J'étais en train de mourir quand vous êtes arrivés. Cela m'a arrêté, il m'a semblé que je renaissais.

— Vous êtes plein de force et de vie, s'écria Marius. Est-ce que vous vous imaginez qu'on meurt comme cela? Vous avez eu du chagrin, vous n'en aurez plus. C'est moi qui vous demande pardon, et à genoux encore! Vous allez vivre, et vivre avec nous, et vivre longtemps. Nous vous reprenons. Nous sommes deux ici qui n'aurons désormais qu'une pensée, votre bonheur!

— Vous voyez bien, reprit Cosette tout en larmes, que Marius dit que vous ne mourrez pas.

Jean Valjean continuait de sourire.

— Quand vous me reprendriez, monsieur Pontmercy, cela ferait-il que je ne sois pas ce que je suis ? Non, Dieu a pensé comme vous et moi, et il ne change pas d'avis ; il est utile que je m'en aille. La mort est un bon arrangement. Dieu sait mieux que nous ce qu'il nous faut. Que vous[9] soyez heureux, que monsieur Pontmercy ait Cosette, que la jeunesse épouse le matin, qu'il y ait autour de vous, mes enfants, des lilas et des rossignols, que votre vie soit une belle pelouse avec du soleil, que tous les enchantements du ciel vous remplissent l'âme, et maintenant, moi qui ne suis bon à rien, que je meure, il est sûr que tout cela est bien. Voyez-vous, soyons[10] raisonnables, il n'y a plus rien de possible maintenant, je sens tout à fait que c'est fini. Il y a une heure, j'ai eu un évanouissement. Et puis, cette nuit, j'ai bu tout ce pot d'eau qui est là. Comme ton mari est bon, Cosette ! tu es bien mieux qu'avec moi.

Un bruit se fit à la porte. C'était le médecin qui entrait.

— Bonjour et adieu, docteur, dit Jean Valjean. Voici mes pauvres enfants.

Marius s'approcha du médecin. Il lui adressa ce seul mot : « Monsieur ?... » mais dans la manière de le prononcer, il y avait une question complète.

Le médecin répondit à la question par un coup d'œil expressif.

— Parce que[11] les choses déplaisent, dit Jean Valjean, ce n'est pas une raison pour être injuste envers Dieu.

Il y eut un silence. Toutes les poitrines étaient oppressées. Jean Valjean se tourna vers Cosette. Il se mit à la contempler comme s'il voulait en prendre pour l'éternité. A la profondeur d'ombre où il était déjà descendu, l'extase lui était encore possible en regardant Cosette. La réverbération de ce doux visage illuminait sa face pâle. Le sépulcre peut avoir son éblouissement.

Le médecin lui tâta le pouls[12].

— Ah ! c'est vous qu'il lui fallait ! murmura-t-il en regardant Cosette et Marius.

Et, se penchant à l'oreille de Marius, il ajouta très bas :

— Trop tard.

Jean Valjean[13], presque sans cesser de regarder Cosette

considéra Marius et le médecin avec sérénité. On entendit sortir de sa bouche cette parole à peine articulée :

— Ce n'est rien de mourir ; c'est affreux de ne pas vivre.

Tout à coup il se leva. Ces retours de force sont quelquefois un signe même de l'agonie[14]. Il marcha d'un pas ferme à la muraille, écarta Marius et le médecin qui voulaient l'aider, détacha du mur un petit crucifix de cuivre qui y était suspendu, revint s'asseoir avec toute la liberté de mouvement de la pleine santé, et dit d'une voix haute en posant le crucifix sur la table :

— Voilà le grand martyr.

Puis sa poitrine s'affaissa, sa tete eut une vacillation, comme si l'ivresse de la tombe le prenait, et ses deux mains, posées sur ses genoux, se mirent à creuser de l'ongle l'étoffe de son pantalon.

Cosette lui soutenait les épaules[15], et sanglotait, et tâchait de lui parler sans pouvoir y parvenir. On distinguait, parmi les mots mêlés à cette salive lugubre qui accompagne les larmes, des paroles comme celles-ci :

— Père ! ne nous quittez pas. Est-il possible que nous ne vous retrouvions que pour vous perdre ?

On pourrait dire que l'agonie serpente. Elle va, vient, s'avance vers le sépulcre, et se retourne vers la vie. Il y a du tâtonnement dans l'action de mourir.

Jean Valjean, après cette demi-syncope, se raffermit, secoua son front comme pour en faire tomber les ténèbres, et redevint presque pleinement lucide. Il prit un pan de la manche de Cosette et le baisa.

— Il revient ! docteur, il revient ! cria Marius[16].

— Vous êtes bons tous les deux, dit Jean Valjean. Je vais vous dire ce qui m'a fait de la peine. Ce qui m'a fait de la peine, monsieur Pontmercy, c'est que vous n'ayez pas voulu toucher à l'argent. Cet argent-là est bien à votre femme. Je vais vous expliquer, mes enfants, c'est même pour cela que je suis content de vous voir. Le jais noir vient d'Angleterre, le jais blanc vient de Norvège. Tout ceci est dans le papier que voilà, que vous lirez[17]. Pour les bracelets, j'ai inventé de remplacer les coulants en tôle soudée par des coulants en tôle rapprochée. C'est plus joli, meilleur, et moins cher. Vous comprenez tout l'argent qu'on peut gagner[18]. La fortune de Cosette est donc bien à elle. Je vous donne ces détails-là pour que vous ayez l'esprit en repos.

La portière était montée et regardait par la porte entre-bâillée. Le médecin la congédia, mais il ne put empêcher qu'avant de disparaître cette bonne femme zélée ne criât au mourant :

— Voulez-vous un prêtre ?

— J'en ai un, répondit Jean Valjean.

Et, du doigt, il sembla désigner un point au-dessus de sa tête où l'on eût dit qu'il voyait quelqu'un. Il est probable que l'évêque en effet assistait à cette agonie.

Cosette, doucement, lui glissa un oreiller sous les reins. Jean Valjean reprit :

— Monsieur Pontmercy, n'ayez pas de crainte, je vous en conjure. Les six cent mille francs sont bien à Cosette. J'aurais donc perdu ma vie si vous n'en jouissiez pas ! Nous étions parvenus à faire très bien cette verroterie-là. Nous rivalisions avec ce qu'on appelle les bijoux de Berlin. Par exemple, on ne peut pas égaler le verre noir d'Allemagne. Une grosse, qui contient douze cents grains très bien taillés, ne coûte que trois francs.

Quand un être qui nous est cher va mourir, on le regarde avec un regard qui se cramponne à lui et qui voudrait le retenir. Tous deux, muets d'angoisse, ne sachant que dire à la mort, désespérés et tremblants, étaient debout devant lui, Cosette donnant la main à Marius.

D'instant en instant, Jean Valjean déclinait. Il baissait ; il se rapprochait de l'horizon sombre. Son souffle était devenu intermittent ; un peu de râle l'entrecoupait. Il avait de la peine à déplacer son avant-bras, ses pieds avaient perdu tout mouvement, et en même temps que la misère des membres et l'accablement du corps croissait, toute la majesté de l'âme montait et se déployait sur son front. La lumière du monde inconnu était déjà visible dans sa prunelle.

Sa figure blêmissait et en même temps souriait. La vie n'était plus là, il y avait autre chose. Son haleine tombait, son regard grandissait. C'était un cadavre auquel on sentait des ailes.

Il fit signe à Cosette d'approcher, puis à Marius ; c'était évidemment la dernière minute de la dernière heure, et il se mit à leur parler d'une voix si faible qu'elle semblait venir de loin, et qu'on eût dit qu'il y avait dès à présent une muraille entre eux et lui.

— Approche, approchez tous deux. Je vous aime bien. Oh ! c'est bon de mourir comme cela ! Toi aussi, tu m'aimes, ma Cosette. Je savais bien que tu avais toujours de l'amitié pour ton vieux bonhomme. Comme tu es gentille de m'avoir mis ce coussin sous les reins ! Tu me pleureras un peu, n'est-ce pas ? Pas trop. Je ne veux pas que tu aies de vrais chagrins. Il faudra vous amuser beaucoup, mes enfants. J'ai oublié de vous dire que sur les boucles sans ardillons on gagnait encore plus que sur tout le reste. La grosse, les douze douzaines, revenait à dix francs, et se vendait soixante. C'était vraiment un bon commerce. Il ne faut donc pas s'étonner des six cent mille francs, monsieur Pontmercy. C'est de l'argent honnête. Vous pouvez être riches tranquillement. Il faudra avoir une voiture, de temps en temps une loge aux théâtres, de belles toilettes de bal, ma Cosette, et puis donner de bons dîners à vos amis, être très heureux. J'écrivais tout à l'heure à Cosette. Elle trouvera ma lettre. C'est à elle que je lègue les deux chandeliers qui sont sur la cheminée. Ils sont en argent; mais pour moi ils sont en or, ils sont en diamant; ils changent les chandelles qu'on y met, en cierges. Je ne sais pas si celui qui me les a donnés est content de moi là-haut. J'ai fait ce que j'ai pu. Mes enfants, vous n'oublierez pas que je suis un pauvre, vous me ferez enterrer dans le premier coin de terre venu sous une pierre pour marquer l'endroit. C'est là ma volonté. Pas de nom sur la pierre. Si Cosette veut venir un peu quelquefois, cela me fera plaisir. Vous aussi, monsieur Pontmercy. Il faut que je vous avoue que je ne vous ai pas toujours aimé; je vous en demande pardon. Maintenant, elle et vous, vous n'êtes qu'un pour moi. Je vous suis très reconnaissant. Je sens que vous rendez Cosette heureuse. Si vous saviez, monsieur Pontmercy, ses belles joues roses, c'était ma joie; quand je la voyais un peu pâle, j'étais triste. Il y a[19] dans la commode un billet de cinq cents francs. Je n'y ai pas touché. C'est pour les pauvres. Cosette, vois-tu ta petite robe, là, sur le lit ? la reconnais-tu ? Il n'y a pourtant que dix ans de cela. Comme le temps passe ! Nous avons été bien heureux. C'est fini. Mes enfants, ne pleurez pas, je ne vais pas très loin. Je vous verrai de là. Vous n'aurez qu'à regarder quand il fera nuit, vous me verrez sourire.

Cosette, te rappelles-tu Montfermeil ? Tu étais dans le bois, tu avais bien peur ; te rappelles-tu quand j'ai pris l'anse du seau d'eau ? C'est la première fois que j'ai touché ta pauvre petite main. Elle était si froide ! Ah ! vous aviez les mains rouges dans ce temps-là, mademoiselle, vous les avez bien blanches maintenant[20]. Et la grande poupée ! te rappelles-tu ? Tu la nommais Catherine. Tu regrettais de ne pas l'avoir emmenée au couvent ! Comme tu m'as fait rire des fois, mon doux ange ! Quand[21] il avait plu, tu embarquais sur les ruisseaux des brins de paille, et tu les regardais aller. Un jour, je t'ai donné une raquette en osier, et un volant avec des plumes jaunes, bleues, vertes. Tu l'as oublié, toi. Tu étais si espiègle toute petite ! Tu jouais. Tu te mettais des cerises aux oreilles. Ce sont là des choses du passé. Les forêts[22] où l'on a passé avec son enfant, les arbres où l'on s'est promené, les couvents où l'on s'est caché, les jeux, les bons rires de l'enfance, c'est de l'ombre. Je m'étais imaginé que tout cela m'appartenait. Voilà où était ma bêtise. Ces Thénardier ont été méchants. Il faut leur pardonner. Cosette, voici le moment venu de te dire le nom de ta mère. Elle s'appelait Fantine. Retiens ce nom-là : Fantine. Mets-toi à genoux toutes les fois que tu le prononceras. Elle a bien souffert. Elle t'a bien aimée. Elle a eu en malheur tout ce que tu as en bonheur. Ce sont les partages de Dieu. Il est là-haut, il nous voit tous, et il sait ce qu'il fait au milieu de ses grandes étoiles. Je vais donc m'en aller, mes enfants. Aimez-vous bien toujours. Il n'y a guère autre chose que cela dans le monde : s'aimer. Vous penserez quelquefois au pauvre vieux qui est mort ici. O ma Cosette ! ce n'est pas ma faute, va, si je ne t'ai pas vue tous ces temps-ci, cela me fendait le cœur ; j'allais jusqu'au coin de ta rue, je devais faire un drôle d'effet aux gens qui me voyaient passer, j'étais comme un fou, une fois je suis sorti sans chapeau. Mes enfants, voici que je ne vois plus très clair, j'avais encore des choses à dire, mais c'est égal. Pensez un peu à moi. Vous êtes des êtres bénis. Je ne sais pas ce que j'ai, je vois de la lumière. Approchez encore. Je meurs heureux. Donnez-moi vos chères têtes bien-aimées, que je mette mes mains dessus.

Cosette et Marius tombèrent à genoux, éperdus,

étouffés de larmes, chacun sur une des mains de Jean Valjean. Ces mains augustes ne remuaient plus. Il était renversé en arrière, la lueur des deux chandeliers l'éclairait ; sa face blanche regardait le ciel, il laissait Cosette et Marius couvrir ses mains de baisers ; il était mort.

La nuit était sans étoiles et profondément obscure. Sans doute, dans l'ombre, quelque ange immense était debout, les ailes déployées, attendant l'âme.

VI

L'HERBE CACHE ET LA PLUIE EFFACE

Il y a, au cimetière du Père-Lachaise, aux environs de la fosse commune, loin du quartier élégant de cette ville des sépulcres, loin de tous ces tombeaux de fantaisie qui étalent en présence de l'éternité les hideuses modes de la mort, dans un angle désert, le long d'un vieux mur, sous un grand if auquel grimpent, parmi les chiendents et les mousses, les liserons[1], une pierre. Cette pierre n'est pas plus exempte que les autres des lèpres du temps, de la moisissure, du lichen, et des fientes d'oiseaux. L'eau la verdit, l'air la noircit. Elle n'est voisine d'aucun sentier, et l'on n'aime pas aller de ce côté-là, parce que l'herbe est haute et qu'on a tout de suite les pieds mouillés. Quand il y a un peu de soleil, les lézards y viennent. Il y a, tout autour, un frémissement de folles avoines. Au printemps, les fauvettes chantent dans l'arbre.

Cette pierre est toute nue. On n'a songé en la taillant qu'au nécessaire de la tombe, et l'on n'a pris d'autre soin que de faire cette pierre assez longue et assez étroite pour couvrir un homme[2].

On n'y lit aucun nom[3].

Seulement, voilà de cela bien des années déjà, une main y a écrit au crayon ces quatre vers qui sont devenus peu à peu illisibles sous la pluie et la poussière, et qui probablement sont aujourd'hui effacés :

> Il dort. Quoique le sort fût pour lui bien étrange,
> Il vivait. Il mourut quand il n'eut plus son ange[4] ;
> La chose simplement d'elle-même arriva,
> Comme la nuit se fait lorsque le jour s'en va.

NOTES ET VARIANTES

Première partie

FANTINE

LIVRE PREMIER. — UN JUSTE

P. 27.   *CHAPITRE PREMIER*

1. Dans ce premier livre, le texte des *Misères* n'est pas disposé dans le même ordre que le texte des *Misérables*. Plutôt que de disperser les mentions de leurs différences dans une suite de notes, on a trouvé plus commode de les indiquer dans une note unique : c'est permettre de reconstituer aisément la version des *Misères*. Les variantes (lacunes, additions, corrections) seront relevées dans des notes spéciales. La premier chapitre des *Misères* est *le Soir d'un jour de marche* qui, dans *les Misérables*, est le premier chapitre du livre II; le deuxième chapitre : *Monseigneur Bienvenu*, contient les chapitres I et II des *Misérables* : *M. Myriel* et *M. Myriel devient Monseigneur Bienvenu*, mais avec additions et lacunes indiquées dans les notes ci-après; il y manque notamment les trois derniers alinéas du chapitre II, « Loin de là... qu'il est ressemblant »; il y a, à la place, les trois premiers alinéas du chapitre VI : « La maison qu'il habitait... *Je paye ma dîme*, disait-il... »; le troisième chapitre des *Misères* : *A bon évêque, dur évêché*, contient : 1º les trois premiers alinéas du chapitre III, de même titre, des *Misérables ;* 2º les cinquième et sixième alinéas du chapitre IV : *les Œuvres semblables aux paroles*, donc de : « Il avait à l'occasion... » à « — *Donnez-les-moi*, dit l'évêque »; 3º la fin du chapitre III, depuis : « Dans ses tournées... »; 4º une partie du chapitre IV, du septième au onzième alinéa : « Un jour, dans la cathédrale... par où la faute a passé » et du dix-septième alinéa au vingt-huitième : « Quand il voyait tout le monde... fut attendri et admira. »; 5º le chapitre V : *Que Monseigneur Bienvenu faisait durer trop longtemps ses soutanes ;* 6º le chapitre VI : *Par qui il faisait garder sa maison*. Il y a, dans ce long chapitre des *Misères*, outre l'entremêlement des textes, des variantes que l'on trouvera à leur place dans les notes. Le chapitre IV des *Misères* correspond au chapitre VII, de même titre, des *Misérables*, sauf la fin qui, dans *les Misères*, après les mots « une heure de sa journée... » est formée des trois premiers alinéas du chapitre IV des *Misérables* : « Sa conversation... On ne succède point »; le chapitre V des *Misères* c'est le chapitre IX des *Misérables*, et avec le même titre; le chapitre VI des *Misères*, intitulé *Restriction*, correspond au chapitre XI des *Misérables*, intitulé *Restriction* aussi et à une partie du chapitre XIII : *Ce qu'il croyait* (du septième alinéa : « En 1815... »

jusqu'à la fin, mais avec de sensibles différences. (Voir les notes de ce chapitre XIII.)

Pour la suite la confrontation des textes est plus simple et sera faite chapitre par chapitre.

2. Victor Hugo avait écrit une première version de ce chapitre. Il la ratura ensuite. En voici le texte d'après l'E.I.N. : « Il nous est impossible de ne pas étudier avec quelque détail, au début de ce livre, une figure doucement imposante, aujourd'hui effacée après un rayonnement bien modeste, et à peu près disparue dans l'ombre qui commence à couvrir les premières années de ce siècle. Nous avons dit imposante, ajoutons unique. Pour trouver quelque chose de pareil à cette figure, il faudrait remonter aux temps, presque fabuleux pour nous, des évêques à la crosse de bois. »

3. VAR. « *A l'époque où nous sommes reportés,* M. Charles-François Bienvenu *de M...* était évêque de D... » Victor Hugo avait écrit sur une page formant chemise : « Après ma mort, quand on réimprimera ce livre il faudra mettre en toutes lettres le nom des villes. Au lieu de D., Digne ; au lieu de M.-sur-M., Montreuil-sous-Bois. » Les noms furent mis en toutes lettres deux ans avant la mort de Victor Hugo ; ce fut dans l'édition Quantin (1881). M. de M... désignait, Mgr Miollis ainsi qu'on l'a rappelé dans l'*Introduction*. Chaque fois donc que le texte des *Misérables* porte le nom de Myriel, le texte des *Misères* porte le nom de « de M... »

4. VAR. « M. *de M. passa* en Italie. »

5. La partie de phrase de « plus effrayant » à « épouvante » manque dans *les Misères*.

6. Joseph Fesch (1763-1839) ; en 1804 il était archevêque de Lyon et ambassadeur de France près le Saint-Siège. Il accompagna Pie VII à Paris pour la cérémonie du sacre.

7. VAR. Il y a ici, dans *les Misères,* la phrase suivante : « Les hommes parlent souvent au hasard. Ce qui est en haut est toujours attaqué par ce qui est en bas. Un évêque est volontiers dénigré pour deux raisons, d'abord parce que c'est un évêque, ensuite parce que c'est un prêtre. Il y a des gens qui haïssent la soutane par cet esprit d'irréligion qu'on appelle philosophie, et d'autres qui haïssent la mitre par cet esprit d'envie qu'on appelle l'égalité. Demandez-leur le motif de cette haine, ils ne vous le diront pas. Peut-être parce qu'ils ne le savent point eux-mêmes. C'est un instinct, un sentiment irréfléchi et en apparence puéril au fond duquel, comme dans beaucoup de sentiments de ce genre, il y a un motif d'être et une raison cachée. Quoique l'expression semble bizarre, il serait peut-être très vrai de dire qu'on hait la soutane parce qu'elle est noire et la mitre parce qu'elle est blanche. La gravité et la splendeur importunent également les cerveaux médiocres, c'est-à-dire la foule. »

8. VAR. « ...Mlle *Sylvanie de M.* »

9. VAR. « ...Mlle *Sylvanire,* laquelle après avoir... » Dans cette version la sœur de Mgr Myriel paraissait avoir été aussi sa servante.

10. L'alinéa qui commence ici et l'alinéa suivant qui finit au mot « asthme » ne sont pas dans *les Misères*.

11. VAR. « ...M. de M... *que désormais dans l'occasion nous appellerons M. de D.* en son palais... »

P. 30. *CHAPITRE II*

1. On a rappelé dans l'*Introduction* que Victor Hugo s'était soigneusement documenté sur la ville de Digne et son histoire.
2. VAR. « ...la servante, *Mlle Marthe*... »
3. Félix Bigot de Préameneu (1747-1825), jurisconsulte et l'un des rédacteurs du Code civil. Il fut ministre des cultes sous l'Empire.
4. Dans *les Misères* cet alinéa n'a qu'une ligne : « Cela fit beaucoup crier *les voltairiens du pays, fortes têtes.* »
5. VAR. « ...aux anciens évêques. Oh! « *les* calotins! » *etc, etc.* La chose, en revanche... »
6. VAR. « Enfin! Nous allons être un peu moins gênés. »
7. Cette phrase et l'alinéa qui la suit manquent dans *les Misères*.
8. VAR. « ...affluèrent. *Riches et pauvres frappèrent* à la porte... »
9. La fin de ce chapitre manque aux *Misères* à partir de ce mot.

P. 35. *CHAPITRE III*

1. La petite ville de Senez avait été le siège d'un évêché jusqu'à la réorganisation des circonscriptions ecclésiastiques du 12 juillet 1790.
2. VAR. Après cette phrase il y a, dans *les Misères* ; Un moment après, il ajouta avec une sorte de gaieté gracieuse : « Ne méprisons rien ni personne, pas même les ânes. L'empereur fait son entrée dans les villes monté sur un cheval, le pape sur une mule, Dieu sur un âne. »

P. 37. *CHAPITRE IV*

1. Tout ce qui précède de ce chapitre manque aux *Misères*.
2. VAR. « ...à un *pauvre.* »
3. Ces premiers mots manquent dans *les Misères*.
4. VAR. «Eh bien, monsieur, êtes-vous sage! — Où iras-tu passé? — J'apporte un bon mouton avec un bon fromage gras. »
5. Une note de Victor Hugo que l'on croit écrite en 1847, porte « L'épître du 4ᵉ dimanche de l'Avent, l'évangile du bon pasteur monseigneur Bienvenu. » L'épître du quatrième dimanche de l'Avent dit : « ... Le Seigneur est mon juge. Ne me jugez donc point avant le temps jusqu'à l'avènement du Seigneur, qui produira au grand jour ce qui est caché dans les ténèbres et qui découvrira les plus secrètes pensées des cœurs. Alors chacun recevra de Dieu les louanges qu'il aura méritées. » (Cf. Édition nationale, II, 614.)
6. Le passage qui commence ici et qui finit à « Le péché est une gravitation » n'est pas dans *les Misères*.

7. La fin de cette phrase, depuis les mots : « La société... », n'est pas non plus dans *les Misères*.

8. VAR. « un procès criminel qu'on *venait de juger aux assises. Une fille avait un amant. Pour la nourrir, elle, sa mère et son enfant, cet amant vola. Elle l'aida dans ce vol. Pas d'ouvrage et c'était l'hiver. La justice saisit les deux délinquants, mais ne put se procurer* de preuves que contre *la fille.*

9. VAR. « ... *à la fille...* »

10. VAR. « ... *trompait. La fille, exaspérée de jalousie, dénonça son* amant, *avoua* tout, *prouva* tout *et le perdit. Elle fut condamnée et l'homme aussi.* »

11. VAR. « *Quand ce fut fini :* — *Il y a, en effet, dit-il, un grand coupable dans cette affaire.* — *Qui ? demanda-t-on.* — Monsieur le procureur du roi. »

12. VAR. « ... *du maître d'école-comédien...* »

13. VAR. « ... *la journée auprès* de *lui...* »

14. VAR. « ... *il lui dit : « Priez pour moi, je vais prier pour vous. »* Quand il redescendit... »

15. VAR. « On ne savait, *en regardant ce visage tranquille,* ce qui... »

16. La fin du chapitre, à partir de ce mot manque dans *les Misères*.

17. Cf. Joseph de MAISTRE : *Les Soirées de Saint Pétersbourg* (premier entretien); et BECCARIA : *Traité des délits et des peines*.

18. Victor Hugo a, toute sa vie, combattu pour l'abolition de la peine de mort. Il l'a fait en prose et en vers (poésies et théâtre); cf. *le Dernier jour d'un condamné*, *Actes et Paroles*, *les Châtiments*, *Toute la Lyre*, les *Quatre vents de l'esprit*, *Torquemada*, *le Pape*. Dans le *Pape* (poème *l'Échafaud*) il exprime en vers la pensée de Mgr Myriel, que la mort n'appartient qu'à Dieu :

> *Ainsi vous touchez au trépas,*
> *Vous touchez à la hache, à la tombe, au peut-être !*
> *Ainsi vous maniez la mort sans la connaître !*
> *Vous êtes des méchants et des infortunés.*
> *Dieu s'est réservé l'homme et vous le lui prenez !*
> *Vous n'avez pas construit ce que vous osez détruire !*
> *O vivants, vous n'avez d'autre droit que de dire*
> *A cet homme qui seul sait ce qu'a fait son bras :*
> *Es-tu coupable ? vis, sachant que tu mourras...*

P. 43. *CHAPITRE V*

1. Cette phrase n'est pas dans *les Misères*.
2. Manquent aussi aux *Misères* les mots « ces mille affaires ».
3. VAR. « ... *aux pauvres...* » De même à la ligne suivante.
4. VAR. « ... *les masures, quelquefois dans les maisons. Les gens du faubourg accouraient sur le seuil de leur logis pour le voir cheminer seul, rêveur vénérable,* appuyé sur sa longue canne, vêtu de sa douillette violette et coiffé... »

5. VAR. « ...à graine d'épinards. Là, il parlait aux *enfants* et souriait aux mères. »

6. *Genèse*, I, 2.

7. Flavius Josèphe (37-95) historien juif. Son principal ouvrage *Antiquités judaïques* est l'histoire de son peuple depuis la création du monde jusqu'au règne de Néron. — La version dite chaldaïque de la Bible est en réalité une version en araméen occidental : c'est une traduction du Pentateuque. Par une altération du nom d'Onkelos on l'a attribuée à un écrivain grec du IIe siècle, Akylas ou Aquila, qui a fait de la Bible une traduction grecque calquée mot à mot sur le texte hébreu. La traduction d'Onkelos dite Targoum Onkelos, éditée à Bologne en 1482, a été rééditée à Berlin par M. Berliner en 1884. Elle a deux volumes.

8. Cet arrière-grand-oncle évêque de Ptolémaïs (ou Saint Jean d'Acre) est un grand-oncle bien suspect ; les poètes romantiques se donnèrent des généalogies étonnantes : ainsi les Musset se rattachaient à Jeanne d'Arc. Voir, d'ailleurs, à ce sujet, le *Victor Hugo avant 1830*, d'Edmond Biré, p. 10-11.

9. VAR. « ... au premier. *Resté seul il entrait dans son oratoire, et priait et méditait une heure ou deux avant de se coucher. Son sommeil était doux et profond comme le sommeil d'un enfant.* Sa chambre était assez grande... » et la suite comme au quatrième alinéa du chap. VI.

P. 46.   *CHAPITRE VI*

1. VAR. « ... une étable *qui était l'ancienne cuisine de l'hospice et où* l'évêque... » — On a vu, dans la note 1, que les trois premiers alinéas de ce chapitre étaient placés plus avant dans *les Misères*.

2. VAR. « ... consolé *et reconnaissant*. »

3. VAR. « ... l'ombre du lit, les ustensiles de toilette... »

4. Ces huit derniers mots ne sont pas dans *les Misères*.

5. VAR. « ...de papiers, *d'écritoires* et de gros volumes. »

6. Parloir aux bourgeois : lieu où l'on traitait d'affaires municipales.

7. VAR. « ... que des *fleurs*. »

8. Joseph Pitton de Tournefort (1656-1708). — Bernard de Jussieu (1699-1777.) — Charles de Linné (1707-1778.) Tous les trois célèbres botanistes et tous les trois auteurs d'importants travaux sur la classification des plantes.

9. VAR. « L'évêque *le regarda avec*... »

10. Si le Seigneur ne garde pas lui-même la maison, ceux qui en ont la garde veilleront en vain.

P. 51.   *CHAPITRE VII*

1. VAR « ... il *pourra même* jusqu'à... »

2. VAR. « ... les voies de *Dieu ?* »

3. VAR. « ... *près* de... »

4. Ces deux derniers alinéas ne sont pas dans *les Misères*.

5. Ce dernier alinéa n'est pas non plus dans *les Misères*. Il y a

à la place, comme il a été déjà dit dans la note 1, les trois premiers alinéas du chapitre IV des *Misérables*.

P. 55.   *CHAPITRE VIII*

1. Ce chapitre n'est pas dans *les Misères*.

2. Guillaume-Charles-Antoine Pigault de l'Épinoy (1753-1835) qui prit le nom de Pigault-Lebrun. Il eut une jeunesse agitée et féconde en aventures. Il eut divers états : comédien, auteur dramatique, militaire. Il parvint au grade d'adjudant-général. Puis il revint aux lettres et écrivit de nombreux ouvrages, pièces de théâtre et romans, écrits avec beaucoup de verve mais souvent licencieux et antireligieux. Le plus fameux mais non pas le meilleur est une compilation de tendance voltairienne, *le Citateur* dont on a retenu le titre mais que personne ne lit plus.

3. Jean-Baptiste De Boyer, marquis d'Argens (1704-1771), homme d'aventures et homme de lettres dont les nombreux ouvrages, où il y a bien de l'esprit, furent fort en vogue au XVIIIe siècle. — Jacques-André Naigeon (1738-1810) fut l'ami, l'admirateur et l'éditeur de Diderot. Il édita aussi, en 1790, les *Éléments de morale universelle ou Catéchisme de la Nature* du baron d'Holbach. Victor Hugo se complaisait à ces rapprochements insolites de noms : Pyrrhon, d'Argens...

4. Jean Tuberville Needham (1713-1781). Il entendait démontrer qu'il y a accord entre l'hypothèse de la génération spontanée et les croyances religieuses. Voltaire l'a raillé dans plusieurs ouvrages et notamment, dans son *Dictionnaire philosophique,* au mot *Dieu,* où il se moque de la génération spontanée des anguilles.

5. Tertullien (160?-240?) païen converti au christianisme, puis engagé dans l'hérésie des montanistes. Auteur d'ouvrages d'apologétique écrits avec une grande passion, une grande éloquence, un rigueur inflexible de moraliste et de logicien.

6. *Le Moniteur* fut fondé par Panckoucke. Son premier numéro parut le 24 novembre 1789. Il donnait des informations et, sur les séances de l'Assemblée nationale, des notices un peu trop brèves et pas toujours exactes. Plus tard Marat réunit le journal de Panckoucke et le *Bulletin de l'Assemblée nationale* que lui-même rédigeait et ce nouveau *Moniteur* dont il fut le premier des rédacteurs en chef devint un journal fort intéressant dont la collection constitue un document précieux pour notre histoire politique. »

7. *Inter pocula,* entre buveurs, entre intimes.

P. 58.   *CHAPITRE IX*

1. La fin de cette phrase, depuis le mot « car » n'est pas dans *les Misères*.

2. VAR. « ... chère *Marie*... »

3. VAR. « ... cet air *simple* et doux. »

4. VAR. « ... le *sachant*... »

P. 62. *CHAPITRE X*

1. Au dos d'un brouillon, V. Hugo avait inscrit d'abord deux autres titres : *le Conventionnel* et *l'Évêque rencontre ce à quoi il ne s'attendait pas*. Ce chapitre n'est pas dans *les Misères*.
2. Le récit de cette visite provoqua des protestations des milieux catholiques, ainsi qu'il est rappelé dans l'*introduction*.
3. Louis-Dominique Bourguignon (1693-1721), qui a rendu célèbre son surnom de Cartouche, périt roué vif en place de Grève.
4. Jean-Baptiste Carrier (1756-1794), célèbre par les noyades de Nantes; Fouquier-Tinville, (1746-1795), accusateur public au tribunal révolutionnaire de Paris, et qui envoya tant de victimes à l'échafaud; Mathieu Jouve (1749-1794) dit Jourdan Coupe-Tête et dont ce surnom révèle la cruauté; Jacques-René Hébert (1757-1794), rédacteur en chef du violent et grossier journal *le Père Duchesne,* et l'un des instigateurs des massacres de septembre, furent, du moins, guillotinés; François-Stanislas Maillard (1763-1794) prit aux massacres de septembre une part active. Victor Hugo leur oppose, ou plutôt leur associe deux persécuteurs des protestants du Languedoc: Nicolas-Auguste de la Beaume, marquis de Montrevel (1636-1716), et Nicolas Lamoignon de Basville (1648-1724); Michel Le Tellier, marquis de Louvois (1641-1691), qui ordonna le pillage et l'incendie du Palatinat; son homonyme Michel Le Tellier (1648-1719), jésuite, dernier confesseur de Louis XIV, et l'un des plus acharnés ennemis de Port-Royal dont il provoqua la destruction; Gaspard de Saulx, seigneur de Tavannes (1509-1573), maréchal de France, fut l'un des instigateurs de la Saint-Barthélemy.

P. 73. *CHAPITRE XI*

1. Titre d'abord projeté : *les Taches de l'hermine*.
2. Les trois premiers alinéas de ce chapitre ne sont pas dans *les Misères*.
3. Le passage qui commence ici et qui finit aux mots : « ... ce que pensait M. l'évêque de Digne » (4 alinéas) manque aussi dans *les Misères*.
4. VAR. Ici, dans *les Misères*, cette phrase : « Nous devons tout dire et nous disons tout. »
5. VAR. « ... à Paris, rue Cassette. »
« *Ce n'était ni un* « *évêque philosophe* », *ni un* « *curé patriote* », *comme dit la chanson, et ce n'est pas là précisément ce qui nous déplaisait dans M. de M... ; cependant pourquoi ne pas dire que cette froideur pour Napoléon en un moment si grave nous attriste ? M. de M...* eut donc, aussi lui... »
6. VAR. « ... traversa *en 1815...* »
7. VAR. « ... d'opinions politiques. Il *serait* beau que son regard... »
8. VAR. « ... distinctement au-dessus *des fictions et des haines de ce monde*, ces trois pures lumières, la Vérité, la Justice *et la Charité.*

Il eût été digne de lui de s'approcher, en 1815, de Napoléon abandonné, menacé et penchant déjà vers un avenir sombre et inconnu. Il eût été digne de lui de comprendre à cette époque fatale, la veille de cette catastrophe pressentie alors par tous qui s'est appelée depuis Waterloo, tout ce qu'avait de sublime et de touchant au bord de l'abîme...

9. Var. « ... humble, digne et bienveillant. C'était un prêtre... »

10. Var. « ... disposé, *aujourd'hui surtout*, à juger sévèrement, il était tolérant et facile. Le portier... »

11. La longue mèche de cheveux qui terminait la perruque et que l'on nouait d'un ruban.

12. Var. « ... la même *phrase*... »

13. Les mots « par le peuple » manquent dans *les Misères*.

14. Var. Ici vient dans *les Misères* : « Quand *il se promenait dans la ville*, c'était, *nous l'avons indiqué*, une fête partout où il paraissait... » et la suite du septième alinéa du chapitre v des *Misérables*.

P. 77.   *CHAPITRE XII*

1. Ce chapitre n'est pas dans *les Misères*.

2. Ce faux Corneille est Campistron. (Jean-Gilbert de Campistron, 1656-1723) dont la tragédie de *Tiridate* fut représentée au Théâtre-Français en 1691.

P. 80.   *CHAPITRE XIII*

1. Toute la partie de ce chapitre qui finit ici manque dans *les Misères*. Le texte y est ensuite : « En 1815, il atteignait... »

2. Var. « ... soixante. Il avait quelque embonpoint, il n'était pas grand, *mais il se tenait encore très droit ;* il faisait volontiers de longues *courses* à pied *et ressemblait en cela au pape actuellement régnant*, Grégoire XVI *qui*, à quatre-vingts ans, *marche comme un jeune homme. Il avait...* »

3. Var. Il y a ici, dans *les Misères* une phrase de plus : « C'était un vieillard aux manières simples, à l'accueil affectueux. »

4. Cette phrase n'est pas dans *les Misères*.

5. Var. « ... *vénérable* par les cheveux blancs devenait *vénérable* aussi... »

6. Var. « ... des *saints* offices... »

7. Var. « ... de bonnes *œuvres*. »

8. Var. « ... spectacles *de l'ombre*. »

9. Var. « ... tombent de l'*Infini*. »

10. Var. « ... des *abîmes* de l'âme avec les *abîmes* de l'univers. »

11. Var. « ... l'infini et *produisent la lumière, la forme et* la beauté. »

12. Cette proposition manque dans *les Misères*.

P. 84.   *CHAPITRE XIV*

1. Ce chapitre manque dans *les Misères*.

2. Le Néant et l'Être.

LIVRE DEUXIÈME. — LA CHUTE

P. 87.   *CHAPITRE PREMIER*

1. Autres titres projetés : *Un passant.* — *Jean Valjean.*
2. Lauz et Alloz (ou Allos) sont dans les Basses-Alpes, arrondissement de Barcelonnette.
3. VAR. « Jean TRÉJEAN » On indique la variante une fois pour toutes.
4. VAR. « C'est bon. *Entrez.* »
5. VAR. « ... composée *d'une expression* humble et *d'une expression* sévère. »
6. Bras-d'Asse, canton de Mezel, arrondissement de Digne. Il n'y a pas d'Escoublon au *Dictionnaire des Communes*.
7. Puy-Moisson (au Punnoisson) est dans le canton de Riez au sud du département des Basses-Alpes, et dans l'arrondissement de Digne.
8. VAR. « ... un grondement *formidable*... »
9. VAR. Il y a ensuite, dans *les Misères* : « Et elle reprit son chemin. »

P. 98.   *CHAPITRE II*

1. Dans *les Misères* ce chapitre est intitulé : *L'évêque entre les deux vieilles femmes.*
2. Dans l'*Historique des Misérables* (t. II p. 594-595 de l'E.I.N.) il est fait mention de la découverte dans les papiers de Victor Hugo d'un document, avec « hommage de l'auteur », daté de décembre 1832 et dont le titre est : *Exposé sommaire de la doctrine renfermée dans les Saintes Écritures, définie par les Conciles, expliquée par les Saints-Pères.* « C'est dans ce *Sommaire*, dit l'historique, que Victor Hugo a pris après les avoir marqués d'une croix à l'encre les titres : devoirs envers Dieu, envers soi-même, envers le prochain, envers les créatures, etc., avec les indications des sources », qui figurent « dans le grand travail attribué à Mgr Bienvenu. »

Les chapitres v, vi et vii de l'évangile selon saint Matthieu contiennent le sermon sur la montagne. Le thème du chapitre vi est : « Aumône. Prière. Jeûne. Servir Dieu, non l'argent. Ne point s'inquiéter des besoins de la vie. Confiance en la Providence. » Les versets mentionnés ici par Victor Hugo sont : chapitre v, 29 « Que si votre œil droit est un sujet de scandale, arrachez-le et jetez-le loin de vous, car il vaut mieux pour vous qu'un de vos membres périsse que si tout votre corps était jeté dans l'enfer »; 30 « Et si votre main gauche vous est un sujet de scandale coupez-la et jetez-la loin de vous ; car il vaut mieux pour vous qu'un de vos membres périsse que si tout votre corps était jeté dans l'enfer. » Chapitre vii, 12 « Faites donc aux hommes tout ce que vous voulez qu'ils vous fassent, car c'est là la Loi et les Prophètes. » Chapitre vi, 20 « Faites-vous des trésors dans le ciel, où ni la rouille ni les vers ne les consument, et où il n'y a point de voleurs qui les déterrent et qui les dérobent » ; 25. « C'est pourquoi je vous dis : Ne vous inquiétez point où vous trouverez de quoi manger pour le soutien de votre vie, ni d'où vous aurez des vêtements pour couvrir votre corps : la vie n'est-elle pas plus que la nourriture, et le corps plus que le vêtement. » (*La Sainte Bible*, traduction de Lemaistre de Sacy revue par M. l'abbé Jacquel ; édition Garnier frères.)

P. 102. *CHAPITRE III*

1. VAR. « ... que nous avons vu *errer de porte* en porte *au commencement de ce livre, et auquel une bonne femme qui passait avait fini par dire en lui montrant une porte dans la place de la cathédrale* : « *Allez, frappez là.* »

« *Et il entra...* »
2. VAR. « ... une expression *sinistre,* fatiguée... »
3. VAR. « ... une *farouche* apparition. »
4. VAR. « ... à demi, comme par une secousse électrique, puis... »
5. VAR. « ... et devint je ne sais quoi d'inexprimable. »
6. VAR. « ... quarante-*huit*... »

P. 107. *CHAPITRE IV*

1. VAR. « ... *au point* du jour. »
2. Ce sont quatre communes du département du Doubs : Beure et Lods dans l'arrondissement de Besançon, Audincourt et Châtillon dans l'arrondissement de Montbéliard.
3. Mauves dans le Vivarais, canton de Tournon (Ardèche), non loin du clos de l'Hermitage, resté plus fameux.

P. 111. *CHAPITRE V*

1. VAR. « ... M. *l'évêque...* »
2. VAR. « ... quelque chose de *violent et qui était évidemment le rire d'un homme qui ne rit jamais.* »
3. On pourrait placer ici la « métaphore amusante, restée inédite » relevée au verso du manuscrit de ce chapitre et que cite l'E.I.N : « Il faisait un beau clair de lune. La lune avait, comme disent les paysans, mangé les nuages. »

P. 112. *CHAPITRE VI*

1. Il y a plusieurs Faverolles en France. Le Faverolles briard de Jean Valjean est dans l'Aisne, arrondissement de Soissons, canton de Villers-Cotterets.
2. Cette phrase n'est pas dans *les Misères*.
3. VAR. « *Disons pourtant qu'il* était d'un caractère... »
4. La plus grande partie de cet alinéa (jusqu'aux mots : « être pensant ») manque dans *les Misères*.
5. VAR. « ... cinq ans de galère. »

« *Jean Tréjean* fit partie *de la* grande chaîne qui fut ferrée à Bicêtre en avril 1796, le jour même où *l'*on cria dans Paris la victoire de Montenotte. Un *vieux* guichetier... »

6. La rue du Gindre allait de la rue du Vieux-Colombier à la rue de Mézières. Elle était continuée par la rue Madame. Aujourd'hui le nom de rue Madame s'étend à l'ancienne rue du Gindre.

7. La rue du Sabot existe toujours dans le sixième arrondissement. Elle va de la rue du Four à la rue Bernard-Palissy qui s'appelait alors rue Taranne.

8. Var. « *son évasion.* »

9. Cet alinéa manque dans *les Misères*.

P. 117. *CHAPITRE VII*

1. Var. « ... féroce et *monstrueux*. »
2. La phrase qui commence ici manque dans *les Misères*.
3. Var. « ... allumer et faire... »
4. Le passage qui commence ici et qui finit aux mots : « jusqu'au toit du bagne » (deux alinéas) n'est pas dans *les Misères*.
5. Var. « ... détail *uniquement* éclairé... »
6. Var. « ... malheur, *passant* par les trois... »
7. Var. « ... *ayant* pour mobiles... »
8. La partie qui finit ici de cette phrase manque dans *les Misères*.

P. 124. *CHAPITRE VIII*

1. Ce chapitre manque dans *les Misères*.

P. 126. *CHAPITRE IX*

1. Ce chapitre forme, dans *les Misères,* la fin du chapitre VII : *le Dedans du désespoir*.
2. Les six mots qui précèdent ne sont pas dans *les Misères*.
3. Ces deux phrases ne sont pas non plus dans *les Misères*.

P. 128. *CHAPITRE X*

1. Var. Titre dans *les Misères* : *l'Homme dans l'ombre*.
2. Var. « ... à songer. »
3. Var. « une *de* ses poches... »

P. 130. *CHAPITRE XI*

1. Autre titre projeté pour ce chapitre : *Rentrée du misérable dans les actions nocturnes*. Dans *les Misères*, ce chapitre et le chapitre précédent n'en font qu'un.
2. La phrase qui finit ici n'est pas dans *les Misères*.

P. 134. *CHAPITRE XII*

1. Var. « ... M. *l'évêque*... » De même plus loin, dans ce chapitre.
2. Cette réplique manque dans *les Misères*.

P. 137. *CHAPITRE XIII*

1. Var. Dans *les Misères* ce chapitre est intitulé : *Jean Tréjean lâché*. Autre titre projeté : *Ce qu'il vit le soir*.

2. Var. « ... *le visage sombre*... »
3. Var. « ... étaient *hagards*... »
4. Var. « ... un petit étranger... »
5. Var. « ... trouble *inexprimable*... »
6. Var. « ... de M. *l'évêque de D.* »

LIVRE TROISIÈME. — EN L'ANNÉE 1817

P. 146.   *CHAPITRE PREMIER*

1. Autre titre projeté : *Une bonne farce*. Tout ce livre III manque dans *les Misères*.

2. Edmond Biré a écrit tout un gros livre pour vérifier, rectifier ou réfuter les assertions que Victor Hugo a produites dans ce chapitre. (*L'Année 1817,* Honoré Champion, 1895, in-8; 432 pages). On ne saurait suivre, dans ces notes, Edmond Biré dans les détails de ses discussions mais on en retiendra les rectifications de dates et de faits.

3. Le baron Bruguière de Sorsum (1773-1823) a traduit quelques tragédies de Shakespeare. Il l'a fait partie en vers rimés partie en vers non rimés. C'était un homme d'esprit et un lettré qui n'avait pas souci d'être célèbre et qui était, du reste, un admirateur de Victor Hugo. (cf. Edmond Biré : *Victor Hugo avant 1830,* pp. 311 et 321).

4. Le comte Jean-Baptiste Lynch (1749-1835). Voir sur la journée de mars 1814, jour de l'entrée du duc d'Angoulême à Bordeaux, le récit d'Edmond Géraud dans son journal : *Un témoin des deux Restaurations* (pp. 79-92, Flammarion, s.d. in-12). On y voit le comte de Lynch, maire de la ville, portant l'écharpe et la cocarde blanches et criant « Vive le roi! », faire, à la tête de la municipalité, accueil aux troupes anglaises.

5. En 1817, Mlle Bigottini dansait, en effet, à l'opéra de Paris, mais Pellegrini chantait encore à Naples. Victor Hugo sous-entend que Pellegrini chantait à Paris; il n'y débuta, sur la scène du Théâtre-Italien, que le 29 avril 1819 dans *Il pretendente burlato* (*le Prétendant berné*), opéra-comique en un acte dont la musique était de Guglielmi fils. Félicien Pellegrini était né en 1774. Il chanta au Théâtre-Italien jusqu'en 1826. En 1829, il fut nommé professeur au Conservatoire. Il mourut en 1832. — Potier jouait alors au Théâtre des Variétés où il avait déjà eu de grands succès mais il n'y régnait pas seul et Brunet, qui l'y avait fait engager, n'était pas moins apprécié ni moins applaudi. Odry existait et, à ce même Théâtre des Variétés où il jouait depuis dix années, il avait, entre Brunet et Potier, obtenu sa légitime part de succès. — Mme Saqui, née en 1766, ne succéda pas à Forioso qui était né la même année. Ils furent l'un et l'autre célèbres comme danseurs de corde au temps du Premier Empire. Forioso renonça à son état en 1814 et se retira à Bagnères où il

mourut octogénaire. Mme Saqui avait obtenu, dès le début de la Restauration, l'autorisation d'ouvrir au boulevard du Temple une salle de spectacle qui fut le *Théâtre acrobate*. Elle en fut la directrice jusqu'en 1824.

6. Charles-François-Louis Delalot (1772-1842) qui s'était signalé, vers la fin de la Convention, par l'ardeur de ses convictions contre-révolutionnaires fut, sous la Restauration, rédacteur au *Journal des Débats*. Il fut député de novembre 1820 à octobre 1821; son opposition au ministère fit échouer sa candidature en 1824. Il redevint député (de la Charente) en novembre 1827 et fut réélu en juillet 1830. Il a écrit un ouvrage: *De la Constitution et des lois fondamentales de la monarchie française*. (Paris, 1814; in 8º).

7. Pleignier, Carbonneau et Tolleron, membres de la société secrète des « Patriotes associés », furent poursuivis en Cour d'Assises, avec vingt-trois complices, sous l'inculpation de complot contre la famille royale. On les accusait de vouloir faire sauter les Tuileries. Mais leur procès eut lieu non pas en 1817, mais en 1816. Ils furent le 7 juillet, pour crime de lèse-majesté, condamnés à la peine des parricides: la tête tranchée et, comme le rappelle Victor Hugo, le poing coupé. (Cf. G. Heron Lepper: *les Sociétés secrètes de l'Antiquité à nos jours*, pp. 174-176; Payot, 1936; in-8º).

8. Le « Voltaire-Touquet » ne pouvait être populaire en 1817, le colonel Touquet, ancien officier de la Garde, n'ayant publié son édition des œuvres choisies de Voltaire qu'en 1821 (15 volumes in-12º). Les tabatières à la charte furent une innovation du même Touquet, et c'est seulement en 1820 qu'il mit en vente ses « tabatières constitutionnelles. » Un tableau de ces tabatières contenait le texte de la Charte, gravé dans un cercle. Touquet édita de nombreux ouvrages contre la Restauration. Il publia lui-même une *lettre de M. Touquet, éditeur de la charte constitutionnelle* (Paris, 1821, in-8º). Mais il fit de mauvaises affaires. En 1830, il obtint une pension comme ancien colonel; il n'en profita pas, car il mourut presque aussitôt.

9. C'est en 1814, et non en 1817, que Charles Dautun assassina son frère Auguste dont la tête fut retrouvée dans la Seine, au bas de l'escalier du quai Desaix. Charles Dautun fut condamné à mort. Il fut exécuté le 28 mars 1815.

10. La frégate la *Méduse*, partie de France pour le Sénégal le 17 juin 1816 fit naufrage le 2 juillet suivant et le ministère de la Marine reçut quelques semaines après (le 15 septembre) toutes les pièces relatives à ce désastre. Le capitaine de la *Méduse*, Duroy de Chaumareix, s'était l'un des premiers sauvé dans un canot. Le célèbre tableau où Géricault a peint le naufrage de la *Méduse* fut exposé au salon de 1819.

11. Octave-Joseph-Anthelme de Sèves (et non de Selves) (1787-1860) servit dans l'armée sous l'Empire et pendant les Cent Jours. En 1816 il se rendit en Égypte comme instructeur de l'armée égyptienne. Il se convertit au mahométisme, devint colonel

puis général et fut appelé dans son nouveau pays Soliman-Pacha comme le dit Victor Hugo.

12. Charles Messier, astronome de la marine, né en 1730, mourut en cette année 1817 dont s'occupe Victor Hugo.

13. La duchesse de Duras ne commença d'écrire que vers 1820 et le roman d'*Ourika* ne parut qu'en 1823.

14. Les noms du pont d'Austerlitz et celui aussi du pont d'Iéna furent changés en 1815 en ceux du Pont du Jardin-du-Roi et de Pont des Invalides pour éviter que les Alliés les détruisissent. Leurs noms primitifs leur furent rendus en 1830. Le nom de Jardin-du-Roi était le nom par lequel le Jardin des Plantes avait été désigné jusqu'en 1793 et que la royauté rétablie lui avait rendu.

15. Mathurin Bruneau, né en 1784 à Vézins (Maine-et-Loire) d'un père sabotier. Il n'eut aucun goût pour la saboterie et quitta son village pour faire son tour de France. Il se faisait appeler baron de Vezins. Il se fit appeler ensuite Charles de Navarre, et se donna comme citoyen des États-Unis. Enfin il se présenta comme étant le dauphin Louis XVII. Ses prétentions firent du bruit. Il fut arrêté, jugé et condamné pour vagabondage et usurpation de nom. Béranger fit sur lui une chanson : *le Prince de Navarre ou Mathurin Bruneau*, dont le refrain est :

> *Croyez-moi, prince de Navarre,*
> *Prince, faites-nous des sabots.*

16. Victor Hugo concourut pour ce prix ; moi qui, disait-il dans son poème :

> *Moi qui, toujours fuyant les cités et les cours,*
> *De trois lustres à peine ai vu finir le cours...*

Il obtint une mention. Le prix fut partagé entre Pierre Lebrun et Xavier Saintine ; l'accessit fut donné à Charles Loyson.

17. Nicolas de Bellart (1761-1826). Il fut, sous la Restauration, procureur général à Paris.

18. Jacques-Nicolas de Broë (1790-1840). Il était, en 1817, substitut du tribunal de première instance de la Seine ; il fut, l'année suivante, substitut de la Cour royale ; il requit, en cette qualité, le 28 août 1821 contre Paul-Louis Courier, poursuivi pour son *Simple discours à l'occasion d'une souscription pour l'acquisition de Chambord*. En 1822, de Broë fut nommé avocat général à la Cour royale.

19. Louis-Antoine-François Marchangy (1782-1826) fut, comme de Broë, substitut du tribunal de la Seine et devint aussi avocat général de la Cour royale de Paris. C'était un royaliste passionné. Il fut élu député en 1823, puis en 1824, et chaque fois non admis à siéger parce qu'il ne payait pas le cens. Il est l'auteur de *la Gaule poétique* et *l'Histoire de France considérée dans ses rapports avec la poésie, l'éloquence et les beaux-arts* (1813-1815).

Charles Victor Prévot d'Arlincourt (1789-1856) après avoir

été fonctionnaire sous l'Empire et sous la première Restauration, n'obtint, contre son espérance, aucun emploi de la seconde. Il ne fut plus que poète et romancier et, sous ces deux espèces, écrivain assez extravagant. Fort abondant aussi.

20. Marie Cottin, née Risteau (1770-1807). Morte depuis dix ans en 1817, elle ne passait alors et — quelque estime que l'on eût pu avoir pour son talent — n'avait jamais été « déclarée le premier écrivain de l'époque. » Son roman *Claire d'Albe* avait paru en 1799; *Malek-Adel* n'est pas le titre d'un autre de ses romans; c'est seulement le nom de l'un des personnages de *Mathilde ou Mémoires tirés de l'histoire des Croisades* (L. G. Michaud, 1805, 6 vol. in-12).

21. Ferdinand Paër, né à Parme en 1771, mort à Paris en 1839. Il est l'auteur d'opéras-comiques parmi lesquels le *Agnese* que mentionne ici Victor Hugo et le *Maître de chapelle*, opéra-bouffe en un acte qui fut joué en 1824 et qui est le plus connu des ouvrages de Paër. En 1817 il fut directeur de la musique de la chambre du roi et maître de musique de la maison de la duchesse de Berry; le marquis de Sassenage appartenait aussi à la maison de la duchesse de Berry en qualité de secrétaire des commandements. Paër était d'un naturel assez indolent. Il se contenta longtemps de ses succès de salon; il y était applaudi comme compositeur et comme chanteur.

22. Edmond Géraud (1775-1831). Il fut pendant la première Restauration rédacteur en chef du *Mémorial bordelais*. En 1817 il fonda une revue littéraire *la Ruche d'Aquitaine ;* il envoyait des articles littéraires à la *Gazette de France,* à la *Quotidienne.* Il écrivait son journal dont on a publié des fragments qui forment trois volumes : *Journal d'un étudiant sous la Révolution,* publié par Gaston Maugras (Calmann-Lévy); *Un témoin des deux Restaurations,* mentionné à la note 4 et publié par Charles Bigot; *Un homme de lettres sous la Restauration,* publié par Maurice Albert (Flammarion, s.d. in-12). Ce dernier volume contient quelques poésies d'Edmond Géraud, et parmi elles la romance l'*Hermitte de Sainte-Avelle.* Un damoisel a reçu d'une belle dame un baiser et depuis il sent en lui une flamme que rien ne peut apaiser; il va demander au vieil Hermitte de Sainte-Avelle une croix bénite ou un rosaire pour apaiser son tourment, mais le vieillard lui répond que

> *sur cette terre*
> *Où l'homme ne vit qu'un jour,*
> *Il n'est ni croix ni rosaire*
> *Qui guérisse de l'amour.*

On serait étonné que toutes les jeunes filles sous la Restauration aient chanté une telle romance. Mais il ne faut jurer de rien. Cette romance eut certainement du succès; elle inspira deux pièces de théâtre intitulées l'une et l'autre l'*Hermitte de Saint-Avelle* et représentées en 1820, le même jour, l'une, de Mélesville et Fontanes

Saint Marcellin au Théâtre du Vaudeville ; l'autre de Théaulon et Capelle au Théâtre des Variétés. Celle-ci avait un sous-titre : « *ou la berceuse mystérieuse.* »

23. Le dernier numéro du *Nain jaune* avait paru le 15 juillet 1815. Le premier numéro du *Miroir* parut le 15 février 1821. (Cf. E. HALIN. *Bibliographie de la Presse française,* pp. 321 et 348). Le *Nain jaune* ne se transforma donc pas en *Miroir* dans l'année 1817.

24. Le café Lemblin était au Palais-Royal, 100 et 101 galerie de Chartres. Il dut son succès à l'excellence du chocolat, du thé et du café qu'on y servait. Après 1814 il eut deux clientèles : le matin des gens sérieux et même graves : Boïeldieu, Jouy, Ballanche, etc. ; le soir, celle d'officiers supérieurs de toutes armes. Il devint le lieu de réunion des officiers bonapartistes, comme le dit Victor Hugo. La clientèle du café de Valois, rival et voisin du café Lemblin, était bourbonienne. « C'était, dit le docteur Véron, le club d'ailleurs assez calme, assez pacifique, des vieux émigrés qu'on appelait alors les voltigeurs de Louis XIV. » (*Mémoires d'un bourgeois de Paris,* III, 10. Librairie nouvelle, 1856, in-16).

25. Madame de Staël mourut vers le milieu de l'année 1817, le 14 juillet.

26. Edmond Biré relève, en 1817, une seule soirée tumultueuse au Théâtre-Français, le 22 mars, mais l'hostilité était contre Arnault et sa tragédie de *Germanicus :* il relève contre Mlle Mars des manifestations violentes le 10 juillet 1815, en raison de l'attitude bonapartiste que Mlle Mars avait eue pendant les Cent Jours.

27. La liberté de la presse était si grande que les Chambres — la Chambre des députés le 29 janvier 1817, la Chambre des pairs le 14 février — votèrent une loi qui soumettait, pour l'année 1817 précisément, la publication des journaux à l'autorisation préalable. Cette loi devait cesser d'avoir effet le 1ᵉʳ janvier 1818, mais le 30 décembre 1817 la censure fut maintenue, et ne fut supprimée qu'en juin 1819.

28. *La Minerve française* aurait été bien en peine, en 1817, d'écrire avec quelque orthographe que ce soit, le nom de Chateaubriand. Elle ne commença à paraître qu'en février 1818 (Cf. E. HALIN : *Bibliog. de la Presse française,* p. 342). Mais elle écrivit Chateaubriand avec un t, comme le dit Victor Hugo. (Voir ses diverses allégations de Victor Hugo : Edmond Biré, *l'Année 1817* pp. 197-211. Il les conteste ; sa démonstration n'est pas péremptoire, mais il y a déjà tant d'erreurs dans ce chapitre que Biré peut avoir raison encore sur ces points-ci.)

29. Descartes ne fut point banni. Il se retira en Hollande en 1628, de sa propre volonté. Tous ses biographes sont d'accord à ce sujet.

30. Renaissant ou ressuscité.

31. Piet était député de la Sarthe. Il habitait en effet rue Thérèse, non pas au numéro 4, mais au numéro 8, petite inexactitude que Biré rectifie d'après l'*Almanach royal* de 1817, Les députés de la

droite se réunissaient chez Piet depuis la fin de 1815 ; ces réunions étaient de plus de deux cents membres, ce qui est beaucoup pour un « conciliabule ».

32. Le baron René Bacot, député d'Indre-et-Loire à la Chambre introuvable, non réélu en 1816 et qui, ayant été impérialiste sous l'Empire fut, à la Chambre introuvable, parmi les ultras n'avait, dit Biré, ni l'autorité politique, ni l'autorité de l'âge (il avait en 1817 trente-six ans) qui pussent faire de lui le conseiller ou le guide des chefs de la droite.

33. La conspiration dite « du bord de l'eau » ne paraît pas avoir été bien grave. Elle fut ourdie par des officiers ultra-royalistes : Carnuel de Chappedelaine et quelques autres. O'Mahony n'est nommé dans aucun article de journal relatif à cette affaire ni dans aucune des pièces de la procédure engagée. (Cf. E. BIRÉ, *Op. cit.,* p. 103). S. Charléty résume brièvement l'histoire de cette conspiration : « Il fut question dans l'été de 1818 (et non pas en 1817) sur la terrasse des Tuileries qui longe la Seine, entre officiers royalistes, d'enlever le Roi, de le contraindre à abdiquer en faveur du comte d'Artois ou à changer de ministres : [un] Decazes fit arrêter les plus bavards des conspirateurs et mit à profit leur sottise pour achever de brouiller Louis XVIII avec son frère ; puis il relâcha tous les conjurés « du bord de l'eau ». (*Hist. de France contemporaine*, IV : *la Restauration,* p. 129, Hachette, s.d., in-8°.)

34. La société secrète de *l'Épingle noire,* du nom du signe de ralliement de ses membres fut poursuivie pour complot en 1817 ; tous les accusés furent acquittés. C'étaient des officiers de l'ancienne armée.

35. C'est en août 1820 seulement que devait se produire une insurrection militaire à laquelle devaient participer Trogoff et Delaverderie. Le gouvernement fit arrêter à temps les conjurés. Ils n'étaient d'ailleurs pas d'accord sur le but de leur entreprise, les uns, bonapartistes, projetaient de donner la régence au prince Eugène ; d'autres, républicains, de donner la présidence à La Fayette. La Cour des pairs condamna quelques-uns des affiliés à des peines dont les plus fortes furent à cinq ans de prison et acquitta le reste.

36. *La Monarchie selon la charte,* brochure écrite en 1816, ne pouvait être dictée en 1817.

37. En 1817 la critique, tout en louant Lafon, ne le mettait pas au-dessus de Talma ; un article du *Moniteur,* le 30 décembre 1817, appelait Lafon « notre second acteur tragique », Talma étant considéré comme le premier. (Cf. E. BIRÉ, *op. cit.* p. 297).

38. M. de Féletz signait ses articles A ; Hoffmann signait de son initiale H ; c'est M. Delalot, qui signait Z. Mais Hoffmann signa plus tard Z lui aussi, notamment le 14 juin 1824 un article sur les *Odes* de Victor Hugo, ce qui explique l'inexactitude ici commise.

39. *Thérèse Aubert,* par l'auteur de *Jean Sbogar,* parut en 1819. Il est peu vraisemblable, comme le suppose Ed. Biré (*op. cit.* p. 249)

que Nodier, qui produisait beaucoup en ce temps-là et qui publiait aussitôt ait tardé deux années à publier *Thérèse Aubert*.

40. M. de Trinquelague, député du Gard, était un membre influent de la droite qui fit de lui en 1816 et en 1817, mais sans succès, son candidat à la présidence de la Chambre. Clausel de Coussergues, député siégeant à l'extrême droite, était le frère de l'abbé Clausel de Montals, et il ne semble pas que les deux frères eussent des opinions divergentes. E. Biré produit un texte de la *Biographie des Contemporains*, postérieur de dix années il est vrai, (1827) à l'époque étudiée ici et qui, au mot « Clausel de Montals » déclare : « Il s'est montré constamment, dans ses sermons, le défenseur des principes religieux et politiques professés par son frère. » — M. de Salaberry, député de l'extrême droite comme Clausel de Coussergues, fut rédacteur au *Conservateur* et, dans les dernières années de la Restauration, au *Conservateur de la Restauration*. On ne voit pas pour quelle raison, en 1817, M. de Salaberry eût été particulièrement mécontent. (Cf. Ed. BIRÉ, *op. cit.* pp. 156-166.)

41. La première représentation des *Deux Philibert* fut donnée à l'Odéon le 10 août 1816.

42. Cugnet de Montarlot était militaire ; il fit partie de la société secrète « le Lion dormant », et poursuivi, pour ce délit, avec d'autres prévenus. Ils furent tous acquittés. — Le colonel Fabvier ne manifesta une hostilité active contre les Bourbons qu'en 1819, après qu'il eut été condamné pour un écrit jugé diffamatoire pour le général Canuel. Le colonel Fabvier fut mêlé alors à la conspiration d'octobre 1819 où étaient impliqués Delaverderie et Trogoff. (Voir la n. 35). — C'est en 1819 aussi que Nicolas Bavoux, chargé de cours à la Faculté de Droit, y traita si sévèrement la législation qu'il avait mission d'enseigner que sa violence fit scandale et suscita du tumulte ; Bavoux fut destitué et poursuivi devant la cour d'assises de la Seine pour provocation à la désobéissance aux lois. Il fut acquitté. (Cf. E. BIRÉ, *op. cit.*, pp. 118-120 ; 125-129 et 106-109).

43. Les bibliographes ne mentionnent l'édition, par Pelicier, d'œuvres de Voltaire ni en 1817 ni à une autre date. Dans la bibliographie de l'édition Beuchot-Moland il n'est question en 1817 que des éditions de Desaër, et de Plancher. (Cf. l'édition Beuchot-Moland, I, XXIII-XXIV.)

44. Caricature d'un vers de Lemierre dans *les Fastes et les usages de l'année* (chant I) :

> *Même quand l'oiseau marche on sent qu'il a des ailes,*

mais Victor Hugo défigura ce vers. Charles Loyson, dont il a été question dans la note 16 donnait, comme poète, de grandes espérances. Il mourut le 27 juin 1820, âgé seulement de vingt-neuf ans.

45. Le cardinal Fesch, oncle de Napoléon, s'était retiré à Rome après l'abdication de Napoléon ; rentré en France quand Napoléon revint de l'île d'Elbe il retourna à Rome après Waterloo. Il ne

consentit jamais à résigner son archiépiscopat et quand, en 1837, M. de Pins, évêque d'Amasis *in partibus* et administrateur du diocèse de Lyon mourut, la cour de Rome essaya de faire rendre son siège au cardinal Fesch, mais le gouvernement de Louis-Philippe n'y consentit pas (voir la n. 6 de la page 1514).

46. La vallée de Dappes, dans le Jura, appartenait d'abord à la Suisse, canton de Vaud. Cédée en 1804 par le canton de Vaud à Bonaparte, premier consul, elle fut restituée à la Suisse, en 1815, par le Congrès de Vienne. Cette décision suscita de longues discussions. En fait, la France, qui ne tenait pas à rendre ce territoire, le conserva jusqu'en 1863. Le 8 décembre de cette année-là il fut partagé définitivement entre la France et la Suisse par le traité de Berne.

47. Saint-Simon n'était pas ignoré en 1817. Il avait publié plusieurs ouvrages et, depuis 1816, il publiait une revue : *l'Industrie, ou discussions politiques, morales et philosophiques, dans l'intérêt de tous les hommes livrés à des travaux utiles et indépendants.* Il était connu et apprécié des savants. Il avait l'appui financier de Laffitte. Et M. Maxime Leroy a pu écrire : « Dans ces premières années de la Restauration, Saint-Simon est à l'apogée de son influence... » (*La Vie du comte de Saint-Simon*, p. 274; Grasset, 1925; in-16º.)

48. Les deux Fourier : Jean-Baptiste-Joseph, baron Fourier (1768-1830), auteur d'ouvrages scientifiques dont une *Théorie analytique de la chaleur* qui ne parut qu'en 1822; il fut élu membre de l'Académie des Sciences précisément en 1817, le 11 mai, et membre de l'Académie française en 1826; Charles Fourier (1772-1837) sociologue et philosophe, chef de l'École fouriériste, auteur de la *Théorie de l'unité universelle.* Quoique Biré soutienne le contraire, il n'est pas douteux que la postérité se souvient mieux de Charles Fourier que de Joseph Fourier.

49. C'est en 1815, dans une note à son poème *Alfred, roi d'Angleterre,* que Millevoye fit une allusion aux ouvrages « de lord Baron »; la forme « un certain lord Baron », irrespectueuse, est une fantaisie de Victor Hugo.

50. David d'Angers avait eu le grand prix de sculpture en 1811. Il passa cinq ans à Rome et en rapporta trois sculptures en marbre. En 1816 il fut chargé par le gouvernement de faire une statue du grand Condé. Cette statue, exposée au Salon de 1817, y fut remarquée. David avait vingt-huit ans. Cette exposition est la première manifestation publique de son talent. C'est dans ce sens, je pense, qu'il faut prendre la phrase de Victor Hugo, et non comme le fait Biré au sens strict des termes.

51. L'abbé Guy-Toussaint-Joseph Caron (1760-1825) avait, après le 10 Août, émigré en Angleterre où il avait fondé divers établissements charitables. Lamennais qui, après le retour de l'île d'Elbe, ne se croyait pas en sûreté en France à cause de son livre ultramontain : *la Tradition de l'Église sur l'institution des évêques,* était passé en Angleterre et y avait rencontré l'abbé Caron. Ils

rentrèrent en France tous les deux après les Cent Jours et l'abbé Caron dirigea l'*Institut des nobles orphelines* de l'impasse des Feuillantines. Aux Feuillantines, et dans la maison même où Victor Hugo avait habité étant enfant, Lamennais, que l'on appelait de son nom (orthographié F. Mennais ou F. de la Mennais), préparait le premier volume de son *Essai sur l'indifférence en matière de religion,* qui parut en décembre 1817, sous le nom de l'auteur. Le tome second ne devait paraître qu'en 1820. Il est donc excessif d'écrire, comme, dans sa passion de contredire Victor Hugo, Edmond Biré l'a fait (*op. cit.*, p. 262), que Lamennais « jouissait en 1817 d'une célébrité qui était bien près d'être de la gloire. »

52. E. Biré (*op. cit.*, pp. 273-274) cite plusieurs textes de 1817 qui montrent que le public parisien ne considérait pas avec indifférence et comme une utopie le bateau à vapeur.

53. Vincent-Marie, comte de Vaublanc (1756-1845), signa, en qualité de ministre de l'Intérieur, l'ordonnance du 21 mars 1816 qui, supprimant la division de l'Institut en diverses classes, restituait à chaque Académie son nom ancien et rendait à l'Académie française le droit de préséance. Onze membres de l'Académie française furent à cette occasion éliminés; le roi désigna neuf académiciens nouveaux, laissant à l'Académie la liberté d'en élire deux autres. Le 11 avril l'Académie élut Laplace et Auger. Vaunoir, dans sa *Biographie des Académiciens radiés,* (Paris, 1822), écrivit que le signataire de l'ordonnance, M. de Vaublanc, « espérait sans doute que l'Académie, pour récompenser les services qu'il venait de lui rendre, l'appellerait par son choix à une des places où il n'avait osé se nommer par la même ordonnance. » (Cité par Albert ROUXEL : *Chronique des élections à l'Académie française,* p. 247. Firmin-Didot et Cⁱᵉ, 1888, in-8º.)

54. Guy Delavau ou Guy de Lavau (sans *e*) (1787), avocat en 1810, juge auditeur en 1815, conseiller à la cour royale de Paris, et affilié à la Congrégation depuis 1807, ne fut pas nommé préfet de police en 1817, mais il le devint en 1821 quand Villèle fut au pouvoir.

55. Joseph-Claude-Barthélemy Récamier (1774-1852) fut élevé dans les principes catholiques et manifesta toute sa vie des sentiments catholiques et légitimistes. Devenu un chirurgien célèbre et professeur au Collège de France il refusa, en 1830, de prêter serment à la monarchie constitutionnelle. Il était de l'école vitaliste, c'est-à-dire qu'il admettait l'existence d'une force distincte de l'élément matériel de l'organisme. Guillaume Dupuytren (1777-1835) fut aussi un grand chirurgien. En 1811, il fut professeur à l'École de Médecine de Paris où il était entré dès 1795 comme prosecteur et où il était depuis 1801 chef des travaux anatomiques. En 1815 il fut nommé chirurgien en chef de l'Hôtel-Dieu et en 1820 il reçut le titre de chirurgien consultant du roi.

56. Il s'appelait Nicolas-Louis François (1750-1828). Il prit le nom de Neufchâteau de la ville qui l'avait adopté. Il était de naissance modeste. Il devint un personnage : député à l'Assemblée

législative, plus tard ministre de l'Intérieur, membre de l'Académie française. Il eut une réputation d'érudit, de poète et d'agronome. Il fut un poète d'une rare précocité ; dès l'âge de neuf ans il composait des vers et Voltaire salua ce si jeune talent. Quand Victor Hugo, en 1817 précisément, reçut de l'Académie française un « encouragement » pour l'épître sur le *Bonheur que procure l'étude dans toutes les situations de la vie*, François de Neufchâteau célébra en vers ce talent précoce aussi. Comme agronome François de Neufchâteau a publié notamment un ouvrage *sur la manière d'étudier et d'enseigner l'agriculture*. En 1821, mû à la fois par ses deux vocations d'agronome et de poète, il publia des *Épîtres sur l'avenir de l'Agriculture en France*.

57. Biré rappelle (*op. cit.*, p. 212) que de la chute de l'Empire aux élections de 1819 où il fut élu député, l'ex-abbé et conventionnel Grégoire vécut dans une retraite absolue, et que son nom ne fut point, pendant ce temps-là, mêlé aux polémiques politiques. On peut présumer que si quelque polémiste le nomma, à l'insu de Biré, ce dut être en termes assez durs. Biré conteste qu'on ait, même après les élections de 1819, traité Grégoire d'« infâme ». Les textes qu'il cite ne sont pas moins violents. Chateaubriand écrit, de l'abbé Grégoire, que « ses principes font horreur » et Victor Hugo lui-même dans son juvénile royalisme écrivait alors dans sa satire : *le Télégraphe,* publiée dans *Victor Hugo raconté par un témoin de sa vie* (II, 9 :)

> *Quand Grégoire au Sénat vient remplir un banc vide,*
> *Je le hais libéral, je le plains régicide.*
> *Et s'il pleurait son crime, au lieu de s'estimer,*
> *S'il s'exécrait lui-même, oui, je pourrais l'aimer.*

Si Biré n'a pas trouvé dans les polémiques royalistes l'épithète d'infâme appliquée à Grégoire, il y a cependant, bien qu'en d'autres termes, l'accusation d'infamie, et c'est sans doute ce que Victor Hugo entendait.

58. Je ne sais si Royer-Collard a dénoncé cette expression comme un néologisme. Biré ne le savait pas non plus, mais (d'instinct si l'on peut dire et par réaction anti-hugolienne) il ne le croyait pas. Il en donne pour preuve que, devant l'hilarité suscitée à la Chambre parce qu'un orateur venait de dire : « La commission a été *impressionnée* par ma considération... », Royer-Collard dit, d'une voix grave : « Le mot est bon et clair, donnez-lui droit de bourgeoisie. » (*op. cit.,* p. 221). C'était aussi l'opinion de Littré qui dit que, dans le sens de « causer une impression morale » le terme *impressionner* « est nouveau, sans doute, mais » que « il est régulièrement fait comme *affectionner* ». Le fait que Royer-Collard ait admis un néologisme, qui lui paraissait « régulièrement fait », ne saurait démontrer qu'il n'ait pas condamné une autre expression néologique qui a pu lui paraître mal faite.

59. Prière d'ajuster votre vêtement avant de sortir.

P. 151. *CHAPITRE II*

1. *Oscar,* chanson anonyme en quatre couplets. Voici le premier dont les quatre derniers vers forment le refrain :

> Il va venir le sultan que j'adore,
> Ce seul espoir fait palpiter mon coeur,
> Et dans ses bras, jusqu'au sein de l'aurore,
> Je goûterai la coupe du bonheur.
> Chantez, enfants du rivage d'Asie.
> Des mains d'Oscar j'ai reçu le mouchoir ;
> Brûlez pour lui les parfums d'Arabie,
> Oscar s'avance, Oscar, je vais le voir.

Le dernier couplet prévoit l'inconstance d'Oscar et demande aux enfants du rivage d'Asie de ne plus chanter et de ne pas brûler les parfums d'Arabie si la rivale emporte le mouchoir. (Q. Dumarsan et Noël Ségur : *Chansons nationales et populaires de la France,* II, 121 (Garnier frères, s.d. in-8º).

P. 155. *CHAPITRE III*

1. Autre titre projeté : *Sans nuage.*
2. Voir, dans *les Feuilles d'automne,* la pièce XXIII, datée de novembre 1831 :

> Oh ! qui que vous soyez, jeune ou vieux, riche ou sage,
> Si jamais vous n'avez épié le passage
> Le soir, d'un pas léger, d'un pas mélodieux.
> . . . .
> Vous n'avez pas aimé...

3. Jean-Pierre-Jacques-Auguste de Labouïsse-Rochefort (1778-1852) auteur de relations de voyages, de souvenirs, de variétés littéraires et biographiques, de poésies aussi composées, à ses débuts, sous l'influence de Parny. Il avait épousé une jeune créole, très belle, très distinguée, qu'il adora ; il fut célèbre par cet amour même. Elle s'appelait Eléonore. Il fit pour elle bien des élégies ; *les Amours,* que forment deux volumes in-16 (1808-1817) : il écrivit en son honneur l'*Eléonorarici* ou biographie des Eléonores célèbres. Quand elle fut morte il mena une existence attristée et laborieuse, supportant sans aucune plainte privations et infirmités, et jusqu'à épuisement traîna courageusement des jours mélancoliques.
4. Les *keepsakes,* recueils de textes littéraires inédits, parurent d'abord en Angleterre. La mode en vint ensuite en France, où les premiers keepsakes parurent, non pas en 1817, mais en 1823.
5. Littré se contente de définir *canezou :* « corps de robe sans manches » ; il ne se risque pas à en donner l'étymologie.
6. Nicolas Coustou (1658-1733) le plus célèbre des trois statuaires de ce nom.

P. 159. *CHAPITRE IV*

1. Antoine Watteau (1684-1721), peintre de *l'Embarquement pour Cythère* et, comme on l'a dit « peintre des fêtes galantes »; Nicolas Lancret (1690-1743) ne saurait être opposé à Watteau, dont il fut l'émule. Pierre du Colombier dans sa récente *Histoire de l'Art* (A. Fayard, s.d. [1942], in-16, p. 392) le range avec raison parmi les meilleurs petits maîtres de cette école des Fêtes Galantes suscitée par Watteau.

2. Honoré d'Urfé (1568-1625); dans son long roman d'*Astrée*, dont l'action est au ve siècle, il y a des druides en effet, dont l'un Adamas est si disert, si vif et si ingénieux que M. André Le Breton a pu l'appeler « vrai Figaro de la religion druidique. » (*Le Roman en France au dix-septième siècle,* p. 14. Hachette et Cie, 1890; in-16.)

3. François-Joachim de Pierres de Bernis (1715-1794), abbé et poète galant dans sa jeunesse; poète gracieux, facile, abondant, et de qui Voltaire a dit, en vers :

Et je laisse à Bernis sa stérile abondance.

Plus tard vinrent à Bernis les dignités ecclésiastiques et les hauts emplois.

4. Je suis de Badajoz; l'amour m'appelle. Toute mon âme est dans mes yeux parce que tu montres tes jambes (chanson gallicienne).

5. Le jardin Beaujon était situé au faubourg du Roule sur l'emplacement de la Folie-Beaujon du financier Nicolas Beaujon (1718-1799) qu'avaient enrichi des spéculations hardies, et même dangereuses, sur les grains. Le jardin Beaujon était un lieu de plaisir, comme le sera notre Luna-Park. On y avait réuni des divertissements divers entre autres des montagnes françaises, construites à l'imitation des montagnes russes et qui furent inaugurées le 8 juillet 1817.

P. 161. *CHAPITRE V*

1. La galerie Delorme, construite par un M. Delorme en 1808, allait de la rue de Rivoli à la rue Saint-Honoré n° 287. — Le Bottin de 1823 situe le restaurant Bombarda : 10, rue de Rivoli.

2. Dans *l'Étourdi*, Mascarille dit, (acte V sc. v) :

Puis, outre tout cela, vous faisiez *sous la table,*
Un bruit, un triquetrac de pieds insupportable...

3. La place Louis XV s'appela, sous la Révolution, place de la Révolution; elle reçut le nom de place de la Concorde en octobre 1795; le nom de place Louis XV lui fut rendu après Waterloo; après la Révolution de 1830 elle redevint, et elle est restée depuis, place de la Concorde.

4. Jules Anglès (1778-1828), préfet de police du 25 septembre

1815 au 20 décembre 1821. Il eut pour successeur Guy de Lavau, comme il a été dit dans la note 54, du chapitre premier.

5. La rue Greneta va de la rue Saint-Martin n° 241 à la rue Montorgueil, n° 80. C'est rue Greneta que fut définitivement vaincu le mouvement d'insurrection tenté, le 12 mai 1839, sous la direction de Barbès et de Blanqui, par la Société *les Saisons*.

P. 164. *CHAPITRE VI*

1. *Grafigner* : égratigner.

P. 165 *CHAPITRE VII*

1. Sainte-Beuve, cite dans son étude sur *Mme de Staël*, ce propos d'un diplomate : « J'étais jeune encore quand M. de Talleyrand m'a dit, comme instruction essentielle de conduite : « N'ayez pas de zèle. » (*Portraits de Femmes*, p. 132; Garnier frères, s.d. in-12). Alexandre-Balthasard-Laurent Grimod de la Reynière (1758-1838) n'avait aucune raison d'être zélé. C'était un homme riche, occupé surtout de bien vivre et de bien manger. Il est célèbre comme gastronome. Il fut président d'une sorte d'Académie des gourmets, qui se réunissait au restaurant fameux du Rocher de Cancale, rue Montorgueil. Il fit paraître, en 1803, un *Almanach des Gourmands* qui eut un grand succès.

2. Calembour de Jésus-Christ. « Pierre, tu es pierre, et sur cette pierre je bâtirai mon Église. » (MATHIEU, XVI, 18). — Calembour sur Isaac : Dieu ayant annoncé au vieil Abraham, déjà centenaire, qu'il aurait un fils de sa nonagénaire épouse Sara, Abraham, dans un mouvement d'étonnement et de joie « se prosterna le visage contre terre et il rit » et Dieu ordonna à Abraham d'appeler ce fils Isaac (le terme hébreu Ishaq signifie : qui rit). L'enfant né, Sara dit : « Dieu m'a donné un sujet de ris et de joie. » (*Genèse*, XVII, 17, 19; XXI, 6).

Calembour d'Eschyle qui fait appeler Polynice dans *les Sept contre Thèbes* « un vrai Polynice », c'est-à-dire un grand querelleur, un grand disputeur, le nom de Polynice étant formé de deux mots grecs dont l'un signifie : beaucoup et l'autre : dispute. (Cf. *les Sept contre Thèbes*, v. 830.) — Jeu de mots de Cléopâtre. La ville de Toryne (aujourd'hui Fargo) ville d'Épire, ayant été prise par Octave, Antoine s'émeut de cette conquête. Mais, Cléopâtre lui dit, en se moquant : « Eh bien! quel danger y a-t-il, si César (Octave) est de séjour à Toryne? » Elle joue sur ce nom de Toryne qui, comme le dit Victor Hugo, signifie : cuiller à pot. Amyot, à ce sujet, a écrit que c'est comme si Cléopâtre disait : « Si César est assis au long du foyer à écumer le pot. » (PLUTARQUE, *Vie d'Antoine*, LXXX.) (Cf. *Les Vies des hommes illustres*, bibliothèque de la Pléiade, II, 926 et 1246.)

3. Amphiaraüs, héros argien et devin, réputé pour son courage et sa prudence. Il prit part à l'expédition des Argonautes. C'est par lui qu'Eschyle fait faire le jeu de mots sur le nom de Polynice.

4. « Il y a mesure en toutes choses ». (HORACE, *Satires* I, 106.) C'est notre proverbe : l'excès en tout est un défaut.

5. « Du Parricide » c'est-à-dire de Néron.

6. Sylla abdiqua le pouvoir; Origène, la virilité.

7. « Et maintenant, ô Bacchus, je te chanterai. » (VIRGILE, *Géorgiques*, II, 2.)

8. La rue Guérin-Boisseau allait de la rue Saint-Martin, nº 281, à la rue Saint-Denis, nº 238. Elle a disparu lors du percement de la rue Réaumur.

9. Un peintre, nommé Euphorion ou Euphorios, qui peignit des figures rouges sur des vases.

10. François Elleviou (1769-1842), chanteur célèbre; il eut de grands succès dans l'opéra-comique, genre florissant sous l'Empire. Elleviou fit en 1813 un beau mariage; il renonça dès lors au théâtre et sa retraite prématurée suscita autant de regrets que d'étonnement. Il avait pris cette retraite depuis deux ans quand Tholomyès le nommait, dans un sentiment mêlé de louange et de malice; le mot « gratis » est une allusion aux prétentions exagérées d'Elleviou en fait d'appointements.

P. 170. *CHAPITRE VIII*

1. Le restaurant Édon était rue de l'Ancienne-Comédie. Victor Hugo, encore adolescent, ses frères Abel et Eugène et quelques amis qui débutaient aussi dans la littérature dînèrent un temps chez Édon une fois par mois, à deux francs le repas. (Cf. sur ce *Banquet littéraire, Victor Hugo raconté*, édition *ne varietur* in-16, I, 177).

2. Apulée rappelle dès les premières pages de *l'Ane d'or*, les auberges où il s'arrêta.

3. « Rien de nouveau sous le soleil et nul ne peut dire : voilà une chose nouvelle... » (*Ecclésiaste* I, 10) : — L'amour est le même pour tous (VIRGILE, *Géorgiques* III, 244). Le sens est : l'amour est le même tyran pour tous.

4. Parodie des vers de Malherbe (*Consolation à M. du Périer*) :

> *Elle était de ce monde où les plus belles choses*
> *Ont le pire destin,*
> *Et, rose, elle a vécu ce que vivent les roses,*
> *L'espace d'un matin.*

5. L'E.I.N. donne (I, 422) ce passage supprimé, qui est à ajouter à la péroraison de Tholomyès : « Les Français passent le mont Cenis comme les Romains ont passé le mont Olympe; la bataille de Marengo ressemble comme deux gouttes de sang à la bataille de Pydna [où Paul-Émile vainquit Persée en 168 av. J.-C.] : Brummell plagie Alcibiade » ou, selon une correction : « Mayeux plagie Ésope. » George Bryan Brummell (1778-1840), l'un des plus célèbres dandies et, en son temps, le roi de la mode, servit d'abord dans l'armée; il s'en retira assez tôt, étant seulement capitaine. Barbey d'Aurevilly a écrit : (*Du dandysme et de George Brummell*,

p. 52, A. Lemerre 1861). « Quoique Alcibiade eut été le plus joli des bons généraux, George Bryan Brummell n'avait pas l'esprit militaire. » Il était fait pour la vie élégante et fastueuse ; il dépensait beaucoup, il joua, il perdit ; il se ruina et mourut misérablement. Mayeux est un personnage inventé par le caricaturiste Charles-Joseph Traviés (1804-1859), il était la personnification de la bourgeoisie vaniteuse et sotte. Il n'avait de commun avec Ésope que d'être bossu.

P. 173. *CHAPITRE IX*

1. C'est-à-dire par une diligence des Messageries générales, administrées par Laffitte, Caillard et Cⁱᵉ.

LIVRE QUATRIÈME.
CONFIER C'EST QUELQUEFOIS LIVRER.

P. 176. *CHAPITRE PREMIER*

1. Autres titres projetés : *La Gargote Thénardier. — Une mère qui en rencontre une autre.* Ce dernier titre est devenu celui du chapitre premier.
2. Autre enseigne projetée : *Au Fédéré de 1815.*
3. C'est la romance d'*Imogine et Alonzo* en dix couplets et d'un auteur anonyme. Le premier couplet dit :

> *Il le faut, disait un guerrier*
> *A la belle et tendre Imogine.*
> *Il le faut, je suis chevalier*
> *Et je pars pour la Palestine.*
> *Tu me pleures en ce moment,*
> *Que ces pleurs ont pour moi de charmes !*
> *Mais il viendra quelque autre amant*
> *Et sa main essuiera tes larmes.*

Elle jure fidélité, bien entendu. Elle est, bien entendu, infidèle. Le spectre d'Alonzo, qui a péri en Palestine, apparaît au festin des noces et entraîne au tombeau « la belle et tendre Imogine » dont le fantôme revient tous les ans dans le château, en poussant des cris. Romance d'un goût tout à fait troubadour.

4. A ce chapitre, correspond dans *les Misères* le texte que voici : « *En 1822, il y avait à Montfermeil, près Paris, dans une espèce d'auberge borgne qui n'existe plus aujourd'hui, un petit être bien misérable. C'était un enfant de cinq ans, une petite fille que sa mère avait* « *mise en sevrage* » *dans cette maison trois ans auparavant et qu'au dire des gens du pays, elle paraissait y avoir oubliée.*

« *Cette mère s'était présentée un soir à l'auberge des mariés Thénardier, située au milieu de la ruelle du Boulanger. La pauvre femme venait de Paris à pied portant son enfant sur son dos. Elle était épuisée de fatigue. Elle était jeune, pâle, chétivement quoique proprement vêtue, jolie, avec les plus beaux cheveux blonds du monde, semblait triste et avait l'air malade.*

« *Il était évident du reste qu'elle était bonne mère, car l'enfant, lui, était gai et se portait bien. C'était une gentille petite fille qui avait de grands yeux bleus, des joues comme des pommes d'api et de petites cuisses grasses et potelées comme des ortolans.* Cette petite fille s'appelait Cosette, c'est-à-dire qu'elle se nommait Euphrasie, mais d'Euphrasie, la mère avait fait Cosette par ce doux et *charmant* instinct des mères et du peuple qui change Josepha en Pepita et Françoise en Sillette.

« *Aux questions qu'on lui avait faites*, la mère avait répondu qu'elle était ouvrière, que son mari était mort, que le travail lui manquait à Paris et qu'elle allait en chercher ailleurs, *et qu'elle serait bien heureuse si chemin faisant elle rencontrait une maison honnête où elle pourrait laisser son enfant en garde, en payant, bien entendu, qu'elle donnerait jusqu'à six francs par mois et qu'elle solderait six mois d'avance. Cette somme de trente-six francs, ainsi offerte et payée comptant, parut faire impression sur les aubergistes Thénardier. La gargote allait mal, ils avaient précisément un effet exigible à rembourser le surlendemain et il leur manquait une quarantaine de francs pour parfaire la somme. Le mari et la femme se poussèrent le coude, s'entendirent d'un regard et tout à coup, comme s'ils s'étaient concertés, proposèrent ensemble à la mère de prendre son enfant qui avait alors deux ans. Ils avaient de leur côté deux petites filles, l'une de dix-huit mois, l'autre de trois ans et demi. Les trois enfants joueraient ensemble et cela ferait des sœurs. La mère vit dans cela une famille que la providence envoyait à sa pauvre orpheline et consentit. Elle donna son argent, laissa son enfant, et partit le lendemain matin après avoir beaucoup embrassé sa Cosette, beaucoup prié Dieu et beaucoup pleuré. Elle laissait, du reste, un trousseau assez complet, et annonçait qu'elle reviendrait bientôt ; que du reste les mois de sevrage seraient toujours exactement payés.* »

P. 184.   CHAPITRE II

1. Le texte transcrit à la note précédente continue ainsi : « *Les mariés Thénardier* appartenaient à cette classe bâtarde composée de gens grossiers parvenus et de gens intelligents déchus, qui est entre *le peuple et la bourgeoisie.* » Toute la suite du chapitre II des *Misérables* manque dans *les Misères*.

2. Mme Barthélemy Hadot, née Marie-Adelaïde Richard (1763-1821) et la comtesse Charlotte de Bournon-Malarme (1753-1830) furent deux romancières de peu de talent mais d'une inépuisable fécondité. La comtesse de Bournon-Malarme écrivit, dit-on, cent dix-sept volumes ; un de ses romans *Nirallice chef de brigands*, eut un grand succès. Publié en 1800 il eut de nombreuses rééditions. Mme Barthélemy-Hadot fit de nombreux romans historiques.

3. Voir la note 2, ch. VIII, p. 1518.

P. 186.   CHAPITRE III

1. VAR. La première phrase de ce chapitre n'est pas dans *les Misères* où, après la phrase transcrite à la note 5, il porte : « Grâce aux *trente-six* francs de la voyageuse, *l'aubergiste* Thénardier put

éviter un protêt et faire honneur à sa signature. Le mois suivant, *ayant* encore besoin d'argent, *il fit porter par sa* femme à Paris et *engager* au Mont-de-Piété le trousseau de Cosette pour une somme de *quarante* francs. » La suite comme dans *les Misérables* jusqu'à la fin de l'alinéa « ...pareille à la leur ».

2. Après « pareille à la leur » le texte, dans *les Misères*, est : « Les six premiers mois révolus, la mère qui s'était fixée, comme on le verra plus tard, à M...-sur-M... envoya *six* francs pour le septième mois. »

3. VAR. « ...un rayon *d'aurore.* » Le texte continue ainsi : « *Les petites Thénardier s'appelaient Palmyre et Malvina. Aujourd'hui, c'est une mode qui a été faite un peu par les romans, un peu par l'esprit d'imitation ; un peu par l'esprit d'égalité — les petits paysans s'appellent Arthur, Alfred et Gustave, prenant ainsi leurs noms à ce qu'on appelle les gens du monde. J'imagine que ces gens du monde de leur côté finiront par prendre leurs noms aux paysans et par s'apercevoir qu'il n'y a pas de plus beaux noms que Pierre, Jean et Jacques. Les* Thénardier étant *méchants* pour *l'étrangère, Palmyre et Malvina* furent méchantes. Les enfants, *tant qu'ils sont petits,* ne sont que des exemplaires de la mère. Le format est plus petit, voilà tout. Une année s'écoula, puis une autre. On disait, dans le village : »

4. Cette phrase n'est pas dans *les Misères*.

5. VAR. « ... *par mois, menaçant* de la renvoyer. La mère paya les quinze francs. »

6. Cette phrase n'est pas dans *les Misères*.

7. VAR : « ...se mit à *grandir* un peu... »

8. Cet alinéa n'est pas dans *les Misères*.

9. VAR. « On *lui* fit faire... »

10. VAR. « ...disaient les Thénardier.

« *Pour presser la mère, les Thénardier écrivirent que son enfant était malade et qu'il fallait de l'argent pour les drogues et le médecin. La petite* « *sournoise* » *n'était pas malade, mais la souffrance l'avait rendue mauvaise* et la misère... ».

11. L'E.l.N. reproduit (I, 423-424) deux fragments du manuscrit qui n'ont pas été utilisés dans le texte. C'est une première version de l'histoire de Fantine qui s'appelait alors Marguerite Louet et de Louet à Alouette il n'y a, phonétiquement, pas loin. Victor Hugo avait donc écrit : « Cette mère qui offrait son enfant aux Thénardier, s'appelait Marguerite Louet. Elle, l'enfant, s'appelait Anna Louet. D'Anna Louet on avait fait Alouette. C'était le nom qu'on lui donnait dans tout Montfermeil. Du reste, ce nom d'Alouette lui convenait, et si son nom de famille ne l'eût naturellement expliqué, on eût pu croire que le peuple, qui aime les figures, s'était plu à appeler Alouette ce petit être pas plus gros qu'un oiseau... »

12. Dans *les Misères,* le chapitre continue ainsi : « *Cependant la mère, de son côté, n'était pas moins à plaindre. C'était une pauvre fille du peuple. Elle était née à M...-sur-M... De quels parents ? Qui pourrait*

le dire ? On ne lui avait jamais connu ni père ni mère. Elle se nommait Fantine. Pourquoi Fantine ? On ne lui avait jamais connu d'autre nom. A l'époque de sa naissance on ne baptisait pas encore. Quand elle était enfant, pieds nus et la jupe déchirée, dans les rues de la ville, on l'appelait la petite Fantine ; quand elle fut plus grande, on l'appela la Fantine. Personne n'en savait davantage. Cette créature humaine était venue dans la vie comme un oiseau. Sait-on le nom du moineau qui passe au printemps ?

« *A dix ans Fantine quitta la ville et s'alla mettre en service chez des fermiers des environs. A quinze ans, elle vint à Paris* « *chercher fortune.* » *Fantine était belle et resta sage le plus longtemps qu'elle put. Elle avait de l'or et des perles pour dot, mais l'or était sur sa tête et ses perles étaient dans sa bouche. Elle travailla pour vivre, puis, pour vivre aussi, elle aima. Hélas ! qui est-ce qui prend ces amours-là au sérieux ?*

« *Elle aima un vif et gracieux jeune homme, un étudiant qui la quitta un beau matin, en riant beaucoup d'un enfant qu'elle avait. Cet amant est aujourd'hui un gros avoué de province, fort riche et fort considéré, électeur sage et juré très sévère.*

« *Le travail vint à manquer. C'est une triste parole qu'il faut souvent répéter dans notre société encore mal faite. Fantine tomba dans la misère. Quand le père de son enfant fut parti, Fantine se trouva seule, ayant pris l'habitude du plaisir et perdu l'habitude du travail. En outre, comme elle avait négligé ses débouchés, ils s'étaient fermés. Elle ne savait vraiment plus à qui s'adresser. Elle avait commis une faute, mais elle avait un fond de pudeur et de vertu. Elle entrevit vaguement qu'elle était à la veille de tomber dans la détresse ou de glisser dans le désordre. Il fallait du courage, elle en eut, et se raidit. L'idée lui vint d'aller dans sa ville natale à M...-sur-M...* « *chercher fortune* ». *Elle vendit tout ce qu'elle avait, ce qui lui produisit une centaine de francs. A vingt-deux ans, elle quitta Paris, emportant son enfant sur son dos. C'était un groupe triste. Cette femme n'avait au monde que cet enfant, et cet enfant n'avait que cette femme. Comme Fantine avait nourri sa fille, cela lui avait fatigué la poitrine, et elle toussait un peu.*

« *On vient de voir de quelle façon elle avait laissé sa petite Cosette à Montfermeil.*

« *Fantine continua son chemin et arriva à M...-sur-M... Personne ne l'y connaissait plus. Depuis cinq ans surtout, le petit pays avait en quelque sorte changé d'aspect. Tandis que Fantine descendait lentement de misère en misère, sa ville natale avait prospéré. Une industrie nouvelle y était née et s'y était développée.* »

Le deuxième des deux fragments mentionnés à la note 11 est à peu près identique au texte ci-dessus des *Misères*, mais avec le nom de Marguerite Louet au lieu de celui de Fantine. Ce fragment commence ainsi : « *Cependant la mère n'était pas moins à plaindre. Cette Marguerite Louet qui savait juste assez écrire pour signer Margueritte était une pauvre fille du peuple...* » Texte des *Misères* jusqu'à : « *ni père ni mère* » ; puis : « *A quinze ans elle vint à Paris* « *chercher fortune* », *comme on dit.* » ; de nouveau le texte des *Misères* jusqu'au « *jeune homme* » ; puis : « *Cet étudiant, lorsque son cours fut fini*, la quitta, *comme nous l'avons dit, un beau jour, en haussant les épaules* d'un enfant qu'elle avait. Cet amant, *quinze ans plus tard, sous le roi Louis-Philippe,* était un gros avoué... »; texte des *Misères* jusqu'à « ... vint à manquer. »; puis : « C'est une *poignante* parole qu'il faut souvent répéter dans notre société encore mal faite. *Nous l'avons déjà dite ; nous aurons à la redire plus d'une fois. Marguerite* tomba dans la *détresse. Elle eut* l'idée d'aller dans sa ville natale, à M.-sur-M., « chercher fortune ». Elle vendit tout ce qu'elle avait, ce qui lui produisit un *peu plus de quatre-vingts francs.* » Ensuite texte des *Misères* jusqu'à la fin, sauf une petite variante : « *Marguerite avait continué* son chemin et *était arrivée* à... »

Dans le chapitre 1ᵉʳ de ce quatrième livre, Victor Hugo a écrit (p. 180) et sa phrase répète à peu près l'une de celles des deux textes que l'on vient de citer : « Nous n'aurons plus occasion de parler de M. Félix Tholomyès. Bornons-nous à dire que vingt ans plus tard, sous le roi Louis-Philippe, c'était un gros avoué de province, influent et riche, électeur sage et juré très sévère, toujours homme de plaisir. »

On peut penser que Victor Hugo avait songé d'abord à donner à Tholomyès un rôle plus considérable. Un fragment publié dans l'édition nationale; (I, 407-412) et où il est question d'une famille Brouable dont il n'est pas question dans *les Misérables* permet cette supposition.

Ce texte dit :

« M. Brouable était un homme qui avait la prétention de s'y connaître.

— Je m'y connais, disait-il à toute occasion.

Il avait fait sa fortune dans les cotons. Il avait une femme et une fille.

Il demeurait rue Saint-Jacques, à Paris.

Sa sagacité fut mise à l'épreuve.

Ceci nous ramène à Tholomyès.

Tholomyès avait fait une fausse sortie. Il était, pour ainsi dire, parti par une barrière et rentré par l'autre. Quelques mois après ce qu'on pourrait appeler son évasion, on le revoyait à Paris.

« On le revoyait » n'est pas le mot exact, car Tholomyès s'était arrangé de façon à ce qu'aucun de ses anciens amis ne le rencontrât. Il était un peu rentré à Paris comme un voleur. Qu'y venait-il faire, en effet ? il venait voler un mariage.

Tholomyès, en quittant Fantine, avait jeté l'orange pressée, ce qui suffit à un homme de bon sens; mais il avait en outre un but sérieux.

L'industrie du coton commençait à poindre à cette époque dans le quartier Saint-Jacques et dans le faubourg Saint-Marceau. Elle y avait rapidement créé deux ou trois belles fortunes. Une de ces fortunes avait paru sortable à Tholomyès. Le capital était avenant. On pouvait se souder à ce capital au moyen d'une fille unique qu'il y avait dans cette fortune.

Cette fille unique était Mademoiselle Brouable, fille du père que nous avons dit.

Tholomyès n'avait que quatre mille livres de rente. Être réduit à cela pour toute sa vie, c'était un péril grave. Il jeta son cigare, éteignit ses calembours, lâcha Fantine et boutonna son habit. En présence du danger, Tholomyès refermait son débraillé comme l'huître sa coquille. Alors, n'ayant plus rien de ce qui le faisait étinceler, silencieux et gauche par peur de faire des faux pas et de glisser dans le mauvais goût, il devenait à peu près stupide, et avait tout ce qu'il fallait pour plaire correctement.

Il réussit à ouvrir des aboutissants du côté de « la grosse fortune ».

Il se fit présenter au capital, au père et à la fille. Il saisit un joint et entra dans l'intimité de la famille Brouable. Il avait calmé l'exagération de ses pantalons et de ses gilets, Fantine était tombée derrière lui dans une chausse-trape, il avait rompu avec « les folies », sa vie passée était pour lui une inconnue, il ne mettait plus les pieds dans un café, il parlait morale, on le rencontrait à la messe, il était chauve, il fit bon effet.

— C'est un jeune homme moral, dit le père cotonnier. Je m'y connais.

L'héritière, assez laide, cherchait un prétexte à une passion romanesque. Elle s'éprit de cette idée : faire le bonheur de ce jeune homme si rangé, si réglé, si discret, si tranquille, vraiment religieux, presque austère, qui pleurait d'un œil et qui était pauvre.

Le père Brouable était un bon bourgeois complet, altier à cause de sa prospérité, vivement rallié, quoique roturier et vilain, au trône et à l'autel, impeccable et inflexible, attachant au mot « jeune homme moral » le sens imperturbablement rigide, étroit de virginité, vertueux avec quelque ahurissement. Cette espèce d'êtres superficiels est facilement trompée par les apparences ; la surface dupe la surface. D'ailleurs, avec le mot : je m'y connais, et la foi en soi-même qui en résulte, on se laisse mener loin. Tholomyès avait été câlin pour le père Brouable, et pour la mère ; car, nous l'avons dit, il y avait une mère.

Le père approuva le choix de sa fille ; la mère suivit ; il est très rare qu'une femme ne fasse pas les volontés d'un mari qui a réussi dans ses entreprises.

Tholomyès était de bonne famille ; il fut convenu qu'il s'appellerait M. de Tholomyès. Ceci leva quelques difficultés. Il alla dans sa province et dans sa famille pour les consentements et les papiers nécessaires. Le mariage fut décidé peu après sa rentrée à Paris.

Vers ce moment-là, Fantine quitta Paris, emportant Cosette.

Entre un mariage décidé et un mariage célébré il y a un intervalle. Tholomyès employa cet intervalle en exercices religieux. Il fit sa cour, gravement et chastement.

— Je te réponds que celui-là n'en fait pas de fredaines, disait le père à la fille.

Le hasard fit qu'il y avait dans ce quartier une femme ingénieuse

C'était une créature à plusieurs compartiments. Elle demeurait un peu ici et un peu là. Elle s'appelait à peu près Magnon*. Dans le quartier des Halles, elle louait des mansardes qu'elle sous-louait. Dans le dixième arrondissement, rue Servandoni, c'était là son principal établissement, elle était servante chez un bonhomme riche appelé Gillenormand, et elle se nommait Nicolette. Dans le douzième, elle était veuve d'un ouvrier carrier tué par un éboulement, et avait un enfant. Ailleurs elle était voleuse. Elle exerçait particulièrement à Paris ce qu'on pourrait appeler l'industrie des enfants. Ainsi l'enfant qu'elle était censée avoir, elle ne l'avait pas, mais cela lui faisait donner « des secours ». Elle n'avait dans sa vie ni mariage, ni veuvage, ni ouvrier carrier, ni éboulement. Quelques papiers volés chez une voisine morte lui avaient servi à s'établir veuve rue de l'Arbalète. Elle connaissait les Thénardier.

À ceux qui trouveraient de telles existences invraisemblables, il suffira de répondre qu'elles sont réelles, et de citer ce dialogue tout récent du tribunal correctionnel de Paris** :

M. le président. — Voyons, vous avez pris tant de noms, qu'il n'est pas inutile de vous faire dire comment vous vous appelez.

La prévenue. — Thérèse-Marie-Alexandrine-Victoire, femme Bouvet.

M. le président. — Mais les prénoms de votre mari?

La prévenue. — Claude-Julien.

M. le président. — Il se nomme Bouvet?

La prévenue. — Oui, monsieur.

M. le président. — Vous avez été connue sous le nom de femme Lamadou?

La prévenue. — Oui, monsieur.

M. le président. — Puis sous le nom de femme Beauval?

La prévenue. — Oui, monsieur.

M. le président. — Puis de femme Desroches?

La prévenue. — Oui, monsieur.

M. le président. — De femme Aubert?

La prévenue. — Oui, monsieur.

M. le président. — De femme Decanches?

La prévenue. — Oui, monsieur.

M. le président. — De femme Perrin?

La prévenue. — Oui, monsieur.

M. le président. — De femme Dubreuil?

La prévenue. — Oui, monsieur.

M. le président. — De femme Raymond?

La prévenue. — Oui, monsieur.

M. le président. — Et pourquoi avez-vous pris successivement tous ces noms-là?

---

* Il n'est pas question de cette Magnon dans *les Misérables*.

** Cet interrogatoire est reproduit d'après une coupure de journal collée en marge du manuscrit (Note de l'E.I.N.)

La prévenue. — Mais pour cacher qui j'étais.

Revenons à la Magnon.

De temps en temps, la Magnon faisait le petit voyage de Montfermeil. Occasions de toucher au couple Thénardier, de s'assurer qu'il était toujours là, de dîner, de causer, de s'entendre. Qui vit d'expédients s'abouche avec le plus de coquins possible. Entre existences suspectes, on voisine volontiers.

Un jour la Magnon apporta un godiveau à la Thénardier et lui dit : — C'est de chez Lesage, rue de la Harpe. A propos, je suis inscrite au bureau de charité de la mairie comme veuve avec un enfant. Je ne suis pas veuve et je n'ai pas d'enfant. J'ai peur qu'on ne me dénonce. Alors bonsoir les secours. Rien n'est tel que de montrer un môme. Prêtez-moi donc une de vos petites.

La Thénardier lui prêta Cosette.

— Ce sera trois francs, dit Thénardier.

Les guenilles actuelles de Cosette allaient à la situation de pauvresse de la Magnon dans le douzième arrondissement. On n'eut rien à y ajouter ni à y retrancher. La pauvre petite était toute costumée pour la comédie de la misère.

Elle se laissa manier et prendre et emmener par la Magnon avec cette stupeur qui est la résignation des enfants. Rien n'est navrant pour l'observateur comme cet accablement étonné et tranquille.

La Magnon prit place avec Cosette dans un coucou de Chelles pour Paris.

— Je vous la rapporterai dans huit jours, cria-t-elle.

Le lendemain ou le surlendemain, elle se présentait, augmentée de Cosette, à la mairie du douzième arrondissement. Cette mairie était située alors dans le tronçon de la rue Saint-Jacques compris entre la rue des Ursulines et le cul-de-sac des Feuillantines. La rue est là assez étroite. La Magnon y remarqua de l'encombrement : deux ou trois voitures bourgeoises à la porte de la mairie, auxquelles s'était ajustée une queue de fiacres, force mendiantes, ses doyennes. — Quelque mariage! pensa-t-elle.

Elle entra dans la salle basse où était le bureau de bienfaisance, se fit complimenter de Cosette par l'employé, et reçut un bon de pain et de cotrets pour le trimestre dans la forme où la ville les distribuait à cette époque.

En sortant, elle vit beaucoup de monde dans l'escalier. Assez habituellement dans les mairies on reçoit la charité au rez-de-chaussée et l'on se marie au premier. — Ah çà! se dit la Magnon, si je montais regarder le mariage.

Et elle ajouta :

— Quelquefois ces gens-là donnent. Ils se figurent qu'ils vont être heureux. Ils sont si bêtes!

Elle prit Cosette dans ses bras, à cause de la foule et monta. Cosette, indifférente, se taisait.

La Magnon, robuste, jeune, et se faisant place parmi les vieilles coups de coude, pénétra dans la salle de la mairie.

Il y avait mariage en effet.

La salle offrait un aspect majestueux ; une estrade, une table, le maire tout noir, en écharpe blanche ; devant le maire, des papiers, des plumes, l'encrier de la loi, un gros volume, le code, ayant sur sa tranche l'arc-en-ciel, un adjoint, deux appariteurs ; au fond, le large buste du roi régnant.

Un garçon de bureau contenait le peuple.

Devant la table, les gens de la noce, endimanchés, comme il convient pour ce grand dimanche-là, faisant face au maire et tournant les épaules à la cantonade, étaient assis sur deux rangées de fauteuils. — Des riches, pensa la Magnon. S'ils étaient pauvres, ce seraient des chaises.

Le père et la mère, solennels, opulents, resplendissaient ; la mariée était en chapeau blanc, la couronne de fleurs d'oranger étant réservée pour l'église ; le marié, irréprochable dans son habit noir, était jeune, sérieux et chauve.

La Magnon, comme tout le monde, ne voyait que les dos.

La cérémonie venait de commencer. Les mariés étaient debout.

Le maire, aux termes de la loi, donna lecture du chapitre VI du titre du mariage. Il souligna, comme il sied, avec un accent vraiment municipal, le verset essentiel : — Le mari doit protection à la femme, la femme doit obéissance au mari. — Puis, faisant ce geste du buste propre aux personnes officielles et dirigeant sa poitrine vers le marié, il l'interpella.

Le marié, souriant, se tourna à demi vers sa fiancée, et la foule put le voir. C'était un assez bel homme, un peu fatigué.

L'auditoire fit silence.

— Félix de Tholomyès, dit le maire, consentez-vous à prendre pour femme...

En ce moment, au milieu de toute cette attention muette, on entendit ce mot dit tout haut par une petite voix douce :

— Papa.

Le maire s'interrompit, toutes les têtes se tournèrent, et l'on vit au milieu de la foule, dans les bras d'une femme, une petite fille en guenilles qui regardait fixement le marié avec de grands yeux calmes.

L'enfant, inattentive à la subite émotion dont elle était le centre, répéta avec gravité : Papa.

C'était Cosette.

Tous les regards allèrent de Cosette à Tholomyès. Il était très pâle. Il se tourna à demi vers Cosette.

— Ça ? dit-il. Je ne sais pas ce que c'est.

L'enfant ouvrit ses grands yeux bleus plus grands encore, lui tendit ses petits bras, et, pour la troisième fois, répéta : Papa.

La mariée se trouva mal. M. Brouable fronça un sourcil décisif.

La petite recommença et jeta encore une fois dans la cérémonie déconcertée ces deux syllabes : Papa.

Ce fut comme un coup de foudre qui sortirait d'une fleur.

Il y eut brouhaha.

La Magnon s'esquiva. Ce n'était pas plus son affaire que celle de Tholomyès. Dans la cour, elle jura aux commères environnantes qu'elle n'avait jamais eu d'enfant de ce monsieur, ce qui était vrai. Et elle emporta Cosette qui criait dans la rue : Papa! Papa!

La Magnon avait eu beau disparaître, le père avait froncé le sourcil.

— C'est là un enfant, dit-il. Je m'y connais.

Le mariage fut manqué.

Tholomyès s'en retourna dans son département. Il y oublia vite cette histoire désagréable. Pendant quatre ou cinq mois, il lui arriva pourtant de penser quelquefois à cette petite. Il y pensait avec indignation. Il est en effet très pénible pour un honnête homme d'être poursuivi à ce point par une frasque de jeunesse. C'est de l'acharnement.

Puis, philosophe après tout, il n'y songea plus.

Nous n'apprendrons rien au lecteur en lui disant que Tholomyès, dépaysé de Paris, retrouva un autre excellent mariage, cette fois dans sa province, qu'il fit bien ses affaires, qu'il devint quelque chose comme un riche avoué, et que c'est aujourd'hui un électeur sage et un juré très sévère.

A huis clos, il est resté homme de plaisir. Cet éloge fait une fois pour toutes, nous ne parlerons plus de M. Tholomyès.

Quant à la Magnon, elle rapporta, dès le lendemain même, Cosette aux Thénardier, paya les trois francs, et, craignant quelque complication nuisible à ses bons de pain et de cotrets et aux divers incognito qu'elle désirait garder, elle ne souffla mot de l'esclandre fait par « cette petite drôlesse ».

De sorte que Thénardier ne sut rien de l'incident.

Ce qui fut vraiment fâcheux, car cet homme capable eût, à coup sûr, tiré bon parti de ce bout de la manche d'un bourgeois traînant dans une aventure scabreuse. Pouvoir rattacher le nom d'un riche à une paternité obscure, cela vaut une métairie. Or Thénardier excellait à coudoyer désagréablement les réputations délicates, et à engager des querelles de charbonnier avec les gens vêtus de blanc. Mais il ignora les péripéties de la mairie de la rue Saint-Jacques et le petit scandale Cosette-Tholomyès-Brouable. Ce fut un malheur.

Il dut borner son horizon, et se contenter de Cosette.

LIVRE CINQUIÈME. — LA DESCENTE

P. 190. *CHAPITRE PREMIER*

1. Titre primitif : *Histoire d'un progrès dans l'industrie des verroteries noires.* Ce titre est devenu celui du chapitre premier.

2. VAR. « *Par quel incident on peut être dispensé de montrer son passeport.* »

3. Tout ce commencement manque ici dans *les Misères* : il s'y trouve en d'autres termes dans le chapitre qui précède (voir la note 12 du livre quatrième, chap. III à la p. 1540).

4. Var. « ... l'idée *fort simple* de... »

P. 191. *CHAPITRE II*

1. Dans *les Misères*, ce chapitre fait partie du chapitre précédent.
2. Var. « ... l'air *triste*... »
3. Var. « ... y *faisait* des achats... »
4. Var. « ... rester *honnêtes*. »
5. Cette phrase n'est pas dans *les Misères*.
6. Cet alinéa n'est pas non plus dans *les Misères*.
7. Cette phrase manque dans *les Misères*, où le texte continue ainsi : « *Il n'y avait qu'une école...* »
8. La suite jusqu'à « ... le maître d'école » manque dans *les Misères*.
9. Var. « Il avait *fondé de ses deniers* une salle d'asile... »
10. Var. « ... et infirmes. *M...-sur-M... n'avait qu'une église, il en fit édifier une seconde à ses frais dans le nouveau quartier qui n'avait pas tardé à s'élever comme par enchantement autour de sa manufacture.*
11. Var. « ... et même *presque dévot*... »
12. Var. « Le député local, *digne voltairien*, ancien membre du *Conseil des Cinq Cents* ne tarda pas à s'inquiéter de cette religion. *Il résolut de dépasser le père Madeleine* et prit... »
13. Var. « ... *une véritable* course... »
14. Var. « ... d'aventurier. *C'était du reste un homme fort simple et tout uni.* Le pays lui devait... »
15. Var. « ... de la société *le saluèrent*, et on... »
16. Var. « ... les bonnes âmes *se tirèrent d'affaire*... »
17. Var. « ... le préfet *insista ;* tous... »

P. 195. *CHAPITRE III*

1. Ce chapitre fait, comme le précédent, partie du deuxième chapitre des *Misères*, mais dans un texte plus court.
2. Cet alinéa n'est pas dans *les Misères*.
3. Le passage qui commence ici et qui finit aux mots : « L'abîme obscur de la mort » (quatre alinéas) manque dans *les Misères*.
4. Var. « *Quelquefois,* un pauvre... »

P. 198. *CHAPITRE IV*

1. Ce chapitre aussi, mais bien moins développé, fait, comme les précédents, partie du deuxième chapitre des *Misères*.
2. Var. « ... évêque de *D.*, trépassé... »
3. Le passage qui commence à ce mot « ... journal local de Montreuil-sur-Mer » manque dans *les Misères*.
4. Texte non utilisé (E.I.N.,l., 425).

« Se sentir suspendu par elle au-dessus du désespoir, être sans défense contre elle, se dire qu'elle peut nous rendre le plus misérable des êtres, qu'elle nous tient dans l'obscurité au-dessus du gouffre, qu'elle peut, si elle veut, nous y laisser tomber, qu'elle n'a qu'à ouvrir les mains, qu'à lâcher notre âme, et qu'à s'en aller, se dire tout cela, et sourire dans une inexprimable confiance. »

5. VAR. « M. Madeleine *prit le deuil*. On *le* remarqua dans la ville, et l'on jasa. »

6. VAR. « ... Sur *son* origine... »

7. Les dix premiers mots de cette phrase manquent dans *les Misères*.

8. VAR. « Cela *le* rehaussa *fort* et lui donna *tout à coup* une certaine considération dans le *petit* monde... »

9. Cette phrase manque dans *les Misères*.

10. VAR. « *Il s'en* aperçut à plus... »

11. VAR. « *Un soir, une douairière* curieuse se hasarda... »

12. VAR. « ... *parent* du feu... »

P. 200. *CHAPITRE V*

1. Les chapitres v, vi, et vii des *Misérables* correspondent avec des développements nouveaux, au chapitre iii des *Misères* intitulé *Javert*.

2. VAR. « ... menaçante, *offrait à l'observateur qui l'eût rencontré cette physionomie à part qu'ont certains officiers de police* et qui se complique d'un air de bassesse mêlé à un air d'autorité. Il remplissait... »

3. VAR. « ... d'inspecteur *de police et s'appelait Javert. Il n'avait pas vu les commencements de M. Madeleine. Lorsque* Javert était arrivé...»

4. On a vu (note 2), que le texte de cet alinéa se trouve, un peu plus avant, et un peu différent, dans *les Misères*.

5. VAR. « *On pourrait, selon nous, affirmer* que chacun... »

6. VAR. « ... création animale, *de telle sorte qu'il serait vrai de dire* que, depuis l'huître... »

7. L'alinéa qui commence ici et le suivant manquent dans *les Misères*.

8. VAR. « Si *cela est admis*, il nous sera facile... »

9. Cet alinéa et le suivant ne sont pas dans *les Misères*.

10. VAR. « Très simples, *de deux croyances profondes et aveugles :* le respect de *toute* autorité, la haine de *toute* rébellion... »

11. VAR. « Il couvrait *de haine*, de mépris... »

12. VAR. « ... pouvoir de faire des damnés, et qui mettent un *enfer*... »

13. VAR. « ... fanatiques. *Depuis trois ans qu'il était à M...-sur-M... personne ne l'avait vu rire. Il n'avait aucune vanité. C'était une honnêteté farouche.* Son regard... »

14. VAR. « ... di*str*action, *point d'attendrissement*. C'était... »

15. VAR. « ... Sparte, *une honnêteté farouche. Brutus dans un mouchard.* » — Une note du manuscrit porte : « Le comte Anglès, qui était préfet de police en 1820 et qui était homme d'esprit, disait de Javert : C'est le Brutus de la police. »

16. Cet alinéa n'est pas dans *les Misères*.
17. Cette phrase et l'alinéa qui suit manquent aussi dans *les Misères*.
18. VAR. « ... avec *une* curiosité *de chien de chasse* toutes les traces... »
19. Cet alinéa et le suivant manquent dans *les Misères*.

P. 205.   *CHAPITRE VI*

1. Ces derniers mots manquent dans *les Misères*.
2. VAR. « ... avec respect.
« — Ah! voici monsieur Madeleine, cria le vieux Fauchelevent. *Monsieur Madeleine, à mon aide!*
« — *Sois tranquille*, dit M. Madeleine ; *puis se tournant* vers... »
3. VAR. « J'étouffe. *Ah! Ça m'écrase*. Ça me brise les côtes, *Monsieur* Madeleine! »
4. VAR. « Père Madeleine! Allez-vous-en! *Le bon Dieu* veut que je meure... »

P. 208.   *CHAPITRE VII*

1. VAR. « *Le père* Fauchelevent... »
2. VAR. « ... quartier Saint-Victor... »
3. VAR. « ... des femmes, *et le huitième jour de son arrivée à* M...-*sur*-M..., elle gagnait sa vie. Le métier était tout nouveau pour *elle,* elle n'y pouvait être bien adroite, elle ne *gagnerait* que peu de chose... »

P. 209.   *CHAPITRE VIII*

1. Les chapitres VIII, IX et X des *Misérables* ne forment, dans *les Misères*, qu'un chapitre, le quatrième, intitulé : *la Descente. Pas à pas.*
2. Les six derniers mots de cette phrase manquent dans *les Misères*.
3. Les sept mots qui précèdent manquent aussi dans *les Misères*.
4. VAR. « ... *soudoieront* des commissionnaires. »
5. VAR. « ... achèteront *des portières,* pourquoi?... »
6. VAR. « ... Chose triste, *l'espion est dans la nature.* » L'alinéa suivant manque dans *les Misères*.
7. Cet alinéa et les deux suivants manquent aussi dans *les Misères*.
8. VAR. « On *sut* qu'elle... »
9. Cette phrase manque dans *les Misères*.
10. Tout cet alinéa manque aussi dans *les Misères*.
11. VAR. « ... elle devait *encore* ses meubles. »
12. Les quatre derniers mots manquent dans *les Misères*.
13. VAR. « *Fantine se sentit* accablée de honte. »
14. Les neuf derniers mots manquent dans *les Misères*.
15. Manquent aussi dans *les Misères* les mots « de tous. »

P. 212. *CHAPITRE IX*

1. Cette phrase manque dans *les Misères*.
2. Cette proposition manque aussi.
3. VAR. « ... *neuf* sous... »
4. Ces deux dernières phrases manquent.
5. VAR. « ... *à la* chandelle *en travaillant* à... »
6. VAR. Dans cet alinéa il manque les mots « nommée Marguerite » et les mots « sachant tout juste assez écrire pour signer *Margueritte* ».
— On a vu, dans le dernier alinéa de la p. 1541, que ce prénom et ce trait s'appliquèrent d'abord à Marguerite Louet, qui, ensuite, devint Fantine.
7. VAR. « ... âcre et froid *des petites villes*... »
8. Cette phrase n'est pas dans *les Misères*. Il y manque aussi les mots « du moins » de la phrase suivante.
9. VAR. « ... à *la* misère. »
10. Cet alinéa manque dans *les Misères*.

P. 214. *CHAPITRE X*

1. Titre projeté : *la Descente. Pas à pas*. C'est, on l'a vu, le titre du chapitre IV, dans *les Misères*.
2. Le passage qui de ce mot va aux mots « l'air d'un pauvre » n'est pas dans *les Misères*.
3. VAR. « ... qui *faisait* le coin... »
4. VAR. « *Un sombre* travail... »
5. Cette première partie de la phrase manque dans *les Misères*.
6. VAR. « ... de rire *aux éclats*... »
7. VAR. « ... ma *fille*... »
8. Cette dernière phrase n'est pas dans *les Misères*.
9. VAR. « ... un *charlatan* dentiste... »
10. VAR. « furieuse et *dit* à sa voisine... »
11. VAR. « ... demanda sa *voisine*... » De même dans la suite du texte.
12. VAR. « ... comme *la vieille voisine*... »
13. VAR. « ... glacée. La chandelle était presque entièrement consumée. Elle ne s'était pas couchée de la nuit. (Il semble que ce soit la chandelle qui ne s'est pas couchée. Victor Hugo a donc avec raison interverti l'ordre de ces deux phrases.) Elle ne s'était pas couchée. Son bonnet était tombé sur ses genoux. *Elle leva vers la vieille* sa tête sans cheveux. *Elle* avait vieilli de dix ans. »
14. VAR. « ... Jésus ! *s'écria la voisine*... »
15. Cette phrase manque dans *les Misères*.
16. VAR. « ... Elle sortait *vêtue en vieille*. Soit faute de temps, soit *insouciance*. »
17. Mais, dans *les Misères* le salaire primitif était de neuf sous aussi (voir note 3, chap. IX).
18. Cette phrase n'est pas dans *les Misères*.

P. 219. *CHAPITRE XI*

1. Aux chapitres XI, XII et XIII des *Misérables,* correspond avec lacunes et variantes le chapitre V des *Misères* intitulé : *les élégances d'un élégant.*
2. VAR. « disparu *des sociétés chrétiennes.* »
3. Ces trois derniers mots manquent.
4. Il manque aussi, aux *Misères,* depuis ce mot jusqu'à la fin du chapitre.

P. 220. *CHAPITRE XII*

1. Titre d'abord projeté : *Les élégances d'un élégant.*
2. VAR. « ... petites villes *de province...* »
3. VAR. « ... qui *mangent...* »
4. VAR. « ... des êtres *ni beaux ni laids, ni bons ni méchants,* qui ont... »
5. Cet alinéa manque. Voir, sur Tholomyès, la note 12 du chaiptre III du quatrième livre, à la page 1542.
6. Le passage qui va, de ce mot, aux mots « ... des bolivars » (trois alinéas) n'est pas dans *les Misères.*
7. VAR. « ... après ce *que nous venons de raconter, un soir d'hiver qu'il avait neigé, un de ces désœuvrés,* chaudement *affublé d'un manteau alors à la mode s'amusait* à harceler une *malheureuse qui allait et venait, les épaules nues,* en robe de bal... »
8. Cette dernière phrase manque.
9. VAR. « ... quelque *parole* qu'il croyait... »
10. VAR. « La femme, *espèce* de spectre... »
11. VAR. « ... *saisissant* un moment... »
12. VAR. « ... sortit *brusquement...* »
13. VAR. « ... reconnu *l'inspecteur* Javert. »

P. 223. *CHAPITRE XIII*

1. VAR. « ... la misérable. Ni lui ni elle ne disaient mot. Elle se laissait faire machinalement *et comme si elle se sentait à la discrétion d'une puissance supérieure. Une* nuée *d'enfants suivait avec des rires. Les passants s'étaient dispersés, chacun reprenant son chemin.* » — Ensuite vient : « Arrivé au bureau... »
2. VAR. « ... des g*a*mins... »
3. Les deux dernières phrases manquent.
4. VAR. « ... de *malheureuses* femmes... »
5. VAR. « ... Son *effrayant* pouvoir... »
6. VAR. « ... *neuf* sous ». De même dans la suite.
7. Ces huit derniers mots manquent.
8. VAR. « *Mon bon* monsieur Javert... »
9. VAR « ... à ce *momen*-là... »
10. VAR. « ... mon bon monsieur *Javert...* »
11. VAR. « ... bien vrai *et que je ne mens pas ?* »

12. Var. « *Voyez-vous,* vous ne savez... »
13. Var. « ... petit ange *du bon Dieu! Voyez-vous,* c'est les Thénardier... ».
14. Var. « ... Ça ne peut pas, *ça n'a pas six ans, c'est gros comme le poing. Ayez pitié de la petite, mon bon monsieur Javert. Je demanderai pardon à ce monsieur bourgeois.* » Ensuite : « *Elle parlait ainsi...* »
15. Var. « ... *les yeux pleins* de larmes... »
16. Var. « ... de l'agonie. *A force de* douleur Fantine... »
17. Var. « ... *tendrement* la redingote... »
18. Var. « ... *de marbre...* »
19. Var. « Grâce! *grâce cette fois.* »
20. Var. « ... adossé *dans l'ombre.* »
21. Var. « ... debout *toute droite* comme... »
22. Var. « ... lui cracha au visage.

« *Javert ressentit la plus violente émotion qu'il eût éprouvée de sa vie...*»
23. Var. « ... de croire *cela* possible. »
24. Var. « ... côté : il faisait, dans le fond de sa pensée, *on ne sait quel* rapprochement entre... »
25. Var. « ... et alors *le* prodigieux attentat *s'évanouissait et n'était plus que le fait le plus* simple *du monde. Il se sentit un moment devenir fou. Il s'appuya sur le poêle pour ne pas tomber. Il a souvent montré depuis une mèche de cheveux gris qu'il avait sur la tempe et qui, dit-il, avait blanchi dans cet instant-là.*

« *M. Madeleine s'essuya* le visage et *dit: Inspecteur Javert,* mettez cette femme en liberté « *A ce mot, qui mettait le comble* à sa stupeur, *Javert* sentit que la pensée et la parole lui *manquaient* également; *il se dressa tout debout, la somme de l'émotion* possible... »
26. Var. « ... ce vieux *Tartufe,* c'est lui... »
27. Var. « ... que *le gouvernement devrait* bien... »
28. Var. « ... mais, *il faut être juste,* il m'avait... »
29. Cette phrase manque.
30. Var. « ... dans *sa* poche... »
31. Var. « — *Là, mes* enfants, *je m'en vas,* monsieur l'inspecteur *du bon Dieu* a dit... »
32. Var. « ... à cet instant... »
33. Var. « ... d'autant plus *terrible...* »
34. Var. « ... avait *frissonné..* »
35. Var. « ... bleues, *l'œil injecté,* le regard... »
36. Cette réplique et la suivante manquent.
37. Var. « — Sortez, dit M. Madeleine.

« *Javert eut un frémissement. Lui, l'homme de l'autorité, finissant par avoir tort devant cette fille de désordre! humilié et chassé devant elle! C'était la dernière goutte du calice. Javert faisait deux suppositions sur M. Madeleine : ou c'était, comme tout le monde le croyait, le plus excellent et le plus respectable des hommes, ou c'était autre chose. Dans le premier cas, être publiquement brisé dans sa considération et dans son autorité, par un tel homme et par un tel homme magistrat, cela était si fatal qu'il se sentait accablé et qu'il était prêt à pleurer. Dans le second cas, cela était si horrible qu'il bondissait de rage rien que d'y songer. Quoi qu'il en fût il ne témoigna rien, il reçut le coup... »*

38. VAR. « ... ce Madeleine *qu*'elle venait d'insulter *et qui* la sauvait... »

39. VAR. « ... trompée ? devait-elle donc *l'adorer ?* Elle ne savait, elle *frissonnait...* »

40. VAR. « ... de la joie, de la *clarté* et... »

41. VAR. « Avoir Cosette. Vivre libre... »

42. VAR. « ... elle *tomba* à genoux... »

— L'épisode de la neige dans le cou, de la lutte qui suivit et de l'arrestation de Fantine est tiré d'une scène semblable dont Victor Hugo avait été témoin et qu'il a rapportée dans *Choses vues*. C'était en 1841, le 9 janvier ; Victor Hugo sortait de chez Mme de Girardin où il avait dîné. Il attendait au coin de la rue Taitbout et du boulevard qu'une voiture passât. Et il raconte ceci : « Il faisait ainsi le planton quand il vit un jeune homme, ficelé et cossu dans sa mise, se baisser, ramasser une grosse poignée de neige et la planter dans le dos d'une fille qui stationnait au coin du boulevard et qui était en robe décolletée. Cette fille jeta un cri perçant, tomba sur le fashionable, et le battit. Le jeune homme rendit les coups, la fille riposta, la bataille alla crescendo, si fort et si loin que les sergents de ville accoururent.

« Ils empoignèrent la fille et ne touchèrent pas à l'homme.

« En voyant les sergents de ville mettre la main sur elle, la malheureuse se débattit. Mais, quand elle fut bien empoignée, elle témoigna la plus profonde douleur. Pendant que deux sergents de ville la faisaient marcher de force, la tenant chacun par le bras, elle s'écriait. — « Je n'ai rien fait de mal, je vous assure, c'est le monsieur qui m'en a fait. Je ne suis pas coupable ; je vous en supplie, laissez-moi. Je n'ai rien fait de mal, bien sûr, bien sûr. » — Les sergents lui répliquèrent sans l'écouter : « Allons, marche, tu en as pour tes six mois. » La pauvre fille à ces mots : *Tu en as pour tes six mois*, recommençait à se justifier et redoublait ses justifications et ses prières. Les sergents de ville, peu touchés de ses larmes, la traînèrent à un poste rue Chauchat, derrière l'Opéra.

« V. H., intéressé malgré lui à cette malheureuse, les suivit, au milieu de cette « cohue de monde qui ne manque jamais en pareille circonstance. »

Il n'entra pas d'abord dans le poste, mais voyant « la pauvre femme se traîner de désespoir par terre et s'arracher les cheveux, la compassion le gagna » et il entra. Un monsieur écrivait à une table — c'était le commissaire. Il demanda à Victor Hugo, « d'une voix brève et péremptoire : — « Que voulez-vous, monsieur ? — Monsieur, j'ai été témoin de ce qui vient de se passer ; je viens déposer de ce que j'ai vu et vous parler en faveur de cette femme. » A ces mots, la femme regarda V. H., muette d'étonnement et comme étourdie. — « Monsieur, votre déposition, plus ou moins intéressée, ne sera d'aucune valeur. Cette fille est coupable de voies de fait sur la place publique, elle a battu un monsieur. Elle en a pour six mois de prison. »

La fille sanglotait toujours, d'autres filles qui étaient survenues lui promettaient de lui apporter du linge et des bonbons. Cependant Victor Hugo qui venait d'être élu à l'Académie française et dont la presse s'occupait beaucoup dit au commissaire : « Monsieur, lorsque vous saurez qui je suis, vous changerez peut-être de ton et de langage, et vous m'écouterez. — Qui êtes-vous donc, monsieur ? » demanda le commissaire. Victor Hugo se nomme. Le ton change en effet, et le langage aussi ; des excuses sont formulées. Victor Hugo raconte les faits et, comme il devait le faire dire par M. Madeleine, déclare que ce n'est pas cette pauvre fille que l'on aurait dû arrêter mais le monsieur qui l'avait assaillie. Victor Hugo écrit ensuite : « Pendant ce plaidoyer, la fille, de plus en plus surprise, rayonnait de joie et d'attendrissement. — « Que ce monsieur est bon ! disait-elle, mon Dieu, qu'il est bon ! Mais, c'est que je ne l'ai jamais vu, c'est que je ne le connais pas du tout. »

Le commissaire de police dit à V. H. « — Je crois tout ce que vous avancez, monsieur ; mais les sergents de ville ont déposé, il y a un procès-verbal, commencé. Votre déposition entrera dans ce procès-verbal, soyez-en sûr, mais il faut que la justice ait son cours et je ne puis mettre cette fille en liberté. — Comment ! monsieur, après ce que je viens de vous dire et qui est la vérité — vérité dont vous ne pouvez pas douter, dont vous ne doutez pas, vous allez retenir cette fille ? Mais cette justice est une horrible injustice ! — Il n'y a qu'un cas, monsieur, où je pourrais arrêter la chose, ce serait celui où vous signeriez votre déposition : le voulez-vous ? — Si la liberté de cette femme tient à ma signature, la voici. »

« Et V. H. signa. La femme ne cessait de dire : « Dieu que ce monsieur est bon ! Mon Dieu ! qu'il est donc bon ! »

Victor Hugo termine son récit par cette réflexion : « Ces malheureuses femmes ne sont pas seulement étonnées et reconnaissantes, quand on est compatissant envers elles ; elles ne le sont pas moins quand on est juste. » Il a intitulé ce récit : « *Origine de Fantine.* » (*Choses vues*, E.I.N. p. 59-62).

LIVRE SIXIÈME. — JAVERT

P. 233. *CHAPITRE PREMIER*

1. Dans *les Misères*, dont ce livre est le troisième, les deux chapitres correspondent, avec les mêmes titres, aux deux chapitres des *Misérables*.
2. Cet alinéa n'est pas dans *les Misères*.
3. Var. « ... maladies, *les petites Thénardier.* »
4. Ambubaïes : joueuses de flûtes, courtisanes.
5. Var. « ... pour elle *cependant...* »

6. René Laënnec (1781-1826) qui découvrit pour le diagnostic des maladies de poitrine, la méthode d'auscultation, qui remplaça bientôt la méthode de percussion, précédemment employée.

7. La dernière phrase manque.

P. 236. *CHAPITRE II*

1. VAR. Ici il y a, dans *les Misères* : « Javert, nous l'avons dit, était un homme sincère. Il n'avait aucune chose dans l'âme qu'il ne l'eût aussi sur le visage. Du premier coup d'œil, M. Madeleine reconnut que je ne sais quelle étrange révolution s'était opérée en lui. Jusqu'à ce jour, il n'avait abordé M. le Maire qu'avec un respect profond, mais pénible et contraint. Cette fois, il salua M. Madeleine avec une sorte de vénération franche et presque affectueuse à laquelle semblait se mêler une nuance de regret et de douleur.

« Cela frappa d'autant plus M. Madeleine qu'il lui semblait que Javert devait avoir de la rancune pour la scène du bureau de police. »

L'édition nationale donne, de ce passage, (I, 214) une autre version, écrite en marge du manuscrit. En voici le texte :

— *Monsieur le maire, dit Javert, je viens vous prier de vouloir bien m'écouter un moment.*

Ces paroles furent prononcées avec un son de voix si inattendu et si étrange qu'elles firent retourner M. Madeleine. Il y avait dans ce son de voix toute une révolution. Il regarda Javert. Cette révolution n'était pas moins visible dans son attitude. Javert, nous l'avons dit, était un homme sincère. Il n'avait aucune chose dans l'âme qu'il ne l'e̍t aussi sur le visage. Après la scène du bureau de police, M. Madeleine s'attendait à je ne sais quel abord où une sourde rancune mêlée à l'ancienne haine percerait à travers la déférence officielle. A sa grande surprise, il ne trouva rien de pareil dans Javert. Ce n'était même plus ce respect pénible et contraint auquel l'inspecteur de police l'avait accoutumé. L'accent de Javert et toute sa personne exprimaient en ce moment devant M. Madeleine une sorte de vénération franche et presque affectueuse à laquelle semblait s'ajouter une nuance de regret et de douleur.

Le texte des *Misères* continue ainsi :

— *Asseyez-vous, Javert, dit M. Madeleine avec douceur. Qu'y a-t-il ?*

Javert resta debout. Il recommença sa phrase sans y changer une syllabe :

— *Monsieur le maire, je viens vous prier de vouloir bien m'écouter un moment.*

Ce n'était plus ce son de voix revêche et hautain qui était habituel à Javert, et qui sonnait toujours durement, même à l'oreille de ses supérieurs. C'était un accent honnête et humble.

— *Parlez, Javert, mais asseyez-vous donc.*

(Dans l'édition nationale, où cette première version est reproduite, il y a ici une petite phrase de plus : « Javert resta debout. ») (I, 214). A ce qui précède a été substitué dans la version définitive le passage qui va de : « — M. Madeleine était resté près de la cheminée » à « — Eh bien! qu'est-ce? qu'y-a-t-il Javert? » (6 alinéas).

2. *Il* demeura un *moment* (« un instant » dans l'édition nationale) silencieux, comme s'il se recueillait, puis éleva la voix, avec une sorte de solennité triste *où une certaine emphase* n'excluait pas pourtant *une certaine* simplicité.

— *Monsieur le maire, lorsqu'un agent de l'autorité, investi de la confiance de l'État, chargé de faire respecter les positions acquises dans la société et de les respecter tout le premier, a manqué gravement à son devoir, ce premier devoir qui est le respect, lorsqu'il a poursuivi pendant des années d'une espèce de haine d'idiot et d'un tas de soupçons injurieux une personne honorable et haut placée, lorsqu'il n'a pas tenu à cet agent de nuire à cette personne, ne fût-ce que par des propos inconsidérés et injustes, lorsque cet agent a osé dans de certains cas exercer sur cette personne une sorte de surveillance indirecte, illégale et insolente, il importe qu'à côté d'un pareil oubli de tous les devoirs la sévérité de l'État se montre, il importe qu'un exemple soit fait, et qu'avant même que l'honorable personne se plaigne, l'agent soit destitué. Ne le pensez-vous pas? »*

Dans l'édition nationale, il y a les différences suivantes : « ... manqué gravement à *ce grand* devoir, le respect... » — une personne « *considérable* et *officielle*... » — des propos « *audacieux* et injustes. » Enfin la phrase : « Ne le pensez-vous pas? » manque. Dans ce même texte la suite est : « — *Qu'est-ce que vous me dites-là? demanda M. le maire. Encore des sévérités! tous ces faits que vous dites sont-ils réels? Êtes-vous certain qu'ils se soient passés comme vous les racontez? Vous me dénoncez un agent qui se serait mal conduit? Et d'abord quel est cet agent?*

Dans *les Misères*: « *Et* quel est cet agent, demanda *le maire*. »

3. VAR. Manquent les mots « dit Javert. »

4. VAR. « M. Madeleine *fit un mouvement* sur son fauteuil. Javert poursuivit : — Monsieur le maire... »

5. VAR. « Javert l'interrompit. — *Je vois ce que* vous *allez dire, Monsieur le maire. J'aurais pu...* »

6. VAR. « ...*que je sois chassé.* — Ah çà! *dit M. Madeleine, vous vous accusez* de torts envers moi, vous voulez être *destitué.*

« — Chassé, dit Javert.

« — Chassé soit, je ne comprends pas.

« Javert *fit un nouveau silence puis* soupira *profondément* et reprit toujours *simplement :* »

7. VAR. Le passage qui commence ici et qui finit aux mots : « Javert poursuivit » (vingt alinéas) remplace le texte suivant des *Misères*. On a mis entre crochets les variantes que présente avec ce texte celui de l'E.I.N. (I 429-432) :

« *Monsieur le maire, je vais vous dire la chose* [m'expliquer] *et vous verrez que j'ai raison.*

Ce je ne sais quel instinct qui nous avertit que nous allons avoir besoin d'une contenance fit que M. Madeleine prit une feuille de papier sur son bureau [reprit le dossier qui était sur son bureau] *et se mit à y promener ses regards pendant que Javert parlait. Mais il ne regardait pas le papier,* il écoutait Javert, son attention était toute là, et si Javert l'eût observé dans ce moment-là comme il l'observait autrefois, l'inspecteur de police eût certainement remarqué que M. le maire, sans s'en apercevoir, tenait à l'envers cette feuille où il paraissait lire [*la feuille où il* voulait avoir l'air de *lire*]. Mais Javert n'observait plus M. Madeleine, son regard était baissé comme si, lui, Javert, eût été un coupable [*un* criminel] et Madeleine le [un] *juge. Il avait poursuivi :*

— *Vous allez avoir à sévir, monsieur le maire. Je sais que vous êtes bon, mais il faut surtout être juste* [équitable] *et, voyez-vous* [croyez-moi], *la bonté qui consiste* [consisterait] *à donner raison à la fille publique contre les bourgeois, à l'agent de police contre le maire, à celui qui est en bas contre celui qui est en haut, c'est ce que j'appelle la* [de la] *mauvaise bonté. J'espère que cette fois-ci j'aurai raison contre moi-même et que vous n'hésiterez pas à faire punir l'inspecteur Javert sur le rapport de l'inspecteur Javert. Voici,* [voici donc] *le fait : Dans ma jeunesse Monsieur le maire, j'ai été remarqué, pour l'exactitude de mon service, par le capitaine des chaînes du royaume, un brave homme, M. Thierry, qui, après m'avoir emmené dans deux ou trois voyages, fut content de moi et me fit attacher comme sous-adjudant des gardes-chiourme au bagne de Toulon. J'ai rapporté de là des souvenirs, une espèce de feuille de signalement* [signalements] *dans la tête. Que voulez-vous ? on peut faire des rencontres plus tard, et je croyais cela bon pour le service. Enfin, monsieur le maire...*

Ici la voix de Javert s'altéra.

— *Je ne sais comment vous dire cela, c'est à ne pas croire, vous, que tout le monde vénère et bénit, j'ai osé, — parce que d'abord c'est une idée qui m'est venue comme cela, une ressemblance, quoi ! — et puis parce que je croyais bien faire, pour mille autres choses encore, parce qu'il me semblait que vous aviez une manière de traîner la jambe, — comment est-ce que je vais finir ce que j'ai à dire là ? — Des souvenirs que j'ai cru avoir, des rapprochements, une foule de circonstances, jusqu'à l'aventure de ce vieux Fauchelevent qui m'avait paru louche, — vraiment, monsieur le maire, un magistrat comme vous qu'il n'y en a pas un de plus honoré dans tout le royaume* [dans toute la France], *je devrais me mettre à genoux pour vous parler, c'est vrai* [ces douze mots manquent]. — *Eh bien, oui, là, vous ne me croirez pas, n'ai-je pas été à me creuser la cervelle à imaginer que vous, monsieur Madeleine, maire de cette ville et riche à millions, vous n'étiez autre qu'un ancien forçat que j'avais vu au bagne de Toulon. »* [L'édition nationale rapporte la variante suivante, écrite « en marge » — « Qu'une personne *que j'avais vue ailleurs... — Ailleurs ? — Oui. — Où ? — A Toulon. — A Toulon ? — Aux galères.*]

— *Qui s'appelait ?*
— *Jean Tréjean.*
— *Continuez, dit Madeleine.*

La feuille de papier tremblait aux mains de M. Madeleine au point qu'il fut forcé de s'appuyer le coude pour empêcher ce tremblement qui faisait du bruit. Mais Javert ne s'en aperçut pas.

— Monsieur le maire, reprit-il, ce Jean Tréjean sorti libéré du bagne de Toulon en octobre 1815. Quatre ou cinq jours après, il eut chez Monseigneur l'évêque de D. une aventure fort louche [suspecte] *dont je ne sais que peu de chose, mais ce que j'en sais ressemble diablement* [furieusement] *à un vol. Je dois dire du reste que Monseigneur l'évêque, qui était un saint et qui est mort, le justifiait mais c'était probablement par charité :* [*le justifiait* et disait lui avoir donné les objets volés, *mais c'était probablement* excès d'indulgence, et de *charité*] : *et tenez, vous, monsieur le maire, vous en feriez tout autant. Cet évêque était un homme comme vous.*

A cette parole de Javert, l'œil de M. Madeleine, jusqu'alors abaissé, se leva lentement et se fixa au plafond avec une expression indéfinissable. Javert ne faisait plus aucune attention à tous ces mouvements qu'il eût autrefois étudiés avec une inquiétude si menaçante. Il ne s'interrompit même pas.

— Ce Jean Tréjean avait-il en effet volé Mgr l'évêque ? Je l'ignore, mais je le crois. Ce que je sais, c'est qu'en sortant de chez Mgr l'évêque, — le jour même, monsieur le maire ! — il commit sur un chemin public un vol à main armée et avec violences sur la personne d'un petit [d'un petit enfant *savoyard*]. *Nouveau crime qui entraînait pour Jean Tréjean au moins la peine des travaux forcés à perpétuité. Depuis cette époque, voilà plus de huit ans, il s'est soustrait à toutes les recherches. On n'en a plus entendu parler. Maintenant, monsieur le maire, comment me suis-je mis cette folie en tête que c'était vous qui étiez cet homme ? Que voulez-vous que je vous dise ? D'abord vous lui ressemblez un peu, cela, j'en suis fâché, mais cela est. Pas le même son de voix, pourtant. Du tout du tout. Ensuite vous avez fait secrètement prendre des renseignements, j'ai su cela, voyez-vous, sur toutes les familles qui avaient pu disparaître depuis trente ans de Faverolles. Or, ce Jean Tréjean était de Faverolles. Ensuite votre force des reins, votre adresse au tir, votre jambe qui traîne un peu, qu'on disait que vous étiez un personnage mystérieux, que vous étiez poussé dans la ville comme un champignon, que personne n'avait jamais vu la couleur de votre passeport... Est-ce que je sais, moi ? Jusqu'à ce crêpe à votre chapeau qui avait rapport à un évêque, à ce qu'on disait. Enfin, c'est bête ; un tas de misères qui ne prouvent rien, je le sais bien, mais quoi ! Je m'étais mis cette idée-là dans la tête.*

Je vois comme c'était méchant et absurde, et je vous demande excuse, monsieur le maire, maintenant qu'il n'y a plus de mystère, et que je sais le vrai.

A ce dernier mot, M. Madeleine posa sur la table le papier qu'il tenait, et fixa sur Javert un de ces regards inouïs dans lesquels il semble que toute la puissance, [la puissance *vitale*] *d'un homme soit concentrée, un de ces regards qui cherchent à fouiller une âme, qui questionnent un individu de la tête aux pieds et qui l'enveloppent et le pressent, pour ainsi dire, d'un tourbillon muet de points d'interrogation. Les rôles étaient changés. Maintenant c'était Madeleine qui scrutait Javert. Il était évident que de toutes les paroles singulières prononcées jusque-là par Javert, la plus singulière pour M. Madeleine, c'était la dernière, et que ce qui était sorti de cette* phrase placide : « *Maintenant je sais le vrai, il n'y a plus de mystère* », *c'était précisément un mystère. Mystère étrange et effrayant, à en juger par le regard de M. Madeleine, à en juger surtout par son silence. Il ne dit pas un mot.*

Javert, lui, était tout entier à ses pensées. Il s'était tu, et il faisait machinalement des plis au coin du tapis de serge verte qui couvrait la table. M. Madeleine attendait que Javert reprît la parole, sans le hâter, mais avec cette expression de visage d'un homme qui attendrait et se tairait pendant qu'une tenaille de fer rouge [ces trois mots manquent] *lui mâche les entrailles et lui ronge le ventre.*

Après quelques minutes, Javert dit :

— Monsieur le maire a-t-il quelques questions à me faire ?

— Mais, non, dit Madeleine. [Ici : « Javert se tut. »]

Il se fit encore un silence que M. Madeleine rompit enfin, avec hésitation. [Ici : « Il se décida pourtant à dire : »]

— Je ne comprends pas beaucoup, Javert. Je vous écoute.

— Alors je continue, répondit Javert.

M. Madeleine respira, de cette respiration qui vous dit [veut dire] : *Ah ! et qui* [qui vous] *exprime si énergiquement l'espérance du dénouement. Il était clair qu'il avait devant les yeux une énigme, énigme à laquelle étaient mêlés peut-être les fils les plus secrets de sa vie, et qu'il en attendait le mot.*

*— Si je cherchais à m'excuser, monsieur le maire, poursuivit Javert, je vous dirais ce qui se passait en moi lorsque je faisais la supposition abominable qui m'amène devant vous comme un coupable. C'e*t été *tellement monstrueux si un être comme Jean Tréjean, flétri par la loi, réprouvé par la société, un forçat enfin, eût osé rentrer frauduleusement dans l'État, se glisser parmi les honnêtes gens, usurper la considération, profaner la magistrature ! voler l'honneur après l'avoir perdu ! L'attentat patent, le vol de grande route, le meurtre, eussent été moins odieux. Je sais bien, moi qui ai l'expérience, que ces êtres-là ne se repentent jamais. Défiez-vous du bien qu'ils ont l'air de faire. C'est leur plus grand crime, c'est votre plus grand danger. Comme ils ne peuvent être que férocité ou hypocrisie, il y a quelque chose de pire que leur violence, c'est leur douceur. Maintenant, monsieur le maire, vous comprenez la pensée qui m'animait. Dévoiler un Jean Tréjean, retrouver le galérien sous le magistrat, arracher un tel masque d'un tel visage, rejeter au bagne ce qui est au bagne, faire reparaître le poteau et le carcan au milieu des millions, des momeries et des fourberies, quel but pour moi Javert ! Quel service à rendre à la société ! Avec quelle joie d'honnête homme j'eusse empoigné à pleine main son collet brodé, et je lui eusse dit : « Forçat, reprends ta casaque ! » J'ai eu cette ambition. Cela m'a aveuglé. Trop de zèle est trop ; je ne le croyais pas, je le vois à présent. J'ai fait une faute, une faute grave. J'en dois subir les conséquences, à présent qu'il m'est prouvé que j'ai eu tort et qu'en dépit de mes conjectures stupides et infâmes, notre vénérable maire M. Madeleine ne pouvait* [ne peut] *pas être et n'était* [n'est] *pas,* [ici : « pardonnez-moi de répéter cet affreux mot] *le galérien Jean Tréjean.*

M. Madeleine, haletant, attendait qu'il continuât. Javert s'arrêta encore. Puis, s'inclinant vers le maire, les yeux humides, les bras pendants, et comme s'il était prêt à se mettre à genoux, il ajouta :

— *Monsieur le maire, remettez-moi en paix avec ma conscience. Je deviendrai après ce que je pourrai.* [Ici : « J'ai deux bras. Je travaillerai la terre]. *Cela m'est égal. Je vous demande à mains jointes* — *deux choses : punissez-moi et pardonnez-moi. Faites-moi destituer et dites-moi* [et daignez me dire] *que vous ne m'en voulez pas.*

En ce moment-là, Javert était presque éloquent. Il se tut. M. Madeleine gardait [ne rompait pas] *le silence. Javert le regardait d'un air suppliant* [d'un œil qui suppliait autant que l'œil de Javert pouvait supplier]. *Situation étrange. Ces deux hommes se tournaient l'un vers l'autre avec anxiété et ils semblaient chacun de leur côté attendre l'un de l'autre une parole qui ne venait point.*

Javert enfin se risqua.

— *Vous ne me répondez pas, monsieur le maire ? Vous êtes bien indigné, n'est-ce pas ?* [...le maire.] *Je vois ce que c'est, vous êtes indigné, et comme vous êtes bon...*]

— *J'attends, dit M. Madeleine, que vous ayez fini.*

— *Mais j'ai fini.*

Un tison qui roula de la cheminée vint en aide à M. Madeleine [parut occuper beaucoup en ce moment M. Madeleine.] *Il prit la pince et le remit en place longuement, puis il releva la tête et regarda Javert.*

— *Si vous avez fini c'est bien. Ainsi c'est là tout ce que vous aviez à me dire ?*

— *Mais oui, monsieur le maire, dit Javert. C'est moi à présent qui attends que vous me parliez.* [Au lieu de ces deux répliques : « Il ouvrit la bouche, comme s'il allait parler, mais il ne parla pas. ».]

Le visage de M. Madeleine [son *visage*] *était redevenu profondément calme* [redevenu calme]. *Il reprit la feuille qu'il avait posée sur la table, la parcourut comme si elle le préoccupait fort, et murmura entre ses dents : « Il faudra pourtant que j'écrive au procureur du roi pour cette affaire Bazuzimos* [Bazurier]. *Tout en parlant, il prit une plume et écrivit une ligne ou deux sur la feuille. Enfin, se retournant vers Javert toujours immobile, il lui dit avec son air de parfaite indifférence.*

— *Mais, Javert, dans l'histoire que vous m'avez faite, vous avez oublié de me dire comment vous étiez parvenu à éclaircir ce qui vous avait paru un mystère, et à savoir la vérité.*

— *Ah ! c'est vrai ! pardon, monsieur le maire ! s'écria Javert. Mais c'est que, voyez-vous, je n'étais occupé que de moi, et que tous ces détails ne me paraissaient pas bien utiles. Qu'est-ce que cela vous fait à vous ? vous n'avez pas besoin qu'on vous prouve que vous n'êtes pas Jean Tréjean.* [Après « s'écria Javert » : « Mais, mon Dieu, rien n'est plus simple. C'est que le véritable Jean Tréjean est trouvé. »] *M. Madeleine se remit à remuer le feu.*

— *Quel ennui qu'il soit éteint toujours ! allez, Javert... Commencez, je vous écoute.* [Après : « est trouvé » : « Ah ! dit M. Madeleine. Un volume de commentaires ne suffirait pas à indiquer tout ce qu'il y avait dans ce : « Ah ! ». *M. Madeleine se remit à remuer le feu.* Javert poursuivit : » Ainsi cette version rejoint le texte de la version définitive.

8. Ailly-le-Haut-Clocher, dans la Somme, arrondissement d'Abbeville.

9. VAR. « Voilà ce que c'est, monsieur le maire. *Vous avez peut-être rencontré* dans le pays, *en vous promenant,* une espèce de bonhomme...»

10. VAR. « ... à la main. *Des gamins font ça tous les jours : on dit : bah ! mais quand c'est un homme, c'est grave. Voilà le Champmathieu en prison.* Jusqu'ici... »

11. Arras est dans le Pas-de-Calais ; la prison départementale pour Ailly-le-Haut-Clocher, devait être à Amiens.

12. VAR. « *Parbleu !* vous êtes... »

13. VAR. « *Le vieux, qui a l'air sournois,* joue l'étonné. »

14. VAR. Parbleu! manque.

15. VAR. « On approfondit *la chose.* Voici... »

16. VAR. « Chan Mathieu. *Trait de lumière pour* notre homme *qui n'est pas idiot. Il se laisse faire...* »

17. VAR. « ... *de ces choses...* »

18. Ces six derniers mots manquent.

19. VAR. « ... c'est lui. *J'entends parler de l'affaire. M. le juge d'instruction me fait venir. On m'amène Champmathieu. Moi aussi je reconnais Jean Tréjean. Voilà des preuves, je crois. Deux et deux font quatre. C'est Jean Tréjean.* » *M. Madeleine fixa encore une fois sur Javert son regard attentif et pénétrant ; il semblait qu'il cherchât s'il n'y avait pas encore quelque arrière pensée sous ce visage probe et sauvage ; mais il n'y trouva rien que de la tristesse et de la bonne foi. Il était évident qu'il avait devant lui un homme vrai et convaincu.* Il demanda. [Notes de l'édition nationale, I, 433 : « Il dit avec effort :]

— *Et* vous êtes sûr ?

— Oh ! sûr ! *si je suis sûr* ! [Ici, édit. nationale : « Mais d'abord c'est très fâcheux pour moi. Du contre-coup cela me perd. Je voudrais bien ne pas être sûr. Je n'aurais aucune faute, je serais content de moi et je garderais ma place. Si je suis sûr, mon bon Dieu ! »] *Tenez, monsieur le maire, pardon de vous en reparler encore* [de reparler encore *de vous*], *avec vous je doutais, j'hésitais* [ces deux mots manquent], *je disais une fois oui et deux fois non ; j'ai passé bien des mauvaises nuits, allez ! Avec celui-ci je n'hésite pas, c'est lui, c'est clair, je dors sur mes deux oreilles.*

— Et que dit cet homme ? demanda Madeleine.

— Ah, dame ! monsieur le maire, *il sent bien que cela chauffe, il se débat. La bouilloire chante devant le feu. Il ne veut pas être Jean Tréjean et il a raison. C'est que* l'affaire est mauvaise. [Après : « ... *mes deux oreilles* »] : « Et même maintenant que je vois le vrai Jean Tréjean, je ne comprends pas comment j'ai pu croire autre chose. Je ne vous avais pas dit tous ces détails en commençant parce que je n'étais occupé que de moi et qu'ils ne vous étaient pas bien utiles. Qu'est-ce que cela vous fait à vous ? Vous n'avez pas besoin qu'on vous prouve que vous n'êtes pas

Jean Tréjean ? » — La fin de ce texte se trouve aussi dans la version des *Misères* (voir p. 1561).

— Après : « l'affaire est mauvaise », le texte dans *les Misères* et dans *les Misérables* reprend ainsi : « Si c'est *Jean Tréjean,* il y a récidive. ».

20. VAR. « ... *se débattre. L'homme nie, mais que voulez-vous qu'il y fasse ?* Les preuves sont *écrasantes.* Il est reconnu... »

21. VAR. « ... condamné, *comme je mange ma soupe.* »

22. VAR. « *Je suis cité. L'avocat général est très bon. C'est un garçon d'esprit qui fait des vers.*

« *Javert, en prononçant ces dernières paroles, paraissait presque avoir oublié un moment sa tristesse. Énumérer les chances d'une condamnation lui était agréable et le soulageait visiblement. Cette nature d'espérance convenait à l'espèce de cœur qu'il avait.*

« *M. Madeleine s'était remis à son bureau, et feuilletait tranquillement des papiers.* Il se tourna *à demi* ».

23. VAR. « ... procès-verbal. *Et puis, comme Noël approche, vous me ferez un plan d'arrêté des mesures à prendre pour la messe de minuit.* Mais je vous donne... »

24. VAR. « — C'est bon, dit M. Madeleine. *Faites toujours le plus pressé de ce que je vous recommande. Et voici la note que je viens d'écrire pour vous.*

« *En parlant ainsi, les yeux toujours baissés* [ce mot manque] *sur sa table, il tendait à Javert un papier. Javert ne le prit pas et M. Madeleine entendit sa voix grave qui disait :*

« *— Monsieur le maire oublie que je ne suis plus rien.*

« *M. Madeleine se leva.*

« — *Javert, vous êtes un homme sérieux et honnête et je vous estime. Votre conduite d'aujourd'hui prouve à votre honneur* [« à votre louange »] *que si vous êtes sévère pour autrui, vous l'êtes aussi pour vous-même ; maintenant, voici ce que j'ai à vous dire de cette faute que votre probité s'exagère.* Ceci encore est une offense... »

25. Cet alinéa manque dans *les Misères.*

26. VAR. « — Monsieur le maire, *dit Javert,* je ne puis vous accorder cela. *Si vous m'estimez en effet, prouvez-moi votre estime en me faisant destituer. Je vous ai manqué, je vous ai calomnié, vous dirai-je tout ? Je vous ai dénoncé dans plusieurs rapports secrets adressés à Paris* où l'on a eu [à mes chefs qui ont eu] le bon esprit de les mépriser. *Je dois être puni. Il faut qu'au bout de cette aventure justice se fasse pour moi comme pour Jean Tréjean. Et puis, tenez,* monsieur le maire, je ne souhaite pas... »

27. Ceci se trouve, dans *les Misères,* à un autre endroit (VI, II, note 7, page 1558).

28. VAR. Le mot « Allez » manque.

29. VAR. « Tout cela était prononcé d'un *ton si* humble, *si fier, si triste* et *si convaincu que* M. Madeleine parut entraîné par une sorte de sympathie douloureuse et momentanée. Mais irrésistible, vers cet étrange honnête homme.

30. VAR. « ... d'un *air*... »
31. Ces deux alinéas manquent dans *les Misères*.
32. VAR. « ... se dirigea *lentement* vers la porte.
« *Au moment de sortir*, il se retourna, *et sans lever* les yeux... »
33. VAR.« ... remplacé. *Mais ce qui est dit est dit. Dans huit jours ma destitution ou ma démission* ».

LIVRE SEPTIÈME
L'AFFAIRE CHAMPMATHIEU

P. 246.   *CHAPITRE PREMIER*

1. Aux deux premiers chapitres de ce livre correspond, dans *les Misères*, le premier chapitre du livre IV. Ce chapitre est intitulé : *Perspicacité de maître Bacuin*. Il ne subsiste, dans ce chapitre, que les premières et dernières lignes du chapitre 1 des *Misérables* et avec quelques variantes.
2. VAR. « Les incidents qu'on va lire *ont* laissé à M.-sur-M., un tel souvenir *qu'il nous paraît* que ce livre *serait incomplet* si nous ne les racontions... »
3. Cet alinéa manque.
4. Il manque du mot « Avant » aux mots « il s'approche de Fantine » (cinq alinéas).
5. L'abbé Sicard, qui s'appelait en réalité Roch-Ambroise Cucurron, (1742-1822) se voua à l'éducation des sourds-muets, d'abord dans le diocèse de Bordeaux, puis à Paris où, en 1789, il succéda à l'abbé de l'Épée. Il fut professeur à l'École normale en 1794, et membre de l'Institut en 1795.
6. VAR. « ... de fièvre. *Elle demanda à M. Madeleine.* »
7. VAR. « Il répondit en souriant : — *Je m'en occupe.* »
8. Les cinq derniers mots manquent.
9. VAR. « ... à tout le monde, *comme eût fait un père pour son enfant*. On remarqua... »
10. VAR. « ... visage, *d'ailleurs calme*... »

P. 249.   *CHAPITRE II*

1. VAR. « ... maître *Bacuin*... »
2. Manquent les deux premiers mots de cette réplique.
3. Manquent cette réplique et les sept suivantes.
4. VAR. « ... et demi. *J'ai dit vingt lieues.* »
5. VAR. « ... j'ai *un* bon petit cheval, *qui vous fera cette course là* toujours au grand trot, et... »
6. VAR. « *Convenu* »
7. Manquent ces cinq mots.
8. Manquent cet alinéa et les deux suivants.
9. VAR. « ... à *cinq* heures... »
10. VAR. « ... *cinq* heures du matin, répondit... »

11. Il manque aux *Misères,* depuis ce mot jusqu'aux mots : « valaient cent écus. » (douze alinéas).
12. VAR. « ... sur la *table*... »
13. Cette phrase manque dans *les Misères.*
14. VAR. « ... enfermé, ce qui *n'étonna personne* car il se couchait de bonne heure. *Le* concierge de la fabrique *remarqua* que sa lumière... »
15. VAR. « ... de M. Madeleine. Il se coucha *de son côté* et *dormit. Vers le milieu de la nuit*... »
16. VAR. « ... la chambre *d*'en haut. *Il se dressa sur son séant.* Il écouta... »
17. VAR. « ... étrange. *Il n'avait jamais rien entendu de pareil. M. Madeleine dormait* habituellement *d'un sommeil profond et ne se réveillait jamais* avant l'heure. »
18. VAR. « ... ressemblait *au bruit* d'une armoire... »
19. Le passage qui va de ce mot aux mots « était surprenante » manque dans *les Misères.*
20. Cet alinéa y manque aussi.

P. 253.   *CHAPITRE III*

1. Le chapitre II des *Misères,* intitulé aussi *Une tempête sous un crâne,* correspond aux chapitres III et IV des *Misérables.*
2. VAR. « Il n'existe rien *au delà de* cette sorte... »
3. VAR. « L'œil de *la pensée*... »
4. Manquent les mots « que dans l'homme. »
5. VAR. « La conscience, c'est le *gouffre* des chimères *et des songes,* c'est le champ de bataille des passions. Pénétrez à travers la face livide d'un *homme*... »
6. Manquent les mots « sous le silence extérieur... »
7. VAR. « ... des mêlées *de démons* et des nuées... »
8. C'est, naturellement, la porte de l'Enfer. (Cf. *la Divine Comédie ; l'Enfer,* chant II, et les cinq premiers tercets du chant III.)
9. Cet alinéa manque.
10. VAR. « ... déjà *du passé* de *Jean Tréjean*... »
11. Les deux dernières phrases manquent.
12. Manquent les mots « se glissa de ville en ville. »
13. Manque le mot « rassuré ».
14. VAR. « ... *toutes* ses actions. »
15. VAR. « ... malgré les *sinistres paroles* de Javert. Il semblait qu'il *sentît,* à l'exemple... »
16. VAR. « *Pourtant*... »
17. VAR. « ... encore présenté. Le malheureux homme dont nous racontons *l'histoire* le comprit *vaguement,* mais profondément... »
18. VAR. « ... dans son cabinet. *A mesure que Javert parlait,* il *avait* ce tressaillement... »
19. VAR. « ... *un premier mouvement*... »
20. Il manque de ce mot aux mots « cela ne fut pas ainsi. »

21. VAR. « ... comme *on reprend son masque.* »
22. VAR. « ... dans *cette situation...* »
23. VAR. « ... il se dit *qu*'il n'y avait point d'inconvénient à être témoin de ce qui se passerait, et il retint le *cabriolet* de *Bacuin,* afin... »
24. VAR. Ici, dans *les Misères* : « *On a remarqué sans doute qu'il n'alla point chez le curé, son confesseur, le seul homme au monde qui connût la vérité et qui pût recevoir sa confidence. Peut-être craignait-il un conseil trop direct et trop formel. Rentré chez lui, il se recueillit.* »
25. VAR. « ... la trouva tellement inouïe... »
26. VAR. « Alors, il posa ses deux coudes sur la table, *prit son front dans ses deux mains* et se mit à *rêver...* »
27. Cet alinéa manque.
28. Cet alinéa manque aussi.
29. VAR. « ... du but *auguste...* »
30. VAR. « ... de *l'ombre...* »
31. VAR. « ... lumière *redoutable...* »
32. VAR. « ... *luirait* subitement... »
33. Cette proposition manque.
34. VAR. « ... plus *profonde...* »
35. Manque l'alinéa qui commence ici.
36. Manquent ces dix derniers mots.
37. VAR. « ... à *rêver...* »
38. VAR. « ... le voilà *absolument dépisté. Il est content* désormais... »
39. VAR. « ... sans moi ! *sans que je m'en sois mêlé !* Ah çà... »
40. VAR. « ... dans *tout cela.* Des gens qui me verraient croiraient... »
41. VAR. « *m'occuper...* »
42. VAR. « ... peur tantôt *d'aller chez mon confesseur,* c'est là ce qu'il m'aurait dit. *Donc,* laissons aller... »
43. Cet alinéa et le suivant manquent.
44. VAR. « ... *se questionna...* »
45. VAR. « ... *Il s'avoua...* »
46. VAR. « ... *était abominable...* »
47. Le passage qui commence ici et qui finit par les mots : « Il la recracha avec dégoût » manque.
48. VAR. « Il *s'interrogea sur* ce qu'il avait entendu... »
49. VAR. « ... but qui était le vrai ? »
50. Cette proposition manque.
51. VAR. « ... sa place au soleil, *sa destinée, mais* se livrer, sauver cet homme frappé d'une si *fatale méprise,* redevenir... »
52. VAR. « ... à jamais *l'abîme...* »
53. VAR. « ... serait *vénérable...* »
54. Les deux dernières phrases manquent.
55. Le long passage qui commence ici et qui finit par les mots « à des choses indifférentes » (quinze alinéas) n'est pas dans *les Misères.*
56. Manque le mot « Cependant ».

57. Var. « ... cette pauvre femme.
« *Ce* fut comme un rayon d'une lumière *nouvelle*. »
58. Var. « ... s'écria *dans le fond de sa pensée :* »
59. Var. « ... un *maire*... »
60. Var. « ... et *auguste*... »
61. Les mots « mon Dieu » manquent.
62. Les mots « c'est bien » manquent aussi.
63. Var. « ... des femmes, des enfants, des vieux, des pauvres gens! »
64. Il manque de « partout » à « le crédit ».
65. Manquent les mots « j'ai relevé ».
66. Var. « ... qui a tant souffert, *qui est si honnête dans son abjection,* dont j'ai causé... »
67. Var. « ... à la mère. *Que* je dois à cette *mère* en réparation du mal *qu'on lui a fait?* »
68. Var. « Si je ne me dénonce pas, *qu'arrive-t-il?* » L'alinéa suivant manque.
69. Cette phrase manque.
70. Var. « *D'ici* dix ans... »
71. Cette phrase manque.
72. Il manque de « la contrée » à « rien ».
73. Var. « ... faire attention, *que diable,* et ne rien... »
74. Var. « ... on ne sait *quel drôle, une canaille,* il faudra... »
75. Var. « Et *cela*... »
76. Cette phrase manque.
77. Cette phrase manque aussi.
78. Var. « ... à marcher, *il se frotta les mains.* Cette fois... »
79. Var. « ... de la pensée. Il lui semblait qu'il venait de trouver... »
80. Var. « *Allons,* pensa-t-il... »
81. Var. « ... une *bonne* résolution. »
82. Var. « ... *caché* qu'il était... »
83. Var. « *Un placard* s'ouvrit. Il n'y avait dans *ce placard*... »
84. Manquent les trois derniers mots.
85. Var. « ... les chandeliers *de l'évêque*... »
86. Var. « il cachait ceci et laissait voir les flambeaux. »
87. Cet alinéa manque.
88. Cet alinéa manque aussi.
89. Manquent aussi cet alinéa et le suivant.
90. La suite de la phrase à partir du mot « il » manque.
91. Var. « ... des *malheureux*... »
92. Var. « ... *bien* des voix... »
93. Var. « ... les occasions *graves*... »
94. Le passage qui commence ici et qui finit par les mots : « Que faire, grand Dieu! Que faire? » (4 alinéas) manque dans *les Misères*.
95. Manquent les mots « avec tant de peine. »
96. Cette phrase manque aussi.

97. Il manque à partir d'ici toute la suite de ce chapitre.

P. 271. *CHAPITRE IV*

1. Cet alinéa manque dans *les Misères*.
2. VAR. *Il a raconté ce rêve plusieurs fois et, quoiqu'il en soit,* l'histoire de cette nuit serait incomplète si nous l'omettions. *Il rêva donc. Il était dans une campagne...* »
— Le récit de ce rêve étant fait, dans *les Misères*, par l'auteur et non par son personnage, les verbes sont à la troisième personne.
3. Manquent les mots « je dois le dire... »
4. Les deux dernières phrases manquent.
5. Manquent la question entre parenthèses et, naturellement, la note correspondante.
6. VAR. « *Quelle* est cette maison? »
7. VAR. « Il était glacé. *La fenêtre était* restée *toute* grande ouverte. »
8. VAR. « La bougie *allumée brûlait encore.* » La phrase suivante manque.
9. Cette phrase manque.
10. Cette réplique et la suivante manquent aussi.

P. 275. *CHAPITRE V*

1. VAR. « ... *était* encore *fait...* »
2. Manquent ces six derniers mots.
3. Manque aussi cette phrase.
4. VAR. « ... un *énorme...* »
5. Manquent ces sept derniers mots.
6. VAR. « ... d'un cheval blanc dans lequel il n'y avait *qu'un voyageur* enveloppé d'un manteau.
7. VAR. « ... assez *violent...* »
8. VAR. « ... mais *il* n'écouta pas... »
9. VAR. « L'homme, *c'est celui...* »
10. VAR. « ... des convulsions *inexprimables.* »
11. VAR. « ... et il *frissonnait.* »
12. VAR. « ... dans un gouffre, *comme dans une caverne...* »
13. Manquent les deux dernières phrases.
14. Cet alinéa manque.
15. VAR. « ... sur le pavé, *le vent dans la plaine,* faisaient... »
16. Manquent les cinq derniers mots.
17. Cette phrase manque. La phrase suivante, dans *les Misères*, commence ainsi : « *C'était une* excellente bête *qui* avait... »
18. VAR. « ... qui *passait,* se baissa... »
19. VAR. « *Monsieur va-t-il* loin... »
20. VAR. « *Monsieur vient-il* de loin? »
21. VAR. « Le charron était sur le *pas* de sa porte. Il vint examiner la roue et *hocha la tête.* »
22. Cette phrase manque.
23. VAR. « Quoi! *pas une patache,* pas une carriole? » La suite de la réplique manque.

24. VAR. « Je prendrai *la* poste. »
25. VAR. « — Et monsieur veut arriver aujourd'hui?
— *Pourquoi pas?*
— *Par la* poste?
— Pourquoi pas?
— Est-il égal... »
26. Manquent ces dix derniers mots.
27. Cette phrase manque aussi.
28. Manquent la fin de cette réplique et les huit répliques suivantes; donc, jusqu'à « vous ne le trouveriez pas! »
29. Manquent cette réplique et la suivante.
30. Les mots « et à pleine poitrine » manquent.
31. Cette phrase manque aussi.
32. VAR. « ... un enfant, *le fit frissonner de la tête aux pieds.* Il crut... »
33. VAR. « ... *dès* le matin. »
34. VAR. « ... point *à Arras.* »
35. VAR. « ... au grand trot, *laissant l'enfant ébahi...* »
36. VAR. « ... de *décembre...* »
37. VAR. « ... dit-il, j'ai *faim.* »
38. Ces cinq derniers mots manquent.
39. Tout cet alinéa manque dans *les Misères.*
40. VAR. « Le crépuscule tombait *lorsqu'il arriva* à Tinques. Tinques, ou plutôt, Tincques (Pas-de-Calais) canton d'Aubigny.
41. VAR. « ... du village *de Tinques...* »
42. Cette phrase manque.
43. VAR. « ... dans Tinques. Allez *à la poste* et prenez un cheval de renfort. *Le postillon* vous guidera dans la traverse. »
44. VAR. « ... de renfort *et* un postillon assis... »
45. VAR. « ... ces vastes *et sombres* souffles... »

P. 286. *CHAPITRE VI*

1. VAR. *Contre-coup sur Fantine.* — Autre titre projeté : *La sœur Simplice fait une faute qui l'approche de la perfection.*
2. VAR. « ... des songes *et déliré.* »
3. VAR. « ... que la sœur *qui la soignait* lui demandait... »
4. VAR. « ... et jaunes, et *fit* un de ces soupirs profonds qui semblent soulever un *poids énorme.* »
5. VAR. « *Allons, M. Madeleine ne viendra que* demain, *mais demain je serai morte.* »
6. VAR. « *La religieuse...* » De même, plus loin.
7. Cet alinéa manque.
8. VAR. « ... ne *viendrait* pas... »
9. VAR. « La *pauvre religieuse eut un tremblement,* il lui semblait bien... »
10. VAR. « ... où était Fantine. *Mais la digne sœur n'avait menti de sa vie. Elle* leva... »
11. VAR. « Fantine prit la main de la sœur, » la suite de la phrase manque.

12. Cette phrase manque aussi.
13. Il manque aux *Misères* de « Si » à « Ainsi ».
14. Il manque aussi cette phrase.
15. Manque aussi cette phrase.
16. Il manque de « Ce » à « pays ».
17. Manquent les deux dernières phrases.
18. VAR. « ... la *bonne* sœur *religieuse*. »
19. Cet alinéa manque.

P. 293. *CHAPITRE VII*

1. Les chapitres VII à XI des *Misérables* ne forment dans *les Misères* qu'un chapitre, le cinquième, intitulé : *Le passé présent...* »
2. VAR. « ... il *entra dans* une salle... »
3. VAR. « ... *treize* heures... »
4. Manquent les six derniers mots.
5. Manquent les mots « et provisoirement ».
6. Manquent les quatre derniers mots.
7. VAR. « ... où *des groupes bourdonnaient*. »
8. Manque « un récidiviste. »
9. Il manque la dernière phrase de cet alinéa.
10. VAR. « *Si quelqu'un l'eût observé en cet instant on l'eût vu*, la tête baissée, *traverser* l'antichambre et *redescendre...* »

P. 297. *CHAPITRE VIII*

1. Autre titre projeté : *Il vient un jour où l'on recueille le fruit de l'estime publique...*
2. VAR. « ... *l'immense* service... »
3. VAR. « ... comme il *était* près de la lampe *en ce moment*, il put lire. »
4. VAR. « ... en ce moment. *Il s'étonnait...* »
5. Cet alinéa manque.
6. Jean-Nicolas Pache (1746-1823) fut maire de Paris en 1793, et ministre de la guerre. Il est l'auteur de la formule : Liberté, égalité, fraternité ou la mort.
7. VAR. « ... *trois fois*. *Tout en lisant*, il pensait... »
8. Le passage qui commence ici et qui finit à « ses yeux ne pouvaient s'en détacher » (six alinéas) n'est pas dans *les Misères*.

P. 301. *CHAPITRE IX*

1. Autre titre projeté : *Le passé présent*.
2. VAR. « ... vaste enceinte, pleine de *monde*, où tout... »
3. Tout cet alinéa manque dans *les Misères*.
4. Manquent les quatre derniers mots.
5. VAR. « ... allèrent là *comme les yeux de tous*. *Pendant le premier moment il ne vit que cet homme* . »
6. Manquent les huit derniers mots.
7. VAR. « L'avocat général, *prévenu par le président de la présence de M. Madeleine*, salua également. »

8. Cette phrase manque.
9. Manquent les sept derniers mots.
10. VAR. « ... toutes ses idées *dans son cerveau,* c'était un autre... »
11. VAR. « ... *chose horrible*... »
12. VAR. « ... le plus *affreux*... »
13. Manquent ces cinq mots.
14. Cette proposition manque.
15. Manquent les mots « un bandit ».
16. VAR. « ... étonné. *Il branlait la tête* ou il considérait... »
17. Cette phrase manque.
18. Manque aux *Misères,* des mots « et dont » au mot « majestueuse. »
19. VAR. « ... l'éloquent *organe du ministère public*... »
20. Dans *les Misères,* cette phrase finit au mot « venin. »
21. VAR. « L'avocat *donc* avait *commencé par établir* que le vol... » — Le texte de Bossuet que Victor Hugo rappelle ici est dans l'oraison funèbre d'Anne de Gonzague, princesse palatine. A un endroit, il dit de cette princesse : « Elle voit paraître ce que Jésus-Christ n'a pas dédaigné de nous donner comme l'image de sa tendresse, une poule devenue mère, empressée autour des petits qu'elle conduisait. » Cette image de la tendresse est rapporté par saint Matthieu qui dit (XXIII, 37) : « Jérusalem.[...] combien de fois ai-je voulu rassembler tes enfants comme une poule rassemble ses petits sous ses ailes... » Bossuet a donc emprunté sa comparaison à saint Matthieu, mais comment soutenir qu'il a été obligé de le faire? Il n'était, je crois, pas incapable de trouver une autre image qui convînt à son propos.
22. VAR. « ... bien *établie*... »; la suite manque jusque et y compris le mot « enfin. »
23. Il manque depuis ce mot jusqu'aux mots « pour le condamner » (six phrases.)
24. VAR. « ... qui *frappent un* condamné... »
25. Dans *les Misères* cette phrase finit là; la suite manque jusqu'aux mots : « il passa à Jean Valjean lui-même ».
26. *L'Oriflamme,* journal de littérature, de sciences et arts, d'histoire et de doctrines religieuses et monarchiques, a paru du 17 juillet 1824 au 16 juillet 1825. *L'Oriflamme* qui avait peu d'abonnés fut acheté par Villèle, comme quelques autres journaux d'opposition ultra-royaliste. — *La Quotidienne,* fondée en 1792 et qui, selon les régimes, changea plusieurs fois son titre, parut sous le titre de *la Quotidienne ou la Feuille du jour,* du 7 juillet 1815 à février 1847. Journal ultra-royaliste, comme *l'Oriflamme,* mais plus répandu et contre lequel échouèrent toutes les manœuvres de Villèle en vue de l'acheter aussi. C'étaient littérairement deux journaux hostiles au romantisme.
27. VAR. « *Maintenant,* qu'était... »
28. Cette phrase manque.
29. La suite manque jusqu'aux mots « un homme pareil... »

P. 307.   *CHAPITRE X*

1. Autres titres projetés : *L'accusé s'obstine.* — *Obstination devant l'évidence.*
2. VAR. « ... Quelqu'un dans la foule ; il ajoutait à chacune de ces observations, le geste... »
3. VAR. « ... une situation *fausse.* »
4. VAR. « ... des conséquences *terribles.* »
5. VAR. « ... la bouche. *Il se fit un grand silence d'anxiété. Il regarda le président et dit :* »
6. VAR. « ... un *pauvre* homme... »
7. Il manque de ce mot aux mots « bord de la route. »

P. 314.   *CHAPITRE XI*

1. Manque du mot « telles » au mot « scène ».
2. VAR. « ... de *quatorze* ans. »
3. Cette phrase manque.
4. VAR. « ... *est un endroit triste.* »
5. Il manque de ce mot aux mots « à Petit-Gervais. »
6. VAR. Ici, vient dans *les Misères* le passage suivant publié dans l'édition originale (I, 436) comme un « ajouté rayé », et qui diffère un peu de la version des *Misères,* comme on l'a indiqué entre crochets : « *Ah ! si, j'ai encore à dire ceci : Il vous faut des preuves, je comprends* » [ces deux mots manquent] *je vous aiderai à en trouver : je ne demande pas mieux.*

« *Pour l'affaire de* [« de » manque] *Petit-Gervais, j'ai déjà fait moi-même des recherches : j'aurais bien voulu retrouver l'enfant pour l'indemniser et avoir le cœur tranquille. Enfin la justice verra. En attendant, qu'on aille chez moi, dans ma manufacture, qu'on entre dans ma chambre, qu'on fouille les cendres dans la cheminée, on y trouvera les deux bouts d'un bâton ferré que j'ai brûlé cette nuit, de ce même bâton que j'avais quand j'ai brûlé Petit-Gervais. Pourquoi l'ai-je brûlé ? Que le bon Dieu me le pardonne ! C'est un secret entre lui et moi. J'étais abominable dans ce moment-là. Allez, vous trouverez ! Enfin ! tout cela est triste. C'est ce pauvre petit pays qui me fait de la peine. Quand je songe que je payais près de trois mille francs de contributions !* »
7. VAR. « ... M. l'avocat général *fait des signes.* Vous ne me croyez pas. Voilà qui est *triste.* »
8. Cette phrase manque.
9. Cette phrase manque aussi.
10. Manque aussi cet alinéa.
11. VAR. « ... fut *profonde.* »
12. VAR. Ici ces deux phrases : « Un homme ne sera *pas* condamné à ma place. C'est tout ce que je voulais.

NOTES ET VARIANTES 1573

LIVRE HUITIÈME. — CONTRE-COUP

P. 319. *CHAPITRE PREMIER*

1. Autre titre projeté : *Fin de M. Madeleine.*
2. Les chapitres i et ii n'en font qu'un dans *les Misères ;* c'est le premier de leur livre V. Ce chapitre est intitulé : *Fantine heureuse.*
3. VAR. « La *religieuse* qui *la veillait...* »
4. VAR. « ... aller *refaire la* potion... »
5. VAR. « La *bonne sœur...* »
6. La première partie de cette phrase manque jusqu'à ce mot « puis. »
7. VAR. « ... sortait *péniblement...* »
8. VAR. « ... étaient *roses.* » Les deux phrases suivantes manquent, puis : « A la voir ainsi... »
9. VAR. « ... une malade *condamnée par les médecins.* »
10. Cet alinéa manque.

P. 321. *CHAPITRE II*

1. Cet alinéa manque aussi.
2. Cette phrase manque.
3. VAR. « ... écoute *une musique...* »

P. 325. *CHAPITRE III*

1. Le chapitre ii des *Misères,* intitulé aussi : *Javert content,* correspond aux chapitres iii, iv et v des *Misérables.* L'édition nationale dit, dans une note (I, 436) : « A la table de ce livre, variante du titre du chapitre iii : *Aucun naufrage ne doit faire oublier la lettre qu'on doit mettre à la poste.* Titre dont je ne discerne pas l'application à ce chapitre.
2. VAR. Cette première phrase manque. Le texte est ensuite : « *Il était plus de minuit* quand *M. Madeleine* était sorti... »
3. Les onze derniers mots manquent.
4. Cet alinéa manque.
5. VAR. « ... dans *la chambre de Fantine...* »
6. VAR. Après « épouvantable » ce passage où il y a interversion de phrases : « La certitude de tenir enfin Jean *Tréjean* fit apparaître sur sa *face* tout ce qu'il avait dans l'âme. L'humiliation de s'être mépris sur ce Champmathieu s'effaçait sous l'orgueil d'avoir si bien deviné d'abord et d'avoir eu si longtemps un instinct juste. Aucun sentiment humain ne réussit à être *hideux,* comme la joie. *Javert avait en ce moment* le visage d'un démon qui vient de retrouver son damné. » Toute la suite de ce chapitre manque dans *les Misères.*

P. 329. *CHAPITRE IV*

1. VAR. « *Elle trembla devant* cette figure affreuse... »
2. VAR. Cette première partie de la phrase manque. La suite

est : « *Ces deux mots ainsi articulés ressemblaient moins à* une parole humaine *qu'à* un rugissement. »

3. Cet alinéa manque.

4. Manque le passage qui va de « Gredin » à « le collet de Jean Valjean. »

5. Il manque de « elle » à « se noie, puis ».

6. VAR. « ... s'affaissa sur *l'oreiller.* »

7. VAR. « ... un vieux lit en fer qui *n'était pas occupé.* Jean *Tréjean* alla à ce lit, *brisa la tringle du* chevet, *la prit* et considéra Javert. »

8. VAR. « ... qui était *brisé*... »

9. Cet alinéa manque.

P. 332.   *CHAPITRE V*

1. Ces trois phrases manquent.

2. VAR. « ... *à la Gazette de France.* » La *Gazette de France* paraissait depuis 1631. Son titre avait, à certaines époques, été un peu modifié. Elle continua de paraître jusqu'en 1848, changea alors son titre pour le reprendre plus tard. C'était un journal royaliste, tout dévoué aux Bourbons. *Le Drapeau blanc,* journal de la politique, de la littérature et des théâtres, parut du 16 juin 1819 au 1er février 1827. Journal royaliste aussi, et d'un royalisme ardent et intransigeant. Organe de polémique violente et où, entre autres rédacteurs, Martainville se fit remarquer par sa violence.

3. VAR. « C'est ainsi que M. Madeleine *s'évanouit à M...-sur-M...* »

4. VAR. « ... la journée, *la maison,* la rue *étaient désertes.* »

5. VAR. Les deux religieuses ne sont pas nommées dans *les Misères*.

6. VAR. Le passage qui commence ici et qui finit par les mots : « en racontant son aventure » (six alinéas) est réduit, dans *les Misères*, à ces quelques lignes : « *Tout à coup on frappa au carreau de la loge qui donnait sur la rue. La portière leva les yeux et, à la lueur vague que projetait sa chandelle, elle reconnut M. Madeleine.* — « *Ouvrez !* » dit-il. — *Elle ouvrit la bouche pour jeter un cri et se retint. Elle ouvrit en toute hâte. Jean Tréjean entra et referma lui-même la porte soigneusement derrière lui. Elle s'arrêta*... »

7. VAR. « ... la sœur *Bonne*... » De même plus loin.

8. Cette phrase manque ici. Elle était ailleurs, avec une variante dans *les Misères*. (Cf. la note 6.)

9. Manquent cet alinéa et le suivant.

10. VAR. « ... il écrivit *quelques lignes. Puis* il tira d'une armoire... »

Il y a donc plusieurs lignes de moins que dans *les Misérables*.

11. Cet alinéa manque.

12. VAR. « *La religieuse*... »

13. VAR. Ici il y a : « — Pardon !... dit-il. »

14. Cet alinéa manque.

15. Ce livre finit là dans *les Misères*.

DEUXIÈME PARTIE

COSETTE

LIVRE PREMIER. — WATERLOO

P. 339. *CHAPITRE PREMIER*

1. Ce livre tout entier manque dans *les Misères*.
2. Autre titre relevé « sur les épreuves corrigées par Victor Hugo » (E.I.N. II, 563) : *Un homme venant de Nivelles*.
3. Victor Hugo visita, en effet, en vue de la rédaction de ce livre de son roman, le champ de bataille de Waterloo. Il y fit plusieurs séjours. Il en avait fixé le souvenir dans ses carnets dont les notes ont été recueillies dans l'E.I.N. (II. 615). Le 7 mai 1861 à 11 heures du matin, venant de Bruxelles, il arrive à Mont-Saint-Jean, descend à l'hôtel des Colonnes où il a une chambre qui « a vue sur le lion de Waterloo » : l'après-midi il visite « le champ de bataille par la route de Nivelles », il voit Hougomont, il monte au lion, il fait une promenade à Braine-l'Alleud; le lendemain à 2 heures il retourne à Bruxelles. Il revient à Mont-Saint-Jean le 15 et y reste jusqu'au 13 juillet, sauf quelques brèves absences d'une journée que certaines circonstances l'amenaient à aller passer à Bruxelles. Il parcourt les diverses parties du champ de bataille, il prend des notes, il rédige le livre *Waterloo* de son roman. Et il écrit dans ses carnets : « J'ai passé deux mois à Waterloo. C'est là que j'ai fait l'autopsie de la catastrophe. J'ai été deux mois courbé sur ce cadavre. » Et (le 30 juin) : « J'ai fini *les Misérables* sur le champ de bataille de Waterloo et dans le mois de Waterloo. » (Voir sur la bataille de Waterloo, le récit détaillé qu'en a fait Henri Houssaye au tome II intitulé *Waterloo* de son ouvrage en trois volumes : *1815*. On y trouvera l'indication des relations d'auteurs contemporains et des nombreux documents utilisés pour ce récit.)
4. Note des carnets de Victor Hugo, 7 mai 1861. « Acheté un morceau d'arbre du verger où est incrusté un biscayen : 2 fr. »

P. 347. *CHAPITRE III*

1. Note de Victor Hugo publiée dans l'E.I.N. II, 565 :

« *Waterloo*. — Le champ de bataille — le terrain. Plutôt une série de plateaux qu'une plaine, plutôt des ondulations que des collines; d'énormes vagues de terre immobiles, mais capables pourtant de tempêtes comme cela s'est vu le 18 juin 1815. Çà et là de brusques escarpements, bas, mais âpres, comme on peut en voir encore quelques-uns, quoique la plaine ait été stupidement remaniée, notamment près de Mont-Saint-Jean à droite de la route de Nivelles, et près de la Haie-Sainte, et derrière Rossomme. Un sol marneux, glaiseux, visqueux dans les pluies, qui garde l'eau et fait partout des flaques et des mares. Comme Napoléon mettait pied à terre près de la Belle-Alliance et enjambait un fossé, un grenadier lui cria :

« — *Prenez garde à ce terrain-là, Sire, on y glisse.*

« On fait plus qu'y glisser, on y tombe. »

2. Dans le manuscrit il n'est mentionné que Charras. — Cf. Napoléon : *Mémoires pour servir à l'histoire de France en 1815*. (Paris, Barrois aîné, 1820; in-8°). — Walter Scott : *Life of N. Buonaparte*. (Edimbourg 1827, 9 vol. in-8°). — Lamartine : *Histoire de la Restauration* (Paris, Pagnerre, V. Lecou, Furnes, 1851-1852, 8 vol. in-8°) — Achille de Vaulabelle : *Histoire des deux Restaurations*. (Paris, 1844; 6 vol. in-8°). — Lieutenant-colonel Charras. *Histoire de la campagne de 1815. Waterloo.* (Bruxelles, Meline, Cans et Cie, 1858. — Thiers : *Histoire du Consulat et de l'Empire* (Paris, 1862, 20 vol. in-8°). — Edgar Quinet : *Histoire de la campagne de 1815* (notes critiques sur le tome XXe de M. Thiers), Paris, Michel Lévy frères, 1862, in-8°,

P. 349.   *CHAPITRE IV*

1. Var. du ms. « ... point précis où *Cambronne* a dit *son* mot *éternel.* (E.I.N. II. 564.) Sur le mot de Cambronne, voir la note 1 du chapitre xiv p. 1579.

2. Ici, dans le manuscrit, cette phrase : « Si quelque chose, dans cette bataille, ressemble au grondement du lion, c'est, à coup sûr, le mot de Cambronne. » (*op. cit.* II. 564).

P. 351.   *CHAPITRE V*

1. Autre titre projeté : *L'incertain des batailles.*

2. Henry Houssaye écrit : « Le temps s'était éclairci, le soleil brillait, un vent assez vif, un vent ressuyant, comme on dit en vénerie, commençait à souffler. Des officiers d'artillerie rapportèrent qu'ils avaient parcouru le terrain et que bientôt les pièces pourraient manœuvrer. » (*1815; Waterloo,* in-16 p. 312, d'après plusieurs témoignages contemporains).

3. Salvator Rosa, dit Salvatoriello (1615-1673), avait les dons les plus divers; il fit de la poésie, il composa de la musique, il est surtout célèbre comme peintre et graveur. Il a peint des scènes religieuses, des paysages, en général grandioses, et, comme Victor Hugo le fait entendre ici, des batailles.
— Jean-Baptiste Vauquette de Gribeauval (1715-1789) ingénieur, officier d'artillerie. Se rendit célèbre dans l'art de miner les places et dans les travaux de fortifications. Il devint directeur de l'artillerie et fut surnommé *Le Vauban de l'artillerie* par les officiers de cette arme.

4. L'inconnu, l'incertain, le divin.

P. 375. *CHAPITRE XII*

1. Henry Houssaye écrit que « Ney, à pied, la tête nue, méconnaissable, la face noire de poudre, l'uniforme en lambeaux, une épaulette coupée d'un coup de sabre, un tronçon d'épée dans la main, crie avec rage au comte d'Erlon qui entraîne un remous de la déroute : « — D'Erlon, si nous en réchappons, toi et moi, nous serons pendus. » (*1815, Waterloo*, p. 403). Et, en note, à la page 404 : « L'apostrophe de Ney à Erlon, rapportée ailleurs en termes plus nobles, m'a été contée plusieurs fois par le général Schmitz qui tenait ces paroles de Leblanc de Prébois, ancien aide de camp d'Erlon à l'armée d'Afrique ». Henri Houssaye écrit encore : « Il (Ney) arrête les soldats [de la brigade Brue qui se replient en bon ordre] en leur criant : « Venez voir mourir un maréchal de France ». La brigade, vite rompue et dispersée, Ney se cramponne à ce fatal champ de bataille. ».

P. 376. *CHAPITRE XIII*

1. C'était dans leur destinée.

P. 379. *CHAPITRE XIV*

1. On a beaucoup écrit sur la réponse que fit Cambronne aux sommations anglaises. Selon les uns, il fit la brève réponse que rapporte Victor Hugo. Selon d'autres, il répondit plus noblement, mais non pas moins énergiquement par la phrase : « La garde meurt et ne se rend pas. ». Cette plus noble réponse, Cambronne a maintes fois nié l'avoir faite. Il reconnaissait avoir répondu aux Anglais énergiquement mais en d'autres termes. Il aurait, dit-on, déclaré à un camarade, le lieutenant Martin, avoir dit : « Des b[ougres] comme nous ne se rendent jamais. » (*Souvenirs d'un officier,* p. 174). Cette réponse a été citée par plusieurs auteurs mais avec une variante : « des *gens* comme nous... »; « des *hommes* comme nous... ». Le texte du lieutenant Martin porte : « ... — des *malins* comme nous... », mais le lieutenant Martin reconnaît que le terme « malins » est la traduction d'un mot plus énergique employé par Cambronne. On peut donc tenir pour avéré que la belle phrase n'a pas été prononcée.

Mais le mot a pu l'être. Dès 1815, Cambronne disait à des compagnons de captivité en Angleterre : « Je n'ai pas dit ce qu'on m'attribue, mais autre chose. » « Autre chose » que vraisemblablement il ne lui paraissait pas convenable de répéter. En 1830, autre allusion, discrète aussi, dans un banquet patriotique à Nantes, où Cambronne déclara : « J'ai dit quelques mots moins brillants peut-être, mais d'une énergie plus soldatesque. » « Quelques mots... » donc plus d'un et l'on songe à la réponse publiée par Martin. Dans un appendice à la *Vie de Cambronne*, écrite par Rogeron de la Vallée, renseigné par la vicomtesse de Cambronne : « Cambronne se contenta de répondre ce M...! » mot que l'histoire n'osa redire et qu'elle traduisit par cette phrase : « La garde meurt et ne se rend pas! » On a aussi une déclaration d'un oncle de Cambronne : l'abbé Druon de Bruneau : « Mon neveu m'a dit la vérité sur ce qu'il a dit aux Anglais, mais je me suis engagé à ne pas le répéter. Ce qu'il y a de certain, cependant, c'est que dans ces moments-là, on n'a pas le temps de faire des phrases. ». Enfin, un petit-cousin de Cambronne, le lieutenant-colonel Chrétien, déclare : « Ma grand'mère, sa mère et mon père tenaient pour certain que Victor Hugo dans *les Misérables* a dit la vérité! » Ainsi donc, Cambronne qui a toujours nié la phrase, a toujours éludé le mot, mais il ne l'a jamais nié (Voir sur ce point d'histoire l'opuscule de Henry Houssaye, d'où sont tirés les renseignements qui précèdent : *La garde meurt et ne se rend pas : histoire d'un mot historique* (Perrin et Cie, 1907, in-16).

Dans les appendices au tome IV de l'E.I.N., on trouve (p. 345) cet extrait d'une lettre datée de Marseille, 14 juillet 1862, et signée Sylvain Badaroux, que Victor Hugo avait conservée : « Ancien professeur au collège d'Alais (Gard), je fus mis en relation avec l'adjudant-général Boyer-Peyreleau, député de l'Eure [....] M. Boyer-Peyreleau me raconta alors qu'ayant été détenu en 1815 avec Cambronne, La Valette, Ney, La Bédoyère et autres, il avait entendu lui-même de la bouche de Cambronne qui se faisait un plaisir de le répéter avec le geste qui accompagnait le mot : « Poussé à bout par l'audace et l'insolence d'un officier anglais qui criait : Rendez-vous, je lui montrai le derrière et, frappant sur la fesse, je hurlai de tous mes poumons : Merde! ». Il semble bien, en effet, qu'il l'ait dit, ou plutôt comme il le déclare, hurlé.

Dans les reliquats des *Misérables,* il y avait cette note : « Cambronne. — Parce que j'ai mis son mot! Il entrait de droit dans mon livre. C'est le misérable des mots. A un moment donné il se dresse en charge de bataille et devient un héros. Ce misérable du langage a fait une action d'éclat. Je l'enregistre. » (E.I.N., IV, 509). — Pierre Cambronne, né à Saint-Sébastien (Loire-Inférieure), en 1770, était entré dans l'armée comme simple soldat; il y gagna un à un tous ses grades. Prisonnier en Angleterre après Waterloo, il rentra en France en décembre 1815; il reçut un commandement dans l'armée de la Restauration; il fut mis à la retraite en 1822 et résida dès lors à Nantes où il mourut le 29 janvier 1842.

P. 382. *CHAPITRE XVI*

1. Quel est le poids, la puissance du chef?
2. Général Antoine-Henri de Jomini : *Précis politique et militaire de la campagne de 1815, pour servir de supplément et de rectification à la vie politique et militaire de Napoléon, racontée par lui-même,* (Paris, Anselin et Laguyonnet, 1839, in-8º (ouvrage signé : général J***.) — *Histoire de la campagne de 1815. Waterloo,* par le lieutenant-colonel Charras (Bruxelles, Meline et Cans, 1858, in-16). Édition revue et augmentée de notes en réponse aux assertions de M. Thiers, dans

son récit de cette campagne. (Bruxelles, Lacroix Verboekhoven, 1863, in-8º). — Frédéric-Ferdinand, Charles, baron Muffling : *Histoire de la campagne faite en 1815 par l'armée anglo-hanovrienne-néerlandaise* (Stuttgart, 1816). — Muffling était un général prussien.

3. Note de Victor Hugo publiée dans l'E.I.N. (II, 565-566) : Wellington avait été battu, c'eût été lui qui aurait perdu le temps. On lui aurait reproché son bal de la duchesse de Richmond, ses soldats laissés sous la pluie toute la nuit quand il était maître de tant de villages dont il pouvait tirer parti pour abriter ses troupes, l'imprudence d'adosser son armée à un bois qui en cas de défaite devait désagréger son armée, heurter chaque homme à un arbre, dissoudre les bataillons, et changer la retraite en désastre, les étangs de Groenendael et de Boisfort derrière lui, obstacles infranchissables à son artillerie en fuite, ses communications négligées avec Blücher, etc. — Vainqueur, tout cela fut habile. »

Et cette autre :

« Le lion de Waterloo, point culminant de tout ce large horizon, a cette particularité qu'il coupe les orages en deux et les partage, selon le vent, tantôt entre Ohain et Plancenoit, tantôt entre la Hulpe et Braine-l'Alleud. Chose remarquable, depuis un demi-siècle qu'il est là, debout, masse de fer énorme, sans paratonnerre, sans défense, à la pointe d'une cime de cent cinquante pieds de haut, au milieu des nuages, jamais l'éclair ne l'a touché. Il semble qu'il ne court aucun risque d'être renversé de ce côté-là. Serait-ce que le tonnerre du ciel sait que cette besogne est réservée au tonnerre de la terre. »

Et celle-ci :

« De cette bataille gagnée par le hasard, on a fait une bataille gagnée par les hommes. Faute grave. Faute plus grave encore, à l'erreur on a ajouté un monument. Où Dieu n'avait fait qu'une plaine et n'avait jeté qu'une leçon, les hommes ont mis une montagne et un lion. Fausse montagne, faux lion. La montagne n'est pas en roche et le lion n'est pas en bronze. Dans cette argile, façonnée en hauteur, dans cette fonte, peinte en airain, dans cette grandeur fausse, on sent la petitesse. Ce n'est pas un lieu, c'est un décor. »

4. « L'*iron soldier* vaut l'*iron duke* » : le soldat de fer vaut le duc de fer. Duc de fer était le surnom donné à Wellington.

5. Note des reliquats :

« L'Angleterre a beaucoup de vrais grands hommes et en a un faux. C'est du faux qu'elle se vante. Colonnes Wellington partout.

« Cherchez la colonne Shakespeare, la colonne Newton, la colonne Cromwell, la colonne Byron, la colonne Watt, la colonne Wilberforce. Point. Wellington seul. Voilà l'Angleterre. » (E.I.N., IV, 310).

6. Cf. les *Géorgiques*, I, 489-490, sur ces plaines où les Romains combattirent contre les Romains.

P. 387. *CHAPITRE XVII*

1. Joachim Murat (1767-1815) était fils d'un aubergiste. Il n'était pas destiné à l'état de postillon mais à la prêtrise et il fit des études appropriées. Mais il préféra la carrière militaire, s'engagea dans l'armée, et de grade en grade, parvint en 1804 à celui de maréchal de France, en 1805 à celui de grand amiral. Il fut élevé à la dignité de duc de Berg et de Clèves ; c'est ce haut personnage qui, en 1808, fut fait roi de Naples. — Jean-Baptiste-Jules Bernadotte (1764-1844), engagé dans l'armée à dix-sept ans, y conquit tous ses grades, jusqu'au plus haut, comme le firent bien d'autres combattants de la Révolution et de l'Empire. Il était sergent-major en 1789 mais quand, en 1810, les États de Suède l'élurent pour l'héritier présomptif de leur roi Charles XIII, il avait été, en France, ministre de la guerre, il avait reçu le titre de prince de Ponte-Corvo. Il ne devint roi de Suède et de Norvège qu'en 1818 à la mort de Charles XIII. Il fut Charles XIV. Napoléon ne l'avait donc pas fait roi ; il l'avait seulement autorisé à accepter la position qui lui était offerte, d'héritier d'un trône.

2. Maximilien-Sébastien Foy (1775-1825). Fort intelligent, doué d'une mémoire remarquable, il acheva ses études à quatorze ans et fut, à quinze ans, nommé lieutenant en second. Emprisonné sous la Terreur pour ses opinions girondines, il fut libéré au 9 thermidor. Il ne se déclara pas partisan de l'établissement de l'Empire. Napoléon l'employa cependant dans ses armées et le général Foy prit part à de nombreuses campagnes, notamment en Espagne et en Portugal.

Il fut, à la première Restauration, nommé inspecteur général de l'infanterie, servit et combattit pendant les Cent Jours et se conduisit vaillamment à Waterloo où il reçut sa quinzième blessure. A la seconde Restauration il reprit ses fonctions d'inspecteur. En 1819 les électeurs de l'Aisne l'élurent député. Il fut l'un des orateurs les plus éloquents et les plus courageux du parti libéral. Il parlait avec une ardeur et une fécondité telles qu'il y perdit ses forces et l'on a pu dire qu'il mourut « dévoré par la tribune. » Le peuple de Paris, parmi lequel il était très populaire, lui fit des funérailles grandioses.

P. 389. *CHAPITRE XVIII*

1. Le 8 juillet 1815, Louis XVIII rentre à Paris pour la seconde fois. Il y pénètre par le faubourg Saint-Denis. C'est seulement lorsque le cortège atteignit le boulevard que les acclamations, jusque-là peu nombreuses, s'accrurent et s'accrurent de plus en plus jusqu'à l'arrivée aux Tuileries. Là, l'enthousiasme s'exprime par des cris, des chants et même des pleurs de joie. On danse dans le jardin. Henry Houssaye écrit que « de belles dames en belles toilettes prennent par la taille des Anglais et des Prussiens et les entraînent à la danse, » qu' « elles valsent, polkent, elles font des rondes en chantant *Vive Henri IV* et le refrain à la mode : *Dieu*

nous rend notre paire de Gand. » Le soir illuminations et, sur les boulevards, une foule à ne pouvoir circuler (Cf. *1815, la seconde abdication ; la Terreur blanche*, pp. 335-336).

2. Trestaillon s'appelait Jacques Dupont. Il était propriétaire de trois parcelles de terre. Parcelle, c'est un morceau; morceau, en languedocien, se dit taillon; d'où le surnom de Trestaillon que l'on donna à cet agitateur, sous-lieutenant de la garde nationale, et qui fut à Nîmes l'un des chefs de la persécution à la fois politique et religieuse qui ensanglanta alors la ville. Trestaillon fut arrêté mais il fut libéré par une ordonnance de non-lieu, personne ne voulant ou n'osant produire de témoignage contre lui.

3. Devise de Louis XIV, le roi Soleil. Non inégal à plusieurs, (sous-entendu : Soleils). En fait : supérieur à tous.

4. Le cimetière de la Madeleine était situé 48 rue d'Anjou. On y avait inhumé les personnes étouffées dans la nuit du 30 au 31 mai 1770, lors du mariage du dauphin et de Marie-Antoinette, de nombreuses victimes du 10 août 1792; puis Louis XVI, Marie-Antoinette et d'autres victimes du tribunal révolutionnaire. En 1815 on rechercha les restes du roi et de la reine, mais on ne trouva que des débris brûlés par la chaux vive. Sur l'emplacement du cimetière de la Madeleine a été élevée la chapelle expiatoire.

5. Cet invalide s'exprimait comme le Goguelat de Balzac. Goguelat, ancien fantassin de la Garde impériale racontant un soir, à la veillée, dans une grange, l'histoire de Napoléon, disait, à la fin de son récit :

« On s'empare de Napoléon par trahison, les Anglais le clouent dans une île déserte de la grande mer, sur un rocher élevé de dix mille pieds au-dessus du monde. Fin finale, est obligé de rester là, jusqu'à ce que l'Homme rouge lui rende son pouvoir pour le bonheur de la France. Ceux-ci disent qu'il est mort. Ah bien, oui, mort ! on voit bien qu'ils ne le connaissent pas. Ils répètent c'te bourde-là pour attraper le peuple et le faire tenir tranquille dans leur baraque de gouvernement. Écoutez, la vérité du tout est que ses amis l'ont laissé seul dans le désert, pour satisfaire à une prophétie faite sur lui, car j'ai oublié de vous apprendre que son nom de Napoléon veut dire : *le lion du désert*. Et voilà ce qui est vrai comme l'Évangile. » (*Le Médecin de campagne, la Comédie humaine*, édition de la Pléiade, VIII, 469.)

6. Notes de Victor Hugo, publiées dans l'E.I.N. p. 567 :

« Maintenant l'anniversaire de Waterloo s'efface à Waterloo même. Les Anglais ont renoncé à y venir ce jour-là avec des branches de laurier. Le 18 juin 1861, l'anniversaire a été célébré à Mont-Saint-Jean par une vente à l'encan.

« L'hymne anniversaire a eu pour tout refrain : *une fois, deux fois, adjugé.* »

Et : « Au mois de juin, à l'anniversaire, la cocarde tricolore enterrée dans ces sombres plaines y renaît en pâquerettes, en bleuets et en coquelicots. »

P. 391. *CHAPITRE XIX*

1. Virgile ayant composé, sans s'en dire l'auteur, une inscription qu'un médiocre poète, Bathylle, prétendit avoir faite et ce poète ayant reçu pour cette inscription des récompenses d'Auguste, Virgile alors se fit connaître comme le véritable auteur et marqua par quatre vers comment la récompense ne va pas toujours au mérite.

> *Sic vos non vobis nidificatis, aves ;*
> *Sic vos non vobis vellera fertis, aves ;*
> *Sic vos non vobis mellificatis, aves ;*
> *Sic vos non vobis fertis aratra, boves.*

c'est-à-dire oiseaux vous édifiez des nids, mais ce n'est pour vous; brebis vous portez la laine, abeilles vous produisez du miel, bœufs, vous portez des charrues, mais non pour vous.

2. On appelle plutôt ces chauves-souris, communes en France, vespertilions.

3. La bataille de Cerisoles eut lieu le lundi de Pâques, 14 avril 1544.

4. Les Alleurs sont, dans les légendes normandes, des larves crépusculaires.

5. Le nom de Pontmercy n'est pas venu spontanément à Victor Hugo. Il avait hésité entre diverses formes; il avait, outre Pontmercy, noté celles-ci : « Pontchaumont — Pontverdier — Pontbéziers — Pontuitry — Pontverdun — Pontbadon — Pontflorent. » (E.I.N. II, 565.)

LIVRE DEUXIÈME. — LE VAISSEAU L'ORION

P. 398. *CHAPITRE PREMIER*

1. Ce livre devait d'abord être compris dans la première partie : *Fantine*.

2. Ce livre n'a, dans *les Misères*, qu'un chapitre, plus court, intitulé : *Jean Tréjean à Toulon*.

3. VAR. « ... *fut* repris... »

4. VAR. « ... *un entrefilet publié...* »

5. VAR. « *L'article est* un peu *sommaire.* »

6. Il avait déjà existé des publications de ce titre. E. Hatin en mentionne plusieurs : en 1774, en 1793, de 1791 à 1795, (celle-ci intitulée *Gazette des nouveaux tribunaux*). Il n'en paraissait pas en 1823. Une nouvelle *Gazette des Tribunaux* commença de paraître le 1ᵉʳ novembre 1825.

7. Cet alinéa manque dans *les Misères* et aussi le soi-disant article du *Drapeau blanc*.

8. Le *Journal de Paris* parut, sous ce titre, du 1ᵉʳ janvier 1777 au 30 septembre 1811; a grandi alors par la fusion avec lui-même d'autres journaux, il parut jusqu'en juin 1827, avec le titre de :

5. La suite de cette phrase manque aussi.

6. Le passage qui commence et qui finit par les mots « devant la planche de fer. Etc. » (six alinéas) n'est pas non plus dans *les Misères*.

7. Ici, dans *les Misères*, grande lacune, jusqu'à la fin du chapitre III. Après les mots « les petites Thénardier » et, dans le même alinéa, le texte continue par : « Il était arrivé quatre nouveaux voyageurs. »

8. L'édition nationale reproduit (II, 570) deux lignes, rayées du manuscrit, qui « fixeraient l'âge » de cet enfant. Les voici : « C'était un petit garçon que la Thénardier avait eu *au commencement de l'année* et qui était âgé *d'environ huit mois*. »

P. 416.   *CHAPITRE II*

1. Autre titre projeté : *Louches au premier, affreux au second*.

2. Des Français, bonapartistes et libéraux proscrits après la seconde Restauration et réfugiés en Amérique où ils vivaient fort pauvrement, y obtinrent dans le Texas des terrains où ils s'installèrent au nombre de six cents et qu'ils appelèrent le Champ d'Asile. La population s'accrut rapidement et vers la fin de 1818 une souscription en faveur de ces proscrits fut ouverte en France par Félix Desportes, ancien préfet de l'Empire, et les rédacteurs de *la Minerve*. Elle fut close le 1ᵉʳ juillet 1819 n'ayant produit que 95.000 francs. Elle fut donc à peu près inefficace.

P. 421.   *CHAPITRE III*

1. VAR. « ... *Sept* ans... »
2. Cet alinéa manque.
3. VAR. « ... nuit *noire*... »
4. Le mot « colporteurs » manque.
5. Manquent aussi les mots « il a bu ».
6. VAR. « ... porté à boire plein le seau. »
7. VAR. « ... le poing *et qui vendrait le bon Dieu*, s'écria... »
8. VAR. « ... d'une voix *fausse* qu'on entendait... »

P. 423.   *CHAPITRE IV*

1. Cette phrase manque.

P. 425.   *CHAPITRE V*

1. VAR. « ... devenaient *profondes*. »
2. VAR. « grommelant. »
3. La suite de cet alinéa manque.
4. VAR. « la Thénardier, *terriblement* hideuse, avec *ses* yeux *hagards*. L'enfant jeta... »
5. Cette phrase manque.
6. VAR. Au lieu des deux dernières phrases de cet alinéa, il y a, dans *les Misères* : « *C'était une sorte de tournoiement vertigineux. Elle éprouvai ce je ne sais quoi d'inouï qu'éprouve l'âme en tombant dans l'abîme.* »

7. VAR. « ... *plusieurs fois*... »

8. VAR. « ... un sol glaiseux, entourée de mousses et **de ces** grandes herbes gaufrées et pavée... »

9. Cette phrase manque.

10. VAR. « *Elle se suspendit du bras* gauche *au* jeune chêne *penché sur la source et plongea*... »

11. Manquent les mots « de lassitude ».

12. VAR. « ... de *grands* nuages *sombres*... »

13. Cette phrase manque.

14. VAR. « *Vénus* se couchait... »

15. VAR. « *L'astre*... »

16. VAR. « ... rougeur *terrible.* »

17. VAR. « ... aucune *des* lueurs de l'été. »

18. VAR. « ... à prendre *quelque chose*. Sans se rendre compte de ce qu'elle éprouvait... » Il y a donc ici, dans *les Misères,* une lacune de plus de vingt lignes.

19. VAR. « ... cette *immensité*... »

20. VAR. « ...qui la *pénétrait*... »

21. VAR. « ... de cet état *violent,* elle se mit... »

22. VAR. « ... comme une vieille *femme.* » La phrase suivante manque.

23. Manquent les sept derniers mots.

24. VAR. « *Elle* se *figurait* toujours... »

P. 430. CHAPITRE VI

1. Autre titre projeté : *Qui donne peut-être raison aux recherches de Boulatruelle.* Le chapitre des *Misères* qui correspond à celui-ci et au suivant est le chapitre II, il est intitulé : *Cosette côte à côte dans l'ombre avec l'inconnu.*

2. VAR. « ... plus *humbles*... »

3. Cette phrase et les deux suivantes manquent.

4. VAR. « ... on voyait passer *au galop* sur le boulevard de l'Hôpital la *voiture* royale *toute dorée avec de grosses branches de lys sur les panneaux.* »

5. Le passage qui commence à ce mot et qui finit par les mots « l'événement quotidien du boulevard de l'Hôpital » n'est pas dans *les Misères.*

6. VAR. « *L'homme* à la redingote jaune *devait ignorer* ce détail *car* lorsqu'à deux heures... »

7. VAR. « ... déboucha *rapidement*... »

8. VAR. « ... d'Anglès, *alors* préfet de police. » Voir la note 4 (ch. v) page 1535.

9. *Les Deux Forçats ou la Meunière du Puy-de-Dôme,* mélodrame en trois actes de Boirie, Carmouche et Poujol, représenté à la Porte-Saint-Martin en 1822. Edmond Biré (*1817,* p. 353) rappelle que « sous la Restauration, les théâtres ne jouaient jamais le jour de Noël » et il a constaté, d'après les journaux du temps, que cette règle a été observée le 25 décembre 1823.

10. L'impasse de la Planchette, rue Saint-Martin entre les numéros 324 et 326. Il existe toujours.
11. VAR. « ... couvert *de* verrues était à quelques pas... »
12. Cet alinéa manque.
13. « *Un peu après avoir dépassé le châtaignier,* il avait aperçu... »

P. 435. *CHAPITRE VII*

1. VAR. « *Sept* ans... » Et ainsi dans la suite des *Misères*.
2. VAR. « ... *Je n'en ai pas,* je n'en ai jamais eu. »
3. VAR. Dans *les Misères* cet alinéa est ainsi : « *L'homme la regarda encore,* puis *il se releva, prit* le seau et se remit à marcher. »
4. VAR. « L'homme repartit d'un son de voix indifférent. »
5. Manquent cette phrase et la réplique suivante.
6. Ces deux phrases manquent. La réplique qui la précède et celle qui la suit n'en font qu'une.
7. Cette phrase manque. On sait que dans *les Misères* les prénoms étaient Palmyre et Malvina.

P. 438. *CHAPITRE VIII*

1. A ce chapitre correspond, avec le même titre, le chapitre III des *Misères*.
2. VAR. « Cosette frappa. La porte... »
3. Cette phrase manque.
4. VAR. « ... un second coup d'œil, *échangea un regard avec son mari,* lequel buvait toujours avec les routiers *dans un coin. Puis elle* s'écria : »
5. VAR. Dans *les Misères* ces deux répliques n'en font qu'une. Après « à moins », la Thénardier continue « ça gâte... », etc.
6. VAR. « ... attention *profonde*. »
7. VAR. « ... figure *triste*. »
8. Cette phrase manque.
9. Le mot « profonde » manque.
10. VAR. « *La* bouche *avait ce pli* de l'angoisse habituelle *propre aux* condamnés *et aux* malades désespérés. »
11. Cet alinéa manque.
12. VAR. « ... la pièce de quinze sous. »
« Cosette *fouilla dans sa* poche *et la retourna*; il n'y avait rien. « La malheureuse... »
13. VAR. « ... perdue ou *veux-tu* me la voler ? »
14. VAR. « ... *à l'angle de* la cheminée. »
15. VAR. « ... le bras. *L'homme la retint.* »
16. VAR. « ... *dit-il*... »
17. Ces deux mots manquent.
18. Manquent cette phrase et la phrase finale de cet alinéa : « Il est bien... », etc.
19. VAR. « Cependant *les deux petites Thénardier* étaient entrées. »
20. VAR. Cet alinéa est, dans *les Misères* : « C'étaient vraiment deux jolies petites filles. *Elles étaient fort coquettement ajustées, fort*

chaudement. *Et à leur toilette, à leur gaîté, au bruit qu'elles faisaient, on voyait qu'elles étaient l'amour de leur mère.* Quand elles entrèrent, la Thénardier dit — d'un ton grondeur, qui était plein d'adoration. »

21. Cet alinéa manque.
22. VAR. « *L'étranger s'était levé doucement.* »
« — Madame, dit-il *doucement* [répétition fâcheuse], bah ! laissez-la jouer. »
23. VAR. « *L'homme continua.* »
24. VAR. « *quarante.* »
25. VAR. « ... fichtre bien ! *un tigre à cinq griffes !* »
26. VAR. « ... *de sa voix* brève... »
27. VAR. « ... qu'il *se leva de sa table.* »
28. VAR. « ... *Son œil* remerciait... »
29. VAR. « *Pardi !* répondit *magistralement* Thénardier, *quelque millionnaire.* »
30. VAR. « *La pauvre enfant* bougeait... »
31. La dernière phrase manque.
32. VAR. « ... *de la Thénardier...* »
33. VAR. « ... qu'elles avaient laissée à terre... »
34. VAR. « ... tomber *la fausse poupée qu'elle s'était faite,* puis... »
35. Manquent les mots « ou chantaient ».
36. VAR. « ... de *respect...* »
37. VAR. « pu *faire* aucune. »
38. Ces deux mots manquent.
39. Cet alinéa manque aussi.
40. VAR. « *Le visage* du mari Thénardier *avait pris cette expression particulière qui se produit sur* la figure humaine... »
41. VAR. « Les natures grossières n'ont pas de transitions. »
42. VAR. « ... qui *semblait* une visite... »
43. Cette phrase manque.
44. VAR. Ici, dans *les Misères* : « *Pour sortir de la table, il fallait côtoyer la table où était assis l'étranger : En passant devant cette table* [que de répétitions !] *elle s'arrêta tout près de l'homme, sans lever les yeux sur lui, comme si elle attendait quelque chose. L'homme se pencha et parut être au moment de la baiser au front, puis il se baissa encore plus bas, prit sa petite main rouge et la baisa.* »
45. *Le Courrier,* qui paraissait depuis le 21 juin 1819, avait pris le 1ᵉʳ février le titre de : *le Courrier français.* Il était un organe des doctrinaires. Son but : « combattre les préjugés révolutionnaires aussi bien que les préjugés royalistes, démasquer les intrigues et les arrière-pensées des partis, porter enfin la lumière dans toutes les parties de l'édifice constitutionnel, et, comme on disait alors, infliger la publicité aux hommes politiques [...] *Le Courrier,* qui s'était placé au premier rang de la franchise, de la hardiesse et de la probité sévère, fut une des feuilles qui exercèrent la plus grande influence jusqu'à la fin de la Restauration et pendant les premières années qui suivirent 1830. » (E. HATIN : *Bibliographie de la Presse française,* p. 345.) En somme *le Courrier français* avait toutes les

qualités qui manquaient à son lecteur de ce soir de fête, sauf sans doute la hardiesse.

46. Cet alinéa manque.
47. Cette dernière phrase manque aussi.
48. VAR. « ... de leur *bon ange.* »
49. Manquent les mots « à l'écart. »
50. Cet alinéa manque.

P. 455. *CHAPITRE IX*

1. Ce chapitre est le quatrième dans *les Misères*. Autre titre projeté : *Exploitation du Monsieur du numéro 1*, « *Philanthrope.* ». L'édition nationale donne (II, 571) ce premier début, biffé, de ce chapitre :

Avant le jour, la Thénadier, suivant son habitude, était dans la salle basse où une lampe brûlait toute la nuit. Elle y était à peine depuis quelques minutes lorsque l'étranger à la redingote jaune y entra ; on entendait un bruit dans la maison, un bruit de bois heurté contre la pierre. C'était Cosette qui balayait les escaliers ».

2. Cette phrase manque.
3. VAR. « C'était l'accent *du prince de Talleyrand signant les accords du* Congrès de Vienne. » — Talleyrand siégea au Congrès de Vienne, Castlereagh aussi. Robert-Henry Stewart, vicomte de Castlereagh (1769-1822), né en Irlande, député mêlé aux luttes politiques entre l'Irlande et l'Angleterre et l'un des artisans du pacte d'union entre les deux pays. Plénipotentiaire de la Grande-Bretagne au Congrès de Vienne, il y montra une vive animosité contre Napoléon. Il allait se rendre au Congrès de Vérone quand, dans une crise de spleen, il se suicida.
4. VAR. « ... une *expression*... »
5. Ces trois mots manquent.
6. La dernière phrase de cet alinéa manque aussi.
7. Dans *les Misères* il manque : « une brassière de futaine, un jupon, un fichu. »
8. Cette phrase manque.

P. 463. *CHAPITRE X*

1. Dans *les Misères,* ce chapitre est le cinquième et le dernier du livre II.
2. Le passage qui commence ici et qui finit par les mots : « flairant une compagnie de perdrix » (six alinéas) n'est pas dans *les Misères*.
3. La suite de cette phrase manque.
4. Cette phrase manque aussi.

P. 467. *CHAPITRE XI*

1. Ce chapitre et les chapitres I et II du livre quatrième des *Misérables* correspondent au premier chapitre du troisième livre des *Misères*. Il y est intitulé : *la Masure, 50-52.*

2. Var. Cette phrase finit là dans *les Misères*. Ensuite, il y a : « Comme ce n'était... »

3. Var. « ... des vêtements, *puis* gagna Paris. » Il manque donc une dizaine de lignes.

4. La barrière de Monceaux (ou Monceau) était située à l'extrémité de la rue du Rocher.

5. Il manque de ce mot au mot « isolées ».

6. Manquent aussi ces cinq derniers mots. Puis « *Cosette* était fatiguée, *ayant beaucoup marché dans cette journée ; tout en cheminant*, Jean *Tréjean* s'en aperçut... ».

LIVRE QUATRIÈME. — LA MASURE GORBEAU

P. 469.   *CHAPITRE PREMIER*

1. « Le promeneur solitaire qui *s'aventure*... »; et, naturellement, les verbes, dans la suite, sont au présent.

2. Var. « ... les rues, *quoiqu'on soit dans Paris, ont* des... »

3. « *Ce passant hasardeux*, s'il *dépasse le* Marché-aux-Chevaux... »

4. Var. « ... d'afficher, *après avoir franchi* l'angle de la rue des Vignes-Saint-Marcel, *rencontre* une masure qui... »

La rue du Petit-Banquier et la rue des Vignes-Saint-Marcel, parallèles l'une à l'autre et allant de la rue du Banquier au boulevard de l'Hôpital, existent toujours mais la rue du Petit-Banquier s'appelle à présent rue Watteau et la rue des Vignes-Saint-Marcel rue Rubens. La rue du Banquier porte toujours ce nom.

5. Cette phrase manque.

6. Var. « On n'en *voit*... »

7. Cette phrase manque.

8. Var. « En examinant *cette masure la particularité* qui *frappe*... »

9. Var. « ... Si elle *était*... » et, peu après « ...*pouvait* être... »

10. La suite de cette phrase manque.

11. Var. « ... numéro 50. De *grosses toiles d'araignée*, couleur de poussière, *pendent* comme des draperies au *judas* triangulaire. »

12. Cet alinéa manque.

13. Var. « ... de la porte, à hauteur... »

14. Var. Ici, dans *les Misères*, cette phrase : « *L'escalier mène à un corps de bâtiment très vaste qui ressemble à un hangar dont on aurait fait une maison.* »

15. Le passage qui va des mots « Les facteurs » aux mots « le nom de maison Gorbeau » (six alinéas) n'est pas dans *les Misères*.

16. Var. « Vis-à-vis *du boulevard* se dresse un grand orme *à peu près* mort... »

17. Cette rue allait du boulevard de l'Hôpital au chemin de ronde de la barrière d'Ivry, aujourd'hui boulevard de la Gare. Le nom de cette rue étonne car il n'y avait pas de barrière dite des Gobelins.

18. Cette phrase manque.

19. VAR. « ... vous trouverez *le champ de l'Alouette*, cette fatale rue... » Le champ de l'Alouette était un vaste terrain situé dans le quartier des Gobelins. Sur ce champ a été tracée la rue du Champ-de-l'Alouette qui allait de la rue de Lourcine (à présent rue Broca) au boulevard des Gobelins (à présent Boulevard Auguste-Blanqui). Elle correspond à notre rue Corvisart. La rue actuelle du Champ-de-l'Alouette s'appelait alors rue du Petit Champ de l'Alouette.

20. VAR. « ... barrière Saint-Jacques, cette mesquine... »
— Il n'y avait pas de barrière Saint-Jacques; la barrière située place Saint-Jacques, à l'extrémité du faubourg Saint-Jacques, s'appelait barrière d'Arcueil.

21. VAR. « bourgeoise, *toujours occupée de l'utile, jamais du vrai et du beau*, qui a reculé... »

22. VAR. « Il y a *vingt-cinq* ans... »

23. VAR. « Les *quelques* maisons bourgeoises *qui commencent à pousser n'existaient pas encore.* »

24. VAR. « ...on *apercevait* la barrière »; la suite de la phrase manque.

25. VAR. « Cependant *quand le jour* s'en va, l'hiver surtout, *lorsque* la bise *du soir* arrache. »

26. VAR. « Les lignes *noires*... »

27. VAR. « *Ceux* qui *veulent* le voir *doivent*... »

28. VAR. « ... s'en *va*. Depuis *six* ans... »

29. VAR. « *Déjà* les antiques rues étroites... »

30. La rue des Fossés-Saint-Victor est aujourd'hui la partie de la rue du Cardinal-Lemoine qui va de la place de la Contrescarpe à la rue Monge.

31. VAR. « Les symptômes sont évidents. *Déjà* aux recoins les plus sauvages *de ce* quartier *séculaire*, le pavé... »

32. VAR. « ... de passants. *Le jour où l'on y verra* fumer les marmites noires du bitume, on *pourra* dire... »

33. La rue de Lourcine, qui avait à peu près un kilomètre de longueur, allait de la rue Mouffetard à la rue de la Santé; à la suite des transformations faites dans ce quartier il n'en subsiste qu'une petite partie qui est la rue Broca.

P. 475.   CHAPITRE II

1. VAR. « Cette masure *Gorbeau*... »
2. La suite de cette phrase et la phrase suivante manquent.
3. Victor Hugo avait, quand il montra déjà Jean Valjean en extase devant Cosette endormie, dans la soupente des Thénardier, noté déjà, dans quelques lignes ajoutées à son texte, puis rayées, cet agenouillement : « *L'homme posa sa bougie à terre, et se mit à genoux près du lit. Il resta ainsi quelque temps dans l'attitude de la prière, puis il se releva et reprit sa bougie.* » Ce détail, alors supprimé, a été reporté ici. (Cf. édition nationale, II, 571.)
4. VAR. « *Voilà*, madame! »
5. VAR. « ... familièrement *la* joie et *le* bonheur. »

P. 476. *CHAPITRE III*

1. Cette phrase manque.
2. VAR. « ... ainsi faite, *même chez les bons.* »
3. VAR. « ... en *une céleste et ineffable paternité.* »
4. VAR. « ... apparition *lumineuse de sa vie.* »
5. VAR. « ... tout ce qui *pouvait aimer en elle* se mit... »
6. Cet alinéa manque.
7. Manquent les mots « cette séparation... »
8. VAR. « ... existences *orphelines...* »
9. Cet alinéa manque.
10. Cet alinéa manque aussi.
11. VAR. « Le rez-de-chaussée *de la maison était un* appentis *qui* servait de remise à des maraîchers *voisins,* et n'avait aucune communication avec le premier étage *qui* contenait plusieurs chambres et quelques greniers dont un seulement était occupé par une vieille femme *à peu près sourde* qui... »
12. La suite de cette phrase manque.
13. Cette phrase manque aussi.
14. VAR. « Alors *il* souriait du sourire pensif des anges et *il tombait dans une rêverie profonde.* »
15. Cet alinéa manque.
16. VAR. « ... à peu près *tout.* »
17. Cet alinéa manque.
18. Il manque aux *Misères* de ce mot à la fin du chapitre.

P. 480. *CHAPITRE IV*

1. Autre titre projeté : *Stupéfactions de la principale locataire.* Ce chapitre dans *les Misères* n'en forme qu'un avec le précédent.
2. Cette phrase manque.
3. Cette phrase manque aussi.
4. VAR. « ... locataire, *qui n'avait guère autre chose à faire que d'être curieuse et un peu envieuse,* examinait... »
5. Il manque aux *Misères* cette phrase et la suivante.
6. VAR. « Elle le suivit *sur la pointe des pieds* et put... »
7. VAR. « ... le vit *tirer de* sa poche un étui... »
8. VAR. « ... du soir, *le Trésor n'est pas ouvert...* »
9. VAR. Cette phrase manque. Puis le texte des *Misères* est : « La vieille scruta *la redingote* qui avait été recousue. *Elle trouva moyen de la palper* et crut... »
10. La suite de cette phrase manque.

P. 482. *CHAPITRE V*

1. Cette proposition manque aussi.
2. VAR. « *Il éprouva ce qu'éprouverait un homme qui se trouverai* tout à coup... »
3. VAR. « ... *d'un haillon...* »
4. VAR. « Et il rentra *rêveur.* »

5. Var. « ... en y *songeant*... »
6. Manquent les mots « à la nuit tombante ».
7. Var. « Au point du jour, *il entendit comme* le grincement... »
8. Var. « ... qui *avait passé* la nuit... »
9. Var. « ... Jean *Tréjean la regarda avec attention,* mais... »

LIVRE CINQUIÈME. — A CHASSE NOIRE, MEUTE MUETTE

P. 486.   *CHAPITRE PREMIER*

1. Autres titres projetés : *Jean Valjean traqué, Meute muette, rude chasse.*
2. Aux cinq premiers chapitres de ce livre correspond dans *les Misères* le seul chapitre premier du livre IV. Ce chapitre y est intitulé : *Jean Tréjean traqué.*
3. Quand Victor Hugo remania *les Misérables,* en 1861, il y avait une dizaine d'années qu'à la suite du coup d'État du 2 décembre 1851 il avait quitté Paris et Paris avait été depuis, et était encore, sous la direction du baron Haussmann, en état de transformation.
4. Le commencement de ce chapitre jusqu'aux mots « nous continuons », n'est pas dans *les Misères.*
5. Var. « ... de *zigzags*... »
6. Cet alinéa manque.
7. Il manque aussi de « et » à « revenir ».
8. Var. « ... par la main, *quelqu'un d*'invisible. »
9. Var. « ... maison *50-52.* »
10. Var. « ... où se cacher *et* où se loger. »
11. Var. « ...endormi comme *un faubourg parisien ;* il combina... »
12. La rue du Battoir-Saint-Victor allant de la rue du Puits-de-l'Ermite, à la rue Copeau qui est devenue la rue Lacépède.
13. Var. « ... *suivi* sa piste... »
14. Var. « ... *neuf* heures. »
15. Var. « ... lui parut *être* Javert. »
16. Var. « ... à Cosette, et il *doubla le pas. Décidément, c'est lui pensa-t-il, et il me suit.* »
17. Cet alinéa manque.
18. La rue Neuve-Sainte-Geneviève est à présent la rue Tournefort, et la rue des Postes la rue Lhomond. Sur l'origine du nom de cette rue, Félix et Louis Lazard écrivaient dans leur *Dictionnaire administratif et historique des rues de Paris* qu'ils éditèrent en 1844 : « Dans tous les titres de Sainte-Geneviève (dit Jailot) l'endroit où cette rue est située est nommé le *clos des Poteries,* le *clos des Métairies ;* il était planté de vignes qui avaient été baillées à la charge de payer le tiers-pot en vendanges, de redevance seigneuriale. » — Dès le XVIe siècle, le nom primitif était altéré. Nous lisons dans le

terrier du roi de 1640 : « rue des Poteries et maintenant rue des Postes. »

19. VAR. « Là dans le carrefour où est aujourd'hui... », etc; comme il est écrit quelques lignes plus haut dans *les Misérables*.

20. VAR. « ... redingotes brunes, *longues comme des linceuls*... »

21. VAR. « ... par *leurs larges épaules*... »

22. VAR. « ... les ténèbres. *C'était, au choix de la terreur qu'on pouvait avoir*, quatre spectres *ou quatre portefaix*. »

23. Après ceci, le texte des *Misères* continue comme suit :

« A partir du carrefour, la rue Neuve-Sainte-Geneviève suit presque parallèlement la rue des Postes. Les trois petites rues désertes du Pot-de-Fer-Saint-Marcel, du Puits-qui-parle et des Irlandais rattachent les deux rues l'une à l'autre à peu près comme des échelons réunissent les deux montants d'une échelle.

La rue des Postes aboutit à la place de l'Estrapade et la rue Neuve-Sainte-Geneviève à l'ancienne muraille des Génovéfains, où il y avait à cette époque un corps de garde.

Disons, en passant, que la rue Neuve-Sainte-Geneviève est une vieille rue et qu'il ne passe pas une chaise de poste tous les dix ans rue des Postes.

Du reste, en exceptant la rue Mouffetard et quelques affluents de cette artère du faubourg Saint-Marceau, tout ce quartier a presque l'aspect monacal d'une ville espagnole. Pas une boutique dans la plupart des rues, pas une voiture, à peine çà et là une chandelle allumée aux fenêtres, toute lumière éteinte après dix heures. Ce ne sont que des couvents et des jardins, de rares maisons basses et de grands murs aussi hauts que les maisons.

Jean Valjean avait remarqué dans ses promenades que la rue Neuve-Sainte-Geneviève menait directement au corps de garde du Panthéon. Il songea que Javert allait probablement chercher main-forte à ce corps de garde et reviendrait de là lui barrer le chemin par la rue des Irlandais. Rétrograder était impossible, l'entrée de la rue étant gardée derrière lui. Il s'enfonça rapidement dans la rue des Postes, espérant s'échapper par quelque ruelle latérale. Cosette commençait à se fatiguer et ne marchait plus aussi vite. Il la prit dans ses bras et la porta. Il n'y avait pas un passant, et l'on n'avait point allumé les réverbères à cause de la lune.

En quelques enjambées il fut à la rue du Pot-de-Fer-Saint-Marcel, qui coupe, comme nous l'avons indiqué, la rue des Postes à angle droit. Il allait s'y jeter lorsqu'il aperçut à l'autre bout de la ruelle, au coin de la rue Neuve-Sainte-Geneviève, un fantôme debout et immobile qui gardait le passage. C'était un des hommes qui accompagnaient Javert. Jean Valjean recula.

En face de la rue du Pot-de-Fer, une autre ruelle opère sa jonction avec la rue des Postes. Jean Valjean sonda cette ruelle du regard. Le clair de lune la lui montra distinctement murée à son extrémité. C'est en effet le cul-de-sac des Vignes. S'y engager, c'était entrer dans une souricière. Javert avait évidemment calculé cela.

Il poussa plus avant, dépassa la haute et triste porte monumentale du couvent des Spiritains, et atteignit la rue du Puits-qui-parle. L'évasion était possible par là. Il regarda. Là aussi, au coin opposé de la rue, il y avait une statue noire qui attendait. C'était le second des deux hommes de Javert.

Que faire ? Il n'était plus temps de gagner la place de l'Estrapade : Javert était probablement déjà dans la rue des Irlandais. Il revint sur ses pas. Cosette avait appuyé sa tête sur l'épaule du bonhomme et ne disait pas un mot.

En passant il revit les deux figures muettes qui faisaient sentinelle aux deux bouts des ruelles du Puits-qui-parle et du Pot-de-Fer, et il entrevoyait le troisième qui fermait l'issue de la rue des Postes, et qui se détachait en noir sur le pavé blanc du carrefour inondé de clair de lune. Avancer, c'était se jeter dans Javert. Il se sentait pris comme dans un filet qui se resserrait lentement.

Il regarda le ciel avec désespoir. »

Le couvent des Spiritains (séminaire du Saint-Esprit) fut d'abord rue Neuve-Sainte-Geneviève, puis, à partir de 1730, rue des Postes.

Les rues des Irlandais, du Puits-de-l'Ermite et du Pot-de-Fer (tout court) existent encore dans le cinquième arrondissement. Le cul-de-sac des Vignes s'ouvrait au numéro 26 bis de la rue des Postes, devenue la rue Lhomond.

Victor Hugo a renoncé ensuite à ce texte parce qu'il changea le lieu de l'épisode qu'il avait d'abord situé dans le quartier Saint-Victor. Il le transféra dans la quartier Saint-Antoine (Voir, à ce sujet, la note 2 (ch. II), p. 1602).

P. 489. *CHAPITRE II*

1. Ce chapitre et le chapitre suivant (sauf sa dernière phrase) manquent dans *les Misères* où Jean Valjean n'avait pas à traverser la Seine.

2. Il y avait et il y a encore une rue du Chemin-Vert (sans plus) qui va du boulevard Beaumarchais au boulevard de Ménilmontant et qui ne correspond pas à la rue que Victor Hugo appelle rue du Chemin-Vert-Saint-Antoine.

P. 491. *CHAPITRE III*

La porte Saint-Jacques qui avait fait partie de l'enceinte de Philippe-Auguste et qui fut abattue en 1684 était rue Saint-Jacques au coin de la rue Saint-Hyacinthe-Saint-Michel qui correspondait à peu près à notre rue Malebranche. La Barrière-des-Sergents près du Louvre, la rue de la Barrière-des-Sergents est aujourd'hui la rue du Pélican. Les Porcherons, dans le quartier de la chaussée d'Antin, allait des quartiers de la Madeleine et du Roule au faubourg Montmartre et où avait été autrefois le hameau ou village des Porcherons. Les Célestins, quartier de l'Arsenal où est le quai des Célestins qui reçurent ce nom du fait que, en 1705, des religieux célestins s'y établirent. — Les Capucins, dans le quartier de l'Observatoire où les Capucins avaient un couvent et où s'étendait entre l'hôpital du Val-de-Grâce et l'hôpital Ricord, le champ des Capucins, absorbé par le boulevard de Port-Royal. — « Le Mail. » Il y en eut trois. L'un allait de la porte Saint-Honoré, près de la place actuelle du Théâtre-Français à la porte Montmartre, angle de la rue Montmartre et de notre rue d'Aboukir; la rue du Mail actuelle occupe une partie de son emplacement; un deuxième Mail allait de la dite porte Montmartre à la porte Saint-Denis. Le troisième Mail longeait la Seine, l'une de ses extrémités étant entre le fleuve et l'Arsenal, l'autre au commencement du port Saint-Paul à peu près au lieu de jonction de la rue du Petit-Musc et du quai des Célestins. On appelait ce mail le Palmail et selon M. Marcel Poète il était « le Mail par excellence. » (*La Promenade à Paris au XVIIe siècle*, p. 187). C'est donc peut-être celui-ci qu'a voulu désigner Victor Hugo. La Bourbe était dans le quartier de l'Observatoire, près des Capucins, et devait son nom aux tas d'immondices qu'il y avait. — L'Arbre-de-Cracovie était, au Palais-Royal, un arbre à l'ombre duquel, au XVIIIe siècle, pendant les troubles de Pologne, se réunissaient des nouvellistes qui y débitaient des mensonges (ou des craques, d'où le nom, géographiquement approprié, d'arbre de Cracovie). — La Petite-Pologne était située à l'endroit où a été disposé le parc Monceau. —Le Petit-Picpus de Victor Hugo est, comme on l'a déjà remarqué, d'une conception fantaisiste. (Voir d'ailleurs la note suivante.)

2. Il existe une rue de Polonceau, dans le quartier de la Goutte d'Or. Aucun plan de Paris n'a indiqué de rue Polonceau dans le quartier Saint-Antoine. Les rues, ruelles ou cul-de-sac Aumarais, du Droit-Mur, du Petit-Picpus et Gendrot n'ont pas existé non plus. Du reste il n'y a pas de plan de Paris datant de 1727 et son prétendu dessinateur, Thierry, était mort en 1712. L'Y qu'imagine Victor Hugo s'applique, en réalité, à celui que formaient dans la première version du roman, les rues des Postes et la rue Neuve-Sainte-Geneviève (Cf. André LE BRETON: *le vrai Petit-Picpus des « Misérables »* (*Rev. des Deux Mondes*, 1er juillet 1925).

3. Par cette dernière phrase le texte des *Misères,* rapporté note 23 du chapitre premier, et le texte des *Misérables* se rejoignent.

P. 494. *CHAPITRE IV*

1. A partir d'ici, les textes des deux versions sont parallèles avec cette différence essentielle qu'ils décrivent deux quartiers différents, le deuxième choisi de telle sorte qu'il puisse, à peu près, être calqué sur le premier.

2. VAR. « ... exacte *petite rue* du *Pot-de-Fer-Saint-Marcel* et, en particulier... »

3. VAR. « ... qu'on *laisse*... » La version des *Misères* est construite à l'indicatif présent.

4. Var. « de l'*homme*... »
5. Var. « *Toutes* les idées... »

P. 506.   CHAPITRE IX

1. Var. « ... qu'il *voyait.* »
2. Var. « L'homme *stupéfait* leva *la tête.* »
3. Var. « *clochette.* »
4. Var. « *singuliers.* »
5. Var. « *Pourquoi faut-il* qu'on vous évite ? »
6. Var. « *Eh bien,* vous... »
7. Var. « ... du *Saint-Sacrement.* » — Et ainsi, dans la suite.
8. Var. « Saint-*Victor.* »
9. Manquent les mots « de cela. »
10. Var. « ... qui *vous l'ai dit* le premier... »
11. Var. « ... à la *chaleur*... »
12. Cette phrase manque.
13. Dans *les Misères,* Fauchelevent ne servait pas tant de choses ; il « avait *mis* une bouteille de vin et deux verres » sans plus.
14. Var. « ... êtes *bien* ingrat ! »

P. 510.   CHAPITRE X

1. Var. « ... Jean *Tréjean, le jour même de la* mort de Fantine, s'échappa, *après avoir été arrêté par* Javert, *de* la prison... »
2. Var. « ... vers Paris *qui* est *le tourbillon* où tout se perd » ; la suite manque jusqu'aux mots « éclairer les perquisitions ».
3. Var. « ... comte Anglès *qui le* fit attacher à... » Le comte Anglès n'était plus préfet de police depuis le mois de décembre 1821 (voir la note 3 (ch. V) p. 1535.)
4. Var. « ... semble *singulier*... »
5. Var. « ... monarchique *et religieux*... »
6. Le « prince généralissime », c'est le duc d'Angoulême. Il rentrait en France, la guerre d'Espagne terminée.
7. Var. « Comme il *allait jeter le journal,* un nom... »
8. Les mots « Plat-d'étain » manquent.
9. Il manque de « il eût voulu » à « jours ».
10. Var. « Javert pourtant *fit* quelques questions *à* Thénardier. »
11. Cette phrase manque.
12. Cette phrase manque aussi.
13. Var. « *C'était* un être *mystérieux,* très farouche... »
14. Var « ... des oraisons et en *faisant cet affreux sacrilège de donner la* prière *pour masque à l'espionnage.* »
15. Var. Cependant il *lui* restait des doutes... »
16. Var. « ... la masure *50-52* et fit parler la *principale locataire*... »
17. Var. « ... tomber *donna l'éveil à* la vieille... »
18. Var. « de *justice classaient*... »
19. Var. « ... de l'imprévu qu'on déflore... »
20. Le passage qui, de ce « Pourquoi » va jusqu'à « Il doutait réellement » (trois alinéas) n'est pas dans *les Misères.*

21. Ces trois mots manquent.

22. Le passage qui va de « Avant » aux mots « prise de tabac », (deux alinéas) manque aussi dans *les Misères*.

23. Ce commencement de phrase manque.

24. VAR. Après « la souris » le texte des *Misères* est : « *Cependant, au carrefour Rollin, il se décida. Il attacha les* mailles de son filet *comme on l'a vu*. Il était sûr... »

25. VAR. « ... fermer la main. *Il posta donc ses compagnons et alla au corps de garde du Panthéon chercher du renfort afin de rendre l'idée même de la résistance impossible.* Quand il *revint* au centre... »

26. VAR. « On imagine *l'* exaspération *de Javert*. Il interrogea ses *trois vedettes de la rue du Pot-de-Fer, de la rue du Puits-de-l'Ermite et du carrefour. Aucun* n'avait vu passer l'homme. »

27. Cet alinéa manque.

28. VAR. « *Le* désappointement *de Javert* tint... »

29. Dans *les Misères*, Victor Hugo passe directement de Napoléon à Jean Valjean (ou Tréjean, comme il l'y appelle). Il y manque donc de « qu'Alexandre » à « Scythie ».

30. VAR. « ... à *le* reconnaître. »

31. VAR. « ... *le faire saisir...* »

32. VAR. « ... masure. *Il eut tort de guetter trop longtemps ce qui finit par donner l'éveil.* Il eut tort de ne pas l'arrêter... »

33. Ce texte manque aux *Misères* depuis ce mot « Il » jusqu'aux mots « et la fit partir ».

34. Cette proposition manque aussi.

35. VAR. « ... nécessaire d'adjoindre *à ses trois acolytes et à lui-même le poste entier du Panthéon. Cela fit perdre* un temps précieux. »

36. Cette phrase manque.

37. Cet alinéa et le suivant manquent aussi.

38. Il manque de ce mot « au » au mot « échappait ».

39. VAR. « Sûr que *Jean Tréjean* ne pouvait... »

40. VAR. « ... cul-de-sac *des Vignes*. » De même peu après.

41. VAR. « ... terrains *vagues*. »

LIVRE SIXIÈME. — LE PETIT-PICPUS

P. 519.   *CHAPITRE PREMIER*

1. Ce chapitre n'est pas dans *les Misères*.

P. 522.   *CHAPITRE II*

1. La partie qui, dans *les Misères* correspond au livre le *Petit-Picpus* est bien moins développée. Elle tient dans un chapitre unique de neuf pages intitulé : *le Couvent*. — Le couvent du Petit-Picpus n'existait pas, du moins sous ce nom ni à l'endroit où Victor Hugo l'a finalement situé. Il l'avait situé d'abord entre le Panthéon et le Val-de-Grâce. Révisant son roman en 1862, il rédigea, le 15 janvier, cette note : « Aujourd'hui, vu le

régime des tracasseries possibles, j'ai dû dépayser le couvent, en changer le nom et le transporter imaginairement quartier Saint-Antoine. » Il l'y a transporté mais, ainsi qu'on l'a déjà remarqué, en appliquant arbitrairement au quartier nouveau qu'il choisissait, la topographie du quartier qu'il avait primitivement choisi. M. André Le Breton l'a démontré dans l'article, précédemment cité, sur le *Vrai Petit-Picpus des « Misérables »* (*Revue des Deux-Mondes*, 15 juillet 1925). Il y a démontré aussi que la peinture du soi-disant Petit-Picpus convient exactement au couvent des Bénédictines de l'Adoration perpétuelle du Saint-Sacrement qui était situé rue Neuve-Sainte-Geneviève (notre rue Tournefort) et rue des Postes (notre rue Lhomond). M. André Le Breton a reproduit les renseignements qu'avait fournis à Victor Hugo, une personne innommée, sans doute une ancienne pensionnaire de ce couvent, et qui, quoi qu'on en ait dit, ne semble pas être Juliette Drouet. Les variantes relevées ci-après l'indiquent du reste.

2. VAR. « *En 1825, il y avait (et il y a peut-être encore) rue Neuve-Sainte-Geneviève un ordre* de bénédictines... *Cet ordre y était encore en 1862 et y a subsisté jusqu'aux décrets* Combes.

3. Il manque du mot « Ces » aux mots « dix-sept-ans ». Trois alinéas.

4. Dans *les Misères*, Victor Hugo avait conduit Jean Valjean au couvent des dames de Saint-Michel. Ce couvent qui était au 193 de la rue Saint-Jacques était une maison où l'on recevait des filles repenties. Il lui a substitué, quand il l'a décrit, le couvent des bénédictines comme plus propre à tenir un pensionnat de jeunes filles. Les bernardines-bénédictines qu'il a finalement introduites dans sa dernière version sont un ordre de sa fondation.

Voici, d'après les appendices de l'édition nationale (II, 535-537) ce que Victor Hugo avait écrit du régime du couvent des dames de Saint-Michel :

« *Le couvent des dames Saint-Michel, rue Saint-Jacques, a la règle la plus sévère. La population féminine de ce couvent se divise en deux catégories : sœurs de la communauté, sœurs repentantes. Les premières dirigent et commandent, les dernières subissent. Les premières sont vêtues de blanc. Les dernières ont un bonnet qui couvre les yeux, un voile blanc qui tombe jusqu'aux genoux et une robe noire à taille très courte. Les sœurs repentantes, qui sont plus de cinq cents, ont été partagées en classes. Chaque classe contient environ trente recluses qui vivent absolument séparées des autres. Chaque classe a son petit jardin à part pour la promenade qui n'a lieu qu'une fois par semaine et ne dure qu'une demi-heure. Le silence et le travail ne sont coupés que par des exercices religieux, des stations prolongées aux offices ou au sermon, et la visite de chaque semaine au confessionnal. Tous les jours à midi, après une demi-heure consacrée au recueillement, les sœurs de chaque classe se demandent pardon à haute voix des torts qu'elles peuvent avoir les unes envers les autres.*

Elles font des chemises et du linge pour les prisons et les hôpitaux. On met à la tâche celles qui se montrent molles au travail.

Les visites du dehors sont sévèrement surveillées. Elles ne voient personne qu'au parloir, à travers une double grille recouverte d'un rideau et en présence d'une sœur professe. La même personne ne peut revenir plus d'une fois tous les deux mois. Les sœurs repentantes ne reçoivent aucune lettre qui n'ait été décachetée et n'en écrivent aucune qui n'ait été lue. Souvent on se contente de leur dire : Sœur une telle, on vous a écrit une lettre qu'il n'était pas convenable que vous lussiez.

Une sœur veut-elle écrire, elle demande la permission à la sœur professe qui dirige sa classe. La sœur professe la renvoie à la sœur secrétaire. Si la sœur secrétaire confirme la permission, la lettre est commencée sous ses yeux, mais au bout de deux ou trois lignes, la sœur secrétaire, qui doit souvent surveiller vingt femmes écrivant à la fois, interrompt la lettre, et dit : c'est assez aujourd'hui. Revenez demain. Le lendemain cela recommence, deux lignes encore, et ainsi de suite tous les jours, si bien qu'il faut quinze jours pour écrire une lettre de trente lignes.

Ayez votre fortune compromise, votre enfant malade, votre mère qui se meurt, vous ne fléchirez pas la sœur secrétaire. Elle se bornera à vous répondre : Obéissez, ma sœur. C'est la règle.

Les moindres infractions à la règle sont sévèrement punies. Pour avoir dit un mot dans la classe, pour s'être endormie au sermon, pour avoir souri pendant la récréation, une sœur repentante est mise à genoux pendant quinze jours au réfectoire et à la chapelle, et mange à terre dans une assiette de bois. Si elle retombe en faute, on ajoute à la punition une robe de bure grise, une hotte sur le dos et un crochet de chiffonnière qu'elle est tenue de porter à la main. Il y a des femmes de cinquante ans, qui habitent le couvent depuis vingt-cinq ans, et auxquelles ces punitions presque enfantines sont infligées.

Aucun homme ne pénètre dans le couvent, excepté M. l'archevêque de Paris et le supérieur de l'ordre qui est un prêtre. La supérieure du couvent est élue pour trois ans. Après ces trois années d'autorité absolue, elle redevient simple religieuse et se remet à obéir. Chaque classe a pour supérieure une professe qu'on appelle mère *et qui appelle les autres* sœur. *En 1845, la supérieure de la première classe s'appelait la mère Sainte-Agnès. C'était une femme d'environ soixante-cinq ans, grande, maigre, froide, triste, dure, aux cheveux gris et aux yeux gris, ne souriant jamais.*

Toute affection, toute sympathie, toute intimité est interdite aux sœurs repentantes, il leur est défendu d'être seules ou d'être deux. Quand on voit qu'elles se plaisent deux ensemble et qu'elles se cherchent, on leur ordonne de se séparer et on les entoure de cinq ou six sœurs qui ne les quittent jamais. Il faut toujours qu'elles marchent par groupes.

Il leur est défendu de pleurer. Les larmes sont punies par une ou deux heures à genoux, selon l'humeur de la sœur professe.

Il leur est également défendu de rire. Le rire c'est le diable. On les met à genoux.

Les non mariées couchent au dortoir commun. Les femmes mariées ont chacune leur cellule, meublée d'un petit lit, d'une chaise et d'un prie-Dieu. Elles se lèvent à cinq heures du matin et font quatre repas par jour, du pain sec le matin et l'après-midi, à midi, le dîner, à huit heures du soir le souper. Elles font presque toujours maigre et ne mangent jamais de viande rôtie.

Le prêtre au confessionnal leur est caché par un rideau de serge noire, cloué. Un jour, il y avait un trou à ce rideau, on le boucha avec une écumoire. Un autre jour, dans la première classe, la mère Sainte-Agnès cria brusquement : « Baissez le voile, mes sœurs ! » C'était le jardinier qui entrait pour exécuter un ordre de la supérieure, un vieillard de soixante-dix ans tout voûté.

Toute personne qui séjourne au couvent plus d'une semaine prend l'habit de repentante.

Les prises de voile ont lieu une fois par an. Ce jour-là c'est fête. Il y a récréation. On peut même parler. »

5. VAR. « ... celle des *bénédictines de l'Adoration perpétuelle du Saint-Sacrement.* »

6. Dans *les Misères* il n'y a pas la répétition : « qui monte jusqu'au menton ».

7. VAR. « ... au côté *et sur la poitrine un Saint-Sacrement de trois pouces de haut en vermeil ou en cuivre doré.* » La suite manque jusqu'aux mots : « voilà leurs vœux, fort aggravés par la règle. » (deux longs alinéas).

8. VAR. « ... deux fois ».

9. VAR. « couvent, l'archevêque *diocésain.* »

10. Cet alinéa manque.

11. Cet alinéa manque aussi.

12. Manquent les « violations et les iniquités. »

13. La suite de cette phrase manque.

14. La suite de cette phrase manque aussi.

15. Manquent de même cet alinéa et le suivant.

16. Il manque dans *les Misères* des mots « Les prieures » aux mots « son âme », soit deux alinéas à la place desquels il y a à l'alinéa final de ce chapitre des *Misérables :* « Ces religieuses ne sont point gaies... » etc.

17. Cet alinéa et le suivant manquent.

18. VAR. « Les bénédictines de *la rue Sainte-Geneviève* chantent... »

19. VAR. « ... saisissant et *lugubre.* »

20. VAR. « *Elles* avaient... »

21. VAR. « ... comme elles *sont...* » Les deux autres verbes de l'alinéa sont aussi au présent.

22. Il manque, au texte des *Misères,* le passage qui, de ce mot « *Elles* », va jusqu'aux mots « elles ne doivent jamais parler », deuxième alinéa du chapitre III. Dans la suite du chapitre II, Victor Hugo a utilisé, parfois presque textuellement, les notes de son informatrice.

P. 529.   *CHAPITRE III*

1. La suite de la phrase manque.

2. Cette phrase manque aussi.

3. « Particulièrement à la Sainte-Marthe » manque dans *les Misères.*

4. Cette proposition manque aussi.

5. Var. « *Naïves* raisons... »
6. Var. « ... *ce bonheur* ».
7. Ici, il y a, dans *les Misères* : « Ces jeunes filles trouvaient moyen, même là, d'être espiègles... » qui correspond, par le sens, au premier alinéa du chapitre v. Puis le texte reprend à « Il y *a* dans le couvent, un livre... » Il y manque donc des mots : « Les élèves, aux austérités près... » jusqu'aux mots : « coupables de gazouillement » (chapitre vi cinquième alinéa.) La suite du chapitre est inspirée directement des notes de l'informatrice.

P. 533. CHAPITRE V

1. Les deux dernières phrases manquent. « Notre règle ou nos constitutions ne doivent jamais être communiquées au dehors. »
2. Cet alinéa manque aussi.
3. Var. « *Un autre jour,* l'archevêque *visitait le* couvent, une des... *Mlle de B...* gagea... »
4. Louis de Quelen (1778-1839) archevêque de Paris depuis 1821.
5. Cet alinéa manque.
6. Var. « ... une *dame* mystérieuse qu'on traitait... »
7. Cet alinéa manque.
8. Var. « ... sur *cette femme*... »
9. Var. « ... de Rohan, *autrefois officier*... » — Louis-François-Auguste de Rohan-Chabot (1788-1833). En 1814 il entra dans les compagnies rouges, qui furent licenciées en 1815. Il reçut alors le grade de colonel. C'était un seigneur des plus élégants de la cour et aussi des plus vertueux. Il entra au séminaire en 1819, fut ordonné prêtre en 1822. Il fut en 1828 archevêque d'Auch, en 1829 archevêque de Besançon, et en 1830 cardinal. Il était pair de France depuis 1816 héritant du siège de son père.
10. Var. « ... redevenue *statue.* »
11. De grandes dames. Il manque aux *Misères* de « où elles » à « *mulieres.* »
12. Var. « ... de la *rue Neuve-Sainte-Geneviève.* »
13. Manquent les sept derniers mots.
14. Toute la fin du chapitre v depuis : « Il occupait » manque dans *les Misères*.

P. 538. CHAPITRE VI

1. Var. « ... enceinte *des bénédictines*... »
2. Il manque de « ce qu'on pourrait » à « permis ».
3. Var. « ... des bénédictines... »
4. Var. « ... du *Saint-Sacrement*... »
5. Var. « ... *jeunes* pensionnaires... »
6. Après le mot « visite », longue lacune dans *les Misères* où le texte continue par : « Il y avait dans le petit couvent... » (deuxième alinéa du chapitre ix).
7. Elles s'appelaient : les religieuses du Saint-Sacrement de Sainte-Aure, adoratrices du Sacré-Cœur de Jésus.

8. Stéphanie-Félicité de Genlis (1746-1830), qui avait été une institutrice du futur Louis-Philippe, fit paraître l'*Intrépide* en 1820. Elle ne devait plus, en 1823, diriger ce journal qui n'avait eu que neuf numéros. Ce passage sur Mme de Genlis vient des notes de l'informatrice.

9. Trois corps de mérite inégal pendent à des branches : Dismas et Gesmas et, entre eux, la puissance divine. Dismas aspire au ciel ; le malheureux Gesmas pense à des choses basses. Que la puissance suprême nous garde nous et nos biens. Dis ces vers pour ne point perdre tes biens par larcin.

P. 541. *CHAPITRE VII*

1. Nicolas Roger que l'on appelait le chevalier Roze est connu, quoique bien moins que Mgr Belzunce, pour s'être, comme son évêque, grandement dévoué pendant la terrible épidémie de peste de Marseille, en 1720. La mère du chevalier Roze est nommée dans les notes de l'informatrice de Victor Hugo mais, pour plusieurs autres religieuses, il a substitué aux noms exacts qui lui avaient été communiqués, des noms fictifs, ceux de Mlle Gauvain et de Mlle Drouet qui désignent l'un et l'autre la maîtresse de Victor Hugo, Juliette Gauvain, dite Drouet ; le nom de Cogolludo vient du titre de comte de Cogolludo qu'avait reçu le général Hugo, père de Victor Hugo : le nom de d'Auverney vient du capitaine Léopold d'Auverney, l'un des principaux personnages de *Bug-Jargal*. Pour ce chapitre cf. André Le Breton, article cité.

P. 543. *CHAPITRE VIII*

1. Après le cœur, les pierres.

2. Les peupliers et les groseilliers de ce chapitre viennent de l'informatrice de Victor Hugo.

P. 544. *CHAPITRE IX*

1. Armand-Thomas Hue de Miromesnil (1723-1796), président du tribunal de Rouen puis garde des sceaux, de 1774 à 1787. Il avait été l'un des défenseurs de l'indépendance de la magistrature dans la lutte des parlements contre le chancelier Maupeou.

— La célèbre abbaye de Fontevrault était située dans le vallon de ce nom en Maine-et-Loire. Elle fut, en 1804, transformée en une maison centrale de détention. Elle n'existait donc plus en 1823. La vieille religieuse qui venait de Fontevrault est mentionnée dans les notes de l'informatrice de Victor Hugo.

P. 546. *CHAPITRE X*

1. VAR. « *Le parloir était commun au petit et au grand couvent*. Du reste ce parloir *si austère* est un fait... »

2. VAR. « ... *qui est également habité par des bénédictines de l'Adoration perpétuelle*... » C'est le texte des *Misères* qui est exact. Étaient du même ordre aussi les bénédictines de la rue Monsieur. Étaient

« d'un autre ordre » les soi-disant « bernardines » de Victor Hugo.

3. Cette phrase manque. La suite est, dans *les Misères* : « *Cet ordre spécial des bénédictines de l'Adoration perpétuelle, tout à fait distinct des bénédictines qui relevaient de Cîteaux, n'est pas très ancien.* »

4. Il manque aux *Misères*, à partir de ce mot, toute la fin de ce chapitre.

P. 548. CHAPITRE XI

1. Ce premier alinéa y manque aussi.
2. VAR. « La maison *de la rue Neuve Sainte-Geneviève...* »
3. VAR. « *Depuis vingt-cinq ans...* »
4. VAR. « En *1847...* »
5. VAR. « Il y a *vingt* ans... »
6. Cette phrase manque. C'est que le texte des *Misères* étant rédigé à l'indicatif présent, cette question y eût été absurde.
7. VAR. Manque « En 1847. » Puis : « La prieure est jeune... »
8. VAR. « *La prieure actuelle n'a* pas... »
9. Manquent les trois derniers mots.
10. VAR. « ... le moment *approche* où elles ne *seront* plus qu'une *vingtaine...* »
11. VAR. « ... meurent. *En cette année 1847...* »
12. Ici je repose ayant vécu vingt trois années.
13. Ces renseignements sur la décadence du couvent viennent des notes de l'informatrice.
14. Manquent les huit derniers mots.
15. VAR. « ... nouvelles aujourd'hui *qu'on* désapprend le catholicisme, malheureusement sans apprendre autre chose. Nous avons parlé... »
16. VAR. « ... ne *louons* pas... »
17. La suite du chapitre est fort différente dans *les Misères*. Au lieu des quatre alinéas des *Misérables*, il y a :

« *Cette existence claustrale, si austère et si morne, dont nous venons d'indiquer quelques linéaments, ce n'est pas la vie, ce n'est pas la liberté, ce n'est pas la tombe, car ce n'est pas la plénitude ; c'est le lieu étrange d'où l'on aperçoit, comme de la crête d'une montagne, d'un côté l'abîme où nous sommes, de l'autre l'abîme où nous serons ; c'est une frontière étroite et brumeuse placée entre deux mondes, éclairée et obscurcie par les deux à la fois, où le rayon affaibli de la vie se mêle au rayon vague de la mort ; c'est la pénombre du tombeau.*

« *Les monastères, quand ils abondent dans une nation, sont des nœuds à la circulation, des constructions encombrantes, des centres de paresse là où il faut des centres de travail. Les communautés monastiques sont à la grande communication sociale ce que le gui est au chêne, ce que la verrue est au corps humain. Leur prospérité et leur embonpoint sont l'appauvrissement du pays. Le régime monacal, bon au début des civilisations, est mauvais à la virilité des peuples. Il a puissamment contribué à la diminution de l'Espagne et de l'Italie, ce qui le juge et le condamne. En outre, lorsqu'il se relâche, et qu'il entre dans sa période de dérèglement, il devient*

*funeste pour toutes les raisons qui le faisaient salutaire dans sa période
de pureté. Cependant, nous le déclarons hautement, à ce siècle, occupé des
choses courtes et difformes de la matière, toutes les fois que notre regard
a pénétré par aventure dans un de ces cloîtres vraiment saints et sévères,
comme le couvent de la rue Neuve-Sainte-Geneviève, notre curiosité est
tout de suite devenue de la contemplation. Nous n'avons jamais pu considérer sans une espèce de terreur religieuse et tendre, sans une sorte de pitié
pleine d'envie ces créatures dévouées, tremblantes et confiantes, ces âmes
humbles et augustes qui sont venues vivre au bord même du mystère, attendant entre le monde qui est fermé et le ciel qui n'est pas ouvert, tournées
vers la clarté qu'on ne voit pas, ayant seulement le bonheur de penser
qu'elles savent où elles aspirent à l'abîme et à l'inconnu, l'œil fixé sur
l'obscurité immobile, agenouillées, éperdues, stupéfaites, frissonnantes,
à demi soulevées à de certaines heures par les souffles profonds de l'éternité.*

« *— A quoi bon ?* disent les esprits rapides et irréfléchis, *à quoi servent-elles ? Qu'est-ce qu'elles font ?*

« *Hélas ! en présence de l'ombre qui nous enveloppe et qui nous attend,
nous répondons : Il n'y a pas d'œuvre plus sublime peut-être que celle
que font ces âmes. Et nous ajoutons : Il n'y a pas de travail plus utile.*

« *Il faut bien — ceux qui prient toujours pour ceux quoi ne prient
jamais.* »

LIVRE SEPTIÈME. — PARENTHÈSE

P. 550. *CHAPITRE PREMIER*

1. Ce livre tout entier manque au texte des *Misères*.

P. 550. *CHAPITRE II*

1. Dans les appendices de l'édition nationale (II, 5777) est
transcrit le premier paragraphe, rayé ensuite, de ce chapitre. Ce
paragraphe est : « *Nous avons quelque chose à dire, mais avant tout,
et pour écarter absolument toute équivoque, commençons par renouveler
ici, en très peu de mots, une déclaration qu'à propos des établissements
ascétiques l'auteur a déjà faite ailleurs plusieurs fois.*

P. 553. *CHAPITRE III*

1. Au tome II aussi (p. 578) de l'E.I.N. est transcrit un brouillon
biffé qui, dit l'éditeur, « résumait le chapitre III en le fondant
avec le chapitre II. » Voici le texte de ce résumé :

« *Ces murs qui suintent, quels déclamateurs !*

« *Toutefois, à propos de la maison dont nous venons de parler, évoquer
ces mornes fantômes du passé, ce serait injuste. Évoquons-les en toute
autre occasion. Ces fantômes, tout fantômes qu'ils sont, sont plus vivants
peut-être qu'on ne croit, et il faut les attaquer, et il faut les prendre corps
à corps ; car c'est une des fatalités de l'humanité d'être condamnée à
l'éternel combat des fantômes. L'ombre est difficile à tuer. Faisons donc
cette guerre et faisons-la sans trêve.*

« *Mais distinguons. Ne crions point les paroles de destruction et de ruine. Il y a ce qu'il faut détruire, et il y a ce qu'il faut simplement éclairer et regarder.*

« *L'examen bienveillant et grave, quelle force !*

« *N'apportons point la flamme là où la lumière suffit. Un couvent en France au dix-neuvième siècle est un anachronisme. Pour dissoudre un anachronisme et le faire évanouir, il n'est besoin de rien de plus que de lui faire épeler le millésime.* »

P. 561. *CHAPITRE VIII*

1. Diogène Laërce n'est pas aussi absolu. Il dit, et en termes fort mesurés : « Héraclite cite une opinion de Clytos, selon laquelle Thalès aurait eu une vie retirée et solitaire. » (*Vies, doctrines et sentences des philosophes illustres*, I, 42 ; traduction de Robert Genaille. Garnier frères, s.d. [1933] in-16.)

2. Voltaire a érigé un monument à Dieu.

LIVRE HUITIÈME. — LES CIMETIÈRES PRENNENT CE QU'ON LEUR DONNE

P. 564. *CHAPITRE PREMIER*

1. Autre titre projeté : *Jean Valjean a une idée de Charles-Quint.* — A ce huitième livre des *Misérables* correspond dans *les Misères* un seul chapitre, beaucoup plus bref (le chapitre II du livre V de la deuxième partie). Il porte le même titre que dans *les Misérables*, le premier chapitre du livre VIII.

2. Var. « ... rue *des Postes*. »

3. Le passage qui commence aux mots « Une fois... » et qui finit par les mots « ... D'où venaient-ils tous les deux ? » (cinq alinéas) n'est pas dans *les Misères*. Il y est remplacé par le texte que voici : « *Ce père Fauchelevent était un vieux qui, toute sa vie, avait été égoïste, et qui, à la fin de ses jours, boiteux, infirme, n'ayant plus aucun intérêt au monde, trouvant une généreuse action à faire, se jeta dessus comme ces gens qui, au moment de mourir, rencontrent sous leur main un verre de bon vin dont ils n'ont jamais goûté et le boivent tavidement. On peut ajouter que l'air qu'il respirait depuis plusieurs années déjà dans ce couvent avait détruit l'égoïsme en lui, et avait fini par lui rendre nécessaire une bonne action quelconque. La reconnaissance le rendit inventif. Il fut admirable.* »

4. Var. « ... parler de M...-sur-M..., et ne savait rien... »

5. Il manque de « Le père... » à « ... son prestige. »

6. Var. « Seulement à quelques mots *qui échappèrent* à Jean Tréjean, Fauchelevent avait cru comprendre que M. Madeleine avait fait faillite... »

7. Var. « ... comme *tous* nos paysans... »

8. Au long passage qui commence aux mots « se cachant, M. Madeleine... » et qui finit par les mots « ... comme une élève

de charité » (chapitre VIII (quarante-et-unième alinéa) correspond dans *les Misères* le court passage que voici : « *Jean Tréjean, se sentant découvert et Javert sur sa piste, comprenait qu'il était perdu s'il rentrait dans Paris, il n'eut plus qu'une pensée, y rester.*

« *Or, pour un malheureux dans sa position, ce couvent était à la fois le lieu le plus dangereux et le plus sûr. Le plus dangereux, car aucun homme ne pouvait y pénétrer et, à plus forte raison, y demeurer. Le plus sûr, car si on parvenait à y demeurer, qui viendrait vous chercher là ? Mais comment s'y installer ? Là était le problème sérieux. Le père Fauchelevent l'aborda de front. En trois jours, le pauvre paysan picard sans autre échelle que son dévouement, sa bonne volonté, et un peu de cette vieille finesse campagnarde, mise cette fois au service d'une action honnête, tourna, grandit et surmonta les rudes escarpements de la règle de saint Benoît. Il dit à Jean Tréjean, qu'il ne connaissait toujours que sous le nom de M. Madeleine : « Laissez-moi faire. » Il commença par lui recommander de ne pas sortir pendant le jour de la baraque qu'il habitait, laquelle avait du moins cet avantage que, comme elle était dans un pli du mur derrière les arbres et que les religieuses n'en approchaient jamais, Jean Tréjean que personne n'avait vu dans le couvent aurait pu y rester caché six mois sans qu'on s'en doutât. Puis le vieux jardinier demanda à parler à Mme la prieure. Fauchelevent avait réussi dans le couvent. Il était régulier et silencieux, et ne sortait que fort rarement et seulement pour les nécessités démontrées du verger ou du potager. Tout cela lui était compté et les mères vocales avaient confiance en lui. Il parla à Mme la prieure de ses infirmités, de son grand âge, et qu'il avait un frère point jeune qui, si on le voulait bien, pourrait venir loger avec lui et l'aider, et que ce frère avait une petite fille qui s'élèverait en Dieu dans la maison, qu'autrement, si on n'admettait pas son frère et sa nièce, se sentant trop cassé et trop faible pour la besogne, lui Fauchelevent, il serait obligé de s'en aller. On tenait à lui. La prieure et les mères s'assemblèrent en conseil. Bref, un soir, Jean Tréjean, grâce à une petite porte qu'on voit de la rue, qui est au fond de la cour à droite, et qui communique avec le jardin, sortit avec Cosette, pendant que Fauchelevent occupait l'attention du portier, puis rentra presque tout de suite et fut introduit officiellement dans le parloir par le portier qui, comme dit le vieux paysan jardinier, n'y vit que du bleu. La prieure vit Jean Tréjean et Cosette. Une heure après, Jean Tréjean était régulièrement installé comme aide jardinier, dans la baraque de Fauchelevent et avait au genou la genouillère de cuir et le grelot.*

« *Cosette fut admise au pensionnat comme élève de charité. La prieure la trouva laide et la prit en amitié.* »

P. 573. *CHAPITRE III*

1. *Hanc igitur oblationem...* « Dans ce sacrifice. » Ce sont les premiers mots de la prière que dit l'officiant avant la consécration de l'hostie.

2. Cette fois, Fauchelevent ne répond rien. Avait-il perdu la force d'approuver ? On l'imagine éberlué devant ce déferlement d'érudition, de cette érudition qui s'attache aux petits faits peu

connus et parfois mal connus, qui était un des procédés et l'on est tenté d'écrire une des poses de Victor Hugo.

3. Il ne disait pourtant rien, le pauvre Fauvent, mais la prieure était lancée et elle prévenait une réponse possible qui eût interrompu le déballage d'érudition auquel elle se complaisait si opportunément.

4. Les psallants, les diseurs de psaumes.

5. « On n'a qu'à lire... » Ce ne sont pas là des lectures courantes non seulement pour un jardinier, fut-il jardinier d'un couvent, mais même pour une prieure. Celle-ci est une exception merveilleuse. Les auteurs qu'elle nomme ont en général beaucoup écrit, et en latin : Jean Trithème (ou Thritemus) historien-théologien et moine bénédictin allemand des XVe et XVIe siècles (1462-1516); Maurolicus (ou Maurolico) au XVIe siècle, mais celui-ci a traité de matières scientifiques; le R. P. Gabriel Bucelin au XVIIe siècle (on peut présumer que la prieure bernardine lisait surtout de cet auteur le *Menologium Benedictinum sanctorum* qu'il fit paraître en 1655, les *Annales benedictini...* qu'il fit paraître en 1656, et la *Chronologica benedictino, mariana...* qu'il fit paraître en 1671). De dom Luc d'Achéry la prieure avait peut-être lu l'édition, qui parut à Paris (Parisiorum) de 1668 à 1701, des *Acta Sanctorum ordinis S. Benedictinis...* en neuf volumes in-folio. Pour détails bibliographiques relatifs à ces auteurs religieux, « on n'a qu'à lire » le *Repertorium bibliographicum* de Ludocivi Hain, publié à Paris chez J. Renouard en 1838 en 4 vol. — Victor Hugo dit que la prieure, parvenue au terme de ce savant discours, respira. Fauchelevent dut respirer aussi, à l'unisson.

P. 583.   *CHAPITRE IV*

1. Il y a bien un auteur espagnol du nom de Castillejo, c'était un poète. Il vivait au XVIe siècle. Il n'était pas moine. Et son prénom était Cristoval. Austin Castillejo est ignoré des dictionnaires biographiques. L'encyclopédie espagnole même, *Enciclopedia universal europeo-américana* ne le mentionne pas. Serait-il une création de Victor Hugo?

2. Dans une première version, Victor Hugo avait fait imaginer par Fauchelevent le stratagème qu'il a fait ensuite imaginer par Jean Valjean. On a retrouvé de cette version deux feuillets sur trois; ce sont le premier et le troisième. Leur texte a été publié dans les appendices de l'E.I.N. (II, 579-580). On les transcrit ici, d'après cette publication, en marquant par une ligne de points la lacune. (Ce texte se rattache à la première phrase du chapitre IV qui est : « Des enjambées de boiteux sont comme des œillades de borgne; elles n'arrivent pas au but. »)

La suite est :

« *Pourtant, il ne fallut pas plus de six ou sept minutes à Fauchelevent pour revenir auprès de Jean Valjean... Il aborda M. Madeleine avec cette grimace sage et satisfaite qui résulte de la bouche pincée, des lèvres gonflées intérieurement, des deux yeux rapetissés par un clignement qui fait rire la patte d'oie, et de l'index de la main droite exécutant un tremolo devant le nez.*

« *Après cette grimace qui signifiait : réussite, il commença en ces termes :*

« *— Après ça, il y a une chose, c'est que le fossoyeur est un ivrogne. Ça, c'est pour nous. On le ferait boire. Maintenant, avez-vous peur de quatre planches de sapin ?*

« *Jean Valjean ouvrit les yeux et regarda Fauchelevent.*

« *— Vous comprenez ? dit Fauchelevent.*

« *— Non.*

« *— C'est pourtant simple.*

« *Il n'est eau si trouble qui ne se filtre et si confuse explication qui ne se précise. Tout se débrouilla, non sans peine. Quand Fauchelevent eut jeté le trop-plein de son idée et de sa satisfaction, il devint intelligible. Il consentit à commencer par le commencement, et Jean Valjean, à force d'attention et de patience, et en saisissant ses paroles brin à brin, comprit ceci : une religieuse, très vénérée, était morte. Elle avait demandé à être ensevelie dans le cercueil qui lui servait de lit et à être enterrée dans le caveau du couvent sous l'autel, chose expressément défendue par les règlements de police. Les mères vocales avaient décidé qu'en dépit « du gouvernement », le vœu de la morte serait exécuté. Fauchelevent ferait l'inhumation en secret dans le caveau de la chapelle, et, pour le récompenser, la communauté admettrait dans le couvent son frère en qualité de jardinier, et sa nièce en qualité de pensionnaire. Son frère, c'est-à-dire M. Madeleine ; sa nièce, c'est-à-dire Cosette. Le lendemain, M. Madeleine et Cosette entreraient dans le couvent. Mais avant d'y entrer, il fallait en sortir ? Comment ferait-on ? Ce problème-là aussi était résolu. Fauchelevent emporterait Cosette dans sa hotte et sous sa bâche chez sa fruitière qui la garderait le temps qu'il faudrait. Il ferait cela la nuit, et tirerait Cosette de sa hotte dans le coin le plus désert de la rue des...*

. . . .

« *Jean Valjean, si sérieuse que fût la conjoncture, ne put s'empêcher d'admirer ce plan, conçu par un naïf paysan et digne d'un vieux galérien. Quant à lui, comme tout misérable sujet aux évasions, il avait traversé de pires détroits. Se faire clouer et emporter dans une caisse comme un colis, vivre longtemps dans une boîte, trouver de l'air où il n'y en a pas, économiser sa respiration des heures entières, savoir étouffer sans mourir, c'était là un des sombres talents de Jean Valjean.*

« *Fauchelevent, heureux comme un auteur, se frottait les mains.*

« *— Soyez tranquille, monsieur Madeleine. C'est moi qui cloue la bière, je ménagerai des jours ; je ne serrerai pas les planches, et vous respirerez. Seulement ne remuez pas quand on vous portera. Quant à la petite, je la déposerai chez cette vieille bonne amie de fruitière que j'ai, et je lui dirai de me garder ma nièce jusqu'à demain. La vieille fruitière est pas mal sourde et vit toute seule. Il n'y aurait qu'un danger, le fossoyeur. Mais je fais joujou avec le vieux Mestienne. Je fais ce que je veux dans ce cimetière-là. Le fossoyeur met les morts dans la fosse et moi je mets le fossoyeur dans ma poche. Tout ira bien.* »

P. 589. *CHAPITRE V*

1. C'était le cimetière du village de Vaugirard ; après l'annexion de 1860, il fut réservé, ainsi que le cimetière, aux sépultures du XVe arrondissement.

P. 604. *CHAPITRE VIII*

1. Le passage qui va du mot « Toute » aux mots « de se taire », (premier alinéa du chapitre IX) n'est pas dans *les Misères*.
2. Jean-Baptiste-Marie-Anne-Antoine de Latil (1761-1839) fut aussi ministre d'État, duc et pair de France. Il fut le confident de Charles X et son confident influent.
3. Léon XII s'appelait Annibal della Genga (1760-1829). Il succéda, en 1823, au pape Pie VII. Il avait été, lui aussi, ambassadeur du Saint-Siège auprès de Louis XVIII.

P. 607. *CHAPITRE IX*

1. Ce commencement de phrase manque.
2. Cette phrase manque aussi.
3. Il manque encore cet alinéa.
4. Il manque ici de « outre » à « ignora ».
5. VAR. « *Jean Tréjean avait pris en entrant le nom d'*Ultime *Fauchelevent qui était un frère défunt du vieux*. Les religieuses... »
6. VAR. « ... mais les yeux toujours fixés sur Dieu ne *savent pas* espionner *et* elles n'y firent point attention. »
7. Manquent les cinq derniers mots.
8. VAR. « ... de gouffres. *L'idée d'en sortir le faisait frémir, dans les premiers temps surtout*. Ces quatre murs... »
9. VAR. « Il *habita avec Cosette* cette *masure*, bâtie en plâtras, qui existait encore en 1845 et qui *n'*avait pour *tout* ornement *qu'*un papier-monnaie royaliste de 93 appliqué à la muraille et dont... »
10. La suite de cet alinéa manque.
11. Cette phrase manque aussi.
12. VAR. « ... dans la *baraque* elle *avait un regard* de paradis. »
13. VAR. « *Sa* figure *même* en était... »
14. Cet alinéa manque.
15. VAR. « ... *de l'Adoration perpétuelle.* »
16. VAR. « ... naissait. Il *revenait*... »
17. VAR. « ...bêche et *tombait* dans *une* rêverie sans fond. »
18. VAR. « ... de viande que *les jours de* fatigue. Ils vivaient *en* baissant les yeux... »
19. VAR. « *zébrées.* »
20. Cette phrase manque.
21. VAR. « ... jamais *que de l'eau.* »
22. Il manque de « sans même » à « de laine ».
23. VAR. « ... *à demi* enlevée... »
24. VAR. « *Dans le bagne* les ténèbres ; *dans le cloître,* l'ombre. »
25. Cet alinéa manque.

Troisième partie

MARIUS

LIVRE PREMIER. — PARIS ÉTUDIÉ DANS SON ATOME

P. 615. *CHAPITRE PREMIER*

1. Les douze premiers chapitres de ce livre ne sont représentés que par deux pages dans *les Misères ;* seul le chapitre XIII y est développé. Le tout y forme un chapitre unique qui, dans cette version, constitue toute la troisième partie et qui est intitulé *Gavroche*.
2. Ces deux alinéas manquent.
3. VAR. « *Le gamin de Paris* est *un* être joyeux *qui* ne mange... »
4. VAR. « *Le gamin de Paris* n'a pas... »
5. VAR. « ... la tête; il *vit* comme les *oiseaux* qui n'ont... »
6. VAR. « ... loge *dans la rue*... »
7. VAR. « ... lisière jaune, *joue,* perd le temps, jure comme... »
8. Les mots « parle argot » manquent.
9. Ce petit alinéa manque.

P. 616. *CHAPITRE II*

1. Cette phrase manque aussi.
2. VAR. « N'exagérons point. *Le gamin de Paris* a... »
3. VAR. « ... mais il *aime aussi* ».
4. Il manque de « ses métaphores » à « la racine ».
5. VAR. « ... des péages *sur les ruisseaux* dans... »
6. Il manque de « crier » à « français ».
7. Cet alinéa manque.
8. VAR. « ... comme *Voltaire.* »
9. VAR. « ... va *gaiement* ».

P. 617. *CHAPITRE III*

1. VAR. « ... *il* entre... »
2. VAR. « ... transfigure *et se nomme* le titi... »
3. VAR. « ... étroite, *poudreuse,* fétide... »
4. Dans *les Misères* il manque depuis ce mot « Donnez » jusqu'à la phrase « Le mot a passé » (deuxième alinéa du chapitre VII).
5. Adamastor, géant qui, dans *les Lusiades* de Camoëns se dresse pour empêcher Vasco de Gama de franchir le cap des Tempêtes. Vasco de Gama franchit le cap malgré le terrible géant, gardien de ce cap.

Adamastor, roi des vagues profondes

comme il est chanté dans *l'Africaine* de Meyerbeer. Ce cap, d'ailleurs, a reçu le nom plus agréable de Cap de Bonne-Espérance.

P. 618. *CHAPITRE IV*

1. La roue tourne. (Cf. HORACE : *Art poétique,* 22.)

P. 619. *CHAPITRE V*

1. *L'Urbis amator,* l'amateur des villes, c'est Aristius à qui Horace (Quintus Horatius Flaccus, et *ruris amator,* amateur des champs) adressa sa troisième épître, où il loue la vie champêtre.

2. La Glacière, village voisin de Paris et où menait la rue de la Glacière qui n'allait alors que de la rue de Lourcine au boulevard Saint-Jacques. La barrière de la Cunette était à l'extrémité du quai d'Orsay, au lieu de jonction du quai d'Orsay et du boulevard de Grenelle. — Le « mur » de Grenelle était près de la barrière de Grenelle, la partie du mur d'enceinte où, du Consulat à l'avènement de Napoléon III, eut lieu l'exécution des condamnés militaires et des condamnés politiques. L'endroit où ils s'adossaient « est, écrit Georges Cain, à peu près l'emplacement du guichet de sortie des voyageurs descendant [du métro] à la station Dupleix. » (*A travers Paris,* p. 140). Le Mont-Parnasse était un hameau peuplé de lieux de plaisir, guinguettes, salons de danse, salles de spectacle. — Il y avait un lieu dit la Fosse-aux-Loups entre la porte Saint-Jacques et la porte de la Santé. — Montsouris, hameau où il y avait, comme au hameau de Mont-Parnasse des guinguettes et aussi, comme à Montmartre, des moulins à vent. Il était situé hors de la barrière Saint-Jacques. — La Tombe-Issoire (ou Tombe-Isoire) était une maison située dans le hameau de Montsouris. Issoire était un géant, ou un brigand légendaire.

P. 621. *CHAPITRE VI*

1. *Journal historique et anecdotique du règne de Louis XV,* par E.J.F. [Edmond-Jean-François] Barbier, ... publié pour la Société de l'Histoire de France par A. de La Villegille (Paris, Renouard, 1847-1856, 4 vol. in-8°). Autre édition chez Charpentier en 8 vol. in-12 ; *Chronique de la Régence et du règne de Louis XV ou Journal de Barbier.* (1857).

P. 623. *CHAPITRE VII*

1. Dans *Claude Gueux,* qui parut dans la *Revue de Paris* en juillet 1832, Victor Hugo avait dit de son personnage : « Rien ne pouvait faire que cet ancien gamin des rues n'eût point par moments l'odeur du ruisseau de Paris. » Cela ne dut pas faire grand scandale car le mot gamin n'était pas, dans ce texte, imprimé pour la première fois. A. Bazin dans son ouvrage : *l'Époque sans nom ; esquisses de Paris 1830-1833* (Alexandre Mesnier ; 1833, 2 vol. in-8°) avait écrit (II, 298) : « Le gamin de Paris est bien près d'en être le maître, même le cas d'insurrection à part ; tant on le voit se multiplier, se

reproduire, toujours le premier là où il y a quelque chose à voir, surtout quelque mal à faire, pénétrant partout, se glissant entre vos jambes, parfois même dans vos poches, le paresseux le plus actif, le fainéant le plus affairé qui soit au monde. Malheureusement il est en hostilité permanente avec les factionnaires. » N'est-ce pas déjà une esquisse de Gavroche ?

Edmond Biré a relevé le mot *gamin* dans un article de Castil-Blaze sur le chanteur Louis Lablache, dans la *Revue de Paris* en juin 1832, (deux ans avant que Victor Hugo l'y imprimât « pour la première fois ») : « Louis n'avait d'abord aucune application pour la musique ; il montrait cependant beaucoup de goût pour son art ; mais Louis était le type du gamin ; il s'amusait d'une mouche, distribuait des croquignoles à ses voisins en attendant mieux et bayait aux corneilles pendant la leçon du maître. » Enfin on trouve le mot « gamin » dans les dictionnaires bien avant cette date. Biré en mentionne depuis 1820. (cf. *L'Année 1817*, pp. 221-222.)

2. Var. « ... explique *ce mot* d'un gamin *de Paris, mot* profond... »

3. Var. « ... d'un *cintième* », sans la phrase qui suit entre parenthèses. La suite manque aussi jusqu'aux mots « jusqu'à l'os », fin de l'avant-dernier alinéa de ce chapitre.

4. On a oublié le nom de plusieurs de ces personnages. Parmi les criminels de droit commun on ne se souvient guère que de Lacenaire, de Papavoine et de Castaing : Pierre-François Lacenaire (1800-1835) journaliste, poète, mais surtout déserteur, voleur, faussaire et assassin, et qui dans ses assassinats eut pour complices Avril et Martin ; Louis-Auguste Papavoine (1784-1825), auteur du meurtre inexplicable de deux jeunes enfants inconnus de lui, qu'il avait pris, prétendait-il, pour les enfants de France. Il semble avoir été un peu fou ; Edme-Samuel Castaing (1796-1823) homme de plaisir et médecin sans malades qui empoisonna deux de ses amis dont il devait hériter. Il faut nommer à part Sanson qui fut bourreau pendant la Révolution, Louvel, criminel politique qui en février 1820 assassina le duc de Berry, et Bories qui fut l'un des quatre sergents de La Rochelle.

5. La dernière phrase manque. Il manque aussi les deux premiers alinéas du chapitre vii ; donc, jusqu'aux mots « recoudre son pantalon. »

P. 625.   *CHAPITRE VIII*

1. Cette phrase manque.
2. Cette phrase manque aussi.
3. Var. « Il vous dira sans *hésiter*... »
4. Var. « ... etc., etc. *Le gamin connaît toujours la demeure du bourreau et l'appelle* « *Monsieur Sanson.* »

P. 626.   *CHAPITRE IX*

1. Cet alinéa manque.
2. Var. « ... respectueux, *poli,* ironique... »

3. VAR. « ... de l'esprit. *Il est propre aux révolutions et admirable à la guerre. La pique ou le fusil en font deux tueurs, le contraire l'un de l'autre ; c'est un bandit, à moins que ce ne soit* un héros; *qu'on le laisse grandir sur le pavé, c'est la ressource de Marat,* qu'on *l'enrégimente c'est le point d'appui de Napoléon ;* somme toute et, pour résumer... »

4. Joseph Bara (1779-1793) qui mourut héroïquement dans une embuscade, pendant la guerre de Vendée, où il suivait l'armée républicaine. Il n'était pas né à Paris mais à Palaiseau, en Seine-et-Oise.

P. 627. *CHAPITRE X*

1. VAR. « Pour tout résumer encore, c'est le peuple-enfant, *deux mots qui tous deux veulent dire : enfant.* »

2. Le fragment qui commence aux mots « Le gamin » et qui finit à la fin du chapitre XII n'est pas dans *les Misères*.

3. Ce Véjanus semble être le gladiateur Véianus dont il est question dans la première épître d'Horace. — Sur Forioso, cf la note 5 (ch. I), p. 1524.

4. Vadeboncœur est, comme Fanfan-la-Tulipe, une personnification du galant et vaillant troupier du XVIIIe siècle. — Thérapontigonus est un fanfaron de la comédie *Curculio* (le Charançon), de Plaute. — Damassipe (Licinius Damasippus), qui vivait au premier siècle avant J.-C., était un collectionneur qui achetait à tort et à travers meubles et objets d'art et qui s'y ruina. Il se tourna alors vers la philosophie. (Cf. HORACE, *Satires,* II, III.)

5. Sur Grimod de la Reynière, Cf. la note 1 de la p. 1536.

6. Curtillus accommodait les oursins (et non pas les hérissons) à une sauce dont Horace donne la savante recette. (*Satires,* II, VIII.) — L'avaleur de sabres d'Apulée apparaît dès les premières pages de l'*Ane d'or ;* il s'enfonce aussi jusqu'aux entrailles un épieu de chasseur.

7. La plupart des personnages mentionnés dans ce passage sont des personnages des comédies de Plaute. Curculion symbolise le parasite dans *Curculio,* et *Ergasile le Parasite ;* il lui aurait évidemment plu d'être présenté à Cambacérès, dont la table était renommée. Les « quatre muscadins de Rome », sont des adolescents amoureux, Alcesimarchus dans *la Cassette,* Phaedromus dans *Curculio,* Diabolus et Argyrippe dans l'*Asinaire.* — La Courtille, par où les masques descendaient de Belleville à Paris après la nuit du mardi gras. — Congrio est, dans *la Marmite,* le cuisinier; Aulu-Gelle (Les *Nuits attiques,* III, XIV) ne fait allusion en effet qu'à un seul vers du rôle de Congrio — Pardalisca est une esclave dans *Casine.* — Puis, des personnages d'Horace « *Pantolabo scurrae Nomentanaque nepoti* (Pantola le fourbe et Nomentanus le débauché » (*Satires* I, VIII 11). Nomentanus est mentionné aussi dans les *Satires* III et VIII du livre II. — Hermogène qui « même quand il se tait est le meilleur chanteur. » Horace le raille dans les *Satires,* I, III, IV, IX. — Thrasin le gueux ne serait-il pas le Thrasius de la deuxième satire du livre II, vers 99?

8. Thesprion est, dans l'*Épidique* de Plaute, un esclave. Épidique est un esclave aussi. Le premier vers de cette comédie est formé de cette interpellation d'Épidique, courant après Thesprion : *Heus! adulescens!* (Hé! jeune homme!) et de la réponse que cite Victor Hugo : « Qui m'arrête dans ma course, en me prenant par mon manteau? »

9. Mayeux, bossu comme est Esope en effet, est une création, qui eut grand succès, du caricaturiste Traviès. Il fit la joie des lecteurs du *Charivari*. Avec ses maigres mollets, ses culottes courtes, ses longs bras et son inséparable parapluie, il fut, dans les conditions les plus diverses, une personnification caricaturale de la bourgeoisie au temps de la monarchie de Juillet.

10. Marie-Anne-Adélaïde Lenormand (1772-1843), tireuse de cartes, diseuse de bonne aventure. Elle employait pour ses prédictions les tarots, le marc de café. Elle exerça avec succès son industrie et elle fut consultée par de très hauts personnages.

11. Chodruc-Duclos (1780-1842), ardent royaliste, prit part à la guerre de Vendée. Son action militaire et ses démêlés avec la police napoléonienne lui parurent mériter de la Restauration une haute récompense. Il réclama le titre de maréchal de camp. Il adressa sa demande au ministre Peyronnet qui avait été son ami au temps de leur enfance. Il n'obtint pas ce maréchalat. Alors, en manière de protestation, il affecta de se promener tous les jours au Palais-Royal, avec un accoutrement et un chapeau grotesques, la barbe et les cheveux effroyablement longs.

12. Contre les Gracques nous avons le Tibre. Boire le Tibre, c'est-à-dire, oublier la sédition.

13. Le bal Mabille était un bal public. Il fut fondé en 1840 par Mabille, professeur de danse. Il débuta modestement; puis, le succès venant, il s'étendit et occupa dans l'allée des Veuves, aux Champs-Elysées, de vastes jardins remplis de fleurs, resplendissants de lumières, et ornés de vasques de marbre. Les lorettes y étaient assidues.

14. La mère Saguet tenait un restaurant populaire à Montparnasse.

15. Ramponneau, cabaretier aux Porcherons. (Voir sur *les Porcherons* la note 1 [ch. III], p. 1597). Le cabaret de Ramponneau eut rapidement une grande vogue. Des auteurs dramatiques, des acteurs y étaient assidus. On y buvait un certain nectar à six sous la pinte. Ramponneau était un solide buveur et, le verre en main, il entraînait sa clientèle.

P. 632. *CHAPITRE XII*

1. La lie de la ville.

P. 633. *CHAPITRE XIII*

1. Le gamin des *Misérables* ne s'est pas appelé Gavroche du premier coup. Victor Hugo avait pensé d'abord à l'appeler Chavaroche qui est presque le nom (Clavaroche) d'un personnage

du *Chandelier* de Musset; il avait pensé aussi, et sans doute en premier lieu, à l'appeler : Grimebodin.

2. Var. « ... événements *que nous avons* racontés *plus haut*... »

3. Var. « ... un *enfant* qui eût assez *complètement* réalisé... cet idéal, *s'il* n'eût pas eu le cœur *glacé avant l'âge par ce* vide *et ce froid qu'amène l'absence complète d'affection*. Cet enfant... »

4. Var. « Des *passants* l'avaient habillé de *guenilles*, par charité. »

5. Var. « C'était un de ces orphelins *qui ont une famille*. »

6. Le commencement de cet alinéa, jusqu'au mot « maladif » manque.

7. Jeu d'enfants, de gamins des rues surtout, qui consiste à introduire d'un seul coup autant de pièces que l'on peut dans un trou creusé en terre et appelé pot. On écrit aussi : faillouse.

8. Var. « ... connaît *déjà*. »

9. Var. « ... plusieurs *familles*... » et, à la fin de la phrase « entre *elles* » naturellement.

10. Var. « *Toutes ces familles* appartenaient... »

11. Cet alinéa manque.

12. Var. « *La plus misérable des familles* qui habitaient la masure *se composait* de quatre personnes... »

13. Les mots « la pauvreté » manquent.

14. Var. « ... la masure *50-52*. »

15. Var. « *Voici* ce que... »

LIVRE DEUXIÈME. — LE GRAND BOURGEOIS

P. 636. *CHAPITRE PREMIER*

1. Autre titre projeté : *M. Gillenormand*. Aux huit chapitres de ce livre correspond, dans *les Misères,* un seul chapitre, intitulé *M. Gillenormand*. C'est, dans cette version, le premier chapitre du livre deuxième. — Une note de Victor Hugo portait :

« La poésie n'a pas le droit de dédaigner le bourgeois heureux. Le bourgeois heureux a son rythme. Le canard sur la mare est une harmonie comme le cygne sur le lac, comme l'aigle sur l'Océan. (E.I.N., IV, 314.)

2. Var. « Quelques anciens habitants *de la* rue Boucherat *et de ce pâté de maisons, petit* labyrinthe *de* rues voisines du Temple auxquelles on a *donné au* XVIIe *siècle* les noms de toutes les provinces de France absolument comme on a donné *aujourd'hui* aux rues du nouveau quartier Tivoli les noms de toutes les *villes* d'Europe, ont gardé le souvenir d'un bonhomme appelé M. Gillenormand, et en parlent avec complaisance. » — La rue Boucherat, seule nommée dans *les Misères,* a disparu, absorbée par la rue de Turenne. Les rues de Saintonge et de Normandie existent toujours. Tivoli, bal public, était situé rue Saint-Lazare. Le quartier que Victor Hugo appelle le quartier Tivoli est le quartier de l'Europe.

3. Var. « M. Gillenormand était, *en effet*, un de ces hommes devenus curieux à voir *parce* qu'ils ont... »
4. Var. « ... leur *noblesse* ».
5. Cette phrase manque.
6. « Il était *galant,* mais... »
7. Var. « ... livres. *En terres. Car il ne croyait pas au Grand Livre.* » « *Rue Quincampoix que tout cela, disait-il.* » — La rue Quincampoix fut, au temps de Law, le centre de l'agiotage qui sévit frénétiquement alors.
8. Il manque des mots : « Son rêve » aux mots : « sens du vrai ».
9. Var. « ... les gens, *vieux genre.* »
10. Il manque les mots : « passés, non mariée ».
11. Cette phrase manque. Autre trait du caractère de M. Gillenormand d'après une note retrouvée dans les papiers de Victor Hugo :
« Il avait eu un cousin très savant entomologiste, l'abbé Gillenormand, que l'empereur Alexandre avait désiré voir, et chez lequel S. M. I. était arrivée trop tard, vu qu'on enterrait l'abbé, mort d'une fièvre attrapée la surveille du jour où S. M. avait jugé à propos de venir. Il était furieux contre ce cousin à cause de cela. Il ne lui avait jamais pardonné d'être mort avant d'avoir reçu la visite de l'empereur de Russie. » (E.I.N., IV, 314.)
12. Var. « ... un barbier *qui le détestait et* qui avait été fou. » Après cette phrase, il manque toute la suite du chapitre.

P. 638.   *CHAPITRE II*

1. « Il *habitait* un vieil appartement du Marais, meublé... »
2. La suite manque jusqu'aux mots « caressant quand il le voulait ».
3. Louis-Victor de Rochechouart, comte puis duc de Mortemart et de Vivonne (1636-1688) servit d'abord dans l'armée où il parvint, en 1664, au grade de maréchal de camp; il fut en 1665 capitaine général des galères puis général en 1669. En 1674 il était gouverneur de Champagne et de Brie et en 1675, maréchal de France; enfin en 1675 gouverneur et vice-roi de Sicile. Voilà une belle carrière et rapide. Mais il était le frère de Mme de Montespan. Homme aimable d'ailleurs et lettré, ami de Boileau et de Molière. Homme d'esprit, fertile en bons mots et d'un embonpoint remarquable.
4. Var. « Le *costume*... »
5. Var. « ... de *vastes* revers... »
6. Var. « ... avec autorité. *Ce Buonaparte est un voleur.* »

P. 639.   *CHAPITRE III*

1. Marie-Anne du Cupis (1710-1770). Elle prit le nom de Camargo que s'était donné son père. Elle apprit la danse, débuta comme danseuse à Bruxelles, parut ensuite à Rouen, et, le 5 mai 1726, parut pour la première fois à Paris, sur la scène de l'Opéra, dans

l'*Athys* de Quinault. Elle eut un grand succès qui se maintint jusqu'à ce qu'elle se retirât du théâtre, en 1751. — La Sallé fut aussi une danseuse célèbre que Voltaire protégea et qu'après l'avoir fait engager à Londres il fit, en 1727, engager à l'Opéra de Paris, où elle fut une émule de la Camargo. Elle avait débuté au théâtre de la Foire.

Voltaire fit pour ces deux danseuses ce madrigal :

Ah ! Camargo, que vous êtes brillante!
Mais que Sallé, grands dieux, est ravissante !
Que vos pas sont légers et que les siens sont doux !
Elle est inimitable et vous êtes nouvelle :
Les Nymphes sautent comme vous,
Mais les Grâces dansent comme elle.

(*Œuvres complètes*, édit. Garnier frères, X, 492.)

2. Marie-Madeleine Guimard (1743-1816), débuta très jeune (en 1756) à la Comédie-Française comme danseuse. En 1762 elle entra à l'Opéra, y parvint rapidement au premier rang et y triompha vingt-cinq années durant. Célèbre comme danseuse, elle le fut par ses brillantes amours et par le luxe que la générosité de ses riches amants lui permit d'étaler. Elle prit sa retraite, comme danseuse, en juillet 1789. Elle prit peu après sa retraite d'amoureuse en épousant son camarade de théâtre, Jean-Etienne Despréaux, danseur comme elle et, en outre, auteur dramatique.

3. Cet alinéa manque. — Mme de Boufflers. C'est Catherine de Beaumont-Craon, marquise de Boufflers, morte en 1817, et que M. Gillenormand avait pu, en effet, connaître. Elle était la mère de Boufflers, le poète.

4. VAR. « ... les noms *propres*... »

5. Ces trois mots manquent.

6. Il manque « Casimir-Périer. » Casimir-Périer (1777-1832) fut, sous Louis-Philippe, ministre sans portefeuille, puis président du Conseil et mourut le 16 mai 1832 pendant l'épidémie de choléra. — Auguste-Joseph-Guillaume, comte de Corbière (1766-1853), ministre de l'Intérieur de 1822 à 1828. — Jean-Georges Human (1780-1842) fut de 1820 à 1834 député du Bas-Rhin, puis de l'Aveyron et devint un membre influent du parti des doctrinaires ; pair de France en 1831, ministre des finances de novembre 1832 à janvier 1836, et de nouveau, en octobre 1840.

7. Cette phrase et la suivante manquent. Il y a ensuite : « Il appelait *allégrement*... »

P. 640. *CHAPITRE IV*

1. Louis-Jules Mancini-Mazarin (1716-1798) arrière-petit-neveu de Mazarin. Parfait galant homme, homme d'esprit, très bon acteur, moins bon poète. « Homme de bonne compagnie », disait Chateaubriand.

2. Le cordon bleu : insigne des chevaliers de l'ordre du Saint-Esprit.

3. Cet alinéa manque.

4. VAR. « M. Gillenormand adorait les Bourbons et avait horreur *de la Révolution.* »

5. « Dans la Terreur » manque.

6. Cet alinéa manque. Il manque aussi le chapitre V et le premier alinéa du chapitre V, donc jusqu'aux mots : « Ce qu'il fit. »

P. 641.   CHAPITRE V

1. Une note de Victor Hugo porte : « Il y avait une série de Nicolette. On disait dans la maison : La nouvelle Nicolette.
L'ancienne Nicolette.
La Nicolette du Directoire.
La Nicolette du temps de Buonaparte. » (E.I.N., IV, 314.)

P. 642.   CHAPITRE VI

1. Charles de Valois, comte d'Auvergne, puis duc d'Angoulême, fils bâtard de Charles IX et de Marie Touchet, naquit en 1573 et mourut en 1650. Il vécut donc 77 ans et ne put guère, par conséquent, se marier à 85. Il fut chevalier de Malte, et grand prieur de France. Mais il se maria en 1591, donc à 18 ans, avec Charlotte de Montmorency, et, étant devenu veuf, il se remaria en 1644, à l'âge de 71 ans, avec Françoise de Nargonne, qui avait alors non pas 15 ans, mais 23.

2. VAR. « ... trente-*cinq*... »

3. Il manque des mots : « Il était » aux mots « *consule dignæ*. »

4. « Que les forêts soient dignes d'un consul. » (VIRGILE, *Bucoliques* IV, 3.) Le vers est : « *Si canamus silvas*... » etc. « Si nous chantons les forêts... » Le sens est donc : si nous faisons une chose, faisons-la le mieux possible, même le vol, selon M. Gillenormand.

5. Les mots « nous l'avons dit » manquent.

6. VAR. « ... armées de *l'empereur* ».

7. VAR. « ... et *était devenu dans la garde impériale*... »

8. VAR. A la suite, il y a, dans *les Misères* : « *Sa fille était un enfant dont nous parlerons tout à l'heure, la seule personne de sa famille qui eût survécu ; c'était une vieille vertu, une prude incombustible, un des nez les plus pointus et un des esprits les plus obtus qu'on pût voir.* » Dans une note retrouvée dans ses papiers, Victor Hugo avait écrit, à propos de Mlle Gillenormand : « ... Une certaine dévotion bigote. — Le bigotisme n'est autre chose que la castration de l'intelligence. Les vertus qui en résultent ressemblent à la chasteté d'un eunuque, et ont juste autant de mérite. » (E.I.N., IV, 315).

P. 644.   CHAPITRE VII

1. Cet alinéa manque.

2. VAR. « ... que soixante-*dix* ans... »

3. La suite de cette phrase manque.

4. Cet alinéa manque aussi. Il manque encore tout le chapitre VIII.

P. 644. *CHAPITRE VIII*

1. Note retrouvée de Victor Hugo et définissant les sentiments de Mlle Gillenormand l'aînée envers sa cadette : « Elle la haïssait de cette haine intime que doit avoir l'huître pour la perle. » (E.I.N. IV, 315).

LIVRE TROISIÈME. — LE GRAND-PÈRE ET LE PETIT-FILS

P. 647. *CHAPITRE PREMIER*

1. Autre titre projeté : *Une révolution faite dans une âme par un marguillier.*
2. Autre titre projeté : *Madame de T., laquelle signifie peut-être Madame de P. ou Madame de C.*
3. VAR. « ... il *était l'ami de* plusieurs salons... »
4. VAR. « ... rien à *sa dignité.* »
5. Philippe-Jacques de Bengy-Puy-Vallée (1743-1823) servit d'abord dans l'armée. Député de la droite à l'Assemblée Constituante, puis émigré, rentre en France sous le Consulat et, par fidélité à ses opinions royalistes, ne demande pas d'emploi. En 1814, il recevait de Louis XVIII le grade de capitaine et la croix de Saint-Louis. Il devint conseiller général puis président du conseil général du Cher. Théoricien politique, il a écrit notamment un *Essai sur l'état de la Société religieuse en France et sur ses rapports avec la Société politique depuis l'établissement de la Monarchie jusqu'à ce jour* (Paris, 1820; in-8º).
6. VAR. « ... rue *de Vaugirard, nº 30.* »
7. VAR. « ... sur tranche, *que l'auteur de ce livre a tenu dans ses mains...* »
8. Frédéric-Antoine Mesmer (1734-1815) auteur de la doctrine du magnétisme animal. Il prétendit avoir trouvé le moyen de guérir toutes les maladies par la vertu des propriétés de l'aimant, puis par la seule puissance magnétique dont sont doués les êtres animés. Il vint à Paris en février 1778 et s'y présenta comme thérapeute et comme philanthrope. L'affluence des malades le détermina à concevoir son fameux baquet magnétique qui lui permettait de traiter plusieurs malades à la fois. Ce baquet, fort large et assez plat, contenait une couche d'une substance faite d'un mélange de limaille de fer et de verre pilé, sur laquelle reposaient des bouteilles pleines d'eau dont les unes avaient leur goulot tourné vers le centre, les autres vers la périphérie. De cette cuve d'eau s'élevaient, à travers le couvercle, des tiges de métal; les patients étaient assis autour du baquet et chacun d'eux tenait une des tiges dont il appuyait la pointe sur sa partie malade. Il recevait par cet intermédiaire le fluide magnétique animal qui, selon Mesmer, venait s'accumuler dans la cuve sans qu'il expliquât comment ce phéno-

Société d'horticulture de Paris. Il collabora à de nombreuses publications scientifiques.

9. Cette phrase manque.

10. Manquent les mots « sortait rarement » et, peu après, les mots « l'abbé Mabeuf ».

11. VAR. « ... Si *quelques* habitants de la ville ou *quelques* étrangers... »

12. *Le Moniteur universel* était l'organe du gouvernement. (Voir la note 6 de la p. 1518.)

13. Cette phrase manque.

14. Voir dans *la Légende des Siècles*, le *Cimetière d'Eylau* :
A mes frères aînés, écoliers éblouis,
Ce qui suit fut conté par mon oncle Louis,
Qui me disait à moi, de sa voix la plus tendre :
— Joue, enfant ! — me jugeant trop petit pour comprendre.
J'écoutais cependant, et mon oncle disait :
. . . .
Le soir on fit les feux et le colonel vint ;
Il dit : — Hugo ? — Présent. — Combien d'hommes ? — Cent vingt.
— Bien. Prenez avec vous la compagnie entière,
Et faites-vous tuer ! — Où ? — Dans le cimetière.
Et je lui répondis : — C'est en effet l'endroit.
Suit le récit de la bataille; puis :
Je me traînai ; je dis : — Voyons où nous en sommes.
J'ajoutai : — Debout tous ! Et je comptai mes hommes.
— Présent ! dit le sergent. — Présent ! dit le gamin.
Je vis mon colonel venir l'épée en main.
— Par qui donc la bataille a-t-elle été gagnée ?
— Par vous, dit-il. — La neige était de sang baignée.
Il reprit : — C'est bien vous, Hugo ? C'est votre voix ?
— Oui. — Combien de vivants êtes-vous ici ? — Trois. »
Voir, dans *Victor Hugo raconté*, éditions *Ne Varietur* in-16, tome I, pp. 62-67, le récit fait par le général Louis Hugo de la bataille d'Eylau.

15. Il manque de ce mot « Il » aux mots « mais son caporal ».

16. VAR. « ... chef *de bataillon. Au moment même de la déroute, il se retourna, chargea un régiment écossais, enleva* le drapeau *et le* vint jeter aux pieds de l'empereur, *et y tomba en même temps*. Il était criblé de coups *de sabre et de coups de baïonnettes*. L'empereur, *éperdu*, lui cria... »

17. VAR. « ... répondit: *Je ne suis plus rien*, Sire, *je suis mort. On le ramassa, et il guérit* : Maintenant... »

18. Cette phrase manque.

19. VAR. « *Après Waterloo, il avait suivi la fortune de l'armée et s'était fait traîner...* »

20. La suite de la phrase manque.

21. VAR. « ... donné, Pontmercy répondit avec un amer *et inexprimable* sourire... »

22. Cette phrase manque.
23. Il manque cette phrase et l'alinéa suivant.
24. C'est Caïus Flaminius qui fut tribun du peuple, consul, général et qui périt en 535 dans la bataille du lac Trasimène où Annibal fut victorieux.
25. VAR. « ... que sa demi-solde de chef de *bataillon*. »
26. Il manque du mot « femme » au mot « mari ».
27. VAR. « ... déshériterait *et placerait tout son bien en viager*. »
28. VAR. « ... avait *consenti*... »
29. Cet alinéa manque.
30. VAR. « ... son « *brigand* » *de* gendre. »
31. Cet alinéa manque.

P. 656.   CHAPITRE III

1. VAR. « Cette *fenêtre*... »
2. VAR. « ... cette *ouverture*... »
3. VAR. « ... des fantômes. *Ici qu'on nous permette d'expliquer notre pensée.* » Puis, une assez longue lacune. Il manque dans *les Misères* des mots « A ces fantômes » aux mots : « la première phase de la Restauration » (soit neuf alinéas).
4. Il y a peu de noms à retenir dans la longue et pittoresque énumération que fait ici Victor Hugo de petits personnages qui firent plus ou moins de bruit, qui tinrent plus ou moins de place dans quelque partie du monde de la Restauration. A noter cependant : Trestaillon, l'un des chefs des bandes royalistes qui, en 1815, déchaînèrent dans le Midi l'ère de violences que l'on a appelée la *Terreur blanche*. Béranger a composé une *Complainte sur la mort de Trestaillon*, où il l'appelle « portefaix de Nîmes. » Cette complainte est violente elle-même, comme on en pourra juger par ce couplet.

> *Fort de sa cocarde blanche,*
> *A tuer des protestants,*
> *Il consacrait tout son temps,*
> *Sans excepter les dimanches ;*
> *Car il s'était procuré*
> *Des dispenses du curé.*

— Denis de Frayssinous (1765-1841) dut sa renommée et sa fortune politique aux conférences qu'il prononça dans l'église Saint-Sulpice de 1803 à 1809 puis sous la seconde Restauration et qu'il publia en 1826 sous le titre de *Défense du Christianisme* (3 vol. in-8). Louis XVIII le nomma son prédicateur, puis son premier aumônier. Frayssinous devint ensuite en moins de deux ans évêque *in partibus* de Hermopolis, grand-maître de l'Université, comte et pair de France. Il fut élu membre de l'Académie française en 1822 et nommé ministre des cultes en 1824. Après la Révolution de 1830 il vécut dans la retraite.

— César-Guillaume de la Luzerne (1738-1821). Il fut évêque de Langres en 1770. Il émigra en 1791 ; rentré en France en 1814 il fut nommé pair de France et ministre d'État. En 1817 il fut fait cardinal.

— Anne-Antoine-Jules de Clermont-Tonnerre (1749-1830) fut évêque de Châlons en 1782; il fut député aux États-Généraux, puis émigra. Rentré en France en 1814 il fut nommé pair de France et en 1817 il reprit le titre d'évêque de Châlons. En 1820 il devint archevêque de Toulouse, en 1822 seulement, cardinal. Il ne l'était donc pas quand, en 1817, il fréquentait chez Mme de T... Il était resté gallican et si résolument que son intransigeance indisposa même Charles X.

— Jean-Armand de Bosséjouls de Roquelaure (1720-1818). Il était évêque de Senlis en 1789. Après le 9 thermidor il montra un grand zèle pour le rétablissement du culte. En 1801 il fut archevêque de Malines. Il était depuis 1770 membre de l'Académie française bien qu'il n'eût rien écrit. Il mourut presque centenaire.

— Le marquis de Talaru (1769-1850) avait une grande fortune, et, pendant sa jeunesse, fit de grands voyages à l'étranger, surtout en Espagne et au Portugal. Il fut nommé pair de France en 1815. En 1823, et sur la proposition de Chateaubriand, il fut nommé ambassadeur à Madrid. En 1825 il devint ministre d'État.

— Charles-Joseph Fortuné, marquis d'Herbouville, né en 1756, de convictions royalistes fut arrêté en 1793, délivré par le 9 thermidor, puis retiré dans ses terres. Il fut préfet sous le Consulat et sous l'Empire, mais à la Restauration il se prononça pour les Bourbons, et fut nommé, en 1815, pair de France. Il fut un royaliste ultra; il prit l'initiative de la souscription pour l'offre du château de Chambord au duc de Bordeaux. — Sur le vicomte Dambray, voir la note 9 de la p. 1788 — Le duc de Valentinois, c'était sans doute celui qui fut, en 1819, le prince Honoré V, de Monaco. Il fut pair de France sous la Restauration et aussi sous la monarchie de Juillet.

5. Jacques-Claude, comte Beugnot (1761-1835). Il fut député du département de l'Aube à l'Assemblée législative. Orateur éloquent et d'opinion modérée, il fut arrêté sous la Terreur mais libéré après le 9 thermidor. Il occupa sous l'Empire de hautes fonctions et aussi sous la Restauration, où il fut directeur général de la police, ministre de la Marine, puis ministre d'État. Cependant il aspira longtemps à la pairie sans parvenir à l'obtenir. Il est l'auteur d'intéressants *Mémoires*.

6. VAR. « ... ressemble à *cette phase de la Restauration* qui commence... »

7. Il manque de « frottant » à « retour ».

8. Il manque aussi de « des ci-devant » à « stupéfaits de tout ».

9. Cette phrase manque.

10. VAR. « ... *une révolution*. »

11. Cet alinéa manque ainsi que les trois suivants, c'est-à-dire jusqu'à la phrase : « Bornons ici cette esquisse. »

— Alphonse-Louis-Dieudonné Martainville (1776-1830). Hardiment contre-révolutionnaire sous la Révolution, il échappa cependant par la protection de l'un des jurés, aux rigueurs du Tribunal révolutionnaire. Il fut comédien et écrivain. Après Thermidor on le vit brillant muscadin. Il fut impérialiste sous l'Empire, mais la Restauration le retrouva royaliste ardent et fougueux. Il fonda *le Drapeau blanc* et il y manifesta contre les libéraux une hostilité haineuse qui le rendit impopulaire. Comme auteur dramatique il est, avec Ribié, l'un des auteurs d'une féerie, *le Pied de mouton,* qui est aussi puérile qu'elle fut longtemps célèbre.

12. Joseph Fiévée (1767-1839) journaliste, auteur dramatique, romancier dont un petit roman, *la Dot de Suzette,* eut un grand succès. Fonctionnaire sous l'Empire, il devint préfet de la Nièvre. Sous la Restauration il n'eut pas de rôle politique. Après la révolution de Juillet il écrivit encore, en 1831 et 1832, dans *le National*. Royaliste, mais frondeur, homme d'esprit, il fut, a-t-on dit, un « politique de salon. » — Agier, fut magistrat, puis, en 1824, député des Deux-Sèvres. Il siégea au centre d'abord vers la droite, ensuite vers la gauche et il devint le chef d'un groupe imposant dont les votes pouvaient décider de la majorité. En 1828 Agier fut l'un des vice-présidents de la Chambre. Après la révolution de Juillet son parti se rallia à la lieutenance-générale du duc d'Orléans. — Charles-Jean-Auguste Maximilien de Colnet de Ravel (1768-1832) fut, à l'école militaire de Brienne, condisciple de Bonaparte, mais il renonça à l'armée, étudia la médecine, quitta Paris pendant la Révolution, y revint en 1797 et dirigea alors une librairie. Il commença à écrire, publia des satires, fit paraître une revue : *Mémoires secrets de la République des Lettres ou Journal de l'Opposition littéraire,* mais la police en interrompit la publication après la dix-huitième livraison. Sous l'Empire il écrivit au *Journal de Paris* et il fonda le *Journal des Arts, des Sciences et des Lettres,* qui parut d'avril 1810 à septembre 1814. C'était un ardent royaliste et sa librairie était un lieu de réunion pour ses coreligionnaires politiques. Sous la Restauration il devint rédacteur en chef de la *Gazette de France*. Il a réuni un certain nombre de ses articles dans *l'Hermitte du faubourg Saint-Germain, observations sur les mœurs et les usages des Parisiens au commencement du XIXe siècle,* (Paris, Pillet, 1825, 2 vol. in-8°). Après sa mort on publia un choix de ses opuscules politiques, littéraires et satiriques, sous le titre de : *l'Hermitte de Belleville*.

13. Vincent-Marie Viénot, comte de Vaublanc (1756-1845), agissait comme ministre de l'Intérieur.

14. VAR. « Des souvenirs, *les uns* affectueux, *les autres* respectueux, l'attachent à ce passé. *Soyons justes,* ce même… »

15. Après les mots « la France d'autrefois » il y a, dans *les Misères,* un passage qui correspond à celui que Victor Hugo a placé un peu plus avant dans *les Misérables* et qu'il a mis entre guillemets. Le texte des *Misères* répète en grande partie celui des *Misérables*. On se contente d'en marquer ici les différences en les soulignant :

« *Il représentait* la tradition, le culte, le respect; il *voulait unir*, quoique à regret [...] comprendre l'empire [...] envers lui? *Par un retour bizare c'est maintenant* la Révolution *qui se montre* inintelligente. La France révolutionnaire [...] à proscrire! *Casser* la couronne [...] Nous raillons *Louis XVIII* [...] nous faisons. *Bouvines nous appartient comme Marengo.* C'est notre [...] la France. »

16. Var. « ... pure *école* classique. »

17. Var. « ... et *triste*. »

18. Manquent les mots « ardent et froid. »

P. 663.   CHAPITRE IV

1. Cet alinéa manque aussi.
2. Var. « ... *l'abandonnait* ainsi et *le laissait*... »
3. Var. « ... le *bonhomme*... »
4. La cour des Fontaines était située entre les n°s 11 et 13 de la rue de Valois et les n°s 4 et 6 de la rue des Bons-Enfants.
5. Cet alinéa manque.
6. Cet alinéa manque aussi.
7. Cette phrase encore manque.
8. Var. « ... homme étendu mort *sous ses yeux*. »
9. Cette phrase manque.
10. Var. « ... sangloter, *une larme tombait même de l'œil impassible du* médecin. *En présence de ces trois étrangers si profondément et si sincèrement affligés, il* se sentit, *lui, le fils*, honteux... »
11. Var. « Un sergent *des fédérés m'a emporté sur ses épaules et* sauvé la vie *à* Waterloo. »
12. Var. « ... Montfermeil. Mon fils *tâchera de le retrouver et lui fera* tout le bien... »
13. Var. « ... *et* moururent. »
14. Var. « ... n'était *resté* que quarante-huit heures à Vernon. *Son père enterré*, il était revenu... »
15. Ces deux phrases manquent.

P. 667.   CHAPITRE V

1. A ce chapitre et aux suivants de ce livre troisième correspond dans *les Misères*, le seul chapitre VI du deuxième livre, dans cette version. Il est intitulé aussi : *Utilité d'aller à la messe pour devenir révolutionnaire.*
2. Manque « peut-être ».
3. Cette phrase manque.
4. Var. « ... un beau-père *riche*, des parents... »
5. Var. « ... opinion politique. *Des bêtises !* mais il y a... »
6. L'exclamation « Mon Dieu! » manque.
7. Var. « — Quatre! va, amuse-toi, *dit* le grand-père. »

P. 668.   CHAPITRE VI

1. Var. « Marius *alla à Vernon, vit le curé et passa plusieurs heures à genoux sur la fosse de son père*. Puis il revint... »

2. Var. « ... la fièvre *trois nuits de suite.* »
3. Var. « ... le comte *Pajol.* »
4. Var. « *Le curé* lui avait conté... »
5. Var. « ... *terrible et doux...* »
6. Var. « *Marius adorait* son père. »
7. Var. « En même temps cette histoire où il venait de mettre les yeux *l'éblouissait.* »
8. Var. « Il *avait regardé...* »
9. Var. « ... des astres, Mirabeau, Danton, Vergniaud, et se lever... »
10. Var. « Peu à peu, *la première émotion passée,* il s'y accoutuma, il considéra *les actes* sans vertige, il examina les *colosses* sans terreur... »
11. Var. « ... la République dans la *démolition des fictions féodales, despotiques et cléricales,* l'Empire *dans la reconstruction de l'unité nationale,* il vit... »
12. Var. « ... la France. Il *comprit* que tout cela... »
13. Cet alinéa manque.
14. Ces trois mots manquent.
15. Les mots « ce père » manquent.
16. Var. « ... de sa *conviction...* »
17. Var. « ... *choses qu'il n'avait pas encore aimées...* »
18. Var. « ... avait haï, *il étudiait ce qu'il avait maudit, il comprenait tout,* il voyait... »
19. Var. « ... des *idées...* »
20. Cette phrase manque.
21. Cette proposition incidente manque aussi.
22. Var. « ... haïssait Napoléon. »
« *Toutes ces choses nous paraissent aujourd'hui bien chétives,* mais ne nous en étonnons pas ; c'est notre simplicité qui éclipse momentanément les grands hommes, comme c'est notre ombre qui éclipse la lune. En lisant l'histoire... »
23. Var. « ... sur *cet homme...* »
24. Cette proposition manque.
25. Il manque des mots « il lui » aux mots « un peu étrange ».
26. Il manque de ce mot « Il » au mot « haletant ».
27. Var. « ... le tyran, — l'histrion, — le monstre qui était l'amant de ses sœurs, — l'empoisonneur de Jaffa, — *Nicolas le charlatan,* — *Jupiter-Scapin* — le tigre... »
28. Var. « ... le *prodigieux* capitaine... »
29. Il manque des mots « Il fut » aux mots « puissant dans son crime. »
30. Cette proposition manque aussi.
31. Il manque depuis les mots « On le voit » jusqu'à la phrase « Il s'était retourné » (deux alinéas).
32. Cette proposition manque aussi.
33. Var. « ... les *antipathies...* »
34. Cette proposition manque.

35. VAR. « *Il avait encore fait un voyage ;* il était allé... »
36. VAR. « ... cherché l'aubergiste Thénardier, sergent *des fédérés* de Waterloo. »
37. VAR. « ... fut *absent deux* jours. » La réplique qui suit, manque.

P. 674.   *CHAPITRE VII*

1. Il manque à la version des *Misères* tout ce chapitre et le commencement du chapitre VIII jusqu'aux mots « — J'aime mieux ça, dit M. Gillernormand » (septième alinéa).

P. 679.   *CHAPITRE VIII*

1. VAR. « *Il arriva qu'un matin M. Gillenormand vint triomphant auprès de sa fille, laquelle faisait je ne sais quel feston où il y avait beaucoup de roues de cabriolets, goût de la Restauration. Nous n'avons jamais pu savoir le petit nom de cette discrète personne, ce qui fait que nous ne pouvons l'appeler que la tante Gillenormand. C'était en été, Marius était allé à l'école de natation et, en sortant, il avait laissé dans sa chambre sa redingote et le cordon noir qu'il portait autour du cou. M. Gillenormand s'était saisi des deux objets, et les tenait à la main en criant* : Victoire !... *nous allons savoir le mystère ! nous allons connaître les libertinages de notre sournois.* » Ceci correspond au passage des *Misérables* qui commence à : « Et un moment... »
2. VAR. « ... un *excellent* dîner... »
3. VAR. « ... comme par *une apparition*. »
4. VAR. « *Une servante parut.* »
5. Cette première partie de la phrase manque. La suite est dans *les Misères* : « *Ils pensaient...* »
6. VAR. « ... et *l'empereur...* »
7. VAR. « *Depuis ces mots :* la république *et* l'empereur, *il s'était levé...* »
8. Cette phrase manque.
9. VAR. « *Il était impossible...* »
10. VAR. « ... de majesté *triste et imposante*. »
11. Il y a ici dans *les Misères* une très longue lacune. Après les mots : « pendant plus de trois mois » le texte continue par : « Marius était sorti de chez son grand-père avec quinze francs... » ; ce texte rejoint celui des *Misérables* au chapitre sixième du livre IV. Il manque donc aux *Misères* les trois derniers alinéas du troisième livre et presque tout le livre quatrième.

— Dans une version abandonnée, Victor Hugo, au lieu de faire révéler à Gillenormand le contenu de la petite boîte de Marius fait révéler à Marius le contenu des poches d'une redingote de Gillenormand. L'édition nationale publie (II, 585) un passage rayé et « une note de travail » de Victor Hugo qui portent le passage rayé : « *Un jour il* [Marius] *vit dans la maison une servante qui cherchait M. Gillenormand.*

— *Que lui voulez-vous ? demanda Thomas.* [Marius avait été d'abord appelé Thomas.]

— *Monsieur m'a donné un de ses vieux habits, répondit la servante. Il ne s'est pas souvenu qu'il y avait des papiers dans les poches, je le cherche pour les lui rendre.*

« *— Donnez-les moi, dit Thomas, je les lui remettrai.*

« *La servante lui donna les papiers ; Thomas les jeta négligemment dans un tiroir. Au moment où il allait refermer ce tiroir, son regard tomba sur ces paperasses et il reconnut l'écriture de son père.*

Note de travail : « *C'étaient les lettres de son père, les mêmes qu'il avait vu tant de fois M. Gillenormand mettre dans sa poche sans les lire. La curiosité le prit, un autre instinct peut-être le poussa.*

— « *Voyons ce que c'est, dit-il, et il en déplia une qu'il lut.* » Ceci d'après l'E.I.N. devait prendre place à la fin du chapitre IV, après les mots : « Il était revenu à Paris et s'était remis à faire son droit » (p. 341). Ainsi l'affection que lui portait son père aurait été révélée à Marius par un moyen moins extraordinaire que les confidences étonnantes, et venant si étonnamment à propos, du marguillier de Saint-Sulpice.

LIVRE QUATRIÈME. — LES AMIS DE L'A. B. C.

P. 685. *CHAPITRE PREMIER*

1. La Cougourde (c'est-à-dire la Courge) qui « s'ébauchait » devait avoir encore fort peu de membres. Elle en compta environ quatre-vingts sous la Monarchie de Juillet, son président s'appelait alors Prives, elle était « la plus avancée » des sociétés républicaines des Bouches-du-Rhône. (Cf. Gabriel Perreux, *Au temps des Sociétés secrètes,* p. 132. Hachette, 1931, in-12.)

2. *Castratus ad castra,* de la castration au camp. Narsès, (472-568) eunuque de la cour de Constantinople, servit sous l'empereur Justinien Ier et devint général d'armée. — *Quod non fecerunt Barbari, fecere Barberini :* ce que ne firent pas les Barbares, Barberini le fit; allusion aux déprédations de monuments antiques commises par les Barberini pour enrichir le palais qu'ils se firent bâtir à Rome au XVIIe siècle. *Fueros y fuegos :* Une charte et un foyer *Tu es petrus*... (Voir p. 1536 n. 2 ch. VII).

3. La place Saint-Michel était située au carrefour des rues de la Harpe, Saint-Hyacinthe et d'Enfer à l'endroit où est aujourd'hui la place Edmond-Rostand. La percée du boulevard Saint-Michel a transformé ce point de Paris. La rue Saint-Hyacinthe c'est notre rue Malebranche. La place que nous appelons à présent place Saint-Michel et qui est à l'entrée du boulevard, près de la Seine, s'appelait alors place du Pont-Saint-Michel.

4. La rue des Grès, c'est notre rue Cujas.

5. Victor Hugo a pu prendre ce nom d'Enjolras parmi les personnages d'une cause criminelle qui fit grand bruit en 1831. C'est le procès des aubergistes assassins et détrousseurs de Peyrebeille. Une de leurs victimes fut un vieux paysan, qui ayant perdu

une génisse qu'il venait d'acheter la chercha, ne la trouva pas, s'égara et dut coucher à l'auberge de Peyrebeille. Il y fut assassiné et c'est une des circonstances de ce crime qui permit de découvrir et d'arrêter les criminels. Ce paysan s'appelait Eujobras.

6. Gracchus, c'est Caïus Gracchus, le plus jeune des deux Gracques. Il avait, comme son frère Tibérius, été l'un des promoteurs des lois agraires, de caractère démocratique, et s'était, avec ses partisans, retiré sur l'Aventin quand l'opposition à sa politique, menée par le Sénat, triompha. Tibérius avait péri assassiné en 133 av. Jésus-Christ. Caïus périt dans le mouvement révolutionnaire de l'an 181.

— Evadné était fort belle, Apollon l'aima, mais elle rebuta ce dieu. Elle était éprise de Capanée qui fut l'un des sept chefs qui combattirent contre Thèbes. Quand Capanée périt et que son cadavre fut brûlé, Evadné, parée de ses plus beaux atours, se jeta dans les flammes.

C'est en 514 avant Jésus-Christ que deux jeunes nobles athéniens, Harmodius et Aristogiton, au cours de la procession des Panathénées, assassinèrent Hipparque, l'un des deux fils de Pisistrate qui gouvernaient la ville. Hipparque avait séduit la sœur d'Harmodius. Les deux vengeurs avaient dissimulé leurs poignards dans des rameaux de myrte.

7. La place Cambray était devant le Collège de France. Elle a été absorbée par la rue des Écoles. La rue Jean-de-Beauvais (et non pas Saint-Jean-de-Beauvais) existe encore.

8. Dominique-François Arago (1786-1853), savant physicien et astronome, directeur de l'Observatoire de Paris. — Etienne Geoffroy-Saint-Hilaire (1772-1844) enseigna, dès l'âge de vingt et un ans, la zoologie au Museum, et est considéré comme le créateur de l'embryologie.

9. Joseph-Philippe François Deleuze (1755-1835) servit dans le génie militaire puis se livra à des recherches scientifiques, principalement à des études d'histoire naturelle. Il étudia aussi le magnétisme et il en fut un ardent propagateur. Il entendait l'appliquer surtout au soulagement des maux de l'humanité. — Jacques de Chastenet, marquis de Puységur (1752-1825) servit d'abord, lui aussi, dans l'armée (artillerie); mais y ayant renoncé, il se livra à l'étude du magnétisme. C'est un élève de Mesmer. Il a publié, sur ce sujet, plusieurs ouvrages.

10. Cette voie de fait est le premier partage de la Pologne entre la Russie, la Prusse et l'Autriche.

11. Bernard-François, marquis de Chauvelin (1765-1832), eut d'abord un emploi à la cour de Louis XVI; il adopta les idées de la Révolution et se déclara partisan de la suppression des distinctions nobiliaires. Diplomate sous la République, il fut fonctionnaire sous l'Empire. Sous la Restauration il fut député de la Côte-d'Or et un défenseur militant des idées libérales. — Joseph-Étienne Caumartin (et non pas de Caumartin) (1769-1825) fut aussi, sous

la Restauration, un défenseur des idées libérales et, comme M. de Chauvelin, député de la Côte-d'Or. — M. de Courfeyrac abdiquant la particule s'exprima, à ce sujet, d'une manière assez singulière, d'après ce propos que l'on a trouvé dans les notes de travail de Victor Hugo : « — Monsieur de Courfeyrac ?

— Point de particule! s'écria Courfeyrac. Êtes-vous bien sûr que la particule soit un embellissement? Je voudrais bien savoir par exemple, ce que la mer gagnerait à s'ajouter la particule. » (E.I.N. IV, 310.)

Courfeyrac est ensuite comparé au Tholomyès de Fantine. Les papiers de Victor Hugo contenaient sur ce Courfeyrac galant quelques notes, non utilisées, et publiées dans l'E.I.N., IV, 311. Premièrement un précepte « ... — D'abord, s'écria Courfeyrac, on ne trahit jamais des yeux qui pleurent. Il y a un axiome : la tristesse d'une femme qu'on aime est un obstacle invincible à toute infidélité. »

Puis, ce dialogue disposé comme pour une pièce de théâtre :

« COURFEYRAC. — (*Il s'habille. Il fredonne.*) — *Il a fait aujourd'hui le plus beau...* (*à Azelma*). Donne-moi ma cravate. — *Temps du monde. Pour aller à cheval...* — Comment trouves-tu ce nœud-là? — *Sur la terre et sur l'onde.* — Voilà ma cravate mise. J'implore un kiss.

AZELMA. — Qu'est-ce que c'est que ça, un kiss?

COURFEYRAC. — C'est un baiser.

AZELMA. — Je n'aime pas qu'on me parle latin.

COURFEYRAC. — C'est de l'anglais.

AZELMA. — Vous avez donc vu une anglaise hier soir?

COURFEYRAC. — Moi, hier soir! j'ai joué du cor de chasse!

AZELMA. — Menteur! voilà votre kiss.

(*Elle lui présente le front.*)

COURFEYRAC. — Au front?

AZELMA. — Pas davantage.

COURFEYRAC. — On est donc brouillés?

AZELMA. — Ça dépend. Où êtes-vous allé hier soir? »

12. Le jeune Lallemand, étudiant, fut tué le 2 juin 1820, et non pas 1822, place du Carrousel, lors des troubles que suscita parmi les libéraux le vote de la loi électorale, dite « du double vote ». L'enterrement du jeune Lallemand eut lieu le 5 juin, dans la matinée, au Père-Lachaise. Plusieurs milliers d'étudiants y assistèrent. L'après-midi, ils manifestèrent, suivis par quelques autres milliers de protestataires. Une pluie drue et prolongée fit avorter cette manifestation.

13. Antoine-François de Bésiade, comte d'Avaray (1759-1811), accompagna le comte de Provence dans l'émigration (1791) et s'attacha à la personne de ce prince, le futur Louis XVIII, qui, de son autorité de souverain sans trône, fit du comte d'Avaray un duc.

14. Sur le café Lemblin, voir la n. 24 de la p. 1528.

— Le café Voltaire était, et est encore, 1 place de l'Odéon. — Le cabaret de la mère Saguet, au village de Plaisance, était fréquenté par des écrivains et des artistes. Victor Hugo y fréquenta. On fait honneur à son frère Abel Hugo de la découverte de ce restaurant. Abel Hugo en reçut, dit-on, le surnom de « Christophe Colomb de la mère Saguet » (Cf. Marie-Louise PAILLERON : *les Auberges romantiques*, p. 105, Firmin-Didot et Cie, 1928, in-16).

—— Le boulevard du Maine, c'est notre avenue du Maine.
—— Sur la barrière de la Cunette. Voir n. 2 (ch. v), p. 1616.
—— La barrière du Combat était au bout de la rue Grange-aux-Belles à l'endroit où est à présent la place du Combat.

15. Ces paroles, qui forment deux vers, sont dans la chanson même de *Vive Henri IV*, que Collé composa pour sa comédie *la Partie de chasse d'Henri IV*. Voici d'ailleurs tout le joyeux quatrain :

> *J'aimons les filles*
> *Et j'aimons le bon vin.*
> *De nos bons drilles*
> *Voilà tout le refrain.*

16. Ainsi Pollux ami de Castor; Patrocle ami d'Achille (*Iliade*); Nisus ami d'Euryale (*Énéide*) : Eudamidas ami d'Arétée et de Charixane (dans *Toxaris ou de l'Amitié*, de Lucien), Ephestion ami d'Alexandre; Pechméja ami du docteur Dubreuil, médecin français. Dubreuil, malade d'une maladie contagieuse, et que venaient voir de nombreux visiteurs, appela Pechméja (ou Péméja) et lui dit : « Vous savez, mon ami, que ma maladie est contagieuse. Il ne doit y avoir que vous ici. » Et il lui dit de renvoyer tout le monde. Trait d'amitié dont Pechméja mourut quinze jours après.

(Cf. notes aux *Œuvres de Mme de Staël*, Paré, 1820, IX, 199).

P. 698. CHAPITRE II

1. Victor Hugo avait rédigé un autre plan de ce chapitre. Ce plan, qui a été publié dans l'édition nationale (II 587-588), porte :

« *Courfeyrac, sur la porte, voit un cabriolet passer sur la place, au pas, et comme indécis. Tiens ! pourquoi ce cabriolet va-t-il au pas ? Il y regarde et croit reconnaître un visage.*

» —— *Monsieur ?*
» —— *Plaît-il ?*
» —— *N'est-ce pas vous qu'on appelle Marius Pontmercy ?*
» —— *Oui.*
» —— *Eh bien, je suis du même cours que vous. Il y a trois jours on a fait l'appel, et on vous a marqué absent. Vous savez qu'ils sont rigides maintenant, et qu'après trois absences on raye l'inscription. Quant à moi cela m'est égal, je n'y vais jamais. On me raye mon inscription, mais je suis toujours étudiant. J'ai été renseigné sur votre appel par un ami qui est là dans le café.*
» —— *Merci, monsieur.*
» —— *Je m'appelle Courfeyrac. Où logez-vous ?*

» — *Dans ce cabriolet.*
» — *Bah !*
» — *Je suis dans la rue pour l'instant. C'est une histoire comme cela. Je ne sais où aller.*
» — *Venez chez moi, dit Courfeyrac.*
» *Marius descendit et entra dans le café.*
» — *Je vais vous présenter aux amis, dit Courfeyrac.*
» — *Quels sont les amis ?*
» — *Regardez et vous verrez, écoutez et vous entendrez.*
» *Marius entra dans la salle réservée. Tous y parlaient et semblaient discuter avec chaleur. Mais avant que Courfeyrac eût pu prononcer un mot et présenter Marius, E..., voyant un étranger, avait froncé le sourcil et fait un signe. Tous se retournèrent vers le nouveau venu. Marius écouta selon l'indication de Courfeyrac, et voici ce qu'il entendit :*
» — *(Ici la partie de dominos.)*
» *Marius n'avait pas consenti à encombrer la chambre de Courfeyrac, mais s'était logé au même hôtel que lui, le trouvant cordial. Le lendemain conversation sur les ressources. — Le surlendemain sur la politique.* »

2. Professeur à la Faculté de Droit de Paris.

3. Instruisez-vous, vous qui jugez la terre.

P. 701. CHAPITRE III

1. Cette rue s'était appelée rue Plâtrière parce qu'il s'y établit une plâtrerie au commencement du XIIIe siècle. Le 4 mai 1791 le Conseil municipal de Paris décida de l'appeler désormais rue Jean-Jacques Rousseau, parce que Jean-Jacques Rousseau et Thérèse Levasseur y avaient habité dans la maison qui porte le numéro 2 un appartement au quatrième étage.

P. 703. CHAPITRE IV

1. Dans une cave du château électoral d'Heidelberg se trouvait un fameux tonneau qui pouvait, dit-on, contenir deux cent cinquante foudres de vin, soit deux cent quatre-vingt trois mille litres.

2. Strongylion, statuaire grec de la fin du Ve siècle av. J.-C., fut réputé comme sculpteur animalier et sculpta un imposant cheval de Troie d'où sortaient des guerriers et qui fut placé sur l'Acropole; il sculpta aussi de belles figures humaines : *les Muses de l'Hélicon*.

3. Si l'usage le veut. (HORACE, *Art poétique*, 71.)

4. Philetas, célèbre non seulement comme grammairien, mais aussi comme poète, vécut au deuxième siècle avant Jésus-Christ. Il fut l'ami de Théocrite; homme débile et de santé chétive. Il fut l'un des commentateurs d'Homère. Il ne subsiste de ses ouvrages que des fragments.

5. Silanion, statuaire athénien du IVe siècle av. J.-C., a fait bien d'autres statues : celle de l'athlète Sybarus, celles de Persée et d'Achille, celles de deux poétesses célèbres, Corinne et Sapho. La

statue de Sapho était fort admirée et ornait le prytanée de Syracuse.

6. Le coton est roi.

7. Littré ne donne pas le terme : bibine. E. Sainéan dit (*le Langage parisien au XIX*ᵉ *siècle* ; de Boccard, 1920, in-8°, p. 268) : « Aujourd'hui le cabaret de bas étage s'appelle *bibine :* proprement : débine, la taverne de la misère. » — Privat d'Anglemont a décrit l'une de ces bibines : « *L'Abattoir* est une sorte de cuve enfumée, sombre, basse, humide, sans air, que le soleil n'a jamais été assez audacieux pour visiter ; les murs squalides suintent la misère et la puanteur, ses tables boiteuses et ses bancs éclopés servent de dortoir à toute une population d'êtres abrutis, n'ayant plus conscience de leur existence ni rien d'humain... » (*Paris anecdote* ; A. Delahays, 1860, pet. in-12). Cette description vaut probablement aussi pour la *Casserole*.

8. Staub qui habita 15 rue Saint-Marc, puis rue Richelieu, était alors un tailleur réputé et l'un des fournisseurs du monde élégant. Balzac lui donna pour clients plusieurs des jeunes arrivistes et des hommes de plaisir de ses romans. C'est Staub qui eut l'honneur d'habiller — et de bien habiller — Lucien de Rubempré notamment.

9. Pic des Hautes-Pyrénées.

10. Voir la n. 8 de la p. 1525.

P. 710. *CHAPITRE V*

1. Parce que j'ai nom lion. (Cf. la fable VI du premier livre de Phèdre, imitée par La Fontaine dans *la Génisse, la Chèvre et la Brebis en société avec le Lion* (livre I, VI aussi).

Sans doute est-ce à Enjolras, que Victor Hugo, dans une note retrouvée, fait tenir le propos suivant :

« Il s'écria :

« Vive la France ! il n'y a que la France ! L'Espagne est un froc, l'Italie est un linceul. Londres, c'est de l'ennui bâti ; la monarchie russe, c'est l'hiver fait gouvernement. » (E.I.N., IV, 311.)

2. C'est un souvenir de la chanson que chante Alceste au nez d'Oronte, dans *le Misanthrope* (Ac. I. sc. II) :

> *Si le roi m'avait donné*
> *Paris sa grand'ville*
> *Et qu'il me fallût quitter*
> *L'amour de ma mie,*
> *Je dirais au roi Henri :*
> *« Reprenez votre Paris*
> *J'aime mieux ma mie, ô gué !*
> *J'aime mieux ma mie. »*

P. 714. *CHAPITRE VI*

1. Le texte des *Misères* rejoint à cet endroit le texte des *Misérables*. Après la phrase : « ... il continua de dire vous à sa fille pendant plus de trois mois », la version des *Misères* porte :

« *Marius était sorti de chez son grand-père avec quinze francs, sa montre et quelques hardes. Il trouva asile dans un hôtel garni du quartier de la Sorbonne où logeait un nommé Courfeyrac qu'il connaissait, le seul étudiant à peu près auquel il eût parlé.*

Ici, une citation faite dans les appendices de l'édition originale (II, 586) ajoute « *parce qu'il était bonapartiste comme lui.* »

Autour de Courfeyrac qui avait toutes les qualités d'un centre, la rondeur et le rayonnement, se trouvaient plusieurs jeunes gens qui, comme on le verra plus tard, avaient, en outre, un autre lien : Combeferre, qualifié le rageur; Joly, dit Jolly; *Grangé qui signait de ce rebus* G. *; Enjolras, froid, fanatique et triste, avec un teint de femme, un sourire de vierge et les plus doux yeux bleus qu'il y eût au monde ; enfin Lègle, qui était de Meaux, et qu'on appelait* Bossuet. *Excepté Bossuet, tous étaient du Midi.*

« *Au bout de quelques jours, l'hôte vint* et lui dit... »

2. VAR. « Marius lui conta *son histoire.* »

3. Cette réplique et la suivante manquent.

4. Manquent aussi cette réplique et la suivante.

5. Ensuite, la version des *Misères* continue ainsi :

« *L'hôte présenta sa note qu'il fallut payer sur-le-champ. Elle se montait à soixante-dix francs.*

» — *Il me reste dix francs, dit Marius.*

» — Diable, fit Courfeyrac... »

6. VAR. « *Ceci se passait pendant que* la tante Gillenromand, bonne personne... »

7. VAR. « ... par *trouver...* »

8. Cette phrase manque.

LIVRE CINQUIÈME.
EXCELLENCE DU MALHEUR

P. 717.   *CHAPITRE PREMIER*

1. Autre titre projeté : *La belle et bonne misère.*

2. Les trois premiers chapitres de ce livre correspondent, dans la version des *Misères* au chapitre premier de leur livre III. Il est intitulé : *La belle et bonne misère,* comme devait l'être d'abord tout le livre V des *Misérables.*

3. Il manque de « la dignité » à « dégoûts ».

4. Cette phrase manque aussi.

5. Cet alinéa manque de même.

6. Cet alinéa manque.

7. Cet alinéa manque.

8. Cette phrase manque.

9. VAR. « ... il *le fit savoir à* son grand-père... »

10. VAR. « ... la jeta *au feu.* »

11. VAR. « ... lui arrivait *quelquefois.* »

P. 719. *CHAPITRE II*

1. Cette phrase manque.
2. VAR. « ... la masure *50-52*. »
3. Il manque de ce mot « où » aux mots « à lui ».
4. La suite de cette phrase manque.
5. VAR. « ... le *magasin* d'estampes... »
6. La rue Neuve-des-Mathurins-Saint-Jacques allait de la rue Saint-Jacques nº 62 à la rue de la Harpe nº 75. La percée du boulevard Saint-Germain l'a fait disparaître. — Le restaurant Rousseau ne devait pas être un bien grand restaurant; il n'est pas mentionné dans l'*Almanach des adresses*. Mais Basset était une maison importante qui y est ainsi présentée : « Basset, rue Saint-Jacques, 6, fonds considérable d'images et estampes, en couleur et en noir, sujets de dévotion et autres principes d'écriture et de dessin pour les figures et les paysages. »
7. VAR. « Il ne *demandait*... »
8. VAR. « *Ce restaurant s'appelle, en l'année 1847 où nous écrivons ce livre, le restaurant* » [En note : ce nom est resté en blanc]. *Les prix sont restés les mêmes. Seulement le pain se paie quatre sous.* Ainsi, déjeuner... »
9. VAR. « lui avait *emprunté*... »
10. Il manque cette première partie de la phrase.
11. VAR. « ... fierté. *Ce qui*, dans toute autre... »
12. Il manque les deux dernières phrases de cet alinéa.
13. VAR. « ... *du malheur*... »
14. VAR. « ... à ces *recherches*... »
15. VAR. « ... mon père *était couché*, mourant... »
16. VAR. « ... le *retrouver*... »

P. 722. *CHAPITRE III*

1. La suite de cet alinéa manque.
2. Les mots « les semaines se passèrent » manquent.
3. Le caractère de Gillenormand avait été d'abord conçu autrement. Il ne regrettait pas l'absence de son petit-fils. Il était moins sympathique. C'est ce que révèlent ces lignes supprimées et publiées dans les appendices de l'édition nationale (II, 589) : « M. Gillenormand *se passait parfaitement de son petit-fils. Il n'avait jamais eu pour Thomas* [Marius] *que cette affection à la fois sévère et légère des Géronte de comédie. Depuis qu'il le savait* terroriste, jacobin, septembriseur *et* buonapartiste, *il ne le haïssait pas, mais il s'accommodait fort et se trouvait bien de n'y jamais songer.* — *Cela est bon pour ma santé d'oublier ce monsieur, disait-il.* »
4. VAR. « ... n'était plus pour elle qu'une espèce *d'ombre*. »
5. Il manque de ce mot « en » au mot « ou » et, à la fin de la phrase, les mots « s'il voulait paraître gai ».
6. VAR. « *De son côté*, Marius s'applaudissait. »
7. Il manque du mot « non » au mot « mais ».

8. Ces deux mots manquent aussi.
9. VAR. « ... *du* pain... »
10. Il manque les trois derniers mots.
11. VAR. « ... qui *contemple*. »
12. VAR. « ... *éclate* en lui... »
13. VAR. « ... la nature donne *gratuitement* aux *intelligences* ouvertes et refuse aux *intelligences* fermées, il en vient à plaindre *le riche.* » Il manque ensuite des mots : « Toute haine » aux mots « vieil empereur. »
14. Les mots « chaque matin » manquent.
15. VAR. « gagne *de la pensée.* »
16. VAR. « ... aux joies, *aux spectacles éternels,* il vit ».
17. Le mot « serein » manque.
18. Ces trois mots manquent aussi.
19. VAR. « ...entières *à se promener seul englouti et plongé.* »
20. Les deux dernières phrases : « Hanter [...] faire ? » manquent.
21. « Un travail de peu de labeur » manque aussi.
22. Il manque de ce mot « Par » au mot « effarouché » et ensuite le mot « décidément ».
23. Cette phrase manque aussi.
24. Cette phrase manque de même.

P. 727. *CHAPITRE IV*

1. Manquent « la démocratie » et « la monarchie ».
2. VAR. « ... se gardait d'être inutile, *bouquiner* ne l'empêchait pas de *penser*... »
3. VAR. « Il avait publié... »
4. Ces trois mots manquent.
5. VAR. « ... précieuse *de livres et d'estampes en tout genre.* »
6. VAR. « ... d'un fusil le *faisait, à la lettre, évanouir.* »
7. Cette phrase manque.
8. Cet alinéa manque aussi.
9. VAR. « ... du *colonel*... »
10. VAR. « ... la *gouvernante*... »
11. VAR. « ... s'alla *loger*. »
12. VAR. « ... ses *estampes*... »
13. Le village d'Austerlitz, annexé en 1817, était un petit village. Il n'avait que trois rues, mais il y avait des guinguettes. Son emplacement correspondait à l'espace compris entre la Salpêtrière, le boulevard de l'Hôpital et le boulevard de la Gare.
14. VAR. « ... que *sa bonne vieille servante*... »
15. La suite de ce chapitre à partir du mot « Deux » n'est pas dans *les Misères*.

P. 731. *CHAPITRE V*

1. VAR. « ... et qui *s'étonnait*... »
2. VAR. « ... les *plus désertes*... »
3. VAR. « ... la roue *du puits.* Les passants le *regardaient*... »

4. Var. « ... une mise *inquiétante*... »
5. Cette phrase manque.
6. Var. « On ne *le* connaissait *dans la masure qu'il habitait,* que sous le nom... »
7. Var. « ... des *souliers irréprochables*. »
8. Cette phrase manque.
9. Il manque aussi cette phrase et la suivante.
10. Var. « *Maintenant,* dans le peuple il choisissait la femme... »
11. Var. « ... comme *la Bible*... »
12. Cet alinéa manque.

P. 733. *CHAPITRE VI*

1. Ce chapitre n'est pas dans *les Misères.*
2. Les *descamisados* (les déchemisés, les sans-chemises) nom que les royalistes espagnols, partisans de Ferdinand, donnaient à leurs adversaires révolutionnaires.

LIVRE SIXIÈME.
LA CONJONCTION DE DEUX ÉTOILES

P. 738. *CHAPITRE PREMIER*

1. Ce livre correspond au livre quatrième des *Misères* qui est moins développé et qui n'a qu'un chapitre intitulé, comme ce livre sixième *La Conjonction de deux étoiles.*
2. Les cinq derniers mots manquent.
3. Var. « ... l'air *ferme* et calme... »
4. Il manque des mots « son profil » aux mots « polies, peu ouvertes ».
5. Var. « ... ce front *pur*... »
6. Var. « *Dans sa grande* misère, les jeunes filles... »
7. Var. « *s'enfuyait.* »
8. Var. « *Cette conviction* l'avait rendu farouche. »
9. Les mots entre parenthèses manquent.
10. Ces trois mots manquent.
11. Var. « *n'évitait.* »
12. Var. « A la vérité, *il ne lui semblait* pas que... »
13. La rue de l'Ouest allait de la rue de Vaugirard au carrefour de l'Observatoire. Elle faisait suite à la rue d'Assas. Elle en porte aujourd'hui le nom.
14. Var. « ... une chemise *très blanche.* »
15. Var. « ... maigre, *assez* laide... »
16. Var. « ... d'avoir *de* beaux yeux. »
17. Var. « ... une *jeune fille*... »
18. Var. « ... ineffable *tendresse.* »
19. Var. « ... arrivés *à se saluer une seule fois.* »
20. Cette dernière phrase manque.

P. 741. CHAPITRE II

1. Il manque du mot « précisément » au mot « parvenu ».
2. Var. « ... les pieds *au Luxembourg. La première fois qu'il y retourna, c'était*... »
3. Var. « ... ce couple *qu'il nommait dans son esprit le père et la fille.* »
4. Var. « ... le nez n'était ni droit ni *aquilin, il* n'était pas beau, il était joli. »
5. Var. « ... *pleins* d'ombre... »
6. Var. « ... n'était *adorable*... »
7. Var. « Mais quand *il revint* pour... »
8. Cet alinéa manque.
9. Var. « ... sa robe *mal coupée*... »
10. Var. « ... rouges *sans gants*... »; il manque ensuite jusqu'à « beauté ».
11. Var. « ... un camail *pareil* et un chapeau blanc. »
12. Ces trois mots manquent.
13. Var. « ... sa *personne*... »
14. Var. « ... *passa* près d'elle... »
15. Var. « ... les paupières *et le regarda.* »

P. 743. CHAPITRE III

1. Il manque des mots « d'une » au mot « encore ».
2. Var. « ... la *grossièreté*... »

P. 744. CHAPITRE IV

1. Var. « ... une *affreuse* statue... »
2. Il manque de « Il y avait » à « ce bourgeois. »
3. Var. « ... *le vieux bonhomme*... »
4. La suite de cet alinéa manque.
5. *Histoire de Gil Blas de Santillane, par Le Sage, précédée de : Examen de la question de savoir si Le Sage est l'auteur de Gil Blas ou s'il l'a pris à l'Espagnol, suite de l'Essai sur les meilleures œuvres écrites en prose dans cette langue lu à l'Académie française dans la séance du 7 juillet 1818* par le comte François de Neufchateau. (Paris, Impr. de F. Didot l'aîné, 1819, 3 vol. in-8°.)
6. Cette phrase manque.

P. 747. CHAPITRE V

1. Var. « ... masure *50-52*... » La suite manque jusqu'au mot « rien. »

P. 748. CHAPITRE VI

1. Il manque de ce mot « Comment » aux mots « de leurs pas ».
2. Cette phrase manque aussi.
3. Var. « Il *regardait toutes les* bonnes d'enfants *d'une telle manière que chacune*... »
4. Cette phrase manque.

5. VAR. « a fait *Benjamin Constant !* » — Pierre-François Audry de Puyraveau (1773-1852), député de la Charente, siégea à l'extrême gauche sous la Restauration et prit une part active à la révolution de Juillet. Il dirigeait une maison de roulage. Il y perdit de l'argent. Il en avait dépensé beaucoup pour la défense de ses convictions politiques. Il n'obtint dans les indemnités qui furent versées aux commerçants et aux manufacturiers qui avaient été victimes de crise commerciale qu'une somme qu'il estima insuffisante. Et dès le mois de septembre 1830 il prit rang dans l'opposition au gouvernement nouveau qu'il avait contribué à établir.

6. Frédérick Lemaître (1800-1876), l'un des plus célèbres comédiens du XIXe siècle. Il joua dans plusieurs théâtres avec un tel succès qu'il fut appelé : le Talma du boulevard. Un de ses rôles les plus fameux est celui de Robert Macaire dans *l'Auberge des Adrets,* la première pièce qu'il joua à l'Ambigu, le 2 février 1823.

7. Cet alinéa manque.

8. VAR. « ... tout *rêveur...* »

9. Louis Quicherat (1799-1884), auteur d'un *dictionnaire latin-français* et d'un *dictionnaire français-latin* celui-ci en collaboration avec M. Davelny, édité par la librairie Hachette et qui fait toujours partie de son fonds, auteur aussi d'un *Thesaurus poeticus linguae latinae* ou Dictionnaire prosodique et poétique de la langue latine... dont la première édition a paru chez Hachette en 1846, auteur encore d'un *Traité de versification française où sont exposées les variations successives des règles de notre poésie et les fonctions de l'accent tonique dans les vers français,* édité aussi chez Hachette.

10. VAR. « ... dit *un étudiant à* Courfeyrac, voilà qui est drôle ! »

11. VAR. « ... *dit Courfeyrac...* »

P. 751. *CHAPITRE VII*

1. Cet alinéa manque.
2. Il manque des mots « L'heure » aux mots « le regardait ».
3. Manquent les quatre derniers mots.

P. 752. *CHAPITRE VIII*

1. Ce chapitre manque à la version des *Misères.*
2. Il y a, dans ce chapitre, la réminiscence d'un souvenir et d'impression de Victor Hugo fiancé. Dans une lettre qu'il écrivit à Adèle Foucher le 4 mars 1822, Victor Hugo formulait une plainte et un conseil dans les termes que voici : « J'ai, ma bien chère Adèle, à te dire une chose qui m'embarrasse. Je ne puis ne pas te la dire et je ne sais comment te la dire. Enfin, je me recommande à ton indulgence, ne vois que l'intention. Si tu la vois telle qu'elle est dans mon cœur, tu en seras reconnaissante. Je voudrais, Adèle, que tu craignisses moins de crotter ta robe quand tu marches dans la rue. Ce n'est pas d'hier que j'ai remarqué, et avec peine, les précautions que tu prends... Je n'ignore pas que tu ne fais en cela que suivre les opiniâtres recommandations de ta mère, recom-

mandations au moins singulières, car il me semble que la pudeur est plus précieuse qu'une robe, bien que beaucoup de femmes pensent différemment. Je ne saurais te dire, chère amie, quel supplice j'ai éprouvé hier et aujourd'hui encore dans la rue des Saints-Pères, en voyant les passants détourner la tête et en pensant que celle que je respecte comme Dieu même était, à son insu et sous mes yeux, l'objet de coups d'œil impudents. J'aurais voulu t'avertir, mon Adèle, mais je n'osais car je ne sais quels termes employer pour te rendre ce service. Ce n'est pas que ta pudeur doive être sérieusement alarmée; il faut si peu de chose pour qu'une femme excite l'attention des hommes dans la rue! Toutefois je te supplie désormais, bien-aimée Adèle, de prendre garde à ce que je te dis ici, si tu ne veux pas m'exposer à donner un soufflet au premier insolent dont le regard osera se tourner vers toi; tentation que j'ai eu bien de la peine à réprimer hier et aujourd'hui, et dont je ne serais plus sûr d'être maître une autre fois. » (*Lettres à la fiancée*, pp. 185-186 : Charpentier et Fasquelle, s.d. in-16).

P. 754. *CHAPITRE IX*

1. Cet alinéa manque.
2. Var. « ... *en huit jours*... »
3. Var. Les deux premières phrases de cet alinéa manquent. Après « elle demeure » le texte, dans *les Misères*, est : « *Il fit un jour une faute* immense. Il *la* suivit.
4. Manquent les trois derniers mots.
5. Var. « ... *le regarda fixement*... »
6. Var. « *Le rentier*... »
7. Cette première partie de la phrase manque.
8. Var. « ... décidément *mouchard ?* »

LIVRE SEPTIÈME. — PATRON-MINETTE

P. 757. *CHAPITRE PREMIER*

1. Ce livre n'est pas dans la version des *Misères*.
2. Lelio Socin (1525-1562) hérésiarque italien, négateur de la divinité de Jésus-Christ et de l'existence du Saint-Esprit, et aussi de l'utilité des sacrements. On appelle ses disciples les Sociniens.
3. Jean Huss (1369-1415) hérésiarque tchèque; l'un des précurseurs de la Réforme. Condamné, par le concile de Constance, à être brûlé vif.
4. Robert Owen (1771-1858), manufacturier anglais, prometteur de réformes sociales; fondateur des premières sociétésc oopératives de production et de consommation.

P. 759. *CHAPITRE II*

1. Voir la n. 4, ch. VII, p. 1617.
2. Schinderhannes s'appelait, de son vrai nom, Jean Buckler,

apportent une feuille de papier, et lui commandent un bouquet. Il doit y avoir dans le bouquet autant de fleurs qu'il y a de prisonniers dans le groupe. S'ils sont trois, il y a trois fleurs. Chaque fleur est accostée d'un numéro, ou, si on l'aime mieux, ornée d'un chiffre, qui est le chiffre d'écrou du prisonnier.

Le bouquet fait, grâce à ces insaisissables correspondances de prison à prison qu'aucune police ne peut empêcher, ils l'envoient à Saint-Lazare. Saint-Lazare est la prison des femmes, et, là, où il y a des femmes, il y a de la pitié. Le bouquet circule de main en main parmi les malheureuses que la police détient administrativement à Saint-Lazare; et, au bout de quelques jours, l'infaillible poste aux lettres secrètes fait savoir à ceux qui l'ont envoyé que Palmyre a choisi la tubéreuse, que Fanny a préféré l'azalée, et que Séraphine a adopté le géranium. Jamais ce lugubre mouchoir n'est jeté à ce sérail sans être ramassé.

A dater de ce jour, ces trois bandits ont trois servantes qui sont Palmyre, Fanny et Séraphine. Les détentions administratives sont relativement courtes. Ces femmes sortent de prison avant ces hommes. Et que font-elles? elles les nourrissent. En style noble : providences; en style énergique : vaches à lait.

La pitié s'est faite amour. Le cœur féminin a de ces greffes sombres. Ces femmes disent : Je suis mariée. Elles sont mariées en effet. Par qui? par la fleur. Avec qui? avec l'abîme. Elles sont les fiancées de l'inconnu. Fiancées enivrées et enthousiastes. Pâles Sulamites du songe et du brouillard. Quand le connu est si odieux, comment ne pas aimer l'inconnu?

Dans ces régions nocturnes, et avec les vents de dispersion qui y soufflent, les rencontres sont presque impossibles. On se rêve. Jamais probablement cette femme ne verra cet homme. Est-il jeune? est-il vieux? est-il beau? est-il laid? Elle n'en sait rien. Elle l'ignore. Elle l'adore. Et c'est parce qu'elle ne le connaît pas qu'elle l'aime. L'idolâtrie naît du mystère.

Cette femme flottante veut un lien. Cette éperdue a besoin d'un devoir. Le gouffre, parmi son écume, lui en jette un; elle l'accepte. Elle s'y dévoue. Ce mystérieux bandit changé en héliotrope ou en iris devient pour elle une religion. Elle l'épouse devant la nuit. Elle a pour lui mille petits soins de femme; pauvre pour elle-même, elle est riche pour lui; elle comble ce fumier de délicatesses. Elle lui est fidèle de toute la fidélité qu'elle peut encore avoir. La corruption dégage l'incorruptible. Jamais cette femme ne manque à cet amour. Amour immatériel, pur, éthéré, subtil comme l'haleine du printemps, solide comme l'airain.

Une fleur a fait tout cela. Quel puits que le cœur humain, et quel vertige que d'y regarder! Voici le cloaque. A quoi songe-t-il? au parfum. Une prostituée aime un voleur à travers un lis. Quel plongeur de la pensée humaine arrivera au fond de ceci? qui approfondira cet immense besoin de fleurs qui naît de la boue? Ces malheureuses ont au fond d'elles-mêmes d'étranges équilibres qui les consolent et qui les rassurent. Une rose fait contre-poids à une honte.

De là ces amours, tout saturés de chimère. Ce voleur est idolâtré par cette fille. Elle n'a pas vu son visage, elle ne sait pas son nom; elle le rêve dans la senteur d'un jasmin ou d'un œillet. Les jardins, le soleil de mai, les oiseaux dans les nids, les blancheurs exquises, les floraisons radieuses, les caisses de daphnés et d'orangers, les pétales de velours où se pose le bourdon doré, les odeurs sacrées du renouveau, les baumes, les encens, les sources, les gazons, se mêlent désormais à ce bandit. Le divin sourire de la nature le pénètre et l'illumine.

Cette aspiration désespérée au paradis perdu, ce rêve difforme du beau, n'est pas moins tenace chez l'homme. Il se tourne, lui, vers la femme; et cette préoccupation, devenue insensée, persiste, même quand l'affreuse ombre des deux poteaux rouges se projette sur la lucarne de sa cellule. La veille de son exécution, Delaporte, le chef de la bande de Trappes, vêtu de la camisole de force, demandait, à travers le soupirail de la chambre des condamnés à mort, au forçat Cogniard qu'il voyait passer : *Y avait-il, ce matin, de jolies femmes au parloir ?* Le condamné Avril* (quel nom!), du fond de cette même chambre, léguait toute sa fortune — cinq francs — à une détenue qu'il avait entrevue de loin dans la cour des femmes *pour qu'elle s'achète un fichu à la mode.*

Entre la gueuse et le gueux les songes bâtissent on ne sait quel pont des Soupirs. La fange du trottoir roucoule avec la grille du cachot. Il y a bergerade et bucolique entre la manille du cabanon et le bas blanc éclaboussé du carrefour. L'Aspasie du coin de rue aspire et respire avec le cœur l'Alcibiade du coin du bois.

Vous riez? Vous avez tort. Cela est terrible.

IV

Le meurtrier, fleur pour la courtisane. La prostituée, Clytie de l'assassin soleil**. L'œil de la damnée cherchant languissamment dans les myrtes le Satan.

Qu'est-ce que ce phénomène? C'est le besoin d'idéal. Chose terrible, vous dis-je. Besoin sublime et effrayant. Est-ce une maladie? est-ce un dictame? Les deux à la fois. Ce besoin auguste est, en même temps et pour les mêmes êtres, un châtiment et une récompense; volupté pleine d'expiation; châtiment des fautes, récompense des douleurs. Nul ne s'y dérobe. Faim des anges ressentie par les démons. Sainte Thérèse l'éprouve, Messaline aussi. Ce besoin de l'immatériel est le plus vivace de tous. Il faut du pain;

---

* Complice de Lacenaire; voir la n. 4 (ch. VI), p. 1617.

** Clytie, océanide aimée d'Apollon « dieu du jour », puis délaissée par lui et désespérée de cet abandon. Sa détresse émut Apollon qui la changea en tournesol, fleur qu'on appelle aussi soleil. (Cf. OVIDE, *les Métamorphoses*, liv. IV.)

mais avant le pain, il faut l'idéal. On est voleur, on est fille publique ; raison de plus. Plus on boit l'ombre, plus on a soif d'aurore. Schinderhannes se fait bleuet ; Poulailler se fait violette. De là ces noces sinistrement idéales.

Et alors, qu'arrive-t-il ? Ce que nous venons de dire.

Cloaque, mais abîme. Ici le cœur humain s'entr'ouvre à des profondeurs inouïes. Astarté devient platonique. Le prodige de la transfiguration des monstres par l'amour s'accomplit. L'enfer se dore. Le vautour se fait oiseau bleu. L'horreur aboutit à la pastorale. Vous vous croyez chez Vouglans et chez Parent-Duchâtelet*, vous êtes chez Longus. Un pas de plus, vous tombez dans Berquin. Chose étrange de rencontrer Daphnis et Chloé dans la forêt de Bondy !

Le nocturne canal Saint-Martin, où le chourineur pousse le passant d'un coup de coude en lui arrachant sa montre, traverse le Tendre et vient se jeter dans le Lignon. Poulmann** réclame un nœud de ruban ; on est tenté d'offrir une houlette à Papavoine***. On voit des ailes de gaze lumineuse poindre à des talons horribles à travers la paille du sabot. Toutes les fatalités combinées ont pour résultante une fleur. Le miracle des roses se fait pour Goton. Un vague hôtel de Rambouillet se superpose à la farouche silhouette de la Salpêtrière. La muraille lépreuse du mal, prise d'on ne sait quel épanouissement subit, donne un pendant à la guirlande de Julie. Les sonnets de Pétrarque, cet essaim qui rôde dans l'ombre des âmes, se hasardent à travers le crépuscule du côté de ces abjections et de ces souffrances, attirés par on ne sait quelles affinités obscures, de même qu'on voit quelquefois un vol d'abeilles bourdonner sur un tas de fumier d'où s'échappe, perceptible à elles seules et mêlé aux miasmes, quelque parfum de fleur enfouie. L'antre se fait grotte. Les gémonies sont élyséennes. Le fil chimérique des hyménées célestes flotte sous la plus noire voûte de l'Erèbe humain, et lie des cœurs désespérés à des cœurs monstrueux. Manon envoie à Cartouche, à travers l'infini, l'ineffable sourire d'Évirallina à Fingal. D'un pôle à l'autre de la misère, d'une géhenne à l'autre, du bagne au lupanar, des bouches de ténèbres échangent éperdument le baiser d'azur.

C'est la nuit. La fosse monstrueuse de Clamart**** s'entr'ouvre ;

---

* Alexandre-Jean-Baptiste Parent-Duchâtelet (1790-1836), médecin hygiéniste et moraliste ; auteur de plusieurs ouvrages dont le plus important traite : *De la prostitution dans la ville de Paris, considérée sous le rapport de la morale, de l'hygiène publique et de l'administration.*

** Poulmann, coupable d'escroqueries, de vols à main armée et d'assassinats, exécuté le 7 février 1844.

**** Voir la n. 4 (ch. VII), p. 1617.

**** Le cimetière de Clamart était situé rue du Fer-à-Moulin, dans le quartier Saint-Marcel ; on y inhumait les cadavres des malades décédés dans les hôpitaux. Il fut fermé en 1793.

un miasme, un phosphore, une clarté, en sort. Cela brille et frissonne; le haut et le bas flottent séparément; cela prend forme, la tête rejoint le corps, c'est un fantôme; le fantôme, regardé dans l'ombre par de funestes yeux égarés, monte, grandit, bleuit, plane, et s'en va au zénith ouvrir la porte du palais de soleil où les papillons errent de fleur en fleur et où les anges volent d'étoile en étoile.

Dans tous ces étranges phénomènes concordants, éclate l'inadmissibilité du principe qui est tout l'homme. Le mystérieux mariage que nous venons de raconter, mariage de la servitude avec la captivité, exagère l'idéal par cela même qu'il est accablé de toutes les pesanteurs les plus hideuses de la destinée. Mixture effrayante. Rencontre de ces deux mots redoutables où toute la vie humaine est nouée : jouir et souffrir.

Hélas! et comment ne pas laisser échapper ce cri? pour ces infortunées, jouir, rire, chanter, plaire, aimer, cela existe, cela persiste; mais il y a du râle dans chanter, il y a du grincement dans rire, il y a de la putréfaction dans jouir, il y a de la cendre dans plaire, il y a de la nuit dans aimer. Toutes les joies sont attachées à leur destinée avec des clous de cercueil.

Qu'est-ce que cela fait? elles ont soif de toutes ces lugubres clartés chimériques, pleines de rêve.

Qu'est-ce que le tabac, si précieux et si cher au prisonnier? c'est du rêve.

— Mettez-moi au cachot, disait un forçat, mais donnez-moi du tabac. En d'autres termes : plongez-moi dans une fosse, mais donnez-moi un palais.

Pressez la fille et le bandit, mêlez le Tartare à l'Averne, remuez la fatale cuve des fanges, entassez toutes les difformités de la matière; qu'en sort-il? l'immatériel. L'idéal est le feu grégeois du ruisseau de la rue. Il y brûle. Son resplendissement sous l'eau impure éblouit et attendrit le penseur. Nina Lassave* attise et avive avec les billets doux de Fieschi cette sombre lampe de Vesta que toute femme a dans le cœur, aussi inextinguible chez la courtisane que chez la carmélite. C'est ce qui explique ce mot : vierge, décerné par la Bible aussi bien à la vierge folle qu'à la vierge sage.

Cela était hier, cela est aujourd'hui. Ici encore la surface a changé, le fond reste. On a un peu verni de nos jours les franches âpretés du Moyen-Age. Ribaude se prononce lorette; Toinon répond au nom d'Olympia ou d'Impéria; Thomasse-la Maraude s'appelle Mme de Saint-Alphonse. La chenille était vraie, le papillon est faux; voilà tout le changement. Torchon est devenu chiffon.

Régnier disait : les truies; nous disons : les biches. Autres modes; mêmes mœurs. La vierge folle est lugubrement immuable.

---

* Nina Lassave avait été la maîtresse de Fieschi. Après l'exécution de Fieschi elle tint le comptoir dans un café, et la foule y accourait pour la voir.

Qui voit ce genre d'angoisses voit l'extrémité du malheur humain.

Ce sont là les zones noires. La nuée funeste y crève, l'amoncellement du mal s'y dissout en malheur, la morne tourmente des fatalités y souffle des bouffées de désespoir, un ruissellement continu d'épreuves et de douleurs y accable dans l'ombre des têtes échevelées ; rafales, grêles, tumultes farouches, un engouffrement de détresse roule, revient et tourbillonne ; il pleut, il pleut sans cesse, il pleut de l'horreur, il pleut du vice, il pleut du crime, il pleut de la nuit ; il faut explorer cette obscurité pourtant, et nous y entrons, et la pensée essaye dans ce sombre orage un pénible vol d'oiseau mouillé.

Il y a toujours une vague épouvante spectrale dans ces régions basses où l'enfer pénètre ; elles sont si peu dans l'ordre humain, et si disproportionnées, qu'elles créent des fantômes. Aussi une légende est-elle attachée à ce bouquet sinistre offert par Bicêtre à la Salpêtrière ou par la Force à Saint-Lazare. On la raconte le soir dans les chambrées quand la ronde des surveillants est passée.

C'était peu après l'assassinat du changeur Joseph. Un bouquet fut envoyé de la Force à une prison de femmes, Saint-Lazare ou les Madelonnettes. Il y avait dans ce bouquet un lilas blanc qu'une des prisonnières choisit.

Un ou deux mois s'écoulèrent ; cette femme sortit de prison. Elle était profondément éprise, à travers le lilas blanc, du maître inconnu qu'elle s'était donné. Elle commença envers lui son étrange fonction de sœur, de mère, d'épouse mystique, ignorant son nom, sachant seulement son chiffre d'écrou. Toutes ses misérables économies, religieusement déposées au greffe, allaient à cet homme. Afin de mieux se fiancer à lui, elle avait profité du printemps qui était venu pour cueillir dans les champs un vrai lilas blanc. Cette branche de lilas, attachée par un ruban bleu ciel au chevet de son lit, y faisait pendant au rameau de buis bénit qui ne manque jamais à ces pauvres alcôves désolées. Le lilas sécha ainsi.

Cette femme avait, comme tout Paris, entendu parler de l'affaire du Palais-Royal et des deux Italiens, Malagutti et Ratta, arrêtés pour le meurtre du changeur.

Elle songeait peu à cette tragédie qui ne la regardait point, et vivait dans son lilas blanc. Ce lilas résumait tout pour elle, et elle ne pensait qu'à faire vis-à-vis de lui « son devoir. » Un jour, par un beau soleil, elle était dans sa chambre et cousait on ne sait quelle nippe pour sa triste toilette du soir. De temps en temps, elle tournait les yeux, et regardait le lilas. Dans un de ces instants-là, comme sa prunelle était fixée sur la petite grappe blanche fanée, elle entendit sonner quatre heures.

Alors elle vit une chose étrange. Une sorte de perle rouge sortit de l'extrémité inférieure de la branche de lilas desséchée, grossit lentement, se détacha, et tomba sur le drap blanc du lit. C'était une goutte de sang.

Ce jour-là, à cette heure-là même, on venait d'exécuter Ratta et Malagutti. Il était évident que le lilas blanc était l'un des deux. Mais lequel? La malheureuse eut une commotion cérébrale où sa raison se perdit; elle dut être enfermée à la Salpêtrière. Elle y est morte. Elle répétait sans cesse : Je suis madame Ratta-Malagutti. Tels sont ces sombres cœurs.

La prostitution est une Isis dont nul n'a levé le dernier voile. Il y a un sphinx dans cette morne odalisque de l'affreux sultan Tout-le-Monde. Tous entr'ouvrent sa robe; personne son énigme. C'est la Toute-Nue masquée. Spectre terrible.

Hélas! dans tout ce que nous venons de raconter, l'homme est abominable, la femme est touchante. Que d'infortunées précipitées! Le gouffre est ami du songe. Tombées, nous l'avons dit, leur cœur lamentable n'a plus d'autre ressource que de rêver.

Ce qui les a perdues, c'est un autre songe, l'effrayant songe de la richesse; cauchemar de gloire, d'azur et d'extase qui pèse sur la poitrine du pauvre; fanfare entendue de la géhenne; arc de triomphe des heureux resplendissant sur l'immense nuit; prodigieuse ouverture pleine d'aurore! Les voitures roulent, l'or ruisselle, les dentelles frissonnent. Pourquoi n'aurais-je pas cela aussi, moi? Pensée formidable.

Cette lueur du soupirail sinistre les a éblouies, cette bouffée de la vapeur sombre les a enivrées, et elles ont été perdues, et elles ont été riches. La richesse est une fatale clarté lointaine; la femme y vole frénétiquement. Ce miroir prend cette alouette. Donc, elles ont eu, elles aussi, leur jour d'enchantement, leur minute de fête, leur éclair.

Elles ont eu cette fièvre où meurt la pudeur. Elles ont vidé la coupe sonore pleine de néant. Elles ont bu la folie de l'oubli. Quel bercement! quelle tentation! ne rien faire et tout avoir, hélas! et aussi ne rien avoir! pas même soi! Être une chair esclave! être de la beauté en vente! de femme, tomber chose! Elles ont rêvé, et elles ont eu, — ce qui est la même chose, car toute possession est rêve, — les hôtels, les carrosses, les valets en livrée, les soupers éclatants de rires, la Maison d'Or, la soie, le velours, les diamants, les perles, la vie effarée de volupté, toutes les joies. Oh! combien vaut mieux l'innocence des pauvres petites pieds nus au bord de la mer qui entendent le soir sonner le grelot fêlé des chèvres dans les falaises!

Sous ces joies qu'elles ont savourées, rapides perfidies, il y avait un lendemain funeste. Le mot amour signifiait haine. L'invisible double le visible, et il est lugubre. Ceux-là mêmes qui partageaient leurs ivresses, ceux-là mêmes à qui elles donnaient tout, recevaient tout, et n'acceptaient rien. Elles jetaient racine dans de la cendre. Elles étaient désertées en même temps qu'embrassées. L'abandon ricanait derrière le masque du baiser.

Maintenant, que voulez-vous qu'elles fassent? Il faut bien qu'elles continuent d'aimer.

Oh! si elles pouvaient, les malheureuses, si elles pouvaient s'ôter le cœur, s'ôter le rêve, s'endurcir d'un endurcissement incurable, se glacer à jamais, s'arracher les entrailles, et puisqu'elles sont l'ordure, devenir le monstre! si elles pouvaient ne plus songer! si elles pouvaient ignorer la fleur, effacer l'astre, boucher le haut du puits, fermer le ciel! elles ne souffriraient plus au moins. Mais non. Elles ont droit au mariage, elles ont droit au cœur, elles ont droit à la torture, elles ont droit à l'idéal. Aucun refroidissement n'étouffe l'incendie intérieur. Si glacées qu'elles soient, elles brûlent. Nous l'avons dit, ceci est à la fois leur misère et leur couronne. Cette sublimité se combine avec leur abjection pour l'accabler et pour la relever. Qu'elles le veuillent ou non, l'inextinguible ne s'éteint pas. La chimère est indomptable. Rien n'est plus invincible que le rêve, et le rêve, c'est presque tout l'homme. La nature n'admet pas d'être insolvable. Il faut contempler, il faut aspirer, il faut aimer. Au besoin le marbre donnera l'exemple. La statue devient plutôt femme que la femme ne devient statue.

Le cloaque est sanctuaire malgré lui. Cette conscience est malsaine; il y a de l'air vicié dedans, le phénomène irrésistible ne s'en accomplit pas moins; toutes les saintes générosités s'épanouissent livides dans cette cave. Le désespoir sécrète de la pitié, les cynismes sont refoulés par l'extase, les magnificences de la bonté éclatent sous l'infamie; cette créature orpheline se sent épouse, sœur, mère; et cette fraternité qui n'a pas de famille, et cette maternité qui n'a pas d'enfant, et cette adoration qui n'a pas d'autel, elle la jette aux ténèbres. Quelqu'un l'épouse. Qui? celui qui est dans l'ombre. L'autre souffrant. Elle voit à son doigt un anneau fait de l'or mystérieux des songes. Et elle sanglote. Des torrents de larmes se font jour. Sombres délices.

Et en même temps, répétons-le, tortures inouïes. Elle n'est pas à celui à qui elle s'est donnée. Tout le monde la reprend. La brutale main publique tient la misérable et ne la lâche plus. Elle voudrait fuir, fuir où? fuir qui? Vous, nous, elle-même, lui qu'elle aime surtout, le funèbre homme idéal; elle ne peut.

Ainsi, et ce sont là les accablements extrêmes, cette malheureuse expie, et son expiation lui vient de sa grandeur. Quoi qu'elle fasse, il faut qu'elle aime. Elle est condamnée à la lumière. Il faut qu'elle plaigne, qu'elle secoure, qu'elle se dévoue, qu'elle soit bonne. La femme qui n'a plus la pudeur voudrait ne plus avoir l'amour; impossible. Les reflux du cœur sont fatals comme ceux de la mer; les lumières du cœur sont fixes comme celles de la nuit. Il y a en nous de l'imperdable. Abnégation, sacrifice, tendresse, enthousiasme, tous ces rayons se retournent contre la femme au dedans d'elle-même, et l'attaquent, et la brûlent. Toutes ces vertus lui restent pour se venger d'elle. Là où elle eût été épouse, elle est esclave. Elle a cette misère de bercer un brigand dans le nuage bleu de ses illusions, et d'affubler Mandrin d'une guenille étoilée.

Elle est la sœur de charité du crime. Elle aime, hélas ! elle subit sa divinité inadmissible ; elle est magnanime en frémissant de l'être. Elle est heureuse d'un bonheur horrible. Elle rentre à reculons dans l'Éden indigné.

Cet imperdable que nous avons en nous, c'est à quoi l'on ne réfléchit pas assez.

Prostitution, vice, crime, qu'importe !

La nuit a beau s'épaissir, l'étincelle persiste. Quelque descente que vous fassiez, il y a de la lumière. Lumière dans le mendiant, lumière dans le vagabond, lumière dans le voleur, lumière dans la fille des rues. Plus vous vous enfoncez bas, plus la lueur miraculeuse s'obstine. Tout cœur a sa perle, qui, pour le cœur égout et pour le cœur océan, est la même : l'amour. Aucune fange ne dissout la parcelle de Dieu.

Donc là, à cette extrémité de l'ombre, de l'accablement, du refroidissement et de l'abandon, dans cette obscurité, dans cette putréfaction, dans ces geôles, dans ces sentines, dans ce naufrage, sous la dernière couche du tas des misères, sous l'engloutissement du mépris public qui est glace et nuit ; derrière le tourbillonnement de ces effrayants flocons de neige, les juges, les gendarmes, les guichetiers et les bourreaux pour le bandit, les passants pour la prostituée, se croisant innombrables dans cette brume d'un gris sale qui pour les misérables remplace le soleil ; sous ces fatalités sans pitié, sous ce vertigineux enchevêtrement de voûtes, les unes de granit, les autres de haines, au plus bas de l'horreur, au centre de l'asphyxie, au fond du chaos de toutes les noirceurs possibles, sous l'épouvantable épaisseur d'un déluge fait de crachats, là où tout est éteint, là où tout est mort, quelque chose remue et brille. Qu'est-ce ? une flamme. Et quelle flamme ? L'âme. O adorable prodige ! Stupeur sacrée ! la preuve se fait par les abîmes.

V

Ces grands spectacles de la difformité sont pleins d'enseignement. Est-ce de la laideur ? non. C'est de l'horreur. Où commence la laideur ? au nain. Il n'y a de laid que le petit. La misère sociale est une géante. Elle appartient à Dante et non à Callot. Elle a l'épouvantable beauté de la grandeur. Un trou est laid ; un gouffre est grandiose. Qu'est-ce qu'une montagne ? une gibbosité. On rit de Polichinelle sous sa bosse ; rit-on d'Encelade sous l'Etna ? La silhouette épique du titan bossu s'enfonce majestueusement dans l'azur ; sa difformité sublime se découpe sur les étoiles.

Approfondir la misère, toute la misère, et la plaindre, et la consoler, et la soulager, et la guérir, cela est utile. A qui ? aux misérables ? Oui, et aux heureux. Oter la misère, ce serait ôter la haine. Anéantir la haine, ce serait sauver le monde.

Prenez garde à la comparaison ; elle est implacable. Les misères morales ne sont pas moins indignées que les misères matérielles. C'est leur ignorance qui les a faites les misères qu'elles sont.

Est-ce que leur ignorance est leur faute? Elles en veulent à tout ce qui n'est pas elles. Le monstre hait.

Le fond du monstre, c'est la colère. L'envie est lave et bouillonne. Cette souffrance-là menace. Ce qui ronge le dedans brûlera le dehors. Pourquoi suis-je ainsi, et les autres autrement? Qu'ont-ils fait, et qu'ai-je fait? A bas la beauté et le bonheur! Une misère est une difformité; une difformité est un volcan. Toute bosse fait éruption.

Prenez garde aux Vésuves latents. Il y a là un danger profond. Un voleur, une fille publique, ce sont des infirmes. L'un boite de la probité, l'autre boite de la pudeur. Un vice est une dartre. Ouvrez des hospices moraux, c'est-à-dire des écoles. Traitez ces maladies. Cautériser par la lumière, quelle admirable cure!

L'étude de la misère est donc nécessaire; mais de même que, pour étudier le cadavre, il faut le désinfecter, pour étudier la misère, il faut la sublimer.

Une putréfaction s'idéalise si l'on voit l'âme à travers. La pénétration sacrée de la lumière sanctifie le bloc de ténèbres. En présence de cette monstruosité, la prostitution, oubliez Vénus, souvenez-vous d'Ève, substituez à l'ironie pour la courtisane le respect pour la femme, purifiez-vous par la disparition du sarcasme, et vous sentirez les pleurs poindre à la place du rire. Vous ferez sur vous-même des replis qui vous grandiront. Montrez la plaie, par compassion pour la plaie elle-même, mais montrez le ciel en même temps. Un regard sur l'homme, un regard sur Dieu. Ces deux sondages se complètent l'un par l'autre.

Horreur, soit; caricature, jamais. Sinon, pas de grandeur. L'épopée est à ce prix. Ne cachez rien, dites tout; cette franchise, c'est de la lumière. Rien n'est petit, dit grandement. Homère est dans Thersite autant que dans Priam. Ce qui serait inharmonieux sur la terre perd sa dissonance en se dilatant jusqu'au zénith. La laideur se dissout dans la grandeur. L'infini pénètre de toutes parts et fait formidable une grimace mêlée aux constellations. Le rictus de la poissarde y devient le masque de Némésis.

L'Ananké social est d'une dimension telle que ce qu'il y a de hideux dans le détail s'estompe dans la large brume de l'ensemble. L'incommensurable ne se montre nulle part avec des escarpements plus terribles. L'inabordable y complique l'inaccessible. Si l'on veut connaître la profondeur du malheur humain, c'est dans la misère de la femme qu'il faut jeter la sonde. *Mulier dolorosa**.

Insistons-y. Dans une œuvre comme celle-ci, l'analyse ne suffit pas toujours; il faut aller jusqu'à la dissection. Il faut qu'on voie l'os à nu, le muscle à vif, la chair en sang, le réseau des veines, les artères, toutes les sombres attaches de l'organisme, comment le

---

*Femme douloureuse.

vice s'articule avec la paresse, les viscères ouverts, les nerfs, les fibres, le tressaillement et la palpitation, les entrailles, le dedans du cœur. L'intestin est ouvert; regardez. L'analyse et la dissection sont deux enseignements différents, et qui se doublent en se confrontant. Le creuset donne un résultat; le scalpel en donne un autre.

Dans les choses sociales, là où tout est maladie et demande remède, la peinture, pour être efficace, doit parfois être un écorché.

Alors tout s'explique. On voit à l'œil nu, chacune dans son compartiment, la fatalité et la passion. L'organisme est un fait, l'attraction en est un autre. En quoi l'appétit diffère du besoin, en quoi la convoitise diffère de la faim; ces nuances, entre lesquelles il y a des mondes, se révèlent. L'estomac et le ventre, c'est deux. L'estomac ne peut mal faire.

Une fois la peau ôtée, plus de mystère. L'intérieur instructif apparaît. Les pourquoi disent leur secret; les points d'interrogation ôtent leur masque; on trouve les clefs perdues des vieilles serrures ténébreuses qui ne s'ouvraient pas. Regarder le mal, c'est le vaincre. On vient, on voit, on triomphe. *Veni, vidi, vici**. Sans doute il reste toujours un problème, un X, un inconnu. Une certaine quantité d'ombre sacrée persiste. Mais tout ce qui peut être su, on l'apprend, tout ce qui peut être guéri, on l'étudie. On touche la limite; on va jusqu'où Dieu laisse aller l'homme.

Mettons donc le cadavre sur la table. Le Vésale** social a un droit égal à son devoir. Faisons l'histoire du dedans. Ouvrons toutes ces questions redoutables : le voleur, l'assassin, la prostituée. D'ailleurs, pourquoi reculerions-nous? Clio n'est pas Araminthe. La philosophie n'est pas une bégueule; il lui suffit d'être pure comme les astres. Les pruderies qui voilent les plaies, et qui prennent un ulcère pour une nudité, sont ineptes. Qu'est-ce qu'une orthopédie baissant les yeux devant une épine dorsale? qui veut guérir doit oser voir. Il y a dans le devoir accompli une chasteté suprême.

Et puis, ce que fait l'histoire politique est-il interdit à l'histoire sociale? l'une est-elle moins de bronze que l'autre? la colossale horreur est-elle ouverte à ceux-ci, fermée à ceux-là, et Juvénal

---

*Je suis venu, j'ai vu, j'ai vaincu. » Paroles de Jules César, relatant au Sénat romain sa victoire sur Pharnace, roi de Pont.

**André Vésale (1514-1564), célèbre anatomiste bruxellois qui l'un des premiers pratiqua systématiquement la dissection du corps humain. Un Vésale social devra donc étudier dans tous ses organes, dans tous ses éléments, c'est-à-dire procéder à une dissection de la société, mais la dissection n'est possible que sur les cadavres et la société est un corps vivant.

y a-t-il moins ses entrées que Tacite ? n'y a-t-il pas haute leçon et profit moral à montrer en quoi Soufflard* confine à Caligula, et à décomposer les enchaînements du gouffre ? La comtesse de Soissons** est amie avec la Voisin. La même bête fauve hurle en haut et en bas ; la veuve Médicis est féroce, mais impure. Charles IX rêve ? à quoi ? au massacre, ou à l'orgie ? on voit les jupes courtes et les genoux blancs des filles d'honneur à travers la grille du balcon de la Saint-Barthélemy ; le premier des palais et le dernier des bouges, le Louvre et le lupanar, ont le même radical : *loup****.

Que nous veut donc la pédanterie académique et officielle ? les historiographes eux-mêmes, Guichardin en tête, hésitent-ils à parler de Jeanne de Naples et de Lucrèce Borgia ? si Poppée est de l'histoire, la Belle Écaillère en est ; la transition est toute faite de Faustine à Margot ; Cléopâtre est la première arche du pont ; Jeanneton est la seconde. Quel droit Agrippine a-t-elle que n'ait point Chignon-la-Rousse ? puisque vous racontez Sémiramis, pourquoi ne raconterions-nous pas Catin ? Quoi, de la même femme, on pourra dire la fin, mais non le commencement ? la comtesse Du Barry ; soit. Mais Jeanne Vaubernier, chut. Paillasse pour paillasse, j'aime autant celle de Mimi Rosette que celle de Messaline. Pourquoi le lit de sangle se cacherait-il quand la pourpre n'a pas honte ? en pareil cas, du grabat au trône, il n'y a que la distance de la Scarron à la Maintenon, et la savate vaut le pantoufle. Devant l'histoire, le gynécée impérial de Théodora est

---

*Soufflard, criminel condamné d'abord au bagne et qui, après sa libération, fut l'un des chefs d'une bande redoutable qui commit à Paris des vols nombreux et quelques assassinats. Toute la bande fut arrêtée et ses deux chefs, Soufflard et Lesage, furent condamnés à mort. Mais Soufflard ne monta pas sur l'échafaud. Il s'empoisonna dans sa cellule avec une forte dose d'arsenic, dont il se refusa à révéler comment il se l'était procurée. Ceci se passait en 1839.

**Olympe Mancini (1640-1708), l'une des nièces de Mazarin ; elle épousa le comte de Soissons. Elle devint veuve en 1673 et fut accusée d'avoir empoisonné son mari ; le fait qu'elle était en relations avec Catherine Deshayes, veuve Monvoisin, et dite la Voisin, célèbre comme chiromancienne et surtout comme empoisonneuse, donna du crédit à l'accusation contre la comtesse de Soissons.

***Si *lupanar* vient de *lupa* qui signifie à la fois louve et prostituée, il n'est pas unanimement admis que le nom de Louvre vienne de *lupara*, à cause de la présence de loups dans les lieux où le Louvre fut édifié. Selon Littré, *lupara* ou *lupera,* dont « on ne connaît ni l'origine ni la signification » était le nom d'un château situé hors de Paris et qui est devenu le Louvre.

tutoyé par la maison Bancal*, et la lune d'or de six palmes de diamètre qui avait pour prunelles deux diamants gros comme des œufs d'aigle et qui éclairait mollement l'alcôve d'Eudoxie, en sait aussi long, en fait d'opprobre, que la chandelle vert-de-grisée de la rue du Pélican**. L'ignominie, c'est l'égalité.

La dorure ne tient pas sur les crimes. Procope lui-même, après avoir déifié Justinien, est forcé de faire un dernier chapitre, pilorie l'apothéose, et ajoute à toute cette gloire un post-scriptum de honte. Justinien, *demi-dieu ;* erratum, lisez : *monstre.*

Toutes les turpitudes se font équilibre, et l'une n'a pas le droit de mépriser l'autre. Aucune souillure n'est reçue à faire la fière. De tigre à chacal il n'y a que la griffe. Mettons donc toute l'histoire sur le même plan. Quand on a raconté le partage de la Pologne, on est de plain-pied avec la bande de Gueulemer, de Babet et de Claquesous. La Maritorne de la Pomme du Pin, qui n'a tué personne après tout, peut bien entrer en scène après les baisers de la reine Caroline à Nelson, à moins que ce ne soit un embellissement pour Caroline d'être montrée du doigt, dans les pâles clairs de lune de l'océan, par le spectre de Caracciolo***. Quoi, j'ai nommé Octavie, Tullie, Brunehaut, Agnès la sanglante, Marie d'Écosse, Louise de Valois****, Bonne de Berry, et je ne nommerai pas

---

*La maison Bancal, maison mal famée, à Rodez, dans laquelle le 19 mars 1817, fut assassiné l'ancien magistrat Fualdès. Ce crime fut l'une des causes les plus célèbres du temps de la Restauration.

**Cette rue allait de la rue de Grenelle-Saint-Honoré (à présent rue J.-J. Rousseau) à la rue Croix-des-Petits-Champs.

Procope (fin du Ve siècle-562) haut fonctionnaire de la cour de l'empereur Justinien Ier. Il écrivit de ce prince une histoire apologétique, et, plus tard, une histoire secrète qui est un pamphlet non seulement contre Justinien mais encore contre sa femme, Théodora, et contre son général Bélisaire.

***Francisco Caracciolo (1752-1799), patriote napolitain, devenu amiral de la république parthénopéenne, fut, après la reddition de Naples, livré par un de ses domestiques, au parti royaliste. Il fut réclamé par Nelson, qui soutenait la royauté et que dominait, non pas la reine Marie-Caroline, mais la favorite de cette reine, Emma Lyon, aventurière anglaise devenue lady Hamilton, femme de l'ambassadeur d'Angleterre. Elle avait alors Nelson pour amant. Caracciolo fut pendu à la vergue d'un navire ; son cadavre fut jeté à la mer. Le roi de Naples, venant de Sicile, fut frappé du spectacle de ce cadavre flottant sur les eaux et demanda ce que lui voulait ce mort. « Une sépulture chrétienne » répondit l'aumônier. Cette sépulture fut accordée.

****Octavie, fille de Claude et de Messaline, femme de Néron qui, en 62, la fit mettre à mort. — Tullie, fille de Servius Tullius et femme de Tarquin le Superbe. Elle poussa son mari à tuer Servius pour s'emparer du trône ; ce fut en 534 av. J.-C. — Bru-

Fouillenbruche! est-ce par dignité? est-ce par respect pour cette goutte d'encre qui est dans le bec de ma plume? puisqu'elle a eu la noirceur d'écrire ce nom : Marguerite de Bourgogne, elle peut bien écrire celui-ci : Ninon. Quoi, Christine de Suède, toute nue sur son matelas de velours noir, n'offense pas la pudeur, et la belle Bourbonnaise fait scandale! Le beau style est-il plus à l'aise avec le lit de la duchesse de Longueville qu'avec le lit de Zozo-Gisquette? est-on à temps pour faire la petite bouche quand on a prononcé ce mot obscène : Catherine II*? la prostitution monte-t-elle en grade parce qu'elle devient czarine? la grande race est-elle une circonstance atténuante en matière de turpitude? l'infamie est-elle plus présentable quand elle est de haute noblesse? soit. Glorifiez à votre aise les têtes couronnées de la prostitution; mais laissez-nous pleurer sur Marion et sur Manon.

Laissez-nous notre pitié fraternelle et profonde. La fille du peuple a eu faim. L'agonie de l'âme a commencé par l'agonie de la chair. A côté de Parent-Duchâtelet qui enregistre, Jérémie peut sangloter. Il y a du sépulcre dans cette alcôve; qui écarte ce drap de lit dérange un suaire; une prostituée est une morte.

Tout homme est habituellement fort indulgent pour soi-même, s'accorde tout, se concède tout, se pardonne tout, fait passer le bras de toutes les mauvaises actions possibles par la largeur de

---

nehaut, qui, comme dénouement de sa sanglante rivalité avec Frédégonde, périt ayant été attachée à la queue d'un cheval indompté (613). — Agnès la Sanglante : Agnès d'Autriche, femme d'André III, roi de Hongrie, fit périr plus de mille personnes pour venger le meurtre de son père. Elle-même mourut assassinée (1364). — Marie d'Écosse : Marie de Lorraine, fille de Claude duc de Guise et épouse, en secondes noces, du roi Jacques V d'Écosse. Devenue veuve une seconde fois elle persécuta violemment les protestants de son royaume. Le peuple se souleva. La régente fut dépouillée de la régence et mourut au moment où elle venait d'appeler à son secours des troupes françaises (1560). — Louise de Valois : Louise de Savoie, femme de Jean de Valois et mère de François Ier, femme cupide, de mœurs dépravées et qui dilapida les fonds du Trésor pour la satisfaction de vengeances personnelles, mais qui, comme régente, ne dirigea pas mal les affaires du royaume.

*Marguerite de Bourgogne, femme de Louis le Hutin qui la fit mettre à mort pour crime d'adultère. — Christine de Suède (1626-1689), fille de Gustave-Adolphe. Elle abdiqua en 1654 et, en 1657, elle fit assassiner à Fontainebleau son favori Monaldeschi. — La duchesse de Longueville (1619-1679), sœur du Grand Condé qui eut un rôle important pendant les troubles de la Fronde. — Catherine II la Grande (1729-1796), femme de Pierre III, impératrice de Russie après le meurtre de son mari, et femme de mœurs déréglées.

ses manches, admire les gentillesses de ses vices, appelle ses fautes de toutes sortes de jolis petits noms paternels, les caresse, les engraisse, les élève, ne s'accuse de rien, ne se blâme de rien, est noir et se croit blanc, s'émerveille gracieusement de lui-même; mais a dans la conscience un rechange vertueux dont il se sert pour autrui.

Ce que fait l'individu, la communauté le fait. D'une classe à l'autre on se condamne, en gardant pour soi seul l'absolution. Le haut méprise le bas; le bas déteste le haut. La cave dit : le grenier est sale; le grenier dit : la cave est noire.

Nous sommes tous le grenier; or, nous sommes tous la cave et, en regardant un autre, c'est soi-même qu'on regarde. Au fond, on le sent, on se l'avoue dans l'intimité du monologue; et l'on hait le philosophe sincère qui fait les confrontations. Les laideurs n'aiment point les miroirs.

Présentons le miroir pourtant. Montrons Claudine Ronge-Oreille à Frédégonde. Là, madame, votre majesté se voit-elle?

VI

Matière à réflexions, et pour revenir au point de vue général, la femme, dans les conditions où l'ordre social l'accepte, est mineure; dans les conditions où l'ordre social la rejette, elle est infâme. Vénérée ou conspuée. On pourrait presque dire que la femme est hors la loi. Or, la femme, c'est notre mère.

Digne de pitié dans les deux cas; digne aussi de respect. Quoi, même rejetée, même infâme! Oui, puisque cette infamie est plutôt notre fait que le sien; oui, puisque cette infamie est une résultante de sa faiblesse. Il y a dans le vieux monde tel qu'il est un déchaînement de forces qui toutes tendent à courber la femme. Un vent de colère et d'aveuglement souffle sur elle. Cette tête baissée de la femme nous accuse. Son infamie est notre opprobre. La femme a cette marque, qui ne prouve rien que notre violence et sa misère. C'est le pli du roseau sous l'ouragan.

Tous tant que nous sommes, ces redoutables problèmes nous touchent; par égoïsme, ayons pitié; notre devoir, à nous civilisation, est de les aborder nettement, de les soumettre au travail incessant du progrès, et de faire perpétuellement effort sur tous les points réfractaires à la solution. Ne vous le dissimulez point, la femme tachée gagne la société tout entière. Élargissement de la goutte d'huile.

Cette immense fille publique qui va du haut en bas de la civilisation, qui, au-dessus de nos têtes s'appelle Isabeau de Bavière et au-dessous de nos talons Fanchon la Cogne, cette géante du vice, avec son lugubre sobriquet : Joie, est-ce que ce n'est pas épouvantable?

L'accablement de la fille du peuple sous l'Anankè social est particulièrement poignant. La fille du peuple qui se livre est une vaincue. Sous toutes ces mains de fer qui la saisissent, elle est si peu libre qu'elle est presque irresponsable. Elle a droit de se redresser, et de demander compte, et de recracher l'ignominie à la face de la fatalité ; elle a droit de mettre le mépris public en accusation devant Dieu. Elle garde dans sa dégradation on ne sait quelle sinistre innocence.

Il y a du sacrifice humain dans la prostitution ; de là certains aspects terribles.

La fermentation de tous les vieux vices sociaux dégage à travers la civilisation une vapeur malsaine. L'ancien monde, fini ou finissant, apparaît comme une morne solitude morale. Le philosophe y rôde, osant à peine approcher de toutes les formes nocturnes qu'il entrevoit.

L'heure est sombre. Ceci est la chaudière. La chaudière du Brocken*, la chaudière de la bruyère de Harmuirh**; la grande cuve fatale du vieux monde. La flamme lèche l'airain ; le bouillonnement est monstrueux. Jetez-y le nouveau-né, jetez-y la chevelure blonde, jetez-y les cheveux gris, jetez-y la mère, jetez-y l'enfant, jetez-y la virginité des filles pauvres, jetez-y la honte, ce crapaud, jetez-y les cris et les larmes, jetez-y la faim, jetez-y la nuit. Toute la vieille société humaine frémit dans cette profondeur ; la fournaise est gaie au-dessous. Éclairs et tonnerre. Les hideux masques de l'ombre s'empourprent à la réverbération du brasier, le vague échevellement des furies apparaît dans la fumée ; Ignorance, Misère et Crime se donnent la main autour du mystère. On danse confusément dans cette lueur. Qui ? les êtres de l'abîme. Et, dans le crépuscule, sous le vol des chauves-souris, sous le cri des chouettes, devant l'immensité des ténèbres s'écroulant du zénith, les trois spectres, secouant leurs haillons, étendant sur l'horizon la noirceur de leurs bras terribles, hagards, farouches, joyeux, disent à l'assassin qui passe : tu es roi !

Ces réalités du mal social souterrain ont cela de hideux et d'étrange qu'il est impossible de les regarder longtemps sans croire que c'est un songe. Plus on les étudie, plus elles étonnent. Plus on les touche du doigt, plus on est tenté de dire : cela n'est pas. Elles prennent peu à peu sous l'œil de l'observateur la figure de l'impossible. Leur incohérence avec la nature humaine leur ôte la vraisemblance, elles sont, hélas ! mais à ce degré l'horrible

---

*Le Brocken, la plus haute des montagnes du Hartz. Les légendes allemandes en ont fait le lieu de la réunion des esprits surnaturels qui, chaque année, dans la nuit du 1er mai, y célébrent une fête infernale : c'est la nuit du Valaurgis. On y plaçait aussi des sabbats de sorcières. La nuit du Valpurgis est l'une des scènes du *Faust* de Gœthe.

**La bruyère d'Harmuirh, dans *Macbeth*, où trois sorcières saluèrent ce prince, qui était thane de Glamis et lui prédirent qu'il serait thane de Candor et roi d'Écosse (*Macbeth*, A. I. et III).

semble absurde, et l'on croit voir des espèces de faits fantômes. L'observation se complique d'effarement. Tout ce dessous de la civilisation s'ébauche au regard du penseur comme une vision. Cela semble fait pour être contemplé, en même temps par Sainte-Foix ivre du fond de la charrette des boueurs, et par Jean du haut de Pathmos. Des formes d'obscurité passent ; il y a un météore, le n° 113 ; on entend l'éclat de rire de Lacenaire* dans le cabanon de Bicêtre ; les trousseaux de clefs tintent dans cette ombre comme les clochettes dans la montagne ; des linéaments de caverne se mêlent aux étoiles ; tout flotte, roule, tremble, se dissipe et se reforme ; est-ce de la roche ? est-ce de la fumée ? respirez, vous êtes asphyxié ; si cela tombait sur vous, cela vous écraserait. Des portes s'ouvrent et se ferment avec des refoulements de ténèbres ; on entend grincer des grilles ; des voitures cellulaires partent au grand trot ; on entrevoit des gendarmes ; des guichetiers vont et viennent ; des greffiers tranquilles avec leurs manches de serge, écrivent ; on aperçoit des intérieurs de bureaux, des hommes froids, des juges, des dossiers, des registres ouverts sur des pupitres, des rangées d'in-folio portant des dates et les lettres de l'alphabet, des pieds de tables, de fauteuils et de chaises, parmi lesquels toutes les malédictions et tous les blasphèmes font serpenter leurs flamboiements. On voit des profondeurs ; on entend l'écume d'un torrent vers lequel Mingrat se dirige portant un sac ; quelque chose passe par un trou du sac, c'est un pied de femme. Le buisson où est caché Papavoine** frissonne ; un vent de bouleversement mêle les spectres ; Henriette Cormier joue à la boule avec une tête d'enfant. Un chaos de couteaux qui brillent est lugubrement dominé par deux poteaux rouges ; l'exagération de l'ombre s'ajoute à l'épouvante ; la bestialité des vices se manifeste ; le méchant rugit, l'hypocrite miaule, les visages humains se dilatent en faces léopardes ; les ivrognes passent en chantant ; on descend de la Courtille***, on tombe dans le Cocyte ; on est joyeux ; on valse, on mange, on boit ; Castaing trinque avec les frères Ballet ; les

---

*Voir la n. 4, ch. VII, p. 1617. Voir également le texte p. 1650.
**Voir les mêmes pages. Papavoine avait commis son double meurtre au bois de Vincennes. Il y avait ensuite cherché un abri.
***La Courtille : quartier de Paris qui faisait autrefois partie de la commune de Belleville, et qui tenait son nom des courtils ou petits jardins qui attenaient aux maisons des paysans. Lieu champêtre, devenu pour les Parisiens, lieu de promenade où les guinguettes furent nombreuses. On y allait, au temps du carnaval, boire, danser et s'amuser. On y passait en réjouissances la nuit du mardi gras et le mercredi des Cendres au lever du jour, les masques, visage fatigué, et costumes frippés, descendaient en un bruyant cortège de la Courtille aux boulevards de Paris, parmi une grande affluence de curieux qu'attirait ce spectacle pittoresque.

femmes sont décolletées, on a des masques, on soulève le loup pour le baiser; allons souper, crie une voix, dansons, crie l'autre; il y a un orchestre; le rire est immense; à une extrémité l'archet de Musard, à l'autre le glaive de l'Archange; et l'apocalypse confine au carnaval.

N'est-ce pas redoutable? avoir cela au-dessous de soi, qu'en dites-vous?

Sont-ce seulement des crimes, des débauches, des vices, des attentats, des sacrilèges, des guets-apens, des vols, des meurtres, des perversités? non. Ce sont des souffrances. Cette plaie qui rit, c'est horrible. Ces hommes sont des malheureux, ces femmes sont des désespérées, leur joie est la surface hideuse de la désolation, ces monstres sont des malades. Et tant qu'il y aura de ces malades-là dans la civilisation, la civilisation sera triste. La société sera comme Byron cachant son pied bot. Elle aura sur le visage la mélancolie incurable de la misère latente. De certaines lividités dénonceront extérieurement le mal. Les clairvoyants ne s'y tromperont pas; un philosophe est un médecin. Soyez donc heureux! en haut le sourire, en bas l'ulcère. Cacher une difformité, ce n'est pas la supprimer. Pour ne pas avouer votre peste, en êtes-vous moins pestiféré? Il est temps de prendre un parti. Voulons-nous guérir cela, oui ou non?

Aucune étude, répétons-le, n'égale en grandeur la contemplation des prodigieux précipices ouverts par le mal dans le genre humain. Qui rêve de les fermer doit oser les sonder. Vol, ignorance, prostitution, misère, autant de lieux de chute, autant d'hiatus vertigineux, autant d'horribles bouches sépulcrales où tombent, neige noire, des millions de vivants. Ces escarpements de l'abîme attirent le penseur. Ils attirent quiconque veut voir les sombres énormités sacrées, quiconque veut voir les cavernes visionnaires pleines des nuées de l'infini, quiconque veut voir les dragons du rêve, quiconque voudrait voir Babylone, quiconque voudrait voir Léviathan, quiconque a les curiosités formidables. Ils attirent quiconque a de la pitié. Êtes-vous miséricordieux? venez, et regardez. Ensuite nous pleurerons; ensuite nous aviserons. Il suffit, pour avoir envie de se pencher sur ces profondeurs, de se sentir ému et attendri par ces immensités d'amertume, et d'avoir une larme à donner à l'océan.

VII

Croyez-vous en Dieu? non. Pourquoi? à cause de la souffrance. Eh bien, à cause de la souffrance, j'y crois. O misérables, comprenez la divinité de la misère. Misérable signifie vénérable. Dans l'orient les insensés sont sacrés; ils ont le ciel en eux; l'idiot sourd-muet est un noyé de l'inspiration. Le souffle d'en haut l'a englouti. Le foudroyé est sanctifié. Souffrir, c'est mériter. Tertullien appelle les prisonniers et les esclaves, les préférés, *praelati*. Là où il y a un misérable, la survenue auguste d'un dieu est toujours possible. Les transfigurations sont voisines des ensevelissements. Dans toute infortune il y a le calvaire. Une reine des légendes, prise de miséricorde pour un lépreux, le mit dans son lit; le mari entra l'épée haute, furieux de l'adultère, arracha le drap, et, dans ce lit, là où le mari croyait trouver un homme, là où la femme avait mis un lépreux, tous deux virent le corps sanglant et radieux de Jésus-Christ.

Commençons donc par l'immense pitié. Le philosophe se tient debout devant les forts et les heureux, regarde fixement le succès, fait face au triomphe, nie l'évidence de la couronne de lauriers, dédaigne le côté velours des trônes, gratte de l'ongle les dorures, plisse la lèvre pendant les acclamations, pèse Alexandre et Napoléon, *quot libras in duce summo ?** discute le pharaon, le padischah et le czar, a les genoux ankylosés devant la toute-puissance, déclare la guerre à la haine, tire l'idée contre le glaive, souffle superbement la révolte en présence des préjugés, des superstitions et des fanatismes, et dit à toutes les misères : mes sœurs.

Vouloir la fin d'un certain ordre de calamités, est-ce donc une démence? nullement. Voir les misères avec un regard tout ensemble de soulagement et de destruction; en panser le cancer dans l'individu, en extirper le virus dans la société, telle est l'utopie acceptable. Nous défions qui que ce soit de dire non; nous en défions même ces grands fous sérieux qui s'appellent complaisamment les sages.

Danaé étant donnée, peut-on faire un meilleur emploi de la pluie d'or? oui, il n'y a qu'à supprimer Jupiter.

La source est viciée; l'irrigation dévie; ce qui devrait féconder ravage. Surveillez ce qui descend des hauteurs, ayez pitié des bas-fonds. Mettez le juste dans vos lois, le bon dans vos mœurs, le vrai dans vos croyances, le beau dans vos arts. Que les grands exemples viennent d'en haut.

Que le juge soit un penseur : que le penseur soit un juge. Avant de condamner qui que ce soit, examinez-vous. Ayez en vous une sellette pour vous. Les meilleurs font tous les jours au mal des péages mystérieux. Un cercle de l'enfer répond à chacune des sept actions quotidiennes du sage. Se peser à faux poids est une douce habitude; mais à force de fausser ainsi la balance intérieure, on perd la sérénité intime, cette suprême assurance du juste. Le premier des bons ménages est celui qu'on fait avec sa conscience. Tâchez d'être heureux en dedans. Et avant tout, ne soyez pas sévères pour les fautes d'en face. En attendant que vous soyez irréprochables, soyez indulgents. Poutre, amnistie la paille.

Considérez-vous, scrutez-vous, questionnez-vous. Commencez l'interrogatoire par mettre sur le tabouret vos propres perfections. D'un certain mépris de vous-même naîtra la pitié pour autrui.

*Quel est le poids, la puissance du plus grand chef?

La femme se dira : si je n'avais pas dix mille livres de rente ? l'homme se dira : si j'étais sans pain ? Et ceux qui châtient ne frapperont plus ; et ceux qui méprisent ne cracheront plus. Qui sait ? dans la faute d'un autre, on reconnaîtra peut-être sa propre maladie. Alors il y aura sur les sommets un frémissement salutaire.

L'examen que nous faisons de nous-mêmes doit s'armer d'une loupe. Ne craignons pas les forts grossissements. Un peu de modestie vraie en naîtra ; il n'y aura pas grand mal. Ajoutons donc à notre prunelle intérieure une bonne lentille bien grossissante. Autrement, nous ne saurions réellement point ce qu'il y a dans notre âme.

On est stupéfait des monstres que le microscope trouve dans l'eau la plus claire et dans la conscience la plus limpide.

Je vous entends d'ici murmurer : il a déjà fait ces recommandations-là tout à l'heure. Ah ! vous vous plaignez des répétitions. Le clou qu'on enfonce aussi.

Je continue.

Les égoïsmes sont de plusieurs genres et ont, selon le cas, des ramages différents.

Il y a un égoïsme qui regarde les martyrs et qui dit : ce sont des insensés. Gare ! Ils se dévouent. A quoi bon ? qui est-ce qui le leur demande ? à qui en veulent-ils ? Pourquoi ce goût d'être bannis, fouettés, conspués, suppliciés ? de quel droit meurent-ils, cela nous dérange. Ils font cela par devoir, disent-ils. Belle folie ! où mettent-ils leur bon sens ? des gens qui pourraient vivre tranquilles ! encore s'ils ne nuisaient qu'à eux-mêmes ! mais il suffit d'avoir été salué par eux pour être suspect. J'ai connu celui-ci, et en se faisant persécuter, en se faisant emprisonner, en se faisant bannir, en se faisant mettre à mort, il me compromet. Par Jupiter ! laissons-les passer. Prenons garde aux éclaboussures de leur sang. Abritons-nous de façon à ne pas être atteints par leur malheur. Le tonneau de Régulus roule*. Otons-nous de devant.

Un autre égoïsme regarde les pauvres et dit : Écartons-nous. Ces êtres ont la peste. On devrait mettre un drapeau noir sur une famille qui a faim. Cela mord. Tous les vices leur font une lèpre à la face. Gare ! ce sont des gueux.

---

*Marcus-Atilius Régulus, vaincu par les Carthaginois près de Tunis et fait par eux prisonnier, fut envoyé à Rome pour proposer la conclusion de la paix. Or il donna au Sénat un conseil contraire. Retourné à Carthage, pour y reprendre sa place de prisonnier, comme il l'avait promis, il aurait été selon plusieurs historiens soumis à de cruels supplices. On en a mentionné plusieurs dont l'un aurait été d'enfermer Régulus dans un tonneau de bois hérissé de pointes de fer. Mais le fait est douteux. Des historiens aussi sérieux que Polybe et Diodore de Sicile qui parlent longuement de Régulus ne le relatent pas.

Et là où l'on devrait adhérer, on déserte. Là où l'on devrait secourir, on accable.

La prospérité est capiteuse. C'est un bon vin dont l'ivresse est mauvaise. Quand donc ceux qui vivent dans leur moi comprendront-ils que l'égoïsme ne donne pas un bon étourdissement ? Soyez heureux, ne soyez point béat.

Il faut, quand on est en haut, savoir ne pas être heureux avec négligence. Cette funeste négligence inconsciente des heureux cause, sans le vouloir et par inertie, d'affreux malheurs au-dessous d'eux.

L'excès de jouissance dans une région engendre dans l'autre région un vide qui se remplit avec de la souffrance. Le trop en haut produit le moins en bas. Les heureux doivent craindre d'exiger du sort trop de bonheur. La prostitution, le vol, les miasmes, les haillons, les ulcères, sont les réponses à de certaines demandes exagérées de félicité.

Redoutable phénomène et digne d'attention, que cette production des enfers par les paradis ! le milliard dépensé à Versailles a fait manger de l'herbe dans les champs et ronger des os dans les cimetières, aux petits enfants. Les dérivations sont étranges et infinies dans l'ordre moral. La solution de continuité est une expression purement abstraite et n'existe nulle part. Ce qui est distant pour notre prunelle grossière adhère dans l'invisible. Vous ne vous doutez guère qu'il y a connexité entre ce qui se passe dans votre for intérieur et ce qui se passe dans le grenier de votre maison. L'examen de vous-même que vous faites ou que vous ne faites point est étroitement lié au pain que le pauvre aura ou n'aura pas. L'étincelle morale réveillée dans votre âme allumera du feu au-dessus de votre tête dans une mansarde. Quand il y aura plus de conscience ici, il y aura moins de malheur là.

89 ne sera compris et exécuté que lorsque la dernière guenille aura disparu. Tant qu'il y a eu des sujets, les misérables étaient, pour ainsi dire, de droit ; mais là où il n'y a que des citoyens, il ne peut plus y avoir de misérables. La Révolution française, en biffant la fausse aristocratie et en promulguant l'égalité, ne diminue pas l'homme, mais l'augmente. Le peuple, grandi dans l'individu et dignifié dans le citoyen, voilà le but de 1789.

Les philosophes démocrates n'ont pas pour objet, en affirmant l'égalité, de prouver la roture de l'homme ; mais sa divinité. La déclaration des droits de l'homme est une sublime lettre de noblesse. L'élévation des multitudes à la dignité de nations, l'élévation des nations à la dignité d'humanité ; tel est le programme immédiat de la civilisation. Or, pour réaliser ce programme, la première condition c'est l'abolition de tous les esclavages. La misère en est un. Supprimer la Misère, quel but splendide pour l'unanimité !

VIII

Qu'on ne se méprenne pas sur notre pensée. Nous n'avons nulle préméditation de l'impossible, et, dans notre utopie humaine,

réformes dans la région des prodiges, proposer des amendements au mystère, c'est rabâcher l'inutile ; c'est perdre le temps ; c'est laisser tomber les minutes goutte à goutte pour faire des ronds dans l'éternité. Quant à nous, réformateurs ardents du contingent et du relatif, nous n'avons devant l'absolu que de la rêverie et de l'agenouillement. Le mal n'est le mal pour nous qu'autant que nous pouvons le mesurer à la mesure morale qui est en nous. Nous nous sentons qualité et autorité pour flétrir Néron ou Contrafatto ; mais il nous est impossible d'affirmer qu'une tempête soit un crime et qu'un tremblement de terre soit une trahison. Un coup de couteau nous indigne ; nous ne nous sentons pas juge d'un coup de tonnerre. Nous ne traduisons point à notre barre l'éruption de Chimborazo. Nous reprochons Delacollonge à la civilisation ; nous ne reprochons pas le crocodile à Dieu. Nous ne corrigeons pas la création ; nous ne mettons pas de chevilles à la mécanique céleste. Notre philosophie n'offre pas un frein de son invention à ces locomotives qu'on nomme les astres. Quand l'ouragan épelle la nuit et la mer, répétant sans cesse les mêmes phrases, nous ignorons ce qu'il dit et à qui il parle, et nous le laissons bégayer. Nous ne faisons point de ratures à l'insondable. Nous n'aidons point l'Inconnu énorme. Nous ne sommes point de ceux qui jugent l'absolu, discutant et réprimandant l'élément, trouvant ceci mauvais, cela bon, et font de temps en temps un signe de satisfaction à l'infini. Nous ne disons point à Dieu : bon élève.

Entendons-nous. Qu'il faille absolument prendre en bloc la création entière comme fatale, est-ce là ce que nous prétendons ? En aucune manière. Se croiser les bras purement et simplement devant le Tout mystérieux n'est pas le fait de l'homme. L'homme est esprit et par conséquent a pour fonction un vaste travail d'attaque sur le mal. Le mal, étant de l'ombre, est derrière la matière. Tourner la matière, c'est le devoir de l'intelligence. Tourner la matière, lui faire subir le sévère examen de l'âme, l'accabler de questions, ne jamais la laisser tranquille, voilà le saint labeur du progrès. L'esprit humain combat la pesanteur et la nuit, masse difforme, double et une ; il sonde, fouille, creuse, perce d'outre en outre, divise, éclaire, assiège le bloc, lui livre bataille, l'entame, le bat en brèche, y applique la science, cette échelle, le prend d'assaut, le pulvérise, le met en fuite dans la molécule, et, armé du télescope, se précipite dans l'infini à la poursuite de l'atome. La contemplation du point géométrique, la rencontre de l'âme et de la monade, leur confrontation, leur identité prodigieuse, voilà sa victoire. La découverte de l'unité.

Double et gigantesque travail, physique au début, métaphysique à la fin, qui cherche Dieu, et qui trouve le bien chemin faisant. La science procède par chapitres. La matière étant sa première rencontre, est sa première fouille. La couche superficielle percée, l'homme aperçoit l'affleurement des questions divines. Doit-il pour cela cesser son travail? non pas. L'abdication de l'homme commence-t-elle à la vision de Dieu? Point. Ce qui commence à ce moment suprême, ce n'est point l'abdication, lâcheté, c'est l'émulation; une émulation auguste; la grande joute de la créature avec le créateur. Une peste, par exemple, qu'est-ce? un phénomène double. Une part à Dieu, une part à l'homme. C'est ici pour l'homme le cas de retirer sa collaboration. Une peste est un avertissement. Habitant, que ton premier soin soit de désinfecter le logis. Il y une immense hygiène terrestre que le penseur entrevoit, et que l'homme doit au globe.

La météorologie, qui contient une révolution gigantesque, en est à son 89. Elle commence, mais ces commencements-là ont des suites irrésistibles. Le gouvernement de l'atmosphère dans une certaine mesure n'est pas impossible à l'homme. L'homme a évidemment action sur les climats. La dureté ou la douceur de l'automne, la précocité ou le retard de l'hiver dépendent d'une muraille de glace qui se forme ou ne se forme point au nord des continents; un jour on réglera scientifiquement ces formations; quand l'homme tiendra les pôles, il tiendra les saisons. Tout Progresse. La science poussant ses formules d'un plateau à l'autre, passe du solide au liquide et du liquide au fluide. L'homme commence à comprendre qu'il peut manier les fleuves, régler les torrents, discipliner les cascades, greffer un canal à une rivière, tourner le robinet d'un lac, faire ruisseler l'eau sur la terre à son gré; un jour, il fera de même ruisseler les nuées. Il sera maître de l'orage comme il est maître de l'écluse; il commandera les pluies. Le ménage du globe est à peine ébauché. Les lois de cette santé énorme laissent distinguer quelques-uns de leurs linéaments; mais cela ne suffit pas pour le travail d'ensemble, et notre planète a besoin d'une méthode que l'homme n'a pas encore créée. Défrichement et culture ne doivent point être des jeux de hasard. Sur tel point du globe une forêt est une maladie; sur tel autre point, elle est un assainissement.

Autre question : la circulation de l'homme sur la terre, correspondante à la circulation du sang dans l'homme. Stagnation, c'est paralysie; paralysie, c'est mort. Couper un isthme, c'est couper une ligature. La civilisation meurt de l'isthme de Suez et de l'isthme de Panama. La Turquie est une tumeur que la civilisation n'aurait pas sans l'isthme de Suez. Circuler, c'est vivre; circuler, c'est grandir; circuler, c'est prospérer.

Autre question : la propreté. Propreté et civilisation sont le même phénomène. Les vermines sont les stimulants de Dieu sur l'homme pour le forcer à laver son corps et à coloniser son globe. Un peuple barbare, c'est une chevelure mal peignée; un désert est un galetas. Le tigre est identique à la punaise.

Toute culture est possible. On peut cultiver une mouche : témoin l'abeille. L'orient a réussi à domestiquer le lion. Il y a une défalcation à faire dans les forces de la nature; tout n'y est pas antagonisme et refus. Celles-ci résistent, celles-là offrent leur concours. La tendance manifeste du pondérable et du palpable est d'obéir. L'impondérable est saisi lui-même par la science, et, à l'heure qu'il est, un pan de sa robe fluide frissonne dans la main de l'homme. De certaines rébellions immémoriales, la mer, la flamme, la souffrance charnelle, font peu à peu leur soumission. La boussole, l'amiante, le chloroforme, aident l'homme. Le vent, ce capricieux apparent, ne nous sera réfractaire que jusqu'au jour où une pile de Volta, haute comme l'Himalaya, mêlera la volonté de l'homme aux courants magnétiques de la planète. Des volcans humains sont possibles. Le Creusot est un commencement de cratère.

Ce mot : travailler à la terre, a un petit et un grand sens. Le laboureur travaille au champ, le penseur travaille au globe. Triptolème* a une charrue; Pythagore en a une autre. Le gerbe de blé précède et symbolise ce splendide épanouissement, la gerbe de lumière.

Le jour en effet gagne et croît. La matière accepte, de plus en plus nettement, sa condition de servante. L'aveugle énorme qu'on appelle la force est fait pour obéir, dans une certaine mesure, à l'immense voyant qu'on appelle l'esprit. On peut le constater déjà, çà et là, la nature capitule. Le chaos abdique. Les fléaux se rangent à l'ordre, et entrent au service de l'homme, comme ces guérilleros qui, las de la montagne, offrent de se rendre, demandent un grade dans l'armée, et deviennent de bandits colonels. Le vaste mal cosmique s'amoindrit. Il y a sur plusieurs points des reculs de ténèbres. La barbarie des choses cède à la civilisation Le travail a été commencé, il y a quarante siècles, par l'algèbre et par l'hymne; la nuit a été attaquée en même temps, d'un côté par la formule d'Hermès, de l'autre par la strophe d'Orphée; et cette tradition est une des clartés de la mémoire du genre humain. Depuis lors, l'œuvre n'a pas été un seul jour interrompue. Elle est parvenue aujourd'hui à ce point d'aurore qu'une humanité nouvelle est déjà presque visible sur le seuil du prochain siècle. L'ancien monde à tâtons disparaît.

Cette sublime besogne est une des plus hautes fonctions de l'homme. C'est plus qu'une fonction, c'est une mission. Un des premiers, et il y a trente ans de cela, nous l'avons dit. Nous sommes donc loin de le nier. La matière est la bête, l'homme est le dompteur.

Mais autre chose est l'effort scientifique; autre chose est la loi morale. Que l'effort scientifique des hommes aille le plus loin possible; c'est bien; quant à leur loi morale, elle leur est propre, et ne saurait les dépasser. Elle est trop courte pour s'appliquer utilement à l'incommensurable.

Est-ce à dire que, pour nous qui parlons ici, l'Inconnu soit sans loi morale ? aucun blasphème ne serait plus contraire à notre pensée.

---

*Triptolème eut le privilège de recevoir de Déméter la science de l'agriculture. Selon une tradition il bâtit Eleusis, en devint le roi et y fonda le culte des mystères de Déméter.

Le suprême équilibre implique la suprême équité. L'immensité est exacte ; donc elle est juste. Le premier fait exige le second. L'Être n'est pas une montagne à un seul versant.

Le mystère est juste, cela est évident. Seulement, ce que nous en apercevons n'étant pas de notre dimension, nous n'en pouvons rien conclure dans le sens de notre loi propre. L'homme ne s'en irrite pas moins. Déconcerté et désespéré par l'inattendu qui sort de cette obscurité, l'homme lui adresse des reproches. Un coup du sort lui fait l'effet d'un coup de poignard. Nous-même, dans l'illusion d'optique des calamités, plus d'une fois, à défaut de la logique, nous avons eu la colère, nous avons dit à l'ouragan : tu es un pirate, et une apoplexie foudroyante nous a semblé un assassinat. Tel naufrage nous est apparu comme un complot, la mer s'était entendue avec le vent, il y avait complicité du rocher avec la vague, et de la vague avec la nuit, la lune s'était lâchement cachée derrière le nuage, la barque avait été prise en traître, nous nous sommes indigné de cette préméditation, et nous avons dénoncé la catastrophe à l'infini. Le simoun est-il un méchant ? C'est possible. Que l'élément ait conscience, que le fléau fasse du zèle, que l'incendie et l'inondation soient les valets du mal, que la hache soit féroce, que la vipère glisse dans la même noirceur que Marie Tudor ou Catherine de Médicis, que le Cydnus ait assassiné Alexandre, que l'écroulement de Lisbonne* soit un coup d'État, que la morsure du loup à l'agneau soit de la même espèce que les questions de Caïphe à Jésus, que le faux pas soit calculé par la pierre du chemin, que le précipice soit intentionnel, que le vautour soit un bandit, que la ciguë soit une empoisonneuse, que le champignon sache ce qu'il fait, que l'avalanche soit une scélérate, notre esprit l'a rêvé ou entrevu ; ces visions sont de la vérité peut-être ; rien ne donne à l'intelligence humaine le droit de l'affirmer. Nous n'avons pas la notion de la responsabilité de l'abîme. Nous ne savons comment nous y prendre pour dire au gouffre : tu es injuste. Nous n'avons rien à voir aux mauvaises actions de l'immensité : elles sont ce qu'elles sont ; nous ne nous y connaissons pas.

La première condition pour juger une chose, ou un être, ou un fait, c'est d'en voir les deux extrémités. Or, dans l'insondable, nous n'apercevons que de vagues anneaux de séries ; d'extrémité, jamais. Là, pour nous, rien ne commence, et rien ne finit. Qu'avons-nous à dire à ce qui est là-bas, là-haut, dehors, au delà, plus loin que l'homme ? c'est l'absolu. La critique du soleil est vaine. Notre infinité est telle que nous croyons sentir les imperfections de la perfection. Est-ce la faute de la perfection ? Oui, répondent certains esprits audacieux, qui continuent l'escalade de Spinosa. Le contemplateur religieux se contente de secouer la tête.

---

*Le tremblement de terre de 1755 anéantit une partie de Lisbonne et fit périr plus de vingt mille de ses habitants.

L'immanent est hors de notre portée; et nous n'avons ni poids, ni mesure, ni mètre, ni échelle, ni étiage, ni dosage, ni éprouvette, ni tarif, ni réactif, ni pierre de touche, qui puisse nous faire reconnaître le bien et le mal de l'infini, et ce qui est normal dans l'énorme. Ces mots, colère, vengeance, rancune, lâcheté, trahison, haine, sont-ils applicables à toute cette ombre? dans le prodige, la dilatation de notre loi morale arrive à l'évanouissement. Ce qui est pour nous bronze et granit devient là nuée, et se dissout, et flotte; le requin est-il un despote, le fourmi-lion est-il un hypocrite, la pie est-elle une voleuse, le devil-fish est-il un démon, le monstre est-il un monstre? nous l'ignorons. La loi morale proportionnée à l'absolu nous échappe par sa perfection même. L'infiniment grand est invisible à l'infiniment petit. Nous ne saurions blâmer Dieu comme nous blâmons César. Dieu a ses raisons.

Vous qui me lisez, en ce moment, voulez-vous vous rendre compte de la quantité de lois que nous ignorons, dites-vous ceci : toutes les formes des nuages sont rigoureuses. Pas un atome ne se déplace au hasard. Tout flotte algébriquement.

IX

Résumons-nous.

Ne touchons pas à ce que Dieu s'est réservé. Souffrons, puisque c'est la loi. Souffrir avec joie, c'était la vertu des stoïciens; vertu chrétienne devinée par les payens. Le jour où le genre humain ne saurait plus souffrir, ses plus hautes vertus s'évanouiraient. Le droit serait déserté, le devoir serait renié. La conscience ne trouverait à qui parler. Il n'y aurait plus personne pour accepter la ruine, la persécution, l'exil, la ciguë, la croix, l'échafaud, le martyre. Aucune joue ne se tendrait aux soufflets des valets dans la salle basse du grand prêtre. Il n'y aurait plus ni Socrate, ni Caton. Le sommet de l'homme se couvrirait d'ombre.

Distinguons seulement : il y a souffrance et souffrance. La fatalité se bifurque; Misère et Douleur sont deux. La douleur est providentielle; la misère est sociale. Subissons l'une; rejetons l'autre. Le joug de Dieu, soit. Le joug de l'homme, non.

Plus de malheureux du tout, c'est une chimère. Le moins de malheureux possible, c'est la sagesse. Et, dans les malheureux, supprimer l'espèce qu'on appelle « les misérables », voilà la plus grande des questions humaines. Guérir le goitre, tout est là.

Mais on se récrie : dire est facile. Faire ne l'est pas. Quel est votre mode de guérison? Comment supprimer la misère? Nous l'avons dit, en supprimant l'ignorance. Plus de ténébreux, plus de misérables. Il n'y a pas de cécité sociale; il n'y a que de la nuit.

Comment supprimer l'ignorance? par le moyen le plus simple, le plus élémentaire, le plus pratique, devant lequel on recule, comme devant toutes les évidences, mais auquel on arrivera. Par l'enseignement gratuit et obligatoire. Topique dont les prodigieux effets se feraient sentir en moins d'un quart de siècle. Retirer au parasitisme le budget que les nations lui allouent, et doter de ce budget l'enseignement, changer tous ces millions bêtes en millions utiles, ce serait la plus radicale mesure sanitaire que la civilisation pût prendre. Un point d'appui, et le levier soulèvera le monde. Le point d'appui est trouvé. C'est l'enseignement gratuit et obligatoire. *Ite et docete**. Hélas! les familles souffrent dans les nations et les nations souffrent dans l'humanité. Quel désolant groupe d'idées! en Europe seulement, quelle préoccupation pour la civilisation! les fanatismes religieux de l'Espagne, de l'Italie et de l'Angleterre, l'accablement moral de l'Irlande, le tâtonnement douloureux de la Pologne vers la résurrection, la torpeur de l'Allemagne, les accès de sauvagerie de la France dans son moment le plus auguste, quand elle enfante les révolutions, l'idiotisme de ce qu'on appelle la Turquie, la servitude de la Russie, la barbarie de la Grèce. La barbarie de la Grèce, quel mot! autant dire l'obscurité du soleil. Un jour je tenais le livre de postes de l'Europe; Prez-en-Pail** y était; Athènes n'y était pas. D'où vient toute cette ombre? de ce que la terre ne sait pas lire. Une telle situation ne peut durer. C'est l'absurde. Que la France, cette initiatrice, donne l'exemple. Nous l'avons déjà dit et crié ailleurs, mais nous le répéterons sans nous lasser : « des ateliers pour les hommes, des écoles pour les enfants. »

Oui, l'enseignement gratuit et obligatoire, voilà le remède. Enseignement logique, scientifique, radical; enseignement de choses saines et fortes. En dehors de cet enseignement-là, tout est danger. Pas de superstitions, pas de faux jour. Les superstitions enseignées ne nourrissent pas, elles empoisonnent. L'obscurité est amie de cette clarté-là. L'enseignement qui se trompe ou qui trompe est plus redoutable que l'ignorance même. Une chaire qui parle au rebours du juste et du vrai fait de la nuit. Côte à côte avec un mauvais enseignement, le mal se porte bien. La mauvaise leçon et la mauvaise action font un attelage. L'une aide l'autre. Tel catéchisme, tel code. Où l'âne est professeur, le loup est berger. Là où l'erreur est maîtresse d'école, là où le mensonge commence son crime par l'enfant, là où l'imposture tient la férule, là où l'iniquité est enseignée comme justice et la chimère comme vérité, l'asphyxie des âmes se fait, l'obscurité s'épaissit et devient opacité, le brouillard gagne et se répand, le crépuscule offre sa complicité. La forêt propose au malfaiteur l'embuscade, la rue est noire, et l'infâme charretée des forfaits et des vices n'en roule que mieux. La fausse lumière, quoi de pire! le crime dit à cette chandelle : graisse ma roue avec ton suif.

Vingt années de bon enseignement gratuit et obligatoire, et

---

*Allez et enseignez. (Parole du Christ aux Apôtres, dans MATTHIEU XXVIII, 19 et MARC, XVI, 15.)
**Pré-en-Prail, localité du département de la Mayenne, arrondissement de Mayenne.

tout sera dit, et l'aurore se sera levée. Plus de ces monstruosités que nous traînons ici, tout effarées et hideuses, devant ceux qui nous lisent. Les courbures de la conscience, ces courbures terribles, se redresseront. L'obscurité se dissipant, la noirceur s'effacera. Une inondation de vérité, voilà le salut. Il y a eu jadis, la géologie le démontre, un déluge funeste, le déluge de la matière, il nous faut maintenant le bon déluge, le déluge de l'esprit. L'instruction primaire et secondaire à flots, la science à flots, la logique à flots, l'amour à flots, et tous les malades que la nuit fait, tous les bègues de l'intelligence, tous les eunuques de la pensée, tous les infirmes de la raison, et les esprits haillons, et les âmes ordures, et le sabre, et la hache, et le poignard, et les pénalités monstres, et les codes féroces, et les enseignements imbéciles, et Dracon avec Loriquet, et les erreurs et les idolâtries, et les exploitations, et les superstitions, et les immondices, et les mensonges, et les opprobres, disparaîtront dans cet immense lavage de l'humanité par la lumière.

Gueulemer, Babet et Claquesous, eux aussi, étaient résédas et lauriers-roses pour des Palmyres et des Malvinas quelconques qui les subventionnaient sans les avoir jamais vus. Ils avaient retiré ce bénéfice de leurs divers passages dans les prisons de Paris.
Il arrive souvent, dans ces lamentables mœurs, que, sorti de détention, le détenu n'en dit rien, et s'en cache, et continue de recevoir ce subside de la pitié au voleur prisonnier, dont vit gaiment le voleur libre. Voler l'amour, voler l'idéal, voler sous le couvert d'une fleur, c'est le dernier crime possible au voleur. Toute honte bue, on commet ce crime-là. Le bandit flâne; il jouit de la vie; il a maintenant une esclave qui travaille pour lui; il exploite, à distance, une misérable.
C'est ce qu'avaient fait Gueulemer, Babet et Claquesous. Montparnasse, n'ayant pas encore été en prison, n'était fleur pour personne.
Notons ici un détail douloureux. Les trois infortunées femmes que Claquesous, Gueulemer et Babet avaient ajoutées à leurs ressources, et attachées à leurs destinées par cette magie blanche du bouquet, le lecteur les connaît. Il les a vues rire au commencement de ce livre; c'étaient Dahlia, Zéphine et Favourite, flétries de douze lugubres années de plus, passées de la déchéance à la dégradation, et tombées, elles aussi, de cercle en cercle, au septième.

LIVRE HUITIÈME. — LE MAUVAIS PAUVRE

P. 766. *CHAPITRE PREMIER*

1. Les trois premiers chapitres correspondent au premier chapitre, intitulé *Trouvaille,* des *Misères.*
2. Ces six mots manquent.
3. VAR. Cette petite phrase manque. Ensuite il y a: « *Maintenant* le travail... »

4. Il manque de ce mot « Elle » aux mots « pas tout ? »
5. Cette phrase manque aussi.
6. Cette phrase manque aussi. La Chaumière était un bal public situé au n° 28 du boulevard Montparnasse. Il avait été fondé en 1787. Il eut une grande vogue sous la Restauration et sous Louis-Philippe. Son public était surtout formé d'étudiants et de grisettes. Il y avait un vaste jardin planté d'arbres avec au centre un espace vide pour l'orchestre et les danseurs. On n'y dansait pas des danses aussi libres qu'à Mabille.
7. Il manque, à partir de ces mots « Une fois » toute la suite de ce chapitre.

P. 768. *CHAPITRE II*

1. VAR. « ... la masure *50-52*. »
2. Cet alinéa manque.
3. La suite de cette phrase manque.
4. VAR. « ... dans *l'obscurité*... »
5. VAR. « ... l'une *assez grande*, l'autre *plus petite*... »
6. VAR. « ... *à la ronde*. »
7. VAR. « ... derrière lui, *et disparurent dans les ténèbres*. »
8. VAR. « Il se remit à *penser à sa belle vision lumineuse éclipsée*. »
9. VAR. « ... les *spectres*. »

P. 769. *CHAPITRE III*

1. Qui a quatre visages.
2. Cette phrase manque.
3. Il manque cette proposition.
4. VAR. « ... tranquillité *naïve*... »
5. VAR. « ... à sa *porte*. »

P. 774. *CHAPITRE IV*

1. VAR. « ... nudité *lugubre*... »
2. Ces cinq mots manquent.
3. VAR. « ... considérait *cette apparition* avec une sorte de stupeur. »
4. VAR. « ... cette *jeune* fille... »
5. VAR. « ... entra *hardiment*... »
6. Manquent les mots « large et énorme. »
7. VAR. « Cette lettre *était la sœur des* quatre autres ».
8. VAR. « ... son *misérable* voisinage. »
9. VAR. « ... *vue* ailleurs. »
10. VAR. « Maintenant, il *comprenait* tout. »
11. Il manque les mots « en était là qu'il... »
12. « Sans âge » manque.
13. Cette phrase et la suivante manquent aussi.
14. VAR. « ... sa voix *enrouée*... »
15. VAR. « ... les *railles*... »
16. Cette phrase manque.

17. VAR. « ... *un accent*... »
18. VAR. « ... sur l'épaule *et passa l'autre dans ses cheveux.* »
19. Les deux premières phrases de cette réplique manquent.
20. Cet alinéa manque aussi.
21. La suite de cette phrase manque.
22. Cette phrase manque aussi.
23. Il manque des mots « Je vois » aux mots « Notre-Dame ».
24. Cette phrase manque.
25. Les deux dernières exclamations manquent.
26. Il manque cette phrase aussi.
27. Il manque la suite de cette phrase.
28. VAR. « ... et *sortit* en disant... »
29. VAR. « ... elle *la saisit* et mordit... »

P. 781.   CHAPITRE V

1. Les chapitres v à xi correspondent au chapitre iii des *Misères* intitulé : *L'homme fauve au gîte.*
2. Il manque de ce mot « Alors » aux mots « côté hideux de la nuit » (trois alinéas).
3. VAR. « ... de lui, tous les jours, à chaque instant, à travers la *cloison*... »
4. VAR. « ... parler, et il *n'y faisait pas attention* et dans ces paroles *peut-être y avait-il* des gémissements... »
5. VAR. « ... des *chimères*... »
6. VAR. « ... été *vue*... »
7. VAR. « ... bien *vicieux*... »
8. VAR. « ... les *malheureux*... »
9. VAR. « ... parfaitement *passer*... »
10. Les deux dernières phrases de cet alinéa manquent.

P. 783.   CHAPITRE VI

1. Avant cette phrase, il y a, dans *les Misères* : « Ce qu'il vit est inexprimable. »
2. Cette phrase manque.
3. Cette phrase manque aussi.
4. Il manque, de même, cette dernière phrase.
5. VAR. « ... sous *le* plâtre... »
6. Il manque de ces mots « Et qui » au mot « balai ».
7. VAR. « ... à *l'effet inquiétant*... »
8. Cet alinéa est dans *les Misères* avant les mots « Marius était pauvre » (deux alinéas plus avant).
9. Cet alinéa manque.
10. VAR. « *Tout près* de l'ouverture... »
11. Cet alinéa manque.
12. VAR. « *Un physionomiste*, s'il eût... » — Jean Gaspard Lavater (1741-1801), poète d'abord, puis adonné à la théologie. Il fut attiré par les sciences occultes, eut un grand appétit de merveilleux et crut en Mesmer et en Cagliostro. Il se livra aussi à l'ana-

lyse des traits du visage humain, y chercha et crut y trouver les indices révélateurs des traits du caractère. Il publia un *Essai sur la Physiognomonie, destiné à faire connaître l'homme et à le faire aimer* (La Haye, 1783-1786, 3 vol. in-8°) et les *Règles physiognomiques ou Observations sur quelques traits caractéristiques* (La Haye et Paris). L'engouement pour Lavater dura jusqu'à l'invention de la phrénologie par le docteur Gall.

13. VAR. « ... trouvé *l'oiseau de proie mêlé à l'homme* d'affaires, l'oiseau de proie et l'homme d'affaires s'enlaidissant l'un par l'autre, l'homme d'*affaires* faisant... »; à la fin de la phrase « l'homme d'*affaires* » aussi.
14. Cet alinéa manque.
15. Il manque les trois derniers mots; et l'alinéa suivant.
16. Il manque de ce mot « Elle » aux mots « avoir fini plus vite » (deux alinéas).
17. VAR. « Le galetas, *ce* n'est pas... » (lacune de quinze mots).
18. Il manque aux *Misères* des mots « L'homme » à la fin du chapitre.

P. 787.   *CHAPITRE VII*

1. VAR. « ...*le cœur oppressé...* »
2. Il manque toute la première partie de cette phrase.
3. VAR. « Elle était *vêtue*... »
4. VAR. « ... *leva* les yeux... »
5. VAR. « ... comme *vous galopez !* Voici... »
6. Cette proposition manque.
7. Voir la n. 4 (ch. 1) p. 1592.

P. 791.   *CHAPITRE VIII*

1. VAR. « Mon *ange*... »
2. Il manque du mot « qui » aux mots « les calotins ».
3. VAR. « ... d'un *certain* âge... »
4. VAR. « C'est à peine *s'il en croyait* ses yeux. »
5. VAR. « ... *Six mois sous les arbres du Luxembourg,* c'était... »
6. VAR. « ... sa *charmante* figure... »
7. VAR. « ... de velours *noir*. » La suite de cet alinéa manque.
8. Il manque des mots « La Jondrette » aux mots : « ce crépuscule » (fin du premier alinéa du chapitre IX.)

P. 793.   *CHAPITRE IX*

1. Manquent les six derniers mots.
2. VAR. « ... *de l'accent*... »
3. VAR. « ... et *du nasillement*... »
4. Il manque du mot « monsieur » au mot « jadis ».
5. VAR. « ... qu'il fait. *Ma femme* malade! »
6. Il manque des mots « L'enfant » aux mots « les hauts cris » (trois alinéas).
7. VAR. « *La belle*... »

8. La suite de cette phrase manque.
9. Ces trois mots manquent.
10. Les trois mots de cette question manquent aussi.
11. Il manque aussi cette phrase.
12. Il manque encore de « Mon épouse » à « un décime, monsieur ».
13. Il manque de même ces cinq derniers mots.
14. Le passage qui commence par « Car j'élève » et qui finit par les mots « mon digne monsieur... » manque aussi aux *Misères*.
15. Cette phrase manque.
16. VAR. « ... sur moi, mais je reviendrai... »
17. VAR. « ... se *dirigeait*... »
18. Ces trois mots manquent.

P. 797.   *CHAPITRE X*

1. Cette phrase manque aussi.
2. VAR. « ... un vrai désespoir... »
3. VAR. « ...évidemment il s'alarmerait, ce serait encore. »
4. VAR. « ... sans danger. *Marius allait crier au cocher d'arrêter lorsqu'il se souvint qu'il n'avait que seize sous sur lui. Il lui en faudrait au moins trente-deux.* Pour *seize* sous qui lui manquaient, il perdait sa *clarté, l'étoile de sa vie !* il retombait dans la nuit... »
5. Il manque de ce mot « il » au mot « veuvage. »
6. Cette phrase manque.
7. VAR. « ... s'il avait entendu. *Une sorte d'étourdissement s'était mêlé à son éblouissement.* Au moment... »
8. Sur cette rue voir la n. 17 de la p. 1592.
9. VAR. « ...figures *sinistres*... »
10. Cet alinéa manque dans *les Misères*.

P. 800.   *CHAPITRE XI*

1. Les deux dernières phrases de cet alinéa manquent.
2. VAR. « Vous *aurez* l'adresse... »

P. 803.   *CHAPITRE XII*

1. VAR. « ... était *assise*... »
2. VAR. « ... pas *frappée ?* »
3. Il manque du mot « il » aux mots « ils font ».
4. VAR. « ... dit *d'une voix brève et basse.* »
5. Cette phrase manque.
6. VAR. « ... en silence, *avec les mouvements d'un loup dans une cage.* Puis... »
7. La dernière proposition manque.
8. VAR. « ... plus *effrayante*... »
9. VAR. « ...répondit *assez bas.* »
10. Ces cinq derniers mots manquent.
11. Ces cinq autres mots manquent aussi.
12. Cette phrase manque.
13. VAR. « ... demanda la femme.

« — Nous l'exécuterons.

« Jondrette *accompagna ces mots* d'un geste sinistre *et* éclata de rire.

« C'était... »

14. Cette phrase manque.

15. VAR. « ... l'avoir *époussetée de quelques chiquenaudes*. »

16. Cette phrase manque.

17. VAR. « Et, *plongeant* les deux poings dans les deux goussets de son pantalon, il *reprit en se dandinant sur ses talons*. »

18. Cette phrase manque.

19. VAR. « ... le vieux *mufle !* « Les deux phrases qui suivent manquent.

20. Ce dialogue qui suit (de « Un réchaud » à « mon bijou ») manque dans *les Misères*.

21. VAR. Après « mon bijou » : « *Puis il* referma la porte et Marius entendit cette fois son pas... »

P. 807.   *CHAPITRE XIII*

1. Seul à seul, dans un endroit écarté, il ne pensait pas à dire le Notre Père. — Les chapitres XIII, XIV et XV correspondent au chapitre VI des *Misères* intitulé : *Où un agent de police donne deux coups de poing à un avocat.*

2. Cette phrase manque ici. Elle est un peu après dans *les Misères.*

3. Il manque des mots « A travers » au mot « ferrailles » qui termine l'alinéa.

4. La suite de cette phrase manque dans *les Misères*. Après le mot « commode » vient la réflexion de Marius placée, dans *les Misérables,* un peu plus avant : « Il faut mettre le pied sur ces misérables, dit-il. »

5. VAR. « Attendre *le père* le soir... » Cette phrase, dans *les Misères,* finit au mot « arriverait ».

6. VAR. « ... l'éloigner et *le crime s'accomplirait*. »

7. Cette phrase manque, ainsi que la première partie de la phrase suivante, jusqu'au mot « cou ».

8. VAR. « Il prit son chapeau et sortit *sur la pointe du pied, pour que personne ne pût l'entendre*. »

9. VAR. « ... de *remuer des* ferrailles. »

10. Il manque de « qu'on peut » à « endroits et ».

11. Cette réplique et la suivante manquent.

12. VAR. « ... et en *grelottant*... »

13. La dernière phrase manque.

14. Cet alinéa manque aussi.

P. 810.   *CHAPITRE XIV*

1. Ces trois mots manquent.

2. Il manque de « entre autres » à « le guet ».

3. Il manque aussi des mots « Il doit » jusqu'aux numéros « 50-52 » inclusivement, qui commencent une réplique.

4. VAR. « *Tout à coup,* il se tourna... »
5. VAR. « ... l'autorité.
« — C'est bon, *dit Marius,* mais que comptez-vous faire ? »
6. Il manque les deux dernières phrases.

P. 814.   CHAPITRE XV

1. VAR. « ... Courfeyrac *qui* passait par aventure rue Mouffetard en compagnie *d'un étudiant nommé Grangé,* aperçut Marius... »
2. VAR. « ... *dit Grangé*... » — Grangé dans la suite aussi au lieu de Bossuet.
3. VAR. « Suivons-les, hein ?
« — *Je te déclare, dit* Courfeyrac, *que tu es prodigieusement bête.* Suivre... »
4. La rue Gracieuse existe toujours. Elle allait de la rue d'Orléans-Saint-Marcel (à présent rue Daubenton) à la rue Copeau (à présent rue Lacépède.)
5. La rue Pierre-Lombard allait de la rue Mouffetard à la place de la Collégiale. Elle a disparu lors de la percée du boulevard Saint-Marcel.
6. La rue du Petit-Gentilly devint en 1829 la rue du Petit-Gentilly-Saint-Marcel et est devenue depuis la rue Hovelacque.
7. Cet alinéa manque.
8. VAR. « *Il était presque nuit* quand il arriva, *mais* la porte était encore ouverte. »
9. VAR. « ... jour *crépusculaire* tombant... »
10. VAR. « Marius *passa dans l'ombre.* »
11. Cette petite phrase manque.

P. 816.   CHAPITRE XVI

1. Aux derniers chapitres des *Misérables* (XVI à XXII) correspond dans *les Misères* un seul chapitre, le septième, intitulé *le Guet-apens.*
2. VAR. « ... la lune *se levait* et sa lueur... »
3. VAR. « ... *d'une tombe.* »
4. La suite de cette phrase manque.
5. Cette réplique et les trois suivantes manquent.
6. VAR. « Marius entendit un *bruit* de *ferrailles* et Jondrette *reprit :* »
7. Cette réplique et la suivante manquent.
8. VAR. « ... bientôt, *répondit la mère. Les trois quarts viennent* de sonner... »
9. VAR. « ... droit au lit. Marius *ne respira pas.* Mais il y avait... »
10. Il manque ce cinquième vers.
11. La suite de cette phrase manque.
12. Il manque de « J'y vas » à la fin du distique.
13. VAR. « ... Vous aurez des *souliers*... »

P. 820. *CHAPITRE XVII*

1. Var. « une chandelle y *était allumée* mais ce n'était... »
2. La suite de cette phrase manque.
3. Var. « ... une flamme y dansait... »
4. Var. « ... du *grand* ciseau *de menuisier* qui rougissait... »
5. Cet alinéa manque.
6. Var. « ... par *la lucarne mansardée*... »
7. Var. Cet alinéa manque. Après « de la terre », le texte, dans *les Misères*, est : « *La masure 50-52* était, si l'on se rappelle ce que nous *en* avons dit, admirablement... »
8. Il manque : « Courfeyrac, c'est-à-dire... »
9. Il manque de « retourna » à « brasier ».
10. Il manque aussi de ce mot « Cette » aux mots « et *les fauchants* ».
11. Cette phrase manque.
12. Les quatre derniers mots manquent aussi.
13. Il manque « et fins ».
14. Var. « *en* main. »

P. 824. *CHAPITRE XVIII*

1. Cet alinéa manque.
2. Il manque de ce mot « et » au mot « linceuls ».
3. Var. « ... la masure *50-52*... »
4. Var. « ... le galetas... »
5. Var. « ... par là, *dans l'obscurité*... »

P. 825. *CHAPITRE XIX*

1. Autre titre projeté : *Quelque chose s'ébauche dans l'obscurité du fond.*
2. Il manque les mots « et reconnaissant ». — On donnait le nom de la Bourbe à l'hôpital de la Maternité situé rue de la Bourbe ainsi appelée en raison des immondices qu'on y voyait. Cette rue, qui allait du point de rencontre des rues Saint-Jacques et du faubourg Saint-Jacques à la rue d'Enfer, fut appelée en 1845 rue de Port-Royal. Le boulevard de Port-Royal l'engloba ensuite.
3. Manquent les trois derniers mots.
4. *Bousingot :* « nom donné, après la révolution de Juillet, à des jeunes gens qui affectaient un costume négligé et qui manifestaient des opinions démocratiques. » (*Littré.*)
5. Il manque de « vieux » à « plis ».
6. Var. « *Il se leva, décrocha le cadre noir qui était près de la muraille et le présenta à M. Leblanc ; c'était cette gravure coloriée intitulée* LE SONGE *et ornée de l'inscription:* MARINGO, AUSTERLITZ, IENA, WAGRAMME, ELOT.

« Qu'est-ce... »
7. Cette phrase manque.
8. Var. « Une *gravure*... »

9. Il manque de « J'y » à « souvenirs ».
10. Cette première partie de la phrase manque.
11. Il manque de ce mot « Un » aux mots « s'attachait à ces hommes ».
12. Cette phrase manque.
13. VAR. « ... en *considérant*... »
14. Il manque de « c'est » à « cabaret ».
15. VAR. « ... bien *quinze sous*. »
16. VAR. « ... *une inexprimable* douceur. »
17. VAR. « ... *pour* le papier ou *pour* les étoffes... »

P. 829.   *CHAPITRE XX*

1. VAR. « ... entre lui et *ces hommes*. »
2. Il manque de « répondit » à la réplique « L'aînée ».
3. Cette réplique et la suivante manquent.
4. Il manque de « comme » à « tombé ».
5. Il manque de « cet homme » à « athlète ».
6. VAR. « ... sur le dossier *dans une attitude de solidité puissante*. »
7. Cet alinéa manque.
8. VAR. « *Les* hommes... »
9. Il manque, dans cet alinéa, du mot « dont » au mot *fumistes* », les mots « à faire des pesées », et des mots « sans prononcer » aux mots « à côté de lui ».
10. VAR. « ... approchant sa *face fauve* et féroce... »
11. VAR. « ... de *tigre*... »
12. VAR. « ... comme s'il eût *reçu une balle en pleine poitrine*. »
13. VAR. « ... le connaissait, *lui*. »
14. VAR. « ... dans *ses prières*. »
15. VAR. « ... ce *protégé de son père* était... »
16. VAR. « ... un *crime*... »
17. Ces deux phrases manquent.
18. Il manque de « à tant » à « lui-même ».
19. VAR. « ... un *effrayant* tourbillon... »
20. A la place du passage qui va de « Il prit » à « explosion » il y a dans *les Misères* : « *De même que rien n'est plus somptueux que la prodigalité d'un avare, rien n'est plus violent que la fureur d'un homme froid.* » Puis : « Ah ! criait-il... »
21. VAR. « ... de chez moi *la petite Cosette* !... »
22. VAR. « ... chez moi. C'est *votre* manie... »
23. Le passage qui commence là et qui finit par la phrase : « Et apostrophant M. Leblanc » manque dans *les Misères*.
24. VAR. « *Ah !* vous... »
25. Il manque de « Une fille » à « avec l'Alouette ».
26. VAR. « ... dans *le bois !* »
27. Il manque de ce mot « que » au mot « Muche ».
28. VAR. « Thénardier *s'arrêta* essoufflé. Sa petite poitrine *faible* haletait... »
29. VAR. « ... bonheur *d'un nain qui met le talon sur la tête d'un bon géant*. » la suite de l'alinéa manque.

30. Cette phrase manque.
31. Il manque « la bonne balançoire ».
32. Cette phrase manque aussi.
33. VAR. « Thénardier *bondit*... » La suite de la phrase manque.
34. Sakoski, bottier renommé, était au Palais-Royal, n° 102. Il avait un fils, bottier aussi, 10 boulevard Montmartre.
35. Ces trois mots manquent.
36. VAR. « ... dans des *hôtels*... »
37. Il manque de ce mot « vous » aux mots « petits pois ».
38. Jean-Gabriel-Augustin Chevalier était opticien sur le quai de l'Horloge. Il avait fait diverses inventions dans son industrie. Il a publié plusieurs ouvrages, notamment un *Essai sur l'art de l'ingénieur en instruments de physique en verre* (1819).
39. VAR. « ... de *Pontmercy*. » La suite manque jusqu'aux mots « Voilà l'histoire » inclusivement.
40. Cette phrase manque.
41. Il manque de ce mot « Le » aux mots « le regardait fixement » (deux alinéas).
42. Il manque de « M. Leblanc » à « Pour rire, répliqua l'homme » inclusivement.
43. VAR. « ... dans le repaire, *lui tournant le dos à de certains moments,* aux... »
44. Cette phrase manque.
45. Il manque de ce mot « Au » aux mots « barre de fer »; (deux alinéas).
46. VAR. Cette première partie de la phrase manque. Ensuite le texte des *Misères* est : « De deux revers de main, *M. Leblanc* avait terrassé deux *des bandits*... »
47. VAR. « ... comme *dans un étau de fer*. »
48. VAR. « ... les deux *bandits*... »
49. VAR. « C'est égal, *reprit celui qui tenait le merlin,* c'est... »
50. Il manque de ce mot « Et » jusqu'à la phrase : « Il ne se fait pas d'affaires ».
51. VAR. « *Ce* grabat était... »
52. La suite de la phrase manque.
53. Il manque de « debout » à « terre. »
54. VAR. « ... d'homme *d'affaires*... »
55. VAR. « ... crié *à l'assassin!* »
56. VAR. « trouvé *mauvais*. » La phrase qui suit manque dans les *Misères*.
57. VAR. « On y tirerait *le canon* que cela ferait pour *les passants du boulevard* le bruit *d'une porte cochère qu'on ferme.* » Les deux phrases qui suivent manquent.
58. Il manque les mots entre tirets.
59. Il manque le mot « Tout. »
60. Cet alinéa manque.
61. Cet alinéa manque aussi.
62. VAR. « ... que *j'ai mis de l'*eau... »

63. Il manque de « Certainement » à « ça vaut ça ».
64. VAR. « ... dit-il. — Comment voulez-vous que j'écrive, *reprit* le prisonnier... »
65. VAR. « ... vers *ses hideux acolytes*... »
66. VAR. « *L'homme au merlin* exécuta... »
67. VAR. « ... dit Thénardier, *Cosette*. »
68. Cette phrase manque.
69. Il manque de ce « Thénardier » à « trois mots ».
70. VAR. « Signez, *dit* Thénardier. Comment... »
71. Ici, il y a, de nouveau, dans *les Misères* : « Comment vous appelez-vous ? » Le texte des *Misérables* y manque jusqu'aux mots : « Quel est votre nom ? »
72. Cette phrase manque.
73. VAR. « ... *assez près d'ici*... »
74. Cette rue partait de la rue Saint-Jacques, un peu avant d'arriver à l'église Saint-Jacques-du-Haut-Pas et aboutissait à la rue d'Enfer. Cette rue n'existe plus et la partie de la rue d'Enfer (où elle aboutissait) a disparu lors de la percée du boulevard Saint-Michel. La partie subsistante est aujourd'hui la rue Denfert-Rochereau.
75. Il manque de « puisque » à « nez ».
76. Cette phrase manque.
77. VAR. « ... entendit *le roulement d'une voiture qui s'éloigna* rapidement. »
78. VAR. « ... à travers *l'espèce de* glu noire... »
79. VAR. « ... des airs *monstrueux et stupides*... »
80. VAR. « ... *son silence.* »
81. Cet alinéa manque.
82. VAR. « Marius attendait, *avec un frémissement.* »
83. VAR. « Qu'était-ce que cette *Cosette ? Ce ne pouvait être* son « Ursule » *car* le prisonnier... »
84. VAR. « ... ému à ce *nom* et avait... »
85. VAR. « ... anéanti par *l'horreur.* »
86. VAR. « ... si *Cosette*... »
87. VAR. « ... une *rêverie profonde.* »
88. Les mots « et depuis quelques instants » manquent.
89. VAR. « ... sourd *de son* côté. »
90. VAR. « ... éclaircissement. Marius *espéra un rayon de lumière. Il rassembla toute sa force ; il* prêta l'oreille *avec une attention désespérée.* »
91. VAR. « *Cosette* ». De même à la fin de l'alinéa.
92. VAR. « votre *Cosette*... » De même dans la suite.
93. VAR. « ... que vous *ne soyez pas étonné.* »
94. VAR. « ... *la petite*... »
95. Cette phrase manque.
96. VAR. « à *Cosette.* »
97. VAR. « Voici *ma femme*... »
98. Cette proposition manque.

99. VAR. « ... ou *Cosette*... »
100. VAR. « ... masure *50-52*. »
101. Il manque de « Ces » à « Villon ».
102. Il manque de « avec » à « couteau ».
103. La suite de cette phrase manque.
104. VAR. « ... les rébellions de la *foule* forcent le *roi* à se montrer. »
105. VAR. « ... et *le grand aux longs cheveux qui avait ressaisi son merlin* se tint... »
106. Les mots « d'un coup de clef » manquent.
107. VAR. « *Sensation* inouïe! Il y avait... »
108. VAR. « ... de *sauver*... »
109. Les mots « sans interruption » manquent.
110. VAR. « sur *la* table, la lune... »
111. VAR. « Les *Railles*... »
112. VAR. « ... de *Palmyre*. »
113. VAR. « ... reprit *l'homme au merlin*. »
114. VAR. « *L'homme posa son merlin,* éleva... »
115. VAR. « ... dans un *navire*. »
116. VAR. « ... le premier.
« ... Êtes-vous fous? *reprit* Thénardier... » La suite, jusqu'au mot « paille » manque.
117. VAR. « *Le temps* d'écrire nos noms *et de les* mettre... »
118. Cette phrase manque.

P. 854. *CHAPITRE XXI*

1. VAR. « ... masure *50-52*... »
2. VAR. « ... commencé par *mettre la main* sur les... »
3. Il manque de « Mais » à « fort agité ».
4. Ces six mots manquent.
5. Cette phrase manque.
6. VAR. « ... à *temps*. »
7. VAR. « ... *effroyables*... »
8. Il manque de « l'autre » à « assommoir ».
9. VAR. « ... *à la main*. »
10. Manquent les mots « à ses filles ».
11. VAR. « *L'homme au merlin* prit... » De même dans la suite.
12. VAR. « *L'homme au merlin* jeta son *merlin*... »
13. Manquent les mots « derrière lui... »
14. VAR. « ... se rua *dans le bouge. On saisit* les bandits.
15. Ici assez longue lacune des mots : « cette foule » à la réplique : « Salut, Claquesous » (trente alinéas.)
16. Il manque du mot « depuis » au mot « police ».
17. VAR. « ... *ne prononçait* pas une parole et *baissait la* tête. »
18. VAR. « Puis, il s'assit *près de* la table, *tira près de lui* la chandelle... »
19. VAR. « où est-il donc? »
« *Il* avait disparu. »

P. 857. *CHAPITRE XXII*

1. La première édition des *Misérables* était en dix volumes, deux volumes pour chacune des parties. Le tome trois était donc le premier de la deuxième partie intitulée : *Cosette*. L'enfant que l'on entendait crier est mentionné à la fin du chapitre : *la Question de l'eau à Montfermeil*.

2. Il manque des mots « La vieille » aux mots « qui me conviendrait. »

3. VAR.   *Napoléon Landais*
               Gentilhomme irlandais
               S'en allait à la chasse.

Napoléon Landais (1803-1852), né à Paris, est surtout connu, de ceux qui savent encore son nom, comme l'auteur d'un *Dictionnaire de la langue française*.

4. Il manque de « Les coups » à « à présent ».
5. VAR. « ... la *Bougon*. »
6. VAR. « ... regarda *la vieille*... »
7. Ici, dans *les Misères,* les trois vers déjà cités sur Napoléon Landais, et les trois derniers vers du sizain des *Misérables.*

QUATRIÈME PARTIE

L'IDYLLE RUE PLUMET ET L'ÉPOPÉE RUE SAINT-DENIS

LIVRE PREMIER. — QUELQUES PAGES D'HISTOIRE

P. 861.   *CHAPITRE PREMIER*

1. Ce livre n'est pas dans *les Misères*. — Ces « pages d'histoire » ont, d'après l'éditeur de l'édition nationale, été écrites en 1848. Victor Hugo y a, plus tard, fait des suppressions. L'édition nationale les explique ainsi : « En 1848, quand Victor Hugo écrivit le livre I de la quatrième partie, l'évolution de son esprit, au point de vue politique, n'avait pas encore atteint son apogée ; s'il n'admettait plus le principe absolu, autoritaire, de la monarchie ou de l'empire, il préconisait encore la monarchie, pourvu qu'elle fût renouvelée, rajeunie, accessible au progrès, et cela tout en glorifiant la démocratie ; il était encore, comme Marius, « nuance gris de souris rassurée. »

« Cette profession de foi éclectique qui « néanmoins, accusait des tendances plutôt hostiles au principe électif devait nécessairement, vers 1861, quand Victor Hugo s'occupa de reviser le texte de son roman « paraître rétrograde ». Elle porte sa date. Cette date étant 1848 se trouvait être au moins d'un an trop ancienne. Dans un petit ouvrage politique, *le Droit et la Loi,* daté de juin 1875 et publié, en manière de préface, dans le premier volume des *Actes et Paroles,* Victor Hugo a écrit : « En 1848 son parti politique, [il parle de lui-même à la troisième personne] n'était pas pris sur la forme sociale définitive. Chose singulière, on pourrait presque dire qu'à cette époque la liberté lui masqua la république. » Et ceci : « Un jour, à l'Assemblée, le représentant Lagrange [Voir la note 11 de la p. 1741] l'homme vaillant, l'aborda et lui dit : « Avec qui êtes-vous ici ? » Il répondit : « Avec la liberté. — Et que faites-vous ? » — J'attends. » Après juin 1848, il attendait; mais après juin 1849, il n'attendit plus. » En juin 1849, de sévères mesures de répression avaient été prises. Il y avait eu débat à la Chambre le 12 juin, manifestations dans la rue le 13. Le 15, Victor Hugo « monta à la tribune et protesta ». Il écrit dans *le Droit et la Loi* : « A partir de ce jour la jonction fut faite dans son esprit entre la république et la liberté. »

Dans les notes intimes d'un cahier qu'il avait intitulé : *Moi,* il écrivit en 1875 : « Le 13 juin 1849 marque une date décisive dans la vie de Victor Hugo. A partir de ce jour-là il a été et voulu être un des vaincus. Jusqu'à cette époque, il s'était borné à défendre uniquement, partout et toujours, la liberté, mais il avait réservé son adhésion à la République. Le gouvernement autoritaire et militaire du général Cavaignac l'avait froissé; il s'était indigné des excès de l'état de siège, des suppressions de journaux, des incarcérations d'écrivains, des transportations sans jugement. Après avoir combattu l'insurrection de 1848, étant un des soixante membres envoyés par l'Assemblée aux barricades, il avait élevé la voix en faveur des insurgés vaincus. Il avait intercédé pour tant de familles accablées; il avait pris parti pour ces malheureux travailleurs, combattants de la faim et du désespoir, aveuglément et brutalement envoyés à Lambessa et à Cayenne; l'arbitraire militaire sous le nom de république le révoltait, et il ne voulait pas être de cette victoire-là. De là son hésitation. Il se demandait : Où est la liberté ? mais le 13 juin 1849 jeta un éclair dans son esprit. Quand il vit ceux qui triomphaient et de quelle façon ils triomphaient il se dit que ce qui l'emportait c'était le mensonge, et que ce qui était vaincu c'était la vérité, et voyant la République à terre il vint à la République. Il se rallia à la défaite, comprenant qu'il allait droit à la proscription et à l'exil, et y consentant. »

Dans le même dossier *Moi* il a tracé la courbe de son évolution politique : « Depuis l'âge où mon esprit s'est ouvert, et où j'ai commencé à prendre part aux transformations politiques et aux fluctuations sociales de mon temps, voici les phases successives que ma conscience a traversées en s'avançant sans cesse et sans reculer un jour, — je me rends toute justice, — vers la lumière : 1818, Royaliste; — 1824, Royaliste-Libéral; — 1827, Libéral; 1828, Libéral-Socialiste; — 1830, Libéral-Socialiste-Démocrate; — 1849 : Libéral-Socialiste-Démocrate républicain. (*Actes et Paroles, Avant l'exil*, pp. 590-592). Victor Hugo avait pensé d'abord à utiliser dans *les Misérables* les passages des *Quelques pages d'histoire* qu'il en a finalement distraites. Il avait commencé de les guillemeter pour les attribuer à quelque théoricien politique qu'il eût contredit. Ces passages ont été publiés dans les appendices du tome III de l'E.I.N. On les transcrit, dans les notes suivantes, là où il a paru à propos de le faire.

2. Prusias II, roi de Bithynie de 192 à 148, prince sans honneur que les historiens de Rome ont sévèrement jugé. Pour complaire aux Romains il allait faire assassiner Annibal, qui était son hôte et qui, se voyant trahi, s'empoisonna (183 av. J.-C.).

3. Guillaume du Vair (1555-1621) fut du parti des Politiques au temps de la ligue. Magistrat, orateur parlementaire, c'est devant le Parlement qu'il prononça après les barricades (mai 1588) le discours dont Victor Hugo cite, incomplètement, une phrase. Cette phrase continue ainsi : « pour ce qu'il me semble qu'ès âmes généreuses, l'affliction des grands exige plus vigoureusement qu'en toute autre saison le respect et les autres offices d'humanité » (Guillaume DU VAIR : *Actions et traictez oratoires*, édition critique publiée par René Radouant, p. 41 (Société des textes français modernes, 1911; in-16).

P. 866. *CHAPITRE II*

1. Le premier des fragments utilisés et dans lequel est jugée la révolution de Juillet est :

« *Le pouvoir fondé en août 1830 était donc en présence de deux faits : au dehors, l'Europe défiante ; au dedans, la nation inquiète. On entendait gronder sourdement les masses, remuées à la fois par le travail extérieur des partis et par le travail intérieur des systèmes, double action qui mène les colères jusqu'à l'émeute et les réformes jusqu'aux révolutions. Situation compliquée et grave qui s'offrait comme une énigme à la tristesse des penseurs.*

« *La royauté tombée laissait derrière elle, comme un temple écroulé qui laisse deux colonnes, deux hommes imposants qui l'avaient soutenue, deux personnages majestueux qui tous deux l'avaient fidèlement et sévèrement aimée, et qui représentaient aux yeux des générations nouvelles, avec une sorte de grandeur idéale, l'un le chevalier, l'autre le bourgeois de l'ancien régime : M. de Chateaubriand et M. Royer-Collard.*

« *La révolution de Juillet, cette nouveauté où entrait la France, apparut à ces deux grands vieillards comme la pente profonde et sombre de l'inconnu. Pente fatale avec l'imprévu pour précipice. M. de Chateaubriand s'arrêta court ; M. Royer-Collard conduisit la patrie quelques pas plus loin.*

« *C'était l'ombre en effet qu'on avait devant soi. Il était impossible de* reculer. *Il n'y avait que deux partis à prendre : s'y précipiter ou y avancer à tâtons.*

« *Les prudents disaient :*

« — *Doucement. Il importe d'abord de rassurer l'Europe. L'Europe est accoutumée à voir la France passer d'une révolution à la guerre. Détrompons les rois en ne bougeant pas.*

« *Sans doute le but de la France au dix-neuvième siècle, c'est l'affermissement national, c'est l'établissement continental des grandes idées que la révolution française a dégagées. Ces idées doivent être en Europe comme dans leur cité, en France comme dans leur forteresse.*

« *De là, elles rayonneront sur le monde.*

« *Aujourd'hui on les appelle les idées françaises, dans cent ans on les appellera les idées européennes. Oui, c'est là ce qu'aucune couronne ne doit méconnaître, ce qu'aucune couronne ne doit oublier, en Europe elles sont chez elles. Elles sont là où est la sociabilité humaine. Mais elles n'ont besoin pour vaincre que de la paix et du temps. La guerre avec ses chances peut leur être mauvaise et les retarder. Ce qu'il leur faut, c'est qu'on ne les trouble pas. Pour cela il suffit de faire remarquer aux cabinets européens qu'elles contiennent autant de dangers que de bienfaits ; que, si on les attaque, elles se défendront jusqu'à refaire la barbarie autour d'elles, que, si on les laisse faire, elles feront la civilisation. Car elles sont formidables et pacifiques ; elles découlent de la Révolution et de l'Évangile ; elles tiennent à la fois de Robespierre et de Jésus.*

« *Restons donc en repos. N'agitons rien, ne provoquons pas, ne remettons aucun point du passé en question. Attendons l'avenir qui est évidemment pour nous, et en attendant, faisons la révolution de Juillet bonne personne. D'ailleurs, pas de finances, pas d'arsenaux, pas de flotte, pas d'armée, un contre dix, quelle guerre ferions-nous ?*

« *Les impatients* [variante « les hardis »] *répondaient :*

— *Quoi ! Après avoir chassé Charles X, après avoir balayé les Bourbons, les vieilleries, l'arbitraire, l'ancien régime, au moment où les peuples pleins de joie et d'enthousiasme ont les yeux sur nous et disent : Voilà la grande France qui recommence les grandes choses, reculer !* [ici un blanc] *le bât de l'Europe, subir les traités de Vienne, accepter la frontière que nous a faite 1815, ne pas reprendre le Rhin, la Belgique, le Piémont, ne pas rentrer dans nos limites naturelles, ne pas tendre la main à la Pologne, à la Lombardie, à Naples, à l'Espagne et à l'Irlande par-dessus la tête de l'Angleterre, manquer aux espérances des peuples, mentir à notre mission, mettre le drapeau tricolore dans notre poche, respecter le lion de Waterloo, prendre des biais, baisser la voix, mettre les pouces, patienter, fléchir, plier, trembler, ah !*

« *Faire la révolution de Juillet petite, c'est une faute ! faire la France lâche, c'est un crime ! Nous n'avons pas d'armée, mais nous avons les peuples ; nous n'avons pas de finances, mais nous avons la révolution. Pour marcher il suffit d'avoir des pieds, il n'est pas nécessaire d'avoir des souliers. La jeune armée d'Italie l'a prouvé sous Bonaparte. D'ailleurs les rois sont pris au dépourvu comme nous, autant que nous ! plus que nous ! Avançons, ils reculeront. Prenons ce qui est à nous et donnons à tous les peuples ce qui est à eux. Dans tout cela, il n'y aura que les rois de dépouillés. Tout le monde gagnera, excepté les couronnes. Nous avons pour nous, à défaut d'armée organisée, une immense force morale, la sympathie universelle, l'enthousiasme, l'espérance, la confiance des nations, l'attente des opprimés. Nous ne serons pas les étrangers, nous serons les libérateurs. La marche sur Rambouillet, recommençons-la, faisons-la sur Milan et sur Vienne. Nous n'avons qu'un pas à faire. Les rois céderont et lâcheront pied. Quoi! laisser échapper cette occasion de redevenir la grande et fière et puissante France, centre des peuples, foyer des idées, appui des faibles, assez forte pour délivrer l'Europe et assez haute pour la dominer! Quoi! les rois sont là tout pâles autour de nous! Ce sont eux qui tremblent et c'est nous qui avons peur!* »

2. Les 221 étaient en réalité 202. 221 députés avaient voté en mars 1830 l'Adresse qui en appelait au roi contre ses ministres et, à la suite de ce vote, la chambre fut dissoute; les 221 opposants furent tous candidats aux élections qui suivirent, mais 202 seulement furent réélus.

P. 870. CHAPITRE III

1. Note trouvée dans les papiers de Victor Hugo et non utilisée mais recueillie dans l'édition nationale (III, 36-37.)

« *Louis-Philippe.*

« *Quand on est, comme l'auteur de ce livre, hors de tout à jamais, on se sent au-dessus des interprétations et des conjectures, et l'on dit simplement ce qu'on a à dire. Au moment de la vie où est arrivé celui qui écrit ces lignes, le siècle présent lui apparaît presque comme lointain, et, dans ce qui éclaire cette époque à ses yeux, il y a déjà de la lumière du tombeau. Nous parlerons donc du roi Louis-Philippe avec l'accent de l'histoire et sans plus de gêne que si nous parlions de Henri IV ou de Louis XII.* »

Autre note non utilisée mais recueillie comme la précédente :

« *Les morts n'ont pas de complaisants. D'ailleurs ceux qui, comme l'auteur de ce livre, sont à jamais hors de tout, et n'attendent rien de la vie, auraient le droit de flatter une tombe.* »

« *Celui qui écrit ces lignes peut dire de ce roi le mot de Tacite :* Nec beneficio, nec injuria; *[« ni faveur ni préjudice »] ; il ne m'est connu ni par le bienfait ni par le grief ; car il ne saurait prendre au sérieux cette bizarre théorie, un moment soutenue par les passions du parti comme expédient de polémique, que des fonctions constitutionnelles et non salariées, conférées selon la loi par un roi à un citoyen, puissent, à quelque point de vue qu'on se place, être un service rendu par le roi au citoyen, et une dette à payer. Lui-même, Louis-Philippe, dans sa probité constitutionnelle, eût été stupéfait si on lui fût venu dire qu'il était le bienfaiteur des pairs nommés par lui, et que la pairie était un bienfait obligeant le pair envers le roi, et non un devoir enchaînant le législateur au pays.* »

2. Simon Deutz qui trahit et amena l'arrestation de la duchesse de Berry qui fut internée dans la prison de Blaye. Louis-Philippe lui fit rendre la liberté le 8 juin 1833. Parmi les notes inutilisées, il y a celle-ci :

« *Comme Titus qui a sa souillure : Jérusalem saccagée, comme Trajan qui a la sienne : les chrétiens livrés aux bêtes, comme Henri IV qui a la sienne : les dix héros du pont de Charenton pendus, Louis-Philippe a sa tache : Blaye. Il y a un moment où pour l'œil de l'histoire, la main de Louis-Philippe touche la main de Deutz. C'est triste.* »

3. Pritchard, consul d'Angleterre à Tahiti lors de sévénements que suscita la mission de l'amiral Dupetit-Thouars, chargé d'organiser le protectorat français sur ce pays malgré l'opposition de la reine Pomaré. Pritchard prétendit avoir subi des dommages de la part du commandant des forces navales françaises et auquel le gouvernement français eut la faiblesse d'accorder, sur l'exigence de l'Angleterre, une indemnité de 25.000 francs.

4. Une des notes non utilisées du portrait de Louis-Philippe, porte : « C'était un roi à fond républicain. »

5. Ce condamné politique est Barbès. Barbès arrêté lors de la manifestation du 12 mai 1839 (comme on le rappelle note 2 (ch. V), p. 1741) comparut devant la cour des Pairs, qui le condamna à la peine de mort. Victor Hugo adressa aussitôt au roi cette prière qui a pris place dans les *Rayons et les Ombres : Au roi Louis-Philippe après l'arrêt de mort prononcé le 12 juillet 1839* :

> *Par votre ange envolé ainsi qu'une colombe !*
> *Par ce royal enfant, doux et frêle roseau !*
> *Grâce encore une fois ! grâce au nom de la tombe*
> *Grâce au nom du berceau !*

Cette supplique fait allusion à la mort de la princesse Marie, mariée au duc de Wurtemberg et décédée le 2 janvier 1839, et à l'existence du comte de Paris né le 24 août 1838 et petit-fils de Louis-Philippe. Le roi accorda à Barbès une commutation de peine.

6. Dans une de ses notes, Victor Hugo écrivait du portrait qu'il méditait de Louis-Philippe : « Finir ainsi : — *L.-P. devant l'histoire n'aura contre lui que deux choses : Premièrement l'objection radicale qu'on peut faire à tous les rois, et à laquelle se rattachent tous les faits du gouvernement intérieur et personnel reprochés à son règne ; deuxièmement, faute impardonnable, il ne connut pas assez la force de la France ; il fut modeste vis-à-vis de l'étranger.* »

Il y a cette note encore qui peut être, donnée par le portraitiste (disons ici l'historien) à lui-même, une exhortation à l'impartialité : « *Ne faisons pas de mauvaises actions qui suivraient notre mémoire. Il est inutile de laisser derrière nous ces chiens pour aboyer contre la pierre de nos tombeaux.*

« *Croyez-moi, hommes, que ces hautes leçons de l'histoire vous servent. Être homme historique si l'on peut. Être honnête homme toujours.* »

On trouve dans le volume des *Choses vues* quelques pages de souvenirs de Victor Hugo sur Louis-Philippe; pages anecdotiques écrites en 1844, d'un ton sympathique. — L.E.I.N. contient (IV, 346) une lettre du duc d'Aumale au général Le Flo, écrite le 8 juillet 1862 et où on lit :

« Lisez-vous *les Misérables ?* Le 7ᵉ volume commence par un portrait de mon père qui m'a causé une bien vive et bien douce émotion. Cette impression a été celle de ma mère, de mes frères et sœurs ici présents. Il y a sans doute, dans cette rapide et brillante esquisse, des erreurs et des réserves que nous n'acceptons pas. Mais *l'homme* y est peint, peint de main de maître; le noble cœur du poète a compris le noble cœur du Roi, et dans leur ensemble ces pages éloquentes sont une éclatante justice rendue au caractère de mon père, à sa bonté, à ses grandes qualités, à la loyauté de son règne. Certains traits nous ont touchés jusqu'aux larmes. Si vous êtes encore en relations avec M. Victor Hugo, tâchez de lui faire connaître tous les sentiments que cette lecture nous a inspirés. »

P. 877. *CHAPITRE IV*

1. Un autre des fragments non utilisés dit :

« *En 1830, Charles X tombé, une sorte d'acclamation née de ce grand instinct et de ce grand bon sens que le monde appelle au cœur des peuples poussa au trône le chef de la famille d'Orléans. Les maisons royales ressemblent à ces figuiers de l'Inde dont chaque rameau en se courbant jusqu'à terre y prend racine et devient un figuier. Chaque branche peut devenir une dynastie. A la seule condition de se courber jusqu'au peuple.*

« *De quelque façon qu'on le considère, Louis-Philippe d'Orléans fut un grand choix du sort. Prince remarquable, homme rare ; préparé à la couronne par les vicissitudes, par l'exil, par l'infortune, même par la misère ; portant la triple empreinte de la vieille race royale qui l'avait produit, de la république révolutionnaire qui l'avait éprouvé, et de la bourgeoisie qui le couronnait. L'heure où l'histoire parle avec son accent vénérable et libre n'a pas sonné pour le roi Louis-Philippe. Le penseur réserve son jugement, salue et passe.*

« *Une fois le serment prêté par le roi à la nation et par la nation au roi, auguste échange de paroles, frisson de deux cœurs qui n'en doivent plus faire qu'un, le pouvoir se constitua. La résistance naquit le lendemain, peut-être même était-elle née la veille.* »

Le commentaire de l'édition nationale écrit que le texte de cette note « continue, presque identique, la version publiée jusqu'à : « *Les erreurs sont souvent d'excellents projectiles* » qui est au septième des alinéas qui suivent.

2. Un fragment inutilisé traite assez longuement du parti républicain. En voici le texte :

« *Les partis donc commencèrent à faire la vie dure au gouvernement de Juillet. Il dut, né d'hier, combattre aujourd'hui.*

« *De tous les partis qui se dressaient en face du pouvoir nouveau, le parti républicain* [note en regard : « *Parti Carrel* »] *était le plus redoutable, parce qu'il s'appuyait sur une certaine logique fière qui est ce qu'il y a de plus vivace et de plus profond dans l'homme.*

Ce parti, de quelque manière qu'on le jugeât d'ailleurs, avait une grande physionomie. Il était peu nombreux, mais dense, compact, solide, plein d'unité, quoique pénétré d'anarchie. Il pensait comme une foule et marchait comme un homme. [Note en regard : « Dire les fractions. »]

Sincère, loyal, vibrant, habituellement injuste avec un éternel fond d'équité ; indifférent, presque ennemi, aux lettres et aux arts, c'est-à-dire à ce qui fait la puissance la plus durable et la plus humaine des peuples ; mettant sur la même ligne la probité et l'austérité, ce qui est une erreur, car l'excès est possible à l'austérité et ne l'est pas à la probité ; pas assez indigné des abominables fureurs de 93 ; faisant parfois la faute d'admirer Brutus plus que Caton et Marat plus que Brutus ; faisant aussi l'autre faute non moins grave de se montrer haineux aux supériorités naturelles autant qu'aux supériorités sociales ; fanatique dans le scepticisme universel, farouche au milieu de la douceur des mœurs ; ayant du reste d'admirables instincts et des lueurs magnanimes, profondément épris de toutes les grandeurs collectives de la France, déployant en toute occasion une témérité qui faisait à la fois sa gloire et sa perte ; assez héroïque dans le combat pour faire croire qu'il aurait pu être chevaleresque dans la victoire, le parti républicain faisait dans la nation un groupe extraordinaire.

Nous ne confondons pas avec le vrai et grand parti républicain une minorité imperceptible dans le parti même, qui exagérait les exagérations, faisait de l'horreur à froid, n'aimait dans la révolution que la terreur, et admirait la guillotine. Ce petit parti, dont il ne reste plus de trace aujourd'hui, voulait être formidable et parvint à être ridicule. Il se déclarait enfanté par la Montagne ; soit. Nous eûmes la souris.

A l'heure où nous écrivons ces lignes, le pouvoir et la législation ont maîtrisé le parti républicain, mais, nous n'hésitons pas à le dire, nous sommes de ceux qui regrettent que la loi lui ait imposé silence. C'est à notre sens une injustice compliquée d'une maladresse. On ne fait jamais complètement taire une opinion. Si on la comprime du côté de la théorie, elle s'échappe du côté de la polémique. Son raisonnement demeure bâillonné, mais sa colère trouve moyen de prendre la parole.

Voici, sommairement, quelques-unes des objections que le parti libéral monarchique, par les voix d'ailleurs sincères de ceux qu'on pourrait appeler les théoriciens de la demi-révolution de 1830, opposait au parti républicain.

Ici commence le passage que Victor Hugo avait mis entre guillemets et qu'il attribuait à un autre que lui-même :

« Par suite de ce besoin de traditions qui est dans la nature humaine et que subissent même les partis les plus résolus à rompre avec le passé et les hommes les plus déterminés à ne point avoir d'aïeux, le parti républicain de 1831 s'est replacé sur le terrain de 92, de 93 et de 94, et s'est borné pour toute œuvre à proclamer de nouveau les généralités grandioses de la Convention ; entre autres la fameuse déclaration des droits de l'homme et du citoyen. Or, à notre sens, ce n'est plus la question.

« D'une part, ces grands documents qu'on pourrait appeler les actes héroïques de la pensée révolutionnaire ne sont ni oblitérés ni prescrits ; d'autre part, ils ne sont plus à l'ordre du jour immédiat.

« *Ce sont désormais des faits acquis à la philosophie sociale ; les uns comme fondements réels du droit, les autres comme renseignements pour les révolutions futures ; la civilisation est maintenant occupée à élaborer d'autres faits. C'est ce que le parti républicain semble méconnaître.*

« *Le principal titre de grandeur de la Révolution française, ce qui démontre sa réalité profonde et sa nécessité, c'est qu'elle a stipulé pour l'univers, et que, dans ses déclarations démesurées adressées au genre humain tout entier, elle a paru presque oublier la France. La Révolution eut des idées immenses qui dépassaient la frontière ; elle enfanta des principes d'une telle stature qu'ils durent, dès le premier jour, s'appuyer, non sur le génie propre d'une nation, mais sur l'esprit humain tout entier. Elle engendra de tels résultats qu'aucun peuple, si grand qu'il fût, n'eût suffi à les contenir. Elle fut désintéressée, ce fut sa gloire. Elle se dévoua à la propagation des idées pures. Elle n'eut même pas ce grand égoïsme de la nationalité. La révolution d'Angleterre fut une révolution anglaise ; la révolution de France fut une révolution de l'humanité.*

« *La révolution d'Angleterre fonda une liberté insulaire, une religion insulaire, un schisme insulaire, et ne jeta pas une idée générale au continent. La révolution française mit le feu dès le premier jour à toute la pensée humaine à la fois et éblouit subitement le monde par l'embrasement magnifique des vérités universelles. Pendant quatre ans tout l'horizon fut en feu.*

« *Aujourd'hui encore la réverbération de ce prodigieux foyer d'idées, séparé de nous par près d'un demi-siècle et sur lequel est tombée déjà la cendre de quarante années, suffit pour donner à toute la France aux yeux de l'Europe un flamboiement étrange, sinistre pour les uns, sublime pour les autres.*

« *La révolution anglaise n'était que la réforme ; la révolution française, c'est la liberté.*

« *La révolution française est une révolution mère. On trouvera des dérivés de cette révolution dans toutes les langues que parlera désormais la pensée des peuples.*

« *Notre révolution donc, considérée dans son effet moral et dans son résultat philosophique, est une grande modification à la civilisation humaine.*

« *Au sommet où se place la philosophie de l'histoire, ce qui n'est que local et transitoire dans cette révolution immortelle disparaît, et l'on n'aperçoit même plus deux choses qu'il ne faut pourtant jamais oublier, car l'une est son mérite et l'autre est son crime, le territoire héroïquement défendu, la place publique affreusement ensanglantée.*

« *Oui, et c'est sur ce point qu'il faut insister, la première révolution étant révolution mère, a eu la signification d'une révolution générale : 93 est l'éruption colossale de toutes les haines, des esclaves contre les maîtres, des petits contre les grands, des pauvres contre les riches, des envieux contre les enviés, des misérables contre les heureux, des opprimés contre les oppresseurs, amoncelées dans la profondeur et l'obscurité des âmes depuis huit siècles. C'est le bouillonnement de l'univers dans le grand cratère français. La Convention, quand on considère sa figure formidable et ses proportions monstrueuses, n'apparaît plus à l'esprit comme l'as-*

semblée d'un peuple, mais comme le concile violent du genre humain furieux. Les personnes disparaissent devant cette assemblée géante ; il ne reste plus que des idées.

« Cela ne ressemble ni à un sénat, ni à un aréopage, ni à une chambre, ni à un parlement ; cela a d'autres dimensions ; ces hommes effrayants qui s'agitent là dans les ténèbres sont parfois au-dessus, parfois au-dessous de l'humanité, toujours au delà. Les principaux d'entre eux semblent appartenir à cette race fabuleuse de monstres qui étaient en même temps des demi-dieux. La Convention est tantôt un panthéon, tantôt un pandæmonium. C'est là, à notre avis, la suprême originalité de cette assemblée unique ; les vrais personnages qui luttent dans cette enceinte et qui s'y prennent corps à corps, ce sont des idées. De ces bancs couverts d'ombre et pleins de tumulte, de ces sièges où s'agitent, bras nus et coiffés du bonnet rouge, des législateurs en sabots, de cette tribune qui semble par moments disparaître dans les nuées et dans les éclairs, de cette Gironde, de cette Montagne, il sort des abstractions qui s'en vont dehors à la clarté du ciel, sous les yeux du peuple entier, exterminer d'autres abstractions. Le régicide anglais, c'est la décapitation d'un roi ; le régicide français, c'est la décapitation de la royauté.

« Pour la révolution d'Angleterre, Charles Ier était un obstacle ; pour la révolution de France, Louis XVI est un prétexte. On dresse l'échafaud dans les deux cas.

« Seulement, il nous est impossible de ne point faire en passant cette remarque, la Convention s'est trompée : la Convention, effarée et comme aveuglée par les fantasmagories vertigineuses qu'elle avait devant les yeux, n'a pas su clairement ni vu distinctement ce qu'elle faisait. De même qu'elle appelait l'anarchie liberté, elle a appelé la royauté tyrannie. En réalité, elle n'a pas plus décapité la royauté qu'elle n'a jugé Louis XVI. Elle a le 21 janvier, le même jour, sur le même échafaud, mis à mort un roi agneau et décapité la tyrannie. En menant à fin l'œuvre fatale du régicide, elle a accompli tout ensemble et mêlé dans la même action une grande et terrible justice et une abominable iniquité ; elle a du même coup châtié quelque chose et assassiné quelqu'un.

« Quant à la royauté, la Convention ne lui a fait aucun mal. Un roi est un homme, la tyrannie est un abus ; on peut les tuer. La royauté est un principe comme la liberté elle-même ; or les principes sont immortels, et il n'est pas plus donné à l'anarchie de tuer la royauté qu'à la tyrannie de tuer la liberté.

« Tous les actes de notre Révolution, les actes frénétiques comme les actes grandioses, ont cet aspect d'universalité. Tous veulent atteindre à la fois quelque chose chez tous les peuples et chez tous les hommes, soit pour édifier, soit pour détruire. La Révolution n'anéantit les individus que pour l'idée qu'ils représentent. On vient de le voir pour Louis XVI ; cela n'est pas moins vrai pour les prêtres et pour les nobles. La massue de septembre écrase la superstition, la guillotine tue la noblesse.

« Jamais rien de local, jamais rien de personnel, dans l'intention du moins. Marat est de bronze, Robespierre est de marbre. L'un est la haine, l'autre est l'envie. Ni l'un ni l'autre ne sont des êtres humains. Ce *sont des passions vivantes et faites chair, mais n'ayant ni cœur ni entrailles ; ce sont des esprits terribles qui offrent des exemples aux nations.*

« *Du reste l'œuvre qu'ils accomplissent est formidable. Eux-mêmes sont promis à l'exemple. Ils ont excédé leur mission, ils ont souillé leur principe, ils seront châtiés. Ils ont décrété la fraternité, puis ils ont décrété l'échafaud, ils ont proclamé la concorde et réalisé la mort ; ils donneront l'exemple de l'expiation. Les hommes de révolutions déroulent une longue chaîne et la font tomber dans l'abîme. A chaque chaînon est liée une victime. Ils regardent dans une sorte de triomphe effrayant la chaîne descendre et toutes ces têtes, l'une après l'autre, s'enfoncer en hurlant dans les ténèbres. Tout à coup, ils poussent un cri terrible, ils se sentent tirer vers la chute, ils s'aperçoivent avec épouvante que c'est à leur pied que le dernier chaînon est attaché. Ils reculent, ils se débattent, il est trop tard, le poids de ce qu'ils ont fait les emporte, toute la chaîne est dans le précipice et les entraîne avec elle.*

« *Ne rouvrons pas ces temps redoutables.*

« *Ainsi, dans cette époque offerte par la providence à la contemplation du monde entier, tout, jusqu'à l'expiation, a la dimension titanique.*

« *Ce caractère de généralité colossale, ce caractère de cosmopolitisme propre à la révolution française, n'est nulle part peut-être plus profondément marqué que dans la déclaration des droits de l'homme et du citoyen présentée par Robespierre à la Convention. Cette déclaration se développe et se déploie en trente-huit articles, on pourrait dire en trente-huit versets. On y trouve des choses d'une grandeur extraordinaire qui, si elles étaient plus calmes, si elles n'avaient pas je ne sais quel accent irrité et sauvage, sonneraient presque comme des affirmations de la conscience humaine. Ainsi le paragraphe 28 :*

« *28. Il y a oppression contre le corps social lorsqu'un seul de ses membres est opprimé.* »

« *Il y a oppression contre chaque membre du corps social lorsque le corps social est opprimé.* »

« *Ainsi encore les paragraphes 35, 36, 37, 38 :*

« *35. Les hommes de tous les pays sont frères, et les différents peuples* « *doivent s'entr'aider selon leur pouvoir, comme les citoyens du même* « *État.*

« *36. Celui qui opprime une nation se déclare l'ennemi de toutes.*

« *37. Ceux qui font la guerre à un peuple pour arrêter les progrès de la* « *liberté et anéantir les droits de l'homme doivent être poursuivis partout,* « *non comme des ennemis ordinaires, mais comme des assassins et comme* « *des brigands rebelles.*

« *38. Les rois, les aristocrates, les tyrans quels qu'ils soient, sont* « *des esclaves révoltés contre le souverain de la terre qui est le genre humain,* « *et contre le législateur de l'univers, qui est la nature.* »

« *Qui ne sent que dans ces hautes paroles toute nationalité s'évanouit ? Ici le sentiment local se dissout complètement dans le sentiment cosmopolite. Dans la politique et dans la vie, les intérêts propres des nations veulent être étudiés de plus près. Pour qui relit, après ces trente-sept années*

écoulées, le mémorable document initial de la révolution française, ce n'est
point l'homme d'État qui parle, c'est le philosophe, c'est le poëte, c'est
le penseur, c'est le rêveur. Mérite immense le premier jour d'une révolution,
immense défaut le lendemain.

« Car, et c'est là qu'il faut en venir, un tel langage, qui est presque
génésiaque, convient à l'aurore des mouvements sociaux et populaires ;
mais plus tard, ce haut langage manque de propriété, et ne se superpose
plus ni aux idées, ni aux hommes, ni aux événements de la seconde période.

« Les révolutions vraies se rapprochent, le premier jour, de l'humanité,
le deuxième, de la nationalité.

« Le premier jour, dans cet enivrement qui accompagne la promulgation,
et ce qu'on pourrait appeler la découverte des grands principes, les yeux
remplis des sombres éblouissements de l'avenir, on ne peut plus rien savoir
du passé, nier l'histoire, rompre la tradition, raturer au hasard les anciens
titres de tout un peuple, construire à la hâte sur le vieux sol européen,
comme si l'on était sur la terre vierge d'Amérique, une république qui
ne tient à rien autour d'elle, oublier qu'en Amérique une république ne
lutte que contre les sauvages et qu'en Europe elle lutte contre la civilisation ; on peut enfin tout tenter, tout essayer, tout recommencer, tout refaire
à neuf, la législation, la constitution, les mœurs, l'État.

« Le deuxième jour on doit se rappeler tout ce qu'on avait oublié le
premier, rentrer dans la pratique et dans l'application, étudier la réalité,
tenir compte de l'histoire, des faits, des traditions, des nécessités, des
habitudes sociales, des préjugés, des mœurs, du bien et du mal, de tout
ce qui constitue l'originalité d'un peuple et la forme séculaire d'un empire ;
on doit accepter enfin son pays tel qu'il est et en tirer le plus de parti
possible.

« Or la révolution de 1830 est le second jour de la révolution de 1789.

« Voilà ce qu'ont le tort d'oublier ceux qui après 1830 promulguent
une seconde fois la déclaration des droits de l'homme et du citoyen.

« Ils adorent une forme, morte selon les uns, immortelle selon les autres,
mais une forme, au lieu d'étudier et de féconder le fond vivant. Ils refont
le second jour l'œuvre du premier. Ils ne sont pas de leur temps.

« Et puis, ce qui importe à la grandeur d'un peuple, ce n'est pas la
forme république ou la forme monarchie, c'est l'unité de la nation. En soi,
à la seule condition qu'elles se produisent selon leur loi locale et naturelle,
la monarchie et la république se valent ; la république est capable de
pouvoir, la monarchie est capable de liberté.

« Seulement une fois qu'une nation a trouvé la forme sous laquelle son
unité se développe le mieux, il faut qu'elle s'y tienne. La forme républicaine, six siècles de puissance et d'accroissement continus le prouvent,
était celle qui convenait à Rome ; le jour où la république romaine est
devenue empire romain, c'est-à-dire le jour où elle s'est faite monarchie,
sa décadence a commencé. La forme monarchique, huit siècles de puissance
et d'accroissement continus le prouvent, est celle qui convient à la France ;
le jour où la France se ferait république, il lui arriverait ce qui est arrivé
à Rome se faisant monarchie. Elle commettrait, en la retournant, la

même faute. Un Romain monarchique, un Français républicain, c'est le même homme qui se trompe de la même façon.

« *La décadence commencerait. Ceci est tellement vrai que, pour n'indiquer en passant qu'une preuve entre mille, le lendemain du jour où la république fut établie, la fédération se déclara. Or qu'est-ce que la fédération ? la première phase du démembrement. Qu'est-ce que le démembrement ? la mort. Jamais la monarchie n'avait eu besoin de se proclamer une et indivisible.*

« *L'unité d'une nation est un fait de végétation mystérieuse, et résulte du sol, du climat, des circonstances, surtout du génie propre de la nation elle-même, de son espèce, pourrait-on dire.*

« *Telle nation vient république, telle autre monarchie. Telle nation se forme du groupe de plusieurs unités et pousse forêt comme l'Allemagne, comme l'Italie au moyen âge, comme la Grèce dans l'Antiquité ; telle autre nation naît et grandit dans son isolement, prend tout le terrain ou tout l'espace autour d'elle et devient un grand chêne comme Rome, comme l'Angleterre, comme la France. Quand le fait est produit, il est fatal. N'y touchez pas. L'unité, c'est l'absolu. Vouloir refaire autrement cette forme sociale que Dieu a faite ainsi, ce serait attaquer la vitalité même de cette nation. Il n'y a pas d'orthopédie qui redresse et façonne les peuples à la fantaisie des utopistes. D'une monarchie toute venue on ne peut pas plus faire une république ; et réciproquement, qu'on ne pourrait faire un tilleul d'un orme ou un cèdre d'un sapin.*

« *Une fois qu'elles sont formées, respectons ces grandes unités monarchiques ou républicaines qui sont la figure même des nations. N'y portons pas la hache par la raison étrange qu'un autre feuillage nous conviendrait mieux.*

« *Acceptons d'un cœur reconnaissant et pieux l'ombre que nous donne ce grand arbre, ne l'abattons pas. — Ce grand arbre, c'est la patrie.*

« *Dans tous les cas, que ceux qui avec un esprit élevé, une raison loyale, une volonté droite, une fermeté honnête et généreuse, imaginent de pareilles transformations, en soient avertis ; elles sont impossibles. La France de l'avenir doit se composer des mêmes éléments que la France du passé et la France du présent ; éléments modifiés, mais conservés ; améliorés, mais reconnaissables. La France doit continuer d'adhérer avec elle-même sous peine de n'être plus la France. A la place de cette monarchie, vous voulez une république. Soit. Mais êtes-vous résignés à ceci : ce n'est plus la France. C'est la plantation d'un autre arbre.*

« *Et puis d'une vieille monarchie de quatorze siècles, cœur, âme, centre, clef de voûte de l'antique continent monarchique européen, faire une toute jeune république soutenue par l'enthousiasme, suspendue dans l'idéal, isolée dans l'azur, quel beau rêve, mais quel rêve !*

« *En France donc, en admettant qu'au point de vue de la spéculation pure et de l'utopie, la république ait pour elle la logique, la monarchie a pour elle la raison.* »

— Ici s'arrête la partie que Victor Hugo avait mise entre guillemets. Le fragment suivant expose la conception d'une monarchie démocratique et comme quoi démocratie n'est pas synonyme de république.

Avant d'aller plus loin, faisons toute réserve, et qu'il soit bien entendu que nous ne contestons ici aucun des inconvénients attachés aux dynasties, à la royauté et aux pouvoirs héréditaires, inconvénients moindres sans doute, mais tout aussi réels que les dangers inhérents aux présidences révocables, aux consulats à vie et aux suprématies électives. Ceci dit une fois pour toutes, nous continuons.

Une nation s'incarne parfaitement dans une dynastie et voici pourquoi : — Ce qui constitue une nation, c'est son unité ; or l'unité se compose de deux éléments, l'indivisibilité et la perpétuité. Ces deux éléments, la famille les contient ; on peut dire même absolument qu'elle s'en compose. L'unité d'une famille peut donc se superposer étroitement à l'unité d'une nation, et représenter dans la réalité la plus concrète, évidente à tous les points de vue, soit qu'on l'examine selon la philosophie, soit qu'on l'examine selon l'histoire, l'indivisibilité des peuples par l'individualité royale, et leur perpétuité par l'hérédité. Il est visible qu'ici, et autrement la monarchie est mal comprise, ce sont les familles régnantes qui sont subordonnées aux nations, que les dynasties existent pour le peuple et non le peuple pour elles, et que le jour où elles cessent leurs fonctions, le jour où elles deviennent une gêne ou un péril, elles doivent être remplacées, c'est-à-dire retirées de la politique et reléguées dans l'histoire, absolument comme on installe dans un musée des outils qui ont fait leur temps, des machines hors d'usage ou des armures hors de service.

Ceux-là n'ont pas bien étudié la monarchie et son jeu naturel qui proclament et érigent en principe la nécessité de telle ou telle famille royale. Au point de vue de la politique et de la raison, il n'y a de nécessaire que la civilisation pour l'humanité et la nationalité pour le peuple. Ce qui constitue l'homme d'une part, ce qui constitue le citoyen d'autre part, voilà toute la nécessité politique, voilà le fondement, voilà la base. La monarchie se concilie avec tous ces besoins, avec toutes ces nécessités, et c'est pour cela qu'elle est bonne, mais à la condition de certains renouvellements climatériques qui la rajeunissent et qui donnent, quand l'heure est venue, une jeune sève à son vieux tronc.

Sans doute les familles royales veulent être ménagées et gardées, cultivées avec soin, émondées avec respect, touchées avec précaution ; dans l'intérêt de tous il est bon qu'elles durent longtemps ; leur longévité même est une image de la longévité nationale. Mais il ne faut jamais oublier qu'elles ne sont qu'utiles, et que c'est la nation qui est nécessaire. La croyance contraire a été, avant et après 1830, l'erreur de tout un parti, fidèle, brave, convaincu, généreux, chevaleresque, mais qui a compromis la monarchie en l'exagérant. La légitimité est à l'hérédité ce que la superstition est à la religion. Ce parti y a perdu, il s'est amoindri et s'est pour ainsi dire retiré à la fois du siècle et de la nation. Erreur fatale et qui doit surtout faire réfléchir les nouvelles générations du vieux royalisme ! A quoi bon se faire une petite patrie quand on en a une grande ? A quoi bon être de la Vendée quand on est de la France ?

C'est un événement grave, difficile, délicat, redoutable, mais qui se reproduit souvent dans l'histoire, que la greffe d'une dynastie sur une monarchie. Cet événement est nécessairement toujours précédé de l'abattement d'une branche royale, d'autant plus nuisible qu'elle est plus décrépite, d'autant plus vénérable qu'elle est plus vieille. Laissons faire la providence. Dieu est le bûcheron de ces grands coups de cognée.

Comme on peut déjà le pressentir d'après tout ce qui vient d'être dit, la monarchie n'exclut en aucune façon la souveraineté du peuple.

La monarchie, la théocratie, l'oligarchie, la république, ne sont que des formes de nations. Or la souveraineté ne peut être dans la forme. La souveraineté est dans l'unité, en d'autres termes, dans la nation. La souveraineté. c'est l'attribut nécessaire, fatal, essentiel, de l'unité. La liberté pour le citoyen, la souveraineté pour le peuple, c'est le même fait, c'est-à-dire la possession de soi-même. Quand les petites unités sont libres, la grande unité est souveraine ; quand la grande unité est souveraine, les petites unités sont libres ; cela ne saurait être autrement, depuis que l'Évangile a émancipé l'intelligence humaine. Désormais la grandeur des États se composera de plus en plus de la dignité des individus. Sparte était une nation souveraine formée de citoyens esclaves ; Sparte n'était possible qu'avant Jésus-Christ.

Disons-le donc, la monarchie, loin d'exclure la souveraineté du peuple, l'admet et s'y appuie. Les dynasties vivent de la communication immédiate de cette souveraineté, et elles sortent du peuple comme d'une racine.

Tout existe dans la nation et se résume dans la dynastie. Ainsi que nous l'avons dit déjà, l'unité de celle-ci figure l'unité de celle-là. L'une rayonne, l'autre reflète. Pouvoir, puissance, autorité, dignité, indépendance, majesté, grandeur, tout vient du peuple et tout retourne au peuple. Les nations sont, les dynasties représentent.

Le roi n'est et ne doit être autre chose que la nation faite homme.

L'État, c'est moi, disait le roi qui a été le plus roi. Le roi est un abrégé utile du pays, une chair qui doit saigner de toutes les blessures faites à la chose publique, un être intelligent et pensif qui doit avoir un immense cœur par lequel passe et repasse soixante-dix fois par minute tout le sang du peuple.

On le voit, l'idée monarchie ne rejette en aucune façon l'idée démocratie. C'est une erreur de confondre comme on le fait souvent ces deux mots, république et démocratie, et de leur donner le même sens. La république est une machine politique, la démocratie est un fait éternel, la république est acceptable ou contestable, bonne ici, mauvaise là, passagère, périssable, possible ou impossible, selon l'heure et selon le lieu ; la démocratie, c'est l'avenir, c'est la réalité d'aujourd'hui, la nécessité de demain, le but de tout gouvernement intelligent, le fond de la politique humaine, l'œuvre lente, mystérieuse et juste de l'Évangile, la construction même de Jésus-Christ. Discuter la démocratie, chicaner la démocratie, barrer le chemin à la démocratie, c'est discuter le rocher qui se minéralise, chicaner l'astre qui tourne, barrer le chemin à la marée qui arrive. Le peuple s'éclaire absolument comme le vallon, parce que le soleil monte, parce que l'intelligence humaine s'élève. Cette lumière qui se fait, c'est le gouvernement de la démocratie qui commence, car être éclairé, c'est être intelligent, c'est gouverner. Qui redoute la démocratie a peu réfléchi ou voit dans ce mot ce qui n'y est pas. Bouleversement ? démolition ? ruine ? catastrophe ? écroulement ? non. L'avènement de la démocratie n'est pas une chute, c'est une ascension. Le fait démocratique n'est autre chose que le fait social complètement épanoui. La démocratie se concilie et se conciliera avec la hiérarchie et avec l'hérédité, hérédité du pouvoir, hérédité de l'illustration, hérédité de la propriété, hérédité politique, hérédité sociale, parce que la hiérarchie et l'hérédité sont invinciblement dans la nature comme la démocratie elle-même, et que le propre des grands faits éternels de la nature, c'est de vivre en bon voisinage et de s'admettre les uns les autres. La démocratie peut circuler au dedans de toutes les formes politiques et les féconder et les nourrir comme la sève nourrit et féconde toutes les végétations.

Il faut donc distinguer et distinguer profondément entre l'idée république et l'idée démocratie. Il y a des républiques despotiques, il y a des monarchies démocratiques.

Terminons par une considération qui ne sera comprise aujourd'hui peut-être que d'un petit nombre d'esprits, mais qui résulte pour nous de la contemplation assidue des linéaments confus de l'avenir.

Tout marche à l'unité de l'Europe, chemins de fer, suppression des douanes, mélange des peuples, circulation des idées, croisement des nationalités. La fusion de l'Europe dans l'esprit français, voilà l'avenir évident, l'avenir désirable. C'est-à-dire plus de chocs de nations, plus de sang versé, un tribunal d'amphictyons, les querelles des peuples jugées et leurs haines conciliées, les luttes de l'esprit remplaçant les luttes de la force, la paix inébranlable substituée à l'antique guerre inextinguible. Qui ne sent que la France république, ravivant toutes les animosités et toutes les défiances européennes, retarderait cet avenir, et que la France monarchie y aidera ? Or, nous le demandons aux républicains eux-mêmes, quel est le plus beau résultat pour la révolution française, d'aboutir à la république en France, ou d'aboutir à la fraternité en Europe ?

Pour résumer dans un dernier mot notre pensée entière, l'avenir des sociétés n'est dans aucune forme politique, il n'est ni dans la royauté, ni dans la présidence élective, il est dans la démocratie, qui, bien comprise, admet toutes les formes sociales, toutes les constitutions pourvu qu'elles soient libérales, et n'exclut pas plus la monarchie que la république. La démocratie est le complet développement, aidé et garanti par l'État, de toutes les facultés de chacun ; à chaque intelligence toute la place que son envergure réclame, voilà la vraie égalité. Le jour où la sphère d'action de l'un pénètre et trouble la sphère d'action de l'autre, le despotisme paraît et l'oppression commence. Le progrès définitif de la civilisation humaine est dans la combinaison intelligente et providentielle de ces deux axiomes également évidents et qui ne se contredisent qu'en apparence :

Tous les hommes sont égaux.

Tous les hommes sont inégaux.

— La royauté admettant la souveraineté du peuple doit associer à l'action législative, des représentants du peuple. En fait il y avait deux organismes parlementaires : la pairie émanée du gouvernement, la chambre des députés du peuple — théoriquement du moins, car le suffrage était alors censitaire c'est-à-dire le privilège d'un petit nombre d'électeurs. Voici ce qu'en dit Victor Hugo dans cet autre fragment.

A parler absolument, la souveraineté, c'est la solitude. Dieu est seul.

C'est là l'idéal de la vieille monarchie. Partout où elle est pure, absolue, divine, le prince est seul. Solitude double ; seul dans sa puissance, seul dans son palais. Ainsi tous les antiques souverains de l'Asie, le lama, le mogol, l'empereur de la Chine. Ainsi en Europe, le sultan, le pape, et le roi d'Espagne, cette espèce de calife catholique, ce prince plutôt oriental qu'européen, presque africain par les mœurs, presque asiatique par l'étiquette.

De la solitude naissent, en théorie du moins, l'inviolabilité et l'irresponsabilité. Ces trois éléments composent essentiellement et constituent politiquement la souveraineté.

De ces trois éléments l'idée moderne de monarchie n'a admis que les deux derniers. Elle a substitué à la solitude le partage.

Voici de quelle façon :

L'ancienne monarchie prenait pour point de départ la famille ; la nouvelle prend pour point de départ la nation. L'ancienne reposait sur la souveraineté du père ; la nouvelle proclame la souveraineté du peuple.

Or trois choses... — ce nombre trois est au fond de tout ; Dieu lui-même se décompose en trois. — Je reprends :

Trois choses constituent un peuple : son unité, qui fait qu'il est lui-même et non un autre ; sa forme, qui se complique nécessairement de haut et de bas et qui fait qu'il a des sommets toujours lumineux ; sa vie enfin, c'est-à-dire le mouvement de ses idées, la lutte de ses passions, la circulation de ses intérêts.

Dans la monarchie moderne, l'unité de la nation est représentée par le roi héréditaire ; la forme de l'État, par la pairie, qui devrait être aussi partout héréditaire, et qui se compose de tous les sommets ; la vie du peuple, c'est-à-dire ses idées, ses passions, ses intérêts, par la chambre des députés ou des communes. Trois faits, trois droits, trois pouvoirs.

Chacun de ces trois pouvoirs a sa part de souveraineté, part inégale comme la fonction.

La royauté est souveraine ; elle est inviolable et irresponsable. Le roi se confond absolument avec la royauté. Son inviolabilité et son irresponsabilité le placent dans tous les cas au-dessus de la loi. En cas même de délit ou de crime personnel qui serait commis par lui comme homme, la loi ignore et nie, et ne l'atteint pas. Le roi ne peut commettre ni crime, ni délit.

La chambre des pairs est souveraine ; elle est inviolable et irresponsable. Le pair, inviolable et irresponsable, est politiquement souverain. Il se confond avec la chambre ; seulement, il peut commettre des crimes et des délits ; alors son inviolabilité et son irresponsabilité cessent. La loi le saisit, et la chambre se sépare de lui pour le juger.

La chambre des députés est souveraine ; elle est inviolable et irresponsable ; mais le député ne se confond pas avec elle. Il n'est inviolable que six semaines avant et six semaines après la session ; pour tous ses actes personnels, il relève de la loi pénale et de la juridiction commune ; enfin il peut cesser d'être député, et alors la chambre ne le connaît plus.

Je viens de le dire, la chambre des députés représente la vie, de là sa physionomie variable, multiple, mobile, tumultueuse. C'est là un rôle immense ; mais qu'on ne l'oublie pas, les deux autres pouvoirs n'ont pas une fonction moins nécessaire. Se représente-t-on la vie sans la forme, et la forme sans l'unité ?

— Dans la conception démocratique du gouvernement, république ou monarchie, l'élection est nécessaire. Quel autre moyen aurait le peuple d'exercer la souveraineté qu'on lui reconnaît. L'élection cependant a bien des inconvénients. Son action peut être funeste. Dans ce dernier fragment, Victor Hugo expose l'infirmité et les dangers de cette institution. Il l'admet cependant. La perfection n'est pas de ce monde. Et il ne s'agit — il faut le rappeler — encore que du suffrage censitaire. Plus tard Victor Hugo sera partisan du suffrage universel.

Le parti républicain, confondant la souveraineté du peuple avec le principe électif, revendiquait le principe électif et repoussait le principe héréditaire.

Quelques mots sur l'élection.

Si l'élection était absolument bonne, c'est-à-dire infaillible, le gouvernement qui résulterait de l'élection à tous ses degrés depuis la base jusqu'au sommet, en d'autres termes le gouvernement républicain serait le meilleur de tous.

Or l'élection est-elle infaillible ? la théorie voudrait bien dire oui, mais l'expérience dit non.

L'expérience a prouvé que l'élection se trompe et a souvent la main malheureuse. Regardez : quel mode d'élection voulez-vous ? est-ce l'élection de bas en haut ? elle fonctionne dans les collèges électoraux et elle produit la chambre des députés. Êtes-vous satisfaits ? non. Est-ce l'élection à niveau ? elle fonctionne à l'Institut et produit les académiciens. Êtes-vous contents ? Pas davantage. Appelez pour remplacer l'Institut tous les lettrés indistinctement, les petits et les grands, les obscurs et les illustres, tous, depuis le dernier vaudevilliste qui aura sa voix jusqu'à Molière qui n'aura que la sienne ; mettez à la place des collèges électoraux le peuple tout entier, les bons et les mauvais, les savants et les ignorants, les travailleurs et les penseurs, les oisifs opulents et les fainéants déguenillés, les indigents et les riches, les maîtres et les ouvriers, tous, depuis votre portier, membre du souverain, jusqu'à Napoléon, membre de la foule ; ce changement fait, quel est le résultat ? l'élection meilleure ? non. Nous sommes de ceux qui se bornent à croire qu'elle ne sera pas pire. Dans tous les cas, l'élection sera telle quelle ; et, vu l'infirmité des choses humaines, si l'élection est passable, le résultat sera admirable.

Quel que soit le procédé, quel que soit le mécanisme, qui dit élection dit mise en jeu de toutes les intrigues, passions éveillées, calomnies aiguisées, coalition des médiocrités contre le talent, intimidation possible du faible par le fort, corruption probable du pauvre par le riche, exploitation certaine des simples par les habiles, l'intérêt personnel écouté, l'intérêt général oublié, troubles, nuages et visions devant les meilleurs yeux, convocation à jour fixe de toutes les malveillances, de toutes les jalousies, de toutes les ambitions, de toutes les prétentions, de toutes les vanités pour le service de la justice et de la vérité. Le principe électif a donc ses vices comme le principe héréditaire. L'un est incertain comme le hasard, l'autre est imparfait comme l'homme. D'excellence, point ; ni d'un côté ni de l'autre.

Ajoutons ceci qui semble bizarre au premier coup d'œil et qui est vrai a beaucoup d'égards, c'est que lorsqu'il s'agit de la désignation du chef suprême, l'hérédité est moins blessante pour la dignité humaine que l'élection. En effet, voyez : l'hérédité fait de cet homme le roi ; pourquoi ? parce qu'il s'appelle Bourbon, Bragance, Brunswick ou Orléans. Rien de plus. Ce n'est que la constatation d'un fait ; cela ne met moralement personne au-dessous du roi ; cela le réduit à l'état de principe, et maintient à tous les esprits supérieurs au sien, à toutes les vertus plus hautes que la sienne, le droit de saisir le pouvoir et de gouverner, lui présent, Dieu aidant ; car dans les monarchies constitutionnelles, il ne faut jamais l'oublier, le chef suprême est un chef nominal. L'hérédité, on le voit, laisse la suprématie réelle au concours, permet aux idées, aux lettres, aux conjonctures, de produire le véritable gouvernant, et par conséquent ne froisse en rien la fierté du citoyen. Elle se borne, nous le répétons, à dire : celui-ci s'appelle Bourbon, ou Orléans. Voyez l'élection, au contraire : l'élection fait de cet homme le président de la République, le chef de l'État, chef effectif cette fois et non plus simplement nominal. Pourquoi ? Qu'est-ce que cela veut dire ? Cela veut dire que cet homme est le plus capable, le plus honnête, le plus intelligent, le meilleur. L'élection affirme cela ou elle n'affirme rien. Or l'élection peut se tromper, et souvent elle se trompe. Quelle injure pour tous ceux qui sont vraiment meilleurs que le meilleur officiel, plus grands que le plus grand proclamé ! Quel affront pour la dignité de tous que cette exaltation d'une indignité !

Indignité à laquelle il faudra obéir, car la république non moins que la monarchie veut qu'on obéisse. S'en tirera-t-on comme aux États-Unis par l'obéissance sans le respect ? Chétive réaction, puérile vengeance de toutes les minutes contre la suprématie qu'on a faite. Mauvaise grâce risible de l'égalité bourrue et morose devant l'autorité qui vient d'elle. En outre sortez de ceci : ou le chef de l'État est digne de son élection, et alors il mérite le respect ; ou il est indigne de son élection, et alors il ne mérite pas l'obéissance.

En somme, il ne faut rejeter ni le principe électif, ni le principe héréditaire. Tous les deux ont leur racine dans le cœur même de l'homme, et les inconvénients de l'un et de l'autre ont cela de particulier que dans la plupart des cas ils se neutralisent en se combinant. Pour que tous les besoins et tous les instincts de l'homme civilisé soient satisfaits, il faut de l'élection et de l'hérédité dans l'État. Le gouvernement parlementaire remplit ce double objet.

P. 884. *CHAPITRE V*

1. Autre titre projeté : *Symptômes sombres.*
2. Rue de Cotte, au faubourg Saint-Antoine. Elle existe toujours.
3. Il y avait deux rues : la rue Sainte-Marguerite-Saint-Germain et la rue Sainte-Marguerite-Saint-Antoine. C'est celle-ci que désigne

Victor Hugo. C'est aujourd'hui la rue Trousseau ; elle fait presque suite à la rue de Cotte.

4. Joseph-Henri Gisquet (1792-1866), ancien commis et protégé de Casimir Périer, fut préfet de police du 15 octobre 1831 au mois de septembre 1836. Il eut donc à réprimer les nombreuses et sérieuses émeutes qui se produisirent pendant cette période.

5. *Le Populaire, journal des intérêts matériels, politiques et moraux du peuple*, fondé par une association dirigée par Cabet. Ce journal parut du 1ᵉʳ septembre 1833 au 4 octobre 1835. Il ne paraissait donc pas encore quand se produisit, à l'occasion des obsèques du général Lamarque, l'émeute que Victor Hugo racontera bientôt. Les crieurs du *Populaire* n'étaient pas de simples revendeurs de journaux. Ils étaient des partisans et des agents de propagande. Ils étaient vingt-quatre et avaient une tenue spéciale : blouse, chapeau et boîte tricolores. (Cf. HATIN, *Bibliographie de la Presse périodique française*, p. 389.)

6. La barrière de Picpus était située à l'extrémité de la rue de Picpus qui finissait alors au point où se rencontrent l'avenue de Picpus et le boulevard de Reuilly. La barrière de Charenton était située à l'extrémité de la rue de Charenton qui se trouvait alors au point où cette rue rencontre le boulevard Dugommier.

7. Voir la note 1 (ch. I), p. 1634.

8. Voir la note 1 (ch. III), p. 1597.

9. Ennius (239-169 av. J.-C.) auteur d'un vaste poème épique *les Annales*, de *Satires* et de comédies et de tragédies dont il ne subsiste que des fragments en général fort courts.

10. *Ingens* : Puissance.

P. 895.   CHAPITRE VI

1. La rue de l'Estrapade, près du Panthéon, s'appelait alors rue de la Vieille-Estrapade.

2. La rue de Grenelle-Saint-Honoré était la partie de l'actuelle rue Jean-Jacques-Rousseau qui va de la rue Saint-Honoré à la rue Coquillière, au point où la rue Jean-Jacques-Rousseau commençait alors.

3. La barrière du Maine était située à l'extrémité de l'avenue du Maine, c'est-à-dire au point où cette avenue rencontre aujourd'hui le boulevard de Vaugirard.

4. Sur la place Saint-Michel voir la note 3 (ch. I), p. 1634.

5. La rue des Vieilles-Tuileries était la partie centrale de la rue du Cherche-Midi dont la première partie s'appelait rue du Cherche Midi alors et la partie extrême rue du Petit-Vaugirard. Un décret du 5 juin 1832 étendit le nom de Cherche-Midi à l'ensemble des trois rues. Les autres rues subsistent. Le boulevard à enjamber est le boulevard du Mont-Parnasse. Le couvent des Carmes était 70 rue de Vaugirard là où est l'Institut catholique.

LIVRE DEUXIÈME. — ÉPONINE

P. 900. *CHAPITRE PREMIER*

1. La disposition, dans ce livre, n'est pas la même dans *les Misères* et dans *les Misérables*. Le chapitre I et le chapitre IV des *Misérables* forment, dans *les Misères*, le premier chapitre; le chapitre II des *Misérables* y forme le chapitre deuxième, le chapitre III des *Misérables* y manque. En outre lacunes et variantes assez nombreuses.

2. Autres titres projetés : *Immersion lente d'un cerveau.* — *Immersion lente d'une âme.*

3. Var. « ... chez Courfeyrac *qui demeurait imperturbable — dans le* quartier latin... » La suite manque jusqu'au mot « volontiers ». Le texte continue ainsi : « *et lui dit :* Je viens... »

4. Les mots « l'étendit à terre » manquent.

5. Var. « ... cela? *pensa*-t-elle, un jeune... »

6. Var. « ... plus *hideux*... »

7. Var. « Javert crut que *l'avocat* avait eu peur... »

8. Var. « ... guet-apens *et ne s'obstina pas à rechercher Marius.* »

9. Var. « ... savoir. *Était-ce Cosette ?* »

10. Cette phrase manque.

11. Il manque de « L'ouvrier » à « donc? » (trois phrases).

12. Il manque de « Autant » à « Luxembourg ».

13. Var. « ... qu'il *nommait maintenant Cosette*... »

14. La première partie de cet alinéa jusqu'au mot « noie » manque.

15. Cette phrase manque aussi.

16. Var. « ... dans *la paresse tumultueuse et les rêveries* sans fond... » Il manque ensuite de « On » à « stagnant ».

17. Var. « *Cela est toujours ainsi.* »

18. Var. « ...mou *et ne peut.*.. »

19. Les mots « saine et » manquent.

20. Var. « ... Surgissent. *Marius le savait, mais que faire ? il essayait de travailler, écrivait dix lignes, vingt lignes, puis prenait son chapeau et s'en allait.* Pente fatale... »

21. Victor de Lasere, dit Escousse, né à Paris en 1813, était employé de bureau. Il était aussi auteur dramatique. Il avait en 1831, à dix-huit ans, réussi à faire jouer deux drames en vers : *Farruck le Maure* au théâtre de la Porte-Saint-Martin et *Pierre III* au Théâtre-Français. Le second fut moins bien accueilli que le premier. Un troisième drame *Raymond* qu'il avait écrit en collaboration avec son ami Auguste Lebras et qui fut représenté au théâtre de la Gaîté le 18 février 1832 n'eut aucun succès. Cet échec détermina Escousse au suicide. Il y décida son ami Lebras. Escousse laissa un papier sur lequel il avait écrit : « Escousse s'est tué parce qu'il ne sentait pas sa place ici... » et quelques vers où il disait adieu à la « trop inféconde terre. »

> *Adieu les palmes immortelles.*
> *Vrai songe de mon âme en feu,*
> *L'air manquait, j'ai fermé mes ailes...*

Le suicide de ces deux jeunes gens produisit un grand effet. Béranger fit entendre un chant funèbre : *le Suicide ;* Hégésippe Moreau fit allusion à ce drame dans son poème de *Diogène* et Alfred de Musset dans son poème de *Rolla.*

22. Il manque des mots « Ce que » aux mots « nuit intérieure ».
23. VAR. « ... c'est *que Cosette...* »
24. VAR. « ... surtout *vers la tombée du jour*, il laissait... »
25. VAR. « ... calme et *vrai*, quoique singulier, *tout* ce qui passait sous ses yeux, même les *choses indifférentes.* »
26. VAR. « ... dans les *plus grandes souffrances...* »
27. Il manque, dans *les Misères*, de ce mot « Quand » à la fin du chapitre.
28. Voir la note 19 de la page 1593.

P. 905.   *CHAPITRE II*

1. Autre titre projeté : *En Irlande.* C'est le titre du chapitre premier dans *les Misères.* Il y manque la première partie du chapitre, jusqu'aux mots « espérant quelque bavardage » (sixième alinéa).
2. Némorin est l'amant d'Estelle dans le roman *Estelle et Némorin,* de Florian. — Sur Schinderhannes, voir la note 4 (ch. II) de la p. 1646.
3. VAR. « *Presque à la même époque où ceci se passait boulevard de l'Hôpital les surveillants de la Force avaient l'œil ouvert sur un jeune voleur nommé Brujon, l'un des détenus de la* cour Charlemagne. Ce nom est... »
4. Il manque des mots « qu'on n'a » au mot « Gorbeau ».
5. VAR. « ... fort adroit, *ayant des airs d'insouciance et passant quelquefois des heures entières...* » Il y a là donc une lacune de quelques lignes.
6. La dernière phrase de cet alinéa manque.
7. VAR. « *Dans les premiers jours* de février 1832, on sut que *ce détenu* avait... »
8. VAR. « ... dépense *énorme...* »
9. La barrière de Grenelle était à l'endroit où se rencontrent la rue Humblot et le boulevard de Grenelle.
10. Il manque les noms de ces trois personnages.
11. Cette phrase manque.
12. VAR. « *Moins d'*une semaine après... »
13. VAR. « ... destiné, *un nommé Ferréol,* fut... »
14. Cette phrase manque.
15. VAR. « *Ferréol* ». De même, dans la suite.
16. VAR. Il manque de « Cette » à « connaissait ». Le texte est ensuite : « Cette Magnon, *était une amie de la fille* Thénardier. Il arriva *précisément* qu'en ce... » Il y a donc une lacune de quelques lignes.

17. VAR. « ... filles, *qui d'ailleurs n'avaient pas seize ans...* »
18. Il manque de « qui » à « Madelonnettes ».
19. VAR. « ... Magnon, *aux Madelonnettes* un biscuit, *ce qui dans...* »
20. Il manque de « Ainsi » à la fin du chapitre.

P. 910. *CHAPITRE III*

1. *L'Art de naviguer* de M. Pierre de Médine [Médina] traduit du castillan en français par Nicolas de Nicolaï (Lyon, G. Rouille, 1576, in-4°). Plusieurs rééditions aux XVIe et XVIIe siècles.
2. Des diables hantaient, disait-on, le château de Vauvert, situé au delà du Luxembourg et qui, dès le XIIIe siècle, avait une si effrayante réputation que les Parisiens évitaient de passer auprès. Les Gobelins sont des esprits follets. Mais la manufacture des Gobelins, voisine de la Bièvre et le quartier des Gobelins doivent ce nom à la famille Gobelin qui fonda la fameuse manufacture.

P. 914. *CHAPITRE IV*

1. Ce commencement de phrase manque.
2. VAR. « C'était *tous les jours* ainsi... »
3. VAR. « ... il s'asseyait pour bâcler quelque traduction, ne pouvait, et se levait en disant... » Lacune de plusieurs lignes.
4. Edouard Gans (1798-1839) et Frédéric-Charles de Savigny (1779-1861), jurisconsultes allemands. Ils eurent une discussion sur la notion de « possession », Savigny soutenant que la possession n'est qu'un fait, et Gans qu'elle est un droit, fondé sur des principes philosophiques. Savigny avait publié en 1803 un *Traité de la Possession.* Gans publia en 1839 un *Essai sur les Fondements de la Possession.*
5. Cet alinéa manque.
6. VAR. « Je ne *me* promènerai... » Peu après : « Et il *se* promenait... »
7. VAR. « ... tous les jours. *Après avoir dépassé la rue de la Santé, la Glacière et le champ de l'Alouette*, il s'était assis sur le parapet de la rivière des Gobelins, *le seul endroit pittoresque qu'offre la longue et monotone ceinture des boulevards de Paris. C'était une journée d'avril avec le plus gai soleil du monde dans les feuilles à peine épanouies et toutes lumineuses. Marius songeait à Cosette, au chagrin qui le paralysait*, à la paresse qui le gagnait, et à cette nuit qui s'épaississait *à chaque* instant... »
8. VAR. « Cependant, à travers ce *mélancolique* dégagement d'idées *confuses...* »
9. VAR. Il manque de « et » à « mélancolique »; ensuite il y a : « *les bruits extérieurs* lui arrivaient »
10. Il manque de « Chose » à « détresse ».
11. VAR. « ... comme *lorsqu'elle...* »
12. VAR. « ...enrouée, ce même *visage livide*, ce même regard *assuré*, égaré... »

13. Cette phrase manque.
14. Var. « ... front *pâle*... »
15. Cette phrase manque.
16. Il manque des mots « qu'il » au mot « et » et ensuite, les mots « d'ailleurs ».
17. Var. « ... Marius ? *La vieille Bougon m'a dit que vous étiez baron. Pas vrai*... »
18. Il manque du mot « devant » au mot « soleil ».
19. *La Quotidienne*. Voir la note 26 de la p. 1571.
20. Il manque des mots « J'ai » aux mots « cent ans ».
21. Cet alinéa manque.
22. Il manque cette réplique et la phrase qui la suit.
23. Var. « Elle *ne répondit pas ;* elle semblait... »
24. Var. « ... tout ce que *je possède. Est*-ce *loin ?* Où est-ce ? »
25. Il manque les mots « retira sa main et ».
26. Var. Dans *les Misères* cette réplique est : « *Laquelle ?* Je vous jure *tout*. » Il manque ensuite les mots : « Et elle rit ».
27. Var. « ... ne me *jures* pas ! »
28. Cette phrase manque.
29. La suite de cette réplique manque.
30. Cette phrase manque aussi.

LIVRE TROISIÈME. — LA MAISON DE LA RUE PLUMET

P. 919. *CHAPITRE PREMIER*

1. Les quatre premiers chapitres de ce livre correspondent au premier chapitre du livre deuxième dans *les Misères*. Ce chapitre est, comme le premier chapitre dans *les Misérables*, intitulé *la Maison à secret*.
2. Var. « *Il y a une centaine d'années*... »
3. Var. « fit construire faubourg... »
4. Var. « ... rue Plumet, *ce qu'on appelait alors une petite maison.* » — La rue Plumet était l'ancien chemin de Blomet mais on la trouve désignée par son nouveau nom dès le premier quart du xviiie siècle. Au temps dont parle Victor Hugo cette rue allait de la rue des Broderies (aujourd'hui rue Vaneau) au boulevard des Invalides. La rue Plumet s'appelle à présent la rue Oudinot. C'est encore une rue fort calme. Il y a, présentement, une rue Plumet et une rue Blomet, de désignation plus récente, et situées toutes les deux dans le quinzième arrondissement.
5. Var. « ... d'un *petit* jardin... »
6. Var. « ... entrevoir *de la petite maison,* mais *derrière la maison il y avait*... »
7. Var. « ... masquée et à secret... »
8. Var. « ... *dissimulé* avec... »
9. Var. « ... qui eussent *remarqué* que... »

10. VAR. « ... *douter qu'il faisait visite* rue Blomet. » La suite manque jusqu'à la fin de l'alinéa.
11. VAR. « ... *barricadé.* »
12. VAR. « Elle était à louer... »
13. Il manque les mots « telle qu'elle était ».
14. La suite de la phrase manque.
15. Il manque « nous venons de le dire ».
16. VAR. « ... des vieux *meubles*... »
17. VAR. « ... avait *fait faire*... »
18. VAR. « ... à la cour, *des fleurs dans le jardin,* des briques... »
19. VAR. « La servante était *une cuisinière quelconque* qui était vieille... »
20. Les deux mots « avec lui » qui terminent ici la phrase, manquent.
21. Cette phrase manque.
22. VAR. « Il voyait Cosette *grandir*... »
23. VAR. « ... ainsi *jusqu'à la fin de ses jours*... »
24. VAR. « ... vocation *factice*... »
25. VAR. « ... *plus humaine* que... »
26. VAR. « ... avec *désespoir*... »
27. Cette phrase manque.
28. VAR. « ... *à Madame la* prieure. »
29. L'alinéa qui commence ici et l'alinéa suivant manquent.
30. Manquent les mots « au besoin ».
31. VAR. « ... fort *modestes* et d'apparence pauvre »; il manque ensuite jusqu'aux mots « l'autre ».
32. VAR. « ... rue *Planche-Mibrey* » allait du quai de Gesvres à la rue Saint-Jacques-la-Boucherie. Elles ont disparu l'une et l'autre en raison du percement de l'avenue Victoria. La rue de l'Homme-Armé allait de la rue Sainte-Croix-de-la-Bretonnerie à la rue des Blancs-Manteaux. Elle est devenue la rue Aubriot. Pour la rue de l'Ouest voir la note 13 (ch. 1), p. 1643.
33. Cet alinéa manque.

P. 923.   *CHAPITRE II*

1. VAR. Cette phrase est dans *les Misères* réduite à ceci : « Il avait arrangé sa vie de la façon que voici ».
2. Manquent les mots « à baldaquin ».
3. Il n'y a pas, dans *les Misères*, « rue du Figuier-Saint-Paul ». Cette rue existe toujours, c'est la rue du Figuier.
4. « La bibliothèque et les livres dorés » manquent.
5. Ces sept derniers mots manquent aussi.
6. VAR. « ... de *noyer*... »
7. VAR. « ... quelques *livres*... »
8. Manquent ces six mots.
9. VAR. « ... à *la servante*... »
10. Cette phrase manque.
11. VAR. « ... et *trois ou quatre fois la semaine* à la messe... »

1714   NOTES ET VARIANTES

12. Il manque de « Comme » à « les malades » (deux phrases).
13. VAR. « *La vieille servante...* »
14. Assez longue lacune ici. Elle va de ce mot « on » à la phrase : « *C'est un saint* » (quatre alinéas).
15. VAR. « Ni *lui*, ni Cosette, ni *la servante...* »
16. VAR. « ... de Babylone. *Personne ne pouvait se douter* qu'ils demeuraient rue Plumet. La *grande* grille... »

P. 926.   CHAPITRE III

1. Feuilles et branches.
2. VAR. « ... depuis *tant d'années* était devenu *étrange* et charmant. *Celui qui écrit ces lignes s'est souvent arrêté...* »
3. VAR. « *Il a bien des fois laissé.* »
4. Il manque « une ou deux statues moisies. »
5. VAR. « ... quelques *vieux* treillages... »
6. VAR. « ... *de l'herbe* partout. Le jardinage *abandonné par les jardiniers, avait été repris par* la nature. »
7. Cette proposition manque.
8. Cette phrase manque aussi.
9. « Fibres » manque.
10. Il manque de « dans » à « profond ».
11. Il manque de « sous » à « créateur ».
12. « Frissonnant comme un nid » manque aussi.
13. VAR. « ... *silencieux* comme... »
14. VAR. « *Au printemps...* »
15. Il manque « sur les statues frustes ».
16. VAR. « ... le perron *moisi...* »
17. VAR. « ... en perles, la vie, la joie, *la rêverie,* les parfums. »
18. VAR. « ... linceul *d'ombre...* »
19. VAR. « ... poison *adorable...* »
20. VAR. « ... hérissée, *glacée...* »
21. VAR. « ... petit *jardin...* »
22. VAR. « ... les *ronces...* »
23. Manquent « les achillées, les digitales... »
24. Il manque du mot « sortir » à ce mot « et ».
25. Il manque de ce mot « Rien » à la fin du chapitre.

P. 929.   CHAPITRE IV

1. Il manque du mot « Paphos » au mot « pudeur » (quatre phrases). — Paphos, ville consacrée à Vénus. Elle y avait un temple. Son char y était remisé. Ses cygnes y paissaient et aussi ses colombes.
2. André Le Nôtre (1613-1700), le dessinateur des jardins du Grand Siècle. — Chrétien-François de Lamoignon de Basville (1644-1709), avocat général, puis président à mortier, propriétaire d'une belle maison de campagne à Basville, (aujourd'hui commune de Saint-Chéron en Seine-et-Oise). Boileau a adressé à Lamoignon

sa sixième épître où, parlant du séjour qu'ils era heureux de faire dans cette retraite champêtre, il dit :

> Tantôt sur l'herbe assis, au pied de ces coteaux,
> Où Polycrène épand ses libérales eaux,
> Lamoignon, nous irons, libres d'inquiétude,
> Discourir des vertus dont tu fais ton étude...

3. VAR. « ... faite de candeur, de foi, d'espoir, *d'ignorance*... »
4. VAR. « ... timide, *insignifiante*, une grande... »
5. Il manque « et surtout »; puis de « c'est-à-dire » à « couvent ».
6. Cette phrase manque.
7. VAR. Énumération plus brève dans *les Misères* : « De là des *rêves*, des conjectures, des constructions fantastiques... » etc.
8. Cette phrase manque.
9. « Dans leurs tête-à-tête » manque.
10. VAR. « ... jardin *inculte*... »
11. Il manque de « Cosette » à la phrase : « Du reste, Jean Valjean était heureux » (sept alinéas).
12. VAR. « *Lorsqu'elle* sortait... »

P. 934.   CHAPITRE V

1. Ce titre est aussi, dans *les Misères,* celui du chapitre II qui correspond aux chapitres V, VI et VII des *Misérables*.
2. Il manque de « pendant » à « jours ».
3. VAR. « ... la vieille *servante*... »
4. VAR. « ... *la servante*... »
5. VAR. « ... ses cheveux *avaient épaissi*... »
6. Manque le mot « bleues ».
7. Il manque de « Toussaint » à « parlé ».
8. Manquent les mots « voulait bien tout... »
9. Manquent les mots « et de rester à lui ! »
10. VAR. « ... le commencement *du malheur*. »
11. VAR. « ...s'épanouissait *chaque jour plus* superbe... »
12. Cet alinéa manque.
13. Il manque du mot « dans » au mot « Babylone ».
14. La suite de la phrase manque dans *les Misères*.
15. Gérard devait être connu (ou connue) dans le commerce des modes, puisque Victor Hugo cite son nom, mais ce nom ne se trouve pas dans l'*Almanach du Commerce* d'alors. Peut être est-ce Gérard, marchand de nouveautés et de mercerie, 138. rue du Bac, qui est mentionné dans l'*Almanach* de 1819 et jusqu'en 1832 au moins.
Herbault qui figurait dans l'*Almanach du Commerce* avec cette annonce : « *march. de nouveautés, robes et modes, fournisseur des cours étrangères, tient manteaux et robes de cour, costumes et robes de fantaisie et de bal, corbeilles de mariage et tout ce qui concerne la toilette des dames.* r. N. S. Augustin, 18. » La rue Neuve-Saint-Augustin s'appelle à présent rue Saint-Augustin.
16. Cet alinéa manque.

17. Var. « ... trouvez-vous *avec cette robe ?* »
18. Var. « *Cette horreur!* »
19. Var. Ici il y a dans *les Misères* une suite à ce dialogue :
« — *Eh bien, reprit Jean Tréjean, donne-les-moi.*
» — *Oh ! je veux bien, père ! s'écria Cosette, mais qu'est-ce que vous en ferez.*
» — *C'est mon affaire.*
» — *Je comprends père. C'est pour un pauvre.*
» — *Oui, répondit-il, c'est pour un pauvre.*
» *Jean Tréjean se retira ce soir-là de bonne heure. Il emporta* « *ces horreurs* » *dans sa chambre, et quand il y fut seul, il prit la pauvre robe de mérinos et le pauvre chapeau de peluche, ces horreurs, les étala sur son grabat avec un douloureux sourire, et les baisa, puis sa tête blanche tomba sur cette défroque, et s'il y eût eu quelqu'un dans la chambre en ce moment-là, on eût entendu le bon vieux homme pleurer à sanglots. Son cœur crevait : il n'eût pu dire ce qu'il avait... Il éprouvait ce qu'on éprouve devant les vêtements de son enfant mort.* »

Ce texte, qui avait été rayé, est reproduit dans les appendices du tome III (p. 371) de l'édition nationale, avec quelques différences : « *Ah !* » pour « *Oh !* » : au dessus des mots « *ces horreurs* » cette autre tournure « *les anciennes nippes de Cosette* »; « *un douloureux et navrant sourire...*; *sa vénérable tête...* » Et ces quelques lignes de plus : « *Il serra cette robe et ce chapeau dans une armoire qu'on n'ouvrait jamais, et quand il eut retiré la clef de cette armoire, il lui sembla que c'était une tombe qu'on venait de fermer, et qu'il avait mis là son bonheur.* »

20. Cette phrase manque.

P. 938. ## CHAPITRE VI

1. Var. « Cosette était *de son côté,* comme Marius *du sien...* »
2. Var. « ... *Le jour* où Cosette eut... »
3. Var. « ... jeune homme qui *l'avait dédaignée* si longtemps *et* qui semblait... »
4. Var. « ... du monde *qu'elle l'aimait.* »
5. Var. « ... de *haine...* »
6. Cette phrase manque.
7. Var. « *Elle songea,* avec une joie encore *vague,* tout enfantine... »
8. Il manque « quoique d'une façon indistincte. »
9. Var. « Elles s'y *coupent.* »
10. Var. « ... ils *s'aimèrent.* »
11. Var. « ... allée *du Luxembourg ?* »
12. La suite de cette phrase manque.
13. Var. « ... *toute* plongée... »
14. Var. « ... belle *et le sachant,* amoureuse et *l'ignorant.* »

P. 942. ## CHAPITRE VII

1. Var. « ... averti aussi, *et ce qui est étrange,* par... »
2. Var. « ... *Pourquoi...* »
3. Var. « ... plus tard, *peut-être,* elle... »

4. Var. « ... tremblement *profond*... »
5. Cet alinéa manque.
6. Il manque de « ne » à « cela et ».
7. Var. « ... *lumineux* visage... »
8. « Presque » manque.
9. Il manque de « il » à « pas ».
10. Il manque de ce « j'aurai » à « sans enfants ».
11. Var. « ... ma joie, *tout*, parce... »
12. Var. « ... à la *phase* où l'on craint d'être *devinée*... »
13. Cette phrase manque.
14. Var. « *Que se passait-il dans* l'âme de Cosette ? »
15. Var. « ... le cloître *ce séjour* des anges... »
16. Var. « ... sa *folie*... »
17. Var. « ... faire *supposer*... »
18. Var. « ... présence, *vaguement et profondément*. »
19. Var. « ... *au Luxembourg*... »
20. Var. « ... les mois *passèrent*. »
21. Var. « ... si *Jeannette*... »

P. 947.   *CHAPITRE VIII*

1. Ce chapitre n'est pas dans *les Misères*.
2. La barrière du Maine était au bout de l'avenue du Maine qui finissait alors à l'endroit où elle rencontre le boulevard de Vaugirard.
3. Le boulevard du Mont-Parnasse.
4. Marc-Antoine Désaugiers (1772-1827), chansonnier, directeur de théâtre, auteur de vaudevilles et de parodies. Ce pot-pourri de *la Vestale* « alors fameux » avait eu un succès bien durable, car il avait été représenté pour la première fois en 1807.
5. Dans le premier volume de *Actes et Paroles*, on trouve un discours que, exceptionnellement, Victor Hugo avait pris la précaution d'écrire et qu'il ne prononça pas, la Chambre des Pairs, à laquelle il était destiné, ayant été abolie par la révolution de Février. Ce discours était sur l'amélioration du régime des prisons en vue de l'amendement des condamnés. Victor Hugo, à un endroit, y parle de la *Cadène*. Il dit : « L'ancien mode de transports des condamnés au bagne conservé jusqu'à nos jours, [il avait alors été déjà bien amélioré] était particulièrement terrible. Vous vous rappelez cette effroyable chaîne de galériens, ces misérables traversant les provinces, traversant toute la France, liés sur des charrettes, jambes pendantes, le carcan au cou, transis de froid, mouillés par la pluie, roués de coups de bâton, espèce de pilori ambulant qui durait vingt ou trente jours. Certes cela était au plus haut degré intimidant... [En note : « Propres paroles de M. Dupin à la Cour de Cassation. (Son discours p. 10.) »]

« Cela était intimidant, mais cela était sauvage. Or, quand l'intimidation est par trop sauvage, quand l'exemple est par trop pittoresque notre civilisation n'en veut pas. Il a fallu renoncer à ce procédé. Eh bien! savez-vous ce qu'on a imaginé pour remplacer cette vieille chaîne effrayante? Une voiture peinte des couleurs les plus claires, peinte des couleurs joyeuses du perroquet, vert, rouge et jaune, un omnibus dont les jalousies sont fermées et qui fait dire aux passants quand il traverse la ville : — Tiens! mais on doit être fort bien là dedans!

« Eh bien, non! on y est très mal. On y est très mal, mais on ne s'en douterait pas. Le prisonnier est là, dans un compartiment étroit, assis sur une planche, meurtri par tous les cahots de la voiture, manquant d'espace pour ses pieds, pour ses coudes, pour ses genoux, étouffant l'été, glacé l'hiver, et après trois ou quatre jours passés dans cette boîte, gaie à l'extérieur, affreuse à l'intérieur, il arrive à Toulon évanoui de douleur. Messieurs, il y a là ce que je connais de plus triste au monde du châtiment perdu.

« Eh bien! savez-vous ce que je voudrais? Tout le contraire. Je voudrais qu'à de certains jours on vît passer dans les rues et sur les grandes routes avec une rapidité terrible, une espèce de cercueil roulant une longue voiture toute noire, sur laquelle on lirait en lettres blanches ce seul mot : *Justice*. On se dirait avec terreur : — C'est là qu'ils sont!

« Et puis je voudrais que dans cette voiture il n'y ait ni gehenne, ni torture, qu'il ne fut pas absolument impossible au prisonnier d'y déplacer sa jambe ou son pied, et qu'il pût y être transporté sans y tomber malade. Car je le répète, pour moi l'idéal du châtiment est le châtiment qui ferait le moins de mal possible à celui qui est dedans en faisant le plus de peur possible à celui qui est dehors; ou, comme je le disais tout à l'heure, qui tirerait de la moindre expiation la plus grande intimidation.

« C'est là le problème du châtiment : diminuer la souffrance et augmenter l'appareil. L'avenir le résoudra. » (*Actes et Paroles, Avant l'exil*, pp. 400-401.)

LIVRE QUATRIÈME. — SECOURS D'EN BAS PEUT ÊTRE SECOURS D'EN HAUT

P. 957. *CHAPITRE PREMIER*

1. Ce livre quatrième, qui est fort court, et les trois premiers chapitres du cinquième livre correspondent au chapitre III du livre deuxième dans *les Misères*.
2. C'est le titre, dans *les Misères* du chapitre III mentionné dans la précédente note.
3. Cette phrase manque.
4. Var. « *Ils n'avaient l'un et l'autre* qu'une distraction... »
5. Il manque de ce mot « quand » au mot « réchauffés ».
6. Var. « ... anxiétés *s'évanouir* et contemplait... »
7. Cet alinéa manque.
8. Il manque de ce mot « Cosette » au mot « âme ».

9. VAR. « ... logis du *bonhomme,* elle chantait, *avec sa voix d'ange,* des chansons... »
10. VAR. « Le printemps *était arrivé ;* le jardin était si *charmant...* »
11. « Comme nous l'avons indiqué » manque.
12. Cette phrase manque.
13. La suite de cette phrase manque.
14. VAR. « ... de l'homme. *Décembre est une grande raison d'être triste, avril est une grande raison d'être joyeux.* »
15. VAR. « Cosette *ne s'apercevait* même *pas qu'elle n'était* déjà plus triste. »
16. Il manque de ce mot « Il » à la fin du chapitre.

LIVRE CINQUIÈME. — DONT LA FIN NE RESSEMBLE PAS AU COMMENCEMENT

P. 967.   *CHAPITRE PREMIER*

1. Voir la note 1 du livre quatrième.
2. VAR. « La douleur de Cosette, *ce mal d'amour* si *poignant* encore cinq mois... »
3. « Si vierge et si jeune » manque.
4. La suite de la phrase manque. Théodule Gillenormand ne paraissait pas dans *les Misères.*
5. VAR. « C'était *le moment* où Marius *se sentait expirer* et disait... »
6. Il manque du mot « il » au mot « et ».
7. Cette phrase manque.
8. VAR. « ... de *ces natures...* »; un peu après il y a donc « de *celles...* »
9. VAR. « ... *était à* ce moment... »
10. Cet alinéa manque.
11. Ce commencement de phrase manque aussi.
12. VAR. « ... était *calme,* limpide... »

P. 969.   *CHAPITRE II*

1. VAR. « *Il arriva,* dans la première quinzaine d'avril, *que* Jean Tréjean fit *une absence.* Cela lui arrivait... »
2. Cette phrase manque.
3. Le mot « seulement » manque.
4. L'impasse de la Planchette existe toujours dans le haut de la rue Saint-Martin.
5. C'était de la musique nouvelle, du moins à Paris, *Euryanthe,* opéra en trois actes, de Castil-Blaze, musique de Weber, ayant été représenté à l'Opéra de Paris pour la première fois le 6 avril 1831.
6. VAR. « *Jeannette.* » Et ainsi dans la suite.
7. VAR. « ... *cette sombre et prodigieuse musique...* »
8. VAR. « ... dans *les ténèbres.* »
9. VAR. « ...*facilement* effrayée. »
10. VAR. « ... bruit *assez semblable...* »

11. Var. « ... branches *agitées par le vent*, et elle... »
12. Var. « *A un certain moment*, elle sortit *du massif*, il *y* avait à traverser... »
13. Var. « ... *regarda* dans... »
14. Cette phrase manque.
15. Le mot « assurément » manque.
16. Var. « ... *à l'ombre*... »
17. Var. « ... qui *sortait* du toit... »
18. Var. « ... s'égaya *beaucoup*... »

P. 972.   *CHAPITRE III*

1. Var. « Cosette, *au crépuscule*... »
2. Cette phrase manque.
3. Il manque du mot « que » au mot « seule ».
4. Var. Cette phrase manque. La suite, abrégée, est : « Elle *ne* toucha pas à la pierre, s'enfuit sans oser regarder derrière elle, *rentra* dans la maison *et* demanda à *Jeannette*. »
5. Cet alinéa manque.
6. Var. « ... bien *fermer*... »
7. Var. « ... petits *machins*... »
8. Cet alinéa manque.
9. Var. « ... des bastilles. *Ah Dieu*, je crois... »
10. Il manque de « on » à « meure ».
11. Var. « ... dit Cosette. *Vous me faites peur*. Fermez... »
12. Dans *les Misères*, le commencement de cet alinéa est réduit à : « Cosette n'osa pas même dire ». »
13. Var. « Elle fit *barricader* les portes et *les* fenêtres, fit visiter *toute* la maison *jusqu'au* grenier... »
14. Var. « ... l'ombre *de la cheminée d'en face !* » La phrase qui suit manque.
15. Il manque de « qu'il » à « jardin ».
16. Var. « Cependant *elle* n'était point... »
17. Var. « Cosette *prit ses papiers*. »
18. Var. « ... *Ses regards de ce mystérieux cahier* qui *tremblait*... »

P. 975.   *CHAPITRE IV*

1. Ce chapitre, le quatrième du livre dans *les Misères*, y est bien plus court. Il ne contient que quatorze versets au lieu de trente et un. On lit, dans les appendices de l'édition originale (III, 372-373) : « Quinze des pensées d'ordre général [on ne spécifie pas lesquelles] qui composent ce chapitre sont antérieures au roman même, et semblent détachées du dossier *Amour* faisant partie d'un ouvrage encore inédit : TAS DE PIERRES [...] Dans les intervalles ménagés entre les divers fragments de papier contenant ces pensées, Victor Hugo a introduit ici et là le texte se rapportant directement aux *Misérables*. » On donne ici la liste de celles qui manquent en indiquant leur rang.

   1. La réduction de l'univers...

2. L'amour, c'est la salutation...
4. Il suffit d'un sourire...
5. Dieu est derrière nous...
12. Tous, qui que nous soyons...
15. Le jour où une femme...
16. Ce que l'amour commence...
18. Si vous êtes pierre...
20. Vient-elle encore au Luxembourg?...
22. C'est une chose étrange...
23. Oh! être couchés côte à côte...
24. Vous qui souffrez...
25. Aimez. Une sombre transformation...
26. O joie des oiseaux!...
27. L'amour est une respiration...
29. J'ai rencontré dans la rue...
31. S'il n'y avait pas quelqu'un...

2. Les deux dernières phrases manquent dans *les Misères*.
3. VAR. « O amour! *extases! bonheur* de deux esprits qui... »
4. VAR. « ... regards qui *s'éblouissent!* » La phrase qui suit manque.
5. Cette phrase manque.
6. VAR. « ... mêlé deux *âmes* dans une *mystérieuse et angélique* unité... » Les pronoms, dans la suite, au féminin.
7. VAR. « ... perdu ou pour un *pied effleuré* et il... »
8. VAR. « ... *l'a faite*... »

P. 979.   *CHAPITRE V*

1. VAR. « *Après* cette lecture, Cosette *tomba dans une profonde rêverie.* »
2. Il manque de « comme » à « l'encrier... »
3. Les mots « soupir à soupir » manquent.
4. Cette phrase manque aussi.
5. VAR. « ... l'amour, *l'âme*, la destinée... »
6. Il manque le mot « généreuse » et l'expression « une volonté sacrée. »
7. VAR. « ... sans signature, *parfaitement claire et profondément obscure*, énigme... »
8. VAR. « ... doux *d'une âme* à une âme. »
9. Cette phrase manque.
10. VAR. « Elle *relisait le* manuscrit. »
11. VAR. « ... le lieutenant *passa* et fit sonner... »
12. Manque le mot « niais. »
13. Cet alinéa manque.
14. Cette phrase manque aussi.
15. VAR. « *à travers* sa robe... »
16. C'est en 1780 que l'hôtel de la Force, fut désigné comme prison. On y mit des prisonniers à partir de 1782. Mais cette prison devint insuffisante et par décret de Louis-Philippe, en date du

17 décembre 1840, fut construite pour la remplacer la prison de Mazas, démolie elle-même en vertu d'une décision prise par le Conseil général de la Seine en 1893.

P. 981. *CHAPITRE VI*

1. Il manque de « ne » à « Elle ».
2. Il manque des mots « je ne » aux mots « peur de moi ».
3. VAR. « Voilà *longtemps*... »
4. Cette phrase manque.
5. VAR. « *N'ayez pas peur.* Personne... »
6. Il manque de « à travers » à « n'est-ce pas ? »
7. VAR. « Je vais mourir. »
8. VAR. « Et elle *se jeta dans ses bras.* »
9. VAR. « Il la prit, il la serra étroitement *contre sa poitrine* sans *savoir* ce qu'il faisait. »
10. Manquent les mots « ses idées s'évanouissaient ».

LIVRE SIXIÈME. — LE PETIT GAVROCHE

P. 985. *CHAPITRE PREMIER*

1. Ce chapitre n'est pas dans *les Misères*.
2. Cette rue, qui était un repaire de femmes de mauvaise vie, s'était appelée autrefois rue Put-y-musse (de musser, se cacher), c'est-à-dire, en usant d'un euphémisme : fille publique s'y cache.
3. Les diverses rues mentionnées dans ce chapitre subsistent.

P. 988. *CHAPITRE II*

1. Il manque les mots « de ce siècle en Europe ».
2. Cette phrase manque.
3. Sur cette grave épidémie de choléra voir l'ouvrage de M. Lucas-Dubreton : *La grande peur de 1832 ; le choléra et l'Émeute.* (Éditions de la N.R.F. 1932, in-16.)
4. Cet alinéa manque.
5. VAR. « ... que *le vent soufflait...* »
6. VAR. « ... Gavroche *rôdait autour de* la boutique... »
7. C'était un orme planté devant l'église Saint-Gervais et qui s'y trouvait déjà dès le XVe siècle. On en planta ainsi devant un certain nombre d'églises.
La phrase qui suit les mots « l'Orme Saint-Gervais » manque.
8. Manquent les mots « entre deux quinquets. »
9. Il manque de ce mot « Tout » au mot « vendredi. » (deux alinéas).
10. Il manque de ce mot « la » aux mots « Windsor-soaps ».
11. Ces trois mots manquent aussi.
12. VAR. « ... demandant *la charité...* »
13. Ce commencement de phrase manque.
14. VAR. « ... leurs paroles *sortaient difficilement* parce... »

15. VAR. « ... les *mit* dans la rue... »
16. Cette phrase manque.
17. Assez longue lacune depuis le mot « Gavroche » jusqu'à, inclusivement, la phrase : « Les deux enfants emboîtaient le pas derrière lui » (vingt-six courts alinéas).
18. VAR. « ... depuis *hier*. »
19. VAR. « Voilà, continua l'aîné, *trois jours* que nous marchons *dans Paris*, nous avons *trouvé le premier jour* des choses au coin des bornes, mais *depuis hier* nous ne trouvons rien. »
20. Il manque de « Il reprit » à « Tanflûte, repartit Gavroche » (sept alinéas).
21. Cette proposition manque.
22. VAR. « ... le boulanger avait pris un pain bis, *il pirouetta sur ses talons* et *lui* jeta *au* visage... »
23. Cette phrase manque.
24. Il manque de ce mot « En » aux mots « le fusil », (trois alinéas).
25. Il manque de « De temps » à « mieux que ça » (quatre alinéas).
26. Il manque du mot « achevaient » au mot « et ».
27. Cette petite rue qui allait de la rue Saint-Antoine à la rue du Roi-de-Sicile n'existe plus.
28. VAR. « ... *Panchaud*... » — Et ainsi, dans la suite.
29. VAR. « ... *Panchaud, dit Printanier, dit Bigrenaille*, déguisé, avec des *lunettes* bleues... »
30. Cette phrase, à laquelle il manque le mot « quand » finit au mot « cochère ».
31. Il manque des mots « Sais-tu ? » à la phrase : « Oh ! ce n'est pas tout. » (dix-sept alinéas).
32. VAR. « ... Gavroche, tu *as* donc *des projets !* »
33. VAR. « *Panchaud baissa la voix* et dit. »
34. VAR. Après « Des choses » le texte, dans *les Misères*, est :
« — *Je te croyais bouclé, dit Gavroche.*
» — *J'ai défait la boucle.*
» — *Et il conta rapidement au gamin que le jour même il avait ét transféré à la Conciergerie, il s'était évadé en prenant à gauche au lieu de prendre à droite dans le corridor de l'instruction. Puis il ajouta :*
« — *Mais toi, où vas-tu donc maintenant ?*
35. VAR. « — *Je loge* dans l'éléphant... »
36. Il manque de « quoique » à « étonné ».
37. Cette phrase manque.
38. VAR. Il manque cette réplique et la phrase qui la suit. La réplique qui vient ensuite est dans *les Misères* :
« — *Comment me trouves-tu ? demanda Panchaud.* »
39. VAR. Après « soucieux », il y a, dans *les Misères* :
« — *Ne restons pas longtemps sous cette porte, reprit Panchaud, voilà un cogne qui vient de passer deux fois.*
— Eh bien, fit *Gavroche*, je m'en vas... »

40. Cet alinéa manque.
41. Var. « ... une pensée *de l'empereur*. »
42. Var. « ... ébauche *difforme et colossale, spectre* d'une idée... »
43. Var. « ... une silhouette terrible. »
44. L'éléphant de la Bastille disparut en 1846. Charles Monselet, alors fraîchement arrivé à Paris et qui écrivait ses impressions à son ami Robert Lesclide, demeuré à Bordeaux, lui mandait le 25 juillet : « J'ai bien fait de rendre visite à l'éléphant de la Bastille. On le démolit à l'heure qu'il est. C'est pourtant une des choses qui m'ont le plus charmé à Paris. » Et, dans un élan de jeunesse il ajoute : « Tas de melons!... » (*Lettres de Charles Monselet* à Robert Lesclide, publiées par Paul Desfeuilles, p. 56. (Paris, 1925, in-8.)
45. Var. « ... depuis *trente* ans. »
46. Il manque de « une » à « queue ».
47. « Méprisé » manque.
48. Ce commencement de phrase manque aussi.
49. Var. « ... remplacé *les* neuf *sombres* tours *de la Bastille* à peu près comme *l'industrie* remplace la féodalité. »
50. Var. « ... d'un nom *illustre*... »
51. Il manque de « ce » à « avortée ».
52. Var. Il manque de « à » à « éloigné ».
53. Il manque de ce mot « de » au mot « et ».
54. Var. « ... *quinze* ans... »
55. Il manque de ce mot « et » au mot « public ».
56. Cette phrase manque.
57. Manquent les mots « le jour ».
58. Var. « Les petits *se regardèrent ;* le gamin... »
59. La suite de cette phrase manque.
60. Var. « Le *petit*... »
61. Il manque du mot « L'aîné » à la réplique « — Hardi! »
62. Var. « *L'aîné parvenu au haut de l'échelle, Gavroche* l'empoigna vigoureusement... »
63. Cette phrase manque.
64. Il manque du mot « sortant » au mot « entré ».
65. Var. « ... *d'une couleuvre*... »
66. Var. « ... de *dédain*... »
67. Var. « ... le vieux *géant*... »
68. Il manque de « de » à « du ».
69. Var. « ... quelqu'un *qui est chez soi,* il prit... »
70. Le briquet Fumade (nom de son inventeur) contenait de l'acide sulfurique dans lequel on plongeait, pour les enflammer, des allumettes dites *chimiques* ou *oxygénées,* inenflammables par frottement.
71. Var. « ... d'allumer *un rat* de cave *jaune*. »
72. Cette phrase manque.
73. Il manque depuis les mots « Les débris » jusqu'aux mots : « avec moins d'effroi ». (neuvième alinéa).
74. Var. « ... ne laissa pas *à ses hôtes* le loisir... »

75. Var. « ... longs *fichés et assujettis*... dans les gravois du *plancher*... »
76. La suite de la phrase manque.
77. Cette phrase manque aussi.
78. Cette réplique manque aussi.
79. Var. « Et *Gavroche* fit entrer... »
80. Les mots « en rampant » manquent.
81. Cette phrase manque.
82. Var. « ... de ces *pauvres enfants* ».
83. Il manque de « Après » à « V'là » (quatre courts alinéas).
84. Var. « ... *demi-nu* comme eux... »
85. Cette phrase manque.
86. Var. « ... de *maison*. » « Maison » aussi à la ligne suivante.
87. Var. « ... *jamais comme ça*. »
88. Il manque de « Nous » à « ce paroissien-là ».
89. Var. « ... je vous *mènerai*... »
90. Cette phrase manque.
91. Cette phrase finit là. Le reste de l'alinéa manque.
92. Var. « On entendait l'averse *sur* le dos du colosse. »
93. Var. Cette phrase manque. La phrase suivante, dans *les Misères*, est « L'hiver est *un crétin.* »
94. Var. Cet alinéa et le suivant sont très abrégés dans *les Misères*. « Cela dit, *il se retourna vers les enfants :*
« — Entortillez-vous bien... »
95. Il manque de « acheva » à « natte et ».
96. Var. « ... puis répéta *la parole sacramentelle.* »
97. Var. « ... *le rat de cave.* »
98. Var. « ... *le fil de fer.* »
99. Var. « ... osa *s'adresser à* Gavroche »; la suite de la phrase manque.
100. Var. « ... qui *était au moment de s'endormir.* »
101. C'est l'ogre de Perrault qui s'exprime de la sorte en flairant la présence du petit Poucet et de ses frères.
102. Ce terme n'est donné ni par Littré, ni par Bescherelle, ni par Hatzfeld et Darmesteter.
103. Var. « ... un homme *qui semblait venir* de la rue... »
104. Var. « *Un moment après...* »
105. Cet alinéa manque.

P. 1011.   CHAPITRE III

1. Var. « Voici ce qui *s'était passé...* »
2. Var. « ... entre *Claqueous,* Brujon, *Bigrenaille* et Thénardier... »
3. La suite de cette phrase manque, ainsi que la phrase suivante.
4. Var. « ... avec une corde, *c'est-à-dire libre.* Comme on le *jugeait...* »
5. Var. « *Bigrenaille* ». On ne relève plus, dans la suite, ces substitutions de noms. Elles sont sans importance.
6. Manquent l'alinéa qui commence ici et l'alinéa suivant.

7. Var. « ... qui *est*... » Tout ce passage, qui était d'abord rédigé au présent, a été ensuite transposé à l'imparfait.
8. Il manque de « où » à « aplati ».
9. Var. « ... *se trouvaient* dans... »
10. Var. « ... que *leurs lits étaient adossés*... »
11. La rue Culture-Sainte-Catherine s'appelle aujourd'hui rue de Sévigné.
12. Var. « ... d'arbustes *verts*... »
13. Ces trois mots manquent.
14. Var. « ... rotonde *gaie et blanche*. Au-dessus de cette rotonde... » Il y a une lacune entre ces deux phrases.
15. Var. « ... un mur noir, *morne, lugubre,* nu... »
16. Cette phrase manque.
17. Var. « On y *voit*... »
18. Var. « ... doublées de *fer*. » La suite de la phrase manque.
19. Var. « ... pu *savoir* comment il avait réussi... »
20. Antoine-François Desrues (1745-1777) est célèbre comme criminel. Il commit plusieurs crimes par empoisonnement. Il affectait un air de dévotion qui abusait les gens. Il finit cependant par être arrêté, condamné à mort et roué.
21. Cet alinéa manque.
22. Var. « ... avait *donné l'hospitalité aux* deux... »
23. Les mots « ainsi que Montparnasse » manquent.
24. Var. « ... *leurs lits étaient adossés.* »
25. Var. « Les giboulées ébranlaient les portes et faisaient... »
26. Cette phrase manque. Il manque aussi la première partie de la phrase suivante qui, dans *les Misères*, commence ainsi : *Un quart d'heure ne s'était pas écoulé que* le mur était percé... »
27. Var. « ... de fer du tuyau forcé... »
28. Cette phrase manque et aussi la réplique qui suit.
29. Il manque de ce « de » à « et ».
30. Var. Ce commencement de phrase manque. Sa suite est, dans *les Misères* : « Ils voyaient *se promener* un factionnaire, *le fusil chargé.* »
31. Var. « ... rejoint *Bigrenaille.* » La suite de la phrase manque.
32. Var. « ... il en restait *une bonne moitié*... »
33. Cette phrase manque.
34. Var. « ... sans qu'on ait *su comment*... »
35. Il manque du mot « dans » au mot « bourrasque ».
36. Il manque les mots « le fusil chargé ».
37. Var. « *Il* avait... »
38. Var. « ... on vint *relever*... »
39. Var. « ... encore *dans la prison*. » La phrase suivante manque.
40. Var. « Thénardier, *parvenu*... »
41. Il manque les mots « de la trappe supérieure. »
42. Var. « ... chevron d'étai, à travers *laquelle* on distinguait une... »
43. Var. « ... morceau du *mur* de ronde... »

44. VAR. « ... une *baraque*... »
45. VAR. « ... appuyée *au mur du fond.* »
46. Cette phrase manque.
47. Cette phrase manque aussi.
48. Il manque de ce mot « il » aux mots « rue Pavée ». — L'hôtel Lamoignon date du XVIᵉ siècle. Il appartient au duc d'Angoulême, fils naturel de Charles IX. Il fut acquis en 1681 par Chrétien-François de Lamoignon qui le transmit à ses descendants. Malesherbes, le défenseur de Louis XVI, y naquit.
49. VAR. « ... des chutes et des *escarpements.* » La suite manque jusqu'au mot « fugitif ».
50. Il manque de ce mot « un » au mot « oiseau ».
51. Cet alinéa manque.
52. Il manque de « ruisselant » à « pluie ».
53. VAR. « ...*abrité* par la nuit... »
54. Il manque de « et » à « percé ».
55. VAR. « avec *vertige* »; manquent ensuite les mots « à la lueur des réverbères. »
56. VAR. « *Le misérable*... »
57. VAR. « ... *les allées et venues* du corps... »
58. La suite de la phrase manque.
59. Cette phrase manque.
60. VAR. « Ces *trois* hommes... »
61. Cette phrase manque.
62. Cet alinéa manque aussi.
63. Cet alinéa manque de même.
64. VAR. « ... dans ce *pur et* classique argot que parlaient Poulailler... »
65. VAR. « *trois.* »
66. VAR. « ... tout cela *leur ôtait le courage.* »
67. VAR. « ... lui-même, *ami* de Thénardier... »
68. Manquent ces quatre mots.
69. VAR. Dans *les Misères* ce dialogue est ainsi :

« — Je suis transi *de froid*, je ne puis plus bouger, je ne pourrai pas nouer la corde *au mur.*

» — Il faut que l'un de nous... » etc.

70. Cette petite phrase manque.
71. De cet alinéa, il n'y a, dans *les Misères,* que la dernière proposition : « Et il partit... » etc.
72. Il manque du mot « huit » au mot « enfin »; la suite est : « *il reparut*, essoufflé, et amenant *le petit* Gavroche. »
73. Cette phrase manque.
74. Il manque « entra dans l'enceinte et ».
75. Cette phrase manque.
76. Il manque la réplique qui commence là et les deux suivantes.
77. VAR. « ... par ce tuyau, *au haut de ce mur, avec cette corde, dit Bigrenaille.*

» — Et ligoter la tortouse, au monté du montant de la *vanterne,* ajouta Brujon. » En note cette traduction : « Attacher la corde, au haut du mur. » Ensuite la version des *Misères* rejoint le texte des *Misérables*. « Le gamin examina... »

78. VAR. « — *Pardi*, répondit l'enfant, et il ôta ses souliers. »

79. VAR. « *Bigrenaille* posa *Gavroche* sur le toit de la baraque et lui remit... »

80. VAR. Il manque de « qui » à « s'approcher »; la suite est : « se pencha *vers lui*. »

81. VAR. Cette première partie de la phrase manque. La suite est : « La corde *fut nouée solidement* à la traverse... »

82. VAR. « ... se sentit *libre*... »

83. VAR. « ... allons-nous *faucher* ? »

84. Cet alinéa manque.

85. Ces deux phrases manquent.

86. VAR. « ... crois-tu ? *Tiens, je suis fâché de ne pas l'avoir reconnu...* »

87. Cette phrase manque.

LIVRE SEPTIÈME. — L'ARGOT

P. 1026.   *CHAPITRE PREMIER*

1. Tout ce livre manque dans la version des *Misères*.

2. Ces deux guerriers, c'est le vieillard Hamon dans la comédie de *Pœnulus* le Carthaginois, au cinquième acte de la pièce.

P. 1033.   *CHAPITRE II*

1. Antan n'a pas été un mot employé seulement par ces gueux de la Cour des Miracles, qu'il a montrés dans *Notre-Dame de Paris*, et dont Clopin-Trouillefou était le roi :

Vive Clopin, roi de Thunes
Vivent les gueux de Paris

(*La Esmeralda*, A. I, sc. 1)

Littré en cite l'emploi au xve siècle, chez Froissart, et dès le xiiie siècle dans le *Comput*.

2. Je ne sais pas a pu attribuer à Villon la paternité du mot *décarade* qu'il n'a pas employé dans ses œuvres.

3. Il y a un de ces lirlonfa dans *le Dernier jour d'un condamné*, au chapitre XVI. Il était chanté sur « un air lent et langoureux, par « une voix, non celle d'un oiseau, mais bien mieux, par la voix « pure, fraîche, veloutée d'une jeune fille de quinze ans. » C'était « une espèce de roucoulement triste et lamentable, ce roucoulement durait le temps de sept couplets, dont voici le premier : »

C'est dans la rue du Mail
Où j'ai été colligé,
Maluré,
Par trois coquins de railles,
Lirlonfa malurette.
Sur mes sique' ont foncé,
Lirlonfa maluré.

P. 1041.   *CHAPITRE III*

1. Nicolas-Edme Restif (ou Rétif) de la Bretonne (1734-1806) dont on cite encore *le Paysan perverti, la Paysanne pervertie* et *la Vie de mon père* a écrit environ deux cent cinquante volumes. L'un d'eux aurait pu intéresser particulièrement l'auteur de la première partie des *Misérables* ; c'est le *Pornographe, ou idée d'un honnête homme sur un projet de règlement pour les prostituées*, publié en 1770. Cet auteur si fécond et, selon le mot de Victor Hugo, si malsain, a été surnommé *le Rousseau du ruisseau*.

LIVRE HUITIÈME. — LES ENCHANTEMENTS ET LES DÉSOLATIONS

P. 1050.   *CHAPITRE PREMIER*

1. Dans *les Misères*, le chapitre I intitulé aussi *Pleine lumière*, (c'est le chapitre I du livre quatrième) correspond aux chapitres I et II du huitième livre des *Misérables*.
2. Il manque du mot « avait » au mot « puis » inclusivement.
3. Cette phrase et le court alinéa qui la suit manquent.
4. Il manque à partir de ce mot « Une » toute la suite de l'alinéa.
5. Var. « *Pendant tout* le mois... »
6. Var. « ... des *anges*... »
7. Var. « ... *une auréole.* »
8. Var. « ... *de* cheveux de Cosette. *Rien de plus*. Elle ne refusait... »
9. Cette phrase manque.
10. Var. « ... *deux âmes*... »
11. Cette phrase manque.
12. Var. « ... la *nature*... »
13. Var. « ... des *parfums*... »
14. Var. « ... céleste *pureté*... »
15. Var. « vilain *bête* de nom... »
16. Var. « Et elle *ajouta un sourire qui* faisait... »
17. Il manque de « Une » à « ... par une étoile » (trois alinéas).
18. Il manque des mots : « Au milieu » jusqu'à la fin du chapitre.
— Dans les notes de Victor Hugo on a trouvé cet autre épisode :
« Il arriva qu'un jour J. V. fit une de ces absences dont nous avons parlé. Ils en profitèrent pour se voir un peu plus tôt. M. arriva au jardin qu'il faisait encore jour. Et alors que firent-ils ? Ils profitèrent du jour pour lire ensemble, tête contre tête, la première chose venue qui leur tomba sous la main. C'était un numéro d'une revue scientifique que M. avait dans sa poche. — Je veux lire ce que tu lis, dit Cosette.

« On ouvrit la brochure au hasard et Cosette se mit à lire tout bas. » (E.I.N. IV. 315.)

P. 1055. *CHAPITRE II*

1. Var. « Ils *vivaient*… »
2. La suite de la phrase manque.
3. « Qu'il était avocat » manque.
4. Var. « … colonel, *qu'il était mort,* que… »
5. Var. Il manque de ce mot « Il » aux mots « morte comme à lui ». La suite est : « *Cosette avait dit à Marius* que son frère… »
6. Manquent les mots « de la brûlure et ».
7. Les deux dernières phrases [« Alors… amoureux »] manquent.
8. Il manque de « Aimer » à « manière de regarder l'âme. » (trois alinéas).

P. 1057. *CHAPITRE III*

1. Les chapitres III et IV des *Misérables* correspondent au chapitre II des *Misères* intitulé, comme ici : *Commencement d'ombre*.
2. La servante qui, dans *les Misères* était jusque-là appelée Jeannette y est désormais appelée Toussaint.
3. Var. « … *n'entrait*… »
4. Var. « … regardant les *étoiles.* »
5. « Et plongeait profondément » manque.
6. Cet alinéa manque.
7. Var. « Tout le jardin *ou, si l'on veut, toute la broussaille,* était… »
8. La suite de la phrase manque.
9. Il manque cette phrase et la réplique qu'elle annonce.
10. Il manque de « Courfeyrac » à « Comment s'appelle-t-elle ? » (trois alinéas).
11. Var. « … *arracher un mot à*… »
12. Var. « … *qu'il rayonnait.* »
13. Cette phrase manque.
14. Var. « … revue et *il l'avait* complètement *oubliée*… »
15. Cet alinéa manque.
16. Var. Il *lui dit*… »

P. 1061. *CHAPITRE IV*

1. Var. « … qu'il faut *enregistrer*… »
2. Var. « … graves qui *commençaient à obscurcir* l'horizon.. »
3. Var. « … vieux *bonhomme* qui… »
4. Il manque du mot « et » au mot « mur ».
5. Var. « … *regarda* autour de luî… »
6. Il manque de « n'osa » à « noir ».
7. Var. « … *quatre* hommes ». Dans la suite « *quatre* » où il y a « *six* ».
8. Manquent cette réplique et la suivante.
9. Var. « … un *troisième* ». La suite de la phrase manque.
10. Var. « … Si *malaisée*… »
11. Var. « Le *quatrième*… »
12. Var. « … ébranlant *sans pourtant faire de bruit.* »

13. Var. « ... dit *tout bas*. »
14. Var. Au lieu de cet alinéa il y a dans *les Misères* : « L'homme furieux, hasarda ».
15. Var. « ... les *trois* autres... »
16. Var. « ... Brujon, *étaient venus se grouper autour de Thénardier*. »
17. Var. « ... *mon petit père!* »
18. Var. « ... des bras *de Palmyre avec un air de dogue fâché*, et grommela... »
19. Cette phrase manque.
20. Il manque de « Contez » à « mère ».
21. Var. « Dépêchons! dit *Brigrenaille*.
« — Les *agents* peuvent passer, *ajouta Claqueous*. »
22. Cette phrase manque et le distique qu'elle annonce.
23. Var. « ... les *trois*... »
24. Cette phrase manque.
25. Cette phrase manque aussi.
26. Cette phrase manque de même.
27. Var. « ... un *couteau*... »
28. Ces quatre mots manquent.
29. Cette phrase manque.
30. Var. Cette phrase manque. Il y a, à la place, cette réplique : — Mais *qu'est-ce qu'elle a?* dit Claqueous. »
31. Var. « ... et dit, *d'une voix qu'on entendait à peine*. »
32. Var. « ... fit *Claqueous*... »
33. Var. « ... grille, *regarda fixement les quatre* bandits... »
34. Var. « *Bigrenaille*... » De même dans la suite.
35. Var. « Pas si près! dit-elle. »
36. Cette phrase manque.
37. Var. « ... de vous, *mon père!* »
38. Manquent cette phrase et la réplique qui suit.
39. Il manque à ce refrain si connu son premier vers :
Combien je regrette.
(*Ma grand'mère* ; Chansons de Béranger I, 17; édit. Garnier frères, s.d. in-8º.)
40. Cette phrase manque.
41. Var. « Les *quatre bandits*... »
42. Il manque de ce mot « Deux » au mot « guinal ».
43. Var. « ... dans sa manche. *Il ajouta :*
» — *Je m'en charge.*
» Thénardier ne... »
44. Var. « ... ce qu'on voudrait. *Seulement il grommelait entre ses dents : « Ah! la chienne! elle me paiera cela. »*
« Brujon, qui était... »
45. « Un jour » manque.
46. Il manque du mot « Tout » aux mots « pas une dame ».

P. 1068. *CHAPITRE V*

1. Ce chapitre n'est pas dans *les Misères*.

P. 1069.   CHAPITRE VI

1. Var. « ... plus *étoilé*... »
2. Var. « ... plus *frémissants*... »
3. Les deux dernières phrases manquent.
4. Var. « ... qu'il *s'asseyait* auprès d'elle... »
5. Var. « .. les *Don Juan* ajoutent... »
6. Les mots « de toute son âme » manquent.
7. Var. « ... Sourds bégayements, *confuse apparition* de la volupté... »
8. Il manque de « Celle-ci » à « c'est moi » (quatre répliques).
9. Ces trois mots manquent.
10. Var. « ... voix *rude*... »
11. Var. « — Qu'as-tu ?
» — *Rien, dit-il. Seulement* je ne comprends pas... »
12. Var. « ... les plus *féroces*... »
13. Les mots « pleins d'angoisse » manquent.
14. Var. « Cosette sentit *un froid lui courir dans les veines*. Elle pâlit... »
15. La suite de cette phrase manque.
16. Var. « ... lui *battait*... »
17. Var. « Il *resta* ainsi *bien* longtemps. *Un temps dont il n'avait pas lui-même conscience*. Enfin... »
18. Var. « ... *frissonna*.... »
19. Il manque de ce mot « Et » aux mots « rien dit » (quatre alinéas).
20. Il manque cette phrase et la suivante.
21. Il manque de « Je » à « volet » (trois phrases).
22. Var. « ...par ces *communications* électriques qui *mêlent* deux *âmes*, tous deux... »
23. Il manque « débordant d'extase. »
24. La suite de cette phrase manque.

P. 1075.   CHAPITRE VII

1. Autre titre projeté : *Don Juan Nestor*. C'est le titre de ce chapitre dans *les Misères*.
2. Var. « ... rue des *Douze-Portes au Marais*. » La rue des Douze-Portes, qui n'est pas rectiligne mais qui a une forme angulaire s'appelle à présent rue Villehardouin. La rue des Filles-du-Calvaire a toujours ce nom.
3. Il manque ces cinq derniers mots.
4. Var. « ... petit *drôle*... »
5. Var. « ... petit *drôle arriverait* un jour ou l'autre ; maintenant *ils ébauchent peu à peu que pour peu*... »
6. Var. « ... ceci *lui avait paru absurde et impossible jusqu'ici*... »
7. Les mots « ou se croyait » manquent.
8. La suite de cette phrase manque.
9. Var. « ... l'œil *vitreux*... »

10. VAR. « ... épousé le colonel.

« *Mademoiselle Gillenormand, à tout hasard, pour le cas où le vieillard aurait eu besoin d'un jeune visage dans la maison, avait songé à trouver un autre Marius. A défaut d'un petit-fils on aurait un petit-neveu. Le lancier Ernest était momentanément en garnison à Paris, elle en avait profité pour l'introduire près de son père, convaincue que celui-ci remplacerait avantageusement Marius. La combinaison n'avait point réussi. Ce qui s'adapte le moins au* vide du cœur *c'est* un bouche-trou. »

11. VAR. « *Ernest* », et ainsi dans la suite.
12. Les mots « frivole, mais vulgaire » manquent.
13. Cette phrase manque.
14. Cette phrase manque aussi.
15. Il manque des mots « Le cliquetis » aux mots « du tout », fin du deuxième alinéa.
16. La suite de cette phrase manque.
17. Manquent les mots « de coromandel. »
18. Manque du mot « où » au mot « vert ».
19. VAR. « ... *tapisserie, et rêvant* un livre... »
20. La suite de cette phrase manque.
21. « d'évêque » manque.
22. VAR. « ...amèrement : *depuis longtemps il ne pensait plus guère à autre chose ;* et comme... »
23. VAR. « ... en *colère.* »
24. VAR. « ... ce qui *désespère.* »
25. VAR. « ... son domestique entra... »
26. VAR. « ... répondit *le domestique. C'est un jeune homme qui m'a dit* : dites... »
27. VAR. « ... à la porte *les yeux baissés.* »
28. Cet alinéa manque.
29. VAR. « Le père Gillenormand *se sentait* prêt à défaillir, il resta quelques instants... »
30. VAR. « ... apparition. Il apercevait Marius... »
31. Cette phrase manque.
32. VAR. « ... fondirent en *indulgence, il sentait toutes* les paroles affectueuses *déborder au dedans de lui ;* enfin... »
33. VAR. « ... *à son cou.* »
34. VAR. « ... bonhomme une *incompréhensible angoisse...* »
35. Cette phrase manque.
36. La suite de cette phrase manque aussi.
37. La suite de cette phrase manque de même.
38. Les mots « la force » manquent.
39. Il manque aussi cette phrase.
40. VAR. « je m'en *irai...* »
41. Il manque de ce mot « Vous » au mot « Finissons » inclusivement.
42. Les mots « qu'est-ce? » manquent.
43. VAR. « *Le domestique parut.* »
44. VAR. « ... de *coupable.* »

45. Var. « ... *de colère.* »
46. Les mots « un geste ni » manquent.
47. Ces deux mots manquent.
48. Var. « ... républicain *quoique* vous *soyez* baron?... »
49. Var. « *Vous devez être* décoré... »
50. Cette phrase manque.
51. Un monument expiatoire avait été élevé place Richelieu (aujourd'hui square Louvois), près de l'endroit où le duc de Berry avait été assassiné. Il fut, en effet, remplacé, sous la Monarchie de Juillet par la fontaine qui y est encore, et qui est l'œuvre de l'architecte Visconti et du statuaire Klagmann.
52. Ces six mots manquent.
53. Var. « ... toussait *tout en parlant.* »
54. Var. « ... j'ai envie d'épouser n'importe qui, fille de n'importe quoi... »
55. Var. « ... le *regarda se retirer*... »
56. Var. « ... ramena *rudement*... »
57. Var. « L'aïeul *n'était plus que le* grand-père. »
58. Var. « Ton cousin *le lancier.* »
59. Il manque de « D'ailleurs » à « vante » (deux phrases).
60. Il manque de ce mot « On » aux mots « n'épousez pas. » (quatre phrases).
61. Var. « ... Sur le genou, haussa *doucement les* épaules, le regarda... »
62. Var. « ... *et lui dit.* — Bêta... »
63. La suite de cette phrase manque.
64. Var. « ... que *sa fille et le domestique*... »

LIVRE NEUVIÈME. — OÙ VONT-ILS?

P. 1088.   *CHAPITRE PREMIER*

1. Ce livre, très court, n'a dans *les Misères,* qu'un chapitre, (le chapitre v de leur quatrième livre) et qui a pour titre celui du livre neuvième des *Misérables : Où vont-ils ?* et ceux des trois chapitres qui le composent, c'est-à-dire : *Jean Tréjean.* — *Marius.* — *M. Mabeuf.*
2. Var. « des *inquiétudes*... »
3. Pierre-Théodore-Florentin Pépin (1800-1836) épicier du faubourg Saint-Antoine, membre de sociétés secrètes, soupçonné d'avoir tiré de ses fenêtres le 5 juin 1832, quand des troubles se produisirent à l'occasion de l'enterrement du général Lamarque, accusation non prouvée puisqu'un conseil de guerre acquitta Pépin. Mais il prit part en juillet 1835 à l'attentat de Fieschi contre Louis-Philippe, il put s'échapper et trouver une retraite. Mais il fut dénoncé, arrêté, jugé et condamné. — Pierre Morey était bourrelier-sellier. Il avait pris part aux journées de Juillet 1830 et avait reçu la décoration de Juillet. Il n'était cependant pas partisan

de la monarchie nouvelle. Il fut l'ami et le complice de Fieschi. Il fut jugé et condamné en même temps que Fieschi et Pépin, et tous les trois à la peine de mort. Ils furent décapités le 15 janvier 1836. La police ne cherchait probablement pas à les dépister le 4 juin qui est le jour où Jean Valjean méditait sur le talus du Champ-de-Mars.

4. Il manque de ces mots « A tous » aux mots « de peur de l'effrayer ». (Trois alinéas).

5. Ce commencement de phrase manque aussi.

6. Il manque de « cette » à « voyage »

7. VAR. « ... *il tourna la tête* et aperçut... »

8. VAR. « ... *très rêveur.* »

P. 1089. *CHAPITRE II*

1. VAR. « ... glisse sur *un cœur de vingt ans.* »
2. Il manque des mots « Il pleuvait » aux mots « avoir conscience. »
3. VAR. « ... où l'on *croirait qu'on* a... »
4. VAR. « ... après *la nuit.* Par intervalles... »
5. Il manque de ce mot « à » au mot « Cosette ».
6. Les mots « de souverain et » manquent.
7. VAR. « ... d'ordinaire. *Il se sentit un serrement de cœur.* Il traversa... »
8. VAR. « ... *fou* d'amour... »
9. Rue allant de la rue Saint-Denis 145 à la rue Mondétour, 6.

P. 1092. *CHAPITRE III*

1. Cet alinéa manque ainsi que les mots « Du reste » de la phrase suivante.
2. Ces trois mots manquent.
3. VAR. « ... disparus, *c'est-à-dire son œuvre évanouie*, ne pouvant... »
4. VAR. « ... *du travail.* »
5. VAR. « Il avait vendu ses meubles, puis ses herbiers et ses estampes... »
6. Pierre de BESSE. *Concordantia bibliorum utriusque Testamenti generales opus...* Parisiis, N. du Fossé, 1610-1611; in-fol. — *Marguerites de la Marguerite des princesses, royne de Navarre* (publiées par Symon Silvius, dit de La Haye), (Lyon, Jean de Tournes, 1547, in-8º). — TIBULLUS, *cum commentariis Achiliis Satti, Lusitani* (Venetiis, 1567 *in aedibus Manutianis*). — Le *Diogène Laërce* de Lyon de 1644 n'est pas mentionné par Brunet et il n'est pas à la Bibliothèque nationale.
7. VAR. « ... *sa bibliothèque...* »
8. VAR. « ...*la vieille servante.* »
9. Dans *les Misères*, il y a seulement : « On me refuse. »
10. VAR. « ... un père *regarderait ses enfants,* puis... »
11. VAR. « ... moment, *il tomba* sur... »
12. Cette phrase manque.

13. Var. « ... entendit *le* ministre... »
14. Var. « ... *la vieille gouvernante*... »
15. Cette phrase manque.
16. Var. « Du côté de *Saint-Merry*. »
17. Les mots : « dit : Ah ! c'est vrai ! » manquent.

LIVRE DIXIÈME. — LE 5 JUIN 1832

P. 1096. *CHAPITRE PREMIER*

1. Dans les appendices de l'édition nationale (III, 375-376) il est dit que ce dixième livre, écrit en 1848, semble avoir été repris en 1860-1862. Des notes écrites par Victor Hugo en marge de son manuscrit, indiquent les modifications à y faire et en sont comme le sommaire. Ces notes portent :
« *Un peu partisan de l'émeute, si souvent feu de paille.*
» *Émeute — Révolution. — Distinguer l'émeute de la Révolution. L'émeute a souvent tort. La révolution a toujours raison.*
» *L'une s'appelle Colère. L'autre s'appelle Droit.*
» *L'émeute crie : Hébert. La révolution crie : Danton.*
» *L'émeute ne produit rien. La révolution au contraire.*
» *Différence de Mazaniello à Danton.*
» *Commencer ainsi : Les premières années de L. P.* [Louis-Philippe] *ont reçu de cette Bouche de Tout-le-Monde qui n'est pas précisément la Voix du Peuple, mais qui lui ressemble, ce nom caractéristique : « le Temps des Émeutes.*
« *A ne les considérer que sous un point de vue restreint, les émeutes, etc.* »
Victor Hugo en face de la dernière remarque qu'il biffa, écrivit : « Revoir — modifier » et l'on verra qu'il a modifié en effet, en commençant autrement qu'il ne l'avait projeté. On ne trouve l'expression « le temps des Émeutes » que dans les dern ers alinéas du chapitre II.

2. Ce chapitre n'est pas dans *les Misères*. Il y manque aussi presque tout le deuxième chapitre (jusqu'aux mots « les heures orageuses du siècle », c'est-à-dire jusqu'à la fin de l'avant-dernier alinéa.)

P. 1099. *CHAPITRE II*

1. Les Compagnons de Jéhu (ou de Jésus) bandes contre-révolutionnaires qui ensanglantèrent surtout le midi de la France au temps de la réaction thermidorienne. Alexandre Dumas en a fait un roman, *les Compagnons de Jéhu*, et Georges Lenotre en a écrit l'histoire, *la Compagnie de Jéhu* (Perrin, in-8°).

2. Et comme il a été inscrit en 1789 dans la *Déclaration des droits de l'homme et du citoyen.*

3. L'homme des *Annales* c'est Tacite; l'exilé de Syène c'est Juvénal qui a dit (*Satires* II, 24).
Quis tuleris Gracchos de seditione quaerentes,

(qui supporterait d'entendre les Gracques déplorer une sédition) et (*Satires* I, 79) : *facit indignatio versum* (l'indignation forge le vers.)

4. Saint Jean l'évangéliste.

5. On peut citer ici ce passage non utilisé, mais non rayé, publié dans les appendices de l'E.I.N. (III, 376) :

« Ces épopées se payaient trop cher, nous l'avons fait voir. Elles grandissaient Paris, peut-être, mais elles diminuaient la France. A coup sûr du moins, elles l'affaiblissaient. A la bourgeoisie qui est surtout frappée de conséquences financières, il faut répéter que la moindre émeute coûtait cent vingt millions, de même qu'une année de famine en coûte douze cents, et il faut ajouter, puisque c'est la bourgeoisie qui gouverne, que, de même qu'une bonne administration de la terre peut empêcher la famine, une sage administration des esprits peut empêcher l'émeute. Ceci pour l'avenir. »

6. Ici commence, dans *les Misères* le chapitre : *Un enterrement occasion de renaître* qui, dans cette version, est le premier de la cinquième partie.

7. VAR. « ... que *l'histoire...* »

8. Cette phrase manque et dans la phrase suivante les mots : « nous croyons l'avoir dit. »

9. VAR. « ... de l'histoire. *Cette époque si curieuse et si terrible de l'histoire contemporaine de Paris qui remonte à une quinzaine d'années et qu'on a appelée* l'époque des émeutes abonde en détails de ce genre. *Les historiens ont dû les élaguer, abréger ceux-ci ou omettre ceux-là, nous venons de dire pourquoi ;* les instructions judiciaires *elles-mêmes* n'ont pas tout révélé, ni peut-être tout approfondi, *pour des raisons qu'il est aisé d'entrevoir.* Nous allons donc... »

10. VAR. « ... livre *tout social...* »

11. Il manque de « et » à « connu ».

12. VAR. « ... entrevoie la figure réelle de cette effrayante *émeute* sous le sombre voile que nous allons soulever. »

P. 1105. *CHAPITRE III*

1. Cette phrase manque.

2. VAR. « *Co*mme nous l'avons dit *plus haut, Paris était depuis longtemps prêt pour un événement.* La grande ville... »

3. Maximilien Lamarque était né en 1770, à Saint-Sever, dans les Landes. Il s'engagea comme simple soldat dans les armées de la République, y conquit rapidement ses grades et fut bientôt adjudant-général. Sous l'Empire, il devint général de division. Mis en disponibilité sous la première Restauration, il fut, pendant les Cent Jours, gouverneur militaire de Paris. A la seconde Restauration il fut proscrit. Autorisé à rentrer en France en octobre 1818, il ne fut pas admis à reprendre son grade dans l'armée. La seconde Restauration, comme avait fait la première, le mit dans l'état de disponibilité. Il se présenta plusieurs fois sans succès aux

élections législatives. Il fut enfin élu, en 1828, député de Mont-de-Marsan. Il y fit une opposition active à la politique du ministère Polignac. Après la révolution de Juillet, il intervint souvent, avec éloquence et avec ardeur, dans les débats parlementaires où il fut un vigilant défenseur des idées libérales. Il admirait le général Foy, ardent et éloquent lui aussi, et l'on peut dire qu'il lui ressemblait.

4. Cette phrase manque.

5. VAR. « ... aimé *des républicains*... »

6. Étienne-Maurice, comte Gérard (1773-1852). Il prit une part brillante aux guerres de l'Empire mais il ne fut nommé maréchal de France que par Louis-Philippe. Après la révolution de Juillet il fut pendant un peu plus d'un an ministre de la Guerre. Vers la fin de cette année 1832, à laquelle est arrivé le récit de Victor Hugo, il prit part à la campagne de Belgique contre les Hollandais et il les chassa d'Anvers. — Jean-Baptiste Drouet d'Erlon (1765-1844) : simple soldat en 1782, était général de division en 1803. Il ne parvint pas au maréchalat. Il servit la première Restauration, sans entrain; se rallia à Napoléon pendant les Cent Jours; fut à la seconde Restauration proscrit par Louis XVIII, revient en 1816, est condamné à mort par contumace pour participation à la conspiration orléaniste de Didier. S'étant exilé il rentre en France et reprend du service après 1830, les d'Orléans, pour lesquels il avait conspiré, étant au pouvoir. Louis-Philippe le nomme gouverneur de l'Algérie en 1834; il commande à Nantes la douzième division militaire et en 1843, un an avant de mourir, il est fait maréchal de France.

7. VAR. « ... le soulevaient *jusqu'aux entrailles*... »

8. VAR. « ... multitude. *Il était de ces hautes figures qui, après* dix-sept ans, à peine *attentives* aux événements intermédiaires, *avaient*... »

9. Ces quatre mots manquent.

10. VAR. « ... *présentait* un aspect redoutable. *Tout y était en rumeur.* »

11. La barrière de Montreuil était située au bout de la rue de Montreuil à l'endroit où elle rencontre aujourd'hui le boulevard de Charonne. La barrière de Charonne était située à l'endroit où la rue de Charonne rejoint aujourd'hui le même boulevard.

12. La barrière du Trône, appelée ensuite barrière de Vincennes, était à l'extrémité de la place du Trône (aujourd'hui place de la Nation).

13. Cette phrase manque.

14. Et d'ouvriers aussi d'autres corporations : brasseurs, chapeliers, teinturiers, etc., chaque corporation précédée de sa bannière.

15. VAR. « ... sur les toits, une foule effarée *regardait cette* foule armée qui passait. »

16. VAR. « Le gouvernement, de son côté, observait, *ayant sous* la main, place Louis XV... »

17. Cet alinéa manque.

18. Edouard duc de Fitz-James (1776-1838), pair de France, d'opinions ultra-royalistes. Il avait cependant, après la révolution de Juillet, prêté serment à la dynastie nouvelle, par tactique politique et pour pouvoir disposer, pour l'exposé de ses opinions, de la tribune de la Chambre des pairs. Il se démit cependant de la pairie, précisément en 1832, mais en 1834 il fut, dans l'un des collèges de Toulouse, candidat à la députation et il fut élu.

19. Les deux derniers mots manquent.

C'est le 13 septembre 1841 que Quénisset (1814-1850) scieur de long, et membre de la société secrète *les Travailleurs égalitaires*, fut aposté au faubourg Saint-Antoine où devait défiler le 17ᵉ régiment d'infanterie légère, que commandait le duc d'Aumale et qui revenait d'Algérie. Le duc d'Orléans était allé à la rencontre du régiment jusqu'à Corbeil. Un nombreux état-major attendait les princes place du Trône. Le régiment s'engagea dans le faubourg Saint-Antoine où il y avait une énorme affluence de curieux. Quénisset était parmi eux. On l'avait armé de deux pistolets. Il tira sur un groupe d'officiers. Il atteignit le cheval d'un colonel. Il essaya ensuite de se sauver. Ce n'était pas facile. Il fut pris. Il dénonça ses complices. Il n'en fut pas moins condamné à mort, mais Louis Philippe commua sa peine en celle de la déportation. Il ne l'eut sans doute pas fait, si Quénisset eût tué le colonel au lieu du cheval. Quénisset se rendit en Amérique, où il fit un petit commerce de vin et où il mourut.

20. Cette phrase manque.

21. Var. « *L'énorme* cohue... »

22. Rémi-Joseph-Isidore Exelmans (1775-1852) est un de ces simples soldats qui conquirent leurs grades dans les guerres de l'Empire. A la Restauration il dut quitter la France. Il put y revenir en 1819; il fut réintégré dans l'armée et presque à la fin de sa vie, en 1851, il fut nommé maréchal de France. Il adhéra, naturellement, au Second Empire.

23. Cet alinéa manque.

24. La rue de la Contrescarpe allait du quai de la Rapée au commencement de la rue de Charenton, près de la place de la Bastille, à l'endroit qui est aujourd'hui le boulevard de la Bastille.

25. Il manque du mot « beaucoup » au mot « comblé ».

26. Il manque les mots « aux armes ! » et les mots « on culbute ».

P. 1111. *CHAPITRE IV*

1. La rue Saint-Pierre-Montmartre allant de la rue Montmartre à la rue Notre-Dame-des-Victoires est aujourd'hui la rue Paul Lelong. — La rue du Cadran, qui allait de la rue Montmartre à la rue Montorgueil a disparu lors de la percée de la rue Réaumur. — Les autres rues désignées ici par Victor Hugo existent encore.

2. C'est aujourd'hui la rue des Haudriettes.

3. La rue du Cimetière-Saint-Nicolas allait de la rue Trans-

nonain à la rue Saint-Martin. Elle faisait suite à la rue Chapon. Elle en est aujourd'hui une partie.

4. La rue des Mathurins, c'est la rue des Mathurins-Saint-Jacques, mentionnée dans la note 4 (ch. II), p. 1641. Sur la rue Hyacinthe, voir la note 1 (ch. III), p. 1597.

5. La rue Transnonain a fait place à la rue Beaubourg.

6. La rue Saint-Avoye forme aujourd'hui la première partie de la rue Simon-le-Franc. — La rue de la Corderie, nommée peu après, subsiste.

7. Jeanne était un ouvrier. Il commandait les insurgés de la barricade qui était au coin des rues Saint-Martin et Saint-Merry. La résistance de cette barricade fut héroïque. Louis Blanc a raconté (*Histoire de dix ans*, III, 309; Pagnerre, 1846, in-8º) le dernier épisode de cette lutte quand l'invasion des soldats fut telle que toute résistance était désormais impossible : « Alors, de ceux qui combattaient dans la rue, les uns, sur les pas de Jeanne, percèrent audacieusement à la baïonnette une première ligne de soldats, et firent retraite, après avoir perdu seulement trois hommes par la rue Maubuée; les autres se précipitèrent pour s'y défendre, dans la maison nº 50 [le texte porte nº 30, mais c'est une faute d'impression, que la suite démontre] dont la porte refermée sur eux était intérieurement soutenue par une pile de pavés. Or, tel était l'acharnement de quelques-uns des insurgés, qu'un des panneaux inférieurs de cette porte ayant été enfoncé, un jeune homme, qui était tombé mourant dans la cour, se mit à ramper jusqu'à l'ouverture pour décharger sur les soldats son dernier coup de pistolet. Un instant après, la maison était envahie, et ne retentissait plus que de cris furieux et de gémissements. Poursuivis de chambre en chambre, dix-sept insurgés périrent à coups de baïonnette. » Les assaillants songent à faire sauter l'escalier, il est trop tard; à faire sauter la maison, le baril de poudre qu'ils avaient a disparu. « Les combattants du troisième étage parvinrent alors à grimper sur les toits et pénétrèrent par une fenêtre dans la maison nº 48 de la rue Saint-Merry. Ce fut là qu'on les découvrit, car on fouillait toutes les maisons voisines des barricades, et ils eussent été infailliblement égorgés si, avec une générosité naturelle au caractère français, le capitaine Billet du 48ᵉ n'eût protégé leur vie. « Faites des prisonniers, dit-il noblement à ses soldats, et non des victimes. » Jeanne avait été blessé et pris. Il fut jugé avec vingt autres insurgés et condamné à la déportation. »

8. La rue Maubuée, qui allait de la rue Saint-Martin à la rue Beaubourg a disparu quand la rue Beaubourg a été élargie. La rue des Arcis est confondue aujourd'hui avec la rue Saint-Martin qui alors la continuait, à partir de la rue de la Verrerie.

9. Il manque du mot « faite » au mot « renversée ».

10. La rue des Ménétriers, qui allait de la rue Saint-Martin à la rue Beaubourg, fut, en 1840, élargie et confondue avec la rue Rambuteau. La rue Greneta subsiste.

11. VAR. « ... les *dédales* des Halles en particulier. » La suite de la phrase manque.

12. VAR. « ... engagée; et, *grâce aux* désarmements, *aux* visites domiciliaires, aux *pillages* d'armuriers, *partout* le combat... »

13. Le passage du Saumon était tout neuf. Il avait été reconstruit, de 1825 à 1830, par M. Rohault de Fleury, architecte.

14. Ces quatre mots personnels manquent.

15. Cette première partie de phrase manque aussi.

16. VAR. « ... situation *étrange*. »

17. La petite rue du Cygne et le passage de l'Ancre existent toujours.

18. La cour Batave était située 124 rue Saint-Denis, en face de la rue de la Cossonnerie. La percée du boulevard Sébastopol l'a fait disparaître.

19. VAR. « Deux *vaillants* hommes, le maréchal... »

20. Nicolas-Jean-De-Dieu Soult (1769-1851). Il avait servi dans les armées de l'Empire, il avait notamment décidé du gain de la bataille d'Austerlitz. Napoléon l'avait fait duc de Dalmatie. A la première Restauration il se rallia nettement au nouveau régime. Quand, au Cent Jours, Napoléon eut regagné les Tuileries, il revint à Napoléon. A la seconde Restauration il fut banni; puis, en 1819, autorisé à rentrer en France; puis remis en possession de son grade de maréchal. Charles X le fit chevalier du Saint-Esprit. Après la révolution de Juillet il se rallia à la nouvelle monarchie et, dès le mois de novembre 1830, la nouvelle monarchie faisait de lui son ministre de la guerre.

21. Cet alinéa manque.

P. 1116. *CHAPITRE V*

1. VAR. Les deux parties de cette phrase sont interverties dans *les Misères :* « Les théâtres... vaudevilles; les curieux... guerre. »

2. VAR. « *A l'émeute* du 12 mai 1839. »

Le 12 mai il y eut, après la chute du ministère Molé, une tentative insurrectionnelle fomentée par la *Société* (secrète) *des Saisons.* Barbès et Blanqui furent les principaux chefs de ce mouvement qui fut aussitôt réprimé, bien que les insurgés eussent pu tenir un moment à l'Hôtel de Ville. Un certain nombre de meneurs furent arrêtés, et, parmi eux Barbès. Blanqui avait pu s'enfuir.

3. « peut-être » manque.

4. Cette phrase manque aussi.

5. VAR. « Des détails *circulaient, grandis, souvent inventés, et mêlés* de nouvelles fatales... »

6. Bertrand Clauzel (1772-1842?) qui avait pris une part brillante à la campagne d'Algérie et qui avait été gouverneur général de cette colonie. Il tenait un des coins du drap mortuaire aux obsèques du général Lamarque. Les autres coins étaient tenus par La Fayette, Laffitte et Mauguin, député de Beaune, l'un des meilleurs orateurs du parti libéral, l'un des compagnons du général Lamarque dans

l'opposition. Armand Carrel (1800-1836) directeur du *National,* n'avait pas approuvé l'insurrection. Le soir du 5 juin, il avait déclaré, à une réunion tenue dans les bureaux de son journal, qu'il n'avait pas « grande confiance dans la barricade » et que la réussite de 1830 était « un accident ». Mais, quand les insurgés sont traqués il les excuse et dit que sous un gouvernement né d'une insurrection populaire il ne fallait pas s'étonner qu'il subsistât dans le peuple et dans la jeunesse « quelques instincts confus de sédition. » (Cf. R. G. Nobécourt, *La vie d'Armand Carrel,* p. 145 (N.R.F. 1930; in-16.)

7. Cette phrase manque.

8. Thomas-Robert Bugeaud de la Piconnerie (1784-1849) qui ne se fit jamais appeler et ne signa jamais que Bugeaud. — Georges Mouton, comte Lobau (1770-1838), maréchal de France, comme Bugeaud. Il vainquit l'émeute du 5 mai.

9. VAR. « les suspects. *Un poète qui portait sous son bras un volume du duc de Saint-Simon fut arrêté comme saint-simonien.* Il y avait à *huit* heures... »

10. Il manque des mots « A la » au mot « le bruit d'une averse. »

11. Charles Lagrange (1804-1857) avait été représentant du peuple à l'Assemblée constituante et à l'Assemblée législative; il avait été aussi l'un des fondateurs de la Société du Progrès qui groupait des ouvriers lyonnais. Lagrange, en juin 1832, n'était pas encore « l'homme de Lyon », il ne le devint que lors de la grande insurrection lyonnaise de 1834 à laquelle il avait très activement contribué.

12. Le mot « Ailleurs » manque.

13. VAR. « ... pas rentré! *Les rues étaient vides.* Il y avait... »

14. VAR. « *De moment* en *moment*... »

LIVRE ONZIÈME. — L'ATOME FRATERNISE AVE L'OURAGAN

P. 1119.   *CHAPITRE PREMIER*

1. Autre titre projeté: *L'Atome entre dans l'ouragan.* Aux six chapitres de ce livre correspond dans *les Misères* un seul chapitre, le troisième de leur cinquième livre intitulé: *L'Atome entre dans l'ouragan.*

2. VAR. « *Dans la matinée de ce même jour,* à l'instant... »

3. Il manque de ce mot « sur » aux mots « te voit tous les cerceaux », avant-dernière ligne du chapitre II.

4. Ou de Victor Hugo.

5. Pierre-François-Louis-Baour (1770-1854). Il ajouta à son nom celui de Lormian. Il fit beaucoup de vers. Il traduisit *la Jérusalem délivrée,* il imita les poésies d'Ossian, il écrivit des *Légendes, Ballades et Fabliaux,* quelques pièces de théâtre. Il fut l'objet de

vives épigrammes, il riposta mais il donna moins de coups qu'il n'en reçut.

6. Voir la note 44 de la p. 1724.

7. La rue Saint-Louis est aujourd'hui la rue de Turenne; la rue du Parc-Royal subsiste; elle va de la rue de Turenne à la rue Elzévir qui, au temps de Gavroche, s'appelait rue des Trois-Pavillons.

P. 1121. *CHAPITRE II*

1. VAR. « *Il gagna la rue Saint-Antoine,* se donna la volupté de *lire* les affiches de spectacle *et* se dirige avers l'Orme-Saint-Gervais. » Ce texte rejoint ainsi celui des *Misérables* à la fin du chapitre II.

2. Autre propos de l'une des deux commères, inscrit dans une note de Victor Hugo : « Il vit seul comme un *âne à charrette*. »

3. Il était d'usage autrefois de planter, devant les églises, un orme, à l'ombre duquel on se réunissait au sortir de la messe. Des juges y rendaient la justice; on y payait les rentes. On avait planté un de ces ormes, à Paris, devant l'église Saint-Gervais.

P. 1125. *CHAPITRE III*

1. Cette phrase manque. Il manque aussi la suite jusqu'aux mots : « il s'y conforma, puis reprit... » (sept alinéas).
2. VAR. « L'Empereur, *disait le perruquier,* n'a été... »
3. VAR. « ...l'accent *laconique des grognards.* »
4. VAR. « ... de *mourir*... »
5. VAR. « ... *la médecine*... »
6. Il manque de « qui » à « bleu ».

P. 1126. *CHAPITRE IV*

1. VAR. « ... et *Combeferre.* Ils étaient *déjà* armés *sans qu'ils sussent eux-mêmes comment.* »

— On lit dans les appendices de l'édition nationale (II, 364) la note suivante : « ... Nous trouvons, dans le dossier des notes de travail, plusieurs ébauches d'un plan inutilisé, d'après lequel les amis de l'A.B.C., Enjolras en tête, réunis pour arrêter leurs dispositions en vue de l'émeute prochaine, se rencontreraient dans une carrière abandonnée, avec les bandits déjà présentés au livre PATRON-MINETTE. »

Cette « scène de la carrière » ne semble pas avoir été rédigée. Elle est publiée cependant dans l'édition nationale, mais elle y est annoncée en ces termes prudents : « c'est cette scène que nous allons essayer de reconstituer d'après divers fragments retrouvés. » On reproduit ici ce texte :

LA CARRIÈRE

« *A l'ouverture d'en haut, par où, selon l'heure et la saison, passaient le soleil et la pluie, correspondait sur le sol un large cercle mouillé, mare en hiver, boue en été. Un jour de crypte tombait de cette crevasse dans la carrière. Au bout de quelques instants l'œil s'y faisait, et l'on finissait* par distinguer les linéaments des rues souterraines, les gravois de la brèche intercalés çà et là par bandes horizontales dans la roche calcaire et les plissements lépreux de la pierre au plafond des galeries ; dans ce crépuscule ces voûtes rugueuses ressemblaient à des ventres d'éléphants, dont les pieds faisaient les piliers. A voir tous ces pieds monstrueux, immobiles dans l'ombre, on eût pu se croire sous un gigantesque troupeau de mastodontes pétrifiés.

» *Comme E.* [Enjolras] *achevait de parler, des faces vagues apparurent au fond de la pénombre. On entendit comme un bruit de pieds nus dans la boue. Les jeunes gens se retournèrent. Un nouvel auditoire faisait son entrée. Auditoire inattendu. Dans la partie la plus ténébreuse de la carrière, des yeux brillaient, quelques-uns ronds et phosphorescents ; des têtes étranges se mouvaient dans la lividité terreuse du souterrain ; plusieurs bâillaient comme si elles venaient de sortir du sommeil. Un demi-cercle de masques farouches s'ébaucha confusément dans la brume. Ces faces regardaient et approchaient. Cela était probablement des hommes.*

» *— Qui êtes-vous ?* demanda Enjolras.

» *Une voix dans laquelle un agent de police eût reconnu l'accent assez correct de Babet répondit :*

» *— Nous sommes des protestants comme vous.*

» *— Autrement que nous,* dit Combeferre.

» *— Nous sommes vos amis et vos frères.*

» *— Nos frères, oui ; nos amis, non,* dit Enjolras.

Il y eut un silence.

Enjolras reprit :

» *— Je vois qui vous êtes.*

» *— Nous sommes des voleurs,* cria une autre voix, celle de Gueulemer.

» *— Vous êtes la maladie sociale,* répliqua Enjolras. *Nous voulons vous guérir. Nous vous avons vus. C'est bien. Allez-vous-en.*

La voix qui avait parlé la première interpella de nouveau Enjolras.

» *— Citoyen, nous étions là. Nous vous avons entendu. Ce que vous avez dit est bien. Nous sommes, comme vous, les ennemis de ce qui existe. S'il y a quelque chose, si l'on remue les pavés, comptez sur nous.*

» *Enjolras répondit :*

» *— Vous êtes des victimes. Vous êtes les produits douloureux de la misère. Pas de misère, pas de vol ; pas d'abrutissement, pas de crime. Nous voulons une société nouvelle où il n'y aura plus d'hommes comme vous. Nous voulons que ces hommes comme vous soient pansés comme des blessés et non tués comme des ennemis. Nous voulons une patrie si heureuse que vous redeveniez honnêtes. Nous voulons vous sauver. Nous nous sentons émus jusqu'au fond des entrailles par votre malheur. Nous vous plaignons, nous pleurons sur vous, nous travaillons pour vous.*

» *— Bravo !* cria le groupe sombre.

» *— Merci,* dit celui qui semblait le chef.

» *— Maintenant,* reprit Enjolras, *j'ai une chose à vous dire. Si l'un de vous vient dans ma barricade, je le fais fusiller.*

» *On se sépara. Les jeunes gens remontèrent au jour et ces hommes rentrèrent dans la nuit.* »

2. Cette phrase manque, et, dans la phrase suivante, il manque les mots « à deux coups ».
3. Il manque aussi de ce mot « et » au mot « carabine. »
4. VAR. « Courfeyrac *brandissait*... »
5. Cette phrase manque.
6. Ces quatre mots manquent aussi.
7. Il manque encore du mot « Derrière » aux mots « comprenait le latin » (quinze alinéas).
8. Prépare la guerre.
9. VAR. « *Un groupe* tumultueux les *suivait,* étudiants, ouvriers... »
10. Les mots « comme Combeferre » manquent.
11. VAR. « Un vieillard, *pensif et pâle,* qui... »
12. Cette phrase manque.

P. 1128.   *CHAPITRE V*

1. VAR. « *Voici* ce qui... »
2. Il manque des mots « à deux » aux mots « les balles ».
3. VAR. « ... du *grabuge.* »
4. VAR. Au lieu de « C'est bon » il y a, dans *les Misères :* « Je vous suis. »
5. VAR. « ... qui dort. *On lui parlait, il ne répondait pas...* »
6. Il manque de ce mot « Quel » au mot « Verrerie ».
7. Il manque cette petite phrase et la chanson de Gavroche. — Dans les appendices de l'édition nationale (III, 377) il est dit que la chanson de Gavroche n'avait d'abord qu'un couplet, qui est celui-ci, d'un ton bien différent :

> *Un bon bourgeois est un veau*
> *Qui s'enrhume du cerveau,*
> *Et beugle, geint, bave et pleure*
> *Sur les rois, fiacres à l'heure,*
> *Sur sa caisse, et sur la fin*
> *Du monde où l'on avait faim.*

Il y a, dans *Toute la lyre,* deux autres *Chansons de Gavroche* dont l'une est peut-être celle que Victor Hugo lui eût fait d'abord chanter. En voici le texte :

> *Monsieur Prudhomme est un veau*
> *Qui s'enrhume du cerveau*
> *Au moindre vent frais qui souffle.*
> *Prudhomme c'est la pantoufle*
> *Qu'un roi met sous ses talons*
> *Pour marcher à reculons.*
>
> *Je fais la chansonnette,*
> *Faites le rigodon.*
> *Ramponneau, Ramponnette, don !*
> *Ramponneau, Ramponnette.*

> *Ce Prudhomme est un grimaud*
> *Qui prend sa pendule au mot*
> *Chaque fois qu'elle retarde.*
> *Il contresigne en bâtarde*
> *Coups d'état, décrets, traités*
> *Et toutes les lâchetés.*
>
> *Il enseigne à ses marmots*
> *Comment on rit de nos maux,*
> *Pour lui, le peuple et la France,*
> *La liberté, l'espérance,*
> *L'homme et Dieu sont au dessous*
> *D'une pièce de cent sous.*
>
> *Le Prudhomme a des regrets :*
> *Il pleure sur le progrès,*
> *Sur ses loyers qu'on effleure,*
> *Sur les rois, fiacres à l'heure,*
> *Sur sa caisse et sur la fin*
> *Du monde où l'on avait faim.*

Après chaque couplet, le refrain : « *Je fais la chansonnette...* »

P. 1130. *CHAPITRE VI*

1. Autre titre projeté : *Survenue d'un grand gris et d'un petit pâle.*
2. La rue des Billettes allait de la rue de la Verrerie à la rue Sainte-Croix de la Bretonnerie. Elle a disparu dans le tracé de la rue des Archives.
3. Il manque de ce mot « et » au mot « chien ».
4. Il manque aussi du mot « Portière » aux mots « qu'est-ce ? » (quatre alinéas).
5. Il manque encore de « marqué » à « rousseur ».
6. VAR. « ... *habillée* en... »
7. VAR. « ... *te fait ?* »
» — Dites toujours. Avez-vous peur ? reprit le jeune drôle *étrangement*.
» — Je vais aux barricades. »

LIVRE DOUZIÈME. — CORINTHE

P. 1132. *CHAPITRE PREMIER*

1. Aux quatre premiers chapitres de ce livre, correspond dans *les Misères* le seul chapitre premier de leur dixième livre. Ce chapitre est intitulé *Corinthe*.
2. VAR. « ... cabaret *fameux*... »
3. Le mot « fameuse » manque.
4. Cette phrase manque.
5. Il manque « près de la pointe Saint-Eustache. »

6. VAR. « ... rue Mondétour, *si bien nommée, allant de la rue du Cygne à la rue des Prêcheurs* coupait... » La rue des Prêcheurs subsiste entre la rue de la Cossonnerie et la rue Rambuteau dans laquelle a disparu la rue de la Chanvrerie. La rue Mondétour va aujourd'hui de la rue Rambuteau à la rue Turbigo.

7. Il manque le mot « entre » et les mots « d'une part » et, peu après, les mots « d'autre part ».

8. Les mots « de grandeurs diverses » manquent.

9. VAR. « ... à peine, par des fentes étroites, ainsi que *des blocs de pierre dans la carrière.* »

10. Il manque de « sur » à « mouillé ».

11. VAR. « ... des boutiques *un peu plus éclairées que* des caves... »

12. Cette rue Pirouette était très courte. Elle avait trente-deux mètres seulement de longueur.

13. Il manque du mot « laquelle » aux mots « espèce de cul-de-sac ».

14. VAR. « ... un cabaret *illustré par* Mathurin Régnier... » Il y a donc ici, dans *les Misères*, une lacune de quelques lignes.

15. Vers non recueillis dans l'édition des « Œuvres complètes » de Théophile publiée par M. Alleaume, dans la Bibliothèque elzévirienne, non cités par Frédéric Lachèvre dans sa *Bibliographie des recueils collectifs de poésie*, ni par Théophile Gautier dans *les Grotesques*.

16. Charles-Joseph Natoire (1700-1777). Le peintre Natoire, que Victor Hugo représente se grisant au cabaret, est représenté aussi comme étant d'un grand rigorisme religieux. Il fut directeur de l'Académie de France à Rome de 1756 à 1775 et un directeur sévère.

17. Il manque des mots « le vin » aux mots « plein jour ».

18. La suite de cet alinéa manque.

19. Rappel du *Carpe diem* d'Horace (*Odes* I, XI, 8). Cueille le jour présent, c'est-à-dire profites-en, jouis-en.

20. Il manque de « et » à « est ».

21. Il manque tout cet alinéa.

22. VAR. « *Peu après 1830...* »

23. VAR. Cet alinéa manque. Dans *les Misères*, après « disait Bossuet » le texte est : « *Le matin du 5 juin, tandis que Courfeyrac, Combeferre et Enjolras allaient au convoi de Lamarque, Bossuet, Grangé et Joly dit Jolly étaient allés à Corinthe, préférant leur déjeuner à un corbillard, et se disant que, dans tous les cas, s'il y avait « quelque chose » cela refluerait toujours de ce côté. Grangé et Joly avaient été déterminés par cette réflexion de Bossuet : « On peut manquer l'enterrement sans manquer l'émeute. » Joly avait ajouté : « D'ailleurs, il pleut. C'est un choix à faire entre le vin et l'eau. »*

« *Ils s'étaient installés dans* la salle du premier, longue pièce... » Le texte des *Misères* rejoint ici celui des *Misérables*.

24. Cette phrase manque.

25. Il manque de « éclairée » à « allumé ».

26. Var. « ... *que ces quatre hideux vers charbonnés par Bossuet, et au-dessus desquels il avait écrit :* Portrait de Madame Hucheloup.

27. Var. Elle *empeste* à dix pas, elle *empoisonne* à deux.

28. Cette phrase manque.

29. Var. « ... *et venait devant ce portrait avec...* »

30. Var. « *Une grosse servante rousse, appelée Laure et encore plus effroyable,* l'aide comme un *monstre mythologique,* l'aidait à poser... »

31. Il manque de ce mot « Matelote » aux mots « au-dessus du comptoir ».

32. Après ces vers il y avait un passage, biffé ensuite, que l'on trouve dans la version des *Misères* et qui est cité avec quelques variantes dans les appendices de l'édition nationale (III, 377-378). Voici ce texte, avec les autres variantes entre crochets. « *Ils étaient entrés* [Joly et Grantaire entrés] *à Corinthe pour déjeuner* [et] *n'en étaient plus sortis. Il y étaient seuls depuis le matin, les autres habitués du cabaret étaient* [les autres étant] *allés « voir les événements. » La table où ils s'accoudaient était couverte de bouteilles vides. Deux chandelles y brûlaient, l'une dans un bougeoir de cuivre,* [parfaitement vert,] *l'autre dans le goulot d'une carafe fêlée. Nous devons à la vérité de dire que vers deux heures après-midi, Joly et Grantaire étaient prodigieusement gais. Ils trinquaient, et Grantaire à cheval sur un tabouret, sa cravate défaite, les deux bras étendus, le verre à la main, jetait à la grosse servante Laure ces paroles solennelles :*

« — *Qu'on ouvre les portes du palais ! Que tout le monde soit de l'Académie française, et ait le droit d'embrasser madame Hucheloup ! Buvons !*

« *Et Joly s'écriait :*

« — *Laure, ne donnez plus de vin à Grangé ! il mange des argents fous. Il a dévoré depuis ce matin en folles prodigalités un franc quatre-vingt-quinze centimes.*

« *Et Grangé reprenait :*

» — *Qui donc a décroché les étoiles sans ma permission pour les apporter sur la table en guise de chandelles ?* »

Dans l'édition nationale cette fin est plus brève : « *Et Joly s'écriait. — Qui donc a décroché les étoiles sans ma permission ?* »

Il manque ensuite aux *Misères* la plus grande partie du chapitre II. Les deux textes se rejoignent à la phrase : « Bossuet fort ivre avait conservé son calme » qui, dans *les Misères,* est simplement : « Bossuet avait conservé son calme. » Il ne reste plus ensuite que neuf courts alinéas du chapitre II.

P. 1137.   *CHAPITRE II*

1. Cf. Dom Jacques Du Breul : *Le Théâtre des antiquitez de la ville de Paris.* Plusieurs éditions dans les premières années du xviie siècle. A signaler celle qui est « *augmentée d'un supplément contenant le nombre des monastères, églises...* par D.H.L. avocat en parlement (Paris, Société des Imprimeurs, 1639; in-4°) et celle qui a été augmentée par Claude Mignard (Paris, Rocolet, 1640;

in-fol.) — Louis SAUVAL : *Histoire des antiquités de la ville de Paris*, (Paris, Motte, 1724 ; 3 vol. in-fol.) Abbé Jean LEBEUF : *Histoire du diocèse de Paris* (Paris, Préault frères, 1754-1758 ; 15 vol. in-8°).

2. Il faut entendre : la Bibliothèque nationale.

3. Cluse, c'est Clusium, en Étrurie. Sur cet épisode de l'histoire romaine, cf. *Tite-Live*, livre V, XLVIII, et particulièrement le paragraphe neuvième, le dernier du chapitre XLVIII, sur les circonstances dans lesquelles fut prononcé ce célèbre *Vae victis*.

4. Malheur aux vaincus !

5. Apollon est timbré. Grantaire crée du latin.

6. VAR. « Il s'était assis sur la fenêtre, *le dos vers la rue* et contemplait... »

7. VAR. « ... Chanvrerie, *Courfeyrac qui passait l'épée* à la main, Gavroche avec son pistolet, Combeferre avec son fusil, Bahorel avec *son fusil*, et tout... »

8. VAR. « ... longue que d'une *centaine de pas*. »

9. Les mots « l'appel » manquent.

10. VAR. « Aigle *de Meaux*... »

P. 1146. CHAPITRE III

1. VAR. « ... indiquée, le fond *de la rue* en cul-de-sac. »
2. VAR. « ... *de Napoléon*... »
3. Cette phrase manque.
4. VAR. Cette phrase manque aussi. Après « sur les toits » le « texte des *Misères* est : « *La rue n'était plus entourée de maisons, mais de murailles.* »
5. VAR. Après les mots « au devant de Courfeyrac » le texte des *Misères* est :

« — *Tiens ! dit Laigle de Meaux, tu vas t'enrhumer. Pas de parapluie !*
» *Courfeyrac haussa les épaules. L'école romantique, dont il était, a toujours haï et méprisé les parapluies.*
» — *Un parapluie ! fit-il, jamais ! plutôt la mort !*
» — *Tu as tort, dit Bossuet, c'est élégant. Tu ne connais donc pas le grand chic anglais, un immense riflard ?* »

Ce passage est reproduit dans les appendices de l'édition nationale, (III, 378) avec une variante : « tombe » au lieu de « mort ». Puis, dans *les Misères* : « Cependant, en quelques minutes... »

6. VAR. « ... et *Courfyrac* avaient saisi et renversé... »
7. VAR. « ... allées *contre-buter* les barriques... »
8. Il manque du mot « Feuilly » aux mots « on ne sait où... »
9. Cet alinéa manque. — On peut citer ici le texte suivant, trouvé dans les notes de Victor Hugo et vraisemblablement destiné d'abord à ce chapitre.

COURFEYRAC, entrant dans le cabaret : — Qu'y a-t-il donc là, par terre ?

JOLY. — Des plâtras.

COURFEYRAC. — D'où ?

JOLY, montrant le plafond crevassé. — Du plafond.

GRANTAIRE. — Eh bien, c'est la maison qui s'écroule. Est-ce que tu tiens *à ce que la maison ne te tombe pas sur la tête ?* » (E.I.N. IV, 310.)

10. VAR. « Mame Hucheloup *et sa servante, effarées, s'étaient réfugiées...* »

11. Cet alinéa manque.

12. VAR. « ... *disait mame Hucheloup.* »

13. Ces deux alinéas manquent.

14. VAR. Cette première partie de la phrase manque aussi. La suite est : « *Grangé, à la fenêtre,* avait *saisi Laure* par la taille et poussait de longs... »

15. VAR. « *Laure...* » Et de même dans la suite.

16. Il manque de « Matelote » à « rêve ».

17. VAR. Il manque de « Voici » à « citoyens ». Dans *les Misères*, il y a : « *Laure* est une chimère, *mais* elle a les cheveux... »

18. VAR. « *Mes amis...* »

19. Cette phrase manque.

20. VAR. « *Citoyens !...* »

21. VAR. « *Grangé...* »

22. VAR. « ...*embrasse*-moi... »; et les autres verbes au singulier.

23. VAR. Tais-toi, *Grangé...* »

24. Cette phrase manque.

25. VAR. « ... du barrage, leva son beau visage *sévère.* »

26. Les deux dernières phrases manquent.

27. Cette phrase manque aussi.

28. VAR. « Cette parole *austère* produisit sur Grangé... »

29. Cette phrase manque.

30. VAR. « ... s'accouda sur une table et dit *à* Enjolras. »

31. Il manque cette réplique et la suivante.

32. VAR. « Mais *Grangé lui* répondit. »

33. Il manque de « Enjolras » à « mots inintelligibles » (dernier alinéa).

34. VAR. Après « que j'y meure » : « *Il laissa tomber* sa tête sur la table et un instant après... »

P. 1149.   *CHAPITRE IV*

1. Il manque tout ce commencement du chapitre.

2. Cette phrase manque.

3. Il manque les mots « nomm Pépin. » Sur Pépin voir la note 3 (ch. 1), p. 1734.

4. « Combeferre » manque, et peu après le mot « Maintenant ».

5. VAR. « *Celle-ci...* »

6. VAR. « ... ils avaient *pillé* une boutique d'armurier. »

7. VAR. « Un autre *avait...* »

8. Il manque « l'autre éveillée »; on se souvient que dans *les Misères* il n'y a qu'une servante, Laure.

9. Il manque de « à l'instant » à « Billettes ».

10. Il manque aussi de ce mot « Gavroche » aux mots : « l'un à l'autre, réclamant » (sept alinéas).

11. VAR. « ... *dit le gamin...* »

12. Il manque de « Gamin! » à la fin du chapitre. Dans les appendices de l'édition nationale (II, 610) il est cité ce passage tiré du *Cahier complémentaire* de *l'Histoire d'un crime*, et qui « mentionne une histoire analogue » à celle du fusillé Gavroche :

« Un jeune homme de 17 ans, intrépide (enfant haut comme une chaise), qui avait une calotte rouge. (Mourons! si vous êtes tous comme moi, qu'ils nous trouvent tous là.) Quand la barricade fut escaladée, reçut plus de 150 coups de fusil, cria, courut, tomba, se releva, et mourut. — On lui avait dit vingt fois : donne ton fusil à un homme.

« Il répondait : Eh! un homme qui connaîtra le danger en aura plus peur que moi. »

P. 1153. *CHAPITRE V*

1. VAR. « ... entre *une des extrémités* de la barricade *et* le mur, de façon... »
2. Il manque de « et » à « cordes ».
3. Jean-Charles, chevalier de Folard (1669-1752). Il fut militaire et composa plusieurs ouvrages sur la stratégie guerrière et notamment un *Traité de la défense des places*.
4. VAR. « Les *rares* bourgeois qui... »
5. VAR. « ... arboré, Courfeyrac *fit faire silence* et monta sur *une* table. »
6. VAR. « ... de cartouches *et contenait, en outre, un petit baril de poudre.* »
7. Cette phrase manque.
8. VAR. « ... *Qu'on entendait dans* tout Paris... »
9. VAR. « ... qu'un *bourdonnement*... »
10. VAR. « ... qui *tombait*... »
11. VAR. « ... de terrifiant *et de formidable*... »

P. 1155. *CHAPITRE VI*

1. Les chapitres VI, VII et VIII correspondent au chapitre III des *Misères*. Ce chapitre y est intitulé : *l'Attente*.
2. VAR. Cet alinéa est plus court dans *les Misères* « ... charpie, tandis que les vedettes veillaient l'arme au bras. Courfeyrac, Bossuet, Joly et Combeferre se cherchèrent et se réunirent... »
3. VAR. « ... la *barricade*... »
4. VAR. « ... leurs *fusils appuyés* au dossier... »
5. Cette pièce de vers est au singulier dans *les Misères* :
    « *Te* rappelles-*tu quelle* douce vie... »
6. Cette strophe et les trois suivantes manquent dans *les Misères*.
7. VAR. « *Quand je te menais*, pressant ton bras souple...
    Maint passant croyait, surpris et charmé,
    Voir se marier, vif et riant couple,
    Le doux mois d'avril au clair *mois de mai.*

Dans *les Misères* cette strophe est placée après celle que, dans *les Misérables*, elle précède et qui présente des variantes :

> Nous vivions cachés, *toi, coquette, rose,*
> *Folle, tendre, et moi d'*amour éperdu...

8. Ce quatrain et les deux suivants manquent.
9. VAR. Mirant ton *beau* front... »
10. Ce quatrain manque.
11. VAR. « *Oh ! le premier jour* qu'en mon joyeux bouge... »
Dans l'édition nationale (III, 379), il y a :
> « *Oh ! le premier jour qu'en mon charmant* bouge... »

12. VAR. « *Tu revins chez toi pensive et très* rouge
> *Moi, j'étais* tout pâle et j'adorais Dieu. »

13. VAR. « L'heure, le lieu, quelques étoiles qui commençaient à briller au ciel, *la paix* funèbre de ces rues désertes, l'imminence de l'aventure *inévitable et terrible* qui se préparait, donnaient un charme *lugubre* à ces vers, dits à demi-voix dans *les ténèbres* par *Combeferre* qui était *un peu* poète. »

La suite du chapitre manque dans *les Misères*.

P. 1158. *CHAPITRE VII*

1. La suite de cet alinéa manque aussi.
2. VAR. « ... qui *faisait* des cartouches... »
3. La suite de l'alinéa manque.
4. VAR. « ... *hochait la tête* comme un oiseau, faisait de sa lèvre inférieure *un* promontoire. »
5. VAR. « ... l'air *capable et mystérieux* d'un amateur... »
6. Il manque de « va » à « rues ».
7. VAR. « ... il fut *saisi*... »
8. VAR. « ...de *l'autre côté*... »
9. VAR. Le commencement de la phrase, jusqu'au nom de Javert, manque. Ensuite il y a : « On lui *lia*... » etc.
10. Il manque de « Gavroche » à « jeté ce cri » (trois alinéas).
11. VAR. « Javert, *lié*, levait la tête avec la sérénité *sauvage* de... »
12. Incident analogue recueilli par Victor Hugo dans le *Cahier complémentaire* de *l'Histoire d'un crime* et rapporté dans les appendices de l'édition nationale (II, 610).

« 4 décembre.
» On avertit Benoît qu'on veut fusiller quelqu'un, disant : *c'est un mouchard.*
» Les gens des fenêtres disaient les uns oui, les autres non. — Benoît le fouille, ne trouve rien sur lui, le fait lier à la barricade au coin des rues Saint-Denis et Rambuteau, et dit : Ajournons l'exécution...
» L'homme qu'on voulait fusiller, 38 ans, barbe blonde, pardessus blanc, haute taille, décoré, disait être un ancien capitaine démissionnaire de la 4ᵉ légion de la garde de Paris. On finit par trouver sa carte d'agent de police dans le fond de sa culotte. Un enfant indigné lui tire un coup de pistolet qui rate. »

13. Cet alinéa manque.

14. VAR. « ... militaire, et *partit comme un trait.* » Puis vient cette phrase : « *Quelques minutes n'étaient pas écoulées, qu'une chose glaçante se passait.* La peinture tragique que nous avons entreprise ne serait pas complète, *et le lecteur ne saurait pas au juste ce que c'est qu'une émeute et ce que c'est qu'une barricade* si nous omettions *ceci*.

« *Quelques hommes ivres, en haillons, qui étaient déjà gris lorsqu'ils avaient rejoint la barricade s'étaient attablés à boire* à une table qu'ils avaient tirée en dehors du cabaret. *L'un d'eux, le plus ivre, considérai depuis longtemps...* » Ceci amène vers la fin du deuxième alinéa du chapitre VIII.

P. 1161.   *CHAPITRE VIII*

1. VAR. « *L'ivrogne* court à la porte qui avait un marteau *de fer* et frappe. » La suite manque jusqu'aux mots « crie Le Cabuc ».
2. VAR. « ... d'allée, basse, étroite, solide, *garnie* à l'intérieur. »
3. VAR. « ... les *locataires*... »
4. VAR. « *L'homme*... » De même dans la suite.
5. VAR. « ... en bas *dans l'ombre*... »
6. VAR. « *Tout à coup* il sentit une main qui *s'abaissait*... »
7. VAR. « Il avait *saisi*... »
8. Il manque de « au » à « monde ».
9. Les mots « ou pense » manquent.
10. VAR. « ... il *saisit* par les cheveux *le meurtrier* qui... »
11. VAR. « ... intrépides, *qui avaient si tranquillement fait le sacrifice de leur vie*, détournèrent la tête. »
12. VAR. « ...l'explosion, *tous tressaillirent*, l'assassin... »
13. VAR. « ... regard *candide* et sévère. »
14. La fin de ce chapitre, depuis ce mot : « Enjolras », manque dans *les Misères*.

LIVRE TREIZIÈME. — MARIUS ENTRE DANS L'OMBRE

P. 1166.   *CHAPITRE PREMIER*

1. VAR. Cette phrase manque. La suite est dans *les Misères* : « Il se *leva*, sortit... » etc.
2. Cet alinéa manque.
3. VAR. « ... s'était *enfoncé* dans les rues. »
4. On a déjà rappelé (note 3 (ch. v), p. 1535) que c'est la place de la Concorde.
5. Le passage Delorme allait de la rue de Rivoli à la rue Saint-Honoré à l'endroit où commence la rue de l'Echelle. Dans *les Misères* le texte est : « Marius entra dans la rue Saint-Honoré. »
6. « ... les passants *allaient et venaient, les lanternes* étaient *allumées* ; à partir du premier étage, toutes les *fenêtres* étaient... »
7. VAR. « ... des pierres *placées* au milieu... »
8. VAR. « .. rue *de Rivoli*... »

9. Les mots « résistant, massif », manquent.
10. Var. « ... entassés, *debout et mornes,* qui... »
11. Les mots « solitaires et » manquent.
12. La rue de Béthisy, allait de la rue des Bourdonnais à la rue de la Monnaie. Elle a disparu dans les transformations causées par l'établissement de la rue du Pont-Neuf. Les autres rues mentionnées subsistent.
13. Il manque de « vers » à « ruelle ».
14. Var. « ... cette *morne* patience... »
15. Var. « ... rue *des Piliers.* »
La rue des Piliers-aux-Potiers d'étain qui allait de la rue Cossonnerie à la rue Rambuteau a disparu lors de l'élargissement de cette rue. La rue du Contrat-Social allait de la rue de la Tonnellerie à la rue des Prouvaires. Elle a été absorbée par la rue Berger.
16. Var. « ... coiffeur. On a *vu encore longtemps* ce plat à barbe troué rue *des Piliers.* »
17. Cette phrase manque.

P. 1169.   *CHAPITRE II*

1. Il manque de « qui » à « la ville ».
2. Var. « ... comme *un gouffre de ténèbres,* énorme trou *noir...* »
3. Cette phrase manque.
4. Var. « ... cessait *toute clarté...* »
5. Il manque de « multiplier » à « contient ».
6. Ces cinq mots manquent.
7. Var. « ... *recevait...* »
8. Var. « ... le deuil, *le silence* dans les maisons, dans les rues *la solitude* et une sorte... »
9. Var. « ... n'y *entrevoyait...* »
10. Il manque les mots « cet amas d'ombre... »
11. Var. « ...des ruines; *des paroles entrecoupées, des éclats de voix, des rires mêmes ;* c'est là qu'étaient... »
12. Var. « ... ce *dédale...* »
13. Var. « ... brillaient, *on eût pu distinguer l'éclat* métallique... »
14. Var. « Le quartier investi *ne remuait point* et chacune des rues... »
15. Var. « Ombre *hideuse et* farouche... »
16. Var. « ... *embusqués* à... »
17. Le commencement de phrase manque.
18. Var. « ... *plus* menaçant *qu'un rugissement...* »

P. 1171.   *CHAPITRE III*

1. Var. « Une *lueur avait fini par lui apparaître au-dessus de* la haute toiture.... »
2. Le marché aux Poirées se tenait aux Halles, bien qu'il y eut dans les environs de la Sorbonne une rue des Poirées et une rue Neuve-des-Poirées disparues aujourd'hui.
3. Var. « ... ne l'aperçut pas. Il arriva, *marchant, marchant* sur la pointe du pied, *à l'angle* de ce court... »

4. VAR. « ... par *Courfeyrac* et Enjolras... »

5. VAR. La fin de la phrase manque; dans *les Misères* cette conjonction « et » lie cette phrase à la suivante : « ...la tête et un peu au delà... »

6. Il manque de « un » à « derrière ».

7. VAR. « Les maisons de *la rue Mondétour* lui cachaient... »

8. Il manque de ce mot « qui » au mot « commandement. »

9. Les mots « verser son sang » manquent.

10. VAR. « ... si *amèrement*... »

11. VAR. «... les fusillades *de carrefours,* les coups donnés et reçus *dans l'ombre ;* c'est que, venant *d'Austerlitz,* elle ne... »

12. VAR. « Que faire? *Nul moyen de reculer.* Il ne le pouvait. »

13. Il manque des mots « Et puis » aux mots « à présent? » (deux phrases).

14. Il manque des mots « qui avaient » aux mots « une armée! »

15. Après cette exclamation il y avait « une note rayée et très significative » où Victor Hugo avait écrit « note pour moi » et dont le texte, publié dans les appendices de l'édition nationale (III, 379) est : « Ici relever l'insurrection. La patrie se plaint, soit. Mais l'humanité vous dit : « Va! » Il ne s'agit plus d'un territoire sacré, mais d'une idée sainte. La France saigne, mais la liberté sourit. »

16. Il y a ici une longue lacune, de « Tout à coup » à « c'était là la situation d'esprit de Marius. » (quatre alinéas).

17. Léonidas Ier, roi de Sparte, de 490 à 480, le glorieux des Thermopyles, lutta contre les Perses. — Timoléon (IVe siècle av. J.-C.) chassa les Carthaginois de Syracuse. — Brutus, c'est l'un des meurtriers de César. — Arnould de Blanckenhiem.
— Marcel, c'est Etienne Marcel, hostile au dauphin Charles, le futur Charles V. — L'amiral de Coligny, l'un des chefs des protestants, et l'une des victimes de la Saint-Barthélemy. — Ambiorix, l'un des chefs des Gaulois soulevés contre la domination romaine. — Jacques ou Jacquemart d'Artevelde, échevin de Gand, fomenta et dirigea la révolte des Flamands contre la France. Il mourut en 1345. — Philippe de Marnix, seigneur de Sainte-Aldegonde (1538-1598) l'un des fauteurs de l'insurrection des Pays-Bas contre l'Espagne. — Pélage, roi des Asturies de 719 à 737, défendit vaillamment son pays, contre l'invasion arabe.

18. VAR. « mais résolu, *triste d'avoir été amené, pas à pas, à cette extrémité,* mais hésitant à *son insu,* son regard... »

19. La suite de ce chapitre manque.

LIVRE QUATORZIÈME. — LES GRANDEURS DU DÉSESPOIR

P. 1178. *CHAPITRE PREMIER*

1. Autre titre projeté : *Le drapeau rouge abattu.*
— Les quatre premiers chapitres de ce quatorzième livre corres-

pondent au premier chapitre du livre huitième des *Misères*. Ce chapitre est, comme le quatorzième livre des *Misérables,* intitulé : *les Grandeurs du désespoir.*

2. Var. « Dix heures *venaient* de sonner. *Chacun avait pris son poste de combat.* Enjolras et *Courfeyrac* étaient allés s'asseoir, *le fusil* à la main... »

3. Les mots « de marche » manquent.

4. Var. « ... le plus lointain.

« *On eût dit que la paix glaciale du sépulcre était sortie de terre et s'était répandue dans le ciel.*

« Subitement... »

5. Var. « ... *jeune, joyeuse*... »

6. Var. « ... *armant* les fusils. »

7. Var. « ... étaient *éclairés par le* reflet de la lumière qui *empourprait* le drapeau, *apparaissait comme* un grand porche.

8. Var. « ... Courfeyrac *et leurs amis*... »

9. Var. « ... des *créneaux*... »

10. Il manque « commandés par Feuilly. »

11. Var. « ... la statue du Commandeur *en marche*, mais *la statue du Commandeur marchant avec le pas d'une légion.* »

12. Var. « ... on *croyait distinguer*... »

13. Var. « ... ces *vagues* réseaux... »

14. Var. « ... les *premières ténèbres*... »

15. Var « ... les baïonnettes confusément *éclairées*... »

16. Cette phrase manque.

17. La suite de cette phrase manque aussi.

18. Var. « ... sur les *frontons* des maisons, *avaient pénétré* dans la barricade et *blessé*... »

19. Var. « ... fut *lugubre*. » La phrase suivante manque.

20. Var. « ... ne *bougea*. »

P. 1181.   CHAPITRE II

1. Autre titre projeté : *Le drapeau rouge relevé.*

2. Var. « ... barricade, *personne* n'avait plus fait... »

3. Var. « Là, *il n'avait plus fait un mouvement et* s'était.. »

4. Cette phrase manque.

5. Var. « ... un *gouffre*. »

6. Cette phrase manque.

7. Il manque de ce mot « la » aux mots « il s'était levé ».

8. Var. « ... seuil du cabaret.

» — *Moi, dit-il.*

» *Les groupes s'écartèrent et plusieurs dirent :*

» — *C'est le votant...* »

9. Cette phrase manque.

10. Var. « ... *on s'écarta* devant lui avec une *sorte de* crainte religieuse, il arracha le drapeau à Enjolras *étonné* qui reculait, et alors... »

11. Cette phrase manque.

12. VAR. « ... effrayant ; *sa tête blanche, son front ridé,* ses yeux caves... »
13. VAR. « ... autour des *apparitions.* »
14. VAR. « ... les *yeux illuminés* des lugubres *lueurs...* »
15. Cette réplique manque.
16. Il manque les mots « à la renverse ».
17. VAR. « ... regarder le ciel.
» *C'était un sombre début. Les insurgés se sentirent glacés.*
» *Une de ces émotions...* »
18. VAR. « ... les *saisit...* »
19. Il manque de ce mot « Puis » aux mots, « Toi ! tout à l'heure », qui forme le quatrième alinéa du chapitre III.

P. 1183. *CHAPITRE III*

1. VAR. « *Cependant, tandis que les insurgés, émus, portaient dans la salle basse le corps du père Mabeuf sur lequel ils avaient jeté un grand châle noir de la veuve* Hucheloup, le petit Gavroche... »
2. VAR. « ... Enjolras, Combeferre, Bossuet, tous... »
3. VAR. « ... déjà plus temps. »
4. VAR. « ... barricade. *Au même moment,* des gardes de haute taille, *le fusil à la main,* pénétraient... »
5. VAR. « ... *effroyable* minute... »
6. VAR. « ... le fleuve *apparaît* au niveau... »
7. VAR. « Joly » ; de même, peu après.
8. VAR. « ... espèce de *géant...* »
9. VAR. « ...Courfeyrac, *et l'autre s'enfuit.* »

P. 1184. *CHAPITRE IV*

1. Ces deux premières phrases manquent.
2. VAR. « ... Aux coups de feu, les assaillants avaient *escaladé le barrage, et la barricade s'était couverte* de gardes *nationaux de la banlieue et de gardes municipaux couchant en joue les insurgés. Une nouvelle décharge foudroya la barricade, celle-ci de haut en bas, à bout portant, sur la foule des insurgés.*
» *Tout ceci se passait dans l'espèce de cour formée par la barricade ; en un clin d'œil cette cour s'était vidée. Les insurgés avaient déchargé leurs armes en désordre et s'étaient repliés dans l'enfoncement où se dressait la petite barricade. Les troupes hésitaient à sauter dans l'enceinte, craignant quelque piège.*
» *Le pavé était jonché de morts et de blessés.*
» *Il n'y avait plus dans l'enceinte, à découvert sous les balles, que Marius, Courfeyrac et Gavroche.* Marius n'avait plus d'armes, mais *il voyait les assaillants indécis et* il avait aperçu le baril de poudre dans *le cabaret.*
3. Cet alinéa manque.
4. VAR. Assez longue lacune ici. Le texte des *Misères* est : « Il entre dans la salle basse, *en ressort avec le baril de poudre, court à la barricade chargée de soldats.* » Ainsi le texte des *Misères* rejoint

celui des *Misérables* après une lacune d'à peu près neuf alinéas.
— Dans *les Misères* la suite est : « *On tire sur lui. On le* manque.
Il va à *la cage des* pavés où *brûlait* la torche, en *arrache la torche
et y met* le baril de poudre, *fait crouler sur le baril des pavés,* penche
la flamme de la torche vers ce monceau redoutable et *crie d'une
voix tonnante :*

« Allez-vous-en ou je fais sauter la barricade ! »

5. Cette phrase manque.

6. VAR. Les trois premiers mots manquant : la suite est : « *Et toi
aussi !* dit un sergent. »

7. Cette phrase manque.

8. VAR. Après : « Et moi aussi ! *répond* Marius », la version des
Misères porte : « *Les vieux soldats pâlirent, les vieux voltigeurs de la
banlieue, effarés, redescendirent précipitamment et regagnèrent l'extrémité
de la rue, la garde municipale recula et les suivit.* Ce fut un sauve-qui-peut. »

P. 1187.   CHAPITRE V

1. Les chapitres V, VI et VII correspondent au chapitre II
des *Misères* intitulé, comme le chapitre VI des *Misérables : L'Agonie
de la mort après l'agonie de la vie.*

2. VAR. « *Te voilà !* dit Courfeyrac. »

3. VAR. « ... j'étais *flambé !* »

4. Cette phrase manque.

5. VAR. « ... qui *assistait* à la révolte... »

6. VAR. « ... entendait *aller et venir* au bout... »

7. VAR. « ... *n'y entraient* pas... »

8. Il manque de « quelques-uns » à « médecine ».

9. VAR. « ... hors de la *salle basse* à l'exception de la table où gisait... »

10. VAR. « ... de *Mame* Hucheloup et *de Laure.* »

11. VAR. « ... dans la cave. — « *comme des avocats,* » dit Bossuet.
Et il ajouta : « *Des femmes, fi donc !* »

12. Il manque, à partir de là, toute la fin de ce chapitre.

P. 1189.   CHAPITRE VI

1. VAR. « ... les *coudes...* »

2. VAR. « ... il *s'entendit appeler* faiblement. »

3. VAR. « ... » Il *eut un frisson...* »

4. VAR. « ... *Je suis Palmyre.* »

5. VAR. « ... blessée ! *un brancard !* Attendez... »

6. Il manque de ces mots « En la » aux mots « sortie par le dos »
(vingtième alinéa).

7. VAR. « *C'est inutile, murmura-t-elle.* Je vais vous dire comment
vous pouvez me panser mieux *que dans la salle.* Asseyez-vous... »

8. VAR. « ... vous avais *amené* et... »

9. VAR. « ... mourir *aussi,* j'y compte bien. » La suite manque
usqu'au mot « c'est drôle. » Après vient : « Mais j'ai voulu... »

10. Il manque de « Avez-vous » à « la ramasser ».
11. Il manque de « où » à « et ».
12. Les mots « jet de » manquent aussi.
13. VAR. « ... *ce pauvre être...* »
14. VAR. « ... dans le plus *sombre* de son cœur... »
15. VAR. « ... de hoquets *profonds.* »
16. Cette phrase manque.
17. VAR « Prenez-*la.* »
18. VAR. « ...la main de Marius *et la* mit dans... »
19. VAR. « ... sombre *lueur...* »

P. 1193. *CHAPITRE VII*

1. VAR. « ... un adieu *grave...* »
2. VAR. « ... disant : « *Jetez* cette lettre tout de suite à *la poste.* »
3. VAR. « pour voir *ce qu'il dirait.* »
4. VAR. « Là, elle avait *appris l'émeute* et avait attendu... »
5. VAR. « ... y *entraîner...* »
6. La suite de cet alinéa manque.
7. VAR. « ... enfant *qui portait le nom* de Thénardier. »
8. VAR. « Il avait un portefeuille *qui ne le quittait jamais, le même* où il avait... »
9. VAR. « ... rue des *Douze-Portes...* »
10. Cette première partie de la phrase manque.
11. La suite de cette phrase manque aussi.
12. VAR. « ... j'étais *flambé.* »
13. VAR. « ... l'oreille : *Marius continua :*
« — Et demain... »
14. VAR. « L'héroïque enfant *devint triste et* répondit : »
15. VAR. « Il *n'est pas onze heures du soir.* »

LIVRE QUINZIÈME. — LA RUE DE L'HOMME-ARMÉ

P. 1197. *CHAPITRE PREMIER*

1. VAR. « ... les *commotions...* »
2. Cette phrase manque.
3. VAR. « Tous les *abîmes...* »
4. VAR. « ... révolution *sinistre...* »
5. Il manque des mots « L'ange » aux mots « l'autre ».
6. Il manque aussi de ce mot « Cosette » aux mots « le reste n'est pas mon affaire. » (trois alinéas).
7. Les mots « de la rue Plumet » manquent.
8. Il manque aussi de ce mot « que » au mot « témoins ».
9. VAR. « On *était monté en* fiacre et l'on s'en était allé. » La suite manque jusqu'aux mots « couché silencieusement. » soit deux alinéas.
10. VAR. « ... soupente *pour* Toussaint. »

11. Cette phrase manque.
12. Il manque aussi de ce mot « Son » aux mots « ne parut que le soir » (trois alinéas).
13. Ces trois mots manquent.
14. Il manque encore de « avait » à « et ».
15. Manquent les mots « rasséréné peu à peu ».
16. VAR. « *Tout en mangeant*, il avait... »
17. VAR. « ... *la voix...* »
18. VAR. « Monsieur, on se bat *rue Saint-Martin.* »
19. Cet alinéa manque.
20. Il manque du mot « de » au mot « et ».
21. Il manque encore de « Cosette suffisait » à « l'Angleterre avec Cosette et ».
22. Cette phrase manque.
23. Il manque de « Excepté » à « passant la cinquantaine » (deux phrases).
24. Il manque de « et » à « insisté ».
25. Il manque aussi de « quand » à « douter ».
26. Il manque encore de « comme » à « dire ».
27. Cette phrase manque.
28. Il manque des mots « Son instinct » aux mots « voir les étoiles de la tombe » (trois alinéas).

P. 1205.   *CHAPITRE II*

1. Le chapitre II des *Misères*, qui a ce même titre, correspond aux chapitres II et III des *Misérables*.
2. Il manque de « se » à « solide ».
3. Il manque aussi de « qui » à « n° 7 ».
4. VAR. « ... de sa porte, *dans une immobilité de spectre.* »
5. Cette phrase manque.
6. Il manque de « du » à « livide. »
7. VAR. « ... et *joyeuse.* »
8. Il manque de « Gavroche » aux mots « regarder en l'air ». (trois alinéas.)
9. Il manque des mots « Le réverbère » aux mots « ... gentiment une barricade » (quatre alinéas).
10. Cette réplique et la suivante manquent.
11. Il manque de ce mot « Puis » à la réplique « Donne » inclusivement (six alinéas).
12. Cette phrase manque aussi.
13. Ce chapitre finit là dans *les Misères*. Il y manque la fin et presque tout le chapitre suivant dont il n'y a que le dernier alinéa : « Environ une heure après... » etc.
14. La rue du Chaume est devenue la rue des Archives.

P. 1211.   *CHAPITRE IV*

1. Mathieu Orfila (1787-1853) toxicologue, fut professeur de chimie à l'école de médecine de Paris.

2. Var. « ... à *l*'émouvoir. » La suite de la phrase manque.
3. Var. « ... soleil et qui *se couchent* de bonne heure. »
4. Cet alinéa manque.
5. Cette phrase manque aussi.
6. Il manque encore des mots « Je te » aux mots « essuie mieux la bouche. » (six brefs alinéas.)
7. La rue des Enfants-Rouges, qui allait de la rue Pastourelle à la rue Porte-Foin a été absorbée par la rue des Archives.
8. Var. Cet alinéa manque. Il est remplacé dans *les Misères* par ces lignes :
« — C'est bon, dit-il. Déchirez la toile. Nous aurons besoin de charpie aujourd'hui.
» Puis il éclata de rire. »
9. Il manque des mots « Là-dessus » aux mots « la défense de la Société » qui terminent l'avant-dernier alinéa de ce chapitre.

Cinquième partie

JEAN VALJEAN

LIVRE PREMIER. — LA GUERRE ENTRE QUATRE MURS

P. 1217. *CHAPITRE PREMIER*

1. Aux six premiers chapitres des *Misérables* correspond le seul premier chapitre des *Misères*, bien plus court et intitulé comme le livre premier des *Misérables* : *la Guerre entre quatre murs*.
2. Il manque au texte des *Misères* toute la suite de ce chapitre à l'exception d'un seul et court alinéa (le dixième du chapitre) : « L'une encombrait... ne les oublieront jamais ».
3. De la tourbe des villes sort la loi du monde.
4. La rue du Faubourg-du-Temple. — L'*Almanach du Commerce* ne mentionne pas de magasin Dallemagne à cet endroit.
5. La prise de Constantine est de septembre 1837, mais l'oasis de Zaatcha ne fut prise qu'en 1849, c'est-à-dire après les faits que Victor Hugo rappelle ici.
6. Frédéric Cournet (1808-1852), officier de marine dont la carrière militaire fut entravée par l'hostilité d'un officier supérieur. Il fut mis à la retraite prématurément en juin 1847. Après la révolution de 1848 il se mêla activement de politique. Après le coup d'État du 2 décembre, il échappa aux agents, se réfugia à Londres, y rencontra le louche Barthélemy, réfugié politique

aussi, qui le provoqua en duel et qui le tua. Barthélemy se rendit par la suite coupable d'un double assassinat. Il fut pendu à Londres en 1854.

P. 1224. *CHAPITRE II*

1. Cet alinéa manque.
2. Il manque de « Enjolras » à « maison voisine ». (trois alinéas).
3. Il manque, de « Dans » à « du vieillard tué ». (trois alinéas.)
4. Cet alinéa manque aussi.
5. Il manque, à partir de là, la suite du chapitre.
6. Harmodius et Aristogiton sont mentionnés dans la note 6 de la p. 1635. Chéréas (Cassius Chœra), tribun d'une cohorte prétorienne fut l'un des meurtriers de Caligula. — Louis Sand (1795-1820), patriote exalté et fanatique, assassina en 1819 le ministre Kotzebue.
7. Abbé Fulganti. — Esprit Raux : *Les Géorgiques, traduites en vers français, le texte à côté de la version, avec des remarques sur celle de l'abbé Delille.* (Paris, 1802, in-8°). « Mauvaise traduction », dit Quérard et qui « fut l'objet, à sa publication, des plaisanteries de tous les journalistes ». — Abbé Antoine de Cournand : *Les Géorgiques, traduction en vers français,* (Paris, 1805, in-8°). — Jacques Delille : *Les Géorgiques, traduction nouvelle en vers français.* (Paris, 1770, in-16). Malfilâtre (Jacques-Claude-Louis Clinchamp de) : *Le Génie de Virgile, ouvrage posthume publié d'après les manuscrits autographes, avec des notes et des additions,* par P. A. Miget (Paris, Maradem, 1810; 4 vol. in-8°).
8. Eutrope : *Abrégé de l'histoire romaine,* VII, xx. « *Aliaque regia ac paene tyrannica faceret* » : en mainte occasion il agissait en roi et presque en tyran.

P. 1228. *CHAPITRE III*

1. La suite de la phrase manque.
2. A partir de là la suite du chapitre manque.

P. 1230. *CHAPITRE IV*

1. Il manque de « qui » à « cadavres ».
2. Il manque aussi de « Chef » à « redoublèrent ». (trois alinéas).
3. Assez longue lacune, de ce mot « Et » à la phrase... « Il ne faut pas être égoïste ». (trois alinéas).
4. Les deux premières phrases de cet alinéa manquent.
5. Il manque de « ainsi » à « dit ».
6. Var. « Enjolras *a* raison. »
7. Cette phrase manque.
8. Var. « *Voyons,* il y... »
9. Var. « Alors, ébranlés, ces hommes... »
10. La suite de cette phrase manque.
11. Cet alinéa manque, ainsi que la réplique qui suit.
12. Var. « ... flamme *qui est dans Homère* lui criait : »

13. Cet alinéa manque.
14. Cette réplique et la phrase qui suit manquent aussi.
15. Var. « ... connais, *dit Marius*. »
16. Cette phrase manque.

P. 1236.   *CHAPITRE V*

1. Tout ce chapitre manque aussi dans *les Misères*.

P. 1240.   *CHAPITRE VI*

1. Les mots « insistons-y » manquent.
2. Il manque de « notre » à « nous-même... »
3. Var. « ... *les* cartouches... »
4. Cette phrase manque.
5. Cet alinéa manque aussi.
6. Cet alinéa manque.

P. 1242.   *CHAPITRE VII*

1. Autre titre projeté : *A boulets*. — Aux chapitres VII à XIV inclus correspond le chapitre II des *Misères,* intitulé comme le chapitre VII des *Misérables : La situation s'aggrave*.
2. Cette phrase manque.
3. Cette phrase manque aussi.
4. Var. « ... cessent; plus de *va-et-vient ;* tout ce qui... »
5. Cet alinéa manque.
6. Il manque de « elle » à « détaché ».
7. Il manque de « pesant » à « tir... »
8. Il manque de « carrément » à « ruisseau ».
9. Il manque de ces mots « C'est » à « de Jésus-Christ sur Napoléon » (trois alinéas).
10. Jean-Baptiste Vauquette de Gribeauval (1715-1789) ingénieur militaire, servit dans l'artillerie et devint directeur de cette arme. Il créa les écoles d'artillerie et le corps des mineurs. Il perfectionna la construction des canons. On le surnomma le Vauban de l'artillerie.
11. Le mot « accessoire » manque.
12. La suite de cette phrase manque aussi.

P. 1246.   *CHAPITRE VIII*

1. Il manque de « il » à « raconter ».
2. Il manque de « L'envoi » à « dans ce combat » (cinq alinéas).
3. Il manque aussi le mot « Cependant ».
4. Il manque de « Gavroche prévint » à « pile indigne » (trois alinéas).
5. Cette phrase manque.
6. Cette phrase manque aussi.
7. Il manque les mots « et fixait ».
8. Il manque de « c'est » à « famille ».

P. 1250.   *CHAPITRE X*

1. Tout ce chapitre manque à la version des *Misères*.

P. 1254.   *CHAPITRE XI*

1. Il manque de « A chaque » à « mon bonhomme » (quatre alinéas).

P. 1255.   *CHAPITRE XII*

1. Autre titre projeté : *Forme que prenait le désordre dans l'ordre*.
2. Ces trois premières phrases manquent.
3. Henri Fonfrède (1788-1841) journaliste d'abord à Bordeaux où, après avoir fait à la Restauration une opposition quasi-républicaine, il devint après la révolution de Juillet un ardent défenseur de la nouvelle monarchie. Il écrivait vertement. Ses amis politiques l'attirèrent à Paris. C'était en 1836. Les journaux qu'il tâcha d'y galvaniser périclitèrent. Dès l'année suivante il s'en retournait dans sa province où il fonda et dirigea le *Courrier de Bordeaux*.
4. Le poète Paul-Aimé Garnier (1820-1846) dans sa courte existence collabora à la *Revue de Province et de Paris,* au *Corsaire-Satan,* à *l'Epoque ;* il fit une satire contre les numismates et les archéologues, et, ce qui devait particulièrement intéresser Victor Hugo, une parodie des *Burgraves ; les Barbus graves* (Paris, 1843).
5. Cet alinéa manque.
6. Il manque de « Exaspéré » à « noir ».
7. Var. « ... mûre, il essaya *de la cueillir.* »
8. Il manque de « celle-là » à « Prouvaire... »
9. D'après le *Procès-verbal de l'instruction judiciaire* de 1832, le chef d'insurgés Fannicot périt rue de la Chanvrerie.
10. Il manque de « Quatre » à « gardes nationaux ».
11. Var. « *Ces hommes...* »
12. Ce dernier alinéa manque.

P. 1258.   *CHAPITRE XIII*

1. Var. « Il y a de tout *dans la défense d'*une barricade; de la bravoure, de la jeunesse, du point d'honneur, de la conviction... »
2. La rue du Poirier qui allait de la rue Neuve-Saint-Merri à la rue Maubuée a disparu dans le nouveau tracé de la rue Beaubourg. La rue des Gravilliers subsiste.
3. Jacques-Marie, vicomte de Cavaignac, baron de Baragne (1773-1855), servit dans l'armée, sous l'Empire, sous la Restauration et sous la Monarchie de Juillet qui le fit pair de France. Il était l'oncle de Godefroy Cavaignac et de Louis-Eugène Cavaignac, qui fut le chef du pouvoir exécutif en 1848, et candidat à la présidence de la République contre le prince Louis-Napoléon.
4. Louis-Gabriel Suchet (1772-1826) qui de simple soldat parvint au grade de maréchal de France, commanda en Espagne et prit part au siège de Saragosse (1809). L'empereur le fit duc d'Albuféra.

5. La dernière phrase de cet alinéa (« Rue Planche-Mibray » etc.) manque. Sur la rue Planche-Mibray, voir la n. 32, p. 1713.
6. Il manque de « jusqu'à » à « étouffés ».
7. Cette phrase manque.

P. 1260. *CHAPITRE XIV*

1. Autre titre projeté : *Enjolras songe moins aux hommes qu'on tue qu'aux cartouches qui s'épuisent*.
2. Les premiers alinéas de ce chapitre manquent.
3. Il manque de « Sa témérité » à « ouvrage ».
4. Il manque de « firent » à « et ».
5. VAR. Les artilleurs *la* mirent en batterie près... »
6. VAR. « ... contre la redoute, l'une à mitraille, l'autre à boulet. » Il y a donc une lacune d'environ trois alinéas.

P. 1263. *CHAPITRE XV*

1. Aux chapitres XV à XVIII des *Misérables* correspond, dans *les Misères*, le chapitre III intitulé, comme ce chapitre XV : *Gavroche dehors*.
2. Cette phrase manque.
3. Cette phrase manque aussi.
4. Dans les appendices de l'édition nationale on trouve (IV, 312) cette variante à la dernière chanson de Gavroche :

> *Je n'aime pas l'eau claire,*
> *C'est la faute à Voltaire ;*
> *J'aime le curaçao*
> *C'est la faute à Rousseau.*
>
> *Je n'prends pas un clystère,*
> *C'est la faute à Voltaire ;*
> *Quand je mange un morceau*
> *C'est la faute à Rousseau.*
>
> *Je ne suis pas notaire,*
> *C'est la faute à Voltaire ;*
> *Je suis saute-ruisseau,*
> *C'est la faute à Rousseau.*
>
> *Cassons le ministère,*
> *Car j'en veux un morceau.*
>
> *On verra le notaire*
> *Cuit dans son panonceau.*
>
> *Je suis fils de Cythère*
> *Et du faubourg Marceau.*
>
> *La république est mère*
> *Du gamin lionceau.*

D'autres rimes étaient inscrites sur deux listes, en vue de couplets à ajouter encore. Victor Hugo aurait pu en ajouter jusqu'à épuisement des rimes en *tère* ou *taire* et en *ceau* ou *sseau*, ou *seau* (quoique cette rime-ci soit faible). Voici celles qu'il avait notées sans que l'on puisse dire si elles devaient être accouplées dans cet ordre. *Ministère, Prolétaire, Presbytère, Volontaire, Solitaire, Désaltère, Altère, Réfractaire ;* — *Bereau, Monceau, Ponceau, Boisseau, Biseau, Cerceau, Nassau, Fuseau.*

— Il y a un précédent à cette chanson de Gavroche et Victor Hugo le connaissait sans doute. En 1817 le poète suisse Jean-François Chaponnière composait ces couplets :

> *Si le diable, adroit et fin,*
> *A notre première mère*
> *Insinua son venin,*
> *C'est la faute de Voltaire.*
> *Si le genre humain dans l'eau,*
> *Pour expier son offense*
> *Termina son existence,*
> *C'est la faute de Rousseau.*
>
> *Si Borgia, ce bon humain,*
> *Pour arrondir son affaire,*
> *Fut sacrilège, assassin,*
> *C'est la faute de Voltaire.*
> *Si l'on vit ce Loth nouveau*
> *S'enflammer pour sa famille*
> *Et faire un fils à sa fille,*
> *C'est la faute de Rousseau.*

P. 1266. *CHAPITRE XVI*

1. Tout ce chapitre manque dans *les Misères*.
2. On a trouvé un petit enfant enveloppé dans des haillons.
3. Etoile rougeâtre de la constellation du Taureau et que l'on appelait aussi « *l'Œil du Taureau.* »
4. Qui oserait parler d'un faux soleil ?

P. 1274. *CHAPITRE XVII*

1. Le père mort attend le fils qui doit mourir.
2. VAR. « Courfeyrac *lui* banda le front. » Après cette phrase, dans *les Misères,* longue lacune qui de « On déposa Gavroche » va jusqu'à la réplique : « C'est midi, dit Combeferre. » Cette réplique forme le sixième alinéa du chapitre XVIII. — Dans *les Misérables,* avant l'addition de la première partie du chapitre XVIII, le texte était : *Courfeyrac défit* la *cravate* de Marius *et lui en banda le front.* On fut promptement et terriblement distrait de Gavroche. *Enjolras, dressé debout,* jeta *du haut de la barricade cette clameur tonnante.* »

P. 1276. *CHAPITRE XVIII*

1. VAR. Cette première partie de la phrase manque. La suite est : « Enjolras, *dressé* debout, *jeta...* »
2. Cette phrase manque.
3. Aimé-Mario-Gaspard, marquis, puis duc de Clermont-Tonnerre (1779-1865). Il servit dans l'armée où il devint intendant général. À la seconde Restauration il commanda la brigade des grenadiers à cheval de la garde et fut pair de France. En 1822 il entra dans le ministère Villèle comme ministre de la Marine et fut ensuite (de 1823 à 1827) ministre de la Guerre. Il se retira de la politique en 1838.
4. VAR. « En moins *de deux* minutes, *une vingtaine d'hommes*, montés au premier étage, muraient... »
5. La suite de la phrase manque.
6. Il manque de « soigneusement » à « constructeur ».
7. VAR. «... canons de fusil. *On distribua les cartouches du panier de Gavroche. Chaque homme avait quinze coups à tirer*. On tint prêtes les *barres* de fer.... »
8. Cette phrase manque.
9. Il manque de « Il dit » à « sur les blessés, dit-il » (quatre alinéas).
10. Il manque de « Vingt » à « inutile » (trois phrases).
11. VAR. « ... les *quinze*... »
12. Ces trois mots manquent.
13. Il manque de ce mot « il » au mot « réclamation ».
14. VAR. « ... *il se borna à répondre à* Jean *Tréjean.* »

P. 1279. *CHAPITRE XIX*

1. Il manque de ce mot « On » aux mots « vers Jean Valjean » (quatre courts alinéas).
2. VAR. « Cependant il *eut* une commotion. »
3. VAR. Après les mots : « — C'est fait » ce chapitre n'a plus dans *les Misères* que ces quelques lignes :
« *Sa rentrée, dans la préoccupation générale, ne fut pas plus remarquée que ne l'avait été sa sortie. Marius, qui l'avait vu sortir, le vit rentrer, il entendit ce cri :* « C'est fait! » *Il remarqua ce pistolet déchargé, et* un froid sombre *lui* traversa le cœur. » Ainsi à leur dernière ligne, les chapitres des deux versions se rejoignent.

P. 1282. *CHAPITRE XX*

1. Autre titre projeté mais inachevé : *Toutes les causes plaident*. Aux chapitres XX et XXI, correspond le chapitre V des *Misères*. Il est intitulé : *les Héros*.
2. Il manque de « avec » à « légal ».
3. Il manque ce commencement de phrase.
4. Il manque de « quand » à « combattants ».
5. Il manque aussi les cinq premières phrases de cet alinéa.

6. Les mots « et tout le monde » ne sont pas dans *les Misères*. Il y manque aussi toute la suite de ce chapitre; longue lacune.

7. John Brown (1800-1859). Puritain, esprit religieux, John Brown se voua à l'affranchissement des esclaves qui, trop asservis au joug, ne répondirent guère à son généreux appel. Il combattit cependant avec un petit nombre de partisans. Ils furent vaincus. John Brown gravement blessé fut pris, jugé avec quatre de ses compagnons et condamné à la pendaison. Il fut pendu le 2 décembre 1859. Victor Hugo écrivit une défense éloquente, mais trop hardie, de John Brown. Elle a été recueillie dans *Actes et Paroles : Pendant l'exil,* pp. 142-144. — Carlo Pisacane, né en 1818, patriote italien, officier du génie, prit part à divers mouvements révolutionnaires dans son pays; ayant dû s'exiler il collabora, en Suisse, au journal de Mazzini, *l'Italia del Popolo*. Il périt dans une entreprise contre le royaume de Naples.

8. Se transmettent le flambeau de la vie. (LUCRÈCE, II, 78).

P. 1291. *CHAPITRE XXI*

1. Autre titre projeté : *Egalité dans l'épopée*.
2. Il manque des mots « Les cartouches » aux mots « qu'il n'y avait neigé » dix alinéas.
3. Il manque de « presque » à « le sang coulait ».
4. Il manque de « Pour » à « Forêt des Epées » (deux alinéas).
5. Il manque les mots : « Joly fut tué ».
6. Cette phrase manque.
7. *L'Iliade,* chant VI, vers 12-35; très résumés ici, et modifiés; ainsi Homère ne nomme pas Polydamas.
8. Esplandian, personnage d'un roman historique espagnol : *Las Sergas del esporzado caballero Esplandian, hijo del excelente rey Amadis de Galia...* les Exploits du valeureux chevalier Esplandian, fils de l'excellent roi Amadis de Gaule, par Garci Ordonez de Montalvo. (Plusieurs éditions au XVIe siècle.)
9. Éphyre est devenue Corinthe.
10. Voir la n. 32 de la p. 1713.
11. Texte manque.

P. 1295. *CHAPITRE XXII*

1. Autre titre projeté : *L'abordage*.
2. VAR. « ... Courfeyrac, Bossuet et Combeferre. »
3. VAR. « ... écroulé, *faisant dans* l'intérieur *une sorte de correspondant au talus du* dehors. » La phrase suivante manque.
4. VAR. « Enjolras, *rabattant les baïonnettes de la crosse de* sa carabine... » la suite manque jusqu'aux mots « devant lui et... »
5. Don José de Palafox y Malget (1780-1847) qui, en 1809, défendit si héroïquement Saragosse.

P. 1299. *CHAPITRE XXIII*

1. Cette phrase manque.

2. Il manque de « C'est » à « réveillent » (deux phrases).
3. Cet alinéa manque.
4. Cette phrase manque.

P. 1302. *CHAPITRE XXIV*

1. Cette phrase manque.
2. Cet alinéa manque aussi.
3. VAR. « Rue *des Postes* ».
4. Cet alinéa manque.

LIVRE DEUXIÈME. — L'INTESTIN DE LÉVIATHAN

P. 1305. *CHAPITRE PREMIER*

1. Ce livre n'a, dans *les Misères* qu'un chapitre qui, avec d'importantes lacunes, correspond aux six chapitres des *Misérables*.
2. Titre du chapitre dans *les Misères* : *L'Intestin de Léviathan*.
3. Cet alinéa manque.
4. Il manque des mots « Les Chinois » aux mots « la semence » (quatre phrases).
5. Il manque de « Une » à « certaine » (deux phrases).
6. Il manque aussi des mots « Ces tas » aux mots « votre abondance en sortira » (deuxième alinéa).
7. Cet alinéa manque.
8. VAR. « *On* a calculé... »
9. Cet alinéa manque.
10. Cet alinéa manque aussi.
11. La folie Beaujon avait été, près de l'Étoile, la maison de Nicolas Beaujon (1708-1796), spéculateur hardi et même téméraire, financier habile qui devint banquier de la cour. Il fit une immense fortune. Il est le fondateur de l'hôpital Beaujon. La folie Beaujon avait un très vaste jardin. Ce domaine fut vendu peu après la mort de son propriétaire, et plus tard morcelé : le parc fut transformé en jardin public et affermé à des entrepreneurs de plaisirs : théâtre, salle de concert, bal champêtre, et comme le rappelle ici Victor Hugo, montagnes russes, plus restaurant et café. En 1824 ce parc fut morcelé et le jardin Beaujon disparut.
12. Cette phrase manque.
13. VAR. « ... et de Corinthe, Paris n'est *qu'un énorme* panier percé. »
14. Il manque de « Imitez Paris » à « villes d'esprit » (trois alinéas).
15. Justus, baron de Liebig (1803-1873) l'un des plus fameux chimistes allemands, a publié de nombreux travaux principalement sur la chimie organique, dont, en 1840, son ouvrage : *la Chimie organique dans ses applications à l'agriculture* qui, en cinq années, eut sept éditions. Il a aussi imposé diverses préparations alimen-

taires qui ont rendu son nom populaire, et entre autres, des extraits de lait condensé, de pain artificiel et surtout l'extrait de viande si répandu qu'est le bouillon Liebig.

16. Cet alinéa manque.

P. 1309. *CHAPITRE II*

1. Il manque aussi les quatre premiers alinéas de ce chapitre, donc jusqu'aux mots « son faux soleil ».

2. Il importe peu de savoir si c'est Téglath-Phalasar Ier ou Téglath-Phalasar II (XIIe et XIIIe siècles avant J.-C.) qui jurait de la sorte ni s'il jurait de la sorte véritablement.

3. Jean de Leyde (Jean Bockelson ou Bockald, né à Leyde (1510?-1536) anabaptiste, à la fois mystique effréné et homme de plaisir, se proclamant roi de Sion, et introduisant dans son royaume, qui était en réalité la ville de Munster, la pluralité des femmes et la persécution religieuse. Cette vie folle ne dura pas longtemps. La ville fut prise. Jean de Leyde et ses complices périrent dans les supplices. Il avait environ vingt six ans.

4. Simon Morin (mort en 1663), l'illuminé qui fut en proie à un mysticisme exalté et même insensé. Il écrivit et publia des *Pensées* dans lesquelles il déclarait se soumettre au jugement de la Sainte Église; il invoquait le Saint-Esprit. Mais il avait fini par se prétendre le fils de Dieu. Il cherchait à attirer des prosélytes. Le poète Desmarets de Saint-Sorlin, l'auteur de la comédie *les Visionnaires*, le dénonça; Morin fut arrêté, jugé, condamné et le 14 mars 1663, en place de Grève, la justice fit brûler ce malheureux. Il est l'auteur d'un vers qui dut plaire au Victor Hugo de Marius et de Cosette s'il le lut :

Tu sais bien que l'amour change en lui ce qu'il aime.

5. Les brigands qui pendant la Révolution et le Consulat furent appelés les chauffeurs devaient ce nom au fait qu'ils chauffaient — exposaient au feu — les pieds de leurs victimes, pour obtenir qu'elles déclarent où se trouvaient leur argent ou leurs objets précieux. C'était, en somme, l'application de la question. Les Chouans faisaient de même.

6. *Picareria,* de *picaro,* fripon.

7. Il manque de ces mots « Il était » aux mots « l'antique égout de Paris » qui termine l'avant-dernier alinéa du chapitre IV. Longue lacune donc.

8. La rue (et non pas le cul-de-sac) Vide-Gousset existe toujours, entre la place des Petits-Pères et la rue d'Aboukir. — Les plans de 1817 et de 1837, l'un antérieur, l'autre postérieur à la date où se passe l'action des *Misérables* ne portent pas de rue Coupe-Gorge. — La rue du Chemin-Vert allait alors du boulevard Beaumarchais à la rue Popincourt. — La rue Hurepoix allait du pont Saint-Michel à la rue Gît-le-Cœur. Elle disparut en 1806.

9. Antoine Duprat (1463-1535) fut chancelier de France et gouverna le royaume pendant une grande partie du règne de

François Ier. Pour subvenir aux dépenses occasionnées par les guerres il institua un emprunt qui, en réalité était un impôt forcé. Il fut très impopulaire. Il eut contre lui le clergé et le parlement. Devenu veuf, il entra dans les ordres et fut rapidement cardinal. Il poursuivit alors avec rigueur et fit cruellement supplicier les réformés. — Louvois et le père Leteiller sont nommés, ainsi que Hébert et Maillard, dans la note 4 (ch. x), p. 1519. Est-il nécessaire de rappeler que Tristan l'Hermite (ou l'Ermite) fut, sous Louis XI, prévôt des maréchaux de France; en fait un rude ministre de la police?

P. 1312. *CHAPITRE III*

1. Louis-Sébastien Mercier (1740-1814), auteur, entre autres ouvrages, d'un *Tableau de Paris* dont Rivarol a dit que « pensé dans la rue, il avait été écrit sur la borne ».
2. La rue Pierre-à-Poisson allait de la place du Châtelet à la rue de la Saunerie (et non pas Sonnerie). Ces deux petites rues ont disparu. Sur leur emplacement s'élève le théâtre du Châtelet. Les autres rues ici nommées subsistent.
3. La rue des Marais-Saint-Germain, où habita Racine, est devenue la rue Visconti.
4. La rue Saint-Pierre-Popincourt allait du nº 1 de la rue Saint-Sébastien, au nº 2 de la rue de Ménilmontant. Elle est à présent une partie de la rue Amelot. La rue Saint-Sabin allait du nº 17 de la rue de la Roquette au nº 2 de la rue du Chemin-Vert. Elle va à présent jusqu'au boulevard Beaumarchais.
5. Sous l'Empire et pendant les Cent Jours il y eut un ministre du nom de Decrès. Denis Decrès (1761-1820). C'était un marin. Il fut ministre, non pas de l'Intérieur, mais de la Marine.

P. 1315. *CHAPITRE IV*

1. Autre titre projeté : *le Passé*.
2. La rue de l'Arche-Marion allait du quai de la Mégisserie à la rue Saint-Germain-l'Auxerrois, là où sont aujourd'hui les magasins de la Belle Jardinière.
3. La rue Froidmanteau c'est la rue Fromentel qui subsiste de la rue Chartière à la rue du Cimetière Saint-Benoît, près du Collège de France; la rue Neuve des Petits Pères, c'est la rue des Petits-Pères, près de la place des Victoires. La rue de l'Écharpe faisait suite à la rue du Pas-de-la-Mule, elle en est aujourd'hui une partie.
4. VAR. Dans *les Misères,* après les mots « comme dans une alcôve » (p. 1310) le texte continue ainsi. « *De là un fourmillement de souvenirs. Toutes sortes de fantômes hantent ces longs corridors solitaires ; partout la putridité et le miasme ; çà et là un soupirail où Villon dedans cause avec Rabelais dehors.* Ramifications en tous sens, croisements de *galeries,* branchements... » etc.
5. Cette phrase manque.

P. 1318. *CHAPITRE V*

1. Autre titre projeté : *le Présent*.
2. La suite de cette phrase manque aussi.
3. Cette phrase manque aussi.
4. Les deux dernières phrases manquent.

P. 1319. *CHAPITRE VI*

1. Autre titre projeté : *l'Avenir*.
2. Il manque de « dont » à « heure ».
3. Il manque de « ces » à « curieux ».
4. Cette phrase manque.
5. Il manque des mots : « Tout récemment » aux mots « bouchée sans peine ».
6. Il manque du mot « Ajoutez » aux mots « ne s'y est jamais trompé » qui terminent l'avant-dernier alinéa de ce chapitre.
7. La barrière Blanche et la barrière des Martyrs étaient à l'extrémité, demeurée la même, de chacune de ces rues.
8. La rue Barre-au-Bec allait de la rue de la Verrerie à la rue Sainte-Croix-de-la-Bretonnerie. Elle a été absorbée par la rue du Temple.
9. La petite rue de l'Étoile allait du quai des Ormes, aujourd'hui quai de l'Hôtel-de-Ville, à la rue de l'Hôtel-de-Ville. Elle était continuée par la rue Geoffroy-l'Asnier. Elle en est aujourd'hui une partie. — Les autres rues subsistent. La rue des Marais que Victor Hugo désigne ici s'appelait alors rue des Marais-du-Temple, pour éviter la confusion avec la rue des Marais-Saint-Germain.
10. VAR. « d'équarrisseur, si longtemps frappé d'horreur et abandonné... »

LIVRE TROISIÈME. — LA BOUE, MAIS L'AME

P. 1325. *CHAPITRE PREMIER*

1. Autre titre projeté : *Après Cosette, Marius*.
2. Le chapitre premier des *Misères* porte aussi ce titre, mais il correspond aux chapitres I et II des *Misérables*.
3. Il manque de « par » à « Polonceau ».
4. Les deux dernières phrases manquent.
5. Il manque de « nous » à « séparait ».
6. Cet alinéa manque.
7. Cette phrase manque aussi.
8. VAR. « Il *soutenait Marius* d'une main... »
9. La rue du Cadran allait de la rue Montorgueil à la rue Montmartre. Elle continuait la rue Saint-Sauveur ; elle en fait aujourd'hui partie.
10. Cet alinéa manque.

11. Cette dernière phrase manque aussi.

P. 1331.   *CHAPITRE II*

1. Cette phrase manque de même.
2. Il manque encore cet alinéa.
3. Il manque cet alinéa aussi.
4. Il manque aussi de « S'ils » à « morceler ».
5. Cet alinéa manque.

P. 1333.   *CHAPITRE III*

1. Il manque du mot « il » aux mots « sur cette berge » inclusivement.
2. Il manque aussi cet alinéa.
3. Il manque encore cette phrase.
4. VAR. « ... ces deux hommes *parvenus à l'endroit où la rivière s'infléchit à gauche et où le pont d'Iéna commence à être visible.* » Le texte continue ainsi : « *Cela* faisait au bord de l'eau une sorte d'éminence... » phrase qui, dans *les Misérables,* est six alinéas plus bas. Il y a donc une assez sérieuse lacune.
5. Cette maison existe toujours cours Albert-Ier. C'est une maison de style Renaissance construite en 1572 à Moret dans la forêt de Fontainebleau pour servir de rendez-vous de chasse. Cette maison fut vendue par le gouvernement de Charles X à un amateur qui en fit transporter les matériaux à Paris, où elle fut réédifiée par l'architecte Bret sur un nouveau plan. Elle est ornée de sculptures que l'on attribue à Jean Goujon.
6. VAR. « L'homme *qui marchait devant* arriva... »
7. VAR. « ... par *l'homme qui paraissait le suivre et le guetter.* »
8. Il manque du mot « ne » au mot « il » inclus.
9. VAR. « ... de reproche, *en même temps que sa bouche jeta cette bouffée de paroles indignées :* « *Est-il possible ! Ces gens-là ouvriraient cette porte-là !* Une clef du gouvernement ! » Ainsi le texte des *Misères* rejoint le texte des *Misérables* après une lacune de deux alinéas.
10. Cette réplique et l'alinéa qui la précède manquent.
11. Ce dernier alinéa manque aussi.

P. 1337.   *CHAPITRE IV*

1. Il manque de « la hauteur » à « le mur ».
2. La rue de l'Abattoir est devenue la rue de Dunkerque.
3. VAR. « ... rue des *Douze-Portes,* n° 6. »

P. 1340.   *CHAPITRE V*

1. Il manque de ce mot « Se » aux mots « ici il est difforme » (deux alinéas).
2. George, duc de Clarence (1449-1478), condamné à mort pour trahison envers son frère le roi d'Angleterre Edouard IV, mais à qui on avait laissé le choix du supplice, demanda à être noyé dans un tonneau de vin de malvoisie.

3. La rue Phélippeaux partait de la rue du Temple ; elle a été absorbée par la rue Réaumur.

4. La rue du Carême-Prenant est aujourd'hui une partie de la rue Bichat, dont alors elle était distincte.

P. 1345.   *CHAPITRE VI*

1. Le chapitre v des *Misères*, intitulé aussi *le Fontis,* correspond aux chapitre vi et vii des *Misérables.*

P. 1347.   *CHAPITRE VII*

1. Autre titre projeté : *L'Extrémité.*
2. Cet alinéa manque.
3. Cette phrase manque aussi.
4. VAR. « ... était inutile. *L'épuisement aboutissait à l'avortement. Fallait-il donc finir là ? Il s'affaissa sur le pavé, plutôt tombé qu'assis, et sa tête s'abîma entre ses genoux. Pas d'issue. C'était...* »

P. 1349.   *CHAPITRE VIII*

1. Cette phrase manque.
2. VAR. « ... Jean Valjean *eut un éblouissement de stupeur.* C'était la providence apparaissant horrible et le bon ange *venant à lui* sous la forme de Thénardier. Thénardier fourra son poing... » Victor Hugo, rectifiant le commencement de ce passage, a rappelé le « stupide » de Corneille. C'est Cinna qui le prononce (*Cinna* acte V, sc 1). Auguste l'invitant à s'expliquer enfin : « Parle, parle, Cinna répond :

              Je demeure stupide.
Non que votre colère ou la mort m'intimide.

3. Aujourd'hui Thénardier dirait : le pante.
4. Il manque de « Thénardier fit » à « lui secoua de nouveau l'épaule. » (neuf alinéas.)
5. VAR. « — Maintenant, *reprit Thénardier,* concluons... »
6. Cette phrase manque.
7. Cet alinéa manque ainsi que la réplique qu'il annonce.

P. 1359.   *CHAPITRE IX*

1. Ce chapitre et le suivant correspondent au seul chapitre vii des *Misères.* Ce chapitre vii y est intitulé : *Dehors, ou dedans.*
2. Cet alinéa manque aussi.
3. Cette phrase manque aussi.
4. Il manque du mot « on » au mot « lui ».
5. VAR. Après : « On sait le reste », le texte des *Misères* est : « *Jean Tréjean baissa la tête. Jean Tréjean comprit qu'il n'avait pas encore épuisé toutes les péripéties de la situation où il était.* » Après une lacune de deux alinéas la suite est : « Ces deux rencontres... »
6. VAR. « ... rue des *Douze-Portes...* » De même un peu après.

P. 1358.   *CHAPITRE X*

1. VAR. « ... un coup violent. *Une maison d'insurgé ne méritait pas autre chose.* Le battant... »
2. VAR. « Le portier *apparut*, une chandelle... »
3. Cet alinéa manque.
4. Cet alinéa manque aussi.
5. Il manque de « sans » à « maison ».

P. 1360.   *CHAPITRE XI*

1. Il manque des mots « quant à ce » au mot « fini ».
2. Cet alinéa manque.

P. 1361.   *CHAPITRE XII*

1. Cet alinéa manque aussi.
2. Cette phrase manque de même.
3. Cette phrase manque.
4. Cet alinéa manque.
5. Cet alinéa manque.
6. Il manque de « une main » à « entre-bâillée ».
7. VAR. Le passage qui suit a été très remanié. Après les mots « jeune homme », le texte, dans *les Misères,* continue ainsi : « *une bouche d'ouragan souffla entre ces vieilles lèvres sans dents, et il se mit à marcher à grands pas, avec un déchaînement furieux.*

« — *Ah !* il est mort ! il s'est fait tuer ! voyez-vous ça... » etc.
8. VAR. « ... aux barricades, *et tu as fait le fier-à-bras, au lieu d'être un bon enfant qui retourne chez son père* et tu t'es fait tuer... »
9. VAR. « C'est ça qui est infâme ! *Un gredin, monsieur, — et il s'adressait au médecin —* un gredin qui, au lieu de s'amuser... » Ces derniers mots rejoignent le texte des *Misérables* après une longue lacune qui a un peu plus de quatre alinéas.
10. Claude Tircuy de Corcelles (1768-1843) fut officier de chasseurs avant la Révolution; émigra et servit dans l'armée de Condé. Il rentra en France en 1799, fut, en 1819, élu député de Lyon, en 1828 député de Paris et en 1831 député de Seine-et-Oise. Libéral résolu, partisan de La Fayette, il combattit sous la Restauration les mesures d'exception; il défendit avec vivacité la liberté de la presse et la liberté de réunion. Il ne fut cependant pas réélu en 1834.
11. La Chanvrerie : voir la n. 9 (ch. II), p. 1735.
12. VAR. « ... *belle fichue sottise ! les barricades ! Voyez un peu où mène le jacobinisme. Je parie tout ce qu'on voudra, un million contre un fichtre, qu'il n'y avait là que des repris de justice ou des forçats libérés. Les républicains et les galériens ça ne fait qu'un nez et qu'un mouchoir. Ah ! tu es mort, drôle !* Eh bien, moi aussi je vais crever et tu auras affaire à moi ! *oui !* je crèverai, *et ce sera bien fait, et tu verras !* D'abord ton peuple n'en veut pas de ta république. Il n'en veut pas, il s'en burle* [s'en moque] *de la république, entends-tu, crétin ? se faire tuer pour 93,*

se faire tuer pour les massacres de septembre, mais ils ne savent donc pas un mot d'histoire ? Se faire tuer pour monsieur de Robespierre, se faire tuer pour Marat, se faire tuer pour la guillotine, c'est à cracher sur tous ces jeunes gens-là tant ils sont bêtes ! C'est républicain, c'est romantique. Qu'est-ce que c'est que ça romantique ? faites-moi l'amitié de me dire ce que c'est que ça ! toutes les folies possibles ! Il y a deux ans ça vous allait à Hernani ! *je vous demande un peu,* Hernani ! *Des antithèses, des abominations qui ne sont même pas écrites en français ! Et puis on se fait écharper dans les barricades. Tels sont les brigandages de ce temps-ci.*

» *Il ouvrit une fenêtre toute grande comme s'il étouffait, et se remit à marcher comme un homme ivre en s'étreignant le derrière de la tête de ses deux mains.*

» — *Ces jeunes gens d'à présent, tous des chenapans ! Et ceux qui ne sont pas des scélérats sont des dadais ! ils font tout ce qu'ils peuvent pour être laids, ils sont mal habillés, ils ont peur des femmes, ils ont un air de mendier qui fait éclater de rire les Jeannetons, ma parole d'honneur ! on dirait les pauvres honteux de l'amour. Celui-ci, s'il vous plaît, était amoureux platonique de la coquine d'un lancier. Ça vous a des opinions politiques ; monsieur, il devrait être défendu d'avoir des opinions politiques ; ils fabriquent des systèmes, ils refont la société, ils démolissent la monarchie, ils flanquent par terre toutes les lois, ils mettent le grenier à la place de la cave et mon portier à la place du roi, ils bousculent l'Europe de fond en comble, ils rebâtissent le monde et ils ont pour bonnes fortunes de regarder sournoisement les jambes des blanchisseuses qui remontent dans leurs charrettes. Ah ! juste ciel ! tu pourras te vanter d'avoir tué ton grand-père, toi !*

» *Il s'arrêta devant Marius et se tordit* les bras.

» *Tu t'es donc fait arranger comme cela...* »

13. VAR. « ... *un sabreur ! un bavard ! Tant qu'il y aura des Chauvelin, des Tirecuir de Corcelles, et des Benjamin Constant, il n'y aura pas moyen d'avoir des enfants.* »

— On a lu un passage analogue un peu plus avant, dans *les Misérables*, mais où Chauvelin n'est pas nommé : Bernard-François, marquis de Chauvelin (1766-1832), fut préfet sous l'Empire, député libéral sous la Restauration. Orateur vif, spirituel, et mordant dans la riposte.

Après cette parenthèse, il faut reprendre le texte des *Misères* à l'endroit où cette parenthèse l'a interrompu : « *C'est comme leur Sieyès, un régicide à manteau de sénateur ! Je me rends cette justice que je n'ai jamais fait plus de cas des philosophies de tous ces philosophes-là que des lunettes du grimacier de Tivoli. Ces sénateurs, je les ai vus passer un jour sur le quai Malaquais en manteau de velours violet semé d'abeilles, avec des chapeaux à la Henri IV. Ils étaient hideux. On eût dit des singes. Ah ! scélérat ! ah ! sacripant ! je me rappelle que toutes les femmes en le voyant disaient : quel joli garçon ! Il est joli, le garçon ! Ah ! septembriseur ! Et dire qu'il n'y a pas dans Paris une drôlesse qui n'eût été heureuse de faire le bonheur de ce misérable !* [cette phrase se trouve à un endroit de ce propos, dans *les Misérables*] et *que pour avoir toutes les joies, en veux-tu en voilà, toutes les noces de Gamache, tous les paradis il suffisait que ce bandit consentît à ne pas être un idiot !* s'il n'y a pas de quoi rendre fou... »

14. Cette phrase manque.
15. Il manque de « à quoi » à « à demi ».
16. VAR. « ... vos docteurs, *de vos journaux.* »
17. VAR. « ... ouvrit les *yeux...* »
18. Les mots « mon fils bien-aimé » manquent.
19. Victor Hugo avait aussi conçu cette scène autrement ainsi que le révèlent ces notes, trouvées dans son dossier Gillenormand et publiées dans l'édition nationale (IV, 314 et 315.) Au lieu de s'évanouir le vieux Gillenormand, dans son heureuse stupéfaction, continuait de s'exclamer mais, cette fois, pour renier ses convictions. Il s'écriait : « *Oh ! que tu es beau ! tu as les yeux tout grands ouverts, tu me regardes, mon cher petit enfant ! Vive la République !* » Et « *comme il est gentil, mon pauvre mioche ! Vive la République, elle ne m'a pas tué mon enfant !* » Et : « *Je crie : Vive la République ! Je suis bonapartiste. Je crois à ta baronnie. Es-tu content ?* »

LIVRE QUATRIÈME. — JAVERT DÉRAILLÉ

P. 1367.

1. Cet alinéa n'est pas dans *les Misères*.
2. Cette phrase y manque aussi.
3. Il manque de ce mot « Une » aux mots « à soi-même » (trois alinéas).
4. Il manque de « Un galérien » à « pain du gouvernement » (trois alinéas).
5. Il manque de « Il eût » à « sur l'esprit » (deux alinéas).
6. VAR. « ... le déconcertait *jusque dans la moelle des os.* » La phrase qui suit manque dans *les Misères*.
7. Il manque les mots « de mensonges et ».
8. Le mot « clément » manque.
9. Il manque de « Appeler » à « force ».
10. Cet alinéa manque.
11. Cette phrase manque aussi.
12. Cette phrase manque aussi.
13. VAR. « ... religion étant *mouchard* comme... » Ici donc variante et lacune d'un membre de phrase.
14. VAR. « *Ce supérieur-là, voici qu'*il le sentait *brusquement* et en était *gêné.* » — Longue lacune ensuite, de : « Il était désorienté » à « Ce dont on était convaincu s'effondrait » (huit alinéas).
15. VAR. « ... magnanime. Quoi donc ? tout n'était pas certain... » Légère variante et petite lacune.
16. VAR. « fonctionnaire ! *Quoi donc !* Il pouvait... »
17. VAR. « était-ce *possible ?* »

18. Il manque de ce mot « Oui » aux mots « linéaments simples et hideux » (troisième alinéa).
19. Il manque les mots « la sagesse officielle ».
20. Il manque aussi les mots « la justice découlant du code ».
21. VAR. « Javert *se redressa*, quitta... »
22. Cet alinéa manque.
23. Dans *les Misères,* cette note ne contient que cinq articles, y manque de l'article quatrième à l'article huitième. — Mais dans les notes de Victor Hugo on a trouvé le texte que voici :
« Supplément d'observations à la *note pour le bien du service,* rédigée par Javert avant de se tuer.

» Les deux claires-voies du parloir des Madelonnettes sont espacées de six pieds, ce qui empêche les détenus et les visiteurs de pouvoir se parler. Il serait juste de ramener ces deux claires-voies à la distance réglementaire de deux pieds qui, dans toutes les autres prisons suffit à la surveillance.

» Ne permettre dans aucune prison d'hommes que la lingère et la fouilleuse traversent le préau.

» L'architecte de la Force demande qu'on fasse disparaître les rangées d'arbres de la cour Sainte-Madeleine. Ces arbres sont utiles à la salubrité de la prison. Il est utile de les conserver.

» Les forçats de la chaîne tendent leurs écuelles de bois aux curieux. — Mendient.

» C'est un abus qu'il y ait dans les prisons un tatoueur, et tellement toléré qu'il est presque officiel. » (E.I.N., IV, 313).

24. VAR. « ... n'eût pas bougé.

» *Personne ne passait, tout ce qu'on voyait des rues et des quais était désert.* Les silhouettes des ponts... »

Donc, variante et lacune.

LIVRE CINQUIÈME. — LE PETIT-FILS ET LE GRAND-PÈRE

P. 1379.   *CHAPITRE PREMIER*

1. Ce chapitre n'est pas dans *les Misères.*

P. 1382.   *CHAPITRE II*

1. Cette phrase manque.
2. Cette phrase manque aussi.
3. Il manque de « éperdu » à « petit-fils ».
4. Cet alinéa manque.
5. Gillenormand savait d'autres chansons. Dans ses notes, Victor Hugo lui en faisait chanter une autre ; je ne saurais dire si c'est au moment de la convalescence de Marius ou dans quelque autre agréable circonstance. Cette note dit (Édition nationale IV, 314) :

« Puis il se mit à fredonner sur un vieil air galant :

> *Trois petits cochons sur un fumier*
> *Juraient comme un porteur de chaise.* »

6. Cette phrase manque.
7. Cette phrase manque aussi.
8. VAR. « rue des *Douze-Portes*. »
9. Cette phrase manque.
10. VAR. « ... gagné *ni* attendri *comme il semblait qu'il aurait dû l'être* par toutes les *tendresses* de... »
11. Ce commencement de phrase manque.
12. Cet alinéa manque.
13. Cette phrase manque aussi.

P. 1387. *CHAPITRE III*

1. « Stupéfait et » manque.
2. VAR. « ... cette *ganache*... »
3. Il manque de « il » à « ailes ».
4. Il manque de « Et puis » à « jolie fille ».
5. Il manque cette phrase et la réplique qu'elle annonce.
6. Cette phrase manque.
7. Le titre de cette élégie est *le Malade*. C'est Becq de Fouquières qui à ce titre a substitué celui de *le Jeune malade* en 1862. Le jeune malade se meurt d'amour. Elle l'apprend et consent à revenir vers lui. Elle lui parle. Ce sont les derniers vers du poème.

> *Ami, depuis trois jours tu n'es d'aucune fête,*
> *Dit-elle, que fais-tu? pourquoi veux-tu mourir?*
> *Tu souffres : l'on me dit que je peux te guérir,*
> *Vis et formons ensemble une seule famille.*
> *Que mon père ait un fils et ta mère une fille.*
>
> (*Bucoliques*, XXIV.)

8. Cet alinéa manque.

P. 1390. *CHAPITRE IV*

1. Il manque de « Toute » à « bruyamment » (trois alinéas).
2. Cette phrase manque.
3. Cette phrase manque aussi.
4. Il manque de « Le portier » à « près de la porte », première phrase du deuxième alinéa.
5. Cette phrase manque.
6. VAR. « ... c'est un *homme studieux*. Après? » La suite de cet alinéa manque.
7. Cette phrase manque.
8. Il manque de « Et puis » à « affreux ».
9. Cette phrase manque
10. Cette phrase manque aussi.
11. Il manque de « Nous » à « de jardin ».
12. Il manque de « C'est bâti » à « le voyage » (sept phrases).
13. Tour d'ivoire est une des invocations des litanies de la sainte Vierge.

14. Il manque de ce mot « Le » aux mots « vieilles mains ridées » (onze courts alinéas).
15. VAR. « *Presque* la moitié... »
16. Il manque de « Vos » à « qui disait : »
17. VAR. — *Cosette* a six cent mille francs, *dit tranquillement Jean Tréjean*.
« Il n'avait... »
18. Il manque cette réplique et la suivante.
19. VAR. « ... *s'écria* Gillenormand. »
20. Cette phrase manque.
21. Cet alinéa manque aussi.

P. 1395. *CHAPITRE V*

1. Ce chapitre n'est pas dans *les Misères*.

P. 1396. *CHAPITRE VI*

1. Les chapitres VI et VII correspondent au chapitre IV des *Misères*.
2. Il manque de ce mot « Le » à « avaient été éblouis » (trois alinéas).
3. Cette phrase manque.
4. Il manque de « les bonnes » à « avec zèle ».
5. La suite de cet alinéa manque.
6. VAR. « ... de son mariage. *Rien de plus simple comme on voit.* » Il continue dans *les Misères* par : « Cosette, aux anges... », après une lacune de plus de deux alinéas.
7. Cette phrase manque.
8. VAR. « ... de Coromandel *pleines* des toilettes de toutes ses femmes, et de toutes ses aïeules ». Lacune, donc.
9. « DAUPHINE : nom d'un petit droguet de laine, jaspé de diverses couleurs. » (Littré.)
10. VAR. Dans *les Misères* il manque à cette phrase : « lampas,... mouchoirs des Indes brodés d'or, qui peuvent se laver... bonbonnières d'ivoire ornées de batailles microscopiques... »
11. VAR. Après cette phrase qui, dans *les Misérables*, finit par les mots : « rue des *Deux-Portes* », il y a une lacune des mots « Chaque matin » aux mots « coucou de la Forêt-Noire ». (Six alinéas.)
12. VAR. « ... déraisonnait *à cœur joie* à propos... »
13. VAR. Le long propos de Gillenormand est réduit, dans *les Misères*, aux lignes suivantes :

« Vous *ne savez pas faire une fête*, dans ce temps-ci, s'écriait-il. Votre dix-neuvième siècle est *pingre*. Il ignore le riche, il ignore le *beau*. *Votre bourgeoisie* est incolore et informe. Depuis la révolution tout a des pantalons, même les danseuses. Mais soyez donc amoureux gaîment, que diable ! mariez-vous donc, quand vous vous mariez, avec la fièvre et l'étourdissement et le vacarme et le tohu-bohu du bonheur ! *Passe pour l'affaire de* l'église ! De la gravité *là et de l'ennui*, soit. Mais *ensuite* il faudrait faire tourbillonner un *rêve* autour *des mariés*. J'ai horreur d'une noce pleutre. *Ah !* si je faisais à ma fantaisie, ce serait galant ! Bleu de ciel et argent. Mes amis, tout nouveau marié doit être le prince Aldobrandini. Je mêlerais à la fête les divinités agrestes, je convoquerais les dryades et les néréides. Les noces d'Amphitride, une nuée rose, un char traîné par des monstres marins. » Puis le distique. Et : « Voilà *l'idéal d'un mariage pour moi..* » « Cosette et Marius s'enivraient de se regarder librement. »

14. VAR. « ... avec une placidité *moutonne*. » Il manque ensuite de « Elle avait eu » à « avec une millionnaire ».

15. VAR. « Les six cent mille francs *l'avaient étonnée un moment*. Puis son indifférence de première communiante était revenue. »

— Dans une des notes publiées dans l'édition nationale (IV, 315), Victor Hugo fait apercevoir une Mlle Gillenormand moins placide ou, du moins, capable de quelques éclats : Il écrit : « *Vous est-il arrivé de voir une lampe à gaz ? c'est une bouteille en cristal qui semble contenir de l'eau. Elle contient aussi l'explosion. Cela a l'air d'être un carafon et c'est une bombe. Telle était Mlle Gillenormand.* »

16. Il manque de « égrenait » à « *I love you.* » qui est le « Je vous aime » des Anglais.

17. Il manque de « à » à « catastrophes ».

18. Dans le dossier Gillenormand, cette autre note sur le bigotisme : « ... *Une certaine dévotion bigote... — Le bigotisme n'est autre chose que la castration de l'intelligence. Les vertus qui en résultent ressemblent à la chasteté d'un eunuque et ont juste autant de mérite.* » Une autre note porte : « *M. Gillenormand disait : — Dévotion de femme maigre. — Dévotion de femme grasse.* »

19. Il y a ici une longue lacune dans *les Misères*. Elle va de ce mot « Du » aux mots « Marius hésitait à croire » qui sont dans le sixième alinéa du chapitre VII.

P. 1404. *CHAPITRE VII*

1. Autre titre projeté : *Froideur et enthousiasme pour le même homme*.
2. VAR. Dans *les Misères* après « ni la mauvaise odeur, ni la bonne » le texte porte : « *Marius trouvait M. Fauchelevent froid, bienveillant, calme et sérieux. Il lui venait par moments des doutes sur ses propres souvenirs. Il en était à se demander s'il était bien réel qu'il eût vu M. Fauchelevent dans la barricade ; si ce n'était point un rêve de sa fièvre. Leurs deux natures étant...* »

P. 1407. *CHAPITRE VIII*

1. Cet alinéa manque.
2. Cet alinéa manque aussi.
3. Il manque de ce mot « C'était » aux mots « Cet homme était épouvantable » (trois alinéas).

LIVRE SIXIÈME. — LA NUIT BLANCHE

P. 1411. *CHAPITRE PREMIER*

1. Aux chapitres I et II de ce livre correspond le chapitre I

bien plus court des *Misères,* où il est intitulé, comme le chapitre 1 des *Misérables : Le 16 février 1833.*

2. Voici un passage qui dut être agréable à Juliette Drouet. La nuit de noces de Marius et de Cosette c'est, si l'on peut dire, la nuit de noces de Juliette Drouet et de Victor Hugo qui, d'après leur correspondance, devinrent effectivement amants en cette nuit du 16 au 17 février 1833.

3. Cette phrase manque.

4. VAR. « La France, *en 1833,* n'avait... »

5. VAR. « ... cette *élégance* suprême... »

6. VAR. Il manque les mots « d'exquis » et de « à entrecouper » à « clics-clac ».

7. Cet alinéa manque.

8. VAR. « ... une fête *de famille...* »

9. Il manque les mots « pourvu qu'elle soit honnête ».

10. La « satisfaction d'être exact » fait écrire à Victor Hugo une inexactitude : le 16 février 1833 était un samedi. Il y a confusion dans les souvenirs de Victor Hugo. Il me paraît plus vraisemblable que l'erreur soit dans le quantième, et le fait qu'elle a été répétée est sans conséquence. Les circonstances particulières au mardi-gras sont, pour la mémoire, un repère plus sûr. Autre indice : « il pleuvait » dit Victor Hugo dans *les Misérables.* On a consulté les bulletins de l'Office national météorologique de février 1833. On y a constaté que si le 17 février au matin le ciel était nuageux, le 20 févr er il pleuvait dès 6 heures et qu'à neuf heures il pleuvait encore. C'est bien de la recherche pour une précision qui est véritablement sans intérêt.

(Cf. l'étude de Maurice Levaillant : *Victor Hugo : Tristesse d'Olympio, fac-similé du manuscrit autographe avec une étude sur Victor Hugo poète du Souvenir et de l'amour, avec des documents inédits,* pp.99-103. H. Champion, 1928, gr. in-8).

11. Cet alinéa manque.

12. Il manque de « s'emmitoufler » à « et ».

13. VAR. « Nous nous bornerons à *dire que Cosette était éblouissante.* Cosette avait, sur une jupe de taffetas blanc... » Cette deuxième phrase est le commencement de l'alinéa troisième du chapitre 11. Il y a donc ici, dans *les Misères,* une lacune de plusieurs pages.

P. 1420. *CHAPITRE II*

1. Cet alinéa manque.

2. A partir de ce mot « Quand » longue lacune qui va jusqu'aux mots « histoire du lancier, disait à part soi le père Gillenormand » (onze alinéas).

3. VAR. « ... Jean *Tréjean. Sans décréter sa joie* en aphorismes et en maximes, *comme M. Gillenormand,* elle *débordait de bienveillance universelle.* Le bonheur... »

4. Il manque des mots « Un banquet » aux mots « de façon à le cacher presque » (troisième alinéa).

5. Var. « ... à table, *elle* vint, comme par un coup de tête, *et avec une espièglerie gracieuse* lui faire... »

6. Var. « ... un regard *lumineux comme l'aube*... »

7. Var. « ... se mit à rire.

« Quelques *anciens amis de la famille Gillenormand avaient été invités. Un banquet avait été dressé* dans la salle à manger. Deux grands fauteuils... »

8. Cette phrase manque.

9. Terme absent des dictionnaires. Le sens est celui de gargamelle (gosier). Après le mot gargoine, longue lacune. Le texte, dans *les Misères*, continue par « Chacun a sa façon d'adorer Dieu » (dernier alinéa du discours de Gillenormand).

10. Le Sancy, diamant célèbre, a son histoire. Il fut apporté de l'Inde. Il appartint à Charles le Téméraire qui le portait dans cette bataille de Nancy où il fut tué. Un soldat suisse le prit et le vendit un florin à un prêtre. Je ne sais à qui ni quel prix le prêtre le revendit. En 1580 le Sancy appartenait au roi de Portugal, Antoine, qui, devant fuir de ses État dont s'était emparé Philippe II d'Espagne et se trouvant dans la gêne, vendit le fameux diamant à Nicolas Harley de Sancy (1546-1629) qui fut ambassadeur et surintendant des finances. Le diamant prit dès lors le nom de Sancy. Il était en 1688 en la possession de Jacques II d'Angleterre qui le vendit à Louis XIV. Louis XV le porta à son couronnement. En 1835 il fut acheté par le grand veneur de l'empereur de Russie. Quand le père Gillenormand le nommait, le Sancy était donc encore parmi les joyaux de la royauté française.

La mention au poids et, par conséquent, au volume de ce diamant est une allusion au mont Sancy, le plus élevé du massif du Mont-Dore.

11. Cette phrase manque.

12. *Le bonhomme Jadis* c'est une nouvelle et, d'après cette nouvelle, une comédie de Murger qui eut un beau succès à la Comédie-Française le 21 avril 1852. Le bonhomme Jadis et le bonhomme Gillenormand paraissent un peu cousins.

13. Il manque de « L'amant », à « d'aurore » (trois phrases).

14. Il manque du mot « Ces » à la fin du chapitre.

P. 1429. *CHAPITRE III*

1. Cet alinéa manque.
2. Cette phrase manque aussi.
3. Il manque de « sur » à « jalouse ».
4. Cette phrase manque aussi.

P. 1431. *CHAPITRE IV*

1. Une note (E. I. N., IV, 308) dit que, dans le manuscrit, ce chapitre est intitulé : *Le devoir : la chaîne sans fin*. C'est le titre qu'il a dans *les Misères*. *Immortale jecur*, c'est *le Cœur immortel*.

2. Les deux premières phrases de cet alinéa manquent.

3. Il manque de ce « Combien » à « sentait saigner ! » (cinq phrases).
4. Les mots « des cœcums » manquent.
5. Cet alinéa manque.
6. Cet alinéa manque aussi.
7. Il manque de ce mot « Il » aux mots « quelle obsession ! »
8. Cette phrase manque.
9. Cet alinéa manque aussi.
10. Il manque de « O première » à « irrémédiable engloutissement » (troisième alinéa).
11. Il manque de « puisque » à « la ».

LIVRE SEPTIÈME. — LA DERNIÈRE GORGÉE DU CALICE

P. 1436. *CHAPITRE PREMIER*

1. VAR. Dans *les Misères* ce chapitre commence plus brièvement ainsi : « *Une maison où il y a eu une noce ne s'éveille pas de grand matin. Il était un peu plus...* »
2. Il manque du mot « Monsieur » aux mots « ravie d'être baronne » (deux alinéas). Victor Hugo avait d'abord songé à faire connaître au père de Cosette, qu'il avait appelé Lebotelier avant de l'appeler Tholomyès, le mariage de son enfant. On a trouvé, dans le dossier des *Misérables :*
« Nous croyons devoir informer M. Gustave Lebotelier, avoué à Évreux, que sa fille, l'enfant de Fantine, s'appelle maintenant Mme la baronne Telbon, possède vingt-cinq bonnes mille livres de rente, et demeure rue du Hanovre, n° 17, au premier. Un citoyen honorable peut avouer et remplir les devoirs de la paternité vis-à-vis d'une personne ainsi placée ». (E. I. N., IV, 315.)
3. Les mots « répéta Basque » manquent.
4. La suite de cette phrase manque.
5. Cette phrase manque.
6. Cette phrase manque aussi.
7. Il manque du mot « Cela » à la fin de l'alinéa.
8. Cette phrase manque.
9. VAR. « *Vous n'oublierez...* »
10. VAR. « *... malade, qui est barrée, où l'on...* »
11. Cet alinéa manque.
12. Cet alinéa manque aussi.
13. Il manque des mots « Jean Valjean » jusqu'aux mots « regarda Marius en face. » (trois alinéas).
14. Il manque de « Nous » à « vin funeste ».
15. Il manque de ce « En famille ! » à « tout à coup éclatante ».
16. Il manque de « Tout » à « vos yeux. »
17. VAR. Cette phrase manque. Le texte est ensuite : « *Rester M. Fauchelevent...* »
18. Il manque de « Il y avait » à « je l'aurais caché ».

19. Il manque de « je me » à « Quelle horreur ! ».
20. Cette phrase manque.
21. VAR. « ... à perpétuité. *Est-ce que c'est possible ? Et ce crime...* » Ainsi dans *les Misères* une phrase de plus et trois phrases de moins.
22. Cette phrase manque.
23. Cette phrase manque aussi.
24. VAR. « Et mon mensonge, et mon indignité, et ma lâcheté, et mon crime, je l'aurais bu... »
25. La suite de cette phrase manque.
26. VAR. « Pour être heureux » n'est pas répété dans *les Misères*.
27. VAR. « C'est moi qui me *tiens au collet* et je me traîne, et je me pousse, et *je ne me lâche pas* et quand... »
28. Il manque de « Et » à « la conscience ! » (quatre phrases).
29. Le mot « monsieur » manque.
30. VAR. « ... *un accent inexprimable* »...
31. Cette phrase manque.
32. Il manque de « quoique » à « c'est déshonnête. »
33. VAR. « ... pleurer, passer les nuits à se tordre dans les angoisses, se ronger l'âme ».
34. VAR. « Il *reprit sa marche, fit quelque pas,* alla à l'autre bout du salon *et, croisant les bras, il dit à* Marius : Et maintenant... »
35. VAR. « ... mon masque brusquement. Vous voyez bien... » Lacune de trois courts alinéas.
36. La suite de cette phrase manque.
37. Il manque de « — Mon » à « de ma conscience » (quatre alinéas).
38. VAR. « ... en riant *avec un* sourire *d'aurore*. »
39. Cet alinéa manque.
40. Il manque de « Elle » à « et à Jean Valjean » (trois alinéas).
41. Il manque de « je sais » à « parlent ».
42. VAR. « ... affaires, *te dis-je,* cela t'ennuierait. » Lacune de deux courts alinéas.
43. Il manque de « tu » à « t'ennuiera ».
44. VAR. « Non, *cela ne m'ennuiera pas*. Puisque c'est vous. »
45. Il manque de « que Toussaint » à « de Toussaint ».
46. Cette phrase manque.
47. Il manque de : « Et avec » à « inflexion de voix grave. » (Huit courts alinéas).
48. Cette proposition manque.
49. Cette phrase manque aussi.
50. Il manque de « et amené » à « cet homme et lui ».

P. 1453.   CHAPITRE II

1. Assez longue lacune : du mot « Trouver » aux mots : « d'un côtoiement infernal » (quatre alinéas).
2. VAR. « L'éloignement de Marius pour cet homme était... »
3. VAR. « *Mais,* dans cette horreur, il... »
4. Il manque de « Il » à « prisonnier. » (Deux phrases).

5. Cette phrase manque.
6. La dernière phrase manque.
7. Les mots « quel qu'il fût » manquent.
8. Un je ne sais quoi de divin.
9. Cette dernière phrase manque.
10. Retire-toi. C'est la parole rapportée par saint Marc (VIII, 33) : « *Vade retro me, Satana.* »
11. Il manque de « Marius » à « noircie pour jamais » (deux alinéas).
12. VAR. « *En somme,* c'était pour *lui* une perplexité de penser... »
13. Il manque de « Ces questions » à « lui répugnaient profondément » (début de l'alinéa suivant).
14. VAR. « A quoi bon ? *une sorte de répulsion le soulevait.* Il s'étourdissait. »
15. Cette phrase manque.

LIVRE HUITIÈME. — LA DÉCROISSANCE CRÉPUSCULAIRE

P. 1461. *CHAPITRE PREMIER*

1. Ces deux phrases manquent.
2. VAR. « ... toile, *fort large,* faisait la roue... »
3. Cette petite phrase manque.
4. VAR. « ... belle. *Tout ce qu'une vieille âme peut avoir de tendresse apparut dans l'œil profond de Jean Valjean.* »
5. Il manque de « père » à « celle-là ».
6. VAR. Après cette réplique il y a dans *les Misères* :
» — Mais pourquoi ? C'est horrible ici.
» — Tu sais... »
Il y a donc une lacune de presque dix alinéas.
7. Il manque les quatre derniers alinéas.
8. VAR. « *Et alors je suis Jean comme* vous êtes madame Pontmercy. »
9. Il manque des mots « Il ne » aux mots « on ne sait que dire vraiment » (huit alinéas).
10. Il manque de « qui » à « et ».
11. Cette phrase manque.
12. Il manque cette phrase et la suivante.
13. Cette phrase manque aussi.

P. 1465. *CHAPITRE II*

1. Les chapitres II et III des *Misérables* correspondent au chapitre II des *Misères*. Ce chapitre est intitulé, comme le chapitre II des *Misérables* : *Autres pas en arrière.*
2. Cet alinéa manque.
3. Il manque de « D'ailleurs... » à « ce monsieur ».
4. Il manque de « frissonnante » à « calme ».
5. VAR. Dans *les Misères* cet alinéa n'avait que trois lignes :

« De certaines habitudes étranges, *de certaines* singularités insignifiantes... » etc.
6. Cette phrase manque.
7. Cette phrase manque aussi.

P. 1468.　　　　　*CHAPITRE III*

1. Il manque, jusqu'au mot « somme », le commencement de ce chapitre.
2. Cette phrase, dans *les Misères,* finit au mot « couvent ». Il y a ensuite une assez longue lacune, jusqu'aux mots : « ne s'arrête pas sur la pente » (quinze alinéas).
3. VAR. « *Comme il* voulait prolonger sa visite, il faisait l'éloge de Marius. *Alors Cosette* ne tarissait pas. *Il en vint* à rester longtemps. Cela lui était...
4. VAR. Il y a ici fusion de deux répliques de Jean Valjean et absence d'une réplique de Cosette. Après « de ne pas faire de feu ? » :
« — Oui, nous sommes en *avril.* J'ai pensé que le feu était inutile. »
5. Cette réplique et la suivante manquent.
6. VAR. « Cosette n'y pensa *que le lendemain matin.* »

P. 1473.　　　　　*CHAPITRE IV*

1. VAR. « ... rue des *Deux-Portes.* » De même dans la suite.
2. Cette phrase manque.
3. Il manque de « Peu à peu » à « faisaient de la peine » (quatre lignes avant la fin du chapitre).
4. VAR. « *Parfois il pleuvait, il n'y prenait pas garde. Un jour qu'il tombait une forte ondée, il avait oublié son chapeau et marchait. Une vieille femme ouvrit un parapluie sur sa tête chauve et l'accompagna ainsi jusque chez lui sans qu'il la vît. On le croyait fou dans tout le quartier. Quelquefois* les enfants le suivaient en riant. »

LIVRE NEUVIÈME. — SUPRÊME OMBRE, SUPRÊME AURORE

P. 1475.　　　　　*CHAPITRE PREMIER*

1. Cet alinéa manque.
2. La suite de cette phrase manque aussi.
3. Il manque cette première partie de la phrase.
4. Il manque de « N'allons » à « laisser faire. » (six alinéas).
5. Les mots « beaucoup trop durement » manquent.
6. VAR. « ... aussi *noire*... »

P. 1477.　　　　　*CHAPITRE II*

1. Viquelottes, ce sont des pommes de terre de forme allongée, mais on les appelle plutôt vitelottes.
2. Cet alinéa manque.

P. 1479. *CHAPITRE III*

1. Var. « ... il regardait *lugubrement*... »
2. Cet alinéa manque.
3. Cet alinéa manque aussi.
4. Var. Après « est bien à toi », le texte des *Misères* est : « *Je veux que tu sois heureuse. Je veux que ton mari et toi soyez riches.* « Ici, il s'interrompit... »

P. 1482. *CHAPITRE IV*

1. Ce commencement de phrase manque.
2. Il manque de « étrange » à « hasard ».
3. Louis-Jacques Thénard (1777-1857), savant chimiste et baron, par la grâce de Charles X, était de l'Académie des Sciences depuis 1810.
4. Cet alinéa manque.
5. Il manque de : « Ce loueur » à « possibles » (trois phrases).
6. Il manque les mots « l'habit de curé ».
7. La première partie de cette phrase manque jusqu'au mot « outre ».

L'ambassadeur dont la défroque était à vendre était Fabricio Ruffo d'abord avocat à Naples, et qui, de 1793 à 1798, présida un tribunal d'inquisition politique. Il fut ensuite au service du roi de Naples qui le nomma son ambassadeur à Londres, puis à Paris. Il était, en outre, devenu prince de Castelcicala. En 1829 un Italien expulsé de France révéla que ce prince était le fameux Fabricio Ruffo, jadis président d'un tribunal terroriste. Ruffo fit un procès à son dénonciateur. Il perdit son procès. Il mourut à Paris, du choléra, en avril 1832.

8. La comtesse Bugration, d'origine russe et qui pas sa pour être le modèle de la Fedora de Balzac, dans *la Peau de chagrin*.
9. Le vicomte Emmanuel Dambray (1785-1868) qui fut pair de France, en effet; partisan de la légitimité il avait, après la révolution de Juillet, refusé, en qualité de pair de France, de prêter serment au nouveau régime.
10. Cet alinéa manque.
11. Cette réplique et la réplique suivante manquent.
12. Cette phrase manque aussi.
13. Il manque aussi la suite de cette phrase.
14. Cet alinéa manque.
15. Il manque de « et » à « livre ».
16. Cet alinéa manque.
17. Cette phrase manque aussi.
18. Cet alinéa manque.
19. Il manque de « qu'il » à « février ».
20. Il manque de « Il » à « content » (deux phrases).
21. Dans la présente édition ce texte est à la page 398.
22. Il manque de « Ce secret » à « lui qui n'a rien ».
23. Il manque de « il murmura » à « Cela fait, il ».

24. Il manque de « Foudroyé » à « négrier » (deux alinéas).
25. Il manque de « Il ne » à « c'était grand ».

P. 1500. *CHAPITRE V*

1. Var. « ... madame! c'est toi! *Le bon Dieu me devait cela. C'est égal, j'avais tort, je m'étais obstiné à t'aller voir, moi qui avais dit :* « *Je ne veux pas la condamner à moi. Je revenais tous les jours.* C'est toi! tu es là... »
2. Il manque de « Cosette » aux mots « Jean Valjean venait de redire » (huitième alinéa).
3. Var. « *Enfin,* tout ce qui... »
4. Il manque de « Vous êtes » à « plus de voyage ».
5. Les deux dernières phrases manquent.
6. Cette phrase manque.
7. Il manque de « Jean Valjean » à « dans les siennes » (huit alinéas).
8. Var. Dans *les Misères,* après « vous m'obéirez bien » vient : « *Mais, votre main est* encore plus *froide...* »
9. Il manque de « Voyez-vous » à « tout cela est bien » (une seule phrase).
10. Il manque de « soyons » à « maintenant. »
11. Il manque de « Parce que » à « éblouissement » (deux alinéas).
12. Var. « *Il tâta le pouls de Jean Tréjean.* »
13. Il manque de « Jean Valjean » à « il se leva. »
14. Var. « *Jean Tréjean eut ce retour* de force *qui se mêle souvent* à l'agonie. »
15. Var. « ... soutenait *la tête...* »
16. Var. Au lieu des trois derniers alinéas, il y a, dans *les Misères,* après « vous perdre ? » : « *Jean Tréjean leur fit signe à tous deux de s'approcher.* Il se tourna vers *son lit. Tous deux, désespérés et pâles, étaient debout devant lui, Cosette donnant la main à Marius.*
17. Var. Après « que vous lirez » le texte des *Misères* est : « La verroterie noire vient d'Allemagne... » et, reproduit jusqu'aux mots « C'est le pays du jais... », le passage que Victor Hugo a mis ensuite dans la suprême lettre de Jean Valjean à Cosette (livre IX, chapitre III, p. 1481.)
18. Cette phrase manque.
19. Il manque de « Il y a » à « les pauvres » (trois phrases).
20. Cette phrase manque.
21. Il manque de « Quand » à « oreilles » (six phrases).
22. Il manque de « Les forêts » à « ma bêtise » (deux phrases).

P. 1510. *CHAPITRE VI*

1. Var. « ... grimpent les liserons parmi les chiendents et les mousses... »
2. Cet alinéa manque.
3. Var. « *Sur cette pierre* on *ne lit...* »
4. Var. Il dort *paisible après un sombre et long martyre.*
« Quand il n'eut plus son ange il mourut *sans rien dire.* »

TABLE DES MATIÈRES

TABLE

INTRODUCTION 7
NOTICE BIBLIOGRAPHIQUE 10

Première partie

FANTINE

LIVRE PREMIER. — UN JUSTE

I.	Monsieur Myriel	27
II.	Monsieur Myriel devient monseigneur Bienvenu...	30
III.	A bon évêque dur évêché.......................	35
IV.	Les œuvres semblables aux paroles...............	37
V.	Que monseigneur Bienvenu faisait durer trop longtemps ses soutanes	43
VI.	Par qui il faisait garder sa maison.................	46
VII.	Cravatte	51
VIII.	Philosophie après boire.........................	55
IX.	Le frère raconté par la sœur.....................	58
X.	L'évêque en présence d'une lumière inconnue......	62
XI.	Une restriction	73
XII.	Solitude de monseigneur Bienvenu...............	77
XIII.	Ce qu'il croyait	80
XIV.	Ce qu'il pensait	84

LIVRE DEUXIÈME. — LA CHUTE

I.	Le soir d'un jour de marche.....................	87
II.	La prudence conseillée à la sagesse................	98
III.	Héroïsme de l'obéissance passive.................	102
IV.	Détails sur les fromageries de Pontarlier...........	107
V.	Tranquillité	111
VI.	Jean Valjean	112
VII.	Le dedans du désespoir.........................	117
VIII.	L'onde et l'ombre.............................	124
IX.	Nouveaux griefs	126
X.	L'homme réveillé	128
XI.	Ce qu'il fait..................................	130

XII.	L'évêque travaille	134
XIII.	Petit-Gervais	137

LIVRE TROISIÈME. — EN L'ANNÉE 1817

I.	L'année 1817	146
II.	Double quatuor	151
III.	Quatre à quatre	155
IV.	Tholomyès est si joyeux qu'il chante une chanson espagnole	159
V.	Chez Bombarda	161
VI.	Chapitre où l'on s'adore	164
VII.	Sagesse de Tholomyès	165
VIII.	Mort d'un cheval	170
IX.	Fin joyeuse de la joie	173

LIVRE QUATRIÈME
CONFIER, C'EST QUELQUEFOIS LIVRER

I.	Une mère qui en rencontre une autre	176
II.	Première esquisse de deux figures louches	184
III.	L'Alouette	186

LIVRE CINQUIÈME. — LA DESCENTE

I.	Histoire d'un progrès dans les verroteries noires	190
II.	M. Madeleine	191
III.	Sommes déposées chez Laffitte	195
IV.	M. Madeleine en deuil	198
V.	Vagues éclairs à l'horizon	200
VI.	Le père Fauchelevent	205
VII.	Fauchelevent devient jardinier à Paris	208
VIII.	Madame Victurnien dépense trente-cinq francs pour la morale	209
IX.	Succès de madame Victurnien	212
X.	Suite du succès	214
XI.	*Christus nos liberavit*	219
XII.	Le désœuvrement de M. Bamatabois	220
XIII.	Solution de quelques questions de police municipale	223

LIVRE SIXIÈME. — JAVERT

I.	Commencement du repos	233
II.	Comment Jean peut devenir Champ	236

LIVRE SEPTIÈME. — L'AFFAIRE CHAMPMATHIEU

I.	La sœur Simplice	246
II.	Perspicacité de maître Scaufflaire	249

III.	Une tempête sous un crâne....................	253
IV.	Formes que prend la souffrance pendant le sommeil.	271
V.	Bâtons dans les roues.........................	275
VI.	La sœur Simplice mise à l'épreuve...............	286
VII.	Le voyageur arrivé prend ses précautions pour repartir	293
VIII.	Entrée de faveur..............................	297
IX.	Un lieu où des convictions sont en train de se former.	301
X.	Le système de dénégations.....................	307
XI.	Champmathieu de plus en plus étonné...........	314

LIVRE HUITIÈME. — CONTRE-COUP

I.	Dans quel miroir M. Madeleine regarde ses cheveux.	319
II.	Fantine heureuse	321
III.	Javert content	325
IV.	L'autorité reprend ses droits...................	329
V.	Tombeau convenable	332

Deuxième partie

COSETTE

LIVRE PREMIER. — WATERLOO

I.	Ce qu'on rencontre en venant de Nivelles..........	339
II.	Hougomont	341
III.	Le 18 juin 1815...............................	347
IV.	A	349
V.	Le *quid obscurum* des batailles..................	351
VI.	Quatre heures de l'après-midi...................	354
VII.	Napoléon de belle humeur......................	357
VIII.	L'empereur fait une question au guide Lacoste.....	362
IX.	L'inattendu	365
X.	Le plateau de Mont-Saint-Jean..................	368
XI.	Mauvais guide à Napoléon, bon guide à Bülow.....	373
XII.	La garde.....................................	375
XIII.	La catastrophe	376
XIV.	Le dernier carré	379
XV.	Cambronne	380
XVI.	*Quot libras in duce?*..........................	382
XVII.	Faut-il trouver bon Waterloo?..................	387
XVIII.	Recrudescence du droit divin...................	389
XIX.	Le champ de bataille la nuit....................	391

LIVRE DEUXIÈME. — LE VAISSEAU *L'ORION*

I.	Le numéro 24601 devient le numéro 9430..........	398
II.	Où on lira deux vers qui sont peut-être du diable....	400

III.	Qu'il fallait que la chaîne de la manille eût subi un certain travail préparatoire pour être ainsi brisée d'un coup de marteau..........................	405

LIVRE TROISIÈME
ACCOMPLISSEMENT DE LA PROMESSE
FAITE A LA MORTE

I.	La question de l'eau à Montfermeil...............	413
II.	Deux portraits complétés........................	416
III.	Il faut du vin aux hommes et de l'eau aux chevaux...	421
IV.	Entrée en scène d'une poupée....................	423
V.	La petite toute seule............................	425
VI.	Qui peut-être prouve l'intelligence de Boulatruelle.	430
VII.	Cosette côte à côte dans l'ombre avec l'inconnu.....	435
VIII.	Désagrément de recevoir chez soi un pauvre qui est peut-être un riche.............................	438
IX.	Thénardier à la manœuvre.......................	455
X.	Qui cherche le mieux peut trouver le pire	463
XI.	Le numéro 9430 reparaît, et Cosette le gagne à la loterie	467

LIVRE QUATRIÈME. — LA MASURE GORBEAU

I.	Maître Gorbeau	469
II.	Nid pour hibou et fauvette......................	475
III.	Deux malheurs mêlés font du bonheur.............	476
IV.	Les remarques de la principale locataire............	480
V.	Une pièce de cinq francs qui tombe à terre fait du bruit	482

LIVRE CINQUIÈME
A CHASSE NOIRE, MEUTE MUETTE

I.	Les zigzags de la stratégie.......................	486
II.	Il est heureux que le pont d'Austerlitz porte voitures.	489
III.	Voir le plan de Paris de 1727....................	490
IV.	Les tâtonnements de l'évasion....................	494
V.	Qui serait impossible avec l'éclairage au gaz........	496
VI.	Commencement d'une énigme	500
VII.	Suite de l'énigme	502
VIII.	L'énigme redouble	504
IX.	L'homme au grelot	506
X.	Où il est expliqué comment Javert a fait buisson creux	510

LIVRE SIXIÈME. — LE PETIT-PICPUS

I.	Petite rue Picpus, numéro 62	519
II.	L'obédience de Martin Verga	522
III.	Sévérités	529
IV.	Gaîtés	530
V.	Distractions	533
VI.	Le petit couvent	538
VII.	Quelques silhouettes de cette ombre	541
VIII.	*Post corda lapides*	543
IX.	Un siècle sous une guimpe	544
X.	Origine de l'Adoration perpétuelle	546
XI.	Fin du Petit-Picpus	548

LIVRE SEPTIÈME. — PARENTHÈSE

I.	Le couvent, idée abstraite	550
II.	Le couvent, fait historique	550
III.	A quelle condition on peut respecter le passé	553
IV.	Le couvent au point de vue des principes	555
V.	La prière	557
VI.	Bonté absolue de la prière	558
VII.	Précautions à prendre dans le blâme	560
VIII.	Foi, loi	561

LIVRE HUITIÈME
LES CIMETIÈRES PRENNENT CE QU'ON LEUR DONNE

I.	Où il est traité de la manière d'entrer au couvent	564
II.	Fauchelevent en présence de la difficulté	571
III.	Mère Innocente	573
IV.	Où Jean Valjean a tout à fait l'air d'avoir lu Austin Castillejo	583
V.	Il ne suffit pas d'être ivrogne pour être immortel	589
VI.	Entre quatre planches	595
VII.	Où l'on trouvera l'origine du mot : ne pas perdre la carte	597
VIII.	Interrogatoire réussi	604
IX.	Clôture	607

Troisième partie

MARIUS

LIVRE PREMIER
PARIS ÉTUDIÉ DANS SON ATOME

I.	*Parvulus*.	615
II.	Quelques-uns de ses signes particuliers	616
III.	Il est agréable	617
IV.	Il peut être utile	618
V.	Ses frontières	619
VI.	Un peu d'histoire	621
VII.	Le gamin aurait sa place dans les classifications de l'Inde	623
VIII.	Où on lira un mot charmant du dernier roi	625
IX.	La vieille âme de la Gaule	626
X.	*Ecce Paris, ecce homo*	627
XI.	Railler, régner	630
XII.	L'avenir latent dans le peuple	632
XIII.	Le petit Gavroche	633

LIVRE DEUXIÈME. — LE GRAND BOURGEOIS

I.	Quatre-vingt-dix ans et trente-deux dents	636
II.	Tel maître, tel logis	638
III.	Luc-Esprit	639
IV.	Aspirant centenaire	640
V.	Basque et Nicolette	641
VI.	Où l'on entrevoit la Magnon et ses deux petits	642
VII.	Règle : Ne recevoir personne que le soir	644
VIII.	Les deux ne font pas la paire	644

LIVRE TROISIÈME
LE GRAND-PÈRE ET LE PETIT-FILS

I.	Un ancien salon	647
II.	Un des spectres rouges de ce temps-là	650
III.	*Requiescant*	656
IV.	Fin du brigand	663
V.	Utilité d'aller à la messe pour devenir révolutionnaire	667
VI.	Ce que c'est que d'avoir rencontré un marguillier	668
VII.	Quelque cotillon	674
VIII.	Marbre contre granit	679

LIVRE QUATRIÈME. — LES AMIS DE L'ABC

I.	Un groupe qui a failli devenir historique............	685
II.	Oraison funèbre de Blondeau, par Bossuet........	698
III.	Les étonnements de Marius.....................	701
IV.	L'arrière-salle du café Musain...................	703
V.	Élargissement de l'horizon.......................	710
VI.	*Res angusta*	714

LIVRE CINQUIÈME. — EXCELLENCE DU MALHEUR

I.	Marius indigent	717
II.	Marius pauvre	719
III.	Marius grandi	722
IV.	M. Mabeuf....................................	727
V.	Pauvreté, bonne voisine de misère................	731
VI.	Le remplaçant	733

LIVRE SIXIÈME
LA CONJONCTION DE DEUX ÉTOILES

I.	Le sobriquet : mode de formation des noms de famille.	738
II.	*Lux facta est*	741
III.	Effet de printemps.............................	743
IV.	Commencement d'une grande maladie.............	744
V.	Divers coups de foudre tombent sur mame Bougon.	747
VI.	Fait prisonnier.................................	748
VII.	Aventures de la lettre U livrée aux conjectures......	751
VIII.	Les invalides eux-mêmes peuvent être heureux......	752
IX.	Éclipse	754

LIVRE SEPTIÈME. — PATRON-MINETTE

I.	Les mines et les mineurs........................	757
II.	Le bas-fond	759
III.	Babet, Gueulemer, Claquesous et Montparnasse....	761
IV.	Composition de la troupe.......................	763

LIVRE HUITIÈME. — LE MAUVAIS PAUVRE

I.	Marius, cherchant une fille en chapeau, rencontre un homme en casquette	766
II.	Trouvaille	768
III.	*Quadrifrons*	769
IV.	Une rose dans la misère........................	774
V.	Le judas de la providence.......................	781
VI.	L'homme fauve au gîte.........................	783
VII.	Stratégie et tactique............................	787

VIII.	Le rayon dans le bouge........................	791
IX.	Jondrette pleure presque.......................	793
X.	Tarif des cabriolets de régie : deux francs l'heure.....	797
XI.	Offres de service de la misère à la douleur..........	800
XII.	Emploi de la pièce de cinq francs de M. Leblanc....	803
XIII.	*Solus cum solo, in loco remoto, non cogitabuntur orare pater noster*	807
XIV.	Où un agent de police donne deux coups de poing à un avocat	810
XV.	Jondrette fait son emplette.....................	814
XVI.	Où l'on retrouvera la chanson sur un air anglais à la mode en 1832	816
XVII.	Emploi de la pièce de cinq francs de Marius........	820
XVIII.	Les deux chaises de Marius se font vis-à-vis........	824
XIX.	Se préoccuper des fonds obscurs	825
XX.	Le guet-apens...............................	829
XXI.	On devrait toujours commencer par arrêter les victimes	854
XXII.	Le petit qui criait au tome III..................	857

Quatrième partie

L'IDYLLE RUE PLUMET ET L'ÉPOPÉE RUE SAINT-DENIS

LIVRE PREMIER. — QUELQUES PAGES D'HISTOIRE

I.	Bien coupé	861
II.	Mal cousu	866
III.	Louis-Philippe	870
IV.	Lézardes sous la fondation.....................	877
V.	Faits d'où l'histoire sort et que l'histoire ignore.....	884
VI.	Enjolras et ses lieutenants.....................	895

LIVRE DEUXIÈME. — ÉPONINE

I.	Le champ de l'alouette........................	900
II.	Formation embryonnaire des crimes dans l'incubation des prisons	905
III.	Apparition au père Mabeuf.....................	910
IV.	Apparition à Marius..........................	914

LIVRE TROISIÈME. — LA MAISON DE LA RUE PLUMET

I.	La maison à secret...........................	919
II.	Jean Valjean garde national....................	923

III.	*Foliis ac frondibus*................................	926
IV.	Changement de grille.............................	929
V.	La rose s'aperçoit qu'elle est une machine de guerre.	934
VI.	La bataille commence.............................	938
VII.	A tristesse, tristesse et demie.....................	942
VIII.	La cadène..	947

LIVRE QUATRIÈME
SECOURS D'EN BAS PEUT ÊTRE SECOURS D'EN HAUT

I.	Blessure au dehors, guérison au dedans............	957
II.	La mère Plutarque n'est pas embarrassée pour expliquer un phénomène............................	959

LIVRE CINQUIÈME
DONT LA FIN NE RESSEMBLE PAS AU COMMENCEMENT

I.	La solitude et la caserne combinées................	967
II.	Peurs de Cosette..................................	969
III.	Enrichies des commentaires de Toussaint..........	972
IV.	Un cœur sous une pierre..........................	975
V.	Cosette après la lettre............................	979
VI.	Les vieux sont faits pour sortir à propos..........	981

LIVRE SIXIÈME. —LE PETIT GAVROCHE

I.	Méchante espièglerie du vent.....................	985
II.	Où le petit Gavroche tire parti de Napoléon le Grand.	988
III.	Les péripéties de l'évasion........................	1011

LIVRE SEPTIÈME. — L'ARGOT

I.	Origine	1026
II.	Racines	1033
III.	Argot qui pleure et argot qui rit..................	1041
IV.	Les deux devoirs : veiller et espérer...............	1046

LIVRE HUITIÈME
LES ENCHANTEMENTS ET LES DÉSOLATIONS

I.	Pleine lumière	1050
II.	L'étourdissement du bonheur complet............	1055
III.	Commencement d'ombre	1057
IV.	Cab roule en anglais et jappe en argot............	1061
V.	Choses de la nuit.................................	1068
VI.	Marius redevient réel au point de donner son adresse à Cosette.......................................	1069
VII.	Le vieux cœur et le jeune cœur en présence........	1075

LIVRE NEUVIÈME. — OÙ VONT-ILS?

I.	Jean Valjean	1088
II.	Marius	1089
III.	M. Mabeuf	1092

LIVRE DIXIÈME. — LE 5 JUIN 1832

I.	La surface de la question	1096
II.	Le fond de la question	1099
III.	Un enterrement : occasion de renaître	1105
IV.	Les bouillonnements d'autrefois	1111
V.	Originalité de Paris	1116

LIVRE ONZIÈME
L'ATOME FRATERNISE AVEC L'OURAGAN

I.	Quelques éclaircissements sur les origines de la poésie de Gavroche. Influence d'un académicien sur cette poésie	1119
II.	Gavroche en marche	1121
III.	Juste indignation d'un perruquier	1125
IV.	L'enfant s'étonne du vieillard	1126
V.	Le vieillard	1128
VI.	Recrues	1130

LIVRE DOUZIÈME. — CORINTHE

I.	Histoire de Corinthe depuis sa fondation	1132
II.	Gaîtés préalables	1137
III.	La nuit commence à se faire sur Grantaire	1146
IV.	Essai de consolation sur la veuve Hucheloup	1149
V.	Les préparatifs	1153
VI.	En attendant	1155
VII.	L'homme recruté rue des Billettes	1158
VIII.	Plusieurs points d'interrogation à propos d'un nommé Le Cabuc qui ne se nommait peut-être pas Le Cabuc	1161

LIVRE TREIZIÈME — MARIUS ENTRE DANS L'OMBRE

I.	De la rue Plumet au quartier Saint-Denis	1166
II.	Paris à vol de hibou	1169
III.	L'extrême bord	1171

LIVRE QUATORZIÈME
LES GRANDEURS DU DÉSESPOIR

| I. | Le drapeau. — Premier acte | 1178 |
| II. | Le drapeau. — Deuxième acte | 1181 |

III.	Gavroche aurait mieux fait d'accepter la carabine d'Enjolras	1183
IV.	Le baril de poudre	1184
V.	Fin des vers de Jean Prouvaire	1187
VI.	L'agonie de la mort après l'agonie de la vie	1189
VII.	Gavroche profond calculateur des distances	1193

LIVRE QUINZIÈME. — LA RUE DE L'HOMME-ARMÉ

I.	Buvard, bavard	1197
II.	Le gamin ennemi des lumières	1205
III.	Pendant que Cosette et Toussaint dorment	1209
IV.	Les excès de zèle de Gavroche	1211

Cinquième partie

JEAN VALJEAN

LIVRE PREMIER. — LA GUERRE ENTRE QUATRE MURS

I.	La Charybde du faubourg Saint-Antoine et la Scylla du faubourg du Temple	1217
II.	Que faire dans l'abîme à moins que l'on ne cause?	1224
III.	Éclaircissement et assombrissement	1228
IV.	Cinq de moins, un de plus	1230
V.	Quel horizon on voit du haut de la barricade	1236
VI.	Marius hagard, Javert laconique	1240
VII.	La situation s'aggrave	1242
VIII.	Les artilleurs se font prendre au sérieux	1246
IX.	Emploi de ce vieux talent de braconnier et de ce coup de fusil infaillible qui a influé sur la condamnation de 1796	1249
X.	Aurore	1250
XI.	Le coup de fusil qui ne manque rien et qui ne tue personne	1254
XII.	Le désordre partisan de l'ordre	1255
XIII.	Lueurs qui passent	1258
XIV.	Où on lira le nom de la maîtresse d'Enjolras	1260
XV.	Gavroche dehors	1263
XVI.	Comment de frère on devient père	1266
XVII.	*Mortuus pater filium moriturum expectat*	1274
XVIII.	Le vautour devenu proie	1276
XIX.	Jean Valjean se venge	1279
XX.	Les morts ont raison et les vivants n'ont pas tort	1282
XXI.	Les héros	1291

XXII.	Pied à pied	1295
XXIII.	Oreste à jeun et Pylade ivre	1299
XXIV.	Prisonnier	1302

LIVRE DEUXIÈME. — L'INTESTIN DE LÉVIATHAN

I.	La terre appauvrie par la mer	1305
II.	L'histoire ancienne de l'égout	1309
III.	Bruneseau	1312
IV.	Détails ignorés	1315
V.	Progrès actuel	1318
VI.	Progrès futur	1319

LIVRE TROISIÈME. — LA BOUE, MAIS L'AME

I.	Le cloaque et ses surprises	1325
II.	Explication	1331
III.	L'homme filé	1333
IV.	Lui aussi porte sa croix	1337
V.	Pour le sable comme pour la femme il y a une finesse qui est perfide	1340
VI.	Le fontis	1345
VII.	Quelquefois on échoue où l'on croit débarquer	1347
VIII.	Le pan de l'habit déchiré	1349
IX.	Marius fait l'effet d'être mort à quelqu'un qui s'y connaît	1354
X.	Rentrée de l'enfant prodigue de sa vie	1358
XI.	Ébranlement dans l'absolu	1360
XII.	L'aïeul	1361

LIVRE QUATRIÈME. — JAVERT DÉRAILLÉ

Javert déraillé 1367

LIVRE CINQUIÈME
LE PETIT-FILS ET LE GRAND-PÈRE

I.	Où l'on revoit l'arbre à l'emplâtre de zinc	1379
II.	Marius, en sortant de la guerre civile, s'apprête à la guerre domestique	1382
III.	Marius attaque	1387
IV.	Mademoiselle Gillenormand finit par ne plus trouver mauvais que M. Fauchelevent soit entré avec quelque chose sous le bras	1390
V.	Déposez plutôt votre argent dans telle forêt que chez tel notaire	1395

VI.	Les deux vieillards font tout, chacun à leur façon, pour que Cosette soit heureuse................	1396
VII.	Les effets de rêve mêlés au bonheur...............	1404
VIII.	Deux hommes impossibles à retrouver............	1407

LIVRE SIXIÈME. — LA NUIT BLANCHE

I.	Le 16 février 1833...............................	1411
II.	Jean Valjean a toujours son bras en écharpe.......	1420
III.	L'inséparable....................................	1429
IV.	*Immortale jecur*................................	1431

LIVRE SEPTIÈME
LA DERNIÈRE GORGÉE DU CALICE

I.	Le septième cercle et le huitième ciel.............	1436
II.	Les obscurités que peut contenir une révélation.....	1453

LIVRE HUITIÈME
LA DÉCROISSANCE CRÉPUSCULAIRE

I.	La chambre d'en bas............................	1461
II.	Autres pas en arrière............................	1465
III.	Ils se souviennent du jardin de la rue Plumet.......	1468
IV.	L'attraction et l'extinction.......................	1473

LIVRE NEUVIÈME
SUPRÊME OMBRE, SUPRÊME AURORE

I.	Pitié pour les malheureux, mais indulgence pour les heureux.......................................	1475
II.	Dernières palpitations de la lampe sans huile........	1477
III.	Une plume pèse à qui soulevait la charrette Fauchelevent..	1479
IV.	Bouteille d'encre qui ne réussit qu'à blanchir.......	1482
V.	Nuit derrière laquelle il y a le jour................	1500
VI.	L'herbe cache et la pluie efface...................	1510

NOTES ET VARIANTES

Première partie	1513
Deuxième partie	1575
Troisième partie	1615
Quatrième partie	1689
Cinquième partie	1761

N° 4942. - *Dépôt légal : 1ᵉʳ trimestre 1951*
Imprimé en France